नवीन अंकगणित

प्रतियोगी परीक्षाओं के लिए

(वर्णनात्मक एवं वस्तुनिष्ठ प्रश्नों सहित)

विभिन्न प्रतियोगी परीक्षाओं, जैसे–

- आईबीपीएस- पीओ/क्लर्क/ एसओ, आरआरबी ऑफीसर्स; एसबीआई पीओ/ क्लर्क; नाबार्ड और आईडीबीआई बैंक एक्जीक्यूटिव ऑफीसर्स
- एसएससी-सीजीएल, सीएचएसएल, एमटीएस, सीपीओ, जीडी
- एलआईसी/जीआईसी/ यूआईआईसीओ-एएओ, एडीओ, आदि
- यूपीएससी-सीसैट और अन्य राज्य सेवा परीक्षाएँ
- आरआरबी-एनटीपीसी, ग्रुप सी और ग्रुप डी

आदि अन्य परीक्षाओं के लिए उपयोगी पुस्तक

डॉ. आर. एस. अग्रवाल

S. CHAND PUBLISHING

एस चन्द एण्ड कम्पनी लिमिटेड

(ISO 9001 Certified Company)

एस चन्द एण्ड कम्पनी लिमिटेड

S. CHAND
PUBLISHING

(ISO 9001 Certified Company)

Head Office: D-92, Sector–2, Noida 201301, U.P. (India), Ph. 91-120-4682700
Registered Office: A-27, 2nd Floor, Mohan Co-operative Industrial Estate, New Delhi – 110 044
Phone: 011-49731800
www.**schandpublishing.com**; e-mail: **info@schandpublishing.com**

Marketing Offices:

Chennai : Ph: 23632120, chennai@schandpublishing.com
Guwahati : Ph: 2738811, 2735640 guwahati@schandpublishing.com
Hyderabad : Ph: 40186018, hyderabad@schandpublishing.com
Jalandhar : Ph: 4645630, jalandhar@schandpublishing.com
Kolkata : Ph: 23357458, 23353914, kolkata@schandpublishing.com
Lucknow : Ph: 4003633, lucknow@schandpublishing.com
Mumbai : Ph: 25000297, mumbai@schandpublishing.com
Patna : Ph: 2260011, patna@schandpublishing.com

प्रथम संस्करण 2013
संशोधित संस्करण तथा पुनः मुद्रित, 2013 (Thrice), 2014 (Thrice), 2015, 2016, 2017 (Twice), 2018
संशोधित संस्करण 2018; पुनः मुद्रित, 2019 (Twice)
पुनः मुद्रित, 2020 (Twice), 2021 (Thrice), 2022 (Twice)
संशोधित संस्करण 2022, पुनः मुद्रित, 2022, पुनः मुद्रित, 2023 (Thrice)
पुनः मुद्रित, 2024

ISBN : 978-93-5501-421-4 **Product Code :** H4ANK49MATH40HIZX22O

भारत में,
विकास पब्लिशिंग हाउस प्रा. लि., प्लाट नं. 20/4, साइट-4, इंडस्ट्रियल एरिया साहिबाबाद, गाजियाबाद-201010
एवं एस चंद एण्ड कम्पनी लिमिटेड, ए-27, द्वितीय तल, मोहन कोऑपरेटिव इंडस्ट्रियल एस्टेट, नई दिल्ली-110 044 द्वारा प्रकाशित।

संशोधित संस्करण

पिछले कुछ वर्षों से लगातार 'नवीन अंकगणित' प्रतियोगी परीक्षाओं में समुचित सफलता प्राप्त करने हेतु एक श्रेष्ठतम पुस्तक रही है।

परन्तु पिछले कुछ वर्षों में परीक्षाओं के पाठ्यक्रमों में काफी बदलाव हुए हैं, जैसे कि गणित विषय में कुछ अध्याय (एडवांस मैथ) परीक्षाओं में शामिल हुए हैं।

यह पुस्तक नवीनतम पाठ्यक्रम पद्धति पर आधारित है। प्रस्तुत पुस्तक में नया भाग—**विविध विषय**—जिसमें चार नए पाठ क्रमशः **भिन्न, आयत-चित्र, निर्देशांक ज्यामिति, प्रिज़्म और पिरामिड** जोड़े गए हैं तथा हाल ही में आयोजित नयी पद्धति पर आधारित भिन्न-भिन्न परीक्षाओं के अतिरिक्त प्रश्नोत्तर संकलित किए गए हैं।

यह पुस्तक इन परीक्षाओं को ध्यान में रखकर बनाई गई है।

- एस.एस.सी., स्नातक व मैट्रिक स्तर
- यू.डी.सी., एल.डी.सी.
- रेलवे भर्ती बोर्ड
- पुलिस सब-इंस्पेक्टर
- बैंक पी.ओ., स्पेशलिस्ट ऑफिसर
- पी.सी.एस.
- सी.डी.एस.
- एन.डी.ए.
- इनकम टैक्स इंस्पेक्टर
- एल.आई.सी.
- प्रशासनिक ऑफिसर ग्रेड
- एम.बी.ए. मैट आदि।

यह संस्करण परीक्षार्थियों के लिए अत्यन्त उपयोगी है।

डॉ. आर. एस. अग्रवाल

प्राक्कथन

हमारी पुस्तक 'अंकगणित' की अपार सफलता के पश्चात् हमारे पाठकों से प्राप्त सुझावों के आधार पर समस्त प्रतियोगी परीक्षाओं में वर्तमान में पूछे गए प्रश्नों के स्तर को ध्यान में रखते हुए इस नई पुस्तक **'नवीन अंकगणित'** को प्रस्तुत करने में हम अत्यन्त हर्ष का अनुभव कर रहे हैं। यह पुस्तक एस.एस.सी. असिस्टेंट ग्रेड, यू.डी.सी., एल.डी.सी., आयकर सहायक ग्रेड, पुलिस सब-इंस्पेक्टर, बैंक पी.ओ., स्पेशलिस्ट ऑफीसर, एल.आई.सी., पी.सी.एस., रेलवे परीक्षा, मैनेजमैन्ट परीक्षा, एन.डी.ए., सी.डी.एस. आदि सभी महत्त्वपूर्ण प्रतियोगी परीक्षाओं के लिए अत्यन्त उपयोगी है।

हाल ही में **एस.एस.सी. परीक्षाओं** के पाठ्यक्रम में हुए संशोधन के तहत जिन नए विषयों का समावेश हुआ है, वे सभी इस पुस्तक में उपलब्ध हैं। जैसे, बीजगणित, रैखिक व द्विघात समीकरण, त्रिकोणमिति, रेखायें तथा कोण, त्रिभुज, चतुर्भुज, वृत्त, बहुभुज आदि।

अधिकतर परीक्षाओं में वस्तुनिष्ठ व कुछ में विषयात्मक प्रश्न पूछे जाते हैं। अतः सभी परीक्षाओं की आपूर्ति हेतु दोनों प्रकार के प्रश्नों का अपार भण्डार इस पुस्तक में निहित है और वह भी, पूर्ण हल सहित। विभिन्न परीक्षाओं में पूछे गये प्रश्नों के विवरण परीक्षार्थियों से पूछकर उनकी स्मृति के आधार पर तथा बाजार में उपलब्ध विभिन्न प्रकार की पत्रिकाओं आदि से दिये गये हैं।

पुस्तक में सुधार लाने हेतु आपके विचार सादर आमन्त्रित हैं।

डॉ. आर. एस. अग्रवाल

विषय-सूची

भाग-1: अंकगणितीय योग्यता

भाग-2: समंकों का विश्लेषण

भाग-3: सामान्य सचेतता

भाग-4: विविध विषय

भाग 1
अंकगणितीय योग्यता

1

संख्या पद्धति (NUMBER SYSTEM)

Scan QR Code for Watching Video

हम जानते हैं कि किसी संख्या को लिखने के लिए दस अंकों का प्रयोग किया जाता है.

ये अंक हैं **0, 1, 2, 3, 4, 5, 6, 7, 8 तथा 9.**

किसी संख्या को लिखने के लिए हम दायीं ओर से बायीं ओर क्रमशः इकाई, दहाई, सैकड़ा, हजार, दस-हजार, लाख, दस-लाख, करोड़, दस-करोड़ आदि स्थान लेते हैं.

इन स्थानों की तालिका बनाकर हम किसी भी संख्या को सुविधापूर्वक लिख सकते हैं.

उदाहरण 1. निम्नलिखित संख्याओं को शब्दों में लिखिये:

(*i*) 61487029 (*ii*) 723892514 (*iii*) 5894160723

हल: स्थानों की तालिका बनाकर लिखने पर:

अरब	दस-करोड़	करोड़	दस लाख	लाख	दस हजार	हजार	सैकड़ा	दहाई	इकाई
(*i*)		6	1	4	8	7	0	2	9
(*ii*)	7	2	3	8	9	2	5	1	4
(*iii*) 5	8	9	4	1	6	0	7	2	3

अत: दी गई संख्यायें हैं क्रमशः

(*i*) छह करोड़ चौदह लाख सत्तासी हजार उनतीस.

(*ii*) बहत्तर करोड़ अठतीस लाख बानवे हजार पाँच सौ चौदह.

(*iii*) पाँच अरब नवासी करोड़ इक्तालीस लाख साठ हजार सात सौ तेईस.

उदाहरण 2: निम्नलिखित संख्याओं को अंकों में लिखिये:

(*i*) सात करोड़ चार लाख पाँच हजार नौ.

(*ii*) चौदह करोड़ आठ लाख चार हजार एक सौ सोलह.

(*iii*) आठ लाख अस्सी. (*iv*) ग्यारह करोड़ तेईस लाख एक हजार नौ सौ तेईस.

हल: स्थानों की तालिका बनाकर संख्याओं को लिखने पर:

	दस-करोड़	करोड़	दस लाख	लाख	दस हजार	हजार	सैकड़ा	दहाई	इकाई
(*i*)		7	0	4	0	5	0	0	9
(*ii*)	1	4	0	8	0	4	1	1	6
(*iii*)				8	0	0	0	8	0
(*iv*)	1	1	2	3	0	1	9	2	3

दी गई संख्या में अंकों का जातीय मान (Local Value):

किसी दी गई संख्या में किसी अंक का जातीय मान उसका अपना मान है, चाहे वह किसी भी स्थान पर क्यों न हो।

जैसे: संख्या 63578 में 3 का जातीय मान 3 है, 6 का जातीय मान 6 है आदि.

दी गई संख्या में अंकों का स्थानीय मान (Place Value):

किसी दी गई संख्या में:

इकाई अंक का स्थानीय मान = (इकाई अंक) × 1;

दहाई अंक का स्थानीय मान = (दहाई अंक) × 10;

सैंकड़े के अंक का स्थानीय मान = (सैंकड़े का अंक) × 100 आदि.

उदाहरण 3. संख्या 32567809 में निम्न अंकों के स्थानीय मान लिखिए:

(i) 3 (ii) 5 (iii) 7 (iv) 8 (v) 0

हलः इन्हें स्थानीय तालिका में लिखने पर:

करोड़	दस लाख	लाख	दस हजार	हजार	सैंकड़ा	दहाई	इकाई
3	2	5	6	7	8	0	9

(*i*) 3 का स्थानीय मान = (3 × 10000000) = 30000000.

(*ii*) 5 का स्थानीय मान = (5 × 100000) = 500000.

(*iii*) 7 का स्थानीय मान = (7 × 1000) = 7000.

(*iv*) 8 का स्थानीय मान = (8 × 100) = 800.

(*v*) 0 का स्थानीय मान = (0 × 10) = 0.

उदाहरण 4: संख्या 536487 में निम्न अंकों के जातीय मान लिखिये:

(i) 5 (ii) 4 (iii) 8

हलः (*i*) 5 का जातीय मान = 5. (*ii*) 4 का जातीय मान = 4 (*iii*) 8 का जातीय मान = 8.

विभक्ति के नियम

I. 2 से विभक्त होने के नियम:

यदि किसी संख्या का इकाई अंक 0, 2, 4, 6, 8 में से कोई हो, तो वह संख्या 2 से पूर्णतया विभक्त होगी.

जैसेः निम्नलिखित में से प्रत्येक संख्या 2 से पूर्णतया विभक्त होगी:
(*i*) 97532 (*ii*) 180634 (*iii*) 7809516 (*iv*) 3579108
(*v*) 1579340

II. 3 से विभक्त होने के नियम:

यदि दी गई संख्या के सभी अंकों का योग 3 से पूर्णतया विभक्त हो जाये तो वह संख्या 3 से पूर्णतया विभक्त होगी.

जैसेः (*i*) संख्या 75684 लें:

इसके अंकों का योग = (7 + 5 + 6 + 8 + 4) = 30, जो 3 से पूर्णतया विभक्त होता है.

अतः दी गई संख्या 75684 पूर्णतया 3 से विभक्त होगी.

(*ii*) संख्या 963421 लें:

इसके अंकों का योग = (9 + 6 + 3 + 4 + 2 + 1) = 25, जो 3 से पूर्णतया विभक्त नहीं होती.

अतः दी गई संख्या 963421 पूर्णतया 3 से विभक्त नहीं होगी.

III. 9 से विभक्त होने का नियम:

यदि किसी दी गई संख्या के सभी अंकों का योग 9 से पूर्णतया विभक्त हो, तो दी गई संख्या 9 से पूर्णतया विभक्त होगी.

जैसेः (*i*) संख्या 754623 लें:

इसके अंकों का योग = (7 + 5 + 4 + 6 + 2 + 3) = 27, जो 9 से पूर्णतया विभक्त होता है.

अतः दी गई संख्या 754623 पूर्णतया 9 से विभक्त होगी.

(*ii*) संख्या 375693 लें:

इसके अंकों का योग = (3 + 7 + 5 + 6 + 9 + 3) = 33, जो 9 से पूर्णतया विभक्त नहीं होती.

अतः दी गई संख्या 375693 पूर्णतया 9 से विभक्त नहीं होगी.

IV. 5 से विभक्त होने का नियम:

यदि किसी दी गई संख्या का इकाई अंक 5 अथवा 0 हो, तो वह संख्या 5 से पूर्णतया विभक्त होगी.

जैसेः 86735 तथा 68730 में से प्रत्येक 5 से विभक्त होगी.

V. 4 से विभक्त होने का नियम:

कोई दी गई संख्या 4 से विभक्त तभी होगी जब उसके दहाई और इकाई अंकों से बनी संख्या 4 से पूर्णतया विभक्त हो.

जैसेः (*i*) संख्या 978132 लीजिए.

इसके दहाई और इकाई अंकों से बनी संख्या 32 है, जो 4 से पूर्णतया विभक्त होगी है.

अतः दी गई संख्या 978132 पूर्णतया 4 से विभक्त होगी.

(*ii*) संख्या 844254 लीजिए.

इसके दहाई और इकाई अंकों से बनी संख्या 54 है, जो 4 से पूर्णतया विभक्त नहीं होती.

अतः दी गई संख्या 844254 पूर्णतया 4 से विभक्त नहीं होगी.

VI. 8 से विभक्त होने का नियम:

कोई दी गई संख्या 8 से विभक्त तभी होगी जब उसके सैंकड़े, दहाई तथा इकाई अंकों से बनी संख्या 8 से पूर्णतया विभक्त हो.

जैसेः (*i*) संख्या 6795416 लीजिए.

इसके सैंकड़े दहाई और इकाई अंकों से बनी संख्या 416 है जो 8 से पूर्णतया विभक्त होती है.

अतः दी गई संख्या 8 से पूर्णतया विभक्त होगी.

VII. 11 से विभक्त होने का नियम:

कोई दी गई संख्या 11 से तभी विभक्त होगी जबकि इकाई से बायीं ओर चलने पर सम-स्थानों के अंकों के योग तथा विषम-स्थानों के अंकों के योग का अन्तर 0 हो अथवा 11 से पूर्णतया विभक्त हो.

जैसे: (*i*) संख्या 80164591 में

(सम स्थानों के अंकों का योग) – (विषम स्थानों के अंकों का योग)

$= (9 + 4 + 1 + 8) - (1 + 5 + 6 + 0) = (22 - 12) = 10$, जो 11 से विभक्त नहीं होता.

अत: दी गई संख्या 80164591 पूर्णतया 11 से विभक्त नहीं होगी.

(*ii*) संख्या 23697069 में

(विषम स्थानों के अंकों का योग) – (सम स्थानों के अंकों का योग)

$= (9 + 0 + 9 + 3) - (6 + 7 + 6 + 2) = (21 - 21) = 0$.

अत: दी गई संख्या 23697069 पूर्णतया 11 से विभक्त होगी.

(*iii*) संख्या 938245 लीजिए.

इसके (सम स्थानों के अंकों का योग) – (विषम स्थानों के अंकों का योग)

$= (4 + 8 + 9) - (5 + 2 + 3) = (21 - 10) = 11$, जो 11 से पूर्णतया विभक्त होता है.

अत: दी गई संख्या 938245 पूर्णतया 11 से विभक्त होगी.

VIII. 7 से विभक्त होने का नियम:

यदि इकाई अंक को छोड़कर शेष बची संख्या में से इकाई अंक का दुगुना घटा देने के बाद बची संख्या 7 से विभक्त हो, तो दी गई संख्या 7 से विभक्त होगी.

जैसे: (*i*) संख्या 882 लें.

$(88 - 2 \times 2) = 84$, जो 7 से पूर्णतया विभक्त होती है. अत: 882 भी 7 से पूर्णतया विभक्त होगी.

(*ii*) संख्या 663 लें.

$(66 - 2 \times 3) = 60$, जो 7 से पूर्णतया विभक्त नहीं होती.

$\therefore$ 663 भी 7 से पूर्णतया विभक्त नहीं होगी.

सहअभाज्य संख्यायें (Co-Primes): यदि *a* तथा *b* दो ऐसी संख्यायें हैं जिनका महत्तम समापवर्तक (HCF) 1 हो, तो ऐसी संख्यायें सहअभाज्य संख्यायें कहलाती हैं.

जैसे: (2, 3), (3, 5), (6, 7), (9, 11), (21, 65) आदि.

एक विशेष नियम: यदि कोई दी गई संख्या दो सहअभाज्य संख्याओं *a* तथा *b* में से प्रत्येक से पूर्णतया विभक्त हो, तो वह संख्या *ab* से भी पूर्णतया विभक्त होगी.

जैसे: 19752 लीजिए.

इसका इकाई अंक 2 है, अत: दी गई संख्या 2 से विभक्त होगी.

$(1 + 9 + 7 + 5 + 2) = 24$, जो 3 से पूर्णतया विभक्त होती है, अत: दी गई संख्या 3 से भी विभक्त होगी.

स्पष्ट है कि 2 तथा 3 सहभाज्य संख्यायें हैं.

अत: 19752 पूर्णतया 6 से विभक्त होगी.

उदाहरण 5: कोई संख्या यदि 4 तथा 6 दोनों से विभक्त होती है, तो क्या यह आवश्यक है कि यह संख्या 24 से विभक्त हो? इसकी विवेचना कीजिए. उदाहरण देकर स्पष्ट कीजिए.

हल: नहीं, उदाहरण हेतु 36 लीजिए.

यह 4 तथा 6 दोनों से विभक्त होता है, परन्तु 24 से विभक्त नहीं होता.

ध्यान रहे, 4 तथा 6 सह-अभाज्य संख्यायें नहीं हैं.

सम-संख्यायें (Even Numbers): जो प्राकृत संख्यायें 2 से पूर्णतया विभक्त हो जायें, उन्हें सम-संख्यायें कहते हैं. जैसे: (*i*) 32 (*ii*) 46 (*iii*) 54 (*iv*) 98 (*v*) 90 आदि सभी सम-संख्यायें हैं.

विषम-संख्यायें (Odd Numbers): जो प्राकृत संख्यायें 2 से पूर्णतया विभक्त न हों उन्हें विषम संख्यायें कहते हैं.

जैसे: (*i*) 23 (*ii*) 35 (*iii*) 57 (*iv*) 81 आदि सभी विषम संख्यायें हैं.

अभाज्य संख्यायें (Prime Numbers): ऐसी प्राकृत संख्या जिसके दो तथा केवल दो गुणनखण्ड हों, अभाज्य संख्या कहलाती है.

जैसे: 100 से कम सभी अभाज्य संख्यायें नीचे दी गई हैं:

2, 3, 5, 7, 11, 13, 17, 19, 23, 29, 31, 37, 41, 43, 47, 53, 59, 61, 67, 71, 73, 79, 83, 89, 97.

इनकी संख्या 25 है.

जाँच (Test) : माना *a* कोई दी गई संख्या है तथा *n* वह छोटी से छोटी प्राकृत संख्या है कि $n^2 \geq a$.

अब दी गई संख्या को *n* तथा इससे छोटी प्रत्येक अभाज्य संख्या से विभक्त करके देखें. यदि इनमें से किसी भी संख्या से *a* पूर्णतया विभक्त नहीं होता तो *a* एक अभाज्य संख्या होगी, अन्यथा नहीं.

उदाहरण 6. जाँच करें कि 173 एक अभाज्य संख्या है अथवा नहीं.

हल: हम जानते हैं कि $(14)^2 > 173$.

14 से छोटी सभी अभाज्य संख्यायें हैं 2, 3, 5, 7, 11, 13.

स्पष्ट है कि 173 इनमें से किसी भी संख्या से पूर्णतया विभक्त नहीं होता. अत: 173 एक अभाज्य संख्या है.

उदाहरण 7. जाँच करें कि 341 एक अभाज्य संख्या है, अथवा नहीं.

हल: हम जानते हैं कि $(19)^2 > 341$.

19 से छोटी सभी अभाज्य संख्यायें हैं 2, 3, 5, 7, 11, 13, 17.

स्पष्ट है 341 इनमें से 11 से पूर्णतया विभक्त होता है.

अत: 341 एक अभाज्य संख्या नहीं है.

उदाहरण 8. जाँच करें कि 437 एक अभाज्य संख्या है अथवा नहीं.

हल: हम जानते हैं कि $(21)^2 > 437$.

21 से छोटी सभी अभाज्य संख्यायें हैं 2, 3, 5, 7, 11, 13, 17, 19.

स्पष्ट है कि 437 इनमें से 19 से पूर्णतया विभक्त होता है.

अत: 437 एक अभाज्य संख्या नहीं है.

उदाहरण 9. जाँच करें कि 811 एक अभाज्य संख्या है अथवा नहीं.

हल: हम जानते हैं कि $(29)^2 > 811$.

29 से छोटी सभी अभाज्य संख्यायें हैं 2, 3, 5, 7, 11, 13, 17, 19, 23

भाग देने से ज्ञात होगा कि 811 इनमें से किसी से भी पूर्णतया विभक्त नहीं होता.

अत: 811 एक अभाज्य संख्या है.

संख्याओं में भाग संक्रिया (DIVISION ON NUMBERS)

माना किसी संख्या a को संख्या b से विभक्त करने पर भागफल q तथा शेषफल r है. तब

$a = bq + r$, जहाँ $0 \le r < b$
a = भाज्य (dividend); b = भाजक (divisor); q = भागफल (quotient); r = शेषफल (remainder).

$$b\,)\;a\;(\,q$$
$$\underline{r}$$

भाज्य = (भाजक × भागफल) + शेषफल

कुछ साधित उदाहरण

उदाहरण 10. 1043 को किसी संख्या से भाग देने पर भागफल 11 तथा शेषफल 20 प्राप्त होता है. भाजक ज्ञात कीजिए.

हल: यहाँ भाज्य = 1043, भागफल = 11 तथा शेषफल = 20.

$$\text{भाजक} = \frac{(\text{भाज्य}) - (\text{शेषफल})}{\text{भागफल}} = \frac{(1043 - 20)}{11} = \frac{1023}{11} = 93.$$

उदाहरण 11. 1000 में से छोटी से छोटी कौन-सी संख्या घटाई जाये कि शेष बची संख्या 19 से पूर्णतया विभक्त हो जाये?

$$19\,)\,1000\,(\,52$$
$$\underline{95}$$
$$50$$
$$\underline{38}$$
$$\underline{12}$$

हल: 1000 को 19 से भाग देने पर शेषफल = 12.

अत: अभीष्ट संख्या = 12.

उदाहरण 12. किसी संख्या को 195 से भाग देने पर 47 शेष बचते हैं. इस संख्या को 15 से भाग देने पर शेष क्या बचेगा?

हल: माना दी गई संख्या को 195 से भाग देने पर भागफल = q तथा शेषफल = 47.

तब, दी गई संख्या = $195 \times q + 47$
$= 15 \times (13q) + 15 \times 3 + 2$
$= 15 \times (13q + 3) + 2.$

अत: उस संख्या को 15 से भाग देने पर भागफल = 2.

कुछ विशेष सूत्र (FORMULAE)

(i) $(a+b)^2 = (a^2 + b^2 + 2ab)$

(ii) $(a-b)^2 = (a^2 + b^2 - 2ab)$

(iii) $(a+b)^2 + (a-b)^2 = 2(a^2 + b^2)$

(iv) $(a+b)^2 - (a-b)^2 = 4ab$

(v) $(a^2 - b^2) = (a+b)(a-b)$

(vi) $(a+b)^3 = a^3 + b^3 + 3ab\,(a+b)$

(vii) $(a-b)^3 = a^3 - b^3 - 3ab\,(a-b)$

(viii) $(a^3 + b^3) = (a+b)(a^2 - ab + b^2)$

(ix) $(a^3 - b^3) = (a-b)(a^2 + ab + b^2)$

समान्तर श्रेढ़ी (A.P.):

श्रेढ़ी $a, a+d, a+2d, a+3d,$ .... एक समान्तर श्रेढ़ी है, जिसमें प्रथम पद = a तथा सार्वअन्तर = d है.

nवाँ पद, $T_n = a + (n-1)\,d$.

n पदों का योग, $S_n = \frac{n}{2}[2a + (n-1)d]$.

n पदों का योग, $S_n = \frac{n}{2}(a + l)$, जहाँ l = अन्तिम पद.

गुणोतर श्रेढ़ी (G.P.)

श्रेढ़ी $a, ar, ar^2,$...... एक गुणोतर श्रेढ़ी है जिसमें प्रथम पद = a, सार्वअनुपात = r.

nवाँ पद, $T_n = ar^{n-1}$ **तथा n पदों का योग,**

$$S_n = \frac{a(r^n - 1)}{(r-1)} = \frac{a(1 - r^n)}{(1-r)}.$$

सभी प्रकार के साधित उदाहरण

प्रश्न 1. 6784 × 786 + 6784 × 214 = ?

हल: वितरण नियम द्वारा:

$6784 \times 786 + 6784 \times 214 = 6784 \times (786 + 214)$
$= 6784 \times 1000 = 6784000.$

प्रश्न 2. 8765 × 974 – 8765 × 874 = ?

हल: वितरण नियम द्वारा:

$8765 \times 974 - 8765 \times 874$
$= 8765 \times (974 - 874)$
$= 8765 \times 100 = 876500.$

प्रश्न 3. (*i*) **1509 × 1509 = ?** (*ii*) **1994 × 1994 = ?**

हल: (*i*) $1509\times1509=(1509)^2$

$=(1500+9)^2$

$=(1500)^2+9^2+2\times1500\times9$

$\left[\because (a+b)^2=a^2+b^2+2ab\right]$

$= 2250000 + 81 + 27000 = 2277081.$

(*ii*) $1994\times1994=(1994)^2$

$=(2000-6)^2$

$=(2000)^2+6^2-2\times2000\times6$

$[\because (a-b)^2=a^2+b^2-2ab]$

$= 4000000 + 36 - 24000$

$= 4000036 - 24000 = 3976036.$

प्रश्न 4. 883 × 883 – 117 × 117 = ?

हल: $883\times883-117\times117=(883)^2-(117)^2$

$=(883+117)(883-117)$

$[\because (a^2-b^2)=(a+b)(a-b)]$

$= 1000 \times 766 = 766000.$

प्रश्न 5. (220 × 220 + 180 × 180) = ?

हल: $(a^2+b^2)=\frac{1}{2}\cdot\left\{(a+b)^2+(a-b)^2\right\}$

$=\frac{1}{2}\cdot\left\{(220+180)^2+(220-180)^2\right\}$

$=\frac{1}{2}\times\left\{(400)^2+(40)^2\right\}=\frac{1}{2}\times(160000+1600)$

$=\frac{1}{2}\times161600=80800.$

प्रश्न 6. $\dfrac{\mathbf{(867+289)^2-(867-289)^2}}{\mathbf{(867\times289)}}=?$

हल: दिया गया व्यंजक $=\dfrac{(a+b)^2-(a-b)^2}{ab}$, जहाँ $a = 867$ तथा $b = 289$

$=\dfrac{4ab}{ab}=4\ \left[\because \mathbf{(a+b)^2-(a-b)^2=4ab}\right]$

प्रश्न 7. $\dfrac{\mathbf{(956+479)^2+(956-479)^2}}{\mathbf{(956\times956+479\times479)}}=?$

हल: दिया गया व्यंजक $=\dfrac{(a+b)^2+(a-b)^2}{(a^2+b^2)}$, जहाँ $a = 956$ तथा $b = 479$

$=\dfrac{2(a^2+b^2)}{(a^2+b^2)}=2$

$\left[\because \mathbf{(a+b)^2+(a-b)^2=2(a^2+b^2)}\right]$

प्रश्न 8. $\dfrac{\mathbf{783\times783\times783+217\times217\times217}}{\mathbf{783\times783-783\times217+217\times217}}=?$

हल: दिया गया व्यंजक $=\dfrac{(783)^3+(217)^3}{(783)^2-783\times217+(217)^2}$

$=\dfrac{(a^3+b^3)}{(a^2-ab+b^2)}$, जहाँ $a = 783$ तथा $b = 217$

$=(a+b)=(783+217)=1000.$

प्रश्न 9. $\dfrac{\mathbf{693\times693\times693-383\times383\times383}}{\mathbf{693\times693+693\times383+383\times383}}=?$

हल: दिया गया व्यंजक $=\dfrac{(693)^3-(383)^3}{(693)^2+693\times383+(383)^2}$

$=\dfrac{(a^3-b^3)}{(a^2+ab+b^2)}$, जहाँ $a = 693$ तथा $b = 383$

$=(a-b)=(693-383)=310.$

प्रश्न 10. (476 × 198 × 359 × 242) में इकाई अंक क्या होगा?

हल: दी गई संख्याओं के इकाई अंकों का गुणनफल

$= (6 \times 8 \times 9 \times 2) = 864.$

अत: अभीष्ट अंक = 4.

प्रश्न 11. $\mathbf{(3527)^{654}}$ **में इकाई अंक क्या होगा?**

हल: अभीष्ट अंक $(7)^{654}$ में इकाई अंक $=[(7^4)^{163}\times7^2]$ में इकाई अंक = (1 × 49) में इकाई अंक = 9.

∴ $(3527)^{654}$ में इकाई अंक = 9.

प्रश्न 12. $\mathbf{(7^{65}\times6^{41}\times3^{57})}$ **में इकाई अंक क्या होगा?**

हल: 7^{65} का इकाई अंक $=(7^4)^{16}\times7$ का इकाई अंक

$= (1 \times 7) = 7.$

6^{41} का इकाई अंक = 6.

3^{57} का इकाई अंक $=(3^4)^{14}\times3$ का इकाई अंक

$= (1 \times 3) = 3.$

अभीष्ट अंक = (7 × 6 × 3) का इकाई अंक = 126 का इकाई अंक = 6.

प्रश्न 13. 10690 को किसी संख्या से भाग देने पर भागफल = 73 तथा शेषफल = 32 प्राप्त होता है. भाजक कितना है?

हल: दिया है: भाज्य = 10690, भागफल = 73 तथा शेषफल = 32.

भाज्य = (भाजक × भागफल) + शेषफल

⇒ (भाजक × भागफल) = (भाज्य) – (शेषफल)

⇒ भाजक $=\dfrac{(\text{भाज्य})-(\text{शेषफल})}{\text{भागफल}}$

$=\dfrac{(10690-32)}{73}=\dfrac{10658}{73}=146.$

```
73 ) 10658 ( 146
     73
     335
     292
      438
      438
       x
```

प्रश्न 14. 3100 में से कौन-सी छोटी से छोटी संख्या घटाई जाए कि शेष बची संख्या 17 से पूर्णतया विभक्त हो?

हल: 3100 को 17 से भाग देने पर शेषफल = 6.

∴ अभीष्ट संख्या = 6.

```
17 ) 3100 ( 182
     17
     140
     136
       40
       34
        6
```

प्रश्न 15. 4508 के समीपतम कौन-सी संख्या है जो 21 से पूर्णतया विभक्त हो?

हल: 4508 को 21 से भाग देने पर शेषफल = 14.

अभीष्ट संख्या = 4508 + (21 – 14)

= (4508 + 7) = 4515.

```
21 ) 4508 ( 214
     42
      30
      21
       98
       84
       14
```

प्रश्नमाला 1A

निम्नलिखित प्रश्नों में से प्रत्येक में प्रश्नचिन्ह (?) के स्थान पर कौन-सी संख्या होगी?

1. यदि संख्या 1005x 4, 8 से पूरी तरह से विभाज्य है, तो x के स्थान पर सबसे छोटा पूर्णांक होगा:
(*a*) 0 (*b*) 8 (*c*) 16 (*d*) 5
(एस.एस.सी.-सी.जी.एल. परीक्षा, 2020)

2. $16 \times 12 - 672 \div 21 = ? - 211$
(*a*) 381 (*b*) 347 (*c*) 372 (*d*) 311
(*e*) इनमें से कोई नहीं (बैंक पी०ओ० परीक्षा, 2010)

3. यदि आठ अंकों की संख्या 789x 531y संख्या 72 से विभाज्य है, तो $(5x - 3y)$ का मान होगा:
(*a*) 0 (*b*) –1 (*c*) 1 (*d*) 2
(एस.एस.सी.-सी.जी.एल. परीक्षा, 2018)

4. 475 + 950 का 64% = 900 + ?
(*a*) 183 (*b*) 233 (*c*) 1983 (*d*) 1863
(*e*) इनमें से कोई नहीं (बैंक पी०ओ० परीक्षा, 2010)

5. $7960 + 2956 - 8050 + 4028 = ?$
(*a*) 6984 (*b*) 6884 (*c*) 6894 (*d*) 6954
(*e*) इनमें से कोई नहीं (बैंक पी०ओ० परीक्षा, 2010)

6. 3842 का $\frac{1}{2}$ + ? का 15% = 2449
(*a*) 3520 (*b*) 3250 (*c*) 3350 (*d*) 3540
(*e*)इनमें से कोई नहीं (बैंक पी०ओ० परीक्षा, 2010)

7. ? का 350% ÷ 50 + 248 = 591
(*a*) 4890 (*b*) 4900 (*c*) 4850 (*d*) 4950
(*e*) इनमें से कोई नहीं (बैंक पी०ओ० परीक्षा, 2010)

8. $25 \times 3.25 + 50.4 \div 24 = ?$
(*a*) 84.50 (*b*) 83.53 (*c*) 83.35 (*d*) 82.45
(*e*) इनमें से कोई नहीं (बैंक पी०ओ० परीक्षा, 2010)

9. $(833.25 - 384.45) \div 24 = ?$
(*a*) 1.87 (*b*) 20.1 (*c*) 2.01 (*d*) 18.7
(*e*) इनमें से कोई नहीं (बैंक पी०ओ० परीक्षा, 2010)

10. $5.6 \times 12.5 \div 0.5 + 15.5 = ? + 49.5$
(*a*) 106 (*b*) 110 (*c*) 120 (*d*) 156
(*e*) इनमें से कोई नहीं (बैंक पी०ओ० परीक्षा, 2010)

11. $1575 \div 21 \div 5 = \sqrt{?} \times 6$
(*a*) 6.25 (*b*) 2.5 (*c*) 62.5 (*d*) $\sqrt{2.5}$
(*e*) इनमें से कोई नहीं (बैंक पी०ओ० परीक्षा, 2010)

12. $(\sqrt{?} - 1)^2 = 8 - \sqrt{28}$
(*a*) 6 (*b*) 4 (*c*) 9 (*d*) 7
(*e*) इनमें से कोई नहीं (बैंक पी०ओ० परीक्षा, 2010)

13. 32.5 × 450 का 26% ÷ 3 – 745.5 = ?
(*a*) 542 (*b*) 522 (*c*) 632 (*d*) 612
(*e*) इनमें से कोई नहीं (बैंक पी०ओ० परीक्षा, 2010)

14. $(0.7)^2 \div 0.343 = (0.7)^? \div (0.49)^3$
(*a*) 3 (*b*) 6 (*c*) 7 (*d*) 4
(*e*)इनमें से कोई नहीं (बैंक पी०ओ० परीक्षा, 2010)

15. $87878 - 7878 - 6666 - 777 - 33 = ?$
(*a*) 73354 (*b*) 75224 (*c*) 72534 (*d*) 72524
(*e*) इनमें से कोई नही (बैंक पी०ओ० परीक्षा, 2010)

16. $642 + 4120 + 387 - 51620 = ?$
(*a*) 41629 (*b*) 31539 (*c*) 21869 (*d*) 31529
(*e*) इनमें से कोई नहीं (बैंक पी०ओ० परीक्षा, 2010)

17. यदि a तथा b ऐसे धन पूर्णांक हैं कि $a^2 - b^2 = 19$ है, तो a का मान क्या होगा? (एस०एस०सी० परीक्षा, 2010)
(*a*) 19 (*b*) 20 (*c*) 9 (*d*) 10

18. $\left(1\frac{1}{2} + 11\frac{1}{2} + 111\frac{1}{2} + 1111\frac{1}{2}\right) = ?$
(*a*) 1236 (*b*) $1234\frac{1}{2}$ (*c*) 618 (*d*) 617
(एस०एस०सी० परीक्षा, 2010)

19. यदि $\left(\frac{3}{5}\right)^3 \left(\frac{3}{5}\right)^{-6} = \left(\frac{3}{5}\right)^{2x-1}$ हो, तो $x = ?$
(एस०एस०सी० परीक्षा, 2010)
(*a*) – 2 (*b*) 2 (*c*) – 1 (*d*) 1

20. यदि किसी भिन्न का अंश 12% बढ़ा दिया जाए एवं हर 2% घटा दिया जाए तो भिन्न का मान $\frac{6}{7}$ हो जाता है। तो मूल भिन्न है:
(*a*) $\frac{4}{5}$ (*b*) $\frac{3}{4}$ (*c*) $\frac{2}{3}$ (*d*) $\frac{5}{6}$
(मध्य प्रदेश पुलिस आरक्षक (जनरल ड्यूटी) भर्ती परीक्षा, 2013)

21. $\left[\frac{(1.331)^{-1} + (1.331)^{-2} + ... + (1.331)^{-7}}{(1.331)^{-2} + (1.331)^{-3} + ... + (1.331)^{-8}}\right]^{2/3} = ?$
(ए०ए०ओ० परीक्षा, 2010)
(*a*) $(1.331)^{-2}$ (*b*) 1.331 (*c*) $(1.1)^{-2}$ (*d*) 1.21

22. संख्या $(2137)^{753}$ में इकाई का अंक क्या है?
(*a*) 1 (*b*) 3 (*c*) 7 (*d*) 9
(ए०ए०ओ० परीक्षा, 2010)

23. संख्या $(13)^{2003}$ में इकाई का अंक कितना है?
(*a*) 7 (*b*) 9 (*c*) 3 (*d*) 1
(ए०ए०ओ० परीक्षा, 2010)

24. (584 × 328 × 547 × 613) में इकाई अंक कितना है?
(*a*) 2 (*b*) 3 (*c*) 4 (*d*) 5

25. $(5627)^{153} \times (671)^{72}$ में इकाई का अंक कितना है?
(*a*) 1 (*b*) 3 (*c*) 7 (*d*) 9

26. $(7^{95} - 3^{58})$ का इकाई अंक कितना है?
(*a*) 0 (*b*) 4 (*c*) 6 (*d*) 7

27. $(3694)^{1793} \times (615)^{317} \times (841)^{491}$ में इकाई अंक कितना है ?
(a) 0 (b) 2 (c) 3 (d) 5

28. $(3^{61} \times 6^{43} \times 7^{82})$ में इकाई अंक कितना है ?
(a) 3 (b) 2 (c) 6 (d) 8

29. $(17)^{1999} + (11)^{1999} - (7)^{1999}$ के इकाई का अंक कितना है ?
(एस०एस०सी० परीक्षा, 2010)
(a) 1 (b) 2
(c) 3 (d) इनमें से कोई नहीं

30. प्राकृत संख्या n के लिए $(n^3 - n)$ सर्वदा किस बड़ी से बड़ी संख्या से विभक्त होगा ? (एस०एस०सी० परीक्षा, 2010)
(a) 3 (b) 6 (c) 12 (d) 18

31. यदि n एक प्राकृत संख्या हो तथा $(10^n - 1)$ के अंकों का योग 4707 हो, तो n का मान कितना होगा ?
(a) 477 (b) 523 (c) 532 (d) 704
(होटल मैनेजमैन्ट परीक्षा, 2010)

32. भाग की एक क्रिया में भागफल 403, भाजक 100 तथा शेषफल 58 है. भाज्य कितना है ? (रेलवे परीक्षा, 2010)
(a) 40458 (b) 34058 (c) 43058 (d) 40358

33. 48 को किस संख्या से गुणा करने पर प्राप्त गुणनफल, 173 तथा 240 के गुणनफल के बराबर होगा ? (दिल्ली पुलिस परीक्षा, 2010)
(a) 545 (b) 685 (c) 865 (d) 495

34. 3428 में से कौन-सी न्यूनतम संख्या घटाने पर प्राप्त संख्या 13 से पूर्णतया विभक्त होती है ? (बैंक पी०ओ० परीक्षा, 2010)
(a) 8 (b) 4 (c) 22 (d) 35
(e) इनमें से कोई नहीं

35. किसी संख्या को 136 से भाग देने पर शेषफल 36 प्राप्त होता है. उसी संख्या को यदि 17 से भाग दें तो शेषफल क्या होगा ?
(एस०एस०सी० परीक्षा, 2010)
(a) 9 (b) 7 (c) 3 (d) 2

36. $\dfrac{(256 \times 256 - 144 \times 144)}{112} = ?$ (एस०एस०सी० परीक्षा, 2010)
(a) 420 (b) 400 (c) 360 (d) 320

37. यदि $a = 11$ तथा $b = 9$ हो, तो $\dfrac{(a^2 + b^2 + ab)}{(a^3 - b^3)} = ?$
(a) $\dfrac{1}{2}$ (b) 2 (c) $\dfrac{1}{20}$ (d) 20
(एस०एस०सी० परीक्षा, 2010)

38. किसी संख्या को 156 से भाग देने पर 29 शेष बचते हैं. उसी संख्या को 13 से भाग देने पर शेष क्या बचेगा ?
(a) 1 (b) 2 (c) 3 (d) 6

39. किसी संख्या को 195 से विभक्त करने पर 47 शेष बचते हैं. यदि उसी संख्या को 15 से विभक्त करें तो शेषफल क्या होगा ?
(a) 4 (b) 3 (c) 2 (d) 1
(होटल मैनेजमैन्ट परीक्षा, 2010)

40. यदि $4^a = 5, 5^b = 6, 6^c = 7$ तथा $7^d = 8$ हो, तो $(a \times b \times c \times d) = ?$ (एस०एस०सी० परीक्षा, 2010)
(a) 1 (b) 1.5 (c) 3 (d) 4.5

41. 4000 में से छोटी से छोटी कौन-सी संख्या घटाई जाये कि शेष बची संख्या 19 से पूर्णतः विभक्त हो जाये ?
(a) 20 (b) 30 (c) 40 (d) 10

42. $\left[\dfrac{1}{1\times2} + \dfrac{1}{2\times3} + \dfrac{1}{3\times4} + \ldots\ldots + \dfrac{1}{99\times100}\right] = ?$
(a) $\dfrac{1}{9900}$ (b) $\dfrac{99}{100}$ (c) $\dfrac{100}{99}$ (d) $\dfrac{1000}{99}$
(एस०एस०सी० परीक्षा, 2010)

43. $\left(1-\dfrac{1}{2^2}\right)\left(1-\dfrac{1}{3^2}\right)\left(1-\dfrac{1}{4^2}\right)\ldots\left(1-\dfrac{1}{19^2}\right)\left(1-\dfrac{1}{20^2}\right) = ?$
(ए०ए०ओ० परीक्षा, 2010)
(a) 0.522 (b) 0.552 (c) 0.525 (d) 0.555

44. तीन अंकों की छोटी से छोटी संख्या कौन-सी है जो 14 से पूर्णतः विभक्त हो ? (मैनेजमैन्ट परीक्षा, 2010)
(a) 112 (b) 100
(c) 114 (d) इनमें से कोई नहीं

45. $\left(1-\dfrac{1}{3}\right)\left(1-\dfrac{1}{4}\right)\left(1-\dfrac{1}{5}\right)\ldots\left(1-\dfrac{1}{n}\right) = ?$
(a) $\dfrac{1}{n}$ (b) $\dfrac{2}{n}$ (c) $\dfrac{2(n-1)}{n}$ (d) $\dfrac{2}{n(n+1)}$

46. $\left(2-\dfrac{1}{3}\right)\left(2-\dfrac{3}{5}\right)\left(2-\dfrac{5}{7}\right)\ldots\left(2-\dfrac{997}{999}\right) = ?$
(a) $\dfrac{5}{999}$ (b) $\dfrac{1001}{999}$
(c) $\dfrac{1001}{3}$ (d) इनमें से कोई नहीं

47. 5 अंकों की वह बड़ी से बड़ी संख्या ज्ञात करो जो 463 से पूर्णतः विभक्त हो ? (मैनेजमैन्ट परीक्षा, 2010)
(a) 99082 (b) 99545 (c) 99568 (d) 99999

48. 7865321 को किसी संख्या से भाग देने पर भागफल 33612 तथा शेषफल 113 प्राप्त होता है. भाजक कितना है ?
(a) 243 (b) 234 (c) 423 (d) 432
(मैनेजमैन्ट परीक्षा, 2010)

49. किसी दो-अंकीय संख्या को दो बार साथ-साथ लिखकर एक चार-अंकीय संख्या बनाई जाती है जैसे: 1515, 3737 आदि. इस रूप की कोई संख्या निम्न में से किस संख्या से पूर्णतः विभक्त होगी ?
(a) 7 (b) 11 (c) 13 (d) 101
(एस०एस०सी० परीक्षा, 2010)

50. यदि p तथा q अंक निरूपित करें तो कथन $5p9 + 327 + 2q8 = 1114$ में q का सम्भव अधिकतम मान क्या होगा ?
(एस०एस०सी० परीक्षा, 2010)
(a) 9 (b) 8 (c) 7 (d) 6

51. किसी संख्या को 4 से भाग देने पर शेषफल 2 प्राप्त होता है. इससे प्राप्त भागफल को 5 से भाग देने पर शेषफल 3 प्राप्त होता है. इस प्रकार प्राप्त भागफल को 6 से भाग देने पर शेषफल 5 प्राप्त होता

है. यदि अन्तिम भागफल 7 हो, तो संख्या क्या थी ?
(a) 962 (b) 954 (c) 946 (d) 938
(एस०एस०सी० परीक्षा, 2010)

52. चार प्राकृत संख्यायें इस प्रकार हैं कि उन्हें तीन-तीन करके जोड़ने पर योग क्रमशः 180, 197, 208 तथा 222 प्राप्त होता है. इन संख्याओं का माध्य कितना है ? (एस०एस०सी० परीक्षा, 2010)
(a) $89\frac{2}{3}$ (b) $80\frac{7}{8}$ (c) $67\frac{1}{2}$ (d) $67\frac{1}{4}$

53. 3 अंकों वाली एक संख्या $4a3$ को 3 अंकों वाली दूसरी संख्या 984 में जोड़ने पर 4-अंकों वाली संख्या $13b7$ प्राप्त होती है, जो 11 से विभाज्य है. तब, $3a + 4b = ?$ (एस०एस०सी० परीक्षा, 2010)
(a) 31 (b) 35 (c) 37 (d) 39

54. दो ऐसी संख्यायें हैं कि पहली संख्या को दो बार तथा दूसरी संख्या को तीन बार जोड़ा जाये तो योग 100 प्राप्त होता है. इसी प्रकार, पहली संख्या को तीन बार तथा दूसरी संख्या को दो बार जोड़ने पर योग 120 प्राप्त होता है. इनमें बड़ी संख्या कौन-सी है ?
(a) 32 (b) 12 (c) 35 (d) 14
(e) इनमें से कोई नहीं (बैंक पी०ओ० परीक्षा, 2010)

55. जब एक विद्यालय के सभी छात्रों को 54 छात्रों की पंक्तियों में खड़ा किया जाता है, तो 30 पंक्तियाँ बनती हैं. यदि इन्हें 45 छात्रों वाली पंक्तियों में खड़ा किया जाये, तो ऐसी कितनी पंक्तियाँ बनेंगी ?
(a) 25 (b) 42 (c) 36 (d) 32
(e) इनमें से कोई नहीं (बैंक पी०ओ० परीक्षा, 2010)

56. 597523 में 7 के स्थानीय व जातीय मान में कितना अन्तर है ?
(a) 623 (b) 7616
(c) 6993 (d) इनमें से कोई नहीं

57. 647135 में 7 तथा 3 के स्थानीय मानों का अन्तर कितना है ?
(a) 4 (b) 45 (c) 430 (d) 6970

58. $4172 + 593 - ? = 3069$
(a) 1666 (b) 1669 (c) 1996 (d) 1969
(e) इनमें से कोई नहीं (बैंक पी०ओ० परीक्षा, 2009)

59. $8888 + 848 + 88 - ? = 7337 + 737$
(a) 1750 (b) 1650 (c) 1550 (d) 1450
(e) इनमें से कोई नहीं (बैंक पी०ओ० परीक्षा, 2009)

60. $8595 + 2319 - 5658 = ?$
(a) 5266 (b) 5546 (c) 5526 (d) 5246
(e) इनमें से कोई नहीं (बैंक पी०ओ० परीक्षा, 2009)

61. $3895 - 1563 + 1089 = ?$
(a) 3321 (b) 3527 (c) 3329 (d) 3429
(e) इनमें से कोई नहीं (बैंक पी०ओ० परीक्षा, 2009)

62. $5982 + 1345 + 736 - ? = 4588 + 992$
(a) 2485 (b) 2480 (c) 2473 (d) 2467
(e) इनमें से कोई नहीं (बैंक पी०ओ० परीक्षा, 2009)

63. $136 \times 12 \times 8 = ?$
(a) 12066 (b) 13064 (c) 13066 (d) 13046
(e) इनमें से कोई नहीं (बैंक पी०ओ० परीक्षा, 2009)

64. $72519 \times 9999 = ?$
(a) 725117481 (b) 674217481
(c) 685126481 (d) इनमें से कोई नहीं

65. $2056 \times 987 = ?$
(a) 1936372 (b) 2029272
(c) 1896172 (d) इनमें से कोई नहीं

66. $1904 \times 1904 = ?$
(a) 3654316 (b) 3625216
(c) 3632646 (d) इनमें से कोई नहीं

67. $1397 \times 1397 = ?$
(a) 1951609 (b) 2031719
(c) 1981709 (d) इनमें से कोई नहीं

68. $(66)^2 - (34)^2 = ?$
(a) 3600 (b) 3200 (c) 2146 (d) 2466
(e) इनमें से कोई नहीं (बैंक पी०ओ० परीक्षा, 2009)

69. $(999)^2 - (998)^2 = ?$ (एम०बी०ए० परीक्षा, 2008)
(a) 1 (b) 999 (c) 1997 (d) 998

70. $\frac{(589+187)^2 - (589-187)^2}{589 \times 187} = ?$
(a) 4 (b) 2 (c) 402 (d) $\frac{201}{388}$

71. $\frac{(931+138)^2 + (931-138)^2}{(931 \times 931 + 138 \times 138)} = ?$
(a) 793 (b) 1069
(c) $\frac{793}{1069}$ (d) इनमें से कोई नहीं

72. $\frac{(735 \times 735 \times 735 - 105 \times 105 \times 105)}{(735 \times 735 + 735 \times 105 + 105 \times 105)} = ?$
(a) 630 (b) $\frac{1}{630}$
(c) $\frac{1}{7}$ (d) इनमें से कोई नहीं

73. $\frac{(680 \times 680 + 320 \times 320 - 680 \times 320)}{(680 \times 680 \times 680 + 320 \times 320 \times 320)} = ?$
(a) 1000 (b) $\frac{1}{1000}$ (c) 360 (d) $\frac{1}{360}$

74. $\frac{(963 \times 963 \times 963 + 137 \times 137 \times 137)}{(963 \times 963 - 963 \times 137 + 137 \times 137)} = ?$
(a) 1000 (b) 826
(c) 1100 (d) इनमें से कोई नहीं

75. यदि n एक धनात्मक पूर्णांक है, तो $(3^{4n} - 4^{3n})$ सदैव निम्नलिखित में से किस संख्या से पूर्णतया विभक्त होगा ?
(a) 7 (b) 17 (c) 112 (d) 145
(एम०बी०ए० परीक्षा, 2008)

76. निम्नलिखित में से कौन-सी संख्या 24 से पूर्णतया विभक्त होगी ?
(a) 35718 (b) 63810 (c) 537804 (d) 3125736

77. यदि a तथा b दो वास्तविक संख्यायें ऐसी हों कि $ab = 0$, तो
(a) $a = 0$ तथा $b = 0$
(b) $a = 0$ अथवा $b = 0$ अथवा दोनों में से प्रत्येक 0

(*c*) $a = 0$ तथा $b \neq 0$

(*d*) $b = 0$ तथा $a \neq 0$ (रेलवे परीक्षा, 2006)

78. $(17)^{200}$ को 18 से भाग देने पर शेषफल क्या होगा?

(*a*) 1 (*b*) 2 (*c*) 16 (*d*) 17

(एस०एस०सी० परीक्षा, 2006)

79. किसी संख्या n को 4 से भाग देने पर शेषफल 3 प्राप्त होता है. संख्या $2n$ को 4 से भाग देने पर शेषफल कितना होगा?

(*a*) 4 (*b*) 2

(*c*) 1 (*d*) इनमें से कोई नहीं

80. निम्नलिखित में से कौन-सी संख्या किसी प्राकृत संख्या का वर्ग नहीं हो सकती?

(*a*) 75625 (*b*) 30976 (*c*) 29561 (*d*) 143642

81. किसी संख्या को 7 से गुणा करने पर गुणनफल का प्रत्येक अंक 3 प्राप्त होता है. ऐसी सबसे छोटी संख्या क्या है?

(*a*) 47649 (*b*) 47719 (*c*) 47619 (*d*) 48619

(एस०एस०सी० परीक्षा, 2006)

82. किसी प्राकृत संख्या n के लिए

$\left\{\frac{1}{1.2}+\frac{1}{2.3}+\frac{1}{3.4}+....+\frac{1}{n(n+1)}\right\}$ का मान क्या होगा?

(*a*) सदैव 1 (*b*) सदैव 1 से बड़ा

(*c*) सदैव 1 से छोटा (*d*) निश्चित नहीं

83. $\left(4^{61}+4^{62}+4^{63}+4^{64}\right)$ निम्नलिखित में से किससे विभाज्य है?

(*a*) 3 (*b*) 10 (*c*) 11 (*d*) 13

84. यदि n एक सम संख्या है, तो $(6^n - 1)$ निम्नलिखित में से किससे पूर्णतया विभक्त होगा?

(*a*) 30 (*b*) 36 (*c*) 6 (*d*) 35

85. $(51 + 52 + 53 + ... + 100) = ?$

(*a*) 2525 (*b*) 2975 (*c*) 3225 (*d*) 3775

86. $(11^2 + 12^2 + 13^2 + ... + 20^2) = ?$

(*a*) 385 (*b*) 2485 (*c*) 2870 (*d*) 3255

87. 156 * 942 में लुप्त अंक ज्ञात करें जिससे यह संख्या 11 से पूर्णतया विभक्त हो? (एस०एस०सी० परीक्षा, 2009)

(*a*) 4 (*b*) 7 (*c*) 8 (*d*) 9

88. 867943 में 7 के स्थानीय तथा जातीय मान में क्या अन्तर है?

(*a*) 943 (*b*) 7936

(*c*) 6993 (*d*) इनमें से कोई नहीं

89. $(287 \times 287 + 269 \times 269 - 2 \times 287 \times 269) = ?$

(*a*) 534 (*b*) 446 (*c*) 354 (*d*) 324

90. $(456 \times 456 + 144 \times 144 + 2 \times 456 \times 144) = ?$

(*a*) 250000 (*b*) 360000

(*c*) 375600 (*d*) 361600

91. 689235 में 9 तथा 3 के स्थानीय मानों का अन्तर कितना है?

(*a*) 9200 (*b*) 8970 (*c*) 6 (*d*) 40

92. यदि a तथा b पूर्णांक हों, जहाँ $b > 0$ तो दो पूर्णांक q तथा r ऐसे होंगे कि: (एम०बी०ए० परीक्षा, 2008)

(*a*) $a = bq + r$, जहाँ $0 \le r < b$

(*b*) $b = aq + r$, जहाँ $0 < r \le b$

(*c*) $b = rq + a$, जहाँ $0 \le r < b$

(*d*) इनमें से कोई नहीं

93. $(465+415)^2 - 4 \times 465 \times 415 = ?$

(*a*) 2500 (*b*) 3160 (*c*) 3500 (*d*) 3600

94. 50 तथा 90 के बीच सभी अभाज्य संख्याओं का योग कितना है?

(*a*) 485 (*b*) 572 (*c*) 722 (*d*) 635

95. $14^3 + 16^3 + 18^3 + ... 30^3$ का मान क्या है?

(*a*) 134576 (*b*) 120212 (*c*) 115624 (*d*) 111672

(एस.एस.सी.-सी.जी.एल. परीक्षा, 2019)

96. यदि 9 अंकों की संख्या $985x\,3678y$ संख्या 72 से विभाज्य है, तो $(4x - 3y)$ का मान होगा:

(*a*) –4 (*b*) 4 (*c*) 3 (*d*) –3

(एस.एस.सी.-सी.जी.एल. परीक्षा, 2018)

97. $(217)^{413} \times (819)^{547} \times (414)^{624} \times (342)^{812}$ का इकाई अंक क्या है? (एस.एस.सी.-सी.जी.एल. परीक्षा, 2018)

(*a*) 1 (*b*) 4 (*c*) 5 (*d*) 8

98. यदि संख्या 48327 * 8 पूर्णतया 11 से विभक्त हो, तो * का मान होगा: (एस०एस०सी० परीक्षा, 2008)

(*a*) 5 (*b*) 3 (*c*) 2 (*d*) 1

99. यदि 671 * 483 पूर्णतया 9 से विभक्त हो, तो * के स्थान पर कौन-सा अंक होगा?

(*a*) 2 (*b*) 5 (*c*) 7 (*d*) 8

100. यदि 157 * 234 पूर्णतया 3 से विभक्त हो, तो * के स्थान पर कौन-सा अंक होगा?

(*a*) 0 (*b*) 1

(*c*) 2 (*d*) इनमें से कोई नहीं

101. 300 से 650 तक ऐसी कितनी संख्याएँ हैं, जो 5 और 7 दोनों से पूर्णत: विभाज्य हैं? (एस.एस.सी.-सी.जी.एल. परीक्षा, 2017)

(*a*) 10 (*b*) –10 (*c*) 12 (*d*) 100

102. 7, 11 और 14 से विभाज्य बनाने के लिए 1812 में कौन-सा न्यूनतम मान जोड़ा जाए? (एस.एस.सी.-सी.जी.एल. परीक्षा, 2017)

(*a*) 13 (*b*) 34 (*c*) 36 (*d*) 18

103. प्रथम 111 पूर्ण संख्याओं के योग का इकाई अंक क्या है?

(*a*) 1 (*b*) 2 (*c*) 4 (*d*) 4

(एस.एस.सी.-सी.जी.एल. परीक्षा, 2017)

104. s का मान क्या है? (एस.एस.सी.-सी.जी.एल. परीक्षा, 2017)

$s = \frac{1}{1\times3\times5}+\frac{1}{1\times4}+\frac{1}{3\times5\times7}+\frac{1}{4\times7}+\frac{1}{5\times7\times9}+\frac{1}{7\times10}+...........$ का 20वें पद तक

(*a*) $\frac{6179}{15275}$ (*b*) $\frac{6070}{14973}$ (*c*) $\frac{7191}{15174}$ (*d*) $\frac{5183}{16423}$

105. निम्नलिखित में से कौन-सा विकल्प सही है?

(a) $\sqrt[3]{11} > \sqrt{7} > \sqrt[4]{45}$ (b) $\sqrt{7} > \sqrt[3]{11} > \sqrt[4]{45}$

(c) $\sqrt{7} > \sqrt[4]{45} > \sqrt[3]{11}$ (d) $\sqrt[4]{45} > \sqrt{7} > \sqrt[3]{11}$

(एस.एस.सी.-सी.जी.एल. परीक्षा, 2017)

106. A और B धनात्मक पूर्णांक हैं। यदि $A + B + AB = 65$, तो A और B $(A, B \le 15)$ में क्या अंतर है?

(a) 4 (b) 5 (c) 6 (d) 7

(एस.एस.सी.-सी.जी.एल. परीक्षा, 2017)

107. $6^{256} - 4^{256}$ का यूनिट अंक क्या है?

(a) 7 (b) 0 (c) 1 (d) 4

[एस.एस.सी. मैट्रिक स्तर मल्टी टास्किंग स्टाफ परीक्षा, 2017]

108. सबसे बड़ी भिन्न कौन-सी है ?

(a) $\frac{217}{339}$ (b) $\frac{221}{335}$ (c) $\frac{222}{339}$ (d) $\frac{214}{335}$

[दिल्ली अधीनस्थ सेवा चयन बोर्ड स्टेनोग्राफर ग्रेड-III परीक्षा, 2017]

109. $0.863 \times 0.637 + 0.863 \times 0.363 = ?$

(a) 1 (b) 0.863 (c) 8.63 (d) 1.226

(हरियाणा ऑक्शन रिकार्डर परीक्षा, 2016)

110. 100 से कम की वे सभी धन पूर्णांक संख्याओं का योग जो पाँच की गुणज है, क्या है? (हरियाणा ऑक्शन रिकार्डर परीक्षा, 2016)

(a) 950 (b) 1230 (c) 760 (d) 875

111. किसी परिमेय संख्या का हर उसके अंश से 8 अधिक है, यदि अंश को 17 तथा हर को 1 बढ़ा दिया जाए तो संख्या का मान $\frac{3}{2}$ हो जाता है, तो परिमेय संख्या क्या है?

(a) $\frac{7}{15}$ (b) $\frac{5}{13}$ (c) $\frac{3}{11}$ (d) $\frac{9}{11}$

(यू.पी.पी.एस.सी.-लोअर अधीनस्थ परीक्षा, 2016)

112. यदि $(1^2 + 2^2 + 3^2 + ... + 20^2) = 2870$ हो, तो

$(2^2 + 4^2 + 6^2 + ... + 40^2) = ?$

(a) 2870 (b) 5740 (c) 11480 (d) 28700

113. $\frac{0.796 \times 0.796 \times 0.796 + 0.204 \times 0.204 \times 0.204}{0.796 \times 0.796 - 0.796 \times 0.204 + 0.204 \times 0.204}$ का मान है:

(a) 1 (b) 0.1 (c) 0.59 (d) 0.059

(उत्तर प्रदेश चकबन्दी लेखपाल भर्ती पुन परीक्षा, 2015)

114. दो क्रमबद्ध सम संख्याओं का उत्पाद 288 है। ऐसे में उन संख्याओं का पता कीजिए।

(a) 16 और 14 (b) 16 और 18

(c) 18 और 20 (d) 20 और 22

(दिल्ली अधीनस्थ सेवा चयन बोर्ड निम्न श्रेणी लिपिक परीक्षा, 2014)

115. $(a^2 + 4b^2 + 4b - 4ab - 2a - 8)$ के गुणनखंड क्या होगे?

(a) $(a - 2b - 4)(a - 2b + 2)$

(b) $(a - b + 2)(a - 4b - 4)$

(c) $(a + 2b - 4)(a + 2b + 2)$

(d) $(a + 2b - 1)(a - 2b + 1)$

(एस.एस.सी. संयुक्त स्नातक स्तरीय (टीयर-II) परीक्षा, 2014)

116. सबसे छोटी अभाज्य संख्या कौन-सी हैं ?

(a) 0 (b) 1 (c) 2 (d) 3

117. 70 से छोटी अभाज्य संख्यायें कितनी हैं ?

(a) 17 (b) 18 (c) 19 (d) 20

118. 278546083 में दोनों 8 के स्थानीय मानों में अन्तर पता कीजिए।

(a) 4 (b) 799912 (c) 7999920 (d) 799920

(मध्य प्रदेश पुलिस आरक्षक (जनरल ड्यूटी) भर्ती परीक्षा, 2013)

उत्तरमाला (प्रश्नमाला 1A)

1. (d)	2. (e)	3. (b)	4. (a)	5. (c)	6. (a)	7. (b)	8. (c)	9. (d)	10. (a)	11. (a)	12. (d)
13. (b)	14. (e)	15. (d)	16. (d)	17. (d)	18. (a)	19. (c)	20. (b)	21. (d)	22. (c)	23. (a)	24. (a)
25. (c)	26. (b)	27. (a)	28. (b)	29. (a)	30. (b)	31. (b)	32. (d)	33. (c)	34. (e)	35. (d)	36. (b)
37. (a)	38. (c)	39. (c)	40. (b)	41. (d)	42. (b)	43. (c)	44. (a)	45. (b)	46. (c)	47. (b)	48. (b)
49. (d)	50. (c)	51. (b)	52. (d)	53. (d)	54. (a)	55. (c)	56. (c)	57. (d)	58. (e)	59. (a)	60. (e)
61. (e)	62. (e)	63. (e)	64. (a)	65. (b)	66. (b)	67. (a)	68. (b)	69. (c)	70. (a)	71. (d)	72. (a)
73. (b)	74. (c)	75. (b)	76. (a)	77. (b)	78. (a)	79. (b)	80. (d)	81. (c)	82. (c)	83. (b)	84. (d)
85. (d)	86. (b)	87. (d)	88. (c)	89. (b)	89. (d)	90. (b)	91. (b)	92. (a)	93. (a)	94. (d)	95. (d)
96. (b)	97. (d)	98. (d)	99. (c)	100. (c)	101. (a)	102. (c)	103. (d)	104. (b)	105. (c)	106. (b)	107. (b)
108. (b)	109. (b)	110. (a)	111. (a)	112. (c)	113. (a)	114. (b)	115. (a)	116. (c)	117. (c)	118. (c)	

दिये गए प्रश्नों के हल (प्रश्नमाला 1A)

1. 8 के विभाज्यता नियम के अनुसार = एक संख्या 8 से तभी विभाज्य होगी जब उसके अंतिम तीन अंक 8 से विभाज्य हैं। यदि संख्या 1005*x* 4, 8 से विभाज्य है, तो इसके अंतिम अंक 5*x*4 भी 8 से विभाज्य होंगे।

504, 8 से विभाज्य है, इसलिए 100504 संख्या भी 8 से विभाज्य है।

अतः, 0 सही उत्तर होगा।

2. माना $16 \times 12 - 672 \div 21 = x - 211$.

तब $16 \times 12 - 32 = x - 211 \Rightarrow 192 - 32 = x - 211$

$\Rightarrow 160 = x - 211 \Rightarrow x = 160 + 211 = 371.$

3. चूंकि दी गई संख्या 72 से विभाज्य है, अत: इसे 4, 8 और 9 से भी विभाज्य होना चाहिए।

चूंकि, यह 4 से भी विभाज्य है, तो अंतिम दो अंक 4 से विभाज्य होना चाहिए। इसलिए, *y* के संभावित मान 2 और 6 हैं।

चूंकि संख्या 8 से भी विभाज्य है, अतः अंतिम तीन अंक 8 से विभाज्य होना चाहिए। चूंकि 312, 8 से विभाज्य है, y का केवल एक संभावित मान 2 है।

अब, संख्या 9 से विभाज्य है, इसलिए अंकों का योग 9 से विभाज्य होना चाहिए।

$7+8+9+x+5+3+1+y$
$=33+x+2$
$=35+x$

$x=1$ के लिए यह योग 9 से विभाज्य है।

$\therefore\ 5x-3y=5\times1-3\times2=5-6=-1$

4. माना $475+950$ का $64\%=900+x$. तब,

$475+950$ का $\frac{64}{100}=900+x$

$\Rightarrow 475+608=900+x \Rightarrow 1083=900+x$

$\Rightarrow x=1083-900=183.$

5.
$$\begin{array}{r} 7960 \\ +2956 \\ +4028 \\ \hline 14944 \\ -8050 \\ \hline 6894 \end{array}$$

6. माना 3842 का $\frac{1}{2}+x$ का $15\%=2449.$

तब $1921+x\times\frac{15}{100}=2449$

$\Rightarrow \frac{3x}{20}=(2449-1921)=528$

$\Rightarrow x=\left(528\times\frac{20}{3}\right)=3520.$

7. माना x का $350\%\div50+248=591$. तब,

x का $\frac{350}{100}\times\frac{1}{50}+248=591 \Rightarrow \frac{7x}{100}=(591-248)=343$

$\Rightarrow x=\left(343\times\frac{100}{7}\right)=4900.$

8. माना $25\times3.25+50.4\div24=x.$ तब,

$x=25\times3.25+50.4\times\frac{1}{24}=25\times\frac{325}{100}+2.1=81.25+2.1=83.35.$

9. माना $(833.25-384.45)\div24=x.$ तब

$x=448.8\times\frac{1}{24}=18.7$

10. माना $5.6\times12.5\div0.5+15.5=x+49.5.$ तब,

$\frac{56\times125}{100}\times\frac{10}{5}+15.5=x+49.5$

$\Rightarrow 140+15.5=x+49.5 \Rightarrow x=155.5-49.5=106.$

11. माना $1575\div21\div5=\sqrt{x}\times6.$ तब,

$1575\times\frac{1}{21}\times\frac{1}{5}\times\frac{1}{6}=\sqrt{x} \Rightarrow \sqrt{x}=\frac{5}{2} \Rightarrow x=\frac{25}{4}=6.25.$

12. माना $(\sqrt{x}-1)^2=8-\sqrt{28}=(\sqrt{7}-1)^2$

$\Rightarrow \sqrt{x}-1=\sqrt{7}-1 \Rightarrow \sqrt{x}=\sqrt{7} \Rightarrow x=7.$

13. माना 32.5×450 का $26\%\div3-745.5=x.$ तब,

$x=\frac{325\times450}{10}$ का $\frac{26}{100}\times\frac{1}{3}-745.5$

$\Rightarrow x=1267.5-745.5=522.$

14. माना $(0.7)^2\div(0.343)=(0.7)^x\div(0.49)^3.$ तब,

$\frac{(0.7)^2}{(0.7)^3}=\frac{(0.7)^x}{\{(0.7)^2\}^3} \Rightarrow \frac{1}{0.7}=\frac{(0.7)^x}{(0.7)^6}$

$\Rightarrow 6-x-1 \Rightarrow x=5.$

15.
$$\begin{array}{r} -7878 \\ -6666 \\ -777 \\ -33 \\ \hline -15354 \end{array} \qquad \begin{array}{r} 87878 \\ -15354 \\ \hline 72524 \end{array}$$

16.
$$\begin{array}{r} 78642 \\ +4120 \\ +387 \\ \hline 83149 \\ -51620 \\ \hline 31529 \end{array}$$

17. $(a^2-b^2)=19 \Rightarrow (a+b)(a-b)=19\times1$

$\Rightarrow a+b=19$ तथा $a-b=1$

$\Rightarrow 2a=20 \Rightarrow a=10.$

18. दिया गया व्यंजक

$=(1+11+111+1111)+\left(4\times\frac{1}{2}\right)$

$=(1234+2)=1236.$

19. $\left(\frac{3}{5}\right)^{2x-1}=\left(\frac{3}{5}\right)^3\times\left(\frac{3}{5}\right)^{-6}=\left(\frac{3}{5}\right)^{3+(-6)}=\left(\frac{3}{5}\right)^{-3}$

$\Rightarrow 2x-1=-3 \Rightarrow 2x=-3+1=-2 \Rightarrow x=-1.$

20. माना अंश एवं हर x तथा y है।

प्रश्नानुसार, $\frac{x+12\%\text{ of }x}{y-2\%\text{ of }y}=\frac{6}{7}$

$\Rightarrow \frac{112\%\text{ of }x}{98\%\text{ of }y}=\frac{6}{7} \Rightarrow \frac{112x}{98y}=\frac{6}{7} \Rightarrow \frac{x}{y}=\frac{6}{7}\times\frac{98}{112}=\frac{3}{4}$

21. दिया गया व्यंजक

$=\left[\frac{\{(1.331)[(1.331)^{-1}+(1.331)^{-2}+....+(1.331)^{-7}]\}}{[(1.331)^{-1}+(1.331)^{-2}+....+(1.331)^{-7}}\right]^{2/3}$

$=(1.331)^{2/3}=\left[(1.1)^3\right]^{2/3}=(1.1)^{\left(3\times\frac{2}{3}\right)}=(1.1)^2=1.21.$

22. $(2137)^{753}$ में इकाई का अंक $=(7)^{753}$ में इकाई का अंक.

(7^4) में इकाई का अंक $=1.$

$(7^4)^{188}$ में इकाई का अंक $=1.$

$(7)^{753}=(7^4)^{188}\times7.$ अतः $(7)^{753}$ में इकाई का अंक $=(1\times7)=7.$

23. $(13)^{2003}$ में इकाई का अंक $=(3)^{2003}$ में इकाई का अंक

(3^4) में इकाई का अंक $=1$

$(3^4)^{500}$ में इकाई का अंक $=1.$

$\left(3^{2003}\right)=3^{(2000+3)}=(3^4)^{500}\times 3^3$

$\therefore 3^{2003}$ में इकाई का अंक = (1 × 27) में इकाई का अंक = 7.

$\therefore (13)^{2003}$ में इकाई का अंक = 7.

24. दिये गये गुणनफल में इकाई का अंक

$=(4\times 8\times 7\times 3)$ में इकाई का अंक = 672 में इकाई का अंक = 2.

25. अभीष्ट अंक $=(7)^{153}\times(1)^{72}$ का इकाई अंक $=(7^4)^{38}\times 7\times 1$ का इकाई अंक = (1 × 7) का इकाई अंक = 7.

26. 7^{95} का इकाई अंक $=(7^4)^{23}\times 7^3$ का इकाई अंक

= (1 × 3) = 3.

3^{58} का इकाई अंक $=(3^4)^{14}\times 3^2$ का इकाई अंक

= (1 × 9) = 9

$(7^{95}-3^{58})$ का इकाई अंक = (13 – 9) = 4.

27. $(3694)^{1793}$ में इकाई अंक $=(4)^{1793}$ में इकाई अंक

$=\left\{(4^2)^{896}\times 4\right\}$ में इकाई अंक

= (6 × 4) में इकाई अंक = 4.

$(615)^{317}$ में इकाई अंक $=(5)^{317}$ में इकाई अंक = 5.

$(841)^{491}$ में इकाई अंक $=(1)^{491}$ में इकाई अंक = 1.

अभीष्ट अंक = (4 × 5 × 1) का इकाई अंक = 0.

28. $3^{61}=(3^4)^{15}\times 3=(81)^{15}\times 3$

$\therefore 3^{61}$ में इकाई अंक = (1 × 3) = 3.

6^{43} में इकाई अंक = 6.

$7^{82}=(7^4)^{20}\times 7^2$.

$\therefore 7^{82}$ में इकाई अंक = (1 × 49) में इकाई अंक = 9.

अभीष्ट अंक = (3 × 6 × 9) में इकाई अंक

= 162 का इकाई अंक = 2.

29. $(17)^{1999}$ में इकाई अंक $=(7)^{1999}$ में इकाई अंक

$=(7^4)^{499}\times 7^3$ में इकाई अंक $=(1\times 343)$ में इकाई अंक = 3

$(11)^{1999}$ में इकाई अंक = 1

$(7)^{1999}$ में इकाई अंक $=(7^4)^{499}\times 7^3$ में इकाई अंक

$=(1\times 343)$ में इकाई अंक = 3.

दिये गये व्यंजक में इकाई अंक = 3 + 1 – 3 = 1.

30. $(n^3-n)=n(n^2-1)=n(n-1)(n+1)$

$n=1\Rightarrow(n^3-n)=0$;

$n=2\Rightarrow(n^3-n)=2\times 1\times 3=6$;

$n=3\Rightarrow(n^3-n)=3\times 2\times 4=6\times 4$;

$n=4\Rightarrow(n^3-n)=4\times 3\times 5=6\times 10$.

$\therefore (n^3-n)$ सदैव 6 से विभक्त होगा.

31. माना 10^n में x अंक हैं. तब, (10^n-1) में x बार 9 आयेंगे.

$\therefore\ 9x=4707\Rightarrow x=\dfrac{4707}{9}=523.$

अत: (10^n-1) में 523 बार 9 आयेंगे.

32. भाज्य = (भाजक × भागफल) + शेषफल = (100 × 403) + 58 = 40300 + 58 = 40358.

33. माना $48\times x=173\times 240\Rightarrow x=\dfrac{173\times 240}{48}=865.$

34. 3428 को 13 से भाग देने पर शेषफल = 9.

∴ घटाई जाने वाली संख्या = 9.

35. माना दी गई संख्या को 136 से भाग देने पर भागफल k तथा शेषफल 36 प्राप्त होता है.

तब, दी गई संख्या = $136k+36$

$=(17\times 8k)+(17\times 2)+2=17\times(8k+2)+2.$

अत: दी गई संख्या को 17 से भाग देने पर शेषफल = 2.

36. दिया गया व्यंजक $=\dfrac{(256)^2-(144)^2}{(256-144)}=(256+144)=400.$

37. $\dfrac{(a^2+b^2+ab)}{(a^3-b^3)}=\dfrac{(a^2+b^2+ab)}{(a-b)(a^2+b^2+ab)}=\dfrac{1}{(a-b)}$

$=\dfrac{1}{(11-9)}=\dfrac{1}{2}.$

38. माना दी गई संख्या को 156 से भाग देने पर भागफल k तथा शेषफल 29 प्राप्त होता है.

तब, दी गई संख्या = $156k+29$

$=(13\times 12k)+(13\times 2)+3=13\times(12k+2)+3.$

अत: दी गई संख्या को 13 से भाग देने पर शेषफल = 3.

39. माना दी गई संख्या = $195k+47$

$=(15\times 13k)+(15\times 3)+2=15\times(13k+3)+2.$

अत: दी गई संख्या को 15 से भाग देने पर शेषफल = 2.

40. $8=7^d=(6^c)^d=6^{cd}=(5^b)^{cd}=5^{bcd}=(4^a)^{bcd}=4^{abcd}$

$\Rightarrow 2^3=2^{2abcd}\Rightarrow 2abcd=3\Rightarrow abcd=\dfrac{3}{2}=1.5.$

41. 4000 को 19 से भाग देने पर शेषफल = 10.

अत: घटाई जाने वाली संख्या = 10.

42. दिया गया व्यंजक

$=\left(1-\dfrac{1}{2}\right)+\left(\dfrac{1}{2}-\dfrac{1}{3}\right)+\left(\dfrac{1}{3}-\dfrac{1}{4}\right)+....+\left(\dfrac{1}{99}-\dfrac{1}{100}\right)$

$=\left(1-\dfrac{1}{100}\right)=\dfrac{99}{100}.$

43. दिया गया व्यंजक

$=\left(1-\dfrac{1}{2^2}\right)\left(1-\dfrac{1}{3^2}\right)\left(1-\dfrac{1}{4^2}\right)....\left(1-\dfrac{1}{19^2}\right)\left(1-\dfrac{1}{20^2}\right)$

$=\left(1-\dfrac{1}{2}\right)\left(1+\dfrac{1}{2}\right)\left(1-\dfrac{1}{3}\right)\left(1+\dfrac{1}{3}\right)\left(1-\dfrac{1}{4}\right)\left(1+\dfrac{1}{4}\right)...$

$\left(1-\dfrac{1}{19}\right)\left(1+\dfrac{1}{19}\right)\left(1-\dfrac{1}{20}\right)\left(1+\dfrac{1}{20}\right)$

$=\left\{\left(1-\dfrac{1}{2}\right)\left(1-\dfrac{1}{3}\right)\left(1-\dfrac{1}{4}\right)...\left(1-\dfrac{1}{19}\right)\left(1-\dfrac{1}{20}\right)\right\}$

$\left\{\left(1+\frac{1}{2}\right)\left(1+\frac{1}{3}\right)\left(1+\frac{1}{4}\right)...\left(1+\frac{1}{19}\right)\left(1+\frac{1}{20}\right)\right\}$

$=\left\{\frac{1}{2}\times\frac{2}{3}\times\frac{3}{4}\times...\times\frac{18}{19}\times\frac{19}{20}\right\}\left\{\frac{3}{2}\times\frac{4}{3}\times\frac{5}{4}\times...\times\frac{20}{19}\times\frac{21}{20}\right\}$

$=\left(\frac{1}{20}\times\frac{21}{2}\right)=\frac{21}{40}=0.525.$

44. तीन अंकों की छोटी से छोटी संख्या = 100

इसे 14 से भाग देने पर शेषफल = 2.

$\therefore$ अभीष्ट संख्या = 100 + (14 – 2) = 112.

45. दिया गया व्यंजक $=\left[\frac{2}{3}\times\frac{3}{4}\times\frac{4}{5}\times....\times\frac{(n-1)}{n}\right]=\frac{2}{n}.$

46. दिया गया व्यंजक $=\left[\frac{5}{3}\times\frac{7}{5}\times\frac{9}{7}\times....\times\frac{1001}{999}\right]=\frac{1001}{3}.$

47. 5 अंकों की बड़ी से बड़ी संख्या = 99999

```
463) 99999 (215
     926
      739
      463
      2769
      2315
       454
```

अभीष्ट संख्या = (99999 – 454) = 99545.

48. दिया है: भाज्य = 7865321, भागफल = 33612, शेषफल = 113.

भाजक $=\frac{\text{भाज्य – शेषफल}}{\text{भागफल}}=\frac{7865321-113}{33612}=234.$

49. माना अभीष्ट संख्या *xyxy* है।

तब यह संख्या = $1000x + 100y + 10x + y$

$= 100\,(10x + y) + (10x + y) = (10x + y) \times (100 + 1)$

$= (10x + y) \times 101.$

अत: ऐसी संख्या 101 से सदैव विभक्त होगी।

50. $5p9+327+2q8=1114$

$\Rightarrow 5p9+2q8=(1114-327)=787$

$\Rightarrow 500+10p+9+200+10q+8=787$

$\Rightarrow (10p+10q)+717=787$

$\Rightarrow 10(p+q)=70 \Rightarrow p+q=7.$

$\therefore q$ का अधिकतम संभव मान = 7.

51. संख्या = $4 \times Q + 2$, $Q = 5q + 3$ तथा $q = 6 \times 7 + 5 = 47$.

$\therefore$ $Q=5\times47+3=238 \Rightarrow$ संख्या $=4\times238+2=954$.

52. $a+b+c=180, b+c+d=197, c+d+a=208$

तथा $d+a+b=222$.

इन्हें जोड़ने पर:

$3(a+b+c+d)=807 \Rightarrow a+b+c+d=269$

इन संख्याओं का माध्य $=\frac{a+b+c+d}{4}=\frac{269}{4}=67\frac{1}{4}.$

53.
```
  4a3
+ 984
 13b7
```

चूँकि 13*b*7, 11 से विभाज्य है, अत: $(7 + 3) - (b + 1) = 0$

$\Rightarrow b=9$.

$1397-984=413 \Rightarrow a=1, b=9.$

$\therefore 3a+4b=3\times1+4\times9=3+36=39.$

54. $2x+3y=100$ ...(*i*)

$3x+2y=120$ ...(*ii*)

इन्हें हल करने पर $y = 12$ तथा $x = 32$.

अत: बड़ी संख्या = 32.

55. अभीष्ट पंक्तियाँ $=\frac{54\times30}{45}=36.$

56. 7 का स्थानीय मान = 7000 तथा 7 का जातीय मान = 7.

अभीष्ट अन्तर = (7000 – 7) = 6993.

57. अभीष्ट अन्तर = (7000 – 30) = 6970.

58. $4172 + 593 - x = 3069$

$\Rightarrow x = 4172 + 593 - 3069$

```
  4172
 + 593
  4765
 -3069
  1696
```

59. $8888 + 848 + 88 - x = 7337 + 737$

$\Rightarrow 9824 - x = 8074$

$\Rightarrow x = 9824 - 8074 = 1750.$

60.
```
  8595
+ 2319
 10914
- 5658
  5256
```

61.
```
  3895
+ 1089
  4984
- 1563
  3421
```

62. $5982+1345+736-x=4588+992$

$\Rightarrow 8063-x=5580$

$\Rightarrow x=(8063-5580)=2483.$

63. $136\times12\times8=136\times96$

$=136\times(100-4)$

$=(136\times100)-(136\times4)=13600-544=13056.$

64. $72519 \times 9999 = 72519 \times (10000 - 1)$

$= 72519 \times 10000 - 72519 \times 1$

$= 725190000 - 72519$

$= 725117481.$

65. $2056 \times 987 = 2056 \times (1000 - 13)$

$= 2056 \times 1000 - 2056 \times 13$

$= 2056000 - 26728 = 2029272.$

66. $1904 \times 1904 = (1904)^2 = (1900 + 4)^2$

$= (1900)^2 + 4^2 + 2 \times 1900 \times 4$

$= 3610000 + 16 + 15200 = 3625216.$

67. $1397 \times 1397 = (1397)^2 = (1400 - 3)^2$

$= (1400)^2 + 3^2 - 2 \times 1400 \times 3$

$= 1960000 + 9 - 8400 = 1951609.$

68. $(66)^2-(34)^2=(66+34)(66-34)$

$[\because (a^2-b^2)=(a+b)(a-b)]$

$= (100 \times 32) = 3200.$

69. $(999)^2 - (998)^2 = (999+998)(999-998)$

$[\because (a^2-b^2) = (a+b)(a-b)]$

$= (1997 \times 1) = 1997.$

70. दिया गया व्यंजक $= \dfrac{(a+b)^2-(a-b)^2}{ab} = \dfrac{4ab}{ab} = 4,$

जहाँ $a = 589$ तथा $b = 187$.

71. दिया गया व्यंजक $= \dfrac{(a+b)^2+(a-b)^2}{(a^2+b^2)},$

जहाँ $a = 931$ तथा $b = 138$

$= \dfrac{2(a^2+b^2)}{(a^2+b^2)} = 2.$

72. दिया गया व्यंजक $= \dfrac{(963)^3+(137)^3}{(963)^2-963\times137+(137)^2}$

$= \dfrac{(a^3+b^3)}{(a^2-ab+b^2)}$, जहाँ $a = 963$ तथा $b = 137$

$= (a+b) = (963+137) = 1100.$

73. दिया गया व्यंजक $= \dfrac{(680)^2+(320)^2-680\times320}{(680)^3+(320)^3}$

$= \dfrac{(a^2+b^2-ab)}{(a^3+b^3)}$, जहाँ $a = 680$ तथा $b = 320$

$= \dfrac{1}{(a+b)} = \dfrac{1}{(680+320)} = \dfrac{1}{1000}.$

74. दिया गया व्यंजक

$= \dfrac{(735)^3-(105)^3}{(735)^2+735\times105+(105)^2} = \dfrac{(a^3-b^3)}{(a^2+ab+b^2)},$

जहाँ $a = 735$ तथा $b = 105$

$= (a-b) = (735-105) = 630.$

75. $(3^{4n}-4^{3n}) = (3^4)^n-(4^3)^n = (81)^n-(64)^n.$

हम जानते हैं (x^n-y^n) सदैव $(x-y)$ से विभक्त होगा, जबकि n कोई धनपूर्णांक हो।

$\therefore$ $(3^{4n}-4^{3n})$ सदैव $(81-64) = 17$ से पूर्णतया विभक्त होगा।

76. 3 तथा 8 सहअभाज्य संख्यायें हैं जिनका गुणनफल 24 है। स्पष्ट है कि 718 पूर्णतया 8 से विभक्त नहीं होती। अत: 35718 पूर्णतया 24 से विभक्त नहीं होगी।

77. $ab = 0 \Rightarrow a = 0$ अथवा $b = 0$ अथवा दोनों में से प्रत्येक 0.

78. यदि n एक समसंख्या हो, तो (x^n-1) सदैव $(x+1)$ से विभक्त होगा।

$\therefore$ $\left[(17)^{200}-1\right]$ सदैव $(17+1)$ अर्थात 18 से विभक्त होगा।

अत: $(17)^{200}$ को 18 से भाग देने पर शेषफल = 1.

79. माना n को 4 से भाग देने पर भागफल $= q$ तथा शेषफल = 3.

तब, $n = 4q+3 \Rightarrow 2n = 8q+6 = 4(2q+1) = 2.$

अत: $2n$ को 4 से भाग देने पर शेषफल = 2.

80. किसी प्राकृत संख्या के वर्ग का इकाई अंक 2, 3, 7, 8 में से कोई नहीं हो सकता। अत: उत्तर (*d*) सही है।

81. स्पष्ट है कि $\dfrac{333333}{7} = 47619$

$\therefore$ अभीष्ट संख्या = 47619.

82. दिया गया व्यंजक

$= \left(1-\dfrac{1}{2}\right)+\left(\dfrac{1}{2}-\dfrac{1}{3}\right)+\left(\dfrac{1}{3}-\dfrac{1}{4}\right)+\ldots+\left(\dfrac{1}{n}-\dfrac{1}{n+1}\right)$

$= \left\{1-\dfrac{1}{2}+\dfrac{1}{2}-\dfrac{1}{3}+\dfrac{1}{3}-\ldots+\dfrac{1}{n}-\dfrac{1}{n+1}\right\} = \left(1-\dfrac{1}{n+1}\right)$

$= \dfrac{n}{(n+1)} < 1.$

83. $(4^{61}+4^{62}+4^{63}+4^{64}) = 4^{61}(1+4+4^2+4^3) = 4^{61}$

$(1+4+16+64) = 4^{61}\times85$

$= 4^{60}\times4\times85 = 4^{60}\times34\times10$, जो 10 से विभाज्य है।

84. $n = 2 \Rightarrow (6^2-1) = 35\times1.$

$n = 4 \Rightarrow (6^4-1) = (6^2-1)(6^2+1) = 35\times37.$

$n = 6 \Rightarrow (6^6-1) = (6^2-1)(6^4+6^2+1)$

$= 35\times(1296+36+1) = 35\times1333.$

85. दिया गया व्यंजक $= (1+2+3+\ldots+50+51+52+\ldots+100)-(1+2+3+\ldots+50)$

$= \left(\dfrac{100\times101}{2}\right)-\left(\dfrac{50\times51}{2}\right) = (5050-1275) = 3775.$

86. हम जानते हैं कि:

$(1^2+2^2+3^2+\ldots+n^2) = \dfrac{1}{6}n(n+1)(2n+1).$

$\therefore$ दिया गया व्यंजक $= (1^2+2^2+\ldots+10^2+11^2+\ldots+20^2)$

$-(1^2+2^2+\ldots+10^2)$

$= \left(\dfrac{1}{6}\times20\times21\times41\right)-\left(\dfrac{1}{6}\times10\times11\times21\right)$

$= (2870-385) = 2485.$

87. माना लुप्त अंक $= x$. तब,

$(2+9+6+1)-(4+x+5) = 18-(9+x) = (9-x).$

$\therefore$ $9-x = 0 \Rightarrow x = 9.$

अत: लुप्त अंक = 9.

88. 7 का स्थानीय मान = 7000 तथा 7 का जातीय मान = 7.

अभीष्ट अन्तर = (7000 − 7) = 6993.

89. दिया गया व्यंजक $= (a^2+b^2-2ab),$

जहाँ $a = 287$ तथा $b = 269$

$= (a-b)^2 = (287-269)^2 = (18)^2 = 324.$

90. दिया गया व्यंजक $= (a^2+b^2+2ab),$

जहाँ $a = 456$ तथा $b = 144$

$= (a+b)^2 = (456+144)^2 = (600)^2 = 360000.$

91. 9 का स्थानीय मान = 9000, 3 का स्थानीय मान = 30.

अभीष्ट अन्तर = (9000 − 30) = 8970.

92. स्पष्ट है कि $a = bq + r$, जहाँ $0 \le r < b$.

93. दिया गया व्यंजक $= \{(a+b)^2 - 4ab\}$,
जहाँ $a = 465$ तथा $b = 415$
$$= (a^2 + b^2 + 2ab - 4ab) = (a^2 + b^2 - 2ab)$$
$$= (a-b)^2 = (465-415)^2 = (50)^2 = 2500.$$

94. अभीष्ट योग
$$= (53 + 59 + 61 + 67 + 71 + 73 + 79 + 83 + 89) = 635.$$

95. $14^3 + 16^3 + 18^3 + \ldots\ldots\ldots\ldots. 30^3$
$2^3 (7^3 + 8^3 + 9^3 \ldots\ldots\ldots\ldots. 15^3)$
$\left[\frac{n(n+1)}{2}\right]^2$ के n वें पद तक घन का योग
प्रथम 15 पदों के घनों का योग – प्रथम 6 पदों के घनों का योग
$$\Rightarrow 2^3\left[\left\{\frac{15\times(15+1)}{2}\right\}^2 - \left\{\frac{6\times(6+1)}{2}\right\}^2\right]$$
$$\Rightarrow 2^3\left[\left(\frac{15\times16}{2}\right)^2 - \left(\frac{6\times7}{2}\right)^2\right]$$
$$\Rightarrow 2^3[(3\times5\times8)^2 - (3\times7)^2]$$
$$\Rightarrow 2^3 \times 3^2 (1600 - 49)$$
$$\Rightarrow 1551 \times 72 = 111672$$

96. चूंकि दी गई संख्या 72 से विभाज्य है, तो इसे 4, 8 और 9 से भी विभाज्य होना चाहिए।
चूंकि यह 4 से भी विभाज्य है, अत: अंतिम दो अंकों को 4 से विभाज्य होना चाहिए। इसलिए, y के संभावित मान 0, 4, और 8 हैं।
चूंकि यह 8 से विभाज्य है, अत: अंतिम तीन अंक 8 से विभाज्य होने चाहिए।
चूंकि 780 और 788, 8 से विभाज्य नहीं हैं, y का एकमात्र संभावित मान 4 है।
अब, चूंकि संख्या 9 से विभाज्य है, अत: उसके अंकों का योग भी 9 से विभाज्य होगा।
$$9 + 8 + 5 + x + 3 + 6 + 7 + 8 + y$$
$$= 46 + x + y$$
$$= 46 + x + 4$$
$$= 50 + x$$
$x = 4$ के लिए, 54, 9 से विभाज्य है।
$\therefore\ 4x - 3y = 4 \times 4 - 3 \times 4 = 4$

97. $(217)^{413}\times(819)^{547}\times(414)^{624}\times(342)^{812}$
$$7^1 = 7$$
$$7^2 = 49$$
$$7^3 = 343$$
$$7^4 = 2401$$
$$7^5 = 16807$$
$\therefore\ (217)^{413}$ का इकाई अंक $= 7$
$(819)^{547}$ का इकाई अंक $= 9$ $\quad(\because$ 547 विषम संख्या है)
$$4^1 = 4$$
$$4^6 = 6$$
जब 4 का घातंक सम है तो इकाई अंक होगा $= 6$
जब 4 का घातंक विषम हो तो इकाई अंक होग $= 4$
$$2^1 = 2$$
$$2^2 = 4$$
$$2^3 = 8$$
$$2^4 = 16$$
$$2^5 = 32$$
$\therefore\ (342)^{812}$ का इकाई अंक $= 6$
अत: $(217)^{413} \times (819)^{547} \times (414)^{624} \times (342)^{812}$ का इकाई
$$= 7 \times 9 \times 6 \times 6 = 2268$$
इकाई अंक $= 8$

98. 11 से विभक्त होने के लिए $[(8+7+3+4)-(x+2+8)]$ पूर्णतया 11 से विभक्त होगा.
अर्थात $(12 - x)$ पूर्णतया 11 से विभक्त होगा. अत: $x = 1$.

99. माना विलुप्त अंक $= x$. तब,
$(6+7+1+x+4+8+3) = (29+x)$ पूर्णतया 9 से विभक्त होना चाहिए.
$\therefore\ x = 7$.

100. माना विलुप्त अंक $= x$. तब,
$(1+5+7+x+2+3+4) = (22+x)$ पूर्णतया 3 से विभक्त होना चाहिए.
अत: $x = 2$.

101. 5 और 7 दोनों से पूर्णत: विभाज्य संख्याएँ 35 से भी विभाज्य होती हैं। 300 से 650 के बीच पहली और अंतिम ऐसी संख्याएँ क्रमश: 315 और 630 हैं।
हम जानते हैं कि एक श्रृंखला का nवाँ पद, जिसका पहला पद 'a' और सार्व अंतर 'd' है–
$$T_n = a + (n-1)d$$
$$\Rightarrow 630 = 315 + (n-1)\,35$$
$$\Rightarrow (n-1)\,35 = 630 - 315$$
$$\Rightarrow n - 1 = \frac{315}{35}$$
$$\Rightarrow n - 1 = 9$$
$$\Rightarrow n = 10$$

102. एक संख्या जो 7, 11 और 14 तीनों से विभाज्य है वह 154 (अर्थात 7, 11 और 14 के लसप) से भी विभाज्य होगी।
1812 को 154 से भाग देने पर 118 शेषफल प्राप्त होता है।
इसलिए, हमें 1812 को 7, 11 और 14 से विभाज्य बनाने के लिए इसमें 154 – 118 = 36 जोड़ना होगा।

103. प्रथम 111 पूर्ण संख्याओं के योग का $= 0 + 1 + 2 \ldots\ldots. 110$
$$= \frac{n(n+1)}{2} = \frac{(110)(110+1)}{2} = 55 \times 111$$
$$= 6105$$
$\because$ इकाई अंक $= 5$

104. $$s = \frac{1}{1\times3\times5} + \frac{1}{1\times4} + \frac{1}{3\times5\times7} + \frac{1}{4\times7} + \frac{1}{5\times7\times9} + \frac{1}{7\times10} \ldots\ldots\ldots. \text{20वें पद तक}$$

दी गई श्रृंखला दो श्रृंखलाओं से मिलकर बनी है, अर्थात

$$s_1 = \frac{1}{1\times4}+\frac{1}{4\times7}+\frac{1}{7\times9}+\dots\dots+\frac{1}{28\times31}$$

$$=\frac{1}{3}\left[\frac{1}{1}-\frac{1}{31}\right]=\frac{10}{31}$$

$$s_2=\frac{1}{1\times3\times5}+\frac{1}{3\times5\times7}+\frac{1}{5\times7\times9}\dots\dots\frac{1}{19\times21\times23}$$

$$=\frac{1}{2\times2}\left[\frac{1}{1\times3}-\frac{1}{21\times23}\right]$$

$$=\frac{1}{4}\left[\frac{160}{21\times23}\right]$$

$$=\frac{40}{21\times23}$$

$$s=s_1+s_2$$

$$=\frac{10}{31}+\frac{40}{21\times23}$$

$$=\frac{4880+1240}{21\times23\times31}$$

$$=\frac{6070}{14973}$$

105. $\sqrt[3]{11},\sqrt{7},\sqrt[4]{45}$

$11^{1/3}, 7^{1/2}, 45^{1/4}$

1/3, 1/2, 1/4 का लसप 12 है।

$11^4, 7^6, 45^3$

या 14641,117649,91125

$\therefore$ 117649 > 91125 > 14641

$\therefore \sqrt{7}>\sqrt[4]{45}>\sqrt[3]{11}$

106. दिया है $A+B+AB=65$

$(A, B \le 15)$

A और B का मान, मान लें

A = 10

B = 5

10 + 5 + 10 × 5 = 65

65 = 65 मान संतुष्ट है।

(A – B) के बीच अंतर = 10 –5 = 5

107. 6^{256} का इकाई अंक = 6

4^{256} का इकाई अंक = 6

$\therefore$ $6^{256}-4^{256}$ का यूनिट अंक $=6-6=0$

108. $\frac{217}{339}<\frac{222}{339}$; $\frac{214}{335}<\frac{221}{335}$

स्पष्टतः, $\frac{222}{339}<\frac{221}{335}$

109. $0.863\times0.637+0.863\times0.363$

$=0.863(0.637+0.363)=0.863\times1=0.863$

$\{\because am+bm=m(a+b)\}$.

110. अभीष्ट योगफल $=(5+10+15+20+\dots\dots+90+95)$

$=5(1+2+3+4+\dots\dots+18+19)$

$=5\times\frac{19(20)}{2}=950$

$\left\{\because 1+2+3\dots\dots n=\frac{n(n+1)}{2}\right\}$.

111. मान लीजिए कि अंश x है और हर $x+8$ है तो परिमेय संख्या

$=\frac{x}{x+9}$

प्रश्नानुसार, $\frac{x+17}{x+9}=\frac{3}{2}$

$\Rightarrow 2x+34=3x+27 \quad \Rightarrow 34-27=3x-2x$

$\Rightarrow x=7 \quad \therefore$ परिमेय संख्या $=\frac{x}{x+8}=\frac{7}{7+8}=\frac{7}{15}$

112. $(2^2+4^2+6^2+\dots+40^2)=\{(2\times1)^2+(2\times2)^2+(2\times3)^2+\dots+(2\times20)^2\}$

$=[(2^2\times1^2)+(2^2\times2^2)+(2^2\times3^2)+\dots.(2^2\times20^2)]$

$=2^2\times(1^2+2^2+3^2+\dots.+20^2)=(4\times2870)=11480.$

113. $\frac{0.796\times0.796\times0.796+0.204\times0.204\times0.204}{0.796\times0.796-0.796\times0.204+0.204\times0.204}$

$=\frac{(0.796)^3+(0.204)^3}{(0.796)^2-0.796\times0.204+(0.204)^2}$

यहाँ $a=0.796$ और $b=0.204$, यह समीकरण $\frac{a^3+b^3}{a^2-ab+b^2}$ के रूप में है और $a^3+b^3=(a+b)(a^2-ab+b^2)$

$\Rightarrow \frac{(a+b)(a^2-ab+b^2)}{a^2-ab+b^2}=(a+b)$

$=0.796+0.204=1.000=1$

114. माना दो क्रमबद्ध सम संख्या है x एवं $x+2$

प्रश्नानुसार, $x(x+2)=288 \quad x^2+2x-288=0$

$\Rightarrow x^2+18x-16x-288=0$

$\Rightarrow (x+18)(x-16)=0 \quad \Rightarrow x=16$

$\therefore$ दो संख्याएँ है 16 एवं 18

115. $(a^2+4b^2+4b-4ab-2a-8)=(a-2b-4)(a-2b+2)$

116. सबसे छोटी अभाज्य संख्या 2 है।

117. 70 से छोटी अभाज्य संख्यायें हैं:

2, 3, 5, 7, 11, 13, 17, 19, 23, 29, 31, 37, 41, 43, 47, 53, 59, 61, 67. इनकी संख्या 19 है।

118. अभीष्ट अन्तर $=8000000-80=7999920$

प्रश्नमाला 1B

1. किसी संख्या को 4 से भाग देने पर भागफल तथा शेषफल का योग 8 है तथा इनके वर्गों का योग 34 है. संख्या ज्ञात कीजिए.
(*a*) 28 (*b*) 23 (*c*) 27 (*d*) 21

2. एक तीन अंकों से बनी संख्या के अंकों का योग 6 है. अंक पलटने से प्राप्त संख्या मूल संख्या से 198 अधिक है. यदि मध्य अंक शेष दोनों अंकों के औसत के बराबर हो, तो मूल संख्या ज्ञात कीजिए.
(*a*) 213 (*b*) 128 (*c*) 123 (*d*) 187

3. एक परीक्षा में उत्तीर्ण होने वाले छात्रों की संख्या अनुत्तीर्ण छात्रों की चौगुनी थी. यदि कुल परीक्षार्थी 35 कम होते तथा 9 अधिक अनुत्तीर्ण होते तो उत्तीर्ण तथा अनुत्तीर्ण छात्रों का अनुपात 2 : 1 होता. कुल कितने परीक्षार्थी थे.
(*a*) 115 (*b*) 135 (*c*) 155 (*d*) 165

4. कुछ लड़कों को कतारों में इस प्रकार बैठाया जाता है कि प्रत्येक कतार में 8 लड़के हों, तो 6 लड़के शेष बचते हैं. यदि प्रत्येक कतार में 10 लड़के हों, तो 8 लड़के शेष बचते हैं. यदि प्रत्येक कतार में 12 लड़के हों, तो 10 लड़के शेष बचते हैं. यदि प्रत्येक कतार में 14 लड़के हों, तो कोई लड़का शेष नहीं बचता. लड़कों की निम्नतम संख्या कितनी है ?
(*a*) 238 (*b*) 239 (*c*) 241 (*d*) 242

5. एक परीक्षा में प्रत्येक ठीक उत्तर के लिए 2 अंक मिलते हैं तथा गलत उत्तर के लिए 1 अंक कम कर दिया जाता है. एक परीक्षार्थी ने सारे 100 प्रश्न हल किये तथा उसके कुल प्राप्तांक 80 थे. उसने कितने प्रश्नों का ठीक उत्तर दिया ?
(*a*) 59 (*b*) 60 (*c*) 71 (*d*) 87

6. किसी संख्या को 713 से भाग देने पर शेषफल 115 प्राप्त होता है. इसी संख्या को 31 से भाग देने पर शेषफल कितना होगा ?
(*a*) 9 (*b*) 11 (*c*) 18 (*d*) 22

7. एक छात्र को किसी संख्या को 34 से गुणा करना था. उसने त्रुटिवश 3 को 8 पढ़ लिया तथा उस संख्या को 84 से गुणा कर दिया. इससे उसका उत्तर ठीक उत्तर से 5600 अधिक था. वह संख्या कौनसी थी ?
(*a*) 112 (*b*) 118
(*c*) 121 (*d*) इनमें से कोई नहीं

8. चार प्राकृत संख्याओं में से तीन को क्रमागत लेकर जोड़ने पर योगफल क्रमश: 180, 197, 208 तथा 222 प्राप्त होता है. संख्यायें ज्ञात कीजिए.
(*a*) 89, 72, 61, 47 (*b*) 88, 71, 60, 48
(*c*) 85, 75, 67, 46 (*d*) इनमें से कोई नहीं

9. एक तीन अंकों की संख्या 2*a*3 को 326 में जोड़ने पर तीन अंकों की संख्या 5*b*9 प्राप्त होती है, जो 9 से पूर्णतया विभक्त होती है. $(5a - 2b)$ का मान ज्ञात कीजिए.
(*a*) 0 (*b*) 2 (*c*) 6 (*d*) 8

10. $(3257)^{683}$ को 3256 से भाग देने पर शेषफल क्या होगा ?
(*a*) 0 (*b*) 1 (*c*) 2 (*d*) 3

11. 84159 के समीपतम कौन–सी संख्या है जो 97 से पूर्णतया विभक्त हो जाये ?
(*a*) 83099 (*b*) 84172
(*c*) 84196 (*d*) इनमें से कोई नहीं

12. 36920 में छोटी से छोटी क्या संख्या जोड़ी जाये कि योगफल 137 से पूर्णतया विभक्त हो जाये ?
(*a*) 67 (*b*) 68
(*c*) 69 (*d*) 70

13. 434081 में से छोटी से छोटी क्या संख्या घटाई जाये कि शेष संख्या 287 से पूर्णतया विभक्त हो जाये ?
(*a*) 137 (*b*) 136
(*c*) 135 (*d*) इनमें से कोई नहीं

14. छह अंकों की वह छोटी से छोटी संख्या ज्ञात करो जो 67 से पूर्णतया विभक्त हो जाये.
(*a*) 100028 (*b*) 100033 (*c*) 100031 (*d*) 100029

15. किसी संख्या को 783 से भाग देने पर 48 शेष बचता है. उस संख्या को 29 से भाग देने पर शेषफल क्या होगा ?
(*a*) 19 (*b*) 21 (*c*) 20 (*d*) 23

उत्तरमाला (प्रश्नमाला 1B)

1. (*b*) **2.** (*c*) **3.** (*c*) **4.** (*a*) **5.** (*b*) **6.** (*a*) **7.** (*a*) **8.** (*a*) **9.** (*b*) **10.** (*b*)
11. (*c*) **12.** (*d*) **13.** (*a*) **14.** (*c*) **15.** (*a*)

दिये गए प्रश्नों के हल (प्रश्नमाला 1B)

1. माना दी गई संख्या को 4 से भाग देने पर भागफल $= a$ तथा शेषफल $= b$.

तब, $a + b = 8 \quad \ldots(i)$ तथा $a^2 + b^2 = 34 \quad \ldots(ii)$

$\therefore (a+b)^2 = 8^2 = 64 \Rightarrow a^2 + b^2 + 2ab = 64$

$\Rightarrow 34 + 2ab = 64 \Rightarrow 2ab = 30 \Rightarrow ab = 15.$

$\therefore \ (a-b)^2 = (a+b)^2 - 4ab = (8^2 - 4 \times 15)$
$= (64 - 60) = 4 = 2^2$

अत: $(a - b) = 2$.

$a + b = 8$ तथा $a - b = 2$ को हल करने पर $a = 5, b = 3$.

अभीष्ट संख्या $= 4a + b = (4 \times 5 + 3) = 23$.

2. माना सैंकड़े, दहाई तथा इकाई अंक क्रमश: x, y तथा z हैं.

तब, अभीष्ट संख्या $= 100x + 10y + z$.

$x + y + z = 6 \quad \ldots(i) \quad y = \frac{x+z}{2} \Rightarrow x + z = 2y \quad \ldots(ii)$

तथा $(100z + 10y + x) - (100x + 10y + z) = 198$

$\Rightarrow 99z - 99x = 198 \ \Rightarrow z - x = 2 \quad \ldots(iii)$

(*ii*) तथा (*i*) से $3y = 6 \Rightarrow y = 2$. अत: $z + x = 4 \quad \ldots(iv)$

(*iii*) तथा (*iv*) को हल करने पर $z = 3, x = 1$.

अत: अभीष्ट संख्या $= (100 \times 1 + 10 \times 2 + 3) = 123$.

3. माना अनुत्तीर्ण छात्र $= x$. तब, उत्तीर्ण छात्र $= 4x$ तथा कुल छात्र $= 5x$.
कुल छात्रों की नई संख्या $= 5x - 35$, अनुत्तीर्ण छात्रों की संख्या $= x + 9$.
तब, उत्तीर्ण छात्रों की संख्या $= (5x - 35) - (x + 9) = 4x - 44$.
$\therefore \frac{4x-44}{x+9} = \frac{2}{1} \Rightarrow 2x + 18 = 4x - 44 \Rightarrow 2x = 62 \Rightarrow x = 31.$
अतः कुल छात्रों की अभीष्ट संख्या $= (5 \times 31) = 155$.

4. माना अभीष्ट संख्या $= x$.
तब, x को 8 से भाग देने पर शेषफल = 6.
x को 10 से भाग देने पर शेषफल = 8.
x को 12 से भाग देने पर शेषफल = 10.
x को 14 से भाग देने पर शेषफल = 0.
स्पष्ट है कि प्रत्येक दशा में भाजक तथा शेषफल का अन्तर $= (8 - 6) = (10 - 8) = (12 - 10) = 2$.
8, 10, 12 का ल०स० = 120.
लड़कों की कम से कम संख्या $= (120k - 2)$, जो 14 से पूर्णतया विभक्त होता है.
$(120k - 2) = (112k + 8k - 2) = (14 \times 8k) + (8k - 2)$.
स्पष्ट है $(8k - 2)$ तभी 14 से पूर्णतया विभक्त होगा जबकि $k = 2$ हो.
$\therefore$ लड़कों की अभीष्ट संख्या $= (120 \times 2 - 2) = 238$.

5. माना ठीक उत्तर $= x$ तथा गलत उत्तर $= (100 - x)$.
कुल प्राप्तांक $= 2x - (100 - x) = 3x - 100$.
$\therefore 3x - 100 = 80 \Rightarrow 3x = 180 \Rightarrow x = 60.$
ठीक उत्तरों की संख्या = 60.

6. माना दी गई संख्या $= x$ तथा इसे 713 से भाग देने पर माना भागफल $= k$ तथा शेषफल = 115. तब
$x = 713k + 115 = 31 \times 23k + 31 \times 3 + 22$
$= 31 \times (23k + 3) + 22.$
अतः दी गई संख्या को 31 से भाग देने पर शेषफल = 22.

7. माना अभीष्ट संख्या $= x$. तब,
$84x - 34x = 5600 \Rightarrow 50x = 5600 \Rightarrow x = 112.$
अतः अभीष्ट संख्या = 112.

8. माना चार प्राकृत संख्यायें a, b, c तथा d हैं. तब
$a + b + c = 180, b + c + d = 197, c + d + a = 208$ तथा $d + a + b = 222$.
चारों समीकरणों को जोड़ने पर:
$3(a + b + c + d) = 807 \Rightarrow a + b + c + d = 269.$
$\therefore d = (269 - 180) = 89, a = (269 - 197) = 72,$
$b = (269 - 208) = 61$ तथा $c = (269 - 222) = 47$.
अतः अभीष्ट संख्यायें 89, 72, 61, 47 हैं.

9. $(5 + b + 9)$ पूर्णतया 9 से विभक्त होता है. अतः $b = 4$.
$\therefore$
$$\begin{array}{r} 2a3 \\ +\ 326 \\ 549 \end{array}$$
अतः $a = 2$.
$\therefore (5a - 2b) = (5 \times 2 - 2 \times 4) = (10 - 8) = 2.$

10. हम जानते हैं कि $(x^n - 1)$ सदैव $(x - 1)$ से पूर्णतया विभक्त होगा.
$\therefore \left[(3257)^{683} - 1\right]$ पूर्णतया $(3257 - 1)$ से विभक्त होगा
$\Rightarrow \left[(3257)^{683} - 1\right]$ पूर्णतया 3256 से विभक्त होगा
$\Rightarrow (3257)^{683}$ को 3256 से भाग देने पर 1 शेष बचेगा.

11. 84159 को 97 से भाग देने पर शेषफल = 60.
अतः अभीष्ट संख्या $= 84159 + (97 - 60)$
$= (84159 + 37) = 84196.$

12. 36920 को 137 से भाग देने पर शेषफल = 67.
$\therefore$ अभीष्ट संख्या $= (137 - 67) = 70$.

13. 434081 को 287 से भाग देने पर शेषफल = 137.
$\therefore$ अभीष्ट संख्या = 137.

14. 6 अंकों की छोटी से छोटी संख्या = 100000.
100000 को 67 से भाग देने पर शेषफल = 36.
$\therefore$ अभीष्ट संख्या $= 100000 + (67 - 36)$
$= (100000 + 31) = 100031.$

15. माना दी गई संख्या को 783 से भाग देने पर भागफल $= q$ तथा शेषफल = 48.
तब, दी गई संख्या $= (783q + 48) = (29 \times 27q) + (29 + 19)$
$= 29 \times (27q + 1) + 19.$
अतः दी गई संख्या को 29 से भाग देने पर शेषफल = 19.

❑❑❑

2 महत्तम समापवर्तक तथा लघुत्तम समापवर्त्य (HCF AND LCM)

Scan QR Code for Watching Video

परिभाषायें तथा सामान्य नियम

1. गुणनखण्ड तथा गुणजः

यदि a, b को पूर्णतया विभक्त कर दे तो a को b का गुणनखण्ड कहते हैं तथा b को a का गुणज कहते हैं.

उदाहरणः (*i*) 5 है 15 का गुणनखण्ड, अत: 15 है 5 का गुणज.

(*ii*) 35 के सभी गुणनखण्ड हैं 1, 5, 7, 35.

2. महत्तम समापवर्तक (म०स०):

दो या दो से अधिक संख्याओं का म०स० वह बड़ी से बड़ी संख्या है जो प्रत्येक दी गई संख्या को पूर्णतया विभक्त कर दे.

जैसे: 35 तथा 42 का म०स० = 7.

3. लघुत्तम समापवर्त्य (ल०स०):

वह छोटी से छोटी संख्या जो प्रत्येक दी गई संख्या द्वारा पूर्णतया विभक्त हो जाये, दी गई संख्या का लघुत्तम समापवर्त्य कहलाती है.

जैसे: 12, 15, 18, 27 का ल०स०

$= 3 \times 2 \times 3 \times 2 \times 5 \times 3 = 540.$

3	12, 15, 18, 27
2	4, 5, 6, 9
3	2, 5, 3, 9
	2, 5, 1, 3

4. दो संख्याओं का गुणनफल = (इनका म०स०) × (इनका ल०स०).

5. भिन्नों का म०स० $= \dfrac{\text{अंशों का म०स०}}{\text{हरों का ल०स०}}$

6. भिन्नों का ल०स० $= \dfrac{\text{अंशों का ल०स०}}{\text{हरों का म०स०}}$

साधित उदाहरण

प्रश्न 1. $\dfrac{368}{437}$ **का सरलतम रूप क्या है?**

(*a*) $\dfrac{15}{17}$ (*b*) $\dfrac{16}{17}$ (*c*) $\dfrac{15}{19}$ (*d*) $\dfrac{16}{19}$

हल: 368 तथा 437 का म०स० = 23.

$$\therefore \frac{368}{437} = \frac{368 \div 23}{437 \div 23} = \frac{16}{19}.$$

अत: सही उत्तर (*d*) है.

```
368 ) 437 ( 1
      368
      -----
       69 ) 368 ( 5
            345
            ----
             23 ) 69 ( 3
                  69
                  --
                   x
```

$\therefore$ 368 तथा 437 का म०स० = 23.

प्रश्न 2. 84, 126, 140 का महत्तम समापवर्तक कितना है?

हल: 84, 126 तथा 140 में से प्रत्येक के गुणनखण्ड लेने पर:

2	84
2	42
3	21
	7

2	126
3	63
3	21
	7

2	140
2	70
5	35
	7

$\therefore\ 84 = 2^2 \times 3 \times 7;\ \ 126 = 2 \times 3^2 \times 7$ तथा

$140 = 2^2 \times 5 \times 7$.

अत: 84, 126, 140 का म०स० $= (2 \times 7) = 14.$

प्रश्न 3. 15, 18, 24, 27, 36 का लघुत्तम समापवर्त्य क्या होगा?

हल: संक्षिप्त विधि द्वारा:

3	15, 18, 24, 27, 36
3	5, 6, 8, 9, 12
2	5, 2, 8, 3, 4
2	5, 1, 4, 3, 2
	5, 1, 2, 3, 1

$\therefore$ ल०स० $= (3 \times 3 \times 2 \times 2 \times 5 \times 2 \times 3) = 1080.$

प्रश्न 4. $\frac{14}{33}, \frac{42}{55}, \frac{21}{22}$ **का महत्तम समापवर्तक ज्ञात कीजिए.**

हल: अभीष्ट म०स० $= \frac{14, 42, 21 \text{ का म०स०}}{33, 55, 22 \text{ का ल०स०}} = \frac{7}{330}.$

$$\begin{array}{r|l} 11 & 33, 55, 22 \\ \hline & 3, 5, 2 \end{array}$$

प्रश्न 5. $\frac{11}{14}, \frac{55}{42}, \frac{33}{35}, \frac{44}{63}$ **का लघुत्तम समापवर्त्य ज्ञात कीजिए.**

हल: अभीष्ट ल०स० $= \frac{11, 55, 33, 44 \text{ का ल०स०}}{14, 42, 35, 63 \text{ का म०स०}} = \frac{660}{7}.$

$$\begin{array}{r|l} 11 & 11, 55, 33, 44 \\ \hline & 1, 5, 3, 4 \end{array}$$

∵ चूँकि 14, 42, 35, 63 का म०स० = 7].

प्रश्न 6. **1.75, 5.6 तथा 7 का महत्तम समापवर्तक ज्ञात कीजिए.**

हल: $1.75 = \frac{175}{100} = \frac{7}{4}, 5.6 = \frac{56}{10} = \frac{28}{5}$ तथा $7 = \frac{7}{1}.$

अभीष्ट म०स० $= \frac{7}{4}, \frac{28}{5}, \frac{7}{1}$ का म०स०

$= \frac{7, 28, 7 \text{ का म०स०}}{4, 5, 1 \text{ का ल०स०}} = \frac{7}{20} = 0.35.$

प्रश्न 7. **0.36, 1.2, 4.8 का लघुत्तम समापवर्त्य ज्ञात कीजिए.**

हल: $0.36 = \frac{36}{100} = \frac{9}{25};\ 1.2 = \frac{12}{10} = \frac{6}{5}$ तथा

$4.8 = \frac{48}{10} = \frac{24}{5}.$

अभीष्ट ल०स० $= \frac{9}{25}, \frac{6}{5}, \frac{24}{5}$ का ल०स०

$= \frac{9, 6, 24 \text{ का ल०स०}}{25, 5, 5 \text{ का म०स०}} = \frac{72}{5} = 14.4.$

$$\begin{array}{r|l} 3 & 9, 6, 24 \\ \hline 2 & 3, 2, 8 \\ \hline & 3, 1, 4 \end{array}$$

[ल०स० = 3 × 2 × 3 × 4 = 72]

प्रश्न 8. **दो संख्याओं का लघुत्तम समापवर्त्य 1920 तथा महत्तम समापवर्तक 16 है. यदि इनमें से एक संख्या 128 हो, तो दूसरी संख्या क्या होगी?**

हल: माना दूसरी संख्या = x. तब $x \times 128 = 1920 \times 16$ [दो संख्याओं का गुणनफल = (ल०स. × म०स०)]

$\Rightarrow x = \frac{1920 \times 16}{128} = 240.$

अत: दूसरी संख्या = 240.

प्रश्न 9. **वह दो अंकों की सबसे छोटी संख्या कौन-सी है जो 8, 12, 18, 24 में से प्रत्येक से पूर्णतया विभक्त हो जाये?**

हल: अभीष्ट संख्या = 8, 12, 18, 24 का ल०स०
= (2 × 2 × 2 × 3 × 3)
= 72

$$\begin{array}{r|l} 2 & 8, 12, 18, 24 \\ \hline 2 & 4, 6, 9, 12 \\ \hline 2 & 2, 3, 9, 6 \\ \hline 3 & 1, 3, 9, 3 \\ \hline & 1, 1, 3, 1 \end{array}$$

प्रश्न 10. **वह छोटी से छोटी संख्या कौन-सी है जिसे 14, 21, 28, 35 में से प्रत्येक से भाग देने पर प्रत्येक दशा में 5 शेष बचे?**

हल: अभीष्ट संख्या = (14, 21, 28, 35 का ल०स०) + 5
= (2 × 7 × 3 × 2 × 5) + 5
= (420 + 5) = 425.

$$\begin{array}{r|l} 2 & 14, 21, 28, 35 \\ \hline 7 & 7, 21, 14, 35 \\ \hline & 1, 3, 2, 5 \end{array}$$

प्रश्न 11. **वह छोटी से छोटी संख्या ज्ञात करो जिसमें से 8 घटाने पर शेष बची संख्या 16, 18, 20, 24 में से प्रत्येक से पूर्णतया विभक्त हो जाये.**

हल: अभीष्ट संख्या = (16, 18, 20, 24 का ल०स०) + 8
= (2 × 2 × 2 × 3 × 2 × 3 × 5) + 8
= (720 + 8) = 728.

$$\begin{array}{r|l} 2 & 16, 18, 20, 24 \\ \hline 2 & 8, 9, 10, 12 \\ \hline 2 & 4, 9, 5, 6 \\ \hline 3 & 2, 9, 5, 3 \\ \hline & 2, 3, 5, 1 \end{array}$$

प्रश्न 12. **वह छोटी से छोटी संख्या ज्ञात करो जिसे 20, 25 तथा 30 से भाग देने पर क्रमश: 8, 13 तथा 18 शेष बचें.**

हल: यहाँ प्रत्येक भाजक तथा संगत शेषफल का अन्तर
= (20 – 8) = (25 – 13) = (30 – 18) = 12
अभीष्ट संख्या = (20, 25, 30 का ल०स०) – 12
= (5 × 2 × 2 × 5 × 3) – 12
= (300 – 12) = 288.

$$\begin{array}{r|l} 5 & 20, 25, 30 \\ \hline 2 & 4, 5, 6 \\ \hline & 2, 5, 3 \end{array}$$

प्रश्न 13. **वह छोटी से छोटी संख्या कौन-सी होगी जिसे 3, 5, 6, 8, 10, 12 से भाग देने पर प्रत्येक दशा में 2 शेष बचे परन्तु 13 से पूर्णतया विभक्त हो.**

हल: 3, 5, 6, 8, 10, 12 का ल०स० = (3 × 2 × 2 × 5 × 2) = 120.

माना अभीष्ट संख्या = (120k + 2), जो 13 से पूर्णतया विभक्त होगी.

स्पष्ट है कि k = 8 रखने पर अभीष्ट संख्या
$(120 \times 8 + 2) = 962$ प्राप्त होगी, जो 13 से पूर्णतया विभक्त होती है.

3	3, 5, 6, 8, 10, 12
2	1, 5, 2, 8, 10, 4
2	1, 5, 1, 4, 5, 2
5	1, 5, 1, 2, 5, 1
	1, 1, 1, 2, 1, 1

प्रश्न 14. पाँच अंकों की वह बड़ी से बड़ी संख्या ज्ञात करो जो 12, 16, 18, 24, 32 में से प्रत्येक से पूर्णतया विभक्त हो.

हल: 5 अंकों की बड़ी से बड़ी संख्या = 99999.
12, 16, 18, 24, 32 का ल०स० $= (2^4 \times 3^2 \times 2) = 288$
अब, 99999 को 288 से भाग देने पर शेषफल = 63.
अभीष्ट संख्या = (99999 – 63) = 99936.

2	12, 16, 18, 24, 32
2	6, 8, 9, 12, 16
2	3, 4, 9, 6, 8
2	3, 2, 9, 3, 4
3	3, 1, 9, 3, 2
	1, 1, 3, 1, 2

प्रश्न 15. चार अंकों की वह बड़ी से बड़ी संख्या ज्ञात करो जिसे 12, 18, 21, 24 में से प्रत्येक से भाग देने पर हर दशा में 7 शेष बचे.

हल: 4 अंकों की बड़ी से बड़ी संख्या = 9999.
12, 18, 21, 24 का ल०स० $= (2 \times 3 \times 2 \times 3 \times 7 \times 2) = 504$.
अब 9999 को 504 से भाग देने पर शेषफल = 423.
अभीष्ट संख्या = (9999 – 423 + 7) = 9583.

प्रश्नमाला 2A

निम्नलिखित प्रश्नों में से प्रत्येक में ठीक उत्तर को चिन्हांकित (✓) कीजिए:

1. वह छोटी से छोटी संख्या क्या है, जिसे 6, 9, 12, 15 और 18 से विभाजित करने पर प्रत्येक स्थिति में 2 शेष बचता है?
(*a*) 182 (*b*) 176 (*c*) 180 (*d*) 185
(सी.जी.एल. टियर-1 परीक्षा, 2019)

2. दो संख्यायें 5 : 6 के अनुपात में हैं. यदि इनका महत्तम समापवर्तक 4 हो, तो इनका लघुत्तम समापवर्त्य कितना होगा ?
(*a*) 90 (*b*) 96 (*c*) 120 (*d*) 150
(एस०एस०सी० परीक्षा, 2010)

3. तीन विभिन्न संख्याओं का लघुत्तम समापवर्त्य (*L.C.M*) 364 है। निम्नलिखित में से कौन सी संख्या, उनका महत्तम समापवर्तक (*H.C.F*) नहीं हो सकती?
(*a*) 14 (*b*) 36 (*c*) 91 (*d*) 13
[दिल्ली मेट्रो रेल कॉर्पोरेशन सी.आर.ए. परीक्षा, 2017]

4. 24, 36, 40 का लघुत्तम समापवर्त्य कितना है ?
(*a*) 120 (*b*) 240 (*c*) 360 (*d*) 480

5. दो संख्याओं का ल.स.प. 2310 तथा उनका म.स.प. 30 है यदि उनमें से एक संख्या 7×30 है तो दूसरी संख्या होगी:
(*a*) 220 (*b*) 330 (*c*) 425 (*d*) 512
(हरियाणा ऑक्शन रिकार्डर परीक्षा, 2016)

6. वह कौन सी छोटी संख्या है जिसे 20, 25, 35 तथा 40 से भाग देने पर क्रमशः 13, 18, 28 तथा 33 शेष बचता है:
(*a*) 1391 (*b*) 1393 (*c*) 1407 (*d*) 1405
(यू.पी.पी.एस.सी.-लोअर अधीनस्थ परीक्षा, 2016)

7. 22, 54, 108, 135, 198 का लघुत्तम समापवर्त्य कितना है ?
(*a*) 330 (*b*) 1980 (*c*) 5940 (*d*) 11880

8. तीन पहिए एक मिनट में 20, 30, 40 चक्कर लगाते है। यदि वे किसी एक विशेष स्थान से चक्कर प्रारम्भ करे तो कितनी देर में वे पुनः उसी स्थान में आ जाएगे।
(*a*) 3 सेकण्ड (*b*) 4 सेकण्ड
(*c*) 6 सेकण्ड (*d*) उपर्युक्त में से कोई नही
(छत्तीसगढ़ छात्रावास अधीक्षक श्रेणी डी. भर्ती परीक्षा, 2014)

9. दो अंको का योग 144 है तथा उनका लघुतम समापवर्त्य 420 है तो छोटा अंक होगा:
(*a*) 60 (*b*) 70 (*c*) 35 (*d*) 42
(छत्तीसगढ़ छात्रावास अधीक्षक श्रेणी डी. भर्ती परीक्षा, 2014)

10. $\frac{2}{3}, \frac{3}{5}, \frac{4}{7}, \frac{9}{13}$ का लघुत्तम समापवर्त्य कितना है ?
(*a*) 36 (*b*) $\frac{1}{36}$ (*c*) $\frac{1}{1365}$ (*d*) $\frac{12}{455}$

11. 1.08, 0.36 तथा 0.9 का लघुत्तम समापवर्त्य कितना है ?
(*a*) 1.08 (*b*) 0.9 (*c*) 10.8 (*d*) 5.4

12. दो संख्याओं के महत्तम समापवर्तक तथा लघुत्तम समापवर्त्य क्रमशः 8 तथा 48 हैं. यदि इनमें से एक संख्या 24 हो, तो दूसरी संख्या क्या होगी ?
(एस०एस०सी० परीक्षा, 2010)
(*a*) 48 (*b*) 36 (*c*) 16 (*d*) 24

13. दो संख्याओं का महत्तम समापवर्तक 11 तथा लघुत्तम समापवर्त्य 7700 है. यदि इनमें से एक संख्या 275 हो, तो दूसरी संख्या क्या होगी ?
(*a*) 279 (*b*) 283 (*c*) 318 (*d*) 308

14. दो संख्यायें 3 : 4 के अनुपात में हैं तथा इनका लघुत्तम समापवर्त्य 84 है. इनमें से बड़ी संख्या कौन-सी होगी ?
(*a*) 21 (*b*) 24 (*c*) 28 (*d*) 84
(एस०एस०सी० परीक्षा, 2010)

15. $\frac{1}{3}, \frac{2}{9}, \frac{5}{6}, \frac{4}{27}$ का लघुत्तम समापवर्त्य कितना है ?
(*a*) $\frac{1}{54}$ (*b*) $\frac{10}{27}$

(*c*) $\frac{20}{3}$ (*d*) इनमें से कोई नहीं

16. वह न्यूनतम पूर्ण वर्ग संख्या क्या होगी जो 12, 15 तथा 25 से पूर्णतया विभक्त हो ? (एस०एस०सी० परीक्षा, 2010)

(*a*) 400 (*b*) 900 (*c*) 1300 (*d*) 1600

17. वह न्यूनतम संख्या कौन-सी है जिसे 8, 10 अथवा 12 से विभक्त करने पर प्रत्येक दशा में 7 शेष बचे ?

(*a*) 127 (*b*) 137 (*c*) 177 (*d*) 267

(*e*) इनमें से कोई नहीं (बैंक पी०ओ० परीक्षा, 2010)

18. 1856 में से कौन-सी न्यूनतम संख्या घटाई जाये कि शेषफल को 7, 12 और 16 से विभक्त करने पर प्रत्येक दशा में शेष 4 बचे ?

(*a*) 137 (*b*) 140 (*c*) 172 (*d*) 1361

(एस०एस०सी० परीक्षा, 2010)

19. अमित, सुचेता और नीति एक वृत्ताकार रास्ते के गिर्द एक ही बिंदु से एक साथ दौड़ना आरम्भ करते हैं तथा क्रमश: 18, 24 और 32 सेकण्ड में एक चक्कर पूरा करते हैं. वे तीनों कितने समय बाद प्रारम्भिक बिंदु पर मिलेंगे ? (बैंक पी०ओ० परीक्षा, 2010)

(*a*) 196 सेकण्ड (*b*) 288 सेकण्ड

(*c*) 324 सेकण्ड (*d*) निर्धारित नहीं किया जा सकता

(*e*) इनमें से कोई नहीं

20. $\frac{777}{1147}$ का सरलतम रूप क्या है ?

(*a*) $\frac{17}{19}$ (*b*) $\frac{19}{21}$ (*c*) $\frac{13}{29}$ (*d*) $\frac{21}{31}$

21. दो संख्याओं का योग 36 है. इनका महत्तम समापवर्तक 3 तथा लघुत्तम समापवर्त्य 105 है. इन संख्याओं के व्युत्क्रमों का योग कितना होगा ? (एस०एस०सी० परीक्षा, 2010)

(*a*) $\frac{2}{35}$ (*b*) $\frac{3}{25}$ (*c*) $\frac{4}{35}$ (*d*) $\frac{2}{25}$

22. $\frac{756}{882} = ?$

(*a*) $\frac{7}{6}$ (*b*) $\frac{6}{7}$

(*c*) $\frac{5}{6}$ (*d*) इनमें से कोई नहीं

23. $\frac{128352}{238368}$ का सरलतम रूप क्या है ?

(*a*) $\frac{3}{4}$ (*b*) $\frac{5}{13}$ (*c*) $\frac{7}{13}$ (*d*) $\frac{9}{13}$

24. 1.75, 5.6 तथा 7 का महत्तम समापवर्तक कितना है ?

(*a*) 0.07 (*b*) 0.7 (*c*) 3.5 (*d*) 0.35

(होटल मैनेजमैन्ट परीक्षा, 2009)

25. वह बड़ी से बड़ी संख्या कौन-सी है जिसे 5834 में से घटाने पर प्राप्त संख्या 20, 28, 32 तथा 35 में से प्रत्येक से पूर्णत: विभक्त हो ? (एस०एस.सी० परीक्षा, 2010)

(*a*) 1120 (*b*) 234

(*c*) 4714 (*d*) इनमें से कोई नहीं

26. $\frac{9}{10}, \frac{12}{25}, \frac{18}{35}, \frac{21}{40}$ का महत्तम समापवर्तक कितना है ?

(*a*) $\frac{3}{5}$ (*b*) $\frac{3}{1400}$ (*c*) $\frac{9}{100}$ (*d*) $\frac{252}{5}$

27. 0 तथा 6 का महत्तम समापवर्तक कितना है ?

(*a*) 0 (*b*) 6

(*c*) 3 (*d*) अपरिभाषित

28. 12 के दो गुणजों का लघुत्तम समापवर्त्य 1056 है. यदि इनमें से एक संख्या 132 हो, तो दूसरी संख्या क्या होगी ?

(*a*) 12 (*b*) 72 (*c*) 96 (*d*) 84

(एस०एस०सी० परीक्षा, 2009)

29. 105 बकरियाँ, 140 गधे तथा 175 गायों को एक नदी के पार ले जाना है. मात्र एक ही बड़ी नाव के उपलब्ध होने के कारण इस कार्य को सम्पन्न करने हेतु नाविक शर्त रखता है कि प्रत्येक फेरे में वह केवल एक ही प्रकार के तथा गिनती में समान अधिक से अधिक पशुओं को ले जायेगा. प्रत्येक बार ले जाये जाने वाले पशुओं की संख्या कितनी होगी ? (एस०एस०सी० परीक्षा, 2009)

(*a*) 42 (*b*) 28 (*c*) 35 (*d*) 15

30. नापने की तीन छड़ें क्रमश: 64 सेमी०, 80 सेमी० तथा 96 सेमी० लम्बी हैं. इनमें से कोई भी छड़ प्रयोग करके कम से कम किस लम्बाई का कपड़ा पूर्ण संख्या में नापा जा सकता है ?

(*a*) 0.96 मीटर (*b*) 9.60 मीटर

(*c*) 19.20 मीटर (*d*) 96 मीटर

31. 2.4, 0.36 तथा 7.2 का महत्तम समापवर्तक कितना है ?

(*a*) 12 (*b*) 1.2 (*c*) 0.12 (*d*) 120

(एस०एस०सी० परीक्षा, 2009)

32. तीन मित्र A, B तथा C एक वृत्ताकार स्टेडियम के गिर्द एक ही बिंदु से एक साथ दौड़ना आरम्भ करते हैं तथा वे एक चक्कर क्रमश: 24 सेकण्ड, 36 सेकण्ड तथा 30 सेकण्ड में पूरा करते हैं. कितने समय बाद वे प्रारम्भिक बिंदु पर पुन: मिलेंगे ?

(*a*) 6 मिनट (*b*) 8 मिनट (*c*) 12 मिनट (*d*) 15 मिनट

(*e*) 18 मिनट (बैंक पी०ओ० परीक्षा, 2009)

33. तीन संख्यायें 1 : 2 : 3 के अनुपात में हैं तथा इनका महत्तम समापवर्तक 12 है. ये संख्यायें हैं :

(*a*) 6, 12, 18 (*b*) 12, 24, 30

(*c*) 12, 24, 36 (*d*) 5, 12, 15

34. 105, 165, 285, 1365 का महत्तम समापवर्तक कितना है ?

(*a*) 105 (*b*) 75 (*c*) 45 (*d*) 15

35. 78 सेमी०, 104 सेमी०, 117 सेमी० तथा 169 सेमी० लम्बी धातु की चार छड़ों को अधिकतम लम्बाई की बराबर छड़ों में काटने पर प्राप्त सभी छड़ों की अधिकतम संख्या कितनी होगी ?

(*a*) 27 (*b*) 36 (*c*) 43 (*d*) 48

(एस०एस०सी० परीक्षा, 2008)

36. टीनू दर्जी एक महिला के स्कर्ट बनाने के लिए किसी चौड़ाई के कपड़े का उपयोग करता है. परन्तु, उसे याद नहीं कि सही चौड़ाई 32 इंच थी अथवा 36 इंच. क्या तुम उसे कपड़ा खरीदने में सहायता दे सकते हो ताकि वह कपड़ा दोनों दशाओं में प्रयोग किया जा सके? उसे कितना कपड़ा खरीदना होगा? **(बी०सी०ए० परीक्षा, 2008)**
(*a*) 324 इंच (*b*) 288 इंच (*c*) 248 इंच (*d*) 271 इंच

37. 29 से बड़ी दो संख्याओं का महत्तम समापवर्तक 29 तथा लघुत्तम समापवर्त्य 4147 है. इन संख्याओं का योग कितना है?
(*a*) 966 (*b*) 696 (*c*) 669 (*d*) 666
(एस०एस०सी० परीक्षा, 2009)

38. तीन अंकों वाली दो संख्याओं का महत्तम समापवर्तक 17 तथा लघुत्तम समापवर्त्य 714 है. इन संख्याओं का योग कितना होगा?
(*a*) 289 (*b*) 391 (*c*) 221 (*d*) 731
(एस०एस०सी० परीक्षा, 2007)

39. 306 तथा 657 का महत्तम समापवर्तक 9 है, लघुत्तम समापवर्त्य कितना होगा?
(*a*) 22338 (*b*) 23328 (*c*) 28233 (*d*) 28323

40. वह छोटी से छोटी संख्या कौन-सी है जिसमें से 11 घटाने पर प्राप्त शेषफल 14, 15, 21, 32 तथा 60 में से प्रत्येक से पूर्णतया विभक्त हो जाये?
(*a*) 3352 (*b*) 3349 (*c*) 3371 (*d*) 3381

41. छः घण्टियाँ एक साथ बजनी आरम्भ हुई. यदि ये घण्टियाँ क्रमशः 2, 4, 6, 8, 10, 12 सेकण्ड के अन्तराल से बजें तो 30 मिनट में कितनी बार ये इक्कट्ठी बजेंगी?
(*a*) 4 बार (*b*) 10 बार
(*c*) 16 बार (*d*) इनमें से कोई नहीं

42. वह छोटी से छोटी संख्या कौन-सी है जिसे 15, 25, 35 तथा 45 से भाग देने पर क्रमशः 7, 17, 27 तथा 37 शेष बचे?
(*a*) 1575 (*b*) 1567 (*c*) 1576 (*d*) 1570

43. तीन विभिन्न चौराहों पर आवागमन सूचक बत्तियाँ क्रमशः 48 सेकण्ड, 72 सेकण्ड तथा 108 सेकण्ड के बाद बदलती हैं. यदि वे एक साथ 8 : 20 : 00 बजे बदली गई हों, तो फिर वे एक साथ कितने बजे बदलेंगी?
(*a*) 8 : 20 : 08 बजे (*b*) 8 : 24 : 10 बजे
(*c*) 8 : 27 : 12 बजे (*d*) 8 : 30 : 15 बजे

44. वह बड़ी से बड़ी संख्या कौन-सी है जो 147, 168, 210, 315 में से प्रत्येक को पूर्णतया विभक्त कर दे?
(*a*) 7 (*b*) 21 (*c*) 441 (*d*) 4410

45. वह बड़ी से बड़ी संख्या कौन-सी है जिससे 187, 233, 279 को भाग देने पर प्रत्येक दशा में समान शेष बचे?
(*a*) 30 (*b*) 36 (*c*) 46 (*d*) 56

46. दो संख्याओं के महत्तम समापवर्तक तथा लघुत्तम समापवर्त्य क्रमशः 12 तथा 72 हैं. यदि इन संख्याओं का योग 60 हो, तो इनमें से छोटी संख्या निम्न में से कौन-सी है?
(*a*) 12 (*b*) 24 (*c*) 60 (*d*) 72

47. ऐसी संख्याओं के कितने जोड़े होंगे जिनका महत्तम समापवर्तक 16 तथा लघुत्तम समापवर्त्य 136 हो?
(*a*) केवल एक (*b*) केवल दो (*c*) अनन्त (*d*) कोई नहीं

48. वह बड़ी से बड़ी संख्या कौन-सी है जिससे 964, 1238, 1400 को विभक्त करने पर क्रमशः 41, 31 तथा 51 शेष बचे?
(*a*) 61 (*b*) 71 (*c*) 73 (*d*) 81

49. तीन ड्रमों में क्रमशः 2527 लीटर, 1653 लीटर तथा 2261 लीटर दूध है. वह बड़े से बड़ा किस माप का डिब्बा होगा जो प्रत्येक ड्रम के दूध को डिब्बों की पूर्ण संख्या में नाप दे?
(*a*) 19 लीटर (*b*) 20 लीटर (*c*) 29 लीटर (*d*) 31 लीटर

50. वह छोटी से छोटी संख्या कौन-सी है जिसमें 9 जोड़ने पर प्राप्त संख्या 24, 32, 36, 54 में से प्रत्येक से पूर्णतया विभक्त हो जाये?
(*a*) 462 (*b*) 855
(*c*) 871 (*d*) इनमें से कोई नहीं

51. वह छोटे से छोटा 7 का गुणज क्या होगा जिसे 6, 9, 15, 18 से भाग देने पर प्रत्येक दशा में 4 शेष बचे?
(*a*) 74 (*b*) 94 (*c*) 184 (*d*) 364

52. वह छोटी से छोटी संख्या कौन-सी है जिसे 2, 3, 4, 5, 6 में से किसी से भी विभक्त करने पर 1 शेष बचे परन्तु 7 से पूर्णतया विभक्त हो?
(*a*) 301 (*b*) 273 (*c*) 231 (*d*) 61

53. वह छोटी से छोटी संख्या कौन-सी है जिसे क्रमशः 12, 15 तथा 16 से भाग देने पर 7, 10 तथा 11 शेष बचे?
(*a*) 115 (*b*) 235 (*c*) 247 (*d*) 475

54. एक व्यक्ति को पेट्रोल के 403 लीटर, डीजल के 465 लीटर तथा मोबिल ऑयल के 496 लीटर को एक दूसरे के साथ मिलाये बिना पूर्णतः समान माप के डिब्बों में इस प्रकार भरना है कि प्रत्येक डिब्बा पूरा भर जाये. ऐसे कम से कम कितने डिब्बों की आवश्यकता होगी?
(*a*) 34 (*b*) 44
(*c*) 54 (*d*) इनमें से कोई नहीं

55. $x^8 - 1$ और $x^4 + 2x^3 - 2x - 1$ का HCF है-
(*a*) $x^2 - 1$ (*b*) $x + 1$ (*c*) $x - 1$ (*d*) $x^2 + 1$
(सी.जी.एल. टियर-1 परीक्षा, 2018)

56. 1.5 मीटर और 1.2 मीटर लंबे दो पाइपों का बराबर टुकड़ों में इस प्रकार काटा जाना है कि दोनों पाइपों का कोई हिस्सा शेष न बचे। दोनों पाइपों में से समान आकार के काटे जाने वाले इन टुकड़ों की अधिकतम लंबाई बताइए।
(*a*) 0.13 मीटर (*b*) 0.4 मीटर
(*c*) 0.3 मीटर (*d*) 0.41 मीटर
[एस.एस.सी. सी.जी.एल. टियर-II (सी.बी.ई.) परीक्षा, 2017]

57. वह बड़ी से बड़ी संख्या कौन-सी है जिससे 1356, 1868, 2764 को भाग देने पर प्रत्येक दशा में 12 शेष बचे?
(*a*) 64 (*b*) 124 (*c*) 156 (*d*) 260

58. यदि दो संख्याओं का गुणनफल 228096 है और उनका महत्तम समापवर्तक 36 है तो उन संख्याओं का लघुतम समापवर्त्य है:
(*a*) 7336 (*b*) 6346 (*c*) 6336 (*d*) 6036
(उत्तर प्रदेश चकबन्दी भर्ती पुनः परीक्षा, 2015)

59. $\frac{3}{7}; \frac{5}{6}; \frac{2}{3}$ का म.स.प. पता लगाइए।

(a) $\frac{3}{21}$ (b) $\frac{2}{21}$ (c) $\frac{1}{42}$ (d) $\frac{5}{42}$

(डी.एस.एस.एस.बी.- निम्न श्रेणी लिपिक परीक्षा, 2014)

60. 200 तक 3 एवं 4 के सामान रूप से विभाज्य पदों की संख्या है:

(a) 18 (b) 17 (c) 16 (d) 15

(मध्य प्रदेश पुलिस आरक्षक (जनरल ड्यूटी) भर्ती परीक्षा, 2013)

उत्तरमाला (प्रश्नमाला 2A)

1. (a)	2. (c)	3. (b)	4. (c)	5. (b)	6. (b)	7. (c)	8. (c)	9. (a)	10. (a)	11. (d)	12. (c)
13. (d)	14. (c)	15. (c)	16. (b)	17. (a)	18. (c)	19. (b)	20. (d)	21. (c)	22. (b)	23. (c)	24. (d)
25. (c)	26. (b)	27. (d)	28. (c)	29. (c)	30. (b)	31. (c)	32. (a)	33. (c)	34. (d)	35. (b)	36. (b)
37. (b)	38. (c)	39. (a)	40. (c)	41. (c)	42. (b)	43. (c)	44. (b)	45. (c)	46. (b)	47. (d)	48. (b)
49. (a)	50. (b)	51. (d)	52. (a)	53. (b)	54. (b)	55. (a)	56. (c)	57. (a)	58. (c)	59. (c)	60. (c)

दिये गए प्रश्नों के हल (प्रश्नमाला 2A)

1. 6, 9, 12, 15 व 18 का ल.स. = 180

अत: अभीष्ट संख्या = 180 + 2 = 182

2. माना ये संख्यायें $5x$ तथा $6x$ हैं।

तब इनका म.स० = x.

$\therefore x = 4$. अत: ये संख्यायें (5 × 4) = 20 तथा (6 × 4) = 24 है।

4	20, 24
	5, 6

इनका ल०स० = 4 × 5 × 6 = 120.

3. दिया गया है, लघुत्तम समापवर्त्य =364

$364 \div 14 = 26$

अत: 364 को 14 से भाग देने पर शेषफल = 0

$364 \div 91 = 4$

अत: 364 को 91 से भाग देने पर शेषफल = 0

$364 \div 13 = 28$

अत: 364 को 13 से भाग देने पर शेषफल = 0

364 को 36 से भाग देने पर शेषफल $\neq 0$

$\therefore$ 36, दी गई तीन विभिन्न संख्याओं का म.स. नही हो सकता।

4.

4	24, 36, 40
3	6, 9, 10
2	2, 3, 10
	1, 3, 5

$\therefore$ ल०स० = 4 × 3 × 2 × 3 × 5 = 360.

5. हमे ज्ञात है कि पहली संख्या × दूसरी संख्या = म.स. × ल.स.

$\Rightarrow$ 7 × 30 × दूसरी संख्या = 30 × 2310

$\Rightarrow$ दूसरी संख्या $= \frac{30 \times 2310}{7 \times 30} = 330$

6. संख्या एवं संगत शेषफल का अंतर समान है

$20 - 13 = 7; 25 - 18 = 7; 35 - 28 = 7; 40 - 33 = 7$

2	20 – 25 – 35 – 40
2	10 – 25 – 35 – 20
2	5 – 25 – 35 – 10
5	5 – 25 – 35 – 5
5	1 – 5 – 7 – 1
7	1 – 1 – 7 – 1
	1 – 1 – 1 – 1

$\therefore$ ल.स. = 2 × 2 × 2 × 5 × 5 × 7 = 1400

$\therefore$ अभीष्ट संख्या 20, 25, 35 एवं 40 का ल.स. – 7 = 1400 – 7 = 1393

7.

2	22, 54, 108, 135, 198
11	11, 27, 54, 135, 99
3	1, 27, 54, 135, 9
3	1, 9, 18, 45, 3
3	1, 3, 6, 15, 1
	1, 1, 2, 5, 1

$\therefore$ ल०स० = 2 × 11 × 3 × 3 × 3 × 2 × 5 = 5940.

8. 1 चक्कर लगाने में तीन पहियों द्वारा लगा समय क्रमश: $\frac{60}{20}; \frac{60}{30}; \frac{60}{40} = 3 ; 2$ और $\frac{3}{2}$ है।

$$\text{ल.स.} = \frac{3,\ 2,\ 3 \text{ का ल. स.}}{1,\ 1,\ 2 \text{ का म. स.}} = \frac{6}{1} \text{ सेकण्ड}$$

9. दिए गए विकल्प में से छोटा अंक 60 है

छोटा अंक = 60

बड़ा अंक = 144 – 60 = 84

अब 60 और 84 का ल.स. = 420

2	60 – 84
2	30 – 42
3	15 – 21
5	5 – 7
7	1 – 7
	1 – 1

$\therefore$ 2 × 2 × 3 × 5 × 7 = 420

10. $\frac{2}{3}, \frac{3}{5}, \frac{4}{7}, \frac{9}{13}$ का ल०स० $= \frac{2, 3, 4, 9 \text{ का ल०स०}}{3, 5, 7, 13 \text{ का म०स०}} = \frac{36}{1} = 36.$

2	2, 3, 4, 9
3	1, 3, 2, 9
	1, 1, 2, 3

11. दी गई संख्यायें हैं 1.08, 0.36 तथा 0.90

अब 108, 36, 90 का ल०स०

$= 18 \times 2 \times 3 \times 5$

$= 540.$

अभीष्ट ल०स० = 5.4.

18	108, 36, 90
2	6, 2, 5
	3, 1, 5

12. माना दूसरी संख्या $= x$. तब

(पहली संख्या × दूसरी संख्या)

= (इनका म०स०) × (इनका ल०स०)

$\Rightarrow (24 \times x) = (8 \times 48) \Rightarrow x = \frac{8 \times 48}{24} = 16.$

अत: अभीष्ट संख्या = 16.

13. माना दूसरी संख्या $= x$. तब

$(275 \times x) = (11 \times 7700) \Rightarrow x = \frac{11 \times 7700}{275} = 308.$

अत: दूसरी संख्या = 308.

14. माना ये संख्यायें $3x$ तथा $4x$ हैं. तब, इनका ल०स० $= 12x$.

$\therefore 12x = 84 \Rightarrow x = 7.$

अत: ये संख्यायें $(3 \times 7) = 21$ तथा $(4 \times 7) = 28$ हैं.

इनमें से बड़ी संख्या 28 है.

15. $\frac{1}{3}, \frac{2}{9}, \frac{5}{6}, \frac{4}{27}$ का ल०स० $= \frac{\text{1, 2, 5, 4 का ल०स०}}{\text{3, 9, 6, 27 का म०स०}} = \frac{20}{3}.$

16. 12, 15, 25 का ल०स० $= 3 \times 5 \times 4 \times 5$

$= 3 \times 2^2 \times 5^2.$

अभीष्ट पूर्ण वर्ग $= (3^2 \times 2^2 \times 5^2) = 900.$

3	12, 15, 25
5	4, 5, 25
	4, 1, 5

17. अभीष्ट संख्या = (8, 10, 12 का ल०स०) + 7

$= (2 \times 2 \times 2 \times 5 \times 3) + 7 = 127.$

2	8, 10, 12
2	4, 5, 6
	2, 5, 3

18. 7, 12, 16 का ल०स० $= (4 \times 7 \times 3 \times 4) = 336$

1856 को 336 से भाग देने पर शेषफल = 176.

$\therefore$ अभीष्ट संख्या $= 176 - 4 = 172.$

4	7, 12, 16
	7, 3, 4

```
336) 1856 ( 5
     1680
     ----
      176
```

19. अभीष्ट संख्या = 18 से०, 24 से०, 32 से० का ल०स०

$= (2 \times 3 \times 4 \times 3 \times 4)$ सेमी० = 288 सेकण्ड.

2	18, 24, 32
3	9, 12, 16
4	3, 4, 16
	3, 1, 4

20.

```
777 ) 1147 ( 1
       777
       ---
       370 ) 777 ( 2
             740
             ---
              37 ) 370 ( 10
                   37
                   --
                    0
```

$\therefore$ 777 तथा 1147 का म०स० = 37.

21. माना ये संख्यायें x तथा y हैं. तब

$x + y = 36$ तथा $xy = (3 \times 105) = 315.$

$\therefore \left(\frac{1}{x} + \frac{1}{y}\right) = \frac{(x+y)}{xy} = \frac{36}{315} = \frac{4}{35}.$

अत: इन संख्याओं के व्युत्क्रमों का योग $= \frac{4}{35}.$

अत: $\frac{777}{1147} = \frac{777 \div 37}{1147 \div 37} = \frac{21}{31}.$

22.

```
756) 882 ( 1
     756
     ---
     126) 756 ( 6
          756
          ---
           x
```

$\therefore \frac{756}{882} = \frac{756 \div 126}{882 \div 126} = \frac{6}{7}.$

23.

```
128352) 238368 ( 1
        128352
        ------
        110016) 128352 ( 1
                110016
                ------
                 18336) 110016 ( 6
                        110016
                        ------
                          x
```

$\frac{128352}{238368} = \frac{128352 \div 18336}{238368 \div 18336} = \frac{7}{13}.$

24. दी गई संख्यायें दशमलव के दो स्थानों तक क्रमश: 1.75, 5.60 तथा 7.00 हैं.

```
560) 700 ( 1              35) 700 ( 20
     560                      70
     ---                      --
     140) 560 ( 4              0
          560
          ---
           x
```

अत: 175, 560 तथा 700 का म०स० = 35

$\therefore$ 1.75, 5.60 तथा 7.00 का म०स० = 0.35.

25. 20, 28, 32, 35 का ल०स० $= (4 \times 7 \times 5 \times 8) = 1120.$

अभीष्ट संख्या $= (5834 - 1120) = 4714.$

4	20, 28, 32, 35
7	5, 7, 8, 35
5	5, 1, 8, 5
	1, 1, 8, 1

26. $\frac{9}{10}, \frac{12}{25}, \frac{18}{35}, \frac{21}{40}$ का म० स० $= \frac{\text{9, 12, 18, 21 का म०स०}}{\text{10, 25, 35, 40 का ल०स०}}$

$= \frac{3}{1400}.$

$\therefore$ 10, 25, 35, 40 का ल०स०

$= 5 \times 2 \times 5 \times 7 \times 4 = 1400.$

5	10, 25, 35, 40
2	2, 5, 7, 8
	1, 5, 7, 4

दी गई भिन्नों का म०स० $= \dfrac{3}{1400}$.

27. 0 तथा 6 का म०स० अपरिभाषित है.

28. एक संख्या = 132 = 12 × 11. माना दूसरी संख्या = $12x$.

तब इनका ल०स० = $132x$.

$\therefore 132x = 1056 \Rightarrow x = \dfrac{1056}{132} = 8.$

अत: दूसरी संख्या = (12 × 8) = 96.

29. प्रत्येक बार ले जाये जाने वाले पशुओं की संख्या = 105, 140, 175 का म०स०

5	105
3	21
	7

5	140
2	28
2	14
	7

5	175
5	35
	7

$\therefore 105 = 5 \times 3 \times 7,\ 140 = 5 \times 2^2 \times 7$ तथा $175 = 5^2 \times 7.$

अभीष्ट संख्या = 105, 140, 175 का म०स० = (5 × 7) = 35.

30. अभीष्ट नाप = 64 सेमी०, 80 सेमी०, 96 सेमी० का ल०स०

= (8 × 2 × 2 × 2 × 5 × 3) सेमी० = 960 सेमी०

= 9.60 मीटर.

8	64, 80, 96
2	8, 10, 12
2	4, 5, 6
	2, 5, 3

31. दी गई संख्यायें दशमलव के दो स्थानों तक क्रमश: 2.40, 0.36 तथा 7.20 हैं.

अब 240, 36 तथा 720 का म०स० = 12.

∴ 2.40, 0.36 तथा 7.20 का म०स० = 0.12.

32. प्रारम्भिक बिंदु पर तीनों मित्रों को मिलने का अन्तराल

= 24 सै०, 36 सै०, 30 सै० का ल०स०

= (6 × 2 × 2 × 3 × 5) = 360 सै० = 6 मिनट.

6	24, 36, 30
2	4, 6, 5
	2, 3, 5

33. माना अभीष्ट संख्यायें x, $2x$ तथा $3x$ हैं. तब, इनका म०स० = x.

$\therefore x = 12.$

अत: ये संख्यायें हैं 12, 24, 36.

34.

5	105
3	21
	7

5	165
3	33
	11

5	285
3	57
	19

5	1365
3	273
13	91
	7

∴ 105 = 5 × 3 × 7, 165 = 5 × 3 × 11,

285 = 5 × 3 × 19, 1365 = 5 × 3 × 13 × 7

अत: 105, 165, 285, 1365 का म०स० = (5 × 3) = 15.

35. प्रत्येक छड़ की लम्बाई = 78 सेमी०, 104 सेमी०, 117 सेमी०, 169 सेमी० का म०स० = 13 सेमी०

अभीष्ट छड़ों की संख्या

$$= \left(\frac{78}{13} + \frac{104}{13} + \frac{117}{13} + \frac{169}{13}\right) = (6 + 8 + 9 + 13) = 36.$$

36. कपड़े की अभीष्ट लम्बाई = 32 इंच तथा 36 इंच का ल०स०

= (4 × 8 × 9) इंच = 288 इंच.

4	32, 36
	8, 9

37. माना अभीष्ट संख्यायें $29a$ तथा $29b$ हैं. तब

$$29a \times 29b = 29 \times 4147 \Rightarrow a \times b = \frac{4147}{29} = 143 = 11 \times 13$$

∴ ये संख्यायें हैं (29 × 11) तथा (29 × 13) अर्थात 319 तथा 377.

इन संख्याओं का योग = (319 + 377) = 696.

38. माना ये संख्यायें $17a$ तथा $17b$ हैं, जहाँ a तथा b परस्पर अभाज्य हैं.

तब, $17a \times 17b = 17 \times 714 \Rightarrow ab = \dfrac{714}{17} = 42 = 6 \times 7.$

एक संख्या = (17 × 6) = 102, दूसरी संख्या = (17 × 7) = 119.

इन संख्याओं का योग = (102 + 119) = 221.

39. ल०स० $= \dfrac{306 \times 657}{9} = (306 \times 73) = 22338.$

40. अभीष्ट संख्या = (14, 15, 21, 32, 60 का ल०स०) + 11

= (2 × 2 × 3 × 5 × 7 × 8) + 11

= (3360 + 11) = 3371.

2	14, 15, 21, 32, 60
2	7, 15, 21, 16, 30
3	7, 15, 21, 8, 15
5	7, 5, 7, 8, 5
7	7, 1, 7, 8, 1
	1, 1, 1, 8, 1

41. एक साथ इकट्ठे बजने का अन्तराल

= 2, 4, 6, 8, 10, 12 से० का ल०स०

= (2 × 2 × 3 × 2 × 5) से० = 120 से०

= 2 मिनट.

अत: ये 30 मिनट में $\left(\dfrac{30}{2} + 1\right)$ अर्थात 16 बार इकट्ठी बजेंगी.

2	2, 4, 6, 8, 10, 12
2	1, 2, 3, 4, 5, 6
3	1, 1, 3, 2, 5, 3
	1, 1, 1, 2, 5, 1

42. स्पष्ट है कि (15 − 7) = (25 − 17) = (35 − 27) = (45 − 37) = 8.

∴ अभीष्ट संख्या = (15, 25, 35, 45 का ल०स०) − 8

$= (5 \times 3 \times 5 \times 7 \times 3) - 8$
$= (1575 - 8) = 1567.$

5	15, 25, 35, 45
3	3, 5, 7, 9
	1, 5, 7, 3

43. एक साथ बदले जाने का समय अन्तराल
= 48 से०, 72 से०, 108 सै० का ल०स०
= (4 × 3 × 2 × 3 × 2 × 3) सै०
= 432 सै० = 7 मिनट 12 सै०.
अत: वे पुन: 8:27:12 बजे एक साथ बदलेंगी.

4	48, 72, 108
3	12, 18, 27
2	4, 6, 9
3	2, 3, 9
	2, 1, 3

44. अभीष्ट संख्या = 147, 168, 210, 315 का म०स०

3	147
7	49
	7

8	168
3	21
	7

2	210
3	105
5	35
	7

5	315
3	63
3	21
	7

$147 = 3 \times 7^2,\ 168 = 2^3 \times 3 \times 7,\ 210 = 2 \times 3 \times 5 \times 7$
तथा $315 = 5 \times 3^2 \times 7.$
∴ म०स० = (3 × 7) = 21. अत: अभीष्ट संख्या = 21.

45. अभीष्ट संख्या
= {(233 – 187), (279 – 233), (279 – 187)} का म०स०
= {46, 46, 92} का म०स० = 46.

46. माना ये संख्यायें x तथा $(60 - x)$ हैं. तब
$x \times (60 - x) = 12 \times 72 \Rightarrow x^2 - 60x + 864 = 0$

$$\therefore x = \frac{60 \pm \sqrt{3600 - 3456}}{2} = \frac{60 \pm \sqrt{144}}{2}$$

$$\therefore x = \frac{(60 + 12)}{2} = 36 \text{ तथा } x = \frac{(60 - 12)}{2} = 24.$$

अत: अभीष्ट संख्या 24 है।

47. स्पष्ट है कि दो संख्याओं का महत्तम समापवर्तक इन संख्याओं के लघुत्तमम समापवर्त्य को सदैव पूर्णतया विभक्त करता है.
अत: ऐसी संख्याओं का कोई जोड़ा नहीं है.

48. अभीष्ट संख्या
= {(964 – 41), (1238 – 31), (1400 – 51)} का म०स०
= (923, 1207, 1349) का म०स० = 71.

49. अभीष्ट माप
= 2527 लीटर, 1653 लीटर तथा 2261 लीटर का म०स०

7	2527
19	361
	19

3	1653
19	551
	29

7	2261
17	323
	19

$2527 = 7 \times (19)^2; 1653 = 3 \times 19 \times 29$ तथा
2261 = 7 × 17 × 19.
अत: म०स० = 19 तथा अभीष्ट माप = 19 लीटर.

50. अभीष्ट संख्या = (24, 32, 36, 54 का ल०स०) – 9
= (2 × 2 × 2 × 3 × 3 × 4 × 3) – 9
= (864 – 9) = 855.

2	24, 32, 36, 54
2	12, 16, 18, 27
2	6, 8, 9, 27
3	3, 4, 9, 27
3	1, 4, 3, 9
	1, 4, 1, 3

51. 6, 9, 15, 18 का ल०स० = (3 × 2 × 3 × 5) = 90.
माना अभीष्ट संख्या = $90k + 4$ है, जो 7 का गुणज है.
∴ अभीष्ट संख्या = (90 × 4 + 4) = 364.

3	6, 9, 15, 18
2	2, 3, 5, 6
3	1, 3, 5, 3
	1, 1, 5, 1

52. 2, 3, 4, 5, 6 का ल०स० = (2 × 3 × 2 × 5) = 60
माना अभीष्ट संख्या = $(60k + 1)$,
जो 7 से पूर्णतया विभक्त हो.
$k = 5$ रखने पर अभीष्ट संख्या = (60 × 5 + 1) = 301.

2	2, 3, 4, 5, 6
3	1, 3, 2, 5, 3
	1, 1, 2, 5, 1

53. यहाँ (12 – 7) = (15 – 10) = (16 – 11) = 5.
∴ अभीष्ट संख्या = (12, 15, 16 का ल०स०) – 5
= (2 × 2 × 3 × 5 × 4) – 5
= (240 – 5) = 235.

2	12, 15, 16
2	6, 15, 8
3	3, 15, 4
	1, 5, 4

54. प्रत्येक डिब्बे का माप = 403 लीटर, 465 लीटर, 496 लीटर का म०स०.

13	403
	31

5	465
3	93
	31

4	496
4	124
	31

$403 = 13 \times 31,\ 465 = 5 \times 3 \times 31,\ 496 = 4^2 \times 31.$
∴ प्रत्येक डिब्बे का माप = 31 लीटर
इन डिब्बों की संख्या

$$= \left(\frac{403}{31} + \frac{465}{31} + \frac{496}{31}\right) = (13 + 15 + 16) = 44.$$

55. $x^8 - 1 = (x^4 + 1)(x^4 - 1)$
$= (x^4 + 1)(x^2 + 1)(x^2 - 1)$
$= (x^4 + 1)(x^2 + 1)(x + 1)(x - 1)$
व $x^4 + 2x^3 - 2x - 1 = (x - 1)/(x + 1)^3$
अतः म.स. $= (x - 1)(x + 1) = (x^2 - 1)$

56. दो पाइपों की अधिकतम लंबाई =1.5 मीटर एवं 1.2 मीटर
द्रष्टव्य:

```
12)15(1
  -12
   3)12(4
    -12
      ×
```

$\because$ 1.5 एवं 1.2 मीटर का म.स. = 0.3 मीटर
अतः, प्रत्येक टुकड़े की अधिकतम लंबाई = 0.3 मीटर

57. अभीष्ट संख्या
= (1356 – 12), (1868 – 12), (2764 – 12) का म०स०
= {1344, 1856, 2752} का म०स०
= 64
$\left[\because 1344 = 2^6 \times 3 \times 7,\ 1856 = 2^6 \times 29,\ 2752 = 2^6 \times 43\right.$
इनका म०स० $= 2^6 = 64$.$\left.\right]$

58. माना दो संख्याएँ है x और y
$\therefore\ xy = 228096$
दिया गया है म.स.अ. = 36
दो संख्याओं का गुणनफल = म.स. × ल.स.
228096 = 36 × म.स.

$$\Rightarrow \text{म.स.अ.} = \frac{228096}{36} = 6336$$

59. म.स. $\left(\frac{3}{7}; \frac{5}{6}; \frac{2}{3}\right) = \frac{\text{म.स. of }(3, 5, 2)}{\text{ल.स. of }(7, 6, 3)} = \frac{1}{42}$

$\{\because$ ल.स. of 7, 6 और 3 = 42$\}$

60. संख्या है $3 + 6 + 9 + 12 + \ldots\ldots + 198$
3 व 4 ल.स. = 12
$\therefore S = 12 + 24 + 36 + \ldots\ldots + 192$
$\therefore 192 = 12 + (n - 1) \times 12$
$\{\because a = 12; d = 12$ और $S = 102\}$

$$\Rightarrow n - 1 = \frac{192 - 12}{12} \Rightarrow n - 1 = \frac{180}{12} \Rightarrow n - 1 = 15$$

$\Rightarrow n = 16$
$\therefore$ कुल पदों की संख्या = 16

प्रश्नमाला 2B

1. 7 का वह छोटे से छोटा गुणज क्या होगा जिसे क्रमशः 2, 3, 4, 5 तथा 6 से विभक्त करने पर क्रमशः 1, 2, 3, 4 तथा 5 शेष बचे ?
(*a*) 115 (*b*) 119
(*c*) 121 (*d*) इनमें से कोई नहीं

2. 5 अंकों की वह बड़ी से बड़ी संख्या ज्ञात करो जिसे 15, 18, 21, 24 से भाग देने पर क्रमशः 11, 14, 17, 20 शेष बचे.
(*a*) 98276 (*b*) 96278 (*c*) 99876 (*d*) 98674

3. 4 अंकों की वह बड़ी से बड़ी संख्या ज्ञात करो जो 16, 24, 56 तथा 72 में से प्रत्येक से पूर्णतया विभक्त हो.
(*a*) 9276 (*b*) 9676 (*c*) 9876 (*d*) 9072

4. वह छोटी से छोटी संख्या कौन-सी है जिसे 5, 6, 8, 9, 12 से भाग देने पर प्रत्येक दशा में 1 शेष बचे परन्तु 13 से भाग देने पर शेषफल शून्य हो.
(*a*) 2607 (*b*) 3209 (*c*) 3601 (*d*) 1607

5. 17 का वह लघुत्तम गुणज ज्ञात कीजिए जिसे 3, 4, 5, 6, 8 से भाग देने पर क्रमशः 2, 3, 4, 5 शेष बचे.
(*a*) 112 (*b*) 119 (*c*) 117 (*d*) 111

6. 141, 186 तथा 231 को किस बड़ी से बड़ी संख्या से विभक्त करें कि प्रत्येक दशा में शेषफल समान हो ?
(*a*) 45 (*b*) 25 (*c*) 17 (*d*) 51

7. वह बड़ी से बड़ी संख्या कौन-सी है जिससे 2270, 3739 तथा 6677 में से प्रत्येक को भाग देने पर शेषफल समान हो ?
(*a*) 1721 (*b*) 1649 (*c*) 1469 (*d*) 1271

8. दो अंकों वाली दो संख्याओं का गुणनफल 2028 है तथा इनका महत्तम समापवर्तक 13 है. संख्यायें ज्ञात कीजिए.
(*a*) 59, 32 (*b*) 25, 53 (*c*) 23, 59 (*d*) 52, 39

9. तीन अंकों वाली ऐसी दो संख्यायें ज्ञात कीजिए जिनका लघुत्तम समापवर्त्य 5760 तथा महत्तम समापवर्तक 80 हो.
(*a*) 640, 720 (*b*) 460,670
(*c*) 660,770 (*d*) 370, 760

10. एक खोखले वर्ग के रूप में कम से कम कितने लड़कों को खड़ा किया जा सकता है जबकि वर्ग की प्रत्येक भुजा 12, 15 अथवा 18 लड़कों से बनाई जा सके ? यदि यह वर्ग ठोस हो, तो कम से कम लड़कों की संख्या कितनी होगी ?
(*a*) 1600 (*b*) 2500 (*c*) 3600 (*d*) 6400

11. तीन खेतों के क्षेत्रफल क्रमशः 165 वर्ग मीटर , 195 वर्ग मीटर तथा 285 वर्ग मीटर हैं. इनमें बराबर-बराबर नाप की फूलों की आयताकार क्यारियाँ बनानी हैं. यदि प्रत्येक क्यारी की चौड़ाई 3 मीटर हो, तो प्रत्येक की लम्बाई कितनी है ?
(*a*) 6 मीटर (*b*) 5 मीटर (*c*) 7 मीटर (*d*) 8 मीटर

उत्तरमाला (प्रश्नमाला 2B)

1. (*b*) **2.** (*a*) **3.** (*d*) **4.** (*c*) **5.** (*b*) **6.** (*a*) **7.** (*c*) **8.** (*d*) **9.** (*a*) **10.** (*c*) **11.** (*b*)

दिये गए प्रश्नों के हल (प्रश्नमाला 2B)

1. स्पष्ट है कि प्रत्येक भाजक तथा उसके संगत शेषफल का अन्तर 1 है।

i.e. $(2-1)=(3-2)=(4-3)=(5-4)=(6-5)=1$.

अब 2, 3, 4, 5, 6 का ल०स० $= (2 \times 3 \times 2 \times 5) = 60$.

माना अभीष्ट संख्या $= (60k - 1)$, जो 7 से पूर्णतया विभक्त होगी. स्पष्ट है कि $k = 2$.

$\therefore$ अभीष्ट संख्या $= (60 \times 2 - 1) = 119$.

2	2, 3, 4, 5, 6
3	1, 3, 2, 5, 3
	1, 1, 2, 5, 1

2. 15, 18, 21, 24 का ल०स०

$= (3 \times 2 \times 5 \times 3 \times 7 \times 4) = 2520$.

3	15, 18, 21, 24
2	5, 6, 7, 8
	5, 3, 7, 4

भाजक तथा संगत शेषफल का अन्तर

$= (15 - 11) = (18 - 14) = (21 - 17) = (24 - 20) = 4$.

5 अंकों की बड़ी से बड़ी संख्या = 99999.

99999 को 2520 से भाग देने पर शेषफल = 1719

अभीष्ट संख्या $= (99999 - 1719) - 4 = 98276$.

```
2520 ) 99999 ( 39
        7560
        -----
        24399
        22680
        -----
         1719
```

3. 16, 24, 56, 72 का ल०स० = 1008.

चार अंकों की बड़ी से बड़ी संख्या = 9999.

9999 को 1008 से भाग देने पर शेषफल = 927

$\therefore$ अभीष्ट संख्या $= (9999 - 927) = 9072$.

```
1008 ) 9999 ( 9
       9072
       ----
        927
```

4. 5, 6, 8, 9, 12 में से प्रत्येक से विभक्त होने वाली संख्या

= 5, 6, 8, 9, 12 का ल०स०

$= (2 \times 2 \times 3 \times 5 \times 2 \times 3) = 360$.

माना अभीष्ट संख्या $= (360k + 1)$, जो 13 से विभक्त हो.

स्पष्ट है कि $k = 10$.

अत: अभीष्ट संख्या $= (360 \times 10 + 1) = 3601$.

2	5, 6, 8, 9, 12
2	5, 3, 4, 9, 6
3	5, 3, 2, 9, 3
	5, 1, 2, 3, 1

5. 3, 4, 5, 6, 8 का ल०स० = 120.

यहाँ $(3-2)=(4-3)=(5-4)=(6-5)=(8-7)=1$.

माना अभीष्ट संख्या $= (120k - 1)$, जो 17 से विभक्त हो.

$k = 1$ रखने पर अभीष्ट संख्या = 119, जो 17 से विभक्त होती है.

6. अभीष्ट संख्या $= (186 - 141), (231 - 186), (231 - 141)$ का म०स० = 45, 45, 90 का म०स० = 45.

7. अभीष्ट संख्या

$= (3739 - 2270), (6677 - 3739), (6677 - 2270)$ का म०स०

= 1469, 2938, 4407 का म०स० = 1469.

8. माना अभीष्ट संख्यायें $13a$ तथा $13b$ हैं जहाँ a तथा b सहअभाज्य हैं.

$\therefore\ (13a \times 13b) = 2028 \Rightarrow ab = \frac{2028}{13 \times 13} = 12$.

$\therefore\ (a = 12, b = 1)$ अथवा $(a = 4, b = 3)$

$\therefore$ अभीष्ट संख्यायें $(13 \times 12, 13 \times 1)$ अथवा $(13 \times 4, 13 \times 3)$ हैं.

स्पष्ट है कि इनमें से 2 अंकों वाली संख्यायें 52 तथा 39 हैं.

9. माना दी गई संख्यायें $80a$ तथा $80b$, जहाँ a तथा b सहअभाज्य हैं.

तब, इनका लघुत्तम समापवर्त्य $= 80ab$.

$\therefore\ 80ab = 5760 \Rightarrow ab = \frac{5760}{80} = 72$

(a, b) के अभीष्ट मान (72, 1) अथवा (8, 9) हैं.

अभीष्ट संख्यायें $(80 \times 72, 80 \times 1)$ अथवा $(80 \times 8, 80 \times 9)$ हैं.

इनमें 3 अंकों वाली संख्यायें 640 तथा 720 हैं.

10. 12, 15, 18 का लघुत्तम समापवर्त्य

$= (3 \times 2 \times 2 \times 5 \times 3) = 180$.

खोखले वर्ग की प्रत्येक भुजा पर लड़कों की संख्या = 180

कुल लड़कों की संख्या $= (180 \times 4) = 720$.

$720 = (2^2 \times 2^2 \times 3^2 \times 5)$

ठोस वर्ग बनाने हेतु कम से कम लड़कों की संख्या

$= (2^2 \times 2^2 \times 3^2 \times 5^2) = 3600$.

3	12, 15, 18
2	4, 5, 6
	2, 5, 3

11. प्रत्येक क्यारी का क्षेत्रफल = (165 वर्ग मी०, 195 वर्ग मी०, 285 वर्ग मी०) का म०स० = 15 वर्ग मीटर.

प्रत्येक क्यारी की चौड़ाई = 3 मीटर

प्रत्येक क्यारी की लम्बाई $= \frac{15}{3}$ मीटर = 5 मीटर.

❑❑❑

3

दशमलव भिन्नें
(DECIMAL FRACTIONS)

Scan QR Code for Watching Video

सामान्य नियम

दशमलव भिन्नें: ऐसी भिन्न जिसका हर 10 की घात में हो, दशमलव भिन्न कहलाती है. हम लिखते हैं:

$\frac{1}{10} = .1, \ \frac{2}{10} = .2, \ \frac{3}{10} = .3, \ \frac{4}{10} = .4, ..., \ \frac{9}{10} = .9.$

$\frac{1}{100} = .01, \ \frac{2}{100} = .02, \ \frac{3}{100} = .03, \ ...., \ \frac{9}{100} = .09, \ \frac{10}{100} = \frac{1}{10} = .10.$

$\frac{11}{100} = .11, \ \frac{12}{100} = .12, \ \frac{13}{100} = .13, \ ...., \ \frac{27}{100} = .27, \ \frac{44}{100} = .44, ..., \ \frac{99}{100} = .99.$

$\frac{1}{1000} = .001, \ \frac{2}{1000} = .002, ..., \ \frac{9}{1000} = .009, \ \frac{11}{1000} = .011, \ \frac{12}{1000} = .012,$

$\frac{99}{1000} = .099, \ \frac{100}{1000} = \frac{1}{10} = .1, \ \frac{101}{1000} = .101, \ \frac{102}{1000} = .102, \ ...., \ \frac{999}{1000} = .999.$

दशमलव भिन्न को साधारण भिन्न में बदलना:

नियम: दी गई दशमलव भिन्न को अंश में बिना दशमलव बिन्दु के लिखें तथा हर में दशमलव बिन्दु के नीचे 1 के साथ उतनी शून्य लगायें जितने दशमलव बिन्दु के बाद के अंक हैं.

साधित उदाहरण

प्रश्न 1. **नीचे दी गई प्रत्येक भिन्न को साधारण भिन्न में बदलें:**

***(i)* 0.6 *(ii)* 6.75 *(iii)* 0.2345 *(iv)* 0.00024**

हल: *(i)* $0.6 = \frac{6}{10} = \frac{3}{5}$.

(ii) $6.75 = \frac{675}{100} = \frac{27}{4} = 6\frac{3}{4}$.

(iii) $0.2345 = \frac{2345}{1000} = \frac{469}{200} = 2\frac{69}{200}$.

(iv) $0.00024 = \frac{24}{100000} = \frac{3}{12500}$.

टिप्पणी 1. दशमलव बिंदु के बाद के अंकों के अन्त में कितनी ही शून्य लगा दें, संख्या के मान में परिवर्तन नहीं होता.

जैसे: 0.8 = 0.80 = 0.800 आदि.

टिप्पणी 2. यदि किसी भिन्न के अंश तथा हर में दशमलव स्थानों की संख्या समान हो, तो हम अंश तथा हर दोनों में से दशमलव बिन्दु हटा देते हैं.

प्रश्न 2. **सरल कीजिए:**

(i) $\frac{9.2}{11.5}$ *(ii)* $\frac{0.252}{0.312}$ *(iii)* $\frac{.25}{.0125}$.

हल: *(i)* $\frac{9.2}{11.5} = \frac{92}{115} = \frac{92 \div 23}{115 \div 23} = \frac{4}{5}$.

[∵ 92 तथा 115 का म० स० = 23]

(ii) $\frac{0.252}{0.312} = \frac{252}{312} = \frac{252 \div 12}{312 \div 12} = \frac{21}{26}$.

[∵ 252 तथा 312 का म० स० = 12]

(iii) $\frac{.25}{.0125} = \frac{.2500}{.0125} = \frac{2500}{125} = 20.$

दशमलव भिन्नों को जोड़ना:

नियम: दी गई दशमलव भिन्नों को इस प्रकार लिखते हैं कि उनके दशमलव बिंदु एक दूसरे के ऊपर-नीचे रहें. अब इन संख्याओं को सामान्य विधि से जोड़ते हैं. उत्तर में दशमलव बिन्दु के ठीक नीचे दशमलव बिंदु लगाते हैं.

इसी प्रकार घटाने की प्रक्रिया की जाती है.

प्रश्न 3. सरल कीजिए:

(i) 348 + 36.4 + 9.35 + 0.473 + 0.0067 + 0.8
(ii) 0.874 + 2.96 + 3.5 + 16.467 + 0.0678
(iii) 82.064 – 37.8962.

हल:

(i)
```
   348
    36.4
     9.35
     0.473
     0.0067
 +   0.8
 395.0297
```

(ii)
```
   0.874
   2.96
   3.5
  16.467
 + 0.0678
  23.8688
```

(iii)
```
   82.0640
 – 37.8962
   44.1678
```

दशमलव भिन्न को एक पूर्णांक से गुणा करना:

नियम: बिना दशमलव बिन्दु का ध्यान रखे इस संख्या को दिये गये पूर्णांक से गुणा करके गुणनफल में दशमलव बिन्दु उतने अंकों से पहले लगायें जितने कि दी गई दशमलव भिन्न वाली संख्या में हैं.

प्रश्न 4. सरल करें: (i) 24.7156 ×12 (ii) 0.000865 × 43.

हल: (i) $247156 \times 12 = 2965872$.

अब गुणनफल में दशमलव के 4 स्थान लेने पर:

$24.7156 \times 12 = 296.5872$.

(ii) $865 \times 43 = 37195$.

अब गुणनफल में दशमलव के 6 स्थान लेने पर:

$0.000865 \times 43 = 0.037195$.

दशमलव भिन्नों की गुणा:

नियम: दी गई संख्याओं को बिना दशमलव बिन्दु के गुणा कर लेते हैं. गुणनफल में दशमलव बिंदु उतने स्थानों पूर्व लेते हैं, जितना कि दी गई भिन्नों के दशमलव स्थानों का योग है.

प्रश्न 5. सरल कीजिए:

(i) 13.6 × 1.24 (ii) 2.3 × 1.05 × 0.007

हल: (i) $136 \times 124 = 16864$.

दी गई संख्याओं में दशमलव स्थानों का योग

$= (1 + 2) = 3$.

अत: गुणनफल में दशमलव के तीन स्थान लेने पर:

$13.6 \times 1.24 = 16.864$.

(ii) बिना दशमलव के गुणा करने पर:

$23 \times 105 \times 7 = 16905$.

दी गई संख्याओं में दशमलव स्थानों का योग

$= (1 + 2 + 3) = 6$.

अत: गुणनफल में दशमलव के 6 स्थान लेने पर:

$2.3 \times 1.05 \times 0.007 = 0.016905$.

दशमलव भिन्न को एक पूर्णांक से भाग देना:

नियम: दशमलव भिन्न को बिना दशमलव का ध्यान रखे दिये गये पूर्णांक से भाग दें तथा भागफल में उतने स्थानों से पूर्व दशमलव बिन्दु लगायें जितने दशमलव स्थान दी गई भिन्न में हैं.

प्रश्न 6. सरल करें: (i) .0221 ÷ 17 (ii) 17.968 ÷ 8

हल: (i) $221 \div 17 = 13$.

दशमलव स्थान = 4.

$\therefore 0.0221 \div 17 = 0.0013$.

(ii) $17968 \div 8 = 2246$.

दशमलव स्थान = 3.

$\therefore 17.968 \div 8 = 2.246$.

दशमलव भिन्न को दशमलव भिन्न से भाग देना:

नियम: भाज्य तथा भाजक प्रत्येक को 10 की ऐसी घात से गुणा करें कि भाजक एक पूर्णांक बन जाये. अब ऊपर दी गई विधि से भाग दें.

प्रश्न 7. हल करें: (i) 0·0256 ÷ 0·016 (ii) 0·01845 ÷ 0·15.

हल: (i) $\frac{0.0256}{0.016} = \frac{0.0256 \times 1000}{0.016 \times 1000} = \frac{25.6}{16} = 1.6$.

(ii) $\frac{0 \cdot 01845}{0 \cdot 15} = \frac{0 \cdot 01845 \times 100}{0 \cdot 15 \times 100} = \frac{1 \cdot 845}{15} = 0 \cdot 123$.

दशमलव भिन्नों के महत्तम समापवर्तक तथा लघुत्तम समापवर्त्य ज्ञात करना:

नियम: दी गई भिन्नों में, यदि आवश्यक हो तो कुछ शून्य लगाकर, दशमलव अंक समान कर लें. बिना दशमलव बिन्दु का ध्यान रखे, इन संख्याओं का महत्तम समापवर्तक तथा लघुत्तम समापवर्त्य ज्ञात करें. अब उतने स्थानों पूर्व दशमलव बिन्दु लगायें, जितने दशमलव स्थान प्रत्येक संख्या में हैं.

प्रश्न 8. 0·27, 1·8 तथा 0·036 का महत्तम समापवर्तक तथा लघुत्तम समापवर्त्य ज्ञात करें.

हल: दशमलव स्थान बराबर लेने पर दी गई संख्यायें हैं: 0·270, 1·800, 0·036.

बिना दशमलव बिन्दु के ये संख्यायें हैं: 270, 1800, 36.

18	270 – 1800 – 36
5	15 – 100 – 2
2	3 – 20 – 2
	3 – 10 – 1

अब 270, 1800, 36 का म०स० = 18.

अत: दी गई संख्याओं का म०स० = ·018.

270, 1800, 36 का ल०स० = $18 \times 5 \times 2 \times 3 \times 10 = 5400$.

$\therefore$ दी गई संख्याओं का ल०स० = 5·400 अर्थात 5·4.

पुनरावृत्त दशमलव भिन्नें: यदि किसी दशमलव भिन्न में दशमलव के एक अथवा अधिक अंकों की लगातार पुनरावृत्ति हो तो ऐसी भिन्नें पुनरावृत्त दशमलव भिन्नें कहलाती हैं. ऐसी भिन्नों को व्यक्त करने के लिए पुनरावृत्त अंकों के सबसे पहले तथा अन्तिम अंक के ऊपर बिन्दु लगाते हैं अथवा पुनरावृत्त अंकों पर रेखा खींच देते हैं.

उत्तहरणार्थ: (i) $\frac{2}{3} = 0 \cdot 6666 \ldots = 0 \cdot \dot{6} = 0 \cdot \overline{6}$.

(ii) $\frac{22}{7} = 3 \cdot 142857142857 \ldots = 3 \cdot \dot{1}4285\dot{7} = 3 \cdot \overline{142857}$.

(iii) $\frac{17}{90} = \cdot 1888 \ldots = 0 \cdot 1\dot{8} = 0 \cdot 1\overline{8}$.

शुद्ध-पुनरावृत्त दशमलव भिन्न: ऐसी भिन्न जिसमें दशमलव बिन्दु के बाद के सभी अंकों की पुनरावृत्ति हो, शुद्ध पुनरावृत्त दशमलव भिन्न कहलाती हैं. जैसे: $0 \cdot \overline{3}, 3 \cdot \overline{142857}$ आदि.

शुद्ध-पुनरावृत्त दशमलव भिन्न को साधारण भिन्न में बदलना:

नियम: शुद्ध पुनरावृत्त दशमलव भिन्न को बिना दशमलव बिंदु के अंश में लिखें तथा हर में 9 उतनी बार लें जितने अंकों की पुनरावृत्ति होती है.

प्रश्न 9. निम्नलिखित दशमलव भिन्नों को साधारण भिन्नों में बदलें:

(i) 0·3333 .... (ii) 0·676767..... (iii) 0·32513251....

हल: (i) $0\cdot3333.... = 0.\overline{3} = \frac{3}{9} = \frac{1}{3}$.

(ii) $0\cdot676767 .... = 0\cdot\overline{67} = \frac{67}{99}$.

(iii) $0\cdot32513251 .... = 0\cdot\overline{3251} = \frac{3251}{9999}$.

मिश्रित-पुनरावृत्त दशमलव भिन्न: ऐसी भिन्न जिसमें दशमलव बिन्दु के बाद के कुछ अंकों की पुनरावृत्ति नहीं होती तथा कुछ अंकों की पुनरावृत्ति होती है, मिश्रित-पुनरावृत्त दशमलव भिन्न कहलाती है.

मिश्रित-पुनरावृत्त दशमलव भिन्न को साधारण भिन्न में बदलना:

नियम: एक बार पुनरावृत्त भाग में से अपुनरावृत्त भाग घटाकर अंश में लेते हैं तथा हर में जितने पुनरावृत्त अंक हैं उतनी बार 9 लेकर उनके आगे उतनी शून्य लगाते हैं जितने अपुनरावृत्त अंक हैं.

प्रश्न 10. निम्नलिखित दशमलव भिन्नों को साधारण भिन्नों में बदलो:

(i) $0\cdot1\overline{8}$ (ii) $0\cdot57\overline{6}$ (iii) $0\cdot12\overline{54}$ (iv) $3\cdot00\overline{72}$

हल: (i) $0\cdot1\overline{8} = \frac{(18-1)}{90} = \frac{17}{90}$.

(ii) $0\cdot57\overline{6} = \frac{(576-57)}{900} = \frac{519}{900}$.

(iii) $0\cdot12\overline{54} = \frac{(1254-12)}{9900} = \frac{1242}{9900} = \frac{69}{550}$.

(iv) $3\cdot00\overline{72} = 3 + 0\cdot00\overline{72} = 3 + \frac{(72-00)}{9900} = 3 + \frac{2}{275}$

$= 3\frac{2}{275}$.

प्रश्न 11. संख्याओं $\frac{2}{7}, \frac{3}{8}, \frac{5}{11}, \frac{9}{16}$ को अवरोही क्रम में लिखिये.

हल: प्रत्येक दी गई संख्या को दशमलव भिन्न में व्यक्त करने पर:

$\frac{2}{7} = 0\cdot285, \frac{3}{8} = 0\cdot375, \frac{5}{11} = 0\cdot454$ तथा $\frac{9}{16} = 0\cdot562$.

अवरोही क्रम में लेने पर:

$0\cdot562 > 0\cdot454 > 0\cdot375 > 0\cdot285$

अत: $\frac{9}{16} > \frac{5}{11} > \frac{3}{8} > \frac{2}{7}$.

प्रश्न 12. संख्याओं $\frac{7}{9}, \frac{11}{13}, \frac{16}{19}, \frac{21}{25}$ को आरोही क्रम में लिखिये.

हल: प्रत्येक दी गई संख्या को दशमलव भिन्न में व्यक्त करने पर:

$\frac{7}{9} = 0\cdot777, \frac{11}{13} = 0\cdot846, \frac{16}{19} = 0\cdot842$ तथा

$\frac{21}{25} = 0\cdot840$.

आरोही क्रम में लेने पर:

$0\cdot777 < 0\cdot840 < 0\cdot842 < 0\cdot846$

अत: $\frac{7}{9} < \frac{21}{25} < \frac{16}{19} < \frac{11}{13}$.

प्रश्नमाला 3A

नीचे लिखे प्रश्नों में से प्रत्येक में ठीक उत्तर को चिन्हांकित (✓) कीजिए:

1. 454·58 – 376·89 + 121·45 – 95·42 = ?
(a) 102·22 (b) 103·72
(c) 91·72 (d) 92·32
(e) इनमें से कोई नहीं (बैंक पी०ओ० परीक्षा, 2010)

2. 0.003 समतुल्य है:
(a) 3% (b) 0.3% (c) 0.03% (d) 0.003%
(पटना हाई कोर्ट असिस्टेंट परीक्षा, 2016)

3. $3\frac{1}{8} + 2\frac{5}{24} = ?$
(a) $6\frac{1}{3}$ (b) $5\frac{1}{3}$ (c) $6\frac{1}{8}$ (d) $5\frac{3}{4}$
(e) $6\frac{3}{8}$ (एस.बी.आई-क्लर्क (प्रारंभिक) आर्नलाइन परीक्षा, 2016)

4. 534·596 + 61·472 – 496·708 = ? + 27·271
(a) 126·631 (b) 62·069
(c) 72·089 (d) 132·788
(e) इनमें से कोई नहीं (बैंक पी०ओ० परीक्षा, 2010)

5. 4433·764 – 2211·993 – 1133·667 + 3377·442 = ?
(a) 4466 (b) 4377
(c) 3633 (d) 4144
(e) 3344 (बैंक पी०ओ० परीक्षा, 2010)

6. 28·314 – 31·427 + 113·928 = ? + 29·114
(a) 81·711 (b) 80·701
(c) 71·711 (d) 81·701
(e) इनमें से कोई नहीं (बैंक पी०ओ० परीक्षा, 2010)

7. 6598 – 2506 ÷ 20 = ?
(a) 6472·7 (b) 204·6
(c) 304·6 (d) 6472·5
(e) इनमें से कोई नहीं (बैंक पी०ओ० परीक्षा, 2010)

8. 65·4 ÷ 13·08 × 20 = ?
(a) 100 (b) 150
(c) 0·25 (d) 25·02
(e) इनमें से कोई नहीं (बैंक पी०ओ० परीक्षा, 2010)

9. 750·46 + 114·09 – 840·04 = ? – 13·09
(a) 37·06 (b) 63·78
(c) 37·60 (d) 67·38
(e) इनमें से कोई नहीं (बैंक पी०ओ० परीक्षा, 2010)

10. $56{\cdot}703 - 63{\cdot}179 + 49{\cdot}361 = ?$
(*a*) 41·785 (*b*) 41·885
(*c*) 42·895 (*d*) 42·885
(*e*) इनमें से कोई नहीं (बैंक पी०ओ० परीक्षा, 2010)

11. $(13{\cdot}96)^2 - (15{\cdot}03)^2 + (18{\cdot}09)^2 - 32{\cdot}65 = ?$
(*a*) 223 (*b*) 264
(*c*) 334 (*d*) 354
(*e*) 201 (बैंक पी०ओ० परीक्षा, 2010)

12. 20 मीटर लम्बे तार को इस प्रकार दो भागों में विभक्त किया गया है कि एक भाग की लम्बाई दूसरे भाग की लम्बाई का $\frac{2}{3}$ गुनी है. लम्बे टुकड़े की लम्बाई कितनी है ? (एस०एस०सी० परीक्षा, 2010)
(*a*) 13·13 मीटर (*b*) 13·15 मीटर
(*c*) 12 मीटर (*d*) 12·5 मीटर

13. टेरी रोज 1600 मिलीलीटर दूध पीती है. चार सप्ताह में वह कितना दूध पियेगी ?
(*a*) 42·6 लीटर (*b*) 43·4 लीटर
(*c*) 44·8 लीटर (*d*) 41·6 लीटर
(*e*) इनमें से कोई नहीं

14. दो संख्याओं का गुणनफल 0·008 है. इनमें से एक संख्या दूसरी संख्या के $\frac{1}{5}$ के बराबर है. इनमें से छोटी संख्या क्या होगी ?
(*a*) 0·2 (*b*) 0·4 (*c*) 0·02 (*d*) 0·04
(एस०एस०सी० परीक्षा, 2010)

15. $25 \times 3{\cdot}25 + 50{\cdot}4 \div 24 = ?$ (बैंक पी०ओ० परीक्षा, 2010)
(*a*) 84·50 (*b*) 83·35 (*c*) 83·53 (*d*) 82·45
(*e*) इनमें से कोई नहीं

16. $\dfrac{(0{\cdot}125 + 0{\cdot}027)}{0{\cdot}25 - 0{\cdot}15 + 0{\cdot}09} = ?$ (एस०एस०सी० परीक्षा, 2010)
(*a*) 0·3 (*b*) 0·5 (*c*) 0·8 (*d*) 0·9

17. $515{\cdot}15 - 15{\cdot}51 - 1{\cdot}51 - 5{\cdot}11 - 1{\cdot}11 = ?$
(*a*) 491·91 (*b*) 419·91 (*c*) 499·19 (*d*) 411·19
(*e*) इनमें से कोई नहीं (बैंक पी०ओ० परीक्षा, 2009)

18. $\left\{\dfrac{(0{\cdot}1)^2 - (0{\cdot}01)^2}{0{\cdot}0001} + 1\right\} = ?$ (एस०एस०सी० परीक्षा, 2010)
(*a*) 1010 (*b*) 110 (*c*) 101 (*d*) 100

19. $\dfrac{3{\cdot}25 \times 3{\cdot}20 - 3{\cdot}20 \times 3{\cdot}05}{0{\cdot}064} = ?$ (एस०एस०सी० परीक्षा, 2010)
(*a*) 1 (*b*) $\frac{1}{2}$ (*c*) $\frac{1}{10}$ (*d*) 10

20. $\dfrac{(0{\cdot}6)^4 - (0{\cdot}5)^4}{(0{\cdot}6)^2 + (0{\cdot}5)^2} = ?$
(*a*) 1·1 (*b*) 0·1 (*c*) 0·11 (*d*) 1·11

21. $(2{\cdot}89)^3 + (2{\cdot}11)^3 + 15 \times 2{\cdot}89 \times 2{\cdot}11 = ?$
(*a*) 125 (*b*) 500 (*c*) 5 (*d*) 25

22. यदि $a = 1{\cdot}9$ तथा $b = 2{\cdot}1$ हो, तो $(a^2 + 2ab + b^2) = ?$
(*a*) 16 (*b*) 64 (*c*) 4 (*d*) 20

23. $\dfrac{0{\cdot}41 \times 0{\cdot}41 \times 0{\cdot}41 + 0{\cdot}69 \times 0{\cdot}69 \times 0{\cdot}69}{0{\cdot}41 \times 0{\cdot}41 - 0{\cdot}41 \times 0{\cdot}69 + 0{\cdot}69 \times 0{\cdot}69} = ?$
(*a*) 0·28 (*b*) 1·1 (*c*) 11 (*d*) 2·8

24. $\dfrac{(2{\cdot}75)^3 - (2{\cdot}25)^3}{(2{\cdot}75)^2 + 2{\cdot}75 \times 2{\cdot}25 + (2{\cdot}25)^2} = ?$
(एस०एस०सी० परीक्षा, 2010)
(*a*) 0·3 (*b*) 0·5 (*c*) 3 (*d*) 5

25. $\dfrac{(0{\cdot}289 + 0{\cdot}147)^2 - (0{\cdot}289 - 0{\cdot}147)^2}{0{\cdot}147 \times 0{\cdot}289} = ?$
(*a*) 0·258 (*b*) 0·236 (*c*) 0·142 (*d*) 4

26. $1{\cdot}\overline{27} = ?$ (एस०एस०सी० परीक्षा, 2010)
(*a*) $\frac{127}{100}$ (*b*) $\frac{73}{100}$ (*c*) $\frac{14}{11}$ (*d*) $\frac{11}{14}$

27. $0{\cdot}\overline{57} = ?$
(*a*) $\frac{57}{100}$ (*b*) $\frac{57}{99}$
(*c*) $\frac{26}{45}$ (*d*) इनमें से कोई नहीं

28. $(0{\cdot}\overline{63} + 0{\cdot}\overline{37}) = ?$
(*a*) 1·01 (*b*) $0{\cdot}\overline{101}$ (*c*) $1{\cdot}\overline{01}$ (*d*) $1{\cdot}00\overline{1}$

29. $\frac{15}{16}, \frac{19}{20}, \frac{24}{25}, \frac{34}{35}$ में से सबसे छोटी भिन्न कौन-सी है ?
(*a*) $\frac{34}{35}$ (*b*) $\frac{15}{16}$ (*c*) $\frac{19}{20}$ (*d*) $\frac{24}{25}$
(एस०एस०सी० परीक्षा, 2010)

30. $\frac{3}{7}, \frac{2}{9}, \frac{4}{13}, \frac{6}{11}, \frac{7}{9}$ में से सबसे बड़ी भिन्न कौन-सी है ?
(*a*) $\frac{3}{7}$ (*b*) $\frac{4}{13}$ (*c*) $\frac{7}{9}$ (*d*) $\frac{6}{11}$

31. $15{\cdot}593 - 9{\cdot}214 - 3{\cdot}452 - 2{\cdot}191 = ?$
(*a*) 1·874 (*b*) 0·686 (*c*) 2·342 (*d*) 0·736
(*e*) इनमें से कोई नहीं

32. $188{\cdot}21 - 27{\cdot}54 - 11{\cdot}93 = ?$ (बैंक पी०ओ० परीक्षा, 2009)
(*a*) 139·74 (*b*) 126·64 (*c*) 148·74 (*d*) 184·64
(*e*) इनमें से कोई नहीं

33. $124 + 56 \times 1{\cdot}5 - 12 = ?$
(*a*) 1890 (*b*) 252 (*c*) 230 (*d*) 196
(*e*) इनमें से कोई नहीं (बैंक पी०ओ० परीक्षा, 2009)

34. $74 + 12 \times 0{\cdot}75 - 6 = ?$
(*a*) 72 (*b*) 67 (*c*) 62 (*d*) 77
(*e*) इनमें से कोई नहीं (बैंक पी०ओ० परीक्षा, 2009)

35. $12{\cdot}28 \times 1{\cdot}5 - 36 \div 2{\cdot}4 = ?$
(*a*) 3·24 (*b*) 7·325 (*c*) 6·42 (*d*) 4·32

(*e*) इनमें से कोई नहीं (बैंक पी०ओ० परीक्षा, 2009)

36. $33{\cdot}333 + 3{\cdot}033 - 2{\cdot}003 = ?$
(*a*) 33·363 (*b*) 33·463 (*c*) 34·363 (*d*) 34·463
(*e*) इनमें से कोई नहीं (बैंक पी०ओ० परीक्षा, 2009)

37. $12{\cdot}25 \times 6{\cdot}4 - 18{\cdot}95 = ?$
(*a*) 59·45 (*b*) 60·045 (*c*) 60·45 (*d*) 59·045
(*e*) इनमें से कोई नहीं (बैंक पी०ओ० परीक्षा, 2009)

38. $358{\cdot}085 + 42{\cdot}91 + 25{\cdot}55 = ?$
(*a*) 425·565 (*b*) 426·545 (*c*) 426·555 (*d*) 425·545
(*e*) इनमें से कोई नहीं (बैंक पी०ओ० परीक्षा, 2009)

39. यदि भिन्नों $\frac{4}{9}, \frac{2}{7}, \frac{3}{8}, \frac{6}{13}, \frac{5}{11}$ को अवरोही क्रम में लें तो दूसरी भिन्न कौन-सी होगी?
(*a*) $\frac{4}{9}$ (*b*) $\frac{2}{7}$ (*c*) $\frac{3}{8}$ (*d*) $\frac{6}{13}$
(*e*) $\frac{5}{11}$ (बैंक पी०ओ० परीक्षा, 2009)

40. निम्नलिखित में से कौन-सी भिन्नें आरोही क्रम में हैं?
(*a*) $\frac{5}{11}, \frac{3}{8}, \frac{4}{9}, \frac{2}{7}$ (*b*) $\frac{5}{11}, \frac{4}{9}, \frac{3}{8}, \frac{2}{7}$
(*c*) $\frac{2}{7}, \frac{3}{8}, \frac{4}{9}, \frac{5}{11}$ (*d*) $\frac{2}{7}, \frac{4}{9}, \frac{3}{8}, \frac{5}{11}$
(*e*) इनमें से कोई नहीं (बैंक पी०ओ० परीक्षा, 2009)

41. $666{\cdot}66 + 66{\cdot}66 + 6{\cdot}66 + 6 + 0{\cdot}66 = ?$
(*a*) 746·64 (*b*) 764·64 (*c*) 766·64 (*d*) 744·64
(*e*) इनमें से कोई नहीं (बैंक पी०ओ० परीक्षा, 2008)

42. $[(35)^3 \div 70 \times 12] \div 25 = 58{\cdot}8 \times ?$
(*a*) 6 (*b*) 8 (*c*) 14 (*d*) 22
(*e*) इनमें से कोई नहीं (बैंक पी०ओ० परीक्षा, 2008)

43. $0{\cdot}06 \times 2{\cdot}5 \times 24 = ?$
(*a*) 4·6 (*b*) 3·8 (*c*) 3·4 (*d*) 4·4
(*e*) इनमें से कोई नहीं (बैंक पी०ओ० परीक्षा, 2008)

44. $(0{\cdot}25)^2 + (0{\cdot}15)^2 = ?$
(*a*) 0·0085 (*b*) 0·8 (*c*) 0·085 (*d*) 0·625
(*e*) इनमें से कोई नहीं

45. $\frac{0{\cdot}009}{?} = 0{\cdot}01$ (एस०एस०सी० परीक्षा, 2009)
(*a*) 0·009 (*b*) 0·09 (*c*) 0·9 (*d*) 9

46. $\frac{(0{\cdot}96)^3 - (0{\cdot}1)^3}{(0{\cdot}96)^2 + 0{\cdot}096 + (0{\cdot}1)^2} = ?$ (रेलवे परीक्षा, 2009)
(*a*) 0·86 (*b*) 0·95 (*c*) 0·97 (*d*) 1·06

47. $\frac{4}{9}, \sqrt{\frac{9}{49}}, 0{\cdot}\overline{45}$ तथा $(0{\cdot}8)^2$ में से सबसे छोटी संख्या कौन-सी है? (एस०एस०सी० परीक्षा, 2009)
(*a*) $\frac{4}{9}$ (*b*) $\sqrt{\frac{9}{49}}$ (*c*) $0{\cdot}\overline{45}$ (*d*) $(0{\cdot}8)^2$

48. $\frac{3}{5}, \frac{1}{8}, \frac{8}{11}, \frac{4}{9}, \frac{2}{7}, \frac{5}{7}, \frac{5}{12}$ में से सभी भिन्नों को अवरोही क्रम में लें, तो तीसरी भिन्न क्या होगी?
(*a*) $\frac{1}{8}$ (*b*) $\frac{4}{9}$ (*c*) $\frac{5}{12}$ (*d*) $\frac{8}{11}$
(*e*) इनमें से कोई नहीं (बैंक पी०ओ० परीक्षा, 2009)

49. $38 + 16 \times 0{\cdot}8 = ?$ (बैंक पी०ओ० परीक्षा, 2008)
(*a*) 43·2 (*b*) 50·8 (*c*) 44·8 (*d*) 1·9
(*e*) इनमें से कोई नहीं

50. $4985{\cdot}23 + 4632{\cdot}14 - ? = 4022{\cdot}12$
(*a*) 5955·25 (*b*) 5595·25
(*c*) 5295·55 (*d*) 5255·95
(*e*) इनमें से कोई नहीं (बैंक पी०ओ० परीक्षा, 2008)

51. $\frac{0{\cdot}001344}{0{\cdot}3 \times 0{\cdot}7} = ?$ (एम०बी०ए० परीक्षा, 2008)
(*a*) 0.0064 (*b*) 0·064 (*c*) 0·64 (*d*) 6·4

52. $\frac{0{\cdot}21 \times 0{\cdot}21 \times 0{\cdot}21 + 0{\cdot}021 \times 0{\cdot}021 \times 0{\cdot}021}{0{\cdot}63 \times 0{\cdot}63 \times 0{\cdot}63 + 0{\cdot}063 \times 0{\cdot}063 \times 0{\cdot}063} = ?$
(*a*) $\frac{1}{85}$ (*b*) $\frac{1}{42}$ (*c*) $\frac{1}{27}$ (*d*) $\frac{1}{90}$

53. $\frac{(0{\cdot}06)^2 + (0{\cdot}47)^2 + (0{\cdot}079)^2}{(0{\cdot}006)^2 + (0{\cdot}047)^2 + (0{\cdot}0079)^2} = ?$
(*a*) 0·1 (*b*) 10 (*c*) 100 (*d*) 1000

54. $\frac{1}{11} = ?$ (एस०एस०सी० परीक्षा, 2008)
(*a*) $0{\cdot}009$ (*b*) $0{\cdot}0\overline{9}$ (*c*) $0{\cdot}\overline{09}$ (*d*) $0{\cdot}00\overline{9}$

55. $18{\cdot}484848.....$ को $\frac{p}{q}$ के रूप में निरूपित करने पर लिखेंगे:
(*a*) $\frac{462}{25}$ (*b*) $\frac{610}{33}$ (*c*) $\frac{200}{11}$ (*d*) $\frac{609}{33}$

56. $2{\cdot}1\overline{36} = ?$
(*a*) $\frac{47}{220}$ (*b*) $\frac{68}{495}$ (*c*) $2\frac{11}{27}$ (*d*) $2\frac{3}{22}$

57. यदि भिन्नों $\frac{5}{14}, \frac{6}{11}, \frac{7}{9}, \frac{8}{13}, \frac{9}{10}$ को आरोही क्रम में लें तो चौथे स्थान पर कौन-सी भिन्न होगी? (बैंक पी०ओ० परीक्षा, 2008)
(*a*) $\frac{7}{9}$ (*b*) $\frac{5}{14}$ (*c*) $\frac{8}{13}$ (*d*) $\frac{9}{10}$
(*e*) इनमें से कोई नहीं

58. $\cdot351 \times \cdot867 + \cdot351 \times \cdot133 = ?$
(*a*) ·827 (*b*) 3·51897 (*c*) 8·97351 (*d*) 0·351

59. $19{\cdot}105 \times 16{\cdot}035 - 19{\cdot}105 \times 6{\cdot}035 = ?$
(*a*) 191·05 (*b*) 171·265
(*c*) 161·25 (*d*) इनमें से कोई नहीं

60. $(4{\cdot}7 \times 13{\cdot}23 + 4{\cdot}7 \times 9{\cdot}43 + 4{\cdot}7 \times 77{\cdot}34) = ?$
(*a*) 47 (*b*) 470 (*c*) 4700 (*d*) 47000

61. किसी संख्या को 0·72 से गुणा करने के स्थान पर उस संख्या को 7·2 से गुणा कर दिया गया. इससे उसका उत्तर सही उत्तर से 2592 अधिक रहा. प्रारम्भिक संख्या कितनी है ?
(*a*) 400 (*b*) 420 (*c*) 500 (*d*) 560

62. किसी संख्या का वर्ग दो संख्याओं 75·15 तथा 60·12 के वर्गों के अन्तर के बराबर है. वह संख्या कौन–सी है ?
(*a*) 46·09 (*b*) 48·09 (*c*) 45·09 (*d*) 47·09
(रेलवे परीक्षा, 2008)

63. $(666 \times 66 \times 6) \div ? = 499{\cdot}5$
(*a*) 462 (*b*) 532 (*c*) 540 (*d*) 396
(*e*) इनमें से कोई नहीं (जीवन बीमा निगम परीक्षा, 2007)

64. $256 \times 0{\cdot}5 = 1024 \div ? \times 4$
(*a*) 128 (*b*) 8 (*c*) 32 (*d*) 28
(*e*) इनमें से कोई नहीं (बैंक पी०ओ० परीक्षा, 2007)

65. $? \div 25 \div 12 = 248{\cdot}76$
(*a*) 74628 (*b*) 497·52 (*c*) 62452 (*d*) 870·66
(*e*) इनमें से कोई नहीं (बैंक पी०ओ० परीक्षा, 2007)

66. $48 \div 7{\cdot}5 \times 84{\cdot}5 \div 20 = ?$
(*a*) 1·527 (*b*) 2·704 (*c*) 1·834 (*d*) 2·914
(*e*) इनमें से कोई नहीं

67. $\cdot 0027 \times \cdot 027 \times \cdot 3 = ?$
(*a*) ·02187000 (*b*) ·00218700
(*c*) ·00021870 (*d*) ·00002187

68. $8{\cdot}32 \times 0{\cdot}999 = ?$
(*a*) 0·831168 (*b*) 8·31168
(*c*) 83·1168 (*d*) इनमें से कोई नहीं

69. $\dfrac{(3{\cdot}473 + \cdot 598)^2 + (3{\cdot}473 - \cdot 598)^2}{3{\cdot}473 \times 3{\cdot}473 + \cdot 598 \times \cdot 598} = ?$
(*a*) 4·071 (*b*) 2·875 (*c*) 2 (*d*) 4

70. $\dfrac{\cdot 896 \times \cdot 753 + \cdot 896 \times \cdot 247}{\cdot 8 \times \cdot 057 + \cdot 8 \times \cdot 943} = ?$
(*a*) 11·2 (*b*) 112 (*c*) 0·112 (*d*) 1·12

71. $\dfrac{5{\cdot}32 \times 56 + 5{\cdot}32 \times 44}{(7{\cdot}66)^2 - (2{\cdot}34)^2} = ?$
(*a*) 7·2 (*b*) 8·5 (*c*) 10 (*d*) 12

72. $\cdot 009 \div ? = \cdot 01$
(*a*) 9 (*b*) ·9 (*c*) ·09 (*d*) ·0009

73. $\dfrac{1}{\cdot 04} = ?$
(*a*) ·025 (*b*) ·25 (*c*) 2·5 (*d*) 25

74. यदि $4137 \div 1{\cdot}75 = 2364$ हो, तो $41{\cdot}37 \div 17{\cdot}5 = ?$
(*a*) 23·64 (*b*) 2·364 (*c*) ·2364 (*d*) 236·4

75. यदि $4571 \div 3{\cdot}265 = 1400$ हो, तो $457{\cdot}1 \div 32{\cdot}65 = ?$
(*a*) ·14 (*b*) 1·4 (*c*) 14 (*d*) ·014

76. यदि $148 \times 74 = 10952$ हो, तो $0{\cdot}10952 \div 14{\cdot}8 = ?$
(*a*) ·74 (*b*) ·074 (*c*) ·0074 (*d*) ·00074

77. यदि $\dfrac{1}{3{\cdot}718} = 0{\cdot}2689$ हो, तो $\dfrac{1}{\cdot 0003718} = ?$
(*a*) 0·2689 (*b*) 2·689 (*c*) 2689 (*d*) 26890

78. $2{\cdot}62 \div 131 = ?$
(*a*) 2 (*b*) 20 (*c*) 0·2 (*d*) 0·02

79. $\cdot 000066 \div 11 = ?$
(*a*) ·006 (*b*) ·0006 (*c*) ·000006 (*d*) ·00006

80. $86{\cdot}04 \div 4000 = ?$
(*a*) ·10215 (*b*) ·02151 (*c*) ·15201 (*d*) ·21015

81. $(256)^{0{\cdot}16} \times (16)^{0{\cdot}18} = ?$ (एस०एस०सी० परीक्षा, 2007)
(*a*) 4 (*b*) 16 (*c*) 64 (*d*) 256·25

82. $3^{3{\cdot}5} \times (21)^2 \times (42)^{2{\cdot}5} \div 2^{(2{\cdot}5)} \times 7^{3{\cdot}5} = (21)^?$
(*a*) 8 (*b*) 10 (*c*) 12·5 (*d*) 6·5
(*e*) इनमें से कोई नहीं

83. 1·08, 0·36, 0·9 का महत्तम समापवर्तक = ?
(*a*) 0·03 (*b*) 0·9 (*c*) 0·18 (*d*) 0·108

84. 3, 2·7, 0·09 का लघुत्तम समापवर्त्य = ?
(*a*) 2·7 (*b*) 0·27 (*c*) 0·027 (*d*) 27

85. 0·54, 1·8, 7·2 का लघुत्तम समापवर्त्य = ?
(*a*) 21·6 (*b*) 2·16 (*c*) 216 (*d*) 0·216

86. निम्नलिखित में से किसमें भिन्नें अवरोही क्रम में हैं ?
(*a*) $\frac{5}{7}, \frac{9}{11}, \frac{7}{9}, \frac{3}{5}$ (*b*) $\frac{3}{5}, \frac{5}{7}, \frac{7}{9}, \frac{9}{11}$
(*c*) $\frac{9}{11}, \frac{7}{9}, \frac{5}{7}, \frac{3}{5}$ (*d*) $\frac{9}{11}, \frac{5}{7}, \frac{3}{5}, \frac{7}{9}$
(*e*) इनमें से कोई नहीं

87. 650 का ? + 844 = 1000
(*a*) 54% (*b*) 24% (*c*) 34% (*d*) 14%
(पटना हाई कोर्ट असिस्टेंट परीक्षा, 2016)

88. $3.7 \times 24 \div 5 = ? \div 7$
(*a*) 158.5 (*b*) 164.2 (*c*) 124.32 (*d*) 155.1
(*e*) 161.5 (एस.बी.आई–क्लर्क (प्रारंभिक) ऑनलाइन परीक्षा, 2016)

89. $4501 \div 14.85 \div \sqrt{146} \times 4.98 = ?$
(*a*) 125 (*b*) 110 (*c*) 250 (*d*) 50
(*e*) 75 (एस.आई.डी.बी.आई.-अधिकारी ऑनलाइन परीक्षा, 2016)

90. $16.02 + 144 \div 23.96 + ? = 83.567$
(*a*) 16 (*b*) 62 (*c*) 58 (*d*) 30
(*e*) 44
(ओरिएण्टल इंश्योरेन्स कम्पनी लि. स्पे. ऑ. (फा.) परीक्षा, 2015)

91. $156.25 \times 12.4 + 1.8 \times 52.5 = x - 175.85$
(*a*) 2025 (*b*) 2000 (*c*) 2128 (*d*) 2152
(*e*) 2019
(ओरिएण्टल इंश्योरेन्स कम्पनी लि. स्पे. ऑ. (फा.) परीक्षा, 2015)

92. निम्नलिखित में से कौन सी भिन्न $\frac{2}{3}$ से छोटी नहीं है?
(*a*) $\frac{7}{12}$ (*b*) $\frac{11}{18}$ (*c*) $\frac{9}{15}$ (*d*) $\frac{17}{24}$
(मध्य प्रदेश लोक सेवा आयोग राज्य सेवा (प्रा.) परीक्षा, 2015)

उत्तरमाला (प्रश्नमाला 3A)

1. (b)	2. (b)	3. (b)	4. (c)	5. (a)	6. (d)	7. (a)	8. (a)	9. (a)	11. (c)	11. (b)	12. (c)
13. (c)	14. (d)	15. (b)	16. (c)	17. (a)	18. (d)	19. (d)	20. (c)	21. (a)	22. (a)	23. (b)	24. (b)
25. (d)	26. (c)	27. (b)	28. (c)	29. (b)	30. (c)	31. (d)	32. (c)	33. (d)	34. (d)	35. (e)	36. (c)
37. (a)	38. (b)	39. (e)	40. (c)	41. (a)	42. (e)	43. (e)	44. (c)	45. (c)	46. (a)	47. (b)	48. (e)
49. (b)	50. (b)	51. (a)	52. (c)	53. (c)	54. (b)	55. (b)	56. (d)	67. (a)	58. (d)	59. (a)	60. (b)
61. a)	62. (c)	63. (e)	64. (c)	65. (a)	66. (e)	67. (d)	68. (b)	69. (c)	70. (d)	71. (c)	72. (b)
73. (d)	74. (b)	75. (c)	76. (c)	77. (c)	78. (d)	79. (c)	80. (b)	81. (a)	82. (a)	83. (c)	84. (d)
85. (a)	86. (c)	87. (b)	88. (c)	89. (a)	90. (b)	91. (d)	92. (d)				

दिये गए प्रश्नों के हल (प्रश्नमाला 3A)

1.
$$\begin{array}{r} 454{\cdot}58 \\ +\,121{\cdot}45 \\ \hline 576{\cdot}03 \\ -\,472{\cdot}31 \\ \hline 103{\cdot}72 \end{array} \qquad \begin{array}{r} 376{\cdot}89 \\ +\,95{\cdot}42 \\ \hline 472{\cdot}31 \end{array}$$

2. $0.003 = \frac{3}{1000} = \left(\frac{3}{1000}\times 100\right)\% = \left(\frac{3}{10}\right)\% = 0.3\%$

3. $3\frac{1}{8}+2\frac{5}{24} = (3+2)+\left(\frac{1}{8}+\frac{5}{24}\right)$

$= 5+\left(\frac{3+5}{24}\right) = 5+\frac{8}{24} = 5+\frac{1}{3} = 5\frac{1}{3}$

4. $534{\cdot}596 + 61{\cdot}472 - 496{\cdot}708 = x + 27{\cdot}271$

$\Rightarrow x = 534{\cdot}596 + 61{\cdot}472 - 496{\cdot}708 - 27{\cdot}271$

$$\begin{array}{r} 534{\cdot}596 \\ +\,61{\cdot}472 \\ \hline 596{\cdot}068 \\ -\,523{\cdot}979 \\ \hline 72{\cdot}089 \end{array} \qquad \begin{array}{r} 496{\cdot}708 \\ 27{\cdot}271 \\ \hline 523{\cdot}979 \end{array}$$

5.
$$\begin{array}{r} 4433{\cdot}764 \\ +\,3377{\cdot}442 \\ \hline 7811{\cdot}206 \\ 3345{\cdot}660 \\ \hline 4465{\cdot}546 \end{array} \sim 4466. \qquad \begin{array}{r} -\,2211{\cdot}993 \\ -\,1133{\cdot}667 \\ \hline -\,3345{\cdot}660 \end{array}$$

6. $28{\cdot}314 - 31{\cdot}427 + 113{\cdot}928 = x + 29{\cdot}114$

$\Rightarrow x = 28{\cdot}314 - 31{\cdot}427 + 113{\cdot}928 - 29{\cdot}114$

$$\begin{array}{r} 28{\cdot}314 \\ +\,113{\cdot}928 \\ \hline 142{\cdot}242 \\ -\,60{\cdot}541 \\ \hline 81{\cdot}701 \end{array} \qquad \begin{array}{r} 31{\cdot}427 \\ 29{\cdot}114 \\ \hline 60{\cdot}541 \end{array}$$

7. दिया गया व्यंजक $= 6598 - 2506 \times \frac{1}{20}$

$= 6598 - 125{\cdot}3 = 6472{\cdot}7.$

8. दिया गया व्यंजक $= 65{\cdot}4 \times \frac{1}{13{\cdot}08} \times 20 = 100.$

9. $750{\cdot}46 + 114{\cdot}09 - 840{\cdot}04 = x - 13{\cdot}09$

$\Rightarrow x = 750{\cdot}46 + 114{\cdot}09 - 840{\cdot}04 + 13{\cdot}09$

$$\begin{array}{r} 750{\cdot}46 \\ 114{\cdot}09 \\ +\,13{\cdot}09 \\ \hline 877{\cdot}64 \\ -\,840{\cdot}04 \\ \hline 37{\cdot}60 \end{array}$$

10.
$$\begin{array}{r} 56{\cdot}703 \\ +\,49{\cdot}361 \\ \hline 106{\cdot}064 \\ -\,63{\cdot}179 \\ \hline 42{\cdot}885 \end{array}$$

11. दिया गया व्यंजक $\approx (14)^2 - (15)^2 + (18)^2 - 33$

$\approx 196 - 225 + 324 - 33 = (520 - 258) = 262$ (लगभग)

अत: उत्तर (b) सही है.

12. माना लम्बे टुकड़े की लम्बाई $= x$ मीटर. तब,

छोटे टुकड़े की लम्बाई $= \frac{2x}{3}$ मीटर

$\therefore\ x + \frac{2x}{3} = 20 \Rightarrow 3x + 2x = 60 \Rightarrow 5x = 60 \Rightarrow x = 12.$

अत: लम्बे टुकड़े की लम्बाई = 12 मीटर.

13. प्रतिदिन दूध की खपत = 1600 मिलीलीटर = 1·6 लीटर

(4 × 7) दिनों में दूध की खपत = (28 × 1·6) लीटर = 44·8 लीटर.

14. माना एक संख्या x है. तब, दूसरी संख्या $= \frac{1}{5}x.$

$\therefore\ x + \frac{1}{5}x = 0{\cdot}008 \Rightarrow x^2 = 0{\cdot}04 = (0{\cdot}2)^2 \Rightarrow x = 0.2.$

अत: छोटी संख्या $= \frac{1}{5} \times 0{\cdot}2 = 0{\cdot}04.$

15. दिया गया व्यंजक $= \frac{25 \times 325}{100} + \frac{50{\cdot}4}{24} = \frac{325}{4} + 2{\cdot}1$

$= 81{\cdot}25 + 2{\cdot}1 = 83{\cdot}35.$

16. दिया गया व्यंजक $= \frac{(0{\cdot}5)^3 + (0{\cdot}3)^3}{(0{\cdot}5)^2 - 0{\cdot}5 \times 0{\cdot}3 + (0{\cdot}3)^2}$

$= \frac{(a^3 + b^3)}{(a^2 - ab + b^2)}$, जहाँ $a = 0{\cdot}5$ तथा $b = 0{\cdot}3$

$= (a + b) = (0{\cdot}5 + 0{\cdot}3) = 0{\cdot}8.$

17.
$$\begin{array}{r} 15\cdot51 \\ 1\cdot51 \\ 5\cdot11 \\ +1\cdot11 \\ \hline 23\cdot24 \end{array} \qquad \begin{array}{r} 515\cdot15 \\ -23\cdot24 \\ \hline 491\cdot91 \end{array}$$

18. दिया गया व्यंजक $=\left\{\frac{(0\cdot01-0\cdot0001)}{0\cdot0001}+1\right\}$

$$=\frac{0\cdot0099}{0\cdot0001}+1=(99+1)=100.$$

19. दिया गया व्यंजक

$$=\frac{3\cdot20\times(3\cdot25-3\cdot05)}{0\cdot064}=\frac{3\cdot20\times0\cdot20}{0\cdot064}=\frac{3\cdot20\times0\cdot2}{0\cdot064}$$

$$=\frac{320\times2}{64}=10.$$

20. $0\cdot6=a$ तथा $0\cdot5=b$ रखने पर :

दिया गया व्यंजक $=\frac{(a^4-b^4)}{(a^2+b^2)}=(a^2-b^2)=(0\cdot6)^2-(0\cdot5)^2$

$$=(0\cdot36-0\cdot25)=0\cdot11.$$

21. $2\cdot89=a$ तथा $2\cdot11=b$ रखने पर :

दिया गया व्यंजक $=a^3+b^3+3ab\,(a+b)$

$$=(a+b)^3=(2\cdot89+2.11)^3=5^3=125.$$

22. $(a^2+2ab+b^2)=(a+b)^2=(1\cdot9+2\cdot1)^2=4^2=16.$

23. $0\cdot41=a$ तथा $0\cdot69=b$ रखने पर :

दिया गया व्यंजक

$$=\frac{(a^3+b^3)}{(a^2-ab+b^2)}=(a+b)=(0\cdot41+0\cdot69)=1\cdot1.$$

24. $2\cdot75=a$ तथा $2\cdot25=b$ रखने पर:

दिया गया व्यंजक

$$=\frac{(a^3-b^3)}{(a^2+ab+b^2)}=(a-b)=(2\cdot75-2\cdot25)=0\cdot50=0\cdot5.$$

25. $0\cdot289=a$ तथा $0\cdot147=b$ रखने पर :

दिया गया व्यंजक $=\frac{(a+b)^2-(a-b)^2}{ab}=\frac{4ab}{ab}=4.$

26. माना $x=1\cdot\overline{27}$. तब $x=1\cdot272727$........ (*i*)

$\therefore\ 100x=127\cdot272727$ .... (*ii*)

(*ii*) में से (*i*) घटाने पर $99x=126\Rightarrow x=\frac{126}{99}=\frac{14}{11}.$

$\therefore\ 1\cdot\overline{27}=\frac{14}{11}.$

27. माना $x=0\cdot\overline{57}$. तब, $x=0\cdot5757$ .... (*i*)

$\therefore\ 100x=57\cdot5757$ .... (*ii*)

(*ii*) में से (*i*) घटाने पर: $99x=57\Rightarrow x=\frac{57}{99}.$

$\therefore\ 0\cdot\overline{57}=\frac{57}{99}.$

28. $0\cdot\overline{63}+0\cdot\overline{37}=\frac{63}{99}+\frac{37}{99}=\frac{100}{99}=1\cdot\overline{01}.$

29. $\frac{15}{16}=0\cdot937, \frac{19}{20}=0\cdot95, \frac{24}{25}=0\cdot96, \frac{34}{35}=0\cdot971$.

इनमें सबसे छोटी भिन्न है $=\frac{15}{16}.$

30. $\frac{3}{7}=0\cdot428, \frac{2}{9}=0\cdot222, \frac{4}{13}=0\cdot307, \frac{6}{11}=0\cdot545,$

$\frac{7}{9}=0\cdot777$. इनमें सबसे बड़ी भिन्न है $=\frac{7}{9}.$

31.
$$\begin{array}{r} 9\cdot214 \\ 3\cdot452 \\ +2\cdot191 \\ \hline 14\cdot857 \end{array} \qquad \begin{array}{r} 15\cdot593 \\ -14\cdot857 \\ \hline 0\cdot736 \end{array}$$

32.
$$\begin{array}{r} 27\cdot54 \\ +11\cdot93 \\ \hline 39\cdot47 \end{array} \qquad \begin{array}{r} 188\cdot21 \\ -39\cdot47 \\ \hline 148\cdot74 \end{array}$$

33. दिया गया व्यंजक $=124+56\times\frac{3}{2}-12=124+84-12=196$.

34. दिया गया व्यंजक $=74+12\times\frac{3}{4}-6=74+9-6=77.$

35. दिया गया व्यंजक $=\frac{1228}{100}\times\frac{15}{10}-36\times\frac{1}{2\cdot4}$

$$=\frac{614\times3}{100}-\frac{360}{24}=\frac{1842}{100}-15=18\cdot42-15=3\cdot42.$$

36.
$$\begin{array}{r} 33\cdot333 \\ +3\cdot033 \\ \hline 36\cdot366 \\ -2\cdot003 \\ \hline 34\cdot363 \end{array}$$

37. $12\cdot25\times6\cdot4-18\cdot95=\frac{\overset{49}{\cancel{1225}}\times\overset{16}{\cancel{64}}}{\underset{1}{\cancel{100}}\times10}-18\cdot95$
$$\boxed{\begin{array}{r} 78\cdot40 \\ -18\cdot95 \\ \hline 59\cdot45 \end{array}}$$

$$=(78\cdot4-18\cdot95)=59\cdot45.$$

38.
$$\begin{array}{r} 358\cdot085 \\ 42\cdot91 \\ +25\cdot55 \\ \hline 426\cdot545 \end{array}$$

39. प्रत्येक दी गई भिन्न को दशमलव भिन्न में बदलने पर:

$\frac{4}{9}=0\cdot444, \frac{2}{7}=0\cdot286, \frac{3}{8}=0\cdot375, \frac{6}{13}=0.461,$

$\frac{5}{11}=0\cdot454$

इन्हें अवरोही क्रम में लेने पर:

$0\cdot461>0\cdot454>0\cdot444>0\cdot375>0\cdot286$

$\Rightarrow\frac{6}{13}>\frac{5}{11}>\frac{4}{9}>\frac{3}{8}>\frac{2}{7}$

$\Rightarrow$ इनमें दूसरी भिन्न $\frac{5}{11}$ है.

40. यहाँ $\frac{5}{11}=0\cdot454, \frac{3}{8}=0\cdot375, \frac{4}{9}=0\cdot444, \frac{2}{7}=0\cdot285$

स्पष्ट है कि $0\cdot285<0\cdot375<0\cdot444<0\cdot454$

$\Rightarrow \frac{2}{7}<\frac{3}{8}<\frac{4}{9}<\frac{5}{11}$ जो आरोही क्रम में हैं.

41.
$$\begin{array}{r} 666\cdot66 \\ 66\cdot66 \\ 6\cdot66 \\ 6\cdot00 \\ 0\cdot66 \\ \hline 746\cdot64 \\ \hline \end{array}$$

42. $[(35)^3 \div 70\times12]\div25=58\cdot8\times x$

$\Rightarrow (35)^2\times35\times\frac{1}{70}\times12\times\frac{1}{25}=58\cdot8\times x$

$\Rightarrow x=\frac{35\times35\times6}{25\times58\cdot8}=5$.

43. $0\cdot06\times2\cdot5\times24=\frac{6}{100}\times\frac{25}{10}\times24=\frac{36}{10}=3\cdot6$.

44. $(0\cdot25)^2+(0\cdot15)^2=0\cdot0625+0\cdot0225=0\cdot085$.

45. $\frac{0\cdot009}{x}=0\cdot01 \Rightarrow 0\cdot01\times x=0\cdot009$

$\Rightarrow x=\frac{0\cdot009}{0\cdot010}=\frac{9}{10}=0\cdot9$.

46. दिया गया व्यंजक

$=\frac{(a^3-b^3)}{(a^2+ab+b^2)}=(a-b)=0\cdot96-0\cdot1=0\cdot86$.

47. $\frac{4}{9}=0\cdot444, \sqrt{\frac{9}{49}}=\frac{3}{7}=0\cdot428, 0\cdot\overline{45}=\frac{45}{99}=\frac{5}{11}=0\cdot454,$

$(0\cdot8)^2=0\cdot8\times0\cdot8=0\cdot64$

इनमें सबसे छोटी संख्या 0·428 अर्थात् $\sqrt{\frac{9}{49}}$ है.

48. प्रत्येक भिन्न को दशमलव में लेने पर:

$\frac{3}{5}=0\cdot6, \frac{1}{8}=0\cdot125, \frac{8}{11}=0\cdot727, \frac{4}{9}=0\cdot444,$

$\frac{2}{7}=0\cdot285, \frac{5}{7}=0\cdot714$ तथा $\frac{5}{12}=0\cdot416$

इन्हें अवरोही क्रम में लेने पर:

$0\cdot727>0\cdot714>0\cdot6>0\cdot444>0\cdot416>0\cdot285>0\cdot125$

$\Rightarrow \frac{8}{11}>\frac{5}{7}>\frac{3}{5}>\frac{4}{9}>\frac{5}{12}>\frac{2}{7}>\frac{1}{8}$ (अवरोही क्रम)

इनमें तीसरी भिन्न $\frac{3}{5}$ है.

49. $38+16\times0\cdot8=38+12\cdot8=50\cdot8$.

50. माना $4985\cdot23+4632\cdot14-x=4022\cdot12$.

तब, $x=4985\cdot23+4632\cdot14-4022\cdot12$

$\Rightarrow x=5595\cdot25$

$$\begin{array}{r} 4985\cdot23 \\ +4632\cdot14 \\ \hline 9617\cdot37 \\ -4022\cdot12 \\ \hline 5595\cdot25 \\ \hline \end{array}$$

51. $\frac{0\cdot001344}{0\cdot3\times0\cdot7}=\frac{0\cdot1344}{21}=\cdot0064$.

52. $0\cdot21=a$ तथा $0\cdot021=b$ रखने पर :

$0\cdot63=3\times0\cdot21=3a$ तथा $0\cdot063=2\times0\cdot021=2b$.

$\therefore$ दिया गया व्यंजक

$=\frac{a\times a\times a+b\times b\times b}{3a\times3a\times3a+3b\times3b\times3b}=\frac{(a^3+b^3)}{(27a^3+27b^3)}$

$=\frac{(a^3+b^3)}{27(a^3+b^3)}=\frac{1}{27}$.

53. माना $0\cdot006=a, 0\cdot047=b$ तथा $0\cdot0079=c$. तब

$0\cdot06=10a, 0\cdot47=10b$ तथा $0\cdot079=10c$.

$\therefore$ दिया गया व्यंजक

$=\frac{(10a)^2+(10b)^2+(10c)^2}{a^2+b^2+c^2}=\frac{(100a^2+100b^2+100c^2)}{(a^2+b^2+c^2)}$

$=\frac{100(a^2+b^2+c^2)}{(a^2+b^2+c^2)}=100$.

54.
$$\begin{array}{l} 11\,\overline{)\,1\cdot000\,(}\,\cdot090909..... \\ \quad\;\; \underline{99} \\ \quad\;\; 10 \end{array}$$

$\therefore \frac{1}{11}=\cdot\overline{09}$.

55. माना $x=18\cdot484848$................तब,

$100x=1848\cdot484848$...........

घटाने पर, $99x=1830 \Rightarrow x=\frac{1830}{99}=\frac{610}{33}$.

अत: 18·484848............का अभीष्ट रूप $=\frac{610}{33}$.

56. माना $x=2\cdot1363636$.........तब

$10x=21\cdot363636$.....

$1000x=2136\cdot363636$......

घटाने पर $990x=2115 \Rightarrow x=\frac{2115}{990}=\frac{235}{110}=\frac{47}{22}=2\frac{3}{22}$.

57. प्रत्येक दी गई भिन्न को दशमलव भिन्न में बदलने पर:

$\frac{5}{14}=0\cdot357, \frac{6}{11}=0\cdot545, \frac{7}{9}=0\cdot777, \frac{8}{13}=0\cdot615,$

$\frac{9}{10}=0\cdot9$

इन्हें आरोही क्रम में लेने पर:

$0\cdot357<0\cdot545<0\cdot615<0\cdot777<0\cdot9$

$\Rightarrow \frac{5}{14}<\frac{6}{11}<\frac{8}{13}<\frac{7}{9}<\frac{9}{10}$

$\Rightarrow$ इनमें चौथी भिन्न $\frac{7}{9}$ है.

58. दिया गया व्यंजक $=\cdot351\times(\cdot867+\cdot133)$

$=\cdot351\times1=\cdot351$.

59. दिया गया व्यंजक $=19\cdot105\times(16\cdot035-6\cdot035)$

$= 19\cdot105 \times 10 = 191\cdot05.$

60. दिया गया व्यंजक

$= 4\cdot7 \times (13\cdot23 + 9\cdot43 + 77\cdot34) = 4\cdot7 \times 100 = 470.$

61. माना प्रारम्भिक संख्या $= x$. तब

$7\cdot2x - 0\cdot72x = 2592 \Rightarrow 720x - 72x = 259200$

$\Rightarrow 648x = 259200 \Rightarrow x = \frac{259200}{648} = 400.$

$\therefore$ अभीष्ट संख्या $= 400.$

62. माना अभीष्ट संख्या x है. तब

$x^2 = (75\cdot15)^2 - (60\cdot12)^2$

$= (75\cdot15 + 60\cdot12)(75\cdot15 - 60\cdot12)$

$= (135\cdot27 \times 15\cdot03)$

$= 2033\cdot1081$

$\Rightarrow x = \sqrt{2033\cdot1081} = 45\cdot09$

63. माना $(666 \times 66 \times 6) \div x = 499\cdot5$. तब $\frac{666 \times 66 \times 6}{x} = 499\cdot5$

$\Rightarrow x = \frac{666 \times 66 \times 6}{499\cdot5} = \frac{666 \times 66 \times 60}{4995} = 528.$

64. माना $256 \times 0\cdot5 = 1024 \div x \times 4.$

तब, $256 \times \frac{1}{2} = \frac{1024}{x} \times 4 \Rightarrow \frac{1024}{x} = \frac{256}{8} = 32$

$\therefore 32x = 1024 \Rightarrow x = \frac{1024}{32} = 32.$

65. माना $x \div 25 \div 12 = 248\cdot76.$

तब $x + \frac{1}{25} \times \frac{1}{12} = 248\cdot76 \Rightarrow \frac{x}{300} = 248\cdot76$

$\Rightarrow x = \frac{24876}{100} \times 300 = 74628.$

66. $48 \div 7\cdot5 \times 84\cdot5 \div 20 = \frac{48}{7\cdot5} \times \frac{84\cdot5}{20}$

$= \frac{\overset{16}{\cancel{\overset{32}{\cancel{480}}}}}{\underset{5}{\cancel{75}}} \times \frac{\overset{169}{\cancel{845}}}{\underset{100}{\cancel{200}}} = \frac{2704}{100} = 27\cdot04.$

67. दशमलव स्थानों का योग $= (4 + 3 + 1) = 8.$

$27 \times 27 \times 3 = 2187.$

$\therefore$ अभीष्ट गुणनफल $= 0{\cdot}00002187.$

68. $8\cdot32 \times 0\cdot999 = 8\cdot32 \times (1 - 0\cdot001)$

$= 8\cdot32 - 0\cdot00832 = 8\cdot31168.$

8·32
·00832
8·31168

69. $3\cdot473 = a$ तथा $\cdot598 = b$ रखने पर :

दिया गया व्यंजक $= \frac{(a+b)^2 + (a-b)^2}{(a^2+b^2)} = \frac{2(a^2+b^2)}{(a^2+b^2)} = 2.$

70. दिया गया व्यंजक

$= \frac{\cdot896 \times (\cdot753 + \cdot247)}{\cdot8 \times (\cdot057 + \cdot943)} = \frac{\cdot896 \times 1}{\cdot8 \times 1} = \frac{896}{800} = \frac{112}{100} = 1\cdot12.$

71. दिया गया व्यंजक $= \frac{5\cdot32 \times (56 + 44)}{(7\cdot66 + 2\cdot34)(7\cdot66 - 2\cdot34)}$

$= \frac{5\cdot32 \times 100}{10 \times 5\cdot32} = 10.$

72. माना $\cdot009 \div x = \cdot01$. तब $\frac{\cdot009}{x} = \cdot01.$

$\therefore x = \frac{\cdot009}{\cdot01} = \frac{\cdot009}{\cdot010} = \frac{9}{10} = 0\cdot9.$

73. $\frac{1}{\cdot04} = \frac{1}{4} \times 100 = 25.$

74. $\frac{41\cdot37}{17\cdot5} = \frac{4\cdot137}{1\cdot75} = \frac{4\cdot137 \times 1000}{1\cdot75 \times 1000} = \frac{4137}{1\cdot75} \times \frac{1}{1000}$

$= \frac{2364}{1000} = 2\cdot364.$

75. $\frac{457\cdot1}{32\cdot65} = \frac{45\cdot71}{3\cdot265} = \frac{45\cdot71 \times 100}{3\cdot265 \times 100} = \frac{4571}{3\cdot265} \times \frac{1}{100}$

$= \frac{1400}{100} = 14.$

76. $\frac{0\cdot10952}{14\cdot8} = \frac{0\cdot10952 \times 100000}{14\cdot8 \times 100000}$

$= \frac{10952}{148} \times \frac{1}{10000} = \frac{74}{10000} = \cdot0074.$

77. $\frac{1}{\cdot0003718} = \frac{1}{\cdot0003718} \times \frac{10000}{10000}$

$= \frac{1}{3\cdot718} \times 10000 = 0\cdot2689 \times 10000 = 2689.$

78. $\frac{2\cdot62}{131} = \frac{2\cdot62 \times 100}{131 \times 100} = \frac{262}{131} \times \frac{1}{100} = \frac{2}{100} = 0\cdot02.$

79. $\frac{0.000066}{11} = 0.000006$

80. $\frac{86\cdot04}{4000} = \frac{86\cdot04}{4} \times \frac{1}{1000} = 21\cdot51 \times \frac{1}{1000} = \cdot02151.$

81. दिया गया व्यंजक $= \left\{(16)^2\right\}^{0\cdot16} \times (16)^{0\cdot18}$

$= 16^{0\cdot32} \times 16^{0\cdot18} = 16^{(0\cdot32+0\cdot18)} = 16^{(0\cdot50)} = (4^2)^{0\cdot50}$

$= 4^{2\times0\cdot50} = 4^1 = 4.$

82. $3^{3\cdot5} \times (3 \times 7)^2 \times (2 \times 3 \times 7)^{2\cdot5} \times \frac{1}{2^{2\cdot5}} \times 7^{3\cdot5} = (3 \times 7)^x$

$\Rightarrow 3^{(3\cdot5+2+2\cdot5)} \times 7^{(2+2\cdot5+3\cdot5)} \times 2^{2\cdot5} \times \frac{1}{2^{2\cdot5}} = 3^x \times 7^x$

$\Rightarrow 3^x \times 7^x = 3^8 \times 7^8 \Rightarrow x = 8.$

83. प्रत्येक दी गई संख्या को दशमलव के 2 स्थानों तक लिखने पर ये संख्यायें हैं: 1·08, 0·36, 0·90.

108, 36, 90 का म०स० = 18.

$\therefore$ दी गई संख्याओं का महत्तम समापवर्तक = 0·18.

84. प्रत्येक दी गई संख्या को दशमलव के 2 स्थानों तक लिखने पर ये संख्यायें हैं: 3·00, 2·70 तथा ·09

300, 270, 9 का लघुत्तम समापवर्त्य = 2700.

$\therefore$ दी गई संख्याओं का ल०स० = 27·00 अर्थात् 27.

85. प्रत्येक दी गई संख्या को दशमलव के 2 स्थानों तक लिखने पर ये संख्यायें हैं: 0·54, 1·80 तथा 7·20

54, 180, 720 का ल०स० = 2160.

∴ दी गई संख्याओं का ल०स० = 21·60 अर्थात् 21·6.

86. $\frac{5}{7}=0\cdot714, \frac{9}{11}=0\cdot818, \frac{7}{9}=0\cdot777, \frac{3}{5}=0\cdot6$

स्पष्ट है कि 0.818 > 0.777 > 0.714 > 0.6 अर्थात

$\frac{9}{11}>\frac{7}{9}>\frac{5}{7}>\frac{3}{5}$.

∴ अवरोही क्रम है: $\frac{9}{11}, \frac{7}{9}, \frac{5}{7}, \frac{3}{5}$.

87. $?\times 650+844=1000$

$\Rightarrow ?\times 650=1000-844$

$\Rightarrow ?\times 650=156$

$\Rightarrow ?=\frac{156}{650}=0.24=\frac{0.24}{100}\times\frac{100}{100}=24\%$

88. $3.7\times 24\div 5=?\div 7$

$\Rightarrow 3.7\times 4.8=?\div 7$

$\Rightarrow 17.76=?\div 7$

$\Rightarrow ?=17.76\times 7=124.32$

89. $4501\div 14.85\div\sqrt{146}\times 4.98=?$

$\Rightarrow 4500\div 15\div\sqrt{144}\times 5=?$

$\Rightarrow 300\div 12\times 5=?$

$\Rightarrow ?=25\times 5=125$

90. $16.02+144\div 23.96+?=83.567$

$\Rightarrow 16+144\div 24+?=84$

$\Rightarrow 16+\frac{144}{24}+x=84$

$\Rightarrow 16+6+x=84$

$\Rightarrow x+22=84$

$\Rightarrow x=62$

91. $156.25\times 12.4+1.8\times 52.5=x-175.85$

$\Rightarrow 156\times 12+2\times 52=x-176$

$\Rightarrow 1872+104=x-176$

$\Rightarrow x-176=1976$

$\Rightarrow x=2152$

92. $\frac{2}{3}=0.66$

$\frac{7}{12}=0.58; \frac{11}{18}=0.61; =\frac{9}{15}=0.60; \frac{17}{24}=0.70$

∴ $\frac{17}{24}$ संख्या $\frac{2}{3}$ से छोटी नहीं है।

प्रश्नमाला 3B

1. एक विद्यार्थी को निम्नलिखित व्यंजक को सरल करने को कहा गया:

$$\frac{0\cdot0016\times0\cdot025}{0\cdot325\times0\cdot05}\div\frac{0\cdot1216\times0\cdot105\times0\cdot002}{0\cdot08512\times0\cdot625\times0\cdot039}+\left(\sqrt[6]{27}-\sqrt{6\frac{3}{4}}\right)^2$$

उसका उत्तर $\frac{9}{10}$ था. उसके उत्तर में कितने प्रतिशत त्रुटि थी ?

(*a*) $5\frac{4}{19}\%$ (*b*) $5\frac{3}{19}\%$ (*c*) $5\frac{5}{19}\%$ (*d*) $5\frac{1}{19}\%$

2. $(16)^{0\cdot15}\times(2)^{0\cdot4}$ का मान ज्ञात कीजिए.

(*a*) 1 (*b*) 2 (*c*) 3 (*d*) 4

3. यदि $\sqrt{3}=1\cdot732$ हो, तो $\frac{(2+\sqrt{3})}{(2-\sqrt{3})}$ का मान ज्ञात कीजिए.

(*a*) 13.928 (*b*) 13 (*c*) 14.928 (*d*) 14

4. निम्नलिखित व्यंजक का मान ज्ञात कीजिए:

$$\frac{0\cdot0347\times0\cdot0347\times0\cdot0347+0\cdot9653\times0\cdot9653\times0\cdot9653}{0\cdot0347\times0\cdot0347-0\cdot0347\times0\cdot9653+0\cdot9653\times0\cdot9653}.$$

(*a*) 0 (*b*) 1 (*c*) 2 (*d*) 4

5. सरल कीजिए: $\left[\frac{(1\cdot331)^{-1}+(1\cdot331)^{-2}+...+(1\cdot331)^{-6}}{(1\cdot331)^{-2}+(1\cdot331)^{-3}+...+(1\cdot331)^{-7}}\right]^{\frac{1}{3}}$

(*a*) 0 (*b*) 2.1 (*c*) 1 (*d*) 1.1

6. सरल कीजिए:

$$\left\{\frac{(2\cdot4)^6+9(5\cdot76)+6(2\cdot4)^4}{(2\cdot4)^4+6(5\cdot76)+9}-\frac{(0\cdot25)^3+(0\cdot43)^3-(0\cdot68)^3}{3(0\cdot25)(0\cdot43)(0\cdot68)}\right\}$$

(*a*) 4.76 (*b*) 5.76

(*c*) 6.76 (*d*) इनमें से कोई नहीं

7. सरल कीजिए: $\frac{(0\cdot67)^3-0\cdot001}{(0\cdot67)^2+(0\cdot067)+(0\cdot01)}$.

(*a*) 0 (*b*) 1 (*c*) 0.67 (*d*) 0.57

8. सरल कीजिए: $\frac{(0\cdot06)^2+(0\cdot47)^2+(0\cdot079)^2}{(0\cdot006)^2+(0\cdot047)^2+(0\cdot0079)^2}$.

(*a*) 100 (*b*) 0 (*c*) 1 (*d*) 50

9. सरल कीजिए: $\frac{0\cdot87\times0\cdot87\times0\cdot87-0\cdot13\times0\cdot13\times0\cdot13}{0\cdot87\times0\cdot87+0\cdot87\times0\cdot13+0\cdot13\times0\cdot13}$.

(*a*) 100 (*b*) 0.74

(*c*) 0 (*d*) इनमें से कोई नहीं

10. यदि $\frac{1}{3\cdot718}=\cdot2689$ हो, तो $\frac{1}{\cdot0003718}$ का मान क्या होगा ?

(*a*) 0.2689 (*b*) 2.689 (*c*) 2689 (*d*) 0.02689

11. नीचे लिखी भिन्नों को दशमलव भिन्नों में बदलो:

(*i*) $\frac{11}{12}$ (*ii*) $\frac{4}{13}$ (*iii*) $\frac{15}{44}$ (*iv*) $\frac{5}{24}$

(*i*) (*a*) $0.91\overline{6}$ (*b*) $1.9\overline{16}$ (*c*) $0.9\overline{16}$ (*d*) $1.91\overline{6}$

(*ii*) (*a*) $0.307\overline{692}$ (*b*) $0.\overline{307692}$ (*c*) $0.307\overline{962}$ (*d*) $0.\overline{307962}$

(*iii*) (*a*) $0.34\overline{090}$ (*b*) $0.3\overline{4900}$ (*c*) $0.34\overline{90}$ (*d*) $0.3\overline{4900}$

(*iv*) (*a*) $0.20\overline{83}$ (*b*) $0.2\overline{083}$ (*a*) $0.\overline{2083}$ (*b*) $0.208\overline{3}$

12. निम्नलिखित दशमलव भिन्नों को साधारण भिन्नों में बदलो:

(*i*) 0·032 (*ii*) ·0028 (*iii*) 5·6785

(*i*) (*a*) $\frac{14}{125}$ (*b*) $\frac{3}{125}$ (*c*) $\frac{4}{125}$ (*d*) $\frac{13}{125}$

(*ii*) (*a*) $\frac{7}{2500}$ (*b*) $\frac{3}{2500}$ (*c*) $\frac{17}{2500}$ (*d*) $\frac{21}{2500}$

(*iii*) (*a*) $7\frac{1459}{2000}$ (*b*) $5\frac{1357}{2000}$ (*c*) $5\frac{1459}{2000}$ (*d*) $5\frac{1359}{2000}$

13. नीचे लिखी दशमलव भिन्नों को साधारण भिन्नों में बदलो:

(*i*) $0\cdot\overline{7}$ (*ii*) $4\cdot\overline{6}$ (*iii*) $0\cdot\overline{35}$ (*iv*) $1\cdot\overline{432}$

(*i*) (*a*) $\frac{5}{9}$ (*b*) $\frac{2}{9}$ (*c*) $\frac{7}{9}$ (*d*) $\frac{4}{9}$

(*ii*) (*a*) $\frac{14}{3}$ (*b*) $\frac{17}{3}$ (*c*) $\frac{11}{3}$ (*d*) $\frac{10}{3}$

(*iii*) (*a*) $\frac{33}{98}$ (*b*) $\frac{35}{99}$ (*c*) $\frac{31}{97}$ (*d*) $\frac{34}{99}$

(*iv*) (*a*) $\frac{1431}{999}$ (*b*) $\frac{1129}{987}$ (*c*) $\frac{1427}{999}$ (*d*) इनमें से कोई नहीं

14. सरल कीजिए:

(*i*) $3\cdot\overline{917}-1\cdot\overline{353}$ (*ii*) $2\cdot\overline{17}+3\cdot\overline{03}-1\cdot\overline{41}$

(*i*) (*a*) $5\frac{564}{999}$ (*b*) $4\frac{564}{999}$ (*c*) $5\frac{563}{999}$ (*d*) $4\frac{563}{999}$

(*ii*) (*a*) $3\frac{78}{89}$ (*b*) $3\frac{78}{99}$ (*c*) $2\frac{78}{99}$ (*d*) $2\frac{78}{89}$

15. $\frac{7}{9}, \frac{6}{11}, \frac{16}{21}, \frac{12}{17}$ में से सबसे बड़ी भिन्न कौन-सी है ?

(*a*) $\frac{4}{9}$ (*b*) $\frac{7}{9}$ (*c*) $\frac{5}{9}$ (*d*) $\frac{8}{9}$

16. निम्नलिखित भिन्नों को अवरोही क्रम (descending order) में लिखिए:

(*i*) $\frac{1}{2}, \frac{3}{7}, \frac{3}{5}, \frac{4}{9}$ (*ii*) $\frac{2}{3}, \frac{5}{8}, \frac{7}{10}, \frac{13}{18}$

(*i*) (*a*) $\frac{4}{9} > \frac{3}{5} > \frac{3}{7} > \frac{1}{2}$ (*b*) $\frac{1}{2} > \frac{3}{5} > \frac{3}{7} > \frac{4}{9}$

(*c*) $\frac{4}{9} > \frac{3}{7} > \frac{3}{5} > \frac{1}{2}$ (*d*) $\frac{3}{5} > \frac{1}{2} > \frac{4}{9} > \frac{3}{7}$

(*ii*) (*a*) $\frac{2}{3} > \frac{5}{8} > \frac{7}{10} > \frac{13}{18}$ (*b*) $\frac{13}{18} > \frac{7}{10} > \frac{2}{3} > \frac{5}{8}$

(*c*) $\frac{5}{8} > \frac{2}{3} > \frac{13}{18} > \frac{7}{10}$ (*d*) $\frac{13}{18} > \frac{2}{3} > \frac{7}{10} > \frac{5}{8}$

17. निम्नलिखित भिन्नों को आरोही क्रम (ascending order) में लिखिए:

(*i*) $\frac{5}{7}, \frac{9}{11}, \frac{7}{13}, \frac{15}{23}$ (*ii*) $\frac{7}{13}, \frac{26}{31}, \frac{19}{24}, \frac{16}{21}$

(*i*) (*a*) $\frac{7}{13} < \frac{5}{23} < \frac{5}{7} < \frac{9}{11}$ (*b*) $\frac{5}{7} < \frac{7}{13} < \frac{15}{23} < \frac{9}{11}$

(*c*) $\frac{5}{7} < \frac{7}{13} < \frac{9}{11} < \frac{15}{23}$ (*d*) $\frac{15}{23} < \frac{9}{11} < \frac{7}{13} < \frac{5}{7}$

(*ii*) (*a*) $\frac{16}{21} < \frac{19}{24} < \frac{7}{13} < \frac{26}{31}$ (*b*) $\frac{26}{31} < \frac{19}{24} < \frac{16}{21} < \frac{7}{13}$

(*c*) $\frac{7}{13} < \frac{16}{21} < \frac{19}{24} < \frac{26}{21}$ (*d*) $\frac{16}{21} < \frac{26}{31} < \frac{19}{24} < \frac{7}{13}$

18. (*i*) 2·22, 33·3, 37 के महत्तम समापवर्तक तथा लघुत्तम समापवर्त्य ज्ञात कीजिए.

(*ii*) 0·24, 1·8, 2·7 तथा 16 के महत्तम समापवर्तक तथा लघुत्तम समापवर्त्य ज्ञात कीजिए.

(*i*) (*a*) 0.74, 333 (*b*) 74, 373 (*c*) 0.76, 373 (*d*) 76, 373

(*ii*) (*a*) 0.2, 432 (*b*) 0.02, 423 (*c*) 0.02, 432 (*d*) 0, 2, 423

उत्तरमाला (प्रश्नमाला 3B)

1. (*c*) **2.** (*b*) **3.** (*a*) **4.** (*b*) **5.** (*d*) **6.** (*c*) **7.** (*d*) **8.** (*a*) **9.** (*b*) **10.** (*c*)

11. (*i*) (*a*) (*ii*) (*b*) (*iii*) (*c*) (*iv*) (*d*) **12.** (*i*) (*c*) (*ii*) (*a*) (*iii*) (*b*)

13. (*i*) (*c*) (*ii*) (*a*) (*iii*) (*b*) (*iv*) (*a*) **14.** (*i*) (*a*) (*ii*) (*b*) (*iii*) (*b*) **15.** (*b*)

16. (*i*) (*d*) (*ii*) (*b*) **17.** (*a*) **18.** (*i*) (*a*) (*ii*) (*c*)

दिये गए प्रश्नों के हल (प्रश्नमाला 3B)

1. दिया गया व्यंजक $= \dfrac{16\times25}{325\times5\times100} \div \dfrac{1216\times105\times2\times10}{8512\times625\times39} + \left\{(3^3)^{\frac{1}{6}} - \sqrt{\dfrac{27}{4}}\right\}^2$

$= \dfrac{4}{1625} \div \dfrac{4}{325} + \left\{3^{\left(3\times\frac{1}{6}\right)} - \sqrt{\dfrac{27}{4}}\right\}^2 = \dfrac{4}{1625}\times\dfrac{325}{4} + \left(\sqrt{3} - \dfrac{3\sqrt{3}}{2}\right)^2$

$= \dfrac{1}{5} + \left(3 + \dfrac{27}{4} - 9\right) = \left(\dfrac{1}{5} + \dfrac{3}{4}\right) = \dfrac{19}{20}.$

सही उत्तर $= \dfrac{19}{20}$, विद्यार्थी का उत्तर $= \dfrac{9}{10}$.

त्रुटि $\left(\dfrac{19}{20} - \dfrac{9}{10}\right) = \dfrac{1}{20}.$

त्रुटि $\% = \dfrac{(1/20)}{(19/20)}\times100 = \left(\dfrac{1}{20}\times\dfrac{20}{19}\times100\right) = \dfrac{100}{19}\%$

$= 5\dfrac{5}{19}\%.$

2. $(16)^{0.15}\times(2)^{0.4} = (2^4)^{0.15}\times2^{0.4} = 2^{(4\times0.15)}\times2^{0.4}$

$= 2^{(0.6+0.4)} = 2^1 = 2.$

3. $\dfrac{(2+\sqrt{3})}{(2-\sqrt{3})} = \dfrac{(2+\sqrt{3})}{(2-\sqrt{3})}\times\dfrac{(2+\sqrt{3})}{(2+\sqrt{3})} = \dfrac{(2+\sqrt{3})^2}{(4-3)}$

$= (4+3+4\sqrt{3}) = (7+4\sqrt{3})$

$= (7+4\times1.732) = (7+6.928) = 13.928.$

4. माना $0.0347 = a$ तथा $0.9653 = b$. तब दिया गया व्यंजक

$= \dfrac{(a^3+b^3)}{(a^2-ab+b^2)} = (a+b) = (0.0347+0.9653) = 1.$

5. दिया गया व्यंजक

$= \left[\dfrac{\{1.331)^{-1} + (1.331)^{-2} + ... + (1.331)^{-6}\}}{(1.331)^{-1}\{(1.331)^{-1} + (1.331)^{-2} + ... + (1.331)^{-6}\}}\right]^{\frac{1}{3}}$

$= \left[\dfrac{1}{(1.331)^{-1}}\right]^{\frac{1}{3}} = (1.331)^{\frac{1}{3}} = \left(\dfrac{1331}{1000}\right)^{\frac{1}{3}} = \left[\left(\dfrac{11}{10}\right)^3\right]^{\frac{1}{3}}$

$= \left(\dfrac{11}{10}\right)^{\left(3\times\frac{1}{3}\right)} = \dfrac{11}{10} = 1.1.$

6. दिया गया व्यंजक

$= \dfrac{(2.4)^6 + 9(2.4)^2 + 6(2.4)^4}{(2.4)^4 + 6(2.4)^2 + 9} - \dfrac{a^3+b^3+c^3}{(-3abc)},$

जहाँ $a = 0.25, b = 0.43, c = -0.68$

$= \dfrac{(2.4)^2\left[(2.4)^4 + 6(2.4)^2 + 9\right]}{\left[(2.4)^4 + 6(2.4)^2 + 9\right]} - \dfrac{3abc}{(-3abc)}$

$\left[\because a+b+c = 0 \Rightarrow a^3+b^3+c^3 = 3abc\right]$

$= (2.4)^2 + 1 = (5.76+1) = 6.76.$

7. दिया गया व्यंजक $= \dfrac{(0.67)^3 - (0.1)^3}{(0.67)^2 + (0.67\times0.1) + (0.1)\times(0.1)}$

$= \dfrac{(a^3-b^3)}{(a^2+ab+b^2)}$, जहाँ $a = 0.67$ तथा $b = 0.1$

$= (a-b) = (0.67-0.1) = 0.57.$

8. दिया गया व्यंजक $= \dfrac{(0.06)^2 + (0.47)^2 + (0.079)^2}{(0.006)^2 + (0.047)^2 + (0.0079)^2}$

$= \dfrac{(10\times0.006)^2 + (10\times0.047)^2 + (10\times0.0079)^2}{(0.006)^2 + (0.047)^2 + (0.0079)^2}$

$= \dfrac{(10)^2\times\{(0.006)^2 + (0.047)^2 + (0.0079)^2\}}{\{(0.006)^2 + (0.047)^2 + (0.0079)^2\}} = (10)^2$

$= 100.$

9. दिया गया व्यंजक $= \dfrac{(0.87)^3 - (0.13)^3}{(0.87)^2 + (0.87\times0.13) + (0.13)^2}$

$= \dfrac{(a^3-b^3)}{(a^2+ab+b^2)}$, जहाँ $a = 0.87, b = 0.13$

$= (a-b) = (0.87-0.13) = 0.74.$

10. $\dfrac{1}{.0003718} = \dfrac{1\times10000}{10000\times.0003718} = \dfrac{10000}{3.718}$

$= (10000\times.2689) = 2689.$

11. (*i*)

```
        ·9166...
   12 ) 110
        108
        ---
          20
          12
          --
           80
           72
           --
            8
```

$\therefore \dfrac{11}{12} = 0.91\overline{6}$

इसी प्रकार भाग देने पर:

(*ii*) $\dfrac{4}{13} = 0.\overline{307692}$

(*iii*) $\dfrac{15}{44} = 0.340\overline{90}$

(*iv*) $\dfrac{5}{24} = 0.208\overline{3}$

12. (*i*) $.032 = \dfrac{32}{1000} = \dfrac{4}{125}.$

(*ii*) $.0028 = \dfrac{28}{10000} = \dfrac{7}{2500}.$

(*iii*) $5.6785 = \dfrac{56785}{10000} = \dfrac{11357}{2000} = 5\dfrac{1357}{2000}.$

13. (*i*) माना $x = 0.\overline{7}$. तब, $x = 0.777...$ तथा $10x = 7.777...$

घटाने पर, $9x = 7 \Rightarrow x = \dfrac{7}{9}.$

(*ii*) माना $x = 4\cdot\overline{6}$. तब, $x = 4\cdot 666...$ तथा $10x = 46\cdot 666...$

घटाने पर, $9x = 42 \Rightarrow x = \frac{42}{9} = \frac{14}{3}$.

(*iii*) माना $x = 0\cdot\overline{35}$. तब, $x = 0\cdot 3535...$

तथा $100x = 35\cdot 3535...$

घटाने पर, $99x = 35 \Rightarrow x = \frac{35}{99}$.

(*iv*) माना $x = 1\cdot\overline{432}$. तब,

$x = 1\cdot 432432... \Rightarrow 1000x = 1432\cdot 432432...$

घटाने पर, $999x = 1431 \Rightarrow x = \frac{1431}{999}$.

14. (*i*) दिया गया व्यंजक $= \left(3 + 0\cdot\overline{917}\right) - \left(1 + 0\cdot\overline{353}\right)$

$= (3-1) + \left(0\cdot\overline{917} - 0\cdot\overline{353}\right) = 2 + \left(\frac{917}{999} - \frac{353}{999}\right)$

$= 2 + \frac{564}{999} = 2\frac{564}{999}$.

(*ii*) दिया गया व्यंजक $= \left(2 + 0\cdot\overline{17}\right) + \left(3 + 0\cdot\overline{03}\right) - \left(1 + 0\cdot\overline{41}\right)$

$= (2+3-1) + \left(0\cdot\overline{17} + 0\cdot\overline{03} - 0\cdot\overline{41}\right)$

$= 4 + \left(\frac{17}{99} + \frac{3}{99} - \frac{41}{99}\right) = \left(4 - \frac{21}{99}\right) = \frac{(396-21)}{99}$

$= \frac{375}{99} = 3\frac{78}{99}$.

15. $\frac{7}{9} = 0\cdot 777....,\ \frac{6}{11} = 0\cdot 5454....,\ \frac{16}{21} = 0\cdot 7619....,$

$\frac{12}{17} = 0\cdot 70588...$

स्पष्ट है कि इनमें सबसे बड़ी संख्या $0\cdot 777....$ अर्थात् $\frac{7}{9}$ है.

16. प्रत्येक दी गई भिन्न को दशमलव भिन्न में बदलने पर:

(*i*) $\frac{1}{2} = 0\cdot 5,\ \frac{3}{7} = 0\cdot 4285....,\ \frac{3}{5} = 0\cdot 6,\ \frac{4}{9} = 0\cdot 444...$

$\therefore\ 0\cdot 6 > 0\cdot 5 > 0\cdot 444... > 0\cdot 4285...$

अत: $\frac{3}{5} > \frac{1}{2} > \frac{4}{9} > \frac{3}{7}$.

(*ii*) $\frac{2}{3} = 0\cdot 666....,\ \frac{5}{8} = 0\cdot 625,\ \frac{7}{10} = 0\cdot 7,\ \frac{13}{18} = 0\cdot 722...$

$\therefore\ 0\cdot 722... > 0\cdot 7 > 0\cdot 666... > 0\cdot 625$

अर्थात् $\frac{13}{18} > \frac{7}{10} > \frac{2}{3} > \frac{5}{8}$.

17. प्रत्येक दी गई भिन्न को दशमलव भिन्न में बदलने पर:

(*i*) $\frac{5}{7} = 0\cdot 7142....,\ \frac{9}{11} = 0\cdot 8181....,\ \frac{7}{13} = 0\cdot 5384....,$

$\frac{15}{23} = 0\cdot 761...$

$0 - 5384... < 0 - 652... < 0 - 7142... < 0 - 8181...$

$\therefore\ \frac{7}{13} < \frac{15}{23} < \frac{5}{7} < \frac{9}{11}$.

(*ii*) $\frac{7}{13} = 0\cdot 538....,\ \frac{26}{31} = 0\cdot 838....,\ \frac{19}{24} = 0\cdot 791....,$

$\frac{16}{21} = 0\cdot 652...$

$0\cdot 538... < 0\cdot 761... < 0\cdot 791... < 0\cdot 838....$

अर्थात् $\frac{7}{13} < \frac{16}{21} < \frac{19}{24} < \frac{26}{31}$.

18. (*i*) दी गई संख्यायें हैं $2\cdot 22, 33\cdot 30, 37\cdot 00$.

बिना दशमलव के ये संख्यायें हैं 222, 3330, 3700.

इनका म०स० = 74 तथा ल०स० = 33300.

∴ दी गई संख्याओं का म०स० = 0·74 तथा ल०स० = 333.00.

(*ii*) दी गई संख्यायें हैं 0·24, 1·80, 2·70, 16·00.

बिना दशमलव के ये संख्यायें हैं 24, 180, 270, 1600.

इनका म०स० = 2 तथा ल०स० = 43200.

∴ दी गई संख्याओं का म०स० = 0·02 तथा ल०स० = 432·00.

❑❑❑

4

सरलीकरण (SIMPLIFICATION)

Scan QR Code for Watching Video

सामान्य नियम

ध्यान रहे कि विभिन्न संक्रियाओं को केवल निम्न क्रमानुसार लेते हैं :

(*i*) रेखा-कोष्ठक (*ii*) कोष्ठक (*iii*) का (*iv*) भाग (*v*) गुणा (*vi*) जोड़ (*vii*) घटा

सरलीकरण में पहले छोटे कोष्ठक ( ), फिर मंझले कोष्ठक { } तथा अन्त में बड़े कोष्ठक [ ] को हटाया जाता है. इस क्रम के लिए BODMAS याद रखें, जहाँ B, O, D, M, A, S क्रमशः Bracket, Of, Division, Multiplication, Addition तथा Subtraction के लिए है.

साधित उदाहरण

प्रश्न 1. $6010 - 6000 \div 10 = ?$

हलः पहले भाग तथा बाद में घटा को लेने पर:

दिया गया व्यंजक

$$= 6010 - 6000 \times \frac{1}{10} = 6010 - 600 = 5410.$$

प्रश्न 2. $72 \div 9$ का $\frac{1}{3} + \frac{2}{3} \times 1\frac{1}{2} = ?$

हलः BODMAS का प्रयोग करके :

दिया गया व्यंजक $= 72 \div 9$ का $\frac{1}{3} + \frac{2}{3} \times \frac{3}{2}$

$$= 72 \div 3 + \frac{2}{3} \times \frac{3}{2} = 24 + \frac{2}{3} \times \frac{3}{2}$$

$$= (24 + 1) = 25.$$

प्रश्न 3. $2\frac{1}{2} + 3\frac{1}{4} + ? + 2\frac{1}{3} = 13\frac{5}{12}.$

हलः माना $\frac{5}{2} + \frac{13}{4} + x + \frac{7}{3} = \frac{161}{12}$. तब,

$$\frac{5}{2} + \frac{13}{4} + \frac{7}{3} + x = \frac{161}{12}$$

$$\Rightarrow \frac{(30 + 39 + 28)}{12} + x = \frac{161}{12} \Rightarrow \frac{97}{12} + x = \frac{161}{12}$$

$$\Rightarrow x = \frac{161}{12} - \frac{97}{12} = \frac{(161 - 97)}{12} = \frac{64}{12} = \frac{16}{3} = 5\frac{1}{3}.$$

प्रश्न 4. $\left(1\frac{1}{2} + 11\frac{1}{2} + 111\frac{1}{2} + 1111\frac{1}{2}\right) = ?$

(एस०एस०सी० परीक्षा, 2010)

हलः दिया गया व्यंजक

$$= (1 + 11 + 111 + 1111) + \left(\frac{1}{2} + \frac{1}{2} + \frac{1}{2} + \frac{1}{2}\right)$$

$$= (1234 + 2) = 1236.$$

प्रश्न 5. $\dfrac{1}{2 + \dfrac{1}{2 + \dfrac{1}{2 - \dfrac{1}{2}}}}$ का मान ज्ञात कीजिए.

हलः दिया गया व्यंजक

$$= \frac{1}{2 + \dfrac{1}{2 + \dfrac{1}{2 - \dfrac{1}{2}}}} = \frac{1}{2 + \dfrac{1}{2 + \dfrac{2}{3}}} = \frac{1}{2 + \dfrac{3}{8}} = \frac{8}{19}.$$

प्रश्न 6. यदि $\frac{a}{b} = \frac{5}{4}$ हो, तो $\frac{(a^2 + b^2)}{(a^2 - b^2)}$ का मान क्या होगा?

हलः $\dfrac{(a^2 + b^2)}{(a^2 - b^2)} = \dfrac{\left(\dfrac{a^2}{b^2} + 1\right)}{\left(\dfrac{a^2}{b^2} - 1\right)}$ [अंश तथा हर को b^2 से भाग देने पर]

$$= \frac{\left\{\left(\dfrac{a}{b}\right)^2 + 1\right\}}{\left\{\left(\dfrac{a}{b}\right)^2 - 1\right\}} = \frac{\left\{\left(\dfrac{5}{4}\right)^2 + 1\right\}}{\left\{\left(\dfrac{5}{4}\right)^2 - 1\right\}} = \frac{\left(\dfrac{25}{16} + 1\right)}{\left(\dfrac{25}{16} - 1\right)} \quad \left[\because \frac{a}{b} = \frac{5}{4}\right]$$

$$= \frac{\dfrac{(25 + 16)}{16}}{\dfrac{(25 - 16)}{16}} = \frac{(41/16)}{(9/16)} = \frac{41}{9}.$$

प्रश्न 7. $\dfrac{(67895 \times 67895 - 37895 \times 37895)}{30000}$ का मान ज्ञात करें.

हल: दिया गया व्यंजक $= \dfrac{(67895)^2-(37895)^2}{(67895-37895)} = \dfrac{a^2-b^2}{a-b}$,

जहाँ $a = 67895$ तथा $b = 37895$

$= (a+b) = (67895+37895) = 105790.$

प्रश्न 8. $\left\{\dfrac{\mathbf{247\times247\times247-137\times137\times137}}{\mathbf{247\times247+247\times137+137\times137}}\right\}=?$

हल: दिया गया व्यंजक $= \dfrac{(247)^3-(137)^3}{(247)^2+(247\times137)+(137)^2}$

$= \dfrac{(a^3-b^3)}{(a^2+ab+b^2)}$, जहाँ $a = 247$ तथा $b = 137$

$= (a-b) = (247-137) = 110.$

प्रश्न 9. यदि $\boldsymbol{a * b = (a^2+b^2-ab)}$ हो, तो **6 * 9 = ?**

हल: स्पष्ट है कि : 6 * 9

$= (6^2+9^2-6\times9) = (36+81-54) = 63.$

प्रश्न 10. ममता के पास ₹ 100 तथा ₹ 50 के कुल 85 नोट हैं जिनका कुल मूल्य ₹ 5000 है. इनमें से ₹ 50 के नोट कितने हैं?

हल: माना ₹ 50 के नोटों की संख्या = x.

तब, ₹ 100 के नोटों की संख्या = $(85 - x)$.

$\therefore\quad 50x + 100\,(85 - x) = 5000$

$\Rightarrow\quad 50x = (8500 - 5000) = 3500 \;\Rightarrow\; x = 70.$

अत: ₹ 50 के नोटों की संख्या = 70.

प्रश्न 11. 14 पैन तथा 17 पैन्सिलों का कुल मूल्य ₹ 146 है, जबकि 17 पैन तथा 14 पैन्सिलों का मूल्य ₹ 164 है. 3 पैनों का मूल्य कितना है?

हल: माना प्रत्येक पैन का मूल्य = ₹ x तथा प्रत्येक पैन्सिल का मूल्य = ₹ y.

तब, $14x+17y = 146$ …(i)

$17x+14y = 164$ …(ii)

(i) तथा (ii) को जोड़ने पर, $31(x+y) = 310 \Rightarrow x+y = 10.$

(i) को (ii) में से घटाने पर, $3(x-y) = 18 \Rightarrow x-y = 6.$

इन्हें हल करने पर $x = 8$.

अत: 3 पैनों का मूल्य = ₹ (3 × 8) = ₹ 24.

प्रश्न 12. एक व्यक्ति अपने वेतन का $\frac{2}{5}$ भाग मकान किराये में, शेष का $\frac{3}{10}$ भाग खाने पर तथा शेष का $\frac{1}{8}$ भाग यात्रा पर खर्च करने के बाद ₹ 1470 की बचत करता है. वह खाने पर कितना खर्च करता है?

हल: माना कुल वेतन = ₹ x.

मकान किराया = ₹ $\left(\dfrac{2}{5}\times x\right)$. शेष = ₹ $\left(x-\dfrac{2x}{5}\right)$ = ₹ $\dfrac{3x}{5}$.

खाने पर खर्च = ₹ $\left(\dfrac{3x}{5}$ का $\dfrac{3}{10}\right)$ = ₹ $\dfrac{9x}{50}$.

शेष = ₹ $\left(\dfrac{3x}{5}-\dfrac{9x}{50}\right)$ = ₹ $\dfrac{21x}{50}$;

यात्रा पर खर्च = ₹ $\left(\dfrac{1}{8}\times\dfrac{21x}{50}\right)$ = ₹ $\dfrac{21x}{400}$.

शेष = ₹ $\left(\dfrac{21x}{50}-\dfrac{21x}{400}\right)$ = ₹ $\dfrac{(168x-21x)}{400}$ = ₹ $\dfrac{147x}{400}$.

$\therefore\ \dfrac{147x}{400} = 1470 \Rightarrow x = \dfrac{1470\times400}{147} = 4000.$

खाने पर खर्च = ₹ $\left(\dfrac{9}{50}\times4000\right)$ = ₹ 720.

प्रश्नमाला 4A

श 1-11): निम्नलिखित प्रश्न में प्रश्नवाचक चिन्ह (?) के स्थान पर लगभग कितना मान आएगा? (आपसे सटीक मान की गणना करने की अपेक्षा नहीं की जाती है)

1. $244.03 - 654.02 + ? \div 2.01 = 835.01$

(a) 2049 (b) 2195 (c) 2478 (d) 2490

(e) इनमें से कोई नहीं (एस.बी.आई. परीक्षा, 2021)

2. $224.99 \div 3.01 + ?$ का $25.01\% = 520.01$

(a) 1649 (b) 1950 (c) 1780 (d) 1900

(e) इनमें से कोई नहीं (एस.बी.आई. पी.ओ. परीक्षा, 2021)

3. $\dfrac{16.01^2+\sqrt[3]{342.98}+1}{6.01} = ?$

(a) 44 (b) 24 (c) 78 (d) 25

(e) इनमें से कोई नहीं (एस.बी.आई. पी.ओ. (प्रा.) परीक्षा, 2021)

4. $\left(\dfrac{3.07}{4.01}\right)^2\times127.96+442.02 = ?$

(a) 449 (b) 514 (c) 520 (d) 490

(e) इनमें से कोई नहीं (एस.बी.आई. पी.ओ. (प्रा.) परीक्षा, 2021)

5. $326.99 \div 2.98 + 44.97 \times \dfrac{3.01}{5.02} = ?$

(a) 119 (b) 125 (c) 178 (d) 136

(e) इनमें से कोई नहीं (एस.बी.आई. पी.ओ. (प्रा.) परीक्षा, 2021)

6. $109.07\sqrt{?}-\dfrac{61}{21.02}\times ? = 47.96\sqrt{?}$

(a) 211 (b) 441 (c) 121 (d) 421

(e) इनमें से कोई नहीं

(आई.बी.पी.एस. पी.ओ. (प्रा.) परीक्षा, 2019)

7. $111.01 + 41.23 + (4.96)^2 + (2.09)^2 = ?$

(a) 181 (b) 195 (c) 178 (d) 190

(e) इनमें से कोई नहीं (आई.बी.पी.एस. पी.ओ. (प्रा.) परीक्षा, 2019)

8. $209 \div 5.02 \times \sqrt{?} + 31.01 = 18.03^2$

(a) 49 (b) 195 (c) 78 (d) 190

(*e*) इनमें से कोई नहीं (आई.बी.पी.एस. पी.ओ. परीक्षा, 2018)

9. $124.12 + 25.98 - 29.99 = 15.01 \times ?$

(*a*) 1 (*b*) 9 (*c*) 8 (*d*) 2

(*e*) इनमें से कोई नहीं (आई.बी.पी.एस. पी.ओ. परीक्षा, 2018)

10. $(25.01 \times 8.01 - 59)$ का 59% = ?

(*a*) 81 (*b*) 95 (*c*) 78 (*d*) 84

(*e*) इनमें से कोई नहीं (आई.बी.पी.एस. पी.ओ. परीक्षा, 2018)

11. 391 का ?% ÷ 239 का 41% = 1.989

(*a*) 81 (*b*) 50 (*c*) 68 (*d*) 74

(आई.बी.पी.एस. पी.ओ. परीक्षा, 2018)

12. यदि $\frac{x}{2} = \frac{y}{3} = \frac{z}{5}$ हो, तो $\frac{x+y-z}{x-y+z}$ का मान कितना होगा?

(*a*) 0 (*b*) 3 (*c*) 5 (*d*) 10

13. यदि $\frac{4x-3y}{7x+6y} = \frac{4}{13}$ हो, तो $\frac{x}{y}$ का मान क्या होगा?

(*a*) $\frac{8}{21}$ (*b*) $\frac{3}{5}$ (*c*) $\frac{5}{3}$ (*d*) $\frac{21}{8}$

14. ₹ 600 को A, B, C में इस प्रकार वितरित करना है कि A के भाग के $\frac{2}{5}$ से ₹ 40 अधिक, B के भाग के $\frac{2}{7}$ से ₹ 20 अधिक तथा C के भाग के $\frac{9}{17}$ से ₹ 10 अधिक, सभी बराबर हैं. A का भाग कितना है? (एस०एस०सी० परीक्षा, 2010)

(*a*) ₹ 180 (*b*) ₹ 160 (*c*) ₹ 150 (*d*) ₹ 140

15. गणतन्त्र दिवस पर 450 बच्चों में एक समान मिठाई बाँटी जानी थी. परन्तु उस दिन 150 बच्चों के अनुपस्थित रहने के कारण प्रत्येक बच्चे को 3 अतिरिक्त मिठाइयाँ मिली. प्रत्येक बच्चे को कितनी मिठाइयाँ मिली? (बैंक पी०ओ० परीक्षा, 2010)

(*a*) 6 (*b*) 12

(*c*) 9 (*d*) निर्धारित नहीं की जा सकती

(*e*) इनमें से कोई नहीं

16. एक वन में कुछ तोते तथा कुछ बाघ हैं. यदि इनकी कुल 1746 टाँगें तथा 858 सिर हों, तो तोतों की संख्या कितनी है? (बैंक पी०ओ० परीक्षा, 2010)

(*a*) 845 (*b*) 833

(*c*) 800 (*d*) निर्धारित नहीं की जा सकती

(*e*) इनमें से कोई नहीं

17. दो ऐसी संख्यायें हैं जिनमें से पहली संख्या को दो बार तथा दूसरी संख्या को तीन बार जोड़ा जाये तो योग 100 प्राप्त होता है. पहली संख्या को तीन बार तथा दूसरी संख्या को दो बार जोड़ने पर योग 120 प्राप्त होता है. बड़ी संख्या कौन-सी है?

(*a*) 32 (*b*) 12

(*c*) 14 (*d*) 35

(*e*) इनमें से कोई नहीं (बैंक पी०ओ० परीक्षा, 2010)

18. किसी संख्या में से 600 के 75% का दो-तिहाई घटाने पर 320 प्राप्त होता है. वह संख्या कितनी है?

(*a*) 300 (*b*) 620 (*c*) 720 (*d*) 500

(*e*) इनमें से कोई नहीं (बैंक पी०ओ० परीक्षा, 2010)

19. $1\frac{3}{5} + 1\frac{2}{7} + 1\frac{1}{4} = ?$

(*a*) $5\frac{9}{35}$ (*b*) $6\frac{1}{7}$ (*c*) $3\frac{2}{9}$ (*d*) $4\frac{19}{140}$

(*e*) इनमें से कोई नहीं (बैंक पी०ओ० परीक्षा, 2009)

20. $\frac{0.85 \times 0.85 - 0.15 \times 0.15}{0.85 - 0.15} = ?$

(*a*) 1.5 (*b*) 8.5 (*c*) 1.0 (*d*) 0.7

(दिल्ली अधीनस्थ सेवा चयन बोर्ड अवर श्रेणी लिपिक परीक्षा, 2014)

21. $\left(\frac{0.125 + 0.027}{0.5 \times 0.5 + 0.09 - 0.15}\right)$ का मान है:

(*a*) 0.08 (*b*) 0.2 (*c*) 0.8 (*d*) 1

(मध्य प्रदेश पुलिस आरक्षक (जनरल ड्यूटी भर्त्ती परीक्षा, 2013)

22. $1\frac{8}{9} + 3\frac{2}{7} - 2\frac{1}{7} + 11\frac{1}{6} = ?$

(*a*) $7\frac{12}{223}$ (*b*) $14\frac{25}{223}$ (*c*) $14\frac{25}{126}$ (*d*) $7\frac{11}{126}$

(*e*) इनमें से कोई नहीं (बैंक पी०ओ० परीक्षा, 2009)

23. $74844 \div ? = 54 \times 63$

(*a*) 34 (*b*) 42 (*c*) 22 (*d*) 54

(*e*)इनमें से कोई नहीं (बैंक पी०ओ० परीक्षा, 2009)

24. $\left[(84)^2 \div 28 \times 12\right] \div 24 = 7 \times ?$

(*a*) 15 (*b*) 17 (*c*) 19 (*d*) 21

(*e*) इनमें से कोई नहीं (बैंक पी०ओ० परीक्षा, 2009)

25. $222 - \left[\frac{1}{3} \text{ का } \left\{42 + (56 - \overline{8+9})\right\} + 108\right] = ?$

(*a*) 87 (*b*) 78 (*c*) 47 (*d*) 37

(एस०एस०सी० परीक्षा, 2010)

26. 845 का $\frac{3}{5}$ तथा 333 का $\frac{2}{3}$ का अन्तर कितना है?

(*a*) 175 (*b*) 285 (*c*) 238 (*d*) 209

(*e*) इनमें से कोई नहीं (बैंक पी०ओ० परीक्षा, 2009)

27. $9\frac{1}{9}$ में से $3\frac{2}{3}$ घटाने पर प्राप्त अन्तर को 450 से गुणा करने पर क्या प्राप्त होगा? (बैंक पी०ओ० परीक्षा, 2009)

(*a*) 2250 (*b*) 2045

(*c*) 2540 (*d*) निर्धारित नहीं किया जा सकता

(*e*) इनमें से कोई नहीं

28. किसी संख्या के $\frac{3}{4}$ तथा $\frac{4}{7}$ का अन्तर 100 है. वह संख्या क्या होगी? (पी०सी०एस० परीक्षा, 2009)

(*a*) 520 (*b*) 540 (*c*) 500 (*d*) 560

29. 5 लॉकेट तथा 8 जंजीरों का कुल मूल्य ₹ 145785 हो, तो ऐसे 15 लॉकेट तथा 24 जंजीरों का मूल्य कितना होगा?

(a) ₹ 325285 (b) ₹ 439355
(c) ₹ 550000 (d) निर्धारित नहीं किया जा सकता
(e) इनमें से कोई नहीं (बैंक पी०ओ० परीक्षा, 2009)

30. यदि $\left(x-\frac{1}{x}\right)=2$ हो, तो $\left(x^4+\frac{1}{x^4}\right)=?$
(a) 4 (b) 16 (c) 34 (d) 64

31. एक बाल्टी का $\frac{4}{9}$ भाग 1 मिनट में भरे तो शेष भाग भरने में कितना समय लगेगा? (होटल मैनेजमैन्ट परीक्षा, 2009)
(a) 1 मिनट (b) $\frac{9}{4}$ मिनट (c) $\frac{5}{4}$ मिनट (d) $\frac{4}{5}$ मिनट

32. एक व्यक्ति को लक्ष्य पर निशाना लगाने के लिए प्रत्येक बार ₹ 1 मिलता है तथा निशाना चूकने पर उसे ₹ 1 देना पड़ता है. सौ बार निशाना लगाने पर उसे ₹ 30 मिले. कितनी बार उसका निशाना चूका? (लोक सेवा आयोग परीक्षा, 2009)
(a) 25 (b) 35 (c) 40 (d) 45

33. एक विद्यार्थी को $2^5 \cdot 9^2$ लिखने को कहा गया. परन्तु उसने 2592 लिख दिया. इन दोनों में कितना संख्यात्मक अन्तर है?
(a) 0 (b) 1 (c) 2 (d) 3
(एम०बी०ए० परीक्षा, 2009)

34. यदि $\frac{a}{b}=\frac{4}{5}$ तथा $\frac{b}{c}=\frac{15}{16}$ हो, तो $\frac{(c^2-a^2)}{(c^2+a^2)}=?$
(a) $\frac{1}{7}$ (b) $\frac{7}{25}$
(c) $\frac{3}{4}$ (d) इनमें से कोई नहीं
(एस०एस०सी० परीक्षा, 2010)

35. यदि $a-b=1$ हो, तो $a^3-b^3-3ab=?$
(a) –3 (b) –1 (c) 1 (d) 3

36. $5\frac{1}{6}\times4\frac{3}{8}\div2\frac{1}{8}=?$
(a) $10\frac{9}{34}$ (b) $10\frac{31}{102}$ (c) $10\frac{11}{51}$ (d) $10\frac{65}{102}$
(e) इनमें से कोई नहीं (बैंक पी०ओ० परीक्षा, 2008)

37. $24336\div?=78\times24$
(a) 6 (b) 13 (c) 11 (d) 17
(e) इनमें से कोई नहीं (बैंक पी०ओ० परीक्षा, 2008)

38. $1148\div28\times1408\div32=?$
(a) 1800 (b) 1804 (c) 1814 (d) 1822
(e) इनमें से कोई नहीं (बैंक पी०ओ० परीक्षा, 2008)

39. यदि $a^2-6a-1=0$ हो तो $\left(a-\frac{1}{a}\right)$ का मान क्या होगा?
(a) 3 (b) 6 (c) 12 (d) 24

40. $37\frac{1}{2}$ में कितने $\frac{1}{8}$ हैं?
(a) 150 (b) 200
(c) 250 (d) इनमें से कोई नहीं

41. $11960\div?=65\times23$ (बैंक पी०ओ० परीक्षा, 2008)
(a) 6 (b) 11 (c) 3 (d) 8
(e) इनमें से कोई नहीं

42. $\frac{1}{8}\times(223+?)=71$
(a) 342 (b) 346 (c) 345 (d) 348
(e) इनमें से कोई नहीं (बैंक पी०ओ० परीक्षा, 2008)

43. $\dfrac{\frac{1}{2}\div\frac{1}{2} \text{ का } \frac{1}{2}}{\frac{1}{2} \text{ का } \frac{1}{2}+\frac{1}{2}}\div\left\{\dfrac{1\frac{1}{2}}{1\frac{1}{3}}\right\}=?$ (रेलवे परीक्षा, 2008)
(a) $2\frac{10}{27}$ (b) $1\frac{1}{2}$
(c) $3\frac{1}{8}$ (d) इनमें से कोई नहीं

44. $\left(516 \text{ का } \frac{5}{12}\right)$ तथा $\left(495 \text{ का } \frac{4}{9}\right)$ में कितना अन्तर है?
(a) 22 (b) 15 (c) 12 (d) 17
(e) इनमें से कोई नहीं (बैंक पी०ओ० परीक्षा, 2008)

45. किसी विद्यालय के सभी छात्रों को 54 छात्रों की एक-एक पंक्ति में खड़ा किये जाने पर 30 पंक्तियाँ बनती हैं. यदि उन्हें 45 छात्रों की एक-एक पंक्ति में खड़ा किया जाये तो कितनी पंक्तियाँ बनेंगी?
(a) 25 (b) 42
(c) 36 (d) 32
(e) इनमें से कोई नहीं (बैंक पी०ओ० परीक्षा, 2010)

46. पाँच क्रमागत संख्याओं का योग 270 है. इनमें से दूसरी तथा पाँचवीं संख्याओं का योग क्या होगा? (बैंक पी०ओ० परीक्षा, 2010)
(a) 108 (b) 107
(c) 110 (d) ज्ञात नहीं किया जा सकता
(e) इनमें से कोई नहीं

47. $2296\div56\times704\div16=?$
(a) 1800 (b) 1804 (c) 1814 (d) 1822
(e) इनमें से कोई नहीं (बैंक पी०ओ० परीक्षा, 2008)

48. यदि $x+\frac{1}{x}=-2$ हो तथा n एक धनपूर्णांक हो, तो $x^{2n+1}+\frac{1}{x^{2n+1}}$ का मान क्या होगा? (एस०एस०सी० परीक्षा, 2008)
(a) 0 (b) 2 (c) –2 (d) –5

49. $621\times?\times6=152766$
(a) 39 (b) 43 (c) 47 (d) 51
(e) इनमें से कोई नहीं (बैंक पी०ओ० परीक्षा, 2008)

50. $7100-?+41\times125=7225$
(a) 7226 (b) 5000 (c) 7000 (d) 1000
(e) इनमें से कोई नहीं

51. यदि $\left(4b^2+\frac{1}{b^2}\right)=2$ हो, तो $\left(8b^3+\frac{1}{b^3}\right)=?$
(a) 0 (b) 1 (c) 2 (d) 5
(एस०एस०सी० परीक्षा, 2008)

52. यदि $\frac{a}{b}=\frac{6}{7}$ हो, तो $\frac{a+2b}{a-3b}=?$ (एस०एस०सी० परीक्षा, 2008)
(a) $\frac{3}{4}$ (b) $\frac{-4}{3}$ (c) $\frac{7}{2}$ (d) $\frac{-3}{5}$

53. यदि $4x+5y=83$ हो तथा $\frac{3x}{2y}=\frac{21}{22}$ हो, तो $y-x=?$

(*a*) 3 (*b*) 4 (*c*) 7 (*d*) 11

(*e*) इनमें से कोई नहीं (बैंक पी०ओ० परीक्षा, 2008)

54. यदि $9\frac{4}{5}$ में से $6\frac{3}{4}$ घटाया जाये तथा अन्तर को 220 से गुणा करें, तो अन्तिम उत्तर क्या होगा ? (बैंक पी०ओ० परीक्षा, 2008)

(*a*) 685 (*b*) 671

(*c*) 666 (*d*) निर्धारित नहीं किया जा सकता

(*e*) इनमें से कोई नहीं

55. 12 प्लेटों तथा 9 चम्मचों का कुल मूल्य 339 ₹ हो, तो 4 प्लेटों तथा 3 चम्मचों का मूल्य कितना होगा ? (बैंक पी०ओ० परीक्षा, 2009)

(*a*) ₹ 130 (*b*) ₹ 127

(*c*) ₹ 133 (*d*) निर्धारित नहीं किया जा सकता

(*e*) इनमें से कोई नहीं

56. ₹ 561 को A, B, C में इस प्रकार वितरित करना है कि A को B से ₹ 120 अधिक तथा C से ₹ 120 कम मिले. इसमें B का भाग कितना है ? (एस०एस०सी० परीक्षा, 2008)

(*a*) ₹ 73 (*b*) ₹ 67 (*c*) ₹ 76 (*d*) ₹ 80

57. अदिती ने 100 पृष्ठों वाली टिनटीन कॉमिक पुस्तक का $\frac{4}{5}$ भाग पढ़ा है. अभी अदिती ने कितने पृष्ठ नहीं पढ़े ?

(*a*) 40 (*b*) 60 (*c*) 80 (*d*) 20

(रेलवे परीक्षा, 2009)

58. एक फल विक्रेता कुल सेबों की संख्या का आधा तथा 1 सेब पहले ग्राहक को; शेष का $\frac{1}{3}$ तथा 1 सेब दूसरे ग्राहक को तथा शेष का $\frac{1}{5}$ तथा 1 सेब तीसरे ग्राहक को बेचता है. इसके बाद उसके पास 3 सेब बच जाते हैं. प्रारम्भ में उसके पास कुल कितने सेब थे ?

(*a*) 15 (*b*) 18 (*c*) 20 (*d*) 25

(बी०सी०ए० परीक्षा, 2008)

59. रामसिंह ने अपनी सम्पत्ति में से आधा भाग अपनी पत्नी को, बाकी बची सम्पत्ति का आधा भाग अपने पुत्र को तथा शेष सम्पत्ति का एक तिहाई अपनी पुत्री को दिया. यदि पुत्री को ₹ 125000 मिले हों, तो उसकी सारी सम्पत्ति का मूल्य कितना था ?

(लोक सेवा आयोग परीक्षा, 2009)

(*a*) ₹ 15 लाख (*b*) ₹ 18 लाख

(*c*) ₹ 20 लाख (*d*) ₹ 22 लाख

60. रेल के एक आधे टिकट का मूल्य पूरे किराये का आधा है, किन्तु आधे टिकट पर आरक्षण प्रभार पूरे टिकट जितना है. दो स्टेशनों के बीच एक आरक्षित प्रथम श्रेणी टिकट का मूल्य ₹ 525 है तथा एक पूरे और एक आधे आरक्षित प्रथम श्रेणी टिकटों का मूल्य ₹ 850 है. आरक्षण प्रभार कितना है ? (बैंक पी०ओ० परीक्षा, 2008)

(*a*) ₹ 125 (*b*) ₹ 200

(*c*) ₹ 145 (*d*) निर्धारित नहीं किया जा सकता

(*e*) इनमें से कोई नहीं

61. क्रिकेट के एक खेल में उच्चतम रनसंख्या सम्पूर्ण रनसंख्या का $\frac{3}{11}$ है; अगली उच्चतम रनसंख्या शेष रनसंख्या की $\frac{3}{11}$ है. यदि दोनों रनसंख्याओं का अन्तर 9 हो, तो सम्पूर्ण रनसंख्या कितनी है ?

(*a*) 110 (*b*) 121 (*c*) 132 (*d*) 143

(बी०सी०ए० परीक्षा, 2009)

62. एक टैक्सी कुछ निश्चित राशि तथा दूरी के समानुपाती राशि लेती है. यदि 16 किमी० यात्रा का चार्ज ₹ 156 तथा 24 किमी० यात्रा का चार्ज ₹ 204 हो, तो 30 किमी० यात्रा का चार्ज कितना होगा ?

(*a*) ₹ 236 (*b*) ₹ 240 (*c*) ₹ 248 (*d*) ₹ 252

(बी०सी०ए० परीक्षा, 2008)

63. एक किसान के पास कुछ मुर्गियाँ तथा बकरियाँ हैं. यदि इन सबके कुल 240 सिर तथा 640 पैर हों, तो मुर्गियाँ कितनी हैं ?

(*a*) 80 (*b*) 120 (*c*) 140 (*d*) 160

(बी०सी०ए० परीक्षा, 2008)

64. कुछ टॉफियाँ बच्चों के एक समूह में इस प्रकार बाँटी गई कि प्रत्येक को 7 टॉफियाँ मिली तथा 14 शेष बची. यदि इस समूह में दो अधिक बच्चे होते, तो कोई टॉफी नहीं बचती. इस समूह में कितने बच्चे थे ? (बैंक पी०ओ० परीक्षा, 2008)

(*a*) 70 (*b*) 56

(*c*) 63 (*d*) निर्धारित नहीं किया जा सकता

(*e*) इनमें से कोई नहीं

65. 25 कैरट का एक बहुमूल्य नग दो भागों में तोड़ा गया. दोनों टुकड़ों में से एक टुकड़े को तराजू के एक पलड़े में तथा दूसरे टुकड़े को दूसरे पलड़े में रखा गया. समतुल्य भार करने हेतु 9 कैरट एक पलड़े में रखना पड़ा. दोनों टुकड़ों की तोल का गुणनफल कितने कैरट है ? (एम०बी०ए० परीक्षा, 2008)

(*a*) 126 (*b*) 136 (*c*) 156 (*d*) 176

66. एक पार्टी में प्रत्येक व्यक्ति सभी उपस्थित व्यक्तियों से हाथ मिलाता है. यदि कुल 'हैण्ड शेक' 66 हुए हों, तो पार्टी में कितने व्यक्ति थे ? (लोक सेवा आयोग परीक्षा, 2008)

(*a*) 11 (*b*) 12

(*c*) 22 (*d*) इनमें से कोई नहीं

67. $\frac{1}{2}$ तथा $\frac{3}{5}$ के बीच निम्न में से कौन-सी परिमेय संख्या होगी ? (एस०एस०सी० परीक्षा, 2008)

(*a*) $\frac{2}{5}$ (*b*) $\frac{4}{7}$ (*c*) $\frac{2}{3}$ (*d*) $\frac{1}{3}$

68. $\frac{7}{128}\times ?+595=883$ (जीवन बीमा निगम परीक्षा, 2007)

(*a*) 4480 (*b*) 4352 (*c*) 4608 (*d*) 4096

(*e*) इनमें से कोई नहीं

69. $\frac{54\div 3\times 16\div 2}{180\div 5\times 6\div 3}=?$

(*a*) 2 (*b*) 4 (*c*) 6 (*d*) 8

(*e*) इनमें से कोई नहीं

70. $\dfrac{3\frac{1}{4}-\frac{4}{5} \text{ का } \frac{5}{6}}{4\frac{1}{3}\div\frac{1}{5}-\left(\frac{3}{10}+21\frac{1}{5}\right)}=?$

(a) $\frac{1}{6}$ (b) $15\frac{1}{2}$ (c) $2\frac{7}{12}$ (d) $21\frac{1}{2}$

71. $\left(1-\frac{1}{5}\right)\left(1-\frac{1}{6}\right)\left(1-\frac{1}{7}\right)....\left(1-\frac{1}{100}\right)=?$

(एस०एस०सी० परीक्षा, 2008)

(a) 0 (b) $\frac{1}{25}$ (c) $\frac{1}{50}$ (d) $\frac{1}{100}$

72. $39114 \div 246 \times ? = 6201$ (जीवन बीमा निगम परीक्षा, 2007)

(a) 37 (b) 39 (c) 43 (d) 41
(e) इनमें से कोई नहीं

73. $\dfrac{(147\times147+147\times143+143\times143)}{(147\times147\times147-143\times143\times143)}=?$

(a) 4 (b) $\frac{1}{4}$ (c) 290 (d) $\frac{1}{290}$

74. यदि $a=11$ तथा $b=9$ हो, तो $\dfrac{(a^2+b^2+ab)}{(a^3-b^3)}=?$

(a) $\frac{1}{2}$ (b) 2 (c) $\frac{1}{20}$ (d) 20

(एस०एस०सी० परीक्षा, 2007)

75. $\dfrac{(967+289)^2+(967-289)^2}{(967\times967+289\times289)}=?$

(a) 1 (b) 2 (c) 678 (d) 1256

76. $\dfrac{629\times629\times629+371\times371\times371}{629\times629-629\times371+371\times371}=?$

(a) 1000 (b) 258 (c) 1258 (d) 742

77. $\dfrac{(823+698)^2-(823-698)^2}{823\times698}=?$

(a) 1521 (b) 125 (c) 1 (d) 4

78. यदि $\left(a+\frac{1}{a}\right)^2=3$ हो, तो $\left(a^3+\frac{1}{a^3}\right)=?$

(a) $\frac{10\sqrt{3}}{3}$ (b) 0 (c) $3\sqrt{3}$ (d) $6\sqrt{3}$

79. यदि $\frac{a}{3}=\frac{b}{4}=\frac{c}{7}$ हो, तो $\dfrac{a+b+c}{c}=?$

(a) 2 (b) $\sqrt{2}$ (c) 3 (d) 7

(एस०एस०सी० परीक्षा, 2007)

80. एक किसान अपनी n गायों के झुण्ड को अपने चार पुत्रों में इस प्रकार बाँटता है कि पहले पुत्र को पूरे झुण्ड की आधी गायें, दूसरे पुत्र को पूरे झुण्ड की एक-चौथाई गायें, तीसरे पुत्र को पूरे झुण्ड की $\frac{1}{5}$ गायें तथा चौथे पुत्र को 7 गायें मिलती हैं. n का मान कितना है? (एस०एस०सी परीक्षा, 2008)

(a) 80 (b) 100 (c) 140 (d) 180

81. यदि $\dfrac{2a+b}{a+4b}=3$ हो, तो $\dfrac{a+b}{a+2b}=?$

(a) $\frac{2}{7}$ (b) $\frac{5}{9}$ (c) $\frac{10}{7}$ (d) $\frac{10}{9}$

82. यदि $2x+3y=31, y-z=4$ तथा $x+2z=11$ हो, तो $(x+y+z)=?$

(a) 12 (b) 13 (c) 15 (d) 16

83. यदि $y+\frac{1}{z}=1$ तथा $x+\frac{1}{y}=1$ हो, तो $xyz=?$

(a) -1 (b) 0 (c) $\frac{1}{2}$ (d) 1

84. यदि $a+b+c=13$ तथा $a^2+b^2+c^2=69$ हो, तो $(ab+bc+ca)=?$

(a) 50 (b) -50 (c) 69 (d) 75

85. $\left(\frac{1}{1\cdot4}+\frac{1}{4\cdot7}+\frac{1}{7\cdot10}+\frac{1}{10\cdot13}+\frac{1}{13\cdot16}\right)=?$

(a) $\frac{1}{3}$ (b) $\frac{5}{16}$ (c) $\frac{3}{8}$ (d) $\frac{41}{7280}$

(एस०एस०सी० परीक्षा, 2007)

86. यदि $\oplus$ एक ऐसी संक्रिया है कि:

$$a\oplus b=\begin{cases}2a, & \text{यदि } a>b\\ a+b, & \text{यदि } a<b\\ a^2, & \text{यदि } a=b\end{cases}$$

तब $\dfrac{(5\oplus7)+(4\oplus4)}{3(5\oplus5)-(15\oplus11)-3}=?$

(a) $\frac{1}{3}$ (b) $\frac{14}{23}$ (c) $\frac{2}{3}$ (d) $\frac{14}{13}$

(एस०एस०सी० परीक्षा, 2007)

87. कुछ चिड़ियाँ तथा कुछ शाखायें दी गई हैं. यदि प्रत्येक शाखा पर एक चिड़िया बैठे तो एक चिड़िया के लिए कोई शाखा नहीं बचती. यदि प्रत्येक शाखा पर दो चिड़िया बैठें तो एक शाखा बच जाती है. चिड़ियों तथा शाखाओं की संख्यायें हैं क्रमश:

(a) 5 चिड़ियाँ, 4 शाखायें (b) 3 चिड़ियाँ, 2 शाखायें
(c) 4 चिड़ियाँ, 3 शाखायें (d) 6 चिड़ियाँ, 4 शाखायें

(बी०बी०ए० परीक्षा, 2007)

88. किसी कक्षा का पहला पीरियड 10:30 बजे प्रारम्भ होता है तथा चौथा (अन्तिम) पीरियड 13:45 बजे समाप्त होता है. यदि प्रत्येक पीरियड की समयावधि एक समान हो तथा प्रत्येक पीरियड के अन्त में 5 मिनट का विश्राम दिया गया हो, तो प्रत्येक पीरियड की समयावधि कितनी है? (एस०एस०सी० परीक्षा, 2007)

(a) 35 मिनट (b) 40 मिनट (c) 45 मिनट (d) 42 मिनट

89. $\left(999\frac{1}{7}+999\frac{2}{7}+999\frac{3}{7}+999\frac{4}{7}+999\frac{5}{7}+999\frac{6}{7}\right)=?$

(a) 2997 (b) 5979
(c) 5997 (d) 5994

90. $x-\left[y-\left\{z-(x-\overline{y-z})\right\}\right]=?$

(a) $x+y+z$ (b) $x-y-z$
(c) 1 (d) 0

91. $\left(1-\frac{1}{2}\right)\left(1-\frac{1}{3}\right)\left(1-\frac{1}{4}\right)\left(1-\frac{1}{5}\right)....\left(1-\frac{1}{19}\right)\left(1-\frac{1}{20}\right)=?$

(a) $\frac{1}{20}$ (b) $\frac{2}{19}$
(c) $\frac{19}{10}$ (d) इनमें से कोई नहीं

92. $\left(2-\frac{1}{3}\right)\left(2-\frac{3}{5}\right)\left(2-\frac{5}{7}\right)....\left(2-\frac{997}{999}\right)=?$

(a) $\frac{1001}{3}$ (b) $\frac{5}{999}$
(c) $\frac{1001}{999}$ (d) इनमें से कोई नहीं

93. $\left(999\frac{999}{1000}\times 7\right)=?$ (एस०एस०सी० परीक्षा, 2007)

(a) $6993\frac{7}{1000}$ (b) $7000\frac{7}{1000}$
(c) $6633\frac{7}{1000}$ (d) $6999\frac{993}{1000}$

94. किसी संख्या के तीन-चौथाई का $\frac{2}{5}$ यदि 174 हो, तो वह संख्या कितनी है?

(a) 232 (b) 326 (c) 435 (d) 480
(e) इनमें से कोई नहीं (बैंक पी०ओ० परीक्षा, 2006)

95. एक संख्या के $\frac{2}{3}$ का $\frac{3}{4}$ यदि 782 हो, तो इस संख्या के $\frac{1}{4}$ का $\frac{3}{5}$ क्या होगा?

(a) 231 (b) 236.6 (c) 246.5 (d) 234.6
(e) इनमें से कोई नहीं (बैंक पी०ओ० परीक्षा, 2006)

96. एक विद्यार्थी को किसी संख्या का $\frac{3}{2}$ भाग निकालने को कहा गया. उसने उस संख्या को $\frac{3}{2}$ से भाग कर दिया. इससे उसका परिणाम सही उत्तर से 10 कम था. वह संख्या कितनी है?

(a) 10 (b) 12 (c) 15 (d) 18

97. $\frac{(2^n+2^{n-1})}{(2^{n+1}-2^n)}$ का मान है:

(a) $\frac{1}{2}$ (b) $\frac{3}{2}$
(c) $2^{\frac{n-1}{n+1}}$ (d) इनमें से कोई नहीं

98. यदि $\frac{2x}{1+\frac{1}{1+\frac{x}{1-x}}}=1$ हो, तो x का मान है:

(a) $\frac{1}{3}$ (b) $\frac{2}{3}$ (c) $\frac{3}{5}$ (d) $\frac{5}{3}$

99. $\frac{13}{48}=?$ (एस०एस०सी० परीक्षा, 2006)

(a) $\frac{1}{3+\frac{1}{\left(1+\frac{1}{16}\right)}}$ (b) $\frac{1}{2+\frac{1}{1+\frac{1}{8}}}$

(c) $\frac{1}{3+\frac{1}{1+\frac{1}{1+\frac{1}{8}}}}$ (d) $\frac{1}{3+\frac{1}{1+\frac{1}{2+\frac{1}{4}}}}$

100. यदि $a+b+c=11$ तथा $ab+bc+ca=20$ हो, तो $(a^3+b^3+c^3-3abc)=?$

(a) 121 (b) 341 (c) 671 (d) 781

101. $\frac{(a^2-b^2-2bc-c^2)}{(a^2+b^2+2ab-c^2)}=?$

(a) $\frac{a-b+c}{a+b+c}$ (b) $\frac{a-b-c}{a-b+c}$
(c) $\frac{a-b-c}{a+b-c}$ (d) $\frac{a+b+c}{a-b+c}$

102. $\frac{x^2-(y-z)^2}{(x+z)^2-y^2}+\frac{y^2-(x-z)^2}{(x+y)^2-z^2}+\frac{z^2-(x-y)^2}{(y+z)^2-x^2}=?$

(a) – 1 (b) 0
(c) 1 (d) इनमें से कोई नहीं
(एम०बी०ए० परीक्षा, 2006)

103. यदि $a*b=a^2+ab+b^2$ हो, तो $2*3=?$

(a) 6 (b) 9 (c) 19 (d) 29

104. एक टंकी 12 बाल्टियों के पानी से भर जाती है तथा प्रत्येक बाल्टी की धारिता 13.5 लीटर है. इस टंकी को 9 लीटर क्षमता वाली कितनी बाल्टियों से भरा जा सकेगा?

(a) 21 (b) 18 (c) 15 (d) 22

105. 4 कैमरों तथा 6 सेलफोनों का मूल्य ₹ 51365 है. 12 कैमरों तथा 18 सैलफोनों का मूल्य कितना होगा?

(a) ₹ 174500 (b) ₹ 513650
(c) ₹ 154095 (d) निर्धारित नहीं किया जा सकता
(e) इनमें से कोई नहीं

106. 24 बल्लों तथा 32 हॉकी स्टीक्स का मूल्य ₹ 8400 है. 3 बल्लों तथा 4 हॉकी स्टीक्स का मूल्य क्या होगा?

(a) ₹ 2100 (b) ₹ 4200
(c) ₹ 1050 (d) निर्धारित नहीं किया जा सकता
(e) इनमें से कोई नहीं

107. एक व्यक्ति ने वेतनमान ₹ 8325 – 50 – 9275 – 75 – 10660 में नौकरी का पदभार संभाला. 23 वर्ष उपरान्त उसका वेतन कितना होगा?

(a) ₹ 9475 (b) ₹ 9500 (c) ₹ 9575 (d) ₹ 9975

108. एक नक्शे पर 0.5 सेमी०, 10 किमी० को व्यक्त करता है. यदि नक्शे पर दो नगरों के बीच की दूरी 82.5 सेमी० हो, तो इन नगरों के बीच वास्तविक दूरी कितनी है ? (रेलवे परीक्षा, 2005)
(a) 1150 किमी० (b) 1650 किमी०
(c) 6500 किमी० (d) 150 किमी०

109. A तथा B में से प्रत्येक के पास कुछ रुपये हैं. यदि A, B को ₹ 50 देता है तो B के पास, A के पास बचे रुपयों से दुगुने रुपये होंगे. यदि B, A को ₹ 20 देता है, तो A के पास, B के पास बचे रुपयों से तिगुने रुपये होंगे. A के पास कितने रुपये हैं ?
(a) ₹ 62 (b) ₹ 106 (c) ₹ 93 (d) ₹ 81

110. एक व्यक्ति के पास ₹ 5, ₹ 10 तथा ₹ 20 के नोटों के रूप में कुल धनराशि ₹ 1575 है तथा प्रत्येक प्रकार के नोटों की संख्या समान है. उसके पास कुल कितने नोट हैं ?
(a) 115 (b) 125 (c) 135 (d) 165

111. कुछ छात्रों ने एक पिकनिक मनाने की योजना बनाई. इसमें भोजन पर ₹ 5000 खर्च होने थे. परन्तु 5 विद्यार्थियों के न जाने से प्रत्येक सदस्य पर ₹ 50 अतिरिक्त खर्च बढ़ गया. कितने छात्र पिकनिक पर गये ?
(a) 15 (b) 25 (c) 20 (d) 30

112. $2^{60}, 3^{48}, 4^{36}$ तथा 5^{24} में से सबसे बड़ी संख्या कौन-सी है ?
(a) 2^{60} (b) 3^{48} (c) 4^{36} (d) 5^{34}
(एस०एस०सी० परीक्षा, 2010)

113. $\frac{1}{2}+\frac{1}{6}+\frac{1}{12}+\frac{1}{20}+\frac{1}{30}+....+\frac{1}{n(n+1)}=?$
(a) $\frac{1}{n}$ (b) $\frac{1}{(n+1)}$ (c) $\frac{2(n-1)}{n}$ (d) $\frac{n}{(n+1)}$

114. $\left[3+\frac{1}{\sqrt{3}}+\frac{1}{3+\sqrt{3}}+\frac{1}{\sqrt{3}-3}\right]=?$
(a) 3 (b) $3+\sqrt{3}$ (c) 6 (d) $6+\sqrt{3}$
(एस०एस०सी० परीक्षा, 2010)

115. $\left\{(35)^2+(38)^2\right\} \div ? = 5$
(a) 503 (b) 543.6 (c) 567.8 (d) 592
(e) इनमें से कोई नहीं

116. $5-\left[\frac{3}{4}+\left\{2\frac{1}{2}-\left(\frac{1}{2}+\overline{\frac{1}{6}-\frac{1}{7}}\right)\right\}\right]=?$
(a) $1\frac{19}{84}$ (b) $2\frac{61}{84}$ (c) $2\frac{23}{84}$ (d) $2\frac{47}{84}$

117. $\frac{2+2\times 2}{2\div 2\times 2} \div \frac{\frac{1}{2}\div\frac{1}{2} \text{ का } \frac{1}{2}}{\frac{1}{2}+\frac{1}{2} \text{ का } \frac{1}{2}}=?$
(a) 1 (b) 2 (c) $1\frac{1}{3}$ (d) $1\frac{1}{8}$

118. $\frac{3}{4}+\frac{5}{36}+\frac{7}{144}+....+\frac{17}{5184}+\frac{19}{8100}=?$
(ओरियन्टल बीमा ए०ए०ओ० परीक्षा, 2010)
(a) 0.9 (b) 0.95 (c) 0.99 (d) 1.91

119. यदि $x=2y+6$ हो, तो $(x^3-8y^3-36xy-216)=?$
(a) 4 (b) 0 (c) −2 (d) −1
(उ०प्र० पुलिस, 2010)

120. यदि $a+b+c=0$ हो, तो $\left(\frac{a^2}{bc}+\frac{b^2}{ca}+\frac{c^2}{ab}\right)=?$
(a) −1 (b) 0 (c) 1 (d) 3
(एम०बी०ए० परीक्षा, 2006)

121. यदि $\left(x+\frac{1}{x}\right)=\sqrt{13}$ हो, तो $\left(x^3-\frac{1}{x^3}\right)=?$
(a) 27 (b) 30 (c) 26 (d) 36
(दिल्ली पुलिस परीक्षा, 2010)

122. यदि $\frac{(x^2+y^2+z^2-64)}{(xy-yz-zx)}=-2$ हो तथा $x+y=3z$ हो, तो $z=?$
(एस०एस०सी० परीक्षा, 2010)
(a) 2 (b) 3 (c) 4 (d) कोई नहीं

123. $\frac{(x-y)^3+(y-z)^3+(z-x)^3}{9(x-y)(y-z)(z-x)}=?$
(a) 0 (b) $\frac{1}{9}$ (c) $\frac{1}{3}$ (d) 1

124. यदि $x=(\sqrt{2}+1)^{\frac{-1}{3}}$ हो, तो $\left(x^3-\frac{1}{x^3}\right)$ का मान क्या होगा ?
(a) 0 (b) $-\sqrt{2}$ (c) −2 (d) $3\sqrt{2}$
(एस०एस०सी० परीक्षा, 2010)

125. यदि $x*y=3x+2y$ हो, तो $2*3+3*4=?$
(a) 18 (b) 29 (c) 32 (d) 38
(एस०एस०सी० परीक्षा, 2005)

126. यदि $a-b=1$ तथा $(a^2+b^2)=41$ हो, तो $(a+b)=?$
(a) 5 अथवा 4 (b) −5 अथवा −4
(c) ±9 (d) ±1

127. $\left(7\frac{1}{7}=7\right)\times 2=?$
(a) $29\frac{1}{7}$ (b) $26\frac{2}{7}$ (c) $21\frac{3}{7}$ (d) $25\frac{5}{7}$
(e) $28\frac{2}{7}$
[NIACL सहायक प्रारंभिक परीक्षा, 2017]

128. एक 80 मीटर ऊँचे गोल खम्भे पर एक बन्दर एक मिनट में 5 मीटर चढ़ता है परन्तु दूसरे मिनट में 2 मीटर नीचे फिसल जाता है. खम्भे के ऊपरी सिरे पर पहुँचने में उसे कितना समय लगेगा ?
(a) 51 मिनट (b) 54 मिनट (c) 58 मिनट (d) 61 मिनट
(लोक सेवा आयोग परीक्षा, 2006)

129. यदि $6088\times ?=7610$ हो, तो '?' का मान क्या होगा?
(a) $\frac{5}{4}$ (b) $\frac{4}{5}$ (c) $\frac{6}{7}$ (d) $\frac{7}{6}$
[एस.एस.सी. सी.एच.एस.एल. (10+2) ग्रेड-I (सी.बी.ई.) परीक्षा, 2017]

130. मान लीजिए abc एक तीन अंकीय संख्या है जो 3 से विभाजित नहीं है तो $abc+bca+cab$ किससे विभाजित नहीं है: (यू.पी.पी.एस.सी.-लोवर अधीनस्थ परीक्षा, 2016)

(a) $a+b+c$ से (b) 37 से (c) 3 से (d) 9 से

131. 1664 का $\frac{3}{4}$ का $\frac{5}{6}$ का $\frac{7}{10}=?$

(a) 648 (b) 762 (c) 612 (d) 728

(पटना हाईकोर्ट असिस्टेंट परीक्षा, 2016)

132. $(5^2+6^2+7^2+........+10^2)$ बराबर है:

(a) 330 (b) 345 (c) 355 (d) 360

(पटना हाईकोर्ट असिस्टेंट परीक्षा, 2016)

133. कुछ व्यक्ति तथा समान संख्या में घोड़े कहीं जा रहे हैं. आधे व्यक्ति घोड़ों की पीठ पर बैठे हैं तथा शेष व्यक्ति घोड़ों के साथ पैदल चल रहे हैं. यदि जमीन पर कुल पैरों की संख्या 70 हो, तो घोड़े कितने हैं?

(a) 10 (b) 12 (c) 14 (d) 16

134. $?\times 25=10^4-3600$

(a) 214 (b) 298 (c) 222 (d) 284 (e) 256 (एस.बी.आई. क्लर्क (प्रा.) ऑनलाईन परीक्षा, 2016)

135. $(1280.14+519.85)\div 11.99=?$

(a) 250 (b) 100 (c) 200 (d) 150 (e) 125 (एस.आई.डी.बी.आई.-अधिकारी आनॅलाइन परीक्षा, 2016)

136. $(2002\div 45.5+8^3)\times 4=?\times 16$

(a) 157 (b) 128 (c) 142 (d) 139 (e) 169 (एस.बी.आई. के सहयोगी बैंक लिपि. संवर्ग परीक्षा, 2015)

उत्तरमाला (प्रश्नमाला 4A)

1. (d)	2. (c)	3. (a)	4. (b)	5. (d)	6. (b)	7. (a)	8. (a)	9. (c)	10. (d)	11. (b)	12. (a)
13. (d)	14. (c)	15. (c)	16. (e)	17. (a)	18. (b)	19. (d)	20. (c)	21. (c)	22. (c)	23. (c)	24. (e)
25. (a)	26. (b)	27. (e)	28. (d)	29. (e)	30. (c)	31. (c)	32. (b)	33. (a)	34. (b)	35. (c)	36. (d)
37. (b)	38. (b)	39. (b)	40. (d)	41. (d)	42. (c)	43. (a)	44. (e)	45. (c)	46. (e)	47. (b)	48. (c)
49. (e)	50. (b)	51. (a)	52. (b)	53. (b)	54. (b)	55. (c)	56. (b)	57. (d)	58. (c)	59. (a)	60. (a)
61. (b)	62. (b)	63. (d)	64. (d)	65. (b)	66. (b)	67. (b)	68. (b)	69. (a)	70. (b)	71. (b)	72. (b)
73. (b)	74. (a)	75. (b)	76. (a)	77. (d)	78. (b)	79. (a)	80. (c)	81. (d)	82. (c)	83. (a)	84. (a)
85. (b)	86. (c)	87. (c)	88. (c)	89. (c)	90. (d)	91. (a)	92. (a)	93. (d)	94. (e)	95. (d)	96. (b)
97. (b)	98. (b)	99. (d)	100. (c)	101. (c)	102. (c)	103. (c)	104. (b)	105. (c)	106. (c)	107. (c)	108. (b)
109. (b)	110. (c)	111. (c)	112. (b)	113. (d)	114. (a)	115. (e)	116. (c)	117. (d)	118. (c)	119. (b)	120. (d)
121. (a)	122. (c)	123. (c)	124. (c)	125. (b)	126. (a)	127. (e)	128. (a)	129. (b)	130. (d)	131. (d)	132. (c)
133. (c)	134. (e)	135. (d)	136. (d)								

दिये गए प्रश्नों के हल (प्रश्नमाला 4A)

1. $244.03-654.02+?\div 2.01=835.01$

$\Rightarrow 244-654+?\div 2=835$

$\Rightarrow \frac{?}{2}=835+654-244$

$\Rightarrow ?=1245\times 2$

$=2490$

2. $224.99\div 3.01+?$ का $25.01\%=520.01$

$\Rightarrow 225\div 3+?\times \frac{25}{100}=520$

$\Rightarrow ?\times \frac{25}{100}=520-75$

$\Rightarrow ?=\frac{445\times 100}{25}$

$=1780$

3. $\frac{(16.01)^2+\sqrt[3]{342.98}+1}{6.01}=?$

$\Rightarrow ?=\frac{16^2+\sqrt[3]{343+1}}{6}$

$=\frac{256+7+1}{6}$

$=\frac{264}{6}=44$

4. $\left(\frac{3.07}{4.01}\right)^2\times 127.96+442.02=?$

$\Rightarrow ?=\left(\frac{3}{4}\right)^2\times 128+442$

$=\frac{9}{16}\times 128+442$

$=72+442$

$=514$

5. $326.99\div 2.98+44.97\times \frac{3.01}{5.02}=?$

$\Rightarrow ?=327\div 3+45\times \frac{3}{5}$

$= 109 + 27$
$= 136$

6. माना $? = x$

$\therefore\ 109.07\sqrt{x} - \left(\frac{61}{21.02}\right)x = 47.96\sqrt{x}$

$\Rightarrow 109\sqrt{x} - 49\sqrt{x} = \frac{61}{21}x$

$\Rightarrow 61\sqrt{x} = \frac{61}{21}x$

$\Rightarrow x = 441$

7. $111.01 + 41.23 + (4.96)^2 + (2.09)^2 = x$

$111 + 41 + 5^2 + 2^2 = x$

$x = 152 + 25 + 4 = 181$

8. $209 \div 5.02 \times\ 2\ + 31.01 = 18.03^2$

$\Rightarrow 210 \div 5 \times\ 2\ + 31 = 18^2$

$\Rightarrow 42 \times\ 2\ = 324 - 31$

$\Rightarrow \sqrt{?} = \frac{293}{42} \approx 7$

$\Rightarrow ? = 49$

9. $124.12 + 25.98 - 29.99 = 15.01 \times ?$

$\Rightarrow 124 + 26 - 30 = 15 \times ?$

$\Rightarrow 150 - 30 = 15 \times ?$

$\Rightarrow ? = \frac{120}{15} = 8$

10. (25.01 × 8.01 – 59) का 59% = ?

$\Rightarrow$ (25 × 8 – 59) का 59% = ?

$\Rightarrow ? = (200 - 59) \times \frac{59}{100}$

$= 141 \times \frac{59}{100}$

$= \frac{8319}{100} = 83.19 \approx 84$

11. 391 का ?% ÷ 239 का 41% = 1.989

(390 का ?%) ÷ (240 का 41%) = 2

$\Rightarrow$? का 2% ÷ (24 का 41%) = 2

$\Rightarrow ? \times 3.9 = 2 \times 41 \times 2.40$

$\Rightarrow ? \times 3.9 = 197$

$\Rightarrow ? \approx 50$

12. माना $\frac{x}{2} = \frac{y}{3} = \frac{z}{5} = k.$ तब, $x = 2k,\ y = 3k$ तथा $z = 5k.$

$\therefore\ \frac{x+y-z}{x-y+z} = \frac{2k+3k-5k}{2k-3k+5k} = \frac{0}{4k} = 0.$

13. $\frac{4x-3y}{7x+6y} = \frac{4}{13} \Rightarrow 52x - 39y = 28x + 24y$

$\Rightarrow 24x = 63y \Rightarrow \frac{x}{y} = \frac{63}{24} = \frac{21}{8}.$

14. माना $\frac{2A}{5} + 40 = \frac{2B}{7} + 20 = \frac{9C}{17} + 10 = x.$ तब

$\frac{2A}{5} + 40 = x \Rightarrow \frac{2A}{5} = (x - 40) \Rightarrow A = \frac{(5x-200)}{2}.$

$\frac{2B}{7} + 20 = x \Rightarrow \frac{2B}{7} = (x - 20) \Rightarrow B = \frac{(7x-140)}{2}.$

$\frac{9C}{17} + 10 = x \Rightarrow \frac{9C}{17} = (x - 10) \Rightarrow C = \frac{(17x-170)}{9}.$

$A + B + C = 600 \Rightarrow \frac{(5x-200)}{2} + \frac{(7x-140)}{2} + \frac{(17x-170)}{9} = 600$

$\Rightarrow (45x - 1800) + (63x - 1260) + (34x - 340) = 10800$

$\Rightarrow 142x - 3400 = 10800 \Rightarrow 142x = (10800 + 3400)$

$\Rightarrow 142x = 14200 \Rightarrow x = 100.$

$\therefore$ A का भाग = ₹ $\frac{(5x-200)}{2}$ = ₹ $\frac{(5\times100-200)}{2}$ = ₹ 150.

15. माना प्रत्येक बच्चे को x मिठाईयाँ मिलीं.

$(x-3)\times 450 = x \times 300$

$\Rightarrow 450x - 300x = 3\times 450 \Rightarrow 150x = 3 \times 450$

$\Rightarrow x = \frac{3\times 450}{150} = 9.$

अत: प्रत्येक बच्चे को 9 मिठाईयाँ मिलीं.

16. माना तोतों की संख्या = x. तब, बाघों की संख्या = $(858 - x)$

$\therefore$ पैरों की कुल संख्या $= 2x + 4\,(858 - x)$

$\therefore\ 2x + 4\,(858 - x) = 1746$

$\Rightarrow 2x = (3432 - 1746) = 1686 \Rightarrow x = 843.$

17. माना पहली संख्या = x तथा दूसरी संख्या = y. तब,

$2x + 3y = 100 \quad ...(i)$ तथा $3x + 2y = 120 \quad ...(ii)$

इन्हें हल करने पर $x = 32,\ y = 12.$

अत: बड़ी संख्या = 32.

18. माना अभीष्ट संख्या = x. तब

$x - \frac{2}{3} \times \frac{75}{100} \times 600 = 320 \Rightarrow x = (320 + 300) = 620.$

19. दिया गया व्यंजक $= (1+1+1) + \left(\frac{3}{5} + \frac{2}{7} + \frac{1}{4}\right)$

$= 3 + \frac{(84+40+35)}{140} = 3 + \frac{159}{140} = 3 + 1\frac{19}{140} = 3 + 1 + \frac{19}{140}$

$= 4\frac{19}{140}.$

20. $\frac{0.85\times0.85 - 0.15\times0.15}{0.85-0.15} = \frac{(0.85)^2 - (0.15)^2}{(0.85-0.15)}$

$\{\because a^2 - b^2 = (a-b)(a+b)\}$

$= \frac{(0.85-0.15)(0.85+0.15)}{(0.85-0.15)} = 0.85 + 0.15 = 1.0$

21. $\left(\frac{0.125+0.027}{0.5\times0.5+0.09-0.15}\right) = \left(\frac{(0.5)^3 + (0.3)^3}{(0.5)^2 - 0.3\times0.5 + (0.3)^2}\right)$

$$= \frac{(0.5+0.3)(0.5)^2 - 0.3\times0.5+(0.3)^2}{(0.5)^2-0.3\times0.5+(0.3)^2}$$

$\{\because a^3+b^3=(a+b)(a^2-ab+b^2)\}$

$= 0.5 + 0.3 = 0.8$

22. दिया गया व्यंजक $= (1+3-2+11)+\left(\frac{8}{9}+\frac{1}{6}+\frac{2}{7}-\frac{1}{7}\right)$

$= 13+\frac{(16+3)}{18}+\frac{(2-1)}{7} = 13+\frac{19}{18}+\frac{1}{7} = 13+1+\frac{1}{18}+\frac{1}{7}$

$= 14+\frac{(7+18)}{126} = 14\frac{25}{126}.$

23. माना $\frac{74844}{x} = 54\times63$. तब, $x = \frac{74844}{54\times63} = 22$.

24. माना $7\times x = \left[(84)^2 \div 28\times12\right]\div 24$

$\Rightarrow 7\times x = \left[\frac{7056}{28}\times12\right]\div24 \Rightarrow 7\times x = \frac{3024}{24}$

$\Rightarrow x = \frac{3024}{24\times7} = 18.$

25. क्रमशः रेखा-कोष्ठक, ( ), { } तथा [ ] हटाने पर:

दिया गया व्यंजक $= 222-\left[\frac{1}{3}\text{ का } \{42+(56-17)\}+108\right]$

$= 222-\left[\frac{1}{3}\text{ का } \{42+39\}+108\right] = 222-\left[\frac{1}{3}\text{ का } 81+108\right]$

$= 222-[27+108] = 222-135 = 87.$

26. $\left(845 \text{ का } \frac{3}{5}\right)-\left(333\text{ का } \frac{2}{3}\right) = (507-222) = 285.$

27. $\left(9\frac{1}{9}-3\frac{2}{3}\right)\times450 = \left(\frac{82}{9}-\frac{11}{3}\right)\times450 = \frac{(82-33)}{9}\times450$

$= 49\times50 = 2450.$

28. माना अभीष्ट संख्या $= x$. तब

$\frac{3}{4}x-\frac{4}{7}x = 100 \Rightarrow 21x-16x = 2800 \Rightarrow 5x = 2800$

$\Rightarrow x = 560.$

29. (5 लॉकेट + 8 जंजीरों) का मूल्य = ₹ 145785.

(15 लॉकेट + 24 जंजीरों) का मूल्य = 3 × (5 लॉकेट + 8 जंजीरों) का मूल्य

= ₹ (3 × 145785) = ₹ 437355.

30. $\left(x-\frac{1}{x}\right)^2 = 2^2 \Rightarrow x^2+\frac{1}{x^2}-2 = 4 \Rightarrow \left(x^2+\frac{1}{x^2}\right) = 6$

$\Rightarrow \left(x^2+\frac{1}{x^2}\right)^2 = 6^2 \Rightarrow x^4+\frac{1}{x^4}+2 = 36$

$\Rightarrow \left(x^4+\frac{1}{x^4}\right) = 34.$

31. भरा हुआ भाग $= \frac{4}{9}$. शेष भाग $= \left(1-\frac{4}{9}\right) = \frac{5}{9}$.

माना अभीष्ट समय = x मिनट.

अधिक भाग, अधिक समय (समानुपात)

$\frac{4}{9}:\frac{5}{9} = 1:x$

$\Rightarrow \frac{4}{9}\times x = \frac{5}{9}\times1 \Rightarrow x = \frac{5}{9}\times\frac{9}{4} = \frac{5}{4}$ मिनट.

32. माना निशाना चूका $= x$ बार. तब निशाना लगा $= (100-x)$ बार

$\therefore (100-x)-x = 30 \Rightarrow 100-2x = 30$

$\Rightarrow 2x = 70 \Rightarrow x = 35.$

$\therefore$ निशाना चूका = 35 बार.

33. $2^5\cdot9^2 = (32\times81) = 2592.$

अतः दोनों संख्याओं में संख्यात्मक अन्तर = 0.

34. $\frac{a}{c} = \left(\frac{a}{b}\times\frac{b}{c}\right) = \left(\frac{4}{5}\times\frac{15}{16}\right) = \frac{3}{4}.$

$$\frac{(c^2-a^2)}{(c^2+a^2)} = \frac{1-\frac{a^2}{c^2}}{1+\frac{a^2}{c^2}} = \frac{1-\frac{9}{16}}{1+\frac{9}{16}} = \frac{\left(\frac{7}{16}\right)}{\left(\frac{25}{16}\right)} = \left(\frac{7}{16}\times\frac{16}{25}\right) = \frac{7}{25}.$$

35. $(a-b) = 1 \Rightarrow (a-b)^3 = 1$

$\Rightarrow a^3-b^3-3ab\,(a-b) = 1 \Rightarrow a^3-b^3-3ab = 1.$

36. दिया गया व्यंजक

$= \frac{31}{6}\times\frac{35}{8}\div\frac{17}{8} = \frac{31}{6}\times\frac{35}{8}\times\frac{8}{17} = \frac{1085}{102} = 10\frac{65}{102}.$

37. माना $\frac{24336}{x} = 78\times24$. तब, $x = \frac{24336}{78\times24} = 13.$

38. दिया गया व्यंजक

$= 1148\times\frac{1}{28}\times1408\times\frac{1}{32} = 41\times44 = 1804.$

39. $a^2-6a-1 = 0 \Rightarrow a-6-\frac{1}{a} = 0$

[प्रत्येक पद को a से भाग देने पर]

$\Rightarrow a-\frac{1}{a} = 6.$

40. अभीष्ट संख्या $= \frac{37\frac{1}{2}}{\left(\frac{1}{8}\right)} = \left(\frac{75}{2}\times8\right) = 300.$

41. माना $11960\div x = 65\times23$. तब, $\frac{11960}{x} = 65\times23$

$\therefore x = \frac{11960}{65\times23} = 8.$

42. माना $\frac{1}{8}\times(223+x) = 71$. तब, $(223+x) = 568.$

$\therefore x = 568-223 = 345.$

43. क्रमशः का, भाग, जोड़ हटाने पर :

दिया गया व्यंजक $= \dfrac{\dfrac{1}{2} \div \dfrac{1}{4}}{\dfrac{1}{4} + \dfrac{1}{2}} \div \dfrac{\left(\dfrac{3}{2}\right)}{\left(\dfrac{4}{3}\right)} = \dfrac{\dfrac{1}{2} \times 4}{\dfrac{(1+2)}{4}} \div \left(\dfrac{3}{2} \times \dfrac{3}{4}\right)$

$$= \left(2 \times \frac{4}{3}\right) \div \frac{9}{8} = \frac{8}{3} \div \frac{9}{8} = \frac{8}{3} \times \frac{8}{9} = \frac{64}{27} = 2\frac{10}{27}.$$

44. 516 का $\dfrac{5}{12} = 48 \times 5 = 240$, $\left(495 \text{ का } \dfrac{4}{9}\right) = 55 \times 4 = 220.$

अभीष्ट अन्तर $= 240 - 220 = 20.$

45. माना अभीष्ट पंक्तियों की संख्या $= x$. तब

$54 \times 30 = 45 \times x \Rightarrow x = \dfrac{54 \times 30}{45} = 36.$

$\therefore$ अभीष्ट पंक्तियों की संख्या $= 36.$

46. माना पाँच क्रमागत संख्यायें

$x, (x+1), (x+2), (x+3)$ तथा $(x+4)$ हैं.

तब $x + (x+1) + (x+2) + (x+3) + (x+4) = 270$

$\Rightarrow 5x + 10 = 270 \Rightarrow 5x = 260 \Rightarrow x = 52.$

अभीष्ट योग

$= (x+1) + (x+4) = (2x+5) = (2 \times 52 + 5) = (104+5) = 109.$

47. पहले भाग तथा बाद में गुणा को हल करने पर:

दिया गया व्यंजक $= \dfrac{2296}{56} \times \dfrac{704}{16} = 41 \times 44 = 1804.$

48. $x + \dfrac{1}{x} = -2 \Rightarrow x^2 + 1 = -2x \Rightarrow x^2 + 2x + 1 = 0$

$\Rightarrow (x+1)^2 = 0 \Rightarrow x + 1 = 0 \Rightarrow x = -1.$

$\therefore x^{2n+1} + \left(\dfrac{1}{x}\right)^{2n+1} = (-1)^{2n+1} + \left(\dfrac{1}{-1}\right)^{2n+1}$

$= (-1 - 1) = -2.$

49. माना $621 \times x \times 6 = 152766$. तब,

$x = \dfrac{152766}{621 \times 6} = 41.$

50. माना $7100 - x + 41 \times 125 = 7225$. तब

$7100 - x = 7225 - 5125 = 2100$

$\Rightarrow x = 7100 - 2100 = 5000.$

51. $\left(4b^2 + \dfrac{1}{b^2}\right) = 2 \Rightarrow \left(2b + \dfrac{1}{b}\right)^2 - 4 = 2 \Rightarrow \left(2b + \dfrac{1}{b}\right)^2 = 6$

$\Rightarrow \left(2b + \dfrac{1}{b}\right) = \sqrt{6}$

$\Rightarrow \left(2b + \dfrac{1}{b}\right)^3 = \left(\sqrt{6}\right)^3 = 6\sqrt{6} \Rightarrow 8b^3 + \dfrac{1}{b^3} + 3 \times 2b \times \dfrac{1}{b} \times \left(2b + \dfrac{1}{b}\right) = 6\sqrt{6}$

$\Rightarrow \left(8b^3 + \dfrac{1}{b^3}\right) + 6\sqrt{6} = 6\sqrt{6} \Rightarrow \left(8b^3 + \dfrac{1}{b^3}\right) = 0.$

52. $\dfrac{a+2b}{a-3b} = \dfrac{\left(\dfrac{a}{b}\right) + 2}{\left(\dfrac{a}{b}\right) - 3}$ [अंश तथा हर को b से भाग देने पर]

$= \dfrac{\dfrac{6}{7} + 2}{\dfrac{6}{7} - 3} = \dfrac{(6+14)}{(6-21)} = \dfrac{20}{-15} = \dfrac{-4}{3}.$

53. $\dfrac{3x}{2y} = \dfrac{21}{22} \Rightarrow \dfrac{x}{y} = \dfrac{21}{22} \times \dfrac{2}{3} = \dfrac{7}{11}.$

माना $x = 7k$ तथा $y = 11k$. तब

$4x + 5y = 83 \Rightarrow 28k + 55k = 83 \Rightarrow 83k = 83 \Rightarrow k = 1.$

$\therefore x = 7$ तथा $y = 11$. अतः $y - x = (11 - 7) = 4.$

54. $\left(\dfrac{49}{5} - \dfrac{27}{4}\right) \times 220 = \dfrac{(196 - 135)}{20} \times 220 = 61 \times 11 = 671.$

55. (12 प्लेटों + 9 चम्मचों) का कुल मूल्य = ₹ 339.

$\Rightarrow$ 3 (4 प्लेटों + 3 चम्मचों) का कुल मूल्य = ₹ 339.

$\Rightarrow$ (4 प्लेटों + 3 चम्मचों) का कुल मूल्य

= ₹ $\left(\dfrac{1}{3} \times 339\right)$ = ₹ 113.

56. माना B का भाग = ₹ x. तब A का भाग = ₹ $(x + 120)$

तथा C का भाग = ₹ $(x + 120 + 120)$ = ₹ $(x + 240)$.

$\therefore (x + 120) + x + (x + 240) = 561$

$\Rightarrow 3x = 201 \Rightarrow x = 67.$

$\therefore$ B का भाग = ₹ 67.

57. बिना पढ़ा भाग $= \left(1 - \dfrac{4}{5}\right) = \dfrac{1}{5}.$

बिना पढ़े पृष्ठों की संख्या $= \left(100 \times \dfrac{1}{5}\right) = 20.$

58. माना कुल सेब $= x$. तब

I $\rightarrow \left(\dfrac{x}{2} + 1\right)$. शेष $= x - \left(\dfrac{x}{2} + 1\right) = \left(\dfrac{x}{2} - 1\right).$

II $\rightarrow \dfrac{1}{3}\left(\dfrac{x}{2} - 1\right) + 1 = \left(\dfrac{x}{6} - \dfrac{1}{3} + 1\right) = \left(\dfrac{x}{6} + \dfrac{2}{3}\right)$

शेष $= \left(\dfrac{x}{2} - 1\right) - \left(\dfrac{x}{6} + \dfrac{2}{3}\right) = \dfrac{x}{3} - \dfrac{5}{3} = \dfrac{(x-5)}{3}.$

III $\rightarrow \dfrac{1}{5}\left(\dfrac{x-5}{3}\right) + 1 = \dfrac{x - 5 + 15}{15} = \dfrac{x+10}{15}.$

$\therefore \left(\dfrac{x}{2} + 1\right) + \left(\dfrac{x}{6} + \dfrac{2}{3}\right) + \left(\dfrac{x+10}{15}\right) + 3 = x$

$\Rightarrow \dfrac{x}{2} + \dfrac{x}{6} + \dfrac{x}{15} + 1 + \dfrac{2}{3} + \dfrac{2}{3} + 3 = x$

$\Rightarrow \dfrac{(15x + 5x + 2x)}{30} + \dfrac{7}{3} + 3 = x$

$\Rightarrow x-\frac{22x}{30}=\frac{16}{3} \Rightarrow \frac{8x}{30}=\frac{16}{3} \Rightarrow x=\left(\frac{16}{3}\times 30\times\frac{1}{8}\right)=20.$

अत: प्रारम्भ में कुल सेबों की संख्या = 20.

59. माना कुल सम्पत्ति का मूल्य = ₹ x, पत्नि का भाग = ₹ $\frac{x}{2}$, शेष = ₹ $\frac{x}{2}$.

पुत्र का भाग = ₹ $\frac{x}{2}$ का $\frac{1}{2}$ = ₹ $\frac{x}{4}$. शेष = ₹ $\left(\frac{x}{2}-\frac{x}{4}\right)$ = ₹ $\frac{x}{4}$.

पुत्री का भाग = ₹ $\left(\frac{x}{4}\right.$ का $\left.\frac{1}{3}\right)$ = ₹ $\frac{x}{12}$.

$\therefore \frac{x}{12}=125000 \Rightarrow x=$ ₹ 1500000 = ₹ 15 लाख.

60. माना पूरे टिकट का मूल्य = ₹ x तथा आरक्षण प्रभार = ₹ y. तब

$x+y=525$ ...(i)

$\frac{3}{2}x+2y=850$ ...(ii)

अर्थात् $3x+4y=1700$ ...(iii)

(i) को 3 से गुणा करके (iii) में से घटाने पर : $y=125$.

∴ आरक्षण प्रभार = ₹ 125.

61. माना सम्पूर्ण रनसंख्या = x. तब, उच्चतम रनसंख्या = $\frac{3x}{11}$.

शेष रनसंख्या $=\left(x-\frac{3x}{11}\right)=\frac{8x}{11}$.

अगली उच्चतम रनसंख्या = $\left(\frac{8x}{11}\right.$ का $\left.\frac{3}{11}\right)=\frac{24x}{121}$.

$\frac{3x}{11}-\frac{24x}{121}=9 \Rightarrow 33x-24x=1089$

$\Rightarrow 9x=1089 \Rightarrow x=121.$

62. माना निश्चित राशि = ₹ x तथा समानुपाती राशि = ₹ y प्रति किमी०.

तब, $x+16y=156$ ...(i) तथा $x+24y=204$ ...(ii)

इन्हें हल करने पर $(8y=48 \Rightarrow y=6)$ तथा

$x=(156-96)=60.$

30 किमी० यात्रा का खर्च

= ₹ $x+30y$ = ₹ $(60+30\times 6)$ = ₹ 240.

63. माना मुर्गियाँ x तथा बकरियाँ y हैं. तब,

कुल सिर = $x+y$, कुल टाँगें = $2x+4y$

$\therefore x+y=240$ ...(i) तथा

$2x+4y=640 \Rightarrow x+2y=320$ ...(ii)

इन्हें हल करने पर $x=160$. अत: मुर्गियाँ 160 हैं.

64. माना कुल बच्चों की संख्या = x.

कुल टाफियों की संख्या = $7x+14$.

$\therefore 7x+14=(x+2)\times 7$

∴ बच्चों की संख्या को निर्धारित नहीं किया जा सकता.

65. माना एक टुकड़े का भार = x कैरट. तब, दूसरे टुकड़े का भार = $(25-x)$ कैरट

$25-x+9=x \Rightarrow 2x=34 \Rightarrow x=17.$

एक टुकड़े का भार = 17 कैरट, दूसरे टुकड़े का भार = (25 – 17) = 8 कैरट

अभीष्ट गुणनफल = (17 × 8) कैरट = 136 कैरट.

66. माना पार्टी में कुल n व्यक्ति थे.

तब, ${}^nC_2=66 \Rightarrow \frac{n(n-1)}{2}=66 \Rightarrow n^2-n-132=0$

$\Rightarrow n^2-12n+11n-132=0 \Rightarrow n(n-12)+11(n-12)=0$

$\Rightarrow (n-12)(n+11)=0 \Rightarrow n=12$ $[\because n\neq -11]$

अत: पार्टी में 12 व्यक्ति थे.

67. $\frac{1}{2}=0\cdot 5, \frac{3}{5}=0\cdot 6.$ अब, $\frac{2}{5}=0\cdot 4, \frac{4}{7}=0\cdot 57$

स्पष्ट है कि $0\cdot 5<0\cdot 57<0\cdot 6$. अत: $\frac{1}{2}<\frac{4}{7}<\frac{3}{5}$.

68. माना $\frac{7}{128}\times x+595=833$. तब, $\frac{7x}{128}=(833-595)=238$

$\therefore x=\frac{238\times 128}{7}=(34\times 128)=4352.$

69. अंश तथा हर में क्रमश: भाग, गुणा, जोड़, घटा को हल करने पर:

दिया गया व्यंजक $=\frac{18\times 8}{36\times 2}=2.$

70. दिया गया व्यंजक

$$=\frac{\frac{13}{4}-\frac{2}{3}}{\frac{13}{3}\div\frac{1}{5}-\left(\frac{3}{10}+\frac{106}{5}\right)}=\frac{\frac{13}{4}-\frac{2}{3}}{\frac{13}{3}\div\frac{1}{5}-\left(\frac{3+212}{10}\right)}$$

$$=\frac{\frac{13}{4}-\frac{2}{3}}{\frac{13}{3}\div\frac{1}{5}-\frac{215}{10}}=\frac{\frac{13}{4}-\frac{2}{3}}{\frac{13}{3}\times\frac{5}{1}-\frac{43}{2}}=\frac{\frac{13}{4}-\frac{2}{3}}{\frac{65}{3}-\frac{43}{2}}=\frac{\frac{(39-8)}{12}}{\frac{(130-129)}{6}}$$

$$=\left(\frac{31}{12}\times\frac{6}{1}\right)=\frac{31}{2}=15\frac{1}{2}.$$

71. दिया गया व्यंजक $=\frac{4}{5}\times\frac{5}{6}\times\frac{6}{7}\times\frac{7}{8}\times\ldots\times\frac{99}{100}=\frac{4}{100}=\frac{1}{25}.$

72. माना $39114\div 246\times x=6201$. तब,

$\frac{39114}{246}\times x=6201 \Rightarrow 159x=6201 \Rightarrow x=\frac{6201}{159}=39.$

73. दिया गया व्यंजक $=\frac{(a^2+ab+b^2)}{(a^3-b^3)}$,

जहाँ $a=147$ तथा $b=143$

$=\frac{1}{(a-b)}=\frac{1}{(147-143)}=\frac{1}{4}.$

74. $\frac{(a^2+b^2+ab)}{(a^3-b^3)}=\frac{1}{(a-b)}=\frac{1}{(11-9)}=\frac{1}{2}.$

75. दिया गया व्यंजक $=\frac{(a+b)^2+(a-b)^2}{(a^2+b^2)}=\frac{2(a^2+b^2)}{(a^2+b^2)}=2.$

76. दिया गया व्यंजक

$= \frac{(629)^3+(371)^3}{(629)^2-629\times371+(371)^2} = \frac{(a^3+b^3)}{(a^2-ab+b^2)}$,

जहाँ $a=629, b=371$

$=(a+b)=(629+371)=1000.$

77. दिया गया व्यंजक

$= \frac{(a+b)^2-(a-b)^2}{ab}$, जहाँ $a=823$ तथा $b=698$

$= \frac{4ab}{ab} = 4.$ $[\because (a+b)^2-(a-b)^2=4ab]$

78. $\left(a+\frac{1}{a}\right)^2 = 3 \Rightarrow \left(a+\frac{1}{a}\right)=\sqrt{3} \Rightarrow \left(a+\frac{1}{a}\right)^3 = 3\sqrt{3}$

$\Rightarrow a^3+\frac{1}{a^3}+3a\times\frac{1}{a}\times\left(a+\frac{1}{a}\right)=3\sqrt{3}$

$\Rightarrow a^3+\frac{1}{a^3}+3\sqrt{3}=3\sqrt{3} \Rightarrow \left(a^3+\frac{1}{a^3}\right)=0.$

79. माना $\frac{a}{3}=\frac{b}{4}=\frac{c}{7}=k.$ तब, $a=3k, b=4k, c=7k.$

$\therefore \frac{a+b+c}{c}=\frac{3k+4k+7k}{7k}=\frac{14k}{7k}=2.$

80. पहले पुत्र को मिली गायों की संख्या $=\frac{n}{2}$;

दूसरे पुत्र को मिली गायों की संख्या $=\frac{n}{4}$;

तीसरे पुत्र को मिली गायों की संख्या $=\frac{n}{5}$.

$\therefore \frac{n}{2}+\frac{n}{4}+\frac{n}{5}+7=n \Rightarrow 10n+5n+4n+140=20n$

$\Rightarrow n=140.$

81. $\frac{2a+b}{a+4b}=3 \Rightarrow 2a+b=3a+12b \Rightarrow a=-11b.$

$\therefore \frac{a+b}{a+2b}=\frac{-11b+b}{-11b+2b}=\frac{-10b}{-9b}=\frac{10}{9}.$

82. $(y-z=4 \Rightarrow y=z+4), (x+2z=11 \Rightarrow x=11-2z)$

$2x+3y=31 \Rightarrow 2(11-2z)+3(z+4)=31$

$\Rightarrow z=22+12-31=3.$

$\therefore x=(11-2\times3)=5$ तथा $y=(3+4)=7.$

अत: $x+y+z=(5+7+3)=15.$

83. $x+\frac{1}{y}=1 \Rightarrow x=\left(1-\frac{1}{y}\right)=\frac{(y-1)}{y}$

$y+\frac{1}{z}=1 \Rightarrow \frac{1}{z}=(1-y) \Rightarrow z=\frac{1}{(1-y)}$

$\therefore xyz=\frac{(y-1)}{y}\times y\times\frac{1}{(1-y)}=-1.$

84. $(a+b+c)^2=(13)^2 \Rightarrow (a^2+b^2+c^2)+2(ab+bc+ca)=169$

$\Rightarrow 69+2(ab+bc+ca)=169$

$\Rightarrow 2(ab+bc+ca)=100$

$\Rightarrow (ab+bc+ca)=50.$

85. दिया गया व्यंजक

$=\frac{1}{3}\left[\left(1-\frac{1}{4}\right)+\left(\frac{1}{4}-\frac{1}{7}\right)+\left(\frac{1}{7}-\frac{1}{10}\right)+\left(\frac{1}{10}-\frac{1}{13}\right)+\left(\frac{1}{13}-\frac{1}{16}\right)\right]$

$=\frac{1}{3}\left(1-\frac{1}{16}\right)=\left(\frac{1}{3}\times\frac{15}{16}\right)=\frac{5}{16}.$

86. $(5\oplus7)=5+7=12, (4\oplus4)=4^2=16,$

$(5\oplus5)=5^2=25, (15\oplus11)=2\times15=30.$

$\therefore$ दिया गया व्यंजक $=\frac{12+16}{3\times25-30-3}=\frac{28}{75-33}=\frac{28}{42}=\frac{2}{3}.$

87. माना चिड़ियाँ $=x$ तथा शाखायें $=y.$ तब

$x=y+1$ तथा $x=2(y-1)$

$\therefore x-y=1 \ \ldots(i)$ तथा $x-2y=-2 \ \ldots(ii)$

इन्हें हल करने पर $x=4, y=3$

अत: चिड़ियाँ = 4 तथा शाखायें = 3.

88. माना प्रत्येक पीरियड की समयावधि $=x$ मिनट.

कुल समयावधि = (13 : 45) − (10 : 30) = 3 घण्टे 15 मिनट = 195 मिनट

$(x+5)+(x+5)+(x+5)+x=195 \Rightarrow 4x+15=195$

$\therefore 4x=180 \Rightarrow x=45.$

अत: प्रत्येक पीरियड की समयावधि = 45 मिनट.

89. दिया गया व्यंजक $=\left(999+\frac{1}{7}\right)+\left(999+\frac{2}{7}\right)+\left(999+\frac{3}{7}\right)+\left(999+\frac{4}{7}\right)+\left(999+\frac{5}{7}\right)+\left(999+\frac{6}{7}\right)$

$=(6\times999)+\left(\frac{1}{7}+\frac{2}{7}+\frac{3}{7}+\frac{4}{7}+\frac{5}{7}+\frac{6}{7}\right)$

$=6\times(1000-1)+\frac{21}{7}=(6000-6+3)$

$=(6003-6)=5997.$

90. क्रमश: रेखा-कोष्ठक, ( ), { } तथा [ ] को हल करने पर:

दिया गया व्यंजक $=x-[y-\{z-(x-y+z)\}]$ [रेखा-कोष्ठक हटाने पर]

$=x-[y-\{z-x+y-z\}]$ [( ) हटाने पर]

$=x-[y+x-y]$ [{ } हटाने पर]

$=x-x=0$ {[ ] हटाने पर}

91. दिया गया व्यंजक $=\frac{1}{2}\times\frac{2}{3}\times\frac{3}{4}\times\frac{4}{5}\times\ldots\ldots\times\frac{18}{19}\times\frac{19}{20}=\frac{1}{20}.$

92. दिया गया व्यंजक $=\frac{5}{3}\times\frac{7}{5}\times\frac{9}{7}\times\ldots\ldots\ldots\frac{1001}{999}=\frac{1001}{3}.$

93. दिया गया व्यंजक $=\left(999+\frac{999}{1000}\right)\times7$

$= (999 \times 7) + \left(\frac{999}{1000} \times 7\right) = 6993 + \frac{6993}{1000}$

$= 6993 + 6 + \frac{993}{1000} = 6999 + \frac{993}{1000} = 6999\frac{993}{1000}.$

94. माना अभीष्ट संख्या x है. तब,

x का $\frac{3}{4}$ का $\frac{2}{5} = 174 \Rightarrow x \times \frac{3}{10} = 174$

$\Rightarrow x = 174 \times \frac{10}{3} = 580.$

95. माना दी गई संख्या x.तब,

x का $\frac{2}{3}$ का $\frac{3}{4} = 782 \Rightarrow x$ का $\frac{1}{2} = 782$

$\Rightarrow x = (782 \times 2) = 1564.$

इस संख्या के $\frac{1}{4}$ का $\frac{3}{5} = \left(1564 \text{ का } \frac{1}{4} \text{ का } \frac{3}{5}\right) = \frac{391 \times 3}{5}$

$= \frac{1173}{5} = 234 \cdot 6.$

96. माना अभीष्ट संख्या $= x$. तब,

$\frac{3}{2}x - \frac{x}{(3/2)} = 10 \Rightarrow \frac{3x}{2} - \frac{2x}{3} = 10$

$\Rightarrow 9x - 4x = 60 \Rightarrow 5x = 60 \Rightarrow x = 12.$

$\therefore$ अभीष्ट संख्या = 12.

97. $\frac{(2^n + 2^{n-1})}{(2^{n+1} - 2^n)} = \frac{2^{n-1}(2+1)}{2^n(2-1)} = \frac{3}{2 \times 1} = \frac{3}{2}.$

98. बायाँ पक्ष

$= \frac{2x}{1 + \frac{1}{\frac{(1-x+x)}{1-x}}} = \frac{2x}{1 + \frac{1}{\frac{1}{(1-x)}}} = \frac{2x}{1 + (1-x)} = \frac{2x}{(2-x)}$

$\therefore \frac{2x}{(2-x)} = 1 \Rightarrow 2x = 2 - x \Rightarrow 3x = 2 \Rightarrow x = \frac{2}{3}.$

99. माना इनके मान क्रमशः A, B, C, D हैं. तब

$A = \frac{1}{3 + \frac{16}{17}} = \frac{1}{\frac{67}{17}} = \frac{17}{67},$

$B = \frac{1}{2 + \frac{8}{9}} = \frac{9}{26},$

$C = \frac{1}{3 + \frac{1}{1 + \frac{8}{9}}} = \frac{1}{3 + \frac{9}{17}} = \frac{17}{60},$

$D = \frac{1}{3 + \frac{1}{1 + \frac{4}{9}}} = \frac{1}{3 + \frac{9}{13}} = \frac{13}{48}.$

100. $(a+b+c)^2 = (11)^2 \Rightarrow (a^2+b^2+c^2) + 2(ab+bc+ca) = 121$

$\Rightarrow (a^2+b^2+c^2) + 2 \times 20 = 121$

$\Rightarrow (a^2+b^2+c^2) = (121 - 40) = 81$

$(a^3+b^3+c^3-3abc) = (a+b+c)$

$[\because a^2+b^2+c^2-(ab+bc+ca)]$

$= 11 \times (81 - 20) = 11 \times 61 = 671.$

101. दिया गया व्यंजक

$= \frac{a^2 - (b^2 + 2bc + c^2)}{(a+b)^2 - c^2} = \frac{a^2 - (b+c)^2}{(a+b)^2 - c^2}$

$= \frac{(a+b+c)(a-b-c)}{(a+b+c)(a+b-c)} = \frac{(a-b-c)}{(a+b-c)}.$

102. दिया गया व्यंजक

$= \frac{[x+(y-z)][x-(y-z)]}{(x+z+y)(x+z-y)} + \frac{[y+(x-z)][y-(x-z)]}{(x+y+z)(x+y-z)} + \frac{[z+(x-y)][z-(x-y)]}{(y+z+x)(y+z-x)}$

$= \frac{(x+y-z)(x+z-y)}{(x+y+z)(x+z-y)} + \frac{(x+y-z)(y+z-x)}{(x+y+z)(x+y-z)} + \frac{(x+z-y)(y+z-x)}{(x+y+z)(y+z-x)}$

$= \frac{(x+y-z)}{(x+y+z)} + \frac{(y+z-x)}{(x+y+z)} + \frac{(x+z-y)}{(x+y+z)}$

$= \frac{(x+y-z)+(y+z-x)+(x+z-y)}{(x+y+z)} = \frac{(x+y+z)}{(x+y+z)} = 1.$

103. $(2 * 3) = (2^2 + 2 \times 3 + 3^2) = (4 + 6 + 9) = 19.$

104. टंकी की धारिता $= (13 \cdot 5 \times 12)$ लीटर = 162 लीटर.

प्रत्येक बाल्टी की धारिता = 9 लीटर.

बाल्टियों की अभीष्ट संख्या $= \frac{162}{9} = 18.$

105. (4 कैमरों + 6 सेलफोनों) का मूल्य = ₹ 51365

3 (4 कैमरों + 6 सेलफोनों) का मूल्य

= ₹ (3 × 51365) = ₹ 154095.

(12 कैमरों + 18 सेलफोनों) का मूल्य = ₹ 154095.

106. (24 बल्लों + 32 हॉकी स्टीक्स) का मूल्य = ₹ 8400

8 (3 बल्लों + 4 हॉकी स्टीक्स) का मूल्य = ₹ 8400

$\therefore$ (3 बल्लों + 4 हॉकी स्टीक्स) का मूल्य = ₹ $\frac{8400}{8}$

= ₹ 1050.

107. माना x वर्ष बाद वेतन ₹ 9275 होगा. तब

$8325 + 50x = 9275 \Rightarrow 50x = 950 \Rightarrow x = 19.$

$\therefore$ 19 वर्ष बाद वेतन ₹ 9275 होगा.

इसके 4 वर्ष बाद वृद्धि = ₹ (75 × 4) = ₹ 300

23 वर्ष बाद वेतन = ₹ (9275 + 300) = ₹ 9575.

108. $\frac{1}{2}$ सेमी॰ व्यक्त करता है 10 किमी॰ को

$\Rightarrow$ 1 सेमी॰ व्यक्त करता है $\left(10\times\frac{2}{1}\right)=20$ किमी॰ को

$\Rightarrow$ $\frac{165}{2}$ सेमी॰ व्यक्त करता है $=\left(\frac{165}{2}\times 20\right)$ किमी॰ को

$=1650$ किमी॰ को.

109. माना A के पास ₹ x तथा B के पास ₹ y हैं. तब

$y+50=2(x-50)\Rightarrow 2x-y=150$ ...(i)

$x+20=3(y-20)\Rightarrow x-3y=-80$ ...(ii)

इन्हें हल करने पर $x=106$.

110. माना प्रत्येक प्रकार के नोटों की संख्या $=x$. तब

$5x+10x+20x=1575\Rightarrow 35x=1575\Rightarrow x=45$.

कुल नोटों की संख्या $=3x=(3\times 45)=135$.

111. माना x छात्र पिकनिक पर गये. तब

$\frac{5000}{x}-\frac{5000}{x+5}=50\Rightarrow\frac{100}{x}-\frac{100}{x+5}=1$

$\Rightarrow\frac{1}{x}-\frac{1}{x+5}=\frac{1}{100}\Rightarrow\frac{(x+5)-x}{x(x+5)}=\frac{1}{100}$

$\Rightarrow x(x+5)-500=0\Rightarrow x^2+5x-500=0$

$\Rightarrow x^2+25x-20x-500=0$

$\Rightarrow x(x+25)-20(x+25)=0$

$\Rightarrow (x+25)(x-20)=0\Rightarrow x=20$ $[\because x\neq -25]$

अत: 20 छात्र पिकनिक पर गये.

112. 60, 48, 36, 24 का म॰स॰ = 12.

$2^{60}=2^{(5\times 12)}=(2^5)^{12}=(32)^{12}$.

$3^{48}=3^{(4\times 12)}=(3^4)^{12}=(81)^{12}$.

$4^{36}=4^{(3\times 12)}=(4^3)^{12}=(64)^{12}$.

$5^{24}=5^{(2\times 12)}=(5^2)^{12}=(25)^{12}$.

इनमें से सबसे बड़ी संख्या $=(81)^{12}=3^{48}$.

113. दिया गया व्यंजक

$=\frac{1}{2}+\left(\frac{1}{2}-\frac{1}{3}\right)+\left(\frac{1}{3}-\frac{1}{4}\right)+\left(\frac{1}{4}-\frac{1}{5}\right)+.....+\left(\frac{1}{n}-\frac{1}{n+1}\right)$

$=\left(1-\frac{1}{n+1}\right)=\frac{n}{(n+1)}$.

114. दिया गया व्यंजक $=3+\frac{1}{\sqrt{3}}+\frac{1}{(3+\sqrt{3})}-\frac{1}{(3-\sqrt{3})}$

$=\frac{(3\sqrt{3}+1)}{\sqrt{3}}+\frac{(3-\sqrt{3})-(3+\sqrt{3})}{(9-3)}=\frac{(3\sqrt{3}+1)\sqrt{3}}{3}-\frac{2\sqrt{3}}{6}$

$=\frac{9+\sqrt{3}}{3}-\frac{\sqrt{3}}{3}=\frac{9+\sqrt{3}-\sqrt{3}}{3}=\frac{9}{3}=3$.

115. माना $\{(35)^2+(38)^2\}\div x=5$. तब, $\frac{(35)^2+(38)^2}{x}=5$.

$\therefore x=\frac{(35)^2+(38)^2}{5}=\frac{(1225+1444)}{5}=\frac{2669}{5}=533\cdot 8$.

116. क्रमश: रेखा-कोष्ठक, ( ), { } तथा [ ] हटाने पर:

दिया गया व्यंजक

$=5-\left[\frac{3}{4}+\left\{\frac{5}{2}-\left(\frac{1}{2}+\frac{1}{42}\right)\right\}\right]=5-\left[\frac{3}{4}+\left\{\frac{5}{2}-\frac{22}{44}\right\}\right]$

$=5-\left[\frac{3}{4}+\left\{\frac{5}{2}-\frac{11}{21}\right\}\right]=5-\left[\frac{3}{4}+\frac{(105-22)}{42}\right]=5-\left[\frac{3}{4}+\frac{83}{42}\right]$

$=5-\frac{63+166}{84}=5-\frac{229}{84}=\frac{420-229}{84}=\frac{191}{84}=2\frac{23}{84}$.

117. प्रत्येक व्यंजक से क्रमश: का, भाग तथा गुणा हटाने पर :

दिया गया व्यंजक $=\frac{2+2\times 2}{2\div 2\times 2}\div\frac{\frac{1}{2}\div\frac{1}{4}}{\frac{1}{2}+\frac{1}{4}}=\frac{2+2\times 2}{2\times\frac{1}{2}\times 2}\div\frac{\frac{1}{2}\times\frac{4}{1}}{\frac{1}{2}+\frac{1}{4}}$

$=\frac{2+4}{2}\div\frac{2}{\frac{1}{2}+\frac{1}{4}}=\frac{6}{2}\div\frac{2}{\left(\frac{3}{4}\right)}=3\div\left(2\times\frac{4}{3}\right)$

$=3\div\frac{8}{3}=3\times\frac{3}{8}=\frac{9}{8}=1\frac{1}{8}$.

118. दिया गया व्यंजक $=\frac{3}{4}+\frac{5}{36}+\frac{7}{144}+....+\frac{17}{5184}+\frac{19}{8100}$

$=\left(1-\frac{1}{4}\right)+\left(\frac{1}{4}-\frac{1}{9}\right)+\left(\frac{1}{9}-\frac{1}{16}\right)+....\left(\frac{1}{64}-\frac{1}{81}\right)+\left(\frac{1}{81}-\frac{1}{100}\right)$

$=\left(1-\frac{1}{100}\right)=\frac{99}{100}=0.99$.

119. $x=2y+6\Rightarrow x^3-8y^3-36xy-216$

$=(2y+6)^3-8y^3-36(2y+6)y-216$

$=36y(2y+6)-72y^2-216y=0$.

120. $a+b+c=0\Rightarrow(a^3+b^3+c^3)=3abc$.

$\left(\frac{a^2}{bc}+\frac{b^2}{ca}+\frac{c^2}{ab}\right)=\frac{(a^3+b^3+c^3)}{abc}=\frac{3abc}{abc}=3$.

121. $\left(x-\frac{1}{x}\right)^2=\left(x+\frac{1}{x}\right)^2-4=\left(\sqrt{13}\right)^2-4=(13-4)=9$

$\Rightarrow\left(x-\frac{1}{x}\right)=3$.

$\therefore\left(x-\frac{1}{x}\right)^3=3^3=27\Rightarrow\left(x^3-\frac{1}{x^3}\right)-3x\times\frac{1}{x}\times\left(x-\frac{1}{x}\right)=27$

$\therefore\left(x^3-\frac{1}{x^3}\right)-3\times 3=27\Rightarrow\left(x^3-\frac{1}{x^3}\right)=36$.

122. $x^2+y^2+z^2-64=-2xy+2yz+2zx$

$\Rightarrow(x^2+y^2+2xy)+z^2-64=2z(y+x)$

$\Rightarrow(x+y)^2+z^2-64=2z(x+y)$

$\Rightarrow (3z)^2 + z^2 - 64 = 2z \times 3z$ $\quad [\because x + y = 3z]$

$\Rightarrow 9z^2 + z^2 - 6z^2 = 64 \Rightarrow 4z^2 = 64 \Rightarrow z^2 = 16 \Rightarrow z = 4.$

123. माना $x - y = a, y - z = b$ तथा $z - x = c.$

तब $a + b + c = 0 \Rightarrow a^3 + b^3 + c^3 = 3abc.$

$\therefore$ दिया गया व्यंजक $= \dfrac{(a^3 + b^3 + c^3)}{9abc} = \dfrac{3abc}{9abc} = \dfrac{1}{3}.$

124. $x = (\sqrt{2}+1)^{\frac{-1}{3}} \Rightarrow x^3 = (\sqrt{2}+1)^{-\frac{1}{3}\times 3} = (\sqrt{2}+1)^{-1}$

$= \dfrac{1}{(\sqrt{2}+1)} \times \dfrac{(\sqrt{2}-1)}{(\sqrt{2}-1)} = (\sqrt{2}-1).$

$\therefore \dfrac{1}{x^3} = \dfrac{1}{(\sqrt{2}-1)} \times \dfrac{(\sqrt{2}+1)}{(\sqrt{2}+1)} = (\sqrt{2}+1).$

125. $(2 * 3) = (3\times 2 + 2\times 3) = 12,\ (3 * 4) = (3\times 3 + 2\times 4) = 17.$

$\therefore$ अभीष्ट मान $= (12 + 17) = 29.$

$\therefore \left(x^3 - \dfrac{1}{x^3}\right) = (\sqrt{2}-1) - (\sqrt{2}+1) = -2.$

126. $(a+b)^2 + (a-b)^2 = 2(a^2 + b^2)$

$\Rightarrow (a+b)^2 + 1^2 = 2\times 41 \Rightarrow (a+b)^2 = 81 \Rightarrow (a+b) = \pm 9.$

127. $? = \left(7\dfrac{1}{7} + 7\right) \times 2$

$= \left(\dfrac{50}{7} + 7\right) \times 2 = \left(\dfrac{50+49}{7}\right) \times 2 = \dfrac{99\times 2}{7}$

$= \dfrac{198}{7} = 28\dfrac{2}{7}$

128. 2 मिनट में बन्दर की शुद्ध चढ़त = 3 मीटर.

$\therefore$ 3 मीटर चढ़ने में लिया गया समय = 2 मिनट.

75 मीटर चढ़ने में लिया गया समय $= \left(\dfrac{2}{3} \times 75\right)$ मिनट = 50 मिनट.

शेष 5 मीटर वह 1 मिनट में चढ़ कर खम्भे पर बैठ जायेगा.

अत: बन्दर द्वारा लिया गया समय = 51 मिनट.

129. यदि $6088 \times ? = 7610$

$\Rightarrow ? = \dfrac{7610}{6088} = \dfrac{1522\times 5}{1522\times 4} = \dfrac{5}{4}$

130. माना abc का मान = 125

$\therefore$ $bca = 251$ एवं $cab = 512$

$\therefore$ $abc + bca + cab = 125 + 251 + 512 = 818$ जो 9 से विभाज्य नहीं है

131. $? = \dfrac{3}{4} \times \dfrac{5}{6} \times \dfrac{7}{10} \times 1664 \quad \Rightarrow \quad ? = 728$

132. $1^2 + 2^2 + 3^2 + \ldots\ldots + n^2 = \dfrac{n(n+1)(2n+1)}{6}$

$\therefore 5^2 + 6^2 + 7^2 + \ldots. + 10^2$

$= (1^2 + 2^2 + 3^2 + \ldots + 10^2) - (1^2 + 2^2 + 3^2 + 4^2)$

$= \dfrac{10(10+1)(20+1)}{6} - \dfrac{4(4+1)(8+1)}{6}$

$= \dfrac{10\times 11\times 21}{6} - \dfrac{4\times 5\times 9}{6} = \dfrac{2310}{6} - \dfrac{180}{6}$

$= 385 - 30 = 355$

133. माना x व्यक्ति तथा x घोड़े हैं.

$\dfrac{x}{2}$ व्यक्ति घोड़ों की पीठ पर हैं.

x घोड़े तथा $\dfrac{x}{2}$ व्यक्ति पैदल चल रहे हैं.

इनके पैरों की संख्या $= 4x + 2\times\dfrac{x}{2} = 4x + x = 5x.$

$\therefore 5x = 70 \Rightarrow x = 14.$

अत: घोड़ों की संख्या = 14.

134. $? \times 25 = 10^4 - 3600$

$\Rightarrow ? \times 25 = 10000 - 3600$

$\Rightarrow ? \times 25 = 6400$

$\Rightarrow ? = \dfrac{6400}{25} = 256$

$\Rightarrow ? = 256$

135. $(1280.14 + 519.85) \div 11.99 = ?$

$\Rightarrow (1280 + 520) \div 12 = ?$

$\Rightarrow (1800) \div 12 = ?$

$\Rightarrow ? = 150$

136. $(2002 \div 45.5 + 8^3) \times 4 = ? \times 16$

$\Rightarrow (44 + 512) \times 4 = ? \times 16$

$\Rightarrow 556 \times 4 = ? \times 16$

$\Rightarrow ? = \dfrac{556\times 4}{16} = 139$

प्रश्नमाला 4B

निम्नलिखित का मान ज्ञात कीजिए:

1. $9\dfrac{1}{2} + \dfrac{3}{2} \div \dfrac{1}{2}$ का $\dfrac{5}{4} - \dfrac{3}{5} \times 2\dfrac{1}{3} \div 1\dfrac{5}{7}$ का $\left(3\dfrac{1}{2} - 2\dfrac{1}{3}\right).$

(a) $11\dfrac{1}{5}$ (b) $13\dfrac{2}{5}$ (c) $11\dfrac{3}{5}$ (d) $12\dfrac{7}{5}$

2. $\dfrac{\dfrac{1}{4} \times \dfrac{3}{4} \div 1\dfrac{1}{4} \text{ का } \dfrac{2}{5} + \dfrac{1}{8}}{\dfrac{2}{5} \div 1\dfrac{2}{3} \text{ का } \dfrac{3}{25} + 1\dfrac{3}{4} - \dfrac{1}{2}} \div \dfrac{\dfrac{1}{3} - \dfrac{1}{3} \text{ का } \dfrac{3}{5}}{\dfrac{1}{5} - \dfrac{1}{5} \text{ का } \dfrac{5}{7}}.$

(a) $\dfrac{2}{91}$ (b) $\dfrac{8}{91}$ (c) $\dfrac{6}{91}$ (d) $\dfrac{9}{91}$

3. $1\dfrac{1}{2}$ का $\left(\dfrac{3}{4} \div \dfrac{7}{8}\right) + \dfrac{1}{2} \div \left[2\dfrac{4}{5} - \left\{\dfrac{2}{3} \div \left(\dfrac{1}{2} + \dfrac{1}{3} - \overline{\dfrac{1}{3} + \dfrac{1}{4}}\right)\right\}\right].$

(a) $5\dfrac{3}{24}$ (b) $5\dfrac{1}{28}$ (c) $5\dfrac{2}{17}$ (d) $5\dfrac{3}{25}$

4. $\frac{7}{5-\frac{8}{3}} \div \frac{3-\frac{3}{2}}{4-\frac{3}{2}} - \frac{5}{7}$ का $\left\{\frac{1}{1\frac{3}{7}} + \frac{6}{5} \text{ का } \frac{3\frac{1}{3}-2\frac{1}{2}}{\frac{47}{21}-2}\right\}$.

(a) $1\frac{1}{2}$ (b) $1\frac{3}{2}$ (c) $2\frac{3}{5}$ (d) $2\frac{1}{2}$

5. $\frac{5+5\times5}{5\times5+5} \times \frac{\frac{1}{5}\div\frac{1}{5} \text{ का } \frac{1}{5}}{\frac{1}{5} \text{ का } \frac{1}{5}\div\frac{1}{5}} \times \left(5-\frac{1}{5}\right) \times \frac{1}{\left[\frac{46}{5}-\frac{\frac{1}{1/3}}{\left(1-\frac{2}{3}\right)}\right]}$.

(a) 515 (b) 578 (c) 617 (d) 600

6. $\frac{(a-b)^3+(b-c)^3+(c-a)^3}{9(a-b)(b-c)(c-a)}$ का मान ज्ञात कीजिए.

(a) $\frac{1}{2}$ (b) $\frac{1}{3}$ (c) $\frac{2}{3}$ (d) $\frac{3}{2}$

7. $(-2)^{(-2)^{(-2)^{(-2)}}}$ का मान क्या होगा ?

(a) $\frac{1}{264}$ (b) $\frac{1}{269}$ (c) $\frac{1}{256}$ (d) $\frac{1}{216}$

8. रमेश कुछ निश्चित दिनों की यात्रा पर निकला. उसके पास ₹ 3600 थे. यदि वह अपनी यात्रा की अवधि 4 दिन और बढ़ा दे तो उसे अपना खर्च ₹ 30 प्रतिदिन कम करना होगा. वह कितने दिन की यात्रा पर निकला ?

(a) 21 (b) 18 (c) 19 (d) 20

9. कुछ मित्रों ने मिलकर पिकनिक पर जाने की योजना बनाई जिसमें ₹ 192 खाद्य सामग्री पर खर्च करना था. परन्तु चार मित्रों के पिकनिक पर न आने से शेष में से प्रत्येक को ₹ 8 अधिक खर्च करना पड़ा. कितने मित्र पिकनिक पर आये ?

(a) 16 (b) 12 (c) 17 (d) 21

10. एक परीक्षा में प्रत्येक ठीक उत्तर के 4 अंक मिलते हैं तथा प्रत्येक त्रुटिपूर्ण उत्तर का 1 अंक काट लिया जाता है. यदि एक परीक्षार्थी ने 75 प्रश्न हल किये हों तथा उसे 125 अंक प्राप्त हुये हों, तो उसके कितने उत्तर ठीक थे ?

(a) 35 (b) 41 (c) 36 (d) 40

11. एक व्यक्ति के पास कुछ मिठाइयाँ थी. यदि वह इन्हें 25 बच्चों में बराबर संख्या में बाँटे तो 8 मिठाइयाँ शेष बचती हैं. यदि 28 बच्चे होते तो इनमें ये मिठाइयाँ बराबर संख्या में बाँटने पर 22 मिठाइयाँ शेष बचती हैं. कुल मिठाइयों की संख्या ज्ञात कीजिए.

(a) 313 (b) 358 (c) 395 (d) 286

12. एक कैम्प में कुछ लड़कों तथा लड़कियों के समूह में से 15 लड़कियाँ चली गईं. इसके बाद लड़कों की संख्या लड़कियों से दुगुनी रह गई. इसके बाद 45 लड़के चले गये तथा लड़कियों की संख्या लड़कों से पाँच गुना हो गई. आरम्भ में लड़कियों की संख्या कितनी थी ?

(a) 41 (b) 36 (c) 40 (d) 45

13. दो परीक्षा हाल A तथा B हैं. इनमें परीक्षार्थी बैठे हैं. यदि 10 विद्यार्थियों को हाल A से हाल B में भेज दिया जाये तो दोनों कमरों में परीक्षार्थियों की संख्या बराबर हो जायेगी. यदि 20 परीक्षार्थियों को हाल B से हाल A में भेज दिया जाये, तो हाल A में परीक्षार्थियों की संख्या B की संख्या से दुगुनी हो जायेगी. हाल A में कितने परीक्षार्थी हैं ?

(a) 100 (b) 80 (c) 120 (d) 125

14. एक शहर में टैक्सी के किराये में कुछ निश्चित अचर राशि तथा तय की गई दूरी के लिए देय धन सम्मिलित है. 16 किमी॰ दूरी तय करने पर कुल ₹ 156 देने पड़ते हैं तथा 24 किमी॰ दूरी तय करने पर कुल ₹ 204 देने पड़ते हैं. 30 किमी॰ दूरी तय करने पर कितने रुपये देने होंगे ?

(a) 240 (b) 235 (c) 260 (d) 276

15. किसी दफ्तर में काम करने वालों का $\frac{1}{3}$ भाग स्त्रियाँ हैं. आधी स्त्रियाँ विवाहित हैं तथा विवाहित स्त्रियों का $\frac{1}{3}$ भाग बच्चों वाली हैं. यदि पुरुषों की संख्या का $\frac{3}{4}$ भाग विवाहित है तथा विवाहित पुरुषों का $\frac{2}{3}$ भाग पुरुष बच्चों वाले हैं, तो काम करने वालों का कितना भाग नि:संतान है ?

(a) $\frac{7}{18}$ (b) $\frac{11}{18}$ (c) $\frac{7}{28}$ (d) $\frac{11}{28}$

उत्तरमाला (प्रश्नमाला 4B)

1. (a) 2. (c) 3. (b) 4. (a) 5. (d) 6. (b) 7. (c) 8. (d) 9. (a) 10. (d)
11. (b) 12. (c) 13. (a) 14. (a) 15. (b)

दिये गये प्रश्नों के हल (प्रश्नमाला 4B)

1. दिया गया व्यंजक

$$= \frac{19}{2}+\frac{3}{2}\div\frac{1}{2} \text{ का } \frac{5}{4}-\frac{3}{5}\times\frac{7}{3}\div\frac{12}{7} \text{ का } \left(\frac{7}{2}-\frac{7}{3}\right)$$

$$= \frac{19}{2}+\frac{3}{2}\div\frac{1}{2} \text{ का } \frac{5}{4}-\frac{3}{5}\times\frac{7}{3}\div\frac{12}{7} \text{ का } \frac{7}{6} = \frac{19}{2}+\frac{3}{2}\div\frac{5}{8}-\frac{3}{5}\times\frac{7}{3}\div2$$

$$= \frac{19}{2}+\frac{3}{2}\times\frac{8}{5}-\frac{3}{5}\times\frac{7}{3}\times\frac{1}{2} = \frac{19}{2}+\frac{12}{5}-\frac{7}{10} = \frac{95+24-7}{10}$$

$$= \frac{112}{10} = \frac{56}{5} = 11\frac{1}{5}.$$

2. दिया गया व्यंजक $= \frac{\frac{1}{4}\times\frac{3}{4}\div\frac{5}{4} \text{ का } \frac{2}{5}+\frac{1}{8}}{\frac{2}{5}\div\frac{5}{3} \text{ का } \frac{3}{25}+\frac{7}{4}-\frac{1}{2}} \div \frac{\frac{1}{3}-\frac{1}{5}}{\frac{1}{5}-\frac{1}{7}}$

$$= \frac{\frac{1}{4}\times\frac{3}{4}\div\frac{1}{2}+\frac{1}{8}}{\frac{2}{5}\div\frac{1}{5}+\frac{7}{4}-\frac{1}{2}} \div \left(\frac{2}{15}\times\frac{35}{2}\right)$$

$$= \frac{\frac{1}{4}\times\frac{3}{4}\times 2+\frac{1}{8}}{\frac{2}{5}\times 5+\frac{7}{4}-\frac{1}{2}} \div \frac{7}{3} = \frac{\frac{3}{8}+\frac{1}{8}}{2+\frac{7}{4}-\frac{1}{2}} \div \frac{7}{3} = \frac{1}{2}\times\frac{4}{13}\times\frac{3}{7}=\frac{6}{91}.$$

3. दिया गया व्यंजक

$$= \frac{3}{2} \text{ का } \left(\frac{3}{4}\times\frac{8}{7}\right)+\frac{1}{2}\div\left[\frac{14}{5}-\left\{\frac{2}{3}\div\left(\frac{1}{2}+\frac{1}{3}-\frac{7}{12}\right)\right\}\right]$$

$$= \frac{3}{2} \text{ का } \frac{6}{7}+\frac{1}{2}\div\left[\frac{14}{5}-\left\{\frac{2}{3}\div\frac{3}{12}\right\}\right] = \frac{9}{7}+\frac{1}{2}\div \left[\frac{14}{5}-\left\{\frac{2}{3}\times 4\right\}\right] = \frac{9}{7}+\frac{1}{2}\div\left[\frac{14}{5}-\frac{8}{3}\right]$$

$$= \frac{9}{7}+\frac{1}{2}\div\frac{2}{15} = \frac{9}{7}+\frac{1}{2}\times\frac{15}{2}=\frac{9}{7}+\frac{15}{4}=\frac{141}{28}=5\frac{1}{28}.$$

4. दिया गया व्यंजक

$$= \frac{7}{\left(\frac{7}{3}\right)} \div \frac{\left(\frac{3}{2}\right)}{\left(\frac{5}{2}\right)} - \frac{5}{7} \text{ का } \left\{\frac{7}{10}+\frac{6}{5} \text{ का } \frac{\frac{10}{3}-\frac{5}{2}}{\left(\frac{5}{21}\right)}\right\}$$

$$= \left(7\times\frac{3}{7}\right)\div\left(\frac{3}{2}\times\frac{2}{5}\right)-\frac{5}{7} \text{ का } \left\{\frac{7}{10}+\frac{6}{5} \text{ का } \left(\frac{5}{6}\times\frac{21}{5}\right)\right\}$$

$$= 3\div\frac{3}{5}-\frac{5}{7} \text{ का } \left\{\frac{7}{10}+\frac{6}{5} \text{ का } \frac{7}{2}\right\} = 3\div\frac{3}{5}-\frac{5}{7} \text{ का } \left\{\frac{7}{10}+\frac{21}{5}\right\}$$

$$= 3\div\frac{3}{5}-\frac{5}{7} \text{ का } \frac{49}{10} = 3\times\frac{5}{3}-\frac{7}{2}=5-\frac{7}{2}=\frac{3}{2}=1\frac{1}{2}.$$

5. दिया गया व्यंजक $= \frac{5+25}{25+5}\times\frac{\frac{1}{5}\div\frac{1}{25}}{\frac{1}{25}\div\frac{1}{5}}\times\frac{24}{5}\times\frac{1}{\left[\frac{46}{5}-(3\times 3)\right]}$

$$= 1\times\frac{\frac{1}{5}\times 25}{\frac{1}{25}\times 5}\times\frac{24}{5}\times\frac{1}{\left[\frac{46}{5}-9\right]} = \frac{5}{\left(\frac{1}{5}\right)}\times\frac{24}{5}\times\frac{1}{\left(\frac{1}{5}\right)}$$

$$= 5\times 5\times\frac{24}{5}\times 5 = 600.$$

6. $(a-b)=x, (b-c)=y$ तथा $(c-a)=z$ रखने पर:

$$(x+y+z)=(a-b)+(b-c)+(c-a)=0.$$

$\therefore \ x^3+y^3+z^3=3xyz.$

अत: दिया गया व्यंजक $= \frac{x^3+y^3+z^3}{9\times xyz}=\frac{3xyz}{9xyz}=\frac{1}{3}.$

7. दिया गया व्यंजक $=(-2)^{(-2)^3}=(-2)^{(-8)}=\frac{1}{(-2)^8}=\frac{1}{256}.$

8. माना रमेश x दिन की यात्रा पर निकला. तब,

$$\frac{3600}{x}-\frac{3600}{(x+4)}=30 \Rightarrow \frac{1}{x}-\frac{1}{(x+4)}=\frac{30}{3600}=\frac{1}{120}$$

$$\Rightarrow \frac{(x+4)-x}{x(x+4)}=\frac{1}{120} \Rightarrow x^2+4x-480=0$$

$$\Rightarrow (x+24)(x-20)=0 \Rightarrow x=20. \quad [\because x \neq -24]$$

अत: रमेश 20 दिन की यात्रा पर निकला था.

9. माना x मित्रों ने योजना बनाई. तब,

$$\frac{192}{(x-4)}-\frac{192}{x}=4 \Rightarrow \frac{1}{(x-4)}-\frac{1}{x}=\frac{4}{192}=\frac{1}{48}$$

$$\Rightarrow \frac{x-(x-4)}{x(x-4)}=\frac{1}{48} \Rightarrow x^2-4x-192=0$$

$$\Rightarrow (x-16)(x+12)=0 \Rightarrow x=16.$$

पिकनिक पर जाने वालों की संख्या = (16 – 4) = 12.

10. माना ठीक उत्तरों की संख्या $= x$.

त्रुटिपूर्ण उत्तरों की संख्या $= (75-x)$.

... $4x-(75-x)=125 \Rightarrow 5x=200 \Rightarrow x=40.$

अत: ठीक उत्तरों की संख्या = 40.

11. माना कुल मिठाइयों की संख्या $= (25x+8)$. तब,

$\{(25x+8)-22\}$, 28 से पूर्णतया विभक्त होगी

$\Rightarrow (25x-14)$, 28 से पूर्णतया विभक्त होगी

$\Rightarrow \{28x-(3x+14)\}$, 28 से पूर्णतया विभक्त होगी

$\Rightarrow (3x+14)$, 28 से पूर्णतया विभक्त होगी

$\Rightarrow x=14$

$\therefore$ मिठाइयों की संख्या $= (25\times 14+8)=358.$

12. माना आरम्भ में लड़कों की संख्या $= x$ तथा लड़कियों की संख्या $= y$.

15 लड़कियों के जाने के बाद शेष लड़कियों की संख्या $= (y-15)$.

अब, लड़कों की संख्या = 2 × (लड़कियों की संख्या)

$\therefore \ x=2(y-15) \Rightarrow 2y-x=30.$ ...(*i*)

पुन: 45 लड़कों के जाने के बाद शेष लड़कों की संख्या $= (x-45)$.

अब, लड़कियों की संख्या = 5 × (लड़कों की संख्या)

$\therefore \ (y-15)=5(x-45) \Rightarrow 5x-y=210$ ...(*ii*)

अब, (*i*) तथा (*ii*) को हल करने पर, $y = 40$.

अत: आरम्भ में लड़कियों की संख्या = 40.

13. माना हाल A में परीक्षार्थियों की संख्या $= x$ तथा हाल B में परीक्षार्थियों की संख्या $= y$.

तब, $(x-10)=(y+10) \Rightarrow x-y=20.$ ...(*i*)

तथा $(x+20)=2(y-20) \Rightarrow 2y-x=60.$ ...(*ii*)

अब, (*i*) तथा (*ii*) को हल करने पर, $x = 100$ तथा $y = 80$.

अत: कक्ष A में परीक्षार्थियों की संख्या = 100.

14. माना निश्चित अचर राशि = ₹ x तथा शेष देय = ₹ y प्रति किमी॰.

तब, $x+16y=156$ ...(*i*)

$x+24y=204$ ...(*ii*)

अब, (*ii*) में से (*i*) घटाने पर, $8y=48 \Rightarrow y=6$.

अब, (*i*) में $y = 6$ रखने पर, $x+96=156$

$\Rightarrow x=(156-96)=60.$

अतः 30 किमी॰ दूरी के लिए देय धन = ₹ $(x + 30y)$
= ₹ $(60 + 30 \times 6)$ = ₹ 240.

15. माना दफ्तर में काम करने वालों की कुल संख्या $= x$.

स्त्रियों की कुल संख्या $= \frac{x}{3}$.

विवाहित स्त्रियों की संख्या $= \left(\frac{1}{2} \times \frac{x}{3}\right) = \frac{x}{6}$.

बच्चों वाली स्त्रियों की संख्या $= \left(\frac{1}{3} \times \frac{x}{6}\right) = \frac{x}{18}$.

पुरुषों की संख्या $= \left(x - \frac{x}{3}\right) = \frac{2x}{3}$.

विवाहित पुरुषों की संख्या $= \left(\frac{3}{4} \times \frac{2x}{3}\right) = \frac{x}{2}$.

बच्चों वाले पुरुषों की संख्या $= \left(\frac{2}{3} \times \frac{x}{2}\right) = \frac{x}{3}$.

बच्चों वाले पुरुषों तथा स्त्रियों की कुल संख्या $= \left(\frac{x}{3} + \frac{x}{18}\right) = \frac{7x}{18}$.

निःसन्तान पुरुषों तथा स्त्रियों की कुल संख्या $= \left(x - \frac{7x}{18}\right) = \frac{11x}{18}$.

अतः कुल काम करने वालों का $\frac{11}{18}$ भाग निःसंतान है.

❑❑❑

5

वर्गमूल तथा घनमूल
(SQUARE ROOT AND CUBE ROOT)

Scan QR Code for Watching Video

सामान्य नियम

वर्गमूल: किसी संख्या का वर्गमूल वह संख्या है जिसे अपने से गुणा करने पर दी गई संख्या प्राप्त हो. x के वर्गमूल को $\sqrt{x}$ से व्यक्त करते हैं.

जैसे: (i) $\sqrt{9}=3$ (ii) $\sqrt{16}=4$ (iii) $\sqrt{64}=8$ आदि.

घनमूल: किसी संख्या a का घनमूल b होगा, यदि $a=b^3$ हो.
हम इसे लिखते हैं : $\sqrt[3]{a}=b$.

जैसे: (i) $\sqrt[3]{8}=2$ (ii) $\sqrt[3]{125}=5$ (iii) $\sqrt[3]{216}=6$.

साधित उदाहरण

प्रश्न 1. $\sqrt{1225}=?$

हल: $1225=(5\times5\times7\times7)$
$=(5^2\times7^2)$
$\therefore \sqrt{1225}=(5\times7)=35.$

5	1225
5	245
7	49
	7

प्रश्न 2. $\sqrt{4356}=?$

हल: $4356=(2\times2\times3\times3\times11\times11)$
$=(2^2\times3^2\times11^2)$
$\therefore \sqrt{4356}=(2\times3\times11)=66.$

2	4356
2	2178
3	1089
3	363
11	121
	11

प्रश्न 3. $\sqrt{137641}=?$

हल:
```
   3 | 13 76 41 ( 371
     |  9
  67 |  476
     |  469
 741 |    741
     |    741
     |     x
```
$\therefore \sqrt{137641}=371.$

प्रश्न 4. $\sqrt{1814409}=?$

हल:
```
    1 | 1 81 44 09 ( 1347
      | 1
   23 |   81
      |   69
  264 |   1244
      |   1056
 2687 |    18809
      |    18809
      |      x
```
$\therefore \sqrt{1814409}=1347.$

प्रश्न 5. $\sqrt{\dfrac{\cdot049\times\cdot016\times\cdot09}{\cdot81\times\cdot036\times\cdot064}}=?$

हल: दिये गये वर्गमूल के अंश में दशमलव स्थानों का योग $=(3+3+2)=8$
तथा हर में दशमलव स्थानों का योग $=(2+3+3)=8$.
अत: हम दशमलव बिन्दुओं को हटा सकते हैं.

$\therefore$ दिया गया व्यंजक $=\sqrt{\dfrac{49\times16\times9}{81\times36\times64}}=\dfrac{(7\times4\times3)}{(9\times6\times8)}=\dfrac{7}{36}.$

दो विशेष सूत्र:

(i) $\sqrt{ab}=\sqrt{a}\times\sqrt{b}$ **(ii)** $\sqrt{\dfrac{a}{b}}=\dfrac{\sqrt{a}}{\sqrt{b}}.$

प्रश्न 6. $\dfrac{\sqrt{162}}{\sqrt{288}}=?$

हल: $\dfrac{\sqrt{162}}{\sqrt{288}}=\sqrt{\dfrac{162}{288}}=\sqrt{\dfrac{81}{144}}=\dfrac{9}{12}=\dfrac{3}{4}.$

प्रश्न 7. $\sqrt{98}\times\sqrt{72}=?$

हल: $\sqrt{98}\times\sqrt{72}=\sqrt{98\times72}=\sqrt{49\times2\times2\times36}$
$=\sqrt{7^2\times2^2\times6^2}=(7\times2\times6)=84.$

दशमलव भिन्नों के वर्गमूल: यदि दिये गये दशमलव भिन्न में दशमलव बिन्दु के बाद अंकों की संख्या विषम हो, तो अन्त में एक शून्य और लगाकर दायीं ओर दो-दो अंकों के जोड़े बनाते हैं तथा ऊपर दी गई विधि से वर्गमूल ज्ञात करते हैं.

प्रश्न 8. $\sqrt{\cdot 9} = ?$ **(दशमलव के तीन स्थानों तक ज्ञात करें)**

हल :

9	$\cdot\overline{90}\ (\cdot 948$
	81
184	900
	736
1888	16400
	15104

$\therefore \sqrt{\cdot 9} = \cdot 948.$

प्रश्न 9. $\sqrt{161\cdot 29} = ?$

हल :

1	$\overline{1}\ \overline{61}\cdot\overline{29}\ (12\cdot 7$
	1
22	61
	44
247	1729
	1729
	x

$\therefore \sqrt{161\cdot 29} = 12\cdot 7.$

प्रश्न 10. **यदि** $\sqrt{3} = 1\cdot 732$ **तथा** $\sqrt{2} = 1\cdot 414$ **हो, तो** $\left(\dfrac{\sqrt{3}+\sqrt{2}}{\sqrt{3}-\sqrt{2}}\right)$ **का वर्गमूल ज्ञात करें.**

हल: $$\frac{(\sqrt{3}+\sqrt{2})}{(\sqrt{3}-\sqrt{2})} = \frac{(\sqrt{3}+\sqrt{2})}{(\sqrt{3}-\sqrt{2})} \times \frac{(\sqrt{3}+\sqrt{2})}{(\sqrt{3}+\sqrt{2})} = \frac{(\sqrt{3}+\sqrt{2})^2}{(3-2)}$$

$$= (\sqrt{3}+\sqrt{2})^2$$

$$\therefore \sqrt{\frac{(\sqrt{3}+\sqrt{2})}{(\sqrt{3}-\sqrt{2})}} = (\sqrt{3}+\sqrt{2}) = (1\cdot 732 + 1\cdot 414)$$

$$= 3.146.$$

प्रश्न 11. $\dfrac{52}{?} = \dfrac{?}{13}.$

हल: माना $\dfrac{52}{x} = \dfrac{x}{13}$, तब

$$x^2 = (52\times 13) = (4\times 13\times 13) = 2^2 \times (13)^2.$$

$$\therefore\ x = (2\times 13) = 26.$$

अतः लुप्त स्थान पर 26 होगा.

प्रश्न 12. **छात्रों के एक समूह में प्रत्येक छात्र से उतने ही पैसे लिये गये जितने इस समूह में छात्र थे. यदि कुल धन ₹ 59·29 एकत्र किया गया हो, तो समूह में कितने छात्र थे?**

हल: माना समूह में कुल x छात्र थे. तब, प्रत्येक छात्र से लिए गए पैसे $= x$.

कुल एकत्रित धन $= (x \times x)$ पैसे $=$ ₹ $\left(\dfrac{x^2}{100}\right)$

$$\therefore \left(\frac{x^2}{100}\right) = 59.29 \Rightarrow x^2 = 5929 \Rightarrow x = \sqrt{5929} = 77.$$

अतः समूह में कुल 77 छात्र थे.

घनमूल ज्ञात करना:

दी गई संख्या को अभाज्य गुणनखण्डों के गुणनफल के रूप में व्यक्त करें. एक ही प्रकार के प्रत्येक तीन गुणनखण्डों में से एक लेकर बने गुणनखण्डों का गुणनफल ही अभीष्ट घनमूल है.

2	74088
2	37044
2	18522
7	9261
7	1323
7	189
3	27
3	9
	3

प्रश्न 13. $\sqrt[3]{74088} = ?$

हल: $74088 = (2^3 \times 7^3 \times 3^3)$

$$\therefore \sqrt[3]{74088} = (2\times 7\times 3) = 42.$$

प्रश्न 14. $\sqrt[3]{0\cdot 000027} = ?$

हल: $\cdot 000027 = \dfrac{27}{10^6}$

$$\therefore \sqrt[3]{\cdot 000027} = \sqrt[3]{\frac{27}{10^6}} = \frac{3}{10^2} = \frac{3}{100} = \cdot 03.$$

प्रश्नमाला 5A

निम्नलिखित प्रश्नों में से प्रत्येक में ठीक उत्तर को चिन्हांकित (✓) कीजिए:

1. किसी सेना के जनरल 36562 सैनिकों से एक वर्गाकार व्यूह बनाना चाहते हैं। व्यूह की रचना करने के बाद कुछ सैनिक बच गए। बचे हुए सैनिकों की संख्या क्या थी?
   (*a*) 36 (*b*) 65 (*c*) 81 (*d*) 97
   [एस.एस.सी. सी.जी.एल. परीक्षा, 2017]

2. यदि $\sqrt{2^x} = 256$, तो x मान ज्ञात कीजिए।
   (*a*) 18 (*b*) 16 (*c*) 20 (*d*) 24
   [डी.एस.एस.बी. स्टेनोग्राफर ग्रेड-III परीक्षा, 2017]

3. $\sqrt{?} - 34 = \sqrt{484}$
   (*a*) 56 (*b*) 65 (*c*) 2631 (*d*) 3136
   (*e*) इनमें से कोई नहीं (बैंक पी०ओ० परीक्षा, 2010)

4. $(\sqrt{5}-2)^2 = ? - \sqrt{80}$
   (*a*) $4\sqrt{5}+4$ (*b*) $4\sqrt{5}$ (*c*) $9-4\sqrt{5}$ (*d*) 9
   (*e*) इनमें से कोई नहीं (बैंक पी०ओ० परीक्षा, 2010)

5. $(\sqrt{?}-1)^2 = 8 - \sqrt{28}$
   (*a*) 6 (*b*) 4 (*c*) 9 (*d*) 7
   (*e*) इनमें से कोई नहीं (बैंक पी०ओ० परीक्षा, 2010)

6. यदि $\dfrac{(\sqrt{3+x}+\sqrt{3-x})}{(\sqrt{3+x}-\sqrt{3-x})} = 2$ हो, तो $x = ?$
   (*a*) $\dfrac{5}{12}$ (*b*) $\dfrac{12}{5}$ (*c*) $\dfrac{5}{7}$ (*d*) $\dfrac{7}{5}$
   (एस०एस०सी० परीक्षा, 2010)

7. $(13.608)^2 - (13.392)^2 = ?$
(a) 0.6 (b) .06 (c) 1.8 (d) 2.6

8. $\sqrt[3]{2197} = ?$
(a) 14 (b) 11 (c) 7 (d) 13
(e) इनमें से कोई नहीं (बैंक पी०ओ० परीक्षा, 2010)

9. 120 तथा 300 के बीच कितनी पूर्ण वर्ग संख्यायें हैं ?
(a) 5 (b) 6 (c) 7 (d) 8
(एस०एस०सी० परीक्षा, 2010)

10. $\because \sqrt{1814409} = 1347$. बराबर है:
(a) 10 (b) 1 (c) $\frac{1}{10}$ (d) 10^4
(मध्य प्रदेश पुलिस आरक्षक (जनरल ड्यूटी भर्त्ती परीक्षा, 2013)

11. $\sqrt{176 + \sqrt{2401}} = ?$
(a) 14 (b) 15 (c) 18 (d) 24
(e) इनमें से कोई नहीं

12. $\frac{?}{49} = \frac{16}{?}$ (बैंक पी०ओ० परीक्षा, 2009)
(a) 48 (b) 18 (c) 38 (d) 28
(e) इनमें से कोई नहीं

13. $\sqrt{?} + \sqrt{961} = \sqrt{2025}$ (बैंक पी०ओ० परीक्षा, 2009)
(a) 28 (b) 24 (c) 169 (d) 256
(e) इनमें से कोई नहीं

14. $\frac{256 \times 256 - 144 \times 144}{112} = ?$ (एस०एस०सी० परीक्षा, 2010)
(a) 420 (b) 400 (c) 360 (d) 320

15. $\sqrt{\frac{0 \cdot 009 \times 0 \cdot 036 \times 0 \cdot 016 \times 0 \cdot 08}{0 \cdot 002 \times 0 \cdot 0008 \times 0 \cdot 0002}} = ?$
(a) 34 (b) 36 (c) 38 (d) 39
(एस०एस०सी० परीक्षा, 2010)

16. यदि $a = \sqrt{7 + 2\sqrt{12}}$ तथा $b = \sqrt{7 - 2\sqrt{12}}$ हो, तो $(a^3 + b^3) = ?$ (एस०एस०सी० परीक्षा, 2010)
(a) 40 (b) 44 (c) 48 (d) 52

17. $\frac{\sqrt{7}}{\sqrt{16 + 6\sqrt{7}} - \sqrt{16 - 6\sqrt{7}}} = ?$ (एस०एस०सी० परीक्षा, 2010)
(a) $\frac{1}{2}$ (b) $\frac{1}{3}$ (c) $\frac{1}{4}$ (d) $\frac{1}{5}$

18. $2432 \div ? = \sqrt{23104}$ (बैंक पी०ओ० परीक्षा, 2009)
(a) 12 (b) 14 (c) 16 (d) 18
(e) इनमें से कोई नहीं

19. यदि $x = \frac{\sqrt{3}}{2}$ हो, तो $\frac{(\sqrt{1+x} + \sqrt{1-x})}{(\sqrt{1+x} - \sqrt{1-x})} = ?$
(a) $-\sqrt{3}$ (b) -1 (c) 1 (d) $\sqrt{3}$
(एस०एस०सी० परीक्षा, 2010)

20. $\sqrt{900} + \sqrt{0 \cdot 09} - \sqrt{0 \cdot 000009} = ?$
(a) 30·27 (b) 30·297 (c) 30·097 (d) 30·197
(एस०एस०सी० परीक्षा, 2009)

21. किस लघुत्तम संख्या को 13218 में जोड़ देने से यह पूर्ण वर्ग बन जायेगा ? (एस०एस०सी० परीक्षा, 2009)
(a) 1 (b) 3 (c) 5 (d) 7

22. $\frac{1}{(\sqrt{9} - \sqrt{8})} - \frac{1}{(\sqrt{8} - \sqrt{7})} + \frac{1}{(\sqrt{7} - \sqrt{6})} - \frac{1}{(\sqrt{6} - \sqrt{5})} + \frac{1}{(\sqrt{5} - \sqrt{4})} = ?$
(a) 0 (b) 1 (c) 5 (d) $\frac{1}{3}$

23. $\sqrt{6 + \sqrt{6 + \sqrt{6 + \ldots\ldots\ldots \infty}}} = ?$ (एस०एस०सी० परीक्षा, 2010)
(a) 3 (b) 4 (c) 5 (d) 6

24. $\sqrt{625} + \sqrt{484} = ?$ (एस०एस०सी० परीक्षा, 2009)
(a) 47 (b) 56 (c) 52 (d) 35

25. $\sqrt{1225} = ?$
(a) 25 (b) 45 (c) 55 (d) 15
(e) इनमें से कोई नहीं (बैंक पी०ओ० परीक्षा, 2009)

26. $\sqrt{3364} = ?$ (बैंक पी०ओ० परीक्षा, 2009)
(a) 62 (b) 58 (c) 32 (d) 68
(e) इनमें से कोई नहीं

27. $\sqrt{64009} = ?$ (रेलवे परीक्षा, 2009)
(a) 803 (b) 423 (c) 253 (d) 232

28. $\sqrt[3]{4096} = ?$ (बैंक पी०ओ० परीक्षा, 2009)
(a) 16 (b) 26 (c) 18 (d) 24
(e) इनमें से कोई नहीं

29. $\sqrt{5 + \sqrt{11 + \sqrt{19 + \sqrt{29 + \sqrt{49}}}}} = ?$
(a) 3 (b) 2 (c) 4 (d) 6
(एस०एस०सी० परीक्षा, 2009)

30. $\frac{\sqrt{32} + \sqrt{48}}{\sqrt{8} + \sqrt{12}} = ?$
(a) 2 (b) 4 (c) 8 (d) $\sqrt{2}$

31. $\sqrt[3]{15625} = ?$
(a) 225 (b) 125 (c) 25 (d) 65
(e) इनमें से कोई नहीं

32. $\frac{121}{?} = \frac{?}{81}$ (बैंक पी०ओ० परीक्षा, 2009)
(a) 89 (b) 73 (c) 99 (d) 85
(e) इनमें से कोई नहीं

33. $\sqrt[3]{4\frac{12}{125}} = ?$ (एस०एस०सी० परीक्षा, 2009)
(a) 1·4 (b) 1·6 (c) 1·8 (d) 2·4

34. $\sqrt[3]{\cdot000216} = ?$
(*a*) ·6 (*b*) ·06
(*c*) ·006 (*d*) इनमें से कोई नहीं

35. यदि $\sqrt{3} = 1\cdot732$ हो, तो $\sqrt{\frac{3}{4}} = ?$
(*a*) 0·577 (*b*) 0·866
(*c*) 0·433 (*d*) इनमें से कोई नहीं

36. यदि $\sqrt{5} = 2\cdot24$ तथा $\sqrt{6} = 2\cdot45$ हो, तो $\sqrt{\frac{2}{3}} + \sqrt{\frac{5}{6}} = ?$
(*a*) 1·37 (*b*) 1·57 (*c*) 1·73 (*d*) 1·75

37. $\frac{\sqrt{2}}{(2+\sqrt{2})} = ?$ (रेलवे परीक्षा, 2009)
(*a*) $(\sqrt{2}-1)$ (*b*) $(\sqrt{2}+1)$
(*c*) $2\sqrt{2}$ (*d*) $(1-\sqrt{2})$

38. $\frac{(\sqrt{7}+\sqrt{5})}{(\sqrt{7}-\sqrt{5})} + \frac{(\sqrt{7}-\sqrt{5})}{(\sqrt{7}+\sqrt{5})} = ?$
(*a*) 6 (*b*) 12 (*c*) 8 (*d*) 5

39. $\frac{(\sqrt{7}+\sqrt{5})}{(\sqrt{7}-\sqrt{5})} = ?$
(*a*) $6+\sqrt{35}$ (*b*) $6-\sqrt{35}$
(*c*) 1 (*d*) 2

40. यदि $\sqrt{6} = 2\cdot449$ हो, तो $\frac{3\sqrt{2}}{2\sqrt{3}} = ?$
(*a*) ·6122 (*b*) 1·2245 (*c*) 1·3245 (*d*) ·8163

41. $\sqrt{\frac{4}{3}} - \sqrt{\frac{3}{4}} = ?$
(*a*) 1 (*b*) $\frac{-1}{2\sqrt{3}}$ (*c*) $\frac{1}{2\sqrt{3}}$ (*d*) $\frac{\sqrt{3}}{6}$

42. यदि $\sqrt{2} = 1\cdot4142$ हो, तो $\frac{7}{(3+\sqrt{2})} = ?$
(*a*) 1·5858 (*b*) 1·5947 (*c*) 1·6136 (*d*) 1·7316

43. यदि $\sqrt{2} = 1\cdot4142$ हो, तो $\frac{(4+\sqrt{2})}{(\sqrt{2}+1)} = ?$
(*a*) 2·1236 (*b*) 2·2426 (*c*) 2·4136 (*d*) 2·3216

44. $\sqrt{8+2\sqrt{15}} = ?$
(*a*) $(\sqrt{2}+\sqrt{6})$ (*b*) $(\sqrt{5}+\sqrt{3})$
(*c*) $(2\sqrt{3}+5\sqrt{3})$ (*d*) $(2+\sqrt{6})$

45. $\frac{?}{2880} = \frac{180}{?}$ (बैंक पी०ओ० परीक्षा, 2008)
(*a*) 360 (*b*) 750 (*c*) 540 (*d*) 1080
(*e*) इनमें से कोई नहीं

46. $\sqrt{0\cdot0081} = ?$ (एस०एस०सी० परीक्षा, 2008)
(*a*) 0·09 (*b*) 0·9 (*c*) 0·08 (*d*) 0·81

47. $\sqrt{\frac{\cdot081\times\cdot484}{\cdot0064\times6\cdot25}} = ?$
(*a*) 9 (*b*) 0.9 (*c*) 99 (*d*) 0.99

48. $\sqrt{\frac{0\cdot204\times42}{0\cdot07\times3\cdot4}} = ?$
(*a*) 6 (*b*) 0·6 (*c*) 0·06 (*d*) $\frac{1}{6}$

49. $\sqrt{\frac{9\cdot5\times0\cdot0085\times18\cdot9}{\cdot0017\times1\cdot9\times2\cdot1}} = ?$
(*a*) 0·15 (*b*) 0·5 (*c*) 15 (*d*) 250

50. यदि $\sqrt{1+\frac{x}{144}} = \frac{13}{12}$ हो, तो $x = ?$
(*a*) 1 (*b*) 12 (*c*) 13 (*d*) 25

51. $\sqrt[3]{328509} = ?$
(*a*) 63 (*b*) 59 (*c*) 73 (*d*) 69
(*e*) इनमें से कोई नहीं (बैंक पी०ओ० परीक्षा, 2008)

52. $\sqrt[3]{\cdot000729} = ?$
(*a*) ·027 (*b*) ·009
(*c*) ·09 (*d*) इनमें से कोई नहीं

53. $\sqrt[3]{\cdot000001} = ?$
(*a*) .1 (*b*) .01 (*c*) .001 (*d*) .0001

54. $\sqrt[3]{\cdot064} + \sqrt{1\cdot21} = ?$
(*a*) 1·26 (*b*) 1·274 (*c*) 1·5 (*d*) 2·7

55. $\sqrt[3]{\sqrt{0\cdot000729}} + \sqrt[3]{0\cdot008} = ?$
(*a*) 0·1 (*b*) 0·5 (*c*) 0·6 (*d*) 0·8

56. यदि $\frac{\sqrt{0\cdot0196}}{k} = 0\cdot2$ हो, तो $k = ?$
(*a*) 4·9 (*b*) 0·7 (*c*) 0·49 (*d*) 7

57. $\sqrt[3]{\frac{7}{875}} = ?$
(*a*) $\frac{1}{3}$ (*b*) $\frac{1}{4}$ (*c*) $\frac{1}{5}$ (*d*) $\frac{1}{15}$

58. यदि $\sqrt{1+\frac{x}{169}} = \frac{14}{13}$ हो, तो $x = ?$
(*a*) 1 (*b*) 13
(*c*) 27 (*d*) इनमें से कोई नहीं

59. 10, 16 तथा 24 तीनों से विभाजित होने वाली सबसे छोटी वर्ग संख्या क्या है ?
(*a*) 900 (*b*) 1600 (*c*) 2500 (*d*) 3600

60. $\sqrt{894916} = ?$ (बैंक पी०ओ० परीक्षा, 2006)
(*a*) 856 (*b*) 920 (*c*) 946 (*d*) 880
(*e*) 768

61. $\sqrt{9216} + \sqrt{12544} = ?$ (बैंक पी०ओ० परीक्षा, 2006)
(*a*) 200 (*b*) 196 (*c*) 218 (*d*) 208
(*e*) इनमें से कोई नहीं

62. $\sqrt{1\frac{9}{16}} = ?$

(a) $1\frac{3}{4}$ (b) $1\frac{1}{4}$

(c) 1·125 (d) इनमें से कोई नहीं

63. $\frac{\sqrt{256}}{?} \times \frac{\sqrt{625}}{?} = 4$

(a) 16 (b) 20

(c) 10 (d) इनमें से कोई नहीं

64. $\sqrt{\frac{?}{169}} = \frac{18}{13}$

(a) 108 (b) 324 (c) 2916 (d) 4800

65. यदि $\sqrt{4^n} = 1024$ हो, तो $n = ?$ (रेलवे परीक्षा, 2006)

(a) 5 (b) 8 (c) 10 (d) 12

66. यदि $\frac{1120}{\sqrt{n}} = 80$ हो, तो $n = ?$

(a) 14 (b) 140 (c) 196 (d) 225

67. यदि $\sqrt{6084} = 78$ हो, तो $\sqrt{60\cdot84} + \sqrt{0\cdot6084} + \sqrt{0\cdot006084} + \sqrt{0\cdot00006084}$ का मान क्या होगा ?

(a) 0.86658 (b) 8.6658

(c) 86.658 (d) 866.58

(रेलवे परीक्षा, 2006)

68. $\sqrt{0\cdot4} = ?$

(a) .2 (b) .02 (c) .613 (d) .632

69. $\sqrt{0\cdot064} = ?$

(a) ·8 (b) ·08

(c) ·008 (d) इनमें से कोई नहीं

70. $\sqrt{1296} = (?)^2$

(a) 6 (b) 36 (c) 625 (d) 1296

(e) इनमें से कोई नहीं (बैंक पी०ओ० परीक्षा, 2006)

71. $\sqrt{2+\sqrt{2+\sqrt{2+........\infty}}} = ?$

(a) 1 (b) 1·5 (c) 2 (d) 2·5

72. यदि $\sqrt{2^n} = 64$ हो, तो $n = ?$ (रेलवे परीक्षा, 2005)

(a) 2 (b) 4 (c) 6 (d) 12

73. 294 को किस छोटी से छोटी संख्या से गुणा करें कि गुणनफल एक पूर्ण वर्ग हो ?

(a) 2 (b) 3 (c) 6 (d) 24

74. 1029 को किस छोटी से छोटी संख्या से गुणा करने पर प्राप्त संख्या एक पूर्ण घन होगी ?

(a) 4 (b) 7 (c) 9 (d) 25

75. 3600 को किस छोटी से छोटी संख्या से भाग दिया जाये कि भागफल एक पूर्ण घन हो ?

(a) 9 (b) 50 (c) 300 (d) 450

76. 4 अंकों की वह बड़ी से बड़ी संख्या कौन-सी है जो पूर्ण घन हो ?

(a) 9999 (b) 9261

(c) 8000 (d) इनमें से कोई नहीं

77. एक घनात्मक सन्दूक का आयतन 13·824 घन सेमी० है. इसकी प्रत्येक भुजा की लम्बाई कितनी है ?

(a) 3·8 सेमी० (b) 4·8 सेमी०

(c) 2·4 सेमी० (d) 2·8 सेमी०

78. $600.16 \times \sqrt{?} + 60.05 + \sqrt{63} = 2280$

(a) 9 (b) 49 (c) 81 (d) 121

(e) 25 (एस.आई.डी.बी.आई.-अधिकारी परीक्षा, 2016)

78. $? - \sqrt{9} - \sqrt{64} = 24$

(a) 35 (b) 30 (c) 45 (d) 44

(e) 36 (एस.बी.आई. क्लर्क (प्रारंभिक) परीक्षा 2016)

80. 6 अंकों की वह छोटी से छोटी संख्या कौन-सी है जो पूर्ण वर्ग हो ?

(a) 100036 (b) 100049 (c) 100489 (d) 100169

81. यदि $\sqrt{2} = 1.4142$ है तो $\sqrt{\frac{3-\sqrt{8}}{3+\sqrt{8}}}$ बराबर है:

(a) 5.8284 (b) 5.1716

(c) 0.4142 (d) 0.1716

82. 1470 को किस छोटी से छोटी संख्या से भाग दें कि भागफल एक पूर्ण वर्ग हो ?

(a) 5 (b) 6 (c) 15 (d) 30

83. वह छोटी से छोटी संख्या कौन-सी है जो एक पूर्ण वर्ग है तथा 10, 12, 15, 18 में से प्रत्येक से पूर्णतया विभक्त होती है ?

(a) 360 (b) 400 (c) 600 (d) 900

(यू.पी.पी.एस.सी.-लोअर अधीनस्थ परीक्षा, 2016)

84. $\frac{2430}{16} - 16.97 + \sqrt{?} = 164$

(a) 1089 (b) 841 (c) 1369 (d) 289

(e) 529 (ओरि. इंश्यो. कं. लि. स्पेश. (फा.) परीक्षा, 2015)

85. $\frac{9601}{11.98} \times \sqrt{531} + 95.88 = ?$

(a) 17470 (b) 17496 (c) 18496 (d) 18086

(e) 18156 (ओरि. इंश्यो. कं. लि. स्पेश. (फा.) परीक्षा, 2015)

86. यदि $a = 3$ और $b * c = \frac{\sqrt{(b-c)+(b^2-c^2)}}{2bc}$ तो $a \times b * c$ का मान ज्ञात करिए जब $b = 7; c = 3$

(a) $\frac{\sqrt{11}}{7}$ (b) $\frac{11}{7}$ (c) $\frac{11}{\sqrt{7}}$ (d) $\sqrt{\frac{11}{7}}$

(मध्य प्रदेश लोक सेवा आयोग राज्य सेवा (प्रा.) परीक्षा, 2015)

87. यदि $\sqrt{3} = 1.732$, $\sqrt{12} = ?$

(a) 3.464 (b) 5.196 (c) 4.732 (d) 3.173

(डी.एस.एस.बी. एल.डी.सी. परीक्षा, 2014)

उत्तरमाला (प्रश्नमाला 5A)

1. (c)	**2.** (b)	**3.** (d)	**4.** (d)	**5.** (d)	**6.** (b)	**7.** (c)	**8.** (d)	**9.** (c)	**10.** (c)	**11.** (b)	**12.** (d)
13. (e)	**14.** (b)	**15.** (b)	**16.** (d)	**17.** (a)	**18.** (c)	**19.** (d)	**20.** (b)	**21.** (d)	**22.** (c)	**23.** (a)	**24.** (a)
25. (e)	**26.** (b)	**27.** (c)	**28.** (a)	**29.** (a)	**30.** (a)	**31.** (c)	**32.** (c)	**33.** (b)	**34.** (b)	**35.** (b)	**36.** (c)
37. (a)	**38.** (b)	**39.** (a)	**40.** (b)	**41.** (d)	**42.** (a)	**43.** (b)	**44.** (b)	**45.** (e)	**46.** (a)	**47.** (d)	**48.** (a)
49. (c)	**50.** (d)	**51.** (d)	**52.** (c)	**53.** (b)	**54.** (c)	**55.** (b)	**56.** (b)	**57.** (c)	**58.** (c)	**59.** (d)	**60.** (c)
61. (d)	**62.** (b)	**63.** (c)	**64.** (b)	**65.** (c)	**66.** (c)	**67.** (b)	**68.** (d)	**69.** (d)	**70.** (a)	**71.** (c)	**72.** (d)
73. (c)	**74.** (c)	**75.** (d)	**76.** (b)	**77.** (c)	**78.** (a)	**79.** (a)	**80.** (c)	**81.** (d)	**82.** (d)	**83.** (d)	**84.** (b)
85. (c)	**86.** (a)	**87.** (a)									

दिये गये प्रश्नों के हल (प्रश्नमाला 5A)

1. सबसे पहले हम 36562 का वर्गमूल निकालेंगे

1	$\overline{3}\ \overline{65}\ \overline{62}$	191
1	1	
29	265	
9	261	
381	462	
1	381	
382	81	

अत: शेष सैनिकों की संख्या =81

2. $\sqrt{2^x} = 256 = 2^8$

वर्ग करने पर, $2^x = (2^8)^2 = 2^{16}$

$\Rightarrow x = 16$

3. माना $\sqrt{x} - 34 = \sqrt{484}$

तब, $\sqrt{x} - 34 = 22$

$\Rightarrow \sqrt{x} = (22+34) = 56$

$\Rightarrow \quad x = (56)^2 = (50+6)^2$

$= (50)^2 + 6^2 + 2\times 50\times 6$

$= 2500 + 36 + 600 = 3136.$

2	4 84	(22
	4	
42	84	
	84	
	x	

4. माना $(\sqrt{5}-2)^2 = x - \sqrt{80}$. तब

$\therefore\ 9 - 4\sqrt{5} = x - 4\sqrt{5} \Rightarrow x = 9.$

5. माना $(\sqrt{x}-1)^2 = 8 - \sqrt{28} = 7 + 1 - 2\sqrt{7} = (\sqrt{7}-1)^2$

$\Rightarrow \sqrt{x} - 1 = \sqrt{7} - 1 \Rightarrow \sqrt{x} = \sqrt{7} \Rightarrow x = 7.$

6. दिया गया व्यंजक $= \dfrac{(\sqrt{3+x}+\sqrt{3-x})}{(\sqrt{3+x}-\sqrt{3-x})} \times \dfrac{(\sqrt{3+x}+\sqrt{3-x})}{(\sqrt{3+x}+\sqrt{3-x})}$

$= \dfrac{(\sqrt{3+x}+\sqrt{3-x})^2}{(3+x)-(3-x)}$

$= \dfrac{(3+x)+(3-x)+2(\sqrt{3+x})(\sqrt{3-x})}{2x}$

$= \dfrac{6+2\sqrt{9-x^2}}{2x} = \dfrac{3+\sqrt{9-x^2}}{x}$

$\therefore\ \dfrac{3+\sqrt{9-x^2}}{x} = 2 \Rightarrow 3 + \sqrt{9-x^2} = 2x$

$\Rightarrow \sqrt{9-x^2} = (2x-3) \Rightarrow (9-x^2) = (2x-3)^2$

$\Rightarrow 9 - x^2 = 4x^2 + 9 - 12x \Rightarrow 5x^2 - 12x = 0$

$\Rightarrow x(5x-12) = 0 \Rightarrow x = 0$ or $x = \dfrac{12}{5}.$

7. दिया गया व्यंजक

$= \sqrt[3]{(13\cdot 608 + 13\cdot 392)(13\cdot 608 - 13\cdot 392)}$

$= \sqrt[3]{27\times 0\cdot 216} = \sqrt[3]{\dfrac{27\times 216}{1000}} = \dfrac{3\times 6}{10} = \dfrac{18}{10} = 1\cdot 8.$

8.

13	2197
13	169
	13

$\therefore (2197) = (13)^3$

$\Rightarrow \sqrt[3]{2197} = 13.$

9. 120 तथा 300 के बीच पूर्ण वर्ग संख्यायें हैं $(11)^2, (12)^2, (13)^2, (14)^2, (15)^2, (16)^2$ तथा $(17)^2$ जिनकी संख्या 7 है.

$= \sqrt{225} = 15$

10. $(10{,}000)^{\frac{1}{2}} \div (10000)^{\frac{3}{4}}$

$= \sqrt{10000} \div \sqrt[4]{(10000)^3} = 100 \div (10)^3$

$\Rightarrow\ 100 \div 1000 = \dfrac{1}{10}$

11. $\sqrt{176 + \sqrt{2401}} = \sqrt{176+49} = \sqrt{225}$

12. माना $\dfrac{x}{49} = \dfrac{16}{x}$. तब, $x^2 = (16\times 49) = (4^2\times 7^2) = (4\times 7)^2$

$\Rightarrow x^2 = (28)^2 \Rightarrow x = 28.$

13. माना $\sqrt{x} + \sqrt{961} = \sqrt{2025}$

$\Rightarrow \sqrt{x} = \sqrt{2025} - \sqrt{961}$

$\Rightarrow \quad = (45-31) = 14$

$\Rightarrow\ x = (14)^2 = 196.$

14. दिया गया व्यंजक $= \dfrac{(256)^2 - (144)^2}{112}$

$= \dfrac{(256+144)(256-144)}{112} = \dfrac{400\times 112}{112} = 400.$

15. अंश में दशमलव स्थानों का योग = (3 + 3 + 3 + 2) = 11.

हर में दशमलव स्थानों का योग = (3 + 4 + 4) = 11.

अत: दशमलव हटाने पर:

दिया गया व्यंजक

$$=\sqrt{\frac{9\times36\times16\times8}{2\times8\times2}}=\sqrt{9\times36\times4}=(3\times6\times2)=36.$$

16. $(7+2\sqrt{12})=(4+3+2\times2\times\sqrt{3})$

$=\left\{2^2+(\sqrt{3})^2+2\times2\times\sqrt{3}\right\}=(2+\sqrt{3})^2$

तथा $(7-2\sqrt{12})=(2-\sqrt{3})^2$.

$\therefore\ a=\sqrt{7+2\sqrt{12}}=(2+\sqrt{3})$ तथा

$b=\sqrt{7-2\sqrt{12}}=(2-\sqrt{3})$

$\Rightarrow (a+b)=4$ तथा $ab=(4-3)=1$

$\Rightarrow (a^3+b^3)=(a+b)^3-3ab(a+b)=(4^3-3\times1\times4)$
$=(64-12)=52.$

17. $(16+6\sqrt{7})=(9+7+2\times3\times\sqrt{7})$

$=\left[3^2+(\sqrt{7})^2+2\times3\times\sqrt{7}\right]=(3+\sqrt{7})^2$

$\Rightarrow \sqrt{16+6\sqrt{7}}=(3+\sqrt{7})$ तथा $\sqrt{16-6\sqrt{7}}=(3-\sqrt{7})$

$\Rightarrow \sqrt{16+6\sqrt{7}}-\sqrt{16-6\sqrt{7}}=(3+\sqrt{7})-(3-\sqrt{7})=2\sqrt{7}.$

$\therefore$ दिया गया व्यंजक $=\dfrac{\sqrt{7}}{2\sqrt{7}}=\dfrac{1}{2}.$

18. माना $\dfrac{2432}{x}=\sqrt{23104}$

$\Rightarrow 2432=152\times x\Rightarrow x=\dfrac{2432}{152}=16$

19. दिया गया व्यंजक $=\dfrac{(\sqrt{1+x}+\sqrt{1-x})}{(\sqrt{1+x}-\sqrt{1-x})}\times\dfrac{(\sqrt{1+x}+\sqrt{1-x})}{(\sqrt{1+x}+\sqrt{1-x})}$

$=\dfrac{(\sqrt{1+x}+\sqrt{1-x})^2}{(1+x)-(1-x)}=\dfrac{(1+x)+(1-x)+2\sqrt{1-x^2}}{2x}$

$=\dfrac{2\left\{1+\sqrt{1-x^2}\right\}}{2x}=\dfrac{1+\sqrt{1-x^2}}{x}=\dfrac{1+\sqrt{1-\frac{3}{4}}}{\frac{\sqrt{3}}{2}}$

$=\dfrac{\left(1+\frac{1}{2}\right)}{\left(\frac{\sqrt{3}}{2}\right)}=\left(\dfrac{3}{2}\times\dfrac{2}{\sqrt{3}}\right)=\sqrt{3}.$

20. दिया गया व्यंजक $=\sqrt{900}+\sqrt{\dfrac{9}{100}}-\sqrt{\dfrac{9}{10^6}}$

$=\left(30+\dfrac{3}{10}-\dfrac{3}{10^3}\right)=\left(30+\dfrac{3}{10}-\dfrac{3}{1000}\right)$

$=(30+0\cdot3-0\cdot003)$

$=(30\cdot3-0\cdot003)=30\cdot297.$

21.

$$\begin{array}{r|l} 1 & \overline{1}\ \overline{32}\ \overline{18}\ (114 \\ & \underline{1} \\ 21 & \ \ 32 \\ & \ \ \underline{21} \\ 224 & \ \ 1118 \\ & \ \ \ \underline{896} \end{array}$$

$\therefore\ (114)^2<13218<(115)^2$

अभीष्ट लघुत्तम संख्या

$=(115)^2-13218=(13225-13218)=7$

22. $\dfrac{1}{(\sqrt{9}-\sqrt{8})}=(\sqrt{9}+\sqrt{8}),\ \dfrac{1}{(\sqrt{8}-\sqrt{7})}=(\sqrt{8}+\sqrt{7}),$

$\dfrac{1}{(\sqrt{7}-\sqrt{6})}=(\sqrt{7}+\sqrt{6})$ आदि.

$\therefore$ दिया गया व्यंजक $=(\sqrt{9}+\sqrt{8})-(\sqrt{8}+\sqrt{7})+(\sqrt{7}+\sqrt{6})$
$-(\sqrt{6}+\sqrt{5})+(\sqrt{5}+\sqrt{4})$

$=(\sqrt{9}+\sqrt{4})=(3+2)=5.$

23. माना दिये गये व्यंजक का मान $=x$. तब

$\sqrt{6+x}=x\Rightarrow 6+x=x^2$ [दोनों ओर वर्ग करने पर]

$\Rightarrow x^2-x-6=0\Rightarrow x^2-3x+2x-6=0$

$\Rightarrow x(x-3)+2(x-3)=0\Rightarrow(x-3)\,(x+2)=0\Rightarrow x=3.$

अभीष्ट मान = 3.

24.

$$\begin{array}{r|l} 2 & \overline{6}\ \overline{25}\ (25 \\ & \underline{4} \\ 45 & 225 \\ & \underline{225} \\ & \ \ \mathrm{x} \end{array} \qquad \begin{array}{r|l} 2 & \overline{4}\ \overline{84}\ (22 \\ & \underline{4} \\ 42 & \ \ 84 \\ & \ \ \underline{84} \\ & \ \ \mathrm{x} \end{array}$$

$\therefore\ \sqrt{625}+\sqrt{484}=(25+22)=47.$

25.

$$\begin{array}{r|l} 3 & \overline{12}\ \overline{25}\ (35 \\ & \ \underline{9} \\ 65 & 325 \\ & \underline{325} \\ & \ \ \mathrm{x} \end{array}$$

$\therefore\ \sqrt{1225}=35$

26.

$$\begin{array}{r|l} 5 & \overline{33}\ \overline{64}\ (58 \\ & \underline{25} \\ 108 & 864 \\ & \underline{864} \\ & \ \ \mathrm{x} \end{array}$$

$\therefore\ \sqrt{3364}=58$

27.

$$\begin{array}{r|l} 2 & \overline{6}\ \overline{40}\ \overline{09}\ (253 \\ & \underline{4} \\ 45 & 240 \\ & \underline{225} \\ 503 & \ \ 1509 \\ & \ \ \underline{1509} \\ & \ \ \ \mathrm{x} \end{array}$$

$\therefore\ \sqrt{64009}=253$

28. $4096=(2^3\times2^3\times2^3\times2^3)=(16)^3$

$\therefore\ \sqrt[3]{4096}=16.$

29. दिया गया व्यंजक

$=\sqrt{5+\sqrt{11+\sqrt{19+\sqrt{29+7}}}}=\sqrt{5+\sqrt{11+\sqrt{19+\sqrt{36}}}}$

$=\sqrt{5+\sqrt{11+\sqrt{19+6}}}=\sqrt{5+\sqrt{11+\sqrt{25}}}=\sqrt{5+\sqrt{11+5}}$

$=\sqrt{5+\sqrt{16}}=\sqrt{5+4}=\sqrt{9}=3.$

30. $\dfrac{\sqrt{32}+\sqrt{48}}{\sqrt{8}+\sqrt{12}}=\dfrac{\sqrt{16\times2}+\sqrt{16\times3}}{\sqrt{4\times2}+\sqrt{4\times3}}=\dfrac{4\sqrt{2}+4\sqrt{3}}{2\sqrt{2}+2\sqrt{3}}$

$=\dfrac{4(\sqrt{2}+\sqrt{3})}{2(\sqrt{2}+\sqrt{3})}=2.$

31. $\therefore 15625 = (5^3 \times 5^3)$

$\Rightarrow \sqrt[3]{15625} = (5 \times 5) = 25.$

32. माना $\frac{121}{x} = \frac{x}{81}$. तब, $x^2 = (121 \times 81) = (11)^2 \times (9^2)$

$= (11 \times 9)^2 = (99)^2 \Rightarrow x = 99.$

33. $\sqrt[3]{4\frac{12}{125}} = \sqrt[3]{\frac{512}{125}} = \sqrt[3]{\frac{8 \times 8 \times 8}{5 \times 5 \times 5}} = \frac{8}{5} = 1 \cdot 6.$

34. $\sqrt[3]{\cdot 000216} = \sqrt[3]{\frac{216}{10^6}} = \frac{6}{10^2} = \frac{6}{100} = \cdot 06.$

35. $\sqrt{\frac{3}{4}} = \frac{\sqrt{3}}{\sqrt{4}} = \frac{\sqrt{3}}{2} = \frac{1 \cdot 732}{2} = 0 \cdot 866.$

36. $\sqrt{\frac{2}{3}} + \sqrt{\frac{5}{6}} = \frac{\sqrt{2}}{\sqrt{3}} + \frac{\sqrt{5}}{\sqrt{6}}$

$= \frac{2}{\sqrt{6}} + \frac{\sqrt{5}}{\sqrt{6}} = \frac{(2+\sqrt{5})}{\sqrt{6}}.$

$= \frac{2 + 2 \cdot 24}{2 \cdot 45} = \frac{4 \cdot 24}{2 \cdot 45} = \frac{424}{245} = 1 \cdot 73.$

37. $\frac{\sqrt{2}}{(2+\sqrt{2})} = \frac{\sqrt{2}}{(2+\sqrt{2})} \times \frac{(2-\sqrt{2})}{(2-\sqrt{2})} = \frac{2\sqrt{2}-2}{(4-2)} = \frac{2(\sqrt{2}-1)}{2}$

$= (\sqrt{2}-1).$

38. $\frac{(\sqrt{7}+\sqrt{5})}{(\sqrt{7}-\sqrt{5})} + \frac{(\sqrt{7}-\sqrt{5})}{(\sqrt{7}+\sqrt{5})} = \frac{(\sqrt{7}+\sqrt{5})^2 + (\sqrt{7}-\sqrt{5})^2}{(7-5)}$

$= \frac{2\left\{(\sqrt{7})^2 + (\sqrt{5})^2\right\}}{2} = (7+5) = 12.$

39. $\frac{(\sqrt{7}+\sqrt{5})}{(\sqrt{7}-\sqrt{5})} = \frac{(\sqrt{7}+\sqrt{5})}{(\sqrt{7}-\sqrt{5})} \times \frac{(\sqrt{7}+\sqrt{5})}{(\sqrt{7}+\sqrt{5})} = \frac{(\sqrt{7}+\sqrt{5})^2}{(7-5)}$

$= \frac{7+5+2\sqrt{35}}{2} = \frac{12+2\sqrt{35}}{2} = (6+\sqrt{35}).$

40. $\frac{3\sqrt{2}}{2\sqrt{3}} = \frac{3\sqrt{2}}{2\sqrt{3}} \times \frac{\sqrt{3}}{\sqrt{3}} = \frac{\sqrt{6}}{2} = \frac{2 \cdot 449}{2} = 1 \cdot 2245.$

41. $\sqrt{\frac{4}{3}} = \frac{\sqrt{4}}{\sqrt{3}} = \frac{2}{\sqrt{3}} \times \frac{\sqrt{3}}{\sqrt{3}} = \frac{2}{3} . \sqrt{3}$ तथा $\sqrt{\frac{3}{4}} = \frac{\sqrt{3}}{\sqrt{4}} = \frac{\sqrt{3}}{2}.$

$\therefore$ दिया गया व्यंजक $= \frac{2\sqrt{3}}{3} - \frac{\sqrt{3}}{2} = \frac{4\sqrt{3}-3\sqrt{3}}{6} = \frac{\sqrt{3}}{6}.$

42. $\frac{7}{(3+\sqrt{2})} = \frac{7}{(3+\sqrt{2})} \times \frac{(3-\sqrt{2})}{(3-\sqrt{2})} = \frac{7(3-\sqrt{2})}{(9-2)}$

$= \frac{7(3-\sqrt{2})}{7} = (3-\sqrt{2})$

$= (3 - 1 \cdot 4142) = 1 \cdot 5858.$

43. $\frac{(4+\sqrt{2})}{(\sqrt{2}+1)} = \frac{(4+\sqrt{2})}{(\sqrt{2}+1)} \times \frac{(\sqrt{2}-1)}{(\sqrt{2}-1)} = \frac{(4\sqrt{2}-4+2-\sqrt{2})}{(2-1)}$

$= (3\sqrt{2}-2) = (3 \times 1 \cdot 4142 - 2) = (4 \cdot 2426 - 2)$

$= 2 \cdot 2426.$

44. $(8+2\sqrt{15}) = (5+3+2 \times \sqrt{5} \times \sqrt{3})$

$= \left[(\sqrt{5})^2 + (\sqrt{3})^2 + 2 \times \sqrt{5} \times \sqrt{2}\right] = (\sqrt{5}+\sqrt{3})^2$

$\Rightarrow \sqrt{8+2\sqrt{15}} = (\sqrt{5}+\sqrt{3}).$

45. माना $\frac{x}{2880} = \frac{180}{x}$. तब,

$x^2 = 180 \times 2880 = 18 \times 18 \times 16 \times 100$

$\therefore\ x = 18 \times 4 \times 10 = 720.$

46. दिया गया व्यंजक $= \sqrt{\frac{81}{10000}} = \frac{9}{100} = 0 \cdot 09.$

47. अंश में दशमलव स्थानों का योग = 6, हर में दशमलव स्थानों का योग = 6.

दिया गया व्यंजक $= \sqrt{\frac{81 \times 484}{64 \times 625}} = \frac{9 \times 22}{8 \times 25} = \frac{198}{200} = \cdot 99.$

48. अंश में दशमलव स्थान = 3, हर में दशमलव स्थानों का योग = 3.

$\therefore$ दिया गया व्यंजक $= \sqrt{\frac{204 \times 42}{7 \times 34}} = \sqrt{6 \times 6} = 6.$

49. अंश में दशमलव स्थानों का योग = 6, हर में दशमलव स्थानों का योग = 6.

$\therefore$ दिया गया व्यंजक $= \sqrt{\frac{95 \times 85 \times 189}{17 \times 19 \times 21}} = \sqrt{5 \times 5 \times 9}$

$= (5 \times 3) = 15.$

50. $\sqrt{1+\frac{x}{144}} = \frac{13}{12} \Rightarrow \left(1+\frac{x}{144}\right) = \left(\frac{13}{12}\right)^2 = \frac{169}{144}$

[दोनों ओर वर्ग करने पर]

$\Rightarrow \frac{x}{144} = \left(\frac{169}{144} - 1\right) = \frac{(169-144)}{144} = \frac{25}{144} \Rightarrow x = 25.$

51. $\therefore 328509 = [3^3 \times (23)^3)$

$\Rightarrow \sqrt[3]{328509} = (3 \times 23) = 69.$

52. $\sqrt[3]{\cdot 000729} = \sqrt[3]{\frac{729}{10^6}} = \sqrt[3]{\frac{9 \times 9 \times 9}{10^2 \times 10^2 \times 10^2}} = \frac{9}{10^2} = \frac{9}{100}$

$= 0.09.$

53. दिया गया व्यंजक $= \sqrt[3]{\frac{1}{10^6}} = \frac{1}{10^2} = \frac{1}{100} = \cdot 01.$

54. $\sqrt[3]{\frac{64}{1000}} + \sqrt{\frac{121}{100}} = \frac{4}{10} + \frac{11}{10} = \cdot 4 + 1 \cdot 1 = 1 \cdot 5.$

55. $\sqrt{\cdot 000729} = \sqrt{\frac{729}{10^6}} = \frac{27}{10^3} = \frac{27}{1000} = \cdot 027.$

$\sqrt[3]{\cdot 027} = \sqrt[3]{\frac{27}{1000}} = \frac{3}{10} = 0 \cdot 3.$

$\sqrt[3]{\cdot 008} = \sqrt[3]{\frac{8}{1000}} = \frac{2}{10} = 0 \cdot 2.$

दिया गया व्यंजक $= 0\cdot3 + 0\cdot2 = 0\cdot5$.

56. $\sqrt{0\cdot0196} = \sqrt{\frac{196}{10000}} = \frac{14}{100} = 0\cdot14$

$\therefore \frac{\sqrt{0\cdot0196}}{k} = 0\cdot2 \Rightarrow 0\cdot2 \times k = \sqrt{0\cdot0196} = 0\cdot14$

$\Rightarrow k = \frac{0\cdot14}{0\cdot20} = \frac{14}{20} = 0\cdot7.$

57. $\sqrt[3]{\frac{7}{875}} = \sqrt[3]{\frac{1}{125}}$

$= \sqrt[3]{\frac{1}{5\times5\times5}} = \frac{1}{5}.$

2	10, 16, 24
2	5, 8, 12
2	5, 4, 6
	5, 2, 3

58. $\sqrt{1+\frac{x}{169}} = \frac{14}{13} \Rightarrow \left(1+\frac{x}{169}\right) = \left(\frac{14}{13}\right)^2 = \frac{196}{169}$

[दोनों ओर वर्ग करने पर]

$\Rightarrow \frac{x}{169} = \left(\frac{196}{169} - 1\right) = \frac{(196-169)}{169} = \frac{27}{169} \Rightarrow x = 27.$

59. 10, 16, 24 का ल०स० $= 2\times4\times5\times2\times3$

$= 2^2 \times 2^2 \times 5 \times 3$

अभीष्ट वर्ग संख्या $= 2^2 \times 2^2 \times 5^2 \times 3^2 = 3600.$

60.

```
     9 | 89 49 16 ( 946
       | 81
   184 |  849
       |  736
  1886 |  11316
       |  11316
       |    x
```

$\therefore \sqrt{894916} = 946$

61.

```
    9 | 92 16 ( 96          1 | 1 25 44 ( 112
      | 81                    | 1
  186 | 1116               21 |   25
      | 1116                  |   21
      |   x               222 |   444
                              |   444
                              |    x
```

$\therefore \sqrt{9216} + \sqrt{12544} = (96 + 112) = 208.$

62. $\sqrt{1\frac{9}{16}} = \sqrt{\frac{25}{16}} = \frac{\sqrt{25}}{\sqrt{16}} = \frac{5}{4} = 1\frac{1}{4}.$

53. माना $\frac{\sqrt{256}}{x} \times \frac{\sqrt{625}}{x} = 4.$ तब, $\frac{16}{x} \times \frac{25}{x} = 4.$

$\therefore 4x^2 = (16\times25) \Rightarrow x^2 = (4\times25) = 100 = (10)^2$

$\Rightarrow x = 10.$

64. माना $\sqrt{\frac{x}{169}} = \frac{18}{13} \Rightarrow \frac{x}{169} = \frac{18\times18}{13\times13}$

$\Rightarrow x = (18\times18) = 324.$

65. $\sqrt{4^n} = 1024 \Rightarrow 4^n = (1024)^2$ [दोनों ओर वर्ग करने पर]

$\Rightarrow 4^n = (4^5)^2 = 4^{10} \Rightarrow n = 10.$

66. $\frac{1120}{\sqrt{n}} = 80 \Rightarrow \sqrt{n} = \frac{1120}{80} = 14$

$\Rightarrow n = (14)^2 = 196$ [दोनों ओर वर्ग करने पर]

67. दिया गया व्यंजक

$= \sqrt{\frac{6084}{100}} + \sqrt{\frac{6084}{10000}} + \sqrt{\frac{6084}{1000000}} + \sqrt{\frac{6084}{100000000}}$

$= \left(\frac{78}{10} + \frac{78}{100} + \frac{78}{1000} + \frac{78}{10000}\right)$

$= (7\cdot8 + 0\cdot78 + 0\cdot078 + 0\cdot0078)$
$= 8\cdot6658.$

7·8
0·78
0·078
0·0078
8·6658

68. दशमलव स्थानों को सम स्थान बनाने पर

$\sqrt{0\cdot4} = \sqrt{0\cdot40} = \sqrt{\frac{40}{100}}$

$= \frac{\sqrt{40}}{10} = \frac{6\cdot32}{10} = \cdot632.$

69. $\sqrt{0\cdot064} = \sqrt{\frac{640}{10000}}$

$= \frac{\sqrt{640}}{100} = \frac{25}{100} = \cdot25.$

70. माना $\sqrt{1296} = x^2.$

तब, $x^2 = 36 \Rightarrow x = 6.$

71. माना दिया गया व्यंजक $= x.$ तब,

$\sqrt{2+x} = x \Rightarrow 2 + x = x^2$

$\Rightarrow x^2 - x - 2 = 0 \Rightarrow x^2 - 2x + x - 2 = 0$

$\Rightarrow x(x-2) + (x-2) = 0 \Rightarrow (x-2)(x+1) = 0 \Rightarrow x = 2.$

$\therefore$ दिये गये व्यंजक का मान $= 2.$

72. $\sqrt{2^n} = 64 \Rightarrow 2^n = (64)^2$ [दोनों ओर वर्ग करने पर]

$\Rightarrow 2^n = (2^6)^2 = 2^{12} \Rightarrow n = 12.$

73. $294 = 2\times3\times7\times7$

अभीष्ट पूर्ण वर्ग $= (2\times3\times7\times7)\times2\times3$

अत: पूर्ण वर्ग बनाने के लिए इसे 6 से गुणा करना होगा।

74.

7	1029
7	147
7	21
	3

$\therefore 1029 = (7^3 \times 3^1).$

इसे पूर्ण घन बनाने हेतु 3^2

अर्थात 9 से गुणा करना होगा।

75. $3600 = 5^2 \times 2^3 \times 3^2 \times 2$

पूर्ण घन बनाने के लिए इसे

$(5^2 \times 3^2 \times 2) = 450$ से भाग देना होगा।

76. स्पष्ट है कि दी गई संख्याओं में 9261

अभीष्ट संख्या है.

77. $\sqrt[3]{13\cdot824} = \sqrt[3]{\frac{13824}{1000}} = \frac{\sqrt[3]{13824}}{\sqrt[3]{1000}}$

$= \frac{\sqrt[3]{2^3\times2^3\times2^3\times3^3}}{\sqrt[3]{10^3}}$

$= \frac{(2\times2\times2\times3)}{10} = \frac{24}{10} = 2\cdot4.$

78. $600.16\times\sqrt{?}+60.05\times\sqrt{63}=2280$

$\Rightarrow 600\times\sqrt{?}+60\times\sqrt{64}=2280$

$\Rightarrow 600\times\sqrt{?}+60\times8=2280$

$\Rightarrow 600\times\sqrt{?}+480=2280$

$\Rightarrow 600\times\sqrt{?}=2280-480=1800$

$\Rightarrow 600\times600\times\sqrt{?}=1800$

$\Rightarrow \sqrt{?}=\frac{1800}{600}=3$

$\Rightarrow ?=(3)^2=9$

79. $?-\sqrt{9}-\sqrt{64}=24$

$\Rightarrow ?-3-8=24$

$\Rightarrow ?-11=24$

$\Rightarrow ?=11+24=35$

$\Rightarrow ?=35$

80. 6 अंकों की छोटी से छोटी संख्या = 100000.

3	$\overline{10}\,\overline{00}\,\overline{00}$ (316
	9
61	100
	61
626	3900
	3756
	144

अभीष्ट संख्या $= (317)^2 = 100489.$

81. $\sqrt{\frac{3-\sqrt{8}}{3+\sqrt{8}}} = \sqrt{\frac{3-\sqrt{8}}{3+\sqrt{8}}\times\frac{\sqrt{3}-\sqrt{8}}{\sqrt{3}-\sqrt{8}}} = \sqrt{\frac{(3-\sqrt{8})^2}{(3)^2-(\sqrt{8})^2}}$

$\because \{(a+b)(a-b)=a^2-b^2\}$

$\sqrt{(3-\sqrt{8})^2} = 3-\sqrt{8} = 3-2\sqrt{2}$

$= 3-2\times1.4142 = 3-2.8284 = 0.1716$

82. $1470 = 7\times7\times30$

स्पष्ट है कि इसे पूर्ण वर्ग बनाने के लिए 30 से भाग देना होगा.

83. 10, 12, 15, 18 का ल०स०

$= (2\times3\times5\times2\times3) = (2^2\times3^2\times5)$

अभीष्ट संख्या $= (2^2\times3^2\times5^2) = 900.$

2	10, 12, 15, 18
3	5, 6, 15, 9
5	5, 2, 5, 3
	1, 2, 1, 3

84. $\frac{2430}{16}-16.97+\sqrt{?}=164$

$\approx 152-17+\sqrt{x}=164$

$\approx \sqrt{x}=164-135\approx29$

$\Rightarrow x=29\times29=841$

85. $\frac{9601}{11.98}\times\sqrt{531}+95.88=x$

$\frac{9601}{12}\times23+96=x$

$\Rightarrow 800\times23+96=x$

$18400+96=x$

$\Rightarrow x=18496$

86. $a\times b*c=\frac{a\times\sqrt{(b-c)+(b^2-c^2)}}{2bc}$

$=3\times\frac{\sqrt{(7-3)+(7^2-3^2)}}{2\times7\times3} = \frac{3\times\sqrt{4+(49-9)}}{42}$

$=3\times\frac{\sqrt{4+40}}{42}=3\times\frac{\sqrt{44}}{42}=3\times\frac{2\sqrt{11}}{2\times21}=\frac{\sqrt{11}}{7}$

87. $\sqrt{3}=1.732$

$\sqrt{12}=\sqrt{2\times2\times3}=2\sqrt{3}=2\times1.732=3.464$

प्रश्नमाला 5B

1. यदि $\sqrt{2}=1\cdot4142$ हो, तो $\frac{23}{(5+\sqrt{2})}$ का मान दशमलव के चार स्थानों तक ज्ञात कीजिए.
(a) 3.5858 (b) 3.9681 (c) 3.5146 (d) 3.5856

2. यदि $\sqrt{3}=1\cdot732$ तथा $\sqrt{5}=2\cdot236$ हो, तो $\sqrt{8+2\sqrt{15}}$ का मान ज्ञात कीजिए.
(a) 3.268 (b) 3.968 (c) 2.814 (d) 2.967

3. $\left\{\sqrt{28+10\sqrt{3}}-\frac{1}{\sqrt{7-4\sqrt{3}}}\right\}$ का मान ज्ञात कीजिए.
(a) 0 (b) 1 (c) 2 (d) 3

4. यदि $\sqrt{3}=1\cdot732$ हो, तो $\left(\dfrac{2-\sqrt{3}}{2+\sqrt{3}}\right)$ का वर्गमूल ज्ञात कीजिए.

(a) 0 (b) 0.268
(c) 1 (d) इनमें से कोई नहीं

5. यदि $a=\dfrac{\sqrt{3}}{2}$ हो, तो $\left(\sqrt{1+a}+\sqrt{1-a}\right)$ का मान ज्ञात कीजिए.

(a) $\sqrt{5}$ (b) 0 (c) $\sqrt{3}$ (d) 1

6. यदि $x=\dfrac{1}{(2+\sqrt{3})}$ हो, तो $\dfrac{(3x-x^3)}{(1-3x^2)}$ का मान ज्ञात कीजिए.

(a) 0 (b) 1 (c) 2 (d) 3

7. यदि $(a+b):\sqrt{ab}=4:1$ हो, तो $a:b$ का मान ज्ञात कीजिए.

(a) $\left(7+4\sqrt{3}\right):1$ (b) $1:\left(7+4\sqrt{3}\right)$
(c) $\left(4+7\sqrt{3}\right):1$ (d) $1:\left(4+7\sqrt{3}\right)$

8. यदि $\sqrt{3}=1\cdot732$ तथा $\sqrt{2}=1\cdot414$ हो, तो $\dfrac{(\sqrt{3}+\sqrt{2})}{(\sqrt{3}-\sqrt{2})}$ के वर्गमूल का मान दशमलव के तीन स्थानों तक ज्ञात कीजिए.

(a) 3.414 (b) 3.158 (c) 3.146 (d) 3.416

9. 16160 में से कम से कम क्या घटाया जाये कि शेष संख्या एक पूर्ण वर्ग हो ?

(a) 24 (b) 31 (c) 37 (d) 47

10. 2582415 में छोटी से छोटी कौन-सी संख्या जोड़ी जाये कि इस प्रकार प्राप्त योगफल एक पूर्ण वर्ग हो ?

(a) 64 (b) 57 (c) 27 (d) 34

11. वह छोटी से छोटी संख्या ज्ञात करें जो एक पूर्ण वर्ग हो तथा 9, 12, 32 में से प्रत्येक से पूर्णतया विभक्त हो जाये.

(a) 576 (b) 616 (c) 676 (d) 496

12. 6 अंकों की वह बड़ी से बड़ी संख्या ज्ञात करें जो कि पूर्ण वर्ग हो.

(a) 999001 (b) 989081 (c) 998001 (d) 999801

13. 4 अंकों की वह छोटी से छोटी संख्या ज्ञात करें जो एक पूर्ण वर्ग हो.

(a) 1024 (b) 1134 (c) 1076 (d) 1237

14. 6 अंकों की वह छोटी से छोटी संख्या ज्ञात करें जो एक पूर्ण वर्ग हो.

(a) 110459 (b) 100489 (c) 101459 (d) 101489

15. $\sqrt{\dfrac{2}{3}}$ का मान दशमलव के 3 स्थानों तक ज्ञात कीजिए.

(a) 0.618 (b) 0.678 (c) 0.816 (d) 0.878

उत्तरमाला (प्रश्नमाला 5B)

1. (a) **2.** (b) **3.** (d) **4.** (b) **5.** (c) **6.** (b) **7.** (a) **8.** (c) **9.** (b) **10.** (d) **11.** (a) **12.** (c) **13.** (a) **14.** (b) **15.** (c)

दिये गए प्रश्नों के हल (प्रश्नमाला 5B)

1. $\dfrac{23}{\left(5+\sqrt{2}\right)}=\dfrac{23}{\left(5+\sqrt{2}\right)}\times\dfrac{\left(5-\sqrt{2}\right)}{\left(5-\sqrt{2}\right)}=\dfrac{23\times\left(5-\sqrt{2}\right)}{(25-2)}$

$=(5-\sqrt{2})=(5-1\cdot4142)=3\cdot5858.$

2. $\left(8+2\sqrt{15}\right)=5+3+2\times\sqrt{5}\times\sqrt{3}$

$=\left\{\left(\sqrt{5}\right)^2+\left(\sqrt{3}\right)^2+2\times\sqrt{5}\times\sqrt{3}\right\}=\left(\sqrt{5}+\sqrt{3}\right)^2.$

$\therefore\ \sqrt{8+2\sqrt{15}}=\left(\sqrt{5}+\sqrt{3}\right)=(2\cdot236+1\cdot732)=3\cdot968.$

3. $\sqrt{28+10\sqrt{3}}=\sqrt{28+2\times5\times\sqrt{3}}=\sqrt{25+3+2\times5\times\sqrt{3}}$

$=\sqrt{(5)^2+(\sqrt{3})^2+2\times5\times\sqrt{3}}=\sqrt{(5+\sqrt{3})^2}=(5+\sqrt{3}).$

$\dfrac{1}{(7-4\sqrt{3})}=\dfrac{1}{(7-4\sqrt{3})}\times\dfrac{(7+4\sqrt{3})}{(49-48)}=(7+4\sqrt{3})$

$\therefore\ \dfrac{1}{\sqrt{7-4\sqrt{3}}}=\sqrt{7+4\sqrt{3}}=\sqrt{7+2\times2\times\sqrt{3}}$

$=\sqrt{4+3+2\times2\times\sqrt{3}}$

$=\sqrt{2^2+(\sqrt{3})^2+2\times2\times\sqrt{3}}=\sqrt{(2+\sqrt{3})^2}=(2+\sqrt{3}).$

$\therefore$ दिया गया व्यंजक $=(5+\sqrt{3})-(2+\sqrt{3})=3.$

4. $\dfrac{(2-\sqrt{3})}{(2+\sqrt{3})}=\dfrac{(2-\sqrt{3})}{(2+\sqrt{3})}\times\dfrac{(2-\sqrt{3})}{(2-\sqrt{3})}=\dfrac{(2-\sqrt{3})^2}{(4-3)}$

$=(2-\sqrt{3})^2.$

$\therefore$ अभीष्ट वर्गमूल $=(2-\sqrt{3})=(2-1\cdot732)=0\cdot268.$

5. माना $x=\left(\sqrt{1+a}+\sqrt{1-a}\right)$. तब,

$x^2=\left(\sqrt{1+a}+\sqrt{1-a}\right)^2=(1+a)+(1-a)+2\sqrt{1+a}\cdot\sqrt{1-a}$

$=2+2\sqrt{1-a^2}=2\left[1+\sqrt{1-a^2}\right]=2\left[1+\sqrt{\left(1-\dfrac{3}{4}\right)}\right]$

$=2\left[1+\sqrt{\dfrac{1}{4}}\right]=2\left[1+\dfrac{1}{2}\right]=\left(2\times\dfrac{3}{2}\right)=3.$

$\therefore\ x=\sqrt{3}.$

6. $x=\dfrac{1}{(2+\sqrt{3})}\times\dfrac{(2-\sqrt{3})}{(2-\sqrt{3})}=\dfrac{(2-\sqrt{3})}{(4-3)}=(2-\sqrt{3}).$

$\therefore\ x^2=(2-\sqrt{3})^2=(4+3-4\sqrt{3})=(7-4\sqrt{3}).$ तथा

$x^3=(x\times x^2)=(2-\sqrt{3})(7-4\sqrt{3})=(14+12-15\sqrt{3})$

$=(26-15\sqrt{3}).$

$$\therefore \frac{(3x-x^3)}{(1-3x^2)}=\frac{(6-3\sqrt{3})-(26-15\sqrt{3})}{1-(21-12\sqrt{3})}=\frac{-20+12\sqrt{3}}{-20+12\sqrt{3}}=1.$$

7. $\frac{a+b}{\sqrt{ab}}=\frac{4}{1}\Rightarrow\frac{a+b}{2\sqrt{ab}}=\frac{2}{1}\Rightarrow\frac{a+b+2\sqrt{ab}}{a+b-2\sqrt{ab}}=\frac{2+1}{2-1}$

[योगान्तरानुपात से]

$$\Rightarrow\frac{(\sqrt{a}+\sqrt{b})^2}{(\sqrt{a}-\sqrt{b})^2}=\frac{3}{1}\Rightarrow\frac{\sqrt{a}+\sqrt{b}}{\sqrt{a}-\sqrt{b}}=\frac{\sqrt{3}}{1}$$

$$\Rightarrow\frac{\sqrt{a}+\sqrt{b}+\sqrt{a}-\sqrt{b}}{\sqrt{a}+\sqrt{b}-\sqrt{a}+\sqrt{b}}=\frac{\sqrt{3}+1}{\sqrt{3}-1}$$ [योगान्तरानुपात से]

$$\Rightarrow\frac{2\sqrt{a}}{2\sqrt{b}}=\frac{(\sqrt{3}+1)}{(\sqrt{3}-1)}\times\frac{(\sqrt{3}+1)}{(\sqrt{3}+1)}$$

$$\Rightarrow\frac{\sqrt{a}}{\sqrt{b}}=\frac{(\sqrt{3}+1)^2}{(3-1)}=\frac{(3+1+2\sqrt{3})}{2}$$

$$\Rightarrow\frac{\sqrt{a}}{\sqrt{b}}=\frac{2(2+\sqrt{3})}{2}=(2+\sqrt{3})$$

$$\Rightarrow\frac{a}{b}=\left(\frac{\sqrt{a}}{\sqrt{b}}\right)^2=(2+\sqrt{3})^2=(4+3+4\sqrt{3})=(7+4\sqrt{3}).$$

अतः $a:b=(7+4\sqrt{3}):1.$

8. $$\frac{(\sqrt{3}+\sqrt{2})}{(\sqrt{3}-\sqrt{2})}=\frac{(\sqrt{3}+\sqrt{2})}{(\sqrt{3}-\sqrt{2})}\times\frac{(\sqrt{3}+\sqrt{2})}{(\sqrt{3}+\sqrt{2})}=\frac{(\sqrt{3}+\sqrt{2})^2}{(3-2)}=(\sqrt{3}+\sqrt{2})^2$$

अभीष्ट वर्गमूल $=(\sqrt{3}+\sqrt{2})$
$=(1\cdot732+1\cdot414)=3\cdot146.$

9.
```
    1 | 1 61 60 (127        1 04 20 (102
      | 1                   1
   22 |   61
      |   44
  247 |   1760
      |   1729
      |     31
```
घटाई जाने वाली संख्या = 31.

10.
```
    1 | 2 58 24 15 (1606
      | 1
   26 | 158
      | 156
 3206 |   22415
      |   19236
      |    3179
```
अभीष्ट संख्या
$=(1607)^2-2582415=34.$

11. 9, 12, 32 का ल०स० $=3\times3\times2\times2\times2\times2\times2$
$=(3^2\times2^2\times2).$

अभीष्ट संख्या $=(3^2\times2^2\times2^2\times2^2)=576.$

3	9, 12, 32
2	9, 6, 16
2	9, 3, 8
2	9, 3, 4
3	9, 3, 2
	3, 1, 2

12. 6 अंकों की बड़ी से बड़ी संख्या = 999999.
इसका वर्गमूल लेने पर:
अभीष्ट संख्या
= (999999 – 1998) = 998001.
```
    9 | 99 99 99 ( 999
      | 81
  189 | 1899
      | 1701
 1989 |  19899
      |  17901
      |   1998
```

13. 4 अंकों की छोटी से छोटी संख्या = 1000.
इसका वर्गमूल लेने पर :
```
    3 | 10 00 ( 31
      |  9
   61 | 100
      |  61
      |  39
```
अभीष्ट संख्या $=(32)^2=1024.$

14. 6 अंकों की छोटी से छोटी संख्या = 100000.
इसका वर्गमूल लेने पर:
```
    3 | 10 00 00 ( 316
      |  9
   61 | 100
      |  61
  626 |  3900
      |  3756
      |   144
```
अभीष्ट संख्या $=(317)^2=100489.$

15. $\sqrt{\frac{2}{3}}=\frac{\sqrt{2}}{\sqrt{3}}\times\frac{\sqrt{3}}{\sqrt{3}}=\frac{\sqrt{6}}{3}=\frac{2.449}{3}=0\cdot816.$
```
    2 | 6·0000 (2·449
      | 4
   44 | 200
      | 176
  484 | 2400
      | 1936
 4889 |  46400
      |  44001
```

□□□

6

औसत
(AVERAGE)

Scan QR Code
for Watching Video

सामान्य नियम

1. औसत $= \dfrac{\text{दिये गये परिमाणों का योग}}{\text{परिमाणों की संख्या}}$.
2. माना एक व्यक्ति एक निश्चित दूरी x किमी०/घण्टा की चाल से तथा उतनी ही दूरी y किमी०/घण्टा की चाल से तय करता है. तब,
   पूरी यात्रा में औसत चाल $= \dfrac{2xy}{(x+y)}$ किमी०/घण्टा.
3. समान्तर श्रेढ़ी: $a, a+d, a+2d, a+3d, \ldots\ldots$ एक समान्तर श्रेढ़ी है जिसमें
   प्रथम पद $= a$, सार्वअन्तर $= d$
   $\therefore$ nवाँ पद $= T_n = a+(n-1)d$.
   n पदों का योग $= S_n = \dfrac{n}{2}[2a+(n-1)d]$ तथा $S_n = \dfrac{n}{2}(a+l)$, जहाँ अन्तिम पद $= l$.
4. (i) प्रथम n प्राकृत संख्याओं का योग
   $= (1+2+3+\ldots\ldots+n) = \dfrac{1}{2}n(n+1)$.
   (ii) प्रथम n विषम प्राकृत संख्याओं का योग
   $= \{1+3+5+\ldots\ldots+(2n-1)\} = n^2$.
   (iii) प्रथम n सम प्राकृत संख्याओं का योग
   $= \{2+4+6+\ldots\ldots+2n\} = n(n+1)$
   (iv) प्रथम n प्राकृत संख्याओं के वर्गों का योग
   $= \{1^2+2^2+3^2+\ldots\ldots+n^2\} = \dfrac{1}{6}n(n+1)(2n+1)$.
   (v) प्रथम n प्राकृत संख्याओं के घनों का योग
   $= (1^3+2^3+3^3+\ldots\ldots+n^3) = \left\{\dfrac{1}{2}n(n+1)\right\}^2$.

साधित उदाहरण

प्रश्न 1. प्रथम 50 प्राकृत संख्याओं का औसत कितना है?

हल: हम जानते हैं कि $(1+2+3+\ldots\ldots+n) = \dfrac{1}{2}n(n+1)$.

$\therefore$ $(1+2+3+\ldots\ldots+50) = \left(\dfrac{1}{2}\times 50\times 51\right) = 1275$.

अत: अभीष्ट औसत $= \dfrac{1275}{50} = \dfrac{51}{2} = 25\cdot 5$.

प्रश्न 2. 60 तक की सभी विषम प्राकृत संख्याओं का औसत कितना है?

हल: अभीष्ट योग $= (1+3+5+\ldots\ldots+59)$.

यह एक समान्तर श्रेढ़ी है जिसमें $a = 1$ तथा $d = 2$.

nवाँ पद $= 59 \Rightarrow a+(n-1)d = 59$

$\Rightarrow 1+(n-1)\times 2 = 59 \Rightarrow (n-1) = \dfrac{58}{2} = 29 \Rightarrow n = 30$.

$\therefore$ $1+3+5+\ldots\ldots$ तीस पदों तक $= (30)^2 = 900$.

अत: अभीष्ट औसत $= \dfrac{900}{30} = 30$.

प्रश्न 3. 50 तक की सभी सम प्राकृत संख्याओं का औसत कितना है?

हल: इन संख्याओं का योग $= 2+4+6+8+ \ldots\ldots + 50$

$= 2(1+2+3+4+\ldots\ldots+25) = \left(2\times\frac{25\times 26}{2}\right) = 25\times 26.$

अभीष्ट औसत $= \frac{25\times 26}{25} = 26.$

प्रश्न 4. A, B तथा C की आयु क्रमशः 32 वर्ष, 36 वर्ष तथा 46 वर्ष है. इनकी औसत आयु कितनी है?

हल: A, B तथा C की आयु का योग = (32 + 36 + 46) वर्ष = 114 वर्ष

$\therefore$ इनकी औसत आयु $= \frac{114}{3}$ वर्ष = 38 वर्ष.

प्रश्न 5. एक कक्षा के 31 छात्रों का औसत भार 30 किग्रा० है. यदि अध्यापक का भार भी सम्मिलित कर लिया जाये तो औसत भार में 500 ग्राम की वृद्धि होती है. अध्यापक का भार ज्ञात कीजिए.

हल: 31 छात्रों का कुल भार = (30 × 31) किग्रा० = 930 किग्रा०

(31 छात्र + अध्यापक) का औसत भार = (30 + 0·5) किग्रा० = 30·5 किग्रा०

(31 छात्र + अध्यापक) का कुल भार = (30·5 × 32) किग्रा० = 976 किग्रा०

अध्यापक का भार = (976 – 930) किग्रा० = 46 किग्रा०.

प्रश्न 6. एक नाव के 10 नाविकों में से 56 किग्रा० भार वाले व्यक्ति के स्थान पर नया व्यक्ति आने से औसत भार में 800 ग्राम की वृद्धि हो जाती है. नये नाविक का भार कितना है?

हल: भार में कुल वृद्धि $= \left(\frac{800}{1000}\times 10\right)$ किग्रा० = 8 किग्रा०.

अत: नये नाविक का भार = (56 + 8) किग्रा० = 64 किग्रा०.

प्रश्न 7. 11 परिणामों का औसत 50 है. यदि प्रथम छः परिणामों का औसत 49 हो तथा अन्तिम छः का औसत 52 हो, तो छठा परिणाम ज्ञात कीजिए.

हल: 11 परिणामों का कुल परिमाण = (50 × 11) = 550.

प्रथम 6 परिणामों का कुल परिमाण = (49 × 6) = 294.

अन्तिम 6 परिणामों का कुल परिमाण = (52 × 6) = 312.

छठा परिणाम = (294 + 312 – 550) = 56.

प्रश्न 8. किसी वर्ष में एक परिवार के प्रथम 3 माह, अगले 4 माह तथा अन्तिम 5 माह के औसत खर्च क्रमशः ₹ 8400 मासिक, ₹ 10080 मासिक तथा ₹ 10608 मासिक हैं तथा वार्षिक बचत ₹ 8640 है. इस परिवार की औसत मासिक आय कितनी है?

हल: परिवार की 1 वर्ष की कुल आय

= ₹ (8400 × 3 + 10080 × 4 + 10608 × 5 + 8640).

= ₹ (25200 + 40320 + 53040 + 8640) = ₹ 127200.

परिवार की औसत मासिक आय = ₹ $\frac{127200}{12}$ = ₹ 10600.

प्रश्न 9. किसी सप्ताह सोमवार, मंगलवार तथा बुधवार का औसत तापमान 40°C था; मंगलवार, बुधवार तथा बृहस्पतिवार का औसत तापमान 41°C था. यदि बृहस्पतिवार का तापमान 38°C हो, तो सोमवार का तापमान कितना था?

हल: (M + T + W) का तापमान का योग = (40 × 3) = 120° ...(*i*)

(T + W + Th) का तापमान का योग = (41 × 3) = 123° ...(*ii*)

Th का तापमान = 38°. ...(*iii*)

(*iii*) को (*ii*) में से घटाने पर, (T + W) का योग = (123 – 38) = 85°.

$\therefore$ सोमवार का तापमान = (120 – 85) = 35°.

प्रश्न 10. एक कक्षा के 24 छात्रों में से 6 की औसत ऊँचाई 1 मी० 15 सेमी०, 8 की औसत ऊँचाई 1 मीटर 5 सेमी० तथा शेष छात्रों की औसत ऊँचाई 1 मीटर 11 सेमी० है. इन सभी छात्रों की औसत ऊँचाई कितनी है?

हल: 24 छात्रों की कुल ऊँचाई का योग

$= (6\times 1\cdot 15 + 8\times 1\cdot 05 + 10\times 1\cdot 11)$ मीटर

$= (6\cdot 90 + 8\cdot 40 + 11\cdot 10)$ मीटर = 26·40 मीटर.

अभीष्ट औसत ऊँचाई $= \frac{26\cdot 40}{24}$ मीटर = 1·10 मीटर.

प्रश्नमाला 6A

नीचे दिये गये प्रश्नों में से प्रत्येक में सही उत्तर को चिन्हांकित (✓) कीजिए:

1. निम्नलिखित संख्याओं का औसत कितना है?
76, 48, 84, 66, 70, 64
(*a*) 72 (*b*) 68 (*c*) 66 (*d*) 64
(*e*) इनमें से कोई नहीं

2. दो संख्याओं A तथा B का औसत 20, B तथा C का औसत 19 और C तथा A का औसत 21 है. A का मान कितना है?
(*a*) 24 (*b*) 22 (*c*) 20 (*d*) 18
(एस०एस०सी० परीक्षा, 2010)

3. एक श्रृंखला में 10 प्रेक्षणों का औसत 64 है। यदि पहले 5 प्रेक्षणों का औसत 45 और अंतिम 3 प्रेक्षणों का औसत 71 है तो शेष 2 प्रेक्षणों का औसत ज्ञात कीजिए।
(*a*) 105 (*b*) 101 (*c*) 111 (*d*) 121
(*e*) इनमें से कोई नहीं (आर.बी.आई. पी.ओ. परीक्षा, 2020)

4. एक आदमी के 7 बच्चे थे। जब उनकी औसत आयु 12 वर्ष थी, तब 6 वर्ष की आयु के एक बच्चे की मृत्यु हो गई। शेष छह बच्चों की औसत आयु है:
(*a*) 21 वर्ष (*b*) 13 वर्ष (*c*) 25 वर्ष (*d*) 24 वर्ष
(एस.एस.सी.-सी.जी.एल. परीक्षा, 2019)

5. A तथा B की औसत मासिक आय ₹ 14000, B तथा C की औसत मासिक आय ₹ 15600 और A तथा C की औसत मासिक आय

₹14400 है. B की मासिक आय कितनी है ?
(*a*) ₹ 12400 (*b*) ₹ 12800 (*c*) ₹ 15200 (*d*) ₹ 16000
(एस०एस०सी० परीक्षा, 2010)

6. एक समूह में विद्यार्थियों के औसत अंक 63 हैं. इनमें से 3 के प्राप्तांक 78, 69 तथा 48 हैं. शेष 6 विद्यार्थियों के औसत अंक कितने हैं ?
(*a*) 63·5 (*b*) 64 (*c*) 63 (*d*) 62·5
(*e*) इनमें से कोई नहीं (बैंक पी०ओ० परीक्षा, 2010)

7. एक व्यक्ति A से B तक x किमी०/घण्टा की औसत चाल से जाता है तथा वापिस B से A तक y किमी०/घण्टा की औसत चाल से लौट आता है. पूरी यात्रा में उसकी औसत चाल कितनी है
(*a*) $\frac{x+y}{2xy}$ किमी०/घण्टा (*b*) $\frac{2xy}{x+y}$ किमी०/घण्टा
(*c*) $\frac{2}{x+y}$ किमी०/घण्टा (*d*) $\left(\frac{1}{x}+\frac{1}{y}\right)$ किमी०/घण्टा
(एस०एस०सी० परीक्षा, 2010)

8. एक परिवार के 5 सदस्यों की औसत आयु 24 वर्ष है। यदि सबसे छोटा सदस्य 8 वर्ष का है, तो सबसे छोटे सदस्य के जन्म से ठीक पहले परिवार की औसत आयु (वर्षों में) क्या थी? (एस.एस.सी.-सी.जी.एल. परीक्षा, 2017)
(*a*) 22 (*b*) 16 (*c*) 20 (*d*) 18

9. एक कक्षा में 80 बच्चों की औसत आयु 15 वर्ष है. इनमें से 15 बच्चों के एक समूह की औसत आयु 16 वर्ष है तथा कक्षा के दूसरे 25 बच्चों की औसत आयु 14 वर्ष है. कक्षा के शेष बच्चों की औसत आयु कितनी है ?
(*a*) 15·25 वर्ष (*b*) 14 वर्ष
(*c*) 14·75 वर्ष (*d*) निर्धारित नहीं किया जा सकता
(*e*) इनमें से कोई नहीं (बैंक पी०ओ० परीक्षा, 2010)

10. किसी समिति के 10 सदस्यों की औसत आयु आज भी उतनी ही है जितनी यह 2 वर्ष पूर्व थी क्योंकि एक अधिक आयु वाले सदस्य को एक नवयुवक सदस्य द्वारा बदला गया है. पुराने सदस्य की तुलना में नया सदस्य कितना छोटा है ? (एस०एस०सी० परीक्षा, 2010)
(*a*) 20 वर्ष (*b*) 15 वर्ष (*c*) 10 वर्ष (*d*) 2 वर्ष

11. एक कक्षा में 45 विद्यार्थी हैं जिनमें से 30 लड़के तथा शेष लड़कियाँ हैं. यदि लड़कियों का औसत भार 45 किग्रा० तथा लड़कों का औसत भार 52 किग्रा० हो, तो सम्पूर्ण कक्षा का औसत भार लगभग कितना है ? (होटल मैनेजमैन्ट परीक्षा, 2010)
(*a*) 48 किग्रा० (*b*) 49 किग्रा०
(*c*) 50 किग्रा० (*d*) 51 किग्रा०

12. पांच क्रमिक विषम संख्याओं का औसत 21 है। उनमें से सबसे छोटी संख्या ज्ञात करें।
(*a*) 21 (*b*) 17 (*c*) 19 (*d*) 13
[दिल्ली मेट्रो रेल कॉर्पोरेशन सी.आर.ए. परीक्षा, 2017]

13. एक क्रिकेट मैच के पहले 30 ओवर में रन रेट 5.2 रन/ओवर था। शेष 20 ओवरों में 280 रन के लक्ष्य तक पहुँचने के लिए अपेक्षित रन रेट क्या होगा?
(*a*) 6.8 (*b*) 7.4 (*c*) 6.2 (*d*) 5.6
[एस.एस.सी.सी. एच.एस.एल. ग्रेड-टियर-I (सीबीई) परीक्षा, 2017]

14. एक कार, जीप और ट्रैक्टर की गति के बीच का अनुपात क्रमशः 3 : 5 : 2 है. जीप की गति ट्रैक्टर की गति की 250% है, जो 12 घण्टे में 360 किमी० दूरी तय करता है. कार और जीप की औसत गति कितनी है ? (बैंक पी०ओ० परीक्षा, 2010)
(*a*) 60 किमी०/घण्टा (*b*) 75 किमी०/घण्टा
(*c*) 40 किमी०/घण्टा (*d*) निर्धारित नहीं की जा सकती
(*e*) इनमें से कोई नहीं

15. प्रथम 50 प्राकृत संख्याओं की औसत है:
(*a*) 25.5 (*b*) 27.5 (*c*) 24.5 (*d*) 23.5
(यू.पी.पी.एस.सी.-लोअर अधीनस्थ परीक्षा, 2016)

16. प्रथम 10 सम-प्राकृत संख्याओं का औसत कितना है ?
(होटल मैनेजमैन्ट परीक्षा, 2009)
(*a*) 9 (*b*) 10 (*c*) 11 (*d*) 13

17. यदि $25a + 25b = 115$ हो, तो a तथा b का औसत कितना है ? (बैंक पी०ओ० परीक्षा, 2009)
(*a*) 4·6 (*b*) 2·5 (*c*) 4·5 (*d*) 3·4
(*e*) इनमें से कोई नहीं

18. सतत् पाँच विषम संख्याओं का औसत 95 है. अवरोही क्रम में चौथी संख्या कौन-सी है ? (बैंक पी०ओ० परीक्षा, 2009)
(*a*) 91 (*b*) 95 (*c*) 97 (*d*) 99
(*e*) इनमें से कोई नहीं

19. यदि m संख्याओं का औसत n^2 तथा n संख्याओं का औसत m^2 हो, तो $(m + n)$ संख्याओं का औसत कितना होगा ?
(*a*) $\frac{m}{n}$ (*b*) $(m + n)$
(*c*) $(m - n)$ (*d*) mn

20. तीन संख्याओं का औसत 7 है तथा पहली दो संख्याओं का औसत 4 है. तीसरी संख्या क्या है ?
(*a*) 15 (*b*) 13 (*c*) 7 (*d*) 4

21. तीन संख्याओं का औसत 28 है. यदि पहली संख्या दूसरी संख्या की आधी तथा तीसरी संख्या दूसरी संख्या की दुगुनी हो, तो तीसरी संख्या क्या है ?
(*a*) 48 (*b*) 36 (*c*) 24 (*d*) 18

22. 5 संख्याओं का योग 240 है. इनमें से पहली दो संख्याओं का औसत 30 है तथा अन्तिम दो संख्याओं का औसत 70 है. तीसरी संख्या क्या है ?
(*a*) 33 (*b*) 60
(*c*) 75 (*d*) निर्धारित नहीं किया जा सकता
(*e*) इनमें से कोई नहीं

23. प्रथम 100 धनपूर्णांकों का औसत कितना है ?
(एस०एस०सी० परीक्षा, 2010)
(*a*) 100 (*b*) 51 (*c*) 50·5 (*d*) 49·5

24. प्रथम 9 अभाज्य संख्याओं का औसत कितना है ?
(*a*) 9 (*b*) 11 (*c*) $11\frac{2}{9}$ (*d*) $11\frac{1}{9}$

25. प्रथम 10 प्राकृत संख्याओं के वर्गों का औसत कितना है ?
(*a*) 35·5 (*b*) 36 (*c*) 37·5 (*d*) 38·5
(एस०एस०सी० परीक्षा, 2010)

26. 4 कमाने वाले सदस्यों के एक परिवार की औसत मासिक आय ₹ 15130 थी. इनमें से एक पुत्री का विवाह हुआ तथा वह घर से

विदा हो गई. इससे परिवार की औसत आय घटकर ₹ 14660 हो गई. विवाहित पुत्री की मासिक आय कितनी है ?

(*a*) ₹ 15350 (*b*) ₹ 12000
(*c*) ₹ 16540 (*d*) निर्धारित नहीं किया जा सकता
(*e*) इनमें से कोई नहीं **(बैंक पी०ओ० परीक्षा, 2009)**

27. एक व्यक्ति कार द्वारा नगर A से नगर B तक 63 किमी०/घण्टा की औसत चाल से जाता है तथा 42 किमी०/घण्टा की औसत चाल से वापिस लौटता है. पूरी यात्रा में उसकी औसत चाल कितनी है ?

(*a*) 52·5 किमी०/घण्टा (*b*) 50·4 किमी०/घण्टा
(*c*) 51·8 किमी०/घण्टा (*d*) इनमें से कोई नहीं

28. एक कक्षा में 30 लड़कों की औसत आयु 16 वर्ष तथा 20 लड़कियों की औसत आयु 14 वर्ष है. कक्षा के सभी विद्यार्थियों की औसत आयु कितनी है ?

(*a*) 15·2 वर्ष (*b*) 15 वर्ष (*c*) 14·5 वर्ष (*d*) 14 वर्ष
(*e*) इनमें से कोई नहीं **(बैंक पी०ओ० परीक्षा, 2009)**

29. 36 छात्रों के समूह की औसत आयु 14 वर्ष है. शिक्षक की आयु इनमें सम्मिलित किये जाने पर औसत आयु में 1 वर्ष की वृद्धि हो जाती है. शिक्षक की आयु कितनी है ?

(*a*) 36 वर्ष (*b*) 51 वर्ष (*c*) 31 वर्ष
(*d*) ज्ञात नहीं की जा सकती (*e*) इनमें से कोई नहीं

30. 8 पुरुषों में से दो पुरुषों की आयु क्रमश: 21 वर्ष तथा 23 वर्ष है. इनके स्थान पर दो नये पुरुषों को लेने पर इनकी औसत आयु में 2 वर्ष की वृद्धि हो जाती है. दोनों नये पुरुषों की औसत आयु कितनी है ?

(*a*) 22 वर्ष (*b*) 24 वर्ष (*c*) 28 वर्ष (*d*) 30 वर्ष

31. A, B तथा C की औसत आयु 20 वर्ष है. यदि A तथा B की औसत आयु 19 वर्ष हो, तो C की आयु कितनी है ?

(*a*) 20 वर्ष (*b*) 21 वर्ष (*c*) 22 वर्ष (*d*) 24 वर्ष
(एस०एस०सी० परीक्षा, 2009)

32. एक परिवार में पिता तथा माता की औसत आयु 35 वर्ष है. पिता, माता तथा उनके एकमात्र पुत्र की औसत आयु 27 वर्ष है. पुत्र की आयु कितनी है ? **(एस०एस०सी० परीक्षा, 2010)**

(*a*) 12 वर्ष (*b*) 11 वर्ष (*c*) 10·5 वर्ष (*d*) 10 वर्ष

33. एक कक्षा के 16 लड़कों का औसत भार 50·25 किग्रा० है तथा शेष 8 लड़कों का औसत भार 45·15 किग्रा० है. कक्षा में सभी लड़कों का औसत भार कितना है ? **(रेलवे परीक्षा, 2009)**

(*a*) 38·55 किग्रा० (*b*) 48 किग्रा०
(*c*) 48·55 किग्रा० (*d*) इनमें से कोई नहीं

34. किसी बल्लेबाज ने बारहवीं पारी में 63 रन बनाये जिससे उसके रनों की औसत में 2 रन की वृद्धि हो जाती है. बारहवीं पारी के बाद उसके रनों का औसत कितना है ? **(एस०एस०सी० परीक्षा, 2010)**

(*a*) 41 (*b*) 42 (*c*) 34 (*d*) 35

35. क्रिकेट के एक खिलाड़ी का 10 पारियों का कुछ औसत था. 11वीं पारी में उसने 108 रन बनाये तथा इससे उसकी औसत रन संख्या में 6 की वृद्धि हो गई. अब उसकी औसत रन संख्या कितनी है ?

(*a*) 48 रन (*b*) 52 रन (*c*) 55 रन (*d*) 60 रन

36. एक क्रिकेट मैच में पहले 10 ओवर में रन रेट केवल 3·2 थी. 282 रन के लक्ष्य को पूरा करने हेतु शेष 40 ओवर के लिए रन रेट क्या होनी चाहिए ?

(*a*) 6·25 (*b*) 6·50 (*c*) 6·75 (*d*) 7·00

37. एक बल्लेबाज अपनी 51वीं पूर्ण पारी में कुछ रन बनाता है जिससे उसका औसत 59·6 से बढ़कर 60 हो जाता है. बल्लेबाज द्वारा 51वीं पारी में बनाई गई रनसंख्या कितनी है ?

(*a*) 75 (*b*) 70 (*c*) 100 (*d*) 80

38. एक बल्लेबाज की 11 पारियों के रनों का एक निश्चित औसत है. 12वीं पारी में उसने 129 रन बनाये. तत्पश्चात् उसके रनों का औसत 9 रन बढ़ गया. उसकी 11 पारियों का औसत कितना है ?

(*a*) 82 (*b*) 45 (*c*) 21 (*d*) 48

39. 5 संख्याओं का औसत 10 है. कौन-सी संख्या जोड़ी जाये कि औसत 12 हो जाये ? **(एम०बी०ए० परीक्षा, 2008)**

(*a*) 12 (*b*) 18 (*c*) 22 (*d*) 24

40. चार क्रमागत समसंख्याओं का औसत 27 है. इनमें से सबसे बड़ी संख्या कौन-सी है ?

(*a*) 28 (*b*) 30 (*c*) 32 (*d*) 36

41. 100 से कम सभी विषम संख्याओं का औसत कितना है ?
(एस०एस०सी० परीक्षा, 2009)

(*a*) 49 (*b*) 49·5 (*c*) 51 (*d*) 50

42. 50 तक की सभी सम प्राकृत संख्याओं का औसत कितना है ?

(*a*) 24 (*b*) 25 (*c*) 26 (*d*) 28

43. 3 के प्रथम पाँच गुणजों का औसत कितना है ?

(*a*) 3 (*b*) 9 (*c*) 15 (*d*) 12
(रेलवे परीक्षा, 2009)

44. 5 संख्याओं का औसत 306·4 है. इनमें से पहली दो संख्याओं का औसत 431 तथा अन्तिम दो संख्याओं का औसत 214·5 है. तीसरी संख्या कौन-सी है ?

(*a*) 108 (*b*) 52
(*c*) 321 (*d*) निर्धारित नहीं किया जा सकता
(*e*) इनमें से कोई नहीं **(बैंक पी०ओ० परीक्षा, 2008)**

45. 5 संख्याओं का औसत 65 है. इनमें से प्रथम दो संख्याओं का औसत 81 तथा अन्तिम दो संख्याओं का औसत 38 है. तीसरी संख्या क्या है ?

(*a*) 63 (*b*) 87
(*c*) 99 (*d*) निर्धारित नहीं किया जा सकता
(*e*) इनमें से कोई नहीं

46. 5 क्रमागत संख्याओं का औसत x है. यदि अगली दो संख्यायें मिला ली जायें, तो औसत में क्या परिवर्तन होगा ?

(*a*) 1 की वृद्धि (*b*) 1·4 की वृद्धि
(*c*) 2 की वृद्धि (*d*) अपरिवर्तित रहेगा

47. 13 संख्याओं का औसत 68 है. इनमें से प्रथम 7 संख्याओं का औसत 63 है, जबकि अन्तिम 7 संख्याओं का औसत 70 है. सातवीं संख्या क्या है ?

(*a*) 31 (*b*) 47 (*c*) 49 (*d*) 56

48. गणित में 28 छात्रों द्वारा प्राप्त अंकों का औसत 50 था. 8 छात्र विद्यालय छोड़कर चले गये. इससे शेष छात्रों के औसत प्राप्तांक में

5 की वृद्धि हो गई. विद्यालय छोड़कर जाने वाले छात्रों द्वारा प्राप्तांकों का औसत कितना है ?

(*a*) 50·5 (*b*) 37·5 (*c*) 42·5 (*d*) 45

49. किसी परीक्षा में छात्रों तथा छात्राओं के औसत प्राप्तांक क्रमशः 71 तथा 73 हैं. समस्त विद्यार्थियों के औसत प्राप्तांक 71·8 हैं. छात्रों तथा छात्राओं का अनुपात कितना है ?

(*a*) 3 : 2 (*b*) 5 : 2 (*c*) 4 : 5 (*d*) 3 : 5

(एम०बी०ए० परीक्षा, 2008)

50. यदि a तथा b का औसत $\frac{(a^{n+1}+b^{n+1})}{(a^n+b^n)}$ हो, तो $n = ?$

(*a*) 0 (*b*) 1 (*c*) 2 (*d*) 4

51. यदि a, b, c का औसत m हो तथा $(ab + bc + ca) = 0$ हो a^2, b^2, c^2 का औसत कितना होगा ?

(*a*) m^2 (*b*) $3m^2$ (*c*) $6m^2$ (*d*) $9m^2$

52. राम की वर्तमान आयु उसके पुत्र की वर्तमान आयु से तिगुनी है तथा उसके पिता की आयु का $\frac{2}{5}$ है. तीनों की औसत आयु 46 वर्ष है. राम की वर्तमान आयु तथा उसके पिता की वर्तमान आयु में कितना अन्तर है ?

(*a*) 68 वर्ष (*b*) 58 वर्ष

(*c*) 54 वर्ष (*d*) ज्ञात नहीं किया जा सकता

(*e*) इनमें से कोई नहीं

53. 5 व्यक्तियों में से एक 60 किग्रा० भार वाले व्यक्ति के स्थान पर नया व्यक्ति आने से इनके औसत भार में 1 किग्रा० की वृद्धि हो जाती है. नये व्यक्ति का भार कितना है ?

(*a*) 50 किग्रा० (*b*) 55 किग्रा० (*c*) 60 किग्रा० (*d*) 65 किग्रा०

54. एक कक्षा के 40 विद्यार्थियों की औसत आयु 15 वर्ष है. 10 नये विद्यार्थियों के प्रवेश करने के उपरान्त औसत आयु में 0·2 वर्ष की वृद्धि हो जाती है. नये विद्यार्थियों की औसत आयु कितनी है ?

(*a*) 15·2 वर्ष (*b*) 16 वर्ष (*c*) 16·2 वर्ष (*d*) 16·4 वर्ष

(एस०एस०सी० परीक्षा, 2008)

55. किसी क्रिकेट टीम में दो खिलाड़ियों की आयु क्रमशः 17 वर्ष तथा 20 वर्ष है. इनके स्थान पर दो नये खिलाड़ी लेने पर टीम के 11 खिलाड़ियों की औसत आयु 2 महीने कम हो जाती है. नये खिलाड़ियों की औसत आयु कितनी है ?

(*a*) 17 वर्ष 1 मास (*b*) 17 वर्ष 7 मास

(*c*) 17 वर्ष 11 मास (*d*) 18 वर्ष 3 मास

56. एक कक्षा में 32 लड़कों की औसत आयु 14 वर्ष है तथा 26 लड़कियों की औसत आयु 12 वर्ष है. सभी विद्यार्थियों की औसत आयु कितनी है ? (दशमलव के बाद 2 अंकों तक पूर्णांकित)

(*a*) 12·90 वर्ष (*b*) 13·10 वर्ष

(*c*) 13·50 वर्ष (*d*) 13·70 वर्ष

(*e*) इनमें से कोई नहीं (बैंक पी०ओ० परीक्षा, 2008)

57. 20 लड़कों के एक समूह के औसत भार की गणना 89·4 किग्रा० की गई. बाद में ज्ञात हुआ कि एक लड़के के 87 किग्रा० भार के स्थान पर 78 किग्रा० पढ़ा गया. सही औसत भार कितना है ? (रेलवे परीक्षा, 2006)

(*a*) 88·95 किग्रा० (*b*) 89·25 किग्रा०

(*c*) 89·55 किग्रा० (*d*) 89·85 किग्रा०

58. यदि पहली और दूसरी संख्या का औसत तीसरी संख्या के बराबर है और पहली और दूसरी संख्या का औसत दूसरी और तीसरी संख्या के औसत से 9 कम है। पहली और दूसरी संख्या में क्या अंतर होगा?

(*a*) 45 (*b*) 34 (*c*) 36 (*d*) 32

(*e*) इनमें से कोई नहीं (एस.बी.आई. पी.ओ. परीक्षा, 2021)

59. अभिनव ने 55 किताबें एक दुकान से ₹1,020 में और 60 किताबें दूसरी दुकान से ₹1,280 में खरीदीं। उसने प्रति पुस्तक की औसत कीमत क्या अदा की?

(*a*) 20 (*b*) 19.4 (*c*) 25.34 (*d*) 18

(*e*) इनमें से कोई नहीं (आर.बी.आई. सहायक परीक्षा, 2020)

60. यदि 7 क्रमागत संख्याओं का औसत 33 हो, तो इनमें से सबसे बड़ी संख्या कौन-सी है ? (एम०बी०ए० परीक्षा, 2008)

(*a*) 28 (*b*) 30 (*c*) 33 (*d*) 36

61. एक परीक्षा में 22 छात्रों द्वारा प्राप्त अंकों का औसत 45 हैं। पहले 10 छात्रों द्वारा प्राप्त औसत अंक 55 हैं और अंतिम ग्यारह छात्रों द्वारा प्राप्त अंकों का औसत 40 हैं। ग्यारहवें छात्र द्वारा प्राप्त अंक है- (एस.एस.सी.-सी.जी.एल. परीक्षा, 2019)

(*a*) 0 (*b*) 13 (*c*) 5 (*d*) 10

62. एक कक्षा में कुछ छात्रों का औसत भार 68.5 किग्रा है। यदि कक्षा में 72.2 किग्रा, 70.8 किग्रा, 70.3 किग्रा, 66.7 किग्रा के चार नए छात्रों को नामांकित किया जाता है, तो छात्रों का औसत वजन 300 बढ़ ग्राम हो जाता है। प्रारंभ में, कक्षा में कितने छात्र थे? (एस.एस.सी.-सी.जी.एल. परीक्षा, 2018)

(*a*) 18 (*b*) 15 (*c*) 16 (*d*) 20

63. बारह संख्याओं का औसत 42 है। जिनमें अंतिम पाँच संख्याओं का औसत 40 है और पहली चार संख्याओं का औसत 44 है। छठी संख्या पाँचवीं संख्या से 6 कम और सातवीं संख्या से 5 कम है। 5वीं और 7वीं संख्याओं का औसत क्या होगा?

(*a*) 44.5 (*b*) 45.5 (*c*) 46.3 (*d*) 30

(एस.एस.सी.-सी.जी.एल. परीक्षा, 2018)

64. यदि एक परीक्षा के लिए चयनित 10 छात्रों में से 3, 20 वर्ष के थे, 4, 21 वर्ष के थे और 3, 22 वर्ष के थे, तो समूह की औसत आयु है: (एस.एस.सी.-सी.जी.एल. परीक्षा, 2017)

(*a*) 21 वर्ष (*b*) 22 वर्ष (*c*) 25 वर्ष (*d*) 24 वर्ष

65. तीन व्यक्ति A, B, C का औसत वजन 84 किग्रा है। एक अन्य व्यक्ति D समूह में शामिल हो जाता है और अब औसत 80 किग्रा हो जाता है। यदि कोई अन्य व्यक्ति E जिसका भार D से 3 किग्रा अधिक है, A को प्रतिस्थापित करता है, तो B, C, D और E का औसत भार 79 किग्रा हो जाता है। A का वजन (किग्रा में) है: (एस.एस.सी.-सी.जी.एल. परीक्षा, 2017)

(*a*) 65 (*b*) 69 (*c*) 75 (*d*) 80

66. एक पुस्तकालयाध्यक्ष ने अपने पुस्तकालय के लिए 50 कहानी की पुस्तकें खरीदीं। लेकिन उसने देखा कि वह 76 रुपये अधिक खर्च करके 14 और किताबें प्राप्त कर सकता है और प्रति पुस्तक औसत मूल्य ₹1 कम हो जाता है। उसके द्वारा

खरीदी गई प्रत्येक पुस्तक का औसत मूल्य (₹) था:

(*a*) 10 (*b*) 12 (*c*) 15 (*d*) 20

(एस.एस.सी.-सी.जी.एल. परीक्षा, 2017)

67. एक साईकिल सवार की औसत चाल जो प्रथम, द्वितीय तथा तृतीय किमी. की दूरी में क्रमश: 20, 16 तथा 12 किमी./घंटा की चाल से तय करता है, (किमी./घंटा में) क्या है?

(*a*) 16.24 (*b*) 16 (*c*) 15.66 (*d*) 15.32

(हरियाणा ऑक्शन रिकॉर्डर परीक्षा, 2016)

68. यदि 8 संख्याओं का औसत 474 हो तो लुप्त संख्या का पता लगाइए। (पटना हाईकोर्ट असिस्टेंट परीक्षा, 2016)

533, 128, 429, 225, _______, 305, 601, 804

(*a*) 767 (*b*) 781 (*c*) 776 (*d*) 758

69. 9 विद्यार्थियों एवं उनके शिक्षक की औसत उम्र 16 वर्ष है। प्रथम चार विद्यार्थियों की औसत उम्र 19 वर्ष एवं अंतिम पाँच विद्यार्थियों की औसत उम्र 10 वर्ष है, शिक्षक की उम्र क्या है

(*a*) 36 वर्ष (*b*) 34 वर्ष (*c*) 30 वर्ष (*d*) 28 वर्ष

(पटना हाईकोर्ट असिस्टेंट परीक्षा, 2016)

70. एक कक्षा में 40 विद्यार्थी हैं जिसमें लड़कियों की संख्या लड़कों की संख्या से 16 अधिक है। यदि लड़कियों का औसत वजन 45 किग्रा. हो एवं पूरी कक्षा (लड़के एवं लड़कियों दोनो) का औसत वजन 47.7 किग्रा. हो, तो लड़कों का औसत वजन क्या है? (किग्रा. में)

(*a*) 51 (*b*) 54 (*c*) 55 (*d*) 56

(*e*) 52 (एस.बी.आई-क्लर्क (प्रारंभिक) आर्नलाइन परीक्षा, 2016)

71. यदि तीन क्रमिक संख्याओं का योग 81 है तो मध्य की संख्या क्या होगी। (यू.पी.पी.एस.सी.-लोअर अधीनस्थ परीक्षा, 2016)

(*a*) 17 (*b*) 25 (*c*) 27 (*d*) 72

72. किसी सप्ताह विशेष में सोमवार से बुधवार के तापमान का औसत लेने पर 36°C आता है, परन्तु इस गणना में गुरूवार के तापमान को भी शमिल करने पर औसत 1°C बढ़ जाता है, तो गुरूवार को तापमान क्या था?

(*a*) 37°C (*b*) 38°C (*c*) 39°C (*d*) 40°C

(मध्य प्रदेश लोक सेवा आयोग राज्य सेवा (प्रा.) परीक्षा, 2015)

73. शादी के समय एक औरत तथा उसके पति की औसत आयु 23 वर्ष थी. 5 वर्ष बाद उनके पास 1 वर्ष का बच्चा है. अब सारे परिवार की औसत आयु कितनी है ?

(*a*) 19 वर्ष (*b*) 23 वर्ष (*c*) 28·5 वर्ष (*d*) 29·3 वर्ष

74. किसी मेस में 40 विद्यार्थी है, यदि विद्यार्थियों की संख्या में 10 की वृद्धि होती है, तो कुल मासिक व्यय में ₹2000 की वृद्धि होती है तथा प्रति विद्यार्थी का मासिक औसत व्यय ₹200 कम हो जाता है, तो पहले मेस में कुल कितना मासिक व्यय होता था? (छतीसगढ़ छात्रावास अधीक्षक श्रेणी भर्ती परीक्षा, 2014)

(*a*) ₹48000 (*b*) ₹ 50000

(*c*) ₹ 46000 (*d*) उपयुर्क्त में से कोई नहीं

उत्तरमाला (प्रश्नमाला 6A)

1. (*b*)	2. (*b*)	3. (*b*)	4. (*b*)	5. (*c*)	6. (*e*)	7. (*b*)	8. (*c*)	9. (*a*)	10. (*a*)	11. (*c*)	12. (*b*)
13. (*c*)	14. (*a*)	15. (*a*)	16. (*c*)	17. (*a*)	18. (*e*)	19. (*d*)	20. (*b*)	21. (*a*)	22. (*e*)	23. (*c*)	24. (*d*)
25. (*d*)	26. (*c*)	27. (*b*)	28. (*a*)	29. (*b*)	30. (*d*)	31. (*c*)	32. (*b*)	33. (*c*)	34. (*a*)	35. (*a*)	36. (*a*)
37. (*d*)	38. (*c*)	39. (*c*)	40. (*b*)	41. (*d*)	42. (*c*)	43. (*b*)	44. (*e*)	45. (*b*)	46. (*a*)	47. (*b*)	48. (*b*)
49. (*a*)	50. (*a*)	51. (*b*)	52 (*c*)	53. (*d*)	54. (*b*)	55. (*b*)	56. (b)	57. (*d*)	58. (*c*)	59. (*a*)	60. (*d*)
61. (*a*)	62. (*c*)	63. (*a*)	64. (*a*)	65. (*c*)	66. (*a*)	67. (*d*)	68. (*a*)	69. (*b*)	70. (*b*)	71. (*c*)	72. (*d*)
73. (*a*)	74. (*a*)										

दिये गये प्रश्नों के हल (प्रश्नमाला 6A)

1. दी गई 6 संख्याओं का योग $(76 + 48 + 84 + 66 + 70 + 64) = 408$

अभीष्ट औसत $= \frac{408}{6} = 68.$

2. $(A + B) = (20 \times 2) = 40, (B + C) = (19 \times 2) = 38$ तथा $(C + A) = (21 \times 2) = 42.$

जोड़ने पर : $2(A + B + C) = (40 + 38 + 42) = 120$

$\Rightarrow (A + B + C) = 60.$

$\therefore A = (A + B + C) - (B + C) = (60 - 38) = 22.$

3. 10 प्रेक्षणों का कुल योग $= 64 \times 10 = 640$

पहले प्रेक्षणों का कुल योग $= 5 \times 45 = 225$

अंतिम 3 प्रेक्षणों का कुल योग $= 3 \times 71 = 213$

अत: शेष 2 प्रेक्षणों का औसत $= = \frac{640 - (225 + 213)}{2} = 101$

4. 7 बच्चों की कुल आयु $= 12 \times 7 = 84$ वर्ष

चूंकि 6 साल की उम्र के बच्चे की मौत हो गई।

इसलिए,

शेष 6 बच्चों की औसत आयु $= \frac{84 - 6}{6} = \frac{78}{6} = 13$ वर्ष

5. ₹ $(A + B) = (14000 \times 2) =$ ₹ 28000, $(B + C)$ = ₹ $(15600 \times 2) =$ ₹ 31200

तथा $(A + C) =$ ₹ $(14400 \times 2) =$ ₹ 28800.

जोड़ने पर:

$2(A + B + C) =$ ₹ $(28000 + 31200 + 28800) =$ ₹ 88000.

$\Rightarrow (A + B + C) =$ ₹ $\frac{88000}{2} =$ ₹ 44000

$\Rightarrow B = (A + B + C) - (A + C) =$ ₹ $(44000 - 28800)$ = ₹ 15200.

6. समूह के कुल विद्यार्थियों की संख्या $= (3 + 6) = 9.$

9 विद्यार्थियों के अंकों का योग $= (63 \times 9) = 567.$

3 विद्यार्थियों के अंकों का योग $= (78 + 69 + 48) = 195.$

6 विद्यार्थियों के अंकों का योग = (567 – 195) = 372.

इनके औसत अंक $= \frac{372}{6} = 62.$

7. माना दूरी $AB = z$ किमी० तय करने में लगा समय $= \frac{z}{x}$ घण्टे

दूरी $BA = z$ किमी० तय करने में लगा समय $= \frac{z}{y}$ घण्टे

$2z$ किमी० दूरी तय करने में लगा समय $= \left(\frac{z}{x}+\frac{z}{y}\right)$ घण्टे

$= z\left(\frac{1}{x}+\frac{1}{y}\right)$ घण्टे $= \frac{z(x+y)}{xy}$

औसत चाल $= \frac{2z \times xy}{z(x+y)} = \frac{2xy}{(x+y)}$ किमी०/घण्टा.

8. 5 सदस्यों की औसत आयु = 24 वर्ष

उनकी आयु का योग = 5×24 = 120 वर्ष

अब, 8 वर्ष पूर्व परिवार की आयु का योग जब सबसे छोटे सदस्य का जन्म हुआ था

= 120 – 5× 8 = 120 – 40 = 80 वर्ष

सबसे छोटे सदस्य के जन्म से ठीक पहले परिवार की औसत आयु (वर्षों में) $= \frac{80}{4} = 20$ साल

9. कक्षा के 80 बच्चों की आयु का योग

= (15 × 80) वर्ष = 1200 वर्ष.

कक्षा के 15 बच्चों की आयु का योग

= (16 × 15) वर्ष = 240 वर्ष.

कक्षा के 25 बच्चों की आयु का योग

= (14 × 25) वर्ष = 350 वर्ष.

कक्षा के शेष 40 बच्चों की आयु का योग

= [1200 – (240 + 350)] वर्ष

= (1200 – 590) वर्ष = 610 वर्ष.

इन बच्चों की औसत आयु $= \frac{610}{40}$ वर्ष $= \frac{61}{4}$ वर्ष = 15·25 वर्ष.

10. 2 वर्ष में कुल आयु में वृद्धि = (2 × 10) वर्ष = 20 वर्ष

∴ नया सदस्य पुराने सदस्य से 20 वर्ष छोटा है.

11. लड़कियों की संख्या = (45 – 30) = 15.

लड़कों का कुल भार = (52 × 30) किग्रा० = 1560 किग्रा०.

लड़कियों का कुल भार = (45 × 15) किग्रा० = 675 किग्रा०.

45 विद्यार्थियों का कुल भार = (1560 + 675) किग्रा०

= 2235 किग्रा०.

सम्पूर्ण कक्षा का औसत भार $= \frac{2235}{45}$ किग्रा० = 49·67 किग्रा०

= 50 किग्रा० लगभग.

12. दिया गया है, पाँच क्रमिक विषम संख्याओं का औसत =21

∴ पाँच क्रमिक विषम संख्याएँ =17, 19, 21, 23, 25

अत: इनमें से सबसे छोटी संख्या =17

13. पहले 30 ओवरों में रन रेट 5.2 रन/ओवर

30 ओवरों में बनाए गए रन = $30 \times 5.2 = 156$

शेष 20 ओवरों में बनाए गए रन $= 280 - 156 = 124$

∴ अपेक्षित रन रेट $= \frac{124}{20} = 6.2$

14. ट्रैक्टर की गति $= \frac{360}{12}$ किमी०/घण्टा = 30 किमी०/घण्टा.

जीप की गति = 30 किमी०/घण्टा का 250%

$= \left(\frac{250}{100} \times 30\right)$ किमी०/घण्टा = 75 किमी०/घण्टा.

कार : जीप की गति = 3 : 5 किमी०/घण्टा.

कार की गति $= \left(\frac{3}{5} \times 75\right)$ किमी०/घण्टा = 45 किमी०/घण्टा.

कार और जीप की औसत गति $= \frac{(45+75)}{2}$ किमी०/घण्टा

= 60 किमी०/घण्टा.

15. प्रथम n प्राकृत संख्याओं की औसत है: $= \frac{n+1}{2}$

यहाँ $n = 50 \quad \Rightarrow \frac{n+1}{2} = \frac{50+1}{2} = \frac{51}{2} = 25.5$

16. अभीष्ट योग = (2 + 4 + 6 + ... + 20)

$= 2\,(1+2+3+......+10) = \left(2 \times \frac{1}{2} \times 10 \times 11\right) = 110.$

अभीष्ट औसत $= \frac{110}{10} = 11.$

17. $25a + 25b = 115 \Rightarrow 25\,(a+b) = 115$

$\Rightarrow a+b = \frac{115}{25} = \frac{23}{5}.$

18. माना 5 क्रमागत विषम संख्यायें $x + 5, x + 3, x + 1, x - 1$ तथा $x - 3$ हैं.

इनका योग $= (x + 5 + x + 3 + x + 1 + x - 1 + x - 3)$

$= (5x + 5).$

∴ $5x + 5 = (95 \times 5) = 475 \Rightarrow 5x = 470 \Rightarrow x = 94.$

अवरोही क्रम में चौथी संख्या $= x - 1 = (94 - 1) = 93.$

19. $(m+n)$ संख्याओं का औसत $= \frac{mn^2 + nm^2}{m+n}$

$= \frac{m^2n + mn^2}{m+n} = \frac{mn\,(m+n)}{(m+n)} = mn.$

20. 3 संख्याओं का योग = (7 × 3) = 21.

पहली 2 संख्याओं का योग = (4 × 2) = 8.

तीसरी संख्या = (21 – 8) = 13.

21. माना संख्यायें क्रमश: n, $2n$ तथा $4n$ हैं. तब,

$\frac{n+2n+4n}{3} = 28 \Rightarrow 7n = 84 \Rightarrow n = 12.$

∴ तीसरी संख्या $= 4n = (4 \times 12) = 48.$

22. 5 संख्याओं का योग = 240.

पहली 2 संख्याओं का योग = (30 × 2) = 60.

अन्तिम 2 संख्याओं का योग = (70 × 2) = 140.

तीसरी संख्या = 240 – (60 + 140) = 40.

23. हम जानते हैं कि : $1+2+3+.....+n=\frac{1}{2}n(n+1)$.

$\therefore$ प्रथम 100 धनपूर्णांकों का योग $=\left(\frac{1}{2}\times 100\times 101\right)=5050$.

अभीष्ट औसत $=\frac{5050}{100}=\frac{101}{2}=50\cdot 5$.

24. प्रथम 9 अभाज्य संख्याओं का औसत

$=\frac{1}{9}(2+3+5+7+11+13+17+19+23)=\frac{100}{9}=11\frac{1}{9}$.

25. हम जानते हैं कि:

$(1^2+2^2+3^2+.....+n^2)=\frac{1}{6}n(n+1)(2n+1)$

$\therefore\ (1^2+2^2+3^2+.....+10^2)=\left(\frac{1}{6}\times 10\times 11\times 21\right)=385$.

अत: अभीष्ट औसत $=\frac{385}{10}=38\cdot 5$.

26. 4 सदस्यों की कुल मासिक आय = ₹ (15130 × 4) = ₹ 60520.

3 सदस्यों की कुल मासिक आय = ₹ (14660 × 3) = ₹ 43980.

विवाहित पुत्री की मासिक आय = ₹ (60520 – 43980)

= ₹ 16540.

27. यहाँ $x=63$ तथा $y=42$.

$\therefore$ औसत चाल $=\frac{2xy}{(x+y)}$ किमी०/घण्टा

$=\frac{2\times 63\times 42}{(63+42)}$ किमी०/घण्टा

$=\frac{2\times 63\times 42}{105}$ किमी०/घण्टा $=\frac{252}{5}$ किमी०/घण्टा

= 50·4 किमी०/घण्टा.

28. 30 लड़कों की आयु का योग = (16 × 30) वर्ष = 480 वर्ष.

20 लड़कियों की आयु का योग = (14 × 20) वर्ष = 280 वर्ष.

50 विद्यार्थियों की आयु का योग = (480 + 280) वर्ष = 760 वर्ष.

कक्षा के सभी विद्यार्थियों की औसत आयु

$=\frac{760}{50}$ वर्ष = 15·2 वर्ष.

29. 36 छात्रों की आयु का योग = (14 × 36) वर्ष = 504 वर्ष.

(36 छात्रों + अध्यापक) की औसत आयु

= (14 +1) वर्ष = 15 वर्ष.

(36 छात्रों + अध्यापक) की आयु का योग

= (15 × 37) वर्ष = 555 वर्ष.

अध्यापक की आयु = (555 – 504) वर्ष = 51 वर्ष.

30. कुल आयु में वृद्धि = (2 × 8) वर्ष = 16 वर्ष.

दोनों नये पुरुषों की कुल आयु = (21 + 23 + 16) वर्ष = 60 वर्ष.

इन नये दो पुरुषों की औसत आयु $=\frac{60}{2}$ वर्ष = 30 वर्ष.

31. A, B तथा C की कुल आयु = (20 × 3) वर्ष = 60 वर्ष.

A तथा B की कुल आयु = (19 × 2) वर्ष = 38 वर्ष.

$\therefore$ C की आयु = (60 – 38) वर्ष = 22 वर्ष.

32. पिता तथा माता की आयु का योग = (35 × 2) वर्ष = 70 वर्ष.

पिता, माता तथा बच्चे की आयु का योग = (27 × 3) वर्ष

= 81 वर्ष.

बच्चे की आयु = (81 – 70) वर्ष = 11 वर्ष.

33. 16 लड़कों का कुल भार = (50·25 × 16) किग्रा० = 804 किग्रा०.

8 लड़कों का कुल भार = (45·15 × 8) किग्रा० = 361·2 किग्रा०.

24 लड़कों का कुल भार = (804 + 361·2) किग्रा०

= 1165·2 किग्रा०.

सभी लड़कों का औसत भार $=\frac{1165\cdot 2}{24}$ किग्रा० = 48·55 किग्रा०.

34. माना 11 पारियों के बाद औसत रन संख्या $= x$.

तब, 12 पारियों के बाद औसत रन संख्या $=(x+2)$.

$\therefore\ 12(x+2)-11x=63\Rightarrow 12x-11x=63-24\Rightarrow x=39$.

12 परियों के बाद औसत रन संख्या $=(x+2)=(39+2)=41$.

35. माना 11 पारियों की औसत रन संख्या $= x$.

तब 10 पारियों की औसत रन संख्या $=(x-6)$.

$\therefore\ 11x-10(x-6)=108\Rightarrow x=48$.

36. 10 ओवर में बने रनों की संख्या = (3·2 × 10) = 32.

अगले 40 ओवर में बनाये जाने वाले रनों की संख्या

= 282 – 32 = 250.

अगले 40 ओवर के लिए रन-रेट $=\frac{250}{40}=6\cdot 25$.

37. 51वीं पारी में बने रनों की संख्या = (60 × 51) – (59·6 × 50)

= (3060 – 2980) = 80.

38. माना 11 पारियों का औसत $= x$.

तब 12 पारियों का औसत $=(x+9)$.

$\therefore\ 12(x+9)-11x=129$

$\Rightarrow 12x-11x=129-108\Rightarrow x=21$.

अत: उसका 11 पारियों का औसत 21 है.

39. 5 संख्याओं का औसत = 10.

इन संख्याओं का योग $=(10\times 5)=50$.

माना जोड़ी जाने वाली संख्या $= x$. तब,

$\frac{50+x}{6}=12\Rightarrow 50+x=72\Rightarrow x=(72-50)=22$.

40. माना 4 क्रमागत समसंख्यायें $x, x+2, x+4$ तथा $x+6$ हैं. तब,

$\frac{1}{4}(x+x+2+x+4+x+6)=27\Rightarrow 4x+12=108$

$\Rightarrow 4x=96\Rightarrow x=24$.

इनमें से सबसे बड़ी संख्या $=(x+6)=(24+6)=30$.

41. अभीष्ट योग = (1 + 3 + 5 + 7 + ... + 99)

माना ये संख्यायें n हैं. तब $a+(n-1)d=99$,

$\therefore\ 1+(n-1)\times 2=99\Rightarrow (n-1)=\frac{98}{2}=49\Rightarrow n=50$.

इनका योग

$=\frac{n}{2}(a+l)=\frac{50}{2}\times(1+99)=(25\times 100)=2500$.

अभीष्ट औसत $=\frac{2500}{50}=50$.

42. अभीष्ट योग = (2 + 4 + 6 + 8 + ... + 50)

$= 2\,(1+2+3+4+\ldots..+25) = \left(2\times\frac{1}{2}\times 25\times 26\right) = 650.$

अभीष्ट औसत $= \frac{650}{25} = 26.$

43. अभीष्ट योग $= (3+6+9+12+15) = 45$

अभीष्ट औसत $= \frac{45}{5} = 9.$

44. 5 संख्याओं का योग $= (306{\cdot}4 \times 5) = 1532.$

पहली 2 संख्याओं का योग $= (431 \times 2) = 862.$

अन्तिम 2 संख्याओं का योग $= (214{\cdot}5 \times 2) = 429.$

$\therefore$ तीसरी संख्या

$= 1532 - (862+429) = (1532-1291) = 241.$

45. 5 संख्याओं का योग $= (65 \times 5) = 325.$

प्रथम 2 संख्याओं का योग $= (81 \times 2) = 162.$

अन्तिम 2 संख्याओं का योग $= (38 \times 2) = 76$

तीसरी संख्या $= 325 - (162+76) = (325-238) = 87.$

46. माना ये संख्यायें $(x-2), (x-1), x, (x+1)$ तथा $(x+2)$ हैं.

इन 5 संख्याओं का योग

$= (x-2)+(x-1)+x+(x+1)+(x+2) = 5x.$

इन 5 संख्याओं का औसत $= \frac{5x}{5} = x.$

अगली दो संख्यायें $(x+3)$ तथा $(x+4)$ हैं.

इन 7 संख्याओं का औसत

$= \frac{5x+(x+3)+(x+4)}{7} = \frac{7x+7}{7} = \frac{7(x+1)}{7} = (x+1).$

$\therefore$ औसत में 1 की वृद्धि होगी.

47. 13 संख्याओं का योग $= (68 \times 13) = 884.$

प्रथम 7 संख्याओं का योग $= (63 \times 7) = 441.$

अन्तिम 7 संख्याओं का योग $= (70 \times 7) = 490.$

सातवीं संख्या $= (441+490) - 884 = (931-884) = 47.$

48. 28 छात्रों के कुल प्राप्तांक $= (50 \times 28) = 1400.$

20 छात्रों के औसत प्राप्तांक $= (50+5) = 55.$

20 छात्रों के कुल प्राप्तांक $= (55 \times 20) = 1100.$

शेष 8 छात्रों के कुल प्राप्तांक $= (1400-1100) = 300.$

इन 8 छात्रों के औसत प्राप्तांक $= \frac{300}{8} = 37{\cdot}5.$

49. माना छात्रों की संख्या $= x$ तथा छात्राओं की संख्या $= y$. तब

$71x + 73y = 71{\cdot}8 \times (x+y)$

$\Rightarrow (71{\cdot}8x - 71x) = (73y - 71{\cdot}8y)$

$\Rightarrow 0{\cdot}8x = 1{\cdot}2y \Rightarrow \frac{x}{y} = \frac{1{\cdot}2}{0{\cdot}8} = \frac{12}{8} = \frac{3}{2} \Rightarrow x:y = 3:2.$

50. $\frac{(a^{n+1}+b^{n+1})}{(a^n+b^n)} = \frac{(a+b)}{2}$

$\Rightarrow 2a^{n+1} + 2b^{n+1} = a^{n+1} + b^{n+1} + a^n b + ab^n$

$\Rightarrow a^{n+1} - a^n b = ab^n - b^{n+1} \Rightarrow a^n(a-b) = (a-b)\,b^n$

$\Rightarrow a^n = b^n \Rightarrow n = 0.$

51. $(a+b+c)^2 = (a^2+b^2+c^2) + 2\,(ab+bc+ca)$

$= (a^2+b^2+c^2) + 2\times 0 = (a^2+b^2+c^2) \quad \ldots(i)$

अब,

$\frac{a+b+c}{3} = m$

$\Rightarrow (a+b+c) = 3m \Rightarrow (a+b+c)^2 = 9m^2$

$\Rightarrow \frac{(a^2+b^2+c^2)}{3} = 3m^2$

$\left[\because \text{by } (i)\ (a+b+c)^2 = (a^2+b^2+c^2)\right]$

अभीष्ट औसत $= 3m^2.$

52. माना राम के पुत्र की आयु $= x$ वर्ष.

तब, राम की आयु $= 3x$ वर्ष.

राम की आयु $= \frac{2}{5}\times$ (राम के पिता की आयु).

$\therefore$ राम के पिता की आयु $= \frac{5}{2}\times$ (राम की आयु)

$= \left(\frac{5}{2}\times 3x\right)$ वर्ष $= \frac{15x}{2}$ वर्ष.

तीनों की आयु का योग $= (46 \times 3)$ वर्ष $= 138$ वर्ष.

$\therefore\ x + 3x + \frac{15x}{2} = 138 \Rightarrow 2x + 6x + 15x = 276$

$\Rightarrow 23x = 276 \Rightarrow x = \frac{276}{23} = 12.$

राम तथा उसके पिता की वर्तमान आयु में अन्तर

$= \left(\frac{15x}{2} - 3x\right)$ वर्ष $= \frac{9x}{2}$ वर्ष $= \left(\frac{9}{2}\times 12\right)$ वर्ष $= 54$ वर्ष.

53. भार में कुल वृद्धि $= (1 \times 5)$ किग्रा० $= 5$ किग्रा०

नये व्यक्ति का भार $= (60+5)$ किग्रा० $= 65$ किग्रा०.

54. 40 विद्यार्थियों की औसत आयु $= 15$ वर्ष

40 विद्यार्थियों की कुल आयु $= (15 \times 40)$ वर्ष $= 600$ वर्ष.

50 विद्यार्थियों की औसत आयु $= (15 + 0{\cdot}2)$ वर्ष $= 15{\cdot}2$ वर्ष.

50 विद्यार्थियों की कुल आयु $= (15{\cdot}2 \times 50)$ वर्ष $= 760$ वर्ष.

10 नये विद्यार्थियों की कुल आयु $= (760-600)$ वर्ष $= 160$ वर्ष.

इन विद्यार्थियों की औसत आयु $= \frac{160}{10}$ वर्ष $= 16$ वर्ष.

55. 11 खिलाड़ियों की कुल आयु में कमी

$= (2 \times 11)$ मास $= 22$ मास $= \frac{22}{12}$ वर्ष.

नये 2 खिलाड़ियों की कुल आयु

$= \left(17 + 20 - \frac{22}{12}\right)$ वर्ष $= \left(37 - \frac{11}{6}\right)$ वर्ष $= \frac{211}{6}$ वर्ष

नये 2 खिलाड़ियों की औसत आयु

$= \left(\frac{1}{2}\times\frac{211}{6}\right)$ वर्ष $= \frac{211}{12}$ वर्ष $= 17$ वर्ष 7 मास.

56. 32 लड़कों की कुल आयु $= (14 \times 32)$ वर्ष $= 448$ वर्ष.

26 लड़कियों की कुल आयु = (12 × 26) वर्ष = 312 वर्ष.
58 विद्यार्थियों की कुल आयु = (448 + 312) वर्ष = 760 वर्ष
सभी विद्यार्थियों की औसत आयु $= \frac{760}{58}$ वर्ष = 13·10 वर्ष
(दशमलव के 2 स्थानों तक)

57. गणना किया गया कुल भार = (89·4 × 20) किग्रा० = 1788 किग्रा०
सही भार = (1788 + 87 – 78) किग्रा० = 1797 किग्रा०.
सही औसत भार $= \frac{1797}{20}$ किग्रा० = 89·85 किग्रा०.

58. मान लीजिए कि संख्याएँ a, b, और c है।
प्रश्न के अनुसार,
$\frac{a+b}{2} = c$
$\Rightarrow a + b = 2c$ .... (1)
एवं $\frac{a+b}{2} = \frac{b+c}{2} - 9$
$\Rightarrow a + b = b + c - 18$
$\Rightarrow c = a + 18$ ... (2)
समी (2) से c का मान समी (1) मे रखने पर हमें मिलता है:
$a + b = 2(a + 18)$
$\Rightarrow b = a + 36$
$b - a = 36$

59. आवश्यक औसत:
$\frac{1020+1280}{55+60} = \frac{2300}{115} = 20$

60. माना ये संख्यायें $x, x+1, x+2, x+3, x+4, x+5$ तथा $x + 6$ हैं. तब,
इनका योग = $(7x + 21)$.
$\therefore \frac{7x+21}{7} = 33 \Rightarrow 7x + 21 = 231$
$\Rightarrow 7x = (231 - 21) = 210 \Rightarrow x = 30.$
इनमें से सबसे बड़ी संख्या $(x + 6) = (30 + 6) = 36$.

61. परीक्षा में 22 छात्रों द्वारा प्राप्त कुल अंक = 22 × 45 = 990
पहले 10 छात्रों द्वारा प्राप्त कुल अंक = 10 × 55 = 550
अंतिम 11 छात्रों द्वारा प्राप्त कुल अंक = 11 × 40 = 440
इसलिए,
11वें के छात्र को मिले अंक
= 990 – (550 + 440)
= 990 – 990 = 0

62. माना प्रारंभ में कक्षा में x छात्र थे।
तब कक्षा में x छात्रों के भार का योग = $68.5x$
अत: प्रश्न के अनुसार,
$68.5x + 72.2 + 70.8 + 70.3 + 66.7 = (x+4)\left(68.5 + \frac{300}{1000}\right)$
$68.5x + 280 = (x + 4) \times 68.8$
$68.5x + 280 = 68.8x + 275.2$
$0.3x = 4.8$
$x = 16$

63. बारह अंकों का योग = 12 × 42 = 504
अंतिम पांच संख्याओं का योग = 5 × 40 = 200
पहली चार संख्याओं का योग = 4 × 44 = 176
5वीं, 6ठी और 7वीं संख्याओं का योग
= 504 – (200 + 176)
= 504 – 376
= 128
माना 5वीं, 6ठी और 7वीं संख्याएं $(x+6)$, x और $(x+5)$ हैं।
$\therefore x + 6 + x + x + 5 = 128$
$3x = 128 - 11$
$x = \frac{117}{3} = 39$
अत: 5वीं और 7वीं संख्या का औसत
$= \frac{x+6+x+5}{2} = \frac{39+39+11}{2} = \frac{89}{2} = 44.5$

64. 3 छात्रों की कुल आयु = 3 × 20 = 60
4 छात्रों की कुल आयु = 4 × 21 = 84
एवं 3 छात्रों की कुल आयु = 3 × 22 = 33
अत: 10 छात्रों की कुल आयु = 60 + 84 + 66
= 210
∴ 10 छात्रों की औसत आयु $= \frac{210}{10} = 21$ वर्ष

65. प्रश्न के अनुसार A, B, एवं C का कुल वजन
= 84 × 3 = 252 किग्रा ...(i)
A, B, C एवं D का कुल वजन = 80 × 4 = 320 किग्रा ...(ii)
समीकरण (i) और (ii) से,
D का वजन = 320 – 252 = 68 किग्रा
अत:, E का वजन = 68 + 3 = 71 किग्रा
अब, B, C, D एवं E का कुल वजन = 79 × 4
⇒ B + C + 68 + 71 = 316
⇒ B + C = 316 – 139 = 177
समीकरण (i) से,
A + 177 = 252
A = 252 – 177 = 75 किग्रा

66. माना प्रत्येक पुस्तक का औसत मूल्य = ₹ x
फिर प्रश्न के अनुसार,
$64x - 64 = 50x + 76$
$\Rightarrow 64x - 50x = 76 + 64$
$\Rightarrow 14x = 140$
$\Rightarrow x = \frac{140}{14} =$ ₹10

67. साईकिल सवार द्वारा तय की गई कुल दूरी = 3 किमी.
कुल समय $= \frac{1}{20} + \frac{1}{16} + \frac{1}{12} = \frac{12+15+20}{240} = \frac{47}{240}$ घंटा

2	20, 16, 12
2	10, 8, 6
	5, 4, 3

$\therefore 2 \times 2 \times 5 \times 4 \times 3 = 240$

∴ साईकिल सवार की औसत चाल

$= \dfrac{3}{\dfrac{47}{240}} = \dfrac{3 \times 240}{47} = \dfrac{720}{47} = 15.32$ किमी./घंटा

68. माना लुप्त संख्या x है।

∴ $533+128+429+225+x+305+601+804 = 474 \times 8$

$\Rightarrow 3025 + x = 3792 \quad \Rightarrow x = 3792 - 3025 = 767$

69. 9 विद्यार्थियों की कुल उम्र $= (4 \times 19 + 5 \times 10)$ वर्ष

$= (76 + 50)$ वर्ष $= 126$ वर्ष

9 विद्यार्थी + शिक्षक की कुल उम्र $= (16 \times 10)$ वर्ष $= 160$ वर्ष

शिक्षक की उम्र $= (160 - 126)$ वर्ष $= 34$ वर्ष

70. कक्षा में कुल विद्यार्थी $= 40$

कक्षा में लड़कों की संख्या $= \dfrac{40-16}{2} = \dfrac{24}{2} = 12$

लड़कियों की संख्या $= 16 + 12 = 28$

माना लड़कों का औसत वजन $= x$ किग्रा.

प्रश्नानुसार, $x \times 12 + 28 \times 45 = 47.7 \times 40$

$\Rightarrow 12x + 1260 = 1908$

$\Rightarrow 12x = 1908 - 1260 = 648 \Rightarrow x = \dfrac{648}{12} = 54$ किग्रा.

71. तीन क्रमिक संख्याओं का योग $= 81$

दूसरी संख्या = तीन सतत् संख्याओं की औसत $= \dfrac{81}{3} = 27$

72. सोमवार से बुधवार के तापमान का औसत माप $= 36°C$

सोमवार से बुधवार के तापमान का कुल माप $= 36 \times 3 = 108°C$

सोमवार से गुरूवार के तापमान का औसत माप $= 37°C$

सोमवार से गुरूवार के तापमान का कुल माप $= 37 \times 4 = 148°C$

अत: गुरूवार का तापमान $= 148 - 108 = 40°C$

73. शादी के समय औरत तथा उसके पति की कुल आयु

$= (23 \times 2)$ वर्ष $= 46$ वर्ष,

5 वर्ष बाद तीनों की आयु का योग $= (46 + 5 + 5 + 1)$ वर्ष

$= 57$ वर्ष

अभीष्ट औसत आयु $= \dfrac{57}{3}$ वर्ष $= 19$ वर्ष.

74. माना पहले मेस में $40x$ मासिक व्यय होता था।

मासिक व्यय में वृद्धि = ₹2000

प्रश्नानुसार, $40x + 2000 = 50(x - 200)$

$\Rightarrow 40x + 2000 = 50x - 10000 \Rightarrow 10x = 12000$

$\Rightarrow x = 1200$

मासिक व्यय $= 40 \times 1200 =$ ₹ 48000

प्रश्नमाला 6B

1. एक कस्बे की जनसंख्या में स्त्रियों तथा पुरुषों का अनुपात 11 : 10 है. यदि स्त्रियों की औसत आयु 34 वर्ष हो तथा पुरुषों की औसत आयु 32 वर्ष हो, तो सारी जनसंख्या की औसत आयु कितनी है ?

(*a*) 33.05 वर्ष (*b*) 34.1 वर्ष (*c*) 32.7 वर्ष (*d*) 35.2 वर्ष

2. एक क्रिकेट खिलाड़ी की 40 पारियों की औसत रनसंख्या 50 है. उसकी उच्चतम रनसंख्या न्यूनतम रनसंख्या से 172 अधिक है. इन दो पारियों को छोड़कर शेष 38 पारियों की औसत रनसंख्या 48 है. उसकी उच्चतम रनसंख्या कितनी रही ?

(*a*) 192 (*b*) 184 (*c*) 174 (*d*) 168

3. पाँच क्रमागत धनात्मक पूर्णांकों के वर्गों का औसत 66 है. इन पूर्णांकों का औसत क्या होगा ?

(*a*) 5 (*b*) 8 (*c*) 7 (*d*) 9

4. 8 छात्रों के एक समूह में एक 60 किग्रा० भार वाले छात्र के स्थान पर नया छात्र आ जाने से इनके औसत भार में 1 किग्रा० की वृद्धि हो जाती है. नये विद्यार्थी का भार कितना है ?

(*a*) 74 (*b*) 92 (*c*) 84 (*d*) 68

5. 10 वर्ष पूर्व एक परिवार के 4 सदस्यों की औसत आयु 24 वर्ष थी. इसी अन्तराल में दो बच्चे पैदा हो जाने से आज भी परिवार की औसत आयु वही है. यदि इन दो बच्चों की आयु में 2 वर्ष का अन्तर हो, तो छोटे बच्चे की आयु कितनी है ?

(*a*) 3 (*b*) 5 (*c*) 8 (*d*) 2

6. एक व्यक्ति तथा उसकी पत्नी की जिनका 7 वर्ष पूर्व विवाह हुआ, उस समय औसत आयु 25 वर्ष थी. अब, पति, पत्नी तथा उनके एक बच्चे की औसत आयु 23 वर्ष है. बच्चे की वर्तमान आयु कितनी है ?

(*a*) 3 (*b*) 5 (*c*) 7 (*d*) 9

7. एक कक्षा में 50 छात्र हैं. एक 40 किग्रा० भार वाला छात्र विद्यालय छोड़कर चला जाता है तथा उसके स्थान पर एक नया विद्यार्थी प्रवेश लेता है. इससे औसत भार में 100 ग्राम की कमी हो जाती है. नये विद्यार्थी का भार कितना है ?

(*a*) 35 (*b*) 37 (*c*) 47 (*d*) 32

8. 25 विद्यार्थियों का औसत भार 28·8 किग्रा० है. एक नये विद्यार्थी के प्रवेश लेने पर औसत भार में 300 ग्राम की कमी आ जाती है. नये विद्यार्थी का भार ज्ञात कीजिए.

(*a*) 27 (*b*) 25 (*c*) 21 (*d*) 23

9. किसी कक्षा में दो खण्ड A तथा B हैं जिनमें क्रमश: 35 तथा 40 विद्यार्थी हैं. एक परीक्षा में खण्ड A का औसत प्राप्तांक 64 तथा पूरी कक्षा का औसत प्राप्तांक 60 है. खण्ड B का औसत प्राप्तांक ज्ञात कीजिए.

(*a*) 47.8 (*b*) 53.9 (*c*) 54.8 (*d*) 56.5

10. 13 कुर्सियों तथा 5 मेजों का कुल मूल्य ₹ 8280 है. यदि प्रत्येक मेज का औसत मूल्य ₹ 1227 हो, तो प्रत्येक कुर्सी का औसत मूल्य कितना है ?

(*a*) 165 (*b*) 178 (*c*) 167 (*d*) 159

11. एक क्रिकेट टीम में 11 खिलाड़ियों में से कप्तान की आयु 25 वर्ष है तथा विकेट कीपर उससे 3 वर्ष बड़ा है. यदि इन दोनों को छोड़ दें तो शेष टीम की औसत आयु पूरी टीम की औसत आयु से 1 वर्ष कम हो जाती है. पूरी टीम की औसत आयु कितनी है ?

(*a*) 24 (*b*) 22 (*c*) 23 (*d*) 26

12. एक क्रिकेट खिलाड़ी की 40 पारियों की औसत रन संख्या 50 है. किसी पारी में उस खिलाड़ी द्वारा प्राप्त अधिकतम एवं किसी एक पारी में उसके द्वारा प्राप्त न्यूनतम रन संख्याओं का अन्तर 172 है. यदि ये दो पारियाँ छोड़ दी जायें तो शेष 38 पारियों की औसत रन संख्या 48 है. उस खिलाड़ी द्वारा किसी पारी में प्राप्त अधिकतम रन संख्या ज्ञात कीजिए.

(*a*) 188 (*b*) 178 (*c*) 174 (*d*) 184

13. कुछ व्यक्तियों के एक समूह में व्यापारियों का वर्ग A तथा नौकरी करने वालों का वर्ग B है. पूरे समूह की औसत आयु 27 वर्ष है. यदि वर्ग A के व्यक्तियों की औसत आयु 34 वर्ष तथा वर्ग B के व्यक्तियों की औसत आयु 24 वर्ष हो, तो पूरे समूह में व्यापारियों तथा नौकरी करने वालों में से प्रत्येक का प्रतिशत ज्ञात कीजिए.

(*a*) 30%, 70% (*b*) 70%, 30%
(*c*) 35%, 75% (*d*) 75%, 35%

14. 8 परिणामों का औसत 20 है. इनमें से प्रथम दो का औसत $15\frac{1}{2}$ तथा अगले तीन परिणामों का औसत $21\frac{1}{3}$ है. यदि छठा परिणाम सातवें से 4 कम तथा आठवें से 7 कम हो, तो अन्तिम परिणाम क्या है ?

(*a*) 28 (*b*) 23 (*c*) 18 (*d*) 25

15 एक समुद्री-जहाज किनारे से 40 किमी॰ दूरी पर है. इसमें एक छेद हो जाता है, जिससे 6 मिनट में $1\frac{7}{8}$ टन पानी अन्दर भर जाता है. 60 टन पानी इस जहाज को डुबोने के लिए पर्याप्त है. किन्तु जहाज में लगा एक निकासी पम्प 12 टन प्रति घण्टा की दर से पानी बाहर फेंक सकता है. जहाज की वह औसत गति ज्ञात करें जिससे वह जैसे ही डूबना आरम्भ करे, किनारे पर पहुँच जाये.

(*a*) 5.4 किमी/घंटा (*b*) 4.5 किमी/घंटा
(*c*) 4.8 किमी/घंटा (*d*) 5.7 किमी/घंटा

उत्तरमाला (प्रश्नमाला 6B)

1. (*a*) **2.** (*c*) **3.** (*b*) **4.** (*d*) **5.** (*a*) **6.** (*b*) **7.** (*a*) **8.** (*c*) **9.** (*d*) **10.** (*a*) **11.** (*b*) **12.** (*c*) **13.** (*a*) **14.** (*d*) **15.** (*b*)

दिये गए प्रश्नों के हल (प्रश्नमाला 6B)

1. माना स्त्रियों की संख्या $= 11x$ तथा पुरुषों की संख्या $= 10x$.
तब सारी जनसंख्या की औसत आयु

$$= \frac{(34 \times 11x) + (32 \times 10x)}{(11x + 10x)}$$

$$= \frac{(374x + 320x)}{21x} = \frac{694x}{21x} = 33 \cdot 05 \text{ वर्ष.}$$

2. माना उच्चतम रन संख्या $= x$ तब न्यूनतम रन संख्या $= (x - 172)$.

$$(48 \times 38) + x + (x - 172) = (40 \times 50)$$
$$\Rightarrow 1824 + 2x - 172 = 2000 \Rightarrow 2x = (2172 - 1824) = 348$$
$$\Rightarrow x = 174.$$

$\therefore$ उच्चतम रन संख्या = 174.

3. माना पाँच क्रमागत धनात्मक पूर्णांक $x, (x+1), (x+2), (x+3)$ तथा $(x+4)$ हैं. तब

$$x^2 + (x+1)^2 + (x+2)^2 + (x+3)^2 + (x+4)^2 = (66 \times 5)$$
$$\Rightarrow 5x^2 + (2x + 4x + 6x + 8x) + (1 + 4 + 9 + 16) = 330$$
$$\Rightarrow 5x^2 + 20x = 300 \Rightarrow x^2 + 4x - 60 = 0$$
$$\Rightarrow (x+10)(x-6) = 0 \Rightarrow x = 6.$$

$$\text{अभीष्ट औसत} = \frac{x + (x+1) + (x+2) + (x+3) + (x+4)}{5}$$

$$= \frac{(5x+10)}{5} = \frac{(5 \times 6 + 10)}{5} = \frac{40}{5} = 8.$$

4. कुल भार में वृद्धि = (1 × 8) किग्रा॰ = 8 किग्रा॰.
नये छात्र का भार = (60 + 8) किग्रा॰ = 68 किग्रा॰.

5. 10 वर्ष पहले 4 सदस्यों की कुल आयु का योग
= (24 × 4) वर्ष = 96 वर्ष.
इन 4 सदस्यों की वर्तमान आयु का योग = (96 + 10 × 4) वर्ष
= 136 वर्ष.
अब 6 सदस्यों की आयु का कुल योग = (24 × 6) वर्ष
= 144 वर्ष
दो बच्चों की आयु का कुल योग = (144 – 136) वर्ष = 8 वर्ष.
माना नये बच्चों की आयु क्रमश: x वर्ष तथा $(x + 2)$ वर्ष है.

$$\therefore\ x + (x+2) = 8 \Rightarrow 2x = 6 \Rightarrow x = 3.$$

इनमें से छोटे बच्चे की आयु = 3 वर्ष.

6. 7 वर्ष पूर्व पति एवं पत्नि की आयु का योग = (25 × 2) वर्ष
= 50 वर्ष.
अब पति एवं पत्नि की आयु का योग = (50 + 7 × 2) वर्ष
= 64 वर्ष.
अब पति, पत्नि एवं बच्चे की आयु का योग = (23 × 3) वर्ष
= 69 वर्ष.
$\therefore$ बच्चे की वर्तमान आयु = (69 – 64) वर्ष = 5 वर्ष.

7. 50 छात्रों के औसत भार में कमी = 100 ग्राम प्रति छात्र.
50 छात्रों के कुल भार में कमी $= (100 \times 50)$ ग्राम

$$= \left(\frac{100 \times 50}{1000}\right) \text{ किग्रा॰}$$

= 5 किग्रा॰.
जाने वाले विद्यार्थी का भार = 40 किग्रा॰.
नये विद्यार्थी का भार = (40 – 5) किग्रा॰ = 35 किग्रा॰.

8. 25 विद्यार्थियों का औसत भार = 28·800 किग्रा॰.
25 विद्यार्थियों का कुल भार = (28·8 × 25) किग्रा॰.
= 720 किग्रा॰.

26 विद्यार्थियों का औसत भार = (28·500 – 0·300) किग्रा०.
= 28·500 किग्रा०.

26 विद्यार्थियों का कुल भार = (28·500 × 26) किग्रा०.
= 741 किग्रा०.

नये विद्यार्थी का भार = (741 – 720) किग्रा०. = 21 किग्रा०.

9. खण्ड A के औसत प्राप्तांक = 64

खण्ड A के कुल प्राप्तांक = (64 × 35) = 2240.

माना खण्ड B के औसत प्राप्तांक = x.

तब खण्ड B के कुल प्राप्तांक = $40x$.

पूरी कक्षा के औसत प्राप्तांक = 60.

पूरी कक्षा के कुल प्राप्तांक = (60 × 75) = 4500.

$\therefore\ 2240+40x=4500 \Rightarrow 40x=(4500-2240)=2260$

$\Rightarrow x=\frac{2260}{40}=56\cdot5.$

अत: खण्ड B के औसत प्राप्तांक = 56·5.

10. माना प्रत्येक कुर्सी का औसत मूल्य = ₹ x.

तब, 13 कुर्सियों का कुल मूल्य = ₹ $(13x)$

5 मेजों का कुल मूल्य = ₹ (1227 × 5) = ₹ 6135.

$\therefore\ 6135+13x=8280 \Rightarrow 13x=(8280-6135)$

$\Rightarrow 13x=2145 \Rightarrow x=\frac{2145}{13}=165.$

अत: प्रत्येक कुर्सी का औसत मूल्य = ₹ 165.

11. माना पूरी टीम की औसत आयु = x वर्ष.

तब, पूरी टीम की कुल आयु का योग = $11x$ वर्ष.

दो खिलाड़ियों की आयु का योग = (25 + 28) वर्ष = 53 वर्ष.

नौ खिलाड़ियों की आयु का योग = $(11x-53)$ वर्ष.

$\therefore\ \frac{(11x-53)}{9}=(x-1) \Rightarrow 11x-53=9x-9.$

$\Rightarrow 2x=(53-9)=44 \Rightarrow x=22.$

पूरी टीम की औसत आयु = 22 वर्ष.

12. माना अधिकतम रन संख्या = x.

तब, न्यूनतम रन संख्या = $(x-172)$.

38 पारियों की औसत रन संख्या = 48.

38 पारियों की कुल रन संख्या = (48 × 38) = 1824.

40 पारियों की कुल रन संख्या = $1824+x+(x-172)$
$=(2x+1652)$.

40 पारियों की औसत रन संख्या = 50.

$\therefore$ 40 पारियों की कुल रन संख्या = (50 × 40) = 2000.

अत: $2x+1652=2000 \Rightarrow 2x=(2000-1652)=348$

$\Rightarrow x=\frac{348}{2}=174.$

अत: अभीष्ट रन संख्या = 174.

13. माना वर्ग A में व्यक्तियों की संख्या = x.

तब, वर्ग B में व्यक्तियों की संख्या = $(100-x)$.

वर्ग A में व्यक्तियों की औसत आयु = 34 वर्ष.

वर्ग A में व्यक्तियों की कुल आयु = $(34x)$ वर्ष.

वर्ग B में व्यक्तियों की औसत आयु = 24 वर्ष.

वर्ग B में व्यक्तियों की कुल आयु = $[24\times(100-x)]$ वर्ष.

पूरे समूह की कुल आयु = (27 × 100) वर्ष.

$\therefore\ 34x+24(100-x)=2700$

$\Rightarrow (34x-24x)=(2700-2400)$

$\Rightarrow 10x=300 \Rightarrow x=30.$

$\therefore$ व्यापारियों का प्रतिशत = 30%.

नौकरी वालों का प्रतिशत = (100 – 30)% = 70%.

14. 8 परिणामों का औसत = 20.

8 परिणामों का कुल परिमाण = (20 × 8) = 160.

प्रथम दो परिणामों का औसत $=\left(\frac{31}{2}\right)$.

प्रथम दो परिणामों का कुल परिमाण $=\left(\frac{31}{2}\times2\right)=31.$

अगले 3 परिणामों का औसत $=\left(\frac{64}{3}\right)$.

अगले 3 परिणामों का कुल परिमाण $=\left(\frac{64}{3}\times3\right)=64.$

माना 8वाँ परिणाम = x. तब, छठा परिणाम = $(x-7)$.

7वाँ परिणाम = $(x-7+4)=(x-3)$.

$\therefore\ 31+64+x+(x-7)+(x-3)=160$

$\Rightarrow\ 3x+85=160 \Rightarrow\ 3x=75 \Rightarrow\ x=25.$

अत: 8वाँ परिणाम = 25.

15. 6 मिनट में पानी का भराव $=\frac{15}{8}$ टन.

1 घण्टे में पानी का भराव $=\left(\frac{15}{8}\times\frac{1}{6}\times60\right)$ टन $=\frac{75}{4}$ टन.

1 घण्टे में पानी की निकासी = 12 टन.

1 घण्टे में शुद्ध भराव $=\left(\frac{75}{4}-12\right)$ टन $=\frac{27}{4}$ टन.

$\frac{27}{4}$ टन शुद्ध भराव है = 1 घण्टे में.

60 टन शुद्ध भराव होगा

$=\left(1\times\frac{4}{27}\times60\right)$ घण्टे में $=\frac{80}{9}$ घण्टे में.

अत: 40 किमी० दूरी तय करने में लगा अधिकतम समय

$=\frac{80}{9}$ घण्टे.

$\therefore$ जहाज की इच्छित औसत गति $=\frac{40}{(80/9)}$ किमी०/घण्टा

$=\left(\frac{40\times9}{80}\right)$ किमी०/घण्टा = 4·5 किमी०/घण्टा.

❑❑❑

7

संख्याओं पर आधारित प्रश्न (PROBLEMS ON NUMBERS)

Scan QR Code for Watching Video

साधित उदाहरण

प्रश्न 1. एक संख्या 54 से उतनी अधिक है जितनी 82 से कम. संख्या ज्ञात कीजिए.

हल: माना अभीष्ट संख्या $= x$. तब

$$x - 54 = 82 - x \Rightarrow 2x = (82 + 54) = 136$$
$$\Rightarrow x = 68.$$

अभीष्ट संख्या $= 68$.

प्रश्न 2. किसी संख्या के 60% में 40 जोड़ने पर संख्या का 80% प्राप्त होता है. वह संख्या क्या है?

हल: माना अभीष्ट संख्या $= x$. तब

$(x$ का $60\%) + 40 = (x$ का $80\%)$

$$\Rightarrow \left(x \times \frac{60}{100}\right) + 40 = \left(x \times \frac{80}{100}\right) \Rightarrow \frac{4x}{5} - \frac{3x}{5} = 40$$
$$\Rightarrow \frac{x}{5} = 40 \Rightarrow x = 200.$$

अभीष्ट संख्या $= 200$.

प्रश्न 3. एक संख्या के तीन-चौथाई का $\frac{2}{5}$ यदि 204 हो, तो संख्या क्या है?

हल: माना अभीष्ट संख्या $= x$. तब

$$x \text{ का } \frac{3}{4} \text{ का } \frac{2}{5} = 204 \Rightarrow x \text{ का } \frac{3}{10} = 204$$
$$\Rightarrow x = \left(204 \times \frac{10}{3}\right) = 680.$$

अभीष्ट संख्या $= 680$.

प्रश्न 4. दो अंकों से बनी संख्या अपने अंकों के योग का 7 गुना है. अंक पलटने से प्राप्त संख्या मूल संख्या से 18 कम है. वह संख्या क्या है?

हल: माना दहाई अंक $= x$ तथा इकाई अंक $= y$.

$$10x + y = 7(x + y) \Rightarrow 3x - 6y = 0 \Rightarrow x = 2y \quad \ldots(i)$$
$$(10x + y) - (10y + x) = 18 \Rightarrow 9(x - y) = 18$$
$$\Rightarrow x - y = 2 \quad \ldots(ii)$$

$\therefore\ 2y - y = 2 \Rightarrow y = 2$ तथा $x = 4$.

$\therefore$ दहाई अंक $= 4$ तथा इकाई अंक $= 2$. अत: अभीष्ट संख्या $= 42$.

प्रश्न 5. किसी भिन्न के अंश तथा हर में से प्रत्येक में 1 जोड़ने पर $\frac{2}{3}$ प्राप्त होता है. इस भिन्न के अंश तथा हर प्रत्येक में से 1 घटाने पर $\frac{1}{2}$ प्राप्त होता है. वह भिन्न ज्ञात कीजिए.

हल: माना अभीष्ट भिन्न $= \frac{a}{b}$. तब

$$\frac{a+1}{b+1} = \frac{2}{3} \Rightarrow 3a + 3 = 2b + 2 \Rightarrow 3a - 2b = -1 \quad \ldots(i)$$

तथा $\frac{a-1}{b-1} = \frac{1}{2} \Rightarrow 2a - 2 = b - 1 \Rightarrow 2a - b = 1 \quad \ldots(ii)$

(ii) को 2 से गुणा करके (i) में से घटाने पर :

$$(3a - 2b) - 2(2a - b) = -1 - 2 \Rightarrow -a = -3 \Rightarrow a = 3.$$

(i) में $a = 3$ रखने पर $9 - 2b = -1 \Rightarrow 2b = 10 \Rightarrow b = 5$.

अभीष्ट भिन्न $= \frac{3}{5}$.

प्रश्न 6. एक भिन्न के अंश में 25% वृद्धि तथा हर में 20% कमी करने पर प्राप्त भिन्न $\frac{5}{8}$ है. मूल भिन्न क्या है?

हल: माना मूल भिन्न $\frac{a}{b}$ है. तब

$$\frac{a \text{ का } 125\%}{b \text{ का } 80\%} = \frac{5}{8} \Rightarrow \frac{25a}{16b} = \frac{5}{8} \Rightarrow \frac{a}{b} = \left(\frac{5}{8} \times \frac{16}{25}\right) = \frac{2}{5}.$$

$\therefore$ अभीष्ट भिन्न $= \frac{2}{5}$.

प्रश्न 7. दो संख्यायें इस प्रकार हैं कि पहली संख्या के तिगुने तथा दूसरी संख्या के दुगुने का योग 127 है. पहली संख्या के 5 गुने तथा दूसरी संख्या के 4 गुने का अन्तर 43 है. संख्यायें ज्ञात कीजिए.

हल: माना अभीष्ट संख्यायें a तथा b हैं. तब

$$3a + 2b = 127 \quad \ldots(i)$$

तथा $5a - 4b = 43 \quad \ldots(ii)$

(i) को 2 से गुणा करके (ii) में जोड़ने पर:

$$(6a + 4b) + (5a - 4b) = (254 + 43)$$
$$\Rightarrow 11a = 297 \Rightarrow a = 27.$$

(i) में $a = 27$ रखने पर:

$$3 \times 27 + 2b = 127 \Rightarrow 2b = (127 - 81) = 46 \Rightarrow b = 23.$$

अत: अभीष्ट संख्यायें 27 तथा 23 हैं.

प्रश्नमाला 7

निम्नलिखित प्रश्नों में से प्रत्येक में ठीक उत्तर को चिन्हांकित (✓) कीजिए:

1. 740 का 35% एक संख्या से 34 अधिक है. इस संख्या का $\frac{2}{5}$ कितना है ? (बैंक पी०ओ० परीक्षा, 2010)

(*a*) 45 (*b*) 90 (*c*) 180 (*d*) 120

(e) इनमें से कोई नहीं

2. 38 से एक संख्या को विभाजित करने पर, हमें 90 भागफल के रूप में और 19 शेष के रूप में मिलता है। वह संख्या क्या है? [एस.एस.सी. सी.एच.एस.एल. परीक्षा, 2017]

(*a*) 3401 (*b*) 3382 (*c*) 3458 (*d*) 3439

3. सुरेश प्रतिदिन 450 मिली. दूध पीता है। वह दो सप्ताह में कितने लीटर दूध की खपत करेगा?

(*a*) 0.63 लीटर (*b*) 6.7 लीटर

(c) 12.3 लीटर (*d*) 6.3 लीटर

(पटना हाईकोर्ट असिस्टेंट परीक्षा, 2016)

4. किसी संख्या के एक-तिहाई के एक-चौथाई का दो-तिहाई 6 है. वह संख्या क्या है ?

(*a*) 108 (*b*) 144 (*c*) 96 (*d*) 78.

(*e*) इनमें से कोई नहीं

5. P और Q के पास मिलाकर 1519 रुपए की धनराशि है, यदि P के हिस्से का $\frac{4}{9}$ भाग Q के हिस्से के $\frac{13}{25}$ भाग के बराबर है, तो P के पास कितनी धनराशि है?

(*a*) ₹ 819 (*b*) ₹ 700 (*c*) ₹ 719 (*d*) ₹ 619

(जे.ई.ई. होटल मैनेजमेंट प्रवेश परीक्षा, 2015)

6. किसी संख्या को 296 से भाग देने पर 75 शेष बचते हैं. उसी संख्या को 37 से भाग देने पर शेष क्या बचेगा ?

(*a*) 1 (*b*) 2 (*c*) 19 (*d*) 31

(एस०एस०सी० परीक्षा, 2010)

7. एक व्यक्ति 480 किमी. यात्रा करता है, वह अपनी कुल यात्रा का $\frac{2}{3}$ हिस्सा रेल से, $\frac{1}{5}$ हिस्सा बस से, और बाकी बची दूरी टैक्सी से तय करता है, टैक्सी द्वारा तय की गई यात्रा कितने किमी. है?

(*a*) 44 किमी. (*b*) 54 किमी. (*c*) 64 किमी. (*d*) 74 किमी.

(मध्य प्रदेश लोक सेवा आयोग राज्य सेवा (प्रा.) परीक्षा, 2015)

8. किसी संख्या को 114 से भाग देने पर 21 शेष बचते हैं. उसी संख्या को 19 से भाग देने पर शेष क्या बचेगा ?

(*a*) 1 (*b*) 2 (*c*) 7 (*d*) 17

(एस०एस०सी० परीक्षा, 2010)

9. दो क्रमागत प्राकृत संख्याओं के वर्गों का योग 61 है. ये संख्यायें हैं: (होटल मैनेजमैन्ट परीक्षा, 2010)

(*a*) 4 तथा 5 (*b*) 5 तथा 6

(c) 6 तथा 7 (*d*) – 6 तथा – 5

10. दो संख्यायें किसी तीसरी संख्या से क्रमशः 12·5% तथा 25% अधिक हैं. पहली संख्या, दूसरी संख्या के कितने प्रतिशत के बराबर है ? (एस०एस०सी० परीक्षा, 2010)

(*a*) 90% (*b*) 87·5% (*c*) 25% (*d*) 12·5%

11. एक संख्या का $\frac{4}{5}$ उस संख्या के दो-तिहाई से 10 अधिक है. संख्या कितनी है ? (बैंक पी०ओ० परीक्षा, 2010)

(*a*) 70 (*b*) 75 (*c*) 69 (*d*) 85

(*e*) इनमें से कोई नहीं

12. एक संख्या के चौथे व पाँचवें भागों का योग उसके तीसरे भाग से 28 बड़ा है. वह संख्या क्या है ?

(*a*) 120 (*b*) 160 (*c*) 220 (*d*) 240

(एस०एस०सी० परीक्षा, 2010)

13. किसी संख्या के 60% का $\frac{3}{5}$ यदि 36 हो, तो वह संख्या कौन-सी है ?

(*a*) 100 (*b*) 80 (*c*) 75 (*d*) 90

14. दो संख्यायें ऐसी हैं कि पहली को 2 बार तथा दूसरी को 3 बार जोड़ने पर योग 100 प्राप्त होता है. पहली संख्या को 3 बार तथा दूसरी को 2 बार जोड़ने पर योग 120 प्राप्त होता है. बड़ी संख्या कौन-सी है ?

(*a*) 32 (*b*) 12 (*c*) 14 (*d*) 35

(*e*) इनमें से कोई नहीं (बैंक पी०ओ० परीक्षा, 2010)

15. यदि एक भिन्न के अंश में 150% की वृद्धि कर दें तथा हर में 350% की वृद्धि कर दें, तो परिणामी भिन्न $\frac{25}{51}$ प्राप्त होता है. मूल भिन्न क्या है ?

(*a*) $\frac{11}{17}$ (*b*) $\frac{11}{15}$ (*c*) $\frac{15}{17}$ (*d*) $\frac{13}{15}$

(*e*) इनमें से कोई नहीं (बैंक पी०ओ० परीक्षा, 2010)

16. एक संख्या की तीन-चौथाई का एक-तिहाई 30 है. संख्या क्या है ?

(*a*) 90 (*b*) 80 (*c*) 150 (*d*) 60

(*e*) इनमें से कोई नहीं

17. किसी संख्या का $\frac{2}{5}$ का $\frac{3}{7}$ यदि 198 हो, तो वह संख्या क्या है ?

(*a*) 1055 (*b*) 1145 (*c*) 1155 (*d*) 1255

18. एक संख्या का $\frac{4}{5}$ उसी संख्या के दो-तिहाई से 10 अधिक है. वह संख्या कितनी है ?

(*a*) 70 (*b*) 75 (*c*) 69 (*d*) 85

(*e*) इनमें से कोई नहीं

19. एक संख्या में $(19)^2$ जोड़ने पर $(23)^2$ प्राप्त होता है. संख्या कितनी है ?

(*a*) 165 (*b*) 166 (*c*) 178 (*d*) 158

(*e*) इनमें से कोई नहीं

20. वह कौन-सी संख्या है जिसे 13 से गुणा करने पर उसमें 180 की वृद्धि हो जाती है? (एस०एस०सी० परीक्षा, 2009)
(*a*) 13 (*b*) 15 (*c*) 23 (*d*) 35

21. चार क्रमिक समसंख्याओं का योग 60 है. इन संख्याओं के वर्गों का योग कितना है? (बैंक पी०ओ० परीक्षा, 2009)
(*a*) 2423 (*b*) 2323 (*c*) 2424 (*d*) 920
(*e*) इनमें से कोई नहीं

22. छः क्रमागत प्राकृत संख्याओं में से पहली तीन संख्याओं का योग 27 हो, तो शेष तीन संख्याओं का योगफल कितना होगा?
(*a*) 36 (*b*) 35 (*c*) 25 (*d*) 24
(एस०एस०सी० परीक्षा, 2010)

23. यदि तीन क्रमागत प्राकृत संख्याओं के वर्गों का योगफल 110 हो, तो इनमें सबसे छोटी प्राकृत संख्या क्या है?
(*a*) 8 (*b*) 6 (*c*) 7 (*d*) 5
(एस०एस०सी० परीक्षा, 2010)

24. दो पूर्ण संख्याओं का गुणनफल 37 है. इन संख्याओं के अन्तर का वर्गमूल कितना होगा?
(*a*) 8 (*b*) 7·5 (*c*) 6 (*d*) 4·5
(एस०एस०सी० परीक्षा, 2010)

25. चार क्रमिक समसंख्याओं का योग 156 है. इन संख्याओं के वर्गों का योग कितना होगा? (बैंक पी०ओ० परीक्षा, 2009)
(*a*) 6104 (*b*) 9156 (*c*) 7812 (*d*) 23716
(*e*) इनमें से कोई नहीं

26. दो उत्तरोत्तर संख्याओं का गुणनफल 9506 है. इन दोनों में से छोटी संख्या कौन-सी है? (बैंक पी०ओ० परीक्षा, 2009)
(*a*) 96 (*b*) 97 (*c*) 98 (*d*) 99
(*e*) इनमें से कोई नहीं

27. दो संख्याओं के योगफल तथा गुणनफल क्रमशः 11 तथा 18 हैं. इन संख्याओं के व्युत्क्रमों का योगफल कितना होगा?
(*a*) $\frac{2}{11}$ (*b*) $\frac{11}{2}$ (*c*) $\frac{18}{11}$ (*d*) $\frac{11}{18}$
(एस०एस०सी० परीक्षा, 2010)

28. दो संख्याओं के योगफल तथा गुणनफल क्रमशः 12 और 35 हैं. इन संख्याओं के व्युत्क्रमों का योगफल कितना होगा?
(*a*) $\frac{1}{3}$ (*b*) $\frac{1}{5}$ (*c*) $\frac{12}{35}$ (*d*) $\frac{35}{12}$
(एस०एस०सी० परीक्षा, 2010)

29. एक द्विअंकीय संख्या के अंकों को परस्पर बदलने से प्राप्त संख्या मूल संख्या से 63 कम है. यदि संख्या के अंकों का योग 11 हो, तो मूल संख्या क्या है? (बैंक पी०ओ० परीक्षा, 2009)
(*a*) 29 (*b*) 92
(*c*) 74 (*d*) निर्धारित नहीं किया जा सकता
(*e*) इनमें से कोई नहीं

30. एक द्विअंकीय संख्या के अंकों को परस्पर बदलने से प्राप्त संख्या मूल संख्या से 18 अधिक है. संख्या के अंकों का योग 6 हो, तो मूल संख्या क्या है? (बैंक पी०ओ० परीक्षा, 2009)
(*a*) 64 (*b*) 46 (*c*) 42 (*d*) 24
(*e*) इनमें से कोई नहीं

31. एक संख्या तथा उस संख्या का $\frac{3}{5}$ दोनों का अन्तर 50 है. संख्या कितनी है? (होटल मैनेजमैन्ट परीक्षा, 2009)
(*a*) 75 (*b*) 100
(*c*) 125 (*d*) इनमें से कोई नहीं

32. एक द्विअंकीय संख्या के दोनों अंकों के स्थान परस्पर बदलने पर प्राप्त संख्या मूल संख्या से 27 कम है. संख्या के अंक 1 : 2 के अनुपात में हों, तो मूल संख्या क्या है?
(*a*) 36 (*b*) 63
(*c*) 48 (*d*) निर्धारित नहीं किया जा सकता
(*e*) इनमें से कोई नहीं (बैंक पी०ओ० परीक्षा, 2009)

33. पाँच क्रमबद्ध विषम संख्याओं का योग 235 है. इनमें से बीच वाली विषम संख्या कौन-सी है?
(*a*) 47 (*b*) 51 (*c*) 57 (*d*) 61

34. *A, B, C, D* तथा *E* निरन्तर पाँच विषम संख्यायें हैं. *A* तथा *C* का योग 146 है. *E* का मूल्य कितना है?
(*a*) 75 (*b*) 81 (*c*) 71 (*d*) 79
(*e*) इनमें से कोई नहीं (बैंक पी०ओ० परीक्षा, 2009)

35. *a, b, c, d* तथा *e* निरन्तर पाँच सम संख्यायें हैं. यदि *a* तथा *b* का योग 162 हो, तो सभी संख्याओं का योग कितना है?
(*a*) 400 (*b*) 380
(*c*) 420 (*d*) निर्धारित नहीं किया जा सकता
(*e*) इनमें से कोई नहीं (बैंक पी०ओ० परीक्षा, 2009)

36. क्रमागत पाँच संख्याओं का योग 270 है. दूसरी तथा पाँचवीं संख्याओं का योग कितना है?
(*a*) 108 (*b*) 107
(*c*) 110 (*d*) निर्धारित नहीं किया जा सकता
(*e*) इनमें से कोई नहीं

37. दो संख्याओं का गुणनफल 1092 है. इनका योग इनके अन्तर से 42 अधिक है. इनमें से बड़ी संख्या कौन-सी है?
(*a*) 48 (*b*) 44 (*c*) 52 (*d*) 54
(*e*) इनमें से कोई नहीं (बैंक पी०ओ० परीक्षा, 2008)

38. एक संख्या के वर्ग का दुगुना उस संख्या के 11 गुने से 21 अधिक है. वह संख्या कौन-सी है? (बैंक पी०ओ० परीक्षा, 2008)
(*a*) 4 अथवा $\frac{-7}{2}$ (*b*) 7 अथवा $\frac{-3}{2}$
(*c*) 3 अथवा $\frac{-7}{2}$ (*d*) $\frac{9}{2}$ अथवा -4
(*e*) इनमें से कोई नहीं

39. दो संख्याओं का अनुपात 3 : 7 है. इनमें से प्रत्येक में 6 जोड़ने पर यह अनुपात 5 : 9 हो जाता है. ये संख्यायें हैं :
(*a*) 9 तथा 21 (*b*) 15 तथा 35
(*c*) 6 तथा 14 (*d*) 7 तथा 15

40. दो ऐसी संख्यायें हैं कि पहली संख्या के दुगुने तथा दूसरी संख्या के तिगुने का योग 36 है. पहली संख्या के तिगुने तथा दूसरी संख्या के दुगुने का योग 39 है. इनमें से छोटी संख्या कौन-सी है?
(*a*) 9 (*b*) 5 (*c*) 7 (*d*) 3
(*e*) इनमें से कोई नहीं (बैंक पी०ओ० परीक्षा, 2008)

41. एक द्विअंकीय धनात्मक संख्या में इकाई का अंक दहाई के अंक के वर्ग के बराबर है. मूल संख्या तथा इसके अंकों को परस्पर बदलने पर प्राप्त संख्या का अन्तर 54 है. मूल संख्या का 40% कितना है?
(*a*) 15·6 (*b*) 39 (*c*) 37·2 (*d*) 24
(*e*) इनमें से कोई नहीं **(बैंक पी०ओ० परीक्षा, 2008)**

42. एक भिन्न में अंश का दुगुना हर से 2 अधिक है. अंश तथा हर प्रत्येक में 3 जोड़ने पर परिणामी भिन्न $\frac{2}{3}$ प्राप्त होती है. मूल भिन्न क्या है?
(*a*) $\frac{5}{18}$ (*b*) $\frac{6}{13}$ (*c*) $\frac{13}{6}$ (*d*) $\frac{7}{12}$
(*e*) इनमें से कोई नहीं

43. किसी संख्या का द्विगुण वर्ग 18 का घन है. यह संख्या है:
(*a*) 54 (*b*) 108
(*c*) 432 (*d*) इनमें से कोई नहीं

44. यदि किसी दो अंकों की एक संख्या के अंक परस्पर पलट दिये जायें तथा इस प्रकार प्राप्त संख्या का आधा किया जाये तो परिणामी संख्या मूल संख्या से 14 कम है. यदि मूल संख्या के अंकों का अन्तर 2 हो, तो मूल संख्या क्या है?
(*a*) 46 (*b*) 64 (*c*) 68 (*d*) 86
(*e*) इनमें से कोई नहीं

45. दो संख्यायें 1 : 5 के अनुपात में हैं तथा इनका गुणनफल 320 है. इन संख्याओं का योग कितना है?
(*a*) 40 (*b*) 42 (*c*) 44 (*d*) 48

46. दो सतत् समसंख्याओं का गुणनफल 6888 है. इन दोनों में से बड़ी संख्या कौन-सी है? **(बैंक पी०ओ० परीक्षा, 2007)**
(*a*) 78 (*b*) 82 (*c*) 86 (*d*) 90
(*e*) इनमें से कोई नहीं

47. दो धनपूर्णांकों का अन्तर 3 है तथा इनके वर्गों का अन्तर 33 है. ये पूर्णांक हैं:
(*a*) 5 तथा 8 (*b*) 6 तथा 9
(*c*) 7 तथा 4 (*d*) इनमें से कोई नहीं

48. तीन संख्याओं में से पहली दो संख्याओं का योग 45 है. दूसरी संख्या तथा तीसरी संख्या का योग 55 है. तीसरी संख्या तथा पहली संख्या के तिगुने का योग 90 है. तीसरी संख्या क्या है?
(*a*) 20 (*b*) 25 (*c*) 30 (*d*) 35

49. दो संख्याओं का योग 184 है. यदि एक संख्या का एक-तिहाई दूसरी संख्या के सातवें भाग से 8 अधिक हो, तो छोटी संख्या क्या है?
(*a*) 64 (*b*) 72 (*c*) 76 (*d*) 84

50. दो संख्याओं का अन्तर 1365 है. बड़ी संख्या को छोटी संख्या से भाग देने पर भागफल 6 तथा शेषफल 15 प्राप्त होता है. इन दोनों में से छोटी संख्या क्या है?
(*a*) 240 (*b*) 270 (*c*) 295 (*d*) 360

51. एक भिन्न के अंश में 20% तथा हर में 25% वृद्धि करने पर प्राप्त भिन्न $\frac{3}{5}$ है. मूल भिन्न क्या है?
(*a*) $\frac{3}{5}$ (*b*) $\frac{3}{8}$
(*c*) $\frac{5}{8}$ (*d*) निर्धारित नहीं किया जा सकता
(*e*) इनमें से कोई नहीं

52. किसी भिन्न के अंश तथा हर में से प्रत्येक में 1 जोड़ने पर $\frac{4}{5}$ प्राप्त होता है. इसी भिन्न के अंश तथा हर में से प्रत्येक से 5 घटाने पर $\frac{1}{2}$ प्राप्त होता है. यह भिन्न क्या है?
(*a*) $\frac{1}{2}$ (*b*) $\frac{3}{2}$ (*c*) $\frac{5}{3}$ (*d*) $\frac{7}{9}$

53. यदि दो संख्यायें किसी तीसरी संख्या से क्रमश: 30% तथा 40% अधिक हों, तो पहली संख्या दूसरी संख्या का कितने प्रतिशत है?
(*a*) 85% (*b*) $79\frac{1}{2}\%$ (*c*) $92\frac{6}{7}\%$ (*d*) $63\frac{2}{3}\%$
(रेलवे परीक्षा, 2006)

54. तीन संख्याओं में से पहली व दूसरी का अनुपात 8 : 9 है जबकि दूसरी व तीसरी का अनुपात 3 : 4 है. यदि पहली तथा तीसरी संख्याओं का गुणनफल 2400 हो, तो दूसरी संख्या कितनी है?
(*a*) 45 (*b*) 40 (*c*) 30 (*d*) 55

55. दो संख्याओं का योग 34 तथा इनके वर्गों का योग 650 है. इन संख्याओं में से छोटी संख्या क्या है?
(*a*) 11 (*b*) 13 (*c*) 15 (*d*) 16

56. ऐसी दो संख्यायें कौन-सी हैं जिनका अन्तर 5 हो तथा बड़ी संख्या को छोटी से भाग देने पर भागफल 5 हो?
(*a*) 12 तथा 7 (*b*) 16 तथा 11
(*c*) 15 तथा $\frac{15}{2}$ (*d*) $\frac{25}{4}$ तथा $\frac{5}{4}$

57. एक संख्या को 4 से भाग देने पर भागफल, संख्या से 21 कम हो जाता है. वह संख्या है:
(*a*) 40 (*b*) 32 (*c*) 28 (*d*) 24

58. वह कौन-सी संख्या है जिसमें 27·5% कमी कर देने पर 87 प्राप्त होता है?
(*a*) 120 (*b*) 110 (*c*) 135 (*d*) 58

59. किसी संख्या में 37·5% वृद्धि करने पर 33 प्राप्त होता है. वह संख्या क्या है?
(*a*) 27 (*b*) 25 (*c*) 24 (*d*) 22

60. 3 के तीन क्रमागत गुणजों का योगफल 90 है. इनमें से सबसे बड़ी संख्या क्या है?
(*a*) 27 (*b*) 30 (*c*) 33 (*d*) 66

61. दो संख्याओं का योगफल 23 तथा गुणनफल 120 है. इनके वर्गों का योग होगा:
(*a*) 289 (*b*) 324
(*c*) 240 (*d*) इनमें से कोई नहीं

62. किसी भिन्न का अंश 2 कम करने से भिन्न का मान $\frac{1}{3}$ हो जाता है. यदि मूल भिन्न का हर, अंश से 4 अधिक हो, तो मूल भिन्न क्या है ?

(*a*) $\frac{3}{7}$ (*b*) $\frac{7}{11}$ (*c*) $\frac{5}{9}$ (*d*) $\frac{9}{13}$

63. किसी संख्या के एक-चौथाई का एक-तिहाई भाग 15 है. उस संख्या का $\frac{3}{10}$ वाँ भाग क्या होगा ?

(*a*) 35 (*b*) 36 (*c*) 45 (*d*) 54

64. A, B एवं C का औसत वजन 20 किग्रा है। A का वजन B के वजन का चार गुना हैं एवं C का वजन A के वजन से 21 किग्रा कम है। A का वजन क्या है ? (किग्रा. में)

(*a*) 40 (*b*) 24 (*c*) 36 (*d*) 32
(*e*) 28

[NIACL सहायक प्रारंभिक परीक्षा, 2017]

65. एक किलो चावल, एक किलो दाल और 500 मि.ली. तेल की कीमत ₹ 320 है, दाल की कीमत चावल से दोगुनी है, 1000 मि.ली. तेल और 2 किलो चावल की कीमत 480 है तो एक किलो दाल की क्या कीमत है?

(*a*) 160 (*b*) 120 (*c*) 80 (*d*) 40

(मध्य प्रदेश लोक सेवा आयोग राज्य सेवा (प्रा.) परीक्षा, 2015)

66. यदि 11 क्रमागत धनपूर्णांकों का योगफल 2761 हो, तो इनमें से मध्य संख्या क्या होगी ?

(*a*) 249 (*b*) 250 (*c*) 251 (*d*) 252

67. यदि तीन क्रमिक संख्याओं का योग 81 है, तो मध्य की संख्या होगी?

(*a*) 17 (*b*) 25 (*c*) 27 (*d*) 72

(उ.प्र. सम्मि. अवर अधी. सेवा (सा. चयन) (प्रा) परीक्षा, 2015)

68. एक परीक्षा में एक विद्यार्थी को प्रत्येक सही उत्तर के लिए 6 अंक मिलते है, और प्रत्येक गलत उत्तर के लिए 2 अंक कट जाते है, यदि वह 74 प्रश्न हल करता है, और उसे 196 अंक प्राप्त होते है, तो सही हल किए हुए प्रश्नों की संख्या क्या है?

(*a*) 49 (*b*) 39 (*c*) 43 (*d*) 45
(*e*) 41

(एस.बी.आई. सहयोगी बैंक लिपिकीय संवर्ग परीक्षा, 2015)

69. यदि 5, 9, 11, $x-3$, 25 27, 32 की माध्यिका 19 है, तो $x-3$?

(*a*) 21 (*b*) 22 (*c*) 20 (*d*) 18

(दिल्ली अधीनस्थ सेवा चयन बोर्ड निम्न श्रेणी लिपिक परीक्षा, 2014)

70. 50 से कम 3 के सभी घनात्मक गुणकों का योग ज्ञात कीजिए।

(*a*) 400 (*b*) 404 (*c*) 408 (*d*) 412

(एस.एस.सी.-सी.जी.एल. (टीयर-II) परीक्षा, 2014)

उत्तरमाला (प्रश्नमाला 7)

1. (*b*)	2. (*d*)	3. (*d*)	4. (*a*)	5. (*a*)	6. (*a*)	7. (*c*)	8. (*b*)	9. (*b*)	10. (*a*)	11. (*b*)	12. (*d*)
13. (*a*)	14. (*a*)	15. (*c*)	16. (*e*)	17. (*c*)	18. (*b*)	19. (*e*)	20. (*b*)	21. (*d*)	22. (*a*)	23. (*d*)	24. (*c*)
25. (*a*)	26. (*b*)	27. (*d*)	28. (*c*)	29. (*b*)	30. (*d*)	31. (*c*)	32. (*b*)	33. (*a*)	34. (*d*)	35. (*c*)	36. (*e*)
37. (*c*)	38. (*b*)	39. (*a*)	40 (*e*)	41. (*a*)	42. (*d*)	43. (*a*)	44. (*a*)	45. (*d*)	46. (*e*)	47. (*c*)	48. (*c*)
49. (*b*)	50. (*b*)	51. (*c*)	52. (*d*)	53. (*c*)	54. (*a*)	55. (*a*)	56. (*d*)	57. (*c*)	58. (*a*)	59. (*c*)	60. (*c*)
61. (*a*)	62. (*c*)	63. (*d*)	64. (*c*)	65. (*e*)	66. (*c*)	67. (*c*)	68. (*c*)	69. (*b*)	70. (*c*)		

दिये गए प्रश्नों के हल (प्रश्नमाला 7)

1. माना अभीष्ट संख्या = x. तब,

740 का 35% $= x+34 \Rightarrow 740\times\frac{35}{100} = x+34$

$\Rightarrow x = (259-34) = 225$

इस संख्या का $\frac{2}{5} = x$ का $\frac{2}{5} = \left(225\times\frac{2}{5}\right) = 90.$

2. भाज्य = भाजक × भागफल + शेषफल

$= 38\times 90+19 = 3420+19 = 3439$

3. प्रतिदिन दूध की खपत = 450 मिली.

दो सप्ताह में दिनों की संख्या = 14

दूध की कुल खपत $= 14\times 450$ मिली. $= \left(\frac{14\times 450}{1000}\right)$ लीटर

= 6.3 लीटर

4. माना अभीष्ट संख्या = x. तब x का $\frac{1}{3}$ का $\frac{1}{4}$ का $\frac{2}{3} = 6$.

$\therefore \frac{x}{18} = 6 \Rightarrow x = (18\times 6) = 108.$

अत: अभीष्ट संख्या = 108.

5. प्रश्नानुसार, $\frac{4}{9}P = \frac{13}{25}Q$

कुल राशि = ₹ 1519

$\Rightarrow \frac{P}{Q} = \frac{13\times 9}{25\times 4} = \frac{117}{100}$

$\Rightarrow P : Q = 117 : 100$

$\Rightarrow P = \frac{117}{217}\times 1519 =$ ₹ 819

$\Rightarrow$ P का हिस्सा = ₹ 819

6. माना संख्या = x. इसे 296 से भाग देने पर माना भागफल = q तथा शेषफल = 75.

तब, $x = 296\times q+75 \Rightarrow x = 37\times 8q+37\times 2+1$

$\Rightarrow x = 37\times(8q+2)+1.$

अत: उस संख्या को 37 से भाग देने पर, शेषफल = 1.

7. कुल तय की गई यात्रा = 480 किमी.

रेल द्वारा तय की गई यात्रा $= \frac{2}{3}\times 480 = 320$ किमी.

बस द्वारा तय की गई यात्रा $= \frac{1}{5} \times 480 = 96$ किमी.

टैक्सी द्वारा तय की गई यात्रा $= 480 - (320 + 96)$ $= 480 - 416 = 64$ किमी.

8. माना संख्या $= x$. इसे 114 से भाग देने पर माना भागफल $= q$ तथा शेषफल = 21.

तब, $x = 114 \times q + 21 \Rightarrow x = 19 \times 6q + 19 \times 1 + 2$
$\Rightarrow x = 19 \times (6q + 1) + 2$

अत: उस स्थान को 19 से भाग देने पर शेषफल = 2.

9. माना अभीष्ट प्राकृत संख्यायें x तथा $(x + 1)$ हैं. तब

$x^2 + (x+1)^2 = 61 \Rightarrow 2x^2 + 2x - 60 = 0$

$\Rightarrow x^2 + x - 30 = 0 \Rightarrow x^2 + 6x - 5x - 30 = 0$

$\Rightarrow x(x+6) - 5(x+6) = 0 \Rightarrow (x+6)(x-5) = 0$

$\Rightarrow x = 5$ [$\because x = -6$ एक प्राकृत संख्या नहीं है]

10. माना तीसरी संख्या = 100. तब पहली संख्या = 112·5 तथा दूसरी संख्या = 125.

माना 112·5 = 125 का $x\%$ $\Rightarrow 125 \times \frac{x}{100} = \frac{225}{2}$

$\Rightarrow x = \frac{225}{2} \times \frac{4}{5} = 90.$

$\therefore$ पहली संख्या दूसरी संख्या का 90% है.

11. माना अभीष्ट संख्या $= x$. तब, $\frac{4x}{5} - \frac{2x}{3} = 10$

$\therefore 12x - 10x = 150 \Rightarrow 2x = 150 \Rightarrow x = 75.$

अत: अभीष्ट संख्या = 75.

12. माना अभीष्ट संख्या $= x$. तब, $\frac{x}{4} + \frac{x}{5} = \frac{x}{3} + 28$

$\therefore \frac{x}{4} + \frac{x}{5} - \frac{x}{3} = 28 \Rightarrow 15x + 12x - 20x = 1680$

$\Rightarrow 7x = 1680 \Rightarrow x = 240.$

अभीष्ट संख्या = 240.

13. माना अभीष्ट संख्या $= x$. तब, x का 60% का $\frac{3}{5} = 36$.

$\therefore x \times \frac{60}{100} \times \frac{3}{5} = 36 \Rightarrow \frac{9x}{25} = 36 \Rightarrow x = \frac{36 \times 25}{9} = 100.$

अभीष्ट संख्या = 100.

14. माना अभीष्ट संख्यायें x तथा y हैं. तब

$2x + 3y = 100 \ldots(i)$ तथा $3x + 2y = 120 \ldots(ii)$

(i) को 3 से गुणा करने, (ii) को 2 से गुणा करने तथा घटाने पर :

$(6x + 9y) - (6x + 4y) = (300 - 240) \Rightarrow 5y = 60 \Rightarrow y = 12.$

(i) में $y = 12$ रखने पर $2x + 36 = 100 \Rightarrow 2x = 64 \Rightarrow x = 32.$

अत: बड़ी संख्या = 32.

15. माना भिन्न $= \frac{a}{b}$. तब $\frac{a \text{ का } 250\%}{b \text{ का } 450\%} = \frac{\left(a \times \frac{250}{100}\right)}{\left(b \times \frac{450}{100}\right)} = \frac{5a}{9b}$.

$\therefore \frac{5a}{9b} = \frac{25}{51} \Rightarrow \frac{a}{b} = \left(\frac{25}{51} \times \frac{9}{5}\right) = \frac{15}{17}.$

16. माना अभीष्ट संख्या $= x$. तब x का $\frac{3}{4}$ का $\frac{1}{3} = 30$

$\therefore \frac{x}{4} = 30 \Rightarrow x = 120.$

अत: अभीष्ट संख्या = 120.

17. माना अभीष्ट संख्या x. तब x का $\frac{2}{5}$ का $\frac{3}{7} = 198$.

$\therefore x \times \frac{6}{35} = 198 \Rightarrow x = \left(198 \times \frac{35}{6}\right) = (33 \times 35) = 1155.$

अत: संख्या = 1155.

18. माना अभीष्ट संख्या $= x$. तब $\frac{4x}{5} - \frac{2x}{3} = 10$

$\therefore 12x - 10x = 150 \Rightarrow 2x = 150 \Rightarrow x = 75.$

अत: अभीष्ट संख्या = 75.

19. माना अभीष्ट संख्या $= x$. तब, $x + (19)^2 = (23)^2$

$\therefore x = (23)^2 - (19)^2 = (23 + 19)(23 - 19)$
$= (42 \times 4) = 168.$

20. माना अभीष्ट संख्या $= x$. तब, $13x - x = 180$.

$\therefore 12x = 180 \Rightarrow x = 15.$

अभीष्ट संख्या = 15.

21. माना चार क्रमिक समसंख्यायें $x, x + 2, x + 4$ तथा $x + 6$ हैं. तब,

$x + x + 2 + x + 4 + x + 6 = 60 \Rightarrow 4x + 12 = 60$
$\Rightarrow 4x = 48 \Rightarrow x = 12.$

ये संख्यायें हैं : 12, 14, 16 तथा 18.

इनके वर्गों का योग $= (12)^2 + (14)^2 + (16)^2 + (18)^2$
$= (144 + 196 + 256 + 324) = 920.$

22. माना छः क्रमागत प्राकृत संख्यायें

$x, x+1, x+2, x+3, x+4$ तथा $x+5$ हैं. तब

$x + x + 1 + x + 2 = 27 \Rightarrow 3x + 3 = 27 \Rightarrow 3x = 24 \Rightarrow x = 8.$

अभीष्ट योग

$= x + 3 + x + 4 + x + 5 = 3x + 12 = (3 \times 8 + 12) = 36.$

23. माना तीन क्रमागत प्राकृत संख्यायें $x, x + 1$ तथा $x + 2$ हैं. तब

$x^2 + (x+1)^2 + (x+2)^2 = 110 \Rightarrow 3x^2 + 6x + 5 = 110$

$\therefore 3x^2 + 6x - 105 = 0 \Rightarrow x^2 + 2x - 35 = 0$

$\Rightarrow x^2 + 7x - 5x - 35 = 0$

$\Rightarrow x(x+7) - 5(x+7) = 0 \Rightarrow (x+7)(x-5) = 0$

$\Rightarrow x = 5$ [$\because x = -7$ मान्य नहीं है]

$\therefore$ इनमें सबसे छोटी प्राकृत संख्या = 5.

24. स्पष्ट है कि ये पूर्ण संख्यायें 37 तथा 1 हैं.

इनके अन्तर का वर्गमूल $= \sqrt{37 - 1} = \sqrt{36} = 6.$

25. माना चार क्रमिक समसंख्यायें क्रमशः $x, x + 2, x + 4$ तथा $x + 6$ हैं. तब,

$x + x + 2 + x + 4 + x + 6 = 156$

$\Rightarrow 4x + 12 = 156 \Rightarrow 4x = 144 \Rightarrow x = 36.$

$\therefore$ ये संख्यायें 36, 38, 40 तथा 42 हैं.

इनके वर्गों का योग

$$= (36)^2 + (38)^2 + (40)^2 + (42)^2$$
$$= 1296 + 1600 + \left[(40-2)^2 + (40+2)^2\right]$$
$$= 2896 + 2 \times \left[(40)^2 + 2^2\right] = 2896 + 2 \times 1604$$
$$= 2896 + 3208 = 6104.$$

26. माना ये संख्यायें x तथा $(x + 1)$ हैं. तब
$x(x+1) = 9506 = 97 \times 98 \Rightarrow x = 97$
अत: अभीष्ट संख्या = 97.

27. माना अभीष्ट संख्यायें x तथा y हैं. तब $x + y = 11$ तथा $xy = 18$.
$\left(\frac{1}{x} + \frac{1}{y}\right) = \frac{(x+y)}{xy} = \frac{11}{18} \Rightarrow$ व्युत्क्रमों का योग $= \frac{11}{18}$.

28. माना अभीष्ट संख्यायें x तथा y हैं. तब $x + y = 12$ तथा $xy = 35$.
$\therefore \left(\frac{1}{x} + \frac{1}{y}\right) = \frac{(x+y)}{xy} = \frac{12}{35}$.

29. माना दहाई अंक $= x$ तथा इकाई अंक $= y$. तब $x + y = 11$ ...(*i*)
$(10x + y) - (10y + x) = 63 \Rightarrow 9(x - y) = 63 \Rightarrow x - y = 7$ ...(*ii*)
(*i*) तथा (*ii*) को हल करने पर $x = 9$ तथा $y = 2$.
अभीष्ट संख्या = 92.

30. माना दहाई अंक $= x$ तथा इकाई अंक $= y$. तब, $x + y = 6$ ...(*i*)
$(10y + x) - (10x + y) = 18 \Rightarrow 9(y - x) = 18 \Rightarrow y - x = 2$ ...(*ii*)
(*i*) तथा (*ii*) को हल करने पर : $x = 2, y = 4$.
अभीष्ट संख्या = 24.

31. माना अभीष्ट संख्या $= x$. तब $x - x$ का $\frac{3}{5} = 50$.
$\therefore x - \frac{3x}{5} = 50 \Rightarrow (5x - 3x) = 250$
$\Rightarrow 2x = 250 \Rightarrow x = 125.$
अत: अभीष्ट संख्या = 125.

32. अंक परस्पर बदलने से संख्या कम होती है. अत: दहाई का अंक इकाई-अंक से बड़ा है.
माना इकाई अंक $= x$ तथा दहाई अंक $= 2x$.
$20x + x - 27 = 10x + 2x \Rightarrow 9x = 27 \Rightarrow x = 3.$
$\therefore$ इकाई अंक = 3 तथा दहाई अंक = 6.
अत: अभीष्ट संख्या = 63.

33. माना 5 क्रमबद्ध विषम संख्यायें $x, x + 2, x + 4, x + 6$ तथा $x + 8$ हैं. तब,
$x + x + 2 + x + 4 + x + 6 + x + 8 = 235 \Rightarrow 5x + 20 = 235$
$\therefore 5x = 215 \Rightarrow x = 43.$
बीच वाली विषम संख्या $= x + 4 = (43 + 4) = 47$.

34. माना $A = x, B = x + 2, C = x + 4, D = x + 6$ तथा $E = x + 8$ दी गई 5 विषम संख्यायें हैं. तब,
$A + C = 146 \Rightarrow x + x + 4 = 146 \Rightarrow 2x = 142 \Rightarrow x = 71.$
$\therefore E = x + 8 = (71 + 8) = 79.$

35. माना $a = x, b = x + 2, c = x + 4, d = x + 6, e = x + 8$ दी गई 6 समसंख्यायें हैं. तब,
$a + b = 162 \Rightarrow x + x + 2 = 162 \Rightarrow 2x = 160 \Rightarrow x = 80.$
सभी संख्यायों का योग $= (5x + 20) = (5 \times 80 + 20) = 420.$

36. माना पाँच क्रमागत संख्यायें $x, x + 1, x + 2, x + 3$ तथा $x + 4$ हैं. तब,
$x + x + 1 + x + 2 + x + 3 + x + 4 = 270 \Rightarrow 5x + 10 = 270$
$\Rightarrow 5x = 260 \Rightarrow x = 52.$
(दूसरी + पाँचवीं)
$= (x + 1) + (x + 4) = (2x + 5) = (2 \times 52 + 5) = 109.$

37. माना ये संख्यायें a तथा b हैं. तब
$(a + b) - (a - b) = 42 \Rightarrow 2b = 42 \Rightarrow b = 21.$
$a \times b = 1092 \Rightarrow a \times 21 = 1092 \Rightarrow a = \frac{1092}{21} = 52.$
इनमें से बड़ी संख्या = 52.

38. माना अभीष्ट संख्या $= x$. तब
$2x^2 - 11x = 21 \Rightarrow 2x^2 - 11x - 21 = 0$
$\Rightarrow 2x^2 - 14x + 3x - 21 = 0 \Rightarrow 2x(x - 7) + 3(x - 7) = 0$
$\Rightarrow (x - 7)(2x + 3) = 0 \Rightarrow x = 7$ अथवा $x = \frac{-3}{2}$.

39. माना अभीष्ट संख्यायें $3x$ तथा $7x$ हैं. तब,
$\frac{3x + 6}{7x + 6} = \frac{5}{9} \Rightarrow 27x + 54 = 35x + 30$
$\Rightarrow 8x = 24 \Rightarrow x = 3.$
$\therefore$ अभीष्ट संख्यायें 9 तथा 21 हैं.

40. माना अभीष्ट संख्यायें x तथा y हैं. तब
$2x + 3y = 36$ ...(*i*) $3x + 2y = 39$ ...(*ii*)
(*i*) को 3 से गुणा करने, (*ii*) को 2 से गुणा करने तथा घटाने पर
$(6x + 9y) - (6x + 4y) = (108 - 78) \Rightarrow 5y = 30 \Rightarrow y = 6.$
(*i*) में $y = 6$ रखने पर $2x + 3 \times 6 = 36 \Rightarrow 2x = 18 \Rightarrow x = 9.$
अत: छोटी संख्या = 6.

41. माना मूल संख्या में दहाई अंक $= x$ तथा इकाई अंक $= x^2$.
स्पष्ट है कि अंक परस्पर बदलने से प्राप्त संख्या बड़ी होगी.
$\therefore (10x^2 + x) - (10x + x^2) = 54 \Rightarrow 9(x^2 - x) = 54$
$\Rightarrow x^2 - x = 6 \Rightarrow x^2 - x - 6 = 0 \Rightarrow x^2 - 3x + 2x - 6 = 0$
$\Rightarrow x(x - 3) + 2(x - 3) = 0 \Rightarrow (x - 3)(x + 2) = 0 \Rightarrow x = 3.$
$\therefore$ मूल संख्या = 39 तथा इसका 40%
$= \left(39 \times \frac{40}{100}\right) = \frac{78}{5} = 15 \cdot 6.$

42. माना मूल भिन्न $\frac{x}{y}$ है. तब $2x = y + 2 \Rightarrow 2x - y = 2$ ...(*i*)
तथा $\frac{x + 3}{y + 3} = \frac{2}{3} \Rightarrow 3x + 9 = 2y + 6 \Rightarrow 3x - 2y = -3$ ...(*ii*)
(*i*) को 3 से तथा (*ii*) को 2 से गुणा करके घटाने पर :
$(6x - 3y) - (6x - 4y) = 6 + 6 \Rightarrow y = 12.$

$2x-12=2 \Rightarrow 2x=14 \Rightarrow x=7$.

अत: अभीष्ट भिन्न $=\frac{7}{12}$.

43. माना अभीष्ट संख्या $=x$. तब, $2\times x^2=(18)^3$

$\therefore\ x^2=18\times18\times9 \Rightarrow x=(18\times3)=54$.

अत: अभीष्ट संख्या 54 है.

44. माना संख्या का दहाई अंक $=x$ तथा इकाई अंक $=y$. तब

$y-x=2$. ...(i)

$(10x+y)-\frac{(10y+x)}{2}=14 \Rightarrow (20x+2y)-(10y+x)=28$

$\Rightarrow 19x-8y=28$ ...(ii)

(i) तथा (ii) को हल करने पर : $x=4, y=6$.

अत: अभीष्ट संख्या = 46.

45. माना संख्यायें x तथा $5x$ हैं. तब, $x\times5x=320$

$\therefore\ x^2=64 \Rightarrow x=8$.

इन संख्याओं का योग $=(x+5x)=6x=(6\times8)=48$.

46. माना ये संख्यायें x तथा $(x+2)$ हैं. तब

$x(x+2)=6888 \Rightarrow 41\times2\times4\times3\times7=82\times84$.

अत: अभीष्ट संख्या = 84.

47. माना अभीष्ट धनपूर्णांक a तथा $a+3$ हैं. तब

$(a+3)^2-a^2=33 \Rightarrow 6a+9=33 \Rightarrow 6a=24 \Rightarrow a=4$.

$\therefore$ अभीष्ट धनपूर्णांक 7 तथा 4 हैं.

48. माना तीन संख्यायें क्रमशः x, y तथा z हैं. तब,

$x+y=45, y+z=55$ तथा $z+3x=90$.

इन्हें जोड़ने पर $4x+2y+2z=190 \Rightarrow 2x+y+z=95$.

$\therefore\ 2x=(2x+y+z)-(y+z)=(95-55)=40 \Rightarrow x=20$.

$z+3x=90 \Rightarrow z+3\times20=90 \Rightarrow z=(90-60)=30$.

49. माना संख्यायें a तथा b हैं. तब

$a+b=184$ ...(i) तथा

$\frac{a}{3}-\frac{b}{7}=8 \Rightarrow 7a-3b=168$ ...(ii)

इन्हें हल करने पर : $a=72, b=112$. अत: छोटी संख्या = 72.

50. माना संख्यायें x तथा $1365+x$ हैं.

$\therefore\ 1365+x=6x+15 \Rightarrow 5x=1350 \Rightarrow x=270$.

अत: छोटी संख्या = 270.

51. माना मूल भिन्न $=\frac{a}{b}$. तब $\frac{a \text{ का } 120\%}{b \text{ का } 125\%}=\frac{3}{5}$.

$\therefore\ \frac{a\times\frac{120}{100}}{b\times\frac{125}{100}}=\frac{3}{5} \Rightarrow \frac{24a}{25b}=\frac{3}{5} \Rightarrow \frac{a}{b}=\left(\frac{3}{5}\times\frac{25}{24}\right)=\frac{5}{8}$.

52. माना अभीष्ट भिन्न $=\frac{a}{b}$. तब, $\frac{a+1}{b+1}=\frac{4}{5} \Rightarrow 5a+5=4b+4$

$\Rightarrow 5a-4b=-1$ ...(i)

तथा $\frac{a-5}{b-5}=\frac{1}{2} \Rightarrow 2a-10=b-5 \Rightarrow 2a-b=5$ ...(ii)

(i) तथा (ii) को हल करने पर : $a=7$ तथा $b=9$.

$\therefore$ अभीष्ट भिन्न $=\frac{7}{9}$.

53. माना तीसरी संख्या = 100. तब, पहली संख्या = 130 तथा दूसरी संख्या = 140.

माना 130 = 140 का $x\%$. तब

$140\times\frac{x}{100}=130 \Rightarrow x=\left(130\times\frac{5}{7}\right)=\frac{650}{7}\%=92\frac{6}{7}\%$.

54. (पहली):(दूसरी) = 8 : 9, (दूसरी):(तीसरी) = 3 : 4 = 9 : 12

$\Rightarrow$ पहली : दूसरी : तीसरी = 8 : 9 : 12.

माना पहली संख्या $=8x$, दूसरी संख्या $=9x$

तथा तीसरी संख्या $=12x$.

तब, $8x\times12x=2400 \Rightarrow x^2=\frac{2400}{8\times12}=25 \Rightarrow x=5$.

$\therefore$ दूसरी संख्या $=(9\times5)=45$.

55. दिया है : $a+b=34$ तथा $a^2+b^2=650$.

$(a+b)^2=(34)^2 \Rightarrow a^2+b^2+2ab=1156$

$\Rightarrow 650+2ab=1156 \Rightarrow 2ab=1156-650=506$.

$(a^2+b^2)-2ab=(650-506)$

$\Rightarrow (a-b)^2=144=(12)^2 \Rightarrow a-b=12$.

$a+b=34$ तथा $a-b=12$ को हल करने पर $a=23, b=11$.

इनमें से छोटी संख्या = 11.

56. दिया है : $(a-b)=5$ तथा $\frac{a}{b}=5$. अत: $a=5b$.

$\therefore\ 5b-b=5 \Rightarrow 4b=5 \Rightarrow b=\frac{5}{4}$.

$\therefore\ a=\left(5\times\frac{5}{4}\right)=\frac{25}{4}$.

अत: अभीष्ट संख्यायें $\frac{25}{4}$ तथा $\frac{5}{4}$ हैं.

57. माना अभीष्ट संख्या $=x$. तब, $x=4(x-21)$

$\Rightarrow 3x=84 \Rightarrow x=28$.

अत: अभीष्ट संख्या = 28.

58. माना अभीष्ट संख्या $=x$. तब, x का 72·5% = 87.

$\therefore\ x\times\frac{72\cdot5}{100}=87 \Rightarrow x=\left(87\times\frac{1000}{725}\right)=120$.

59. माना अभीष्ट संख्या $=x$. तब, x का 137·5% = 33.

$\therefore\ x\times\frac{137\cdot5}{100}=33 \Rightarrow x=\left(33\times\frac{1000}{1375}\right)=24$.

60. माना अभीष्ट संख्यायें $3x, 3(x+1)$ तथा $3(x+2)$ हैं. तब

$3x+3x+3+3x+6=90 \Rightarrow 9x+9=90 \Rightarrow 9x=81$

$\Rightarrow x=9$.

इनमें सबसे बड़ी संख्या $=3(x+2)=3(9+2)=(3\times11)=33$.

61. माना संख्यायें x तथा $(23-x)$ हैं. तब,

$x(23-x)=120 \Rightarrow x^2-23x+120=0$

$\Rightarrow x^2-15x-8x+120=0 \Rightarrow x(x-15)-8(x-15)=0$

$\Rightarrow (x-15)(x-8)=0 \Rightarrow x=15$ अथवा $x=8$.

अत: ये संख्यायें 15 तथा 8 हैं.

इनके वर्गों का योग $= (15)^2 + 8^2 = (225 + 64) = 289$.

62. माना मूल भिन्न $\frac{a}{b}$ है. तब,

$\frac{a-2}{b} = \frac{1}{3} \Rightarrow 3a - 6 = b \Rightarrow 3a - b = 6$ …(*i*)

अब $b = a + 4 \Rightarrow a - b = -4$. …(*ii*)

(*i*) तथा (*ii*) को हल करने पर : $a = 5, b = 9$. अत: अभीष्ट भिन्न $= \frac{5}{9}$.

63. माना दी गई संख्या $= x$. तब, x का $\frac{1}{4}$ का $\frac{1}{3} = 15$

$\therefore\ x \times \frac{1}{4} \times \frac{1}{3} = 15 \Rightarrow x = (15 \times 12) = 180.$

x का $\frac{3}{10} = \left(\frac{3}{10} \times 180\right) = 54.$

64. प्रश्न के अनुसार, $\frac{A}{B} = \frac{4}{1}$

$\Rightarrow\ A = 4B \Rightarrow B = \frac{A}{4};\ C = (A - 21)$ किग्रा.

$\therefore\ A + B + C = 3 \times 20;\ A + \frac{A}{4} + A - 21 = 3 \times 20$

$\Rightarrow\ \frac{4A + A + 4A}{4} = 60 + 21 = 81$

$\Rightarrow\ 9A = 81 \times 4$

$\Rightarrow\ A = \frac{81 \times 4}{9} = 36$ किग्रा.

65. माना की एक किलो चावल की कीमत = ₹ a

एक किलो दाल की कीमत = ₹ $2a$

एवं 1000 मिली. तेल की कीमत = ₹ b

प्रश्नानुसार, $a + 2a + \frac{b}{2} = 320$

$\Rightarrow\ 2a + 4a + b = 640$

$\Rightarrow\ 6a + b = 640$ …..(*i*)

1000 मिली. तेल और 2 किलो चावल की कीमत = ₹480

$\Rightarrow\ b + 2a = 480$ ….(*ii*)

समीकरण (ii) को समीकरण (i) से घटाने पर

$6a + b - b - 2a = 640 - 480$

$\Rightarrow\ 4a = 160$

$\Rightarrow\ a = 40$

$\Rightarrow$ एक किलो चावल की कीमत = ₹ 40

एवं एक किलो दाल की कीमत = ₹ 80

66. माना प्रथम संख्या $= a$. यहाँ सार्वअन्तर, $d = 1$.

n पदों का योग $= \frac{n}{2}[2a + (n-1)d]$

$\Rightarrow$ 11 पदों का योग $= \frac{11}{2} \times [2a + 10 \times 1] = 11a + 55$

$\Rightarrow\ 11a + 55 = 2761 \Rightarrow 11a = 2706 \Rightarrow a = 246$.

मध्य संख्या $= (a + 5) = (246 + 5) = 251$.

67. माना तीन क्रमिक संख्याएँ $a, a+1$, एवं $a+2$ हैं

प्रश्नानुसार, $a + a + 1 + a + 2 = 81$

$3a = 81 - 3$

$3a = 78$

$\Rightarrow\ a = \frac{78}{3} = 26$

$\therefore$ तीन संख्याएँ हैं 26, 27, 28

मध्य की संख्या 27 है।

68. माना विद्यार्थी ने 'x' प्रश्न सही किए तथा y प्रश्न गलत किए।

$\Rightarrow\ x + y = 74$ ....(*i*)

$6x - 2y = 196$

$\Rightarrow\ 3x - y = 98$ ....(*ii*)

समीकरण (*i*) को 3 से गुणा कर समीकरण (*ii*) में से घटाने पर:

$3x + 3y - 3x + y = 222 - 98$

$\Rightarrow\ 4y = 124 \quad \Rightarrow\ y = 31$

समीकरण (i) से, $x + 74 - y = 74 - 31 = 43$

सही प्रश्नों की संख्या = 43

69. $5, 9, 11, x-3, 25, 27, 32$ की माध्यिका $x - 3$ है

$\Rightarrow\ x - 3 = 19$

$\Rightarrow\ x = 19 + 3 = 22$

$\Rightarrow\ x = 22$

70. 50 से कम 3 के सभी घनात्मक गुणकों की संख्या = 3, 6, 9, 12, 15, 18, 21, 24, 27, 30, 33, 36, 39, 42, 45, 48

संख्याओं का योग $= 3 + 6 + 9 + ... + 48$

$= 3(1 + 2 + 3 + ... + 16) \left\{\because 1, 2 .... n = \frac{n(n+1)}{2}\right\}$

$= 3 \times \frac{16(16+1)}{2}$

$= \frac{3 \times 16 \times 17}{2} = 408$

❑❑❑

8

आयु सम्बन्धी प्रश्न (PROBLEMS ON AGES)

Scan QR Code for Watching Video

साधित उदाहरण

प्रश्न 1. समीना तथा सुहाना की आयु का अनुपात 7 : 3 है. 6 वर्ष बाद इनकी आयु का अनुपात 5 : 3 होगा. इनकी आयु में कितना अन्तर है?

हल: माना समीना की वर्तमान आयु = $7x$ वर्ष तथा

सुहाना की वर्तमान आयु = $3x$ वर्ष.

तब $\frac{7x+6}{3x+6} = \frac{5}{3} \Rightarrow 3(7x+6) = 5(3x+6)$

$\Rightarrow 21x + 18 = 15x + 30 \Rightarrow 6x = 12 \Rightarrow x = 2.$

इनकी आयु में अन्तर

$= (7x - 3x)$ वर्ष $= 4x$ वर्ष $= (4 \times 2)$ वर्ष $= 8$ वर्ष.

प्रश्न 2. रमेश की आयु अपने पुत्र राहुल की आयु से 4 गुना है. 5 वर्ष पूर्व रमेश की आयु राहुल की आयु से 9 गुना थी. रमेश की वर्तमान आयु कितनी है?

हल: माना राहुल की वर्तमान आयु = x वर्ष. तब,

रमेश की वर्तमान आयु = $4x$ वर्ष.

$(4x - 5) = 9(x - 5) \Rightarrow 4x - 5 = 9x - 45$

$\Rightarrow 5x = 40 \Rightarrow x = 8.$

रमेश की वर्तमान आयु = (4×8) वर्ष = 32 वर्ष.

प्रश्न 3. 8 वर्ष पूर्व विशाल की आयु अपने पुत्र शेखर की आयु से 4 गुना थी. 8 वर्ष बाद विशाल की आयु शेखर की आयु से दुगुनी होगी. प्रत्येक की वर्तमान आयु ज्ञात कीजिए.

हल: माना 8 वर्ष पूर्व शेखर की आयु = x वर्ष तथा

विशाल की आयु = $4x$ वर्ष.

शेखर की वर्तमान आयु = $(x + 8)$ वर्ष तथा

विशाल की वर्तमान आयु = $(4x + 8)$ वर्ष.

$(4x+8)+8 = 2[(x+8)+8] \Rightarrow 4x + 16 = 2x + 32$

$\Rightarrow 2x = 16 \Rightarrow x = 8.$

$\therefore$ शेखर की वर्तमान आयु = $(8 + 8)$ वर्ष = 16 वर्ष.

विशाल की वर्तमान आयु = $(4 \times 8 + 8)$ वर्ष = 40 वर्ष.

प्रश्न 4. *A* तथा *B* की आयु का अन्तर 16 वर्ष है. 6 वर्ष पहले *A* की आयु *B* की आयु से तिगुनी थी. प्रत्येक की वर्तमान आयु ज्ञात कीजिए.

हल: माना 6 वर्ष पहले B की आयु = x वर्ष तथा

A की आयु = $3x$ वर्ष.

B की वर्तमान आयु = $(x + 6)$ वर्ष तथा

A की वर्तमान आयु = $(3x + 6)$ वर्ष.

$\therefore (3x+6) - (x+6) = 16 \Rightarrow 2x = 16 \Rightarrow x = 8.$

अतः B की वर्तमान आयु = $(8 + 6)$ वर्ष = 14 वर्ष.

A की वर्तमान आयु = $(3 \times 8 + 6)$ वर्ष = 30 वर्ष.

प्रश्न 5. एक व्यक्ति की आयु अपने पुत्र की आयु के तिगुने से 3 वर्ष अधिक है. यदि 3 वर्ष बाद उस व्यक्ति की आयु अपने पुत्र की आयु के दुगुने से 10 वर्ष अधिक हो, तो पुत्र की वर्तमान आयु ज्ञात कीजिए.

हल: माना पुत्र की आयु = x वर्ष. तब,

व्यक्ति की आयु = $(3x + 3)$ वर्ष.

$(3x+3)+3 = 2(x+3)+10$

$\Rightarrow 3x + 6 = 2x + 16 \Rightarrow x = 10.$

अतः पुत्र की वर्तमान आयु = 10 वर्ष.

प्रश्न 6. रीना तथा उसकी माता की आयु का योग 49 वर्ष है. 7 वर्ष पूर्व माता की आयु रीना की आयु से चार गुना थी. रीना की माता की वर्तमान आयु ज्ञात कीजिए.

हल: माना रीना की आयु = x वर्ष.

अतः उसकी माता की आयु = $(49 - x)$ वर्ष.

7 वर्ष पूर्व रीना की आयु = $(x - 7)$ वर्ष.

7 वर्ष पूर्व माता की आयु = $(49 - x - 7)$ वर्ष

$= (42 - x)$ वर्ष

$\therefore 42 - x = 4(x - 7) \Rightarrow 42 - x = 4x - 28$

$\Rightarrow 5x = 70 \Rightarrow x = 14.$

$\therefore$ रीना की माता की वर्तमान आयु = $(49 - 14)$ वर्ष

= 35 वर्ष.

प्रश्न 7. *A*, *B*, *C* की वर्तमान आयु का योग 90 वर्ष है. 6 वर्ष पूर्व उनकी आयु का अनुपात 1:2:3 था. *C* की वर्तमान आयु कितनी है?

हल: माना 6 वर्ष पूर्व A की आयु = x वर्ष,

B की आयु = $2x$ वर्ष, C की आयु = $3x$ वर्ष. तब,

A की वर्तमान आयु = $(x + 6)$ वर्ष,

B की वर्तमान आयु = $(2x + 6)$ वर्ष,

C की वर्तमान आयु = $(3x + 6)$ वर्ष.

$\therefore (x+6)+(2x+6)+(3x+6) = 90 \Rightarrow 6x+18 = 90$

$\Rightarrow 6x = 72 \Rightarrow x = 12.$

$\therefore C$ की वर्तमान आयु = $(3 \times 12 + 6)$ वर्ष = 42 वर्ष.

प्रश्न 8. राजीव की 5 वर्ष पूर्व आयु तथा 9 वर्ष बाद आयु का गुणनफल 15 है. राजीव की वर्तमान आयु कितनी है?

हल: माना राजीव की वर्तमान आयु = x वर्ष. तब

$(x-5)(x+9) = 15 \Rightarrow x^2 + 4x - 45 = 15$

$\Rightarrow x^2 + 4x - 60 = 0 \Rightarrow x^2 + 10x - 6x - 60 = 0$

$\Rightarrow x(x+10) - 6(x+10) = 0 \Rightarrow (x+10)(x-6) = 0$

$\Rightarrow x = 6.$ [$\because$ आयु ऋणात्मक नहीं हो सकती]

$\therefore$ राजीव की वर्तमान आयु = 6 वर्ष.

प्रश्नमाला 8

निम्नलिखित प्रश्नों में से प्रत्येक में ठीक उत्तर को चिन्हांकित (✓) कीजिए:

1. छह वर्ष बाद, A की आयु , B की आयु की $\frac{5}{6}$ होगी। 4 वर्ष पहले, A और B की आयु का अनुपात 10 : 13 था। C, जो A से 5 वर्ष बड़ा है, की वर्तमान आयु क्या है?

(*a*) 20 वर्ष (*b*) 29 वर्ष (*c*) 23 वर्ष (*d*) 30 वर्ष

(*e*) इनमें से कोई नहीं (एस.बी.आई. पी.ओ. (प्रा.) परीक्षा, 2021)

2. 4 वर्ष बाद, A और B की आयु का अनुपात 5 : 7 होगा और 6 वर्ष बाद, A और B की आयु का अनुपात 11 : 15 होगा, तो उनकी वर्तमान आयु ज्ञात कीजिए।

(*a*) 16 वर्ष, 24 वर्ष (*b*) 15 वर्ष, 27 वर्ष

(*c*) 18 वर्ष, 29 वर्ष (*d*) 14 वर्ष, 20 वर्ष

(*e*) इनमें से कोई नहीं (एस.बी.आई. पी.ओ. परीक्षा, 2021)

3. यदि छह वर्ष पहले, A के चाचा की आयु उस समय A की आयु की 6 गुना थी और दो वर्ष बाद A के चाचा की आयु उस समय A की आयु की तीन गुना होगी, A की आयु क्या है? (आई.बी.पी.एस. आर.आर.बी. परीक्षा, 2020)

(*a*) 11.3 (*b*) 14 (*c*) 15 (*d*) 12

(*e*) इनमें से कोई नहीं

4. विशाल तथा शेखर की वर्तमान आयु का अनुपात क्रमशः 14 : 17 है. 6 वर्ष बाद इनकी आयु का अनुपात क्रमशः 17 : 20 हो जायेगा. शेखर की वर्तमान आयु कितनी है ?

(*a*) 17 वर्ष (*b*) 51 वर्ष (*c*) 34 वर्ष (*d*) 28 वर्ष

(*e*) इनमें से कोई नहीं (बैंक पी०ओ० परीक्षा, 2010)

5. 7 वर्ष पूर्व *A* तथा *B* की आयु का अनुपात क्रमशः 4 : 5 था तथा 7 वर्ष बाद इनकी आयु का अनुपात क्रमशः 5 : 6 होगा. *B* की वर्तमान आयु कितनी है ?

(*a*) 56 वर्ष (*b*) 63 वर्ष (*c*) 70 वर्ष (*d*) 77 वर्ष

(एस०एस०सी० परीक्षा, 2010)

6. अंजु तथा संध्या की वर्तमान आयु का अनुपात क्रमशः 13 : 17 है. चार वर्ष पहले इनकी आयु का अनुपात क्रमशः 11 : 15 था. 6 वर्ष बाद इनकी आयु का अनुपात क्रमशः कितना होगा ?

(*a*) 3 : 4 (*b*) 7 : 8 (*c*) 5 : 4 (*d*) 6 : 5

(*e*) इनमें से कोई नहीं (बैंक पी०ओ० परीक्षा, 2010)

7. मीना की आयु उसकी पुत्री की आयु से 8 गुना है. 8 वर्ष बाद मीना तथा उसकी पुत्री की आयु का अनुपात क्रमशः 10 : 3 होगा. मीना की वर्तमान आयु कितनी है ?

(*a*) 32 वर्ष (*b*) 40 वर्ष

(*c*) 36 वर्ष (*d*) निर्धारित नहीं की जा सकती

(*e*) इनमें से कोई नहीं (बैंक पी०ओ० परीक्षा, 2009)

8. चार वर्ष बाद A, B और C की कुल आयु 98 वर्ष होगी। यदि A और B की वर्तमान आयु क्रमशः 32 वर्ष और 23 वर्ष है, तो चार वर्ष बाद C की आयु ज्ञात कीजिए।

(*a*) 40 वर्ष (*b*) 30 वर्ष (*c*) 38 वर्ष (*d*) 35 वर्ष

(*e*) इनमें से कोई नहीं

(आई.बी.पी.एस. आर.आर.बी. ऑफिस क्लर्क परीक्षा, 2018)

9. एक लड़के की आयु उसके पिता की आयु की एक-तिहाई है. 12 वर्ष बाद लड़के की आयु अपने पिता की आयु की आधी हो जायेगी. लड़के की वर्तमान आयु कितनी है ? (रेलवे परीक्षा, 2009)

(*a*) 10 वर्ष (*b*) 11 वर्ष (*c*) 12 वर्ष (*d*) 13 वर्ष

10. एक पिता तथा उसके पुत्र की आयु का अनुपात क्रमशः 17:7 है. 6 वर्ष पूर्व यह अनुपात क्रमशः 3:1 था. पिता की वर्तमान आयु कितनी है ?

(*a*) 64 वर्ष (*b*) 51 वर्ष

(*c*) 4 वर्ष (*d*) निर्धारित नहीं की जा सकती

(*e*) इनमें से कोई नहीं (बैंक पी०ओ० परीक्षा, 2009)

11. *A* तथा *B* की वर्तमान आयु का अनुपात 5:6 है. 6 वर्ष बाद यह अनुपात 6:7 हो जायेगा. 5 वर्ष पूर्व *B* की आयु कितनी थी ?

(*a*) 25 वर्ष (*b*) 30 वर्ष (*c*) 36 वर्ष (*d*) 31 वर्ष

(*e*) इनमें से कोई नहीं (बैंक पी०ओ० परीक्षा, 2009)

12. एक पिता तथा पुत्र की वर्तमान आयु का योग 99 वर्ष है. जब पिता की आयु उतनी थी जितनी कि अब पुत्र की है, तब उसकी आयु पुत्र की उस समय की आयु की चार गुना थी. पुत्र तथा पिता की वर्तमान आयु में क्या अनुपात है ?

(*a*) 3 : 7 (*b*) 3 : 8 (*c*) 4 : 9 (*d*) 4 : 7

(होटल मैनेजमैन्ट परीक्षा, 2009)

13. एक दम्पत्ति का एक पुत्र तथा एक पुत्री है. पिता की आयु पुत्र की आयु की चार गुनी है तथा पुत्री की आयु माता की आयु की एक-तिहाई है. यदि पत्नी की आयु पति की आयु से 6 वर्ष कम हो तथा बहन अपने भाई से 3 वर्ष बड़ी हो, तो माता की आयु कितनी है ?

(*a*) 42 वर्ष (*b*) 48 वर्ष (*c*) 54 वर्ष (*d*) 63 वर्ष

14. एक वर्ष पूर्व सानिका तथा गौरी की आयु का अनुपात क्रमशः 3 : 4 था. एक वर्ष बाद इनकी आयु का अनुपात क्रमशः 10 : 13 होगा. सानिका की वर्तमान आयु कितनी है ?

(*a*) 18 वर्ष (*b*) 20 वर्ष

(*c*) 26 वर्ष (*d*) निर्धारित नहीं की जा सकती
(*e*) इनमें से कोई नहीं **(बैंक पी०ओ० परीक्षा, 2008)**

15. एक व्यक्ति तथा उसकी पुत्री की औसत आयु 34 वर्ष है. 4 वर्ष बाद इनकी आयु का अनुपात क्रमशः 14 : 5 होगा. पुत्री की वर्तमान आयु कितनी है? **(बैंक पी०ओ० परीक्षा, 2008)**
(*a*) 12 वर्ष (*b*) 18 वर्ष
(*c*) 10 वर्ष (*d*) निर्धारित नहीं की जा सकती
(*e*) इनमें से कोई नहीं

16. सुरेश की आयु उसके पिता की आयु से आधी है. 20 वर्ष बाद उसके पिता की आयु उसकी आयु से डेढ़ गुनी होगी. उसके पिता की वर्तमान आयु कितनी है?
(*a*) 40 वर्ष (*b*) 20 वर्ष
(*c*) 26 वर्ष (*d*) 30 वर्ष

17. सीता तथा गीता की वर्तमान आयु का अनुपात क्रमशः 8 : 9 है तथा इनकी आयु का योग 68 वर्ष है. 10 वर्ष बाद इनकी आयु का अनुपात क्या होगा?
(*a*) 23 : 24 (*b*) 15 : 16 (*c*) 7 : 8 (*d*) 21 : 23
(*e*) इनमें से कोई नहीं

18. सरिता की वर्तमान आयु उसके पुत्र की आयु से 5 गुनी है. 5 वर्ष पहले उसकी आयु उसके पुत्र की उस समय की आयु का 25 गुना थी. सरिता की वर्तमान आयु कितनी है?
(*a*) 30 वर्ष (*b*) 32 वर्ष (*c*) 35 वर्ष (*d*) 25 वर्ष
(*e*) इनमें से कोई नहीं

19. समीर तथा तनुज की आयु का अनुपात क्रमशः 8 : 15 है. 9 वर्ष बाद इनकी आयु का अनुपात क्रमशः 11:18 होगा. इन दोनों की आयु में कितना अन्तर है? **(बैंक पी०ओ० परीक्षा, 2007)**
(*a*) 24 वर्ष (*b*) 20 वर्ष (*c*) 33 वर्ष (*d*) 21 वर्ष
(*e*) इनमें से कोई नहीं

20. *A* तथा *B* की वर्तमान आयु का अनुपात क्रमशः 4 : 5 है. 5 वर्ष बाद यह अनुपात क्रमशः 5 : 6 हो जायेगा. *A* की वर्तमान आयु कितनी है? **(रेलवे परीक्षा, 2010)**
(*a*) 10 वर्ष (*b*) 20 वर्ष (*c*) 25 वर्ष (*d*) 40 वर्ष

21. दीपक की वर्तमान आयु उसके पुत्र की आयु से तिगुनी है. 5 वर्ष बाद इनकी आयु का अनुपात क्रमशः 34:13 हो जायेगा. दीपक की वर्तमान आयु कितनी है? **(जीवन बीमा परीक्षा, 2007)**
(*a*) 63 वर्ष (*b*) 68 वर्ष (*c*) 58 वर्ष (*d*) 60 वर्ष
(*e*) इनमें से कोई नहीं

22. मीरा तथा प्रिया की वर्तमान आयु का अनुपात क्रमशः 3 : 4 है. 10 वर्ष पूर्व इनकी आयु का अनुपात क्रमशः 4 : 7 था. 5 वर्ष बाद मीरा की आयु कितनी होगी?
(*a*) 18 वर्ष (*b*) 24 वर्ष (*c*) 23 वर्ष (*d*) 29 वर्ष
(*e*) इनमें से कोई नहीं **(बैंक पी०ओ० परीक्षा, 2010)**

23. रंजना तथा राखी की आयु का अनुपात 15 : 17 है. 6 वर्ष बाद इनकी आयु का अनुपात 9 : 10 होगा. 6 वर्ष बाद रंजना की आयु कितनी होगी? **(बैंक पी०ओ० परीक्षा, 2007)**
(*a*) 40 वर्ष (*b*) 30 वर्ष (*c*) 34 वर्ष (*d*) 36 वर्ष

24. अंजु तथा संध्या की वर्तमान आयु का अनुपात 13 : 17 है. 4 वर्ष पूर्व इनकी आयु का अनुपात क्रमशः 11:15 था. 6 वर्ष बाद इनकी आयु का अनुपात क्रमशः कितना होगा?
(*a*) 3 : 4 (*b*) 7 : 8 (*c*) 5 : 4 (*d*) 6 : 5
(*e*) इनमें से कोई नहीं **(बैंक पी० परीक्षा, 2010)**

25. वीणा की वर्तमान आयु 15 वर्ष है. वीणा तथा राहुल की वर्तमान आयु का अनुपात क्रमशः 5 : 7 है. दिनेश तथा राहुल की वर्तमान आयु का अनुपात क्रमशः 5 : 3 है. 4 वर्ष बाद दिनेश की आयु कितनी होगी?
(*a*) 38 वर्ष (*b*) 35 वर्ष
(*c*) 31 वर्ष (*d*) निर्धारित नहीं की जा सकती
(*e*) इनमें से कोई नहीं **(बैंक पी० परीक्षा, 2010)**

26. राम की आयु उसके पुत्र की आयु की तिगुनी है तथा उसके पिता की आयु की $\frac{2}{5}$ है. इन तीनों की औसत आयु 46 वर्ष है. राम तथा उसके पिता की आयु में कितना अन्तर है?
(*a*) 68 वर्ष (*b*) 88 वर्ष
(*c*) 58 वर्ष (*d*) ज्ञात नहीं किया जा सकता
(*e*) इनमें से कोई नहीं **(बैंक पी०ओ० परीक्षा, 2010)**

27. सीमा तथा रीमा की आयु का अनुपात क्रमशः 9 : 16 है. 10 वर्ष बाद इनकी आयु का अनुपात क्रमशः 2 : 3 होगा. इन दोनों की आयु में कितना अन्तर है? **(बैंक पी०ओ० परीक्षा, 2006)**
(*a*) 10 वर्ष (*b*) 12 वर्ष (*c*) 15 वर्ष (*d*) 9 वर्ष
(*e*) इनमें से कोई नहीं

28. 10 वर्ष पहले पिता की आयु पुत्र की आयु से तिगुनी थी. 10 वर्ष बाद पिता की आयु पुत्र की आयु से दुगुनी होगी. इनकी वर्तमान आयु किस अनुपात में है? **(जीवन बीमा निगम परीक्षा, 2006)**
(*a*) 5 : 2 (*b*) 9 : 2 (*c*) 7 : 3 (*d*) 13 : 4

29. हमारी माँ की आयु मेरे भाई की आयु से तिगुनी है तथा मैं अपने भाई से आयु में $\frac{1}{3}$ गुना बड़ा हूँ. 4 वर्ष पहले मैं अपने भाई की वर्तमान आयु के बराबर था. मेरी माँ की वर्तमान आयु कितनी है?
(*a*) 40 वर्ष (*b*) 36 वर्ष (*c*) 44 वर्ष (*d*) 42 वर्ष
(होटल मैनेजमैन्ट परीक्षा, 2009)

30. एक वर्ष पूर्व एक महिला की आयु अपने पुत्र की आयु से चार गुना थी. 6 वर्ष बाद उसकी आयु अपने पुत्र की दुगुनी आयु से 5 वर्ष अधिक होगी. उनकी वर्तमान आयु का अनुपात क्या होगा?
(*a*) 13 : 12 (*b*) 11 : 3 (*c*) 3 : 1 (*d*) 25 : 7
(होटल मैनेजमैन्ट परीक्षा, 2009)

31. मेरी वर्तमान आयु मेरे पुत्र की आयु से तीन गुनी है. 5 वर्ष बाद मेरी आयु मेरे पुत्र की आयु से $2\frac{1}{2}$ गुना होगी. मेरी वर्तमान आयु कितनी है?
(*a*) 15 वर्ष (*b*) 30 वर्ष (*c*) 45 वर्ष (*d*) 60 वर्ष

32. *A* का विवाह 6 वर्ष पूर्व हुआ. अब उसकी आयु उसके विवाह के समय की आयु से $1\frac{1}{4}$ गुना है. उसके पुत्र की आयु उसकी आयु की $\frac{1}{10}$ गुना है. उसके पुत्र की वर्तमान आयु कितनी है?

(*a*) 2 वर्ष (*b*) 3 वर्ष (*c*) 4 वर्ष (*d*) 5 वर्ष

(जीवन बीमा निगम परीक्षा, 2009)

33. राजू की आयु उसके पिता की आयु से आधी है. 10 वर्ष पहले उसकी आयु अपने पिता की आयु की एक-तिहाई थी. 5 वर्ष बाद उसके पिता की आयु कितनी होगी ?

(*a*) 55 वर्ष (*b*) 35 वर्ष (*c*) 40 वर्ष (*d*) 45 वर्ष

34. एक लड़की तथा एक लड़के की वर्तमान आयु का अनुपात क्रमशः 5 : 4 है. चार वर्ष पूर्व लड़के की आयु 24 वर्ष थी. 5 वर्ष बाद लड़की की आयु कितनी होगी ?

(*a*) 39 वर्ष (*b*) 40 वर्ष
(*c*) 32 वर्ष (*d*) निर्धारित नहीं की जा सकती
(*e*) इनमें से कोई नहीं

35. त्रिशा तथा शालिनी की आयु का अनुपात क्रमशः 7 : 6 है. 8 वर्ष बाद इनकी आयु का अनुपात 9:8 हो जायेगा. इनकी आयु में कितना अन्तर है ?

(*a*) 4 वर्ष (*b*) 8 वर्ष (*c*) 10 वर्ष (*d*) 12 वर्ष
(*e*) इनमें से कोई नहीं **(बैंक पी०ओ० परीक्षा, 2009)**

36. फराह का विवाह 8 वर्ष पूर्व हुआ था. आज उसकी आयु उसकी विवाह के समय की आयु की $1\frac{2}{7}$ गुनी है. इस समय उसकी पुत्री की आयु उसकी आयु का एक-छठमांश है. 3 वर्ष पूर्व उसकी पुत्री की आयु कितनी थी ?

(*a*) 6 वर्ष (*b*) 7 वर्ष
(*c*) 3 वर्ष (*d*) निर्धारित नहीं की जा सकती
(*e*) इनमें से कोई नही **(बैंक पी०ओ० परीक्षा, 2009)**

37. 1 वर्ष पूर्व सानिका तथा गौरी की आयु का अनुपात क्रमशः 3 : 4 था. 1 वर्ष बाद इनकी आयु का अनुपात क्रमशः 10 : 13 होगा. सानिका की वर्तमान आयु कितनी है ?

(*a*) 18 वर्ष (*b*) 20 वर्ष
(*c*) 26 वर्ष (*d*) निर्धारित नहीं की जा सकती
(*e*) इनमें से कोई नहीं

38. समीर की आयु अपने पिता की आयु की एक-चौथाई तथा अपनी बहन रीमा की आयु की दो-तिहाई है. समीर, रीमा तथा उनके पिता की आयु का अनुपात क्रमशः कितना है ?

(*a*) 3 : 2 : 8 (*b*) 3 : 4 : 8
(*c*) 2 : 3 : 8 (*d*) 4 : 3 : 8
(*e*) इनमें से कोई नहीं **(बैंक पी०ओ० परीक्षा, 2009)**

39. एक पिता तथा पुत्र की आयु 10 वर्ष बाद 5 : 3 के अनुपात में होगी. जबकि, 10 वर्ष पूर्व इनकी आयु 3 : 1 के अनुपात में थी. पुत्र तथा पिता की वर्तमान आयु का अनुपात है:

(*a*) 1 : 2 (*b*) 1 : 3 (*c*) 2 : 3 (*d*) 2 : 5

(एस०एस०सी० परीक्षा, 2006)

40. राम की वर्तमान आयु उसके पुत्र की आयु से तिगुनी है तथा उसके पिता की आयु का $\frac{2}{5}$ है. इन सभी की औसत आयु 46 वर्ष है. राम के पुत्र तथा राम के पिता की आयु में कितना अन्तर है ?

(*a*) 68 वर्ष (*b*) 88 वर्ष
(*c*) 58 वर्ष (*d*) निर्धारित नहीं किया जा सकता
(*e*) इनमें से कोई नहीं

41. A, B से 16 वर्ष बड़ा है परन्तु B की आधी आयु A की एक-तिहाई आयु के बराबर है. उनकी वर्तमान आयु कितनी है ?

(*a*) $A = 40$ वर्ष, $B = 32$ वर्ष (*b*) $A = 48$ वर्ष, $B = 32$ वर्ष
(*c*) $A = 46$ वर्ष, $B = 30$ वर्ष (*d*) $A = 32$ वर्ष, $B = 16$ वर्ष

42. जयेश अनिल से उतना छोटा है जितना वह प्रशान्त से बड़ा है. यदि अनिल तथा प्रशान्त की आयु का योग 48 वर्ष हो, तो जयेश की आयु कितनी है ?

(*a*) 20 वर्ष (*b*) 24 वर्ष
(*c*) 30 वर्ष (*d*) इनमें से कोई नहीं

43. इस समय मीना की आयु अपनी बेटी की आयु से 8 गुनी है. 8 वर्ष बाद मीना तथा उसके बेटी का आयु का अनुपात क्रमशः 10 : 3 होगा. मीना की वर्तमान आयु कितनी है ?

(*a*) 32 वर्ष (*b*) 40 वर्ष
(*c*) 36 वर्ष (*d*) निर्धारित नहीं की जा सकती
(*e*) इनमें से कोई नहीं

44. राकेश एवं योगेश की आयु का अनुपात 4 : 3 है तथा इनकी आयु का योग 28 वर्ष है. 16 वर्ष बाद इनकी आयु का अनुपात क्या होगा ?

(*a*) 8 : 7 (*b*) 4 : 3 (*c*) 7 : 4 (*d*) 6 : 5

45. एक पिता की आयु उसके पुत्र की वर्तमान आयु से दुगुनी है. यदि पुत्र की वर्तमान आयु 20 वर्ष हो, तो कितने वर्ष पहले पिता की आयु पुत्र की आयु से तीन गुना थी ?

(*a*) 8 वर्ष (*b*) 10 वर्ष (*c*) 12 वर्ष (*d*) 15 वर्ष

46. मिशेल ने 9 वर्ष पहले विवाह किया था. आज उसकी आयु उस समय की आयु का $1\frac{1}{3}$ गुना है. अब उसकी पुत्री की आयु उसकी आयु का (1/6) है. दो वर्ष पूर्व उसकी पुत्री की आयु कितनी थी ?

(*a*) 6 वर्ष (*b*) 7 वर्ष
(*c*) 3 वर्ष (*d*) निर्धारित नहीं की जा सकती
(*e*) इनमें से कोई नहीं

47. एक पिता तथा उसके पुत्र की आयु 10 वर्ष बाद क्रमशः 5 : 3 के अनुपात में होगी जबकि 10 वर्ष पूर्व इनकी आयु का अनुपात क्रमशः 3 : 1 था. पिता तथा पुत्र की वर्तमान आयु का अनुपात क्रमशः कितना होगा ? **(एस०एस०सी० परीक्षा, 2006)**

(*a*) 2 : 1 (*b*) 3 : 1 (*c*) 3 : 2 (*d*) 5 : 2

48. अरुण तथा दीपक की वर्तमान आयु में 14 वर्ष का अन्तर है. 7 वर्ष पहले इनकी आयु का अनुपात क्रमशः 5:7 था. दीपक की वर्तमान आयु कितनी है ? **(बैंक पी०ओ० परीक्षा, 2008)**

(*a*) 49 वर्ष (*b*) 42 वर्ष (*c*) 63 वर्ष (*d*) 35 वर्ष
(*e*) इनमें से कोई नहीं

49. एक व्यक्ति तथा उसके पुत्र की आयु का योग 45 वर्ष है. 5 वर्ष पूर्व उनकी आयु का गुणनफल उस समय उस व्यक्ति की आयु का 4 गुना था. उस व्यक्ति तथा उसके पुत्र की आयु हैं क्रमशः

(*a*) 35 वर्ष, 10 वर्ष (*b*) 36 वर्ष, 9 वर्ष
(*c*) 39 वर्ष, 6 वर्ष (*d*) इनमें से कोई नहीं

(एम०बी०ए० परीक्षा, 2005)

50. एक व्यक्ति की आयु उसकी माता की आयु का $\frac{2}{5}$ भाग है. 8 वर्ष बाद उस व्यक्ति की आयु उसकी माता की आयु से आधी होगी. उसकी माता की वर्तमान आयु कितनी है ?
(*a*) 32 वर्ष (*b*) 36 वर्ष (*c*) 40 वर्ष (*d*) 48 वर्ष

51. स्नेह की आयु अपने पिता की आयु का छठा भाग है. 10 वर्ष बाद स्नेह के पिता की आयु विमल की आयु से दुगुनी होगी. यदि विमल का 8वाँ जन्म-दिन 2 वर्ष पूर्व मनाया गया हो, तो स्नेह की वर्तमान आयु कितनी है ?
(*a*) 24 वर्ष (*b*) 30 वर्ष
(*c*) 5 वर्ष (*d*) इनमें से कोई नहीं

52. A और B की आयु का अनुपात 4 :5 है। आठ वर्ष बाद, A की आयु, 8 वर्ष पूर्व B और C की आयु के योग के बराबर होगी। यदि B और C की वर्तमान आयु का औसत 30 है, तो C की वर्तमान आयु ज्ञात कीजिए।
(*a*) 20 वर्ष (*b*) 15 वर्ष (*c*) 25 वर्ष (*d*) 13 वर्ष
(*e*) इनमें से कोई नहीं (नाबार्ड ग्रेड (ए) परीक्षा, 2020)

53. किसी पिता तथा उसके पुत्र की आयु का योग 45 वर्ष है. 5 वर्ष पहले इनकी आयु का गुणनफल पिता की उस समय की आयु का चार गुना था. पिता तथा पुत्र की आयु है क्रमश:
(*a*) 35 वर्ष, 10 वर्ष (*b*) 36 वर्ष, 9 वर्ष
(*c*) 37 वर्ष, 8 वर्ष (*d*) 39 वर्ष, 6 वर्ष
(जीवन बीमा निगम परीक्षा, 2006)

54. A और B की वर्तमान आयु का अनुपात 4 :5 है और A और C की वर्तमान आयु का अनुपात 8 :9 है। यदि A और C की आयु के बीच का अंतर 5 वर्ष है, तो A, B और C की 11 साल बाद आयु का योग ज्ञात कीजिए।
(*a*) 150 वर्ष (*b*) 168 वर्ष (*c*) 155 वर्ष (*d*) 160 वर्ष
(*e*) इनमें से कोई नहीं
(आई.बी.पी.एस. आर.आर.बी. ऑफिसर स्केल.1 परीक्षा, 2019)

55. 4 वर्ष पहले, A और B की आयु का अनुपात 5 :4 था और x वर्ष बाद A और B की आयु का औसत $(x + 22)$ वर्ष होगा, तो 2 वर्ष पहले A की आयु ज्ञात कीजिए।
(*a*) 22 वर्ष (*b*) 23 वर्ष (*c*) 30 वर्ष (*d*) 25 वर्ष
(*e*) इनमें से कोई नहीं
(आई.बी.पी.एस. आर.आर.बी. ऑफिसर स्केल.1 परीक्षा, 2019)

56. 6 वर्ष पहले, B की माँ की आयु और B की आयु के बीच का अनुपात 7 :3 था। 8 वर्ष बाद, उनकी आयु के बीच का अनुपात 7 :4 होगा। B की वर्तमान आयु ज्ञात कीजिए।
(*a*) 25 वर्ष (*b*) 24 वर्ष (*c*) 30 वर्ष (*d*) 35 वर्ष
(*e*) इनमें से कोई नहीं
(आई.बी.पी.एस. आर.आर.बी. ऑफिसर स्केल.1 परीक्षा, 2019)

57. 5 वर्ष पहले, एक व्यक्ति की आयु उसके पुत्र की आयु के 4 गुना से 3 वर्ष अधिक थी। 3 वर्ष बाद व्यक्ति की आयु उसके पुत्र की आयु के तीन गुने से 6 वर्ष कम होगी। कितने वर्ष बाद उनकी आयु का योग 80 वर्ष हो जाएगा?
(*a*) 19 (*b*) 16 (*c*) 14 (*d*) 15
(*e*) इनमें से कोई नहीं
(आई.बी.पी.एस. आर.आर.बी. ऑफिसर स्केल-1 परीक्षा, 2018)

58. सीमा तथा रीमा की आयु का अनुपात 9:16 है. 10 वर्ष बाद इनकी आयु का अनुपात 2:3 होगा. इन दोनों की आयु में कितना अन्तर है ? (बैंक पी०ओ० परीक्षा, 2006)
(*a*) 10 वर्ष (*b*) 12 वर्ष (*c*) 15 वर्ष (*d*) 9 वर्ष
(*e*) इनमें से कोई नहीं

59. 6 वर्ष पूर्व सुशील की आयु स्नेहल की आयु की तिगुनी थी. 6 वर्ष बाद सुशील की आयु स्नेहल की आयु का $\frac{5}{3}$ गुना होगी. स्नेहल की वर्तमान आयु कितनी है ? (एम०बी०ए० परीक्षा, 2006)
(*a*) 12 वर्ष (*b*) 15 वर्ष (*c*) 18 वर्ष (*d*) 24 वर्ष

60. 4 वर्ष पहले, अनीता की आयु का $\frac{1}{2}$ और उस समय बबलू की आयु के चार गुने का अनुपात 5 :12 था। आठ वर्ष बाद, अनीता की आयु का $\frac{1}{2}$ उस समय बबलू की आयु से 2 वर्ष कम होगी। बबलू की वर्तमान आयु क्या है?
(*a*) 20 वर्ष (*b*) 10 वर्ष (*c*) 23 वर्ष (*d*) 30 वर्ष
(*e*) इनमें से कोई नहीं
(आई.बी.पी.एस. आर.आर.बी. ऑफिसर स्केल-1 (प्रा.) परीक्षा, 2017)

61. एक स्त्री की आयु अपने पुत्र की आयु से तिगुनी है. 5 वर्ष पूर्व पुत्र की आयु अपने पिता की आयु का (1/6) थी. यदि उसका पिता उसकी माता से 5 वर्ष बड़ा हो, तो पुत्र की वर्तमान आयु कितनी है ? (रेलवे परीक्षा, 2006)
(*a*) 10 वर्ष (*b*) 12 वर्ष (*c*) 15 वर्ष (*d*) 18 वर्ष

62. यदि गुलजार की वर्तमान आयु में से 6 घटाकर शेषफल को 18 से भाग दें तो अनूप की आयु प्राप्त होती है. महेश की आयु 5 वर्ष है तथा अनूप महेश से 2 वर्ष छोटा है. गुलजार की वर्तमान आयु कितनी है ?
(*a*) 60 वर्ष (*b*) 48 वर्ष (*c*) 84 वर्ष (*d*) 64 वर्ष

63. किसी परिवार में दादी-दादा, माता-पिता और पोते-पोतियां है। यदि दादा-दादी की औसत आयु 76 वर्ष है, माता-पिता की औसत आयु 40 वर्ष है और तीन पोते-पोतियों की औसत आयु 10 वर्ष है, तो परिवार की औसत आयु कितनी है?
(*a*) $36\frac{3}{7}$ वर्ष (*b*) $36\frac{2}{7}$ वर्ष (*c*) $37\frac{2}{7}$ वर्ष (*d*) $37\frac{3}{7}$ वर्ष
(दिल्ली मेट्रो रेल कॉर्पोरेशन सी.आर.ए. परीक्षा, 2017)

64. आज से 17 वर्ष बाद राम की उम्र उसकी वर्तमान उम्र के दोगुने से 6 वर्ष कम होगी। विवियन एवं अमित की वर्तमान उम्रों का अनुपात क्रमशः 21 :19 है। यदि 31 वर्ष बाद अमित की उम्र राम की वर्तमान उम्र के तिगुने के बराबर होगी, तो 4 वर्ष बाद विवियन की उम्र क्या होगी? (वर्षों में)
(*a*) 44 (*b*) 45 (*c*) 46 (*d*) 48
(e) दिए गए विकल्पों से अन्य
(आई.बी.पी.एस. बैंक क्लर्क सी.डब्लू.ई. मुख्य परीक्षा, 2017)

65. वर्तमान में तरूण की उम्र विशाल की उम्र से दोगुनी एवं तन्वी की उम्र से आधी है। चार वर्ष बाद तरूण की उम्र विशाल की उम्र से 1.5 गुनी हो जाएगी एवं तन्वी की उम्र विशाल की उम्र

से 2.5 गुनी हो जाएगी। तन्वी की वर्तमान उम्र क्या है?
(*a*) 12 वर्ष (*b*) 8 वर्ष (*c*) 20 वर्ष (*d*) 16 वर्ष
(पटना हाईकोर्ट असिस्टेंट परीक्षा, 2016)

66. 10 वर्ष पहले चन्द्रावती की माता अपनी पुत्री से उम्र में चार गुना बड़ी थी। 10 वर्ष के पश्चात् माता पुत्री की उम्र में दोगुनी होगी। चन्द्रावती की वर्तमान उम्र कितनी है?
(*a*) 5 वर्ष (*b*) 10 वर्ष (*c*) 20 वर्ष (*d*) 30 वर्ष
(हरियाणा आक्शन रिकॉडर परीक्षा, 2016)

67. दो व्यक्तियों की उम्र का अनुपात 5 : 7 है, अठारह साल पहले उनकी उम्र का अनुपात 8 : 13 था तो इनकी वर्तमान उम्र ज्ञात कीजिए।
(*a*) 40, 56 (*b*) 45, 63 (*c*) 65, 91 (*d*) 50, 70
(छतीसगढ़ छात्रावास अधीक्षक श्रेणी 'ड़ी' भर्ती परीक्षा, 2016)

68. राम की वर्तमान उम्र 8 वर्ष पूर्व श्याम की उम्र के बराबर है। 6 वर्ष पश्चात् श्याम एवं राम की उस समय की उम्रों का अनुपात 6 : 5 हो जाएगा। राम की वर्तमान उम्र क्या है?
(*a*) 40 वर्ष (*b*) 24 वर्ष (*c*) 28 वर्ष (*d*) 38 वर्ष
(*e*) 34 वर्ष (एस.आई.डी.बी.आई.-अधिकारी आनॅलाइन परीक्षा,2016)

69. *A* तथा *B* की वर्तमान आयु क्रमशः 36 वर्ष तथा 16 वर्ष है. कितने वर्ष बाद *A* की आयु *B* की आयु से दुगुनी होगी?
(*a*) 1 वर्ष (*b*) 2 वर्ष (*c*) 3 वर्ष (*d*) 4 वर्ष
(एम०सी०ए० परीक्षा, 2005)

70. तीन वर्ष पहले राज की आयु उसके एक पुत्र तथा पुत्री की वर्तमान आयु के बराबर थी। तीन वर्ष पहले उसके पुत्र और पुत्री की आयु का अनुपात 12 : 13 था, यदि राज की पत्नी की आयु उससे 5 वर्ष कम है तथा उसकी वर्तमान आयु उसकी पुत्री की आयु से दोगुनी है, तो उसके पुत्र की आयु क्या है? (वर्षों में)
(*a*) 27 वर्ष (*b*) 24 वर्ष (*c*) 29 वर्ष (*d*) 26 वर्ष
(*e*) 25 वर्ष (रिजर्व बैंक ऑफ इं. ऑफीसर्स ग्रेड 'बी' परीक्षा, 2015)

71. समर्थ अपनी पुत्री त्रिशा से 5 गुना बड़ा है और समर्थ की पत्नी फाल्गुनी की उम्र त्रिशा से 26 साल ज्यादा है। 10 साल पहले समर्थ की आयु को तीन गुना और फाल्गुनी की आयु के 2 गुने के बीच अन्तर 42 है। 12 साल बाद फाल्गुनी की आयु और समर्थ की आयु के बीच क्या अनुपात है?
(*a*) 23 : 26 (*b*) 24 : 29
(*c*) 19 : 23 (*d*) 21 : 25
(*e*) 18 : 23
(ओरिएण्टल इंश्योरेन्स कम्पनी लि. स्पे. ऑफीसर्स (फा.) परीक्षा, 2015)

72. अब से पाँच वर्ष बाद सुनैना की आयु आरती की उस समय की आयु का $\frac{3}{4}$ होगी, यदि पाँच वर्ष पूर्व सुनैना और आरती की उस समय की आयु के बीच अनुपात 2 : 3 था, तो आरती की वर्तमान आयु (वर्षों में) क्या है?
(*a*) 30 (*b*) 40 (*c*) 25 (*d*) 20
(*e*) 35 (एस.बी.आई. के सहयोगी बैंक लिपिकीय संवर्ग परीक्षा, 2015)

उत्तरमाला (प्रश्नमाला 8)

1. (*b*)	2. (*a*)	3. (*a*)	4. (*c*)	5. (*d*)	9. (*e*)	7. (*a*)	8. (*d*)	9. (*c*)	10. (*b*)	11. (*d*)	12. (*d*)
13. (*c*)	14. (*e*)	15. (*e*)	16. (*a*)	17. (*d*)	18. (*a*)	19. (*d*)	20. (*b*)	21. (*a*)	22. (*c*)	23. (*d*)	24. (*e*)
25. (*e*)	26. (*e*)	27. (*e*)	28. (*c*)	29. (*b*)	30. (*d*)	31. (*c*)	32. (*b*)	33. (*d*)	34. (*b*)	35. (*a*)	36. (*c*)
37. (*e*)	38. (*c*)	39. (*a*)	40. (*e*)	41. (*b*)	42. (*b*)	43. (*a*)	44. (*a*)	45. (*b*)	46. (*e*)	47. (*a*)	48. (*e*)
49. (*b*)	50. (*c*)	51. (*c*)	52. (*b*)	53. (*b*)	54. (*b*)	55. (*a*)	56. (*b*)	57. (*b*)	58. (*e*)	59. (*a*)	60. (*b*)
61. (*a*)	62. (*a*)	63. (*d*)	64. (*c*)	65. (*d*)	66. (*c*)	67. (*d*)	68. (*e*)	69. (*d*)	70. (*c*)	71. (*a*)	72. (*e*)

दिये गए प्रश्नों के हल (प्रश्नमाला 8)

1. माना 6 वर्ष बाद A व B की आयु क्रमशः $5x$ व $6x$ है।
प्रश्न के अनुसार,
$$\frac{3x-10}{6x-10}=\frac{10}{13}$$
$$\Rightarrow \frac{x-2}{6x-10}=\frac{2}{13}$$
$$\Rightarrow 13x-26=12x-20$$
$$\Rightarrow x=6$$
C की वर्तमान आयु $= 5x-6+5$
$= 5\times 6-1$
$= 29$ वर्ष

2. माना A और B की वर्तमान आयु क्रमशः a व b है।
प्रश्न के अनुसार,
$$\frac{a+4}{5}=\frac{b+4}{7}$$
$$\Rightarrow 7a-5b=-8 \quad \text{.... (i)}$$
और
$$\frac{a+6}{11}=\frac{b+6}{15}$$
$$\Rightarrow 15a-11b=-24 \quad \text{.... (ii)}$$
दोनों समी. को हल करने पर
$a=16$ व $b=24$

3. माना A की आयु x वर्ष है
छह साल पहले
A की आयु $= x-6$
A के चाचा की आयु $= 6x-36$
दो साल बाद
A की आयु $= x+2$
A के चाचा की आयु $= 3x+6$

A के चाचा की आयु छह वर्ष पहले + 8 = A के चाचा की दो वर्ष बाद की आयु

$6x - 36 + 8 = 3x + 6$

$6x - 28 = 3x + 6$

$x = 11.33$ वर्ष

4. माना विशाल की वर्तमान आयु = $14x$ वर्ष तथा शेखर की वर्तमान आयु = $17x$ वर्ष.

6 वर्ष बाद इनकी आयु का अनुपात $= \frac{14x+6}{17x+6}$.

$\therefore \frac{14x+6}{17x+6} = \frac{17}{20} \Rightarrow 280x + 120 = 289x + 102$

$\Rightarrow 9x = 18 \Rightarrow x = 2.$

शेखर की वर्तमान आयु = (17×2) वर्ष = 34 वर्ष.

5. माना 7 वर्ष पूर्व A की आयु = $4x$ वर्ष तथा B की आयु = $5x$ वर्ष.

7 वर्ष बाद इनकी आयु का अनुपात $= \frac{4x+14}{5x+14}$.

$\therefore \frac{4x+14}{5x+14} = \frac{5}{6} \Rightarrow 24x + 84 = 25x + 70 \Rightarrow x = 14.$

B की वर्तमान आयु = $(5x + 7)$ वर्ष = $(5 \times 14 + 7)$ वर्ष = 77 वर्ष.

6. माना अंजु की वर्तमान आयु = $13x$ वर्ष तथा संध्या की वर्तमान आयु = $17x$ वर्ष.

$\frac{13x-4}{17x-4} = \frac{11}{15} \Rightarrow 15(13x-4) = 11(17x-4)$

$\Rightarrow 195x - 60 = 187x - 44 \Rightarrow 8x = 16 \Rightarrow x = 2.$

6 वर्ष बाद अंजु तथा संध्या की आयु का अनुपात

$= (13x + 6) : (17x + 6)$

$= (13 \times 2 + 6) : (17 \times 2 + 6) = 32 : 40 = 4 : 5.$

7. माना पुत्री की आयु = x वर्ष. तब, मीना की आयु = $8x$ वर्ष.

$\frac{8x+8}{x+8} = \frac{10}{3} \Rightarrow 24x + 24 = 10x + 80$

$\Rightarrow 14x = 56 \Rightarrow x = 4.$

मीना की वर्तमान आयु = $8x$ वर्ष = (8×4) वर्ष = 32 वर्ष.

8. A, B और C की वर्तमान आयु का योग

$= 98 - 4 \times 3$

= 86 वर्ष।

C की वर्तमान आयु = 86 – (32 + 23) = 31 वर्ष।

चार वर्ष बाद C की आयु = 31 + 4 = 35 वर्ष।

9. माना पिता की आयु = $3x$ वर्ष तथा लड़के की आयु = x वर्ष.

12 वर्ष बाद पिता की आयु = $(3x + 12)$ वर्ष तथा लड़के की आयु = $(x + 12)$ वर्ष.

$2(x+12) = 3x + 12 \Rightarrow 2x + 24 = 3x + 12 \Rightarrow x = 12.$

लड़के की वर्तमान आयु = 12 वर्ष.

10. माना पिता की आयु = $17x$ वर्ष तथा पुत्र की आयु = $7x$ वर्ष.

$\therefore \frac{17x-6}{7x-6} = \frac{3}{1} \Rightarrow 17x - 6 = 3(7x - 6)$

$\Rightarrow 17x - 6 = 21x - 18 \Rightarrow 4x = 12 \Rightarrow x = 3.$

पिता की वर्तमान आयु = (17×3) वर्ष = 51 वर्ष.

11. माना A की वर्तमान आयु = $5x$ वर्ष तथा B की वर्तमान आयु = $6x$ वर्ष.

$\therefore \frac{5x+6}{6x+6} = \frac{6}{7} \Rightarrow 7(5x+6) = 6(6x+6)$

$\Rightarrow 35x + 42 = 36x + 36 \Rightarrow x = 6.$

5 वर्ष पूर्व B की आयु = $(6x - 5)$ वर्ष = $(6 \times 6 - 5)$ वर्ष = 31 वर्ष.

12. माना पिता की वर्तमान आयु = x वर्ष तथा पुत्र की वर्तमान आयु = y वर्ष.

तब, $x + y = 99$

पिता की आयु y वर्ष, अब से $(x - y)$ वर्ष पहले थी $[\because x - (x - y) = y]$

तब पुत्र की आयु $[y - (x - y)]$ वर्ष = $(2y - x)$ वर्ष.

जब पिता की आयु $(99 - x)$ वर्ष थी तब पुत्र की आयु = $2(99 - x) - x = (198 - 3x)$ वर्ष.

$\therefore (99 - x) = 4(198 - 3x) \Rightarrow 99 - x = 792 - 12x$

$\Rightarrow 11x = 693 \Rightarrow x = 63.$

अभीष्ट अनुपात = $(99 - 63) : 63 = 36 : 63 = 4 : 7.$

13. माना पुत्र की आयु = x वर्ष तथा पुत्री की आयु = y वर्ष.

तब, पिता की आयु = $4x$ वर्ष तथा माता की आयु = $3y$ वर्ष.

$3y = 4x - 6$ तथा $y = x + 3.$

$\Rightarrow 4x - 3y = 6$ तथा $y - x = 3.$

अब $y - x = 3 \Rightarrow 4y - 4x = 12.$

जोड़ने पर, $4x - 3y + 4y - 4x = 18 \Rightarrow y = 18.$

$\therefore$ माता की आयु = (3×18) वर्ष = 54 वर्ष.

14. माना 1 वर्ष पूर्व सानिका की आयु = $3x$ वर्ष तथा गौरी की आयु = $4x$ वर्ष.

1 वर्ष बाद इनकी आयु का अनुपात $= \frac{3x+2}{4x+2}$.

$\therefore \frac{3x+2}{4x+2} = \frac{10}{13} \Rightarrow 13(3x+2) = 10(4x+2)$

$\Rightarrow 39x + 26 = 40x + 20 \Rightarrow x = 6.$

सानिका की वर्तमान आयु = $(3x + 1)$ वर्ष = $(3 \times 6 + 1)$ वर्ष = 19 वर्ष.

15. पिता तथा पुत्री की आयु का योग = (34×2) वर्ष = 68 वर्ष.

माना 4 वर्ष बाद इनकी आयु क्रमश: $14x$ वर्ष तथा $5x$ वर्ष.

इनकी वर्तमान आयु क्रमश: $(14x - 4)$ वर्ष तथा $(5x - 4)$ वर्ष.

$\therefore 14x - 4 + 5x - 4 = 68 \Rightarrow 19x = 76 \Rightarrow x = 4.$

पुत्री की वर्तमान आयु = $(5 \times 4 - 4)$ वर्ष = 16 वर्ष.

16. माना पिता की आयु = $2x$ वर्ष. तब, सुरेश की आयु = x वर्ष.

$(2x + 20) = \frac{3}{2}(x + 20) \Rightarrow 2(2x + 20) = 3(x + 20)$

$\Rightarrow 4x + 40 = 3x + 60 \Rightarrow x = 20.$

$\therefore$ पिता की वर्तमान आयु = $2x$ वर्ष = (2×20) वर्ष = 40 वर्ष.

17. माना सीता की आयु = $8x$ वर्ष तथा गीता की आयु = $9x$ वर्ष.

$\therefore 8x + 9x = 68 \Rightarrow 17x = 68 \Rightarrow x = 4.$

10 वर्ष बाद इनकी आयु का अनुपात = $(8x + 10) : (9x + 10)$
$= (8 \times 4 + 10) : (9 \times 4 + 10) = 42 : 46 = 21 : 23.$

18. माना पुत्र की आयु = x वर्ष. तब, सरिता का आयु = $5x$ वर्ष.
$(5x - 5) = 25(x - 5) \Rightarrow 5x - 5 = 25x - 125$
$\Rightarrow 20x = 120 \Rightarrow x = 6.$
सरिता की वर्तमान आयु = $5x$ वर्ष = (5×6) वर्ष = 30 वर्ष.

19. माना समीर की वर्तमान आयु = $8x$ वर्ष तथा
तनुज की वर्तमान आयु = $15x$ वर्ष
9 वर्ष बाद इनकी आयु का अनुपात $= \frac{8x+9}{15x+9}$.
$\therefore \frac{8x+9}{15x+9} = \frac{11}{18} \Rightarrow 144x + 162 = 165x + 99$
$\Rightarrow 21x = 63 \Rightarrow x = 3.$
इनकी आयु में अन्तर = $(15x - 8x)$ वर्ष = $7x$ वर्ष = (7×3) वर्ष = 21 वर्ष.

20. माना A की वर्तमान आयु = $4x$ वर्ष तथा
B की वर्तमान आयु = $5x$ वर्ष.
5 वर्ष बाद A की आयु = $(4x + 5)$ वर्ष.
5 वर्ष बाद B की आयु = $(5x + 5)$ वर्ष.
$\therefore \frac{4x+5}{5x+5} = \frac{5}{6} \Rightarrow 24x + 30 = 25x + 25 \Rightarrow x = 5.$
अत: A की वर्तमान आयु = (4×5) वर्ष = 20 वर्ष.

21. माना पुत्र की आयु = x वर्ष. तब, दीपक की आयु = $3x$ वर्ष.
$\frac{3x+5}{x+5} = \frac{34}{13} \Rightarrow 34(x+5) = 13(3x+5)$
$\Rightarrow 34x + 170 = 39x + 65 \Rightarrow 5x = 105 \Rightarrow x = 21.$
दीपक की वर्तमान आयु = $3x$ वर्ष = (3×21) वर्ष = 63 वर्ष.

22. माना मीरा की वर्तमान आयु = $3x$ वर्ष तथा
प्रिया की वर्तमान आयु = $4x$ वर्ष.
10 वर्ष पूर्व इनकी आयु का अनुपात $= \frac{3x-10}{4x-10}$.
$\therefore \frac{3x-10}{4x-10} = \frac{4}{7} \Rightarrow 7(3x - 10) = 4(4x - 10)$
$\Rightarrow 21x - 70 = 16x - 40 \Rightarrow 5x = 30 \Rightarrow x = 6.$
5 वर्ष बाद मीरा की आयु = $(3x + 5)$ वर्ष = $(3 \times 6 + 5)$ वर्ष = 23 वर्ष.

23. माना रंजना की आयु = $15x$ वर्ष तथा राखी की आयु = $17x$ वर्ष. तब,
$\frac{15x+6}{17x+6} = \frac{9}{10} \Rightarrow 10(15x + 6) = 9(17x + 6)$
$\Rightarrow 150x + 60 = 153x + 54 \Rightarrow 3x = 6 \Rightarrow x = 2.$
6 वर्ष बाद रंजना की आयु = $(15x + 6)$ वर्ष = $(15 \times 2 + 6)$ वर्ष = 36 वर्ष.

24. माना अंजु की वर्तमान आयु = $13x$ वर्ष तथा
संध्या की वर्तमान आयु = $17x$ वर्ष.
4 वर्ष पूर्व इनकी आयु का अनुपात $= \frac{13x-4}{17x-4}$.
$\therefore \frac{13x-4}{17x-4} = \frac{11}{15} \Rightarrow 195x - 60 = 187x - 44$
$\Rightarrow 8x = 16 \Rightarrow x = 2.$
6 वर्ष बाद इनकी आयु का अनुपात
$= \frac{13x+6}{17x+6} = \frac{(13 \times 2 + 6)}{(17 \times 2 + 6)} = \frac{32}{40} = \frac{4}{5} = 4 : 5.$

25. माना वीणा की आयु = $5x$ वर्ष तथा
राहुल की आयु = $7x$ वर्ष.
$\therefore 5x = 15 \Rightarrow x = 3.$
$\therefore$ वीणा की आयु = 15 वर्ष तथा
राहुल की आयु = (7×3) वर्ष = 21 वर्ष.
माना दिनेश की वर्तमान आयु = $5y$ वर्ष. तब,
राहुल की आयु = $3y$ वर्ष.
$\therefore 3y = 21 \Rightarrow y = 7.$
अत: दिनेश की आयु = (5×7) वर्ष = 35 वर्ष.
4 वर्ष बाद दिनेश की आयु = $(35 + 4)$ वर्ष = 39 वर्ष.

26. माना पुत्र की आयु = x वर्ष. तब, राम की आयु = $3x$ वर्ष.
राम की आयु $= \frac{2}{5} \times$ पिता की आयु $\Rightarrow$ पिता की आयु
$= \frac{5}{2} \times$ राम की आयु $= \left(\frac{5}{2} \times 3x\right)$ वर्ष $= \frac{15x}{2}$ वर्ष.
राम, उसके पुत्र तथा राम के पिता की आयु का योग
$= (46 \times 3)$ वर्ष = 138 वर्ष.
$3x + x + \frac{15x}{2} = 138 \Rightarrow 6x + 2x + 15x = 276$
$\Rightarrow 23x = 276 \Rightarrow x = 12.$
राम तथा उसके पिता की आयु में अन्तर
$= \left(\frac{15x}{2} - 3x\right)$ वर्ष $= \frac{9x}{2}$ वर्ष
$= \left(\frac{9}{2} \times 12\right)$ वर्ष = 54 वर्ष.

27. माना सीमा की वर्तमान आयु = $9x$ वर्ष तथा
रीमा की वर्तमान आयु = $16x$ वर्ष.
10 वर्ष बाद इनकी आयु का अनुपात $= \frac{9x+10}{16x+10}$.
$\therefore \frac{9x+10}{16x+10} = \frac{2}{3} \Rightarrow 27x + 30 = 32x + 20$
$\Rightarrow 5x = 10 \Rightarrow x = 2.$
इन दोनों की आयु में अन्तर = $(16x - 9x)$ वर्ष = $7x$ वर्ष
= (7×2) वर्ष = 14 वर्ष.

28. माना 10 वर्ष पहले पुत्र की आयु = x वर्ष तथा
पिता की आयु = $3x$ वर्ष.
पुत्र की वर्तमान आयु = $(x + 10)$ वर्ष,
पिता की वर्तमान आयु = $(3x + 10)$ वर्ष.
$(3x + 10 + 10) = 2(x + 10 + 10)$
$\Rightarrow 3x + 20 = 2x + 40 \Rightarrow x = 20.$
पिता तथा पुत्र की वर्तमान आयु का अनुपात
$= (3x + 10) : (x + 10) = (3 \times 20 + 10) : (20 + 10)$
$= 70 : 30 = 7 : 3.$

29. माना मेरे भाई की आयु $= x$ वर्ष. तब, माँ की आयु $= 3x$ वर्ष.

मेरी आयु $= \left(x + \frac{1}{3}x\right)$ वर्ष $= \frac{4x}{3}$ वर्ष.

$\frac{4x}{3} - 4 = x \Rightarrow 4x - 12 = 3x \Rightarrow x = 12.$

$\therefore$ माँ की आयु $= 36$ वर्ष.

30. माना 1 वर्ष पूर्व पुत्र की आयु $= x$ वर्ष तथा महिला की आयु $= 4x$ वर्ष.

पुत्र की वर्तमान आयु $= (x + 1)$ वर्ष तथा महिला की वर्तमान आयु $= (4x + 1)$ वर्ष.

6 वर्ष बाद महिला की आयु $= (4x + 1 + 6)$ वर्ष $= (4x + 7)$ वर्ष.

$\therefore\ 4x + 7 = 2(x + 1 + 6) + 5$

$\Rightarrow 4x + 7 = 2x + 19 \Rightarrow 2x = 12 \Rightarrow x = 6.$

महिला तथा उसके पुत्र की वर्तमान आयु का अनुपात

$= (4x + 1) : (x + 1) = (4 \times 6 + 1) : (6 + 1) = 25 : 7.$

31. माना पुत्र की वर्तमान आयु $= x$ वर्ष तथा मेरी आयु $= 3x$ वर्ष.

5 वर्ष बाद पुत्र की आयु $= (x + 5)$ वर्ष तथा मेरी आयु $= (3x + 5)$ वर्ष.

$\therefore\ (3x + 5) = \frac{5}{2}(x + 5) \Rightarrow 2(3x + 5) = 5(x + 5)$

$\Rightarrow 6x + 10 = 5x + 25 \Rightarrow x = 15.$

मेरी वर्तमान आयु $= 3x$ वर्ष $= (3 \times 15)$ वर्ष $= 45$ वर्ष.

32. माना A की 6 वर्ष पूर्व आयु $= x$ वर्ष. तब, A की वर्तमान आयु $= (x + 6)$ वर्ष.

$(x + 6) = \frac{5}{4}x \Rightarrow 4(x + 6) = 5x \Rightarrow x = 24.$

$\therefore$ A की वर्तमान आयु $= (24 + 6)$ वर्ष $= 30$ वर्ष.

उसके पुत्र की वर्तमान आयु $= \left(\frac{1}{10} \times 30\right)$ वर्ष $= 3$ वर्ष.

33. माना राजू की आयु $= x$ वर्ष तथा पिता की आयु $= 2x$ वर्ष.

$(x - 10) = \frac{1}{3}(2x - 10) \Rightarrow 3(x - 10) = 2x - 10$

$\Rightarrow 3x - 30 = 2x - 10 \Rightarrow x = 20.$

5 वर्ष बाद पिता की आयु $= (2x + 5)$ वर्ष $= (2 \times 20 + 5)$ वर्ष $= 45$ वर्ष.

34. माना लड़की की आयु $= 5x$ वर्ष तथा लड़के की आयु $= 4x$ वर्ष.

4 वर्ष पूर्व लड़के की आयु $= (4x - 4)$ वर्ष.

$\therefore\ 4x - 4 = 24 \Rightarrow 4x = 28 \Rightarrow x = 7.$

5 वर्ष बाद लड़की की आयु $= (5x + 5)$ वर्ष $= (5 \times 7 + 5)$ वर्ष $= 40$ वर्ष.

35. माना त्रिशा की आयु $= 7x$ वर्ष तथा शालिनी की आयु $= 6x$ वर्ष.

$\frac{7x + 8}{6x + 8} = \frac{9}{8} \Rightarrow 8(7x + 8) = 9(6x + 8)$

$\Rightarrow 56x + 64 = 54x + 72 \Rightarrow 2x = 8 \Rightarrow x = 4.$

इनकी आयु में अन्तर $= (7x - 6x)$ वर्ष $= x$ वर्ष $= 4$ वर्ष.

36. माना 8 वर्ष पूर्व फराह की आयु $= x$ वर्ष.

फराह की वर्तमान आयु $= (x + 8)$ वर्ष.

$\therefore\ x + 8 = \frac{9}{7}x \Rightarrow 7(x + 8) = 9x$

$\Rightarrow 7x + 56 = 9x \Rightarrow 2x = 56 \Rightarrow x = 28.$

फराह की वर्तमान आयु $= (28 + 8)$ वर्ष $= 36$ वर्ष.

उसकी पुत्री की आयु $= \left(36 \text{ का } \frac{1}{6}\right)$ वर्ष $= 6$ वर्ष

3 वर्ष पूर्व उसकी पुत्री की आयु $= (6 - 3)$ वर्ष $= 3$ वर्ष.

37. माना 1 वर्ष पूर्व सानिका की आयु $= 3x$ वर्ष तथा गौरी की आयु $= 4x$ वर्ष.

सानिका की वर्तमान आयु $= (3x + 1)$ वर्ष तथा गौरी की वर्तमान आयु $= (4x + 1)$ वर्ष.

1 वर्ष बाद इनकी आयु का अनुपात $= \frac{3x + 2}{4x + 2}$.

$\therefore\ \frac{3x + 2}{4x + 2} = \frac{10}{13} \Rightarrow 13(3x + 2) = 10(4x + 2)$

$\Rightarrow 39x + 26 = 40x + 20 \Rightarrow x = 6.$

सानिका की वर्तमान आयु $= (3 \times 6 + 1)$ वर्ष $= 19$ वर्ष.

38. माना पिता की आयु $= x$ वर्ष. तब, समीर की आयु $= \frac{x}{4}$ वर्ष.

समीर की आयु $= \frac{2}{3} \times$ रीमा की आयु.

$\therefore$ रीमा की आयु $= \frac{3}{2}$ (समीर की आयु)

$= \left(\frac{3}{2} \times \frac{x}{4}\right)$ वर्ष $= \frac{3x}{8}$ वर्ष.

समीर की आयु : रीमा की आयु : उनके पिता की आयु

$= \frac{x}{4} : \frac{3x}{8} : x = 2x : 3x : 8x = 2 : 3 : 8.$

39. माना 10 वर्ष बाद पिता की आयु $= 5x$ वर्ष तथा पुत्र की आयु $= 3x$ वर्ष.

पिता की वर्तमान आयु $= (5x - 10)$ वर्ष, पुत्र की वर्तमान आयु $= (3x - 10)$ वर्ष.

10 वर्ष पूर्व पिता की आयु $= (5x - 10 - 10)$ वर्ष $= (5x - 20)$ वर्ष.

10 वर्ष पूर्व पुत्र की आय $= (3x - 10 - 10)$ वर्ष $= (3x - 20)$ वर्ष.

$\therefore\ \frac{5x - 20}{3x - 20} = \frac{3}{1}$

$\Rightarrow 5x - 20 = 3(3x - 20)$

$\Rightarrow 5x - 20 = 9x - 60 \Rightarrow 4x = 40 \Rightarrow x = 10.$

पुत्र तथा पिता की वर्तमान आयु का अनुपात

$= \frac{3x - 10}{5x - 10} = \frac{(3 \times 10 - 10)}{(5 \times 10 - 10)} = \frac{20}{40} = \frac{1}{2} = 1 : 2.$

40. माना राम के पुत्र की आयु $= x$ वर्ष तथा राम की आयु $= 3x$ वर्ष.

राम की आयु $= \frac{2}{5} \times$ राम के पिता की आयु.

$\therefore$ राम के पिता की आयु $= \frac{3}{2} \times$ राम की आयु

$= \left(\frac{5}{2} \times 3x\right)$ वर्ष $= \frac{15x}{2}$ वर्ष.

इनकी आयु का योग = (46 × 3) वर्ष = 138 वर्ष.

$\therefore\ x+3x+\frac{15x}{2}=138 \Rightarrow 2x+6x+15x=276$

$\Rightarrow 23x=276 \Rightarrow x=12.$

अभीष्ट अन्तर

$=\left(\frac{15x}{2}-x\right)$ वर्ष $=\frac{13x}{2}$ वर्ष $=\left(\frac{13}{2}\times 12\right)$ वर्ष = 78 वर्ष.

41. माना B की आयु = x वर्ष. तब, A की आयु = $(x + 16)$ वर्ष.

$\frac{1}{2}\times x=\frac{1}{3}(x+16) \Rightarrow 3x=2(x+16)$

$\Rightarrow 3x=2x+32 \Rightarrow x=32.$

$\therefore A$ की आयु = (32 + 16) वर्ष = 48 वर्ष तथा

B की आयु = 32 वर्ष.

42. $A-J=J-P \Rightarrow A+P=2J \Rightarrow 2J=48 \Rightarrow J=24.$

अत: जयेश की आयु 24 वर्ष है.

43. माना बेटी की आयु = x वर्ष. तब, मीना की आयु = $8x$ वर्ष.

$\therefore\ \frac{8x+8}{x+8}=\frac{10}{3} \Rightarrow 3(8x+8)=10(x+8)$

$\Rightarrow 24x+24=10x+80 \Rightarrow 14x=56 \Rightarrow x=4.$

मीना की वर्तमान आयु = (8 × 4) वर्ष = 32 वर्ष.

44. माना राकेश की आयु = $4x$ वर्ष तथा योगेश की आयु = $3x$ वर्ष.

$\therefore\ 4x+3x=28 \Rightarrow 7x=28 \Rightarrow x=4.$

16 वर्ष बाद इनकी आयु का अनुपात

$=\frac{4x+16}{3x+16}=\frac{(4\times 4+16)}{(3\times 4+16)}=\frac{32}{28}=\frac{8}{7}=8:7.$

45. पुत्र की वर्तमान आयु = 20 वर्ष, पिता की वर्तमान आयु = 40 वर्ष.

माना x वर्ष पहले पिता की आयु पुत्र की आयु से तिगुनी थी.

तब, $(40-x)=3(20-x) \Rightarrow 40-x=60-3x$

$\Rightarrow 2x=20 \Rightarrow x=10.$

$\therefore$ 10 वर्ष पहले पिता की आयु पुत्र की आयु से तिगुनी थी.

46. माना विवाह के समय मिशेल की आयु x वर्ष थी. तब

$(x+9)=\frac{4}{3}x \Rightarrow 3(x+9)=4x$

$\Rightarrow 3x+27=4x \Rightarrow x=27.$

मिशेल की वर्तमान आयु = (27 + 9) वर्ष = 36 वर्ष.

उसकी पुत्री की आयु $=\left(\frac{1}{6}\times 36\right)$ वर्ष = 6 वर्ष.

2 वर्ष पूर्व उसकी पुत्री की आयु = (6 – 2) वर्ष = 4 वर्ष.

47. माना 10 वर्ष बाद पिता की आयु = $5x$ वर्ष तथा 10 वर्ष बाद पुत्र की आयु = $3x$ वर्ष.

10 वर्ष पूर्व इनकी आयु का अनुपात $=\frac{5x-20}{3x-20}.$

$\therefore\ \frac{5x-20}{3x-20}=\frac{3}{1} \Rightarrow 5x-20=9x-60$

$\Rightarrow 4x=40 \Rightarrow x=10.$

पिता तथा पुत्र की वर्तमान आयु का अनुपात

$=\frac{5x-10}{3x-10}=\frac{(5\times 10-10)}{(3\times 10-10)}=\frac{40}{20}=2:1.$

48. माना 7 वर्ष पहले अरुण की आयु = $5x$ वर्ष तथा

दीपक की आयु = $7x$ वर्ष.

अरुण की वर्तमान आयु = $(5x + 7)$ वर्ष तथा

दीपक की वर्तमान आयु = $(7x + 7)$ वर्ष.

$\therefore\ (7x+7)-(5x+7)=14 \Rightarrow 2x=14 \Rightarrow x=7.$

दीपक की वर्तमान आयु = (7 × 7 + 7) वर्ष = 56 वर्ष.

49. माना व्यक्ति की वर्तमान आयु = x वर्ष.

तब, पुत्र की वर्तमान आयु = $(45 - x)$ वर्ष.

$\therefore\ (x-5)(45-x-5)=4(x-5)$

$\Rightarrow 40-x=4 \Rightarrow x=36.$

अत: व्यक्ति की वर्तमान आयु = 36 वर्ष

तथा पुत्र की वर्तमान आयु = (45 – 36) वर्ष = 9 वर्ष.

50. माना माता की वर्तमान आयु = x वर्ष.

उस व्यक्ति की वर्तमान आयु $=\frac{2}{5}x$ वर्ष.

$\therefore\ \frac{2x}{5}+8=\frac{1}{2}(x+8) \Rightarrow 4x+80=5x+40 \Rightarrow x=40.$

अत: माता की वर्तमान आयु = 40 वर्ष.

51. 10 वर्ष बाद विमल की आयु = (8 + 2 + 10) वर्ष = 20 वर्ष.

स्नेह के पिता की 10 वर्ष बाद आयु = 40 वर्ष.

स्नेह के पिता की वर्तमान आयु = (40 – 10) वर्ष = 30 वर्ष.

स्नेह की वर्तमान आयु $=\left(\frac{1}{6}\times 30\right)$ वर्ष = 5 वर्ष.

52. माना A की वर्तमान आयु $4x$ वर्ष है

B की वर्तमान आयु = $5x$ वर्ष

B और C की कुल वर्तमान आयु = 30 × 2 = 60 वर्ष

C की वर्तमान आयु = $60 - 5x$ वर्ष

प्रश्न के अनुसार,

$4x + 8 = 5x - 8 + (60 - 5x) - 8$

$4x + 8 = 60 - 16$

$4x = 36$

$x = 9$

C की वर्तमान आयु = 60 – 5 × 9 = 15 वर्ष

53. माना पिता की आयु = x वर्ष. तब, पुत्र की आयु = $(45 - x)$ वर्ष.

$(x-5)(45-x-5)=(x-5)\times 4 \Rightarrow 40-x=4 \Rightarrow x=36.$

पिता की आयु = 36 वर्ष तथा पुत्र की आयु = (45 – 36) वर्ष = 9 वर्ष.

54. प्रश्न के अनुसार:

A : B = 4 : 5

A : C = 8 : 9

इसलिए,

A : B : C = 8 : 10 : 9

माना A, B और C की वर्तमान आयु क्रमश: 8X, 10X और 9X है।

A और C की आयु के बीच का अंतर 5 वर्ष है।

9X – 8X = 5

X = 5

तो 11 वर्ष बाद A, B और C की आयु का योग।

$(A + 11) + (B + 11) + (C + 11)$

$(8 \times 5 + 11) + (10 \times 5 + 11) + (9 \times 5 + 11)$

$51 + 61 + 56 = 168$

55. माना 4 वर्ष पहले, A और B की आयु क्रमश: 5a वर्ष और $4a$ वर्ष थी, तो

A की वर्तमान आयु $= (5a + 4)$ वर्ष

B की वर्तमान आयु $= (4a + 4)$ वर्ष

x वर्ष के बाद, उनकी औसत आयु $(x + 22)$ वर्ष होगी, तो

$[(5a + 4) + x] + [(4a + 4) + x] = (x + 22) \times 2$

$\Rightarrow 9a + 8 = 44$

$\Rightarrow 9a = 44 - 8 = 36$

$\Rightarrow a = \frac{36}{9} = 4$

अत: 2 वर्ष पहले A की आयु

$= (5a + 4) - 2 = 5a + 2 = 5 \times 4 + 2 = 22$ वर्ष

56. माना 6 वर्ष पूर्व B की माता की आयु $= 7x$

एवं B की आयु $= 3x$

प्रश्न के अनुसार:

$\frac{7x+14}{3x+14} = \frac{7}{4}$

$\Rightarrow 28x + 56 = 21x + 98$

$\Rightarrow x = 6$

$\therefore$ B की वर्तमान आयु: $= 3x + 6 = 18 + 6 = 24$ वर्ष

57. माना व्यक्ति और उसके पुत्र की वर्तमान आयु क्रमश: x और y है

इसलिए,

$x - 5 = 4(y - 5) + 3$

$x - 4y = -12$ ...(i)

पुन:

$x + 3 = 3(y + 3) - 6$

$x - 3y = 0$ ...(ii)

हल करने पर, हम प्राप्त करते हैं

$x = 36, y = 12$

उनकी आयु का योग $= 48$

अत: 16 वर्ष बाद उनकी आयु का योग $= 48 + 16 \times 2$

58. माना सीमा की आयु $= 9x$ वर्ष तथा रीमा की आयु $= 16x$ वर्ष.

$\frac{9x+10}{16x+10} = \frac{2}{3} \Rightarrow 3(9x+10) = 2(16x+10)$

$\Rightarrow 27x + 30 = 32x + 20 \Rightarrow 5x = 10 \Rightarrow x = 2.$

इन दोनों की आयु में अन्तर $= (16x - 9x)$ वर्ष $= 7x$ वर्ष

$= (7 \times 2)$ वर्ष $= 14$ वर्ष.

59. माना 6 वर्ष पूर्व स्नेहल की आयु $= x$ वर्ष तथा

सुशील की आयु $= 3x$ वर्ष.

स्नेहल की वर्तमान आयु $= (x + 6)$ वर्ष तथा

सुशील की वर्तमान आयु $= (3x + 6)$ वर्ष.

$(3x+6)+6 = \frac{5}{3}\{(x+6)+6\} \Rightarrow 3x+12 = \frac{5}{3}(x+12)$

$\Rightarrow 3(3x+12) = 5(x+12)$

$\Rightarrow 9x + 36 = 5x + 60 \Rightarrow 4x = 24 \Rightarrow x = 6.$

स्नेहल की वर्तमान आयु $= (x + 6)$ वर्ष $= (6 + 6)$ वर्ष $= 12$ वर्ष.

$= 80$ वर्ष

60. माना अनीता की वर्तमान आयु $= x$ वर्ष

और बबलू की वर्तमान आयु $= y$ वर्ष

अब,

$\frac{\frac{x-4}{2}}{4(y-4)} = \frac{5}{12}$

$12x - 48 = 40y - 160$

$3x - 10y + 28 = 0$ ...(i)

और,

$\frac{1}{2}(x+8) = (y+8) - 2$

$x + 8 = 2y + 12$

$x - 2y = 4$ ... (ii)

समीकरण (i) व (ii) से

बबलू की वर्तमान आयु, $y = 10$ वर्ष

61. माना पुत्र की आयु $= x$ वर्ष. माता की आयु $= 3x$ वर्ष,

पिता की आयु $= (3x + 5)$ वर्ष. तब,

$(x-5) = \frac{1}{6}(3x+5-5) \Rightarrow (x-5) = \frac{1}{6} \times 3x$

$\Rightarrow 6(x-5) = 3x \Rightarrow 6x - 30 = 3x \Rightarrow 30 \Rightarrow x = 10.$

$\therefore$ पुत्र की वर्तमान आयु $= 10$ वर्ष.

62. माना गुलजार की वर्तमान आयु $= x$ वर्ष.

तब, $\frac{x-6}{18} = (5-2) \Rightarrow x - 6 = 54 \Rightarrow x = 60.$

अत: गुलजार की वर्तमान आयु $= 60$ वर्ष.

63. परिवार की औसत आय $= \frac{2 \times 76 + 2 \times 40 + 3 \times 10}{7}$

$= \frac{152+80+30}{7} = \frac{262}{7} = 37\frac{3}{7}$ वर्ष

64. माना, राम की वर्तमान उम्र $= a$

दिए गए प्रश्न के अनुसार $a + 17 = 2a - 6$

$\Rightarrow 2a - a = 17 + 6 \Rightarrow a = 23$ वर्ष

विवियन की वर्तमान उम्र $= 21b$ वर्ष

अमित की वर्तमान उम्र $= 19b$ वर्ष

प्रश्नानुसार, $19b + 31 = 3 \times 23$

$\Rightarrow 19b = 69 - 31 \Rightarrow 19b = 38$

$\Rightarrow y = \frac{38}{19} = 2$

$\therefore$ 4 वर्ष बाद विवियन की उम्र $= 21b + 4$

$= (21 \times 2 + 4)$ वर्ष $= 46$ वर्ष

65. तन्वी की वर्तमान उम्र $= x$ वर्ष

तरूण की वर्तमान उम्र $= \frac{x}{2}$ वर्ष

विशाल की वर्तमान उम्र $= \frac{x}{4}$ वर्ष

4 वर्ष बाद तरूण की उम्र $= 1.5 \times$ विशाल की उम्र

$\Rightarrow \frac{x}{2}+4 = 1.5\left(\frac{x}{4}+4\right) \Rightarrow x+8 = 3\left(\frac{x}{4}+4\right)$

$\Rightarrow x - \frac{3x}{4} = 12-8$

$\Rightarrow \frac{x}{4} = 4 \quad \Rightarrow x = 16$ वर्ष

66. 10 वर्ष पूर्व

पुत्री की उम्र $= x$ वर्ष

माता की उम्र $= 4x$ वर्ष

10 वर्ष पश्चात्

पुत्री की उम्र $= (x+20)$ वर्ष

माता की उम्र $= (4x+20)$ वर्ष

प्रश्नानुसार, $4x+20 = 2(x+20)$

$\Rightarrow 4x+20 = 2x+40 \quad \Rightarrow 4x-2x = 40-20$

$\Rightarrow 2x = 20 \quad \Rightarrow x = 10$

$\therefore$ चन्द्रावती की वर्तमान उम्र $= x+10 = 20$ वर्ष

67. माना दो व्यक्तियों की वर्तमान आयु $5x$ और $7x$ है

18 वर्ष पहले,

$\Rightarrow \frac{5x-18}{7x-18} = \frac{8}{13}$

$\Rightarrow 13(5x-18) = 8(7x-18)$

$\Rightarrow 65x - 234 = 56x - 144$

$\Rightarrow 9x = 90$

$\Rightarrow x = 10$

वर्तमान आयु क्रमश: 50 और 70 है।

68. राम की वर्तमान आयु $= x$ वर्ष

श्याम की वर्तमान आयु $= x+8$ वर्ष

6 वर्ष पश्चात्,

$\frac{x+8+6}{x+6} = \frac{6}{5}$

$\Rightarrow \frac{x+14}{x+6} = \frac{6}{5}$

$\Rightarrow 5x+70 = 6x+36$

$\Rightarrow x = 70-36 = 34$ वर्ष

69. माना x वर्ष बाद A की आयु B से दुगुनी होगी. तब

$(36+x) = 2(16+x) \Rightarrow 36+x = 32+2x \Rightarrow x = 4.$

अत: 4 वर्ष बाद A की आयु B से दुगुनी होगी.

70. पुत्री की 3 वर्ष पहले की आयु $= 12a$

पुत्र की 3 वर्ष पहले की आयु $= 13a$

पुत्री की वर्तमान आयु $= 12a+3$

पुत्र की वर्तमान आयु $= 13a+3$

राज की 3 वर्ष पहले की आयु $= 13a+3+12a+3 = 25a+6$

राज की वर्तमान आयु $= 25a+6+3 = 25a+9$

राज की पत्नी की आयु $= 25a+4$

प्रश्नानुसार, $25a+4 = 24a+6a \Rightarrow a = 2$

राज के पुत्र की आयु $= 13a+3 = 13\times 2+3 = 29$ वर्ष

71. त्रिशा की आयु $= x$

समर्थ की आयु $= 5x$

फाल्गुनी की आयु $= x+26$

दिया गया है:

$3(x-10) - 2(x+26-10) = 42$

$\Rightarrow 3(5x-10) - 2(x+26-10) = 42$

$\Rightarrow 15x - 30 - 2x - 52 + 20 = 42$

$\Rightarrow 13x = 42+62$

$\Rightarrow 13x = 104 \Rightarrow x = 8$ साल

त्रिशा की आयु $= x = 8$ साल

समर्थ की आयु $= 5x = 41$ साल

फाल्गुनी की आयु $= x+26 = 8+26 = 34$ साल

12 साल बाद समर्थ की आयु $= 40+12 = 52$ साल

फाल्गुनी की आयु $= 34+12 = 46$ साल

अनुपात है:

P : S = 46 : 52 = 23 : 26

72. वर्तमान समय में सुनैना की आयु $= x$

वर्तमान समय में आरती की आयु $= y$

पाँच वर्ष बाद सुनैना की आयु $= x+5$

पाँच वर्ष बाद आरती की आयु $= y+5$

प्रश्नानुसार, $x+5 = \frac{3}{4}(y+5)$

$\Rightarrow 4x - 3y = -5$ ... (*i*)

पाँच वर्ष पूर्व सुनैना की आयु $= x-5$

पाँच वर्ष पूर्व आरती की आयु $= y-5$

प्रश्नानुसार, $\frac{x-5}{y-5} = \frac{2}{3}$

$3x - 2y = 5$ ... (*ii*)

समीकरण (*i*) एवं (*ii*) को हल करने पर:

$y = 35; x = 25$ साल

आरती की वर्तमान आयु 35 साल है।

❑❑❑

9

घातांक तथा करणी
(SURDS AND INDICES)

Scan QR Code for Watching Video

सामान्य नियम

करणी: माना a एक परिमेय संख्या है तथा n एक धन-पूर्णांक है.

यदि a का nवाँ मूल एक अपरिमेय राशि हो तो $a^{1/n} = \sqrt[n]{a}$ को घात n की करणी कहा जाता है.

उदाहरण: (i) $\sqrt{3} = 3^{\frac{1}{2}}$, एक द्वितीय घात की करणी है.

(ii) $\sqrt[4]{5} = 5^{\frac{1}{4}}$, एक करणी है जिसकी घात 4 है.

घातांक के नियम (Laws of Indices):

(i) $a^m \times a^n = a^{m+n}$ (ii) $(a^m) \div (a^n) = a^{m-n}$ (iii) $(a^m)^n = a^{mn}$

(iv) $(ab)^n = (a^n \times b^n)$ (v) $\left(\frac{a}{b}\right)^n = \frac{a^n}{b^n}$ (vi) $a^0 = 1$

करणी के नियम (Laws of Surds):

(i) $\left(\sqrt[n]{a}\right)^n = \left(a^{1/n}\right)^n = a$ (ii) $\sqrt[n]{ab} = \sqrt[n]{a}\,.\sqrt[n]{b}$ (iii) $\sqrt[n]{\frac{a}{b}} = \frac{\sqrt[n]{a}}{\sqrt[n]{b}}$

(iv) $\left(\sqrt[n]{a}\right)^m = \sqrt[n]{a^m}$ (v) $\sqrt[m]{\sqrt[n]{a}} = \sqrt[mn]{a}$

साधित उदाहरण

प्रश्न 1. सरल कीजिए:

(i) $(81)^{\frac{3}{4}}$ (ii) $\left(\frac{1}{64}\right)^{\frac{-2}{3}}$ (iii) $(64)^{\frac{-1}{6}}$

हल: सरल करने पर:

(i) $(81)^{\frac{3}{4}} = \left(3^4\right)^{\frac{3}{4}} = 3^{\left(4\times\frac{3}{4}\right)} = 3^3 = 27.$

(ii) $\left(\frac{1}{64}\right)^{-\frac{2}{3}} = (64)^{\frac{2}{3}} = (4^3)^{\frac{2}{3}} = 4^{\left(3\times\frac{2}{3}\right)} = 4^2 = 16.$

(iii) $(64)^{-\frac{1}{6}} = \left(\frac{1}{64}\right)^{\frac{1}{6}} = \left(\frac{1}{2^6}\right)^{\frac{1}{6}} = \frac{1}{2^{\left(6\times\frac{1}{6}\right)}} = \frac{1}{2^1} = \frac{1}{2}.$

प्रश्न 2. $(\cdot 00032)^{\cdot 6} = ?$

हल: $(\cdot 00032)^{\cdot 6} = \left(\frac{32}{100000}\right)^{\frac{6}{10}} = \left(\frac{2^5}{10^5}\right)^{\frac{3}{5}} = \left\{\left(\frac{2}{10}\right)^5\right\}^{\frac{3}{5}}$

$= \left(\frac{2}{10}\right)^{\left(5\times\frac{3}{5}\right)} = \left(\frac{1}{5}\right)^3 = (\cdot 2\times\cdot 2\times\cdot 2) = \cdot 008.$

प्रश्न 3. $\frac{(625)^{6\cdot 25}\times(25)^{2\cdot 6}}{(625)^{6\cdot 75}\times(5)^{1\cdot 2}} = ?$

हल: दिया गया व्यंजक

$= \frac{\left(5^4\right)^{6\cdot 25}\times\left(5^2\right)^{2\cdot 6}}{\left(5^4\right)^{6\cdot 75}\times(5)^{1\cdot 2}} = \frac{(5)^{(4\times 6\cdot 25)}\times 5^{(2\times 2\cdot 6)}}{(5)^{4\times 6\cdot 75}\times 5^{(1\cdot 2)}}$

$= \frac{5^{25}\times 5^{5\cdot 2}}{5^{27}\times 5^{1\cdot 2}} = \frac{5^{(25+5\cdot 2)}}{5^{(27+1\cdot 2)}} = \frac{5^{30\cdot 2}}{5^{28\cdot 2}} = 5^{(30\cdot 2-28\cdot 2)}$

$= 5^2 = 25.$

प्रश्न 4. यदि $(\sqrt{3})^5\times 9^2 = 3^n\times 3\sqrt{3}$ हो, तो n का मान ज्ञात कीजिए.

हल: $(\sqrt{3})^5\times\left(3^2\right)^2 = 3^n\times 3\times 3^{\frac{1}{2}} \Rightarrow \left(3^{1/2}\right)^5\times 3^4 = 3^n\times 3\times 3^{\frac{1}{2}}$

$\Rightarrow 3^{\left(\frac{5}{2}+4\right)} = 3^{\left(n+1+\frac{1}{2}\right)} \Rightarrow 3^{\frac{13}{2}} = 3^{\left(n+\frac{3}{2}\right)}$

$\Rightarrow n+\frac{3}{2}=\frac{13}{2} \Rightarrow n=\left(\frac{13}{2}-\frac{3}{2}\right)=\frac{10}{2}=5.$

अतः $n=5$.

प्रश्न 5. सरल कीजिए:

$$\left(\frac{x^a}{x^b}\right)^{(a^2+ab+b^2)} \cdot \left(\frac{x^b}{x^c}\right)^{(b^2+bc+c^2)} \cdot \left(\frac{x^c}{x^a}\right)^{(c^2+ca+a^2)}$$

हल: दिया गया व्यंजक

$= x^{(a-b)(a^2+ab+b^2)} . x^{(b-c)(b^2+bc+c^2)} . x^{(c-a)(c^2+ca+a^2)}$

$= x^{(a^3-b^3)} \cdot x^{(b^3-c^3)} \cdot x^{(c^3-a^3)} = x^{(a^3-b^3+b^3-c^3+c^3-a^3)}$

$= x^0 = 1.$

प्रश्न 6. $\sqrt{2}$ तथा $\sqrt[3]{3}$ में से कौन-सा बड़ा है?

हल: दी गई करणी क्रमशः घात 2 तथा 3 की हैं, जिनका ल०स०=6. प्रत्येक को घात 6 की करणी में बदलने पर:

$\sqrt{2}=2^{\frac{1}{2}}=\left(2^3\right)^{\frac{1}{6}}=(8)^{\frac{1}{6}}, \sqrt[3]{3}=3^{\frac{1}{3}}=\left(3^2\right)^{\frac{1}{6}}=(9)^{\frac{1}{6}}.$

स्पष्ट है $(9)^{\frac{1}{6}}>(8)^{\frac{1}{6}}$. अतः $\sqrt[3]{3}>\sqrt{2}$.

प्रश्न 7. $\sqrt{2}, \sqrt[3]{4}, \sqrt[4]{6}$ को आरोही क्रम में लिखिए.

हल: दी गई करणियों की घात क्रमशः 2, 3, 4 हैं जिनका ल०स० = 12.

$\sqrt{2}=2^{\frac{1}{2}}=(2^6)^{\frac{1}{12}}=(64)^{\frac{1}{12}}, \sqrt[3]{4}=4^{\frac{1}{3}}=(4^4)^{\frac{1}{12}}$

$=(256)^{\frac{1}{12}}$ तथा $\sqrt[4]{6}=6^{\frac{1}{4}}=(6^3)^{\frac{1}{12}}=(216)^{\frac{1}{12}}.$

स्पष्ट है कि

$(64)^{\frac{1}{12}}<(216)^{\frac{1}{12}}<(256)^{\frac{1}{12}} \Rightarrow \sqrt{2}<\sqrt[4]{6}<\sqrt[3]{4}.$

प्रश्न 8. यदि $3^{x-y}=27$ तथा $3^{x+y}=243$ हो, तो x का मान ज्ञात कीजिए.

हल: $3^{x-y}=27=3^3 \Rightarrow x-y=3 \quad \ldots(i)$

$3^{x+y}=243=3^5 \Rightarrow x+y=5 \quad \ldots(ii)$

(i) तथा (ii) को जोड़ने पर, $2x=8 \Rightarrow x=4$.

(ii) में से (i) घटाने पर, $2y=2 \Rightarrow y=1$.

$\therefore x=4$ तथा $y=1$.

प्रश्नमाला 9A

निम्नलिखित प्रश्नों में से प्रत्येक में ठीक उत्तर को चिन्हांकित (✓) कीजिए:

1. $(2\times3)^3 \div (4\times9)^2 \times (27\times8)^2 = 6^?$

   (a) 5 (b) 6 (c) 3 (d) 8

   (e) इनमें से कोई नहीं (बैंक पी०ओ० परीक्षा, 2010)

2. $\frac{343\times49}{216\times16\times81}=?$ (बैंक पी०ओ० परीक्षा, 2010)

   (a) $\frac{7^5}{6^7}$ (b) $\frac{7^5}{6^8}$ (c) $\frac{7^6}{6^7}$ (d) $\frac{7^4}{6^8}$

   (e) इनमें से कोई नहीं

3. $\frac{36\times18}{125\times75}=?$ (बैंक पी०ओ० परीक्षा, 2010)

   (a) $\frac{6^3}{5^4}$ (b) $\frac{6^2}{5^7}$ (c) $\frac{6^3}{5^5}$ (d) $\frac{6^2}{5^5}$

   (e) इनमें से कोई नहीं

4. सरल कीजिए: $3\sqrt[3]{250}+\sqrt[3]{16}-4\sqrt[3]{54}$

   (a) $5\sqrt[3]{2}$ (b) $5\sqrt[3]{4}$ (c) $16\sqrt[3]{2}$ (d) $16\sqrt[3]{4}$

   (उत्तर प्रदेश चकबन्दी लेखपाल भर्ती पुन: परीक्षा, 2015)

5. $\left(5^x\right)^2=625, x=?$

   (a) 4 (b) 3 (c) 2 (d) 1

   (दिल्ली अधीनस्थ सेवा चयन बोर्ड निम्न श्रेणी लिपिक परीक्षा, 2014)

6. $\left(7^{-1}-8^{-1}\right)^{-1}-\left(3^{-1}-4^{-1}\right)^{-1}$ का मान है:

   (a) 68 (b) 44 (c) 56 (d) 12

   (मध्य प्रदेश आरक्षक (जनरल ड्यूटी) भर्ती परीक्षा, 2013)

7. $(0\cdot1\times0\cdot01\times0\cdot001\times10^7)=?$

   (एस०एस०सी० परीक्षा, 2010)

   (a) 100 (b) $\frac{1}{10}$ (c) $\frac{1}{100}$ (d) 10

8. यदि $abc=1$ हो, तो $\left(\frac{1}{1+a+b^{-1}}+\frac{1}{1+b+c^{-1}}+\frac{1}{1+c+a^{-1}}\right)$ का मान है:

   (a) 0 (b) 1 (c) ab (d) $\frac{1}{ab}$

9. यदि $\left(\frac{3}{5}\right)^3\cdot\left(\frac{3}{5}\right)^{-6}=\left(\frac{3}{5}\right)^{2x-1}$ हो, तो $x=?$

   (a) –2 (b) 2 (c) – 1 (d) 1

   (एस०एस०सी० परीक्षा, 2010)

10. $\left(x^{b+c}\right)^{b-c}\cdot\left(x^{c+a}\right)^{c-a}\cdot\left(x^{a+b}\right)^{a-b}=?$

    (a) 0 (b) 1

    (c) x (d) इनमें से कोई नहीं

11. $\frac{3^{n+4}-6\times3^{n+1}}{3^{n+2}}=?$

    (a) 7 (b) 5 (c) 4 (d) 1

12. $\left(\frac{x^a}{x^b}\right)^{(a+b-c)}\cdot\left(\frac{x^b}{x^c}\right)^{(b+c-a)}\cdot\left(\frac{x^c}{x^a}\right)^{(c+a-b)}=?$

(a) 1 (b) x^{abc}
(c) x^{a+b+c} (d) $x^{(ab+bc+ca)}$

13. $2^{\frac{1}{3}}, 3^{\frac{1}{3}}, 8^{\frac{1}{8}}$ तथा $9^{\frac{1}{9}}$ में से कौन-सी संख्या सबसे बड़ी है?
(a) $2^{\frac{1}{3}}$ (b) $3^{\frac{1}{3}}$ (c) $8^{\frac{1}{8}}$ (d) $9^{\frac{1}{9}}$
(एन०ए०ओ० परीक्षा, 2010)

14. $\left\{\left(\sqrt[5]{x^{-3/5}}\right)^{-5/3}\right\}^5$ का सरलीकृत रूप है:
(a) x^5 (b) x^{-5} (c) x (d) $\frac{1}{x}$
(e) इनमें से कोई नहीं (एस०एस०सी० परीक्षा, 2010)

15. $\frac{12}{(3+\sqrt{5}+2\sqrt{2})} = ?$ (एस०एस०सी० परीक्षा, 2010)
(a) $1-\sqrt{5}+\sqrt{2}+\sqrt{10}$ (b) $1+\sqrt{5}+\sqrt{2}-\sqrt{10}$
(c) $1+\sqrt{5}-\sqrt{2}+\sqrt{10}$ (d) $1-\sqrt{5}-\sqrt{2}+\sqrt{10}$

16. $\frac{\sqrt{7}}{\sqrt{16+6\sqrt{7}}-\sqrt{16-6\sqrt{7}}} = ?$ (एस०एस०सी० परीक्षा, 2010)
(a) $\frac{1}{2}$ (b) $\frac{1}{3}$ (c) $\frac{1}{4}$ (d) $\frac{1}{5}$

17. $\left(\frac{x^a}{x^b}\right)^{\frac{1}{ab}} \cdot \left(\frac{x^b}{x^c}\right)^{\frac{1}{bc}} \cdot \left(\frac{x^c}{x^a}\right)^{\frac{1}{ca}} = ?$
(a) 1 (b) $x^{\frac{1}{abc}}$
(c) $x^{\frac{1}{(ab+bc+ca)}}$ (d) इनमें से कोई नहीं

18. यदि $a = \sqrt{7+2\sqrt{12}}$ तथा $b = \sqrt{7-2\sqrt{12}}$ हो, तो $(a^3+b^3) = ?$ (एस०एस०सी० परीक्षा, 2010)
(a) 40 (b) 44 (c) 48 (d) 52

19. $\left(\frac{x^a}{x^b}\right)^{(a+b)} \cdot \left(\frac{x^b}{x^c}\right)^{(b+c)} \cdot \left(\frac{x^c}{x^a}\right)^{(c+a)} = ?$
(a) 1 (b) 0 (c) x^{a+b+c} (d) x^{abc}

20. यदि $8^{x+1} = 64$ हो, तो 3^{2x+1} का मान क्या होगा?
(a) 81 (b) 9 (c) 1 (d) 27

21. $(23)^{2\cdot8} \times (23)^{7\cdot2} \times (23)^{3\cdot6} = (23)^?$
(a) 13·6 (b) 12·6 (c) 12·8 (d) 13·8
(e) इनमें से कोई नहीं (बैंक पी०ओ० परीक्षा, 2009)

22. $(21)^? \times (21)^{6\cdot5} = (21)^{12\cdot4}$
(a) 18·9 (b) 4·4 (c) 6·9 (d) 16·4
(e) इनमें से कोई नहीं (बैंक पी०ओ० परीक्षा, 2009)

23. $(34)^{56} \times (34)^{-53} = ?$ (बैंक पी०ओ० परीक्षा, 2009)
(a) 39304 (b) 1156 (c) 170504 (d) 102
(e) इनमें से कोई नहीं

24. यदि $a^x = b^y = c^z$ तथा $b^2 = ac$ हो, तो $y = ?$
(a) $\frac{xz}{x+y}$ (b) $\frac{xz}{2(x-z)}$
(c) $\frac{xz}{2(z-x)}$ (d) $\frac{2xz}{(z+x)}$

25. $\sqrt[3]{2}, \sqrt{3}, \sqrt[3]{5}, 1\cdot5$ में से सबसे बड़ी संख्या कौन-सी है?
(a) 1·5 (b) $\sqrt{3}$ (c) $\sqrt[3]{2}$ (d) $\sqrt[3]{5}$
(एस०एस०सी० परीक्षा, 2009)

26. $\left\{\frac{x^{\frac{m}{m-n}}}{x^{\frac{m}{m+n}}} \times \frac{x^{\frac{n}{n-m}}}{x^{\frac{n}{n+m}}}\right\}^{m+n} = ?$
(a) $\frac{x^m}{x^n}$ (b) $\frac{x^n}{x^m}$ (c) 1 (d) 2

27. यदि $a = \frac{\sqrt{5}+1}{\sqrt{5}-1}$ तथा $b = \frac{\sqrt{5}-1}{\sqrt{5}+1}$ हो, तो
$\frac{(a^2+ab+b^2)}{(a^2-ab+b^2)} = ?$
(a) $\frac{3}{4}$ (b) $\frac{4}{3}$ (c) $\frac{3}{5}$ (d) $\frac{5}{3}$

28. यदि $x = (3+2\sqrt{2})$ हो, तो $\left(\sqrt{x}-\frac{1}{\sqrt{x}}\right)$ का मान कितना होगा?
(a) 1 (b) 2 (c) $2\sqrt{2}$ (d) $3\sqrt{3}$

29. $(8)^{1\cdot1} \times (4)^{2\cdot7} \times (2)^{3\cdot3} = 2^?$
(a) 7·1 (b) 14 (c) ·5 (d) 9
(e) इनमें से कोई नहीं (बैंक पी०ओ० परीक्षा, 2009)

30. यदि $3^{x+y} = 81$ तथा $(81)^{x-y} = 3$ हो, तो $x = ?$
(a) 42 (b) $\frac{15}{8}$ (c) $\frac{17}{8}$ (d) 39
(एस०एस०सी० परीक्षा, 2009)

31. यदि $2^x = 3^y = 6^{-z}$ हो, तो $\left(\frac{1}{x}+\frac{1}{y}+\frac{1}{z}\right) = ?$
(a) 0 (b) 1 (c) $-\frac{1}{2}$ (d) $\frac{3}{2}$

32. यदि $2^x = 4^y = 8^z$ हो, तथा $\left(\frac{1}{2x}+\frac{1}{4y}+\frac{1}{6z}\right) = \frac{24}{7}$ हो, तो $z = ?$
(a) $\frac{7}{16}$ (b) $\frac{7}{32}$ (c) $\frac{7}{48}$ (d) $\frac{7}{64}$

33. $(21)^{5\cdot5} \times (21)^? = (21)^{12}$
(a) 2·18 (b) – 17·5 (c) 6·5 (d) 5·5

34. यदि a, b, c वास्तविक संख्यायें हों, तो
$\sqrt{a^{-1}b} \cdot \sqrt{b^{-1}c} \cdot \sqrt{c^{-1}a} = ?$
(a) abc (b) $\frac{1}{abc}$ (c) $\sqrt{abc}$ (d) 1

35. $\frac{1}{1+a^{n-m}}+\frac{1}{1+a^{m-n}}=?$

(*a*) 0 (*b*) $\frac{1}{2}$ (*c*) 1 (*d*) a^{m+n}

36. $(1000)^{12}\div(10)^{30}=?$

(*a*) $(1000)^2$ (*b*) 10 (*c*) $(100)^2$ (*d*) 100

(*e*) इनमें से कोई नहीं **(बैंक पी०ओ० परीक्षा, 2008)**

37. $\sqrt{2}, \sqrt[3]{4}, \sqrt[4]{6}$ को बढ़ते क्रम में लिखने पर:

(*a*) $\sqrt{2}<\sqrt[3]{4}<\sqrt[4]{6}$ (*b*) $\sqrt[4]{6}<\sqrt{2}<\sqrt[3]{4}$

(*c*) $4\sqrt{6}<\sqrt[3]{4}<\sqrt{2}$ (*d*) $\sqrt{2}<\sqrt[4]{6}<\sqrt[3]{4}$

38. $\sqrt{(24)^4}+224=?\times(20)^2$

(*a*) 20 (*b*) 4 (*c*) 2 (*d*) 16

(*e*) इनमें से कोई नहीं **(बैंक पी०ओ० परीक्षा, 2008)**

39. यदि m तथा n ऐसे धनपूर्णांक हैं कि $m^n=25$ हो, तो $n^m=?$

(*a*) 4 (*b*) 10 (*c*) 25 (*d*) 32

(बी०सी०ए० परीक्षा, 2008)

40. $(9)^{8\cdot6}\times(8)^{3\cdot9}\times(72)^{4\cdot4}\times(9)^{3\cdot9}\times(8)^{8\cdot6}=(72)^?$

(*a*) 15·1 (*b*) 29·4 (*c*) 20·9 (*d*) 17·9

(*e*) इनमें से कोई नहीं

41. $\frac{1}{(1+\sqrt{2})}+\frac{1}{(\sqrt{2}+\sqrt{3})}+\frac{1}{(\sqrt{3}+\sqrt{4})}+\ldots+\frac{1}{(\sqrt{99}+\sqrt{100})}=?$

(*a*) 1 (*b*) 5 (*c*) 9 (*d*) 10

42. $\frac{1}{(\sqrt{3}+\sqrt{4})}+\frac{1}{(\sqrt{4}+\sqrt{5})}+\frac{1}{(\sqrt{5}+\sqrt{6})}+\frac{1}{(\sqrt{6}+\sqrt{7})}+\frac{1}{(\sqrt{7}+\sqrt{8})}+\frac{1}{(\sqrt{8}+\sqrt{9})}=?$

(*a*) $\sqrt{3}$ (*b*) $3\sqrt{3}$ (*c*) $(3-\sqrt{3})$ (*d*) $5-\sqrt{3}$

43. $(1000)^9\div(10)^{24}=?$

(*a*) 100000 (*b*) 1000 (*c*) 10 (*d*) 100

(*e*) इनमें से कोई नहीं

44. $\left[3^{m^2}\div(3^m)^2\right]^{1/m}=81$ हो, तो $m=?$

(*a*) -3 (*b*) -6 (*c*) 3 (*d*) 6

45. $(0\cdot6)^4\times(0\cdot36)^2\times(0\cdot216)=(0\cdot6)^?$

(*a*) 12 (*b*) 14 (*c*) 11 (*d*) 13

(*e*) इनमें से कोई नहीं

46. $(0\cdot00032)^{0\cdot6}=?$

(*a*) 0·08 (*b*) 0·008 (*c*) 0·8 (*d*) 8

47. $(64)^{3\cdot1}\times8^{4\cdot3}=8^?$

(*a*) 10·5 (*b*) 7·4 (*c*) 1·2 (*d*) 13·3

(*e*) इनमें से कोई नहीं

48. $\frac{1}{1+x^{b-a}+x^{c-a}}+\frac{1}{1+x^{a-b}+x^{c-b}}+\frac{1}{1+x^{b-c}+x^{a-c}}=?$

(*a*) 0 (*b*) 1

(*c*) x^{a-b-c} (*d*) इनमें से कोई नहीं

49. यदि $x^{-\frac{4}{5}}=81$ हो, तो $x=?$

(*a*) $\frac{1}{243}$ (*b*) 243 (*c*) $\frac{1}{3}$ (*d*) 3

50. $(\sqrt{8})^{\frac{1}{3}}=?$

(*a*) 2 (*b*) 4 (*c*) $\sqrt{2}$ (*d*) $2\sqrt{2}$

51. $4^{2\cdot3}\times2^{2\cdot3}\times8^{1\cdot7}=?$ **(बैंक पी०ओ० परीक्षा, 2008)**

(*a*) 64 (*b*) 512 (*c*) 16 (*d*) 4096

(*e*) इनमें से कोई नहीं

52. $8^{1\cdot3}\times4^{0\cdot6}\times16^{0\cdot2}=2^?$

(*a*) 2·1 (*b*) 3·8 (*c*) 5·9 (*d* 4·7

(*e*) इनमें से कोई नहीं **(बैंक पी०ओ० परीक्षा, 2007)**

53. $2^{0\cdot2}\times64\times8^{1\cdot3}\times4^{0\cdot2}=8^?$

(*a*) 2·7 (*b*) 2·5 (*c*) 3·7 (*d*) 3·2

(*e*) इनमें से कोई नहीं **(बैंक पी०ओ० परीक्षा, 2007)**

54. $(3^?)^?=19683$

(*a*) 6 (*b*) 9 (*c*) 4 (*d*) 8

(*e*) इनमें से कोई नहीं **(बैंक पी०ओ० परीक्षा, 2007)**

55. यदि $5^{(x+3)}=25^{(3x-4)}$ हो, तो x का मान है:

(*a*) $\frac{5}{11}$ (*b*) $\frac{11}{5}$ (*c*) $\frac{11}{3}$ (*d*) $\frac{13}{5}$

56. यदि $(64)^{(2x-5)}=4\times8^{(x-4)}$ हो, तो x का मान है:

(*a*) 2 (*b*) 11 (*c*) $\frac{10}{7}$ (*d*) $\frac{20}{9}$

57. यदि $\left(\frac{9}{4}\right)^x\cdot\left(\frac{8}{27}\right)^{(x-1)}=\frac{2}{3}$ हो, तो x का मान है:

(*a*) 1 (*b*) 2 (*c*) 3 (*d*) 4

58. $(0\cdot01024)^{\frac{1}{5}}=?$

(*a*) 0·00004 (*b*) 0·04 (*c*) 0·4 (*d*) 4

59. $(3+\sqrt{5})$ का वर्गमूल है:

(*a*) $\left(\frac{\sqrt{3}}{2}+\frac{1}{\sqrt{2}}\right)$ (*b*) $\left(\frac{\sqrt{3}}{2}-\frac{1}{2}\right)$

(*c*) $\left(\frac{\sqrt{5}}{2}-\frac{1}{\sqrt{2}}\right)$ (*d*) $\left(\sqrt{\frac{5}{2}}+\sqrt{\frac{1}{2}}\right)$

60. $\sqrt{8-2\sqrt{15}}=?$ **(एस०एस०सी० परीक्षा, 2007)**

(*a*) $(\sqrt{5}+\sqrt{3})$ (*b*) $(5-\sqrt{3})$

(*c*) $(\sqrt{5}-\sqrt{3})$ (*d*) $(3-\sqrt{5})$

61. यदि $\sqrt{3}=1\cdot732$ हो, तो

$\dfrac{(3+\sqrt{6})}{(5\sqrt{3}-2\sqrt{12}-\sqrt{32}+\sqrt{50})}=?$

(*a*) 4.899 (*b*) 2.551 (*c*) 1.414 (*d*) 1.732

(एस०एस०सी० परीक्षा, 2007)

62. यदि $x^{1/3}+y^{1/3}=z^{1/3}$ हो, तो $\{(x+y-z)^3+27xyz\}=?$

(*a*) −1 (*b*) 1 (*c*) 0 (*d*) 27

(एस०एस०सी० परीक्षा, 2007)

63. $\left(\dfrac{32}{243}\right)^{-\frac{4}{5}}=?$

(*a*) $\dfrac{4}{9}$ (*b*) $\dfrac{9}{4}$ (*c*) $\dfrac{16}{81}$ (*d*) $\dfrac{81}{16}$

64. $\left(\dfrac{-1}{343}\right)^{-\frac{2}{3}}=?$

(*a*) $\dfrac{-1}{49}$ (*b*) $\dfrac{1}{49}$ (*c*) −49 (*d*) 49

65. $\left(\dfrac{1}{216}\right)^{-\frac{2}{3}}\div\left(\dfrac{1}{27}\right)^{-\frac{4}{3}}=?$

(*a*) $\dfrac{3}{4}$ (*b*) $\dfrac{2}{3}$ (*c*) $\dfrac{4}{9}$ (*d*) $\dfrac{1}{8}$

66. यदि $(27)^{\frac{2}{3}}\times(81)^{-\frac{1}{2}}=3^n$ हो, तो $n=?$

(*a*) 0 (*b*) 1 (*c*) 27 (*d*) 81

67. 2^{50} का दुगुना क्या होगा?

(*a*) 2^{100} (*b*) 2^{55}

(*c*) 2^{51} (*d*) इनमें से कोई नहीं

68. $\left(\dfrac{5^{-1}\times7^2}{5^2\times7^{-4}}\right)^{7/2}\times\left(\dfrac{5^{-2}\times7^3}{5^3\times7^{-5}}\right)^{\frac{-5}{2}}=?$

(*a*) 150 (*b*) 125 (*c*) 175 (*d*) 90

69. $(31)^{31}\times(31)^{-27}=?$

(*a*) $(961)^2$ (*b*) $(31)^2$

(*c*) 29791 (*d*) 4

(*e*) इनमें से कोई नहीं (बैंक पी०ओ० परीक्षा, 2008)

70. $18.01^3-?\times19.95\times3.01=360.15$

(*a*) 922 (*b*) 952 (*c*) 940 (*d*) 934

(*e*) 972

(एस.आई.डी.बी.आई.-अधिकारी आनॅलाइन परीक्षा, 2016)

71. $\left(\sqrt{\dfrac{324}{9}}\times1.5\right)^2=?$

(*a*) 18 (*b*) 36 (*c*) 81 (*d*) 9

(एस.बी.आई-क्लर्क (प्रारंभिक) आनॅलाइन परीक्षा, 2016)

72. यदि $a^2+b^2=73$ और $a-b=5$ तथा $a>0$ तो a का मान क्या होगा?

(*a*) 8 (*b*) 3 (*c*) 11 (*d*) −3

(जे.ई.ई. होटल मैनेजमेंट प्रवेश परीक्षा, 2015)

73. $3+2^x=27^{1/3}+64^{1/2}$ में x क मान है:

(*a*) 2 (*b*) 3 (*c*) 1 (*d*) $\dfrac{1}{2}$

(मध्य प्रदेश आरक्षक (जनरल ड्यूटी) भर्ती परीक्षा, 2013)

74. $(0\cdot00243)^{2/5}$ का मान है:

(*a*) 0.09 (*b*) 0.9 (*c*) 0.03 (*d*) 0.3

(मध्य प्रदेश आरक्षक (जनरल ड्यूटी) भर्ती परीक्षा, 2013)

उत्तरमाला (प्रश्नमाला 9A)

1. (*a*)	2. (*a*)	3. (*c*)	4. (a)	5. (*c*)	6. (*c*)	7. (*d*)	8. (*b*)	9. (*c*)	10. (*b*)	11. (*a*)	12. (*a*)
13. (*b*)	14. (*c*)	15. (*b*)	16. (*a*)	17. (*a*)	18. (*d*)	19. (*a*)	20. (*d*)	21. (*a*)	22. (*e*)	23. (*a*)	24. (*d*)
25. (*d*)	26. (*c*)	27. (*b*)	28. (*b*)	29. (*e*)	30. (*c*)	31. (*a*)	32. (*c*)	33. (*c*)	34. (*d*)	35. (*c*)	36. (*a*)
37. (*d*)	38. (*c*)	39. (*d*)	40. (*e*)	41. (*c*)	42. (*c*)	43. (*b*)	44. (*d*)	45. (*c*)	46. (*b*)	47. (*a*)	48. (*b*)
49. (*a*)	50. (*c*)	51. (*d*)	52. (*c*)	53. (*e*)	54. (*b*)	55. (*c*)	56. (*d*)	57. (*d*)	58. (*d*)	59. (*b*)	60. (*c*)
61. (*d*)	62. (*c*)	63. (*d*)	64. (*d*)	65. (*c*)	66. (*a*)	67. (*c*)	68. (*c*)	69. (*a*)	70. (*e*)	71. (*c*)	72. (*a*)
73. (*b*)	74. (*a*)										

दिये गए प्रश्नों के हल (प्रश्नमाला 9A)

1. $(6)^3\div(36)^2\times(216)^2=6^x$

$\Rightarrow 6^3\div(6^2)^2\times(6^3)^2=6^x\Rightarrow 6^3\div6^4\times6^6=6^x$

$\Rightarrow 6^3\times\dfrac{1}{6^4}\times6^6=6^x\Rightarrow 6^{(3+6-4)}=6^x\Rightarrow 6^5=6^x\Rightarrow x=5.$

2. $\dfrac{343\times49}{216\times16\times81}=\dfrac{7^3\times7^2}{6^3\times2^4\times3^4}=\dfrac{7^{(3+2)}}{6^3\times(2\times3)^4}=\dfrac{7^5}{6^3\times6^4}$

$=\dfrac{7^5}{6^{(3+4)}}=\dfrac{7^5}{6^7}.$

3. $\dfrac{36\times18}{125\times75}=\dfrac{6\times6\times6\times3}{5^3\times5^2\times3}=\dfrac{6\times6\times6}{5^3\times5^2}=\dfrac{6^3}{5^5}.$

4. $3\sqrt[3]{250}+\sqrt[3]{16}-4\sqrt[3]{54}$

$=3\times5\sqrt[3]{2}+2\times\sqrt[3]{2}-4\times3\times\sqrt[3]{2}$

$\Rightarrow 15\sqrt[3]{2}+2\sqrt[3]{2}-12\sqrt[3]{2}$

$=17\sqrt[3]{2}-12\sqrt[3]{2}=5\sqrt[3]{2}$

5. $(5^x)^2=625,$

$(5^x)^2=(5)^4$

$\Rightarrow (5^{2x}) = (5)^4 \Rightarrow 2x = 4 \Rightarrow x = 2$

6. $(7^{-1}-8^{-1})^{-1}-(3^{-1}-4^{-1})^{-1}$

$=\left(\frac{1}{7}-\frac{1}{8}\right)^{-1}-\left(\frac{1}{3}-\frac{1}{4}\right)^{-1}=\left(\frac{8-7}{56}\right)^{-1}-\left(\frac{4-3}{12}\right)^{-1}$

$=\left(\frac{1}{56}\right)^{-1}-\left(\frac{1}{12}\right)^{-1}$

$\Rightarrow 56-12=44$

7. दिया गया व्यंजक

$=\left(\frac{1}{10}\times\frac{1}{100}\times\frac{1}{1000}\times10^7\right)=\frac{1}{10\times10^2\times10^3}\times10^7$

$=\frac{1}{(10)^{(1+2+3)}}\times10^7=\frac{10^7}{10^6}=10^{(7-6)}=10.$

8. दिया गया व्यंजक

$=\frac{1}{(1+a+b^{-1})}+\frac{b^{-1}}{b^{-1}+1+b^{-1}c^{-1}}+\frac{a}{a+ac+1}$

$=\frac{1}{(1+a+b^{-1})}+\frac{a}{1+a+ac}+\frac{b^{-1}}{1+b^{-1}+b^{-1}c^{-1}}$

$=\frac{1}{(1+a+b^{-1})}+\frac{a}{(1+a+b^{-1})}+\frac{b^{-1}}{(1+a+b^{-1})}$

$\left[\because abc=1\Rightarrow b^{-1}=ac;\ (cb)^{-1}=a\Rightarrow b^{-1}c^{-1}=a\right]$

$=\frac{(1+a+b^{-1})}{(1+a+b^{-1})}=1.$

9. $\left(\frac{3}{5}\right)^{3+(-6)}=\left(\frac{3}{5}\right)^{2x-1}\Rightarrow 2x-1=-3\Rightarrow 2x=-2\Rightarrow x=-1.$

10. दिया गया व्यंजक $=x^{(b+c)(b-c)}\cdot x^{(c+a)(c-a)}\cdot x^{(a+b)(a-b)}$

$=x^{(b^2-c^2)}\cdot x^{(c^2-a^2)}\cdot x^{(a^2-b^2)}$

$=x^{(b^2-c^2+c^2-a^2+a^2-b^2)}=x^0=1.$

11. $\frac{3^{n+4}-6\times3^{n+1}}{3^{n+2}}=\frac{3^{n+4}-2\times3\times3^{n+1}}{3^{n+2}}=\frac{3^{n+4}-2\times3^{n+2}}{3^{n+2}}$

$=\frac{3^{n+2}\cdot[3^2-2]}{3^{n+2}}=(9-2)=7.$

12. दिया गया व्यंजक

$=x^{(a-b)(a+b-c)}\cdot x^{(b-c)(b+c-a)}\cdot x^{(c-a)(c+a-b)}$

$=x^{(a-b)(a+b)}\cdot x^{-c(a-b)}\cdot x^{(b-c)(b+c)}\cdot x^{-a(b-c)}\cdot x^{(c-a)(c+a)}\cdot x^{-b(c-a)}$

$=x^{(a^2-b^2+b^2-c^2+c^2-a^2)}\cdot x^{-ca+bc-ab+ca-bc+ab}=(x^0\times x^0)$

$=(1\times1)=1.$

13. 3, 3, 8, 9 का ल०स० = 72.

$2^{\frac{1}{3}}=2^{\left(\frac{1}{3}\times\frac{24}{24}\right)}=(2^{24})^{\frac{1}{72}};\ 3^{\frac{1}{3}}=3^{\left(\frac{1}{3}\times\frac{24}{24}\right)}=(3^{24})^{\frac{1}{72}};$

$8^{\frac{1}{8}}=2^{\left(\frac{3}{8}\times\frac{9}{9}\right)}=(2^{27})^{\frac{1}{72}};\ 9^{\frac{1}{9}}=3^{\left(\frac{2}{9}\times\frac{8}{8}\right)}=(3^{16})^{\frac{1}{72}}.$

स्पष्ट है कि इन सबमें $(3^{24})^{\frac{1}{72}}$ अर्थात् $\sqrt[3]{3}$ सबसे बड़ी संख्या है.

14. दिया गया व्यंजक $=\left[\left\{\left(x^{-3/5}\right)^{\frac{1}{5}}\right\}^{\frac{-5}{3}}\right]^5$

$=\left[\left\{x^{\left(\frac{-3}{5}\times\frac{1}{5}\right)}\right\}^{\frac{-5}{3}}\right]^5=\left[x^{\left\{\frac{-3}{25}\times\frac{(-5)}{3}\right\}}\right]^5$

$=x^{\left(\frac{1}{5}\times5\right)}=x^1=x.$

15. दिया गया व्यंजक $=\frac{12}{(3+\sqrt{5}+2\sqrt{2})}\times\frac{(3+\sqrt{5}-2\sqrt{2})}{(3+\sqrt{5}-2\sqrt{2})}$

$=\frac{12(3+\sqrt{5}-2\sqrt{2})}{(3+\sqrt{5})^2-(2\sqrt{2})^2}=\frac{12(3+\sqrt{5}-2\sqrt{2})}{9+5+6\sqrt{5}-8}$

$=\frac{12(3+\sqrt{5}-2\sqrt{2})}{6(\sqrt{5}+1)}\times\frac{(\sqrt{5}-1)}{(\sqrt{5}-1)}$

$=\frac{1}{2}\left(3\sqrt{5}-3+5-\sqrt{5}-2\sqrt{10}+2\sqrt{2}\right)$

$=\frac{1}{2}\left(2+2\sqrt{5}+2\sqrt{2}-2\sqrt{10}\right)$

$=(1+\sqrt{5}+\sqrt{2}-\sqrt{10}).$

16. $(16+6\sqrt{7})=9+7+2\times3\times\sqrt{7}=3^2+(\sqrt{7})^2+2\times3\times\sqrt{7}$

$=(3+\sqrt{7})^2.$

$\Rightarrow\sqrt{16+6\sqrt{7}}=(3+\sqrt{7})$ तथा $\sqrt{16-6\sqrt{7}}=(3-\sqrt{7})$

$\Rightarrow\sqrt{16+6\sqrt{7}}-\sqrt{16-6\sqrt{7}}=(3+\sqrt{7})-(3-\sqrt{7})=2\sqrt{7}.$

$\therefore$ दिया गया व्यंजक $=\frac{\sqrt{7}}{2\sqrt{7}}=\frac{1}{2}.$

17. दिया गया व्यंजक

$=\left(x^{a-b}\right)^{\frac{1}{ab}}\cdot\left(x^{b-c}\right)^{\frac{1}{bc}}\cdot\left(x^{c-a}\right)^{\frac{1}{ca}}$

$=x^{\left(\frac{a-b}{ab}\right)}\cdot x^{\left(\frac{b-c}{bc}\right)}\cdot x^{\left(\frac{c-a}{ca}\right)}\cdot x^{\left(\frac{1}{b}-\frac{1}{a}\right)}\cdot x^{\left(\frac{1}{c}-\frac{1}{b}\right)}\cdot x^{\left(\frac{1}{a}-\frac{1}{c}\right)}$

$=x^{\left(\frac{1}{b}-\frac{1}{a}+\frac{1}{c}-\frac{1}{b}+\frac{1}{a}-\frac{1}{c}\right)}=x^0=1.$

18. $(7+2\sqrt{12})=4+3+2\times2\times\sqrt{3}=2^2+(\sqrt{3})^2+2\times2\times\sqrt{3}$

$=(2+\sqrt{3})^2$

$\Rightarrow a=\sqrt{7+2\sqrt{12}}=(2+\sqrt{3})$ तथा $b=\sqrt{7-2\sqrt{12}}=(2-\sqrt{3})$

$\Rightarrow a+b=4$ तथा $ab=(4-3)=1$

$\Rightarrow(a^3+b^3)=(a+b)^3-3ab(a+b)=(4)^3-3\times1\times4$

$=(64-12)=52.$

19. दिया गया व्यंजक $= x^{(a-b)(a+b)} \cdot x^{(b-c)(b+c)} \cdot x^{(c-a)(c+a)}$

$= x^{(a^2-b^2)} \cdot x^{(b^2-c^2)} \cdot x^{(c^2-a^2)}$

$= x^{(a^2-b^2+b^2-c^2+c^2-a^2)} = x^0 = 1.$

20. $8^{x+1} = 64 = 8^2 \Rightarrow x+1 = 2 \Rightarrow x = 1.$

$\therefore\ 3^{2x+1} = 3^{(2\times1)+1} = 3^3 = 27.$

21. $(23)^{2\cdot8+7\cdot2+3\cdot6} = (23)^x \Rightarrow (23)^{13\cdot6} = (23)^x \Rightarrow x = 13\cdot6.$

22. माना $(21)^x \times (21)^{6\cdot5} = (21)^{12\cdot4}$. तब $(21)^{x+6\cdot5} = (21)^{12\cdot4}$

$\therefore\ x + 6\cdot5 = 12\cdot4 \Rightarrow x = (12\cdot4 - 6\cdot5) = 5\cdot9.$

23. $(34)^{56} \times (34)^{-53} = (34)^{56-53} = (34)^3 = 39304.$

24. माना $a^x = b^y = c^z = k$. तब, $a = (k)^{\frac{1}{x}}, b = (k)^{\frac{1}{y}}$ तथा

तथा $c = (k)^{\frac{1}{z}}$.

$b^2 = ac \Rightarrow (k)^{\frac{2}{y}} = k^{\frac{1}{x}} \times k^{\frac{1}{z}} \Rightarrow \frac{2}{y} = \frac{1}{x} + \frac{1}{z} \Rightarrow y = \frac{2xz}{(z+x)}.$

25. 3, 2 का ल०स० = 6.

$\sqrt[3]{2} = 2^{\frac{1}{3}} = (2^2)^{\frac{1}{6}} = (4)^{\frac{1}{6}}, \sqrt{3} = 3^{\frac{1}{2}} = (3^3)^{\frac{1}{6}} = (27)^{\frac{1}{6}}.$

$\sqrt[3]{5} = 5^{\frac{1}{3}} = (5^2)^{\frac{1}{6}} = (25)^{\frac{1}{6}},$

$\frac{3}{2} = \left\{\left(\frac{3}{2}\right)^6\right\}^{\frac{1}{6}} = \left(\frac{729}{64}\right)^{\frac{1}{6}} = \left(11\frac{25}{64}\right)^{\frac{1}{6}}.$

अत: इन सबमें बड़ा है $(27)^{\frac{1}{6}}$ अर्थात् $\sqrt{3}$.

26. दिया गया व्यंजक

$$= \left\{\frac{x^{\frac{m}{(m-n)}+\frac{n}{(n-m)}}}{x^{\frac{m}{(m+n)}+\frac{n}{(n+m)}}}\right\}^{m+n} = \left\{\frac{x^{\left\{\frac{m}{(m-n)}-\frac{n}{(m-n)}\right\}}}{x^{\left\{\frac{m}{m+n}+\frac{n}{m+n}\right\}}}\right\}^{(m+n)}$$

$$= \left\{\frac{x^{\left(\frac{m-n}{m-n}\right)}}{x^{\left(\frac{(m+n)}{(m+n)}\right)}}\right\}^{m+n} = \left(\frac{x}{x}\right)^{m+n} = (1)^{m+n} = 1.$$

27. $(a+b) = \frac{\sqrt{5}+1}{\sqrt{5}-1} + \frac{\sqrt{5}-1}{\sqrt{5}+1} = \frac{\left(\sqrt{5}+1\right)^2 + \left(\sqrt{5}-1\right)^2}{(5-1)}$

$= \frac{2(5+1)}{4} = 3.$

$(a-b) = \frac{\sqrt{5}+1}{\sqrt{5}-1} - \frac{\sqrt{5}-1}{\sqrt{5}+1} = \frac{\left(\sqrt{5}+1\right)^2 - \left(\sqrt{5}-1\right)^2}{(5-1)}$

$= \frac{4\times\sqrt{5}\times1}{4} = \sqrt{5}, ab = 1$

$\frac{(a^2+ab+b^2)}{(a^2-ab+b^2)} = \frac{(a+b)^2 - ab}{(a+b)^2 - 3ab} = \frac{(9-1)}{(9-3)} = \frac{8}{6} = \frac{4}{3}.$

28. $x = \left(3+2\sqrt{2}\right) \Rightarrow \frac{1}{x} = \frac{1}{\left(3+2\sqrt{2}\right)} \times \frac{(3-2\sqrt{2})}{(3-2\sqrt{2})}$

$= \frac{(3-2\sqrt{2})}{(9-8)} = (3-2\sqrt{2}).$

$\left(\sqrt{x} - \frac{1}{\sqrt{x}}\right)^2 = \left(x + \frac{1}{x} - 2\right) = \left(3+2\sqrt{2}+3-2\sqrt{2}-2\right) = 4.$

$\therefore\ \left(\sqrt{x} - \frac{1}{\sqrt{x}}\right) = 2.$

29. $(8)^{1\cdot1} \times (4)^{2\cdot7} \times (2)^{3\cdot3} = (2^3)^{1\cdot1} \times (2^2)^{2\cdot7} \times (2)^{3\cdot3}$

$= 2^{3\cdot3} \times 2^{5\cdot4} \times 2^{3\cdot3} = 2^{(3\cdot3+5\cdot4+3\cdot3)} = 2^{12}.$

30. $3^{x+y} = 81$ तथा $(81)^{x-y} = 3$

$\Rightarrow 3^{x+y} = 3^4$ तथा $(3^4)^{x-y} = 3 = 3^1$

$\Rightarrow x + y = 4$ तथा $4x - 4y = 1$

$\Rightarrow 4x + 4y = 16$ तथा $4x - 4y = 1 \Rightarrow x = \frac{17}{8}.$

31. माना $2^x = 3^y = 6^{-z} = k$. तब

$2 = (k)^{\frac{1}{x}}, 3 = (k)^{\frac{1}{y}}$ तथा $6 = (k)^{\frac{-1}{z}}$.

अब, $2\times3 = 6 \Rightarrow (k)^{\frac{1}{x}} \times (k)^{\frac{1}{y}} = (k)^{\frac{-1}{z}}$

$\Rightarrow (k)^{\left(\frac{1}{x}+\frac{1}{y}\right)} = (k)^{-\frac{1}{z}} \Rightarrow \frac{1}{x} + \frac{1}{y} = \frac{-1}{z}$

$\Rightarrow \left(\frac{1}{x} + \frac{1}{y} + \frac{1}{z}\right) = 0.$

32. $2^x = 4^y = 8^z \Rightarrow 2^x = 2^{2y} = 2^{3z} \Rightarrow x = 2y = 3z.$

$\frac{1}{2x} + \frac{1}{4y} + \frac{1}{6z} = \frac{24}{7} \Rightarrow \frac{1}{6z} + \frac{1}{6z} + \frac{1}{6z} = \frac{24}{7}$

$\Rightarrow \frac{3}{6z} = \frac{24}{7} \Rightarrow \frac{1}{z} = \left(\frac{24}{7}\times2\right) = \frac{48}{7}.$

अत: $z = \frac{7}{48}.$

33. माना $(21)^{5\cdot5} \times (21)^x = (21)^{12}$. तब $(21)^{5\cdot5+x} = (21)^{12}$.

$\therefore\ 5\cdot5 + x = 12 \Rightarrow x = (12 - 5\cdot5) = 6\cdot5.$

34. $\sqrt{a^{-1}b} \cdot \sqrt{b^{-1}c} \cdot \sqrt{c^{-1}a} = \sqrt{a^{-1}b \cdot b^{-1}c \cdot c^{-1}a} = 1.$

35. दिया गया व्यंजक

$= \frac{1}{1+\frac{a^n}{a^m}} + \frac{1}{1+\frac{a^m}{a^n}} = \frac{a^m}{(a^m+a^n)} + \frac{a^n}{(a^n+a^m)}$

$= \frac{(a^m+a^n)}{(a^m+a^n)} = 1.$

36. $\frac{(1000)^{12}}{(10)^{30}} = \frac{(10^3)^{12}}{(10)^{30}} = \frac{(10)^{36}}{(10)^{30}}$

$= (10)^{(36-30)} = 10^6 = (10^3)^2 = (1000)^2.$

37. 2, 3, 4 का ल०स० = 12.

$\sqrt{2} = \left(2^{\frac{1}{2}}\right) = (2^6)^{\frac{1}{12}} = (64)^{\frac{1}{12}}.$

$\sqrt[3]{4} = 4^{\frac{1}{3}} = (4^4)^{\frac{1}{12}} = (256)^{\frac{1}{12}}$.

$\sqrt[4]{6} = 6^{\frac{1}{4}} = (6^3)^{\frac{1}{12}} = (216)^{\frac{1}{12}}$.

स्पष्ट है कि $(64)^{\frac{1}{12}} < (216)^{\frac{1}{12}} < (256)^{\frac{1}{12}}$.

अर्थात् $\sqrt{2} < \sqrt[4]{6} < \sqrt[3]{4}$.

38. $\sqrt{(24)^4} + 224 = x \times (20)^2$

$\Rightarrow (24)^2 + 224 = x \times 400 \Rightarrow 576 + 224 = x \times 400$

$\Rightarrow x \times 400 = 800 \Rightarrow x = 2$.

39. $5^2 = 25 \Rightarrow m = 5$ तथा $n = 2$.

$\Rightarrow n^m = 2^5 = 32$.

40. $(9)^{8\cdot 6} \times (8)^{3\cdot 9} \times (72)^{4\cdot 4} \times (9)^{3\cdot 9} \times (8)^{8\cdot 6} = (72)^x$

$\Rightarrow (9 \times 8)^{8\cdot 6} \times (8 \times 9)^{3\cdot 9} \times (72)^{4\cdot 4} = (72)^x$

$\Rightarrow (72)^{8\cdot 6} \times (72)^{3\cdot 9} \times (72)^{4\cdot 4} = (72)^x$

$\Rightarrow (72)^{8\cdot 6+3\cdot 9+4\cdot 4} = (72)^x$

$\Rightarrow x = (8\cdot 6 + 3\cdot 9 + 4\cdot 4) = 16\cdot 9$.

41. $\frac{1}{(1+\sqrt{2})} = \frac{1}{(\sqrt{2}+1)} \times \frac{(\sqrt{2}-1)}{(\sqrt{2}-1)} = \frac{(\sqrt{2}-1)}{(2-1)} = (\sqrt{2}-1)$.

इसी प्रकार, $\frac{1}{(\sqrt{2}+\sqrt{3})} = \frac{1}{(\sqrt{3}+\sqrt{2})} \times \frac{(\sqrt{3}-\sqrt{2})}{(\sqrt{3}-\sqrt{2})}$

$= \frac{(\sqrt{3}-\sqrt{2})}{(3-2)} = (\sqrt{3}-\sqrt{2})$.

$\frac{1}{(\sqrt{3}+\sqrt{4})} = (\sqrt{4}-\sqrt{3}), \frac{1}{(\sqrt{99}+\sqrt{100})} = (\sqrt{100}-\sqrt{99})$.

$\therefore$ दिया गया व्यंजक

$= (\sqrt{2}-\sqrt{1}) + (\sqrt{3}-\sqrt{2}) + (\sqrt{4}-\sqrt{3}) + (\sqrt{5}-\sqrt{4}) + \ldots$

$+ (\sqrt{99}-\sqrt{98}) + (\sqrt{100}-\sqrt{99})$

$= (\sqrt{100}-\sqrt{1}) = (10-1) = 9$.

42. $\frac{1}{(\sqrt{3}+\sqrt{4})} = \frac{1}{(\sqrt{4}+\sqrt{3})} \times \frac{(\sqrt{4}-\sqrt{3})}{(\sqrt{4}-\sqrt{3})} = \frac{(\sqrt{4}-\sqrt{3})}{(4-3)}$

$= (\sqrt{4}-\sqrt{3})$ आदि.

$\therefore$ दिया गया व्यंजक $= (\sqrt{4}-\sqrt{3}) + (\sqrt{5}-\sqrt{4}) + (\sqrt{6}-\sqrt{5})$

$+ (\sqrt{7}-\sqrt{6}) + (\sqrt{8}-\sqrt{7}) + (\sqrt{9}-\sqrt{8})$

$= (\sqrt{9}-\sqrt{3}) = (3-\sqrt{3})$.

43. $(1000)^9 \div (10)^{24} = \frac{(1000)^9}{(10)^{24}} = \frac{\{(10)^3\}^9}{(10)^{24}} = \frac{10^{(3\times 9)}}{(10)^{24}} = \frac{(10)^{27}}{(10)^{24}}$

$= (10)^{(27-24)} = (10)^3 = 1000$.

44. $\left\{\frac{3^{m^2}}{3^{2m}}\right\}^{\frac{1}{m}} = 81 \Rightarrow 3^{(m^2-2m)\times\frac{1}{m}} = 3^4$

$\Rightarrow 3^{(m-2)} = 3^4 \Rightarrow m - 2 = 4 \Rightarrow m = 6$.

45. $(0\cdot 6)^4 \times (0\cdot 36)^2 \times (0\cdot 216) = (0\cdot 6)^x$

$\Rightarrow (0\cdot 6)^4 \times \{(0\cdot 6)^2\}^2 \times (0\cdot 6)^3 = (0\cdot 6)^x$

$\Rightarrow (0\cdot 6)^4 \times (0\cdot 6)^4 \times (0\cdot 6)^3 = (0\cdot 6)^x$

$\Rightarrow (0\cdot 6)^{(4+4+3)} = (0\cdot 6)^x$

$\Rightarrow x = (4+4+3) = 11$.

46. $(0\cdot 00032)^{0\cdot 6} = \left(\frac{32}{10^5}\right)^{0\cdot 6} = \left(\frac{2^5}{10^5}\right)^{0\cdot 6}$

$= \frac{2^{(5\times 0\cdot 6)}}{10^{(5\times 0\cdot 6)}} = \frac{2^3}{10^3} = \frac{8}{1000} = 0\cdot 008$.

47. $(64)^{3\cdot 1} \times 8^{4\cdot 3} = 8^x \Rightarrow (8^2)^{3\cdot 1} \times 8^{4\cdot 3} = 8^x$

$\Rightarrow 8^{6\cdot 2} \times 8^{4\cdot 3} = 8^x \Rightarrow 8^{(6\cdot 2+4\cdot 3)} = 8^x \Rightarrow x = 10\cdot 5$.

48. दिया गया व्यंजक

$= \frac{1}{1+\frac{x^b}{x^a}+\frac{x^c}{x^a}} + \frac{1}{1+\frac{x^a}{x^b}+\frac{x^c}{x^b}} + \frac{1}{1+\frac{x^b}{x^c}+\frac{x^a}{x^c}}$

$= \frac{x^a}{(x^a+x^b+x^c)} + \frac{x^b}{(x^b+x^a+x^c)} + \frac{x^c}{(x^c+x^b+x^a)}$

$= \frac{(x^a+x^b+x^c)}{(x^a+x^b+x^c)} = 1$.

49. $x^{-\frac{4}{5}} = 81 \Rightarrow \frac{1}{x^{4/5}} = 81 \Rightarrow x^{4/5} = \frac{1}{81}$

$\Rightarrow (x^{1/5})^4 = \left(\frac{1}{3}\right)^4 \Rightarrow x^{1/5} = \frac{1}{3} \Rightarrow x = \left(\frac{1}{3}\right)^5 = \frac{1^5}{3^5} = \frac{1}{243}$.

50. $(\sqrt{8})^{\frac{1}{3}} = \left(8^{\frac{1}{2}}\right)^{\frac{1}{3}} = 8^{\left(\frac{1}{2}\times\frac{1}{3}\right)} = 8^{\frac{1}{6}} = (2^3)^{\frac{1}{6}} = 2^{\left(3\times\frac{1}{6}\right)} = 2^{\frac{1}{2}} = \sqrt{2}$.

51. $4^{2\cdot 3} \times 2^{2\cdot 3} \times 8^{1\cdot 7} = (2^2)^{2\cdot 3} \times 2^{2\cdot 3} \times (2^3)^{1\cdot 7}$

$= 2^{4\cdot 6} \times 2^{2\cdot 3} \times 2^{5\cdot 1} = 2^{(4\cdot 6+2\cdot 3+5\cdot 1)} = 2^{12} = 4096$.

52. $8^{1\cdot 3} \times 4^{0\cdot 6} \times 16^{0\cdot 2} = (2^3)^{1\cdot 3} \times (2^2)^{0\cdot 6} \times (2^4)^{0\cdot 2}$

$= 2^{3\cdot 9} \times 2^{1\cdot 2} \times 2^{0\cdot 8} = 2^{(3\cdot 9+1\cdot 2+0\cdot 8)} = 2^{5\cdot 9}$.

53. $2^{0\cdot 2} \times 64 \times 8^{1\cdot 3} \times 4^{0\cdot 2} = 8^x$

$\Rightarrow (2\times 4)^{0\cdot 2} \times 8^2 \times 8^{1\cdot 3} = 8^x \Rightarrow 8^{0\cdot 2+2+1\cdot 3} = 8^x \Rightarrow x = 3\cdot 5$.

54. माना $(3^x)^x = 19683 \Rightarrow 3^{x^2} = 3^3 \times 3^6 = 3^9$

$\Rightarrow x^2 = 9 \Rightarrow x = 3$.

55. $5^{(x+3)} = (5^2)^{3x-4} = 5^{6x-8} \Rightarrow x + 3 = 6x - 8 \Rightarrow 5x = 11$

$\Rightarrow x = \frac{11}{5}$.

56. $(64)^{(2x-5)} = 2^2 \times 2^{3(x-4)} \Rightarrow 2^{6(2x-5)} = 2^{3x-12+2}$

$\therefore\ 6(2x-5)=3x-10 \Rightarrow 12x-30=3x-10$

$\Rightarrow 9x=20 \Rightarrow x=\dfrac{20}{9}.$

57. $\left\{\left(\dfrac{3}{2}\right)^2\right\}^x \cdot \left(\dfrac{2}{3}\right)^{3(x-1)} = \dfrac{2}{3}$

$\Rightarrow \left(\dfrac{3}{2}\right)^{2x} \cdot \left(\dfrac{2}{3}\right)^{(3x-3)} = \dfrac{2}{3} \Rightarrow \left(\dfrac{2}{3}\right)^{-2x} \cdot \left(\dfrac{2}{3}\right)^{(3x-3)} = \dfrac{2}{3}$

$\Rightarrow \left(\dfrac{2}{3}\right)^{(3x-3-2x)} = \left(\dfrac{2}{3}\right)^1 \Rightarrow x-3=1 \Rightarrow x=4.$

58. $(0\cdot01024)^{\frac{1}{5}} = \left(\dfrac{1024}{10^5}\right)^{\frac{1}{5}} = \left(\dfrac{4^5}{10^5}\right)^{\frac{1}{5}} = \left\{\left(\dfrac{4}{10}\right)^5\right\}^{\frac{1}{5}}$

$= \left(\dfrac{4}{10}\right)^{\left(5\times\frac{1}{5}\right)} = \left(\dfrac{4}{10}\right) = 0\cdot4.$

59. माना $\sqrt{3+\sqrt{5}} = \sqrt{a}+\sqrt{b}$. तब $(3+\sqrt{5}) = a+b+2\sqrt{ab}$

$\therefore\ a+b=3$ तथा $2\sqrt{ab}=\sqrt{5} \Rightarrow 4ab=5 \Rightarrow ab=\dfrac{5}{4}.$

$(a-b)^2=(a+b)^2-4ab=\left(3^2-4\times\dfrac{5}{4}\right)=(9-5)=4$

$\Rightarrow (a-b)=2.$

$(a+b)=3$ तथा $(a-b)=2 \Rightarrow 2a=5$ तथा $2b=1$

$\Rightarrow a=\dfrac{5}{2}$ तथा $b=\dfrac{1}{2}.$

$\therefore$ अभीष्ट वर्गमूल $=\sqrt{\dfrac{5}{2}}+\sqrt{\dfrac{1}{2}}.$

60. $(8-2\sqrt{15})=(\sqrt{5})^2+(\sqrt{3})^2-2\times\sqrt{5}\times\sqrt{3}=(\sqrt{5}-\sqrt{3})^2$

$\Rightarrow \sqrt{8-2\sqrt{15}}=(\sqrt{5}-\sqrt{3}).$

61. दिया गया व्यंजक

$= \dfrac{(3+\sqrt{6})}{\left(5\sqrt{3}-2\sqrt{4\times3}-\sqrt{16\times2}+\sqrt{25\times2}\right)}$

$= \dfrac{(3+\sqrt{6})}{\left(5\sqrt{3}-4\sqrt{3}-4\sqrt{2}+5\sqrt{2}\right)} = \dfrac{(3+\sqrt{6})}{(\sqrt{3}+\sqrt{2})} \times \dfrac{(\sqrt{3}-\sqrt{2})}{(\sqrt{3}-\sqrt{2})}$

$= \left(3\sqrt{3}-3\sqrt{2}+\sqrt{18}-\sqrt{12}\right) = \left(3\sqrt{3}-3\sqrt{2}+3\sqrt{2}-2\sqrt{3}\right)$

$= \sqrt{3} = 1\cdot732.$

62. $(x^{1/3}+y^{1/3})^3=\left(z^{1/3}\right)^3 \Rightarrow x+y+3x^{1/3}y^{1/3}\left(x^{1/3}+y^{1/3}\right)=z$

$\Rightarrow (x+y-z)=-3x^{1/3}y^{1/3}z^{1/3}$

$\Rightarrow (x+y-z)^3=-27xyz$

$\Rightarrow (x+y-z)^3+27xyz=0.$

63. $\left(\dfrac{32}{243}\right)^{-\frac{4}{5}} = \left\{\left(\dfrac{2}{3}\right)^5\right\}^{-\frac{4}{5}} = \left(\dfrac{2}{3}\right)^{5\times\frac{(-4)}{5}} = \left(\dfrac{2}{3}\right)^{-4} = \left(\dfrac{3}{2}\right)^4$

$= \dfrac{3^4}{2^4} = \dfrac{81}{16}.$

64. $\left(\dfrac{-1}{343}\right)^{\frac{-2}{3}} = (-343)^{\frac{2}{3}} = \left\{(-7)^3\right\}^{\frac{2}{3}} = (-7)^{\left(3\times\frac{2}{3}\right)}$

$= (-7)^2 = 49.$

65. $\left(\dfrac{1}{216}\right)^{-\frac{2}{3}} = (216)^{\frac{2}{3}} = (6^3)^{\frac{2}{3}} = 6^{\left(3\times\frac{2}{3}\right)} = 6^2 = 36.$

$\left(\dfrac{1}{27}\right)^{-\frac{4}{3}} = (27)^{\frac{4}{3}} = (3^3)^{\frac{4}{3}} = 3^{\left(3\times\frac{4}{3}\right)} = 3^4 = 81.$

$\therefore$ दिया गया व्यंजक $= 36 \div 81 = \dfrac{36}{81} = \dfrac{4}{9}.$

66. $3^n = \left(3^3\right)^{\frac{2}{3}} \times \left(\dfrac{1}{81}\right)^{\frac{1}{2}} \Rightarrow 3^{\left(3\times\frac{2}{3}\right)} \times \dfrac{1}{9} = 3^2 \times \dfrac{1}{9} = 9 \times \dfrac{1}{9} = 1$

$\Rightarrow n=0.$

67. 2^{50} का दुगुना $=(2\times2^{50})=(2^{51}).$

68. दिया गया व्यंजक

$= \left\{\dfrac{7^{(2+4)}}{5^{(2+1)}}\right\}^{\frac{7}{2}} \times \left\{\dfrac{7^{(3+5)}}{5^{(3+2)}}\right\}^{\frac{-5}{2}}$

$= \left(\dfrac{7^6}{5^3}\right)^{\frac{7}{2}} \times \left(\dfrac{7^8}{5^5}\right)^{-\frac{5}{2}} = \dfrac{7^{\left(6\times\frac{7}{2}\right)} \times 7^{\left\{8\times\frac{(-5)}{2}\right\}}}{5^{\left(3\times\frac{7}{2}\right)} \times 5^{\left\{5\times\frac{(-5)}{2}\right\}}}$

$= \dfrac{7^{21}\times7^{-20}}{5^{\left(\frac{21}{2}\right)}\times5^{\left(\frac{-25}{2}\right)}} = \dfrac{7^{(21-20)}}{5^{\left(\frac{21}{2}-\frac{25}{2}\right)}} = \dfrac{7^1}{5^{(-2)}} = (7\times5^2) = (7\times25)$

$= 175.$

69. $(31)^{31}\times(31)^{-27}=(31)^{31+(-27)}=(31)^4=(961)^2.$

70. $18.01^3 - ?\times19.95\times3.01=360.15$

$\Rightarrow\ 18^3 \div ?\times20\times3=360 \quad \Rightarrow\ \dfrac{18^3}{?}\times20\times3=360$

$\Rightarrow\ ?=\dfrac{18^3\times20\times3}{360} \quad \Rightarrow\ ?=972$

71. $\left(\sqrt{\dfrac{324}{9}}\times1.5\right)^2=?$

$\left(\sqrt{\dfrac{18\times18}{3\times3}}\times1.5\right)^2=?$

$\Rightarrow\ \left(\dfrac{18}{3}\times1.5\right)^2=?(6\times1.5)^2=(9)^2=81$

$\Rightarrow\ ?=81$

72. $a-b=5$ ... (i)

$(a-b)^2=(5)^2=a^2+b^2-2ab=25$

$\Rightarrow\ 73-2ab=25$ $\{\because a^2+b^2=73\}$

$\Rightarrow\ 73-25=2ab$

$\Rightarrow\ ab=24$

$\Rightarrow\ a^2+b^2+2ab=73+2(24)=121$

$\Rightarrow (a+b)^2 = 11^2$

$\Rightarrow a+b = 11$ ...(*ii*)

समीकरण (*i*) एवं (*ii*) से,

$2a = 16$

$\Rightarrow a = 8$

73. $3+2^x = (27)^{\frac{1}{3}} + (64)^{\frac{1}{2}}$

$= (3\times3\times3)^{\frac{1}{3}} + (2\times2\times2\times2\times2\times2)^{\frac{1}{2}}$

$= (3)^{3\times\frac{1}{3}} + (2)^{6\times\frac{1}{2}} = 3^1 + 2^3$

$\Rightarrow 3+2^x = 3+2$

$\Rightarrow x = 3$

74. $(0.00243)^{\frac{2}{5}} = \left(\frac{243}{100000}\right)^{\frac{2}{5}} = \left(\frac{3}{10}\right)^{5\times\frac{2}{5}} = \left(\frac{3}{10}\right)^2$

$= \frac{9}{100} = 0.09$

प्रश्नमाला 9B

1. यदि $x = \frac{1}{(2+\sqrt{3})}$ हो, तो $\frac{(3x-x^3)}{(1-3x^2)}$ का मान ज्ञात कीजिए.

(*a*) 1 (*b*) 0 (*c*) 2 (*d*) इनमें से कोई नहीं

2. यदि $\sqrt{3} = 1\cdot732$ हो, तो $(\sqrt{6}+\sqrt{2}) \div (\sqrt{6}-\sqrt{2}) \div \{(2+\sqrt{3}) \div 2\sqrt{3}\}$ का मान ज्ञात कीजिए.

(*a*) 3.473 (*b*) 2.464 (*c*) 3.464 (*d*) 2.473

3. यदि $\sqrt{3} = 1\cdot732$ हो, तो $\frac{(2-\sqrt{3})}{(2+\sqrt{3})}$ का मान ज्ञात कीजिए.

(*a*) 0 (*b*) 1 (*c*) 1.72 (*d*) 0.72

4. $\left(3+\frac{1}{\sqrt{3}}+\frac{1}{3+\sqrt{3}}-\frac{1}{3-\sqrt{3}}\right)$ का मान ज्ञात कीजिए.

(*a*) 0 (*b*) 1 (*c*) 2 (*d*) 3

5. यदि $\sqrt{2} = 1\cdot414$ हो, तो $\frac{\sqrt{3}}{\sqrt{6}}$ का मान ज्ञात कीजिए.

(*a*) 0 (*b*) 0.707 (*c*) 1 (*d*) 1.707

6. यदि $\left(\frac{2\sqrt{6}-\sqrt{5}}{3\sqrt{5}-2\sqrt{6}}\right) = a+\sqrt{30}\, b$ हो, तो a तथा b के मान ज्ञात कीजिए.

(*a*) $\frac{3}{7}, \frac{4}{21}$ (*b*) $\frac{4}{7}, \frac{3}{20}$ (*c*) $\frac{3}{8}, \frac{4}{21}$ (*d*) $\frac{3}{7}, \frac{4}{17}$

7. यदि $\sqrt{5} = 2\cdot236$ हो, तो $\left(\frac{3-\sqrt{5}}{3+2\sqrt{5}}\right)$ का मान दशमलव के तीन स्थानों तक ज्ञात कीजिए.

(*a*) 0.123 (*b*) 0.236 (*c*) 0.102 (*d*) 0.107

8. यदि $\sqrt{2} = 1\cdot414, \sqrt{5} = 2\cdot236$ तथा $\sqrt{10} = 3\cdot162$ हो, तो $\frac{1}{(3+\sqrt{5}-2\sqrt{2})}$ का मान ज्ञात कीजिए.

(*a*) 0.414 (*b*) 0.415 (*c*) 0.114 (*d*) 0.115

9. यदि $\sqrt{2} = 1\cdot414$ हो, तो $\left(\sqrt{63}+\sqrt{28}-\sqrt{175}+\sqrt{162}-\sqrt{32}\right)$ का मान ज्ञात कीजिए.

(*a*) 7.14 (*b*) 7.07 (*c*) 7.04 (*d*) 7.17

10. यदि $\sqrt{5} = 2\cdot236$ तथा $\sqrt{10} = 3\cdot162$ हो, तो $\frac{15}{\left(\sqrt{10}+\sqrt{20}+\sqrt{40}-\sqrt{5}-\sqrt{80}\right)}$ का मान ज्ञात कीजिए.

(*a*) 5.398 (*b*) 5.415 (*c*) 50.315 (*d*) 5.498

11. यदि $x = \frac{\sqrt{3}}{2}$ हो, तो $\frac{\sqrt{1+x}+\sqrt{1-x}}{\sqrt{1+x}-\sqrt{1-x}}$ का मान ज्ञात कीजिए.

(*a*) 0 (*b*) 1 (*c*) $\sqrt{2}$ (*d*) $\sqrt{3}$

12. यदि $x = \left(7+4\sqrt{3}\right)$ हो, तो (*i*) $\left(x^2+\frac{1}{x^2}\right)$ (*ii*) $\left(\sqrt{x}+\frac{1}{\sqrt{x}}\right)$ के मान ज्ञात कीजिए.

(*a*) 196 (*b*) 194 (*c*) 0 (*d*) 1

13. यदि $x = \left(7+4\sqrt{3}\right)$ हो तो $\left(\sqrt{x}+\frac{1}{\sqrt{x}}\right)$ के मान ज्ञात कीजिए.

(*a*) 0 (*b*) 1 (*c*) 3 (*d*) 4

14. यदि $x^{\frac{1}{a}} = y^{\frac{1}{b}} = z^{\frac{1}{c}}$ तथा $xyz = 1$ हो, तो सिद्ध करो कि $a+b+c$ का मान ज्ञात कीजिए.

(*a*) 0 (*b*) 1

(*c*) ज्ञात नहीं किया जा सकता (*d*) इनमें से कोई नहीं

15. यदि $3^x = 5^y = (75)^z$ हो, तो $\frac{xy}{(2x+y)}$ का मान ज्ञात कीजिए.

(*a*) 0 (*b*) x (*c*) y (*d*) 2

16. यदि $x = 10^{0\cdot48}, y = 10^{0\cdot7}$ तथा $x^z = y^2$ हो, तो z का मान ज्ञात करो.

(*a*) $2\frac{1}{11}$ (*b*) $3\frac{11}{12}$ (*c*) $2\frac{11}{12}$ (*d*) $3\frac{1}{11}$

17. $\left(\frac{1}{1\cdot4}+\frac{1}{4\cdot7}+\frac{1}{7\cdot10}+\frac{1}{10\cdot13}+\frac{1}{13\cdot16}\right) = ?$

(*a*) $\frac{5}{16}$ (*b*) $\frac{3}{5}$ (*c*) $\frac{1}{2}$ (*d*) $\frac{4}{17}$

18. $\left(\frac{1}{20}+\frac{1}{30}+\frac{1}{42}+\frac{1}{56}+\frac{1}{72}+\frac{1}{90}\right)=?$

(a) $\frac{2}{17}$ (b) $\frac{3}{19}$ (c) $\frac{2}{19}$ (d) $\frac{3}{20}$

19. $\left(\frac{1}{35}+\frac{1}{63}+\frac{1}{99}+\frac{1}{143}+\frac{1}{195}+\frac{1}{255}\right)=?$

(a) 1 (b) 0 (c) $\frac{6}{85}$ (d) $\frac{7}{89}$

20. $\left(\frac{1}{54}+\frac{1}{108}+\frac{1}{180}+\frac{1}{270}+\frac{1}{378}\right)=?$

(a) $\frac{5}{126}$ (b) $\frac{5}{26}$ (c) $\frac{7}{126}$ (d) $\frac{7}{26}$

21. $\left(\frac{1}{2}+\frac{1}{6}+\frac{1}{12}+\frac{1}{20}+\frac{1}{30}+\frac{1}{42}+\frac{1}{56}+\frac{1}{72}+\frac{1}{90}+\frac{1}{110}+\frac{1}{132}\right)$ $=?$

(a) $\frac{1}{2}$ (b) $\frac{11}{12}$ (c) $\frac{2}{3}$ (d) $\frac{3}{5}$

22. $\left(\frac{1\cdot2\cdot4+2\cdot4\cdot8+3\cdot6\cdot12+.....}{1\cdot3\cdot9+2\cdot6\cdot18+3\cdot9\cdot27+.....}\right)^{\frac{1}{3}}$ का मान ज्ञात कीजिए.

(a) $\frac{1}{2}$ (b) $\frac{2}{3}$ (c) $\frac{3}{7}$ (d) $\frac{2}{5}$

उत्तरमाला (प्रश्नमाला 9B)

1. (a) 2. (c) 3. (d) 4. (d) 5. (b) 6. (a) 7. (c) 8. (a) 9. (b) 10. (a) 11. (d) 12. (b)
13. (d) 14. (a) 15. (d) 16. (b) 17. (a) 18. (d) 19. (c) 20. (a) 21. (b) 22. (b)

दिये गए प्रश्नों के हल (प्रश्नमाला 9B)

1. $x=\frac{1}{(2+\sqrt{3})}\times\frac{(2-\sqrt{3})}{(2-\sqrt{3})}=\frac{(2-\sqrt{3})}{(4-3)}=(2-\sqrt{3}).$

$\therefore\ x^2=(2-\sqrt{3})^2=(4+3-4\sqrt{3})=(7-4\sqrt{3})$ तथा

$x^3=(7-4\sqrt{3})(2-\sqrt{3})=(14+12-15\sqrt{3})=(26-15\sqrt{3}).$

$\therefore\ \frac{(3x-x^3)}{(1-3x^2)}=\frac{(6-3\sqrt{3})-(26-15\sqrt{3})}{\{1-(21-12\sqrt{3})\}}$

$=\frac{(-20+12\sqrt{3})}{(-20+12\sqrt{3})}=1.$

2. दिया गया व्यंजक

$=\frac{(\sqrt{6}+\sqrt{2})}{(\sqrt{6}-\sqrt{2})}\div\frac{(2+\sqrt{3})}{2\sqrt{3}}=\frac{(\sqrt{6}+\sqrt{2})}{(\sqrt{6}-\sqrt{2})}\times\frac{2\sqrt{3}}{(2+\sqrt{3})}$

$=\frac{(\sqrt{6}+\sqrt{2})}{(\sqrt{6}-\sqrt{2})}\times\frac{(\sqrt{6}+\sqrt{2})}{(\sqrt{6}+\sqrt{2})}\times\frac{2\sqrt{3}}{(2+\sqrt{3})}\times\frac{(2-\sqrt{3})}{(2-\sqrt{3})}$

$=\frac{(\sqrt{6}+\sqrt{2})^2\times(4\sqrt{3}-6)}{(6-2)\times(4-3)}=\frac{(6+2+2\sqrt{12})\times(4\sqrt{3}-6)}{4\times1}$

$=\frac{(8+4\sqrt{3})(4\sqrt{3}-6)}{4}$

$=\frac{4(2+\sqrt{3})(4\sqrt{3}-6)}{4}=(2+\sqrt{3})(4\sqrt{3}-6)$

$=(8\sqrt{3}-12+12-6\sqrt{3})=2\sqrt{3}$

$=(2\times1\cdot732)=(3\cdot464).$

3. दिया गया व्यंजक

$=\frac{(2-\sqrt{3})}{(2+\sqrt{3})}\times\frac{(2-\sqrt{3})}{(2-\sqrt{3})}=\frac{(2-\sqrt{3})^2}{(4-3)}=(4+3-4\sqrt{3})$

$=(7-4\sqrt{3})=(7-4\times1\cdot732)=(7-6\cdot928)=0\cdot072.$

4. दिया गया व्यंजक

$=3+\frac{1}{\sqrt{3}}\times\frac{\sqrt{3}}{\sqrt{3}}+\frac{1}{(3+\sqrt{3})}\times\frac{(3-\sqrt{3})}{(3-\sqrt{3})}-\frac{1}{(3-\sqrt{3})}\times\frac{(3+\sqrt{3})}{(3+\sqrt{3})}$

$=3+\frac{\sqrt{3}}{3}+\frac{(3-\sqrt{3})}{(9-3)}-\frac{(3+\sqrt{3})}{(9-3)}=3+\frac{\sqrt{3}}{3}+\frac{(3-\sqrt{3})}{6}-\frac{(3+\sqrt{3})}{6}$

$=3+\frac{\sqrt{3}}{3}+\frac{(3-\sqrt{3})-(3+\sqrt{3})}{6}=3+\frac{\sqrt{3}}{3}-\frac{\sqrt{3}}{3}=3.$

5. $\frac{\sqrt{3}}{\sqrt{6}}=\frac{\sqrt{3}}{\sqrt{6}}\times\frac{\sqrt{6}}{\sqrt{6}}=\frac{\sqrt{3\times6}}{6}=\frac{\sqrt{18}}{6}=\frac{\sqrt{2\times9}}{6}=\frac{3\sqrt{2}}{6}$

$=\frac{\sqrt{2}}{2}=\frac{1\cdot414}{2}=0\cdot707.$

6. $\frac{(2\sqrt{6}-\sqrt{5})}{(3\sqrt{5}-2\sqrt{6})}=\frac{(2\sqrt{6}-\sqrt{5})}{(3\sqrt{5}-2\sqrt{6})}\times\frac{(3\sqrt{5}+2\sqrt{6})}{(3\sqrt{5}+2\sqrt{6})}$

$=\frac{(2\sqrt{6}-\sqrt{5})(3\sqrt{5}+2\sqrt{6})}{(45-24)}$

$=\frac{(6\sqrt{30}-2\sqrt{30}+24-15)}{21}=\frac{(4\sqrt{30}+9)}{21}$

$=\left(\frac{9}{21}+\frac{4\sqrt{30}}{21}\right)=\left(\frac{3}{7}+\frac{4\sqrt{30}}{21}\right)$

$\therefore\ (a+\sqrt{30}\,b)=\left(\frac{3}{7}+\sqrt{30}\times\frac{4}{21}\right)\Rightarrow a=\frac{3}{7}$ तथा $b=\frac{4}{21}.$

7. $\frac{(3-\sqrt{5})}{(3+2\sqrt{5})}=\frac{(3-\sqrt{5})}{(3+2\sqrt{5})}\times\frac{(3-2\sqrt{5})}{(3-2\sqrt{5})}=\frac{(3-\sqrt{5})(3-2\sqrt{5})}{(9-20)}$

$=\frac{(9+10)-6\sqrt{5}-3\sqrt{5}}{-11}=\frac{19-9\sqrt{5}}{-11}=\left(\frac{9}{11}\times\sqrt{5}-\frac{19}{11}\right)$

$=\frac{(9\sqrt{5}-19)}{11}=\frac{(9\times 2\cdot 236-19)}{11}=\frac{(20\cdot 124-19)}{11}$

$=\frac{1.124}{11}=0.102.$

8. दिया गया व्यंजक $=\frac{1}{\{(3+\sqrt{5})-2\sqrt{2}\}}\times\frac{(3+\sqrt{5})+2\sqrt{2}}{(3+\sqrt{5})+2\sqrt{2}}$

$=\frac{(3+\sqrt{5})+2\sqrt{2}}{(3+\sqrt{5})^2-8}=\frac{(3+\sqrt{5})+2\sqrt{2}}{(9+5+6\sqrt{5}-8)}=\frac{3+\sqrt{5}+2\sqrt{2}}{6+6\sqrt{5}}$

$=\frac{(3+\sqrt{5}+2\sqrt{2})}{6(\sqrt{5}+1)}\times\frac{(\sqrt{5}-1)}{(\sqrt{5}-1)}$

$=\frac{3\sqrt{5}-3+5-\sqrt{5}+2\sqrt{10}-2\sqrt{2}}{6(5-1)}$

$=\frac{2+2\sqrt{5}+2\sqrt{10}-2\sqrt{2}}{24}=\frac{(1+\sqrt{5}+\sqrt{10}-\sqrt{2})}{12}$

$=\frac{(1+2\cdot 236+3\cdot 162-1\cdot 414)}{12}=\frac{4\cdot 984}{12}=0\cdot 415.$

9. दिया गया व्यंजक

$=\left(\sqrt{9\times 7}+\sqrt{4\times 7}-\sqrt{25\times 7}+\sqrt{81\times 2}-\sqrt{16\times 2}\right)$

$=\left(3\sqrt{7}+2\sqrt{7}-5\sqrt{7}+9\sqrt{2}-4\sqrt{2}\right)=5\sqrt{2}=(5\times 1\cdot 414)$

$=7.07.$

10. दिया गया व्यंजक

$=\frac{15}{\sqrt{10}+\sqrt{4\times 5}+\sqrt{4\times 10}-\sqrt{5}-\sqrt{16\times 5}}$

$=\frac{15}{\left(\sqrt{10}+2\sqrt{5}+2\sqrt{10}-\sqrt{5}-4\sqrt{5}\right)}=\frac{15}{\left(3\sqrt{10}-3\sqrt{5}\right)}$

$=\frac{15}{3\left(\sqrt{10}-\sqrt{5}\right)}\times\frac{\left(\sqrt{10}+\sqrt{5}\right)}{\left(\sqrt{10}+\sqrt{5}\right)}=\frac{5\times\left(\sqrt{10}+\sqrt{5}\right)}{(10-5)}$

$=\left(\sqrt{10}+\sqrt{5}\right)=(3\cdot 162+2\cdot 236)=5\cdot 398.$

11. $\frac{\sqrt{1+x}+\sqrt{1-x}}{\sqrt{1+x}-\sqrt{1-x}}=\frac{\left(\sqrt{1+x}+\sqrt{1-x}\right)}{\left(\sqrt{1+x}-\sqrt{1-x}\right)}\times\frac{\left(\sqrt{1+x}+\sqrt{1-x}\right)}{\left(\sqrt{1+x}+\sqrt{1-x}\right)}$

$=\frac{\left(\sqrt{1+x}+\sqrt{1-x}\right)^2}{(1+x)-(1-x)}$

$=\frac{(1+x+1-x)+2\sqrt{1+x}\,.\sqrt{1-x}}{2x}=\frac{\left(1+\sqrt{1-x^2}\right)}{x}$

$=\frac{1+\sqrt{1-\frac{3}{4}}}{\left(\frac{\sqrt{3}}{2}\right)}=\frac{1+\sqrt{\frac{1}{4}}}{(\sqrt{3}/2)}=\frac{\left(1+\frac{1}{2}\right)}{(\sqrt{3}/2)}\quad\left[\because x=\frac{\sqrt{3}}{2}\right]$

$=\left(\frac{3}{2}\times\frac{2}{\sqrt{3}}\right)=\sqrt{3}.$

12. $\frac{1}{x}=\frac{1}{(7+4\sqrt{3})}\times\frac{(7-4\sqrt{3})}{(7-4\sqrt{3})}=\frac{(7-4\sqrt{3})}{(49-48)}=(7-4\sqrt{3}).$

$\therefore\ \left(x+\frac{1}{x}\right)=(7+4\sqrt{3})+(7-4\sqrt{3})=14.$

$\Rightarrow\ \left(x+\frac{1}{x}\right)^2=(14)^2\Rightarrow x^2+\frac{1}{x^2}+2x.\frac{1}{x}=196$

$x^2+\frac{1}{x^2}+2=196\Rightarrow\left(x^2+\frac{1}{x^2}\right)=194.$

13. $\frac{1}{x}=\frac{1}{(7+4\sqrt{3})}\times\frac{(7-4\sqrt{3})}{(7-4\sqrt{3})}=\frac{(7-4\sqrt{3})}{(49-48)}=(7-4\sqrt{3}).$

$\therefore\ \left(x+\frac{1}{x}\right)=(7+4\sqrt{3})+(7-4\sqrt{3})=14.$

$\left(\sqrt{x}+\frac{1}{\sqrt{x}}\right)^2=x+\frac{1}{x}+2\sqrt{x}\times\frac{1}{\sqrt{x}}=\left(x+\frac{1}{x}+2\right)$

$=(14+2)=16.$

अत: $\left(\sqrt{x}+\frac{1}{\sqrt{x}}\right)=4.$

14. माना $x^{\frac{1}{a}}=y^{\frac{1}{b}}=z^{\frac{1}{c}}=k.$ तब $x=k^a, y=k^b, z=k^c.$

$xyz=1\Rightarrow k^a\times k^b\times k^c=1=k^0$

$\Rightarrow k^{a+b+c}=k^0\Rightarrow a+b+c=0.$

15. माना $3^x=5^y=(75)^z=K.$ तब $3=K^{\frac{1}{x}}, 5=K^{\frac{1}{y}}, 75=K^{\frac{1}{z}}.$

अब, $75=(3\times 5^2)\Rightarrow K^{\frac{1}{z}}=K^{\frac{1}{x}}\times K^{\frac{2}{y}}=K^{\left(\frac{1}{x}+\frac{2}{y}\right)}$

$\Rightarrow\frac{1}{z}=\left(\frac{1}{x}+\frac{2}{y}\right)=\frac{(y+2x)}{xy}\Rightarrow\frac{xy}{(y+2x)}=z.$

16. $x^z=y^2\Rightarrow(10^{0\cdot 48})^z=(10^{0\cdot 7})^2$

$\Rightarrow 10^{(0\cdot 48)z}=10^{(0\cdot 7\times 2)}=10^{(1\cdot 4)}$

$\Rightarrow 0\cdot 48\times z=1\cdot 4\Rightarrow z=\frac{1\cdot 40}{0\cdot 48}=\frac{140}{48}=\frac{35}{12}=2\frac{11}{12}.$

अत: $z=2\frac{11}{12}.$

17. दिया गया व्यंजक $=\frac{1}{3}.\left[\left(1-\frac{1}{4}\right)+\left(\frac{1}{4}-\frac{1}{7}\right)+\left(\frac{1}{7}-\frac{1}{10}\right)+\right.$

$\left.\left(\frac{1}{10}-\frac{1}{13}\right)+\left(\frac{1}{13}-\frac{1}{16}\right)\right]$

$$=\frac{1}{3}\left(1-\frac{1}{16}\right)=\left(\frac{1}{3}\times\frac{15}{16}\right)=\frac{5}{16}.$$

18. दिया गया व्यंजक $=\left(\frac{1}{4}-\frac{1}{5}\right)+\left(\frac{1}{5}-\frac{1}{6}\right)+\left(\frac{1}{6}-\frac{1}{7}\right)+\left(\frac{1}{7}-\frac{1}{8}\right)$

$$+\left(\frac{1}{8}-\frac{1}{9}\right)+\left(\frac{1}{9}-\frac{1}{10}\right)$$

$$=\left(\frac{1}{4}-\frac{1}{10}\right)=\frac{3}{20}.$$

19. दिया गया व्यंजक $=\frac{1}{2}.\left[\left(\frac{1}{5}-\frac{1}{7}\right)+\left(\frac{1}{7}-\frac{1}{9}\right)+\left(\frac{1}{9}-\frac{1}{11}\right)+\right.$

$$\left.\left(\frac{1}{11}-\frac{1}{13}\right)+\left(\frac{1}{13}-\frac{1}{15}\right)+\left(\frac{1}{15}-\frac{1}{17}\right)\right]$$

$$=\frac{1}{2}.\left(\frac{1}{5}-\frac{1}{17}\right)=\frac{1}{2}\times\frac{12}{85}=\frac{6}{85}.$$

20. दिया गया व्यंजक $=\frac{1}{3}.\left[\left(\frac{1}{6}-\frac{1}{9}\right)+\left(\frac{1}{9}-\frac{1}{12}\right)+\left(\frac{1}{12}-\frac{1}{15}\right)\right.$

$$\left.+\left(\frac{1}{15}-\frac{1}{18}\right)+\left(\frac{1}{18}-\frac{1}{21}\right)\right]$$

$$=\frac{1}{3}\left(\frac{1}{6}-\frac{1}{21}\right)=\left(\frac{1}{3}\times\frac{5}{42}\right)=\frac{5}{126}.$$

21. दी गई श्रेणी $=\left(1-\frac{1}{2}\right)+\left(\frac{1}{2}-\frac{1}{3}\right)+\left(\frac{1}{3}-\frac{1}{4}\right)+\ldots$

$$+\left(\frac{1}{10}-\frac{1}{11}\right)+\left(\frac{1}{11}-\frac{1}{12}\right)=\left(1-\frac{1}{12}\right)=\frac{11}{12}.$$

22. दिया गया व्यंजक $=\left(\frac{8+8\times8+8\times27+\ldots..}{27+27\times8+27\times27+\ldots..}\right)^{\frac{1}{3}}$

$$=\left\{\frac{8(1+8+27+\ldots.)}{27(1+8+27+\ldots..)}\right\}^{\frac{1}{3}}$$

$$=\left(\frac{8}{27}\right)^{\frac{1}{3}}=\left\{\left(\frac{2}{3}\right)^{3}\right\}^{\frac{1}{3}}=\left(\frac{2}{3}\right)^{\left(3\times\frac{1}{3}\right)}=\left(\frac{2}{3}\right)^{1}=\left(\frac{2}{3}\right).$$

❑❑❑

10

प्रतिशतता (PERCENTAGE)

Scan QR Code for Watching Video

आवश्यक तथ्य एवं सूत्र

1. I. **प्रतिशतता:** प्रतिशत वह भिन्न है जिसका हर 100 हो.

II. x प्रतिशत का अर्थ है, **किसी वस्तु के 100 बराबर भागों में से x भाग.**

इसे $x\%$ से व्यक्त करते हैं.

स्पष्ट है कि, $x\% = \frac{x}{100}$.

जैसे : (i) $36\% = \frac{36}{100} = \frac{9}{25}$ (ii) $0 \cdot 6\% = \frac{6}{1000} = \frac{3}{500}$.

III. **भिन्न $\frac{a}{b}$ को प्रतिशत में व्यक्त करने के लिए सूत्र :**

$$\frac{a}{b} = \left(\frac{a}{b} \times 100\right)\%.$$

जैसे: (i) $\frac{3}{4} = \left(\frac{3}{4} \times 100\right)\% = 75\%$.

(ii) $0 \cdot 8 = \frac{8}{10} = \left(\frac{8}{10} \times 100\right)\% = 80\%$.

2. दो आवश्यक नियम (संक्षिप्त विधि):

(i) यदि A का मान B से $R\%$ अधिक हो, तो

B का मान A से कम है $= \left\{\frac{R}{(100+R)} \times 100\right\}\%$.

(ii) यदि A का मान B से $R\%$ कम हो, तो

B का मान A से अधिक है $= \left\{\frac{R}{(100-R)} \times 100\right\}\%$.

3. दो आवश्यक नियम (संक्षिप्त विधि):

(i) किसी वस्तु के भाव में $R\%$ वृद्धि हो जाने पर इस मद पर खर्च न बढ़े, इसके लिए

वस्तु की खपत में कमी $= \left\{\frac{R}{(100+R)} \times 100\right\}\%$.

(ii) किसी वस्तु के भाव में $R\%$ कमी आ जाने पर इस मद पर खर्च कम न हो, इसके लिए

वस्तु की खपत में वृद्धि $= \left\{\frac{R}{(100-R)} \times 100\right\}\%$.

4. जनसंख्या पर आधारित प्रश्नों के लिए सूत्र:

माना किसी शहर की जनसंख्या P है तथा यह $R\%$ वार्षिक दर से बढ़ती है.

तब, (i) n वर्ष बाद जनसंख्या $= P\left(1 + \frac{R}{100}\right)^n$.

(*ii*) n वर्ष पूर्व जनसंख्या $= \dfrac{P}{\left(1+\dfrac{R}{100}\right)^n}$.

(*iii*) माना किसी शहर की जनसंख्या P थी तथा इसमें पहले, दूसरे व तीसरे वर्ष में क्रमशः $R_1\%$, $R_2\%$ तथा $R_3\%$ वृद्धि होती है।

तब, 3 वर्ष बाद जनसंख्या $= P\left(1+\dfrac{R_1}{100}\right)\left(1+\dfrac{R_2}{100}\right)\left(1+\dfrac{R_3}{100}\right)$.

5. मशीनों के अवमूल्यन पर आधारित प्रश्नों के लिए सूत्र:

माना किसी मशीन का वर्तमान मूल्य P है तथा इसके अवमूल्यन (*Depreciation*) की दर $R\%$ वार्षिक है. तब,

(*i*) n वर्ष बाद मशीन का मूल्य $= P\left(1-\dfrac{R}{100}\right)^n$.

(*ii*) n वर्ष पूर्व मशीन का मूल्य $= \dfrac{P}{\left(1-\dfrac{R}{100}\right)^n}$.

साधित उदाहरण

प्रश्न 1. निम्नलिखित में से प्रत्येक को साधारण भिन्न के रूप में व्यक्त कीजिए:

(*i*) 35% (*ii*) 1·6% (*iii*) 0·5% (*iv*) 125%

हल: हम जानते हैं कि:

(*i*) $35\% = \dfrac{35}{100} = \dfrac{7}{20}$.

(*ii*) $1\cdot6\% = \dfrac{1\cdot6}{100} = \dfrac{16}{1000} = \dfrac{2}{125}$.

(*iii*) $0\cdot05\% = \dfrac{0\cdot05}{100} = \dfrac{5}{10000} = \dfrac{1}{2000}$.

(*iv*) $125\% = \dfrac{125}{100} = \dfrac{5}{4}$.

प्रश्न 2. निम्नलिखित में से प्रत्येक को दशमलव भिन्न में व्यक्त कीजिए:

(*i*) 20% (*ii*) 8% (*iii*) 0·25% (*iv*) 0·06%

हल: हम जानते हैं कि :

(*i*) $20\% = \dfrac{20}{100} = \dfrac{1}{5} = 0\cdot2$.

(*ii*) $8\% = \dfrac{8}{100} = 0\cdot08$.

(*iii*) $0\cdot25\% = \dfrac{0\cdot25}{100} = 0\cdot0025$.

(*iv*) $0\cdot06\% = \dfrac{0\cdot06}{100} = 0\cdot0006$.

प्रश्न 3. $\dfrac{9}{16}$ को दर प्रतिशत में बदलें.

हल: $\dfrac{9}{16} = \left(\dfrac{9}{16}\times100\right)\% = \dfrac{225}{4}\% = 56\dfrac{1}{4}\%$.

प्रश्न 4. (*i*) 48 का कितने प्रतिशत 6 है? (*ii*) 18 का कितने प्रतिशत 36 है?

हल: (*i*) माना 48 का $x\% = 6$.

तब, $48\times\dfrac{x}{100} = 6 \Rightarrow \dfrac{12x}{25} = 6$

$\Rightarrow x = \dfrac{6\times25}{12} = 12\dfrac{1}{2}$.

$\therefore$ 48 का $12\dfrac{1}{2}\% = 6$ है.

(*ii*) माना 18 का $x\% = 36$.

तब, $18\times\dfrac{x}{100} = 36 \Rightarrow x = \dfrac{36\times100}{18} = 200$.

$\therefore$ 18 का 200% = 36 है.

प्रश्न 5. 3 किग्रा० का कितने प्रतिशत 12 ग्राम है?

हल: माना 3 किग्रा० का $x\%$ = 12 ग्राम.

तब, 3000 ग्राम का $\dfrac{x}{100}$ = 12 ग्राम $\Rightarrow 30x = 12$.

$\therefore\ x = \dfrac{12}{30} = \dfrac{2}{5} = 0\cdot4$.

अत: 3 किग्रा० का 0·4% = 12 ग्राम.

प्रश्न 6. 4 : 5 = ?%

हल: $4:5 = \left(\dfrac{4}{5}\times100\right)\% = 80\%$.

प्रश्न 7. ₹ 432 का $6\dfrac{2}{3}\%$ कितना होगा?

हल: ₹ 432 का

$6\dfrac{2}{3}\% = ₹\left(432\times\dfrac{20}{3}\times\dfrac{1}{100}\right) = ₹\,\dfrac{144}{5} = ₹\,28.80$.

प्रश्न 8. किसी भिन्न के अंश में 10% वृद्धि करने तथा इसके हर को 12% कम कर देने पर $\dfrac{15}{64}$ प्राप्त होता है. वह भिन्न क्या है?

हल: माना अभीष्ट भिन्न $= \dfrac{a}{b}$. तब,

$$\frac{a \text{ का } 110\%}{b \text{ का } 88\%} = \frac{15}{64} \Rightarrow \frac{a \times 110}{b \times 88} = \frac{15}{64}$$

$$\Rightarrow \frac{a}{b} = \left(\frac{15}{64} \times \frac{88}{110}\right) = \frac{3}{16}.$$

$\therefore$ अभीष्ट भिन्न $= \frac{3}{16}$.

प्रश्न 9. एक व्यक्ति अपनी मासिक आय का 12% बचत करता है. यदि उसका मासिक खर्च ₹ 19360 हो, तो उसकी मासिक आय कितनी है?

हल: बचत = मासिक आय का 12% $\Rightarrow$ खर्च = मासिक आय का 88%.

माना मासिक आय = ₹ x. तब

$$x \text{ का } 88\% = 19360 \Rightarrow x \times \frac{88}{100} = 19360$$

$$\Rightarrow x = \left(19360 \times \frac{100}{88}\right) = 22000.$$

अत: मासिक आय = ₹ 22000.

प्रश्न 10. एक मेज के अंकित मूल्य में 8% कटौती करने पर इसका मूल्य ₹ 4600 है. इसका अंकित मूल्य कितना है?

हल: माना मेज का अंकित मूल्य = ₹ x. तब,

मेज का विक्रय मूल्य

$$= ₹\, x \text{ का } 92\% = \left(x \times \frac{92}{100}\right) = ₹\, \frac{23x}{25}.$$

$$\therefore \frac{23x}{25} = 4600 \Rightarrow x = \left(4600 \times \frac{25}{23}\right) = 5000.$$

अत: मेज का अंकित मूल्य = ₹ 5000.

विशिष्ट चार प्रश्न: (संक्षिप्त विधि द्वारा)

प्रश्न 11. यदि A की आय B की आय से 25% अधिक हो तो B की आय A की आय से कितने प्रतिशत कम है?

हल: संक्षिप्त विधि:

अभीष्ट %

$$= \left\{\frac{R}{(100+R)} \times 100\right\}\% = \left(\frac{25}{125} \times 100\right)\% = 20\%.$$

प्रश्न 12. यदि A की ऊँचाई B की ऊँचाई से 20% कम हो, तो B की ऊँचाई, A की ऊँचाई से कितने प्रतिशत अधिक है?

हल: संक्षिप्त विधि:

अभीष्ट %

$$= \left\{\frac{R}{(100-R)} \times 100\right\}\% = \left(\frac{20}{80} \times 100\right)\% = 25\%.$$

प्रश्न 13. यदि चीनी के मूल्य में 20% वृद्धि हो जाये, तो एक गृहिणी को इसकी खपत कितने प्रतिशत कम करनी होगी कि इस पर खर्च न बढ़े?

हल: संक्षिप्त विधि:

खपत में कमी %

$$= \left\{\frac{R}{(100+R)} \times 100\right\}\% = \left(\frac{20}{120} \times 100\right)\% = 16\frac{2}{3}\%.$$

प्रश्न 14. चीनी के मूल्य में 10% कमी होने पर इसकी खपत में कितने प्रतिशत वृद्धि करनी होगी कि इस मद में खर्च पर कोई परिवर्तन न हो?

हल: संक्षिप्त विधि:

खपत में वृद्धि %

$$= \left\{\frac{R}{(100-R)} \times 100\right\}\% = \left(\frac{10}{90} \times 100\right)\% = 11\frac{1}{9}\%.$$

परीक्षा सम्बन्धी दो विशेष प्रश्न:

प्रश्न 15. सन्नी को एक परीक्षा में उत्तीर्ण होने के लिए 36% अंक प्राप्त करने थे. उसने 24% अंक प्राप्त किये तथा 9 अंकों से अनुत्तीर्ण रहा. पूर्णांक ज्ञात कीजिए.

हल: माना पूर्णांक = x. तब

$$x \text{ का } 36\% = (x \text{ का } 24\%) + 9$$

$$\Rightarrow (x \text{ का } 36\%) - (x \text{ का } 24\%) = 9$$

$$\Rightarrow (x \text{ का } 12\%) = 9 \Rightarrow x \times \frac{12}{100} = 9$$

$$\Rightarrow x = \left(9 \times \frac{100}{12}\right) = 75.$$

अत: पूर्णांक = 75.

प्रश्न 16. एक परीक्षा में एक छात्र ने 30% अंक लिए तथा वह 45 अंक से अनुत्तीर्ण हो गया. दूसरे छात्र ने 42% अंक लिए जो उत्तीर्ण होने के लिए आवश्यक न्यूनतम अंकों से 45 अंक अधिक हैं. पूर्णांक तथा उत्तीर्ण होने के लिए न्यूनतम अंक ज्ञात कीजिए.

हल: माना पूर्णांक = x. तब

$$(x \text{ का } 30\%) + 45 = (x \text{ का } 42\%) - 45$$

$$\Rightarrow (x \text{ का } 42\%) - (x \text{ का } 30\%) = 90$$

$$\Rightarrow x \text{ का } 12\% = 90 \Rightarrow x \times \frac{12}{100} = 90$$

$$\Rightarrow x = \left(90 \times \frac{100}{12}\right) = 750.$$

$\therefore$ पूर्णांक = 750.

उत्तीर्ण होने के लिए न्यूनतम अंक

$$= \left(750 \times \frac{30}{100}\right) + 45 = (225 + 45) = 270.$$

जनसंख्या सम्बन्धी तथा मशीनों के अवमूल्यन सम्बन्धी प्रश्न

प्रश्न 17. एक कस्बे की जनसंख्या 176400 है. इसमें 5% वार्षिक दर से वृद्धि होती है.

(i) दो वर्ष बाद कस्बे की जनसंख्या कितनी होगी?

(ii) दो वर्ष पूर्व कस्बे की जनसंख्या कितनी थी?

हल: (i) 2 वर्ष बाद कस्बे की जनसंख्या

$$= 176400 \times \left(1 + \frac{5}{100}\right)^2 = \left(176400 \times \frac{21}{20} \times \frac{21}{20}\right)$$

$$= 194481.$$

(*ii*) 2 वर्ष पूर्व कस्बे की जनसंख्या

$$= \frac{176400}{\left(1+\frac{5}{100}\right)^2} = \left(176400 \times \frac{20}{21} \times \frac{20}{21}\right) = 160000.$$

मशीन के अवमूल्यन पर प्रश्न (संक्षिप्त विधि द्वारा)

$$t \text{ वर्ष बाद अवमूल्य} = (\text{क्रय मूल्य}) \times \left(1 - \frac{R}{100}\right)^t.$$

प्रश्न 18. एक मशीन ₹ 120000 में खरीदी गई. इसका 10% वार्षिक दर से अवमूल्यन हो जाता है. 2 वर्ष बाद इस मशीन का मूल्य क्या होगा?

हल: 2 वर्ष बाद मशीन का मूल्य $= ₹ \left\{120000 \times \left(1 - \frac{10}{100}\right)^2\right\}$

$$= ₹ \left(120000 \times \frac{9}{10} \times \frac{9}{10}\right) = ₹\ 97200.$$

चुनाव सम्बन्धी प्रश्न:

प्रश्न 19. एक चुनाव में दो उम्मीदवार थे. हारने वाले उम्मीदवार ने 41% मत प्राप्त किये तथा वह 5580 मतों से पराजित हो गया. कुल मतों की संख्या कितनी थी?

हल: माना कुल मतों की संख्या = x.

हारने वाले उम्मीदवार द्वारा प्राप्त मत = 41%. जीतने वाले उम्मीदवार द्वारा प्राप्त मत = 59%.

(x का 59%) – (x का 41%) = 5580

$$\Rightarrow \frac{59x}{100} - \frac{41x}{100} = 5580 \Rightarrow (59x - 41x) = 558000$$

$$\Rightarrow 18x = 558000 \Rightarrow x = 31000.$$

अत: कुल मतों की संख्या = 31000.

प्रश्न 20. एक चुनाव में दो उम्मीदवार थे. एक उम्मीदवार ने कुल वैध मतों के 55% मत प्राप्त किये तथा 20% मत अवैध घोषित कर दिये गये. यदि कुल मतों की संख्या 7500 हो तो दूसरे उम्मीदवार ने कुल कितने वैध मत प्राप्त किये?

हल: अवैध मत $= \left(7500 \times \frac{20}{100}\right) = 1500$. वैध मत

$= (7500 - 1500) = 6000.$

जीतने वाले उम्मीदवार को मिले वैध मतों की संख्या

$$= \left(6000 \times \frac{55}{100}\right) = 3300.$$

हारने वाले उम्मीदवार को मिले वैध मतों की संख्या

$= (6000 - 3300) = 2700.$

प्रश्न 21. एक चुनाव में दो उम्मीदवार थे. इस चुनाव में 8% मतदाताओं ने अपने मत का प्रयोग नहीं किया. जीतने वाले उम्मीदवार ने कुल मतों के 48% मत लेकर दूसरे उम्मीदवार को 1100 मतों से पराजित कर दिया. इस चुनाव में कुल कितने मतदाता थे?

हल: माना कुल मतदाता = 100.

तब, कुल मत पड़े = (100 – 8) = 92.

जीतने वाले उम्मीदवार को मिले मत = 48.

हारने वाले उम्मीदवार को मिले मत = (92 – 48) = 44.

अत: हारने वाला उम्मीदवार 4 मतों से पराजित रहा.

यदि मतों का अन्तर 4 है, तो कुल मतदाता = 100

यदि मतों का अन्तर 1100 है, तो कुल मतदाता

$$= \left(\frac{100}{4} \times 1100\right) = 27500.$$

प्रश्न 22. एक चुनाव में दो उम्मीदवार थे. इसमें मतदाता सूची में से 10% मतदाताओं ने अपने मताधिकार का प्रयोग नहीं किया तथा कुल डाले गये मतों के 10% मत अवैध घोषित कर दिये गये. सफल उम्मीदवार कुल वैध मतों के 54% मत प्राप्त करके 1620 मतों से जीत गया. मतदाता सूची में कुल कितने मतदाता थे? (एस०एस०सी० परीक्षा, 2003)

(*a*) 32500 (*b*) 27500

(*c*) 28950 (*d*) 25000

हल: माना कुल मतदाता = 100, डाले गये मत = 90.

अवैध मत = 90 का 10% = 9.

वैध मत = (90 – 9) = 81.

मतों का अन्तर = 81 का (54% – 46%)

$$= 81 \text{ का } 8\% = \frac{(81 \times 8)}{100}.$$

यदि मतों का अन्तर $\frac{(81 \times 8)}{100}$ है तो कुल मत = 100.

यदि मतों का अन्तर = 1620 है तो कुल मत

$$= \left(\frac{100 \times 100 \times 1620}{81 \times 8}\right) = 25000.$$

प्रश्न 23. रमेश के वेतन में 20% वृद्धि कर दी गई. बढ़े हुए वेतन को 20% कम करने पर रमेश को कितने प्रतिशत लाभ अथवा हानि होगी?

हल: माना प्रारम्भिक वेतन = ₹ 100. वृद्धि के बाद वेतन = ₹ 120.

कम करने पर वेतन = ₹ 120 का 80% $= ₹ \left(120 \times \frac{80}{100}\right)$

= ₹ 96.

कुल हानि = (100 – 96)% = 4%.

प्रश्न 24. एक वस्तु की कर की दर में 10% कमी कर दी गई तथा इसकी खपत में 10% वृद्धि कर दी गई. इससे राजस्व प्राप्ति पर क्या प्रभाव पड़ा?

हल: माना खपत = 100 इकाई तथा

कर की दर = ₹ 100 प्रति इकाई.

कुल कर = ₹ (100 × 100) = ₹ 10000.

नई खपत = 110 इकाई तथा नई दर = ₹ 90 प्रति इकाई.

अब, कुल कर = (110 × 90) = ₹ 9900.

$$\text{कर में कमी } \% = \left(\frac{100}{10000} \times 100\right)\% = 1\%.$$

राजस्व प्राप्ति = 1% कम.

प्रश्न 25. एक आयत की लम्बाई में 10% वृद्धि तथा चौड़ाई में 10% कमी करने पर इसके क्षेत्रफल में कितने प्रतिशत वृद्धि अथवा कमी होगी?

हल: माना आयत की लम्बाई = 100 मीटर तथा
चौड़ाई = 100 मीटर.

तब, आयत का क्षेत्रफल = (100 × 100) वर्ग मीटर
= 10000 वर्ग मीटर.

नई लम्बाई = 110 मीटर तथा नई चौड़ाई = 90 मीटर.

∴ नया क्षेत्रफल = (110 × 90) वर्ग मीटर
= 9900 वर्ग मीटर.

क्षेत्रफल में कमी $\% = \left(\frac{100}{10000} \times 100\right)\% = 1\%$.

अत: आयत के क्षेत्रफल में 1% कमी होगी.

प्रश्न 26. चाय के मूल्य में 10% कमी होने के कारण ₹ 270 खर्च करने पर पहले से 250 ग्राम चाय अधिक आती है. चाय का पहले वाला भाव तथा नया भाव ज्ञात करें.

हल: माना पहले चाय की दर = ₹ x प्रति किग्रा०.

नई दर = ₹ $\left(x \times \frac{90}{100}\right)$/किग्रा० = ₹ $\frac{9x}{10}$/किग्रा०.

₹ 270 में पहले चाय की मात्रा = $\frac{270}{x}$ किग्रा०.

₹ 270 में अब चाय की मात्रा

$= \frac{270}{(9x/10)}$ किग्रा० $= \frac{300}{x}$ किग्रा०.

$\therefore \frac{300}{x} - \frac{270}{x} = \frac{250}{1000} = \frac{1}{4} \Rightarrow \frac{(300-270)}{x} = \frac{1}{4}$

$\Rightarrow \frac{30}{x} = \frac{1}{4} \Rightarrow x = (30 \times 4) = 120.$

पहले चाय की दर = ₹ 120 प्रति किग्रा०.

नई चाय की दर = ₹ $\left(\frac{9}{10} \times 120\right)$ प्रति किग्रा०

= ₹ 108 प्रति किग्रा०.

प्रश्न 27. नमक के 6 लीटर घोल में 5% नमक है. वाष्प द्वारा इस घोल में से 1 लीटर पानी निकाल दिये जाने पर शेष बचे घोल में कितने प्रतिशत नमक है?

हल: 6 लीटर घोल में नमक की मात्रा

$= \left(6 \times \frac{5}{100}\right)$ लीटर $= \frac{3}{10}$ लीटर.

1 लीटर पानी निकल जाने पर घोल की मात्रा = 5 लीटर.

5 लीटर में नमक $= \frac{3}{10}$ लीटर.

नमक का $\% = \left(\frac{3}{10} \times \frac{1}{5} \times 100\right)\% = 6\%$.

प्रश्नमाला 10A

नीचे दिये गये प्रश्नों में से प्रत्येक में ठीक उत्तर को चिन्हांकित (✓) कीजिए:

1. एक परीक्षा में, एक छात्र को उत्तीर्ण होने के लिए 36% अंक प्राप्त करने होंगे। 190 अंक प्राप्त करने वाला एक छात्र 35 अंकों से अनुत्तीर्ण हो गया। उस परीक्षा में कुल अंक हैं-
(*a*) 625 (*b*) 600 (*c*) 435 (*d*) 555
(एस.एस.सी.-सी.जी.एल. परीक्षा 2020)

2. A की आय B की आय से 25% अधिक है। B की आय, A की आय का कितना प्रतिशत है?
(*a*) 62 (*b*) 80 (*c*) 43 (*d*) 65
(एस.एस.सी.-सी.जी.एल. परीक्षा 2020)

3. ? का 52% = 182
(*a*) 354 (*b*) 350 (*c*) 360 (*d*) 380
(*e*) इनमें से कोई नहीं (बैंक पी०ओ० परीक्षा, 2010)

4. राजू की आय उसके व्यय से 20% अधिक है। यदि उसकी आय में 60% की वृद्धि होती है और उसके व्यय में 70% की वृद्धि होती है, तो बचत में कितने प्रतिशत की वृद्धि/कमी होगी? (एस.एस.सी.-सी.जी.एल. परीक्षा 2018)
(*a*) 2% घटेगा (*b*) 10% घटेगा
(*c*) 10% घटेगा (*d*) 2% बढ़ेगा

5. यदि 120 में x% की कमी और 40 में x% की वृद्धि करने पर समान परिणाम प्राप्त होता है, तो 210 का x%, 180 के $(x+20)$% से कितना प्रतिशत कम होगा?
(*a*) $16\frac{2}{3}$ (*b*) $33\frac{1}{3}$ (*c*) 24 (*d*) 16
(एस.एस.सी.-सी.जी.एल. परीक्षा 2018)

6. 1260 का $33\frac{1}{3}\% + 755$ का $80\% = ?$
(*a*) 976 (*b*) 952 (*c*) 1024 (*d*) 1048
(*e*) इनमें से कोई नहीं (बैंक पी०ओ० परीक्षा, 2010)

7. 420 का 36% − 350 का 56% = ? − 94
(*a*) 48·2 (*b*) 49·2 (*c*) 138·8 (*d*) 158·8
(*e*) इनमें से कोई नहीं (बैंक पी०ओ० परीक्षा, 2010)

8. 3842 का $\frac{1}{2}$ + ? का 15% = 2449
(*a*) 3520 (*b*) 3250 (*c*) 3350 (*d*) 3540
(*e*) इनमें से कोई नहीं (बैंक पी०ओ० परीक्षा, 2010)

9. 420 का 25% − 140 का ? % = 77
(*a*) 25 (*b*) 36 (*c*) 20 (*d*) 40
(*e*) इनमें से कोई नहीं (बैंक पी०ओ० परीक्षा, 2010)

10. यदि पेन की कीमत 20% कम हो जाती है, तो एक आदमी ₹100 में 10 और पेन खरीद सकता है। प्रत्येक पेन की नई कीमत (₹ में) क्या है?
(*a*) 1 (*b*) 3 (*c*) 2 (*d*) 6
(एस.एस.सी.-सी.जी.एल. परीक्षा 2017)

11. 365 का 36% + 56·2 का ? % = 156·69
(*a*) 35 (*b*) 45 (*c*) 40 (*d*) 30
(*e*) इनमें से कोई नहीं **(बैंक पी०ओ० परीक्षा, 2010)**

12. 250 का 14% + 150 का ? % = 140
(*a*) 15 (*b*) 18 (*c*) 16 (*d*) 12
(*e*) इनमें से कोई नहीं **(बैंक पी०ओ० परीक्षा, 2010)**

13. 550 का ? % – 150 का 12% = 125
(*a*) 54 (*b*) 44 (*c*) 16 (*d*) 36
(*e*) इनमें से कोई नहीं **(बैंक पी०ओ० परीक्षा, 2010)**

14. 160 का $\sqrt{?}$ % = 64 ÷ 2
(*a*) 20 (*b*) 400 (*c*) $\sqrt{20}$ (*d*) 40
(*e*) इनमें से कोई नहीं

15. खाद्य तेल की कीमत 25% बढ़ गयी। उपभोक्ता को खाद्य तेल की खपत में कितने प्रतिशत की कमी करनी चाहिए ताकि उसका व्यय नियत रहे? **(पटना हाई कोर्ट असिस्टेंट परीक्षा, 2016)**
(*a*) 15% (*b*) 20% (*c*) 25% (*d*) 30%

16. 160 का 45% + 250 का 14% = ? – 23
(*a*) 120 (*b*) 138 (*c*) 130 (*d*) 140
(*e*) इनमें से कोई नहीं **(बैंक पी०ओ० परीक्षा, 2010)**

17. 350 का 66% + ? = 1256 का $\frac{5}{8}$.
(*a*) 521 (*b*) 496 (*c*) 554 (*d*) 568
(*e*) इनमें से कोई नहीं **(बैंक पी०ओ० परीक्षा, 2010)**

18. (750 का 64%) ÷ 4 = ? ÷ 5
(*a*) 24 (*b*) 48 (*c*) 300 (*d*) 600
(*e*) इनमें से कोई नहीं **(बैंक पी०ओ० परीक्षा, 2010)**

19. यदि *A* की आय *B* की आय से 30% अधिक हो, तो *B* की आय, *A* की आय से कितने प्रतिशत कम है ?
(*a*) 30% (*b*) $13\frac{1}{3}$% (*c*) $23\frac{1}{13}$% (*d*) $26\frac{2}{3}$%

20. यदि अनिल की ऊँचाई दीपक की ऊँचाई से 60% अधिक हो, तो दीपक की ऊँचाई, अनिल की ऊँचाई से कितने प्रतिशत कम है ?
(*a*) 60% (*b*) 40%
(*c*) $37\frac{1}{2}$% (*d*) इनमें से कोई नहीं

21. यदि *A* की आय, *B* की आय से 20% कम हो तो *B* की आय, *A* की आय से कितने प्रतिशत अधिक है ?
(*a*) 20% (*b*) 25% (*c*) 30% (*d*) 35%

22. यदि *A* की आय, *B* की आय से 25% कम हो, तो *B* की आय, *A* की आय से कितने प्रतिशत अधिक है ?
(*a*) 25% (*b*) 30% (*c*) $33\frac{1}{3}$% (*d*) $66\frac{2}{3}$%
(एस०एस०सी० परीक्षा, 2010)

23. यदि *A* की आय, *B* की आय से 50% कम हो तो *B* की आय, *A* की आय से कितने प्रतिशत अधिक है ?
(*a*) 50% (*b*) 75% (*c*) 100% (*d*) 125%
(एस०एस०सी० परीक्षा, 2010)

24. 540 का 75% का $1\frac{2}{5}$ का $\frac{2}{3}$ = ?
(*a*) 378 (*b*) 756 (*c*) 252 (*d*) 332
(*e*) इनमें से कोई नहीं **(बैंक पी०ओ० परीक्षा, 2010)**

25. 740 का 35% एक संख्या से 34 अधिक है. इस संख्या का $\frac{2}{5}$ कितना है ? **(बैंक पी०ओ० परीक्षा, 2010)**
(*a*) 45 (*b*) 90 (*c*) 180 (*d*) 120
(*e*) इनमें से कोई नहीं

26. किसी वस्तु की 10% तथा 10% की दो क्रमवार मूल्य वृद्धियाँ किस एकमात्र मूल्य-वृद्धि के समतुल्य है ?
(*a*) 19% (*b*) 20% (*c*) 21% (*d*) 22%
(एस०एस०सी० परीक्षा, 2010)

27. किसी वस्तु के मूल्य में पहले 10% की वृद्धि तथा इसके उपरान्त 20% की वृद्धि की गई. यदि अन्तिम बढ़ा हुआ मूल्य ₹ 33 हो, तो प्रारम्भिक मूल्य कितना था ? **(एस०एस०सी० परीक्षा, 2010)**
(*a*) ₹ 30 (*b*) ₹ 27·50 (*c*) ₹ 26·50 (*d*) ₹ 25

28. 20% तथा 5% के दो क्रमवार बट्टे किस एकमात्र बट्टे के समतुल्य हैं ? **(एस०एस०सी० परीक्षा, 2010)**
(*a*) 25% (*b*) 24% (*c*) 18% (*d*) 15%

29. यदि किसी संख्या में 20% की वृद्धि की जाये तथा परिणामी संख्या में पुनः 20% की वृद्धि की जाये, तो कुल वृद्धि कितने प्रतिशत होगी ? **(एस०एस०सी० परीक्षा, 2010)**
(*a*) 40% (*b*) 48% (*c*) 44% (*d*) 41%

30. जोसेफ की आय में 10% कमी कर दी गई. उसकी आय को पूर्व स्तर पर लाने हेतू नई आय में कितने प्रतिशत की वृद्धि करनी होगी ? **(एस०एस०सी० परीक्षा, 2010)**
(*a*) $12\frac{1}{2}$% (*b*) $11\frac{1}{9}$% (*c*) 10% (*d*) 11%

31. एक संख्या में से 600 के 75% का दो-तिहाई घटाने पर प्राप्त संख्या 320 है. मूल संख्या कितनी है ?
(*a*) 300 (*b*) 620 (*c*) 720 (*d*) 500
(*e*) इनमें से कोई नहीं **(बैंक पी०ओ० परीक्षा, 2010)**

32. फलों के मूल्य में 30% कमी करने पर उनकी बिक्री 40% अधिक हो जाती है. इससे विक्रय-मूल्य पर क्या प्रभाव पड़ेगा ?
(*a*) 22% वृद्धि (*b*) 22% कमी
(*c*) 2% वृद्धि (*d*) 2% कमी
(*e*) इनमें से कोई नहीं **(बैंक पी०ओ० परीक्षा, 2010)**

33. चीनी के भाव में 40% वृद्धि होने पर किसी परिवार को चीनी की वार्षिक खपत कितने प्रतिशत कम करनी होगी जिससे परिवार का खर्च न बढ़े ? **(एस०एस०सी० परीक्षा, 2010)**
(*a*) $24\frac{4}{7}$% (*b*) $28\frac{4}{7}$% (*c*) $29\frac{4}{7}$% (*d*) $30\frac{4}{7}$%

34. किसी वस्तु के भाव में 20% वृद्धि होने पर उस वस्तु की खपत कितने प्रतिशत कम की जाये कि खर्च न बढ़े ?
(*a*) 16% (*b*) $16\frac{2}{3}$% (*c*) $16\frac{1}{3}$% (*d*) 18%
(एस०एस०सी० परीक्षा, 2010)

35. दो संख्यायें एक तीसरी संख्या से क्रमश: $12\frac{1}{2}\%$ तथा 25% अधिक हैं. पहली संख्या दूसरी संख्या का कितने प्रतिशत है ?
(a) 90% (b) 87·5% (c) 25% (d) 12·5%
(एस०एस०सी० परीक्षा, 2010)

36. एक दुकानदार ₹ 45 में एक कापी बेचता है तथा 4% लाभ कमाता है. वह एक पैंसिल बॉक्स ₹ 80 में बेचता है तथा इस पर 20% लाभ कमाता है. यदि वह प्रतिदिन 10 कापियाँ तथा 6 पैंसिल बॉक्स बेचे तो 2 सप्ताह में वह कितना धन कमायेगा ?
(a) ₹ 1956 (b) ₹ 1586 (c) ₹ 1496 (d) ₹ 1596
(e) इनमें से कोई नहीं **(बैंक पी०ओ० परीक्षा, 2010)**

37. चीनी तथा पानी के 12 लीटर घोल में 4% चीनी है. घोल को गर्म करके वाष्प द्वारा 2 लीटर पानी उड़ा दिये जाने पर शेष घोल में कितने प्रतिशत चीनी है ?
(a) 1·4% (b) 5·2% (c) 4·8% (d) 3·4%

38. यदि x, y से 10% अधिक हो, तो y, x से कितने प्रतिशत कम है ?
(a) $9\frac{1}{11}\%$ (b) $8\frac{1}{11}\%$ (c) $7\frac{1}{11}\%$ (d) $10\frac{1}{11}\%$

39. किसी परीक्षा के लिए उत्तीर्णांक 40% हैं. एक विद्यार्थी ने 185 अंक प्राप्त किये तथा वह 15 अंकों से अनुत्तीर्ण हो गया. परीक्षा के अधिकतम अंक कितने हैं ? **(एस०एस०सी० परीक्षा, 2010)**
(a) 200 (b) 300 (c) 500 (d) 400

40. एक परीक्षा में लड़कियों तथा लड़कों के लिए उत्तीर्ण प्रतिशतता क्रमश: 35% तथा 40% है. एक लड़के ने 483 अंक प्राप्त किये तथा वह 117 अंकों से अनुत्तीर्ण रहा. लड़कियों के लिए न्यूनतम उत्तीर्ण अंक कितने हैं ?
(a) 425 (b) 520 (c) 500 (d) 625
(e) इनमें से कोई नहीं **(बैंक पी०ओ० परीक्षा, 2010)**

41. किसी कक्षा के 72% विद्यार्थियों ने जीव विज्ञान तथा 44% ने गणित विषय चुना. यदि प्रत्येक विद्यार्थी ने जीव विज्ञान तथा गणित में से कम से कम एक विषय चुना हो तथा 40 विद्यार्थियों ने ये दोनों विषय चुने हों, तो कक्षा में कुल कितने विद्यार्थी हैं ?
(एस०एस०सी० परीक्षा, 2010)
(a) 200 (b) 240 (c) 250 (d) 320

42. यदि A का 60% = B का $\frac{3}{4}$ हो, तो $A : B = ?$
(एस०एस०सी० परीक्षा, 2010)
(a) 9 : 20 (b) 20 : 9 (c) 4 : 5 (d) 5 : 4

43. एक कक्षा के तीन सेक्शन हैं जिनमें क्रमश: 40, 50 तथा 60 छात्र हैं. इनमें से क्रमश: 10%, 20% तथा 10% उत्तीर्ण हुये. पूरी कक्षा में कितने प्रतिशत विद्यार्थी उत्तीर्ण हुए ?
(a) $13\frac{1}{3}\%$ (b) $16\frac{2}{3}\%$ (c) 15% (d) 20%

44. खिलौनों के मूल्य में प्रति खिलौना 20% वृद्धि किये जाने पर इनकी बिक्री की संख्या 15% कम हो गई. खिलौनों के बिक्री मूल्य में कितना परिवर्तन हुआ ? **(एस०एस०सी० परीक्षा, 2010)**
(a) 2% की वृद्धि (b) 2% की कमी
(c) 4% की वृद्धि (d) 4% की कमी

45. अजय अपने वेतन का 25% घर के किराये, 5% खाद्यान्न, 15% यात्रा तथा 10% कपड़ों पर खर्च करता है तथा ₹ 27000 की बचत करता है. अजय की मासिक आय कितनी है ?
(a) ₹ 60000 (b) ₹ 80500
(c) ₹ 60700 (d) ₹ 70500
(e) इनमें से कोई नहीं **(बैंक पी०ओ० परीक्षा, 2010)**

46. कोई व्यक्ति अपनी आय का 80% खर्च करता है. निर्वाह खर्च में वृद्धि होने के कारण उसके खर्च में $37\frac{1}{2}\%$ की वृद्धि होती है तथा उसकी आय में $16\frac{2}{3}\%$ की वृद्धि होती है. उस व्यक्ति की वर्तमान बचत कितनी है ? **(जीवन बीमा निगम परीक्षा, 2010)**
(a) $5\frac{3}{7}\%$ (b) $5\frac{5}{7}\%$ (c) $6\frac{2}{3}\%$ (d) $6\frac{1}{3}\%$

47. एक कालिज के सभी छात्रों में से 12% छात्रों की रुचि खेलों में है. कुल छात्रों के 10% की रुचि गायन में है तथा कुल छात्रों के तीन-चौथाई की रुचि नृत्य में है और शेष 15 छात्रों की रुचि किसी गतिविधि में नहीं है. कालिज में कुल कितने छात्र हैं ?
(a) 450 (b) 500
(c) 600 (d) निर्धारित नहीं किया जा सकता
(e) इनमें से कोई नहीं **(बैंक पी०ओ० परीक्षा, 2010)**

48. एक मेले में किसी दिन 35000 दर्शक पहुँचे तथा उनसे ₹ 950000 प्रवेश राशि प्राप्त की गई. यदि प्रवेश शुल्क व्यस्क के लिए ₹ 40 तथा बच्चे के लिए ₹ 20 हो तथा 10% दर्शकों को नि:शुल्क पास मिला हो, तो मेले में कितने बच्चे थे ?
(a) 12500 (b) 15500 (c) 16000 (d) 31500
(होटल मैनेजमैन्ट परीक्षा, 2010)

49. सोनू ने मोना से 10% अधिक निवेश किया तथा मोना ने रघु से 10% कम निवेश किया. यदि तीनों ने कुल ₹ 5780 निवेश किये हों तो रघु ने कितना धन निवेश किया ?
(a) ₹2010 (b) ₹2000 (c) ₹2100 (d) ₹2210
(e) इनमें से कोई नहीं **(बैंक पी०ओ० परीक्षा, 2010)**

50. एक गाँव में प्रतिवर्ष 10% बच्चों की वृद्धि होती है. यदि वर्ष 2003 में बच्चों की संख्या 2000 हो, तो वर्ष 2006 में बच्चों की संख्या कितनी होगी ? **(बैंक पी०ओ० परीक्षा, 2010)**
(a) 2600 (b) 2620 (c) 2862 (d) 2682
(e) इनमें से कोई नहीं

51. किसी कस्बे की जनसंख्या में पहले वर्ष 5% की वृद्धि हुई तथा दूसरे वर्ष 5% की कमी हुई. यदि दूसरे वर्ष के अन्त में इसकी जनसंख्या 7980 हो, तो पहले वर्ष के प्रारम्भ में जनसंख्या कितनी थी ? **(एम०बी०ए० परीक्षा, 2010)**
(a) 7890 (b) 8900 (c) 9800 (d) 8000

52. यदि किसी वर्ग की प्रत्येक भुजा में 10% की वृद्धि कर दी जाये तो इसके क्षेत्रफल में कितनी वृद्धि होगी ?
(a) 10% (b) 21% (c) 44% (d) 100%
(एस०एस०सी० परीक्षा, 2010)

53. किसी वर्ग की प्रत्येक भुजा में 30% वृद्धि करने पर इसके क्षेत्रफल में कितने प्रतिशत वृद्धि होगी ?
(*a*) 30% (*b*) 45%
(*c*) 60% (*d*) इनमें से कोई नहीं

54. 50% अम्लीय 9 लीटर द्रव में कितना पानी मिलाया जाये कि अम्लीय सान्द्रता 30% रह जाये ? (एम०बी०ए० परीक्षा, 2010)
(*a*) 4·5 लीटर (*b*) 3 लीटर
(*c*) 6 लीटर (*d*) 7·5 लीटर

55. 300 ग्राम चीनी के घोल में 40% चीनी है. इसमें कितने ग्राम चीनी और मिलाई जाये कि नये घोल में 50% चीनी हो ?
(*a*) 10 ग्राम (*b*) 40 ग्राम (*c*) 60 ग्राम (*d*) 80 ग्राम

56. 3 लीटर चीनी के घोल में 40% चीनी है. इस घोल में एक लीटर पानी मिलाये जाने पर नये घोल में कितने प्रतिशत चीनी होगी ?
(*a*) $13\frac{1}{3}$% (*b*) 15% (*c*) 30% (*d*) 33%

57. एक वर्ग की लम्बाई तथा चौड़ाई में क्रमश: 40% तथा 30% वृद्धि करने पर प्राप्त आयत का क्षेत्रफल दिये गये वर्ग के क्षेत्रफल से कितने प्रतिशत अधिक होगा ?
(*a*) 42% (*b*) 62%
(*c*) 82% (*d*) इनमें से कोई नहीं

58. एक आयत की लम्बाई में 20% वृद्धि करने तथा चौड़ाई में 20% कमी करने पर इसके क्षेत्रफल में कितने प्रतिशत कमी आयेगी ?
(*a*) 0·8% (*b*) 1·2% (*c*) 4% (*d*) 8%

59. किसी वृत्त की त्रिज्या में 50% वृद्धि होने पर इसके क्षेत्रफल में कितने प्रतिशत वृद्धि होगी ?
(*a*) 25% (*b*) 50% (*c*) 12·5% (*d*) 125%

60. किसी गोले की त्रिज्या में 50% कमी होने पर इसके पृष्ठ के क्षेत्रफल में कितने प्रतिशत कमी होगी ?
(*a*) 25% (*b*) 50% (*c*) 75% (*d*) 100%

61. क्रमश: 1 सेमी०, 2 सेमी० तथा 3 सेमी० अर्द्धव्यास वाली तीन गोलाकार ठोस गेंदों को पिघलाकर एक बड़ी गोलाकार गेंद बनाई गई है. यदि इस प्रक्रिया में 25% सामग्री नष्ट हुई हो, तो नई गेंद का अर्द्धव्यास कितना होगा ? (एस०एस०सी० परीक्षा, 2010)
(*a*) 6 सेमी० (*b*) 5 सेमी० (*c*) 3 सेमी० (*d*) 2 सेमी०

62. एक कक्षा में लड़कों की संख्या लड़कियों से 16% अधिक है. कक्षा में लड़कों की संख्या का लड़कियों की संख्या से क्रमश: अनुपात क्या है ? (बैंक पी०ओ० परीक्षा, 2010)
(*a*) 27 : 22 (*b*) 29 : 21
(*c*) 29 : 25 (*d*) निर्धारित नहीं किया जा सकता
(*e*) इनमें से कोई नहीं

63. एक परीक्षा में रितिज ने 52%, सुनील ने 64% तथा रवि ने 74% अंक प्राप्त किये. यदि परीक्षा के अधिकतम अंक 750 हों, तो तीनों लड़कों के औसत प्राप्तांक कितने हैं ?
(*a*) 475 (*b*) 485 (*c*) 450 (*d*) 490
(*e*) इनमें से कोई नहीं (बैंक पी०ओ० परीक्षा, 2010)

64. कौशल के मासिक वेतन का 12%, नन्दिनी के मासिक वेतन के 16% के समान है. सुरेश का मासिक वेतन नन्दिनी के मासिक वेतन का आधा है. सुरेश का वार्षिक वेतन ₹ 1·08 लाख है. कौशल का मासिक वेतन कितना है ? (बैंक पी०ओ० परीक्षा, 2010)
(*a*) ₹ 20000 (*b*) ₹ 18000
(*c*) ₹ 26000 (*d*) ₹ 24000
(*e*) इनमें से कोई नहीं

65. गेहूँ के मूल्य में 20% कमी होने के कारण एक व्यक्ति ₹ 600 में पहले से 10 किग्रा० गेहूँ अधिक खरीद सकता है. भाव में कमी होने के बाद गेहूँ का भाव कितना है ?
(*a*) ₹ 11·50 प्रति किग्रा० (*b*) ₹ 12·50 प्रति किग्रा०
(*c*) ₹ 12 प्रति किग्रा० (*d*) ₹ 15 प्रति किग्रा०

66. एक छात्रावास में 600 लड़के हैं. इनमें से प्रत्येक लड़का हाकी अथवा फुटबाल अथवा दोनों खेल खेलता है. यदि 75% लड़के हाकी तथा 45% लड़के फुटबाल खेलते हों, तो कितने विद्यार्थी दोनों खेल खेलते हैं ?
(*a*) 48 (*b*) 60 (*c*) 80 (*d*) 120

67. एक कार्यालय में 72% कर्मचारी चाय पीते हैं तथा 44% कॉफी पीते हैं. यदि प्रत्येक कर्मचारी चाय अथवा कॉफी अवश्य पीता हो तथा 40 कर्मचारी चाय तथा कॉफी दोनों पीते हों, तो इस कार्यालय में कुल कितने कर्मचारी हैं ?
(*a*) 200 (*b*) 240 (*c*) 250 (*d*) 320

68. एक परीक्षा में 35% विद्यार्थी एक विषय में तथा 42% दूसरे विषय में अनुत्तीर्ण रहे जबकि 15% विद्यार्थी दोनों विषयों में अनुत्तीर्ण रहे. यदि कुल परीक्षार्थियों की संख्या 2500 हो, तो केवल एक ही विषय में कितने विद्यार्थी उत्तीर्ण रहे ?
(*a*) 325 (*b*) 1175
(*c*) 2125 (*d*) इनमें से कोई नहीं

69. 220 का 18·5% + 680 का 12·4% = ?
(*a*) 132·05 (*b*) 125·02 (*c*) 142·07 (*d*) 118·07
(*e*) इनमें से कोई नहीं (बैंक पी०ओ० परीक्षा, 2009)

70. 0·05 = ? %
(*a*) 50 (*b*) 5 (*c*) ·05 (*d*) ·5
(*e*) इनमें से कोई नहीं

71. ·025 = ? %
(*a*) ·25 (*b*) 25 (*c*) 2·5 (*d*) 37·5
(*e*) इनमें से कोई नहीं

72. एक आयत की लम्बाई में 10% की वृद्धि तथा चौड़ाई में 10% कमी करने पर नये आयत के क्षेत्रफल में:
(*a*) 1% की वृद्धि होगी
(*b*) 1% की कमी होगी
(*c*) 10% की कमी होगी
(*d*) न कोई कमी होगी तथा न वृद्धि
(एस०एस०सी० परीक्षा, 2007, 2010)

73. 5 : 4 = ? %
(*a*) 80 (*b*) 120 (*c*) 125 (*d*) 60
(*e*) 75

74. 22·5% = ?
(*a*) 2·25 (*b*) 0·225 (*c*) 0·0225 (*d*) 22·5
(*e*) इनमें से कोई नहीं

75. ? का 16% = ·008
(*a*) ·5 (*b*) ·05 (*c*) ·005 (*d*) ·0005
(*e*) इनमें से कोई नहीं

76. एक आयत की लम्बाई में 60% वृद्धि करने पर इसकी चौड़ाई कितने प्रतिशत कम करनी होगी जिससे इसका क्षेत्रफल पूर्ववत् रहे ?
(*a*) 37·5% (*b*) 60% (*c*) 30% (*d*) 32·5%

77. 130 का ? % = 11·7
(*a*) 90 (*b*) 9 (*c*) ·9 (*d*) ·09
(*e*) इनमें से कोई नहीं

78. $\frac{80 \text{ का } 30\%}{?} = 24$
(*a*) $\frac{3}{10}$ (*b*) $\frac{3}{17}$ (*c*) 1 (*d*) 2
(*e*) 3

79. 24 का ? % = 64
(*a*) $133\frac{1}{3}$ (*b*) $37\frac{1}{2}$ (*c*) $266\frac{2}{3}$ (*d*) $2\frac{2}{3}$
(*e*) इनमें से कोई नहीं

80. यदि 500 का $x\%$ = 300 का $y\%$ तथा 200 का $y\%$ का $x\%$ = 60 हो, तो x = ?
(*a*) $10\sqrt{2}$ (*b*) $20\sqrt{2}$ (*c*) $15\sqrt{2}$ (*d*) $30\sqrt{2}$
(*e*) इनमें से कोई नहीं (बैंक पी०ओ० परीक्षा, 2009)

81. एक संख्या के 45% का 15% यदि 105·3 हो, तो इस संख्या का 24% कितना है ?
(*a*) 385·5 (*b*) 374·4 (*c*) 390 (*d*) 375
(*e*) इनमें से कोई नहीं (बैंक पी०ओ० परीक्षा, 2009)

82. 500 का $\frac{6}{7}$ का 42% का 35% = ?
(*a*) 36 (*b*) 44 (*c*) 52 (*d*) 60
(*e*) इनमें से कोई नहीं (बैंक पी०ओ० परीक्षा, 2009)

83. एक भिन्न के अंश में 200% वृद्धि करने तथा हर में 400% वृद्धि करने पर परिणामी भिन्न $1\frac{1}{20}$ प्राप्त होती है. मूल भिन्न क्या है ? (बैंक पी०ओ० परीक्षा, 2009)
(*a*) $1\frac{3}{4}$ (*b*) $1\frac{1}{10}$ (*c*) $1\frac{1}{5}$ (*d*) $1\frac{1}{2}$
(*e*) इनमें से कोई नहीं

84. आधे घण्टे का 1 मिनट 10 सेकण्ड कौन-सा प्रतिशत है ?
(*a*) 2·5% (*b*) 3·89% (*c*) 3·5% (*d*) 4%

85. 6·8 किग्रा० का कितने प्रतिशत 17 ग्राम है ?
(*a*) 25% (*b*) 2·5% (*c*) 0·25% (*d*) 0·025%

86. 30 क्विन्टल, 2 मीट्रिक-टन का कितने प्रतिशत है ?
(*a*) 15% (*b*) 1·5% (*c*) 30% (*d*) 150%

87. $\sqrt{80 \text{ का } 7\cdot 2\%}$ = ?
(*a*) 5·6 (*b*) 3·6
(*c*) 2·4 (*d*) इनमें से कोई नहीं

88. किसी भिन्न के अंश में 15% वृद्धि करने तथा हर में 8% कमी करने पर $\frac{15}{16}$ प्राप्त होता है. मूल भिन्न क्या है ?
(*a*) $\frac{3}{5}$ (*b*) $\frac{3}{4}$ (*c*) $\frac{3}{7}$ (*d*) $\frac{2}{3}$

89. चीनी के मूल्य में 10% कमी होने पर कोई गृहिणी ₹ 1116 में 6·2 किग्रा० चीनी अधिक खरीद सकती है. चीनी का घटा हुआ मूल्य प्रति किग्रा० कितना है ? (एस०एस०सी० परीक्षा, 2009)
(*a*) ₹ 12 (*b*) ₹ 14 (*c*) ₹ 16 (*d*) ₹ 18

90. यदि जल-कर में 20% वृद्धि होने पर पानी की खपत 20% कम कर दी जाये, तो कुल कर में कितने प्रतिशत कमी अथवा वृद्धि होगी ?
(*a*) 5% कमी (*b*) 4% कमी
(*c*) 4% वृद्धि (*d*) अपरिवर्तनीय

91. किसी वस्तु के मूल्य में 20% कटौती कर दी गई. इसे पूर्व मूल्य पर लाने हेतू कितने प्रतिशत वृद्धि करनी होगी ?
(*a*) 20% (*b*) 25% (*c*) $16\frac{2}{3}\%$ (*d*) 24%

92. किसी वस्तु पर दलाली की दर 4% से बढ़कर 5% होने पर भी एक दलाल की आय अपरिवर्तित रही. उसके व्यापार में कितने प्रतिशत कमी आई ? (जीवन बीमा निगम परीक्षा, 2009)
(*a*) 1% (*b*) 8% (*c*) 9% (*d*) 20%

93. किसी वस्तु पर कर में 20% वृद्धि होने पर इसकी खपत में 20% कमी कर दी गई. इस वस्तु पर कुल कर प्राप्ति में :—
(*a*) कोई अन्तर नहीं हुआ (*b*) 4% की वृद्धि हुई
(*c*) 4% की कमी हुई (*d*) 5% की कमी हुई
(*e*) 5% की वृद्धि हुई

94. अमन का खर्च विमल के खर्च से 30% अधिक है तथा विमल का खर्च रमन के खर्च से 10% कम है. यदि तीनों के खर्च का योग ₹ 6447 हो, तो अमन का खर्च कितना है ?
(*a*) ₹ 2200 (*b*) ₹ 2457 (*c*) ₹ 1890 (*d*) ₹ 2100
(*e*) इनमें से कोई नहीं (बैंक पी०ओ० परीक्षा, 2009)

95. यदि 7% लवण वाले 12 लीटर घोल को उबाल कर 4 लीटर पानी को वाष्पित कर दिया जाये तो शेष बचे घोल में लवण का प्रतिशत कितना है ? (एस०एस०सी० परीक्षा, 2009)
(*a*) 10·5% (*b*) 11·5% (*c*) 12% (*d*) 13%

96. एक परीक्षा में उत्तीर्ण होने के लिए 35% अंक लेने होते हैं. एक अभ्यर्थी को 40 अंक मिले तथा वह 30 अंकों से अनुत्तीर्ण हो गया. परीक्षा के अधिकतम अंक कितने हैं ?
(*a*) 280 (*b*) 180 (*c*) 200 (*d*) 150
(*e*) 210 (बैंक पी०ओ० परीक्षा, 2009)

97. किसी परीक्षा में *A* तथा *B* क्रमश: अधिकतम अंकों का 60% तथा 30% अंक प्राप्त करते हैं. इनके प्राप्तांकों का योग 783 है. परीक्षा में पूर्णांक कितने थे ? (रेलवे परीक्षा, 2009)
(*a*) 850 (*b*) 870 (*c*) 900 (*d*) 960

98. एक भिन्न के अंश में 25% वृद्धि करें तथा हर दुगुना करें तो प्राप्त भिन्न $\frac{5}{9}$ है. मूल भिन्न क्या है ?

(a) $\frac{2}{3}$ (b) $\frac{4}{9}$
(c) $\frac{8}{9}$ (d) निर्धारित नहीं किया जा सकता
(e) इनमें से कोई नहीं (बैंक पी०ओ० परीक्षा, 2009)

99. एक भिन्न के अंश में 220% वृद्धि करने तथा हर में 150% वृद्धि करने पर परिणामी भिन्न $\frac{4}{5}$ है. मूल भिन्न क्या है ?

(a) $\frac{5}{8}$ (b) $\frac{3}{5}$ (c) $\frac{4}{5}$ (d) $\frac{5}{6}$
(e) इनमें से कोई नहीं (बैंक पी०ओ० परीक्षा, 2009)

100. किसी परीक्षा में 5% अभ्यर्थी अयोग्य घोषित हुए तथा योग्य अभ्यर्थियों में से 85% परीक्षार्थी सामान्य वर्ग के थे. यदि 4275 योग्य अभ्यर्थी अन्य वर्गों से हों, तो कुल कितने अभ्यर्थियों ने आवेदन किया ? (रेलवे परीक्षा, 2009)

(a) 30000 (b) 35000
(c) 37000 (d) इनमें से कोई नहीं

101. एक परीक्षा में कमल ने 70% अंक प्राप्त किये. उसे चार विषयों में से तीन विषयों में क्रमशः 81%, 66% तथा 61% अंक मिले. चौथे विषय में उसे कितने अंक मिले ?

(a) 65% (b) 66% (c) 67% (d) 72%

102. एक परीक्षा में 900 लड़कियाँ तथा 1100 लड़के बैठे. इनमें से 40% लड़कियाँ तथा 50% लड़के उत्तीर्ण हुये. कुल कितने प्रतिशत विद्यार्थी अनुत्तीर्ण रहे ?

(a) 45% (b) 45·5% (c) 54·5% (d) 59·2%

103. 2 क्विन्टल, 2·5 किग्रा० का कितने प्रतिशत है ?

(a) 0·8% (b) 8% (c) 80% (d) 800%
(e) 8000%

104. 75 मिलीलीटर, 1·75 लीटर का कितने प्रतिशत है ?

(a) $21\frac{2}{3}\%$ (b) $4\frac{2}{7}\%$
(c) $47\frac{2}{7}\%$ (d) इनमें से कोई नहीं

105. एक परीक्षा में 42% अभ्यर्थी गणित में तथा 52% अभ्यर्थी अंग्रेजी में अनुत्तीर्ण हुए. यदि 17% अभ्यर्थी दोनों विषयों में अनुत्तीर्ण हुए हों तथा दोनों विषयों में 46 अभ्यर्थी उत्तीर्ण हुए हों, तो कुल अभ्यर्थियों की संख्या कितनी है ? (एस०एस०सी० परीक्षा, 2009)

(a) 100 (b) 200 (c) 300 (d) 350

106. राम अपनी मासिक आय का 20% अपनी घरेलू आवश्यकताओं पर, शेष आय का 15% पुस्तकों पर तथा शेष आय का 30% कपड़ों पर खर्च करता है. अब, उसके पास ₹ 9520 बचते हैं. उसकी मासिक आय कितनी है ? (रेलवे परीक्षा, 2009)

(a) ₹ 15000 (b) ₹ 10000
(c) ₹ 20000 (d) इनमें से कोई नहीं

107. नताशा ने अपने मासिक वेतन का 45% खरीदारी पर खर्च करने का निर्णय लिया. ₹ 11475 खर्च करने के बाद उसे ज्ञात हुआ कि यह धन उसके द्वारा खर्च किये जाने वाली राशि का 60% था. नताशा का वेतन कितना है ?

(a) ₹ 29600 (b) ₹ 38800
(c) ₹ 42500 (d) निर्धारित नहीं किया जा सकता
(e) इनमें से कोई नहीं (बैंक पी०ओ० परीक्षा, 2009)

108. मि० अग्रवाल ने अपने धन का 30% भाग अपनी पत्नी को दे दिया. शेष धन का आधा अपनी पुत्री को दे दिया तथा बचे हुए धन को अपने 5 पुत्रों में बराबर-बराबर बाँट दिया. यदि प्रत्येक लड़के को ₹ 14000 मिले हों, तो उसके पास कुल कितना धन था ?

(a) ₹ 175000 (b) ₹ 200000
(c) ₹ 100000 (d) इनमें से कोई नहीं
(एस०एस०सी० परीक्षा, 2009)

109. तुलसीराम का वेतन कश्यप के वेतन से 20% अधिक है. यदि तुलसीराम की बचत ₹ 720 हो जो उसके वेतन का 4% है, तो कश्यप का वेतन कितना है ? (एस०एस०सी० परीक्षा, 2009)

(a) ₹ 12000 (b) ₹ 15000
(c) ₹ 14400 (d) ₹ 22000

110. एक विद्यार्थी को किसी राशि का $3\frac{1}{2}\%$ ज्ञात करने के लिए कहा गया. उसने त्रुटिवश उस राशि का $5\frac{1}{2}\%$ ज्ञात किया जो ₹ 220 था. सही उत्तर क्या है ? (एस०एस०सी० परीक्षा, 2009)

(a) ₹ 120 (b) ₹ 140 (c) ₹ 160 (d) ₹ 150

111. एक कर्मचारी की मजदूरी पहले 40% कम कर दी गई तथा उसके बाद उसमें 50% वृद्धि की गई. उसे कितने प्रतिशत लाभ अथवा हानि हुई ?

(a) 10% लाभ (b) 10% हानि
(c) न लाभ न हानि (d) इनमें से कोई नहीं

112. किसी परीक्षा में A तथा B क्रमशः अधिकतम अंकों का 60% तथा 30% अंक प्राप्त करते हैं. इनके प्राप्तांकों का योग 783 है. परीक्षा में पूर्णांक कितने हैं ? (रेलवे परीक्षा, 2009)

(a) 850 (b) 870 (c) 900 (d) 960

113. 1 से 70 तक की कितने प्रतिशत संख्याओं के वर्ग के अन्त में 1 आता है ? (रेलवे परीक्षा, 2009)

(a) 14 (b) 21 (c) 18 (d) 20

114. 50 किग्रा० शीशे व टिन के मिश्रण में 60% शीशा है. इस मिश्रण में कितना शीशा मिलाने पर बने मिश्रण में 75% शीशा हो जायेगा ?

(a) 20 किग्रा० (b) 25 किग्रा०
(c) 30 किग्रा० (d) 40 किग्रा०
(दिल्ली पुलिस परीक्षा, 2009)

115. एक राज्य की जनसंख्या में प्रतिवर्ष 10% की वृद्धि होती है. यदि वर्ष 2003 में इस राज्य की जनसंख्या 15 लाख हो, तो वर्ष 2005 में इसकी जनसंख्या कितनी थी ? (बैंक पी०ओ० परीक्षा, 2009)

(a) 16·5 लाख (b) 15·5 लाख
(c) 17·25 लाख (d) 18·25 लाख
(e) इनमें से कोई नहीं

116. 72 बच्चे एक कक्षा में कतारों तथा स्तम्भों में इस प्रकार खड़े हैं कि प्रत्येक कतार में बच्चों की संख्या, प्रत्येक स्तम्भ में बच्चों की संख्या से 12.5% अधिक है. प्रत्येक कतार में बच्चों की संख्या कितनी है? (मैट्रो रेल दिल्ली, 2009)
(*a*) 9 (*b*) 8 (*c*) 18 (*d*) 12

117. दो उम्मीदवारों के बीच एक चुनाव में एक उम्मीदवार को कुल वैध मतों के 55% मत मिले. यदि कुल मत 15200 हों तथा 15% मत अवैध घोषित कर दिये गये हों, तो दूसरे उम्मीदवार को कितने वैध मत मिले?
(*a*) 7106 (*b*) 6840 (*c*) 8360 (*d*) 5814
(*e*) इनमें से कोई नहीं (बैंक पी०ओ० परीक्षा, 2009)

118. एक चुनाव में दो उम्मीदवार हैं. एक उम्मीदवार को 71% मत मिलते हैं तथा वह 756 मतों से चुनाव जीत जाता है. कुल मतों की संख्या कितनी है?
(*a*) 1890 (*b*) 1800 (*c*) 1860 (*d*) 1850

119. दो उम्मीदवारों के बीच हुए एक चुनाव में एक उम्मीदवार को कुल वैध मतों के 52% मत मिले तथा कुल मतों के 25% मत अवैध हैं. यदि कुल मतों की संख्या 8400 हो, तो दूसरे उम्मीदवार को कितने वैध मत मिले? (बैंक पी०ओ० परीक्षा, 2008)
(*a*) 3276 (*b*) 3196
(*c*) 3024 (*d*) निर्धारित नहीं किया जा सकता
(*e*) इनमें से कोई नहीं

120. 3600 का $\frac{7}{9}$ का 45% का 35% = ? (बैंक पी०ओ० परीक्षा, 2008)
(*a*) 441 (*b*) 414 (*c*) 444 (*d*) 411
(*e*) इनमें से कोई नहीं

121. 4240 का $\frac{3}{5}$ का 75% का 25% = ?
(*a*) 595 (*b*) 424 (*c*) 348 (*d*) 477
(*e*) इनमें से कोई नहीं (बैंक पी०ओ० परीक्षा, 2008)

122. (280 का ? %) + (550 का 18%) = 143·8
(*a*) 11 (*b*) 18 (*c*) 21 (*d*) 16
(*e*) इनमें से कोई नहीं

123. 1245 का 15·5% – 1458 का 12·5% = ?
(*a*) 10·725 (*b*) 10·735 (*c*) 10·745 (*d*) 10·755
(*e*) इनमें से कोई नहीं (बैंक पी०ओ० परीक्षा, 2008)

124. 530 का 20·3% + 225 का 16·8% = ?
(*a*) 123·27 (*b*) 145·39 (*c*) 165·49 (*d*) 186·57
(*e*) इनमें से कोई नहीं (बैंक पी०ओ० परीक्षा, 2008)

125. एक संख्या का $\frac{1}{5}$ यदि 81 हो, तो उस संख्या का 68% क्या होगा? (बैंक पी०ओ० परीक्षा, 2008)
(*a*) 195·2 (*b*) 275·4 (*c*) 225·6 (*d*) 165·8
(*e*) इनमें से कोई नहीं

126. व्यंजक x^3y^2 में x तथा y के मानों में क्रमशः 25% तथा 20% कमी करने पर व्यंजक के मान में कितने प्रतिशत कमी आयेगी?
(*a*) 63% (*b*) 66% (*c*) 71% (*d*) 73%

127. एक नगर की जनसंख्या 48600 है. यदि पहले वर्ष में इसमें 25% वृद्धि हो तथा दूसरे वर्ष में 8% घटोतरी हो, तो 2 वर्ष के अन्त में इस नगर की जनसंख्या कितनी होगी?
(*a*) 65610 (*b*) 55580 (*c*) 60750 (*d*) 64850
(*e*) इनमें से कोई नहीं (बैंक पी०ओ० परीक्षा, 2008)

128. एक मशीन का क्रय-मूल्य ₹ 200000 है. यदि इसका 10% वार्षिक दर से अवमूल्यन हो, तो 3 वर्ष बाद इसका मूल्य कितना होगा?
(*a*) ₹ 60000 (*b*) ₹ 140000
(*c*) ₹ 145800 (*d*) ₹ 266200

129. एक व्यक्ति ने ₹ 72900 में एक भूखण्ड खरीद कर उस पर ₹ 133100 की लागत से मकान बनाया. यदि भूखण्ड के मूल्य में 10% वार्षिक दर से वृद्धि हो तथा बिल्डिंग के मूल्य में 10% वार्षिक दर से कमी हो, तो कितने समय बाद दोनों का मूल्य समान हो जायेगा?
(*a*) $2\frac{1}{2}$ वर्ष (*b*) 2 वर्ष (*c*) $1\frac{1}{2}$ वर्ष (*d*) 3 वर्ष

130. किसी परीक्षा में 60% विद्यार्थी अंग्रेजी में तथा 70% गणित में उत्तीर्ण हुए. यदि 20% विद्यार्थी दोनों विषयों में अनुत्तीर्ण रहे हों तथा 2500 विद्यार्थी दोनों विषयों में उत्तीर्ण रहे हों, तो कुल परीक्षार्थियों की संख्या कितनी है? (एस०एस०सी० परीक्षा, 2007)
(*a*) 3000 (*b*) 3500 (*c*) 4000 (*d*) 5000

131. किसी विद्यालय में लड़के तथा लड़कियाँ 3 : 2 के अनुपात में हैं. यदि 20% लड़के तथा 30% लड़कियाँ छात्रवृत्ति लेने वाले हों, तो छात्रवृत्ति न लेने वाले विद्यार्थियों का प्रतिशत कितना है?
(*a*) 50% (*b*) 72% (*c*) 75% (*d*) 76%
(एस०एस०सी० परीक्षा, 2007)

132. किसी परिवार के चावल, मछली तथा खाद्य तेल पर किये जाने वाले व्यय 12 : 17 : 3 के अनुपात में हैं. इन वस्तुओं के मूल्यों में क्रमशः 20%, 30% तथा 50% की वृद्धि हो जाती है. परिवार के इन वस्तुओं पर किये जाने वाले व्यय में कुल कितनी वृद्धि होगी? (एस०एस०सी० परीक्षा, 2007)
(*a*) $14\frac{1}{8}$% (*b*) $7\frac{1}{8}$% (*c*) $50\frac{1}{8}$% (*d*) $28\frac{1}{8}$%

133. एक एम०आर०आई० मशीन का मूल्य ₹ 1 करोड़ है. विक्रेता कम्पनी इस पर 5% छूट देती है. छूट की राशि कितनी है?
(*a*) ₹ 50 हजार (*b*) ₹ 5 लाख
(*c*) ₹ 50 लाख (*d*) ₹ 75 लाख

134. एक व्यक्ति परीक्षा में कुल अंकों का 45% प्राप्त करता है और फिर भी 40 अंकों से अनुत्तीर्ण हो जाता है। परीक्षा का उत्तीर्ण प्रतिशत 55% है। परीक्षा के अधिकतम अंक क्या हैं?
(*a*) 400 (*b*) 500 (*c*) 300 (*d*) 600
(एस.एस.सी.-सी.जी.एल. परीक्षा 2019)

135. एक दिन का कितना प्रतिशत 30 मिनट है?
(*a*) 2.83 (*b*) 2.16 (*c*) 2.14 (*d*) 2.08
(एस.एस.सी.-सी.जी.एल. परीक्षा 2018)

136. एक व्यवसायी की आय एक वर्ष में 25% बढ़ जाती है लेकिन अगले वर्ष 4% घट जाती है। इसी पैटर्न के अनुसार 5 साल

बाद उसकी आय ₹72000 होगी। उसकी वर्तमान आय क्या है? (एस.एस.सी.-सी.जी.एल. परीक्षा 2018)

(*a*) 40000 (*b*) 50000 (*c*) 45000 (*d*) 55000

137. एक परीक्षा में 73 प्रतिशत अभ्यर्थी मात्रात्मक अभियोग्यता परीक्षा में, 70% सामान्य ज्ञान में और 64 प्रतिशत अभ्यर्थी दोनों में उत्तीर्ण हुए। यदि 6300 अभ्यर्थी दोनों विषयों में अनुत्तीर्ण हुए तो परीक्षार्थियों की कुल संख्या क्या थी?

(*a*) 30000 (*b*) 40000 (*c*) 35000 (*d*) 45000

(एस.एस.सी.-सी.जी.एल. परीक्षा 2018)

138. एक आदमी अपनी आय का 75% खर्च करता है। उसकी आय में 20% की और उसके व्यय में 10% की वृद्धि होती है। उसकी बचत में प्रतिशत वृद्धि ज्ञात कीजिए।

(*a*) 45% (*b*) 50% (*c*) 35% (*d*) 55%

(एस.एस.सी.-सी.जी.एल. परीक्षा 2018)

139. एक संख्या में से 60% घटाकर शेष में से 15% घटाने पर 1428 शेष बचता है। प्रारंभिक संख्या क्या थी?

(*a*) 5200 (*b*) 4200 (*c*) 4000 (*d*) 5000

(एस.एस.सी.-सी.जी.एल. परीक्षा 2017)

140. 4896 किस संख्या का 85 प्रतिशत है?

(*a*) 5000 (*b*) 5750 (*c*) 5500 (*d*) 5760

[दिल्ली मेट्रो रेल कॉर्पोरेशन सी.आर.ए. परीक्षा, 2017]

141. दो संख्याएँ एक तीसरी संख्या की तुलना में 10% और 25% कम हैं। दूसरी संख्या को पहली संख्या के बराबर करने के लिए कितने प्रतिशत से बढ़ाना होगा ?

(*a*) 16.67 प्रतिशत (*b*) 20 प्रतिशत

(*c*) 15 प्रतिशत (*d*) 60 प्रतिशत

[एस.एस.सी. सी.एच.एस.एल. (सी.बी.ई.) परीक्षा, 2017]

142. एक परीक्षा में एक विद्यार्थी को पास करने के लिए अधिकतम 33% अंक प्राप्त करने है, वही उसने 125 अंक प्राप्त किये, एवं 40 अंक से असफल रहा। परीक्षा का अधिकतम अंक क्या था? (पटना हाई कोर्ट असिस्टेंट परीक्षा, 2016)

(*a*) 500 (*b*) 600 (*c*) 800 (*d*) 1000

143. $\left(\frac{5224}{5.00}\times\frac{3}{11}\right)$ का ?% = 375.05

(*a*) 80 (*b*) 32 (*c*) 98 (*d*) 58

(*e*) 132 (ओरि. इंश्यो. कं लि. स्पेश. ऑफीसर्स (फाइ.) परीक्षा, 2015)

144. एक इलेक्शन में सिर्फ दो अभ्यार्थी भाग लेते है, 30% रजिस्टर्ड वोटरों ने अपने वोट नहीं दिए और 180 वोटों को रद्द कर दिया गया, जीते हुए उम्मीदवार को उसके विरोधी से 684 वोट ज्यादा मिले। जीते हुए उम्मीदवार द्वारा प्राप्त की गई वैध वोटों की संख्या रजिस्टर्ड वोटों की संख्या का 42% है तो कितने रजिस्टर्ड वोटरों ने अपने वोट दिए?

(*a*) 2660 (*b*) 2260 (*c*) 2160 (*d*) 3600

(*e*) 2520

(ओरि. इंश्यो. क. लि. स्पेश. ऑफी. (फाइ.) परीक्षा, 2015)

145. 1248 का 25% + ? का 20% = 9848 ÷ 4

(*a*) 13750 (*b*) 11255 (*c*) 10750 (*d*) 1552

(*e*) 25650

(एस.बी.आई. सहयोगी बैंक लिपिकीय संवर्ग परीक्षा, 2015)

146. 10% और 20% की लगातार छूट ...... की एकल छूट के बराबर है। (डी.एस.एस.बी. निम्न श्रेणी लिपिक परीक्षा, 2014)

(*a*) 28% (*b*) 30% (*c*) 15% (*d*) 20%

147. 0.03 का 5%, 0.05 का कितना प्रतिशत होगा?

(*a*) 3% (*b*) 30%

(*c*) 0.3% (*d*) उपयुर्क्त में से कोई नहीं

(छत्तीसगढ़ छात्रावास अधीक्षक श्रेणी 'डी' भर्ती परीक्षा, 2014)

148. यदि *A* की आय का 5% = *B* की आय का 15% तथा *B* की आय का 10% = *C* की आय का 20% हो तथा *B* की आय ₹ 8000 हो, तो तीनों की कुल आय कितनी है ?

(*a*) ₹ 28000 (*b*) ₹ 32000

(*c*) ₹ 36000 (*d*) ₹ 24000

149. पेट्रोल की कीमत में 25% वृद्धि होती है, तो उपभोग में कितने प्रतिशत की कमी लाई जाए कि कुल व्यय पहले जैसा रहे?

(*a*) 20% (*b*) 25%

(*c*) 15% (*d*) उपयुर्क्त में से कोई नहीं

(छत्तीसगढ़ छात्रावास अधीक्षक श्रेणी 'डी' भर्ती परीक्षा, 2014)

150. एक कर्मचारी की मासिक आय में $2\frac{2}{3}$% वृद्धि करने पर उसे ₹ 720 अधिक मिलते हैं. उसकी मासिक आय कितनी है ?

(*a*) ₹ 20000 (*b*) ₹ 27000

(*a*) ₹ 25000 (*b*) ₹ 24000

उत्तरमाला (प्रश्नमाला 10A)

1. (*a*)	2. (*b*)	3. (*b*)	4. (*c*)	5. (*a*)	6. (*c*)	7. (*b*)	9. (*a*)	9. (*c*)	10. (*c*)	11. (*b*)	12. (*e*)
13. (*e*)	14. (*b*)	15. (*b*)	16. (*c*)	17. (*c*)	18. (*d*)	19. (*c*)	20. (*c*)	21. (*b*)	22. (*c*)	23. (*c*)	24. (*a*)
25. (*b*)	26. (*e*)	27. (*d*)	28. (*b*)	29. (*c*)	30. (*b*)	31. (*b*)	32. (*d*)	33. (*b*)	34. (*b*)	35. (*a*)	36. (*d*)
37. (*c*)	38. (*a*)	39. (*c*)	40. (*e*)	41. (*c*)	42. (*d*)	43. (*a*)	44. (*a*)	45. (*a*)	46. (*b*)	47. (*b*)	48. (*b*)
49. (*b*)	50. (*e*)	51. (*d*)	52. (*b*)	53. (*d*)	54. (*c*)	55. (*c*)	56. (*c*)	57. (*c*)	58. (*c*)	59. (*d*)	60. (c)
61. (*c*)	62. (*b*)	63. (*a*)	64. (*d*)	65. (*d*)	66. (*d*)	67. (*c*)	68. (*b*)	69. (*b*)	70. (*b*)	71. (*c*)	72. (*b*)
73. (*c*)	74. (*b*)	75. (*b*)	76. (a)	77. (*b*)	78. (*e*)	79. (*c*)	80. (*d*)	81. (b)	82. (*e*)	83. (*a*)	84. (*b*)
85. (*c*)	86. (*d*)	87. (c)	88. (b)	89. (*d*)	90. (*b*)	91. (*b*)	92. (*d*)	93. (*c*)	94. (*b*)	95. (*a*)	96. (c)
97. (b)	98. (*c*)	99. (*a*)	100.(*a*)	101. (*d*)	102. (*c*)	103. (*e*)	104. (*b*)	105. (*b*)	106. (*c*)	107. (*c*)	108. (*b*)
109. (*b*)	110. (b)	111. (*b*)	112. (*b*)	113. (*d*)	114. (*c*)	115. (*e*)	116. (*a*)	117. (*d*)	118. (*b*)	119. (*c*)	120. (*a*)

121. (*d*) **122.** (*d*) **123.** (*a*) **124.** (*b*) **125.** (*b*) **126.** (*a*) **127.** (*e*) **128.** (*e*) **129.** (*d*) **130.** (*d*) **131.** (d) **132.** (*d*)
133. (*b*) **134.** (*a*) **135.** (*d*) **136.** (*a*) **137.** (*a*) **138.** (*b*) **139.** (*b*) **140.** (*d*) **141.** (*b*) **142.** (*a*) **143.** (*e*) **144.** (*d*)
145. (*c*) **146.** (*a*) **147.** (*d*) **148.** (*c*) **149.** (*a*) **150.** (*b*)

दिये गये प्रश्नों के हल (प्रश्नमाला 10A)

1. प्रश्नानुसार,

$36\% = 190 + 35$

$\Rightarrow 100\% = \frac{225 \times 100}{36}$

कुल अंक = 625

2. प्रश्न के अनुसार

A की आय *B* की आय से 25% अधिक है।

इसलिए,

$A = B \times 125\%$

$\Rightarrow A = \frac{125}{100}B$

$\Rightarrow A = \frac{5}{4}B$

A की आय की तुलना में *B* की आय $= \frac{B}{A}$

$= \frac{4B}{5B} \times 100$

$= 80\%$

3. माना x का 52% = 182. तब, $x \times \frac{52}{100} = 182.$

$\therefore\ x = \left(182 \times \frac{100}{52}\right) = 350.$

4. माना राजू का व्यय = ₹100

तब उसकी आय = ₹120

बचत = ₹20

नई आय = पहली आय × $\frac{\text{आय में प्रतिशत वृद्धि}}{100}$

नई आय $= 120 \times \frac{160}{100} =$ ₹192

नया व्यय = ₹170

नई बचत = 192 – 170 – ₹22

बचत में % वृद्धि $\frac{22-20}{20} \times 100 = 10\%$

5. प्रश्नानुसार,

$120\left(1 - \frac{x}{100}\right) = 40\left(1 + \frac{x}{100}\right)$

$3 - \frac{3x}{100} = 1 + \frac{x}{100}$

$\frac{4x}{100} = 2$

$x = 50\%$

210 का $x\% = 210 \times \frac{50}{100} = 105$

180 का $(x + 20)\% = 180 \times \frac{70}{100} = 126$

आवश्यक प्रतिशत $= \frac{126-105}{126} \times 100 = 16\frac{2}{3}\%$

6. 1260 का $\frac{100}{3}\%$ + 755 का 80%

$= \left(1260 \times \frac{100}{3} \times \frac{1}{100}\right) + \left(755 \times \frac{80}{100}\right)$

$= (420 + 604) = 1024.$

7. माना (420 का 36%) – (350 का 56%) = $x - 94$. तब,

$\left(420 \times \frac{36}{100}\right) - \left(350 \times \frac{56}{100}\right) + 94 = x$

$\Rightarrow x = \left(\frac{756}{5} - 196 + 94\right) = (151 \cdot 2 + 94 - 196)$

$= (245 \cdot 2 - 196) = 49 \cdot 2.$

8. माना $\left(3842 \text{ का } \frac{1}{2}\right) + (x \text{ का } 15\%) = 2449.$ तब,

$\left(x \times \frac{15}{100}\right) = (2449 - 1921) = 528 \Rightarrow \frac{3x}{20} = 528$

$\Rightarrow x = \left(528 \times \frac{20}{3}\right) = 3520.$

9. माना (420 का 25%) – (140 का $x\%$) = 77. तब,

$\left(420 \times \frac{25}{100}\right) - 77 = \left(140 \times \frac{x}{100}\right)$

$\Rightarrow \frac{7x}{5} = (105 - 77) = 28 \Rightarrow x = \left(28 \times \frac{5}{7}\right) = 20.$

10. संक्षिप्त विधि

व्यक्ति की बचत = 100 का 20% = ₹20

वह उन ₹ 20 से 10 और पेन खरीदता है।

तो नई कीमत $= \frac{20}{10}$ = ₹2

मूल विधि

मान लीजिए कि व्यक्ति ने ₹100 में n पेन खरीदे।

तब, 1 पेन का क्र.मू. $= \frac{100}{n}$

20% की गिरावट के बाद, 1 पेन का क्र.मू.

$= \frac{100}{n} \times \frac{80}{100} = \frac{80}{n}$

प्रश्न के अनुसार, वह अभी 10 और पेन खरीद सकता है,

$\frac{100n}{80} - n = 10$

$\Rightarrow 100n - 80n = 10 \times 80$

$\Rightarrow n = 40$

अत: 1 कलम का नया मूल्य $= \frac{100}{n+10} = \frac{100}{50} = ₹2$

11. माना (365 का 36%) + (56·2 का x%) = 156·69. तब

$\frac{(56\cdot2 \times x)}{100} = (156\cdot69 - 131\cdot40) = 25\cdot29$

$\Rightarrow x = \frac{25\cdot29 \times 100}{56\cdot2} = 45.$

12. माना 250 का 14% + 150 का x% = 140. तब,

$\frac{(150 \times x)}{100} = 140 - \left(250 \times \frac{14}{100}\right) = (140 - 35) = 105$

$\Rightarrow \frac{3x}{2} = 105 \Rightarrow x = \left(105 \times \frac{2}{3}\right) = 70.$

13. माना (550 का x%) – (150 का 12%) = 125. तब,

$550 \times \frac{x}{100} = (125 + 18) \Rightarrow \frac{11x}{2} = 143$

$\Rightarrow x = \left(143 \times \frac{2}{11}\right) = 26.$

14. माना 160 का $\sqrt{x}\% = 32$. तब,

$160 \times \frac{\sqrt{x}}{100} = 32 \Rightarrow \sqrt{x} = \left(32 \times \frac{5}{8}\right) = 20$

$\Rightarrow x = (20)^2 = 400.$

15. अभीष्ट प्रतिशत $= \frac{25}{100+25} \times 100 = \frac{25}{125} \times 100 = 20\%$

16. माना 160 का 45% + 250 का 14% = x – 23. तब,
$x = (72 + 35 + 23) = 130.$

17. माना 350 का 66% + x = 1256 का $\frac{5}{8}$. तब,
$x = (785 - 231) = 554.$

18. माना $\frac{750 \text{ का } 64\%}{4} = \frac{x}{5}$. तब $\frac{x}{5} = \frac{480}{4} = 120.$

$\therefore x = (120 \times 5) = 600.$

19. यहाँ $R = 30$.

अभीष्ट $\% = \left(\frac{30}{130} \times 100\right)\% = \frac{300}{13}\% = 23\frac{1}{13}\%.$

20. यहाँ $R = 60$.

अभीष्ट $\% = \left\{\frac{R}{(100+R)} \times 100\right\}\% \left(\frac{60}{160} \times 100\right)\% = \frac{75}{2}\%$

$= 37\frac{1}{2}\%.$

21. यहाँ $R = 20$.

अभीष्ट $\% = \left\{\frac{R}{(100-R)} \times 100\right\}\% = \left(\frac{20}{80} \times 100\right)\% = 25\%.$

22. यहाँ $R = 25$.

अभीष्ट $\% = \left\{\frac{R}{(100-R)} \times 100\right\}\% = \left(\frac{25}{75} \times 100\right)\%$

$= \frac{100}{3}\% = 33\frac{1}{3}\%.$

23. यहाँ $R = 50$.

अभीष्ट $\% = \left\{\frac{R}{(100-R)} \times 100\right\}\% = \left(\frac{50}{50} \times 100\right)\% = 100\%.$

24. 540 का 75% का $\frac{7}{5}$ का $\frac{2}{3} = \left(540 \times \frac{75}{100} \times \frac{7}{5} \times \frac{2}{3}\right) = 378.$

25. माना 740 का 35% = x + 34. तब $\left(740 \times \frac{35}{100}\right) = x + 34.$

$\Rightarrow 259 = x + 34 \Rightarrow x = 259 - 34 = 225.$

$\Rightarrow x$ का $\frac{2}{5} = \left(225 \times \frac{2}{5}\right) = 90.$

26. माना किसी वस्तु का प्रारम्भिक मूल्य = ₹ 100.
नया मूल्य = ₹ 100 का 110% का 110%

$= ₹\left(100 \times \frac{110}{100} \times \frac{110}{100}\right) = ₹\ 121.$

एक मात्र मूल्य वृद्धि = 21%.

27. माना प्रारम्भिक मूल्य = ₹ x. तब
बढ़ा हुआ मूल्य = ₹ x का 110% का 120%

$= \left(x \times \frac{110}{100} \times \frac{120}{100}\right) = ₹\ \frac{33x}{25}.$

$\therefore \frac{33x}{25} = 33 \Rightarrow x = \frac{33 \times 25}{33} = 25.$

अत: प्रारम्भिक मूल्य = ₹ 25.

28. माना प्रारम्भिक मूल्य = ₹ 100.
तब विक्रय-मूल्य = ₹ 100 का 80% का 95%

$= ₹\left(100 \times \frac{80}{100} \times \frac{95}{100}\right) = ₹\ 76.$

समतुल्य बट्टा = (100 – 76)% = 24%.

29. माना संख्या = 100.
तब, परिणामी संख्या = 100 का 120% का 120%

$= \left(100 \times \frac{120}{100} \times \frac{120}{100}\right) = 144.$

कुल वृद्धि = 44%.

30. माना जोसेफ की आय = ₹ 100. कमी के बाद आय = ₹ 90.
इच्छित वृद्धि = ₹ (100 – 90) = ₹ 10.
₹ 90 पर वृद्धि = ₹ 10

₹ 100 पर वृद्धि $= \left(\frac{10}{90} \times 100\right)\% = \frac{100}{9}\% = 11\frac{1}{9}\%.$

31. माना अभीष्ट संख्या = x. तब

$x - \left(600 \text{ का } 75\% \text{ का } \frac{2}{3}\right) = 320$

$\Rightarrow x - \left(600 \times \frac{75}{100} \times \frac{2}{3}\right) = 320 \Rightarrow x = (320 + 300) = 620.$

32. माना पहले मूल्य = ₹ 100 प्रति इकाई तथा कुल बिक्री = 100 इकाई.

पहले कुल मूल्य = ₹ (100 × 100) = ₹ 10000.

अब, नया मूल्य = ₹ 70 प्रति इकाई तथा नई बिक्री = 140 इकाई.

अब, कुल मूल्य = ₹ (140 × 70) = ₹ 9800.

वि० मूल्य में कमी = ₹ (10000 – 9800) = ₹ 200.

वि० मूल्य में कमी % $= \left(\frac{200}{10000} \times 100\right)\% = 2\%$.

33. माना पहले खपत = 100 इकाई तथा मूल्य प्रति इकाई = ₹ 100.

पहले कुल खर्च = ₹ (100 × 100) = ₹ 10000.

नया मूल्य = ₹ 140 प्रति इकाई तथा

माना नई खपत = $(100 - x)$ इकाई.

अब खर्च = ₹ 140 × $(100 - x)$ = ₹ $(14000 - 140x)$.

$14000 - 140x = 10000$

$\Rightarrow 140x = 4000 \Rightarrow x = \frac{4000}{140} = \frac{200}{7}\% = 28\frac{4}{7}\%$.

$\therefore$ खपत में कमी $= 28\frac{4}{7}\%$.

34. माना पहले खपत = 100 इकाई तथा पहले भाव = ₹100 प्रति इकाई.

पहले कुल मूल्य = ₹ (100 × 100) = ₹ 10000.

अब खपत = $(100 - x)$ इकाई तथा अब भाव = ₹ 120 प्रति इकाई.

अब, कुल मूल्य = ₹ $\{(100 - x) \times 120\}$ = ₹ $(12000 - 120x)$

$\therefore 12000 - 120x = 10000 \Rightarrow 120x = 2000$

$\Rightarrow x = \frac{50}{3} = 16\frac{2}{3}\%$.

$\therefore$ खपत में कमी $= 16\frac{2}{3}\%$.

35. माना तीसरी संख्या = 100. तब पहली संख्या $= 112\frac{1}{2}$ तथा दूसरी संख्या = 125.

अभीष्ट % $= \left(\frac{225}{2 \times 125} \times 100\right)\% = 90\%$.

36. कुल कापियों की बिक्री = (10 × 14) = 140.

कुल पैंसिल बॉक्स की बिक्री = (6 × 14) = 84.

140 कापियों का मूल्य = ₹ (45 × 140) = ₹ 6300.

84 पैंसिल बॉक्स का मूल्य = ₹ (80 × 84) = ₹ 6720.

कुल लाभ = (₹ 6300 का 4%) + (₹ 6720 का 20%)

$= ₹\left[\left(6300 \times \frac{4}{100}\right) + \left(6720 \times \frac{20}{100}\right)\right]$

$= ₹ (252 + 1344) = ₹ 1596$.

37. 12 लीटर घोल में चीनी की मात्रा $= \left(\frac{4}{100} \times 12\right)$ लीटर = 0·48 लीटर.

नये 10 लीटर घोल में चीनी = 0·48 लीटर.

इस घोल में चीनी की % $= \left(\frac{0 \cdot 48}{10} \times 100\right)\% = 4 \cdot 8\%$.

38. यहाँ $R = 10$.

अभीष्ट % $= \left\{\frac{R}{(100 + R)} \times 100\right\}\% = \left(\frac{10}{110} \times 100\right)\%$

$= \frac{100}{11}\% = 9\frac{1}{11}\%$.

39. माना अधिकतम अंक = x. तब x का 40% = 185 + 15.

$\therefore x \times \frac{40}{100} = 200 \Rightarrow x = \left(200 \times \frac{100}{40}\right) = 500$.

अतः अधिकतम अंक = 500.

40. माना अधिकतम अंक = x. तब x का 40% = 483 + 117.

अर्थात् $x \times \frac{40}{100} = 600 \Rightarrow x = \left(600 \times \frac{100}{40}\right) = 1500$.

लड़कियों के लिए न्यूनतम उत्तीर्ण अंक = 1500 का 35%

$= \left(1500 \times \frac{35}{100}\right) = 525$.

41. माना कुल विद्यार्थी = 100 तथा

माना दोनों विषयों में विद्यार्थी = x.

केवल जीव विज्ञान के विद्यार्थी = $(72 - x)$,

केवल गणित के विद्यार्थी = $(44 - x)$.

$\therefore (72 - x) + (44 - x) + x = 100$

$\Rightarrow 116 - x = 100 \Rightarrow x = 16$.

यदि दोनों विषयों में 16 विद्यार्थी चुने गये हों, तो कुल विद्यार्थी = 100.

यदि दोनों विषयों में 40 विद्यार्थी चुने गये हों, तो

कुल विद्यार्थी $= \left(\frac{100}{16} \times 40\right) = 250$.

42. $A \times \frac{60}{100} = B \times \frac{3}{4} \Rightarrow A \times \frac{3}{5} = B \times \frac{3}{4}$

$\Rightarrow \frac{A}{B} = \left(\frac{3}{4} \times \frac{5}{3}\right) = \frac{5}{4} \Rightarrow A : B = 5 : 4$.

43. कुल विद्यार्थियों की संख्या = (40 + 50 + 60) = 150.

उत्तीर्ण विद्यार्थियों की संख्या

$= \left(40 \times \frac{10}{100}\right) + \left(50 \times \frac{20}{100}\right) + \left(60 \times \frac{10}{100}\right) = (4 + 10 + 6)$

$= 20$.

अभीष्ट % $= \left(\frac{20}{150} \times 100\right)\% = \frac{40}{3}\% = 13\frac{1}{3}\%$.

44. माना प्रति खिलौना मूल्य = ₹ 100 तथा बिक्री की संख्या = 100.

तब, कुल मूल्य = ₹ (100 × 100)= ₹ 10000.

प्रति खिलौना नया मूल्य = ₹ 120 तथा बिक्री की संख्या

= (100 – 15) = 85.

अब, कुल मूल्य = ₹ (120 × 85) = ₹ 10200.

बिक्री मूल्य में वृद्धि % $= \left(\frac{200}{10000} \times 100\right)\% = 2\%$.

45. माना अजय की मासिक आय = ₹ x. तब

x का 25% + x का 5% + x का 15% + x का 10% + 27000 $= x$

$\Rightarrow x$ का $55\% + 27000 = x$

$$\Rightarrow \left(x - x \times \frac{55}{100}\right) = 27000 \Rightarrow \left(x - \frac{11x}{20}\right) = 27000$$

$$\Rightarrow \frac{9x}{20} = 27000 \Rightarrow x = \left(27000 \times \frac{20}{9}\right) = 60000.$$

अत: अजय की मासिक आय = ₹ 60000.

46. माना पहले आय = ₹ 100 तथा खर्च = ₹ 80.

अब आय $= ₹\left(100 + 16\frac{2}{3}\right) = ₹\,116\frac{2}{3} = ₹\,\frac{350}{3}$.

अब, खर्च

$$= \left(₹\,80 + ₹\,80 \text{ का } 37\frac{1}{2}\%\right) = ₹\left(80 + 80 \times \frac{75}{2 \times 100}\right)$$

$= ₹\,(80 + 30) = ₹\,110.$

बचत $= ₹\left(116\frac{2}{3} - 110\right) = ₹\,6\frac{2}{3} = ₹\,\frac{20}{3}$.

$₹\,\frac{350}{3}$ पर बचत $= ₹\,\frac{20}{3}$.

₹ 100 पर बचत $= \left(\frac{20}{3} \times \frac{3}{350} \times 100\right)\% = \frac{40}{7}\% = 5\frac{5}{7}\%$.

47. माना कुल छात्रों की संख्या = x. तब

$$x \times \frac{12}{100} + x \times \frac{10}{100} + \frac{3x}{4} + 15 = x$$

$$\Rightarrow \frac{3x}{25} + \frac{x}{10} + \frac{3x}{4} + 15 = x \Rightarrow 12x + 10x + 75x + 1500 = 100x$$

$$\Rightarrow 100x - 97x = 1500 \Rightarrow 3x = 1500 \Rightarrow x = 500.$$

अत: कुल छात्रों की संख्या = 500.

48. माना कुल बच्चे = x.

नि:शुल्क पास वालों की संख्या $= \left(35000 \times \frac{10}{100}\right) = 3500.$

बिना पास वाले व्यस्कों की संख्या

$= 35000 - (3500 + x) = (31500 - x).$

$\therefore\ 20x + 40\,(31500 - x) = 950000$

$\Rightarrow 20x = 1260000 - 950000 = 310000$

$\therefore\ x = \frac{310000}{20} = 15500.$

49. माना $R =$ ₹ 100, $M =$ ₹ 100 का 90% = ₹ 90 तथा

$S =$ ₹ 90 का 110% $= ₹\left(90 \times \frac{110}{100}\right) = ₹\,99.$

$R + M + S =$ ₹ (100 + 90 + 99) = ₹ 289.

यदि कुल निवेश ₹ 289 है, तो रघु का निवेश = ₹ 100.

यदि कुल निवेश ₹ 5780 है, तो रघु का निवेश

$= ₹\left(\frac{100}{289} \times 5780\right) = ₹\,2000.$

50. वर्ष 2006 में बच्चों की संख्या $= \left[2000 \times \left(1 + \frac{10}{100}\right)^3\right]$

$$= \left(2000 \times \frac{11}{10} \times \frac{11}{10} \times \frac{11}{10}\right) = 2662.$$

51. माना पहले वर्ष के प्रारम्भ में जनसंख्या = x. तब

$$x \times \left(1 + \frac{5}{100}\right) \times \left(1 - \frac{5}{100}\right) = 7980$$

$$\Rightarrow x \times \frac{21}{20} \times \frac{19}{20} = 7980 \Rightarrow x = \left(7980 \times \frac{20}{21} \times \frac{20}{19}\right) = 8000.$$

$\therefore$ पहले वर्ष के प्रारम्भ में जनसंख्या = 8000.

52. माना वर्ग की प्रत्येक भुजा = 10 सेमी॰. तब

इसका क्षेत्रफल = (10 × 10) सेमी॰^{2} = 100 वर्ग सेमी॰.

प्रत्येक नई भुजा = (10 सेमी॰ का 110%) $= \left(10 \times \frac{110}{100}\right)$ सेमी॰

= 11 सेमी॰.

क्षेत्रफल में वृद्धि = (121 − 100)% = 21%.

53. माना वर्ग की प्रत्येक भुजा = 10 सेमी॰. तब,

इसका क्षेत्रफल = 100 वर्ग सेमी॰.

प्रत्येक नई भुजा = (10 सेमी॰ का 130%) $= \left(10 \times \frac{130}{100}\right)$ सेमी॰

= 13 सेमी॰.

नये वर्ग का क्षेत्रफल = (13 × 13) वर्ग सेमी॰ = 169 वर्ग सेमी॰.

$\therefore$ क्षेत्रफल में वृद्धि = 69%.

54. 9 लीटर द्रव में अम्ल की मात्रा = 9 लीटर का 50% = 4·5 लीटर

तथा पानी की मात्रा = 4·5 लीटर.

माना इसमें x लीटर पानी और मिलाया जाये.

तब, $\frac{4\cdot5}{(9+x)} \times 100 = 30 \Rightarrow \frac{4\cdot5}{9+x} = \frac{30}{100} = \frac{3}{10}$

$\Rightarrow 27 + 3x = 45 \Rightarrow 3x = 18 \Rightarrow x = 6$ लीटर.

55. दिये गये घोल में चीनी की मात्रा

$= \left(300 \times \frac{40}{100}\right)$ ग्राम = 120 ग्राम.

माना चीनी की मिलाई जाने वाली मात्रा = x ग्राम. तब

$$\frac{120 + x}{300 + x} \times 100 = 50 \Rightarrow \frac{120 + x}{300 + x} = \frac{50}{100} = \frac{1}{2}$$

$\Rightarrow 300 + x = 240 + 2x \Rightarrow x = 60$ ग्राम.

56. दिये गये घोल में चीनी की मात्रा $= \left(3 \times \frac{40}{100}\right)$ लीटर

= 1·2 लीटर, पानी = 1·8 लीटर.

नये घोल में चीनी = 1.2 लीटर,

पानी = 2.8 लीटर. कुल घोल = 4 लीटर.

चीनी की मात्रा % $= \left(\frac{1\cdot2}{4} \times 100\right)\% = 30\%.$

57. माना वर्ग की प्रत्येक भुजा = 10 मी॰. तब,

क्षेत्रफल = 100 वर्ग मी॰.

नई लम्बाई

$= (10$ मी० का $140\%) = \left(10 \times \frac{140}{100}\right)$ मी० $= 14$ मी०.

नई चौड़ाई

$= (10$ मी० का $130\%) = \left(10 \times \frac{130}{100}\right)$ मी० $= 13$ मी०.

नया क्षेत्रफल $= (14 \times 13)$ वर्ग मी० $= 182$ वर्ग मी०.

क्षेत्रफल में वृद्धि $= 82\%$.

58. माना लम्बाई $= x$ मी० तथा चौड़ाई $= y$ मी०. तब,

क्षेत्रफल $= (xy)$ वर्ग मी०.

नई लम्बाई $= (x$ का $120\%)$ मी० $= \left(x \times \frac{120}{100}\right)$ मी० $= \frac{6x}{5}$ मी०.

नई चौड़ाई $= (y$ का $80\%)$ मी० $= \left(y \times \frac{80}{100}\right)$ मी० $= \frac{4y}{5}$ मी०.

नया क्षेत्रफल $= \left(\frac{6x}{5} \times \frac{4y}{5}\right) = \frac{24xy}{25}$ वर्ग मी०.

क्षेत्रफल में कमी $= \left(xy - \frac{24xy}{25}\right)$ वर्ग मी० $= \frac{xy}{25}$ वर्ग मी०.

क्षेत्रफल में कमी $\% = \left(\frac{xy}{25} \times \frac{1}{xy} \times 100\right)\% = 4\%$.

59. माना प्रारम्भिक त्रिज्या $= R$ इकाई. तब,

क्षेत्रफल $= \pi R^2$ वर्ग इकाई.

नई त्रिज्या $= \left(R \times \frac{150}{100}\right) = \frac{3R}{2}$.

नया क्षेत्रफल $= \pi \times \left(\frac{3R}{2}\right)^2 = \frac{9\pi R^2}{4}$.

क्षेत्रफल में वृद्धि $= \left(\frac{9\pi R^2}{4} - \pi R^2\right) = \frac{5\pi R^2}{4}$.

क्षेत्रफल में वृद्धि $\% = \left(\frac{5\pi R^2}{4} \times \frac{1}{\pi R^2} \times 100\right)\% = 125\%$.

60. माना गोले की त्रिज्या $= R$. तब, इसके पृष्ठ का क्षेत्रफल $= 4\pi R^2$.

नई त्रिज्या $= \left(R \times \frac{50}{100}\right) = \frac{R}{2}$. तब,

इसका पृष्ठ का क्षेत्रफल $= 4\pi \times \left(\frac{R}{2}\right)^2 = \pi R^2$.

पृष्ठ के क्षेत्रफल में कमी $= (4\pi R^2 - \pi R^2) = 3\pi R^2$.

पृष्ठ के क्षेत्रफल में कमी $\% = \left(\frac{3\pi R^2}{4\pi R^2} \times 100\right)\% = 75\%$.

61. तीनों गेंदों को पिघलाने पर कुल आयतन

$= \left\{\frac{4}{3}\pi \times (1)^3 + \frac{4}{3}\pi \times (2)^3 + \frac{4}{3}\pi \times (3)^3\right\}$ घन सेमी०

$= \left(\frac{4}{3}\pi \times 36\right)$ घन सेमी० $= 48\pi$ घन सेमी०.

नई गेंद का आयतन $= 48\pi$ का $75\% = \left(48\pi \times \frac{75}{100}\right)$ घन सेमी०

$= 36\pi$ घन सेमी०.

$\frac{4}{3}\pi R^3 = 36\pi \Rightarrow R^3 = \left(36\pi \times \frac{3}{4\pi}\right) = 27 = (3)^3$.

अत: नई गेंद का अर्द्धव्यास $= 3$ सेमी०.

62. माना लड़कियों की संख्या $= x\%$.

तब लड़कों की संख्या $= (x + 16)\%$.

$\therefore\ x + x + 16 = 100 \Rightarrow 2x = 84 \Rightarrow x = 42$.

$\therefore$ अभीष्ट अनुपात $= \frac{x+16}{x} = \frac{42+16}{42} = \frac{58}{42} = \frac{29}{21} = 29:21$.

63. रितिज के प्राप्तांक $= \left(750 \times \frac{52}{100}\right) = 390$;

सुनील के प्राप्तांक $= \left(750 \times \frac{64}{100}\right) = 480$;

रवि के प्राप्तांक $= \left(750 \times \frac{74}{100}\right) = 555$.

तीनों के औसत प्राप्तांक $= \frac{(390 + 480 + 555)}{3} = \frac{1425}{3} = 475$.

64. K का $12\% = N$ का 16% तथा $S = \frac{1}{2}N$

$\Rightarrow K \times \frac{12}{100} = N \times \frac{16}{100} \Rightarrow K = N \times \frac{16}{100} \times \frac{100}{12} = \frac{4}{3} \times N$

तथा $N = 2S$.

$\Rightarrow N = (2 \times 108000) = 216000$ (वार्षिक)

$\Rightarrow K = \left(\frac{4}{3} \times 216000\right) = (4 \times 72000) = 288000$ (वार्षिक)

$\Rightarrow K$ का मासिक वेतन $= \frac{288000}{12}$ रु० $= 24000$ रु०.

65. माना पहले मूल्य $= ₹\ x$ प्रति किग्रा०.

नया मूल्य $= ₹\left(x \times \frac{80}{100}\right)$ प्रति / किग्रा० $= ₹\ \frac{4x}{5}$ प्रति / किग्रा०.

$\therefore\ \frac{600}{(4x/5)} - \frac{600}{x} = 10 \Rightarrow \frac{750}{x} - \frac{600}{x} = 10$

$\Rightarrow 10x = (750 - 600) = 150 \Rightarrow x = 15$.

भाव में कमी होने के बाद गेहूँ का भाव

$= ₹\left(\frac{4}{5} \times 15\right)$ प्रति किग्रा० $= ₹\ 12$ प्रति किग्रा०.

66. $n(A) = \left(600 \times \frac{75}{100}\right) = 450, n(B) = \left(600 \times \frac{45}{100}\right) = 270$.

$600 = n(A) + n(B) - n(A \cap B)$

$\Rightarrow n(A \cap B) = (450 + 270 - 600) = (720 - 600) = 120$.

अत: 120 विद्यार्थी दोनों खेल खेलते हैं.

67. माना कुल कर्मचारी $= x$. तब,

$n(A) = \left(x \times \frac{72}{100}\right) = \frac{18x}{25}, n(B) = \left(x \times \frac{44}{100}\right) = \frac{11x}{25}$,

$n(A \cap B) = 40$.

$\therefore\ x = n(A) + n(B) - n(A \cap B)$

$\Rightarrow\ x = \frac{18x}{25} + \frac{11x}{25} - 40 \Rightarrow \frac{29x}{25} - x = 40$

$\Rightarrow 4x = (40 \times 25) \Rightarrow x = 250.$

अतः कुल कर्मचारी = 250.

68. पहले विषय में अनुत्तीर्ण $= \left(2500 \times \frac{35}{100}\right) = 875.$

दूसरे विषय में अनुत्तीर्ण $= \left(2500 \times \frac{42}{100}\right) = 1050.$

दोनों विषयों में अनुत्तीर्ण $= \left(2500 \times \frac{15}{100}\right) = 375.$

केवल पहले विषय में अनुत्तीर्ण $= (875 - 375) = 500.$

केवल दूसरे विषय में अनुत्तीर्ण $= (1050 - 375) = 675.$

केवल एक विषय में अनुत्तीर्ण $= (500 + 675) = 1175.$

69. 220 का 18.5% + 680 का 12.4%

$= \left(220 \times \frac{37}{2 \times 100}\right) + \left(680 \times \frac{124}{1000}\right) = \left(\frac{407}{10} + \frac{2108}{25}\right)$

$= \frac{(4070 + 8432)}{100} = \frac{12502}{100} = 125 \cdot 02.$

70. $0 \cdot 05 = \frac{5}{100} = \left(\frac{5}{100} \times 100\right)\% = 5\%.$

71. $\cdot 025 = \left(\frac{25}{1000} \times 100\right)\% = \frac{25}{10}\% = 2 \cdot 5\%.$

72. माना लम्बाई $= x$ मी० तथा चौड़ाई $= y$ मी०.

तब, क्षेत्रफल $= xy$ वर्ग मी०.

नई लम्बाई = (x का 110%) मी० $= \left(x \times \frac{110}{100}\right)$ मी० $= \frac{11x}{10}$ मी०.

नई चौड़ाई = (y का 90%) मी० $= \left(y \times \frac{90}{100}\right)$ मी० $= \frac{9y}{10}$ मी०.

नया क्षेत्रफल $= \left(\frac{11x}{10} \times \frac{9y}{10}\right)$ वर्ग मी० $= \left(\frac{99xy}{100}\right)$ वर्ग मी०.

क्षेत्रफल में कमी $= \left(xy - \frac{99xy}{100}\right)$ वर्ग मी० $= \frac{xy}{100}$ वर्ग मी०.

क्षेत्रफल में कमी % $= \left(\frac{xy}{100} \times \frac{1}{xy} \times 100\right)\% = 1\%.$

73. $5:4 = \frac{5}{4} = \left(\frac{5}{4} \times 100\right)\% = 125\%.$

74. $22 \cdot 5\% = \frac{45}{2}\% = \left(\frac{45}{2} \times \frac{1}{100}\right) = \frac{9}{40} = 0 \cdot 225.$

75. माना x का 16% = ·008. तब $x \times \frac{16}{100} = \frac{8}{1000}$

$\therefore x = \left(\frac{8}{1000} \times \frac{100}{16}\right) = \frac{1}{20} = 0 \cdot 05.$

76. माना लम्बाई $= x$ तथा चौड़ाई $= y$. तब, क्षेत्रफल $= xy$ वर्ग इकाई.

अतः नई लम्बाई $= \left(x \times \frac{160}{100}\right) = \frac{8x}{5}$. तथा नई चौड़ाई $= z$.

तब, $\frac{8x}{5} \times z = xy \Rightarrow z = \frac{5y}{8}.$

चौड़ाई में कमी $= \left(y - \frac{5y}{8}\right) = \frac{3y}{8}.$

चौड़ाई में कमी % $= \left(\frac{3y}{8} \times \frac{1}{y} \times 100\right)\% = 37 \cdot 5\%.$

77. माना 130 का $x\% = 11 \cdot 7$. तब $130 \times \frac{x}{100} = 11 \cdot 7$

तब, $x = \frac{11 \cdot 7 \times 100}{130} = \frac{117}{13} = 9.$

$\therefore x = 9.$

78. माना $\frac{80 \text{ का } 30\%}{x} = 24$. तब $24x = \left(80 \times \frac{30}{100}\right) = 24$

$\therefore x = 1.$

79. माना 24 का $x\% = 64$. तब, $24 \times \frac{x}{100} = 64$

$\therefore x = \frac{64 \times 100}{24} = \frac{800}{3} = 266\frac{2}{3}.$

80. $500 \times \frac{x}{100} = 300 \times \frac{y}{100} \Rightarrow 5x = 3y \Rightarrow y = \frac{5x}{3}.$

$200 \times \frac{y}{100} \times \frac{x}{100} = 60 \Rightarrow 2x \times \frac{5x}{3} = 6000$

$\therefore x^2 = \frac{6000 \times 3}{10} = 1800 = 900 \times 2$

$\Rightarrow x = \sqrt{900 \times 2} = 30\sqrt{2}.$

81. माना $x \times \frac{45}{100} \times \frac{15}{100} = 105 \cdot 3 \Rightarrow x = 105 \cdot 3 \times \frac{400}{27} = 1560.$

अब 1560 का 24% $= \left(1560 \times \frac{24}{100}\right) = 374 \cdot 4.$

82. 500 का $\frac{6}{7}$ का 42% का 35%

$= \left(500 \times \frac{6}{7} \times \frac{42}{100} \times \frac{35}{100}\right) = 63.$

83. माना मूल भिन्न $= \frac{x}{y}$. तब, नई भिन्न $= \frac{\frac{300}{100}x}{\frac{500}{100}y} = \frac{3}{5} \cdot \frac{x}{y}.$

$\therefore \frac{3}{5} \times \frac{x}{y} = \frac{21}{20} \Rightarrow \frac{x}{y} = \left(\frac{21}{20} \times \frac{5}{3}\right) = \frac{7}{4} = 1\frac{3}{4}.$

अतः मूल भिन्न $= 1\frac{3}{4}.$

84. अभीष्ट % $= \left(\frac{70}{30 \times 60} \times 100\right)\% = \frac{35}{9}\% = 3 \cdot 89\%.$

85. अभीष्ट % $= \left(\frac{17}{6 \cdot 8 \times 1000} \times 100\right)\% = \frac{1}{4}\% = 0 \cdot 25\%.$

86. अभीष्ट % $= \left(\frac{30}{2 \times 10} \times 100\right)\% = 150\%.$

87. 80 का $7 \cdot 2\% = \left(80 \times \frac{7 \cdot 2}{100}\right) = \frac{80 \times 72}{100 \times 10} = \frac{144}{25}$

$\Rightarrow \sqrt{80 \text{ का } 7\cdot2\%} = \sqrt{\frac{144}{25}} = \frac{12}{5} = 2\cdot4.$

88. माना मूल भिन्न $= \frac{x}{y}$. तब, $\frac{x \text{ का } 115\%}{y \text{ का } 92\%} = \frac{15}{16}$.

$\therefore \frac{x \times \frac{115}{100}}{y \times \frac{92}{100}} = \frac{15}{16} \Rightarrow \frac{x \times 115}{y \times 92} = \frac{15}{16}$

$\Rightarrow \frac{x}{y} = \left(\frac{15}{16} \times \frac{92}{115}\right) = \frac{3}{4}.$

अतः मूल भिन्न $= \frac{3}{4}$.

89. माना पहले भाव = ₹ x प्रति किग्रा०. अब, भाव = ₹ $\frac{90x}{100}$ प्रति किग्रा० = ₹ $\frac{9x}{10}$ प्रति किग्रा०.

$\frac{1116}{(9x/10)} - \frac{1116}{x} = 6\cdot2 \Rightarrow \frac{1240}{x} - \frac{1116}{x} = 6\cdot2$

$\Rightarrow 6\cdot2x = (1240 - 1116) = 124 \Rightarrow x = \frac{124}{6\cdot2} = \frac{1240}{62} = 20.$

घटा भाव = ₹ $\left(\frac{90}{100} \times 20\right)$/किग्रा० = ₹ 18/किग्रा०.

90. माना पानी की खपत = 100 इकाई तथा

जल कर = ₹ 100 प्रति इकाई.

तब, कुल जल कर = ₹ (100 × 100) = ₹ 10000.

नई खपत = 80 इकाई तथा नया कर = ₹ 120 प्रति इकाई.

अब कुल जल कर = ₹ (80 × 120) = ₹ 9600.

जल कर में कमी = ₹ (10000 – 9600) = ₹ 400.

जल कर में कमी % $= \left(\frac{400}{10000} \times 100\right)\% = 4\%.$

91. माना पहले वस्तु का मूल्य = ₹ 100.

20% कटौती के बाद वस्तु का मूल्य = ₹ 80.

अभीष्ट वृद्धि = ₹ (100 – 80) = ₹ 20.

₹ 80 पर वृद्धि = ₹ 20.

₹ 100 पर वृद्धि $= \left(\frac{20}{80} \times 100\right)\% = 25\%.$

92. माना पहले व्यापार = ₹ 100 तथा बाद में व्यापार = ₹ x.

पहले दलाली = ₹ 4, बाद में दलाली = x का 5%.

$\therefore x$ का 5% = 4 $\Rightarrow x \times \frac{5}{100} = 4 \Rightarrow x = 80.$

व्यापार में कमी = (100 – 80)% = 20%.

93. माना कर की दर = ₹ 100 प्रति इकाई तथा खपत = 100 इकाई.

कुल कर = ₹ (100 × 100) = ₹ 10000.

कर की नई दर = ₹ 120 प्रति इकाई तथा खपत = 80 इकाई.

अब, कुल कर = ₹ (120 × 80) = ₹ 9600.

कर में कमी = ₹ (10000 – 9600) = ₹ 400.

कर में कमी % $= \left(\frac{400}{10000} \times 100\right)\% = 4\%.$

94. माना R = ₹ x, तब,

V = ₹ $\frac{90x}{100}$ = ₹ $\frac{9x}{10}$ तथा A = ₹ $\frac{130}{100} \times \frac{9x}{10}$ = ₹ $\frac{117x}{100}$.

$\therefore x + \frac{9x}{10} + \frac{117x}{100} = 6447$

$\Rightarrow 100x + 90x + 117x = 644700$

$\Rightarrow 307x = 644700 \Rightarrow x = \frac{644700}{307} = 2100.$

$\therefore$ अमन का खर्च = ₹ $\left(\frac{117}{100} \times 2100\right)$ = ₹ 2457.

95. 12 लीटर घोल में लवण की मात्रा

$= \left(12 \times \frac{7}{100}\right)$ लीटर = 0·84 लीटर.

शेष बचे घोल की मात्रा = (12 – 4) लीटर = 8 लीटर.

8 लीटर घोल में लवण = 0·84 लीटर

इस घोल में लवण का

$\% = \left(\frac{0\cdot84}{8} \times 100\right)\% = \frac{84}{8}\% = \frac{21}{2}\% = 10\cdot5\%.$

96. माना अधिकतम अंक = x. तब x का 35% = 40 + 30.

$\therefore x \times \frac{35}{100} = 70 \Rightarrow x = \left(70 \times \frac{100}{35}\right) = 200.$

अतः अधिकतम अंक = 200.

97. माना पूर्णांक = x. तब x का 60% + x का 30% = 783.

अर्थात्

$\left(x \times \frac{60}{100}\right) + \left(x + \frac{30}{100}\right) = 783 \Rightarrow 60x + 30x = 78300$

$\Rightarrow 90x = 78300 \Rightarrow x = 870.$

अतः पूर्णांक = 870.

98. माना मूल भिन्न $= \frac{x}{y}$. तब, नई भिन्न $\frac{\frac{125}{100}x}{2y} = \frac{5x}{8y}$

$\therefore \frac{5}{8} \times \frac{x}{y} = \frac{5}{9} \Rightarrow \frac{x}{y} = \left(\frac{5}{9} \times \frac{8}{5}\right) = \frac{8}{9}.$

अतः मूल भिन्न $= \frac{8}{9}$.

99. माना मूल भिन्न $= \frac{x}{y}$. तब, नई भिन्न $= \frac{\frac{320}{100}x}{\frac{250}{100}y} = \frac{32}{25} \cdot \frac{x}{y}.$

$\therefore \frac{32}{25} \times \frac{x}{y} = \frac{4}{5} \Rightarrow \frac{x}{y} = \left(\frac{4}{5} \times \frac{25}{32}\right) = \frac{5}{8}.$

अतः मूल भिन्न $= \frac{5}{8}$.

100. माना कुल आवेदक = x.

योग्य अभ्यर्थी = x का 95% $= \left(x \times \frac{95}{100}\right) = \frac{19x}{20}.$

अन्य वर्गों के अभ्यर्थी $= \frac{19x}{20}$ का $15\% = \left(\frac{19x}{20} \times \frac{15}{100}\right) = \frac{57x}{400}$.

$\therefore \frac{57x}{400} = 4275 \Rightarrow x = \frac{4275 \times 400}{57} = (75 \times 400) = 30000.$

अत: कुल आवेदक = 30000.

101. माना चौथे विषय के अंक $= x$. तब,

$\frac{(81+66+61+x)}{400} \times 100 = 70 \Rightarrow 208 + x = 280$

$\Rightarrow x = 72\%.$

$\therefore$ चौथे विषय के अंक = 72%.

102. कुल विद्यार्थियों की संख्या = (900 + 1100) = 2000.

कुल अनुत्तीर्ण विद्यार्थियों की संख्या

= (900 का 60%) + (1100 का 50%)

$= \left(900 \times \frac{60}{100}\right) + \left(1100 \times \frac{50}{100}\right) = (540 + 550) = 1090.$

अनुत्तीर्ण विद्यार्थियों की $\% = \left(\frac{1090}{2000} \times 100\right)\% = 54 \cdot 5\%.$

103. अभीष्ट $\% = \left(\frac{2 \times 100}{2 \cdot 5} \times 100\right)\% = 8000\%.$

104. अभीष्ट $\% = \left(\frac{75}{1 \cdot 75 \times 1000} \times 100\right)\% = \frac{30}{7}\% = 4\frac{2}{7}\%.$

105. केवल गणित में अनुत्तीर्ण = (42 – 17) = 25.

केवल अंग्रेजी में अनुत्तीर्ण = (52 – 17) = 35.

एक अथवा दोनों विषयों में अनुत्तीर्ण = (25 + 35 + 17) = 77.

दोनों विषयों में उत्तीर्ण = (100 – 77)% = 23%.

माना कुल अभ्यर्थी $= x$.

तब, x का

$23\% = 46 \Rightarrow x \times \frac{23}{100} = 46 \Rightarrow x = \left(46 \times \frac{100}{23}\right) = 200.$

अत: कुल अभ्यर्थी = 200.

106. माना मासिक आय = ₹ 100.

तब, घरेलू खर्च = ₹ 20, शेष = ₹ (100 – 20) = ₹ 80.

पुस्तकों पर खर्च $= ₹\left(80 \times \frac{15}{100}\right) = ₹\ 12.$

शेष = ₹ (80 – 12) = ₹ 68.

कपड़ों पर खर्च $= ₹\left(68 \times \frac{30}{100}\right) = ₹\ \frac{204}{10}.$

शेष = ₹ (68 – 20·40) = ₹ 47·60.

यदि बचत ₹ 47·60 है, तो मासिक आय = ₹ 100.

यदि बचत ₹ 9520 है, तो मासिक आय

$= ₹\left(\frac{100}{47 \cdot 60} \times 9520\right) = ₹\ 20000.$

107. माना खरीदारी पर खर्च की जाने वाली राशि = ₹ x.

तब, x का $60\% = 11475 \Rightarrow x \times \frac{60}{100} = 11475$

$\Rightarrow x \times \frac{3}{5} = 11475 \Rightarrow x = \left(11475 \times \frac{5}{3}\right) = 19125.$

माना मासिक वेतन = ₹ y.

तब, y का $45\% = 19125 \Rightarrow y \times \frac{45}{100} = 19125$

$\Rightarrow y \times \frac{9}{20} = 19125 \Rightarrow y = \left(19125 \times \frac{20}{9}\right) = 42500.$

$\therefore$ नताशा का मासिक वेतन = ₹ 42500.

108. माना कुल धन = ₹ x. तब, पत्नि का भाग $= ₹\left(x \times \frac{30}{100}\right) = ₹\ \frac{3x}{10}$.

शेष भाग

$= ₹\left(x - \frac{3x}{10}\right) = ₹\ \frac{7x}{10}$, पुत्री का भाग $= ₹\left(\frac{1}{2} \times \frac{7x}{10}\right) = ₹\ \frac{7x}{20}$.

शेष भाग $= ₹\left(\frac{7x}{10} - \frac{7x}{20}\right) = ₹\ \frac{(14x - 7x)}{20} = ₹\ \frac{7x}{20}.$

प्रत्येक लड़के का भाग $= ₹\left(\frac{1}{5} \times \frac{7x}{20}\right) = ₹\ \frac{7x}{100}.$

$\therefore \frac{7x}{100} = 14000 \Rightarrow x = \left(14000 \times \frac{100}{7}\right) = 200000.$

अत: कुल धन = ₹ 200000.

109. माना K = ₹ x. तब $T = ₹\ \frac{120x}{100} = ₹\ \frac{6x}{5}.$

$\therefore \frac{4}{100} \times \frac{6x}{5} = 720 \Rightarrow x = \left(720 \times \frac{500}{24}\right) = 15000.$

अत: कश्यप का वेतन = ₹ 15000.

110. माना दी गई राशि = ₹ x. तब, x का $\frac{11}{2}\% = 220.$

$\therefore x \times \frac{11}{2} \times \frac{1}{100} = 220 \Rightarrow x = \left(220 \times \frac{200}{11}\right) = 4000.$

सही उत्तर = ₹ 4000 का $\frac{7}{2}\% = ₹\left(4000 \times \frac{7}{2} \times \frac{1}{100}\right)$

= ₹ 140.

111. माना प्रारम्भिक मजदूरी = ₹ 100.

40% कम करने के बाद मजदूरी = ₹ (100 – 40) = ₹ 60.

50% वृद्धि के बाद मजदूरी = ₹ 60 का 150% $= ₹\left(60 \times \frac{150}{100}\right)$

= ₹ 90.

अत: उसे 10% हानि होती है.

112. माना पूर्णांक $= x$. तब x का 60% + x का 30% = 783.

$\therefore x$ का $90\% = 783 \Rightarrow x \times \frac{90}{100} = 783$

$\Rightarrow x = \left(783 \times \frac{10}{9}\right) = 870.$

अत: पूर्णांक = 870.

113. 1 से 70 तक की वे संख्यायें जिनके वर्ग का इकाई अंक 1 है वे हैं:

1, 9, 11, 19, 21, 29, 31, 39, 41, 49, 51, 59, 61, 69.
इनकी संख्या 14 है.

अभीष्ट % $= \left(\frac{14}{70} \times 100\right)\% = 20\%$.

114. शीशे की मात्रा $= \left(50 \times \frac{60}{100}\right)$ किग्रा० = 30 किग्रा०.

टिन की मात्रा = (50 – 30) किग्रा० = 20 किग्रा०.

माना शीशे की मिलाई जाने वाली मात्रा = x किग्रा०.

कुल मिश्रण = $(50 + x)$ किग्रा०.

शीशे का % $= \frac{(30+x)}{(50+x)} \times 100$. अत: $\frac{(30+x)}{(50+x)} \times 100 = 75$.

$$\therefore \frac{(30+x)}{(50+x)} = \frac{75}{100} = \frac{3}{4} \Rightarrow 4(30+x) = 3(50+x)$$

$$\Rightarrow 4x - 3x = 150 - 120 \Rightarrow x = 30.$$

शीशे की अभीष्ट मात्रा = 30 किग्रा०.

115. वर्ष 2005 में जनसंख्या = (15 लाख) $\times \left(1 + \frac{10}{100}\right)^2$

$= \left(15 \text{ लाख} \times \frac{11}{10} \times \frac{11}{10}\right) = \frac{1815}{100}$ लाख $= 18 \cdot 15$ लाख.

116. माना प्रत्येक स्तम्भ में बच्चों की संख्या = x.

प्रत्येक कतार में बच्चों की संख्या = x का

$112 \cdot 5\% = \left(x \times \frac{225}{2 \times 100}\right) = \frac{9x}{8}$.

$$\therefore x \times \frac{9x}{8} = 72 \Rightarrow x^2 = 72 \times \frac{8}{9} = 8 \times 8 \Rightarrow x = 8.$$

अत: प्रत्येक कतार में बच्चों की संख्या $= \left(\frac{9}{8} \times 8\right) = 9$.

117. अवैध मत = 15200 का 15% $= \left(15200 \times \frac{15}{100}\right) = 2280$.

वैध मत = (15200 – 2280) = 12920.

एक उम्मीदवार को मिले वैध मत = 12920 का 55%

$$= \left(12920 \times \frac{55}{100}\right) = 7106.$$

दूसरे उम्मीदवार को मिले वैध मत = (12920 – 7106) = 5814.

118. माना कुल मतों की संख्या = x. तब

(x का 71%) – (x का 29%) = 756

$\Rightarrow x$ का (71 – 29%) = 756

$\Rightarrow x$ का 42% = 756 $\Rightarrow x \times \frac{42}{100} = 756$

$$\Rightarrow x = \left(756 \times \frac{100}{42}\right) = 1800.$$

अत: कुल मतों की संख्या = 1800.

119. कुल अवैध मतों की संख्या $= \frac{8400 \times 25}{100} = 2100$.

कुल वैध मतों की संख्या = (8400 – 2100) = 6300.

पहले उम्मीदवार को मिले वैध मतों की संख्या $= \frac{6300 \times 52}{100} = 3276$.

दूसरे उम्मीदवार को मिले वैध मतों की संख्या
= (6300 – 3276) = 3024.

120. 3600 का $\frac{7}{9}$ का 45% का 35%

$$= \left(3600 \times \frac{7}{9} \times \frac{45}{100} \times \frac{35}{100}\right) = 441.$$

121. 4240 का $\frac{3}{5}$ का 75% का 25%

$$= \left(4240 \times \frac{3}{5} \times \frac{75}{100} \times \frac{25}{100}\right) = 477.$$

122. माना (280 का x%) + (550 का 18%) = 143·8

तब, $\left(280 \times \frac{x}{100}\right) + \left(550 \times \frac{18}{100}\right) = 143 \cdot 8$

$$\Rightarrow \frac{14x}{5} = (143 \cdot 8 - 99) = 44 \cdot 8$$

$$\Rightarrow x = \left(\frac{44 \cdot 8 \times 5}{14}\right) = (3 \cdot 2 \times 5) = 16.$$

123. 1245 का 15·5% – 1458 का 12·5%

$$= \left(1245 \times \frac{31}{2} \times \frac{1}{100}\right) - \left(1458 \times \frac{25}{2} \times \frac{1}{100}\right)$$

$$= \frac{(249 \times 31)}{40} - \frac{729}{4} = \frac{(7719 - 7290)}{40} = \frac{429}{40} = 10 \cdot 725.$$

124. 530 का 20·3% + 225 का 16·8%

$$= \left(530 \times \frac{203}{1000}\right) + \left(\frac{225 \times 168}{1000}\right) = \left(\frac{10759}{100} + \frac{189}{5}\right)$$

$$= \frac{(10759 + 3780)}{100} = \frac{14539}{100} = 145 \cdot 39.$$

125. माना संख्या = x. तब, $\frac{1}{5} \times x = 81 \Rightarrow x = (81 \times 5) = 405$.

x का 68% $= \left(405 \times \frac{68}{100}\right) = \frac{1377}{5} = 275 \cdot 4$.

126. माना $A = x^3 y^2$

तथा $B = (x \text{ का } 75\%)^3 \times (y \text{ का } 80\%)^2$

$$= \left(x \times \frac{75}{100}\right)^3 \times \left(y \times \frac{80}{100}\right)^2$$

$$= \left(\frac{3x}{4}\right)^3 \times \left(\frac{4y}{5}\right)^2 = \left(\frac{27}{64} \times \frac{16}{25}\right)(x^3 y^2)$$

$$= \left(\frac{27}{100}\right)(x^3 y^2) = \frac{27}{100} A.$$

कमी $= (A - B) = \left(A - \frac{27}{100} A\right) = \frac{63}{100} A$.

$\therefore$ कमी % $= \left(\frac{63}{100} A \times \frac{1}{A} \times 100\right)\% = 63\%.$

127. 2 वर्ष के अन्त में जनसंख्या $= 48600 \times \left(1 + \frac{25}{100}\right) \times \left(1 - \frac{8}{100}\right)$

$= \left(48600 \times \frac{5}{4} \times \frac{23}{25}\right) = 55890.$

128. 3 वर्ष बाद मशीन का मूल्य $=$ ₹ $\left[200000 \times \left(1 - \frac{10}{100}\right)^3\right]$

$=$ ₹ $\left(200000 \times \frac{9}{10} \times \frac{9}{10} \times \frac{9}{10}\right)$

$=$ ₹ 145800.

129. माना n वर्ष बाद दोनों का मूल्य समान हो जायेगा. तब

$$72900 \times \left(1 + \frac{10}{100}\right)^n = 133100 \times \left(1 - \frac{10}{100}\right)^n$$

$$\Rightarrow \left(\frac{11}{10}\right)^n \times 72900 = \left(\frac{9}{10}\right)^n \times 133100$$

$$\Rightarrow \frac{(11)^n}{(9)^n} = \frac{133100}{72900} = \frac{1331}{729} = \frac{(11)^3}{(9)^3}$$

$$\Rightarrow \left(\frac{11}{9}\right)^n = \left(\frac{11}{9}\right)^3 \Rightarrow n = 3.$$

130. अंग्रेजी में अनुत्तीर्ण $= (100 - 60) = 40,$
गणित में अनुत्तीर्ण $= (100 - 70) = 30.$
दोनों में अनुत्तीर्ण $= 20.$
केवल अंग्रेजी में अनुत्तीर्ण $= (40 - 20) = 20,$
केवल गणित में अनुत्तीर्ण $= (30 - 20) = 10.$
एक अथवा दोनों विषयों में अनुत्तीर्ण $= (20 + 10 + 20) = 50.$
दोनों विषयों में उत्तीर्ण $= (100 - 50)\% = 50\%.$
माना कुल विद्यार्थी $= x$. तब, x का 50% $= 2500.$

$\therefore\ x \times \frac{50}{100} = 2500 \Rightarrow x = (2500 \times 2) = 5000.$

131. माना कुल विद्यार्थी $= 100$. तब, लड़के $= \left(100 \times \frac{3}{5}\right) = 60$ तथा लड़कियाँ $= 40.$

छात्रवृत्ति न लेने वालों की संख्या
$= (60$ का $80\%) + (40$ का $70\%) = (48 + 28) = 76.$
अभीष्ट % $= 76\%.$

132. माना पहले व्यय क्रमशः ₹ $12x$, ₹ $17x$ तथा ₹ $3x$ था. तब,
कुल व्यय $=$ ₹ $32x$.
अब कुल व्यय $=$ ₹ $[(12x$ का $120\%) + (17x$ का $130\%) + (3x$ का $150\%)]$

$=$ ₹ $\left[\left(12x \times \frac{120}{100}\right) + \left(17x \times \frac{130}{100}\right) + \left(3x \times \frac{150}{100}\right)\right]$

$=$ ₹ $\frac{(144x + 221x + 45x)}{10} =$ ₹ $41x$.

व्यय में वृद्धि % $= \left(\frac{9x}{32x} \times 100\right)\% = \frac{225}{8}\% = 28\frac{1}{8}\%.$

133. मशीन पर छूट $=$ ₹ 100 लाख पर 5%

$=$ ₹ $\left(100 \text{ लाख} \times \frac{5}{100}\right) =$ ₹ $\left(100 \text{ लाख} \times \frac{1}{20}\right) =$ ₹ 5 लाख.

134. प्रश्न के अनुसार
परीक्षा के उत्तीर्ण अंक $= x$ का $45\% + 40 = x$ का 55%
$\Rightarrow 45x + 4000 = 55x$
$10x = 4000$
$x = 400$

संक्षिप्त विधि

उत्तीर्ण अंक - प्राप्त अंक = कुल अंकों का 55% - कुल अंकों का 45% = 40
कुल अंकों का 10% = 40
कुल अंकों का 100% × 40 × 10 = 400

135. पूरे दिन में मिनटों की संख्या = 24 घंटे × 60 मिनट

आवश्यक प्रतिशत % $= \frac{30}{24 \times 60} \times 100 = 2.083\%$

136. माना व्यवसायी की वर्तमान आय ₹x है।
प्रश्न के अनुसार,

$$x \times \frac{125}{100} \times \frac{96}{100} \times \frac{125}{100} \times \frac{96}{100} \times \frac{125}{100} = 72000$$

$$\Rightarrow\ x \times \frac{5}{4} \times \frac{24}{25} \times \frac{5}{4} \times \frac{24}{25} \times \frac{5}{4} = 72000$$

$$\Rightarrow\ x \times \frac{9}{5} = 72000$$

$x = 40000$

137. एक या दो या दोनों विषयों में उत्तीर्ण छात्रों का प्रतिशत
$= 73 + 70 - 64 = 79\%$
अनुत्तीर्ण छात्र $= 100 - 79 = 21\%$
यदि परीक्षार्थियों की कुल संख्या x हो, तो
x का $21\% = 6300$

$\Rightarrow x \times \frac{21}{100} = 6300$

$\Rightarrow x = \frac{6300 \times 100}{21} = 30000$

138. मान लीजिए आदमी की आय ₹100 है।
व्यय = ₹75
बचत = ₹25

व्यय $= \left(\frac{75 \times 100}{100}\right) =$ ₹85.2

बचत $= 120 - 82.5 =$ ₹37.5

$\therefore$ प्रतिशत वृद्धि $= \left(\frac{37.5 - 25}{25}\right) \times 100$

$= \frac{12.5}{25} \times 100 = 50\%$

139. माना संख्या m है।

दो क्रमागत कटौती के समतुल्य कटौती $= x + y - \frac{xy}{100}$

यहाँ, $x = 60\%$ और $y = 15\%$

फिर, कटौती $= 60 + 15 - \frac{60 \times 15}{100} = 66\%$

इस प्रकार, m का $(100 - 66)\% = 1428$

$\Rightarrow m = 1428 \times \frac{100}{34} = 4200$

विधि 2

माना संख्या 100 है।

60% कटौती के बाद शेष बाद राशि = 40

अब, प्रश्न के अनुसार शेष राशि से 15% अधिक काट ली जाती है।

तो, शेष राशि = 40 – (40 का 15%)

= 40 – 6 = 34

प्रभावी कटौती = 100 – 34 = 66%

इस प्रकार, 34% = 1428

$\Rightarrow 100\% = 1428 \times \frac{100}{34} = 4200$

140. माना, संख्या $= x$

प्रश्नानुसार

$x \times \frac{85}{100} = 4896 \quad \Rightarrow \quad x = \frac{4896 \times 100}{85} = 5760$

141. माना, तीसरी संख्या =100

$\therefore$ पहली संख्या = $100 - 10 = 90$

दूसरी संख्या = $100 - 25 = 75$

अभीष्ट अंतर = 90–75=15

$\therefore$ प्रतिशत वृद्धि $= \frac{15}{75} \times 100 = 20\%$

142. माना परीक्षा का अधिकतम अंक x है

प्रश्नानुसार, $\frac{x \times 33}{100} = 125 + 40$

$\frac{33x}{100} = 165$

$\Rightarrow x = \frac{165 \times 100}{33} = 500$

143. $\left(\frac{5224}{5.00} \times \frac{3}{11}\right)$ का ?% = 375.05

$\frac{5224}{5} \times \frac{3}{11} \times \frac{x}{100} = 375$

$x = \frac{375 \times 100 \times 11 \times 5}{5224 \times 3} = \frac{171875}{1306} = 131.06 \approx 132$

144. माना कुल रजिस्टर्ड वोट $= x$

A को प्राप्त वोटों की संख्या $= x$ का $42\% = \frac{42x}{100}$

B को प्राप्त वोटों की संख्या $= x - \frac{72x}{100} = \frac{28x}{100}$

वोटरों ने वोट नहीं दिए $= 180 \Rightarrow \frac{28x}{100} - 180$

वोटो का अंतर = 684

$\frac{42x}{100} - \left(\frac{28x}{100} - 180\right) = 684$

$\frac{14x}{100} = 684 - 180$

$\frac{14x}{100} = 504$

$\Rightarrow x = \frac{504 \times 100}{14} = 3600$ वोट

145. 1248 का 25% + ? का 20% = 9848 ÷ 4

$= \frac{1248 \times 25}{100} + \frac{? \times 20}{100} = 2462 = 312 + \frac{?}{5} = 2462$

$= \frac{?}{5} = 2462 - 312 = 2150$

$= ? = 2150 \times 5 = 10750$

146. माना 10% और 20% की लगातार छूट x के बराबर है:

$x = \left(10 + 20 - \frac{10 \times 20}{100}\right) = (30 - 2)\% = 28\%$

$\Rightarrow x = 28\%$

147. आवश्यक प्रतिशत

$= \frac{5 \times 0.03}{0.05} = \frac{5 \times 3 \times 100}{100 \times 5} = 3\%$

148. A का 5% = B का 15% तथा B का 10% = C का 20%

$\Rightarrow A \times \frac{5}{100} = B \times \frac{15}{100}$ तथा $B \times \frac{10}{100} = C \times \frac{20}{100}$

$\Rightarrow \frac{A}{20} = \frac{3B}{20}$ तथा $\frac{B}{10} = \frac{C}{5} \Rightarrow A = 3B$ तथा $B = 2C$

$\Rightarrow A = (3 \times 8000) = 24000,$

$C = \frac{1}{2}B = \left(\frac{1}{2} \times 8000\right) = 4000$ तथा $B = 8000$

$\Rightarrow (A + B + C) = (24000 + 8000 + 4000) = 36000$ रु०.

149. पेट्रोल की कीमत में वृद्धि = 25%

उपभोग में प्रतिशत कमी

$= \frac{25}{(100 + 25)} \times 100 = \frac{25}{125} \times 100 = 20\%$

150. माना मासिक आय = ₹ x. तब $\left(x \text{ का } 102\frac{2}{3}\%\right) - x = 720.$

$\Rightarrow \left(x \times \frac{308}{3 \times 100}\right) - x = 720 \Rightarrow 308x - 300x = (720 \times 300)$

$\Rightarrow 8x = (720 \times 300) \Rightarrow x = (90 \times 300) = 27000.$

$\therefore$ उस कर्मचारी की मासिक आय = ₹ 27000.

प्रश्नमाला 10B

1. पपीते का एक पेड़ 2 वर्ष पूर्व रोपा गया था. यदि इसकी ऊँचाई में 20% वार्षिक दर से निरन्तर वृद्धि हो तथा अब इसकी ऊँचाई 540 सेमी० हो, तो रोपे जाते समय इसकी ऊँचाई कितनी थी ?

(*a*) 375 सेमी० (*b*) 425 सेमी० (*c*) 350 सेमी० (*d*) 450 सेमी०

2. एक मशीन 2 वर्ष पूर्व खरीदी गई. यदि $12\frac{1}{2}\%$ वार्षिक दर से इसका अवमूल्यन हो तथा इसका वर्तमान मूल्य ₹ 26460 हो, तो मशीन का क्रय-मूल्य कितना था ?

(*a*) ₹35460 (*b*) ₹34560 (*c*) ₹36540 (*d*) ₹34650

3. एक गाँव में पुरुष, महिलायें तथा बच्चे क्रमश: 11 : 9 : 5 के अनुपात में हैं. यदि 80% पुरुष साक्षर हों, 30% महिलायें निरक्षर हों तथा 90% बच्चे साक्षर हों, तो उस गाँव की निरक्षरता का प्रतिशत ज्ञात कीजिए.

(*a*) $12\frac{3}{5}\%$ (*b*) $23\frac{3}{5}\%$ (*c*) $21\frac{3}{5}\%$ (*d*) $16\frac{3}{5}\%$

4. एक नगर की जनसंख्या 560000 है. इसमें पुरुषों तथा स्त्रियों का अनुपात 43:37 है. पुरुषों की संख्या का 88% साक्षर तथा स्त्रियों की संख्या का 20% निरक्षर है. उस नगर की निरक्षरता का प्रतिशत ज्ञात कीजिए.

(*a*) 17.5% (*b*) 16.7% (*c*) 14.6% (*d*) 15.7%

5. किसी गाँव में दो-तिहाई पुरुष तथा शेष महिलायें हैं. इनमें से 70% पुरुष तथा 60% महिलायें साक्षर हैं. साक्षर पुरुषों का 30% तथा साक्षर महिलाओं का 20% स्नातक हैं. स्नातक पुरुषों का 20% तथा स्नातक महिलाओं का 15% नौकरी में हैं. उस गाँव में नौकरी करने वालों की संख्या कुल जनसंख्या का कितने प्रतिशत है ?

(*a*) 1.7% (*b*) 3.4% (*c*) 4.6% (*d*) 4.3%

6. तीन व्यक्ति *A, B, C* जिनका सम्मिलित वेतन ₹ 14400 है, अपने वेतन का क्रमशः 80%, 85%, 75% व्यय करते हैं. यदि इनकी बचत 8 : 9 : 20 के अनुपात में हों, तो प्रत्येक का वेतन ज्ञात कीजिए.

(*a*) ₹3200, ₹4800, ₹6400 (*b*) ₹4800, ₹3200, ₹6400
(*c*) ₹6400, ₹3200, ₹4800 (*d*) इनमें से कोई नहीं

7. एक कार के उत्पादन मूल्य में तीन मदें सम्मिलित हैं; कच्चे माल का मूल्य, श्रमिकों पर व्यय तथा अतिरिक्त मदें. किसी वर्ष में इन मुद्दों पर खर्च 4 : 3 : 2 के अनुपात में थे. अगले वर्ष कच्चे माल के मूल्य में 10% वृद्धि हो गई, श्रमिकों पर व्यय 8% बढ़ गया तथा अतिरिक्त मदों पर व्यय 5% घट गया. एक कार के उत्पादन मूल्य में प्रतिशत वृद्धि ज्ञात कीजिए.

(*a*) 5% (*b*) 6% (*c*) 4% (*d*) 7%

8. किसी परीक्षा में चार छात्रों *A, B, C, D* में से *A* को *B* से 10% कम अंक मिले; *B* को *C* से 25% अधिक अंक मिले तथा *C* को *D* से 20% कम अंक मिले. यदि *A* को 360 अंक मिले हों तथा पूर्णांक 500 हों, तो ज्ञात कीजिए कि *D* ने कितने प्रतिशत अंक प्राप्त किये ?

(*a*) 60% (*b*) 67% (*c*) 73% (*d*) 80%

9. एक विद्यार्थी किसी परीक्षा में 30% अंक प्राप्त करता है तथा 27 अंकों से अनुत्तीर्ण हो जाता है. एक दूसरा विद्यार्थी इसी परीक्षा में 40% अंक प्राप्त करके उत्तीर्णांकों से 27 अंक अधिक प्राप्त करता है. इस परीक्षा के पूर्णांक तथा उत्तीर्णांक प्रतिशत ज्ञात कीजिए.

(*a*) 43% (*b*) 35% (*c*) 38% (*d*) 47%

10. किसी परीक्षा में उत्तीर्ण होने के लिए 40% अंक चाहियें. *A* ने उत्तीर्णांक से 10% कम अंक प्राप्त किये तथा *B* ने *A* से $11\frac{1}{9}\%$ कम अंक प्राप्त किये जबकि *C* ने, *A* तथा *B* के कुल अंकों से $41\frac{3}{17}\%$ कम अंक प्राप्त किये. ज्ञात कीजिए कि *C* इस परीक्षा में उत्तीर्ण हुआ अथवा नहीं.

(*a*) 40 (*b*) 38 (*c*) 43 (*d*) 45

11. किसी परीक्षा में 70% छात्र अंग्रेजी में तथा 80% गणित में उत्तीर्ण हुये जबकि 10% छात्र दोनों विषयों में अनुत्तीर्ण रहे. यदि 144 छात्र दोनों विषयों में उत्तीर्ण हुए हों, तो कुल परीक्षार्थियों की संख्या ज्ञात कीजिए.

(*a*) 180 (*b*) 240 (*c*) 220 (*d*) 190

12. किसी परीक्षा में सम्मिलित लड़के तथा लड़कियों का अनुपात 16 : 9 है. इस परीक्षा में उत्तीर्ण हुए लड़के तथा लड़कियों का अनुपात 5 : 4 है. यदि 80% लड़कियाँ उत्तीर्ण हुई हों, तो कितने प्रतिशत लड़के उत्तीर्ण हुए. यह भी ज्ञात कीजिए कि कुल कितने प्रतिशत विद्यार्थी इस परीक्षा में उत्तीर्ण हुए.

(*a*) 64.8% (*b*) 86.4% (*c*) 68.4% (*d*) 76.8%

13. किसी चुनाव में दो प्रत्याशी *A* तथा *B* थे. इस चुनाव में मतदाता सूची में दर्ज व्यक्तियों में से 10% ने भाग नहीं लिया तथा 60 मत अमान्य घोषित कर दिये गये. यदि *A* को मिले मतों की संख्या कुल सूची में दर्ज संख्या का 47% हो तथा वह *B* को 308 मतों से पराजित करे, तो कुल डाले गये मतों की संख्या ज्ञात कीजिए.

(*a*) 6000 (*b*) 6500 (*c*) 6200 (*d*) 6800

14. एक चुनाव में दो उम्मीदवार थे. इसमें 75% मतदाताओं ने अपने मताधिकार का प्रयोग किया तथा इनमें से 2% मतों को अवैध घोषित कर दिया गया. एक उम्मीदवार ने 9261 मत प्राप्त किये जो वैध मतों के 75% थे. मतदाता सूची में कुल कितने मतदाता थे ?

(*a*) 17400 (*b*) 18600 (*c*) 16800 (*d*) 17600

15. एक व्यक्ति अपनी आय का 75% खर्च करता है. उसकी आय में 20% वृद्धि होने पर वह अपने खर्च में 10% वृद्धि कर देता है. उसकी बचत में कितने प्रतिशत वृद्धि होगी ?

(*a*) 40% (*b*) 50% (*c*) 30% (*d*) 45%

16. किसी वस्तु के मूल्य में 10% वृद्धि होने पर इसके उपभोक्ता को उसकी खपत कितने प्रतिशत कम करनी होगी जिससे कि इस मद में उसके खर्च में कोई वृद्धि न हो ?

(*a*) $11\frac{1}{11}\%$ (*b*) $10\frac{1}{11}\%$ (*c*) $8\frac{1}{11}\%$ (*d*) $9\frac{1}{11}\%$

17. किसी वस्तु पर कर में 10% कमी करने पर उसकी खपत में 8% की वृद्धि हो जाती है. इस वस्तु से प्राप्त राजस्व में प्रतिशत वृद्धि अथवा कमी ज्ञात कीजिए.

(*a*) 2.3% (*b*) 2.8% (*c*) 2.7% (*d*) 2.6%

18. दालों के मूल्य में 30% वृद्धि होने पर एक गृहणी को उसकी खपत कितने प्रतिशत कम करनी होगी जिससे इस मद में खर्च केवल 10% बढ़े?

(*a*) $13\frac{3}{17}$% (*b*) $15\frac{2}{3}$% (*c*) $15\frac{5}{13}$% (*d*) $14\frac{3}{17}$%

19. एक मशीन का 10% वार्षिक दर से अवमूल्यन हो जाता है. यदि इसका वर्तमान मूल्य ₹ 16200 हो तो (*i*) 2 वर्ष बाद मशीन का मूल्य क्या होगा? (*ii*) 2 वर्ष पूर्व इस मशीन का मूल्य कितना था?

(*a*) 20000 (*b*) 18,000 (*c*) 21,000 (*d*) 25,000

20. सन्तरों के मूल्य में 20% कमी होने पर एक व्यक्ति ₹ 25 में 5 सन्तरे अधिक खरीद सकता है. सन्तरों का वर्तमान मूल्य तथा प्रारम्भिक मूल्य ज्ञात कीजिए.

(*a*) ₹1.25, ₹1 (*b*) ₹1, ₹1.25

(*c*) ₹1.75, ₹1.25 (*d*) ₹1.25, ₹1.75

21. किसी वस्तु के मूल्य में 60% की वृद्धि की गई है. एक उपभोक्ता उस वस्तु की खपत में कितने प्रतिशत की कमी करे ताकि उस वस्तु पर उसके व्यय में कोई वृद्धि न हो?

(*a*) 43.7% (*b*) 39.6% (*c*) 37.5% (*d*) 36.9%

22. नमक और पानी के एक घोल में 15% नमक था. इसमें से 30 किग्रा० पानी वाष्पित करने के उपरान्त शेष घोल में नमक की मात्रा 20% रह गई. आरम्भिक घोल का भार ज्ञात कीजिए.

(*a*) 123 किग्रा० (*b*) 135 किग्रा०

(*c*) 130 किग्रा० (*d*) 120 किग्रा०

23. व्यंजक x^3y^2 में x तथा y के मानों में क्रमश: 25% तथा 20% की कमी की जाती है. व्यंजक के मान में कितने प्रतिशत कमी हो जायेगी?

(*a*) 76% (*b*) 67% (*c*) 73% (*d*) 69%

24. किसी वर्ष एक गाँव की जनसंख्या 9800 थी. यदि अगले वर्ष पुरुषों की संख्या में 8% तथा महिलाओं की संख्या में 5% वृद्धि होने के उपरान्त गाँव की जनसंख्या 10458 हो गई हो, तो ज्ञात कीजिए कि वृद्धि से पहले गाँव में पुरुषों की संख्या कितनी थी?

(*a*) 5600 (*b*) 5800 (*c*) 6000 (*d*) 5500

25. एक व्यक्ति अपने मासिक वेतन का 1% अपने दो पुत्रों को जेब-खर्च के रूप में देता है. दोनों पुत्रों को दिये जाने वाले जेब खर्च का 80% बड़े पुत्र को मिलता है तथा वह अपने भाग के जेब खर्च का 80% व्यय कर देता है. यदि वह ₹ 20 मासिक की बचत करे, तो ज्ञात कीजिए कि उसके पिता का मासिक वेतन कितना है?

(*a*) 12525 (*b*) 13250 (*c*) 12500 (*d*) 13200

26. एक व्यक्ति अपनी आय का 75% व्यय करता है. उसकी आय में 20% की वृद्धि होने पर वह अपने व्यय में 10% की वृद्धि कर देता है. उसकी बचत में कितने प्रतिशत वृद्धि होगी?

(*a*) 25.33% (*b*) 31.25% (*c*) 33.25% (*d*) 25.27%

27. पानी के साथ 20% ऐल्कोहल वाले 5 लीटर मिश्रण में से 2 लीटर मिश्रण निकाल लिया जाता है तथा उसके बदले उसमें 2 लीटर पानी मिला दिया जाता है. नए मिश्रण में ऐल्कोहल की मात्रा का प्रतिशत ज्ञात कीजिए.

(*a*) 12% (*b*) 17% (*c*) 18% (*d*) 21%

28. किसी विद्यालय में कक्षा-दस की परीक्षा में लड़कियों का औसत प्राप्तांक 73 तथा लड़कों का औसत प्राप्तांक 71 है. यदि इस कक्षा के सभी विद्यार्थियों का औसत प्राप्तांक 71·8 हो तो लड़कियों तथा लड़कों की प्रतिशतता ज्ञात कीजिए.

(*a*) 30%, 70% (*b*) 40%, 60%

(*c*) 50%, 50% (*d*) इनमें से कोई नहीं

29. चीनी तथा पानी के 6 लीटर घोल में 4% चीनी तथा शेष पानी है. इस घोल में से एक लीटर पानी वाष्पित किये जाने पर शेष घोल में चीनी की प्रतिशतता ज्ञात कीजिए.

(*a*) 4.8% (*b*) 5.3% (*c*) 3.9% (*d*) 5.3%

30. एक कस्बे की जनसंख्या 5% वार्षिक दर से घटती है. यदि इसकी वर्तमान जनसंख्या 68590 हो, तो 3 वर्ष पूर्व इसकी जनसंख्या कितनी थी?

(*a*) 77000 (*b*) 65000 (*c*) 72000 (*d*) 80000

उत्तरमाला (प्रश्नमाला 10B)

1. (*a*) **2.** (*b*) **3.** (*c*) **4.** (*d*) **5.** (*b*) **6.** (*a*) **7.** (*b*) **8.** (*d*) **9.** (*b*) **10.** (*a*) **11.** (*b*) **12.** (*a*) **13.** (*c*) **14.** (*c*) **15.** (*b*) **16.** (*d*) **17.** (*b*) **18.** (c) **19.** (*a*) **20.** (*b*) **21.** (*c*) **22.** (*d*) **23.** (*c*) **24.** (*a*) **25.** (*c*) **26.** (*b*) **27.** (*a*) **28.** (*b*) **29.** (*a*) **30.** (*d*)

दिये गये प्रश्नों के हल (प्रश्नमाला 10B)

1 माना रोपे जाते समय पौधे की ऊँचाई = x सेमी०. तब,

$$x \times \left(1+\frac{20}{100}\right)^2 = 540 \Rightarrow x \times \frac{6}{5} \times \frac{6}{5} = 540$$

$$\Rightarrow x = \left(540 \times \frac{5}{6} \times \frac{5}{6}\right) = 375 \text{ सेमी०.}$$

2. माना मशीन का क्रय-मूल्य = ₹ x. तब,

$$x \times \left(1-\frac{25}{2\times100}\right)^2 = 26460 \Rightarrow x \times \frac{7}{8} \times \frac{7}{8} = 26460$$

$$\Rightarrow x\left(26460 \times \frac{8}{7} \times \frac{8}{7}\right) = 34560.$$

अत: मशीन का क्रय-मूल्य = ₹ 34560

3. माना पुरुष = $11x$, महिलायें = $9x$ तथा बच्चे = $5x$. कुल = $25x$.

निरक्षरता = ($11x$ का 20%) + ($9x$ का 30%) + ($5x$ का 10%)

$$= \left(11x \times \frac{20}{100}\right) + \left(9x \times \frac{30}{100}\right) + \left(5x \times \frac{10}{100}\right)$$

$$= \left(\frac{11x}{5} + \frac{27x}{10} + \frac{x}{2}\right) = \frac{54x}{10} = \frac{27x}{5}.$$

निरक्षता % = $\left(\frac{27x}{5} \times \frac{1}{25x} \times 100\right)\% = \frac{108}{5}\% = 21\frac{3}{5}\%.$

4. पुरुषों की संख्या = $\left(560000 \times \frac{43}{80}\right) = 301000.$

स्त्रियों की संख्या = $(560000 - 301000) = 259000.$

निरक्षरों की संख्या = (301000 का 12%) + (259000 का 20%)

$$= \left(301000 \times \frac{12}{100}\right) + \left(259000 \times \frac{20}{100}\right)$$

$= (36120 + 51800) = 87920.$

निरक्षरता % = $\left(\frac{87920}{560000} \times 100\right)\% = 15{\cdot}7\%.$

5. माना गाँव की कुल जनसंख्या = x. तब,

पुरुषों की संख्या = $\frac{2x}{3}$, महिलाओं की संख्या = $\frac{x}{3}$.

साक्षर पुरुषों की संख्या = $\left(\frac{2x}{3} \times \frac{70}{100}\right) = \frac{7x}{15}.$

साक्षर महिलाओं की संख्या = $\left(\frac{x}{3} \times \frac{60}{100}\right) = \frac{x}{5}.$

स्नातक पुरुषों की संख्या = $\left(\frac{7x}{15} \times \frac{30}{100}\right) = \frac{7x}{50}.$

स्नातक महिलाओं की संख्या = $\left(\frac{x}{5} \times \frac{20}{100}\right) = \frac{x}{25}.$

नौकरी करने वाले पुरुषों की संख्या = $\left(\frac{7x}{50} \times \frac{20}{100}\right) = \frac{7x}{250}.$

नौकरी करने वाली महिलाओं की संख्या = $\left(\frac{x}{25} \times \frac{15}{100}\right) = \frac{3x}{500}.$

कुल नौकरी करने वालों की संख्या = $\left(\frac{7x}{250} + \frac{3x}{500}\right) = \frac{17x}{500}.$

अभीष्ट % = $\left(\frac{17x}{500} \times \frac{1}{x} \times 100\right)\% = \frac{17}{5}\% = 3{\cdot}4\%.$

6. माना A, B, C के मासिक वेतन क्रमशः ₹ x, ₹ y, ₹ z हैं तथा इनकी बचत क्रमशः ₹ $8k$, ₹ $9k$ तथा ₹ $20k$ हैं. तब,

A की बचत = ₹ $\left(x \times \frac{20}{100}\right)$,

B की बचत = ₹ $\left(y \times \frac{15}{100}\right)$ = ₹ $\frac{3y}{20}$

तथा C की बचत = ₹ $\left(z \times \frac{25}{100}\right)$ = ₹ $\frac{z}{4}$.

$\frac{x}{5} = 8k, \frac{3y}{20} = 9k$ तथा $\frac{z}{4} = 20k$

$\therefore x = 40k,\ y = 60k$ तथा $z = 80k.$

$40k + 60k + 80k = 14400 \Rightarrow 180k = 14400 \Rightarrow k = 80.$

$\therefore x = (40 \times 80) = 3200,\ y = (60 \times 80) = 4800,$

$z = (80 \times 80) = 6400.$

अतः A, B, C के वेतन क्रमशः ₹ 3200, ₹ 4800 तथा ₹ 6400 हैं.

7. माना पहले वर्ष में कच्चे माल का मूल्य = ₹ $4x$, श्रमिकों पर व्यय = ₹ $3x$ तथा अतिरिक्त मदों पर व्यय = ₹ $2x$ था.

अगले वर्ष कच्चे माल का मूल्य = ₹ $\left(4x \times \frac{110}{100}\right)$ = ₹ $\frac{22x}{5}$.

अगले वर्ष श्रमिकों पर व्यय = ₹ $\left(3x \times \frac{108}{100}\right)$ = ₹ $\frac{81x}{25}$.

अगले वर्ष अतिरिक्त मदों पर व्यय = ₹ $\left(2x \times \frac{95}{100}\right)$ = ₹ $\frac{19x}{10}$.

पहले वर्ष कुल खर्च = ₹ $(4x + 3x + 2x)$ = ₹ $9x$.

अगले वर्ष कुल खर्च = ₹ $\left(\frac{22x}{5} + \frac{81x}{25} + \frac{19x}{10}\right)$

$$= ₹\ \frac{(220x + 162x + 95x)}{50} = ₹\ \frac{477x}{50}.$$

कार के उत्पादन मूल्य में वृद्धि = ₹ $\left(\frac{477x}{50} - 9x\right)$ = ₹ $\frac{27x}{50}$.

कार के उत्पादन मूल्य में वृद्धि % = $\left(\frac{27x}{50} \times \frac{1}{9x} \times 100\right)\% = 6\%.$

8. माना D द्वारा प्राप्तांक = 100. तब, C द्वारा प्राप्तांक = 80.

B द्वारा प्राप्तांक = $\left(80 \times \frac{125}{100}\right) = 100$, A द्वारा प्राप्तांक = 90.

यदि A के प्राप्तांक 90 हों, तो D के प्राप्तांक = 100.

यदि A के प्राप्तांक 360 हों, तो D के प्राप्तांक

$= \left(\frac{100}{90} \times 360\right) = 400.$

D द्वारा प्राप्त अंक % = $\left(\frac{400}{500} \times 100\right)\% = 80\%.$

9. माना पूर्णांक = x. तब, $x \times \frac{30}{100} + 27 = x \times \frac{40}{100} - 27.$

$\therefore \frac{2x}{5} - \frac{3x}{10} = 54 \Rightarrow 4x - 3x = 540 \Rightarrow x = 540.$

अतः पूर्णांक = 540,

उत्तीर्णांक % = $\left[\left\{\frac{\left(540 \times \frac{30}{100}\right) + 27}{540}\right\} \times 100\right]\% = 35\%.$

10. माना पूर्णांक = 100. तब, उत्तीर्णांक = 40.

A द्वारा प्राप्तांक = $\left(40 \times \frac{90}{100}\right) = 36.$

B द्वारा प्राप्तांक = 36 का $\left(100-11\frac{1}{9}\right)\% = 36$ का $\frac{800}{9}\%$

$= \left(36\times\frac{800}{9}\times\frac{1}{100}\right) = 32.$

C द्वारा प्राप्तांक = (36 + 32) का

$\left(100-\frac{700}{17}\right)\% = \left(68\times\frac{1000}{17}\times\frac{1}{100}\right) = 40.$

अत: C परीक्षा में उत्तीर्ण हुआ।

11. माना कुल परीक्षार्थी = 100.

अंग्रेजी में अनुत्तीर्ण छात्र = (100 – 70) = 30.

गणित में अनुत्तीर्ण छात्र = (100 – 80) = 20.

दोनों विषयों में अनुत्तीर्ण छात्र = 10.

केवल अंग्रेजी में अनुत्तीर्ण छात्र = (30 – 10) = 20.

केवल गणित में अनुत्तीर्ण छात्र = (20 – 10) = 10.

एक या दोनों विषयों में अनुत्तीर्ण छात्र = (20 + 10 + 10) = 40.

दोनों विषयों में उत्तीर्ण छात्र = (100 – 40) = 60.

यदि दोनों विषयों में उत्तीर्ण 60 हों, तो कुल परीक्षार्थी = 100.

यदि दोनों विषयों में उत्तीर्ण 144 हों, तो कुल परीक्षार्थी

$= \left(\frac{100}{60}\times 144\right) = 240.$

12. माना परीक्षा में लड़के = $16x$ तथा लड़कियाँ = $9x$.

उत्तीर्ण होने वाली लड़कियाँ = $\left(9x\times\frac{80}{100}\right) = \frac{36x}{5}$.

उत्तीर्ण होने वाले लड़के तथा लड़कियों का अनुपात = 5 : 4.

उत्तीर्ण होने वाले लड़के = $\left(\frac{5}{4}\times\frac{36x}{5}\right) = 9x.$

उत्तीर्ण लड़कों का % = $\left(\frac{9x}{16x}\times 100\right)\% = \frac{225}{4}\% = 56\cdot25\%.$

कुल उत्तीर्ण विद्यार्थी = $\left(9x+\frac{36x}{5}\right) = \frac{81x}{5}.$

कुल उत्तीर्ण विद्यार्थियों का % = $\left(\frac{81x}{5}\times\frac{1}{25x}\times 100\right)\%$

$= \frac{324}{5}\% = 64\cdot8\%.$

13. माना कुल मतदाता = x.

डाले गये मतों की संख्या = $\left(x\times\frac{90}{100}\right) = \frac{9x}{10}.$

मान्य मत $= \left(\frac{9x}{10}-60\right).$

A को मिले मत = $\left(x\times\frac{47}{100}\right) = \frac{47x}{100}.$

B को मिले मत = $\left(\frac{9x}{10}-60-\frac{47x}{100}\right) = \frac{(90x-6000-47x)}{100}$

$= \frac{(43x-6000)}{100}.$

$\therefore \quad \frac{47x}{100}-\frac{(43x-6000)}{100} = 308 \Rightarrow 47x-(43x-6000)$

$= 30800 \Rightarrow 4x = 24800 \Rightarrow x = 6200.$

अत: कुल मतों की संख्या = 6200.

14. माना सूची में मतदाताओं की संख्या = x.

डाले गये मत = $\left(x\times\frac{75}{100}\right) = \frac{3x}{4},$

वैध मत = $\left(\frac{3x}{4}\times\frac{98}{100}\right) = \frac{147x}{200}.$

$\therefore \quad \left(\frac{147x}{200}\times\frac{75}{100}\right) = 9261 \Rightarrow 441x = 9261\times 800$

$\Rightarrow x = \frac{(9261\times 800)}{441} = 16800.$

अत: कुल मतदाता = 16800.

15. माना कुल आय = ₹ 100. तब, खर्च = ₹ 75 तथा बचत = ₹ 25.

नई आय = ₹ 120, नया खर्च = ₹ $\left(75\times\frac{110}{100}\right)$ = ₹ $\frac{165}{2}$.

नई बचत = ₹ $\left(120-\frac{165}{2}\right)$ = ₹ $\frac{75}{2}$.

बचत में वृद्धि = ₹ $\left(\frac{75}{2}-25\right)$ = ₹ $\frac{25}{2}$.

बचत में वृद्धि % = $\left(\frac{25}{2}\times\frac{1}{25}\times 100\right)\% = 50\%.$

16. माना पहले 1 इकाई खपत होती थी जिसका मूल्य ₹ 100 था।

अब, 1 इकाई का मूल्य = ₹ 110.

₹ 110 में अब प्राप्त = 1 इकाई.

₹ 100 में अब प्राप्त = $\left(\frac{1}{110}\times 100\right)$ इकाई = $\frac{10}{11}$ इकाई.

खपत में कमी = $\left(1-\frac{10}{11}\right) = \frac{1}{11}$ इकाई.

खपत में कमी % = $\left(\frac{1}{11}\times\frac{1}{1}\times 100\right)\% = 9\frac{1}{11}\%.$

17. माना प्रारम्भिक खपत = 100 इकाई तथा

प्रारम्भिक कर = ₹ 100 प्रति इकाई.

कुल राजस्व = ₹ (100 × 100) = ₹ 10000.

नई खपत = 108 इकाई, नया कर प्रति इकाई = ₹ 90.

अब राजस्व = ₹ (108 × 90) = ₹ 9720.

राजस्व में कमी = ₹ (10000 – 9720) = ₹ 280.

राजस्व में कमी % = $\left(\frac{280}{10000}\times 100\right)\% = 2\cdot8\%.$

18. माना पहले खर्च = 1 यूनिट तथा इसका मूल्य = ₹ 100.

दाल पर पहले खर्च = ₹ 100 तथा नया खर्च = ₹ 110.

नया भाव = ₹ 130.

₹ 130 में प्राप्त = 1 यूनिट.

₹ 110 में प्राप्त $= \left(\frac{1}{130}\times 110\right)$ यूनिट $= \frac{11}{13}$ यूनिट.

खपत में कमी $= \left(1-\frac{11}{13}\right) = \frac{2}{13}$.

खपत में कमी % $= \left(\frac{2}{13}\times\frac{1}{1}\times 100\right)\% = \frac{200}{13}\% = 15\frac{5}{13}\%$.

19. (*i*) 2 वर्ष बाद मशीन का मूल्य = ₹ $\left\{16200\times\left(1-\frac{10}{100}\right)^2\right\}$

= ₹ $\left(16200\times\frac{9}{10}\times\frac{9}{10}\right)$ = ₹ 13122.

(*ii*) माना 2 वर्ष पूर्व मशीन का मूल्य = ₹ x. तब,

$x\left(1-\frac{10}{100}\right)^2 = 16200 \Rightarrow x\times\frac{9}{10}\times\frac{9}{10} = 16200$

$\Rightarrow x = \left(16200\times\frac{10}{9}\times\frac{10}{9}\right) = 20000$.

अत: 2 वर्ष पूर्व मशीन का मूल्य = ₹ 20000.

20. माना 1 सन्तरे का प्रारम्भिक मूल्य = ₹ x.

₹ 25 में खरीदे गये सन्तरों की संख्या $= \frac{25}{x}$.

नया मूल्य = ₹ x का 80% = ₹ $\left(x\times\frac{80}{100}\right)$ = ₹ $\frac{4x}{5}$.

₹ 25 में खरीदे गये सन्तरों की संख्या $= \frac{25}{\left(\frac{4x}{5}\right)} = \frac{125}{4x}$.

$\therefore \frac{125}{4x} - \frac{25}{x} = 5 \Rightarrow (125-100) = 20x \Rightarrow x = \frac{25}{20} = \frac{5}{4}$.

वर्तमान मूल्य = ₹ $\left(\frac{4}{5}\times\frac{5}{4}\right)$ प्रति सन्तरा = ₹ 1 प्रति सन्तरा.

प्रारम्भिक मूल्य = 1 ₹ 25 पै० प्रति सन्तरा.

21. माना 1 इकाई का मूल्य = ₹ 100 तथा खपत = 1 इकाई.

1 इकाई का नया मूल्य = ₹ 160.

अब, ₹ 160 में प्राप्त वस्तु = 1 इकाई.

₹ 100 में प्राप्त वस्तु $= \left(\frac{1}{160}\times 100\right)$ इकाई $= \frac{5}{8}$ इकाई.

खपत में कमी $= \left(1-\frac{5}{8}\right)$ इकाई $= \frac{3}{8}$ इकाई.

खपत में कमी % $= \left(\frac{3}{8}\times\frac{1}{1}\times 100\right)\% = \frac{75}{2}\% = 37\cdot 5\%$.

22. माना कुल घोल की मात्रा = x किग्रा०.

इसमें नमक की मात्रा $= \left(x\times\frac{15}{100}\right)$ किग्रा० $= \frac{3x}{20}$ किग्रा०.

वाष्पित पानी के बाद घोल की मात्रा = $(x - 30)$ किग्रा०.

इसमें नमक की मात्रा

$= \left[(x-30)\times\frac{20}{100}\right]$ किग्रा० $= \frac{(x-30)}{5}$ किग्रा०.

$\therefore \frac{x-30}{5} = \frac{3x}{20} \Rightarrow 20x - 600 = 15x$

$\Rightarrow 5x = 600 \Rightarrow x = 120$.

अत: प्रारम्भिक घोल का भार = 120 किग्रा०.

23. प्रारम्भिक मान $= x^3y^2$.

नया मान $= (x \text{ का } 75\%)^3 \times (y \text{ का } 80\%)^2$

$= \left(x\times\frac{75}{100}\right)^3 \times \left(y\times\frac{80}{100}\right)^2 = \left(\frac{3x}{4}\right)^3 \times \left(\frac{4y}{5}\right)^2$

$= \left(\frac{27}{64}\times\frac{16}{25}\right)(x^3y^2) = \left(\frac{27}{100}\right)(x^3y^2)$.

मान में कमी

$= \left(x^3y^2 - \frac{27}{100}x^3y^2\right) = \frac{(100-27)}{100}x^3y^2 = \frac{73}{100}x^3y^2$.

मान में कमी % $= \left(\frac{73}{100}x^3y^2\times\frac{1}{x^3y^2}\times 100\right)\% = 73\%$.

24. माना पुरुषों की संख्या = x तथा

महिलाओं की संख्या = $(9800 - x)$. तब

$x\left(1+\frac{8}{100}\right) + (9800-x)\left(1+\frac{5}{100}\right) = 10458$

$\Rightarrow \frac{27x}{25} + \frac{21}{20}(9800-x) = 10458$

$\Rightarrow \frac{27x}{25} - \frac{21x}{20} = 10458 - 10290$

$\Rightarrow 108x - 105x = 16800 \Rightarrow 3x = 16800 \Rightarrow x = 5600$.

$\therefore$ गाँव में पुरुषों की संख्या = 5600.

25. माना उसके पिता का मासिक वेतन = ₹ x.

दोनों पुत्रों का जेब खर्च = ₹ x का 1% = ₹ $\left(x\times\frac{1}{100}\right)$ = ₹ $\frac{x}{100}$.

बड़े पुत्र का भाग = ₹ $\left(\frac{x}{100}\times\frac{80}{100}\right)$ = ₹ $\frac{x}{125}$.

बड़े पुत्र की बचत

= ₹ $\frac{x}{125}$ का 20% = ₹ $\left(\frac{x}{125}\times\frac{20}{100}\right)$ = ₹ $\frac{x}{625}$.

$\therefore \frac{x}{625} = 20 \Rightarrow x = (20\times 625) = 12500$.

अत: पिता का मासिक वेतन = ₹ 12500.

26. माना व्यक्ति की आय = ₹ 100.

तब खर्च = ₹ 75 तथा बचत = ₹ 25.

नई आय = ₹ 120,

नया व्यय = ₹ 75 का 110% = ₹ $\left(75\times\frac{110}{100}\right)$ = ₹ $\frac{165}{2}$.

बचत = ₹ $\left(120-\frac{165}{2}\right)$ = ₹ $\frac{75}{2}$.

अब, बचत % $= \left(\frac{75}{2} \times \frac{1}{120} \times 100\right)\% = 31 \cdot 25\%.$

27. 3 लीटर मिश्रण में अल्कोहल $= \left(3 \times \frac{20}{100}\right)$ लीटर $= \frac{3}{5}$ लीटर .

अब, 5 लीटर मिश्रण में अल्कोहल $= \frac{3}{5}$ लीटर.

इसमें अल्कोहल का % $= \left(\frac{3}{5} \times \frac{1}{5} \times 100\right)\% = 12\%.$

28. माना लड़कियों की संख्या $= x$ तथा
लड़कों की संख्या $= (100 - x)$. तब
$73x \times 71\,(100 - x) = 71{\cdot}8 \times 100$
$\Rightarrow (73x - 71x) = (7180 - 7100) \Rightarrow 2x = 80 \Rightarrow x = 40.$
∴ लड़कियाँ = 40% तथा लड़के = 60%.

29. 6 लीटर घोल में चीनी की मात्रा $= \left(6 \times \frac{4}{100}\right)$ लीटर $= \frac{6}{25}$ लीटर.

6 लीटर घोल में पानी की मात्रा $= \left(6 - \frac{6}{25}\right)$ लीटर $= \frac{144}{25}$ लीटर .

वाष्पित होने के बाद 5 लीटर घोल में चीनी की मात्रा

$= \frac{6}{25}$ लीटर.

इस घोल में चीनी की प्रतिशतता

$= \left(\frac{6}{25} \times \frac{1}{5} \times 100\right)\% = \frac{24}{5}\% = 4 \cdot 8\%.$

30. माना 3 वर्ष पूर्व कस्बे की जनसंख्या x थी. तब,

$x \times \left(1 - \frac{5}{100}\right)^3 = 68590 \Rightarrow x \times \frac{19}{20} \times \frac{19}{20} \times \frac{19}{20} = 68590$

$\Rightarrow x = \left(68590 \times \frac{20}{19} \times \frac{20}{19} \times \frac{20}{19}\right) = 80000.$

❑❑❑

11

लाभ तथा हानि
(PROFIT AND LOSS)

Scan QR Code for Watching Video

सामान्य नियम

(*i*) **क्रय-मूल्यः** जिस मूल्य पर कोई वस्तु खरीदी जाती है वह मूल्य इस वस्तु का क्रय-मूल्य कहलाता है.

(*ii*) **विक्रय-मूल्यः** जिस मूल्य पर कोई वस्तु बेची जाती है वह मूल्य इस वस्तु का विक्रय-मूल्य कहा जाता है.

(*iii*) **लाभ = (विक्रय मूल्य) – (क्रय मूल्य).**

(*iv*) **हानि = (क्रय-मूल्य) – (विक्रय-मूल्य).**

नोटः लाभ अथवा हानि सदैव क्रय-मूल्य पर गिने जाते हैं.

(*v*) यदि क्रय-मूल्य = ₹ x तथा लाभ = 20%, तो विक्रय-मूल्य = (₹ x का 120%).

(*vi*) यदि क्रय-मूल्य = ₹ x तथा हानि = 20%, तो विक्रय-मूल्य = (₹ x का 80%).

(*vii*) लाभ % = $\left(\frac{\text{लाभ}}{\text{क्रय - मूल्य}} \times 100\right)$% तथा हानि % = $\left(\frac{\text{हानि}}{\text{क्रय - मूल्य}} \times 100\right)$%.

(*viii*) यदि विक्रय मूल्य = ₹ x तथा लाभ = 20%, तो क्रय-मूल्य = ₹ $\left(\frac{100}{120} \times x\right)$.

(*ix*) यदि विक्रय मूल्य = ₹ x तथा हानि = 20%, तो क्रय-मूल्य = ₹ $\left(\frac{100}{80} \times x\right)$.

(*x*) बट्टा सदैव अंकित मूल्य पर होता है.

(*xi*) एक व्यक्ति ने अपने दो घोड़ों में से प्रत्येक को ₹ 10870 में बेचकर एक पर 16% लाभ तथा दूसरे पर 16% हानि उठाई. पूरे लेन देन में उसे कितने प्रतिशत लाभ अथवा हानि हुई?

संक्षिप्त विधिः ऐसे प्रश्नों में सदैव हानि होती है, विक्रय-मूल्य अस्तित्वहीन है.

सूत्र हैः हानि % = $\left(\frac{\text{उभयनिष्ठ लाभ तथा हानि \%}}{10}\right)^2$ %.

अतः ऊपर दिये गये प्रश्न में, हानि % = $\left(\frac{16}{10}\right)^2$ % = $(1\cdot6)^2$ % = 2·56%.

(*xii*) यदि कोई दुकानदार अपनी वस्तुयें क्रय-मूल्य पर बेचता है परन्तु त्रुटिपूर्ण बाट का प्रयोग करता है, तो

लाभ % = $\left\{\frac{\text{त्रुटि}}{(\text{सही मान}) - (\text{त्रुटि})} \times 100\right\}$%.

साधित उदाहरण

प्रश्न 1. एक पुस्तक का क्रय मूल्य ₹ 110 तथा विक्रय मूल्य ₹ 123·20 है. इसे बेचने पर पुस्तक विक्रेता को कितने प्रतिशत लाभ होगा?

हलः क्रय-मूल्य = ₹ 110 तथा विक्रय-मूल्य = ₹ 123·20.

लाभ = (विक्रय मूल्य) – (क्रय मूल्य) = ₹ (123·20 – 110) = ₹ 13·20.

$\therefore$ लाभ % = $\left(\frac{13\cdot20}{110} \times 100\right)$% = $\left(\frac{1320}{110}\right)$% = 12%.

प्रश्न 2. एक साईकिल को ₹ 1960 में खरीद कर ₹ 1862 में बेचे जाने पर कितने प्रतिशत हानि होगी?

हलः साईकिल का क्रय-मूल्य = ₹ 1960 तथा विक्रय-मूल्य = ₹ 1862.

हानि = (क्रय-मूल्य) – (विक्रय-मूल्य) = ₹ (1960 – 1862) = ₹ 98.

हानि % = $\left(\frac{98}{1960} \times 100\right)$% = 5%.

प्रश्न 3. आदित्य ने एक गाय ₹ 8580 में बेचकर 4% लाभ कमाया. उसने यह गाय कितने रुपये में खरीदी?

हलः गाय का विक्रय मूल्य = ₹ 8580, लाभ % = 4%

$\therefore$ गाय का क्रय मूल्य = ₹ $\left(\frac{100}{104}\times 8580\right)$ = ₹ 8250 .

प्रश्न 4. एक कुर्सी को ₹ 873 में बेचने से विक्रेता को 10% हानि होती है. कुर्सी का क्रय-मूल्य कितना है?

हलः कुर्सी का विक्रय मूल्य = ₹ 873. हानि % = 10%.

$\therefore$ कुर्सी का क्रय-मूल्य = ₹ $\left(\frac{100}{90}\times 873\right)$ = ₹ 970 .

प्रश्न 5. एक घड़ी को ₹ 2880 में बेचने पर एक व्यक्ति को 10% हानि होती है. वह इसे कितने में बेचे कि उसे 5% लाभ हो?

हलः घड़ी का विक्रय मूल्य = ₹ 2880 तथा हानि = 10%.

$\therefore$ घड़ी का क्रय मूल्य = ₹ $\left(\frac{100}{90}\times 2880\right)$ = ₹ 3200 .

अब, क्रय-मूल्य = ₹ 3200. इच्छित लाभ % = 5%.

$\therefore$ घड़ी का विक्रय मूल्य = ₹ $\left(\frac{105}{100}\times 3200\right)$ = ₹ 3360 .

प्रश्न 6. यदि किसी वस्तु को 5% हानि की अपेक्षा 10% लाभ पर बेचा जाता तो विक्रेता को ₹ 75 अधिक मिलते. वस्तु का क्रय-मूल्य कितना है?

हलः माना वस्तु का क्रय मूल्य = ₹ x. तब

$$\frac{110x}{100}-\frac{95x}{100}=75 \Rightarrow \frac{(110x-95x)}{100}=75$$

$$\Rightarrow 15x = 7500 \Rightarrow x=\frac{7500}{15}=500.$$

$\therefore$ वस्तु का क्रय-मूल्य = ₹ 500.

प्रश्न 7. एक व्यक्ति ने दो घोड़ों में से प्रत्येक को ₹ 32500 में बेचा. उसे एक घोड़े पर 15% लाभ तथा दूसरे पर 15% हानि हुई. कुल सौदे पर उसे कितने प्रतिशत लाभ अथवा हानि हुई?

हलः **संक्षिप्त विधिः**

ऐसे सौदे में सदैव हानि होती है.

सूत्रः हानि % = $\left(\frac{\text{उभयनिष्ठ लाभ तथा हानि \%}}{10}\right)^2$ %

$$=\left(\frac{15}{10}\right)^2\% = \left(\frac{3}{2}\right)^2\% = \frac{9}{4}\% = 2\cdot 25\%.$$

त्रुटिपूर्ण बट्टों का प्रयोग करके लाभ कमाना

सूत्रः लाभ % = $\left\{\frac{\text{त्रुटि}}{(\text{सत्य माप} - \text{त्रुटि})}\times 100\right\}$% .

प्रश्न 8. एक हलवाई अपने सामान को क्रयमूल्य पर ही बेचता है. परन्तु, वह 1 किग्रा० के स्थान पर 900 ग्राम तोलता है. उसका लाभ प्रतिशत ज्ञात कीजिए.

हलः स्पष्ट है कि लाभ % = $\left\{\frac{\text{त्रुटि}}{\text{सत्य माप} - \text{त्रुटि}}\times 100\right\}$%

$$=\left\{\frac{100}{(1000-100)}\times 100\right\}\% = \left(\frac{100}{900}\times 100\right)\%$$

$$=\frac{100}{9}\% = 11\frac{1}{9}\%.$$

प्रश्न 9. यदि 15 वस्तुओं का क्रय मूल्य 12 वस्तुओं के विक्रय मूल्य के बराबर हो, तो लाभ प्रतिशत ज्ञात कीजिए.

हलः माना प्रत्येक वस्तु का क्रय मूल्य = ₹ 1.

तब, 12 वस्तुओं का क्रय मूल्य = ₹ 12.

12 वस्तुओं का वि.मू. = 15 वस्तुओं का क्र.मू. = ₹ 15.

लाभ = ₹ (15 – 12) = ₹ 3.

लाभ % = $\left(\frac{3}{12}\times 100\right)$% = 25%.

प्रश्न 10. एक फल विक्रेता ने ₹ 15 के 6 की दर से केले खरीद कर ₹ 12 के 4 की दर से बेच दिये. उसका लाभ अथवा हानि प्रतिशत ज्ञात कीजिए.

हल : माना कुल खरीदे गये केलों की संख्या = 15, 6, 12, 4 का

ल०स० = (3 × 2 × 2 × 5) = 60

60 केलों का क्रय-मूल्य = ₹ $\left(\frac{15}{6}\times 60\right)$ = ₹ 150.

60 केलों का विक्रय-मूल्य = ₹ $\left(\frac{12}{4}\times 60\right)$ = ₹ 180.

लाभ % = $\left(\frac{30}{150}\times 100\right)$% = 20%.

3	15, 6, 12, 4
2	5, 2, 4, 4
2	5, 1, 2, 2
	5, 1, 1, 1

प्रश्न 11. एक दुकानदार अपने सामान पर क्रय-मूल्य से 20% अधिक अंकित करता है तथा अंकित मूल्य पर 10% की छूट देता है. उसका लाभ प्रतिशत ज्ञात कीजिए.

हलः माना सामान का क्रय-मूल्य = ₹ 100. तब,

अंकित मूल्य = ₹ 120.

$\therefore$ विक्रय-मूल्य = ₹ 120 का 90% = ₹ $\left(120\times\frac{90}{100}\right)$

= ₹ 108.

अतः लाभ % = 8%.

प्रश्न 12. एक दुकानदार अंकित मूल्य पर 10% की छूट देता हैं. उसे 8% लाभ कमाने हेतु अंकित-मूल्य को क्रय-मूल्य से कितने प्रतिशत अधिक रखना होगा?

हलः माना क्रय मूल्य = ₹ 100. तब, विक्रय-मूल्य = ₹ 108.

माना अंकित मूल्य = ₹ x.

x का 90% = 108 $\Rightarrow \left(x\times\frac{90}{100}\right) = 108$

$\Rightarrow x = \left(108 \times \frac{10}{9}\right) \Rightarrow x = 120.$

अतः अंकित मूल्य क्रय मूल्य से 20% अधिक रखना होगा.

प्रश्न 13. तीन क्रमागत बट्टों 20%, 10% तथा 5% के समतुल्य बट्टा क्या होगा?

हल: माना किसी वस्तु का अंकित मूल्य = ₹ 100.

तब, इस वस्तु का विक्रय मूल्य

= ₹ 100 का 80% का 90% का 95%

$= ₹\left(100 \times \frac{80}{100} \times \frac{90}{100} \times \frac{95}{100}\right) = ₹\frac{342}{5} = ₹ 68 \cdot 40$

∴ अभीष्ट समतुल्य बट्टा = (100 – 68·4)% = 31·6%.

प्रश्न 14. एक कमीज का अंकित मूल्य ₹ 600 है. दो क्रमागत बट्टे देने के बाद इसका मूल्य ₹ 432 है. यदि दूसरा बट्टा 10% हो, तो पहला बट्टा कितना है?

हल: माना पहला बट्टा = x%. तब, 600 का $(100 - x)$% का 90% = 432.

$\Rightarrow 600 \times \frac{(100-x)}{100} \times \frac{90}{100} = 432$

$\Rightarrow (100 - x) = \left(432 \times \frac{5}{27}\right) = 80 \Rightarrow x = 20.$

अतः पहला बट्टा = 20%.

प्रश्न 15. तीन क्रमागत बट्टों 30%, 20%, 5% के समतुल्य बट्टा क्या होगा?

हल: माना किसी वस्तु का अंकित-मूल्य = ₹ 100.

तब, इस वस्तु का वि० मूल्य

= ₹ 100 का 70% का 80% का 95%

$= ₹\left(100 \times \frac{70}{100} \times \frac{80}{100} \times \frac{95}{100}\right) = ₹ 53 \cdot 20.$

अभीष्ट समतुल्य बट्टा = ₹ (100 – 53·20) = ₹ 46·80

प्रश्नमाला 11A

निम्नलिखित प्रश्नों में से प्रत्येक में ठीक उत्तर को चिन्हांकित (✓) कीजिए:

1. मीनल ने एक कार ₹ 250000 में खरीदी तथा ₹ 348000 में बेच दी. उसे कार पर कितने प्रतिशत लाभ हुआ?

(*a*) 40% (*b*) 39·2% (*c*) 38·4% (*d*) 38%

(*e*) इनमें से कोई नहीं

(बैंक पी०ओ० परीक्षा, 2010)

2. एक वस्तु को 20% की छूट पर ₹1020 मे बेचा जाता है। यदि वस्तु 20% छूट के स्थान पर ₹199 की छूट पर बेची जाती तो विक्रय मूल्य ज्ञात कीजिए।

(*a*) 1076 (*b*) 1050 (*c*) 2000 (*d*) 4500

(*e*) इनमें से कोई नही

(आई.बी.पी.एस. आर.आर.बी. क्लर्क (प्रा) परीक्षा, 2020)

3. एक व्यक्ति ने कोई पुस्तक ₹ 891 में बेचकर लागत का $\frac{1}{10}$ लाभ कमाया. उस पुस्तक का क्रय-मूल्य कितना है?

(*a*) ₹ 850 (*b*) ₹ 800

(*c*) ₹ 810 (*d*) उपर्युक्त में से कोई नहीं

(दिल्ली पुलिस परीक्षा, 2010)

4. किसी वस्तु का अंकित मूल्य क्रय मूल्य से 60% अधिक है। वस्तु को 25% छूट पर बेचा जाता है। यदि प्राप्त लाभ ₹40 है, तो वस्तु का अंकित मूल्य ज्ञात कीजिए।

(*a*) 520 (*b*) 480 (*c*) 420 (*d*) 320

(*e*) इनमें से कोई नहीं

(आर.बी.आई. सहायक (प्रा) परीक्षा, 2020)

5. ₹ 2·50 प्रति पैंसिल की दर से पैंसिलें बेचने पर विनोद को ₹ 110 का लाभ होता है. इतनी ही पैंसिलें ₹ 1·75 प्रति पैंसिल बेचने से उसे ₹ 55 की हानि होती है. विनोद के पास कितनी पैंसिलें हैं?

(*a*) 220 (*b*) 240

(*c*) 200 (*d*) निर्धारित नहीं किया जा सकता

(*e*) इनमें से कोई नहीं

(बैंक पी०ओ० परीक्षा, 2010)

6. एक व्यक्ति ने एक वस्तु 25% हानि पर ₹ 6750 में बेची. यदि वह इसे 15% लाभ पर बेचता तो इसका विक्रय मूल्य कितना होता?

(*a*) ₹ 10530 (*b*) ₹ 9950 (*c*) ₹ 10350 (*d*) ₹ 11340

(*e*) इनमें से कोई नहीं

(बैंक पी०ओ० परीक्षा, 2010)

7. एक दुकानदार ने एक सिलाई मशीन को 10% की हानि पर ₹1080 में बेचा। उसे इसे किस कीमत पर बेचना चाहिए ताकि उसे 10% का लाभ हो? (₹ में) **(सी.जी.एल. परीक्षा, 2019)**

(*a*) 1320 (*b*) 1285 (*c*) 1250 (*d*) 1200

8. *A* किसी वस्तु को 15% लाभ पर *B* को बेचता है. *B* इसे 10% हानि पर *C* को बेचता है. यदि *C* ने इसके लिए ₹ 517·50 का भुगतान किया हो, तो *A* ने इसे कितने रुपए में खरीदा?

(*a*) ₹ 500 (*b*) ₹ 750 (*c*) ₹ 1000 (*d*) ₹ 1250

(एस०एस०सी० परीक्षा, 2010)

9. *A* ने कोई वस्तु *B* को 25% लाभ पर, *B* ने वह वस्तु *C* को 20% लाभ पर तथा *C* ने *D* को 10% लाभ पर बेची. यदि *D* ने इसे ₹ 330 में खरीदा हो, तो *A* ने उसे कितने में खरीदा?

(एस०एस०सी० परीक्षा, 2010)

(*a*) ₹ 200 (*b*) ₹ 250 (*c*) ₹ 275 (*d*) ₹ 290

10. एक दुकानदार चीनी को इस प्रकार बेचता है कि 950 ग्राम चीनी का विक्रय मूल्य 1 किग्रा० चीनी के क्रय-मूल्य के बराबर हो. उसका लाभ प्रतिशत कितना है? **(बैंक पी०ओ० परीक्षा, 2010)**

(*a*) $5\frac{5}{19}$% (*b*) $5\frac{1}{5}$% (*c*) 5% (*d*) $4\frac{1}{19}$%

11. किसी वस्तु को ₹ 21 में बेचने से एक व्यक्ति को क्रय मूल्य के बराबर प्रतिशत हानि हुई. वस्तु का क्रय मूल्य कितना था?

(*a*) ₹ 30 अथवा ₹ 70 (*b*) ₹ 35 अथवा ₹ 60

(*c*) ₹ 45 (*d*) ₹ 50

(एस०एस०सी० परीक्षा, 2010)

12. किसी वस्तु को बेचने पर एक व्यक्ति उसके विक्रय मूल्य के 25% के बराबर लाभ कमाता है. उसका लाभ प्रतिशत कितना है ?

(*a*) 20% (*b*) 25% (*c*) $16\frac{2}{3}$% (*d*) $33\frac{1}{3}$%

(एस०एस०सी० परीक्षा, 2010)

13. यदि किसी वस्तु में दी गयी छूट, अंकित मूल्य के पांचवें हिस्से के बराबर है और हानि, छूट की आधी है, तो हानि का प्रतिशत क्या है? (एस.एस.सी.-सी.जी.एल. 2017)

(*a*) $10\frac{1}{9}$ (*b*) $11\frac{1}{9}$ (*c*) $12\frac{2}{9}$ (*d*) $12\frac{1}{4}$

14. यदि किसी वस्तु के क्रय-मूल्य तथा विक्रय मूल्य का अनुपात 10 : 11 हो, तो लाभ प्रतिशत कितना होगा ?

(*a*) 8% (*b*) 10% (*c*) 11% (*d*) 15%

(एस०एस०सी० परीक्षा, 2010)

15. एक साईकिल को ₹ 2850 में बेचने पर एक दुकानदार को 14% लाभ होता है. यदि यह लाभ 8% रखा जाये, तो साईकिल का विक्रय मूल्य कितना होगा ? (एस०एस०सी० परीक्षा, 2010)

(*a*) ₹ 2600 (*b*) ₹ 2700 (*c*) ₹ 2800 (*d*) ₹ 3000

16. 100 वस्तुओं में से आधी वस्तुओं को 20% लाभ पर तथा शेष वस्तुओं को 40% लाभ पर बेचा गया. यदि सभी वस्तुओं को 25% लाभ पर बेचा गया होता, तो यह लाभ पहले से ₹ 100 कम मिलता. प्रत्येक वस्तु का क्रय-मूल्य कितना है ?

(*a*) ₹ 10 (*b*) ₹ 15 (*c*) ₹ 20 (*d*) ₹ 30

(एस०एस०सी० परीक्षा, 2010)

17. यदि 20 वस्तुओं का क्रय-मूल्य 15 वस्तुओं के विक्रय-मूल्य के बराबर हो, तो लाभ प्रतिशत कितना है ?

(*a*) $16\frac{2}{3}$% (*b*) 20% (*c*) $33\frac{1}{3}$% (*d*) $66\frac{2}{3}$%

(एस०एस०सी० परीक्षा, 2010)

18. एक वस्तु के क्रय मूल्य एवं विक्रय मूल्य का अनुपात 20 : 21 है तो लाभ प्रतिशत क्या है?

(*a*) 3 (*b*) 4 (*c*) 5 (*d*) 6

(पटना हाई कोर्ट असिस्टेंट परीक्षा, 2016)

19. किसी अल्मारी को ₹ 2576 में बेचने पर एक व्यक्ति को 12% लाभ होता है. यदि इसे ₹ 100 कम में खरीदा गया होता, तो कितने प्रतिशत लाभ होता ? (एस०एस०सी० परीक्षा, 2010)

(*a*) $11\frac{1}{9}$% (*b*) $13\frac{1}{3}$% (*c*) $17\frac{1}{11}$% (*d*) $17\frac{9}{11}$%

20. कपड़े के एक व्यापारी ने अपने कपड़े का आधा भाग 20% लाभ पर तथा शेष कपड़े का आधा भाग 20% हानि पर बेचा तथा शेष को उसके क्रय-मूल्य पर बेच दिया. उसको कितने प्रतिशत लाभ अथवा हानि हुई ? (एस०एस०सी० परीक्षा, 2010)

(*a*) 5% लाभ (*b*) न लाभ न हानि

(*c*) 5% हानि (*d*) 10% लाभ

21. एक लड़का ₹10 के 11 केले की दर से केले खरीदता है तथा ₹11 के 10 केले की दर से बेचता है लड़के को हुए लाभ का प्रतिशत क्या है?

(*a*) 10% (*b*) 11% (*c*) 21% (*d*) 31%

(उ. प्र. सम्मिलित अवर अधीनस्थ सेवा (सामा. चयन) परीक्षा, 2015)

22. एक घड़ी को 20% लाभ पर बेचा जाता है. यदि घड़ी के क्रय-मूल्य तथा विक्रय मूल्य में से प्रत्येक को ₹ 100 कम कर दिया जाये, तो लाभ 5% कम हो जाता है. घड़ी का प्रारम्भिक क्रय-मूल्य कितना है ? (ए०ए०ओ० परीक्षा, 2010)

(*a*) ₹ 450 (*b*) ₹ 500 (*c*) ₹ 550 (*d*) ₹ 600

23. किसी वस्तु को बेचने पर एक व्यक्ति को उसके विक्रय मूल्य के 25% के बराबर लाभ होता है. उसका लाभ प्रतिशत कितना है ?

(*a*) 20% (*b*) 25% (*c*) $16\frac{2}{3}$% (*d*) $33\frac{1}{3}$%

(एस०एस०सी० परीक्षा, 2010)

24. एक दुकानदार ने 30 किग्रा० चावल, ₹ 45 प्रति किग्रा० की दर से खरीदे. कुल मात्रा का 40% उसने ₹ 60 प्रति किग्रा० की दर से बेच दिया. कुल 20% लाभ प्राप्त करने हेतु उसे शेष मात्रा किस भाव से बेचनी होगी ? (बैंक पी०ओ० परीक्षा, 2010)

(*a*) ₹ 54 प्रति किग्रा० (*b*) ₹ 52 प्रति किग्रा०

(*c*) ₹ 50 प्रति किग्रा० (*d*) ₹ 60 प्रति किग्रा०

(*e*) ₹ 56 प्रति किग्रा०

25. किसी वस्तु का क्रय मूल्य उसके अंकित मूल्य का 80% है. 12% का बट्टा देने के उपरान्त व्यापारी का लाभ प्रतिशत कितना है ?

(एस०एस०सी० परीक्षा, 2010)

(*a*) 20% (*b*) 12% (*c*) 10% (*d*) 8%

26. किसी व्यापारी ने बिक्री के लिए सिले-सिलाये वस्त्रों के मूल्य पर 25% की छूट देने की घोषणा की. यदि कोई खरीददार ₹ 400 की छूट चाहता है, तो उसे ₹ 320 मूल्य वाली कितनी कमीजें खरीदनी होंगी ? (एस०एस०सी० परीक्षा, 2010)

(*a*) 10 (*b*) 7 (*c*) 6 (*d*) 5

27. एक व्यक्ति ने ₹ 2470 में 26 किग्रा० चावल खरीदे. इसमें से उसने ₹ 110 प्रति किग्रा० की दर से 10 किग्रा० चावल बेच दिये. ₹ 70 का लाभ कमाने के लिए उसे शेष चावल किस दर पर बेचना होगा ? (बैंक पी०ओ० परीक्षा, 2010)

(*a*) ₹ 90 प्रति किग्रा० (*b*) ₹ 95 प्रति किग्रा०

(*c*) ₹ 85 प्रति किग्रा० (*d*) ₹ 75 प्रति किग्रा०

(*e*) इनमें से कोई नहीं

28. कोई व्यापारी अपनी वस्तओं के मूल्य उनके क्रय मूल्य से 20% अधिक पर अंकित करता है तथा बेचने के समय 10% का बट्टा देता है. उसका लाभ प्रतिशत कितना है ?

(*a*) 5% (*b*) 6% (*c*) 8% (*d*) 10%

(एस०एस०सी० परीक्षा, 2010)

29. एक व्यक्ति ने एक घोड़ा तथा एक गाड़ी ₹ 20000 में खरीदे. उसने घोड़े को 20% लाभ पर तथा गाड़ी को 10% हानि पर बेच दिया. इस प्रकार से उसे कुल सौदे में 2% का लाभ हुआ. घोड़े का क्रय मूल्य कितना है ? (एस०एस०सी० परीक्षा, 2010)

(*a*) ₹ 7200 (*b*) ₹ 7500 (*c*) ₹ 8000 (*d*) ₹ 9000

30. चाय के मूल्य में 10% कमी होने पर एक व्यापारी ₹ 22500 में 25 किग्रा० चाय अधिक खरीद सकता है. चाय का मूल्य प्रति किग्रा० कितना है ? (एस०एस०सी० परीक्षा, 2010)

(*a*) ₹ 70 (*b*) ₹ 80 (*c*) ₹ 90 (*d*) ₹ 100

31. किसी निर्माता ने एक वस्तु का अंकित मूल्य ₹ 50 निर्धारित किया तथा उसे 20% का बट्टा देकर बेच दिया. यदि उसे 25% लाभ हुआ हो तो उस वस्तु का क्रय-मूल्य कितना है ?

(एस०एस०सी० परीक्षा, 2010)

(*a*) ₹ 40 (*b*) ₹ 35 (*c*) ₹ 32 (*d*) ₹ 30

32. एक व्यापारी अपने माल पर क्रय मूल्य से 30% अधिक मूल्य अंकित करता है तथा इस पर 15% बट्टा देता है. उस वस्तु का क्रय मूल्य कितना है जिस पर उसे ₹ 84 लाभ हो ?

(*a*) ₹ 800 (*b*) ₹ 560 (*c*) ₹ 373·33 (*d*) ₹ 280

(एस०एस०सी० परीक्षा, 2010)

33. एक वस्तु को किसी निर्धारित मूल्य पर बेचा जाता है. उस मूल्य के $\frac{2}{3}$ पर बेचने से 10% हानि होती है. आरंभिक निर्धारित मूल्य पर बेचने से उसे कितना प्रतिशत लाभ होगा ?

(*a*) 20% (*b*) $33\frac{1}{3}$% (*c*) 35% (*d*) 40%

(एस०एस०सी० परीक्षा, 2010)

34. एक दुकानदार किसी वस्तु के अंकित मूल्य पर 5% कमीशन देना चाहता है तथा वह 10% लाभ कमाना चाहता है. यदि किसी वस्तु का क्रय-मूल्य ₹ 95 हो, तो इसका अंकित मूल्य कितना होगा ?

(*a*) ₹ 100 (*b*) ₹ 110 (*c*) ₹ 120 (*d*) ₹ 130

(एस०एस०सी० परीक्षा, 2010)

35. एक घड़ी का अंकित मूल्य ₹ 3200 है. इसे दो क्रमिक बट्टों के साथ ₹ 2448 में बेचा जाता है. यदि पहला बट्टा 10% हो, तो दूसरा बट्टा कितना है ? (एस०एस०सी० परीक्षा, 2010)

(*a*) 5% (*b*) 10% (*c*) 15% (*d*) 20%

36. किसी वस्तु की 10% तथा 10% की दो क्रमवार मूल्य-वृद्धियाँ किस एकमात्र मूल्य-वृद्धि के समतुल्य है ?

(*a*) 19% (*b*) 20% (*c*) 21% (*d*) 22%

(एस०एस०सी० परीक्षा, 2010)

37. एक व्यक्ति कुछ वस्तुयें ₹ *P* प्रति दर्जन के भाव से खरीदता है तथा ₹ (*P*/8) प्रति वस्तु के भाव से बेच देता है. उसका लाभ प्रतिशत कितना है ? (एस०एस०सी० परीक्षा, 2009)

(*a*) 30% (*b*) 40% (*c*) 50% (*d*) 60%

38. एक वस्तु को ₹ 1754 में बेचकर उतना ही लाभ प्राप्त होता है जितनी उसे ₹ 1492 में बेचकर हानि होती है. वस्तु का लागत मूल्य कितना है ? (बैंक पी०ओ० परीक्षा, 2009)

(*a*) ₹ 1623 (*b*) ₹ 1523 (*c*) ₹ 1689 (*d*) ₹ 1589

(*e*) इनमें से कोई नहीं

39. कोई वस्तु ₹ *x* में बेचने से 15% हानि होती है. इसी वस्तु को ₹ *y* में बेचने से 15% लाभ होता है. $(y - x)$ तथा $(y + x)$ में क्या अनुपात है ? (होटल मैनेजमैंट, परीक्षा, 2009)

(*a*) 20 : 23 (*b*) 20 : 3 (*c*) 3 : 20 (*d*) 17 : 23

40. किसी वस्तु को 20% लाभ पर बेचने से उसे 20% हानि पर बेचने की तुलना में ₹ 60 अधिक प्राप्त होते हैं. वस्तु का क्रय-मूल्य कितना है ? (एस०एस०सी० परीक्षा, 2009)

(*a*) ₹ 200 (*b*) ₹ 150 (*c*) ₹ 140 (*d*) ₹ 120

41. एक दर्जन बाल-पैन बेचने पर एक दुकानदार को 4 बाल-पैनों के विक्रय मूल्य के बराबर लाभ होता है. उसका लाभ प्रतिशत कितना है ?

(एस०एस०सी० परीक्षा, 2009)

(*a*) 50% (*b*) 40% (*c*) $33\frac{1}{3}$% (*d*) $31\frac{1}{4}$%

42. एक बेईमान दुकानदार अपने सामान को क्रय-मूल्य पर ही बेचने का दावा करता है. परन्तु, वह त्रुटिपूर्ण बाट का प्रयोग करके $11\frac{1}{9}$ % लाभ कमाता है. 1 किग्रा० के स्थान पर वह कितना सामान देता है ?

(*a*) 960 ग्राम (*b*) 940 ग्राम (*c*) 925 ग्राम (*d*) 900 ग्राम

43. एक दुकानदार 10% लाभ पर चाय बेचता है तथा वास्तविक माप से 20% कम तोल के बाट प्रयोग करता है. उसका कुल लाभ कितने प्रतिशत है ?

(*a*) 30% (*b*) 35%

(*c*) $37\frac{1}{2}$% (*d*) इनमें से कोई नहीं

44. प्रतीक ने एक संगीत वाद्य कार्तिक को 20% लाभ पर बेच दिया और कार्तिक ने इसे स्वस्तिक को 40% लाभ पर बेचा. यदि स्वस्तिक ने इसका मूल्य ₹ 10500 दिया हो तो प्रतीक ने इसके लिए कितनी राशि दी ? (बैंक पी०ओ० परीक्षा, 2009)

(*a*) ₹ 8240 (*b*) ₹ 7500

(*c*) ₹ 6250 (*d*) निर्धारित नहीं की जा सकती

(*e*) इनमें से कोई नहीं

45. मनीष ने 25 किग्रा० चावल ₹ 32 प्रति किग्रा० तथा 15 किग्रा० चावल ₹ 36 प्रति किग्रा० खरीदे. दोनों को मिलाकर बने मिश्रण को ₹ 40·20 प्रति किग्रा० की दर से बेचने पर कितने प्रतिशत लाभ हुआ ? (बैंक पी०ओ० परीक्षा, 2009)

(*a*) 25% (*b*) 40% (*c*) 30% (*d*) 20%

(*e*) इनमें से कोई नहीं

46. मनोज ने दो रेडियो ₹ 6400 में खरीदे. उसने एक रेडियो को 25% लाभ पर तथा दूसरे को 25% हानि पर बेच दिया. यदि दोनों रेडियों के विक्रय-मूल्य समान हों, तो प्रत्येक का विक्रय-मूल्य कितना होगा ?

(*a*) ₹ 3200 (*b*) ₹ 3120 (*c*) ₹ 3280 (*d*) ₹ 3000

47. एक व्यक्ति ने कोई वस्तु खरीदकर इसे 10% हानि पर बेच दिया. यदि वह इसे 20% कम में खरीदता तथा ₹ 55 अधिक में बेचता, तो उसे 40% लाभ होता. इस वस्तु का क्रय-मूल्य कितना है ?

(*a*) ₹ 200 (*b*) ₹ 225

(*c*) ₹ 250 (*d*) इनमें से कोई नहीं

48. किसी वस्तु को ₹ 8000 में बेचने पर क्रय मूल्य के $\frac{1}{5}$ भाग के बराबर हानि होती है. इस वस्तु का क्रय मूल्य कितना है ?

(*a*) ₹ 6400 (*b*) ₹ 9600

(*c*) ₹ 10000 (*d*) इनमें से कोई नहीं

49. दो साईकिलें समान मूल्य पर बेची जाती हैं. इनमें से पहली साईकिल 20% लाभ पर तथा दूसरी साईकिल 20% हानि पर बेची जाती है. इससे कुल ₹ 18 की हानि हुई हो तो इनके क्रय मूल्य होंगे क्रमशः

(*a*) ₹ 180, ₹ 270 (*b*) ₹ 200, ₹ 240

(*c*) ₹ 180, ₹ 240 (*d*) ₹ 200, ₹ 270

50. एक पुस्तक को उस पर छपे मूल्य पर 10% बट्टा देकर बेचने से एक दुकानदार को 12% लाभ होता है. पुस्तक के क्रय मूल्य तथा उस पर छपे मूल्य का अनुपात क्या है ?
(*a*) 45 : 56 (*b*) 45 : 51 (*c*) 47 : 56 (*d*) 47 : 51
(एस०एस०सी० परीक्षा, 2010)

51. एक कूकर 16% लाभ पर बेचा गया. यदि इसे ₹ 20 अधिक पर बेचा जाता तो लाभ 20% होता. कूकर का क्रय मूल्य कितना है ?
(*a*) ₹ 350 (*b*) ₹ 400 (*c*) ₹ 500 (*d*) ₹ 600
(एस०एस०सी० परीक्षा, 2009)

52. एक व्यक्ति ने एक टी०वी० सैट ₹ 9400 में बेचा. इससे उसे कुछ हानि हुई. उसने दूसरा टी०वी० सैट ₹ 10600 में बेचा. इस बार उसका लाभ पिछली हानि से दुगुना था. एक टी०वी० सैट का क्रय मूल्य कितना है ?
(*a*) ₹ 9800 (*b*) ₹ 10000 (*c*) ₹ 10200 (*d*) ₹ 10400

53. एक व्यक्ति दो वस्तुयें ₹ 99 प्रति वस्तु की दर से बेचता है. उसे एक पर 10% लाभ तथा दूसरे पर 10% हानि होती है. कुल दोनों वस्तुओं पर उसे
(*a*) ₹ 2 का लाभ होता है (*b*) ₹ 2 की हानि होती है
(*c*) ₹ 1 की हानि होती है (*d*) न लाभ होता है तथा न हानि

54. 144 पैन बेचने पर मोनिका को 6 पैनों के विक्रय मूल्य के बराबर हानि होती है. हानि प्रतिशत कितनी है ?
(*a*) 2% (*b*) 6% (*c*) 14% (*d*) 4%

55. सीमा ने एक मोबाइल फोन 25% हानि से ₹ 1950 में बेच दिया. 30% लाभ कमाने हेतु उसे यह मोबाइल फोन कितने रुपये में बेचना चाहिए ?
(*a*) ₹ 3300 (*b*) ₹ 2600 (*c*) ₹ 2535 (*d*) ₹ 3380
(*e*) इनमें से कोई नहीं

56. 20% तथा 5% के दो क्रमवार बट्टे किस एकमात्र बट्टे के समतुल्य हैं ? **(एस०एस०सी० परीक्षा, 2010)**
(*a*) 25% (*b*) 24% (*c*) 18% (*d*) 15%

57. एक इत्र की शीशी का 15% बट्टे के बाद विक्रय मूल्य ₹ 3675·40 है. इसका अंकित मूल्य कितना है ?
(*a*) ₹ 4324 (*b*) ₹ 4386 (*c*) ₹ 4400 (*d*) ₹ 4294
(*e*) इनमें से कोई नहीं **(बैंक पी०ओ० परीक्षा, 2009)**

58. किसी वस्तु का अंकित मूल्य उसके क्रय मूल्य से 20% अधिक है. अंकित मूल्य पर 20% का बट्टा दिया जाता है. इस प्रकार की बिक्री में होगा: **(एस०एस०सी० परीक्षा, 2009)**
(*a*) न लाभ न हानि (*b*) 4% हानि
(*c*) 4% लाभ (*d*) 8% लाभ

59. एक रेडियो का अंकित मूल्य ₹ 4800 है. दुकानदार इस पर 10% का बट्टा देता है तथा 8% लाभ कमाता है. यदि वह कोई बट्टा न दे तो उसका लाभ प्रतिशत कितना है ?
(*a*) 18% (*b*) 20% (*c*) 22% (*d*) 25%
(एस०एस०सी० परीक्षा, 2009)

60. कोई व्यापारी एक घड़ी ₹ 450 में खरीदता है तथा इसका सूची मूल्य इस प्रकार निर्धारित करता है कि 10% बट्टा देने के उपरांत उसे 20% लाभ हो. इस घड़ी का सूची मूल्य कितना है ?
(*a*) ₹ 500 (*b*) ₹ 600 (*c*) ₹ 750 (*d*) ₹ 800

61. एक दुकानदार किसी कमीज को 7% बट्टे पर देता है. यदि उसने 9% बट्टा दिया होता तो उसे ₹ 15 कम लाभ होता. कमीज का अंकित मूल्य कितना है ?
(*a*) ₹ 750 (*b*) ₹ 720 (*c*) ₹ 712·50 (*d*) ₹ 600

62. 20%, 25% तथा 10% के तीन क्रमिक बट्टों के समतुल्य एकमात्र बट्टा क्या होगा ? **(एस० एस० सी० परीक्षा, 2009)**
(*a*) 55% (*b*) 50% (*c*) 48% (*d*) 46%

63. एक छतरी का अंकित मूल्य ₹ 162 तथा विक्रय मूल्य ₹ 135 है. बट्टे की दर क्या है ?
(*a*) 20% (*b*) $16\frac{2}{3}\%$
(*c*) $13\frac{1}{2}\%$ (*d*) इनमें से कोई नहीं

64. एक व्यापारी अपने सामान पर क्रय-मूल्य से 20% अधिक मूल्य अंकित करता है तथा इस पर कुछ बट्टा देकर 8% लाभ पर सामान बेचता है. बट्टे की दर क्या है ?
(*a*) 4% (*b*) 6% (*c*) 10% (*d*) 12%

65. किसी वस्तु को ₹ 900 में बेचने से प्राप्त लाभ उस वस्तु को ₹ 600 में बेचने पर हुई हानि का दुगुना है. इस वस्तु का क्रय-मूल्य कितना है ?
(*a*) ₹ 500 (*b*) ₹ 680
(*c*) ₹ 700 (*d*) आँकड़े अपर्याप्त

66. एक वस्तु को ₹ 996 में बेचने पर प्राप्त लाभ तथा उस वस्तु को ₹ 894 में बेचने से हुई हानि दोनों समान हैं. उस वस्तु का क्रय मूल्य कितना है ?
(*a*) ₹ 935 (*b*) ₹ 905 (*c*) ₹ 945 (*d*) ₹ 975
(*e*) इनमें से कोई नहीं **(बैंक पी०ओ० परीक्षा, 2008)**

67. एक कपड़ा विक्रेता ₹ 10 प्रति मीटर का लाभ कमा कर ₹ 12325 में 145 मीटर कपड़ा बेचता है. एक मीटर कपड़े का क्रय मूल्य कितना है ? **(बैंक पी०ओ० परीक्षा, 2008)**
(*a*) ₹ 65 (*b*) ₹ 75 (*c*) ₹ 95 (*d*) ₹ 85
(*e*) इनमें से कोई नहीं

68. एक दुकानदार ₹ 1 प्रति अण्डा की दर से 144 अण्डे खरीदता है. इनमें से 20 अण्डे टूट जाते हैं. शेष अण्डों को वह ₹ 1·20 प्रति अण्डा की दर से बेच देता है. इससे उसे कितने प्रतिशत लाभ अथवा हानि हुई ?
(*a*) $3\frac{1}{3}\%$ लाभ (*b*) $4\frac{1}{3}\%$ लाभ
(*c*) $3\frac{1}{3}\%$ हानि (*d*) $3\frac{1}{3}\%$ लाभ

69. 39 दर्जन आम बेचने पर एक व्यक्ति को 13 दर्जन आम के विक्रय मूल्य का लाभ होता है. लाभ प्रतिशत कितना है ?
(*a*) 26% (*b*) 33% (*c*) 40% (*d*) 50%
(बी०बी०ए०/बी०सी०ए० परीक्षा, 2008)

70. 50 किग्रा० दूध के साथ पानी की कितनी मात्रा मिलाई जाये कि मिश्रण को क्रय-मूल्य पर बेचकर 10% लाभ प्राप्त किया जा सके ? **(एस०एस०सी० परीक्षा, 2008)**
(*a*) 2·5 किग्रा० (*b*) 5 किग्रा०
(*c*) 7·5 किग्रा० (*d*) 10 किग्रा०

71. किसी वस्तु का क्रय-मूल्य उस वस्तु के विक्रय मूल्य का 40% है. विक्रय मूल्य, क्रय-मूल्य का कितने प्रतिशत है ?
(*a*) 40% (*b*) 60% (*c*) 240% (*d*) 250%

72. एक मशीन को 10% लाभ पर बेचा गया. यदि इसे ₹ 80 कम में बेचा जाता तो विक्रेता को 10% हानि होती. मशीन का क्रय-मूल्य कितना है ?
(*a*) ₹ 350 (*b*) ₹ 400 (*c*) ₹ 450 (*d*) ₹ 520

73. किसी वस्तु के लिखित मूल्य पर 10% बट्टा देने पर 20% लाभ होता है. यदि बट्टा बढ़ा कर 20% कर दिया जाये, तो लाभ प्रतिशत कितना होगा ? **(एस०एस०सी० परीक्षा, 2008)**
(*a*) $6\frac{2}{3}\%$ (*b*) 5% (*c*) 8% (*d*) $5\frac{1}{3}\%$

74. एक व्यापारी अपने माल पर अंकित मूल्य पर 15% का बट्टा देता है. वह अपने माल पर लागत मूल्य से कितना अधिक मूल्य अंकित करे कि उसे 19% लाभ हो ? **(एस०एस०सी० परीक्षा, 2008)**
(*a*) 34% (*b*) 40% (*c*) 25% (*d*) 30%

75. एक दुकानदार घड़ी के मूल्य में 15% छूट देता है. यदि वह 20% की छूट दे तो उसे ₹ 51 कम लाभ होता है. घड़ी का मूल मूल्य कितना है ? **(बैंक पी०ओ० परीक्षा, 2008)**
(*a*) ₹ 920 (*b*) ₹ 985 (*c*) ₹ 1125 (*d*) ₹ 1020
(*e*) इनमें से कोई नहीं

76. नरेश ने एक टी०वी० सैट, अंकित मूल्य पर 10% बट्टा लेकर ₹ 11250 में खरीदा. इसे लाने के लिए भाड़े में ₹ 150 खर्च किये तथा इसे लगवाने पर ₹ 800 खर्च किया. बिना कोई बट्टा दिये, 15% लाभ कमाने हेतु इसे किस मूल्य पर बेचा जाना चाहिए ?
(*a*) ₹12937·50 (*b*) ₹ 14030
(*c*) ₹ 13450 (*d*) ₹ 15467·50
(*e*) इनमें से कोई नहीं

77. एक सब्जी विक्रेता ₹ 1 में 2 की दर से नींबू खरीदता है तथा ₹ 3 में 5 की दर से उन्हें बेचता है. उसका लाभ प्रतिशत कितना है ?
(*a*) 10% (*b*) 15% (*c*) 20% (*d*) 25%
(एस०एस०सी० परीक्षा, 2007)

78. ₹ 1 के 20 की दर से बटन बेचने पर एक दुकानदार को 4% हानि होती है. इस पर 20% लाभ कमाने हेतु 1 रुपये के कितने बटन बेचे जाने चाहिए ?
(*a*) 16 (*b*) 20 (*c*) 24 (*d*) 25

79. 100 पैंसिल बेचने पर एक दुकानदार को 20 पैंसिलों के विक्रय मूल्य के बराबर लाभ होता है. उसका लाभ प्रतिशत कितना है ?
(*a*) 25% (*b*) 20% (*c*) 15% (*d*) 12%
(एस०एस०सी० परीक्षा, 2007)

80. 36 सन्तरे बेचने पर एक फल विक्रेता को 4 सन्तरों के विक्रय मूल्य के बराबर हानि होती है. उसकी हानि प्रतिशत कितनी है ?
(*a*) 10% (*b*) $12\frac{1}{2}\%$
(*c*) $11\frac{1}{9}\%$ (*d*) इनमें से कोई नहीं

81. 250 केले बेचने पर एक फल विक्रेता को 50 केलों के विक्रय मूल्य के बराबर लाभ होता है. उसका लाभ प्रतिशत कितना है ?
(*a*) 5% (*b*) 10% (*c*) 20% (*d*) 25%

82. एक फर्नीचर विक्रेता ने ₹ 720 की दर से दो कुर्सियाँ बेची. उनमें से एक कुर्सी पर 20% लाभ तथा दूसरी पर 20% हानि हुई. इस सौदे में कितने प्रतिशत लाभ अथवा हानि हुई ?
(*a*) 4% लाभ (*b*) 4% हानि
(*c*) 10% लाभ (*d*) न लाभ न हानि

83. एक व्यक्ति ₹ 75 प्रति किग्रा० की दर से कुछ चावल खरीदता है. इसमें से 10% चावल खराब हो जाता है. शेष चावल वह किस भाव बेचे कि उसे 20% लाभ हो ?
(*a*) ₹ 90 प्रति किग्रा० (*b*) ₹ 80 प्रति किग्रा०
(*c*) ₹ 100 प्रति किग्रा० (*d*) इनमें से कोई नहीं

84. एक कम्पनी तीन प्रकार के क्रमवार बट्टे पेश करती है:
I. 25% तथा 15%
II. 30% तथा 10%
III. 35% तथा 5%
किसी ग्राहक के लिए सबसे अच्छा प्रस्ताव कौन-सा है ?
(*a*) I (*b*) II
(*c*) III (*d*) सभी प्रस्ताव बराबर हैं
(एस०एस०सी० परीक्षा, 2007)

85. किसी वस्तु का अंकित मूल्य ₹ 900 है तथा इस पर 8% और 9% के दो क्रमवार बट्टे दिये जाते हैं. यदि इन दो क्रमवार बट्टों के स्थान पर विक्रेता 16% का एकमात्र बट्टा दे तो उसे कितना लाभ अथवा हानि होगी ? **(एस०एस०सी० परीक्षा, 2007)**
(*a*) ₹ 4·76 लाभ (*b*) ₹ 5·76 हानि
(*c*) ₹ 5·76 लाभ (*d*) ₹ 4·76 हानि

86. किसी कमीज तथा पैन्ट के अंकित मूल्य 1 : 2 के अनुपात में हैं. दुकानदार कमीज पर 40% की छूट देता है तथा कमीज और पैन्ट दोनों को मिलाकर 30% की छूट देता है. पैन्ट पर दी गई छूट कितनी है ? **(एस० एस० सी० परीक्षा, 2007)**
(*a*) 15% (*b*) 20% (*c*) 25% (*d*) 30%

87. एक पैन का अंकित मूल्य ₹ 12 है. इस पर 15% का एक बट्टा दिया गया है. इसके बाद दूसरा बट्टा दिया गया है, जिससे पैन का मूल्य ₹ 8·16 हो जाता है. दूसरे बट्टे की दर कितनी है ?
(*a*) 15% (*b*) 18% (*c*) 20% (*d*) 25%
(एस०एस०सी० परीक्षा, 2007)

88. एक व्यापारी ₹ 25000 अंकित मूल्य वाली किसी वस्तु को 20% तथा 5% के क्रमवार बट्टों के साथ खरीदता है. वह इसकी मरम्मत पर ₹ 1000 व्यय करता है तथा इसे ₹ 25000 में बेच देता है. उसकी लाभ-हानि की प्रतिशतता कितनी है ?
(एस०एस०सी० परीक्षा, 2007)
(*a*) 25% हानि (*b*) 25% लाभ
(*c*) 10% लाभ (*d*) 10% हानि

89. एक व्यक्ति ने कोई वस्तु खरीद कर इसे 5% लाभ पर बेच दिया. यदि वह इसे 5% कम में खरीदता तथा 1 रुपया कम में बेचता, तो उसे 10% लाभ होता. वस्तु का क्रय-मूल्य कितना है ?
(*a*) ₹ 100 (*b*) ₹ 150 (*c*) ₹ 200 (*d*) ₹ 500

90. एक व्यापारी पंखों पर वास्तविक मूल्य से 40% अधिक मूल्य अंकित करता है तथा इस पर 15% बट्टा देता है. वह कितने प्रतिशत लाभ

कमाता है ?

(*a*) 25% (*b*) 27·5% (*c*) 9% (*d*) 19%

91. $12\frac{1}{2}$% तथा 10% की दो अनुक्रमिक छूट के बाद चाँदी की एक प्लेट को ₹ 6300 में बेचा गया. इस प्लेट का अंकित मूल्य कितना है ? **(रेलवे परीक्षा, 2006)**

(*a*) ₹ 8000 (*b*) ₹ 7800 (*c*) ₹ 7500 (*d*) ₹ 8600

92. एक घड़ी विक्रेता अंकित मूल्य पर 5% बट्टा देता है. यदि वह 7% बट्टा दे तो पहले से उसे ₹ 30 कम लाभ होगा. घड़ी का अंकित मूल्य कितना है ?

(*a*) ₹ 1395 (*b*) ₹ 1425
(*c*) ₹ 1575 (*d*) इनमें से कोई नहीं

93. एक व्यापारी अपनी प्रत्येक वस्तु पर इतना मूल्य अंकित करता है कि इस मूल्य पर 20% छूट देने पर उसे 25% लाभ होता है. यदि किसी वस्तु का क्रय-मूल्य ₹ 432 हो, तो इसका अंकित मूल्य क्या होगा ?

(*a*) ₹ 675 (*b*) ₹ 625 (*c*) ₹ 648 (*d*) ₹ 540

94. किसी वस्तु के अंकित मूल्य पर 20% छूट देने से इसका विक्रय-मूल्य ₹ 24 हो जाता है. अंकित मूल्य पर 30% छूट दिये जाने पर इसका विक्रय-मूल्य कितना होगा ?

(*a*) ₹ 27 (*b*) ₹ 21 (*c*) ₹ 21·60 (*d*) ₹ 20

95. एक दुकानदार प्रत्येक वस्तु के मूल्य पर 10% छूट का दिखावा करता है. परन्तु वह प्रत्येक वस्तु के मूल्य में 20% वृद्धि कर देता है. वह कितना प्रतिशत लाभ कमाता है ?

(*a*) 6% (*b*) 8% (*c*) 10% (*d*) 12%

96. समान अंकित मूल्य वाली दो वस्तुएँ A और B क्रमश: 15% और 12% छूट पर बेची गईं। वस्तु A और B पर अर्जित लाभ का प्रतिशत क्रमश: 6.25% और 20% था। वस्तु B का क्रय मूल्य वस्तु A के क्रय मूल्य से ₹160 कम था। प्रत्येक वस्तु का अंकित मूल्य ज्ञात कीजिए।

(*a*) 2400 (*b*) 2800 (*c*) 2200 (*d*) 2000
(*e*) इनमें से कोई नहीं

(आई.बी.पी.एस. पी.ओ. (प्रा) परीक्षा, 2020)

97. एक रुपये की 12 टॉफी बेचने पर एक व्यक्ति को 20% हानि होती है. इस पर 20% लाभ कमाने हेतु 1 रुपये की कितनी टॉफी बेची जानी चाहिए ?

(*a*) 5 (*b*) 8 (*c*) 10 (*d*) 15

98. संदीप ने एक वस्तु को उसके विक्रय मूल्य पर $13\frac{1}{3}$% के लाभ पर विनोद को बेचा। विनोद ने इसे आगे 7.5% हानि पर ₹1110 मे बेचा। विनोद के लिए उस वस्तु के क्रय मूल्य और वस्तु के विक्रय मूल्य का अंतर ज्ञात कीजिए?

(*a*) 55 (*b*) 50 (*c*) 60 (*d*) 70
(*e*) इनमें से कोई नही

(आई.बी.पी.एस. आर.आर.बी. पी.ओ. (प्रा) परीक्षा, 2020)

99. एक पुस्तक विक्रेता किसी पुस्तक को 10% लाभ पर बेचता है. यदि उसने इसे 4% कम पर खरीदा होता तथा ₹ 6 अधिक में बेचा होता, तो उसे $18\frac{3}{4}$% लाभ होता. पुस्तक का क्रय-मूल्य कितना है ? **(एस०एस०सी० परीक्षा, 2007)**

(*a*) ₹ 130 (*b*) ₹ 140 (*c*) ₹ 150 (*d*) ₹ 160

100. निर्देश: नीचे I और II नाम की दो मात्राएँ दी गई हैं। दी गई जानकारी के आधार पर, आपको दो राशियों के बीच संबंध निर्धारित करना है। दिए गए आंकड़ों और गणित के अपने ज्ञान का उपयोग करते हुए संभावित उत्तर का चयन करें।

मात्रा I: एक वस्तु का विक्रय मूल्य ₹450 है। यदि वस्तु को बेचकर 20% लाभ अर्जित किया जाता है, तो अर्जित लाभ है

मात्रा II: एक वस्तु का विक्रय मूल्य ₹84. यदि वस्तु को बेचकर 20% लाभ अर्जित किया जाता है, तो वस्तु का क्रय मूल्य है

(*a*) मात्रा I > मात्रा II (*b*) मात्रा I > मात्रा II
(*c*) मात्रा I > ≤ मात्रा II (*d*) मात्रा I ≤ मात्रा II
(*e*) इनमें से कोई नहीं

(आई.बी.पी.एस. आर.आर.बी. पी.ओ. (प्रा.) परीक्षा 2020)

101. एक दुकानदार ने एक वस्तु के अंकित मूल्य पर 10% की छूट दी और इस प्रकार ₹400 रुपये का लाभ अर्जित किया। यदि वह वस्तु को 20% छूट पर बेचता, तो उसे लाभ के रूप में ₹330 अर्जित होते। वस्तु का अंकित मूल्य क्या था?

(*a*) 500 (*b*) 600 (*c*) 700 (*d*) 800
(*e*) इनमें से कोई नहीं

(आई.बी.पी.एस. आर.आर.बी. ऑफिसर स्केल-1 (प्रा) परीक्षा, 2019)

102. रेनु ने एक वस्तु को ₹1240 में खरीदा और उसे 25% की हानि पर बेच दिया। उस राशि से उसने एक और वस्तु खरीदी और उसे 40% लाभ पर बेच दिया। रेनु को कितने प्रतिशत लाभ हुआ? **(एस.एस.सी.-सी.जी.एल. परीक्षा, 2018)**

(*a*) 12% (*b*) 5% (*c*) $6\frac{2}{3}$% (*d*) 15%

103. एक वस्तु का अंकित मूल्य ₹315 है। इसे ₹288 में बेचा जाता है। यदि इससे 4% की हानि होती है, तो वस्तु को क्रय मूल्य से कितने प्रतिशत अधिक अंकित किया गया था?

(*a*) $6\frac{1}{2}$% (*b*) 5% (*c*) $5\frac{1}{2}$% (*d*) 8%

(एस.एस.सी.-सी.जी.एल. 2018)

104. एक वस्तु के अंकित मूल्य पर प्रत्येक x% की दो क्रमागत छूट देने के बाद, कुल छूट ₹259.20 है। यदि वस्तु का अंकित मूल्य 720 रुपये है, तो x का मान क्या होगा?

(*a*) 18 (*b*) 19 (*c*) 20 (*d*) 24

(एस.एस.सी.-सी.जी.एल. 2018)

105. आनंद एक वस्तु की कीमत मे 50% बढ़ोतरी करता है और फिर 20% की छूट देता है और उसे बालाजी को बेच देता है। बालाजी इसे आनंद द्वारा खरीदी गई राशि से ₹20 अधिक में बेचता है। नया विक्रय मूल्य वस्तु के मूल क्रय मूल्य से 30% अधिक है। बालाजी का लाभ % क्या है?

(*a*) 8.33% (*b*) 9.4% (*c*) 6.5% (*d*) 10%
(*e*) इनमें से कोई नहीं **(आई.बी.पी.एस. पी.ओ. परीक्षा, 2018)**

106. एक दुकानदार अपनी वस्तु पर अंकित मूल्य क्रय मूल्य से 40% अधिक अंकित करता है। वह अपने ग्राहकों को नकद भुगतान पर 5% की छूट देता है। उसे छूट का भुगतान करने के बाद 1064 रुपये मिलते हैं। उसका लाभ कितना है (रुपये में)?

(*a*) 264 (*b*) 285 (*c*) 250 (*d*) 200

(*e*) इनमें से कोई नहीं **(आई.बी.पी.एस. पी.ओ. परीक्षा, 2018)**

107. एक दुकानदार 10 प्रतिशत की बेईमानी क्रय के समय करता है और ऐसे बटखरों का इस्तेमाल करता है, जो बराबर के बटखरे से 10 प्रतिशत कम है। उसके द्वारा कुल अर्जित लाभ कितना होगा?

(*a*) 10% (*b*) 21% (*c*) 20% (*d*) 11%

(दिल्ली मेट्रो रेल कॉर्पोरेशन सी.आर.ए. परीक्षा, 2017)

108. एक व्यक्ति ने दो वस्तुओं को बेचा-वस्तु *A* को 40% लाभ पर एवं वस्तु *B* को 20% हानि पर। संपूर्ण लेन-देन में उसे ₹18 का लाभ हुआ। यदि वस्तु *A* का क्रय मूल्य वस्तु *B* से ₹140 कम हो तो वस्तु *AB* का क्रय मूल्य क्या है?

(*a*) ₹380 (*b*) ₹280 (*c*) ₹340 (*d*) ₹375

(*e*) ₹370 **(एस.बी.आइ. पी.ओ. ऑनलाइन प्रारंभिक परीक्षा, 2017)**

109. ₹110 के बिल पर दो क्रमागत छूट 10% और 5% दी जाती है। भुगतान करने के लिए देय शुद्ध राशि का पता लगाएं। (उत्तर निकटतम रुपये में दें)

(*a*) 94 (*b*) 95 (*c*) 90 (*d*) 80

(एस.एस.सी.-सी.जी.एल. 2017)

110. ₹6800 में एक वस्तु को बेचने पर प्रशांत को 75% की हानि हुई तो वस्तु की लागत कीमत क्या है?

(*a*) ₹27,200 (*b*) ₹26,600 (*c*) ₹21,250 (*d*) ₹29,000

(पटना हाई कोर्ट असिस्टेंट परीक्षा, 2016)

111. एक लड़का ₹10 के 11 केले की दर से केले खरीदता है तथा ₹11 के 10 केले की दर से बेचता है, लड़के को हुए लाभ का प्रतिशत क्या है?

(*a*) 10% (*b*) 11% (*c*) 21% (*d*) 31%

(यू.पी.पी.एस.सी.-लोवर अधीनस्थ परीक्षा, 2016)

112. एक व्यापारी किसी वस्तु पर 20% तथा 10% के दो उत्तरोत्तर बट्टे देता है. यदि किसी वस्तु के उसे ₹ 108 मिले हों, तो उस वस्तु का अंकित मूल्य कितना था? **(रेलवे परीक्षा, 2006)**

(*a*) ₹ 160 (*b*) ₹ 144 (*c*) ₹ 148 (*d*) ₹ 150

113. एक दुकानदार ने एक वस्तु के दो नग/इकाई समान मूल्य पर खरीदें। एक इकाई को उसने 30% लाभ पर बेचा। यदि दूसरी इकाई को बेचने पर उसे पहली इकाई को बेचने पर प्राप्त लाभ के एक तिहाई के बराबर हानि हुई, तो समग्र लाभ प्रतिशत क्या था?

(*a*) 16 (*b*) 12 (*c*) 8 (*d*) 5

(*e*) 10 **(SBI क्लर्क (प्रारम्भिक) ऑनलाईन परीक्षा, 2016)**

114. एक वस्तु के अंकित मूल्य पर 15% बट्टा देने के बाद 20% लाभ होता है. यदि वस्तु का क्रय-मूल्य ₹ 153 हो, तो अंकित मूल्य क्या होगा?

(*a*) ₹ 162 (*b*) ₹ 184 (*c*) ₹ 216 (*d*) ₹ 224

115. सीमा ने एक निश्चित कीमत पर कुछ चीजे खरीदी, उसने $\frac{2}{5}$ भाग को 20% लाभ पर बेचा और बची हुई चीजों को बेचते समय उसे 10% की हानि हुई। यदि उसे कुल मिलाकर ₹490 का लाभ हुआ, तो उसने किस मूल्य पर वस्तुएं खरीदी थी?

(*a*) ₹22450 (*b*) ₹21500 (*c*) ₹26650 (*d*) ₹24500

(*e*) ₹20400

(एस.बी.आई. के सहयोगी बैंक लिपिकीय संवर्ग परीक्षा, 2015)

116. एक खुदरा ने विक्रेता से 40 पेन खरीदे, जिनका ₹36 अंकित मूल्य है, अगर ये पेन 1% छूट देकर बेचें तो लाभ प्रतिशत क्या है?

(*a*) 10% (*b*) 12% (*c*) 13% (*d*) 16%

(*e*) 19% **(ओरि. इंश्यो. कं.लि. स्पेशि. ऑफी. (फाइ.) परीक्षा, 2015)**

117. एक दुकानदार अपनी प्रत्येक वस्तु के अंकित मूल्य पर 15% छूट देता है. इस पर 19% लाभ कमाने हेतु, क्रय-मूल्य से अंकित मूल्य कितना अधिक होगा?

(*a*) 34% (*b*) 36% (*c*) 40% (*d*) 36·85%

118. एक बढ़ई को एक स्टूल ₹67.50 में बेचने पर 10% हानि होती है, तो उसे ₹82.50 में बेचने पर कितना प्रतिशत लाभ या हानि होगी?

(*a*) 13% (*b*) 10% (*c*) 7% (*d*) 15%

(छत्तीसगढ़ छात्रावास अधीक्षक श्रेणी 'डी' भर्ती परीक्षा, 2014)

119. किसी घड़ी के अंकित मूल्य पर 10% छूट देने के बाद घड़ी का मूल्य ₹ 1080 है. यदि छूट न दी जाती तो दुकानदार को 20% लाभ होता. घड़ी का क्रय-मूल्य कितना है?

(*a*) ₹ 1000 (*b*) ₹ 1200

(*c*) ₹ 1296 (*d*) इनमें से कोई नहीं

120. एक ट्रांजिस्टर के अंकित मूल्य से ₹ 32 कम कर देने के बाद भी दुकानदार को 15% लाभ होता है. यदि इसका क्रय-मूल्य ₹ 320 हो, तो अंकित मूल्य पर इसे बेचने से कितने प्रतिशत लाभ होगा?

(*a*) 10% (*b*) 20% (*c*) 25% (*d*) 16%

उत्तरमाला (प्रश्नमाला 11A)

1. (b)	2. (a)	3. (c)	4. (d)	5. (a)	6. (c)	7. (a)	8. (a)	9. (a)	10. (a)	11. (a)	12. (d)
13. (b)	14. (b)	15. (b)	16. (c)	17. (c)	18. (c)	19. (c)	20. (a)	21. (c)	22. (b)	23. (d)	24. (c)
25. (c)	26. (d)	27. (a)	28. (c)	29. (c)	30. (d)	31. (c)	32. (a)	33. (c)	34. (b)	35. (c)	36. (c)
37. (c)	38. (a)	39. (c)	40. (b)	41. (a)	42. (d)	43. (c)	44. (c)	45. (d)	46. (d)	47. (c)	48. (c)
49. (a)	50. (a)	51. (c)	52. (a)	53. (b)	54. (d)	55. (d)	56. (b)	57. (a)	58. (b)	59. (b)	60. (b)
61. (a)	62. (d)	63. (b)	64. (c)	65. (c)	66. (c)	67. (b)	68. (a)	69. (d)	70. (b)	71. (d)	72. (b)
73. (a)	74. (b)	75. (d)	76. (b)	77. (c)	78. (a)	79. (a)	80. (a)	81. (d)	82. (b)	83. (c)	84. (c)
85. (b)	86. (c)	87. (c)	88. (b)	89. (c)	90. (d)	91. (a)	92. (d)	93. (a)	94. (b)	95. (b)	96. (a)

97. (b)	98. (d)	99. (e)	100. (a)	101. (c)	102. (b)	103. (b)	104. (c)	105. (a)	106. (a)	107. (b)	108. (e)
109. (a)	110. (a)	111. (c)	112. (d)	113. (e)	114. (c)	115. (d)	116. (a)	117. (c)	118. (b)	119. (a)	120. (c)

दिये गये प्रश्नों के हल (प्रश्नमाला 11A)

1. कार का क्रय मूल्य = ₹250000, विक्रय मूल्य = ₹348000.
लाभ = ₹(348000 − 250000) = ₹98000.

$$\text{लाभ } \% = \left(\frac{98000}{250000}\times 100\right)\% = \frac{196}{5}\% = 39\cdot 2\%.$$

2. $\text{अंकित मूल्य} = \text{विक्रय मूल्य} \times \frac{100}{100 - \text{बट्टा दर}}$

विक्रय मूल्य = अंकित मूल्य − बट्टा

$$\text{अंकित मूल्य} = \frac{1020}{80}\times 100 = ₹1275$$

विक्रय मूल्य = 1275 − 199 = ₹1076

3. माना क्रय मूल्य = ₹x, लाभ = ₹$\frac{x}{10}$.

$$\therefore \text{ विक्रय मूल्य} = ₹\left(x+\frac{x}{10}\right) = ₹\frac{11x}{10}.$$

$$\therefore \frac{11x}{10} = 891 \Rightarrow x = \left(891\times\frac{10}{11}\right) = 810.$$

4. माना क्रय मूल्य = x
तब,
अंकित मूल्य = $1.6x$
और विक्रय मूल्य = $1.6x - 1.6x$ का 25%
$= 1.6x - 0.4x = 1.2x$
प्रश्न के अनुसार
$1.2x - x = 40$
$0.2x = 40$
$x = 200$
अत: अंकित मूल्य = $1.6x = 1.6 \times 200$ = ₹320

5. माना विनोद के पास x पैंसिलें हैं. तब

$$\frac{5x}{2} - 110 = \frac{7x}{4} + 55 \Rightarrow \frac{5x}{2} - \frac{7x}{4} = 110 + 55$$

$$\therefore \frac{(10x-7x)}{4} = 165 \Rightarrow 3x = 165\times 4$$

$$\Rightarrow x = \frac{(165\times 4)}{3} = 220.$$

∴ पैंसिलों की अभीष्ट संख्या = 220.

6. विक्रय मूल्य = ₹6750 तथा हानि = 25%.

$$\therefore \text{ क्रय मूल्य} = ₹\left(\frac{100}{75}\times 6750\right) = ₹9000, \text{ लाभ} = 15\%.$$

$$\therefore \text{ अभीष्ट विक्रय मूल्य} = ₹\left(\frac{115}{100}\times 9000\right) = ₹10350.$$

7. $\text{अभीष्ट विक्रय मूल्य} = \frac{1080\times 110}{90}$
= ₹1320

8. माना A ने इसे ₹x में खरीदा. तब

$$x \text{ का } 115\% \text{ का } 90\% = 517\cdot 50 \Rightarrow x\times\frac{115}{100}\times\frac{90}{100} = 517\cdot 50$$

$$\therefore x\times\frac{23}{20}\times\frac{9}{10} = 517\cdot 50 \Rightarrow (23\times 9)x = 103500$$

$$\Rightarrow x = \frac{103500}{23\times 9} = 500$$

अत: A ने इसे ₹ 500 में खरीदा.

9. माना A ने वह वस्तु ₹x में खरीदी. तब
x का 125% का 120% का 110% = 330

$$\Rightarrow x\times\frac{125}{100}\times\frac{120}{100}\times\frac{110}{100} = 330 \Rightarrow x\times\frac{5}{4}\times\frac{6}{5}\times\frac{11}{10} = 330$$

$$\Rightarrow \frac{33x}{20} = 330 \Rightarrow x = \left(330\times\frac{20}{33}\right) = 200.$$

अत: A ने वह वस्तु ₹ 200 में खरीदी.

10. माना 1 ग्राम चीनी का क्रय-मूल्य = ₹1.
950 ग्राम चीनी का क्रय-मूल्य = ₹950.
950 ग्राम चीनी का विक्रय मूल्य = 1000 ग्राम चीनी का क्रय मूल्य
= ₹1000.
∴ लाभ = ₹ (1000 − 950) = ₹ 50.

$$\text{लाभ } \% = \left(\frac{50}{950}\times 100\right)\% = \frac{100}{19}\% = 5\frac{5}{19}\%.$$

11. माना क्रय मूल्य = ₹x. विक्रय मूल्य = ₹21 तथा हानि = x%.

$$\therefore \frac{(x-21)}{x}\times 100 = x \Rightarrow 100x - 2100 = x^2$$

$$\therefore x^2 - 100x + 2100 = 0 \Rightarrow x^2 - 70x - 30x + 2100 = 0$$

$$\Rightarrow x(x-70) - 30\,(x-70) = 0 \Rightarrow (x-70)\,(x-30) = 0$$

$\Rightarrow x = 70$ अथवा $x = 30$.

12. माना विक्रय मूल्य ₹x. तब, $\text{लाभ} = ₹\left(x\times\frac{25}{100}\right) = ₹\frac{x}{4}$.

$$\therefore \text{ क्रय मूल्य} = ₹\left(x - \frac{x}{4}\right) = ₹\frac{3x}{4}.$$

$$\text{लाभ } \% = \left(\frac{x}{4}\times\frac{4}{3x}\times 100\right)\% = \frac{100}{3\%} = 33\frac{1}{3}\%.$$

13. माना अंकित मूल्य = ₹100

$$\text{छूट} = \frac{1}{5}\times 100 = ₹20$$

विक्रय मूल्य = (100 −20) = ₹80

$$\text{हानि} = \frac{1}{2}\times\text{छूट} = \frac{1}{2}\times 20 = ₹10$$

इसलिए क्रय मूल्य = विक्रय मूल्य + हानि
= 80 + 10 = ₹90

हानि% $= \left(\frac{10}{90}\times 100\right)\%$

$= 11\frac{1}{9}\%$

14. माना क्रय मूल्य = ₹ $10x$. तब, विक्रय मूल्य = ₹ $11x$.

लाभ = ₹ $(11x - 10x)$ = ₹ x.

$\therefore$ लाभ % $= \left(\frac{x}{10x}\times 100\right)\% = 10\%$.

15. विक्रय मूल्य = ₹2850, लाभ अर्जित = 14%.

$\therefore$ क्रय-मूल्य = ₹ $\left(\frac{100}{114}\times 2850\right)$ = ₹ 2500.

अब, क्रय-मूल्य = ₹ 2500, लाभ = 8%.

$\therefore$ अभीष्ट विक्रय मूल्य = ₹ $\left(\frac{108}{100}\times 2500\right)$ = ₹2700.

16. माना प्रत्येक वस्तु का क्रय-मूल्य = ₹ x. तब

$$\left(50x\times\frac{120}{100}\right)+\left(50x\times\frac{140}{100}\right)-\left(100x\times\frac{125}{100}\right)=100$$

$\Rightarrow 60x + 70x - 125x = 100 \Rightarrow 5x = 100 \Rightarrow x = 20.$

$\therefore$ प्रत्येक वस्तु का क्रय-मूल्य = ₹20.

17. माना प्रत्येक वस्तु का क्रय-मूल्य = ₹1. तब

15 वस्तुओं का क्रय-मूल्य = ₹15.

15 वस्तुओं का विक्रय-मूल्य = 20 वस्तुओं का क्रय मूल्य = ₹20.

$\therefore$ लाभ % $= \left(\frac{5}{15}\times 100\right)\% = 33\frac{1}{3}\%$.

18. क्रय मूल्य = ₹ $20x$

विक्रय मूल्य = ₹ $21x$

लाभ = ₹ $(21x - 20x)$ = ₹ x

लाभ प्रतिशत $= \frac{x}{20x}\times 100 = 5\%$

19. विक्रय मूल्य = ₹ 2576, लाभ = 12%.

$\therefore$ क्रय-मूल्य = ₹ $\left(\frac{100}{112}\times 2576\right)$ = ₹2300.

नया क्रय मूल्य = ₹ (2300 – 100) = ₹ 2200,

विक्रय मूल्य = ₹ 2576.

लाभ = ₹ (2576 – 2200) = ₹ 376.

अभीष्ट लाभ % $= \left(\frac{376}{2200}\times 100\right)\% = \frac{188}{11}\% = 17\frac{1}{11}\%$.

20. माना कुल कपड़े का क्रय-मूल्य = ₹ x.

आधे कपड़े का क्रय मूल्य = ₹ $\frac{x}{2}$.

शेष कपड़े के आधे भाग का क्रय मूल्य = ₹ $\frac{x}{4}$.

शेष कपड़े का क्रय मूल्य = ₹ $\left\{x-\left(\frac{x}{2}+\frac{x}{4}\right)\right\}$

= ₹ $\left(x-\frac{3x}{4}\right)$ = ₹ $\frac{x}{4}$.

$\therefore$ कुल कपड़े का विक्रय मूल्य

= ₹ $\left\{\left(\frac{x}{2}\times\frac{120}{100}\right)+\left(\frac{x}{4}\times\frac{80}{100}\right)+\frac{x}{4}\right\}$ = ₹ $\left(\frac{3x}{5}+\frac{x}{5}+\frac{x}{4}\right)$

= ₹ $\left(\frac{4x}{5}+\frac{x}{4}\right) = \frac{21x}{20}$.

लाभ = ₹ $\left(\frac{21x}{20}-x\right)$ = ₹ $\frac{x}{20}$.

लाभ % $= \left(\frac{x}{20}\times\frac{1}{x}\times 100\right)\% = 5\%$.

21. माना $a = 11$ व $b = 10$

लाभ % $= \frac{a^2-b^2}{b^2}\times 100 = \frac{(11)^2-(10)^2}{(10)^2}\times 100$

$= \frac{121-100}{100}\times 100 = 21\%$

22. माना घड़ी का प्रारम्भिक क्रय मूल्य = ₹ x.

तब, इसका विक्रय मूल्य = ₹ $\left(x\times\frac{120}{100}\right)$ = ₹ $\frac{6x}{5}$.

नया क्रय मूल्य = ₹ $(x - 100)$,

नया विक्रय मूल्य = ₹ $\left(\frac{6x}{5}-100\right)$ = ₹ $\left(\frac{6x-500}{5}\right)$.

लाभ अर्जित = 25%.

$\therefore (x-100)\times\frac{125}{100} = \frac{(6x-500)}{5} \Rightarrow (x-100)\times\frac{5}{4}$

$= \frac{(6x-500)}{5}$

$\Rightarrow 25(x-100) = 4(6x-500)$

$\Rightarrow (25x - 24x) = (2500 - 2000) \Rightarrow x = 500.$

अत: घड़ी का प्रारम्भिक मूल्य = ₹ 500.

23. माना विक्रय मूल्य = ₹ x. तब, लाभ = ₹ $\left(x\times\frac{25}{100}\right)$ = ₹ $\frac{x}{4}$.

क्रय-मूल्य = (विक्रय मूल्य) – (लाभ) = ₹ $\left(x-\frac{x}{4}\right)$ = ₹ $\frac{3x}{4}$.

लाभ % $= \left(\frac{x}{4}\times\frac{4}{3x}\times 100\right)\% = \frac{100}{3}\% = 33\frac{1}{3}\%$.

24. 30 किग्रा० चावल का क्रय मूल्य = ₹ (30 × 45) = ₹ 1350.

इच्छित लाभ = 20%,

इच्छित विक्रय मूल्य = ₹ $\left(1350\times\frac{120}{100}\right)$ = ₹ 1620.

$\left(30 \text{ किग्रा० का } \frac{40}{100}\right)$ अर्थात् 12 किग्रा० चावल का विक्रय मूल्य

₹ = (12 × 60) = ₹ 720.

शेष 18 किग्रा० चावल का विक्रय मूल्य

= ₹ (1620 – 720) = ₹ 900.

इस चावल का भाव $= ₹\,\frac{900}{18}$ प्रति किग्रा० $= ₹\,50$ प्रति किग्रा०.

25. माना अंकित मूल्य = ₹ 100. तब, क्रय मूल्य = ₹ 80.
बट्टा = 12% ⇒ विक्रय मूल्य = ₹ (100 − 12) = ₹ 88.
$\therefore$ लाभ % $= \left(\frac{8}{80} \times 100\right)\% = 10\%$.

26. 1 कमीज पर छूट = ₹ 320 का 25% $= ₹\left(320 \times \frac{25}{100}\right) = ₹\,80$.
₹ 80 की छूट के लिए 1 कमीज लेना होगा
₹ 400 की छूट के लिए कमीजों की संख्या $= \left(\frac{1}{80} \times 400\right) = 5$.

27. 26 किग्रा० चावल का क्रय मूल्य = ₹2470.
26 किग्रा० चावल का इच्छित विक्रय मूल्य = ₹(2470 + 70)
= ₹2540.
10 किग्रा० चावल का विक्रय मूल्य = ₹(10 × 110) = ₹1100.
16 किग्रा० चावल का विक्रय मूल्य = ₹(2540 − 1100)
= ₹1440.
इस चावल को बेचने की दर
$= ₹\,\frac{1440}{16}$ प्रति किग्रा० $= ₹\,90$ प्रति किग्रा०.

28. माना क्रय-मूल्य = ₹ 100. तब, अंकित मूल्य = ₹ 120.
बट्टा = 10%.
$\therefore$ विक्रय-मूल्य $= \left(\frac{90}{100} \times 120\right) = ₹\,108$.
अत: लाभ % = 8%.

29. माना घोड़े का क्रय मूल्य = ₹ x.
तब गाड़ी का क्रय मूल्य = ₹ (20000 − x).
प्रश्नानुसार,

$$\left(x \times \frac{120}{100}\right) + \left\{(20000 - x) \times \frac{90}{100}\right\} - 20000 = \left(20000 \times \frac{2}{100}\right)$$

$$\Rightarrow \frac{6x}{5} + \frac{9\,(20000 - x)}{10} = 20400$$

$$\Rightarrow \frac{6x}{5} - \frac{9x}{10} = (20400 - 18000)$$

$$\Rightarrow \frac{(12x - 9x)}{10} = 2400 \Rightarrow 3x = 24000 \Rightarrow x = 8000.$$

$\therefore$ घोड़े का क्रय मूल्य = ₹ 8000.

30. माना पहले चाय का मूल्य = ₹ x प्रति किग्रा०.
नया भाव $= ₹\left(x \times \frac{90}{100}\right) = ₹\frac{9x}{10}$ प्रति किग्रा०.

$$\frac{22500}{(9x/10)} - \frac{22500}{x} = 25 \Rightarrow \frac{22500 \times 10}{9x} - \frac{22500}{x} = 25$$

$$\Rightarrow \frac{25000}{x} - \frac{22500}{x} = 25$$

$$\Rightarrow 25x = (25000 - 22500) = 2500$$

$\Rightarrow x = \frac{2500}{25} = ₹\,100$ प्रति किग्रा०.

31. अंकित मूल्य = ₹ 50, बट्टा = 20%.
विक्रय मूल्य $= ₹\left(\frac{80}{100} \times 50\right) = ₹\,40$, लाभ = 25%.
माना क्रय-मूल्य = ₹ x.
तब, x का 125% = 40 $\Rightarrow x \times \frac{125}{100} = 40$.
$\therefore \frac{5x}{4} = 40 \Rightarrow 5x = 160 \Rightarrow x = 32$.
अत: क्रय-मूल्य = ₹ 32.

32. माना क्रय-मूल्य = ₹x. तब, अंकित मूल्य $= ₹\left(x \times \frac{130}{100}\right) = ₹\,\frac{13x}{10}$,
बट्टा = 15%.
$\therefore$ विक्रय मूल्य $= ₹\left(\frac{85}{100} \times \frac{13x}{10}\right) = ₹\,\frac{221x}{200}$.
लाभ $= ₹\left(\frac{221x}{200} - x\right) = ₹\,\frac{21x}{200}$.
$\therefore \frac{21x}{200} = 84 \Rightarrow x = \frac{84 \times 200}{21} = 800$.
अत: क्रय मूल्य = ₹ 800.

33. माना निर्धारित मूल्य = ₹ x.
अब, विक्रय मूल्य $= ₹\,\frac{2x}{3}$, हानि = 10%.
$\therefore$ क्रय-मूल्य $= ₹\left(\frac{100}{90} \times \frac{2x}{3}\right) = ₹\,\frac{20x}{27}$.
नया विक्रय-मूल्य = ₹x. अत: लाभ $= ₹\left(x - \frac{20x}{27}\right) = ₹\,\frac{7x}{27}$.
लाभ % $= \left(\frac{7x}{27} \times \frac{27}{20x} \times 100\right)\% = 35\%$.

34. क्रय मूल्य = ₹ 95, लाभ = 10%.
$\therefore$ विक्रय मूल्य $= ₹\left(\frac{110}{100} \times 95\right) = ₹\,\frac{209}{2}$.
माना अंकित मूल्य = ₹ x.
तब, x का 95%
$= \frac{209}{2} \Rightarrow x \times \frac{95}{100} = \frac{209}{2} \Rightarrow x = \frac{209}{2} \times \frac{100}{95} \Rightarrow x = 110$.
$\therefore$ वस्तु का अंकित मूल्य = ₹ 110.

35. माना दूसरा बट्टा = x%. तब
3200 का 90% का (100 − x)% = 2448

$$\Rightarrow 3200 \times \frac{90}{100} \times \frac{(100 - x)}{100} = 2448$$

$$\therefore (100 - x) = \left(2448 \times \frac{5}{144}\right) = 85$$

$$\Rightarrow x = (100 - 85) = 15.$$

अत: दूसरा बट्टा = 15%.

36. माना अंकित मूल्य = ₹ 100.
तब, विक्रय मूल्य = ₹ 100 का 110% का 110%

$= ₹\left(100\times\frac{110}{100}\times\frac{110}{100}\right) = ₹\ 121.$

∴ एकमात्र मूल्य वृद्धि = 21%.

37. एक दर्जन वस्तुओं का क्रय मूल्य = ₹ P.

एक दर्जन वस्तुओं का विक्रय मूल्य $= ₹\left(\frac{P}{8}\times 12\right) = ₹\ \frac{3P}{2}$.

लाभ $= ₹\left(\frac{3P}{2} - P\right) = ₹\ \frac{P}{2}$.

लाभ % $= \left(\frac{P}{2}\times\frac{1}{P}\times 100\right)\% = 50\%$.

38. माना क्रय मूल्य = ₹ x. तब,

$1754 - x = x - 1492 \Rightarrow 2x = (1754 + 1492) = 3246$

$\Rightarrow x = 1623.$

∴ वस्तु का लागत मूल्य = ₹ 1623.

39. विक्रय मूल्य = ₹ x तथा हानि = 15%.

∴ क्रय मूल्य $= ₹\left(\frac{100}{85}\times x\right) = ₹\ \frac{20x}{17}$.

विक्रय मूल्य = ₹ y तथा लाभ = 15%.

∴ क्रय मूल्य $= ₹\left(\frac{100}{115}\times y\right) = ₹\ \frac{20y}{23}$.

$\therefore\ \frac{20x}{17} = \frac{20y}{23} \Rightarrow 23x = 17y \Rightarrow y = \frac{23x}{17}$

$\therefore\ \frac{(y-x)}{(y+x)} = \frac{\left(\frac{23x}{17} - x\right)}{\left(\frac{23x}{17} + x\right)} = \frac{(23x - 17x)}{(23x + 17x)} = \frac{6x}{40x} = \frac{3}{20}$

अत: $(y - x) : (y + x) = 3 : 20$.

40. माना वस्तु का क्रय मूल्य = ₹ x. तब

(x का 120%) – (x का 80%) = 60

$\Rightarrow \left(x\times\frac{120}{100}\right) - \left(x\times\frac{80}{100}\right) = 60$.

$\therefore\ \frac{6x}{5} - \frac{4x}{5} = 60 \Rightarrow (6x - 4x) = 300 \Rightarrow 2x = 300$

$\Rightarrow x = 150.$

अत: वस्तु का क्रय मूल्य ₹ 150 है.

41. (12 बाल-पैनों का विक्रय मूल्य) – (12 बाल पैनों का क्रय मूल्य) = लाभ = 4 बाल पैनों का विक्रय मूल्य

⇒ 12 बाल पैनों का क्रय मूल्य = (12 बाल पैनों का विक्रय मूल्य) – (4 बाल पैनों का विक्रय मूल्य)

⇒ 12 बाल पैनों का क्रय मूल्य = 8 बाल पैनों का विक्रय मूल्य

माना प्रत्येक बाल पैन का क्रय मूल्य = ₹ 1. तब

8 बाल पैनों का क्रय मूल्य = ₹ 8 तथा 8 बाल पैनों का विक्रय मूल्य = ₹ 12.

लाभ % $= \left(\frac{4}{8}\times 100\right)\% = 50\%$.

42. माना त्रुटि = x ग्राम. तब

$\frac{x}{(1000 - x)}\times 100 = \frac{100}{9} \Rightarrow \frac{x}{1000 - x} = \frac{1}{9} \Rightarrow 1000 - x = 9x$

$\Rightarrow 10x = 1000 \Rightarrow x = 100.$

अत: 1 किग्रा. के स्थान पर वह 900 ग्राम सामान देता है.

43. माना चाय के पैकिट पर 1 किग्रा० अंकित है.

वास्तविक माप = 1000 ग्राम का 80% = 800 ग्राम.

माना 1 ग्राम का क्रय-मूल्य = ₹ 1.

800 ग्राम का क्रय-मूल्य = ₹ 800.

800 ग्राम का वि० मूल्य = ₹ 1000 का 110% $= ₹\left(1000\times\frac{110}{100}\right)$

= ₹ 1100.

लाभ % $= \left(\frac{300}{800}\times 100\right)\% = 37\frac{1}{2}\%$.

44. माना प्रतीक ने संगीत वाद्य ₹ x में खरीदा. तब

x का 120% का 140% = 10500

$\Rightarrow x\times\frac{120}{100}\times\frac{140}{100} = 10500 \Rightarrow x\times\frac{42}{25} = 10500$

$\Rightarrow x = \left(10500\times\frac{25}{42}\right) = ₹\ 6250.$

अत: प्रतीक ने संगीत वाद्य ₹ 6250 में खरीदा.

45. 40 किग्रा० मिश्रण का मूल्य

$= ₹\ [(25\times 32) + (15\times 36)] = ₹\ (800 + 540) = ₹\ 1340$.

40 किग्रा० मिश्रण का विक्रय मूल्य = ₹ (40 × 40·20) = ₹ 1608.

लाभ = ₹ (1608 – 1340) = ₹ 268.

∴ लाभ % $= \left(\frac{268}{1340}\times 100\right)\% = 20\%$.

46. माना प्रत्येक रेडियो का विक्रय मूल्य = ₹ x. तब

$\left(x\times\frac{100}{125}\right) + \left(x\times\frac{100}{75}\right) = 6400 \Rightarrow \frac{4x}{5} + \frac{4x}{3} = 6400$

$\Rightarrow (12x + 20x) = 96000 \Rightarrow 32x = 96000 \Rightarrow x = 3000.$

∴ प्रत्येक रेडियो का विक्रय मूल्य = ₹ 3000.

47. माना पहले क्रय मूल्य = ₹ x. तब, विक्रय मूल्य $= ₹\ \frac{90x}{100} = ₹\ \frac{9x}{10}$.

नया क्रय मूल्य $= ₹\left(x \text{ का } \frac{80}{100}\right) = ₹\ \frac{4x}{5}$.

नया विक्रय-मूल्य $= ₹\left(\frac{4x}{5}\times\frac{140}{100}\right) = ₹\ \frac{28x}{25}$.

$\therefore\ \frac{28x}{25} - \frac{9x}{10} = 55 \Rightarrow (56x - 45x) = 2750$

$\Rightarrow 11x = 2750 \Rightarrow x = 250.$

∴ क्रय-मूल्य = ₹ 250.

48. माना क्रय मूल्य = ₹ x तब, हानि $= ₹\ \frac{x}{5}$.

विक्रय मूल्य $= ₹\left(x - \frac{x}{5}\right) = ₹\ \frac{4x}{5}$.

$\therefore\ \frac{4x}{5} = 8000 \Rightarrow x = \left(8000\times\frac{5}{4}\right) = 10000.$

अतः क्रय मूल्य = ₹ 10000.

49. माना प्रत्येक साईकिल का विक्रय मूल्य = ₹ x. तब

$$\left(x \times \frac{100}{120}\right) + \left(x \times \frac{100}{80}\right) - 2x = 18$$

$$\Rightarrow \frac{5x}{6} + \frac{5x}{4} - 2x = 18 \Rightarrow 10x + 15x - 24x = 216$$

$$\Rightarrow x = 216.$$

∴ क्रय मूल्य होंगे ₹ $\left(\frac{5}{6} \times 216\right)$ तथा ₹ $\left(\frac{5}{4} \times 210\right)$

अर्थात् ₹ 180 तथा ₹ 270.

50. माना पुस्तक पर छपा मूल्य = ₹ 100, बट्टा = ₹ 10.

∴ विक्रय मूल्य = ₹ (100 – 10) = ₹ 90, लाभ अर्जित = 12%.

∴ क्रय-मूल्य = ₹ $\left(\frac{100}{112} \times 90\right)$ = ₹ $\frac{1125}{14}$.

(क्रय-मूल्य) : (छपा मूल्य)

$$= \frac{1125}{14} : 100 = 1125 : 1400 = 45 : 56.$$

51. माना कूकर का क्रय-मूल्य = ₹ x. तब,

(x का 120%) – (x का 116%) = 20

$$\Rightarrow \left(x \times \frac{120}{100}\right) - \left(x \times \frac{116}{100}\right) = 20 \Rightarrow \frac{6x}{5} - \frac{29x}{25} = 20$$

$$\Rightarrow (30x - 29x) = 500 \Rightarrow x = 500.$$

∴ कूकर का क्रय-मूल्य = ₹ 500.

52. माना टी०वी० सैट का क्रय-मूल्य = ₹ x. तब,

$$(10600 - x) = 2(x - 9400) \Rightarrow 2x + x = 10600 + 18800$$

$$\Rightarrow 3x = 29400 \Rightarrow x = 9800.$$

∴ एक टी०वी० सैट का क्रय-मूल्य = ₹ 9800.

53. पहली वस्तु का विक्रय-मूल्य = ₹ 99, लाभ = 10%.

∴ पहली वस्तु का क्रय-मूल्य = ₹ $\left(99 \times \frac{100}{110}\right)$ = ₹ 90.

दूसरी वस्तु का विक्रय-मूल्य ₹ 99, हानि = 10%.

∴ दूसरी वस्तु का क्रय-मूल्य = ₹ $\left(99 \times \frac{100}{90}\right)$ = ₹ 110.

दोनों वस्तुओं का क्रय-मूल्य = ₹ (90 + 110) = ₹ 200.

दोनों वस्तुओं का विक्रय-मूल्य = ₹ (99 × 2) = ₹ 198.

हानि = ₹ (200 – 198) = ₹ 2.

54. (144 पैनों का क्रय मूल्य) – (144 पैनों का विक्रय मूल्य) = हानि = 6 पैनों का विक्रय मूल्य

∴ 150 पैनों का विक्रय मूल्य = 144 पैनों का क्रय मूल्य

माना प्रत्येक पैन का क्रय मूल्य = ₹ 1. तब

150 पैनों का क्रय मूल्य = ₹ 150.

150 पैनों का विक्रय मूल्य = ₹ 144.

हानि % = $\left(\frac{6}{150} \times 100\right)$% = 4%.

55. फोन का वि० मूल्य = ₹ 1950, हानि = 25%.

∴ फोन का क्रय मूल्य = ₹ $\left(\frac{100}{75} \times 1950\right)$ = ₹ 2600.

अब, क्रय मूल्य = ₹ 2600, लाभ = 30%.

∴ विक्रय मूल्य = ₹ $\left(\frac{130}{100} \times 2600\right)$ = ₹ 3380.

56. माना अंकित मूल्य = ₹ 100.

तब, विक्रय मूल्य = ₹ 100 का 80% का 95%

= ₹ $\left(100 \times \frac{80}{100} \times \frac{95}{100}\right)$ = ₹ 76.

एकमात्र समतुल्य बट्टा = (100 – 76)% = 24%.

57. माना अंकित मूल्य = ₹ x. तब

$$x \text{ का } 85\% = 3675{\cdot}40 \Rightarrow x \times \frac{85}{100} = 3675{\cdot}40$$

$$\Rightarrow x = \left(3675{\cdot}40 \times \frac{100}{85}\right) = \frac{367540}{85} = 4324.$$

∴ इत्र की शीशी का अंकित मूल्य = ₹ 4324.

58. माना क्रय मूल्य = ₹ 100. तब, अंकित मूल्य = ₹ 120.

बट्टा = 20%.

∴ विक्रय मूल्य = ₹ $\left(\frac{80}{100} \times 120\right)$ = ₹ 96.

∴ हानि = (100 – 96%) = 4%.

59. अंकित मूल्य = 4800. बट्टा = ₹ (4800 का 10%)

= ₹ $\left(4800 \times \frac{10}{100}\right)$ = ₹ 480.

∴ विक्रय मूल्य = ₹ (4800 – 480) = ₹ 4320, लाभ = 8%.

∴ क्रय मूल्य = ₹ $\left(\frac{100}{108} \times 4320\right)$ = ₹ 4000.

बट्टा न देने पर विक्रय मूल्य = अंकित मूल्य = ₹ 4800.

इस दशा में लाभ % = $\left(\frac{800}{4000} \times 100\right)$% = 20%.

60. क्रय मूल्य = ₹ 450, लाभ = 20%.

∴ विक्रय मूल्य = ₹ $\left(450 \times \frac{120}{100}\right)$ = ₹ 540.

माना सूची मूल्य = ₹ x. तब, बट्टा = 10%.

∴ विक्रय मूल्य = ₹ (x का 90%) = ₹ $\left(x \times \frac{90}{100}\right)$ = ₹ $\frac{9x}{10}$.

$$\therefore \frac{9x}{10} = 540 \Rightarrow x = \left(540 \times \frac{10}{9}\right) \Rightarrow x = 600.$$

अतः सूची मूल्य = ₹ 600.

61. माना अंकित मूल्य = ₹ x. तब

(x का 93%) – (x का 91%) = 15

$$\Rightarrow \left(x \times \frac{93}{100}\right) - \left(x \times \frac{91}{100}\right) = 15 \Rightarrow (93x - 91x) = 1500$$

$$\Rightarrow 2x = 1500 \Rightarrow x = 750.$$

∴ अंकित मूल्य = ₹ 750.

62. माना अंकित मूल्य = ₹ 100. तब,

विक्रय मूल्य = ₹ 100 का 80% का 75% का 90%

= ₹ $\left(100 \times \frac{80}{100} \times \frac{95}{100}\right)$ = ₹ 54.

$\therefore$ एकमात्र समतुल्य बट्टा = (100 – 54)% = 46%.

63. ₹ 162 पर बट्टा = ₹ (162 – 135) = ₹ 27.

₹ 100 पर बट्टा $= \left(\frac{27}{162}\times 100\right)\% = \frac{50}{3}\% = 16\frac{2}{3}\%$.

अत: बट्टे की दर $= 16\frac{2}{3}\%$.

64. माना क्रय मूल्य = ₹ 100. तब, अंकित मूल्य = ₹ 120.

विक्रय मूल्य = ₹ 108.

₹ 120 पर बट्टा = ₹ (120 – 108) = ₹ 12.

₹ 100 पर बट्टा $= \left(\frac{12}{120}\times 100\right)\% = 10\%$.

65. माना वस्तु का क्रय मूल्य = ₹ x. तब,

$(900 - x) = 2(x - 600)$

$\Rightarrow 3x = 2100 \Rightarrow x = 700$

$\therefore$ वस्तु का क्रय मूल्य = ₹ 700.

66. माना क्रय मूल्य = ₹ x. तब,

$996 - x = x - 894 \Rightarrow 2x = (996 + 894) = 1890$

$\Rightarrow x = 945$.

$\therefore$ वस्तु का क्रय मूल्य = ₹ 945.

67. 1 मीटर कपड़े का विक्रय मूल्य = ₹ $\frac{12325}{145}$ = ₹ 85,

लाभ प्रति मीटर = ₹ 10.

$\therefore$ 1 मीटर कपड़े का क्रय मूल्य = ₹ (85 – 10) = ₹ 75.

68. 144 अण्डों का क्रय मूल्य = ₹ 144.

(144 – 20) अण्डों का विक्रय मूल्य = ₹ (124 × 1·20)

= ₹ 148·80

लाभ = ₹ (148·80 – 144) = ₹ 4·80.

लाभ $\% = \left(\frac{4\cdot 80}{144}\times 100\right)\% = \frac{480}{144}\% = \frac{10}{3}\% = 3\frac{1}{3}\%$.

69. (39 दर्जन आम का विक्रय मूल्य) – (39 दर्जन आम का क्रय मूल्य) = लाभ = 13 दर्जन आम का विक्रय मूल्य

$\Rightarrow$ 39 दर्जन आम का क्रय मूल्य = (39 दर्जन आम का विक्रय मूल्य) – (13 दर्जन आम का विक्रय मूल्य)

$\Rightarrow$ 39 दर्जन आम का क्रय मूल्य = 26 दर्जन आम का विक्रय मूल्य

माना प्रत्येक दर्जन आम का क्रय मूल्य = ₹ 1.

तब, 26 दर्जन आम का क्रय मूल्य = ₹ 26 तथा

26 दर्जन आम का विक्रय मूल्य = ₹ 39.

लाभ = ₹ (39 – 26) = ₹ 13.

लाभ $\% = \left(\frac{13}{26}\times 100\right)\% = 50\%$.

70. माना 50 किग्रा० दूध में x किग्रा० पानी मिलाया जाये तथा क्रय मूल्य ₹ y प्रति किग्रा० है.

$$\frac{(50+x)\,y - 50y}{50y}\times 100 = 10 \Rightarrow \frac{(50+x)-50}{50}\times 100 = 10$$

$\therefore 2x = 10 \Rightarrow x = 5$.

अत: पानी की अभीष्ट मात्रा = 5 किग्रा०.

71. माना विक्रय-मूल्य = ₹ x.

तब क्रय-मूल्य = ₹ $\left(x \times \frac{4}{100}\right)$ = ₹ $\frac{2x}{5}$.

माना $x = \frac{2x}{5}$ का $z\% \Rightarrow \frac{2x}{5}\times\frac{z}{100} = x \Rightarrow z = \frac{500}{2} = 250$.

$\therefore$ विक्रय मूल्य = क्रय मूल्य का 250%.

72. माना मशीन का क्रय-मूल्य = ₹ x.

$\left(x\times\frac{110}{100}\right) - \left(x\times\frac{90}{100}\right) = 80 \Rightarrow \frac{11x}{10} - \frac{9x}{10} = 80 \Rightarrow 11x - 9x = 800 \Rightarrow 2x = 800 \Rightarrow x = 400$.

73. माना वस्तु का लिखित मूल्य = ₹ 100, बट्टा = 10%.

विक्रय मूल्य = ₹ (100 – 10) = ₹ 90.

विक्रय मूल्य = ₹ 90, लाभ = 20%

$\Rightarrow$ क्रय मूल्य = ₹ $\left(\frac{100}{120}\times 90\right)$ = ₹ 75.

पुन: लिखित मूल्य = ₹ 100, बट्टा = 20%

$\Rightarrow$ विक्रय मूल्य = ₹ (100 – 20) = ₹ 80.

अब, क्रय मूल्य = ₹ 75 तथा विक्रय मूल्य = ₹ 80.

$\therefore$ लाभ $\% = \left(\frac{5}{75}\times 100\right)\% = \frac{20}{3}\% = 6\frac{2}{3}\%$.

74. माना लागत मूल्य = ₹ 100 तथा अंकित मूल्य = ₹ $(100 + x)$.

बट्टा = 15%

$\Rightarrow$ विक्रय मूल्य = ₹ $\left(\frac{85}{100}\times(100 - x)\right)$ = ₹ $\frac{17(100+x)}{20}$.

$\therefore \frac{17(100+x)}{20} = 119 \Rightarrow 17(100+x) = 119\times 20$

$\Rightarrow (100 + x) = 7\times 20 = 140 \Rightarrow x = 40$.

$\therefore$ अंकित मूल्य = लागत मूल्य से 40% अधिक.

75. माना घड़ी का मूल मूल्य = ₹ x. तब

(x का 85%) – (x का 80%) = 51

$\Rightarrow \left(x\times\frac{85}{100}\right) - \left(x\times\frac{80}{100}\right) = 51 \Rightarrow \frac{17x}{20} - \frac{4x}{5} = 51$

$\Rightarrow x = (51\times 20) = 1020$.

अत: घड़ी का मूल मूल्य = ₹ 1020 है.

76. टी०वी० सैट का कुल मूल्य

= ₹ (11250 + 150 + 800) = ₹ 12200.

अभीष्ट विक्रय मूल्य = ₹ $\left(12200\times\frac{115}{100}\right)$ = ₹ 14030.

77. 1, 2, 3 तथा 5 का ल०स० = 30.

माना उसने 30 नींबू खरीदे.

30 नींबू का क्रय मूल्य = ₹ $\left(\frac{1}{2}\times 30\right)$ = ₹ 15.

$\therefore$ लाभ $\% = \left(\frac{3}{15}\times 100\right)\% = 20\%$.

78. माना कुल बटन = 20, विक्रय मूल्य = ₹ 1 तथा हानि = 4%.

क्रय-मूल्य $= ₹\left(\frac{100}{96}\times 1\right) = ₹\,\frac{25}{24}$, इच्छित लाभ = 20%.

विक्रय मूल्य $= ₹\left(\frac{120}{100}\times\frac{25}{24}\right) = ₹\,\frac{5}{4}$.

$₹\,\frac{5}{4}$ में बटन बेचेगा = 20.

₹ 1 में बटन बेचेगा $= \left(20\times\frac{4}{5}\right) = 16$.

79. लाभ = (100 पैंसिलों का वि०मूल्य) – (100 पैंसिलों का क्रय-मूल्य)

⇒ 20 पैंसिलों का वि०मूल्य = (100 पैंसिलों का वि० मूल्य) – (100 पैंसिलों का क्रय-मूल्य)

⇒ 80 पैंसिलों का वि० मूल्य = 100 पैंसिलों का क्रय-मूल्य

माना प्रत्येक पैंसिल का क्रय-मूल्य = ₹ 1.

तब, 80 पैंसिलों का क्रय मूल्य = ₹ 80.

80 पैंसिलों का वि० मूल्य = 100 पैंसिलों का क्रय-मूल्य = ₹ 100.

लाभ = ₹ (100 – 80) = ₹ 20.

लाभ % $= \left(\frac{20}{80}\times 100\right)\% = 25\%$.

80. हानि = (36 सन्तरों का क्रय-मूल्य) – (36 सन्तरों का वि० मूल्य)

⇒ 4 सन्तरों का वि०मूल्य = (36 सन्तरों का क्रय-मूल्य) – (36 सन्तरों का वि० मूल्य)

⇒ 40 सन्तरों का वि०मूल्य = 36 सन्तरों का क्रय-मूल्य.

माना प्रत्येक सन्तरे का क्रय-मूल्य = ₹ 1.

तब, 40 सन्तरों का क्रय-मूल्य = ₹ 40.

40 सन्तरों का वि०मूल्य = 36 सन्तरों का क्रय-मूल्य = ₹ 36.

हानि = ₹ (40 – 36) = ₹ 4.

हानि % $= \left(\frac{4}{40}\times 100\right)\% = 10\%$.

81. लाभ = (250 केलों का वि० मूल्य) – (250 केलों का क्रय-मूल्य)

⇒ 50 केलों का वि०मूल्य = (250 केलों का वि०मूल्य) – (250 केलों का क्रय-मूल्य)

⇒ 200 केलों का वि०मूल्य = 250 केलों का क्रय-मूल्य.

माना प्रत्येक केले का क्रय-मूल्य = ₹ 1. तब,

200 केलों का क्रय-मूल्य = ₹ 200.

200 केलों का वि० मूल्य = 250 केलों का क्रय-मूल्य = ₹ 250.

लाभ = ₹ (250 – 200) = ₹ 50.

लाभ % $= \left(\frac{50}{200}\times 100\right)\% = 25\%$.

82. दोनों कुर्सियों का कुल विक्रय मूल्य = ₹ (720 × 2) = ₹ 1440.

दोनों कुर्सियों का कुल क्रय-मूल्य

$= ₹\left[\left(\frac{100}{120}\times 720\right)+\left(\frac{100}{80}\times 720\right)\right]$

= ₹ (600 + 900) = ₹ 1500.

हानि = ₹ (1500 – 1440) = ₹ 60.

हानि % $= \left(\frac{60}{1500}\times 100\right)\% = 4\%$.

83. माना वह x किग्रा० चावल खरीदता है. तब, क्रय मूल्य = ₹ $75x$.

बिक्री योग्य चावल $= \left(x\times\frac{90}{100}\right)$ किग्रा० $= \frac{9x}{10}$ किग्रा०.

20% लाभ से विक्रय मूल्य $= ₹\left(75x\times\frac{120}{100}\right) = ₹\,90x$.

इस चावल का बिक्री भाव $= ₹\left(90x\times\frac{10}{9x}\right)$ प्रति किग्रा०

= ₹ 100 प्रति किग्रा०.

84. माना अंकित मूल्य = ₹ x. तब

I से क्रय मूल्य ₹ (x का 75% का 85%)

$= ₹\left(x\times\frac{75}{100}\times\frac{85}{100}\right) = ₹\,\frac{51x}{80} = ₹\,\frac{255x}{400}$.

II से क्रय मूल्य ₹ (x का 70% का 90%)

$= ₹\left(x\times\frac{70}{100}\times\frac{90}{100}\right) = ₹\,\frac{63x}{100} = ₹\,\frac{252x}{400}$.

III से क्रय मूल्य ₹ (x का 65% का 95%)

$= ₹\left(x\times\frac{65}{100}\times\frac{95}{100}\right) = ₹\,\frac{247x}{400}$.

स्पष्ट है कि III का क्रय मूल्य सबसे कम है.

85. दो क्रमवार बट्टे के बाद मूल्य = ₹ 900 का 92% का 92%

$= ₹\left(900\times\frac{92}{100}\times\frac{92}{100}\right) = ₹\,\frac{76176}{100} = ₹\,761{\cdot}76$.

16% बट्टे के बाद मूल्य = ₹ (900 का 84%)

$= ₹\left(900\times\frac{84}{100}\right) = ₹\,756$.

हानि = ₹ (761.76 – 756) = ₹ 5·76.

86. माना कमीज तथा पैन्ट के मूल्य क्रमशः ₹ 100 तथा ₹ 200 हैं.

40% छूट के बाद कमीज का मूल्य = ₹ 100 का 60% = ₹ 60.

30% छूट के बाद कमीज तथा पैन्ट का मूल्य = ₹ 300 का 70% = ₹ 210.

∴ 1 पैन्ट का मूल्य = ₹ (210 – 60) = ₹ 150.

₹ 200 पर छूट = ₹ 50.

₹ 100 पर छूट $= \left(\frac{50}{200}\times 100\right)\% = 25\%$.

अतः पैन्ट पर छूट = 25%.

87. अंकित मूल्य = ₹ 12.

बट्टा = ₹ 12 का 15% $= ₹\left(12\times\frac{15}{100}\right) = ₹\,1{\cdot}80$.

पहले बट्टे के बाद मूल्य = ₹ (12 – 1·80) = ₹ 10·20.

दूसरे बट्टे के बाद मूल्य = ₹ 8·16.

₹ 10·20 पर बट्टा = ₹ (10·20 – 8·16) = ₹ 2·04.

₹ 100 पर बट्टा $= \left(\frac{2\cdot04}{10\cdot20}\times100\right)\% = 20\%.$

88. वस्तु का क्रय-मूल्य = ₹ 25000 का 80% का 95%

$= ₹\left(25000\times\frac{80}{100}\times\frac{95}{100}\right) = ₹\ 19000.$

मरम्मत के बाद वस्तु का क्रय-मूल्य = ₹ (19000 + 1000)

= ₹ 20000.

विक्रय-मूल्य = ₹ 25000.

लाभ % $= \left(\frac{5000}{20000}\times100\right)\% = 25\%.$

89. माना वस्तु का क्रय-मूल्य = ₹ x.

तब, वि० मूल्य $= ₹\ \frac{105x}{100} = ₹\ \frac{21x}{20}.$

नया क्रय-मूल्य $= ₹\ \frac{95x}{100} = ₹\ \frac{19x}{20},$

नया वि०मू० $= ₹\left(\frac{19x}{20}\times\frac{110}{100}\right) = ₹\ \frac{209x}{200}.$

$\frac{21x}{20} - \frac{209x}{200} = 1 \Rightarrow 210x - 209x = 200$

$\Rightarrow x = 200.$ अत: अभीष्ट क्रय-मूल्य = ₹ 200.

90. माना पंखे का वास्तविक मूल्य = ₹ 100.

तब, अंकित मूल्य = ₹ 140.

$\therefore$ विक्रय मूल्य = ₹ (140 का 85%) $= ₹\left(140\times\frac{85}{100}\right) = ₹119.$

लाभ % = 19%.

91. माना अंकित मूल्य = ₹ x. तब

x का $87\frac{1}{2}\%$ का 90% = 6300

$\Rightarrow x\times\frac{175}{2}\times\frac{1}{100}\times\frac{90}{100} = 6300$

$\Rightarrow x = \left(6300\times\frac{80}{63}\right) = 8000.$

$\therefore$ प्लेट का अंकित मूल्य = ₹ 8000.

92. माना अंकित मूल्य = ₹ x. तब

(x का 95%) – (x का 93%) = 30 $\Rightarrow$ x का 2% = 30.

$\therefore\ x\times\frac{2}{100} = 30 \Rightarrow x = (30\times50) = 1500.$

$\therefore$ घड़ी का अंकित मूल्य = ₹ 1500.

93. माना अंकित मूल्य = ₹ x. तब,

विक्रय मूल्य $= ₹\left(x\times\frac{80}{100}\right) = ₹\ \frac{4x}{5}.$

(वि० मूल्य ₹ $\frac{4x}{5}$, लाभ = 25%)

$\Rightarrow$ क्रय मूल्य $= \left(\frac{100}{125}\times\frac{4x}{5}\right) = ₹\ \frac{16x}{25}.$

$\therefore\ \frac{16x}{25} = 432 \Rightarrow x = \left(432\times\frac{25}{16}\right) = 675.$

$\therefore$ अंकित मूल्य = ₹ 675.

94. माना अंकित मूल्य = ₹ x. तब, x का 80% = 24.

$\therefore \left(x\times\frac{80}{100}\right) = 24 \Rightarrow \frac{4x}{5} = 24 \Rightarrow x = \left(24\times\frac{5}{4}\right) = 30.$

$\therefore$ अंकित मूल्य = ₹ 30, छूट = 30%.

$\therefore$ विक्रय मूल्य = ₹ 30 का 70% $= \left(30\times\frac{70}{100}\right) = ₹\ 21.$

95. माना क्रय मूल्य = ₹ 100. तब, अंकित मूल्य = ₹ 120.

विक्रय मूल्य = ₹ 120 का 90% $= ₹\left(120\times\frac{90}{100}\right) = ₹108.$

लाभ = 8%.

96. माना प्रत्येक वस्तु का अंकित मूल्य ₹ x

तब, वस्तु A का विक्रय मूल्य = x का 85% $= ₹\frac{17x}{20}$

अत: वस्तु A का क्रय मूल्य $= \frac{17x}{20}\times\frac{100}{106.25} = ₹\frac{4x}{5}$

और, वस्तु B का विक्रय मूल्य = x का 88% $= ₹\ \frac{22x}{25}$

अत: वस्तु B का क्रय मूल्य $= \frac{22x}{25}\times\frac{100}{120} = ₹\frac{11x}{15}$

प्रश्न के अनुसार,

$\frac{4x}{5} - \frac{11x}{15} = 160$

इसलिए,

$\frac{12x - 11x}{15} = 160$

$\Rightarrow \frac{x}{15} = 160 \Rightarrow\ x = 2400$

अत: प्रत्येक वस्तु का अंकित मूल्य = ₹2400

97. माना कुल टॉफी = 12, विक्रय मूल्य = ₹ 1 तथा हानि = 20%.

क्रय-मूल्य $= ₹\left(\frac{100}{80}\times1\right) = ₹\ \frac{5}{4}$, इच्छित लाभ = 20%.

विक्रय मूल्य $= ₹\left(\frac{5}{4}\times\frac{120}{100}\right) = ₹\ \frac{3}{2}.$

₹ $\frac{3}{2}$ में टॉफी बेचेगा = 12.

₹ 1 में टॉफी बेचेगा $= \left(12\times\frac{2}{3}\right) = 8.$

98. लाभ% $= 13\frac{1}{3}\% = \frac{40}{3}\times\frac{1}{100} = \frac{2}{15}$

माना उस वस्तु का विक्रय मूल्य ₹$15x$

लाभ = ₹$2x$

लागत मूल्य = ₹$13x$

प्रश्न में दिए गए आकड़ों का उपयोग करते हुए हम प्राप्त करते हैं

$15x \times 92.5\% = 1110$

$x = 80$

लागत मूल्य $= 13x =$ ₹1040

आवश्यक अंतर $=$ ₹1110 $-$ ₹1040 $=$ ₹70

99. माना पुस्तक का क्रय मूल्य $=$ ₹ x.

10% लाभ पर विक्रय मूल्य $=$ ₹$\left(x \times \frac{110}{110}\right) =$ ₹ $\frac{11x}{10}$.

नया क्रय मूल्य $=$ ₹$\left(x \times \frac{96}{110}\right) =$ ₹ $\frac{24x}{25}$.

नया विक्रय मूल्य $=$ ₹$\left(\frac{24x}{25} \times \frac{475}{400}\right) =$ ₹ $\frac{57x}{50}$.

$\therefore \frac{57x}{50} - \frac{11x}{10} = 6 \Rightarrow \frac{2x}{50} = 6 \Rightarrow x = 150$.

अत: पुस्तक का क्रय-मूल्य $=$ ₹ 150.

100. मात्रा I $= \frac{450\,(1.2-1)}{1.2}$

$= \frac{450 \times 0.2}{1.2} = 75$

मात्रा $= \frac{84}{1.2} = 70$

इस प्रकार, मात्रा I > मात्रा II

101. माना वस्तु का अंकित मूल्य $= 100x$

विक्रय मूल्य = अंकित मूल्य - बट्टा

पहला केस: अंकित मूल्य पर 10% की छूट

अत: विक्रय मूल्य $= 100x - 10x = 90x$

दूसरा केस: अंकित मूल्य पर 20% की छूट

अत: विक्रय मूल्य $= 100x - 20x = 80x$

दोनों मामलों में क्रय मूल्य समान होगा।

अत: $90x - 400 = 80x - 330$

या, $x = 7$

अत: वस्तु का अंकित मूल्य $= 100x =$ ₹700

102. दूसरी वस्तु का क्रय मूल्य $= 1240 \times \frac{75}{100} =$ ₹930

नया विक्रय मूल्य $= 930 \times \frac{140}{100} =$ ₹1302

लाभ% $= \frac{1302-1240}{1240} \times 100 = \frac{620}{124} = 5\%$

103. वस्तु का क्रय मूल्य $= 288 \times \frac{100}{96} = 300$

अंकित मूल्य = ₹315

क्रय मूल्य से अधिक अंकित मूल्य का %

$= \frac{315-300}{300} \times 100 = 5\%$

104. दो क्रमागत छूट के समकक्ष छूट:

$= -x - x + \frac{x^2}{100}$

$= -2x + \frac{x^2}{100}$

कुल प्रतिशत छूट

$= 259.20 \times \frac{100}{720}$

$= 36\%$

$-2x + \frac{x^2}{100} = -36$

$x^2 - 200x + 3600 = 0$

$x^2 - 180x - 20x + 3600 = 0$

$(x-180)(x-20) = 0$

$x = 20$ या 180

$\Rightarrow x = 20\%$ [∵ 180% छूट संभव नहीं है]

105. माना वस्तु का क्रय मूल्य $= x$

आनंद द्वारा क्रय मूल्य में 50% की बढ़ोत्तरी करने पर

$= x + \frac{50}{100}x = \frac{3x}{2}$

20% की छूट देने पर $= \frac{20}{100} \times \frac{3x}{2} = \frac{3x}{10}$

बालाजी के लिए क्रय मूल्य $= \frac{3x}{2} - \frac{3x}{10} = \frac{6}{5}x$

बालाजी ने जिस मूल्य पर खरीदा, उससे ₹20 अधिक में बेचा

अत: विक्रय मूल्य $= \frac{6}{5}x + 20$

यह मूल क्रय मूल्य से 30% अधिक है।

प्रश्नानुसार,

$\frac{6}{5}x + 20 = x + \frac{30}{100}x$

$\frac{6}{5} + 20 = \frac{13}{10}x$

$\frac{13x - 12x}{10} = 20$

$x = 200$

बालाजी का लाभ = बालाजी का वि.मू.– बालाजी का क्र.मू.

$= 20$

बालाजी का लाभ % $= \frac{\text{लाभ} \times 100}{\text{क्रय मूल्य}}$

$= \frac{20 \times 100}{\frac{6}{5} \times 200} = \frac{100}{12} = 8.33\%$

106. माना क्रय मूल्य $= x$

क्रय मूल्य का 40% $= \frac{40}{100}x = \frac{2}{5}x$

वस्तु का अंकित मूल्य $= x + \frac{2}{5}x = \frac{7}{5}x$

5% छूट के बाद विक्रय मूल्य $= \frac{7}{5}x - \frac{7}{100}x = \frac{133}{100}x$

प्रश्नानुसार,

$$\frac{133}{100}x = 1064$$

$$x = \frac{106400}{133} = 800$$

इसलिए क्रय मूल्य = ₹800

लाभ = 1064 − 800 = ₹264

107. अभीष्ट लाभ%

$$= \left(10 + 10 + \frac{10 \times 10}{100}\right)\% = (20+1)\% = 21\%$$

108. वस्तु B का मूल्य = ₹x (माना)

∴ वस्तु A का मूल्य = (₹x −140)

दिये गए प्रश्न के अनुसार, $\frac{40}{100}(x-140) - \frac{20x}{100} = 18$

$\Rightarrow \quad \frac{2x}{5} - 56 - \frac{x}{5} = 18 \qquad \Rightarrow \quad \frac{x}{5} = 56 + 18 = 74$

$\Rightarrow \quad x = 75 \times 5 =$ ₹370

109. कुल देय राशि $= 110 \times \frac{(100-10)}{100} \times \frac{(100-5)}{100}$

$$= 110 \times \frac{90 \times 95}{100 \times 100}$$

= ₹94

110. वस्तु कां विक्रय मूल्य = ₹6800

वस्तु का क्रय मूल्य

$$= ₹\left(\frac{100}{100-75} \times 6800\right) = \frac{100}{25} \times 6800 = ₹27200$$

111. खरीदे गए केलों की संख्या = 10 एवं 11

10 एवं 11 का ल.स. = 110

इनका क्रय मूल्य $=$ ₹ $\frac{110 \times 10}{100} =$ ₹ 100

इनका विक्रय मूल्य $=$ ₹ $\frac{110 \times 11}{100} =$ ₹ 121

लाभ = ₹121 − 100 = ₹21

∴ लाभ % $= \frac{21}{100} \times 100 = 21\%$

112. माना अंकित मूल्य = ₹ x

तब, विक्रय मूल्य = ₹ x का 80% का 90%

$$= ₹\left(x \times \frac{80}{100} \times \frac{90}{100}\right) = ₹\ \frac{18x}{25}.$$

$$\therefore \frac{18x}{25} = 108 \Rightarrow x = \frac{108 \times 25}{18} = 150.$$

अत: उस वस्तु का अंकित मूल्य = ₹ 150.

113. प्रत्येक वस्तु का क्रय मूल्य = ₹100

पहली वस्तु का क्रय मूल्य = ₹130

पहली वस्तु के विक्रय से प्राप्त लाभ = ₹30

दूसरी वस्तु का विक्रय मूल्य $=$ ₹ $100 = \frac{30}{3} =$ ₹ 90

कुल विक्रय मूल्य = ₹130 + 90 = ₹220

लाभ = ₹220 − 200 = ₹20

लाभ प्रतिशत $= \frac{20}{200} \times 100 = 10\%$

114. माना अंकित मूल्य = ₹ x. तब, विक्रय मूल्य = x का 85%

$$= ₹\left(x \times \frac{85}{100}\right) = ₹\ \frac{17x}{20}.$$

$$\frac{17x}{20} = \left(153 \times \frac{120}{100}\right) \Rightarrow x = \left(153 \times \frac{120}{100} \times \frac{20}{17}\right) = 216.$$

अत: अंकित मूल्य = ₹ 216.

115. माना कुल क्रय मूल्य = ₹100

$\frac{2}{5}$ भाग पर लाभ 20%

विक्रय मूल्य = ₹40 + 8 = ₹48

$\frac{3}{5}$ भाग पर हानि 10%

विक्रय मूल्य = ₹60 − 6 = ₹54

कुल लाभ = ₹(48 + 54) − 100 = 102 − 100 = ₹2

वस्तुओं का क्रय मूल्य $=$ ₹ $\frac{490 \times 100}{2} =$ ₹ 24500

116. माना पेन का अंकित मूल्य = ₹1

40 पेनों का क्रय मूल्य = ₹36

(40 पेनों का अंकित मूल्य = 36 पेन)

हरेक पेन का मूल्य $= \frac{36}{40} =$ ₹0.9

प्रत्येक पेन पर छूट देता है = 1%

पेन के लिए लाभ = ₹0.99 में

पेन के लिए लाभ = 0.99 − 0.9 = ₹0.09

लाभ % $= \frac{0.09 \times 100}{0.9} = 10\%$

117. माना क्रय-मूल्य = ₹ 100. तब, विक्रय-मूल्य = ₹ 119.

माना अंकित मूल्य = ₹ x. तब, छूट = 15%.

$$\therefore \text{ विक्रय मूल्य} = ₹\left(\frac{85}{100} \times x\right) = ₹\ \frac{17x}{20}.$$

$$\frac{17x}{20} = 119 \Rightarrow x = \frac{(119 \times 20)}{17} = 140.$$

अंकित मूल्य = ₹ 140, जो क्रय-मूल्य से 40% अधिक है.

118. क्रय मूल्य $= \frac{67.50 \times 100}{90} =$ ₹75

प्रतिशत लाभ $= \frac{(82.50 - 75)}{75} \times 100 = \frac{7.5}{75} \times 100 = 10\%$

119. माना घड़ी का अंकित मूल्य = ₹ x तब, x का 90% = 1080.

$$\therefore x \times \frac{90}{100} = 1080 \Rightarrow x = \left(1080 \times \frac{100}{90}\right) = 1200.$$

अब, विक्रय मूल्य = अंकित मूल्य = ₹ 1200, लाभ = 20%.

$\therefore$ क्रय मूल्य = ₹ $\left(\frac{100}{120}\times 1200\right)$ = ₹ 1000.

120. क्रय-मूल्य = ₹ 320, लाभ = 15%.

$\therefore$ विक्रय मूल्य = ₹ $\left(\frac{115}{100}\times 320\right)$ = ₹ 368.

अंकित मूल्य = ₹ (368 + 32) = ₹ 400.

अब, क्रय मूल्य = ₹ 320 तथा विक्रय मूल्य = ₹ 400.

$\therefore$ लाभ % = $\left(\frac{80}{320}\times 100\right)$% = 25%.

प्रश्नमाला 11B

1. एक व्यापारी ने 500 मीटर तार, ₹ 7·50 प्रति मीटर की दर से खरीदा. इसके 60% भाग को उसने 8% लाभ पर बेच दिया. शेष भाग को वह कितने प्रतिशत लाभ पर बेचे कि पूरे सामान पर उसे 12% लाभ हो ?

(*a*) 15% (*b*) 18% (*c*) 17% (*d*) 16%

2. एक निर्माता एक वस्तु को 6% लाभ पर थोक व्यापारी को बेचता है. थोक व्यापारी इसे 10% लाभ पर फुटकर व्यापारी को बेचता है. फुटकर व्यापारी इस पर 20% लाभ अर्जित करके इसे ₹ 629·64 में उपभोक्ता को बेच देता है. निर्माता का लागत मूल्य ज्ञात करें.

(*a*) ₹375 (*b*) ₹425 (*c*) ₹450 (*d*) ₹400

3. चीनी के भाव में कमी होने पर एक व्यक्ति ₹ 544 में 3 किग्रा० अधिक चीनी खरीद सकता है. पहले चीनी का भाव क्या था ? चीनी की घटी दर कितनी है ?

(*a*) ₹32 प्रति किग्रा, ₹27.20 प्रति किग्रा

(*b*) ₹30 प्रति किग्रा, ₹25 प्रति किग्रा

(*c*) ₹35 प्रति किग्रा, ₹30 प्रति किग्रा

(*d*) इनमें से कोई नहीं

4. एक व्यापारी को एक प्रकार की चीनी ₹ 24 प्रति किग्रा० की दर से बेचने पर 4% हानि होती है तथा एक दूसरे प्रकार की चीनी ₹ 30 प्रति किग्रा० की दर से बेचने पर 20% लाभ होता है. इन दोनों प्रकार की चीनी को बराबर बराबर मात्रा में मिलाकर ₹ 32 प्रति किग्रा० की दर से बेचने पर उसे कितने प्रतिशत लाभ होगा ?

(*a*) 25% (*b*) 23% (*c*) 27% (*d*) 28%

5. ₹ 200 प्रति किग्रा० की चाय के प्रत्येक 3 किग्रा० के साथ दूसरी प्रकार की 2 किग्रा० चाय मिलाकर, मिश्रण को ₹ 177 प्रति किग्रा० की दर पर बेचने से दुकानदार को 18% लाभ होता है. दूसरे प्रकार की चाय का मूल्य प्रति किग्रा० ज्ञात कीजिए.

(*a*) ₹75 (*b*) ₹125 (*c*) ₹100 (*d*) ₹113

6. एक बेईमान दुकानदार अपने सामान को क्रय-मूल्य पर ही बेचने का दिखावा करता है तथा त्रुटिपूर्ण बाट का प्रयोग करके $6\frac{18}{47}$% का लाभ कमाता है. एक किग्रा० के स्थान पर वह कितना बाट प्रयोग करता है ?

(*a*) 930 ग्राम (*b*) 940 ग्राम (*c*) 925 ग्राम (*d*) 945 ग्राम

7. एक व्यापारी अपनी वस्तुओं के मूल्य उनके क्रय मूल्य से 25% अधिक अंकित करता है तथा नकद भुगतान पर 8% की छूट देता है. ज्ञात कीजिए कि वह कितने प्रतिशत लाभ अर्जित करता है ?

(*a*) 17% (*b*) 13% (*c*) 20% (*d*) 15%

8. मैंने ₹ 5400 में दो मेजें खरीदी. मैंने उनमें से एक को 5% हानि पर तथा दूसरी को 7% लाभ पर बेच दिया. कुल सौदे में मुझे न लाभ हुआ न हानि. मेजों का अलग-अलग मूल्य ज्ञात कीजिए.

(*a*) ₹3150, ₹2250 (*b*) ₹3000, ₹2400

(*c*) ₹3325, ₹2075 (*d*) ₹3400, ₹2000

9. अंकित मूल्य पर 12% की छूट के बाद भी एक दुकानदार को 21% लाभ होता है. उसने अपनी वस्तुओं का अंकित मूल्य उनके क्रय मूल्य से कितने प्रतिशत अधिक पर निर्धारित किया हुआ है ?

(*a*) 40% (*b*) 37.5% (*c*) 41.2% (*d*) 36.7%

10. एक दुकानदार अपने सामान का मूल्य उनके क्रय मूल्य से 20% अधिक अंकित करता है. वह तीन-चौथाई सामान को अंकित मूल्य पर बेचता है तथा शेष सामान को अंकित मूल्य के 50% पर बेचता है. कुल सौदे में उसका लाभ प्रतिशत निर्धारित कीजिए.

(*a*) 7% (*b*) 8% (*c*) 5% (*d*) 4%

11. एक व्यापारी अंकित मूल्य पर 12% की छूट देता है. वह अपनी वस्तुओं का मूल्य क्रय मूल्य से कितने प्रतिशत अधिक पर अंकित करे ताकि उसे 10% लाभ हो ?

(*a*) 25% (*b*) 30% (*c*) 20% (*d*) 35%

12. एक घड़ी का अंकित मूल्य ₹ 820 है. एक व्यक्ति ने दो क्रमवार कटौतियाँ लेने के उपरान्त इसे ₹ 570·72 में खरीदा. यदि पहली कटौती 20% है तो दूसरी कटौती की दर ज्ञात कीजिए.

(*a*) 17% (*b*) 10% (*c*) 15% (*d*) 13%

13. एक घड़ी का अंकित मूल्य ₹ 400 है. अंकित मूल्य पर 25% की कटौती देने के बाद एक व्यक्ति को ₹ 20 की हानि हुई. हानि प्रतिशत ज्ञात कीजिए.

(*a*) $6\frac{1}{4}$% (*b*) $5\frac{2}{3}$% (*c*) $7\frac{1}{2}$% (*d*) $\frac{2}{3}$4%

14. एक घड़ी को 15% लाभ पर बेचा गया. यदि इसका मूल्य 5% कम होता तथा इसे ₹ 21 कम में बेचा गया होता तो 10% लाभ होता. घड़ी का क्रय मूल्य ज्ञात कीजिए.

(*a*) ₹225 (*b*) ₹200 (*c*) ₹250 (*d*) ₹180

15. एक व्यापारी ₹ 1500 अंकित मूल्य वाली एक मेज को 20% तथा 10% के दो क्रमिक बट्टों से खरीदता है. वह इसकी ढूलाई पर ₹ 20 खर्च करता है तथा उसे 10% लाभ पर बेच देता है. मेज का विक्रय मूल्य ज्ञात कीजिए.

(*a*) ₹1210 (*b*) ₹1150 (*c*) ₹1270 (*d*) ₹1175

उत्तरमाला (प्रश्नमाला 11B)

1. (*b*) **2.** (*c*) **3.** (*a*) **4.** (*d*) **5.** (*a*) **6.** (*b*) **7.** (*d*) **8.** (*a*) **9.** (*b*) **10.** (*c*) **11.** (*a*) **12.** (*d*) **13.** (*a*) **14.** (*b*) **15.** (*a*)

दिये गये प्रश्नों के हल (प्रश्नमाला 11B)

1. 500 मीटर तार का क्रय-मूल्य = ₹ $\left(500\times\frac{15}{2}\right)$ = ₹ 3750.

कुल 12% लाभ पर वि० मूल्य = ₹ $\left(3750\times\frac{112}{100}\right)$ = ₹ 4200.

60% भाग का क्रय-मूल्य = ₹ $\left(3750\times\frac{60}{100}\right)$ = ₹ 2250.

इस भाग का वि० मूल्य = ₹ $\left(2250\times\frac{108}{100}\right)$ = ₹ 2430.

शेष भाग का वि० मूल्य = ₹ (4200 − 2430) = ₹ 1770.

40% भाग का क्रय-मूल्य = ₹ $\left(3750\times\frac{40}{100}\right)$ = ₹ 1500.

इच्छित लाभ % = $\left(\frac{270}{1500}\times100\right)\%$ = 18%.

2. माना निर्माता का लागत मूल्य = ₹ x.

थोक व्यापारी का क्रय मूल्य = ₹ $\left(x\times\frac{106}{100}\right)$.

फुटकर व्यापारी का क्रय मूल्य = ₹ $\left(x\times\frac{106}{100}\times\frac{110}{100}\right)$.

उपभोक्ता का क्रय-मूल्य = ₹ $\left(x\times\frac{106}{100}\times\frac{110}{100}\times\frac{120}{100}\right)$

= ₹ $\frac{1749x}{1250}$.

$\therefore\ \frac{1749x}{1250}=\frac{62964}{100}\Rightarrow x=\left(\frac{62964\times1250}{1749\times100}\right)=450.$

अत: निर्माता का लागत मूल्य = ₹ 450.

3. माना पहले चीनी का भाव = ₹ x प्रति किग्रा०.

₹ 544 में खरीदी गई चीनी का मात्रा = $\frac{544}{x}$ किग्रा०.

नया भाव = (₹ x का 85%) प्रति किग्रा० = ₹ $\left(x\times\frac{85}{100}\right)$ प्रति किग्रा० = ₹ $\frac{17x}{20}$ प्रति किग्रा०.

₹ 544 में अब खरीदी गई मात्रा

= $\frac{544}{\left(\frac{17x}{20}\right)}$ किग्रा० = $\frac{(544\times20)}{17x}$ किग्रा० = $\frac{640}{x}$ किग्रा०.

$\therefore\ \frac{640}{x}-\frac{544}{x}=3\Rightarrow 3x=(640-544)$

$\Rightarrow 3x=96\Rightarrow x=32.$

अत: पहले चीनी का भाव = ₹ 32 प्रति किग्रा०.

चीनी की घटी दर = ₹ $\left(32\times\frac{17}{20}\right)$/किग्रा० = $\frac{136}{5}$ प्रति किग्रा० = ₹ 27·20 प्रति किग्रा०.

4. पहली प्रकार की 1 किग्रा० चीनी का वि०मूल्य = ₹ 24, हानि = 4%.

इस चीनी का 1 किग्रा० का क्रय-मूल्य = ₹ $\left(\frac{100}{96}\times24\right)$ = ₹ 25.

दूसरी प्रकार की 1 किग्रा० चीनी का वि०मूल्य = ₹ 30, लाभ = 20%.

इस चीनी का 1 किग्रा० का क्रय-मूल्य = ₹ $\left(\frac{100}{120}\times30\right)$ = ₹ 25.

बराबर-बराबर मिलाने पर 2 किग्रा० मिश्रण का क्रय-मूल्य = ₹ (25 + 25) = ₹ 50.

2 किग्रा० मिश्रण का वि०मूल्य = ₹ (32 × 2) = ₹ 64.

लाभ % = $\left(\frac{14}{50}\times100\right)\%$ = 28%.

5. माना दूसरे प्रकार की चाय का भाव = ₹ x प्रति किग्रा०.

पहले प्रकार की 3 किग्रा० तथा दूसरे प्रकार की 2 किग्रा० चाय के मिश्रण का क्रय मूल्य

= ₹ [(200 × 3) + (x × 2)] = ₹ (600 + 2x).

5 किग्रा० मिश्रण का क्रय-मूल्य = ₹ (600 + 2x).

5 किग्रा० मिश्रण का वि० मूल्य = ₹ (177 × 5) = ₹ 885.

लाभ % = $\frac{[885-(600+2x)]}{(600+2x)}\times100=\left(\frac{285-2x}{600+2x}\times100\right)\%.$

$\therefore\ \frac{(285-2x)}{(600+2x)}\times100=18\Rightarrow\frac{(285x-2x)}{(600+2x)}=\frac{9}{50}$

$\Rightarrow 14250-100x=5400+18x$

$\Rightarrow 118x=8850\Rightarrow x=75.$

दूसरे प्रकार की चाय का भाव = ₹ 75/किग्रा०.

6. माना सामान का क्रय मूल्य = ₹ 1 प्रति ग्राम तथा माना कि वह 1000 ग्राम के स्थान पर (1000 − x) ग्राम का बाट प्रयोग करता है.

(1000 − x) ग्राम वस्तु का क्रय-मूल्य = ₹ (1000 − x).

(1000 − x) ग्राम वस्तु का विक्रय-मूल्य = 1000 ग्राम का क्रय-मूल्य = ₹ 1000.

लाभ = ₹ {1000 − (1000 − x)} = ₹ x.

लाभ % = $\left\{\frac{x}{(1000-x)}\times100\right\}\%$

$\therefore\ \frac{x\times100}{(1000-x)}=\frac{300}{47}\Rightarrow\frac{x}{(1000-x)}=\frac{3}{47}$

$\Rightarrow 47x=3000-3x\Rightarrow 50x=3000\Rightarrow x=60.$

अत: वह 1 किग्रा० के स्थान पर (1000 − 60) ग्राम अर्थात 940 ग्राम का बाट प्रयोग करता है.

7. माना वस्तु का क्रय मूल्य = ₹ 100. तब, अंकित मूल्य = ₹ 125.

8% की छूट के बाद विक्रय मूल्य ₹ $\left(125\times\frac{92}{100}\right)$ = ₹ 115.

$\therefore$ लाभ % = 15%.

8. माना एक मेज का क्रय-मूल्य = ₹ x. तब, दूसरी मेज का क्रय मूल्य = ₹ $(5400 - x)$

पहली मेज का 5% हानि पर विक्रय मूल्य = ₹ $\left(\frac{95}{100} \times x\right)$ = ₹ $\frac{19x}{20}$.

दूसरी मेज का 7% लाभ पर विक्रय मूल्य = ₹ $\left\{(5400 - x) \times \frac{107}{100}\right\}$

दोनों मेजों का कुल विक्रय मूल्य = ₹ $\left\{\frac{19x}{20} + (5400 - x) \times \frac{107}{100}\right\}$

$= ₹ \left\{\frac{95x + 107(5400 - x)}{100}\right\} = ₹ \frac{(577800 - 12x)}{100}$

$\therefore \frac{(577800 - 12x)}{100} = 5400 \Rightarrow 577800 - 12x = 540000$

$\Rightarrow 12x = 37800 \Rightarrow x = 3150.$

अत: एक मेज का क्रय मूल्य = ₹ 3150.

दूसरी मेज का क्रय मूल्य = ₹ (5400 – 3150) = ₹ 2250.

9. माना दुकानदार ने अपनी वस्तुओं का अंकित मूल्य उनके क्रय मूल्य से x% अधिक निर्धारित किया हुआ है.

माना वस्तु का क्रय मूल्य = ₹ 100.

तब, अंकित मूल्य = ₹ $(100 + x)$.

$(100 + x) \times \frac{88}{100} = 121 \Rightarrow (100 + x) = \left(121 \times \frac{100}{88}\right) = \frac{275}{2}$

$\Rightarrow x = \left(\frac{275}{2} - 100\right) = \frac{75}{2} = 37 \cdot 5.$

∴ अंकित मूल्य, क्रय मूल्य से 37·5% अधिक है.

10. माना सामान का क्रय-मूल्य = ₹ 100. तब, अंकित मूल्य = ₹ 120.

सारे सामान का विक्रय मूल्य = ₹ $\left[\left(\frac{3}{4} \times 120\right) + \left(\frac{1}{4} \times 120 \times \frac{50}{100}\right)\right]$

= ₹ (90 + 15) = ₹ 105.

लाभ % = (105 – 100)% = 5%.

11. माना व्यापारी अपनी वस्तुओं का अंकित मूल्य उनके क्रय मूल्य से x% अधिक निर्धारित करता है.

माना वस्तु का क्रय मूल्य = ₹ 100.

तब, अंकित मूल्य = ₹ $(100 + x)$. तब,

$(100 + x) \times \frac{88}{100} = 110 \Rightarrow (100 + x) = \left(110 \times \frac{100}{88}\right) = 125$

$\Rightarrow x = (125 - 100) = 25.$

मूल्य निर्धारण क्रय मूल्य से 25% अधिक होना चाहिए.

12. माना दूसरी कटौती की दर = x%. तब

$820 \times 80\% \times (100 - x)\% = 570 \cdot 72$

$\Rightarrow 820 \times \frac{80}{100} \times \frac{(100 - x)}{100} = 570 \cdot 72 \Rightarrow 656 \times (100 - x)$

$= 57072$

$\Rightarrow 656x = 65600 - 57072 \Rightarrow 656x = 8528 \Rightarrow x = 13.$

अत: दूसरी कटौती की दर = 13%.

13. अंकित मूल्य = ₹ 400.

वस्तु का विक्रय मूल्य = ₹ 400 का 75% = ₹ $\left(400 \times \frac{75}{100}\right)$

= ₹ 300.

(वि० मूल्य = ₹ 300, हानि = ₹ 20)

⇒ क्रय-मूल्य = ₹ (300 + 20) = ₹ 320.

हानि % = $\left(\frac{20}{320} \times 100\right)\% = \frac{25}{4}\% = 6\frac{1}{4}\%.$

14. माना घड़ी का क्रय मूल्य = ₹ x.

15% लाभ पर घड़ी का वि० मूल्य = ₹ $\left(x \times \frac{115}{100}\right)$ = ₹ $\frac{23x}{20}$.

नया क्रय मूल्य = ₹ $\left(x \times \frac{95}{100}\right)$ = ₹ $\frac{19x}{20}$, लाभ = 10%.

नया विक्रय मूल्य = ₹ $\left(\frac{19x}{20} \times \frac{110}{100}\right)$ = ₹ $\frac{209x}{200}$.

$\therefore \frac{23x}{20} - \frac{209x}{200} = 21 \Rightarrow (230x - 209x) = 4200$

$\Rightarrow 21x = 4200 \Rightarrow x = 200.$

∴ घड़ी का क्रय मूल्य = ₹ 200.

15. मेज का क्रय मूल्य = ₹ (1500 का 80% का 90%)

= ₹ $\left(1500 \times \frac{80}{100} \times \frac{90}{100}\right)$ = ₹ 1080.

ढूलाई सहित मेज का मूल्य = ₹ (1080 + 20) = ₹ 1100.

लाभ अर्जित = 10%.

∴ विक्रय मूल्य = ₹ (1100 का 110%) = ₹ $\left(1100 \times \frac{110}{100}\right)$

= ₹ 1210.

❑❑❑

12

अनुपात तथा समानुपात (RATIO AND PROPORTION)

Scan QR Code for Watching Video

सामान्य नियम

(i) $\frac{a}{b}$ को a तथा b का अनुपात कहते हैं तथा इसे लिखते हैं, $a : b$.

(ii) **समानुपात:** दो अनुपातों की बराबरी को समानुपात कहते हैं.

जैसे: $2 : 5 = 6 : 15$ को हम लिखेंगे $2 : 5 :: 6 : 15$.

(iii) यदि $a : b :: c : d$ हो, तो हम a तथा d को **बाहरी राशियाँ** तथा b और c को **माध्यमिक राशियाँ** कहते हैं.

बाहरी राशियों का गुणनफल = माध्यमिक राशियों का गुणनफल

$\therefore\ (a \times d) = (b \times c)$.

(iv) **मध्यानुपाती:** a तथा b का मध्यानुपाती $= \sqrt{ab}$.

(v) **चतुर्थानुपाती:** तीन राशियों a, b, c का चतुर्थानुपाती x हो, तो

$a : b :: c : x$ अर्थात् $(a \times x) = (b \times c) \Rightarrow x = \frac{(b \times c)}{a}$.

(vi) **तृतीयानुपाती:** माना a तथा b का तृतीयानुपाती x है. तब $a : b :: b : x \Rightarrow (a \times x) = b^2 \Rightarrow x = \frac{b^2}{a}$.

(vii) **मिश्र अनुपात:** $(a : b)$ तथा $(c : d)$ का मिश्र अनुपात $= (ac : bd)$.

(viii) **अनुपातों की तुलना:** यदि $\frac{a}{b} > \frac{c}{d}$ हो, तो हम कहते हैं कि $(a : b) > (c : d)$.

(ix) यदि $\frac{a}{b} = \frac{c}{d}$ हो, तो $\frac{a+b}{a-b} = \frac{c+d}{c-d}$.

(x) किसी राशि M को $a : b$ में बाँटने पर:

पहला भाग $= \left\{M \times \frac{a}{(a+b)}\right\}$, दूसरा भाग $= \left\{M \times \frac{b}{(a+b)}\right\}$.

(xi) किसी राशि M को $a : b : c$ में बाँटने पर:

प्रथम भाग $= \left\{M \times \frac{a}{(a+b+c)}\right\}$, दूसरा भाग $= \left\{M \times \frac{b}{(a+b+c)}\right\}$

तथा, तृतीय भाग $= \left\{M \times \frac{c}{(a+b+c)}\right\}$.

(xii) **समानुपाती:** यदि $x = ky$, जहाँ k अचर हो, तो हम कहते हैं कि x, y के समानुपाती है. इसे लिखते हैं, $x \propto y$.

(xiii) **विलोमानुपाती:** यदि $x = \frac{k}{y}$, जहाँ k अचर हो, तो हम कहते हैं कि x, y के विलोमानुपाती है. इसे लिखते हैं, $x \propto \frac{1}{y}$.

साधित उदाहरण

प्रश्न 1. यदि $a : b = 5 : 9$ तथा $b : c = 6 : 11$ हो, तो (i) $a : c$ (ii) $a : b : c$ ज्ञात करें.

हल: दिया है: $\frac{a}{b} = \frac{5}{9}$ तथा $\frac{b}{c} = \frac{6}{11}$.

$\therefore$ (i) $$\frac{a}{c} = \left(\frac{a}{b} \times \frac{b}{c}\right) = \left(\frac{5}{9} \times \frac{6}{11}\right) = \frac{10}{33}.$$

अत: $a : c = 10 : 33$.

(ii) $a : b = 5 : 9$,

$$b : c = 6 : 11 = 6 \times \frac{9}{6} : 11 \times \frac{9}{6} = 9 : \frac{33}{2}.$$

$$\therefore \quad a : b : c = 5 : 9 : \frac{33}{2} = 10 : 18 : 33.$$

प्रश्न 2. यदि $a : b = 5 : 7$ हो तो $(3a + 5b) : (5a - 2b)$ ज्ञात कीजिए.

हल: दिया है, $\frac{a}{b} = \frac{5}{7}$.

$$\therefore \quad \frac{(3a+5b)}{(5a-2b)} = \frac{3\left(\frac{a}{b}\right)+5}{5\left(\frac{a}{b}\right)-2} = \frac{3 \times \frac{5}{7} + 5}{5 \times \frac{5}{7} - 2} = \frac{50}{11}.$$

अत: $(3a + 5b) : (5a - 2b) = 50 : 11$.

प्रश्न 3. यदि $a : b = \frac{2}{9} : \frac{1}{3}$, $b : c = \frac{2}{7} : \frac{5}{14}$ तथा $d : c = \frac{7}{10} : \frac{3}{5}$ हो, तो $a : b : c : d = ?$

हल: $\therefore a : b = 2 : 3, b : c = 4 : 5$ तथा $c : d = 6 : 7$

$\Rightarrow a : b = 2 : 3, b : c = 1 : \frac{5}{4}$ तथा $c : d = 1 : \frac{7}{6}$

$\Rightarrow a : b = 2 : 3, b : c = 3 : \frac{15}{4}$ तथा $c : d = \frac{15}{4} : \frac{7}{6} \times \frac{15}{4}$

$\Rightarrow a : b = 2 : 3, b : c = 3 : \frac{15}{4}$ तथा $c : d = \frac{15}{4} : \frac{35}{8}$

$\Rightarrow a : b : c : d = 2 : 3 : \frac{15}{4} : \frac{35}{8} = 16 : 24 : 30 : 35.$

प्रश्न 4. यदि A, B से 40% अधिक हो तथा B, C से 20% कम हो, तो $A : B : C = ?$

हल: माना $C = x$. तब, $B = x$ का 80% $= \left(x \times \frac{80}{100}\right) = \frac{4x}{5}$

तथा $A = \frac{4x}{5}$ का 140% $= \left(\frac{4x}{5} \times \frac{140}{100}\right) = \frac{28x}{25}$.

$$\therefore A : B : C = \frac{28x}{25} : \frac{4x}{5} : x = \frac{28x}{25} : \frac{20x}{25} : \frac{25x}{25}$$
$$= 28x : 20x : 25x = 28 : 20 : 25.$$

प्रश्न 5. यदि $0{\cdot}75 : x :: 5 : 8$ हो, तो x का मान ज्ञात कीजिए.

हल: स्पष्ट है कि : $x \times 5 = 0{\cdot}75 \times 8$

$\therefore 5x = 6 \Rightarrow x = \frac{6}{5} = 1{\cdot}2.$

प्रश्न 6. 5, 9, 12 का चतुर्थानुपाती क्या है?

हल: माना 5, 9, 12 का चतुर्थानुपाती $= x$ है. तब,

$5 : 9 :: 12 : x \Rightarrow 5x = (9 \times 12)$

$$\Rightarrow x = \frac{9 \times 12}{5} = \frac{108}{5} = 21{\cdot}6.$$

$\therefore$ 5, 9, 12 का चतुर्थानुपाती $= 21{\cdot}6$ है.

प्रश्न 7. 18, 24 का तृतीयानुपाती क्या है?

हल: माना 18, 24 का तृतीयानुपाती $= x$. तब,

$18 : 24 :: 24 : x$

$\Rightarrow 18x = 24 \times 24$

$$\Rightarrow x = \frac{24 \times 24}{18} = 32.$$

$\therefore$ 18, 24 का तृतीयानुपाती $= 32$.

प्रश्न 8. 6, 24 का मध्यानुपाती ज्ञात कीजिए.

हल: 6 तथा 24 का मध्यानुपाती $= \sqrt{6 \times 24} = \sqrt{144} = 12$.

प्रश्न 9. (2 : 3), (4 : 7) तथा (5 : 8) में सबसे बड़ा अनुपात कौन-सा है?

हल : $\frac{2}{3} = 0{\cdot}666....,\ \frac{4}{7} = 0{\cdot}571....,\ \frac{5}{8} = {\cdot}625.$

इनमें सबसे बड़ी दशमलव भिन्न 0·666 ... है.

अत: सबसे बड़ा अनुपात $= 2 : 3$.

प्रश्न 10. ₹ 675 को A और B में 5 : 4 के अनुपात में विभक्त कीजिए.

हल: A का भाग = ₹ $\left(675 \times \frac{5}{9}\right)$ = ₹ 375.

B का भाग = ₹ $\left(675 \times \frac{4}{9}\right)$ = ₹ 300.

प्रश्न 11. ₹ 952 को A, B, C में 37 : 18 : 13 के अनुपात में विभक्त कीजिए.

हल: दिये गये अनुपात के पदों का योग $= (37 + 18 + 13) = 68$.

A का भाग = ₹ $\left(952 \times \frac{5}{9}\right)$ = ₹ 518,

B का भाग = ₹ $\left(952 \times \frac{18}{68}\right)$ = ₹ 252,

अत: प्रथम भाग = ₹ $\left(846 \times \frac{15}{47}\right)$ = ₹ 270.

द्वितीय भाग = ₹ $\left(846 \times \frac{32}{47}\right)$ = ₹ 576.

प्रश्न 12. ₹ 846 को ऐसे दो भागों में विभक्त कीजिए कि प्रथम भाग का 5 वाँ भाग तथा द्वितीय भाग का 8वाँ भाग 3 : 4 के अनुपात में हों?

हल: माना अभीष्ट भाग A तथा B हैं. तब,

$$\frac{\left(\frac{A}{5}\right)}{\left(\frac{B}{8}\right)} = \frac{3}{4} \Rightarrow \frac{A}{5} \times \frac{8}{B} = \frac{3}{4} \Rightarrow \frac{A}{B} = \left(\frac{3}{4} \times \frac{5}{8}\right) = \frac{15}{32}.$$

$\therefore A : B = 15 : 32.$

अतः प्रथम भाग = ₹ $\left(846\times\frac{15}{47}\right)$ = ₹ 270.

द्वितीय भाग = ₹ $\left(846\times\frac{32}{47}\right)$ = ₹ 576.

प्रश्न 13. एक थैली में 1 रु०, 50 पै० तथा 25 पै० के सिक्के 5 : 9 : 25 के अनुपात में हैं. यदि थैली में कुल धन ₹ 1008 हो, तो विभिन्न प्रकार के सिक्कों की संख्या ज्ञात कीजिए.

हल: माना 1 रु०, 50 पै०, 25 पै० के सिक्कों की संख्या क्रमशः $5x$, $9x$, $25x$ है.

तब, इनका कुल मूल्य = ₹ $\left(\frac{5x}{1}+\frac{9x}{2}+\frac{25x}{4}\right)$

= ₹ $\frac{(20x+18x+25x)}{4}$ = ₹ $\frac{63x}{4}$.

$\therefore\ \frac{63x}{4}=1008\Rightarrow x=\frac{(1008\times4)}{63}=64.$

1 रु० के सिक्कों की संख्या = (5 × 64) = 320.

50 पै० के सिक्कों की संख्या = (9 × 64) = 576.

25 पै० के सिक्कों की संख्या = (25 × 64) = 1600.

प्रश्न 14. एक कारखाने में कर्मचारियों की संख्या 9 : 8 के अनुपात में कम कर दी जाती है तथा उनके दैनिक वेतन में 14 : 15 के अनुपात में वृद्धि कर दी जाती है. कुल दैनिक वेतन बिल में किस अनुपात में कमी अथवा वृद्धि होगी?

हल: माना पहले कर्मचारी $9x$ थे तथा अब $8x$ हैं.

माना पहले प्रति कर्मचारी वेतन ₹ $14y$ था तथा अब ₹ $15y$ है.

पहले दैनिक वेतन बिल = ₹ $(9x \times 14y)$ = ₹ $(126xy)$.

अब दैनिक वेतन बिल = ₹ $(8x \times 15y)$ = ₹ $(120\,xy)$.

दैनिक वेतन बिलों का अनुपात = $126xy : 120xy = 21 : 20$, जिसमें स्पष्टतया कमी आई है.

प्रश्न 15. सोने और तांबे के दो मिश्रण *A* तथा *B* हैं. *A* में सोने और तांबे का अनुपात 7 : 2 है तथा *B* में सोने और तांबे का अनुपात 7 : 11 है. *A* तथा *B* की समान मात्राओं को मिलाने पर धातु *C* बनाई जाती है. *C* में सोने तथा तांबे का अनुपात ज्ञात कीजिए.

हल: A की 1 इकाई में सोना = $\frac{7}{9}$ तथा तांबा = $\frac{2}{9}$.

B की 1 इकाई में सोना = $\frac{7}{18}$ तथा तांबा = $\frac{11}{18}$.

C में सोने तथा तांबे का अनुपात

$=\left(\frac{7}{9}+\frac{7}{18}\right):\left(\frac{2}{9}+\frac{11}{18}\right)=\frac{21}{18}:\frac{15}{18}=21:15=7:5.$

प्रश्न 16. दूध और पानी के 42 लीटर मिश्रण में दूध और पानी का अनुपात 5 : 2 है. यदि इस मिश्रण में 3 लीटर पानी और डाल दिया जाये, तो नये मिश्रण में दूध और पानी का अनुपात क्या होगा?

हल: दिये गये मिश्रण में दूध की मात्रा

= $\left(42\times\frac{5}{7}\right)$ लीटर = 30 लीटर

तथा पानी की मात्रा = (42 – 30) लीटर = 12 लीटर.

नये मिश्रण में दूध और पानी का अनुपात

= 30 : (12 + 3) = 30 : 15 = 2 : 1.

प्रश्न 17. एक 20 लीटर मिश्रण में दूध और पानी का अनुपात 3 : 1 है. इस मिश्रण में कितना दूध और मिलाया जाये कि नये मिश्रण में दूध और पानी का अनुपात 4 : 1 हो?

हल: दिये गये मिश्रण में दूध की मात्रा

= $\left(20\times\frac{3}{4}\right)$ लीटर = 15 लीटर

तथा पानी की मात्रा = (20 – 15) लीटर = 5 लीटर.

माना मिलाई जाने वाले दूध की मात्रा = x लीटर. तब,

$\frac{15+x}{5}=\frac{4}{1}\Rightarrow 15+x=20\Rightarrow x=5$ लीटर.

अतः इस मिश्रण में 5 लीटर दूध और डालना होगा.

प्रश्नमाला 12A

निम्नलिखित प्रश्नों में से प्रत्येक में ठीक उत्तर को चिन्हांकित (✓) कीजिए:

1. A और B 2 :1 के अनुपात में कमाते हैं। वे 5 :3 के अनुपात में खर्च करते हैं और 4 :1 के अनुपात में बचत करते हैं। यदि A और B दोनों की कुल मासिक बचत ₹5,000 हो तो B की मासिक आय है:

(*a*) 7000 (*b*) 2000 (*c*) 14000 (*d*) 4000

(एस.एस.सी. सी.जी.एल. परीक्षा, 2020)

2. दो संख्याओं के योग और उनके अंतर का अनुपात 5 :1 है। बड़ी संख्या का छोटी संख्या से अनुपात कितना है?

(*a*) 3 : 2 (*b*) 4 : 5 (*c*) 6 :1 (*d*) 3 :1

(एस.एस.सी. सी.जी.एल. परीक्षा, 2020)

3. यदि दो संख्याएँ 2 : 3 के अनुपात में हैं और जब दोनों संख्याओं में 8 जोड़ दिया जाता है तो अनुपात 3 : 4 हो जाता है। दोनों संख्याओं का योग है:

(*a*) 40 (*b*) 45 (*c*) 61 (*d*) 31

(एस.एस.सी. सी.जी.एल. परीक्षा, 2019)

4. यदि $a : b = 3 : 4$ तथा $b : c = 4 : 7$ हो, तो $\frac{a+b+c}{c}=?$

(*a*) 1 (*b*) 2 (*c*) 3 (*d*) 7

(होटल मैनेजमैंट परीक्षा, 2010)

5. 2 : 5 के अनुपात के प्रत्येक पद में क्या जोड़ा जाना चाहिए कि यह 5 : 6 के बराबर हो जाए?

(*a*) 15 (*b*) 13 (*c*) 40 (*d*) 22

(एस.एस.सी. सी.जी.एल. परीक्षा, 2018)

6. ₹3200 को A, B और C में क्रमशः 3 :5 :8 के अनुपात

में विभाजित किया जाता है। B और C के हिस्सों में कितना अंतर (₹ में) है?
(a) 550 (b) 400 (c) 500 (d) 600
(एस.एस.सी. सी.जी.एल. परीक्षा, 2017)

7. यदि A का 60% = B का $\frac{3}{4}$ हो, तो $A : B = ?$
(a) 9 : 20 (b) 20 : 9 (c) 4 : 5 (d) 5 : 4
(एस०एस०सी० परीक्षा, 2010)

8. यदि A और B का अनुपात 4 :5 है और उनके वर्गों का अंतर 81 है, तो A का मान क्या है?
(a) 12 (b) 15 (c) 11 (d) 22
(एस.एस.सी. सी.जी.एल. परीक्षा, 2017)

9. यदि $x : y = 2 : 1$ हो, तो $(x^2 - y^2) : (x^2 + y^2) = ?$
(a) 3 : 5 (b) 5 : 3 (c) 1 : 3 (d) 3 : 1
(रेलवे परीक्षा, 2010)

10. 6 : ? : : 5 : 35 में लुप्त पद क्या है ?
(a) 30 (b) 36 (c) 42 (d) 48
(एम०बी०ए० परीक्षा, 2010)

11. यदि $(a + b) : (b + c) : (c + a) = 6 : 7 : 8$ तथा $a + b + c = 14$ हो, तो $c = ?$
(a) 6 (b) 7 (c) 8 (d) 14

12. दो संख्याएँ 15 : 11 के अनुपात में है तथा उनमें से एक संख्या 143 है, यदि उनका म.स. 13 है तो दूसरी संख्या है:
(a) 156 (b) 195 (c) 169 (d) 182
(यू.पी.पी.एस.सी.-लोअर अधीनस्थ परीक्षा, 2016)

13. यदि $a : b = 2 : 3$ और $b : c = 5 : 7$ है, तो $a : c = ?$
(a) 10 : 21 (b) 21 : 10 (c) 5 : 7 (d) 10 : 5
(हरियाणा ऑक्शन रिकॉर्डर परीक्षा, 2016)

14. 0·2, 0·12 तथा 0·3 का चतुर्थानुपाती क्या है ?
(a) 0·13 (b) 0·15 (c) 0·18 (d) 0·8

15. 0·02 तथा 0·32 के बीच मध्यानुपाती क्या है ?
(a) 0·34 (b) 0·3 (c) 0·16 (d) 0·08

16. 7 : 13 के प्रत्येक पद में छोटी से छोटी कौन-सी संख्या जोड़ें कि नई संख्यायें 2 : 3 के अनुपात में हों ?
(a) 1 (b) 2 (c) 3 (d) 5

17. 15 : 19 के प्रत्येक पद में से क्या घटाया जाये कि नई संख्यायें 3 : 4 के अनुपात में हो जायें ?
(a) 3 (b) 5 (c) 6 (d) 9

36. दो संख्यायें 7 : 11 के अनुपात में हैं. इनमें से प्रत्येक में 7 जोड़ने पर इनका अनुपात 2 : 3 हो जाता है. इनमें से छोटी संख्या कौन-सी है ?
(एस०एस०सी० परीक्षा, 2010)
(a) 39 (b) 49 (c) 66 (d) 77

19. यदि $W_1 : W_2 = 2 : 3$ तथा $W_1 : W_3 = 1 : 2$ हो, तो $W_2 : W_3 = ?$
(एस०एस०सी० परीक्षा, 2010)
(a) 3 : 4 (b) 4 : 3 (c) 2 : 3 (d) 4 : 5

20. यदि $ab = 64$ हो, तो निम्न में से कौन-सा कथन सत्य है ?
(a) $8 : a = 8 : b$ (b) $a : 16 = b : 4$
(c) $a : 8 = b : 8$ (d) $32 : a = b : 2$
(e) इनमें से कोई नहीं
(बैंक पी०ओ० परीक्षा, 2010)

21. दो संख्यायें 1 : 3 के अनुपात में हैं. यदि इनका योगफल 240 हो, तो इनका अन्तर कितना है ?
(एस०एस०सी० परीक्षा, 2010)
(a) 120 (b) 108 (c) 100 (d) 96

22. किसी व्यक्ति की आय तथा व्यय क्रमशः 11 : 10 के अनुपात में है. यदि प्रतिवर्ष वह ₹ 9000 की बचत करता है तो उसकी मासिक आय कितनी है ?
(एस०एस०सी० परीक्षा, 2010)
(a) ₹ 8000 (b) ₹ 8800 (c) ₹ 8500 (d) ₹ 8250

23. यदि $A = B$ का $\frac{4}{5}$ तथा $B = C$ का $\frac{5}{2}$ हो, तो $A : C = ?$
(a) 1 : 2 (b) 2 : 1 (c) 2 : 3 (d) 1 : 3
(एस०एस०सी० परीक्षा, 2010)

24. 7 : 11 के प्रत्येक पद में किस संख्या को जोड़ने पर अनुपात 3 : 4 प्राप्त होगा ?
(एस०एस०सी० परीक्षा, 2010)
(a) 8 (b) 7·5 (c) 6·5 (d) 5

25. दो संख्यायें 3 : 4 के अनुपात में हैं तथा इनका लघुत्तम समापवर्त्य 84 है. इनमें से बड़ी संख्या क्या होगी ?
(a) 21 (b) 24 (c) 28 (d) 84
(एस०एस०सी० परीक्षा, 2010)

26. दो प्राकृत संख्यायें 3 : 5 के अनुपात में हैं तथा इनका गुणनफल 2160 है. इनमें से छोटी संख्या क्या होगी ?
(a) 36 (b) 24 (c) 18 (d) 12
(एस०एस०सी० परीक्षा, 2010)

27. 12, 14, 24 का चतुर्थ अनुपात क्या है ?
(a) 30 (b) 28 (c) 32 (d) 36
(एम०बी०ए० परीक्षा, 2010)

28. यदि ₹ 1000 को A तथा B में 3 : 2 के अनुपात में विभक्त करें, तो A को प्राप्त होंगे:
(एस०एस०सी० परीक्षा, 2010)
(a) ₹ 400 (b) ₹ 500 (c) ₹ 600 (d) ₹ 800

29. 16 तथा 24 का तृतीयानुपाती क्या है ?
(a) 20 (b) 18 (c) 36 (d) 40
(एम०बी०ए० परीक्षा, 2010)

30. 6 तथा 54 के बीच मध्यानुपाती क्या है ?
(a) 9 (b) 12 (c) 16 (d) 18

31. ₹1655.90 को अमित, विपिन तथा चन्द्रा के बीच इस प्रकार बाँटा गया है कि अमित को मिलने वाले प्रति ₹ 2 पर विपिन को ₹ 3 मिलें तथा विपिन को मिलने वाले प्रति ₹ 4 पर चन्द्रा को ₹ 3 मिलें. इसमें अमित का भाग कितना होगा ?
(a) ₹ 456.80 (b) ₹ 472.70
(c) ₹ 486.90 (d) इनमें से कोई नहीं
(रेलवे परीक्षा, 2010)

32. एक व्यक्ति ने अपनी सम्पत्ति को इस प्रकार से विभक्त किया कि उसकी पुत्री तथा पत्नी के भाग और उसकी पत्नी तथा पुत्र के भाग में से प्रत्येक 3 : 1 के अनुपात में हों. यदि पुत्र को पुत्री से 10000 रु० कम मिलें हों, तो सम्पत्ति का कुल मूल्य कितना है ?
(a) ₹ 15250 (b) ₹ 16250
(c) ₹ 17500 (d) ₹ 18500
(दिल्ली पुलिस परीक्षा, 2010)

33. किसी धन को A, B तथा C में 3 : 5 : 7 के अनुपात में बाँटा गया है. यदि C का भाग, A के भाग से ₹ 1600 अधिक हो, तो B का भाग कितना है ?
(a) ₹ 1000 (b) ₹ 1500
(c) ₹ 2000 (d) इनमें से कोई नहीं

34. 21, 38, 55, 106 प्रत्येक में से क्या घटाया जाये कि नई संख्यायें समानुपाती हों ?
(a) 2 (b) 4 (c) 6 (d) 8

35. 5, 13, 22 तथा 47 में से प्रत्येक में क्या जोड़ें कि प्राप्त संख्यायें समानुपाती हों ? **(एस०एस०सी० परीक्षा, 2010)**
(a) 2 (b) 4 (c) 3 (d) 5

36. एक व्यक्ति के खर्च और बचत का अनुपात 26 : 3 है. यदि उसकी मासिक आय ₹ 14500 हो, तो उसकी मासिक बचत कितनी है ?
(a) ₹ 580 (b) ₹ 700 (c) ₹ 1500 (d) ₹ 1560

37. ₹ 3068 को A, B तथा C में इस प्रकार वितरित किया गया है कि प्रत्येक के भाग में से ₹ 50 कम करने पर इनके भागों का अनुपात 1 : 3 : 2 है. C द्वारा प्राप्त धन कितना है ?
(a) ₹ 560 (b) ₹ 520 (c) ₹ 490 (d) ₹ 440

38. 94 को दो भागों A तथा B में इस प्रकार विभक्त किया गया है कि A के पाँचवें भाग तथा B के आठवें भाग का अनुपात 3 : 4 है. A का मान कितना है ?
(a) 27 (b) 30 (c) 36 (d) 48

39. ₹ 600 को A, B तथा C में इस प्रकार वितरित किया गया है कि A के $\frac{2}{5}$ से 40 रु० अधिक, B के $\frac{2}{7}$ से ₹ 20 अधिक तथा C के $\frac{9}{17}$ से ₹ 10 अधिक परस्पर बराबर हैं. इनमें से A का भाग कितना है ?
(a) ₹ 150 (b) ₹ 170 (c) ₹ 200 (d) ₹ 280

40. ₹ 56250 को A, B तथा C में इस प्रकार वितरित किया गया है कि A को B तथा C के कुल भाग का आधा मिले तथा B को A तथा C के कुल भाग का $\frac{1}{4}$ मिले. A का भाग, B के भाग से कितना अधिक है ?
(a) ₹ 7500 (b) ₹ 7750 (c) ₹ 15000 (d) ₹ 16000

41. ₹ 117 को A, B तथा C में $\frac{1}{2}:\frac{1}{3}:\frac{1}{4}$ के अनुपात में बाँटने की अपेक्षा त्रुटिवश 2 : 3 : 4 के अनुपात में बाँटने पर किसको लाभ होगा ?
(a) केवल A को (b) केवल B को
(c) केवल C को (d) B तथा C को

42. A, B तथा C की आय का अनुपात 7 : 9 : 12 है तथा इनके खर्च का अनुपात 8 : 9 : 15 है. यदि A की बचत उसकी कुल आय का $\frac{1}{4}$ भाग हो, तो A, B तथा C की बचत का अनुपात क्या होगा ?
(a) 56 : 99 : 69 (b) 99 : 56 : 69
(c) 69 : 56 : 99 (d) 99 : 69 : 56

43. A, B तथा C में ₹ 1050 को इस प्रकार विभक्त किया गया है कि A का भाग, B तथा C के संयुक्त भाग का $\frac{2}{5}$ हो. तब, A को मिलेंगे: **(एस०एस०सी० परीक्षा, 2010)**
(a) ₹ 200 (b) ₹ 300 (c) ₹ 320 (d) ₹ 420

44. रामलाल दो धनों को अपने चार पुत्रों A, B, C तथा D में क्रमशः 4 : 3 : 2 : 1 तथा 5 : 6 : 7 : 8 के अनुपात में बाँटता है. यदि दूसरा धन पहले धन से दुगुना हो, तो सबसे अधिक धन प्राप्त करने वाला कौन है ?
(a) A (b) B (c) C (d) D

45. ₹ 3700 को A, B तथा C में इस प्रकार बाँटा गया है कि:
$\frac{A \text{ का भाग}}{B \text{ का भाग}} = \frac{B \text{ का भाग}}{C \text{ का भाग}} = \frac{3}{4}$. तब, A का भाग कितना है ?
(a) ₹ 900 (b) ₹ 1320 (c) ₹ 2210 (d) ₹ 2400

46. यदि $\frac{1}{5}:\frac{1}{x}=\frac{1}{x}:\frac{1}{1\cdot25}$ हो, तो x = ?
(a) 2·5 (b) 3·5 (c) 1·5 (d) 2

47. यदि $x=\frac{1}{3}y$ तथा $y=\frac{1}{2}z$ हो, तो $x:y:z$ = ?
(a) 1 : 2 : 6 (b) 1 : 3 : 6 (c) 1 : 2 : 3 (d) 3 : 2 : 1

48. यदि $a:b=c:d$ हो, तो $(ma+nc):(mb+nd)$ = ?
(a) $m:n$ (b) $na:mb$ (c) $a:b$ (d) $md:nc$

49. यदि 7 : x :: 17·5 : 22·5 हो, तो x = ?
(a) 5·5 (b) 7·5 (c) 6 (d) 9

50. एक चतुर्भुज के कोण 6:3:4:5 के अनुपात में हैं. एक त्रिभुज का सबसे छोटा कोण चतुर्भुज के सबसे बड़े कोण का एक-चौथाई है. त्रिभुज का सबसे बड़ा कोण चतुर्भुज के दूसरे सबसे बड़े कोण से 10° अधिक है. त्रिभुज का दूसरा सबसे बड़ा कोण कितना है ?
(a) 80° (b) 60°
(c) 70° (d) निर्धारित नहीं किया जा सकता
(e) इनमें से कोई नहीं **(बैंक पी०ओ० परीक्षा, 2010)**

51. एक त्रिभुज के कोण क्रमशः 2:3:4 के अनुपात में हैं. सबसे छोटे कोण के दुगुने तथा दूसरे सबसे बड़े कोण के तिगुने का मिलकर योग क्या होगा ?
(a) 250° (b) 260° (c) 200° (d) 220°
(e) इनमें से कोई नहीं

52. चार पात्रों के मिश्रणों में दूध और पानी क्रमशः 5:3, 2:1, 3:2 तथा 7:4 के अनुपात में है. किस पात्र में पानी के सापेक्ष दूध की मात्रा सबसे कम है ? **(एस०एस०सी० परीक्षा, 2010)**
(a) पहले (b) दूसरे (c) तीसरे (d) चौथे

53. एक 60 लीटर के मिश्रण में दूध और पानी का अनुपात 3:1 है. इस अनुपात को 2:1 करने के लिए इसमें कितना पानी और मिलाया जाना चाहिए ? **(दिल्ली पुलिस परीक्षा, 2010)**
(a) 5 लीटर (b) 7·5 लीटर (c) 10 लीटर (d) 15 लीटर

54. एक हीरे का मूल्य उसके भार के वर्ग के अनुक्रमानुपाती है. एक हीरा चार भागों में इस प्रकार टूटा कि उसके टुकड़ों का भार 1:2:3:4 के अनुपात में था. यदि टूटने पर हीरे के मूल्य में ₹ 7000 की हानि हुई हो, तो मूल हीरे का मूल्य कितना था ? **(बीमा परीक्षा, 2010)**
(a) ₹ 100000 (b) ₹ 140000
(c) ₹ 150000 (d) ₹ 175000

55. A, B तथा C के वेतन क्रमशः 1: 2 : 3 के अनुपात में हैं. यदि B तथा C का कुल वेतन ₹ 12000 हो, तो A से C का वेतन कितने प्रतिशत अधिक है ?
(*a*) 100% (*b*) 200% (*c*) 300% (*d*) 600%

56. एक राशि A, B तथा C में 2:5:9 के अनुपात में बाँटी गई. यदि A का भाग ₹ 2500 हो, तो कुल राशि कितनी है ?
(*a*) ₹ 20000 (*b*) ₹ 17500 (*c*) ₹ 12500 (*d*) ₹ 22500

57. दो धातुओं में जिंक तथा ताँबे का अनुपात क्रमशः 2 : 1 तथा 4 : 1 है. दोनों धातुओं को किस अनुपात में मिलाया जाये कि नई धातु में जिंक तथा ताँबे का अनुपात 3 : 1 हो ?
(*a*) 3 : 5 (*b*) 5 : 7
(c) 7 : 5 (d) इनमें से कोई नहीं

58. धातु A के 60 किग्रा० के साथ धातु B का 100 किग्रा० मिलाया गया है. यदि धातु A में शीशे और टिन का अनुपात 3 : 2 हो तथा धातु B में यह अनुपात 4 : 1 हो, तो नई धातु में टिन कितना होगा ?
(*a*) 36 किग्रा० (*b*) 44 किग्रा०
(*c*) 53 किग्रा० (*d*) 80 किग्रा०

59. तीन विद्यालयों A, B तथा C के छात्रों का अनुपात क्रमशः 5 : 4 : 7 है. इन विद्यालयों में छात्रों की संख्या में क्रमशः 20%, 25% तथा 20% की वृद्धि होने पर यह अनुपात होगा क्रमशः
(*a*) 5 : 5 : 7 (*b*) 30 : 25 : 42
(*c*) 30 : 20 : 49 (*d*) निर्धारित नहीं किया जा सकता
(*e*) इनमें से कोई नहीं **(बैंक पी०ओ० परीक्षा, 2010)**

60. तीन संख्यायें क्रमशः 3 : 4 : 5 के अनुपात में हैं. पहली तथा तीसरी संख्या का योग दूसरी संख्या से 52 अधिक है. सबसे बड़ी संख्या क्या है ? **(बैंक पी०ओ० परीक्षा, 2010)**
(*a*) 65 (*b*) 52 (*c*) 79 (*d*) 63
(*e*) इनमें से कोई नहीं

61. यदि $a:b=7:9$ तथा $b:c=1:5$ हो, तो $a:b:c=$?
(*a*) 7 : 9 : 45 (*b*) 7 : 9 : 5
(*c*) 21 : 35 : 45 (*d*) 7 : 3 : 15
(एस०एस०सी० परीक्षा, 2009)

62. किसी समकोण त्रिभुज की समकोण बनाने वाली भुजायें 5 : 12 के अनुपात में हैं. यदि त्रिभुज का क्षेत्रफल 270 वर्ग सेमी० हो, तो कर्ण की लम्बाई कितनी होगी ? **(एस०एस०सी० परीक्षा, 2010)**
(*a*) 39 सेमी० (*b*) 42 सेमी० (*c*) 45 सेमी० (*d*) 51 सेमी०

63. यदि $a:b=5:7$ तथा $b:c=6:11$, हो, तो $a:b:c=$?
(*a*) 55 : 77 : 66 (*b*) 30 : 42 : 77
(*c*) 35 : 49 : 42 (*d*) इनमें से कोई नहीं

64. यदि $\frac{A}{3}=\frac{B}{4}=\frac{C}{5}$ हो, तो $A:B:C=$?
(*a*) 3 : 4 : 5 (*b*) 4 : 3 : 5
(*c*) 5 : 4 : 3 (*d*) 20 : 15 : 12

65. यदि $A=\frac{B}{3}$ तथा $B=\frac{C}{2}$ हो, तो $A:B:C=$?
(*a*) 1 : 3 : 6 (*b*) 3 : 1 : 2
(*c*) 2 : 3 : 6 (*d*) 3 : 2 : 6

66. यदि A, B से 40% अधिक हो तथा B, C से 20% कम हो, तो $A:C=$?
(*a*) 3 : 1 (*b*) 3 : 2 (*c*) 26 : 25 (*d*) 28 : 25

67. यदि $a:b=2:3$ तथा $b:c=4:5$ हो, तो $(a+b):(b+c)=$?
(*a*) 3 : 4 (*b*) 4 : 3 (*c*) 20 : 27 (*d*) 27 : 20

68. यदि $x:y=7:3$ हो, तो $\frac{xy+y^2}{x^2-y^2}=$?
(*a*) $\frac{3}{4}$ (*b*) $\frac{4}{3}$ (*c*) $\frac{3}{7}$ (*d*) $\frac{7}{3}$
(एस०एस०सी० परीक्षा, 2009)

69. एक धातु में ताँबा तथा जिंक 9 : 4 के अनुपात में हैं. 24 किग्रा० ताँबे के साथ कितना जिंक पिघलाना होगा ?
(*a*) $10\frac{2}{3}$ किग्रा० (*b*) $10\frac{1}{3}$ किग्रा०
(*c*) $9\frac{2}{3}$ किग्रा० (*d*) 9 किग्रा०

70. यदि $x:y=2:5$ हो, तो $(3x+2y):(2x+5y)=$?
(*a*) $\frac{14}{27}$ (*b*) $\frac{15}{28}$ (*c*) $\frac{16}{29}$ (*d*) $\frac{17}{30}$

71. यदि $x:y=3:1$ हो, तो $(x^3-y^3):(x^3+y^3)=$?
(*a*) 10 : 11 (*b*) 11 : 10 (*c*) 13 : 14 (*d*) 14 : 13

72. यदि $\frac{x}{5}=\frac{y}{8}$ हो, तो $(x+5):(y+8)=$?
(*a*) 3 : 5 (*b*) 13 : 8 (*c*) 8 : 5 (*d*) 5 : 8

73. यदि $(4x^2-3y^2):(2x^2+5y^2)=12:19$ हो, तो $x:y=$?
(*a*) 2 : 3 (*b*) 1 : 2 (*c*) 3 : 2 (*d*) 2 : 1

74. यदि $x^2+4y^2=4xy$ हो, तो $x:y=$?
(*a*) 2 : 1 (*b*) 1 : 2 (*c*) 1 : 1 (*d*) 1 : 4

75. यदि $(x+y):(x-y)=4:1$ हो, तो $(x^2+y^2):(x^2-y^2)=$?
(*a*) 25 : 9 (*b*) 16 : 1 (*c*) 8 : 17 (*d*) 17 : 8

76. यदि $(2a+3b):(3a-2b)=19:9$ हो, तो $a:b=$?
(*a*) 2 : 5 (*b*) 3 : 5 (*c*) 4 : 7 (*d*) 5 : 3

77. यदि $\frac{4a-5b}{4a+5b}=\frac{1}{6}$ हो, तो $a:b=$?
(*a*) 5 : 4 (*b*) 9 : 4 (*c*) 7 : 4 (*d*) 3 : 4

78. एक धनराशि को A, B, C तथा D में क्रमशः 3 : 4 : 9 : 10 के अनुपात में विभक्त किया जाता है. यदि C का भाग, B के भाग से ₹ 2580 अधिक हो तो A तथा D की कुल राशि कितनी है ?
(*a*) ₹ 5676 (*b*) ₹ 6192 (*c*) ₹ 6708 (*d*) ₹ 7224
(*e*) इनमें से कोई नहीं **(बैंक पी०ओ० परीक्षा, 2009)**

79. A तथा B दो मिश्र धातुयें हैं जिन्हें सोने और ताँबे को क्रमशः 5 : 3 तथा 5 : 11 के अनुपात में मिलाकर बनाया गया है. इन दोनों धातुओं की समान मात्राओं को पिघला कर एक तीसरी मिश्र धातु C बनाई गई है. C में सोने तथा ताँबे का अनुपात क्या होगा ?
(एस०एस०सी० परीक्षा, 2009)

(*a*) 25 : 33 (*b*) 33 : 25 (*c*) 15 : 17 (*d*) 17 : 15

80. श्री तथा श्रीमती गुप्ता का भार 7 : 8 के अनुपात में है तथा इनका कुल भार 120 किग्रा० है. डायटिंग कोर्स करने के बाद श्री गुप्ता का भार 6 किग्रा० कम हो गया तथा इनके भार का अनुपात 5 : 6 हो गया. श्रीमती गुप्ता का भार कितना कम हुआ ?
(*a*) 2 किग्रा० (*b*) 4 किग्रा० (*c*) 3 किग्रा० (*d*) 5 किग्रा०
(एस०एस०सी० परीक्षा, 2009)

81. दो संख्यायें 3 : 4 के अनुपात में हैं. प्रत्येक संख्या में 6 की वृद्धि करने पर यह अनुपात 4 : 5 हो जाता है. इन संख्याओं का अन्तर कितना है ? (एस०एस०सी० परीक्षा, 2009)
(*a*) 1 (*b*) 3 (*c*) 6 (*d*) 8

82. तीन संख्यायें *A*, *B* तथा *C* ऐसी हैं कि *A* का दुगुना *B* के तिगुने के बराबर है तथा *B* का चार गुना *C* के पाँच गुना के बराबर है. *A* तथा *C* का अनुपात कितना है ? (एस०एस०सी० परीक्षा, 2009)
(*a*) 3 : 4 (*b*) 8 : 15 (*c*) 15 : 8 (*d*) 4 : 3

83. दो संख्यायें 4 : 5 के अनुपात में हैं. पहली संख्या में 20% की वृद्धि तथा दूसरी संख्या में 20% की कमी करने पर प्राप्त संख्याओं में अनुपात क्या होगा ? (एस०एस०सी० परीक्षा, 2009)
(*a*) 4 : 5 (*b*) 5 : 4 (*c*) 5 : 6 (*d*) 6 : 5

84. तीन कारों द्वारा 1 : 2 : 3 के अनुपात में दूरी तय की गई. यदि यात्रा के समय का अनुपात 3 : 2 : 1 हो तो उनकी चालों का अनुपात क्या है ? (एस०एस०सी० परीक्षा, 2009)
(*a*) 3 : 9 : 1 (*b*) 1 : 3 : 9 (*c*) 1 : 2 : 4 (*d*) 4 : 3 : 2

85. जितने समय में एक खरगोश 5 छलाँगें लगाता है, उतनी देर में एक कुत्ता 3 छलाँगें लगाता है. यदि कुत्ते की एक छलाँग में तय की गई दूरी खरगोश की 3 छलाँगों में लगाई गई दूरी के बराबर हो, तो कुत्ते व खरगोश की चालों का अनुपात क्या है ?
(*a*) 8 : 5 (*b*) 9 : 5 (*c*) 8 : 7 (*d*) 9 : 7

86. एक परीक्षा में प्रवीण तथा विजय के प्राप्तांकों का अनुपात 4 : 5 है, जबकि विजय तथा सुरेश के प्राप्तांकों का अनुपात 3 : 2 है. प्रवीण तथा सुरेश के प्राप्तांकों का अनुपात क्या है ?
(*a*) 2 : 1 (*b*) 5 : 3 (*c*) 6 : 5 (*d*) 5 : 6

87. एक परीक्षा में आंशुल ने अंग्रेजी में विज्ञान से दुगुने अंक लिये. अंग्रेजी, विज्ञान तथा गणित में उसके कुल प्राप्तांक 180 थे. यदि अंग्रेजी तथा गणित में उसके प्राप्तांकों का अनुपात 2 : 3 हो, तो विज्ञान में उसके प्राप्तांक कितने थे ?
(*a*) 15 (*b*) 30 (*c*) 60 (*d*) 90

88. हरि के पास कुछ गायें तथा कुछ मुर्गे हैं. यदि कुल सिरों की संख्या 48 तथा पैरों की संख्या 140 हो, तो उसके पास कितने मुर्गे हैं ?
(*a*) 22 (*b*) 23 (*c*) 24 (*d*) 26

89. किसी कारखाने में एक व्यक्ति द्वारा किये गये उत्पादन का $33\frac{1}{3}$%, दूसरे व्यक्ति द्वारा किये गये उत्पादन का 50% है. यदि दूसरा व्यक्ति प्रतिदिन 1500 पेंच बनाये, तो पहला व्यक्ति प्रतिदिन कितने पेंच बनाता है ?
(*a*) 500 (*b*) 1000 (*c*) 2000 (*d*) 2250

90. एक कारखाने में स्त्री तथा पुरुष कर्मचारियों का अनुपात 3 : 5 है. यदि स्त्रियों की संख्या पुरुषों की संख्या से 40 कम हो, तो कारखाने में कुल कितने कर्मचारी हैं ?
(*a*) 100 (*b*) 160 (*c*) 200 (*d*) 500

91. एक कालिज में कला तथा वाणिज्य संकायों में विद्यार्थी क्रमशः 4 : 5 के अनुपात में थे. वाणिज्य संकाय में 65 और विद्यार्थियों द्वारा प्रवेश लेने पर यह अनुपात क्रमशः 8 : 11 हो गया. कला संकाय में कितने विद्यार्थी हैं ? (बैंक पी०ओ० परीक्षा, 2009)
(*a*) 520 (*b*) 650
(*c*) 715 (*d*) निर्धारित नहीं किया जा सकता
(*e*) इनमें से कोई नहीं

92. दो संख्यायें 3 : 4 के अनुपात में हैं. उनके लघुत्तम समापवर्त्य तथा महत्तम समापवर्तक का गुणनफल 2028 है. इन संख्याओं का योगफल कितना है ? (एस०एस०सी० परीक्षा, 2009)
(*a*) 68 (*b*) 72 (*c*) 86 (*d*) 91

93. दो संख्यायें 2 : 3 के अनुपात में हैं तथा इनका गुणनफल 96 है. इनका योगफल कितना है ? (एस०एस०सी० परीक्षा, 2009)
(*a*) 5 (*b*) 20 (*c*) 101 (*d*) 102

94. यदि $A = B$ का $\frac{4}{5}$ तथा $B = C$ का $\frac{5}{2}$ हो, तो $A : C = ?$
(*a*) 1 : 2 (*b*) 2 : 1 (*c*) 2 : 3 (*d*) 1 : 3
(एस०एस०सी० परीक्षा, 2009)

95. तीन संख्यायें 5 : 6 : 7 के अनुपात में हैं. यदि इन संख्याओं का गुणनफल 5670 हो, तो इनमें सबसे बड़ी संख्या कौन-सी है ?
(*a*) 15 (*b*) 18 (*c*) 21 (*d*) 28
(एस०एस०सी० परीक्षा, 2009)

96. संख्याओं 6, 7, 15, 17 में से प्रत्येक में कम से कम क्या जोड़ें कि परिणामी संख्यायें समानुपाती हो जायें ?
(*a*) 6 (*b*) 5 (*c*) 4 (*d*) 3
(एस०एस०सी० परीक्षा, 2009)

97. तीन पात्रों के आयतन का अनुपात 3 : 4 : 5 है. इन्हें दूध और पानी के मिश्रणों से भरा जाता है. इन तीन पात्रों से भरे मिश्रणों में दूध और पानी का अनुपात 4 : 1, 3 : 1 तथा 5 : 2 है. इन तीन पात्रों के मिश्रणों को एक चौथे पात्र में डाल दिया जाता है. चौथे पात्र में दूध और पानी का अनुपात कितना होगा ?
(*a*) 5 : 2 (*b*) 157 : 53 (*c*) 151 : 48 (*d*) 4 : 1

98. ₹ 126 प्रति किग्रा० और ₹ 135 प्रति किग्रा० वाली चाय को एक तीसरी प्रकार की चाय के साथ 1 : 1 : 2 के अनुपात में मिलाया गया है. यदि इस मिश्रण का मूल्य ₹ 153 प्रति किग्रा० हो, तो तीसरे प्रकार की चाय का मूल्य प्रति किग्रा० कितना है ?
(*a*) ₹ 169·50 (*b*) ₹ 175·50
(*c*) ₹ 175 (*d*) ₹ 185

99. कुछ राशि *A*, *B*, *C* और *D* के बीच क्रमशः 5 : 2 : 4 : 3 के अनुपात में वितरित की गई है. यदि *A* को *C* से ₹ 1000 अधिक मिलें तो *B* का भाग कितना है ?
(*a*) ₹ 2000 (*b*) ₹ 1500
(*c*) ₹ 500 (*d*) ज्ञात नहीं किया जा सकता
(*e*) इनमें से कोई नहीं

100. एक संख्या का 40%, दूसरी संख्या का $\frac{4}{7}$ है. पहली तथा दूसरी संख्या के बीच का अनुपात क्या होगा ?
(*a*) 7 : 10 (*b*) 5 : 7 (*c*) 7 : 5 (*d*) 10 : 7
(*e*) इनमें से कोई नहीं

101. 5 केले तथा 4 सेबों का मूल्य 3 केले तथा 7 सेबों के मूल्य के बराबर है. एक केले तथा एक सेब के मूल्यों का अनुपात क्या होगा ?
(*a*) 3 : 2 (*b*) 4 : 3 (*c*) 3 : 4 (*d*) 1 : 3

102. यदि $(P + Q)$ का 20% = $(P - Q)$ का 50% हो, तो $P : Q = ?$
(*a*) 7 : 5 (*b*) 5 : 7 (*c*) 3 : 7 (*d*) 7 : 3

103. यदि $A : B : C = 2 : 3 : 4$ हो, तो $\frac{A}{B} : \frac{B}{C} : \frac{C}{A} = ?$
(*a*) 8 : 9 : 16 (*b*) 8 : 9 : 12
(*c*) 8 : 9 : 24 (*d*) 4 : 9 : 16

104. 28 लीटर मिश्रण में पैट्रोल तथा तेल का अनुपात 5 : 2 है. इसमें कितना तेल और मिलाया जाये कि यह अनुपात 2 : 1 हो जाये ?
(*a*) 4 लीटर (*b*) 3 लीटर (*c*) 2 लीटर (*d*) 1 लीटर

105. ₹1, 50 पैसे तथा 25 पैसे के 378 सिक्कों के मूल्यों का अनुपात 13 : 11 : 7 है. इनमें से 50 पैसे के सिक्कों की संख्या कितनी है ?
(*a*) 128 (*b*) 132 (*c*) 133 (*d*) 136

106. एक थैली में ₹1, 50 पैसे तथा 25 पैसे के सिक्के हैं. 50 पैसे के सिक्कों की संख्या, 25 पैसे के सिक्कों की संख्या से दुगुनी तथा ₹ 1 के सिक्कों की संख्या से चौगुनी है. इन सिक्कों का कुल मूल्य ₹ 56 है. 50 पैसे के सिक्कों की संख्या कितनी है ?
(*a*) 64 (*b*) 32
(*c*) 16 (*d*) आँकड़े अपर्याप्त

107. यदि $A : B = 3 : 2$ तथा $B : C = 3 : 4$ हो, तो $A : C = ?$
(एस०एस०सी० परीक्षा, 2008)
(*a*) 1 : 2 (*b*) 2 : 1 (*c*) 8 : 9 (*d*) 9 : 8

108. यदि $x : y = 12 : 5$ तथा $z : y = 21 : 16$ हो, तो $x : z = ?$
(*a*) 35 : 64 (*b*) 64 : 35 (*c*) 20 : 63 (*d*) 63 : 20
(एम०बी०ए० परीक्षा, 2008)

109. यदि $2A = 3B$ तथा $4B = 5C$ हो, तो $A : C = ?$
(*a*) 4 : 3 (*b*) 8 : 15 (*c*) 3 : 4 (*d*) 15 : 8

110. किसी मानचित्र के लिए पैमाना $1 : 4 \times 10^5$ दिया गया है. यदि मानचित्र में दो बिन्दुओं के बीच की दूरी 4 सेमी० हो, तो इन बिन्दुओं के बीच वास्तविक दूरी कितनी है ?
(*a*) 16 सेमी० (*b*) 16 मीटर
(*c*) 16 किलोमीटर (*d*) 4 किलोमीटर
(एस०एस०सी० परीक्षा, 2008)

111. किसी समय पर 1·4 मीटर ऊँचाई के एक लड़के की परछाई की लम्बाई 1·2 मीटर है. इसी समय पर एक भवन की परछाई की लम्बाई 5·4 मीटर है. भवन की ऊँचाई कितनी है ?
(*a*) 5·6 मीटर (*b*) 6·3 मीटर
(*c*) 3·21 मीटर (*d*) 4·63 मीटर

112. एक भिन्न के अंश तथा हर का अनुपात 3 : 4 है. अंश में से 9 घटाने पर नई भिन्न मूल भिन्न का $\frac{2}{3}$ हो जाती है. मूल भिन्न का अंश कितना है ?
(*a*) 9 (*b*) 18 (*c*) 27 (*d*) 36

113. एक पेटी में एक दर्जन शीशे थे. पेटी के गिरने पर टूटे हुए तथा बिना टूटे हुए शीशों का अनुपात निम्न में से कौन-सा नहीं हो सकता ?
(*a*) 2 : 1 (*b*) 3 : 1 (*c*) 3 : 2 (*d*) 7 : 5

114. निम्नलिखित में से सबसे बड़ा अनुपात कौन-सा है ?
(*a*) 7 : 15 (*b*) 15 : 23 (*c*) 17 : 25 (*d*) 21 : 29

115. एक 35 लीटर मिश्रण में दूध और पानी का अनुपात 5:2 है. यदि इसमें 5 लीटर दूध और डाल दिया जाये तो नये मिश्रण में दूध और पानी का अनुपात क्या होगा ?
(*a*) 3:1 (*b*) 5:2 (*c*) 6:5 (*d*) 2:7

116. तीन बराबर गिलासों में स्प्रिट तथा पानी के मिश्रण क्रमशः 3:4, 4:5 तथा 5:6 के अनुपात में हैं. इन मिश्रणों को एक नये गिलास में उलट कर मिला दिया जाये तो नये मिश्रण में स्प्रिट तथा पानी का अनुपात क्या होगा ?
(*a*) 820 : 1149 (*b*) 920 : 1159
(*c*) 505 : 561 (*d*) 560 : 567

117. सोना पानी से 19 गुना भारी है जबकि ताँबा पानी से 9 गुना भारी है. इनको किस अनुपात में मिलाया जाये ताकि मिश्रण धातु पानी से 15 गुना भारी हो ? **(एम०बी०ए० परीक्षा, 2008)**
(*a*) 1 : 1 (*b*) 2 : 3 (*c*) 1 : 2 (*d*) 3 : 2

118. एक महाविद्यालय में कला, वाणिज्य तथा विज्ञान में अध्ययन करने वाले छात्रों की संख्या का अनुपात 3 : 5 : 8 है. यदि इन विभागों में छात्रों की संख्या में क्रमशः 20%, 40% तथा 25% की वृद्धि हुई हो तो अब इन विभागों में छात्रों की संख्या का अनुपात है क्रमशः
(*a*) 18 : 35 : 50 (*b*) 3 : 10 : 10
(*c*) 4 : 8 : 5 (*d*) 32 : 35 : 25
(*e*) इनमें से कोई नहीं **(बैंक पी०ओ० परीक्षा, 2008)**

119. एक संख्या का 40%, दूसरी संख्या के $\frac{3}{5}$ के बराबर है. पहली संख्या का दूसरी संख्या से क्या अनुपात है ?
(*a*) 2 : 3 (*b*) 3 : 2
(*c*) 3 : 4 (*d*) ज्ञात नहीं किया जा सकता
(*e*) इनमें से कोई नहीं

120. एक विद्यालय में लड़कों की संख्या का 10%, लड़कियों की संख्या का $\frac{1}{4}$ भाग है तथा लड़कियों की संख्या का 10%, लड़कों की संख्या का $\frac{1}{25}$ है. लड़के तथा लड़कियों की संख्या का अनुपात कितना है ?
(*a*) 3 : 2 (*b*) 5 : 2 (*c*) 2 : 1 (*d*) 4 :3

121. यदि 23, 39, 32 और 56 में से प्रत्येक में से x घटाया जाए, तो इस क्रम में प्राप्त संख्याएँ समानुपाती होती हैं. $(x + 4)$ और $(3x + 1)$ के बीच माध्य आनुपातिक क्या होगा?
(*a*) 13 (*b*) 14 (*c*) 12 (*d*) 15
(एस.एस.सी. सी.जी.एल. परीक्षा, 2018)

122. यदि $\frac{A}{3} = \frac{B}{2} = \frac{C}{5}$, तो अनुपात $(C + A)^2 : (A + B)^2 : (B + C)^2$ का मान क्या है?
(*a*) 64 : 25 : 49 (*b*) 54 : 35 : 39

(c) 64 : 55 : 49 (d) 64 : 25 : 51

(एस.एस.सी. सी.जी.एल. परीक्षा, 2017)

123. दो मिश्र धातुओं में टिन और लोहे का अनुपात 1 : 2 और 2 : 3 है। यदि दोनों मिश्र धातुओं को क्रमशः 3 : 4 के अनुपात में (वजन के अनुसार) मिलाया जाता है, तो नवनिर्मित मिश्र धातु में टिन और लोहे का अनुपात है:

(a) 13 : 12 (b) 14 : 15 (c) 16 : 11 (d) 13 : 22

(एस.एस.सी. सी.जी.एल. परीक्षा, 2017)

124. यदि $A:B = \frac{2}{3}:\frac{4}{5}$ और $B:C = \frac{5}{4}:\frac{2}{3}$ तो $A:C$ का मान कितना है ?

(a) 102 : 13 (b) 125 : 48

(c) 46 : 45 (d) 48 : 125

(दिल्ली मेट्रो रेल कॉर्पोरेशन सी.आर.ए. परीक्षा, 2017)

125. A, B के मुकाबले तीन गुना तेज है और B, C के मुकाबले दो गुना तेज है। जो यात्रा C, 74 मिनट में तय करता है, उसे B को कितना समय लगेगा?

(a) 18 मिनट (b) 27 मिनट

(c) 37 मिनट (d) 36 मिनट

(दिल्ली मेट्रो रेल कॉर्पोरेशन सी.आर.ए. परीक्षा, 2017)

126. मंथन एवं उसकी माता की वर्तमान आयु का अनुपात क्रमशः 3 : 7 है एवं मंथन एवं उसके पिता की वर्तमान आयु का अनुपात क्रमशः 5 : 14 है। मंथन की माता एवं उसके पिता की वर्तमान आयु के मध्य क्रमशः क्या अनुपात है?

(a) 5 : 7 (b) 7 : 9 (c) 3 : 5 (d) 2 : 3

(e) 5 : 6 (एस.बी.आई. क्लर्क (प्रा.) ऑनलाईन परीक्षा, 2016)

127. दो संख्याएँ 15 : 11 के अनुपात में है तथा उनमें से एक संख्या 143 है। यदि उनका म.स. 13 है, तो दूसरी संख्या है:

(a) 156 (b) 195 (c) 169 (d) 182

(उ.प्र. सम्मिलित अवर अधीनस्थ सेवा (सामा. चयन) परीक्षा, 2015)

128. एक टैंक का $\frac{3}{5}$ भाग खाली है, जब 26 लीटर पानी मिलाया जाता है, तो इसका $\frac{12}{17}$ भाग भर जाता है, तो टैंक की क्षमता (लीटर में) क्या है?

(a) 80 (b) 85 (c) 60 (d) 75

(e) 50 (एस.बी.आई. के सहयोगी बैंक लिपि. संवर्ग परीक्षा, 2015)

129. एक सीसा अयस्क की खान में धातुओं की प्रतिशतता 60 प्रतिशत है। अब धातुओं में रजत की प्रतिशतता $\frac{3}{4}$ प्रतिशत है और शेष सीसा है। यदि इस खान से निकाले गए अयस्क का द्रव्यमान 8000 कि.ग्रा. है, तो सीसा का द्रव्यमान (कि.ग्रा.) है: (एस.एस.सी. सी.जी.एल. (टीयर-I) परीक्षा, 2015)

(a) 4763 (b) 4762 (c) 4761 (d) 4764

130. किसी पार्टी में लड़कों एवं लड़कियों का अनुपात क्रमशः 5 : 3 है। यदि पार्टी से 10 लड़के चले जाते है, तो लड़के तथा लड़कियों का अनुपात 1 : 1 रह जाता है, पार्टी में कुल कितने व्यक्ति थे?

(a) 32 (b) 40 (c) 48 (d) 64

(छत्तीसगढ़ छात्रावास अधीक्षक श्रेणी 'डी' परीक्षा, 2014)

उत्तरमाला (प्रश्नमाला 12A)

1. (a)	2. (a)	3. (a)	4. (b)	5. (b)	6. (d)	7. (d)	8. (a)	9. (a)	10. (c)	11. (a)	12. (b)
13. (a)	14. (c)	15. (d)	16. (d)	17. (a)	18. (b)	19. (a)	20. (d)	21. (a)	22. (d)	23. (b)	24. (d)
25. (c)	26. (a)	27. (b)	28. (c)	29. (c)	30. (d)	31. (a)	32. (b)	33. (c)	34. (b)	35. (c)	36. (c)
37. (c)	38. (b)	39. (a)	40. (a)	41. (d)	42. (a)	43. (b)	44. (a)	45. (a)	46. (a)	47. (b)	48. (c)
49. (d)	50. (e)	51. (b)	52. (c)	53. (b)	54. (a)	55. (b)	56. (a)	57. (a)	58. (b)	59. (b)	60. (a)
61. (a)	62. (a)	63. (b)	64. (c)	65. (a)	66. (d)	67. (c)	68. (a)	69. (a)	70. (c)	71. (c)	72. (d)
73. (c)	74. (a)	75. (d)	76. (d)	77. (c)	78. (c)	79. (c)	80. (b)	81. (c)	82. (c)	83. (d)	84. (b)
85. (b)	86. (c)	87. (b)	88. (d)	89. (d)	90. (b)	91. (a)	92. (d)	93. (b)	94. (b)	95. (c)	96. (d)
97. (b)	98. (b)	99. (a)	100. (d)	101. (a)	102. (d)	103. (c)	104. (c)	105. (b)	106. (a)	107. (d)	108. (b)
109. (d)	110. (c)	111. (b)	112. (c)	113. (c)	114. (d)	115. (a)	116. (b)	117. (d)	118. (a)	119. (b)	120. (b)
121. (c)	122. (a)	123. (d)	124. (b)	125. (c)	126. (e)	127. (b)	128. (b)	129. (d)	130. (b)		

दिये गये प्रश्नों के हल (प्रश्नमाला 12A)

1. माना A और B की आय क्रमशः ₹$2x$ और ₹x है और उनका व्यय क्रमशः ₹$5y$ और ₹$3y$ है।

A की बचत:

$\frac{4}{5} \times 500 =$ ₹4000

B की बचत:

$= \frac{1}{5} \times 5000$

= ₹1000

प्रश्नानुसार,

$2x - 5y = 4000$ ...(i)

$x - 3y = 1000$ ...(ii)

दोनों समीकरणों को हल करने पर

$x =$ ₹7000 और $y =$ ₹2000

अत: B की मासिक आय ₹7000 है।

2. मान लीजिए कि संख्याएँ x और y हैं जहाँ $x > y$ है।

$\therefore \frac{x+y}{x-y} = \frac{5}{1}$

[कंपोनेंडो और डिविडेंडो द्वारा]

$\Rightarrow \dfrac{x+y+x-y}{x+y-x+y}=\dfrac{5+1}{5-1}$

$\Rightarrow \dfrac{x}{y}=\dfrac{6}{4}=\dfrac{3}{2}$

अत: $x:y=3:2$

3. माना संख्याएें $2x$ व $3x$ हैं।

प्रश्नानुसार,

$\dfrac{2x+8}{3x+8}=\dfrac{3}{4}$

$\Rightarrow 8x+32=9x+24$

$\Rightarrow x=8$

संख्याओं का योग $=2x+3x=5x$

$=5\times 8$

$=40$

4. $\dfrac{a}{c}=\left(\dfrac{a}{b}\times\dfrac{b}{c}\right)=\left(\dfrac{3}{4}\times\dfrac{4}{7}\right)=\dfrac{3}{7}$ तथा $\dfrac{b}{c}=\dfrac{4}{7}$.

$\therefore \dfrac{a+b+c}{c}=\left(\dfrac{a}{c}+\dfrac{b}{c}+\dfrac{c}{c}\right)=\left(\dfrac{a}{c}+\dfrac{b}{c}+1\right)=\left(\dfrac{3}{7}+\dfrac{4}{7}+1\right)$

$=\dfrac{(3+4+7)}{7}=\dfrac{14}{7}=2.$

5. माना संख्याएं 2 व 5 हैं।

प्रश्नानुसार,

$\dfrac{2+x}{5+x}=\dfrac{5}{6}$

$12+6x=25+5x$

$x=13$

6. B का हिस्सा $=3200$ का $\dfrac{5}{16}$

C का हिस्सा $=3200$ का $\dfrac{8}{16}$

$\therefore$ उनके हिस्सों का अंतर $=3200\times\left(\dfrac{8}{16}-\dfrac{5}{16}\right)$

$=$ ₹600

7. $A\times\dfrac{60}{100}=B\times\dfrac{3}{4}\Rightarrow\dfrac{A}{B}=\left(\dfrac{3}{4}\times\dfrac{100}{60}\right)=\dfrac{5}{4}$

$\Rightarrow A:B=5:4.$

8. माना A व B का मान क्रमश: $4x$ व $5x$ है।

प्रश्नानुसार,

$(5x)^2-(4x)^2 = 81$

$25x^2-16x^2 = 81$

$9x^2 = 81$

$x^2 = 9$

$x = 3$

A का मान $= 4x$

$\Rightarrow 4\times 3 = 12$

9. $\dfrac{x^2-y^2}{x^2+y^2}=\dfrac{\dfrac{x^2}{y^2}-1}{\dfrac{x^2}{y^2}+1}$ [अंश तथा हर को y^2 से भाग देने पर]

$=\dfrac{4-1}{4+1}=\dfrac{3}{5}$ $\left[\because \dfrac{x}{y}=\dfrac{2}{1}\Rightarrow\dfrac{x^2}{y^2}=\dfrac{4}{1}=4\right]$

$\therefore (x^2-y^2):(x^2+y^2)=3:5.$

10. माना $6:x::5:35$. तब $\dfrac{6}{x}=\dfrac{5}{35}$

$\therefore 5x=(6\times 35)\Rightarrow x=\dfrac{6\times 35}{5}=42.$

अत: लुप्त पद $=42$.

11. माना $(a+b)=6k, (b+c)=7k$ तथा $(c+a)=8k$. तब

$2(a+b+c)=21k\Rightarrow 2\times 14=21k\Rightarrow k=\dfrac{28}{21}=\dfrac{4}{3}.$

$\therefore c=(a+b+c)-(a+b)=\left(\dfrac{21}{2}k-6k\right)=\dfrac{9k}{2}=\dfrac{9}{2}\times\dfrac{4}{3}=6.$

12. दो संख्याओं का अनुपात $=15:11$

पहली संख्या $=143$

दूसरी संख्या $\dfrac{15}{11}\times 143=195$

13. $a:b=2:3$

$\Rightarrow \dfrac{a}{b}=\dfrac{2}{3}$

$b:c=5:7$

$\Rightarrow \dfrac{b}{c}=\dfrac{5}{7} \Rightarrow \dfrac{a}{b}\times\dfrac{b}{c}=\dfrac{2}{3}\times\dfrac{5}{7}=\dfrac{a}{c}=\dfrac{10}{21}$

14. माना $0\cdot 2:0\cdot 12::0\cdot 3:x$. तब,

$0\cdot 2\times x=0\cdot 12\times 0\cdot 3\Rightarrow x=\dfrac{0\cdot 12\times 0\cdot 3}{0\cdot 2}=\dfrac{18}{100}=0\cdot 18.$

15. 0·02 तथा 0·32 का मध्यानुपाती

$=\sqrt{0\cdot 02\times 0\cdot 32}=\sqrt{\dfrac{2}{100}\times\dfrac{32}{100}}=\sqrt{\dfrac{64}{100\times 100}}$

$=\dfrac{8}{100}=0\cdot 08.$

16. माना अभीष्ट संख्या $=x$. तब

$\dfrac{7+x}{13+x}=\dfrac{2}{3}\Rightarrow 3(7+x)=2(13+x)$

$\Rightarrow (3x-2x)=(26-21)\Rightarrow x=5.$

$\therefore$ अभीष्ट संख्या $=5$.

17. माना अभीष्ट संख्या $=x$. तब

$\dfrac{15-x}{19-x}=\dfrac{3}{4}\Rightarrow 4(15-x)=3(19-x)$

$\Rightarrow (4x-3x)=(60-57)\Rightarrow x=3.$

$\therefore$ अभीष्ट संख्या $=3$.

18. माना अभीष्ट संख्यायें $7x$ तथा $11x$ हैं. तब

$\dfrac{7x+7}{11x+7}=\dfrac{2}{3}\Rightarrow 3(7x+7)=2(11x+7)$

$\Rightarrow (22x-21x)=(21-14)\Rightarrow x=7.$

∴ दी गई संख्यायें 49 तथा 77 हैं. इनमें से छोटी संख्या 49 है.

19. $\frac{W_2}{W_3}=\left(\frac{W_2}{W_1}\times\frac{W_1}{W_3}\right)=\left(\frac{3}{2}\times\frac{1}{2}\right)=\frac{3}{4}\Rightarrow W_2:W_3=3:4.$

20. $ab=64=32\times 2\Rightarrow\frac{32}{a}=\frac{b}{2}\Rightarrow 32:a=b:2.$

21. माना दो संख्यायें x तथा $3x$ हैं.
तब, $x+3x=240\Rightarrow 4x=240\Rightarrow x=60.$
अभीष्ट अन्तर $=(3x-x)=2x=(2\times 60)=120.$

22. माना मासिक आय = ₹ 11 x तथा मासिक व्यय = ₹ 10 x.
तब, मासिक बचत = ₹ $(11x-10x)$ = ₹ x.
∴ वार्षिक बचत = ₹ $12x$.
∴ $12x=9000\Rightarrow x=750.$
अत: मासिक आय = ₹ (11 × 750) = ₹ 8250.

23. $\left(A=B\times\frac{4}{5}\Rightarrow\frac{A}{B}=\frac{4}{5}\right),\left(B=C\times\frac{5}{2}\Rightarrow\frac{B}{C}=\frac{5}{2}\right).$

$\therefore \frac{A}{C}=\left(\frac{A}{B}\times\frac{B}{C}\right)=\left(\frac{4}{5}\times\frac{5}{2}\right)=\left(\frac{2}{1}\right)\Rightarrow A:C=2:1.$

24. माना 7 : 11 के प्रत्येक पद में x जोड़ने पर 3 : 4 प्राप्त होता है.
तब, $\frac{7+x}{11+x}=\frac{3}{4}\Rightarrow 4(7+x)=3(11+x)$
$\Rightarrow (4x-3x)=(33-28)\Rightarrow x=5.$
∴ अभीष्ट संख्या = 5.

25. माना दी गई संख्यायें $3x$ तथा $4x$ हैं. तब, इनका ल०स० = $12x$.
∴ $12x=84\Rightarrow x=7.$
अत: ये संख्यायें 21 तथा 28 हैं. इनमें से बड़ी संख्या 28 है.

26. माना दी गई संख्यायें $3x$ तथा $5x$ हैं. तब
$3x\times 5x=2160\Rightarrow x^2=144\Rightarrow x=\sqrt{144}=12.$
∴ ये संख्यायें 36 तथा 60 हैं. इनमें से छोटी संख्या 36 है.

27. माना 12, 14, 24 का चतुर्थ अनुपात = x. तब
$12:14::24:x\Rightarrow 12\times x=14\times 24$
$\Rightarrow x=\frac{(14\times 24)}{12}=28.$
अभीष्ट संख्या = 28.

28. अनुपात पदों का योग = (3 + 2) = 5.
A का भाग = ₹ $\left(1000\times\frac{3}{5}\right)$ = ₹ 600.

29. माना 16 तथा 24 का तृतीयानुपाती x है. तब
$16:24::24:x\Rightarrow 16\times x=24\times 24$
$\Rightarrow x=\frac{24\times 24}{16}=36.$
अत: 16 तथा 24 का तृतीयानुपाती 36 है.

30. 6 तथा 54 का मध्यानुपाती
$=\sqrt{6\times 54}=\sqrt{6\times 6\times 3\times 3}=6\times 3=18.$

31. अमित : विपिन = 2 : 3 = 8 : 12,
विपिन : चन्द्रा = 4 : 3 = 12 : 9
⇒ अमित : विपिन : चन्द्रा = 8 : 12 : 9.
अमित का भाग = ₹ $\left(1655\cdot 90\times\frac{8}{29}\right)$ = ₹ (57·1 × 8)
= ₹ 456·80 = 456 रु० 80 पै०.

32. पुत्री : पत्नी = 3 : 1 तथा पत्नी : पुत्र = 3 : 1
⇒ पुत्री : पत्नी = 9 : 3, पत्नी : पुत्र = 3 : 1
⇒ पुत्री : पत्नी : पुत्र = 9 : 3 : 1.
माना पुत्री का भाग ₹ $9x$, पत्नी का भाग ₹ $3x$ तथा पुत्र का भाग = ₹ x.
तब $(9x-x)=10000\Rightarrow 8x=10000\Rightarrow x=1250.$
∴ सम्पत्ति का कुल मूल्य
= ₹ $(9x+3x+x)$ = ₹ $13x$ = ₹ (13×1250) = ₹ 16250.

33. माना A का भाग = ₹ $3x$, B का भाग = ₹ $5x$ तथा C का भाग = ₹ $7x$.
$C=A+1600\Rightarrow 7x=3x+1600\Rightarrow 4x=1600\Rightarrow x=400.$
∴ B का भाग = $5x$ = ₹ (5 × 400) = ₹ 2000.

34. माना अभीष्ट संख्या = x. तब
$\frac{21-x}{38-x}=\frac{55-x}{106-x}\Rightarrow (21-x)(106-x)=(55-x)(38-x)$
$\Rightarrow 2226-127x=2090-93x\Rightarrow 34x=136\Rightarrow x=4.$
∴ अभीष्ट संख्या = 4.

35. माना अभीष्ट संख्या = x. तब
$\frac{5+x}{13+x}=\frac{22+x}{47+x}\Rightarrow (5+x)(47+x)=(22+x)(13+x)$
$\Rightarrow 52x+235+x^2=35x+286+x^2$
$\Rightarrow 17x=(286-235)=51\Rightarrow x=3.$

36. कुल मासिक आय = ₹ 14500. खर्च : बचत = 26 : 3.
∴ बचत = ₹ $\left(14500\times\frac{3}{29}\right)$ = ₹ 1500.

37. ₹ (1470 – 150) अर्थात ₹ 1320 को 1:3:2 के अनुपात में बाँटने के बाद प्रत्येक भाग में ₹ 50 जोड़ दें.
∴ C का भाग
= ₹ $\left\{\left(1320\times\frac{2}{6}\right)+50\right\}$ = ₹ $(440+50)$ = ₹ 490.

38. दिया है : $\frac{(A/5)}{(B/8)}=\frac{3}{4}\Rightarrow\frac{8A}{5B}=\frac{3}{4}\Rightarrow\frac{A}{B}=\left(\frac{3}{4}\times\frac{5}{8}\right)=\frac{15}{32}.$
94 को 15 : 32 के अनुपात में बाँटने पर, $A=\left(94\times\frac{15}{47}\right)=30.$

39. A का $\frac{2}{5}+40=B$ का $\frac{2}{7}+20=C$ का $\frac{9}{17}+10=k$ (माना)
तब, $A=\frac{5(k-40)}{2}$, $B=\frac{7(k-20)}{2}$ तथा $C=\frac{17(k-10)}{9}.$
परन्तु, $A+B+C=600$
$\Rightarrow\frac{5(k-40)}{2}+\frac{7(k-20)}{2}+\frac{17(k-10)}{9}=600$
$\Rightarrow 45(k-40)+63(k-20)+34(k-10)=10800$
$\Rightarrow (45k+63k+34k)=10800+1800+1260+340$
$\Rightarrow 142k=14200\Rightarrow k=100.$

$\therefore$ A का भाग $=$ ₹ $\frac{5(100-40)}{2}$ $=$ ₹ 150.

40. $A=\frac{1}{2}(B+C) \Rightarrow A:(B+C)=1:2$

$\Rightarrow A$ का भाग $=$ ₹ $\left(56250\times\frac{1}{3}\right)=$ ₹ 18750.

$B=\frac{1}{4}(A+C) \Rightarrow B:(A+C)=1:4$

$\Rightarrow B$ का भाग $=$ ₹ $\left(56250\times\frac{1}{5}\right)=$ ₹ 11250.

$\therefore\ (A-B)=$ ₹ $(18750-11250)=$ ₹ 7500.

41. $A:B:C=\frac{1}{2}:\frac{1}{3}:\frac{1}{4}=6:4:3.$

इससे, A का भाग $=$ ₹ $\left(117\times\frac{6}{13}\right)=$ ₹ 54,

B का भाग $=$ ₹ $\left(117\times\frac{4}{13}\right)=$ ₹ 36.

तथा C का भाग $=$ ₹ $\left(117\times\frac{3}{13}\right)=$ ₹ 27.

पुनः $A:B:C=2:3:4$ लेने पर :

A का भाग $=$ ₹ $\left(117\times\frac{2}{9}\right)=$ ₹ 26, B का भाग $=$ ₹ $\left(117\times\frac{3}{9}\right)$

$=$ ₹ 39 C का भाग $=$ ₹ 52.

स्पष्ट है कि इससे B तथा C दोनों को लाभ होगा.

42. माना A, B, C की आय क्रमशः ₹ $7x$, ₹ $9x$ तथा ₹ $12x$ है तथा इनके खर्च क्रमशः ₹ $8y$, ₹ $9y$ तथा ₹ $15y$ है.

$7x-8y=\frac{1}{4}\times 7x \Rightarrow 28x-32y=7x$

$\Rightarrow 21x=32y \Rightarrow x=\frac{32}{21}y.$

A, B, C की बचत का अनुपात

$=(7x-8y):(9x-9y):(12x-15y)$

$=\left(7\times\frac{32}{21}y-8y\right):\left(9\times\frac{32}{21}y-9y\right):\left(12\times\frac{32}{21}y-15y\right)$

$=\left(\frac{32}{3}-8\right)y:\left(\frac{96}{7}-9\right)y:\left(\frac{128}{7}-15\right)y$

$=\frac{8}{3}y:\frac{33}{7}y:\frac{23}{7}y=56:99:69.$

43. माना $(B+C)$ का भाग $=$ ₹ x. तब, A का भाग $=$ ₹ $\frac{2x}{5}$.

$\therefore\ A:(B+C)=\frac{2x}{5}:x=2x:5x=2:5.$

कुल धन $=$ ₹ 1050.

A का भाग $=$ ₹ $\left(1050\times\frac{2}{7}\right)=$ ₹ 300.

44. माना पहले धन में से A, B, C, D को क्रमशः ₹ $4x$, ₹ $3x$, ₹ $2x$ तथा ₹ x मिलते हैं

तथा दूसरे धन में से इन्हें क्रमशः ₹ $5y$, ₹ $6y$, ₹ $7y$ तथा ₹ $8y$ मिलते हैं.

तब $(5y+6y+7y+8y)=2(4x+3x+2x+x)$

$\Rightarrow 26y=20x \Rightarrow x=\frac{13y}{10}.$

A का भाग $=(4x+5y)=\left(4\times\frac{13y}{10}+5y\right)=\left(\frac{26y}{5}+5y\right)$

$=\frac{51y}{5}=$ ₹ $(10\cdot2)y.$

B का भाग $=(3x+6y)=\left(3\times\frac{13y}{10}+6y\right)=\left(\frac{39y}{10}+6y\right)$

$=\frac{99y}{10}=$ ₹ $(9\cdot9)y.$

C का भाग $=(2x+7y)=\left(2\times\frac{13y}{10}+7y\right)=\left(\frac{26y}{10}+7y\right)$

$=\frac{96y}{10}=$ ₹ $(9\cdot6)y.$

D का भाग $=(x+8y)=\left(\frac{13y}{10}+8y\right)=\frac{93y}{10}=$ ₹ $(9\cdot3)y.$

अतः सबसे अधिक धन A को मिलता है.

$[\because 10\cdot2>9\cdot9>9\cdot6>9\cdot3].$

45. $A:B=3:4$ तथा $B:C=3:4$

$\Rightarrow A:B=9:12$ तथा $B:C=12:16$

$\Rightarrow A:B:C=9:12:16.$

$\therefore$ A का भाग $=$ ₹ $\left(3700\times\frac{9}{37}\right)=$ ₹ 900.

46. $\frac{1}{x}\times\frac{1}{x}=\frac{1}{5}\times\frac{1}{1\cdot25} \Rightarrow \frac{1}{x^2}=\frac{1}{6\cdot25}$

$\Rightarrow x^2=6\cdot25=(2\cdot5\times2\cdot5)=(2\cdot5)^2 \Rightarrow x=2\cdot5.$

47. $3x=y=\frac{1}{2}z=k$ (माना). तब $x=\frac{k}{3}$, $y=k$ तथा $z=2k$.

$\therefore\ x:y:z=\frac{k}{3}:k:2k=\frac{1}{3}:1:2=1:3:6.$

48. माना $\frac{a}{b}=\frac{c}{d}=k$. तब $a=bk$ तथा $c=dk$.

$\therefore\ (ma+nc):(mb+nd)=\frac{ma+nc}{mb+nd}=\frac{mbk+ndk}{mb+nd}$

$=\frac{k(mb+nd)}{(mb+nd)}=k=\frac{a}{b}=a:b.$

49. $x\times17\cdot5=7\times22\cdot5 \Rightarrow x=\frac{7\times22\cdot5}{17\cdot5}=\frac{7\times225}{175}=9.$

50. माना चतुर्भुज के कोण $(6x)^\circ$, $(3x)^\circ$, $(4x)^\circ$, तथा $(5x)^\circ$ हैं.

तब, $6x+3x+4x+5x=360 \Rightarrow 18x=360 \Rightarrow x=20.$

$\therefore$ चतुर्भुज का सबसे बड़ा कोण 120° तथा दूसरा सबसे बड़ा कोण 100° है.

त्रिभुज का सबसे छोटा कोण $=\left(\frac{1}{4}\times120\right)^\circ=30^\circ.$

त्रिभुज का सबसे बड़ा कोण $=(100^\circ+10^\circ)=110^\circ.$

त्रिभुज का दूसरा सबसे बड़ा कोण

$= 180° - (30° + 110°) = (180° - 140°) = 40°.$

51. माना त्रिभुज के कोण $(2x)°$, $(3x)°$ तथा $(4x)°$ हैं. तब

$2x + 3x + 4x = 180 \Rightarrow 9x = 180 \Rightarrow x = 20.$

अभीष्ट योग $= (2\times 2x)° + (3\times 3x)° = (4x+9x)° = (13x)°$

$= (13\times 20)° = 260°.$

52. पहले पात्र में दूध $\% = \left(\frac{5}{8}\times 100\right)\% = \frac{125}{2}\% = 62\cdot 5\%.$

दूसरे पात्र में दूध $\% = \left(\frac{2}{3}\times 100\right)\% = \frac{200}{3}\% = 66\cdot 6\%.$

तीसरे पात्र में दूध $\% = \left(\frac{3}{5}\times 100\right)\% = 60\%.$

चौथे पात्र में दूध $\% = \left(\frac{7}{11}\times 100\right)\% = \frac{700}{11}\% = 63\cdot 63\%.$

अभीष्ट पात्र तीसरा है जिसमें पानी के सापेक्ष दूध की मात्रा सबसे कम है.

53. दिये गये मिश्रण में दूध $= \left(60\times\frac{3}{4}\right)$ लीटर $= 45$ लीटर तथा पानी $= 15$ लीटर.

माना x लीटर पानी की अभीष्ट मात्रा है. तब

$\frac{45}{15+x} = \frac{2}{1} \Rightarrow 30 + 2x = 45 \Rightarrow 2x = 15 \Rightarrow x = 7\cdot 5.$

अत: मिलाये जाने वाले पानी की मात्रा $= 7\cdot 5$ लीटर.

54. माना हीरे का भार = 1 ग्राम तथा मूल हीरे का मूल्य = ₹ x.

पहले, दूसरे, तीसरे व चौथे टुकड़े का भार क्रमश:

$\frac{1}{10}$ ग्राम, $\frac{2}{10}$ ग्राम, $\frac{3}{10}$ ग्राम व $\frac{4}{10}$ ग्राम .

इन टुकड़ों के मूल्य क्रमश: ₹ $\frac{x}{100}$, ₹ $\frac{4x}{100}$, ₹ $\frac{9x}{100}$ तथा ₹ $\frac{16x}{100}$.

$\therefore\ x - \left(\frac{x}{100} + \frac{4x}{100} + \frac{9x}{100} + \frac{16x}{100}\right) = 70000$

$\Rightarrow x - \frac{(x+4x+9x+16x)}{100} = 70000 \Rightarrow x - \frac{30x}{100} = 70000$

$\Rightarrow x - \frac{3x}{10} = 70000 \Rightarrow \frac{7x}{10} = 70000 \Rightarrow x = \frac{70000\times 10}{7}$

$= 100000.$

मूल हीरे का मूल्य = ₹ 100000.

55. माना A, B तथा C का वेतन क्रमश: ₹ x, ₹ $2x$ तथा ₹ $3x$ है.

तब, $B + C = 12000 \Rightarrow 2x + 3x = 12000$

$\Rightarrow 5x = 12000 \Rightarrow x = 2400.$

A का वेतन = ₹ 2400, C का वेतन = ₹ (3 × 2400)

= ₹ 7200.

A से C के वेतन की अधिकता $= \left(\frac{4800}{2400}\times 100\right)\% = 200\%.$

56. माना A, B तथा C के भाग क्रमश: ₹ $2x$, ₹ $5x$ तथा ₹ $9x$ हैं.

तब, $2x = 2500 \Rightarrow x = 1250.$

कुल राशि

= ₹ $(2x+5x+9x)$ = ₹ $16x$ = ₹ (16×1250) = ₹ 20000.

57. माना पहली धातु का x इकाई दूसरी धातु के 1 इकाई के साथ मिलाया जाये.

तब, जिंक की मात्रा $= \left(x\times\frac{2}{3}\right) + \left(1\times\frac{4}{5}\right) = \left(\frac{2x}{3} + \frac{4}{5}\right).$

तथा ताँबे की मात्रा $= \left(x\times\frac{1}{3}\right) + \left(1\times\frac{1}{5}\right) = \left(\frac{x}{3} + \frac{1}{5}\right).$

$\therefore\ \frac{\left(\frac{2x}{3}+\frac{4}{5}\right)}{\left(\frac{x}{3}+\frac{1}{5}\right)} = \frac{3}{1} \Rightarrow \left(\frac{2x}{3}+\frac{4}{5}\right) = 3\left(\frac{x}{3}+\frac{1}{5}\right)$

$\Rightarrow \left(x - \frac{2x}{3}\right) = \left(\frac{4}{5} - \frac{3}{5}\right) \Rightarrow \frac{x}{3} = \frac{1}{5} \Rightarrow x = \frac{3}{5}.$

अभीष्ट अनुपात $= \frac{3}{5} : 1 = 3 : 5.$

58. नई धातु में टिन $= \left(60\times\frac{2}{5}\right)$ किग्रा॰ $+ \left(100\times\frac{1}{5}\right)$ किग्रा॰

$= (24 + 20)$ किग्रा॰ $= 44$ किग्रा॰.

59. माना विद्यालयों A, B तथा C में छात्रों की संख्या क्रमश: $5x$, $4x$, $7x$ है.

वृद्धि के बाद इनका अनुपात होगा :

($5x$ का 120%) : ($4x$ का 125%) : ($7x$ का 120%)

अर्थात $\left(5x\times\frac{120}{100}\right) : \left(4x\times\frac{125}{100}\right) : \left(7x\times\frac{120}{100}\right)$

अर्थात $6x : 5x : \frac{42x}{5}$ अर्थात 30 : 25 : 42.

60. माना तीन संख्यायें क्रमश: $3x$, $4x$ तथा $5x$ हैं. तब,

$(3x + 5x) - 4x = 52 \Rightarrow 4x = 52 \Rightarrow x = 13.$

सबसे बड़ी संख्या $= 5x = (5\times 13) = 65.$

61. $a : b = 7 : 9 = \frac{7}{9} : 1$ तथा $b : c = 1 : 5$

$\Rightarrow a : b : c = \frac{7}{9} : 1 : 5 = 7 : 9 : 45.$

62. माना दी गई भुजायें $5x$ सेमी॰ तथा $12x$ सेमी॰ हैं. तब

$\frac{1}{2}\times 5x\times 12x = 270 \Rightarrow x^2 = 9 \Rightarrow x = 3.$

$\therefore$ एक भुजा = 15 सेमी॰,

दूसरी भुजा = 36 सेमी॰.

$(\text{कर्ण})^2 = (15)^2 + (36)^2 = (225 + 1296) = 1521$

$\Rightarrow$ कर्ण $= \sqrt{1521} = 39$ सेमी॰ .

	39
3	$\overline{15}\,\overline{21}$
	9
69	621
	621
	x

63. $a : b = 5 : 7 = \frac{5}{7} : 1 = \left(6\times\frac{5}{7}\right) : (6\times 1) = \frac{30}{7} : 6$ तथा

$b : c = 6 : 11$

$\Rightarrow a : b : c = \frac{30}{7} : 6 : 11 \Rightarrow 30 : 42 : 77.$

64. माना $\frac{A}{3} = \frac{B}{4} = \frac{C}{5} = k$. तब, $A = 3k$, $B = 4k$ तथा $C = 5k$.

$\therefore\ A:B:C=3k:4k:5k=3:4:5.$

65. $\because A=\frac{B}{3}$ और $B=\frac{C}{2}$

$\therefore 6A=2B=C=k$

$\Rightarrow A=\frac{k}{6},\ B=\frac{k}{2},\ C=k$

$\Rightarrow A:B:C=1:3:6$

66. $A=B$ का 140% तथा $B=C$ का 80%

$\Rightarrow A=B\times\frac{140}{100}$ तथा $B=C\times\frac{80}{100}\Rightarrow A=\frac{7B}{5},\ B=\frac{4C}{5}$

$\Rightarrow A=\frac{7}{5}\times\frac{4C}{5}\Rightarrow\frac{A}{C}=\frac{28}{25}\Rightarrow A:C=28:25.$

67. $a:b=2:3,\ b:c=1:\frac{5}{4}=3:\frac{15}{4}$

$\Rightarrow a:b:c=2:3:\frac{15}{4}=8:12:15.$

$\Rightarrow\frac{a+b}{b+c}=\frac{8k+12k}{12k+15k}=\frac{20k}{27k}=\frac{20}{27}$

$\Rightarrow(a+b):(b+c)=20:27.$

68. $\frac{xy+y^2}{x^2-y^2}=\frac{\frac{x}{y}+1}{\frac{x^2}{y^2}-1}$ [अंश तथा हर को y^2 से भाग देने पर]

$=\frac{\frac{7}{3}+1}{\frac{49}{9}-1}=\frac{\left(\frac{10}{3}\right)}{\left(\frac{40}{9}\right)}=\left(\frac{10}{3}\times\frac{9}{40}\right)=\frac{3}{4}.$

$\therefore\ (xy+y^2):(x^2-y^2)=3:4.$

69. माना ताँबा $=9x$ किग्रा०. तब जिंक $=4x$ किग्रा०.

$9x=24\Rightarrow x=\frac{24}{9}=\frac{8}{3}.$

$\therefore$ जिंक की अभीष्ट मात्रा $=4x$ किग्रा०

$=\left(4\times\frac{8}{3}\right)$ किग्रा० $=\frac{32}{3}$ किग्रा० $=10\frac{2}{3}$ किग्रा०.

70. $\frac{3x+2y}{2x+5y}=\frac{3\left(\frac{x}{y}\right)+2}{2\left(\frac{x}{y}\right)+5}=\frac{\left(3\times\frac{2}{5}\right)+2}{\left(2\times\frac{2}{5}\right)+5}=\frac{\left(\frac{6}{5}+2\right)}{\left(\frac{4}{5}+5\right)}$

$=\frac{\left(\frac{16}{5}\right)}{\left(\frac{29}{5}\right)}=\frac{16}{29}.$

$\therefore\ (3x+2y):(2x+5y)=16:29.$

71. $\frac{x^3-y^3}{x^3+y^3}=\frac{\frac{x^3}{y^3}-1}{\frac{x^3}{y^3}+1}$ [अंश तथा हर को y^3 से भाग देने पर]

$=\frac{\left(\frac{x}{y}\right)^3-1}{\left(\frac{x}{y}\right)^3+1}=\frac{(3^3-1)}{(3^3+1)}=\frac{(27-1)}{(27+1)}=\frac{26}{28}=\frac{13}{14}.$

$\therefore\ (x^3-y^3):(x^3+y^3)=13:14.$

72. माना $\frac{x}{5}=\frac{y}{8}=k.$ तब, $x=5k$ तथा $y=8k.$

$\therefore\ \frac{(x+5)}{(y+8)}=\frac{(5k+5)}{(8k+8)}=\frac{5(k+1)}{8(k+1)}=\frac{5}{8}.$

$\Rightarrow(x+5):(y+8)=5:8.$

73. $\frac{4x^2-3y^2}{2x^2+5y^2}=\frac{12}{19}\Rightarrow\frac{4\left(\frac{x^2}{y^2}\right)-3}{2\left(\frac{x^2}{y^2}\right)+5}=\frac{12}{19}$

$\Rightarrow\frac{4z^2-3}{2z^2+5}=\frac{12}{19}$ जहाँ $\frac{x}{y}=z.$

$\Rightarrow 76z^2-57=24z^2+60\Rightarrow 52z^2=117$

$\Rightarrow z^2=\frac{117}{52}=\frac{9}{4}\Rightarrow z=\frac{3}{2}$

$\Rightarrow x:y=3:2.$

74. $x^2+4y^2-4xy=0\Rightarrow(x-2y)^2=0\Rightarrow x-2y=0.$

$\therefore\ x=2y\Rightarrow\frac{x}{y}=\frac{2}{1}\Rightarrow x:y=2:1.$

75. $\frac{x+y}{x-y}=\frac{4}{1}\Rightarrow x+y=4x-4y$

$\Rightarrow 5y=3x\Rightarrow\frac{x}{y}=\frac{5}{3}$

$\therefore\ \frac{x^2+y^2}{x^2-y^2}=\frac{\left(\frac{x^2}{y^2}+1\right)}{\left(\frac{x^2}{y^2}-1\right)}=\frac{\left(\frac{x}{y}\right)^2+1}{\left(\frac{x}{y}\right)^2-1}=\frac{\left(\frac{5}{3}\right)^2+1}{\left(\frac{5}{3}\right)^2-1}$

$=\frac{\left(\frac{25}{9}+1\right)}{\left(\frac{25}{9}-1\right)}=\frac{\left(\frac{34}{9}\right)}{\left(\frac{16}{9}\right)}=\frac{34}{16}=\frac{17}{8}.$

$\Rightarrow(x^2+y^2):(x^2-y^2)=17:8.$

76. $\frac{2a+3b}{3a-2b}=\frac{19}{9}\Rightarrow 9\,(2a+3b)=19\,(3a-2b)$

$\Rightarrow 18a+27b=57a-38b$

$\Rightarrow 39a=65b\Rightarrow 3a=5b\Rightarrow\frac{a}{b}=\frac{5}{3}\Rightarrow a:b=5:3.$

77. $\frac{4a-5b}{4a+5b}=\frac{1}{6}\Rightarrow 6\,(4a-5b)=(4a+5b)$

$\Rightarrow 24a-30b=4a+5b$

$\Rightarrow 20a = 35b \Rightarrow \frac{a}{b} = \frac{35}{20} = \frac{7}{4} \Rightarrow a : b = 7 : 4.$

78. माना A, B, C, D के भाग क्रमशः ₹ $3x$, ₹ $4x$, ₹ $9x$ तथा ₹ $10x$ है.
तब $(C - B) = 2580 \Rightarrow 9x - 4x = 2580$
$\Rightarrow 5x = 2580 \Rightarrow x = 516.$
$(A + D)$ का कुल भाग = ₹ $(3x + 10x)$ = ₹ $13x$
= ₹ (13×516) = ₹ 6708.

79. माना प्रत्येक मिश्रण की 1 इकाई ली गई. तब
सोने की मात्रा $= \left(1\times\frac{5}{8}\right)+\left(1\times\frac{5}{16}\right)=\left(\frac{5}{8}+\frac{5}{16}\right)=\frac{15}{16}.$

ताँबे की मात्रा $= \left(1\times\frac{3}{8}\right)+\left(1\times\frac{11}{16}\right)=\left(\frac{3}{8}+\frac{11}{16}\right)=\frac{17}{16}.$

C में सोना : ताँबा $= \frac{15}{16}:\frac{17}{16}:15:17.$

80. श्री गुप्ता का भार $= \left(120\times\frac{7}{15}\right)$ किग्रा० = 56 किग्रा०.
श्रीमती गुप्ता का भार = (120 – 56) किग्रा० = 64 किग्रा०.
डायटिंग के बाद श्री गुप्ता का भार = (56 – 6) किग्रा० = 50 किग्रा०.
माना डायटिंग के बाद श्रीमती गुप्ता का भार = $(64 - x)$ किग्रा०.
तब, $\frac{50}{(64-x)} = \frac{5}{6} \Rightarrow 5(64-x) = 300$
$\Rightarrow 5x = 320 - 300 = 20 \Rightarrow x = 4.$
अतः डायटिंग के बाद श्रीमती गुप्ता का भार 4 किग्रा० कम हो गया.

81. माना दी गई संख्यायें $3x$ तथा $4x$ हैं. तब
$\frac{3x+6}{4x+6} = \frac{4}{5} \Rightarrow 15x + 30 = 16x + 24 \Rightarrow x = 6.$
इन संख्यायों का अन्तर $= (4x - 3x) = x = 6.$

82. दिया है : $2A = 3B$ तथा $4B = 5C$
$\Rightarrow \frac{A}{B} = \frac{3}{2}$ तथा $\frac{B}{C} = \frac{5}{4} \Rightarrow \frac{A}{C} = \left(\frac{A}{B}\times\frac{B}{C}\right) = \left(\frac{3}{2}\times\frac{5}{4}\right) = \frac{15}{8}$
$\Rightarrow A : C = 15 : 8.$

83. माना दी गई संख्यायें क्रमशः $4x$ तथा $5x$ हैं.
परिवर्तन के बाद प्राप्त संख्याओं में अनुपात
= ($4x$ का 120%) : ($5x$ का 80%)
$= \left(4x\times\frac{120}{100}\right):\left(5x\times\frac{80}{100}\right) = \left(\frac{24x}{5}:4x\right)$
$= 24x : 20x = 24 : 20 = 6 : 5.$

84. माना इन कारों द्वारा तय की गई दूरी क्रमशः x, $2x$ तथा $3x$ इकाई हैं.
तथा इनकी यात्रा का समय क्रमशः $3y$, $2y$ तथा y इकाई हैं.
तब इनकी चालों का अनुपात क्रमशः $\frac{x}{3y}:\frac{2x}{2y}:\frac{3x}{y}$ अर्थात $\frac{1}{3}:1:3$
अर्थात 1 : 3 : 9 है.

85. (कुत्ते की चाल) : (खरगोश की चाल)
= {खरगोश की (3 × 3) छलाँगें} : {खरगोश की 5 छलाँगें}
= 9 : 5.

86. प्रवीण : विजय = 4 : 5 तथा विजय : सुरेश = 3 : 2
$\Rightarrow \frac{P}{V} = \frac{4}{5}$ तथा $\frac{V}{S} = \frac{3}{2}$
$\Rightarrow \left(\frac{P}{V}\times\frac{V}{S}\right) = \left(\frac{4}{5}\times\frac{3}{2}\right) \Rightarrow \frac{P}{S} = \frac{6}{5}$
$\Rightarrow$ प्रवीण : सुरेश = 6 : 5.

87. माना विज्ञान में अंक $= x$. तब, अंग्रेजी में अंक $= 2x$.
अंग्रेजी + विज्ञान + गणित = 180 $\Rightarrow 2x + x +$ गणित $= 180.$
$\therefore$ गणित में अंक $= (180 - 3x).$
अंग्रेजी : गणित $= 2 : 3 \Rightarrow \frac{2x}{180-3x} = \frac{2}{3} \Rightarrow 6x = 360 - 6x$
$\Rightarrow 12x = 360 \Rightarrow x = 30.$
विज्ञान में प्राप्तांक $= x = 30.$

88. माना हरि के पास x गायें तथा y मुर्गे हैं. तब
$x + y = 48$ ...(i) तथा $4x + 2y = 140$ अर्थात
$2x + y = 70$ ...(ii)
(i) को 2 से गुणा करके, गुणनफल में से (ii) घटाने पर
$y = (96 - 70) = 26.$
अतः हरि के पास मुर्गों की संख्या 26 है.

89. माना पहला व्यक्ति प्रतिदिन x पेच बनाता है. तब
x का $\frac{100}{3}\% = 1500$ का 50%
$\Rightarrow \left(x\times\frac{100}{3\times100}\right) = \left(1500\times\frac{50}{100}\right)$
$\Rightarrow \frac{x}{3} = 750 \Rightarrow x = 2250.$
अतः पहला व्यक्ति प्रतिदिन 2250 पेच बनाता है.

90. माना स्त्रियों की संख्या $= 3x$ तथा पुरुषों की संख्या $= 5x$.
तब, $5x - 3x = 40 \Rightarrow 2x = 40 \Rightarrow x = 20.$
कारखाने में कुल कर्मचारी $= (3x + 5x) = 8x = (8\times20) = 160.$

91. माना कला में विद्यार्थी $= 4x$ तथा वाणिज्य में विद्यार्थी $= 5x$. तब,
$\frac{4x}{5x+65} = \frac{8}{11} \Rightarrow 44x = 40x + 520$
$\Rightarrow 4x = 520.$
अतः कला संकाय में 520 विद्यार्थी हैं.

92. माना अभीष्ट संख्यायें $3x$ तथा $4x$ हैं. तब
इन संख्याओं का म०स० $= x$ तथा ल०स० $= 12x$.
$\therefore x\times12x = 2028 \Rightarrow x^2 = 169 = (13)^2 \Rightarrow x = 13.$
$\therefore$ इन संख्याओं का योगफल
$= (3x + 4x) = 7x = (7\times13) = 91.$

93. माना दो संख्याओं $2x$ तथा $3x$ हैं. तब
$2x\times3x = 96 \Rightarrow x^2 = 16 \Rightarrow x = \sqrt{16} = 4.$
इनका योगफल $= (2x + 3x) = 5x = (5\times4) = 20.$

94. $\left(A = B\times\frac{4}{5} \Rightarrow \frac{A}{B} = \frac{4}{5}\right), \left(B = C\times\frac{5}{2} \Rightarrow \frac{B}{C} = \frac{5}{2}\right)$
$\therefore \frac{A}{C} = \left(\frac{A}{B}\times\frac{B}{C}\right) = \left(\frac{4}{5}\times\frac{5}{2}\right) = 2 \Rightarrow A : C = 2 : 1.$

95. माना दी गई संख्यायें क्रमश: $5x$, $6x$ तथा $7x$ हैं. तब
$$5x \times 6x \times 7x = 5670 \Rightarrow x^3 = 27 = 3^3 \Rightarrow x = 3.$$
$\therefore$ इनमें सबसे बड़ी संख्या = $7x = (7 \times 3) = 21$.

96. माना प्रत्येक दी गई संख्या में x जोड़ने पर परिणामी संख्यायें समानुपाती होंगी.
तब $\frac{6+x}{7+x} = \frac{15+x}{17+x} \Rightarrow (6+x)(17+x) = (15+x)(7+x)$
$$\Rightarrow x^2 + 23x + 102 = x^2 + 22x + 105 \Rightarrow x = 3.$$
$\therefore$ अभीष्ट संख्या = 3.

97. पहले बर्तन के 3 इकाई, दूसरे बर्तन के 4 इकाई तथा तीसरे बर्तन के 5 इकाई मिश्रणों में
कुल दूध की मात्रा $= \left(3 \times \frac{4}{5} + 4 \times \frac{3}{4} + 5 \times \frac{5}{7}\right) = \left(\frac{12}{5} + 3 + \frac{25}{7}\right)$
$$= \frac{(84+105+125)}{35} = \frac{314}{35}.$$
पहले बर्तन के 3 इकाई, दूसरे बर्तन के 4 इकाई तथा तीसरे बर्तन के 5 इकाई मिश्रणों में
कुल पानी की मात्रा $= \left(3 \times \frac{1}{5} + 4 \times \frac{1}{4} + 5 \times \frac{2}{7}\right) = \left(\frac{3}{5} + 1 + \frac{10}{7}\right)$
$$= \frac{(21+35+50)}{35} = \frac{106}{35}.$$
चौथे पात्र में दूध और पानी का अनुपात
$$= \frac{314}{35} : \frac{106}{35} = 314 : 106 = 157 : 53.$$

98. माना तीसरे प्रकार की चाय का मूल्य ₹ x प्रति किग्रा० है. तब
$$(1 \times 126) + (1 \times 135) + (2 \times x) = (1+1+2) \times 153$$
$$\Rightarrow 126 + 135 + 2x = 612 \Rightarrow 261 + 2x = 612$$
$$\Rightarrow 2x = (612 - 261) = 351 \Rightarrow x = 175 \cdot 50.$$
अत: तीसरे प्रकार की चाय का मूल्य ₹ 175·50 प्रति किग्रा० है.

99. माना A, B, C और D के भाग क्रमश: ₹ $5x$, ₹ $2x$, ₹ $4x$ तथा ₹ $3x$ हैं.
तब $5x - 4x = 1000 \Rightarrow x = 1000$.
B का भाग = ₹ $2x$ = ₹ (2×1000) = ₹ 2000.

100. माना दी गई संख्यायें A तथा B हैं. तब
A का 40% = B का $\frac{4}{7} \Rightarrow A \times \frac{40}{100} = B \times \frac{4}{7}$
$$\therefore A \times \frac{2}{5} = B \times \frac{4}{7} \Rightarrow \frac{A}{B} = \left(\frac{4}{7} \times \frac{5}{2}\right) = \frac{10}{7} \Rightarrow A : B = 10 : 7.$$

101. $5B + 4A = 3B + 7A \Rightarrow 2B = 3A$
$$\Rightarrow \frac{B}{A} = \frac{3}{2} \Rightarrow B : A = 3 : 2$$

102. $(P + Q)$ का 20% = $(P - Q)$ का 50%
$$\Rightarrow (P+Q) \times \frac{20}{100} = (P-Q) \times \frac{50}{100}$$
$$\Rightarrow (P+Q) \times \frac{1}{5} = (P-Q) \times \frac{1}{2}$$
$$\Rightarrow 2(P+Q) = 5(P-Q) \Rightarrow 2P + 2Q = 5P - 5Q$$
$$\Rightarrow 3P = 7Q \Rightarrow \frac{P}{Q} = \frac{7}{3} \Rightarrow P : Q = 7 : 3.$$

103. $A : B : C = 2 : 3 : 4 \Rightarrow \frac{A}{2} = \frac{B}{3} = \frac{C}{4} = k$ (माना)
तब, $A = 2k$, $B = 3k$ तथा $C = 4k$.
$\therefore \frac{A}{B} = \frac{2k}{3k} = \frac{2}{3}, \frac{B}{C} = \frac{3k}{4k} = \frac{3}{4}$ तथा $\frac{C}{A} = \frac{4k}{2k} = \frac{2}{1}$
$$\therefore \frac{A}{B} : \frac{B}{C} : \frac{C}{A} = \frac{2}{3} : \frac{3}{4} : \frac{2}{1} = 8 : 9 : 24.$$

104. दिये गये मिश्रण में पैट्रोल की मात्रा $= \left(28 \times \frac{5}{7}\right)$ लीटर = 20 लीटर, तेल = 8 लीटर.
माना इसमें x लीटर तेल मिलाया जाये. तब $\frac{20}{8+x} = \frac{2}{1}$
$$\Rightarrow 2(8+x) = 20 \Rightarrow 16 + 2x = 20 \Rightarrow 2x = 4 \Rightarrow x = 2.$$
$\therefore$ मिलाये जाने वाले तेल की मात्रा = 2 लीटर.

105. माना 1 रु०, 50 पै० तथा 25 पै० के सिक्कों के मूल्य क्रमश: ₹ $13x$, ₹ $11x$ तथा ₹ $7x$ हैं.
तब इन सिक्कों की संख्या
$$= (13x \times 1) + (11x \times 2) + (7x \times 4)$$
$$= (13x + 22x + 28x) = 63x.$$
$$\therefore 63x = 378 \Rightarrow x = \frac{378}{63} = 6.$$
50 पै० के सिक्कों की संख्या = $22x = (22 \times 6) = 132$.

106. माना 1 रु० के सिक्कों की संख्या = x.
तब 50 पैसे के सिक्कों की संख्या = $4x$ तथा 25 पैसे के सिक्कों की संख्या = $2x$.
इन सिक्कों का कुल मूल्य
$$= ₹\left(x + \frac{1}{2} \times 4x + \frac{1}{4} \times 2x\right) = ₹\left(x + 2x + \frac{x}{2}\right) = ₹\,\frac{7x}{2}.$$
$$\therefore \frac{7x}{2} = 56 \Rightarrow x = \frac{2 \times 56}{7} = 16.$$
अत: 50 पैसे के सिक्कों की संख्या = $(4 \times 16) = 64$.

107. $\frac{A}{C} = \left(\frac{A}{B} \times \frac{B}{C}\right) = \left(\frac{3}{2} \times \frac{3}{4}\right) = \frac{9}{8} \Rightarrow A : C = 9 : 8.$

108. $z : y = 21 : 16 \Rightarrow y : z = 16 : 21.$
$$\frac{x}{z} = \left(\frac{x}{y} \times \frac{y}{z}\right) = \left(\frac{12}{5} \times \frac{16}{21}\right) = \frac{64}{35} \Rightarrow x : z = 64 : 35.$$

109. $\left(2A = 3B \Rightarrow \frac{A}{B} = \frac{3}{2}\right), \left(4B = 5C \Rightarrow \frac{B}{C} = \frac{5}{4}\right)$
$$\therefore \frac{A}{C} = \left(\frac{A}{B} \times \frac{B}{C}\right) = \left(\frac{3}{2} \times \frac{5}{4}\right) = \frac{15}{8} \Rightarrow A : C = 15 : 8.$$

110. 1 सेमी० निरूपित करेगा $= (4 \times 10^5)$ सेमी० $= \frac{4 \times 10^5}{10^2}$ मीटर
$= \frac{4 \times 10^3}{10^3}$ किमी० = 4 किमी०.
4 सेमी० निरूपित करेगा = (4×4) किमी० = 16 किमी०.

111. माना भवन की ऊँचाई = x मीटर. तब

$1\cdot4 : 1\cdot2 :: x : 5\cdot4 \Rightarrow 1\cdot2 \times x = 5\cdot4 \times 1\cdot4$

$$\Rightarrow x = \frac{54\times14}{12\times10} = \frac{63}{10} = 6\cdot3.$$

$\therefore$ भवन की ऊँचाई = 6·3 मीटर.

112. माना मूल भिन्न का अंश = $3x$ तथा हर = $4x$. तब

$$\frac{3x-9}{4x} = \frac{2}{3}\times\frac{3x}{4x} \Rightarrow \frac{3x-9}{4x} = \frac{1}{2}$$

$$\Rightarrow 6x - 18 = 4x \Rightarrow 2x = 18 \Rightarrow x = 9.$$

अत: मूल भिन्न का अंश = (3 × 9) = 27.

113. 12 को दो पूर्णांकों में विभक्त करने के लिए अनुपात के पदों का योग 12 का गुणनखण्ड होना चाहिए.

अत: यह अनुपात 3 : 2 नहीं हो सकता.

114. $\frac{7}{15} = 0\cdot466.....,\ \frac{15}{23} = 0\cdot652....,$

$\frac{17}{25} = 0\cdot68,\ \frac{21}{29} = 0\cdot724....$

इनमें सबसे बड़ा अनुपात 21 : 29 है.

115. 35 लीटर मिश्रण में दूध की मात्रा $= \left(35\times\frac{5}{7}\right)$ लीटर = 25 लीटर तथा पानी = 10 लीटर.

नये मिश्रण में दूध = (25 + 5) लीटर तथा पानी = 10 लीटर.

नये मिश्रण में दूध : पानी = 30 : 10 = 3 : 1.

116. माना प्रत्येक मिश्रण का 1 इकाई लिया जाता है.

स्प्रिट की मात्रा

$$= \left(1\times\frac{3}{7}\right)+\left(1\times\frac{4}{9}\right)+\left(1\times\frac{5}{11}\right) = \left(\frac{3}{7}+\frac{4}{9}+\frac{5}{11}\right)$$

$$= \frac{(297+308+315)}{693} = \frac{920}{693}.$$

पानी की मात्रा

$$= \left(1\times\frac{4}{7}\right)+\left(1\times\frac{5}{9}\right)+\left(1\times\frac{6}{11}\right) = \left(\frac{4}{7}+\frac{5}{9}+\frac{6}{11}\right)$$

$$= \frac{(396+385+378)}{693} = \frac{1159}{693}.$$

$\therefore$ स्प्रिट : पानी $= \frac{920}{693} : \frac{1159}{693} = 920 : 1159.$

117. माना अभीष्ट अनुपात = $x : 1$. तब

$19x + 9\times1 = 15(x+1) \Rightarrow 19x - 15x = (15-9)$

$$\Rightarrow 4x = 6 \Rightarrow x = \frac{6}{4} = \frac{3}{2}.$$

अभीष्ट अनुपात $= \frac{3}{2} : 1 = 3 : 2.$

118. माना कला, वाणिज्य तथा विज्ञान में क्रमश: $3x$, $5x$ तथा $8x$ छात्र हैं.

तब इनका अनुपात है क्रमश:

($3x$ का 120%) : ($5x$ का 140%) : ($8x$ का 125%)

अर्थात $\left(3x\times\frac{120}{100}\right) : \left(5x\times\frac{140}{100}\right) : \left(8x\times\frac{125}{100}\right)$

अर्थात $\left(\frac{18x}{5} : 7x : 10x\right)$ अर्थात 18 : 35 : 50.

119. माना ये संख्यायें क्रमश: A तथा B हैं. तब

(A का 40%) = B का $\frac{3}{5} \Rightarrow \left(A\times\frac{40}{100}\right) = \left(B\times\frac{3}{5}\right)$

$$\therefore \frac{2A}{5} = \frac{3B}{5} \Rightarrow \frac{A}{B} = \left(\frac{3}{5}\times\frac{5}{2}\right) = \frac{3}{2} \Rightarrow A : B = 3 : 2.$$

120. B का 10% = G का $\frac{1}{4} \Rightarrow B\times\frac{10}{100} = G\times\frac{1}{4}$

$$\Rightarrow \frac{B}{10} = \frac{G}{4} \Rightarrow \frac{B}{G} = \frac{10}{4} = \frac{5}{2} \Rightarrow B : G = 5 : 2.$$

G का 10% = B का $\frac{1}{25} \Rightarrow \frac{B}{25} = \frac{G}{10} \Rightarrow \frac{B}{G} = \frac{25}{10} = \frac{5}{2}$

$\Rightarrow B : G = 5 : 2.$

121. प्रश्नानुसार,

$$\frac{23-x}{39-x} = \frac{32-x}{56-x}$$

$23 \times 56 - 79 + x^2 = 39 \times 32 - 71x + x^2$

$8x = 23 \times 56 - 39 \times 32$

$x = 23 \times 7 - 39 \times 4$

$x = 161 - 156 = 5$

माध्य अनुपात

$= \sqrt{(x+4)(3+1)}$

$= \sqrt{9\times16} = 12$

122. माना $\frac{A}{3} = \frac{B}{2} = \frac{C}{5} = k$

इसलिए, $A = 3k, B = 2k, C = 5k$

प्रश्नानुसार,

$(C + A)^2 : (A + B)^2 : (B + C)^2$

$= (5k + 3k)^2 : (3k + 2k)^2 : (2k + 5k)^2$

$= (8k)^2 : (5k)^2 : (7k)^2$

$= 64k^2 : 25k^2 : 49k^2$

$= 64 : 25 : 49$

123. प्रथम मिश्र धातु में टिन की मात्रा $= \frac{1}{3}$

लोहे की मात्रा $= \frac{2}{3}$

द्वितीय मिश्र धातु में टिन की मात्रा $= \frac{2}{5}$

लोहे की मात्रा $= \frac{3}{5}$

$\therefore$ अभीष्ट अनुपात $= 3\times\frac{1}{3} + 4\times\frac{2}{5} : 3\times\frac{2}{3} + 4\times\frac{3}{5}$

$= 1 + \frac{8}{5} : 2 + \frac{12}{5}$

$= \frac{13}{5} : \frac{22}{5}$

$= 13 : 22$

124. $A:B=\frac{2}{3}:\frac{4}{5}=10:12$; $B:C=\frac{5}{4}:\frac{2}{5}=25:8$

$\therefore \frac{A}{C}=\frac{A}{B}\times\frac{B}{C}=\frac{10}{12}\times\frac{25}{8}=\frac{125}{48}$

125. $A:B=1:3$

$B:C=1:2$

अतः $A:B:C=1:2:6$

$\therefore$ B द्वारा लिया गया समय $=\frac{C}{2}=\frac{74}{2}=37$ मिनट

126. मंथन एवं उसकी माता की वर्तमान आयु का अनुपात $=3:7$

मंथन एवं उसके पिता की वर्तमान आयु का अनुपात $=5:14$

$\therefore$ $\frac{\text{मंथन की माता की उम्र}}{\text{मंथन की उम्र}}=\frac{7}{3}$ ......(i)

$\frac{\text{मंथन की उम्र}}{\text{मंथन के पिता की उम्र}}=\frac{5}{14}$ ....(ii)

$\therefore$ समीकरण (i) एवं (ii) से,

$\frac{\text{मंथन की माता}}{\text{मंथन के पिता}}=\frac{7}{3}\times\frac{5}{14}=\frac{5}{6}$

127. माना दो संख्याएँ $15x$ एवं $11x$ हैं

म.स. $=13$

अतः संख्याएँ $=15\times13=195; 11\times13=143$

128. माना टैंक में पानी $=\frac{2x}{5}$ है।

प्रश्नानुसार,

$\frac{2x}{5}+26=\frac{12x}{17}$

$\Rightarrow \frac{12x}{17}-\frac{2x}{5}=26$

$\Rightarrow \frac{60x-34x}{85}=26$

$\Rightarrow \frac{26x}{85}=26$

$\Rightarrow x=85$ लीटर

129. द्रव्यमान की कुल मात्रा $=8000$ कि.ग्रा.

धातु का द्रव्यामान $=8000$ का 60 प्रतिशत $=\frac{8000\times60}{100}$ $=4800$ कि.ग्रा.

चांदी का द्रव्यमान $=\frac{3}{4}\times\frac{4800}{100}=36$ कि.ग्रा.

सीसे का द्रव्यमान $=4800-36=4764$ कि.ग्रा.

130. माना लड़कों की संख्या $=5x$

लड़कियों की संख्या $=35$

प्रश्नानुसार,

$\frac{5x-10}{3x}=\frac{1}{1}$

$\Rightarrow 5x-10=3x \quad \Rightarrow 2x=10$

$\Rightarrow$ पार्टी में कुल व्यक्ति $=5x+3x=8x$

$=8\times5=40$

प्रश्नमाला 12B

1. एक कार के उत्पादन में तीन मदों में खर्च होता है. ये मद हैं खनिज पदार्थों का मूल्य, मजदूरी तथा ऊपरी-खर्च. एक वर्ष में इन मदों पर होने वाले खर्च का अनुपात 4 : 3 : 2 है. परन्तु खनिज-पदार्थों के मूल्यों में 10% वृद्धि होने से, मजदूरी में 8% वृद्धि होने से तथा ऊपरी-खर्च 5% घटने से, कार के मूल्य में कितने प्रतिशत वृद्धि होगी ?

(a) 3% (b) 4% (c) 5% (d) 6%

2. एक विद्यालय में छात्र तथा छात्राओं का अनुपात 3 : 2 है. यदि इनमें से 20% छात्रों तथा 25% छात्राओं को छात्रवृत्ति मिलती हो, तो विद्यालय के कितने प्रतिशत विद्यार्थियों को छात्रवृत्ति नहीं मिलती ?

(a) 55% (b) 68% (c) 78% (d) 63%

3. X और Y दो प्रकार के मिश्रण हैं. मिश्रण X में द्रव A, B, C क्रमशः 3 : 5 : 2 के अनुपात में हैं जबकि मिश्रण Y में द्रव A तथा B क्रमशः 4 : 5 के अनुपात में हैं. एक लीटर मिश्रण X तथा 2 लीटर मिश्रण Y को मिलाकर एक नया मिश्रण बनाया जाता है. नये मिश्रण के 540 मिली॰ में द्रव A की मात्रा ज्ञात कीजिए.

(a) 214 मिली॰ (b) 240 मिली॰

(c) 450 मिली॰ (d) 310 मिली॰

4. एक बर्तन में पानी तथा दूध 1 : 2 के अनुपात में हैं तथा दूसरे बर्तन में 3 : 4 के अनुपात में हैं. दोनों प्रकार के मिश्रणों में से एक-एक लीटर मिश्रण लेकर मिलाया जाता है. नये मिश्रण में पानी व दूध का अनुपात क्या होगा ?

(a) 3 : 8 (b) 8 : 13 (c) 5 : 12 (d) 7 : 13

5. एक बर्तन में दो द्रवों A तथा B का मिश्रण 5 : 3 के अनुपात में है. यदि इस बर्तन में से 16 लीटर मिश्रण निकाल कर बर्तन को B द्रव से भर दिया जाये, तो A तथा B का अनुपात 3 : 5 हो जाता है. बर्तन में कितने लीटर द्रव था ?

(a) 40 ली॰ (b) 36 ली॰ (c) 48 ली॰ (d) 38 ली॰

6. एक व्यक्ति ने 2560 किमी॰ की कुल दूरी का कुछ भाग वायुयान से, कुछ भाग जलयान से तथा शेष भाग कार द्वारा तय किया. वायुयान, जलयान तथा कार द्वारा की गई यात्राओं में लिये गये समय का अनुपात 1 : 4 : 5 है तथा इन यात्राओं में प्रयोग किये गये साधनों की औसत गतियों का अनुपात 20 : 1 : 8 है. यदि पूरी यात्रा में औसत गति 64 किमी॰/घण्टा रही हो तो जलयान की औसत गति ज्ञात कीजिए.

(a) 18 किमी॰/घण्टा (b) 15 किमी॰/घण्टा

(c) 10 किमी॰/घण्टा (d) 16 किमी॰/घण्टा

7. बाजार में A तथा B दो प्रकार का स्टील उपलब्ध है. टाईप A में 5% निक्कल तथा टाईप B में 40% निक्कल है. दोनों प्रकार के स्टील को किस-किस मात्रा में मिलाया जाये कि 30% निक्कल वाला 140 टन स्टील प्राप्त हो.

(*a*) A = 50 टन B = 90 टन (*b*) A = 60 टन B = 80 टन
(*c*) A = 30 टन B = 110 टन (*d*) A = 40 टन B = 100 टन

8. चाँदी और ताँबे से बनी दो मिश्र धातुओं में से एक में चाँदी और ताँबे का अनुपात 7 : 3 तथा दूसरी में 5 : 1 है. इन दोनों मिश्र धातुओं की कितनी-कितनी मात्रायें मिलाई जायें कि कुल मात्रा 8 किग्रा० हो तथा उसमें 75% चाँदी हो ?
(*a*) पहली धातु 5 किग्रा, दूसरी धातु 3 किग्रा
(*b*) पहली धातु 3 किग्रा, दूसरी धातु 5 किग्रा
(*c*) पहली धातु 2 किग्रा, दूसरी धातु 6 किग्रा
(*d*) पहली धातु 6 किग्रा, दूसरी धातु 2 किग्रा

9. सोने और ताँबे के दो मिश्रण *A* तथा *B* हैं. *A* में सोने और ताँबे का अनुपात 9 : 2 है जबकि *B* में यह अनुपात 7 : 15 है. यदि *A* तथा *B* की समान मात्राओं को मिलाकर तीसरी धातु *C* बनाई जाये, तो *C* में सोने और ताँबे का अनुपात क्या होगा ?
(*a*) 15 : 19 (*b*) 23 : 17 (*c*) 25 : 19 (*d*) 23 : 19

10. एक व्यक्ति किसी बैंक से ₹ 600 का एक चैक भुनाता है. बैंक से उसे ₹ 10 तथा ₹ 5 के कुल 72 नोट मिलते हैं. ₹ 10 तथा ₹ 5 के नोटों की संख्या का अनुपात क्रमश: कितना है ?
(*a*) 2 : 1 (*b*) 2 : 3 (*c*) 3 : 2 (*d*) 5 : 3

11. यदि $(a+b):\sqrt{ab}=4:1$ हो, तो $a:b$ का मान ज्ञात कीजिए.
(*a*) $(7+4\sqrt{3}):1$ (*b*) $1:(7+4\sqrt{3})$
(*c*) $(4+7\sqrt{3}):1$ (*d*) $1:(4+7\sqrt{3})$

12. यदि $m:n=3:2$ हो, तो $(4m+5n):(4m-5n)$ ज्ञात कीजिए.
(*a*) 5 : 2 (*b*) 12 : 7 (*c*) 11 : 1 (*d*) 13 : 3

13. यदि $x:a=y:b=z:c$ हो, तो सिद्ध कीजिए कि:
$$\frac{(ax-by)}{(a+b)(x-y)}+\frac{(by-cz)}{(b+c)(y-z)}+\frac{(cz-ax)}{(c+a)(z-x)}$$ का मान ज्ञात कीजिए.
(*a*) 0 (*b*) 1 (*c*) 2 (*d*) 3

14. यदि $a:(b+c)=1:3$ तथा $c:(a+b)=5:7$ हो, तो $b:(a+c)$ का मान ज्ञात कीजिए.
(*a*) 2 : 3 (*b*) 3 : 2 (*c*) 1 : 2 (*d*) 2 : 1

15. यदि $p:q=3:4$ तथा $q:r=8:9$ हो, तो $r:p$ ज्ञात कीजिए.
(*a*) 3 : 2 (*b*) 2 : 3 (*c*) 2 : 1 (*d*) 1 : 2

उत्तरमाला (प्रश्नमाला 12B)

1. (*d*) **2.** (*c*) **3.** (*a*) **4.** (*b*) **5.** (*a*) **6.** (*c*) **7.** (*d*) **8.** (*a*) **9.** (*c*) **10.** (*a*) **11.** (*a*) **12.** (*c*) **13.** (*d*) **14.** (*c*) **15.** (*a*)

दिये गये प्रश्नों के हल (प्रश्नमाला 12B)

1. माना खनिज पदार्थों पर, मजदूरी पर तथा ऊपरी मदों पर पिछले वर्ष खर्च क्रमश: ₹ $4x$, ₹ $3x$ तथा ₹ $2x$ था.
पिछले वर्ष कुल खर्च = ₹ $(4x+3x+2x)$ = ₹ $9x$.
इस वर्ष कुल खर्च
= ₹ {($4x$ का 110%) + ($3x$ का 108%) + ($2x$ का 95%)}
$$= ₹\left[\left(4x\times\frac{110}{100}\right)+\left(3x\times\frac{108}{100}\right)+\left(2x\times\frac{95}{100}\right)\right]$$
$$= ₹\left(\frac{22x}{5}+\frac{81x}{25}+\frac{19x}{10}\right)= ₹\ \frac{(220x+162x+95x)}{50}$$
$$= ₹\ \frac{477x}{50}.$$
$$\text{कुल वृद्धि} = ₹\left(\frac{477x}{50}-9x\right)= ₹\ \frac{27x}{50}.$$
$$\text{वृद्धि \%} = \left(\frac{27x}{50}\times\frac{1}{9x}\times100\right)\% = 6\%.$$

2. माना विद्यालय में छात्रों की संख्या = $3x$ तथा
छात्राओं की संख्या = $2x$.
छात्रवृत्ति न मिलने वाले विद्यार्थियों की संख्या
= ($3x$ का 80% + $2x$ का 75%)
$$=\left(3x\times\frac{80}{100}\right)+\left(2x\times\frac{75}{100}\right)=\left(\frac{12x}{5}+\frac{3x}{2}\right)=\frac{39x}{10}.$$
कुल विद्यार्थियों की संख्या = $(3x+2x)=5x$.
छात्रवृत्ति न मिलने वाले विद्यार्थियों का प्रतिशत
$$=\left(\frac{39x}{10}\times\frac{1}{5x}\times100\right)\%=78\%.$$

3. मिश्रण *X* के 1 लीटर में $A=\frac{3}{10}$ लीटर, $B=\frac{5}{10}$ लीटर, $C=\frac{2}{10}$ लीटर.
मिश्रण *Y* के 2 लीटर में $A=\left(\frac{4}{9}\times2\right)$ लीटर $=\frac{8}{9}$ लीटर, $B=\left(\frac{5}{9}\times2\right)$ लीटर $=\frac{10}{9}$ लीटर.
इन दोनों के 3 लीटर मिश्रण में,
$$A=\left(\frac{3}{10}+\frac{8}{9}\right)\text{ लीटर}=\left(\frac{107}{90}\right)\text{ लीटर}.$$
3000 मिली० में $A=\left(\frac{107}{90}\times1000\right)$ मिली०.
540 मिली० में $A=\left(\frac{107000}{90}\times\frac{1}{3000}\times540\right)$ मिली०
= 214 मिली०.

4. पहले बर्तन के 1 लीटर मिश्रण में पानी = $\frac{1}{3}$ लीटर, दूध = $\frac{2}{3}$ लीटर.

दूसरे बर्तन के 1 लीटर मिश्रण में पानी $= \frac{3}{7}$ लीटर, दूध $= \frac{4}{7}$ लीटर.

नये मिश्रण में पानी

$= \left(\frac{1}{3}+\frac{3}{7}\right)$ लीटर $= \frac{16}{21}$ लीटर, दूध $= \left(\frac{2}{3}+\frac{4}{7}\right)$ लीटर $= \frac{26}{21}$ लीटर.

नये मिश्रण में पानी व दूध का अनुपात

$$= \frac{16}{21} : \frac{26}{21} = 16 : 26 = 8 : 13.$$

5. माना बर्तन में x लीटर द्रव था जिसमें $A = \frac{5x}{8}$ लीटर तथा

$B = \frac{3x}{8}$ लीटर.

16 लीटर मिश्रण में द्रव $A = \left(16\times\frac{5}{8}\right)$ लीटर = 10 लीटर तथा

द्रव $B = 6$ लीटर.

शेष मिश्रण में द्रव $A = \left(\frac{5x}{8}-10\right)$ लीटर तथा

द्रव $B = \left(\frac{3x}{8}-6\right)$ लीटर.

अब, बर्तन में 16 लीटर द्रव B डालने पर:

द्रव A की मात्रा $= \left(\frac{5x}{8}-10\right)$ लीटर तथा

द्रव $B = \left(\frac{3x}{8}-6+16\right)$ लीटर.

$$\therefore \frac{\left(\frac{5x}{8}-10\right)}{\left(\frac{3x}{8}+10\right)} = \frac{3}{5} \Rightarrow 5\left(\frac{5x}{8}-10\right) = 3\left(\frac{3x}{8}+10\right)$$

$$\Rightarrow \left(\frac{25x}{8}-\frac{9x}{8}\right) = 80 \Rightarrow 2x = 80 \Rightarrow x = 40.$$

अत: उस बर्तन में आरम्भ में 40 लीटर द्रव था.

6. माना वायुयान, जलयान तथा कार द्वारा तय की गई यात्राओं में लगा समय क्रमशः x घण्टे, $4x$ घण्टे तथा $5x$ घण्टे है तथा इनकी औसत गतियाँ क्रमशः $20y$ किमी०/घण्टा, y किमी०/घण्टा तथा $8y$ किमी०/घण्टा हैं.

कुल तय की गई दूरी $= [(x \times 20y) + (4x \times y) + (5x \times 8y)]$ किमी० $= (64xy)$ किमी०.

$$\therefore\ 64xy = 2560 \Rightarrow xy = \frac{2560}{64} \Rightarrow xy = 40.$$

कुल दूरी = 2560 किमी०.

इस दूरी को तय करने में लगा समय

$= (x + 4x + 5x)$ घण्टे $= 10x$ घण्टे.

औसत गति = 64 किमी०/घण्टा.

दूरी = (औसत गति) × समय

$$\therefore 2560 = 10x \times 64 \Rightarrow x = \left(\frac{2560}{10\times 64}\right) \Rightarrow x = 4.$$

अब $x = 4$ रखने पर, $y = 10$.

$\therefore$ जलयान की औसत गति = 10 किमी०/घण्टा.

7. माना A टाईप स्टील के x टन को, B टाईप स्टील के $(140 - x)$ टन के साथ मिलाया जाये.

तब x टन A टाईप में निक्कल की मात्रा

$= \left(x\times\frac{5}{100}\right)$ टन $= \frac{x}{20}$ टन.

$(140 - x)$ टन B टाईप में निक्कल की मात्रा

$= \left[(140-x)\times\frac{40}{100}\right]$ टन $= \frac{(280-2x)}{5}$ टन.

मिश्रण के 140 टन में निक्कल की मात्रा

$= 140$ टन का $30\% = \left(140\times\frac{30}{100}\right)$ टन = 42 टन.

$$\therefore\ \frac{x}{20}+\frac{(280-2x)}{5} = 42 \Rightarrow x + 4(280 - 2x) = 840$$

$$\Rightarrow 7x = 280 \Rightarrow x = 40.$$

$\therefore\ (140 - x) = (140 - 40) = 100.$

अत: A टाईप स्टील के 40 टन के साथ B टाईप स्टील का 100 टन मिलाना होगा.

8. माना पहली धातु के x किग्रा० के साथ दूसरी धातु का $(8 - x)$ किग्रा० मिलाया जाये.

पहली धातु में चाँदी और ताँबे का अनुपात = 7 : 3.

पहली धातु के x किग्रा० में चाँदी की मात्रा

$= \left(x\times\frac{7}{10}\right)$ किग्रा० $= \frac{7x}{10}$ किग्रा०.

दूसरी धातु में चाँदी तथा ताँबे का अनुपात = 5 : 1.

दूसरी धातु के $(8 - x)$ किग्रा० में चाँदी की मात्रा

$= \left[(8-x)\frac{5}{6}\right]$ किग्रा०.

कुल 8 किग्रा० मिश्रण में चाँदी की मात्रा

$= \left(8\times\frac{75}{100}\right)$ किग्रा० = 6 किग्रा०.

$$\therefore\ \frac{7x}{10}+(8-x)\times\frac{5}{6} = 6 \Rightarrow 21x + 25(8 - x) = 180$$

$$\Rightarrow 4x = 20 \Rightarrow x = 5.$$

अत: पहली धातु के 5 किग्रा० के साथ दूसरी धातु का 3 किग्रा० मिलाना होगा.

9. माना धातु C बनाने हेतु A का 1 ग्राम B के 1 ग्राम के साथ मिलाया जाता है.

तब, A के 1 ग्राम में सोने की मात्रा $= \left(1\times\frac{9}{11}\right)$ ग्राम $= \frac{9}{11}$ ग्राम.

B के 1 ग्राम में सोने की मात्रा $= \left(1\times\frac{7}{22}\right)$ ग्राम $= \frac{7}{22}$ ग्राम.

C के 2 ग्राम में सोने की मात्रा $= \left(\frac{9}{11}+\frac{7}{22}\right)$ ग्राम $= \frac{25}{22}$ ग्राम.

तथा ताँबे की मात्रा $= \left(2 - \frac{25}{22}\right)$ ग्राम $= \frac{19}{22}$ ग्राम.

$\therefore$ C में सोने तथा ताँबे का अनुपात $= \frac{25}{22} : \frac{19}{22} = 25 : 19$.

10. माना ₹ 10 तथा ₹ 5 के नोटों की संख्या क्रमश: x तथा y है.
तब $x + y = 72$ ...(*i*) तथा $10x + 5y = 600$ ...(*ii*)
(*i*) को 5 से गुणा करके (*ii*) में से घटाने पर :
$5x = (600 - 360) = 240 \Rightarrow x = 48$.
(*i*) में $x = 48$ रखने पर : $y = (72 - 48) = 24$.
अभीष्ट अनुपात $= 48 : 24 = 2 : 1$.

11. $\frac{(a+b)}{\sqrt{ab}} = \frac{4}{1} \Rightarrow \frac{(a+b)^2}{ab} = \frac{16}{1} \Rightarrow \frac{a^2+b^2+2ab}{ab} = \frac{16}{1}$

$$\Rightarrow \left(\frac{a^2}{ab}\right) + \left(\frac{b^2}{ab}\right) + \frac{2ab}{ab} = 16$$

$\Rightarrow \frac{a}{b} + \frac{b}{a} + 2 = 16 \Rightarrow x + \frac{1}{x} + 2 = 16$ $\left[\text{जहाँ } \frac{a}{b} = x\right]$

$\Rightarrow x + \frac{1}{x} - 14 = 0 \Rightarrow x^2 - 14x + 1 = 0$

$\Rightarrow x = \frac{14 \pm \sqrt{196-4}}{2} = \frac{14 \pm \sqrt{192}}{2} = \frac{14 \pm 8\sqrt{3}}{2} = 7 \pm 4\sqrt{3}$

$\Rightarrow \frac{a}{b} = 7 + 4\sqrt{3}$.

$\therefore (a : b) = (7 + 4\sqrt{3}) : 1$.

12. $\frac{(4m+5n)}{(4m-5n)} = \frac{4\left(\frac{m}{n}\right)+5}{4\left(\frac{m}{n}\right)-5} = \frac{\left(4 \times \frac{3}{2}\right)+5}{\left(4 \times \frac{3}{2}\right)-5} = \frac{(6+5)}{(6-5)} = \frac{11}{1}$

$\Rightarrow (4m+5n) : (4m-5n) = 11 : 1$.

13. माना $\frac{x}{a} = \frac{y}{b} = \frac{z}{c} = k$. तब $x = ak$, $y = bk$ तथा $z = ck$.

$\therefore \frac{(ax-by)}{(a+b)(x-y)} + \frac{(by-cz)}{(b+c)(y-z)} + \frac{(cz-ax)}{(c+a)(z-x)}$

$= \frac{(a^2k-b^2k)}{(a+b)(ak-bk)} + \frac{(b^2k-c^2k)}{(b+c)(bk-ck)} + \frac{(c^2k-a^2k)}{(c+a)(ck-ak)}$

$= \frac{(a^2-b^2)k}{(a+b)(a-b)k} + \frac{(b^2-c^2)k}{(b+c)(b-c)k} + \frac{(c^2-a^2)k}{(c+a)(c-a)k}$

$= (1+1+1) = 3$.

14. $\frac{a}{b+c} = \frac{1}{3} \Rightarrow \frac{a}{b+c} + 1 = \frac{1}{3} + 1 \Rightarrow \frac{a+b+c}{b+c} = \frac{4}{3}$

$\Rightarrow (b+c) = \frac{3}{4}(a+b+c)$

पुन: $\frac{c}{a+b} = \frac{5}{7} \Rightarrow \frac{c}{a+b} + 1 = \frac{5}{7} + 1 \Rightarrow \frac{a+b+c}{a+b} = \frac{12}{7}$

$\Rightarrow (a+b) = \frac{7}{12}(a+b+c)$

अब, $b = (a+b) + (b+c) - (a+b+c)$

$= \frac{7}{12}(a+b+c) + \frac{3}{4}(a+b+c) - (a+b+c)$

$= \left(\frac{7}{12} + \frac{3}{4} - 1\right)(a+b+c)$

$= \frac{(7+9-12)}{12}(a+b+c) = \frac{1}{3}(a+b+c)$

$\Rightarrow 3b = a+b+c \Rightarrow 2b = a+c \Rightarrow \frac{b}{a+c} = \frac{1}{2}$.

$\therefore b : (a+c) = 1 : 2$.

15. $\left(\frac{p}{q} = \frac{3}{4} \text{ तथा } \frac{q}{r} = \frac{8}{9}\right) \Rightarrow \left(\frac{p}{q} \times \frac{q}{r}\right) = \left(\frac{3}{4} \times \frac{8}{9}\right) = \frac{2}{3}$

$\Rightarrow \frac{p}{r} = \frac{2}{3} \Rightarrow \frac{r}{p} = \frac{3}{2}$.

$\therefore r : p = 3 : 2$.

❑❑❑

13

Scan QR Code for Watching Video

साझा (PARTNERSHIP)

आवश्यक तथ्य एवं सूत्र

(*i*) **साझा:** दो या दो से अधिक व्यापारियों द्वारा धन लगाकर, मिलकर व्यापार करने को साझा कहते हैं तथा इसमें सम्मिलित प्रत्येक व्यक्ति को साझीदार (Partner) कहते हैं.

(*ii*) **पूँजी:** साझीदारों द्वारा लगाये गये धन को पूँजी कहते हैं.

(*iii*) **लाभ का साझीदारों में वितरण:**

प्रत्येक वर्ष (या पहले से तय की गई समयावधि) के अन्त में व्यापार में होने वाले लाभ या हानि को:

{(प्रत्येक साझीदार की पूँजी) × (पूँजी लगी रहने का समय)} के अनुपात में साझीदारों में बाँटा जाता है.

उदाहरण: माना A की पूँजी ₹ x, p महीने के लिए निवेशित है तथा B की पूँजी ₹ y, q महीने के लिए निवेशित है. तब, लाभ में $\mathbf{A : B = (xp) : (yq)}$.

साधित उदाहरण

प्रश्न 1. तीन साझीदारों P, Q तथा R ने क्रमशः ₹ 45000, ₹ 70000 तथा ₹ 90000 का निवेश करके एक व्यापार आरम्भ किया. दो वर्ष के अन्त में ₹ 369000 का लाभ कमाया. इस लाभ में P, Q तथा R में से प्रत्येक का भाग कितना है?

हल: P, Q तथा R की पूँजियों का अनुपात

$= (45000 \times 24) : (70000 \times 24) : (90000 \times 24)$

$= 45 : 70 : 90 = 9 : 14 : 18$

कुल लाभ = ₹ 369000.

P का भाग = ₹ $\left(369000 \times \frac{9}{41}\right)$ = ₹ 81000.

Q का भाग = ₹ $\left(369000 \times \frac{14}{41}\right)$ = ₹ 126000.

R का भाग = ₹ $\left(369000 \times \frac{18}{41}\right)$ = ₹ 162000.

प्रश्न 2. मीनाक्षी ने ₹ 1200000 का निवेश करके एक व्यवसाय आरम्भ किया. 5 माह बाद ₹ 900000 की पूँजी के साथ अभय इस व्यापार में साझीदार हो गया. वर्ष के अन्त में ₹ 441600 के लाभ में से प्रत्येक को कितना मिला?

हल: मीनाक्षी तथा अभय की पूँजियों का अनुपात

$= (1200000 \times 12) : (900000 \times 7) = 144 : 63 = 16 : 7.$

कुल लाभ = ₹441600.

मीनाक्षी का भाग = ₹ $\left(441600 \times \frac{16}{23}\right)$ = ₹307200.

अभय का भाग = ₹ $\left(441600 \times \frac{7}{23}\right)$ = ₹ 134400.

प्रश्न 3. तीन ग्वाले A, B तथा C मिलकर एक चारागाह ₹26600 किराये पर लेते हैं. A अपनी 18 गाय, 4 महीने चराता है; B अपनी 16 गाय, 6 महीने चराता है; C अपनी 14 गाय, 7 महीने चराता है. इसके लिए B को कितना किराया देना होगा?

हल: चारागाह का कुल किराया = ₹ 26600.

A, B, C की खपत का अनुपात

$= (18 \times 4) : (16 \times 6) : (14 \times 7)$

$= (72 : 96 : 98) = (36 : 48 : 49).$

किराये में B का भाग = ₹ $\left(26600 \times \frac{48}{133}\right)$ = ₹ 9600.

प्रश्न 4. A, B तथा C ने मिलकर एक व्यापार आरम्भ किया. कुल पूँजी का $\frac{1}{3}$ भाग A ने लगाया तथा B ने उतनी पूँजी लगाई जितनी A तथा C ने मिलकर लगाई. वर्ष के अन्त में ₹2352000 के लाभ में से प्रत्येक का भाग ज्ञात करें.

हल: माना कुल पूँजी = ₹ x.

A की पूँजी = ₹ $\frac{x}{3}$,

B की पूँजी = $(A + C)$ की पूँजी = ₹ $\frac{x}{2}$.

$\therefore$ C की पूँजी $= ₹\left[x-\left(\frac{x}{3}+\frac{x}{2}\right)\right] = ₹\left(x-\frac{5x}{6}\right) = ₹\,\frac{x}{6}$.

A, B, C की पूँजियों का अनुपात $= \frac{x}{3}:\frac{x}{2}:\frac{x}{6} = 2:3:1.$

कुल लाभ = ₹ 2352000.

A का भाग $= ₹\left(2352000\times\frac{2}{6}\right) = ₹\ 784000.$

B का भाग $= ₹\left(2352000\times\frac{3}{6}\right) = ₹\ 1176000.$

C का भाग $= ₹\left(2352000\times\frac{1}{6}\right) = ₹\ 392000.$

प्रश्न 5. A, B तथा C मिलकर व्यापार आरम्भ करते हैं. A पूरे वर्ष के लिए ₹ 200000 लगाता है; B पहले ₹ 300000 लगाता है तथा 4 माह बाद ₹ 100000 और लगाता है; C पहले ₹ 400000 लगाता है तथा 9 माह बाद ₹ 100000 निकाल लेता है. वर्ष के अन्त में ₹ 847500 के लाभ में से प्रत्येक का भाग ज्ञात कीजिए.

हल: A, B, C की पूँजियों का अनुपात

$= (200000 \times 12) : (300000 \times 4 + 400000 \times 8) : (400000 \times 9 + 300000 \times 3)$

$= (2400000 : 4400000 : 4500000) = 24 : 44 : 45.$

कुल लाभ = ₹ 847500.

A का भाग $= ₹\left(847500\times\frac{24}{113}\right) = ₹\ (7500 \times 24)$

$= ₹\ 180000.$

B का भाग $= ₹\left(847500\times\frac{44}{113}\right) = ₹\ (7500 \times 44)$

$= ₹\ 330000.$

B का भाग $= ₹\left(847500\times\frac{45}{113}\right) = ₹\ (7500 \times 45)$

$= ₹\ 337500.$

प्रश्न 6. A, B तथा C मिलकर एक व्यापार आरम्भ करते हैं. आरम्भ में इनकी पूँजियों का अनुपात $\frac{1}{2}:\frac{1}{3}:\frac{1}{5}$ है. चार माह बाद, B अपनी आधी पूँजी निकाल लेता है. वर्ष के अन्त में ₹ 415000 के कुल लाभ में से प्रत्येक का भाग ज्ञात करें.

हल: प्रारम्भ में A, B, C की पूँजियों का अनुपात

$= \frac{1}{2}:\frac{1}{3}:\frac{1}{5} = 15:10:6.$

माना प्रारम्भ में A, B तथा C ने क्रमशः ₹ $15x$, ₹ $10x$ तथा ₹ $6x$ लगाये.

तब,

$A : B : C = (15x\times12) : (10x\times4+5x\times8) : (6x\times12)$

$= 180x : 80x : 72x = 45 : 20 : 18.$

कुल लाभ = ₹ 415000.

A का भाग $= ₹\left(415000\times\frac{45}{83}\right) = ₹\ 225000.$

B का भाग $= ₹\left(415000\times\frac{20}{83}\right) = ₹\ 100000.$

C का भाग $= ₹\left(415000\times\frac{18}{83}\right) = ₹\ 90000.$

प्रश्नमाला 13A

निम्नलिखित प्रश्नों में से प्रत्येक में ठीक उत्तर को चिन्हांकित (✓) कीजिए:

1. मिथिलेश ने ₹48000 निवेश करके एक व्यापार प्रारम्भ किया. 7 माह बाद ₹56000 की पूँजी लगाकर विद्या भी इस व्यापार में साझीदार हो गई. वर्षान्त में कुल ₹5885 के लाभ में से विद्या को कितना धन मिलेगा? **(बैंक पी०ओ० परीक्षा, 2010)**

(*a*) ₹3635 (*b*) ₹1650 (*c*) ₹1925 (*d*) ₹3960
(*e*) इनमें से कोई नहीं

2. 5 : 6 के अनुपात में पूँजी लगाकर A तथा B साझे में कोई व्यापार प्रारम्भ करते हैं. 8 मास के बाद A अपनी पूँजी वापिस ले लेता है. यदि वर्ष के अन्त में लाभांश 5 : 9 के अनुपात में हो, तो B ने अपनी पूँजी कितने समय के लिए निवेश की?

(*a*) 6 मास (*b*) 8 मास (*c*) 10 मास (*d*) 12 मास
(एस०एस०सी० परीक्षा, 2010)

3. A और B ने साझेदारी में एक व्यवसाय शुरू किया। A और B के निवेश का अनुपात 5 : 4 था। यदि A ने 12 महीने के लिए निवेश किया और वर्ष के अंत में लाभ का अनुपात 15 : 8 था, तो B ने कितने समय के लिए निवेश किया?

(*a*) 9 महीने (*b*) 8 महीने (*c*) 10 महीने (*d*) 7 महीने
(*e*) इनमें से कोई नहीं **(आई.बी.पी.एस. पी.ओ. (प्रा.) परीक्षा, 2020)**

4. A ने एक निश्चित पूंजी के साथ एक व्यवसाय शुरू किया। 3 महीने बाद A व्यवसाय छोड़ देता है और B व्यवसाय में शामिल हो जाता है और व्यवसाय में अंत तक रहता है। यदि वर्ष के अंत में लाभ का अनुपात 5 : 6 है और A का प्रारंभिक निवेश ₹ 6000 है, तो B का निवेश है:

(*a*) ₹ 2000 (*b*) ₹ 2500 (*c*) ₹ 2400 (*d*) ₹ 2500
(*e*) इनमें से कोई नहीं **(आई.बी.पी.एस. पी.ओ. (प्रा.) परीक्षा, 2020)**

5. हेमन्त ने ₹50000 निवेश करके एक व्यापार आरम्भ किया. 8 महीने बाद ₹70000 की राशि के साथ संदीप व्यापार में सम्मिलित हो गया. 3 वर्ष बाद इनके लाभ का बँटवारा क्रमशः किस अनुपात में होगा? **(बैंक पी०ओ० परीक्षा, 2009)**

(*a*) 45 : 49 (*b*) 43 : 45 (*c*) 51 : 49 (*d*) 53 : 51
(*e*) इनमें से कोई नहीं

6. प्रकाश, सुनील तथा अनिल ने संयुक्त रूप से क्रमशः ₹11 लाख, ₹16·5 लाख तथा ₹8·25 लाख के निवेश से एक व्यापार आरम्भ किया. तीन वर्ष के अन्त में उनके द्वारा कमाया गया लाभ ₹19·5 लाख था. इस लाभ में अनिल के भाग का 50% कितना होगा?

(*a*) ₹4.5 लाख (*b*) ₹2.25 लाख

(*c*) ₹2.5 लाख (*d*) ₹3.75 लाख
(*e*) इनमें से कोई नहीं (बैंक पी०ओ० परीक्षा, 2009)

7. ₹50000 निवेश करके सरिता ने एक बुटीक चालू किया. 6 माह बाद ₹ 80000 का निवेश करके नीता उसकी साझीदार हो गई. एक वर्ष के अन्त में ₹18000 के लाभ में से सरिता का भाग कितना है? (बैंक पी०ओ० परीक्षा, 2009)
(*a*) ₹9000 (*b*) ₹8000 (*c*) ₹12000 (*d*) ₹10000
(*e*) इनमें से कोई नहीं

8. तीन मित्रों *P*, *Q* तथा *R* ने मिलकर एक व्यापार आरम्भ किया तथा क्रमशः ₹45000, ₹70000 तथा ₹90000 का निवेश किया. दो वर्ष के अन्त में ₹164000 के कुल लाभ में से *Q* का भाग कितना होगा? (बैंक पी०ओ० परीक्षा, 2009)
(*a*) ₹56000 (*b*) ₹36000
(*c*) ₹72000 (*d*) इनमें से कोई नहीं

9. मीनाक्षी ने ₹12000 का निवेश करके एक व्यवसाय आरम्भ किया. 5 माह बाद ₹9000 की पूँजी लगाकर अभय साझीदार हो गया. वर्ष के अन्त में ₹4416 के कुल लाभ में से मीनाक्षी का भाग कितना है?
(*a*) ₹1344 (*b*) ₹3364 (*c*) ₹3072 (*d*) ₹2568
(*e*) इनमें से कोई नहीं (बैंक पी०ओ० परीक्षा, 2009)

10. प्रभा ने ₹32000 का निवेश करके एक व्यापार आरम्भ किया. 5 माह बाद ₹22000 की पूँजी लगाकर अमित साझीदार हो गया. वर्ष के अन्त में ₹16409 के कुल लाभ में से प्रभा का भाग कितना है? (बैंक पी०ओ० परीक्षा, 2009)
(*a*) ₹5284 (*b*) ₹11712 (*c*) ₹10182 (*d*) ₹4697
(*e*) इनमें से कोई नहीं

11. गौतम ने ₹60000 के निवेश से एक व्यापार आरम्भ किया. 8 माह बाद ₹ 35000 निवेशित करके जतिन भी व्यापार में साझीदार हो गया. दो वर्ष बाद दोनों का लाभ क्रमशः किस अनुपात में बँटेगा?
(*a*) 2 : 1 (*b*) 37 : 14 (*c*) 3 : 1 (*d*) 18 : 7
(*e*) इनमें से कोई नहीं (बैंक पी०ओ० परीक्षा, 2008)

12. निनाद, विकास तथा मानव मिलकर साझे में एक व्यापार आरम्भ करते हैं. आरम्भ में निनाद कुछ राशि का निवेश करता है. 6 माह बाद विकास उससे दुगुना धन लगाकर व्यापार में सम्मिलित हो जाता है. इसके 8 माह बाद मानव, विकास से तिगुना धन लगाकर व्यापार में सम्मिलित हो जाता है. वर्ष के अन्त में ₹ 45000 के कुल लाभ में से मानव का भाग कितना है?
(*a*) ₹ 25000 (*b*) ₹ 15000 (*c*) ₹ 12000 (*d*) ₹ 9000
(*e*) इनमें से कोई नहीं (बैंक पी०ओ० परीक्षा, 2008)

13. अमन ने ₹40000 लगाकर एक व्यापार आरम्भ किया. 6 माह बाद सामन्त ₹60000 लगाकर तथा उसके 3 माह बाद रचित ₹50000 लगाकर साझीदार हो गया. 2 वर्ष बाद इनके लाभ का अनुपात क्या होगा?
(*a*) 5 : 8 : 9 (*b*) 25 : 32 : 36
(*c*) 36 : 32 : 25 (*d*) इनमें से कोई नहीं

14. शीना, मीना तथा रीना एक व्यापार में क्रमशः ₹63000, ₹56000 तथा ₹84000 का निवेश करते हैं. वर्ष के अन्त में कुल लाभ को उनके निवेश के अनुपात में वितरित किया जाता है. यदि इस लाभ में रीना का भाग ₹54000 हो, तो कुल अर्जित लाभ कितना है?
(*a*) ₹130500 (*b*) ₹145000
(*c*) ₹135030 (*d*) निर्धारित नहीं किया जा सकता
(*e*) इनमें से कोई नहीं (बैंक पी०ओ० परीक्षा, 2007)

15. *A* ने एक निश्चित राशि के साथ एक व्यवसाय शुरू किया। 4 महीने के बाद, *B*, *A* की जगह लेता है। उनके निवेश का अनुपात 7 : 3 है। यदि एक वर्ष के बाद कुल लाभ ₹ 143000 है, तो *A* और *B* के लाभ के बीच का अंतर ज्ञात कीजिए।
(*a*) 11500 (*b*) 14000 (*c*) 12000 (*d*) 11000
(*e*) इनमें से कोई नहीं (नाबार्ड ग्रेड A फेज I परीक्षा, 2020)

16. *A*, *B* और *C* ने मिलकर एक व्यापार शुरू किया। *A* ने 6 महीने के लिए ₹ 16800 का निवेश किया। *B* ने 9 महीने के लिए ₹ 8400 का निवेश किया और *C* ने 5 महीने के लिए ₹ 25200 का निवेश किया। *A* कार्यरत सदस्य है जिसके लिए उसे कुल लाभ का 5% अतिरिक्त मिलता है। यदि कुल लाभ ₹ 12000 हो, तो *B* का हिस्सा क्या है?
(*a*) 2850 (*b*) 1500 (*c*) 2900 (*d*) 2500
(*e*) इनमें से कोई नहीं (नैनीताल बैंक पी.ओ. परीक्षा, 2020)

17. *A* और *B* ने एक व्यवसाय में क्रमश ₹ 6000 व ₹ 8000 का निवेश किया। 1 वर्ष के बाद *A* ने अपने निवेश का 30% वापस ले लिया और *B* ने अपने निवेश का 50% वापस ले लिया जबकि *C* एक वर्ष बाद ₹ 12000 के साथ व्यवसाय में शामिल होता है। यदि 2 वर्ष के बाद तीनों को प्राप्त कुल लाभ ₹ 6840, तो *C* का लाभ हिस्सा ज्ञात कीजिए।
(*a*) 2400 (*b*) 2260 (*c*) 2450 (*d*) 2550
(*e*) इनमें से कोई नहीं (एस.एस.सी.-सी.जी.एल. परीक्षा, 2020)

18. नीना तथा मीना ने क्रमशः ₹ 30000 तथा ₹ 45000 के निवेश से साझेदारी में व्यापार आरम्भ किया. 2 वर्ष बाद ₹ 150000 के लाभ में से मीना का भाग कितना होगा?
(*a*) ₹30000 (*b*) ₹45000
(*c*) ₹75000 (*d*) निर्धारित नहीं किया जा सकता
(*e*) इनमें से कोई नहीं (बैंक पी०ओ० परीक्षा, 2010)

19. *A* और *B* ने क्रमशः 4800 और ₹ 7200 का निवेश किया। *B* ने *A* से दो महीने अधिक निवेश किया। यदि कुल वार्षिक लाभ ₹ 5750 है और लाभ में *A* का हिस्सा ₹ 2000 है, तो *B* ने कितने महीनों के लिए निवेश किया?
(*a*) 10 महीने (*b*) 7 महीने (*c*) 8 महीने (*d*) 9 महीने
(*e*) इनमें से कोई नहीं (आई.बी.पी.एस. क्लर्क (प्रा.) परीक्षा, 2017)

20. *A* और *B* दोनों मिलकर एक उद्यम शुरू करते हैं जिसमें *A* सक्रिय भागीदार के रूप में कार्य करता है। *A* इसमें ₹ 4000 का निवेश करता है और 8 महीने बाद फिर ₹ 2000 निवेश करता है। *B* इसमें ₹ 5000 निवेश करता है लेकिन 9 महीने बाद इसमें से ₹ 2000 निकाल लेता है। सक्रिय भागीदार होने के नाते *A* लाभ में से भत्ते के रूप में प्रतिमाह ₹100 लेता है। यदि वर्ष में ₹ 6700 का लाभ हुआ है ता *B*

का शेयर क्या होगा?

(*a*) ₹ 3350 (*b*) ₹ 3250 (*c*) ₹ 2700 (*d*) ₹ 2800

(एस.एस.सी. संयुक्त स्नातक स्तर (सी.बी.ई.) परीक्षा, 2017)

21. A ₹3500 के निवेश से एक व्यवसाय आरंभ करता है। आरंभ से 6 माह बाद, B ₹x के निवेश से A का साझेदार बन जाता है। यदि कुल वार्षिक लाभ ₹ 7600 हो एवं A का लाभांश ₹ 5600 हो, तो x का मान क्या है:

(*a*) 4000 (*b*) 2750 (*c*) 4500 (*d*) 3600

(*e*) इनमें से कोई नहीं

[एन.आई.ए.सी. एल. सहायक प्रारंभिक परीक्षा, 2017]

22. A, B एवं C ने क्रमश: 2 : 3 : 4 के अनुपात में निवेश से एक व्यापार आरंभ किया। आरंभ से 6 माह पश्चात् A, B एवं C ने अतिरिक्त धनराशि का निवेश किया जिसके पश्चात् उनका कुल निवेश क्रमश: 3 : 2 : 1 हो गया। यदि वार्षिक लाभ में B एवं C के लाभांश का अनुपात 8 : 9 हो एवं A तथा B के लाभांश का अन्तर ₹ 200 हो तो वार्षिक लाभ क्या था? (आई.बी.पी.एस. बैंक क्लर्क सी.डब्लू.ई. मुख्य परीक्षा, 2017)

(*a*) ₹ 4800 (*b*) ₹ 5000 (*c*) ₹ 6000 (*d*) ₹ 2000

(*e*) इनमें से कोई नहीं

23. A ने एक व्यापार आरंभ किया। आरंभ से 4 माह बाद B एवं C व्यापार में शामिल हो गए। A, B एवं C द्वारा निवेश का अनुपात क्रमश: 6 : 11 : 12 था। यदि वार्षिक लाभ में C का लाभांश A के लाभांश से ₹ 720 अधिक था, तो कुल वार्षिक लाभ क्या था?

(*a*) ₹ 7680 (*b*) ₹ 7580 (*c*) ₹ 7860 (*d*) ₹ 8680

(*e*) इनमें से कोई नहीं

(एस.आई.डी.बी.आई.-अधिकारी आनॅलाइन परीक्षा, 2016)

24. राज एवं पृथ्वी क्रमश: ₹x एवं (₹$x + 2000$ के निवेश से एक साझा व्यवसाय आरंभ करते है। वर्षांत में अर्जित कुल लाभ ₹ 8400 था जिसमें राज का लाभांश ₹ 3600 था। पृथ्वी ने व्यवसाय में कितना निवेश किया था?

(*a*) ₹ 16400 (*b*) ₹ 12000 (*c*) ₹ 12500 (*d*) ₹ 8000

(*e*) ₹ 16000 (एस.बी.आई-क्लर्क (प्रारंभिक) आनॅलाइन परीक्षा, 2016)

25. A तथा B मिलकर 6 : 5 के अनुपात में पूँजी लगाकर व्यापार आरम्भ करते हैं. 7 माह बाद A अपनी सारी पूँजी वापिस ले लेता है जबकि B अपनी आधी पूँजी वापिस ले लेता है. यदि अन्त में मिले लाभ के भागों का अनुपात 4 : 5 हो, तो B का धन कितने समय तक व्यापार में लगा रहा?

(*a*) 12 माह (*b*) 9 माह

(*c*) 14 माह (*d*) इनमें से कोई नहीं

26. तीन साझीदार A, B और C में एक व्यापार का लाभ इस प्रकार बाँटा जाता है कि A के भाग का 4 गुना; B के भाग का 6 गुना तथा C के भाग का 11 गुना बराबर है. तीनों को मिलने वाली लाभ की राशियों का अनुपात $A : B : C$ क्या होगा?

(*a*) 4 : 6 : 11 (*b*) $\frac{1}{6}:\frac{1}{4}:\frac{1}{11}$

(*c*) 11 : 6 : 4 (*d*) 33 : 22 : 12

27. A, B तथा C मिलकर एक व्यापार आरम्भ करते हैं. A, पूरी लागत का एक-तिहाई भाग निवेश करता है तथा B का निवेश A तथा C के कुल निवेश के बराबर है. वर्ष के अन्त में ₹90000 के लाभ में से C का भाग कितना है?

(*a*) ₹10000 (*b*) ₹15000 (*c*) ₹20000 (*d*) ₹30000

28. A तथा B ने मिलकर व्यापार आरम्भ किया. A ने ₹ 36000, 8 माह के लिए निवेश किये तथा B कुछ पूँजी लगाकर 6 माह तक व्यापार में रहा. अन्त में B को कुल लाभ का $\frac{1}{10}$ भाग मिला. B ने कितना धन लगाया?

(*a*) ₹42000 (*b*) ₹39000 (*c*) ₹35000 (*d*) ₹45000

29. एक व्यापार में तीन साझीदारों के लाभ का अनुपात 5 : 7 : 8 है. इनका धन क्रमश: 14 महीने, 8 महीने तथा 7 महीने के लिए निवेशित रहा. इनकी पूँजियों का अनुपात क्या है?

(*a*) 5 : 7 : 8 (*b*) 20 : 49 : 64

(*c*) 38 : 28 : 21 (*d*) इनमें से कोई नहीं

30. A, B तथा C ने एक कार्य को ₹ 16500 में समाप्त करने का ठेका लिया. A तथा B ने मिलकर कुल कार्य का $\frac{7}{11}$ भाग समाप्त कर दिया तथा शेष कार्य C ने किया. इस धन में से C का भाग कितना होगा?

(*a*) ₹7200 (*b*) ₹6400 (*c*) ₹6000 (*d*) ₹8400

31. A तथा B ने व्यापार प्रारंभ करने के लिए क्रमश: ₹3500 तथा ₹ 2500 लगाए. 4 माह बाद C भी ₹ 6000 देकर मिल गया. यदि C के हिस्से तथा B के हिस्से का अन्तर ₹ 1977 था तो कुल वार्षिक आय क्या थी?

(*a*) ₹ 15,620 (*b*) ₹ 16, 240

(*c*) ₹ 14, 690 (*d*) ₹ 12,770

(*e*) ₹ 13,180

(आई.बी.पी.एस. बैंक आई.टी.ऑफी. (प्रथम पाली) परीक्षा, 2016)

32. आरव ₹ 3500 में एक कारोबार प्रारंभ करता है तथा 6 माह के पश्चात् बीना एक भागीदार के तौर पर आरव के साथ जुड़ जाती है एक वर्ष के पश्चात् लाभ को 2 : 3 के अनुपात में विभाजित किया जाता है। पूँजी में बीना का अंशदान क्या है?

(*a*) ₹ 10500 (*b*) ₹ 11000 (*c*) ₹ 11500 (*d*) ₹ 12000

(भारतीय डाक पोस्टमैन/मेलगार्ड परीक्षा, (प्रथम पाली) 2016)

33. चार ग्वालों A, B, C तथा D ने मिलकर एक चरागाह किराये पर ली. A ने अपनी 18 गाय 4 महीने चराई; B ने 25 गाय 2 महीने चराई; C ने 28 गाय 5 महीने चराई तथा D ने 21 गाय 3 महीने चराई. यदि कुल किराये में से A का भाग ₹3600 हो, तो चरागाह का कुल किराया कितना है?

(*a*) ₹15000 (*b*) ₹16000 (*c*) ₹16250 (*d*) ₹16500

34. समियारा, महीरा तथा कियारा ने डी०वी०डी० का एक सैट ₹578 किराये पर लिया. यदि उन्होंने इसका प्रयोग क्रमश: 8 घण्टे, 12 घण्टे तथा 14 घण्टे किया हो, तो कुल किराये में से कियारा को कितना देना होगा? (बैंक पी०ओ० परीक्षा, 2008)

(*a*) ₹238 (*b*) ₹204 (*c*) ₹192 (*d*) ₹215

(*e*) इनमें से कोई नहीं

35. A ने कुछ धन निवेश करके एक छोटा सा व्यापार शुरू किया. B, A से व्यापार शुरू होने के 3 महीने बाद जुड़ा और उसने A के निवेश से 1.5 गुना ज्यादा निवेश किया, B के तीन महीने के बाद C, A और B से जुड़ा और उसने A की निवेश राशि का आधा निवेश किया, यह माना गया कि कार्यशील पार्टनर को लाभ का 10% प्राप्त होगा और साथ ही में शेष लाभ में से निवेश अनुपात के अनुसार हिस्सा भी, अगर साल के अंत में कुल लाभ ₹ 23750 था तो A जो अकेला कार्यशील पार्टनर है, को कितनी राशि प्राप्त होगी?
(*a*) ₹ 11375 (*b*) ₹ 10000 (*c*) ₹ 12375 (*d*) ₹ 11275
(*e*) ₹ 12000
(ओरि. इंश्यो. कं लि. स्पेश. ऑफीसर्स (फाई.) परीक्षा, 2015)

36. A, B और C ने क्रमशः ₹ 16000, ₹ 26000 और ₹ 36000 लगाकर एक व्यवसाय प्रारम्भ किया, व्यवसाय प्रारम्भ होने के 4 माह पश्चात् B ने ₹ 6000 और C ने ₹ 12000 निकाल लिए। यदि वर्ष के अन्त में कुल लाभ ₹ 21450 अर्जित किया जाता है तो A का हिस्सा क्या है?
(*a*) ₹ 6000 (*b*) ₹ 5200 (*c*) ₹ 4800 (*d*) ₹ 12245
(*e*) ₹ 16365
(एस.बी.आई. के सहयोगी बैंक लिपिकीय संवर्ग परीक्षा, 2015)

37. A, B तथा C ने एक व्यापार क्रमशः ₹ 1600, ₹2000 तथा ₹ 1800 पूँजी लगाकर प्रारम्भ किया A ने 6 माह पश्चात् ₹ 200 का ओर निवेश किया, व्यापार शुरू करने के 8 माह पश्चात् B तथा C ने 4 : 1 के अनुपात से अतिरिक्त धन का निवेश किया यदि उनको साल के अन्त में ₹ 3550 का लाभ हुआ तथा A का हिस्सा ₹ 1020 है तो C ने कितना अतिरिक्त धन का निवेश किया?
(*a*) ₹ 250 (*b*) ₹ 300 (*c*) ₹ 400 (*d*) ₹ 800
(*e*) ₹ 100

(रिजर्व बैंक ऑफ इण्डिया ऑफीसर्स ग्रेड 'बी' परीक्षा, 2015)

38. A तथा B ने क्रमशः ₹ 50000 तथा ₹ 45000 लगाकर एक व्यापार आरम्भ किया. चार माह बाद A ने अपनी आधी पूँजी वापिस ले ली तथा B ने उसी समय अपनी एक तिहाई पूँजी वापिस ले ली. इस समय C कुल ₹ 70000 लगाकर व्यापार में साझीदार हो गया. वर्ष के अन्त में ₹ 41400 के लाभ में से C का भाग कितना होगा?
(*a*) ₹ 17800 (*b*) ₹ 16800 (*c*) ₹ 18600 (*d*) ₹ 18800

39. साझे के एक व्यापार में A कुल पूँजी का $\frac{1}{6}$ भाग, $\frac{1}{6}$ समय के लिए; B कुल पूँजी का $\frac{1}{3}$ भाग, $\frac{1}{3}$ समय के लिए तथा C, कुल पूँजी का शेष भाग पूरे समय के लिए निवेश करता है. ₹ 46000 के कुल लाभ में से B का भाग कितना है?
(*a*) ₹ 6500 (*b*) ₹ 8000 (*c*) ₹ 9600 (*d*) ₹ 10000

40. A तथा B दो साझीदारों ने एक व्यापार में 4 : 5 के अनुपात में पूँजी लगाई. तीन माह बाद A ने अपनी पूँजी का $\frac{1}{4}$ भाग तथा B ने अपनी पूँजी का $\frac{1}{5}$ भाग वापिस ले लिया. 10 माह बाद कुल ₹ 7600 के लाभ में से A का भाग कितना है?
(*a*) ₹ 3300 (*b*) ₹ 3600 (*c*) ₹ 3800 (*d*) ₹ 4300

41. A और B ने क्रमशः ₹ 25 लाख और ₹ 30 लाख निवेश करके एक कारोबार शुरू किया। 2 महीने के बाद A ने ₹ 5 लाख निकाल लिए, जबकि ₹ 10 लाख निवेश करके C इस कारोबार में शामिल हुआ और 3 महीने के बाद B इससे निकल गया। यदि 1 वर्ष पूरा होने पर लाभ ₹ 9 लाख था, तो A का हिस्सा कितना है? (जे.ई.ई. होटल मैनेजमेंट प्रवेश परीक्षा, 2015)
(*a*) ₹ 2.7 लाख (*b*) ₹ 1.8 लाख
(*c*) ₹ 5.4 लाख (*d*) ₹ 4.5 लाख

उत्तरमाला (प्रश्नमाला 13A)

1. (*c*)	2. (*d*)	3. (*b*)	4. (*c*)	5. (*a*)	6. (*b*)	7. (*d*)	8. (*a*)	9. (*c*)	10. (*b*)	11. (*e*)	12. (*e*)
13. (*d*)	14. (*a*)	15. (*d*)	16. (*a*)	17. (*a*)	18. (*e*)	19. (*a*)	20. (*c*)	21. (*e*)	22. (*a*)	23. (*a*)	24. (*d*)
25. (*c*)	26. (*d*)	27. (*b*)	28. (*d*)	29. (*b*)	30. (*c*)	31. (*e*)	32. (*a*)	33. (*c*)	34. (*a*)	35. (*a*)	36. (*b*)
37. (*a*)	38. (*b*)	39. (*b*)	40. (*a*)	41. (*a*)							

दिये गये प्रश्नों के हल (प्रश्नमाला 13A)

1. मिथिलेश : विद्या = (48000 × 12 : 56000 × 5)
= (6 × 12 : 7 × 5) = (72 : 35).
कुल लाभ = ₹ 5885.
विद्या का भाग = ₹ $\left(5885 \times \frac{35}{107}\right)$ = ₹ 1925.

2. माना A ने ₹ $5x$, 8 मास के लिए निवेश किये तथा B ने ₹ $6x$, y मास के लिए निवेश किये.
तब $\frac{5x \times 8}{6x \times y} = \frac{5}{9} \Rightarrow \frac{20}{3y} = \frac{5}{9}$. $\therefore\ 15y = 180 \Rightarrow y = 12.$
अतः B का धन 12 मास तक निवेशित रहा.

3. माना B ने x महीने के लिए निवेश किया
प्रश्नानुसार,
$(5 \times 12) : (4 \times x) = 15 : 8$
$\Rightarrow 15 : x = 15 : 8$
$\Rightarrow x = 8$

4. माना B का निवेश = ₹ x
प्रश्नानुसार,
$(6000 \times 3) : (x \times (12 - 13)) = 5 : 6$
$\Rightarrow 2000 : x = 5 : 6$
$x = 2400$

5. हेमन्त : संदीप = (50000 × 36) : (70000 × 28)
= 180 : 196 = 45 : 49.

अतः इनके लाभ का बँटवारा 45:49 के अनुपात में होगा।

6. प्रकाश : सुनील : अनिल = 11 लाख : 16·5 लाख : 8·25 लाख

$$= 11:16\cdot5:8\cdot25 = 11:\frac{165}{10}:\frac{825}{100}$$

$$= 11:\frac{33}{2}:\frac{33}{4} = 44:66:33 = 4:6:3.$$

कुल लाभ = ₹ 19·5 लाख

अनिल का भाग = ₹ $\left(19\cdot5 \text{ लाख} \times \frac{3}{13}\right)$ = ₹ (1·5 लाख × 3)

= ₹ 4·5 लाख

अनिल के भाग का 5% = ₹ $\left(4\cdot5 \text{ लाख} \times \frac{50}{100}\right)$

= ₹ 2·25 लाख

7. सरिता : नीता = (50000 × 12) : (80000 × 6)

= 60 : 48 = 5 : 4.

कुल लाभ = ₹ 18000.

सरिता का भाग = ₹ $\left(18000 \times \frac{5}{9}\right)$ = ₹ 10000.

8. $P : Q : R$ = (45000 × 2) : (70000 × 2) : (90000 × 2)

= 90 : 140 : 180 = 9 : 14 : 18.

कुल लाभ = ₹ 164000.

Q का भाग = ₹ $\left(164000 \times \frac{14}{41}\right)$ = ₹ 56000.

9. मीनाक्षी : अभय = (12000 × 12) : (9000 × 7)

= 144 : 63 = 16 : 7.

कुल लाभ = ₹ 4416.

मीनाक्षी का भाग = ₹ $\left(4416 \times \frac{16}{23}\right)$ = ₹ 3072.

10. प्रभा : अमित = (32000 × 12) : (22000 × 7) = (384 : 154)

= 192 : 77.

कुल लाभ = ₹ 16409.

प्रभा का भाग = ₹ $\left(16409 \times \frac{192}{269}\right)$ = ₹ 11712.

11. गौतम : जतिन = (60000 × 24) : (35000 × 16)

= (144 : 560) = 9 : 35.

अतः 2 वर्ष बाद कुल लाभ गौतम तथा जतिन में 9 : 35 के अनुपात में बँटेगा।

12. माना निनाद की राशि = ₹ x. तब, विकास की राशि = ₹ $2x$,

मानव की राशि = ₹ $6x$.

निनाद : विकास : मानव

कुल लाभ = ₹ 45000.

मानव का भाग = ₹ $\left(45000 \times \frac{6}{9}\right)$ = ₹ 30000.

13. अमन : सामन्त : रचित

= (40000 × 24) : (60000 × 18) : (50000 × 15)

= (96 : 108 : 75) = 32 : 36 : 25.

अतः इनके लाभ का अनुपात = 32 : 36 : 25.

14. शीना : मीना : रीना = 63000 : 56000 : 84000 = 9 : 8 : 12.

माना शीना, मीना, रीना का लाभांश क्रमशः ₹ $9x$, ₹ $8x$ तथा ₹ $12x$ है।

तब,

∴ कुल अर्जित लाभ = ₹ $(9x + 8x + 12x)$

= ₹ $29x$ = ₹ (29 × 4500) = ₹ 130500.

15. माना A का निवेश = $7x$

B का निवेश = $3x$

A व B के लाभ का अनुपात = $7x \times 4 : 3x \times 8$

प्रश्नानुसार,

$$13x = 143000$$

$$x = \frac{143000}{13} = 11000$$

A व B के लाभ का अंतर = $7x - 6x$

= x

= 11000

16. A, B व C के लाभ का अनुपात

= 16800 × 6 : 8400 × 9 : 25200 × 5

= 4 : 3 : 5

A का अतिरिक्त लाभ = 12000 का 5% = ₹ 600

A, B व C का शेष लाभ = 12000 − 600 = ₹ 11400

B का हिस्सा = $\frac{11400}{12} \times 3 = 2850$

17. A, B, व C के लाभ का अनुपात

= [(16000 × 1) + (6000 × 0.70 × 1)] : [(8000 × 1) + (8000 × 0.50) × 1)] : [12000 × 1]

= 10200 : 12000 : 12000

= 17 : 20 : 20

अतः C का लाभांश = $\frac{6840}{57} \times 20$ = ₹ 2400

18. नीना : मीना = 30000 × 24 : 45000 × 24 = 2 : 3.

कुल लाभ = ₹ 150000.

मीना का भाग = ₹ $\left(150000 \times \frac{3}{5}\right)$ = ₹ 90000.

19. माना A ने x महीने के लिए निवेश किया

B ने $(x + 2)$ महीने के लिए निवेश किया

कुल लाभ = ₹ 5750

A का लाभ = ₹ 2000

B का लाभ = ₹ 5750 − 2000

= ₹ 3750

प्रश्नानुसार,

$$\frac{4800x}{7200(x+2)} = \frac{2000}{3750}$$

$$\frac{4800x}{7200(x+2)} = \frac{8}{15}$$

$$x = 8$$

अतः B ने (8 + 2) = 10 महीने के लिए निवेश किया।

20. A और B की 1 माह के लिए कुल पूंजी का अनुपात

$= (4000\times 8 + 6000\times 4) : (5000\times 9 + 3000\times 3)$

$= (32000 + 24000) : (45000 + 9000)$

$= 56000 : 54000 = 28 : 27$

अनुपात पदों का योग $= 28 + 27 = 55$

A सक्रिय साझेदार है।

A को प्राप्त वार्षिक भत्ता = ₹1200 रुपए

वर्ष में ₹6700 का लाभ हुआ है।

शेष लाभ ₹ = (6700 – 12000) = ₹5500

$\therefore$ B का शेयर $= ₹\left(\dfrac{27}{55}\times 5500\right) = ₹2700$

21. A एवं B की 1 माह के लिए समतुल्य पूंजी का अनुपात

$= 3500\times 12 : 6x = 7000 : x$

अनुपात पदों का योग $= x + 7000$

कुल वार्षिक लाभ = ₹7600

$\therefore$ A का लाभांश $= \dfrac{7000}{x+7000}\times 7600$

प्रश्नानुसार, $\dfrac{7000\times 7600}{x+7000} = 5600$

$\Rightarrow\ x + 7000 = \dfrac{7000\times 7600}{5600} = 9500$

$\Rightarrow\ x = 9500 - 7000 = ₹\ 2500$

22. A, B एवं C का एक व्यापार में आरंभिक निवेश

$\Rightarrow$ ₹ $2x$, ₹ $3x$, एवं ₹ $4x$

छह माह बाद A, B एवं C का निवेश

$\Rightarrow$ ₹ $3y$, ₹ $2y$, एवं ₹ y

A, B एवं C की एक माह के लिए कुल पूँजी का अनुपात

$= (2x\times 6 + 3y\times 6) : (3x\times 6 + 2y\times 6) : (4x\times 6 + y\times 6)$

$= (2x + 3y) : (3x + 2y) : (4x + y)$

अनुपात पदों का योग

$= 2x + 3y + 3x + 2y + 4x + y = 9x + 6y$

अगर कुल वार्षिक लाभ $= r$ रुपए हो तो B का लाभांश

$= \dfrac{3x+2y}{9x+6y}\times r$

C का लाभांश $= \dfrac{4x+y}{9x+6y}\times r$

$\Rightarrow\ \dfrac{3x+2y}{9x+6y}\times\dfrac{9x+6y}{4x+y} = \dfrac{8}{9}\quad\Rightarrow\ \dfrac{3x+2y}{4x+y} = \dfrac{8}{9}$

$\Rightarrow\ 32x + 8y = 27x + 18y\ \Rightarrow\ 32x - 27x = 18y - 8y$

$\Rightarrow\ 5x = 10y\ \Rightarrow\ x = 2y$ ...(i)

पुनः, B का लाभांश $- A$ का लाभांश = 200 रुपए

$\Rightarrow\ \left(\dfrac{3x+2y}{9x+6y} - \dfrac{2x+3y}{9x+6y}\right) r = 200$

$\Rightarrow\ \left(\dfrac{6y+2y}{18y+6y} - \dfrac{4y+3y}{18y+6y}\right) r = 200$

$\Rightarrow\ \left(\dfrac{8y}{24y} - \dfrac{7y}{24y}\right) r = 200$

$\Rightarrow\ \dfrac{r}{24} = 200$

$\Rightarrow\ r = 24\times 200 = ₹\ 4800$

23. A, B एवं C की 1 माह के लिए जमा पूजी का अनुपात

$= 6x\times 12 : 11x\times 8 : 12x\times 8 = 72x : 88x : 96x$

$= 9 : 11 : 12$

आनुपातिक योग $= 9 + 11 + 12 = 32$

माना कुल वार्षिक लाभ = ₹ y

$\Rightarrow\ \dfrac{12y}{32} - \dfrac{9y}{32} = 720 = \dfrac{12y - 9y}{32} = 720 = \dfrac{3y}{32} = 720$

$\Rightarrow\ y = \dfrac{720\times 32}{3} = ₹\ 7680$

24. राज एवं पृथ्वी द्वारा क्रमशः निवेश = ₹ x एवं ₹$(x + 2000)$

आनुपातिक योग $= x + x + 2000 = 2x + 2000$

$\therefore$ राज का लाभांश = ₹ 3600

प्रश्नानुसार,

$\Rightarrow\ \dfrac{x}{2x+2000}\times 8400 = 3600\quad\Rightarrow\ \dfrac{7x}{2x+2000} = 3$

$\Rightarrow\ 7x = 6x + 6000\quad\Rightarrow\ x = ₹\ 6000$

पृथ्वी द्वारा किया गया निवेश

$= x + 2000 = 6000 + 2000 = ₹\ 8000$

25. माना आरम्भ में A तथा B की पूँजियाँ क्रमशः ₹ $6x$ तथा ₹ $5x$ थी.
माना B का धन $(7 + y)$ महीने तक व्यापार में रहा. तब

$$\frac{(6x\times 7)}{(5x\times 7) + \left(\dfrac{5x}{2}\times y\right)} = \frac{4}{5} \Rightarrow \frac{84}{70+5y} = \frac{4}{5}$$

$\Rightarrow 4(70 + 5y) = 420 \Rightarrow 20y = 140 \Rightarrow y = 7.$

अतः B का धन (7 + 7) अर्थात 14 महीने तक व्यापार में रहा.

26. दिया है: $4A = 6B = 11C = k$ (माना).

तब, $A = \dfrac{k}{4}, B = \dfrac{k}{6}$ तथा $C = \dfrac{k}{11}$.

$\therefore\ A : B : C = \dfrac{k}{4} : \dfrac{k}{6} : \dfrac{k}{11} = \dfrac{1}{4} : \dfrac{1}{6} : \dfrac{1}{11} = 33 : 22 : 12.$

27. माना कुल निवेश = ₹ x. तब, A का निवेश = ₹ $\dfrac{x}{3}$.

शेष निवेश = ₹ $\left(x - \dfrac{x}{3}\right)$ = ₹ $\dfrac{2x}{3}$.

$\Rightarrow \dfrac{(12x - 9x)}{10} = 2400 \Rightarrow 3x = 24000 \Rightarrow x = 8000.$

$B+C=\frac{2x}{3}$ तथा $B-C=\frac{x}{3}$ को हल करने पर

$B=\frac{x}{2}$ तथा $C=\left(\frac{2x}{3}-\frac{x}{2}\right)=\frac{x}{6}$.

$\therefore\ A:B:C=\frac{x}{3}:\frac{x}{2}:\frac{x}{6}=2:3:1.$

कुल लाभ = ₹ 90000.

इसमें से C का भाग = ₹ $\left(90000\times\frac{1}{6}\right)$ = ₹ 15000.

28. कुल लाभ में B का भाग $=\frac{15}{31}$ तथा A का भाग = ₹ $\left(\frac{100}{75}\times 6750\right)$

कुल लाभ में A तथा B के भाग का अनुपात = ₹ $\left(\frac{115}{100}\times 9000\right)$

माना B की पूँजी ₹ x, 6 माह के लिए.

तब A तथा B की पूँजियों का अनुपात

$=(36000\times 8):(6x)=48000:x.$

$\therefore\ \frac{48000}{x}=\frac{16}{15}\Rightarrow 16x=48000\times 15$

$\Rightarrow x=\frac{48000\times 15}{16}=45000.$

अत: B का धन = ₹ 45000.

29. माना इनकी पूँजियाँ क्रमश: ₹ x, ₹ y तथा ₹ z है. तब,

$14x:8y:7z=5:7:8$

अत: $\frac{14x}{8y}=\frac{5}{7}\Rightarrow 40y=98x\Rightarrow y=\frac{98x}{40}=\frac{49x}{20}.$

तथा $\frac{14x}{7z}=\frac{5}{8}\Rightarrow\frac{2x}{z}=\frac{5}{8}\Rightarrow 5z=16x\Rightarrow z=\frac{16x}{5}.$

$\therefore\ x:y:z=x:\frac{49x}{20}:\frac{16x}{5}=20x:49x:64x$

$=20:49:64.$

अत: इनकी पूँजियों का अनुपात 20 : 49 : 64 है.

30. $(A+B)$ का कार्य $=\frac{7}{11}$ तथा C का कार्य $=\left(1-\frac{7}{11}\right)=\frac{4}{11}.$

$\therefore\ (A+B):C=\frac{7}{11}:\frac{4}{11}=7:4.$

A, B, C को मिला कुल धन = ₹ 16500.

इसमें C का भाग = ₹ $\left(16500\times\frac{4}{11}\right)$ = ₹ 6000.

31. A का हिस्सा $=3500\times 12$

B का हिस्सा $=2500\times 12$

C का हिस्सा $=6000\times 8$

A, B, C के हिस्से का अनुपात

$3500\times 12:2500\times 12:6000\times 8$

$420:300:480=7:5:8$

प्रश्नानुसार,

C तथा B के हिस्सो में अन्तर $=1977$

$\Rightarrow 8x-5x=1977\quad\Rightarrow 3x=1977\quad\Rightarrow x=659$

कुल हिस्सा $=7x+5x+8x=20x$

$\Rightarrow 20x=20\times 659$

= ₹13180

कुल लाभ = ₹ 13180

32. माना बीना द्वारा किया गया निवेश x है

प्रश्नानुसार,

$\frac{3500\times 12}{6\times x}=\frac{2}{3}$

$\Rightarrow\frac{3500\times 2}{x}=\frac{2}{3}$

$\Rightarrow\frac{7000\times 3}{2}=$ ₹10500

33. A, B, C, D के किराये का अनुपात

$=(18\times 4):(25\times 2):(28\times 5):(21\times 3)$

$=72:50:140:63$

माना किराये में A का भाग = ₹ $72x$,

B का भाग = ₹ $50x$, C का भाग = ₹ $140x$.

तथा D का भाग = ₹ $63x$.

$\therefore\ 72x=3600\Rightarrow x=\frac{3600}{72}=50.$

चारागाह का कुल किराया = ₹ $(72x+50x+140x+63x)$

= ₹ $325x$ = ₹ (325×50) = ₹16250.

34. $S:M:K=8:12:14=4:6:7.$

कुल किराया = ₹ 578.

किराये में कियारा का भाग = ₹ $\left(578\times\frac{7}{17}\right)$ = ₹ 238.

35. A, B और C द्वारा निवेश की गई राशि

$=x\times 12:9\times 1.5x:6\times\frac{1}{2}x=12x:13.5x:3x$

तो A को मिला $=23750\times\frac{10}{100}=$ ₹ 2375

शेष लाभ = ₹ $(23750-2375)$ = ₹ 21375

तो लाभ में A का हिस्सा $=21375\times\frac{4}{9.5}=$ ₹ 9000

तो A को प्राप्त हुई कुल राशि $=9000+2375=$ ₹ 11375

36. A का 12 महीने का निवेश $=16000\times 12=1,92,000$

B का 12 महीने का निवेश

$=(26000\times 4)+(26000-6000)\times 8=104000+160000$

$=264000$

C का 12 महीने का निवेश

$=(36000\times 4)+(36000-12000)\times 8=144000+192000$

$=336000$

A, B एवं C की लागत का अनुपात

$=192000:264000:336000=192:264:336$

आनुपातिक योग $=192+264+336=792$

A का लाभ में हिस्सा $= 21450 \times \frac{192}{792} = ₹\ 5200$

37. माना अतिरिक्त जमा की गई राशि x है

A द्वारा जमा की राशि:

$1600 \times 6 = 9600$

$1800 \times 6 = 10800$

कुल निवेश $= 20400$

B द्वारा जमा की राशि:

$2000 \times 8 = 16000$

$(2000 + 4x)4 = 8000 + 16x$

कुल निवेश $= 24000 + 16x$

C द्वारा जमा की राशि:

$1800 \times 8 = 1440$

$(1800 + x)4 = 7200 + 4x$

कुल निवेश $= 21600 + 4x$

$A : B : C$ का कुल निवेश

$= 20400 : 24000 + 16x : 21600 + 4x$

$= 5100 : 6000 + 4x : 5400 + x$

प्रश्नानुसार,

$\frac{1020}{5100} \times (5100 + 6000 + 4x + 5400 + x) = 3550$

$\Rightarrow \frac{1020}{5100} \times 16500 \times 5x = 3550$

$\Rightarrow \frac{16500 + 5x}{5} = 3550 \quad \Rightarrow 16500 + 5x = 3550 \times 5$

$\Rightarrow 5x = 17750 - 16500 \quad \Rightarrow 5x = 1250$

$\Rightarrow x = ₹\ 250$

C द्वारा निवेश किया अतिरिक्त धन ₹ 250 है।

38. A की पूँजी $= ₹\ [(50000 \times 4) + (25000 \times 8)] = ₹\ 400000.$

B की पूँजी $= ₹ \left[(45000 \times 4) + \left(45000 \times \frac{2}{3} \times 8\right)\right]$

$= ₹\ 420000.$

C की पूँजी $= ₹\ (70000 \times 8) = ₹\ 560000.$

$A : B : C = 400000 : 420000 : 560000$

$= 40 : 42 : 56 = 20 : 21 : 28.$

कुल लाभ $= ₹\ 41400.$

C का भाग $= ₹ \left(41400 \times \frac{28}{69}\right) = ₹\ 16800.$

39. माना A, ₹ $\frac{x}{6}$, $\frac{y}{6}$ माह के लिए निवेश करता है;

B, ₹ $\frac{x}{3}$, $\frac{y}{3}$ माह के लिए निवेश करता है;

तथा C, ₹ $\left\{x - \left(\frac{x}{6} + \frac{x}{3}\right)\right\} = ₹ \frac{x}{2}$, y माह के लिए निवेश करता है.

$A : B : C = \left(\frac{x}{6} \times \frac{y}{6}\right) : \left(\frac{x}{3} \times \frac{y}{3}\right) : \left(\frac{x}{2} \times y\right) = \frac{xy}{36} : \frac{xy}{9} : \frac{xy}{2}$

$= 1 : 4 : 18.$

कुल लाभ $= ₹\ 46000.$

इसमें, B का भाग $= ₹ \left(46000 \times \frac{4}{23}\right) = ₹\ 8000.$

40. माना आरम्भ में A की पूँजी $= ₹\ 4x$ तथा B की पूँजी $= ₹\ 5x.$

3 माह बाद A की पूँजी $= ₹ \left[4x - \left(\frac{1}{4} \times 4x\right)\right] = ₹\ 3x.$

3 माह बाद B की पूँजी $= ₹ \left[5x - \left(\frac{1}{5} \times 5x\right)\right] = ₹\ 4x.$

$\therefore$ A की पूँजी $= ₹\ [(4x \times 3) + (3x \times 7)] = ₹\ (12x + 21x)$
$= ₹\ 33x.$

B की पूँजी $= ₹\ [(5x \times 3) + (4x \times 7)] = ₹\ (15x + 28x)$
$= ₹\ 43x.$

कुल लाभ $= ₹\ 7600.$

इस लाभ में A का भाग $= ₹ = ₹ \left(x + \frac{x}{10}\right) = ₹ \frac{11x}{10}$

41. A, B और C के लाभ का क्रमशः अनुपात

$= (25 \times 2 + 20 \times 10) : 30 \times 5 : 10 \times 10$

$= 250 : 150 : 100 = 5 : 3 : 2$

आनुपातिक योग $= 5 + 3 + 2 = 10$

B का हिस्सा $= \frac{3}{10} \times 9 = 2.7$ लाख

प्रश्नमाला 13B

1. तीन ग्वाले A, B, C मिलकर एक चरागाह ₹ 5880 किराये पर लेते हैं. इसमें A अपनी 18 गाय 4 महीने चराता है; B अपनी 16 गाय 6 महीने चराता है तथा C अपनी 14 गाय 9 महीने चराता है. प्रत्येक को कितना-कितना किराया देना पड़ेगा ?

(*a*) ₹ 1440, ₹ 1920, ₹ 2540 (*b*) ₹ 1440, ₹ 1860, ₹ 2340
(*c*) ₹ 1440, ₹ 1920, ₹ 2340 (*d*) ₹ 1440, ₹ 1860, ₹ 2520

2. A, B, C मिलकर एक व्यापार आरम्भ करते हैं. आरम्भ में इनकी पूँजियाँ $\frac{1}{2} : \frac{1}{3} : \frac{1}{5}$ के अनुपात में हैं. चार माह बाद, B अपनी आधी पूँजी निकाल लेता है. वर्ष के अन्त में ₹ 41500 के कुल लाभ में से C का भाग ज्ञात कीजिए.

(*a*) ₹ 8000 (*b*) ₹ 9000 (*c*) ₹ 7000 (*d*) ₹ 6000

3. A तथा B ने मिलकर व्यापार आरम्भ किया तथा 4 : 5 के अनुपात में धन लगाया. 3 माह बाद A ने अपनी पूँजी का $\frac{1}{4}$ भाग तथा B ने अपनी पूँजी का $\frac{1}{5}$ भाग वापिस ले लिया. व्यापार आरम्भ करने के 10 माह बाद ₹ 60800 के लाभ में से प्रत्येक का भाग ज्ञात कीजिए.
(*a*) ₹ 36400, ₹ 38400 (*b*) ₹ 26400, ₹ 34400
(*c*) ₹ 23800, ₹ 34400 (*d*) ₹ 26400, ₹ 38400

4. A और B ने क्रमशः ₹ 50000 तथा ₹ 60000 लगाकर एक व्यापार आरम्भ किया. A को व्यापार का प्रबन्ध देखने के लिए कुल लाभ का $12\frac{1}{2}\%$ दिया जाता है तथा शेष लाभ को उनकी पूँजी के अनुपात में बाँटा जाता है. ₹ 8800 के कुल लाभ में से प्रत्येक का भाग ज्ञात कीजिए.
(*a*) ₹ 4600, ₹ 4000 (*b*) ₹ 4800, ₹ 4200
(*c*) ₹ 4600, ₹ 4200 (*d*) ₹ 4600, ₹ 4800

5. A और B एक व्यापार में क्रमशः ₹ 10000 तथा ₹ 40000 लगाकर साझेदारी करते हैं. B को व्यापार की देखभाल के लिए ₹ 1000 प्रतिमाह मिलते हैं. प्रत्येक की पूँजी पर 5% प्रतिवर्ष की दर से ब्याज का भुगतान करने के बाद, वार्षिक लाभ को साझीदारों में उनकी पूँजी के अनुपात में बाँट दिया जाता है. ₹ 40000 के वार्षिक लाभ में से प्रत्येक का भाग ज्ञात कीजिए.
(*a*) ₹ 5600, ₹ 34000 (*b*) ₹ 5600, ₹ 36000
(*c*) ₹ 5660, ₹ 36400 (*d*) ₹ 5600, ₹ 34400

6. A तथा B मिलकर एक व्यापार आरम्भ करते हैं. A अकेला ही ₹ 450000 की कुल पूँजी इस शर्त पर लगाता है कि आधी पूँजी पर B उसे 10% वार्षिक दर से ब्याज देगा तथा लाभ को दोनों में बराबर-बराबर बाँटा जायेगा. लाभ को बराबर-बराबर बाँटने से पहले B को निरीक्षण कार्य के लिए ₹ 1200 प्रतिमाह भी दिया जाता है. यदि वर्ष के अन्त में B की आय, A की आय से आधी हो, तो कुल वार्षिक लाभ ज्ञात कीजिए.
(*a*) ₹ 91800 (*b*) ₹ 96400
(*c*) ₹ 94800 (*d*) ₹ 92000

7. A, B और C एक व्यापार में क्रमशः ₹ 12000, ₹ 15000 तथा ₹ 18000 निवेश करते हैं. व्यापार का प्रबन्ध देखने के लिए A को वार्षिक लाभ का 25% दिया जाता है. शेष लाभ को A, B और C में उनके पूँजी-निवेश के अनुपात में बाँट दिया जाता है. यदि वर्ष के अन्त में A को B तथा C को मिलने वाली राशि से ₹ 1000 कम मिले हों, तो उस वर्ष का लाभ ज्ञात कीजिए.
(*a*) ₹ 8000 (*b*) ₹10000 (*c*) ₹ 12000 (*d*) ₹ 11000

8. तीन साझीदार A, B और C एक व्यापार आरम्भ करते हैं. A को प्रबन्धक तथा B को सहायक प्रबन्धक के रूप में कार्य करने के लिए कुल लाभ का क्रमशः 10% तथा 5% मिलता है. शेष लाभ को उनकी पूँजी के अनुपात में बाँटा जाता है. इस व्यापार में A तथा B की पूँजियाँ क्रमशः ₹ 700000 तथा ₹ 600000 हैं. यदि B को कुल लाभ का 35% मिलता हो, तो C की पूँजी ज्ञात करें.
(*a*) ₹ 500000 (*b*) ₹ 400000
(*c*) ₹ 600000 (*d*) ₹ 700000

9. चार साझेदारों के व्यापार की कुल पूँजी ₹ 400000 है. इसमें से आधी पूँजी A ने लगाई तथा शेष आधा B और C ने मिलकर बराबर-बराबर लगाई. उन्होंने D को व्यापार का प्रबन्धक बनाया तथा सहमति हुई कि पहले D को कुल लाभ का 10% तथा B और C में से प्रत्येक को कुल लाभ का 5% दिया जायेगा तथा शेष लाभ को A, B, C में उनकी पूँजी के अनुपात में बाँट दिया जायेगा. ₹ 12600 के कुल लाभ में से A, B, C, D के भाग ज्ञात कीजिए.
(*a*) A = ₹ 5040, B = ₹ 3150, C = ₹ 3150, D = ₹ 1260
(*b*) A = ₹ 4050, B = ₹ 3275, C = ₹ 3275, D = ₹ 1580
(*c*) A = ₹ 5060, B = ₹ 3250, C = ₹ 3250, D = ₹ 1600
(*d*) इनमें से कोई नहीं

10. A तथा B मिलकर व्यापार आरम्भ करते हैं तथा क्रमशः ₹ 5 लाख तथा ₹ 6 लाख लगाते हैं. वर्ष के अन्त में कुल लाभ का 12·5%, A को प्रबन्धक के रूप में मिलता है तथा शेष लाभ को उनके द्वारा लगाई गई पूँजियों के अनुपात में बाँट दिया जाता है. यदि कुल लाभ ₹ 880000 हो, तो प्रत्येक का भाग ज्ञात कीजिए.
(*a*) A = ₹ 420000, B = ₹ 460000
(*b*) A = ₹ 460000, B = ₹ 420000
(*c*) A = ₹ 480000, B = ₹ 400000
(*d*) A = ₹ 480000, B = ₹ 400000

11. A तथा B एक व्यापार में साझेदार हैं. यदि B ने कुल पूँजी का $\frac{1}{5}$ भाग 10 माह के लिए निवेशित किया हो तथा उसे 1 वर्ष बाद कुल लाभ का $\frac{1}{3}$ भाग मिला हो, तो ज्ञात कीजिए कि A ने अपनी पूँजी कितने माह के लिए निवेशित की ?
(*a*) 6 माह (*b*) 8 माह (*c*) 4 माह (*d*) 5 माह

12. दो साझेदारों A तथा B द्वारा निवेशित पूँजियों का अनुपात 11 : 12 है तथा उनके लाभांशों का अनुपात 2 : 3 है. यदि A ने अपनी पूँजी 8 माह के लिए निवेशित की हो, तो B ने अपनी पूँजी कितने समय के लिए निवेशित की ?
(*a*) 11 माह (*b*) 12 माह (*c*) 9 माह (*d*) 10 माह

13. राम और रहीम एक व्यापार में साझेदार हैं. राम कुल पूँजी का एक-तिहाई 8 मास के लिए निवेशित करता है. तदुपरान्त अपने निवेश में 50% की कमी कर देता है. दो वर्ष के अन्त में राम को कुल लाभ का $\frac{1}{4}$ भाग प्राप्त होता है. रहीम ने अपनी पूँजी कितने समय के लिए निवेशित की ?
(*a*) 4 वर्ष (*b*) 2 वर्ष (*c*) 1 वर्ष (*d*) 3 वर्ष

14. A, B तथा C ने मिलकर ₹ 13825 में एक मकान 1 वर्ष के लिए किराये पर लिया. ये 4 मास तक इसमें इकट्ठे रहे. तत्पश्चात C मकान छोड़कर चला गया. अगले 5 मास बाद B भी मकान छोड़कर चला गया. दिये जाने वाले कुल किराये में प्रत्येक का अलग-अलग भाग ज्ञात कीजिए.
(*a*) A = ₹ 6636, B = ₹ 4977, C = ₹ 2212
(*b*) A = ₹ 6625, B = ₹ 5070, C = ₹ 2130
(*c*) A = ₹ 6767 B = ₹ 4866, C = ₹ 2192
(*d*) A = ₹ 6800, B = ₹ 4985, C = ₹ 2040

15. आशीष ने ₹ 500000 के प्रारम्भिक निवेश से एक व्यापार आरम्भ किया. प्रथम वर्ष में उसे 4% हानि हुई, दूसरे वर्ष उसे 5% का लाभ हुआ तथा तीसरे वर्ष यह लाभ बढ़कर 10% हो गया. तीन वर्ष की अवधि के बाद उसका शुद्ध लाभ (Net Profit) ज्ञात कीजिए.
(*a*) ₹ 54400 (*b*) ₹ 56200 (*c*) ₹ 53800 (*d*) ₹ 55200

उत्तरमाला (प्रश्नमाला 13B)

1. (*a*) **2.** (*b*) **3.** (*b*) **4.** (c) **5.** (*d*) **6.** (*a*) **7.** (*b*) **8.** (*b*) **9.** (*a*) **10.** (*b*) **11.** (*d*) **12.** (*a*) **13.** (*b*) **14.** (*a*) **15.** (*a*)

दिये गये प्रश्नों के हल (प्रश्नमाला 13B)

1. A द्वारा की गई खपत = 18 गाय 4 महीने के लिए = (18×4) गाय 1 महीने के लिए = 72 गाय 1 महीने के लिए.
B द्वारा की गई खपत = 16 गाय 6 महीने के लिए = (16×6) गाय 1 महीने के लिए = 96 गाय 1 महीने के लिए.
C द्वारा की गई खपत = 14 गाय 9 महीने के लिए = (14×9) गाय 1 महीने के लिए = 126 गाय 1 महीने के लिए.
∴ A, B, C की खपत का अनुपात = 72 : 96 : 126
= 12 : 16 : 21.
अनुपात पदों का योग = (12 + 16 + 21) = 49.
कुल किराया = ₹ 5880.
A द्वारा दिया जाने वाला किराया = ₹ $\left(5880 \times \frac{12}{49}\right)$ = ₹ 1440;
B द्वारा दिया जाने वाला किराया = ₹ $\left(5880 \times \frac{16}{49}\right)$ = ₹ 1920;
C द्वारा दिया जाने वाला किराया = ₹ $\left(5880 \times \frac{21}{49}\right)$ = ₹ 2520.

2. A, B, C की पूँजियों का अनुपात = $\frac{1}{2} : \frac{1}{3} : \frac{1}{5}$ = 15 : 10 : 6.
माना प्रारम्भ में A, B, C ने क्रमशः ₹ $15x$, ₹ $10x$ तथा ₹ $6x$ लगाये.
A की कुल पूँजी = ₹ $(15x)$, 12 माह के लिए = ₹ $(15x \times 12)$, 1 माह के लिए = ₹ $(180x)$, 1 माह के लिए.
B की कुल पूँजी
= ₹ [$(10x)$, 4 माह के लिए] + [₹ $(5x)$, 8 माह के लिए]
= ₹ [$(40x)$, 1 माह के लिए] + [₹ $(40x)$, 1 माह के लिए]
= ₹ $(80x)$, 1 माह के लिए.
C की कुल पूँजी = ₹ $6x$, 12 माह के लिए = ₹ $(6x \times 12)$, 1 माह के लिए = ₹ $(72x)$, 1 माह के लिए.
A, B, C की पूँजियों का अनुपात
= $180x : 80x : 72x$ = 45 : 20 : 18.
अनुपात पदों का योग = (45 + 20 + 18) = 83.
वर्ष के अन्त में कुल लाभ = ₹ 41500.
कुल वार्षिक लाभ में से C का भाग = ₹ $\left(41500 \times \frac{18}{83}\right)$
= ₹ 9000.

3. माना आरम्भ में A तथा B ने क्रमशः ₹ $4x$ तथा ₹ $5x$ लगाये.
A की पूँजी = (₹ $4x$, 3 माह के लिए) + ₹ $\left(4x - \frac{1}{4} \times 4x\right)$, 7 माह के लिए
= (₹ $12x$, 1 माह के लिए) + (₹ $3x$, 7 माह के लिए)
= (₹ $12x$, 1 माह के लिए) + (₹ $21x$, 1 माह के लिए) = ₹ $33x$, 1 माह के लिए.
B की पूँजी
= (₹ $5x$, 3 माह के लिए) + ₹ $\left[\left(5x - \frac{1}{5} \times 5x\right), 7 \text{ माह के लिए}\right]$
= (₹ $15x$, 1 माह के लिए) + (₹ $4x$, 7 माह के लिए)
= (₹ $15x$, 1 माह के लिए) + (₹ $28x$, 1 माह के लिए)
= ₹ $43x$, 1 माह के लिए.
A तथा B की पूँजियों का अनुपात = $33x : 43x$ = 33 : 43.
अनुपात पदों का योग = (33 + 43) = 76.
वर्ष के अन्त में कुल लाभ = ₹ 60800.
∴ A का भाग = ₹ $\left(60800 \times \frac{33}{76}\right)$ = ₹ 26400;
B का भाग = ₹ $\left(60800 \times \frac{43}{76}\right)$ = ₹ 34400.

4. A तथा B की पूँजियों का अनुपात = 50000 : 60000 = 5 : 6.
कुल लाभ = ₹ 8800.
प्रबन्धक के रूप में A को मिला धन
= ₹ 8800 का $\frac{25}{2}\%$ = ₹ $\left(8800 \times \frac{25}{2} \times \frac{1}{100}\right)$ = ₹ 1100.
शुद्ध लाभ = ₹ (8800 – 1100) = ₹ 7700.
इस लाभ में A तथा B के भागों का अनुपात = 5 : 6.
अनुपात पदों का योग = (5 + 6) = 11.
∴ शुद्ध लाभ में A का भाग = ₹ $\left(7700 \times \frac{5}{11}\right)$ = ₹ 3500.
शुद्ध लाभ में B का भाग = ₹ $\left(7700 \times \frac{6}{11}\right)$ = ₹ 4200.
अतः A का कुल भाग = ₹ (1100 + 3500) = ₹ 4600;
B का कुल भाग = ₹ 4200.

5. A तथा B की पूँजियों का अनुपात = 10000 : 40000 = 1 : 4.
कुल वार्षिक लाभ = ₹ 40000.
A को मिला ब्याज = ₹ 10000 का 5% = ₹ $\left(10000 \times \frac{5}{100}\right)$
= ₹ 500.
B को मिला ब्याज = ₹ 40000 का 5% = ₹ $\left(40000 \times \frac{5}{100}\right)$
= ₹ 2000.

B को प्रबन्धक के रूप में मिला धन = ₹ (1000 × 12) = ₹ 12000.

वार्षिक लाभ में से कुल खर्च = ₹ (500 + 2000 + 12000)

= ₹ 14500.

शुद्ध लाभ = ₹ (40000 – 14500) = ₹ 25500.

A तथा B के भागों का अनुपात = 1 : 4.

अनुपात पदों का योग = (1 + 4) = 5.

$\therefore$ A का लाभांश = ₹ $= ₹\left(\frac{1}{2}\times 30\right)$ = ₹ 5100;

B का लाभांश = ₹ $\left(25500\times\frac{4}{5}\right)$ = ₹ 20400.

अतः A का कुल भाग = ₹ (500 + 5100) = ₹ 5600.

तथा B का कुल भाग = ₹ (2000 + 12000 + 20400) = ₹ 34400.

6. माना कुल वार्षिक लाभ = ₹ x,

व्यापार में लगी कुल पूँजी = ₹ 450000.

इसमें से आधी पूँजी = ₹ $= ₹\left(\frac{10}{5}\times 30\right)$ = ₹ 225000.

B द्वारा A को दिया गया ब्याज = ₹ $= ₹\left(\frac{15}{6}\times 30\right)$ = ₹ 22500.

B को निरीक्षण कार्य के लिए मिला धन = ₹ (1200 × 12)

= ₹ 14400.

शुद्ध वार्षिक लाभ = ₹ (x – 14400),

इसमें से प्रत्येक का भाग = ₹ $\frac{1}{2}$ (x – 14400).

A की कुल आय = ₹ $\left[22500+\frac{1}{2}(x-14400)\right]$.

B की कुल आय = ₹ $\left[14400+\frac{1}{2}(x-14400)-22500\right]$.

परन्तु दिया है कि, B की आय = $\frac{1}{2}$ × (A की आय)

$\therefore 14400 + \frac{1}{2}(x - 14400) - 22500$

$= \frac{1}{2} \times \left[22500+\frac{1}{2}(x-14400)\right]$

$\Rightarrow \frac{1}{4}(x - 14400) = (11250 + 22500 - 14400)$

$\Rightarrow x - 14400 = (4 \times 19350) \Rightarrow x = (77400 + 14400)$

$\Rightarrow x = 91800.$

अतः कुल वार्षिक लाभ = ₹ 91800.

7. माना कि वार्षिक लाभ = ₹ x.

A, B, C की पूँजियों का अनुपात = 12000 : 15000 : 18000

= 4 : 5 : 6.

प्रबन्धन के लिए A को मिला धन

= ₹ x का 25% = ₹ $\left(x\times\frac{25}{100}\right)$ = ₹ $\frac{x}{4}$.

शेष लाभ = ₹ $\left(x-\frac{x}{4}\right)$ = ₹ $\frac{3x}{4}$.

इस लाभ में से:

A का भाग = ₹ $\left(\frac{3x}{4}\times\frac{4}{15}\right)$ = ₹ $\frac{x}{5}$;

B का भाग = ₹ $\left(\frac{3x}{4}\times\frac{5}{15}\right)$ = ₹ $\frac{x}{4}$;

C का भाग = ₹ $\left(\frac{3x}{4}\times\frac{6}{15}\right)$ = ₹ $\frac{3x}{10}$.

A को मिला कुल धन = ₹ $\left(\frac{x}{4}+\frac{x}{5}\right)$ = ₹ $\frac{9x}{20}$.

B तथा C को मिला कुल धन = ₹ $\left(\frac{x}{4}+\frac{3x}{10}\right)$ = ₹ $\frac{11x}{20}$.

दिया है कि:

A को मिला धन = [(B और C को मिला धन) – 1000].

$\therefore \frac{9x}{20} = \frac{11x}{20} - 1000 \Rightarrow \frac{11x}{20} - \frac{9x}{20} = 1000$

$\Rightarrow \frac{x}{10} = 1000 \Rightarrow x = 10000.$

अतः वार्षिक लाभ = ₹ 10000.

8. माना C की पूँजी ₹ x लाख तथा कुल लाभ ₹ y है.

A को प्रबन्धक के रूप में मिला धन = ₹ y का 10% = ₹ $\frac{y}{10}$.

B को सहायक प्रबन्धक के रूप में मिला धन = ₹ y का 5%

= ₹ $\frac{y}{20}$.

शेष लाभ = ₹ $\left[y-\left(\frac{y}{10}+\frac{y}{20}\right)\right]$ = ₹ $\frac{17y}{20}$.

A, B, C की पूँजियों का अनुपात = (7 लाख) : (6 लाख) : (x लाख)

= 7 : 6 : x.

इन पदों का योग = (7 + 6 + x) = (13 + x).

इस लाभ में B का भाग = ₹ $\left[\frac{17y}{20}\times\frac{6}{(13+x)}\right]$ = ₹ $\frac{51y}{10(13+x)}$.

B को मिला कुल धन

= ₹ $\left[\frac{y}{20}+\frac{51y}{10(13+x)}\right]$ = ₹ $\left[\frac{1}{20}+\frac{51}{10(13+x)}\right]y$

= ₹ $\left[\frac{(13+x)+102}{20(13+x)}\right]y$ = ₹ $\frac{(x+115)y}{20(13+x)}$.

परन्तु, B को मिला कुल धन = कुल लाभ का 35%

$\therefore \frac{(x+115)y}{20(13+x)} = \left(y\times\frac{35}{100}\right) \Rightarrow \frac{x+115}{20(13+x)} = \frac{7}{20}$

$\Rightarrow 20x + 2300 = 1820 + 140x$

$\Rightarrow 120x = 480 \Rightarrow x = 4.$

$\therefore$ C की पूँजी = ₹ 4 लाख = ₹ 400000.

9. A की पूँजी = ₹ $\left(\frac{1}{2}\times 400000\right)$ = ₹ 200000.

शेष पूँजी = ₹ (400000 – 200000) = ₹ 200000.

B की पूँजी = C की पूँजी = ₹ $\left(\frac{1}{2}\times 200000\right)$ = ₹ 100000.

A, B, C की पूँजियों का अनुपात = 200000 : 100000 : 100000
= 2 : 1 : 1.

कुल लाभ = ₹ 12600.

D को प्रबन्धन के लिए मिला धन = ₹ 12600 का 10% = ₹ 1260.

B को प्रबन्धन के लिए मिला धन = ₹ 12600 का 5% = ₹ 630.

C को प्रबन्धन के लिए मिला धन = ₹ 12600 का 5% = ₹ 630.

प्रबन्धन के लिए दिया गया धन = ₹ (1260 + 630 + 630)
= ₹ 2520.

शेष लाभ = ₹ (12600 − 2520) = ₹ 10080.

इसमें A का भाग = ₹ $\left(\frac{180}{1500}\times 100\right)$ = ₹ 5040,

इसमें B का भाग = ₹ $\left(10080\times\frac{1}{4}\right)$ = ₹ 2520,

इसमें C का भाग = ₹ $\left(10080\times\frac{1}{4}\right)$ = ₹ 2520.

A का कुल भाग = ₹ 5040;

B का कुल भाग = ₹ (630 + 2520) = ₹ 3150;

C का कुल भाग = ₹ (630 + 2520) = ₹ 3150;

D का कुल भाग = ₹ 1260.

10. प्रबन्धक के रूप में A को मिला धन = ₹
= ₹ 110000.

शेष लाभ = ₹ (880000 − 110000) = ₹ 770000.

A तथा B की पूँजियों का अनुपात = 5 लाख : 6 लाख = 5 : 6.

$\therefore$ B का भाग = ₹ $\left(770000\times\frac{6}{11}\right)$ = ₹ 420000.

A का भाग = ₹ $\left(110000+770000\times\frac{5}{11}\right)$ = ₹ 460000.

11. माना कुल पूँजी = ₹ x.

तब, B ने ₹ $\frac{x}{5}$, 10 माह के लिए निवेशित किये.

माना A ने ₹ $\frac{4x}{5}$, y माह के लिए निवेश किये.

तब, $\frac{\frac{4x}{5}\times y}{\frac{x}{5}\times 10}=\frac{\left(\frac{2}{3}\right)}{\left(\frac{1}{3}\right)}\Rightarrow\frac{2y}{5}=2\Rightarrow y=\frac{5\times 2}{2}=5.$

$\therefore$ A ने अपनी पूँजी 5 महीनों के लिए निवेश की.

12. माना A ने ₹ $11x$, 8 माह के लिए निवेश किये तथा B ने ₹ $12x$, y माह के लिए निवेश किये. तब

$$\frac{11x\times 8}{12x\times y}=\frac{2}{3}\Rightarrow\frac{88}{12y}=\frac{2}{3}$$

$$\Rightarrow 24y=3\times 88\Rightarrow y=\frac{3\times 88}{24}=11.$$

अत: B ने अपनी पूँजी 11 माह के लिए निवेश की.

13. माना कुल पूँजी = ₹ x. तब,

राम ₹ $\frac{x}{3}$, 8 मास के लिए तथा ₹ $\frac{x}{6}$, 16 मास के लिए निवेशित करता है.

माना रहीम ₹ $\frac{2x}{3}$, y मास के लिए निवेशित करता है.

तब,

$$\frac{\left(\frac{x}{3}\times 8\right)+\left(\frac{x}{6}\times 16\right)}{\left(\frac{2x}{3}\times y\right)}=\frac{\left(\frac{1}{4}\right)}{\left(\frac{3}{4}\right)}\Rightarrow\frac{\left(\frac{8x}{3}+\frac{8x}{3}\right)}{\left(\frac{2xy}{3}\right)}=\left(\frac{1}{4}\times\frac{4}{3}\right)=\frac{1}{3}$$

$$\Rightarrow\left(\frac{16x}{3}\times\frac{3}{2xy}\right)=\frac{1}{3}\Rightarrow\frac{8}{y}=\frac{1}{3}\Rightarrow y=24 \text{ माह} = 2 \text{ वर्ष}.$$

अत: रहीम ने अपनी पूँजी 2 वर्ष के लिए निवेशित की.

14. स्पष्ट है कि A, B तथा C उस मकान में क्रमशः 12 महीने, 9 महीने तथा 4 महीने रहे.

अत: इनका किराया क्रमशः 12 : 9 : 4 के अनुपात में होगा.

A द्वारा देय किराया = ₹ $\left(\frac{12}{25}\times 13825\right)$ = ₹ 6636.

B द्वारा देय किराया = ₹ $\left(\frac{9}{25}\times 13825\right)$ = ₹ 4977.

C द्वारा देय किराया = ₹ $\left(\frac{4}{25}\times 13825\right)$ = ₹ 2212.

15. 3 वर्ष के बाद पूँजी

= ₹ $\Rightarrow\frac{43x}{40}-\frac{39x}{40}=100\Rightarrow(43x-39x)=4000$

= ₹ $\left(500000\times\frac{24}{25}\times\frac{21}{20}\times\frac{11}{10}\right)$ = ₹ 554400.

शुद्ध लाभ = ₹ (554400 − 500000) = ₹ 54400.

❑❑❑

14

मिश्र समानुपात

(COMPOUND PROPORTION)

Scan QR Code
for Watching Video

सामान्य नियम

त्रैराशिक विधि (CHAIN RULE): **यदि चार राशियाँ समानुपाती हों तथा इनमें से तीन राशियाँ ज्ञात हों, तो चौथी राशि को x मान कर समानुपात के गुण का प्रयोग करके इसका मान ज्ञात करते हैं.**

$$(a : b) :: (c : x) \Rightarrow (a \times x) = (b \times c) \Rightarrow x = \frac{(b \times c)}{a}.$$

सीधा अनुपात: यदि दो राशियाँ इस प्रकार हों कि एक राशि के घटने (या बढ़ने) पर दूसरी राशि भी उसी अनुपात में घटे (या बढ़े), तो ये राशियाँ सीधे अनुपात में कहलाती हैं.

विलोमानुपात: यदि दो राशियाँ इस प्रकार हों कि एक राशि के घटने (या बढ़ने) पर दूसरी राशि भी उसी अनुपात में बढ़े (या घटे), तो ये राशियाँ विलोमानुपात में कहलाती हैं.

मिश्र समानुपात: **ऐसे समानुपात को जिसमें दो से अधिक अनुपात हों, मिश्र समानुपात कहते हैं.**

इस प्रकार के प्रश्नों में त्रैराशिक विधि को बार-बार दोहराते हैं.

साधित उदाहरण

प्रश्न 1. यदि 15 कलमों का मूल्य ₹ 198 हो, तो 25 कलमों का मूल्य कितना होगा?

हल: माना अभीष्ट मूल्य = ₹ x.

अधिक कलम, अधिक मूल्य **(सीधा अनुपात)**

$15 : 25 :: 198 : x$

$\Rightarrow (15 \times x) = (25 \times 198) \Rightarrow x = \frac{(25 \times 198)}{15} \Rightarrow x = 330.$

अत: 25 कलमों का मूल्य = ₹ 330.

प्रश्न 2. यदि 25 आदमी किसी कार्य को 27 घण्टे में समाप्त करें, तो 15 आदमी इस कार्य को कितने समय में समाप्त कर सकेंगे?

हल: माना अभीष्ट समय = x घण्टे.

कम आदमी, अधिक घण्टे **(विलोमानुपात)**

$15 : 25 :: 27 : x$

$\Rightarrow (15 \times x) = (25 \times 27) \Rightarrow x = \frac{(25 \times 27)}{15} \Rightarrow x = 45.$

अत: 15 आदमी इस कार्य को 45 घण्टे में समाप्त कर सकेंगे.

प्रश्न 3. यदि 45 व्यक्ति 300 किग्रा० चावल 12 दिन में खायें, तो 24 व्यक्ति 80 किग्रा० चावल कितने दिन में खायेंगे?

हल: माना अभीष्ट दिनों की संख्या = x.

कम व्यक्ति, अधिक दिन **(विलोमानुपात)**

कम चावल, कम दिन **(सीधा अनुपात)**

$\left.\begin{array}{ll}\text{व्यक्ति} & 24 : 45 \\ \text{मात्रा} & 300 : 80\end{array}\right\} :: 12 : x$

$\therefore (24 \times 300 \times x) = (45 \times 80 \times 12)$

$\Rightarrow x = \frac{(45 \times 80 \times 12)}{(24 \times 300)} = 6.$

अत: अभीष्ट दिन = 6.

प्रश्न 4. यदि 35 व्यक्ति 49 मीटर लम्बी दीवार को 3 दिन में बना सकें, तो 20 व्यक्ति 6 दिन में ऐसी कितनी लम्बी दीवार बना सकेंगे?

हल: माना दीवार की अभीष्ट लम्बाई = x मीटर.

कम व्यक्ति, कम लम्बाई **(सीधा अनुपात)**

अधिक दिन, अधिक लम्बाई **(सीधा अनुपात)**

$\left.\begin{array}{ll}\text{व्यक्ति} & 35 : 20 \\ \text{दिन} & 3 : 6\end{array}\right\} :: 49 : x$

$\therefore (35 \times 3 \times x) = (20 \times 6 \times 49)$

$\Rightarrow x = \frac{(20 \times 6 \times 49)}{(35 \times 3)} = 56.$

अत: दीवार की अभीष्ट लम्बाई = 56 मीटर.

प्रश्न 5. यदि 24 मजदूर प्रतिदिन 7 घण्टे कार्य करके एक खाई को 18 दिन में खोद सकें तो कितने मजदूर 9 घण्टे प्रतिदिन कार्य करके इस खाई को 16 दिन में खोद सकेंगे?

हल: माना मजदूरों की अभीष्ट संख्या = x.

अधिक घण्टे प्रतिदिन कार्य, कम मजदूर **(विलोमानुपात)**

कम दिन, अधिक मजदूर **(विलोमानुपात)**

$$\left.\begin{array}{r} \text{घण्टे प्रतिदिन} \ 9 : 7 \\ \text{दिन} \ 16 : 18 \end{array}\right\} :: 24 : x$$

$$\therefore\ (9\times16\times x) = (7\times18\times24) \Rightarrow x = \frac{(7\times18\times24)}{(9\times16)} = 21.$$

अतः मजदूरों की अभीष्ट संख्या = 21.

प्रश्न 6. यदि 17 व्यक्ति 8 घण्टे प्रतिदिन कार्य करके 26 मीटर लम्बी खाई को 18 दिन में खोद सकें, तो कितने व्यक्ति और लगाये जायें कि वे इसी प्रकार की 39 मीटर लम्बी खाई को 9 घण्टे प्रतिदिन कार्य करके 12 दिन में खोद सकें?

हल: माना कुल अभीष्ट व्यक्तियों की संख्या = x.

प्रतिदिन अधिक घण्टे कार्य, कम व्यक्ति **(विलोमानुपात)**

अधिक लम्बाई, अधिक व्यक्ति **(सीधा अनुपात)**

कम दिन, अधिक व्यक्ति **(विलोमानुपात)**

$$\left.\begin{array}{r} \text{घण्टे (प्रतिदिन)} \ 9 : 8 \\ \text{लम्बाई} \ 26 : 39 \\ \text{दिन} \ 12 : 18 \end{array}\right\} :: 17 : x$$

$$\therefore\ (9\times26\times12\times x) = (8\times39\times18\times17)$$

$$\Rightarrow x = \frac{(8\times39\times18\times17)}{(9\times26\times12)} = 34.$$

अतिरिक्त व्यक्तियों की संख्या = (34 – 17) = 17.

प्रश्न 7. यदि 35 घोड़ों के लिए 540 किग्रा० अनाज 21 दिन के लिए पर्याप्त हो, तो 28 घोड़ों के लिए 720 किग्रा० अनाज कितने दिनों के लिए पर्याप्त होगा?

हल: माना अभीष्ट दिनों की संख्या = x. तब

अधिक अनाज, अधिक दिन **(सीधा अनुपात)**

कम घोड़े, अधिक दिन **(विलोमानुपात)**

$$\left.\begin{array}{r} \text{अनाज (भार)} \ 540 : 720 \\ \text{घोड़े} \ 28 : 35 \end{array}\right\} :: 21 : x$$

$$\therefore\ (540\times28\times x) = (720\times35\times21)$$

$$\Rightarrow x = \frac{(720\times35\times21)}{(540\times28)} = 35.$$

अतः अभीष्ट दिनों की संख्या = 35.

प्रश्न 8. एक किले में 850 ग्राम प्रति व्यक्ति प्रतिदिन की दर से 3300 सैनिकों की खाद्य सामग्री थी. 7 दिन के बाद कुछ और सैनिक आने से तथा प्रत्येक को 825 ग्राम प्रतिदिन देने से शेष सामग्री केवल 17 दिन में समाप्त हो गई. किले में कितने सैनिक और आ गये?

हल: माना नये सैनिकों की अभीष्ट संख्या = x.

850 ग्राम प्रति व्यक्ति की दर से 3300 सैनिकों की शेष सामग्री (32 – 7) अर्थात 25 दिन की थी.

(3300 + x) सैनिकों को 825 ग्राम प्रति व्यक्ति देने पर यह सामग्री 17 दिन चली.

कम राशन प्रति व्यक्ति, अधिक व्यक्ति **(विलोमानुपात)**

कम दिन, अधिक व्यक्ति **(विलोमानुपात)**

$$\left.\begin{array}{r} \text{राशन} \ 825 : 850 \\ \text{दिन} \ 17 : 25 \end{array}\right\} :: 3300 : (3300+x)$$

$$\therefore\ 825\times17\times(3300+x) = (850\times25\times3300)$$

$$\Rightarrow (3300+x) = \frac{(850\times25\times3300)}{(825\times17)} = 5000$$

$$\Rightarrow x = (5000-3300) = 1700.$$

अतः नये सैनिकों की संख्या = 1700.

प्रश्न 9. यदि 9 इंजन 8 घण्टे प्रतिदिन कार्यरत रहने पर 24 मीट्रिक टन कोयले की खपत करते हों, तो 8 इंजन प्रतिदिन 13 घण्टे कार्यरत रहकर कितने कोयले की खपत करेंगे जबकि पहली प्रकार के 3 इंजन उतनी खपत करते हों, जितनी दूसरी प्रकार के 4 ईंजन?

हल: माना कोयले की अभीष्ट खपत = x मीट्रिक टन.

कम इंजन, कम कोयले की खपत **(सीधा अनुपात)**

अधिक कार्य घण्टे, अधिक कोयले की खपत **(सीधा अनुपात)**

खपत की दर कम, कोयले की खपत कम **(सीधा अनुपात)**

पहली प्रकार के इंजन 1 इकाई खपत करें तो प्रत्येक ऐसा इंजन प्रति घण्टा $\frac{1}{3}$ इकाई खपत करेगा.

दूसरी प्रकार का प्रत्येक इंजन प्रति घण्टा $\frac{1}{4}$ इकाई खपत करेगा.

$$\left.\begin{array}{r} \text{इंजनों की संख्या} \ 9 : 8 \\ \text{कार्य घण्टे (प्रतिदिन)} \ 8 : 13 \\ \text{खपत की दर} \ \frac{1}{3} : \frac{1}{4} \end{array}\right\} :: 24 : x$$

$$\therefore\ \left(9\times8\times\frac{1}{3}\times x\right) = \left(8\times13\times\frac{1}{4}\times24\right)$$

$$\Rightarrow x = \frac{(26\times24)}{24} = 26.$$

अतः कोयले की अभीष्ट खपत = 26 मीट्रिक टन.

प्रश्नमाला 14A

निम्नलिखित प्रश्नों में से प्रत्येक में ठीक उत्तर को चिन्हांकित (✓) कीजिए:

1. 12 पुरुष एक कार्य को 24 दिन में पूरा करते हैं. 8 पुरुष इस कार्य को कितने दिन में पूरा कर सकेंगे? **(बैंक पी०ओ० परीक्षा, 2010)**

(*a*) 28 दिन (*b*) 36 दिन (*c*) 48 दिन (*d*) 52 दिन

(*e*) इनमें से कोई नहीं

2. यदि एक बाल्टी का $\frac{4}{9}$ भाग 1 मिनट में भरा जा सके, तो शेष भाग भरने में कितने मिनट लगेंगे?

(*a*) 1 मिनट (*b*) $\frac{9}{4}$ मिनट (*c*) $\frac{5}{4}$ मिनट (*d*) $\frac{4}{5}$ मिनट

(होटल मैनेजमैंट परीक्षा, 2010)

3. एक किले में 150 सैनिकों के लिए 50 दिन के भोजन का प्रावधान था. 20 दिन बाद 50 सैनिक किले को छोड़ गये. बाकी बचा भोजन कितने दिन तक चलेगा? **(दिल्ली मैट्रो रेलवे परीक्षा, 2010)**

(*a*) 40 दिन (*b*) 45 दिन (*c*) 42 दिन (*d*) 50 दिन

4. यदि 12 बढ़ई प्रतिदिन 6 घण्टा कार्य करके 24 दिन में 460 कुर्सियाँ बनायें, तो 18 बढ़ई प्रतिदिन 8 घण्टा कार्य करके 36 दिन में कितनी कुर्सियाँ बनायेंगे? (एस०एस०सी० परीक्षा, 2010)
(*a*) 1260 (*b*) 1320 (*c*) 920 (*d*) 1380

5. 7 आदमी किसी कार्य को 12 दिन में पूरा कर सकते हैं. उससे दुगुने कार्य को 8 दिन में पूरा करने के लिए कितने अतिरिक्त आदमियों की आवश्यकता होगी? (एस०एस०सी० परीक्षा, 2010)
(*a*) 28 (*b*) 21 (*c*) 14 (*d*) 7

6. रवि किसी दूरी को प्रतिदिन 9 घण्टे विश्राम करके 40 दिन में तय कर सकता है. पहले से दुगुनी दूरी को, दुगुनी चाल से, प्रतिदिन दुगुने समय विश्राम करके वह कितने दिन में तय करेगा?
(*a*) 40 दिन (*b*) 80 दिन (*c*) 50 दिन (*d*) 100 दिन
(जीवन बीमा निगम परीक्षा, 2010)

7. 3 आदमी अथवा 6 लड़के एक काम को 40 दिन में पूरा करते हैं, तो 6 आदमी तथा 8 लड़के इसी काम को कितने दिन में पूरा करेंगे?
(*a*) 7 दिन (*b*) 8 दिन (*c*) 10 दिन (*d*) 12 दिन
(एस०एस०सी० परीक्षा, 2010)

8. यदि 5 आदमी अथवा 7 महिलायें प्रतिदिन ₹ 5250 कमाते हों, तो 7 आदमी तथा 13 महिलायें प्रतिदिन कितना धन कमायेंगे?
(*a*) ₹ 11600 (*b*) ₹ 11700 (*c*) ₹ 16100 (*d*) ₹ 17100
(एस०एस०सी० परीक्षा, 2010)

9. यदि 8 घण्टे प्रतिदिन कार्य करके 25 व्यक्ति किसी कार्य को 15 दिन में समाप्त करें तो 20 व्यक्ति 10 घण्टे प्रतिदिन कार्य करके इससे दुगुने कार्य को कितने दिन में समाप्त कर सकेंगे?
(*a*) 50 दिन (*b*) 40 दिन (*c*) 30 दिन (*d*) 25 दिन
(बी०एड० प्रवेश परीक्षा, 2010)

10. 120 मजदूर किसी कार्य को 15 दिनों में समाप्त कर सकते हैं. इसी कार्य को 10 दिन में समाप्त करने हेतु कितने मजदूर लगाने होंगे? (एस०एस०सी० परीक्षा, 2009)
(*a*) 150 (*b*) 180 (*c*) 200 (*d*) 210

11. 18 बच्चे एक कार्य को 12 दिन में समाप्त कर सकते हैं. इसी कार्य को 8 दिन में समाप्त करने के लिए कितने बच्चे लगाने होंगे?
(*a*) 12 (*b*) 18 (*c*) 24 (*d*) 27
(*e*) इनमें से कोई नहीं (बैंक पी०ओ० परीक्षा, 2009)

12. 10 नल जिनमें से एक ही दर से पानी प्रवाहित होता है, एक टंकी को 24 मिनट में भर सकते हैं. यदि 2 नल खराब हो जायें, तो शेष नल इस खाली टंकी को भरने में कितना समय लेंगे?
(*a*) 26 मिनट (*b*) 28 मिनट (*c*) 29 मिनट (*d*) 30 मिनट
(रेलवे परीक्षा, 2009)

13. 21 जिल्दसाज 1400 पुस्तकों की जिल्द 15 दिन में तैयार कर सकते हैं. 800 पुस्तकों की जिल्द 20 दिन में तैयार करने के लिए कितने जिल्दसाज चाहियें? (बैंक पी०ओ० परीक्षा, 2009)
(*a*) 7 (*b*) 9 (*c*) 12 (*d*) 14
(*e*) इनमें से कोई नहीं

14. 18 व्यक्ति प्रतिदिन 6 घण्टे कार्य करके एक छोटे सभा भवन को 30 दिन में बनाते हैं. इस सभा भवन की तुलना में 16 गुना बड़े सभा भवन को प्रतिदिन 6 घण्टे कार्य करते हुए 27 दिन में बनाने के लिए कितने व्यक्तियों की आवश्यकता होगी?
(*a*) 320 (*b*) 300 (*c*) 280 (*d*) 275
(दिल्ली पुलिस परीक्षा, 2009)

15. 5 किमी० लम्बी सड़क को 100 दिन में बनाने हेतु 280 मजदूर लगाये गये. किन्तु, 80 दिन बाद ज्ञात हुआ कि $3\frac{1}{2}$ किमी० लम्बी सड़क बनी है. कार्य को निर्धारित अवधि में पूरा करने हेतु अब और कितने लोगों की जरूरत है? (एस०एस०सी० परीक्षा, 2009)
(*a*) 480 (*b*) 80 (*c*) 200 (*d*) 100

16. कुछ व्यक्ति एक काम को 90 दिन में पूरा करते हैं. यदि 15 व्यक्ति कम हो जायें तो 10 दिन अधिक लगेंगे. आरम्भ में कितने व्यक्ति थे? (रेलवे परीक्षा, 2009)
(*a*) 160 (*b*) 150 (*c*) 145 (*d*) 120

17. किसी छावनी में 200 व्यक्तियों की भोजन सामग्री 30 दिन के लिए थी. 10 दिन बाद 50 व्यक्ति और आ जाने से यह सामग्री कितने दिन के लिये पर्याप्त होगी? (रेलवे परीक्षा, 2009)
(*a*) 12 दिन (*b*) 15 दिन (*c*) 20 दिन (*d*) 16 दिन

18. 56 व्यक्ति किसी कार्य को 24 दिन में समाप्त कर सकते हैं. 42 व्यक्ति उसी कार्य को कितने दिन में समाप्त कर सकेंगे?
(*a*) 18 दिन (*b*) 32 दिन (*c*) 48 दिन (*d*) 98 दिन
(*e*) इनमें से कोई नहीं (बैंक पी०ओ० परीक्षा, 2008)

19. एक कैंप में भाग लेने वाले 1600 व्यक्तियों के लिए 60 दिन की खाद्य सामग्री है. परन्तु इस कैंप में केवल 1200 व्यक्ति भाग ले सके. यह खाद्य सामग्री कितने दिनों में समाप्त होगी?
(*a*) 75 दिन (*b*) 90 दिन (*c*) 80 दिन (*d*) 100 दिन
(रेलवे परीक्षा, 2008)

20. 15 गायें 9 दिन में 2700 किग्रा० अनाज खाती हैं. 18 गायें 30 दिन में कितने किलोग्राम अनाज खायेंगी? (रेलवे परीक्षा, 2008)
(*a*) 12350 किग्रा० (*b*) 10800 किग्रा०
(*c*) 9750 किग्रा० (*d*) 10250 किग्रा०

21. एक कैन्टीन में एक सप्ताह के लिए 238 किग्रा० चावल की आवश्यकता हो, तो 49 दिन के लिए कितना चावल चाहिए?
(*a*) 1715 किग्रा० (*b*) 1764 किग्रा०
(*c*) 1568 किग्रा० (*d*) 1617 किग्रा०
(*e*) इनमें से कोई नहीं (जीवन बीमा निगम परीक्षा, 2007)

22. यदि 1 आदमी किसी काम को 1 दिन में पूरा कर सकता हो, तो 5 आदमी मिलकर इससे 5 गुने कार्य को कितने समय में पूरा करेंगे? (एस०एस०सी० परीक्षा, 2007)
(*a*) 25 दिन (*b*) 1 दिन (*c*) 5 दिन (*d*) 10 दिन

23. 60 आदमी 14 दिन में 280 किग्रा० चावल का उपभोग करते हैं. 30 आदमी कितने दिन में 120 किग्रा० चावल का उपभोग करेंगे?
(*a*) 8 दिन (*b*) 12 दिन (*c*) 7 दिन (*d*) 9 दिन
(*e*) इनमें से कोई नहीं (बैंक पी०ओ० परीक्षा, 2007)

24. एक पानी की टंकी का $\frac{3}{16}$ भाग 15 मिनट में भरता है. बाकी टंकी कितनी देर में भरेगी?

(*a*) 61 मिनट (*b*) 65 मिनट (*c*) 79 मिनट (*d*) 81 मिनट

25. 17·5 मीटर ऊँचे एक ध्वज-दण्ड की परछाई 40·25 मीटर लम्बी है. इसी समय पर कितने ऊँचे भवन की परछाई 28·75 मीटर लम्बी होगी ?

(*a*) 10 मीटर (*b*) 12·5 मीटर
(*c*) 17·5 मीटर (*d*) 21·25 मीटर

26. यदि 9 परीक्षक 5 घण्टे प्रतिदिन कार्य करके कुछ उत्तर-पुस्तिकाओं को 12 दिन में जाँच सकें, तो 4 परीक्षकों को इससे दुगुनी उत्तर-पुस्तिकाओं को 30 दिन में जाँचने के लिए कितने घण्टे प्रतिदिन कार्य करना होगा ?

(*a*) 6 (*b*) 8 (*c*) 9 (*d*) 10

27. यदि 18 पम्प 7 घण्टे प्रतिदिन कार्य करके 2170 टन पानी 10 दिन में निकाल सकें, तो 16 पम्प 9 घण्टे प्रतिदिन कार्य करके 1736 टन पानी कितने दिन में निकाल सकेंगे ?

(*a*) 6 दिन (*b*) 7 दिन (*c*) 8 दिन (*d*) 9 दिन

28. यदि 5 ईंजिन, 9 घण्टे प्रतिदिन कार्यरत रहने पर 6 मीट्रिक टन कोयले की खपत करें, तो 8 ईंजिन, 10 घण्टे प्रतिदिन कार्यरत रह कर, कितने कोयले की खपत करेंगे, जबकि पहली प्रकार के 3 ईंजिन उतनी खपत करते हैं, जितनी कि दूसरी प्रकार के 4 ईंजिन ?

(*a*) $3\frac{1}{8}$ मी० टन (*b*) $6\frac{12}{25}$ मी० टन
(*c*) 8 मी० टन (*d*) $8\frac{8}{9}$ मी० टन

29. 10 पाईप एक टंकी को 28 मिनट में भरते हैं. 3 पाईप खराब हो जाने पर टंकी कितनी देर में भरी जायेगी ?

(*a*) 40 मिनट (*b*) 32 मिनट 36 सै०
(*c*) 25 मिनट 12 सै० (*d*) 8 मिनट 24 सै०

30. एक निश्चित लम्बाई की रस्सी 14 सेमी० त्रिज्या के बेलन की परिधि पर 70 बार लपेटी जा सकती है. यह रस्सी 20 सेमी० की त्रिज्या के बेलन पर कितनी बार लपेटी जायेगी ?

(*a*) 40 (*b*) 49
(*c*) 100 (*d*) इनमें से कोई नहीं

31. यदि 4·5 मीटर लम्बी लोहे की एक समांग छड़ का भार 17·1 किग्रा० हो, तो इसी प्रकार की 12 मीटर लम्बी छड़ का भार कितना होगा ?

(*a*) 51·2 किग्रा० (*b*) 45·6 किग्रा०
(*c*) 53 किग्रा० (*d*) 56 किग्रा०

32. एक मानचित्र में यदि 0·8 सेमी० द्वारा वास्तविक दूरी 8·8 किमी० को प्रदर्शित किया जाए, तो 80·5 सेमी० कितनी वास्तविक दूरी को व्यक्त करेगा ?

(*a*) 805 किमी० (*b*) 855·5 किमी०
(*c*) 644 किमी० (*d*) इनमें से कोई नहीं

33. यदि 400 व्यक्ति 9 घण्टे प्रतिदिन कार्य करके किसी कार्य का $\frac{1}{4}$ भाग 10 दिन में समाप्त कर सकें, तो कितने अतिरिक्त व्यक्ति और लगाये जायें कि वे सभी 8 घण्टे प्रतिदिन कार्य करके, शेष कार्य को 20 दिन में समाप्त कर सकें ?

(*a*) 225 (*b*) 250 (*c*) 275 (*d*) 325

34. 60 व्यक्तियों को कोई कार्य 62 दिन में समाप्त करना था. उन्होंने 32 दिन तक मिलकर कार्य किया तथा कार्य का $\frac{2}{3}$ भाग समाप्त कर लिया. शेष कार्य को समाप्त करने हेतु कितने व्यक्तियों की आवश्यकता होगी ?

(*a*) 32 (*b*) 30 (*c*) 36 (*d*) 40

35. एक ठेकेदार ने किसी कार्य को 40 दिन में पूरा करने का ठेका लिया. उसने आरम्भ में 100 व्यक्ति कार्य पर लगाये तथा 35 दिन बाद 100 व्यक्ति और लगाकर समय पर कार्य पूर्ण कर दिया. यदि वह अतिरिक्त व्यक्ति कार्यरत नहीं करता तो ठीक समय से कितने दिन बाद कार्य समाप्त होता ?

(*a*) 3 (*b*) 5 (*c*) 6 (*d*) 9

36. एक ठेकेदार ने कोई कार्य 38 दिन में समाप्त करने का ठेका लिया तथा 30 व्यक्ति काम पर लगाये. 25 दिन बाद उसने 5 व्यक्ति और लगाये तथा कार्य नियत समय से 1 दिन पहले समाप्त कर दिया. यदि वह अतिरिक्त व्यक्ति नहीं लगाता तो नियत समय से कितने दिन बाद कार्य समाप्त होता ?

(*a*) 1 (*b*) $1\frac{1}{2}$ (*c*) $1\frac{1}{4}$ (*d*) $1\frac{3}{4}$

37. यदि x आदमी x घण्टे प्रतिदिन कार्य करके x इकाई कार्य x दिन में समाप्त करें, तो y आदमी y घण्टे प्रतिदिन कार्य करके y दिन में कितने इकाई कार्य करेंगे ?

(*a*) $\frac{x^2}{y^3}$ (*b*) $\frac{x^3}{y^2}$ (*c*) $\frac{y^2}{x^3}$ (*d*) $\frac{y^3}{x^2}$

38. यदि 18 जिल्दसाज 10 घण्टे में 900 पुस्तकों पर जिल्द चढ़ायें, तो 660 पुस्तकों पर 12 घण्टे में कितने जिल्दसाज जिल्द चढ़ा सकेंगे ?

(*a*) 22 (*b*) 14 (*c*) 13 (*d*) 11

39. यदि 35 घोड़ों के लिए 270 किग्रा० अनाज 21 दिन के लिए पर्याप्त हो, तो 28 घोड़ों के लिए 360 किग्रा० अनाज कितने दिनों के लिए पर्याप्त होगा ?

(*a*) 35 (*b*) 28 (*c*) 42 (*d*) $31\frac{1}{2}$

40. यदि 16 व्यक्ति 7 घण्टे प्रतिदिन कार्य करके एक फसल को 48 दिन में काटें, तो 14 व्यक्ति 12 घण्टे प्रतिदिन कार्य करके इस फसल को कितने दिन में काटेंगे ?

(*a*) 46 (*b*) 35 (*c*) 32 (*d*) 30

41. यदि कुछ व्यक्ति 100 मीटर लम्बी, 50 मीटर चौड़ी तथा 10 मीटर गहरी खाई को 10 दिन में खोद सकें तो यही व्यक्ति 30 दिन में 25 मीटर चौड़ी तथा 15 मीटर गहरी कितनी लम्बी खाई खोद सकेंगे ?

(*a*) 400 मीटर (*b*) 200 मीटर
(*c*) 100 मीटर (*d*) $88\frac{8}{9}$ मीटर

42. एक सैनिक शिविर में 95 सैनिकों के लिए 200 दिन की खाद्य-सामग्री थी. 5 दिन बाद 30 सैनिक दूसरे कैम्प में चले गये. अब यह खाद्य-सामग्री और कितने दिनों के लिए पर्याप्त होगी ?

(*a*) $136\frac{16}{19}$ दिन (*b*) 280 दिन
(*c*) 285 दिन (*d*) 375 दिन

43. एक सैनिक शिविर में 500 सैनिकों के लिए 27 दिन की खाद्य-सामग्री थी. 3 दिन बाद 300 सैनिक और आ गये. शेष सामग्री कितने दिनों के लिए पर्याप्त होगी ?

(*a*) 15 दिन (*b*) 16 दिन (*c*) $17\frac{1}{2}$ दिन (*d*) 18 दिन

44. एक शिविर में ठहरे सैनिकों के लिए एक निश्चित अवधि के लिए खाद्य-सामग्री थी. 10 दिन बाद इनमें से $\frac{1}{5}$ सैनिकों के छोड़कर दिन के लिए आरम्भ में निश्चित की गई थी. यह निश्चित अवधि कितने दिन की थी ?

(*a*) 15 दिन (*b*) 25 दिन (*c*) 35 दिन (*d*) 50 दिन

उत्तरमाला (प्रश्नमाला 14A)

1. (*b*)	**2.** (*c*)	**3.** (*b*)	**4.** (*d*)	**5.** (*c*)	**6.** (*b*)	**7.** (*d*)	**8.** (*d*)	**9.** (*c*)	**10.** (*b*)	**11.** (*d*)	**12.** (*d*)
13. (*b*)	**14.** (*a*)	**15.** (*c*)	**16.** (*b*)	**17.** (*d*)	**18.** (*b*)	**19.** (*c*)	**20.** (*b*)	**21.** (*e*)	**22.** (*b*)	**23.** (*b*)	**24.** (*b*)
25. (*b*)	**26.** (*c*)	**27.** (*b*)	**28.** (*c*)	**29.** (*a*)	**30.** (*b*)	**31.** (*b*)	**32.** (*d*)	**33.** (*c*)	**34.** (*a*)	**35.** (*b*)	**36.** (*a*)
37. (*d*)	**38.** (*d*)	**39.** (*a*)	**40.** (*c*)	**41.** (*a*)	**42.** (*c*)	**43.** (*a*)	**44.** (*d*)				

दिये गये प्रश्नों के हल (प्रश्नमाला 14A)

1. माना अभीष्ट दिनों की संख्या = x.

कम पुरुष, अधिक दिन **(विलोमानुपात)**

$8:12::24:x \Rightarrow 8x=(12\times 24)$

$\Rightarrow x=\frac{(12\times 24)}{8}=36$ दिन.

2. माना शेष भाग को भरने में लगा समय = x मिनट.

शेष भाग $=\left(1-\frac{4}{9}\right)=\frac{5}{9}$.

अधिक भाग, अधिक समय **(सीधा अनुपात)**

$\frac{4}{9}:\frac{5}{9}::1:x \Rightarrow \frac{4}{9}\times x=\frac{5}{9}\times 1 \Rightarrow x=\left(\frac{5}{9}\times\frac{9}{4}\right)=\frac{5}{4}$ मिनट.

3. अब 150 सैनिकों के लिए (50 − 20) दिन अर्थात 30 दिन की सामग्री थी.

शेष बचे सैनिक = (150 − 50) = 100.

माना शेष भोजन x दिन चलेगा.

कम सैनिक, अधिक दिन **(विलोमानुपात)**

$100:150::30:x \Rightarrow 100\times x=150\times 30$

$\Rightarrow x=\frac{(150\times 30)}{100}=45$ दिन.

4. माना अभीष्ट कुर्सियों की संख्या = x.

अधिक बढ़ई, अधिक कुर्सियाँ **(सीधा अनुपात)**

अधिक घण्टे प्रतिदिन, अधिक कुर्सियाँ **(सीधा अनुपात)**

अधिक दिन, अधिक कुर्सियाँ **(सीधा अनुपात)**

$$\left.\begin{array}{lc}\text{बढ़ई} & 12:18\\ \text{घण्टे / दिन} & 6:8\\ \text{दिन} & 24:36\end{array}\right\}::460:x$$

$\therefore\ (12\times 6\times 24\times x)=(18\times 8\times 36\times 460)$

$\Rightarrow x=\frac{(18\times 8\times 36\times 460)}{(12\times 6\times 24)} \Rightarrow x=1380$ कुर्सियाँ.

5. माना कुल x आदमियों की आवश्यकता है.

कम दिन, अधिक आदमी **(विलोमानुपात)**

अधिक कार्य, अधिक आदमी **(सीधा अनुपात)**

$$\left.\begin{array}{lc}\text{दिन} & 8:12\\ \text{कार्य} & y:2y\end{array}\right\}::7:x$$

$\therefore\ (8\times y\times x)=(12\times 2y\times 7) \Rightarrow x=\frac{(12\times 2y\times 7)}{(8\times y)}$

$\Rightarrow x=21.$

अतिरिक्त आदमियों की संख्या = (21 − 7) = 14.

6. माना अभीष्ट दिनों की संख्या = x.

अधिक दूरी, अधिक दिन **(सीधा अनुपात)**

तेज चाल, कम दिन **(विलोमानुपात)**

अधिक विश्राम, अधिक दिन **(सीधा अनुपात)**

$$\left.\begin{array}{lc}\text{दूरी} & y:2y\\ \text{चाल} & 2z:z\\ \text{विश्राम घण्टे} & 9:18\end{array}\right\}::40:x$$

$\therefore\ (y\times 2z\times 9\times x)=(2y\times z\times 18\times 40)$

$\Rightarrow x=\frac{(2y\times z\times 18\times 40)}{(y\times 2z\times 9)} \Rightarrow x=80$ दिन.

7. 3 आदमी ≡ 6 लड़के ⇒ एक आदमी ≡ 2 लड़के.

∴ 6 आदमी + 8 लड़के ≡ (6 × 2) लड़के + 8 लड़के = 20 लड़के.

माना अभीष्ट दिनों की संख्या = x.

अधिक लड़के, कम दिन **(विलोमानुपात)**

$20:6::40:x \Rightarrow 20x=(6\times 40) \Rightarrow x=\frac{(6\times 40)}{20}=12$ दिन.

8. 5 आदमी ≡ 7 महिलायें ⇒ 1 आदमी ≡ $\frac{7}{5}$ महिलायें.

(7 आदमी + 13 महिलायें) ≡ $\left[\left(7\times\frac{7}{5}\right)+13\right]$ महिलायें

$=\frac{114}{5}$ महिलायें.

माना अभीष्ट धन = ₹ x.

अधिक महिलायें, अधिक धन **(सीधा अनुपात)**

$7:\frac{114}{5}::5250:x \Rightarrow 7x=\frac{114}{5}\times 5250$

$\Rightarrow x=\frac{(114\times 1050)}{7}=17100.$

अभीष्ट धन = ₹ 17100.

9. माना अभीष्ट दिनों की संख्या $= x$.

कम व्यक्ति, अधिक दिन **(विलोमानुपात)**

अधिक घण्टे प्रतिदिन, कम दिन **(विलोमानुपात)**

अधिक कार्य, अधिक दिन **(सीधा अनुपात)**

$$\left.\begin{array}{rl}\text{व्यक्ति} & 20:25\\ \text{घण्टे प्रतिदिन} & 10:8\\ \text{कार्य} & 1:2\end{array}\right\}::15:x$$

$\therefore (20\times10\times1\times x)=(25\times8\times2\times15)$

$\Rightarrow x=\dfrac{200\times30}{200}\Rightarrow x=30$ दिन.

10. माना अभीष्ट मजदूरों की संख्या $= x$.

कम दिन, अधिक मजदूर **(विलोमानुपात)**

$10:15::120:x\Rightarrow10x=(15\times120)$

$$\Rightarrow x=\frac{(15\times120)}{10}=180.$$

अभीष्ट मजदूरों की संख्या = 180.

11. माना अभीष्ट बच्चों की संख्या $= x$.

कम दिन, अधिक बच्चे **(विलोमानुपात)**

$8:12::18:x\Rightarrow8x=(12\times18)=x=\dfrac{(12\times18)}{8}=27.$

अभीष्ट बच्चों की संख्या = 27.

12. माना अभीष्ट समय $= x$ मिनट.

कम नल, अधिक समय **(विलोमानुपाती)**

$8:10::24:x\Rightarrow8x=10\times24\Rightarrow x=\dfrac{10\times24}{8}=30$ मिनट.

13. माना अभीष्ट जिल्दसाजों की संख्या $= x$.

कम पुस्तकें, कम जिल्दसाज **(सीधा अनुपात)**

अधिक दिन, कम जिल्दसाज **(विलोमानुपात)**

$$\left.\begin{array}{rl}\text{पुस्तकें} & 1400:800\\ \text{दिन} & 20:15\end{array}\right\}::21:x$$

$\therefore 1400\times20\times x=800\times15\times21$

$\Rightarrow x=\dfrac{(800\times15\times21)}{(1400\times20)}\Rightarrow x=9$ जिल्दसाज.

14. माना अभीष्ट व्यक्तियों की संख्या $= x$.

अधिक घण्टे कार्य, कम व्यक्ति **(विलोमानुपात)**

कम दिन, अधिक व्यक्ति **(विलोमानुपात)**

अधिक बड़ा भवन, अधिक व्यक्ति **(सीधा अनुपात)**

$$\left.\begin{array}{ll}\text{घण्टे प्रतिदिन} & 6:6\\ \text{दिन} & 27:30\\ \text{भवन का माप} & y:16y\end{array}\right\}::18:x$$

$\therefore (6\times27\times y\times x)=(6\times30\times16y\times18)$

$\Rightarrow x=\dfrac{(6\times30\times16y\times18)}{(6\times27\times y)}\Rightarrow x=320$ व्यक्ति.

15. शेष दिन $=(100-80)$ दिन = 20 दिन.

शेष सड़क की लम्बाई $=\left(5-\dfrac{7}{2}\right)$ किमी० $=\dfrac{3}{2}$ किमी०.

माना अब कुल मजदूरों की संख्या $= x$.

कम लम्बाई, कम मजदूर **(सीधा अनुपात)**

कम दिन, अधिक मजदूर **(विलोमानुपात)**

$$\left.\begin{array}{ll}\text{लम्बाई} & \frac{7}{2}:\frac{3}{2}\\ \text{दिन} & 20:80\end{array}\right\}::280:x$$

$\therefore\left(\dfrac{7}{2}\times20\times x\right)=\left(\dfrac{3}{2}\times80\times280\right)\Rightarrow70x=3\times40\times280$

$\Rightarrow x=\dfrac{(3\times40\times280)}{70}=480.$

बढ़ाये जाने वाले मजदूरों की संख्या $=(480-280)=200$.

16. माना आरम्भ में x व्यक्ति थे.

अधिक दिन, कम व्यक्ति **(विलोमानुपात)**

$100:90::x:(x-15)$

$\Rightarrow100\times(x-15)=90x\Rightarrow100x-1500=90x$

$\Rightarrow10x=1500\Rightarrow x=150$.

अभीष्ट व्यक्तियों की संख्या = 150.

17. 200 व्यक्तियों के लिए शेष सामग्री 20 दिन के लिए थी.

माना 250 व्यक्तियों के लिए यह सामग्री x दिन के लिए पर्याप्त है.

अधिक व्यक्ति, कम दिन **(विलोमानुपात)**

$250:200::20:x\Rightarrow250\times x=200\times20$

$$\Rightarrow x=\frac{200\times20}{250}=16\text{ दिन.}$$

18. माना अभीष्ट दिनों की संख्या $= x$.

कम व्यक्ति, अधिक दिन **(विलोमानुपात)**

$42:56::24:x\Rightarrow42\times x=56\times24$

$$\Rightarrow x=\frac{(56\times24)}{42}=32\text{ दिन.}$$

19. माना अभीष्ट दिनों की संख्या $= x$.

कम व्यक्ति, अधिक दिन **(विलोमानुपात)**

$1200:1600::60:x$

$\Rightarrow1200\times x=1600\times60\Rightarrow x=\dfrac{1600\times60}{1200}=80$ दिन.

20. माना अनाज की अभीष्ट मात्रा $= x$ किग्रा०.

अधिक गायें, अधिक किग्रा० **(सीधा अनुपात)**

अधिक दिन, अधिक किग्रा० **(सीधा अनुपात)**

$$\left.\begin{array}{ll}\text{गायें} & 15:18\\ \text{दिन} & 9:30\end{array}\right\}::2700:x$$

$\therefore (15\times9\times x)=(18\times30\times2700)$

$\Rightarrow x=\dfrac{(18\times30\times2700)}{(15\times9)}=10800$ किग्रा०.

21. माना चावल की अभीष्ट मात्रा $= x$ किग्रा०.

अधिक दिन, अधिक चावल **(सीधा अनुपात)**

$7:49::238:x\Rightarrow7\times x=49\times238$

$$\Rightarrow x=\frac{(49\times238)}{7}=1666\text{ किग्रा०.}$$

22. माना अभीष्ट समय $= x$ दिन.

अधिक आदमी, कम दिन **(विलोमानुपात)**

अधिक कार्य, अधिक दिन **(सीधा अनुपात)**

$$\left.\begin{matrix}\text{आदमी} & 5:1\\ \text{कार्य} & 1:5\end{matrix}\right\}::1:x$$

$\therefore\ (5\times1\times x)=(1\times5\times1)\Rightarrow x=1$ दिन.

23. माना अभीष्ट दिनों की संख्या $= x$.

कम आदमी, अधिक दिन **(विलोमानुपात)**

कम चावल, कम दिन **(सीधा अनुपात)**

$$\left.\begin{matrix}\text{आदमी} & 30:60\\ \text{चावल} & 280:120\end{matrix}\right\}::14:x$$

$\therefore\ (30\times280\times x)=(60\times120\times14)$

$\Rightarrow x=\dfrac{(60\times120\times14)}{(30\times280)}\Rightarrow x=12$ दिन.

24. माना शेष भाग को भरने में लगा समय $= x$ मिनट.

शेष भाग $=\left(1-\dfrac{3}{16}\right)=\dfrac{13}{16}$.

अधिक भाग, अधिक समय **(सीधा अनुपात)**

$\dfrac{3}{16}:\dfrac{13}{16}::15:x\Rightarrow\dfrac{3}{16}\times x=\dfrac{13}{16}\times15$

$\therefore\ x=\dfrac{13}{16}\times15\times\dfrac{16}{3}=65$ मिनट.

25. माना भवन की अभीष्ट ऊँचाई $= x$ मीटर.

कम परछाई, कम ऊँचाई **(सीधा अनुपात)**

$40{\cdot}25:28{\cdot}75::17{\cdot}5:x$

$\Rightarrow 40{\cdot}25\times x=28{\cdot}75\times17{\cdot}5$

$\Rightarrow x=\dfrac{(28{\cdot}75\times17{\cdot}5)}{40{\cdot}25}=\dfrac{2875\times175}{40250}=\dfrac{25}{2}=12{\cdot}5$ मीटर

26. माना प्रतिदिन कार्य घण्टे $= x$.

कम परीक्षक, अधिक कार्य घण्टे **(विलोमानुपात)**

अधिक दिन, कम कार्य घण्टे **(विलोमानुपात)**

अधिक उत्तर-पुस्तिकायें, अधिक कार्य घण्टे **(सीधा अनुपात)**

$$\left.\begin{matrix}\text{परीक्षक} & 4:9\\ \text{दिन} & 30:12\\ \text{उ० पुस्तिकायें} & 1:2\end{matrix}\right\}::5:x$$

$\therefore\ (4\times30\times1\times x)=(9\times12\times2\times5)\Rightarrow x=\dfrac{1080}{120}$

$= 9$ घण्टे प्रतिदिन.

27. माना अभीष्ट दिनों की संख्या $= x$.

कम पम्प, अधिक दिन **(विलोमानुपात)**

अधिक घण्टे प्रति दिन, कम दिन **(विलोमानुपात)**

कम टन पानी, कम दिन **(सीधा अनुपात)**

$$\left.\begin{matrix}\text{पम्प} & 16:18\\ \text{घण्टे / दिन} & 9:7\\ \text{मात्रा (टनों में)} & 2170:1736\end{matrix}\right\}::10:x$$

$\therefore\ (16\times9\times2170\times x)=(18\times7\times1736\times10)$

$\Rightarrow x=\dfrac{(18\times7\times1736\times10)}{(16\times9\times2170)}=7$ दिन.

28. माना कोयले की अभीष्ट खपत $= x$ टन.

अधिक ईंजन, कोयले की अधिक खपत **(समानुपात)**

अधिक कार्य घण्टे प्रतिदिन,

कोयले की अधिक खपत **(सीधा अनुपात)**

खपत दर कम, कोयले की कम खपत **(सीधा अनुपात)**

माना पहले 3 ईंजन 1 इकाई खपत करें, तो प्रत्येक ईंजन की खपत $=\dfrac{1}{3}$.

इसी प्रकार, दूसरी प्रकार के प्रत्येक ईंजन की खपत $=\dfrac{1}{4}$.

$$\left.\begin{matrix}\text{ईंजन} & 5:8\\ \text{कार्य घण्टे} & 9:10\\ \text{खपत दर} & \frac{1}{3}:\frac{1}{4}\end{matrix}\right\}::6:x$$

$\therefore\left(5\times9\times\dfrac{1}{3}\times x\right)=\left(8\times10\times\dfrac{1}{4}\times6\right)$

$\Rightarrow 15x=120\Rightarrow x=8$ मी० टन.

29. माना अभीष्ट समय $= x$ मिनट.

कम पाईप, अधिक समय **(विलोमानुपात)**

$7:10::28:x\Rightarrow 7x=10\times28\Rightarrow x=\dfrac{(10\times28)}{7}=40$ मिनट.

30. माना यह रस्सी x बार लपेटी जायेगी.

अधिक त्रिज्या का बेलन, कम बार **(विलोमानुपात)**

$\therefore\ 20:14::70:x\Rightarrow 20x=(14\times70)$

$\Rightarrow x=\dfrac{(14\times70)}{20}=49$ बार.

31. माना अभीष्ट भार $= x$ किग्रा०.

अधिक लम्बाई, अधिक भार **(सीधा अनुपात)**

$4{\cdot}5:12::17{\cdot}1:x\Rightarrow\dfrac{9x}{2}=\dfrac{12\times171}{10}$

$\Rightarrow x=\dfrac{(12\times171)}{10}\times\dfrac{2}{9}=45{\cdot}6$ किग्रा०.

32. माना अभीष्ट दूरी $= x$ किमी०.

मानचित्र में अधिक दूरी, वास्तव में अधिक दूरी **(सीधा अनुपात)**

$0{\cdot}8:80{\cdot}5::8{\cdot}8:x\Rightarrow 0{\cdot}8\times x=80{\cdot}5\times8{\cdot}8$

$\therefore\ x=\dfrac{(80{\cdot}5\times8{\cdot}8)}{0{\cdot}8}=\left(\dfrac{805\times88}{8\times10}\right)=\dfrac{1771}{2}=885{\cdot}5$ किमी०.

33. माना कुल व्यक्ति $= x$.

कम घण्टे प्रतिदिन, अधिक व्यक्ति **(विलोमानुपात)**

अधिक कार्य भाग, अधिक व्यक्ति **(सीधा अनुपात)**

अधिक दिन, कम व्यक्ति **(विलोमानुपात)**

$$\left.\begin{matrix}\text{घण्टे / दिन} & 8:9\\ \text{कार्य भाग} & \frac{1}{4}:\frac{3}{4}\\ \text{दिन} & 20:10\end{matrix}\right\}::400:x$$

$\therefore\ \left(8\times\dfrac{1}{4}\times20\times x\right)=\left(9\times\dfrac{3}{4}\times10\times400\right)\Rightarrow 40x=27000$

$\Rightarrow x=675.$

अभीष्ट अतिरिक्त व्यक्ति = (675 – 400) = 275.

34. कार्य का शेष भाग $= \left(1-\frac{2}{3}\right) = \frac{1}{3}$, शेष दिन = 30 दिन.

कम कार्य, कम व्यक्ति **(सीधा अनुपात)**

कम दिन, अधिक व्यक्ति **(विलोमानुपात)**

माना कुल व्यक्तियों की संख्या = x.

$$\left.\begin{matrix} \text{कार्य} & \frac{2}{3} : \frac{1}{3} \\ \text{दिन} & 30 : 32 \end{matrix}\right\} :: 60 : x$$

$$\therefore \left(\frac{2}{3}\times 30\times x\right) = \left(\frac{1}{3}\times 32\times 60\right) \Rightarrow 20x = 640 \Rightarrow x = 32.$$

35. [(100 × 35) + (200 × 5)] अर्थात् 4500 व्यक्ति इस कार्य को 1 दिन में समाप्त कर सकते हैं.

अतः 100 व्यक्ति इस कार्य को समाप्त करेंगे $= \frac{4500}{100}$ दिन में $= 45$ दिन में.

अतः यह कार्य नियत समय से 5 दिन बाद समाप्त होगा.

36. 25 दिन बाद, 35 व्यक्ति कार्य को समाप्त करेंगे = 12 दिन में.

$\therefore$ शेष कार्य को 35 व्यक्ति समाप्त करेंगे = 12 दिन में.

इस कार्य को 30 व्यक्ति समाप्त करेंगे $= \frac{(12\times 35)}{30}$ दिन में $= 14$ दिन में

अर्थात् नियत समय से 1 दिन बाद.

37. माना कार्य की अभीष्ट इकाई = z.

अधिक व्यक्ति, अधिक कार्य **(सीधा अनुपात)**

अधिक कार्य घण्टे, अधिक कार्य **(सीधा अनुपात)**

अधिक दिन, अधिक कार्य **(सीधा अनुपात)**

$$\left.\begin{matrix} \text{व्यक्ति} & x : y \\ \text{कार्य घण्टे} & x : y \\ \text{दिन} & x : y \end{matrix}\right\} :: x : z$$

$$\Rightarrow (x\times x\times x\times z) = (y\times y\times y\times x)$$

$$\Rightarrow x^3\times z = y^3\times x \Rightarrow z = \frac{y^3}{x^2}.$$

38. माना अभीष्ट जिल्दसाजों की संख्या = x.

अधिक घण्टे, कम जिल्दसाज **(विलोमानुपात)**

कम पुस्तकें, कम जिल्दसाज **(सीधा अनुपात)**

$$\left.\begin{matrix} \text{घण्टे} & 12 : 10 \\ \text{पुस्तकें} & 900 : 660 \end{matrix}\right\} :: 18 : x$$

$$\therefore (12 \times 900 \times x) = (10 \times 660 \times 18)$$

$$\Rightarrow x = \frac{(10\times 660\times 18)}{(12\times 900)} \Rightarrow x = 11.$$

39. माना अभीष्ट दिनों की संख्या = x.

कम घोड़े, अधिक दिन **(विलोमानुपात)**

अधिक अनाज, अधिक दिन **(सीधा अनुपात)**

$$\left.\begin{matrix} \text{घोड़े} & 28 : 35 \\ \text{अनाज} & 270 : 360 \end{matrix}\right\} :: 21 : x$$

$$(28 \times 270 \times x) = (35 \times 360 \times 21)$$

$$\Rightarrow x = \frac{(35\times 360\times 21)}{(28\times 270)} = 35.$$

अभीष्ट दिनों की संख्या = 35.

40. माना अभीष्ट दिनों की संख्या = x.

कम व्यक्ति, अधिक दिन **(विलोमानुपात)**

अधिक घण्टे प्रतिदिन, कम दिन **(विलोमानुपात)**

$$\left.\begin{matrix} \text{व्यक्ति} & 14 : 16 \\ \text{घण्टे / दिन} & 12 : 7 \end{matrix}\right\} :: 48 : x$$

$$\therefore (14 \times 12 \times x) = (16 \times 7 \times 48) \Rightarrow x = \frac{(16\times 7\times 48)}{(14\times 12)} = 32.$$

अभीष्ट दिनों की संख्या = 32.

41. माना अभीष्ट लम्बाई = x मीटर.

कम चौड़ी, अधिक लम्बी **(विलोमानुपात)**

अधिक गहरी, कम लम्बी **(विलोमानुपात)**

अधिक दिन, अधिक लम्बी **(सीधा अनुपात)**

$$\left.\begin{matrix} \text{चौड़ाई} & 25 : 50 \\ \text{गहराई} & 15 : 10 \\ \text{दिन} & 10 : 30 \end{matrix}\right\} :: 100 : x$$

$$\therefore (25 \times 15 \times 10 \times x) = (50 \times 10 \times 30 \times 100)$$

$$\Rightarrow x = \frac{(50\times 10\times 30\times 100)}{(25\times 15\times 10)} = 400.$$

अभीष्ट लम्बाई = 400 मीटर.

42. 30 सैनिकों के जाने के बाद शेष सामग्री 95 सैनिकों के लिए 195 दिन चलेगी.

65 सैनिकों के लिए माना यह x दिन चलेगी.

कम सैनिक, अधिक दिन **(विलोमानुपात)**

$$65 : 95 :: 195 : x \Rightarrow 65\times x = 95\times 195$$

$$\Rightarrow x = \frac{(95\times 195)}{65} = 285 \text{ दिन}.$$

43. 500 सैनिकों के लिए (27 – 3) = 24 दिन की सामग्री थी.

माना 800 सैनिकों के लिए यह x दिन चलेगी.

अधिक सैनिक, कम दिन **(विलोमानुपात)**

$$800 : 500 :: 24 : x \Rightarrow 800\times x = 500\times 24$$

$$\Rightarrow x = \frac{(500\times 24)}{800} = 15 \text{ दिन}.$$

44. माना आरम्भ में x सैनिकों के लिए y दिन की सामग्री थी.

10 दिन बाद x सैनिकों के लिए $(y - 10)$ दिन की सामग्री थी.

अब $\left(x-\frac{x}{5}\right)$ या $\frac{4x}{5}$ सैनिकों के लिए y दिन की सामग्री थी.

$$x(y-10) = \left(\frac{4x}{5}\times y\right) \Rightarrow xy - 10x = \frac{4xy}{5}$$

$$\therefore 5xy - 50x = 4xy \Rightarrow xy = 50x \Rightarrow y = 50 \text{ दिन}.$$

प्रश्नमाला 14B

1. 2 आदमी तथा 7 औरतें किसी कार्य को 14 दिन में समाप्त कर सकते हैं, जबकि 3 आदमी तथा 8 औरतें इसी कार्य को 11 दिन में समाप्त कर सकते हैं. 8 आदमी तथा 6 औरतें मिलकर इससे तिगुने कार्य को कितने दिन में समाप्त कर सकेंगे ?

(*a*) 21 दिन (*b*) 18 दिन (*c*) 23 दिन (*d*) 19 दिन

2. एक ठेकेदार ने किसी काम को 90 दिन में पूरा करने का ठेका लिया तथा कुछ आदमी काम पर लगाये. 24 दिन के बाद उसे ज्ञात हुआ कि कुल काम का $\frac{2}{7}$ भाग पूरा हो पाया है. उसने 2 आदमी हटा दिये तथा काम समय पर पूरा हो गया. आरम्भ में कितने आदमी काम पर लगाये गये थे ?

(*a*) 21 (*b*) 22 (*c*) 18 (*d*) 25

3. एक आदमी तथा एक औरत दोनों मिलकर किसी काम को 33 दिन में समाप्त कर सकते हैं. इनकी कार्यदक्षता का अनुपात क्रमशः 14 : 11 है. केवल 1 औरत अकेले इस कार्य को कितने दिन में समाप्त कर सकती है ?

(*a*) 57 दिन (*b*) 63 दिन (*c*) 73 दिन (*d*) 75 दिन

4. 8 आदमी तथा 12 लड़के किसी कार्य को 12 दिन में समाप्त कर सकते हैं. 40 आदमी तथा 45 लड़के इससे तिगुने कार्य को कितने दिन में समाप्त कर सकेंगे जबकि 16 आदमी 8 घण्टे में उतना कार्य करते हैं जितना कि 12 लड़के 24 घण्टे में कर सकते हैं ?

(*a*) 7 दिन (*b*) 11 दिन (*c*) 8 दिन (*d*) 9 दिन

5. एक ठेकेदार ने एक सड़क का निर्माण कार्य 200 दिन में पूर्ण करने का ठेका लिया तथा उसने 140 आदमी काम पर लगाये. 60 दिन के बाद उसे ज्ञात हुआ कि कुल कार्य का $\frac{1}{4}$ भाग पूरा किया गया है. वह कितने अतिरिक्त व्यक्ति काम पर लगाये कि पूर्ण कार्य समय पर समाप्त हो जाये ?

(*a*) 40 (*b*) 43 (*c*) 37 (*d*) 53

6. एक ठेकेदार ने कोई कार्य 19 दिन में पूर्ण करने के लिए 15 व्यक्ति काम पर लगाये, जो 8 घण्टे प्रतिदिन कार्य करते हैं. 10 दिन के बाद किसी दुर्घटना के कारण 3 दिन कार्य न हो सका तथा 4 व्यक्ति कार्य करने योग्य न रहे. कितने अतिरिक्त व्यक्ति और लगाये जायें कि 9 घण्टे प्रतिदिन कार्य करके समय पर कार्य पूर्ण हो सके ?

(*a*) 7 (*b*) 9 (*c*) 11 (*d*) 8

7. एक ठेकेदार ने किसी कार्य को 9 दिन में पूर्ण करने का ठेका लिया तथा उसने कुछ मज़दूर नियुक्त किये. परन्तु इनमें से 6 मज़दूर पहले ही दिन से अनुपस्थित रहे तथा शेष मज़दूर कार्य को 15 दिन में समाप्त कर सके. उसने कुल कितने मज़दूर नियुक्त किये थे ?

(*a*) 18 (*b*) 21 (*c*) 15 (*d*) 17

8. एक किले में कुछ सैनिकों के लिए 32 दिन के लिए पर्याप्त भोजन-सामग्री थी. 4 दिन के बाद 150 सैनिक और आ जाने से शेष सामग्री 21 दिन तक पर्याप्त रही. प्रारम्भ में किले में कितने सैनिक थे ?

(*a*) 450 (*b*) 540 (*c*) 390 (*d*) 430

9. रवि किसी दूरी को प्रतिदिन 9 घण्टे विश्राम करके 40 दिनों में तय कर सकता है. पहले से दुगुनी दूरी, दुगुनी चाल से, प्रतिदिन दुगुने समय विश्राम करके वह कितने दिनों में तय करेगा ?

(*a*) 123 दिन (*b*) 100 दिन (*c*) 115 दिन (*d*) 117 दिन

10. यदि 9 व्यक्ति $7\frac{1}{2}$ घण्टे प्रतिदिन कार्य करके किसी काम को 40 दिन में समाप्त कर सकें तो इसी काम को 6 घण्टे प्रतिदिन कार्य करके 12 व्यक्ति कितने दिन में समाप्त कर सकेंगे जबकि पहले वाले 3 व्यक्ति, बाद वाले 2 व्यक्तियों के बराबर कार्य करते हों ?

(*a*) 23 (*b*) 32 (*c*) 25 (*d*) 20

11. यदि 8 व्यक्ति 9 घण्टे प्रतिदिन कार्य करके 18 मीटर लम्बी, 2 मीटर चौड़ी तथा 12 मीटर ऊँची दीवार 10 दिन में पूरी बना सकें, तो 32 मीटर लम्बी, 3 मीटर चौड़ी तथा 9 मीटर ऊँची दीवार कितने व्यक्ति 6 घण्टे प्रतिदिन कार्य करके 8 दिन में पूरी कर सकेंगे ?

(*a*) 30 (*b*) 32 (*c*) 28 (*d*) 0

12. एक कार्य पूरा करने का 56 दिन का ठेका दिया गया तथा इस पर 104 व्यक्ति लगाये गये. प्रतिदिन 8 घण्टे कार्य करके 30 दिन में $\frac{2}{5}$ कार्य पूर्ण हो गया. कितने व्यक्ति और लगाये जायें कि अब 9 घण्टे प्रतिदिन कार्य करके पूर्ण कार्य समय पर समाप्त हो जाये ?

(*a*) 55 (*b*) 58 (*c*) 57 (*d*) 56

13. 8 प्रेस कम्पोजिटर 600 पृष्ठ की पांडुलिपि को 12 घण्टे प्रतिदिन कार्य करके 16 दिन में सैट कर सकते हैं, जबकि प्रत्येक पृष्ठ में 60 पंक्तियाँ हैं तथा प्रत्येक पंक्ति में 40 अक्षर हैं. 1000 पृष्ठ की एक अन्य पांडुलिपि के प्रत्येक पृष्ठ में 48 पंक्तियाँ तथा प्रत्येक पंक्ति में 50 अक्षर हैं. इसे 10 कम्पोजिटर, 8 घण्टे प्रतिदिन कार्य करके कितने दिनों में सैट करेंगे ?

(*a*) 23 (*b*) 32 (*c*) 31 (*d*) 27

14. 5 घण्टे प्रतिदिन कार्य करके 60 व्यक्ति एक 300 मीटर लम्बी 6 मीटर चौड़ी तथा 2 मीटर गहरी खाई को 6 दिन में खोद सकते हैं. एक दूसरी 540 मीटर लम्बी 4 मीटर चौड़ी तथा $3\frac{1}{2}$ मीटर गहरी खाई को 40 व्यक्ति 4 घण्टे प्रतिदिन कार्य करके कितने दिन में खोद सकेंगे ?

(*a*) $23\frac{5}{8}$ (*b*) $25\frac{3}{5}$ (*c*) $26\frac{2}{3}$ (*d*) $27\frac{4}{7}$

15. 2 व्यक्ति 2 घण्टे प्रतिदिन कार्य करके 2 दिन में 2 मशीनें तैयार कर लेते हैं. 6 व्यक्तियों द्वारा 6 घण्टे प्रतिदिन कार्य करके 6 दिन में कितनी मशीनें बनेंगी ?

(*a*) 45 (*b*) 48 (*c*) 54 (*d*) 53

उत्तरमाला (प्रश्नमाला 14B)

1. (*a*) **2.** (*b*) **3.** (*d*) **4.** (*c*) **5.** (*a*) **6.** (*b*) **7.** (*c*) **8.** (*a*) **9.** (*b*) **10.** (*c*) **11.** (*a*) **12.** (*d*)
13. (*b*) **14.** (*a*) **15.** (*c*)

दिये गये प्रश्नों के हल (प्रश्नमाला 14B)

1. माना 1 आदमी का 1 दिन का कार्य $= x$

तथा 1 औरत का 1 दिन का कार्य $= y$.

तब, $2x + 7y = \frac{1}{14}$ ...(*i*) तथा $3x + 8y = \frac{1}{11}$ ...(*ii*)

(*i*) को 3 से तथा (*ii*) को 2 से गुणा करके घटाने पर:

$5y = \left(\frac{3}{14} - \frac{2}{11}\right) \Rightarrow 5y = \frac{5}{154} \Rightarrow y = \frac{1}{154}$.

(*i*) में $y = \frac{1}{154}$ रखने पर

$2x + \frac{7}{154} = \frac{1}{14} \Rightarrow 2x = \left(\frac{1}{14} - \frac{1}{22}\right) = \frac{(11-7)}{154} = \frac{4}{154}$

$\Rightarrow x = \frac{2}{154} = \frac{1}{77}$.

8 आदमी तथा 6 औरतों का 1 दिन का काम

$= \left(\frac{8}{77} + \frac{6}{154}\right) = \frac{22}{154} = \frac{1}{7}$.

अत: 8 आदमी तथा 6 औरतें इस कार्य को 7 दिन में समाप्त करेंगे। इससे तिगुने कार्य को ये $(7 \times 3) = 21$ दिन में समाप्त करेंगे।

2. माना आरम्भ में ठेकेदार ने x आदमी काम पर लगाये।

x आदमियों ने 24 दिन में $\frac{2}{7}$ काम पूरा किया।

शेष कार्य $= \left(1 - \frac{2}{7}\right) = \frac{5}{7}$.

स्पष्ट है कि $(x - 2)$ आदमियों ने $\frac{5}{7}$ काम $(90 - 24) = 66$ दिन में पूरा किया।

अधिक दिन, कम आदमी **(विलोमानुपात)**

अधिक काम, अधिक आदमी **(सीधा अनुपात)**

$$\left.\begin{array}{ll}\text{दिन} & 66 : 24 \\ \text{काम} & \frac{2}{7} : \frac{5}{7}\end{array}\right\} :: x : (x-2)$$

$\therefore \left[66 \times \frac{2}{7} \times (x-2)\right] = \left(24 \times \frac{5}{7} \times x\right)$

$\Rightarrow 132\,(x-2) = 120x \Rightarrow 12x = 264 \Rightarrow x = 22$.

आरम्भ में लगाये गये व्यक्ति $= 22$.

3. 1 आदमी तथा 1 औरत की कार्य-दक्षता का अनुपात $= 14 : 11$. इनके द्वारा किसी कार्य को समाप्त करने में लगे समय का अनुपात $= 11 : 14$.

माना 1 आदमी द्वारा कार्य समाप्त करने में लिया गया समय $= 11x$ दिन

तब 1 औरत द्वारा कार्य समाप्त करने में लिया गया समय $= 14x$ दिन.

$\therefore \frac{1}{11x} + \frac{1}{14x} = \frac{1}{33} \Rightarrow \frac{(14+11)}{154x} = \frac{1}{33} \Rightarrow 154x = (33 \times 25)$

$\Rightarrow x = \frac{(33 \times 25)}{154}$

1 औरत द्वारा कार्य समाप्त करने में लगा समय

$= \left\{\frac{(33 \times 25)}{154} \times 14\right\}$ दिन $= 75$ दिन.

4. स्पष्ट है कि (16×8) आदमी $\equiv (12 \times 24)$ लड़के.

1 आदमी $\equiv \frac{(12 \times 24)}{(16 \times 8)}$ लड़के $= \frac{9}{4}$ लड़के.

(8 आदमी + 12 लड़के) $\equiv \left[\left(8 \times \frac{9}{4}\right) + 12\right]$ लड़के $= 30$ लड़के.

(40 आदमी + 45 लड़के) $\equiv \left[\left(40 \times \frac{9}{4}\right) + 45\right]$ लड़के

$= 135$ लड़के.

माना अभीष्ट दिन $= x$.

अधिक लड़के, कम दिन **(विलोमानुपात)**

अधिक काम, अधिक दिन **(समानुपात)**

$$\left.\begin{array}{ll}\text{लड़के} & 135 : 30 \\ \text{काम} & 1 : 3\end{array}\right\} :: 12 : x$$

$\therefore (135 \times 1 \times x) = (30 \times 3 \times 12)$

$\Rightarrow x = \frac{(30 \times 3 \times 12)}{135} = 8$ दिन.

5. शेष कार्य $= \left(1 - \frac{1}{4}\right) = \frac{3}{4}$, , शेष दिन $= (200 - 60) = 140$.

माना अभीष्ट व्यक्तियों की संख्या $= x$.

अधिक कार्य, अधिक व्यक्ति **(सीधा अनुपात)**

अधिक दिन, कम व्यक्ति **(विलोमानुपात)**

$$\left.\begin{array}{ll}\text{कार्य} & \frac{1}{4} : \frac{3}{4} \\ \text{दिन} & 140 : 60\end{array}\right\} :: 140 : x$$

$\therefore \left(\frac{1}{4} \times 140 \times x\right) = \left(\frac{3}{4} \times 60 \times 140\right) \Rightarrow x = 180$.

अतिरिक्त व्यक्ति $= (180 - 140) = 40$.

6. 10 दिन का कार्य $= \frac{10}{19}$. शेष कार्य $= \left(1 - \frac{10}{19}\right) = \frac{9}{19}$.

शेष दिन $= 6$.

माना कुल व्यक्ति $= x$.

$$\left.\begin{array}{ll}\text{दिन} & 6 : 19 \\ \text{कार्य} & 1 : \frac{9}{19} \\ \text{कार्य घण्टे} & 9 : 8\end{array}\right\} :: 15 : x$$

$\therefore\ (6\times1\times9\times x)=\left(19\times\frac{9}{19}\times8\times15\right)$

$\Rightarrow x=\frac{9\times8\times15}{6\times9}=20.$

अतिरिक्त व्यक्ति = (20 – 11) = 9.

7. माना उसने x व्यक्ति नियुक्त किये थे।

अधिक दिन, कम व्यक्ति **(विलोमानुपात)**

$15:9::x:(x-6)\Rightarrow 15\times(x-6)=9x$

$\Rightarrow 6x=90\Rightarrow x=15.$

मजदूरों की अभीष्ट संख्या = 15.

8. माना प्रारम्भ में किले में x सैनिक थे।

अब, x सैनिकों के लिए (32 – 4) = 28 दिन की भोजन सामग्री है।

तथा $(x + 150)$ सैनिकों के लिए 21 दिन की भोजन सामग्री है।

कम दिन, अधिक सैनिक **(विलोमानुपात)**

$\therefore\ 21:28::x:(x+150)\Rightarrow 21\times(x+150)=28\times x$

$\Rightarrow 7x=(21\times150)\Rightarrow x=\frac{21\times150}{7}=450.$

अत: प्रारम्भ में किले में 450 सैनिक थे।

9. पहले कार्य घण्टे = (24 – 9) = 15,

बाद में कार्य घण्टे = (24 – 18) = 6.

माना अभीष्ट दिनों की संख्या = x.

अधिक दूरी, अधिक दिन **(समानुपात)**

अधिक चाल, कम दिन **(विलोमानुपात)**

कम कार्य घण्टे, अधिक दिन **(विलोमानुपात)**

$$\left.\begin{array}{r}\text{दूरी}\ \ y:2y\\ \text{चाल}\ \ 2z:z\\ \text{कार्य घण्टे}\ \ 6:15\end{array}\right\}::40:x$$

$\therefore\ (y\times2z\times6\times x)=(2y\times z\times15\times40)$

$\Rightarrow x=\frac{(2y\times z\times15\times40)}{(y\times2z\times6)}\Rightarrow x=100$ दिन.

10. माना पहले वाले 3 व्यक्ति एक निश्चित समय में 1 इकाई कार्य करते हैं।

तब, इनमें से प्रत्येक व्यक्ति उस निश्चित समय में $\frac{1}{3}$ इकाई कार्य करेगा।

बाद वाला प्रत्येक व्यक्ति उस निश्चित समय में $\frac{1}{2}$ इकाई कार्य करेगा।

माना अभीष्ट दिनों की संख्या = x.

अधिक व्यक्ति, कम दिन **(विलोमानुपात)**

कम कार्य घण्टे, अधिक दिन **(विलोमानुपात)**

अधिक कार्यक्षमता, कम दिन **(विलोमानुपात)**

$$\left.\begin{array}{r}\text{व्यक्ति}\ \ 12:9\\ \text{कार्य घण्टे}\ \ 6:\frac{15}{2}\\ \text{कार्यक्षमता}\ \ \frac{1}{2}:\frac{1}{3}\end{array}\right\}::40:x$$

$\therefore\ \left(12\times6\times\frac{1}{2}\times x\right)=\left(9\times\frac{15}{2}\times\frac{1}{3}\times40\right)$

$\Rightarrow 36x=900\Rightarrow x=\frac{900}{36}=25.$

अभीष्ट दिनों की संख्या = 25.

11. माना अभीष्ट व्यक्तियों की संख्या = x.

अधिक लम्बाई, अधिक व्यक्ति **(सीधा अनुपात)**

अधिक चौड़ाई, अधिक व्यक्ति **(सीधा अनुपात)**

अधिक ऊँचाई, अधिक व्यक्ति **(सीधा अनुपात)**

कम दिन, अधिक व्यक्ति **(विलोमानुपात)**

कम घण्टे प्रतिदिन, अधिक व्यक्ति **(विलोमानुपात)**

$$\left.\begin{array}{r}\text{लंबाई}\ \ 18:32\\ \text{चौड़ाई}\ \ 2:3\\ \text{ऊँचाई}\ \ 12:9\\ \text{दिन}\ \ 8:10\\ \text{घण्टे (प्रतिदिन)}\ \ 6:9\end{array}\right\}::8:x$$

$\therefore\ (18\times2\times12\times8\times6\times x)=(32\times3\times9\times10\times9\times8)$

$\Rightarrow x=\frac{(32\times3\times9\times10\times9\times8)}{(18\times2\times12\times8\times6)}=30.$

अभीष्ट व्यक्तियों की संख्या = 30.

12. शेष कार्य = $\left(1-\frac{2}{5}\right)=\frac{3}{5}$, शेष दिन = (56 – 30) = 26.

माना अब कुल कार्यरत व्यक्ति = x.

अधिक कार्य, अधिक व्यक्ति **(सीधा अनुपात)**

कम दिन, अधिक व्यक्ति **(विलोमानुपात)**

अधिक घण्टे प्रतिदिन, कम व्यक्ति **(विलोमानुपात)**

$$\left.\begin{array}{r}\text{कार्य}\ \ \frac{2}{5}:\frac{3}{5}\\ \text{दिन}\ \ 26:30\\ \text{कार्य घण्टे}\ \ 9:8\end{array}\right\}::104:x$$

$\left(\frac{2}{5}\times26\times9\times x\right)=\left(\frac{3}{5}\times30\times8\times104\right)$

$\Rightarrow x=\frac{3}{5}\times\frac{30\times8\times104}{26\times9}\times\frac{5}{2}=160.$

अभीष्ट व्यक्ति = (160 – 104) = 56.

13. माना अभीष्ट दिनों की संख्या = x.

अधिक कम्पोजिटर, कम दिन **(विलोमानुपात)**

अधिक कार्य, अधिक दिन **(सीधा अनुपात)**

कम कार्य घण्टे, अधिक दिन **(विलोमानुपात)**

कम पंक्तियाँ, कम दिन **(सीधा अनुपात)**

अधिक अक्षर, अधिक दिन **(सीधा अनुपात)**

$$\left.\begin{array}{r}\text{कंपोजिटर}\ \ 10:8\\ \text{पृष्ठ}\ \ 600:1000\\ \text{कार्य घण्टे}\ \ 8:12\\ \text{पंक्तियाँ}\ \ 60:48\\ \text{अक्षर / पंक्ति}\ \ 40:50\end{array}\right\}::16:x$$

$\therefore\ (10\times600\times8\times60\times40\times x)$

$= (8\times1000\times12\times48\times50\times16)$

$$x = \frac{8\times1000\times12\times48\times50\times16}{10\times600\times8\times60\times40} \Rightarrow x = 32 \text{ दिन.}$$

14. माना अभीष्ट दिनों की संख्या $= x$.

कम व्यक्ति, अधिक दिन **(विलोमानुपात)**
अधिक लम्बाई, अधिक दिन **(सीधा अनुपात)**
कम चौड़ाई, कम दिन **(सीधा अनुपात)**
अधिक गहरी, अधिक दिन **(सीधा अनुपात)**
कम घण्टे प्रतिदिन कार्य, अधिक दिन **(विलोमानुपात)**

$$\left.\begin{array}{lr} \text{व्यक्ति} & 40 : 60 \\ \text{लम्बाई} & 300 : 540 \\ \text{चौड़ाई} & 6 : 4 \\ \text{गहराई} & 2 : \frac{7}{2} \\ \text{घण्टे / दिन} & 4 : 5 \end{array}\right\} :: 6 : x$$

$$(40\times300\times6\times2\times4\times x) = \left(60\times540\times4\times\frac{7}{2}\times5\times6\right)$$

$$\Rightarrow x = \frac{(60\times540\times420)}{(40\times300\times48)} = \frac{189}{8} = 23\frac{5}{8} \text{ दिन.}$$

15. माना मशीनों की अभीष्ट संख्या $= x$.

अधिक व्यक्ति, अधिक मशीनें **(समानुपात)**
अधिक घण्टे प्रतिदिन, अधिक मशीनें **(समानुपात)**
अधिक दिन, अधिक मशीनें **(समानुपात)**

$$\left.\begin{array}{lr} \text{व्यक्ति} & 2 : 6 \\ \text{घण्टे / दिन} & 2 : 6 \\ \text{दिन} & 2 : 6 \end{array}\right\} :: 2 : x$$

$$\therefore (2\times2\times2\times x) = (6\times6\times6\times2)$$

$$\Rightarrow x = \frac{432}{8} = 54 \text{ मशीनें.}$$

❑❑❑

15

समय तथा कार्य (TIME AND WORK)

Scan QR Code for Watching Video

सामान्य नियम

(*i*) यदि A किसी कार्य को 15 दिन में समाप्त करे, तो A का 1 दिन का कार्य $= \frac{1}{15}$

(*ii*) यदि A का 1 दिन का कार्य $\frac{1}{8}$ हो, तो A पूरे कार्य को 8 दिन में समाप्त करेगा.

(*iii*) यदि A की कार्य-क्षमता B से दुगुनी हो, तो इनकी कार्य क्षमता का अनुपात 2 : 1 है तथा इनके द्वारा किसी काम को पूरा करने में लगे समय का अनुपात 1 : 2 है.

साधित उदाहरण

प्रश्न 1. A अकेला किसी कार्य को 6 दिन में समाप्त कर सकता है तथा B अकेला इस कार्य को 12 दिन में समाप्त कर सकता है. A तथा B दोनों मिलकर इस कार्य को कितने दिन में समाप्त कर सकेंगे?

हल: A का 1 दिन का कार्य $= \frac{1}{6}$

B का 1 दिन का कार्य $= \frac{1}{12}$.

$(A + B)$ का 1 दिन का कार्य

$$= \left(\frac{1}{6} + \frac{1}{12}\right) = \frac{(2+1)}{12} = \frac{3}{12} = \frac{1}{4}.$$

अत: A तथा B दोनों मिलकर इस कार्य को 4 दिन में समाप्त कर देंगे.

प्रश्न 2. A एक कार्य को 12 दिन में समाप्त कर सकता है. A तथा B मिलकर इसे 8 दिन में समाप्त कर सकते हैं. B अकेला इस कार्य को कितने दिन में समाप्त कर सकता है?

हल: $(A + B)$ का 1 दिन का कार्य $= \frac{1}{8}$

A का 1 दिन का कार्य $= \frac{1}{12}$.

$\therefore$ B का 1 दिन का कार्य $= \left(\frac{1}{8} - \frac{1}{12}\right) = \frac{(3-2)}{24} = \frac{1}{24}$.

अत: B अकेला इस कार्य को 24 दिन में समाप्त कर सकता है.

प्रश्न 3. A, B तथा C एक कार्य को क्रमशः 10 दिन, 15 दिन तथा 18 दिन में समाप्त कर सकते हैं. यदि तीनों मिलकर इस कार्य को करें तो कितने दिन में समाप्त कर सकेंगे?

हल: A का 1 दिन का कार्य $= \frac{1}{10}$

B का 1 दिन का कार्य $= \frac{1}{15}$

C का 1 दिन का कार्य $= \frac{1}{18}$.

$(A + B + C)$ का 1 दिन का कार्य

$$= \left(\frac{1}{10} + \frac{1}{15} + \frac{1}{18}\right) = \frac{(9+6+5)}{90} = \frac{20}{90} = \frac{2}{9}.$$

अत: तीनों मिलकर इस कार्य को $\frac{9}{2}$ दिन अर्थात $4\frac{1}{2}$ दिन में समाप्त कर सकेंगे.

प्रश्न 4. A किसी कार्य का $\frac{2}{5}$ भाग 12 दिन में समाप्त कर सकता है, जबकि B इसी कार्य का $\frac{3}{4}$ भाग 15 दिन में समाप्त कर सकता है. दोनों मिलकर इस कार्य को कितने दिन में समाप्त कर सकेंगे?

हल : A, $\frac{2}{5}$ कार्य करता है = 12 दिन में

A पूरा कार्य समाप्त करेगा $= \left(12 \times \frac{5}{2}\right)$ अर्थात 30 दिन में.

B, $\frac{3}{4}$ कार्य करता है = 15 दिन में

B पूरा कार्य समाप्त करेगा $= \left(15 \times \frac{4}{3}\right)$ अर्थात 20 दिन में.

$(A + B)$ का 1 दिन का कार्य

$$= \left(\frac{1}{30}+\frac{1}{20}\right) = \frac{(2+3)}{60} = \frac{5}{60} = \frac{1}{12}.$$

अतः A तथा B दोनों मिलकर इस कार्य को 12 दिन में समाप्त कर सकेंगे.

प्रश्न 5. A तथा B मिलकर किसी कार्य को 20 दिन में समाप्त करते हैं, B तथा C मिलकर इसे 15 दिन में और C तथा A मिलकर इसे 12 दिन में पूरा करते हैं. तीनों मिलकर इस कार्य को कितने दिन में समाप्त कर सकेंगे? B अकेला इसे कितने दिनों में कर सकेगा?

हलः $(A + B)$ का 1 दिन का कार्य $= \frac{1}{20}$; $(B + C)$ का 1 दिन का कार्य $= \frac{1}{15}$

तथा $(C + A)$ का 1 दिन का कार्य $= \frac{1}{12}$.

जोड़ने परः $2(A + B + C)$ का 1 दिन का कार्य

$$= \left(\frac{1}{20}+\frac{1}{15}+\frac{1}{12}\right) = \frac{12}{60} = \frac{1}{5}$$

$\Rightarrow (A + B + C)$ का 1 दिन का कार्य $= \frac{1}{10}$.

अतः तीनों मिलकर इस कार्य को 10 दिन में समाप्त कर सकेंगे.

B का 1 दिन का कार्य $= \{(A + B + C)$ का 1 दिन का कार्य$\}$ $- \{(C + A)$ का 1 दिन का कार्य$\}$

$$= \left(\frac{1}{10}-\frac{1}{12}\right) = \frac{1}{60}.$$

अतः B अकेला इस कार्य को 60 दिन में पूरा कर सकेगा.

प्रश्न 6. A की कार्य-क्षमता B से दुगुनी है. अतः किसी कार्य को पूरा करने में A, B से 10 दिन कम लेता है. दोनों मिलकर इस कार्य को कितने दिन में समाप्त करेंगे?

हलः माना दिये गये कार्य को समाप्त करने में B लेता है $= x$ दिन.

तब, इस कार्य को समाप्त करने में A लेगा $= (x - 10)$ दिन.

A का 1 दिन का कार्य $= 2$ (B का 1 दिन का कार्य)

$$\therefore \quad \frac{1}{(x-10)} = \frac{2}{x} \Rightarrow x = 2x - 20 \Rightarrow x = 20.$$

पूरा कार्य समाप्त करने में B लेता है $= 20$ दिन तथा A लेता है $= 10$ दिन.

$\therefore (A + B)$ का 1 दिन का कार्य $= \left(\frac{1}{10}+\frac{1}{20}\right) = \frac{3}{20}$ दिन.

अतः दोनों मिलकर इस कार्य को करने में $\frac{20}{3}$ दिन अर्थात् $6\frac{2}{3}$ दिन लेंगे.

प्रश्न 7. A की कार्य-क्षमता B से दुगुनी है. यदि दोनों मिलकर किसी कार्य को 14 दिन में समाप्त करें, तो A अकेला इसे कितने दिन में समाप्त करेगा?

हलः (A का 1 दिन का कार्य) : (B का 1 दिन का कार्य) $= 2:1$.

$(A + B)$ का 1 दिन का कार्य $= \frac{1}{14}$.

A का 1 दिन का कार्य $= \left(\frac{1}{14}\times\frac{2}{3}\right) = \frac{1}{21}$.

अतः A अकेला इस कार्य को 21 दिन में समाप्त करेगा.

प्रश्न 8. A अकेला एक कार्य को 20 दिन में समाप्त कर सकता है जबकि B अकेला इस कार्य को 25 दिन में समाप्त कर सकता है. दोनों मिलकर 5 दिन कार्य करते हैं. फिर B काम छोड़कर चला जाता है. शेष कार्य को A अकेला कितने दिन में कर पायेगा?

हलः $(A + B)$ का 5 दिन का कार्य $= 5\left(\frac{1}{20}+\frac{1}{25}\right) = \frac{9}{20}$.

शेष कार्य $= \left(1-\frac{9}{20}\right) = \frac{11}{20}$.

$\frac{1}{20}$ कार्य को करने में A लेता है $= 1$ दिन.

$\frac{11}{20}$ कार्य को करने में A लेता है

$$= \left(20\times\frac{11}{20}\right) \text{ दिन} = 11 \text{ दिन}.$$

अतः शेष कार्य को A अकेला 11 दिन में कर लेगा.

प्रश्न 9. A तथा B एक काम को क्रमशः 7 दिन तथा 8 दिन में पूरा कर सकते हैं. यदि दोनों एक दिन छोड़कर एक दिन कार्य करें तथा A कार्य को आरम्भ करे, तो सारा कार्य कितने दिन में समाप्त होगा?

हलः A तथा B का 2 दिन का कार्य $= \left(\frac{1}{7}+\frac{1}{8}\right) = \frac{15}{56}$.

A तथा B का 6 दिन का कार्य $= \left(\frac{15}{56}\times\frac{1}{2}\times 6\right) = \frac{45}{56}$.

शेष कार्य $= \left(1-\frac{45}{56}\right) = \frac{11}{56}$,

A का 1 दिन का कार्य $= \frac{1}{7}$.

शेष कार्य $= \left(\frac{11}{56}-\frac{1}{7}\right) = \frac{3}{36}$. अब, B की बारी है.

$\frac{1}{8}$ कार्य B करता है $= 1$ दिन में.

$\frac{3}{56}$ कार्य B करेगा $= \left(\frac{3}{56}\times 8\right)$ दिन में $= \frac{3}{7}$ दिन में.

कार्य समाप्त होने में लगा समय

$$= \left(6+1+\frac{3}{7}\right) \text{ दिन} = 7\frac{3}{7} \text{ दिन}.$$

प्रश्न 10. 2 आदमी तथा 3 लड़के मिलकर किसी कार्य को 10 दिन में समाप्त कर सकते हैं, जबकि 3 आदमी तथा 2 लड़के मिलकर इसी कार्य को 8 दिन में समाप्त कर सकते हैं. 2 आदमी तथा 1 लड़का मिलकर इस कार्य को कितने दिन में समाप्त कर पायेंगे?

हल: माना 1 आदमी का 1 दिन का कार्य $= \frac{1}{x}$ तथा 1 लड़के का 1 दिन का कार्य $= \frac{1}{y}$.

तब, $\frac{2}{x}+\frac{3}{y}=\frac{1}{10}$ ...(*i*) तथा $\frac{3}{x}+\frac{2}{y}=\frac{1}{8}$ ...(*ii*)

(*ii*) को 3 से गुणा करने तथा (*i*) को 2 से गुणा करके, घटाने पर:

$$\frac{5}{x}=\left(\frac{3}{8}-\frac{2}{10}\right) \Rightarrow \frac{5}{x}=\frac{7}{40} \Rightarrow x=\frac{200}{7}.$$

(*i*) में $x = \frac{200}{7}$ रखने पर:

$$\frac{3}{y}=\left(\frac{1}{10}-\frac{7}{100}\right)=\frac{3}{100} \Rightarrow y=100.$$

(2 आदमी + 1 लड़के) का 1 दिन का कार्य

$$=\left(\frac{2}{x}+\frac{1}{y}\right)=\left(\frac{2\times7}{200}+\frac{1}{100}\right)=\frac{8}{100}=\frac{2}{25}.$$

∴ 2 आदमी तथा 1 लड़का मिलकर इस कार्य को $\frac{25}{2}$ दिनों अर्थात् $12\frac{1}{2}$ दिन में समाप्त करेंगे.

प्रश्न 11. 8 पुरुष एक काम को 20 दिन में पूरा कर सकते हैं. यही काम 8 महिलायें 32 दिन में पूरा कर सकती हैं. इसी काम को 5 पुरुष तथा 8 महिलायें मिलकर कितने दिन में पूरा कर लेंगे ?

हल: (8×20) पुरुषों का 1 दिन का काम $=1$

$\Rightarrow$ 1 पुरुष का 1 दिन का काम $=\frac{1}{160}$.

(8×32) महिलाओं का 1 दिन का काम $=1$

$\Rightarrow$ 1 महिला का 1 दिन का काम $=\frac{1}{256}$.

(5 पुरुष + 8 महिलाओं) का 1 दिन का काम

$$=\left(5\times\frac{1}{160}+8\times\frac{1}{256}\right)=\left(\frac{1}{32}+\frac{1}{32}\right)=\frac{2}{32}=\frac{1}{16}.$$

∴ 5 पुरुष तथा 8 महिलायें इस कार्य को 16 दिन में पूरा कर लेंगे.

प्रश्नमाला 15A

नीचे दिये गये प्रश्नों में से प्रत्येक में ठीक उत्तर को चिन्हांकित (✓) कीजिए:

1. A एक कार्य का तीन-चौथाई भाग 9 दिनों में पूरा करता है जबकि A और B पूरे कार्य को 9 दिनों में पूरा करते हैं। A की दक्षता, B की दक्षता से कितने प्रतिशत अधिक है?

(*a*) 100% (*b*) 150% (*c*) 175% (*d*) 200%

(*e*) इनमें से कोई नहीं **(एस.बी.आई पी.ओ. परीक्षा, 2021)**

2. 3 पुरुष 1 काम को 6 दिन में पूरा कर सकते हैं जबकि 5 महिलायें यही काम 18 दिन में पूरा कर सकती हैं. 4 पुरुष और 10 महिलायें मिलकर यह काम कितने दिनों में पूरा करेंगे ? **(बैंक पी०ओ० परीक्षा, 2010)**

(*a*) 3 दिन (*b*) 5 दिन (*c*) 2 दिन (*d*) 4 दिन

(*e*) इनमें से कोई नहीं

3. A और B मिलकर एक काम को 12 दिनों में कर सकते हैं, A और C मिलकर उसी काम को 15 दिनों में कर सकते हैं। यदि B और C मिलकर उसी कार्य को 20 दिनों में कर सकते हैं, तो A, B और C मिलकर उसी कार्य को कितने दिनों में पूरा कर सकते हैं?

(*a*) 10 (*b*) 15 (*c*) 12 (*d*) 14

(*e*) इनमें से कोई नहीं **(एस.बी.आई पी.ओ. परीक्षा, 2020)**

4. यदि 12 महिलाएं एक कार्य को 64 दिनों में पूरा करती हैं, तो 16 महिलाएं उस कार्य का दो-तिहाई भाग कितने दिनों में पूरा करेंगी?

(*a*) 30 दिन (*b*) 28 दिन (*c*) 32 दिन (*d*) 45 दिन

(*e*) इनमें से कोई नहीं

(आई.बी.पी.एस. आर.आर.बी. क्लर्क परीक्षा, 2020)

5. *A* किसी कार्य को 12 दिन में समाप्त कर सकता है. *A* की तुलना में *B*, 60% अधिक कार्यकुशल है. उसी कार्य को पूरा करने में *B* कितने दिन लेगा ? **(एस०एस०सी० परीक्षा, 2010)**

(*a*) 6 दिन (*b*) $7\frac{1}{2}$ दिन (*c*) 8 दिन (*d*) $8\frac{1}{2}$ दिन

6. A और B एक काम को 6 दिनों में पूरा कर सकते हैं। A, अकेले कार्य करते हुए उसी कार्य को 9 दिनों में पूरा कर सकता है। B अकेले कार्य का $\frac{3}{8}$ भाग कितने दिनों में पूरा कर सकता है?

(*a*) $\frac{29}{4}$ (*b*) $\frac{27}{4}$ (*c*) $\frac{31}{5}$ (*d*) $\frac{28}{3}$

(आई.बी.पी.एस. आर.आर.बी. पी.ओ (प्रा.) परीक्षा, 2020)

7. 3 पुरुष एक काम को 18 दिन में पूरा कर सकते हैं जबकि 6 बच्चे इसी काम को 18 दिन में कर सकते हैं. 4 पुरुष तथा 4 बच्चे मिलकर इस काम को कितने दिन में पूरा कर पायेंगे ?

(*a*) 10 दिन (*b*) 6 दिन (*c*) 12 दिन (*d*) 9 दिन

(बैंक पी०ओ० परीक्षा, 2010)

8. 6 पुरुष एक काम को 12 दिन में पूरा कर सकते हैं. उसी काम को 8 महिलायें 18 दिन में तथा 18 बच्चे 10 दिन में पूरा कर सकते हैं. 4 पुरुष, 12 महिलायें और 20 बच्चे मिलकर 2 दिन काम करते हैं. यदि शेष बचे कार्य को केवल पुरुषों को 1 दिन में पूरा करना हो, तो कितने पुरुषों की आवश्यकता होगी ?

(*a*) 36 (*b*) 34

(*c*) 18 (*d*) निर्धारित नहीं किया जा सकता

(*e*) इनमें से कोई नहीं **(बैंक पी०ओ० परीक्षा, 2010)**

9. 6 लड़के या 4 पुरुष एक कार्य को 18 दिन में समाप्त कर सकते हैं. 3 लड़के तथा 10 पुरुष मिलकर इसे कितने दिन में पूरा करेंगे ?

(*a*) 6 दिन (*b*) 8 दिन

(*c*) 12 दिन (*d*) निर्धारित नहीं किया जा सकता

(*e*) इनमें से कोई नहीं (बैंक पी०ओ० परीक्षा, 2010)

10. 4 आदमी तथा 6 औरतें मिलकर किसी कार्य को 8 दिन में पूरा कर सकते हैं जबकि 3 आदमी तथा 7 औरतें मिलकर इसे 10 दिन में पूरा कर सकते हैं. 20 औरतें मिलकर इसे कितने दिन में पूरा करेंगी ? (एस०एस०सी० परीक्षा, 2010)

(*a*) 36 दिन (*b*) 32 दिन (*c*) 24 दिन (*d*) 20 दिन

11. 6 घंटे रोज काम करते हुए *A* किसी काम को 8 दिनों में पूरा कर सकता है और *B* उसी काम को 8 घंटे रोज काम करते हुए 7 दिनों में पूरा कर सकता है। वे साथ मिलकर रोज 7 घंटे काम करते हुए कितने समय में उस काम को पूरा कर लेंगे? (डी.एस.आर.सी. सी.आर.ए. परीक्षा, 2017)

(*a*) 6 दिन (*b*) 4 दिन (*c*) 3 दिन (*d*) 5 दिन

12. यदि 6 आदमी तथा 8 लड़के एक काम को 10 दिन में समाप्त करें और 26 आदमी तथा 48 लड़के इस काम को 2 दिन में समाप्त करें, तो 15 आदमी तथा 20 लड़के इस कार्य को कितने दिन में समाप्त करेंगे ?

(*a*) 4 दिन (*b*) 5 दिन (*c*) 6 दिन (*d*) 7 दिन

13. 8 पुरुष एक काम 20 दिन में पूरा कर सकते हैं. यही काम 8 महिलायें 32 दिन में पूरा कर सकती हैं. इस काम को 5 पुरुष तथा 8 महिलायें मिलकर कितने दिन में पूरा करेंगे ?

(*a*) 16 दिन (*b*) 12 दिन (*c*) 14 दिन (*d*) 10 दिन

(*e*) इनमें से कोई नहीं (बैंक पी०ओ० परीक्षा, 2010)

14. 6 लड़के किसी काम को 42 घंटे में पूरा कर सकते है, 14 लड़के उसी काम को कितने घंटे में पूरा करेगे?

(*a*) 18 (*b*) 16 (*c*) 12 (*d*) 14

(पटना हाई कोर्ट असिस्टेंट परीक्षा, 2016)

15. *A* और *B* एक काम को क्रमशः 10 दिन और 15 दिन में पूरा कर सकते हैं. *A* ने अकेले 4 दिन काम किया. बाद में *B* ने अकेले 5 दिन काम किया. उसके बाद *C* ने अकेले शेष काम को 8 दिन में पूरा किया. तीनों मिलकर इस कार्य को समाप्त करने में कितना समय लगाते ? (रेलवे परीक्षा, 2010)

(*a*) 4 दिन (*b*) 5 दिन

(*c*) 6 दिन (*d*) इनमें से कोई नहीं

16. एक कार्य को 3 पुरुष 6 दिन में पूरा कर सकते हैं. इसी कार्य को 6 महिलायें 18 दिन में पूरा कर सकती हैं. इस कार्य को 2 पुरुष तथा 12 महिलायें कितने दिन में समाप्त कर सकेंगे ?

(*a*) 3 दिन (*b*) $2\frac{1}{4}$ दिन (*c*) $2\frac{1}{2}$ (*d*) 5 दिन

(*e*) इनमें से कोई नहीं (बैंक पी०ओ० परीक्षा, 2010)

17. 12 आदमी एक काम को 56 दिनों में पूरा कर सकते हैं। 28 आदमी उसी काम को कितने दिनों में पूरा कर सकते हैं?

(*a*) 12 (*b*) 24 (*c*) 42 (*d*) 29

(*e*) इनमें से कोई नहीं

(एस.बी.आई. क्लर्क (प्रा.) परीक्षा, 2016)

18. *A*, *B* तथा *C* किसी कार्य को क्रमशः 10 दिन, 12 दिन तथा 15 दिन में पूरा कर सकते हैं. उन्होंने एक साथ मिलकर कार्य करना आरम्भ किया. किन्तु, कार्य समाप्ति के 5 दिन पूर्व *A* कार्य छोड़कर चला गया. *A* के छोड़ने के 2 दिन बाद *B* भी कार्य छोड़कर चला गया. कार्य कितने दिन में पूरा हुआ ? (एस०एस०सी० परीक्षा, 2008)

(*a*) 6 दिन (*b*) 7 दिन (*c*) 8 दिन (*d*) 9 दिन

19. *A* तथा *B* अकेले किसी कार्य को क्रमशः 9 दिन तथा 18 दिन में पूरा कर सकते हैं. उन्होंने एक साथ मिलकर कार्य करना आरम्भ किया. किन्तु, कार्य पूरा होने से 3 दिन पहले *A* कार्य छोड़कर चला गया. कुल कार्य कितने दिन में समाप्त हुआ ?

(*a*) 13 दिन (*b*) 8 दिन (*c*) 6 दिन (*d*) 5 दिन

(एस०एस०सी० परीक्षा, 2008)

20. *A*, *B* तथा *C* अकेले किसी कार्य को क्रमशः 20 दिन, 30 दिन तथा 60 दिन में पूरा कर सकते हैं. *A* अकेला कार्य करता है किन्तु प्रत्येक तीसरे दिन वह *B* और *C* की सहायता से कार्य करता है. यह कार्य कितने दिन में पूरा होगा ?

(*a*) 10 दिन (*b*) 12 दिन (*c*) 15 दिन (*d*) 18 दिन

(एस०एस०सी० परीक्षा, 2008)

21. 6 पुरुष और 4 महिलायें एक काम को 12 दिन में पूरा करते हैं. 14 पुरुष इस काम को 12 दिन में पूरा कर सकते हैं. 4 महिलायें इस काम को कितने दिन में पूरा कर सकेंगी ?

(*a*) 42 दिन (*b*) 16 दिन

(*c*) 21 दिन (*d*) निर्धारित नहीं किया जा सकता

(*e*) इनमें से कोई नहीं

22. *A* अकेला एक कार्य को 12 दिन में तथा *B* अकेला इसे 18 दिन में समाप्त कर सकता है. दोनों ने मिलकर कार्य आरम्भ किया परन्तु कार्य समाप्त होने से 3 दिन पहले *A* ने कार्य छोड़ दिया. पूरा कार्य कितने दिन में समाप्त हुआ ?

(*a*) $6\frac{3}{5}$ दिन (*b*) 9 दिन (*c*) $9\frac{3}{8}$ दिन (*d*) $10\frac{3}{8}$ दिन

23. 4 लड़कियाँ एक काम को 8 दिन में समाप्त कर सकती हैं. यही काम 3 लड़के 9 दिन में, 7 पुरुष 2 दिन में और 5 महिलायें 4 दिन में कर सकती हैं. सबसे कम कार्यदक्ष कौन है ?

(*a*) लड़के (*b*) लड़कियाँ

(*c*) महिलायें (*d*) पुरुष

(*e*) लड़के और पुरुष दोनों (बैंक पी०ओ० परीक्षा, 2011)

24. यदि *A* तथा *B* मिलकर किसी कार्य को 15 दिन में समाप्त करें तथा *B* अकेला इस कार्य को 20 दिन में समाप्त करे, तो *A* अकेला इस कार्य को कितने दिन में समाप्त करेगा ?

(*a*) 60 दिन (*b*) 45 दिन (*c*) 40 दिन (*d*) 30 दिन

(एस०एस०सी० परीक्षा, 2010)

25. तपस मिहिर से दुगुनी गति से कार्य करता है. यदि वे दोनों मिलकर किसी कार्य को 12 दिन में पूरा करें तो तपस अकेला उसे कितने समय में पूरा कर सकेगा ? (एस०एस०सी० परीक्षा, 2010)

(*a*) 15 दिन (*b*) 18 दिन (*c*) 20 दिन (*d*) 24 दिन

26. *A* अकेला किसी कार्य को 18 दिन में तथा *B* अकेला इसे 15 दिन में पूरा कर सकता है. *B* अकेले ने इस पर 10 दिन कार्य करके छोड़ दिया. शेष कार्य को *A* अकेला कितने और दिनों में पूरा करेगा ?

(*a*) 5 दिन (*b*) $5\frac{1}{2}$ दिन (*c*) 6 दिन (*d*) 8 दिन

(एस०एस०सी० परीक्षा, 2010)

27. A किसी कार्य को 18 दिन में, B, 20 दिन में तथा C, 30 दिन में पूरा कर सकता है. B तथा C मिलकर इस कार्य को आरम्भ करते हैं किन्तु 2 दिन बाद वे कार्य छोड़कर चले जाते हैं. शेष कार्य को पूरा करने में A कितना समय लेगा? **(एस०एस०सी० परीक्षा, 2010)**

(a) 10 दिन (b) 12 दिन (c) 15 दिन (d) 16 दिन

28. A तथा B मिलकर किसी कार्य को 12 दिन में तथा B और C मिलकर इसे 15 दिन में पूरा कर सकते हैं. यदि C की तुलना में A दुगुना अच्छा कार्यकर्ता हो, तो उस कार्य को पूरा करने में B कितने दिन लेगा? **(एस०एस०सी० परीक्षा, 2010)**

(a) 30 दिन (b) 25 दिन (c) 24 दिन (d) 20 दिन

29. 12 आदमी एक काम को 8 दिन में पूरा करते हैं. काम आरम्भ करने के 3 दिन बाद यह तय किया गया कि शेष कार्य 4 दिन में पूरा करना है. कितने आदमी और बढ़ाये जायें ताकि काम 4 दिन में पूरा हो जाये? **(होटल मैनेजमैंट परीक्षा, 2010)**

(a) 3 (b) 4 (c) 5 (d) 6

30. A किसी कार्य को 10 दिन में, B, 15 दिन में तथा C, 20 दिन में पूरा कर सकता है. A तथा C ने मिलकर 2 दिन कार्य किया. तत्पश्चात् A के स्थान पर B को कार्य पर लगा दिया गया. कुल मिलाकर कार्य कितने दिन में पूरा हुआ? **(एस०एस०सी० परीक्षा, 2007)**

(a) 12 दिन (b) 10 दिन (c) 6 दिन (d) 8 दिन

31. A किसी काम को 12 दिन में समाप्त कर सकता है. B इसे 10 दिन में कर सकता है. A, B तथा C तीनों मिलकर इसे 5 दिन में पूरा कर सकते हैं. C अकेला इसे कितने दिन में पूरा करेगा?

(a) 17 दिन (b) 60 दिन (c) 27 दिन (d) 30 दिन

(एस०एस०सी० परीक्षा, 2007)

32. A तथा B मिलकर किसी कार्य को 5 दिन में समाप्त कर सकते हैं. B तथा C मिलकर इसे 7 दिन में पूरा कर सकते हैं तथा A और C मिलकर इसे 4 दिन में समाप्त कर सकते हैं. इनमें से कौन अकेला सबसे कम समय में इस कार्य को समाप्त करेगा?

(a) A (b) B (c) C (d) A और C

33. 18 पुरुष एक कार्य को 24 दिन में समाप्त कर सकते हैं. 54 महिलायें इस कार्य को 12 दिन में तथा 16 बच्चे इस कार्य को 54 दिन में समाप्त कर सकते हैं. 3 पुरुष, 9 महिलायें और 6 बच्चे इसे कितने दिन में पूरा कर सकेंगे? **(बैंक पी०ओ० परीक्षा, 2007)**

(a) 18 दिन (b) 36 दिन

(c) 27 दिन (d) निर्धारित नहीं किया जा सकता

(e) इनमें से कोई नहीं

34. एक पुरुष, एक स्त्री और एक लड़का मिलकर एक काम को 3 दिन में पूरा करते हैं. यदि एक पुरुष अकेला इसे 6 दिन में और एक लड़का अकेला इसे 18 दिन में पूरा करे, तो एक स्त्री अकेली इसे कितने दिन में पूरा करेगी?

(a) 9 दिन (b) 21 दिन (c) 24 दिन (d) 27 दिन

35. एक आदमी और एक लड़का मिलकर किसी कार्य को 24 दिन में पूरा कर सकते हैं. यदि अन्तिम 6 दिनों में आदमी अकेला काम करे तो कार्य 26 दिन में समाप्त हो जाता है. लड़का अकेला इस कार्य को कितने दिन में समाप्त कर पायेगा?

(a) 72 दिन (b) 20 दिन (c) 24 दिन (d) 36 दिन

(एस०एस०सी० परीक्षा, 2005)

36. A एक कार्य को 4 घण्टे में, B तथा C मिलकर 3 घण्टे में तथा A और C मिलकर उसे 2 घण्टे में पूरा कर सकते हैं. B अकेला इस कार्य को कितने समय में पूरा करेगा?

(a) 10 घण्टे (b) 12 घण्टे (c) 8 घण्टे (d) 24 घण्टे

(एस०एस०सी० परीक्षा, 2005)

37. B किसी कार्य को जितने समय में करता है उसके $\frac{1}{6}$ समय में A आधा काम करता है. यदि दोनों मिलकर इस कार्य को 10 दिन में समाप्त करें, तो B अकेला इसे कितने दिन में समाप्त करेगा?

(a) 70 दिन (b) 30 दिन (c) 40 दिन (d) 50 दिन

(एस०एस०सी० परीक्षा, 2005)

38. A, B की तुलना में तीन गुना अधिक कार्य-कुशल है. अतएव वह किसी कार्य को B की तुलना में 60 दिन कम में पूरा कर सकता है. A तथा B मिलकर उस कार्य को कितने दिन में पूरा कर सकेंगे?

(a) $22\frac{1}{2}$ दिन (b) 25 दिन

(c) $27\frac{1}{2}$ दिन (d) 30 दिन

(एस०एस०सी०, 2005)

39. A, B, C एक कार्य को क्रमशः 36 दिन, 54 दिन तथा 72 दिन में पूरा कर सकते हैं. तीनों ने मिलकर कार्य आरम्भ किया. काम समाप्त होने से 8 दिन पहले A ने काम छोड़ दिया तथा काम समाप्त होने से 12 दिन पहले B ने काम छोड़ दिया. C ने कितने दिन काम किया?

(a) 4 दिन (b) 8 दिन (c) 12 दिन (d) 24 दिन

40. A और B मिलकर किसी काम को T दिनों में करते हैं. यदि A अकेला इस काम को $(T + 3)$ दिन में पूरा करे तथा B अकेला इस काम को $(T + 12)$ दिन में पूरा करे, तो T का मान कितना है?

(a) 3 (b) 12

(c) 9 (d) निर्धारित नहीं किया जा सकता

(e) इनमें से कोई नहीं **(बैंक पी०ओ० परीक्षा, 2008)**

41. A द्वारा 1 दिन में किया गया कार्य B द्वारा 1 दिन में किये गये कार्य का आधा है. B द्वारा 1 दिन में किया गया कार्य C द्वारा 1 दिन में किये गये कार्य का आधा है. C अकेला इस कार्य को 7 दिन में पूरा कर सकता है. A, B तथा C तीनों मिलकर इसे कितने दिनों में पूरा कर सकेंगे? **(बैंक पी०ओ० परीक्षा, 2008)**

(a) 4 दिन (b) $1\frac{3}{4}$ दिन

(c) 28 दिन (d) निर्धारित नहीं किया जा सकता

(e) इनमें से कोई नहीं

42. A तथा B मिलकर एक कार्य को 12 दिन में समाप्त करते हैं जबकि B तथा C इसे 16 दिन में समाप्त कर सकते हैं. पहले इस पर A ने 5 दिन कार्य किया, फिर B ने 7 दिन कार्य किया तथा शेष कार्य C ने 13 दिन में समाप्त कर लिया. C अकेला इस कार्य को कितने दिन में पूरा करेगा?

(a) 16 दिन (b) 24 दिन (c) 36 दिन (d) 48 दिन

43. A, B, C एक कार्य को क्रमशः 11 दिन, 20 दिन तथा 55 दिन में समाप्त कर सकते हैं. यदि A के साथ एक दिन B तथा अगले दिन C, बारी-बारी से काम करें, तो कार्य समाप्त होने में कितना समय लगेगा ?

(*a*) 7 दिन (*b*) 8 दिन (*c*) 9 दिन (*d*) 10 दिन

11. A, 45% कार्य को $11\frac{1}{4}$ दिनों में पूरा करता है। B, 30% कार्य को 3 दिनों में पूरा करता है। यदि A, B और C मिलकर पूरे कार्य को $6\frac{1}{4}$ दिनों में पूरा कर सकते हैं, तो C, A से कितना कम कुशल है?

(*a*) 50% (*b*) 40% (*c*) 35% (*d*) 56%
(*e*) इनमें से कोई नहीं **(एस.बी.आई पी.ओ. परीक्षा, 2021)**

45. A और B मिलकर एक कार्य को पूरा करने में 6 दिन का समय लेते हैं। यदि यह दिया जाता है कि A अकेले कार्य को पूरा करने में B से 9 दिन कम लेता है, तो B अकेले कार्य को कितने दिनों में पूरा करेगा?

(*a*) 21 (*b*) 15 (*c*) 12 (*d*) 18
(*e*) इनमें से कोई नहीं

(आई.बी.पी.एस. आर.आर.बी. पी.ओ. परीक्षा, 2020)

46. A, B और C की दक्षताओं का अनुपात 4 :5 :3 है। एक साथ काम करने पर, तीनों 25 दिनों में काम पूरा करते हैं। A और C दोनों मिलकर कार्य का 35% कितने दिनों में पूरा करेंगे?

(*a*) 15 दिन (*b*) 16 दिन (*c*) 18 दिन (*d*) 20 दिन

(एस.एस.सी.-सी.जी.एल. परीक्षा, 2018)

47. A, B और C की दक्षताओं का अनुपात 2 :5 :3 है। एक साथ कार्य करने पर वे तीनों 27 दिनों में कार्य को पूरा कर सकते हैं। B और C दोनों मिलकर उस कार्य के $\frac{4}{9}$वें भाग को कितने दिनों में पूरा करेंगे?

(*a*) 15 दिन (*b*) $15\frac{1}{6}$ दिन (*c*) 14 दिन (*d*) $12\frac{2}{3}$ दिन

(एस.एस.सी.-सी.जी.एल. परीक्षा, 2018)

48. A, B से 1.5 गुना कुशल है इसलिए एक कार्य को पूरा करने में B से 8 दिन कम समय लेता है। यदि A और B एकांतर दिनों में कार्य करते हैं और A पहले दिन कार्य करता है, तो कार्य कितने दिनों में पूरा होगा?

(*a*) 18 (*b*) 15 (*c*) 16 (*d*) 19

(एस.एस.सी.-सी.जी.एल. परीक्षा, 2017)

49. A तथा B मिलकर किसी कार्य को 8 दिन में तथा B और C मिलकर इसे 12 दिन में पूरा कर सकते हैं. तीनों एक साथ मिलकर इसे 6 दिन में पूरा कर सकते हैं. A तथा C मिलकर इसे कितने दिन में पूरा कर लेंगे ?

(एस०एस०सी० परीक्षा, 2007)

(*a*) 8 दिन (*b*) 10 दिन (*c*) 12 दिन (*d*) 20 दिन

50. 18 महिलाएं किसी प्रोजेक्ट को 24 दिनों में पूरा करती हैं एवं 24 पुरुष उसी प्रोजेक्ट को 15 दिन में पूरा करते हैं। 16 महिलाओं ने तीन दिन काम किया एवं छोड़ दिया। 20 पुरुषों ने अगले दो दिन काम किया एवं इसके बाद 16 महिलाएं उनके साथ शामिल हो गई। कितने दिन में वे सभी शेष काम पूरा करेंगे?

(*a*) $6\frac{1}{5}$ (*b*) $7\frac{3}{5}$ (*c*) $5\frac{2}{5}$ (*d*) $9\frac{1}{5}$

(*e*) इनमें से कोई नहीं

(आई.बी.पी.एस. बैंक क्लर्क सी.डब्लू.ई. मुख्य परीक्षा, 2017)

51. P, Q से तीन गुना अधिक कुशल है और इसलिए Q से 60 दिनों से कम समय में एक काम को पूरा करने में सक्षम है। वह समय ज्ञात करें जिसमें वे एक साथ काम करते हुए इस काम को पूरा कर सकते हैं।

(*a*) $22\frac{1}{2}$ दिन (*b*) $21\frac{1}{2}$ दिन

(*c*) $24\frac{1}{2}$ दिन (*d*) $25\frac{1}{2}$ दिन

(आई.बी.पी.एस क्लर्क (प्रा.) परीक्षा, 2016)

52. एक कार्य को 6 आदमी तथा 5 औरतें मिलकर 6 दिनों में अथवा 3 आदमी और 4 औरतें 10 दिनों में कर सकते है। यह कार्य 9 आदमी और 15 औरतों के द्वारा कितने दिनों में पूरा कर लिया जाएगा?

(*a*) 1 दिन (*b*) 2 दिन (*c*) 3 दिन (*d*) 4 दिन

(हरियाणा ऑक्शन रिकॉर्डर परीक्षा, 2016)

53. A, B की अपेक्षा चार गुना कार्य कुशल हैं। B ने कार्य आरंभ किया एवं 6 दिन बाद A उसके साथ शामिल हो गया। यदि संपूर्ण कार्य 12 दिन में समाप्त हुआ तो उस काम को A अकेले कितने दिन में समाप्त करेगा?

(*a*) 10 (*b*) 9 (*c*) 8 (*d*) 12
(*e*) 6 **(एस.बी.आई-क्लर्क (प्रारंभिक) आनॅलाइन परीक्षा, 2016)**

54. किसी कार्य के $\frac{7}{10}$ भाग को A 15 दिन में पूरा करता है. उसके पश्चात् वह B की सहायता से शेष कार्य को 4 दिन में पूरा करता है. पूरे कार्य को A तथा B मिलकर कितने दिन में पूरा करेंगे ?

(*a*) $10\frac{1}{3}$ दिन (*b*) $=\frac{1}{15}$ दिन

(*c*) $13\frac{1}{3}$ दिन (*d*) $\frac{7}{10}$ दिन

(एस०एस०सी० परीक्षा, 2005)

55. 15 दिनों के लिए एक श्रमिक का औसत वेतन ₹95 प्रति दिन है। पहले 7 दिनों के दौरान, उनका औसत वेतन ₹92 प्रति दिन है और पिछले 7 दिनों के दौरान औसत वेतन ₹97 प्रति दिन है। 8वें दिन उसकी मजदूरी क्या थी?

(*a*) ₹102 (*b*) ₹100 (*c*) ₹120 (*d*) ₹95

(एस.एस.सी.-सी.जी.एल. परीक्षा, 2016)

56. 15 पुरुष तथा 16 महिलाएं किसी काम को एक साथ 6 दिन में करते है, यदि 12 महिलाएं उसी काम को 32 दिन में करती है तो उसी काम को 10 पुरुष कितने दिन में करेंगे?

(*a*) 12 (*b*) 20 (*c*) 16 (*d*) 8

(*e*) 14 **(IBPS बैंक आईटी ऑफीसर परीक्षा, 2016)**

57. 8 आदमी किसी कार्य को 24 घण्टे में पूरा कर सकते है, उसी कार्य को 12 आदमी कितने घण्टे में पूरा करेंगे?

(*a*) 12 (*b*) 16 (*c*) 8 (*d*) 10
(*e*) 18

(एस.बी.आई. सहयोगी बैंक लिपिकीय संवर्ग परीक्षा 2015)

55. *A*, *B* और *C* एक कार्य को 6 दिनों में पूरा कर सकते है। यदि *A*, *B* से दोगुनी तेजी से और *C* से तिगुनी तेजी से कार्य कर सकता है, तो *C* अकेले उस कार्य को कितने दिनों में पूरा कर सकता है?

(*a*) 44 दिन (*b*) 33 दिन (*c*) 22 दिन (*d*) 11 दिन

(एस.एस.सी. सी.जी.एल. (टीयर-I) परीक्षा 2015)

56. 10 पुरुष एक प्रोजेक्ट को 12 दिनों में पूरा कर सकते हैं, 12 बच्चे उसी प्रोजेक्ट को 16 दिनों में पूरा कर सकते हैं और 8 महिलाएं उसी प्रोजेक्ट को 20 दिनों में पूरा कर सकती हैं। 5 पुरुषों और 12 बच्चों ने परियोजना पर काम करना शुरू किया। यदि 4 दिनों के बाद, 8 बच्चों को 4 महिलाओं द्वारा प्रतिस्थापित किया जाता है तो शेष परियोजना कितने दिनों में पूरी हुई?

(*a*) $6\frac{2}{3}$ (*b*) $5\frac{2}{3}$ (*c*) $6\frac{4}{3}$ (*d*) $5\frac{1}{3}$

(आर.बी.आई. ग्रेड B परीक्षा, 2015)

60. 15 आदमी प्रतिदिन 8 घंटे कार्य करके किसी कार्य को 20 दिन में पूरा करते है। 12 दिन में कार्य पूरा करने के लिए 20 आदमियों को प्रतिदिन कितने घंटे काम करना पड़ेगा?

(*a*) 5 घंटे (*b*) 10 घंटे (*c*) 15 घंटे (*d*) 18 घंटे

(एस.एस.सी. सी.जी.एल. (टीयर-II) परीक्षा, 2014)

61. *A*, *B*, *C* एक कार्य को क्रमशः 20 दिन, 30 दिन तथा 60 दिन में समाप्त कर सकते हैं. यदि *A* लगातार कार्य करे तथा हर तीसरे दिन *B* तथा *C* भी *A* के साथ मिलकर कार्य करें, तो कार्य कितने दिन में समाप्त होगा ?

(*a*) 12 दिन (*b*) 15 दिन (*c*) 16 दिन (*d*) 18 दिन

उत्तरमाला (प्रश्नमाला 15A)

1. (*d*)	**2.** (*a*)	**3.** (*a*)	**4.** (*c*)	**5.** (*b*)	**6.** (*b*)	**7.** (*d*)	**8.** (*a*)	**9.** (*a*)	**10.** (*d*)	**11.** (*b*)	**12.** (*a*)
13. (*a*)	**14.** (*a*)	**15.** (*b*)	**16.** (*e*)	**17.** (*b*)	**18.** (*b*)	**19.** (*b*)	**20.** (*c*)	**21.** (*c*)	**22.** (*b*)	**23.** (*b*)	**24.** (*a*)
25. (*b*)	**26.** (*c*)	**27.** (*c*)	**28.** (*a*)	**29.** (*a*)	**30.** (*c*)	**31.** (*b*)	**32.** (*a*)	**33.** (*b*)	**34.** (*a*)	**35.** (*d*)	**36.** (*b*)
37. (*c*)	**38.** (*a*)	**39.** (*a*)	**40.** (*e*)	**41.** (*a*)	**42.** (*b*)	**43.** (*b*)	**44.** (*a*)	**45.** (*d*)	**46.** (*a*)	**47.** (*a*)	**48.** (*d*)
49. (*a*)	**50.** (*e*)	**51.** (*a*)	**52.** (*c*)	**53.** (*b*)	**54.** (*c*)	**55.** (*a*)	**56.** (*a*)	**57.** (*b*)	**58.** (b)	**59.** (*a*)	**60.** (*b*)
61. (*b*)											

दिये गये प्रश्नों के हल (प्रश्नमाला 15A)

1. A द्वारा 9 दिनों में किया गया कार्य = 75%

B द्वारा 9 दिनों में किया गया कार्य = 100% − 75% = 25%

आवश्यक प्रतिशत $= \frac{75-25}{25} \times 100 = 200\%$

2. 3 पुरुष का 6 दिन का काम = 5 महिलाओं का 18 दिन का काम

⇒ (3 × 6) पुरुष का 1 दिन का काम

= (5 × 18) महिलाओं का 1 दिन का काम

⇒ 18 पुरुष ≡ 90 महिलायें ⇒ 1 पुरुष ≡ 5 महिलायें.

⇒ (4 पुरुष + 10 महिलायें) ≡ (20 महिलायें + 10 महिलायें)

= 30 महिलायें.

5 महिलायें काम समाप्त करती हैं = 18 दिन में.

1 महिला काम समाप्त करेगी = (18 × 5) दिन में.

30 महिलायें काम समाप्त करेंगी $= \frac{(18\times5)}{30}$ दिन में = 3 दिन में.

3. A + B की कार्यक्षमता $= \frac{1}{12}$

B + C की कार्यक्षमता $= \frac{1}{15}$

C + A की कार्यक्षमता $= \frac{1}{20}$

∴ 2(A + B + C) की कार्यक्षमता $= \frac{1}{12} + \frac{1}{15} + \frac{1}{20} = \frac{1}{5}$

∴ A + B + C की कार्यक्षमता $= \frac{1}{10}$

∴ A, B, और C एक साथ उसी कार्य कार्य को 10 दिनों में पूरा करेंगे।

4. $\frac{M_1 \times D_1}{W_1} = \frac{M_2 \times D_2}{W_2}$

$\frac{12\times64}{1} = \frac{16\times D_2}{\frac{2}{3}} \Rightarrow D_2 = 32$

5. *A* का 1 दिन का कार्य $= \frac{1}{12}$.

B का 1 दिन का कार्य $= \frac{1}{12}$ का 160% $= \left(\frac{1}{12}\times\frac{160}{100}\right) = \frac{2}{15}$.

∴ कार्य समाप्त करने में *B* द्वारा लिया गया समय

$= \frac{15}{2}$ दिन $= 7\frac{1}{2}$ दिन.

6. माना कुल कार्य = 18 यूनिट (6 और 9 का ल.स.)

A और B की एकसाथ क्षमता $= \frac{18}{6} = 3$

अकेले A की क्षमता $= \frac{18}{9} = 2$

अकेले B की क्षमता = A और B की एक साथ क्षमता − अकेले A की क्षमता $= 3 - 2 = 1$

अत: दिनों की अभीष्ट संख्या $= 18 \times \frac{3}{8} = \frac{27}{4}$

7. 1 पुरुष काम पूरा करेगा $= (3 \times 18)$ दिन में = 54 दिन में.

1 बच्चा काम पूरा करेगा $= (6 \times 18)$ दिन में = 108 दिन में.

(4 पुरुष + 4 बच्चों) का 1 दिन का काम $= \left(\frac{4}{54} + \frac{4}{108}\right) = \frac{12}{108} = \frac{1}{9}$.

∴ 4 पुरुष तथा 4 बच्चे इस काम को 9 दिन में पूरा करेंगे.

8. 1 पुरुष काम पूरा करेगा $= (6 \times 12)$ दिन में = 72 दिन में.

1 महिला काम पूरा करेगी $= (8 \times 18)$ दिन में = 144 दिन में.

1 बच्चा काम पूरा करेगा $= (18 \times 10)$ दिन में = 180 दिन में.

(4 पुरुष + 12 महिलाओं + 20 बच्चों) का 2 दिन का काम

$$= 2\left(\frac{4}{72} + \frac{12}{144} + \frac{20}{180}\right) = 2\left(\frac{1}{18} + \frac{1}{12} + \frac{1}{9}\right)$$

$$= \frac{2(2+3+4)}{36} = \frac{1}{2}.$$

72 पुरुष पूरा काम करेंगे 1 दिन में.

$\frac{1}{2}$ काम 1 दिन में करेंगे 36 पुरुष.

9. (6 लड़के ≡ 4 पुरुष) ⇒ (3 लड़के ≡ 2 पुरुष).

(3 लड़के + 10 पुरुष) ≡ (2 पुरुष + 10 पुरुष) = 12 पुरुष.

4 पुरुष कार्य समाप्त करते हैं = 18 दिन में

1 पुरुष कार्य समाप्त करेगा $= (18 \times 4)$ दिन में

12 पुरुष कार्य समाप्त करेंगे $= \frac{(18 \times 4)}{12}$ दिन में = 6 दिन में.

10. माना 1 आदमी का 1 दिन का काम $= \frac{1}{x}$

तथा 1 औरत का 1 दिन का काम $= \frac{1}{y}$. तब

$\frac{4}{x} + \frac{6}{y} = \frac{1}{8}$ ...(*i*) तथा $\frac{3}{x} + \frac{7}{y} = \frac{1}{10}$ ...(*ii*)

(*ii*) को 4 से तथा (*i*) को 3 से गुणा करके घटाने पर:

$$\frac{28}{y} - \frac{18}{y} = \frac{4}{10} - \frac{3}{8} \Rightarrow \frac{10}{y} = \frac{(16-15)}{40} = \frac{1}{40} \Rightarrow y = 400.$$

1 औरत का 1 दिन का काम $= \frac{1}{400}$.

20 औरतों का 1 दिन का काम $= \left(\frac{1}{400} \times 20\right) = \frac{1}{20}$.

अत: 20 औरतें इस काम को 20 दिन में समाप्त करेंगी.

11. जब A और B दोनों प्रति दिन 1 घंटा काम करते हैं।

∴ दोनों द्वारा 1 दिन में किया गया काम $= \frac{1}{48} + \frac{1}{56} = \frac{7+6}{336} = \frac{13}{336}$

जब दोनों 7 घंटे प्रतिदिन काम करते हैं, तो अभीष्ट समय

$= \frac{336}{13 \times 7} = 3.7$ दिन ≈ 4 दिन

12. माना 1 आदमी का 1 दिन का कार्य $= \frac{1}{x}$

तथा 1 लड़के का 1 दिन का कार्य $= \frac{1}{y}$. तब

$\frac{6}{x} + \frac{8}{y} = \frac{1}{10}$ ...(*i*) तथा $\frac{26}{x} + \frac{48}{y} = \frac{1}{2}$ ...(*ii*)

(*ii*) को 3 से तथा (*i*) को 13 से गुणा करके घटाने पर :

$$\frac{144}{y} - \frac{104}{y} = \frac{3}{2} - \frac{13}{10} \Rightarrow \frac{40}{y} = \frac{2}{10} = \frac{1}{5} \Rightarrow y = 200.$$

(*i*) में $y = 200$ रखने पर,

$$\frac{6}{x} + \frac{1}{25} = \frac{1}{10} \Rightarrow \frac{6}{x} = \left(\frac{1}{10} - \frac{1}{25}\right) = \frac{3}{50}$$

$$\Rightarrow x = \frac{6 \times 50}{3} = 100.$$

(15 आदमी + 20 लड़कों) का 1 दिन का काम

$$= \left(\frac{15}{x} + \frac{20}{y}\right) = \left(\frac{15}{100} + \frac{20}{200}\right) = \frac{50}{200} = \frac{1}{4}.$$

अत: 15 आदमी तथा 20 लड़के इस कार्य को 4 दिन में समाप्त करेंगे.

13. 1 पुरुष काम समाप्त करेगा $= (8 \times 20)$ दिन में = 160 दिन में.

1 महिला काम समाप्त करेगी $= (8 \times 32)$ दिन में = 256 दिन में.

5 पुरुष तथा 8 महिलाओं का 1 दिन का काम

$$= \left(\frac{5}{160} + \frac{8}{256}\right) = \left(\frac{1}{32} + \frac{1}{32}\right) = \frac{2}{32} = \frac{1}{16}.$$

अत: 5 पुरुष तथा 8 महिलाएँ इस कार्य को 16 दिन में समाप्त करेंगे.

14. माना लड़के $= M$; घंटे $= T$

$M_1 T_1 = M_2 T_2$

$\Rightarrow 6 \times 42 = 14 \times T_2 \Rightarrow T_2 = \frac{6 \times 42}{14} = 18$ घंटे

15. A का 4 दिन का कार्य $= \frac{4}{10} = \frac{2}{5}$.

B का 5 दिन का कार्य $= \frac{5}{15} = \frac{1}{3}$.

C का 8 दिन का कार्य $= 1 - \left(\frac{2}{5} + \frac{1}{3}\right) = \left(1 - \frac{11}{15}\right) = \frac{4}{15}$.

C का 1 दिन का कार्य $= \left(\frac{4}{15} \times \frac{1}{8}\right) = \frac{1}{30}$.

$(A + B + C)$ का 1 दिन का कार्य

$$= \left(\frac{1}{10} + \frac{1}{15} + \frac{1}{30}\right) = \frac{(3+2+1)}{30} = \frac{6}{30} = \frac{1}{5}.$$

∴ तीनों मिलकर इस कार्य को 5 दिन में समाप्त कर सकते हैं.

16. स्पष्ट है कि (3×6) पुरुषों का 1 दिन का कार्य = 1.

तथा (6×18) महिलायों का 1 दिन का कार्य = 1.

$\therefore$ 1 पुरुष का 1 दिन का कार्य $= \frac{1}{18}$

तथा 1 महिला का 1 दिन का कार्य $= \frac{1}{108}$.

(2 पुरुष + 12 महिलाओं) का 1 दिन का कार्य

$= \left(\frac{1}{18} \times 2\right) + \left(\frac{1}{108} \times 12\right) = \left(\frac{1}{9} + \frac{1}{9}\right) = \frac{2}{9}$.

$\therefore$ 2 पुरुष तथा 12 महिलायें इस कार्य को $\frac{9}{2}$ अर्थात् $4\frac{1}{2}$ दिन में पूरा करेंगी.

17. 12 आदमी एक काम को 56 दिनों में कर सकते हैं।

28 आदमी उसी काम को $\frac{56 \times 12}{28} = 24$ दिनों में कर सकते हैं।

18. माना कार्य x दिन में पूरा हुआ. तब

A का $(x - 5)$ दिन का कार्य + B का $(x - 3)$ दिन का कार्य + C का x दिन का कार्य = 1.

$\therefore \frac{(x-5)}{10} + \frac{(x-3)}{12} + \frac{x}{15} = 1$

$\Rightarrow 6(x-5) + 5(x-3) + 4x = 60$

$\Rightarrow 15x - 45 = 60 \Rightarrow 15x = 105 \Rightarrow x = 7.$

अत: यह कार्य 7 दिन में पूरा हुआ.

19. माना कार्य x दिन में पूरा हुआ. तब

A का $(x - 3)$ दिन का कार्य + B का x दिन का कार्य = 1.

$\therefore \frac{(x-3)}{9} + \frac{x}{18} = 1 \Rightarrow 2(x-3) + x = 18$

$\Rightarrow 3x = 24 \Rightarrow x = 8.$

अत: कुल कार्य 8 दिन में समाप्त हुआ.

20. 3 दिन में किया गया कार्य

$= \frac{2}{20} + \left(\frac{1}{20} + \frac{1}{30} + \frac{1}{60}\right) = \frac{1}{10} + \frac{(3+2+1)}{60} = \left(\frac{1}{10} + \frac{6}{60}\right)$

$= \left(\frac{1}{10} + \frac{1}{10}\right) = \frac{2}{10} = \frac{1}{5}.$

$\frac{1}{5}$ कार्य होगा = 3 दिन में

पूरा कार्य होगा = (3 × 5) दिन में = 15 दिन में.

21. 6 पुरुष + 4 महिलायें $\equiv$ 14 पुरुष $\Rightarrow$ 8 पुरुष $\equiv$ 4 महिलायें

14 पुरुष काम को समाप्त करते हैं = 12 दिन में.

1 पुरुष काम को समाप्त करेगा = (14 × 12) दिन में.

8 पुरुष काम को समाप्त करेंगे $= \frac{(14 \times 12)}{8}$ दिन में = 21 दिन में.

22. A का 1 दिन का कार्य $= \frac{1}{12}$, B का 1 दिन का कार्य $= \frac{1}{18}$.

B का 3 दिन का कार्य $= \left(\frac{1}{18} \times 3\right) = \frac{1}{6}$.

शेष कार्य $= \left(1 - \frac{1}{6}\right) = \frac{5}{6}$.

$(A + B)$ का 1 दिन का कार्य $= \left(\frac{1}{12} + \frac{1}{18}\right) = \frac{5}{36}$.

$\frac{5}{36}$ कार्य करने में $(A + B)$ लेते हैं = 1 दिन.

$\frac{5}{6}$ कार्य करने में $(A + B)$ लेते हैं $= \left(\frac{36}{5} \times \frac{5}{6}\right) = 6$ दिन.

कुल समय = (3 + 6) = 9 दिन.

23. 1 लड़की काम पूरा करेगी = (4 × 8) दिन में = 32 दिन में.

1 लड़का → (3 × 9) दिन में = 27 दिन में;

1 पुरुष → (7 × 2) दिन में = 14 दिन में.

1 महिला → (5 × 4) दिन में = 20 दिन में.

लड़की सबसे ज्यादा दिन लेगी अत: लड़की काम में सबसे कम दक्ष है.

24. A का 1 दिन का कार्य

$= \{(A+B)$ का 1 दिन कार्य$\} - \{B$ का 1 दिन कार्य$\}$

$= \left(\frac{1}{15} - \frac{1}{20}\right) = \frac{(4-3)}{60} = \frac{1}{60}.$

अत: A अकेला इस कार्य को 60 दिन में समाप्त करेगा.

25. माना तपस इस कार्य को x दिन में समाप्त करता है तो मिहिर इसे $2x$ दिन में समाप्त करेगा.

$\therefore \frac{1}{x} + \frac{1}{2x} = \frac{1}{12} \Rightarrow \frac{3}{2x} = \frac{1}{12} \Rightarrow 2x = 36 \Rightarrow x - 18.$

अत: तपस अकेला इस कार्य को 18 दिन में समाप्त करेगा.

26. A का 1 दिन का कार्य $= \frac{1}{18}$ तथा B का 1 दिन का कार्य $= \frac{1}{15}$.

B का 10 दिन का कार्य $= \left(\frac{1}{15} \times 10\right) = \frac{2}{3}$.

शेष कार्य $= \left(1 - \frac{2}{3}\right) = \frac{1}{3}$.

यह कार्य अकेले A ने किया.

$\frac{1}{10}$ काम को A करता है = 1 दिन में

$\frac{1}{3}$ काम को A करता है $= \left(1 \times \frac{18}{1} \times \frac{1}{3}\right)$ दिन में = 6 दिन में

अत: शेष कार्य को A अकेला 6 दिन में करेगा.

27. $(B + C)$ का 2 दिन का काम

$= 2\left(\frac{1}{20} + \frac{1}{30}\right) = \left(2 \times \frac{5}{60}\right) = \frac{1}{6}.$

शेष कार्य $= \left(1 - \frac{1}{6}\right) = \frac{5}{6}.$

यह कार्य A ने किया.

$\frac{1}{18}$ कार्य करने में A लेता है = 1 दिन

$\frac{5}{6}$ कार्य करने में A लेता है $= \left(1 \times 18 \times \frac{5}{6}\right)$ दिन = 15 दिन.

28. $(A+B)\rightarrow\frac{1}{12};(B+C)\rightarrow\frac{1}{15}$. परन्तु $C=\frac{1}{2}A$

$\therefore\left(B+\frac{1}{2}A\right)\rightarrow\frac{1}{15}$

$(A+B)-\left(B+\frac{1}{2}A\right)=\left(\frac{1}{12}-\frac{1}{15}\right)=\frac{1}{60}$

$\Rightarrow\frac{1}{2}A=\frac{1}{60}\Rightarrow A=\left(2\times\frac{1}{60}\right)=\frac{1}{30}$.

अतः A अकेला इस कार्य को 30 दिन में समाप्त करेगा।

29. 3 दिन में किया गया कार्य $=\frac{3}{8}$. शेष कार्य $=\left(1-\frac{3}{8}\right)=\frac{5}{8}$.

कम काम, कम मजदूर **(समानुपात)**

कम दिन, अधिक मजदूर **(विलोमानुपात)**

$\left.\begin{array}{l}\text{काम } 1:\frac{5}{8}\\ \text{दिन } 4:8\end{array}\right\}::12:x$

$\therefore 1\times4\times x=\frac{5}{8}\times8\times12\Rightarrow 4x=60\Rightarrow x=15$.

बढ़ाये गये मजदूरों की संख्या = (15 − 12) = 3.

30. $(A+C)$ का 2 दिन का कार्य $=2\left(\frac{1}{10}+\frac{1}{20}\right)=\left(2\times\frac{3}{20}\right)=\frac{3}{10}$.

शेष कार्य $=\left(1-\frac{3}{10}\right)=\frac{7}{10}$.

$(B+C)$ का 1 दिन का कार्य $=\left(\frac{1}{15}+\frac{1}{20}\right)=\frac{(4+3)}{60}=\frac{7}{60}$.

$\frac{7}{60}$ कार्य $(B+C)$ करते हैं = 1 दिन में

$\frac{7}{10}$ कार्य $(B+C)$ करते हैं $=\left(1\times\frac{60}{7}\times\frac{7}{10}\right)=6$ दिन में.

31. C का 1 दिन का कार्य

$=\frac{1}{5}-\left(\frac{1}{12}+\frac{1}{10}\right)=\frac{1}{5}-\frac{(5+6)}{60}=\left(\frac{1}{5}-\frac{11}{60}\right)=\frac{1}{60}$.

$\therefore C$ अकेला इस कार्य को 60 दिन में समाप्त करेगा।

32. $(A+B)\rightarrow\frac{1}{5};(B+C)\rightarrow\frac{1}{7};(C+A)\rightarrow\frac{1}{4}$

$2(A+B+C)=\left(\frac{1}{5}+\frac{1}{7}+\frac{1}{4}\right)=\frac{(28+20+35)}{140}=\frac{83}{140}$

$\Rightarrow(A+B+C)\rightarrow\frac{83}{280}$.

$A\rightarrow\left(\frac{83}{280}-\frac{1}{7}\right)=\frac{43}{280};B\rightarrow\left(\frac{83}{280}-\frac{1}{4}\right)=\frac{13}{280};$

$C\rightarrow\left(\frac{83}{280}-\frac{1}{5}\right)=\frac{27}{280}$.

A अकेला $\rightarrow\frac{280}{43}$ दिन में, B अकेला $\rightarrow\frac{280}{13}$ दिन में,

C अकेला $\rightarrow\frac{280}{27}$ दिन में.

अतः A अकेला सबसे कम समय में कार्य समाप्त करेगा।

33. (18 × 24) पुरुष काम समाप्त करते हैं = 1 दिन में

$\Rightarrow$ 1 पुरुष का 1 दिन का काम $=\frac{1}{432}$.

(54 × 12) महिलायें काम समाप्त करती हैं = 1 दिन में

$\Rightarrow$ 1 महिला का 1 दिन का काम $=\frac{1}{648}$.

(16 × 54) बच्चे काम समाप्त करते हैं = 1 दिन में

$\Rightarrow$ 1 बच्चे का 1 दिन का काम $=\frac{1}{864}$.

(3 पुरुषों + 9 महिलाओं + 6 बच्चों) का 1 दिन का काम

$=\left(\frac{3}{432}+\frac{9}{648}+\frac{6}{864}\right)=\left(\frac{1}{144}+\frac{1}{72}+\frac{1}{144}\right)=\frac{(1+2+1)}{144}$

$=\frac{4}{144}=\frac{1}{36}$.

अतः ये काम समाप्त करेंगे = 36 दिन में.

34. 1 स्त्री का 1 दिन का काम

$=\frac{1}{3}-\left(\frac{1}{6}+\frac{1}{18}\right)=\frac{1}{3}-\frac{(3+1)}{18}=\left(\frac{1}{3}-\frac{4}{18}\right)$

$=\frac{(6-4)}{18}=\frac{2}{18}=\frac{1}{9}$.

अतः 1 स्त्री अकेली इसे 9 दिन में समाप्त कर लेगी।

35. (1 आदमी + 1 लड़के) का 1 दिन का काम $=\frac{1}{24}$.

इनका 20 दिन का काम + 6 दिन का लड़के का काम = 1

$\Rightarrow\left(20\times\frac{1}{24}\right)+6$ दिन का लड़के का काम = 1

$\Rightarrow$ 6 दिन का लड़के का काम $=\left(1-\frac{5}{6}\right)=\frac{1}{6}$

$\Rightarrow$ 1 दिन का लड़के का काम $=\frac{1}{36}$.

$\therefore$ लड़का अकेला इस कार्य को 36 दिन में करेगा।

36. A का 1 घण्टे का कार्य $=\frac{1}{4}$.

$(A+C)$ का 1 घण्टे का कार्य $=\frac{1}{2}$

$\Rightarrow C$ का 1 घण्टे का कार्य $=\left(\frac{1}{2}-\frac{1}{4}\right)=\frac{1}{4}$.

$(B+C)$ का 1 घण्टे का कार्य $=\frac{1}{3}$

$\Rightarrow B$ का 1 घण्टे का कार्य $=\left(\frac{1}{3}-\frac{1}{4}\right)=\frac{1}{12}$.

$\therefore B$ अकेला इस कार्य को 12 घण्टे में पूरा करेगा।

37. माना B इस कार्य को x दिन में समाप्त करता है.

तब A आधे कार्य को $\frac{x}{6}$ दिन में तथा पूरे कार्य को $\frac{2x}{6}=\frac{x}{3}$ दिन में पूरा करता है.

$(A+B)$ का 1 दिन का कार्य $=\left(\frac{3}{x}+\frac{1}{x}\right)=\frac{4}{x}$.

$\therefore\ \frac{4}{x}=\frac{1}{10}\Rightarrow x=40.$

अत: B अकेला इस कार्य को 40 दिन में समाप्त करेगा.

38. माना B इस कार्य को x दिन में तथा A इसे $(x-60)$ दिन में पूरा करता है.

B द्वारा लिया गया समय = 3 × (A द्वारा लिया गया समय)

$\therefore\ x=3(x-60)\Rightarrow 2x=180\Rightarrow x=90$.

$\therefore B$ इसे 90 दिन में तथा A इसे 30 दिन में पूरा करेगा.

$(A+B)$ का 1 दिन का काम $=\left(\frac{1}{90}+\frac{1}{30}\right)=\frac{4}{90}=\frac{2}{45}$.

अत: दोनों मिलकर इस कार्य को $\frac{45}{2}$ अर्थात् $22\frac{1}{2}$ दिन में पूरा करेंगे.

39. माना कुल कार्य x दिन में समाप्त हुआ. तब,

{A का $(x-8)$ दिन का कार्य} + {B का $(x-12)$ दिन का कार्य} + {C का x दिन का कार्य = 1

तब, $\frac{(x-8)}{36}+\frac{(x-12)}{54}+\frac{x}{72}=1$

$\Rightarrow 6(x-8)+4(x-12)+3x=216$

$\Rightarrow 13x=312\Rightarrow x=24.$

40. (A का 1 दिन का काम) + (B का 1 दिन का काम)

$=(A+B)$ का 1 दिन का काम

$$\frac{1}{T+3}+\frac{1}{T+12}=\frac{1}{T}\Rightarrow\frac{(T+12)+(T+3)}{(T+3)(T+12)}=\frac{1}{T}$$

$\Rightarrow (2T+15)T=(T+3)(T+12)$

$\Rightarrow 2T^2+15T=T^2+15T+36\Rightarrow T^2=36\Rightarrow T=6.$

41. माना A इसे x दिन में समाप्त कर सकता है. तब, B इसे $\frac{x}{2}$ दिन में तथा C इसे $\frac{x}{4}$ दिन में समाप्त कर सकेगा.

$\therefore\ \frac{x}{4}=7\Rightarrow x=28.$

$(A+B+C)$ का 1 दिन का कार्य $=\left(\frac{1}{x}+\frac{2}{x}+\frac{4}{x}\right)=\frac{7}{x}=\frac{7}{28}=\frac{1}{4}$.

अत: तीनों मिलकर इसे 4 दिन में समाप्त कर सकेंगे.

42. (A का 5 दिन का कार्य) + (B का 7 दिन का कार्य) + (C का 13 दिन का कार्य) = 1

$\Rightarrow$ {($A+B$) का 5 दिन का कार्य} + {($B+C$) का 2 दिन का कार्य} + C का 11 दिन का कार्य = 1

$\Rightarrow\left(\frac{1}{12}\times5\right)+\left(\frac{1}{16}\times2\right)+C$ का 11 दिन का कार्य = 1

$\Rightarrow C$ का 11 दिन का कार्य $=1-\left(\frac{5}{12}+\frac{1}{8}\right)=\left(1-\frac{13}{24}\right)=\frac{11}{24}$

$\Rightarrow C$ का 1 दिन का कार्य $=\left(\frac{11}{24}\times\frac{1}{11}\right)=\frac{1}{24}$.

अत: C अकेला इस कार्य को 24 दिन में समाप्त करेगा.

43. 2 दिन में समाप्त हुआ कार्य = $(2A+B+C)$ का कार्य

$=\left(\frac{2}{11}+\frac{1}{20}+\frac{1}{55}\right)=\frac{(40+11+4)}{220}=\frac{55}{220}=\frac{1}{4}$.

$\frac{1}{4}$ कार्य समाप्त होता है = 2 दिन में.

पूरा कार्य समाप्त होगा = (2 × 4) दिन में = 8 दिन में.

44. A द्वारा 1 दिन में किया गया कार्य $=\frac{\text{कार्य}}{\text{समय}}=\frac{45\%}{\frac{45}{4}}=4\%$

B द्वारा 1 दिन में किया गया कार्य $=\frac{\text{कार्य}}{\text{समय}}=\frac{30}{3}=10\%$

A, B और C द्वारा 1 दिन में किया गया कार्य

$=\frac{100\%}{\frac{25}{4}}=16\%$

C द्वारा 1 दिन में किया गया कार्य

$=16-(4+10)\%=2\%$

आवश्यक प्रतिशत $=\frac{4-2}{4}\times100=50\%$

45. माना B द्वारा अकेले कार्य को पूरा करने में लिए गए दिनों की संख्या $=x$ दिन

A द्वारा अकेले कार्य को पूरा करने में लिए गए दिनों की संख्या $=x-9$ दिन

$\frac{1}{x}+\frac{1}{x-9}=\frac{1}{6}$

$\frac{x(x-9)}{2x-9}=6$

$x^2-9x=12x-54$

$x^2-21x+54=0$

$x^2-18x=3x+54=0$

$x(x-18)-3(x-18)=0$

$(x-3)\ (x-18)=0$

$x=3, 18$

$x=3$ तो $A=x-9=-6$ दिन, नहीं हो सकता क्योंकि किसी भी व्यक्ति के लिए दिनों की संख्या ऋणात्मक नहीं हो सकती है

$\therefore x=18$ दिन

अकेले B द्वारा लिए गए दिनों की संख्या $=x=18$ दिन

46. दक्षता का अनुपात, A : B : C = 4 : 5 : 3

$\therefore$ (A + B + C) : (A + C) 12 : 7

प्रश्नानुसार,

$$\frac{12\times25}{1}=\frac{7\times D_2}{\frac{35}{100}}\qquad\left[\because\frac{M_2\times D_1}{W_1}=\frac{M_2\times D_2}{W_2}\right]$$

$$D_2 = \frac{12 \times 25 \times \frac{35}{100}}{7} = 15 \text{ दिन}$$

47. दक्षता का अनुपात, A : B : C = 2 : 5 : 3

$\therefore$ (A + B + C) : (B + C) 10 : 8 = 5 : 4

प्रश्नानुसार,

$$\frac{5 \times 29}{1} = \frac{4 \times D_2}{\frac{4}{9}} \quad \left[\because \frac{M_1 \times D_1}{W_1} = \frac{M_2 \times D_2}{W_2}\right]$$

$$D_2 = \frac{5 \times 27 \times 4}{4 \times 9} = 15 \text{ दिन}$$

48. माना B को t दिन लगते हैं। अत: A को $(t - 8)$ दिन लगेंगे।

A की क्षमता = 1.5 × B की दक्षता

$$\frac{1}{t-8} = \frac{3}{2} \times \frac{1}{t}$$

$2t = 3t - 24$

$t = 24$ दिन और, $t - 8 = 16$ दिन

माना कुल कार्य 48 इकाई है (24 और 16 का ल.स.)

B की दक्षता = $\frac{48}{24} = 2$ इकाई/दिन

A की क्षमता = $\frac{48}{16} = 3$ इकाई/दिन

चूंकि A और B ने एकांतर दिनों में काम किया।

अत: 2 दिनों में किया गया कार्य = 2 + 3

= 5 इकाई

तो 18 दिनों में किया गया कार्य = 45 इकाई

शेष कार्य = 48 – 45 = 3 इकाई

= A का एक दिन का कार्य

अत: 48 इकाई कार्य को पूरा करने में लगा समय

= 18 +1 = 19 दिन

49. $(A+B) \to \frac{1}{8}, (B+C) \to \frac{1}{12}$ तथा $(A+B+C) \to \frac{1}{6}$

$$C \to \left(\frac{1}{6} - \frac{1}{8}\right) = \frac{1}{24}, A \to \left(\frac{1}{6} - \frac{1}{12}\right) = \frac{1}{12},$$

$$(A+C) \to \left(\frac{1}{24} + \frac{1}{12}\right) = \frac{3}{24} = \frac{1}{8}.$$

अत: A तथा C मिलकर इस कार्य को 8 दिन में समाप्त कर सकेंगे।

50. दिये गये प्रश्न के अनुसार 18× 24 महिलाएं ≡ 24×15 पुरुष

$\Rightarrow$ 6 महिलाएं ≡ 5 पुरुष

16 महिलाएं 3 दिन काम करती हैं।

$$\therefore \frac{M_1 D_1}{W_1} = \frac{M_2 D_2}{W_2} \Rightarrow \frac{18 \times 24}{1} = \frac{16 \times 3}{W_2}$$

$$\Rightarrow \frac{24 \times 15}{1} = \frac{20 \times 2}{W_2} \Rightarrow W_2 = \frac{20 \times 2}{24 \times 15} = \frac{1}{9}$$

शेष बचा हुआ काम $= \frac{8}{9} - \frac{1}{9} = \frac{7}{9}$

20 पुरुष + 16 महिलाएं

$\equiv (6 \times 4 + 16)$ महिलाएं $\equiv 40$ महिलाएं

18 महिलाएं 24 दिन में 1 काम करती हैं।

$$\therefore \frac{M_1 D_1}{W_1} = \frac{M_2 D_2}{W_2} \Rightarrow \frac{18 \times 24}{1} = \frac{40 D_2}{\frac{7}{9}}$$

$$\Rightarrow 40 \times D_2 = \frac{7}{9} \times 18 \times 24$$

$$\Rightarrow D_2 = \frac{7 \times 48}{40} = \frac{42}{5} = 8\frac{2}{5} \text{ दिन}$$

51. दिया गया है, P, Q से 3 गुना अधिक कुशल है।

माना P द्वारा लिया गया समय x दिन है

$\therefore$ P की कार्यक्षमता $= \frac{1}{x}$

तो Q द्वारा लिया गया समय $3x$ दिन है।

$\therefore$ Q की कार्यक्षमता $= \frac{1}{3x}$

प्रश्नानुसार,

P द्वारा लिया गया समय = Q द्वारा लिया गया समय – 60 दिन

$x = 3x - 60$

$2x = 60$

$x = 30$ दिन

$\therefore$ (P + Q) द्वारा कार्य पूरा करने में लिय गया समय

$$= \frac{30 \times 90}{30 + 90} = \frac{90}{4} = 22\frac{1}{2} \text{ दिन}$$

52. आदमी $= x$: औरतें $= y$

प्रश्नानुसार, $6 \times 6x + 5 \times 6y \equiv 3 \times 10x + 4 \times 10y$

$\Rightarrow 36x + 30y \equiv 30x + 40y$

$\Rightarrow (36x - 30x) \equiv 40y - 30y$

$\Rightarrow 6x = 10y$

$\Rightarrow 3x = 5y$ ...(i)

$\therefore 6x + 5y = 10y + 5y = 15y$

$9x + 15y = 15y + 15y = 30y \quad \therefore M_1 D_1 = M_2 D_2$

$\Rightarrow 15 \times 6 = 30 \times D_2$

$$\Rightarrow D_2 = \frac{15 \times 6}{30} = 3 \text{ दिन}$$

53. A द्वारा लिया गया समय $= a$ दिन,

B द्वारा लिया गया समय $= 4a$ दिन

$\therefore$ B द्वारा 12 दिनों + A द्वारा 6 दिनों में किया गया काम = 1

$$\Rightarrow \frac{12}{4a} + \frac{6}{a} = 1 \Rightarrow \frac{3}{a} + \frac{6}{a} = 1$$

$$\Rightarrow \frac{9}{a} = 1 \Rightarrow a = 9 \text{ दिन}$$

54. शेष कार्य

$\frac{27}{4}$ भाग को $(A + B)$ करते हैं = 4 दिन में

सारे कार्य को $(A+B)$ करेंगे $=\left(4\times\frac{10}{3}\right)$ दिन में $=13\frac{1}{3}$ दिन में.

55. 15 दिनों में श्रमिक द्वारा प्राप्त कुल मजदूरी

$= 15 \times 95 = ₹1425$

पहले 7 दिनों और अंतिम 7 दिनों में श्रमिक द्वारा प्राप्त कुल मजदूरी

$= 92 \times 7 + 97 \times 7 = ₹1323$

8 वें दिन श्रमिक की आवश्यक मजदूरी

$= 1425 - 1323$

$= ₹102$

56. 12 महिलाओं द्वारा काम खत्म होता है $= 32$ दिन

16 महिलाओं द्वारा काम खत्म होता है $=\frac{12\times32}{16}=24$ दिन

उसी काम को 15 आदमी x दिन में करते है।

प्रश्नानुसार,

$\therefore \frac{1}{x}-\frac{1}{24}=\frac{1}{6}$

$\Rightarrow \frac{1}{x}=\frac{1}{6}+\frac{1}{24}=\frac{3}{24}=\frac{1}{8} \quad \Rightarrow x=8$ दिन

$\therefore$ 10 आदमी काम खत्म करेंगे $=\frac{15\times8}{10}=12$ दिन

57. माना काम a घंटो में पूरा करेंगे

आदमी	घण्टे
8	24
12	x

$12 : 8 :: 24 : x$

$\Rightarrow x=\frac{8\times24}{12}=16$ घण्टे

$\therefore$ 12 आदमी 16 घंटो में उस कार्य को पूरा करेंगे।

58. A काम पूरा करने में समय लेता है $= x$ दिन,

B काम पूरा करने में समय लेता है $= 2x$ दिन

C काम पूरा करने में समय लेता है $= 3x$ दिन

प्रश्नानुसार, $\frac{1}{x}+\frac{1}{2x}+\frac{1}{3x}=\frac{1}{6}$

$\Rightarrow \frac{6+3+2}{6x}=\frac{11}{6x}=\frac{1}{6}$

$\Rightarrow$ 'C' काम पूरा करने में 33 दिन का समय लेता है।

59. $10\text{ M}\times12 : 12\text{ C}\times16 : 8\text{ W}\times20$

$15\text{ M} = 24\text{ C} = 20\text{ W}$

माना 4 दिनों के बाद कार्य 'x' दिनों के बाद पूरा हुआ।

$(5\text{M}+12\text{ C})\times4+(5\text{ M}+4\text{ C}+4\text{ W})\times x=10\text{ M}\times12$

$\Rightarrow (5\text{ M}+7.5\text{ M})\times4+(5\text{ M}+2.5\text{ M}+3\text{ M})\times x = 10\text{ M}\times12$

$\Rightarrow 50\text{ M}+10.5\text{ M}\times x=10\text{ M}\times12$

$\Rightarrow x=6\frac{2}{3}$ दिन

60. दिया गया है:

$M_1=15, H_1=8, D_1=20; D_2=12, M_2=20, H_2=x$

वांछित घंटे $=\frac{M_1\times D_1\times H_1}{M_2\times D_2}=\frac{15\times20\times8}{20\times12}=10$ घंटे

61. 3 दिन में समाप्त हुआ कार्य $= (3A + B + C)$ का कार्य

$=\left(\frac{3}{20}+\frac{1}{30}+\frac{1}{60}\right)=\frac{12}{60}=\frac{1}{5}.$

$\frac{1}{5}$ कार्य समाप्त होता है = 3 दिन में.

पूरा कार्य समाप्त होगा = (3×5) दिन में = 15 दिन में.

प्रश्नमाला 15B

1. A तथा B मिलकर किसी कार्य को 8 दिन में समाप्त कर सकते हैं; B तथा C मिलकर इसे 12 दिन में और C तथा A मिलकर इसे 15 दिन में समाप्त कर सकते हैं. C अकेला इस कार्य को कितने दिन में समाप्त कर सकेगा ?

(*a*) 80 दिन (*b*) 77 दिन (*c*) 95 दिन (*d*) 79 दिन

2. A किसी कार्य को 9 दिन में समाप्त कर सकता है; B इसे 10 दिन में तथा C इसे 15 दिन में समाप्त कर सकता है. B तथा C ने मिलकर कार्य आरम्भ किया परन्तु 2 दिन बाद उन्हें काम छोड़ना पड़ा. शेष कार्य को A कितने दिनों में समाप्त कर सकेगा ?

(*a*) 8 दिन (*b*) 7 दिन (*c*) 9 दिन (*d*) 6 दिन

3. A और B मिलकर किसी कार्य को 30 दिन में समाप्त कर सकते हैं. इन्होंने मिलकर 10 दिन कार्य किया तथा इसके बाद C की सहायता से अगले 10 दिन में कार्य समाप्त कर दिया. यदि B का 3 दिन का कार्य C के 2 दिन के कार्य के बराबर हो, तो A अकेला इस कार्य को कितने दिन में समाप्त करेगा ?

(*a*) 96 दिन (*b*) 90 दिन (*c*) 87 दिन (*d*) 83 दिन

4. A किसी कार्य को 10 दिन में पूरा कर सकता है तथा B इसे 20 दिन में. वे साथ-साथ कार्य करते हैं. परन्तु कार्य समाप्त होने के 2 दिन पहले A कार्य छोड़कर चला जाता है. ज्ञात कीजिए कि यह कार्य कितने दिन में समाप्त हुआ.

(*a*) 6 दिन (*b*) 8 दिन (*c*) 7 दिन (*d*) 9 दिन

5. A किसी कार्य को 30 दिन में पूरा कर सकता है. B तथा C मिलकर इसी कार्य को 20 दिन में पूरा कर सकते हैं. A तथा B ने मिलकर काम किया और 12 दिन में पूरे कार्य का $\frac{2}{3}$ भाग पूरा कर लिया. शेष कार्य को पूरा करने में C को कितने दिन लगेंगे ?

(*a*) 11 दिन (*b*) 18 दिन (*c*) 17 दिन (*d*) 19 दिन

6. A तथा B मिलकर एक कार्य को 12 दिन में और B तथा C मिलकर उसी कार्य को $6\frac{2}{3}$ दिन में पूरा कर सकते हैं. A ने इस पर 3 दिन तथा B ने इस पर 4 दिन कार्य किया. शेष कार्य C ने 7 दिन में समाप्त

कर लिया. प्रत्येक अलग-अलग उस कार्य को कितने दिन में समाप्त कर सकेगा?

(a) A = 30 दिन, B = 20 दिन, C = 10 दिन

(b) A = 25 दिन, B = 18 दिन, C = 8 दिन

(c) A = 35 दिन, B = 25 दिन, C = 20 दिन

(d) इनमें से कोई नहीं

7. *A, B, C* किसी कार्य को क्रमशः 10 दिन, 30 दिन तथा 60 दिन में पूरा कर सकते हैं. यदि एक-एक दिन छोड़कर *B* और *C* क्रमशः *A* को कार्य करने में सहायता करें, तो ज्ञात कीजिए कि कार्य कितने दिनों में समाप्त हो जायेगा.

(a) 8 दिन (b) 9 दिन (c) 7 दिन (d) 6 दिन

8. 10 व्यक्ति किसी कार्य को करना प्रारम्भ करते हैं. परन्तु कुछ दिन बाद 4 व्यक्ति काम छोड़कर चले जाते हैं. इसके परिणामस्वरूप जो कार्य 40 दिन में समाप्त होना था वह 50 दिन में समाप्त हुआ. कार्य प्रारम्भ होने के कितने दिनों बाद 4 व्यक्तियों ने काम छोड़ा था?

(a) 12 दिन बाद (b) 25 दिन बाद

(c) 23 दिन बाद (d) 18 दिन बाद

9. किसी कार्य को पूरा करने के लिए *X, Y, Z* को क्रमशः 8 दिन, 12 दिन तथा 16 दिन लगते हैं. पहले *X* इस पर 2 दिन कार्य करता है तथा उसके बाद *Y* उतने दिन कार्य करता है जब तक कि *Z* के लिए 25% कार्य शेष रहे. इस शेष कार्य को *Z* करता है. पूरा कार्य होने में कुल कितने दिन लगेंगे?

(a) 12 दिन (b) 15 दिन (c) 17 दिन (d) 18 दिन

10. *A, B, C* एक कार्य को क्रमशः 24 दिन, 32 दिन तथा 64 दिन में समाप्त कर सकते हैं. वे एक साथ मिलकर कार्य आरम्भ करते हैं. *A*, 6 दिन बाद कार्य छोड़कर चला जाता है तथा *B* कार्य समाप्त होने से 6 दिन पहले कार्य छोड़कर चला जाता है. यह कार्य कुल कितने दिनों में समाप्त हुआ?

(a) 18 दिन (b) 15 दिन (c) 20 दिन (d) 24 दिन

11. *A* अकेला किसी कार्य को 30 घण्टे में समाप्त कर सकता है जबकि *B* अकेला इस कार्य को 40 घण्टे में समाप्त कर सकता है. दोनों ने मिलकर इस कार्य को समाप्त किया. कुल ₹ 770 मजदूरी में से *A* का भाग ज्ञात कीजिए.

(a) ₹410 (b) ₹440 (c) ₹435 (d) ₹425

12. यदि 4 आदमी अथवा 6 लड़के किसी कार्य को 20 दिन में पूरा करें, तो 6 आदमी और 11 लड़के मिलकर इस कार्य को कितने दिन में पूरा करेंगे?

(a) 6 दिन (b) 8 दिन (c) 9 दिन (d) 7 दिन

13. 5 पुरुष किसी कार्य को 6 दिन में पूरा कर सकते हैं जबकि 10 महिलायें इसे 5 दिन में पूरा कर सकती हैं. 5 महिलायें तथा 3 पुरुष मिलकर इस कार्य को कितने दिन में पूरा कर सकेंगे?

(a) 6 दिन (b) 7 दिन (c) 11 दिन (d) 5 दिन

14. 3 पुरुष और 4 महिलायें मिलकर 7 दिनों में ₹ 3780 अर्जित कर सकते हैं. 11 पुरुष और 13 महिलायें 8 दिनों में ₹ 15040 अर्जित कर सकते हैं. 7 पुरुष और 9 महिलायें ₹ 12400 कितने दिनों में अर्जित कर पायेंगे?

(a) 10 दिन (b) 11 दिन (c) 12 दिन (d) 13 दिन

15. यदि 10 आदमी तथा 15 लड़के किसी कार्य को 15 दिन में समाप्त कर सकें तो 16 आदमी तथा 20 लड़के इससे तीन गुना कार्य को कितने दिन में करेंगे, जबकि 3 आदमी 2 घण्टे में उतना ही कार्य कर पाते हैं जितना कि 5 लड़के 3 घण्टे में कर सकते हैं?

(a) 27 दिन (b) 31 दिन (c) 30 दिन (d) 29 दिन

16. 1 आदमी अथवा 2 औरतें अथवा 3 लड़के किसी कार्य को 44 दिन में समाप्त करते हैं. एक आदमी, एक औरत तथा एक लड़का मिलकर उस कार्य को कितने दिन में पूरा करेंगे?

(a) 24 दिन (b) 30 दिन (c) 18 दिन (d) 27 दिन

17. *A* एक कार्य को 6 दिन में पूरा कर सकता है जिसके लिए ₹ 900 मिलेंगे. *A* तथा एक सहायक दोनों मिलकर इसे 4 दिन में पूरा कर लेते हैं. सहायक को मिलने वाली धनराशि ज्ञात कीजिए.

(a) ₹600 (b) ₹550 (c) ₹460 (d) ₹300

18. हरपाल, केवल की तुलना में तीन गुना कार्यकुशल कारीगर है तथा किसी कार्य को करने में केवल से 10 दिन कम लेता है. उसी कार्य को पूरा करने में केवल कितने दिन लेगा?

(a) 17 दिन (b) 15 दिन (c) 18 दिन (d) 21 दिन

19. *P* तथा *Q* किसी कार्य को क्रमशः 9 दिन तथा 12 दिन में समाप्त करते हैं. किन्तु वे, *P* द्वारा कार्य आरम्भ करने के उपरान्त, बारी-बारी से एक-एक दिन कार्य करते हैं. कार्य को पूरा करने में कितना समय लगेगा?

(a) $10\frac{1}{4}$ दिन (b) $8\frac{1}{2}$ दिन

(c) 11 दिन (d) $9\frac{2}{3}$ दिन

20. एक पुरुष तथा एक महिला मिलकर किसी कार्य को 33 दिन में पूरा कर सकते हैं. उनके कार्य करने की क्षमताएँ 14:11 के अनुपात में हैं. एक महिला को उस कार्य को अकेले पूरा करने में कितने दिन लगेंगे?

(a) 87 दिन (b) 75 दिन (c) 60 दिन (d) 70 दिन

उत्तरमाला (प्रश्नमाला 15B)

1. (a) **2.** (d) **3.** (b) **4.** (b) **5.** (c) **6.** (a) **7.** (a) **8.** (b) **9.** (a) **10.** (c) **11.** (b) **12.** (a)
13. (d) **14.** (a) **15.** (c) **16.** (a) **17.** (d) **18.** (b) **19.** (a) **20.** (b)

दिये गये प्रश्नों के हल (प्रश्नमाला 15B)

1. $(A+B)$ का 1 दिन का कार्य $=\frac{1}{8}$, $(B+C)$ का 1 दिन का कार्य $=\frac{1}{12}$, $(C+A)$ का 1 दिन का कार्य $=\frac{1}{15}$.

जोड़ने पर : 2 $(A+B+C)$ का 1 दिन का कार्य

$=\left(\frac{1}{8}+\frac{1}{12}+\frac{1}{15}\right)=\frac{33}{120}=\frac{11}{40}$

$\Rightarrow (A+B+C)$ का 1 दिन का कार्य $=\frac{11}{80}$

$\Rightarrow C$ का 1 दिन का कार्य $=\left(\frac{11}{80}-\frac{1}{8}\right)=\frac{1}{80}$.

अत: C अकेला इस कार्य को 80 दिन में समाप्त करेगा.

2. A का 1 दिन का कार्य $=\frac{1}{9}$, B का 1 दिन का कार्य $=\frac{1}{10}$,

C का 1 दिन का कार्य $=\frac{1}{15}$.

$(B+C)$ का 2 दिन का कार्य $=\left(\frac{1}{10}+\frac{1}{15}\right)\times 2=\left(\frac{5}{30}\times 2\right)=\frac{1}{3}$.

शेष कार्य $=\left(1-\frac{1}{3}\right)=\frac{2}{3}$.

$\frac{1}{9}$ कार्य करने में A लेता है = 1 दिन.

$\frac{2}{3}$ कार्य करने में A लेगा $=\left(1\times 9\times\frac{2}{3}\right)=6$ दिन.

3. $(A+B)$ का 1 दिन का कार्य $=\frac{1}{30}\Rightarrow (A+B)$ का 20 दिन का कार्य $=\left(\frac{1}{30}\times 20\right)=\frac{2}{3}$.

{$(A+B)$ का 20 दिन का कार्य} + {C का 10 दिन का कार्य} = 1

$\Rightarrow \frac{2}{3}+\{C$ का 10 दिन का कार्य$\}=1$

$\Rightarrow C$ का 10 दिन का कार्य $=\left(1-\frac{2}{3}\right)=\frac{1}{3}$

$\Rightarrow C$ का 1 दिन का कार्य $=\frac{1}{30}$.

अब, B का 3 दिन का कार्य = C का 2 दिन का कार्य

$=\left(\frac{1}{30}\times 2\right)=\frac{1}{15}$

$\Rightarrow B$ का 1 दिन का कार्य $=\frac{1}{45}$

$\Rightarrow A$ का 1 दिन का कार्य $=\left(\frac{1}{30}-\frac{1}{45}\right)=\frac{1}{90}$.

अत: A अकेला इस कार्य को 90 दिन में समाप्त करेगा.

4. माना A तथा B ने मिलकर x दिन कार्य किया.

तब, A ने x दिन तथा B ने $(x+2)$ दिन कार्य किया.

A का 1 दिन का कार्य $=\frac{1}{10}\Rightarrow A$ का x दिन का कार्य $=\frac{x}{10}$.

B का 1 दिन का कार्य $=\frac{1}{20}\Rightarrow B$ का $(x+2)$ दिन का कार्य $=\frac{x+2}{20}$.

$\therefore \frac{x}{10}+\frac{x+2}{20}=1\Rightarrow 2x+x+2=20$

$\Rightarrow 3x=18\Rightarrow x=6$.

अत: कार्य समाप्त होने में लगा समय = $(6+2)$ दिन = 8 दिन.

5. $(A+B)$ द्वारा $\frac{2}{3}$ भाग कार्य करने में लगा समय = 12 दिन.

$(A+B)$ द्वारा पूरा कार्य करने में लगा समय

$=\left(12\times\frac{3}{2}\right)$ दिन = 18 दिन.

$(A+B)$ का 1 दिन का कार्य $=\frac{1}{18}$,

A का 1 दिन का कार्य $=\frac{1}{30}$.

B का 1 दिन का कार्य $=\left(\frac{1}{18}-\frac{1}{30}\right)=\frac{(5-3)}{90}=\frac{2}{90}=\frac{1}{45}$.

$(B+C)$ का 1 दिन का कार्य $=\frac{1}{20}$.

C का 1 दिन का कार्य $=\left(\frac{1}{20}-\frac{1}{45}\right)=\frac{(9-4)}{180}=\frac{5}{180}=\frac{1}{36}$.

$(A+B)$ द्वारा किया गया कार्य $=\frac{2}{3}$. शेष भाग $=\left(1-\frac{2}{3}\right)=\frac{1}{3}$.

अब, $\frac{1}{36}$ कार्य को करने में C लेता है = 1 दिन.

$\frac{1}{3}$ कार्य को करने में C लेगा $=\left(36\times\frac{1}{3}\right)$ दिन = 12 दिन.

अत: शेष कार्य को पूरा करने में C को 12 दिन लगेंगे.

6. माना B अकेला उस कार्य को x दिन में समाप्त करता है.

तब, B का 1 दिन का कार्य $=\frac{1}{x}$.

$(A+B)$ का 1 दिन का कार्य $=\frac{1}{12}$

$\Rightarrow A$ का 1 दिन का कार्य $=\left(\frac{1}{12}-\frac{1}{x}\right)$.

$(B+C)$ का 1 दिन का कार्य $=\frac{3}{20}$

$\Rightarrow C$ का 1 दिन का कार्य $=\left(\frac{3}{20}-\frac{1}{x}\right)$.

(A का 3 दिन का कार्य) + (B का 4 दिन का कार्य) + (C का 7 दिन का कार्य) = 1

$\Rightarrow 3\left(\frac{1}{12}-\frac{1}{x}\right)+\frac{4}{x}+7\left(\frac{3}{20}-\frac{1}{x}\right)=1$

$\Rightarrow \left(\frac{3}{x}+\frac{7}{x}-\frac{4}{x}\right)=\left(\frac{3}{12}+\frac{21}{20}-1\right) \Rightarrow \frac{6}{x}=\frac{18}{60}=\frac{3}{10}$

$\Rightarrow x=\left(6\times\frac{10}{3}\right)=20.$

∴ B अकेला इस कार्य को 20 दिन में समाप्त करेगा.

A का 1 दिन का कार्य $=\left(\frac{1}{12}-[illegible]\right)=\frac{2}{60}=\frac{1}{30}.$

∴ A अकेला इस कार्य को 30 दिन में समाप्त करेगा.

C का 1 दिन का कार्य $=\left([illegible]\right)=\frac{2}{20}=\frac{1}{10}.$

∴ C अकेला इस कार्य [illegible] समाप्त करेगा.

7. A का 1 दिन का [illegible] 1 दिन का कार्य $=\frac{1}{30}.$

C का 1 [illegible] $=\left(\frac{1}{10}+\frac{1}{30}\right)=\frac{4}{30}=\frac{2}{15}.$

(A [illegible] कार्य $=\left(\frac{1}{10}+\frac{1}{60}\right)=\frac{7}{60}.$

कुलकार्य $=\left(\frac{2}{15}+\frac{7}{60}\right)=\frac{15}{60}=\frac{1}{4}.$

[illegible] ने में लगा समय = 2 दिन.

[illegible] करने में लगा समय = (2 × 4) दिन = 8 दिन.

[illegible] कि 10 व्यक्ति x दिनों तक मिलकर कार्य करते हैं तथा (10 – 4) अर्थात् 6 व्यक्ति मिलकर $(50-x)$ दिन काम करते हैं. तब 10 व्यक्तियों का x दिन का काम + 6 व्यक्तियों का $(50-x)$ दिन का काम = 10 व्यक्तियों का 40 दिन का काम

$\Rightarrow 10x+6(50-x)=10\times 40 \Rightarrow 4x=100 \Rightarrow x=25.$

अत: कार्य आरम्भ होने के 25 दिन बाद 4 व्यक्तियों ने काम छोड़ा.

9. X का 1 दिन का कार्य $=\frac{1}{8}$, Y का 1 दिन का कार्य $=\frac{1}{12}$,

Z का 1 दिन कार्य $=\frac{1}{16}.$

X का 2 दिन का कार्य $=\left(2\times\frac{1}{8}\right)=\frac{1}{4}.$

Z का कार्य = कुल कार्य का 25% $=\frac{25}{100}=\frac{1}{4}.$

$\frac{1}{16}$ कार्य को करने में Z लेता है = 1 दिन.

$\frac{1}{4}$ कार्य को करने में Z लेगा $=\left(1\times 16\times\frac{1}{4}\right)$ दिन = 4 दिन.

Y द्वारा किया गया कार्य $=1-\left(\frac{1}{4}+\frac{1}{4}\right)=\frac{1}{2}.$

$\frac{1}{12}$ कार्य करने में Y लेता है = 1 दिन.

$\frac{1}{2}$ कार्य करने में Y लेगा $=\left(12\times\frac{1}{2}\right)$ दिन = 6 दिन.

पूरा कार्य करने में लगा समय = (2 + 4 + 6) दिन = 12 दिन.

10. A का 1 दिन का कार्य $=\frac{1}{24}$, B का 1 दिन का कार्य $=\frac{1}{32}$,

C का 1 दिन का कार्य $=\frac{1}{64}.$

(A + B + C) का 1 दिन का कार्य

$=\left(\frac{1}{24}+\frac{1}{32}+\frac{1}{64}\right)=\frac{(8+6+3)}{192}=\frac{17}{192}.$

$\Rightarrow (A+B+C)$ का 6 दिन का कार्य $=\left(\frac{17}{192}\times 6\right)=\frac{17}{32}.$

अब, C का 6 दिन का कार्य $=\left(\frac{1}{64}\times 6\right)=\frac{3}{32}.$

कुल समाप्त किया गया कार्य $=\left(\frac{17}{32}+\frac{3}{32}\right)=\frac{20}{32}=\frac{5}{8}.$

शेष कार्य $=\left(1-\frac{5}{8}\right)=\frac{3}{8}.$ यह कार्य (B + C) ने किया.

(B + C) का 1 दिन का कार्य $=\left(\frac{1}{32}+\frac{1}{64}\right)=\frac{3}{64}.$

$\frac{3}{64}$ कार्य (B + C) करते हैं = 1 दिन में.

$\frac{3}{8}$ कार्य (B + C) करेंगे $=\left(1\times\frac{64}{3}\times\frac{3}{8}\right)$ दिन में = 8 दिन में.

सारा कार्य समाप्त होने में लगा समय = (6 + 6 + 8) दिन = 20 दिन.

11. A का 1 घण्टे का कार्य $=\frac{1}{30}$, B का 1 घण्टे का कार्य $=\frac{1}{40}.$

A तथा B की मजदूरी का अनुपात $=\frac{1}{30}:\frac{1}{40}=4:3.$

कुल मजदूरी में से A का भाग = ₹ $\left(770\times\frac{4}{7}\right)$ = ₹ 440.

12. 4 आदमी ≡ 6 लड़के ⇒ 1 आदमी ≡ $\frac{6}{4}$ लड़के

⇒ 6 आदमी ≡ $\left(\frac{6}{4}\times 6\right)$ लड़के = 9 लड़के.

(6 आदमी + 11 लड़के) ≡ (9 लड़के + 11 लड़के) = 20 लड़के.

6 लड़के कार्य को पूरा करते हैं = 20 दिन में.

1 लड़का कार्य को पूरा करेगा = (20 × 6) दिन में.

20 लड़के कार्य को पूरा करेंगे $=\frac{(20\times 6)}{20}$ दिन में = 6 दि[illegible]

13. 5 पुरुषों का 6 दिन का कार्य = 10 महिलाओं का 5 दिन क[illegible]

⇒ (5 × 6) पुरुषों का 1 दिन का कार्य = (10 × 5) महि[illegible] का 1 दिन का कार्य

⇒ 30 पुरुष ≡ 50 महिलायें ⇒ 1 पुरुष ≡ $\frac{5}{3}$ महि[illegible]

⇒ (5 महिलायें + 3 पुरुष) ≡ 5 महिलायें + $\left(3\times\frac{5}{3}\right)$ [illegible]

= 10 महिलायें.

परन्तु 10 महिलायें इस कार्य को 5 दिन में करती हैं.

अत: 5 महिलायें तथा 3 पुरुष इस कार्य को 5 दिन में करेंगे.

14. माना 1 पुरुष 1 दिन में ₹ x तथा 1 महिला 1 दिन में ₹ y कमाते हैं.
तब, 3 पुरुष 7 दिन में ₹ $(3 \times 7 \times x)$ तथा 4 महिलायें 7 दिन में ₹ $(4 \times 7 \times y)$ कमाते हैं.

$\therefore\ 21x + 28y = 3780 \Rightarrow 3x + 4y = 540$ ...(i)

11 पुरुष 8 दिन में ₹ $(11 \times 8 \times x)$ तथा 13 महिलायें 8 दिन में ₹ $(13 \times 8 \times y)$ कमाते हैं.

$\therefore\ 88x + 104y = 15040 \Rightarrow 11x + 13y = 1880$ ...(ii)

(i) तथा (ii) को हल करने पर, $x = 100$ तथा $y = 60$

(7 पुरुष + 9 महिलायें) एक दिन में कमाते हैं = ₹ $(7 \times 100 + 9 \times 60)$ = ₹ 1240.

₹ 1240 कमाते हैं = 1 दिन में.

₹ 12400 कमायेंगे = $\left(\frac{1}{1240} \times 12400\right)$ दिन में = 10 दिन में.

15. 3 आदमियों का 2 घण्टे का काम
= 5 लड़कों का 3 घण्टे का काम

$\Rightarrow$ (3×2) आदमियों का 1 घण्टे का काम
= (5×3) लड़कों का 1 घण्टे का काम

$\Rightarrow$ 6 आदमी ≡ 15 लड़के $\Rightarrow$ 1 आदमी ≡ $\frac{5}{2}$ लड़के

$\Rightarrow$ (10 आदमी + 15 लड़के)

≡ $\left(10 \times \frac{5}{2}\right)$ लड़के + 15 लड़के = 40 लड़के

तथा (16 आदमी + 20 लड़के)

≡ $\left(16 \times \frac{5}{2}\right)$ लड़के + 20 लड़के = 60 लड़के

40 लड़के कार्य को समाप्त करते हैं = 15 दिन में.

...ड़के कार्य को समाप्त करेंगे

...$\times 40)$ ... दिन में = 10 दिन में.

... लड़के इससे तीन गुना कार्य को समाप्त करने में लेंगे
= 30 दिन.

... 3 लड़के, 1 औरत ≡ $\frac{3}{2}$ लड़के.

... औरत + 1 लड़का)

... लड़के + 1 लड़का$\Big) = \frac{11}{2}$ लड़के

अधिक लड़के, कम दिन

$\frac{11}{2} : 3 :: 44 : x \Rightarrow \frac{11}{2}x = 3 \times 44 \Rightarrow x = \frac{3 \times 44 \times 2}{11} = 24.$ (विलोमानुपात)

अत: 1 आदमी, 1 औरत तथा 1 लड़का मिलकर उस कार्य को 24 दिन में ... करेंगे.

17. A का 1 दिन का काम = $\frac{1}{6}$

$\Rightarrow$ A के 4 दिन का काम = $\left(\frac{1}{6} \times 4\right) = \frac{2}{3}$.

शेष कार्य = $\left(1 - \frac{2}{3}\right) = \frac{1}{3}$.

A : सहायक = $\frac{2}{3} : \frac{1}{3}$

सहायक को मिलने वाली राशि ...

18. माना केवल उस कार्य को ... दिन में ...
तब, हरपाल उस कार्य को $(x - 10)$ ... = ₹ 300.
हरपाल, केवल की तुलना में तीन गुना क...

$\therefore\ (x - 10) = \frac{x}{3} \Rightarrow 3x - 30 = x \Rightarrow 2x$ ...

अत: केवल उस कार्य को 15 दिन में समाप्त क...

19. 2 दिन का कार्य = $\left(\frac{1}{9} + \frac{1}{12}\right) = \frac{(4+3)}{36} = \frac{7}{36}$

$\Rightarrow$ 10 दिन का कार्य = $\left(\frac{7}{36} \times \frac{10}{2}\right) = \frac{35}{36}$.

शेष कार्य = $\left(1 - \frac{35}{36}\right) = \frac{1}{36}$

अब बारी P की है.

P को $\frac{1}{36}$ कार्य करने में लगा समय = $\left(\frac{1}{36} \times 9\right)$ दिन = $\frac{1}{4}$ दिन.

कार्य समाप्त होने में लगा समय = $\left(10\frac{1}{4}\text{ दिन}\right)$.

20. दोनों का 1 दिन का काम = $\frac{1}{33}$.

1 पुरुष तथा 1 महिला के 1 दिन के काम का अनुपात = 14 : 11

1 महिला का 1 दिन का काम = $\left(\frac{1}{33} \times \frac{11}{25}\right) = \frac{1}{75}$

अत: 1 महिला इस कार्य को 75 दिन में समाप्त करेगी.

❑❑❑

न में.
कार्य
हिलाओं
लायें
महिलायें

$\Rightarrow 3\left(\frac{1}{12}-\frac{1}{x}\right)+\frac{4}{x}+7\left(\frac{3}{20}-\frac{1}{x}\right)=1$

$\Rightarrow \left(\frac{3}{x}+\frac{7}{x}-\frac{4}{x}\right)=\left(\frac{3}{12}+\frac{21}{20}-1\right) \Rightarrow \frac{6}{x}=\frac{18}{60}=\frac{3}{10}$

$\Rightarrow x=\left(6\times\frac{10}{3}\right)=20.$

$\therefore$ B अकेला इस कार्य को 20 दिन में समाप्त करेगा.

A का 1 दिन का कार्य $=\left(\frac{1}{12}-\frac{1}{20}\right)=\frac{2}{60}=\frac{1}{30}.$

$\therefore$ A अकेला इस कार्य को 30 दिन में समाप्त करेगा.

C का 1 दिन का कार्य $=\left(\frac{3}{20}-\frac{1}{20}\right)=\frac{2}{20}=\frac{1}{10}.$

$\therefore$ C अकेला इस कार्य को 10 दिन में समाप्त करेगा.

7. A का 1 दिन का कार्य $=\frac{1}{10}$, B का 1 दिन का कार्य $=\frac{1}{30}$,

C का 1 दिन का कार्य $=\frac{1}{60}.$

$(A + B)$ का 1 दिन का कार्य $=\left(\frac{1}{10}+\frac{1}{30}\right)=\frac{4}{30}=\frac{2}{15}.$

$(A + C)$ का 1 दिन का कार्य $=\left(\frac{1}{10}+\frac{1}{60}\right)=\frac{7}{60}.$

अत: 2 दिनों का कुल कार्य $=\left(\frac{2}{15}+\frac{7}{60}\right)=\frac{15}{60}=\frac{1}{4}.$

$\frac{1}{4}$ कार्य करने में लगा समय = 2 दिन.

पूरा कार्य करने में लगा समय = (2 × 4) दिन = 8 दिन.

8. माना कि 10 व्यक्ति x दिनों तक मिलकर कार्य करते हैं तथा $(10-4)$ अर्थात् 6 व्यक्ति मिलकर $(50-x)$ दिन काम करते हैं. तब 10 व्यक्तियों का x दिन का काम + 6 व्यक्तियों का $(50-x)$ दिन का काम = 10 व्यक्तियों का 40 दिन का काम

$\Rightarrow 10x+6(50-x)=10\times 40 \Rightarrow 4x=100 \Rightarrow x=25.$

अत: कार्य आरम्भ होने के 25 दिन बाद 4 व्यक्तियों ने काम छोड़ा.

9. X का 1 दिन का कार्य $=\frac{1}{8}$, Y का 1 दिन का कार्य $=\frac{1}{12}$,

Z का 1 दिन कार्य $=\frac{1}{16}.$

X का 2 दिन का कार्य $=\left(2\times\frac{1}{8}\right)=\frac{1}{4}.$

Z का कार्य = कुल कार्य का 25% $=\frac{25}{100}=\frac{1}{4}.$

$\frac{1}{16}$ कार्य को करने में Z लेता है = 1 दिन.

$\frac{1}{4}$ कार्य को करने में Z लेगा $=\left(1\times 16\times\frac{1}{4}\right)$ दिन = 4 दिन.

Y द्वारा किया गया कार्य $=1-\left(\frac{1}{4}+\frac{1}{4}\right)=\frac{1}{2}.$

$\frac{1}{12}$ कार्य करने में Y लेता है = 1 दिन.

$\frac{1}{2}$ कार्य करने में Y लेगा $=\left(12\times\frac{1}{2}\right)$ दिन = 6 दिन.

पूरा कार्य करने में लगा समय = (2 + 4 + 6) दिन = 12 दिन.

10. A का 1 दिन का कार्य $=\frac{1}{24}$, B का 1 दिन का कार्य $=\frac{1}{32}$,

C का 1 दिन का कार्य $=\frac{1}{64}.$

$(A + B + C)$ का 1 दिन का कार्य

$=\left(\frac{1}{24}+\frac{1}{32}+\frac{1}{64}\right)=\frac{(8+6+3)}{192}=\frac{17}{192}.$

$\Rightarrow (A+B+C)$ का 6 दिन का कार्य $=\left(\frac{17}{192}\times 6\right)=\frac{17}{32}.$

अब, C का 6 दिन का कार्य $=\left(\frac{1}{64}\times 6\right)=\frac{3}{32}.$

कुल समाप्त किया गया कार्य $=\left(\frac{17}{32}+\frac{3}{32}\right)=\frac{20}{32}=\frac{5}{8}.$

शेष कार्य $=\left(1-\frac{5}{8}\right)=\frac{3}{8}.$ यह कार्य $(B + C)$ ने किया.

$(B + C)$ का 1 दिन का कार्य $=\left(\frac{1}{32}+\frac{1}{64}\right)=\frac{3}{64}.$

$\frac{3}{64}$ कार्य $(B + C)$ करते हैं = 1 दिन में.

$\frac{3}{8}$ कार्य $(B + C)$ करेंगे $=\left(1\times\frac{64}{3}\times\frac{3}{8}\right)$ दिन में = 8 दिन में.

सारा कार्य समाप्त होने में लगा समय = (6 + 6 + 8) दिन = 20 दिन.

11. A का 1 घण्टे का कार्य $=\frac{1}{30}$, B का 1 घण्टे का कार्य $=\frac{1}{40}.$

A तथा B की मजदूरी का अनुपात $=\frac{1}{30}:\frac{1}{40}=4:3.$

कुल मजदूरी में से A का भाग = ₹ $\left(770\times\frac{4}{7}\right)$ = ₹ 440.

12. 4 आदमी ≡ 6 लड़के ⇒ 1 आदमी ≡ $\frac{6}{4}$ लड़के

⇒ 6 आदमी ≡ $\left(\frac{6}{4}\times 6\right)$ लड़के = 9 लड़के.

(6 आदमी + 11 लड़के) ≡ (9 लड़के + 11 लड़के) = 20 लड़के.

6 लड़के कार्य को पूरा करते हैं = 20 दिन में.

1 लड़का कार्य को पूरा करेगा = (20 × 6) दिन में.

20 लड़के कार्य को पूरा करेंगे $=\frac{(20\times 6)}{20}$ दिन में = 6 दिन में.

13. 5 पुरुषों का 6 दिन का कार्य = 10 महिलाओं का 5 दिन का कार्य

⇒ (5 × 6) पुरुषों का 1 दिन का कार्य = (10 × 5) महिलाओं का 1 दिन का कार्य

⇒ 30 पुरुष ≡ 50 महिलायें ⇒ 1 पुरुष ≡ $\frac{5}{3}$ महिलायें

⇒ (5 महिलायें + 3 पुरुष) ≡ 5 महिलायें + $\left(3\times\frac{5}{3}\right)$ महिलायें

$= 10$ महिलायें.

परन्तु 10 महिलायें इस कार्य को 5 दिन में करती हैं.

अतः 5 महिलायें तथा 3 पुरुष इस कार्य को 5 दिन में करेंगे.

14. माना 1 पुरुष 1 दिन में ₹ x तथा 1 महिला 1 दिन में ₹ y कमाते हैं. तब, 3 पुरुष 7 दिन में ₹ $(3 \times 7 \times x)$ तथा 4 महिलायें 7 दिन में ₹ $(4 \times 7 \times y)$ कमाते हैं.

$\therefore\ 21x + 28y = 3780 \Rightarrow 3x + 4y = 540 \quad \ldots(i)$

11 पुरुष 8 दिन में ₹ $(11 \times 8 \times x)$ तथा 13 महिलायें 8 दिन में ₹ $(13 \times 8 \times y)$ कमाते हैं.

$\therefore\ 88x + 104y = 15040 \Rightarrow 11x + 13y = 1880 \quad \ldots(ii)$

(i) तथा (ii) को हल करने पर, $x = 100$ तथा $y = 60$

(7 पुरुष + 9 महिलायें) एक दिन में कमाते हैं = ₹ $(7 \times 100 + 9 \times 60)$ = ₹ 1240.

₹ 1240 कमाते हैं = 1 दिन में.

₹ 12400 कमायेंगे $= \left(\frac{1}{1240} \times 12400\right)$ दिन में = 10 दिन में.

15. 3 आदमियों का 2 घण्टे का काम

= 5 लड़कों का 3 घण्टे का काम

$\Rightarrow$ (3×2) आदमियों का 1 घण्टे का काम

= (5×3) लड़कों का 1 घण्टे का काम

$\Rightarrow$ 6 आदमी $\equiv$ 15 लड़के $\Rightarrow$ 1 आदमी $\equiv \frac{5}{2}$ लड़के

$\Rightarrow$ (10 आदमी + 15 लड़के)

$\equiv \left(10 \times \frac{5}{2}\right)$ लड़के + 15 लड़के = 40 लड़के

तथा (16 आदमी + 20 लड़के)

$\equiv \left(16 \times \frac{5}{2}\right)$ लड़के + 20 लड़के = 60 लड़के

अब, 40 लड़के कार्य को समाप्त करते हैं = 15 दिन में.

60 लड़के कार्य को समाप्त करेंगे

$= \frac{(15 \times 40)}{60}$ दिन में = 10 दिन में.

अतः 60 लड़के इससे तीन गुना कार्य को समाप्त करने में लेंगे

= 30 दिन.

16. 1 आदमी $\equiv$ 3 लड़के, 1 औरत $\equiv \frac{3}{2}$ लड़के.

(1 आदमी + 1 औरत + 1 लड़का)

$\equiv \left(3 \text{ लड़के} + \frac{3}{2} \text{ लड़के} + 1 \text{ लड़का}\right) = \frac{11}{2}$ लड़के

अधिक लड़के, कम दिन **(विलोमानुपात)**

$\frac{11}{2} : 3 :: 44 : x \Rightarrow \frac{11}{2}x = 3 \times 44 \Rightarrow x = \frac{3 \times 44 \times 2}{11} = 24.$

अतः 1 आदमी, 1 औरत तथा 1 लड़का मिलकर उस कार्य को 24 दिन में समाप्त करेंगे.

17. A का 1 दिन का काम $= \frac{1}{6}$

$\Rightarrow$ A का 4 दिन का काम $= \left(\frac{1}{6} \times 4\right) = \frac{2}{3}.$

शेष कार्य $= \left(1 - \frac{2}{3}\right) = \frac{1}{3}.$

A : सहायक $= \frac{2}{3} : \frac{1}{3} : 2 : 1.$

सहायक को मिलने वाली राशि = ₹ $\left(900 \times \frac{1}{3}\right)$ = ₹ 300.

18. माना केवल उस कार्य को x दिन में करेगा.

तब, हरपाल उस कार्य को $(x - 10)$ दिन में करेगा.

हरपाल, केवल की तुलना में तीन गुना कार्यकुशल है.

$\therefore\ (x - 10) = \frac{x}{3} \Rightarrow 3x - 30 = x \Rightarrow 2x = 30 \Rightarrow x = 15.$

अतः केवल उस कार्य को 15 दिन में समाप्त करेगा.

19. 2 दिन का कार्य $= \left(\frac{1}{9} + \frac{1}{12}\right) = \frac{(4+3)}{36} = \frac{7}{36}$

$\Rightarrow$ 10 दिन का कार्य $= \left(\frac{7}{36} \times \frac{10}{2}\right) = \frac{35}{36}.$

शेष कार्य $= \left(1 - \frac{35}{36}\right) = \frac{1}{36}$

अब बारी P की है.

P को $\frac{1}{36}$ कार्य करने में लगा समय $= \left(\frac{1}{36} \times 9\right)$ दिन $= \frac{1}{4}$ दिन.

कार्य समाप्त होने में लगा समय $= \left(10\frac{1}{4} \text{ दिन}\right).$

20. दोनों का 1 दिन का काम $= \frac{1}{33}.$

1 पुरुष तथा 1 महिला के 1 दिन के काम का अनुपात = 14 : 11

1 महिला का 1 दिन का काम $= \left(\frac{1}{33} \times \frac{11}{25}\right) = \frac{1}{75}$

अतः 1 महिला इस कार्य को 75 दिन में समाप्त करेगी.

❑❑❑

16

पाईप तथा टंकी के प्रश्न (PIPES AND CISTERNS)

Scan QR Code for Watching Video

सामान्य नियम

(*i*) यदि एक पाईप किसी टंकी को x घण्टे में भरे, तो

पाईप का 1 घण्टे का भराव कार्य $= \frac{1}{x}$.

(*ii*) यदि एक निकासी पाईप किसी भरी टंकी को y घण्टे में खाली करे, तो

पाईप का 1 घण्टे का निकासी कार्य $= \frac{1}{y}$.

(*iii*) यदि एक पाईप खाली टंकी को x घण्टे में भरे तथा एक निकासी पाईप भरी टंकी को y घण्टे में खाली करे, तो

दोनों पाईपों का 1 घण्टे का भराव कार्य $= \left(\frac{1}{x} - \frac{1}{y}\right)$, **जबकि** $x < y$.

दोनों पाईपों का 1 घण्टे का निकासी कार्य $= \left(\frac{1}{y} - \frac{1}{x}\right)$, **जबकि** $x > y$.

साधित उदाहरण

प्रश्न 1. दो नल A तथा B एक टंकी को क्रमशः 12 घण्टे तथा 15 घण्टे में भर सकते हैं. यदि दोनों नल एक साथ खोल दिये जायें, तो खाली टंकी को भरने में कितना समय लगेगा ?

हल: A का 1 घण्टे का कार्य $= \frac{1}{12}$, B का 1 घण्टे का कार्य $= \frac{1}{15}$.

$(A + B)$ का 1 घण्टे का कार्य $= \left(\frac{1}{12} + \frac{1}{15}\right) = \frac{9}{60} = \frac{3}{20}$.

दोनों नलों द्वारा टंकी को भरने में लगा समय

$= \frac{20}{3}$ घण्टे $= 6$ घण्टे 40 मिनट.

प्रश्न 2. एक नल एक टंकी को 16 घण्टे में भरता है. परन्तु टंकी की तली में छेद होने के कारण टंकी 24 घण्टे में भरी जाती है. यदि टंकी पूरी भरी हो, तो छेद के कारण कितनी देर में खाली हो जायेगी ?

हल: नल का 1 घण्टे का कार्य $= \frac{1}{16}$.

(नल + छेद) का 1 घण्टे का कार्य $= \frac{1}{24}$.

छेद का 1 घण्टे का कार्य $= \left(\frac{1}{24} - \frac{1}{16}\right) = \frac{(2-3)}{48} = -\frac{1}{48}$.

$\frac{1}{48}$ टंकी छेद के कारण खाली होती है $= 1$ घण्टे में.

पूरी टंकी को खाली होने में लगा समय $= 48$ घण्टे.

प्रश्न 3. दो नल A तथा B एक टंकी को क्रमशः 36 मिनट तथा 45 मिनट में भर देते हैं. पेंदी में लगा नल C, भरी टंकी को 30 मिनट में खाली कर देता है. A तथा B के खोले जाने के 7 मिनट बाद C भी खोल दिया जाता है. ज्ञात कीजिए कि टंकी के भरने में कितना समय लगेगा ?

हल: 7 मिनट में टंकी का भरा गया भाग $= 7 \times \left(\frac{1}{36} + \frac{1}{45}\right) = \frac{7}{20}$.

शेष भाग $= \left(1 - \frac{7}{20}\right) = \frac{13}{20}$.

तीनों नलों का 1 मिनट का कार्य

$= \left(\frac{1}{36} + \frac{1}{45} - \frac{1}{30}\right) = \frac{(5+4-6)}{180} = \frac{3}{180} = \frac{1}{60}$.

$\frac{1}{60}$ भाग भरने में लगा समय $= 1$ मिनट.

$\frac{13}{20}$ भाग भरने में लगा समय $= \left(1 \times 60 \times \frac{13}{20}\right)$ मिनट

$= 39$ मिनट.

अतः टंकी को भरने में लगा कुल समय $= (7 + 39)$ मिनट

$= 46$ मिनट.

प्रश्न 4. दो नल A तथा B एक टंकी को क्रमशः 15 मिनट तथा 12 मिनट में भर सकते हैं तथा तीसरा नल C, भरी टंकी को

6 मिनट में खाली कर सकता है. पहले A तथा B, 5 मिनट तक खुले रहते हैं तथा इसके बाद C भी खोल दिया जाता है. टंकी कितनी देर में खाली हो जायेगी ?

हल: $(A + B)$ द्वारा 5 मिनट में भरा गया भाग

$$= 5 \times \left(\frac{1}{15}+\frac{1}{12}\right) = \left(5\times\frac{9}{60}\right) = \frac{3}{4}.$$

$(A + B + C)$ द्वारा 1 मिनट में खाली किया गया भाग

$$= \frac{1}{6}-\left(\frac{1}{15}+\frac{1}{12}\right) = \left(\frac{1}{6}-\frac{3}{20}\right) = \frac{1}{60}.$$

$\frac{1}{60}$ भाग खाली होने में लगा समय = 1 मिनट.

$\frac{3}{4}$ भाग खाली होने में लगा समय

$$= \left(1\times 60\times\frac{3}{4}\right) \text{ मिनट} = 45 \text{ मिनट}.$$

प्रश्नमाला 16A

निम्नलिखित प्रश्नों में से प्रत्येक में ठीक उत्तर को चिन्हांकित (✓) कीजिए:

1. दो पाइप A और B एक टंकी को क्रमश: 24 मिनट और 36 मिनट में भर सकते हैं। तीसरा पाइप C भरी हुए टंकी को 18 मिनट में खाली कर सकता है। सभी तीन पाइप A, B और C बारी-बारी से खाली टंकी में 1 मिनट के लिए खोले गए हैं जैसे कि पाइप A पहले खोला गया है फिर पाइप B और फिर पाइप C टंकी कितने समय में भर जाएगी?

(*a*) 203 (*b*) 230 (*c*) 320 (*d*) 332

(*e*) इनमें से कोई नहीं

(आई.बी.पी.एस. आर.आर.बी. (प्रा.) परीक्षा, 2020)

2. दो पाइप A और B एक टंकी को क्रमश: 16 घंटे और 20 घंटे में भर सकते हैं। यदि $\frac{1}{4}$ टंकी पहले ही भर चुकी है और पाइप A को 6 घंटे के लिए खोला जाता है और फिर बंद कर दिया जाता है, तो पाइप B अकेले टंकी के शेष हिस्से को कितने समय में भर सकता है?

(*a*) 8 घंटे (*b*) 7.5 घंटे (*c*) 9 घंटे (*d*) 10 घंटे

(*e*) इनमें से कोई नहीं **(नाबार्ड ग्रेड A फेज I परीक्षा, 2020)**

3. दो नल एक हौज को क्रमश: 3 घण्टे तथा 4 घण्टे में भर सकते हैं तथा एक निकासी नल इस भरे हौज को 2 घण्टे में खाली कर सकता है. यदि तीनों नल एक साथ खाली हौज में खोल दिये जायें तो इसे भरने में कितना समय लगेगा ?

(*a*) 5 घण्टे (*b*) 8 घण्टे (*c*) 10 घण्टे (*d*) 12 घण्टे

4. दो नल P तथा Q किसी पानी की टंकी को क्रमश: 12 मिनट तथा 15 मिनट में भर सकते हैं. दोनों को एक साथ खोला जाता है. किन्तु 3 मिनट बाद P को बन्द कर दिया जाता है. Q टंकी को भरने में कितना समय और लेगा ? **(एस०एस०सी० परीक्षा, 2010)**

(*a*) 7 मिनट (*b*) $7\frac{1}{2}$ मिनट

(*c*) 8 मिनट (*d*) $8\frac{1}{4}$ मिनट

5. दो पाईप A तथा B मिलकर किसी टंकी को 4 घण्टे में भर देते हैं. यदि ये पाईप अलग-अलग खोले जायें तो टंकी को भरने में B, A से 6 घण्टे अधिक लेता है. केवल A द्वारा इस टंकी को भरने में कितना समय लगेगा ?

(*a*) 1 घण्टा (*b*) 2 घण्टे (*c*) 6 घण्टे (*d*) 8 घण्टे

6. 12 बाल्टी पानी से एक टंकी पूरी भर जाती है, जबकि प्रत्येक बाल्टी की धारिता 13·5 लीटर है. 9 लीटर धारिता वाली कितनी बाल्टियों से यह टंकी पूरी भरेगी ?

(*a*) 8 (*b*) 15 (*c*) 16 (*d*) 18

7. दो पाइप M और N एक टंकी को क्रमश: 25 मिनट और 35 मिनट में भर सकते हैं। यदि दोनों पाइपों को एक साथ खोल दिया जाता है, तो कितने समय (मिनटों में) बाद M को बंद कर देना चाहिए ताकि टंकी 21 मिनट में भर जाए?

(*a*) 10 मिनट (*b*) 13 मिनट

(*c*) 15 मिनट (*d*) 12 मिनट

(*e*) इनमें से कोई नहीं **(एस.बी.आई. क्लर्क (प्रा.) परीक्षा, 2018)**

8. एक खाली हौज को भरने में दो पाईप A तथा B क्रमश: 60 मिनट तथा 40 मिनट लेते हैं. यदि टंकी को भरने में आधा समय B काम करे तथा आधा समय A तथा B दोनों काम करें, तो हौज को भरने में कितना समय लगेगा ?

(*a*) 15 मिनट (*b*) 20 मिनट

(*c*) $27\frac{1}{2}$ मिनट (*d*) 30 मिनट

9. एक टंकी में दो पाईप लगे हुए हैं. एक पाईप इसको 8 घण्टे में पानी से भर सकता है तथा दूसरा इसको 5 घण्टे में खाली कर सकता है. यदि टंकी का $\frac{3}{4}$ भाग पानी से भरा हो और दोनों पाईप एक साथ खोल दिये जायें तो टंकी कितने समय में खाली हो जायेगी ?

(*a*) $13\frac{1}{3}$ घण्टे (*b*) 10 घण्टे

(*c*) 6 घण्टे (*d*) $3\frac{1}{3}$ घण्टे

10. किसी टंकी को एक विद्युत-पम्प 3 घण्टे में भर सकता है. परन्तु टंकी में छेद होने के कारण इसे भरने में $3\frac{1}{2}$ घण्टे लगते हैं. भरी टंकी का सारा जल छेद से कितने समय में बाहर निकल जायेगा ?

(*a*) 12 घण्टे (*b*) $10\frac{1}{2}$ घण्टे

(*c*) $6\frac{1}{2}$ घण्टे (*d*) 21 घण्टे

11. एक पाईप एक टंकी को 15 मिनट में भर सकता है जबकि एक अन्य पाईप इसे 10 मिनट में भर सकता है. एक तीसरा पाईप भरी

टंकी को 5 मिनट में खाली कर सकता है. प्रारम्भ में 4 मिनट तक पहले दोनों पाईप खोल दिये जाते हैं. इसके बाद तीसरा पाईप भी खोल दिया जाता है. तीसरा पाईप खोलने के कितने समय बाद टंकी खाली हो जायेगी ?

(*a*) 35 मिनट (*b*) 15 मिनट
(*c*) 20 मिनट (*d*) खाली नहीं हो सकता

12. दो पाईप A और B, एक टैंक में क्रमशः 30 मिनट और 45 मिनट में जल भर सकते है। जल पाईप C उस टैंक को 36 मिनट में खाली कर सकता है। पहले A और B को खोला जाता है फिर 12 मिनट बाद C को खोला जाता है। टैंक कुल कितने समय (मिनटो में) भरेगा?

(*a*) 24 (*b*) 30 (*c*) 36 (*d*) 12

(एस.एस.सी.-सी.जी.एल. (टीयर-I) परीक्षा, 2015)

12. दो नल A तथा B तेल की टंकी को क्रमशः 15 मिनट तथा 18 मिनट में भर देते हैं जबकि टंकी को खाली करने के लिए एक तीसरे नल का प्रयोग किया जाता है. A तथा B को 6 मिनट तक खोलने के बाद तीसरा नल खोल दिया जाता है. यदि तीसरे नल के खोलने के 16·5 मिनट बाद टंकी खाली हो जाये, तो तीसरा नल भरी टंकी को कितने समय में खाली कर देगा ?

(*a*) 12 मिनट (*b*) 10 मिनट
(*c*) 6 मिनट (*d*) इनमें से कोई नहीं

14. समान क्षमता वाले 9 नल पानी की टंकी को 20 मिनट में भर देते है। उसी टंकी को 15 मिनट में भरने के लिए समान क्षमता वाले कितने नलों की आवश्यकता होगी?

(एस.एस.सी.-सी.जी.एल. (टीयर- II) परीक्षा, 2014)

(*a*) 16 (*b*) 12 (*c*) 15 (*d*) 18

15. किसी टंकी का $\frac{3}{5}$ भाग 10 मिनट में भर जाता है. शेष भाग को भरने के लिए कितना समय चाहिये ?

(*a*) 5 मिनट (*b*) 6 मिनट 40 सेकण्ड
(*c*) 6 मिनट (*d*) 4 मिनट

(एस०एस०सी० परीक्षा, 2010)

16. दो नल A तथा B एक टंकी को अलग-अलग क्रमशः 10 मिनट तथा 20 मिनट में भर देते हैं. टंकी के तल में रिसाव के कारण भरी हुई टंकी 40 मिनट में खाली हो जाती है. खाली टंकी को (रिसाव सहित) भरने में कितना समय लगेगा ?

(*a*) 6 मिनट (*b*) 8 मिनट (*c*) 15 मिनट (*d*) 10 मिनट

(एस०एस०सी० परीक्षा, 2010)

17. दो नल A और B किसी हौज को क्रमशः 10 घण्टे तथा 15 घण्टे में भर सकते हैं. दोनों को एक साथ खाली हौज में खोल दिया जाये तो हौज को भरने में कितना समय लगेगा ?

(*a*) 6 घण्टे (*b*) 7 घण्टे (*c*) 8 घण्टे (*d*) 9 घण्टे

(एस०एस०सी० परीक्षा, 2009)

18. एक नल खाली टंकी को 8 घण्टे में भर देता है. परन्तु टंकी में छेद होने के कारण इसे भरने में 2 घण्टे अधिक लगते हैं. भरी टंकी को खाली करने में यह छेद कितना समय लेगा ?

(*a*) 15 घण्टे (*b*) 20 घण्टे (*c*) 24 घण्टे (*d*) 40 घण्टे

19. एक पाईप खाली टंकी को 3 घण्टे में भर देता है. दो निकासी पाईप भरी टंकी को क्रमशः 6 घण्टे तथा 10 घण्टे में खाली कर सकते हैं. यदि खाली टंकी में तीनों पाईप इकट्ठे खोल दिये जायें, तो टंकी भरने में कितना समय लगेगा ?

(*a*) 18 घण्टे (*b*) 9 घण्टे (*c*) 16 घण्टे (*d*) 15 घण्टे

20. एक पाईप किसी पानी की टंकी को एक अन्य पाईप की तुलना में तीन गुनी तेजी से भरता है. यदि दोनों पाईप मिलकर खाली टंकी को 36 मिनट में भरें, तो धीमी गति वाला पाईप खाली टंकी को भरने में कितना समय लेगा ? (एस०एस०सी० परीक्षा, 2010)

(*a*) 1 घण्टा 21 मिनट (*b*) 1 घण्टा 48 मिनट
(*c*) 2 घण्टे (*d*) 2 घण्टे 24 मिनट

21. एक पाईप किसी पानी की टंकी को 5 घण्टे में भर सकता है. परन्तु, इसकी तली में एक छेद होने के कारण इस टंकी को भरने में 30 मिनट का समय अधिक लगता है. यदि टंकी पूरी भरी हो और पानी भरने वाले पाईप को बन्द कर दिया जाये, तो छेद के कारण टंकी कितने घण्टे में खाली हो जायेगी ? (ए०ए०ओ० परीक्षा, 2010)

(*a*) 55 घण्टे (*b*) 44 घण्टे
(*c*) $27\frac{1}{2}$ घण्टे (*d*) 22 घण्टे

22. तीन नल A, B और C एक टंकी को 6 घण्टे में भर सकते हैं. इन्हें इकट्ठे खाली टंकी में खोल दिया गया. 2 घण्टे बाद C को बन्द कर दिया गया तथा A और B ने शेष भाग को 7 घण्टे में भर दिया. अकेले C द्वारा खाली टंकी को भरने में कितना समय लगेगा ?

(एस०एस०सी० परीक्षा, 2009)

(*a*) 14 घण्टे (*b*) 15 घण्टे (*c*) 16 घण्टे (*d*) 17 घण्टे

23. एक हौज में तीन पाईप हैं. पहले दो पाईप इसे क्रमशः 3 घण्टे तथा 3 घण्टे 45 मिनट में भर सकते हैं जबकि तीसरा पाईप इसे 1 घण्टे में खाली कर सकता है. यदि तीनों नलों को अपरान्ह 1 बजे, 2 बजे तथा 3 बजे खोला गया हो, तो हौज कब खाली हो जायेगा ?

(*a*) सायं 4:20 बजे (*b*) सायं 4:45 बजे
(*c*) सायं 5:20 बजे (*d*) सायं 5:45 बजे

(रेलवे परीक्षा, 2010)

24. एक पाईप की गति दूसरे पाईप से तिगुनी है. यदि दोनों मिलकर खाली टंकी को 36 मिनट में भर दें, तो धीमी गति वाला पाईप इसे कितने समय में भरेगा ?

(*a*) 81 मिनट (*b*) 108 मिनट (*c*) 144 मिनट (*d*) 192 मिनट

25. तीन नल A, B तथा C एक खाली टंकी को 5 घण्टे में भर देते हैं. यदि C की गति B से दुगुनी हो तथा B की गति A से दुगुनी हो, तो नल A खाली टंकी को भरने में कितना समय लेगा ?

(*a*) 20 घण्टे (*b*) 25 घण्टे
(*c*) 35 घण्टे (*d*) इनमें से कोई नहीं

26. बाल्टी P की धारिता बाल्टी Q की धारिता से तिगुनी है. एक खाली टंकी को भरने के लिए P के 60 फेरे लगते हैं. दोनों बाल्टी साथ-साथ लें तो कितने फेरे इस टंकी को भर देंगे ?

(*a*) 30 (*b*) 40 (*c*) 45 (*d*) 90

27. तीन नल A, B, C एक हौज को क्रमशः 6 मिनट, 8 मिनट तथा 24 मिनट में भर सकते हैं. खाली हौज में तीनों नलों को एक साथ खोल दिया जाता है तथा नल C को हौज भरने से 2 मिनट पहले बन्द कर दिया जाता है. हौज भरने में कितना समय लगा?

(*a*) 4 मिनट 20 से० (*b*) 5 मिनट
(*c*) 3 मिनट 15 से० (*d*) 3 मिनट 40 से०

28. तीन नल A, B तथा C एक टंकी को क्रमशः 12 घण्टे, 15 घण्टे तथा 20 घण्टे में भरते हैं. यदि A सदैव खुला रहे तथा B और C को एक-एक घण्टे बारी-बारी खोला जाये, तो टंकी को भरने में कितना समय लगेगा?

(*a*) 7 घण्टे (*b*) $6\frac{2}{3}$ घण्टे
(*c*) $7\frac{1}{2}$ घण्टे (*d*) 5 घण्टे

29. तीन नल A, B तथा C एक खाली टंकी को 6 घण्टे में भरते हैं. दो घण्टे तक तीनों नल खोल दिये जाते हैं. इसके बाद C को बन्द कर दिया जाता है. शेष भाग को A तथा B, 7 घण्टे में भर देते हैं. केवल C खाली टंकी को भरने में कितना समय लेगा?

(*a*) 10 घण्टे (*b*) 12 घण्टे (*c*) 14 घण्टे (*d*) 16 घण्टे

30. नल A किसी हौज को 20 मिनट में भर सकता है जबकि नल B इसमें से 5 लीटर प्रति सेकण्ड की दर से पानी बाहर निकालता है. पूर्णतः खाली हौज में दोनों नल एक साथ खोल दिये जाने पर 100 मिनट में हौज भर जाता है. हौज की क्षमता कितनी है?

(*a*) 1500 लीटर (*b*) 4500 लीटर
(*c*) 6500 लीटर (*d*) 7500 लीटर

31. एक छेद भरी टंकी को 8 घण्टे में खाली कर देता है. भरी टंकी में 6 लीटर प्रति मिनट की दर से टंकी को भरने वाला नल खोलने पर टंकी 12 घंटे में खाली हो जाती है. टंकी की धारिता कितनी है?

(*a*) 4560 लीटर (*b*) 8640 लीटर
(*c*) 9000 लीटर (*d*) 10000 लीटर

32. दो टेप A तथा B एक टंकी को क्रमशः 60 मिनट तथा 75 मिनट में भरते हैं तथा तीसरा टेप C एक निकासी पाईप है. तीनों नलों को एक साथ खाली टंकी में खोल देने पर टंकी 50 मिनट में भर जाती है. पाईप C भरी टंकी को कितनी देर में खाली कर देगा?

(*a*) 90 मिनट (*b*) 100 मिनट (*c*) 110 मिनट (*d*) 120 मिनट

33. एक पाईप किसी टंकी को 6 घण्टे में भर देता है. आधी टंकी भरने पर, ऐसे ही तीन और पाईप खोल दिये जाते हैं. टंकी को पूरी भरने में कितना समय लगेगा?

(*a*) 3 घण्टे 15 मिनट (*b*) 3 घण्टे 45 मिनट
(*c*) 4 घण्टे (*d*) 4 घण्टे 15 मिनट

34. एक टंकी में 3 इनलेट A, B, C हैं। A और B एक साथ टंकी के आधे हिस्से को उतने ही समय में भरते हैं, जितना समय C अकेले टंकी के $\frac{1}{4}$ भाग को भरने में लेता है। यदि तीनों मिलकर टंकी को 8 घंटे में पूरी तरह भर सकते हैं, तो C द्वारा अकेले खाली टंकी को भरने में लिया गया समय (घंटों में) कितना था?

(*a*) 20 (*b*) 25 (*c*) 24 (*d*) 30
(*e*) इनमें से कोई नहीं

(आई.बी.पी.एस. आर.आर.बी. अधिकारी स्केल 1 परीक्षा, 2019)

35. दो नल एक टंकी को क्रमशः 2 घण्टे तथा 3 घण्टे में भर देते हैं. यदि दोनों नल एक साथ खाली टंकी में खोल दिये जायें तो टंकी भरने में कितना समय लगेगा? **(रेलवे परीक्षा, 2009)**

(*a*) 30 घण्टे (*b*) 5 घण्टे
(*c*) 1 घण्टा 12 मिनट (*d*) 2 घण्टे 3 मिनट

36. एक पंप का उपयोग टंकी को भरने के साथ-साथ खाली करने के लिए भी किया जा सकता है। टंकी की क्षमता 3000 मी^{3} है। पाइप की खाली करने की क्षमता उसकी भरने की क्षमता से 15 मी^{3} प्रति मिनट अधिक है और टंकी को भरने की तुलना में पंप को टंकी को खाली करने में 10 मिनट कम लगते हैं। पंप की टंकी को खाली करने की क्षमता क्या है?

(*a*) 75 (*b*) 80 (*c*) 95 (*d*) 65
(*e*) इनमें से कोई नहीं **(एस.बी.आई. क्लर्क परीक्षा, 2019)**

37. एक टंकी को भरने में पाइप A, B से 5 गुना तेज है। यदि A एक टंकी को भरने में 10 मिनट का समय लेता है, तो पाइप A और B दोनों को टंकी को भरने में कितना समय लगेगा?

(*a*) $8\frac{1}{4}$ (*b*) $8\frac{1}{3}$ (*c*) $7\frac{1}{8}$ (*d*) $7\frac{2}{7}$
(*e*) इनमें से कोई नहीं **(आई.डी.बी.आई. एक्जीक्यूटिव, 2019**

38. पाइप A और B एक टंकी को क्रमशः 12 और 15 घंटे में भर सकते हैं। पाइप C इसे 6 घंटे में खाली कर सकता है। यदि A और B को शुरुआत में 5 घंटे के लिए खोला जाता है और फिर C को भी खोल दिया जाता है तो टंकी कितने घंटे में खाली होगी?

(*a*) 40 घंटे (*b*) 45 घंटे (*c*) 30 घंटे (*d*) 48 घंटे
(*e*) इनमें से कोई नहीं

(आई.बी.पी.एस. आर.आर.बी. अधिकारी स्केल 1 परीक्षा, 2018)

39. दो नल A तथा B एक टंकी को भरने में क्रमशः 20 मिनट तथा 1 घण्टा लेते हैं. दोनों नलों को 10 मिनट के लिए खोल दिया जाता है. इसके बाद नल A को बन्द कर दिया जाता है. अब शेष भाग को भरने में B कितना समय लेगा?

(*a*) 10 मिनट (*b*) 12 मिनट (*c*) 15 मिनट (*d*) 20 मिनट

40. दो नल A तथा B एक टंकी को क्रमशः 6 मिनट तथा 7 मिनट में भर सकते हैं. A से आरम्भ करते हुये प्रत्येक नल को बारी-बारी एक मिनट के लिए खोला जाता है. टंकी को भरने में कितना समय लगेगा?

(*a*) 5 मिनट (*b*) $5\frac{2}{3}$ मिनट
(*c*) $6\frac{3}{7}$ मिनट (*d*) $6\frac{1}{4}$ मिनट

41. एक पाईप किसी भरी हुई टंकी को 40 मिनट में खाली कर सकता है. एक दूसरे निकासी पाईप का व्यास इस पाईप के व्यास का दुगुना है. दोनों पाईप भरी टंकी को खाली करने में कितना समय लेंगे?

(*a*) 8 मिनट (*b*) $13\frac{1}{3}$ मिनट

(*c*) 30 मिनट (*d*) 38 मिनट

42. नल *A* एक टंकी को 14 घंटे में भरता है, नल *B* उसे 28 घंटे में भरता है और नल *C* 42 घंटे में खाली करता है। टंकी शुरू में पूरी तरह खाली है। टंकी का पहला आधा भाग नल A और *B* दोनों से भरा जाता है और टंकी के आधा भर जाने पर नल *C* को भी खोल दिया जाता है। टंकी के पहले आधे हिस्से और टंकी के अगले आधे हिस्से को भरने में लगने वाले समय का अनुपात कितना है?

(a) 2 : 5 (*b*) 5 : 7 (*c*) 7 : 8 (*d*) 7 : 9

(*e*) इनमें से कोई नहीं **(एन.आई.ए.सी.एल ए.ओ. (प्रा.) परीक्षा, 2018)**

43. एक पानी की टंकी में तीन नल *A*, *B* और *C* हैं। नल *A* अकेले पानी की टंकी को 4 घंटे में भर सकता है। नल *B* अकेले पानी की टंकी को 6 घंटे में भर सकता है और नल *C* अकेले पानी की टंकी को 3 घंटे में खाली कर सकता है। यदि नल *A*, *B* और *C* को एक साथ खोल दिया जाए, तो टंकी को पूरा भरने में कितना समय लगेगा?

(*a*) 12 घंटे (*b*) 10 घंटे (*c*) 9 घंटे (*d*) 5 घंटे

(*e*) इनमें से कोई नहीं **(आई.बी.पी.एस. क्लर्क (प्रा.) परीक्षा, 2016)**

44. दो पाइप एक टंकी को अलग-अलग क्रमशः 24 मिनट और 40 मिनट में भर सकते हैं। तीसरा पाइप 30 लीटर/मिनट पर टंकी को खाली कर सकता है। यदि सभी पाइपों को एक साथ खोल दिया जाए तो टंकी एक घंटे में भर जाती है। टंकी की क्षमता (लीटर में) है?

(*a*) 500 लीटर (*b*) 200 लीटर (*c*) 600 लीटर (*d*) 900 लीटर

(*e*) इनमें से कोई नहीं **(आई.बी.पी.एस. क्लर्क (प्रा.) परीक्षा, 2016)**

45. एक टंकी को भरने के लिए दो नल है जबकि तीसरा उसे खाली करने के लिए। जब तीसरा नल बन्द है, तो वे उसे क्रमशः 10 मिनट और 12 मिनट में भर सकते है। यदि तीनों नल खुले है, तो टंकी 15 मिनट में भर जाती है। यदि पहले दो नल बन्द हो तो तीसरा नल पूरी भरी टंकी को कितने समय में खाली कर सकता है? **(हरियाणा ऑक्शन रिकार्डर परीक्षा, 2016)**

(*a*) 7 मिनट (*b*) 9 मिनट और 32 सेकण्ड

(*c*) 6 मिनट (*d*) 8 मिनट और 34 सेकण्ड

46. *A* बाल्टी *B* बाल्टी से दोगुनी बड़ी है। टैंक *T* बाल्टी *A* से 50 बार में भरा जाता है। यदि खाली टैंक *T* को *A* बाल्टी द्वारा 20 बार में भरा जाता है, तो टैंक के खाली भाग को भरने के लिए *A* और *B* को मिलाकर कितनी बारिया लगानी होगी?

(*a*) 15 (*b*) 10 (*c*) 30 (*d*) 20

(जे.ई.ई. होटल मैनेजमेंट प्रवेश परीक्षा, 2015)

47. दो नल *A* तथा *B* पानी की एक खाली टंकी को क्रमशः 20 मिनट तथा 24 मिनट में भर सकते हैं तथा एक तीसरा नल *C*, 3 गैलन प्रति मिनट की दर से टंकी खाली करता है. यदि *A*, *B* तथा *C* तीनों को एक साथ खोल दिया जाये, तो टंकी भरने में 15 मिनट लगते हैं. टंकी की धारिता कितनी है ? **(एस०एस०सी० परीक्षा, 2007)**

(*a*) 180 गैलन (*b*) 150 गैलन

(*c*) 120 गैलन (*d*) 60 गैलन

उत्तरमाला (प्रश्नमाला 16A)

1. (*a*)	**2.** (*b*)	**3.** (*d*)	**4.** (*d*)	**5.** (*c*)	**6.** (*d*)	**7.** (*a*)	**8.** (*d*)	**9.** (*b*)	**10.** (*d*)	**11.** (*c*)	**12.** (*a*)
13. (*c*)	**14.** (*b*)	**15.** (*b*)	**16.** (*b*)	**17.** (*a*)	**18.** (*d*)	**19.** (*d*)	**20.** (d)	**21.** (*a*)	**22.** (*a*)	**23.** (*c*)	**24.** (*e*)
25. (*c*)	**26.** (*c*)	**27.** (*c*)	**28.** (*a*)	**29.** (*c*)	**30.** (*d*)	**31.** (*b*)	**32.** (*b*)	**33.** (*b*)	**34.** (*c*)	**35.** (*c*)	**36.** (*a*)
37. (*b*)	**38.** (*b*)	**39.** (*d*)	**40.** (*c*)	**41.** (*b*)	**42.** (*d*)	**43.** (*a*)	**44.** (*c*)	**45.** (*d*)	**46.** (*d*)	**47.** (*c*)	

दिये गये प्रश्नों के हल (प्रश्नमाला 16A)

1. माना कुल क्षमता = 72 इकाई (24, 36 और 18 का ल.स.)

A की क्षमता $= \frac{72}{24} = 3$

B की क्षमता $= \frac{72}{36} = 2$

C की क्षमता $= -\frac{72}{18} = -4$

3 मिनट में भरी गई इकाईयों की संख्या $= 3 + 2 - 4 = 1$

तो, $72 - 5 = 67$ इकाईयाँ, $67 \times 3 = 201$ मिनट में भर जाएगी

शेष 5 इकाईयाँ अगले 2 मिनट में भर जाएगी

अतः कुल समय $= 201 + 2 = 203$ मिनट।

2. मान लीजिए टंकी की क्षमता 80 (16 और 20 का ल.स.) लीटर है।

पाइप *A* द्वारा एक घंटे में भरी गई टंकी की मात्रा

$= \frac{80}{16} = 5$ लीटर

पाइप *B* द्वारा एक घंटे में भरी गई टंकी की मात्रा

$= \frac{80}{20} = 4$ लीटर

पाइप *A* द्वारा 6 घंटे में भरी गई टंकी की मात्रा

$= 5 \times 6 = 30$ लीटर

टंकी का शेष भाग $= 80 \times \frac{3}{4} - 30 = 30$ लीटर

टंकी के शेष भाग को भरने के लिए पाइप *B* द्वारा लिया गया समय $= \frac{30}{4} = 7.5$ घंटे

3. तीनों नलों का 1 घण्टे का शुद्ध भराव कार्य

$= \left(\frac{1}{3}+\frac{1}{4}-\frac{1}{2}\right) = \frac{(4+3-6)}{12} = \frac{1}{12}.$

अत: टंकी को भरने में 12 घण्टे लगेंगे.

4. 3 मिनट का भराव कार्य $= 3\left(\frac{1}{12}+\frac{1}{15}\right) = \frac{3(5+4)}{60} = \frac{9}{20}$.

शेष भाग $= \left(1-\frac{9}{20}\right) = \frac{11}{20}$. यह भाग Q द्वारा भरा गया.

$\frac{1}{15}$ भाग भरा जाता है = 1 मिनट में.

$\frac{11}{20}$ भाग भरा जायेगा $= \left(15\times\frac{11}{20}\right)$ मिनट में

$= \frac{33}{4}$ मिनट में $= 8\frac{1}{4}$ मिनट में.

5. माना टंकी को भरने में A तथा B लेते हैं क्रमशः x घण्टे तथा $(x+6)$ घण्टे. तब

$\frac{1}{x}+\frac{1}{(x+6)} = \frac{1}{4} \Rightarrow \frac{x+6+x}{x(x+6)} = \frac{1}{4}$

$\Rightarrow 8x+24 = x^2+6x \Rightarrow x^2-2x-24 = 0$

$\Rightarrow x^2-6x+4x-24 = 0 \Rightarrow x(x-6)+4(x-6) = 0$

$\Rightarrow (x-6)(x+4) = 0 \Rightarrow x = 6.$

$\therefore$ A द्वारा टंकी को भरने में लगा समय = 6 घण्टे.

6. टंकी की धारिता = (13·5 × 12) लीटर = 162 लीटर.

9 लीटर धारिता वाली बाल्टियों की अभीष्ट संख्या $= \frac{162}{9} = 18.$

7. माना पानी की कुल इकाई = (25, 35) का ल.स. = 175 इकाई

पाइप M टंकी को 7 इकाई/मिनट पर भर सकता है

पाइप N टंकी को 5 इकाई/मिनट पर भर सकता है

तो, पाइप N, 21 मिनट में भरेगा $= 21\times5 = 105$ इकाई

पानी की बची मात्रा = 175 – 105 = 70 इकाई

पाइप M शेष टंकी को $= \frac{70}{7} = 10$ मिनट में भर सकता है

अत: पाइप M को 10 मिनट में बंद कर देना चाहिए।

8. माना इस हौज को भरने में कुल $2x$ मिनट लगते हैं. तब, (B का x मिनट का कार्य) + [($A + B$) का x मिनट का कार्य] = 1

$\Rightarrow \frac{x}{40}+\left(\frac{1}{60}+\frac{1}{40}\right)x = 1 \Rightarrow \frac{x}{40}+\frac{5x}{120} = 1$

$\Rightarrow (3x+5x) = 120 \Rightarrow 8x = 120 \Rightarrow x = 15.$

$\therefore$ अभीष्ट समय = 30 मिनट.

9. दोनों पाईपों के कार्यरत होने पर 1 घण्टे का शुद्ध निकासी कार्य $= \left(\frac{1}{5}-\frac{1}{8}\right) = \frac{3}{40}.$

$\frac{3}{40}$ भाग खाली होता है = 1 घण्टे में

$\frac{3}{4}$ भाग खाली होता है $= \left(1\times\frac{40}{3}\times\frac{3}{4}\right)$ घण्टे में = 10 घण्टे में.

10. पम्प द्वारा 1 घण्टे में भरा गया भाग $= \frac{1}{3}.$

(पम्प + छेद) द्वारा 1 घण्टे में भरा गया भाग $= \frac{2}{7}.$

छेद द्वारा 1 घण्टे का निकासी कार्य $= \left(\frac{1}{3}-\frac{2}{7}\right) = \frac{1}{21}.$

$\therefore$ छेद से भरी टंकी का सारा जल 21 घण्टे में निकल जायेगा.

11. पहले दोनों पाईपों का 4 मिनट का भराव कार्य

$= 4\left(\frac{1}{15}+\frac{1}{10}\right) = \frac{4\times5}{30} = \frac{2}{3}.$

माना तीसरा पाईप खोलने के x घण्टे बाद टंकी खाली हो जायेगी. तब

$x\times\frac{1}{5} = \frac{2}{3}+\frac{x}{6} \Rightarrow \frac{x}{5}-\frac{x}{6} = \frac{2}{3}$

$\Rightarrow (6x-5x) = 20 \Rightarrow x = 20.$

अभीष्ट समय = 20 मिनट.

12. पाईप A और B द्वारा पानी भरने में लगा समय = 12 मिनट

$= 12\left(\frac{1}{30}+\frac{1}{45}\right)$

$= 12\left(\frac{3+2}{90}\right) = 12\times\frac{5}{90} = \frac{2}{3}$

जब सभी नल खोल दिए जाते है तो एक मिनट में भरा गया टैंक

$= \frac{1}{30}+\frac{1}{45}-\frac{1}{36} = \frac{6+4-5}{180} = \frac{5}{180} = \frac{1}{36}$

टैंक भरने में लिया गया समय $= \frac{1}{3}\times36 = 12$ मिनट

कुल समय $= 12+12 = 24$ मिनट

13. माना तीसरा नल x मिनट में भरी टंकी को खाली कर देता है. तब

$6\left(\frac{1}{15}+\frac{1}{18}\right)+\left(\frac{1}{15}+\frac{1}{18}-\frac{1}{x}\right)\times16\cdot5 = 0$

$\Rightarrow \frac{11}{15}+\frac{181\cdot5}{90} = \frac{16\cdot5}{x}$

$\Rightarrow \frac{(66+181\cdot5)}{90} = \frac{16\cdot5}{x} \Rightarrow x = \frac{16\cdot5\times90}{247\cdot5} = 6.$

अत: तीसरा नल 6 मिनट में भरी टंकी को खाली कर देगा.

14.

नल	मिनट
9	20
x	15

वांछित नल $\Rightarrow x = \frac{20\times9}{15} = 12$ नल

15. टंकी का शेष भाग $= \left(1-\frac{3}{5}\right) = \frac{2}{5}$. माना यह भाग x मिनट में भरता है.

थोड़ा भाग, थोड़ा समय **(सीधा अनुपात)**

$\frac{3}{5}:\frac{2}{5}::10:x \Rightarrow \frac{3}{5}\times x = \frac{2}{5}\times10 = 4 \Rightarrow x = 4\times\frac{5}{3} = \frac{20}{3}.$

$\therefore$ शेष भाग $\frac{20}{3}$ मिनट में अर्थात 6 मिनट 40 सैकण्ड में भरेगा.

16. A, B तथा रिसाव का 1 मिनट का कार्य

$= \left(\frac{1}{10}+\frac{1}{20}-\frac{1}{40}\right) = \frac{(4+2-1)}{40} = \frac{5}{40} = \frac{1}{8}.$

$\therefore$ खाली टंकी को भरने में 8 मिनट लगेंगे.

17. A का 1 घण्टे का भराव कार्य $= \frac{1}{10}$

B का 1 घण्टे का भराव कार्य $= \frac{1}{15}.$

$(A + B)$ का 1 घण्टे का भराव कार्य

$= \left(\frac{1}{10}+\frac{1}{15}\right) = \frac{(3+2)}{30} = \frac{5}{30} = \frac{1}{6}.$

अत: दोनों नल मिलकर खाली हौज को 6 घण्टे में भरेंगे.

18. नल का 1 घण्टे का भराव कार्य $= \frac{1}{8}.$

(नल + छेद) का 1 घण्टे का भराव कार्य $= \frac{1}{10}.$

छेद का 1 घण्टे का कार्य $= \left(\frac{1}{8}-\frac{1}{10}\right) = \frac{1}{40}.$

अत: छेद भरी टंकी को 40 घण्टे में खाली कर देगा.

19. तीनों पाईपों का 1 घण्टे का शुद्ध भराव कार्य

$= \frac{1}{3}-\left(\frac{1}{6}+\frac{1}{10}\right) = \frac{1}{3}-\frac{(5+3)}{30} = \left(\frac{1}{3}-\frac{8}{30}\right)$

$= \left(\frac{1}{3}-\frac{4}{15}\right) = \frac{(5-4)}{15} = \frac{1}{15}.$

अत: यदि खाली टंकी में तीनों नल इकट्ठे खोल दिये जायें तो यह 15 घण्टे में भरेगी.

20. माना धीमी गति का पाईप टंकी को x मिनट में भरेगा.

तब, तेज गति का पाईप इसे $\frac{x}{3}$ मिनट में भरेगा.

$\therefore \frac{1}{x}+\frac{3}{x} = \frac{1}{36} \Rightarrow \frac{4}{x} = \frac{1}{36} \Rightarrow x = 144$ मिनट

= 2 घण्टे 24 मिनट.

21. भरने वाले पाईप द्वारा टंकी भरने में लगा समय = 5 घण्टे.

छेद के कारण टंकी भरने में लगा समय $= 5\frac{1}{2}$ घण्टे $= \frac{11}{2}$ घण्टे .

माना छेद, भरी टंकी को x घण्टे में खाली कर देगा. तब

$\frac{1}{5}-\frac{1}{x} = \frac{2}{11} \Rightarrow \frac{1}{x} = \left(\frac{1}{5}-\frac{2}{11}\right) = \frac{1}{55} \Rightarrow x = 55.$

अत: छेद, भरी टंकी को 55 घण्टे में खाली कर देगा.

22. $(A + B + C)$ का 2 घण्टे का कार्य $= \left(\frac{1}{6}\times 2\right) = \frac{1}{3}.$

शेष भाग $= \left(1-\frac{1}{3}\right) = \frac{2}{3}.$

$(A + B)$ द्वारा $\frac{2}{3}$ भाग भरने में लगा समय = 7 घण्टे.

$(A + B)$ द्वारा पूरी टंकी भरने में लगा समय

$= \left(7\times\frac{3}{2}\right)$ घण्टे $= \frac{21}{2}$ घण्टे .

C द्वारा 1 घण्टे में भरा भाग $= \left(\frac{1}{6}-\frac{2}{21}\right) = \frac{(7-4)}{42} = \frac{3}{42} = \frac{1}{14}.$

C द्वारा टंकी को भरने में लगा समय = 14 घण्टे.

23. पहले पाईप द्वारा 1 घण्टे में भरा भाग $= \frac{1}{3}$. दूसरे पाईप द्वारा 1 घण्टे में भरा भाग $= \frac{1}{(15/4)} = \frac{4}{15}.$

माना पूरा हौज 3 बजे के x घण्टे बाद पूरा खाली हो जायेगा.

$(x + 2)$ घण्टे में पहले पाईप द्वारा भरा भाग + $(x + 1)$ घण्टे में दूसरे पाईप द्वारा भरा भाग

= x घण्टे में तीसरे पाईप द्वारा खाली किया गया भाग

$\therefore \frac{(x+2)}{3}+(x+1)\cdot\frac{4}{15} = \frac{x}{1}$

$\Rightarrow 5(x+2)+4(x+1) = 15x$

$\Rightarrow 6x = 14 \Rightarrow 3x = 7 \Rightarrow x = \frac{7}{3} = 2\frac{1}{3}.$

अभीष्ट समय = 3 बजे + 2 घण्टा 20 मिनट = सायं 5:20 बजे.

24. माना धीमी गति वाला पाईप टंकी को x मिनट में भरता है.

तब, तेज गति वाला पाईप इसे $\frac{x}{3}$ मिनट में भरेगा.

$\therefore \frac{1}{x}+\frac{3}{x} = \frac{1}{36} \Rightarrow \frac{4}{x} = \frac{1}{36} \Rightarrow x = 144.$

अत: धीमी गति वाला पाईप टंकी को 144 मिनट में भरेगा.

25. माना नल A खाली टंकी को x घण्टे में भरता है. तब, नल B इसे $\frac{x}{2}$ घण्टे में तथा नल C इसे $\frac{x}{4}$ घण्टे में भरेगा.

$(A + B + C)$ का 1 घण्टे का कार्य $= \left(\frac{1}{x}+\frac{2}{x}+\frac{4}{x}\right) = \frac{7}{x}.$

$\therefore \frac{7}{x} = \frac{1}{5} \Rightarrow x = 35.$

अत: नल A खाली टंकी को 35 घण्टे में भरेगा.

26. माना बाल्टी P की धारिता = x लीटर. तब,

Q की धारिता $= \frac{x}{3}$ लीटर.

टंकी की धारिता = $(60x)$ लीटर.

$(P + Q)$ की धारिता $= \left(x+\frac{x}{3}\right)$ लीटर $= \frac{4x}{3}$ लीटर.

दोनों बाल्टियों के कुल फेरे $= \left(60x\div\frac{4x}{3}\right) = \left(60x\times\frac{3}{4x}\right) = 45.$

27. माना हौज भरने में लगा समय = x मिनट. तब,

$\frac{x}{6}+\frac{x}{8}+\frac{(x-2)}{24} = 1$

$\Rightarrow 4x+3x+(x-2) = 24$

$\Rightarrow 8x = 26 \Rightarrow 4x = 13 \Rightarrow x = \frac{13}{4}.$

अभीष्ट समय $= \frac{13}{4}$ मिनट = 3 मिनट 15 से०.

28. $(A + B)$ का 1 घण्टे का कार्य $= \left(\frac{1}{12}+\frac{1}{15}\right) = \frac{9}{60} = \frac{3}{20}$.

$(A + C)$ का 1 घण्टे का कार्य $= \left(\frac{1}{12}+\frac{1}{20}\right) = \frac{8}{60} = \frac{2}{15}$.

2 घण्टे में भरा गया भाग $= \left(\frac{3}{20}+\frac{2}{15}\right) = \frac{17}{60}$.

6 घण्टे में भरा गया भाग $= \left(\frac{17}{60}\times 3\right) = \frac{17}{20}$.

शेष भाग $= \left(1-\frac{17}{20}\right) = \frac{3}{20}$.

अब, $(A + B)$ की बारी है जो $\frac{3}{20}$ भाग को 1 घण्टे में भरते हैं.

अत: अभीष्ट समय = (6 + 1) घण्टे = 7 घण्टे.

29. $(A + B + C)$ का 2 घण्टे का भराव कार्य $= \left(\frac{1}{6}\times 2\right) = \frac{1}{3}$.

शेष भाग $= \left(1-\frac{1}{3}\right) = \frac{2}{3}$.

$\frac{2}{3}$ भाग को $(A + B)$ भरते हैं = 7 घण्टे में.

पूरी टंकी को $(A + B)$ भरेंगे $= \left(7\times\frac{3}{2}\right)$ घण्टे में $= \frac{21}{2}$ घण्टे में.

$(A + B)$ का 1 घण्टे का कार्य $= \frac{2}{21}$.

$(A + B + C)$ का 1 घण्टे का कार्य $= \frac{1}{6}$.

C का 1 घण्टे का कार्य $= \left(\frac{1}{6}-\frac{2}{21}\right) = \frac{3}{42} = \frac{1}{14}$.

अत: C अकेला खाली टंकी को 14 घण्टे में भरेगा.

30. माना नल B भरे हौज को x मिनट में खाली करता है.

दोनों नलों का 1 मिनट का भराव कार्य $= \left(\frac{1}{20}-\frac{1}{x}\right)$.

$\therefore \frac{1}{20}-\frac{1}{x} = \frac{1}{100}$

$\Rightarrow \frac{1}{x} = \left(\frac{1}{20}-\frac{1}{100}\right) = \frac{4}{100} = \frac{1}{25} \Rightarrow x = 25.$

$\therefore$ भरे हौज को खाली करने में B लेता है 25 मिनट.

25 मिनट में B द्वारा निकासी किये गये पानी की मात्रा

= (5 × 60 × 25) लीटर = 7500 लीटर.

31. दूसरे नल का 1 घण्टे का शुद्ध भराव कार्य $= \left(\frac{1}{8}-\frac{1}{12}\right) = \frac{1}{24}$.

अत: दूसरा नल छेद न होने पर टंकी को 24 घण्टे में भर देगा.

$\therefore$ टंकी की धारिता = (6 × 24 × 60) लीटर = 8640 लीटर.

32. $(A + B)$ का 1 मिनट का कार्य $= \left(\frac{1}{60}+\frac{1}{75}\right) = \frac{9}{300} = \frac{3}{100}$.

$(A + B + C)$ का 1 मिनट का कार्य $= \frac{1}{50}$.

C का 1 मिनट का कार्य $= \left(\frac{3}{100}-\frac{1}{50}\right) = \frac{1}{100}$.

$\therefore$ पाईप C भरी टंकी को 100 मिनट में खाली कर देगा.

33. पहले पाईप द्वारा आधी टंकी को भरने में लगा समय = 3 घण्टे.

4 पाईपों का 1 घण्टे का कार्य $= \left(\frac{1}{6}\times 4\right) = \frac{2}{3}$.

$\frac{2}{3}$ भाग भरने में लगा समय = 1 घण्टा.

$\frac{1}{2}$ भाग भरने में लगा समय

$= \left(1\times\frac{3}{2}\times\frac{1}{2}\right) = \frac{3}{4}$ घण्टा = 45 मिनट.

$\therefore$ टंकी भरने में लगा समय = 3 घण्टे 45 मिनट.

34. दिया गया है कि

$$\frac{A+B}{C} = \frac{\frac{1}{2}}{\frac{1}{4}} = \frac{2}{1}$$

माना, टंकी की कुल क्षमता = (2+1) × 8 = 24 इकाई

तो, अकेले C द्वारा खाली टंकी को भरने में लिया गया समय (घंटों में) $= \frac{24}{1} = 24$ घंटे।

35. दोनों नलों का 1 घण्टे का कार्य $= \left(\frac{1}{2}+\frac{1}{3}\right) = \frac{5}{6}$.

अत: दोनों नल मिलकर खाली टंकी को $\frac{6}{5}$ घण्टे अर्थात 1 घण्टा 12 मिनट में भरेंगे.

36. माना पंप की टंकी को भरने की क्षमता $= x$ मी^{3}

खाली करने की क्षमता $= (x + 15)\, x$ मी^{3}

$\frac{3000}{x} - \frac{3000}{x+15} = 10$

$\Rightarrow 3000x + 45000 - 3000x = 10x\,(x + 15)$

$\Rightarrow 45000 = 10x^2 + 150x$

$\Rightarrow x^2 + 15x - 4500 = 0$

$\therefore x = 60, -75$ (क्षमता नकारात्मक नहीं होती है)

$\therefore$ खाली करने की क्षमता $= x + 15 = 60 + 15 = 75$

37. A को 10 मिनट लगते हैं।

अत: B टंकी को भरने में 50 मिनट का समय लेगा।

पाइप A और B दोनों द्वारा टंकी को भरने में लगा समय

$= \frac{t_1 \times t_2}{t_1 + t_2} = \frac{10\times 50}{60} = \frac{25}{3} = 8\frac{1}{3}$ मिनट

38. माना टंकी की क्षमता = 60 इकाई (12 और 15 का ल.स.)

A की क्षमता $= \frac{60}{12} = 5$ इकाई/घंटा

B की क्षमता $= \frac{60}{15} = 4$ इकाई/घंटा

C की क्षमता $= \frac{60}{6} = -10$ इकाई/घंटा

A और B की एक साथ क्षमता = 5 + 4 = 9 इकाई/घंटा

5 घंटे में भरी टंकी = 9 × 5 = 45 इकाई

A, B और C की एक साथ क्षमता

$= 5+4-10 = -1$ इकाई/घंटा

अत: टंकी को खाली करने में लगा समय $= \frac{45}{1} = 45$ घंटे

39. $(A + B)$ का 10 मिनट का भराव कार्य

$$= 10\left(\frac{1}{20}+\frac{1}{60}\right) = \frac{10\times 4}{60} = \frac{2}{3}.$$

शेष भाग $= \left(1-\frac{2}{3}\right) = \frac{1}{3}.$

$\frac{1}{60}$ भाग भरने में B लेता है $= 1$ मिनट.

$\frac{1}{3}$ भाग भरने में B लेगा $= \left(60\times\frac{1}{3}\right)$ मिनट $= 20$ मिनट.

40. पहले 2 मिनट में भरा गया भाग $= \left(\frac{1}{6}+\frac{1}{7}\right) = \frac{13}{42}.$

पहले 6 मिनट में भरा गया भाग $= \left(\frac{13}{42}\times 3\right) = \frac{13}{14}.$

शेष भाग $= \left(1-\frac{13}{14}\right) = \frac{1}{14}.$

अब पहले नल की बारी है.

$\frac{1}{6}$ भाग भरने में लगा समय $= 1$ मिनट.

$\frac{1}{14}$ भाग भरने में लगा समय $= \left(1\times\frac{6}{1}\times\frac{1}{14}\right)$ मिनट

$= \frac{3}{7}$ मिनट.

अभीष्ट समय $= 6\frac{3}{7}$ मिनट.

41. माना पहले पाइप का व्यास $= d$

$\therefore$ दूसरे पाइप का व्यास $= 2d$

$\therefore$ इनके क्षेत्रफलों का अनुपात

$$\pi\left(\frac{d}{2}\right)^2 : \pi\left(\frac{2d}{2}\right)^2 \Rightarrow 1:4$$

$\therefore$ दोनों पाइप द्वारा एक साथ टंकी को खाली करने में लगा समय

$= \frac{40}{1+4} = 8$ मिनट

42. A टंकी को 14 घंटे में भरता है
B टंकी को 28 घंटे में भरता है
C टंकी को 42 घंटे में खाली करता है

टंकी की कुल क्षमता $= 14, 28, 42$ का ल.स. $= 84$

A की कार्य क्षमता $= \frac{84}{14} = 6$

B की कार्य क्षमता $= \frac{84}{28} = 3$

C की कार्य क्षमता $= \frac{84}{42} = 2$

पहले आधे हिस्से को भरने में लिया गया समय

$= \frac{42}{6+3} = \frac{42}{9}$

शेष आधे हिस्से को भरने में लिया गया समय

$= \frac{42}{6+3-2} = \frac{42}{7}$

$\therefore$ अनुपात $= 7:9$

43. दीर्घ विधि

मान लीजिए टंकी की क्षमता 24 (4, 6 और 3 का ल.स.) लीटर है।

A की कार्य क्षमता $= \frac{24}{4} = 6$ इकाई प्रति घंटा

B की कार्य क्षमता $= \frac{24}{6} = 4$ इकाई प्रति घंटा

C की कार्य क्षमता $= \frac{24}{-3} = -8$ इकाई प्रति घंटा

$A+B+C$ की कार्य क्षमता $= 6+4-8 = 2$ इकाई प्रति घंटा

टंकी को पूरा भरने में समय लगेगा $= \frac{24}{2} = 12$ घंटे

लघु विधि

$A, B,$ तथा C तीनों द्वारा एक साथ टंकी को भरा जाने में लगा समय $= \frac{1}{A+B+C \text{ की कार्य क्षमता}}$

$= \frac{1}{\frac{1}{4}+\frac{1}{6}-\frac{1}{3}}$ [$\because$ C टंकी को खाली करता है]

$= \frac{1}{\frac{1}{12}} = 12$ घंटा

44. मान लीजिए बेकार पाइप पूरी तरह से भरे हुए टंकी को x मिनट में बहा सकता है।

अत:,

$$\frac{1}{24}+\frac{1}{40}-\frac{1}{x} = \frac{1}{60}$$

$$\frac{1}{x} = \frac{1}{24}+\frac{1}{40}-\frac{1}{60}$$

$$\frac{1}{x} = \frac{5+3-2}{120}$$

$$\frac{1}{x} = \frac{6}{120} = \frac{1}{20}$$

$x = 20$ मिनट

बेकार पाइप 30 लीटर/मिनट की निकासी कर सकता है।

अत: टंकी की धारिता $= 30\times 20 = 600$ लीटर

45. माना तीसरा नल भरी टंकी को x मिनट में खाली कर देता है। पहला और दूसरा नल उसे क्रमश: 10 मिनट और 12 मिनट में भर देते है। तीनों नल एक साथ खोलने पर:

$$\frac{1}{15} = \frac{1}{10}+\frac{1}{12}-\frac{1}{x}$$

$$\Rightarrow \frac{1}{x} = \frac{1}{10}+\frac{1}{12}-\frac{1}{15} = \frac{6+5-4}{60} = \frac{11-4}{60} = \frac{7}{60}$$

2	10 – 12 – 15
3	5 – 6 – 15
5	5 – 2 – 5
	1 – 2 – 1

$2 \times 2 \times 3 \times 5 = 60$

$\therefore \quad x = \frac{60}{7}$ मिनट

$= 8$ मिनट $\frac{4}{7} \times 60$ सेकण्ड

$= 8$ मिनट 34 सेकण्ड

46. माना बाल्टी A की क्षमता x लीटर और बाल्टी B की क्षमता $\frac{x}{2}$ लीटर है

टैंक T की क्षमता $= 50x$ लीटर

20 लीटर टैंक A द्वारा भरा गया टैंक $= 20x$ लीटर

बारी टैंक भरा गया $= 30$ लीटर

एक बार में A और B द्वारा भरा गया टैंक

$$= L + \frac{L}{2} = \frac{3L}{2} \text{ लीटर}$$

वांछित बारियां $= \frac{30 \times 2}{3} = 20$

47. निकासी पाईप का 1 मिनट का कार्य

$$= \left(\frac{1}{20} + \frac{1}{24}\right) - \frac{1}{15} = \left(\frac{11}{120} - \frac{1}{15}\right) = \frac{3}{120} = \frac{1}{40}.$$

टंकी के $\frac{1}{40}$ भाग का आयतन = 3 गैलन.

टंकी की धारिता = (3 × 40) गैलन = 120 गैलन.

प्रश्नमाला 16B

1. दो नल एक टंकी को क्रमशः 12 मिनट तथा 18 मिनट में भर सकते हैं. 2 मिनट तक दोनों नल खाली टंकी में खोल दिये जाते हैं तथा इसके बाद पहले नल को बन्द कर दिया जाता है. इसके बाद कितने मिनट में टंकी पूर्ण रूप से भर जायेगी ?

(*a*) 23 मिनट (*b*) 13 मिनट (*c*) 17 मिनट (*d*) 21 मिनट

2. एक टंकी को भरने के लिए तीन पाईप लगे हैं जिनके व्यास क्रमशः 1 सेमी०, $1\frac{1}{3}$ सेमी० तथा 2 सेमी० हैं. एक निश्चित समय में प्रत्येक पाईप से बहने वाले पानी की मात्रा उस पाईप के व्यास के वर्ग के समानुपाती है. सबसे अधिक व्यास वाला पाईप इस टंकी को 61 मिनट में भर देता है. यदि तीनों पाईप इकट्ठे खोल दिये जायें तो टंकी को भरने में कितना समय लगेगा ?

(*a*) 33 मिनट (*b*) 38 मिनट (*c*) 36 मिनट (*d*) 35 मिनट

3. एक नल किसी टंकी को 16 मिनट में भर सकता है तथा दूसरा नल इसे 8 मिनट में खाली कर सकता है. यदि टंकी पहले से ही आधी भरी हुई हो तथा दोनों नल एक साथ खोल दिये जायें तो टंकी भर जायेगी या खाली होगी तथा इसमें कितना समय लगेगा ?

(*a*) 8 मिनट (*b*) 11 मिनट (*c*) 6 मिनट (*d*) 9 मिनट

4. दो नल A तथा B एक पानी की टंकी को क्रमशः 15 घण्टे व 20 घण्टे में भर सकते हैं. भरी टंकी को एक तीसरा नल C, 25 घण्टे में खाली कर सकता है. खाली टंकी में तीनों नलों को एक साथ खोल दिया जाता है तथा 10 घण्टे बाद C को बन्द कर दिया जाता है. ज्ञात कीजिए कि टंकी को भरने में कुल कितना समय लगेगा ?

(*a*) 10 घण्टे (*b*) 11 घण्टे (*c*) 12 घण्टे (*d*) 14 घण्टे

5. दो नल A तथा B किसी हौज को क्रमशः 30 मिनट तथा 40 मिनट में भर सकते हैं तथा तीसरा नल C उस हौज से 50 लीटर प्रति मिनट की दर से पानी बाहर निकालता है. यदि तीनों नल एक साथ खाली टंकी में खोल दिये जायें तथा 1 घण्टे में हौज भर जाये, तो हौज की धारिता ज्ञात कीजिए.

(*a*) 1000 लीटर (*b*) 1100 लीटर (*c*) 1200 लीटर (*d*) 1300 लीटर

6. एक नल की कार्य-क्षमता दूसरे नल की अपेक्षा तीन गुनी है. यदि दोनों नल मिलकर एक खाली हौज को 18 घण्टे में भरें, तो पहला नल उस हौज को कितने घण्टे में भरेगा ?

(*a*) 29 घण्टे (*b*) 24 घण्टे (*c*) 25 घण्टे (*d*) 27 घण्टे

7. A, B की तुलना में दुगुना अच्छा कार्यकर्ता है तथा वे दोनों मिलकर किसी कार्य को 14 दिन में पूरा करते हैं. A अकेला इस कार्य को पूरा करने में कितने दिन लेगा ?

(*a*) 21 मिनट (*b*) 24 मिनट (*c*) 20 मिनट (*d*) 17 मिनट

8. A, B, C एक कार्य को क्रमशः 10 दिन, 12 दिन तथा 15 दिन में समाप्त करते हैं. परन्तु कार्य आरम्भ होने के 2 दिन बाद, A काम छोड़ कर चला जाता है तथा B कार्य समाप्त होने से 3 दिन पहले काम छोड़ जाता है. कार्य कितने दिन में समाप्त हुआ ?

(*a*) 6 दिन (*b*) 7 दिन (*c*) 5 दिन (*d*) 8 दिन

9. तीन पाईप A, B, C एक टंकी को क्रमशः 10 घण्टे, 12 घण्टे तथा 15 घण्टे में भर सकते हैं. पहले खाली टंकी में A को खोल दिया गया. एक घण्टे बाद B को भी खोल दिया गया तथा A के कार्यरत होने के 2 घण्टे बाद C को भी खोल दिया गया. पूरी टंकी को भरने में कुल कितना समय लगेगा ?

(*a*) 4.52 घण्टा (*b*) 5. 27 घण्टा
(*c*) 4. 35 घण्टा (*d*) 5.25 घण्टा

10. दो नल एक टंकी को क्रमशः 30 मिनट तथा 36 मिनट में भर सकते हैं. दोनों पाईप एक साथ खाली टंकी में खोल दिये जाते हैं परन्तु अवरुद्ध होने के कारण पहले पाईप से कुल मात्रा का $\frac{5}{6}$ भाग तथा दूसरे पाईप से कुल मात्रा का $\frac{9}{10}$ भाग बहता है. कुछ देर में पाईपों को साफ करने के बाद, $15\frac{1}{2}$ मिनट में टंकी भर जाती है. पाईपों

में पानी का पूरा बहाव कितनी देर बाद आरम्भ हुआ ?

(*a*) 4 मिनट (*b*) 1 मिनट (*c*) 3 मिनट (*d*) 5 मिनट

11. **दो नल एक टंकी को क्रमशः 15 मिनट तथा 12 मिनट में भर सकते हैं तथा तीसरा नल भरी टंकी को 6 मिनट में खाली कर सकता है.** पहले दोनों नल 5 मिनट तक खुले रहते हैं तथा इसके बाद तीसरा नल भी खोल दिया जाता है. टंकी कितनी देर में खाली हो जायेगी ?

(*a*) 42 मिनट (*b*) 41 मिनट (*c*) 43 मिनट (*d*) 45 मिनट

12. एक टंकी में दो नल A तथा B लगे हैं जो इसे क्रमशः 20 मिनट तथा 30 मिनट में भर सकते हैं तथा इसमें एक निकासी नल C लगा है. एक व्यक्ति नल A तथा B खोलकर चला जाता है तथा तभी वापिस लौटता है जबकि टंकी को भर जाना चाहिए था. परन्तु, वह वापिस आकर देखता है कि नल C भी खुला रह गया था. अब वह इसे बन्द कर देता है. इसके बाद टंकी 3 मिनट में भर जाती है. भरी टंकी को अकेला नल C कितनी देर में खाली कर देगा ?

(*a*) 45 मिनट (*b*) 40 मिनट (*c*) 44 मिनट (*d*) 46 मिनट

13. एक पानी की टंकी में 8 नल लगे हैं. इनमें से कुछ पानी भरने के लिए तथा शेष पानी बाहर निकालने के लिए हैं. पानी भरने वाला प्रत्येक नल टंकी को 12 घण्टे में भर सकता है तथा पानी बाहर निकालने वाला प्रत्येक नल भरी टंकी को 36 घण्टे में खाली कर सकता है. सभी नल खाली टंकी में एक साथ खोलने पर टंकी 3 मिनट में भर जाती है. पानी भरने वाले नलों की संख्या ज्ञात कीजिए.

(*a*) 4 (*b*) 3 (*c*) 5 (*d*) 6

14. पाईप A तथा B एक टंकी को क्रमशः 36 मिनट तथा 45 मिनट में भरते हैं. यदि दोनों पाईप खोल दिये जायें तो कितने समय बाद A को बन्द किया जाये कि टंकी पूर्णतया कुल 25 मिनट में भर जाये ?

(*a*) 14 मिनट (*b*) 23 मिनट (*c*) 15 मिनट (*d*) 16 मिनट

15. दो पाईप A तथा B एक टंकी को क्रमशः 15 घण्टे तथा 20 घण्टे में भर सकते हैं, जबकि एक तीसरा पाईप C पूरी भरी हुई टंकी को 25 घण्टे में खाली कर सकता है. आरम्भ में तीनों पाईप एक साथ खोल दिये जाते हैं. 10 घण्टे बाद पाईप C को बन्द कर दिया जाता है. कुल कितने समय में टंकी पूर्णतः भर जायेगी ?

(*a*) 13 घण्टे (*b*) 12 घण्टे (*c*) 15 घण्टे (*d*) 16 घण्टे

उत्तरमाला (प्रश्नमाला 16B)

1. (*b*) **2.** (*c*) **3.** (*a*) **4.** (*c*) **5.** (*c*) **6.** (*b*) **7.** (*a*) **8.** (*a*) **9.** (*a*) **10.** (*b*) **11.** (*d*) **12.** (*d*) **13.** (*c*) **14.** (*d*) **15.** (*b*)

दिये गये प्रश्नों के हल (प्रश्नमाला 16B)

1. पहले नल का 1 मिनट का कार्य $= \frac{1}{12}$, दूसरे नल का 1 मिनट का कार्य $= \frac{1}{18}$.

दोनों नलों का 1 मिनट का कार्य $= \left(\frac{1}{12}+\frac{1}{18}\right) = \frac{5}{36}$.

2 मिनट में इन नलों द्वारा भरा गया भाग $= \left(\frac{5}{36}\times 2\right) = \frac{5}{18}$.

शेष भाग $= \left(1-\frac{5}{18}\right) = \frac{13}{18}$.

$\frac{1}{18}$ भाग भरने में दूसरा नल समय लेता है = 1 मिनट.

$\frac{13}{18}$ भाग भरने में दूसरा नल समय लेगा

$= \left(1\times\frac{18}{1}\times\frac{13}{18}\right)$ मिनट = 13 मिनट.

2. एक निश्चित समय में इन पाईपों से बहने वाले पानी की मात्रा का अनुपात $= 1:\frac{16}{9}:4 = \frac{1}{4}:\frac{4}{9}:1$

तीसरे पाईप का 1 मिनट का कार्य $= \frac{1}{61}$.

पहले पाईप का 1 मिनट का कार्य $= \left(\frac{1}{4}\times\frac{1}{61}\right) = \frac{1}{244}$.

दूसरे पाईप का 1 मिनट का कार्य $= \left(\frac{4}{9}\times\frac{1}{61}\right) = \frac{4}{549}$.

तीनों पाईपों का 1 मिनट का कार्य

$= \left(\frac{1}{61}+\frac{1}{244}+\frac{4}{549}\right) = \frac{61}{2196} = \frac{1}{36}$.

अतः तीनों पाईप खाली टंकी को 36 मिनट में भर देंगे.

3. चूँकि टंकी को खाली करने वाले नल की तेज गति है, अतः दोनों नल एक साथ खोलने पर टंकी खाली होगी.

1 मिनट में खाली होने वाला टंकी का भाग $= \left(\frac{1}{8}-\frac{1}{16}\right) = \frac{1}{16}$.

$\frac{1}{16}$ भाग को खाली होने में लगा समय = 1 मिनट.

$\frac{1}{2}$ भाग को खाली होने में लगा समय

$= \left(1\times 16\times\frac{1}{2}\right)$ मिनट = 8 मिनट.

4. $(A+B+C)$ का 1 घण्टे का कार्य $= \left(\frac{1}{15}+\frac{1}{20}-\frac{1}{25}\right) = \frac{23}{300}$.

$(A+B+C)$ का 10 घण्टे का कार्य $= \left(\frac{23}{300}\times 10\right) = \frac{23}{30}$.

टंकी का शेष भाग $= \left(1-\frac{23}{30}\right) = \frac{7}{30}$.

$(A + B)$ का 1 घण्टे का कार्य $= \left(\frac{1}{15}+\frac{1}{20}\right)=\frac{7}{60}$.

अब, $\frac{7}{60}$ भाग भरने में समय लगता है = 1 घण्टा.

$\frac{7}{30}$ भाग भरने में समय लगेगा $= \left(1\times\frac{60}{7}\times\frac{7}{30}\right)=2$ घण्टे.

टंकी को भरने में लगा कुल समय = (10 + 2) घण्टे = 12 घण्टे.

5. माना हौज की धारिता = x लीटर.
C द्वारा किया गया निकासी कार्य = 50 लीटर प्रति मिनट.

C का 1 मिनट का निकासी कार्य $= \frac{50}{x}$.

$(A + B + C)$ का 1 मिनट का भराव कार्य

$$=\left(\frac{1}{30}+\frac{1}{40}-\frac{50}{x}\right)=\left(\frac{7}{120}-\frac{50}{x}\right).$$

$(A + B + C)$ का 1 घण्टे का भराव कार्य

$$=\left(\frac{7}{120}-\frac{50}{x}\right)\times 60=\left(\frac{7}{2}-\frac{3000}{x}\right).$$

$$\therefore\ \frac{7}{2}-\frac{3000}{x}=1\Rightarrow\frac{3000}{x}=\left(\frac{7}{2}-1\right)=\frac{5}{2}$$

$$\Rightarrow 5x=6000\Rightarrow x=1200.$$

अतः हौज में कुल 1200 लीटर पानी आता है.

6. पहले तथा दूसरे नल की कार्य-क्षमता का अनुपात = 3 : 1.

इन नलों द्वारा हौज को भरने में लगे समय का अनुपात = 1 : 3.
माना पहला नल हौज को x घण्टे में भरता है.
तब, दूसरा नल हौज को $3x$ घण्टे में भरेगा.

पहले नल द्वारा एक घण्टे में भरा गया भाग $= \frac{1}{x}$.

दूसरे नल द्वारा एक घण्टे में भरा गया भाग $= \frac{1}{3x}$.

दोनों नलों द्वारा एक घण्टे में भरा गया भाग $= \left(\frac{1}{x}+\frac{1}{3x}\right)=\frac{4}{3x}$.

परन्तु दोनों नल हौज को 18 घण्टे में भरते हैं.

$\therefore$ दोनों नलों द्वारा 1 घण्टे में भरा गया भाग $= \frac{1}{18}$.

$$\therefore\ \frac{4}{3x}=\frac{1}{18}\Rightarrow 3x=72\Rightarrow x=24.$$

अतः पहला नल खाली हौज को 24 घण्टे में भरेगा.

7. A तथा B की कार्य-क्षमता का अनुपात = 2 : 1.

A तथा B द्वारा इस कार्य को समाप्त करने में लगे समय का अनुपात = 1 : 2.

माना A तथा B इस कार्य को करने में क्रमशः x तथा $2x$ दिन लेते हैं.

तब, A का 1 दिन का कार्य $= \frac{1}{x}$ तथा

B का 1 दिन का कार्य $= \frac{1}{2x}$.

$\therefore (A + B)$ का 1 दिन का कार्य $= \left(\frac{1}{x}+\frac{1}{2x}\right)=\frac{3}{2x}$.

$$\therefore\ \frac{3}{2x}=\frac{1}{14}\Rightarrow 2x=42\Rightarrow x=21.$$

अतः A अकेला इस कार्य को 21 दिन में पूरा करेगा.

8. A का 1 दिन का कार्य $= \frac{1}{10}$, B का 1 दिन का कार्य $= \frac{1}{12}$,

C का 1 दिन का कार्य $= \frac{1}{15}$.

$(A+B+C)$ का 1 दिन का कार्य $= \left(\frac{1}{10}+\frac{1}{12}+\frac{1}{15}\right)=\frac{15}{60}=\frac{1}{4}$.

2 दिन का $(A + B + C)$ का कार्य $= \left(\frac{1}{4}\times 2\right)=\frac{1}{2}$.

अन्तिम 3 दिनों में C द्वारा किया गया कार्य $= \left(3\times\frac{1}{15}\right)=\frac{1}{5}$.

शेष कार्य $= 1-\left(\frac{1}{2}+\frac{1}{5}\right)=\left(1-\frac{7}{10}\right)=\frac{3}{10}$.

यह कार्य B तथा C ने मिलकर किया.

$(B + C)$ का 1 दिन का कार्य

$$=\left(\frac{1}{12}+\frac{1}{15}\right)=\frac{(5+4)}{60}=\frac{9}{60}=\frac{3}{20}.$$

$\frac{3}{20}$ कार्य को करने में $(B + C)$ लेते हैं = 1 दिन.

$\frac{3}{10}$ कार्य को करने में $(B + C)$ लेते हैं

$$=\left(1\times\frac{20}{3}\times\frac{3}{10}\right)=2 \text{ दिन}.$$

$\therefore$ कार्य पूर्ण होने में लगा समय = (2 + 3 + 2) दिन = 7 दिन.

9. A द्वारा 2 घण्टे का भराव + B द्वारा 1 घण्टे का भराव

$$=\left(\frac{2}{10}+\frac{1}{12}\right)=\frac{17}{60}.$$

शेष भाग $= \left(1-\frac{17}{60}\right)=\frac{43}{60}$.

$(A + B + C)$ द्वारा 1 घण्टे का भराव

$$=\left(\frac{1}{10}+\frac{1}{12}+\frac{1}{15}\right)=\frac{15}{60}=\frac{1}{4}.$$

$\frac{1}{4}$ भाग को भरने में लगा समय = 1 घण्टा.

$\frac{43}{60}$ भाग को भरने में लगा समय

$$=\left(1\times\frac{4}{1}\times\frac{43}{60}\right) \text{ घण्टे} = \frac{43}{15} \text{ घण्टे}.$$

टंकी को भरने में लगा कुल समय

$$=\left(2+\frac{43}{15}\right) \text{ घण्टे} = \frac{73}{15} \text{ घण्टे} = 4.52 \text{ घण्टा}.$$

10. $\frac{31}{2}$ मिनट में टंकी का भरा गया भाग

$$=\left(\frac{1}{30}+\frac{1}{36}\right)\times\frac{31}{2}=\frac{341}{360}.$$

माना दोनों पाईप x मिनट तक अवरुद्ध रहे.

इन x मिनटों में भरा गया भाग $=\left(\frac{x}{30}\times\frac{5}{6}+\frac{x}{36}\times\frac{9}{10}\right)=\frac{19x}{360}.$

शेष भाग $=\left(1-\frac{19x}{360}\right)=\frac{(360-19x)}{360}.$

$\therefore \frac{360-19x}{360}=\frac{341}{360}\Rightarrow 360-19x=341$

$\Rightarrow 19x=(360-341)=19 \Rightarrow x=1.$

अत: दोनों पाईप 1 मिनट तक अवरुद्ध रहे.

11. 5 मिनट में भरा गया टंकी का भाग $=\left(\frac{1}{15}+\frac{1}{12}\right)\times 5=\frac{3}{4}.$

तीनों नल खोलने पर 1 मिनट में खाली हुआ भाग

$$=\frac{1}{6}-\left(\frac{1}{15}+\frac{1}{12}\right)=\frac{1}{60}.$$

$\frac{1}{60}$ भाग खाली होने में लगा समय = 1 मिनट.

$\frac{3}{4}$ भाग खाली होने में लगा समय

$=\left(60\times\frac{3}{4}\right)$ मिनट = 45 मिनट.

12. $(A+B)$ का 1 मिनट का कार्य $=\left(\frac{1}{20}+\frac{1}{30}\right)=\frac{5}{60}=\frac{1}{12}.$

स्पष्ट है कि $(A+B)$ खाली टंकी को 12 मिनट में भरेंगे.

माना C अकेला भरी टंकी को x मिनट में खाली कर देता है.

तब, C का 1 मिनट का कार्य $=\frac{1}{x}.$

$(A+B+C)$ का 12 मिनट का कार्य

$$=\left(\frac{1}{12}-\frac{1}{x}\right)\times 12=\frac{(x-12)}{x}.$$

$(A+B)$ का 3 मिनट का कार्य $=\left(3\times\frac{1}{12}\right)=\frac{1}{4}.$

$\therefore \frac{x-12}{x}+\frac{1}{4}=1\Rightarrow 4x-48+x=4x\Rightarrow x=48.$

अत: भरी टंकी को C, 48 मिनट में खाली कर देगा.

13. माना पानी भरने वाले नलों की संख्या $= x$.

तब, पानी बाहर निकालने वाले नलों की संख्या $=(8-x)$.

पानी भरने वाले प्रत्येक नल का 1 घण्टे का कार्य $=\frac{1}{12}.$

पानी भरने वाले x नलों का 1 घण्टे का कार्य $=\frac{x}{12}.$

पानी बाहर निकालने वाले प्रत्येक नल का 1 घण्टे का कार्य $=\frac{1}{36}.$

पानी बाहर निकालने वाले $(8-x)$ नलों का 1 घण्टे का कार्य

$$=\frac{(8-x)}{36}.$$

सभी नलों का 1 घण्टे का भराव कार्य $=\left\{\frac{x}{12}-\frac{(8-x)}{36}\right\}=\frac{(x-2)}{9}.$

सभी नलों द्वारा टंकी को भरने में लगा समय = 3 घण्टे.

सभी नलों का 1 घण्टे का भराव कार्य $=\frac{1}{3}.$

$\therefore \frac{x-2}{9}=\frac{1}{3}\Rightarrow x-2=3\Rightarrow x=5.$

अत: पानी भरने वाले नलों की संख्या = 5.

14. A का 1 मिनट का कार्य $=\frac{1}{36}$, B का 1 मिनट का कार्य $=\frac{1}{45}.$

माना A को x मिनट बाद बन्द कर दिया गया.

तब, $(A+B)$ का x मिनट का कार्य $=\left(\frac{1}{36}+\frac{1}{45}\right)x=\frac{x}{20}.$

B का $(25-x)$ मिनट का कार्य $=\frac{(25-x)}{45}.$

$\therefore \frac{x}{20}+\frac{(25-x)}{45}=1\Rightarrow 9x+4(25-x)=180$

$\Rightarrow 5x=80\Rightarrow x=16.$

अत: A को 16 मिनट बाद बन्द किया जायेगा.

15. तीनों पाईपों का 10 घण्टे का भराव कार्य

$$=10\left(\frac{1}{15}+\frac{1}{20}-\frac{1}{25}\right)=\frac{10\,(20+15-12)}{300}=\frac{23}{30}.$$

शेष भाग $=\left(1-\frac{23}{30}\right)=\frac{7}{30}.$

$(A+B)$ द्वारा 1 घण्टे में भरा गया भाग $=\left(\frac{1}{15}+\frac{1}{20}\right)=\frac{7}{60}.$

$\frac{7}{60}$ भाग भरा जाता है = 1 घण्टे में

$\frac{7}{30}$ भाग भरा जायेगा $=\left(1\times\frac{60}{7}\times\frac{7}{30}\right)$ घण्टे में = 2 घण्टे में.

टंकी को भरने में लगा कुल समय = (10 + 2) घण्टे = 12 घण्टे.

❑❑❑

17

समय तथा दूरी
(TIME AND DISTANCE)

Scan QR Code for Watching Video

आवश्यक तथ्य एवं सूत्र

(*i*) चाल $= \frac{\text{दूरी}}{\text{समय}}$.

(*ii*) दूरी = (चाल × समय).

(*iii*) x किमी०/घण्टा $= \left(x \times \frac{5}{18}\right)$ मीटर/सेकण्ड.

(*iv*) y मीटर/सेकण्ड $= \left(y \times \frac{18}{5}\right)$ किमी०/घण्टा.

(*v*) यदि A तथा B की चालों का अनुपात $a : b$ हो, तो एक ही दूरी तय करने में इनके द्वारा लिये गये समय का अनुपात = $b : a$.

(*vi*) माना कोई व्यक्ति एक निश्चित दूरी x किमी०/घण्टा की चाल से तथा इतनी ही दूरी y किमी०/घण्टा की चाल से तय करता है. तब,

पूरी यात्रा में औसत चाल $= \frac{2xy}{(x+y)}$ **किमी० /घण्टा.**

साधित उदाहरण

प्रश्न 1. एक स्कूटर सवार 54 किमी० प्रति घण्टा की चाल से 1 मिनट में कितनी दूरी तय करेगा?

हल: चाल = 54 किमी० प्रति घण्टा

$= \left(54 \times \frac{5}{18}\right)$ मीटर प्रति सेकण्ड = 15 मीटर प्रति सेकण्ड.

1 सेकण्ड में तय की गई दूरी = 15 मीटर.

1 मिनट में तय की गई दूरी = (15 × 60) मीटर = 900 मीटर.

प्रश्न 2. स्कूटी पर सवार एक व्यक्ति 5 मीटर प्रति सेकण्ड की चाल से 3 घण्टे 20 मिनट में कितने किलोमीटर दूरी तय करेगा?

हल: चाल = 5 मीटर प्रति सेकण्ड

$= \left(5 \times \frac{18}{5}\right)$ किमी० प्रति घण्टा = 18 किमी० प्रति घण्टा.

1 घण्टे में तय की गई दूरी = 18 किमी०.

$\frac{10}{3}$ घण्टे में तय की गई दूरी $= \left(18 \times \frac{10}{3}\right)$ किमी०

= 60 किमी०.

प्रश्न 3. एक व्यक्ति कार द्वारा नगर A से नगर B तक 72 किमी० प्रति घण्टा की चाल से जाता है. वह नगर B से नगर A तक 48 किमी० प्रति घण्टा की चाल से वापिस लौटता है. पूरी यात्रा में उसकी औसत चाल कितनी है?

हल: याद रहे: औसत चाल $= \frac{2xy}{(x+y)}$ किमी० प्रति घण्टा.

$\therefore$ औसत चाल $= \frac{(2 \times 72 \times 48)}{(72+48)}$ किमी० प्रति घण्टा.

$= \left(\frac{2 \times 72 \times 48}{120}\right)$ किमी० प्रति घण्टा = 57·6 किमी०/घण्टा.

प्रश्न 4. मैं अपने घर से कॉलिज के लिए एक निश्चित समय पर चलता हूँ. यदि मैं 5 किमी० प्रति घण्टा की चाल से चलूं तो मुझे 7 मिनट की देरी हो जाती है. परन्तु, यदि मैं 6 किमी० प्रति घण्टा की चाल से चलूं तो ठीक समय से 5 मिनट पहले पहुँचता हूँ. मेरे घर से कॉलिज की दूरी कितनी है?

हल: माना मेरे घर से कॉलिज की दूरी $= x$ किमी०.

दोनों चालों से लगे समय में अन्तर = 12 मिनट.

$\therefore \frac{x}{5} - \frac{x}{6} = \frac{12}{60} \Rightarrow \frac{x}{5} - \frac{x}{6} = \frac{1}{5}$

$\Rightarrow (6x - 5x) = 6 \Rightarrow x = 6.$

अभीष्ट दूरी = 6 किमी०.

प्रश्न 5. दो साईकिल सवार बराबर दूरी क्रमशः 15 किमी० प्रति घण्टा तथा 16 किमी० प्रति घण्टा की चाल से तय करते हैं. यह दूरी तय करने में एक सवार को दूसरे सवार से 16 मिनट अधिक लगते हैं. यह दूरी कितनी है?

हल: माना अभीष्ट दूरी $= x$ किमी० तब

$$\frac{x}{15}-\frac{x}{16}=\frac{16}{60} \Rightarrow (16x-15x)=64 \Rightarrow x=64.$$

अत: अभीष्ट दूरी = 64 किमी०.

प्रश्न 6. एक कार 840 किमी० की दूरी एक निश्चित समान चाल से तय करती है. यदि कार की चाल 10 किमी० प्रति घण्टा अधिक होती, तो इस दूरी को तय करने में 2 घण्टे कम लगते. कार की वास्तविक चाल ज्ञात कीजिए.

हल: माना कार की वास्तविक चाल $= x$ किमी० प्रति घण्टा. तब

$$\frac{840}{x}-\frac{840}{(x+10)}=2$$

$$\Rightarrow 840\times[(x+10)-x]=2x\,(x+10)$$

$$\Rightarrow 2x^2+20x-8400=0 \Rightarrow x^2+10x-4200=0$$

$$\Rightarrow x^2+70x-60x-4200=0$$

$$\Rightarrow x\,(x+70)-60\,(x+70)=0$$

$$\Rightarrow (x+70)\,(x-60)=0 \Rightarrow x=60.$$

[$\because$ चाल ऋणात्मक नहीं हो सकती]

अत: कार की वास्तविक चाल = 60 किमी० प्रति घण्टा.

प्रश्न 7. अपनी वास्तविक चाल की $\frac{5}{6}$ चाल से चलकर एक रेलगाड़ी 10 मिनट देरी से अपने गंतव्य स्थान पर पहुँचती है. वास्तविक चाल से अपनी यात्रा यह कितनी देर में तय करती है?

हल: नई चाल = वास्तविक चाल का $\frac{5}{6}$

$\Rightarrow$ नई चाल से यात्रा पूरी करने में लगा समय = वास्तविक चाल से लगे समय का $\frac{6}{5}$

$\Rightarrow$ $\frac{6}{5}$ × (वास्तविक चाल से लगा समय) – (वास्तविक चाल से लगा समय) = 10 मिनट

$\Rightarrow$ $\left(\frac{6}{5}-1\right)\times$ वास्तविक चाल से लगा समय = 10 मिनट

$\Rightarrow$ वास्तविक चाल से लगा समय = (5 × 10) मिनट

= 50 मिनट.

प्रश्न 8. एक व्यक्ति को अपनी यात्रा में 7 घण्टे 20 मिनट लगते हैं. यदि वह एक तिहाई यात्रा 60 किमी० प्रति घण्टा की चाल से तय करे तथा शेष यात्रा 45 किमी० प्रति घण्टा की चाल से तय करे तो उसने कुल कितनी दूरी तय की?

हल: माना कुल यात्रा $= x$ किमी०. तब,

यात्रा का पहला भाग $=\frac{x}{3}$ किमी०,

यात्रा का दूसरा भाग $=\frac{2x}{3}$ किमी०.

$$\therefore \frac{(x/3)}{60}+\frac{(2x/3)}{45}=\frac{22}{3} \Rightarrow \frac{x}{180}+\frac{2x}{135}=\frac{22}{3}$$

$$\Rightarrow (3x+8x)=(180\times 22) \Rightarrow 11x=180\times 22$$

$$\Rightarrow x=\frac{180\times 22}{11}=360.$$

अत: कुल यात्रा = 360 किमी०.

प्रश्न 9. एक व्यक्ति मोटर साईकिल द्वारा एक निश्चित दूरी तय करता है. यदि वह 6 किमी० प्रति घण्टा धीरे चलता तो उसे 8 मिनट अधिक लगते. परन्तु, यदि वह 4 किमी० प्रति घण्टा तेज चलता तो उसे $4\frac{1}{2}$ मिनट कम लगते. दूरी ज्ञात कीजिए.

हल : माना अभीष्ट दूरी $= x$ किमी०

तथा वास्तविक चाल $= y$ किमी०/घण्टा. तब,

$$\frac{x}{(y-6)}-\frac{x}{y}=\frac{8}{60} \Rightarrow x\left[\frac{1}{(y-6)}-\frac{1}{y}\right]=\frac{2}{15}$$

$$\Rightarrow x\left[\frac{y-(y-6)}{y\,(y-6)}\right]=\frac{2}{15} \Rightarrow y\,(y-6)=45x \quad \ldots(i)$$

तथा $$\frac{x}{y}-\frac{x}{(y+4)}=\frac{9}{120} \Rightarrow x\left[\frac{1}{y}-\frac{1}{(y+4)}\right]=\frac{3}{40}$$

$$\Rightarrow x\left[\frac{(y+4)-y}{y\,(y+4)}\right]=\frac{3}{40} \Rightarrow 3y\,(y+4)=160x \quad \ldots(ii)$$

(i) को (ii) से भाग देने पर:

$$\frac{(y-6)}{3\,(y+4)}=\frac{9}{32} \Rightarrow 27y+108=32y-192$$

$$\Rightarrow 5y=300 \Rightarrow y=60.$$

(ii) में $y = 60$ रखने पर $3 \times 60 \times 64 = 160x$.

$$\therefore\ x=\frac{3\times 60\times 64}{160}=72.$$

अभीष्ट दूरी = 72 किमी०.

प्रश्न 10. एक सिपाही को अपने से 100 मीटर आगे एक चोर दिखाई दिया. जैसे ही सिपाही ने उसका पीछा करना आरम्भ किया, चोर ने भागना आरम्भ कर दिया. यदि चोर की चाल 8 किमी० प्रति घण्टा हो तथा सिपाही की चाल 10 किमी० प्रति घण्टा हो, तो कितने मीटर भागने के बाद चोर पकड़ा जायेगा?

हल: सिपाही की चोर के सापेक्ष चाल = (10 – 8) किमी० प्रति घण्टा

= 2 किमी० प्रति घण्टा.

100 मीटर दूरी को सापेक्ष चाल से तय करने में लगा समय

$=\left(\frac{1}{2000}\times 100\right)$ घण्टा $=\frac{1}{20}$ घण्टा.

$\frac{1}{20}$ घण्टे में चोर द्वारा तय की गई दूरी $=\left(8\times\frac{1}{20}\right)$ किमी०

$=\left(\frac{2}{5}\times 1000\right)$ मीटर = 400 मीटर.

प्रश्नमाला 17A

नीचे दिये गये प्रश्नों में से प्रत्येक में ठीक उत्तर को चिन्हांकित (✓) कीजिए:

1. एक व्यक्ति 3 किमी/घंटा की गति से दौड़ते हुए अपने गंतव्य स्थान पर सामान्य समय से 10 मिनट देरी से पहुंचता है। यदि वह अपनी गति 1 किमी/घंटा बढ़ा देता है, तो वह अपने गंतव्य स्थान पर 15 मिनट पहले पहुंच जाता है। उसके गंतव्य की दूरी ज्ञात कीजिए।

(*a*) 5 किमी (*b*) 20 किमी (*c*) 10 किमी (*d*) 15 किमी

(*e*) इनमें से कोई नहीं (आई.बी.पी.एस. पी.ओ. (प्रा.) परीक्षा, 2020)

2. *A*, *B* से दुगुना तेज धावक है तथा *B*, *C* से तिगुना तेज धावक है. यदि *C* ने कोई दूरी 1 घण्टा 54 मिनट में तय की हो, तो *A* उसे तय करने में कितना समय लेगा ? (एस०एस०सी० परीक्षा, 2010)

(*a*) 19 मिनट (*b*) 38 मिनट (*c*) 51 मिनट (*d*) 57 मिनट

3. कार *A* ने 448 किमी० की दूरी 8 घण्टे में तय की तथा कार *B* ने 9 घण्टे में कार *A* से 110 किमी० अधिक दूरी तय की. कार *A* कार *B* की गति का अनुपात है क्रमशः

(*a*) 31 : 28 (*b*) 29 : 32 (*c*) 55 : 2 (*d*) 62 : 55

(*e*) इनमें से कोई नहीं (बैंक पी०ओ० परीक्षा, 2010)

4. एक कार शहर *Y* से शहर *Z* की दूरी 60 किमी०/घण्टा की गति से तथा शहर *Z* से शहर *Y* की दूरी 65 किमी०/घण्टा की गति से तय करती है. कार की औसत गति कितनी है ?

(*a*) 62·5 किमी०/घण्टा (*b*) 62 किमी०/घण्टा

(*c*) 62·4 किमी०/घण्टा (*d*) निर्धारित नहीं किया जा सकता

(*e*) इनमें से कोई नहीं (बैंक पी०ओ० परीक्षा, 2010)

5. एक व्यक्ति कुल दूरी के पहले दो-तिहाई भाग के लिए 60 किमी प्रति घंटे की गति से और दूरी के शेष भाग के लिए 75 किमी प्रति घंटे की गति से यात्रा करता है। किमी प्रति घंटे में कुल दूरी के लिए उसकी औसत गति क्या है?

(*a*) $55\frac{3}{7}$ (*b*) $64\frac{2}{7}$ (*c*) $74\frac{2}{8}$ (*d*) $54\frac{3}{7}$

(*e*) इनमें से कोई नहीं (एस.बी.आई. क्लर्क (मु.) परीक्षा, 2019)

6. एक व्यक्ति एक खड़ी हुई बस को 18 सेकण्ड में पार करता है. यही बस 4 सेकण्ड में एक खम्भा पार करती है. बस तथा उस व्यक्ति की गतियों का अनुपात है क्रमशः

(*a*) 9 : 2 (*b*) 9 : 4

(*c*) 18 : 5 (*d*) निर्धारित नहीं किया जा सकता

(*e*) इनमें से कोई नहीं (बैंक पी०ओ० परीक्षा, 2010)

7. एक व्यक्ति *A* से *B* तक 60 किमी० प्रति घण्टा की गति से जाता है तथा *B* से *A* तक 40 किमी० प्रति घण्टा की गति से लौटता है. सम्पूर्ण यात्रा के लिए उसकी औसत गति कितनी है ?

(*a*) 50 किमी०/घण्टा (*b*) 48 किमी०/घण्टा

(*c*) 45 किमी०/घण्टा (*d*) 55 किमी०/घण्टा

(होटल मैनेजमैन्ट परीक्षा, 2009)

8. विश्रामों को छोड़कर एक बस की गति 64 किमी० प्रति घण्टा है और विश्रामों सहित बस की गति 48 किमी० प्रति घण्टा है. प्रत्येक 1 घण्टे में बस कितने समय विश्राम के लिए रुकती है ?

(*a*) 12·5 मिनट (*b*) 15 मिनट

(*c*) 10 मिनट (*d*) 18 मिनट

(*e*) इनमें से कोई नहीं (बैंक पी०ओ० परीक्षा, 2009)

9. एक जीप एक कार का पीछा कर रही है जो जीप से 5 किमी० आगे है. उनकी चाल क्रमशः 90 किमी०/घण्टा तथा 75 किमी०/घण्टा है. जीप, कार को कितने समय के बाद पकड़ लेगी ?

(*a*) 18 मिनट (*b*) 20 मिनट

(*c*) 24 मिनट (*d*) 25 मिनट

(एस०एस०सी० परीक्षा, 2009)

10. एक किसान 61 किमी० की दूरी 9 घण्टे में तय करता है. वह आंशिक रूप से 4 किमी०/घण्टा की दर से पैदल तथा 9 किमी०/घण्टा की दर से साईकिल द्वारा तय करता है. पैदल तय की गई दूरी कितनी है ?

(*a*) 17 किमी० (*b*) 16 किमी०

(*c*) 15 किमी० (*d*) 14 किमी०

11. 54 किमी०/घण्टा के वेग को मीटर/सेकण्ड में बदलने पर प्राप्त होता है: (रेलवे परीक्षा, 2009)

(*a*) 14 मीटर/सेकण्ड (*b*) 21 मीटर/सेकण्ड

(*c*) 15 मीटर/सेकण्ड (*d*) 27 मीटर/सेकण्ड

12. यदि किसी सवारी गाड़ी की चाल अपनी सामान्य चाल से 10 किमी०/घण्टा बढ़ा दी जाये तो वह 360 किमी० की दूरी तय करने में 3 घण्टे कम समय लेगी. गाड़ी की सामान्य गति कितनी है ?

(*a*) 25 किमी०/घण्टा (*b*) 30 किमी०/घण्टा

(*c*) 40 किमी०/घण्टा (*d*) 60 किमी०/घण्टा

13. एक साईकिल सवार 100 मीटर अर्द्धव्यास के एक गोलाकार रास्ते का एक चक्कर 2 मिनट में पूरा करता है. साईकिल सवार की गति कितनी है ? ($\pi = 3{\cdot}14$ लें) (रेलवे परीक्षा, 2009)

(*a*) 200 मीटर/मिनट (*b*) 314 मीटर/मिनट

(*c*) 300 मीटर/मिनट (*d*) 900 मीटर/मिनट

14. *A* अपने आवास से 5 किमी./घंटा की चाल से चलकर अपने कार्यालय में 16 मिनट विलम्ब से पहुँचता है। यदि उसकी चाल 7 किमी./घंटा होती तो वह कार्यालय 20 मिनट पहले पहुँच जाता। *A* के आवास से उसके कार्यालय के बीच की दूरी क्या है? (किमी. में)

(*a*) 9.5 (*b*) 13 (*c*) 10.5 (*d*) 13.5

(*e*) 9 (एस.बी.आई-क्लर्क (प्रारंभिक) आनॅलाइन परीक्षा, 2016)

15. 30 किमी० दूरी तय करने में *A*, *B* से 2 घण्टे अधिक लेता है. यदि *A* अपनी चाल दुगुनी कर दे तो इस दूरी को तय करने में *B* से 1 घण्टा कम लेगा. *A* की चाल कितनी है ?

(*a*) 5 किमी०/घण्टा (*b*) 6 किमी०/घण्टा

(*c*) 6·25 किमी०/घण्टा (*d*) 7·5 किमी०/घण्टा

16. यदि आप 4 किमी/घंटा की गति से चलते हैं तो आप अपने विद्यालय 5 मिनट देरी से पहुचते हैं, लेकिन यदि आप 5

किमी/घंटा की गति से चलते हैं तो आप निर्धारित समय से 10 मिनट पहले पहुंच जाते हैं। आपके घर से आपके विद्यालय की दूरी (किमी में) है: (एस.एस.सी. सी.जी.एल. परीक्षा, 2014)

(*a*) 4 (*b*) 5 (*c*) 6 (*d*) 7

17. एक व्यक्ति बिन्दु A से बिन्दु B तक 4 किमी०/घण्टा की गति से जाता है तथा वापिस बिन्दु B से बिन्दु A तक 6 किमी०/घण्टा की गति से लौटता है. A से B तक पहुँचने तथा B से A तक आने में लगे समय का अनुपात क्या होगा?

(*a*) 5 : 3 (*b*) 2 : 3 (*c*) 2 : 1 (*d*) 4 : 3

(*e*) 3 : 2 (बैंक पी०ओ० परीक्षा, 2009)

18. एक आदमी ने 7 घंटे में 80 किमी. की दूरी की यात्रा की, जिसमें से उसने कुछ यात्रा 8 कमी./घंटे की दर पर पैदल की और कुछ यात्रा 16 कमी./घंटे की दर पर साइकिल से की। उसने कितनी दूरी की यात्रा पैदल तय की?

(*a*) 32 किमी. (*c*) 48 किमी. (*c*) 36 किमी. (*d*) 44 किमी.

(एस.एस.सी.-सी.जी.एल. (टीयर-II) परीक्षा, 2014)

19. एक कार ड्राइवर बेंगलुरू से प्रात: 8.30 बजे चलता है और बेंगलुरू से 300 कि. मी. दूरी वाले स्थान पर दोपहर 12.30 पर पहुंचना चाहता है। प्रात: 10.30 बजे वह देखता है कि उसने केवल 40 प्रतिशत दूरी ही तय की है। अपने निर्धारित समय पर पहुंचने के लिए उसे कार की गति कितनी बढ़ानी होगी?

(*a*) 45 किमी./घंटा (*b*) 40 किमी./घंटा

(*c*) 35 किमी./घंटा (*d*) 30 किमी./घंटा

(एस.एस.सी.-सी.जी.एल. (टीयर-II) परीक्षा, 2014)

20. एक व्यक्ति किसी दूरी को तय करने में पैदल चलकर जाने तथा घुड़सवारी द्वारा वापिस आने में 4 घण्टे 30 मिनट का समय लेता है. वह उसी दूरी को पैदल चलकर जाने तथा आने में 8 घण्टे 20 मिनट का समय लेता है. उसी दूरी को घुड़सवारी द्वारा जाने तथा आने में उसे कितना समय लगेगा? (एस०एस०सी० परीक्षा, 2009)

(*a*) 20 मिनट (*b*) 30 मिनट (*c*) 40 मिनट (*d*) 1 घण्टा

21. एक व्यक्ति 24 किमी० की दूरी 6 किमी०/घण्टा की चाल से, एक अन्य 24 किमी० की दूरी 8 किमी०/घण्टा की चाल से तथा एक अन्य 24 किमी० की दूरी 12 किमी०/घण्टा की चाल से तय करता है. पूरी यात्रा के लिए उसकी औसत चाल कितनी है?

(*a*) $8\frac{2}{3}$ किमी०/घण्टा (*b*) 8 किमी०/घण्टा

(*c*) $2\frac{10}{13}$ किमी०/घण्टा (*d*) 9 किमी०/घण्टा

(एस०एस०सी० परीक्षा, 2008)

22. दो रेलगाड़ियों की चाल 6 : 7 के अनुपात में हैं. यदि दूसरी रेलगाड़ी 4 घण्टे में 364 किमी० चले, तो पहली रेलगाड़ी की चाल कितनी है? (एस०एस०सी० परीक्षा, 2010)

(*a*) 60 किमी०/घण्टा (*b*) 72 किमी०/घण्टा

(*c*) 78 किमी०/घण्टा (*d*) 84 किमी०/घण्टा

23. तीन कारों की चाल 2 : 3 : 4 के अनुपात में हैं. समान दूरी तय करने में इन कारों द्वारा लिए गये समय में क्रमश: अनुपात होगा:

(*a*) 2 : 3 : 4 (*b*) 4 : 3 : 2 (*c*) 4 : 3 : 6 (*d*) 6 : 4 : 3

24. एक व्यक्ति A से B तक x किमी० प्रति घण्टा की औसत चाल से गया तथा वापिस B से A तक y किमी० प्रति घण्टा की औसत चाल से लौटा. पूरी यात्रा में उसकी औसत चाल कितनी थी?

(*a*) $\frac{(x+y)}{2xy}$ (*b*) $\frac{2xy}{(x+y)}$

(*c*) $\frac{x}{(x+y)}$ (*d*) $\left(\frac{1}{x}+\frac{1}{y}\right)$

(एस०एस०सी० परीक्षा, 2010)

25. A तथा B किसी एक ही दूरी को क्रमश: 9 किमी०/घण्टा तथा 10 किमी०/घण्टा की चाल से तय करते हैं. यदि A द्वारा लिया गया समय B द्वारा लिये गये समय से 36 मिनट अधिक हो तो यह दूरी कितनी है? (एस०एस०सी० परीक्षा, 2010)

(*a*) 48 किमी० (*b*) 54 किमी० (*c*) 60 किमी० (*d*) 66 किमी०

26. एक व्यक्ति अपने गंतव्य पर जो 90 किमी० की दूरी पर है 3 घण्टे में पहुँचना चाहता है. वह प्रथम आधी दूरी 20 किमी०/घण्टा की चाल से तय करता है. शेष यात्रा के लिए उसकी औसत चाल कितनी होगी?

(*a*) 40 किमी०/घण्टा (*b*) 50 किमी०/घण्टा

(*c*) 60 किमी०/घण्टा (*d*) 70 किमी०/घण्टा

27. एक रेलगाड़ी ने 19 घण्टे में 1235 किमी० की दूरी तय की. यदि एक कार की औसत गति रेलगाड़ी की औसत गति का $\frac{4}{5}$ हो, तो कार 22 घण्टे में कितनी दूरी तय करेगी?

(*a*) 1234 किमी० (*b*) 1144 किमी०

(*c*) 1134 किमी० (*d*) 1244 किमी०

(*e*) इनमें से कोई नहीं (बैंक पी०ओ० परीक्षा, 2010)

28. A अपने घर से अपने विद्यालय 3 किमी० प्रति घण्टा की चाल से जाने पर 5 मिनट देरी से पहुँचता है. यदि वह 4 किमी० प्रति घण्टा की चाल से चले तो विद्यालय के समय से 5 मिनट पहले पहुँच जाता है. उसके घर से विद्यालय की दूरी कितनी है? (एस०एस०सी० परीक्षा, 2010)

(*a*) 1 किमी० (*b*) 2 किमी० (*c*) 3 किमी० (*d*) 4 किमी०

29. एक राजमार्ग पर दो स्थान A तथा B एक दूसरे से 100 किमी० की दूरी पर हैं. एक कार A से तथा अन्य कार B से रवाना होती है. यदि दोनों कार एक ही दिशा में चलें तो परस्पर 5 घण्टे में मिलती हैं. यदि वे एक-दूसरे की ओर विपरीत दिशाओं में चलें तो 1 घण्टे में मिलती हैं. तेज चलने वाली कार की चाल कितनी है?

(*a*) 60 किमी०/घण्टा (*b*) 50 किमी०/घण्टा

(*c*) 40 किमी०/घण्टा (*d*) 32 किमी०/घण्टा

(एस०एस०सी० परीक्षा, 2010)

30. अपनी सामान्य चाल की $\frac{3}{4}$ चाल से चलने पर कोई व्यक्ति अपने कार्यालय सामान्य समय की तुलना में 20 मिनट देरी से पहुँचता है. उसके द्वारा अपने कार्यालय पहुँचने में लिए जाने वाला सामान्य समय कितना है? (एस०एस०सी० परीक्षा, 2010)

(*a*) 75 मिनट (*b*) 60 मिनट (*c*) 40 मिनट (*d*) 30 मिनट

31. स्टेशनों पर रुकने के समय को सम्मिलित करने पर किसी रेलगाड़ी की चाल 28 किमी०/घण्टा है. जबकि, स्टेशनों पर रुकने के समय को हटाकर उसकी चाल 42 किमी०/घण्टा है. कितने समय प्रति घण्टा के औसत से रेलगाड़ी स्टेशनों पर रुकी ?
(*a*) 14 मिनट (*b*) 6 मिनट (*c*) 10 मिनट (*d*) 20 मिनट
(एस०एस०सी० परीक्षा, 2010)

32. रमन अपने घर से पास के एक शहर में कार द्वारा 50 किमी०/घण्टा की गति से गया तथा 45 किमी०/घण्टा की गति से वापिस आया. वापस आने में यदि उसे एक घण्टा अधिक लगा हो, तो रमन के घर से उस शहर की दूरी कितनी है ? (बैंक पी०ओ० परीक्षा, 2008)
(*a*) 450 किमी० (*b*) 225 किमी०
(*c*) 900 किमी० (*d*) 500 किमी०
(*e*) इनमें से कोई नहीं

33. एक रेलगाड़ी तथा एक कार की गति का अनुपात क्रमशः 16 : 15 है. एक बस 480 किमी० की दूरी 8 घण्टे में तय करती है. बस की गति रेलगाड़ी की गति की तीन-चौथाई है. 6 घण्टे में कार कितनी दूरी तय करेगी ? (बैंक पी०ओ० परीक्षा, 2010)
(*a*) 450 किमी० (*b*) 480 किमी०
(*c*) 360 किमी० (*d*) निर्धारित नहीं किया जा सकता
(*e*) इनमें से कोई नहीं

34. एक कार, जीप और ट्रैक्टर की गति का अनुपात क्रमशः 3 : 5 : 2 है. जीप की गति ट्रैक्टर की गति की 250% है, जो 12 घण्टे में 360 किमी० दूरी तय करता है. कार तथा जीप की मिलाकर औसत गति कितनी है ?
(*a*) 60 किमी०/घण्टा (*b*) 75 किमी०/घण्टा
(*c*) 40 किमी०/घण्टा (*d*) निर्धारित नहीं किया जा सकता
(*e*) इनमें से कोई नहीं (बैंक पी०ओ० परीक्षा, 2010)

35. एक मालगाड़ी दिल्ली से मुम्बई के लिए 40 किमी०/घण्टा की औसत चाल से रवाना होती है. उसके 2 घण्टे बाद एक एक्सप्रेस गाड़ी दिल्ली से मुम्बई के लिए 60 किमी०/घण्टा की औसत चाल से चलकर पहले रवाना हुई मालगाड़ी के समान्तर पथ पर रवाना होती है. दिल्ली से किस दूरी पर एक्सप्रेस गाड़ी मालगाड़ी से जा मिलेगी ?
(*a*) 230 किमी० (*b*) 240 किमी०
(*c*) 260 किमी० (*d*) 280 किमी०

36. एक स्कूल बस एक गाँव से स्कूल तक की दूरी 12 किमी०/घण्टा की गति से तय करती है तथा 8 मिनट देरी से स्कूल पहुँचती है. अगले दिन यह बस 20 किमी०/घण्टा की गति से तय करती है तथा समय से 10 मिनट पहले स्कूल पहुँच जाती है. गाँव तथा स्कूल के बीच की दूरी कितनी है ? (बैंक पी०ओ० परीक्षा, 2007)
(*a*) 15 किमी० (*b*) 6 किमी० (*c*) 9 किमी० (*d*) 12 किमी०
(*e*) इनमें से कोई नहीं

37. एक कार पहले 35 किमी० की यात्रा 45 मिनट में तथा शेष 69 किमी० यात्रा 75 मिनट में तय करती है. कार की औसत गति कितनी है ? (बैंक पी०ओ० परीक्षा, 2007)
(*a*) 42 किमी०/घण्टा (*b*) 50 किमी०/घण्टा
(*c*) 52 किमी०/घण्टा (*d*) 60 किमी०/घण्टा
(*e*) इनमें से कोई नहीं

38. रमेश 760 किमी० की कुछ दूरी रेलगाड़ी द्वारा तथा कुछ कार द्वारा तय करता है. यदि वह 160 किमी० रेलगाड़ी द्वारा तथा शेष कार द्वारा तय करे तो उसे 8 घण्टे लगते हैं. यदि वह 240 किमी० रेलगाड़ी द्वारा तथा शेष कार द्वारा तय करे, तो उसे 12 मिनट अधिक लगते हैं. रेलगाड़ी तथा कार की गतियाँ क्रमशः कितनी कितनी हैं ?
(*a*) 90 किमी०/घण्टा, 60 किमी०/घण्टा
(*b*) 100 किमी०/घण्टा, 80 किमी०/घण्टा
(*c*) 80 किमी०/घण्टा, 70 किमी०/घण्टा
(*d*) 100 किमी०/घण्टा, 90 किमी०/घण्टा
(एम०बी०ए० परीक्षा, 2007)

39. एक लड़का 1 किमी० की दूरी तय करने के लिए p किमी०/घण्टा की गति से दौड़ रहा है परन्तु फिसलन के कारण उसकी चाल q किमी०/घण्टा कम हो जाती है. यदि इस दूरी को तय करने हेतु उसे r घण्टे लगें, तो निम्न में से कौनसा सम्बन्ध सही है ?
(*a*) $\frac{1}{r} = (p-q)$ (*b*) $r = (p-q)$
(*c*) $\frac{1}{r} = (p+q)$ (*d*) $r = (p+q)$

40. A तथा B की चालों का अनुपात 3 : 4 है. एक निश्चित दूरी B ने 24 मिनट में तय की है. इस दूरी को तय करने में A कितना समय लेगा ?
(*a*) 18 मिनट (*b*) 32 मिनट
(*c*) $10\frac{6}{7}$ मिनट (*d*) $13\frac{5}{7}$ मिनट

41. दो शहर A तथा B एक-दूसरे से 500 किमी० की दूरी पर हैं. एक रेलगाड़ी प्रातः 8 बजे A से B की ओर 70 किमी०/घण्टा की गति से चलती है. 10 बजे एक अन्य गाड़ी B से A की ओर 110 किमी०/घण्टा की गति से चलती है. दोनों गाड़ियाँ आपस में कब मिलेंगी ? (एस०एस०सी० परीक्षा, 2009)
(*a*) 1 बजे अपराह्न (*b*) 12 बजे दोपहर
(*c*) 12·30 बजे अपराह्न (*d*) 1·30 बजे अपराह्न

42. एक कार कुछ दूरी $4\frac{1}{2}$ घण्टे में तय कर सकती है. यदि इसकी गति 5 किमी०/घण्टा बढ़ा दी जाये तो वही दूरी तय करने में आधा घण्टा कम लगेगा. कार की धीमी गति कितनी है ?
(*a*) 50 किमी०/घण्टा (*b*) 40 किमी०/घण्टा
(*c*) 45 किमी०/घण्टा (*d*) 60 किमी०/घण्टा
(एस०एस०सी० परीक्षा, 2009)

43. दो रेलगाड़ियाँ क्रमशः स्टेशन A तथा B से क्रमशः 50 किमी०/घण्टा तथा 60 किमी०/घण्टा की चाल से एक दूसरे की ओर एक ही समय में चलना आरम्भ करती हैं. जब ये परस्पर मिलती हैं, तो दूसरी रेलगाड़ी पहली रेलगाड़ी से 120 किमी० अधिक चल चुकी होती है. A तथा B के बीच की दूरी कितनी है ?

(*a*) 990 किमी० (*b*) 1200 किमी०
(*c*) 1320 किमी० (*d*) 1440 किमी०

(एस०एस०सी० परीक्षा, 2005)

44. एक व्यक्ति 77.5 किमी/घंटा की औसत गति से 124 किमी की यात्रा करता है। यदि वह 75 किमी/घंटा की गति से 60 किमी की यात्रा करता है, तो शेष दूरी को किस गति से तय करेगा? (आई.बी.पी.एस. आर.आर.बी. पी.ओ. (प्रा.) परीक्षा, 2020)

(*a*) 80 किमी/घंटा (*b*) 85 किमी/घंटा
(*c*) 90 किमी/घंटा (*d*) 95 किमी/घंटा
(*e*) इनमें से कोई नहीं

45. एक आदमी एक निश्चित गति से एक दूरी तय करता है। यदि वह 1 किमी/घंटा अधिक गति से यात्रा करता है तो उसे समान दूरी तय करने में 4 घंटे कम समय लगेगा और यदि वह 1 किमी/घंटा कम गति से यात्रा करता है, तो उसे उतनी ही दूरी तय करने में 6 घंटे अधिक लगेंगे, उसके द्वारा तय की गई दूरी ज्ञात कीजिए।

(*a*) 140 किमी (*b*) 120 किमी
(*c*) 134.4 किमी (*d*) 123.4 किमी
(*e*) इनमें से कोई नहीं (एस.बी.आई. क्लर्क (प्रा.) परीक्षा, 2019)

46. हितेश 70 किमी/घंटा पर ऑटो ड्राइविंग के माध्यम से 2800 किमी की दूरी तय करता है और 50 किमी/घंटा पर बाइक पर सवार होकर प्रारम्भिक बिन्दु पर वापस आ जाता है। पूरी यात्रा की औसत गति बाइक की गति से कितना % अधिक है?

(*a*) $18\frac{2}{3}\%$ (*b*) $16\frac{1}{3}\%$ (*c*) $16\frac{2}{3}\%$ (*d*) $15\frac{2}{3}\%$
(*e*) इनमें से कोई नहीं (एस.बी.आई. क्लर्क (मु.) परीक्षा, 2019)

47. किसी दूरी को तय किये जाने वाले समय में 20% कमी करने हेतु एक कार चालक को कार की चाल में कितने प्रतिशत वृद्धि करनी होगी?

(*a*) 20% (*b*) 25% (*c*) 30% (*d*) 40%

48. A एक निश्चित गति से 15 किमी की दूरी तय करने में *B* से 30 मिनट अधिक समय लेता है। यदि *A* अपनी गति को दोगुना कर देता है, तो वह *B* से एक घंटे कम समय में समान दूरी तय करता है। *B* की गति (किमी/घंटा में) क्या है?

(*a*) 6 (*b*) 7 (*c*) 8 (*d*) 9

(एस.एस.सी. सी.जी.एल. (टीयर-I) परीक्षा, 2018)

49. एक ट्रक एक निश्चित गति से 384 किमी की दूरी तय करता है। यदि गति 16 किमी/घंटा कम कर दी जाती है, तो समान दूरी को तय करने में दो घंटे अधिक लगेंगे। मूल गति का 75% (किमी/घंटा में) क्या है?

(*a*) 42 (*b*) 48 (*c*) 45 (*d*) 46

(एस.एस.सी. सी.जी.एल. (टीयर-I) परीक्षा, 2018)

50. एक व्यक्ति बिंदु *P* से सुबह 11 बजे 10 किमी/घंटा की गति से दौड़ना शुरू करता है। वह 2 घंटे दौड़ता है और फिर 1 घंटे का विश्राम करता है। वह इसे तब तक जारी रखता है जब तक कि वह एक अन्य व्यक्ति द्वारा पकड़ा नहीं जाता है जो बिंदु *P* से दोपहर 2 बजे दौड़ना शुरू करता है और पहले व्यक्ति की ओर 15 किमी/घंटा की गति से बिना रुके दौड़ता है। किस समय (pm में) पहला आदमी पकड़ा जाएगा?

(*a*) 4.40 pm (*b*) 5.54 pm (*c*) 6.45 pm (*d*) 4 pm

(एस.एस.सी. सी.जी.एल. (टीयर-I) परीक्षा, 2017)

51. एक मिसाइल 1386 किमी./घंटा की गति से चलती है। एक सेकंड में वह कितनी दूरी तय करती है?

(*a*) 305 मीटर (*b*) 385 मीटर
(*c*) 372 मीटर (*d*) 325 मीटर

[एस.एस.सी. सी.एच.एस.एल. ग्रेड परीक्षा, 2017]

52. राज अपने घर से हवाई अड्डा जाने में बस से (बगैर ठहराव के) 20 मिनट कम समय लेता है जब वह बस कुछ समय के लिए ठहरती है। बगैर ठहराव के बस की औसत चाल ठहराव के साथ बस की औसत चाल से 4 किमी./घंटा अधिक है। यदि घर से हवाई अड्डा की दूरी 60 किमी. हो, तो बगैर ठहराव के बस की चाल क्या है ? (किमी/घंटा में)

(*a*) 24 (*b*) 46 (*c*) 20 (*d*) 40
(*e*) 18 (आई.बी.पी.एस. बैंक क्लर्क सी.डब्लू.ई. मुख्य परीक्षा, 2017)

53. यदि कोई व्यक्ति व्यक्ति अपनी सामान्य गति की $\frac{3}{4}$ गति से अपने कार्यालय जाता है तो वह सामान्य गति से चलने पर लगे समय से 1 घंटा अधिक लेता है। यदि उसके कार्यालय की दूरी 75 किमी है तो उसकी सामान्य गति ज्ञात कीजिए?

(*a*) 25 किमी/घंटा (*b*) 20 किमी/घंटा
(*c*) 26 किमी/घंटा (*d*) 40 किमी/घंटा
(*e*) इनमें से कोई नहीं (एस.बी.आई. क्लर्क परीक्षा, 2016)

54. *A* तथा *B* दो स्थानों के बीच की दूरी 140 किमी. है। पहला स्कूटर स्थान *A* से *B* की ओर 50 किमी./घंटा की चाल से प्रातः 10 बजे चलता है। दूसरा स्कूटर स्थान *B* से *A* की ओर 30 किमी./घंटा की चाल से दोपहर 12 बजे चलता है तो किस समय दोनों स्कूटर एक-दूसरे से मिलेंगे?

(*a*) 12 :30 pm (*b*) 01:50 pm
(*c*) 11:00 pm (*d*) 12 :50 pm
(*e*) 1:50 pm

(आई.बी.पी.एस. आईटी ऑफिसर (प्रथम पाली) परीक्षा, 2016)

55. एक ट्रक 70 किमी. घंटा की चाल से 12 घंटे में एक निश्चित दूरी तय करता है। उस कार की औसत चाल क्या है जो समान समय में ट्रक से 120 किमी. अधिक दूरी तय करती है?

(*a*) 56 किमी./घंटा (*b*) 75 किमी./घंटा
(*c*) 80 किमी./घंटा (*d*) 78 किमी./घंटा

(पटना हाई कोर्ट असिस्टेंट परीक्षा, 2016)

56. सरिता और जूली एक ही स्थान से विपरीत दिशाओं में चलना शुरू करते हैं। यदि जूली 2.5 किमी/घंटा की गति से चलती है और सरिता 2 किमी/घंटा की गति से चलती है, तो वे कितने सकय में 18 किमी दूर हो जाएंगे?

(*a*) 4 घंटे (*b*) 5 घंटे (*c*) 4.4 घंटे (*d*) 3 घंटे

(एस.एस.सी. सी.जी.एल. परीक्षा, 2014)

57. एक व्यक्ति 5 मिनट में 600 मी. लम्बी एक गली को पार करता है। उसका वेग किमी./घंटा क्या है?
(*a*) 3.6 (*b*) 7.2 (*c*) 8.4 (*d*) 10
(रेलवे (दिल्ली) ग्रुप 'डी' परीक्षा, 2014)

58. एक व्यक्ति को एक निश्चित दूरी तक पैदल जाने तथा वापिस घुड़सवारी करके आने में 5 घण्टे 45 मिनट लगते हैं. दोनों ओर घुड़सवारी करने पर उसके 2 घण्टे बच जाते हैं. दोनों ओर पैदल यात्रा करने पर उसे कितना समय लगेगा?
(*a*) 3 घण्टे 45 मिनट (*b*) 7 घण्टे 30 मिनट
(*c*) 7 घण्टे 45 मिनट (*d*) 11 घण्टे 45 मिनट

59. सैर पर निकला एक व्यक्ति प्रथम 160 किमी. की दूरी 64 किमी./घंटा एवं अगली 160 किमी. की दूरी 80 किमी./घंटा की रफ्तार से तय करता है तो सैर के पहले 320 किमी. के लिए औसत रफ्तार रही:
(*a*) 35.55 किमी./घंटा (*b*) 36 किमी./घंटा
(*c*) 71.11 किमी./घंटा (*d*) 71 किमी./घंटा
(रेलवे (दिल्ली) ग्रुप 'डी' परीक्षा, 2014)

60. श्री मोहन अपने कार्य स्थल को जाने के लिए पहले बस लेते हैं और उसके बाद मेट्रों। बस और मेट्रों की औसत गति क्रमशः 30 किमी./घंटा और 60 किमी./घंटा है। बस और मेट्रों के द्वारा तय की गई दूरियों का अनुपात 1 : 6 है। यदि श्री मोहन अपने कार्य स्थान एक घण्टे में पहुँचते हैं, तो कार्य स्थान की दूरी कितने किमी. है?
(*a*) 51.5 किमी. (*b*) 52.0 किमी.
(*c*) 52.5 किमी. (*d*) 53.0 किमी.
(मध्य प्रदेश लोक सेवा आयोग राज्य सेवा (प्रा.) परीक्षा, 2013)

उत्तरमाला (प्रश्नमाला 17A)

1. (*a*)	2. (*a*)	3. (*e*)	4. (*c*)	5. (*b*)	6. (*a*)	7. (*b*)	8. (*b*)	9. (*b*)	10. (*b*)	11. (*c*)	12. (*b*)
13. (*b*)	14. (*c*)	15. (*a*)	16. (*b*)	17. (*e*)	18. (*a*)	19. (*d*)	20. (*c*)	21. (*b*)	22. (*c*)	23. (*d*)	24. (*b*)
25. (*b*)	26. (*c*)	27. (*b*)	28. (*b*)	29. (*a*)	30. (*b*)	31. (*d*)	32. (*a*)	33. (*a*)	34. (*a*)	35. (*b*)	36. (*c*)
37. (*c*)	38. (*d*)	39. (*a*)	40. (*b*)	41. (*b*)	42. (*b*)	43. (*c*)	44. (*a*)	45. (*b*)	46. (*c*)	47. (*b*)	48. (*a*)
49. (*b*)	50. (*a*)	51. (*b*)	52. (*d*)	53. (*a*)	54. (*a*)	55. (*c*)	56. (*a*)	57. (*b*)	58. (*c*)	59. (c)	60. (*c*)

दिये गये प्रश्नों के हल (प्रश्नमाला 17A)

1. माना उसके गंतव्य की दूरी *d* किमी है।
प्रश्नानुसार,
$$\frac{d}{3}-\frac{d}{(3+1)}=\frac{10+15}{60}$$
$$\Rightarrow \frac{d}{3}-\frac{d}{4}=\frac{5}{12}$$
$$\Rightarrow \frac{d}{12}=\frac{5}{12}$$
$$\Rightarrow d=5$$
अतः उसके गंतव्य की दूरी, $d = 5$ किमी

2. C द्वारा लिया गया समय = 1 घण्टा 54 मिनट = 114 मिनट.
B द्वारा लिया गया समय $=\frac{1}{3}\times$ (C द्वारा लिया गया समय)
$=\left(\frac{1}{3}\times 114\right)$ मिनट = 38 मिनट.
A द्वारा लिया गया समय $=\frac{1}{2}\times$ (B द्वारा लिया गया समय)
$=\left(\frac{1}{2}\times 38\right)$ मिनट = 19 मिनट.

3. अभीष्ट अनुपात
$$=\frac{448}{8}:\frac{(448+110)}{9}=56:\frac{558}{9}=56:62=28:31.$$

4. औसत गति $=\frac{2xy}{(x+y)}=\left(\frac{2\times 60\times 65}{125}\right)$ किमी०/घण्टा
$=\frac{312}{5}$ किमी०/घण्टा = 62·4 किमी०/घण्टा

5. माना कुल दूरी $3x$ किमी है।
चाल $=\frac{\text{दूरी}}{\text{समय}}$
कुल लगा समय $=\left(\frac{2x}{60}\right)+\left(\frac{x}{75}\right)=\frac{7x}{150}$
औसत गति $=\frac{3x}{\left(\frac{7x}{150}\right)}$
$$\Rightarrow \frac{450}{7}=64\frac{2}{7} \text{ किमी/घंटा}$$

6. माना बस की लम्बाई = x मीटर
बस की गति $=\frac{x}{4}$ मीटर/सेकण्ड, व्यक्ति की गति
$=\frac{x}{18}$ मीटर/सेकण्ड
अभीष्ट अनुपात $=\frac{x}{4}:\frac{x}{18}=9:2.$

7. औसत गति $=\frac{2xy}{(x+y)}=\left(\frac{2\times 60\times 40}{100}\right)$ किमी०/घण्टा
= 48 किमी०/घण्टा.

8. 1 घण्टे में बस की रुकने वाली दूरी = (64 – 48) किमी०

$= 16$ किमी०.

इस दूरी को तय करने में लगा समय $= \left(\frac{16}{64}\times 60\right)$ मिनट

$= 15$ मिनट.

$\therefore$ 1 घण्टे में विश्राम का समय $= 15$ मिनट.

9. जीप की कार के सापेक्ष चाल $= (90 - 75)$ किमी०/घण्टा

$= 15$ किमी०/घण्टा.

सापेक्ष चाल से 5 किमी० दूरी तय करने में लगा समय

$= \left(\frac{1}{15}\times 5\right)$ घण्टा $= \frac{1}{3}$ घण्टा.

$= \left(\frac{1}{3}\times 60\right)$ मिनट $= 20$ मिनट.

10. माना पैदल तय की गई दूरी $= x$ किमी०.

तब, साईकिल द्वारा तय की गई दूरी $= (61 - x)$ किमी०.

$\therefore \frac{x}{4}+\frac{61-x}{9} = 9 \Rightarrow 9x + 4(61-x) = 324$

$\Rightarrow 5x = (324-244) = 80 \Rightarrow x = 16.$

अत: पैदल तय की गई दूरी $= 16$ किमी०.

11. 54 किमी०/घण्टा $= \left(54\times\frac{5}{18}\right)$ मीटर/सेकण्ड

$= 15$ मीटर/सेकण्ड.

12. माना सामान्य गति $= x$ किमी०/घण्टा. तब

$\frac{360}{x}-\frac{360}{(x+10)} = 3 \Rightarrow \frac{1}{x}-\frac{1}{(x+10)} = \frac{3}{360} = \frac{1}{120}$

$\Rightarrow \frac{(x+10)-x}{x(x+10)} = \frac{1}{120} \Rightarrow x^2+10x-1200 = 0$

$\Rightarrow x^2+40x-30x-1200 = 0$

$\Rightarrow x(x+40)-30(x+40) = 0$

$\Rightarrow (x+40)(x-30) = 0 \Rightarrow x = 30 \quad [\because x \neq -40]$

$\therefore$ सवारी गाड़ी की सामान्य चाल $= 30$ किमी०/घण्टा.

13. गोलाकार रास्ते की परिधि $= 2\pi R = (2\times 3\cdot 14\times 100)$ मीटर

$= 628$ मीटर.

2 मिनट में तय की गई दूरी $= 628$ मीटर.

1 मिनट में तय की गई दूरी $= \frac{628}{2}$ मीटर $= 314$ मीटर.

$\therefore$ साईकिल सवार की गति $= 314$ मीटर/मिनट.

14. माना A के आवास से उसके कार्यालय में अभीष्ट दूरी $= x$ किमी.

प्रश्नानुसार,

$(16 + 20)$ मिनट $= 36$ मिनट $= \frac{36}{60} = \frac{3}{5}$ घंटा

$\therefore \frac{x}{5}-\frac{x}{7} = \frac{3}{5} \Rightarrow \frac{7x-5x}{35} = \frac{3}{5} \Rightarrow \frac{2x}{35} = \frac{3}{5}$

$\Rightarrow x = \frac{3\times 35}{5\times 2} = 10.5$

15. माना A की चाल $= x$ किमी०/घण्टा.

दोनों चालों से लगे समय में अन्तर $= 3$ घण्टे.

$\therefore \frac{30}{x}-\frac{30}{2x} = 3 \Rightarrow \frac{1}{x}-\frac{1}{2x} = \frac{1}{10} \Rightarrow \frac{1}{2x} = \frac{1}{10}$

$\Rightarrow 2x = 10 \Rightarrow x = 5.$

अत: A की चाल $= 5$ किमी०/घण्टा.

16. माना घर से स्कूल की दूरी $= x$ किमी

स्कूल पहुंचने में लगा समय $= \text{T}$ मिनट

4 किमी/घंटा या $\frac{4}{60} \Rightarrow \frac{2}{30}$ किमी/घंटा की चाल से लगा समय $= \text{T} + \text{S}$ मिनट

5 किमी/घंटा या $\frac{5}{60} \Rightarrow \frac{1}{12}$ किमी/घंटा की चाल से लगा समय $= \text{T} - 10$ मिनट

प्रश्नानुसार,

$\therefore x = \frac{2}{30}(\text{T}+5) = \frac{1}{12}(\text{T}-10)$

$\frac{2}{30}(\text{T}+5) = \frac{1}{12}(\text{T}-10)$

$\Rightarrow 24\text{T} + 120 = 30\text{T} - 300$

$\Rightarrow 6\text{T} = 420$

$\Rightarrow \text{T} = 70$ मिनट

अब $x = \frac{2}{30}(\text{T}+5)$

$x = \frac{2}{30}(70+5) = \frac{150}{30} = 5$ किमी

17. माना दूरी $AB =$ दूरी $BA = x$ किमी०.

A से B तक जाने में लगा समय $= \frac{x}{4}$ घण्टे.

B से A तक आने में लगा समय $= \frac{x}{6}$ घण्टे.

अभीष्ट अनुपात $= \frac{x}{4}:\frac{x}{6} = \frac{1}{4}:\frac{1}{6} = 3:2.$

18. माना पैदल तय की गई दूरी x किमी. है

प्रश्नानुसार, $\frac{x}{8}+\frac{80-x}{16} = 7 \Rightarrow 2x+80-x = 112$

$\Rightarrow x = 32$ किमी.

19. तय की गई दूरी $= 300$ किमी.

दो घंटे में तय की गई दूरी

$= 300$ का $40\% = \frac{300\times 40}{100} = 120$ किमी.

ट्रेन की गति $= 60$ किमी./घंटा

बाकी दूरी तय करते समय ट्रेन की गति:

180 किमी. दूरी दो घंटे में तय करते समय ट्रेन की गति

$= \frac{180}{2} = 90$ किमी./घंटा

गति में बढ़ावा $= 90 - 60 = 30$ किमी./घंटा

20. पैदल चलकर केवल जाने में लगा समय

$= \left(\frac{1}{2} \times 8\frac{1}{3}\right)$ घण्टे $= \left(\frac{1}{2} \times \frac{25}{3}\right)$ घण्टे

$= \frac{25}{6}$ घण्टे = 4 घण्टे 10 मिनट.

घुड़सवारी द्वारा आने में लगा समय

= (4 घण्टे 30 मिनट) – (4 घण्टे 10 मिनट) = 20 मिनट

घुड़सवारी द्वारा जाने तथा आने में लगा समय

= (2 × 20) मिनट = 40 मिनट.

21. कुल दूरी = (24 + 24 + 24) किमी॰ = 72 किमी॰.

कुल समय $= \left(\frac{24}{6} + \frac{24}{8} + \frac{24}{12}\right)$ घण्टे = (4 + 3 + 2) घण्टे = 9 घण्टे.

औसत चाल $= \frac{72}{9}$ किमी॰/घण्टा = 8 किमी॰/घण्टा.

22. दूसरी रेलगाड़ी की चाल $= \frac{364}{4}$ किमी॰/घण्टा = 91 किमी॰/घण्टा.

पहली रेलगाड़ी की चाल $= \left(\frac{6}{7} \times 91\right)$ किमी॰/घण्टा = 78 किमी॰/घण्टा.

23. तीन कारों की चाल का अनुपात = 2 : 3 : 4.

समान दूरी तय करने में इनके द्वारा लिये गये समय का अनुपात

$= \frac{1}{2} : \frac{1}{3} : \frac{1}{4} = 6 : 4 : 3.$

24. माना A से B तक दूरी = s किमी॰.

A से B तक जाने तथा A तक वापिस आने में लगा समय

$= \left(\frac{s}{x} + \frac{s}{y}\right) = \frac{s(x+y)}{xy}$

कुल दूरी = $2s$ किमी॰.

औसत गति $= \frac{\text{कुल दूरी}}{\text{समय}} = \frac{2s \times xy}{s(x+y)} = \frac{2xy}{(x+y)}.$

25. माना अभीष्ट दूरी = x किमी॰. तब

$\frac{x}{9} - \frac{x}{10} = \frac{36}{60} \Rightarrow \frac{x}{9} - \frac{x}{10} = \frac{3}{5} \Rightarrow 10x - 9x = 54 \Rightarrow x = 54.$

∴ अभीष्ट दूरी = 54 किमी॰.

26. प्रथम दूरी = 45 किमी॰, चाल = 20 किमी॰/घण्टा.

इस दूरी को तय करने में लगा समय $= \frac{45}{20}$ घण्टे $= \frac{9}{4}$ घण्टे.

शेष दूरी = (90 – 45) किमी॰ = 45 किमी॰,

शेष समय $= \left(3 - \frac{9}{4}\right)$ घण्टे $= \frac{3}{4}$ घण्टे.

इस दूरी के लिए औसत चाल

$= \frac{45}{(3/4)}$ किमी॰/घण्टा $= \left(\frac{45 \times 4}{3}\right)$ किमी॰/घण्टा = 60 किमी॰/घण्टा.

27. रेलगाड़ी की औसत गति $= \frac{1235}{19}$ किमी॰/घण्टा = 65 किमी॰/घण्टा.

कार की औसत गति $= \left(\frac{4}{5} \times 65\right)$ किमी॰/घण्टा = 52 किमी॰/घण्टा.

22 घण्टे में कार द्वारा तय की गई दूरी = (52 × 22) किमी॰ = 1144 किमी॰.

28. माना अभीष्ट दूरी = x किमी॰.

दोनों समयों में अन्तर = 10 मिनट $= \frac{1}{6}$ घण्टा.

$\therefore \frac{x}{3} - \frac{x}{4} = \frac{1}{6} \Rightarrow (4x - 3x) = 2 \Rightarrow x = 2.$

अत: अभीष्ट दूरी = 2 किमी॰.

29. माना A पर स्थित कार की चाल x किमी॰/घण्टा है तथा B पर स्थित कार की चाल y किमी॰/घण्टा है, जहाँ $y > x$.

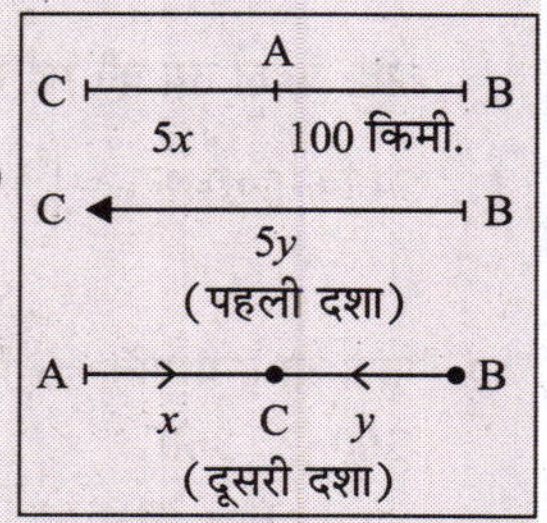

पहली दशा में

$5y - 5x = 100 \Rightarrow y - x = 20$ ...(i)

दूसरी दशा में

$y + x = 100$ ...(ii)

इन्हें हल करने पर $y = 60$ तथा $x = 40$.

तेज चलने वाली कार की चाल = 60 किमी॰/घण्टा.

30. माना वास्तविक चाल = x किमी॰/घण्टा.

तब, नई चाल $= \frac{3x}{4}$ किमी॰/घण्टा.

माना कुल दूरी = y किमी॰.

$\frac{y}{(3x/4)} - \frac{y}{x} = \frac{20}{60} \Rightarrow \left(\frac{4}{3} - 1\right)\frac{y}{x} = \frac{1}{3} \Rightarrow \frac{y}{x} = 1.$

∴ वास्तविक चाल से लिया गया समय = 1 घण्टा = 60 मिनट.

31. स्टेशनों पर रुकने का समय = 42 किमी॰ प्रति घण्टा की दर से (42 – 28) किमी॰ तय करने में लगा समय

$= \frac{14}{42}$ घण्टे $= \left(\frac{1}{3} \times 60\right)$ मिनट = 20 मिनट.

32. माना अभीष्ट दूरी = x किमी॰. तब

$\frac{x}{45} - \frac{x}{50} = 1 \Rightarrow (10x - 9x) = 450 \Rightarrow x = 450.$

अभीष्ट दूरी = 450 किमी॰.

33. बस की गति $= \frac{480}{8}$ किमी॰/घण्टा = 60 किमी॰/घण्टा.

$\frac{3}{4} \times$ रेलगाड़ी की गति = बस की गति = 60 किमी॰/घण्टा

⇒ रेलगाड़ी की गति $= \left(\frac{4}{3} \times 60\right)$ किमी॰/घण्टा = 80 किमी॰/घण्टा.

कार की गति $= \frac{15}{16} \times$ रेलगाड़ी की गति

$= \left(\frac{15}{16} \times 80\right)$ किमी०/घण्टा = 75 किमी०/घण्टा.

6 घण्टे में कार द्वारा तय की गई दूरी = (75 × 6) किमी०
= 450 किमी०.

34. ट्रैक्टर की गति $= \frac{360}{12}$ किमी०/घण्टा = 30 किमी०/घण्टा

$\Rightarrow$ जीप की गति $= \left(30 \times \frac{250}{100}\right)$ किमी०/घण्टा
= 75 किमी०/घण्टा

$\Rightarrow$ कार की गति $= \left(75 \times \frac{3}{5}\right)$ किमी०/घण्टा
= 45 किमी०/घण्टा.

कार तथा जीप की औसत गति $= \frac{(45+75)}{2}$ किमी०/घण्टा
= 60 किमी०/घण्टा

35. प्रथम विधि:

मालगाड़ी द्वारा 2 घण्टे में तय की गई दूरी = (40 × 2) किमी०
= 80 किमी०

एक्सप्रेस गाड़ी की मालगाड़ी के सापेक्ष गति
= (60 – 40) किमी०/घण्टा = 20 किमी०/घण्टा

80 किमी० दूरी को सापेक्ष गति से तय करने में लगा समय
$= \frac{80}{20}$ घण्टे = 4 घण्टे

4 घण्टे में एक्सप्रेस गाड़ी द्वारा तय की गई दूरी = (60 × 4) किमी०
= 240 किमी०

दूसरी विधि:

माना दोनों रेलगाड़ियाँ t घण्टे बाद मिलती हैं.

तब $40t = 60(t-2) \Rightarrow 20t = 120 \Rightarrow t = 6$.

6 घण्टे में मालगाड़ी द्वारा तय की गई दूरी = (40 × 6) किमी०
= 240 किमी०

अत: एक्सप्रेस गाड़ी मालगाड़ी से, दिल्ली से 240 किमी० की दूरी पर मिलेगी.

36. माना अभीष्ट दूरी = x किमी०. दोनों समयों में अन्तर = 18 मिनट.

$\therefore \frac{x}{12} - \frac{x}{20} = \frac{18}{60} \Rightarrow \frac{x}{12} - \frac{x}{20} = \frac{3}{10}$

$\Rightarrow 5x - 3x = 18 \Rightarrow 2x = 18 \Rightarrow x = 9.$

अत: अभीष्ट दूरी = 9 किमी०.

37. कुल दूरी = (35 + 69) किमी० = 104 किमी०.

इसे तय करने में लगा कुल समय = (45 + 75) मिनट
= 120 मिनट = 2 घण्टे.

औसत गति $= \frac{104}{2}$ किमी०/घण्टा = 52 किमी०/घण्टा.

38. माना रेलगाड़ी की चाल = x किमी०/घण्टा

तथा कार की चाल = y किमी०/घण्टा.

तब $\frac{160}{x} + \frac{600}{y} = 8$ ...(i)

$\frac{240}{x} + \frac{520}{y} = 8\frac{1}{5} \Rightarrow \frac{240}{x} + \frac{520}{y} = \frac{41}{5}$

$\therefore \frac{1200}{x} + \frac{2600}{y} = 41$ ...(ii)

(ii) को 3 से तथा (i) को 13 से गुणा करके घटाने पर:

$\frac{3600}{x} - \frac{2080}{x} = 19 \Rightarrow 19x = (3600 - 2080) = 1520$

$\Rightarrow x = 80.$

(i) में $x = 80$ रखने पर:

$\frac{160}{80} + \frac{600}{y} = 8 \Rightarrow \frac{600}{y} = (8-2) = 6$

$\Rightarrow 6y = 600 \Rightarrow y = 100.$

$\therefore$ रेलगाड़ी की चाल = 80 किमी०/घण्टा, कार की चाल
= 100 किमी०/घण्टा.

39. चाल $= \frac{\text{दूरी}}{\text{समय}} \Rightarrow (p-q) = \frac{1}{r}.$

40. A तथा B की चालों का अनुपात = 3 : 4

A तथा B द्वारा समान दूरी तय करने में लगे समय का अनुपात = 4 : 3.

माना A ने $4x$ मिनट तथा B ने $3x$ मिनट में यह दूरी तय की. तब $3x = 24 \Rightarrow x = 8.$

A द्वारा लिया गया समय = $4x$ मिनट = (4 × 8) मिनट = 32 मिनट.

41. माना ये रेलगाड़ियाँ 8 बजे के x घण्टे बाद मिलती हैं.

A से चलने वाली रेलगाड़ी द्वारा x घण्टे में तय की गई दूरी
= $70x$ किमी०.

B से चलने वाली रेलगाड़ी द्वारा $(x-2)$ घण्टे में तय की गई दूरी = $110(x-2)$ किमी०.

$\therefore 70x + 110(x-2) = 500$

$\Rightarrow 180x = (500 + 220) = 720 \Rightarrow x = 4.$

अत: ये रेलगाड़ियाँ आपस में 12 बजे दोपहर मिलेंगी.

42. माना कार की धीमी गति = x किमी०/घण्टा.

तब $x \times \frac{9}{2} = (x+5) \times 4 \Rightarrow 9x = 8x + 40 \Rightarrow x = 40.$

अत: अभीष्ट धीमी गति = 40 किमी०/घण्टा.

43. माना ये रेलगाड़ियाँ चलने के x घण्टे बाद मिलती हैं. तब

$60x - 50x = 120 \Rightarrow 10x = 120 \Rightarrow x = 12.$

12 घण्टे में पहली रेलगाड़ी द्वारा तय की गई दूरी
= (50 × 12) किमी० = 600 किमी०.

12 घण्टे में दूसरी रेलगाड़ी द्वारा तय की गई दूरी
= (60 × 12) किमी० = 720 किमी०

दूरी AB = (600 + 720) किमी० = 1320 किमी०.

44. माना शेष दूरी v किमी/घंटा की चाल से तय करता है।

समय $= \dfrac{\text{दूरी}}{\text{चाल}}$ से

प्रश्नानुसार,

$$\frac{124}{77.5} = \frac{60}{75} + \frac{(124-60)}{v}$$

$$\Rightarrow \frac{124\times 75 - 60\times 77.5}{77.5\times 75} = \frac{64}{v} \Rightarrow \frac{4650}{77.5\times 75} = \frac{64}{v}$$

$$\Rightarrow 0.8 = \frac{64}{v} \Rightarrow v = \frac{64}{0.8} = 80 \text{ किमी/घंटा}$$

45. शर्त–I

समय $= t_1$

चाल $= s_1$

दूरी $= d_1$

शर्त–II

समय $= t_2$

चाल $= s_2$

दूरी $= d_2$

∵ दोनों शर्तों में दूरी समान है अतः $d_1 = d_2 = d$

प्रश्नानुसार,

$$s_1 t_1 = s_2 t_2$$

$$\frac{d}{s} - \frac{d}{s+1} = 4$$

$$d = 4s\,(s+1) \quad \ldots (i)$$

$$\frac{d}{s-1} - \frac{d}{s} = 6$$

$$d = 6s\,(s-1) \quad \ldots (ii)$$

समीकरण (i) में (ii) से भाग देने पर

$$\frac{1}{1} = \frac{2(s+1)}{3(s-1)} \Rightarrow 3(s-1) = 2\,(s+1)$$

$$3s - 3 = 2s + 2$$

$\therefore s = 5$ किमी/प्रति घंटा

समीकरण (ii) में s का मान रखने पर

$$d = 6\times 5\,(5-1)$$

$$\Rightarrow d = 30\times 4 = 120 \text{ किमी}$$

46. पूरी यात्रा के लिए लिया गया समय

$$\frac{2800}{70} + \frac{2800}{50} = 40 + 56 = 96 \text{ घंटे}$$

फिर यात्रा की औसत गति

$$= \frac{2800+2800}{96} = 58\frac{1}{3} \text{ किमी/घंटा}$$

आवश्यक गति का % $= [58\frac{1}{3} - 50] \times \dfrac{100}{50}$

$$= 16\frac{2}{3}\%$$

47. माना पहले चाल $= x$ किमी०/ घण्टा तथा इस दूरी को तय करने में लगा समय $= y$ घण्टे.

तब, दूरी $= xy$ किमी०.

नया समय $= (y$ का $80\%)$ घण्टे $= \left(y\times\dfrac{80}{100}\right)$ घण्टे $= \dfrac{4y}{5}$ घण्टे.

नई चाल $= \dfrac{\text{दूरी}}{\text{समय}} = \dfrac{xy}{\left(\dfrac{4y}{5}\right)}$ किमी०/ घण्टा

$= \dfrac{5x}{4}$ किमी०/ घण्टा.

चाल में वृद्धि $= \left(\dfrac{5x}{4} - x\right)$ किमी०/ घण्टा $= \dfrac{x}{4}$ किमी०/ घण्टा.

चाल में वृद्धि % $= \left(\dfrac{x}{4}\times\dfrac{1}{x}\times 100\right)\% = 25\%$.

48. माना A की गति $= a$ किमी/घंटा

B की गति $= b$ किमी/घंटा

दूरी = 15 किमी

चाल = 15 किमी

चाल $= \dfrac{\text{दूरी}}{\text{समय}}$

प्रश्नानुसार,

$$15\left(\frac{1}{a} - \frac{1}{b}\right) = \frac{30}{60}$$

$$\frac{1}{a} - \frac{1}{b} = \frac{1}{30} \quad \ldots (i)$$

$$15\left(\frac{1}{b} - \frac{1}{2a}\right) = 1$$

$$-\frac{1}{2a} + \frac{1}{b} = \frac{1}{15} \quad \ldots (ii)$$

समीकरण (i) व (ii) को जोड़ने पर

$$\frac{1}{2a} = \frac{3}{30} = \frac{1}{10}$$

$a = 5$ किमी/घंटा

$$\frac{1}{b} = \frac{1}{a} - \frac{1}{30} = \frac{1}{5} - \frac{1}{30} = \frac{1}{6}$$

$b = 6$ किमी/घंटा

अतः B की गति $= 6$ किमी/घंटा

49. माना कि ट्रक v किमी/घंटा की गति से t घंटा लेता है और $(v-16)$ किमी/घंटा की गति से $(t+2)$ घंटे लेता है।

प्रश्नानुसार,

$$384\left(\frac{1}{t} - \frac{1}{t+2}\right) = v - (v-16)$$

$$\Rightarrow 384\left(\frac{t+2-t}{t(t+2)}\right) = 16$$

$$\Rightarrow 24\times\frac{2}{t(t+2)} = 1$$

$$\Rightarrow t^2 + 2t - 48 = 0$$

$$\Rightarrow (t+8)\,(t-6) = 0$$

$$t = 6$$

वास्तविक गति $=\frac{384}{6}=64$ किमी/प्रति घंटा

वास्तविक गति का 75% $=64\times\frac{75}{100}=48$ किमी/प्रति घंटा

50. पहला व्यक्ति

चूंकि पहला व्यक्ति हर 2 घंटे के बाद आराम करता है, वह सुबह 11 बजे से दोपहर 1 बजे तक यात्रा करेगा और फिर दोपहर 1 बजे से दोपहर 2 बजे तक 1 घंटे के लिए आराम करेगा।

प्रथम व्यक्ति द्वारा सुबह 11 बजे से दोपहर 2 बजे तक तय की गई दूरी $=10\times2=20$ किमी

अगले 2 घंटों में दोपहर 2 बजे से शाम 4 बजे तक तय की गई दूरी $=10\times2=20$ किमी

प्रथम व्यक्ति द्वारा 4 बजे तक तय की गई कुल दूरी $=40$ किमी

अब आराम शाम 4 बजे से शाम 5 बजे तक लिया जाता है

इन 2 घंटों में दूसरा व्यक्ति यात्रा करता है $=15\times2=30$ किमी

अब शेष 10 किमी शाम 4 बजे से शाम 5 बजे तक कवर किया जाता है क्योंकि इस समय में पहला आराम कर रहा है।

अब 10 किमी $\frac{10}{15}$ घंटे में तय किया जाता है $=\frac{2}{3}$ घंटे $=$ 40 मिनट तो दोनों शाम 4:40 बजे मिलते हैं।

51. दिया गया है,

एक मिसाइल की चाल =1386 किमी./घंटा

$=\left(1386\times\frac{5}{18}\right)$ मीटर/सेकण्ड $=385$ मीटर/सेकण्ड

अत: एक सेकंड में मिसाइल 385 मीटर की दूरी तय करती है।

52. कुल दूरी =60 किमी.

ठहराव सहित बस की चाल $=y$ किमी./घंटा

$\therefore$ बगैर ठहराव सहित बस की चाल

$=(y+4)$ किमी./घंटा

दिये गये प्रश्न के अनुसार $\frac{60}{y}-\frac{60}{y+4}=\frac{20}{60}$

$\Rightarrow 60\left(\frac{y+4-y}{y(y+4)}\right)=\frac{1}{3}\Rightarrow 60\left(\frac{4}{y(y+4)}\right)=\frac{1}{3}$

$\Rightarrow 240\times3=y(y+4)\Rightarrow 720=y^2+4y$

$\Rightarrow y=36$ किमी./घंटा

$\therefore$ बस की अभीष्ट चाल $=40$ किमी./घंटा

53. माना व्यक्ति की चाल $=x$ किमी/घंटा, समय $=t$

प्रश्नानुसार,

$$x=\frac{75}{t} \quad \text{... (1)}$$

$$x\times\frac{3}{4}=\frac{75}{(t+1)} \quad \text{... (2)}$$

(1) व (2) से

$$\frac{75}{t}=\frac{75}{(t+1)}\times\frac{4}{3}$$

$$t=3$$

$$x=\frac{75}{3}$$

$x=25$ किमी/घंटा

54. माना दोनों स्कूटर z बिन्दु पर मिलते है।

पहले स्कूटर द्वारा 2 घंटों में तय की गई दूरी = 100 किमी.

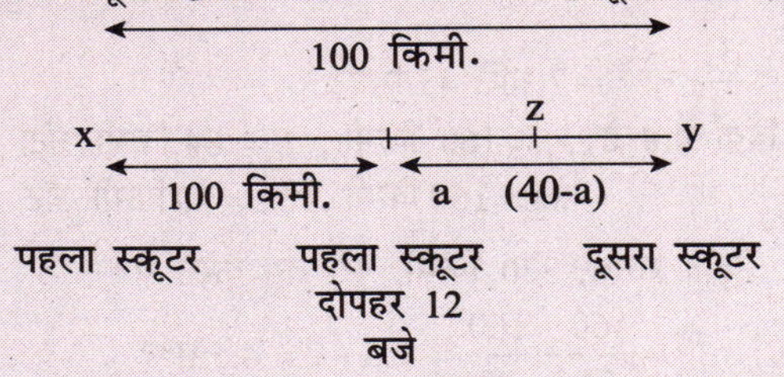

$\therefore$ x किमी. दूरी तय करने में लगा समय $=\frac{x}{50}$ घण्टे

दूसरे स्कूटर को $(40-x)$ किमी. दूरी तय करने में लगा समय

$=\frac{40-z}{30}$

$\therefore \frac{x}{50}=\frac{40-x}{30}$

$\Rightarrow 3x=200-5x\Rightarrow 8x=200\Rightarrow x=25$ किमी.

$\therefore$ A के 25 किमी. दूरी तय करने में लगा समय

$=\frac{25}{50}$ घण्टे $=\frac{1}{2}$ घंटा = 30 मिनट

दोनों स्कूटरों के मिलने का समय = 12:30 p.m.

55. ट्रक द्वारा तय की गई दूरी

= चाल × समय = 70 × 12 = 840 किमी.

कार द्वारा 12 घंटें में तय की गई दूरी

= 840 + 120 = 960 किमी.

कार की औसत चाल $=\frac{960}{12}=80$ किमी./घंटा

56. जब सरिता व जूली एक स्थान से विपरीत दिशाओं में चलना शुरू करता है, तो उनकी आपेक्षित गति = 2 + 2.5 = 4.5 किमी/घंटा

18 किमी/घंटा दूरी तय करने में लगा समय $=\frac{\text{दूरी}}{\text{चाल}}$

$=\frac{18}{4.5}=4$ घंटे

57. 600 मी. लंबी गली को पार करने में लगा समय = 5 मिनट

अभीष्ट वेग $=\frac{600}{1000}\times\frac{60}{5}=7.2$ किमी./घंटा

58. (x किमी॰ पैदल जाने में लगा समय) + (x किमी॰ घुड़सवारी में लगा समय) $=\frac{23}{4}$ घण्टे.

$\Rightarrow$($2x$ किमी॰ पैदल जाने में लगा समय) + ($2x$ किमी॰ घुड़सवारी में लगा समय) $=\frac{23}{2}$ घण्टे

$\Rightarrow$ (2x किमी॰ पैदल जाने में लगा समय) $+\left(\frac{23}{4}-2\right)$ घण्टे

$= \frac{23}{2}$ घण्टे

$\Rightarrow$ (2x किमी॰ पैदल जाने में लगा समय) $=\left(\frac{23}{2}-\frac{15}{4}\right)$ घण्टे

$= \frac{31}{4}$ घण्टे = 7 घण्टे 45 मिनट.

59. दिया गया है: $x_1 = 160$ किमी., $S_1 = 64$ किमी./घंटा

$x_2 = 160$ किमी., $S_2 = 80$ किमी./घंटा

कुल समय, 320 किमी. दूरी तय करने में

$= \frac{160}{64} + \frac{160}{80} = 2.5 + 2 = 4.5$ घण्टे

औसत रफ्तार $= \frac{320}{4.5} = 71.11$ किमी./घंटा

60. बस और मेट्रो की औसत गति क्रमशः 30 किमी./घंटा एवं 60 किमी./घंटा है।

बस एवं मेट्रो द्वारा तय की गई दूरी x एवं $6x$ है

कार्य स्थान पहुँचने में लगा समय = 1 घंटा

प्रश्नानुसार,

$\Rightarrow \frac{x}{30} + \frac{6x}{60} = 1$ घंटा $\Rightarrow \frac{2x+6x}{60} = 1$

$\Rightarrow \frac{8x}{60} = 1$ $\Rightarrow x = \frac{60}{8} = 7.5$ किमी.

कुल तय की गई दूरी

$= x + 6x = 7x = 7 \times 7.5 = 52.5$ किमी.

प्रश्नमाला 17B

1. 3 किमी॰ प्रति घण्टा की चाल से चलकर मैं अपने गन्तव्य पर 40 मिनट देर से पहुँचता हूँ तथा 4 किमी॰ प्रति घण्टा की चाल से चलकर मैं अपने गन्तव्य पर निर्धारित समय से 30 मिनट पहले पहुँच जाता हूँ. मेरे गन्तव्य की दूरी कितनी है?

(*a*) 17 किमी॰ (*b*) 14 किमी॰ (*c*) 12 किमी॰ (*d*) 19 किमी॰

2. एक व्यक्ति स्थान *A* से स्थान *B* की दूरी 20 किमी॰ प्रति घण्टा की चाल से तथा *B* से *A* तक की दूरी 30 किमी॰ प्रति घण्टा की चाल से तय करता है. यदि पूरी यात्रा में उसे 5 घण्टे लगे हों तो *A* से *B* तक की दूरी ज्ञात कीजिए.

(*a*) 60 किमी॰ (*b*) 54 किमी॰ (*c*) 62 किमी॰ (*d*) 59 किमी॰

3. तीन कारों की चाल 2 : 3 : 4 के अनुपात में हैं. इन कारों द्वारा समान दूरी तय करने में लिये गये समय का अनुपात कितना है?

(*a*) 2 : 3 : 5 (*b*) 7 : 3 : 4 (*c*) 6 : 4 : 3 (*d*) 3 : 5 : 2

4. दो स्टेशनों *A* तथा *B* के बीच की दूरी 200 किमी॰ है. एक मोटर साईकिल सवार स्टेशन *A* से प्रातः 7 बजे, 20 किमी॰ प्रति घण्टा की चाल से *B* के लिए चलता है. एक अन्य मोटर साईकिल सवार स्टेशन *B* से उसी दिन प्रातः 8 बजे, 25 किमी॰ प्रति घण्टा की चाल से स्टेशन *A* की ओर चलता है. वे आपस में किस समय मिलेंगे?

(*a*) 11 बजे सुबह (*b*) 10 बजे सुबह

(*c*) 2 बजे दोपहर (*d*) 12 बजे दोपहर

5. शिवांगी एक नियत समय पर अपने घर से विद्यालय के लिए चलना आरम्भ करती है. यदि उसकी चाल 5 किमी॰ प्रति घण्टा हो तो वह 7 मिनट देरी से विद्यालय पहुँचती है. यदि उसकी चाल 6 किमी॰ प्रति घण्टा हो, तो वह ठीक समय से 5 मिनट पहले विद्यालय पहुँच जाती है. उसके घर से विद्यालय की दूरी कितनी है?

(*a*) 6 किमी॰ (*b*) 4 किमी॰ (*c*) 5 किमी॰ (*d*) 7 किमी॰

6. एक कार द्वारा 100 किमी॰ की दूरी एक निश्चित चाल से की जानी थी. परन्तु आधी दूरी तय करने के बाद इन्जिन में कुछ खराबी हो जाने के कारण इसने शेष दूरी उस चाल की आधी चाल से तय की तथा गन्तव्य स्थान पर यह 2 घण्टे देरी से पहुँचा. कार की प्रारम्भिक चाल कितनी थी?

(*a*) 25 किमी/घंटा (*b*) 27 किमी/घंटा

(*c*) 18 किमी/घंटा (*d*) 20 किमी/घंटा

7. दो स्थान *A* तथा *B* एक दूसरे से 80 किमी॰ के फासले पर स्थित हैं. एक कार *A* से चलना आरम्भ करती है तथा दूसरी *B* से. यदि वे एक ही दिशा में चलें तो 8 घण्टे बाद परस्पर मिलती हैं. यदि वे एक दूसरे की विपरीत दिशा में चलें तो 1 घण्टा 20 मिनट बाद मिलती हैं. प्रत्येक कार की गति ज्ञात कीजिए.

(*a*) 30 किमी/घण्टा, 25 किमी/घण्टा

(*b*) 25 किमी/घण्टा, 25 किमी/घण्टा

(*c*) 32 किमी/घण्टा, 27 किमी/घण्टा

(*d*) 32 किमी/घण्टा, 27 किमी/घण्टा

8. दो रेलगाड़ियाँ दो स्थानों से जिनके बीच की दूरी 650 किमी॰ है, एक दूसरे की ओर चलती हैं. यदि वे एक ही समय पर चलें तो 10 घण्टे बाद मिलती हैं. परन्तु, यदि एक गाड़ी दूसरी गाड़ी से 4 घण्टे 20 मिनट देरी से चले, तो वे दूसरी गाड़ी के चलने के 8 घण्टे बाद मिलती हैं. प्रत्येक गाड़ी की औसत गति ज्ञात कीजिए.

(*a*) 25 किमी/घण्टा, 30 किमी/घण्टा

(*b*) 27 किमी/घण्टा, 30 किमी/घण्टा

(*c*) 30 किमी/घण्टा, 35 किमी/घण्टा

(*d*) 32 किमी/घण्टा, 35 किमी/घण्टा

9. एक रेलगाड़ी $193\frac{1}{3}$ किमी॰ की दूरी $4\frac{1}{4}$ घण्टे में तय करती है जबकि यह रास्ते में 10 मिनट के लिए एक स्थान पर 5-5 मिनटों के लिए दो स्थानों पर तथा 3 मिनट के लिए एक स्थान पर रुकती है. इस रेलगाड़ी की औसत चाल ज्ञात कीजिए.

(*a*) 45 किमी/घण्टा (*b*) 48 किमी/घण्टा

(*c*) 30 किमी/घण्टा (*d*) 35 किमी/घण्टा

10. एक व्यक्ति मोटर साईकिल द्वारा एक निश्चित दूरी तय करता है. यदि वह 6 किमी०/घण्टा धीरे चलता तो उसे 8 मिनट अधिक लगते. परन्तु, यदि वह 4 किमी०/घण्टा तेज चलता तो उसे $4\frac{1}{2}$ मिनट कम लगते. दूरी ज्ञात कीजिए.

(*a*) 66 किमी (*b*) 68 किमी (*c*) 76 किमी (*d*) 72 किमी

11. एक व्यक्ति साईकिल पर किसी चाल से कुछ दूरी तय करता है. यदि वह 3 किमी० प्रति घण्टा तेज चलता तो उसे वह दूरी तय करने में 40 मिनट कम लगते. यदि वह 2 किमी० प्रति घण्टा धीरे चलता, तो उसे 40 मिनट अधिक लगते. कुल दूरी तथा उस व्यक्ति की साईकिल द्वारा प्रारम्भिक चाल ज्ञात कीजिए.

(*a*) 12 किमी, 34 किमी/घण्टा (*b*) 12 किमी, 35 किमी/घण्टा
(*c*) 15 किमी, 40 किमी/घण्टा (*d*) 15 किमी, 35 किमी/घण्टा

12. एक खरगोश एक कुत्ते से 100 मीटर आगे है. उसने पीछे मुड़कर कुत्ते को देखा तथा 12 किमी० प्रति घण्टा की गति से भागना आरम्भ किया. आधा मिनट बाद कुत्ते ने खरगोश को देखा तथा 16 किमी० प्रति घण्टा की गति से उसका पीछा किया. वह कब उसे पकड़ लेगा ?

(*a*) 5 मिनट (*b*) 3 मिनट (*c*) 4 मिनट (*d*) 6 मिनट

13. एक व्यक्ति ने 3990 किमी० की दूरी का कुछ भाग वायुयान द्वारा, कुछ भाग जलयान द्वारा तथा शेष भाग थल यात्रा से तय किया. वायुयान, जलयान तथा थल पर की गई यात्रा में लिये गये समय का अनुपात 1:16:2 है तथा यात्रा के साधनों की औसत गतियों का अनुपात क्रमशः 20:1:3 है. यदि उसकी कुल औसत गति 42 किमी० प्रति घण्टा हो, तो जलयान द्वारा तय की गई दूरी ज्ञात कीजिए.

(*a*) 1400 किमी (*b*) 1470 किमी
(*c*) 1520 किमी (*d*) 1545 किमी

14. एक रेलगाड़ी को किसी स्टेशन से चलने के 3 घण्टे बाद दुर्घटनाग्रस्त होने के कारण एक घण्टा रुकना पड़ा. इसके बाद यह रेलगाड़ी मूलगति की 75% गति से आगे चली तथा अपने गंतव्य स्थान पर 4 घण्टे देरी से पहुँची. यदि दुर्घटना उसी रेलवे लाईन पर 150 किमी० आगे हुई होती, तो गाड़ी केवल $3\frac{1}{2}$ घण्टे विलम्ब से पहुँचती. यात्रा की दूरी तथा गाड़ी की मूल गति ज्ञात कीजिए.

(*a*) 1400 किमी, 100 किमी/घण्टा
(*b*) 1500 किमी, 120 किमी/घण्टा
(*c*) 1000 किमी, 80 किमी/घण्टा
(*d*) 1200 किमी, 100 किमी/घण्टा

15. एक मालगाड़ी स्टेशन *A* से स्टेशन *B* की ओर जाती हुई, चलने के ठीक 1 घण्टे के बाद दुर्घटनाग्रस्त हो जाती है. वहाँ पर 30 मिनट रुकने के बाद वह अपनी प्रारम्भिक चाल की $\frac{4}{5}$ चाल से पुनः चलना आरम्भ कर देती है तथा इसी चाल से *B* पर 2 घण्टे देरी से पहुँचती है. यदि गाड़ी दुर्घटनाग्रस्त होने से पहले 80 किमी० और अधिक चल लेती, तो वह ठीक एक घण्टा देरी से पहुँचती. गाड़ी की प्रारम्भिक चाल ज्ञात कीजिए.

(*a*) 12 किमी/घण्टा (*b*) 18 किमी/घण्टा
(*c*) 20 किमी/घण्टा (*d*) 25 किमी/घण्टा

उत्तरमाला (प्रश्नमाला 17B)

1. (*b*) **2.** (*a*) **3.** (*c*) **4.** (*d*) **5.** (*a*) **6.** (*a*) **7.** (*b*) **8.** (*c*) **9.** (*c*) **10.** (*d*) **11.** (*a*) **12.** (*b*) **13.** (*c*) **14.** (*d*) **15.** (*c*)

दिये गये प्रश्नों के हल (प्रश्नमाला 17B)

1. माना मेरे गन्तव्य की दूरी $= x$ किमी०. तब

$$\frac{x}{3}-\frac{x}{4}=\frac{(30+40)}{60} \Rightarrow \frac{x}{3}-\frac{x}{4}=\frac{7}{6}$$
$$\Rightarrow 4x-3x=14 \Rightarrow x=14.$$

अभीष्ट दूरी = 14 किमी०.

2. माना दूरी AB = दूरी $BA = x$ किमी०. तब

$$\frac{x}{20}+\frac{x}{30}=5 \Rightarrow 3x+2x=300$$
$$\Rightarrow 5x=300 \Rightarrow x=60.$$

$\therefore$ दूरी AB = 60 किमी०.

3. माना कारों की चाल क्रमशः $2x$ किमी०/घण्टा, $3x$ किमी०/घण्टा तथा $4x$ किमी०/घण्टा है.
माना इनके द्वारा तय की गई समान दूरी $= d$ किमी०.
तब, इनके द्वारा लिया गया समय है क्रमशः
$\frac{d}{2x}$ घण्टे, $\frac{d}{3x}$ घण्टे तथा $\frac{d}{4x}$ घण्टे.

अभीष्ट अनुपात $=\frac{d}{2x}:\frac{d}{3x}:\frac{d}{4x}=\frac{1}{2}:\frac{1}{3}:\frac{1}{4}=6:4:3.$

4. माना पहला मोटर साईकिल सवार X है तथा दूसरा Y है.
माना X के स्टेशन A से चलने के t घण्टे बाद दोनों सवार मिलते हैं.
तब, (X द्वारा t घण्टे में तय की गई दूरी) + [Y द्वारा $(t-1)$ घण्टे में तय की गई दूरी] = 200 किमी०.

$$\therefore\ 20t+25(t-1)=200 \Rightarrow 45t-25=200$$
$$\Rightarrow 45t=225 \Rightarrow t=\frac{225}{45}=5 \text{ घण्टे.}$$

अतः वे दोनों (7 बजे + 5 घण्टे) = 12 बजे दोपहर मिलेंगे.

5. माना अभीष्ट दूरी $= x$ किमी०. तब

$$\frac{x}{5}-\frac{x}{6}=\frac{12}{60} \Rightarrow \frac{x}{5}-\frac{x}{6}=\frac{1}{5}$$
$$\Rightarrow 6x-5x=6 \Rightarrow x=6.$$

$\therefore$ उसके घर से विद्यालय की दूरी = 6 किमी०.

6. माना प्रारम्भिक चाल = x किमी०/घण्टा. तब

$$\frac{50}{(x/2)}-\frac{50}{x}=2 \Rightarrow \frac{100}{x}-\frac{50}{x}=2$$

$$\Rightarrow 2x=(100-50)=50 \Rightarrow x=25.$$

अत: प्रारम्भिक चाल = 25 किमी०/घण्टा.

7. माना A तथा B से चलने वाली कारों की गति क्रमश: x किमी० प्रति घण्टा तथा y किमी० प्रति घण्टा हैं तथा ये कार क्रमश: A तथा B हैं.

दशा 1: जब दोनों कारें एक ही दिशा में चलें:

इस दशा में:

(कार A द्वारा 8 घण्टे में चली दूरी) − (कार B द्वारा 8 घण्टे में चली दूरी) = 80 किमी०.

$\Rightarrow 8x-8y=80$

$\Rightarrow x-y=10$ ...(*i*)

दशा 2: जब दोनों कारें विपरीत दिशा में चलें:

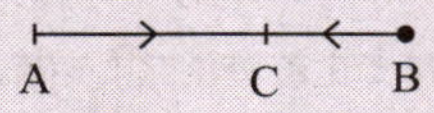

इस दशा में:

(कार A द्वारा $\frac{4}{3}$ घण्टे में चली दूरी) + (कार B द्वारा $\frac{4}{3}$ घण्टे में चली दूरी) = 80 किमी०

$$\Rightarrow \frac{4x}{3}+\frac{4y}{3}=80 \Rightarrow 4x+4y=240 \Rightarrow x+y=60 \quad ...(ii)$$

(*i*) तथा (*ii*) को जोड़ने पर: $2x=70 \Rightarrow x=35$.

(*i*) में $x=35$ रखने पर: $35-y=10 \Rightarrow y=(35-10)=25$.

कार A की गति = 35 किमी०/घण्टा.

कार B की गति = 25 किमी०/घण्टा.

8. माना रेलगाड़ियों A तथा B की औसत गति क्रमश: x किमी०/घण्टा तथा y किमी०/घण्टा है.

स्थिति 1. जब A तथा B एक ही समय पर चलें:

तब, A द्वारा 10 घण्टे में तय की गई दूरी = $(10x)$ किमी०.

B द्वारा 10 घण्टे में तय की गई दूरी = $(10y)$ किमी०.

$\therefore 10x+10y=650 \Rightarrow x+y=65$ ...(*i*)

स्थिति 2. जब गाड़ी B, गाड़ी A से 4 घण्टे 20 मिनट देरी से चले:

$12\frac{1}{3}$ घण्टे में A द्वारा तय की गई दूरी = $\left(\frac{37x}{3}\right)$ किमी०.

8 घण्टे में B द्वारा तय की गई दूरी = $(8y)$ किमी०.

$$\therefore \frac{37x}{3}+8y=650 \Rightarrow 37x+24y=1950 \quad ...(ii)$$

(*i*) को 37 से गुणा करके इसमें से (*ii*) घटाने पर, $13y=455 \Rightarrow y=35$.

अब (*i*) में $y=35$ रखने पर, $x=30$.

अत: इन गाड़ियों की औसत गति क्रमश: 30 किमी०/घण्टा तथा 35 किमी०/घण्टा हैं.

9. रेलगाड़ी द्वारा लिया गया कुल समय = $\frac{17}{4}$ घण्टे.

रुकने में लिया गया समय

$= (10+5+5+3)$ मिनट $= \frac{23}{60}$ घण्टे.

दूरी तय करने में लगा समय $= \left(\frac{17}{4}-\frac{23}{60}\right)$ घण्टे

$= \frac{(255-23)}{60}$ घण्टे $= \frac{232}{60}$ घण्टे $= \frac{58}{15}$ घण्टे.

दी गई दूरी $= \left(\frac{580}{3}\right)$ किमी०.

रेलगाड़ी की औसत चाल

$= \left(\frac{580}{3}\times\frac{15}{58}\right)$ किमी०/घण्टा = 50 किमी०/घण्टा.

10. माना कुल दूरी = x किमी०

तथा सामान्य गति = y किमी० प्रति घण्टा.

$$\frac{x}{(y-6)}-\frac{x}{y}=\frac{8}{60} \Rightarrow \frac{x}{(y-6)}-\frac{x}{y}=\frac{2}{15} \quad ...(i)$$

$$\frac{x}{y}-\frac{x}{(y+4)}=\frac{9}{2\times 60} \Rightarrow \frac{x}{y}-\frac{x}{(y+4)}=\frac{3}{40} \quad ...(ii)$$

(*i*) से: $x\left[\frac{1}{(y-6)}-\frac{1}{y}\right]=\frac{2}{15} \Rightarrow x\left[\frac{y-(y-6)}{y(y-6)}\right]=\frac{2}{15}$

$$\Rightarrow \frac{x}{y(y-6)}=\frac{1}{45} \quad ...(iii)$$

(*ii*) से: $x\left[\frac{1}{y}-\frac{1}{(y+4)}\right]=\frac{3}{40} \Rightarrow x\left[\frac{(y+4)-y}{y(y+4)}\right]=\frac{3}{40}$

$$\Rightarrow \frac{x}{y(y+4)}=\frac{3}{160} \quad ...(iv)$$

(*iii*) को (*iv*) से भाग देने पर:

$$\frac{y(y+4)}{y(y-6)}=\left(\frac{1}{45}\times\frac{160}{3}\right) \Rightarrow \frac{y+4}{y-6}=\frac{32}{27}$$

$$\Rightarrow 27y+108=32y-192$$

$$\Rightarrow 5y=300 \Rightarrow y=60.$$

(*iii*) में $y=60$ रखने पर:

$$\frac{x}{60\times 54}=\frac{1}{45} \Rightarrow x=\frac{60\times 54}{45}=72.$$

अभीष्ट दूरी = 72 किमी०.

11. माना कुल दूरी = x किमी० तथा प्रारम्भिक चाल = y किमी०/घण्टा. तब

$$\frac{x}{y}-\frac{x}{(y+3)}=\frac{40}{60} \Rightarrow \frac{x}{y}-\frac{x}{(y+3)}=\frac{2}{3} \quad ...(i)$$

$$\frac{x}{(y-2)}-\frac{x}{y}=\frac{40}{60} \Rightarrow \frac{x}{(y-2)}-\frac{x}{y}=\frac{2}{3} \quad ...(ii)$$

(*i*) से : $x\left[\frac{1}{y}-\frac{1}{(y+3)}\right]=\frac{2}{3}\Rightarrow x\left[\frac{y+3-y}{y(y+3)}\right]=\frac{2}{3}$

$\Rightarrow \frac{x}{y(y+3)}=\frac{2}{9}$ ...(*iii*)

(*ii*) से : $x\left[\frac{1}{(y-2)}-\frac{1}{y}\right]=\frac{2}{3}\Rightarrow x\left[\frac{y-(y-2)}{(y-2)y}\right]=\frac{2}{3}$

$\Rightarrow \frac{x}{(y-2)y}=\frac{1}{3}$ ...(*iv*)

(*iii*) को (*iv*) से भाग देने पर

: $\frac{x}{y(y+3)}\times\frac{(y-2)y}{x}=\left(\frac{2}{9}\times\frac{3}{1}\right)=\frac{2}{3}$

$\therefore \frac{(y-2)}{(y+3)}=\frac{2}{3}\Rightarrow 3y-6=2y+6\Rightarrow y=12.$

(*iii*) में $y=12$ रखने पर:

$\frac{x}{12\times 15}=\frac{2}{9}\Rightarrow x=\left(\frac{2}{9}\times 12\times 15\right)=40.$

अत: कुल दूरी = 12 किमी० तथा प्रारम्भिक चाल = 40 किमी०/घण्टा.

12. खरगोश का वेग = 12 किमी०/घण्टा $=\left(12\times\frac{5}{18}\right)$ मीटर / से०

$=\frac{10}{3}$ मीटर / से०

कुत्ते का वेग = 16 किमी०/ घण्टा $=\left(16\times\frac{5}{18}\right)$ मीटर / से०

$=\frac{40}{9}$ मीटर / से०

माना कुत्ता t सेकण्ड बाद खरगोश को पकड़ लेता है.

तब, t सेकण्ड में कुत्ते द्वारा तय की गई दूरी $=\left(\frac{40t}{9}\right)$ मीटर.

$(t+30)$ सेकण्ड में खरगोश द्वारा तय की गई दूरी

$=\frac{10}{3}(t+30)$ मीटर.

$\frac{10}{3}(t+30)+100=\frac{40t}{9}\Rightarrow\left(\frac{40t}{9}-\frac{10t}{3}\right)=200$

$\Rightarrow \frac{(40t-30t)}{9}=200\Rightarrow 10t=1800$

$\Rightarrow t=180$ से० = 3 मिनट.

अत: कुत्ता खरगोश को 3 मिनट में पकड़ लेगा.

13. माना वायुयान, जलयान तथा तल पर यात्राओं में लिये गये समय क्रमश: x घण्टे, $16x$ घण्टे तथा $2x$ घण्टे हैं तथा इन यानों की गति क्रमश: $20y$ किमी० प्रति घण्टा, y किमी० प्रति घण्टा तथा $3y$ किमी० प्रति घण्टा है.

तब कुल दूरी $=[(20y\times x)+(y\times 16x)+(3y\times 2x)]$ किमी०

$=(42xy)$ किमी०.

$\therefore 42xy=3990\Rightarrow xy=\frac{3990}{42}\Rightarrow xy=95.$

कुल लिया गया समय $=(x+16x+2x)$ घण्टे $=19x$ घण्टे.

$\therefore \frac{3990}{19x}=42\Rightarrow 19x\times 42=3990$

$\Rightarrow x=\frac{3990}{19\times 42}\Rightarrow x=5.$

$x=5$ रखने पर $5y=95\Rightarrow y=19.$

$\therefore x=5$ तथा $y=19.$

अत: जलयान द्वारा तय की गई दूरी $=(16\times x\times y)$ किमी०

$=(16\times 5\times 19)$ किमी० = 1520 किमी०.

14. माना यात्रा की कुल दूरी = d किमी० तथा रेलगाड़ी की मूल गति = x किमी०/घण्टा.

इस चाल से यात्रा पूरी करने में लगा समय $=\frac{d}{x}$ घण्टे.

3 घण्टे में रेलगाड़ी द्वारा चली दूरी = $3x$ किमी०.

शेष दूरी = $(d-3x)$ किमी०.

दुर्घटना के बाद रेलगाड़ी की गति $=\frac{75x}{100}$ किमी०/ घण्टा

$=\frac{3x}{4}$ किमी०/ घण्टा.

शेष दूरी तय करने में लगा समय

$=\frac{(d-3x)}{(3x/4)}$ घण्टे $=\frac{4(d-3x)}{3x}$ घण्टे.

अत: रेलगाड़ी द्वारा पूरी यात्रा में लिया गया समय

$=\left\{3+1+\frac{4(d-3x)}{3x}\right\}$ घण्टे $=\frac{4d}{3x}$ घण्टे.

सामान्य चाल से पूरी यात्रा में लिया गया समय $=\frac{d}{x}$ घण्टे.

$\therefore \frac{4d}{3x}-\frac{d}{x}=4\Rightarrow\frac{(4d-3d)}{3x}=4\Rightarrow d=12x.$ ...(*i*)

यदि रेलगाड़ी 150 किमी० आगे चलकर दुर्घटनाग्रस्त होती, तो रेलगाड़ी द्वारा लिया गया समय

$=3+1+\frac{150}{x}+\frac{\{d-(150+3x)\}}{(3x/4)}=4+\frac{150}{x}+$

$\frac{4\{d-(150+3x)\}}{3x}=\frac{(4d-150)}{3x}$ घण्टे.

$\therefore \frac{(4d-150)}{3x}-\frac{d}{x}=\frac{7}{2}\Rightarrow\frac{(4d-150)-3d}{3x}=\frac{7}{2}$

$\Rightarrow 2d-21x=300.$ ...(*ii*)

(*i*) तथा (*ii*) को हल करने पर, $x=100$ तथा $d=1200$.

अत: यात्रा की कुल दूरी = 1200 किमी० तथा गाड़ी की मूल गति = 100 किमी०/ घण्टा.

15. माना दूरी $AB=d$ किमी० तथा मालगाड़ी की प्रारम्भिक चाल = x किमी०/घण्टा.

इस चाल से यात्रा पूरी करने में लगा समय $=\frac{d}{x}$ घण्टे.

1 घण्टे में मालगाड़ी द्वारा चली दूरी = x किमी०.

शेष दूरी = $(d-x)$ किमी०.

दुर्घटना के बाद मालगाड़ी की चाल $= \frac{4x}{5}$ किमी०/घण्टा.

शेष दूरी तय करने में लगा समय

$$= \frac{(d-x)}{(4x/5)} \text{ घण्टे } = \frac{5(d-x)}{4x} \text{ घण्टे.}$$

मालगाड़ी द्वारा लिया गया कुल समय

$$= \left\{1+\frac{1}{2}+\frac{5(d-x)}{4x}\right\} \text{ घण्टे } = \left\{\frac{3}{2}+\frac{5(d-x)}{4x}\right\} \text{ घण्टे.}$$

$$\therefore \frac{3}{2}+\frac{5(d-x)}{4x} = \frac{d}{x}+2 \Rightarrow \frac{5(d-x)}{4x}-\frac{d}{x}=\frac{1}{2}$$

$$\Rightarrow \frac{5(d-x)-4d}{4x}=\frac{1}{2} \Rightarrow 2d-10x=4x$$

$$\Rightarrow 2d = 14x \Rightarrow d = 7x. \quad \ldots(i)$$

यदि मालगाड़ी 80 किमी० आगे चलकर दुर्घटनाग्रस्त हुई होती, तो: मालगाड़ी द्वारा लिया गया कुल समय

$$= 1+\frac{80}{x}+\frac{1}{2}+\frac{d-(80+x)}{(4x/5)}$$

$$\therefore 1+\frac{80}{x}+\frac{1}{2}+\frac{d-(80+x)}{(4x/5)} = \frac{d}{x}+1$$

$$\Rightarrow \frac{80}{x}-\frac{100}{x}+\frac{5d}{4x}-\frac{5}{4}+\frac{1}{2}=\frac{d}{x}$$

$$\Rightarrow \frac{d}{4x}-\frac{20}{x}=\frac{3}{4} \Rightarrow d=(80+3x) \quad \ldots(ii)$$

(i) तथा (ii) को हल करने पर : $x = 20$ तथा $d = 140$.

अत: गाड़ी की प्रारम्भिक चाल = 20 किमी०/घण्टा.

❑❑❑

18

रेल सम्बन्धित प्रश्न (PROBLEMS ON TRAINS)

Scan QR Code for Watching Video

सामान्य नियम

1. (*i*) x किमी० प्रति घण्टा $= \left(x \times \frac{5}{18}\right)$ मीटर प्रति सेकण्ड.

(*ii*) x मीटर प्रति सेकण्ड $= \left(x \times \frac{18}{5}\right)$ किमी० प्रति घण्टा.

2. x मीटर लम्बी रेलगाड़ी द्वारा एक खड़े व्यक्ति अथवा खम्भे को पार करने में लगा समय = अपनी चाल से x मी० दूरी तय करने में लगा समय.

3. x मीटर लम्बी रेलगाड़ी द्वारा y मीटर लम्बी स्थिर वस्तु (जैसे: प्लेटफार्म, पुल, सुरंग, खड़ी गाड़ी आदि) को पार करने में लगा समय $= (x + y)$ मीटर दूरी तय करने में लगा समय.

4. (*i*) माना किसी रेलगाड़ी की चाल x किमी० प्रतिघण्टा है तथा इसी की दिशा में कोई चलायमान वस्तु y किमी० प्रति घण्टा की चाल से जा रही है. तब गाड़ी की उस वस्तु के सापेक्ष चाल $= (x - y)$ किमी० प्रति घण्टा.

(*ii*) माना किसी रेलगाड़ी की चाल x किमी० प्रति घण्टा है तथा इसकी विपरीत दिशा में कोई चलायमान वस्तु y किमी० प्रति घण्टा की चाल से आ रही है. तब,
गाड़ी की उस वस्तु के सापेक्ष चाल $= (x + y)$ किमी० प्रति घण्टा.

5. (*i*) माना a मीटर लम्बी रेलगाड़ी x मीटर प्रति सेकण्ड की चाल से जा रही है तथा b मीटर लम्बी रेलगाड़ी इसी की दिशा में समान्तर पटरी पर y मीटर प्रति सेकण्ड की गति से जा रही है. तब,

तेज गाड़ी द्वारा दूसरी गाड़ी को पार करने में लगा समय $= \left(\frac{a+b}{x-y}\right)$ से०.

(*ii*) माना a मीटर लम्बी रेलगाड़ी x मीटर प्रति सेकण्ड की चाल से जा रही है तथा b मीटर लम्बी रेलगाड़ी इसकी विपरीत दिशा में y मीटर प्रति सेकण्ड की गति से जा रही है. तब,

इन गाड़ियों द्वारा एक दूसरे को पार करने में लगा समय $= \left(\frac{a+b}{x+y}\right)$ से०.

6. (*i*) माना एक रेलगाड़ी की लम्बाई a मीटर है. यह रेलगाड़ी x मीटर प्रति सेकण्ड की गति से जा रही है. एक व्यक्ति y मीटर प्रति से० की दर से गाड़ी की दिशा में दौड़ रहा है.

इस व्यक्ति को पार करने में गाड़ी द्वारा लिया गया समय $= \frac{a}{(x-y)}$ से०.

(*ii*) माना एक रेलगाड़ी की लम्बाई a मीटर है. यह रेलगाड़ी x मीटर प्रति सेकण्ड की गति से जा रही है. एक व्यक्ति y मीटर प्रति से० की दर से गाड़ी की विपरीत दिशा में दौड़ रहा है.

इस व्यक्ति को पार करने में गाड़ी द्वारा लिया गया समय $= \frac{a}{(x+y)}$ से०.

साधित उदाहरण

प्रश्न 1. 72 किमी०/घण्टा की चाल से जा रही 60 मीटर लम्बी रेलगाड़ी एक बिजली के खम्भे को कितनी देर में पार कर लेगी ?

हल: गाड़ी की चाल $= \left(72 \times \frac{5}{18}\right)$ मीटर/से० = 20 मीटर/सेकण्ड.

खम्भे को पार करने में लगा समय

= 60 मीटर दूरी तय करने में लगा समय $= \frac{60}{20}$ से०

= 3 सेकण्ड.

प्रश्न 2. 350 मीटर लम्बी रेलगाड़ी 54 किमी०/घण्टा की चाल से 250 मीटर लम्बी गुफा को कितनी देर में पार कर लेगी ?

हल: गाड़ी की चाल $= \left(54 \times \frac{5}{18}\right)$ मीटर/से० = 15 मीटर/से०.

गुफा को पार करने में लगा समय = (350 + 250) मीटर दूरी तय करने में लगा समय

$= \frac{600}{15}$ से० = 40 से०.

प्रश्न 3. एक रेलगाड़ी 120 मीटर लम्बे प्लेटफार्म को 10 सेकण्ड में तथा एक खम्भे को 4 सेकण्ड में पार करती है. रेलगाड़ी की लम्बाई तथा चाल किमी०/घण्टा में ज्ञात कीजिए.

हल: माना रेलगाड़ी की लम्बाई = x मीटर. तब,

रेलगाड़ी की चाल $= \frac{x}{4}$ मीटर/से०.

रेलगाड़ी की चाल $= \frac{(x+120)}{10}$ मीटर/से०.

$\therefore \frac{x}{4} = \frac{(x+120)}{10} \Rightarrow 10x = 4x + 480$

$\Rightarrow 6x = 480 \Rightarrow x = 80.$

$\therefore$ रेलगाड़ी की लम्बाई = 80 मीटर.

रेलगाड़ी की चाल $= \frac{80}{4}$ मीटर/से०

$= \left(20 \times \frac{18}{5}\right)$ किमी०/घण्टा

= 72 किमी०/घण्टा.

प्रश्न 4. 62 किमी०/घण्टा की चाल से जा रही 120 मीटर लम्बी रेलगाड़ी उसी दिशा में 8 किमी०/घण्टा की चाल से भागे जा रहे व्यक्ति को कितनी देर में पार कर लेगी ?

हल: रेलगाड़ी की व्यक्ति के सापेक्ष चाल

= (62 – 8) किमी०/घण्टा $= \left(54 \times \frac{5}{18}\right)$ मीटर/से०

= 15 मीटर/सेकण्ड.

रेलगाड़ी द्वारा व्यक्ति को पार करने में लगा समय

= 120 मीटर दूरी को 15 मीटर/सेकण्ड की चाल से तय करने में लगा समय $= \left(120 \times \frac{1}{15}\right)$ सेकण्ड = 8 सेकण्ड.

प्रश्न 5. 64 किमी०/घण्टा की चाल से जा रही 200 मीटर लम्बी रेलगाड़ी अपने सामने से 8 किमी०/घण्टा की चाल से भागे आ रहे व्यक्ति को कितनी देर में पार कर लेगी ?

हल: रेलगाड़ी की व्यक्ति के सापेक्ष चाल = (64 + 8) किमी०/घण्टा

$= \left(72 \times \frac{5}{18}\right)$ मीटर/से० = 20 मीटर/से०.

रेलगाड़ी द्वारा व्यक्ति को पार करने में लगा समय

= 20 मीटर/से० की चाल से 200 मीटर दूरी तय करने में लगा समय $= \frac{200}{20}$ से० = 10 सेकण्ड.

प्रश्न 6. 100 मीटर लम्बी एक रेलगाड़ी अपनी विपरीत दिशा से 5 किमी० प्रति घण्टा की चाल से अपनी ओर आते हुए व्यक्ति को 6 सेकण्ड में पार कर जाती है. गाड़ी की चाल क्या है ?

हल: माना गाड़ी की चाल = x किमी०/घण्टा.

गाड़ी की व्यक्ति के सापेक्ष चाल

= $(x + 5)$ किमी०/घण्टा $= \left\{(x+5) \times \frac{5}{18}\right\}$ मीटर/से०.

$$\therefore \frac{100}{(x+5) \times \frac{5}{18}} = 6 \Rightarrow \frac{360}{(x+5)} = 6$$

$\Rightarrow x + 5 = \frac{360}{6} = 60 \quad \Rightarrow x = 55$ किमी०/घण्टा.

अत: गाड़ी की चाल = 55 किमी०/घण्टा.

प्रश्न 7. 126 मीटर तथा 114 मीटर लम्बी दो रेलगाड़ियाँ विपरीत दिशाओं में क्रमानुसार 30 किमी०/घण्टा तथा 42 किमी०/घण्टा की चाल से जा रही हैं. मिलने के कितने समय बाद वे एक दूसरे को पार कर लेंगी ?

हल: रेलगाड़ियों की लम्बाई का योग

= (126 + 114) मीटर = 240 मीटर.

आपेक्षिक चाल = (30 + 42) किमी०/घण्टा

$= \left(72 \times \frac{5}{18}\right)$ मीटर/से०

= 20 मीटर/से०.

अभीष्ट समय $= \left(\frac{240}{20}\right)$ से० =12 सेकण्ड.

प्रश्नमाला 18A

निम्नलिखित प्रश्नों में से प्रत्येक में ठीक उत्तर को चिन्हांकित (✓) कीजिए:

1. एक ट्रेन *A* की गति 15 मीटर/सेकेंड है और ट्रेन *B* की गति 25 मीटर/सेकेंड है। ट्रेन *A* एक प्लेटफॉर्म को 38 सेकंड में पार करती है और ट्रेन *B* प्लेटफॉर्म को 25 सेकंड में पार करती है. यदि ट्रेन *A* एक खम्भे को 25 सेकंड में पार करती है, तो ट्रेन *B* की लंबाई ज्ञात कीजिए।

(*a*) 450 मी (*b*) 350 मी (*c*) 430 मी (*d*) 375 मी
(*e*) 360 मी (एस.बी.आई. पी.ओ (प्रा.) परीक्षा, 2021)

2. एक व्यक्ति एक खड़ी हुई रेलगाड़ी को 5 मिनट में पार करता है. यही रेलगाड़ी एक खम्भे को 48 सेकण्ड में पार करती है. व्यक्ति तथा रेलगाड़ी की चालों के बीच क्रमशः क्या अनुपात है ?

(*a*) 3 : 25 (*b*) 4 : 25
(*c*) 25 : 3 (*d*) निर्धारित नहीं किया जा सकता
(*e*) इनमें से कोई नहीं (बैंक पी०ओ० परीक्षा, 2010)

3. 60 किमी०/घण्टा की दर से गतिमान 750 मीटर लम्बी रेलगाड़ी को एक सिग्नल पोस्ट को पार करने में कितना समय लगेगा ? (रेलवे परीक्षा, 2010)

(*a*) 50 सेकण्ड (*b*) 40 सेकण्ड
(*c*) 55 सेकण्ड (*d*) 45 सेकण्ड

4. 200 मीटर और 255 मीटर लंबाई वाली दो ट्रेनें विपरीत दिशा में यात्रा करते समय 7 सेकंड में और समान दिशा में यात्रा करते समय 91 सेकंड में एक दूसरे को पार करती हैं। धीमी ट्रेन की गति (किमी/घंटा में) ज्ञात कीजिए।
(आई.बी.पी.एस. आर.आर.बी. अधिकारी परीक्षा, 2019)

(*a*) 108 किमी/घंटा (*b*) 100 किमी/घंटा
(*c*) 90 किमी/घंटा (*d*) 85 किमी/घंटा

5. 72 किमी प्रति घंटे की गति से यात्रा करने वाली एक ट्रेन 30 सेकंड में एक पोल को पार करती है। यदि वह 54 किमी प्रति घंटे की गति से यात्रा कर रही है तो वही ट्रेन उसी पोल को कितने समय में पार करेगी? (आर.आर.बी. सहायक परीक्षा, 2018)

(*a*) 50 से० (*b*) 60 से० (*c*) 45 से० (*d*) 40 से०
(*e*) 35 से०

6. 72 किमी/घंटा की गति वाली एक रेलगाड़ी एक खम्भे को 18 सेकंड में और एक प्लेटफॉर्म को 33 सेकंड में पार करती है। प्लेटफॉर्म की लंबाई बताएं।

(*a*) 350 मी (*b*) 450 मी (*c*) 300 मी (*d*) 340 मी
(*e*) 310 मी (आई.बी.पी.एस. आर.आर.बी. सहा. (प्रा.) परीक्षा, 2018)

7. एक ट्रेन कार से 40% तेज चलती है। दोनों एक ही समय पर बिंदु A से शुरू करते हैं और एक ही समय पर 140 किमी दूर बिंदु B पर पहुंचते हैं। रास्ते में ट्रेन को स्टेशनों पर रुकने में 25 मिनट का समय लगता है। ट्रेन की गति (किमी/घंटा में) क्या है? (एस.एस.सी. सी.जी.एल. परीक्षा, 2017)

(*a*) 140 (*b*) 145.3 (*c*) 134.4 (*d*) 123.4

8. एक रेलगाड़ी *A* एक स्थिर रेलगाड़ी *B* को 50 सेकण्ड में तथा उसी गति से एक खम्भे को 20 सेकण्ड में पार करती है. यदि *A* की लम्बाई 240 मीटर हो, तो *B* की लम्बाई कितनी है ?

(*a*) 360 मीटर (*b*) 260 मीटर
(*c*) 300 मीटर (*d*) ज्ञात नहीं की जा सकती
(*e*) इनमें से कोई नहीं (बैंक पी०ओ० परीक्षा, 2010)

9. एक 300 मीटर लम्बी रेलगाड़ी ने रेलवे लाइन के साथ-साथ रेलगाड़ी की ही दिशा में 3 किमी०/घण्टा की चाल से जा रहे व्यक्ति को 33 सेकण्ड में पार किया. रेलगाड़ी की चाल कितनी है ?

(*a*) 30 किमी०/घण्टा (*b*) 32 किमी०/घण्टा
(*c*) $32\frac{8}{11}$ किमी०/घण्टा (*d*) $35\frac{8}{11}$ किमी०/घण्टा
(एस०एस०सी० परीक्षा, 2010)

10. ट्रेन में बैठा एक आदमी एक मिनट में 24 टेलीफोन पोस्ट की गिनती कर सकता है। यदि दो टेलीफोन पोस्ट के बीच की दूरी 60 मीटर है, तो ट्रेन किस गति से चल रही है?

(*a*) 90.4 किमी/घंटा (*b*) 86.4 किमी/घंटा
(*c*) 86 किमी/घंटा (*d*) 88.4 किमी/घंटा
[दिल्ली मेट्रो रेल कॉर्पोरेशन सी.आर.ए. परीक्षा, 2017]

11. 110 मीटर लंबी एक ट्रेन 60 किमी प्रति घंटे की गति से चल रही है। ट्रेन जिस दिशा में जा रही है, उसके विपरीत दिशा में 6 किमी प्रति घंटे की गति से दौड़ने वाले व्यक्ति को वह कितने समय में पार कर जाएगी?

(*a*) 6 से० (*b*) 5 से० (*c*) 7 से० (*d*) 8 से०
(एस.एस.सी.-सी.जी.एल. टीयर.1 परीक्षा, 2016)

12. 150 मीटर लंबी रेलगाड़ी एक खम्भे को 15 सेकंड में तथा उतनी ही लंबी एक दूसरी रेलगाड़ी को, जो विपरीत दिशा में चल रही है, 8 सेकंड में पार कर जाती है। दूसरी रेलगाड़ी की क्या चाल है? (यू.पी.पी.एस.सी.-लोअर अधीनस्थ परीक्षा, 2016)

(*a*) 99 किमी./घंटा (*b*) 72 किमी./घंटा
(*c*) 66 किमी./घंटा (*d*) 60 किमी./घंटा

13. एक ट्रेन स्टेशन A से सुबह 5 बजे निकलती है और उसी दिन सुबह 9 बजे स्टेशन B पर पहुँचती है। एक अन्य ट्रेन स्टेशन B से सुबह 7.00 बजे निकलती है और उसी दिन सुबह 10.30 बजे स्टेशन A पर पहुँचती है। दो ट्रेनें किस समय पर एक दूसरे को पार करती हैं? (सी.जी.एल. टीयर.1 परीक्षा, 2015)

(*a*) 7.56 सुबह (*b*) 8.56 सुबह
(*c*) 8.00 सुबह (*d*) 9.00 सुबह

14. एक 180 मीटर लम्बी रेलगाड़ी एक अपने से विपरीत दिशा में चल रही 270 मीटर लम्बी रेलगाड़ी को 10·8 सेकण्ड में पार कर जाती है. यदि पहली रेलगाड़ी की चाल 60 किमी०/घण्टा हो, तो दूसरी रेलगाड़ी की चाल कितनी है ?

(*a*) 80 किमी०/घण्टा (*b*) 90 किमी०/घण्टा
(*c*) 150 किमी०/घण्टा (*d*) ज्ञात नहीं किया जा सकता
(*e*) इनमें से कोई नहीं (बैंक पी०ओ० परीक्षा, 2010)

15. 60 किमी०/घण्टा की चाल से जा रही 240 मीटर लम्बी एक रेलगाड़ी अपनी विपरीत दिशा में 48 किमी०/घण्टा की गति से आ रही एक 270 मीटर लम्बी रेलगाड़ी को कितने समय में पार करेगी ?
(*a*) 17 से० (*b*) 13 से० (*c*) 12 से० (*d*) 8 से०
(*e*) इनमें से कोई नहीं (बैंक पी०ओ० परीक्षा, 2009)

16. 120 मीटर और 90 मीटर लम्बी दो रेलगाड़ियाँ क्रमश: 80 किमी०/घण्टा तथा 55 किमी०/घण्टा की चाल से एक दूसरे की ओर समान्तर पटरियों पर दौड़ रही हैं. यदि उनके बीच की दूरी 90 मीटर हो, तो वे कितने समय बाद एक दूसरे को पार कर जायेंगी ?
(*a*) 5·6 से० (*b*) 7·2 से० (*c*) 8 से० (*d*) 9 से०
(होटल मैनेजमैन्ट परीक्षा, 2009)

17. एक रेलगाड़ी 60 किमी/घंटा की गति से यात्रा करते हुए 30 सेकंड में एक प्लेटफॉर्म को पार करती है। यदि ट्रेन की लंबाई 200 मीटर है, तो प्लेटफॉर्म की लंबाई (मीटर में) होगी।
(*a*) 300 (*b*) 400 (*c*) 250 (*d*) 100
(सी.जी.एल. टीयर-1 परीक्षा, 2014)

18. दो व्यक्ति एक रेलवे लाईन के साथ-साथ एक ही दिशा में क्रमश: 3 किमी०/घण्टा तथा 6 किमी०/घण्टा की चाल से जा रहे हैं. उनके पीछे से आ रही एक रेलगाड़ी उन्हें क्रमश: 9 सेकण्ड तथा 10 सेकण्ड में पार कर जाती है. इस रेलगाड़ी की चाल कितनी है ?
(*a*) 23·2 किमी०/घण्टा (*b*) 33 किमी०/घण्टा
(*c*) 35 किमी०/घण्टा (*d*) 40 किमी०/घण्टा

19. दो रेलगाड़ियाँ एक ही दिशा में क्रमश: 60 किमी०/घण्टा तथा 40 किमी०/घण्टा की चाल से समान्तर पटरियों पर जा रही हैं. तेज रफ्तार वाली रेलगाड़ी धीमी गति वाली रेलगाड़ी में बैठे एक व्यक्ति को 18 सेकण्ड में पार कर जाती है. तेज गति वाली गाड़ी की लम्बाई कितनी है ?
(*a*) 100 मी० (*b*) 90 मी० (*c*) 72 मी० (*d*) 108 मी०

20. एक 280 मीटर लम्बी रेलगाड़ी की गति 60 किमी०/घण्टा है. यह रेलगाड़ी 220 मीटर लम्बे प्लेटफार्म को पार करने में कितना समय लेगी ? (होटल मैनेजमैन्ट परीक्षा, 2008)
(*a*) 20 से० (*b*) 25 से० (*c*) 30 से० (*d*) 35 से०

21. 108 किमी०/घण्टा की चाल से जा रही 240 मीटर लम्बी रेलगाड़ी एक प्लेटफार्म को 20 सेकण्ड में पार कर जाती है. एक व्यक्ति इसी प्लेटफार्म को 5 मिनट में पार करता है. उस व्यक्ति की चाल कितनी है ? (एस०एस०सी० परीक्षा, 2010)
(*a*) 1·8 मीटर/से० (*b*) 2·2 मीटर/से०
(*c*) 1·2 मीटर/से० (*d*) 1·6 मीटर/से०

22. 240 मीटर लम्बी एक रेलगाड़ी अपने सामने से विपरीत दिशा में 3 किमी०/घण्टा की चाल से रेलवे लाईन के साथ-साथ आ रहे व्यक्ति को 10 सेकण्ड में पार कर जाती है. रेलगाड़ी की चाल कितनी है ? (एस०एस०सी० परीक्षा, 2010)
(*a*) 63 किमी०/घण्टा (*b*) 75 किमी०/घण्टा
(*c*) 83·4 किमी०/घण्टा (*d*) 86·4 किमी०/घण्टा

23. एक रेलगाड़ी एक खम्भे को 20 सेकण्ड में पार करती है तथा 100 मीटर लम्बे एक प्लेटफार्म को 30 सेकण्ड में पार करती है. इस रेलगाड़ी की लम्बाई कितनी है ? (बैंक पी०ओ० परीक्षा, 2010)
(*a*) 100 मीटर (*b*) 150 मीटर (*c*) 180 मीटर (*d*) 200 मीटर
(*e*) इनमें से कोई नहीं

24. एक 240 मीटर लम्बी रेलगाड़ी एक प्लेटफार्म को 20 सेकण्ड में पार कर जाती है. रेलगाड़ी की चाल कितनी है ?
(*a*) 10 मी०/से० (*b*) 12 मी०/से०
(*c*) 18 मी०/से० (*d*) निर्धारित नहीं किया जा सकता
(*e*) इनमें से कोई नहीं (बैंक पी०ओ० परीक्षा, 2008)

25. एक रेलगाड़ी एक समान चाल से चलकर 122 मीटर लम्बे प्लेटफार्म को 17 सेकण्ड में तथा 210 मीटर लम्बे पुल को 25 सेकण्ड में पार करती है. रेलगाड़ी की चाल कितनी है ?
(*a*) 46·5 किमी०/घण्टा (*b*) 37·5 किमी०/घण्टा
(*c*) 37·6 किमी०/घण्टा (*d*) 39·6 किमी०/घण्टा
(एस०एस०सी० परीक्षा, 2008)

26. एक 240 मीटर लम्बी रेलगाड़ी को एक खम्भे को पार करने में जितना समय लगता है, उतनी ही गति से उसे अपनी लम्बाई की दुगुनी लम्बाई के प्लेटफार्म को पार करने में उससे 40 सेकण्ड अधिक लगते हैं. रेलगाड़ी की चाल कितनी है ?
(*a*) 6 मी०/से० (*b*) 24 मी०/से०
(*c*) 36 मी०/से० (*d*) 12 मी०/से०
(*e*) इनमें से कोई नहीं (बैंक पी०ओ० परीक्षा, 2008)

27. दो रेलगाड़ियों में से प्रत्येक 210 मीटर लम्बी है. इनमें से एक रेलगाड़ी प्लेटफार्म पर खड़ी है तथा दूसरी इस गाड़ी की ओर समान्तर पटरी पर 84 किमी०/घण्टा की चाल से आ रही है. परस्पर मिलने के कितनी देर बाद यह गाड़ी खड़ी गाड़ी को पार कर जायेगी ?
(*a*) 9 से० (*b*) 12 से० (*c*) 15 से० (*d*) 18 से०

28. एक रेलगाड़ी 30 किमी०/घण्टा की चाल से जा रही है. एक व्यक्ति उसी दिशा में पटरियों के समान्तर 15 किमी०/घण्टा की गति से दौड़ रहा है. यदि रेलगाड़ी उस व्यक्ति को 48 सेकण्ड में पार करे तो रेलगाड़ी की लम्बाई कितनी है ? (रेलवे परीक्षा, 2008)
(*a*) 220 मीटर (*b*) 300 मीटर (*c*) 250 मीटर (*d*) 200 मीटर

29. एक 250 मीटर लम्बी रेलगाड़ी एक सिग्नल के खम्भे को 15 सेकण्ड में पार करती है. रेलगाड़ी की चाल कितनी है ?
(*a*) 48 किमी०/घण्टा (*b*) 60 किमी०/घण्टा
(*c*) 72 किमी०/घण्टा (*d*) 64 किमी०/घण्टा
(*e*) इनमें से कोई नहीं (बैंक पी०ओ० परीक्षा, 2009)

30. एक समान चाल से चलती हुई रेलगाड़ी 162 मीटर लम्बे प्लेटफार्म को 18 सेकण्ड में तथा एक अन्य 120 मीटर लम्बे प्लेटफार्म को 15 सेकण्ड में पार कर जाती है. रेलगाड़ी की चाल कितनी है ?
(*a*) 40·6 किमी०/घण्टा (*b*) 42 किमी०/घण्टा
(*c*) 50·4 किमी०/घण्टा (*d*) 67·2 किमी०/घण्टा
(एस०एस०सी० परीक्षा, 2009)

31. समान लम्बाई की दो रेलगाड़ियाँ एक दूसरे के समान्तर पटरियों पर एक ही दिशा में क्रमश: 56 किमी०/घण्टा तथा 46 किमी०/घण्टा की चाल से जा रही हैं. तेज गति वाली रेलगाड़ी दूसरी रेलगाड़ी को 36 सेकण्ड में पार कर जाती है. प्रत्येक रेलगाड़ी की लम्बाई

कितनी है ?

(*a*) 50 मी० (*b*) 60 मी० (*c*) 72 मी० (*d*) 80 मी०

32. दो मालगाड़ियाँ जिनमें से प्रत्येक 500 मीटर लम्बी है, समान्तर पटरियों पर एक दूसरे की विपरीत दिशा में क्रमशः 45 किमी०/घण्टा तथा 30 किमी०/घण्टा की चाल से जा रही हैं. धीमी गति वाली रेलगाड़ी दूसरी गाड़ी के चालक को कितनी देर में पार कर जायेगी ?

(*a*) 12 से० (*b*) 24 से० (*c*) 48 से० (*d*) 60 से०

33. दो व्यक्ति क्रमशः 2 किमी०/घण्टा तथा 4 किमी०/घण्टा की चाल से उसी दिशा में जा रहे हैं जिस दिशा में एक रेलगाड़ी जा रही है. यह रेलगाड़ी इन्हें क्रमशः 9 सेकण्ड तथा 10 सेकण्ड में पार कर जाती है. रेलगाड़ी की लम्बाई कितनी है ?

(*a*) 72 मीटर (*b*) 54 मीटर (*c*) 50 मीटर (*d*) 45 मीटर

34. एक रेलगाड़ी पटना से हावड़ा के लिए तथा दूसरी हावड़ा से पटना के लिए एक ही समय पर चलती हैं. मिलने के बाद ये रेलगाड़ियां क्रमशः 9 घण्टे तथा 16 घण्टे में अपने गंतव्य स्थान पर पहुँचती हैं. इनकी चालों में क्या अनुपात है ?

(*a*) 2 : 3 (*b*) 4 : 3 (*c*) 6 : 7 (*d*) 9 : 16

35. दो रेलगाड़ियां *X* तथा *Y*, स्टेशन *A* तथा *B* से क्रमशः *B* तथा *A* की ओर एक ही समय पर चलना प्रारम्भ करती हैं. एक दूसरे को मिलने के बाद वे क्रमशः 4 घण्टे 48 मिनट तथा 3 घण्टे 20 मिनट में *B* तथा *A* पर पहुँचती हैं. यदि *X* की चाल 45 किमी०/घण्टा हो, तो *Y* की चाल कितनी है ?

(*a*) 60 किमी०/घण्टा (*b*) 54 किमी०/घण्टा
(*c*) 64·8 किमी०/घण्टा (*d*) 37·5 किमी०/घण्टा

36. एक दूसरे की विपरीत दिशाओं में जा रही दो रेलगाड़ियाँ प्लेटफार्म पर खड़े एक व्यक्ति को क्रमशः 27 सेकण्ड तथा 17 सेकण्ड में पार करती हैं तथा एक दूसरे को 23 सेकण्ड में पार करती हैं. इनकी चालों का अनुपात है:

(*a*) 1 : 3 (*b*) 3 : 2
(*c*) 3 : 4 (*d*) इनमें से कोई नहीं

37. 48 किमी०/घण्टा की चाल से जा रही एक रेलगाड़ी अपने से आधी लम्बाई की रेलगाड़ी को जो इसकी विपरीत दिशा में 42 किमी०/घण्टा की चाल से आ रही है उसे 12 सेकण्ड में पार कर जाती है. यह रेलगाड़ी एक प्लेटफार्म को 45 सेकण्ड में पार कर जाती है. इस प्लेटफार्म की लम्बाई कितनी है ?

(*a*) 400 मी० (*b*) 450 मी० (*c*) 560 मी० (*d*) 600 मी०

38. दो स्टेशन *A* तथा *B* एक दूसरे से 110 किमी० दूरी पर स्थित हैं. एक रेलगाड़ी *A* से प्रातः 7 बजे *B* की ओर 20 किमी०/घण्टा की चाल से चलती है. दूसरी रेलगाड़ी उसी दिन प्रातः 8 बजे *B* से *A* की ओर 25 किमी०/घण्टा की चाल से चलती है. वे किस समय मिलेंगी ?

(*a*) प्रातः 9 बजे (*b*) प्रातः 10 बजे
(*c*) प्रातः 10·30 बजे (*d*) प्रातः 11 बजे

39. 120 किमी०/घण्टा की चाल से जा रही एक रेलगाड़ी *A* इसी की दिशा में समान्तर पटरी पर जा रही गाड़ी *B* को 2 मिनट में पार कर जाती है. यदि इन गाड़ियों की लम्बाईयाँ क्रमशः 100 मीटर तथा 200 मीटर हों, तो *B* की चाल कितनी है ?

(*a*) 111 किमी०/घण्टा (*b*) 123 किमी०/घण्टा
(*c*) 127 किमी०/घण्टा (*d*) 129 किमी०/घण्टा

40. प्लेटफार्म पर खड़े एक व्यक्ति ने अनुभव किया कि एक रेलगाड़ी उसे 6 सेकण्ड में पार कर गई. इस गाड़ी के विपरीत दिशा में जाने वाली गाड़ी ने इस व्यक्ति को 9 सेकण्ड में पार किया. यदि दोनों गाड़ियों की लम्बाई बराबर हों, तो एक दूसरे को पार करने में ये गाड़ियां कितना समय लेंगी ?

(*a*) 6·8 सेकण्ड (*b*) 7·2 सेकण्ड
(*c*) 6·2 सेकण्ड (*d*) 7·8 सेकण्ड

41. एक रेलगाड़ी *A* मेरठ से सायं 4 बजे चलकर सांय 5 बजे गाजियाबाद पहुँचती है. दूसरी रेलगाड़ी *B* गाजियाबाद से सायं 4 बजे चलकर सायं 5·30 बजे मेरठ पहुँचती है. दोनों रेलगाड़ियां कितने बजे एक दूसरे को मिलेंगी ?

(*a*) सायं 4·36 बजे (*b*) सायं 4·42 बजे
(*c*) सायं 4·48 बजे (*d*) सायं 4·50 बजे

42. एक रेलगाड़ी 110 मीटर लम्बे प्लेटफार्म को 40 सेकण्ड में तथा उस प्लेटफार्म पर खड़े लड़के को 30 सेकण्ड में पार कर जाती है. रेलगाड़ी की लम्बाई कितनी है ? **(एस०एस०सी० परीक्षा, 2008)**

(*a*) 100 मीटर (*b*) 110 मीटर (*c*) 220 मीटर (*d*) 330 मीटर

43. एक रेलगाड़ी एक बिजली के खम्भे को 5 सेकण्ड में पार कर जाती है तथा एक 600 मीटर लम्बे पुल को 35 सेकण्ड में. रेलगाड़ी की चाल कितनी है ? **(बी०बी०ए० परीक्षा, 2007)**

(*a*) 40 किमी०/घण्टा (*b*) 64 किमी०/घण्टा
(*c*) 72 किमी०/घण्टा (*d*) 84 किमी०/घण्टा

44. एक ट्रेन 30 सेकंड में एक ऐसे प्लेटफॉर्म से गुजरती है जिसकी लंबाई ट्रेन की लंबाई से 50 मीटर अधिक है। यदि प्लेटफॉर्म की लंबाई ट्रेन की लंबाई की 2 गुना होती तो ट्रेन को प्लेटफॉर्म को पार करने में 40 सेकंड का समय लगता। ट्रेन की गति बताएं।

(*a*) 15 मी/से० (*b*) 19 मी/से० (*c*) 18 मी/से० (*d*) 16 मी/से०
(*e*) 14 मी/से **(एस.बी.आई. पी.ओ (प्रा.) परीक्षा, 2021)**

45. दो रेलगाड़ियाँ जिनकी चाल 3 : 4 के अनुपात में हैं, समान्तर पटरियों पर विपरीत दिशाओं में जा रही हैं. यदि प्रत्येक रेलगाड़ी एक खम्भे को पार करने में 3 सेकण्ड ले, तो वे कितने समय में एक दूसरे को पार कर लेंगी ?

(*a*) 3 से० (*b*) 4 से० (*c*) 7 से० (*d*) 21 से०

46. एक ट्रेन A एक ऊर्ध्वाधर खम्भे को 15 मीटर/सेकेंड की गति से 20 सेकंड में पार करती है। यदि ट्रेन A की गति ट्रेन B की गति से 3 मीटर/सेकंड कम है और ट्रेन B की लंबाई ट्रेन A की लंबाई से 30 मीटर कम है। ट्रेन B द्वारा 270 मीटर लंबे प्लेटफॉर्म को पार करने में लगने वाला समय ज्ञात कीजिए।

(*a*) 30 से० (*b*) 40 से० (*c*) 50 से० (*d*) 45 से०
(*e*) 35 से० **(एस.बी.आई. पी.ओ (प्रा.) परीक्षा, 2019)**

47. ट्रेन A, 90 किमी/घंटा की गति से दौड़ती हुई एक खम्भे को 14 सेकंड में पार कर सकती है। एक अन्य ट्रेन B जो 280 मीटर लंबी है और उसी दिशा में चल रही है जिस दिशा में ट्रेन A चल रही है और वह ट्रेन A को 70 सेकंड में पार करती है। ट्रेन B की गति ज्ञात कीजिए।

(*a*) 100 किमी/घंटा (*b*) 120 किमी/घंटा
(*c*) 140 किमी/घंटा (*d*) 122.4 किमी/घंटा
(*c*) इनमें से कोई नहीं **(नैनीताल बैंक क्लर्क परीक्षा, 2017)**

48. एक व्यक्ति ट्रेन से 70 किमी प्रति घंटे की गति से 700 किमी जाता है, पानी जहाज से 50 किमी/घंटे की गति से 900 किमी जाता है। हवाई जहाज से 500 किमी/घंटे की गति से 1000 किमी और कार से 60 किमी/घंटे की गति से 150 किमी जाता है। संपूर्ण दूरी के लिए औसत गति कितनी है?

(*a*) $84\frac{12}{13}$ किमी प्रति घंटा (*b*) $84\frac{1}{13}$ किमी प्रति घंटा
(*c*) 84 किमी प्रति घंटा (*d*) $84\frac{8}{13}$ किमी प्रति घंटा
(दिल्ली मेट्रो रेल कॉर्पोरेशन सी.आर.ए. परीक्षा, 2017)

49. ट्रेन *A* 126 किमी./घंटा की गति से चलती है और ट्रेन *B* को पूरी तरह से 9 सेकण्ड में पार करती है, ट्रेन *B* की लम्बाई ट्रेन *A* की लम्बाई की आधी है और ट्रेन *B* 90 किमी./घंटा की चाल से विपरीत दिशा में (ट्रेन *A* की ओर) चलती है। ट्रेन *A* को 690 मी. लम्बा प्लेटफार्म पार करने में कितना समय लगेगा?

(*a*) 28 से॰ (*b*) 32 से॰ (*c*) 25 से॰ (*d*) 30 से॰
(*e*) 35 से॰
(ओरि. इंश्यो. कंपनी लि. स्पेशलिस्ट ऑफीसर्स (फाइ. परीक्षा), 2015)

50. दो स्टेशन *A* तथा *B* एक दूसरे से 220 किमी॰ दूरी पर हैं. एक रेलगाड़ी *A* से 80 किमी॰/घण्टा की चाल से *B* की ओर जाती है. 30 मिनट बाद दूसरी रेलगाड़ी 100 किमी॰/घण्टा की चाल से *B* से *A* की ओर जाती है. दोनों रेलगाड़ियाँ *A* से कितनी दूरी पर मिलेंगी ?

(*a*) 120 किमी॰ (*b*) 130 किमी॰
(*c*) 140 किमी॰ (*d*) 150 किमी॰

51. 75 किमी./घंटा की गति से चल रही एक रेलगाडी को एक प्लेटफार्म को पार करने में 24 सेकण्ड लगते हैं। आगे इसे प्लेटफार्म को, गाड़ी की दिशा में 3 किमी./घंटा की चाल से चल रहे एक व्यक्ति को पार करने में 11 सेकण्ड लगते हैं। प्लेटफार्म की लम्बाई (मीटर में) क्या हैं?

(*a*) 260 (*b*) 272 (*c*) 280 (*d*) 300
(*e*) 296
(एस. बी. आई. सहयोगी बैंक लिपिकीय संवर्ग परीक्षा 2015)

52. एक रेलगाड़ी पूर्वाह्न 5 बजे स्टेशन *A* से चलती है और उसी दिन पूर्वाह्न 9 बजे स्टेशन *B* पर पहुंचती है। एक अन्य रेलगाड़ी पूर्वाह्न 7 बजे स्टेशन *B* से चलती है और उसी दिन पूर्वाह्न 10.30 बजे स्टेशन *A* पर पहुंचती है। दोनों रेलगाड़ियां एक-दूसरे के सामने से कितने बजे गुजरेंगी?

(*a*) 8.26 सुबह (*b*) 7.36 सुबह
(*c*) 8.00 सुबह (*d*) 7.56 सुबह
(एस.एस.सी.-सी.जी.एल. (टीयर-I) परीक्षा, 2015)

53. 125 मीटर और 115 मीटर लंबी दो ट्रेनें समानांतर लाइनों पर एक-दूसरे की ओर क्रमश: 33 किमी/घंटा और 39 किमी/घंटा की गति से दौड़ रही हैं। वे एक-दूसरे से मिलने के बाद एक-दूसरे को पार करने में कितना समय (सेकंड में) लेंगी?
(सी.जी.एल. परीक्षा, 2014)

(*a*) 12 (*b*) 10 (*c*) 14 (*d*) 15

54. यदि एक व्यक्ति ट्रेन तथा बस से 6 घण्टे में 285 किमी. सफर करता है और यदि वह पहले बस से 40 किमी./घंटा की रफ्तार से तथा ट्रेन से 85 किमी./घंटा की रफ्तार से पूरी दूरी तय करता है, तो वह ट्रेन से कितनी दूरी तय करता है?

(*a*) 85 किमी. (*b*) 75 किमी.
(*c*) 70 किमी. (*d*) उपर्युक्त में से कोई नहीं
(छत्तीसगढ़ छात्रावास अधीक्षक श्रेणी 'डी' भर्ती परीक्षा, 2014)

55. समान लंबाई की दो ट्रेने समांतर लाइनों पर एक ही दिशा में क्रमश: 46 किमी./घंटा और 36 किमी./घंटा की दर पर चल रही हैं। तेज चलने वाली ट्रेन धीमी ट्रेन से 36 सेकेंड में आगे निकल जाती है। प्रत्येक ट्रेन की लंबाई कितनी है?

(*a*) 50 मीटर (*d*) 72 मीटर (*c*) 80 मीटर (*d*) 82 मीटर
(एस.एस.सी.-सी.जी.एल. (टीयर-I) परीक्षा, 2014)

56. एक रेलगाड़ी 90 किमी॰/घण्टा की चाल से एक पुल को 36 सेकण्ड में पार कर जाती है. इसी पुल को एक दूसरी रेलगाड़ी जो पहली रेलगाड़ी से 100 मीटर छोटी है, 45 किमी॰/घण्टा की चाल से कितने समय में पार कर लेगी ?

(*a*) 61 से॰ (*b*) 63 से॰
(*c*) 62 से॰ (*d*) 64 से॰

उत्तरमाला (प्रश्नमाला 18A)

1. (*c*)	**2.** (*b*)	**3.** (*d*)	**4.** (*a*)	**5.** (*d*)	**6.** (*c*)	**7.** (*c*)	**8.** (*a*)	**9.** (*d*)	**10.** (*b*)	**11.** (*a*)	**12.** (*a*)
13. (*a*)	**14.** (*b*)	**15.** (*a*)	**16.** (*c*)	**17.** (*a*)	**18.** (*b*)	**19.** (*a*)	**20.** (*c*)	**21.** (*c*)	**22.** (*c*)	**23.** (*d*)	**24.** (*d*)
25. (*d*)	**26.** (*d*)	**27.** (*d*)	**28.** (*d*)	**29.** (*b*)	**30.** (*c*)	**31.** (*a*)	**32.** (*c*)	**33.** (*c*)	**34.** (*b*)	**35.** (*b*)	**36.** (*b*)
37. (*a*)	**38.** (*b*)	**39.** (*a*)	**40.** (*b*)	**41.** (*a*)	**42.** (*d*)	**43.** (*c*)	**44.** (*a*)	**45.** (*a*)	**46.** (*a*)	**47.** (*d*)	**48.** (*d*)
49. (*d*)	**50.** (*a*)	**51.** (*c*)	**52.** (*d*)	**53.** (*a*)	**54.** (*a*)	**55.** (*a*)	**56.** (*d*)				

दिये गये प्रश्नों के हल (प्रश्नमाला 18A)

1. माना ट्रेन A, ट्रेन B और प्लेटफॉर्म की लंबाई क्रमश: X, Y और P है।

प्रश्नानुसार,

ट्रेन A खम्भे को 25 सेकेण्ड में पार करती है तथा प्लेटफार्म को 38 सेकेण्ड में पार करती है।

अत: $\frac{X}{15} = 25$

$\Rightarrow \quad X = 375$ मी

पुन: $\frac{X+P}{15} = 38$

$375 + P = 570$

$\Rightarrow \quad P = 195$ मी

पुन: ट्रेन B को 25 सेकेण्ड में पार करती है।

अत: $\frac{Y+P}{25} = 25$

$\Rightarrow Y + 195 = 625$

$\Rightarrow \quad Y = 430$ मी

2. माना रेलगाड़ी की लम्बाई $= x$ मीटर.

तब, व्यक्ति की चाल $= \frac{x}{(5\times 60)}$ मीटर/से० $= \frac{x}{300}$ मीटर/से०.

तथा, रेलगाड़ी की चाल $= \frac{x}{48}$ मीटर/से०.

(व्यक्ति की चाल) : (रेलगाड़ी की चाल)

$$= \frac{x}{300} : \frac{x}{48} = \frac{1}{300} : \frac{1}{48} = 48 : 300 = 4 : 25.$$

3. रेलगाड़ी की चाल = 60 किमी०/घण्टा $= \left(60 \times \frac{5}{18}\right)$ मीटर/से०

$= \frac{50}{3}$ मीटर/से०.

अभीष्ट समय $= \frac{750}{(50/3)}$ सेकण्ड

$= \frac{(750\times 3)}{50}$ सेकण्ड = 45 सेकण्ड.

4. माना कि तेज ट्रेन की गति $= t_1$

और धीमी ट्रेन की गति $= t_2$

जब ट्रेन विपरीत दिशा में गति कर रही है तब ट्रेनों की सापेक्षिक गति, $t_1 + t_2 = \frac{200+255}{7} = 65$ मी/से

पुन: जब ट्रेन समान दिशा में गति कर रही है तब ट्रेनों की सापेक्षिक गति,

$t_1 + t_2 = \frac{200+255}{91} = 5$ मी/से ... (i)

समी. (i) एवं (ii) से

$t_1 = 35$ मी/से = 126 किमी/घंटा

$t_2 = 30$ मी/से = 108 किमी/घंटा

$\therefore$ धीमी ट्रेन की गति $(t_2) = 108$ किमी/घंटा

5. माना पोल को पार करने में लिया गया समय $= t$ सेकंड, तो

$72 \times 30 = 54 \times t$

$t = 40$ सेकंड

6. ट्रेन की गति = 72 किमी/घंटा $= 72 \times \frac{5}{18}$ मी/से = 20 मी/से

ट्रेन की लंबाई $= 18 \times 20 = 360$ मी

(ट्रेन + प्लेटफॉर्म) की लंबाई $= 20 \times 33 = 660$ मी

प्लेटफार्म की लंबाई = 660 मीटर − 360 मीटर = 300 मीटर

7. माना ट्रेन की गति S किमी/घंटा है और कार की गति S_2 किमी/घंटा है

$S = S_2 \times \frac{140}{100}$

$\Rightarrow S_2 = S \times \frac{100}{140}$

कार S_2 की गति $= \frac{5S}{7}$ किमी/घंटा

प्रश्नानुसार,

140 किमी की यात्रा करने के लिए ट्रेन द्वारा लिया गया समय $+ \frac{25}{60} =$ कार द्वारा लिया गया समय

($\because$ 1 मिनट $= \frac{1}{60}$ घंटा)

$\Rightarrow \frac{140}{S} + \frac{5}{12} = \frac{140}{\frac{5S}{7}}$

$\Rightarrow \frac{140}{S} + \frac{5}{12} = \frac{196}{S}$

$\Rightarrow \frac{196}{S} - \frac{140}{S} = \frac{5}{12}$

$\Rightarrow S = \frac{56\times 12}{5}$

= 134.4 किमी/प्रति घंटा

8. माना स्थिर रेलगाड़ी की लम्बाई $= x$ मीटर. तब

$\frac{240+x}{50} = \frac{240}{20} \Rightarrow \frac{240+x}{50} = 12 \Rightarrow 240 + x = 600$

$\Rightarrow x = (600 - 240) = 360$ मीटर.]

9. माना रेलगाड़ी की चाल $= x$ किमी०/घण्टा.

व्यक्ति के सापेक्ष रेलगाड़ी की चाल $= (x - 3)$ किमी०/घण्टा

$= \frac{(x-3)\times 5}{18}$ मीटर/सेकण्ड.

$\therefore \frac{(x-3)\times 5}{18} = \frac{300}{33} \Rightarrow x - 3 = \left(\frac{100}{11} \times \frac{18}{5}\right) = \frac{360}{11}$

$\Rightarrow 11x - 33 = 360 \Rightarrow 11x = 393$

$\Rightarrow x = 35\frac{8}{11}$ किमी०/घण्टा.

10. टेलीफोन पोस्ट की अभीष्ट दूरी $= 24 \times 60 = 1440$ मीटर

$\therefore$ ट्रेन की चाल =1440 मीटर/मिनट

$= \left(\frac{1440}{1000} \times 60\right)$ किमी./घंटा = 86.4 किमी./घंटा

11. ट्रेन की गति = 60 किमी/घंटा,

आदमी की गति = 6 किमी/घंटा,

आपेक्षित गति $= 60 + 6 = 66$ किमी/घंटा,

(चूंकि दोनों विपरीत दिशा में गति कर रहे हैं।

$= 66 \times \frac{5}{18}$ मी/से

$\therefore$ अभीष्ट समय $= \frac{110 \times 18}{66 \times 5} = 6$ से.

12. पहली रेल गाड़ी की चाल $= \frac{150}{15} = 10$ मी./से.

मान लीजिए की दूसरी गाड़ी की चाल = x मी./से.

$\therefore$ खम्भा पार करने में लिया लगा समय

$= \frac{\text{दोनों रेलगाड़ियों की लंबाई}}{\text{सापेक्ष चाल}}$

$\Rightarrow \quad 8 = \frac{150+150}{10+x}$

$\Rightarrow \quad 80 + 8x = 300$

$8x = 220 \Rightarrow \quad x = \frac{220}{8} = \frac{55}{2}$ मी./से.

$= \left(\frac{55}{2} \times \frac{18}{5}\right)$ किमी./घंटा = 99 किमी./घंटा

13. माना A व B के बीच की दूरी $= x$ मी.

पहली ट्रेन को B पर पहुंचने में लगा समय = 4 घंटे

पहली ट्रेन की चाल $= \frac{\text{दूरी}}{\text{समय}} = \frac{x}{4}$

दूसरी ट्रेन को A पर पहुंचने में लगा समय = 3.5 घंटे

दूसरी ट्रेन की चाल $= \frac{\text{दूरी}}{\text{समय}} = \frac{x}{3.5}$

$= \frac{2x}{7}$

पहली ट्रेन द्वारा 2 घंटे में तय की गई दूरी (7 सुबह तक)

$= \frac{x}{2}$

बची दूरी $= \frac{x}{2}$

दोनों ट्रेन एक दूसरे से मिलेगी $= \frac{\frac{x}{2}}{\frac{x}{4} + \frac{2x}{7}}$

$= \frac{28}{2} \times \frac{1}{15} = \frac{14}{15}$ घंटे

मिलने का समय $= 7$ AM $+ \frac{14}{15} \times 60$ मिनट

$= 7$ AM $+ 56$ मिनट

$= 7.56$ AM

14. माना दूसरी रेलगाड़ी की चाल $= x$ किमी०/घण्टा.

पहली गाड़ी की दूसरी गाड़ी के सापेक्ष चाल

$= (60 + x)$ किमी०/घण्टा

$= \left[(60+x) \times \frac{5}{18}\right]$ मीटर/सेकण्ड.

$\therefore \frac{(60+x) \times 5}{18} = \frac{(180+270)}{10 \cdot 8}$

$\Rightarrow (60+x) = \left(\frac{4500}{108} \times \frac{18}{5}\right) \Rightarrow 60 + x = 150$

$\Rightarrow x = 90$ किमी०/घण्टा.

15. रेलगाड़ियों की सापेक्ष चाल $= (60 + 48)$ किमी०/घण्टा

$= \left(108 \times \frac{5}{18}\right)$ मीटर/से० = 30 मीटर/से०.

कुल तय की गई दूरी $= (240 + 270)$ मीटर = 510 मीटर.

एक दूसरे को पार करने में लगा समय $= \frac{510}{30}$ से.

= 17 से.

16. रेलगाड़ियों के सापेक्ष चाल $= (80 + 55)$ किमी०/घण्टा

$= \left(135 \times \frac{5}{18}\right)$ मीटर/से० $= \frac{75}{2}$ मीटर/से०.

कुल दूरी $= (90 + 120 + 90)$ मीटर = 300 मीटर.

अभीष्ट समय $= \left(300 \times \frac{2}{75}\right)$ सेकण्ड = 8 सेकण्ड.

17. ट्रेन द्वारा तय की गयी दूरी = ट्रेन की लं. + प्लेटफार्म की लं.

ट्रेन की गति = 60 किमी/घंटा $= \frac{60 \times 1000}{60 \times 60} = \frac{50}{3}$ मी/से.

दूरी = चाल × समय

माना x प्लेटफार्म की लं. है।

$(200 + x) = \frac{50}{3} \times 30$

$200 + x = 500$

$\Rightarrow \quad x = 300$ मी.

18. माना रेलगाड़ी की चाल $= x$ किमी०/घण्टा.

दोनों व्यक्तियों के सापेक्ष रेलगाड़ी की चाल क्रमशः $(x - 3)$ किमी०/घण्टा तथा $(x - 6)$ किमी०/घण्टा हैं.

$\therefore (x-3) \times \frac{5}{18} \times 9 = (x-6) \times \frac{5}{18} \times 10$

$\Rightarrow 9(x-3) = 10(x-6) \Rightarrow x = 33.$

अभीष्ट चाल = 33 किमी०/घण्टा.

19. तेज गाड़ी की धीमी गाड़ी के सापेक्ष चाल

$= (60 - 40)$ किमी०/घण्टा

$= \left(20 \times \frac{5}{18}\right)$ मीटर/से० $= \frac{50}{9}$ मीटर/से०.

अभीष्ट गाड़ी की लम्बाई = सापेक्ष गति से 18 सेकण्ड में तय की गई दूरी $= \left(\frac{50}{9} \times 18\right)$ मीटर = 100 मीटर.

20. रेलगाड़ी की चाल $= \left(60 \times \frac{5}{18}\right)$ मीटर/से० $= \frac{50}{3}$ मीटर/से०.

अभीष्ट समय = (280 + 220) मीटर दूरी तय करने में लगा समय

$= \left(500 \times \frac{3}{50}\right)$ सेकण्ड = 30 सेकण्ड.

21. रेलगाड़ी की चाल $= \left(108 \times \frac{5}{18}\right)$ मीटर/से० = 30 मीटर/से०.

माना प्लेटफार्म की लम्बाई = x मीटर.

$\frac{(240+x)}{30} = 20 \Rightarrow 240 + x = 600$

$\Rightarrow x = (600 - 240) = 360$ मी०.

व्यक्ति की चाल $= \frac{(360)}{(5 \times 60)}$ मीटर/से० = 1·2 मीटर/सेकण्ड.

22. माना रेलगाड़ी की चाल = x किमी०/घण्टा.

रेलगाड़ी की सामने से आ रहे व्यक्ति के सापेक्ष चाल = $(x + 3)$ किमी०/घण्टा.

$\therefore (x+3) \times \frac{5}{18} = \frac{240}{10} \Rightarrow 5(x+3) = 432$

$\Rightarrow 5x = (432 - 15) = 417 \Rightarrow x = 83 \cdot 4$.

$\therefore$ रेलगाड़ी की चाल = 83·4 किमी०/घण्टा.

23. माना रेलगाड़ी की लम्बाई = x मीटर. तब

$\frac{x}{20} = \frac{x+100}{30} \Rightarrow 30x = 20x + 2000$

$\Rightarrow 10x = 2000 \Rightarrow x = 200$ मीटर.

24. चूँकि प्लेटफार्म की लम्बाई नहीं दी गई है, अत: रेलगाड़ी की चाल ज्ञात नहीं की जा सकती.

अत: उत्तर (*d*) सही है.

25. माना रेलगाड़ी की लम्बाई = x मीटर. तब

$\frac{(x+122)}{17} = \frac{(x+210)}{25} \Rightarrow 25x + 3050 = 17x + 3570$

$\Rightarrow 8x = 520 \Rightarrow x = 65$ मीटर.

रेलगाड़ी की चाल

$= \frac{(65+122)}{17}$ मीटर/से० $= \left(\frac{187}{17}\right)$ मीटर/से०

$= \left(11 \times \frac{18}{5}\right)$ किमी०/घण्टा $= \frac{198}{5}$ किमी०/घण्टा

= 39·6 किमी०/घण्टा.

26. माना रेलगाड़ी की चाल = x मीटर/सेकण्ड. तब

$\frac{240}{x} + 40 = \frac{(240+480)}{x} \Rightarrow \frac{720}{x} - \frac{240}{x} = 40$

$\Rightarrow 40x = (720 - 240) = 480 \Rightarrow x = 12.$

$\therefore$ रेलगाड़ी की चाल = 12 मीटर/सेकण्ड.

27. चल रही गाड़ी की चाल

$= \left(84 \times \frac{5}{18}\right)$ मीटर/से० $= \frac{70}{3}$ मीटर/सेकण्ड.

खड़ी गाड़ी को पार करने में चली गई दूरी

= (210 + 210) मीटर = 420 मीटर.

अभीष्ट समय $= \left(420 \times \frac{3}{70}\right)$ सेकण्ड = 18 सेकण्ड.

28. माना रेलगाड़ी की लम्बाई = x मीटर.

रेलगाड़ी की व्यक्ति के सापेक्ष चाल = (30 – 15) किमी०/घण्टा

$= \left(15 \times \frac{5}{18}\right)$ मीटर/से० $= \frac{25}{6}$ मीटर/से०.

$\therefore \frac{x}{(25/6)} = 48 \Rightarrow 6x = 25 \times 48 \Rightarrow x = 200$ मीटर.

29. रेलगाड़ी की चाल $= \left(\frac{250}{15}\right)$ मीटर/से०

$= \left(\frac{250}{15} \times \frac{18}{5}\right)$ किमी०/घण्टा = 60 किमी०/घण्टा.

30. माना रेलगाड़ी की चाल = x मीटर/से० तथा

इसकी लम्बाई = y मीटर. तब

$\frac{(162+y)}{x} = 18 \Rightarrow 18x - y = 162$ ...(*i*)

$\frac{(120+y)}{x} = 15 \Rightarrow 15x - y = 120$ ...(*ii*)

(*i*) में से (*ii*) घटाने पर $3x = 42 \Rightarrow x = 14$.

$\therefore$ रेलगाड़ी की चाल

= 14 मीटर/से० $= \left(14 \times \frac{18}{5}\right)$ किमी०/घण्टा.

$= \frac{252}{5}$ किमी०/घण्टा = 50·4 किमी०/घण्टा.

31. तेज गाड़ी की धीमी गाड़ी के सापेक्ष चाल

= (56 – 46) किमी०/घण्टा

$= \left(10 \times \frac{5}{18}\right)$ मीटर/से० $= \frac{25}{9}$ मीटर/से०.

माना प्रत्येक गाड़ी की लम्बाई = x मीटर. तब

$\frac{2x}{\left(\frac{25}{9}\right)} = 36 \Rightarrow \frac{18x}{25} = 36 \Rightarrow x = \frac{36 \times 25}{18} = 50$ मीटर.

32. मालगाड़ियों की सापेक्ष गति = (45 + 30) किमी०/घण्टा

$= \left(75 \times \frac{5}{18}\right)$ मीटर/से० $= \frac{125}{6}$ मीटर/से०.

तय की गई दूरी = (500 + 500) मीटर = 1000 मीटर.

अभीष्ट समय $= \left(1000 \times \frac{6}{125}\right)$ सेकण्ड = 48 सेकण्ड.

33. माना रेलगाड़ी की लम्बाई $= x$ किमी० तथा

चाल $= y$ किमी०/घण्टा. तब

$\frac{x}{(y-2)} = \frac{9}{60\times 60} \Rightarrow 3600x = 9y - 18 \Rightarrow y - 400x = 2$ ...(*i*)

तथा $\frac{x}{(y-4)} = \frac{10}{60\times 60} \Rightarrow 360x = y - 4 \Rightarrow y - 360x = 4$ ...(*ii*)

(*i*) तथा (*ii*) को हल करने पर $40x = 2 \Rightarrow x = \frac{1}{20}$.

रेलगाड़ी की लम्बाई

$= \frac{1}{20}$ किमी० $= \left(\frac{1}{20}\times 1000\right)$ मीटर $= 50$ मीटर.

34. (A की चाल) : (B की चाल) $= \left(\sqrt{b} : \sqrt{a}\right) = \sqrt{16} : \sqrt{9} = 4 : 3$.

35. $\frac{X \text{ की चाल}}{Y \text{ की चाल}} = \left(\frac{Y \text{ द्वारा } A \text{ तक पहुँचने में लिया गया समय}}{X \text{ द्वारा } B \text{ तक पहुँचने में लिया गया समय}}\right)^{\frac{1}{2}}$

$\Rightarrow \frac{45}{y} = \sqrt{\frac{10}{3}\times\frac{5}{24}} = \sqrt{\frac{25}{36}} = \frac{5}{6}$

$\Rightarrow y = \frac{6\times 45}{5} \Rightarrow y = 54$.

$\therefore$ Y की चाल $= 54$ किमी०/घण्टा.

36. माना इन रेलगाड़ियों की चाल क्रमश: x मी०/से० तथा y मी०/से० हैं.
तब, पहली रेलगाड़ी की लम्बाई $= 27x$ मीटर.
दूसरी रेलगाड़ी की लम्बाई $= 17y$ मीटर.

$\therefore \frac{(27x+17y)}{(x+y)} = 23 \Rightarrow 27x + 17y = 23x + 23y$

$\Rightarrow 4x = 6y \Rightarrow \frac{x}{y} = \frac{3}{2}$.

अत: अभीष्ट अनुपात $= 3 : 2$.

37. माना पहली रेलगाड़ी की लम्बाई $= 2x$ मीटर तथा दूसरी रेलगाड़ी की लम्बाई $= x$ मीटर.
इन गाड़ियों के सापेक्ष चाल $= (48 + 42)$ किमी०/घण्टा

$= \left(90\times\frac{5}{18}\right)$ मीटर/सेकण्ड $= 25$ मीटर/सेकण्ड.

$\therefore \frac{(2x+x)}{25} = 12 \Rightarrow 3x = 300 \Rightarrow x = 100$.

पहली गाड़ी की लम्बाई $= 200$ मीटर.
माना प्लेटफार्म की लम्बाई $= y$ मीटर.

$\therefore \frac{(200+y)}{45} = \left(48\times\frac{5}{18}\right) = \frac{40}{3} \Rightarrow 600 + 3y = 1800$

$\Rightarrow 3y = 1200 \Rightarrow y = 400$.

अत: प्लेटफार्म की लम्बाई $= 400$ मीटर.

38. माना दोनों रेलगाड़ियाँ 7 बजे से x घण्टे बाद मिलती हैं. तब
A द्वारा x घण्टे में तय की गई दूरी $= (20x)$ किमी०.
B द्वारा $(x - 1)$ घण्टे में तय की गई दूरी $= 25\,(x - 1)$ किमी०.

$\therefore 20x + 25(x-1) = 110 \Rightarrow 45x = 135 \Rightarrow x = 3$.

अत: दोनों रेलगाड़ियाँ प्रात: 10 बजे मिलेंगी.

39. माना रेलगाड़ी B की चाल $= x$ किमी०/घण्टा.
A की B के सापेक्ष चाल $= (120 - x)$ किमी०/घण्टा

$= \left[(120-x)\times\frac{5}{18}\right]$ मीटर/सेकण्ड $= \frac{(600-5x)}{18}$ मीटर/से०.

$\therefore \frac{30}{\frac{(600-5x)}{18}} = 120 \Rightarrow \frac{5400}{(600-5x)} = 120$

$\Rightarrow \frac{45}{(600-5x)} = 1$

$\Rightarrow 600 - 5x = 45 \Rightarrow 5x = (600 - 45) = 555$

$\Rightarrow x = 111$ किमी०/घण्टा.

40. माना प्रत्येक गाड़ी की लम्बाई $= x$ मीटर.

पहली गाड़ी की चाल $= \frac{x}{6}$ मीटर/सेकण्ड.

दूसरी गाड़ी की चाल $= \frac{x}{9}$ मीटर/सेकण्ड.

आपेक्षिक चाल $= \left(\frac{x}{6}+\frac{x}{9}\right)$ मीटर/से० $= \frac{5x}{18}$ मीटर/से०

अभीष्ट समय $= \frac{(x+x)}{(5x/18)}$ सेकण्ड

$= \left(\frac{2x\times 18}{5x}\right)$ सेकण्ड $= \frac{36}{5}$ सेकण्ड $= 7{\cdot}2$ सेकण्ड.

41. माना अभीष्ट दूरी $= x$ किमी०.
A द्वारा लिया गया समय $= 1$ घण्टा,

B द्वारा लिया गया समय $= \frac{3}{2}$ घण्टे.

A की चाल $= x$ किमी०/घण्टा,

B की चाल $= \left(x\times\frac{2}{3}\right)$ किमी०/घण्टा.

माना ये रेलगाड़ियाँ सायं 4 बजे के y घण्टे बाद मिलती हैं.

तब, $xy + \frac{2xy}{3} = x \Rightarrow y + \frac{2y}{3} = 1 \Rightarrow \frac{5y}{3} = 1 \Rightarrow y = \frac{3}{5}$ घण्टे

$\Rightarrow y = \left(\frac{3}{5}\times 60\right)$ मिनट $= 36$ मिनट.

अत: दोनों गाड़ियाँ सायं 4:36 बजे मिलेंगी.

42. माना रेलगाड़ी की लम्बाई $= x$ मीटर. तब

$\frac{(110+x)}{40} = \frac{x}{30} \Rightarrow 3300 + 30x = 40x$

$\Rightarrow 10x = 3300 \Rightarrow x = 330$ मीटर.

43. माना रेलगाड़ी की लम्बाई $= x$ मीटर. तब,

$\frac{x}{5} = \frac{(600+x)}{35} \Rightarrow 35x = 3000 + 5x$

$\Rightarrow 30x = 3000 \Rightarrow x = 100$.

अतः रेलगाड़ी की लम्बाई = 100 मीटर.

रेलगाड़ी की चाल $= \frac{100}{5}$ मीटर/से०

$= \left(20 \times \frac{18}{5}\right)$ किमी०/घण्टा = 72 किमी०/घण्टा.

44. माना ट्रेन की लंबाई और गति क्रमशः L और v है।
जैसा कि हम जानते हैं

चाल $= \frac{\text{दूरी}}{\text{समय}}$

$\frac{L+L+50}{v} = 30$

$\Rightarrow L = 15v - 25$ ... (1)

इसी प्रकार

$\frac{L+2L}{v} = 40$

$\Rightarrow L = \frac{40v}{3}$ ... (2)

समीकरण (1) व (2) से:

$\frac{40v}{3} = 15v - 25$

$\Rightarrow 40v = 45v - 75$

$\Rightarrow v = \frac{75}{5} = 15$ मी/से

45. माना गाड़ियों की चाल क्रमशः $3x$ मीटर/से० तथा $4x$ मीटर/से० हैं.
इनके द्वारा 3 सेकण्ड में तय की गई दूरियाँ क्रमशः $9x$ मीटर तथा $12x$ मीटर हैं.
अतः इन गाड़ियों की लम्बाईयाँ क्रमशः $9x$ मीटर तथा $12x$ मीटर हैं.
इन गाड़ियों की सापेक्ष चाल $= (3x + 4x)$ मीटर/से०
$= 7x$ मीटर/से०.

एक दूसरे को पार करने में लगा समय $= \frac{(9x+12x)}{7x}$ से०
= 3 सेकण्ड.

46. माना ट्रेन A की लंबाई L मीटर है, तो
प्रश्नानुसार,

$\frac{L}{15} = 20$

$\Rightarrow$ L = 300 मी

ट्रेन A की लंबाई = 300 मी
अतः ट्रेन B की लंबाई = 300 – 30 मीटर = 270 मीटर
ट्रेन A की गति = 15 मी/से
अतः ट्रेन B की गति = 15 + 3 = 18 मी/से
ट्रेन B द्वारा 270 मी लम्बे प्लेटफार्म को पार करने में लगा समय $= \frac{270+270}{18}$ से. = 30 से.
अतः अभीष्ट समय = 30 से.

47. ट्रेन A की गति $= 90 \times \frac{5}{18} = 25$ मी/से
इसलिए ट्रेन A की लम्बाई $= 25 \times 14 = 350$ मी
माना ट्रेन B की गति x किमी/घंटा

$(x - 25) \times 70 = (350 + 280)$

$\Rightarrow (x - 25) \times 70 = 630$

$\Rightarrow x - 25 = 9$

$\Rightarrow x = 34$ मी/से

$\Rightarrow x = 34 \times \frac{18}{5} = 122.4$ मी/से

$x = 122.4$ किमी/घंटा

48. तय किया गया कुल समय

$= \left(\frac{700}{70} + \frac{900}{50} + \frac{1000}{500} + \frac{150}{60}\right)$ घंटे

$= (10+18+2+2.5)$ घंटे = 32.5 घंटे

तय की गयी कुल दूरी

$= (700+900+1000+150)$ किमी. = 2750 किमी.

∴ अभीष्ट औसत गति

$= \frac{\text{कुल दूरी}}{\text{कुल समय}} = \frac{2750}{32.5} = \frac{1100}{13} = 84\frac{8}{13}$ किमी./घंटा

49. ट्रेन A की लम्बाई = $2x$ मी.
ट्रेन B की लम्बाई = x मी.
ट्रेन A की चाल = 126 किमी./घंटा

$= 126 \times \frac{5}{18} = 35$ मी./से.

ट्रेन B की चाल = 90 किमी./घंटा $= 90 \times \frac{5}{18} = 25$ मी./से.

सापेक्ष चाल = 35+25 = 60 मी./से.
तय की गई दूरी = $2x + x = 3x$ मी.
समय = 9 सेकण्ड

$D = S \times T$

$\Rightarrow 3x = 60 \times 9$

$\Rightarrow x = 180$

ट्रेन A की लम्बाई = 360 मी.
ट्रेन B की लम्बाई = 180 मी.
ट्रेन A के लिए = $D = 360 + 690 = 1050$ मी.
$S = 35$ मी./से.

$T = \frac{D}{S} = \frac{1050}{35} = 30$ सेकण्ड

50. माना ये रेलगाड़ियाँ A से x किमी० की दूरी पर मिलेंगी. तब,

$\frac{x}{80} - \frac{(200-x)}{100} = \frac{1}{2} \Rightarrow 5x - 4\,(220 - x) = 200$

$\Rightarrow 9x = 1080 \Rightarrow x = 120.$

अतः दोनों रेलगाड़ियाँ A से 120 किमी० की दूरी पर मिलेंगी.

51. माना ट्रेन की लम्बाई x मीटर है।
ट्रेन की चाल = 75 किमी./घंटा

$\Rightarrow\ x = 72 \times 11 \times \frac{5}{18} = 220$ मीटर

माना कि प्लेटफार्म की लम्बाई a मीटर है

तब $a + x = 75 \times 24 \times \frac{5}{18} = 500$

$\Rightarrow\ a + 220 = 500 \Rightarrow a = 280$ मीटर

52. माना दो स्टेशनों के बीच दूरी x किमी. है

ट्रेन A की गति $= \frac{x}{4}$ किमी./घंटा

ट्रेन B की गति $= \frac{2x}{7}$ किमी./घंटा

माना कि ट्रेन स्टेशन A से चलने के h घंटे बाद मिलती है।

प्रश्नानुसार, $x = \frac{x}{4} \times h + \frac{2x}{7}(h-2)$

$\Rightarrow\ 1 = \frac{h}{4} + \frac{2(h-2)}{7} \Rightarrow 28 = 7h + 8(h-2)$

$\Rightarrow\ 28 = 7h + 8h - 16$

$\Rightarrow\ 44 = 15h$

$\Rightarrow\ h = \frac{44}{15}$ घंटे

$\Rightarrow\ h = 2$ घंटे 56 मिनट

अत: वो दो ट्रेने प्रात 7.56 बजे मिलेगी।

53. जब दो ट्रेन एक दूसरे की तरफ चलती है तो उनकी आपेक्षित गति $= (33 + 39)$ किमी/घंटा

$= 72$ किमी/घंटा

या $72 \times \frac{5}{18} = 20$ मी/से.

कुल दूरी = दोनों ट्रेनों की लंबाई

$= 125 + 115 = 240$ मी.

समय $= \frac{\text{दूरी}}{\text{चाल}}$

$= \frac{240}{20} = 12$ से.

54. माना व्यक्ति ट्रेन द्वारा दूरी तय करता है $= x$ किमी.

और बस द्वारा दूरी तय करता है $= (285 - x)$ किमी.

प्रश्नानुसार, $\frac{285 - x}{40} + \frac{x}{85} = 6$

$\frac{4845 - 17x + 8x}{680} = 6$

$\Rightarrow\ 4845 - 9x = 4080$

$\Rightarrow\ 9x = 4845 - 4080$

$\Rightarrow\ 9x = 765$

$\Rightarrow\ x = 85$ किमी.

ट्रेन द्वारा तय की गई दूरी 85 किमी. है।

55. दो ट्रेनों की क्रमशः गति 46 किमी./घंटा और 36 किमी./घंटा है

तेज चलने वाली ट्रेन की सापेक्ष गति

$= 46 - 36 = 10$ किमी./घंटा

36 सेकेंड में तय की गई दूरी

$= \frac{10 \times 1000 \times 36}{3600} = 100$ मी.

प्रत्येक ट्रेन की लंबाई = 50 मी.

56. माना पहली रेलगाड़ी की लम्बाई $= x$ मीटर तथा

पुल की लम्बाई $= y$ मीटर.

पहली रेलगाड़ी की चाल

$= \left(90 \times \frac{5}{18}\right)$ मीटर/से० = 25 मीटर/सेकण्ड.

$\therefore\ \frac{(x+y)}{25} = 36 \Rightarrow x + y = 900$. ...(i)

दूसरी रेलगाड़ी की लम्बाई

= (3 ङ्क१००) मीटर, पुल की लम्बाई = 4 मीटर.

दूसरी रेलगाड़ी की चाल

$= \left(45 \times \frac{5}{18}\right)$ मीटर/से० $= \frac{25}{2}$ मीटर/से०.

पुल पार करने में इस गाड़ी द्वारा लिया गया समय

$= \frac{(x - 100) + y}{\left(\frac{25}{2}\right)}$ से०

$= \frac{2[(x+y) - 100]}{25}$ से० $= \left[\frac{2(x+y) - 200}{25}\right]$ से०

$= \frac{(2 \times 900 - 200)}{25}$ से० $= \frac{1600}{25}$ से० $= 64$ से०.

प्रश्नमाला 18B

1. एक रेलगाड़ी 30 किमी० की दूरी तय करने के बाद दुर्घटनाग्रस्त हो गई. इसके परिणामस्वरूप गाड़ी की चाल अपनी सामान्य चाल की $\frac{4}{5}$ हो गई तथा यह अपने गंतव्य स्थान पर 45 मिनट देरी से पहुंची. यदि दुर्घटना इस दुर्घटनास्थल से 18 किमी० आगे हुई होती तो यह रेलगाड़ी अपने गंतव्य पर केवल 36 मिनट देर से पहुँचती. रेलगाड़ी की सामान्य चाल कितनी थी ?

(*a*) 30 किमी/घण्टा (*b*) 20 किमी/घण्टा

(*c*) 25 किमी/घण्टा (*d*) 23 किमी/घण्टा

2. एक मालगाड़ी शहर X से शहर Y की ओर जाते हुए 1 घण्टे बाद दुर्घटनाग्रस्त हो जाने पर इसे आधा-घण्टा रोक लिया जाता है. इसके बाद यह अपनी सामान्य चाल की $\frac{4}{5}$ चाल से चलकर Y पर 2 घण्टे देरी से पहुँचती है. यदि दुर्घटना से पहले यह 80 किमी० और चली होती, तो केवल एक घण्टे देरी से पहुँचती. दुर्घटना से पहले मालगाड़ी की चाल कितनी थी तथा X और Y के बीच दूरी कितनी है ?
(*a*) 28 किमी/घण्टा, 135 किमी
(*b*) 20 किमी/घण्टा, 140 किमी
(*c*) 32 किमी/घण्टा, 180 किमी
(*d*) 25 किमी/घण्टा, 150 किमी

3. दो रेलगाड़ियाँ 650 किमी० की दूरी पर स्थित दो बिन्दुओं से एक दूसरी की ओर चलना आरम्भ करती हैं. यदि वे दोनों एक ही समय पर एक दूसरी की ओर चलें तो 10 घण्टे बाद मिलती हैं. परन्तु यदि इनमें से एक दूसरी से 4 घण्टे 20 मिनट बाद चले तो बाद में चलने वाली रेलगाड़ी के चलने के 8 घण्टे बाद ये दोनों मिलती हैं. प्रत्येक रेलगाड़ी की औसत चाल ज्ञात कीजिए.
(*a*) 30 किमी/घण्टा, 35 किमी/घण्टा
(*b*) 25 किमी/घण्टा, 30 किमी/घण्टा
(*c*) 30 किमी/घण्टा, 35 किमी/घण्टा
(*d*) 30 किमी/घण्टा, 40 किमी/घण्टा

4. दो रेलगाड़ियाँ एक ही दिशा में क्रमशः 30 किमी०/घण्टा तथा 58 किमी०/घण्टा की गति से जा रही हैं. धीमी गति वाली रेलगाड़ी में बैठा हुआ एक व्यक्ति तेज गति वाली रेलगाड़ी को 18 सेकण्ड में पार कर जाता है. तेज गति वाली रेलगाड़ी की लम्बाई कितनी है ?
(*a*) 110 मीटर (*b*) 120 मीटर (*c*) 130 मीटर (*d*) 140 मीटर

5. दो रेलगाड़ियाँ जो एक दूसरे की विपरीत दिशा में क्रमशः 75 किमी०/घण्टा तथा 60 किमी०/घण्टा की चाल से जा रही हैं, एक दूसरे को 8 सेकण्ड में पार कर जाती हैं. जब वे एक ही दिशा में जाती हैं तो तेज गाड़ी में बैठा हुआ एक यात्री अनुभव करता है कि वह दूसरी गाड़ी को 30 सेकण्ड में पार कर लेता है. गाड़ियों की लम्बाइयाँ ज्ञात कीजिए.
(*a*) 150 मीटर, 170 मीटर, (*b*) 125 मीटर, 175 मीटर
(*c*) 155 मीटर, 185 मीटर (*d*) 130 मीटर, 165 मीटर

6. दो रेलगाड़ियाँ जिनमें से प्रत्येक 80 मीटर लम्बी है, समान्तर पटरियों पर चल रही हैं. यदि वे एक दिशा में जा रही हैं, तो तेज गति वाली रेलगाड़ी दूसरी रेलगाड़ी को एक मिनट में पार कर जाती है. जब वे विपरीत दिशा में जाती हैं तो एक दूसरे को 3 सेकण्ड में पार कर जाती हैं. प्रत्येक गाड़ी की चाल मीटर/सेकण्ड में ज्ञात कीजिए.
(*a*) 28 मी०/से०, $25 \times \frac{1}{3}$ मी०/से०
(*b*) 30 मी०/से०, $33 \times \frac{1}{2}$ मी०/से०
(*c*) 25 मी०/से०, $28 \times \frac{2}{3}$ मी०/से०
(*d*) 30 मी०/से०, $27 \times \frac{1}{2}$ मी०/से०

7. 72 किमी०/घण्टा की गति से जा रही एक रेलगाड़ी समान्तर पटरी पर उसी दिशा में 54 किमी०/घण्टा की गति से जा रही 192 मीटर लम्बी रेलगाड़ी के पास पहुँच जाती है तथा इसे पूर्णतया $1\frac{1}{2}$ मिनट में पार कर जाती है. यदि ये दोनों गाड़ियाँ विपरीत दिशाओं में जा रही हों, तो कितने समय में एक दूसरे को पार कर जायेंगी ? तेज गति से जा रही रेलगाड़ी की लम्बाई भी ज्ञात करें.
(*a*) $12 \times \frac{6}{7}$ से०, 258 मी० (*b*) $11 \times \frac{2}{5}$ से०, 267 मी०
(*c*) $13 \times \frac{3}{7}$ से०, 263 मी० (*d*) $10 \times \frac{2}{7}$ से०, 253 मी०

8. 126 मीटर तथा 114 मीटर लम्बी दो रेलगाड़ियाँ विपरीत दिशाओं में क्रमशः 30 किमी०/घण्टा तथा 42 किमी०/घण्टा की चाल से जा रही हैं. मिलने के कितने समय बाद वे एक दूसरे को पार कर लेंगी ?
(*a*) 11 से० (*b*) 15 से० (*c*) 12 से० (*d*) 14 से०

9. 54 किमी०/घण्टा की चाल से जा रही एक रेलगाड़ी एक प्लेटफार्म को 20 सेकण्ड में पार कर जाती है. यही रेलगाड़ी अपनी ही दिशा में 6 किमी०/घण्टा की चाल से भागे जा रहे व्यक्ति को 12 सेकण्ड में पार कर जाती है. गाड़ी की लम्बाई तथा प्लेटफार्म की लम्बाई ज्ञात कीजिए.
(*a*) गाड़ी की लम्बाई = 150 मी, प्लेटफार्म की लम्बाई = 130 मी
(*b*) गाड़ी की लम्बाई = 150 मी, प्लेटफार्म की लम्बाई = 140 मी
(*c*) गाड़ी की लम्बाई = 160 मी, प्लेटफार्म की लम्बाई = 130 मी
(*d*) गाड़ी की लम्बाई = 160 मी, प्लेटफार्म की लम्बाई = 140 मी

10. दो रेलगाड़ियाँ समान्तर पटरियों पर विपरीत दिशाओं में क्रमशः 75 किमी०/घण्टा तथा 60 किमी०/घण्टा की गति से जा रही हैं तथा एक दूसरे को 8 सेकण्ड में पार कर जाती हैं. जब वे एक ही दिशा में जा रही होती हैं तो तेज गति वाली रेलगाड़ी में बैठे व्यक्ति को दूसरी रेलगाड़ी $32\frac{1}{2}$ सेकण्ड में पार कर जाती है. प्रत्येक रेलगाड़ी की लम्बाई ज्ञात करें.
(*a*) 168.75 मी, 131.25 मी (*b*) 170 मी, 135 मी
(*c*) 165.35 मी, 141.65 मी (*d*) 185 मी, 125 मी

उत्तरमाला (प्रश्नमाला 18B)

1. (*a*) **2.** (*b*) **3.** (*c*) **4.** (*d*) **5.** (*b*) **6.** (*a*) **7.** (*a*) **8.** (*c*) **9.** (*d*) **10.** (*a*)

दिये गये प्रश्नों के हल (प्रश्नमाला 18B)

1. माना कुल दूरी = x किमी० तथा सामान्य चाल = y किमी०/घण्टा. तब,

$$\frac{(x-30)}{\frac{4}{5}y} - \frac{(x-30)}{y} = \frac{45}{60} \Rightarrow \frac{5(x-30)}{4y} - \frac{(x-30)}{y} = \frac{3}{4}$$

$$\Rightarrow (5x-150)-(4x-120) = 3y$$

$$\Rightarrow x - 3y = 30 \quad \ldots(i)$$

तथा

$$\frac{(x-48)}{\frac{4}{5}y} - \frac{(x-48)}{y} = \frac{36}{60} \Rightarrow \frac{5(x-48)}{4y} - \frac{(x-48)}{y} = \frac{3}{5}$$

$$\Rightarrow 25(x-48) - 20(x-48) = 12y$$

$$\Rightarrow 5x - 12y = 240 \quad \ldots(ii)$$

(i) को 5 से गुणा करके (ii) में से घटाने पर : $3y = 90 \Rightarrow y = 30$.

अत: रेलगाड़ी की सामान्य चाल = 30 किमी०/घण्टा.

2. माना मालगाड़ी की सामान्य चाल = x किमी०/घण्टा तथा $XY = y$ किमी०.

माना यह बिन्दु A पर दुर्घटनाग्रस्त होती है, जहाँ $XA = x$ किमी०.

तब $$1 + \frac{1}{2} + \frac{(y-x)}{\frac{4}{5}x} = \frac{y}{x} + 2$$

$$\Rightarrow \frac{5(y-x)}{4x} - \frac{y}{x} = \frac{1}{2}$$

$$\Rightarrow 5y - 5x - 4y = 2x \Rightarrow y - 7x = 0 \quad \ldots(i)$$

पुन: माना यह बिन्दु B पर दुर्घटनाग्रस्त होती है, जहाँ $AB = 80$ किमी०. तब

$$\frac{(x+80)}{x} + \frac{1}{2} + \frac{y-(x+80)}{\frac{4x}{5}} = \frac{y}{x} + 1$$

$$\Rightarrow \frac{(x+80)}{x} + \frac{5(y-x-80)}{4x} - \frac{y}{x} = \frac{1}{2}$$

$$\Rightarrow 4(x+80) + 5(y-x-80) - 4y = 2x$$

$$\Rightarrow 4x + 320 + 5y - 5x - 400 - 4y = 2x \Rightarrow y - 3x = 80 \quad \ldots(ii)$$

(i) से (ii) में $y = 7x$ रखने पर,

$7x - 3x = 80 \Rightarrow 4x = 80 \Rightarrow x = 20.$

(i) में $x = 20$ रखने पर, $y = 140$.

अत: मालगाड़ी की सामान्य चाल = 20 किमी०/घण्टा तथा दूरी XY=140 किमी०.

3. माना इन रेलगाड़ियों की औसत चाल क्रमश: x किमी०/घण्टा तथा y किमी० प्रति घण्टा हैं.

जब दोनों एक साथ एक दूसरे की ओर चलती हैं तो सापेक्ष चाल $= (x + y)$ किमी०/घण्टा.

$$\therefore 10(x+y) = 650 \Rightarrow x + y = 65 \quad \ldots(i)$$

दूसरी दशा में पहली रेलगाड़ी दूसरी से $4\frac{20}{60}$ घण्टे अर्थात $\frac{13}{3}$ घण्टे पहले चलती है.

पहली रेलगाड़ी द्वारा $\frac{13}{3}$ घण्टे में तय की गई दूरी $= \frac{13x}{3}$ किमी०.

शेष दूरी $(x + y)$ किमी०/घण्टा की दर से 8 घण्टे में तय की जाती है.

$$\therefore \frac{13x}{3} + 8(x+y) = 650 \Rightarrow \frac{13x}{3} + 8 \times 65 = 650$$

$$\Rightarrow \frac{13x}{3} = (650-520) = 130 \Rightarrow x = \frac{130 \times 3}{13} \Rightarrow x = 30.$$

(i) में $x = 30$ रखने पर, $y = 35$.

अत: इन रेलगाड़ियों की चाल क्रमश: 30 किमी०/घण्टा तथा 35 किमी०/घण्टा हैं.

4. धीमी गति वाली रेलगाड़ी की चाल = 30 किमी०/घण्टा.

तेज गति वाली रेलगाड़ी की चाल = 58 किमी०/घण्टा.

दोनों रेलगाड़ियाँ एक ही दिशा में जा रही हैं.

इनकी सापेक्ष चाल = (58 – 30) किमी०/घण्टा

$$= \left(28 \times \frac{5}{18}\right) \text{ मीटर/से०} = \frac{70}{9} \text{ मीटर/से०}.$$

इस चाल से 18 से० में तय की गई दूरी $= \left(\frac{70}{9} \times 18\right)$ मीटर

=140 मीटर.

तेज चाल वाली गाड़ी की लम्बाई = 140 मीटर.

5. विपरीत दिशा में जा रही रेलगाड़ियों की आपेक्षिक चाल

= (75 + 60) किमी०/घण्टा

$$= \left(135 \times \frac{5}{18}\right) \text{ मीटर/से०} = \frac{75}{2} \text{ मीटर/से०}.$$

इस चाल से 8 सेकण्ड में तय की गई दूरी

$$= \left(\frac{75}{2} \times 8\right) \text{ मीटर} = 300 \text{ मीटर}.$$

अत: दोनों गाड़ियों की लम्बाई का योग = 300 मीटर.

एक ही दिशा में जा रही रेलगाड़ियों की सापेक्ष चाल

= (75 – 60) किमी०/से०

$$= \left(15 \times \frac{5}{18}\right) \text{ मीटर/से०} = \frac{25}{6} \text{ मीटर/से०}.$$

इस चाल से 30 सेकण्ड में तय की गई दूरी

$$= \left(\frac{25}{6} \times 30\right) \text{ मीटर} = 125 \text{ मीटर}.$$

धीमी चलने वाली गाड़ी की लम्बाई = 125 मीटर.

दूसरी गाड़ी की लम्बाई = (300 – 125) मीटर = 175 मीटर.

6. माना रेलगाड़ियों की चाल क्रमश: x मीटर/से० तथा y मीटर/से० हैं.

जब वे एक ही दिशा में जाती हैं तो उनकी सापेक्ष चाल

$= (x - y)$ मीटर/से०.

जब वे विपरीत दिशा में जाती हैं तो उनकी सापेक्ष चाल $= (x + y)$ मीटर/से०.

$$\frac{160}{(x-y)} = 60 \Rightarrow 3(x-y) = 8 \Rightarrow 3x - 3y = 8 \quad \ldots(i)$$

$$\frac{160}{(x+y)} = 3 \Rightarrow 3(x+y) = 160 \Rightarrow 3x + 3y = 160 \quad \ldots(ii)$$

(i) तथा (ii) को जोड़ने पर : $6x = 168 \Rightarrow x = 28$.

(i) में $x = 28$ रखने पर $84 - 3y = 8 \Rightarrow 3y = 76 \Rightarrow y = \frac{76}{3}$.

अभीष्ट चाल हैं क्रमश: 28 मीटर/से० तथा $25\frac{1}{3}$ मीटर/से०.

7. माना तेज चलने वाली गाड़ी की लम्बाई $= x$ मीटर.

तेज चलने वाली रेलगाड़ी की चाल

$= \left(72 \times \frac{5}{18}\right)$ मीटर/से० = 20 मीटर/से०,

धीमी चलने वाली रेलगाड़ी की चाल

$= \left(54 \times \frac{5}{18}\right)$ मीटर/से० = 15 मीटर/से०.

इन गाड़ियों की आपेक्षिक चाल

= (20 – 15) मीटर/से० = 5 मीटर/से०.

$(192 + x)$ मीटर दूरी तय करने में लगा समय

$= \left(\frac{3}{2} \times 60\right)$ से० = 90 सेकण्ड.

$$\therefore \frac{(192+x)}{5} = 90 \Rightarrow 192 + x = 450$$

$$\Rightarrow x = (450 - 192) = 258.$$

∴ तेज रेलगाड़ी की लम्बाई = 258 मीटर.

जब गाड़ियाँ विपरीत दिशाओं में चलती हैं तो सापेक्ष गति

= (20 + 15) मी०/से० = 35 मीटर/से०

दोनों गाड़ियों की लम्बाई का योग

= (192 + 258) मीटर = 450 मीटर.

एक दूसरे को पार करने में लगा समय

$= \frac{450}{35}$ सेकण्ड $= \frac{90}{7}$ सेकण्ड $= 12\frac{6}{7}$ सेकण्ड.

8. रेलगाड़ियों की लम्बाइयों का योग = (126 + 114) मीटर

= 240 मीटर.

आपेक्षिक चाल = (30 + 42) किमी०/घण्टा

$= \left(72 \times \frac{5}{18}\right)$ मीटर/से० = 20 मीटर/से०.

अभीष्ट समय $= \frac{240}{20}$ से० = 12 से०.

9. गाड़ी की चाल $= \left(54 \times \frac{5}{18}\right)$ मीटर/से० = 15 मीटर/से०.

व्यक्ति के सापेक्ष गाड़ी की चाल = (54 – 6) किमी०/घण्टा

$= \left(48 \times \frac{5}{18}\right)$ मीटर/से० $= \frac{40}{3}$ मीटर/से०.

माना गाड़ी की लम्बाई $= x$ मीटर.

गाड़ी द्वारा व्यक्ति को पार करने में लगा समय

$= \frac{x}{(40/3)}$ से० $= \frac{3x}{40}$ से०.

$$\therefore \frac{3x}{40} = 12 \Rightarrow x = \frac{(12 \times 40)}{3} = 160.$$

अत: गाड़ी की लम्बाई = 160 मीटर.

माना प्लेटफार्म की लम्बाई = y मीटर.

प्लेटफार्म को पार करने में लगा समय $= \frac{(160+y)}{15}$ सेकण्ड.

$$\therefore \frac{(160+y)}{15} = 20 \Rightarrow (160 + y) = 300 \Rightarrow y = 140.$$

अत: प्लेटफार्म की लम्बाई = 140 मीटर.

10. पहली रेलगाड़ी की गति

$= \left(75 \times \frac{5}{18}\right)$ मीटर/से० $= \frac{125}{6}$ मीटर/से०.

दूसरी रेलगाड़ी की गति

$= \left(60 \times \frac{5}{18}\right)$ मीटर/से० $= \frac{50}{3}$ मीटर/से०.

विपरीत दिशा में जा रही गाड़ियों की सापेक्षित गति

$= \left(\frac{125}{6} + \frac{50}{3}\right)$ मीटर/से० $= \frac{225}{6}$ मीटर/से०.

एक दूसरे को पार करने में लिया गया समय = 8 सेकण्ड.

दोनों गाड़ियों की लम्बाई का योग

$= \left(\frac{225}{6} \times 8\right)$ मी० = 300 मीटर.

समान दिशा में जाते हुए गाड़ियों की आपेक्षिक गति

$= \left(\frac{125}{6} - \frac{50}{3}\right)$ मीटर/से० $= \frac{25}{6}$ मीटर/से०.

$\frac{63}{2}$ से० में इस गति से तय की गई दूरी

$= \left(\frac{25}{6} \times \frac{63}{2}\right)$ मीटर = 131·25 मीटर.

दूसरी रेलगाड़ी की लम्बाई = 131·25 मीटर.

पहली रेलगाड़ी की लम्बाई

= (300 – 131·25) मीटर = 168·75 मीटर.

❑❑❑

19

धारा तथा नाव सम्बन्धी प्रश्न (BOATS AND STREAMS)

Scan QR Code for Watching Video

सामान्य नियम

माना शान्त जल में नाव का वेग $= a$ किमी०/घण्टा तथा धारा का वेग $= b$ किमी०/घण्टा.

1. (*i*) धारा की दिशा में नाव का वेग (अनुप्रवाह) $= (a+b)$ किमी०/घण्टा.

   (*ii*) धारा की विपरीत दिशा में नाव का वेग (ऊर्ध्वप्रवाह) $= (a-b)$ किमी०/घण्टा.

2. यदि धारा की दिशा में नाव का वेग $= x$ किमी०/घण्टा

   तथा धारा की विपरीत दिशा में नाव का वेग $= y$ किमी०/घण्टा.

   तब, शान्त जल में नाव का वेग $= \frac{1}{2}(x+y)$ किमी०/घण्टा, धारा का वेग $= \frac{1}{2}(x-y)$ किमी०/घण्टा.

साधित उदाहरण

प्रश्न 1. एक तैराक की चाल धारा की दिशा में 10 किमी० प्रति घण्टा है तथा धारा के विरुद्ध 6 किमी० प्रति घण्टा है. धारा का वेग तथा शान्त जल में तैराक की चाल ज्ञात कीजिए.

हल: धारा की दिशा में चाल = 10 किमी०/घण्टा.

धारा के विरुद्ध चाल = 6 किमी०/घण्टा.

धारा का वेग $= \frac{1}{2}(10-6)$ किमी०/घण्टा = 2 किमी०/घण्टा.

शान्त जल में तैराक की चाल $= \frac{1}{2}(10+6)$ किमी०/घण्टा

= 8 किमी०/घण्टा.

प्रश्न 2. एक नाविक धारा के विरुद्ध 15 किमी० जाता है तथा धारा की दिशा में 25 किमी० जाता है. उसे प्रत्येक दशा में 5 घण्टे लगते हैं. धारा का वेग तथा शान्त जल में नाविक की चाल ज्ञात कीजिए.

हल: धारा की दिशा में चाल $= \frac{25}{5}$ किमी०/घण्टा

= 5 किमी०/घण्टा.

धारा के विरुद्ध चाल $= \frac{15}{5}$ किमी०/घण्टा = 3 किमी०/घण्टा.

धारा का वेग $= \frac{1}{2}(5-3)$ किमी०/घण्टा = 1 किमी०/घण्टा.

शान्त जल में नाविक की चाल $= \frac{1}{2}(5+3)$ किमी०/घण्टा

= 4 किमी०/घण्टा.

प्रश्न 3. एक नाविक का शान्त जल में वेग 6 किमी० प्रति घण्टा है तथा धारा का वेग 2 किमी० प्रति घण्टा है. नदी में नाविक को स्थान A से स्थान B तक जाने तथा वापिस A तक आने में कुल 4 घण्टे 30 मिनट लगते हैं. दूरी AB ज्ञात कीजिए.

हल: धारा की दिशा में वेग = (6 + 2) किमी०/घण्टा

= 8 किमी०/घण्टा.

धारा के विपरीत वेग = (6 − 2) किमी०/घण्टा

= 4 किमी०/घण्टा.

माना दूरी $AB = x$ किमी०. तब

$$\frac{x}{8}+\frac{x}{4}=\frac{9}{2} \Rightarrow x+2x=36 \Rightarrow 3x=36 \Rightarrow x=12.$$

अभीष्ट दूरी = 12 किमी०.

प्रश्न 4. शान्त जल में एक नाव 13 किमी० प्रति घण्टा की चाल से जाती है तथा धारा का वेग 4 किमी० प्रति घण्टा है. धारा के अनुकूल 68 किमी० दूरी तय करने में इसे कितना समय लगेगा?

हल: धारा के अनुकूल नाव की चाल = (13 + 4) किमी०/घण्टा

= 17 किमी०/घण्टा.

धारा के अनुकूल 68 किमी० जाने में लगा समय $= \frac{68}{17}$ घण्टे

= 4 घण्टे.

प्रश्न 5. एक नाव धारा की दिशा में 30 किमी० दूरी 2 घण्टे 30 मिनट में तय करती है तथा धारा के विपरीत इतनी दूरी तय

करने में इसे 3 घण्टे 45 मिनट लगते हैं. धारा का वेग ज्ञात कीजिए.

हल: धारा की दिशा में नाव का वेग

$= \frac{30}{(5/2)}$ किमी०/घण्टा = 12 किमी०/घण्टा.

धारा के विपरीत नाव का वेग $= \frac{30}{(15/4)}$ किमी०/घण्टा

$= \frac{(30 \times 4)}{15}$ किमी०/घण्टा = 8 किमी०/घण्टा.

धारा का वेग $= \frac{1}{2}(12-8)$ किमी०/घण्टा

= 2 किमी०/घण्टा.

प्रश्न 6. एक नदी में धारा का वेग 2 किमी०/घण्टा है. इसमें एक मोटर बोट 6 किमी० धारा के विपरीत जाकर वापिस प्रारम्भिक बिन्दु पर 33 मिनट में पहुँचती है. मोटर बोट की शान्त जल में चाल कितनी है ?

हल: माना मोटर बोट की शान्त जल में चाल = x किमी०/घण्टा.

तब, धारा की दिशा में मोटर बोट की चाल

= $(x+2)$ किमी०/घण्टा.

तथा, धारा के विपरीत मोटर बोट की चाल

= $(x-2)$ किमी०/घण्टा.

$\therefore \frac{6}{(x+2)} + \frac{6}{(x-2)} = \frac{33}{60} \Rightarrow \frac{1}{(x+2)} + \frac{1}{(x-2)} = \frac{11}{120}$

$\Rightarrow \frac{(x-2)+(x+2)}{(x+2)(x-2)} = \frac{11}{120} \Rightarrow 240x = 11(x^2-4)$

$\therefore 11x^2 - 240x - 44 = 0 \Rightarrow 11x^2 - 242x + 2x - 44 = 0$

$\Rightarrow 11x(x-22) + 2(x-22) = 0$

$\Rightarrow (x-22)(11x+2) = 0 \Rightarrow x = 22.$

$\therefore$ मोटर बोट की शान्त जल में चाल = 22 किमी०/घण्टा.

प्रश्नमाला 19A

निम्नलिखित प्रश्नों में से प्रत्येक में ठीक उत्तर को चिन्हांकित (✓) कीजिए:

1. धारा के अनुकूल नाव की गति 21 किमी/घंटा है और धारा के प्रतिकूल 15 किमी/घंटा है। नाव द्वारा D किमी धारा के प्रतिकूल तय करने में लिया गया समय, धारा के अनुकूल (D + 3) किमी की दूरी तय करने में लिए गए समय से 1 घंटा अधिक है। नाव द्वारा धारा के प्रतिकूल (D + 30) किमी की दूरी तय करने में कितना समय (घंटों में) लगेगा?

(*a*) 4 (*b*) 5 (*c*) 6 (*d*) 7

(*e*) इनमें से कोई नहीं **(एस.बी.आई. पी.ओ. (प्रा.) परीक्षा, 2021**

2. एक नाव धारा के प्रतिकूल 10 किमी/घंटा की गति से t घंटे और धारा के अनुकूल 14 किमी/घंटा की गति से 6 घंटे के लिए यात्रा करती है। यदि अनुप्रवाह दिशा में तय की गई दूरी धारा के प्रतिकूल दिशा से 44 किमी अधिक है, तो t का मान क्या है? **(आई.बी.पी.एस. आर.आर.बी. क्लर्क (प्रा.) परीक्षा, 2020)**

(*a*) 6 (*b*) 4 (*c*) 8 (*d*) 9

(*e*) इनमें से कोई नहीं

3. एक व्यक्ति नदी में 48 किमी० दूरी तक जाने तथा वापिस आने में 14 घण्टे का समय लेता है. वह धारा की दिशा में जितने समय में 4 किमी० जाता है उतने ही समय में धारा के विपरीत 3 किमी० जाता है. धारा की गति कितनी है ? **(एम०बी०ए० परीक्षा, 2005)**

(*a*) 1 किमी०/घण्टा (*b*) 1·5 किमी०/घण्टा

(*c*) 1·8 किमी०/घण्टा (*d*) 3·5 किमी०/घण्टा

4. एक तैराक धारा के विरुद्ध $11\frac{1}{4}$ मिनट में $\frac{3}{4}$ किमी० दूरी तय करता है तथा वहाँ से वापिस $7\frac{1}{2}$ मिनट में प्रारम्भिक बिन्दु पर पहुँच जाता है. शान्त जल में तैराक की चाल कितनी है ?

(*a*) 2 किमी०/घण्टा (*b*) 3 किमी०/घण्टा

(*c*) 4 किमी०/घण्टा (*d*) 5 किमी०/घण्टा

(मैनेजमैन्ट परीक्षा, 2005)

5. नाव की गति धारा की गति की 7.5 गुना है। धारा के अनुकूल और धारा के प्रतिकूल गति का अंतर 4 किमी/घंटा है, तो नाव धारा के प्रतिकूल 1 घंटे में कितनी दूरी तय करेगी?

(*a*) 12 (*b*) 20 (*c*) 30 (*d*) 15

(*e*) इनमें से कोई नहीं **(आर.आर.बी. सहायक परीक्षा, 2018)**

6. एक नाव की धारा के प्रतिकूल गति 18 किमी/घंटा है जो धारा की गति से 500% अधिक है। ज्ञात कीजिए कि धारा के अनुकूल यात्रा करते हुए नाव 3 घंटे में कितनी दूरी तय करेगी।

(*a*) 71 (*b*) 72 (*c*) 62 (*d*) 65

(*e*) इनमें से कोई नहीं

(आई.बी.पी.एस. आर.आर.बी. सहायक (प्रा.) परीक्षा, 2018)

7. एक तैराक शान्त जल में 5 किमी०/घण्टा की चाल से तैर सकता है. यदि धारा का वेग 1 किमी०/घण्टा हो तो इस तैराक को एक स्थान से दूसरे स्थान तक जाने तथा प्रारम्भिक बिन्दु तक वापिस आने में 1 घण्टा लगता है. वह स्थान प्रारम्भिक बिन्दु से कितनी दूर है ?

(*a*) 2.4 किमी० (*b*) 2.5 किमी०

(*c*) 3 किमी० (*d*) 3.6 किमी०

(एस०एस०सी० परीक्षा, 2004)

8. एक नदी में धारा का वेग 1 किमी०/घण्टा है. एक मोटर बोट धारा के विपरीत 35 किमी० जाकर प्रारम्भिक बिन्दु पर वापिस आने में 12 घण्टे लेती है. शान्त जल में मोटर बोट का बेग कितना है ?

(*a*) 6 किमी०/घण्टा (*b*) 7 किमी०/घण्टा

(*c*) 8 किमी०/घण्टा (*d*) 5 किमी०/घण्टा

9. एक नाव धारा के विपरीत 30 किमी० तथा धारा की दिशा में 44 किमी० दूरी तय करने में 10 घण्टे लेती है. यही नाव उसी चाल से धारा के विपरीत 40 किमी० तथा धारा की दिशा में 55 किमी० दूरी तय करने में 13 घण्टे लेती है. शान्त जल में नाव की चाल कितनी है ?

(*a*) 3 किमी०/घण्टा (*b*) 8 किमी०/घण्टा
(*c*) 11 किमी०/घण्टा (*d*) 12 किमी०/घण्टा

10. शांत जल में एक नाव की गति का धारा की गति से अनुपात 10:1 है। यदि नाव द्वारा धारा के अनुकूल D किमी की यात्रा करने में लिए गए समय का धारा के प्रतिकूल (D – 45) किमी की यात्रा करने में लिए गए समय का अनुपात 3:2 है तो D का मान ज्ञात कीजिए।
(*a*) 86 (*b*) 78 (*c*) 98 (*d*) 99
(*e*) इनमें से कोई नहीं (एस.बी.आई. पी.ओ (प्रा.) परीक्षा, 2019)

11. एक नाव अनुप्रवाह में 72 किमी की यात्रा करती है और लौटते समय अनुप्रवाह में तय की गई दूरी का केवल 75% ही तय करती है। यदि शांत जल में नाव की गति धारा की गति से दो गुना अधिक है। नाव धारा के विपरीत दूरी तय करने में धारा के अनुकूल की तुलना में 9 घंटे अधिक लेती है, शांत जल में नाव की गति ज्ञात कीजिए।
(*a*) 4 किमी/प्रति घंटा (*b*) 3 किमी/प्रति घंटा
(*c*) 5 किमी/प्रति घंटा (*d*) 6 किमी/प्रति घंटा
(*e*) इनमें में से कोई नहीं
(एस.बी.आई. क्लर्क (मुख्य) परीक्षा, 2019)

12. एक आदमी धारा के अनुकूल 10.2 किमी की दूरी 18 मिनट में तय कर सकता है। यदि धारा की गति 3.5 किमी प्रति घंटा है, तो धारा के प्रतिकूल 121.5 किमी की दूरी तय करने में उसे कितना समय (घंटों में) लगेगा?
(*a*) 4.5 घंटे (*b*) 5.5 घंटे (*c*) 6.4 घंटे (*d*) 5.2 घंटे
(*e*) इनमें में से कोई नहीं
(एस.बी.आई. क्लर्क (मुख्य) परीक्षा, 2016)

13. धारा की दिशा में 'x' किमी की दूरी तय करने में लिया गया समय धारा के प्रतिकूल जाने पर 'x – 18' के बराबर है। धारा के प्रतिकूल गति, अनुप्रवाह गति से 6 किमी/घंटा कम है। यदि शांत जल में नाव की गति 15 किमी/घंटा है तो x का मान क्या है? (एस.बी.आई. पी.ओ. परीक्षा, 2017)
(*a*) 73 (*b*) 54 (*c*) 64 (*d*) 34
(*e*) इनमें से कोई नहीं

14. धारा की दिशा मे 'x' किमी को तय करने में लिया गया समय धारा के प्रतिकूल 'x' – 18 जाने में लगे समय के बराबर है। धारा के प्रतिकूल गति, धारा की गति से 6 किमी/घंटा कम है। यदि शांत जल में नाव की गति 15 किमी/घंटा है तो x का मान क्या है।
(*a*) 54 (*b*) 55 (*c*) 56 (*d*) 57
(*e*) इनमें में से कोई नहीं (एस.बी.आई. पी.ओ. परीक्षा, 2017)

15. एक नाव x किमी. अनुप्रवाह में तथा (x – 5) किमी. ऊर्ध्वप्रवाह में सफर करने में कुल 285 मिनट का समय लेती है। यदि नाव की अनुप्रवाह चाल एवं ऊर्ध्वप्रवाह चाल का अंतर 3 किमी./घंटा हो तथा नाव की शांत जल में चाल एवं धारा की चाल का अनुपात क्रमशः 9 : 1 हो, तो x का मान क्या है?
(*a*) 40.4 (*b*) 30 (*c*) 20.4 (*d*) 34.4
(*e*) इनमें से कोई नहीं
[आई.बी.पी.एस. बैंक क्लर्क सी.डब्लू.ई. मुख्य परीक्षा, 2017]

16. एक नाव ऊर्ध्वप्रवाह में 75 किमी. दूरी $7\frac{1}{2}$ घंटे में तय करती है। नाव की शांत जल में चाल धारा की चाल की पांच गुनी है। यदि धारा की चाल दोगुनी हो जाय तो वह नाव अनुप्रवाह में 4 घंटे में कितनी दूरी तय करेगी ?
(*a*) 84 (*b*) 70 (*c*) 64 (*d*) 75
(*e*) इनमें से कोई नहीं [NIACL सहायक प्रारंभिक परीक्षा, 2017]

17. यदि सुनील 5 किमी./घंटा की गति से स्थिर जल में नाव खेता है तथा उसकी धारा के विपरीत गति में चाल 3.5 किमी./घंटा हो तो सुनील की धारा की दिशा में गति क्या होगी?
(*a*) 4.25 किमी./घंटा (*b*) 6 किमी./घंटा
(*c*) 6.5 किमी./घंटा (*d*) 8.5 किमी./घंटा
(हरियाणा ऑक्शन रिकॉर्डर परीक्षा, 2016)

18. धारा A में धारा के अनुकूल समान दूरी तय करने में नाव द्वारा लिए गए समय और धारा B में नाव द्वारा लिए गए समय के बीच संबंधित अनुपात 8 :7 है। नाव की गति 12 किमी / घंटा है और धारा A की गति धारा B की गति की आधी है। धारा B की गति क्या है? (किमी/घंटा में)
(*a*) 6 (*b*) 5 (*c*) 4 (*d*) 7
(*e*) इनमें में से कोई नहीं
(आर.आर.बी. ग्रेड-B (मुख्य) परीक्षा, 2016)

19. एक नाव धारा के अनुकूल 36 किमी की यात्रा करने में धारा के प्रतिकूल समान दूरी तय करने की तुलना में 90 मिनट कम समय लेती है। यदि शांत जल में नाव की गति 10 किमी/घंटा है, तो धारा की गति है:
(*a*) 4 किमी/प्रति घंटा (*b*) 5 किमी/प्रति घंटा
(*c*) 2 किमी/प्रति घंटा (*d*) 6 किमी/प्रति घंटा
(*e*) इनमें में से कोई नहीं (एल.आई.सी. ए.ए.ओ. परीक्षा, 2016)

20. एक नाव धारा के अनुकूल 2 घंटे में 50 किमी की दूरी तय करती है और धारा के प्रतिकूल 5 घंटे में समान दूरी तय करती है। फिर शांत जल में 3 घंटे में तय की गई दूरी ज्ञात कीजिए। (आई.बी.पी.एस. क्लर्क (प्रा.) परीक्षा, 2016)
(*a*) 55 किमी (*b*) 52.5 किमी (*c*) 60 किमी (*d*) 65 किमी
(*e*) इनमें में से कोई नहीं

21. यदि एक नाव प्रवाह के अनुकूल 13 मिनट में 3.9 किमी. यात्रा कर सकती है। यदि धारा की गति 3 किमी./घंटा हो, तो धारा के प्रतिकूल 28 मिनट में कितनी दूरी (किमी. में) यात्रा कर सकती है?
(*a*) 5.8 (*b*) 5.6 (*c*) 4.8 (*d*) 6.2
(*e*) 5.2

22. एक नौका की स्थिर जल में गति 6 किमी./घंटा है और धारा की गति 1.5 किमी./घंटा है। एक व्यक्ति 22.5 कि.मी की दूरी पर एक स्थान पर नौका को चलाकर ले जाता है और आरंभिक बिंदु पर वापस आता है। इसके द्वारा लिया गया कुल समय है:
(*a*) 6 घंटे 10 मिनट (*b*) 4 घंटे 10 मिनट
(*c*) 8 घंटे (*d*) 10 घंटे
(एस.एस.सी.-सी.जी.एल. (टीयर-I) परीक्षा, 2015)

23. एक नाविक धारा के अनुदिश 5 मिनट में 1 किमी० की गति से तथा धारा के विपरीत 1 घण्टे में 6 किमी० की गति से नाव खेता है. धारा का वेग कितना है? (एस०एस०सी० परीक्षा, 2010)

(*a*) 6 किमी०/घण्टा (*b*) 10 किमी०/घण्टा
(*c*) 3 किमी०/घण्टा (*d*) 12 किमी०/घण्टा

24. एक नाव धारा की विपरीत दिशा में 48 मिनट में 12 किमी० की दूरी तय करती है. यदि धारा की गति 2 किमी०/घण्टा हो, तो शान्त जल में नाव की गति कितनी होगी?

(*a*) 17 किमी०/घण्टा (*b*) 15 किमी०/घण्टा
(*c*) 13 किमी०/घण्टा (*d*) 2·25 किमी०/घण्टा

25. एक मोटर बोट बहाव की दिशा में 9 किमी० की दूरी तय करने में 2 घण्टे लेती है तथा बहाव की विपरीत दिशा में वही दूरी तय करने में 6 घण्टे लेती है. स्थिर पानी में बोट की चाल कितनी है?

(*a*) 3 किमी०/घण्टा (*b*) 2 किमी०/घण्टा
(*c*) 1·5 किमी०/घण्टा (*d*) 1 किमी०/घण्टा

(सी०डी०एस० परीक्षा, 2010)

26. एक आदमी धारा के विपरीत 15 मिनट में तीन–चौथाई किलोमीटर नाव खे सकता है तथा उसी दूरी को वापिस तय करनें में उसे 10 मिनट लगते हैं. उसकी शान्त जल में चाल का धारा की चाल से क्या अनुपात है? (एस०एस०सी० परीक्षा, 2010)

(*a*) 3 : 5 (*b*) 5 : 3 (*c*) 1 : 5 (*d*) 5 : 1

27. किसी धारा के प्रवाह की चाल 4 किमी०/घण्टा है. एक नाव धारा के प्रवाह के प्रतिकूल 6 किमी० जाकर अपने पहले वाले स्थान पर 2 घण्टे में लौट आती है. नाव को धारा के प्रवाह के प्रतिकूल जाने में लगा समय कितना है? (बीमा कम्पनी परीक्षा, 2010)

(*a*) 1 घण्टा (*b*) $1\frac{1}{5}$ घण्टा
(*c*) $1\frac{1}{4}$ घण्टा (*d*) $1\frac{1}{2}$ घण्टा

28. एक व्यक्ति 1 किमी० की दूरी को धारा की दिशा में 10 मिनट में तथा धारा के विपरीत दिशा में 30 मिनट में तय करता है. धारा की गति कितनी है? (एस०एस०सी० परीक्षा, 2010)

(*a*) 1 किमी०/घण्टा (*b*) 2 किमी०/घण्टा
(*c*) 4 किमी०/घण्टा (*d*) 3 किमी०/घण्टा

29. अनुप्रवाह जाती हुई एक नौका 20 किमी० की दूरी 2 घण्टे में तय करती है तथा ऊर्ध्वप्रवाह वही दूरी 5 घण्टे में तय करती है. स्थिर पानी में नौका की गति कितनी है? (एस०एस०सी० परीक्षा, 2009)

(*a*) 7 किमी०/घण्टा (*b*) 8 किमी०/घण्टा
(*c*) 9 किमी०/घण्टा (*d*) 10 किमी०/घण्टा

30. किसी मोटर बोट की शान्त जल में चाल 45 किमी०/घण्टा है. यदि धारा के अनुकूल 80 किमी० की दूरी तय करने में मोटर बोट 1 घण्टा 20 मिनट का समय ले तो उतनी ही दूरी धारा के विपरीत दिशा में तय करने में वह कितना समय लेगी?

(*a*) 3 घण्टे (*b*) 1 घण्टा 20 मिनट
(*c*) 2 घण्टे 40 मिनट (*d*) 2 घण्टे 55 मिनट

(एस०एस०सी० परीक्षा, 2008)

31. एक नौका अनुप्रवाह की दिशा में चलते हुए 30 किमी० की दूरी 2 घण्टे में तय करती है जबकि वापिस आते समय नौका को वही दूरी तय करने में 6 घण्टे लग जाते हैं. यदि प्रवाह की गति, नौका की गति से आधी हो, तो उस नौका की गति कितनी है?

(*a*) 15 किमी०/घण्टा (*b*) 5 किमी०/घण्टा
(*c*) 10 किमी०/घण्टा (*d*) तय नहीं कर सकते

32. कोई मोटर बोट शान्त जल में 36 किमी०/घण्टा की चाल से चलती है. यह धारा के विपरीत दिशा में 1 घण्टे 45 मिनट में 56 किमी० जाती है. उतनी ही दूरी को धारा के अनुकूल तय करने में उसे कितना समय लगेगा? (एस०एस०सी० परीक्षा, 2007)

(*a*) 2 घण्टे 25 मिनट (*b*) 3 घण्टे
(*c*) 1 घण्टा 24 मिनट (*d*) 2 घण्टे 21 मिनट

33. एक नदी का प्रवाह 2 किमी० प्रति घण्टा है. एक व्यक्ति को नदी के प्रवाह के विरुद्ध खेने में उसके प्रवाह के साथ खेने से दुगुना समय लगता है. व्यक्ति की स्थिर जल में खेने की दर क्या है?

(*a*) 6 किमी०/घण्टा (*b*) 4 किमी०/घण्टा
(*c*) 10 किमी०/घण्टा (*d*) 8 किमी०/घण्टा

(जीवन बीमा निगम परीक्षा, 2006)

34. शान्त जल में एक नाव की चाल $9\frac{1}{3}$ किमी० प्रति घण्टा है. धारा की दिशा में एक विशेष दूरी तय करने में वह जितना समय लेती है, धारा के विपरीत उतनी ही दूरी तय करने में वह इससे तिगुना समय लेती है. धारा का वेग कितना है?

(*a*) $3\frac{1}{3}$ किमी०/घण्टा (*b*) $3\frac{1}{9}$ किमी०/घण्टा
(*c*) $4\frac{2}{3}$ किमी०/घण्टा (*d*) $4\frac{1}{2}$ किमी०/घण्टा

35. एक निश्चित दूरी तय करने में एक नाव धारा के अनुकूल जाने में, धारा के प्रतिकूल जाने में लिए गये समय से आधा समय लेती है. स्थिर जल में नाव की चाल तथा धारा के वेग का अनुपात कितना है? (रेलवे परीक्षा, 2006)

(*a*) 2 : 1 (*b*) 3 : 1 (*c*) 1 : 2 (*d*) 1 : 3

36. शांत जल में एक नाव की गति 6 किमी/घंटा है और धारा की गति 1.5 किमी/घंटा है। एक आदमी 22.5 किमी की दूरी पर एक स्थान पर जाता है और प्रारंभिक बिंदु पर वापस आ जाता है। उसके द्वारा लिया गया कुल समय है–

(*a*) 8 घंटे (*b*) 9 घंटे (*c*) 10 घंटे (*d*) 11 घंटे

(एस.एस.सी. सी.जी.एल. परीक्षा, 2016)

37. नाव A, बिंदु X से बिंदु Y तक, नाव B द्वारा बिंदु Y से बिंदु Z तक धारा के प्रतिकूल यात्रा करने में लिए गए समय से 3 घंटे कम समय में यात्रा करती है। X और Y के बीच की दूरी 20 किमी है, जो Y और Z के बीच की दूरी का आधा है। शांत जल में नाव B की गति 10 किमी/घंटा है और शांत जल में नाव A की गति धारा के प्रतिकूल नाव B की गति के बराबर है। शांत जल में नाव A की गति कितनी है? (धारा की गति को समान मानें।)

(*a*) 8 किमी/घंटा (*b*) 9 किमी/प्रति घंटा
(*c*) 10 किमी/घंटा (*d*) 11 किमी घंटा
(*e*) इनमें में से कोई नहीं

(आर.आर.बी. ग्रेड-B (मुख्य) परीक्षा, 2015)

38. एक नाव ऊर्ध्वप्रवाह में स्थान A से B तक तथा अनुप्रवाह में B से C तक समान समय में सफर करती है। स्थान A से B तक की दूरी एवं स्थान B से C तक की दूरी का अनुपात क्रमश: 5 : 7 है। यदि नाव अनुप्रवाह में 35 किमी. की दूरी तय करने में 2 घंटे 30 मिनट का समय लेती है, तो धारा की चाल क्या है? (किमी./घंटा में)
(*a*) 2 किमी./घंटा (*b*) 1.5 किमी./घंटा
(*b*) 2.5 किमी./घंटा (*d*) 2.2 किमी./घंटा
(*e*) इनमें से कोई नहीं

(एस.आई.डी.बी.आई.-अधिकारी आनॅलाइन परीक्षा, 2016)

39. नाव A की अनुप्रवाह चाल एवं नाव B की ऊर्ध्वप्रवाह चाल का योग 27 किमी./घंटा है। यदि नाव A की शांत जल में चाल, नाव B की शांत जल में चाल से 3 किमी./घंटा कम हो, तो शांत जल में नाव A एवं नाव B की चाल का संगत अनुपात क्या है? (मान लें कि धारा की चाल नियत रहती हैं।)
(*a*) 4 : 5 (*b*) 2 : 5 (*c*) 2 : 3 (*d*) 3 : 5
(*e*) 3 : 4 **(एस.बी.आई. क्लर्क प्रारंभिक ऑनलाईन परीक्षा 2016)**

40. शांत जल में नाव की चाल 15 किमी./घंटा तथा धारा की चाल 3 किमी./घंटा है। धारा की दिशा में बिन्दु A से B की ओर नाव द्वारा चली गई दूरी उसी नाव द्वारा धारा की विपरीत दिशा में बिन्दु B से C की ओर चली गई दूरी से 24 किमी. अधिक है। नाव द्वारा धारा की दिशा में समान समय में C से B तक जाने में लगा समय कितना होगा
(*a*) 2 घण्ट (*b*) 2 घण्टे 30 मिनट
(*c*) 2 घण्टे 40 मिनट (*d*) 2 घण्टे 10 मिनट
(*e*) 3 घण्टे 20 मिनट

(आई.बी.पी.एस. बैंक आई.टी. ऑफीसर (प्रथम पाली) परीक्षा 2016)

उत्तरमाला (प्रश्नमाला 19A)

1. (*c*)	**2.** (*b*)	**3.** (*a*)	**4.** (*d*)	**5.** (*e*)	**6.** (*b*)	**7.** (*a*)	**8.** (*a*)	**9.** (*b*)	**10.** (*d*)	**11.** (*b*)	**12.** (*a*)
13. (*b*)	**14.** (*a*)	**15.** (*d*)	**16.** (*e*)	**17.** (*c*)	**18.** (*c*)	**19.** (*c*)	**20.** (*b*)	**21.** (*b*)	**22.** (*c*)	**23.** (*c*)	**24.** (*a*)
25. (*a*)	**26.** (*d*)	**27.** (*d*)	**28.** (*b*)	**29.** (*a*)	**30.** (*c*)	**31.** (*c*)	**32.** (*c*)	**33.** (*a*)	**34.** (*e*)	**35.** (*b*)	**36.** (*a*)
37. (*a*)	**38.** (*a*)	**39.** (*a*)	**40.** (c)								

दिये गये प्रश्नों के हल (प्रश्नमाला 19A)

1. धारा के प्रतिकूल तय की गयी दूरी = D किमी
प्रश्नानुसार,

$$\frac{D}{15}-\frac{D+3}{21}=1$$

$$\Rightarrow \frac{7D}{105}-\frac{5D+15}{105}=1$$

$$\Rightarrow 2D-15=105$$

$$\Rightarrow D=\frac{120}{2}=60$$

अतः नाव द्वारा धारा के प्रतिकूल (D + 30) किमी दूरी तय करने में लिया गया समय $=\frac{60+30}{15}=6$ घंटे

2. अनुप्रवाह दिशा में तय की गई दूरी = 14 × 6 = 84 किमी
धारा के प्रतिकूल दिशा में तय की गई दूरी
$=10\times t=10t$ किमी
प्रश्नानुसार,

$$84-10t=44$$

$$\Rightarrow 10t=84-44=40$$

$$\Rightarrow t=\frac{40}{10}=4$$

3. माना उस व्यक्ति की शान्त जल में चाल = x किमी०/घण्टा तथा धारा की गति = y किमी०/घण्टा.

$$\therefore \frac{48}{x+y}+\frac{48}{x-y}=14 \quad ...(i)$$

तथा $\frac{4}{(x+y)}=\frac{3}{(x-y)}\Rightarrow 4x-4y=3x+3y\Rightarrow x=7y$ ...(*ii*)

(*i*) में $x=7y$ रखने पर : $\frac{48}{8y}+\frac{48}{6y}=14$

$$\Rightarrow \frac{6}{y}+\frac{8}{y}=14\Rightarrow 14y=14\Rightarrow y=1.$$

∴ धारा की गति = 1 किमी०/घण्टा.

4. धारा के विरुद्ध तैराक की चाल $=\left(\frac{3}{4}\times\frac{4}{45}\times 60\right)$ किमी०/घण्टा
= 4 किमी०/घण्टा.
धारा की दिशा में तैराक की चाल
$=\left(\frac{3}{4}\times\frac{2}{15}\times 60\right)$ किमी०/घण्टा = 6 किमी०/घण्टा.

शान्त जल में तैराक की चाल $=\frac{1}{2}(4+6)$ किमी०/घण्टा
= 5 किमी०/घण्टा.

5. माना धारा की गति = x
नाव की गति = $7.5x$
धारा के अनुकूल गति = $7.5x+x$
धारा के प्रतिकूल गति = $7.5x-x$
प्रश्नानुसार,

$$(7.5x+x)-(7.5x-x)=4$$

$\Rightarrow 2x = 4$

$\Rightarrow x = 2$

एक घंटे में धारा के प्रतिकूल तय की गयी दूरी

$(7.5x - x) = \dfrac{\text{दूरी}}{1}$ $\left[\because \text{चाल} = \dfrac{\text{दूरी}}{\text{समय}}\right]$

$\Rightarrow (15-2) = \dfrac{\text{दूरी}}{1}$

$\Rightarrow$ दूरी = 13 किमी

6. माना धारा की गति 'x' किमी/घंटा

फिर,

धारा के प्रतिकूल गति $= x \times \dfrac{600}{100} = 18$

$\Rightarrow x = 3$ किमी/घंटा

शांत जल में नाव की गति $= 18 + 3 = 21$ किमी/घंटा

अनुप्रवाह में 3 घंटे में तय की गई दूरी

$= (21+3) \times 3 = 72$ किमी

7. धारा की दिशा में तैराक की चाल = (5 + 1) किमी०/घण्टा

= 6 किमी०/घण्टा.

धारा के विपरीत तैराक की चाल = (5 – 1) किमी०/घण्टा

= 4 किमी०/घण्टा,

माना अभीष्ट दूरी = x किमी०. तब

$\dfrac{x}{6} + \dfrac{x}{4} = 1 \Rightarrow 2x + 3x = 12 \Rightarrow 5x = 12 \Rightarrow x = 2\cdot4.$

अत: अभीष्ट दूरी = 2·4 किमी०.

8. माना शान्त जल में मोटर बोट का वेग = x किमी०/घण्टा.

धारा की दिशा में वेग = $(x + 1)$ किमी०/घण्टा, धारा के विपरीत वेग = $(x - 1)$ किमी०/घण्टा.

$\therefore \dfrac{35}{(x+1)} + \dfrac{35}{(x-1)} = 12 \Rightarrow \dfrac{1}{(x-1)} + \dfrac{1}{(x+1)} = \dfrac{12}{35}$

$\Rightarrow \dfrac{(x+1+x-1)}{(x^2-1)} = \dfrac{12}{35} \Rightarrow 12x^2 - 12 = 70x$

$\Rightarrow 6x^2 - 35x - 6 = 0 \Rightarrow 6x^2 - 36x + x - 6 = 0$

$\Rightarrow 6x(x-6) + (x-6) = 0$

$\Rightarrow (x-6)(6x+1) = 0 \Rightarrow x = 6.$

$\therefore$ शान्त जल में मोटर बोट का वेग = 6 किमी०/घण्टा.

9. माना धारा के विपरीत नाव की चाल = x किमी०/घण्टा तथा धारा की दिशा में चाल = y किमी०/घण्टा.

तब, $\dfrac{30}{x} + \dfrac{44}{y} = 10 \quad \ldots(i)$ तथा $\dfrac{40}{x} + \dfrac{55}{y} = 13 \quad \ldots(ii)$

(ii) को 4 से तथा (i) को 5 से गुणा करके घटाने पर:

$\left(\dfrac{160}{x} - \dfrac{150}{x}\right) = 2 \Rightarrow \dfrac{10}{x} = 2 \Rightarrow 2x = 10 \Rightarrow x = 5.$

(i) में $x = 5$ रखने पर $\dfrac{44}{y} = 4 \Rightarrow 4y = 44 \Rightarrow y = 11.$

$\therefore$ शान्त जल में नाव की चाल $= \dfrac{1}{2}(5+11)$ किमी०/घण्टा

= 8 किमी०/घण्टा.

10. माना शांत जल में एक नाव की गति का धारा की गति से अनुपात $10x : x$ है, तो

$\dfrac{\dfrac{D}{(10+1)x}}{\dfrac{D-45}{(10-1)x}} = \dfrac{3}{2}$

$\Rightarrow 18D = 33D - 33 \times 45$

$\Rightarrow 15D = 33 \times 45$

$\Rightarrow D = 99$

11. अपस्ट्रीम में नाव द्वारा तय की गई दूरी $= \dfrac{75}{100} \times 72$

= 54 किमी

मान लीजिए शांत जल में नाव की गति 'b' किमी/घंटा है और धारा की गति 'c' किमी/घंटा है, यह दिया गया है कि

$b = c + 2c = 3c$

प्रश्नानुसार,

$\dfrac{54}{b-c} - \dfrac{72}{b+c} = 9$

$\Rightarrow \dfrac{54}{3c-c} - \dfrac{72}{3c+c} = 9$

$\Rightarrow \dfrac{27}{c} - \dfrac{18}{c} = 9$

$\Rightarrow \dfrac{9}{c} = 9$

$c = 1$ किमी/घंटा

अत: शांत जल में नाव की गति = 3 × 1 = 3 किमी/घंटा

12. माना नाव की चाल = x किमी/घंटा

प्रश्नानुसार,

$\left((3.5+x) = \dfrac{10.2}{\dfrac{18}{60}}\right)$ $\left[\because \text{चाल} = \dfrac{\text{दूरी}}{\text{समय}}\right]$

$= \dfrac{10.2}{18} \times 60$

= 34 किमी/घंटा

$\Rightarrow x = 34 - 3.5$

$= 30.5$

धारा की विपरीत दिशा में 121.5 किमी तय करने में लगा समय

$= \dfrac{121.5}{(30.5-3.5)}$

$= \dfrac{121.5}{27}$

= 4.5 घंटा

13. मान लीजिए कि शांत जल में नाव की गति v किमी/घंटा है और धारा की गति s किमी/घंटा है।

तब,

$v-s=v+s-6$

$2s=6$

$s=3$

$v=15$

$\frac{x}{v+s}=\frac{x-18}{v-s}$ $\left[\because \text{समय}=\frac{\text{दूरी}}{\text{चाल}}\right]$

$\frac{x}{18}=\frac{x-18}{12}$

$12x=18x-324$

$6x=324$

$x=54$

14. माना नाव की चाल $= v$ किमी/घंटा

धारा की चाल $= s$ किमी/घंटा

दिया है धारा के विपरीत गति, धारा की दिशा में गति से 6 किमी/घंटा कम है।

अत: $v-s=v+s-6$

$2s=6$

$s=3$

दिया है $v=15$

प्रश्नानुसार,

$\frac{x}{v+s}=\frac{x-18}{v-s}$

$\frac{x}{18}=\frac{x-18}{12}$

$12x=18x-324$

$6x=324$

$x=54$

15. नाव की शांत जल में चाल $=9r$ किमी./घंटा

धारा की चाल $= r$ किमी./घंटा

$\therefore$ अनुप्रवाह चाल $=9r+r=10r$ किमी./घंटा

ऊर्ध्वप्रवाह चाल $=9r-r=8r$ किमी./घंटा

प्रश्नानुसार $10r-8r=3$

$\Rightarrow 2r=3 \quad \Rightarrow r=\frac{3}{2}$

$\therefore$ अनुप्रवाह चाल $=10r=\left(10\times\frac{3}{2}\right)$ किमी./घंटा

$=15$ किमी./घंटा

ऊर्ध्वप्रवाह चाल $=8r=\left(8\times\frac{3}{2}\right)$ किमी./घंटा

$=12$ किमी./घंटा

$\therefore$ दिये गए, प्रश्न के अनुसार $\frac{x}{15}+\frac{x-5}{12}=\frac{285}{60}$

$\Rightarrow \frac{4x+5x-25}{60}=4\frac{3}{4}=\frac{19}{4} \quad \Rightarrow \frac{9x}{60}=\frac{19}{4}+\frac{25}{60}$

$\Rightarrow \frac{3x}{20}=\frac{19}{4}+\frac{5}{12} \quad \Rightarrow \frac{3x}{20}=\frac{57+5}{12} \quad \Rightarrow \frac{3x}{20}=\frac{62}{12}$

$\Rightarrow x=\frac{62\times 20}{3\times 12}=34.4$ किमी.

16. माना, धारा की चाल $= r$ किमी./घंटा

और शांत जल में नाव की चाल $=5r$ किमी./घंटा

$\therefore$ ऊर्ध्वप्रवाह चाल $=5r-r=4r$ किमी./घंटा

$\therefore 4r=75\div\frac{15}{2} \quad \Rightarrow 4r=\frac{75\times 2}{15}=10$

$\Rightarrow r=\frac{10}{4}=\frac{5}{2}$ किमी./घंटा

अनुप्रवाह चाल $=\left(5\times\frac{5}{2}+\frac{5}{2}\right)=\left(\frac{25}{2}+\frac{5}{2}\right)$ किमी./घंटा

$=\frac{30}{2}$ किमी./घंटा

$\therefore$ अभीष्ट दूरी $=\frac{30}{2}\times 4=60$ किमी.

17. शांत जल में चाल $=\frac{1}{2}$ (अनुप्रवाह चाल + ऊर्ध्वप्रवाह चाल)

$5=\frac{1}{2}(x+3.5)$ जहाँ $x=$ अनुप्रवाह चाल

$\Rightarrow 10=x+3.5 \quad \Rightarrow x=10-3.5=6.5$ किमी./घंटा

18. माना नाव द्वारा धारा A व B में तय किया गया समय $8x$ व $7x$ है।

नाव की गति = 12 किमी/घंटा

माना धारा B की गति $= y$

माना धारा A की गति $=\frac{y}{2}$

दूरी = चाल × समय

$\left(12+\frac{y}{2}\right)8x=(12+y)7x$

$\Rightarrow 12\times 8+\frac{8y}{2}=12\times 7+7y$

$\Rightarrow 12(8-7)=7y-4y$

$\Rightarrow 3y=12$

$y=4$ किमी/घंटा

19. दिया है शांत जल में नाव की चाल = 10 किमी/घंटा

माना धारा की चाल $= s$ किमी/घंटा

प्रश्नानुसार,

$\frac{36}{10-s}-\frac{36}{10+s}=\frac{90}{60}$ ... (3)

$\Rightarrow \frac{36(10+s-10+s)}{100-s^2}=\frac{9}{6}$

$\Rightarrow 72s\times 6=900-9s^2$

$\Rightarrow 48s=100-s^2$

$\Rightarrow s^2+48s-100=0$

$\Rightarrow (s+50)(s-2)=0$

$\because s=-50$ (संभव नहीं)

या $s=2$

अत: धारा की चाल = 2 किमी/घंटा

20. माना नाव की चाल $= x$ किमी/घंटा

धारा की चाल $= y$ किमी/घंटा

प्रश्नानुसार,

$x+y = \frac{50}{2} = 25$ ...(i)

$x-y = \frac{50}{5} = 10$ ...(ii)

समी. (i) और (ii) को जोड़ने पर

$x+y+x-y = 25+10$

$2x = 35$

$x = 17.5$ किमी/घंटा

3 घण्टे में शांत जल में नाव द्वारा तय की गयी दूरी

$= 3 \times 17.5 = 52.5$ किमी/घंटा

21. नाव प्रवाह के अनुकूल 13 मिनट में 3.9 किमी. यात्रा तय करती है।

$(V+3)\times\frac{13}{60} = \frac{3.9}{10}$

$\Rightarrow V+3 = \frac{3.9}{10}\times\frac{60}{13} \Rightarrow v+3 = 18$

$\Rightarrow v = 15$ किमी./घंटा

धारा के प्रतिकूल तय की गई दूरी:

$L = (V-3)\times\frac{28}{60} = 15-3\times\frac{28}{60} = 12\times\frac{28}{60} = 5.6$ किमी./घंटा

22. तय की गई दूरी = 22.5 किमी.

स्थिर जल में गति = 6 किमी./घंटा

धारा की गति = 1.5 किमी./घंटा

$\therefore$ वांछित समय $= \frac{22.5}{6+1.5}+\frac{22.5}{6-1.5}$

$= \frac{22.5}{7.5}+\frac{22.5}{4.5} = 3+5 = 8$ घंटे

23. धारा के अनुदिश नाव की चाल

$= \left(\frac{1}{5}\times 60\right)$ किमी०/घण्टा = 12 किमी०/घण्टा.

धारा के विपरीत नाव की चाल = 6 किमी०/घण्टा.

धारा का वेग $= \frac{1}{2}(12-6)$ किमी०/घण्टा = 3 किमी०/घण्टा.

24. धारा की विपरीत दिशा में नाव की चाल

$= \left(\frac{12}{48}\times 60\right)$ किमी०/घण्टा = 15 किमी०/घण्टा.

माना शान्त जल में नाव की चाल $= x$ किमी०/घण्टा.

धारा की गति = 2 किमी०/घण्टा.

$\therefore\ x-2 = 15 \Rightarrow x = 17.$

अत: शान्त जल में नाव की चाल = 17 किमी०/घण्टा.

25. बहाव की दिशा में मोटर बोट की चाल $= \frac{9}{2}$ किमी०/घण्टा.

बहाव के विपरीत मोटर बोट की चाल

$= \frac{9}{6}$ किमी०/घण्टा $= \frac{3}{2}$ किमी०/घण्टा.

स्थिर पानी में मोटर बोट की चाल

$= \frac{1}{2}\left(\frac{9}{2}+\frac{3}{2}\right)$ किमी०/घण्टा = 3 किमी०/घण्टा.

26. धारा के विपरीत तैराक की चाल

$= \left(\frac{3}{4}\times\frac{1}{15}\times 60\right)$ किमी०/घण्टा = 3 किमी०/घण्टा.

धारा की दिशा में तैराक की चाल

$= \left(\frac{3}{4}\times\frac{1}{10}\times 60\right)$ किमी०/घण्टा $= \frac{9}{2}$ किमी०/घण्टा.

अभीष्ट अनुपात $= \frac{1}{2}\left(\frac{9}{2}+3\right):\frac{1}{2}\left(\frac{9}{2}-3\right) = \frac{15}{2}:\frac{3}{2} = 5:1.$

27. माना शान्त जल में चाल $= x$ किमी०/घण्टा. तब

$\frac{6}{(x-4)}+\frac{6}{(x+4)} = 2 \Rightarrow 6\left[\frac{1}{(x-4)}+\frac{1}{(x+4)}\right] = 2$

$\therefore\ \frac{(x+4)+(x-4)}{(x-4)(x+4)} = \frac{2}{6} = \frac{1}{3} \Rightarrow x^2-16 = 6x$

$\Rightarrow x^2-6x-16 = 0 \Rightarrow x^2-8x+2x-16 = 0$

$\Rightarrow x(x-8)+2(x-8) = 0$

$\Rightarrow (x-8)(x+2) = 0 \Rightarrow x = 8.$

$\therefore$ शान्त जल में वेग = 8 किमी०/घण्टा.

धारा के प्रतिकूल वेग = (8 – 4) किमी०/घण्टा = 4 किमी०/घण्टा

अभीष्ट समय $= \frac{6}{4}$ घण्टे $= \frac{3}{2}$ घण्टे $= 1\frac{1}{2}$ घण्टा.

28. धारा की दिशा में गति $= \left(\frac{1}{10}\times 60\right)$ किमी०/घण्टा

= 6 किमी०/घण्टा.

धारा के विपरीत दिशा में गति $= \left(\frac{1}{30}\times 60\right)$ किमी०/घण्टा

= 2 किमी०/घण्टा.

धारा की गति $= \frac{1}{2}(6-2)$ किमी०/घण्टा = 2 किमी०/घण्टा.

29. धारा की दिशा में नौका की गति $= \frac{20}{2}$ किमी०/घण्टा

= 10 किमी०/घण्टा.

धारा के विपरीत नौका की गति $= \frac{20}{5}$ किमी०/घण्टा

= 4 किमी०/घण्टा.

स्थिर पानी में नौका की गति $= \frac{1}{2}(10+4)$ किमी०/घण्टा

= 7 किमी०/घण्टा.

30. शान्त जल में मोटर बोट की चाल = 45 किमी०/घण्टा.

माना धारा का वेग $= x$ किमी०/घण्टा

धारा के अनुकूल वेग $= \left(\frac{80}{4/3}\right)$ किमी०/घण्टा

$= \frac{(80\times3)}{4}$ किमी०/घण्टा = 60 किमी०/घण्टा.

$\therefore\ 45+x=60 \Rightarrow x=15.$

अत: धारा का वेग = 15 किमी०/घण्टा.

धारा के विपरीत वेग = (45 – 15) किमी०/घण्टा

= 30 किमी०/घण्टा.

धारा के विपरीत 80 किमी० तय करने में लगा समय

$= \frac{80}{30}$ घण्टे $= \frac{8}{3}$ घण्टे = 2 घण्टे 40 मिनट.

31. माना नौका की गति = x किमी०/घण्टा. तब,

प्रवाह की गति $= \frac{x}{2}$ किमी०/घण्टा.

अनुप्रवाह गति $= \left(x+\frac{x}{2}\right)$ किमी०/घण्टा $= \frac{3x}{2}$ किमी०/घण्टा.

परन्तु, अनुप्रवाह गति $= \frac{30}{2}$ किमी०/घण्टा = 15 किमी०/घण्टा.

$\therefore\ \frac{3x}{2}=15 \Rightarrow 3x=30 \Rightarrow x=10.$

∴ नौका की गति = 10 किमी०/घण्टा.

32. शान्त जल में मोटर बोट की चाल = 36 किमी०/घण्टा.

माना धारा का वेग = x किमी०/घण्टा.

धारा के विपरीत मोटर बोट की चाल $= \left(\frac{56}{7/4}\right)$ किमी०/घण्टा

$= \left(\frac{56\times4}{7}\right)$ किमी०/घण्टा = 32 किमी०/घण्टा.

$\therefore\ 36-x=32 \Rightarrow x=(36-32)=4.$

अत: धारा का वेग = 4 किमी०/घण्टा.

धारा के अनुकूल 56 किमी० जाने में लगा समय

$= \frac{56}{(36+4)}$ घण्टे $= \frac{56}{40}$ घण्टे $= \frac{7}{5}$ घण्टे

= 1 घण्टा 24 मिनट.

33. माना स्थिर जल में खेने की दर = x किमी०/घण्टा तथा दूरी = y किमी०. तब

$$\frac{y}{(x-2)} = \frac{2y}{(x+2)} \Rightarrow \frac{1}{(x-2)} = \frac{2}{(x+2)}$$

$$\Rightarrow 2x-4=x+2 \Rightarrow x=6.$$

∴ स्थिर जल में खेने की दर = 6 किमी०/घण्टा.

34. माना धारा का वेग = x किमी०/घण्टा.

धारा की दिशा में वेग $= \left(\frac{28}{3}+x\right)$ किमी०/घण्टा.

धारा के विपरीत वेग $= \left(\frac{28}{3}-x\right)$ किमी०/घण्टा.

$$\therefore\ 3\left(\frac{28}{3}-x\right) = \left(\frac{28}{3}+x\right) \Rightarrow 4x = \left(28-\frac{28}{3}\right) = \frac{56}{3}$$

$$\Rightarrow x = \frac{14}{3} = 4\frac{2}{3}.$$

अत: धारा का वेग $= 4\frac{2}{3}$ किमी०/घण्टा.

35. माना धारा के अनुकूल नाव की गति = x किमी०/घण्टा.

तब, धारा के विपरीत नाव की गति $= \frac{x}{2}$ किमी०/घण्टा.

∴ शान्त जल में नाव की चाल $= \frac{1}{2}\left(x+\frac{x}{2}\right)$ किमी०/घण्टा

$= \frac{3x}{4}$ किमी०/घण्टा.

धारा का वेग $= \frac{1}{2}\left(x-\frac{x}{2}\right)$ किमी०/घण्टा $= \frac{x}{4}$ किमी०/घण्टा.

अभीष्ट अनुपात $= \frac{3x}{4} : \frac{x}{4} = 3:1.$

36. धारा की दिशा में चाल = (6 + 1.5) किमी/घंटा

धारा की विपरीत दिशा में चाल = (6 – 1.5) किमी/घंटा

प्रश्नानुसार,

कुल समय $= \frac{22-5}{6-1.5} + \frac{22.5}{6+1.5}$ $\left[\because \text{समय} = \frac{\text{दूरी}}{\text{चाल}}\right]$

$= \frac{22.5}{4.5} + \frac{22.5}{7.5} = 5+3 = 8$ घंटे

37. माना धारा की गति = y

धारा के विपरीत नाव B की गति

$= 10-y$

= शांत जल में नाव A की गति

अत: धारा की दिशा में नाव A की गति $= 10-y+y = 10$

प्रश्नानुसार,

$$\frac{40}{10-y} - \frac{20}{10} = 3$$

$$\Rightarrow \frac{40}{10-y} = 5$$

$$\Rightarrow 10-y = 8$$

शांत जल में नाव A की गति = (10 – y)

= 8 किमी/घंटा

38. $AB = 5x$ किमी. $BC = 7x$ किमी.

नाव की अनुप्रवाह चाल

$= \frac{35}{2\frac{1}{2}} = \frac{35}{\frac{5}{2}} = \frac{35\times2}{5} = 14$ किमी./घंटा

नाव की ऊधर्वप्रवाह चाल = y किमी./घंटा

प्रश्नानुसार, $\frac{5x}{y} = \frac{7x}{14}$

$\Rightarrow \frac{5}{y} = \frac{1}{2} \Rightarrow y = 10$ किमी./घंटा

∴ धारा की चाल $= \frac{1}{2}(14-10)$ किमी./घंटा

$\frac{1}{2}\times 4 = 2$ किमी./घंटा (मान लें कि धारा की चाल नियत रहती है।)

39. शांत जल में नाव B की चाल $= a$ किमी./घंटा

शांत जल में नाव A की चाल $= (a-3)$ किमी./घंटा

धारा की चाल = 6 किमी./घंटा

प्रश्नानुसार, $a-b+a-3+b=27$

$\Rightarrow 2a = 27+3 = 30$

$\Rightarrow a = 15$ किमी./घंटा

नाव A की शांत जल में चाल = 12 किमी./घंटा

$\therefore$ अभीष्ट अनुपात = 12 : 15 = 4 : 5

40. माना a=15 किमी./घंटा; $b = 3$ किमी./घंटा

धारा की दिशा में बिन्दु A से B की ओर तय की गई दूरी

$= v\times t = (a+b)\times t = 18t$ ...(i)

धारा कि विपरीत दिशा B से C की ओर तय की गई दूरी

$= v\times t = (a-b)\times t = (15-3)t = 12t - 0$

प्रश्नानुसार, $18t - 12t = 24 \Rightarrow 6t = 24 \Rightarrow t = 4$ घण्टे

बिन्दु A से B तक तय की गई दूरी $= 18t = 18\times 4 = 72$

बिन्दु B से C तक तय की गई दूरी $= 12t = 12\times 4 = 48$

बिन्दु C से B धारा की दिशा में लगा समय,

$$t = \frac{D}{V} = \frac{48}{a+b} = \frac{48}{18} = \frac{8}{3}$$

$t = 2\frac{2}{3}$ घण्टे

$t = 2$ घण्टे 40 मिनट

प्रश्नमाला 19B

1. एक नदी में धारा का वेग 4 किमी०/घण्टा है. एक नाव एक निश्चित बिन्दु से धारा के विपरीत 6 किमी० दूरी तय करके वापिस उसी बिन्दु पर 2 घण्टे में पहुँच जाती है. नाव का शान्त जल में वेग ज्ञात कीजिए तथा धारा के विपरीत जाने में समय ज्ञात कीजिए.

(a) 8 किमी/घण्टा, 1 घण्टा 30 मिनट
(b) 8.5 किमी/घण्टा , 1 घण्टा
(c) 8 किमी/घण्टा, 1 घण्टा
(d) 8.5 किमी/घण्टा,; 1 घण्टा 30 मिनट

2. नदी में एक व्यक्ति किसी निश्चित बिन्दु से धारा के विपरीत d किमी० दूरी तय करके वापिस उसी बिन्दु तक 5 घण्टे 15 मिनट में पहुँच जाता है. वह धारा के विपरीत $2d$ किमी० की दूरी 7 घण्टे में तैर सकता है. यही $2d$ किमी० दूरी धारा की दिशा में तय करने में उसे कितना समय लगेगा ?

(a) 3 घण्टा (b) 3 घण्टा 30 मिनट
(c) 3 घण्टा 15 मिनट (d) 3 घण्टा 25 मिनट

3. एक स्टीमर धारा के विपरीत 20 किमी० दूरी तय करने में उतना ही समय लेता है जितना कि वह धारा की दिशा में 50 किमी० दूरी तय करने में लेता है. यदि धारा का वेग 3 किमी०/घण्टा हो, तो शान्त जल में स्टीमर का वेग ज्ञात कीजिए.

(a) 6 किमी/घण्टा (b) 5 किमी/घण्टा
(c) 7 किमी/घण्टा (d) 8 किमी/घण्टा

4. एक नाविक अपनी नाव से 30 किमी० धारा के विपरीत जाने में तथा 44 किमी० धारा की दिशा में जाने में 10 घण्टे लेता है. वह 40 किमी० धारा के विपरीत जाने में तथा 55 किमी० धारा की दिशा में जाने में 13 घण्टे लेता है. धारा का वेग तथा शान्त जल में नाव की गति ज्ञात कीजिए.

(a) 4 किमी/घण्टा, 6 किमी/घण्टा
(b) 3 किमी/घण्टा, 7 किमी/घण्टा
(c) 4 किमी/घण्टा, 8 किमी/घण्टा
(d) 3 किमी/घण्टा, 8 किमी/घण्टा

5. एक स्टीमर को धारा की दिशा में एक बन्दरगाह से दूसरी बन्दरगाह तक पहुँचने में 4 घण्टे लगते हैं. धारा की विपरीत दिशा में उसी दूरी को तय करने में उसे 5 घण्टे लगते हैं. यदि धारा की गति 2 किमी०/घण्टा हो, तो दोनों बन्दरगाहों के बीच की दूरी ज्ञात कीजिए.

(a) 100 किमी (b) 70 किमी
(c) 80 किमी (d) 90 किमी

6. एक नाविक नदी में बहाव की ओर 3 घण्टे 45 मिनट में 30 किमी० नाव चलाता है तथा बहाव के विरुद्ध 2 घण्टे 30 मिनट में 15 किमी० नाव चलाता है. स्थिर पानी में नाव की गति तथा प्रवाह की गति ज्ञात कीजिए.

(a) 7 किमी/घण्टा, 1 किमी/घण्टा
(b) 8 किमी/घण्टा, 2 किमी/घण्टा
(c) 6 किमी/घण्टा, 2 किमी/घण्टा
(d) 6 किमी/घण्टा, 1 किमी/घण्टा

7. एक व्यक्ति शान्त जल में 5 किमी० प्रति घण्टा की दर से तैर सकता है. एक निश्चित दूरी को धारा की दिशा में तैरकर पार करने में उसे जो समय लगता है उससे तिगुना समय उसे इस दूरी को धारा के विपरीत पार करने में लगता है. धारा का वेग ज्ञात कीजिए.

(a) 2 किमी/घण्टा (b) 2.5 किमी/घण्टा
(c) 3 किमी/घण्टा (d) 3.5 किमी/घण्टा

8. एक व्यक्ति नाव द्वारा धारा के विपरीत बिन्दु A से बिन्दु B तक 21 किमी० की दूरी तय करके वापिस बिन्दु A तक आने में 10 घण्टे लेता है. यदि उसे धारा की दिशा में 7 किमी० दूरी तय करने में उतना ही समय लगे जितना कि धारा की विपरीत दिशा में 3 किमी० दूरी तय करने में लगता है, तो धारा का वेग तथा शान्त जल में नाव का वेग ज्ञात कीजिए.

(*a*) 2 किमी/घण्टा, 4 किमी/घण्टा
(*b*) 2 किमी/घण्टा, 5 किमी/घण्टा
(*c*) 3 किमी/घण्टा, 4 किमी/घण्टा
(*d*) 3 किमी/घण्टा, 5 किमी/घण्टा

9. एक नाविक नदी में धारा के विपरीत $\left(\frac{3}{4}\right)$ किमी० जाने में 11 मिनट 15 सैकण्ड लेता है तथा वापिस 7 मिनट 30 सैकण्ड में प्रारम्भिक बिन्दु पर पहुँच जाता है. शान्त जल में नाविक की चाल तथा धारा का वेग ज्ञात कीजिए.
(*a*) 5 किमी/घण्टा, 1 किमी/घण्टा
(*b*) 6 किमी/घण्टा, 3 किमी/घण्टा
(*c*) 4 किमी/घण्टा, 2 किमी/घण्टा
(*d*) 6 किमी/घण्टा, 1 किमी/घण्टा

10. एक तैराक शान्त जल में 3·5 किमी० प्रति घण्टा की चाल से तैर सकता है. यदि धारा के विरुद्ध एक निश्चित दूरी तय करने में लगा समय, धारा की दिशा में इतनी ही दूरी तय करने में लगे समय का 2 गुना हो, तो धारा का वेग ज्ञात कीजिए.
(*a*) 1 किमी/घण्टा (*b*) 1.5 किमी/घण्टा
(*c*) 2 किमी/घण्टा (*d*) 2.5 किमी/घण्टा

उत्तरमाला (प्रश्नमाला 19B)

1. (*a*) **2.** (*b*) **3.** (*c*) **4.** (*d*) **5.** (*c*) **6.** (*a*) **7.** (*b*) **8.** (*b*) **9.** (*a*) **10.** (*b*)

दिये गये प्रश्नों के हल (प्रश्नमाला 19B)

1. माना शान्त जल में नाव का वेग $= x$ किमी०/घण्टा.
धारा की दिशा में नाव का वेग $= (x+4)$ किमी०/घण्टा.
धारा के विपरीत नाव का वेग $= (x-4)$ किमी०/घण्टा.

$$\therefore \frac{6}{(x-4)}+\frac{6}{(x+4)}=2 \Rightarrow \frac{1}{(x-4)}+\frac{1}{(x+4)}=\frac{1}{3}$$

$$\Rightarrow \frac{(x+4)+(x-4)}{(x^2-16)}=\frac{1}{3}$$

$$\Rightarrow x^2-16=6x \Rightarrow x^2-6x-16=0$$

$$\Rightarrow x^2-8x+2x-16=0 \Rightarrow x(x-8)+2(x-8)=0$$

$$\Rightarrow (x-8)(x+2)=0 \Rightarrow x=8.$$

[∵ नाव का वेग ऋणात्मक नहीं हो सकता]

∴ शान्त जल में नाव का वेग = 8 किमी०/घण्टा

धारा के विपरीत जाने में लगा समय

$$=\frac{6}{(8-4)} \text{ घण्टे} = \frac{6}{4} \text{ घण्टे} = \frac{3}{2} \text{ घण्टे}$$

= 1 घण्टा 30 मिनट.

2. माना शान्त जल में तैराक की चाल $= x$ किमी०/घण्टा तथा धारा का वेग $= y$ किमी०/घण्टा.
धारा की दिशा में तैराक का वेग $= (x+y)$ किमी०/घण्टा.
धारा के विपरीत तैराक का वेग $= (x-y)$ किमी०/घण्टा.

$$\therefore \frac{d}{(x+y)}+\frac{d}{(x-y)}=\frac{21}{4} \quad \ldots(i) \text{ तथा}$$

$$\frac{2d}{(x-y)}=7 \Rightarrow \frac{d}{(x-y)}=\frac{7}{2} \quad \ldots(ii)$$

(*ii*) से (*i*) में मान रखने पर $\frac{d}{(x+y)}+\frac{7}{2}=\frac{21}{4}$

$$\Rightarrow \frac{d}{(x+y)}=\left(\frac{21}{4}-\frac{7}{2}\right)=\frac{7}{4} \Rightarrow \frac{2d}{(x+y)}=\frac{7}{2}.$$

अभीष्ट समय $=\frac{7}{2}$ घण्टे = 3 घण्टे 30 मिनट.

3. माना शान्त जल में स्टीमर का वेग $= x$ किमी०/घण्टा.
धारा के विपरीत स्टीमर का वेग $= (x-3)$ किमी०/घण्टा.
धारा की दिशा में स्टीमर का वेग $= (x+3)$ किमी०/घण्टा.

$$\frac{20}{(x-3)}=\frac{50}{x+3} \Rightarrow 20(x+3)=50(x-3)$$

$$\Rightarrow 30x=(60+150)=210 \Rightarrow x=7.$$

शान्त जल में स्टीमर का वेग = 7 किमी०/घण्टा.

4. माना शान्त जल में वेग $= x$ किमी०/घण्टा तथा धारा का वेग $= y$ किमी०/घण्टा.
धारा की दिशा में नाव का वेग $= (x+y)$ किमी०/घण्टा.
धारा के विपरीत नाव का वेग $= (x-y)$ किमी०/घण्टा

$$\frac{30}{(x-y)}+\frac{44}{(x+y)}=10 \quad \ldots(i) \quad \text{तथा}$$

$$\frac{40}{(x-y)}+\frac{55}{(x+y)}=13 \quad \ldots(ii)$$

$$\therefore \left.\begin{aligned} 30a+44b&=10 \quad \ldots(iii)\\ 40a+55b&=13 \quad \ldots(iv)\end{aligned}\right\}$$

जहाँ $\frac{1}{x-y}=a$ तथा $\frac{1}{x+y}=b.$

(*iii*) को 4 से तथा (*iv*) को 3 से गुणा करके घटाने पर:

$$(176b-165b)=(40-39) \Rightarrow 11b=1 \Rightarrow b=\frac{1}{11}.$$

(*iii*) में $b=\frac{1}{11}$ रखने पर

$$30a+4=10 \Rightarrow 30a=6 \Rightarrow a=\frac{1}{5}.$$

$$\therefore x-y=5 \quad \text{तथा} \quad x+y=11.$$

इन्हें हल करने पर $x = 8$ तथा $y = 3$.

$\therefore$ धारा का वेग = 3 किमी०/घण्टा,

शान्त जल में नाव की गति = 8 किमी०/घण्टा.

5. माना दोनों बन्दरगाहों के बीच की दूरी $= x$ किमी०. तब,

धारा की दिशा में स्टीमर की चाल $= \left(\frac{x}{4}\right)$ किमी०/घण्टा.

धारा के विपरीत स्टीमर की चाल $= \left(\frac{x}{5}\right)$ किमी०/घण्टा.

धारा की गति

$= \frac{1}{2}\left(\frac{x}{4} - \frac{x}{5}\right)$ किमी०/घण्टा $= \frac{x}{40}$ किमी०/घण्टा.

$\therefore \frac{x}{40} = 2 \Rightarrow x = 80$ किमी०.

6. धारा की दिशा में नाव की चाल

$= \frac{\text{दूरी}}{\text{समय}} = \frac{30}{\left(3\frac{3}{4}\right)}$ किमी०/घण्टा

$= \left(30 \times \frac{4}{15}\right)$ किमी०/घण्टा = 8 किमी०/घण्टा.

धारा के विरुद्ध नाव की चाल $= \frac{\text{दूरी}}{\text{समय}} = \frac{15}{\left(2\frac{1}{2}\right)}$ किमी०/घण्टा

$= \left(15 \times \frac{2}{5}\right)$ किमी०/घण्टा = 6 किमी०/घण्टा.

स्थिर पानी में नाव की गति

$= \frac{1}{2}(8+6)$ किमी०/घण्टा = 7 किमी०/घण्टा.

प्रवाह की गति $= \frac{1}{2}(8-6)$ किमी०/घण्टा = 1 किमी०/घण्टा.

7. माना धारा का वेग $= x$ किमी०/घण्टा तथा

निश्चित दूरी $= y$ किमी०.

धारा की दिशा में व्यक्ति की चाल $= (5 + x)$ किमी०/घण्टा.

धारा के विपरीत व्यक्ति की चाल $= (5 - x)$ किमी०/घण्टा.

$\therefore \frac{y}{(5-x)} = \frac{3y}{5+x} \Rightarrow (5+x) = 3(5-x)$

$\Rightarrow 4x = 10 \Rightarrow x = 2\cdot5$ किमी०/घण्टा.

8. माना शान्त जल में नाव का वेग $= x$ किमी०/घण्टा तथा धारा का वेग $= y$ किमी०/घण्टा.

तब, धारा के अनुकूल नाव का वेग $= (x + y)$ किमी०/घण्टा.

धारा के विपरीत नाव का वेग $= (x - y)$ किमी०/घण्टा.

$$\frac{21}{(x-y)} + \frac{21}{(x+y)} = 10 \Rightarrow \frac{(x+y)+(x-y)}{(x^2-y^2)} = \frac{10}{21}$$

$$\Rightarrow 10(x^2 - y^2) = 42x$$

$$\frac{7}{(x+y)} = \frac{3}{(x-y)} \Rightarrow 7(x-y) = 3(x+y) \Rightarrow 4x = 10y$$

$$\Rightarrow y = \frac{2x}{5}.$$

$y = \frac{2x}{5}$ रखने पर

$$10\left(x^2 - \frac{4x^2}{25}\right) = 42x \Rightarrow \frac{210x^2}{25} = 42x$$

$\Rightarrow x = \left(\frac{42 \times 5}{42}\right) = 5$ किमी०/घण्टा.

$\therefore y = \left(\frac{2}{5} \times 5\right)$ किमी०/घण्टा = 2 किमी०/घण्टा.

शान्त जल में नाव का वेग = 5 किमी०/घण्टा तथा

धारा का वेग = 2 किमी०/घण्टा.

9. $\frac{45}{4 \times 60}$ घण्टे में धारा के विपरीत तय की गई दूरी $= \frac{3}{4}$ किमी०.

1 घण्टे में धारा के विपरीत तय की गई दूरी

$= \left(\frac{3}{4} \times \frac{16}{3}\right)$ किमी० = 4 किमी०.

धारा के विपरीत चाल = 4 किमी०/घण्टा.

$\frac{15}{2 \times 60}$ घण्टे में धारा की दिशा में तय की गई दूरी $= \frac{3}{4}$ किमी०.

1 घण्टे में धारा की दिशा में तय की गई दूरी

$= \left(\frac{3}{4} \times 8\right)$ किमी०/घण्टा = 6 किमी०/घण्टा

शान्त जल में नाविक की चाल

$= \frac{1}{2}(4+6)$ किमी०/घण्टा = 5 किमी०/घण्टा.

धारा का वेग $= \frac{1}{2}(6-4)$ किमी०/घण्टा = 1 किमी०/घण्टा.

10. माना धारा का वेग $= x$ किमी०/घण्टा तथा दूरी $= y$ किमी०.

धारा की दिशा में तैराक का वेग $= (3\cdot5 + x)$ किमी० प्रति घण्टा.

धारा के विरुद्ध तैराक का वेग $= (3\cdot5 - x)$ किमी० प्रति घण्टा.

$$\therefore \frac{y}{(3\cdot5-x)} = \frac{\frac{5}{2}y}{(3\cdot5+x)} \Rightarrow \frac{1}{(3\cdot5-x)} = \frac{5}{2(3\cdot5+x)}$$

$$\Rightarrow 7 + 2x = 17\cdot5 - 5x \Rightarrow 7x = 10\cdot5 \Rightarrow x = 1\cdot5.$$

अत: धारा का वेग = 1·5 किमी०/घण्टा.

❑❑❑

20

मिश्रण
(ALLIGATION AND MIXTURE)

Scan QR Code for Watching Video

सामान्य नियम

मिश्रण: बहुधा एक सस्ती तथा दूसरी महँगी वस्तु को एक विशेष अनुपात में मिलाकर एक नया मिश्रण प्राप्त होता है.

औसत-मूल्य: मिश्रण के एक इकाई माप के क्रय-मूल्य को **औसत-मूल्य** कहते हैं.

माना सस्ती वस्तु की 1 इकाई का क्रय-मूल्य = ₹ c.

माना महंगी वस्तु की 1 इकाई का क्रय-मूल्य = ₹ d.

माना, औसत मूल्य = ₹ m. तब,

(सस्ती वस्तु की मात्रा) : (महंगी वस्तु की मात्रा) = $(d-m):(m-c)$.

एक इकाई सस्ती वस्तु का क्रय-मूल्य (c)   एक इकाई महंगी वस्तु का क्रय-मूल्य (d)

औसत मूल्य (m)

$(d-m)$ $(m-c)$

(सस्ती वस्तु की मात्रा) : (महंगी वस्तु की मात्रा) = $(d-m):(m-c)$.

साधित उदाहरण

प्रश्न 1. ₹ 63 प्रति किग्रा० की चाय, ₹ 90 प्रति किग्रा० की चाय के साथ किस अनुपात में मिलाई जाये कि मिश्रण का क्रय-मूल्य ₹ 72 प्रति किग्रा० हो जाये?

हल: मिश्रण नियम द्वारा:

(1 किग्रा० सस्ती चाय का क्र०-मूल्य) (₹ 63)   (1 किग्रा० महँगी चाय का क्र०-मूल्य) (₹ 90)

औसत मूल्य (₹ 72)

18   9

∴ (सस्ती चाय की मात्रा) : (महंगी चाय की मात्रा) $= 18:9 = 2:1$.

प्रश्न 2. ₹ 37 प्रति किग्रा० के कितने चावल, ₹ 48·40 प्रति किग्रा० वाले 25 किग्रा० चावल से मिलाये जायें कि मिश्रण को ₹ 46 प्रति किग्रा० बेचने से 15% लाभ हो?

हल: 1 किग्रा० मिश्रण का विक्रय-मूल्य = ₹ 46, लाभ = 15%.

1 किग्रा० मिश्रण का क्रय-मूल्य = ₹ $\left(\frac{100}{115}\times 46\right)$ = ₹ 40.

अब मिश्रण नियम द्वारा:

(1 किग्रा० सस्ते चावल का क्र०-मूल्य) (₹ 37)   (1 किग्रा० महँगे चावल का क्र०-मूल्य) (₹ 48·40)

औसत मूल्य (₹ 40·00)

8·40   3

∴ (सस्ते चावल की मात्रा) : (महँगे चावल की मात्रा) $= 8\cdot4 : 3 = 84:30 = 14:5$.

माना x किग्रा० सस्ते चावल, 25 किग्रा० महँगे चावल में मिलाये जायें.

तब, $\frac{x}{25} = \frac{14}{5} \Rightarrow x = \left(\frac{14}{5}\times 25\right) \Rightarrow x = 70$.

अतः अभीष्ट मात्रा = 70 किग्रा०.

प्रश्न 3. दूध और पानी किस अनुपात में मिलाया जाये कि मिश्रण को क्रय-मूल्य पर भी बेचने से 20% लाभ हो?

हल : माना 1 किग्रा० दूध का क्रय-मूल्य = ₹ 1.
तब, 1 किग्रा० मिश्रण का विक्रय-मूल्य = ₹ 1.

$\therefore$ 1 किग्रा० मिश्रण का क्रय-मूल्य = ₹ $\left(\frac{100}{120}\times 1\right)$ = ₹ $\frac{5}{6}$.

अब मिश्रण नियम द्वारा:

(1 किग्रा० दूध का क्र०-मूल्य) (₹ 1) — (1 किग्रा० पानी का क्र०-मूल्य) (₹ 0)

औसत मूल्य

₹ $\frac{5}{6}$

$\frac{5}{6}$ — $\frac{1}{6}$

$\therefore$ दूध : पानी = $\frac{5}{6}:\frac{1}{6}$ = 5 : 1.

प्रश्न 4. दो बर्तनों A तथा B में दूध और पानी के मिश्रण हैं. इनमें दूध और पानी का अनुपात क्रमशः 5 : 2 तथा 8 : 5 है. इन मिश्रणों को किस अनुपात में मिलाया जाये कि नये मिश्रण में दूध और पानी का अनुपात 9 : 4 हो?

हल : माना दूध का क्रय मूल्य ₹ 1 प्रति लीटर है.

A के 1 लीटर में दूध की मात्रा = $\frac{5}{7}$ लीटर.

B के 1 लीटर में दूध की मात्रा = $\frac{8}{13}$ लीटर.

A तथा B के 1 लीटर मिश्रण में दूध की मात्रा = $\frac{9}{13}$ लीटर.

A के 1 लीटर मिश्रण का मूल्य = ₹ $\frac{5}{7}$.

B के 1 लीटर मिश्रण का मूल्य = ₹ $\frac{8}{13}$.

1 लीटर मिश्रण का औसत मूल्य = ₹ $\frac{9}{13}$.

A के 1 लीटर का मूल्य (₹ $\frac{5}{7}$) — B के 1 लीटर का मूल्य (₹ $\frac{8}{13}$)

औसत मूल्य

(₹ $\frac{9}{13}$)

$\frac{1}{13}$ — $\frac{2}{91}$

अभीष्ट अनुपात = $\frac{1}{13}:\frac{2}{91}$ = 7 : 2.

प्रश्नमाला 20A

निम्नलिखित प्रश्नों में से प्रत्येक में ठीक उत्तर को चिन्हांकित (✓) कीजिए:

1. स्प्रिट के साथ पानी किस अनुपात में मिलाया जाये कि मिश्रण को लागत मूल्य पर बेचने से 20% लाभ हो?
(*a*) 5 : 2 (*b*) 5 : 1 (*c*) 5 : 3 (*d*) 5 : 4

2. एक मिश्रण में दूध और पानी का अनुपात 6 : 1 है। 21 लीटर मिश्रण निकाल लिया जाता है और मिश्रण में 77 लीटर पानी मिला दिया जाता है। यदि परिणामी मिश्रण की कुल मात्रा मूल मिश्रण की मात्रा से दोगुनी है, तो मूल मिश्रण में दूध की मात्रा कितनी थी?
(*a*) 48 लीटर (*b*) 50 लीटर (*c*) 45 लीटर (*d*) 55 लीटर
(*e*) इनमें से कोई नहीं (एस.बी.आई. क्लर्क परीक्षा, 2021)

3. दूध और पानी के एक 140 लीटर मिश्रण में दूध और पानी का अनुपात 5 : 2 है। इसमें से 28 लीटर मिश्रण निकाल दिया जाता है और मिश्रण में उतनी ही मात्रा में पानी मिला दिया जाता है। यदि इस प्रक्रिया को दो बार दोहराया जाता है, तो अंतिम मिश्रण में दूध की मात्रा कितनी होगी?
(*a*) 66.2 लीटर (*b*) 45.5 लीटर
(*c*) 51.2 लीटर (*d*) 34.4 लीटर
(*e*) इनमें से कोई नहीं
(आई.बी.पी.एस. आर.आर.बी. पी.ओ. परीक्षा, 2020)

4. एक जार में 120 लीटर दूध और पानी का मिश्रण है। जार में दूध और पानी का अनुपात 5 : 3 है। यदि x लीटर मिश्रण निकाल दिया जाए, तो जार में दूध और पानी का अंतर 24 लीटर हो जाता है। x का मान ज्ञात कीजिए।
(*a*) 24 लीटर (*b*) 45 लीटर (*c*) 20 लीटर (*d*) 29 लीटर
(*e*) इनमें से कोई नहीं
(आर.बी.आई. सहायक (प्रा.) परीक्षा, 2020)

5. एक बर्तन में दूध और पानी का 48 लीटर मिश्रण है, जिसमें दूध पानी से 3 गुना है। इसमें से 10 लीटर मिश्रण निकाला जाता है और 20 लीटर शुद्ध पानी मिलाया जाता है, तो अंतिम मिश्रण में पानी और दूध की मात्रा के बीच का अंतर कितना है?
(*a*) 1 लीटर (*b*) 2 लीटर (*c*) 4 लीटर (*d*) 6 लीटर
(*e*) इनमें से कोई नहीं
(आई.बी.पी.एस. आर.आर.बी. अधिकारी स्केल 1 (प्रा.) परीक्षा, 2019)

6. दूध और पानी के मिश्रण में पानी 25% है। एक दूधवाला 20 लीटर मिश्रण बेचता है और साथ ही 15 लीटर दूध और 15 लीटर पानी मिलाता है। अब दूध की सांद्रता पानी से 150% अधिक है, तो मूल मिश्रण में दूध की मात्रा ज्ञात कीजिए।
(*a*) 100 लीटर (*b*) 140 लीटर (*c*) 145 लीटर (*d*) 150 लीटर
(*e*) इनमें से कोई नहीं
(आई.बी.पी.एस. आर.आर.बी. अधिकारी स्केल 1 (प्रा.) परीक्षा, 2019)

7. 30 लीटर मिश्रण में पानी और दूध का अनुपात 7 : 3 है। 6 : 1 का अनुपात बनाने के लिए मिश्रण में मिलाने वाली पानी की मात्रा ज्ञात कीजिए।
(*a*) 45 (*b*) 40 (*c*) 25 (*d*) 33
(*e*) इनमें से कोई नहीं (एस.बी.आई. पी.ओ. परीक्षा, 2016)

8. दूध और पानी के मिश्रण में 60% दूध और शेष पानी है। दूध और पानी के अनुपात को आपस में बदलने के लिए मिश्रण में कितना पानी (प्रतिशत में) मिलाया जाना चाहिए?
(*a*) 50% (*b*) 60% (*c*) 40% (*d*) 45%

(*e*) इनमें से कोई नहीं

(आई.बी.पी.एस. आर.आर.बी. कार्यालय सहायक (प्रा.) परीक्षा, 2018)

9. पहले और दूसरे मिश्रधातु में जिंक और कॉपर का अनुपात क्रमशः 1 : 2 और 2 : 3 है। इन दोनों मिश्र धातुओं को किस अनुपात में मिलाकर एक नया मिश्रधातु बनाना चाहिए जिसमें दोनों तत्व 5 : 8 के अनुपात में हों?

(*a*) 7 : 10 (*b*) 3 : 10 (*c*) 3 : 8 (*d*) 2 : 7

(*e*) इनमें से कोई नहीं

(आई.बी.पी.एस. क्लर्क (प्रा.) परीक्षा, 2018)

10. पहली प्रकार की चीनी की लागत मूल्य ₹25 प्रति किलो और दूसरे प्रकार की चीनी का मूल्य ₹27.5 प्रति किग्रा है। यदि दोनों प्रकार की चीनी को 2 : 3 के अनुपात में मिलाया जाता है तथा मिश्रित किस्म की चीनी को लागत से 20% अधिक अंकित किया जाता है तो 1 किलो चीनी की मिश्रित किस्म का अंकित मूल्य ज्ञात कीजिए:

(*a*) ₹32.8 (*b*) ₹31.8 (*c*) ₹39.9 (*d*) ₹34.5

(*e*) इनमें से कोई नहीं (एन.आई.ए.सी.एल. ए.ओ. परीक्षा, 2018)

11. एक मिश्रण में दूध और पानी का अनुपात 5 : 4 है। यदि इसमें दो लीटर पानी और मिला दिया जाए, तो दूध और पानी का अनुपात 10 : 9 हो जाता है। मिश्रण में पानी की नई मात्रा ज्ञात कीजिए। (आई.बी.पी.एस. क्लर्क (प्रा.) परीक्षा, 2017)

(*a*) 18 लीटर (*b*) 15 लीटर (*c*) 16 लीटर (*d*) 19 लीटर

(*e*) इनमें से कोई नहीं

12. स्वामी 32 रुपये किलो और 45 रुपये किलो दाल लाया। उसने उन्हें 1 : 1 : 2 के अनुपात में तीसरी किस्म के साथ मिलाया। यदि मिश्रण का मूल्य 88 रुपये/किग्रा हो, तो तीसरी किस्म की कीमत प्रति किलो होगी:

(*a*) 145.50 (*b*) 135 (*c*) 140.45 (*d*) 137.50

(*e*) इनमें से कोई नहीं

(आई.बी.पी.एस. आर.आर.बी. अधिकारी स्केल 1 (प्रा.) परीक्षा, 2017)

13. एक जार में दो तरल पदार्थ A और B के मिश्रण का अनुपात 4 : 1 है। जब 10 लीटर मिश्रण निकाला जाता है और 10 लीटर तरल B जार में डाला जाता है, तो यह अनुपात 2 : 3 हो जाता है। शुरू में जार में तरल A की मात्रा थी:

(*a*) 16 लीटर (*b*) 12 लीटर (*c*) 10 लीटर (*d*) 12 लीटर

(एल.आई.सी. ए.ए.ओ. परीक्षा, 2016)

14. चीनी की दो किस्मों को किसी अनुपात में एक साथ मिला दिया जाता है। मिश्रण की प्रति किग्रा लागत उच्च कोटि की चीनी की लागत से 0.50 रुपया कम है और घटिया चीनी की लागत से 0.75 रुपया अधिक है। उच्च कोटि की चीनी घटिया किस्म की चीनी किस अनुपात में मिलाई गई है ?

(*a*) 5 : 2 (*b*) 2 : 3 (*c*) 3 : 2 (*d*) 5 : 1

[एस.एस.सी. मैट्रिक स्तर मल्टी टास्किंग स्टाफ परीक्षा, 2017]

15. एक बर्तन में दूध और पानी का अनुपात 5 : 4 है। यदि मिश्रण का 20% निकाल लिया जाए और मिश्रण में 40 लीटर दूध मिला दिया जाए, तो दूध का पानी से अनुपात 7 : 4 हो जाता है। अंतिम मिश्रण में दूध की मात्रा क्या है?

(*a*) 140 लीटर (*b*) 150 लीटर (*c*) 160 लीटर (*d*) 100 लीटर

(*e*) इनमें से कोई नहीं (एस.बी.आई. क्लर्क परीक्षा, 2016)

16. एक बर्तन में 750 मिली. लीटर मिश्रण में दूध एवं पानी का संगत अनुपात 8 : 7 है। मिश्रण में दूध की कितनी मात्रा मिलायी जाए ताकि परिणामी मिश्रण में दूध एवं पानी का अनुपात क्रमशः 8 : 5 हो जाए?

(*a*) 180 मिली. लीटर (*b*) 200 मिली. लीटर

(*c*) 140 मिली. लीटर (*d*) 120 मिली. लीटर

(*e*) 160 मिली. लीटर

(एस.बी.आई-क्लर्क (प्रारंभिक) आनॅलाइन परीक्षा, 2016)

17. एक जार में 60 लीटर दूध है, जार में से 12 लीटर दूध निकालकर उतनी ही मात्रा में जार में पानी भर दिया। यदि 12 लीटर, नए बने मिश्रण में से निकाल ले, तो जार में दूध की शेष मात्रा कितनी रह जाएगी?

(*a*) 38.4 ली. (*b*) 40 ली. (*c*) 36 ली. (*d*) 28.6 ली.

(*e*) 36.5 ली.

(आई.बी.पी.एस. बैंक आईटी ऑफीसर (प्रथम पाली) परीक्षा, 2016)

18. दो मिश्र धातुओं में टिन और लोहा क्रमशः 1 : 2 और 2 : 3 के अनुपात में है। यदि दोनों मिश्र धातुओं को क्रमशः 3 : 4 के अनुपात में (वजन द्वारा) मिश्रित कर दिया जाता है, तो नई बनी मिश्र धातु में टिन और लोहे का अनुपात है:

(*a*) 12 : 23 (*b*) 14 : 23 (*c*) 10 : 21 (*d*) 13 : 22

(एस.एस.सी.- सी.जी.एल. (टीयर-I) परीक्षा, 2015)

19. ₹ 14·40 प्रति किग्रा० के गेहूँ को ₹ 11·40 प्रति किग्रा० के गेहूँ के साथ किस अनुपात में मिलाया जाये कि मिश्रण का मूल्य ₹ 12·60 प्रति किग्रा० हो जाये ?

(*a*) 1 : 3 (*b*) 2 : 3 (*c*) 3 : 4 (*d*) 4 : 5

20. एक दुकानदार को ₹ 30 प्रति किग्रा० के चावल को ₹ 40 प्रति किग्रा० के चावल के साथ किस अनुपात में मिलाया जाये कि मिश्रण का मूल्य ₹ 33 प्रति किग्रा० हो जाये ?

(*a*) 3 : 7 (*b*) 5 : 7 (*c*) 7 : 3 (*d*) 7 : 5

21. ₹ 36 प्रति लीटर के दूध के साथ पानी किस अनुपात में मिलाया जाये कि मिश्रण का मूल्य ₹ 28 प्रति लीटर हो जाये ?

(*a*) 9 : 7 (*b*) 7 : 9 (*c*) 9 : 2 (*d*) 7 : 2

22. 30% सान्द्रता वाले ऐल्कोहल को 50% सान्द्रता वाले ऐल्कोहल में किस अनुपात में मिलाया जाये कि 35% सान्द्रता वाला ऐल्कोहल प्राप्त हो ? (एस०एस०सी० परीक्षा, 2009)

(*a*) 2 : 1 (*b*) 3 : 1 (*c*) 6 : 7 (*d*) 3 : 5

23. ₹ 48 प्रति किग्रा० मूल्य वाली 60 किग्रा० चीनी में ₹ 55 प्रति किग्रा० वाली कितनी चीनी मिलाई जाये ताकि मिश्रित चीनी का मूल्य ₹ 52·50 प्रति किग्रा० हो जाये ? (रेलवे परीक्षा, 2005)

(*a*) 90 किग्रा० (*b*) 95 किग्रा०

(*c*) 102 किग्रा० (*d*) 108 किग्रा०

24. एक पंसारी ₹ 60 प्रति किग्रा० की चाय को ₹ 65 प्रति किग्रा० की चाय के साथ किस अनुपात में मिलाये कि मिश्रण को ₹ 68·20 प्रति किग्रा० की दर से बेचने पर उसे 10% लाभ हो ?

(*a*) 3 : 2 (*b*) 3 : 4 (*c*) 3 : 5 (*d*) 4 : 5

25. एक दुकानदार ₹ 100 प्रति किग्रा० के शुद्ध घी को ₹ 50 प्रति किग्रा० वाले वनस्पति घी के साथ मिलाकर मिश्रण को ₹ 96 प्रति किग्रा० की दर से बेचकर 20% लाभ

कमाता है. किस अनुपात में दोनों प्रकार के घी मिलाये गये हैं ? (एम०बी०ए० परीक्षा, 2008)

(*a*) 1 : 2 (*b*) 3 : 2
(*c*) 3 : 1 (*d*) इनमें से कोई नहीं

26. पानी के साथ स्प्रिट को किस अनुपात में मिलाया जाये कि मिश्रण को लागत मूल्य पर बेचने से $16\frac{2}{3}\%$ लाभ मिले ?

(*a*) 1 : 4 (*b*) 1 : 5 (*c*) 1 : 6 (*d*) 1 : 3
(रेलवे परीक्षा, 2002)

27. एक बर्तन में 75 लीटर शुद्ध दूध था, उसमें से 24% दूध निकाल कर पानी की समान मात्रा मिला दी जाती है, इसके बाद दूध और पानी का 20 लीटर मिश्रण निकाल दिया जाता है, इसके बाद मिश्रण में 5 लीटर दूध और 10 लीटर पानी मिला दिया जाता है, अन्तिम मिश्रण में पानी और दूध का क्रमशः क्या अनुपात है?

(*a*) 52 : 119 (*b*) 58 : 119 (*c*) 58 : 117 (*d*) 56 : 117
(*e*) 64 : 117
(एस. बी. आई. के सहयोगी बैंक लिपीकीय संवर्ग परीक्षा, 2015)

28. एक डिब्बे में 50 किग्रा० दूध है. उसमें से 5 किग्रा० दूध निकाल कर उतना ही पानी भर दिया गया. इस प्रक्रिया को दो बार और दोहराया गया. अन्त में डिब्बे में कितना दूध बचा ?

(*a*) 34·50 किग्रा० (*b*) 35·45 किग्रा०
(*c*) 35·50 किग्रा० (*d*) 36·45 किग्रा०

29. शुद्ध दूध से भरे किसी बर्तन से 20% दूध निकालकर उतनी ही मात्रा में पानी डाल दिया जाता है. यह प्रक्रिया कुल तीन बार की जाती है. तीसरी प्रक्रिया के बाद बर्तन में शुद्ध दूध की मात्रा घटकर कितनी रह जायेगी ? (एस०एस०सी० परीक्षा, 2008)

(*a*) 40% (*b*) 50% (*c*) 51·2% (*d*) 58·8%

30. एक कनस्तर शराब से भरा था. इसमें से 8 लीटर शराब निकाल कर खाली बचे भाग में 8 लीटर पानी भर दिया गया. यह प्रक्रिया तीन बार और दोहराई गई. अन्त में प्राप्त घोल में शराब तथा पानी का अनुपात 16 : 65 रह गया. प्रारम्भ में कनस्तर में कितनी शराब थी ?

(*a*) 18 लीटर (*b*) 24 लीटर (*c*) 32 लीटर (*d*) 42 लीटर

31. एक कनस्तर में बने मिश्रण में दो द्रवों *A* तथा *B* का अनुपात 7 : 5 था. इसमें से 9 लीटर मिश्रण निकाल कर उसके स्थान पर *B* भरने पर प्राप्त मिश्रण में इन द्रवों का अनुपात 7 : 9 हो गया. कनस्तर में आरम्भ में द्रव *A* की मात्रा कितनी थी ?

(*a*) 10 लीटर (*b*) 20 लीटर (*c*) 21 लीटर (*d*) 25 लीटर

32. एक बर्तन में एक द्रव भरा है जिसमें 3 भाग पानी तथा 5 भाग शीरा है. इसमें से कितने मिश्रण को निकाल कर उसके स्थान पर उतना ही पानी भर दें कि शेष द्रव में आधा पानी तथा आधा शीरा हो ?

(*a*) $\frac{1}{3}$ (*b*) $\frac{1}{4}$ (*c*) $\frac{1}{5}$ (*d*) $\frac{1}{7}$

33. दो बर्तनों *A* तथा *B* में रखे मिश्रणों में दूध और पानी के अनुपात क्रमशः 5 : 3 तथा 2 : 3 हैं. इन दोनों मिश्रणों को किस अनुपात में मिलाया जाये कि नये मिश्रण में आधा दूध तथा आधा पानी हो ?

(*a*) 10 : 9 (*b*) 9 : 10 (*c*) 5 : 2 (*d*) 4 : 5

34. 729 मिली० मिश्रण में दूध और पानी का अनुपात 7 : 2 है. इसमें कितना पानी और डाला जाये कि नये मिश्रण में दूध और पानी का अनुपात 7 : 3 हो ?

(*a*) 79 मिली० (*b*) 72 मिली०
(*c*) 81 मिली० (*d*) 91 मिली०

उत्तरमाला (प्रश्नमाला 20A)

1. (*b*)	2. (*a*)	3. (*c*)	4. (*a*)	5. (*a*)	6. (*d*)	7. (*d*)	8. (*a*)	9. (*b*)	10. (*b*)	11. (*a*)	12. (*d*)
13. (*a*)	14. (*c*)	15. (*a*)	16. (*e*)	17. (*a*)	18. (*d*)	19. (*b*)	20. (*c*)	21. (*d*)	22. (*b*)	23. (*d*)	24. (*a*)
25. (*b*)	26. (*c*)	27. (*c*)	28. (*d*)	29. (*c*)	30. (*b*)	31. (*c*)	32. (*c*)	33. (*d*)	34. (*c*)		

दिये गये प्रश्नों के हल (प्रश्नमाला 20A)

1. माना 1 इकाई स्प्रिट का क्रय मूल्य = ₹ 100.
तब, 1 इकाई मिश्रण का विक्रय मूल्य = ₹ 100,
लाभ अर्जित = 20%.
माना 1 इकाई मिश्रण का क्रय मूल्य = ₹ *x*. तब,

$$x \times \frac{120}{100} = 100 \Rightarrow x = \frac{100 \times 100}{120} = \frac{250}{3}.$$

(1 इकाई स्प्रिट का क्रय मूल्य) (₹ 100) (1 इकाई पानी का क्रय मूल्य) (₹ 0)

औसत मूल्य $\left(₹ \frac{250}{3}\right)$

$\frac{250}{3}$ $\frac{50}{3}$

अभीष्ट अनुपात $= \frac{250}{3} : \frac{50}{3} = 250 : 50 = 5 : 1.$

2. माना शुरुआत में दूध व पानी की मात्रा 6*x* व *x* लीटर है।
कुल मात्रा = 6*x* + *x* = 7*x*
21 लीटर मिश्रण निकाल कर 77 लीटर पानी मिलाने पर वह प्रारंभिक मात्रा की दोगुना हो जाती है।
अतः

$$7x - 21 + 77 = 2(7x)$$
$$7x - 56 = 14x$$
$$7x = 56$$
$$x = 6$$

∴ दूध की प्रारंभिक मात्रा
$6x \Rightarrow 6 \times 8 = 48$ लीटर

3. दूध की प्रारंभिक मात्रा $= \frac{5}{7} \times 140 = 100$ लीटर
पानी की मात्रा = 140 − 100 = 40 लीटर
मिश्रण में दूध की अंतिम मात्रा
$= 100 \times \left(1 - \frac{20}{100}\right)^3 = 51.2$ लीटर

4. 120 लीटर मिश्रण में से x लीटर निकालने पर भी दूध व पानी का अनुपात 5 : 3 ही रहेगा।
दूध व पानी का अंतर $= 5 - 3 = 2$
प्रश्नानुसार,
$$\frac{x}{8} \times (120 - x) = 24$$
$$120 - x = 24 \times 4$$
$$x = 120 - 96$$
$x = 24$ लीटर

5. कुल मिश्रण = 48 लीटर
दूध : पानी = 3 : 1
अत: दूध = 36 लीटर पानी = 12 लीटर
10 लीटर मिश्रण निकाल लिया जाता है और 20 लीटर शुद्ध पानी मिला दिया जाता है
अब दूध $= 36 - 7.5 = 28.5$
और पानी $= 12 - 2.5 + 20 = 29.5$
आवश्यक अंतर $= 29.5 - 28.5 = 1$ लीटर

6. माना कुल मिश्रण $= 4x$
पानी 25% है, तो दूध : पानी $= 3x : x$
वह मिश्रण का 20 लीटर बेचता है अर्थात् दूध = 150 लीटर और पानी = 5 लीटर
प्रश्नानुसार,
$$\frac{3x - 15 + 15}{x - 5 + 15} = \frac{5}{2} \quad \text{या} \quad x = 50$$
अत: मूल मिश्रण में दूध की मात्रा $= 3x$
$= 3 \times 50 = 150$ लीटर

7. 30 लीटर मिश्रण में पानी और दूध का अनुपात = 7 : 3
30 लीटर मिश्रण में पानी $= \frac{7}{10} \times 30 = 21$ लीटर
30 लीटर मिश्रण में दूध $= \frac{3}{10} \times 30 = 9$ लीटर
प्रश्नानुसार,
माना मिश्रण में x लीटर पानी मिलाया जाता है।
$$\frac{21 + x}{9} = \frac{6}{1}$$
$$21 + x = 54$$
$x = 33$ लीटर

8. माना, कुल मात्रा = 100
दूध की मात्रा = 60
और पानी की मात्रा = 40
प्रश्नानुसार,
$$\frac{40}{100} = \frac{60}{100 + x}$$
$$2(100 + x) = 5 \times 60$$
$$200 + 2x = 300$$
$$2x = 100$$
$$x = 50$$
मिलाया गया पानी % $= \frac{50}{100} \times 100 = 50\%$

9. माना मिश्रण को $x : y$ के अनुपात में मिलाया गया है।
प्रश्नानुसार,
$$\frac{\left(\frac{x}{3} + \frac{2y}{5}\right)}{\left(\frac{2x}{3} + \frac{3y}{5}\right)} = \frac{5}{8}$$
$$\Rightarrow \frac{5x + 6y}{10x + 9y} = \frac{5}{8}$$
$$\Rightarrow 40x + 48y = 50x + 45y$$
$$\Rightarrow 10x = 3y$$
$$\Rightarrow \frac{x}{y} = \frac{3}{10}$$
अत: नए मिश्रधातु का अनुपात = 3 : 10

10. माना मिश्रित चीनी का मूल्य x है।
मिश्रण के नियम से,

पहली किस्म की चीनी का मूल्य (₹ 25) दूसरी किस्म की चीनी का मूल्य (₹ 27.5)

मध्य मूल्य = ₹ x

(₹ 27.5 – ₹ x) (₹ x – ₹ 25)

प्रश्नानुसार,
$$\frac{27.5 - x}{x - 25} = \frac{2}{3}$$
$$x = 26.5$$
मिश्रित चीनी का लागत मूल्य = ₹ 26.5
लागत मूल्य से 20% अधिक
अंकित मूल्य = 26.5 + 26.5 का 20%
= ₹ 31.8

11. माना मिश्रण में दूध और पानी की प्रारंभिक मात्रा $5x$ और $4x$ है।
प्रश्नानुसार,
$$\frac{5x}{(4x + 2)} = \frac{10}{9}$$
$$\Rightarrow 45x = 40x + 20$$
$$\Rightarrow \quad x = 4$$
अंतिम मिश्रण में पानी की मात्रा $= (4x + 2) = 18$ लीटर

12. दालों की पहली और दूसरी किस्मों को समान अनुपात में मिलाया जाता है।
उनकी औसत कीमत = ₹ $\frac{32 + 45}{2}$ = ₹38.5/किग्रा
माना तीसरी किस्म की दाल की कीमत ₹x/किग्रा है।
मिश्रण दो किस्मों को मिलाकर बनता है जोकि ₹38.5/किग्रा हो जाता है।

मिश्रण के नियम से:

38.5 x

88

$(x-88)$ 49.5

$\therefore \quad \frac{x-88}{49.5}=\frac{1}{1}$

यहाँ अनुपात 1:1 है क्योंकि हमने दो किस्मों का औसत लिया है जिनका कुल मिश्रण में अनुपात दो है और तीसरी किस्म भी दो है। हम आसानी से उत्तर प्राप्त करने के लिए मिश्रण के बजाय सरल औसत सूत्र का भी उपयोग कर सकते हैं।

$\Rightarrow x-88=49.50$

$\Rightarrow x=137.50$

अत: तीसरी किस्म की कीमत ₹137.50/किग्रा. होगी।

13. दिया गया है $A : B$

$4 : 1$

माना मिश्रण में तरल A की मात्रा $=4x$

माना मिश्रण में तरल B की मात्रा $=x$

दिये गये मिश्रण से 10 लीटर निकालने पर भी A और B का अनुपात 4 : 1 ही रहेगा।

निकाले गये मिश्रण में A की मात्रा $=\frac{4}{5}\times 10=8$ लीटर

निकाले गये मिश्रण में B की मात्रा $=\frac{1}{5}\times 10=2$ लीटर

प्रश्नानुसार,

$$\frac{4x-8}{x-2+10}=\frac{2}{3}$$

$$12x-24=2x-4x+20$$

$$10x=40$$

$$x=4$$

इसलिए शुरुआत में तरल A की मात्रा

$=4x=4\times 4=16$ लीटर

14. माना, मिश्रण का माध्य मूल्य $=a$ रुपए/किग्रा

$\therefore$ घटिया किस्म का मूल्य $=(a-0.75)$ रुपए/किग्रा

उच्च कोटि का मूल्य $=(a+0.5)$ रुपए/किग्रा.

मिश्रण के नियम द्वारा,

$a+0.5$ $a-0.75$

a

$a-a+0.75=0.75$ $a+0.5-a=0.5$

$\therefore$ अभीष्ट अनुपात $=0.75:0.5=3:2$

15. 20% मिश्रण निकालने पर भी दूध और पानी का अनुपात 5 : 4 में ही होगा।

40 लीटर दूध मिलाने पर अनुपात 7 : 4 हो जाता है।

प्रश्नानुसार,

$$\frac{5x+40}{4x}=\frac{7}{4}$$

$$20x+160=28x$$

$$8x=160$$

$$x=20$$

अंतिम मिश्रण में दूध की मात्रा $=5x+40$

$=5\times 20+40$

$=140$ लीटर

16. दूध एवं पानी को मिश्र में मात्रा $=8:5$

बर्तन में कुल मिश्रण $=750$ मिली लीटर

दूध की मात्रा $=\frac{8}{15}\times 750=400$ मिली लीटर

पानी की मात्रा $=350$ मिली लीटर

माना मिलाए गए दूध की मात्रा $=x$ मिली लीटर

प्रश्नानुसार, $\frac{400+x}{350}=\frac{8}{5}$

$\Rightarrow 2000+5x=2800$

$\Rightarrow 5x=800$

$\Rightarrow x=\frac{800}{5}=160$ मिली लीटर

17.

	दूध की मात्रा	पानी की मात्रा
प्रारम्भ में	60 ली.	0 ली.
12 ली. दूध निकालने पर	$60-12=48$ ली.	12 ली.
अनुपात	4	1

नए बने मिश्रण से 12 लि. मिश्रण निकालने पर, निकले दूध की मात्रा $=\frac{4}{5}\times 12=9.6$ लीटर

शेष दूध की मात्रा $=48-9.6=38.4$ लीटर

18.

टिन की मात्रा	लोहे की मात्रा
$\frac{1}{3}$	$\frac{2}{3}$
$\frac{1}{3}\times 3x$	$\frac{2}{3}\times 3x$
$\frac{2}{5}\times 4x$	$\frac{3}{5}\times 4x$
$x+\frac{8x}{5}=\frac{13x}{5}$	$2x+\frac{12x}{5}=\frac{22x}{5}$

वांछित अनुपात $=\frac{13x}{5}:\frac{22x}{5}=13:22$

19. मिश्रण नियम द्वारा:

(1 किग्रा० सस्ते गेहूँ का क्रय मूल्य) (1440 पैसे)   (1 किग्रा० महँगे गेहूँ का क्रय मूल्य) (1140 पैसे)

औसत मूल्य (1260 पैसे)

120   180

अभीष्ट अनुपात = 120 : 180 = 2 : 3.

20. मिश्रण नियम द्वारा:

(1 किग्रा० सस्ते चावल का क्रय मूल्य) (₹ 30)   (1 किग्रा० महँगे चावल का क्रय मूल्य) (₹ 40)

औसत मूल्य (₹ 33)

7   3

अभीष्ट अनुपात = 7 : 3.

21. मिश्रण नियम द्वारा:

(1 किग्रा० दूध का क्रय मूल्य) (₹ 36)   (1 किग्रा० पानी का क्रय मूल्य) (₹ 0)

औसत मूल्य (₹ 28)

28   8

अभीष्ट अनुपात = 28 : 8 = 7 : 2.

22. मिश्रण नियम द्वारा:

(पहली प्रकार के घोल की सान्द्रता) (30%)   (दूसरी प्रकार के घोल की सान्द्रता) (50%)

मिश्रण की सान्द्रता (35%)

15   5

अभीष्ट अनुपात = 15 : 5 = 3 : 1.

23. मिश्रण नियम द्वारा:

(सस्ती चीनी का भाव प्रति किग्रा०) (₹ 48)   (महँगी चीनी का भाव प्रति किग्रा०) (₹ 55)

औसत मूल्य (₹ 52·50)

2·50   4·50

इन दोनों का अनुपात $= 2\cdot50 : 4\cdot50 = \frac{250}{450} = \frac{5}{9} = 5 : 9.$

अभीष्ट भार $= \left(\frac{9}{5} \times 60\right)$ किग्रा० = 108 किग्रा०.

24. 1 किग्रा० मिश्रण का विक्रय मूल्य = ₹ 68·20, लाभ = 10%

माना 1 किग्रा० मिश्रण का क्रय मूल्य = ₹ x. तब

$x \times \frac{110}{100} = 68\cdot20 \Rightarrow 11x = 682 \Rightarrow x = 62.$

∴ 1 किग्रा० मिश्रण का क्रय मूल्य = ₹ 62.

(1 किग्रा० सस्ती चाय का क्रय मूल्य) (₹ 60)   (1 किग्रा० महँगी चाय का क्रय मूल्य) (₹ 65)

औसत मूल्य (₹ 62)

3   2

अभीष्ट अनुपात = 3 : 2.

25. 1 किग्रा० मिश्रण का विक्रय मूल्य = ₹ 96, अर्जित लाभ = 20%.

माना 1 किग्रा० मिश्रण का क्रय मूल्य = ₹ x. तब,

$x \times \frac{120}{100} = 96 \Rightarrow 12x = 960 \Rightarrow x = 80.$

∴ 1 किग्रा० मिश्रण का क्रय मूल्य = ₹ 80

(1 किग्रा० शुद्ध घी का क्रय मूल्य) (₹ 100)   (1 किग्रा० वनस्पति का क्रय मूल्य) (₹ 50)

औसत मूल्य (₹ 80)

30   20

अभीष्ट अनुपात = 30 : 20 = 3 : 2.

26. माना 1 किग्रा० स्प्रिट का क्रय मूल्य = ₹ 100.

तब, 1 किग्रा० मिश्रण का विक्रय मूल्य = ₹ 100,

अर्जित लाभ $= \frac{50}{3}\%$.

माना 1 किग्रा० मिश्रण का क्रय मूल्य = ₹ x. तब,

$x \times \frac{350}{3 \times 100} = 100 \Rightarrow x = \frac{100 \times 300}{350} = \frac{600}{7}.$

∴ 1 किग्रा० मिश्रण का क्रय मूल्य = ₹ $\frac{600}{7}$.

(1 किग्रा० पानी का क्रय मूल्य) (₹ 0)   (1 किग्रा० स्प्रिट का क्रय मूल्य) (₹ 100)

औसत मूल्य $\left(₹ \frac{600}{7}\right)$

$\frac{100}{7}$ $\frac{600}{7}$

अभीष्ट अनुपात $= \frac{100}{7} : \frac{600}{7} = 100 : 600 = 1 : 6.$

27. बर्तन में दूध की मात्रा = 75 लीटर

24% दूध $= \frac{24 \times 75}{100} = 18$ लीटर दूध

बाकी दूध = 75 − 18 = 57 लीटर

20 लीटर दूध में पानी तथा दूध की मात्रा क्रमशः 4.8 लीटर तथा 15.2 लीटर है

नए मिश्रण में दूध $= 57 - 15.2 = 41.8$ लीटर

5 लीटर दूध मिलाने पर दूध की मात्रा $= 41.8 + 5 = 46.8$ लीटर

10 लीटर पानी मिलाने पर पानी की मात्रा $= 18 - 4.8 + 10 = 23.2$ लीटर

पानी तथा दूध का क्रमशः अनुपात $= \dfrac{23.2}{46.8} = \dfrac{58}{117} = 58:117$

28. दूध की शेष मात्रा $= a\left(\dfrac{a-b}{a}\right)^n$,

जहाँ $a = 50, b = 5$ तथा $n = 3$

$$= 50 \times \left(\frac{50-5}{50}\right)^3 = 50 \times \left(\frac{45}{50}\right)^3 = 50 \times \left(\frac{9}{10}\right)^3$$

$$= \frac{50 \times 9 \times 9 \times 9}{10 \times 10 \times 10} = \frac{729}{20} \text{ लीटर} = 36{\cdot}45 \text{ लीटर.}$$

29. माना कुल दूध = 100 लीटर प्रत्येक बार ली गई मात्रा = 20 लीटर.

तीन क्रियाओं के बाद बने घोल में दूध की मात्रा $= a\left(\dfrac{a-b}{a}\right)^n$,

जहाँ $a = 100, b = 20, n = 3$

$$= \left[100 \times \left(\frac{100-20}{100}\right)^3\right] \text{ लीटर} = \left[100 \times \left(\frac{80}{100}\right)^3\right] \text{ लीटर}$$

$$= 100 \times \left(\frac{4}{5}\right)^3 \text{ लीटर}$$

$$= \left(\frac{100 \times 64}{125}\right) \text{ लीटर} = \frac{256}{5} \text{ लीटर} = 51{\cdot}2 \text{ लीटर.}$$

अभीष्ट % = 51·2%.

30. माना कनस्तर में प्रारम्भ में a लीटर शराब थी.

4 प्रक्रियाओं के बाद कनस्तर में बची शराब $= a\left(\dfrac{a-8}{a}\right)^4$.

$$\therefore \frac{a\left(1-\frac{8}{a}\right)^4}{a} = \frac{16}{81} \Rightarrow \left(1-\frac{8}{a}\right)^4 = \left(\frac{16}{81}\right) = \left(\frac{2}{3}\right)^4$$

$$\Rightarrow 1 - \frac{8}{a} = \frac{2}{3} \Rightarrow \frac{8}{a} = \left(1-\frac{2}{3}\right) = \frac{1}{3} \Rightarrow a = 24.$$

अतः कनस्तर में प्रारम्भ में 24 लीटर शराब थी.

31. माना आरम्भ में द्रव A तथा B क्रमशः $7x$ लीटर तथा $5x$ लीटर थे.

अब कुल मिश्रण $= (12x - 9)$ लीटर.

इस मिश्रण में $A = (12x-9) \times \dfrac{7}{12}$ तथा $B = (12x-9) \times \dfrac{5}{12}$.

पुनः भरने पर, $A = (12x-9) \times \dfrac{7}{12} = \dfrac{(84x-63)}{12} = \dfrac{(28x-21)}{4}$

तथा $B = (12x-9) \times \dfrac{5}{12} + 9 = \dfrac{(60x-45)}{12} + 9$

$$= \frac{(60x-45+108)}{12} = \frac{60x+63}{12} = \frac{(20x+21)}{4}.$$

$$\therefore \frac{(28x-21)}{4} \times \frac{4}{(20x+21)} = \frac{7}{9}$$

$\Rightarrow 7(20x+21) = 9(28x-21)$

$\Rightarrow (252-140)x = 147 + 189 = 336$

$\Rightarrow 112x = 336 \Rightarrow x = 3.$

आरम्भ में A की मात्रा $= (7 \times 3)$ लीटर $= 21$ लीटर.

32. माना आरम्भ में पानी = 3 लीटर तथा शीरा = 5 लीटर.

कुल द्रव = 8 लीटर.

माना x लीटर मिश्रण निकाल कर इतना ही पानी डाल दें.

तब $(8 - x)$ लीटर मिश्रण में शीरा $= \dfrac{5}{8}(8-x)$ लीटर तथा पानी $= \dfrac{3}{8}(8-x)$ लीटर.

नये मिश्रण में शीरा $= \dfrac{5(8-x)}{8}$ लीटर तथा

पानी $= \left\{\dfrac{3(8-x)}{8} + x\right\}$ लीटर.

$$\therefore \frac{5(8-x)}{8} = \frac{3(8-x)}{8} + x \Rightarrow \frac{40-5x}{8} = \frac{24-3x+8x}{8}$$

$$\Rightarrow 40 - 5x = 24 + 5x \Rightarrow 10x = 16 \Rightarrow x = \frac{16}{10} = \frac{8}{5}.$$

निकाला गया मिश्रण = 8 लीटर का $\dfrac{1}{5}$ भाग.

33. माना A में दूध $= \dfrac{5}{8}$ लीटर, B में दूध $= \dfrac{2}{5}$ लीटर,

मिश्रण में दूध $= \dfrac{1}{2}$ लीटर

माना 1 लीटर दूध का क्रय मूल्य = ₹ 1. तब

मिश्रण नियम द्वारा:

(A में 1 लीटर मिश्रण का क्रय मूल्य) $\left(₹\,\dfrac{5}{8}\right)$ (B में 1 लीटर मिश्रण का क्रय मूल्य) $\left(₹\,\dfrac{2}{5}\right)$

औसत मूल्य $\left(₹\,\dfrac{1}{2}\right)$

$\dfrac{1}{10}$ $\dfrac{1}{8}$

$$A : B = \frac{1}{10} : \frac{1}{8} = 4:5.$$

34. दिये गये मिश्रण में दूध की मात्रा

$$= \left(729 \times \frac{7}{9}\right) \text{ मिली॰} = 567 \text{ मिली॰.}$$

इस मिश्रण में पानी की मात्रा

$= (729 - 567)$ मिली॰ = 162 मिली॰.

माना पानी की अभीष्ट मात्रा $= x$ मिली॰. तब,

$$\frac{567}{162+x} = \frac{7}{3} \Rightarrow 1134 + 7x = 1701$$

$$\Rightarrow 7x = 567 \Rightarrow x = 81.$$

अतः पानी की अभीष्ट मात्रा = 81 मिली॰.

प्रश्नमाला 20B

1. बाजार में दो टाईप के स्टील A तथा B उपलब्ध हैं. टाईप A में 5% निकिल है तथा टाईप B में 40% निकिल है. दोनों प्रकार के स्टील कितनी-कितनी मात्रा में मिलाये जायें कि कुल 140 टन स्टील प्राप्त हो, जिसमें 30% निकिल हो ?

(*a*) $A = 40$ टन, $B = 100$ टन (*b*) $A = 50$ टन, $B = 120$ टन
(*c*) $A = 30$ टन, $B = 110$ टन (*d*) $A = 35$ टन, $B = 115$ टन

2. तीन गिलासों की धारिताओं का अनुपात 1 : 2 : 3 है. इनमें एल्कोहल तथा पानी के मिश्रण भरे हैं. पहले, दूसरे तथा तीसरे गिलास में अल्कोहल तथा पानी के अनुपात क्रमशः (1 : 5), (3 : 5) तथा (5 : 7) हैं. इन गिलासों के मिश्रणों को एक अन्य बर्तन में डाल दिया जाता है. इस बर्तन में अल्कोहल तथा पानी का अनुपात ज्ञात कीजिए.

(*a*) 30 : 45 (*b*) 19 : 34 (*c*) 29 : 43 (*d*) 23: 47

3. नमक व पानी के घोल में 15% नमक है. इस घोल से 30 किग्रा० पानी को वाष्प के रूप में उड़ा देने पर शेष घोल में 20% नमक है. प्रारम्भिक दशा में घोल कितना था ?

(*a*) 110 किग्रा (*b*) 120 किग्रा (*c*) 100 किग्रा (*d*) 115 किग्रा

4. एल्कोहल तथा पानी के 5 लीटर घोल में एल्कोहल की सान्द्रता 20% है. इसमें से 2 लीटर घोल निकाल कर उसके स्थान पर 2 लीटर पानी डाल दिया जाता है. नये घोल में एल्कोहल की सान्द्रता कितनी है ?

(*a*) 11% (*b*) 10% (*c*) 9% (*d*) 12%

5. एक बर्तन में अम्ल तथा पानी का घोल है जिसमें अम्ल की सान्द्रता 36% है. इसमें से 4 लीटर घोल निकाल कर उसके स्थान पर इतना ही पानी मिला दिया जाता है. इस घोल में अम्ल की सान्द्रता 30% है. उस बर्तन में घोल की मात्रा कितनी थी ?

(*a*) 24 लीटर (*b*) 20 लीटर (*c*) 22 लीटर (*d*) 21 लीटर

6. एक बर्तन में दूध और पानी का अनुपात 7 : 3 है तथा दूसरे बर्तन में यह अनुपात 8 : 5 है. दोनों बर्तनों में से किस अनुपात में मिश्रण लिये जायें कि इन्हें मिलाकर बने मिश्रण में दूध और पानी का अनुपात 42 : 23 हो जाये ?

(*a*) 3 : 7 (*b*) 4 : 7 (*c*) 5 : 6 (*d*) 5 : 7

7. दो बर्तनों A तथा B में रखे घोलों में स्प्रिट तथा पानी का अनुपात क्रमशः 5 : 2 तथा 7 : 6 है. एक नये बर्तन C में A तथा B घोलों का मिश्रण है तथा इस मिश्रण में स्प्रिट और पानी का अनुपात 8 : 5 है. C में A तथा B का अनुपात कितना-कितना है ?

(*a*) 3 : 8 (*b*) 2 : 7 (*c*) 7 : 9 (*d*) 9 : 11

8. तीन बर्तनों में पानी भरा है. पहले बर्तन का $\frac{1}{3}$ भाग पानी दूसरे बर्तन में उडेल दिया जाता है. इसके बाद दूसरे बर्तन के $\frac{1}{4}$ भाग पानी को तीसरे बर्तन में उडेल दिया जाता है. इसके बाद तीसरे बर्तन के $\frac{1}{10}$ भाग पानी को पहले बर्तन में उडेल दिया जाता है. यदि अन्त में प्रत्येक बर्तन में 9 लीटर पानी हो, तो आरम्भ में प्रत्येक बर्तन में पानी की मात्रा कितनी-कितनी थी ?

(*a*) 12 ली०, 11 ली०, 10 ली०,
(*b*) 12 ली०, 8 ली०, 7 ली०,
(*c*) 12 ली०, 9 ली०, 8 ली०,
(*d*) 11 ली०, 10 ली०, 9 ली०,

9. एक व्यापारी के पास 6 क्विन्टल चीनी थी. इसमें से उसने कुछ चीनी 7% लाभ पर तथा शेष 17% लाभ पर बेची. सारी चीनी पर उसे 11% लाभ हुआ. ज्ञात कीजिए कि उसने 7% लाभ पर कितनी चीनी बेची ?

(*a*) 3.6 क्विन्टल (*b*) 3.8 क्विन्टल
(*c*) 4.3 क्विन्टल (*d*) 2.7 क्विन्टल

10. रमेश ने ₹ 120000 में से कुछ धन A को 10% वार्षिक साधारण ब्याज की दर से तथा शेष धन B को 12% वार्षिक साधारण ब्याज की दर से उधार दिया. यदि 2 वर्ष के अन्त में उसे कुल ब्याज ₹ 25920 प्राप्त हुआ हो, तो भिन्न-भिन्न दरों पर उसने कितना-कितना रुपया उधार दिया ?

(*a*) ₹ 60000, ₹ 42000 (*b*) ₹ 52000, ₹ 48000
(*c*) ₹ 72000, ₹ 48000 (*d*) ₹ 70000, ₹ 40000

उत्तरमाला (प्रश्नमाला 20B)

1. (*a*) **2.** (*c*) **3.** (*b*) **4.** (*d*) **5.** (*a*) **6.** (*b*) **7.** (*c*) **8.** (*b*) **9.** (*a*) **10.** (*c*)

दिये गये प्रश्नों के हल (प्रश्नमाला 20B)

1. (टाईप A में निकिल का %) (टाईप B में निकिल का %)

(5%) (40%)

निकिल की औसत %

(30%)

10 25

टाईप A : टाईप B = 10 : 25 = 2 : 5.

140 टन में A की मात्रा $= \left(140 \times \frac{2}{7}\right)$ टन = 40 टन.

140 टन में B की मात्रा $= \left(140 \times \frac{5}{7}\right)$ टन = 100 टन.

2. माना तीन गिलास A, B, C हैं जिनकी धारिता क्रमशः 1 लीटर, 2 लीटर तथा 3 लीटर हैं.

A में एल्कोहल $= \left(1 \times \frac{1}{6}\right)$ लीटर $= \frac{1}{6}$ लीटर,

पानी $= \left(1 - \frac{1}{6}\right)$ लीटर $= \frac{5}{6}$ लीटर.

B में एल्कोहल $= \left(2 \times \frac{3}{8}\right)$ लीटर $= \frac{3}{4}$ लीटर,

पानी $= \left(2 - \frac{3}{4}\right)$ लीटर $= \frac{5}{4}$ लीटर.

C में एल्कोहल $= \left(3 \times \frac{5}{10}\right)$ लीटर $= \frac{3}{2}$ लीटर,

पानी $= \left(3 - \frac{3}{2}\right)$ लीटर $= \frac{3}{2}$ लीटर.

इन गिलासों के मिश्रण में एल्कोहल $= \left(\frac{1}{6} + \frac{3}{4} + \frac{3}{2}\right)$ लीटर

$= \frac{(2+9+18)}{12}$ लीटर $= \frac{29}{12}$ लीटर .

इन गिलासों के मिश्रण में पानी $= \left(\frac{5}{6} + \frac{5}{4} + \frac{3}{2}\right)$ लीटर

$= \frac{(10+15+18)}{12}$ लीटर $= \frac{43}{12}$ लीटर .

नये बर्तन में एल्कोहल : पानी $= \frac{29}{12} : \frac{43}{12} = 29 : 43.$

3. माना कुल घोल का भार $= x$ किग्रा०.

इस घोल में पानी का भार $= \frac{85x}{100}$ किग्रा० $= \frac{17x}{20}$ किग्रा०,

तथा नमक का भार $= \left(x - \frac{17x}{20}\right)$ किग्रा० $= \frac{3x}{20}$ किग्रा० .

30 किग्रा० पानी वाष्प के रूप में उड़ने के बाद घोल का भार $= (x - 30)$ किग्रा०.

इस घोल में नमक का भार $= \frac{3x}{20}$ किग्रा०.

$$\therefore \frac{\left(\frac{3x}{20}\right)}{(x-30)} \times 100 = 20 \Rightarrow \frac{3x}{20} \times \frac{1}{(x-30)} \times 100 = 20$$

$$\Rightarrow \frac{3x}{(x-30)} = \frac{20}{5} = 4 \Rightarrow 3x = 4x - 120 \Rightarrow x = 120.$$

अत: कुल घोल का भार = 120 किग्रा०.

4. 3 लीटर घोल में एल्कोहल की मात्रा

$= \left(3 \times \frac{20}{100}\right)$ लीटर $= \frac{3}{5}$ लीटर.

इस घोल में पानी की मात्रा $= \left(3 - \frac{3}{5}\right)$ लीटर $= \frac{12}{5}$ लीटर.

नये 5 लीटर घोल में एल्कोहल की मात्रा $= \frac{3}{5}$ लीटर.

∴ इस घोल की सान्द्रता

$$\% = \left(\frac{\frac{3}{5}}{5} \times 100\right)\% = \left(\frac{3}{5} \times \frac{1}{5} \times 100\right)\% = 12\%.$$

5. माना कुल घोल की मात्रा $= x$ लीटर.

$(x - 4)$ लीटर घोल में अम्ल की मात्रा

$= (x-4) \times \frac{36}{100}$ लीटर $= \frac{(9x-36)}{25}$ लीटर .

नये घोल के x लीटर में अम्ल की मात्रा $= \frac{(9x-36)}{25}$ लीटर.

इस घोल की सान्द्रता = 30%

$$\therefore \frac{(9x-36)}{25 \times x} \times 100 = 30 \Rightarrow 30x = 4(9x - 36)$$

$$\Rightarrow 6x = 144 \Rightarrow x = 24.$$

अत: आरम्भ में उस बर्तन में घोल की मात्रा 24 लीटर थी.

6. माना दूध का क्रय-मूल्य ₹ 1 प्रति लीटर है.

माना ये बर्तन A तथा B हैं. तथा नये मिश्रण का बर्तन C है.

A के 1 लीटर में दूध की मात्रा $= \frac{7}{10}$ लीटर.

B के 1 लीटर में दूध की मात्रा $= \frac{8}{13}$ लीटर.

C के 1 लीटर में दूध की मात्रा $= \frac{42}{65}$ लीटर.

(A के 1 लीटर का मूल्य) (B के 1 लीटर का मूल्य)

$\left(₹\ \frac{7}{10}\right)$ $\left(₹\ \frac{8}{13}\right)$

औसत मूल्य

$\left(₹\ \frac{42}{65}\right)$

$\frac{2}{65}$ $\frac{7}{130}$

अभीष्ट अनुपात $= \frac{2}{65} : \frac{7}{130} = 4 : 7.$

7. A में स्प्रिट की मात्रा $= \frac{5}{7}$ लीटर,

B में स्प्रिट की मात्रा $= \frac{7}{13}$ लीटर,

तथा C में स्प्रिट की मात्रा $= \frac{8}{13}$ लीटर.

माना 1 लीटर स्प्रिट का क्रय-मूल्य = ₹ 1.

मिश्रण-नियम द्वारा:

(A के 1 लीटर मिश्रण का क्रय-मूल्य) (B के 1 लीटर मिश्रण का क्रय-मूल्य)

$\left(₹\ \frac{5}{7}\right)$ $\left(₹\ \frac{7}{13}\right)$

औसत मूल्य

$\left(₹\ \frac{8}{13}\right)$

$\frac{1}{13}$ $\frac{9}{91}$

$A : B = \frac{1}{13} : \frac{9}{91} = 7 : 9.$

8. माना आरम्भ में पहले, दूसरे तथा तीसरे बर्तन में क्रमश: x लीटर, y लीटर तथा z लीटर पानी था.

क्रिया 1. पहले बर्तन से निकाला गया पानी $= \frac{x}{3}$ ली०.

इसमें शेष पानी $= \left(x - \frac{x}{3}\right)$ ली० $= \frac{2x}{3}$ ली०.

अब दूसरे बर्तन में पानी $= \left(y + \frac{x}{3}\right)$ ली०.

क्रिया 2. दूसरे बर्तन से निकाला गया पानी $= \frac{1}{4}\left(y+\frac{x}{3}\right)$ ली॰.

इसमें शेष पानी $= \frac{3}{4}\left(y+\frac{x}{3}\right)$ ली॰.

अब तीसरे बर्तन में कुल पानी $= \left\{z+\frac{1}{4}\left(y+\frac{x}{3}\right)\right\}$ ली॰.

क्रिया 3. तीसरे बर्तन से निकाला गया पानी

$$= \frac{1}{10}\left\{z+\frac{1}{4}\left(y+\frac{x}{3}\right)\right\} \text{ ली॰.}$$

इसमें शेष पानी $= \frac{9}{10}\left\{z+\frac{1}{4}\left(y+\frac{x}{3}\right)\right\}$ ली॰.

अब पहले बर्तन में पानी $= \left[\frac{2x}{3}+\frac{1}{10}\left\{z+\frac{1}{4}\left(y+\frac{x}{3}\right)\right\}\right]$ ली॰

$$= \left(\frac{27x}{40}+\frac{y}{40}+\frac{z}{10}\right) \text{ ली॰.}$$

अब, प्रत्येक बर्तन में 9 लीटर पानी है.

$$\therefore \frac{3}{4}\left(y+\frac{x}{3}\right)=9 \Rightarrow \frac{3y+x}{3}=9\times\frac{4}{3}=12$$

$$\Rightarrow 3y+x=36 \quad ...(i)$$

$$\frac{9}{10}\left\{z+\frac{1}{4}\left(y+\frac{x}{3}\right)\right\}=9 \Rightarrow z+\frac{3y+x}{12}=9\times\frac{10}{9}=10$$

$$\Rightarrow 12z+3y+x=120 \quad ...(ii)$$

$$\frac{27x}{40}+\frac{y}{40}+\frac{z}{10}=9 \Rightarrow 27x+y+4z=360 \quad ...(iii)$$

(ii) में से (i) घटाने पर, $12z = 84 \Rightarrow z = 7$.

(iii) को 3 से गुणा करने पर, $81x + 3y + 12z = 1080$ ...(iv)

(iv) में से (ii) घटाने पर $80x = 960 \Rightarrow x = 12$.

(i) में $x = 12$ रखने पर $3y = 24 \Rightarrow y = 8$.

अत: $x = 12, y = 8, z = 7$.

अत: आरम्भ में पहले, दूसरे तथा तीसरे बर्तन में क्रमश: 12 लीटर, 8 लीटर, 7 लीटर पानी था.

9. पहले भाग पर लाभ % — दूसरे भाग पर लाभ %

(7) — (17)

औसत लाभ %

(11)

6 — 4

दोनों भागों का अनुपात $= 6 : 4 = 3 : 2$.

7% लाभ पर बेची गई चीनी का भार

$$= \left(6\times\frac{3}{5}\right) \text{ क्विन्टल } = \frac{18}{5} \text{ क्विन्टल } = 3{\cdot}6 \text{ क्विन्टल.}$$

10. ₹ 120000 का 2 वर्ष का कुल ब्याज = ₹ 25920.

ब्याज की औसत दर $= \left(\frac{100\times 25920}{120000\times 2}\right)\%$

वार्षिक = 10·8% वार्षिक.

(पहली ब्याज की दर %) — (दूसरी ब्याज की दर %)

(10) — (12)

औसत दर %

(10·8)

1·2 — 0·8

दोनों धनों का अनुपात $= 1{\cdot}2 : 0{\cdot}8 = \frac{1{\cdot}2}{0{\cdot}8} = \frac{12}{8} = \frac{3}{2} = 3 : 2$.

10% की दर पर दिया गया धन = ₹ $\left(120000\times\frac{3}{5}\right)$ = ₹ 72000.

12% की दर पर दिया गया धन = ₹ (120000 − 72000)

= ₹ 48000.

❑❑❑

21

साधारण ब्याज

(SIMPLE INTEREST)

Scan QR Code for Watching Video

सामान्य नियम

जब कोई व्यक्ति किसी साहूकार अथवा बैंक से रुपया उधार लेता है, तो दूसरे का धन प्रयोग करने के लिए उसे अतिरिक्त धन देना पड़ता है. इस अतिरिक्त धन को **ब्याज** कहते हैं.

उधार लिए गये धन को **मूलधन** (मू०)कहते हैं.

मूलधन तथा ब्याज के योगफल को **मिश्रधन** कहते हैं.

साधारण ब्याज: जो ब्याज केवल मूलधन पर एक निश्चित अवधि के लिए एक ही दर पर लगाया जाता है, उसे साधारण ब्याज (सा० ब्याज) कहते हैं.

सूत्र

(*i*) $\text{साधारण ब्याज} = \dfrac{(\text{मू०} \times \text{दर} \times \text{समय})}{100}$

(*ii*) $\text{मू०} = \dfrac{(100 \times \text{सा० ब्याज})}{(\text{दर} \times \text{समय})}$

(*iii*) $\text{दर} = \dfrac{(100 \times \text{सा० ब्याज})}{(\text{मू०} \times \text{समय})}$

(*iv*) $\text{समय} = \dfrac{(100 \times \text{सा० ब्याज})}{(\text{मू०} \times \text{दर})}$

(*v*) माना कोई धन T वर्ष बाद देय है तथा ब्याज की दर $R\%$ वार्षिक है. तब

$$\text{तत्काल धन} = \frac{\text{देय धन} \times 100}{100 + (R \times T)}.$$

साधित उदाहरण

प्रश्न 1. ₹ 6000 पर 6% वार्षिक दर से 8 माह का साधारण ब्याज तथा मिश्रधन ज्ञात कीजिए.

हल: मूलधन = ₹ 6000, दर = 6% वार्षिक,

$\text{समय} = \frac{8}{12}$ वर्ष $= \frac{2}{3}$ वर्ष.

$\text{साधारण ब्याज} = ₹ \left(6000 \times 6 \times \frac{2}{3} \times \frac{1}{100}\right) = ₹ 240.$

मिश्रधन = ₹ (6000 + 240) = ₹ 6240.

प्रश्न 2. ₹ 2500 का 5% वार्षिक दर से 219 दिन का साधारण ब्याज कितना होगा?

हल: मूलधन = ₹ 2500, दर = 5% वार्षिक,

$\text{समय} = \frac{219}{365}$ वर्ष $= \frac{3}{5}$ वर्ष.

$\text{साधारण ब्याज} = ₹ \left(2500 \times \frac{5}{100} \times \frac{3}{5}\right) = ₹ 75.$

प्रश्न 3. ₹ 3200 पर 4 अप्रैल 2012 से 16 जून 2012 तक का 5% वार्षिक दर पर साधारण ब्याज कितना होगा?

टिप्पणी: जिस दिन धन जमा होता है वह दिन ब्याज हेतु नहीं गिना जाता. परन्तु जिस दिन धन निकाला जाता है वह दिन ब्याज हेतु गिना जाता है.

हल: मूलधन = ₹ 3200, दर = 5% वार्षिक

अप्रैल ↓ मई ↓ जून

समय = (26 + 31 + 16) दिन = 73 दिन $= \frac{73}{365}$ वर्ष

$= \frac{1}{5}$ वर्ष.

$\therefore$ $\text{साधारण ब्याज} = ₹ \left(3200 \times \frac{5}{100} \times \frac{1}{5}\right) = ₹ 32.$

प्रश्न 4. किसी धन का साधारण ब्याज की 8% वार्षिक दर से 3 वर्ष का मिश्रधन ₹ 6944 है. वह धन ज्ञात कीजिए.

हल : माना मूलधन = ₹ x. तब,

साधारण ब्याज = ₹ $\left(x \times \frac{8}{100} \times 3\right)$ = ₹ $\frac{6x}{25}$.

$\therefore$ मिश्रधन = ₹ $\left(x + \frac{6x}{25}\right)$ = ₹ $\frac{31x}{25}$.

$\therefore \frac{31x}{25} = 6944 \Rightarrow x = \frac{6944 \times 25}{31} = 5600.$

अत: अभीष्ट धन = ₹ 5600.

प्रश्न 5. किसी धन का साधारण ब्याज से 2 वर्ष का मिश्रधन ₹ 8700 तथा $3\frac{1}{2}$ वर्ष का मिश्रधन ₹ 9600 है. मूलधन तथा ब्याज की दर ज्ञात करें.

हल : $\frac{3}{2}$ वर्ष का ब्याज = ₹ (9600 – 8700) = ₹ 900.

2 वर्ष का ब्याज = ₹ $\left(900 \times \frac{2}{3} \times 2\right)$ = ₹ 1200.

$\therefore$ मूलधन = ₹ (8700 – 1200) = ₹ 7500.

$\therefore$ दर = $\left(\frac{100 \times 1200}{7500 \times 2}\right)$% वार्षिक = 8% वार्षिक.

अत: मूलधन = ₹ 7500 तथा दर = 8% वार्षिक.

प्रश्न 6. साधारण ब्याज की किस दर से कोई धन 8 वर्ष में दुगुना हो जायेगा?

हल : माना मूलधन = ₹ x. तब, सा० ब्याज = ₹ x, समय = 8 वर्ष.

$\therefore$ दर = $\left(\frac{100 \times x}{x \times 8}\right)$% वार्षिक = 12·5% वार्षिक.

प्रश्न 7. एक व्यापारी ने ₹ 45000 का ऋण दो बैंकों से लिया. एक ऋण के लिए 8% वार्षिक ब्याज दिया तथा दूसरे ऋण के लिए 12% वार्षिक. यदि एक वर्ष का कुल ब्याज ₹ 4440 हो, तो 8% की दर पर कितना धन लिया गया?

हल : माना 8% की दर पर लिया गया धन = ₹ x.

तब, 12% की दर पर लिया गया धन = ₹ $(45000 - x)$.

$$\therefore \left(x \times \frac{8}{100} \times 1\right) + \left\{(45000 - x) \times \frac{12}{100} \times 1\right\} = 4440$$

$$\Rightarrow \frac{2x}{25} + \frac{3(45000 - x)}{25} = 4440$$

$$\Rightarrow 2x + 135000 - 3x = 111000$$

$$\Rightarrow x = (135000 - 111000) = 24000.$$

अत: 8% की दर पर लिया गया धन = ₹ 24000.

प्रश्न 8. कोई धन किसी निश्चित दर पर 2 वर्ष के लिए साधारण ब्याज पर दिया गया. यदि ब्याज की दर 3% अधिक होती तो ₹ 108 ब्याज अधिक मिलता. मूलधन ज्ञात कीजिए.

हल : माना मूलधन = ₹ x तथा दर = R % वार्षिक. तब

$$\left\{\frac{x \times (R+3) \times 2}{100}\right\} - \left(\frac{x \times R \times 2}{100}\right) = 108$$

$$\Rightarrow \left(\frac{x \times R \times 2}{100}\right) + \left(\frac{x \times 3 \times 2}{100}\right) - \left(\frac{x \times R \times 2}{100}\right) = 108$$

$$\Rightarrow \frac{3x}{50} = 108 \Rightarrow x = \frac{108 \times 50}{3} = 1800.$$

अत: मूलधन = ₹ 1800.

प्रश्न 9. 3 वर्ष बाद देय ₹ 1092 बराबर वार्षिक किस्तों में चुकाना है. यदि साधारण ब्याज की दर 12% वार्षिक हो, तो प्रत्येक किस्त का मान ज्ञात कीजिए.

हल: माना वार्षिक किस्त का मान = ₹ x. तब,

₹ x का 2 वर्ष का मिश्रधन + ₹ x का 1 वर्ष का मिश्रधन + ₹ x = 1092

$$\Rightarrow \left(x + \frac{x \times 2 \times 12}{100}\right) + \left(x + \frac{x \times 1 \times 12}{100}\right) + x = 1092$$

$$\Rightarrow \left(x + \frac{6x}{25}\right) + \left(x + \frac{3x}{25}\right) + x = 1092$$

$$\Rightarrow \frac{31x}{25} + \frac{28x}{25} + x = 1092$$

$$\Rightarrow (31x + 28x + 25x) = (1092 \times 25)$$

$$\Rightarrow 84x = 1092 \times 25 \Rightarrow x = \frac{1092 \times 25}{84} = 325.$$

अत: प्रत्येक किस्त का मान = ₹ 325.

प्रश्नमाला 21A

निम्नलिखित प्रश्नों में से प्रत्येक में ठीक उत्तर को चिन्हांकित (✓) कीजिए:

1. ₹ 3600 की राशि को दो भागों में इस प्रकार विभक्त करें कि पहले भाग पर 5% वार्षिक दर से 3 वर्ष का साधारण ब्याज, दूसरे भाग पर $6\frac{1}{4}$% वार्षिक दर से 4 वर्ष के साधारण ब्याज के बराबर हो. ये राशियाँ हैं क्रमश: **(एस०एस०सी० परीक्षा, 2010)**

(*a*) ₹ 2250 तथा ₹ 1350 (*b*) ₹ 2150 तथा ₹ 1450

(c) ₹ 2350 तथा ₹ 1250 (*d*) ₹ 2050 तथा ₹ 1550

2. अरुण ने 4 वर्ष के लिए किसी धनराशि का साधारण ब्याज की एक निश्चित दर पर निवेश किया. यदि उसने इसी राशि का 6 वर्ष के लिए निवेश किया होता तो उसके द्वारा अर्जित ब्याज की राशि पहले अर्जित ब्याज की राशि से 50% अधिक होती. ब्याज की वार्षिक दर क्या है? **(बैंक पी०ओ० परीक्षा, 2010)**

(*a*) 4% (*b*) 8%

(*c*) 5% (*d*) निर्धारित नहीं की जा सकती

(*e*) इनमें से कोई नहीं

3. दो व्यक्ति A और B एक योजना में क्रमश: t और $(t+4)$ वर्षों के लिए समान राशि का निवेश करते हैं. यदि A और B द्वारा अर्जित साधारण ब्याज का अनुपात 1 : 2 है, तो t का मान क्या है?

(*a*) 4 (*b*) 2 (*c*) 5 (*d*) 3

(*e*) इनमें से कोई नहीं

(आई.बी.पी.एस. आर.आर.बी. क्लर्क (प्रा.) परीक्षा, 2020)

4. आशुतोष दो समान राशियाँ उधार देता है- एक 13% प्रतिवर्ष की दर से पांच वर्ष के लिए और दूसरी 9% प्रतिवर्ष की दर से छह वर्षों के लिए। वह दोनों राशियाँ साधारण ब्याज पर उधार देता है। यदि दोनों मामलों में अर्जित ब्याज का अंतर ₹ 1320 है, तो राशि ज्ञात कीजिए।

(*a*) 6594 (*b*) 19500 (*c*) 13450 (*d*) 12000

(*e*) इनमें से कोई नहीं

(आई.बी.पी.एस. आर.आर.बी. पी.ओ. परीक्षा, 2020)

5. ₹ 2400 का किसी निश्चित ब्याज की दर से 4 वर्ष का मिश्रधन ₹ 3264 हो जाता है. ब्याज दर में 1% वृद्धि करने पर इसी धनराशि का उतने ही समय में मिश्रधन कितना हो जायेगा ?

(*a*) ₹ 3260 (*b*) ₹ 3310 (*c*) ₹ 3360 (*d*) ₹ 3460

(दिल्ली पुलिस परीक्षा, 2010)

6. कोई धन 8 वर्ष में साधारण ब्याज की किस दर से दुगुना हो जायेगा ? (होटल मैनेजमैन्ट परीक्षा, 2010)

(*a*) 16% (*b*) 14% (*c*) 12.5% (*d*) 8%

7. एक निश्चित राशि साधारण ब्याज पर 5 वर्षों में स्वयं की तिगुनी हो जाती है। कितने वर्षों में यह पाँच गुना हो जाएगी?

(*a*) 10 (*b*) 12 (*c*) 15 (*d*) 8

(एस.एस.सी. जी.एल. टियर-I 2017)

8. ₹ 900 की राशि पर ₹ 81 4.5% प्रतिवर्ष साधारण ब्याज की दर से ब्याज के रूप में प्राप्त करने के लिए कितना समय लगेगा?

(*a*) 2 वर्ष (*b*) 4 वर्ष (*c*) 1.5 वर्ष (*d*) 2.5 वर्ष

(*e*) इनमें से कोई नहीं (आर.बी.आई. ग्रेड B परीक्षा, 2017)

9. श्री थॉमस ने 14% प्रतिवर्ष और 11% प्रतिवर्ष की साधारण ब्याज दर पर क्रमशः दो अलग-अलग योजनाओं A और B में ₹ 13900/- की राशि का निवेश किया। यदि 2 वर्षों में अर्जित साधारण ब्याज की कुल राशि ₹ 3,508/- हो, तो योजना B में निवेश की गई राशि क्या थी?

(*a*) 6594 (*b*) 6400 (*c*) 5450 (*d*) 6000

(*e*) इनमें से कोई नहीं (आर.बी.आई. ग्रेड B परीक्षा, 2017)

10. साधारण ब्याज की 4% वार्षिक दर से 4 वर्ष बाद देय ₹ 848 के ऋण के निपटान हेतु कितना वार्षिक भुगतान करना होगा ?

(एस०एस०सी० परीक्षा, 2010)

(*a*) ₹ 212 (*b*) ₹ 200 (*c*) ₹ 250 (*d*) ₹ 225

11. A को B के $1\frac{1}{2}$ वर्ष बाद ₹ 1573 देने हैं तथा B को A के 6 माह बाद ₹ 1444.50 देने हैं. यदि साधारण ब्याज की दर 14% वार्षिक हो तथा अभी एक दूसरे के कर्ज का निपटारा करना हो तो किसको कितने रुपये देने होंगे ?

(*a*) A, ₹ 28.50 (*b*) B, ₹ 17.50

(*c*) A, ₹ 56.00 (*d*) B, ₹ 50.00

12. A, B को ₹ 600 दो वर्ष के लिए तथा ₹ 150 C को चार वर्ष के लिए उधार देता है। वह कुल मिलाकर दोनों से ₹ 90 साधारण ब्याज के रूप में प्राप्त करता है। ब्याज की दर प्रतिवर्ष है। (हरियाणा ऑक्शन रिकार्डर परीक्षा, 2016)

(*a*) 4% (*b*) 5% (*c*) 10% (*d*) 12%

13. यदि समान वार्षिक दर से समान समय के लिए ₹ x का साधारण ब्याज ₹ y हो तथा ₹ y का साधारण ब्याज ₹ z हो, तो निम्न में से कौन-सा कथन सत्य है ?

(*a*) $xyz=1$ (*b*) $z^2=xy$ (*c*) $x^2=yz$ (*d*) $y^2=zx$

14. ब्याज पर धन देने वाले एक व्यक्ति को ज्ञात हुआ कि उसके धन पर ब्याज की दर में 8% से $7\frac{3}{4}$% गिरावट होने पर उसकी वार्षिक आय में ₹ 61.50 की कमी हो जाती है. उसकी पूँजी कितनी है ?

(*a*) ₹ 26000 (*b*) ₹ 24600 (*c*) ₹ 23800 (*d*) ₹ 22400

(जीवन बीमा निगम परीक्षा, 2009)

15. ₹ 2500 पर 6 वर्ष में उपचित साधारण ब्याज ₹ 1875 है. इसी दर पर इतने ही समय के लिए ₹ 6875 पर कितना साधारण ब्याज उपचित होगा ? (बैंक पी०ओ० परीक्षा, 2009)

(*a*) ₹ 4556.50 (*b*) ₹ 5025.25

(*c*) ₹ 4895.25 (*d*) ₹ 5245.50

(*e*) इनमें से कोई नहीं

16. साधारण ब्याज की एक निश्चित दर से कोई धन 20 वर्ष में दुगुना हो जाता है. इस धन को तिगुना होने में कितना समय लगेगा ?

(*a*) 30 वर्ष (*b*) 38 वर्ष (*c*) 41 वर्ष (*d*) 40 वर्ष

(एस०एस०सी० परीक्षा, 2009)

17. कितने वर्षों में 12% वार्षिक दर से ₹ 3000 का साधारण ब्याज ₹ 1080 हो जायेगा ? (एस०एस०सी० परीक्षा, 2009)

(*a*) 3 वर्ष (*b*) $2\frac{1}{2}$ वर्ष (*c*) 2 वर्ष (*d*) $3\frac{1}{2}$ वर्ष

18. एक व्यक्ति ₹ 10000 के एक भाग को 5% तथा दूसरे भाग को 6% वार्षिक दर पर निवेशित करता है. यदि 5% पर निवेशित राशि, 6% पर निवेशित राशि से प्रतिवर्ष ₹ 76.50 अधिक ब्याज दे, तो 6% पर निवेशित धनराशि कितनी है ?

(*a*) ₹ 3600 (*b*) ₹ 3550 (*c*) ₹ 3850 (*d*) ₹ 4000

(एस०एस०सी० परीक्षा, 2008)

19. ₹ 2500 का 6 वर्ष के अन्त में उपचित ब्याज ₹ 1650 है. इसी दर पर तथा इसी अवधि के लिए ₹ 6875 का कितना साधारण ब्याज होगा ?

(*a*) ₹ 4536.50 (*b*) ₹ 5035.25

(*c*) ₹ 4995.25 (*d*) ₹ 4637.50

(*e*) इनमें से कोई नहीं

20. ₹ 12,500 की कोई धनराशि 4 वर्षों के साधारण ब्याज पर ₹ 15,500 हो जाती है। ब्याज दर क्या है?

(*a*) 3% (*b*) 4% (*c*) 5% (*d*) 6%

(रेलवे (दिल्ली) ग्रुप 'डी' परीक्षा, 2014)

21. श्री वर्मा ₹ 14500 की राशि का 6 वर्ष के लिए साधारण ब्याज पर निवेश करते हैं. ब्याज की किस वार्षिक दर पर उन्हें ₹ 21460 मिलेंगे ? (जीवन बीमा निगम परीक्षा, 2008)

(*a*) 4% (*b*) 10% (*c*) 6% (*d*) 8%
(*e*) इनमें से कोई नहीं

22. ₹ 988 की राशि पर 18% वार्षिक दर से 5 वर्ष के अन्त में कितना साधारण ब्याज अर्जित होगा? (बैंक पी०ओ० परीक्षा, 2007)
(*a*) ₹ 711.36 (*b*) ₹ 889.20 (*c*) ₹ 799.25 (*d*) ₹ 805.40

23. किसी राशि पर 8% वार्षिक दर से 6 वर्ष में उपचित साधारण ब्याज ₹ 1200 है. इस मूलधन से तिगुनी राशि पर 10% वार्षिक दर से 2 वर्ष के अन्त में साधारण ब्याज कितना होगा?
(*a*) ₹ 3750 (*b*) ₹ 1250 (*c*) ₹ 3650 (*d*) ₹ 1950
(*e*) इनमें से कोई नहीं (बैंक पी०ओ० परीक्षा, 2010)

24. किसी धनराशि का एक तिहाई 3% वार्षिक दर पर, $\frac{1}{6}$ भाग 6% वार्षिक दर पर तथा शेष धनराशि 8% वार्षिक दर पर निवेश की जाती है. यदि एक वर्ष में कुल साधारण ब्याज ₹ 600 मिले तो वह धनराशि कितनी है? (होटल मैनेजमैन्ट परीक्षा, 2010)
(*a*) ₹ 6000 (*b*) ₹ 6666 (*c*) ₹ 7500 (*d*) ₹ 10000

25. समिता ने 6% वार्षिक दर से साधारण ब्याज पर कोई ऋण लिया. यह दर प्रति वर्ष 1.5% वार्षिक दर से बढ़ती है. तीन वर्ष की समाप्ति पर वह ₹ 8190 ब्याज के रूप में देती है. यह ऋण-राशि कितनी है? (बैंक पी०ओ० परीक्षा, 2010)
(*a*) ₹ 36000 (*b*) ₹ 35400
(*c*) ₹ 36800 (*d*) निर्धारित नहीं की जा सकती
(*e*) इनमें से कोई नहीं

26. सुहित ने विकास से साधारण ब्याज पर 14% वार्षिक दर से 3 वर्ष के लिए ₹ 6300 उधार लिए. उसने इसमें कुछ और धनराशि जोड़कर मोहित को उतनी ही अवधि के लिए 16% वार्षिक दर पर साधारण ब्याज पर उधार दे दिये. इस सारे लेन-देन में सुहित को ₹ 618 का लाभ हुआ. उसने मोहित को कितनी राशि उधार दी थी?
(*a*) ₹ 7000 (*b*) ₹ 6800
(*c*) ₹ 7200 (*d*) निर्धारित नहीं किया जा सकता
(*e*) इनमें से कोई नहीं (बैंक पी०ओ० परीक्षा, 2007)

27. *A* ने *B* को ₹ 5000, 2 वर्ष के लिए तथा *C* को ₹ 3000, 4 वर्ष के लिए साधारण ब्याज की एक ही दर से उधार दिये. उसने उन दोनों से ब्याज के रूप में कुल ₹ 2200 प्राप्त किये. ब्याज की वार्षिक दर कितनी है? (एस०एस०सी० परीक्षा, 2010)
(*a*) 5% (*b*) 7% (*c*) 8% (*d*) 10%

28. एक महाजन एक ग्रामीण को ₹ 4000 तीन वर्ष के लिए उधार देता है. इसके कुछ भाग पर साधारण ब्याज की दर 10% वार्षिक है तथा शेष भाग पर यह दर 12% वार्षिक है. 3 वर्ष बाद उसे कुल धनराशि ₹ 5350 प्राप्त हुई. उसने 12% ब्याज पर कितनी धनराशि दी? (बी०बी०ए० परीक्षा, 2007)
(*a*) ₹ 2000 (*b*) ₹ 2250 (*c*) ₹ 2500 (*d*) ₹ 2275

29. राशि ₹ *X* को 20% प्रतिवर्ष की ब्याज दर पर 2 वर्ष के लिए साधारण ब्याज वाली योजना में निवेश किया जाता है। राशि ₹ 2*X* को उसी योजना में 3 साल के लिए निवेश किया जाता है। यदि संबंधित अवधि के बाद प्राप्त ब्याज के बीच का अंतर ₹ 1524 हो तो 3*X* का मान क्या है?
(*a*) ₹ 3456 (*b*) ₹ 5715 (*c*) ₹ 6574 (*d*) ₹ 5894
(*e*) इनमें से कोई नहीं (एस.बी.आई. पी.ओ. (प्रा.) परीक्षा, 2021)

30. एक व्यक्ति साधारण ब्याज पर एक निश्चित राशि का निवेश करता है। 8 वर्ष बाद उसे 16% ब्याज मिलता है। यदि वह उसी राशि को 4 वर्षों के लिए निवेश करता, तो उसे ₹ 9600 ब्याज के रूप में मिलता, तो राशि है:
(*a*) 150000 (*b*) 120000 (*c*) 75000 (*d*) 95000
(*e*) इनमें से कोई नहीं (आई.बी.पी.एस. पी.ओ. (प्रा.) परीक्षा, 2020)

31. आशीष ने कुछ धन उधार लिया जिस पर ब्याज की दर पहले 2 वर्ष तक 6% वार्षिक, अगले 3 वर्ष तक 9% वार्षिक तथा इसके बाद 14% वार्षिक थी. यदि 9 वर्ष बाद उसने कुल साधारण ब्याज ₹ 11400 दिया हो, तो उसने कुल कितना धन उधार लिया?
(*a*) ₹ 12000 (*b*) ₹ 14000 (*c*) ₹ 16000 (*d*) ₹ 18000
(*e*) इनमें से कोई नहीं

32. **निर्देश:** नीचे I और II नाम की दो मात्राएँ दी गई हैं। दी गई जानकारी के आधार पर आपको दो मात्राओं के बीच संबंध निर्धारित करना है। दिए गए आंकड़े और अपने गणितीय ज्ञान का उपयोग करते हुए संभावित उत्तर का चयन कीजिए।
मात्रा I: एक निश्चित राशि 12% साधारण ब्याज की दर से 2 वर्ष के लिए निवेश की जाती है। यदि साधारण ब्याज ₹ 1200, तो मूलधन है
मात्रा II: ₹ 6000
(*a*) मात्रा I > मात्रा II (*b*) मात्रा I < मात्रा II
(*c*) मात्रा I ≥ मात्रा II (*d*) मात्रा I ≤ मात्रा II
(*e*) इनमें से कोई नहीं
(आई.बी.पी.एस. आर.आर.बी. पी.ओ. (प्रा.) परीक्षा, 2020)

33. *X* तथा *Y* को दो समान राशियाँ 7.5% वार्षिक दर से क्रमशः 4 वर्ष तथा 5 वर्ष के लिए उधार दी गई. यदि इनके द्वारा दिये गये ब्याज में ₹ 150 का अन्तर हो, तो प्रत्येक दी गई राशि कितनी है?
(*a*) ₹ 500 (*b*) ₹ 1000 (*c*) ₹ 2000 (*d*) ₹ 3000
(एस०एस०सी० परीक्षा, 2009)

34. एक राशि का साधारण ब्याज की किसी दर पर 2 वर्ष के लिए निवेश किया गया. यदि यह निवेश 3% अधिक ब्याज की दर पर किया जाता, तो ₹ 72 अधिक मिलते. यह राशि कितनी है?
(*a*) ₹ 1200 (*b*) ₹ 1500 (*c*) ₹ 1600 (*d*) ₹ 1800
(एस०एस०सी० परीक्षा, 2009)

35. विजय ₹ 300000 की मूल राशि को 3 साल के लिए सावधि जमा में निवेश करता है। वह 20% प्रतिवर्ष की दर पर निवेश करता है। उसकी निवेश अवधि के अंत में उसके द्वारा अर्जित साधारण ब्याज कितना होगा?
(*a*) ₹ 1,80,000 (*b*) ₹ 1,70,000
(*c*) ₹ 1,90,000 (*d*) ₹ 1,85,000
(*e*) इनमें से कोई नहीं (आई.बी.पी.एस. क्लर्क (प्रा.) परीक्षा, 2018)

36. प्रतिवर्ष 13% की सांकेतिक ब्याज दर के अनुसार अर्द्धवार्षिक रूप में देय ब्याज की प्रभावी वार्षिक दर क्या होगी?
(*a*) 26 प्रतिशत (*b*) 26.85 प्रतिशत

(*c*) 13 प्रतिशत (*d*) 13.42 प्रतिशत

[एस.एस.सी. सी.एच.एस.एल. (10+2) ग्रेड-टियर-I (सी.बी.ई.) परीक्षा, 2017]

37. एक निश्चित धनराशि ₹ P को 3 वर्ष के लिए 7% प्रतिवर्ष की दर से साधारण ब्याज पर निवेश करने पर प्राप्त ब्याज धनराशि ₹ $(P-1500)$ पर 6% प्रति वर्ष की दर से 5 वर्षों में प्राप्त साधारण ब्याज के बराबर है। P का मान क्या है? (₹ में) [NIACL सहायक प्रारंभिक परीक्षा, 2017]

(*a*) 5000 (*b*) 4500 (*c*) 4000 (*d*) 3000
(*e*) 6000

38. कम से कम कितने वर्षों में ₹ 2600 का $6\frac{2}{3}\%$ वार्षिक दर से साधारण ब्याज पूरे रुपयों में होगा? (एस०एस०सी० परीक्षा, 2009)

(*a*) 6 वर्ष (*b*) 5 वर्ष (*c*) 3 वर्ष (*d*) 2 वर्ष

39. ₹ 58,750 की धनराशि 4 वर्ष में साधारण ब्याज पर ₹ 79,900 हो जाती है। ब्याज की दर प्रतिशत प्रतिवर्ष क्या है?

(*a*) 14 (*b*) 9 (*c*) 12 (*d*) 16

(पटना हाई कोर्ट असिस्टेंट परीक्षा, 2016)

40. कोई धनराशि साधारण ब्याज की किसी दर से 8 वर्ष में ₹ 2900 तथा 10 वर्ष में ₹ 3000 हो जाती है. वार्षिक ब्याज की दर कितनी है? (एस०एस०सी० परीक्षा, 2009)

(*a*) 4% (*b*) $2\frac{1}{2}\%$ (*c*) 3% (*d*) 2%

41. 5% वार्षिक दर से 3 महीने के लिए निवेश किये गये कितने मूलधन पर साधारण ब्याज ₹ 25 होगा? (रेलवे परीक्षा, 2009)

(*a*) ₹ 1800 (*b*) ₹ 1850 (*c*) ₹ 1900 (*d*) ₹ 2000

42. किसी राशि पर साधारण ब्याज मूलधन का $\frac{1}{4}$ है तथा वर्षों की संख्या प्रतिशत दर के बराबर है. ब्याज की वाषिक दर कितनी है? (रेलवे परीक्षा, 2009)

(*a*) 2.5% (*b*) 5% (*c*) $7\frac{1}{2}\%$ (*d*) 10%

43. कितने समय में ₹ 10000 का साधारण ब्याज 6% वार्षिक दर से ₹ 450 हो जायेगा?

(*a*) 8 माह (*b*) 9 माह (*c*) 10 माह (*d*) 1 वर्ष 3 माह

44. कोई धन साधारण ब्याज की एक विशेष दर पर 2 वर्ष के लिए उधार दिया गया. यदि ब्याज की दर 1% वार्षिक अधिक होती तो इससे ₹ 240 अधिक आय होती. यह धन कितना है?

(*a*) ₹ 5000 (*b*) ₹ 6000 (*c*) ₹ 8000 (*d*) ₹ 12000

45. कितने समय में किसी धन में साधारण ब्याज की 5% वार्षिक दर से 40% की वृद्धि हो जायेगी?

(*a*) 5 वर्ष (*b*) 6 वर्ष (*c*) 7 वर्ष (*d*) 8 वर्ष

46. विश्वास ने कुल ₹ 30000 उधार लिये. इसका एक भाग 12% वार्षिक साधारण ब्याज की दर से तथा शेष भाग 10% वार्षिक साधारण ब्याज की दर से लिया गया. यदि 2 वर्ष बाद कुल ₹ 36480 का भुगतान किया गया हो, तो 12% की दर पर ली गई राशि कितनी थी? (बैंक पी०ओ० परीक्षा, 2008)

(*a*) ₹ 16000 (*b*) ₹ 18000 (*c*) ₹ 17500 (*d*) ₹ 12000

(*e*) इनमें से कोई नहीं

47. रूटा ने एक स्कीम में ₹ P का निवेश किया जो 12% प्रतिवर्ष की दर से साधारण ब्याज देता है। यदि तीन वर्षों के अंत में अर्जित ब्याज एवं 5 वर्षों में अर्जित ब्याज का अंतर ₹ 2880 हो, तो P का मान क्या है?

(*a*) 9000 (*b*) 10800 (*c*) 12000 (*d*) 15000
(*e*) 18000 (एस.बी.आई-क्लर्क (प्रारंभिक) ऑनलाइन परीक्षा, 2016)

48. एक योजना में ₹ 'P' लगाने पर चार वर्ष में 9% प्रतिवर्ष साधारण ब्याज की दर से प्राप्त ब्याज की राशि, दूसरी योजना जिसमें समान धन 'P' लगाने से दो वर्ष में 12% प्रति वर्ष साधारण ब्याज की दर से प्राप्त ब्याज की राशि से ₹ 360 अधिक है। 'P' का मान क्या होगा?

(*a*) 2000 (*b*) 3500 (*c*) 2500 (*d*) 4000
(*e*) 3000 (आई.बी.पी.एस. आईटी ऑफीसर परीक्षा 2016)

49. एक निश्चित समय में एक निश्चित राशि साधारण ब्याज पर 12% प्रतिवर्ष की दर से ₹ 5000 हो जाती है और समान राशि समान अवधि में 4% प्रतिवर्ष साधारण ब्याज की दर से ₹ 2000 हो जाती है। राशि और समय ज्ञात कीजिए।

(*a*) ₹ 400, 70 वर्ष (*b*) ₹ 450, 75 वर्ष
(*c*) ₹ 500, 65 वर्ष (*d*) ₹ 500 वर्ष, 75 वर्ष
(*e*) इनमें से कोई नहीं (आई.बी.पी.एस. क्लर्क परीक्षा 2015)

50. कुल राशि ₹ 22,400 में से राम एक निश्चित राशि योजना A में तथा शेष राशि योजना B में निवेश करता है। योजना A 8 प्रतिशत प्रति वार्षिक की दर से साधारण ब्याज तथा योजना B 6 प्रतिशत प्रति वार्षिक की दर से साधारण ब्याज प्रदान करती है। राम दोनों योजनाओं में 2 वर्ष के लिए निवेश करता है। यदि 2 वर्ष पश्चात् उसके द्वारा दोनों योजनाओं से कुल राशि ₹ 3,280 अर्जित की जाती है। तो उसके द्वारा A योजना और योजना B में निवेश को गई राशियों के बीच क्रमशः क्या अनुपात है?

(*a*) 39 : 23 (*b*) 37 : 21 (*c*) 37 : 19 (*d*) 39 : 19
(*e*) 39 : 17

(एस.बी.आई. के सहयोगी बैंक लिपिकीय संवर्ग परीक्षा, 2015)

51. कितने समय में 3% वार्षिक दर से ₹ 8000 का साधारण ब्याज उतना ही होगा जितना कि 4% वार्षिक दर से ₹ 6000 का साधारण ब्याज 5 वर्ष में होगा?

(*a*) 3 वर्ष (*b*) 4 वर्ष (*c*) 5 वर्ष (*d*) 6 वर्ष

(रेलवे परीक्षा, 2007)

52. राम ने एक धनराशि किसी कंपनी में 12 प्रतिशत प्रतिवर्ष के साधारण ब्याज पर 4 वर्ष के लिए जमा की और समान राशि एक बैंक में 15 प्रतिशत प्रतिवर्ष के साधारण ब्याज पर सावधि जमा में 5 वर्षों के लिए जमा की। यदि दोनों स्रोतों से प्राप्त ब्याज में ₹ 1,350 का अंतर है, तो प्रत्येक मामले में जमा की गई राशि है: (एस.एस.सी.-सी.जी.एल. परीक्षा, 2015)

(*a*) ₹ 6500 (*b*) ₹ 3000 (*c*) ₹ 5000 (*d*) ₹ 4000

53. एक व्यक्ति दो बैकों A तथा B से क्रमशः 5% तथा 7% साधारण ब्याज की दर से ₹ 9000 ऋण प्राप्त करता है। यदि दो वर्षों में उसे पूरी राशि पर ₹ 954 ब्याज चुकाना पड़ता है तो प्रत्येक

बैंक से प्राप्त किया गया ऋण होगा:

(a) A से प्राप्त ऋण ₹ 1350, B से प्राप्त ऋण ₹ 7650

(b) A से प्राप्त ऋण ₹ 7650, B से प्राप्त ऋण ₹ 1350

(c) A से प्राप्त ऋण ₹ 2000, B से प्राप्त ऋण ₹ 7000

(d) A से प्राप्त ऋण ₹ 7000, B से प्राप्त ऋण ₹ 2000

(छत्तीसगढ़ छात्रावास अधीक्षक श्रेणी 'डी' भर्ती परीक्षा, 2014)

उत्तरमाला (प्रश्नमाला 21A)

1. (d)	2. (d)	3. (a)	4. (d)	5. (c)	6. (c)	7. (a)	8. (a)	9. (b)	10. (b)	11. (d)	12. (b)
13. (d)	14. (b)	15. (e)	16. (d)	17. (a)	18. (c)	19. (e)	20. (d)	21. (d)	22. (b)	23. (e)	24. (d)
25. (e)	26. (b)	27. (d)	28. (c)	29. (b)	30. (b)	31. (a)	32. (b)	33. (c)	34. (a)	35. (a)	36. (d)
37. (a)	38. (c)	39. (b)	40. (d)	41. (d)	42. (b)	43. (b)	44. (d)	45. (d)	46. (d)	47. (c)	48. (e)
49. (d)	50. (c)	51. (c)	52. (c)	53. (b)							

दिये गये प्रश्नों के हल (प्रश्नमाला 21A)

1. माना पहला भाग = ₹ x तथा दूसरा भाग = ₹ $(3600 - x)$.

$$x \times \frac{5}{100} \times 3 = (3600 - x) \times \frac{25}{4} \times \frac{1}{100} \times 4$$

$$\Rightarrow \frac{3x}{20} = \frac{(3600 - x)}{4} \Rightarrow 12x = 72000 - 20x$$

$$\Rightarrow 32x = 72000 \Rightarrow x = \frac{72000}{32} = 2250.$$

∴ पहला भाग = ₹ 2250,

दूसरा भाग = ₹ (3600 – 2250) = ₹ 1350.

2. माना मूलधन = ₹ P तथा दर = R % वार्षिक.

$$P \times \frac{R}{100} \times 6 = P \times \frac{R}{100} \times 4 \times \frac{150}{100}.$$

स्पष्ट है कि इससे R ज्ञात नहीं किया जा सकता.

3. माना A और B में से प्रत्येक ने ₹100 निवेश किया और ब्याज की दर = 1% है, तो

$$\left(\text{सा. ब्याज} = \frac{\text{मू.} \times \text{द.} \times \text{स.}}{100}\right)$$

$$\text{A का साधारण ब्याज} = \frac{100 \times 1 \times t}{100} = t$$

$$\text{B का साधारण ब्याज} = \frac{100 \times 1 \times (t+4)}{100} = (t+4)$$

प्रश्नानुसार,

$$\frac{t}{1} = \frac{t+4}{2}$$

$$t = 4$$

4. $$\text{साधारण ब्याज} = \frac{\text{मू.} \times \text{द.} \times \text{स.}}{100}$$

प्रश्न में दिए गए आंकड़ों का उपयोग करते हुए, हम प्राप्त करते हैं,

$$1320 = \frac{\text{मू.} \times 13 \times 5}{100} - \frac{\text{मू.} \times 9 \times 6}{100}$$

समीकरण को हल करने पर हम प्राप्त करते हैं,

मूलधन = ₹12000

5. मूलधन = ₹ 2400, वर्ष = 4 वर्ष,

सा० ब्याज = ₹ (3264 – 2400) = ₹ 864.

$$\text{दर} = \left(\frac{100 \times 864}{2400 \times 4}\right)\% \text{ वार्षिक} = 9\% \text{ वार्षिक}.$$

नई दर = 10% वार्षिक.

$$\text{इच्छित ब्याज} = ₹\left(2400 \times \frac{10}{100} \times 4\right) = ₹\ 960.$$

मिश्रधन = ₹ (2400 + 960) = ₹ 3360.

6. माना मूलधन = ₹ x. तब, मिश्रधन = ₹ $2x$.

∴ मूलधन = ₹ x, सा० ब्याज = ₹ x, समय = 8 वर्ष.

$$\text{दर} = \left(\frac{100 \times x}{x \times 8}\right)\% \text{ वार्षिक} = 12 \cdot 5\% \text{ वार्षिक}.$$

7. दिया गया है: एक निश्चित राशि साधारण ब्याज पर 5 वर्षों में तीन गुना हो जाती है।

माना प्रारंभिक राशि P है

5 साल बाद की राशि = $3P$

साधारण ब्याज = राशि - मूलधन = $3P - P = 2P$

5 वर्षों में साधारण ब्याज = $2P$

हम जानते हैं कि

$$\text{सा. ब्याज} = \frac{\text{मू.} \times \text{द.} \times \text{स.}}{100}$$

$$\text{या,} \quad 2P = \frac{5 \times P \times \text{द.}}{100}$$

दर = 40%

माना कि राशि t वर्षों में 5 गुना हो जाती है।

∴ t समय में साधारण ब्याज = $4P$

$$\text{या,} \quad 4P = \frac{P \times 40 \times t}{100}$$

t = 10 वर्ष

8. माना समय t वर्ष लगता है।

प्रश्नानुसार,

$$\text{सा. ब्याज} = \frac{\text{मू.} \times \text{द.} \times \text{स.}}{100}$$

$$81 = \frac{900 \times 4.5 \times \text{स.}}{100}$$

$$\text{समय} = \frac{9}{4.5} = 2 \text{ वर्ष}$$

9. योजना B में लगाई गई राशि $= x$

योजना B में लगाई गई राशि $= 13900 - x$

प्रश्नानुसार,

$$\frac{(13900-x)\times 14\times 2}{100}+\frac{x\times 11\times 2}{100}=3508$$

$$13900\times 28 - 28x + 22x = 350800$$
$$389200 - 6x = 350800$$
$$6x = 38400$$
$$x = 6400$$

10. माना प्रत्येक वार्षिक किस्त $=$ ₹ x. तब

$$\left(x+\frac{x\times 4\times 3}{100}\right)+\left(x+\frac{x\times 4\times 2}{100}\right)+\left(x+\frac{x\times 4\times 1}{100}\right)+x = 848$$

$$\Rightarrow \frac{28\,x}{25}+\frac{27\,x}{25}+\frac{26\,x}{25}+x=848$$

$$\Rightarrow (28\,x+27\,x+26\,x+25\,x)=848\times 25$$

$$\Rightarrow 106\,x = 848\times 25$$

$$\Rightarrow x=\frac{848\times 25}{106}=200.$$

अत: प्रत्येक किस्त $=$ ₹ 200.

11. तत्काल धन $= \dfrac{\text{देयधन}\times 100}{100+(\text{दर}\times\text{समय})}$.

A के कर्ज का तत्काल धन

$$= ₹\left\{\frac{1573\times 100}{100+\left(14\times\frac{3}{2}\right)}\right\} = ₹\left(\frac{1573\times 100}{121}\right) = ₹\ 1300.$$

B के कर्ज का तत्काल धन

$$= ₹\left\{\frac{1444\cdot 50\times 100}{100+\left(14\times\frac{1}{2}\right)}\right\} = ₹\left(\frac{144450}{107}\right) = ₹\ 1350.$$

अत: B द्वारा A को ₹ 50 देने होंगे।

12. साधारण ब्याज $= \dfrac{\text{मूलधन}\times\text{दर}\times\text{समय}}{100}$]

ब्याज की दर $= R\,\%$ प्रतिवर्ष

$$\frac{600\times R\times 2}{100}+\frac{150\times R\times 4}{100}=90$$

$$\Rightarrow \frac{1200R}{100}+\frac{600\,R}{100}=90$$

$$\Rightarrow 12R+6R=90$$

$$\Rightarrow 18R=90$$

$$\Rightarrow R=\frac{90}{18}=5\%\ \text{प्रतिवर्ष}$$

13. माना दर $= R\,\%$ वार्षिक तथा समय $= T$ वर्ष.

तब, $\dfrac{x\times R\times T}{100}=y$ तथा $\dfrac{y\times R\times T}{100}=z$

$$\Rightarrow R\times T=\frac{100\times y}{x}\quad\text{तथा}\quad R\times T=\frac{100\times z}{y}$$

$$\Rightarrow \frac{100\times y}{x}=\frac{100\times z}{y}\Rightarrow\frac{y}{x}=\frac{z}{y}\Rightarrow y^2=zx.$$

14. माना अभीष्ट राशि $=$ ₹ x. तब

$$\left(x\times\frac{8}{100}\times 1\right)-\left(x\times\frac{31}{4}\times\frac{1}{100}\times 1\right)=61\cdot 50$$

$$\Rightarrow\frac{2x}{25}-\frac{31\,x}{400}=61\cdot 50\Rightarrow 32\,x-31\,x=61\cdot 50\times 400$$

$$\Rightarrow x=24600.$$

$\therefore$ अभीष्ट राशि $=$ ₹ 24600.

15. मूलधन $=$ ₹ 2500, समय $= 6$ वर्ष, सा० ब्याज $=$ ₹ 1875

$$\text{दर}=\left(\frac{100\times 1875}{6\times 2500}\right)\%\ \text{वार्षिक}=\frac{25}{2}\%\ \text{वार्षिक}.$$

$$\text{अभीष्ट ब्याज}=₹\left(6875\times\frac{25}{2}\times 6\times\frac{1}{100}\right)$$

$$=₹\left(\frac{20625}{4}\right)=₹\ 5156.25.$$

16. माना मूलधन $=$ ₹ x, समय $= 20$ वर्ष, मिश्रधन $=$ ₹ $2x$.

अत: सा० ब्याज $=$ ₹ $(2x-x)=$ ₹ x.

$$\text{दर}=\left(\frac{100\times x}{x\times 20}\right)\%=5\%\ \text{वार्षिक}.$$

अब, मूलधन $=$ ₹ x, दर $= 5\%$ वार्षिक, मिश्रधन $=$ ₹ $3x$.

$\therefore$ सा० ब्याज $=$ ₹ $(3x-x)=$ ₹ $2x$.

$$\therefore\ \text{अभीष्ट समय}=\left(\frac{100\times 2x}{x\times 5}\right)\ \text{वर्ष}=40\ \text{वर्ष}.$$

17. समय $=\left(\dfrac{100\times 1080}{3000\times 12}\right)$ वर्ष $= 3$ वर्ष.

18. माना 6% की दर पर दिया गया धन $=$ ₹ x.

तब 5% की दर पर दिया गया धन $=$ ₹ $(10000-x)$.

$$(10000-x)\times\frac{5}{100}\times 1-\left(x\times\frac{6}{100}\times 1\right)=76\cdot 50$$

$$\Rightarrow 50000-5x-6x=7650$$

$$\Rightarrow 11\,x=(50000-7650)=42350\Rightarrow x=3850.$$

अत: 6% की दर पर दिया गया धन $=$ ₹ 3850.

19. मूलधन $=$ ₹ 2500, सा० ब्याज $=$ ₹ 1650, समय $= 6$ वर्ष.

$$\therefore\ \text{दर}=\left(\frac{100\times 1650}{2500\times 6}\right)\%\ \text{वार्षिक}=11\%\ \text{वार्षिक}.$$

अब, मूलधन $=$ ₹ 6875, समय $= 6$ वर्ष, दर $= 11\%$ वार्षिक.

$\therefore$ सा० ब्याज

$$=₹\left(6875\times 6\times 11\times\frac{1}{100}\right)=₹\ \frac{9075}{2}=₹\ 4537\cdot 50.$$

20. माना ब्याज की दर $= r\,\%$ है तो

ब्याज $= 15500 - 12500 =$ ₹3000

प्रश्नानुसार,

$$\Rightarrow\frac{12500\times 4\times r}{100}=3000$$

$\Rightarrow \; r = \dfrac{3000 \times 100}{12500 \times 4} = 6\%$

21. माना ब्याज की दर $R\,\%$ वार्षिक है.

सा० ब्याज = ₹ (21460 – 14500) = ₹ 6960.

$14500 \times \dfrac{R}{100} \times 6 = 6960 \Rightarrow R = \dfrac{6960}{145 \times 6} = 8\%$ वार्षिक.

22. मूलधन = ₹ 988, दर = 18% वार्षिक, समय = 5 वर्ष.

साधारण ब्याज $= \dfrac{\text{मू०} \times \text{दर} \times \text{समय}}{100} = ₹ \left(\dfrac{988 \times 18 \times 5}{100}\right)$

$= ₹\ \dfrac{4446}{5} = ₹\ 889.20.$

23. पहला मूलधन = ₹ $\left(\dfrac{100 \times 1200}{8 \times 6}\right)$ = ₹ 2500.

नया मूलधन = ₹ 7500.

अभीष्ट ब्याज = ₹ $\left(7500 \times \dfrac{10}{1000} \times 2\right)$ = ₹ 1500.

24. माना अभीष्ट धनराशि = ₹ x.

$\left(\dfrac{x}{3} \times \dfrac{3}{100} \times 1\right) + \left(\dfrac{x}{6} \times \dfrac{6}{100} \times 1\right) + \left(\dfrac{x}{2} \times \dfrac{8}{100} \times 1\right) = 600$

$\Rightarrow \dfrac{x}{100} + \dfrac{x}{100} + \dfrac{4x}{100} = 600$

$\Rightarrow 6x = 600 \times 100 \Rightarrow x = 10000\,.$

∴ अभीष्ट राशि = ₹ 10000.

25. माना ऋण-राशि = ₹ x. तब

$\left(x \times \dfrac{6}{100} \times 1\right) + \left(x \times \dfrac{15}{2} \times \dfrac{1}{100} \times 1\right) + \left(x \times \dfrac{9}{100} \times 1\right) = 8190$

$\Rightarrow \dfrac{3x}{50} + \dfrac{3x}{40} + \dfrac{9x}{100} = 8190$

$\Rightarrow 12\,x + 15\,x + 18\,x = 1638000$

$\Rightarrow 45\,x = 1638000 \Rightarrow x = 36400.$

∴ ऋण राशि = ₹ 36400.

26. माना अभीष्ट राशि = ₹ $(6300 + x)$. तब

$\left[(6300 + x) \times \dfrac{16}{100} \times 3\right] - \left(6300 \times \dfrac{14}{100} \times 3\right) = 618$

$\Rightarrow \dfrac{4(6300 + x)}{25} - 882 = 206 \Rightarrow \dfrac{4(6300 + x)}{25} = 1088$

$\Rightarrow (6300 + x) = \left(1088 \times \dfrac{25}{4}\right) = 272 \times 25 = 6800$

$\Rightarrow x = 500.$

27. माना ब्याज की दर = $R\,\%$ वार्षिक. तब

$\left(5000 \times \dfrac{R}{100} \times 2\right) + \left(3000 \times \dfrac{R}{100} \times 4\right) = 2200$

$\Rightarrow (100\,R + 120\,R) = 2200 \Rightarrow 220\,R = 2200 \Rightarrow R = 10.$

अत: ब्याज की दर = 10% वार्षिक.

28. माना 12% ब्याज पर दी गई राशि = ₹ x.

तब 10% ब्याज पर दी गई राशि = ₹ $(4000 - x)$.

सा० ब्याज = ₹ (5350 – 4000) = ₹ 1350.

$\left(x \times \dfrac{12}{100} \times 3\right) + \left\{(4000 - x) \times \dfrac{10}{100} \times 3\right\} = 1350$

$\Rightarrow \dfrac{9x}{25} + \dfrac{3(4000 - x)}{10} = 1350$

$\Rightarrow 18\,x + 15\,(4000 - x) = 67500$

$\Rightarrow 18\,x - 15\,x = 67500 - 60000$

$\Rightarrow 3\,x = 7500 \Rightarrow x = 2500.$

∴ 12% ब्याज पर दी गई राशि = ₹ 2500.

29. प्रश्नानुसार,

$2X$ का 60% – X का 40% = 1524

$1.2X - 0.4X = 1524$

$X = \dfrac{1524}{0.8} = 1905$

$3X = 3 \times 1905 = ₹5715$

30. 8 वर्षों में, उसे ब्याज के रूप में 16% प्राप्त होता है, तो 4 वर्षों में, उसे ब्याज के रूप में $= \dfrac{16}{2} = 8\%$ मिलेगा

प्रश्नानुसार,

8% ≡ ₹9600

⇒ 1% ≡ ₹1200

⇒ 100% ≡ ₹120000

अत: राशि ≡ ₹120000

31. माना मूलधन = ₹ x. तब

$\left(x \times \dfrac{6}{100} \times 2\right) + \left(x \times \dfrac{9}{100} \times 3\right) + \left(x \times \dfrac{14}{100} \times 4\right) = 11400$

$\Rightarrow \dfrac{3\,x}{25} + \dfrac{27\,x}{100} + \dfrac{14\,x}{25} = 11400$

$\Rightarrow (12\,x + 27\,x + 56\,x) = 1140000$

$\Rightarrow 95\,x = 114000 \Rightarrow x = \dfrac{1140000}{95} = 12000.$

अत: उधार लिया गया धन = ₹ 12000.

32. सा. ब्याज $= \dfrac{\text{मू.} \times \text{द.} \times \text{स.}}{100}$

$1200 = \dfrac{\text{मू.} \times 12 \times 2}{100}$

⇒ मू. = 5000

मात्रा I = ₹5000

मात्रा II = ₹6000

अत: मात्रा I < मात्रा II

33. माना प्रत्येक राशि = ₹ x. तब

$\left(x\times\frac{15}{2}\times\frac{1}{100}\times5\right)-\left(x\times\frac{15}{2}\times\frac{1}{100}\times4\right)=150$

$\Rightarrow\frac{3x}{8}-\frac{3x}{10}=150\Rightarrow15x-12x=6000$

$\Rightarrow3x=6000\Rightarrow x=2000.$

अतः प्रत्येक राशि = ₹ 2000.

34. माना अभीष्ट राशि = ₹ P तथा दर = R % वार्षिक. तब

$\left\{P\times\frac{(R+3)}{100}\times2\right\}-\left(P\times\frac{R}{100}\times2\right)=72$

$\Rightarrow\left(P\times\frac{R}{100}\times2\right)+\frac{6P}{100}-\left(P\times\frac{R}{100}\times2\right)=72$

$\Rightarrow\frac{6P}{100}=72$

$\Rightarrow P=\frac{72\times100}{6}=1200.$ अतः अभीष्ट राशि = ₹ 1200.

35. सा. ब्याज = $\frac{\text{मू.}\times\text{द.}\times\text{स.}}{100}$

$=\frac{300000\times20\times3}{100}$

सा. ब्याज = 180000

36. दिया गया है।

दर = 13% प्रतिवर्ष

∴ दर = $\frac{13}{2}$% प्रति अर्द्धवर्ष

प्रभावी वार्षिक दर $=\left(\frac{13}{2}+\frac{13}{2}+\frac{13\times13}{400}\right)\%$

$=(13+0.4225)\%\approx13.42\%$

37. साधारण ब्याज $=\frac{\text{मूलधन}\times\text{समय}\times\text{दर}}{100}$

दिये गए प्रश्न के अनुसार $\frac{P\times3\times7}{100}=\frac{(P-1500)\times5\times6}{100}$

$\Rightarrow\ 21P=30P-45000\ \Rightarrow\ 30P-21P=45000$

$\Rightarrow\ 9P=45000$

$\Rightarrow\ P=\frac{45000}{9}$

= ₹ 5000

38. मूलधन = ₹ 2600, दर $=\frac{20}{3}$% वार्षिक. माना समय = x वर्ष.

सा० ब्याज = ₹ $\left(2600\times\frac{20}{3}\times\frac{1}{100}\times x\right)$ = ₹ $\left(\frac{520}{3}\times x\right)$

स्पष्ट है कि $x = 3$. (पूरे रुपयों में लेने हेतु).

39. ब्याज = (79900 − ₹ 58750) = ₹ 21150

∴ दर = $\frac{\text{ब्याज}\times100}{\text{मूलधन}\times\text{समय}}=\frac{21150\times100}{58750\times4}$ = 9% प्रतिवर्ष

40. 2 वर्ष का ब्याज = ₹ (3000 − 2900) = ₹ 100

∴ 8 वर्ष का ब्याज = ₹ $\left(100\times\frac{1}{2}\times8\right)$ = ₹ 400.

∴ मूलधन = ₹ (2900 − 400) = ₹ 2500,

ब्याज = ₹ 400, समय = 8 वर्ष.

दर $=\left(\frac{100\times400}{2500\times8}\right)\%=2\%.$

41. दर = 5% वार्षिक, समय $=\frac{3}{12}$ वर्ष $=\frac{1}{4}$ वर्ष,

सा० ब्याज = ₹ 25.

मूलधन = ₹ $\left(100\times25\times\frac{1}{5}\times\frac{4}{1}\right)$ = ₹ 2000.

42. माना मूलधन = ₹ x. तब, सा० ब्याज = ₹ $\frac{x}{4}$. माना दर = R % तथा समय = R वर्ष.

$x\times\frac{R}{100}\times R=\frac{x}{4}\Rightarrow R^2=25\Rightarrow R=5.$

∴ दर = 5% वार्षिक.

43. मूलधन = ₹ 10000, दर = 6%, सा० ब्याज = ₹ 450.

समय $=\left(\frac{100\times450}{10000\times6}\right)$ वर्ष $=\frac{3}{4}$ वर्ष $=\left(\frac{3}{4}\times12\right)$ माह = 9 माह.

44. माना मूलधन = ₹ x तथा दर = R % वार्षिक.

$\left\{x\times\frac{(R+1)}{100}\times2\right\}-\left(x\times\frac{R}{100}\times2\right)=240$

$\Rightarrow\left(x\times\frac{R}{100}\times2\right)+\frac{x\times1\times2}{100}-\left(x\times\frac{R}{100}\times2\right)=240$

$\Rightarrow x=(240\times50)=12000.$

∴ मूलधन = ₹ 12000.

45. माना मूलधन = ₹ x. तब, मिश्रधन = ₹ (x का 140%)

= ₹ $\left(\frac{140x}{100}\right)$ = ₹ $\frac{7x}{5}$.

∴ मूलधन = ₹ x, सा० ब्याज = ₹ $\left(\frac{7x}{5}-x\right)$ = ₹ $\frac{2x}{5}$,

दर = 5% वार्षिक.

समय $=\left(\frac{100\times\frac{2x}{5}}{x\times5}\right)$ वर्ष = 8 वर्ष.

46. माना 12% की दर पर ली गई राशि = ₹ x तथा 10% की दर पर ली गई राशि = ₹ (30000 − x).

$\left(x\times\frac{12}{100}\times2\right)+(30000-x)\times\frac{10}{100}\times2=(36480-30000)$

$\Rightarrow\frac{6x}{25}+\frac{(30000-x)}{5}=6480$

$\Rightarrow6x+150000-5x=6480\times25$

$\Rightarrow x=(162000-150000)=12000.$

∴ 12% पर ली गई राशि = ₹ 12000.

47. माना P का मान x है।

$R = 12\%$, $T_1 = 5$ वर्ष; $T_2 = 3$ वर्ष

प्रश्नानुसार, $\frac{P\times12\times5}{100} - \frac{P\times12\times3}{100} = 2880$

$\Rightarrow \frac{60x}{100} - \frac{36x}{100} = 2880$

$\Rightarrow \frac{24x}{100} = 2880 \Rightarrow x = \frac{2880\times100}{24} = ₹\ 12000$

48. प्रश्नानुसार,

$\frac{P\times4\times9}{100} - \frac{P\times12\times12}{100} = 360$

$\Rightarrow \frac{36P}{100} - \frac{24P}{100} = 360 \Rightarrow 12P = 360\times100$

$\Rightarrow P = \frac{360\times100}{12}$

$\Rightarrow P = 3000$

49. प्रश्नानुसार,

मिश्रधन$_1$ – मिश्रधन$_2$ = 5000 – 2000

माना राशि (मूलधन) ₹ P तथा समय T वर्ष है।

$\left(P + \frac{P\times12\times T}{100}\right) - \left(P + \frac{P\times4\times T}{100}\right) = 5000 - 2000$

$\Rightarrow \frac{8PT}{100} = 3000$

$\Rightarrow PT = \frac{3000\times100}{8} = 37500$

12% साधारण ब्याज दर पर

सा. ब्याज $= \frac{PT\times \text{दर}}{100} = \frac{37500\times12}{100}$

सा. ब्याज = ₹ 4500

राशि $(P) = 5000 - 4500 = ₹\ 500$

हमें पता है कि

$PT = 37500$

$\therefore T = \frac{37500}{P} = \frac{37500}{500} = 75$ वर्ष

50. माना योजना A में निवेश की गई राशि = ₹ x

योजना B में निवेश की गई राशि = (22400 – ₹ x)

$\left(x\times\frac{8}{100}\times2\right) + (22400-x)\times\frac{6}{100}\times2 = 3280$

$= \frac{16x}{100} + (22400-x)\frac{12}{100} = 3280$

$\Rightarrow \frac{16x}{100} + 224\times12 - \frac{12x}{100} = 3280$

$\Rightarrow \frac{16x}{100} - \frac{12x}{100} = 3280 - 2688$

$\Rightarrow \frac{4x}{100} - 592$

$\Rightarrow x = \frac{592\times100}{4} = ₹14800$

दोनों राशियों के मध्य अनुपात

$= \frac{14800}{22400-14800} = \frac{14800}{7600} = \frac{37}{19} = 37:19$

51. सा० ब्याज = ₹ $\left(6000\times\frac{4}{100}\times5\right)$ = ₹ 1200.

अभीष्ट समय $= \left(\frac{100\times1200}{8000\times3}\right)$ वर्ष = 5 वर्ष.

52. दिया गया है: $r_1 = 12\%$; $r_2 = 15\%$

$t_1 = 4$ वर्ष ; $t_2 = 5$ वर्ष

प्रश्नानुसार,

$\frac{P\times5\times15}{100} - \frac{P\times4\times12}{100} = 1350$

$\Rightarrow \frac{75P}{100} - \frac{48P}{100} = 1350$

$\Rightarrow \frac{27P}{100} = 1350 \Rightarrow P = \frac{1350\times100}{27} = ₹\ 5000$

53. माना बैंक A से प्राप्त किया गया ऋण तथा बैंक से रुपयों x एवं $(9000-x)$ है।

तब $\frac{x\times5\times2}{100} + \frac{(9000-x)\times7\times2}{100} = 954$

$\Rightarrow \frac{10x}{100} + \frac{(9000-x)14}{100} = 954$

$\Rightarrow 126000 - 4x = 95400$

$\Rightarrow 4x = 30,600$

$\Rightarrow x = 7650$

A से प्राप्त ऋण ₹ 7650;

B से प्राप्त ऋण = 9000 – 7650 = ₹ 1350

प्रश्नमाला 21B

1. कोई व्यक्ति ₹ 375000 की राशि को अपने पुत्र तथा पुत्री में जो क्रमश: 12 वर्ष तथा 14 वर्ष की आयु के हैं, इस प्रकार बाँटना चाहता है कि प्रत्येक को 18 वर्ष का होने पर 5% वार्षिक साधारण ब्याज की दर से समान धनराशि मिले. प्रत्येक का भाग ज्ञात कीजिए.

(*a*) पुत्र = ₹ 180000, पुत्री = ₹ 195000

(*b*) पुत्र = ₹ 185000, पुत्री = ₹ 190000

(*c*) पुत्र = ₹ 170000, पुत्री = ₹ 205000

(*d*) पुत्र = ₹ 175000, पुत्री = ₹ 200000

2. ₹ 28740 को तीन भागों में इस प्रकार बाँटिये कि 12% वार्षिक दर से इनके साधारण ब्याज पर क्रमश: 1 वर्ष,

2 वर्ष तथा 3 वर्ष के मिश्रधन बराबर हों.

(*a*) ₹ 10500, ₹ 9500, ₹ 8740
(*b*) ₹ 10540, ₹ 9520, ₹ 8680
(*c*) ₹ 10560, ₹ 10000, ₹ 8180
(*d*) ₹ 11000, ₹ 9440, ₹ 8300

3. किसी राशि का साधारण ब्याज से 3 वर्ष का मिश्रधन ₹ 9440 हो जाता है. यदि ब्याज की दर में 25% की वृद्धि कर दी जाये तो वह राशि उतने ही समय में ₹ 9800 हो जाती है. राशि तथा ब्याज की दर ज्ञात कीजिए.

(*a*) राशि = ₹ 6000, दर = 8% वार्षिक
(*b*) राशि = ₹ 8800, दर = 7.6% वार्षिक
(*c*) राशि = ₹ 8000, दर = 6% वार्षिक
(*d*) राशि = ₹ 8600, दर = 7% वार्षिक

4. कोई धन 3 वर्ष के लिए साधारण ब्याज पर उधार दिया गया. यदि ब्याज की दर 2% अधिक होती तो ₹ 360 अधिक ब्याज मिलता. धन ज्ञात कीजिए.

(*a*) ₹ 5500 (*b*) ₹ 6000 (*c*) ₹ 6300 (*d*) ₹ 6800

5. किसी धन पर एक निश्चित दर से एक निश्चित समय के लिए साधारण ब्याज मूलधन का $\frac{16}{25}$ है. यदि दर प्रतिशत वार्षिक तथा वर्षों के संख्यात्मक मान बराबर हों, तो दर तथा समय ज्ञात कीजिए.

(*a*) 8% वार्षिक, 8 वर्ष (*b*) 9% वार्षिक, 9 वर्ष
(*c*) 7% वार्षिक, 7 वर्ष (*d*) 10% वार्षिक, 8 वर्ष

6. 5 वर्ष बाद देय ₹ 3600 के ऋण को बराबर वार्षिक किस्तों में चुकाना है. यदि ब्याज की दर 10% वार्षिक हो, तो प्रत्येक किस्त कितने रुपये की है ?

(*a*) ₹ 580 (*b*) ₹ 630 (*c*) ₹ 690 (*d*) ₹ 600

7. कोई व्यक्ति ₹ 140000 दो प्रकार के बॉडों में निवेश करना चाहता है. बॉड A पर 12% वार्षिक आय है तथा बॉड B पर 16% वार्षिक. परन्तु, यह प्रतिबन्ध है कि बॉड B में निवेश राशि बॉड A में निवेश राशि के 40% से अधिक नहीं हो सकती. वह व्यक्ति प्रतिवर्ष कितनी अधिकतम आय प्राप्त कर सकता है ?

(*a*) ₹ 18400 (*b*) ₹ 19600 (*c*) ₹ 18600 (*d*) ₹ 19400

8. किसी व्यक्ति ने स्टेट बैंक में लगातार 3 वर्ष तक 11% वार्षिक साधारण ब्याज पर प्रत्येक वर्ष के प्रारम्भ में एक निश्चित धनराशि जमा की. यदि 3 वर्ष बाद उसके बैंक खाते में ₹ 15006 हों, तो ज्ञात कीजिए कि प्रतिवर्ष उसने कितना धन जमा किया ?

(*a*) ₹ 4800 (*b*) ₹ 4300 (*c*) ₹ 4700 (*d*) ₹ 4900

9. एक 10 वर्ष के लड़के को अपने पिता से ₹ 50000 प्राप्त हुये जो एक ट्रस्ट में जमा कर दिये गये. ट्रस्ट ने यह धन 4% वार्षिक साधारण ब्याज पर दे दिया. यह ट्रस्ट ₹ 1200 प्रति वर्ष इस लड़के को देता है तथा ट्रस्ट का खर्च ₹ 300 वार्षिक है. 18 वर्ष की आयु होने पर उस लड़के को ट्रस्ट से कितना धन मिलेगा ?

(*a*) ₹ 56000 (*b*) ₹ 58000 (*c*) ₹ 53000 (*d*) ₹ 54000

10. एक व्यक्ति ₹ 9000 इस शर्त पर उधार लेता है कि उधार दी गई धनराशि को ₹ 1000 मासिक की दस किस्तों में दस मास में वापिस करना होगा. साधारण ब्याज की वार्षिक दर ज्ञात कीजिए.

(*a*) $26\frac{2}{3}$% वार्षिक (*b*) $25\frac{1}{3}$% वार्षिक
(*c*) $24\frac{2}{3}$% वार्षिक (*d*) $23\frac{1}{3}$% वार्षिक

उत्तरमाला (प्रश्नमाला 21B)

1. (*a*) **2.** (*b*) **3.** (*c*) **4.** (*b*) **5.** (*a*) **6.** (*d*) **7.** (*a*) **8.** (*b*) **9.** (*d*) **10.** (*a*)

दिये गये प्रश्नों के हल (प्रश्नमाला 21B)

1. माना पुत्र का भाग = ₹ x. तब, पुत्री का भाग = ₹ $(375000 - x)$.

₹ x का 6 वर्ष का मिश्रधन = ₹ $(375000 - x)$ का 4 वर्ष का मिश्रधन $\Rightarrow \left(x + x \times 6 \times \frac{5}{100}\right)$

$$= (375000 - x) + \left[(375000 - x) \times \frac{5}{100} \times 4\right]$$

$$\Rightarrow \frac{13x}{10} = (375000 - x)\left(1 + \frac{1}{5}\right)$$

$$\Rightarrow \frac{13x}{10} = \frac{6(375000 - x)}{5}$$

$$\Rightarrow 13x = 12(375000 - x) \Rightarrow 25x = 12 \times 375000$$

$$\Rightarrow x = \frac{12 \times 375000}{25} = 180000.$$

$\therefore$ पुत्र का भाग = ₹ 180000,

पुत्री का भाग = ₹ (375000 − 180000) = ₹ 195000.

2. माना अभीष्ट भाग क्रमशः ₹ x, ₹ y तथा ₹ z हैं. तब

₹ x का 1 वर्ष का मिश्रधन = ₹ y का 2 वर्ष का मिश्रधन = ₹ z का 3 वर्ष का मिश्रधन

$$\Rightarrow \left(x + x \times \frac{12}{100} \times 1\right) = \left(y + y \times \frac{12}{100} \times 2\right) = \left(z + z \times \frac{12}{100} \times 3\right)$$

$$\Rightarrow \frac{28x}{25} = \frac{31y}{25} = \frac{34z}{25} = k \text{ (माना)}$$

$$\Rightarrow x = \frac{25k}{28}, y = \frac{25k}{31}, z = \frac{25k}{34}$$

$$\Rightarrow x : y : z = \frac{25k}{28} : \frac{25k}{31} : \frac{25k}{34} = \frac{1}{28} : \frac{1}{31} : \frac{1}{34}$$

$$\Rightarrow x : y : z = (31 \times 34) : (28 \times 34) : (28 \times 31)$$

$$= (31 \times 17) : (28 \times 17) : (14 \times 31)$$

$$= 527 : 476 : 434.$$

इन पदों का योग = (527 + 476 + 434) = 1437.

$\therefore$ पहला भाग = ₹ $\left(\frac{28740 \times 527}{1437}\right)$ = ₹ 10540;

दूसरा भाग = ₹ $\left(\frac{28740\times476}{1437}\right)$ = ₹ 9520;

तीसरा भाग = ₹ $\left(\frac{28740\times434}{1437}\right)$ = ₹ 8680.

3. माना मूलधन = ₹ x तथा दर = R % वार्षिक. तब

$$\left(x+x\times\frac{R}{100}\times3\right)=9440\Rightarrow(100+3R)\,x=944000 \quad \ldots(i)$$

ब्याज की नई दर $=\left(\frac{125R}{100}\right)\%=\left(\frac{5R}{4}\right)\%$.

$$\left(x+x\times\frac{5R}{4\times100}\times3\right)=9800\Rightarrow(80+3R)\,x=784000 \quad \ldots(ii)$$

(i) को (ii) से भाग देने पर:

$$\frac{(100+3R)}{(80+3R)}=\frac{944000}{784000}\Rightarrow\frac{100+3R}{80+3R}=\frac{59}{49}$$

$$\Rightarrow 4900+147R=4720+177R\Rightarrow30R=180\Rightarrow R=6.$$

अत: ब्याज की अभीष्ट दर = 6% वार्षिक.

(i) में $R=6$ रखने पर:

$$x=\frac{784000}{98}=8000.$$

अत: मूलधन = ₹ 8000.

4. माना मूलधन = ₹ x, दर = R % वार्षिक, समय = 3 वर्ष. तब,

$$\left[x\times\frac{(R+2)}{100}\times3\right]-\left(x\times\frac{R}{100}\times3\right)=360$$

$$\Rightarrow\left(x\times\frac{R}{100}\times3\right)+\left(x\times\frac{2}{100}\times3\right)-\left(x\times\frac{R}{100}\times3\right)=360$$

$$\Rightarrow\frac{6x}{100}=360\Rightarrow x=\frac{360\times100}{6}=6000.$$

∴ मूलधन = ₹ 6000.

5. माना मूलधन = ₹ x. तब, साधारण ब्याज = ₹ $\frac{16x}{25}$.

माना दर = R % वार्षिक तथा समय = R वर्ष. तब,

$$\frac{x\times R\times R}{100}=\frac{16x}{25}\Rightarrow R^2=\left(\frac{16}{25}\times100\right)=64\Rightarrow R=8.$$

∴ दर = 8% वार्षिक तथा समय = 8 वर्ष.

6. माना प्रत्येक किस्त = ₹ x. तब

$$\left(x+x\times4\times\frac{10}{100}\right)+\left(x+x\times3\times\frac{10}{100}\right)+\left(x+x\times2\times\frac{10}{100}\right)+\left(x+x\times1\times\frac{10}{100}\right)+x=3600$$

$$\Rightarrow\frac{7x}{5}+\frac{13x}{10}+\frac{6x}{5}+\frac{11x}{10}+x=3600$$

$$\Rightarrow(14x+13x+12x+11x+10x)=36000$$

$$\Rightarrow60x=36000\Rightarrow x=600.$$

प्रत्येक किस्त = ₹ 600.

7. माना बॉड A में निवेशित राशि = ₹ x.

तब, बॉड B में निवेशित राशि = ₹ $\left(x\times\frac{40}{100}\right)$ = ₹ $\frac{2x}{5}$.

$$x+\frac{2x}{5}=140000\Rightarrow7x=700000\Rightarrow x=100000.$$

बॉड A में निवेशित राशि = ₹ 100000.

बॉड B में निवेशित राशि = ₹ (140000 − 100000) = ₹ 40000.

अभीष्ट आय

= ₹ $\left\{\left(100000\times1\times\frac{12}{100}\right)+\left(40000\times1\times\frac{16}{100}\right)\right\}$

= ₹ (12000 + 6400) = ₹ 18400.

8. माना प्रति वर्ष बैंक में जमा कराई गई धनराशि = ₹ x. तब,

(₹ x का 3 वर्ष का मिश्रधन) + (₹ x का 2 वर्ष का मिश्रधन) + (₹ x का 1 वर्ष का मिश्रधन) = ₹ 15006

$$\Rightarrow\left(x+x\times\frac{11}{100}\times3\right)+\left(x+x\times\frac{11}{100}\times2\right)+\left(x+x\times\frac{11}{100}\times1\right)=15006$$

$$\Rightarrow\frac{133x}{100}+\frac{61x}{50}+\frac{111x}{100}=15006$$

$$\Rightarrow(133x+122x+111x)=1500600$$

$$\Rightarrow366x=1500600\Rightarrow x=4100.$$

अत: अभीष्ट धन = ₹ 4100.

9. कुल ब्याज = ₹ $\left(50000\times\frac{4}{100}\times8\right)$ = ₹ 16000.

कुल खर्च = ₹ [(1200×8) + (300×8)] = ₹ 12000.

राशि जो लड़के को मिलती है

= ₹ [(50000 + 16000) − 12000] = ₹ 54000.

10. ब्याज = ₹ [(1000×10) − 9000] = ₹ 1000.

स्पष्ट है कि ₹ 9000 का 1 महीने का ब्याज + ₹ 8000 का 1 महीने का ब्याज + ₹ 7000 का 1 महीने का ब्याज + ... + ₹ 1000 का 1 महीने का ब्याज = ₹ 1000.

$$[9000+8000+7000+\ldots+1000]\times\frac{R}{100}\times\frac{1}{12}=1000$$

$$\Rightarrow45000\times\frac{R}{100}\times\frac{1}{12}=1000$$

$$\Rightarrow R=\frac{100\times12\times1000}{45000}=\frac{80}{3}=26\frac{2}{3}\%.$$

❑❑❑

22

चक्रवृद्धि ब्याज (COMPOUND INTEREST)

Scan QR Code for Watching Video

सामान्य नियम

चक्रवृद्धि ब्याज: कभी-कभी उधार दिये गये धन को चुकता करने के लिए एक निश्चित अवधि तय कर ली जाती है. यह अवधि प्राय: **वार्षिक** अथवा **छमाही** अथवा ***तिमाही*** होती है. इस अवधि की समाप्ति के बाद ब्याज को मूलधन में जोड़ने पर बना मिश्रधन, अगली अवधि के लिए मूलधन बन जाता है.

प्रत्येक अवधि के लिए यही क्रिया दोहराई जाती है.

अन्त में प्राप्त मिश्रधन ही **चक्रवृद्धि मिश्रधन** कहलाता है.

चक्रवृद्धि ब्याज = (चक्रवृद्धि मिश्रधन) – (मूलधन).

चक्रवृद्धि मिश्रधन के लिए सूत्र

1. माना मूलधन = ₹ P, दर = $R\%$ वार्षिक तथा समय = n वर्ष.

   (*i*) जब ब्याज वार्षिक देय हो, तब **चक्रवृद्धि मिश्रधन** $= P\left(1+\frac{R}{100}\right)^n$.

   (*ii*) जब ब्याज **छमाही देय** हो, तब दर $= \left(\frac{R}{2}\right)\%$ **प्रति छमाही** तथा **समय** = **(2n) छमाही.**

   $\therefore$ **चक्रवृद्धि मिश्रधन** $= P\times\left(1+\frac{R}{2\times100}\right)^{2n}$.

   (*iii*) जब ब्याज तिमाही देय हो, तब दर $= \left(\frac{R}{4}\right)\%$ **प्रति तिमाही** तथा **समय** = **(4n) तिमाही.**

   $\therefore$ **चक्रवृद्धि मिश्रधन** $= P\times\left(1+\frac{R}{4\times100}\right)^{4n}$.

   (*iv*) जब समय एक परिमेय संख्या हो, जैसे $4\frac{2}{3}$ वर्ष तथा ब्याज वार्षिक देय हो, तब

   चक्रवृद्धि मिश्रधन $= P\times\left(1+\frac{R}{100}\right)^4\times\left(1+\frac{\frac{2}{3}R}{100}\right)$.

   (*v*) जब ब्याज की दर पहले वर्ष $= R_1\%$, दूसरे वर्ष $= R_2\%$ तथा तीसरे वर्ष $= R_3\%$ हो, तब

   चक्रवृद्धि मिश्रधन $= P\times\left(1\times\frac{R_1}{100}\right)\times\left(1+\frac{R_2}{100}\right)\times\left(1+\frac{R_3}{100}\right)$.

2. माना कोई धन = ₹ x, n वर्ष बाद देय है तथा ब्याज की दर = $R\%$ वार्षिक है,

   तो इस धन का वर्तमान मूल्य $= \frac{x}{\left(1+\frac{R}{100}\right)^n}$.

साधित उदाहरण

प्रश्न 1. ₹ 6750 का $6\frac{2}{3}\%$ वार्षिक दर से 3 वर्ष का चक्रवृद्धि ब्याज ज्ञात कीजिए.

हलः मूलधन = ₹ 6750, दर = $\frac{20}{3}\%$ वार्षिक, समय = 3 वर्ष.

चक्रवृद्धि मिश्रधन = ₹ $\left\{6750\times\left(1+\frac{20}{3\times100}\right)^3\right\}$

$= ₹\left(6750\times\frac{16}{15}\times\frac{16}{15}\times\frac{16}{15}\right) = ₹\ 8192.$

चक्रवृद्धि ब्याज = ₹ (8192 – 6750) = ₹ 1442.

प्रश्न 2. ₹ 16000 का 10% वार्षिक दर से 1 वर्ष का चक्रवृद्धि ब्याज ज्ञात कीजिए जबकि ब्याज प्रति छमाही देय हो.

हलः मूलधन = ₹ 16000, दर = 5% प्रति छमाही,
समय = 2 छमाही.

चक्रवृद्धि मिश्रधन = ₹ $\left\{16000\times\left(1+\frac{5}{100}\right)^2\right\}$

$= ₹\left(16000\times\frac{21}{20}\times\frac{21}{20}\right) = ₹\ 17640.$

चक्रवृद्धि ब्याज = ₹ (17640 – 16000) = ₹ 1640.

प्रश्न 3. ₹ 125000 का 8% वार्षिक दर से 9 माह का चक्रवृद्धि ब्याज ज्ञात कीजिए, जबकि ब्याज तिमाही देय हो.

हलः मूलधन = ₹ 125000, दर = $\frac{8}{4}\%$ प्रति तिमाही = 2% प्रति तिमाही, समय = 3 तिमाही.

चक्रवृद्धि मिश्रधन = ₹ $\left\{125000\times\left(1+\frac{2}{100}\right)^3\right\}$

$= ₹\left(125000\times\frac{51}{50}\times\frac{51}{50}\times\frac{51}{50}\right) = ₹\ 132651.$

चक्रवृद्धि ब्याज = ₹ (132651 – 125000) = ₹ 7651.

प्रश्न 4. ₹ 9000 का 10% वार्षिक दर पर 2 वर्ष 4 माह का चक्रवृद्धि ब्याज कितना होगा, जबकि ब्याज वार्षिक देय हो?

हलः मूलधन = ₹ 9000, दर = 10% वार्षिक,
समय = $2\frac{4}{12}$ वर्ष = $2\frac{1}{3}$ वर्ष.

चक्रवृद्धि मिश्रधन

$= ₹\left\{9000\times\left(1+\frac{10}{100}\right)^2\times\left(1+\frac{10\times\frac{1}{3}}{100}\right)\right\}$

$= ₹\left(9000\times\frac{11}{10}\times\frac{11}{10}\times\frac{31}{30}\right) = ₹\ 11253.$

∴ चक्रवृद्धि ब्याज = ₹ (11253 – 9000) = ₹ 2253.

प्रश्न 5. किसी धन का 12% वार्षिक दर पर 2 वर्ष के चक्रवृद्धि ब्याज तथा साधारण ब्याज का अन्तर ₹ 180 है. मूलधन ज्ञात कीजिए.

हलः माना मूलधन = ₹ x, दर = 12% वार्षिक, समय = 2 वर्ष.

चक्रवृद्धि मिश्रधन = ₹ $\left\{x\times\left(1+\frac{12}{100}\right)^2\right\}$

$= ₹\left\{x\times\frac{28}{25}\times\frac{28}{25}\right\} = ₹\left(\frac{784x}{625}\right).$

चक्रवृद्धि ब्याज

$= ₹\left(\frac{784x}{625}-x\right) = ₹\left\{\frac{(784x-625x)}{625}\right\} = ₹\ \frac{159x}{625}.$

साधारण ब्याज = ₹ $\left(x\times\frac{12}{100}\times2\right) = ₹\ \frac{6x}{25}.$

$\therefore\ \frac{159x}{625}-\frac{6x}{25}=180$

$\Rightarrow (159x-150x)=180\times625$

$\Rightarrow 9x=180\times625 \Rightarrow x=\frac{180\times625}{9}=12500.$

अतः मूलधन = ₹ 12500.

प्रश्न 6. चक्रवृद्धि ब्याज पर दिये गये धन के 2 वर्ष तथा 3 वर्ष के मिश्रधन क्रमशः ₹ 9680 तथा ₹ 10648 हो जाते हैं. दर प्रतिशत तथा मूलधन ज्ञात कीजिए.

हलः ₹ 9680 का 1 वर्ष का ब्याज = ₹ (10648 – 9680)
= ₹ 968.

दर = $\left(\frac{100\times968}{9680\times1}\right)\%$ वार्षिक = 10% वार्षिक.

माना मूलधन = ₹ x. तब $x\left(1+\frac{10}{100}\right)^2=9680$.

$\therefore\ x\times\frac{11}{10}\times\frac{11}{10}=9680 \Rightarrow x=\left(9680\times\frac{10}{11}\times\frac{10}{11}\right)$

= 8000.

अतः मूलधन = ₹ 8000 तथा दर = 10% वार्षिक.

प्रश्न 7. किसी धन का 8% वार्षिक दर से 2 वर्ष का चक्रवृद्धि ब्याज ₹ 2080 है. इस धन का इसी दर पर इतने ही समय का साधारण ब्याज कितना होगा?

हलः माना अभीष्ट धन = ₹ x. तब

$x\left(1+\frac{8}{100}\right)^2-x=2080$

$\Rightarrow \left(x\times\frac{27}{25}\times\frac{27}{25}-x\right)=2080$

$\therefore\ (729x-625x)=625\times2080$

$\Rightarrow 104x=625\times2080$

$\Rightarrow x=(625\times20)=12500.$

∴ मूलधन = ₹ 12500.

साधारण ब्याज = ₹ $\left(12500\times\frac{8}{100}\times2\right)$ = ₹ 2000.

प्रश्न 8. कितने समय में 10% वार्षिक चक्रवृद्धि ब्याज की दर से ₹ 2000 का मिश्रधन ₹ 2420 हो जायेगा?

हल: माना अभीष्ट समय = n वर्ष. तब

$$2000\times\left(1+\frac{10}{100}\right)^n = 2420$$

$$\Rightarrow\left(\frac{11}{10}\right)^n = \frac{2420}{2000}=\frac{121}{100}=\left(\frac{11}{10}\right)^2 \Rightarrow n=2.$$

$\therefore$ अभीष्ट समय = 2 वर्ष.

प्रश्न 9. कितने समय में ₹ 800 का 10% वार्षिक दर से छमाही देय चक्रवृद्धि मिश्रधन ₹ 926·10 हो जायेगा?

हल: माना अभीष्ट समय = n वर्ष = $2n$ छमाही, दर = 5% प्रति छमाही. तब

$$800\times\left(1+\frac{5}{100}\right)^{2n} = 926\cdot10$$

$$\Rightarrow\left(\frac{21}{20}\right)^n = \frac{926\cdot10}{800}=\frac{92610}{80000}=\frac{9261}{8000}=\left(\frac{21}{20}\right)^3$$

$\Rightarrow n=3$ छमाही.

अभीष्ट समय = 3 छमाही $=1\frac{1}{2}$ वर्ष.

प्रश्न 10. किसी धन पर एक निश्चित दर से 2 वर्ष का साधारण ब्याज ₹ 160 तथा चक्रवृद्धि ब्याज ₹ 170 है. ब्याज की वार्षिक दर कितनी है?

हल: 1 वर्ष का साधारण ब्याज = ₹ 80.

2 वर्ष के चक्रवृद्धि ब्याज तथा साधारण ब्याज का अन्तर = ₹ (170 – 160) = ₹ 10.

₹ 80 का 1 वर्ष का ब्याज = ₹ 10.

$\therefore$ दर $=\left(\frac{10}{80}\times100\right)\%=12\frac{1}{2}\%$ वार्षिक.

प्रश्न 11. 8% वार्षिक चक्रवृद्धि ब्याज की दर से 2 वर्ष बाद देय ₹ 14580 का वर्तमान मूल्य कितना होगा?

हल: अभीष्ट मूल्य

$$= ₹\left\{\frac{14580}{\left(1+\frac{8}{100}\right)^2}\right\} = ₹\left(14580\times\frac{25}{27}\times\frac{25}{27}\right) = ₹\,12500.$$

अत: देय धन का वर्तमान मूल्य ₹ 12500 है.

प्रश्नमाला 22A

निम्नलिखित प्रश्नों में से प्रत्येक में ठीक उत्तर को चिन्हांकित (✓) कीजिए:

1. ₹ 45000 पर 15% वार्षिक दर से 2 वर्ष के अन्त में कितना चक्रवृद्धि ब्याज उपचित होगा?

(*a*) ₹ 16411.50 (*b*) ₹ 14461.50
(*c*) ₹ 16461.50 (*d*) ₹ 14641.50
(*e*) इनमें से कोई नहीं **(बैंक पी०ओ० परीक्षा, 2010)**

2. एक निश्चित राशि पर 2 वर्ष के लिए 8% प्रतिवर्ष की दर से साधारण ब्याज, समान राशि पर 10% प्रतिवर्ष की दर से 2 वर्ष के चक्रवृद्धि ब्याज से ₹ 225 कम है। राशि क्या है?

(*a*) 4500 (*b*) 2500 (*c*) 4000 (*d*) 4200
(*e*) इनमें से कोई नहीं **(एस.बी.आई. क्लर्क परीक्षा, 2020)**

3. अर्द्धवार्षिक रूप में संयोजित चक्रवृद्धि ब्याज की 12% वार्षिक दर से ₹ 2500 की धनराशि कितने वर्ष में ₹ 2809 हो जायेगी? **(एस०एस०सी० परीक्षा, 2010)**

(*a*) 1 वर्ष (*b*) $1\frac{1}{2}$ वर्ष (*c*) 2 वर्ष (*d*) $2\frac{1}{2}$ वर्ष

4. यदि ₹ 1400 2 वर्ष के लिए 20% साधारण ब्याज पर और समान राशि 10% पर 2 वर्ष के लिए चक्रवृद्धि ब्याज पर निवेश किया जाता है, तो 2 वर्ष बाद अर्जित कुल ब्याज ज्ञात कीजिए।

(*a*) ₹ 845 (*b*) ₹ 854 (*c*) ₹ 865 (*d*) ₹ 839
(*e*) इनमें से कोई नहीं **(एस.बी.आई. क्लर्क (प्रा.) परीक्षा, 2019)**

5. 10% प्रतिवर्ष की चक्रवृद्धि ब्याज दर पर किसी राशि पर $2\frac{1}{2}$ वर्षों में ब्याज ₹ 1,623 प्राप्त होता है जब ब्याज वार्षिक रूप से संयुक्त होता है। राशि क्या है?

(*a*) 6000 (*b*) 7000 (*c*) 6500 (*d*) 8500
(एस.एस.सी.-सी.जी.एल. परीक्षा, 2018)

6. 12% वार्षिक चक्रवृद्धि ब्याज की दर से ₹ 125000 की धनराशि कितने समय में ₹ 148877 हो जायेगी, जबकि ब्याज अर्द्धवार्षिक रूप में संयोजित होता हो?

(*a*) $3\frac{1}{2}$ वर्ष (*b*) $1\frac{1}{2}$ वर्ष (*c*) $2\frac{1}{2}$ वर्ष (*d*) 2 वर्ष

7. 3 वर्ष और 2 वर्ष के लिए चक्रवृद्धि ब्याज और साधारण ब्याज के बीच का अंतर क्रमश: 23 : 7 के अनुपात में है। प्रतिवर्ष ब्याज दर (% में) क्या है?

(*a*) $\frac{200}{7}$ (*b*) $\frac{100}{7}$ (*c*) $\frac{250}{7}$ (*d*) $\frac{250}{11}$

(एस.एस.सी.-सी.जी.एल. परीक्षा, 2017)

8. सोनिका ने 2 वर्ष के लिए ₹ 5800 का निवेश किया. 2 वर्ष के अन्त में चक्रवृद्धि ब्याज ₹ 594.50 किस वार्षिक दर पर मिलेगा?

(*a*) 5% (*b*) 4% (*c*) 6% (*d*) 8%
(*e*) इनमें से कोई नहीं

9. ₹ 1000 की धनराशि पर 5% वार्षिक दर से 2 वर्ष के चक्रवृद्धि ब्याज तथा साधारण ब्याज का अन्तर कितना होगा?

(*a*) ₹ 2.00 (*b*) ₹ 2.50 (*c*) ₹ 3.00 (*d*) ₹ 3.50
(एस०एस०सी० परीक्षा, 2009)

10. एक राशि में 8 वर्षों में साधारण ब्याज पर 40 प्रतिशत की वृद्धि होती है। उसी दर पर 2 वर्षों में ₹ 30000 का चक्रवृद्धि ब्याज (₹ में) कितना होगा?

(*a*) ₹ 6150 (*b*) ₹ 7687.5 (*c*) ₹ 4612.5 (*d*) ₹ 3075
[एस.एस.सी. सी.एच.एस.एल. परीक्षा, 2017]

11. किस राशि पर 18% प्रतिवर्ष चक्रवृद्धि ब्याज की दर से दूसरे वर्ष के लिए ब्याज के रूप में ₹ 2655 प्राप्त होंगे?
(*a*) ₹ 12500 (*b*) ₹ 12900 (*c*) ₹ 12000 (*d*) ₹ 14500
(*e*) इनमें से कोई नहीं (एल.आई.सी. ए.ए.ओ. परीक्षा, 2016)

12. किसी धनराशि पर 5% प्रतिवर्ष की दर से 2 वर्ष के लिए अर्जित साधारण और चक्रवृद्धि ब्याज के बीच का अंतर ₹ 42 है। मूलधन ज्ञात कीजिए।
(*a*) 16800 (*b*) 17500 (*c*) 14450 (*d*) 12000
(*e*) इनमें से कोई नहीं (एस.बी.आई. क्लर्क परीक्षा, 2016)

13. वार्षिक चक्रवृद्धि ब्याज दर, जिससे कोई धन तीन वर्ष में स्वयं का $\frac{125}{64}$ गुना हो जाता है।
(*a*) 30% (*b*) 25% (*c*) 20% (*d*) 12.5%
(यू.पी.पी.एस.सी.-लोअर अधीनस्थ परीक्षा 2016)

14. ₹ 15000 पर 2 वर्ष में उपचित चक्रवृद्धि ब्याज ₹ 2496 है. ब्याज की वार्षिक दर कितनी है? (बैंक पी०ओ० परीक्षा, 2009)
(*a*) 8% (*b*) 10%
(*c*) 6% (*d*) निर्धारित नहीं किया जा सकता
(*e*) इनमें से कोई नहीं

15. एक राशि पर 3 वर्ष के अन्त में 15% वार्षिक दर से उपचित चक्रवृद्धि ब्याज ₹ 6500.52 है. राशि कितनी है?
(*a*) ₹ 12480 (*b*) ₹ 10500 (*c*) ₹ 14800 (*d*) ₹ 13620
(*e*) इनमें से कोई नहीं (एम०बी०ए० परीक्षा, 2008)

16. ₹ 20000 पर 3 वर्ष के अन्त में ₹ 7200 साधारण ब्याज उपचित होता है. उसी राशि पर उसी अवधि का उसी दर से चक्रवृद्धि ब्याज कितना होगा? (बैंक पी०ओ० परीक्षा, 2008)
(*a*) ₹ 8342.36 (*b*) ₹ 8098.56
(*c*) ₹ 8246.16 (*d*) ₹ 8112.86
(*e*) इनमें से कोई नहीं

17. ₹ 18000 पर 10% वार्षिक दर से 3 वर्ष में प्राप्त होने वाला चक्रवृद्धि ब्याज कितना होगा? (जीवन बीमा निगम परीक्षा, 2007)
(*a*) ₹ 5628 (*b*) ₹ 5400 (*c*) ₹ 5940 (*d*) ₹ 5958
(*e*) इनमें से कोई नहीं

18. ₹ 8000 का 15% वार्षिक दर से 2 वर्ष 4 माह का वार्षिक रूप में संयोजित चक्रवृद्धि ब्याज कितना होगा?
(*a*) ₹ 2980 (*b*) ₹ 3091 (*c*) ₹ 3109 (*d*) ₹ 3100
(एस०एस०सी० परीक्षा, 2007)

19. वह धन कितना है जिसका दूसरे वर्ष का चक्रवृद्धि ब्याज 10% वार्षिक दर से ₹ 132 है?
(*a*) ₹ 1000 (*b*) ₹ 1200
(*c*) ₹ 1320 (*d*) इनमें से कोई नहीं

20. ₹ 1025 का ऋण दो बराबर वार्षिक किस्तों में चुकाना है. यदि चक्रवृद्धि ब्याज की दर 5% वार्षिक हो, तो प्रत्येक किस्त का मान कितना होगा?
(*a*) ₹ 550 (*b*) ₹ 560 (*c*) ₹ 560.75 (*d*) ₹ 551.25

21. ₹ 66200 का ऋण तीन बराबर वार्षिक किस्तों में चुकाना है. यदि चक्रवृद्धि ब्याज की दर 10% वार्षिक हो, तो प्रत्येक किस्त का मान कितना होगा?
(*a*) ₹ 13310 (*b*) ₹ 19965 (*c*) ₹ 26620 (*d*) ₹ 23540

22. 10% वार्षिक दर से 3 वर्ष के लिए किसी धनराशि के चक्रवृद्धि ब्याज तथा साधारण ब्याज का अन्तर ₹ 620 हो, तो वह धनराशि कितनी होगी? (बैंक पी०ओ० परीक्षा, 2010)
(*a*) ₹ 40000 (*b*) ₹ 12000 (*c*) ₹ 10000 (*d*) ₹ 20000

23. किसी धन का 4% वार्षिक दर से 2 वर्ष का चक्रवृद्धि ब्याज ₹ 102 है. उसी धन का उसी दर से उतनी ही अवधि के लिए साधारण ब्याज कितना होगा? (होटल मैनेजमैन्ट परीक्षा, 2010)
(*a*) ₹ 99 (*b*) ₹ 100 (*c*) ₹ 101 (*d*) ₹ 102

24. चक्रवृद्धि ब्याज पर जमा की गई ₹ 12000 की धनराशि 5 वर्ष में दुगुनी हो जाती है. 20 वर्ष बाद यह कितनी हो जायेगी?
(*a*) ₹ 144000 (*b*) ₹ 120000
(*c*) ₹ 150000 (*d*) ₹ 192000
(एस०एस०सी० परीक्षा, 2010)

25. एक पेड़ की ऊँचाई में प्रतिवर्ष $\frac{1}{8}$ गुना वृद्धि होती है. यदि पेड़ की वर्तमान ऊँचाई 64 सेमी० हो, तो 2 वर्ष बाद इसकी ऊँचाई कितनी होगी?
(*a*) 70 सेमी० (*b*) 80 सेमी० (*c*) 81 सेमी० (*d*) 84 सेमी०

26. P के बराबर राशि पर ब्याज ₹ 88 है, जो 20% प्रतिवर्ष की दर से चक्रवृद्धि ब्याज पर 2 वर्ष के लिए निवेश की जाती है। यह ब्याज $(P+X)$ रुपये की राशि पर ब्याज लाभ के समान है, जो 4% प्रतिवर्ष की दर से साधारण ब्याज पर 5 वर्ष के लिए निवेश किया जाता है। X का मान ज्ञात करें।
(*a*) 350 (*b*) 240 (*c*) 200 (*d*) 280
(*e*) इनमें से कोई नहीं (एस.बी.आई. पी.ओ. परीक्षा, 2021)

27. चक्रवृद्धि ब्याज से कौनसी धनराशि 1 वर्ष के अन्त में ₹ 650 तथा 2 वर्ष के अन्त में ₹ 676 हो जायेगी? (एस०एस०सी० परीक्षा, 2009)
(*a*) ₹ 520 (*b*) ₹ 572 (*c*) ₹ 600 (*d*) ₹ 625

28. आशा ने एक निश्चित राशि को 10% प्रतिवर्ष साधारण ब्याज दर पर निवेश किया और 2 वर्ष के अंत में उसने ₹ 36000 प्राप्त किए। यदि उसने इस राशि को 20% प्रतिवर्ष चक्रवृद्धि ब्याज पर निवेश किया होता, तो 2 वर्ष के अंत में उसे इस राशि पर कितना ब्याज प्राप्त होता?
(*a*) 14200 (*b*) 15000 (*c*) 12600 (*d*) 13200
(*e*) इनमें से कोई नहीं
(आई.बी.पी.एस. आर.आर.बी. अधिकारी स्केल 1 परीक्षा, 2019)

29. एक निश्चित प्रतिशत ब्याज दर पर 3 वर्षों में एक राशि 8028 हो जाती है और 6 वर्षों में ₹ 12042 हो जाती है, जब ब्याज वार्षिक रूप से संयोजित होता है। मूल राशि क्या है?
(*a*) ₹ 5352 (*b*) ₹ 4569 (*c*) ₹ 5643 (*d*) ₹ 4596
(एस.एस.सी.-सी.जी.एल. परीक्षा, 2018)

30. ₹ 91,000 की राशि प्रतिवर्ष 20% वार्षिक की दर से उधार ली जाती है। यदि राशि का भुगतान दो वर्ष बाद किया जाता है,

तो कितनी राशि का भुगतान किया जाएगा?

(a) ₹ 131040 (b) ₹ 195004
(c) ₹ 234504 (d) ₹ 120000
(e) इनमें से कोई नहीं (एस.बी.आई. पी.ओ. परीक्षा, 2017)

31. ₹ 6000 का 10% वार्षिक दर से $1\frac{1}{2}$ वर्ष का चक्रवृद्धि ब्याज कितना है जबकि ब्याज वार्षिक रूप में संयोजित हो?

(a) ₹ 910 (b) ₹ 870 (c) ₹ 930 (d) ₹ 900
(एस०एस०सी० परीक्षा, 2008)

32. किसी धनराशि पर एक निश्चित दर से 2 वर्ष के साधारण ब्याज तथा चक्रवृद्धि ब्याज क्रमशः ₹ 900 तथा ₹ 954 हैं. वह धनराशि कितनी है? (एस०एस०सी० परीक्षा, 2008)

(a) ₹ 3700 (b) ₹ 4650 (c) ₹ 3850 (d) ₹ 3750

33. चक्रवृद्धि ब्याज की किसी दर से कोई धनराशि 2 वर्ष में ₹ 2420 तथा 3 वर्ष में ₹ 2662 हो जाती है, जबकि ब्याज वार्षिक रूप में संयोजित होता है. ब्याज की वार्षिक दर कितनी है?

(a) 6% (b) 8% (c) 9% (d) 10%
(एस०एस०सी० परीक्षा, 2008)

34. किसी राशि पर 8% वार्षिक चक्रवृद्धि ब्याज की दर से प्रथम वर्ष का ब्याज ₹ 48 है. दूसरे वर्ष का ब्याज क्या होगा?

(a) ₹ 48 (b) ₹ 51.84 (c) ₹ 56.48 (d) ₹ 96

35. जब कोई धन 2 वर्ष में $6\frac{1}{2}\%$ वार्षिक रूप से गणना करने पर ₹ 5772 हो जाता है, तो उसका मूलधन क्या है?

(a) ₹ 5189 (b) ₹ 5389 (c) ₹ 5289 (d) ₹ 5089
[दिल्ली मेट्रो रेल कॉर्पोरेशन सी.आर.ए. परीक्षा, 2017]

36. ₹ 7350 की धनराशि में से अंशतः स्कीम A में 10% प्रतिवर्ष की दर से दो वर्षों के लिए वार्षिक रूप से संयोजित चक्रवृद्धि ब्याज पर निवेशित किया जाता है एवं अंशतः स्कीम B में 7% प्रतिवर्ष साधारण ब्याज की दर से 4 वर्षों के लिए निवेशित किया जाता है। दोनों स्कीमों से समान ब्याज प्राप्त होता है। दोनों स्कीमों से समान ब्याज प्राप्त होता है। स्कीम A में निवेशित धनराशि क्या थी?

(a) ₹ 5000 (b) ₹ 4200 (c) ₹ 4400 (d) ₹ 4600
(e) इनमें से कोई नहीं
(आई.डी.बी.आई.-अधिकारी आनॅलाइन परीक्षा, 2016)

37. किसी धनराशि के 10% वार्षिक दर से 2 वर्ष के चक्रवृद्धि ब्याज तथा साधारण ब्याज का अन्तर ₹ 40 है. वह धनराशि कितनी है?

(a) ₹ 4000 (b) ₹ 3600 (c) ₹ 4200 (d) ₹ 3200
(एस०एस०सी० परीक्षा, 2007)

38. किसी धन पर 5% वार्षिक दर से 2 वर्ष के चक्रवृद्धि ब्याज तथा साधारण ब्याज का अन्तर ₹ 35 है. वह धन कितना है?

(a) ₹ 10000 (b) ₹ 13000 (c) ₹ 14000 (d) ₹ 15000
(e) इनमें से कोई नहीं (बैंक पी०ओ० परीक्षा, 2006)

39. एक स्कीम A में एक निश्चित धनराशि दो वर्षों के लिए निवेश करने पर प्राप्त ब्याज, समान धनराशि को दूसरी स्कीम B में समान अवधि के लिए निवेश करने पर प्राप्त ब्याज से ₹ 450 अधिक है। यदि स्कीम A एवं B में क्रमशः 30% प्रति वर्ष एवं 20% प्रति वर्ष की दर से वार्षिक रूप से संयोजित चक्रवृद्धि ब्याज अदा किया जाता हैं, तो प्रत्येक स्कीम में निवेशित धनराशि क्या थी?

(a) ₹ 36000 (b) ₹ 1800 (c) ₹ 1600 (d) ₹ 2200
(e) ₹ 1200
(एस.बी.आई-क्लर्क (प्रारंभिक) आनॅलाइन परीक्षा, 2016)

40. किसी धन पर एक निश्चित दर से 2 वर्ष का साधारण ब्याज ₹ 120 तथा चक्रवृद्धि ब्याज ₹ 129 है. ब्याज की वार्षिक दर क्या है?

(a) 12% (b) $12\frac{1}{2}\%$ (c) 14% (d) 15%

41. वार्षिक चक्रवृद्धि ब्याज दर, जिससे कोई धन तीन वर्ष में स्वयं का $\frac{125}{64}$ गुना होता जाता है।

(a) 30% (b) 25% (c) 20% (d) 12.5%
(उत्तर प्रदेश सम्मिलित अवर अधीनस्थ सेवा (सामान्य चयन) 2015)

42. एक आदमी वार्षिक देय 3 प्रतिशत प्रतिवर्ष के ब्याज पर राशि उधार लेता है और तत्काल छमाही देय 5 प्रतिशत ब्याज (चक्रवृद्धि) पर उधार दे देता है और इस प्रकार वर्ष के अंत में ₹ 330 का अभिलाभ होता है। उसके द्वारा उधार ली गई राशि कितनी है?

(a) ₹ 17,000 (b) ₹ 16,500
(c) ₹ 15,000 (d) ₹ 16,000
(एस.एस.सी.- सी.जी.एल. (टीयर-I) परीक्षा, 2014)

43. कुछ धन उधार लिया गया तथा उसे दो वार्षिक किस्तों में चुकाया गया. यदि प्रत्येक किस्त का मान ₹ 882 हो तथा ब्याज की दर 5% वार्षिक हो, तो कितना धन उधार लिया गया?

(a) ₹ 1620 (b) ₹ 1640 (c) ₹ 1680 (d) ₹ 1780

44. यदि $12\frac{1}{12}\%$ प्रतिवर्ष पर 2 वर्ष की राशि पर चक्रवृद्धि ब्याज ₹ 510 है, तो उसी दर पर उसी राशि पर उसी अवधि का साधारण ब्याज कितना होगा?

(a) ₹400 (b) ₹450 (c) ₹460 (d) ₹480
(एस.एस.सी.- सी.जी.एल. (टीयर-I) परीक्षा, 2014)

उत्तरमाला (प्रश्नमाला 22A)

1. (e)	2. (a)	3. (a)	4. (b)	5. (a)	6. (b)	7. (a)	8. (a)	9. (b)	10. (d)	11. (a)	12. (a)
13. (b)	14. (a)	15. (a)	16. (b)	17. (d)	18. (c)	19. (b)	20. (d)	21. (c)	22. (d)	23. (b)	24. (d)
25. (c)	26. (b)	27. (d)	28. (d)	29. (a)	30. (d)	31. (c)	32. (d)	33. (d)	34. (b)	35. (d)	36. (b)
37. (a)	38. (c)	39. (b)	40. (d)	41. (b)	42. (d)	43. (b)	44. (d)				

दिये गये प्रश्नों के हल (प्रश्नमाला 22A)

1. मूलधन = ₹ 45000, दर = 15% वार्षिक, समय = 2 वर्ष.

चक्रवृद्धि मिश्रधन = ₹ $\left\{45000\times\left(1+\frac{15}{100}\right)^2\right\}$

$= ₹\left(45000\times\frac{23}{20}\times\frac{23}{20}\right) = ₹\,\frac{119025}{2}$.

चक्रवृद्धि ब्याज

$= ₹\left(\frac{119025}{2}-45000\right) = ₹\,\frac{29025}{2} = ₹\,14512\cdot50.$

2. माना राशि = P

अंतर = 225

$\therefore 225 = \left[P\left(1+\frac{10}{100}\right)^2 - P\right] - \left[\frac{P\times2\times8}{100}\right]$

$\Rightarrow 225 = \left[P(1+0.1)^2 - P\right] - P\,(0.16)$

$\Rightarrow 225 = 0.05\,P$

$\therefore \quad P = 4500$

3. मूलधन = ₹ 2500, मिश्रधन = ₹ 2809, दर = 6% अर्द्धवार्षिक.
माना समय = n छमाही. तब

$2500\times\left(1+\frac{6}{100}\right)^n = 2809 \Rightarrow \left(\frac{53}{50}\right)^n = \frac{2809}{2500} = \left(\frac{53}{50}\right)^2.$

$\Rightarrow n = 2.$

$\therefore$ समय = 2 छमाही = 1 वर्ष.

4. 2 वर्ष का साधारण ब्याज $= \frac{1400\times2\times20}{100}$

= ₹ 560 .

चक्रवृद्धि ब्याज पर 2 वर्ष की समतुल्य दर,

$= r+r+\frac{r\times r}{100}$

$= 10 + 10 + \frac{100}{100} = 21\%$

चक्रवृद्धि ब्याज = 1400 × 21%

= ₹ 294

आवश्यक उत्तर = 560 + 294

= ₹ 854

5. दो साल में राशि P के लिए कुल राशि

मिश्रधन $= P\left(1+\frac{10}{100}\right)^2$

$\Rightarrow A = P\times\frac{121}{100}$

दो वर्षों में चक्रवृद्धि ब्याज

= मिश्रधन $-P = \frac{121}{100}P - P = \frac{21}{100}P$

10% की दर पर ½ वर्ष का साधारण ब्याज

$= \dfrac{P\times\frac{121}{100}\times10\times\frac{1}{2}}{100}$

$= \frac{121}{2000}P$

प्रश्नानुसार,

$\Rightarrow \frac{21}{100}P + \frac{121}{2000}P = 1623$

$\Rightarrow \frac{P(420+121)}{2000} = 1623$

$\Rightarrow P = \frac{1623}{541}\times2000$

$\Rightarrow P = 3\times2000$

$\therefore P = 6000$

6. मूलधन = ₹ 125000, मिश्रधन = ₹ 148877,
दर = 6% प्रति छमाही.
माना समय = n छमाही. तब

$125000\times\left(1+\frac{6}{100}\right)^n = 148877$

$\Rightarrow \left(\frac{53}{50}\right)^n = \frac{148877}{125000} = \left(\frac{53}{50}\right)^3$. अत: $n = 3$.

$\therefore$ समय = 3 छमाही $= 1\frac{1}{2}$ वर्ष.

7. हमें पता है कि
दो वर्ष के लिए साधारण ब्याज और चक्रवृद्धि ब्याज का अंतर

$= P\left(\frac{r}{100}\right)^2$

P = मूलधन

r = दर

तीन वर्ष के लिए साधारण ब्याज और चक्रवृद्धि ब्याज का अंतर

$= P\left(\frac{r}{100}\right)^2\left(\frac{r}{100}+3\right)$

प्रश्नानुसार,

$\frac{\text{दो वर्ष के सा. ब्याज और चक्र. ब्याज का अंतर}}{\text{तीन वर्ष के सा. ब्याज और चक्र. ब्याज का अंतर}} = \frac{23}{7}$

$\Rightarrow \dfrac{P\left(\frac{r}{100}\right)^2\left(\frac{(300+r)}{100}\right)}{P\left(\frac{r}{100}\right)^2} = \frac{23}{7}$

$\Rightarrow 7(300+r) = 2300$

$\Rightarrow 2100 + 7r = 2300$

$\Rightarrow r = \frac{200}{7}\%$

8. चक्रवृद्धि मिश्रधन = ₹ (5800 + 594.50) = ₹ 6394.50.

$5800\times\left(1+\frac{R}{100}\right)^2 = \frac{639450}{100}$

$$\Rightarrow \left(1+\frac{R}{100}\right)^2 = \frac{639450}{5800\times 100} = \frac{441}{400} = \left(\frac{21}{20}\right)^2$$

$$\Rightarrow 1+\frac{R}{100} = \frac{21}{20} \Rightarrow \frac{R}{100} = \left(\frac{21}{20}-1\right) = \frac{1}{20}$$

$$\Rightarrow R = \left(100\times\frac{1}{20}\right) = 5\%.$$

9. सा० ब्याज = ₹ $\left(\frac{1000\times 5\times 2}{100}\right)$ = ₹ 100.

चक्रवृद्धि ब्याज = ₹ $\left\{1000\times\left(1+\frac{5}{100}\right)^2 - 1000\right\}$

= ₹ $\left\{\left(1000\times\frac{21}{20}\times\frac{21}{20}\right) - 1000\right\}$

= ₹ $\left(\frac{205}{2}\right)$ = ₹ 102.50

अभीष्ट अन्तर = ₹ (102.50 – 100) = ₹ 2.50.

10. पहली स्थिति, अगर मूलधन = ₹ 100,

तो ब्याज = ₹ 40

$\therefore$ दर = $\frac{\text{ब्याज}\times 100}{\text{मूलधन}\times\text{समय}} = \frac{40\times 100}{100\times 8}$ = 5% प्रतिवर्ष

दूसरी स्थिति, दिया है, मूलधन = ₹ 30000,

दर = 5%, समय = 2 वर्ष

$\therefore$ मिश्रधन = मूलधन $\left(1+\frac{\text{दर}}{100}\right)^{\text{समय}} = 30000\left(1+\frac{5}{100}\right)^2$

$= 30000\left(1+\frac{2}{20}\right)^2$

$= 30000\left(\frac{20+1}{20}\right)^2 = 30000\times\frac{21}{20}\times\frac{21}{20}$ = ₹ 33075

$\therefore$ चक्रवृद्धि ब्याज = (33075 – 30000) = ₹ 3075

11. माना मूलधन = ₹ P

प्रश्नानुसार,

$$P\left(1+\frac{18}{100}\right)^2 - P\left(1+\frac{18}{100}\right) = 2655$$

$$P\left(\frac{118}{100}\right)^R - P\left(\frac{118}{100}\right)$$

$$P\frac{118}{100}\left(\frac{118}{100}-1\right)$$

$$P\frac{118}{100}\times\frac{18}{100} = 2655$$

$$P = \frac{2655\times 100\times 100}{118\times 18}$$

P = ₹ 12500

12. माना किसी निश्चित राशि पर 2 वर्ष के लिए $r\%$ ब्याज की दर पर साधारण ब्याज व चक्रवृद्धि ब्याज का अंतर ₹ x है तो

मूलधन = ब्याज का अंतर × $\left(\frac{100}{\text{दर}}\right)^2$

$= 42 \times \left(\frac{10000}{25}\right) = 16800$

13. माना मूलधन = ₹ x

मिश्रधन = ₹ $\frac{125x}{64}$

मिश्रधन = मूलधन $\left(1+\frac{\text{दर}}{100}\right)^{\text{समय}}$

$$\Rightarrow \frac{125x}{64} = x\left(1+\frac{R}{100}\right)^3$$

$$\Rightarrow \left(\frac{5}{4}\right)^3 = \left(1+\frac{R}{100}\right)^3$$

$$\Rightarrow \frac{5}{4} = 1+\frac{R}{100}$$

$$\Rightarrow \frac{R}{100} = \frac{5}{4}-1 = \frac{5-4}{4} = \frac{1}{4}$$

$\Rightarrow R = 100\times\frac{1}{4} = 25\%$ प्रतिवर्ष

14. चक्रवृद्धि मिश्रधन = ₹ (15000 + 2496) = ₹ 17496.

$$15000\times\left(1+\frac{R}{100}\right)^2 = 17496$$

$$\Rightarrow \left(1+\frac{R}{100}\right)^2 = \frac{17496}{15000} = \frac{729}{625} = \left(\frac{27}{25}\right)^2$$

$$\therefore \left(1+\frac{R}{100}\right) = \frac{27}{25} \Rightarrow \frac{R}{100} = \left(\frac{27}{25}-1\right) = \frac{2}{25}$$

$$\Rightarrow R = \left(\frac{2}{25}\times 100\right) = 8.$$

अत: ब्याज की दर = 8% वार्षिक.

15. माना अभीष्ट राशि = ₹ x. तब

$$x\times\left(1+\frac{15}{100}\right)^3 - x = \frac{650052}{100}$$

$$\Rightarrow \left(x\times\frac{23}{20}\times\frac{23}{20}\times\frac{23}{20}\right) - x = \frac{650052}{100}$$

$$\Rightarrow (12167x - 8000x) = \frac{650052}{100}\times 8000$$

$$\Rightarrow x = \left(\frac{650052}{100}\times\frac{8000}{4167}\right) = (156\times 80) = 12480.$$

16. दर = $\left(\frac{100\times 7200}{20000\times 3}\right)\%$ वार्षिक = 12% वार्षिक.

चक्रवृद्धि ब्याज

= ₹ $\left\{20000\times\left(1+\frac{12}{100}\right)^3 - 20000\right\}$

$= ₹ \left\{20000\times\frac{28}{25}\times\frac{28}{25}\times\frac{28}{25}-20000\right\}$

$= ₹ \left(\frac{702464}{25}-20000\right) = ₹ \frac{202464}{25} = ₹ 8098{\cdot}56.$

17. चक्रवृद्धि ब्याज $= ₹ \left\{18000\times\left(1+\frac{10}{100}\right)^3-18000\right\}$

$= ₹ \left\{\left(18000\times\frac{11}{10}\times\frac{11}{10}\times\frac{11}{10}\right)-18000\right\}$

$= ₹ (23958-18000) = ₹ 5958.$

18. चक्रवृद्धि मिश्रधन

$= ₹ \left\{8000\times\left(1+\frac{15}{100}\right)^2\times\left(1+\frac{15\times\frac{4}{12}}{100}\right)\right\}$

$= ₹ \left\{8000\times\frac{23}{20}\times\frac{23}{20}\times\frac{21}{20}\right\} = ₹ 11109.$

$\therefore$ चक्रवृद्धि ब्याज $= ₹ (11109-8000) = ₹ 3109.$

19. माना मूलधन $= ₹\ x.$

दूसरे वर्ष का चक्रवृद्धि ब्याज = (2 वर्ष का मिश्रधन) − (1 वर्ष का मिश्रधन) $= ₹ \left\{x\times\left(1+\frac{10}{100}\right)^2 - x\times\left(1+\frac{10}{100}\right)\right\}$

$= ₹ \left\{\left(x\times\frac{11}{10}\times\frac{11}{10}\right)-\left(x\times\frac{11}{10}\right)\right\}$

$= ₹ \left(\frac{121x}{100}-\frac{11x}{10}\right) = ₹ \left(\frac{121x-110x}{100}\right) = ₹ \frac{11x}{100}.$

$\frac{11x}{100} = 132 \Rightarrow x = \left(\frac{132\times100}{11}\right) = 1200.$

अत: मूलधन $= ₹ 1200.$

20. माना प्रत्येक किस्त का मान $= ₹\ x.$ तब

(1 वर्ष बाद देय ₹ x का वर्तमान मूल्य) + (2 वर्ष बाद देय ₹ x का वर्तमान मूल्य) = ₹ 1025

$\Rightarrow \frac{x}{\left(1+\frac{5}{100}\right)} + \frac{x}{\left(1+\frac{5}{100}\right)^2} = 1025$

$\Rightarrow \frac{20x}{21} - \frac{400x}{441} = 1025$

$\Rightarrow (420x+400x) = (1025\times441)$

$\Rightarrow 820x = (1025\times441)$

$\Rightarrow x = \frac{1025\times441}{820} = \frac{2205}{4} = 551{\cdot}25.$

अत: प्रत्येक किस्त का मान $= ₹ 551.25.$

21. माना प्रत्येक किस्त का मान $= ₹\ x.$ तब

$\frac{x}{\left(1+\frac{10}{100}\right)} + \frac{x}{\left(1+\frac{10}{100}\right)^2} + \frac{x}{\left(1+\frac{10}{100}\right)^3} = 66200$

$\Rightarrow \frac{10x}{11} + \frac{100x}{121} + \frac{1000x}{1331} = 66200$

$\Rightarrow (1210x+1100x+1000x) = (66200\times1331)$

$\Rightarrow 3310x = 66200\times1331 \Rightarrow x = \frac{66200\times1331}{3310} = 26620.$

$\therefore$ प्रत्येक किस्त का मान $= ₹ 26620.$

22. माना राशि $= ₹ 100.$ तब

साधारण ब्याज $= ₹ \left(\frac{100\times10\times3}{100}\right) = ₹ 30.$

चक्रवृद्धि मिश्रधन $= ₹ \left\{100\times\left(1+\frac{10}{100}\right)^3\right\}$

$= ₹ \left(100\times\frac{11}{10}\times\frac{11}{10}\times\frac{11}{10}\right) = ₹ \frac{1331}{10}.$

$\therefore$ चक्रवृद्धि ब्याज $= ₹ \left(\frac{1331}{10}-100\right) = ₹ \frac{331}{10}.$

(चक्रवृद्धि ब्याज) − (साधारण ब्याज) $= ₹ \left(\frac{331}{10}-30\right) = ₹ \frac{31}{10}.$

यदि दोनों ब्याजों का अन्तर ₹ $\frac{31}{10}$ है, तो मूलधन = ₹ 100.

यदि दोनों ब्याजों का अन्तर ₹ 620 है, तो मूलधन

$= ₹ \left(100\times\frac{10}{31}\times620\right) = ₹ 20000.$

23. माना मूलधन $= ₹\ x.$ तब

$x\left(1+\frac{4}{100}\right)^2 - x = 102 \Rightarrow \left(x\times\frac{26}{25}\times\frac{26}{25}\right) - x = 102$

$\therefore \left(\frac{676x}{625}-x\right) = 102 \Rightarrow (676x-625x) = 102\times625$

$\Rightarrow 51x = 102\times625 \Rightarrow x = 1250.$

$\therefore$ साधारण ब्याज $= ₹ \left(1250\times\frac{4}{100}\times2\right) = ₹ 100.$

24. $12000\times\left(1+\frac{R}{100}\right)^5 = 24000 \Rightarrow \left(1+\frac{R}{100}\right)^5 = 2$

$\Rightarrow \left\{\left(1+\frac{R}{100}\right)^5\right\}^4 = 2^4 = 16.$

20 वर्ष बाद मिश्रधन $= ₹ \left\{12000\times\left(1+\frac{R}{100}\right)^{20}\right\}$

$= ₹ (12000\times16) = ₹ 192000.$

25. वार्षिक वृद्धि दर $= \left(\frac{1}{8}\times100\right)\% = \frac{25}{2}\%.$

2 वर्ष बाद ऊँचाई $= \left\{64\times\left(1+\frac{25}{2\times100}\right)^2\right\}$ सेमी०

$= \left(64\times\frac{9}{8}\times\frac{9}{8}\right)$ सेमी० = 81 सेमी०.

26. प्रश्नानुसार,

धनराशि P पर 20% प्रतिवर्ष की दर से 2 वर्ष का चक्रवृद्धि ब्याज $= P \times (1.2)^2 - P$

$$\left[\because \text{चक्रवृद्धि ब्याज} = P\left(1+\frac{R}{100}\right)^t - \text{मूलधन}\right]$$

$\Rightarrow 88 = 1.44P - P$

$\Rightarrow 0.44P = 88$

$\Rightarrow P = 200$

अब $(200 + X) \times 5 \times 4\% = 88$

$\Rightarrow 200 + X = \frac{88}{0.2}$

$\Rightarrow 200 + X = 440$

$\Rightarrow X = 240$

27. माना अभीष्ट धनराशि = ₹ x तथा दर = R% वार्षिक. तब

$$x\left(1+\frac{R}{100}\right) = 650 \qquad ...(i)$$

$$x\left(1+\frac{R}{100}\right)^2 = 676 \qquad ...(ii)$$

(*ii*) को (*i*) से भाग देने पर : $\left(1+\frac{R}{100}\right) = \frac{676}{650}$.

$$\therefore \frac{R}{100} = \left(\frac{676}{650} - 1\right) = \frac{(676-650)}{650} = \frac{26}{650} = \frac{1}{25}$$

$$\Rightarrow R = \left(\frac{1}{25} \times 100\right) = 4.$$

(*i*) में $R = 4$ रखने पर : $x\left(1+\frac{4}{100}\right) = 650$

$$\Rightarrow x \times \frac{26}{25} = 650 \Rightarrow x = \left(650 \times \frac{25}{26}\right) = 625.$$

अभीष्ट धनराशि = ₹ 625.

28. माना निवेश की गयी धन राशि $= P$

साधारण ब्याज $= \frac{\text{मूलधन} \times \text{दर} \times \text{समय}}{100}$

या, $36000 - P = \frac{P \times 10 \times 2}{100}$

या, P = ₹ 30000

अत:,

$$\text{मिश्रधन} = P\left(1+\frac{r}{100}\right)^t$$

$$= P\left(1+\frac{20}{100}\right)^2$$

$$= P\left(\frac{6}{5}\right)^2$$

$$= 30000 \times \frac{36}{25}$$

$$= 43200$$

चक्रवृद्धि ब्याज $= 43200 - 30000$

$= 13200$

अत: 2 वर्ष बाद 20% वार्षिक दर पर प्राप्त चक्रवृद्धि ब्याज ₹ 3200 होगा

29. दिया गया है, निश्चित प्रतिशत ब्याज दर पर राशि 6 वर्ष में 12042 तथा 3 वर्ष में 8048 हो जाती है।

$$\therefore 12042 = P\left(1+\frac{r}{100}\right)^6 \qquad ...(i)$$

एवं $8028 = P\left(1+\frac{r}{100}\right)^3$

$$\Rightarrow (8028)^2 = P^2\left(1+\frac{r}{100}\right)^6 \qquad ...(ii)$$

(ii) को (i) से भाग देने पर हमें प्राप्त होता है

$$P = \frac{8028 \times 8028}{12042}$$

$$= 5352$$

30. उधार ली गई राशि = 91000

दो वर्ष बाद वापिस की जाने वाली राशि $= 91000\left(1+\frac{20}{100}\right)^2$

= ₹ 131040

31. चक्रवृद्धि ब्याज = ₹ $\left\{6000 \times \left(1+\frac{10}{100}\right) \times \left(1+\frac{5}{100}\right) - 6000\right\}$

= ₹ $\left(6000 \times \frac{11}{10} \times \frac{21}{20} - 6000\right)$ = ₹ (6930 − 6000) = ₹ 930.

32. माना मूलधन = ₹ x तथा दर = R% वार्षिक.

$$\frac{x \times R \times 2}{100} = 900 \Rightarrow x \times R = \frac{900 \times 100}{2} = 45000$$

$$\left[x\left(1+\frac{R}{100}\right)^2 - x\right] = 954$$

$$\Rightarrow x\left(1+\frac{R^2}{10000}+\frac{2R}{100}\right) - x = 954$$

$$\Rightarrow \frac{xR \times R}{10000} + \frac{xR}{50} = 954 \Rightarrow \frac{45000 \times R}{10000} + \frac{45000}{50} = 954$$

$$\Rightarrow \frac{9R}{2} = (954 - 900) = 54 \Rightarrow R = \frac{54 \times 2}{9} = 12.$$

$\therefore x \times 12 = 45000 \Rightarrow x = 3750.$ अत: धनराशि = ₹ 3750.

33. ₹ 2420 का 1 वर्ष का ब्याज = ₹ (2662 − 2420) = ₹ 242.

$\therefore$ ब्याज की दर $= \left(\frac{100 \times 242}{2420 \times 1}\right)\%$ वार्षिक = 10% वार्षिक.

34. दूसरे वर्ष का ब्याज = ₹ 48 + ₹ 48 का 1 वर्ष का ब्याज

= ₹ $\left(48 + \frac{48 \times 8 \times 1}{100}\right)$ = ₹ (48 + 3.84) = ₹ 51.84.

35. माना, मूलधन ₹ P

दिया गया है, मिश्रधन = ₹ 5712, दर $= \frac{13}{2}\%$,

समय = 2 वर्ष

$\therefore$ मिश्रधन = मूलधन$\left(1+\frac{\text{दर}}{100}\right)^{\text{समय}}$

$$\Rightarrow 5772 = P\left(1+\frac{13}{200}\right)^2 \Rightarrow 5772 = P\left(\frac{200+13}{200}\right)^2$$

$$\Rightarrow 5772 = P\left(\frac{213}{200}\right)^2$$

$$\Rightarrow P = \frac{5772 \times 200 \times 200}{213 \times 213} = ₹\ 5089$$

36. स्कीम A में निवेश की गई राशि = ₹ a

स्कीम B में निवेश की गई राशि = ₹ $(7350 - a)$

प्रश्नानुसार, $\frac{P_1 R_1 T_1}{100} = P_2\left[\left(1+\frac{R_2}{100}\right)^{T_2} - 1\right]$

$$\Rightarrow \frac{(7350-x)\times 7 \times 4}{100} = x\left[\left(1+\frac{10}{100}\right)^2 - 1\right]$$

$$\Rightarrow \frac{(7350-x)\times 28}{100} = x\left(\frac{121}{100} - 1\right)$$

$$\Rightarrow \frac{(7350-x)28}{100} = \frac{21x}{100}$$

$$\Rightarrow (7350-x)28 = 21x$$

$$\Rightarrow (7350-x)4 = 3x$$

$$\Rightarrow 7350 \times 4 - 4x = 3x$$

$$\Rightarrow 7350 \times 4 = 7x$$

$$\Rightarrow x = \frac{7350 \times 4}{7} = ₹\ 4200$$

37. माना धनराशि = ₹ x. तब

साधारण ब्याज = ₹ $\left(x \times \frac{10}{100} \times 2\right) = ₹\ \frac{x}{5}$.

चक्रवृद्धि ब्याज = ₹ $\left\{x \times \left(1+\frac{10}{100}\right)^2 - x\right\} = ₹\left(\frac{21x}{100}\right)$.

(चक्रवृद्धि ब्याज) – (साधारण ब्याज) = ₹ $\left(\frac{21x}{100} - \frac{x}{5}\right) = ₹\ \frac{x}{100}$.

$\therefore \frac{x}{100} = 40 \Rightarrow x = 4000.$

अत: मूलधन = ₹ 4000.

38. माना मूलधन = ₹ x. तब

साधारण ब्याज = ₹ $\left(x \times \frac{5}{100} \times 2\right) = ₹\ \frac{x}{10}$.

चक्रवृद्धि ब्याज = ₹ $\left\{x \times \left(1+\frac{5}{100}\right)^2 - x\right\}$

$$= ₹\left(x \times \frac{21}{20} \times \frac{21}{20} - x\right) = ₹\ \frac{41x}{400}.$$

$$\frac{41x}{400} - \frac{x}{10} = 35 \Rightarrow (41x - 40x) = (35 \times 400)$$

$$\Rightarrow x = 14000.$$

$\therefore$ मूलधन = ₹ 14000.

39. माना, प्रत्येक स्कीम में निवेश की गई राशि = ₹ x

चक्रवृद्धि ब्याज = $P\left[\left(1+\frac{R}{100}\right)^T - 1\right]$

प्रश्नानुसार,

$$P\left[\left(1+\frac{30}{100}\right)^2 - 1\right] - P\left[\left(1+\frac{20}{100}\right)^2 - 1\right] = 450$$

$$= P\left[\left(\frac{13}{10}\right)^2 - 1\right] - P\left[\left(\frac{12}{10}\right)^2 - 1\right] = 450$$

$$= P\left(\frac{169}{100} - 1\right) - P\left(\frac{144}{100} - 1\right) = 450$$

$$\Rightarrow P\left(\frac{69}{100} - \frac{44}{100}\right) = 450 \Rightarrow P\left(\frac{25}{100}\right) = 450$$

$$\Rightarrow P = \frac{450 \times 100}{25} = ₹\ 1800$$

40. 1 वर्ष का साधारण ब्याज = ₹ 60.

2 वर्ष के चक्रवृद्धि ब्याज तथा साधारण ब्याज का अन्तर

= ₹ (129 – 120) = ₹ 9.

₹ 60 का 1 वर्ष का ब्याज = ₹ 9.

$\therefore$ दर = $\left(\frac{9}{60} \times 100\right)\% = 15\%$ वार्षिक.

41. माना मूलधन x तथा चक्रवृद्धि ब्याज की दर r है

प्रश्नानुसार,

$$\frac{125}{64}x = x\left(1+\frac{r}{100}\right)^3$$

$$\Rightarrow \frac{125}{64} = \left(1+\frac{r}{100}\right)^3 \Rightarrow \frac{5}{4} = \left(1+\frac{r}{100}\right)$$

$$\Rightarrow \frac{5}{4} - 1 = \frac{r}{100} \Rightarrow \frac{1}{4} = \frac{r}{100} \Rightarrow r = 25\%$$

42. माना उधार ली गई राशि ₹ P है।

प्रश्नानुसार, $P\left(1+\frac{5}{200}\right)^2 - P - \frac{P \times 3 \times 1}{100} = 330$

$$\Rightarrow P\left(\frac{41}{40}\right)^2 - P - \frac{3P}{100} = 330$$

$$P\left(\frac{41}{40} \times \frac{41}{40} - 1 - \frac{3}{100}\right) = P\left(\frac{1681}{1600} - 1 - \frac{3}{100}\right)$$

$$= P\left(\frac{1681 - 1600 - 48}{1600}\right)$$

$\Rightarrow$ ₹330 $= P\left(\frac{33}{1600}\right)$

$\Rightarrow$ $P = \frac{330 \times 1600}{33} =$ ₹16000

43. उधार लिया गया धन

= (1 वर्ष बाद देय ₹ 882 का वर्तमान मूल्य) + (2 वर्ष बाद देय ₹ 882 का वर्तमान मूल्य)

$= ₹ \left\{\frac{882}{\left(1+\frac{5}{100}\right)} + \frac{882}{\left(1+\frac{5}{100}\right)^2}\right\}$

$= ₹ \left\{\left(882 \times \frac{20}{21}\right) + \left(882 \times \frac{20}{21} \times \frac{20}{21}\right)\right\}$

= ₹ (840 + 800) = ₹ 1640.

44. माना उधार ली गई राशि x है।

$r = 25\%$ $t = 2$

प्रश्नानुसार,

$510 = P\left(1+\frac{25}{200}\right)^2 - P$

$\Rightarrow 510 = P\left(\frac{9}{8}\right)^2 - P$

$\Rightarrow 510 = \frac{81P}{64} - P \Rightarrow 510 = \frac{17P}{64}$

$\Rightarrow P = \frac{510 \times 64}{17} =$ ₹1920

साधारण ब्याज $= \frac{1920 \times 2 \times 25}{100 \times 2} =$ ₹480

प्रश्नमाला 22B

1. यदि किसी धनराशि पर 8% वार्षिक ब्याज की दर से 1 वर्ष के अर्द्ध-वार्षिक रूप से संयोजित चक्रवृद्धि ब्याज तथा साधारण ब्याज का अन्तर ₹ 30 हो, तो वह धनराशि ज्ञात कीजिए.

(*a*) ₹ 17580 (*b*) ₹ 17850 (*c*) ₹ 18750 (*d*) ₹ 78570

2. ₹ 15000 की धनराशि पर 2 वर्ष में उपार्जित वार्षिक रूप से संयोजित चक्रवृद्धि ब्याज तथा साधारण ब्याज का अन्तर ₹ 96 है. इस पर ब्याज की वार्षिक दर कितनी है ?

(*a*) 7% वार्षिक (*b*) 8% वार्षिक

(*c*) 6% वार्षिक (*d*) 9% वार्षिक

3. वह धनराशि ज्ञात कीजिए जो 8% वार्षिक ब्याज की दर से 6 मास में ₹ 26010 हो जायेगी, जबकि ब्याज त्रैमासिक रूप में संयोजित हो.

(*a*) ₹ 25000 (*b*) ₹ 23000 (*c*) ₹ 24000 (*d*) ₹ 26000

4. ₹ 66300 को A तथा B में इस प्रकार बाँटिये कि 10 वर्ष बाद B के भाग का चक्रवृद्धि मिश्रधन 8 वर्ष बाद के A के भाग के चक्रवृद्धि मिश्रधन के बराबर हो, जबकि ब्याज की दर 10% वार्षिक है.

(*a*) A = ₹ 36300, B = ₹ 30000

(*b*) A = ₹ 33600, B = ₹ 32700

(*c*) A = ₹ 37200, B = ₹ 29100

(*d*) A = ₹ 37800, B = ₹ 28500

5. एक टी०वी० सैट ₹ 19650 के नकद भुगतान अथवा ₹ 3100 के नकद भुगतान तथा तीन समान वार्षिक किस्तों में उपलब्ध है. यदि दुकानदार वार्षिक रूप से संयोजित 10% वार्षिक चक्रवृद्धि ब्याज की दर से लगाये, तो प्रत्येक किस्त में दी जाने वाली धनराशि ज्ञात कीजिए.

(*a*) ₹ 6565 (*b*) ₹ 6655 (*c*) ₹ 5656 (*d*) ₹ 5566

6. 3 वर्ष बाद देय ₹ 4913 का वर्तमान मूल्य क्या होगा जबकि ब्याज की दर $6\frac{1}{4}\%$ वार्षिक हो ?

(*a*) ₹ 4200 (*b*) ₹ 4125 (*c*) ₹ 4327 (*d*) ₹ 4096

7. कोई धन चक्रवृद्धि ब्याज पर 3 वर्ष में ₹ 6690 तथा 6 वर्ष में ₹ 10035 हो जाता है. धन ज्ञात कीजिए.

(*a*) ₹ 4240 (*b*) ₹ 4450 (*c*) ₹ 4640 (*d*) ₹ 4460

8. किसी धन पर एक निश्चित दर से 3 वर्ष का साधारण ब्याज ₹ 225 है तथा इसी धन पर इसी दर से 2 वर्ष का चक्रवृद्धि ब्याज ₹ 153 है. मूलधन तथा ब्याज की दर ज्ञात कीजिए.

(*a*) ₹ 1875 (*b*) ₹ 1785 (*c*) ₹ 1857 (*d*) ₹ 1758

9. एक व्यक्ति ने कुछ राशि उधार ली तथा इसे ₹ 8820 प्रति वर्ष को दो समान किस्तों में वापिस लौटा दिया. यदि चक्रवृद्धि ब्याज की दर 5% वार्षिक हो, तो उधार ली गई राशि ज्ञात कीजिए.

(*a*) ₹ 15600 (*b*) ₹ 16400 (*c*) ₹ 17300 (*d*) ₹ 18300

10. एक व्यक्ति ने ₹ 19860 उधार लिये तथा कुल मिश्रधन का तीन समान किस्तों में भुगतान किया. यदि ब्याज 10% वार्षिक दर से संयोजित हो, तो वार्षिक किस्त की राशि ज्ञात कीजिए.

(*a*) ₹ 6897 (*b*) ₹ 7896 (*c*) ₹ 7986 (*d*) ₹ 6987

उत्तरमाला (प्रश्नमाला 22B)

1. (*c*) **2.** (*b*) **3.** (*a*) **4.** (*a*) **5.** (*b*) **6.** (*d*) **7.** (*d*) **8.** (*a*) **9.** (*b*) **10.** (*c*)

दिये गये प्रश्नों के हल (प्रश्नमाला 22B)

1. माना मूलधन = ₹ x, दर $= \frac{8}{2}\%$ प्रति छमाही = 4% प्रति छमाही, समय = 2 छमाही.

∴ चक्रवृद्धि मिश्रधन

$$= ₹ \left\{x \times \left(1+\frac{4}{100}\right)^2\right\} = ₹ \left(x \times \frac{26}{25} \times \frac{26}{25}\right) = ₹ \left(\frac{676x}{625}\right).$$

चक्रवृद्धि ब्याज

$$= ₹ \left(\frac{676x}{625} - x\right) = ₹ \left(\frac{676x - 625x}{625}\right) = ₹ \frac{51x}{625}.$$

पुन: ₹ x पर 8% वार्षिक दर से 1 वर्ष का सा० ब्याज

$$= ₹ \left(x \times \frac{8}{100} \times 1\right) = ₹ \frac{2x}{25}.$$

(चक्रवृद्धि ब्याज) – (साधारण ब्याज)

$$= ₹ \left(\frac{51x}{625} - \frac{2x}{25}\right) = ₹ \frac{x}{625}.$$

$$\therefore \frac{x}{625} = 30 \Rightarrow x = (625 \times 30) = 18750.$$

अत: मूलधन = ₹ 18750.

2. माना ब्याज की दर = R % वार्षिक. तब,

साधारण ब्याज $= ₹ \left(15000 \times \frac{R}{100} \times 2\right) = ₹\, 300R.$

चक्रवृद्धि ब्याज $= ₹ \left\{15000 \times \left(1+\frac{R}{100}\right)^2 - 15000\right\}$

$$= ₹ \left\{15000 \times \left(1 + \frac{R^2}{10000} + \frac{2 \times R}{100}\right) - 15000\right\}$$

$$= ₹ \left(\frac{3}{2}R^2 + 300R\right).$$

$$\therefore \left(\frac{3}{2}R^2 + 300R\right) - (300R) = 96 \Rightarrow \frac{3}{2}R^2 = 96$$

$$\therefore R^2 = \left(96 \times \frac{2}{3}\right) = 64 = 8^2 \Rightarrow R = 8.$$

अत: ब्याज की दर = 8% वार्षिक.

3. माना धनराशि = ₹ x. ब्याज की दर $= \frac{8}{4}\%$ त्रैमासिक = 2% त्रैमासिक, समय = 2 तिमाही.

चक्रवृद्धि मिश्रधन

$$= ₹ \left\{x \times \left(1+\frac{2}{100}\right)^2\right\} = ₹ \left(x \times \frac{51}{50} \times \frac{51}{50}\right) = ₹ \left(\frac{2601x}{2500}\right)$$

$$\therefore \frac{2601x}{2500} = 26010 \Rightarrow x = \frac{2500 \times 26010}{2601} = 25000.$$

अभीष्ट धनराशि = ₹ 25000.

4. माना A का भाग = ₹ x. तब, B का भाग = ₹ $(66300 - x)$.

$$x \times \left(1+\frac{10}{100}\right)^8 = (66300 - x)\left(1+\frac{10}{100}\right)^{10}$$

$$\Rightarrow x \times \left(\frac{11}{10}\right)^8 = (66300 - x)\left(\frac{11}{10}\right)^{10}$$

$$\Rightarrow x = (66300 - x) \times \frac{121}{100}$$

$$\Rightarrow 100x = (66300 \times 121)0 - 121x$$

$$\Rightarrow 221x = (66300 \times 121)$$

$$\Rightarrow x = \frac{66300 \times 121}{221} = 36300.$$

∴ A का भाग = ₹ 36300, B का भाग = ₹ (66300 – 36300) = ₹ 30000.

5. ₹ 3100 के नकद भुगतान के बाद शेष नकद मूल्य = ₹ (19650 – 3100) = ₹ 16550.

माना प्रत्येक वार्षिक किस्त = ₹ x.

1 वर्ष बाद देय ₹ x, 2 वर्ष बाद देय ₹ x, 3 वर्ष बाद देय ₹ x के वर्तमान मूल्य

क्रमश: ₹ $\frac{x}{\left(1+\frac{10}{100}\right)}$, ₹ $\frac{x}{\left(1+\frac{10}{100}\right)^2}$, ₹ $\frac{x}{\left(1+\frac{10}{100}\right)^3}$

अर्थात् ₹ $\frac{10x}{11}$, ₹ $\frac{100x}{121}$ तथा ₹ $\frac{1000x}{1331}$ हैं.

$$\therefore \frac{10x}{11} + \frac{100x}{121} + \frac{1000x}{1331} = 16550$$

$$\Rightarrow (1210x + 110x + 1000x) = (16550 \times 1331)$$

$$\therefore 3310x = 16550 \times 1331 \Rightarrow x = \frac{16550 \times 1331}{3310} = 6655.$$

अत: प्रत्येक वार्षिक किस्त = ₹ 6655.

6. अभीष्ट वर्तमान मूल्य $= ₹ \left\{\frac{4913}{\left(1+\frac{25}{4 \times 100}\right)^3}\right\}$

$$= ₹ \left(\frac{4913 \times 16 \times 16 \times 16}{17 \times 17 \times 17}\right) = ₹\, 4096.$$

7. माना मूलधन = ₹ x तथा दर = R% वार्षिक. तब

$$x\left(1+\frac{R}{100}\right)^3 = 6690 \quad \ldots(i)$$

तथा $x\left(1+\frac{R}{100}\right)^6 = 10035 \quad \ldots(ii)$

भाग देने पर $\left(1+\frac{R}{100}\right)^3 = \frac{10035}{6690} = \frac{3}{2}$

यह मान (*i*) में रखने पर:

$x \times \frac{3}{2} = 6690 \Rightarrow x = \left(6690 \times \frac{2}{3}\right) = 4460.$

∴ मूलधन = ₹ 4460.

8. 1 वर्ष का साधारण ब्याज = ₹ $\left(\frac{225}{3}\right)$ = ₹ 75.

2 वर्ष का साधारण ब्याज = ₹ (75 × 2) = ₹ 150.

2 वर्ष का चक्रवृद्धि ब्याज = ₹ 153.

2 वर्ष का चक्रवृद्धि ब्याज तथा साधारण ब्याज का अन्तर = ₹ (153 – 150) = ₹ 3.

₹ 75 पर 1 वर्ष का ब्याज = ₹ 3.

∴ दर $\left(\frac{100 \times 3}{75 \times 1}\right)\%$ वार्षिक = 4% वार्षिक.

मूलधन = ₹ $\left(\frac{100 \times 225}{3 \times 4}\right)$ = ₹ 1875.

9. 1 वर्ष बाद देय ₹ 8820 का वर्तमान मूल्य

= ₹ $\frac{8820}{\left(1+\frac{5}{100}\right)}$ = ₹ $\left(8820 \times \frac{20}{21}\right)$ = ₹ 8400.

2 वर्ष बाद देय ₹ 8820 का वर्तमान मूल्य

= ₹ $\frac{8820}{\left(1+\frac{5}{100}\right)^2}$ = ₹ $\left(8820 \times \frac{20}{21} \times \frac{20}{21}\right)$ = ₹ 8000.

उधार ली गई राशि = ₹ (8400 + 8000) = ₹ 16400.

10. माना प्रत्येक वार्षिक किस्त = ₹ *x*.

इन किस्तों के कुल वर्तमान मूल्य

= ₹ $\left\{\frac{x}{\left(1+\frac{10}{100}\right)} + \frac{x}{\left(1+\frac{10}{100}\right)^2} + \frac{x}{\left(1+\frac{10}{100}\right)^3}\right\}$

= ₹ $\left(\frac{10x}{11} + \frac{100x}{121} + \frac{1000x}{1331}\right) = \frac{(1210x + 1100x + 1000x)}{1331}$

$= \frac{3310x}{1331}$

$\therefore \frac{3310x}{1331} = 19860 \Rightarrow x = \frac{19860 \times 1331}{3310} = 7986.$

अतः प्रत्येक किस्त की राशि = ₹ 7986.

❑❑❑

23

क्षेत्रफल (AREA)

सामान्य नियम

1. (*i*) आयत का क्षेत्रफल = (लम्बाई × चौड़ाई).

$\therefore$ लम्बाई $= \left(\frac{\text{क्षेत्रफल}}{\text{चौड़ाई}}\right)$, चौड़ाई $= \left(\frac{\text{क्षेत्रफल}}{\text{लंबाई}}\right)$.

(*ii*) आयत का परिमाप = 2 (लम्बाई + चौड़ाई).

2. (*i*) वर्ग का क्षेत्रफल $= (\text{भुजा})^2 = \frac{1}{2} \times (\text{विकर्ण})^2$. (*ii*) वर्ग का विकर्ण $= (\sqrt{2} \times$ भुजा).

3. कमरे की चार दीवारों का क्षेत्रफल = 2×(लम्बाई + चौड़ाई)×ऊँचाई.

4. (*i*) त्रिभुज का क्षेत्रफल $= \left(\frac{1}{2} \times \text{आधार} \times \text{ऊँचाई}\right)$.

(*ii*) त्रिभुज का क्षेत्रफल $= \sqrt{s(s-a)(s-b)(s-c)}$, जहाँ $s = \frac{1}{2}(a+b+c)$ तथा a, b, c त्रिभुज की भुजायें हैं.

(*iii*) समबाहु त्रिभुज का क्षेत्रफल $= \left[\frac{\sqrt{3}}{4} \times (\text{भुजा})^2\right]$.

(*iv*) a भुजा वाली समबाहु त्रिभुज के अन्तः वृत्त की त्रिज्या $= \frac{a}{2\sqrt{3}}$.

(*v*) a भुजा वाली समबाहु त्रिभुज के परिवृत्त की त्रिज्या $= \frac{a}{\sqrt{3}}$.

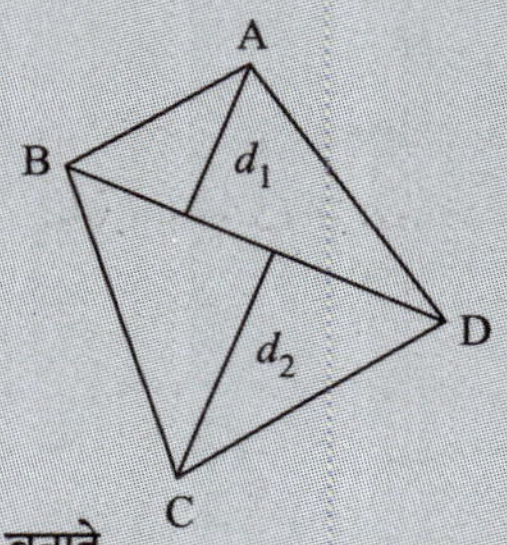

5. (*i*) समान्तर चतुर्भुज का क्षेत्रफल = (आधार×ऊँचाई).

(*ii*) समचतुर्भुज का क्षेत्रफल $= \frac{1}{2} \times$ (विकर्णों का गुणनफल).

(*iii*) किसी समचतुर्भुज के विकर्णों के आधे भाग एवं समचतुर्भुज की एक भुजा, एक समकोण त्रिभुज बनाते हैं जिसका कर्ण चतुर्भुज की भुजा होती है.

6. समलम्ब चतुर्भुज का क्षेत्रफल

$= \frac{1}{2} \times$ (समान्तर भुजाओं का योग) × उनके बीच की दूरी.

7. एक चतुर्भुज के विकर्ण की लम्बाई d सेमी॰ है तथा इसके विपरीत शीर्षों से विकर्ण पर डाले गये लम्बों की लम्बाई p_1 तथा p_2 हैं. तब, इस चतुर्भुज का क्षेत्रफल $= \frac{1}{2}(p_1 + p_2)d$.

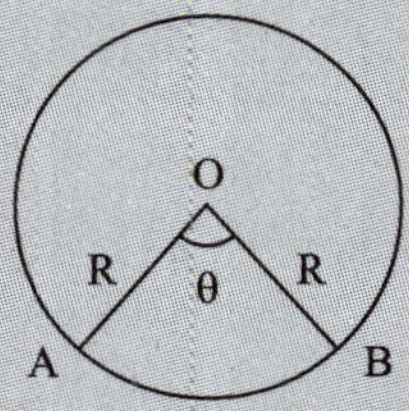

8. (*i*) वृत्त का क्षेत्रफल $= \pi R^2$.

(*ii*) वृत्त की परिधि $= 2\pi R$.

(*iii*) अर्द्ध-वृत्त का क्षेत्रफल $= \frac{1}{2} \times \pi R^2$.

(*iv*) अर्द्ध-वृत्त की परिमिति $= (\pi R + 2R)$.

(*v*) चाप की लम्बाई $= \frac{2\pi R\theta}{360}$.

(*vi*) वृत्तखण्ड AOB का क्षेत्रफल $= \frac{1}{2} \times (\text{चाप } AB) \times R = \frac{\pi R^2 \theta}{360}$.

साधित उदाहरण

प्रश्न 1. एक आयताकार भूखण्ड की लम्बाई तथा चौड़ाई क्रमशः 40 मीटर तथा 30 मीटर हैं. भूखण्ड का क्षेत्रफल तथा इसके विकर्ण की लम्बाई ज्ञात कीजिए.

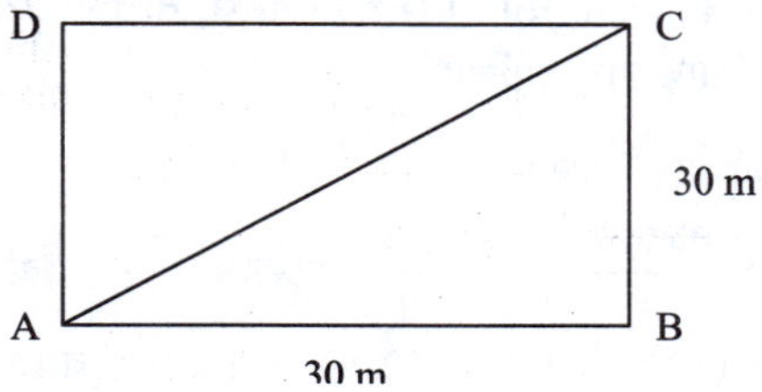

हलः लम्बाई = 40 मीटर, चौड़ाई = 30 मीटर.

भूखण्ड का क्षेत्रफल = (40 × 30) वर्ग मीटर

= 1200 वर्ग मीटर.

माना आयताकार भूखण्ड $ABCD$ है. तब

विकर्ण $AC = \sqrt{AB^2 + BC^2} = \sqrt{(40)^2 + (30)^2}$

$= \sqrt{1600 + 900} = \sqrt{2500} = 50$ मीटर.

प्रश्न 2. एक आयत की लम्बाई 15 सेमी० तथा इसके विकर्ण की लम्बाई 17 सेमी० है. आयत का क्षेत्रफल ज्ञात कीजिए.

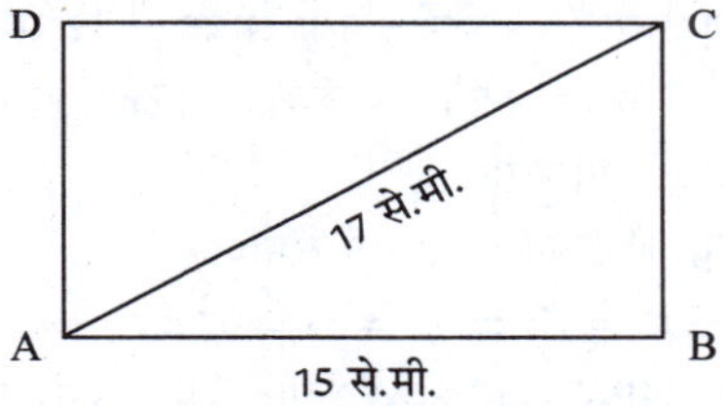

हलः माना दी गई आयत $ABCD$ है जिसमें

$AB = 15$ सेमी० तथा $AC = 17$ सेमी०.

$BC^2 = (AC)^2 - (AB)^2$

$= (17)^2 - (15)^2 = (289 - 225) = 64.$

$\therefore\ BC = \sqrt{64} = 8$ सेमी०.

$\therefore$ लम्बाई = 15 सेमी० तथा चौड़ाई = 8 सेमी०.

अतः आयत का क्षेत्रफल = (15 × 8) वर्ग सेमी०

= 120 वर्ग सेमी०.

प्रश्न 3. एक कमरा 20 मीटर लम्बा तथा 15 मीटर चौड़ा है. इसके फर्श पर 60 सेमी० चौड़ी दरी बिछाने का खर्च ₹ 20 प्रति मीटर की दर से कितना होगा?

हलः फर्श की लम्बाई = 20 मीटर तथा चौड़ाई = 15 मीटर.

फर्श का क्षेत्रफल = (20 × 15) वर्ग मीटर = 300 वर्ग मीटर.

$\therefore$ दरी की चौड़ाई $= \frac{60}{100}$ मीटर $= \frac{3}{5}$ मीटर.

दरी की लम्बाई = (क्षेत्रफल ÷ चौड़ाई)

$= \left(300 \times \frac{5}{3}\right)$ मीटर = 500 मीटर.

दरी बिछाने का खर्च = ₹ (500 × 20) = ₹ 10000.

प्रश्न 4. एक आयताकार पार्क की लम्बाई 90 मीटर तथा चौड़ाई 60 मीटर है. इसके अन्दर चारों ओर 5 मीटर चौड़ा रास्ता है. इस रास्ते पर ₹ 15 प्रति वर्ग मीटर की दर से रोड़ी बिछाने का खर्च क्या होगा?

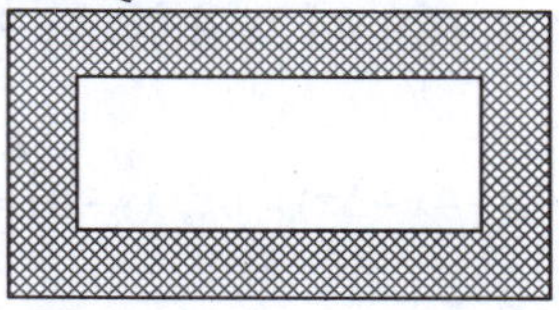

हलः पार्क की लम्बाई = 90 मीटर तथा चौड़ाई = 60 मीटर.

पार्क का क्षेत्रफल = (90 × 60) वर्ग मी० = 5400 वर्ग मी०.

रास्ते को छोड़कर शेष भाग की लम्बाई = (90 – 2×5) मी०

= 80 मीटर.

रास्ते को छोड़कर शेष भाग की चौड़ाई = (60 – 2×5) मी०

= 50 मीटर.

रास्ते को छोड़कर शेष भाग का क्षेत्रफल = (80 × 50) वर्गमीटर

= 4000 वर्गमीटर.

रास्ते का क्षेत्रफल = (5400 – 4000) वर्ग मीटर

= 1400 वर्ग मी०.

रास्ते पर रोड़ी बिछाने का खर्च

= ₹ (1400 × 15) = ₹ 21000.

प्रश्न 5. उस वर्ग का क्षेत्रफल ज्ञात करें जिसके विकर्ण की लम्बाई 6 मीटर है.

हलः वर्ग का क्षेत्रफल $= \frac{1}{2}d^2 = \left(\frac{1}{2} \times 6 \times 6\right)$ वर्ग मी०

= 18 वर्ग मी०.

प्रश्न 6. एक वर्ग की प्रत्येक भुजा की लम्बाई में 20% वृद्धि करने पर इसके क्षेत्रफल में कितने प्रतिशत वृद्धि होगी?

हलः माना वर्ग की प्रत्येक भुजा = 10 मीटर.

तब, वर्ग का क्षेत्रफल = (10 × 10) वर्ग मी०

= 100 वर्ग मीटर.

नये वर्ग की प्रत्येक भुजा = 10 मीटर का 120%

$= \left(10 \times \frac{120}{100}\right)$ मीटर = 12 मीटर.

नये वर्ग का क्षेत्रफल = (12 × 12) वर्गमीटर = 144 वर्गमीटर.

क्षेत्रफल में वृद्धि % = (144 – 100)% = 44%.

प्रश्न 7. एक त्रिभुजाकार खेत की भुजायें क्रमशः 20 मीटर, 21 मीटर तथा 29 मीटर लम्बी हैं. इस खेत में ₹ 25 प्रति वर्ग मीटर की दर से फसल काटने का खर्च क्या होगा?

हलः यहाँ $a = 20$ मीटर, $b = 21$ मीटर तथा $c = 29$ मीटर.

$\therefore\ s = \frac{1}{2}$ (20 + 21 + 29) मीटर = 35 मी०,

$(s-a) = 15$ मी०, $(s-b) = 14$ मी० तथा

$(s-c) = 6$ मीटर.

$\therefore\ \Delta = \sqrt{s(s-a)(s-b)(s-c)} = \sqrt{35 \times 15 \times 14 \times 6}$

$= (5 \times 7 \times 3 \times 2)$ वर्ग मी० = 210 वर्ग मी०.

फसल काटने का खर्च = ₹ (210 × 25) = ₹ 5250.

प्रश्न 8. एक त्रिभुज की भुजाओं का अनुपात 3 : 4 : 5 है तथा इस त्रिभुज का क्षेत्रफल 216 वर्ग सेमी० है. इस त्रिभुज की परिमिति कितनी है ?

हल: माना त्रिभुज की भुजायें $3x$ सेमी०, $4x$ सेमी० तथा $5x$ सेमी० हैं. तब

$s = \frac{1}{2}(3x+4x+5x) = 6x,\ (s-a) = 3x, (s-b) = 2x$

तथा $(s-c) = x$.

$$\Delta = \sqrt{s(s-a)(s-b)(s-c)} = \sqrt{6x \times 3x \times 2x \times x} = 6x^2$$

$\therefore\ 6x^2 = 216 \Rightarrow x^2 = 36 = 6 \times 6 \Rightarrow x = 6.$

अत: त्रिभुज की परिमिति $= (3x + 4x + 5x)$ सेमी०

$= 12\,x$ सेमी० $= (12 \times 6)$ सेमी० $= 72$ सेमी०.

प्रश्न 9. दो त्रिभुजों के क्षेत्रफलों का अनुपात 4 : 3 है तथा इनकी ऊँचाइयों का अनुपात 3 : 4 है. इनके आधार की लम्बाइयों का अनुपात क्या होगा ?

हल: माना त्रिभुजों के आधार क्रमश: x_1 तथा x_2 तथा ऊँचाइयाँ क्रमश: $3y$ तथा $4y$ हैं.

$$\frac{\frac{1}{2} \times x_1 \times 3y}{\frac{1}{2} \times x_2 \times 4y} = \frac{4}{3} \Rightarrow \frac{3x_1}{4x_2} = \frac{4}{3} \Rightarrow \frac{x_1}{x_2} = \left(\frac{4}{3} \times \frac{4}{3}\right) = \frac{16}{9}.$$

$\therefore$ इन त्रिभुजों के आधार की लम्बाइयों का अनुपात = 16 : 9.

प्रश्न 10. एक समकोण त्रिभुज का आधार 12 सेमी० तथा कर्ण 13 सेमी० है. इस त्रिभुज का क्षेत्रफल ज्ञात कीजिए.

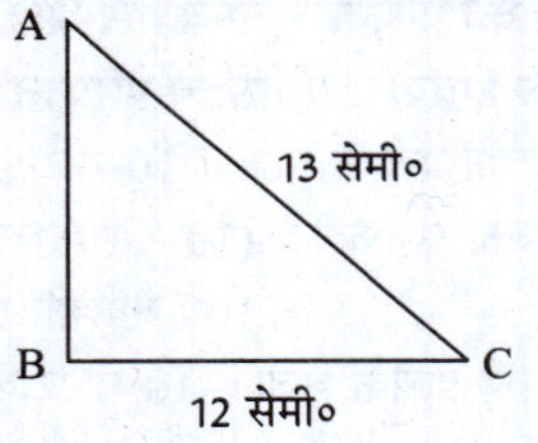

हल: माना $\Delta\, ABC$ में $\angle B = 90°$.

आधार $BC = 12$ सेमी०, कर्ण $AC = 13$ सेमी०.

$AB^2 = (AC^2 - BC^2) = (13)^2 - (12)^2 = (169 - 144) = 25.$

$\therefore AB = \sqrt{25} = 5$ सेमी०.

त्रिभुज का क्षेत्रफल $= \left(\frac{1}{2} \times 12 \times 5\right)$ वर्ग सेमी०

$= 30$ वर्ग सेमी०.

प्रश्न 11. एक समबाहु त्रिभुज की प्रत्येक भुजा 8 सेमी० है. इसका क्षेत्रफल कितना है ? इस त्रिभुज की ऊँचाई भी ज्ञात कीजिए.

हल: त्रिभुज का क्षेत्रफल $= \left(\frac{\sqrt{3}}{4} \times a^2\right) = \left(\frac{\sqrt{3}}{4} \times 8 \times 8\right)$ वर्ग सेमी० $= 16\sqrt{3}$ वर्ग सेमी.

$\frac{1}{2} \times$ आधार $\times$ ऊँचाई $= 16\sqrt{3} \Rightarrow \frac{1}{2} \times 8 \times$ ऊँचाई $= 16\sqrt{3}$

$\Rightarrow$ ऊँचाई $= \frac{16\sqrt{3}}{4} = 4\sqrt{3}$ सेमी०.

प्रश्न 12. एक त्रिभुजाकार खेत का आधार इसकी ऊँचाई का तीन गुना है. यदि इस खेत की फसल काटने का खर्च ₹ 100 प्रति हैक्टेयर की दर से ₹ 1350 हो, तो इसका आधार तथा ऊँचाई ज्ञात कीजिए.

हल: खेत का क्षेत्रफल

$= \frac{\text{कुल खर्च}}{\text{दर}} = \left(\frac{1350}{100}\right)$ हैक्टेयर $= 13{\cdot}5$ हैक्टेयर

$= (13.5 \times 10000)$ वर्ग मी० $= 135000$ वर्ग मी०.

माना ऊँचाई $= h$ मीटर. तब, आधार $= 3h$ मीटर.

$\therefore\ \frac{1}{2} \times 3h \times h = 135000 \Rightarrow h^2 = \left(135000 \times \frac{2}{3}\right) = 90000.$

$\therefore\ h = \sqrt{90000} = 300$ मीटर.

अत: आधार = 900 मीटर तथा ऊँचाई = 300 मीटर.

प्रश्न 13. एक समान्तर चतुर्भुज का आधार उसकी ऊँचाई से दुगुना है. यदि इसका क्षेत्रफल 72 वर्ग सेमी० हो तो इसका आधार तथा ऊँचाई ज्ञात कीजिए.

हल: माना ऊँचाई $= x$ सेमी० तथा आधार $= 2x$ सेमी०.

$\therefore$ क्षेत्रफल = आधार × ऊँचाई $= (2x \times x)$ वर्ग सेमी० $= 2x^2$ वर्ग सेमी०.

परन्तु, क्षेत्रफल = 72 वर्ग सेमी०.

$\therefore\ 2x^2 = 72 \Rightarrow x^2 = 36 = 6^2 \Rightarrow x = 6.$

अत: आधार = (2 × 6) सेमी० = 12 सेमी० तथा ऊँचाई = 6 सेमी०.

प्रश्न 14. एक समचतुर्भुज की प्रत्येक भुजा 20 सेमी० लम्बी है तथा इसके एक विकर्ण की लम्बाई 24 सेमी० है. समचतुर्भुज का क्षेत्रफल ज्ञात कीजिए.

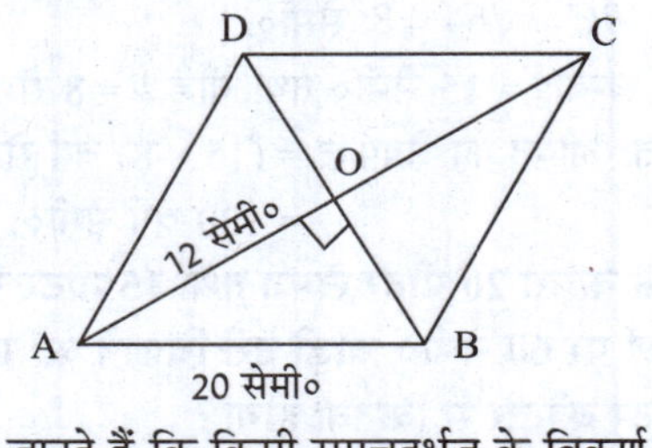

हल: हम जानते हैं कि किसी समचतुर्भुज के विकर्ण परस्पर एक दूसरे को समकोण पर समद्विभाजित करते हैं.

अब ΔOAB में $\angle AOB = 90°$, $AB = 20$ सेमी०,

$OA = \frac{1}{2}\,AC = \left(\frac{1}{2} \times 24\right)$ सेमी० = 12 सेमी०.

$\therefore\ OB^2 = AB^2 - OA^2 = (20)^2 - (12)^2 = (400 - 144) = 256.$

अत: $OB = \sqrt{256} = 16$ सेमी०. अत:

$BD = 2 \times OB = (2 \times 16)$ सेमी० = 32 सेमी०.

$\therefore$ समचतुर्भुज का क्षेत्रफल

$= \frac{1}{2} \times AC \times BD = \left(\frac{1}{2} \times 24 \times 32\right)$ वर्ग सेमी०

= 384 वर्ग सेमी०.

प्रश्न 15. एक पहिया 88 किमी० दूरी तय करने में 4000 चक्कर लगाता है. पहिये की त्रिज्या ज्ञात कीजिए.

हलः 4000 चक्करों में तय की गई दूरी = (88 × 1000) मीटर.

1 चक्कर में तय की गई दूरी $= \frac{(88 \times 1000)}{4000}$ मीटर

= 22 मीटर.

$\therefore$ पहिये की परिधि = 22 मीटर.

माना पहिये की त्रिज्या = R मीटर.

तब, $2\pi R = 22 \Rightarrow 2 \times \frac{22}{7} \times R = 22$

$\Rightarrow R = \left(22 \times \frac{7}{44}\right)$ मीटर $= \frac{7}{2}$ मीटर $= 3 \cdot 5$ मीटर.

प्रश्न 16. बस के एक पहिये की त्रिज्या 70 सेमी० है. इसे 66 किमी०/घण्टा की गति के लिए प्रति मिनट कितने चक्कर लगाने होंगे ?

हलः बस की चाल = (66 × 1000) मीटर/घण्टा $= \left(\frac{66 \times 1000}{60}\right)$ मीटर/मिनट = 1100 मीटर/मिनट.

1 मिनट में तय की गई दूरी = 1100 मीटर.

पहिये की परिधि $= \left(2 \times \frac{22}{7} \times 70\right)$ सेमी० = 440 सेमी०

$= \frac{440}{100}$ मीटर $= \frac{22}{5}$ मीटर.

एक चक्कर में तय की गई दूरी $= \frac{22}{5}$ मीटर.

1 मिनट में लगाये गये चक्करों की संख्या

$= \left(1100 \times \frac{5}{22}\right) = 250.$

प्रश्नमाला 23A

निम्नलिखित प्रश्नों में से प्रत्येक में ठीक उत्तर को चिन्हांकित (✓) कीजिए:

1. एक वर्ग जिसका विकर्ण $43\sqrt{2}$ मीटर है का परिमाप एक आयत के परिमाप के बराबर है। यदि आयत की लंबाई एवं चौड़ाई के मध्य अंतर 8 मीटर है, तो आयत का क्षेत्रफल क्या है? (वर्ग मीटर में)

   (*a*) 1362 (*b*) 1787 (*c*) 1540 (*d*) 1487

   (*e*) इनमें से कोई नहीं **[NIACL सहायक प्रारंभिक परीक्षा, 2017]**

2. विरंजन के उपरान्त एक तौलिया की लम्बाई में 20% कमी तथा चौड़ाई में 10% कमी हो गई. इसके क्षेत्रफल में कितने प्रतिशत कमी हुई? **(दिल्ली पुलिस परीक्षा, 2010)**

   (*a*) 10% (*b*) 10·8% (*c*) 20% (*d*) 28%

3. π का मान है: **(पटना हाईकोर्ट असिस्टेंट परीक्षा 2016)**

   (*a*) 2.14 (*b*) 3.14 (*c*) 4.14 (*d*) 1.14

4. एक वर्ग के विकर्ण और आयत की चौड़ाई के बीच क्रमशः अनुपात 7 : 5 है। वर्ग का क्षेत्रफल 49 मी.^{2} और आयत की लम्बाई इसकी चौड़ाई से दोगुनी है, तो आयत का परिमाप (मीटर में) क्या है?

   (*a*) 30 (*b*) $30\sqrt{2}$ (*c*) 60 (*d*) $15\sqrt{2}$

   (*e*) $50\sqrt{2}$ **(एस.बी.आई. सहयोगी/बैंक लिपि. संवर्ग परीक्षा, 2015)**

5. एक आयत की लम्बाई में 50% वृद्धि तथा चौड़ाई में 50% कमी करने पर नये आयत का क्षेत्रफल पहले क्षेत्रफल की तुलना में कितना कम अथवा अधिक होगा ?

   (*a*) क्षेत्रफल में कोई परिवर्तन नहीं

   (*b*) पहले से 10% कम

   (*c*) पहले से 25% अधिक

   (*d*) इनमें से कोई नहीं

6. एक आयताकार मैदान की लम्बाई और चौड़ाई का अनुपात 3 : 2 है। यदि एक व्यक्ति मैदान की सीमा पर 12 किमी/घंटा की रफ्तार पर साइकिल चलाते हुए 8 मिनट में एक चक्कर पूरा करता है, तो मैदान का क्षेत्रफल (वर्ग मी. में) बताएँ।

   (*a*) 15360 वर्ग मी. (*b*)153600 वर्ग मी.

   (*c*) 30720 वर्ग मी. (*d*) 307200 वर्ग मी.

   (रेलवे (दिल्ली) ग्रुप 'डी' परीक्षा 2014)

7. 5 मीटर लम्बे 4 मीटर चौड़े एवं 3 मीटर ऊँचे कमरे की दीवारों की पुताई का खर्च ₹ 5 प्रति वर्ग मीटर के हिसाब से कितना होगा।

   (*a*) ₹ 220 (*b*) ₹450

   (*c*) ₹ 270 (*d*) इनमें से कोई नहीं

   (छत्तीसगढ़ अधीक्षक श्रेणी 'डी' भर्ती परीक्षा, 2014)

8. एक आयत के एक विकर्ण की लम्बाई 25 सेमी० तथा इसका क्षेत्रफल 168 वर्ग सेमी० है. इस आयत की लम्बाई कितनी होगी ?

   (*a*) 31 सेमी० (*b*) 24 सेमी० (*c*) 17 सेमी० (*d*) 7 सेमी०

   (एस०एस०सी० परीक्षा, 2010)

9. एक आयताकार खेत के विकर्ण की लम्बाई 17 मीटर तथा परिमाप 46 मीटर है. इस खेत का क्षेत्रफल कितना है ?

   (*a*) 112 वर्ग मीटर (*b*) 120 वर्ग मीटर

   (*c*) 132 वर्ग मीटर (*d*) 289 वर्ग मीटर

10. यदि किसी आयताकार भूखण्ड की लम्बाई में 5% वृद्धि तथा चौड़ाई में 10% कमी कर दी जाये तो उसके क्षेत्रफल में कितने प्रतिशत वृद्धि अथवा कमी होगी ? **(एस०एस०सी० परीक्षा, 2010)**

    (*a*) 6·5% वृद्धि (*b*) 5·5% कमी

    (*c*) 5·5 की वृद्धि (*d*) 6·5% की कमी

11. यदि किसी आयत की लम्बाई में 10% वृद्धि तथा चौड़ाई में 10% कमी कर दी जाये तो इसके क्षेत्रफल में कितना परिवर्तन होगा ?

    (*a*) 1% की वृद्धि (*b*) 1% की कमी

(*c*) 10% की वृद्धि (*d*) कोई परिवर्तन नहीं

(एस०एस०सी० परीक्षा, 2010)

12. एक आयत की लम्बाई 50% कम कर दी जाती है तथा चौड़ाई में 80% वृद्धि कर दी जाती है. उस आयत के क्षेत्रफल में कितना परिवर्तन होगा ? (दिल्ली पुलिस परीक्षा, 2010)

(*a*) 5% कमी (*b*) 10% कमी (*c*) 20% वृद्धि (*d*) 50% कमी

13. एक आयत की लम्बाई में 25% वृद्धि कर दी जाती है. इसकी चौड़ाई में कितने प्रतिशत कमी की जाये कि क्षेत्रफल में कोई परिवर्तन न हो ?

(*a*) 20% (*b*) 25% (*c*) 18% (*d*) 28%

(*e*) इनमें से कोई नहीं

14. एक पहिया 88 किमी० दूरी तय करने में 1000 चक्कर लगाता है. पहिये की त्रिज्या कितनी है ?

(*a*) 7 मीटर (*b*) 12 मीटर (*c*) 14 मीटर (*d*) 20 मीटर

15. एक आयत की लम्बाई इसकी चौड़ाई से दुगुनी है. लम्बाई में 5 सेमी० कमी करने तथा चौड़ाई में 5 सेमी० की वृद्धि करने पर इसके क्षेत्रफल में 75 वर्ग सेमी० की वृद्धि हो जाती है. आयत की लम्बाई कितनी है ?

(*a*) 20 सेमी० (*b*) 30 सेमी० (*c*) 40 सेमी० (*d*) 50 सेमी०

16. किसी आयताकार खेत की केवल लम्बाई में 50% वृद्धि करने पर इसके क्षेत्रफल में कितने प्रतिशत वृद्धि होगी ?

(*a*) 50% (*b*) 25%

(*c*) 20% (*d*) इनमें से कोई नहीं

17. एक 8 मीटर लम्बे तथा 6 मीटर चौड़े कमरे में 1·6 मीटर चौड़ा कालीन बिछाया गया है. कालीन की लम्बाई कितनी है ?

(*a*) 24 मीटर (*b*) 36 मीटर (*c*) 30 मीटर (*d*) 76·8 मीटर

18. एक पार्क की लम्बाई तथा चौड़ाई में 3 : 2 का अनुपात है. एक व्यक्ति 12 किमी० प्रति घण्टा की चाल से साईकिल द्वारा 8 मिनट में इसके चारों ओर एक पूरा चक्कर लगाता है. पार्क का क्षेत्रफल कितना है ?

(*a*) 1536 वर्ग मीटर (*b*) 15360 वर्ग मीटर

(*c*) 153600 वर्ग मीटर (*d*) इनमें से कोई नहीं

19. एक कमरे की ऊँचाई तथा इसके अर्द्ध-परिमाप का अनुपात 2 : 5 है. दरवाजों तथा खिड़कियों के 15 वर्ग मीटर को छोड़कर शेष दीवारों पर 50 सेमी० चौड़ा कागज, ₹ 8 प्रति मीटर की दर से लगाने का खर्च ₹ 1040 है. इस कमरे की ऊँचाई कितनी है ?

(*a*) 2·6 मीटर (*b*) 3·9 मीटर (*c*) 4 मीटर (*d*) 4·2 मीटर

20. यदि किसी वर्ग की प्रत्येक भुजा में 10% की वृद्धि कर दी जाये तो इसके क्षेत्रफल में कितनी वृद्धि होगी ?

(*a*) 10% (*b*) 21% (*c*) 42% (*d*) 100%

(एस०एस०सी० परीक्षा, 2010)

21. एक कमरे की चार दीवारों का क्षेत्रफल 220 वर्ग मीटर है. इसकी चौड़ाई तथा ऊँचाई क्रमश: 8 मीटर तथा 5 मीटर हैं. कमरे की लम्बाई कितनी होगी ?

(*a*) 5·5 मीटर (*b*) 11 मीटर (*c*) 22 मीटर (*d*) 14 मीटर

22. एक वृत्त तथा एक वर्ग का कुल क्षेत्रफल 5450 वर्ग सेमी० है तथा वृत्त का व्यास 70 सेमी० है. वृत्त की परिधि तथा वर्ग की परिमिति का योग कितना है ? (बैंक पी०ओ० परीक्षा, 2010)

(*a*) 360 सेमी० (*b*) 380 सेमी०

(*c*) 270 सेमी० (*d*) निर्धारित नहीं किया जा सकता

(*e*) इनमें से कोई नहीं

23. एक कमरे की चार दीवारों पर कागज लगाने का खर्च ₹ 750 है. एक दूसरे कमरे की लम्बाई, चौड़ाई तथा ऊँचाई में से प्रत्येक इस कमरे से दुगुनी है. नये कमरे की चार दीवारों पर कागज लगाने का खर्च क्या होगा ?

(*a*) ₹ 1500 (*b*) ₹ 2250

(*c*) ₹ 3000 (*d*) इनमें से कोई नहीं

24. 25 मीटर लम्बे तथा 15 मीटर चौड़े आयताकार पार्क में लम्बाई तथा चौड़ाई के समानान्तर बीचों-बीच 2 मीटर चौड़ी दो सड़कें परस्पर काटती हैं. शेष भाग में घास उगाई गई है. घास वाला क्षेत्रफल कितना है ?

(*a*) 295 वर्ग मी० (*b*) 299 वर्ग मी०

(*c*) 300 वर्ग मी० (*d*) 375 वर्ग मी०

25. एक आयत का क्षेत्रफल 360 वर्ग सेमी० है जो एक वर्ग के क्षेत्रफल का 90% है. वर्ग की प्रत्येक भुजा की लम्बाई कितनी है ?

(*a*) 20 सेमी० (*b*) 15 सेमी०

(*c*) 40 सेमी० (*d*) 25 सेमी०

(*e*) इनमें से कोई नहीं (बैंक पी०ओ० परीक्षा, 2010)

26. किसी वर्ग के क्षेत्रफल तथा वर्ग के विकर्ण पर बने वर्ग के क्षेत्रफल में क्या अनुपात है ? (होटल मैनेजमैंट परीक्षा, 2010)

(*a*) 1 : 1 (*b*) $1 : \sqrt{2}$ (*c*) 1 : 2 (*d*) 1 : 4

27. एक वर्ग के अन्त:वृत्त तथा परिवृत्त के क्षेत्रफलों का अनुपात क्या होगा ?

(*a*) 1 : 2 (*b*) $\sqrt{2} : 1$ (*c*) $1 : \sqrt{2}$ (*d*) 2 : 1

28. एक वर्गाकार बंजर भूमि की परिमिति 208 मीटर है. इसके चारों ओर 2 मीटर चौड़ा रास्ता है. रास्ते सहित भूमि के चारों ओर ₹ 12·50 प्रति मीटर की दर से बाड़ लगाने का खर्च कितना होगा ?

(*a*) ₹ 2500 (*b*) ₹ 2700

(*c*) ₹ 2800 (*d*) इनमें से कोई नहीं

(रेलवे परीक्षा, 2010)

29. 176 मीटर परिधि वाले किसी वृत्ताकार पार्क के बाहर चारों ओर एक 7 मीटर चौड़ी सड़क बनाई गई है. सड़क का क्षेत्रफल कितना होगा ? (एस०एस०सी० परीक्षा, 2010)

(*a*) 1386 वर्ग मी० (*b*) 1742 वर्ग मी०

(*c*) 1512 वर्ग मी० (*d*) 1760 वर्ग मी०

30. उस वृत्त की त्रिज्या क्या होगी जिसका क्षेत्रफल 5 मीटर तथा 12 मीटर त्रिज्या वाले दो वृत्तों के क्षेत्रफल के योग के बराबर है ?

(*a*) 13 मीटर (*b*) 14 मीटर

(*c*) 15 मीटर (*d*) इनमें से कोई नहीं

(रेलवे परीक्षा, 2010)

31. अलग-अलग त्रिज्या वाले दो वृत्त दिये गये हैं. एक वर्ग का क्षेत्रफल 196 वर्ग सेमी० है, जिसकी भुजा बड़े वृत्त की त्रिज्या से आधी है. छोटे वृत्त की त्रिज्या बड़े वृत्त की त्रिज्या का $\frac{3}{7}$ है. छोटे वृत्त की

परिधि कितनी है ? (बैंक पी०ओ० परीक्षा, 2010)

(a) 12π सेमी० (b) 16π सेमी०

(c) 24π सेमी० (d) 32π सेमी०

32. दो वृत्तों की परिधि क्रमशः 132 मीटर तथा 176 मीटर है. इनके क्षेत्रफलों में कितना अन्तर है ? (बैंक पी०ओ० परीक्षा, 2010)

(a) 1048 वर्ग मी० (b) 1076 वर्ग मी०

(c) 1078 वर्ग मी० (d) 1090 वर्ग मी०

(e) इनमें से कोई नहीं

33. यदि किसी वृत्त की परिधि को 50% कम कर दिया जाये तो इसके क्षेत्रफल में कितने प्रतिशत कमी होगी ?

(a) 25% (b) 50% (c) 60% (d) 75%

(एस०एस०सी० परीक्षा, 2010)

34. 6 सेमी० भुजा वाले एक समबाहु त्रिभुज के कोनों को काटकर एक समषटभुज बनाया गया है. इस समषटभुज का क्षेत्रफल कितना होगा ? (एस०एस०सी० परीक्षा, 2010)

(a) $3\sqrt{3}$ सेमी०^2 (b) $3\sqrt{6}$ सेमी०^2

(c) $6\sqrt{3}$ सेमी०^2 (d) $\frac{5\sqrt{3}}{2}$ सेमी०^2

35. एक आयत का क्षेत्रफल 252 वर्ग सेमी० है. इसकी लम्बाई तथा चौड़ाई का अनुपात 9 : 7 है. इसकी परिमिति कितनी है ?

(a) 64 सेमी० (b) 68 सेमी०

(c) 128 सेमी० (d) 96 सेमी०

(e) इनमें से कोई नहीं (बैंक पी०ओ० परीक्षा, 2009)

36. एक वर्ग की परिमिति एक 39424 वर्ग सेमी० के क्षेत्रफल वाले वृत्त की त्रिज्या के समान है. वर्ग का क्षेत्रफल कितना है ?

(a) 1225 वर्ग सेमी० (b) 441 वर्ग सेमी०

(c) 784 वर्ग सेमी० (d) निर्धारित नहीं किया जा सकता

(e) इनमें से कोई नहीं (बैंक पी०ओ० परीक्षा, 2009)

37. एक वृत्त के अन्तर्गत एक वर्ग खींचा जाता है तथा इसी त्रिज्या के अर्द्धवृत्त के अन्तर्गत एक वर्ग खींचा जाता है. दोनों वर्गों के क्षेत्रफलों का अनुपात क्या है ? (होटल मैनेजमेंट परीक्षा, 2009)

(a) 5 : 2 (b) 5 : 4 (c) 4 : 5 (d) 2 : 5

38. एक आयताकार क्षेत्र के चारों ओर घूमने पर एक व्यक्ति 6 किमी० की दूरी तय करता है. यदि इसका क्षेत्रफल 2 वर्ग किमी० हो तो इसकी लम्बाई तथा चौड़ाई का अन्तर कितना है ? (एस०एस०सी० परीक्षा, 2009)

(a) 0·5 किमी० (b) 1 किमी०

(c) 1·5 किमी० (d) 2 किमी०

39. ₹ 15 प्रति मीटर की दर से एक वृत्ताकार प्लॉट की बाड़ लगाने का खर्च ₹ 3300 है. इस प्लॉट का फर्श ₹ 100 प्रति वर्ग मीटर की दर से पक्का कराने का खर्च कितना होगा ?

(a) ₹ 385000 (b) ₹ 220000

(c) ₹ 350000 (d) निर्धारित नहीं किया जा सकता

(e) इनमें से कोई नहीं (बैंक पी०ओ० परीक्षा, 2009)

40. एक वृत्त की परिधि 100 सेमी० है. इस वृत्त के अन्तःवर्ग की प्रत्येक भुजा की माप कितनी होगी ? (बैंक पी०ओ० परीक्षा, 2009)

(a) $(25\sqrt{2})\pi$ सेमी० (b) $\frac{50\sqrt{2}}{\pi}$ सेमी०

(c) $(50\sqrt{2})\pi$ सेमी० (d) $\frac{25\sqrt{2}}{\pi}$ सेमी०

41. एक आयत की लम्बाई में 60% की वृद्धि की गई है. इसकी चौड़ाई कितने प्रतिशत कम की जाये कि क्षेत्रफल में कोई परिवर्तन न हो ? (एस०एस०सी० परीक्षा, 2009)

(a) $37\frac{1}{2}\%$ (b) 60% (c) 75% (d) 120%

42. एक आयत का क्षेत्रफल 21 सेमी० त्रिज्या वाले एक वृत्त के क्षेत्रफल के समान है. यदि आयत की लम्बाई तथा चौड़ाई का अनुपात क्रमशः 14 : 11 हो, तो इसकी परिमिति कितनी है ?

(a) 142 सेमी० (b) 140 सेमी०

(c) 132 सेमी० (d) 150 सेमी०

(e) इनमें से कोई नहीं (बैंक पी०ओ० परीक्षा, 2009)

43. एक त्रिभुज की भुजायें क्रमशः 3 सेमी०, 4 सेमी० तथा 5 सेमी० लम्बी हैं. इसका क्षेत्रफल कितना है ? (रेलवे परीक्षा, 2009)

(a) 6 सेमी०^2 (b) 10 सेमी०^2

(c) 60 सेमी०^2 (d) 30 सेमी०^2

44. एक त्रिभुजाकार खेत की भुजायें क्रमशः 20 मीटर, 21 मीटर तथा 29 मीटर हैं. इस खेत में ₹ 9 प्रति वर्ग मीटर की दर से फसल काटने का खर्च कितना होगा ?

(a) ₹ 1800 (b) ₹ 1890 (c) ₹ 2610 (d) ₹ 3780

45. एक समकोण समद्विबाहु त्रिभुज का कर्ण 5 सेमी० है. त्रिभुज का क्षेत्रफल कितना है ? (एस०एस०सी० परीक्षा, 2009)

(a) 5 सेमी०^2 (b) 6·25 सेमी०^2

(c) 6·50 सेमी०^2 (d) 12.5 सेमी०^2

46. एक समबाहु त्रिभुज की प्रत्येक भुजा 8 सेमी० है. इसका क्षेत्रफल कितना है ?

(a) $2\sqrt{3}$ वर्ग सेमी० (b) $16\sqrt{3}$ वर्ग सेमी०

(c) 32 वर्ग सेमी० (d) 64 वर्ग सेमी०

47. एक समबाहु त्रिभुज का क्षेत्रफल $4\sqrt{3}$ वर्ग सेमी० है. इसकी प्रत्येक भुजा की लम्बाई कितनी है ?

(a) 3 सेमी० (b) 4 सेमी० (c) $\frac{4}{\sqrt{3}}$ सेमी० (d) $\frac{\sqrt{3}}{4}$ सेमी०

48. एक समबाहु त्रिभुज की प्रत्येक भुजा $2\sqrt{3}$ सेमी० है. इसकी ऊँचाई कितनी है ?

(a) 3 सेमी० (b) $\sqrt{3}$ सेमी० (c) $\frac{\sqrt{3}}{2}$ सेमी० (d) $\frac{\sqrt{3}}{4}$ सेमी०

49. एक समबाहु त्रिभुज की प्रत्येक भुजा में 2 सेमी० की वृद्धि करने पर इसके क्षेत्रफल में $2\sqrt{3}$ वर्ग सेमी० की वृद्धि हो जाती है. त्रिभुज की प्रत्येक भुजा की लम्बाई कितनी है ?

(a) 1 सेमी० (b) $\sqrt{3}$ सेमी०

(c) 3 सेमी० (d) $(\sqrt{3}+2)$ सेमी०

50. एक समबाहु त्रिभुज के अन्तःवृत्त का क्षेत्रफल 462 वर्ग सेमी० है.

इस त्रिभुज का परिमाप क्या होगा ?

(*a*) $42\sqrt{3}$ सेमी० (*b*) 72·6 सेमी०

(*c*) 126 सेमी० (*d*) 168 सेमी०

51. एक वर्ग तथा एक समबाहु त्रिभुज की परिमिति समान हैं. यदि वर्ग के विकर्ण की लम्बाई $12\sqrt{2}$ सेमी० हो, तो त्रिभुज का क्षेत्रफल क्या होगा ?

(*a*) $64\sqrt{3}$ वर्ग सेमी० (*b*) $32\sqrt{3}$ वर्ग सेमी०

(*c*) $24\sqrt{3}$ वर्ग सेमी० (*d*) $24\sqrt{2}$ वर्ग सेमी०

52. एक समबाहु त्रिभुज की ऊँचाई $\sqrt{6}$ सेमी० है. इसका क्षेत्रफल कितना होगा ?

(*a*) $3\sqrt{3}$ वर्ग सेमी० (*b*) $2\sqrt{3}$ वर्ग सेमी०

(*c*) $2\sqrt{2}$ वर्ग सेमी० (*d*) $6\sqrt{2}$ वर्ग सेमी०

53. एक समबाहु त्रिभुज की प्रत्येक भुजा 24 सेमी० है. इसके अन्तःवृत्त का क्षेत्रफल क्या होगा ?

(*a*) 18π वर्ग सेमी० (*b*) 24π वर्ग सेमी०

(*c*) 36π वर्ग सेमी० (*d*) 48π वर्ग सेमी०

54. एक समद्विबाहु त्रिभुज की परिमिति 14 सेमी है तथा बराबर भुजाओं में से एक भुजा तथा तीसरी भुजा का अनुपात 5 : 4 है. इस त्रिभुज का क्षेत्रफल कितना है ?

(*a*) $\frac{\sqrt{21}}{2}$ वर्ग सेमी० (*b*) $\frac{3\sqrt{21}}{2}$ वर्ग सेमी०

(*c*) $2\sqrt{21}$ वर्ग सेमी० (*d*) $\sqrt{21}$ वर्ग सेमी०

55. एक समकोण त्रिभुज का क्षेत्रफल 30 वर्ग सेमी० है तथा इसके कर्ण की लम्बाई 13 सेमी० है. छोटी भुजा की लम्बाई कितनी है ?

(*a*) 4 सेमी० (*b*) 5 सेमी० (*c*) 6 सेमी० (*d*) 7 सेमी०

56. एक त्रिभुज के आधार की लम्बाई 15 मीटर तथा ऊँचाई 12 मीटर है. एक दूसरी त्रिभुज का क्षेत्रफल इस त्रिभुज के क्षेत्रफल से दुगुना है तथा इस त्रिभुज के आधार की लम्बाई 20 मीटर है. इस त्रिभुज की ऊँचाई कितनी होगी ?

(*a*) 4·5 मीटर (*b*) 9 मीटर (*c*) 12 मीटर (*d*) 18 मीटर

57. किसी समान्तर चतुर्भुज की एक भुजा 18 सेमी० है तथा इस भुजा की विपरीत भुजा से दूरी 8 सेमी० है. समान्तर चतुर्भुज का क्षेत्रफल कितना है ?

(*a*) 48 वर्ग सेमी० (*b*) 72 वर्ग सेमी०

(*c*) 100 वर्ग सेमी० (*d*) 144 वर्ग सेमी०

58. एक समान्तर चतुर्भुज की संगत भुजायें क्रमशः 30 मीटर तथा 14 मीटर लम्बी हैं तथा इन भुजाओं के शीर्षों को मिलाने वाले विकर्ण की लम्बाई 40 मीटर है. समान्तर चतुर्भुज का क्षेत्रफल कितना है ?

(*a*) 336 वर्ग मीटर (*b*) 168 वर्ग मीटर

(*c*) 372 वर्ग मीटर (*d*) 480 वर्ग मीटर

59. एक वर्ग तथा एक समचतुर्भुज एक ही आधार पर बने हैं. इनके क्षेत्रफलों का अनुपात क्या होगा ?

(*a*) 1 : 1 (*b*) 1 : 2 (*c*) 1 : 4 (*d*) 1 से बड़ा

60. एक समचतुर्भुज का क्षेत्रफल 144 वर्ग सेमी० है. इसके एक विकर्ण की लम्बाई 18 सेमी० है. दूसरे विकर्ण की लम्बाई कितनी है ?

(*a*) 8 सेमी० (*b*) 12 सेमी० (*c*) 16 सेमी० (*d*) 20 सेमी०

61. एक समचतुर्भुज के एक विकर्ण की लम्बाई, दूसरे विकर्ण की लम्बाई का 80% है. इस चतुर्भुज का क्षेत्रफल बड़े विकर्ण के वर्ग का कितने गुना होगा ?

(*a*) $\frac{4}{5}$ (*b*) $\frac{2}{5}$ (*c*) $\frac{3}{4}$ (*d*) $\frac{1}{4}$

62. एक समचतुर्भुज की एक भुजा 5 सेमी० तथा एक विकर्ण 8 सेमी० हैं. इसका क्षेत्रफल क्या होगा ?

(*a*) 20 वर्ग सेमी० (*b*) 24 वर्ग सेमी०

(*c*) 26 वर्ग सेमी० (*d*) 40 वर्ग सेमी०

63. एक समचतुर्भुज का परिमाप 52 मीटर है तथा छोटा विकर्ण 10 मीटर है. इसके बड़े विकर्ण की लम्बाई कितनी है ?

(*a*) 12 मीटर (*b*) 10·4 मीटर

(*c*) 18 मीटर (*d*) 24 मीटर

64. एक समलम्ब चतुर्भुज की समान्तर भुजाओं का अनुपात 3 : 5 है तथा इनके बीच की दूरी 12 सेमी० है. यदि इस चतुर्भुज का क्षेत्रफल 384 वर्ग सेमी० हो, तो समान्तर भुजाओं में से छोटी भुजा की लम्बाई कितनी है ?

(*a*) 16 सेमी० (*b*) 24 सेमी० (*c*) 32 सेमी० (*d*) 40 सेमी०

65. उस आयत की परिमिति कितनी होगी जिसकी एक भुजा 10 सेमी० तथा विकर्ण 26 सेमी० हो ? **(एस०एस०सी० परीक्षा, 2008)**

(*a*) 64 सेमी० (*b*) 72 सेमी० (*c*) 60 सेमी० (*d*) 68 सेमी०

66. एक आयताकार प्लाट की लम्बाई तथा चौड़ाई का अनुपात क्रमशः 8 : 5 है. यदि चौड़ाई लम्बाई से 60 मीटर कम हो, तो प्लाट की परिमिति कितनी होगी ? **(बैंक पी०ओ० परीक्षा, 2008)**

(*a*) 260 मीटर (*b*) 160 मीटर

(*c*) 500 मीटर (*d*) निर्धारित नहीं किया जा सकती

(*e*) इनमें से कोई नहीं

67. एक आयताकार खेत की लम्बाई उसकी चौड़ाई से 48 मीटर अधिक है तथा इसका परिमाप 800 मीटर है. खेत का क्षेत्रफल कितना है ?

(*a*) 39424 वर्ग मीटर (*b*) 40000 वर्ग मीटर

(*c*) 31376 वर्ग मीटर (*d*) निर्धारित नहीं किया जा सकता

(*e*) इनमें से कोई नहीं **(बैंक पी०ओ० परीक्षा, 2008)**

68. यदि किसी आयत की लम्बाई तथा परिमिति 5 : 16 के अनुपात में हों तो इसकी लम्बाई तथा चौड़ाई का अनुपात क्या होगा ?

(*a*) 5 : 11 (*b*) 5 : 8 (*c*) 5 : 4 (*d*) 5 : 3

(एस०एस०सी० परीक्षा, 2008)

69. किसी वर्गाकार खेत के चारों ओर 2 मीटर चौड़ा रास्ता बना है. यदि रास्ते का क्षेत्रफल 72 वर्गमीटर हो, तो खेत का क्षेत्रफल कितना होगा ? **(बी०सी०ए० परीक्षा, 2008)**

(*a*) 70 वर्ग मीटर (*b*) 68 वर्ग मीटर

(*c*) 49 वर्ग मीटर (*d*) 80 वर्ग मीटर

70. एक वर्ग तथा एक आयत के परिमाप बराबर हैं. यदि उनके क्षेत्रफल क्रमशः A वर्ग मी० तथा B वर्ग मी० हों, तो निम्नलिखित में से

कौन-सा कथन सत्य है ?

(*a*) $A < B$ (*b*) $A \le B$ (*c*) $A > B$ (*d*) $A \ge B$

71. एक वर्ग तथा एक आयत के क्षेत्रफल बराबर हैं. यदि इनके परिमाप क्रमश: p_1 तथा p_2 हों, तो निम्नलिखित में से सही कथन कौन-सा है ?

(*a*) $p_1 < p_2$ (*b*) $p_1 \le p_2$ (*c*) $p_1 > p_2$ (*d*) $p_1 \ge p_2$

72. एक आयत तथा एक वर्ग की परिमिति समान है तथा प्रत्येक 80 सेमी० है. इनके क्षेत्रफलों का अन्तर 100 वर्ग सेमी० है. आयत की भुजायें हैं:

(*a*) 30 सेमी०, 10 सेमी० (*b*) 28 सेमी०, 12 सेमी०
(*c*) 25 सेमी०, 15 सेमी० (*d*) इनमें से कोई नहीं

73. दो वर्गों के क्षेत्रफलों में क्या अनुपात होगा जबकि पहले वर्ग का विकर्ण दूसरे वर्ग के विकर्ण से दुगुना हो ?

(*a*) 2 : 1 (*b*) 3 : 1 (*c*) 1 : 4 (*d*) 4 : 1

74. यदि दो वर्गों के क्षेत्रफलों में 1 : 2 का अनुपात हो, तो उनकी परिमापों में क्या अनुपात होगा ?

(*a*) 1 : 2 (*b*) 1 : 4 (*c*) 2 : 1 (*d*) $1 : \sqrt{2}$

75. दो वर्गों के परिमाप क्रमश: 24 मीटर तथा 32 मीटर हैं. एक ऐसे वर्ग का परिमाप क्या होगा जिसका क्षेत्रफल इन दोनों वर्गों के क्षेत्रफल के योग के बराबर हो ?

(*a*) 30 मीटर (*b*) 40 मीटर
(*c*) 50 मीटर (*d*) इनमें से कोई नहीं

76. 14 सेमी० भुजा वाले वर्ग के अन्तर्गत खींचे जाने वाले अधिकतम त्रिज्या के वृत्त का क्षेत्रफल क्या होगा ?

(*a*) 154 वर्ग सेमी० (*b*) 84 वर्ग सेमी०
(*c*) 204 वर्ग सेमी० (*d*) इनमें से कोई नहीं

77. 3 मीटर भुजा वाले वर्गाकार फर्श पर 20 सेमी० × 30 सेमी० साइज के कितने पत्थर लगेंगे ?

(*a*) 25 (*b*) 100 (*c*) 150 (*d*) 225

78. एक समबाहु त्रिभुज की प्रत्येक भुजा 8 सेमी० लम्बी है इस त्रिभुज के परिवृत्त तथा अन्त:वृत्त के बीच के क्षेत्र का क्षेत्रफल कितना होगा, जबकि $\pi = \frac{22}{7}$? (एस०एस०सी० परीक्षा, 2008)

(*a*) $50\frac{1}{7}$ सेमी०^2 (*b*) $50\frac{2}{7}$ सेमी०^2

(*c*) $75\frac{1}{7}$ सेमी०^2 (*d*) $75\frac{2}{7}$ सेमी०^2

79. किसी त्रिभुज के प्रत्येक शीर्ष बिन्दु से उसकी सम्मुख भुजा के समान्तर एक रेखा खींची जाती है. इस प्रकार बने त्रिभुज की परिमिति का प्रारम्भिक त्रिभुज की परिमिति से क्या अनुपात है ?

(*a*) 3 : 2 (*b*) 4 : 1 (*c*) 2 : 1 (*d*) 2 : 3

(एस०एस०सी० परीक्षा, 2008)

80. एक 38 मीटर लम्बे तथा 32 मीटर चौड़े आयताकार क्षेत्र के अन्दर की ओर चारों ओर एक समान चौड़ाई का रास्ता बनाया गया है. यदि इस रास्ते का क्षेत्रफल 600 वर्ग मीटर हो, तो रास्ते की चौड़ाई कितनी है ? (एस०एस०सी० परीक्षा, 2007)

(*a*) 3 मीटर (*b*) 5 मीटर (*c*) 10 मीटर (*d*) 18·75 मीटर

81. 15 मीटर लम्बे कमरे में 75 सेमी० चौड़ी दरी बिछाने का खर्च ₹ 50 प्रति मीटर की दर से ₹ 6000 है. कमरे की चौड़ाई कितनी है ?

(*a*) 6 मीटर (*b*) 8 मीटर (*c*) 13·4 मीटर (*d*) 18 मीटर

82. एक श्यामपट की लम्बाई उसकी चौड़ाई से 8 सेमी० अधिक है. यदि इसकी लम्बाई में 7 सेमी० की वृद्धि कर दें तथा चौड़ाई में 4 सेमी० की कमी कर दें, तो इसका क्षेत्रफल अपरिवर्तित रहता है. श्यामपट की लम्बाई कितनी है ?

(*a*) 28 सेमी० (*b*) 34 सेमी० (*c*) 40 सेमी० (*d*) 56 सेमी०

83. 108 मीटर लम्बे आयत का क्षेत्रफल उस वर्ग के क्षेत्रफल के बराबर है जिसकी प्रत्येक भुजा 72 मीटर लम्बी है. आयत की चौड़ाई कितनी होगी ?

(*a*) 36 मीटर (*b*) 37·5 मीटर (*c*) 42 मीटर (*d*) 48 मीटर

84. किसी वृत्त की त्रिज्या में 1 सेमी० की वृद्धि करने पर इसके क्षेत्रफल में 22 वर्ग सेमी० की वृद्धि हो जाती है. वृत्त की प्रारम्भिक त्रिज्या कितनी है ? (एस०एस०सी० परीक्षा, 2007)

(*a*) 6 सेमी० (*b*) 3·2 सेमी० (*c*) 3 सेमी० (*d*) 3·5 सेमी०

85. एक वृत्त की परिधि एवं् त्रिज्या का अन्तर 37 सेमी० है. इस वृत्त का क्षेत्रफल क्या होगा ?

(*a*) 111 वर्ग सेमी० (*b*) 148 वर्ग सेमी०
(*c*) 154 वर्ग सेमी० (*d*) 259 वर्ग सेमी०

86. किसी वृत्त की त्रिज्या में 30% कमी करने पर इसके क्षेत्रफल में कितनी कमी आयेगी ?

(*a*) 30% (*b*) 60%
(*c*) 45% (*d*) इनमें से कोई नहीं

87. किसी वृत के व्यास में 40% वृद्धि करने पर इसके क्षेत्रफल में कितनी वृद्धि होगी ?

(*a*) 40% (*b*) 80% (*c*) 96% (*d*) 82%

88. यदि किसी वृत्त की परिधि में 50% वृद्धि कर दी जाये, तो इसके क्षेत्रफल में कितने प्रतिशत वृद्धि होगी ?

(*a*) 50% (*b*) 100% (*c*) 125% (*d*) 225%

89. एक पहिये का अर्द्धव्यास 14 सेमी० है. 44 किमी० दूरी तय करने में यह कितने चक्कर लगायेगा ?

(*a*) 20000 (*b*) 35000 (*c*) 50000 (*d*) 70000

90. एक वृत्ताकार मैदान की परिधि एक वर्गाकार मैदान की परिमिति से 20 मीटर कम है। यदि वृत्ताकार मैदान की त्रिज्या वर्गाकार मैदान की भुजा से 9 मीटर कम हो, तो ₹ 50 प्रति वर्ग मीटर की दर से वृत्ताकार मैदान में पत्थर बिछाने की लागत क्या होगी?

(*a*) ₹10200 (*b*) ₹9240 (*c*) ₹8342 (*d*) ₹7700
(*e*) ₹12920

(एस.आई.डी.बी.आई.-अधिकारी आनॅलाइन परीक्षा, 2016)

91. एक भूखंड की दो भुजाएं 32 मीटर और 24 मीटर की हैं और उनके बीच का कोण पूर्ण समकोण है। अन्य दो भुजाएं प्रति 25 मीटर की हैं और अन्य तीन कोण समकोण नहीं हैं। भूखंड का क्षेत्रफल m^2 में कितना होगा?

(*a*) 768 (*b*) 534 (*c*) 696.5 (*d*) 684

(एस.एस.सी.-सी.जी.एल. (टीयर-II) परीक्षा, 2015)

उत्तरमाला (प्रश्नमाला 23A)

1. (e)	2. (d)	3. (b)	4. (b)	5. (d)	6. (b)	7. (c)	8. (b)	9. (b)	10. (c)	11. (b)	12. (b)
13. (a)	14. (c)	15. (c)	16. (a)	17. (c)	18. (c)	19. (c)	20. (b)	21. (d)	22. (b)	23. (c)	24. (b)
25. (a)	26. (c)	27. (a)	28. (c)	29. (a)	30. (a)	31. (c)	32. (c)	33. (d)	34. (c)	35. (a)	36. (c)
37. (a)	38. (b)	39. (a)	40. (b)	41. (c)	42. (d)	43. (a)	44. (b)	45. (b)	46. (b)	47. (b)	48. (a)
49. (a)	50. (c)	51. (a)	52. (b)	53. (d)	54. (c)	55. (b)	56. (d)	57. (d)	58. (a)	59. (d)	60. (c)
61. (b)	62. (b)	63. (d)	64. (b)	65. (d)	66. (e)	67. (a)	68. (d)	69. (c)	70. (c)	71. (a)	72. (a)
73. (d)	74. (d)	75. (b)	76. (a)	77. (c)	78. (b)	79. (c)	80. (b)	81. (a)	82. (a)	83. (d)	84. (c)
85. (c)	86. (d)	87. (c)	88. (c)	89. (c)	90. (d)	91. (d)					

दिये गये प्रश्नों के हल (प्रश्नमाला 23A)

1. वर्ग की भुजा $= \frac{43\sqrt{2}}{\sqrt{2}} = 43$ मीटर

प्रश्नानुसार,
वर्ग का परिमाप = आयत का परिमाप = 172 मीटर
माना, आयत की चौड़ाई $= s$ मीटर

$\therefore$ इसकी लंबाई $= (s+8)$

$\therefore \quad 2(s+8+s) = 172$

$\Rightarrow \quad 2s+8 = \frac{172}{2} = 86 \Rightarrow \quad 2s = 86-8 = 78$

$\Rightarrow \quad s = \frac{78}{2} = 39$ मीटर

$\therefore$ लंबाई $= 39+8 = 47$ मीटर
$\therefore$ आयत का क्षेत्रफल
= (लम्बाई × चौड़ाई) = 47 ×39 = 1833 वर्ग मीटर

2. $A = lb$ तथा $A' = \left(\frac{80}{100}\times l\right)\times\left(\frac{90}{100}\times b\right) = \frac{18}{25}lb$

क्षेत्रफल में कमी $= \left(lb - \frac{18}{25}lb\right) = \frac{7}{25}lb$.

क्षेत्रफल में कमी % $= \left(\frac{7}{25}lb\times\frac{1}{lb}\times 100\right)\% = 28\%$.

3. $\pi = \frac{22}{7} = 3.1428$

4. माना वर्ग के विकर्ण और आयत की चौड़ाई $7x$ एवं $5x$ है
वर्ग का क्षेत्रफल = 49 मी²
वर्ग की भुजा = $(7)^2$ = 7 मी.
आयत की चौड़ाई = $5x$
आयत की लंबाई = $10x$
वर्ग के विकर्ण की लंबाई = $\sqrt{7^2+7^2} = 7\sqrt{2}$ मी.
आयत की चौड़ाई = $5\sqrt{2}$ मी.
आयत की लंबाई = $10\sqrt{2}$ मी.
आयत का परिमाप
$= 2\left(5\sqrt{2}+10\sqrt{2}\right) = 2\left(15\sqrt{2}\right) = 30\sqrt{2}$ मी.

5. $A = lb$ तथा $A' = \left(\frac{150}{100}\times l\right)\times\left(\frac{50}{100}\times b\right) = \frac{3}{4}lb$.

क्षेत्रफल में कमी $= \left(lb - \frac{3}{4}lb\right) = \frac{lb}{4}$.

क्षेत्रफल में कमी % $= \left(\frac{lb}{4}\times\frac{1}{lb}\times 100\right)\% = 25\%$.

6. माना मैदान की लम्बाई और चौड़ाई क्रमश: $3x$ और $2x$
मैदान का परिमाप $2(3x+2x) = 10x$
प्रश्नानुसार,

$$10x = 12\times\frac{5}{18}\times 8\times 60$$

$$10x = 1600 \Rightarrow x = \frac{1600}{10} = 160$$

मैदान का क्षेत्रफल $= 6x^2 = 6\times(160)^2 = 153600$ वर्ग मी.

7. कमरे की लम्बाई, चौड़ाई एवं ऊँचाई = 5 मीटर, 4 मीटर, 3 मीटर
कुल घेरा $= 2\ (L+b)\times h = 2(5+4)\times 3$
$= 2\times 9\times 3 = 54$ वर्ग मीटर

कुल खर्च $= 54\times 5 = 270$

8. दिया है $l^2+b^2 = (25)^2 = 625$ तथा $lb = 168$.
$(l+b)^2 = (l^2+b^2)+2lb = (625+2\times 168)$
$= (625+336) = 961$
$\Rightarrow (l+b) = \sqrt{961} \Rightarrow (l+b) = 31.$ ...(i)
$(l-b)^2 = (l^2+b^2)-2lb = (625-2\times 168)$
$= (625-336) = 289$
$\Rightarrow (l-b) = \sqrt{289} \Rightarrow (l-b) = 17.$ ...(ii)
(i) तथा (ii) को जोड़ने पर : $2l = 48 \Rightarrow l = 24$ सेमी०.

9. दिया है : $l^2+b^2 = (17)^2 \Rightarrow l^2+b^2 = 289$.
तथा
$2(l+b) = 46 \Rightarrow (l+b) = 23 \Rightarrow (l+b)^2 = (23)^2 = 529.$
$2\,lb = (l+b)^2-(l^2+b^2) = (529-289) = 240.$
$\therefore lb = \left(\frac{1}{2}\times 240\right) = 120.$
अत: खेत का क्षेत्रफल = 120 वर्ग मीटर.

10. $A = lb$ तथा $A' = \left(\frac{105}{100}\times l\right)\times\left(\frac{90}{100}\times b\right) = \frac{189}{200}(lb)$.

क्षेत्रफल में कमी $= \left(lb - \frac{189}{200} lb\right) = \frac{11}{200} lb$.

क्षेत्रफल में कमी %

$= \left(\frac{11}{200} lb \times \frac{1}{lb} \times 100\right)\% = \frac{11}{2}\% = 5 \cdot 5\%$.

11. $A = lb$ तथा $A' = \left(\frac{110}{100} \times l\right) \times \left(\frac{90}{100} \times b\right) = \frac{99}{100}(lb)$.

क्षेत्रफल में कमी $= \left(lb - \frac{99}{100} lb\right) = \frac{lb}{100}$.

क्षेत्रफल में कमी % $= \left(\frac{lb}{100} \times \frac{1}{lb} \times 100\right)\% = 1\%$.

12. $A = lb$ तथा $A' = \left(\frac{50}{100} \times l\right)\left(\frac{180}{100} \times b\right) = \frac{9}{10} lb$

क्षेत्रफल में कमी $= \left(lb - \frac{9}{10} lb\right) = \frac{lb}{10}$.

क्षेत्रफल में कमी % $= \left(\frac{lb}{10} \times \frac{1}{lb} \times 100\right)\% = 10\%$.

13. $A = lb$ तथा $A' = \left(\frac{125}{100} \times l\right) \times c$, माना नई चौड़ाई $= c$.

तब $lb = \frac{5\, lc}{4} \Rightarrow c = \frac{4}{5} b = \left(\frac{4}{5} b \times 100\right)\% = b$ का 80%

चौड़ाई में अभीष्ट कमी = 20%.

14. एक चक्कर में तय की गई दूरी $= \frac{88 \times 1000}{1000}$ मीटर = 88 मीटर.

पहिये की परिधि = 88 मीटर.

$\therefore\ 2 \times \frac{22}{7} \times R = 88 \Rightarrow R = \left(88 \times \frac{7}{44}\right) = 14$ मीटर.

अत: पहिये की त्रिज्या = 14 मीटर.

15. माना चौड़ाई $= x$ सेमी० तथा लम्बाई $= 2\,x$ सेमी०. तब,

$(2x - 5)(x + 5) - 2x \times x = 75$

$\Rightarrow 2x^2 + 5x - 25 - 2x^2 = 75 \Rightarrow 5x = 100 \Rightarrow x = 20$.

$\therefore$ लम्बाई = 40 सेमी०.

16. $A = lb$ तथा $A' = \left(\frac{150}{100} \times l\right) \times b = \frac{3}{2} lb$.

क्षेत्रफल में वृद्धि $= \left(\frac{3}{2} lb - lb\right) = \frac{1}{2} lb$.

क्षेत्रफल में वृद्धि % $= \left(\frac{1}{2} lb \times \frac{1}{lb} \times 100\right)\% = 50\%$.

17. फर्श का क्षेत्रफल = कालीन का क्षेत्रफल. माना कालीन की लम्बाई $= x$ मीटर.

$\therefore\ 8 \times 6 = 1 \cdot 6 \times x \Rightarrow x = \left(\frac{8 \times 6 \times 10}{16}\right) = 30$.

अत: कालीन की लम्बाई = 30 मीटर.

18. माना पार्क की लम्बाई $= 3x$ मीटर तथा चौड़ाई $= 2x$ मीटर.

पार्क की परिमिति $= 2\,(3x + 2x)$ मीटर $= (10x)$ मीटर.

व्यक्ति की चाल $= \left(12 \times \frac{5}{18}\right)$ मीटर प्रति सैकण्ड

$= \frac{10}{3}$ मीटर प्रति सैकण्ड

$= \left(\frac{10}{3} \times 60\right)$ मीटर प्रति मिनट =200 मीटर प्रति मिनट.

पार्क की परिमिति = 8 मिनट में तय की गई दूरी

$= (200 \times 8)$ मीटर = 1600 मीटर.

$\therefore\ 10x = 1600 \Rightarrow x = 160$.

अत: लम्बाई $= (3 \times 160)$ मीटर = 480 मीटर तथा चौड़ाई $= (2 \times 160)$ मीटर = 320 मीटर.

पार्क का क्षेत्रफल $= (480 \times 320)$ वर्ग मीटर

= 153600 वर्ग मीटर.

19. माना कमरे की ऊँचाई $= 2x$ मीटर तथा (लम्बाई + चौड़ाई) $= 5x$ मीटर.

कागज की लम्बाई $= \frac{\text{कुल खर्च}}{\text{दर प्रति मीटर}} = \left(\frac{1040}{8}\right)$ मीटर

= 130 मीटर.

कागज की चौड़ाई $= \left(\frac{50}{100}\right)$ मीटर $= \frac{1}{2}$ मीटर.

कागज का क्षेत्रफल $= \left(130 \times \frac{1}{2}\right)$ वर्ग मीटर = 65 वर्ग मीटर.

चार दीवारों का क्षेत्रफल $= (65 + 15)$ वर्ग मीटर = 80 वर्ग मीटर.

$2\,(l + b) \times h = 80 \Rightarrow 2\,(5x \times 2x) = 80 \Rightarrow 10x^2 = 40$

$\Rightarrow x^2 = 4 \Rightarrow x = 2$.

कमरे की ऊँचाई $= 2x$ मीटर $= (2 \times 2)$ मीटर = 4 मीटर.

20. माना वर्ग की प्रत्येक भुजा $= a$. तब, क्षेत्रफल $= a^2$.

वृद्धि के बाद प्रत्येक भुजा $= \frac{110\,a}{100} = \frac{11\,a}{10}$.

नये वर्ग का क्षेत्रफल $= \left(\frac{11\,a}{10} \times \frac{11\,a}{10}\right) = \frac{121\,a^2}{100}$.

क्षेत्रफल में वृद्धि $= \left(\frac{121\,a^2}{100} - a^2\right) = \frac{21\,a^2}{100}$.

क्षेत्रफल में वृद्धि % $= \left(\frac{21\,a^2}{100} \times \frac{1}{a^2} \times 100\right)\% = 21\%$.

21. कमरे की चौड़ाई = 8 मीटर तथा ऊँचाई = 5 मीटर.

माना लम्बाई $= x$ मीटर.

तब, $2 \times (x + 8) \times 5 = 220 \Rightarrow x + 8 = 22 \Rightarrow x = 14$.

अत: कमरे की लम्बाई = 14 मीटर.

22. $2R = 70 \Rightarrow R = 35$ सेमी०.

वृत्त का क्षेत्रफल $= \pi R^2 = \left(\frac{22}{7} \times 35 \times 35\right)$ वर्ग सेमी०

= 3850 सेमी०.

वर्ग का क्षेत्रफल = (5450 – 3850) वर्ग सेमी०
= 1600 वर्ग सेमी०.

वर्ग की प्रत्येक भुजा $= \sqrt{1600}$ सेमी० = 40 सेमी०.

(वृत्त की परिधि + वर्ग की परिमिति) $= (2\pi R + 4a)$

$= \left[\left(2 \times \frac{22}{7} \times 35\right) + (4 \times 40)\right]$ सेमी० = (220 + 160) सेमी०

= 380 सेमी०.

23. पहले कमरे की चार दीवारों का क्षेत्रफल
$= [2(l + b) \times h] = A$ माना

दूसरे कमरे की चार दीवारों का क्षेत्रफल
$= [2(2l + 2b) \times 2h] = 4 \times [2(l + b) \times h] = (4 \times A)$.

∴ अभीष्ट खर्च = ₹ (4 × 750) = ₹ 3000.

24. पार्क का कुल क्षेत्रफल = (25 × 15) वर्ग मी० = 375 वर्ग मी०.

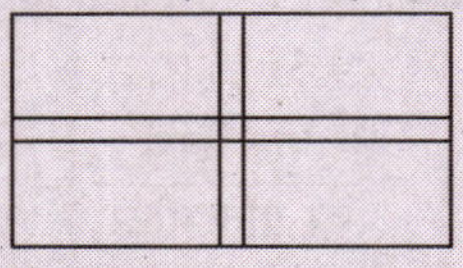

सड़कों का कुल क्षेत्रफल
= [(25 × 2) + (15 × 2) – (2 × 2)] वर्ग मी०
= (50 + 30 – 4) वर्ग मी० = 76 वर्ग मी०.

घास वाले भाग का क्षेत्रफल
= (375 – 76) वर्ग मी० = 299 वर्ग मीटर.

25. माना वर्ग का क्षेत्रफल $= a^2$. तब

$\frac{90}{100} \times a^2 = 360 \Rightarrow a^2 = \left(\frac{360 \times 10}{9}\right) = 400 = (20)^2$.

∴ $a = 20$ सेमी०. अत: वर्ग की प्रत्येक भुजा 20 सेमी० है.

26. माना वर्ग की प्रत्येक भुजा $= a$. तब, इसका विकर्ण $= (\sqrt{2}a)$

इन पर बने वर्गों के क्षेत्रफलों का अनुपात

$= a^2 : (\sqrt{2}a)^2 = a^2 : 2a^2 = 1 : 2$.

27. माना वर्ग की प्रत्येक भुजा $= a$. तब, इसका विकर्ण $= (\sqrt{2}a)$.

अत:वृत्त की त्रिज्या $= \frac{a}{2}$.

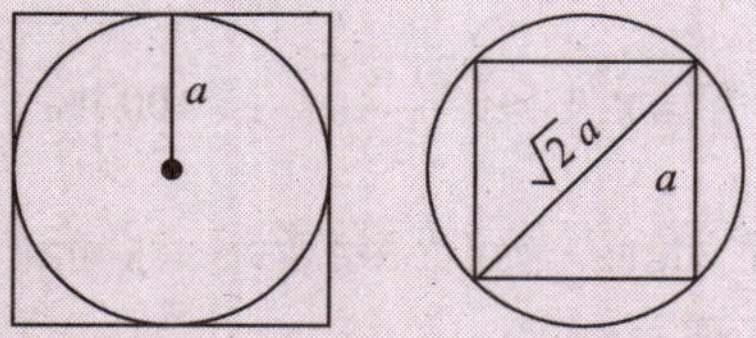

परिवृत्त की त्रिज्या $= \frac{\sqrt{2}a}{2} = \frac{a}{\sqrt{2}}$.

इनके क्षेत्रफलों का अनुपात $= \pi \times \left(\frac{a}{2}\right)^2 : \pi \times \left(\frac{a}{\sqrt{2}}\right)^2$

$= \frac{\pi a^2}{4} : \frac{\pi a^2}{2} = 1 : 2$.

28. बंजर भूमि की प्रत्येक भुजा

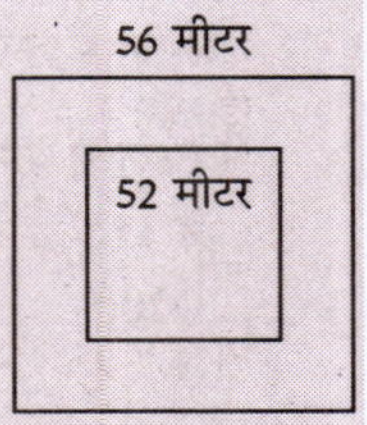

$= \left(\frac{1}{4} \times 208\right)$ मीटर = 52 मीटर.

रास्ते सहित वर्गाकार भूमि की प्रत्येक भुजा
= (52 + 2 + 2) मीटर = 56 मीटर.

इस भूमि का परिमाप
= (4 × 56) मीटर = 224 मीटर.

अभीष्ट खर्च = ₹ $\left(224 \times \frac{25}{2}\right)$ = ₹ 2800.

29. माना पार्क की त्रिज्या $= R$ मीटर. तब, $2\pi R = 176$.

$\therefore\ 2 \times \frac{22}{7} \times R = 176 \Rightarrow R = \left(176 \times \frac{7}{44}\right) = 28$ मीटर.

सड़क सहित पार्क की त्रिज्या = (28 + 7) मीटर = 35 मीटर.

सड़क का क्षेत्रफल $= \left[\pi \times (35)^2 - \pi \times (28)^2\right]$ वर्ग मी०

$= \pi \times \left[(35)^2 - (28)^2\right]$ वर्ग मी०

$= \left[\frac{22}{7} \times (35 + 28) \times (35 - 28)\right]$ वर्ग मी०

= (22 × 63) वर्ग मी० = 1386 वर्ग मीटर.

30. माना अभीष्ट त्रिज्या $= R$ मीटर. तब

$\pi R^2 = \pi \times (5)^2 + \pi \times (12)^2$

$\Rightarrow R^2 = (5)^2 + (12)^2 = (25 + 144) = 169 = (13)^2$

$\Rightarrow R = 13$ मीटर.

31. वर्ग की प्रत्येक भुजा $= \sqrt{196}$ सेमी० = 14 सेमी०.

1	196 (14
	1
24	96
	96
	x

बड़े वृत्त की त्रिज्या,
$R = (2 \times 14)$ सेमी० = 28 सेमी०.

छोटे वृत्त की त्रिज्या,
$r = \left(\frac{3}{7} \times 28\right)$ सेमी० = 12 सेमी०.

छोटे वृत्त की परिधि
$= 2\pi r = (2 \times \pi \times 12)$ सेमी० $= (24\pi)$ सेमी०.

32. $2\pi r = 132 \Rightarrow 2 \times \frac{22}{7} \times r = 132$

$\Rightarrow r = \left(132 \times \frac{7}{44}\right) = 21$ सेमी०.

$2\pi R = 176 \Rightarrow 2 \times \frac{22}{7} \times R = 176$

$\Rightarrow R = \left(176 \times \frac{7}{44}\right) = 28$ सेमी०.

दोनों वृत्तों के क्षेत्रफलों में अन्तर

$= \pi \times \left[(28)^2 - (21)^2\right]$ वर्ग सेमी०.

$= \left[\frac{22}{7} \times (28 + 21) \times (28 - 21)\right]$ वर्ग सेमी०

$= \left(\frac{22}{7} \times 49 \times 7\right)$ वर्ग सेमी० = 1078 वर्ग सेमी०.

33. माना दिये गये वृत्त की त्रिज्या $= R$. तब, इसकी परिधि $= 2\pi R$.

नई परिधि $= \left(\frac{50}{100} \times 2\pi R\right) = \pi R = 2\pi \times \left(\frac{R}{2}\right)$.

पहले वृत्त का क्षेत्रफल $= \pi R^2$.

नये वृत्त का क्षेत्रफल $= \pi \times \left(\frac{R}{2}\right)^2 = \frac{1}{4}\pi R^2$.

क्षेत्रफल में कमी $= \left(\pi R^2 - \frac{1}{4}\pi R^2\right) = \frac{3}{4}\pi R^2$.

क्षेत्रफल में कमी % $= \left(\frac{3}{4}\pi R^2 \times \frac{1}{\pi R^2} \times 100\right)\% = 75\%$.

34. माना त्रिभुज की प्रत्येक भुजा $= 3x$ सेमी०. तब

$3x = 6 \Rightarrow x = 2$.

समषटभुज का क्षेत्रफल

$= \Delta ABC$ का क्षेत्रफल $-3 \times (\Delta ADE$ का क्षेत्रफल)

$= \left[\left(\frac{\sqrt{3}}{4} \times 6 \times 6\right) - \left(3 \times \frac{\sqrt{3}}{4} \times 2 \times 2\right)\right]$ वर्ग सेमी०.

$= (9\sqrt{3} - 3\sqrt{3})$ वर्ग सेमी० $= 6\sqrt{3}$ वर्ग सेमी०.

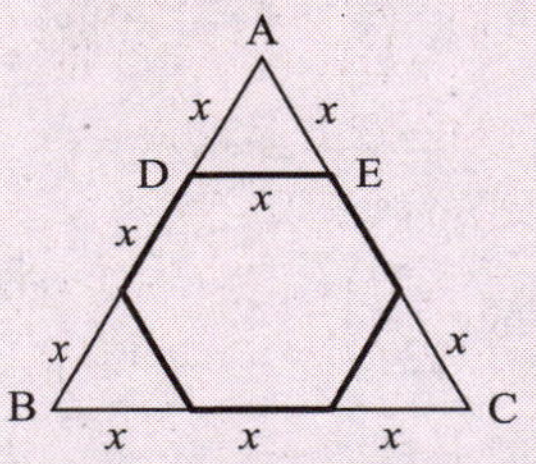

35. माना लम्बाई $= 9x$ सेमी० तथा चौड़ाई $= 7x$ सेमी०. तब,

$9x \times 7x = 252 \Rightarrow x^2 = \frac{252}{63} = 4 = 2^2 \Rightarrow x = 2$.

$\therefore$ लम्बाई = 18 सेमी० तथा चौड़ाई = 14 सेमी०.

अत: परिमिति $= 2(l+b) = 2(18+14)$ सेमी० $= 64$ सेमी०.

36. माना वृत्त की त्रिज्या $= R$ सेमी०. तब $\pi R^2 = 39424$.

$\therefore R^2 = \left(39424 \times \frac{7}{22}\right) = (1792 \times 7) = 7 \times 256 \times 7$

$= (7 \times 7 \times 16 \times 16)$

$\Rightarrow R = (7 \times 16) = 112$ सेमी०.

वर्ग की परिमिति = 112 सेमी० $\Rightarrow 4a = 112 \Rightarrow a = 28$.

वर्ग की प्रत्येक भुजा = 28 सेमी०.

वर्ग का क्षेत्रफल = (28 × 28) वर्ग सेमी० = 784 वर्ग सेमी०.

37. माना वृत्त की त्रिज्या $= a$.

इसके अन्तर्गत बने वर्ग का विकर्ण $= 2a$.

इस वर्ग का क्षेत्रफल $= \frac{1}{2} \times (2a)^2 = 2a^2$.

अर्द्ध-वृत्त की त्रिज्या $= a$.

इसमें बने वर्ग की भुजा $= b$ (माना)

तब $AB = b,\ OA = \frac{b}{2},\ OB = a$.

$\therefore a^2 = b^2 + \left(\frac{b}{2}\right)^2 \Rightarrow b^2 + \frac{b^2}{4} = a^2$

$\Rightarrow \frac{5b^2}{4} = a^2 \Rightarrow b^2 = \frac{4a^2}{5}$.

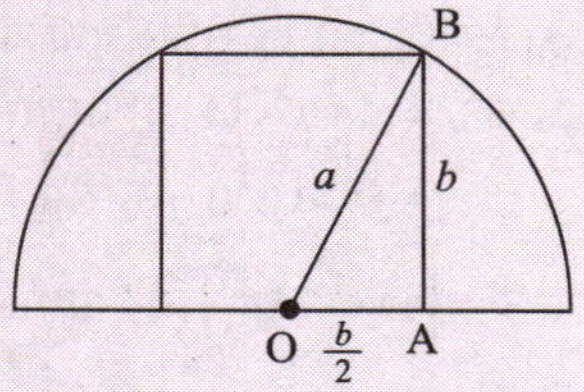

नये वर्ग का क्षेत्रफल $= b^2 = \frac{4a^2}{5}$.

अभीष्ट अनुपात $= 2a^2 : \frac{4a^2}{5} = 10 : 4 = 5 : 2$.

38. [$2(l+b) = 6$ किमी० $\Rightarrow (l+b) = 3$ किमी०]

तथा $lb = 2$ वर्ग किमी०

$(l-b)^2 = (l+b)^2 - 4lb = (3^2 - 4 \times 2) = (9-8) = 1$

$\Rightarrow l - b = \sqrt{1} = 1$.

अत: लम्बाई तथा चौड़ाई का अन्तर = 1 किमी०.

39. वृत्ताकार प्लॉट की परिमिति

$= \left(\frac{3300}{15}\right)$ मीटर = 220 मीटर.

$2\pi R = 220 \Rightarrow 2 \times \frac{22}{7} \times R = 220$

$\Rightarrow R = \left(220 \times \frac{7}{44}\right) = 35$ मीटर.

फर्श का क्षेत्रफल $= \pi R^2 = \left(\frac{22}{7} \times 35 \times 35\right)$ वर्ग मी०

= 3850 वर्ग मीटर.

फर्श पक्का कराने का खर्च = ₹ (3850 × 100) = ₹ 385000.

40. माना वृत्त की त्रिज्या $= R$ सेमी०. तब, $2\pi R = 100 \Rightarrow R = \frac{50}{\pi}$.

$\therefore$ इस वृत्त में बने वर्ग के विकर्ण की लम्बाई $= 2R$.

माना वर्ग की प्रत्येक भुजा $= a$ सेमी०.

तब, $a^2 + a^2 = (2R)^2 = 4R^2$

$\Rightarrow 2a^2 = 4R^2 \Rightarrow a^2 = 2R^2$.

$\Rightarrow a = (\sqrt{2}R) = \left(\frac{50\sqrt{2}}{\pi}\right)$ सेमी०.

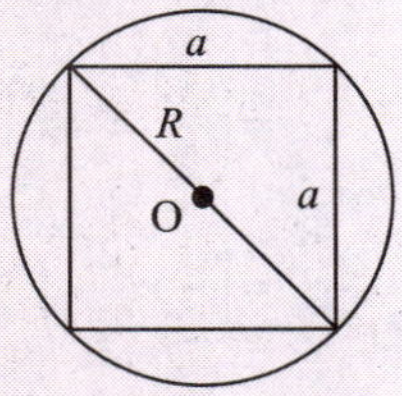

41. माना आयत की लम्बाई $= x$ तथा चौड़ाई $= y$.

नई लम्बाई $= \left(\frac{160}{100} \times x\right) = \frac{8x}{5}$. माना नई चौड़ाई $= z$.

तब $\frac{8x}{5} \times z = xy \Rightarrow z = \frac{5y}{8}$.

चौड़ाई में कमी $= \left(y - \frac{5y}{8}\right) = \frac{3y}{8}$.

चौड़ाई में कमी $\% = \left(\frac{3y}{8}\times\frac{1}{y}\times 100\right)\% = \frac{75}{2}\% = 37\frac{1}{2}\%.$

42. माना आयत की लम्बाई = $14x$ सेमी० तथा चौड़ाई = $11x$ सेमी०.

आयत का क्षेत्रफल $= (14x \times 11x)$ वर्ग सेमी०

$= (154x^2)$ वर्ग सेमी०.

वृत्त का क्षेत्रफल $= \left[\pi \times (21)^2\right]$ वर्ग सेमी०

$= \left(\frac{22}{7}\times 21\times 21\right)$ वर्ग सेमी० = 1386 वर्ग सेमी०.

$\Rightarrow 154x^2 = 1386 \Rightarrow x^2 = \frac{1386}{154} = 9 = (3)^2 \Rightarrow x = 3.$

आयत की परिमिति = $2(14x + 11x)$ सेमी० = $50x$ सेमी०

= (50×3) सेमी० = 150 सेमी०.

43. माना $a = 3$ सेमी०, $b = 4$ सेमी० तथा $c = 5$ सेमी०.

$\therefore\ s = \frac{1}{2}(a+b+c) = \frac{1}{2}(3+4+5)$ सेमी० = 6 सेमी०.

$\therefore\ \Delta = \sqrt{s(s-a)(s-b)(s-c)}$

$= \sqrt{6\times 3\times 2\times 1} = \sqrt{36} = 6$ सेमी०^2.

44. माना $a = 20$ मीटर, $b = 21$ मीटर तथा $c = 29$ मीटर. तब

$s = \frac{1}{2}(a+b+c) = \frac{1}{2}(20+21+29)$ मीटर = 35 मीटर.

$\therefore\ \Delta = \sqrt{s(s-a)(s-b)(s-c)} = \sqrt{35\times 15\times 14\times 6}$

$= \sqrt{7\times 7\times 5\times 5\times 6\times 6} = (7\times 5\times 6) = 210$ वर्ग सेमी०.

अभीष्ट खर्च = ₹ (210 × 9) = ₹ 1890.

45. समकोण समद्विबाहु त्रिभुज में कर्ण $AC = 5$ सेमी०.

माना $AB = BC = x$ सेमी०. तब

$x^2 + x^2 = 5^2 \Rightarrow 2x^2 = 25$

$\Rightarrow x^2 = \frac{25}{2}$

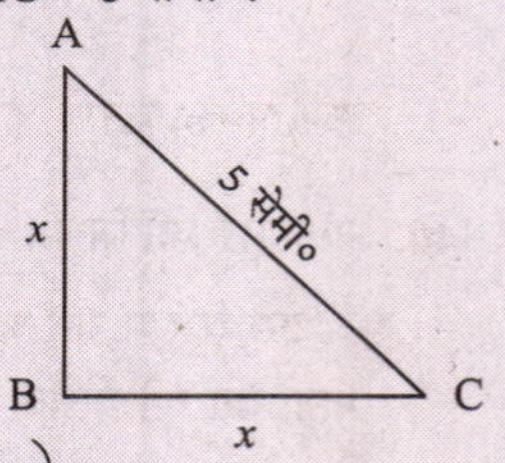

त्रिभुज का क्षेत्रफल

$= \left(\frac{1}{2}\times x\times x\right)$ वर्ग सेमी० $= \left(\frac{1}{2}x^2\right)$ वर्ग सेमी०

$= \left(\frac{1}{2}\times\frac{25}{2}\right)$ वर्ग सेमी० $= \frac{25}{4}$ वर्ग सेमी० = 6·25 सेमी०^2.

46. $\Delta = \left(\frac{\sqrt{3}}{4}\times a^2\right) = \left(\frac{\sqrt{3}}{4}\times 8\times 8\right)$ वर्ग सेमी०

$= 16\sqrt{3}$ वर्ग सेमी०.

47. माना प्रत्येक भुजा = a सेमी०. तब,

क्षेत्रफल $= \left(\frac{\sqrt{3}}{4}a^2\right)$ वर्ग सेमी०.

$\therefore\ \frac{\sqrt{3}}{4}a^2 = 4\sqrt{3} \Rightarrow a^2 = 16 \Rightarrow a = 4.$

अत: प्रत्येक भुजा = 4 सेमी०.

48. $\Delta = \left(\frac{\sqrt{3}}{4}\times a^2\right) = \left[\frac{\sqrt{3}}{4}\times(2\sqrt{3})^2\right]$ वर्ग सेमी०

$= \left(\frac{\sqrt{3}}{4}\times 12\right)$ वर्ग सेमी० $= 3\sqrt{3}$ वर्ग सेमी०.

$\frac{1}{2}\times 2\sqrt{3}\times h = 3\sqrt{3} \Rightarrow \sqrt{3}\times h = 3\sqrt{3} \Rightarrow h = 3$ सेमी०.

अत: त्रिभुज की ऊँचाई = 3 सेमी०.

49. माना प्रत्येक भुजा = a सेमी०. तब,

क्षेत्रफल $= \left(\frac{\sqrt{3}}{4}a^2\right)$ वर्ग सेमी०.

$\left\{\frac{\sqrt{3}}{4}(a+2)^2 - \frac{\sqrt{3}}{4}a^2\right\} = 2\sqrt{3}$

$\Rightarrow \frac{\sqrt{3}}{4}.\ \left\{(a+2)^2 - a^2\right\} = 2\sqrt{3}$

$4a + 4 = \left(2\sqrt{3}\times\frac{4}{\sqrt{3}}\right) = 8 \Rightarrow 4a = 4 \Rightarrow a = 1.$

अत: त्रिभुज की प्रत्येक भुजा = 1 सेमी०.

50. $\pi r^2 = 462 \Rightarrow \frac{22}{7}\times r^2 = 462$

$\Rightarrow r^2 = \left(462\times\frac{7}{22}\right) = 147$

$\Rightarrow r = 7\sqrt{3}$ सेमी०

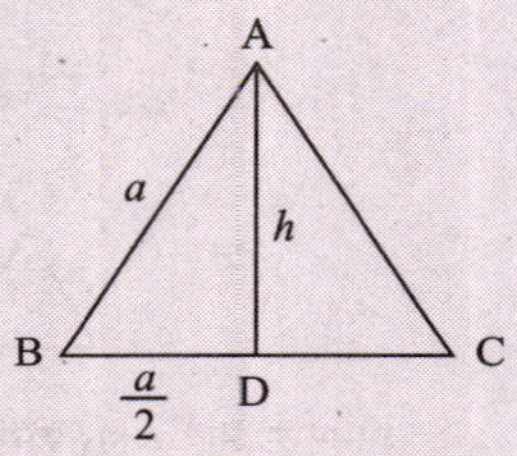

त्रिभुज की ऊँचाई $= 3r = 21\sqrt{3}$ सेमी०.

$\therefore\ h^2 = a^2 - \left(\frac{a}{2}\right)^2 = \left(a^2 - \frac{a^2}{4}\right) = \frac{3a^2}{4}$

$\Rightarrow \frac{3a^2}{4} = (21\sqrt{3})^2 = 1323$

$\Rightarrow a^2 = \left(\frac{1323\times 4}{3}\right) = (441\times 4)$

$\Rightarrow a = (21\times 2) = 42$ सेमी०.

त्रिभुज का परिमाप = (3 × 42) सेमी० = 126 सेमी०.

51. माना वर्ग की प्रत्येक भुजा = a सेमी०.

तब, वर्ग का विकर्ण $= \sqrt{2}a.$

$\therefore\ \sqrt{2}a = 12\sqrt{2} \Rightarrow a = 12.$

त्रिभुज की परिमिति = वर्ग की परिमिति

= (4 × 12) सेमी० = 48 सेमी०.

त्रिभुज की प्रत्येक भुजा $= \left(\frac{1}{3}\times 48\right)$ सेमी० = 16 सेमी०.

त्रिभुज का क्षेत्रफल $= \left(\frac{\sqrt{3}}{4}\times 16\times 16\right)$ वर्ग सेमी०

$= 64\sqrt{3}$ वर्ग सेमी०.

52. $\frac{1}{2} \times a \times$ ऊँचाई $= \frac{\sqrt{3}}{4}a^2 \Rightarrow$ ऊँचाई $= \left(\frac{\sqrt{3}}{2} \times a\right)$

$\therefore \frac{\sqrt{3}}{2} \times a = \sqrt{6} \Rightarrow a = \frac{\sqrt{6} \times 2}{\sqrt{3}} = 2\sqrt{2}.$

अत: क्षेत्रफल $= \left\{\frac{\sqrt{3}}{4} \times (2\sqrt{2})^2\right\}$ सेमी०^2

$= \left(\frac{\sqrt{3}}{4} \times 8\right)$ सेमी०$^2 = (2\sqrt{3})$ सेमी०^2.

53. माना त्रिभुज की ऊँचाई $= h$ सेमी०. तब

$\frac{1}{2} \times 24 \times h = \frac{\sqrt{3}}{4} \times 24 \times 24 \Rightarrow h = 12\sqrt{3}$ सेमी०.

$3r = 12\sqrt{3} \quad \Rightarrow r = 4\sqrt{3}$.

अन्त:वृत्त का क्षेत्रफल

$= \pi r^2 = \pi \times (4\sqrt{3})^2 = (48\pi)$ वर्ग सेमी०.

54. माना त्रिभुज की भुजायें $5x$ सेमी०, $5x$ सेमी० तथा $4x$ सेमी० हैं. तब

$(5x + 5x + 4x) = 14 \Rightarrow 14x = 14 \Rightarrow x = 1.$

$\therefore a = 5$ सेमी०, $b = 5$ सेमी० तथा $c = 4$ सेमी०.

$\Rightarrow s = \frac{1}{2}(5+5+4) = 7, (s-a) = 2, (s-b) = 2$

तथा $(s-c) = 3$

$\Rightarrow \Delta = \sqrt{s(s-a)(s-b)(s-c)} = \sqrt{7 \times 2 \times 2 \times 3}$

$= 2\sqrt{21}$ वर्ग सेमी०.

55. माना त्रिभुज की शेष भुजायें a तथा b हैं. तब,

$a^2 + b^2 = (13)^2 = 169$ तथा $\frac{1}{2} \times ab = 30 \Rightarrow ab = 60.$

$(a+b)^2 = (a^2+b^2) + 2ab = (169 + 2 \times 60) = 289.$

$(a-b)^2 = (a^2+b^2) - 2ab = (169 - 2 \times 60) = 49.$

$\therefore (a+b) = \sqrt{289} = 17$ तथा $(a-b) = \sqrt{49} = 7.$

इन्हें हल करने पर, $a = 12$ तथा $b = 5$.

अत: छोटी भुजा की लम्बाई = 5 सेमी०.

56. पहले त्रिभुज का क्षेत्रफल $= \left(\frac{1}{2} \times 15 \times 12\right)$ वर्ग मीटर

= 90 वर्ग मीटर.

नई त्रिभुज का क्षेत्रफल = (2 × 90) वर्ग मीटर = 180 वर्ग मीटर.

माना इस त्रिभुज की ऊँचाई $= h$ मीटर.

तब, $\frac{1}{2} \times 20 \times h = 180 \Rightarrow h = 18$ मीटर.

57. समान्तर चतुर्भुज का क्षेत्रफल = (आधार × ऊँचाई)

= (18 × 8) वर्ग सेमी० = 144 वर्ग सेमी०.

58. माना दिया गया समान्तर चतुर्भुज $ABCD$ है. जिसमें $AB = 30$ मीटर, $BC = 14$ मीटर तथा $AC = 40$ मीटर.

$\therefore s = \frac{1}{2}(30 + 14 + 40) = 42, (s-a) = 12,$

$(s-b) = 28, (s-c) = 2.$

$\Rightarrow \Delta = \sqrt{s(s-a)(s-b)(s-c)} = \sqrt{42 \times 12 \times 28 \times 2}$

$= \sqrt{7 \times 7 \times 6 \times 6 \times 4 \times 4}$

$= (7 \times 6 \times 4) = 168$ वर्ग मीटर.

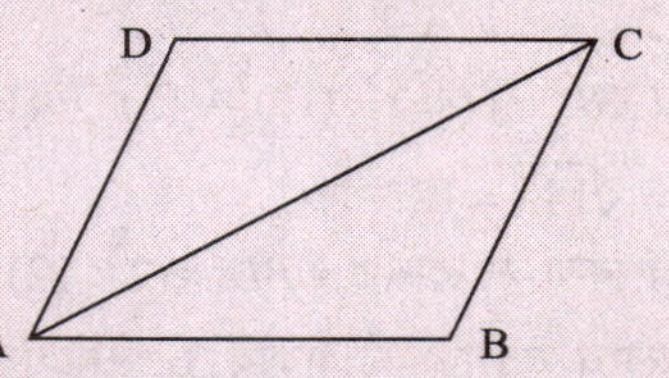

$\Rightarrow$ समान्तर चतुर्भुज $ABCD$ का क्षेत्रफल

= (2 × 168) वर्ग मीटर = 336 वर्ग मीटर.

59. स्पष्ट है कि वर्ग का क्षेत्रफल, समचतुर्भुज के क्षेत्रफल से बड़ा होगा. अत: अभीष्ट अनुपात 1 से बड़ा होगा.

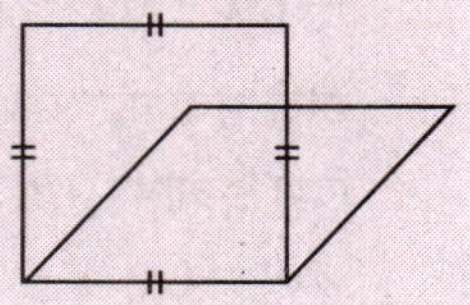

60. समचतुर्भुज का क्षेत्रफल

$= \left(\frac{1}{2} \times d_1 \times d_2\right)$

$\therefore \frac{1}{2} \times 18 \times x = 144 \Rightarrow 9x = 144 \Rightarrow x = 16.$

अत: दूसरा विकर्ण = 16 सेमी०.

61. माना $d_1 = x$ तथा $d_2 = x$ का $80\% = \left(x \times \frac{80}{100}\right) = \frac{4x}{5}.$

क्षेत्रफल $= \left(\frac{1}{2} \times x \times \frac{4x}{5}\right) = \frac{2}{5}x^2.$

अभीष्ट मान $= \frac{2}{5}.$

62. समचतुर्भुज $ABCD$ में:

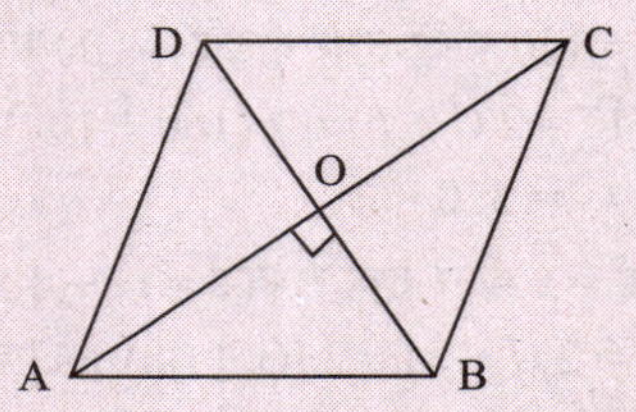

$OA = \frac{1}{2} \times AC = \left(\frac{1}{2} \times 8\right)$ सेमी० = 4 सेमी०

$AB = 5$ सेमी० (दिया है) तथा $\angle AOB = 90°$.

$\therefore OB^2 = (AB^2 - OA^2) = (5)^2 - (4)^2 = (25 - 16) = 9$

$\Rightarrow OB = 3$ सेमी० $\Rightarrow BD = (2 \times OB) = 6$ सेमी०.

$\therefore$ समचतुर्भुज $ABCD$ का क्षेत्रफल

$= \frac{1}{2} \times AC \times BC = \left(\frac{1}{2} \times 8 \times 6\right)$ वर्ग सेमी० = 24 वर्ग सेमी०.

63. $AB = \left(\frac{1}{4} \times 52\right)$ मीटर = 13 मीटर.

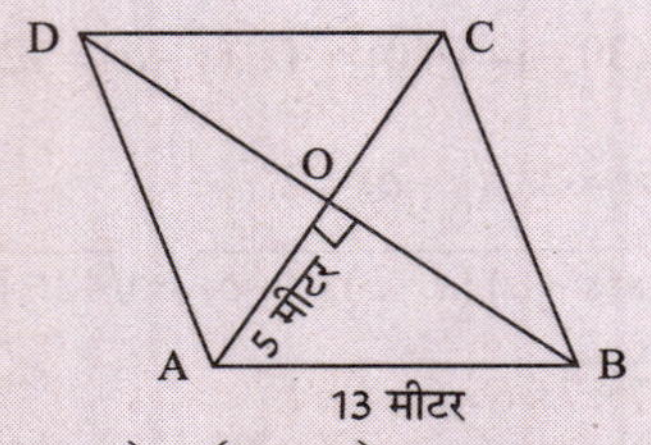

$OA = \left(\frac{1}{2} \times AC\right) = \left(\frac{1}{2} \times 10\right)$ मीटर = 5 मीटर.

$OB^2 = (AB^2 - OA^2) = (13)^2 - (5)^2 = (169 - 25) = 144$

$\Rightarrow OB = \sqrt{144} = 12$ मीटर.

$\Rightarrow$ बड़े विकर्ण की लम्बाई = $BD = (2 \times 12)$ मीटर = 24 मीटर.

64. माना समलम्ब चतुर्भुज की भुजायें $3x$ सेमी० तथा $5x$ सेमी० हैं. तब,

$\frac{1}{2}(3x + 5x) \times 12 = 384 \Rightarrow 48x = 384 \Rightarrow x = 8.$

छोटी भुजा की लम्बाई = (3×8) सेमी० = 24 सेमी०.

65. दिया है आयत $ABCD$ में $BC = 10$ सेमी० तथा $AC = 26$ सेमी०

$AB^2 = (AC)^2 - (BC)^2 = (26)^2 - (10)^2$

$= (26+10)(26-10) = (36 \times 16)$

$\Rightarrow AB = (6 \times 4) = 24$ सेमी०.

$\therefore$ लम्बाई = 24 सेमी० तथा चौड़ाई = 10 सेमी०.

परिमिति $= 2(l+b) = 2(24+10)$ सेमी० = 68 सेमी०.

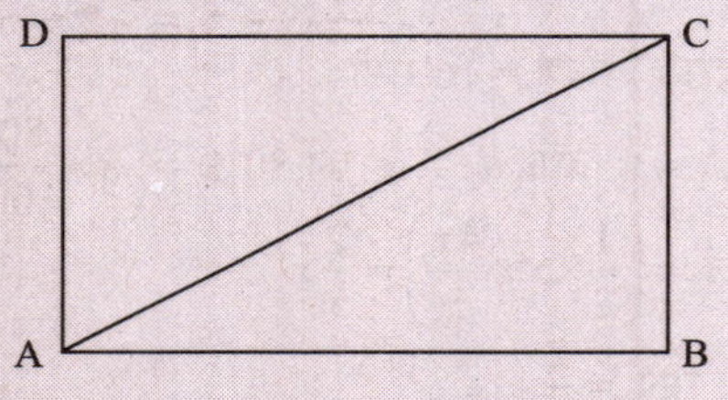

66. माना लम्बाई = $8x$ मीटर तथा चौड़ाई = $5x$ मीटर.

$8x - 5x = 60 \Rightarrow 3x = 60 \Rightarrow x = 20.$

$\therefore$ लम्बाई = 160 मीटर तथा चौड़ाई = 100 मीटर.

अत: परिमिति = $2(l + b) = 2(160 + 100)$ मीटर
= 520 मीटर.

67. माना चौड़ाई = x मीटर तथा लम्बाई = $(x + 48)$ मीटर.

$\therefore$ परिमाप = $2(l + b) = 2[(x + 48) + x]$ मीटर
= $(4x + 96)$ मीटर.

$\therefore 4x + 96 = 800 \Rightarrow 4x = (800 - 96) = 704 \Rightarrow x = 176.$

अत: चौड़ाई = 176 मीटर तथा लम्बाई = $(176 + 48)$ मीटर
= 224 मीटर

खेत का क्षेत्रफल = $(224 \times 176) = (200 + 24)(200 - 24)$
$= (200)^2 - (24)^2 = (40000 - 576) = 39424$ वर्ग मीटर.

68. माना $l = 5x$ तथा $2(l + b) = 16x$ अर्थात $(l + b) = 8x$.

$\therefore b = (8x - 5x) = 3x.$

अत: $l : b = 5x : 3x = 5 : 3.$

69. माना वर्गाकार खेत की लम्बाई = x मीटर.

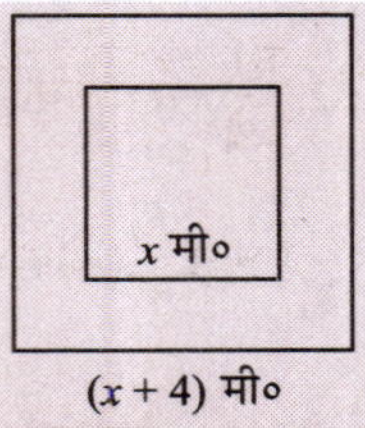

रास्ते सहित वर्गाकार जगह की लम्बाई
= $(x + 2 + 2)$ मीटर = $(x + 4)$ मीटर

$(x+4)^2 - x^2 = 72$

$\Rightarrow x^2 + 8x + 16 - x^2 = 72$

$\Rightarrow 8x = 56 \Rightarrow x = 7.$

खेत की लम्बाई = 7 मीटर. अत: खेत का क्षेत्रफल = 49 वर्ग मीटर.

70. यदि एक वर्ग तथा एक आयत के परिमाप बराबर हैं, तो वर्ग का क्षेत्रफल सदैव बड़ा होगा. अत: $A > B$ सत्य है.

71. यदि एक वर्ग तथा एक आयत के क्षेत्रफल बराबर हैं, तो वर्ग की परिमिति छोटी होगी.
अत: $p_1 < p_2$ सत्य है.

72. माना वर्ग की प्रत्येक भुजा = a सेमी०.

तब, $4a = 80 \Rightarrow a = 20$ सेमी०.

वर्ग का क्षेत्रफल = (20×20) वर्ग सेमी० = 400 वर्ग सेमी०.

वर्ग तथा आयत की परिमिति बराबर हों, तो वर्ग का क्षेत्रफल अधिक होगा.

$\therefore$ आयत का क्षेत्रफल = $(400 - 100)$ वर्ग सेमी०
= 300 वर्ग सेमी०.

$2(l+b) = 80 \Rightarrow (l+b) = 40.$

अब, ($l + b = 40$ तथा $lb = 300$)

$\Rightarrow (l-b)^2 = (l+b)^2 - 4lb = (1600 - 4 \times 300) = 400$

$\Rightarrow (l-b) = 20.$

$l + b = 40$ तथा $l - b = 20$ को हल करने पर $l = 30, b = 10.$

73. माना दूसरे वर्ग का विकर्ण = d. तब, पहले वर्ग का विकर्ण = $2d$.

इनके क्षेत्रफलों का अनुपात

$= \frac{1}{2} \times (2d)^2 : \frac{1}{2} \times d^2 = 4d^2 : d^2 = 4 : 1.$

74. $a^2 : b^2 = 1 : 2 \Rightarrow a : b = \sqrt{1} : \sqrt{2} = 1 : \sqrt{2}$

$\Rightarrow 4a : 4b = 4 : 4\sqrt{2} = 1 : \sqrt{2}.$

75. पहले वर्ग की भुजा $= \frac{24}{4}$ मी० = 6 मी०,

दूसरे वर्ग की भुजा $= \frac{32}{4}$ मी० = 8 मी०.

बड़े वर्ग का क्षेत्रफल = $[(6)^2 + (8)^2]$ वर्ग मी० = 100 वर्ग मी०.

इस वर्ग की प्रत्येक भुजा $= \sqrt{100}$ मी० = 10 मी०.

इस वर्ग का परिमाप = (4×10) मी० = 40 मीटर.

76. अभीष्ट वृत्त की त्रिज्या = 7 सेमी०.

इस वृत्त का क्षेत्रफल $= \pi R^2 = \left(\frac{22}{7} \times 7 \times 7\right)$ वर्ग सेमी०.
= 154 वर्ग सेमी०.

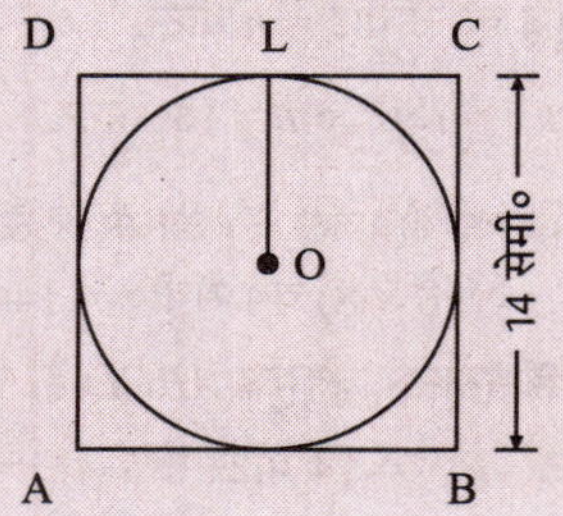

77. फर्श का क्षेत्रफल = (300 × 300) वर्ग सेमी०.
प्रत्येक पत्थर का क्षेत्रफल = (20 × 30) वर्ग सेमी०.

पत्थरों की संख्या $= \left(\frac{300 \times 300}{20 \times 30}\right) = 150.$

78. परिवृत्त की त्रिज्या, $R = \frac{abc}{4\Delta}$

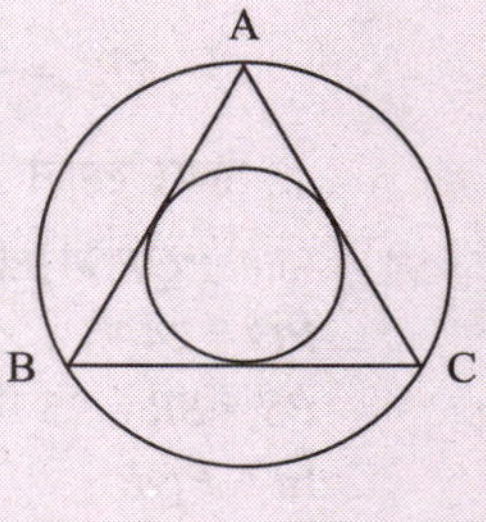

$\Rightarrow R = \left(\frac{8 \times 8 \times 8}{4 \times \frac{\sqrt{3}}{4} \times 8 \times 8}\right) = \frac{8}{\sqrt{3}}.$

अन्त:वृत्त की त्रिज्या, $r = \frac{\Delta}{s}$

$\Rightarrow r = \frac{\frac{\sqrt{3}}{4} \times 8 \times 8}{\frac{1}{2}(8+8+8)} = \frac{\sqrt{3} \times 16 \times 2}{24} = \frac{4}{\sqrt{3}}.$

अभीष्ट क्षेत्रफल

$= \pi(R^2 - r^2) = \frac{22}{7} \times \left(\frac{64}{3} - \frac{16}{3}\right) = \left(\frac{22}{7} \times 16\right)$ सेमी०^2

$= \frac{352}{7}$ सेमी०^2 $= 50\frac{2}{7}$ सेमी०^2.

79. ΔDEF की परिमिति

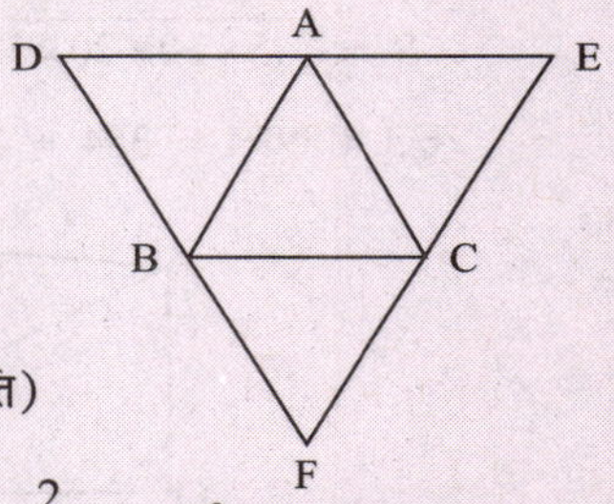

$= DE + DF + EF$
$= 2\,BC + 2\,AC + 2\,AB$
$= 2\,(BC + AC + AB)$
$= 2 \times$ ($\Delta\, ABC$ की परिमिति)

$\frac{\Delta\, DEF \text{ की परिमिति}}{\Delta\, ABC \text{ की परिमिति}} = \frac{2}{1} \Rightarrow$ अभीष्ट अनुपात = 2 : 1.

80. सारे क्षेत्र का क्षेत्रफल = (38 × 32) वर्ग मीटर = 1216 वर्ग मीटर.
माना रास्ते की चौड़ाई = x मीटर.

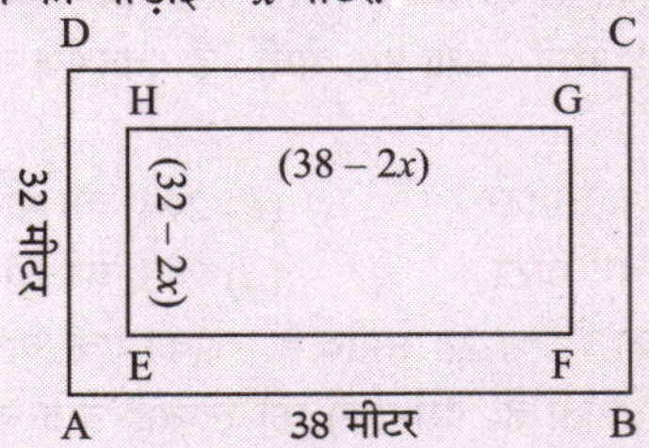

इस रास्ते का क्षेत्रफल = (क्षेत्रफल $ABCD$) – (क्षेत्रफल $EFGH$)

$= [(1216) - (38-2x)\,(32-2x)]$ वर्ग मीटर

$= [1216 - (1216 - 140x + 4x^2)]$ वर्ग मी०

$= (140x - 4x^2)$ वर्ग मी०

$\therefore 140x - 4x^2 = 600 \Rightarrow x^2 - 35x + 150 = 0$

$\Rightarrow x^2 - 30x - 5x + 150 = 0 \Rightarrow x(x-30) - 5\,(x-30) = 0$

$\Rightarrow (x-30)\,(x-5) = 0 \Rightarrow x = 5$ $\quad [\because\ x \neq 30]$

अत: रास्ते की चौड़ाई = 5 मीटर.

81. दरी की लम्बाई $= \left(\frac{\text{कुल खर्च}}{\text{दर प्रति मीटर}}\right)$ मीटर $= \left(\frac{6000}{50}\right)$ मीटर

= 120 मीटर.

दरी का क्षेत्रफल $= \left(120 \times \frac{75}{100}\right)$ वर्ग मीटर = 90 वर्ग मीटर.

माना कमरे की चौड़ाई = x मीटर. तब $15 \times x = 90 \Rightarrow x = 6.$

$\therefore$ कमरे की चौड़ाई = 6 मीटर.

82. माना श्यामपट की चौड़ाई = x सेमी० तथा लम्बाई = $(x+8)$ सेमी०.

$(x+8)\,x = (x+15)\,(x-4) \Rightarrow x^2 + 8x = x^2 + 11x - 60$

$\Rightarrow 3x = 60 \Rightarrow x = 20.$

$\therefore$ श्यामपट की लम्बाई = 28 सेमी०.

83. माना आयत की चौड़ाई = x मीटर. तब

$108 \times x = 72 \times 72 \Rightarrow x = \frac{72 \times 72}{108} \Rightarrow x = 48.$

$\therefore$ आयत की चौड़ाई = 48 मीटर.

84. मांना प्रारम्भिक त्रिज्या = R. तब $\pi(R+1)^2 - \pi R^2 = 22$

$\frac{22}{7} \times \left[(R+1)^2 - R^2\right] = 22 \Rightarrow (R^2 + 2R + 1 - R^2) = 7$

$\Rightarrow 2R + 1 = 7 \Rightarrow 2R = 6 \Rightarrow R = 3.$

अत: प्रारम्भिक त्रिज्या = 3 सेमी०.

85. $(2\pi R - R) = 37 \Rightarrow (2\pi - 1) \times R = 37$

$\Rightarrow \left(2 \times \frac{22}{7} - 1\right) \times R = 37 \Rightarrow \frac{37R}{7} = 37 \Rightarrow R = 7.$

वृत्त का क्षेत्रफल $= \pi R^2 = \left(\frac{22}{7} \times 7 \times 7\right)$ वर्ग सेमी०

= 154 वर्ग सेमी०.

86. पहली त्रिज्या $= R \Rightarrow$ पहले क्षेत्रफल $= \pi R^2$ वर्ग इकाई.

नई त्रिज्या $= \left(\frac{70R}{100}\right) = \frac{7R}{10}.$

नया क्षेत्रफल $= \pi\left(\frac{7R}{10}\right)^2 = \frac{49\pi R^2}{100}$ वर्ग इकाई.

क्षेत्रफल में कमी $= \left(\pi R^2 - \frac{49\pi R^2}{100}\right) = \frac{51\pi R^2}{100}$ वर्ग इकाई.

क्षेत्रफल में कमी $\% = \left(\frac{51\pi R^2}{100} \times \frac{1}{\pi R^2} \times 100\right)\% = 51\%.$

87. माना व्यास = $2R$. तब, क्षेत्रफल $= \pi R^2$.

नया व्यास $= \left(2R \times \frac{140}{100}\right) = \frac{14R}{5} = 2 \times \left(\frac{7R}{5}\right).$

नया क्षेत्रफल $= \pi \times \left(\frac{7R}{5}\right)^2 = \frac{49\pi R^2}{25}.$

क्षेत्रफल में वृद्धि $= \left(\frac{49\pi R^2}{25} - \pi R^2\right) = \frac{24\pi R^2}{25}.$

क्षेत्रफल में वृद्धि % $= \left(\frac{24\pi R^2}{25} \times \frac{1}{\pi R^2} \times 100\right)\% = 96\%.$

88. माना पहले परिधि $= 2\pi R$. तब, क्षेत्रफल $= \pi R^2$.

नई परिधि $= \left(2\pi R \times \frac{150}{100}\right) = 2\pi\left(\frac{3R}{2}\right).$

नया क्षेत्रफल $= \pi \times \left(\frac{3R}{2}\right)^2 = \frac{\pi \times 9R^2}{4} = \frac{9}{4}\pi R^2.$

क्षेत्रफल में वृद्धि $= \left(\frac{9\pi R^2}{4} - \pi R^2\right) = \frac{5\pi R^2}{4}.$

क्षेत्रफल में वृद्धि % $= \left(\frac{5\pi R^2}{4} \times \frac{1}{\pi R^2} \times 100\right)\% = 125\%.$

89. एक चक्कर में तय की गई दूरी

$= \left(2 \times \frac{22}{7} \times 14\right)$ सेमी० = 88 सेमी०.

44 किमी० दूरी तय करने में लगाये गये चक्करों की संख्या

$= \frac{(44 \times 1000 \times 100)}{88} = 50000.$

90. वृत्ताकार मैदान की त्रिज्या = a मीटर

वर्गाकार मैदान की भुजा = $a + 9$ मीटर

प्रश्नानुसार, $4x - 2\pi a = 20$

$\Rightarrow 4(a+9) - 2 \times \frac{22}{7} \times a = 20$

$\Rightarrow 4a + 36 - \frac{44a}{7} = 20 \quad \Rightarrow \frac{44a}{7} - 4a = 16$

$\Rightarrow \frac{44a - 28a}{7} = 16 \quad \Rightarrow \frac{16a}{7} = 16$

$\Rightarrow 16 \Rightarrow a = \frac{16 \times 7}{16} = 7$ मीटर

∴ वृत्ताकार मैदान का क्षेत्रफल

$= \pi R^2 = \frac{22}{7} \times 7 \times 7 = 154$ वर्गमीटर

∴ पत्थर लगाने का कुल खर्च = 154× 50 = ₹7700

91. माना $PQRS$ भूखंड में $QR = 32$ मी.

$PQ = 24$ मी. ; $\angle Q = 90°$

$PS = SR = 25$ मी.

In ΔPQR

$PR = \sqrt{32^2 + 24^2} = 40$ सेमी.

त्रिभुज PQR का क्षेत्रफल $= \frac{1}{2} \times 32 \times 24 = 384$ मी.^{2}

$S = \frac{25 + 25 + 40}{2} = 45$

त्रिभुज PSR का क्षेत्रफल

$= \sqrt{45(45-25)(45-25)(45-40)}$

$S = \sqrt{45 \times 20 \times 20 \times 5} = 300$ मी.^{2}

कुल क्षेत्रफल = 384 + 300 = 684 मी.^{2}

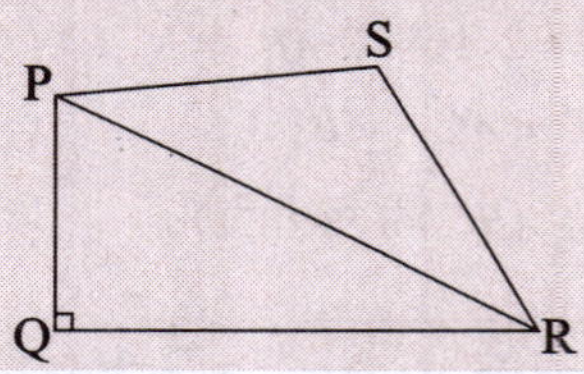

प्रश्नमाला 23B

1. एक आयताकार खेल का मैदान 160 मीटर लम्बा तथा 120 मीटर चौड़ा है. इसके चारों ओर अन्दर की ओर समान चौड़ाई का रास्ता बना है. यदि इस रास्ते का क्षेत्रफल 2176 वर्गमीटर हो, तो रास्ते की चौड़ाई ज्ञात कीजिए.

(*a*) 2 मीटर (*b*) 3 मीटर (*c*) 4 मीटर (*d*) 5 मीटर

2. एक आयताकार मैदान की लम्बाई 31 मीटर तथा चौड़ाई 14 मीटर है. इसके बाहर चारों ओर 2 मीटर चौड़ा रास्ता बना है. इस रास्ते पर ₹ 7 प्रति वर्ग मीटर की दर से रोड़ी बिछाने का खर्च क्या होगा ?

(*a*) ₹ 1372 (*b*) ₹ 1576 (*c*) ₹ 1478 (*d*) ₹ 1673

3. एक आयताकार मैदान की लम्बाई में 60% की वृद्धि करने तथा चौड़ाई में 60% की कमी करने पर इस मैदान के क्षेत्रफल में कितने प्रतिशत कमी अथवा वृद्धि होगी ?

(*a*) 35% (*b*) 34% (*c*) 33% (*d*) 36%

4. एक वर्गाकार मैदान की परिमिति एक वृत्ताकार मैदान की परिमिति के बराबर है. यदि वर्गाकार मैदान का क्षेत्रफल 3025 वर्ग मीटर हो, तो वृत्ताकार मैदान का क्षेत्रफल ज्ञात कीजिए.

(*a*) 3675 वर्ग मीटर (*b*) 3850 वर्ग मीटर

(*c*) 3775 वर्ग मीटर (*d*) इनमें से कोई नहीं

5. किसी चतुर्भुज के एक विकर्ण की लम्बाई 30 सेमी० है तथा विपरीत शीर्ष बिन्दुओं से इस विकर्ण पर डाले गये लम्बों की लम्बाइयाँ क्रमशः 6·8 सेमी० तथा 9·6 सेमी० हैं. चतुर्भुज का क्षेत्रफल ज्ञात कीजिए.

(*a*) 245 वर्ग मीटर (*b*) 244 वर्ग मीटर

(*c*) 246 वर्ग मीटर (*d*) 243 वर्ग मीटर

6. एक वृत्त की त्रिज्या 28 सेमी० है. इसकी एक चाप केन्द्र पर 72° का कोण बनाती है. इस चाप की लम्बाई ज्ञात कीजिए तथा इस प्रकार बने वृत्तखण्ड का क्षेत्रफल ज्ञात कीजिए.

(*a*) 498.2 वर्ग मीटर (*b*) 496.3 वर्ग मीटर

(*c*) 492.8 वर्ग मीटर (*d*) 243 वर्ग मीटर

7. दो एक-केन्द्रीय वृत्तों में से बाहरी वृत्त का अर्द्धव्यास 24 सेमी० है. यदि अन्दर वाले वृत्त का क्षेत्रफल उन दोनों वृत्तों के बीच के क्षेत्रफल का एक-तिहाई हो, तो बाहर वाले वृत्त की परिधि का अन्दर वाले वृत्त की परिधि से अनुपात ज्ञात कीजिए.

(*a*) 2 : 1 (*b*) 3 : 2 (*c*) 3 : 1 (*d*) 4 : 3

8. एक समबाहु ΔABC के एक आन्तरिक बिन्दु O से भुजा BC, AC तथा AB पर लम्ब क्रमशः OD, OE तथा OF खींचे गये हैं. इन

लम्बों की लम्बाई क्रमश: 24 सेमी०, 20 सेमी० तथा 22 सेमी० हैं. ΔABC का क्षेत्रफल ज्ञात कीजिए.

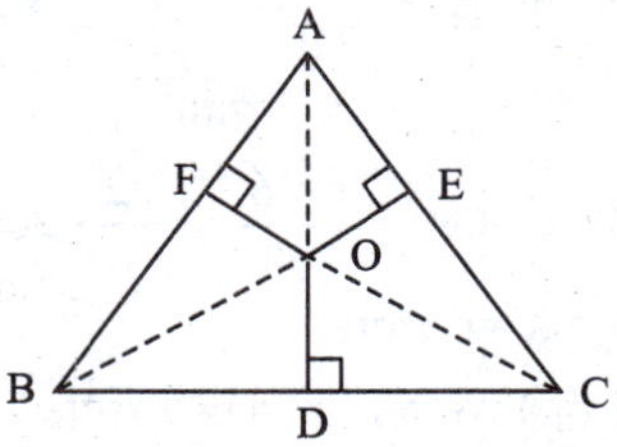

(*a*) $1452\sqrt{3}$ वर्ग मीटर (*b*) $1452\sqrt{2}$ वर्ग मीटर
(*c*) $1455\sqrt{3}$ वर्ग मीटर (*d*) $1455\sqrt{2}$ वर्ग मीटर

9. एक त्रिभुजाकार खेत के आधार की लम्बाई, ऊँचाई से तीन गुनी है. यदि खेत में ₹ 120 प्रति हैक्टेयर की दर से फसल काटने का कुल खर्च ₹ 1620 हो, तो खेत का आधार तथा ऊँचाई ज्ञात कीजिए.
(*a*) 900 मी०, 400 मी० (*b*) 800 मी०, 600 मी०
(*c*) 900 मी०, 300 मी० (*d*) 800 मी०, 300 मी०

10. संलग्न आकृति में POQ तथा ROS उस वृत्त के व्यास हैं जिसका केन्द्र O तथा त्रिज्या 14 सेमी० है. इसमें छायांकित भाग का क्षेत्रफल ज्ञात कीजिए.

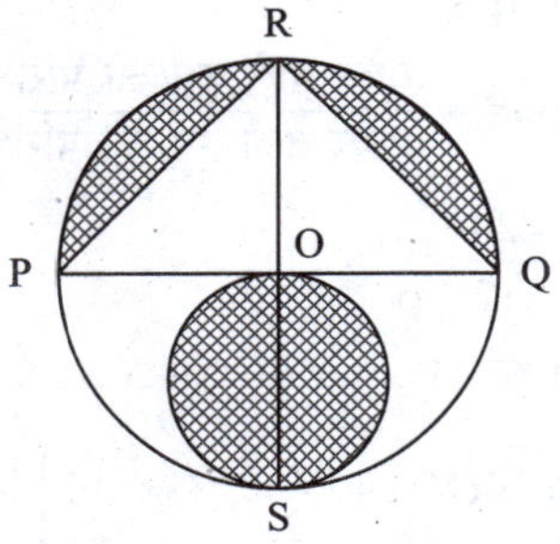

(*a*) 263 वर्ग सेमी० (*b*) 265 वर्ग सेमी०
(*c*) 266 वर्ग सेमी० (*d*) 267 वर्ग सेमी०

11. एक समचतुर्भुज का क्षेत्रफल एक ऐसे त्रिभुज के क्षेत्रफल के बराबर है जिसका आधार 24·8 सेमी० तथा ऊँचाई 16·5 सेमी० हैं. यदि इस समचतुर्भुज का एक विकर्ण 22 सेमी० लम्बा हो, तो दूसरे विकर्ण की लम्बाई ज्ञात कीजिए.
(*a*) 18.6 सेमी० (*b*) 17.3 सेमी०
(*c*) 16.9 सेमी० (*d*) 19.2 सेमी०

12. एक समान्तर चतुर्भुज का आधार इसकी ऊँचाई का तिगुना है. यदि इसका क्षेत्रफल 108 वर्ग सेमी० हो तो इसका आधार तथा ऊँचाई ज्ञात कीजिए.
(*a*) 12 सेमी०, 4 सेमी० (*b*) 18 सेमी०, 6 सेमी०
(*c*) 15 सेमी०, 5 सेमी० (*d*) 16 सेमी०, 6 सेमी०

13. एक समलम्ब चतुर्भुज का क्षेत्रफल 352 वर्ग सेमी० है तथा इसकी समान्तर भुजाओं के बीच की दूरी 16 सेमी० है. यदि समान्तर भुजाओं में से एक भुजा 25 सेमी० लम्बी हो, तो दूसरी भुजा की लम्बाई ज्ञात कीजिए.
(*a*) 17 सेमी० (*b*) 18 सेमी० (*c*) 19 सेमी० (*d*) 21 सेमी०

14. एक समलम्ब चतुर्भुज की समान्तर भुजायें क्रमश: 25 सेमी० तथा 13 सेमी० लम्बी हैं तथा इसकी असमान्तर भुजाओं में से प्रत्येक की लम्बाई 10 सेमी० है. इस समलम्ब चतुर्भुज का क्षेत्रफल ज्ञात कीजिए.
(*a*) 152 वर्ग सेमी० (*b*) 153 वर्ग सेमी०
(*c*) 154 वर्ग सेमी० (*d*) 153 वर्ग सेमी०

15. एक समलम्ब चतुर्भुज $ABCD$ में $AB \parallel DC$, $AB = 78$ सेमी०, $CD = 52$ सेमी०, $AD = 28$ सेमी० तथा $BC = 30$ सेमी० हैं. इस समलम्ब चतुर्भुज का क्षेत्रफल ज्ञात कीजिए.
(*a*) 1680 वर्ग सेमी० (*b*) 1588 वर्ग सेमी०
(*c*) 1678 वर्ग सेमी० (*d*) 1590 वर्ग सेमी०

उत्तरमाला (प्रश्नमाला 23B)

1. (*c*) **2.** (*a*) **3.** (*d*) **4.** (*b*) **5.** (*c*) **6.** (*c*) **7.** (*a*) **8.** (*a*) **9.** (*c*) **10.** (*c*) **11.** (*a*) **12.** (*b*) **13.** (*a*) **14.** (*a*) **15.** (*a*)

दिये गये प्रश्नों के हल (प्रश्नमाला 23B)

1. मैदान की लम्बाई = 160 मीटर तथा चौड़ाई = 120 मीटर.
मैदान का क्षेत्रफल = (160 × 120) वर्ग मीटर
= 19200 वर्ग मीटर.

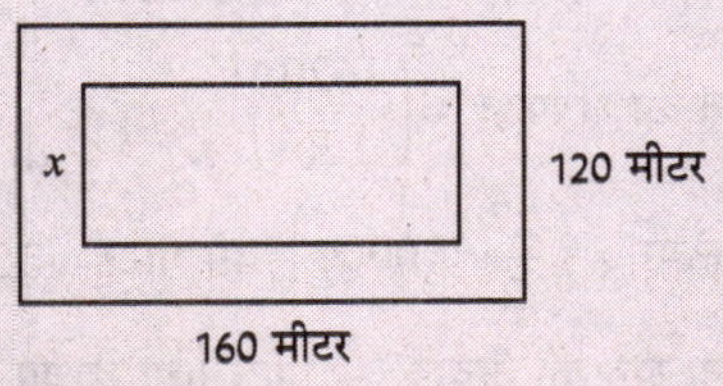

माना रास्ते की चौड़ाई = x मीटर.
रास्ते को छोड़कर शेष मैदान की लम्बाई = $(160 - 2x)$ मी०
तथा चौड़ाई = $(120 - 2x)$ मी०.
रास्ते को छोड़कर मैदान का क्षेत्रफल = $(160 - 2x)(120 - 2x)$ वर्ग मीटर.

रास्ते का क्षेत्रफल
$= [19200 - (160 - 2x)(120 - 2x)]$ वर्ग मीटर
$= (560x - 4x^2)$ वर्ग मीटर.

$\therefore\ 560x - 4x^2 = 2176 \Rightarrow 4x^2 - 560x + 2176 = 0$
$\Rightarrow x^2 - 140x + 544 = 0$
$\Rightarrow x^2 - 136x - 4x + 544 = 0$
$\Rightarrow x(x - 136) - 4(x - 136) = 0$
$\Rightarrow (x - 136)(x - 4) = 0 \Rightarrow x = 4 \quad [\because x \neq 136]$
अत: रास्ते की चौड़ाई = 4 मीटर.

2. मैदान की लम्बाई = 31 मीटर तथा चौड़ाई = 14 मीटर.
रास्ते सहित मैदान की लम्बाई = (31 + 2 × 2) मीटर = 35 मीटर
तथा चौड़ाई = (14 + 2 × 2) मी० = 18 मी०.
रास्ते का क्षेत्रफल = [(35 × 18) − (31 × 14)] वर्ग मी०

$= (630 - 434)$ वर्ग मी० $= 196$ वर्ग मी०.

रोड़ी बिछाने का खर्च = ₹ (196×7) = ₹ 1372.

3. माना मैदान की मूलरूप से लम्बाई $= a$ मी० तथा चौड़ाई $= b$ मी०.

इसका क्षेत्रफल $= ab$ वर्ग मी०.

नई लम्बाई $= a$ का 160% $= \left(a \times \frac{160}{100}\right)$ मी० $= \frac{8a}{5}$ मी०.

नई चौड़ाई $= b$ का 40% $= \left(b \times \frac{40}{100}\right)$ मी० $= \frac{2b}{5}$ मी०.

नया क्षेत्रफल $= \left(\frac{8a}{5} \times \frac{2b}{5}\right)$ वर्ग मी० $= \left(\frac{16}{25}ab\right)$ वर्ग मी०.

क्षेत्रफल में कमी $= \left(ab - \frac{16ab}{25}\right)$ वर्ग मी० $= \frac{9ab}{25}$ वर्ग मी०.

क्षेत्रफल में कमी % $= \left(\frac{9ab}{25} \times \frac{1}{ab} \times 100\right)\% = 36\%$.

4. वर्गाकार मैदान का क्षेत्रफल $= 3025$ वर्ग मी०.

वर्गाकार मैदान की प्रत्येक भुजा $= \sqrt{3025} = 55$ मीटर.

वर्गाकार मैदान की परिमिति $= (4 \times 55)$ मीटर $= 220$ मीटर.

वृत्ताकार मैदान की परिमिति $= 220$ मीटर.

माना इस मैदान की त्रिज्या $= R$ मीटर. तब,

$2\pi R = 220 \Rightarrow 2 \times \frac{22}{7} \times R = 220$

$\Rightarrow R = \left(220 \times \frac{7}{44}\right) = 35$ मीटर.

```
  5 | 3025 (55
    | 25
105 |  525
    |  525
    |   x
```

वृत्ताकार मैदान का क्षेत्रफल

$= \pi R^2 = \left(\frac{22}{7} \times 35 \times 35\right)$ वर्ग मी० $= 3850$ वर्ग मी०.

5. माना दिया गया चतुर्भुज $ABCD$ है जिसमें $AC = 30$ सेमी० माना $BL \perp AC$ तथा $DM \perp AC$. तब, $BL = 6{\cdot}8$ सेमी० तथा $DM = 9{\cdot}6$ सेमी०.

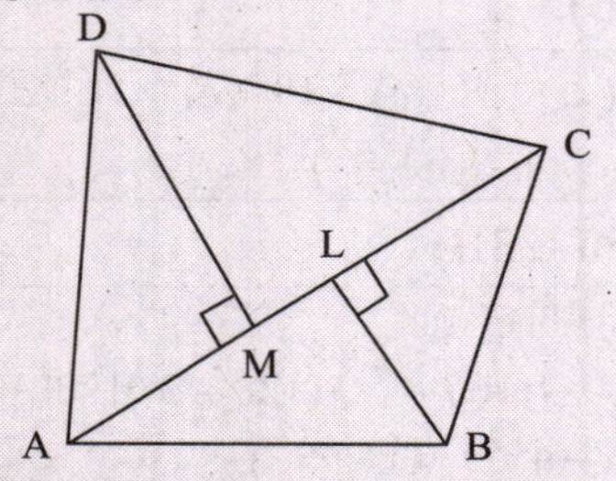

$ABCD$ का क्षेत्रफल

$= \Delta\, ABC$ का क्षेत्रफल $+ \Delta\, DAC$ का क्षेत्रफल

$= \left(\frac{1}{2} \times AC \times BL\right) + \left(\frac{1}{2} \times AC \times DM\right)$

$= \left[\left(\frac{1}{2} \times 30 \times 6{\cdot}8\right) + \left(\frac{1}{2} \times 30 \times 9{\cdot}6\right)\right]$ वर्ग सेमी०

$= \left[\frac{1}{2} \times 30 \times (6{\cdot}8 + 9{\cdot}6)\right]$ वर्ग सेमी०

$= (15 \times 16{\cdot}4)$ वर्ग सेमी० $= 246$ वर्ग सेमी०.

6. यहाँ $r = 28$ सेमी० तथा $\theta = 72°$.

$\therefore$ चाप की लम्बाई $= \frac{2\pi r\theta}{360} = \left(2 \times \frac{22}{7} \times 28 \times \frac{72}{360}\right)$ सेमी०

$= 35{\cdot}2$ सेमी०.

वृत्तखण्ड का क्षेत्रफल $= \frac{\pi r^2\theta}{360} = \left(\frac{22}{7} \times 28 \times 28 \times \frac{72}{360}\right)$ वर्ग सेमी० $= 492{\cdot}8$ वर्ग सेमी०.

7. माना अन्दर वाले वृत्त की त्रिज्या $= R$ सेमी०.

तब, $\pi R^2 = \frac{1}{3} \times \left[\pi \times (24)^2 - \pi R^2\right]$

$\Rightarrow \left(\pi R^2 + \frac{1}{3}\pi R^2\right) = 192\pi$

$\Rightarrow \left(R^2 + \frac{1}{3}R^2\right) = 192$

$\Rightarrow \frac{4R^2}{3} = 192$

$\Rightarrow R^2 = \left(192 \times \frac{3}{4}\right) = 144 = (12)^2$

$\Rightarrow R = 12$ सेमी०.

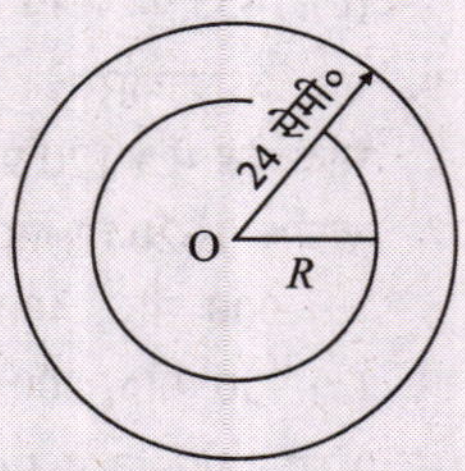

अभीष्ट अनुपात $= \frac{\text{बाहर वाले वृत्त की परिधि}}{\text{अन्दर वाले वृत्त की परिधि}}$

$= \frac{2\pi \times 24}{2\pi \times 12} = \frac{2}{1} = 2:1$.

8. $\Delta\, ABC$ का क्षेत्रफल $= \Delta\, BOC + \Delta\, AOC + \Delta\, AOB$

$= \left(\frac{1}{2} \times BC \times OD\right) + \left(\frac{1}{2} \times AC \times OE\right) + \left(\frac{1}{2} \times AB \times OF\right)$

$= \left[\left(\frac{1}{2} \times x \times 24\right) + \left(\frac{1}{2} \times x \times 20\right) + \left(\frac{1}{2} \times x \times 22\right)\right]$ वर्ग सेमी०

$= (33\,x)$ वर्ग सेमी०.

तथा $\Delta\, ABC$ का क्षेत्रफल $= \frac{\sqrt{3}}{4}x^2$.

$\therefore \frac{\sqrt{3}}{4}x^2 = 33\,x \Rightarrow x = \left(\frac{33 \times 4}{\sqrt{3}} \times \frac{\sqrt{3}}{\sqrt{3}}\right) = 44\sqrt{3}$.

$\therefore \Delta\, ABC$ का क्षेत्रफल

$= 33x = (33 \times 44\sqrt{3}) = (1452\sqrt{3})$ वर्ग सेमी०.

9. खेत का क्षेत्रफल $= \left(\frac{1620}{120}\right)$ हैक्टेयर $= \left(\frac{27}{2} \times 10000\right)$ वर्ग मीटर $= 135000$ वर्ग मीटर.

माना खेत की ऊँचाई $= x$ मीटर तथा आधार $= 3\,x$ मीटर. तब

$\frac{1}{2} \times 3x \times x = 135000 \Rightarrow x^2 = \left(135000 \times \frac{2}{3}\right) = 90000$

$\Rightarrow x = \sqrt{90000} = 300$.

$\therefore$ खेत का आधार $= 900$ मीटर तथा ऊँचाई $= 300$ मीटर.

10. छायांकित भाग का क्षेत्रफल

= (अर्द्धवृत्त PRQ का क्षेत्रफल) – ($\Delta\, PRQ$ का क्षेत्रफल) + छोटे वृत्त का क्षेत्रफल

$$=\left(\frac{1}{2}\times\pi R^2\right)-\left(\frac{1}{2}\times PQ\times OR\right)+\pi r^2,$$

जहाँ R बड़े वृत्त की त्रिज्या है तथा r छोटे वृत्त की त्रिज्या है.

$$=\left[\left(\frac{1}{2}\times\frac{22}{7}\times 14\times 14\right)-\left(\frac{1}{2}\times 28\times 14\right)+\left(\frac{22}{7}\times 7\times 7\right)\right] \text{ वर्ग सेमी०}$$

= (308 – 196 + 154) वर्ग सेमी० = 266 वर्ग सेमी०.

11. समचतुर्भुज का क्षेत्रफल = त्रिभुज का क्षेत्रफल

$$=\left(\frac{1}{2}\times 24\cdot 8\times 16\cdot 5\right) \text{ वर्ग सेमी०} = 204\cdot 6 \text{ वर्ग सेमी०}.$$

माना समचतुर्भुज का दूसरा विकर्ण = d सेमी०.

तब, $\frac{1}{2}\times 22\times d = 204\cdot 6$

$\Rightarrow d=\frac{204\cdot 6}{11}$ सेमी० = 18·6 सेमी०.

12. माना दिये गये समान्तर चतुर्भुज की ऊँचाई = x सेमी० तथा आधार = 3 x सेमी०.

तब, इस चतुर्भुज का क्षेत्रफल

= $(3\,x\times x)$ वर्ग सेमी० = $(3x^2)$ वर्ग सेमी०.

$\therefore\ 3x^2=108\Rightarrow x^2=36=6^2\Rightarrow x=6.$

अत: आधार = (3×6) सेमी० = 18 सेमी० तथा ऊँचाई = 6 सेमी०.

13. माना दूसरी भुजा की लम्बाई = x सेमी०. तब,

$\frac{1}{2}\times(25+x)\times 16=352\Rightarrow(25+x)=44\Rightarrow x=19.$

अत: दूसरी भुजा की लम्बाई = 19 सेमी०.

14. माना दिया गया समलम्ब चतुर्भुज $ABCD$ है.

जिसमें AB = 25 सेमी०, DC = 13 सेमी० तथा $AD = BC$ = 10 सेमी०.

बिन्दु C से $CE \parallel AD$ खींचो तथा $CL\perp AB$ खींचो.

अब, $EB=(AB-AE)=(AB-DC)=(25-13)$ सेमी० = 12 सेमी०.

$CE = AD$ = 10 सेमी० तथा $AE = DC$ = 13 सेमी०.

ΔCEB एक समद्विबाहु त्रिभुज है तथा $CL\perp EB$.

अत: $EL = LB$ = 6 सेमी०.

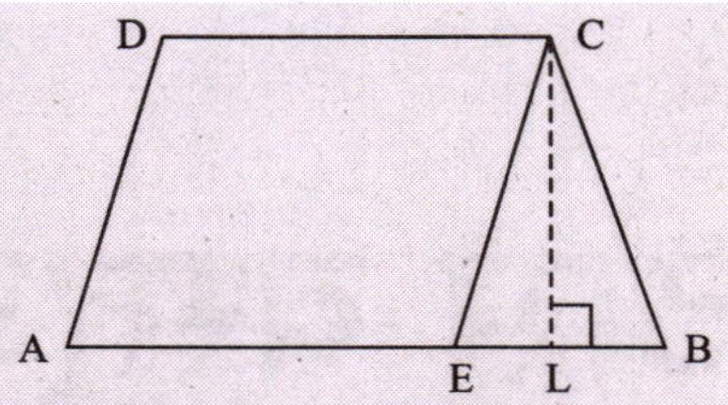

$ABCD$ का क्षेत्रफल = समान्तर चतुर्भुज $AECD$ का क्षेत्र० + ΔCEB का क्षेत्र० = $(AE\times CL)+\left(\frac{1}{2}\times EB\times CL\right)$

$$=\left[(13\times 8)+\left(\frac{1}{2}\times 12\times 8\right)\right] \text{ वर्ग सेमी०}$$

= (104 + 48) वर्ग सेमी० = 152 वर्ग सेमी०.

15. माना दिया गया समलम्ब चतुर्भुज $ABCD$ है. $CE \parallel AD$ तथा $CL\perp AB$ खींचो.

$EB=(AB-AE)=(AB-CD)=(78-52)$ सेमी० = 26 सेमी०.

$CE = AD$ = 28 सेमी० तथा BC = 30 सेमी०.

ΔCEB में, $s=\frac{1}{2}(28+26+30)=42,$

$(s-a)=14,\ (s-b)=16$ तथा $(s-c)=12.$

ΔCEB का क्षेत्र० $=\sqrt{s(s-a)(s-b)(s-c)}$

$=\sqrt{42\times 14\times 16\times 12}=336$ वर्ग सेमी०.

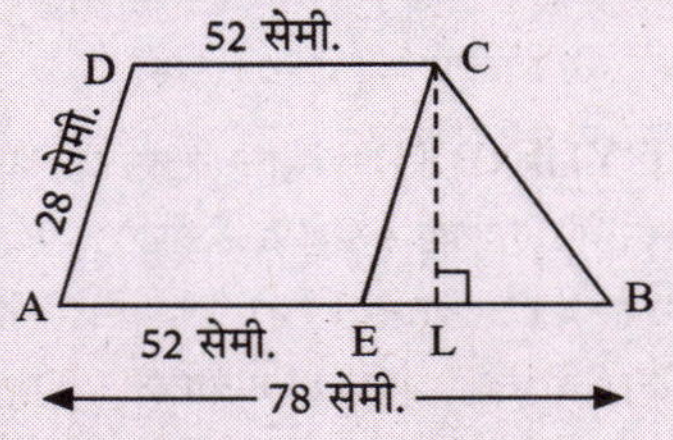

$\therefore\ \frac{1}{2}\times EB\times CL=336\Rightarrow\frac{1}{2}\times 26\times CL=336$

$\Rightarrow CL=\frac{336}{13}$ सेमी०.

$ABCD$ का क्षेत्रफल = समान्तर चतुर्भुज $AECD$ का क्षेत्र० + ΔCEB का क्षेत्र०

$$=(AE\times CL)+\left(\frac{1}{2}\times EB\times CL\right)$$

$$=\left[\left(52\times\frac{336}{13}\right)+\left(\frac{1}{2}\times 26\times\frac{336}{13}\right)\right] \text{ वर्ग सेमी०}$$

= (1344 + 336) वर्ग सेमी० = 1680 वर्ग सेमी०.

24

ठोस वस्तुओं के आयतन (VOLUME OF SOLIDS)

Scan QR Code for Watching Video

सूत्र

1. घनाभ (CUBOID): इसके छ: फलक होते हैं तथा प्रत्येक फलक आयताकार होता है. माना घनाभ की लम्बाई $= l$ सेमी०, चौड़ाई $= b$ सेमी० तथा ऊँचाई $= h$ सेमी०. तब,

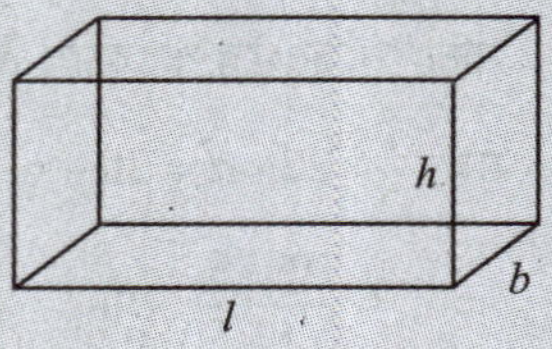

(i) घनाभ का आयतन $= (l \times b \times h)$ घन सेमी०.

(ii) घनाभ का विकर्ण $= \sqrt{l^2 + b^2 + h^2}$ सेमी०.

(iii) घनाभ के सम्पूर्ण पृष्ठ का क्षेत्रफल $= 2\,(lb + bh + lh)$ वर्ग सेमी०.

2. घन (CUBE): इसके छ: फलक होते हैं तथा प्रत्येक फलक वर्गाकार होता है.
माना घन की प्रत्येक भुजा $= a$ सेमी०. तब,

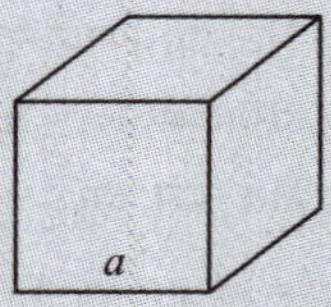

(i) घन का आयतन $= a^3$ घन सेमी०.

(ii) घन के सम्पूर्ण पृष्ठ का क्षेत्रफल $= (6a^2)$ वर्ग सेमी०.

(iii) घन का विकर्ण $= \left(\sqrt{3}a\right)$ सेमी०.

3. बेलन (CYLINDER): माना बेलन के आधार की त्रिज्या $= r$ सेमी०
तथा बेलन की लम्बाई (अथवा ऊँचाई) $= h$ सेमी०. तब,

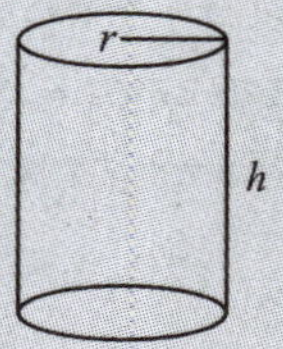

(i) बेलन का आयतन $= (\pi r^2 h)$ घन सेमी०.

(ii) बेलन के वक्र-पृष्ठ का क्षेत्रफल $= (2\pi rh)$ वर्ग सेमी०.

(iii) बेलन के सम्पूर्ण पृष्ठ का क्षेत्रफल $= (2\pi rh + 2\pi r^2)$ वर्ग सेमी०.

4. शंकु (CONE): माना शंकु के आधार की त्रिज्या $= r$ सेमी०, ऊँचाई $= h$ सेमी० तथा तिर्यक ऊँचाई $= l$ सेमी०. तब,

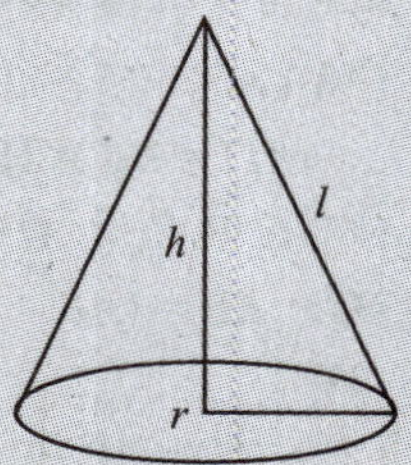

(i) $l = \sqrt{r^2 + h^2}$.

(ii) शंकु का आयतन $= \left(\frac{1}{3}\pi r^2 h\right)$ घन सेमी०.

(iii) शंकु का वक्र पृष्ठ $= (\pi rl)$ वर्ग सेमी०.

(iv) शंकु का सम्पूर्ण पृष्ठ $= (\pi rl + \pi r^2)$ वर्ग सेमी०.

5. गोला (SPHERE): माना किसी गोले की त्रिज्या $= r$ सेमी०. तब,

(i) गोले का आयतन $= \left(\frac{4}{3}\pi r^3\right)$ घन सेमी०.

(ii) गोले का वक्र-पृष्ठ $= (4\pi r^2)$ वर्ग सेमी०.

(iii) अर्द्ध-गोले का आयतन $= \left(\frac{2}{3}\pi r^3\right)$ घन सेमी०.

(iv) अर्द्ध-गोले का सम्पूर्ण पृष्ठ $= 3\pi r^2$ वर्ग सेमी०.

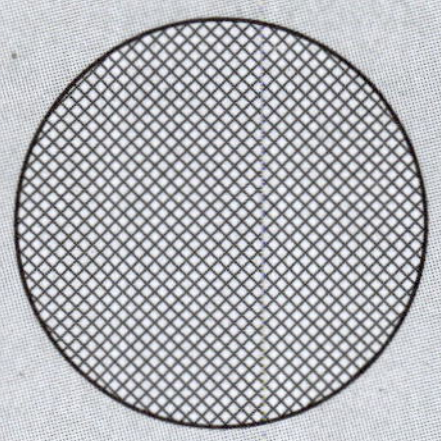

6. शंकु का छिन्नक (FRUSTUM OF A CONE):
माना किसी शंकु के छिन्नक के आधार तथा शीर्ष की त्रिज्यायें क्रमश: R सेमी० तथा r सेमी० हैं.
माना इसकी ऊँचाई $= h$ सेमी० तथा तिर्यक ऊँचाई $= l$ सेमी०.

(i) शंकु के छिन्नक का आयतन $= \frac{\pi h}{3}(R^2 + r^2 + Rr)$ घन सेमी०.

(*ii*) तिर्यक भाग का क्षेत्रफल $= \pi l(R+r)$ वर्ग सेमी०,

जहाँ $l^2 = h^2 + (R-r)^2$.

(*iii*) छिन्नक के सम्पूर्ण पृष्ठ का क्षेत्रफल

= (आधार का क्षेत्रफल) + (शीर्ष भाग का क्षेत्रफल)

+ (वक्र पृष्ठ का क्षेत्रफल)

$= \left\{\pi R^2 + \pi r^2 + \pi l\,(R+r)\right\}$ वर्ग सेमी०

$= \pi[R^2 + r^2 + l(R+r)]$ वर्ग सेमी०.

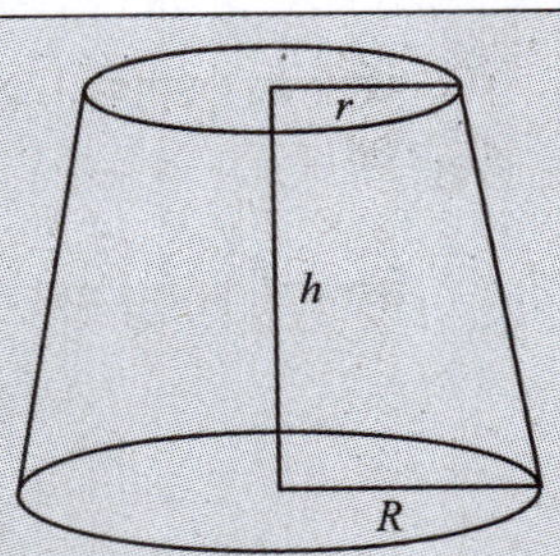

साधित उदाहरण

प्रश्न 1. एक घनाभ की लम्बाई, चौड़ाई तथा ऊँचाई क्रमशः 20 सेमी०, 12 सेमी० तथा 9 सेमी० है. इसका आयतन, सम्पूर्ण पृष्ठ तथा विकर्ण ज्ञात कीजिए.

हल: घनाभ का आयतन $= (l \times b \times h)$

$= (20 \times 12 \times 9)$ सेमी०^3

$= 2160$ सेमी०^3.

घनाभ का सम्पूर्ण पृष्ठ

$= 2 \times [(l \times b) + (b \times h) + (l \times h)]$

$= 2 \times [(20 \times 12) + (12 \times 9) + (20 \times 9)]$ सेमी०^2

$= [2 \times (240 + 108 + 180)]$ सेमी०^2

$= (2 \times 528)$ सेमी०^2 $= 1056$ सेमी०^2.

घनाभ का विकर्ण $= \sqrt{l^2 + b^2 + h^2}$

$= \sqrt{(20)^2 + (12)^2 + (9)^2} = \sqrt{400 + 144 + 81}$

$= \sqrt{625} = 25$ सेमी०.

प्रश्न 2. 8 मीटर लम्बी, 6 मीटर ऊँची तथा 22.5 सेमी० चौड़ी एक दीवार को बनाने के लिए कितनी ईंटें चाहियें जबकि प्रत्येक ईंट 25 सेमी० लम्बी, 11.25 सेमी० चौड़ी तथा 6 सेमी० ऊँची हो ?

हल: दीवार का आयतन $= (800 \times 600 \times 22.5)$ सेमी०^3.

प्रत्येक ईंट का आयतन $= (25 \times 11.25 \times 6)$ सेमी०^3.

$\therefore$ अभीष्ट ईंटों की संख्या

$= \dfrac{\text{दीवार का आयतन}}{\text{प्रत्येक ईंट का आयतन}} = \left(\dfrac{800 \times 600 \times 22 \cdot 5}{25 \times 11 \cdot 25 \times 6}\right) = 6400.$

प्रश्न 3. एक घनाभ की लम्बाई, चौड़ाई तथा ऊँचाई का अनुपात 8 : 5 : 3 है तथा इसके सम्पूर्ण पृष्ठ का क्षेत्रफल 63200 वर्ग सेमी० है. इसका आयतन ज्ञात कीजिए.

हल: माना लम्बाई $= 8x$ सेमी०,

चौड़ाई $= 5x$ सेमी० तथा ऊँचाई $= 3x$ सेमी०.

$\therefore$ घनाभ के सम्पूर्ण पृष्ठ का क्षेत्रफल

$= 2 \times [(l \times b) + (b \times h) + (l \times h)]$ सेमी०^2

$= 2 \times [(8x \times 5x) + (5x \times 3x) + (8x \times 3x)]$ सेमी०^2

$= (158x)$ सेमी०^2.

$\therefore 158x = 63200 \Rightarrow x = \dfrac{63200}{158} = 400.$

अतः लम्बाई =3200 सेमी० =32 मी०,

चौड़ाई = 2000 सेमी० = 20 मी०,

ऊँचाई = 1200 सेमी० =12 मी०.

$\therefore$ घनाभ का आयतन $= (32 \times 20 \times 12)$ घन मीटर

$= 7680$ घन मीटर.

प्रश्न 4. एक घन की प्रत्येक भुजा 8 सेमी० लम्बी है. घन का आयतन, सम्पूर्ण पृष्ठ तथा विकर्ण ज्ञात कीजिए.

हल: घन का आयतन $= a^3 = (8 \times 8 \times 8)$ सेमी०^3

$= 512$ सेमी०^3.

घन का सम्पूर्ण पृष्ठ $= 6a^2 = (6 \times 8 \times 8)$ सेमी०^2

$= 384$ सेमी०^2.

घन का विकर्ण $= \sqrt{3}a = 8\sqrt{3}$ सेमी०.

प्रश्न 5. किसी घन का सम्पूर्ण पृष्ठ 150 वर्ग सेमी० है. इस घन का आयतन ज्ञात कीजिए.

हल: माना घन की प्रत्येक भुजा $= a$ सेमी०.

तब, घन का सम्पूर्ण पृष्ठ $= 6a^2$ सेमी०^2.

$\therefore$ $6a^2 = 150 \Rightarrow a^2 = 25 = 5^2 \Rightarrow a = 5$ सेमी०.

$\therefore$ घन का आयतन $= a^3 = 5^3 = 125$ सेमी०^3.

प्रश्न 6. एक घन के विकर्ण की लम्बाई $6\sqrt{3}$ सेमी० है. इसका आयतन तथा सम्पूर्ण पृष्ठ का क्षेत्रफल ज्ञात कीजिए.

हल: माना घन की प्रत्येक भुजा $= a$ सेमी०. तब,

घन का विकर्ण $= \sqrt{3}\,a$ सेमी०.

$\therefore \sqrt{3}\,a = 6\sqrt{3} \Rightarrow a = 6.$

अतः घन का आयतन $= a^3 = (6 \times 6 \times 6)$ सेमी०^3

$= 216$ सेमी०^3.

तथा घन का सम्पूर्ण पृष्ठ $= 6a^2 = (6 \times 6 \times 6)$ सेमी०^2

$= 216$ सेमी०^2.

प्रश्न 7. एक लम्बवृत्तीय बेलन की लम्बाई 80 सेमी० तथा आधार की त्रिज्या 3.5 सेमी० हैं. इस बेलन का आयतन, वक्रपृष्ठ तथा सम्पूर्ण पृष्ठ ज्ञात कीजिए.

हल: यहाँ $r = \dfrac{7}{2}$ सेमी० तथा $h = 80$ सेमी०.

बेलन का आयतन $= \pi r^2 h = \left(\dfrac{22}{7} \times \dfrac{7}{2} \times \dfrac{7}{2} \times 80\right)$ सेमी०^3

$= 3080$ सेमी०^3.

बेलन का वक्रपृष्ठ $= 2\pi rh = \left(2\times\frac{22}{7}\times\frac{7}{2}\times 80\right)$ सेमी॰^{2}

$= 1760$ सेमी॰^{2}.

बेलन का सम्पूर्ण पृष्ठ

$= \left(2\pi rh + 2\pi r^2\right) = 2\pi r(h+r)$

$= \left[2\times\frac{22}{7}\times\frac{7}{2}\times\left(80+\frac{7}{2}\right)\right]$ सेमी॰^{2}

$= (11\times 167)$ सेमी॰$^2 = 1837$ सेमी॰^{2}.

प्रश्न 8. एक बेलनाकार टंकी की धारिता 1848 मीटर^3 तथा इसका व्यास 14 मीटर है. टंकी की गहराई ज्ञात कीजिए.

हलः दिया है : टंकी का अर्द्धव्यास $r = 7$ मीटर तथा

टंकी की धरिता $= 1848$ मी^{3}.

माना टंकी की गहराई $= h$ मीटर. तब

$\pi r^2 h = 1848 \Rightarrow \frac{22}{7}\times 7\times 7\times h = 1848$

$\Rightarrow h = \frac{1848}{154} = 12.$

$\therefore$ टंकी की गहराई $= 12$ मीटर.

प्रश्न 9. लोहे के बने एक खोखले पाईप की लम्बाई 1 मीटर तथा इसकी अन्दरी चौड़ाई 3 सेमी॰ है. यह 1 सेमी॰ मोटी लोहे की चादर का बना है. यदि 1 घन सेमी॰ लोहे का भार 21 ग्राम हो, तो इस पाईप का भार कितना है?

हलः पाईप की अन्दरी त्रिज्या $= 1{\cdot}5$ सेमी॰,

बाहरी त्रिज्या $= 2{\cdot}5$ सेमी॰.

लोहे का आयतन

$= \{\pi\times(2.5)^2\times 100 - \pi\times(1{\cdot}5)^2\times 100\}$ घन सेमी॰

$= \pi\times 100\times\{(2{\cdot}5)^2 - (1{\cdot}5)^2\}$ घन सेमी॰

$= \left\{\frac{22}{7}\times 100\times(2{\cdot}5+1{\cdot}5)\,(2{\cdot}5-1{\cdot}5)\right\}$ घन सेमी॰

$= \left(\frac{22}{7}\times 100\times 4\times 1\right)$ घन सेमी॰ $= \frac{8800}{7}$ घन सेमी॰.

पाईप का भार $= \left(\frac{8800}{7}\times\frac{21}{1000}\right)$ किग्रा॰ $= 26{\cdot}4$ किग्रा॰.

प्रश्न 10. एक शंकु के आधार की त्रिज्या 21 सेमी॰ तथा ऊँचाई 28 सेमी॰ है. इसकी तिर्यक ऊँचाई, आयतन, वक्र-पृष्ठ का क्षेत्रफल तथा सम्पूर्ण पृष्ठ का क्षेत्रफल ज्ञात कीजिए.

हलः दिया है : $r = 21$ सेमी॰ तथा $h = 28$ सेमी॰.

तिर्यक ऊँचाई, $l = \sqrt{r^2+h^2} = \sqrt{(21)^2+(28)^2}$

$= \sqrt{1225} = 35$ सेमी॰.

(*i*) शंकु का आयतन $= \frac{1}{3}\pi r^2 h = \left(\frac{1}{3}\times\frac{22}{7}\times 21\times 21\times 28\right)$

घन सेमी॰ $= 12936$ घन सेमी॰.

(*ii*) वक्र-पृष्ठ का क्षेत्रफल $= \pi rl = \left(\frac{22}{7}\times 21\times 35\right)$ वर्ग सेमी॰

$= 2310$ वर्ग सेमी॰.

(*iii*) सम्पूर्ण पृष्ठ का क्षेत्रफल

$= (\pi rl + \pi r^2) = \left(2310 + \frac{22}{7}\times 21\times 21\right)$ वर्ग सेमी॰

$= 3696$ वर्ग सेमी॰.

प्रश्न 11. एक शंक्वाकार तम्बू के आधार की त्रिज्या 7 मीटर तथा ऊँचाई 24 मीटर है. इसे बनाने में 1·25 मीटर चौड़ा कितना कपड़ा लगेगा?

हलः यहाँ $r = 7$ मीटर तथा $h = 24$ मीटर.

$l = \sqrt{r^2+h^2} = \sqrt{49+576} = \sqrt{625} = 25$ मीटर.

कपड़े का क्षेत्रफल $= \pi rl = \left(\frac{22}{7}\times 7\times 25\right)$ वर्ग मीटर

$= 550$ वर्ग मीटर.

कपड़े की चौड़ाई $= 1{\cdot}25$ मीटर.

कपड़े की लम्बाई $= \frac{\text{क्षेत्रफल}}{\text{चौड़ाई}} = \frac{550}{1{\cdot}25}$ मीटर $= 440$ मीटर.

प्रश्न 12. दो लम्बवृत्तीय शंकुओं की ऊँचाई का अनुपात 1 : 2 है तथा इनके आधार की परिमिति का अनुपात 3 : 4 है. इनके आयतनों का अनुपात ज्ञात कीजिए.

हलः माना शंकुओं की ऊँचाई क्रमशः $h, 2h$ हैं

तथा आधार की त्रिज्यायें क्रमशः r तथा R हैं.

तब, $\frac{2\pi r}{2\pi R} = \frac{3}{4} \Rightarrow \frac{r}{R} = \frac{3}{4}.$

दिये गये शंकुओं के आयतनों का अनुपात

$= \dfrac{\frac{1}{3}\pi r^2 h}{\frac{1}{3}\pi R^2(2h)} = \frac{r^2}{2R^2} = \frac{1}{2}\cdot\left(\frac{r}{R}\right)^2 = \frac{1}{2}\times\left(\frac{3}{4}\right)^2 = \frac{9}{32}.$

अतः अभीष्ट अनुपात $= 9 : 32$.

प्रश्न 13. एक गोले की त्रिज्या 10·5 सेमी॰ है. इसका आयतन तथा सम्पूर्ण पृष्ठ ज्ञात कीजिए.

हलः यहाँ $r = \frac{21}{2}$ सेमी॰.

गोले का आयतन $= \frac{4}{3}\pi r^3 = \left(\frac{4}{3}\times\frac{22}{7}\times\frac{21}{2}\times\frac{21}{2}\times\frac{21}{2}\right)$

घन सेमी॰ $= 4851$ घन सेमी॰.

गोले के सम्पूर्ण पृष्ठ का क्षेत्रफल $= 4\pi r^2$

$= \left(4\times\frac{22}{7}\times\frac{21}{2}\times\frac{21}{2}\right)$ वर्ग सेमी॰

$= 1386$ वर्ग सेमी॰.

प्रश्न 14. एक गोले की त्रिज्या में 50% वृद्धि करने पर इसके आयतन में कितने प्रतिशत वृद्धि होगी तथा इसके सम्पूर्ण पृष्ठ के क्षेत्रफल में कितने प्रतिशत वृद्धि होगी?

हलः माना गोले की प्रारम्भिक त्रिज्या $= r$.

तब इसका सम्पूर्ण पृष्ठ $= 4\pi r^2$.

नई त्रिज्या = r का 150% $= \left(r \times \frac{150}{100}\right) = \frac{3r}{2}$.

नया सम्पूर्ण पृष्ठ $= 4\pi\left(\frac{3r}{2}\right)^2 = 9\pi r^2$.

सम्पूर्ण पृष्ठ में वृद्धि % $= \left(\frac{5\pi r^2}{4\pi r^2} \times 100\right)\% = 125\%$.

प्रश्न 15. एक गोले की त्रिज्या में 20% वृद्धि होने पर इसके आयतन में कितने प्रतिशत वृद्धि होगी?

हल: माना गोले की प्रारम्भिक त्रिज्या = r.

तब, इसका आयतन $= \frac{4}{3}\pi r^3$.

नई त्रिज्या $= \left(r \times \frac{120}{100}\right) = \frac{6r}{5}$.

नया आयतन $= \frac{4}{3}\pi\left(\frac{6r}{5}\right)^3 = \frac{216}{125}\left(\frac{4}{3}\pi r^3\right)$.

आयतन में वृद्धि $= \frac{4}{3}\pi r^3\left(\frac{216}{125} - 1\right) = \frac{4}{3}\pi r^3 \times \frac{91}{125}$.

आयतन में वृद्धि

$$\% = \left\{\frac{\frac{4}{3}\pi r^3}{\frac{4}{3}\pi r^3}\left(\frac{91}{125}\right) \times 100\right\}\% = \frac{364}{5}\% = 72 \cdot 8\%.$$

प्रश्न 16. धातु के बने 28 सेमी० ऊँचे तथा 6 सेमी० त्रिज्या वाले ठोस बेलन को पिघलाकर गोलियाँ बनाई गई हैं जिनमें से प्रत्येक का व्यास 1·5 सेमी० है. इन गोलियों की संख्या कितनी है?

हल: बेलन का आयतन $= \pi R^2 H = (\pi \times 6 \times 6 \times 28)$ घन सेमी०.

एक गोली का अर्द्ध-व्यास $= \frac{3}{4}$ सेमी०.

1 गोली का आयतन

$= \frac{4}{3}\pi r^3 = \frac{4}{3}\pi \times \left(\frac{3}{4}\right)^3 = \frac{9\pi}{16}$ घन सेमी०.

गोलियों की संख्या

$= \frac{\text{बेलन का आयतन}}{\text{1 गोली का आयतन}} = \left(36 \times 28 \times \pi \times \frac{16}{9\pi}\right) = 1792.$

प्रश्न 17. जस्ते के बने एक गोले का व्यास 18 सेमी० है. इस गोले से 4 मिमी० व्यास की तार खींची गई है. इस तार की लम्बाई कितनी है?

हल: गोले का अर्द्धव्यास = 9 सेमी०.

गोले का आयतन $= \frac{4}{3}\pi R^3 = \left\{\frac{4}{3}\pi \times (9)^3\right\}$ घन सेमी०.

तार की त्रिज्या $= \frac{2}{10}$ सेमी० $= \frac{1}{5}$ सेमी०.

माना तार की लम्बाई = x सेमी०. तब

$\pi \times \frac{1}{5} \times \frac{1}{5} \times x = \frac{4}{3}\pi \times 9 \times 9 \times 9 \Rightarrow x = 24300$ सेमी०

= 243 मीटर.

अत: तार की अभीष्ट लम्बाई = 243 मीटर.

प्रश्न 18. एक शंकु तथा एक गोले की बराबर त्रिज्या तथा बराबर आयतन हैं. गोले के व्यास तथा शंकु की ऊँचाई का अनुपात ज्ञात कीजिए.

हल: माना प्रत्येक की त्रिज्या = R तथा शंकु की ऊँचाई = h. तब

$\frac{4}{3}\pi R^3 = \frac{1}{3}\pi R^2 h \Rightarrow \frac{R}{h} = \frac{1}{4} \Rightarrow \frac{2R}{h} = \frac{2}{4} = \frac{1}{2}$.

अत: अभीष्ट अनुपात = 1 : 2.

प्रश्न 19. एक अर्द्ध गोले की त्रिज्या 10·5 सेमी० है. इसका आयतन, वक्र-पृष्ठ तथा सम्पूर्ण पृष्ठ का क्षेत्रफल ज्ञात कीजिए.

हल: दिया है : $r = \frac{21}{2}$ सेमी०.

(*i*) अर्द्ध-गोले का आयतन

$= \frac{2}{3}\pi r^3 = \left(\frac{2}{3} \times \frac{22}{7} \times \frac{21}{2} \times \frac{21}{2} \times \frac{21}{2}\right)$ घन सेमी०

$= \frac{4851}{2}$ घन सेमी०

= 2425.5 घन सेमी०.

(*ii*) अर्द्ध-गोले का वक्र-पृष्ठ

$= 2\pi r^2 = \left(2 \times \frac{22}{7} \times \frac{21}{2} \times \frac{21}{2}\right)$ वर्ग सेमी०

= 693 वर्ग सेमी०.

(*iii*) अर्द्ध-गोले का सम्पूर्ण पृष्ठ

$= 3\pi r^2 = \left(3 \times \frac{22}{7} \times \frac{21}{2} \times \frac{21}{2}\right)$ वर्ग सेमी०

= 1039·5 वर्ग सेमी०.

प्रश्न 20. एक शंकु, एक अर्द्ध-गोला तथा एक बेलन के बराबर आधार तथा बराबर ऊँचाई हैं. इनके आयतनों का अनुपात ज्ञात कीजिए.

हल: माना प्रत्येक की त्रिज्या = R = अर्द्ध गोले की ऊँचाई

= बेलन की ऊँचाई.

(शंकु का आयतन) : (अर्द्ध गोले का आयतन) : (बेलन का आयतन)

$= \left(\frac{1}{3}\pi R^2 \times R\right) : \left(\frac{2}{3}\pi R^3\right) : (\pi R^2 \times R)$

$= \frac{1}{3} : \frac{2}{3} : 1 = 1 : 2 : 3.$

अत: अभीष्ट अनुपात = 1 : 2 : 3.

प्रश्नमाला 24A

निम्नलिखित प्रश्नों में से प्रत्येक में ठीक उत्तर को चिन्हांकित (✓) कीजिए:

1. रीता और मीता दोनों के लंच बॉक्स घनाभाकार हैं. रीता के बॉक्स की लम्बाई तथा चौड़ाई मीता के बॉक्स से 10% अधिक है. परन्तु रीता के बॉक्स की गहराई मीता के बॉक्स से 20% कम है. रीता के बॉक्स की धारिता और मीता के बॉक्स की धारिता में क्या अनुपात है ? (होटल मैनेजमैंट परीक्षा, 2010)

(*a*) 11 : 15 (*b*) 15 : 11 (*c*) 125 : 121 (*d*) 121 : 125

2. 8 मीटर लम्बे, 7 मीटर चौड़े तथा 6 मीटर ऊँचे डिब्बे में 8 सेमी० लम्बे, 7 सेमी० चौड़े तथा 6 सेमी० ऊँचे अधिक से अधिक कितने डिब्बे रखे जा सकते हैं ?

(*a*) 9800000 (*b*) 7500000
(*c*) 1000000 (*d*) 1200000

3. 4 मीटर लम्बी, 3 मीटर ऊँची तथा 13 सेमी० चौड़ी दीवार बनाने के लिए 20 सेमी० लम्बी, 12 सेमी० चौड़ी तथा 6·5 सेमी० ऊँची कितनी ईंटों की आवश्यकता होगी ?

(*a*) 500 (*b*) 1000 (*c*) 1500 (*d*) 2000

4. एक घनाभ के विकर्ण की नाप 28 सेमी० है तथा इसके तीनों कोरों की लम्बाई का योग 44 सेमी है. इस घनाभ के सम्पूर्ण पृष्ठ का क्षेत्रफल कितना होगा ?

(*a*) 576 वर्ग सेमी० (*b*) 1152 वर्ग सेमी०
(*c*) 1728 वर्ग सेमी० (*d*) 2304 वर्ग सेमी०

5. एक घनाभ का आयतन 210 घन सेमी० है तथा इसके सम्पूर्ण पृष्ठ का क्षेत्रफल 214 वर्ग सेमी० है. यदि इसके आधार का क्षेत्रफल 42 वर्ग सेमी० हो, तो इस घनाभ की विमायें हैं:

(*a*) 5 सेमी०, 4 सेमी० 3 सेमी०
(*b*) 6 सेमी०, 5 सेमी०, 4 सेमी०
(*c*) 7 सेमी०, 6 सेमी०, 5 सेमी०
(*d*) 8 सेमी०, 7 सेमी०, 6 सेमी०

6. लोहे का एक शहतीर 9 मीटर लम्बा, 40 सेमी० चौड़ा तथा 20 सेमी० ऊँचा है. यदि 1 घनमीटर लोहे का भार 50 किग्रा० हो, तो शहतीर का भार कितना होगा ?

(*a*) 56 किग्रा० (*b*) 48 किग्रा०
(*c*) 36 किग्रा० (*d*) 27 किग्रा०

7. संगमरमर के एक आयताकार टुकड़े की चौड़ाई 28 सेमी० तथा मोटाई 5 सेमी० है. इस टुकड़े का भार 112 किग्रा० है. यदि 1 घन सेमी० संगमरमर का भार 25 ग्राम हो, तो टुकड़े की लम्बाई कितनी है ?

(*a*) 36 सेमी० (*b*) 37.5 सेमी०
(*c*) 32 सेमी० (*d*) 26·5 सेमी०

8. यदि एक गोले का व्यास 14 सेमी है, तो गोले का पृष्ठीय क्षेत्रफल (सेमी^{2} में) क्या है?

(*a*) 512 (*b*) 315 (*c*) 616 (*d*) 456

(एस.एस.एसी.-सी.जी.एल परीक्षा, 2017)

9. दो बेलनों की त्रिज्याओं का अनुपात 2 : 3 है और उनकी ऊँचाईयों का अनुपात 5 : 3 है। उनके आयतनों का अनुपात बताइए। (एस.एस.सी.-सी.जी.एल. परीक्षा, 2017)

(*a*) 27 : 20 (*b*) 20 : 27 (*c*) 4 : 9 (*d*) 9 : 4

10. एक 45 मीटर चौड़ी तथा 2·5 मीटर गहरी नदी का बहाव 3·6 किमी०/घण्टा है. इससे कितना पानी प्रति मिनट समुद्र में गिरता है ?

(*a*) 6650 घन मीटर (*b*) 6750 घन मीटर
(*c*) 6850 घन मीटर (*d*) 6950 घन मीटर

11. 1·5 हैक्टेयर के क्षेत्रफल के मैदान में 5 सेमी० गहरी वर्षा गिरने पर इक्कट्ठे हुये पानी का आयतन कितना होगा ?

(*a*) 75 घन मीटर (*b*) 750 घन मीटर
(*c*) 7500 घन मीटर (*d*) 75000 घन मीटर

12. एक 0·6 घन मीटर की सोने की चादर को पीटकर इस प्रकार फैलाया गया है कि यह ठीक 1 हैक्टेयर क्षेत्रफल को पूरा का पूरा ढ़क लेती है. इस फैली हुई चादर की मोटाई कितनी है ?

(*a*) 6 मिमी० (*b*) 0.6 मिमी०
(*c*) ·06 मिमी० (*d*) ·006 मिमी०

13. एक 24 सेमी० लम्बे, 14 सेमी० चौड़े तथा 7·5 सेमी० ऊँचे घनाभ का सम्पूर्ण पृष्ठ कितना है ?

(*a*) 2520 वर्ग सेमी० (*b*) 1260 वर्ग सेमी०
(*c*) 1242 वर्ग सेमी० (*d*) 621 वर्ग सेमी०

14. एक घनाभ की लम्बाई, चौड़ाई तथा ऊँचाई का अनुपात 6 : 5 : 4 है. यदि इसका सम्पूर्ण पृष्ठ 33300 वर्ग सेमी० हो, तो इसका आयतन कितना होगा ?

(*a*) 45000 घन सेमी० (*b*) 455000 घन सेमी०
(*c*) 405000 घन सेमी० (*d*) आँकड़े अपर्याप्त

15. धातु से बना एक खुला ट्रंक 50 सेमी लम्बा, 40 सेमी० चौड़ा तथा 23 सेमी० ऊँचा है. इसकी तली तथा प्रत्येक दीवार की मोटाई 3 सेमी० है. यदि ट्रंक के धातु के एक घन सेमी० का भार 0·5 ग्राम हो, तो खाली ट्रंक का भार कितना है ?

(*a*) 6·832 किग्रा० (*b*) 7·576 किग्रा०
(*c*) 7·16 किग्रा० (*d*) 8·04 किग्रा०

16. किसी घन के विकर्ण की लम्बाई 6 सेमी० है. घन का आयतन कितना होगा ? (एस०एस०सी० परीक्षा, 2010)

(*a*) $18\sqrt{3}$ सेमी०^3 (*b*) $24\sqrt{3}$ सेमी०^3
(*c*) $28\sqrt{3}$ सेमी०^3 (*d*) $30\sqrt{3}$ सेमी०^3

17. एक घन के विकर्ण की लम्बाई $9\sqrt{3}$ सेमी० है. इसके सम्पूर्ण पृष्ठ का क्षेत्रफल कितना होगा ?

(*a*) 243 सेमी०^2 (*b*) 486 सेमी०^2
(*c*) 648 सेमी०^2 (*d*) 324 सेमी०^2

18. दो घनों के आयतनों का अनुपात 27 : 64 है। उनके पृष्ठीय क्षेत्रफलों का अनुपात है– (एस.एस.सी.-सी.जी.एल. परीक्षा, 2017)

(*a*) 9 : 16 (*b*) 16 : 25 (*c*) 4 : 5 (*d*) $\sqrt{3}$: 1

19. यदि किसी घन की प्रत्येक भुजा में 50% वृद्धि हो, तो उसके सतह के क्षेत्रफल में वृद्धि होगी?

(*a*) 50% (*b*) 125%
(*c*) 150% (*d*) उपर्युक्त में से कोई नहीं

(छत्तीसगढ़ छात्रावास अधीक्षक श्रेणी 'डी' भर्ती परीक्षा, 2014)

20. एक घनाकार बर्तन की साइड की लम्बाई 4 मीटर है, तो उसमें अधिकाधिक कितनी लम्बाई का रॉड रखा जा सकता है?
(*a*) 4 मीटर (*b*) $4\sqrt{2}$ मीटर
(*c*) $4\sqrt{3}$ मीटर (*d*) उपर्युक्त में से कोई नही

(छत्तीसगढ़ छात्रावास अधीक्षक श्रेणी 'डी' भर्ती परीक्षा, 2014)

21. 0·75 सेमी० त्रिज्या तथा 0·2 सेमी० मोटाई वाले सिक्कों को पिघला कर 3 सेमी० त्रिज्या तथा 8 सेमी० ऊँचाई वाला एक लम्बवृत्तीय बेलन बनाने के लिए कितने सिक्कों की आवश्यकता होगी?
(*a*) 640 (*b*) 600 (*c*) 500 (*d*) 480

(एस०एस०सी० परीक्षा, 2010)

22. यदि किसी गोले के अर्द्धव्यास में 2 मीटर की वृद्धि कर दी जाये तो उसके पृष्ठीय क्षेत्रफल में 704 वर्ग मीटर की वृद्धि हो जाती है. गोले का प्रारम्भिक अर्द्धव्यास कितना है?
(*a*) 16 मीटर (*b*) 15 मीटर (*c*) 14 मीटर (*d*) 13 मीटर

(एस०एस०सी० परीक्षा, 2010)

23. (10 मीटर × 10 मीटर × 5 मीटर) विभाओं वाले कमरे में रखी जा सकने वाली सबसे लम्बी छड़ की लम्बाई कितनी होगी?
(*a*) $15\sqrt{3}$ मीटर (*b*) 15 मीटर
(*c*) $10\sqrt{2}$ मीटर (*d*) $5\sqrt{3}$ मीटर

(एस०एस०सी० परीक्षा, 2010)

24. यदि किसी लम्बवृत्तीय शंकु के आधार की त्रिज्या तथा उसकी ऊँचाई में से प्रत्येक में 10% की वृद्धि कर दी जाये तो शंकु के आयतन में कितने प्रतिशत वृद्धि होगी? (एस०एस०सी० परीक्षा, 2010)
(*a*) 20% (*b*) 33·1% (*c*) 44·2% (*d*) 100%

25. एक कमरे की चौड़ाई इसकी ऊँचाई की दुगुनी तथा लम्बाई से आधी है. यदि कमरे का आयतन 512 घन मीटर हो, तो कमरे की लम्बाई कितनी है?
(*a*) 12 मीटर (*b*) 16 मीटर (*c*) 20 मीटर (*d*) 32 मीटर

26. एक ताँबे के तार की लम्बाई 36 मीटर तथा व्यास 2 मिमी० है. इसे पिघलाकर एक गोला बनाया गया है. गोले का अर्द्धव्यास कितना है? (एस०एस०सी० परीक्षा, 2010)
(*a*) 2·5 सेमी० (*b*) 3 सेमी० (*c*) 3·5 सेमी० (*d*) 4 सेमी०

27. यदि r त्रिज्या के एक गोले को समान चार भागों में विभक्त किया जाये, तो चारों भागों का सम्पूर्ण पृष्ठीय क्षेत्रफल कितना होगा?
(*a*) $4\pi r^2$ वर्ग इकाई (*b*) $2\pi r^2$ वर्ग इकाई
(*c*) $8\pi r^2$ वर्ग इकाई (*d*) $3\pi r^2$ वर्ग इकाई

(एस०एस०सी० परीक्षा, 2010)

28. 24 मीटर लम्बी, 8 मीटर ऊँची तथा 60 सेमी० चौड़ी दीवार बनाने के लिए 24 सेमी० लम्बी, 12 सेमी० चौड़ी तथा 8 सेमी० ऊँची कितनी ईंटें लगेंगी, जबकि दीवार के कुल आयतन का 10% भाग सीमेंट तथा रेत के मिश्रण से बना हो?
(*a*) 50000 (*b*) 45000 (*c*) 40000 (*d*) 25000

29. एक ठोस घनाभ की भुजायें क्रमशः 72 सेमी०, 75 सेमी० तथा 135 सेमी० हैं. ऐसे घन की प्रत्येक भुजा की लम्बाई कितनी होगी जिसका आयतन इस ठोस घनाभ के आयतन के बराबर हो?
(*a*) 75 सेमी० (*b*) 80 सेमी० (*c*) 85 सेमी० (*d*) 90 सेमी०

30. एक घनाभ की लम्बाई, चौड़ाई तथा ऊँचाई का योग 19 सेमी० है तथा इसके विकर्ण की लम्बाई $5\sqrt{5}$ सेमी० है. इसके सम्पूर्ण पृष्ठों का क्षेत्रफल कितना है?
(*a*) 361 वर्ग सेमी० (*b*) 486 वर्ग सेमी०
(*c*) 236 वर्ग सेमी० (*d*) 125 वर्ग सेमी०

31. धातु के बने तीन ठोस घनों की कोरें क्रमशः 30 सेमी०, 40 सेमी० तथा 50 सेमी० हैं. इन्हें पिघला कर बनाये गये घन का सम्पूर्ण पृष्ठ कितना होगा?
(*a*) 2 वर्ग मीटर (*b*) 2·15 वर्ग मीटर
(*c*) 2·16 वर्ग मीटर (*d*) 2·2 वर्ग मीटर

32. बेलनाकार आकृति वाले एक गीजर का व्यास 35 सेमी० तथा ऊँचाई 1·2 मीटर है. इसकी दीवारों की मोटाई की उपेक्षा करते हुए इसके बाहरी पार्श्व-पृष्ठ का क्षेत्रफल कितना होगा?
(*a*) 11200 सेमी०^2 (*b*) 13200 सेमी०^2
(*c*) 12100 सेमी०^2 (*d*) 9600 सेमी०^2

(रेलवे परीक्षा, 2009)

33. एक बेलनाकार खम्भे के वक्र-पृष्ठ का क्षेत्रफल 528 मी०^2 है तथा इसका आयतन 2772 मी०^3 है. खम्भे की ऊँचाई कितनी है?
(*a*) 10·5 मीटर (*b*) 7·5 मीटर
(*c*) 8 मीटर (*d*) 5·25 मीटर

34. एक ठोस बेलन का सम्पूर्ण पृष्ठ 231 सेमी०^2 है. यदि इसका वक्र-पृष्ठ इसके सम्पूर्ण पृष्ठ का दो-तिहाई हो, तो बेलन का आयतन कितना है?
(*a*) 269·5 सेमी०^3 (*b*) 385 सेमी०^3
(*c*) 308 सेमी०^3 (*d*) 363·4 सेमी०^3

35. एक बेलन के वक्र-पृष्ठ तथा सम्पूर्ण पृष्ठ के क्षेत्रफलों का अनुपात 1 : 2 है. यदि इसके सम्पूर्ण पृष्ठ का क्षेत्रफल 616 सेमी०^2 हो, तो बेलन का आयतन कितना है?
(*a*) 1078 सेमी०^3 (*b*) 1232 सेमी०^3
(*c*) 1848 सेमी०^3 (*d*) इनमें से कोई नहीं

36. 1·5 सेमी० व्यास तथा 0·2 सेमी० मोटाई के कितने सिक्के पिघलाये जायें जिससे एक ऐसा ठोस बेलन प्राप्त किया जा सके जिसका व्यास 4·5 सेमी० तथा ऊँचाई 10 सेमी० हो?
(*a*) 380 (*b*) 450 (*c*) 472 (*d*) 540

37. एक ठोस बेलन के आधार की त्रिज्या तथा ऊँचाई का योग 37 मीटर है. बेलन का सम्पूर्ण पृष्ठ 1628 मी०^2 है. बेलन का आयतन कितना है?
(*a*) 5240 मी०^3 (*b*) 4620 मी०^3
(*c*) 3180 मी०^3 (*d*) इनमें से कोई नहीं

38. पानी से भरे दो बेलनाकार बर्तनों के आधार की त्रिज्यायें क्रमशः 15 सेमी० तथा 10 सेमी० हैं तथा इनकी ऊँचाइयाँ क्रमशः 35 सेमी० तथा 15 सेमी० हैं. इन बर्तनों के पानी को 15 सेमी० ऊँचे नये बेलनाकार बर्तन में पलट दिये जाने पर यह बर्तन ठीक पूरा भर जाता है. इस बर्तन के आधार की त्रिज्या कितनी है?
(*a*) 17·5 सेमी० (*b*) 18 सेमी०
(*c*) 20 सेमी० (*d*) 25 सेमी०

39. दो बेलनों के बराबर आयतन हैं तथा इनकी ऊँचाइयों का अनुपात 1 : 3 है. इनकी त्रिज्याओं का अनुपात क्या होगा?
(*a*) $4:\sqrt{3}$ (*b*) $3:2\sqrt{3}$ (*c*) $2:\sqrt{3}$ (*d*) $3:\sqrt{3}$

40. एक घनाभ की लम्बाई, चौड़ाई तथा ऊँचाई क्रमशः *a*, *b*, *c* हैं. इसका आयतन *V* घन इकाई तथा इसके सम्पूर्ण पृष्ठों का क्षेत्रफल *S* वर्ग इकाई है. तब, $\frac{1}{V} = ?$
(*a*) $\frac{1}{2}S(a+b+c)$ (*b*) $\frac{2S}{(a+b+c)}$
(*c*) $2S(a+b+c)$ (*d*) $\frac{2}{S}\left(\frac{1}{a}+\frac{1}{b}+\frac{1}{c}\right)$

41. एक घनाभ के तीन आसन्न पृष्ठों के क्षेत्रफल क्रमशः *x*, *y* तथा *z* वर्ग इकाई हैं तथा इसका आयतन *V* घन इकाई है. तब, $xyz = ?$
(*a*) V (*b*) V^2 (*c*) $2V$ (*d*) $2V^2$

42. किसी घनाभ के तीन संगत फलकों के क्षेत्रफलों का अनुपात 2 : 3 : 4 है तथा इसका आयतन 9000 घन सेमी॰ है. घनाभ की सबसे छोटी भुजा की लम्बाई कितनी है?
(*a*) 10 सेमी॰ (*b*) 15 सेमी॰ (*c*) 20 सेमी॰ (*d*) 30 सेमी॰

43. यदि 1 घन सेमी॰ कच्चे लोहे का भार 21 ग्राम हो, तो कच्चे लोहे से बने उस पाईप का भार क्या होगा जिसकी लम्बाई 1 मीटर, अन्दरी व्यास 3 सेमी॰ तथा दीवार की मोटाई 1 सेमी॰ हो?
(*a*) 18·6 किग्रा॰ (*b*) 21 किग्रा॰
(*c*) 24·2 किग्रा॰ (*d*) 26·4 किग्रा॰

44. 80 सेमी॰ व्यास के एक बेलनाकार बर्तन में कुछ पानी भरा है. इसमें 60 सेमी॰ व्यास का एक गोला पूर्णतया डूबो देने पर पानी के स्तर में कितनी वृद्धि हो जायेगी?
(*a*) 22·5 सेमी॰ (*b*) 30·5 सेमी॰
(*c*) 32·5 सेमी॰ (*d*) 35·2 सेमी॰

45. एक कुयें का व्यास 7 मीटर तथा गहराई 22·5 मीटर है. इसकी अन्दरी सतह पर ₹ 30 प्रति वर्ग मीटर की दर से पलास्टर कराने का खर्च कितना होगा?
(*a*) ₹ 14650 (*b*) ₹ 14850 (*c*) ₹ 14750 (*d*) ₹ 14950

46. 3 सेमी॰, 4 सेमी॰ तथा 5 सेमी॰ त्रिज्याओं वाले तीन गोलों को पिघलाकर एक नया गोला बनाया गया है. बड़े गोले की त्रिज्या कितनी है?
(होटल मैनेजमैंट परीक्षा, 2009)
(*a*) 6 सेमी॰ (*b*) 7·5 सेमी॰ (*c*) 10 सेमी॰ (*d*) 12 सेमी॰

47. 1 सेमी॰, 2 सेमी॰ तथा 3 सेमी॰ त्रिज्या की तीन गोलाकार गेंदों को पिघलाकर एक नई गेंद बनाई गई है. इस प्रक्रिया में 25% सामग्री नष्ट हुई है. नई गेंद की त्रिज्या कितनी है?
(*a*) 6 सेमी॰ (*b*) 5 सेमी॰ (*c*) 3 सेमी॰ (*d*) 2 सेमी॰
(एस॰एस॰सी॰ परीक्षा, 2010)

48. *r* सेमी॰ त्रिज्या वाली गोलीय खोखली गेंद के अन्तर्गत बड़े से बड़े घन का आयतन कितना होगा? (होटल मैनेजमैंट परीक्षा, 2009)
(*a*) $\frac{2r^2}{\sqrt{3}}$ सेमी॰^{3} (*b*) $\frac{4r^2}{3}$ सेमी॰^{3}
(*c*) $\frac{8r^3}{3\sqrt{3}}$ सेमी॰^{3} (*d*) $\frac{r^3}{3\sqrt{3}}$ सेमी॰^{3}

49. 3 सेमी॰ व्यास वाले धातु के ठोस गोले कितने पिघलाये जायें कि इनसे एक ठोस बेलन बन सके जिसका व्यास 4 सेमी॰ तथा ऊँचाई 54 सेमी॰ हो?
(*a*) 16 (*b*) 24 (*c*) 36 (*d*) 48

50. एक लम्बवृत्तीय बेलन एक अर्द्धगोले के परिगत इस प्रकार है कि इनके आधार उभयनिष्ठ हैं. इनके आयतनों में क्या अनुपात है?
(*a*) 1 : 3 (*b*) 1 : 2 (*c*) 2 : 3 (*d*) 3 : 4
(एस॰एस॰सी॰ परीक्षा, 2010)

51. किसी 2 सेमी॰ व्यास वाले ठोस बेलन की लम्बाई क्या होगी जिसे पिघलाकर एक खोखला बेलन बनाया जाये जिसकी लम्बाई 16 सेमी॰, मोटाई 2·5 मिमी॰ तथा बाहरी व्यास 20 सेमी॰ है?
(*a*) 81 सेमी॰ (*b*) 29·62 सेमी॰
(*c*) 39·5 सेमी॰ (*d*) 79 सेमी॰

52. एक गोले का आयतन 4851 सेमी॰^{3} है. इसके वक्र पृष्ठ का क्षेत्रफल कितना होगा?
(*a*) 1716 सेमी॰^{2} (*b*) 1386 सेमी॰^{2}
(*c*) 1625 सेमी॰^{2} (*d*) 3087 सेमी॰^{2}

53. एक गोले के वक्र-पृष्ठ का क्षेत्रफल 5544 सेमी॰^{2} है. इसका आयतन कितना है?
(*a*) 38808 सेमी॰^{3} (*b*) 42304 सेमी॰^{3}
(*c*) 22176 सेमी॰^{3} (*d*) 33951 सेमी॰^{3}

54. एक घन की प्रत्येक भुजा में 50% वृद्धि करने पर इसके आयतन में कितनी वृद्धि होगी? (एस॰एस॰सी॰ परीक्षा, 2009)
(*a*) 50% (*b*) 150% (*c*) $133\frac{1}{3}$ % (*d*) $237\frac{1}{2}$ %

55. एक घन तथा एक गोले के सम्पूर्ण पृष्ठ समान हैं. इनके आयतनों का अनुपात क्या होगा?
(*a*) $\sqrt{\pi}:\sqrt{6}$ (*b*) $\sqrt{\pi}:\sqrt{2}$
(*c*) $\sqrt{\pi}:\sqrt{3}$ (*d*) इनमें से कोई नहीं

56. दो शंकुओं के आयतनों का अनुपात 1 : 4 है तथा इनके व्यास 4 : 5 के अनुपात में हैं. इनकी ऊँचाइयों का अनुपात क्या होगा?
(*a*) 1 : 5 (*b*) 5 : 4 (*c*) 5 : 16 (*d*) 25 : 64

57. समान व्यास तथा समान ऊँचाई वाले एक बेलन, एक शंकु तथा एक गोले के आयतनों का अनुपात क्या होगा?
(*a*) 1 : 3 : 2 (*b*) 2 : 3 : 1
(*c*) 3 : 1 : 2 (*d*) 3 : 2 : 1

58. यदि एक गोले, एक बेलन तथा एक शंकु की त्रिज्यायें समान हों तथा इनके सम्पूर्ण पृष्ठ समान हों, तो इनकी ऊँचाइयों का अनुपात क्या होगा?
(*a*) $2:1:2\sqrt{2}$ (*b*) $\sqrt{2}:1:2$
(*c*) $2:1:3\sqrt{2}$ (*d*) $6\sqrt{2}:3\sqrt{3}:4$

59. एक तार को पिघला कर एक-तिहाई त्रिज्या की तार बनाने पर समान आयतन वाले तार की लम्बाई कितनी होगी?
(*a*) 3 गुनी (*b*) 2 गुनी (*c*) 6 गुनी (*d*) 9 गुनी

60. एक शंकु, एक अर्द्ध गोला तथा एक बेलन के समान आधार तथा समान ऊँचाइयाँ हैं. इनके आयतनों का अनुपात क्या होगा?
(*a*) 1 : 2 : 3 (*b*) 2 : 1 : 3
(*c*) 2 : 3 : 1 (*d*) 3 : 2 : 1

61. एक समकोण त्रिभुज की भुजायें 3 सेमी०, 4 सेमी०, 5 सेमी० लम्बी हैं. यदि इसे 3 सेमी० वाली भुजा के अनुदिश घुमाया गया हो, तो इस तरह से बने शंकु का आयतन क्या होगा?
(*a*) (16π) सेमी०^3 (*b*) (12π) सेमी०^3
(*c*) (15π) सेमी०^3 (*d*) (20π) सेमी०^3
(एस०एस०सी० परीक्षा, 2007)

62. एक कमरा 12 मीटर लम्बा, 9 मीटर चौड़ा तथा 8 मीटर ऊँचा है. इसमें अधिकतम किस लम्बाई का बाँस रखा जा सकता है?
(*a*) 17 मीटर (*b*) 16 मीटर (*c*) 15 मीटर (*d*) 14 मीटर
(एस०एस०सी० परीक्षा, 2008)

63. लोहे के तीन घनों के सिरों की लम्बाई क्रमशः 6 सेमी०, 8 सेमी० तथा 10 सेमी० है. इन्हें पिघला कर बनाये गये घन की प्रत्येक भुजा की लम्बाई कितनी होगी? (मैनेजमैंट परीक्षा, 2008)
(*a*) 12 सेमी० (*b*) 14 सेमी० (*c*) 16 सेमी० (*d*) 18 सेमी०

64. एक लम्बवृत्तीय बेलन की ऊँचाई 14 सेमी० है तथा इसका वक्रपृष्ठीय क्षेत्रफल 88 वर्ग सेमी० है. इसके आधार की त्रिज्या कितनी है?
(*a*) 4 सेमी० (*b*) 8 सेमी० (*c*) 1 सेमी० (*d*) 2 सेमी०
(एस०एस०सी० परीक्षा, 2008)

65. दो बेलनों *A* तथा *B* के आधारों के अर्द्धव्यास 3 : 2 तथा इनकी ऊँचाईयाँ *n* : 1 के अनुपात में हैं. यदि बेलन *A* का आयतन, बेलन *B* के आयतन का 3 गुना हो, तो *n* का मान कितना होगा?
(*a*) $\frac{4}{3}$ (*b*) $\frac{2}{3}$ (*c*) $\frac{3}{4}$ (*d*) $\frac{3}{2}$
(एस०एस०सी० परीक्षा, 2008)

66. एक लम्बवृत्तीय बेलन के आधार के अर्द्धव्यास तथा उसकी ऊँचाई में से प्रत्येक में 10% वृद्धि कर दिये जाने पर बेलन के आयतन में कितनी वृद्धि होगी? (एस०एस०सी० परीक्षा, 2008)
(*a*) 3·31% (*b*) 14·5% (*c*) 33·1% (*d*) 19·5%

67. एक लम्बवृत्तीय बेलन का आयतन एक गोले के आयतन के बराबर है तथा इनके अर्द्धव्यास भी बराबर हैं. यदि बेलन की ऊँचाई *h* तथा गोले का व्यास *d* हो, तो निम्नलिखित में से कौन-सा सम्बन्ध सही है?
(एस०एस०सी० परीक्षा, 2008)
(*a*) $h = d$ (*b*) $2h = d$ (*c*) $2h = 3d$ (*d*) $3h = 2d$

68. एक ठोस लम्बवृत्तीय शंकु की ऊँचाई 8 सेमी० तथा आधार की त्रिज्या 2 सेमी० है. इस शंकु को पिघलाकर एक गोला बनाया गया है. इस गोले का व्यास कितना है?
(*a*) 2 सेमी० (*b*) 3 सेमी० (*c*) 4 सेमी० (*d*) 6 सेमी०

69. एक शंकु की ऊँचाई 6 सेमी० तथा आधार की त्रिज्या 12 सेमी० है. यदि इस शंकु का आयतन एक गोले के आयतन के बराबर हो, तो गोले की त्रिज्या कितनी है? (एस०एस०सी० परीक्षा, 2008)
(*a*) 8 सेमी० (*b*) 6 सेमी० (*c*) 7.2 सेमी० (*d*) 2·5 सेमी०

70. जस्ते के बने 6 सेमी० त्रिज्या के अर्द्ध-गोले को पिघला कर 75 सेमी० ऊँचाई के शंकु में ढाला गया है. इस शंकु के आधार की त्रिज्या क्या होगी?
(*a*) 1·4 सेमी० (*b*) 2 सेमी०
(*c*) 2·4 सेमी० (*d*) 4·2 सेमी०

71. एक अर्द्ध-गोलाकार आकृति के बर्तन की आन्तरिक त्रिज्या 9 सेमी० है. यह बर्तन किसी द्रव से भरा है. इस द्रव को छोटी बेलनाकार बोतलों से भरा गया है. यदि प्रत्येक बोतल के आधार का व्यास 3 सेमी० तथा ऊँचाई 4 सेमी० हो, तो ऐसी कितनी बोतलों की आवश्यकता होगी?
(*a*) 27 (*b*) 35 (*c*) 54 (*d*) 63

72. लोहे की उस चादर का क्षेत्रफल क्या होगा जिससे 24 सेमी० ऊँचा तथा 7 सेमी० आधार की त्रिज्या वाला शंकु बनाया जा सके?
(*a*) 550 वर्ग सेमी० (*b*) 1232 वर्ग सेमी०
(*c*) 704 वर्ग सेमी० (*d*) 616 वर्ग सेमी०

73. एक शंकु तथा एक बेलन के आधारों के क्षेत्रफल समान हैं तथा इनके वक्र-पृष्ठों के क्षेत्रफल भी समान हैं. यदि बेलन की ऊँचाई 3 मीटर हो, तो शंकु की तिर्यक ऊँचाई कितनी होगी?
(*a*) 3 मीटर (*b*) 4 मीटर (*c*) 6 मीटर (*d*) 7 मीटर

74. एक लम्ब-वृत्तीय शंकु के आधार का व्यास 14 सेमी० है तथा इसके वक्रपृष्ठ का क्षेत्रफल 550 वर्ग सेमी० है. इस शंकु का आयतन क्या होगा?
(*a*) 1230 घन सेमी० (*b*) 1231 घन सेमी०
(*c*) 1232 घन सेमी० (*d*) 1233 घन सेमी०

75. दो शंकुओं की ऊँचाइयों का अनुपात 1 : 3 है तथा उनके आधार के व्यास 3 : 5 के अनुपात में हैं. इनके आयतनों का अनुपात क्या होगा?
(*a*) 1 : 5 (*b*) 5 : 9
(*c*) 3 : 25 (*d*) इनमें से कोई नहीं

76. एक बेलनाकार बर्तन की त्रिज्या 18 सेमी० तथा ऊँचाई 32 सेमी० है. रेत से भरे इस बर्तन को पृथ्वी पर उलट कर खाली कर दिया गया तथा रेत को एक शंक्वाकार ढ़ेर के रूप में परिवर्तित कर दिया गया. यदि इस ढ़ेर की ऊँचाई 24 सेमी० हो, तो इसके आधार की त्रिज्या क्या होगी?
(*a*) 12 सेमी० (*b*) 24 सेमी० (*c*) 36 सेमी० (*d*) 48 सेमी०

77. एक लम्ब-वृत्तीय शंकु की त्रिज्या तथा ऊँचाई का अनुपात 3 : 4 है. यदि इसका आयतन 96π घन सेमी० हो, तो इसकी तिर्यक ऊँचाई कितनी है?
(*a*) 8 सेमी० (*b*) 9 सेमी०
(*c*) 10 सेमी० (*d*) 12 सेमी०

78. एक लम्ब-वृत्तीय शंकु की तिर्यक ऊँचाई 10 सेमी० तथा ऊँचाई 8 सेमी० हैं. इसके वक्र-पृष्ठ का क्षेत्रफल कितना है? ($\pi = 3.14$ लें)
(*a*) 175·5 सेमी०^2 (*b*) 185·5 सेमी०^2
(*c*) 188·4 सेमी०^2 (*d*) 198·5 सेमी०^2

79. एक शंक्वाकार पहाड़ी की तिर्यक ऊँचाई 2·5 किमी० है तथा इसके आधार का क्षेत्रफल 1·54 वर्ग किमी० है. पहाड़ी की ऊँचाई कितनी है ?

(*a*) 2·2 किमी० (*b*) 2·4 किमी०
(*c*) 3 किमी० (*d*) 3·11 किमी०

80. 5 मिमी० व्यास के एक बेलनाकार पाईप द्वारा पानी 10 मीटर प्रति मिनट की गति से बहकर एक शंक्वाकार बर्तन में गिरता है, जिसके आधार का व्यास 40 सेमी० तथा ऊँचाई 24 सेमी० है. कितनी देर में यह बर्तन पानी से भर जायेगा ?

(*a*) 48 मिनट 15 से० (*b*) 51 मिनट 12 से०
(*c*) 52 मिनट 1 से० (*d*) 55 मिनट

81. एक बेलन के आधार का व्यास 42 सेमी० है तथा इसके वक्रपृष्ठ का क्षेत्रफल 1320 सेमी०^2 है. इस बेलन की ऊँचाई कितनी है ?

(*a*) 8 सेमी० (*b*) 9 सेमी० (*c*) 10 सेमी० (*d*) 12 सेमी०

82. एक घन के सम्पूर्ण पृष्ठ का क्षेत्रफल 150 वर्ग सेमी० है. इसका आयतन कितना होगा ?

(*a*) 100 सेमी०^3 (*b*) 125 सेमी०^3
(*c*) 150 सेमी०^3 (*d*) 175 सेमी०^3

83. एक लम्बवृत्तीय बेलन के आधार की त्रिज्या तथा ऊँचाई का अनुपात क्रमशः 2 : 3 है. यदि इसका आयतन 12936 सेमी०^3 हो, तो इस बेलन के सम्पूर्ण पृष्ठ का क्षेत्रफल कितना होगा ?

(*a*) 3080 सेमी०^2 (*b*) 38808 सेमी०^2
(*c*) 25872 सेमी०^2 (*d*) 2587·2 सेमी०^2

84. एक आयताकार कागज का साइज 100 सेमी० × 44 सेमी० है. इस कागज को इसकी लम्बाई के अनुदिश मोड़कर एक बेलन बनाया जाता है. बेलन का आयतन कितना है ?

(*a*) 4400 घन सेमी० (*b*) 15400 घन सेमी०
(*c*) 35000 घन सेमी० (*d*) 144 घन सेमी०

(एस०एस०सी० परीक्षा, 2007)

85. एक 4 मीटर व्यास वाली 56 मीटर लम्बी बेलनाकार सुरंग को खोदने से प्राप्त हुई मिट्टी से एक 48 मीटर लम्बी, 16·5 मीटर चौड़ी तथा 4 मीटर गहरी खाई का कितना भाग भरा जा सकता है ?

(*a*) $\frac{1}{9}$ (*b*) $\frac{2}{9}$ (*c*) $\frac{7}{9}$ (*d*) $\frac{8}{9}$

(एस०एस०सी० परीक्षा, 2007)

86. यदि दो गोलों के अर्द्धव्यास क्रमशः 3 : 2 के अनुपात में हों तो उनके आयतनों का अनुपात क्या होगा ?

(*a*) 9 : 4 (*b*) 3 : 2 (*c*) 8 : 27 (*d*) 27 : 8

(एस०एस०सी० परीक्षा, 2007)

87. यदि दो गोलों के अर्द्धव्यास क्रमशः 1 : 4 के अनुपात में हों तो उनके पृष्ठीय क्षेत्रफलों का अनुपात क्या होगा ?

(*a*) 1 : 2 (*b*) 1 : 4 (*c*) 1 : 8 (*d*) 1 : 16

(एस०एस०सी० परीक्षा, 2007)

88. किसी घनाभ की माप 25 सेमी० × 20 सेमी० × 4 सेमी० है. एक घन का आयतन इस घनाभ के आयतन से आधा है. घन के सम्पूर्ण पृष्ठ का क्षेत्रफल कितना है ? (एस०एस०सी० परीक्षा, 2007)

(*a*) 400 सेमी०^2 (*b*) 600 सेमी०^2
(*c*) 800 सेमी०^2 (*d*) 1200 सेमी०^2

89. किसी धातु के एक ठोस बेलन के आधार की त्रिज्या r सेमी० तथा ऊँचाई 6 सेमी० है. इसे पिघलाकर उतनी ही आधार की त्रिज्या वाला एक ठोस शंकु बनाया जाता है. शंकु की ऊँचाई कितनी है ?

(*a*) 54 सेमी० (*b*) 27 सेमी०
(*c*) 18 सेमी० (*d*) 9 सेमी०

(एस०एस०सी० परीक्षा, 2007)

90. यदि किसी लम्ब प्रिज्म के आधार का क्षेत्रफल, ऊँचाई और आयतन क्रमशः $\frac{\sqrt[3]{3}}{2}P^2\text{cm}^2$ $100\sqrt{3}$ cm, 7200 cm^3 हो, तो P का मान होगा: (एस.एस.सी.-सी.जी.एल. परीक्षा, 2021)

(*a*) 16 (*b*) 4 (*c*) 20 (*d*) 25

91. एक बेलन और एक शंकु के आधारों की त्रिज्याएँ और ऊँचाईयाँ समान हैं। यदि उनके वक्र पृष्ठीय क्षेत्रफलों का अनुपात 8 : 5 है, तो उनकी त्रिज्या और ऊंचाई का अनुपात है:

(*a*) 5 : 3 (*b*) 3 : 4 (*c*) 2 : 3 (*d* 6 : 7

(एस.एस.सी.-सी.जी.एल. परीक्षा, 2020)

92. एक ठोस, तल पर अर्धगोलाकार और ऊपर शंक्वाकार है। यदि दोनों भागों के पृष्ठीय क्षेत्रफल समान हैं, तो इसके शंक्वाकार भाग की त्रिज्या और ऊँचाई का अनुपात है:

(*a*) 1 : $\sqrt{3}$ (*b*) 3 : 1 (*c*) 1 : 3 (*d*) $\sqrt{3}$: 1

(एस.एस.सी.-सी.जी.एल. परीक्षा, 2020)

93. एक ठोस बेलन का कुल पृष्ठीय क्षेत्रफल 462 वर्ग सेमी है। वक्र पृष्ठीय क्षेत्रफल इसके कुल पृष्ठीय क्षेत्रफल का $\frac{1}{3}$ भाग है। सिलेंडर की मात्रा है: (एस.एस.सी.-सी.जी.एल. परीक्षा, 2020)

(*a*) 539 सेमी^{3} (*b*) 430 सेमी^{3} (*c*) 533 सेमी^{3} (*d*) 439 सेमी^{3}

94. एक शंकु, बेलन और अर्धगोले की ऊँचाई समान है। यदि उनकी त्रिज्याएँ 2 :3 :1 के अनुपात में हैं, तो उनके आयतनों का अनुपात क्या है? (एस.एस.सी.-सी.जी.एल. परीक्षा, 2019)

(*a*) 3 : 22 : 1 (*b*) 4 : 27 : 2
(*c*) 5 : 18 : 2 (*d*) 4 : 27 : 8

95. 13824 सेमी^{3} के आयतन वाले एक ठोस घन को समान आयतन के आठ घनों में काटा जाता है। मूल घन के पृष्ठीय क्षेत्रफल और तीन छोटे घनों के पृष्ठीय क्षेत्रफल का कुल योग का अनुपात होगा: (एस.एस.सी.-सी.जी.एल. (टीयर-I) परीक्षा, 2018)

(*a*) 1 : 2 (*b*) 4 : 3 (*c*) 5 : 6 (*d*) 7 : 8

96. 10 मीटर × 8 मीटर × 6 मीटर माप वाली एक घनाकार टंकी जिसके शीर्ष पर एक मीटर व्यास का एक गोलाकार छेद हो, को बनाने के लिए कितनी लोहे की चादर (मी^{2}) की आवश्यकता होगी? (1 दशमलव स्थान तक सही)

(*a*) 375.2 (*b*) 475.2 (*c*) 335.2 (*d*) 575.2

(एस.एस.सी.-सी.जी.एल. (टीयर-I) परीक्षा, 2018)

97. दोनो सिरों पर खुले एक खोखले बेलन का आयतन क्या होगा, यदि इसकी लंबाई 25 सेमी. है। बाह्य त्रिज्या 10 से.मी. है और

मोटाई 1 से.मी. है ? (प्रयोग करें $\pi = \frac{22}{7}$)

(*a*) 2985.72 घन सेमी. (*b*) 746.43 घन सेमी.
(*c*) 2239.29 घन सेमी. (*d*) 1492.86 घन सेमी.

(एस.एस.सी. सी.एच.एस.एल. परीक्षा, 2017)

98. एक शंक्वाकार तम्बू के आधार की त्रिज्या 12 मीटर है और तम्बू 9 मीटर ऊंचा है। यदि एक वर्ग मीटर कैनवास की लागत ₹120 है, तो तंबू बनाने के लिए आवयश्यक कैनवास की लागत ज्ञात कीजिए। (π = 3.14 लीजिए।)

(*a*) ₹ 67,824 (*b*) ₹ 67,956 (*c*) ₹ 67,500 (*d*) ₹ 67,000

(एस.एस.सी.-सी.जी.एल. परीक्षा, 2014)

99. 10 सेमी॰ त्रिज्या के एक ठोस गोले को पिघला कर बराबर त्रिज्या वाले 8 छोटे ठोस गोलों में ढ़ाला गया है. ऐसे प्रत्येक गोले की त्रिज्या कितनी होगी ?

(*a*) 1·25 सेमी॰ (*b*) 2·5 सेमी॰
(*c*) 3·75 सेमी॰ (*d*) 5 सेमी॰

100. दो बेलनों की आधार त्रिज्यायें क्रमश: 3 : 5 के अनुपात में हैं तथा इनकी ऊँचाइयाँ क्रमश: 2 : 3 के अनुपात में हैं. इनके वक्रपृष्ठों के क्षेत्रफलों का अनुपात क्या होगा ? (एस॰एस॰सी॰ परीक्षा, 2007)

(*a*) 2 : 5 (*b*) 2 : 3 (*c*) 3 : 5 (*d*) 5 : 3

101. एक शंक्वाकार लोहे का टुकड़ा जिसका व्यास 28 सेमी और ऊंचाई 30 सेमी है, पूरी तरह से एक बेलनाकार बर्तन के पानी में डूबा हुआ है, जिसके परिणामस्वरूप जल स्तर 6.4 सेमी बढ़ जाता है। बेलनाकार बर्तन का व्यास सेमी में है:

(*a*) 35 (*b*) 40 (*c*) 36 (*d*) 38

(एस.एस.सी.-सी.जी.एल. परीक्षा, 2015)

102. 28 से.मी. व्यास और 30 से.मी. ऊँचाई वाले एक शंकु लोहे के टुकड़े को एक बेलनाकार पात्र के जल में पूर्णत: डुबो दिया जाता है, जिसके परिणामस्वरूप जल का स्तर 6.4 से.मी. बढ़ जाता है। पात्र का व्यास से.मी. में कितना है?

(*a*) 32 (*b*) 3.5 (*c*) $\frac{35}{2}$ (*d*) 35

(एस.एस.सी.-सी.जी.एल. (टीयर-I) परीक्षा, 2015)

103. सिलेंडर के आधार की त्रिज्या क्या होगी, यदि इसे 7 से.मी. त्रिज्या वाले गोले को पिघलाकर बनाया गया हो और सिलेंडर की ऊँचाई 28/3 से.मी. हो?

(*a*) 14 से.मी. (*b*) 7 से.मी.
(*c*) 28 से.मी. (*d*) इनमें से कोई नही

(जे.ई.ई. होटल मैनेजमेंट प्रवेश परीक्षा, 2015)

104. 4 से.मी. व्यास और 1 मिली. मीटर मोटाई वाले 50 चाँदी के सिक्कों को पिघलाकर 2 मिलीमीटर व्यास वाली तार बनाई गई। तार की लम्बाई कितनी होगी?

(*a*) 22 मीटर (*b*) 20 मीटर (*c*) 50 मीटर (*d*) 5 मीटर

(जे.ई.ई. होटल मैनेजमेंट प्रवेश परीक्षा, 2015)

105. समान अर्द्धव्यास वाले एक लम्ब-वृत्तीय बेलन तथा एक गोले के आयतन बराबर हैं. गोले के व्यास का बेलन की ऊँचाई से अनुपात कितना है ? (एस॰एस॰सी॰ परीक्षा, 2007)

(*a*) 3 : 2 (*b*) 2 : 3 (*c*) 1 : 2 (*d*) 2 : 1

106. एक घन का आयतन एक लम्ब प्रिज़्म के बराबर है, जो 72 से.मी. ऊँचा है और एक तिकोने आधार पर खड़ा है जिसके किनारे क्रमश: 32 से.मी., 20 से.मी. के है, घन का किनारा होगा: (उत्तर प्रदेश चकबन्दी लेखपाल भर्ती पुर्न: परीक्षा, 2015)

(*a*) 36 से.मी. (*b*) 32 से.मी. (*c*) 24 से.मी. (*d*) 20 से.मी.

107. 9 से.मी. ऊँचाई और 2.4 से.मी. की आन्तरिक एवं 2.5 से.मी. की बाह्य त्रिज्या वाले किसी खाली सिलेंडर को जब एक बेलनाकार बर्तन में पानी में डुबोया जाता है, तो जल-स्तर 0.25 से.मी. बढ़ जाता है, तो बर्तन की त्रिज्या है:

(*a*) 6.3 से.मी. (*b*) 8.34 से.मी.
(*c*) 4.2 से.मी. (*d*) 4.9 से.मी.

(उत्तर प्रदेश चकबन्दी लेखपाल भर्ती पुनर्परीक्षा, 2015)

108. एक बड़े ठोस गोले को गलाकर समरूप लंब वृत्ताकार शंकु बनाए जाते है, जिनकी आधार त्रिज्या और ऊँचाई गोले की त्रिज्या के बराबर है। इनमें से एक शंकु को गलाकर छोटा ठोस बनाया जाता है। छोटे गोले के पृष्ठ क्षेत्र और बड़े गोले के पृष्ठ क्षेत्र का अनुपात क्या होगा?

(*a*) $1:3^{4/3}$ (*b*) $1:2^{3/2}$ (*c*) $1:3^{2/3}$ (*d*) $1:2^{4/3}$

(एस.एस.सी.- सी.जी.एल. (टीयर-II) परीक्षा, 2014

109. 4 से.मी. व्यास वाले लेड के गोले को स्वर्ण से कवर किया जाता है। यदि स्वर्ण और लेड का आयतन बराबर है, तो स्वर्ण की मोटाई लगभग कितनी होगी? ($\sqrt[3]{2} = 1.259$ लें)

(*a*) 5.038 से.मी. (*b*) 5.190 से.मी.
(*c*) 1.038 से.मी. (*d*) 0.518 से.मी.

(एस.एस.सी.- सी.जी.एल. (टीयर-II) परीक्षा, 2014)

उत्तरमाला (प्रश्नमाला 24A)

1. (*d*)	2. (*c*)	3. (*b*)	4. (*b*)	5. (*c*)	6. (*c*)	7. (*c*)	8. (*c*)	9. (*b*)	10. (*b*)	11. (*b*)	12. (*c*)
13. (*c*)	14. (*c*)	15. (*d*)	16. (*b*)	17. (*b*)	18. (*a*)	19. (*b*)	20. (*c*)	21. (*a*)	22. (*d*)	23. (*b*)	24. (*b*)
25. (*b*)	26. (*b*)	27. (*c*)	28. (*b*)	29. (*d*)	30. (*c*)	31. (*c*)	32. (*b*)	33. (*c*)	34. (*a*)	35. (*a*)	36. (*b*)
37. (*b*)	38. (*d*)	39. (*d*)	40. (*d*)	41. (*b*)	42. (*b*)	43. (*d*)	44. (*a*)	45. (*b*)	46. (*a*)	47. (*c*)	48. (*c*)
49. (*d*)	50. (*d*)	51. (*d*)	52. (*b*)	53. (*a*)	54. (*d*)	55. (*a*)	56. (*d*)	57. (*c*)	58. (*a*)	59. (*d*)	60. (*a*)
61. (*a*)	62. (*a*)	63. (*a*)	64. (*c*)	65. (*a*)	66. (*c*)	67. (*d*)	68. (*c*)	69. (*b*)	70. (*c*)	71. (*c*)	72. (*c*)
73. (*c*)	74. (*c*)	75. (*c*)	76. (*c*)	77. (*c*)	78. (*c*)	79. (*b*)	80. (*b*)	81. (*c*)	82. (*b*)	83. (*a*)	84. (*b*)
85. (*b*)	86. (*d*)	87. (*d*)	88. (*b*)	89. (*c*)	90. (*b*)	91. (*b*)	92. (*a*)	93. (*c*)	94. (*b*)	95. (*b*)	96. (*a*)
97. (*d*)	98. (*a*)	99. (*d*)	100. (*a*)	101. (*a*)	102. (*d*)	103. (*b*)	104. (*b*)	105. (*a*)	106. (*c*)	107. (*c*)	108. (*d*)
109. (*c*)											

दिये गये प्रश्नों के हल (प्रश्नमाला 24A)

1. माना मीता के बॉक्स की लम्बाई, चौड़ाई तथा ऊँचाई क्रमश: x, y तथा z है।

तब रीता के बॉक्स की लम्बाई, चौड़ाई तथा ऊँचाई क्रमश: $\frac{110x}{100}, \frac{110y}{100}, \frac{80z}{100}$ अर्थात $\frac{11x}{10}, \frac{11y}{10}, \frac{4z}{5}$

$$\therefore \frac{\text{रीता के बॉक्स की धारिता}}{\text{मीता के बॉक्स की धारिता}} = \frac{\left(\frac{11x}{10} \times \frac{11y}{10} \times \frac{4z}{5}\right)}{xyz} = \frac{121}{125}.$$

अभीष्ट अनुपात = 121 : 125.

2. बड़े डिब्बे का आयतन = (800 × 700 × 600) घन सेमी०.

छोटे डिब्बे का आयतन = (8 × 7 × 6) घन सेमी०.

डिब्बों की अभीष्ट संख्या $= \frac{(800 \times 700 \times 600)}{(8 \times 7 \times 6)} = 1000000.$

3. दीवार का आयतन = (400 × 300 × 13) घन सेमी०.

1 ईंट का आयतन = (20 × 12 × 6.5) घन सेमी०.

ईंटों की अभीष्ट संख्या $= \frac{400 \times 300 \times 13}{20 \times 12 \times 6 \cdot 5} = 1000.$

4. विकर्ण $= \sqrt{l^2 + b^2 + h^2} = 28$ तथा $(l + b + h) = 44.$

अब, $(l^2 + b^2 + h^2) = (l + b + h)^2 - 2(lb + bh + lh)$

$\Rightarrow (28)^2 = (44)^2 -$ (सम्पूर्ण पृष्ठ का क्षेत्रफल)

$\Rightarrow$ सम्पूर्ण पृष्ठ का क्षेत्रफल

$= [(44)^2 - (28)^2]$ वर्ग सेमी०

$= (44 + 28)(44 - 28)$ वर्ग सेमी०

$= (72 \times 16)$ वर्ग सेमी० = 1152 वर्ग सेमी०.

5. $lbh = 210, 2(lb + bh + lh) = 214$ तथा $lb = 42.$

$\therefore h = \frac{lbh}{lb} = \frac{210}{42} = 5.$

अत: $2(42 + 5b + 5l) = 214 \Rightarrow 42 + 5(l + b) = 107$

$\Rightarrow 5(l + b) = 65 \Rightarrow l + b = 13.$

$(l - b)^2 = (l + b)^2 - 4lb = (13)^2 - (4 \times 42) = (169 - 168)$

$= 1 \Rightarrow (l - b) = 1.$

$(l + b = 13)$ तथा $(l - b) = 1$ को हल करने पर,

$l = 7$ तथा $b = 6.$

अत: घनाभ की विमायें हैं 7 सेमी०, 6 सेमी० तथा 5 सेमी०.

6. शहतीर का आयतन $= \left(9 \times \frac{40}{100} \times \frac{20}{100}\right)$ घन मीटर

$= \frac{18}{25}$ घन मीटर.

शहतीर का भार $= \left(\frac{18}{25} \times 50\right)$ किग्रा० = 36 किग्रा०.

7. माना टुकड़े की लम्बाई = x सेमी०. तब,

आयतन = $(x \times 28 \times 5)$ घन सेमी०.

टुकड़े का भार $= \left(x \times 28 \times 5 \times \frac{25}{1000}\right)$ किग्रा०. $= \frac{7x}{2}$ किग्रा०.

$\therefore \frac{7x}{2} = 112 \Rightarrow x = \frac{(112 \times 2)}{7} = 32.$

अत: टुकड़े की लम्बाई = 32 सेमी०.

8. दिया गया है:

व्यास = 14 सेमी तब, त्रिज्या = 7 सेमी

अब, पृष्ठीय क्षेत्रफल $= 4\pi r^2$

$= 4 \times \left(\frac{22}{7}\right) \times 7 \times 7 = 616$ सेमी^{2}

9. बेलन का अनुपात $(V) = \pi r^2 h$

$$\therefore \frac{V_1}{V_2} = \frac{\pi r_1^2 h_1}{\pi r_2^2 h_2} = \left(\frac{r_1}{r_2}\right)^2 \left(\frac{h_1}{h_2}\right) = \left(\frac{2}{3}\right)^2 \left(\frac{5}{3}\right) = \frac{20}{27}$$

10. पानी का बहाव $= \frac{3 \cdot 6 \times 1000}{60}$ मीटर/मिनट = 60 मीटर/मिनट.

पानी का अभीष्ट आयतन $= \left(60 \times 45 \times \frac{25}{10}\right)$ घन मीटर

= 6750 घन मीटर.

11. मैदान का क्षेत्रफल = (1·5 × 10000) वर्ग मी० = 15000 वर्ग मी०,

गहराई $= \frac{5}{100}$ मीटर.

पानी का आयतन = (क्षेत्रफल × गहराई)

$= \left(15000 \times \frac{5}{100}\right)$ घन मीटर = 750 घन मीटर.

12. चादर का आयतन = 0.6 घन मी०

= (0.6 × 100 × 100 × 100) घन सेमी०.

चादर का क्षेत्रफल = 1 हैक्टेयर = 10000 वर्ग मी०

= (10000 × 100 × 100) वर्ग सेमी०.

चादर की मोटाई $= \frac{\text{आयतन}}{\text{क्षेत्रफल}} = \frac{0 \cdot 6 \times 100 \times 100 \times 100}{10000 \times 100 \times 100}$ सेमी०

$= \frac{0 \cdot 6 \times 10}{100}$ मिमी० = 0·06 मिमी०.

13. दिये गये घनाभ का सम्पूर्ण पृष्ठ = $2(lb + bh + lh)$

= 2 × (24 × 14 + 14 × 7.5 + 24 × 7.5) वर्ग सेमी०

= 1242 वर्ग सेमी०.

14. माना लम्बाई = $6x$ सेमी०, चौड़ाई = $5x$ सेमी० तथा ऊँचाई = $4x$ सेमी०. तब,

घनाभ का सम्पूर्ण पृष्ठ

$= 2[(6x \times 5x) + (5x \times 4x) + (6x \times 4x)]$ वर्ग सेमी०

$= (148x^2)$ वर्ग सेमी०.

$\therefore 148x^2 = 33300 \Rightarrow x^2 = 225 = (15)^2 \Rightarrow x = 15.$

$\therefore$ लम्बाई = 90 सेमी०, चौड़ाई = 75 सेमी० तथा ऊँचाई = 60 सेमी०

घनाभ का आयतन = (90 × 75 × 60) घन सेमी०

= 405000 घन सेमी०.

15. धातु का आयतन

$= [(50 \times 40 \times 23) - (44 \times 34 \times 20)]$ घन सेमी०

$= (46000 - 29920)$ घन सेमी० $= 16080$ घन सेमी०.

धातु का भार $= \left(16080 \times \frac{5}{10} \times \frac{1}{1000}\right)$ किग्रा० $= 8{\cdot}04$ किग्रा०.

16. घन का विकर्ण

$= \sqrt{3}a$. अत: $\sqrt{3}a = 6 \Rightarrow a = \frac{6}{\sqrt{3}} = \frac{3 \times 2}{\sqrt{3}} = 2\sqrt{3}$ सेमी०.

घन का आयतन $= a^3 = (2\sqrt{3})^3 = (8 \times 3 \times \sqrt{3}) = 24\sqrt{3}$ सेमी०^3.

17. माना घन की प्रत्येक भुजा $= a$ सेमी०.

तब, इसका विकर्ण $= \sqrt{3}a$ सेमी०.

$\sqrt{3}a = 9\sqrt{3} \Rightarrow a = 9$ सेमी०.

अत: घन का सम्पूर्ण पृष्ठ $= 6a^2 = (6 \times 9 \times 9)$ सेमी०^2

18. माना दोनों घन की दो अलग-अलग भुजाएं a_1 व a_2 हैं।

$\therefore \frac{a_1^3}{a_2^3} = \frac{27}{64} \Rightarrow \frac{a_1}{a_2} = \sqrt[3]{\frac{27}{64}} = \frac{3}{4}$

उनके पृष्ठीय क्षेत्रफल का अनुपात $= \frac{6a_1^2}{6a_2^2} = \left(\frac{a_1}{a_2}\right)^2$

$= \left(\frac{3}{4}\right)^2 = \frac{9}{16} = 9:16$

19. घन की प्रत्येक भुजा में वृद्धि $= 50\%$

सतह के क्षेत्रफल में वृद्धि प्रतिशत

$= 50 + 50 + \frac{50 \times 50}{100} = 100 + 25 = 125\%$

20. रॉड की अधिकत्तम लम्बाई

$= \sqrt{4^2 + 4^2 + 4^2} = \sqrt{16 + 16 + 16} = \sqrt{48} = 4\sqrt{3}$ मीटर

$= 486$ सेमी०^2.

21. प्रत्येक सिक्के के लिए, $r = \frac{75}{100}$ सेमी० $= \frac{3}{4}$ सेमी० तथा

$h = \frac{2}{10}$ सेमी० $= \frac{1}{5}$ सेमी०.

प्रत्येक सिक्के का आयतन

$= \pi r^2 h = \left(\pi \times \frac{9}{16} \times \frac{1}{5}\right)$ सेमी०$^3 = \frac{9\pi}{80}$ सेमी०^3.

माना सिक्कों की अभीष्ट संख्या $= n$.

बनाये जाने वाले बेलन का आयतन $= \pi R^2 H$

$= [\pi \times (3)^2 \times 8]$ सेमी०^3 $= 72\,\pi$ सेमी०^3.

$\therefore n \times \frac{9\pi}{80} = 72\pi \Rightarrow n = \left(\frac{72 \times 80}{9}\right) = 640.$

अत: सिक्कों की अभीष्ट संख्या $= 640$.

22. माना गोले का प्रारम्भिक अर्द्धव्यास $= r$ मीटर.

तब, गोले का पृष्ठीय क्षेत्रफल $= (4\pi r^2)$ वर्ग मीटर.

गोले का नया अर्द्धव्यास $= (r + 2)$ मीटर.

$\therefore$ नये गोले का पृष्ठीय क्षेत्रफल $= 4\pi(r+2)^2$ वर्ग मीटर.

$\therefore 4\pi(r+2)^2 - 4\pi r^2 = 704$

$\Rightarrow 4\pi(r^2 + 4r + 4) - 4\pi r^2 = 704$

$\Rightarrow 16\pi r + 16\pi = 704 \Rightarrow 16\pi(r+1) = 704$

$\Rightarrow 16 \times \frac{22}{7} \times (r+1) = 704$

$\Rightarrow (r+1) = \left(704 \times \frac{7}{16 \times 22}\right) = 14 \Rightarrow r = 13.$

$\therefore$ गोले का प्रारम्भिक अर्द्धव्यास $= 13$ मीटर.

23. छड़ की अभीष्ट लम्बाई = कमरे के विकर्ण की लम्बाई

$= \sqrt{l^2 + b^2 + h^2} = \sqrt{(10)^2 + (10)^2 + 5^2} = \sqrt{100 + 100 + 25}$

$= \sqrt{225} = 15$ मीटर.

24. माना शंकु के आधार की त्रिज्या $= r$ तथा ऊँचाई $= h$.

तब, शंकु का आयतन $= \frac{1}{3}\pi r^2 h$.

नए शंकु के आधार की त्रिज्या $= \left(\frac{110}{100} \times r\right) = \frac{11r}{10}$ तथा

नई ऊँचाई $= \left(\frac{110}{100} \times h\right) = \frac{11h}{10}$.

नए शंकु का आयतन

$= \frac{1}{3}\pi\left(\frac{11r}{10}\right)^2 \times \frac{11h}{10} = \frac{1}{3}\pi r^2 h\left(\frac{1331}{1000}\right).$

आयतन में वृद्धि $= \frac{1}{3}\pi r^2 h\left(\frac{1331}{1000} - 1\right) = \frac{1}{3}\pi r^2 h \times \frac{331}{1000}.$

आयतन में वृद्धि $\% = \left(\frac{1}{3}\pi r^2 h \times \frac{331}{1000} \times \frac{3}{\pi r^2 h} \times 100\right)\%$

$= \frac{331}{10}\% = 33{\cdot}1\%.$

25. माना ऊँचाई $= x$ मीटर. तब, चौड़ाई $= 2\,x$ मीटर

तथा लम्बाई $= 4\,x$ मीटर.

कमरे का आयतन $= (4\,x \times 2\,x \times x)$ घन मीटर $= 8\,x^3$ घन मीटर.

$\therefore 8\,x^3 = 512 \Rightarrow x^3 = 64 = (4)^3 \Rightarrow x = 4.$

अत: कमरे की लम्बाई $= 4\,x$ मीटर $= (4 \times 4)$ मीटर $= 16$ मीटर.

26. तार की लम्बाई $= (36 \times 100)$ सेमी०,

तार का अर्द्धव्यास $= 1$ मिमी० $= \frac{1}{10}$ सेमी०.

तब, तार का आयतन $= \left[\pi \times \left(\frac{1}{10}\right)^2 \times 36 \times 100\right]$ सेमी०^3

$= (36\pi)$ सेमी०^3.

माना गोले का अर्द्धव्यास $= r$. तब, गोले का आयतन $= \frac{4}{3}\pi r^3$.

$\therefore \frac{4}{3}\pi r^3 = 36\pi \Rightarrow r^3 = \left(36 \times \frac{3}{4}\right) = 27 = 3^3 \Rightarrow r = 3.$

अत: गोले का अर्द्धव्यास $= 3$ सेमी०.

27. एक गोले को समान चार भागों में विभक्त करने पर प्रत्येक भाग की ऊपरी सतह गोले की कुल सतह का $\frac{1}{4}$ भाग होगी तथा नीचे दो अर्द्धवृत्त बनेंगे.

अतः चारों भागों का सम्पूर्ण पृष्ठीय क्षेत्रफल

$$= 4\times\left[\left(\frac{1}{4}\times 4\pi r^2\right)+\frac{1}{2}(\pi r^2)+\frac{1}{2}(\pi r^2)\right]$$

$$= 4\times\left[\left(\pi r^2+\pi r^2\right)\right]$$

$= (4\times 2\pi r^2) = (8\pi r^2)$ वर्ग इकाई.

28. दीवार का कुल आयतन = (2400 × 800 × 60) घन सेमी०.

दीवार में लगी ईंटों का कुल आयतन

$=\left(2400\times 800\times 60\times\frac{90}{100}\right)$ घन सेमी०.

1 ईंट का आयतन = (24 × 12 × 8) घन सेमी०.

ईंटों की संख्या

$$=\left(2400\times 800\times 60\times\frac{90}{100}\times\frac{1}{24\times 12\times 8}\right)=45000.$$

29. घन का आयतन = घनाभ का आयतन

$$=(72\times 75\times 135)=(3^2\times 2^3\times 3\times 5^2\times 5\times 3^3)$$

$$=(3^3\times 2^3\times 3^3\times 5^3)=(3\times 2\times 3\times 5)^3=(90)^3.$$

घन की प्रत्येक भुजा = 90 सेमी०.

30. $(l+b+h)=19$ तथा $(l^2+b^2+h^2)=\left(5\sqrt{5}\right)^2=125.$

अब, $(l+b+h)^2=(l^2+b^2+h^2)+2(lb+bh+lh)$

$\Rightarrow 2(lb+bh+lh)=(l+b+h)^2-(l^2+b^2+h^2)$

$=[(19)^2-125]=(361-125)=236.$

∴ घनाभ के सम्पूर्ण पृष्ठों का क्षेत्रफल = 236 वर्ग सेमी०.

31. नये घन का आयतन $=\left[\left(\frac{30}{100}\right)^3+\left(\frac{40}{100}\right)^3+\left(\frac{50}{100}\right)^3\right]$ घनमीटर

$=\left[\left(\frac{3}{10}\right)^3+\left(\frac{4}{10}\right)^3+\left(\frac{5}{10}\right)^3\right]$ घनमीटर

$=\left(\frac{27}{1000}+\frac{64}{1000}+\frac{125}{1000}\right)$ घनमीटर

$=\left(\frac{216}{1000}\right)$ घनमीटर $=\left(\frac{6}{10}\right)^3$ घनमीटर.

इन घन की प्रत्येक भुजा $=\frac{6}{10}$ मीटर $=\frac{3}{5}$ मीटर.

इस घन का सम्पूर्ण पृष्ठ

$=6a^2=\left[6\times\left(\frac{3}{5}\right)^2\right]$ वर्ग मीटर $=\left(\frac{6\times 9}{25}\right)$ वर्ग मीटर

$=\frac{54}{25}$ वर्ग मीटर = 2·16 वर्ग मीटर.

32. दिया है : $r=\frac{35}{2}$ सेमी० तथा

$h=(1\cdot 2\times 100)$ सेमी० = 120 सेमी०.

पार्श्व-पृष्ठ का क्षेत्रफल $=2\pi rh$

$=\left(2\times\frac{22}{7}\times\frac{35}{2}\times 120\right)$ सेमी०^2 = 13200 सेमी०^2.

33. दिया है : $2\pi rh=528$ तथा $\pi r^2h=2772.$

$$\frac{\pi r^2h}{2\pi rh}=\frac{2772}{528}=5\cdot 25\Rightarrow r=10\cdot 5=\frac{21}{2}.$$

$$\therefore\ 2\times\frac{22}{7}\times\frac{21}{2}\times h=528\Rightarrow h=\frac{528}{66}=8.$$

अतः खम्भे की ऊँचाई = 8 मीटर.

34. सम्पूर्ण पृष्ठ = 231 सेमी०^2,

वक्र-पृष्ठ $=\left(\frac{2}{3}\times 231\right)$ सेमी०^2 = 154 सेमी०^2.

$2\pi rh=154$ तथा $2\pi rh+2\pi r^2=231.$

$$\therefore\ (154+2\pi r^2)=231\Rightarrow 2\pi r^2=77\Rightarrow 2\times\frac{22}{7}\times r^2=77$$

$$\Rightarrow r^2=\left(77\times\frac{7}{44}\right)=\frac{49}{4}=\left(\frac{7}{2}\right)^2\ \Rightarrow r=\frac{7}{2}.$$

$$\therefore\ 2\times\frac{22}{7}\times\frac{7}{2}\times h=154\Rightarrow h=7.$$

बेलन का आयतन $=\pi r^2h=\left(\frac{22}{7}\times\frac{7}{2}\times\frac{7}{2}\times 7\right)$ सेमी०^3

$=\frac{539}{2}$ सेमी०^3 = 269·5 सेमी०^3.

35. दिया है:

$$\frac{2\pi rh}{2\pi rh+2\pi r^2}=\frac{1}{2}\Rightarrow\frac{2\pi rh}{2\pi r(h+r)}=\frac{1}{2}$$

$$\Rightarrow\frac{h}{(h+r)}=\frac{1}{2}\Rightarrow 2h=h+r\Rightarrow h=r.$$

$2\pi rh+2\pi r^2\Rightarrow 2\pi r(h+r)=616$

$\Rightarrow 4\pi r^2=616$ $[\because h=r]$

$$\Rightarrow 4\times\frac{22}{7}\times r^2=616\Rightarrow r^2=\left(616\times\frac{7}{88}\right)=49$$

$\Rightarrow r=7=h.$

बेलन का आयतन $=\pi r^2h=\left(\frac{22}{7}\times 7\times 7\times 7\right)$ सेमी०^3

= 1078 सेमी०^3.

36. प्रत्येक सिक्के का अर्द्धव्यास $=\left(\frac{15}{2\times 10}\right)$ सेमी० $=\frac{3}{4}$ सेमी०,

ऊँचाई $=\frac{2}{10}$ सेमी० $=\frac{1}{5}$ सेमी०.

प्रत्येक सिक्के का आयतन $=\left\{\pi\times\left(\frac{3}{4}\right)^2\times\frac{1}{5}\right\}=\frac{9\pi}{80}$ सेमी०^3.

नये बेलन का अर्द्धव्यास $=\left(\frac{45}{2\times 10}\right)$ सेमी० $=\frac{9}{4}$ सेमी०,

ऊँचाई = 10 सेमी०.

इस बेलन का आयतन $= \left\{\pi \times \left(\frac{9}{4}\right)^2 \times 10\right\} = \frac{405\pi}{8}$ सेमी॰^{3}.

माना अभीष्ट सिक्कों की संख्या $= n$.

तब, $n \times \frac{9\pi}{80} = \frac{405\pi}{8} \Rightarrow n = \left(\frac{405}{8} \times \frac{80}{9}\right) = 450.$

अत: अभीष्ट सिक्कों की संख्या = 450.

37. दिया है : $(r+h) = 37$.

सम्पूर्ण पृष्ठ $= 2\pi rh + 2\pi r^2 = 2\pi r(r+h) = (2\pi r \times 37)$

$$2\pi r \times 37 = 1628 \Rightarrow 2 \times \frac{22}{7} \times r \times 37 = 1628$$

$$\Rightarrow r = \left(1628 \times \frac{7}{44 \times 37}\right) = 7.$$

$\therefore$ $r = 7$ मीटर तथा $h = 30$ मीटर.

बेलन का आयतन $= \pi r^2 h = \left(\frac{22}{7} \times 7 \times 7 \times 30\right)$ मी॰^{3}

$= 4620$ मी॰^{3}.

38. दोनों बर्तनों के पानी का कुल आयतन

$= \left[\{\pi \times (15)^2 \times 35\} + \{\pi \times (10)^2 \times 15\}\right]$ घन सेमी॰

$= (7875\pi + 1500\pi)$ घन सेमी॰ $= 9375$ घन सेमी॰.

माना नये बर्तन के आधार की त्रिज्या $= r$ सेमी॰. तब

$\pi r^2 \times 15 = 9375\pi \Rightarrow r^2 = 625 = (25)^2 \Rightarrow r = 25.$

$\therefore$ अभीष्ट त्रिज्या = 25 सेमी॰.

39. माना दिये गये बेलनों की त्रिज्यायें क्रमश: R तथा r हैं तथा ऊँचाईयाँ क्रमश: h तथा $3h$ हैं. तब

$$\pi R^2 h = \pi r^2 (3h) \Rightarrow \frac{R^2}{r^2} = \frac{3}{1}$$

$$\Rightarrow \frac{R}{r} = \frac{\sqrt{3}}{1} = \frac{3}{\sqrt{3}} \Rightarrow R : r = 3 : \sqrt{3}.$$

40. $\frac{1}{V} = \left(\frac{1}{S} \times \frac{S}{V}\right) = \frac{2(ab+bc+ca)}{S \times abc} = \frac{2}{S}\left(\frac{ab+bc+ca}{abc}\right)$

$$= \frac{2}{S}\left(\frac{1}{a} + \frac{1}{b} + \frac{1}{c}\right).$$

41. दिया है $lb = x, bh = y$ तथा $lh = z$.

$\therefore$ $xyz = (lb) \times (bh) \times (lh) = (lbh)^2 = V^2$.

42. माना $lb = 2x, bh = 3x$ तथा $lh = 4x$. तब, $(lbh)^2 = 24x^3$.

$lbh = 9000 \Rightarrow (lbh)^2 = (9000)^2$

$$\Rightarrow 24x^3 = (9000)^2 \Rightarrow x^3 = \frac{9000 \times 9000}{24} = \frac{27000000}{8}$$

$$= \left(\frac{300}{2}\right)^3 = (150)^3 \Rightarrow x = 150$$

$\therefore$ $lb = 300, bh = 450, lh = 600$ तथा $lbh = 9000$

$\Rightarrow h = \frac{lbh}{lb} = \frac{9000}{300} = 30,\ l = \frac{lbh}{bh} = \frac{9000}{450} = 20$ तथा

$b = \frac{lbh}{lh} = \frac{9000}{600} = 15.$

$\Rightarrow$ सबसे छोटी भुजा = 15 सेमी॰.

43. पाईप की बाहरी त्रिज्या $= \frac{25}{10}$ सेमी॰ $= \frac{5}{2}$ सेमी॰

तथा आन्तरिक त्रिज्या $= \frac{15}{10}$ सेमी॰ $= \frac{3}{2}$ सेमी॰.

लोहे का आयतन

$= \left\{\pi \times \left(\frac{5}{2}\right)^2 \times 100 - \pi \times \left(\frac{3}{2}\right)^2 \times 100\right\}$ घन सेमी॰

$= \left\{\pi \times 100 \times \left(\frac{25}{4} - \frac{9}{4}\right)\right\}$ घन सेमी॰

$= \left(\frac{22}{7} \times 400\right)$ घन सेमी॰ $= \frac{8800}{7}$ घन सेमी॰.

लोहे का भार $= \left(\frac{8800}{7} \times \frac{21}{1000}\right)$ किग्रा॰ $= 26{\cdot}4$ किग्रा॰.

44. माना पानी के स्तर में वृद्धि $= h$ सेमी॰. तब

$\pi \times (40)^2 \times h = \frac{4}{3}\pi \times (30)^3 \Rightarrow h = \left(\frac{4}{3} \times \frac{27000}{1600}\right)$

$\Rightarrow h = \frac{45}{2}$.

$\therefore$ पानी के स्तर में वृद्धि = 22·5 सेमी॰.

45. कुयें की अन्दरी सतह का क्षेत्रफल $= 2\pi rh$

$= \left(2 \times \frac{22}{7} \times \frac{7}{2} \times \frac{45}{2}\right)$ मीटर^2 $= 495$ मीटर^2.

अभीष्ट खर्च = ₹ (495 × 30) = ₹ 14850.

46. माना नये गोले की त्रिज्या $= r$ सेमी॰. तब

$\frac{4}{3}\pi r^3 = \frac{4}{3}\pi \times \{(3)^3 + (4)^3 + (5)^3\}$

$\Rightarrow r^3 = (27 + 64 + 125) = 216 = (6)^3 \Rightarrow r = 6.$

अत: बड़े गोले की त्रिज्या = 6 सेमी॰.

47. तीनों गेंदों को पिघलाने पर प्राप्त आयतन

$= \left[\frac{4}{3}\pi \times (1)^3 + \frac{4}{3}\pi \times (2)^3 + \frac{4}{3}\pi \times (3)^3\right]$ सेमी॰^{3}

$= \frac{4}{3}\pi \times \{1 + 8 + 27\}$ सेमी॰^{3} $= (48\pi)$ सेमी॰^{3}.

इनसे बची सामग्री $= \left(48\pi \times \frac{75}{100}\right)$ सेमी॰$^3 = (36\pi)$ सेमी॰^{3}.

माना नई गेंद की त्रिज्या $= r$ सेमी॰.

$\therefore$ $\frac{4}{3}\pi r^3 = 36\pi \Rightarrow r^3 = \left(36 \times \frac{3}{4}\right) = 27 = 3^3 \Rightarrow r = 3$ सेमी॰.

अत: नई गेंद की त्रिज्या = 3 सेमी॰.

48. बड़े से बड़े सम्भव घन का विकर्ण = गोले का व्यास = $2r$ सेमी०.

इस घन की प्रत्येक भुजा $= \frac{2r}{\sqrt{3}}$ सेमी०.

इस घन का आयतन $= \left(\frac{2r}{\sqrt{3}}\right)^3$ सेमी०^3 $= \frac{8r^3}{3\sqrt{3}}$ सेमी०^3.

49. माना ठोस गोलों की अभीष्ट संख्या = n. तब

$$n \times \frac{4}{3}\pi\left(\frac{3}{2}\right)^3 = \pi \times (2)^2 \times 54 \Rightarrow n \times \frac{4}{3} \times \frac{27}{8} = 4 \times 54$$

$$\therefore\ n = \frac{4 \times 54 \times 24}{4 \times 27} = 48.$$

गोलों की अभीष्ट संख्या = 48.

50. माना अर्द्धगोले की त्रिज्या = r.

तब, बेलन की त्रिज्या = r तथा बेलन की ऊँचाई = r.

बेलन तथा अर्द्धगोले के आयतनों का अनुपात

$$= \frac{\pi r^2 \times r}{\frac{4}{3}\pi r^3} = \frac{3}{4} = 3:4.$$

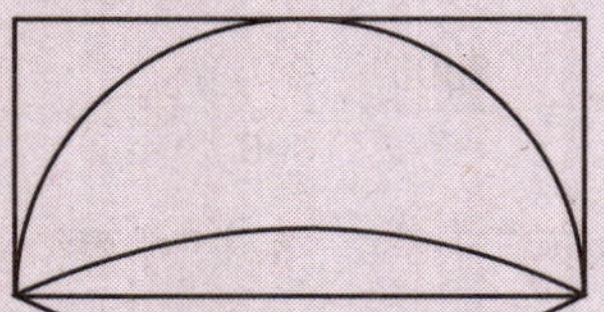

51. माना बेलन की अभीष्ट लम्बाई = x सेमी०.

खोखले बेलन का बाहरी अर्द्धव्यास = 10 सेमी०,

आन्तरिक अर्द्धव्यास = (10 – 0·25) सेमी० = 9·75 सेमी०

तथा लम्बाई = 16 सेमी०.

$\pi \times (1)^2 \times x = \pi\,[(10)^2 - (9{\cdot}75)^2] \times 16$

$\Rightarrow x = (19{\cdot}75 \times 0{\cdot}25 \times 16) = 79$ सेमी०.

52. माना गोले की त्रिज्या = r सेमी०. तब

$$\frac{4}{3}\pi r^3 = 4851 \Rightarrow \frac{4}{3} \times \frac{22}{7} \times r^3 = 4851$$

$$\Rightarrow r^3 = \left(4851 \times \frac{21}{88}\right) = \frac{441 \times 21}{8} = \left(\frac{21}{2}\right)^3 \Rightarrow r = \frac{21}{2}.$$

गोले के वक्र-पृष्ठ का क्षेत्रफल $= 4\pi r^2$

$= \left(4 \times \frac{22}{7} \times \frac{21}{2} \times \frac{21}{2}\right)$ सेमी०^2 = 1386 सेमी०^2.

53. माना गोले की त्रिज्या = r सेमी०. तब

$$4\pi r^2 = 5544 \Rightarrow 4 \times \frac{22}{7} \times r^2 = 5544$$

$$\Rightarrow r^2 = \left(5544 \times \frac{7}{88}\right) = 441 = (21)^2 \Rightarrow r = 21.$$

$\therefore$ गोले का आयतन $= \frac{4}{3}\pi r^3$

$= \left(\frac{4}{3} \times \frac{22}{7} \times 21 \times 21 \times 21\right)$ सेमी०^3 = 38808 सेमी०^3.

54. माना घन की प्रत्येक भुजा = a. तब, इसका आयतन = a^3.

नये घन की प्रत्येक भुजा $= \left(a \times \frac{150}{100}\right) = \frac{3a}{2}$.

नये घन का आयतन $= \left(\frac{3a}{2}\right)^3 = \frac{27a^3}{8}$.

आयतन में वृद्धि $= \left(\frac{27a^3}{8} - a^3\right) = \frac{19a^3}{8}$.

आयतन में वृद्धि % $= \left(\frac{19a^3}{8} \times \frac{1}{a^3} \times 100\right)\% = \frac{475}{2}\%$

$= 237\frac{1}{2}\%$.

55. माना घन की प्रत्येक भुजा = a तथा गोले की त्रिज्या = r.

तब, $6a^2 = 4\pi r^2 \Rightarrow \frac{a^2}{r^2} = \frac{4\pi}{6}$.

इनके आयतनों का अनुपात

$$= \frac{a^3}{\frac{4}{3}\pi r^3} = \frac{3a^3}{4\pi r^3} = \frac{3}{4\pi} \cdot \left(\frac{a^2}{r^2}\right) \cdot \left(\frac{a}{r}\right)$$

$$= \frac{3}{4\pi} \times \frac{4\pi}{6} \times \sqrt{\frac{4\pi}{6}} = \sqrt{\frac{\pi}{6}} = \sqrt{\pi} : \sqrt{6}.$$

56. माना दो शंकुओं के आधार के व्यास क्रमशः $4x$ तथा $5x$ हैं तथा इनकी ऊँचाईयाँ क्रमशः h तथा H हैं. तब

इनके आयतनों का अनुपात $= \dfrac{\frac{1}{3}\pi \times (4x)^2 \times h}{\frac{1}{3}\pi \times (5x)^2 \times H} = \dfrac{16h}{25H}$.

दिया है : $\frac{16h}{25H} = \frac{1}{4} \Rightarrow \frac{h}{H} = \left(\frac{1}{4} \times \frac{25}{16}\right) = \frac{25}{64} = 25:64$.

57. माना प्रत्येक का अर्द्धव्यास = r तथा प्रत्येक की ऊँचाई = h. तब

इनके आयतनों का अनुपात $= \pi r^2 h : \frac{1}{3}\pi r^2 h : \frac{4}{3}\pi r^3$

$= h : \frac{1}{3}h : \frac{4}{3}r = 3h : h : 4r$

$= 3h : h : 2h = 3:1:2$

[$\because$ गोले में $2r = h$]

58. माना प्रत्येक की त्रिज्या = r तथा गोले की ऊँचाई = $2r$.

माना बेलन की ऊँचाई = h तथा शंकु की ऊँचाई = H.

दिया है : गोले का सम्पूर्ण पृष्ठ = बेलन का सम्पूर्ण पृष्ठ = शंकु का सम्पूर्ण पृष्ठ

$$\therefore\ 4\pi r^2 = (2\pi rh + 2\pi r^2) = (\pi rl + \pi r^2)$$

$$= \pi r\left(\sqrt{r^2 + H^2}\right) + \pi r^2$$

$4\pi r^2 = 2\pi r(h + r) \Rightarrow h + r = 2r \Rightarrow h = r.$

$4\pi r^2 = \pi r\sqrt{r^2 + H^2} + \pi r^2$

$\Rightarrow 4\pi r^2 = \pi r\left[\sqrt{r^2 + H^2} + r\right] \Rightarrow \sqrt{r^2 + H^2} = 3r$

$\Rightarrow r^2 + H^2 = 9r^2 \Rightarrow 8r^2 = H^2 \Rightarrow H = 2\sqrt{2}r.$

इनकी ऊँचाईयों का अनुपात

$= 2r : h : H = 2r : r : 2\sqrt{2}r = 2 : 1 : 2\sqrt{2}.$

59. माना तार की त्रिज्या $= r$ तथा लम्बाई $= h$.

इस तार का आयतन $= \pi r^2 h$.

नई तार की त्रिज्या $= \frac{r}{3}$. माना नई लम्बाई $= H$.

इस तार का आयतन $= \pi\left(\frac{r}{3}\right)^2 \times H = \frac{\pi r^2 H}{9}$.

$$\pi r^2 h = \frac{\pi r^2 H}{9} \Rightarrow H = 9h.$$

नई तार की लम्बाई = 9 × (दिये गये तार की लम्बाई).

60. माना शंकु, अर्द्ध-गोले तथा बेलन में से प्रत्येक की त्रिज्या $= r$ तथा प्रत्येक की ऊँचाई $= h$. तब $h = r$.

इनके आयतनों का अनुपात $= \frac{1}{3}\pi r^2 h : \frac{2}{3}\pi r^3 : \pi r^2 h$

$= \frac{1}{3}\pi r^3 : \frac{2}{3}\pi r^3 : \pi r^3 = 1 : 2 : 3.$

61. इस शंकु के लिए $r = 4$ सेमी० तथा $h = 3$ सेमी०.

शंकु का आयतन $= \frac{1}{3}\pi r^2 h = \left(\frac{1}{3}\pi \times 16 \times 3\right)$

$= (16\pi)$ सेमी०^3.

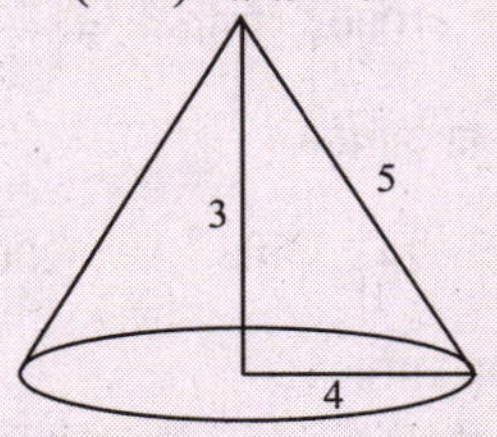

62. बाँस की अभीष्ट लम्बाई = कमरे के विकर्ण की लम्बाई

$= \sqrt{l^2 + b^2 + h^2} = \sqrt{(12)^2 + (9)^2 + (8)^2} = \sqrt{144 + 81 + 64}$

$= \sqrt{289} = 17$ मीटर.

63. नये घन का आयतन $= \left[(6)^3 + (8)^3 + (10)^3\right]$ सेमी०^3

$= (216 + 512 + 1000)$ सेमी०^3 $= 1728$ सेमी०^3.

नये घन की प्रत्येक भुजा $= (1728)^{\frac{1}{3}} = \sqrt[3]{2^3 \times 6^3}$

$= (2 \times 6)$ सेमी० $= 12$ सेमी०.

64. दिया है : $h = 14$ सेमी० तथा $2\pi rh = 88$.

$\therefore\ 2 \times \frac{22}{7} \times r \times 14 = 88 \Rightarrow r = 1.$

अत: बेलन के आधार की त्रिज्या = 1 सेमी०.

65. माना बेलन A का अर्द्धव्यास $= 3x$ तथा बेलन B का अर्द्धव्यास $= 2x$.

माना A की ऊँचाई $= ny$ तथा B की ऊँचाई $= y$.

तब, A का आयतन = 3 × (B का आयतन)

$\Rightarrow \pi \times (3x)^2 \times ny = 3 \times \left[\pi \times (2x)^2 \times y\right]$

$\Rightarrow 9n(\pi x^2 y) = 12\,(\pi x^2 y)$

$\Rightarrow n = \frac{12}{9} = \frac{4}{3}.$

66. माना बेलन के आधार की त्रिज्या $= r$ तथा ऊँचाई $= h$.

तब, बेलन का आयतन $= \pi r^2 h$.

नया आधार $= \left(r \times \frac{110}{100}\right) = \frac{11r}{10}$,

नई ऊँचाई $= \left(h \times \frac{110}{100}\right) = \frac{11h}{10}$.

नये बेलन का आयतन

$$= \pi \times \left(\frac{11r}{10}\right)^2 \times \left(\frac{11h}{10}\right) = \left(\frac{1331}{1000}\right)\pi r^2 h.$$

आयतन में वृद्धि $= \left(\frac{1331}{1000}\pi r^2 h - \pi r^2 h\right) = \left(\frac{331}{1000}\right)\pi r^2 h.$

आयतन में वृद्धि % $= \left(\frac{331}{1000} \times \pi r^2 h \times \frac{1}{\pi r^2 h} \times 100\right)\%$

$= \frac{331}{10}\% = 33{\cdot}1\%.$

67. बेलन का अर्द्धव्यास = गोले का अर्द्धव्यास $= \frac{d}{2}$.

बेलन की ऊँचाई $= h$.

दिया है गोले का आयतन = बेलन का आयतन.

$\therefore\ \frac{4}{3}\pi\left(\frac{d}{2}\right)^3 = \pi\left(\frac{d}{2}\right)^2 \times h \Rightarrow \frac{d^3}{6} = \frac{d^2}{4} \times h$

$\Rightarrow \frac{3h}{2} = d \Rightarrow 3h = 2d.$

68. शंकु का आयतन $= \frac{1}{3}\pi r^2 h = \left(\frac{1}{3}\pi \times 4 \times 8\right)$ सेमी०^3

$= \left(\frac{32\pi}{3}\right)$ सेमी०^3.

माना गोले की त्रिज्या $= r$. तब, गोले का आयतन $= \frac{4}{3}\pi r^3$.

$\therefore\ \frac{4}{3}\pi r^3 = \frac{32\pi}{3} \Rightarrow r^3 = 8 \Rightarrow r^3 = 2^3$

$\Rightarrow r = 2 \Rightarrow d = 2r = 4$ सेमी०.

अत: गोले का व्यास = 4 सेमी०

69. माना गोले की त्रिज्या $= r$ सेमी०. तब

$\frac{4}{3}\pi r^3 = \frac{1}{3}\pi \times (12)^2 \times 6$

$\Rightarrow r^3 = \left(288 \times \frac{3}{4}\right) = 216 = (6)^3 \Rightarrow r = 6.$

अत: गोले की त्रिज्या = 6 सेमी०.

70. अर्द्ध-गोले का आयतन $= \left\{\frac{2}{3}\pi \times (6)^3\right\}$ सेमी०^3

$= (144\pi)$ सेमी०^3.

शंकु का आयतन $= \left\{\frac{1}{3}\pi r^2 \times 75\right\}$ सेमी०^3 $= (25\pi r^2)$ सेमी०^3.

$\therefore 25\pi r^2 = 144\pi \Rightarrow r^2 = \frac{144}{25} = \left(\frac{12}{5}\right)^2 \Rightarrow r = \frac{12}{5} = 2{\cdot}4.$

अत: शंकु के आधार की त्रिज्या = 2·4 सेमी०.

71. अर्द्ध-गोलाकार बर्तन में द्रव का आयतन

$$=\left(\frac{2}{3}\pi\times9\times9\times9\right) \text{ सेमी०}^3 = (486\,\pi) \text{ सेमी०}^3.$$

एक भरी बोतल में द्रव का आयतन

$$=\left\{\pi\times\left(\frac{3}{2}\right)^2\times4\right\} \text{ सेमी०}^3 = (9\pi) \text{ सेमी०}^3.$$

बोतलों की अभीष्ट संख्या $=\left(\frac{486\pi}{9\pi}\right)=54.$

72. चादर का क्षेत्रफल = शंकु का सम्पूर्ण पृष्ठ $=(\pi rl+\pi r^2)$.

अब, $r=7$ तथा $h=24 \Rightarrow l^2=(r^2+h^2)=(49+576)=625$

$$\Rightarrow l=\sqrt{625}=25.$$

चादर का क्षेत्रफल

$$=(\pi rl+\pi r^2)=\pi r(l+r)$$

$$=\left[\frac{22}{7}\times7\times(25+7)\right] \text{ सेमी०}^2 = 704 \text{ सेमी०}^2.$$

73. $\pi r^2=\pi R^2 \Rightarrow r=R.$

$\pi rl=2\pi rh=2\pi r\times3 \Rightarrow l=6.$

अत: तिर्यक ऊँचाई = 6 मीटर.

74. दिया है : $r=7$ सेमी० तथा वक्रपृष्ठ, $\pi rl=550.$

$\therefore \frac{22}{7}\times7\times l=550 \Rightarrow l=\frac{550}{22}=25$ सेमी०.

$h^2=(l^2-r^2)=(25)^2-(7)^2=(625-49)=576$

$=(24)^2 \Rightarrow h=24$ सेमी०.

शंकु का आयतन $=\frac{1}{3}\pi r^2h=\left(\frac{1}{3}\times\frac{22}{7}\times7\times7\times24\right)$ सेमी०^3

$=1232$ सेमी०^3.

75. माना दो शंकुओं के आधार के व्यास क्रमश: $3x$ तथा $5x$ हैं तथा इनकी ऊँचाईयाँ क्रमश: y तथा $3y$ हैं. तब

इनके आयतनों का अनुपात

$$=\frac{\frac{1}{3}\pi\times(3x)^2\times y}{\frac{1}{3}\pi\times(5x)^2\times3y}=\frac{9}{75}=\frac{3}{25}=3:25.$$

76. माना शंकु के आधार की त्रिज्या = r सेमी०. तब

$\pi\times(18)^2\times32=\frac{1}{3}\pi\times r^2\times24 \Rightarrow 8r^2=18\times18\times32$

$\therefore r^2=\frac{18\times18\times32}{8}=(18\times2)^2=(36)^2 \Rightarrow r=36.$

अत: शंकु के आधार की त्रिज्या = 36 सेमी०.

77. माना शंकु की त्रिज्या = $3\,x$ तथा ऊँचाई = $4\,x$. तब

$l^2=(3x)^2+(4x)^2=25x^2=(5x)^2 \Rightarrow l=5x.$

शंकु का आयतन $=\frac{1}{3}\pi r^2h=\frac{1}{3}\pi\times9x^2\times4x=12\pi x^3.$

$\therefore 12\pi x^3=96\pi \Rightarrow x^3=8=2^3 \Rightarrow x=2.$

$\therefore$ तिर्यक ऊँचाई = $5\,x=(5\times2)$ सेमी० = 10 सेमी०.

78. दिया है : $l=10$ सेमी० तथा $h=8$ सेमी०.

$r^2=(l^2-h^2)=(10)^2-(8)^2=36=6^2 \Rightarrow r=6.$

वक्र पृष्ठ का क्षेत्रफल $=\pi rl=(3\cdot14\times6\times10)$ सेमी०^2

$=188\cdot4$ सेमी०^2.

79. दिया है $l=2\cdot5$ किमी०. माना आधार की त्रिज्या = r किमी० तथा ऊँचाई = h किमी०.

$\pi r^2=1\cdot54 \Rightarrow r^2=\left(\frac{154}{100}\times\frac{7}{22}\right)=\left(\frac{7\times7}{10\times10}\right)$

$\Rightarrow r=\frac{7}{10}=0\cdot7$ किमी०.

$h^2=(l^2-r^2)=(2\cdot5)^2-(0\cdot7)^2$

$=(2\cdot5+0\cdot7)(2\cdot5-0\cdot7)$

$=(3\cdot2\times1\cdot8)=\left(\frac{32\times18}{100}\right)=\left(\frac{16\times36}{100}\right)$

$\Rightarrow h=\frac{(4\times6)}{10}=\frac{24}{10}=2\cdot4$ किमी०

80. 1 मिनट में बर्तन में गिरने वाला आयतन

$$=\left\{\pi\times\left(\frac{2\cdot5}{10}\right)^2\times1000\right\} \text{ सेमी०}^3.$$

$$=\left\{\pi\times\left(\frac{25}{100}\right)^2\times1000\right\} \text{ सेमी०}^3 = \left(\frac{125\pi}{2}\right) \text{ सेमी०}^3.$$

शंक्वाकार बर्तन का आयतन

$$=\left\{\frac{1}{3}\pi\times(20)^2\times24\right\} \text{ सेमी०}^3 = (3200\pi) \text{ सेमी०}^3.$$

बर्तन भरने में लगा समय

$$=\left(3200\pi\times\frac{2}{125\pi}\right) \text{ मिनट} = 51 \text{ मिनट } 12 \text{ सेकण्ड}.$$

81. दिया है $2r=42$ तथा $2\pi rh=1320.$

$\therefore 2\times\frac{22}{7}\times21\times h=1320 \Rightarrow 132h=1320 \Rightarrow h=10$ सेमी०.

82. माना घन की प्रत्येक भुजा = a सेमी०. तब,

सम्पूर्ण पृष्ठ $=6a^2$ सेमी०^2.

$\therefore 6a^2=150 \Rightarrow a^2=25=(5)^2 \Rightarrow a=5.$

घन का आयतन $=a^3=5^3=125$ सेमी०^3.

83. माना $r=2\,x$ सेमी० तथा $h=3\,x$ सेमी०.

तब, $\pi r^2h=12936 \Rightarrow \frac{22}{7}\times4x^2\times3x=12936$

$\Rightarrow x^3=\left(\frac{12936\times7}{22\times12}\right)=(7)^3 \Rightarrow x=7.$

$\therefore r=14$ सेमी० तथा $h=21$ सेमी०.

अत: सम्पूर्ण पृष्ठ $=(2\pi rh+2\pi r^2)=2\pi r(h+r)$

$=\left[2\times\frac{22}{7}\times14\times(21+14)\right]$ सेमी०^2 = 3080 सेमी०^2.

84. माना बेलन के आधार की त्रिज्या = r सेमी०. तब

$2\pi r = 44 \Rightarrow 2\times\frac{22}{7}\times r = 44 \Rightarrow r = \left(44\times\frac{7}{44}\right) = 7$ सेमी०.

अत: $r = 7$ तथा $h = 100$.

$\therefore V = \pi r^2 h = \left(\frac{22}{7}\times 7\times 7\times 100\right)$ सेमी०^3 = 15400 सेमी०^3.

अत: बेलन का आयतन = 15400 घन सेमी०.

85. सुरंग से निकली मिट्टी का आयतन $= \pi r^2 h$

$= \left(\frac{22}{7}\times 2\times 2\times 56\right)$ मीटर^3 = (22 × 32) मीटर^3.

खाई का आयतन $= \left(48\times\frac{33}{2}\times 4\right)$ मीटर^3 = (48 × 66) मीटर^3.

अभीष्ट भाग $= \frac{(22\times 32)}{(48\times 66)} = \frac{2}{9}$.

86. माना गोलों के अर्द्धव्यास क्रमश: 3 x तथा 2 x हैं. तब, इन गोलों के आयतनों का अनुपात

$$= \frac{\frac{4}{3}\pi(3x)^3}{\frac{4}{3}\pi(2x)^3} = \frac{27x^3}{8x^3} = \frac{27}{8} = 27:8.$$

87. माना गोलों के अर्द्धव्यास क्रमश: x तथा 4 x हैं. तब, इनके पृष्ठीय क्षेत्रफलों का अनुपात

$$= \frac{4\pi(x)^2}{4\pi(4x)^2} = \frac{4\pi x^2}{64\pi x^2} = \frac{4}{64} = \frac{1}{16} = 1:16.$$

88. घन का आयतन $= \frac{1}{2}(25\times 20\times 4)$ सेमी०^3

= (1000) सेमी०^3 = $(10)^3$ सेमी०^3.

घन की प्रत्येक भुजा = 10 सेमी०.

घन का सम्पूर्ण पृष्ठ $= 6a^2 = (6\times 10\times 10)$ सेमी०^2

= 600 सेमी०^2.

89. माना शंकु की ऊँचाई = h सेमी०. तब

$\pi r^2\times 6 = \frac{1}{3}\pi r^2 h \Rightarrow h = 18.$

अत: शंकु की ऊँचाई = 18 सेमी०.

90. प्रिज्म का आयतन = आधार का क्षेत्रफल × ऊँचाई

प्रश्नानुसार,

$7200 = \frac{3\sqrt{3}}{2}P^2\times 100\sqrt{3}$

$\Rightarrow P^2 = \frac{7200\times 2}{3\sqrt{3}\times 100\sqrt{3}}$

$\Rightarrow P^2 = 16$

$\Rightarrow P = 4$

91. $\frac{\text{बेलन का वक्र पृष्ठीय क्षेत्रफल}}{\text{शंकु का वक्र पृष्ठीय क्षेत्रफल}} = \frac{8}{5}$

$\frac{2\pi rh}{\pi r\sqrt{h^2+r^2}} = \frac{8}{5}$

$\Rightarrow \frac{h}{\sqrt{h^2+r^2}} = \frac{4}{5}$

दोनों तरफ का वर्ग करने पर

$\frac{h^2}{h^2+r^2} = \frac{16}{25} \Rightarrow \frac{h^2+r^2}{h^2} = \frac{25}{16}$

$\Rightarrow 1+\frac{r^2}{h^2} = \frac{25}{16}$

$\Rightarrow \frac{r^2}{h^2} = \frac{25}{16} - 1 = \frac{9}{16}$

$\therefore \frac{r}{h} = \frac{3}{4}$

92. माना आधार की त्रिज्या = r

और शंकु की ऊंचाई = h

$\therefore 2\pi r^2 = \pi r\sqrt{r^2+h^2}$

$\Rightarrow 2r = \sqrt{r^2+h^2} \Rightarrow 4r^2 = r^2 + h^2$

$\Rightarrow 3r^2 = h^2 \Rightarrow \sqrt{3}\, r = h$

$\Rightarrow \frac{r}{h} = \frac{1}{\sqrt{3}}$

93. माना बेलन की ऊँचाई h सेमी और आधार की त्रिज्या = r सेमी

$\therefore 2\pi r^2 + 2\pi rh = 462$ ...(*i*)

वक्र पृष्ठीय क्षेत्रफल = $\frac{1}{3}$ × कुल पृष्ठीय क्षेत्रफल

$\therefore 2\pi rh = \frac{1}{3}\times 462 = 154$

$\therefore 2\pi r^2 + 154 = 462$

$\Rightarrow 2\pi r^2 = 462 - 154 = 308$

$\Rightarrow 2\times\frac{22}{7}\times r^2\times 308$

$\Rightarrow r^2 = \frac{308\times 7}{2\times 22} = 49$

$\Rightarrow r = 7$ सेमी

पुन: $2\pi rh = 154$

$\Rightarrow 2\times\frac{22}{7}\times 7\times h = 154$

$\Rightarrow h = \frac{154}{2\times 22} = \frac{7}{2}$ सेमी

$\therefore$ बेलन का आयतन $= \pi r^2 h = \frac{22}{7}\times(7)^2\times\frac{7}{2} = 539$ सेमी^{3}

94. शंकु की ऊँचाई = बेलन की ऊँचाई = अर्धगोले की ऊँचाई = अर्धगोले की त्रिज्या = 1 इकाई

शंकु की त्रिज्या $r_1 = 2$ इकाई

बेलन की त्रिज्या $r_2 = 3$ इकाई

$\therefore$ शंकु, बेलन और अर्धगोले वे आयतन का अनुपात

$= \frac{1}{3}\pi r_1^2 h : \pi r_2^2 h : \frac{2}{3}\pi r^3$

$= r_1^2 : 3r_2^2 : 2 = 4 : 27 : 2$

95. घन की भुजा = $(\text{आयतन})^{\frac{1}{3}} = (13824)^{\frac{1}{3}} = 24$

मूल घन का पृष्ठीय क्षेत्रफल $= 6(24)^2$
$= 6 \times 576$
$= 3456$ सेमी^{2}

चूंकि बड़े घन को 8 बराबर भागों में बांटा गया है, इसलिए

प्रत्येक भाग का आयतन $= \frac{13824}{8} = 1728$

अब, एक छोटे घन की भुजा $= (1728)^{\frac{1}{3}} = 12$ सेमी

तीन छोटे घनों का कुल पृष्ठीय क्षेत्रफल $= 3 \times 6 \times (12)^2$
$= 18 \times 144 = 2592$

आवश्यक अनुपात $= 3456 : 2592 = 4 : 3$

96. लोहे की चादर का आवश्यक क्षेत्रफल

= टंकी का कुल पृष्ठीय क्षेत्रफल - वृत्ताकार छिद्र का क्षेत्रफल

$= 2(10 \times 8 + 8 \times 6 + 10 \times 6) - \pi\left(\frac{1}{2}\right)^2$

$= 2\,(80 + 48 + 60) - 3.14 \times \frac{1}{4}$

$= 2 \times 188 - 0.785$

$= 376 - 0.785$

$= 375.215$ मी^{2}

97. दिया गया है।

$R = 10$ सेमी.

$r = 9$ सेमी.

$h = 25$ सेमी.

खोखले बेलन का आयतन

$= \pi\left(R^2 - r^2\right)h = \frac{22}{7}\left(10^2 - 9^2\right) \times 25$

$= \frac{22}{7}(10+9)(10-9) \times 25 = \frac{22}{7} \times 19 \times 25$

$= \frac{10450}{7}$ घन सेमी. $= 1492.86$ घन सेमी.

98. शंक्वाकार तम्बू बनाने के लिए आवश्यक कैनवास = शंकु का पृष्ठीय क्षेत्रफल

$= \pi rl$

$= \pi r\,\sqrt{r^2 + h^2}$ $\quad [\because l = \sqrt{r^2 + h^2}]$

$= 3.14 \times 12 \times \sqrt{12^2 + 9^2}$

$= 3.14 \times 12 \times \sqrt{225}$

$= 3.14 \times 12 \times 15$

$= 567.2$ मी^{2}

तम्बू बनाने में लगने वाली राशि $= 562.2 \times 120$
= ₹ 67824

99. माना प्रत्येक गोले की त्रिज्या = r सेमी०. तब

$8 \times \frac{4}{3}\pi r^3 = \frac{4}{3}\pi \times (10)^3$

$\Rightarrow r^3 = \frac{1000}{8} = 125 = (5)^3 \Rightarrow r = 5.$

अत: प्रत्येक गोले की त्रिज्या = 5 सेमी०.

100. माना बेलनों की आधार त्रिज्यायें क्रमश: $3x$ तथा $5x$ हैं तथा इनकी ऊँचाईयाँ क्रमश: $2y$ तथा $3y$ हैं. तब,

इनके वक्रपृष्ठों के क्षेत्रफलों का अनुपात

$= \frac{2\pi \times 3x \times 2y}{2\pi \times 5x \times 3y} = \frac{2}{5} = 2 : 5.$

101. माना बेलनाकार बर्तन की त्रिज्या = r सेमी.

प्रश्नानुसार,

$\pi r^2 \times 6.4 = \frac{1}{3} \times \pi \times \frac{28}{2} \times \frac{28}{2} \times 30$

$\Rightarrow \quad r^2 = \frac{28 \times 28 \times 30}{3 \times 2 \times 2 \times 6.4}$

$\Rightarrow \quad r = \frac{28 \times 10}{2 \times 8} = \frac{7 \times 5}{2} = \frac{35}{2}$

व्यास $= 2r = 35$ सेमी

102. लोहे के टुकड़े का आयतन $= \frac{1}{3}\pi r^2 h$

$r = 14$ से.मी. $h = 30$ सेमी. $= \frac{1}{3} \times \frac{22}{7} \times 14 \times 14 \times 30$

माना पात्र का व्यास है d सेमी.

प्रश्नानुसार, $\frac{22}{7} \times \frac{d^2}{4} \times 6.4 = \frac{1}{3} \times \frac{22}{7} \times 14 \times 14 \times 30$

$\Rightarrow \frac{d^2}{4} \times 6.4 = \frac{1}{3} \times 14 \times 14 \times 30$

$\Rightarrow d^2 = \frac{1 \times 14 \times 14 \times 30}{3 \times 1.6} = 1225 \quad \Rightarrow d = 35$ सेमी.

103. सिलेंडर की त्रिज्या = 7 सेमी.

सिलेंडर का आयतन $= \frac{4}{3}\pi r^3 = \frac{4}{3}\pi(7)^3$

$= \frac{4}{3} \times \frac{22}{7} \times 7 \times 7 \times 7 = \frac{4312}{3}$ सेमी^{2}

माना कि सिलेंडर की त्रिज्या r सेमी. है।

$\Rightarrow \frac{4312}{3} = \pi r^2 \times \frac{28}{3}$

$\Rightarrow r^2 = \frac{4312}{3} \times \frac{7}{22} \times \frac{3}{28} = 49$

$\Rightarrow r = 7$ सेमी.

104. सिक्कों की त्रिज्या = 2 सेमी.

सिक्कों का आयतन $= 50 \times \pi \times 2^2 \times \frac{1}{10}$

माना तार लंबाई a सेमी. हैं

$\pi \times \left(\frac{1}{10}\right)^2 \times a = 50 \times \pi \times 4 \times \frac{1}{10}$

$\Rightarrow a = 50 \times 4 \times 10 = 2000$ सेमी. = 20 मीटर

105. माना प्रत्येक का अर्द्धव्यास = r इकाई तथा बेलन की ऊँचाई = h इकाई. तब,

$\pi r^2 h = \frac{4}{3}\pi r^3 \Rightarrow r = \frac{3}{4}h \Rightarrow 2r = \frac{3}{2}h.$

(गोले का व्यास) : (बेलन की ऊँचाई) $= \frac{2r}{h} = \frac{3}{2} = 3:2.$

106. $(PS)^2 = 20^2 - 16^2 = \sqrt{400-256} = \sqrt{144} = 12$ सेमी.

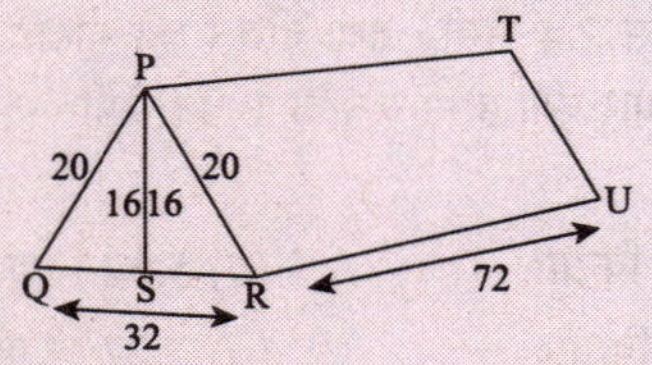

प्रिज़्म का आयतन $= \frac{1}{2} \times PS \times QR \times RU$

$= \frac{1}{2} \times 12 \times 32 \times 72 = 13824$

घन का आयतन = प्रिज़्म का आयतन = 13824 घन से.मी.

घन का किनारा $= \sqrt[3]{13824} = 24$ सेमी.

107. आयतन में वृद्धि = खाली सिलेन्डर का आयतन

$= \pi R_1^2 h = \pi (R^2 - r^2) h$

$R_1^2 \times 0.25 = ((2.5)^2 - (2.4)^2) \times 9$

$R_1^2 = \frac{4.9 \times 0.1 \times 9}{0.25}$

$\Rightarrow R_1 = \sqrt{\frac{4.9 \times 0.1 \times 9}{0.25}} = \frac{0.7 \times 3}{0.5} = \frac{21}{5} = 4.2$ से.मी.

108. माना गोले का अर्ध व्यास r है।

गोले का आयतन $= \frac{4}{3}\pi r^3$

शंकु का आयतन $= \frac{1}{3}\pi r^2 h = \frac{1}{3}\pi r^3$ $[\because r = h]$

शंकु की गिनती = 4

छोटे गोले का आयतन $= \frac{1}{3}\pi r^3$

माना छोटे गोले का अर्ध व्यास r_1 है।

$\Rightarrow \frac{1}{3}\pi r^3 = \frac{4}{3}\pi r_1^3 \quad \Rightarrow P\left(\frac{r_1}{r}\right)^3 = \frac{1}{4}$ और $\frac{r_1}{r} = \left(\frac{1}{2^2}\right)^{\frac{1}{3}}$

छोटे गोले एवं बड़े गोले के पृष्ठ क्षेत्र का अनुपात

$= \left(\frac{r_1}{r}\right)^3 = \left(\frac{1}{2^{\frac{2}{3}}}\right)^2 = \frac{1}{2^{\frac{4}{3}}}$

109. लेड का आयतन $= \frac{4}{3}\pi 4^3$

माना स्वर्ण की मोटाई a से.मी. है।

स्वर्ण का आयतन $= \frac{4}{3}\pi\left((4+a)^3 - 4^3\right)$

$\Rightarrow \frac{4}{3}\pi\left((4+a)^3 - 4^3\right) = \frac{4}{3}\pi 4^3$

$(4+a)^3 = 4^3 + 4^3 = 128 = 4^3 \times 2$

$4 + a = 4 \times 2^{\frac{1}{3}}$

$4 + a = 4 \times 1.259$

$\Rightarrow a = 5.038 - 4 = 1.038$ से.मी.

प्रश्नमाला 24B

1. ΔABC एक समकोण त्रिभुज है जिसमें $\angle B = 90°$. इस त्रिभुज को भुजा BC के अनुदिश घुमाने पर बने शंकु का आयतन 2512 सेमी॰^{3} है तथा इस त्रिभुज को भुजा AB के अनुदिश घुमाने पर बने शंकु का आयतन 6028·8 सेमी॰^{3} है. इस त्रिभुज के कर्ण की लम्बाई ज्ञात कीजिये. (दिया है : $\pi = 3.14$)

(*a*) 25 सेमी॰ (*b*) 26 सेमी॰ (*c*) 27 सेमी॰ (*d*) 28 सेमी॰

2. धातु के बने एक ठोस आयताकार टुकड़े की लम्बाई 32 सेमी॰, चौड़ाई 22 सेमी॰ तथा ऊँचाई 14 सेमी॰ है. इसे पिघलाकर एक ठोस बेलन में ढाला गया है जिसकी ऊँचाई 16 सेमी॰ है. इस बेलन के सम्पूर्ण पृष्ठ का क्षेत्रफल ज्ञात कीजिए $\left(\pi = \frac{22}{7} \text{ लें}\right)$.

(*a*) 2550 वर्ग सेमी॰ (*b*) 2640 वर्ग सेमी॰
(*c*) 2775 वर्ग सेमी॰ (*d*) 2880 वर्ग सेमी॰

3. धातु के बने एक ठोस बेलन के आधार की त्रिज्या r सेमी॰ तथा ऊँचाई 3 सेमी॰ है. इसे पिघलाकर आधार की उसी त्रिज्या वाले शंकु में ढ़ाला गया है. इस शंकु की ऊँचाई कितनी है ?

(*a*) 9 सेमी॰ (*b*) 10 सेमी॰ (*c*) 6 सेमी॰ (*d*) 7 सेमी॰

4. एक ठोस बेलन के आधार का व्यास 7 सेमी॰ है तथा इसकी ऊँचाई 15 सेमी॰ है. इसमें दो बराबर शंक्वाकार छेद किये गये हैं जिनमें से प्रत्येक का व्यास बेलन की ऊँचाई का $\frac{2}{5}$ तथा ऊँचाई 4 सेमी॰ है. शेष ठोस का आयतन तथा सम्पूर्ण पृष्ठ ज्ञात कीजिए. $\left(\pi = \frac{22}{7} \text{ लीजिए}\right)$.

(*a*) 502.07 सेमी॰^{3}, 444.7 सेमी॰^{2}

(*b*) 511.17 सेमी॰^{3}, 445.6 सेमी॰^{2}

(*c*) 525.23 सेमी॰^{3}, 447.8 सेमी॰^{2}

(*d*) 526.24 सेमी॰^{3}, 446.9 सेमी॰^{2}

5. एक लम्बवृत्तीय बेलन के आधार की त्रिज्या तथा ऊँचाई का योग 37 सेमी॰ है. यदि बेलन के सम्पूर्ण पृष्ठ का क्षेत्रफल 1628 सेमी॰^{2} हो, तो इसका आयतन ज्ञात कीजिए. $\left(\pi = \frac{22}{7} \text{ लीजिए}\right)$.

(*a*) 4555 सेमी॰^{3} (*b*) 4260 सेमी॰^{3}

(*c*) 4620 सेमी॰^{3} (*d*) 4470 सेमी॰^{3}

6. एक लम्बवृत्तीय शंकु का आयतन एक लम्बवृत्तीय बेलन के आयतन के बराबर है, जिसके आधार की त्रिज्या 30 सेमी॰ तथा ऊँचाई 9 सेमी॰ है. शंकु की ऊँचाई 108 सेमी॰ है. इसके आधार की त्रिज्या ज्ञात कीजिए.

(*a*) 12 सेमी॰ (*b*) 13 सेमी॰ (*c*) 14 सेमी॰ (*d*) 15 सेमी॰

7. एक बेलनाकार पाईप की भीतरी त्रिज्या 7 सेमी॰ है. इस पाईप से 5 किमी॰/घण्टा की गति से पानी बहकर 100 मीटर लम्बी तथा 44 मीटर चौड़ी एक आयताकार टंकी में गिरता है. कितने समय में

इस टंकी में पानी के स्तर में 14 सेमी॰ की वृद्धि होगी. $\left(\pi = \frac{22}{7} \text{ लीजिए}\right)$.

(*a*) 6 घण्टे (*b*) 7 घण्टे (*c*) 8 घण्टे (*d*) 9 घण्टे

8. एक बेलनाकार पाईप की भीतरी त्रिज्या 0·5 सेमी॰ है. इस पाईप से 10 मीटर/मिनट की दर से पानी बहकर एक शंक्वाकार बर्तन में गिरता है जिसकी ऊपरी सिरे की त्रिज्या 20 सेमी॰ तथा गहराई 21 सेमी॰ है. इस बर्तन को भरने में कितना समय लगेगा ?

(*a*) 10 मि॰ 11 से॰ (*b*) 9 मि॰ 8 से॰
(*c*) 11 मि॰ 12 से॰ (*d*) 10 मि॰ 13 से॰

9. 4·4 मीटर लम्बे, 2·6 मीटर चौड़े तथा 1 मीटर ऊँचे लोहे के टुकड़े को पिघला कर एक खोखला बेलनाकार पाईप बनाया गया है जिसकी अन्दर से त्रिज्या 30 सेमी॰ है तथा जिसकी दीवार की मोटाई 5 सेमी॰ है. पाईप की लम्बाई ज्ञात कीजिए.

(*a*) 112 मी॰ (*b*) 119 मी॰ (*c*) 113 मी॰ (*d*) 117 मी॰

10. किसी ठोस का आकार एक लम्ब वृत्तीय बेलन जैसा है जिसके दोनों सिरे अर्द्धगोलाकार हैं. ठोस की कुल ऊँचाई 35 सेमी॰ है तथा बेलन का व्यास उसकी ऊँचाई का $\frac{1}{4}$ है. उस ठोस का आयतन तथा सम्पूर्ण-पृष्ठीय क्षेत्रफल ज्ञात कीजिए.

(*a*) 1175.76 सेमी॰^{3}, 777 सेमी॰^{2}
(*b*) 1275.76 सेमी॰^{3}, 757 सेमी॰^{2}
(*c*) 1157.67 सेमी॰^{3}, 770 सेमी॰^{2}
(*d*) 1257.67 सेमी॰^{3}, 770 सेमी॰^{2}

11. एक कुएँ का अन्दरी व्यास 5·6 मीटर है तथा इसे 10 मीटर गहरा खोदा गया है. इसमें से निकाली गई मिट्टी को कुएँ के चारों ओर 7 मीटर चौड़े रास्ते पर फैलाया गया है. रास्ते की ऊँचाई ज्ञात कीजिए.

(*a*) 88 सेमी॰ (*b*) 87 सेमी॰ (*c*) 89 सेमी॰ (*d*) 90 सेमी॰

12. जस्ते के बने एक खोखले बेलनाकार पाईप की लम्बाई 3.5 मीटर, बाहरी व्यास 2.4 सेमी॰ तथा दीवार की मोटाई 2 मिमी॰ है. इस पाईप का भार क्या होगा जबकि 1 घन सेमी॰ जस्ते का भार 11.4 ग्राम है ?

(*a*) 6.17 किग्रा॰ (*b*) 5.52 किग्रा॰
(*c*) 4.47 किग्रा॰ (*d*) 7.27 किग्रा॰

13. एक सर्कस का टैन्ट 7 मीटर की ऊँचाई तक बेलनाकार तथा उसके ऊपर शंकु के आकार का है. बेलनाकार भाग का व्यास 10 मीटर तथा टैन्ट की कुल ऊँचाई 19 मीटर है. टैन्ट को बनाने में ₹ 35 प्रति वर्ग मीटर की दर से कपड़ा लगाने का व्यय ज्ञात कीजिए.

(*a*) ₹18405 (*b*) ₹15840 (*c*) ₹14850 (*d*) ₹15804

14. लोहे के एक खम्भे का कुछ भाग एक लम्ब-वृत्तीय बेलन है तथा शेष भाग एक लम्ब-वृत्तीय शंकु है. बेलन तथा शंकु में से प्रत्येक के आधार की त्रिज्या 8 सेमी॰ है. बेलनाकार भाग की ऊँचाई 240 सेमी॰ तथा शंक्वाकार भाग की ऊँचाई 36 सेमी॰ है. इस खम्भे का भार ज्ञात कीजिए जबकि 1 घन सेमी॰ लोहे का भार 7·5 ग्राम है.

(*a*) 380.16 किग्रा॰ (*b*) 288.17 किग्रा॰
(*c*) 395.27 किग्रा॰ (*d*) 342.16 किग्रा॰

15. एक अर्द्ध-गोले पर एक खोखला बेलन टिका कर रखने से एक बर्तन बना है. अर्द्ध-गोले का व्यास 12 सेमी॰ तथा बर्तन की कुल ऊँचाई 16 सेमी॰ है. बर्तन की धारिता ज्ञात कीजिए.

(*a*) 1584 घन सेमी॰ (*b*) 1485 घन सेमी॰
(*c*) 1658 घन सेमी॰ (*d*) 1357 घन सेमी॰

उत्तरमाला (प्रश्नमाला 24B)

1. (*b*) **2.** (*b*) **3.** (*a*) **4.** (*a*) **5.** (*c*) **6.** (*d*) **7.** (*c*) **8.** (*c*) **9.** (*a*) **10.** (*d*) **11.** (*c*) **12.** (*d*)
13. (*c*) **14.** (*a*) **15.** (*a*)

दिये गये प्रश्नों के हल (प्रश्नमाला 24A)

1. भुजा *BC* के अनुदिश घुमाने पर

$r = BC = a, h = AB = c$.

इस शंकु का आयतन $= \frac{1}{3}\pi \times a^2 \times c$.

भुजा *AB* के अनुदिश घुमाने पर बने शंकु के लिए

$r = AB = c, h = BC = a$.

इस शंकु का आयतन $= \frac{1}{3}\pi \times c^2 \times a$.

$\therefore \frac{1}{3}\pi \times a^2 \times c = 2512$ तथा $\frac{1}{3}\pi \times c^2 \times a = 6028 \cdot 8$

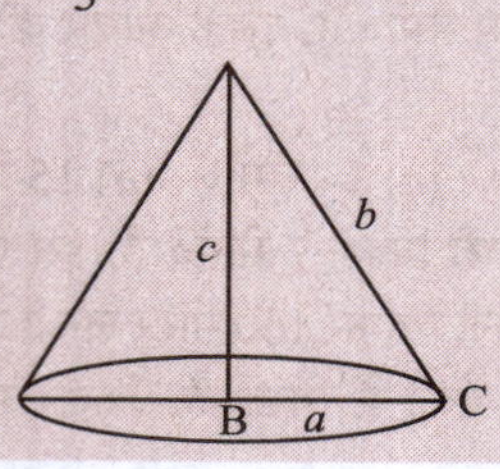

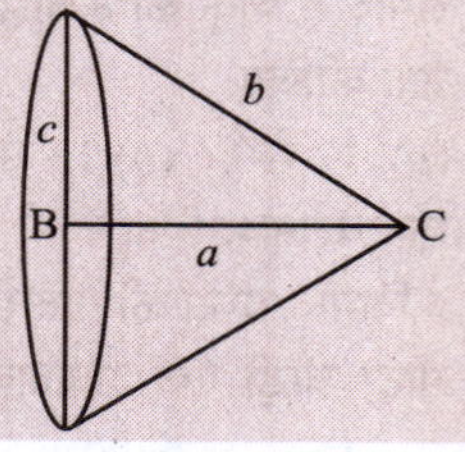

भाग देने पर $\frac{a^2 c}{c^2 a} = \frac{2512}{6028 \cdot 8} \Rightarrow \frac{a}{c} = \frac{25120}{60288} = \frac{5}{12}$.

माना $a = 5x$ तथा $c = 12x$.

तब, $\frac{1}{3} \times 3 \cdot 14 \times 25x^2 \times 12x = 2512$

$\Rightarrow x^3 = \frac{2512 \times 3 \times 100}{314 \times 25 \times 12} = 8 = 2^3 \Rightarrow x = 2$.

$\therefore b^2 = (c^2 + a^2) = (12x)^2 + (5x)^2 = 169x^2 = (169 \times 4)$

$\Rightarrow b = \sqrt{169 \times 4} = (13 \times 2) = 26$ सेमी॰.

अत: कर्ण की लम्बाई = 26 सेमी॰.

2. दिये गये ठोस आयताकार टुकड़े का आयतन = (32 × 22 × 14) सेमी॰^{3} = 9856 सेमी॰^{3}.

दिया गया है, बेलन की ऊँचाई = 16 सेमी॰. माना बेलन की त्रिज्या = *r* सेमी॰

तब, $\pi r^2 \times 16 = 9856 \Rightarrow r^2 = \left(9856 \times \frac{1}{16} \times \frac{7}{22}\right) = 196$

$$\Rightarrow r = \sqrt{196} = 14 \text{ सेमी०}.$$

बेलन का सम्पूर्ण पृष्ठ $= 2\pi rh + 2\pi r^2$

$= 2\pi r(h+r) = \left[2 \times \frac{22}{7} \times 14 \times (16+14)\right]$ सेमी०^2

$= (88 \times 30)$ सेमी०^2 $= 2640$ सेमी०^2.

3. बेलन का आयतन $= (\pi \times r^2 \times 3)$ सेमी०^3.

माना शंकु की ऊँचाई $= h$ सेमी०. दिया है शंकु के लिए आधार की त्रिज्या $= r$ सेमी०.

तब, शंकु का आयतन $= \frac{1}{3}\pi r^2 h$.

$\therefore\ 3\pi r^2 = \frac{1}{3}\pi r^2 h \Rightarrow h = 9.$

अत: शंकु की ऊँचाई = 9 सेमी०.

4. प्रत्येक शंक्वाकार छेद की त्रिज्या

$= \left(\frac{1}{2} \times \frac{2}{5} \times 15\right)$ सेमी० = 3 सेमी०.

प्रत्येक शंक्वाकार छेद की ऊँचाई = 4 सेमी०.

2 शंक्वाकार छेदों का कुल आयतन

$= \left(2 \times \frac{1}{3}\pi \times 3 \times 3 \times 4\right)$ सेमी०^3 $= (24\pi)$ सेमी०^3.

दिये गये ठोस बेलन का आयतन

$= \pi r^2 h = \left(\pi \times \frac{7}{2} \times \frac{7}{2} \times 15\right)$ सेमी० $= \frac{735\pi}{4}$ सेमी०^3.

शेष ठोस का आयतन

$= \left(\frac{735\pi}{4} - 24\pi\right)$ सेमी०^3 $= \left(\frac{639\pi}{4}\right)$ सेमी०^3.

$= \left(\frac{639}{4} \times \frac{22}{7}\right)$ सेमी०^3 $= \frac{7029}{14}$ सेमी०^3 $= 502{\cdot}07$ सेमी०^3.

शेष ठोस का सम्पूर्ण पृष्ठ = (बेलन का वक्र पृष्ठ + शेष आधार का क्षेत्रफल + शंक्वाकार 2 छेदों का वक्र पृष्ठ)

$= 2\pi r_1 h + 2\pi\left(r_1^2 - r_2^2\right) + 2\pi r_2 \times l$, जहाँ $r_1 = 3{\cdot}5$ सेमी०,

$r_2 = 3$ सेमी०, $l = \sqrt{3^2 + 4^2} = 5$ सेमी०

$= 2\pi\left[3{\cdot}5 \times 15 + \left\{(3{\cdot}5)^2 - 3^2\right\} + 3 \times 5\right]$ सेमी०^2

$= 2\pi(52{\cdot}5 + 3{\cdot}25 + 15)$ सेमी०^2

$= \left(2 \times \frac{22}{7} \times 70{\cdot}75\right)$ सेमी०^2 $= \frac{3113}{7}$ सेमी०^2

$= 444{\cdot}7$ सेमी०^2.

5. माना लम्बवृत्तीय बेलन के आधार की त्रिज्या $= r$ सेमी०, तथा ऊँचाई $= h$ सेमी०.

$\therefore\ (h + r) = 37$.

बेलन का सम्पूर्ण पृष्ठ = 1628 सेमी०^2

$\Rightarrow 2\pi rh + 2\pi r^2 = 1628$

$\Rightarrow 2\pi r(h+r) = 1628 \Rightarrow 2\pi r \times 37 = 1628$

$\Rightarrow 2\pi r = \frac{1628}{37} = 44 \Rightarrow 2 \times \frac{22}{7} \times r = 44$

$\Rightarrow r = \left(44 \times \frac{7}{44}\right) = 7$ सेमी०.

$\therefore\ r = 7$ सेमी० तथा $h = (37 - 7)$ सेमी० = 30 सेमी०.

बेलन का आयतन $= \pi r^2 h$

$= \left(\frac{22}{7} \times 7 \times 7 \times 30\right)$ सेमी०^3 $= 4620$ सेमी०^3.

6. माना शंकु के आधार की त्रिज्या $= r$ सेमी०. तब

$\frac{1}{3}\pi r^2 \times 108 = \pi \times (30)^2 \times 9 \Rightarrow 36r^2 = 8100$

$\Rightarrow r^2 = \frac{8100}{36} = \left(\frac{90}{6}\right)^2 = (15)^2 \Rightarrow r = 15.$

अत: शंकु के आधार की त्रिज्या = 15 सेमी०.

7. पानी के बहाव की दर = 5 किमी०/घण्टा

$= \left(5 \times \frac{5}{18}\right)$ मीटर/सेकण्ड $= \frac{25}{18}$ मीटर/सेकण्ड.

1 सेकण्ड में बहने वाले पानी का आयतन

$= \left(\pi \times \frac{7}{100} \times \frac{7}{100} \times \frac{25}{18}\right)$ मीटर^3.

$= \left(\frac{49}{7200} \times \frac{22}{7}\right)$ मीटर^3 $= \left(\frac{77}{3600}\right)$ मीटर^3.

टंकी में पानी का आयतन $= (100 \times 44 \times 0{\cdot}14)$ मीटर^3

= 616 मीटर^3.

अभीष्ट समय $= \left(616 \times \frac{3600}{77}\right)$ सेकण्ड

$= \left(\frac{616 \times 3600}{77} \times \frac{1}{60 \times 60}\right)$ घण्टे = 8 घण्टे.

8. बेलनाकार पाईप की त्रिज्या $= \frac{1}{2}$ सेमी०.

पानी के बहाव की गति = 10 मीटर/मिनट = 1000 सेमी०/मिनट.

इस पाईप से प्रति मिनट बहने वाले पानी का आयतन $= \pi r^2 h$

$= \left\{\pi \times \left(\frac{1}{2}\right)^2 \times 1000\right\}$ सेमी०^3 $= (250\,\pi)$ सेमी०^3.

शंक्वाकार बर्तन के लिए $r = 20$ सेमी० तथा $h = 21$ सेमी०.

इस बर्तन का आयतन $= \left\{\frac{1}{3}\pi \times (20)^2 \times 21\right\}$ सेमी०^3

$= (2800\pi)$ सेमी०^3.

अभीष्ट समय $= \left(\frac{2800\pi}{250\pi}\right)$ मिनट $= \frac{56}{5}$ मिनट

= 11 मिनट 12 सेकण्ड.

9. लोहे के टुकड़े का आयतन = (440 × 260 × 100) घन सेमी०.
पाईप की आन्तरिक त्रिज्या = 30 सेमी०
तथा बाहरी त्रिज्या = 35 सेमी०.
माना पाईप की लम्बाई = x मीटर. तब,
पाईप का आयतन = $\{\pi(R^2 - r^2) \times x \times 100\}$

$$= [\pi \times \{(35)^2 - (30)^2\} \times x \times 100] \text{ घन सेमी०}$$

$$= \left(\frac{22}{7} \times 65 \times 5 \times x \times 100\right) \text{ घन सेमी०.}$$

$$\therefore \frac{22}{7} \times 65 \times 5 \times x \times 100 = 440 \times 260 \times 100$$

$$\Rightarrow x = \frac{440 \times 260 \times 100 \times 7}{22 \times 65 \times 500} = 112.$$

अत: पाईप की अभीष्ट लम्बाई = 112 मीटर.

10. एक लम्बवृत्तीय बेलन दिया गया है जिसके दोनों सिरे अर्द्ध–गोलाकार हैं.
माना बेलन का व्यास = d सेमी०.

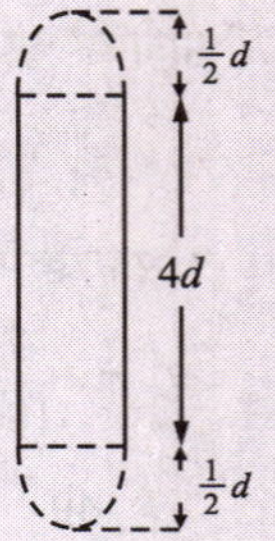

प्रत्येक अर्द्धगोले की त्रिज्या = $\frac{d}{2}$ सेमी०.
बेलन की ऊँचाई = $4d$ सेमी०.

पूर्ण ठोस की ऊँचाई

$$= \left(4d + \frac{d}{2} + \frac{d}{2}\right) \text{ सेमी०} = 5d \text{ सेमी०.}$$

$$\therefore 5d = 35 \Rightarrow d = 7.$$

अर्द्ध गोले की त्रिज्या = $\frac{d}{2} = \frac{7}{2}$ सेमी०.
बेलन की ऊँचाई = (4 × 7) सेमी० = 28 सेमी०.
दिये गये ठोस का आयतन = (बेलन का आयतन) + (दो अर्द्धगोलों का आयतन) = $\left(\pi r^2 h + 2 \times \frac{2}{3}\pi r^3\right)$

$$= \left[\left(\frac{22}{7} \times \frac{7}{2} \times \frac{7}{2} \times 28\right) + \left(\frac{4}{3} \times \frac{22}{7} \times \frac{7}{2} \times \frac{7}{2} \times \frac{7}{2}\right)\right] \text{ घन सेमी०}$$

= 1257·67 घन सेमी०.
दिये गये ठोस के सम्पूर्ण पृष्ठ का क्षेत्रफल

$$= (2\pi rh + 2\pi r^2 + 2\pi r^2) = (2\pi rh + 4\pi r^2)$$

$$= 2\pi r(h + 2r) = \left\{2 \times \frac{22}{7} \times \frac{7}{2} \times (28 + 7)\right\} \text{ वर्ग सेमी०}$$

= (22 × 35) वर्ग सेमी० = 770 वर्ग सेमी०.

11. कुएँ की त्रिज्या = 2·8 मीटर तथा गहराई = 10 मीटर.
कुएँ से निकाली गई मिट्टी का आयतन

$$= \pi R^2 H = \left(\frac{22}{7} \times \frac{28}{10} \times \frac{28}{10} \times 10\right) \text{ घन मीटर}$$

$$= \frac{1232}{5} \text{ घन मीटर.}$$

रास्ते सहित कुएँ की त्रिज्या = (2·8 + 7) मीटर = 9·8 मीटर.

रास्ते का क्षेत्रफल $= \frac{22}{7} \times [(9\cdot8)^2 - (2\cdot8)^2]$ वर्ग मीटर

$$= \left[\frac{22}{7} \times (9\cdot8 + 2\cdot8)(9\cdot8 - 2\cdot8)\right] \text{ वर्ग मीटर}$$

$$= \left(\frac{22}{7} \times 12\cdot6 \times 7\right) \text{ वर्ग मीटर} = \frac{1386}{5} \text{ वर्ग मीटर.}$$

रास्ते की ऊँचाई $= \frac{\text{आयतन}}{\text{क्षेत्रफल}} = \left(\frac{1232}{5} \times \frac{5}{1386}\right)$ मीटर

= 0·89 मी० = 89 सेमी०.

12. पाईप की बाहरी त्रिज्या = 1·2 सेमी० तथा
अन्दरी त्रिज्या = (1·2 – 0·2) सेमी० = 1 सेमी०.
जस्ते का आयतन = $(\pi R^2 h - \pi r^2 h) = \pi h(R^2 - r^2)$

$$= \frac{22}{7} \times 350 \times [(1\cdot2)^2 - 1^2] = 484 \text{ घन सेमी०.}$$

पाईप का भार $= \frac{(484 \times 11\cdot4)}{1000}$ किग्रा० = 5·5176 किग्रा०
= 5·52 किग्रा०.

13. बेलनाकार भाग का अर्द्धव्यास = 5 मीटर तथा ऊँचाई = 7 मीटर.
बेलनाकार भाग में लगने वाले कपड़े का क्षेत्रफल

$$= 2\pi rh = \left(2 \times \frac{22}{7} \times 5 \times 7\right) \text{ वर्ग मी०} = 220 \text{ मीटर}^2.$$

शंक्वाकार भाग की त्रिज्या = 5 मीटर, ऊँचाई = 12 मीटर.

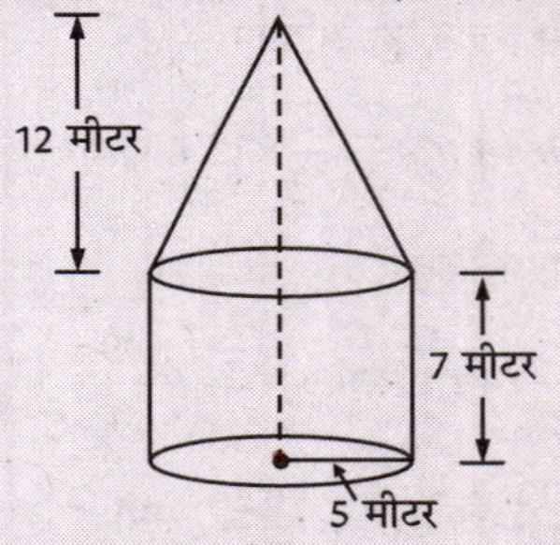

शंक्वाकार भाग की तिर्यक ऊँचाई

$$= \sqrt{5^2 + (12)^2} = \sqrt{25 + 144} = \sqrt{169} = 13 \text{ मीटर.}$$

शंक्वाकार भाग पर लगने वाले कपड़े का क्षेत्रफल = πrl

$$= \left(\frac{22}{7} \times 5 \times 13\right) \text{ मीटर}^2 = \frac{1430}{7} \text{ मीटर}^2$$

टैन्ट में लगने वाले कुल कपड़े का क्षेत्रफल

$$= \left(220 + \frac{1430}{7}\right) \text{ मीटर}^2 = \left(\frac{2970}{7}\right) \text{ मीटर}^2$$

अभीष्ट व्यय = ₹ $\left(\frac{2970}{7} \times 35\right)$ = ₹ 14850.

14. बेलन के आधार की त्रिज्या = r = 8 सेमी०,
शंकु के आधार की त्रिज्या = r = 8 सेमी०.
बेलन की ऊँचाई = h = 240 सेमी०,
शंकु की ऊँचाई = H = 36 सेमी०.

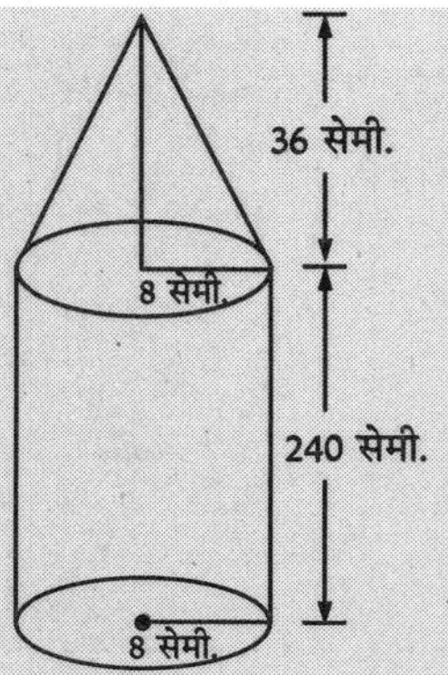

लोहे का कुल आयतन = (बेलन का आयतन) + (शंकु का आयतन)

$$= \pi r^2 h + \frac{1}{3}\pi r^2 H = \pi r^2 \left(h + \frac{1}{3}H\right)$$

$$= \frac{22}{7} \times 8 \times 8 \times \left(240 + \frac{1}{3} \times 36\right) \text{ घन सेमी॰}$$

$$= \left(\frac{22}{7} \times 64 \times 252\right) \text{ घन सेमी॰} = 50688 \text{ घन सेमी॰}.$$

स्तम्भ का भार $= \frac{(50688 \times 7 \cdot 5)}{1000}$ किग्रा॰ = 380·16 किग्रा॰.

15. अर्द्ध-गोले की त्रिज्या $= r = 6$ सेमी॰.

बेलन की त्रिज्या = अर्द्ध-गोले की त्रिज्या $= r = 6$ सेमी॰.

बेलन की ऊँचाई $= h = (16 - 6)$ सेमी॰ = 10 सेमी॰.

बर्तन की धारिता = (अर्द्ध-गोले का आयतन) + (बेलन का आयतन)

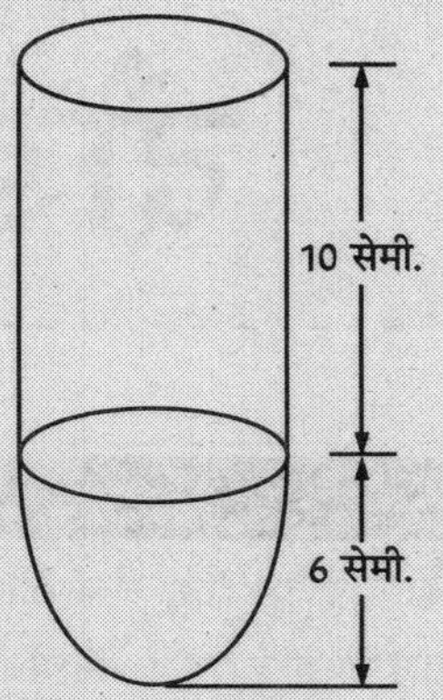

$$= \left(\frac{2}{3}\pi r^3 + \pi r^2 h\right) = \pi r^2 \left(\frac{2r}{3} + h\right)$$

$$= \left\{\frac{22}{7} \times 6 \times 6 \times \left(\frac{2}{3} \times 6 + 10\right)\right\} \text{ घन सेमी॰}$$

$$= \left(\frac{22}{7} \times 36 \times 14\right) \text{ घन सेमी॰} = 1584 \text{ घन सेमी॰}.$$

❑❑❑

25

Scan QR Code for Watching Video

दौड़ (RACES)

सामान्य नियम

दौड़: व्यक्तियों की दौड़, घुड़दौड़, नौका-दौड़ तथा तैराकी आदि प्रतिस्पर्धायें दौड़ कहलाती हैं.

(*i*) जिस मैदान या रास्ते पर ये प्रतिस्पर्धायें होती हैं, उसे **रेस कोर्स** कहते हैं.

(*ii*) जिस स्थान से दौड़ आरम्भ होती है, उसे **प्रारम्भिक बिन्दु** कहते हैं.

(*iii*) जिस स्थान पर दौड़ समाप्त होती है, उसे **जीत-बिन्दु** कहते हैं.

(*iv*) आरम्भ में यदि *A* प्रारम्भिक बिन्दु पर हो तथा *B*, *A* से 12 मीटर आगे हो, तो हम कहते हैं कि *A*, *B* को 12 मीटर का स्टार्ट देता है.

साधित उदाहरण

प्रश्न 1. 1 किमी० की दौड़ में *A*, *B* को 28 मीटर अथवा 7 सेकण्ड से हरा देता है. इस दौड़ को पूरा करने में *A* कितना समय लेता है?

हल: स्पष्ट है कि *B*, 7 सेकण्ड में 28 मीटर दौड़ता है.

1 किमी० दौड़ने में *B* द्वारा लिया गया समय $= \left(\frac{7}{28} \times 1000\right)$ सेकण्ड = 250 सेकण्ड.

1 किमी० दौड़ने में *A* द्वारा लिया गया समय = (250 – 7) सेकण्ड = 243 सेकण्ड = 4 मिनट 3 सेकण्ड.

$\therefore$ अभीष्ट समय = 4 मिनट 3 सेकण्ड.

प्रश्न 2. *A*, 1 किमी० दौड़ में 3 मिनट 10 सेकण्ड लेता है, जबकि *B* इस दौड़ में 3 मिनट 20 सेकण्ड लेता है. *A*, *B* को कितने मीटर से हराता है?

हल: *A*, *B* को 10 सेकण्ड से हराता है.

B द्वारा 200 सेकण्ड में तय की गई दूरी = 1000 मीटर.

B द्वारा 10 सेकण्ड में तय की गई दूरी $= \left(\frac{1000}{200} \times 10\right)$ मीटर = 50 मीटर.

अतः *A*, *B* को 50 मीटर से हराता है.

प्रश्न 3. 100 मीटर की दौड़ में *A*, 8 किमी०/घण्टा की गति से दौड़ता है. यदि *A*, *B* को 4 मीटर का आरम्भ दे तथा 15 सेकण्ड से उसे हरा दे, तो *B* की चाल ज्ञात करें.

हल: *A* की चाल = 8 किमी०/घण्टा $= \left(8 \times \frac{5}{18}\right)$ मीटर/सै० $= \frac{20}{9}$ मीटर/सै०.

A द्वारा 100 मीटर दौड़ने में लिया गया समय $= \left(100 \times \frac{9}{20}\right)$ सै० = 45 सै०.

B को 4 मीटर का आरम्भ दिया गया है. अतः *B*, (100 – 4) मी० = 96 मी० दौड़ता है.

96 मीटर दौड़ने में *B* द्वारा लिया गया समय = (45 + 15) सै० = 60 सै०.

B की चाल $= \frac{96}{60}$ मीटर/सै० $= \left(\frac{96}{60} \times \frac{18}{5}\right)$ किमी०/घण्टा = 5·76 किमी०/घण्टा.

प्रश्न 4. एक किमी० की दौड़ में रवि, नितिन को 400 मीटर से तथा दीपक को 200 मीटर से हरा देता है. दीपक, नितिन को कितने मीटर से हरायेगा?

(एस०एस०सी० परीक्षा, 2001)

हल: स्पष्ट है कि जितनी देर में रवि 1000 मीटर दौड़ता है, उतनी देर में नितिन दौड़ता है (1000 – 400) मी० अर्थात् 600 मीटर तथा दीपक दौड़ता है (1000 – 200) मी० अर्थात् 800 मीटर. 800 मीटर की दौड़ में दीपक नितिन को हराता है = 200 मीटर से.

1000 मीटर की दौड़ में दीपक नितिन को हराता है $= \left(\frac{200}{800} \times 1000\right)$ मीटर से = 250 मीटर से.

अतः 1 किमी० की दौड़ में दीपक नितिन को 250 मीटर से हरायेगा.

प्रश्न 5. 200 मीटर की एक दौड़ में A, B को 20 मीटर से हरा देता है, जबकि 100 मीटर की दौड़ में B, C को 5 मीटर से हरा देता है. यह मानते हुए कि विभिन्न दौड़ों में A, B, C की अपनी चालें एक समान रहती हैं, एक किमी० की दौड़ में A, C को कितने मीटर से हरायेगा?

(असिस्टेंट ग्रेड परीक्षा, 2004)

हल: जितने समय में A 200 मीटर दौड़ेगा, उतने समय में B दौड़ेगा $= (200 - 20)$ मी० $= 180$ मी०.

$\therefore$ जितने समय में A 100 मीटर दौड़ेगा, उतने समय में B दौड़ेगा $= \left(\frac{180}{200} \times 100\right)$ मी० $= 90$ मी०.

जितने समय में B 100 मीटर दौड़ेगा, उतने समय में C दौड़ेगा $= (100 - 5)$ मीटर $= 95$ मीटर.

जितने समय में B 90 मीटर दौड़ेगा, उतने समय में C दौड़ेगा $= \left(\frac{95}{100} \times 90\right)$ मीटर $= 85.5$ मीटर.

$\therefore$ जितने समय में A 100 मीटर दौड़ेगा, उतने समय में C दौड़ेगा $= 85.5$ मीटर.

जितने समय में A 1000 मीटर दौड़ेगा, उतने समय में C दौड़ेगा $= \left(\frac{85 \cdot 5}{100} \times 1000\right)$ मीटर $= 855$ मीटर.

अत: 1 किमी० की दौड़ में A, C को $(1000 - 855)$ मीटर अर्थात् 145 मीटर से हराता है.

प्रश्न 6. एक किमी० दौड़ में तीन व्यक्ति A, B, C भाग लेते हैं. यदि A, B को 40 मीटर का तथा C को 64 मीटर का आरम्भ दे, तो B, C को कितने मीटर का आरम्भ दे सकता है?

हल: जितनी देर में A 1000 मीटर तय करता है, उतनी देर में B, $(1000 - 40)$ मी० अर्थात् 960 मीटर दूरी तय करता है तथा C, $(1000 - 64)$ मी० अर्थात् 936 मी० दूरी तय करता है.

जितनी देर में B 960 मी० दूरी तय करता है, उतनी देर में C तय करता है $= 936$ मी०.

जितनी देर में B 1000 मी० दूरी तय करता है, उतनी देर में C तय करता है $= \left(\frac{936}{960} \times 1000\right)$ मी० $= 975$ मी०.

अत: B, C को $(1000 - 975)$ मी० अर्थात् 25 मीटर का आरम्भ दे सकता है.

प्रश्नमाला 25A

नीचे दिये गये प्रश्नों में से प्रत्येक प्रश्न में ठीक उत्तर को चिन्हांकित (✓) कीजिए:

1. 100 मीटर दौड़ में, A इस दूरी को 36 सेकण्ड में तथा B 45 सेकण्ड में तय करता है. इस दौड़ में A, B को कितने मीटर से हराता है?
(*a*) 20 मीटर से (*b*) 25 मीटर से
(*c*) 22·5 मीटर से (*d*) 9 मीटर से

2. A एक 200 मीटर की दौड़ में B को 35 मीटर अथवा 7 सेकण्ड से हरा देता है. A कितनी देर में यह दौड़ पूरी करता है?
(*a*) 40 से (*b*) 47 से
(*c*) 33 से (*d*) इनमें से कोई नहीं

3. 800 मीटर की दौड़ में A ने B को 15 सेकण्ड से परास्त किया. यदि A की चाल 8 किमी०/घण्टा हो, तो B की चाल कितनी है?
(*a*) $8\frac{17}{25}$ किमी०/घण्टा (*b*) $7\frac{17}{25}$ किमी०/घण्टा
(*c*) $2\frac{16}{27}$ किमी०/घण्टा (*d*) $1\frac{11}{16}$ किमी०/घण्टा

4. A, 1 किमी० की दूरी दौड़कर 3 मिनट 10 से० में तय करता है जबकि B इसे 3 मिनट 20 से० में. A, B को कितनी दूरी से हराता है?
(*a*) 50 मीटर (*b*) 52 मीटर (*c*) 55 मीटर (*d*) 60 मीटर

5. A, 1 किमी० दौड़ में 4 मिनट 54 से० लेता है जबकि B इस दौड़ में 5 मिनट लेता है. आरम्भ में A से B कितना मीटर आगे खड़ा हो कि दौड़ के अन्तिम बिन्दु पर दोनों साथ-साथ पहुँचें?
(*a*) 14·5 मीटर (*b*) 16 मीटर
(*c*) 18 मीटर (*d*) 20 मीटर

6. 1 किमी० की दौड़ में A, B को 100 मीटर से हराता है तथा B, C को 150 मीटर से. इसी दौड़ में A, C को कितने मीटर से हराता है?
(*a*) 225 मीटर (*b*) 235 मीटर (*c*) 240 मीटर (*d*) 250 मीटर

7. 100 मीटर की दौड़ में A, B को 10 मीटर से तथा C को 13 मीटर से हरा सकता है. 180 मीटर की दौड़ में B, C को कितने मीटर से हरायेगा?
(*a*) 4·5 मीटर (*b*) 5·4 मीटर (*c*) 5 मीटर (*d*) 6 मीटर

8. 200 मीटर की दौड़ को A तथा B क्रमश: 22 सेकण्ड तथा 25 सेकण्ड में पूरा करते हैं. जब A दौड़ के अन्तिम छोर पर पहुँचेगा तो B उससे कितनी दूर होगा?
(*a*) 24 मीटर (*b*) 30 मीटर (*c*) 48 मीटर (*d*) 54 मीटर

9. 500 मीटर की एक दौड़ में दो धावकों A तथा B की चालों का अनुपात $3 : 4$ है. आरम्भ में A, B से 140 मीटर आगे है. इस दौड़ में A कितने मीटर से जीत जाता है?
(*a*) 60 मीटर (*b*) 40 मीटर (*c*) 20 मीटर (*d*) 10 मीटर

10. A, B से $\frac{5}{3}$ गुना तेज दौड़ता है. आरम्भ में B, A से 80 मीटर आगे है. दौड़ का अन्तिम बिन्दु प्रारम्भिक बिन्दु से कितनी दूर है, जबकि A तथा B एक ही समय पर इस बिन्दु पर पहुँचते हैं?
(*a*) 160 मीटर (*b*) 200 मीटर (*c*) 270 मीटर (*d*) 330 मीटर

11. 200 मीटर की दौड़ में A, B को 31 मीटर से तथा C को 18 मीटर से हरा सकता है. 350 मीटर की दौड़ में C, B को कितने मीटर से हरायेगा?

(a) $7\frac{4}{7}$ मीटर (b) $19\frac{1}{2}$ मीटर

(c) 25 मीटर (d) $22\frac{3}{4}$ मीटर

12. जितनी देर में A 22·5 मीटर दूरी तय करता है उतनी देर में B, 25 मीटर दूरी तय करता है. एक किलोमीटर की दौड़ में B, A को कितने मीटर से हरायेगा ?

(a) 25 मीटर (b) 50 मीटर

(c) $111\frac{1}{9}$ मीटर (d) 100 मीटर

13. 400 मीटर की एक दौड़ में A, B को 5 मीटर से हराता है. इसी रास्ते पर B, C से 4 मीटर से जीत जाता है. इसी रास्ते पर D, C से 16 मीटर से जीत जाता है. यदि A तथा D इस रास्ते पर दौड़ें तो कौन तथा कितने मीटर से जीतेगा ?

(a) A, 7·2 मीटर से (b) A, 8·4 मीटर से

(c) D, 7·3 मीटर से (d) D, 8·4 मीटर से

14. A, B से 1·375 गुना तेज भागता है. यदि आरम्भ में B, A से 150 मीटर आगे हो तथा दौड़ के अन्तिम बिन्दु पर दोनों साथ-साथ पहुँचें, तो अन्तिम छोर प्रारम्भिक बिन्दु से कितनी दूरी पर है ?

(a) 330 मीटर (b) 440 मीटर

(c) 550 मीटर (d) इनमें से कोई नहीं

15. 100 मीटर की दौड़ में A तथा B भाग लेते हैं. A, 5 किमी०/घण्टा की चाल से दौड़ता है. आरम्भ में B, A से 8 मीटर आगे है, फिर भी A उसे 8 सेकण्ड में हरा देता है. ज्ञात करें कि B किस गति से दौड़ता है ?

(a) 4·14 किमी०/घण्टा (b) 4·25 किमी०/घण्टा

(c) 4·4 किमी०/घण्टा (d) 5·15 किमी०/घण्टा

उत्तरमाला (प्रश्नमाला 25A)

1. (a) **2.** (c) **3.** (b) **4.** (a) **5.** (d) **6.** (b) **7.** (d) **8.** (a) **9.** (c) **10.** (b) **11.** (c) **12.** (d) **13.** (c) **14.** (c) **15.** (a)

दिये गये प्रश्नों के हल (प्रश्नमाला 25A)

1. B द्वारा लिया गया अधिक समय = (45 – 36) से० = 9 से०.

9 से० में B द्वारा तय की गई दूरी = $\left(\frac{100}{45}\times 9\right)$ मीटर = 20 मीटर.

अत: A, B को 20 मीटर से हरा देता है.

2. B, 35 मीटर दूरी तय करता है = 7 से० में.

B, 200 मीटर दूरी तय करेगा = $\left(\frac{7}{35}\times 200\right)$ से० में = 40 से० में.

$\therefore$ A द्वारा लिया गया समय = (40 – 7) से० = 33 से०.

3. A की चाल = 8 किमी०/घण्टा = $\left(8\times\frac{5}{18}\right)$ मीटर/से० = $\frac{20}{9}$ मीटर/से०.

A द्वारा 800 मीटर दूरी तय करने में लगा समय

$= \frac{800}{\left(\frac{20}{9}\right)}$ से० = 360 से०.

B द्वारा 800 मीटर दूरी तय करने में लगा समय

= (360 + 15) से० = 375 से०.

B की चाल = $\frac{800}{375}$ मी०/से० = $\left(\frac{800}{375}\times\frac{18}{5}\right)$ किमी०/घण्टा

$= \frac{192}{25}$ किमी०/घण्टा = $7\frac{17}{25}$ किमी०/घण्टा.

4. स्पष्ट है कि A, B को 10 से० से हराता है.

B द्वारा 200 से० में तय की गई दूरी = 1000 मीटर.

B द्वारा 10 से० में तय की गई दूरी = $\left(\frac{1000}{200}\times 10\right)$ मीटर = 50 मीटर.

अत: A, B को 50 मीटर से हराता है.

5. स्पष्ट है कि A, B को 6 से० से हराता है.

B द्वारा 300 से० में तय की गई दूरी = 1000 मीटर.

B द्वारा 6 से० में तय की गई दूरी = $\left(\frac{1000}{300}\times 6\right)$ मीटर = 20 मीटर.

अत: A से B, 20 मीटर आगे खड़ा होना चाहिए.

6. जितनी देर में A 1000 मी० दौड़ता है उतनी देर में B दौड़ता है = (1000 – 100) मी० = 900 मी०.

जितनी देर में B 1000 मी० दौड़ता है उतनी देर में C दौड़ता है = (1000 – 150) मी० = 850 मी०.

जितनी देर में B 900 मी० दौड़ता है उतनी देर में C दौड़ता है

$= \left(\frac{850}{1000}\times 900\right)$ मीटर = 765 मीटर.

A, C को (1000 – 765) मी० = 235 मी० से हराता है.

7. $A : B = 100 : 90$ तथा $A : C = 100 : 87$.

$\therefore \quad \frac{B}{C} = \left(\frac{B}{A}\times\frac{A}{C}\right) = \left(\frac{90}{100}\times\frac{100}{87}\right) = \frac{30}{29}.$

जितनी देर में B 30 मीटर दौड़ता है उतनी देर में C दौड़ता है = 29 मीटर.

जितनी देर में B 180 मीटर दौड़ता है उतनी देर में C दौड़ता है

$$= \left(\frac{29}{30}\times 180\right) \text{ मी॰} = 174 \text{ मीटर.}$$

अत: B, C को (180 – 174) = 6 मी॰ से हराता है.

8. 25 सेकण्ड में B द्वारा तय की गई दूरी = 200 मीटर.

22 सेकण्ड में B द्वारा तय की गई दूरी $= \left(\frac{200}{25}\times 22\right)$ मीटर

$= 176$ मीटर.

अत: दौड़ के अन्तिम छोर में B, A से (200 – 176) = 24 मीटर दूर होगा.

9. जीतने के बिन्दु तक पहुँचने के लिए A को दूरी तय करनी होगी = (500 – 140) मी॰ = 360 मी॰.

जितनी देर में A 3 मी॰ दूरी तय करता है, उतनी देर में B तय करता है = 4 मी॰.

जितनी देर में A 360 मी॰ दूरी तय करता है, उतनी देर में B तय करता है $= \left(\frac{4}{3}\times 360\right)$ मीटर = 480 मीटर.

अत: A, (500 – 480) = 20 मीटर से जीत जाता है.

10. A तथा B की चालों का अनुपात $= \frac{5}{3} : 1$ अर्थात् 5 : 3.

2 मीटर अन्तर हेतु कुल दौड़ = 5 मीटर.

80 मीटर अन्तर हेतु कुल दौड़ $= \left(\frac{5}{2}\times 80\right)$ मीटर = 200 मीटर.

11. $A : B = 200 : 169$ तथा $A : C = 200 : 182$.

$$\therefore \quad \frac{C}{B} = \left(\frac{C}{A}\times\frac{A}{B}\right) = \left(\frac{182}{200}\times\frac{200}{169}\right) = 182 : 169.$$

जितनी देर में C 182 मीटर दौड़ता है, उतनी देर में B दौड़ता है = 169 मीटर.

जितनी देर में C 350 मीटर दौड़ता है, उतनी देर में B दौड़ता है

$$= \left(\frac{169}{182}\times 350\right) \text{ मीटर} = 325 \text{ मीटर.}$$

अत: C, B को (350 – 325) मी॰ = 25 मीटर से हराता है.

12. जितनी देर में B 25 मीटर दूरी तय करता है उतनी देर में A तय करता है = 22·5 मी॰.

जितनी देर में B 1000 मीटर दूरी तय करता है उतनी देर में A तय करता है $= \left(\frac{22\cdot 5}{25}\times 1000\right)$ मी॰ = 900 मी॰.

अत: B, A को 100 मीटर से हराता है.

13. A दौड़ता है 400 मी॰ तो B दौड़ता है = 395 मीटर.

B दौड़ता है 400 मी॰ तो C दौड़ता है = 396 मीटर.

B दौड़ता है 395 मी॰ तो C दौड़ता है $= \left(\frac{396}{400}\times 395\right)$ मी॰

$= \frac{(99\times 79)}{20}$ मी॰.

D दौड़ता है 400 मी॰ तो C दौड़ता है = 384 मीटर.

यदि C दौड़ता है 384 मी॰ तो D दौड़ता है = 400 मी॰.

यदि C दौड़ता है $\frac{(99\times 79)}{20}$ मी॰ तो D दौड़ता है

$= \left(\frac{400}{384}\times\frac{99\times 79}{20}\right)$ मी॰ = 407·3 मी॰.

स्पष्ट है कि D, A से 7·3 मीटर से जीत जाता है.

14. माना दौड़ की कुल लम्बाई = x मीटर.

जितनी देर में A x मीटर दौड़ता है, उतनी देर में B $(x - 150)$ मी॰ दौड़ता है.

$$\therefore \quad \frac{x}{(x-150)} = \frac{1\cdot 375}{1} \Rightarrow x = 1\cdot 375\,x - 150 \times 1\cdot 375$$

$$\Rightarrow \cdot 375\,x = 150 \times 1\cdot 375 \Rightarrow x = \frac{150\times 1375}{375} = 550.$$

अत: दौड़ की कुल लम्बाई = 550 मीटर.

15. A की चाल $= \left(5\times\frac{5}{18}\right)$ मी॰/से॰ $= \frac{25}{18}$ मी॰/से॰.

100 मीटर दूरी तय करने में A द्वारा लिया गया समय

$= \left(100\times\frac{18}{25}\right)$ से॰ = 72 से॰.

B द्वारा 92 मीटर दूरी तय करने में लगा समय

= (72 + 8) से॰ = 80 से॰.

B की चाल $= \left(\frac{90}{80}\times\frac{18}{5}\right)$ किमी॰/घण्टा = 4·14 किमी॰/घण्टा.

प्रश्नमाला 25B

1. एक किमी॰ की दौड़ में A, B को 28 मीटर अथवा 7 सेकण्ड से हरा देता है. इस दौड़ को पूरा करने में A कितना समय लेता है ?

(*a*) 4 मि॰ 3 से॰ (*b*) 3 मि॰ 5 से॰
(*c*) 5 मि॰ 2 से॰ (*d*) इनमें से कोई नहीं

2. एक किमी॰ की दौड़ में A, 3 मिनट 10 से॰ लेता है जबकि B इस दौड़ में 3 मिनट 20 सेकण्ड लेता है. A, B को कितने मीटर से हराता है ?

(*a*) 40 मीटर से (*b*) 50 मीटर से
(*c*) 45 मीटर से (*d*) 55 मीटर से

3. एक किमी॰ की दौड़ में A, B को 400 मीटर से तथा C को 200 मीटर से हरा देता है. C, B को कितने मीटर से हरायेगा ?

(*a*) 240 मीटर से (*b*) 250 मीटर से
(*c*) 245 मीटर से (*d*) 255 मीटर से

4. 200 मीटर की दौड़ में A, B को 20 मीटर से हरा देता है जबकि 100 मीटर की दौड़ में B, C को 5 मीटर से हरा देता है. यह मानते हुए कि विभिन्न दौड़ों में A, B, C की अपनी चालें एक समान रहती हैं. 1 किमी॰ की दौड़ में A, C को कितने मीटर से हरायेगा ?

(*a*) 145 मी॰ से (*b*) 155 मी॰ से

(c) 135 मी॰ से (d) 165 मी॰ से

5. एक किमी॰ दौड़ में तीन व्यक्ति A, B, C भाग लेते हैं. यदि A, B को 40 मीटर का तथा C को 64 मीटर का आरम्भ दे, तो B, C को कितने मीटर का आरम्भ दे सकता है ?

(a) 25 मी॰ का (b) 30 मी॰ का

(c) 28 मी॰ का (d) 35 मी॰ का

6. जितनी देर में A 22·5 मीटर दूरी तय करता है उतनी देर में B, 25 मीटर दूरी तय करता है. एक किमी॰ की दौड़ में B, A को कितने मीटर से हरायेगा ?

(a) 110 मी॰ से (b) 115 मी॰ से

(c) 100 मी॰ से (d) 111 मी॰ से

7. 100 मीटर की दौड़ में A, B को 10 मीटर से तथा C को 13 मीटर से हरा सकता है. 180 मीटर की दौड में B, C को कितने मीटर से हरायेगा ?

(a) 5 मी॰ से (b) 6 मी॰ से (c) 7 मी॰ से (d) 8 मी॰ से

उत्तरमाला (प्रश्नमाला 25B)

1. (a) 2. (b) 3. (b) 4. (a) 5. (a) 6. (c) 7. (b)

दिये गये प्रश्नों के हल (प्रश्नमाला 25B)

1. स्पष्ट है कि B, 7 सेकण्ड में 28 मीटर दौड़ता है.

1 किमी॰ दौड़ने में B द्वारा लिया गया समय

$= \left(\frac{7}{28} \times 1000\right)$ से॰ = 250 से॰.

1 किमी॰ दौड़ने में A द्वारा लिया गया समय

$= (250 - 7)$ से॰ = 243 से॰ = 4 मिनट 3 से॰.

अत: अभीष्ट समय = 4 मिनट 3 से॰.

2. A, B को 10 से॰ से हराता है.

B द्वारा 200 से॰ में तय की गई दूरी = 1000 मीटर.

B द्वारा 10 से॰ में तय की गई दूरी

$= \left(\frac{1000}{200} \times 10\right)$ मी॰ = 50 मीटर.

अत: A, B को 50 मीटर से हराता है.

3. जितनी देर में A 1000 मीटर दौड़ता है उतनी देर में B दौड़ता है = (1000 – 400) मी॰ अर्थात् 600 मीटर तथा C दौड़ता है = (1000 – 200) मी॰ = 800 मी॰.

800 मीटर की दौड़ में C, B को हराता है = 200 मीटर से.

1000 मीटर की दौड़ में C, B को हराता है

$= \left(\frac{200}{800} \times 1000\right)$ मीटर से = 250 मीटर से.

अत: 1 किमी॰ की दौड़ में C, B को 250 मीटर से हरायेगा.

4. जितने समय में A 200 मीटर दौड़ेगा, उतने समय में B दौड़ेगा

$= (200 - 20)$ मी॰ = 180 मी॰.

जितने समय में A 100 मीटर दौड़ेगा, उतने समय में B दौड़ेगा

$= \left(\frac{180}{200} \times 100\right)$ मी॰ = 90 मी॰.

जितने समय में B 100 मीटर दौड़ेगा,

C दौड़ेगा = (100 – 5) मीटर = 95 मीटर.

जितने समय में B 90 मीटर दौड़ेगा,

C दौड़ेगा $= \left(\frac{95}{100} \times 90\right)$ मीटर = 85·5 मीटर.

जितने समय में A 100 मीटर दौड़ेगा, उतने समय में C दौड़ेगा

= 85·5 मी॰.

जितने समय में A 1000 मीटर दौड़ेगा, उतने समय में C दौड़ेगा

$= \left(\frac{85 \cdot 5}{100} \times 1000\right)$ मी॰ = 855 मीटर.

अत: 1 किमी॰ की दौड़ में A, C को (1000 – 855) मीटर अर्थात् 145 मीटर से हराता है.

5. जितनी देर में A 1000 मीटर दूरी तय करता है उतनी देर में B, (1000 – 40) मीटर अर्थात् 960 मीटर दूरी तय करता है तथा C, (1000 – 64) = 936 मी॰ दूरी तय करता है.

जितनी देर में B 960 मीटर दूरी तय करता है उतनी देर में C तय करता है = 936 मी॰.

जितनी देर में B 1000 मीटर दूरी तय करता है उतनी देर में C तय करता है $= \left(\frac{936}{960} \times 1000\right)$ मी॰ = 975 मी॰.

अत: B, C को आरम्भ दे सकता है = (1000 – 975)

= 25 मीटर का.

6. जितनी देर में B 25 मीटर दौड़ता है, उतनी देर में A दौड़ता है

$= \frac{45}{2}$ मीटर.

जितनी देर में B 1000 मीटर दौड़ता है, उतनी देर में A दौड़ता है

$= \left(\frac{45}{2} \times \frac{1}{25} \times 1000\right)$ मी॰ = 900 मी॰.

अत: B, A को 100 मीटर से हराता है.

7. A : B = 100 : 90 तथा A : C = 100 : 87.

$\therefore \frac{B}{C} = \left(\frac{B}{A} \times \frac{A}{C}\right) = \left(\frac{90}{100} \times \frac{100}{87}\right) = \frac{30}{29}.$

जितनी देर में B 30 मीटर दौड़ता है उतनी देर में C 29 मीटर दौड़ता है.

जितनी देर में B 180 मीटर दौड़ता है उतनी देर में C दौड़ता है

$= \left(\frac{29}{30} \times 180\right)$ मी॰ = 174 मी॰.

अत: B, C को हरायेगा = (180 – 174) = 6 मीटर से.

❑❑❑

26

Scan QR Code for Watching Video

कैलेण्डर (CALENDAR)

सामान्य नियम

इस अध्याय में हम मुख्य रूप से ऐसी विधि विकसित करेंगे जिसके अन्तर्गत किसी भी वर्ष के किसी भी दिन सप्ताह का कौन-सा दिन होगा, यह ज्ञात कर सकेंगे.

ध्यान देने योग्य बातें

1. **अतिरिक्त दिन (odd days):** किसी दिए हुए अन्तराल में ऐसे दिनों की संख्या जो पूर्ण-सप्ताहों की संख्या से अधिक हों, अतिरिक्त दिन कहलाते हैं.

2. **लीप वर्ष:** प्रत्येक ऐसा वर्ष (शताब्दी न हो), जो 4 से पूर्णतया विभक्त हो तथा प्रत्येक वह शताब्दी जो 400 से पूर्णतया विभक्त हो, लीप वर्ष कहलाता है. स्पष्ट है कि जो शताब्दी 400 से विभक्त न हो, लीप वर्ष नहीं होगी.

उदाहरण:

(*i*) वर्ष 1620, 1860, 1940, 1984, 1996, 2004, 2008 आदि सभी लीप वर्ष हैं.

(*ii*) वर्ष 400, 800, 1200, 1600, 2000, 2400 आदि सभी लीप वर्ष हैं.

(*iii*) वर्ष 1726, 1982, 1800, 2100 आदि लीप वर्ष नहीं हैं.

3. 1 साधारण वर्ष = 365 दिन तथा 1 लीप-वर्ष = 366 दिन.

4. **अतिरिक्त दिनों की गिनती करना:**

(*i*) 1 साधारण वर्ष = 365 दिन = (52 सप्ताह) + (1 दिन).

अत: 1 साधारण वर्ष में 1 अतिरिक्त दिन होता है.

(*ii*) 1 लीप वर्ष = 366 दिन = (52 सप्ताह) + (2 दिन).

अत: 1 लीप वर्ष में 2 अतिरिक्त दिन होते हैं.

(*iii*) 100 वर्ष = 76 साधारण वर्ष + 24 लीप वर्ष

= 76 अतिरिक्त दिन + (24 × 2) अतिरिक्त दिन

= 124 अतिरिक्त दिन = (17 सप्ताह + 5 दिन)

= 5 अतिरिक्त दिन.

100 वर्ष के अतिरिक्त दिन = 5.

200 वर्ष के अतिरिक्त दिन = 10 अर्थात् (1 सप्ताह 3 दिन) = 3 दिन.

300 वर्ष के अतिरिक्त दिन = 15 अर्थात् (2 सप्ताह 1 दिन) = 1 दिन.

400 वर्ष के अतिरिक्त दिन = (20 + 1) = 21 अर्थात् 0.

800 वर्ष, 1200 वर्ष, 1600 वर्ष, 2000 वर्ष आदि के अतिरिक्त दिन = 0.

दिन	रवि	सोम	मंगल	बुध	बृह०	शुक्र	शनि
अतिरिक्त दिनों की संख्या	0	1	2	3	4	5	6

साधित उदाहरण

प्रश्न 1. 15 अगस्त 1947 को भारत देश स्वतंत्र हुआ. वह सप्ताह का कौन-सा दिन था?

हल: (15 अगस्त 1947) = (1946 वर्ष + 1 जनवरी 1947 से 15 अगस्त 1947).

1600 वर्ष में अतिरिक्त दिन = 0.

300 वर्ष में अतिरिक्त दिन = 1.

46 वर्ष = (11 लीप वर्ष + 35 सा० वर्ष) = (22 + 35) अति० दिन = 57 अति० दिन ≡ 1 अति० दिन.

जन० फर० मार्च अप्रैल मई जून जुलाई अग०

(31 + 28 + 31 + 30 + 31 + 30 + 31 + 15) = 227 दिन = (7 × 32 + 3) दिन = 3 अति० दिन.

कुल अति० दिन = (0 + 1 + 1 + 3) = 5.

अत: अभीष्ट दिन = शुक्रवार.

प्रश्न 2. 8 मार्च 2012 को सप्ताह का कौन-सा दिन था?

हल: 8 मार्च 2012 = (2011 वर्ष + 1 जनवरी 2012 से 8 मार्च 2012).

1600 वर्ष में अतिरिक्त दिन = 0.

400 वर्ष में अतिरिक्त दिन = 0.

11 वर्ष = (2 लीप वर्ष + 9 सा० वर्ष)
= (4 + 9) अति० दिन = 6 अति० दिन.

जनवरी फरवरी मार्च

(31 + 29 + 8) दिन = 68 दिन = (7 × 9 + 5) दिन
= 5 अति० दिन.

कुल अतिरिक्त दिन = (0 + 0 + 6 + 5) दिन = 11 दिन
= 4 दिन.

अत: अभीष्ट दिन बृहस्पतिवार होगा.

प्रश्न 3. 31 मई 2020 को सप्ताह का कौन-सा दिन होगा?

हल: 31 मई 2020 = (2019 वर्ष + 1 जनवरी 2020 से 31 मई 2020).

1600 वर्ष में अतिरिक्त दिन = 0.

400 वर्ष में अतिरिक्त दिन = 0.

19 वर्ष = (4 लीप वर्ष + 15 सा० वर्ष) = (4 × 2 + 15 × 1) अति० दिन = 23 अति० दिन ≡ 2 अति० दिन.

जनवरी फरवरी मार्च अप्रैल मई

(31 + 29 + 31 + 30 + 31) = 152 दिन
= (7 × 21 + 5) दिन = 5 अति० दिन.

कुल अतिरिक्त दिन = (0 + 0 + 2 + 5) = 7 ≡ 0 अति० दिन.

अत: अभीष्ट दिन रविवार होगा.

प्रश्न 4. सिद्ध कीजिए कि वर्ष 2006 तथा वर्ष 2017 के कैलेण्डर एक समान होंगे.

हल: अभीष्ट तथ्य सिद्ध करने हेतु हमें सिद्ध करना होगा कि 1 जनवरी 2017 का साप्ताहिक दिन वही होगा जो 1 जनवरी 2006 को है.

इसके लिए 31 दिसम्बर 2005 तथा 31 दिसम्बर 2016 के बीच अतिरिक्त दिनों की संख्या शून्य होगी.

इस अन्तराल में 2008, 2012, 2016 लीप वर्ष होंगें.

वर्ष	अतिरिक्त दिन
2006	1
2007	1
2008	2
2009	1
2010	1
2011	1
2012	2
2013	1
2014	1
2015	1
2016	2

∴ कुल अति० दिन = 14 = (7 × 2 + 0) ≡ 0.

अत: वर्ष 2006 तथा 2017 के कैलेण्डर एक समान होंगे.

प्रश्न 5. मार्च 2011 में किस-किस दिन मंगलवार था?

हल: पहले हम 1 मार्च 2011 का दिन ज्ञात करेंगे.

2000 वर्षों में अतिरिक्त दिन = 0

10 वर्ष = (2 लीप वर्ष + 8 सा० वर्ष)
= (2 × 2 + 8 × 1) अति० दिन.
≡ 12 अति० दिन ≡ 5 अति० दिन.

जनवरी फरवरी मार्च

(31 + 28 + 1) = 60 दिन ≡ 4 अति० दिन.

कुल अतिरिक्त दिन = (0 + 5 + 4) = 9 ≡ 2 अति० दिन.

∴ 1 मार्च 2011 को मंगलवार था.

अत: 1 मार्च, 8 मार्च, 15 मार्च, 22 मार्च तथा 29 मार्च 2011 को मंगलवार था.

प्रश्नमाला 26A

निम्नलिखित प्रश्नों में से प्रत्येक में ठीक उत्तर को चिन्हांकित (✓) कीजिए:

1. एक सप्ताह का कितना भिन्नात्मक भाग 154 घंटे होगा?

   (a) $\frac{11}{12}$ (b) $\frac{11}{13}$ (c) $\frac{7}{12}$ (d) $\frac{9}{13}$

   (दिल्ली अधीनस्थ सेवा चयन बोर्ड स्टेनोग्राफर ग्रेड-III परीक्षा, 2017)

2. 8 नवम्बर 2018 को सप्ताह का कौन-सा दिन होगा?

   (a) शुक्रवार (b) शनिवार (c) रविवार (d) बृहस्पतिवार

3. 29 जुलाई 1969 को सप्ताह का कौन-सा दिन था?

   (a) सोमवार (b) मंगलवार (c) बुधवार (d) शुक्रवार

4. जुलाई 2007 में पहला सोमवार किस तिथि को था?

   (a) 1 जुलाई (b) 2 जुलाई (c) 3 जुलाई (d) 5 जुलाई

5. x सप्ताह तथा x दिनों में कुल कितने दिन होते हैं?

   (a) $7x^2$ (b) $8x$

   (c) $14x$ (d) इनमें से कोई नहीं

6. p सप्ताह तथा q दिनों में कुल कितने दिन होते हैं ?
(a) $(p + q)$ दिन (b) pq दिन
(c) $(7p + q)$ दिन (d) $(7q + p)$ दिन

7. लेखक का जन्म 2 जनवरी 1946 को हुआ. वह सप्ताह का कौन-सा दिन था ?
(a) सोमवार (b) मंगलवार (c) बुधवार (d) शुक्रवार

8. 26 जनवरी 1950 को भारतवर्ष गणतन्त्र घोषित हुआ. वह दिन सप्ताह का कौन-सा दिन था ?
(a) सोमवार (b) मंगलवार (c) बृहस्पतिवार (d) शनिवार

9. 19 अक्तूबर 2000 को कौन-सा दिन था ?
(a) मंगलवार (b) बृहस्पतिवार
(c) शुक्रवार (d) शनिवार

10. 11 मार्च 2012 को सप्ताह का कौन-सा दिन था ?
(a) शुक्रवार (b) शनिवार (c) रविवार (d) सोमवार

11. 5 जून 2007 को मंगलवार था. 5 जून 2006 को कौन-सा दिन था ?
(a) रविवार (b) सोमवार (c) मंगलवार (d) बुधवार

12. आज मंगलवार है. आज से 62 दिन बाद कौन-सा दिन होगा ?
(a) बुधवार (b) मंगलवार (c) सोमवार (d) रविवार

13. 5 मार्च 2012 को सोमवार था. 5 नवम्बर 2012 को कौन-सा दिन होगा ?
(a) सोमवार (b) रविवार (c) मंगलवार (d) बुधवार

14. एक कैंटीन को 7 दिनों के लिए 84 किग्रा. गेहूँ की आवश्यकता है। मई एवं जून माह के लिए उस कैन्टीन को कितने गेहूँ की आवश्यकता होगी?
(a) 716 किग्रा. (b) 732 किग्रा. (c) 748 किग्रा. (d) 764 किग्रा.
(पटना हाईकोर्ट असिस्टेंट परीक्षा, 2016)

15. 5 मार्च 1999 को शुक्रवार था, 5 मार्च 2000 को सप्ताह का कौन दिन था? (भारतीय डाक पोस्टमैन/मेलगार्ड परीक्षा, 2016)
(a) रविवार (b) सोमवार (c) मंगलवार (d) शुक्रवार

16. निम्नलिखित में से किस वर्ष का कैलेण्डर वर्ष 1990 के कैलेण्डर जैसा है ?
(a) 1994 (b) 1996 (c) 1997 (d) 2000

17. निम्नलिखित में से किस वर्ष का कैलेण्डर वर्ष 2003 के कैलेण्डर जैसा है ?
(a) 2009 (b) 2010 (c) 2012 (d) 2014

18. सुरेश का जन्म 4 अक्टूबर, 1992 को हुआ था, शशिकान्त ने सुरेश से 6 दिन पहले जन्म लिया था, उस साल का स्वाधीनता दिवस रविवार को था, शशिकान्त का जन्म किस दिन हुआ था? (उत्तर चकबन्दी लेखपाल भर्ती पुर्न परीक्षा, 2015)
(a) मंगलवार (b) बुधवार (c) सोमवार (d) रविवार

उत्तरमाला (प्रश्नमाला 26A)

1. (a) **2.** (d) **3.** (b) **4.** (b) **5.** (b) **6.** (c) **7.** (c) **8.** (c) **9.** (b) **10.** (c) **11.** (b) **12.** (c) **13.** (a) **14.** (b) **15.** (a) **16.** (b) **17.** (d) **18.** (b)

दिये गये प्रश्नों के हल (प्रश्नमाला 26A)

1. एक सप्ताह में 7×24 घंटे होते है।

$\therefore$ अभीष्ट उत्तर $= \dfrac{154}{7 \times 24} = \dfrac{11}{12}$

2. 8 नवम्बर 2018 = (2017 वर्ष + 1 जनवरी 2018 से 8 नवम्बर 2018).
2000 वर्ष में अतिरिक्त दिन = 0.
17 वर्ष = (4 लीप वर्ष + 13 सा० वर्ष) = (8 + 13) अति० दिन
$\equiv$ 0 अति० दिन.
1 जनवरी से 8 नवम्बर तक दिनों की संख्या
$= (31 + 28 + 31 + 30 + 31 + 30 + 31 + 31 + 30 + 31 + 8)$
= 312 दिन = 4 अति० दिन.
कुल अति० दिन = (0 + 0 + 4) = 4.
अभीष्ट दिन बृहस्पतिवार होगा.

3. 1600 वर्ष के अति० दिन = 0.
300 वर्ष के अति० दिन = 1.
68 वर्ष = (17 लीप वर्ष + 51 सा० वर्ष)
= (34 + 51) अति० दिन = 85 अति० दिन
$= (7 \times 12 + 1)$ अति० दिन $\equiv$ 1 अति० दिन.
जन० फर० मार्च अप्रैल मई जून जुलाई
(31 + 28 + 31 + 30 + 31 + 30 + 29)
= 210 अति० दिन $\equiv$ (0 अति० दिन)
कुल अतिरिक्त दिनों की संख्या = (0 + 1 + 1 + 0) = 2.
अत: अभीष्ट दिन मंगलवार था.

4. 2000 वर्षों में अतिरिक्त दिन = 0.
6 वर्ष = (1 लीप वर्ष + 5 साधा० वर्ष) = (2 + 5) अति दिन
$\equiv$ 0 अति० दिन.
जनवरी फरवरी मार्च अप्रैल मई जून जुलाई
(31 + 28 + 31 + 30 + 31 + 30 + 1) = 182 दिन
$= (7 \times 26)$ दिन $\equiv$ 0 अति० दिन.
$\therefore$ 1 जुलाई 2007 को रविवार होगा.
अत: 2 जुलाई 2007 को उस माह का पहला सोमवार था.

5. x सप्ताह + x दिन $= (x \times 7)$ दिन + x दिन $= (7x + x)$ दिन
$= 8x$ दिन.

6. p सप्ताह + q दिन $= (7p + q)$ दिन.

7. 1600 वर्ष में अतिरिक्त दिन = 0.
300 वर्ष के अतिरिक्त दिन = 1.
45 वर्ष = (11 लीप वर्ष + 34 सा० वर्ष) = (22 + 34) अति० दिन
= (56) अति० दिन $\equiv$ 0 अति० दिन.
जनवरी = 2 दिन
कुल अतिरिक्त दिन = (0 + 1 + 0 + 2) दिन = 3 दिन.

अत: अभीष्ट दिन बुधवार था.

8. 1600 वर्ष के अतिरिक्त दिन = 0.

300 वर्ष के अतिरिक्त दिन = 1.

49 वर्ष = (12 लीप वर्ष + 37 सा० वर्ष) = (24 + 37) अति० दिन
= 61 अति० दिन
= 8 सप्ताह 5 दिन ≡ 5 अति० दिन.

जनवरी के अतिरिक्त दिन = 5.

कुल अतिरिक्त दिन = (0 + 1 + 5 + 5) ≡ 4.

अत: अभीष्ट दिन बृहस्पतिवार था.

9. 1600 वर्ष के अति० दिन = 0.

300 वर्ष के अति० दिन = 1.

99 वर्ष = (24 लीप वर्ष + 75 सा० वर्ष) = (48 + 75) अति० दिन
= 123 अति० दिन ≡ 4 अति० दिन.

जन० फर० मार्च अप्रैल मई जून जुलाई अगस्त सितम्बर अक्तूबर
31 + 29 + 31 + 30 + 31 + 30 + 31 + 31 + 30 + 19 =
293 दिन = 6 अति० दिन.

कुल अति० दिन = (1 + 4 + 6) अर्थात् 4.

∴ अभीष्ट दिन = बृहस्पतिवार.

10. 2000 वर्ष में अति० दिन = 0.

11 वर्ष = (2 लीप वर्ष + 9 सा० वर्ष) = (4 + 9) अति० दिन
≡ 6 अति० दिन.

जनवरी फरवरी मार्च
(31 + 29 + 11) = 71 अति० दिन ≡ 1 अति० दिन.

कुल अति० दिन = (0 + 6 + 1) = 7 ≡ 0 अति० दिन.

∴ अभीष्ट दिन रविवार था.

11. वर्ष 2006 एक साधारण वर्ष है. इसके अतिरिक्त दिन = 1.

अत: अभीष्ट दिन 5 जून 2007 के दिन से 1 दिन पहले होगा.

अभीष्ट दिन = सोमवार.

12. सप्ताह का प्रत्येक दिन 7 दिन बाद आता है.

∴ 63 दिन बाद मंगलवार होगा.

अत: 62 दिन बाद सोमवार होगा.

13. मार्च की किसी तिथि को जो दिन होगा वही दिन उस वर्ष के नवम्बर मास की उसी तिथि को होगा. अत: अभीष्ट दिन सोमवार होगा.

14. मई में दिनों की संख्या = 31

जून में दिनों की संख्या = 30

कुल दिन = 61

गेहूँ की अभीष्ट मात्रा = x किग्रा.

समानुपात के नियम से,

$$\frac{84}{x} = \frac{7}{61}$$

$$\Rightarrow \quad 7x = 84 \times 61$$

$$\Rightarrow \quad x = \frac{84 \times 61}{7} = 732 \text{ किग्रा.}$$

15. 5 मार्च 1999 को शुक्रवार,

5 मार्च 2000 के लिए ⇒ 2 odd दिन

∴ 5 मार्च 2000 के लिए दिन रविवार होगा।

16. 31 दिसम्बर 1989 के बाद अतिरिक्त दिनों की संख्या

वर्ष	1990	1991	1992	1993	1994	1995
अति० दिन	1	1	2	1	1	1

= 7 दिन ≡ 0 अति० दिन.

अत: वर्ष 1996 का कलैण्डर वर्ष 1990 के समान होगा.

17. 31 दिसम्बर 2002 के बाद अतिरिक्त दिनों की संख्या

वर्ष	अतिरिक्त दिन
2003	1
2004	2
2005	1
2006	1
2007	1
2008	2
2009	1
2010	1
2011	1
2012	2
2013	1

कुल अति० दिन = 14 दिन ≡ 0 अति० दिन.

∴ वर्ष 2014 का कैलेण्डर वर्ष 2003 जैसा होगा.

18. 4 अक्टूबर 1999 को सुरेश का जन्म हुआ था, इसका मतलब 29 सितम्बर 1999 को शशिकान्त का जन्म हुआ।

दिया है, 15 अगस्त को रविवार था तो 29 सितम्बर को बुध वार होगा।

प्रश्नमाला 26B

1. निम्नलिखित में से कौन-सा किसी शताब्दी का अंतिम दिन नहीं हो सकता है

(*a*) मंगलवार,वृहस्पतिवार, शनिवार

(*b*) मंगलवार, बुधवार, शुक्रवार

(*c*) सोमवार, बुधवार, शुक्रवार

(*d*) सोमवार, वृहस्पतिवार, शनिवार

2. 10 फरवरी 2012 को शुक्रवार था. 10 फरवरी 2011 को कौन-सा दिन था ?

(*a*) रविवार (*b*) शुक्रवार (*c*) शनिवार (*d*) वृहस्पतिवार

3. 6 जनवरी 2009 को मंगलवार था. 6 जनवरी 2008 को कौन-सा दिन था ?

(*a*) रविवार (*b*) शुक्रवार (*c*) शनिवार (*d*) वृहस्पतिवार

4. 15 जनवरी 2012 को रविवार था. 15 जनवरी 2013 को कौन-सा दिन होगा ?

(*a*) सोमवार (*b*) मंगलवार (*c*) बुधवार, (*d*) शनिवार

5. 16 जुलाई 1776 को कौन-सा दिन था ?

(*a*) सोमवार (*b*) मंगलवार (*c*) शनिवार (*d*) रविवार

6. 23 जुलाई 1953 को कौन-सा दिन था ?

(*a*) वृहस्पतिवार (*b*) बुधवार (*c*) रविवार (*d*) सोमवार

7. 8 अप्रैल 1992 को कौन-सा दिन था ?
(*a*) वृहस्पतिवार (*b*) बुधवार (*c*) रविवार (*d*) सोमवार

8. 21 जनवरी 2005 को कौन-सा दिन था ?
(*a*) शुक्रवार (*b*) शनिवार (*c*) सोमवार (*d*) मंगलवार

9. 25 मार्च 2016 को कौन-सा दिन होगा ?
(*a*) रविवार (*b*) शनिवार (*c*) शुक्रवार (*d*) बुधवार

उत्तरमाला (प्रश्नमाला 26B)

1. (*a*) **2.** (*d*) **3.** (*a*) **4.** (*b*) **5.** (*b*) **6.** (*c*) **7.** (*b*) **8.** (*a*) **9.** (*c*)

दिये गये प्रश्नों के हल (प्रश्नमाला 26B)

1. 100 वर्ष में अतिरिक्त दिन = 5.
अत: प्रथम शताब्दी का अन्तिम दिन शुक्रवार होगा.
200 वर्ष में अतिरिक्त दिन = 10 दिन = 3 दिन.
अत: दूसरी शताब्दी का अन्तिम दिन बुधवार होगा.
300 वर्ष में अतिरिक्त दिन = 15 दिन = 2 सप्ताह 1 दिन $\equiv$ 1 दिन.
अत: तृतीय शताब्दी का अन्तिम दिन सोमवार होगा.
400 वर्ष में अतिरिक्त दिन = 0.
अत: चौथी शताब्दी का अन्तिम दिन रविवार होगा.
स्पष्ट है कि किसी शताब्दी का अन्तिम दिन मंगलवार, वृहस्पतिवार तथा शनिवार में से कोई नहीं हो सकता.

2. वर्ष 2011 एक साधारण वर्ष है. इसके अतिरिक्त दिन = 1.
अत: 10 फरवरी 2011 का दिन, 10 फरवरी 2012 से 1 दिन पहले होगा.
अत: अभीष्ट दिन = वृहस्पतिवार.

3. वर्ष 2008 एक लीप वर्ष है. इसके अतिरिक्त दिन = 2.
अत: 6 जनवरी 2008 का दिन, 6 जनवरी 2009 से 2 दिन पहले होगा.
अत: 6 जनवरी 2008 को रविवार था.

4. वर्ष 2012 एक लीप वर्ष है. इसके अतिरिक्त दिन = 2.
15 जनवरी 2012 को रविवार था. अत: 15 जनवरी 2013 को मंगलवार होगा.

5. 1600 वर्षों के अति० दिन = 0.
100 वर्षों के अति० दिन = 5.
75 वर्ष = (18 लीप वर्ष + 57 सा० वर्ष)
= $(18 \times 2 + 57)$ अति० दिन = 93 अति० दिन
= $(7 \times 13 + 2)$ अति० दिन $\equiv$ 2 अति० दिन.

जन०	फर०	मार्च	अप्रैल	मई	जून	जुलाई
(31 +	29 +	31 +	30 +	31 +	30 +	16) = 198

दिन = $(7 \times 28 + 2)$ दिन $\equiv$ 2 अति० दिन.
कुल अतिरिक्त दिनों की संख्या = $(0 + 5 + 2 + 2) = 9$
= $(7 \times 1 + 2) \equiv 2$ अति० दिन.
$\therefore$ अभीष्ट दिन = मंगलवार.

6. 1600 वर्षों के अतिरिक्त दिन = 0.
300 वर्षों के अतिरिक्त दिन = 1.
52 वर्ष = (13 लीप वर्ष + 39 सा० वर्ष)
= $[(13 \times 2) + 39]$ अति० दिन = 65 दिन
= $(7 \times 9 + 2)$ अति० दिन $\equiv$ 2 अति० दिन.

जन०	फर०	मार्च	अप्रैल	मई	जून	जुलाई	अगस्त
(31 +	28 +	31 +	30 +	31 +	30 +	31 +	23)

= 235 दिन = $(33 \times 7 + 4)$ दिन $\equiv$ 4 अति० दिन.
कुल अतिरिक्त दिनों की संख्या = $(0 + 1 + 2 + 4) = 7 \equiv 0$ अति० दिन.
$\therefore$ अभीष्ट दिन = रविवार.

7. 1600 वर्षों के अतिरिक्त दिन = 0.
300 वर्षों के अतिरिक्त दिन = 1.
91 वर्ष = (22 लीप वर्ष + 69 सा० वर्ष)
= $[(22 \times 2) + 69]$ अति० दिन = 113 अति० दिन
= $(7 \times 16 + 1)$ अति० दिन $\equiv$ 1 अति० दिन.

जन०	फर०	मार्च	अप्रैल
(31 +	29 +	31 +	8) = 99 दिन = $(14 \times 7 + 1)$ दिन

$\equiv$ 1 अति० दिन.
कुल अतिरिक्त दिनों की संख्या = $(0 + 1 + 1 + 1) = 3$.
$\therefore$ अभीष्ट दिन = बुधवार.

8. 1600 वर्षों के अतिरिक्त दिन = 0.
400 वर्षों के अतिरिक्त दिन = 0.
4 वर्ष = (1 लीप वर्ष + 3 सा० वर्ष) = $(2 + 3)$ अति० दिन = 5 अति० दिन.
जनवरी $\rightarrow$ 21 दिन = (3 सप्ताह + 0 दिन) = 0 अति० दिन.
कुल अतिरिक्त दिनों की संख्या = $(0 + 0 + 5 + 0) = 5$.
$\therefore$ अभीष्ट दिन = शुक्रवार.

9. 1600 वर्षों के अतिरिक्त दिन = 0.
400 वर्षों के अतिरिक्त दिन = 0.
15 वर्ष = (3 लीप वर्ष + 12 सा० वर्ष)
= $(3 \times 2 + 12 \times 1)$ अति० दिन
= 18 अति० दिन = $(7 \times 2 + 4) \equiv 4$ अति० दिन.

जन०	फरवरी	मार्च
(31 +	29 +	25) = 85 दिन = $(7 \times 12 + 1)$ दिन $\equiv$ 1

अति० दिन.
कुल अतिरिक्त दिनों की संख्या = $(0 + 0 + 4 + 1) = 5$.
$\therefore$ अभीष्ट दिन = शुक्रवार.

❑❑❑

27

Scan QR Code for Watching Video

घड़ी (CLOCKS)

सामान्य नियम

घड़ी का डायल प्राय: वृत्ताकार होता है जिसकी परिधि को 60 बराबर भागों में बाँटा जाता है. प्रत्येक भाग को मिनट-दूरी कहा जाता है. घड़ी में दो सुइयाँ होती हैं. छोटी सुई घण्टे की सुई तथा बड़ी सुई मिनट की सुई कहलाती है.

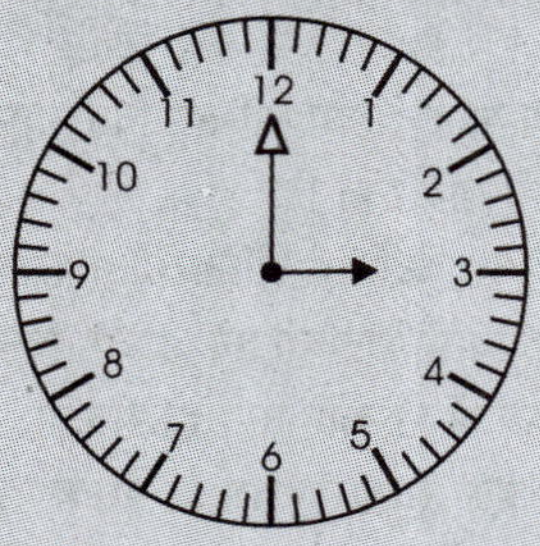

कुछ विशेष तथ्य

1. घण्टे की सुई 1 घण्टे में कोण बनाती है = 30°.
2. मिनट की सुई 5 मिनट में कोण बनाती है = 30°.
3. घण्टे की सुई 1 घण्टे में तय करती है = 5 मिनट की दूरी.
4. मिनट की सुई 1 मिनट में तय करती है = 1 मिनट की दूरी.
5. प्रत्येक घण्टे में मिनट की सुई, घण्टे की सुई से 55 मिनट की अधिक दूरी तय करती है.
6. प्रत्येक घण्टे में दोनों सुई परस्पर सम्पाती होती हैं.
7. जब दोनों सुई 90° पर होती हैं, वे 15 मिनट के फासले पर होती हैं. यह प्रति घण्टा दो बार होता है.
8. यदि ठीक समय 9 बजे है तथा घड़ी में उस समय 9·15 बजे हैं, तो हम कहते हैं कि घड़ी 15 मिनट तेज है.
9. यदि ठीक समय 8 बजे है तथा घड़ी में उस समय 7·45 बजे हैं, तो हम कहते हैं कि घड़ी 15 मिनट सुस्त है.

साधित उदाहरण

प्रश्न 1. 7 बजकर 20 मिनट पर घड़ी में घण्टे की सुई तथा मिनट की सुई के बीच का कोण ज्ञात कीजिए.

हल: घण्टे की सुई द्वारा 1 घण्टे में बना कोण = 30°.

घण्टे की सुई द्वारा $7\frac{20}{60}$ घण्टे में बना कोण

$= \left(30 \times \frac{22}{3}\right)^\circ = 220^\circ.$

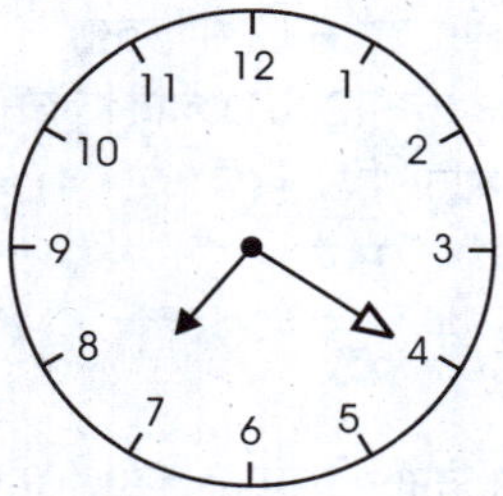

मिनट की सुई द्वारा 1 मिनट में बना कोण = 6°.

मिनट की सुई द्वारा 20 मिनट में बना कोण

$= (6 \times 20)^\circ = 120^\circ.$

अभीष्ट कोण = (220° − 120°) = 100°.

प्रश्न 2. 2 बजकर 40 मिनट पर घड़ी में घण्टे की सुई तथा मिनट की सुई के बीच का कोण ज्ञात कीजिए.

हल: घण्टे की सुई द्वारा 1 घण्टे में बना कोण = 30°.

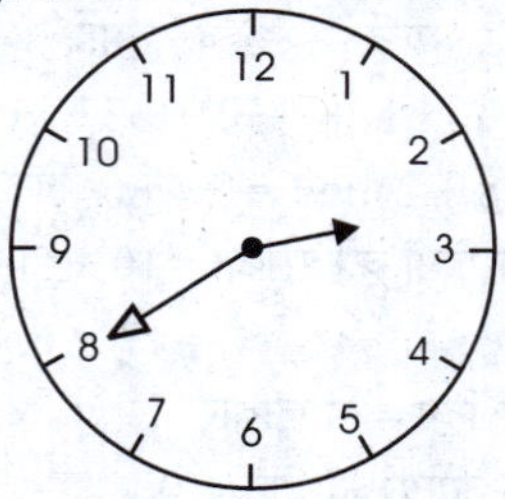

घण्टे की सुई द्वारा $2\frac{2}{3}$ घण्टे में बना कोण $= \left(30 \times \frac{8}{3}\right)^\circ = 80^\circ.$

मिनट की सुई द्वारा 1 मिनट में बना कोण = 6°.

मिनट की सुई द्वारा 40 मिनट में बना कोण

$= (6 \times 40)^\circ = 240^\circ$.

अभीष्ट कोण $= (240^\circ - 80^\circ) = 160^\circ$.

प्रश्न 3. एक दीवार घड़ी को एक दिन प्रात: 5 बजे ठीक कर दिया गया. यह घड़ी 24 घण्टे में 16 मिनट सुस्त पड़ जाती है. जब इस घड़ी में चौथे दिन रात के 10 बजे हों, तो इसका ठीक समय क्या होगा?

हल: किसी दिन प्रात: 5 बजे से चौथे दिन रात के 10 बजे तक का समय = 89 घण्टे.

इस घड़ी के 23 घण्टे 44 मिनट अर्थात् $\frac{356}{15}$ घण्टे = ठीक घड़ी के 24 घण्टे

$\Rightarrow$ इस घड़ी के 89 घण्टे = ठीक घड़ी के $\left(24 \times \frac{15}{356} \times 89\right)$ घण्टे = 90 घण्टे.

अत: ठीक समय है इस घड़ी से (90 – 89) अर्थात 1 घण्टा आगे अर्थात 11 बजे.

प्रश्न 4. एक दीवार घड़ी में एक दिन प्रात: 8 बजे ठीक समय कर दिया गया. यह घड़ी 24 घण्टे में 10 मिनट आगे चलती है. अगले दिन जब इस घड़ी में दोपहर के 1 बजे हों, तो इसका ठीक समय क्या होगा?

हल: किसी दिन प्रात: 8 बजे से अगले दिन दोपहर 1 बजे तक का समय = 29 घण्टे.

इस घड़ी के 24 घण्टे 10 मिनट = ठीक घड़ी के 24 घण्टे.

$\Rightarrow$ इस घड़ी के $\frac{145}{6}$ घण्टे = ठीक घड़ी के 24 घण्टे

$\Rightarrow$ इस घड़ी के 29 घण्टे = ठीक घड़ी के $\left(24 \times \frac{6}{145} \times 29\right)$

घण्टे = ठीक घड़ी के 28 घण्टे 48 मिनट.

$\Rightarrow$ दोनों समयों में अन्तर = 29 घण्टे – (28 घण्टे 48 मिनट)

= 12 मिनट

$\Rightarrow$ ठीक समय = दोपहर 1 बजे से 12 मिनट पहले

= दिन में 12 बजकर 48 मिनट.

प्रश्न 5. किसी घड़ी में 8 बजे तथा 9 बजे के बीच में किस समय मिनट तथा घण्टे की सुई परस्पर सम्पाती होंगी?

हल: 8 बजे, घण्टे की सुई 8 पर तथा मिनट की सुई 12 पर होंगी.

अत: ये सुइयाँ 40 मिनट के अन्तराल पर हैं.

इन दोनों को परस्पर सम्पात्ती होने के लिए मिनट की सुई को घण्टे की सुई से 40 मिनट अधिक चलना होगा.

मिनट की सुई द्वारा 55 मिनट का अन्तराल पूरा होता है = 60 मिनट में

मिनट की सुई द्वारा 40 मिनट का अन्तराल पूरा होता है

$= \left(\frac{60}{55} \times 40\right)$ मिनट में $= \frac{480}{11}$ मिनट में $= 43\frac{7}{11}$ मिनट में.

अत: घड़ी की दोनों सुईयाँ 8 बजकर $43\frac{7}{11}$ मिनट पर परस्पर सम्पाती होंगी.

प्रश्न 6. ज्ञात कीजिए कि 8 बजे तथा 9 बजे के बीच किस समय घड़ी की दोनों सुइयाँ परस्पर सम्पाती नहीं होंगी परन्तु एक सरल रेखा में होंगी?

हल : 8 बजे घड़ी की छोटी सुई 8 पर तथा बड़ी सुई 12 पर होगी.

इन सुइयों के बीच में 20 मिनट का फासला है.

यदि सुइयाँ सम्पाती न हों परन्तु सरल रेखा में हों, तो इनके बीच में 30 मिनट का फासला होगा.

अत: मिनट वाली सुई को अभी घण्टे वाली सुई से (30 – 20) मिनट = 10 मिनट का और फासला तय करना होगा.

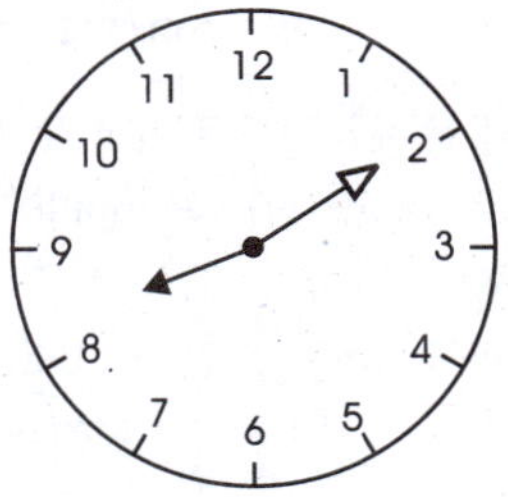

अब मिनट की सुई द्वारा 55 मिनट का अन्तराल पूरा होगा

= 60 मिनट में.

$\therefore$ मिनट की सुई द्वारा 10 मिनट का अन्तराल पूरा होगा

$= \left(\frac{60}{55} \times 10\right)$ मिनट में $= 10\frac{10}{11}$ मिनट में.

अत: घड़ी की सुइयाँ सम्पाती नहीं परन्तु सरल रेखा में होंगी

= 8 बजकर $10\frac{10}{11}$ मिनट पर.

प्रश्न 7. 4 बजे तथा 4·30 बजे के बीच में कितने बजे घड़ी की सुईयाँ परस्पर लम्बवत होंगी?

हल: 4 बजे, घण्टे की सुई 4 पर तथा मिनट की सुई 12 पर होगी.

इनका अन्तराल 20 मिनट का है.

दोनों सुइयों के लम्बवत होने की स्थिति में उनके बीच का अन्तराल 15 मिनट का होना चाहिए.

4 बजे तथा 4·30 बजे के बीच दोनों सुइयों को लम्बवत् होने के लिए मिनट की सुई को (20 – 15) = 5 मिनट का और फासला तय करना होगा.

मिनट की सुई द्वारा 55 मिनट का अन्तराल पूरा होगा = 60 मिनट में.

मिनट की सुई द्वारा 5 मिनट का अन्तराल पूरा होगा

$= \left(\frac{60}{55} \times 5\right)$ मिनट में $= 5\frac{5}{11}$ मिनट में.

अत: 4 बजकर $5\frac{5}{11}$ मिनट पर घड़ी की दोनों सुईयाँ परस्पर लम्बवत् होंगी.

प्रश्नमाला 27A

निम्नलिखित प्रश्नों में से प्रत्येक में ठीक उत्तर को चिन्हांकित (✓) कीजिए:

1. एक दिन में कितनी बार घड़ी की दोनों सूईयां एक दूसरे के ऊपर या एक सीधी रेखा में होती हैं ?

(*a*) 22 (*b*) 24 (*c*) 44 (*d*) 48

(डी.एस.एस.बी. स्टेनोग्राफर ग्रेड-III परीक्षा, 2017)

2. 45 मिनट 1 दिन का कौन-सा भाग है:

(*a*) $\frac{1}{42}$ (*b*) $\frac{1}{24}$ (*c*) $\frac{1}{32}$ (*d*) $\frac{1}{48}$

(पटना हाईकोर्ट असिस्टेंट परीक्षा, 2016)

3. एक दीवार घड़ी 9 बजे टन-टन करने में 9 सेकण्ड लेती है. इस घड़ी को 11 बजे टन-टन करने में कितना समय लगेगा ?

(*a*) 10 सेकण्ड (*b*) 11 सेकण्ड

(*c*) 11·25 सेकण्ड (*d*) 10·80 सेकण्ड

(एस०एस०सी० परीक्षा, 2004)

4. किसी घड़ी की मिनट वाली सुई को $\frac{3\pi}{2}$ रेडियन के कोण की रचना करने में कितना समय लगेगा ?

(*a*) 60 मिनट (*b*) 45 मिनट (*c*) 30 मिनट (*d*) 15 मिनट

(अध्यापक पात्रता परीक्षा, 2009)

5. 2 घण्टे 25 मिनट में छोटी सुई कितने कोण पर घूम जायेगी ?

(*a*) 67·5° (*b*) 72·5°

(*c*) 82·5° (*d*) इनमें से कोई नहीं

6. 4·56 बजे अपराह्न से 5·32 बजे अपराह्न के बीच का समय 1 घण्टे का कौन-सा भाग है ? **(रेलवे परीक्षा, 2010)**

(*a*) $\frac{1}{4}$ (*b*) $\frac{3}{4}$ (*c*) $\frac{3}{5}$ (*d*) $\frac{1}{2}$

7. सायं 6·50 बजे से सायं 7·38 बजे के बीच का समय 1 घण्टे का कौन-सा भाग है ?

(*a*) $\frac{3}{4}$ (*b*) $\frac{4}{5}$ (*c*) $\frac{5}{6}$ (*d*) $\frac{1}{2}$

8. घड़ी की दोनों सुइयों के बीच का कोण कितने बजे सर्वाधिक होता है ? **(दिल्ली पुलिस परीक्षा, 2010)**

(*a*) 4 बजे (*b*) 5 बजे (*c*) 9 बजे (*d*) 6 बजे

9. किसी घड़ी में 5 बजे से 6 बजे के बीच कितने बजे घण्टे तथा मिनट की सुई एक-दूसरे के सम्पाती होंगी ?

(*a*) 5 बजकर 25 मिनट पर (*b*) 5 बजकर $27\frac{3}{11}$ मिनट पर

(*c*) 5 बजकर $26\frac{3}{11}$ मिनट पर (*d*) इनमें से कोई नहीं

10. किसी घड़ी में 2 बजे से 3 बजे के बीच कितने बजे घण्टे तथा मिनट की सुई एक दूसरे के सम्पाती होंगी ?

(*a*) 2 बजकर $10\frac{10}{11}$ मिनट (*b*) 2 बजकर $10\frac{5}{11}$ मिनट

(*c*) 2 बजकर 10 मिनट (*d*) इनमें से कोई नहीं

11. किसी घड़ी में 10 बजे तथा 11 बजे के बीच कितने बजे घण्टे तथा मिनट की सुई एक दूसरे के सम्पाती होंगी ?

(*a*) 10 बजकर 50 मिनट (*b*) 10 बजकर 54 मिनट पर

(*c*) 10 बजकर $54\frac{6}{11}$ मिनट (*d*) इनमें से कोई नहीं

12. 5·30 बजे तथा 6 बजे के बीच में कितने बजे घड़ी की सुइयाँ परस्पर लम्बवत् होंगी ?

(*a*) 5 बजकर 43 मिनट (*b*) 5 बजकर $43\frac{7}{11}$ मिनट

(*c*) 5 बजकर $36\frac{7}{11}$ मिनट (*d*) इनमें से कोई नहीं

13. दिल्ली समय से लन्दन समय साढ़े पाँच घण्टे पीछे है. दिल्ली में यदि प्रात: के 02:35 बजे हैं, तो लन्दन में क्या समय होगा ?

(*a*) 21 : 05 बजे (*b*) 21 : 35 बजे

(*c*) 07 : 05 बजे (*d*) 08 : 05 बजे

14. 255 मिनट में घड़ी की मिनट वाली सुई कितने डिग्री घूमती है ?

(*a*) 90° (*b*) 450° (*c*) 1530° (*d*) 810°

(बी०एड० प्रवेश परीक्षा, 2009)

15. एक घड़ी हर 30 मिनट में 3 मिनट आगे हो जाती है. यदि प्रात: 5 बजे ठीक समय मिलाया जाये तो 6 घण्टे बाद यह घड़ी क्या समय दिखायेगी ? **(बैंक पी०ओ० परीक्षा, 2009)**

(*a*) 10 : 54 प्रात: (*b*) 11:30 प्रात:

(*c*) 11 : 36 प्रात: (*d*) 11 : 42 प्रात:

(*e*) 11 : 38 सायं

16. 24 मिनट में घण्टे की सुई कितने अंश घूम जायेगी ?

(*a*) 60° (*b*) 24° (*c*) 12° (*d*) 18°

17. 5 बजकर 15 मिनट पर घड़ी की दो सुइयों के बीच कितने अंश का कोण होता है ? **(जीवन बीमा निगम परीक्षा, 2006)**

(*a*) 72·5° (*b*) 64° (*c*) 67·5° (*d*) 58·5°

18. एक घड़ी प्रतिदिन 15 मिनट आगे हो जाती है. इसे दोपहर 12 बजे मिलाया गया. यह घड़ी अगले दिन प्रात: 4 बजे क्या समय दिखायेगी ? **(रेलवे परीक्षा, 2006)**

(*a*) 4 : 10 पूर्वाह्न (*b*) 4 : 15 पूर्वाह्न

(*c*) 4 : 30 पूर्वाह्न (*d*) 3 : 45 पूर्वाह्न

19. एक घड़ी प्रत्येक घण्टे में 10 सैकण्ड आगे हो जाती है. इसे प्रात: 10 बजे ठीक घड़ी से मिलाया गया. अगले दिन सही समय क्या था जबकि यह सायं 4 बजकर 5 मिनट दर्शाती है ?

(*a*) 4 बजकर 10 मिनट (*b*) 4 बजकर 5 मिनट

(*c*) सायं 4 बजे (*d*) सायं 4 बजने में 5 मिनट कम

(रेलवे परीक्षा, 2005)

20. 3 बजकर 40 मिनट पर घड़ी की दो सुइयों के बीच कितने अंश का कोण होता है ? **(पुलिस परीक्षा, 2008)**

(*a*) 120° (*b*) 130°

(*c*) 150° (*d*) इनमें से कोई नहीं

21. दीवार घड़ी में 3:25 अपराह्न का समय होने पर घण्टे की सुई तथा मिनट की सुई के बीच का न्यूनकोण कितना है?

(a) 60° (b) $52\frac{1}{2}°$ (c) $47\frac{1}{2}°$ (d) 42°

(पी०सी०एस० परीक्षा, 2005)

22. 11 बजे, घण्टे तथा मिनट की सुइयों के बीच का कोण कितना होगा?

(a) 15° (b) $22\frac{1}{2}°$ (c) 30° (d) 36°

23. दो घड़ियाँ 21 जनवरी, 2010 को 10 p.m. दर्शाने कि लिये सेट की जाती है। एक घड़ी एक घंटे में दो मिनट तेज चलती है एवं दूसरी घड़ी एक घंटे में पाँच मिनट धीमे चलती है, तो 22 जनवरी, 2010 को 4 p.m. पर दोनों घड़ियों में कितना अन्तर होगा?

(a) 126 मिनट (b) 136 मिनट (c) 96 मिनट (d) 106 मिनट

(ड़ी.एम.आर.सी. जूनियर इंजीनियर (इंलोक्ट्रिकल) परीक्षा, 2016)

24. एक सटीक घड़ी पर सुबह 8 बजे का समय नजर आता है, दोपहर को जब 2 बजे का समय नजर आएगा, तो घंटे को सुई कितनी डिग्री घूम चुकी होगी?

(a) 144° (b) 150° (c) 168° (d) 180°

(रेलवे (दिल्ली) ग्रुप 'डी' परीक्षा, 2014)

25. एक गोलाकार घड़ी में घंटे और मिनट के काँटे चौबीस घंटो में कितनी बार एक दूसरे से लम्बवत् स्थिति में होते है?

(a) 22 (b) 48 (c) 44 (d) 24

(मध्य प्रदेश लोक सेवा आयोग राज्य सेवा (प्रा.) परीक्षा, 2013)

उत्तरमाला (प्रश्नमाला 27A)

1. (c) **2.** (c) **3.** (b) **4.** (b) **5.** (b) **6.** (c) **7.** (b) **8.** (d) **9.** (b) **10.** (a) **11.** (c) **12.** (b) **13.** (a) **14.** (c) **15.** (c) **16.** (c) **17.** (c) **18.** (a) **19.** (c) **20.** (b) **21.** (c) **22.** (c) **22.** (a) **24.** (d) **25.** (c)

दिये गये प्रश्नों के हल (प्रश्नमाला 27A)

1. एक दिन यानी 24 घंटे में घड़ी की दोनों सूइयां 44 बार एक सरल रेखा में होती हैं।

2. 1 दिन = 24 घंटे; 1 घंटा = 60 मिनट (24×60) मिनट

अभीष्ट उत्तर $=\frac{45}{24\times60}=\frac{1}{32}$

3. स्पष्ट है कि यह दीवार घड़ी 11 बजे टन-टन 11 बार करेगी. अतः इसे 11 बजे टन-टन करने में 11 सेकण्ड लगेंगी.

4. मिनट की सुई द्वारा 2π रेडियन कोण बनाने में लगा समय

= 60 मिनट

मिनट की सुई द्वारा $\frac{3\pi}{2}$ रेडियन कोण बनाने में लगा समय

$=\left(\frac{60}{2\pi}\times\frac{3\pi}{2}\right)$ मिनट = 45 मिनट.

5. छोटी सुई द्वारा 12 घण्टे में बना कोण = 360°.

छोटी सुई द्वारा $2\frac{25}{60}$ घण्टे अर्थात् $\frac{29}{12}$ घण्टे में बना कोण

$=\left(\frac{360}{12}\times\frac{29}{12}\right)^{\circ}=\left(\frac{145}{2}\right)^{\circ}=72\cdot5°.$

6. अभीष्ट समय = (5·32 घण्टे – 4·56 घण्टे) = 36 मिनट

अभीष्ट भाग $=\frac{36}{60}=\frac{3}{5}.$

घण्टे	मिनट
~~5~~ 4	~~32~~ 92
– 4	56
0	36

7. अभीष्ट समय

= (19.38 घण्टे) – (18.50 घण्टे)

= 48 मिनट

अभीष्ट भाग $=\frac{48}{60}=\frac{4}{5}.$

घण्टे	मिनट
~~19~~ 18	~~38~~ 98
– 18	50
0	48

8. स्पष्ट है कि 6 बजे दोनों सुइयों के बीच 180° का कोण होता है, जो सर्वाधिक है.

9. 5 बजे घण्टे की सुई 5 पर तथा मिनट की सुई 12 पर होगी.

ये सुइयाँ 25 मिनट के अन्तराल पर हैं.

इन दोनों को सम्पाती होने के लिए मिनट की सुई को घण्टे की सुई से 25 मिनट अधिक चलना होगा.

मिनट की सुई द्वारा 55 मिनट का अन्तराल पूरा होता है

= 60 मिनट में.

मिनट की सुई द्वारा 25 मिनट का अन्तराल पूरा होता है

$=\left(\frac{60}{55}\times25\right)$ मिनट में $=27\frac{3}{11}$ मिनट में.

$\therefore$ दोनों सुईयों के मिलने का समय = 5 बजकर $27\frac{3}{11}$ मिनट.

10. 2 बजे घण्टे की सुई 2 पर तथा मिनट की सुई 12 पर होगी.

ये सुइयाँ 10 मिनट के अन्तराल पर हैं.

इन दोनों को सम्पाती होने के लिए मिनट की सुई को घण्टे की सुई से दस मिनट अधिक चलना होगा.

मिनट की सुई द्वारा 55 मिनट का अन्तराल पूरा होता है

= 60 मिनट में.

मिनट की सुई द्वारा 10 मिनट का अन्तराल पूरा होता है

$=\left(\frac{60}{55}\times10\right)$ मिनट में $=10\frac{10}{11}$ मिनट में.

अतः दोनों सुइयों का सम्पाती होने का समय

= 2 बजकर $10\frac{10}{11}$ मिनट.

11. 10 बजे घण्टे की सुई 10 पर तथा मिनट की सुई 12 पर होगी. इन्हें सम्पाती होने के लिए मिनट की सुई को घण्टे की सुई से 50

मिनट अधिक चलना होगा.

मिनट की सुई द्वारा 55 मिनट का अन्तराल पूरा होता है = 60 मिनट में.

मिनट की सुई द्वारा 50 मिनट का अन्तराल पूरा होता है

$= \left(\frac{60}{55} \times 50\right)$ मिनट में $= 54\frac{6}{11}$ मिनट में.

∴ अभीष्ट समय = 10 बजकर $54\frac{6}{11}$ मिनट.

12. 5 बजे, घण्टे की सुई 5 पर तथा मिनट की सुई 12 पर होगी. इनका अन्तराल 25 मिनट का है.

5·30 बजे तथा 6 बजे के बीच दोनों सुइयों के लम्बवत् होने की स्थिति में मिनट की सुई घण्टे की सूई से 15 मिनट के अन्तराल से आगे होगी.

अतः मिनट की सुई को (25 + 15) = 40 मिनट का और फासला तय करना होगा.

अब मिनट की सुई द्वारा 55 मिनट का अन्तराल पूरा होगा = 60 मिनट में.

मिनट की सुई द्वारा 40 मिनट का अन्तराल पूरा होगा

$= \left(\frac{60}{55} \times 40\right)$ मिनट में $= 43\frac{7}{11}$ मिनट में.

अतः घड़ी की दोनों सुइयाँ 5 बजकर $43\frac{7}{11}$ मिनट पर लम्बवत् होंगी.

13. (5 घण्टे 30 मिनट) – (2 घण्टे 35 मिनट) = 2 घण्टे 55 मिनट

(24 : 00) – (2 : 55) = 21 : 05

अतः लन्दन में उस समय 21 : 05 बजे हैं.

घण्टे	मिनट	घण्टे	मिनट
~~24~~ 23	~~00~~ 60	~~5~~ 4	~~30~~ 90
– 2	55	– 2	35
21	05	2	55

14. मिनट की सुई द्वारा 1 मिनट में बना कोण = 6°.

मिनट की सुई द्वारा 255 मिनट में बना कोण $= (6 \times 255)° = 1530°$.

15. 1 घण्टे में घड़ी में बढ़ा समय = 6 मिनट.

6 घण्टे में घड़ी में बढ़ा समय = (6 × 6) मिनट = 36 मिनट.

अभीष्ट समय = 11 : 36 प्रात:

16. (12 × 60) मिनट में घण्टे की सुई घूमती है = 360°

24 मिनट में घण्टे की सुई घूमती है $= \left(\frac{360}{12 \times 60} \times 24\right)^{\circ} = 12°$.

17. घण्टे की सुई द्वारा 1 घण्टे में बना कोण = 30°

घण्टे की सुई द्वारा $5\frac{15}{60}$ घण्टे में बना कोण

$= \left(30 \times \frac{21}{4}\right)^{\circ} = \left(\frac{315}{2}\right)^{\circ} = (157 \cdot 5)°$.

मिनट की सुई द्वारा 1 मिनट में बना कोण = 6°.

मिनट की सुई द्वारा 15 मिनट में बना कोण $= (6 \times 15) = 90°$.

अभीष्ट कोण = (157·5 – 90)° = 67·5°.

18. 24 घण्टे में बढ़त = 15 मिनट.

16 घण्टे में बढ़त $= \left(\frac{15}{24} \times 16\right)$ मिनट = 10 मिनट.

अतः घड़ी द्वारा दिखाया गया समय = 4 : 10 पूर्वाह्न.

19. पहले दिन प्रातः 10 बजे से अगले दिन सायं 4 बजे तक का समय = (24 + 6) घण्टे = 30 घण्टे.

1 घण्टे में आगे बढ़ती है = 10 सेकण्ड.

30 घण्टे में आगे बढ़ती है = (10 × 30) सेकण्ड

$= \frac{300}{60}$ मिनट = 5 मिनट.

अतः जब घड़ी 4 बजकर 5 मिनट दर्शाती है तब सही समय 4 बजे सायं था.

20. घण्टे की सुई द्वारा 1 घण्टे में बना कोण = 30°

घण्टे की सुई द्वारा $3\frac{40}{60}$ घण्टे में बना कोण $= \left(30 \times \frac{11}{3}\right)^{\circ} = 110°$.

मिनट की सुई द्वारा 1 मिनट में बना कोण = 6°.

मिनट की सुई द्वारा 40 मिनट में बना कोण = (6 × 40)° = 240°.

अभीष्ट कोण = (240° – 110°) = 130°.

21. घण्टे की सुई द्वारा 1 घण्टे में बना कोण = 30°.

घण्टे की सुई द्वारा $3\frac{25}{60}$ घण्टे में बना कोण

$= \left(30 \times \frac{41}{12}\right)^{\circ} = \left(\frac{205}{2}\right)^{\circ} = (102 \cdot 5)°$.

मिनट की सुई द्वारा 1 मिनट में बना कोण = 6°.

मिनट की सुई द्वारा 25 मिनट में बना कोण = (6 × 25)° = 150°.

अभीष्ट कोण $= (150° - 102 \cdot 5°) = 47 \cdot 5° = 47\frac{1}{2}^{\circ}$.

22. 11 बजे, घण्टे की सुई 11 पर तथा मिनट की सुई 12 पर होगी. स्पष्ट है कि इनके बीच का कोण = 30°.

23. 10 p.m. से 4 p.m. तक समय अंतराल = 18 घंटे

∴ अभीष्ट अंतर $= (2 \times 18 + 5 \times 18)$

$= 36 + 90 = 126$ मिनट

24. अभीष्ट कोण $= \frac{6}{12} \times 360° = 180°$

25. एक गोलाकार घड़ी में घंटे और मिनट के काँटे चौबीस घंटों में 44 बार दूसरे से लम्बवत् स्थिति में होते है।

प्रश्नमाला 27B

1. 3 बजकर 35 मिनट पर घण्टे तथा मिनट की सुइयों के बीच कोण ज्ञात करें.

(*a*) $\left(100\frac{1}{2}\right)^\circ$ (*b*) $\left(101\frac{1}{2}\right)^\circ$

(*c*) $\left(102\frac{1}{2}\right)^\circ$ (*d*) $\left(103\frac{1}{2}\right)^\circ$

2. 8 बजकर 15 मिनट पर घण्टे तथा मिनट की सुइयों के बीच कोण ज्ञात करें.

(*a*) $\left(157\frac{1}{2}\right)^\circ$ (*b*) $\left(155\frac{1}{2}\right)^\circ$

(*c*) $\left(158\frac{1}{2}\right)^\circ$ (*d*) $\left(156\frac{1}{2}\right)^\circ$

3. 5 बजकर 12 मिनट पर घण्टे तथा मिनट की सुइयों के बीच कोण ज्ञात करें.

(*a*) 83° (*b*) 84° (*c*) 88° (*d*) 89°

4. 10 बजे घण्टे तथा मिनट की सुइयों के बीच कोण ज्ञात करें.

(*a*) 65° (*b*) 70° (*c*) 63° (*d*) 60°

5. घड़ी में 5 बजे से 6 बजे के बीच कितने बजे घण्टे तथा मिनट की सुइयाँ परस्पर सम्पाती होंगी.

(*a*) 5 बजकर $27\frac{3}{11}$ (*b*) 5 बजकर $28\frac{1}{2}$

(*c*) 5 बजकर $25\frac{2}{11}$ (*d*) 5 बजकर $26\frac{1}{7}$

6. घड़ी में 10 बजे से 11 बजे के बीच कितने बजे घण्टे तथा मिनट की सुइयाँ परस्पर सम्पाती होंगी.

(*a*) 10 बजकर $54\frac{6}{11}$ मिनट (*b*) 10 बजकर $52\frac{2}{7}$ मिनट

(*c*) 10 बजकर $53\frac{1}{3}$ मिनट (*d*) 10 बजकर $54\frac{8}{15}$ मिनट

7. 9 बजे से 10 बजे के बीच किस समय घड़ी की दोनों सुइयाँ एक सीधी रेखा में होंगी परन्तु सम्पाती नहीं.

(*a*) 9 बजकर $17\frac{3}{13}$ मिनट (*b*) 9 बजकर $16\frac{4}{11}$ मिनट

(*c*) 9 बजकर $16\frac{2}{11}$ मिनट (*d*) 9 बजकर $16\frac{3}{11}$ मिनट

8. एक दीवार घड़ी जो समान गति से तेज होती जा रही है एक रविवार को प्रातः 8 बजे 5 मिनट धीरे थी. अगले रविवार को रात 8 बजे यह 5 मिनट 48 सेकेण्ड तेज चलती पाई गई. ज्ञात कीजिये कि घड़ी ने कब ठीक समय दिखाया ?

(*a*) बुधवार, 7 :20 सुबह (*b*) बुधवार, 7 :20 सायं
(*c*) गुरुवार, 7 :20 सुबह (*d*) गुरुवार, 7 :20 सायं

उत्तरमाला (प्रश्नमाला 27B)

1. (*c*) **2.** (*a*) **3.** (*b*) **4.** (*d*) **5.** (*a*) **6.** (*a*) **7.** (*b*) **8.** (*b*)

दिये गये प्रश्नों के हल (प्रश्नमाला 27B)

1. घण्टे की सुई द्वारा 1 घण्टे में बनाया गया कोण = 30°.

घण्टे की सुई द्वारा $\frac{43}{12}$ घण्टे में बनाया गया कोण

$$=\left(30\times\frac{43}{12}\right)^\circ=\left(\frac{215}{2}\right)^\circ=\left(107\frac{1}{2}\right)^\circ.$$

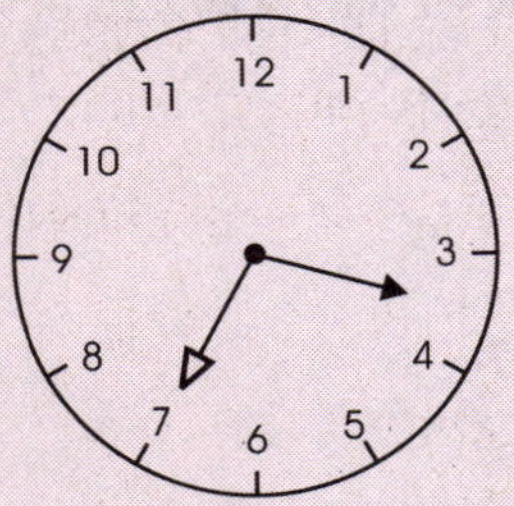

मिनट की सुई द्वारा 1 मिनट में बनाया गया कोण = 6°.

मिनट की सुई द्वारा 35 मिनट में बनाया गया कोण = (6 × 35°) = 210°.

$$\text{अभीष्ट कोण} =\left(210^\circ-107\frac{1}{2}^\circ\right)=102\frac{1}{2}^\circ.$$

2. घण्टे की सुई द्वारा 1 घण्टे में बनाया गया कोण = 30°.

घण्टे की सुई द्वारा $8\frac{1}{4}$ घण्टे में बनाया गया कोण $=\left(30\times\frac{33}{4}\right)^\circ$

$$=\left(\frac{495}{2}\right)^\circ=\left(247\frac{1}{2}\right)^\circ.$$

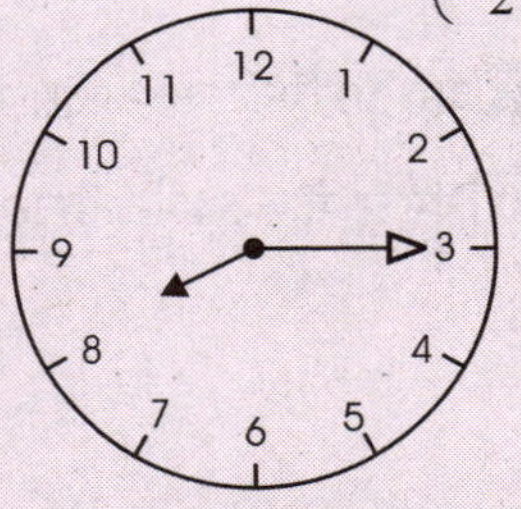

मिनट की सुई द्वारा 1 मिनट में बनाया गया कोण = 6°.

मिनट की सुई द्वारा 15 मिनट में बनाया गया कोण = (6 × 15)° = 90°.

$$\text{अभीष्ट कोण} =\left(247\frac{1}{2}^\circ-90^\circ\right)=\left(157\frac{1}{2}\right)^\circ.$$

3. घण्टे की सुई द्वारा 1 घण्टे में बनाया गया कोण = 30°.

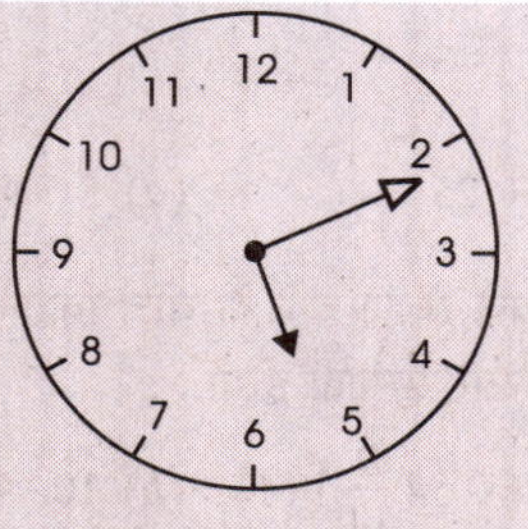

घण्टे की सुई द्वारा $5\frac{1}{5}$ घण्टे में बनाया गया कोण

$= \left(30 \times \frac{26}{5}\right)^\circ = 156^\circ.$

मिनट की सुई द्वारा 1 मिनट में बनाया गया कोण = 6°.

मिनट की सुई द्वारा 12 मिनट में बनाया गया कोण

$= (6 \times 12)^\circ = 72^\circ.$

$\therefore$ अभीष्ट कोण $= (156^\circ - 72^\circ) = 84^\circ.$

4. 10 बजे घण्टे की सुई 10 पर तथा मिनट की सुई 12 पर होगी।
इनके बीच का कोण = 60°.

5. 5 बजे, घण्टे की सुई 5 पर तथा मिनट की सुई 12 पर होगी।
ये सुइयाँ 25 मिनट के अन्तराल पर हैं।
इन दोनों को सम्पाती होने के लिए मिनट की सुई को घण्टे की सुई से 25 मिनट अधिक चलना होगा।
मिनट की सुई द्वारा 55 मिनट का अन्तराल पूरा होता है
= 60 मिनट में।

मिनट की सुई द्वारा 25 मिनट का अन्तराल पूरा होता है

$= \left(\frac{60}{55} \times 25\right)$ मिनट में $= 27\frac{3}{11}$ मिनट में.

$\therefore$ दोनों सुइयों के मिलने का समय = 5 बजकर $27\frac{3}{11}$ मिनट.

6. 10 बजे, घण्टे की सुई 10 पर तथा मिनट की सुई 12 पर होगी।
इन्हें सम्पाती होने के लिए मिनट की सुई को घण्टे की सुई से 50 मिनट अधिक चलना होगा।
मिनट की सुई द्वारा 55 मिनट का अन्तराल पूरा होता है = 60 मिनट में।

मिनट की सुई द्वारा 50 मिनट का अन्तराल पूरा होता है

$= \left(\frac{60}{55} \times 50\right)$ मिनट में $= 54\frac{6}{11}$ मिनट में.

अतः अभीष्ट समय = 10 बजकर $54\frac{6}{11}$ मिनट.

7. 9 बजे, घण्टे की सुई 9 पर तथा मिनट की सुई 12 पर होगी।
इनका अन्तराल 15 मिनट का है।
एक सीधी रेखा में होने के लिए जबकि वे सम्पाती न हों, उनका अन्तराल 30 मिनट का होगा।
अतः मिनट की सुई को (30 – 15) मिनट = 15 मिनट का और फासला तय करना होगा।
अब मिनट की सुई द्वारा 55 मिनट का अन्तराल पूरा होगा
= 60 मिनट में।

मिनट की सुई द्वारा 15 मिनट का अन्तराल पूरा होगा

$= \left(\frac{60}{55} \times 15\right)$ मिनट में $= 16\frac{4}{11}$ मिनट में.

अतः घड़ी की दोनों सुइयाँ एक सरल रेखा में होंगी परन्तु सम्पाती नहीं = 9 बजकर $16\frac{4}{11}$ मिनट पर.

8. रविवार को प्रातः 8 बजे से अगले रविवार के रात 8 बजे तक का समय = 7 दिन 12 घण्टे = 180 घण्टे.

180 घण्टे में घड़ी तेज़ होती है

$= \left(5 + 5\frac{4}{5}\right)$ मिनट $= \frac{54}{5}$ मिनट.

$\frac{54}{5}$ मिनट तेज होने में समय लगेगा = 180 घण्टे.

1 मिनट तेज होने में समय लगेगा $= \left(180 \times \frac{5}{54}\right)$ घण्टे

$= \frac{50}{3}$ घण्टे.

5 मिनट तेज होने में समय लगेगा

$\left(\frac{50}{3} \times 5\right)$ घण्टे $= \frac{250}{3}$ घण्टे

= 83 घण्टे 20 मिनट = 3 दिन 11 घण्टे 20 मिनट

अतः रविवार को प्रातः 8 बजे से 3 दिन 11 घण्टे 20 मिनट बाद अर्थात बुधवार को रात 7 बजकर 20 मिनट पर घड़ी ठीक समय दिखायेगी।

❑❑❑

28

स्टॉक तथा शेयर

(STOCK AND SHARES)

Scan QR Code
for Watching Video

आवश्यक तथ्य एवं सूत्र

किसी कारखाने अथवा कम्पनी को चलाने के लिए अत्यधिक धन की आवश्यकता होती है. कुछ लोग मिलकर भी इसे चलाना चाहें तो इतना धन इकट्ठा करना इनके सामर्थ्य से बाहर होता है. अत: कुछ लोग मिलकर एक कम्पनी बना लेते हैं तथा इस कम्पनी को चलाने हेतु इसके बारे में विस्तार से अपनी योजनाओं को जनता के सामने प्रस्तुत करते हैं तथा पब्लिक को इसमें धन लगाने के लिए आमन्त्रित करते हैं. इसके लिए निम्नलिखित तथ्यों का जानना आवश्यक है.

1. **स्टॉक अथवा पूँजी:** कम्पनी चलाने हेतु जिस कुल धन की आवश्यकता होती है, उसे स्टॉक अथवा पूँजी कहते हैं.
2. **शेयर:** पूरी पूँजी को छोटी-छोटी बराबर मूल्य की इकाइयों में बाँट दिया जाता है. प्रत्येक इकाई को एक शेयर कहते हैं. जिस व्यक्ति के पास ये शेयर होते हैं उसे **शेयर-धारक** कहते हैं.
3. **लाभांश:** कम्पनी द्वारा अर्जित कुल वार्षिक लाभ में से कुछ भाग शेयर धारकों में बाँट दिया जाता है. इसे लाभांश कहते हैं. यह प्राय: प्रतिशेयर अथवा शेयरों के कुल अंकित पूँजी की प्रतिशतता के रूप में दिया जाता है.
4. **प्रत्यक्ष मूल्य अथवा अंकित मूल्य:** शेयर सर्टीफिकेट पर छपे मूल्य को उस शेयर का अंकित मूल्य कहते हैं.
5. **बाजारी मूल्य:** विभिन्न कम्पनियों के शेयर, शेयर बाजार में बेचे अथवा खरीदे जाते हैं. जिस मूल्य पर कोई शेयर खरीदा अथवा बेचा जाता है उसे इस शेयर का बाजारी मूल्य कहते हैं.
6. किसी शेयर के विक्रय मूल्य को कहते हैं:
   (*i*) **समतोल मूल्य, यदि (वि०मू०) = (अंकित मूल्य).**
   (*ii*) **अवमूल्य, यदि (वि०मू०) < (अंकित मूल्य).**
   (*iii*) **अधिमूल्य, यदि (वि०मू०) > (अंकित मूल्य).**

उदाहरण: (*i*) ₹ 8 अधिमूल्य का अर्थ है, अंकित मूल्य से ₹ 8 अधिक.
(*ii*) ₹ 5 अवमूल्य का अर्थ है, अंकित मूल्य से ₹ 5 कम.

7. **दलाली:** प्राय: शेयर खरीदने तथा बेचने की प्रक्रिया किसी दलाल के माध्यम से होती है, जो कुछ धन दलाली के रूप में लेता है.

ध्यान रहे: (*i*) शेयर खरीदने पर वास्तविक क्रय-मूल्य = (क्र० मू० + दलाली).
(*ii*) शेयर बेचने पर प्राप्त धन = (वि०मू० − दलाली).

ध्यान रहे: (*i*) प्रत्येक शेयर का अंकित मूल्य स्थिर होता है.
(*ii*) शेयर का बाजारी मूल्य परिवर्तित होता रहता है.
(*iii*) किसी शेयर पर लाभांश उसके अंकित मूल्य पर मिलता है.

उदाहरण: ₹ 100 के, ₹ 120 पर 9% स्टॉक का अर्थ है :
(*i*) प्रत्येक शेयर का अंकित मूल्य = ₹ 100.
(*ii*) प्रत्येक शेयर का विक्रय मूल्य = ₹ 120.
(*iii*) 1 शेयर पर वार्षिक लाभांश = ₹ 9.
(*iv*) ₹ 120 की लागत पर 1 वर्ष में आय = ₹ 9.

साधित उदाहरण

प्रश्न 1. ₹ 5400 के 9% स्टॉक का ₹ 90 पर मूल्य कितना होगा?

हल: ₹ 100 के स्टॉक का मूल्य = ₹ 90.

₹ 5400 के स्टॉक का मूल्य = ₹ $\left(\frac{90}{100}\times 5400\right)$ = ₹ 4860.

प्रश्न 2. ₹ 7000 के 8% स्टॉक का 3 अधिमूल्य पर मूल्य क्या होगा?

हल: ₹ 100 के स्टॉक का मूल्य = ₹ 103.

₹ 7000 के स्टॉक का मूल्य = ₹ $\left(\frac{103}{100}\times 7000\right)$

= ₹ 7210.

प्रश्न 3. ₹ 4500 के 6% स्टॉक का मूल्य 10 अवमूल्य पर कितना होगा?

हल: ₹ 100 के स्टॉक का मूल्य = ₹ (100 – 10) = ₹ 90.

₹ 4500 के स्टॉक का मूल्य = ₹ $\left(\frac{90}{100}\times 4500\right)$

= ₹ 4050.

प्रश्न 4. ₹ 5000 का 8% स्टॉक 120 पर खरीदने हेतु कितने धन की आवश्यकता होगी, जबकि दलाली 2% हो?

हल: ₹ 100 के स्टॉक का मूल्य = ₹ $\left(120+\frac{2}{100}\times 120\right)$

= ₹ 122.40.

₹ 5000 के स्टॉक का मूल्य = ₹ $\left(\frac{122\cdot 40}{100}\times 5000\right)$

= ₹ 6120.

प्रश्न 5. ₹ 15000 के 9% स्टॉक को 10 अवमूल्य पर बेचने से कितने धन की प्राप्ति होगी जबकि दलाली 2% हो?

हल: ₹ 100 के स्टॉक का विक्रय मूल्य

= ₹ $\left\{(100-10)-\left(\frac{2}{100}\times 90\right)\right\}$ = ₹ (90 – 1·80)

= ₹ 88·20

₹ 15000 के स्टॉक का विक्रय मूल्य = ₹ $\left(\frac{88\cdot 20}{100}\times 15000\right)$

= ₹ 13230.

प्रश्न 6. ₹ 105 पर 8% स्टॉक में ₹ 6300 निवेश करने पर वार्षिक आय कितनी होगी?

हल: ₹ 105 निवेश करने पर आय = ₹ 8.

₹ 6300 निवेश करने पर आय = ₹ $\left(\frac{8}{105}\times 6300\right)$

= ₹ 480.

प्रश्न 7. निम्नलिखित में से किस स्टॉक में धन लगाना अधिक लाभप्रद है : 112 पर 8% स्टॉक में अथवा 120 पर 10% स्टॉक में?

हल: माना प्रत्येक स्टॉक में निवेशित धन = ₹ (112 × 120).

प्रथम स्टॉक से आय:

₹ 112 निवेश करने पर वार्षिक आय = ₹ 8.

₹ (112 × 120) निवेश करने पर वार्षिक आय

= ₹ $\left(\frac{8}{112}\times 112\times 120\right)$ = ₹ 960.

द्वितीय स्टॉक से आय:

₹ 120 निवेश करने पर वार्षिक आय = ₹ 10.

₹ (112 × 120) निवेश करने पर वार्षिक आय

= ₹ $\left(\frac{10}{120}\times 112\times 120\right)$ = ₹ 1120.

स्पष्ट है कि 120 पर 10% स्टॉक में धन लगाना अधिक लाभप्रद है.

प्रश्न 8. ₹ 10 वाले 96 शेयरों का $\frac{3}{4}$ अवमूल्य पर क्रय मूल्य कितना होगा, जबकि दलाली $\frac{1}{4}$ प्रति शेयर हो?

हल: 1 शेयर का क्रय मूल्य = ₹ $\left(10-\frac{3}{4}+\frac{1}{4}\right)$ = ₹ $\frac{19}{2}$.

96 शेयरों का क्रय-मूल्य = ₹ $\left(\frac{19}{2}\times 96\right)$ = ₹ 912.

प्रश्नमाला 28A

निम्नलिखित प्रश्नों में से प्रत्येक में ठीक उत्तर को चिन्हांकित (✓) कीजिए:

1. ₹ 87 की दर वाले $3\frac{1}{4}$% के ₹ 4000 के स्टॉक को ₹ 145 की दर से $6\frac{1}{4}$% के स्टॉक में बदलने पर आय में कितनी वृद्धि होगी?

(*a*) ₹ 20 (*b*) ₹ 58 (*c*) ₹ 36·90 (*d*) ₹ 18

2. एक व्यक्ति 15% के ऋणपत्र (Debentures) पर, जिसका अंकित मूल्य ₹ 100 है तथा बाजार मूल्य ₹ 104 है, ₹ 1500 वार्षिक आय चाहता है. यदि दलाली 1% हो, तो उसको कितना धन लगाना होगा?

(*a*) ₹ 19642 (*b*) ₹ 10784 (*c*) ₹ 10504 (*d*) ₹ 15000

3. ₹ 2800 के 3·5% स्टॉक का ₹ 94 की दर से मूल्य कितना होगा? **(एस०एस०सी० परीक्षा, 2010)**

(*a*) ₹ 2632 (*b*) ₹ 2500 (*c*) ₹ 2362 (*d*) ₹ 2178

4. $4\frac{1}{2}$% स्टॉक में ₹ 9600 निवेश करने पर ₹ 360 वार्षिक आय हो, तो ₹ 100 के स्टॉक का मूल्य कितना होगा?

(*a*) ₹ 115 (*b*) ₹ 120 (*c*) ₹ 100 (*d*) ₹ 125

5. ₹ 16000 के 14% लाभांश वाले शेयर 10% अवमूल्य पर बेचने

से कितना धन मिलेगा, जबकि दलाली 1·5% हो ?

(*a*) ₹ 14300 (*b*) ₹ 14384 (*c*) ₹ 14184 (*d*) ₹ 15184

(*e*) इनमें से कोई नहीं

6. 8% स्टाक में ₹ 1620 लगाने पर सन्दीप को ₹ 135 वार्षिक आय होती है. ₹ 100 के शेयर का मूल्य कितना है ?

(*a*) ₹ 108 (*b*) ₹ 96

(*c*) ₹ 80 (*d*) इनमें से कोई नहीं

7. ₹ 96 के 10% स्टॉक में लगे धन के बराबर, ₹ x के 12% स्टॉक में धन लगाने पर बराबर आय हो, तो x का मान कितना है ?

(*a*) 120 (*b*) 115·20 (*c*) 125·40 (*d*) 80

8. ₹ 84 पर $6\frac{2}{3}\%$ स्टॉक में धन लगाने से एक व्यक्ति की वार्षिक आय ₹ 860 है. उसकी कुल लागत कितनी है ?

(*a*) ₹ 12900 (*b*) ₹ 13460 (*c*) ₹ 10836 (*d*) ₹ 10940

9. ₹ 100 के 12% स्टॉक से लागत पर 10% ब्याज की प्राप्ति होती है. इस स्टॉक का बाजारी मूल्य कितना है ?

(*a*) ₹ 112 (*b*) ₹ 120 (*c*) ₹ 110 (*d*) ₹ 83·33

10. ₹ 96 पर 8% स्टॉक से ₹ 750 वार्षिक आय प्राप्त करने हेतु कितना धन निवेश करना होगा ?

(*a*) ₹ 7200 (*b*) ₹ 9000 (*c*) ₹ 10836 (*d*) ₹ 10940

11. सजल अपने धन का कुछ भाग ₹ 96 के 9% स्टॉक में तथा शेष भाग ₹ 120 के 12% स्टॉक में लगाता है. यदि दोनों स्टॉकों से वार्षिक लाभांश बराबर हो, तो दोनों स्टॉकों में लगे धनों का अनुपात कितना है ?

(*a*) 3 : 4 (*b*) 3 : 5 (*c*) 4 : 5 (*d*) 16 : 15

12. राजन ₹ 12100 का कुछ भाग ₹ 90 के 4% स्टॉक पर तथा शेष भाग ₹ 105 के 6% स्टॉक पर निवेश करता है. यदि कुल स्टॉक से उसे ₹ 600 वार्षिक आय हो, तो उसने पहले स्टॉक में कितने धन का निवेश किया ?

(*a*) ₹ 7200 (*b*) ₹ 4900 (*c*) ₹ 6300 (*d*) ₹ 6750

13. ₹ 120 के 6% स्टॉक से कितने प्रतिशत वार्षिक आय होती है ?

(*a*) $7\frac{1}{5}\%$ (*b*) 6% (*c*) 5% (*d*) 20%

14. ₹ 12750 में ₹ 25 मूल्य वाले कितने शेयर खरीदे जा सकेंगे, जबकि दलाली प्रति शेयर $\frac{1}{2}$ हो ?

(*a*) 450 (*b*) 500 (*c*) 550 (*d*) 600

15. ₹ 10 वाले, $\frac{3}{4}$ अवमूल्य पर 96 शेयरों का मूल्य कितना होगा जबकि दलाली प्रति शेयर $\frac{1}{4}$ हो ?

(*a*) ₹ 910 (*b*) ₹ 912 (*c*) ₹ 915 (*d*) ₹ 920

16. निम्नलिखित में से किस स्टॉक में धन लगाना लाभप्रद है : ₹ 144 के 11% स्टॉक में अथवा ₹ 117 के $9\frac{3}{4}\%$ स्टॉक में ?

(*a*) ₹ 144 के 11% स्टॉक में

(*b*) ₹ 117 के $9\frac{3}{4}\%$ स्टॉक में

(*c*) दोनों बराबर लाभ देने वाले हैं

(*d*) ज्ञात नहीं किया जा सकता

17. 175 शेयरों से वार्षिक आय कितनी होगी, जबकि प्रति शेयर तिमाही लाभांश ₹ 3 हो ?

(*a*) ₹ 525 (*b*) ₹ 1800 (*c*) ₹ 2100 (*d*) ₹ 2400

18. एक व्यक्ति किसी कम्पनी के ₹ 50 वाले तथा 10% लाभांश वाले शेयर खरीदता है. यदि उसे उसकी लागत पर 12·5% वार्षिक आय प्राप्त हो, तो एक शेयर का बाजार भाव कितना है ?

(*a*) ₹ 37·50 (*b*) ₹ 40 (*c*) ₹ 48 (*d*) ₹ 52

19. अजय के पास 560 शेयर है। उसके प्रत्येक शेयर को अंकित मूल्य ₹ 25 है। कंपनी 9 प्रतिशत लाभांश की घोषणा करती है। ऐसे में अजय को जो लांभाश मिलेगा, उसकी गणना कीजिए।

(*a*) ₹ 1200 (*b*) ₹ 1260 (*c*) ₹ 1300 (*d*) ₹ 1360

(दिल्ली अधीनस्थ सेवा चयन बोर्ड निम्न श्रेणी लिपिक परीक्षा, 2014)

20. तिवारी जी ₹ 29040 के 15 प्रतिशत में, ₹ 100 शेयरों को 20 प्रतिशत उद्कृत प्रीमियम में विनिवेश करते है। तिवारी जी से खरीदे गए शेयरों की संख्या की गणना कीजिए।

(*a*) 200 (*b*) 222 (*c*) 250 (*d*) 242

(दिल्ली अधीनस्थ सेवा चयन बोर्ड निम्न श्रेणी लिपिक परीक्षा, 2014)

उत्तरमाला (प्रश्नमाला 28A)

1. (*a*) **2.** (*c*) **3.** (*a*) **4.** (*b*) **5.** (*c*) **6.** (*b*) **7.** (*b*) **8.** (*c*) **9.** (*b*) **10.** (*b*) **11.** (*d*) **12.** (*a*)
13. (*c*) **14.** (*b*) **15.** (*b*) **16.** (*b*) **17.** (*c*) **18.** (*b*) **19.** (*b*) **20.** (*d*)

दिये गये प्रश्नों के हल (प्रश्नमाला 28A)

1. प्रथम स्टॉक से आय:

₹ 100 के स्टॉक से आय = ₹ $\frac{13}{4}$.

₹ 4000 के स्टॉक से आय = ₹ $\left(\frac{13}{4}\times\frac{1}{100}\times4000\right)$ = ₹ 130.

इस स्टॉक को बेचने पर :

₹ 100 के स्टॉक का विक्रय मूल्य = ₹ 87.

₹ 4000 के स्टॉक का विक्रय मूल्य = ₹ $\left(\frac{87}{100}\times4000\right)$ = ₹ 3480.

द्वितीय स्टॉक से आय:

₹ 3480 की लागत पर आय = ₹ $\left(\frac{25}{4}\times\frac{1}{145}\times3480\right)$ = ₹ 150.

आय में वृद्धि = ₹ (150 – 130) = ₹ 20.

2. ₹ 100 के ऋण पत्र का बाजार मूल्य = ₹ $\left(104+\frac{104\times 1}{100}\right)$ = ₹ 105·04

₹ 15 आय हेतु धन लगाना होगा = ₹ 105.04.

₹ 1500 आय हेतु धन लगाना होगा = ₹ $\left(\frac{105\cdot 04}{15}\times 1500\right)$ = ₹ 10504.

3. ₹ 100 के स्टॉक का मूल्य = ₹ 94.

₹ 2800 के स्टॉक का मूल्य = ₹ $\left(\frac{94}{100}\times 2800\right)$ ₹ 2632.

4. ₹ 360 की वार्षिक आय हेतु निवेश = ₹ 9600.

₹ $\frac{9}{2}$ की वार्षिक आय हेतु निवेश = ₹ $\left(\frac{9600}{360}\times\frac{9}{2}\right)$ = ₹ 120.

अत: ₹ 100 के स्टॉक का मूल्य = ₹ 120.

5. ₹ 100 का स्टॉक बेचने से प्राप्त धन = ₹ $\left(90-\frac{90\times 1\cdot 5}{100}\right)$ = ₹ (90 – 1·35) = ₹ 88.65.

₹ 16000 का स्टॉक बेचने से प्राप्त धन = ₹ $\left(\frac{88\cdot 65}{100}\times 16000\right)$ = ₹ 14184.

6. ₹ 135 की वार्षिक आय हेतु निवेश = ₹ 1620.

₹ 8 की वार्षिक आय हेतु निवेश = ₹ $\left(\frac{1620}{135}\times 8\right)$ = ₹ 96.

अत: ₹ 100 के शेयर का मूल्य = ₹ 96.

7. ₹ 10 की आय के लिए निवेश = ₹ 96.

₹ 12 की आय के लिए निवेश = ₹ $\left(\frac{96}{10}\times 12\right)$ = ₹ 115·20.

अत: $x = 115\cdot 20$.

8. ₹ $\frac{20}{3}$ आय हेतु लागत = ₹ 84.

₹ 860 आय हेतु लागत = ₹ $\left(84\times\frac{3}{20}\times 860\right)$ = ₹ 10836.

9. ₹ 10 आय के लिए लागत = ₹ 100.

₹ 12 आय के लिए लागत = ₹ $\left(\frac{100}{10}\times 12\right)$ = ₹ 120.

अत: ₹ 100 के स्टॉक का बाजारी मूल्य = ₹ 120.

10. ₹ 8 आय हेतु निवेश = ₹ 96.

₹ 750 आय हेतु निवेश = ₹ $\left(\frac{96}{8}\times 750\right)$ = ₹ 9000.

11. माना निवेशित धन का अभीष्ट अनुपात = x : 1. तब,

$\frac{9}{96}\times x=\frac{12}{120}\times 1 \Rightarrow x=\left(\frac{1}{10}\times\frac{96}{9}\right)=\frac{16}{15}$.

अभीष्ट अनुपात $=\frac{16}{15}:1=16:15$.

12. माना ₹ 90 के 4% स्टॉक में निवेशित धन = ₹ x.

तब, ₹ 105 के 6% स्टॉक में निवेशित धन = ₹ $(12100-x)$.

$\therefore \left(\frac{4}{90}\times x\right)+\left[\frac{6}{105}\times(12100-x)\right]=600$

$\Rightarrow \frac{2x}{45}+\frac{2(12100-x)}{35}=600$

$\Rightarrow 14x+217800-18x=189000$

$\Rightarrow 4x=28800 \Rightarrow x=7200$.

अत: अभीष्ट धन = ₹ 7200.

13. ₹ 120 की लागत पर आय = ₹ 6.

₹ 100 की लागत पर आय = ₹ $\left(\frac{6}{120}\times 100\right)$ = ₹ 5.

अत: इस स्टॉक से वार्षिक आय = 5%.

14. 1 शेयर का मूल्य = ₹ $\left(25+\frac{1}{2}\right)$ = ₹ $\frac{51}{2}$.

शेयरों का कुल मूल्य = ₹ 12750.

शेयरों की संख्या $=\frac{12750}{(51/2)}=\left(12750\times\frac{2}{51}\right)=500$.

15. 1 शेयर का मूल्य = ₹ $\left(10-\frac{3}{4}+\frac{1}{4}\right)$ = ₹ $\frac{19}{2}$.

96 शेयरों का मूल्य = ₹ $\left(\frac{19}{2}\times 96\right)$ = ₹ 912.

16. माना प्रत्येक स्टॉक में निवेश = ₹ (144 × 117).

प्रथम स्टॉक से वार्षिक आय = ₹ $\left(144\times 117\times\frac{11}{144}\right)$ = ₹ 1287.

द्वितीय स्टॉक से वार्षिक आय = ₹ $\left(144\times 117\times\frac{39}{4\times 117}\right)$ = ₹ 1404.

चूँकि द्वितीय स्टॉक से वार्षिक आय अधिक है, अत: ₹ 117 के $9\frac{3}{4}$% स्टॉक में धन लगाना लाभप्रद है.

17. प्रति शेयर वार्षिक लाभांश = ₹ (3 × 4) = ₹ 12.

175 शेयरों से वार्षिक लाभांश = ₹ (175 × 12) = ₹ 2100.

18. माना प्रति शेयर लागत = ₹ x. तब,

₹ (x का 12·5%) = ₹ (50 का 10%)

$\Rightarrow x\times\frac{12\cdot 5}{100}=50\times\frac{10}{100} \Rightarrow \frac{25x}{2}=500$

$\Rightarrow x=\frac{500\times 2}{25}=40$.

19. कुल निवेश $= 25 \times 560 = ₹14000$

लाभांश $= 14000$ का $9\% = \frac{14000 \times 9}{100} = ₹1260$

20. माना शेयरों का मूल्य $= ₹100$

एक शेयर का असल मूल्य $= ₹120$

शेयरों का गणना $= \frac{29040}{120} = 242$ शेयर

प्रश्नमाला 28B

1. ₹ 3000 का 10 अवमूल्य पर 8% स्टॉक बेचने पर कितना धन प्राप्त होगा जबकि दलाली 2% हो ?

(*a*) ₹ 2546 (*b*) ₹ 2646 (*c*) ₹ 2578 (*d*) ₹ 2678

2. एक व्यक्ति को ₹ 15 अधिमूल्य पर प्राप्त 9% स्टॉक में कितना धन लगाना चाहिए कि ₹ 7560 वार्षिक आय प्राप्त हो ?

(*a*) ₹ 96600 (*b*) ₹ 94400 (*c*) ₹ 95500 (*d*) ₹ 97300

3. किस स्टॉक में धन लगाना अधिक लाभप्रद है :
₹ 143 के भाव के 10% स्टॉक में अथवा ₹ 93 के भाव के 7% स्टॉक में ?

(*a*) ₹ 143 का 10% स्टॉक (*b*) ₹ 93 का 7% स्टॉक
(*c*) दोनों बराबर लाभप्रद हैं (*d*) इनमें से कोई नहीं

4. एक व्यापारी ₹ 8370 का कुछ भाग 6% के ₹ 96 के स्टॉक में निवेश करता है तथा शेष धन 8% के ₹ 120 वाले स्टॉक में निवेश करता है. प्रत्येक लागत से उसे समान वार्षिक लाभांश मिलता है. प्रत्येक स्टॉक में व्यापारी कितना-कितना धन लगाता है.

(*a*) ₹ 4520, ₹ 3850 (*b*) ₹ 4230, ₹ 4140
(*c*) ₹ 4320, ₹ 4050 (*d*) ₹ 4530, ₹ 3840

5. एक व्यक्ति ₹ 5000 का ₹ 156 पर 12% स्टॉक बेचता है. इससे प्राप्त राशि के कुछ भाग को ₹ 90 के 8% स्टॉक में तथा शेष राशि को ₹ 108 के 9% स्टॉक में निवेश करता है. इससे उसकी आय में ₹ 70 की वृद्धि होती है. प्रत्येक स्टॉक पर उसने कितने धन का निवेश किया ?

(*a*) ₹ 3200, ₹ 4600 (*b*) ₹ 3600, ₹ 4200
(*a*) ₹ 3400, ₹ 4400 (*b*) ₹ 3300, ₹ 4500

6. एक व्यापारी के पास किसी कम्पनी के ₹ 5 वाले 1000 शेयर थे. इनमें से उसने 400 शेयर ₹ 9 प्रति शेयर की दर से बेच दिये तथा इस धन को ₹ 90 के स्टॉक में लगा दिया. यदि शेयरों का लाभांश 9% वार्षिक तथा स्टॉक पर 10% वार्षिक हो, तो व्यापारी की वार्षिक आय ज्ञात कीजिए.

(*a*) ₹ 780 (*b*) ₹ 790 (*c*) ₹ 870 (*d*) ₹ 670

7. एक व्यक्ति ने किसी कम्पनी से ₹ 25 वाले शेयर खरीदे. यह कम्पनी 9% लाभांश देती है. यदि उस व्यक्ति को अपनी लागत पर 10% आय प्राप्त हो तो उसने शेयर किस दर प्रति शेयर खरीदे ?

(*a*) ₹ 22.50 (*b*) ₹ 23.75 (*c*) ₹ 23.50 (*d*) ₹ 22.75

8. एक कम्पनी ₹ 50 के प्रत्येक शेयर पर 10% अनुलाभ देती है. एक व्यक्ति ने इस कम्पनी के शेयर खरीदे तथा उसे अपनी लागत पर 12·5% लाभ प्राप्त हुआ. उसने किस मूल्य पर शेयर खरीदे ?

(*a*) ₹ 35 / शेयर (*b*) ₹ 40 / शेयर
(*c*) ₹ 38 / शेयर (*d*) ₹ 42 / शेयर

9. कोई व्यक्ति ₹ 10 प्रति शेयर की दर से कुछ शेयर खरीदता है जिनसे वर्ष के अन्त में 8% लाभांश मिलता है. यदि कुल लाभांश ₹ 300 हो, तो उसने कितने शेयर खरीदे ?

(*a*) 325 (*b*) 375 (*c*) 365 (*d*) 405

10. यदि ₹ 9600 के निवेश से ₹ 360 वार्षिक आय हो तो $4\frac{1}{2}\%$ स्टॉक का बाजारी मूल्य कितना है ?

(*a*) ₹ 110 (*b*) ₹ 120 (*c*) ₹ 115 (*d*) ₹ 125

उत्तरमाला (प्रश्नमाला 28A)

1. (*b*) **2.** (*a*) **3.** (*b*) **4.** (*c*) **5.** (*b*) **6.** (*d*) **7.** (*a*) **8.** (*b*) **9.** (*b*) **10.** (*b*)

दिये गये प्रश्नों के हल (प्रश्नमाला 28B)

1. ₹ 100 के स्टॉक का विक्रय मूल्य $= ₹\left(90 - \frac{2}{100} \times 90\right)$

$= ₹\ 88{\cdot}20.$

₹ 3000 के स्टॉक का विक्रय मूल्य $= ₹\left(\frac{88{\cdot}20}{100} \times 3000\right)$

$= ₹\ 2646.$

2. ₹ 9 की वार्षिक आय हेतु निवेशित धन = ₹ 115.

₹ 7560 की वार्षिक आय हेतु निवेशित धन $= ₹\left(\frac{115}{9} \times 7560\right)$

$= ₹\ 96600.$

3. माना कुल निवेशित धन = ₹ (143 × 93).

₹ 143 वाले 10% स्टॉक में धन लगाने पर वार्षिक आय

$= ₹\left(\frac{10}{143} \times 143 \times 93\right) = ₹\ 930.$

₹ 93 वाले 7% स्टॉक में धन लगाने पर वार्षिक आय

$= ₹\left(\frac{7}{93} \times 143 \times 93\right) = ₹\ 1001.$

स्पष्ट है कि ₹ 93 वाले 7% स्टॉक से आय अधिक है. अतः इसी में धन लगाना अधिक लाभप्रद है.

4. माना 6% के ₹ 96 के स्टॉक में निवेशित धन = ₹ x.
तब 8% के ₹ 120 के स्टॉक में निवेशित धन = ₹ $(8370-x)$.
प्रत्येक लागत से समान वार्षिक लाभांश मिलता है.

$$\therefore \frac{6}{96}\times x=\frac{8}{120}\times(8370-x)\Rightarrow\frac{x}{16}=\frac{8370-x}{15}$$

$$\Rightarrow 15x=133920-16x$$

$$\Rightarrow 31x=133920\Rightarrow x=\frac{133920}{31}=4320.$$

∴ 6% के ₹ 96 के स्टॉक में निवेशित धन = ₹ 4320.
8% के ₹ 120 के स्टॉक में निवेशित धन = ₹ (8370 – 4320)
= ₹ 4050.

5. ₹ 5000 के 12% स्टॉक से आय = ₹ $\left(\frac{12}{100}\times 5000\right)$ = ₹ 600.

इस स्टॉक को ₹ 156 पर बेचने से प्राप्त धन = ₹ $\left(\frac{156}{100}\times 5000\right)$
= ₹ 7800.

माना ₹ 90 के 8% में निवेशित धन = ₹ x.
तब ₹ 108 के 9% में निवेशित धन = ₹ $(7800-x)$.
दोनों से कुल वार्षिक आय = ₹ (600 + 70) = ₹ 670.

$$\therefore \frac{8}{90}\times x+\frac{9}{108}\times(7800-x)=670$$

$$\Rightarrow\frac{4x}{45}+\frac{(7800-x)}{12}=670$$

$$\Rightarrow 16\,x+15\,(7800-x)=120600$$

$$\Rightarrow x=(120600-117000)\Rightarrow x=3600.$$

∴ ₹ 90 के 8% में निवेशित धन = ₹ 3600 तथा ₹ 108 के 9% में निवेशित धन = ₹ 4200.

6. 600 शेयरों का वास्तविक मूल्य = ₹ (5 × 600) = ₹ 3000.

इन शेयरों पर लाभांश = ₹ $\left(3000\times\frac{9}{100}\right)$ = ₹ 270.

400 शेयरों का विक्रय मूल्य = ₹ (9 × 400) = ₹ 3600.

इन धन से खरीदा गया स्टॉक = ₹ $\left(\frac{100}{90}\times 3600\right)$ = ₹ 4000.

इस स्टॉक से आय = ₹ $\left(4000\times\frac{10}{100}\right)$ = ₹ 400.

कुल वार्षिक आय = ₹ (270 + 400) = ₹ 670.

7. माना 1 शेयर ₹ x में खरीदा. तब,

$$\frac{25\times 9}{100}=\frac{x\times 10}{100}\Rightarrow x=\frac{25\times 9}{100}\times 10=\frac{225}{10}\Rightarrow x=22\cdot 50.$$

अत: प्रति शेयर क्रय मूल्य = ₹ 22·50.

8. माना उसने ₹ x प्रति शेयर की दर से शेयर खरीदे.

1 शेयर पर अनुलाभ = ₹ $\left(50\times\frac{10}{100}\right)$ = ₹ 5.

$$\therefore \frac{x\times 12\cdot 5}{100}=5\Rightarrow x=\frac{5\times 100}{12\cdot 5}=40.$$

अत: उसने ₹ 40 प्रति शेयर की दर से शेयर खरीदे.

9. माना उसने x शेयर खरीदे. तब

$$\frac{x\times 10\times 8}{100}=300\Rightarrow x=\frac{300\times 100}{10\times 8}\Rightarrow x=375.$$

अत: उसने कुल 375 शेयर खरीदे.

10. ₹ 360 आय हेतु निवेश = ₹ 9600.

₹ $\frac{9}{2}$ आय हेतु निवेश = ₹ $\left(\frac{9600}{360}\times\frac{9}{2}\right)$ = ₹ 120.

अत: ₹ 100 के स्टॉक का बाजारी भाव = ₹ 120.

❑❑❑

29

मिती काटा
(TRUE DISCOUNT)

Scan QR Code for Watching Video

सामान्य नियम

मिती काटा: माना किसी कर्जदार व्यक्ति को कोई धन एक निश्चित समय के बाद वापिस देना है. परन्तु, वह इस कर्ज को अभी चुकाना चाहता है. प्रश्न उठता है कि उसे अपना कर्ज चुकाने के लिए कितना धन देना होगा. स्पष्ट है कि तय किये गये ब्याज की दर से जिस धन का मिश्रधन, देय धन हो, उतना ही धन देकर कर्ज चुकता हो जायेगा.

इस समय दिये गये धन को **तत्काल धन** कहते हैं तथा देय धन और तत्काल धन के अन्तर को **मिती-काटा** कहते हैं.

(*i*) **मिती काटा = (देय धन) – (तत्काल धन).**

(*ii*) **मिती काटा = तत्काल धन पर ब्याज.**

सूत्र

1. मिती काटा $= \dfrac{(\text{देय धन} \times \text{दर} \times \text{समय})}{\{100 + (\text{दर} \times \text{समय})\}} = ₹ \dfrac{(x \times R \times T)}{\{100 + (R \times T)\}}$.
2. तत्काल धन $= \dfrac{(100 \times \text{देय धन})}{\{100 + (\text{दर} \times \text{समय})\}} = ₹ \dfrac{(100 \times \text{देयधन})}{\{100 + (R \times T)\}} = \dfrac{(100 \times \text{मिती काटा})}{(\text{दर} \times \text{समय})}$.
3. मिती काटा = तत्काल धन पर ब्याज.
4. देय धन $= \dfrac{(\text{सा० ब्याज}) \times (\text{मिती काटा})}{(\text{सा० ब्याज}) - (\text{मिती काटा})}$.
5. (साधारण ब्याज) – (मिती काटा) = मिती काटा पर साधारण ब्याज.
6. चक्रवृद्धि ब्याज पर तत्काल धन $= \dfrac{\text{देय धन}}{\left(1 + \dfrac{\text{दर}}{100}\right)^{\text{समय}}}$.

साधित उदाहरण

प्रश्न 1. 3 वर्ष बाद देय ₹ 6500 का तत्काल धन तथा मिती काटा ज्ञात करें जबकि ब्याज की दर 10% वार्षिक हो.

हल: देय धन = ₹ 6500, समय = 3 वर्ष, दर = 10% वार्षिक.

$\therefore$ तत्काल धन $= \dfrac{(100 \times \text{देय धन})}{\{100 + (\text{दर} \times \text{समय})\}}$

$= ₹ \dfrac{(100 \times 6500)}{\{100 + (10 \times 3)\}}$

$= ₹ \left(\dfrac{100 \times 6500}{130}\right) = ₹\ 5000.$

मिती काटा = (देय धन) – (तत्काल धन)

$= ₹\ (6500 - 5000) = ₹\ 1500.$

प्रश्न 2. 2 वर्ष बाद देय धन पर 8% वार्षिक दर से मिती काटा ₹ 1200 है. देय धन तथा तत्काल धन ज्ञात कीजिए.

हल: मिती काटा = ₹ 1200, दर = 8% वार्षिक, समय = 2 वर्ष.

माना देय धन = ₹ x. तब

मिती काटा $= \dfrac{(x \times R \times T)}{100 + (R \times T)} = ₹ \left\{\dfrac{(x \times 8 \times 2)}{100 + (8 \times 2)}\right\}$

$= ₹ \left(\dfrac{16x}{116}\right) = ₹ \left(\dfrac{4x}{29}\right).$

$\therefore \frac{4x}{29} = 1200 \Rightarrow x = \frac{(1200 \times 29)}{4} = 8700.$

अत: देय धन = ₹ 8700 तथा तत्काल धन

$= ₹\ (8700 - 1200) = ₹\ 7500.$

प्रश्न 3. 3 वर्ष बाद देय किसी धन पर मिती काटा ₹ 900 है तथा इसी धन पर इसी दर से इतने ही समय का साधारण ब्याज ₹ 1170 है. देय धन तथा दर प्रतिशत ज्ञात कीजिए.

हल: मिती काटा = ₹ 900 तथा साधारण ब्याज = ₹ 1170.

देय धन = $\frac{(\text{सा० ब्याज}) \times (\text{मिती काटा})}{(\text{सा० ब्याज}) - (\text{मिती काटा})}$

$= ₹ \left(\frac{1170 \times 900}{1170 - 900}\right)$

$= ₹ \left(\frac{1170 \times 900}{270}\right) = ₹\ 3900.$

दर = $\frac{100 \times \text{सा० ब्याज}}{\text{मूलधन} \times \text{समय}} = \left(\frac{100 \times 1170}{3900 \times 3}\right)\%$ वार्षिक

= 10% वार्षिक.

प्रश्न 4. 6 माह बाद देय किसी धन पर 8% वार्षिक दर से मिती काटा तथा साधारण ब्याज का अन्तर ₹ 30 है. देय धन ज्ञात कीजिए.

हल: माना देय धन = ₹ x. तब इस धन पर:

साधारण ब्याज = ₹ $\left(\frac{x \times 8 \times \frac{6}{12}}{100}\right) = ₹ \left(\frac{x}{25}\right).$

मिती काटा

$= ₹ \left\{\frac{\left(x \times 8 \times \frac{6}{12}\right)}{100 + \left(8 \times \frac{6}{12}\right)}\right\} = ₹ \left(\frac{4x}{104}\right) = ₹ \left(\frac{x}{26}\right).$

$\therefore \frac{x}{25} - \frac{x}{26} = 30 \Rightarrow \frac{(26x - 25x)}{(25 \times 26)} = 30$

$\Rightarrow x = (30 \times 25 \times 26) \Rightarrow x = 19500.$

अत: देय धन = ₹ 19500.

प्रश्न 5. एक बिल 1 वर्ष बाद देय है. ऋणदाता आधा धन तत्काल लेकर शेष आधा धन 2 वर्ष बाद लेने को तैयार है. यदि ब्याज की दर 8% वार्षिक हो तथा इस सौदे से ₹ 40 का लाभ हो, तो देय धन ज्ञात कीजिए.

हल: माना देय धन = ₹ x. तब

$\frac{x}{2} + \frac{\left(\frac{x}{2} \times 100\right)}{\{100 + (8 \times 2)\}} - \frac{(x \times 100)}{\{100 + (8 \times 1)\}} = 40$

$\Rightarrow \frac{x}{2} + \frac{25x}{58} - \frac{25x}{27} = 40 \Rightarrow \frac{54x}{58} - \frac{25x}{27} = 40$

$\Rightarrow \frac{27x}{29} - \frac{25x}{27} = 40 \Rightarrow \frac{(729x - 725x)}{29 \times 27} = 40$

$\Rightarrow 4x = 40 \times 29 \times 27 \Rightarrow x = (10 \times 29 \times 27) = 7830.$

अत: देय धन = ₹ 7830.

प्रश्नमाला 29A

निम्नलिखित प्रश्नों में से प्रत्येक में ठीक उत्तर को चिन्हांकित (✓) कीजिए:

1. 2 वर्ष बाद देय ₹ 5800 का तत्काल धन कितना होगा, जबकि ब्याज की दर 8% वार्षिक हो ?

(*a*) ₹ 6728 (*b*) ₹ 4872
(*c*) ₹ 5000 (*d*) इनमें से कोई नहीं

2. 8 माह बाद देय किसी धन का 6% वार्षिक दर से मिती काटा ₹ 260 है. देय धन कितना है ?

(*a*) ₹ 6760 (*b*) ₹ 6500
(*c*) ₹ 6240 (*d*) इनमें से कोई नहीं

3. 3 वर्ष बाद देय किसी धन का 10% वार्षिक दर से मिती काटा ₹ 390 है. देय धन कितना है ?

(*a*) ₹ 1300 (*b*) ₹ 1690
(*c*) ₹ 910 (*d*) इनमें से कोई नहीं

4. 6 माह बाद देय ₹ 5200 पर मिती काटा ₹ 200 है. ब्याज की वार्षिक दर कितनी है ?

(*a*) $7\frac{9}{13}\%$ (*b*) $8\frac{1}{3}\%$
(*c*) 8% (*d*) इनमें से कोई नहीं

5. कुछ समय बाद देय ₹ 2580 का 6% वार्षिक दर से मिती काटा ₹ 180 है. यह धन कितने समय बाद देय है ?

(*a*) 4 माह (*b*) 5 माह
(*c*) 1 वर्ष 3 माह (*d*) 1 वर्ष 4 माह

6. एक निश्चित समय बाद देय किसी धन पर एक निश्चित दर पर मितीकाटा तथा साधारण ब्याज क्रमश: ₹ 170 तथा ₹ 180 हैं. देय धन कितना है ?

(*a*) ₹ 3500 (*b*) ₹ 3060
(*c*) ₹ 6120 (*d*) इनमें से कोई नहीं

7. एक दुकानदार को किसी व्यापारी को 1 वर्ष बाद देय ₹ 10028 देना है. 3 माह बाद दुकानदार अपना ऋण चुकाना चाहता है. यदि ब्याज की दर 12% वार्षिक हो, तो उसे कितना धन देना होगा ?

(*a*) ₹ 9200 (*b*) ₹ 9600 (*c*) ₹ 9560 (*d*) ₹ 9025·20

8. एक व्यक्ति ने एक घड़ी ₹ 1950 में नकद खरीदी तथा उसी समय 1 वर्ष बाद देय ₹ 2160 में बेच दी. यदि ब्याज की दर 8% वार्षिक हो, तो उस व्यक्ति को कितना लाभ हुआ ?

(*a*) ₹ 210 (*b*) ₹ 60
(*c*) ₹ 50 (*d*) इनमें से कोई नहीं

9. एक व्यक्ति ने एक गाय ₹ 15000 नकद में खरीदी तथा उसी दिन 2 वर्ष बाद देय ₹ 18720 में उधार बेच दी. यदि ब्याज की दर 10%

वार्षिक हो, तो उस व्यक्ति को कितने प्रतिशत लाभ हुआ ?
(*a*) 2% (*b*) 3% (*c*) 5% (*d*) 4%

10. एक व्यक्ति अपना स्कूटर बेचना चाहता है. इसके दो ग्राहक हैं. एक ग्राहक ₹ 24000 नकद देना चाहता है तथा दूसरा 8 माह बाद देय ₹ 27000. यदि ब्याज की दर 12% वार्षिक हो, तो बेचने वाले व्यक्ति को कौन-सा सौदा लाभप्रद होगा ?
(*a*) ₹ 24000 नकद (*b*) 8 माह बाद देय ₹ 27000
(*c*) दोनों एक जैसे हैं (*d*) इनमें से कोई नहीं

11. मैंने एक साईकिल ₹ 2000 में नकद खरीदी तथा उसी दिन 6 माह बाद देय ₹ 2415 में उधार बेच दी. यदि ब्याज की दर 10% वार्षिक हो, तो मुझे कितने प्रतिशत लाभ हुआ ?
(*a*) $16\frac{2}{5}\%$ (*b*) 15%
(*c*) $12\frac{1}{2}\%$ (*d*) इनमें से कोई नहीं

12. दो बराबर छमाही किस्तों में देय ₹ 7020 का तत्काल धन कितना होगा जबकि ब्याज की दर 8% वार्षिक हो ?
(*a*) ₹ 6750 (*b*) ₹ 7500 (*c*) ₹ 6625 (*d*) ₹ 6500

13. 6 माह के अन्त में देय एक निश्चित धन पर मिती काटा ₹ 24 है तथा उसी धन पर उसी दर से 6 माह का साधारण ब्याज ₹ 25 है. ब्याज की वार्षिक दर कितनी है ?
(*a*) $8\frac{1}{3}\%$ (*b*) $8\frac{3}{4}\%$ (*c*) $8\frac{1}{2}\%$ (*d*) 8%

14. एक निश्चित समय बाद देय ₹ 110 के बिल पर मिती काटा ₹ 10 है. इसी बिल पर इसी दर से इससे दुगुने समय के बाद देय बिल पर मिती काटा कितना होगा ?
(*a*) ₹ 20 (*b*) ₹ 18·33 (*c*) ₹ 21·81 (*d*) ₹ 22

15. एक निश्चित समय बाद देय ₹ 260 के बिल पर मिती काटा ₹ 20 है. इसी दर पर आधे समय के बाद देय इसी बिल पर मिती काटा कितना होगा ?
(*a*) ₹ 10 (*b*) ₹ 10·40 (*c*) ₹ 13 (*d*) ₹ 15·20

16. यदि ₹ 700 का 2 वर्ष का साधारण ब्याज, ₹ 826 पर उतने ही समय के लिए तथा उसी दर पर मिती काटे के बराबर हो, तो ब्याज की वार्षिक दर कितनी होगी ?
(*a*) 9% (*b*) 8% (*c*) $7\frac{1}{2}\%$ (*d*) $6\frac{3}{4}\%$

उत्तरमाला (प्रश्नमाला 29A)

1. (*c*) **2.** (*a*) **3.** (*b*) **4.** (*c*) **5.** (*c*) **6.** (*b*) **7.** (*a*) **8.** (*c*) **9.** (*d*) **10.** (*b*) **11.** (*b*) **12.** (*c*) **13.** (*a*) **14.** (*b*) **15.** (*b*) **16.** (*a*)

दिये गए प्रश्नों के हल (प्रश्नमाला 29A)

1. देय धन = ₹ 5800, दर = 8% वार्षिक, समय = 2 वर्ष.

$$\text{तत्काल धन} = \frac{(100 \times \text{देय धन})}{100 + (\text{दर} \times \text{समय})}$$

$$= ₹\left\{\frac{100\times5800}{100+(8\times2)}\right\} = ₹\left(\frac{100\times5800}{116}\right) = ₹\ 5000.$$

2. $\text{तत्काल धन} = \frac{100 \times \text{मिती काटा}}{\text{दर} \times \text{समय}} = ₹\ \frac{(100\times260)}{\left(6\times\frac{8}{12}\right)} = ₹\ 6500.$

देय धन = ₹ (6500 + 260) = ₹ 6760.

3. $\text{तत्काल धन} = \frac{100 \times \text{मिती काटा}}{\text{दर} \times \text{समय}} = ₹\ \frac{(100\times390)}{(10\times3)} = ₹\,1300.$

देय धन = ₹ (1300 + 390) = ₹ 1690.

4. तत्काल धन = ₹ (5200 – 200) = ₹ 5000.

$$\text{ब्याज की दर} = \left(\frac{100\times200}{5000\times\frac{6}{12}}\right)\%\ \text{वार्षिक} = 8\%\ \text{वार्षिक}.$$

5. तत्काल धन = ₹ (2580 – 180) = ₹ 2400.

$$\text{समय} = \left(\frac{100\times180}{2400\times6}\right)\ \text{वर्ष} = \frac{5}{4}\ \text{वर्ष} = 1\ \text{वर्ष}\ 3\ \text{माह}.$$

6. $$\text{देय धन} = \frac{(\text{सा० ब्याज}) \times (\text{मिती काटा})}{(\text{सा० ब्याज}) - (\text{मिती काटा})}$$

$$= ₹\left(\frac{180\times170}{180-170}\right) = ₹\ (18\times170) = ₹\ 3060.$$

7. स्पष्ट है कि अब दुकानदार को देना होगा = 9 माह बाद देय ₹ 10028 का वर्तमान मूल्य

$$= ₹\left\{\frac{100\times10028}{100+\left(12\times\frac{9}{12}\right)}\right\} = ₹\left(\frac{100\times10028}{109}\right) = ₹\ 9200.$$

8. घड़ी का क्रय मूल्य = ₹ 1950 तथा

विक्रय मूल्य = 1 वर्ष बाद देय ₹ 2160 का तत्काल धन

$$= ₹\ \frac{(100\times2160)}{\{100+(8\times1)\}} = ₹\left(\frac{100+2160}{108}\right) = ₹\ 2000\ \text{नकद}.$$

∴ लाभ = ₹ (2000 – 1950) = ₹ 50.

9. गाय का क्रय मूल्य = ₹ 15000.

गाय का विक्रय मूल्य = 2 वर्ष बाद देय ₹ 18720 का वर्तमान मूल्य

$$= ₹\left\{\frac{(100\times18720)}{100+(10\times2)}\right\} = ₹\left(\frac{100\times18720}{120}\right) = ₹\,15600.$$

लाभ = ₹ (15600 – 15000) = ₹ 600.

$$\therefore\ \text{लाभ}\ \% = \left(\frac{600}{15000}\times100\right)\% = 4\%.$$

10. 8 माह बाद देय ₹ 27000 का वर्तमान मूल्य

$$= ₹\left\{\frac{100\times27000}{100+\left(12\times\frac{8}{12}\right)}\right\} = ₹\ 25000.$$

नकद मूल्य = ₹ 27000.

अतः 8 माह बाद देय ₹ 27000, बेचने वाले के लिए लाभप्रद है.

11. 6 माह बाद देय ₹ 2415 का वर्तमान मूल्य

$$= ₹ \left\{\frac{100\times 2415}{100+\left(10\times\frac{6}{12}\right)}\right\} = ₹ \left(\frac{100\times 2415}{105}\right) = ₹\ 2300.$$

नकद मूल्य = ₹ 2000.

$$\text{लाभ } \% = \left(\frac{300}{2000}\times 100\right)\% = 15\%.$$

12. तत्काल धन = 6 माह बाद देय ₹ 3510 का तत्काल धन + 1 वर्ष बाद देय ₹ 3510 का तत्काल धन

$$= ₹ \left\{\frac{100\times 3510}{100+\left(8\times\frac{1}{2}\right)}\right\} + ₹ \left\{\frac{100\times 3510}{100+(8\times 1)}\right\}$$

$$= ₹ \left(\frac{100\times 3510}{104}\right) + ₹ \left(\frac{100\times 3510}{108}\right) = ₹\ (3375+3250)$$

$$= ₹\ 6625.$$

13. $\text{देय धन} = ₹ \left(\frac{25\times 24}{25-24}\right) = ₹\ 600.$

∴ ₹ 600 का 6 माह का साधारण ब्याज = ₹ 25.

$$\text{अतः ब्याज की दर} = \left(\frac{100\times 25}{600\times\frac{6}{12}}\right)\% \text{ वार्षिक}$$

$$= \frac{25}{3}\% \text{ वार्षिक} = 8\frac{1}{3}\% \text{ वार्षिक}.$$

14. ₹ (110 – 10) पर एक निश्चित समय का साधारण ब्याज = ₹ 10.

₹ 100 पर दुगुने समय का ब्याज = ₹ 20.

₹ 120 पर मिती काटा = ₹ 20.

$$₹\ 110 \text{ पर मिती काटा} = ₹ \left(\frac{20}{120}\times 110\right) = ₹\ 18{\cdot}33.$$

15. ₹ (260 – 20) पर एक निश्चित समय का सा० ब्याज = ₹ 20.

₹ 240 पर आधे समय का ब्याज = ₹ 10.

₹ 250 पर मिती काटा = ₹ 10.

$$₹\ 260 \text{ पर मिती काटा} = ₹ \left(\frac{10}{250}\times 260\right) = ₹\ 10{\cdot}40.$$

16. माना अभीष्ट दर = R% वार्षिक.

$$\text{तब, साधारण ब्याज} = ₹ \left(\frac{700\times R\times 2}{100}\right) = ₹\ (14R).$$

$$\text{तथा, मिती काटा} = ₹ \left\{\frac{826\times R\times 2}{100+(R\times 2)}\right\} = ₹ \left(\frac{1652R}{100+2R}\right)$$

$$\therefore \frac{1652R}{(100+2R)} = 14R \Rightarrow 1652R = 1400R + 28R^2$$

$$\Rightarrow 28R^2 - 252R = 0 \Rightarrow 28R\,(R-9) = 0$$

$$\Rightarrow R-9 = 0 \Rightarrow R = 9.$$

∴ अभीष्ट दर = 9% वार्षिक.

प्रश्नमाला 29B

1. 2 वर्ष बाद देय ₹ 5220 का तत्काल धन ज्ञात कीजिए जबकि ब्याज की दर 8% वार्षिक हो.

(*a*) ₹ 4500 (*b*) ₹ 4400 (*c*) ₹ 4460 (*d*) ₹ 4575

2. $3\frac{1}{2}$ वर्ष बाद देय ₹ 1458 का मिती काटा ₹ 378 है. दर प्रतिशत ज्ञात कीजिए.

(*a*) 8% वार्षिक (*b*) 10% वार्षिक

(*c*) 11% वार्षिक (*d*) 9% वार्षिक

3. मैं अपना स्कूटर बेचना चाहता हूँ. इसके दो ग्राहक हैं. एक ग्राहक ₹ 17050 में नकद लेना चाहता है तथा दूसरा 6 माह बाद देय ₹ 17940 में. यदि ब्याज की दर 8% वार्षिक हो, तो कौन-सा सौदा लाभप्रद है ?

(*a*) पहला (*b*) दूसरा

(*c*) दोनों समान लाभप्रद (*d*) इनमें से कोई नहीं

4. 8 माह बाद देय किसी धन पर 9% वार्षिक दर से मिती काटा तथा साधारण ब्याज का अन्तर ₹ 36 है. धन ज्ञात कीजिए.

(*a*) ₹ 9800 (*b*) ₹ 11200 (*c*) ₹ 10400 (*d*) ₹ 10600

5. एक बिल 9 माह बाद देय है. ऋणदाता आधा धन तत्काल लेकर शेष आधा धन 18 माह बाद लेने को तैयार है. इस सौदे से उसे ₹ 36 लाभ होता है. देय धन कितना है, जबकि ब्याज की दर 8% वार्षिक हो ?

(*a*) ₹ 10937 (*b*) ₹ 111872 (*c*) ₹ 12187 (*d*) ₹ 12817

6. मैंने एक साईकिल ₹ 1600 में नकद खरीदी तथा उसी दिन 6 माह बाद देय ₹ 1749 में उधार बेच दी. यदि ब्याज की दर 12% वार्षिक हो, तो मेरा लाभ अथवा हानि प्रतिशत ज्ञात कीजिए.

(*a*) $3\frac{1}{8}$% लाभ (*b*) $3\frac{1}{8}$% हानि

(*a*) $3\frac{2}{9}$% लाभ (*b*) $3\frac{2}{9}$% लाभ

7. 6 माह बाद देय वह धन ज्ञात कीजिए जिस पर 12% वार्षिक दर से साधारण ब्याज तथा मिती काटा का अन्तर ₹ 57·60 हो.

(*a*) ₹ 19660 (*b*) ₹ 18920 (*c*) ₹ 16690 (*d*) ₹ 16960

8. किसी निश्चित समय बाद देय ₹ 371 का मिती काटा ₹ 21 है. इसी दर से इतने ही धन का इससे दुगुने समय का मिती काटा कितना होगा ?

(*a*) ₹ 39.75 (*b*) ₹ 38.25 (*c*) ₹ 40.15 (*d*) ₹ 37.95

9. यदि ₹ 1200 का 3 वर्ष का साधारण ब्याज तथा इसी दर पर इतने ही समय के लिए ₹ 1560 का मिती काटा बराबर हो, तो दर प्रतिशत ज्ञात कीजिए.

(*a*) 10% वार्षिक (*b*) 9% वार्षिक

(*c*) 11% वार्षिक (*d*) 12% वार्षिक

10. 2 वर्ष बाद देय ₹ 2916 का तत्काल धन ज्ञात कीजिए जबकि चक्रवृद्धि ब्याज की दर 8% वार्षिक हो. मिती काटा भी ज्ञात कीजिए.

(*a*) ₹ 614 (*b*) ₹ 318 (*c*) ₹ 517 (*d*) ₹ 416

उत्तरमाला (प्रश्नमाला 29B)

1. (*a*) **2.** (*b*) **3.** (*b*) **4.** (*d*) **5.** (*b*) **6.** (*a*) **7.** (*d*) **8.** (*a*) **9.** (*a*) **10.** (*d*)

दिये गए प्रश्नों के हल (प्रश्नमाला 29B)

1. देय धन = ₹ 5220, दर = 8% वार्षिक, समय = 2 वर्ष.

$\therefore$ तत्काल धन $= \dfrac{(100 \times \text{देय धन})}{100 + (\text{दर} \times \text{समय})}$

$= ₹ \left\{\dfrac{(100\times5220)}{100+(8\times2)}\right\} = ₹\left(\dfrac{100\times5220}{116}\right) = ₹\ 4500.$

2. तत्काल धन = (देय धन) − (मिती काटा) = ₹ (1458 − 378) = ₹ 1080.

₹ 1080 पर $\dfrac{7}{2}$ वर्ष का ब्याज = ₹ 378.

अत: दर $= \left(\dfrac{100\times378}{1080\times\frac{7}{2}}\right)\%$ वार्षिक = 10% वार्षिक.

3. स्कूटर का नकद मूल्य = ₹ 17050.

6 माह बाद देय ₹ 17940 का तत्काल धन

$= ₹\left\{\dfrac{100\times17940}{100+\left(8\times\frac{1}{2}\right)}\right\} = ₹\left(\dfrac{100\times17940}{104}\right) = ₹\ 17250.$

स्पष्ट है कि 17250 > 17050.

अत: दूसरा सौदा अधिक लाभप्रद है.

4. माना देय धन = ₹ *x*. तब

मिती काटा $= ₹\left\{\dfrac{\left(x\times9\times\frac{2}{3}\right)}{100+\left(9\times\frac{2}{3}\right)}\right\} = ₹\ \dfrac{3x}{53}.$

साधारण ब्याज $= ₹\left(x\times9\times\dfrac{2}{3}\times\dfrac{1}{100}\right) = ₹\ \dfrac{3x}{50}.$

$\therefore \left(\dfrac{3x}{50}-\dfrac{3x}{53}\right) = 36 \Rightarrow (159x-150x) = (36\times50\times53)$

$\Rightarrow x = \dfrac{(36\times50\times53)}{9} = 10600.$

अत: देय धन = ₹ 10600.

5. माना देय धन = ₹ *x*. तब

$\dfrac{x}{2} + \dfrac{\left(\frac{x}{2}\times100\right)}{\left\{100+\left(8\times\frac{3}{2}\right)\right\}} - \dfrac{(x\times100)}{\left\{100+\left(8\times\frac{3}{4}\right)\right\}} = 36$

$\Rightarrow \dfrac{x}{2}+\dfrac{25x}{56}-\dfrac{50x}{53} = 36$

$\Rightarrow 1484x+1325x-2800x = (2968\times36)$

$\Rightarrow 9x = (2968\times36) \Rightarrow x = \dfrac{2968\times36}{9} = 11872.$

अत: देय धन = ₹ 11872.

6. साईकिल का क्रय-मूल्य = ₹ 1600.

साईकिल का विक्रय-मूल्य = 6 माह बाद देय ₹ 1749 का तत्काल

धन $= ₹\left\{\dfrac{(100\times1749)}{100+\left(12\times\frac{1}{2}\right)}\right\} = ₹\left(\dfrac{100\times1749}{106}\right) = ₹\ 1650.$

लाभ = ₹ (1650 − 1600) = ₹ 50.

लाभ % $= \left(\dfrac{50}{1600}\times100\right)\% = \dfrac{25}{8}\% = 3\dfrac{1}{8}\%.$

7. माना देय धन = ₹ *x*. तब

(₹ *x* का 6 माह का ब्याज) − (6 माह बाद देय ₹ *x* का मिती काटा) = ₹ 57·60

$\Rightarrow \left(x\times12\times\dfrac{1}{2}\times\dfrac{1}{100}\right) - \left\{\dfrac{\left(x\times12\times\frac{1}{2}\right)}{100+\left(12\times\frac{1}{2}\right)}\right\} = 57\cdot60$

$\Rightarrow \dfrac{3x}{50}-\dfrac{3x}{53} = \dfrac{5760}{100} \Rightarrow 3x\,(53-50) = \left(\dfrac{288}{5}\times50\times53\right)$

$\Rightarrow 9x = (288\times10\times53) \Rightarrow x = \dfrac{(288\times10\times53)}{9}$

$\Rightarrow x = 16960.$

अत: अभीष्ट धन = ₹ 16960.

8. तत्काल धन = ₹ (371 − 21) = ₹ 350.

₹ 350 पर एक निश्चित समय के लिए ब्याज = ₹ 21.

₹ 350 पर इससे दुगुने समय के लिए ब्याज = ₹ 42.

₹ (350 + 42) पर मिती काटा = ₹ 42.

$\therefore$ ₹ 371 पर मिती काटा $= ₹\left(\dfrac{42}{392}\times371\right)$

$= ₹\ \dfrac{159}{4} = ₹\ 39\cdot75.$

9. स्पष्ट है कि ₹ 1560 का मिती काटा = ₹ 1200 का 3 वर्ष का सा॰ ब्याज.

$\therefore$ ₹ 1200 का 3 वर्ष का सा॰ ब्याज = ₹ (1560 − 1200) = ₹ 360.

अत: दर $= \dfrac{(100\times360)}{(1200\times3)}\%$ वार्षिक = 10% वार्षिक.

10. तत्काल धन

$= ₹\left\{\dfrac{2916}{\left(1+\frac{8}{100}\right)^2}\right\} = ₹\left(2916\times\dfrac{25}{27}\times\dfrac{25}{27}\right) = ₹\ 2500.$

$\therefore$ मिती काटा = ₹ (2916 − 2500) = ₹ 416.

❑❑❑

30

Scan QR Code for Watching Video

महाजनी बट्टा
(BANKER'S DISCOUNT)

सामान्य नियम

कई बार एक व्यापारी दूसरे व्यापारी से उधार माल खरीदता है तथा इसका भुगतान हुण्डी द्वारा करता है. हुण्डी एक प्रकार का बिल है जिसमें अंकित धनराशि को खरीददार एक निश्चित समय के अन्त में चुकाने का लिखित वायदा करता है. इस पर खरीददार अपने हस्ताक्षर करके विक्रेता को वापिस कर देता है. हुण्डी को लिखित तिथि के तीन दिन बाद, जिन्हें रियायती दिन कहते हैं, भुनाया जा सकता है.

यदि माल विक्रेता को हुण्डी की अवधि समाप्त होने से पहले धन चाहिए तो वह इसे बैंकर को बेच देता है. बैंकर देय धन पर शेष समय का ब्याज (जिसे **महाजनी बट्टा** कहते हैं), काट कर हुण्डी का भुगतान कर देता है.

(महाजनी बट्टा) – (मिती काटा) = महाजनी लाभ.

महाजनी बट्टा = देय धन पर ब्याज.

सूत्र

1. महाजनी बट्टा = शेष समय के लिए बिल पर ब्याज.
2. महाजनी लाभ = (महाजनी बट्टा) – (मिती काटा) = मिती काटा पर सा० ब्याज = $\frac{(\text{मिती काटा})^2}{\text{तत्काल धन}}$.
3. महाजनी बट्टा = $\frac{\text{देय धन} \times \text{दर} \times \text{समय}}{100}$.
4. मिती काटा = $\sqrt{\text{तत्काल धन} \times \text{महाजनी लाभ}}$.
5. देय धन = $\frac{(\text{महाजनी बट्टा}) \times (\text{मिती काटा})}{(\text{महाजनी बट्टा}) - (\text{मिती काटा})}$.
6. मिती काटा = $\frac{\text{महाजनी लाभ} \times 100}{\text{दर} \times \text{समय}}$.

साधित उदाहरण

प्रश्न 1. 2 वर्ष बाद देय ₹ 1850 का महाजनी बट्टा कितना होगा जबकि ब्याज की दर 8% वार्षिक हो?

हल: महाजनी बट्टा = $\frac{\text{देय धन} \times \text{दर} \times \text{समय}}{100}$

$= ₹ \left(\frac{1850 \times 8 \times 2}{100}\right) = ₹\ 296.$

प्रश्न 2. 8 माह बाद देय किसी धन के महाजनी बट्टा तथा मिती काटा क्रमशः ₹ 1300 तथा ₹ 1200 हैं. देय धन तथा दर प्रतिशत ज्ञात कीजिए.

हल : देय धन = $\frac{(\text{महाजनी बट्टा}) \times (\text{मिती काटा})}{(\text{महाजनी बट्टा}) - (\text{मिती काटा})}$

$= ₹ \left\{\frac{(1300 \times 1200)}{(1300 - 1200)}\right\} = ₹\ 15600.$

महाजनी बट्टा = देय धन पर ब्याज.

अतः दर $= \frac{(100 \times 1300)}{\left(15600 \times \frac{8}{12}\right)}\% = \frac{25}{2}\% = 12 \cdot 5\%.$

प्रश्न 3. 8 माह बाद देय धन पर मिती काटा ₹ 216 है तथा इतने ही धन पर उसी दर से $2\frac{1}{2}$ वर्ष का साधारण ब्याज ₹ 855 है. देय धन तथा ब्याज की दर ज्ञात कीजिये.

हल: देय धन पर $\frac{5}{2}$ वर्ष का सा० ब्याज = ₹ 855.

देय धन पर $\frac{8}{12}$ वर्ष का सा० ब्याज

$= ₹ \left(855 \times \frac{2}{5} \times \frac{8}{12}\right) = ₹\ 228.$

∴ महाजनी बट्टा = ₹ 228 तथा मिती काटा = ₹ 216.

देय धन = $\frac{(\text{महाजनी बट्टा}) \times (\text{मिती काटा})}{(\text{महाजनी बट्टा}) - (\text{मिती काटा})}$

$= ₹\left(\frac{228 \times 216}{228 - 216}\right) = ₹\left(\frac{228 \times 216}{12}\right) = ₹\ 4104.$

महाजनी बट्टा देय धन पर साधारण ब्याज है.

$\therefore$ ₹ 4104 पर $\frac{2}{3}$ वर्ष का साधारण ब्याज = ₹ 228.

अत: दर $= \left(\frac{100 \times 228}{4104 \times \frac{2}{3}}\right)\%$ वार्षिक $= \frac{25}{3}\%$ वार्षिक

$= 8\frac{1}{3}\%$ वार्षिक.

प्रश्न 4. कुछ समय बाद देय ₹ 1650 पर मिती काटा ₹ 150 है. इस पर महाजनी बट्टा कितना होगा?

हल: तत्काल धन = (देय धन) – (मिती काटा)

= ₹ (1650 – 150) = ₹ 1500.

₹ 1500 पर साधारण ब्याज = ₹ 150.

₹ 1650 पर साधारण ब्याज $= ₹\left(\frac{150}{1500} \times 1650\right) = ₹\ 165.$

अत: महाजनी बट्टा = ₹ 165.

प्रश्न 5. एक निश्चित समय बाद देय ₹ 2028 पर महाजनी बट्टा ₹ 169 है. मिती काटा तथा महाजनी लाभ ज्ञात कीजिए.

हल: देय धन $= \frac{(\text{महाजनी बट्टा}) \times (\text{मिती काटा})}{(\text{महाजनी बट्टा}) - (\text{मिती काटा})}$

$= \frac{(\text{महाजनी बट्टा}) \times (\text{मिती काटा})}{\text{महाजनी लाभ}}$

$\Rightarrow \frac{(\text{मिती काटा})}{\text{महाजनी लाभ}} = \frac{\text{देय धन}}{\text{महाजनी बट्टा}} = \frac{2028}{169} = \frac{12}{1}.$

माना महाजनी लाभ = ₹ x. तब, मिती काटा = ₹ $12x$.

महाजनी बट्टा = (मिती काटा) + (महाजनी लाभ)

= ₹ $(12x + x)$ = ₹ $13x$.

$\therefore 13x = 169 \Rightarrow x = 13.$

अत: महाजनी लाभ = ₹ 13 तथा मिती काटा

= ₹ (12 × 13) = ₹ 156.

प्रश्न 6. एक निश्चित समय बाद देय किसी धन का वर्तमान मूल्य ₹ 28900 तथा मिती काटा ₹ 850 है. महाजनी बट्टा तथा महाजनी लाभ ज्ञात कीजिए.

हल : मिती काटा $= \sqrt{\text{तत्काल धन} \times \text{महाजनी लाभ}}$

$\Rightarrow (\text{मिती काटा})^2 = (\text{तत्काल धन}) \times (\text{महाजनी लाभ})$

$\Rightarrow$ महाजनी लाभ $= \frac{(\text{मिती काटा})^2}{\text{तत्काल धन}}$

$= ₹\left(\frac{850 \times 850}{28900}\right) = ₹\ 25.$

$\Rightarrow$ महाजनी बट्टा = (मिती काटा + महाजनी लाभ)

= ₹ (850 + 25) = ₹ 875.

प्रश्नमाला 30A

निम्नलिखित प्रश्नों में से प्रत्येक में ठीक उत्तर को चिन्हांकित (✓) कीजिए:

1. कुछ समय बाद देय किसी धन पर महाजनी बट्टा तथा मिती काटा क्रमश: ₹ 720 तथा ₹ 600 हैं. देय धन कितना है?

(*a*) ₹ 5400 (*b*) ₹ 4320 (*c*) ₹ 4050 (*d*) ₹ 3600

2. 4 माह बाद देय किसी धन का महाजनी बट्टा तथा मिती काटा क्रमश: ₹ 515 तथा ₹ 500 हैं. ब्याज की वार्षिक दर कितनी है?

(*a*) 8% (*b*) 9% (*c*) 10% (*d*) 7·5%

3. $1\frac{1}{2}$ वर्ष बाद देय किसी धन पर महाजनी बट्टा ₹ 360 है तथा 2 वर्ष बाद देय इसी धन पर मिती काटा ₹ 400 है. ब्याज की वार्षिक दर कितनी है?

(*a*) 10% (*b*) 8% (*c*) 9% (*d*) 12%

4. 9 माह बाद देय किसी धन पर 8% वार्षिक दर से मिती काटा ₹ 300 है. इस धन पर महाजनी बट्टा कितना होगा?

(*a*) ₹ 312 (*b*) ₹ 316 (*c*) ₹ 318 (*d*) ₹ 324

5. ₹ 1650 के बिल पर मिती काटा ₹ 150 है. इस पर महाजनी बट्टा कितना होगा?

(*a*) ₹ 175 (*b*) ₹ 165 (*c*) ₹ 185 (*d*) ₹ 135

6. 2 वर्ष बाद देय किसी धन पर महाजनी बट्टा, मिती काटा का $\frac{6}{5}$ है. ब्याज की वार्षिक दर कितनी है?

(*a*) 8% (*b*) 9% (*c*) 10% (*d*) 7·5%

7. एक निश्चित समय के बाद देय किसी बिल का वर्तमान मूल्य ₹ 1100 है तथा इस बिल पर मिती काटा ₹ 110 है. महाजनी बट्टा कितना होगा?

(*a*) ₹ 165 (*b*) ₹ 121

(*c*) ₹ 141 (*d*) इनमें से कोई नहीं

8. कुछ समय बाद देय किसी धन का वर्तमान मूल्य ₹ 1600 है तथा इस पर मिती काटा ₹ 120 है. महाजनी लाभ कितना है?

(*a*) ₹ 9 (*b*) ₹ 10 (*c*) ₹ 12 (*d*) ₹ 16

9. 2 वर्ष बाद देय किसी धन का 10% वार्षिक दर से महाजनी लाभ ₹ 160 है. देय धन कितना है?

(*a*) ₹ 3200 (*b*) ₹ 3600 (*c*) ₹ 4000 (*d*) ₹ 4800

10. 1 वर्ष बाद देय किसी धन पर 8% वार्षिक दर से महाजनी लाभ ₹ 60 है. इस धन पर मिती काटा कितना होगा?

(*a*) ₹ 480 (*b*) ₹ 960 (*c*) ₹ 540 (*d*) ₹ 750

11. 2 वर्ष बाद देय किसी धन पर 10% वार्षिक दर से महाजनी लाभ ₹ 240 है. इसका तत्काल धन कितना होगा?

(*a*) ₹ 2400 (*b*) ₹ 3600 (*c*) ₹ 6000 (*d*) ₹ 4800

12. 8 माह बाद देय किसी धन पर $7\frac{1}{2}\%$ वार्षिक दर से महाजनी बट्टा ₹ 210 है. मिती काटा कितना होगा?

(*a*) ₹ 200 (*b*) ₹ 205

(*c*) ₹ 202·50 (*d*) इनमें से कोई नहीं

13. 3 वर्ष बाद देय किसी धन पर 9% वार्षिक दर से महाजनी लाभ ₹ 405 है. महाजनी बट्टा कितना होगा?

(*a*) ₹ 1620 (*b*) ₹ 1500 (*c*) ₹ 1180 (*d*) ₹ 3645

14. कुछ समय बाद देय किसी धन का वर्तमान मूल्य ₹ 5760 तथा महाजनी लाभ ₹ 160 है. मिती काटा कितना होगा?

(*a*) ₹ 360 (*b*) ₹ 480 (*c*) ₹ 720 (*d*) ₹ 960

उत्तरमाला (प्रश्नमाला 30A)

1. (*d*) **2.** (*b*) **3.** (*a*) **4.** (*c*) **5.** (*b*) **6.** (*c*) **7.** (*b*) **8.** (*a*) **9.** (*d*) **10.** (*d*) **11.** (*c*) **12.** (*a*) **13.** (*b*) **14.** (*d*)

दिये गये प्रश्नों का हल (प्रश्नमाला 30A)

1. $\text{देय धन} = \dfrac{(\text{महाजनी बट्टा}) \times (\text{मिती काटा})}{(\text{महाजनी बट्टा}) - (\text{मिती काटा})}$

$= ₹ \left(\dfrac{720 \times 600}{120}\right) = ₹ 3600.$

2. $\text{देय धन} = \dfrac{(\text{महाजनी बट्टा}) \times (\text{मिती काटा})}{(\text{महाजनी बट्टा}) - (\text{मिती काटा})}$

$= ₹ \left(\dfrac{515 \times 500}{15}\right) = ₹ \dfrac{51500}{3}.$

$\therefore ₹ \dfrac{51500}{3}$ पर $\dfrac{1}{3}$ वर्ष का सा० ब्याज = ₹ 515.

अत: ब्याज की दर $= \dfrac{(515 \times 100)}{\left(\dfrac{51500}{3} \times \dfrac{1}{3}\right)}\%$ वार्षिक = 9% वार्षिक.

3. $\dfrac{3}{2}$ वर्ष का महाजनी बट्टा = ₹ 360

⇒ 2 वर्ष का महाजनी बट्टा

$= ₹ \left(360 \times \dfrac{2}{3} \times 2\right) = ₹ 480.$

$\text{देय धन} = \dfrac{(\text{महाजनी बट्टा}) \times (\text{मिती काटा})}{(\text{महाजनी बट्टा}) - (\text{मिती काटा})}$

$= ₹ \left(\dfrac{480 \times 400}{80}\right) = ₹ 2400.$

₹ 2400 का 2 वर्ष का सा० ब्याज = ₹ 480.

अत: ब्याज की दर $= \left(\dfrac{100 \times 480}{2400 \times 2}\right)\%$ वार्षिक = 10% वार्षिक.

4. महाजनी लाभ = मिती काटा पर सा० ब्याज

$= ₹ \left(300 \times \dfrac{9}{12} \times \dfrac{8}{100}\right) = ₹ 18.$

∴ महाजनी बट्टा = (मिती काटा) + (महाजनी लाभ)

= ₹ (300 + 18) = ₹ 318.

5. देय धन = ₹ 1650, मिती काटा = ₹ 150.

तत्काल धन = ₹ (1650 − 150) = ₹ 1500.

₹ 1500 पर साधारण ब्याज = ₹ 150.

₹ 1650 पर साधारण ब्याज $= ₹ \left(\dfrac{150}{1500} \times 1650\right) = ₹ 165.$

अत: महाजनी बट्टा = ₹ 165.

6. माना मिती काटा = ₹ x. तब, महाजनी बट्टा = ₹ $\dfrac{6x}{5}$.

$\text{देय धन} = \dfrac{(\text{महाजनी बट्टा}) \times (\text{मिती काटा})}{(\text{महाजनी बट्टा}) - (\text{मिती काटा})}$

$= ₹ \dfrac{\left(\dfrac{6x}{5} \times x\right)}{\left(\dfrac{6x}{5} - x\right)} = ₹ 6x.$

∴ ₹ $6x$ पर 2 वर्ष का ब्याज = ₹ $\dfrac{6x}{5}$.

अत: ब्याज की दर $= \left(\dfrac{100 \times \dfrac{6x}{5}}{6x \times 2}\right)\%$ वार्षिक = 10% वार्षिक.

7. $\text{महाजनी लाभ} = \dfrac{(\text{मिती काटा})^2}{\text{वर्तमान मूल्य}} = ₹ \dfrac{(110 \times 110)}{1100} = ₹ 11.$

महाजनी बट्टा = ₹ (110 + 11) = ₹ 121.

8. $\text{महाजनी लाभ} = \dfrac{(\text{मिती काटा})^2}{\text{वर्तमान मूल्य}} = ₹ \left(\dfrac{120 \times 120}{1600}\right) = ₹ 9.$

9. $\text{मिती काटा} = \dfrac{\text{महाजनी लाभ} \times 100}{\text{दर} \times \text{समय}} = ₹ \left(\dfrac{160 \times 100}{10 \times 2}\right)$

= ₹ 800.

महाजनी बट्टा = ₹ (800 + 160) = ₹ 960.

$\text{देय धन} = \dfrac{(\text{महाजनी बट्टा}) \times (\text{मिती काटा})}{(\text{महाजनी बट्टा}) - (\text{मिती काटा})} = ₹ \left(\dfrac{960 \times 800}{160}\right)$

= ₹ 4800.

10. महाजनी लाभ = मिती काटा पर साधारण ब्याज.

∴ मिती काटा $= ₹ \left(\dfrac{60 \times 100}{8 \times 1}\right) = ₹ 750.$

11. महाजनी लाभ = मिती काटा पर साधारण ब्याज.

∴ मिती काटा $= ₹ \left(\dfrac{240 \times 100}{10 \times 2}\right) = ₹ 1200.$

मिती काटा = तत्काल धन पर साधारण ब्याज.

∴ तत्काल धन $= ₹ \left(\dfrac{1200 \times 100}{10 \times 2}\right) = ₹ 6000.$

12. मिती काटा $= \dfrac{(\text{महाजनी बट्टा}) \times 100}{100 + (\text{दर} \times \text{समय})} = ₹ \left\{\dfrac{210 \times 100}{100 + \left(\dfrac{15}{2} \times \dfrac{8}{12}\right)}\right\}$

$= ₹ \left(\dfrac{210 \times 100}{105}\right) = ₹\ 200.$

13. मिती काटा $= \left(\dfrac{\text{महाजनी लाभ} \times 100}{\text{दर} \times \text{समय}}\right) = ₹ \left(\dfrac{405 \times 100}{9 \times 3}\right)$

$= ₹\ 1500.$

14. मिती काटा $= \sqrt{\text{वर्तमान मूल्य} \times \text{महाजनी लाभ}}$

$= ₹ \left\{\sqrt{5760 \times 160}\right\} = ₹\ 960.$

प्रश्नमाला 30B

1. 8% वार्षिक दर से 6 माह बाद देय किसी धन पर मिती काटा ₹ 375 है. इसी दर पर तथा इतने ही समय के लिए महाजनी बट्टा कितना होगा ?

(*a*) ₹ 410 (*b*) ₹ 390 (*c*) ₹ 430 (*d*) ₹ 280

2. ₹ 1800 पर 9% वार्षिक दर से किसी निश्चित समय का महाजनी बट्टा तथा इसी दर पर इतने ही समय के लिए ₹ 1908 पर मिती काटा बराबर हैं. समय ज्ञात कीजिये.

(*a*) 7 माह (*b*) 6 माह (*c*) 8 माह (*d*) 10 माह

3. 1 वर्ष 4 माह बाद देय किसी धन का 9% वार्षिक दर से महाजनी लाभ ₹ 108 है. देय धन ज्ञात कीजिए.

(*a*) ₹ 8400 (*b*) ₹ 8300 (*c*) ₹ 8500 (*d*) ₹ 8600

4. $1\frac{1}{2}$ वर्ष बाद देय किसी धन का महाजनी बट्टा, मिती काटा का $\frac{23}{20}$ है. ब्याज की दर प्रतिशत ज्ञात कीजिए.

(*a*) 11% वार्षिक (*b*) 10% वार्षिक

(*c*) 9% वार्षिक (*d*) 8% वार्षिक

5. 1 वर्ष 3 माह बाद देय किसी धन का महाजनी लाभ, महाजनी बट्टे का $\frac{1}{11}$ है. ब्याज की दर प्रतिशत ज्ञात कीजिए.

(*a*) 11% वार्षिक (*b*) 9% वार्षिक

(*c*) 8% वार्षिक (*d*) 7% वार्षिक

6. एक व्यापारी अपने 10 माह बाद देय बिल का भुगतान देने में 10% काट लेता है. उसे किस दर से ब्याज मिलता है ?

(*a*) $12\frac{1}{3}$% वार्षिक (*b*) $11\frac{1}{3}$% वार्षिक

(*c*) $13\frac{1}{3}$% वार्षिक (*d*) $10\frac{1}{3}$% वार्षिक

उत्तरमाला (प्रश्नमाला 30B)

1. (*b*) **2.** (*c*) **3.** (*a*) **4.** (*b*) **5.** (*c*) **6.** (*c*)

दिये गये प्रश्नों का हल (प्रश्नमाला 30B)

1. महाजनी लाभ = मिती काटा पर साधारण ब्याज

$= ₹ \left(375 \times \dfrac{8}{100} \times \dfrac{6}{12}\right) = ₹\ 15.$

महाजनी बट्टा = (मिती काटा) + (महाजनी लाभ)

$= ₹\ (375 + 15) = ₹\ 390.$

2. स्पष्ट है कि ₹ 1908 का वर्तमान मूल्य = ₹ 1800.

∴ ₹ 1800 पर 9% वार्षिक दर से सा० ब्याज = ₹ 108.

अत: समय $= \dfrac{(100 \times 108)}{(1800 \times 9)}$ वर्ष $= \dfrac{2}{3}$ वर्ष $= \left(\dfrac{2}{3} \times 12\right)$ माह

= 8 माह.

3. मिती काटा $= \dfrac{(\text{महाजनी लाभ} \times 100)}{(\text{दर} \times \text{समय})} = ₹ \left(\dfrac{108 \times 100}{9 \times \dfrac{4}{3}}\right)$

$= ₹\ 900.$

महाजनी बट्टा $= ₹\ (900 + 108) = ₹\ 1008.$

देय धन $= \dfrac{(\text{महाजनी बट्टा} \times \text{मिती काटा})}{(\text{महाजनी बट्टा} - \text{मिती काटा})}$

$= \dfrac{(\text{महाजनी बट्टा} \times \text{मिती काटा})}{\text{महाजनी लाभ}}$

$= ₹ \left(\dfrac{1008 \times 900}{108}\right) = ₹\ 8400.$

4. माना मिती काटा = ₹ x. तब, महाजनी बट्टा = ₹ $\dfrac{23x}{20}$.

देय धन $= ₹ \left\{\dfrac{\left(\dfrac{23x}{20} \times x\right)}{\left(\dfrac{23x}{20} - x\right)}\right\} = ₹\ \dfrac{23x}{3}.$

∴ ₹ $\dfrac{23x}{3}$ का $\dfrac{3}{2}$ वर्ष का सा० ब्याज = ₹ $\dfrac{23x}{20}$.

अत: दर $= \dfrac{\left(100 \times \dfrac{23x}{20}\right)}{\left(\dfrac{23x}{3} \times \dfrac{3}{2}\right)}$% वार्षिक = 10% वार्षिक.

5. माना महाजनी बट्टा = ₹ x. तब, महाजनी लाभ = ₹ $\dfrac{x}{11}$.

मिती काटा $= ₹ \left(x - \dfrac{x}{11}\right) =$ रु० $\dfrac{10x}{11}$.

देय धन = ₹ $\left\{\dfrac{\left(x\times\dfrac{10x}{11}\right)}{\left(x-\dfrac{10x}{11}\right)}\right\}$ = ₹ $10x$.

₹ $10x$ पर $\dfrac{5}{4}$ वर्ष का साधारण ब्याज = ₹ x.

$\therefore$ दर $=\dfrac{(100\times x)}{\left(10x\times\dfrac{5}{4}\right)}\%$ वार्षिक = 10% वार्षिक.

6. माना देय धन = ₹ 100. तब, काटा गया धन = ₹ 10.

बिल वाले व्यापारी को अभी मिलेगा = ₹ 90.

$\therefore$ ₹ 90 पर $\dfrac{10}{12}$ वर्ष का साधारण ब्याज = ₹ 10.

अतः दर $=\left(\dfrac{100\times10}{90\times\dfrac{10}{12}}\right)\%$ वार्षिक $=\dfrac{40}{3}\%$ वार्षिक

$=13\dfrac{1}{3}\%$ वार्षिक.

❑❑❑

31

Scan QR Code for Watching Video

बीजगणित (ALGEBRA)

आवश्यक तथ्य एवं सूत्र

1. (i) $(a+b)^2 = a^2+b^2+2ab$. (ii) $(a-b)^2 = a^2+b^2-2ab$.
   (iii) $(a+b)^2-(a-b)^2 = 4ab$. (iv) $(a+b)^2+(a-b)^2 = 2(a^2+b^2)$.
   (v) $(a+b+c)^2 = a^2+b^2+c^2+2(ab+bc+ca)$.
   (vi) $(a^2-b^2) = (a+b)(a-b)$.
2. (i) $(a+b)^3 = a^3+b^3+3ab(a+b)$. (ii) $(a-b)^3 = a^3-b^3-3ab(a-b)$.
   (iii) $(a^3+b^3) = (a+b)(a^2+b^2-ab)$. (iv) $(a^3-b^3) = (a-b)(a^2+b^2+ab)$.
   (v) $(a^3+b^3+c^3-3abc) = (a+b+c)(a^2+b^2+c^2-ab-bc-ca)$.
   (vi) $a+b+c=0 \Rightarrow a^3+b^3+c^3 = 3abc$.
3. (i) **गुणनखण्ड प्रमेय (Factor Theorem):** यदि $f(x)$ का एक गुणनखण्ड $(x-a)$ हो, तो $f(a)=0$.
   (ii) **शेषफल प्रमेय (Remainder Theorem):** यदि $f(x)$ को $(x-a)$ से भाग दें तो शेषफल $= f(a)$.
4. **कुछ विशेष परिणाम:**
   (i) (x^n-a^n) सदैव $(x-a)$ से पूर्णतया विभक्त होगा.
   (ii) (x^n-a^n) तभी $(x+a)$ से पूर्णतया विभक्त होगा, जबकि n एक समसंख्या हो.
   (iii) (x^n+a^n) तभी $(x+a)$ से पूर्णतया विभक्त होगा, जबकि n एक विषम संख्या हो.
   (iv) (x^n+a^n) कभी भी $(x-a)$ से पूर्णतया विभक्त नहीं होगा.
5. **करणी (SURDS)**
   माना a एक धनात्मक परिमेय संख्या है तथा n एक धनपूर्णांक है. तब $\sqrt[n]{a} = a^{\frac{1}{n}}$ को nवें घात की करणी कहते हैं, जबकि किसी भी धनात्मक परिमेय संख्या की nवीं घात a के बराबर नहीं है.
   उदाहरणार्थ: (i) $\sqrt{11}$ एक करणी है, चूँकि किसी भी धनात्मक परिमेय संख्या का वर्ग 11 नहीं है.
   (ii) $\sqrt[3]{12}$ एक करणी है, चूँकि किसी भी धनात्मक परिमेय संख्या का घन 12 नहीं है.
   (iii) $\sqrt{9}$ एक करणी नहीं है, क्योंकि $9=3^2$.
   (iv) $\sqrt[3]{8}$ एक करणी नहीं है, क्योंकि $8=2^3$.
   नोट: प्रत्येक अपरिमेय संख्या का करणी होना आवश्यक नहीं.
   जैसे: π एक अपरिमेय संख्या है, परन्तु करणी नहीं.
6. **करणी के नियम:**
   (i) $\left(\sqrt[n]{a}\right)^n = \left(a^{1/n}\right)^n = a^{\left(\frac{1}{n}\times n\right)} = a^1 = a.$
   (ii) $\left(\sqrt[n]{a}\times\sqrt[n]{b}\right)^n = \left(a^{\frac{1}{n}}\times b^{\frac{1}{n}}\right)^n = \left\{(ab)^{\frac{1}{n}}\right\}^n = (ab)^{\left(\frac{1}{n}\times n\right)} = (ab)^1 = ab.$
   (iii) $\left(\sqrt[m]{\sqrt[n]{a}}\right)^{mn} = \left\{\left(a^{\frac{1}{n}}\right)^{\frac{1}{m}}\right\}^{mn} = a^{\left(\frac{1}{nm}\times mn\right)} = a^1 = a.$

7. (*i*) **शुद्ध करणी (Pure Surd):**
यदि किसी एकपदी करणी में गुणांक 1 हो, तो यह शुद्ध करणी कहलाती है.
जैसे: $\sqrt{2}, \sqrt[3]{6}, \sqrt[4]{8}$ आदि सभी शुद्ध करणी हैं.

(*ii*) **मिश्र करणी (Mixed Surd):**
यदि किसी एकपदी करणी में 1 के अतिरिक्त कोई अन्य परिमेय गुणांक हो, तो उसे मिश्र करणी कहते हैं.
जैसे: $3\sqrt{2},\ 5\sqrt[3]{6},\ 2\sqrt[4]{8}$ आदि.

बहुपद (Polynomial): एक चर x के विभिन्न घात वाले पदों को + चिन्ह से एकत्रित करने पर प्राप्त व्यंजक
$p(x) = a_0x^n + a_1x^{n-1} + a_2x^{n-2} + ... + a_{n-1}x + a_n$
को चर x में एक बहुपद कहते हैं जहाँ a_0, a_1 इत्यादि धनात्मक या ऋणात्मक वास्तविक संख्याएँ हैं एवं n एक पूर्ण संख्या है.

जैसे : $4x^3 - 2x^2 + 5x - 8$ चर x में एक बहुपद है जबकि $5\sqrt{y} + \sqrt{7}y$ चर y में बहुपद नहीं है क्योंकि प्रथम पद $5\sqrt{y}$ में y का घात $\frac{1}{2}$ है जो एक पूर्ण संख्या नहीं है.

बहुपद का घात (Degree of a Polynomial): किसी बहपद में सबसे बड़े घात वाले पद के घातांक को उस बहुपद का घात कहा जाता है.
जैसे : बहुपद $x^3 + 3x^2 + 2x + 5$ में x के सबसे बड़े घात वाला पद x^3 है. इसका घातांक 3 है. अत: इस बहुपद का घात 3 है.

रैखिक बहुपद (Linear Polynomial): यदि बहुपद में प्रयुक्त चर का अधिकतम घात 1 हो तो उसे रैखिक बहुपद कहते हैं.
जैसे : $4x,\ 2x + 5,\ \sqrt{3} - y$

द्विघाती बहुपद (Quadratic Polynomial): यदि बहुपद में प्रयुक्त चर का अधिकतम घात 2 हो तो उसे द्विघाती बहुपद कहते हैं.
जैसे: $3x^2,\ 2x^2 - 5x + 3,\ y^2 + \frac{3}{5}y.$

प्रश्नमाला 31

निम्नलिखित प्रश्नों में से प्रत्येक में ठीक उत्तर को चिन्हांकित (✓) कीजिए:

1. व्यंजक $\frac{p^2-p}{2p^3+6p^2} \div \frac{p^2-1}{p^2+3p} \div \frac{p^2}{p+1}$ का सबसे सरल रूप होगा: **(एस.एस.सी.-सी.जी.एल. परीक्षा, 2020)**
(*a*) $2p^2$ (*b*) $\frac{1}{2p^2}$ (*c*) $p+3$ (*d*) $\frac{1}{p+3}$

2. $f(x) = 12x^3 - 13x^2 - 5x + 7$ को $(3x + 2)$ से विभाजित किया जाता है, तो शेषफल होगा:
(*a*) 0 (*b*) 2 (*c*) 1 (*d*) –1
(एस.एस.सी.-सी.जी.एल. परीक्षा, 2020)

3. यदि $a = 2 + \sqrt{3}$ तो $\left(a^2 + \frac{1}{a^2}\right)$ का मान है:
(*a*) 21 (*b*) 14 (*c*) 19 (*d*) 20
(एस.एस.सी.-सी.जी.एल. परीक्षा, 2020)

4. निम्नलिखित व्यंजकों में से कौन-सा बहुपद है ?
(*a*) $x + \frac{1}{x} - 2$ (*b*) $\sqrt{x} + \frac{1}{\sqrt{x}} + 3$
(*c*) $\sqrt{3}\,x^2 + \sqrt{2}x + 6$ (*d*) $x + 2\sqrt{x} + 3$

5. निम्नलिखित व्यंजकों में से कौन-सा बहुपद है ?
(*a*) $\sqrt{x} - 2$ (*b*) $\frac{1}{\sqrt{x}} + 3$
(*c*) $x - \frac{1}{x}$ (*d*) $2\,x$

6. निम्नलिखित व्यंजकों में से कौन-सा बहुपद है ?
(*a*) $x^{-2} + x^{-1} + 1$ (*b*) $x + x^{-1} + 2$
(*c*) $x^{-1} + 5$ (*d*) 0

7. निम्नलिखित में से कौन-सा रैखिक बहुपद है ?
(*a*) $x + \frac{1}{x}$ (*b*) $x + x^2$
(*c*) $x + 8$ (*d*) $\frac{3}{x} + 3$

8. यदि $x + x^{-1} = 2$ तो $\left(x^2 + \frac{1}{x^2}\right)\left(x^3 + \frac{1}{x^3}\right)$ का वह मान है:
(*a*) 20 (*b*) 4 (*c*) 15 (*d*) 18
(एस.एस.सी.-सी.जी.एल. परीक्षा, 2019)

9. निम्नलिखित में से कौन-सा व्यंजक द्विपदी है ?
(*a*) $x^2 + x + 3$ (*b*) $x^3 + 2$
(*c*) $2x^2$ (*d*) $x^2 + 3x + 5$

10. $\sqrt{2}$ किस घात का बहुपद है ?
(*a*) 2 (*b*) $\frac{1}{2}$ (*c*) 1 (*d*) 0

11. शून्य-बहुपद की घात कितनी है ?
(*a*) 0 (*b*) 1
(*c*) परिभाषित नहीं है (*d*) इनमें से कोई नहीं

12. यदि $p(x) = x^{\frac{1}{3}} + 3$ हो, तो निम्नलिखित में से कौन-सा कथन सत्य है ?

(a) $p(x)$ एक बहुपदी है जिसकी घात 3 है

(b) $p(x)$ एक बहुपदी है जिसकी घात $\frac{1}{3}$ है

(c) $p(x)$ एक व्यंजक है जो बहुपदी नहीं है

(d) इनमें से कोई नहीं

13. यदि $\frac{4+2\sqrt{5}}{4-3\sqrt{5}} = a+b\sqrt{5}$ हो, तो

(a) $a=\frac{46}{29}, b=\frac{-20}{29}$ (b) $a=\frac{-46}{29}, b=\frac{20}{29}$

(c) $a=\frac{46}{29}, b=\frac{20}{29}$ (d) $a=\frac{-46}{29}, b=\frac{-20}{29}$

14. यदि $\frac{(3\sqrt{2}-2\sqrt{3})}{(\sqrt{3}+\sqrt{2})} = a+b\sqrt{6}$ हो, तो

(a) $a=12,\ b=-5$ (b) $a=-12,\ b=5$

(c) $a=-12,\ b=-5$ (d) $a=12,\ b=5$

15. यदि $\sqrt{5}=2\cdot236$ हो, तो $\frac{(3-\sqrt{5})}{(3+\sqrt{5})}$ का मान कितना होगा?

(a) 0·134 (b) 0·124 (c) 0·764 (d) 0·146

16. यदि $x=\frac{(\sqrt{5}+\sqrt{3})}{(\sqrt{5}-\sqrt{3})}$ हो, तो $\left(x^3+\frac{1}{x^3}\right)=?$

(a) 512 (b) 625 (c) 488 (d) 424

17. यदि $x=6+2,\sqrt{6}$ है तो $\sqrt{x-1}+\frac{1}{\sqrt{x-1}}$ का मान क्या होगा?

(a) $2\sqrt{3}$ (b) $2\sqrt{2}$ (c) $4\sqrt{3}$ (d) $5\sqrt{3}$

(एस.एस.सी.-सी.जी.एल. परीक्षा, 2017)

18. यदि $a+b+c=27$ है तो $(a-7)^3+(b-9)^3+(c-11)^3-3(a-7)(b-9)(c-11)$ का मान क्या होगा?

(a) 9 (b) 2 (c) 0 (d) 3

(एस.एस.सी.-सी.जी.एल. परीक्षा, 2017)

19. यदि $x=(2+\sqrt{3})$ हो, तो $\left(x^3+\frac{1}{x^3}\right)=?$

(a) 52 (b) 56

(c) 72 (d) इनमें से कोई नहीं

20. यदि $x+y+z=9$ हो तो $(x-4)^3+(y-2)^3+(z-3)^3-3(x-4)(y-2)(z-3)$ का मान कितना है?

(a) 6 (b) 9 (c) 0 (d) 1

(एस.एस.सी.-सी.जी.एल. परीक्षा, 2016)

21. $\frac{\sqrt{3}+\sqrt{2}}{\sqrt{3}-\sqrt{2}}+\frac{\sqrt{3}-\sqrt{2}}{\sqrt{3}+\sqrt{2}}=?$

(a) 6 (b) 4 (c) 12 (d) 10

22. $(64)^{\frac{-1}{2}}=?$

(a) –8 (b) 8 (c) $\frac{-1}{8}$ (d) $\frac{1}{8}$

23. $\sqrt[3]{216}=?$

(a) 4 (b) 6 (c) 3 (d) 16

24. $\sqrt[3]{27}=?$

(a) घात 3 की करणी (b) $\frac{1}{3}$ घात की करणी

(c) 1 घात की करणी (d) एक करणी नहीं है

25. $\sqrt{3}, \sqrt[3]{9}$ तथा $\sqrt[6]{18}$ में से सबसे बड़ी संख्या कौन-सी है?

(a) $\sqrt{3}$ (b) $\sqrt[3]{9}$

(c) $\sqrt[6]{18}$ (d) सभी बराबर हैं

26. यदि $\left(x+\frac{1}{x}\right)=3$ हो, तो $\left(x^2+\frac{1}{x^2}\right)=?$

(a) 9 (b) 7 (c) 11 (d) 13

27. यदि $\left(x-\frac{1}{x}\right)=\frac{1}{2}$ हो, तो $\left(4x^2+\frac{4}{x^2}\right)=?$

(a) 7 (b) –7 (c) 9 (d) –9

28. यदि $\left(x+\frac{1}{x}\right)=\sqrt{3}$ हो, तो $\left(x^3+\frac{1}{x^3}\right)=?$

(a) 0 (b) $3\sqrt{3}$ (c) $3(\sqrt{3}-1)$ (d) $3(\sqrt{3}+1)$

29. यदि $\left(x^2+\frac{1}{x^2}\right)=102$ हो, तो $\left(x-\frac{1}{x}\right)=?$

(a) 8 (b) 10 (c) 12 (d) 13

30. यदि $\left(x^4+\frac{1}{x^4}\right)=322$ हो, तो $\left(x-\frac{1}{x}\right)=?$

(a) 4 (b) 6 (c) 8 (d) $3\sqrt{2}$

31. यदि $\left(x^3+\frac{1}{x^3}\right)=52$ हो, तो $\left(x+\frac{1}{x}\right)=?$

(a) 6 (b) 4 (c) 3 (d) 13

32. यदि $\left(x^3-\frac{1}{x^3}\right)=14$ हो, तो $\left(x-\frac{1}{x}\right)=?$

(a) 5 (b) 4 (c) 3 (d) 2

33. यदि $a+b=7$ तथा $ab=6$ हो, तो $(a^3+b^3)=?$

(a) 91 (b) 133 (c) 217 (d) 343

34. यदि $\sqrt{2}=1\cdot414$ हो, तो $\frac{1}{\sqrt{2}}=?$

(a) 0·471 (b) 0·707 (c) 0·713 (d) 1·707

35. यदि $\sqrt{3}=1\cdot732$ हो, तो $\frac{1}{\sqrt{3}}=?$

(a) 0·866 (b) 0·433

(c) 0·577 (d) इनमें से कोई नहीं

36. यदि $\frac{\sqrt{3}-1}{\sqrt{3}+1}=a+b\sqrt{3}$ हो, तो

(a) $a=2,\ b=1$ (b) $a=2,\ b=-1$

(c) $a=3,\ b=-2$ (d) $a=1,\ b=-2$

37. यदि $\frac{\sqrt{5}+\sqrt{3}}{\sqrt{5}-\sqrt{3}}=a+b\sqrt{15}$ हो, तो

(a) $a=3,\ b=2$ (b) $a=4,\ b=1$
(c) $a=5,\ b=3$ (d) $a=3,\ b=5$

38. यदि (x^3+6x^2+4x+k) पूर्णतया $(x+2)$ से विभाज्य हो, तो $k=?$
(a) -6 (b) -7 (c) -8 (d) -10

39. यदि (x^3-k) का एक गुणनखण्ड $(x-1)$ हो, तो $k=?$
(a) -1 (b) 1 (c) 2 (d) -2

40. यदि (x^3+10x^2+mx+n) के दो गुणनखण्ड $(x-1)$ तथा $(x+2)$ हों, तो
(a) $m=5,\ n=-3$ (b) $m=7,\ n=-18$
(c) $m=17,\ n=-8$ (d) $m=23,\ n=-19$

41. यदि $f(x)$ एक बहुपद ऐसा है कि $f(-2)=0$, तो $f(x)$ का एक गुणनखण्ड है :
(a) $x-2$ (b) $x+2$
(c) $2-x$ (d) इनमें से कोई नहीं

42. $(3x^3+x^2-12x-4)$ का एक गुणनखण्ड निम्नलिखित में से कौन-सा है ?
(a) $3x-1$ (b) $3x+1$ (c) $3x-2$ (d) $3x+2$

43. (x^3-6x+7) को $(x+1)$ से भाग देने पर शेषफल क्या होगा ?
(a) 0 (b) 2 (c) 7 (d) 12

44. $\sqrt{50}\times\sqrt{72}=?$
(a) 60 (b) 65 (c) $6\sqrt{5}$ (d) $15\sqrt{2}$

45. $\sqrt{20}\times\sqrt{45}$
(a) 25 (b) 30
(c) 35 (d) इनमें से कोई नहीं

46. $\sqrt{20}+\sqrt{80}+\sqrt{45}-\sqrt{180}=?$
(a) $4\sqrt{5}$ (b) $5\sqrt{3}$ (c) $3\sqrt{5}$ (d) $5\sqrt{5}$

47. $(125)^{-\frac{1}{3}}=?$
(a) -5 (b) $\frac{-1}{5}$ (c) 5 (d) $\frac{1}{5}$

48. $(27)^{\frac{2}{3}}=?$
(a) 6 (b) 9 (c) $\frac{1}{6}$ (d) $\frac{1}{9}$

49. $(81)^{\frac{-1}{4}}=?$
(a) 3 (b) -3 (c) $\frac{1}{3}$ (d) $\frac{-1}{3}$

50. $(5x^3+5x^2-6x+9)$ को $(x+3)$ से भाग देने पर शेषफल क्या होगा ?
(a) 63 (b) -63 (c) 135 (d) -135

51. यदि एक बहुपद $f(x)$ को $(2x+3)$ से भाग दें, तो शेषफल क्या होगा ?
(a) $f\left(\frac{2}{3}\right)$ (b) $f\left(\frac{-2}{3}\right)$ (c) $f\left(\frac{3}{2}\right)$ (d) $f\left(\frac{-3}{2}\right)$

52. $(x^{11}+1)$ को $(x+1)$ से भाग देने पर शेषफल क्या होगा ?
(a) 0 (b) 2 (c) 11 (d) 12

53. $(2x^3+5x^2-4x-6)$ को $(2x+1)$ से भाग देने पर शेषफल क्या होगा ?
(a) 3 (b) -3 (c) 6 (d) $\frac{-13}{2}$

54. यदि n एक धन पूर्णांक हो, तो (x^n-a^n) पूर्णतया $(x-a)$ से विभक्त होगा:
(a) n के सभी मानों के लिए
(b) केवल n के सम मानों के लिए
(c) केवल n के विषम मानों के लिए
(d) केवल n के अभाज्य मानों के लिए

55. यदि n एक धन पूर्णांक हो, तो (x^n-a^n) पूर्णतया $(x+a)$ से विभक्त होगा
(a) n के सभी मानों के लिए
(b) केवल n के सम मानों के लिए
(c) केवल n के विषम मानों के लिए
(d) केवल n के अभाज्य मानों के लिए

56. यदि n एक धन पूर्णांक हो, तो (x^n+a^n) पूर्णतया $(x+a)$ से विभक्त होगा :
(a) n के सभी मानों के लिए
(b) केवल n के सम मानों के लिए
(c) केवल n के विषम मानों के लिए
(d) केवल n के अभाज्य मानों के लिए

57. यदि n एक धन पूर्णांक हो तो (x^n+a^n) पूर्णतया $(x-a)$ से विभक्त होगा:
(a) n के सभी मानों के लिए
(b) n के सम मानों के लिए
(c) n के विषम मानों के लिए
(d) n के किसी भी मान के लिए नहीं

58. $(x+3)^3$ में x का गुणांक क्या होगा ?
(a) 1 (b) 9 (c) 18 (d) 27

59. यदि $a+b+c=0$ हो $a^3+b^3+c^3=?$
(a) 0 (b) abc (c) $2abc$ (d) $3abc$

60. बहुपद $p(x)=3x^2-1$ की शून्य कौन-सी हैं ?
(a) $\frac{1}{3},\frac{-1}{3}$ (b) $\frac{1}{3},\frac{-1}{\sqrt{3}}$
(c) $\frac{1}{\sqrt{3}},\frac{-1}{\sqrt{3}}$ (d) इनमें से कोई नहीं

61. $107\times93=?$
(a) 9021 (b) 9951
(c) 8881 (d) 9631

62. यदि $a+b=5$ तथा $ab=6$ हो, तो $(a^3-b^3)=?$
(a) 19 (b) -19 (c) 63 (d) -63

63. यदि $a+b+c=0$ हो, तो $(a^3+b^3+c^3)=?$
(a) 0 (b) abc
(c) $3\,abc$ (d) $(ab+bc+ca)$

64. यदि $a + b + c = 0$ हो, तो $\left(\frac{a^2}{bc}+\frac{b^2}{ca}+\frac{c^2}{ab}\right)=?$
(a) 0 (b) 1 (c) – 1 (d) 3

65. यदि $a + b + c = 9$ तथा $ab + bc + ca = 23$ हो, तो $(a^3+b^3+c^3-3abc)=?$
(a) 108 (b) 207 (c) 669 (d) 723

66. यदि $(x^2+3ax-2a)$ का एक गुणनखण्ड $(x - 2)$ हो, तो $a=?$
(a) 2 (b) – 2 (c) 1 (d) – 1

67. $(370)^2-(369)^2=?$
(a) 1 (b) 19
(c) 739 (d) इनमें से कोई नहीं

68. यदि $(x^{100}+x^{99}+k)$ पूर्णतया $(x + 1)$ से विभक्त हो, तो $k=?$
(a) 1 (b) – 1 (c) 2 (d) 0

69. यदि (x^3+3x^2+4x+k) का एक गुणनखण्ड $(x + 6)$ हो, तो $k=?$
(a) 33 (b) 36 (c) 66 (d) 132

70. $a^2+b-ab-a=?$
(a) $(a+1)(a-b)$ (b) $(a-1)(a+b)$
(c) $(a-1)(a-b)$ (d) इनमें से कोई नहीं

71. $a(a+b-c)-bc=?$
(a) $(a+c)(a-b)$ (b) $(a-c)(a-b)$
(c) $(a-c)(a+b)$ (d) इनमें से कोई नहीं

72. $a(a-2b-c)+2bc=?$
(a) $(a-c)(a-2b)$ (b) $(a-c)(a+2b)$
(c) $(a+c)(a-2b)$ (d) इनमें से कोई नहीं

73. $a-b-a^2+b^2=?$
(a) $(a+b)(a-b-1)$ (b) $(a-b)(1-a-b)$
(c) $(a-b)(1+a-b)$ (d) इनमें से कोई नहीं

74. $1+2ab-a^2-b^2=?$
(a) $(1+a-b)(1-a+b)$ (b) $(1-a+b)(1-a-b)$
(c) $(1+a-b)(1-a+b)$ (d) इनमें से कोई नहीं

75. $20x^2-45=?$
(a) $(5x-9)(4x-5)$ (b) $5(2x-3)^2$
(c) $5(x-3)(x+3)$ (d) $5(2x-3)(2x+3)$

76. $x-64x^3=?$
(a) $x(8x-1)(8x+1)$ (b) $(8x^2-1)(8x^2+1)$
(c) $x(1-8x)(1+8x)$ (d) इनमें से कोई नहीं

77. $a^2-b^2-4ac+4c^2=?$
(a) $(a-b-2c)(a-b+2c)$ (b) $(a-2c+b)(a-2c-b)$
(c) $(a+2c-b)(a+2c+b)$ (d) इनमें से कोई नहीं

78. $3x^3-48x=?$
(a) $3x(x^2+16)$ (b) $3x(x-4)(x+4)$
(c) $4x(x-3)(x+3)$ (d) इनमें से कोई नहीं

79. $2-50x^2=?$
(a) $(\sqrt{2}-5x)(\sqrt{2}+5x)$ (b) $2(1-5x)^2$
(c) $2(1-5x)(1+5x)$ (d) $2(5x-1)(5x+1)$

80. $8ab^2-18a^3=?$
(a) $2(2ab+3a)(2ab-3a)$ (b) $2a(2a+3b)(2a-3b)$
(c) $2a(2b-3a)(2b+3a)$ (d) इनमें से कोई नहीं

81. $(a+b)^3-a-b=?$
(a) $(a+b-1)(a+b+1)$
(b) $(a+b)(a+b-1)(a+b+1)$
(c) $(a-b)(a-b-1)(a-b+1)$
(d) इनमें से कोई नहीं

82. $150-6x^2=?$
(a) $6(25+x^2)$ (b) $6(x+5)(x-5)$
(c) $6(5-x)(5+x)$ (d) इनमें से कोई नहीं

83. $(3a-1)^2-6a+2=?$
(a) $(3a-1)(a-3)$ (b) $3(3a-1)(a-1)$
(c) $3(1-3a)(1+a)$ (d) इनमें से कोई नहीं

84. $ab(x^2+y^2)-xy(a^2+b^2)=?$
(a) $(bx+ay)(ax-by)$ (b) $(bx-ay)(ax+by)$
(c) $(bx-ay)(ax-by)$ (d) इनमें से कोई नहीं

85. $x^2-(a+b)x+ab=?$
(a) $(x-a)(x-b)$ (b) $(x-a)(x+b)$
(c) $(x+a)(x-b)$ (d) इनमें से कोई नहीं

86. $(ax+by)^2+(bx-ay)^2=?$
(a) $(a^2+b^2)(x^2-y^2)$ (b) $(a^2-b^2)(x^2+y^2)$
(c) $(a^2+b^2)(x^2+y^2)$ (d) इनमें से कोई नहीं

87. $2x^2+3\sqrt{3}x+3=?$
(a) $(x+\sqrt{3})(2x+\sqrt{3})$ (b) $(\sqrt{3}x+1)(2x+1)$
(c) $(\sqrt{3}x+1)(2\sqrt{3}x+3)$ (d) इनमें से कोई नहीं

88. $\sqrt{2}x^2+3x+\sqrt{2}=?$
(a) $(x+\sqrt{2})(x+\sqrt{3})$ (b) $(x+\sqrt{2})(2x+1)$
(c) $(x+\sqrt{2})(\sqrt{2}x+1)$ (d) इनमें से कोई नहीं

89. $3x^3-x^2-10x=?$
(a) $(x^2-2)(3x+5)$ (b) $(x^2+2)(3x-5)$
(c) $x(x-2)(3x+5)$ (d) $x(x+2)(3x-5)$

90. $8a^2-27ab+9b^2=?$
(a) $(a-3b)(8a-3b)$ (b) $(3b-a)(8a+3b)$
(c) $(a+3b)(3b-8a)$ (d) इनमें से कोई नहीं

91. $16a^4+54a=?$
(a) $(2a+3)(4a^3-6a+9)$
(b) $(2a^2+3)(4a^2-6a+9)$
(c) $2a(2a+3)(4a^2-6a+9)$
(d) इनमें से कोई नहीं

92. $(1-27x^3)=?$
(a) $(1-3x)(1+9x^2-3x)$ (b) $(1-3x)(1+3x+9x^2)$
(c) $(1+3x)(1-3x+9x^2)$ (d) इनमें से कोई नहीं

93. $(7a^3+56b^3)=?$
(a) $7(a+2b)(a^2+2ab+4b^2)$
(b) $7(a+2b)(a^2-2ab+4b^2)$

(*c*) $(7a+8b)(a^2-2ab+4b^2)$
(*d*) इनमें से कोई नहीं

94. $a^3-0\cdot064=?$
(*a*) $(a-0\cdot4)(a^2+0\cdot4a+1\cdot6)$
(*b*) $(a-0\cdot04)(a^2+0\cdot04a-0\cdot0016)$
(*c*) $(a-0\cdot4)(a^2+0\cdot4a+0\cdot16)$
(*d*) इनमें से कोई नहीं

95. $a-8ab^3=?$
(*a*) $a(1-2b)(1-2b+4b^2)$
(*b*) $a(1-2b)(1+2b+4b^2)$
(*c*) $(a-2b)(a^2+2ab+4b^2)$
(*d*) इनमें से कोई नहीं

96. $64x^3-343=?$
(*a*) $(4x-7)(16x^2+28x+49)$
(*b*) $(4x-7)(16x^2-28x+49)$
(*c*) $(4x-7)(16x^2-28x-49)$
(*d*) इनमें से कोई नहीं

97. $32x^4-500x=?$
(*a*) $x(8x-25)(4x^2+10x+20)$
(*b*) $4x(2x-5)(4x^2-10x+25)$
(*c*) $4x(2x-5)(4x^2+10x+25)$
(*d*) इनमें से कोई नहीं

98. $a^3+a-3a^2-3=?$
(*a*) $(a-3)(a^2+1)$ (*b*) $(a^2+3)(a-1)$
(*c*) $(3-a)(1+a^2)$ (*d*) इनमें से कोई नहीं

99. $(x^4+4)=?$
(*a*) $(x^2+2)^2$
(*b*) $(x^2+2)(x^2-2)$
(*c*) $(x^2+2+2x)(x^2+2-2x)$
(*d*) इनमें से कोई नहीं

100. $(a+b)^3-(a-b)^3=?$
(*a*) $2b(3a^2+b^2)$ (*b*) $2b(3b^2+a^2)$
(*c*) $2a(3a^2+b^2)$ (*d*) $2a(a^2+3b^2)$

101. $(a-b)^3+(b-c)^3+(c-a)^3=?$
(*a*) $(a+b+c)(a^2+b^2+c^2-ab-bc-ca)$
(*b*) $(a-b-c)(a^2+b^2+c^2+ab+bc+ca)$
(*c*) $(a-b)(b-c)(c-a)$
(*d*) $3(a-b)(b-c)(c-a)$

102. $(x^4+x^2+25)=?$
(*a*) $(x^2+3x+5)(x^2+3x-5)$
(*b*) $(x^2+5-3x)(x^2+5+3x)$
(*c*) $(x^2-5-3x)(x^2-5+3x)$
(*d*) इनमें से कोई नहीं

103. $(x^2-1-2a-a^2)=?$
(*a*) $(x-a+1)(x-a-1)$ (*b*) $(x+a-1)(x-a+1)$
(*c*) $(x+a+1)(x-a-1)$ (*d*) इनमें से कोई नहीं

104. यदि $a+b+c=4\sqrt{3}$ और $a^2+b^2+c^2=16$, तो $a:b:c$ का अनुपात होगा: **(एस.एस.सी.-सी.जी.एल. परीक्षा, 2019)**
(*a*) 1 : 1 : 1 (*b*) 1 : 2 : 1
(*c*) 1 : 2 : 5 (*d*) 2 : 1 : 9

105. $(x^2+5x-24)=?$
(*a*) $(x-8)(x-3)$ (*b*) $(x-8)(x+3)$
(*c*) $(x+8)(x-3)$ (*d*) इनमें से कोई नहीं

106. $2x^2-x-21=?$
(*a*) $(2x+7)(x-3)$ (*b*) $(2x-7)(x+3)$
(*c*) $(2x-3)(x+7)$ (*d*) $(2x+3)(x-7)$

107. यदि $a+b=1, c+d=1$ और $a-b=\frac{d}{c}$ तो c^2-d^2 का मान है: **(एस.एस.सी.-सी.जी.एल. परीक्षा, 2019)**
(*a*) $\frac{a}{b}$ (*b*) $\frac{b}{a}$ (*c*) 2 (*d*) –4

108. यदि $x=3t, y=\frac{1}{2}(t+1)$ तो, t का वह मान जिसके लिए $x=2y$ है। **(एस.एस.सी.-सी.जी.एल. परीक्षा, 2019)**
(*a*) 1 (*b*) –1 (*c*) $\frac{1}{2}$ (*d*) $\frac{2}{5}$

109. यदि $x^2+\frac{1}{5}x+a^2$ एक पूर्ण वर्ग है, तो a का वह मान है:
(*a*) $\frac{1}{100}$ (*b*) $\pm\frac{1}{10}$ (*c*) $\frac{1}{25}$ (*d*) $\frac{1}{20}$
(एस.एस.सी.-सी.जी.एल. परीक्षा, 2019)

110. यदि a, b, c सभी धनात्मक पूर्णांक हो, तो $a^3+b^3+c^3-3abc$ का न्यूनतम धनात्मक मान है:
(*a*) 1 (*b*) 2 (*c*) 5 (*d*) 4
(एस.एस.सी.-सी.जी.एल. परीक्षा, 2019)

111. यदि $16x^2+9y^2+4z^2=24(x-y+z)-61$, तो $(xy+2z)$ का मान क्या होगा?
(*a*) 1 (*b*) 5 (*c*) 2 (*d*) 8
(एस.एस.सी.-सी.जी.एल. परीक्षा, 2018)

112. यदि $[8(x+y)^3-27(x-y)^3]\div(5y-x)=Ax^2+Bxy+Cy^2$, तो $(A+B+C)$ का मान होगा:
(*a*) 12 (*b*) 16 (*c*) 14 (*d*) 20
(एस.एस.सी.-सी.जी.एल. परीक्षा, 2018)

113. यदि $x+y+z=19, xy+yz+zx=114$, तो $\sqrt{x^3+y^3+z^3-3xyz}$ का मान होगा:
(*a*) 13 (*b*) 15 (*c*) 19 (*d*) 20
(एस.एस.सी.-सी.जी.एल. परीक्षा, 2018)

114. यदि $x+y+z=19, x^2+y^2+z^3=133$ और $xz=y^2$, तो z और x के बीच का अंतर होगा:
(a) 3 (b) 4 (c) 5 (d) 6
(एस.एस.सी.-सी.जी.एल. परीक्षा, 2018)

115. यदि $x^4+x^{-4}=194, x>0$, तो $(x-2)^2$ का मान क्या होगा?

(a) 1 (b) 3 (c) 2 (d) 4

(एस.एस.सी.-सी.जी.एल. परीक्षा, 2018)

116. यदि $(5\sqrt{5}x^3 - 81\sqrt{3}y^3) \div (\sqrt{5}x - 3\sqrt{3}y) = (Ax^2 + By^2 + Cxy)$, तो $\left(6A + B - \sqrt{15}C\right)$ का मान होगा?

(a) 10 (b) 12 (c) 15 (d) 13

(एस.एस.सी.-सी.जी.एल. परीक्षा, 2018)

117. यदि $x + \frac{1}{x} = 2$, तो $x^{64} + x^{121}$ का मान क्या है?

(a) 0 (b) 1 (c) 2 (d) 5

(एस.एस.सी.-सी.जी.एल. परीक्षा, 2017)

118. यदि $x = \frac{2\sqrt{15}}{\sqrt{3}+\sqrt{5}}$, है तो $\frac{x+\sqrt{5}}{x-\sqrt{5}} + \frac{x+\sqrt{3}}{x-\sqrt{3}}$ का मान क्या है? (एस.एस.सी.-सी.जी.एल. परीक्षा, 2017)

(a) 2 (b) $\sqrt{5}$ (c) $\sqrt{6}$ (d) $2\sqrt{2}$

119. $(b^2 + c^2)\, a + (c^2 + a^2)\, b + (a^2 + b^2)\, c + 2abc$ का सरलीकृत मान क्या होगा?

(a) $(a + b)(b + c)(c + a)$

(b) $(a - b)(b - c)(c - a)$

(c) $ab + bc + ca$

(d) $(a + b + c)(ab + bc + ca)$

(झारखण्ड कर्म. चयन आयोग (जे.एस.एस.सी.) स्नातक स्तर (प्रा.) परीक्षा, 2016)

120. यदि $ab = 21$ और $\frac{(a+b)^2}{(a-b)^2} = \frac{25}{4}$ हो तो $a^2 + b^2 + 3ab$ का मान क्या होगा?

(a) 115 (b) 121 (c) 125 (d) 127

(एस.एस.सी.-सी.जी.एल. परीक्षा, 2016)

121. यदि $(a-b) = 2, \left(a^3 - b^3\right) = 26$ हो तो $(a+b)$ का मान क्या होगा?

(a) 9 (b) 4 (c) 16 (d) 12

(एस.एस.सी.-सी.जी.एल. परीक्षा, 2016)

122. यदि $x = 11$ तो $x^5 - 12x^4 + 12x^3 - 12x^2 + 12x - 1$ का मान क्या होगा?

(a) 5 (b) 10 (c) 15 (d) 20

(एस.एस.सी.-सी.जी.एल. परीक्षा, 2014)

123. यदि $3x + \frac{3}{x} = 1$ है, तो $x^3 + \frac{1}{x^3} + 1$ का मान क्या होगा?

(a) 0 (b) $\frac{1}{27}$ (c) $\frac{5}{27}$ (d) $\frac{28}{27}$

(एस.एस.सी.-सी.जी.एल. परीक्षा, 2014)

उत्तरमाला (प्रश्नमाला 31)

1. (b)	2. (c)	3. (b)	4. (c)	5. (d)	6. (d)	7. (c)	8. (b)	9. (b)	10. (d)	11. (c)	12. (c)
13. (d)	14. (b)	15. (d)	16. (c)	17. (a)	18. (c)	19. (a)	20. (c)	21. (d)	22. (d)	23. (b)	24. (d)
25. (a)	26. (b)	27. (c)	28. (a)	29. (b)	30. (a)	31. (b)	32. (d)	33. (c)	34. (b)	35. (c)	36. (b)
37. (b)	38. (c)	39. (b)	40. (b)	41. (b)	42. (b)	43. (d)	44. (a)	45. (b)	46. (c)	47. (d)	48. (b)
49. (c)	50. (b)	51. (d)	52. (a)	53. (b)	54. (a)	55. (b)	56. (c)	57. (d)	58. (d)	59. (d)	60. (c)
61. (b)	62. (a)	63. (c)	64. (d)	65. (a)	66. (d)	67. (c)	68. (d)	69. (d)	70. (d)	71. (c)	72. (a)
73. (b)	74. (c)	75. (d)	76. (c)	77. (b)	78. (b)	79. (c)	80. (c)	81. (b)	82. (c)	83. (b)	84. (c)
85. (a)	86. (c)	87. (a)	88. (c)	89. (c)	90. (a)	91. (c)	92. (b)	93. (b)	94. (c)	95. (b)	96. (a)
97. (c)	98. (a)	99. (c)	100. (a)	101. (d)	102. (b)	103. (c)	104. (a)	105. (c)	106. (b)	107. (b)	108. (c)
109. (b)	110. (d)	111. (b)	112. (b)	113. (c)	114. (c)	115. (b)	116. (b)	117. (c)	118. (a)	119. (a)	120. (b)
121. (c)	122. (b)	123. (b)									

दिये गये प्रश्नों के हल (प्रश्नमाला 31)

1. $\frac{p^2 - p}{2p^3 + 6p^2} \div \frac{p^2 - 1}{p^2 + 3p} \div \frac{p^2}{p+1}$

$= \frac{p(p-1)}{2p^2(p+3)} \times \frac{p(p+3)}{(p-1)(p+1)} \times \frac{p+1}{p^2}$

$= \frac{1}{2p^2}$

2. $f(x) = 12x^3 - 13x^2 - 5x + 7$

चूँकि $f(x)$ को $(3x + 2)$ से विभाजित किया जाता है।

इसलिए,

$3x + 2 = 0$

$x = -\frac{2}{3}$

$f\left(-\frac{2}{3}\right)$

शेषफल $= 12\left(-\frac{2}{3}\right)^3 - 13\left(\frac{2}{3}\right) - 5\left(-\frac{2}{3}\right) + 7$

$= 12\left(-\frac{8}{27}\right) - 13\left(\frac{4}{9}\right) - 5\left(-\frac{2}{3}\right) + 7$

$= -\frac{32}{9} - \frac{52}{9} + \frac{10}{3} + 7$

$= \frac{-84 + 93}{9} = \frac{9}{9} = 1$

वैकल्पिक विधि

$$\begin{array}{r|l} & 4x^2-7x+3 \\ 3x+2 & 12x^3-13x^2-5x+7 \\ & \underline{12x^3+8x^2} \\ & -21x^2-5x \\ & \underline{-21x^2-14x} \\ & +9x+7 \\ & \underline{+9x+6} \\ & 1 \end{array}$$

अतः शेषफल = 1

3. $a = 2+\sqrt{3}$

अतः $\frac{1}{a} = \frac{1}{2+\sqrt{3}}$

$= \frac{1}{(2+\sqrt{3})}\frac{(2-\sqrt{3})}{(2-\sqrt{3})}$

$= \frac{2-\sqrt{3}}{4-3} = (2-\sqrt{3})$

$\therefore\ a+\frac{1}{a} = 2+\sqrt{3}+2-\sqrt{3} = 4$

$\therefore\ \left(a^2+\frac{1}{a^2}\right) = \left(a+\frac{1}{a}\right)^2 - 2a\frac{1}{a}$

$= (4)^2-2$
$= 16-2$
$= 14$

4. स्पष्ट है कि $(\sqrt{3}x^2+\sqrt{2}x+6)$ एक बहुपद है।

5. स्पष्ट है कि $2x$ एक बहुपद है।

6. स्पष्ट है कि 0 बहुपद है।

7. स्पष्ट है कि $x+8$ एक रैखिक बहुपद है।

8. $x=1$ समीकरण को सतुंष्ट करता है: $x+x^{-1}=2$

इसलिए $\left(x^2+\frac{1}{x^2}\right)\left(x^3+\frac{1}{x^3}\right)$ में $x=1$ रखने पर

$= (1+1)(1+1) = 4$

9. इनमें से (x^3+2) एक द्विपदी व्यंज़क है।

10. स्पष्ट है कि $\sqrt{2}$ एक अचर बहुपद है जिसकी घात शून्य है।

11. शून्य-बहुपद की घात परिभाषित नहीं है।

12. $P(x) = x^{1/3}+3$ एक व्यंजक है जो बहुपदी नहीं है।

13. $\frac{(4+2\sqrt{5})}{(4-3\sqrt{5})} = \frac{(4+2\sqrt{5})}{(4-3\sqrt{5})}\times\frac{(4+3\sqrt{5})}{(4+3\sqrt{5})}$

$= \frac{(4+2\sqrt{5})(4+3\sqrt{5})}{(16-45)} = \frac{(16+30+12\sqrt{5}+8\sqrt{5})}{-29}$

$= \frac{(46+20\sqrt{5})}{-29} = \frac{-46}{29} - \frac{20}{29}\cdot\sqrt{5}$

$\therefore\ (a+b\sqrt{5}) = \frac{-46}{29} - \frac{20}{29}\cdot\sqrt{5} \Rightarrow a = \frac{-46}{29}, b = \frac{-20}{29}.$

14. $\frac{(3\sqrt{2}-2\sqrt{3})}{(\sqrt{3}+\sqrt{2})} = \frac{(3\sqrt{2}-2\sqrt{3})}{(\sqrt{3}+\sqrt{2})}\times\frac{(\sqrt{3}-\sqrt{2})}{(\sqrt{3}-\sqrt{2})}$

$= \frac{(3\sqrt{2}-2\sqrt{3})(\sqrt{3}-\sqrt{2})}{(3-2)}$

$= 3\sqrt{6}-6-6+2\sqrt{6} = (5\sqrt{6}-12).$

$\therefore\ (a+b\sqrt{6}) = (-12+5\sqrt{6}) \Rightarrow a=-12, b=5.$

15. $\frac{(3-\sqrt{5})}{(3+\sqrt{5})} = \frac{(3-\sqrt{5})}{(3+\sqrt{5})}\times\frac{(3-\sqrt{5})}{(3-\sqrt{5})} = \frac{(3-\sqrt{5})^2}{(9-5)}$

$= \frac{(9+5-6\sqrt{5})}{4} = \frac{(14-6\sqrt{5})}{4} = \frac{(7-3\sqrt{5})}{2}$

$= \frac{(7-3\times2\cdot236)}{2} = \frac{(7-6\cdot708)}{2} = \frac{0\cdot292}{2} = 0\cdot146.$

16. $\left(x+\frac{1}{x}\right) = \frac{(\sqrt{5}+\sqrt{3})}{(\sqrt{5}-\sqrt{3})} + \frac{(\sqrt{5}-\sqrt{3})}{(\sqrt{5}+\sqrt{3})}$

$= \frac{(\sqrt{5}+\sqrt{3})^2+(\sqrt{5}-\sqrt{3})^2}{(5-3)} = \frac{2(5+3)}{2} = 8$

$\Rightarrow \left(x+\frac{1}{x}\right)^3 = 8^3 = 512$

$\Rightarrow \left(x^3+\frac{1}{x^3}\right) + 3x\cdot\frac{1}{x}\left(x+\frac{1}{x}\right) = 512$

$\Rightarrow x^3+\frac{1}{x^3}+3\times1\times8 = 512$

$\Rightarrow \left(x^3+\frac{1}{x^3}\right) = (512-24) = 488.$

17. प्रश्नानुसार दिया गया है कि

$x = 6+2\sqrt{6}$

$\Rightarrow x = 5+1+2\sqrt{6}$

$\Rightarrow x-1 = (\sqrt{3})^2+(\sqrt{2})^2+2\sqrt{3}\sqrt{2}$

$x-1 = (\sqrt{3}+\sqrt{2})^2$

अतः

$\sqrt{x-1}+\frac{1}{\sqrt{x-1}}$

$= (\sqrt{3}+\sqrt{2})+\frac{1}{\sqrt{3}+\sqrt{2}}$

$= (\sqrt{3}+\sqrt{2})+\frac{(\sqrt{3}-\sqrt{2})}{(\sqrt{3}+\sqrt{2})(\sqrt{3}-\sqrt{2})}$

$= (\sqrt{3}+\sqrt{2})+\frac{\sqrt{3}-\sqrt{2}}{3-2}$

$= \sqrt{3}+\sqrt{2}+\sqrt{3}-\sqrt{2}$

$= 2\sqrt{3}$

18. दिया गया है कि

$a+b+c = 27$

$\Rightarrow a+b+c = 7+9+11$

$\Rightarrow (a-7)+(b-9)+(c-11)=0$ ...(i)

अब हम जानते हैं कि यदि

$(a+b+c)=0$

तब, $(a^3+b^3+c^3-3\,abc=0)$

अत:

$(a-7)^3+(b-9)^3+(c-11)^3-3(a-7)(b-9)(c-11)=0$

[$\because$ (i) से $(a-7)+(b-9)+(c-11)=0$]

19. $\dfrac{1}{x}=\dfrac{1}{(2+\sqrt{3})}\times\dfrac{(2-\sqrt{3})}{(2-\sqrt{3})}=\dfrac{(2-\sqrt{3})}{(4-3)}=(2-\sqrt{3})$.

$\therefore \left(x+\dfrac{1}{x}\right)=(2+\sqrt{3})+(2-\sqrt{3})=4$

$\Rightarrow \left(x+\dfrac{1}{x}\right)^3=64 \Rightarrow x^3+\dfrac{1}{x^3}+3x\cdot\dfrac{1}{x}\left(x+\dfrac{1}{x}\right)=64$

$\Rightarrow x^3+\dfrac{1}{x^3}+3\times 4=64 \Rightarrow x^3+\dfrac{1}{x^3}=52.$

20. यदि $a+b+c=0$ तो $a^3+b^3+c^3-3abc=0$

यहाँ $x-4+y-2+z-3=x+y+z-9$

$\Rightarrow\ 9-9-0$

$\therefore\ (x-4)^3+(y-2)^3+(z-3)^3-3(x-4)(y-2)(z-3)=0$

21. दिया गया व्यंजक

$=\dfrac{(\sqrt{3}+\sqrt{2})}{(\sqrt{3}-\sqrt{2})}\times\dfrac{(\sqrt{3}+\sqrt{2})}{(\sqrt{3}+\sqrt{2})}+\dfrac{\sqrt{3}-\sqrt{2})}{(\sqrt{3}+\sqrt{2})}\times\dfrac{(\sqrt{3}-\sqrt{2})}{(\sqrt{3}-\sqrt{2})}$

$=\dfrac{(\sqrt{3}+\sqrt{2})^2}{(3-2)}+\dfrac{(\sqrt{3}-\sqrt{2})^2}{(3-2)}=(\sqrt{3}+\sqrt{2})^2+(\sqrt{3}-\sqrt{2})^2$

$=2(3+2)=(2\times 5)=10.$

22. $(64)^{-\frac{1}{2}}=(8^2)^{-\frac{1}{2}}=8^{\left\{2\times\frac{(-1)}{2}\right\}}=8^{-1}=\dfrac{1}{8}.$

23. $\sqrt[3]{216}=\sqrt[3]{6\times 6\times 6}=6.$

24. $\sqrt[3]{27}=3$ जो एक परिमेय संख्या है.

अत: $\sqrt[3]{27}$ एक करणी नहीं है.

25. 2, 3, 6 का ल०स० = 6.

प्रत्येक करणी को घात 6 की करणी में बदलने पर:

$\sqrt{3}=3^{\frac{1}{2}}=(3^3)^{\frac{1}{6}}=(27)^{\frac{1}{6}}$;

$\sqrt[3]{3}=3^{\frac{1}{3}}=(3^2)^{\frac{1}{6}}=(9)^{\frac{1}{6}}$;

तीसरी संख्या $=(18)^{\frac{1}{6}}$.

स्पष्ट है कि इन सब में से $(27)^{\frac{1}{6}}$ अर्थात् $\sqrt{3}$ सबसे बड़ी संख्या है.

26. $\left(x+\dfrac{1}{x}\right)=3 \Rightarrow \left(x+\dfrac{1}{x}\right)^2=9 \Rightarrow x^2+\dfrac{1}{x^2}+2=9$

$\Rightarrow x^2+\dfrac{1}{x^2}=(9-2)=7.$

27. $\left(x-\dfrac{1}{x}\right)=\dfrac{1}{2} \Rightarrow \left(x-\dfrac{1}{x}\right)^2=\dfrac{1}{4}$

$\Rightarrow x^2+\dfrac{1}{x^2}-2x\times\dfrac{1}{x}=\dfrac{1}{4} \Rightarrow x^2+\dfrac{1}{x^2}-2=\dfrac{1}{4}$

$\Rightarrow \left(x^2+\dfrac{1}{x^2}\right)=\left(2+\dfrac{1}{4}\right)=\dfrac{9}{4}$

$\Rightarrow \left(4x^2+\dfrac{4}{x^2}\right)=4\left(x^2+\dfrac{1}{x^2}\right)=\left(4\times\dfrac{9}{4}\right)=9.$

28. $\left(x+\dfrac{1}{x}\right)=\sqrt{3} \Rightarrow \left(x+\dfrac{1}{x}\right)^3=3\sqrt{3}$

$\Rightarrow x^3+\dfrac{1}{x^3}+3x\cdot\dfrac{1}{x}\left(x+\dfrac{1}{x}\right)=3\sqrt{3}$

$\Rightarrow x^3+\dfrac{1}{x^3}+3\sqrt{3}=3\sqrt{3} \Rightarrow \left(x^3+\dfrac{1}{x^3}\right)=0.$

29. $\left(x^2+\dfrac{1}{x^2}\right)=102 \Rightarrow x^2+\dfrac{1}{x^2}-2=100$

$\Rightarrow \left(x-\dfrac{1}{x}\right)^2=(10)^2 \Rightarrow \left(x-\dfrac{1}{x}\right)=10.$

30. $\left(x^4+\dfrac{1}{x^4}\right)=322 \Rightarrow \left(x^4+\dfrac{1}{x^4}+2\right)=324$

$\Rightarrow \left(x^2+\dfrac{1}{x^2}\right)^2=(18)^2 \Rightarrow x^2+\dfrac{1}{x^2}=18$

$\Rightarrow x^2+\dfrac{1}{x^2}-2=16 \Rightarrow \left(x-\dfrac{1}{x}\right)^2=4^2 \Rightarrow \left(x-\dfrac{1}{x}\right)=4.$

31. $\left(x+\dfrac{1}{x}\right)^3=\left(x^3+\dfrac{1}{x^3}\right)+3\left(x+\dfrac{1}{x}\right)$

$\Rightarrow \left(x+\dfrac{1}{x}\right)^3-3\left(x+\dfrac{1}{x}\right)=\left(x^3+\dfrac{1}{x^3}\right)$

$\Rightarrow \left(x+\dfrac{1}{x}\right)^3-3\left(x+\dfrac{1}{x}\right)=52 \Rightarrow y^3-3y=52,$

जहाँ $\left(x-\dfrac{1}{x}\right)=y$

$\Rightarrow y^3-3y-52=0 \Rightarrow y=4 \Rightarrow \left(x+\dfrac{1}{x}\right)=4.$

32. $\left(x-\dfrac{1}{x}\right)^3=\left(x^3-\dfrac{1}{x^3}\right)-3\left(x-\dfrac{1}{x}\right)$

$\Rightarrow \left(x-\dfrac{1}{x}\right)^3+3\left(x-\dfrac{1}{x}\right)=\left(x^3-\dfrac{1}{x^3}\right)$

$\Rightarrow \left(x-\dfrac{1}{x}\right)^3+3\left(x-\dfrac{1}{x}\right)=14$

$\Rightarrow y^3+3y-14=0,$ जहाँ $\left(x-\dfrac{1}{x}\right)=y$

$\Rightarrow y=2 \Rightarrow \left(x-\dfrac{1}{x}\right)=2.$

33. $(a^3+b^3)=(a+b)^3-3ab\,(a+b)$
$=(7)^3-3\times6\times7=(343-126)=217.$

34. $\frac{1}{\sqrt{2}}=\left(\frac{1}{\sqrt{2}}\times\frac{\sqrt{2}}{\sqrt{2}}\right)=\frac{\sqrt{2}}{2}=\frac{1\cdot414}{2}=0\cdot707.$

35. $\frac{1}{\sqrt{3}}=\left(\frac{1}{\sqrt{3}}\times\frac{\sqrt{3}}{\sqrt{3}}\right)=\frac{\sqrt{3}}{3}=\frac{1\cdot732}{3}=0\cdot577.$

36. $\frac{(\sqrt{3}-1)}{(\sqrt{3}+1)}=\frac{(\sqrt{3}-1)}{(\sqrt{3}+1)}\times\frac{(\sqrt{3}-1)}{(\sqrt{3}-1)}=\frac{(\sqrt{3}-1)^2}{(3-1)}$
$=\frac{(3+1-2\sqrt{3})}{2}=\frac{(4-2\sqrt{3})}{2}=(2-\sqrt{3}).$
$\therefore\ (a+b\sqrt{3})=(2-\sqrt{3})\Rightarrow a=2, b=-1.$

37. $\frac{(\sqrt{5}+\sqrt{3})}{(\sqrt{5}-\sqrt{3})}=\frac{(\sqrt{5}+\sqrt{3})}{(\sqrt{5}-\sqrt{3})}\times\frac{(\sqrt{5}+\sqrt{3})}{(\sqrt{5}+\sqrt{3})}$
$=\frac{(\sqrt{5}+\sqrt{3})^2}{(5-3)}=\frac{5+3+2\sqrt{15}}{2}=\frac{(8+2\sqrt{15})}{2}=(4+\sqrt{15}).$
$\therefore\ (a+b\sqrt{15})=(4+\sqrt{15})\Rightarrow a=4, b=1.$

38. माना $f(x)=x^3+6x^2+4x+k.$ तब, $f(-2)=0.$
$\therefore\ (-2)^3+6\times(-2)^2+4\times(-2)+k=0$
$\Rightarrow -8+24-8+k=0\Rightarrow k=-8.$

39. माना $f(x)=(x^3-k).$ तब, $f(1)=0.$
$\therefore\ 1^3-k=0\Rightarrow k=1.$

40. माना $f(x)=x^3+10x^2+mx+n.$ तब,
$f(1)=0$ तथा $f(-2)=0.$
$f(1)=0\Rightarrow 1^3+10\times1^2+m\times1+n=0\Rightarrow m+n=-11.$
$f(-2)=0\Rightarrow -8+10\times(-2)^2+m\times(-2)+n=0$
$\Rightarrow 2m-n=32.$
इन्हें हल करने पर: $m=7$ तथा $n=-18.$

41. चूँकि $f(-2)=0$ है, अतः $f(x)$ का एक गुणनखण्ड $(x+2)$ है.

42. माना $f(x)=3x^3+x^2-12x-4.$
तब, $f\left(\frac{-1}{3}\right)=3\times\frac{(-1)}{27}+\frac{1}{9}-12\times\frac{(-1)}{3}-4=0.$
अतः $f(x)$ का एक गुणनखण्ड $(3x+1)$ है.

43. माना $f(x)=x^3-6x+7.$
तब, $f(-1)=(-1)^3-6\times(-1)+7=(-1+6+7)=12.$
अतः (x^3-6x+7) को $(x+1)$ से भाग देने पर शेषफल = 12.

44. $\sqrt{50}\times\sqrt{72}=\sqrt{25\times2}\times\sqrt{36\times2}$
$=5\sqrt{2}\times6\sqrt{2}=(30\times2)=60.$

45. $\sqrt{20}\times\sqrt{45}=\sqrt{4\times5}\times\sqrt{9\times5}$
$=2\sqrt{5}\times3\sqrt{5}=(2\times3\times5)=30.$

46. $\sqrt{20}+\sqrt{80}+\sqrt{45}-\sqrt{180}$
$=\sqrt{4\times5}+\sqrt{16\times5}+\sqrt{9\times5}-\sqrt{36\times5}$
$=2\sqrt{5}+4\sqrt{5}+3\sqrt{5}-6\sqrt{5}=9\sqrt{5}-6\sqrt{5}=3\sqrt{5}.$

47. $(125)^{-\frac{1}{3}}=\frac{1}{(125)^{\frac{1}{3}}}=\frac{1}{(5^3)^{\frac{1}{3}}}=\frac{1}{5^{\left(3\times\frac{1}{3}\right)}}=\frac{1}{5^1}=\frac{1}{5}.$

48. $(27)^{\frac{2}{3}}=(3^3)^{\frac{2}{3}}=3^{\left(3\times\frac{2}{3}\right)}=3^2=9.$

49. $(81)^{-\frac{1}{4}}=(3^4)^{\frac{-1}{4}}=3^{4\times\frac{(-1)}{4}}=3^{-1}=\frac{1}{3}.$

50. माना $f(x)=5x^3+5x^2-6x+9.$
$f(x)$ को $(x+3)$ से भाग देने पर शेषफल $=f(-3).$
$\therefore$ शेषफल $=f(-3)$
$=5\times(-3)^3+5\times(-3)^2-6\times(-3)+9$
$=5\times(-27)+45+18+9=-135+72=-63.$

51. $2x+3=0\Rightarrow x=\frac{-3}{2}.$
$\therefore\ f(x)$ को $(2x+3)$ से भाग देने पर शेषफल $=f\left(\frac{-3}{2}\right).$

52. $x+1=0\Rightarrow x=-1.$
$f(x)=(x^{11}+1)$ को $(x+1)$ से भाग देने पर :
शेषफल $=f(-1)=(-1)^{11}+1=(-1+1)=0.$

53. $2x+1=0\Rightarrow x=\frac{-1}{2}.$
$f(x)=2x^3+5x^2-4x-6$ को $(2x+1)$ से भाग देने पर :
शेषफल $=f\left(\frac{-1}{2}\right)$
$=2\times\left(\frac{-1}{2}\right)^3+5\times\left(\frac{-1}{2}\right)^2-4\times\left(\frac{-1}{2}\right)-6$
$=2\times\frac{(-1)}{8}+5\times\frac{1}{4}+2-6=\frac{-1}{4}+\frac{5}{4}+2-6$
$=(1+2-6)=-3.$

54. सभी पूर्णांकों n के लिए (x^n-a^n) सदैव $(x-a)$ से पूर्णतया विभक्त होता है.

55. यदि n एक समसंख्या है, तो (x^n-a^n) सदैव $(x+a)$ से पूर्णतया विभक्त होगा.

56. यदि n एक विषम संख्या है, तो (x^n+a^n) सदैव $(x+a)$ से पूर्णतया विभक्त होगा.

57. (x^n+a^n) कभी भी $(x-a)$ से विभक्त नहीं होगा.

58. $(a+b)^3=a^3+b^3+3ab\,(a+b).$
$\therefore\ (x+3)^3=x^3+27+9x\,(x+3)=x^3+9x^2+27x+27.$
अतः x का गुणांक = 27.

59. $a+b+c=0\Rightarrow a^3+b^3+c^3-3abc=0$
$\Rightarrow a^3+b^3+c^3=3abc.$

60. $p(x)=0\Rightarrow 3x^2-1=0\Rightarrow 3x^2=1\Rightarrow x^2=\frac{1}{3}$
$\Rightarrow x=\frac{1}{\sqrt{3}}$ अथवा $\frac{-1}{\sqrt{3}}.$

61. $107\times 93=(100+7)(100-7)$
$=(100)^2-7^2=(10000-49)=9951.$

62. $(a-b)^2=(a+b)^2-4ab=(5)^2-4\times 6=(25-24)=1$
$\Rightarrow (a-b)=1.$
$\therefore (a^3-b^3)=(a-b)^3+3ab(a-b)=1^3+3\times 6\times 1=19.$

63. $(a+b+c)=0\Rightarrow (a+b+c)^3=0$
$\Rightarrow a^3+b^3+c^3-3abc=0\Rightarrow a^3+b^3+c^3=3abc.$

64. $(a+b+c)=0\Rightarrow a^3+b^3+c^3=3abc$
$\Rightarrow \frac{a^3}{abc}+\frac{b^3}{abc}+\frac{c^3}{abc}=3\Rightarrow \frac{a^2}{bc}+\frac{b^2}{ac}+\frac{c^2}{ab}=3.$

65. $(a^3+b^3+c^3-3abc)$
$=(a+b+c)(a^2+b^2+c^2-ab-bc-ca)$
$=(a+b+c)\cdot\left[(a+b+c)^2-3(ab+bc+ca)\right]$
$=9\times\left[(9)^2-3\times 23\right]=9\times[81-69]=(9\times 12)=108.$

66. माना $f(x)=x^2+3ax-2a$. तब, $f(2)=0$.
$\therefore 2^2+3a\times 2-2a=0\Rightarrow 4+6a-2a=0$
$\Rightarrow 4a=-4\Rightarrow a=-1.$

67. $(370)^2-(369)^2=(370+369)\times(370-369)$
$=(739\times 1)=739.$

68. माना $f(x)=x^{100}+x^{99}+k$. तब, $f(-1)=0$.
$\therefore (-1)^{100}+(-1)^{99}+k=0\Rightarrow 1-1+k=0\Rightarrow k=0.$

69. माना $f(x)=x^3+3x^2+4x+k$. तब, $f(-6)=0$.
$\therefore (-6)^3+3\times(-6)^2+4\times(-6)+k=0$
$\Rightarrow -216+108-24+k=0\Rightarrow k=132.$

70. $a^2+b-ab-a=(a^2-ab)-a+b$
$=a(a-b)-(a-b)=(a-b)(a-1).$

71. $a(a+b-c)-bc=a^2+ab-ac-bc$
$=a(a+b)-c(a+b)=(a+b)(a-c).$

72. $a(a-2b-c)+2bc=a^2-2ab-ac+2bc$
$=a(a-c)-2b(a-c)=(a-c)(a-2b).$

73. $a-b-a^2+b^2=(a-b)-(a^2-b^2)$
$=(a-b)\left[1-(a+b)\right]=(a-b)(1-a-b).$

74. $1+2ab-a^2-b^2=1-(a^2+b^2-2ab)=1-(a-b)^2$
$=(1+a-b)(1-a+b).$

75. $20x^2-45=5(4x^2-9)=5(2x-3)(2x+3).$

76. $x-64x^3=x(1-64x^2)=x(1-8x)(1+8x).$

77. $a^2-b^2-4ac+4c^2=(a^2+4c^2-4ac)-b^2$
$=(a-2c)^2-b^2=(a-2c+b)(a-2c-b).$

78. $3x^3-48x=3x(x^2-16)=3x(x-4)(x+4).$

79. $2-50x^2=2(1-25x^2)=2(1-5x)(1+5x).$

80. $8ab^2-18a^3=2a(4b^2-9a^2)=2a(2b-3a)(2b+3a).$

81. $(a+b)^3-a-b=(a+b)^3-(a+b)$
$=(a+b)\left[(a+b)^2-1\right]=(a+b)(a+b-1)(a+b+1).$

82. $(150-6x^2)=6(25-x^2)=6(5-x)(5+x).$

83. $(3a-1)^2-6a+2=(3a-1)^2-2(3a-1)$
$=(3a-1)\left[(3a-1)-2\right]$
$=(3a-1)(3a-3)=3(3a-1)(a-1).$

84. $ab(x^2+y^2)-xy(a^2+b^2)$
$=abx^2+aby^2-a^2xy-b^2xy$
$=(abx^2-a^2xy)+(aby^2-b^2xy)$
$=ax(bx-ay)+by(ay-bx)=ax(bx-ay)-by(bx-ay)$
$=(bx-ay)(ax-by).$

85. $x^2-(a+b)x+ab=x^2-ax-bx+ab$
$=x(x-a)-b(x-a)=(x-a)(x-b).$

86. $(ax+by)^2+(bx-ay)^2$
$=a^2x^2+b^2y^2+2abxy+b^2x^2+a^2y^2-2abxy$
$=(a^2x^2+a^2y^2)+(b^2x^2+b^2y^2)$
$=a^2(x^2+y^2)+b^2(x^2+y^2)$
$=(x^2+y^2)(a^2+b^2)=(a^2+b^2)(x^2+y^2).$

87. $2x^2+3\sqrt{3}x+3=2x^2+2\sqrt{3}x+\sqrt{3}x+3$
$=2x(x+\sqrt{3})+\sqrt{3}(x+\sqrt{3})=(x+\sqrt{3})(2x+\sqrt{3}).$

88. $\sqrt{2}x^2+3x+\sqrt{2}=\sqrt{2}x^2+2x+x+\sqrt{2}$
$=\sqrt{2}x(x+\sqrt{2})+(x+\sqrt{2})=(x+\sqrt{2})(\sqrt{2}x+1).$

89. $3x^3-x^2-10x=x(3x^2-x-10)$
$=x(3x^2-6x+5x-10)=x\left[3x(x-2)+5(x-2)\right]$
$=x(x-2)(3x+5).$

90. $8a^2-27ab+9b^2=8a^2-24ab-3ab+9b^2$
$=8a(a-3b)-3b(a-3b)=(a-3b)(8a-3b).$

91. $16a^4+54a=2a(8a^3+27)=2a\times\left[(2a)^3+3^3\right]$
$=2a(2a+3)(4a^2-6a+9).$

92. $(1-27x^3)=[1^3-(3x)^3]$
$=(1-3x)(1+3x+9x^2).$

93. $(7a^3+56b^3)=7(a^3+8b^3)=7\left[a^3+(2b)^3\right]$
$=7(a+2b)(a^2-2ab+4b^2).$

94. $(a^3-0\cdot064)=a^3-(0\cdot4)^3$
$=(a-0\cdot4)(a^2+0\cdot4a+0\cdot16)$

95. $a-8ab^3=a(1-8b^3)=a\left[(1)^3-(2b)^3\right]$
$=a(1-2b)(1+2b+4b^2).$

96. $64x^3-343=(4x)^3-(7)^3$
$=(4x-7)(16x^2+28x+49).$

97. $32x^4-500x=4x(8x^3-125)=4x\times\left[(2x)^3-5^3\right]$
$=4x(2x-5)(4x^2+10x+25).$

98. $a^3+a-3a^2-3=(a^3-3a^2+a-3)$
$=(a^3-3a^2)+(a-3)=a^2(a-3)+(a-3)$

$= (a-3)(a^2+1)$.

99. $(x^4+4) = (x^4+4x^2+4) - 4x^2 = (x^2+2)^2 - (2x)^2$
$= (x^2+2+2x)(x^2+2-2x)$.

100. माना $(a+b) = x$ तथा $(a-b) = y$. तब
$(a+b)^3 - (a-b)^3 = (x^3 - y^3)$
$= (x-y)(x^2+xy+y^2)$
$= [(a+b)-(a-b)][(a+b)^2+(a-b)^2+(a+b)(a-b)]$
$= 2b[2a^2+2b^2+a^2-b^2] = 2b(3a^2+b^2)$.

101. माना $a-b = x, b-c = y$ तथा $c-a = z$. तब
$x+y+z = 0 \Rightarrow x^3+y^3+z^3 = 3xyz$
$\Rightarrow (a-b)^3+(b-c)^3+(c-a)^3 = 3(a-b)(b-c)(c-a)$.

102. $x^4+x^2+25 = (x^2)^2+5^2+10x^2-9x^2$
$= (x^2+5)^2-(3x)^2 = (x^2+5-3x)(x^2+5+3x)$.

103. $(x^2-1-2a-a^2) = x^2-(1+2a+a^2) = x^2-(a+1)^2$
$= (x-a-1)(x+a+1)$.

104. दिया गया है $a+b+c = 4\sqrt{3}$ और $a^2+b^2+c^2 = 16$
हम जानते हैं कि
$(a+b+c)^2 = a^2+b^2+c^2+2(ab+bc+ca)$
$\therefore ab+bc+ca$
$= \frac{1}{2}\times\left[(4\sqrt{3})^2-16\right] = \frac{1}{2}\times(48-16) = \frac{1}{2}\times 32 = 16$
$\therefore a^2+b^2+c^2 = ab+bc+ca$
$\Rightarrow 2(a^2+b^2+c^2) - 2(ab+bc+a) = 0$
$(a^2+3^2-2ab)+(b^2+c^2-2bc)+(c^2+a^2-2ca) = 0$
$\Rightarrow (a-b)^2+(b-c)^2+(c-a)^2 = 0$
जब,
$(a-b)^2 = 0 \Rightarrow a = b$
$(b-c)^2 = 0 \Rightarrow b = c$
$(c-a)^2 = 0 \Rightarrow c = a$
$\therefore a:b:c = 1:1:1$

105. $x^2+5x-24 = x^2+8x-3x-24$
$= x(x+8)-3(x+8) = (x+8)(x-3)$.

106. $2x^2-x-21 = 2x^2-7x+6x-21$
$= x(2x-7)+3(2x-7) = (2x-7)(x+3)$.

107. $(a+b)+(a-b) = 2a$
$\Rightarrow 1+\frac{d}{c} = 2a$
$\Rightarrow c+d = 2ac$
$\Rightarrow 1 = 2ac$
$\Rightarrow 2c = \frac{1}{a}$ ... (i)
पुनः,
$(a+b)-(a-b) = 2b$
$\Rightarrow 1-\frac{d}{c} = 2b$
$\Rightarrow c-d = 2bc$
$\Rightarrow c-d = \frac{b}{a}$ $\left[(i) \text{ से, } 2c = \frac{1}{a}\right]$

108. दिया गया है, $x = 3t, y = \frac{1}{2}(t+1)$
$\because x = 2y$
$\therefore 3t = 2\times\frac{1}{2}(t+1)$
$\Rightarrow 3t = t+1$
$\Rightarrow 2t = 1$
$\Rightarrow t = \frac{1}{2}$

109. हमें ज्ञात है कि
$(x\pm a)^2 = x^2 \pm 2ax + a^2$
अतः $x^2+\frac{1}{5}x+a^2 = x^2\pm 2ax+a^2$
दोनों पक्षों की तुलना करने पर, हमें प्राप्त होता है–
$\pm 2a = \frac{1}{5}$
$a = \pm\frac{1}{10}$

110. जब, $a = b = c$
तब, $a^3+b^3+c^3-3abc = 0$
अतः $a^3+b^3+c^3-3abc$ के न्यूनतम धनात्मक मान के लिए,
$a = b = 1, c = 2$ लेने पर
न्यूनतम मान $= 1+1+2^3-3(1)(1)(2)$
$= 10-6 = 4$

111. $16x^2+9y^2+4z^2 = 24(x-y+z)-61$
$16x^2-24x+9+9y^2+24y+16+4z^2-24z+36$
$= 9+16+36-61$
$[\because a^2+b^2+c^2 = (a+b+c)^2-2(ab+bc+ca)]$
$(4x-3)^2+(3y+4)^2+(2z-6)^2 = 0$
यदि $4x-3 = 0 \Rightarrow x = \frac{3}{4}$
$3y+4 = 0 \Rightarrow y = -\frac{4}{3}$
$2z-6 = 0 \Rightarrow z = 3$
अतः $x = \frac{3}{4}, y = \frac{-4}{3}$ तथा $z = 3$
तो $xy+2z = \frac{3}{4}\times-\frac{3}{4}+2\times 3 = -1+6 = 5$

112. जैसा कि हम जानते हैं कि
$a^3-b^3 = (a-b)(a^2+ab+b^2)$
$\therefore [8(x+y)^3-27(x-y)^3]\div(5y-x) = Ax^2+Bxy+Cy^2$
$\Rightarrow \frac{[2(x+y)-3(x-y)][4(x+y)^2+6(x+y)(x-y)+9(x-y)^2]}{5y-x}$
$= Ax^2+Bxy+Cy^2$

$\Rightarrow \frac{(5y-x)[4x^2+8xy+4y^2+6x^2-6y^2+9x^2-18xy+9y^2]}{5y-x}$

$= Ax^2+Bxy+Cy^2$

$\Rightarrow 19x^2-10xy+7y^2 = Ax^2+Bxy+Cy^2$

$\Rightarrow A = 19, B = -10, C = 7$

अतः $A+B+C = 19-10+7 = 16$

113. हमें जानते हैं कि,

$x^3+y^3+z^3-3xyz = (x+y+z)(x^2+y^2+z^2-xy-yz-zx)$

प्रश्नानुसार,

$= 19[(x+y+z)^2-2(xy+yz+zx)-(xy+yz+zx)]$

$= 19[(x+y+z)^2-3(xy+yz+zx)]$

$= 19[19^2-3\times 114]$

$= 19[361-342]$

$= 19\times 19 = 361$

$\therefore \sqrt{x^3+y^3+z^3-3xyz} = \sqrt{361} = 19$

114. दिया है,

$x+y+z = 19$

$x^2+y^2+z^2 = 133$

हम जातने हैं कि

$(x+y+z)^2 = x^2+y^2+z^2+2(xy+yz+zx)$

$\Rightarrow 19^2 = 133+2(xy+yz+y^2)$

$\Rightarrow 2y(x+y+z) = 361-133$

$\Rightarrow 2y\times 19 = 228$

$\therefore y = \frac{228}{38} = 6$

अब,

$\because x+y+z = 19$

$\Rightarrow x+z = 19-y$

$\Rightarrow x+z = 19-6 = 13$

अब, $x-z = \sqrt{(x+z)^2-4xz}$

$= \sqrt{13^2-4y^2}$

$= \sqrt{169-4\times 36}$

$= \sqrt{169-144}$

$= 5$

115. $x^4+x^{-4} = 194$

$x^4+\frac{1}{x^4} = 194$

$\left(x^2+\frac{1}{x^2}\right)^2-2 = 194$ $[\because a^2+b^2 = (a+b)^2-2ab]$

$\Rightarrow \left(x^2+\frac{1}{x^2}\right)^2-2 = 194$

$\Rightarrow x^2+\frac{1}{x^2} = \sqrt{194+2} = 14$

$x+\frac{1}{x} = \sqrt{x^2+\frac{1}{x^2}+2}$

$\Rightarrow x+\frac{1}{x} = \sqrt{14+2} = 4$

$\Rightarrow x^2-4x+1 = 0$

$\Rightarrow x = \frac{4\pm\sqrt{16-4}}{2} = 2\pm\sqrt{3}$

$\therefore (x-2)^2 = 3$

116. प्रश्नानुसार,

$\frac{(5\sqrt{5}x^3-81\sqrt{3}y^3)}{(\sqrt{5}x-3\sqrt{3}y)} = Ax^2+By^2+Cxy$

$[\because (a^3-b^3)] = (a-b)(a^2+ab+b^2)]$

$\Rightarrow \frac{(\sqrt{5}x-3\sqrt{3}y)(5x^2+3\sqrt{15}xy+27y^2)}{\sqrt{5}x-3\sqrt{3}x}$

$= Ax^2+By^2+Cxy$

$\Rightarrow 5x^2+3\sqrt{15}xy+27y^2 = Ax^2+By^2+Cxy$

$\therefore A = 5, B = 27, C = 3\sqrt{15}$

$\therefore 6A+B-\sqrt{15}C = 30+27-45 = 12$

117. प्रश्नानुसार दिया गया है कि

$x+\frac{1}{x} = 2$

$x^2+1 = 2x$

$x^2-2x+1 = 0$

$(x-1)^2 = 0$

$x = 1$

व्यंजक $x^{64}+x^{121}$ में x का मान प्रतिस्थापित करने पर

$= 1+1 = 2$

118. **लघु विधि:**

$x = \frac{2\sqrt{15}}{\sqrt{3}+\sqrt{5}}$

$= \frac{2\sqrt{3}\sqrt{5}}{\sqrt{3}+\sqrt{5}}$

$= \frac{2ab}{a+b}$ [यहाँ $a = \sqrt{3}$, $b = \sqrt{5}$]

हम जानते हैं, यदि

$x = \frac{2ab}{a+b}$ तब

$\frac{x+a}{x-a}+\frac{x+b}{x-b} = 2$

सामान्य विधि:

$x = \frac{2\sqrt{15}}{\sqrt{3}-\sqrt{5}} = \frac{2\sqrt{3}\sqrt{5}}{\sqrt{3}+\sqrt{5}}$

$\Rightarrow \frac{x}{\sqrt{5}} = \frac{2\sqrt{3}}{\sqrt{3}+\sqrt{5}}$

$\Rightarrow \frac{x+\sqrt{5}}{x-\sqrt{5}} = \frac{2\sqrt{3}+\sqrt{3}+\sqrt{5}}{2\sqrt{3}-\sqrt{3}-\sqrt{5}}$ [कम्पोनेंडो एवं डिविडेंडों द्वारा]

$\Rightarrow \dfrac{x+\sqrt{5}}{x-\sqrt{5}} = \dfrac{3\sqrt{3}+\sqrt{5}}{\sqrt{3}-\sqrt{5}}$

इसी प्रकार,

$\dfrac{x}{\sqrt{3}} = \dfrac{2\sqrt{5}}{\sqrt{3}+\sqrt{5}}$

$\Rightarrow \dfrac{x+\sqrt{3}}{x-\sqrt{3}} = \dfrac{3\sqrt{5}+\sqrt{3}}{\sqrt{5}-\sqrt{3}}$ [कम्पोनेंडो एवं डिविडेंडों द्वारा]

$\Rightarrow \dfrac{x+\sqrt{5}}{x-\sqrt{5}} + \dfrac{x+\sqrt{3}}{x-\sqrt{3}}$

$= \dfrac{3\sqrt{3}+\sqrt{5}}{\sqrt{3}-\sqrt{5}} + \dfrac{3\sqrt{5}+\sqrt{3}}{\sqrt{5}-\sqrt{3}}$

$= \dfrac{3\sqrt{3}+\sqrt{5}}{\sqrt{3}-\sqrt{5}} - \dfrac{3\sqrt{5}+\sqrt{3}}{\sqrt{3}-\sqrt{5}}$

$= \dfrac{3\sqrt{3}+\sqrt{5}-3\sqrt{5}-\sqrt{3}}{\sqrt{3}-\sqrt{5}}$

$= \dfrac{2\sqrt{3}-2\sqrt{5}}{\sqrt{3}-\sqrt{5}}$

$= 2$

119. $(b^2+c^2)a+(c^2+a^2)b+(a^2+b^2)c+2abc$

$= b^2a+c^2a+c^2b+a^2b+a^2c+b^2c+2abc$

$= b^2a+a^2b+c^2a+c^2b+a^2c+abc+b^2c+abc$

$= ab(a+b)+c^2(a+b)+ac(a+b)+bc(a+b)$

$= (a+b)(ab+c^2+ac+bc)$

$= (a+b)(ab+ac+c^2+bc)$

$= (a+b)\ \{a(b+c)+c(c+b)\}$

$= (a+b)(b+c)(c+a)$

120. $\dfrac{(a+b)^2}{(a-b)^2} = \dfrac{25}{4}$

योगांतर निष्पति से,

$\dfrac{(a+b)^2+(a-b)^2}{(a+b)^2-(a-b)^2} = \dfrac{25+4}{25-4}$

$\Rightarrow \dfrac{2(a^2+b^2)}{4ab} = \dfrac{29}{21}$

$\Rightarrow \dfrac{a^2+b^2}{2ab} = \dfrac{29}{21}$

$\Rightarrow \dfrac{a^2+b^2}{2\times 21} = \dfrac{29}{21}$

$\Rightarrow a^2+b^2 = 58$

$\Rightarrow a^2+b^2+3ab = 58+3\times 21 = 58+63 = 121$

121. $(a-b)^3 = 2^3$

$\Rightarrow a^3-b^3-3ab(a-b) = 8$

$\Rightarrow 26-3ab(2) = 8$

$\Rightarrow 6ab = 26-8 = 18$

$\Rightarrow ab = \dfrac{18}{6} = 3$

$\Rightarrow (a+b)^2 = (a-b)^2+4ab = (2)^2+4\times 3 = 4+12 = 16$

122. $x^5-12x^4+12x^3-12x^2+12x-1$

$x = 11$

$= (11)^5-12(11)^4+12(11)^3-12(11)^2+12(11)-1$

$= 161051-175692+15972-1452+132-1 = 10$

123. $3x+\dfrac{3}{x}-1$

$\Rightarrow x+\dfrac{1}{x} = \dfrac{1}{3}$

$\left(x+\dfrac{1}{x}\right)^3 = \left(\dfrac{1}{3}\right)^3 = x^3+\dfrac{1}{x^3}+3\left(x+\dfrac{1}{x}\right) = \dfrac{1}{27}$

$= x^3+\dfrac{1}{x^3}+3\times\dfrac{1}{3} = \dfrac{1}{27}$

$\Rightarrow x^3+\dfrac{1}{x^3}+1 = \dfrac{1}{27}$

❑❑❑

32 दो चरों में रैखिक समीकरण (LINEAR EQUATIONS IN TWO VARIABLES)

Scan QR Code for Watching Video

सामान्य नियम

1. समीकरण $ax + by + c = 0$, जहाँ a, b, c वास्तविक संख्यायें हैं तथा $x \neq 0, y \neq 0$ दो चरों x तथा y में रैखिक समीकरण कहलाता है. यहाँ x तथा y चर राशियाँ कहलाती हैं.
2. $x = \alpha, y = \beta$ दिये गये समीरकरण $ax + by + c = 0$ को सन्तुष्ट करेंगें, यदि $a\alpha + b\beta + c = 0$ हो.
3. माना दो समीकरण $a_1x + b_1y + c_1 = 0$ तथा $a_2x + b_2y + c_2 = 0$ दिये गये हैं.
दिये गये समीकरणों:
(*i*) का एक अद्वितीय हल होगा, यदि $\frac{a_1}{a_2} \neq \frac{b_1}{b_2}$ हो.
(*ii*) के अनन्त हल होंगे, यदि $\frac{a_1}{a_2} = \frac{b_1}{b_2} = \frac{c_1}{c_2}$ हो.
(*iii*) का कोई हल नहीं होगा, यदि $\frac{a_1}{a_2} = \frac{b_1}{b_2} \neq \frac{c_1}{c_2}$ हो.
4. दो समीकरणों $a_1x + b_1y = 0$, $a_2x + b_2y = 0$
(*i*) का हल केवल $x = 0, y = 0$ होगा, यदि $\frac{a_1}{a_2} \neq \frac{b_1}{b_2}$ हो.
(*ii*) के अनन्त हल होंगे, यदि $\frac{a_1}{a_2} = \frac{b_1}{b_2}$ हो.

साधित उदाहरण

प्रश्न 1. यदि $3x + 7y = 75$, $5x - 5y = 25$ हो, तो $(x + y)$ का मान क्या होगा?

हल: $3x + 7y = 75$ ...(i)

$5x - 5y = 25$ ...(ii)

(*i*) को 5 से तथा (*ii*) को 7 से गुणा करके जोड़ने पर:

$(15x + 35x) = (375 + 175)$

$\Rightarrow 50x = 550 \Rightarrow x = \frac{550}{50} \Rightarrow x = 11.$

(*ii*) में $x = 11$ रखने पर $33 + 7y = 75$

$\Rightarrow 7y = 42 \Rightarrow y = \frac{42}{7} = 6.$

$\therefore x = 11, y = 6.$

प्रश्न 2. यदि $x + \frac{1}{y} = 5, 2x + \frac{3}{y} = 13$ हो, तो $(2x - 3y)$ का मान क्या होगा?

हल: $x + \frac{1}{y} = 5$ ...(*i*)

$2x + \frac{3}{y} = 13$ ...(*ii*)

(*i*) को 2 से गुणा करके गुणनफल को (*ii*) में से घटाने पर : $\frac{1}{y} = (13 - 10) = 3 \Rightarrow y = \frac{1}{3}.$

(*i*) $y = \frac{1}{3}$ रखने पर $x + 3 = 5 \Rightarrow x = 2.$

$\therefore x = 2, y = \frac{1}{3}.$

प्रश्न 3. सिद्ध कीजिए कि युगपत रैखिक समीकरण $3x + 4y = 2$, $6x + 8y = 5$ का कोई हल नहीं है.

हल: दिये गये समीकरण हैं $3x + 4y - 2 = 0$ तथा $6x + 8y - 5 = 0.$

इनके प्रारूप हैं क्रमशः $a_1 x + b_1 y + c_1 = 0$ तथा $a_2 x + b_2 y + c_2 = 0$,

जहाँ $a_1 = 3, b_1 = 4, c_1 = -2$ तथा $a_2 = 6, b_2 = 8, c_2 = -5$.

$$\therefore \quad \frac{a_1}{a_2} = \frac{3}{6} = \frac{1}{2}, \frac{b_1}{b_2} = \frac{4}{8} = \frac{1}{2} \text{ तथा } \frac{c_1}{c_2} = \frac{-2}{-5} = \frac{2}{5}.$$

अतः $\frac{a_1}{a_2} = \frac{b_1}{b_2} \neq \frac{c_1}{c_2}$.

अतः दिये गये युगपत समीकरण का कोई हल नहीं है.

प्रश्न 4. युगपत रैखिक समीकरण $3x - y = 5, 6x - 2y = 10$ के कितने हल हैं ?

(a) केवल एक **(b) केवल दा**
(c) कोई नहीं **(d) अनन्त**

ठीक उत्तर को चिन्हांकित (✓) कीजिए.

हल: दिये गये समीकरण हैं $3x - y - 5 = 0$,
$6x - 2y - 10 = 0$.

इनके प्रारूप हैं क्रमशः $a_1 x + b_1 y + c_1 = 0, a_2 x + b_2 y + c_2 = 0$.

जहाँ $a_1 = 3, b_1 = -1, c_1 = -5$ तथा $a_2 = 6, b_2 = -2, c_2 = -10$.

$$\therefore \frac{a_1}{a_2} = \frac{3}{6} = \frac{1}{2}, \frac{b_1}{b_2} = \frac{-1}{-2} = \frac{1}{2} \text{ तथा } \frac{c_1}{c_2} = \frac{-5}{-10} = \frac{1}{2}.$$

अतः $\frac{a_1}{a_2} = \frac{b_1}{b_2} = \frac{c_1}{c_2}$.

अतः दिये गये युगपत समीकरण के अनन्त हल हैं.
∴ उत्तर (d) सही है.

प्रश्न 5. युगपत रैखिक समीकरण $2x + 5y = 17, 5x + 3y = 14$ के कितने हल हैं?

(a) अद्वितीय **(b) केवल दो**
(c) कोई नहीं **(d) अनन्त**

ठीक उत्तर को चिन्हांकित (✓) कीजिए.

हल: दिये गये समीकरण हैं
$2x + 5y - 17 = 0, 5x + 3y - 14 = 0$.

इसके प्रारूप हैं क्रमशः $a_1 x + b_1 y + c_1 = 0$ तथा $a_2 x + b_2 y + c_2 = 0$, जहाँ

$a_1 = 2, b_1 = 5, c_1 = -17$ तथा
$a_2 = 5, b_2 = 3, c_2 = -14$.

$$\therefore \quad \frac{a_1}{a_2} = \frac{2}{5}, \frac{b_1}{b_2} = \frac{5}{3} \text{ तथा } \frac{c_1}{c_2} = \frac{-17}{-14} = \frac{17}{14}.$$

$$\therefore \quad \frac{a_1}{a_2} \neq \frac{b_1}{b_2}.$$

अतः दिये गये युगपत समीकरण का अद्वितीय हल है.
∴ उत्तर (a) सही है.

प्रश्न 6. युगपत रैखिक समीकरण $23x - 29y = 98, 29x - 23y = 110$ को हल करें.

हल: दिये गये समीकरण हैं: $23x - 29y = 98$ ...(i)
$29x - 23y = 110$ ...(ii)

(i) तथा (ii) को जोड़ने पर:
$52x - 52y = 208 \Rightarrow 52(x - y) = 208$
$\Rightarrow (x - y) = 4$ ...(iii)

(ii) में से (i) घटाने पर:
$6x + 6y = 12 \Rightarrow 6(x + y) = 12$
$\Rightarrow (x + y) = 2$ ...(iv)

(iii) तथा (iv) को जोड़ने पर: $2x = 6 \Rightarrow x = 3$.
(iv) में से (iii) घटाने पर, $2y = -2 \Rightarrow y = -1$.
∴ $x = 3, y = -1$ अभीष्ट हल है.

प्रश्नमाला 32

प्रत्येक प्रश्न में ठीक उत्तर को चिन्हांकित (✓) कीजिए:

1. यदि $\frac{2x}{a} + \frac{y}{b} = 2, \frac{x}{a} - \frac{y}{b} = 4$ हो, तो x तथा y के मान क्या होंगे ?

(a) $x = a, y = -b$ (b) $x = -2a, y = 2b$
(c) $x = 2a, y = -2b$ (d) $x = -a, y = b$

2. निम्नलिखित समीकरणों के हल में $x + y$ का मान क्या होगा?

$\frac{x}{4} + \frac{y}{3} = \frac{5}{12}$ और $\frac{x}{2} + y = 1$ है:

(a) $\frac{1}{3}$ (b) $\frac{2}{3}$ (c) $\frac{4}{5}$ (d) $\frac{3}{2}$

(आई.बी.पी.एस. आर.आर.बी. क्लर्क परीक्षा, 2020)

3. ऐसे दो पूर्णांक हैं कि पहली संख्या के दोगुने और दूसरी संख्या के दोगुने का योग 100 है और पहली संख्या के तीन गुना और दूसरी संख्या के दोगुने का योग 120 है। पहली और दूसरी संख्या का योग ज्ञात कीजिए।

(a) 45 (b) 50 (c) 65 (d) 70

(एस.एस.सी. सी.एच.एस.एल. परीक्षा, 2019)

4. यदि $x + y = a + b, ax - by = a^2 - b^2$ हो, तो x तथा y के मान क्या होंगे ?

(a) $x = a, y = b$ (b) $x = -a, y = b$
(c) $x = a, y = -b$ (d) $x = -a, y = -b$

5. यदि $148x + 231y = 527, 231x + 148y = 610$ हो, तो x तथा y के मान क्या होंगे?

(a) $x = 1, y = 2$ (b) $x = 2, y = 1$
(c) $x = 3, y = 2$ (d) $x = 2, y = 3$

6. 243 को तीन भागों में विभाजित करें, ताकि भाग I का आधा, भाग II का $\frac{1}{3}$ और भाग III का $\frac{1}{4}$ भाग बराबर हो जाए।

(*a*) 54, 81, 98 (*b*) 54, 81, 108
(*c*) 54, 85, 104 (*d*) 50, 85, 108

(एस.एस.सी. सी.एच.एस.एल. परीक्षा, 2018)

7. निम्न समीकरणों के हलों की संख्या कितनी है?

$x+\frac{1}{y}=2$ और $2xy-3y=-2$

(*a*) 0 (*b*) 1
(*c*) निम्न में से कोई नहीं (*d*) 2
(*e*) 3

(आई.बी.पी.एस. क्लर्क परीक्षा, 2017)

8. u और v का मान ज्ञात कीजिए।

$\frac{40}{u+v}+\frac{2}{u-v}=5$ ...(*i*)

$\frac{25}{u+v}-\frac{3}{u-v}=1$ ...(*ii*)

(*a*) 1,3 (*b*) 3, 1 (*c*) 6, 4 (*d*) 5, 1
(*e*) 2, 3

(एस.बी.आई. पी.ओ. परीक्षा, 2015)

9. x का मान क्या होगा, जिससे व्यंजक $8x+12$ और $14x-6$ बराबर हो जाएं?

(*a*) 1 (*b*) 3 (*c*) 6 (*d*) 9

(एस.एस.सी. सी.एच.एस.एल. ग्रेड (सी.बी.ई.) परीक्षा, 2017)

10. यदि $47x+31y=63, 31x+47y=15$ हो, तो x तथा y के मान क्या होंगे?

(*a*) $x=2, y=1$ (*b*) $x=-2, y=1$
(*c*) $x=2, y=-1$ (*d*) $x=-2, y=-1$

11. यदि रेखाएँ $3x+2ky-2=0$ और $2x+5y+1=0$ समांतर हो तब k का मान है:

(*a*) $-\frac{5}{4}$ (*b*) $\frac{15}{4}$ (*c*) $\frac{7}{5}$ (*d*) $-\frac{3}{2}$

(यू.पी.पी.एस.सी.-लोअर अधीक्षक परीक्षा, 2016)

12. यदि $(a-b)x+(a+b)y=a^2-2ab-b^2, (a+b)(x+y)=a^2+b^2$ हो, तो

(*a*) $x=(a+b), y=\frac{2ab}{(a+b)}$ (*b*) $x=(a-b), y=\frac{2ab}{(a-b)}$

(*c*) $x=(a+b), y=\frac{-2ab}{(a+b)}$ (*d*) इनमें से कोई नहीं

13. यदि $\frac{4}{x}+3y=14, \frac{3}{x}-4y=23$ हो तथा $x\neq 0$ हो, तो x तथा y के मान क्या होंगे ?

(*a*) $x=5, \quad y=\frac{-1}{2}$ (*b*) $x=\frac{1}{5}, \quad y=-2$

(*c*) $x=5, y=-2$ (*d*) $x=-5, y=2$

14. यदि $\frac{2}{x}+\frac{3}{y}=13, \frac{5}{x}-\frac{4}{y}=-2$ हो तथा $x\neq 0, y\neq 0$ हो, तो x तथा y के मान क्या होंगे ?

(*a*) $x=\frac{1}{2}, y=\frac{1}{3}$ (*b*) $x=2, y=3$

(*c*) $x=\frac{-1}{2}, y=\frac{-1}{3}$ (*d*) $x=-2, y=-3$

15. यदि $\frac{1}{7x}+\frac{1}{6y}=3, \frac{1}{2x}-\frac{1}{3y}=5$ तथा $x\neq 0, y\neq 0$ हो, तो x तथा y के मान क्या होंगे ?

(*a*) $x=\frac{1}{2}, y=\frac{1}{6}$ (*b*) $x=\frac{1}{7}, y=\frac{1}{3}$

(*c*) $x=\frac{1}{14}, y=\frac{1}{6}$ (*d*) इनमें से कोई नहीं

16. समीकरण $x+2y=5$ का आलेख खींचें तथा ज्ञात करें कि निम्न में से इसका सही हल कौन सा है?

(*a*) $x=2, y=3$ (*b*) $x=3, y=-1$
(*c*) $x=1, y=2$ (*d*) $x=2, y=1$

17. यदि $2x+3y=13, 4x-y=5$ हो, तो x तथा y के मान क्या होंगे ?

(*a*) $x=2, y=3$ (*b*) $x=3, y=-2$
(*c*) $x=-3, y=-2$ (*d*) $x=-2, y=-3$

18. यदि $x+2y=-1, 2x-3y=12$, हो, तो x तथा y के मान क्या होंगे?

(*a*) $x=2, y=-3$ (*b*) $x=3, y=-2$
(*c*) $x=3, y=-1$ (*d*) $x=-3, y=1$

19. $3x-2y=12$ का आलेख खींचें तथा आलेख से ज्ञात करें कि निम्न में से इसका सही हल कौन सा है?

(*a*) $x=3, y=2$ (*b*) $x=2, y=-3$
(*c*) $x=3, y=-2$ (*d*) $x=4, y=-1$

20. यदि $\frac{2x+7}{5}-\frac{3x+11}{2}=\frac{2x+8}{3}-5$ हो, तो x = ?

(*a*) 1 (*b*) –1 (*c*) 2 (*d*) –2

21. यदि $\frac{5x-4}{6}=4x+1-\frac{3x+10}{2}$ हो, तो x = ?

(*a*) 3 (*b*) –3 (*c*) 2 (*d*) –2

22. यदि $5x-\frac{1}{3}(x+1)=6\left(x+\frac{1}{30}\right)$ हो, तो x = ?

(*a*) $\frac{1}{5}$ (*b*) $\frac{2}{5}$ (*c*) $\frac{-1}{5}$ (*d*) $\frac{-2}{5}$

23. यदि $\frac{3(x-5)}{4}-4x=3-\frac{(x-3)}{2}$ हो, तो x = ?

(*a*) –3 (*b*) 3 (*c*) 5 (*d*) –5

24. यदि $\frac{x-7}{x-3}+\frac{x-2}{x-9}=2$ हो, तो x = ?

(*a*) –5 (*b*) 5 (*c*) 4 (*d*) –4

25. यदि $\frac{x+1}{x-1}+\frac{x+2}{x-2}=\frac{22x+30}{11x-18}$ हो, तो x = ?

(*a*) 6 (*b*) –6 (*c*) 5 (*d* –5

26. निम्नलिखित प्रश्न में दो समीकरण चर x और y में दिए गए हैं। आपको इन समीकरणों को हल करना है और x और y के बीच संबंध निर्धारित करना है।

I. $2x+3y=52$
II. $5x-2y=16$

(*a*) $x > y$ (*b*) $x < y$ (*c*) $x \geq y$ (*d*) $x \leq y$

(*e*) $x = y$ या निर्धारित नही किया जा सकता

(आई.बी.पी.एस. पी.ओ. (प्रा.) परीक्षा, 2020)

27. समीकरण $ax + b = 0$ और $cx + d = 0$ सहसंयोजक हैं, यदि

(*a*) $ad = bc$ (*b*) $ad + bc = 0$

(*c*) $ab - cd = 0$ (*d*) $ab + cd = 0$

(*e*) इनमें से कोई नहीं (आई.बी.पी.एस. क्लर्क परीक्षा, 2018)

28. ऐसी दो संख्याएँ हैं जिसमें पहली संख्या के तिगुने और दूसरी संख्या के दुगुने का योग 300 है और दूसरी संख्या के तिगुने और पहली संख्या के दुगुने के बीच का अंतर 190 है। तो छोटी संख्या क्या होगी? (एस.एस.सी.-सी.जी.एल. परीक्षा, 2018)

(*a*) 55 (*b*) 45 (*c*) 75 (*d*) 40

29. युगपत रैखिक समीकरण $2x - 3y = 3$, $6x - 9y = 12$ के कितने हल हैं?

(*a*) केवल एक (*b*) केवल दो

(*c*) अनन्त (*d*) कोई नहीं

30. युगपत रैखिक समीकरण $4x + 3y = 2$, $8x + 6y = 4$ के कितने हल हैं?

(*a*) केवल एक (*b*) केवल दो

(*c*) कोई नहीं (*d*) अनन्त

31. युगपत रैखिक समीकरण $5x + y = 7$, $3x - 4y = 18$ के कितने हल हैं?

(*a*) केवल एक (*b*) केवल दो

(*c*) कोई नहीं (*d*) अनन्त

32. निम्नलिखित समीकरण में किसका मूल 7 है?

(a) $3x^2 - 6x + 2 = 0$ (b) $x^2 - 9x + 14 = 0$

(c) $x^2 - 7x + 10 = 0$ (d) $x^2 + 3x - 12 = 0$

(एस.एस.सी. सी.एच.एस.एल. ग्रेड (सी.बी.ई.) परीक्षा, 2017]

33. 12 अलमारियों एवं 16 ड्रेसरों की कुल कीमत ₹ 18936 है। 9 अलमारियों एवं 12 ड्रेसरों की कीमत क्या होगी?

(*a*) ₹ 25248 (*b*) ₹ 12624 (*c*) ₹ 14202 (*d*) ₹ 16832

(पटना हाई कोर्ट असिस्टेंट परीक्षा, 2016)

34. यदि रेखाएं $3x + 2ky - 2 = 0$ और $2x + 5y + 1 = 0$ समान्तर हैं, तब k का मान है:

(*a*) $-\frac{5}{4}$ (*b*) $\frac{15}{4}$ (*c*) $\frac{7}{5}$ (*d*) $-\frac{3}{2}$

(उ. प्र. सम्मि. अवर अधीनस्थ सेवा (सामान्य चयन) परीक्षा, 2015)

35. यदि $(x + y - 2)^2 + (3x - 2y - 1)^2 = 0$ है, तो x और y का मान है, क्रमश: (रेलवे दिल्ली ग्रुप 'डी' परीक्षा, 2014)

(*a*) 1, 1 (*b*) 1, –1 (*c*) –1, 1 (*d*) –1, –1

36. यदि $\frac{2}{x-1} + \frac{1}{x-3} = \frac{3}{x-2}$ हो, तो x = ?

(*a*) 3 (*b*) 4 (*c*) 5 (*d*) –3

37. यदि $\frac{x-1}{x} + \frac{x}{x+1} = 2\frac{1}{2}$ हो, तो x = ?

(*a*) 2 अथवा -1 (*b*) -2 अथवा 1

(*c*) -2 अथवा -1 (*d*) 2 अथवा 1

38. यदि $(2+\sqrt{3})a = (2-\sqrt{3})b = 1$ तो $\frac{1}{a} + \frac{1}{b}$ का मान क्या होगा? (एस.एस.सी.-सी.जी.एल. परीक्षा, 2014)

(*a*) 1 (*b*) 2 (*c*) $2\sqrt{3}$ (*d*) 4

39. यदि $4x + 5y = 83$ और $3x : 2y = 21 : 22$ तो $y - x$ किसके बराबर होगा? (एस.एस.सी.-सी.जी.एल. परीक्षा, 2014)

(*a*) 3 (*b*) 4 (*c*) 7 (*d*) 11

उत्तरमाला (प्रश्नमाला 32)

1. (*c*)	2. (*d*)	3. (*b*)	4. (*a*)	5. (*b*)	6. (*b*)	7. (*a*)	8. (*c*)	9. (*b*)	10. (*c*)	11. (*b*)	12. (*c*)
13. (*b*)	14. (*a*)	15. (*c*)	16. (*c*)	17. (*a*)	18. (*b*)	19. (*b*)	20. (*b*)	21. (*c*)	22. (*d*)	23. (*a*)	24. (*a*)
25. (*b*)	26. (*b*)	27. (*a*)	28. (*d*)	29. (*d*)	30. (*d*)	31. (*a*)	32. (*b*)	33. (*c*)	34. (*b*)	35. (*a*)	36. (*c*)
37. (*b*)	38. (*d*)	39. (*b*)									

दिये गये प्रश्नों के हल (प्रश्नमाला 32)

1. $\frac{2x}{a} + \frac{y}{b} = 2$ ...(*i*)

$\frac{x}{a} - \frac{y}{b} = 4$ ...(*ii*)

(*i*) तथा (*ii*) को जोड़ने पर:

$\frac{3x}{a} = 6 \Rightarrow 3x = 6a \Rightarrow x = 2a.$

(*i*) में $x = 2a$ रखने पर: $\frac{4a}{a} + \frac{y}{b} = 2 \Rightarrow 4 + \frac{y}{b} = 2$

$\therefore \frac{y}{b} = -2 \Rightarrow y = -2b.$

अत: $x = 2a, y = -2b.$

2. दिए गए समीकरण,

$3x + 4y = 5$ ...(*i*)

$x + 2y = 2$ ...(*ii*)

समी. (*ii*) को 2 से गुणा कर समी. (*i*) से घटाने पर

$$\begin{array}{l} 3x + 4y = 5 \\ 2x + 4y = 4 \\ \hline x = 1 \end{array}$$

x का मान समी. (*i*) में रखने पर

$3 \times 1 + 4y = 5$ (*i*)

$4y = 5 - 3$

$y = \frac{1}{2}$

3. माना x और y क्रमश: पहली और दूसरी संख्या हैं। दिया गया है, पहली संख्या के दोगुने और दूसरी संख्या के दोगुने का योग 100 है

यानी, $2x + 2y = 100$ ...(*i*)

और, पहली संख्या के तिगुने और दूसरी संख्या के दुगुने का योग 120 है

यानी, $3x + 2y = 120$ ...(*ii*)

समीकरण (*ii*) से समीकरण (*i*) घटाने पर

$x = 20$

समीकरण (*i*) में x का मान रखने पर, हमें मिलता है

$2(20) + 2y = 100$

$2y = 60$

$y = 30$

अत: पहली तथा दूसरी संख्याएं 20, 30 हैं।

अत: अभीष्ट योग $20 + 30 = 50$ है।

4. $x + y = a + b$ ...(*i*)

$ax - by = a^2 - b^2$ ...(*ii*)

(*i*) को b से गुणा करके गुणनफल में (*ii*) जोड़ने पर:

$(bx + ax) = (ab + b^2 + a^2 - b^2) \Rightarrow x(b + a) = (ab + a^2)$

$$\Rightarrow x = \frac{a(b+a)}{(b+a)} \Rightarrow x = a.$$

(*i*) में $x = a$ रखने पर, $y = b$.

$x = a, y = b$.

5. ध्यान रखें यहाँ दूसरे समीकरण में पहले समीकरण के x तथा y के गुणाँक परस्पर बदल दिये गये हैं. ऐसे प्रश्नों में एक बार दोनों समीकरणों को जोड़ देते हैं तथा दूसरी बार घटा देते हैं.

$148x + 231y = 527$ ...(*i*)

$231x + 148y = 610$ ...(*ii*)

(*i*) तथा (*ii*) को जोड़ने पर:

$379x + 379y = 1137 \Rightarrow 379(x + y) = 1137$

$$\Rightarrow (x+y) = \frac{1137}{379} \Rightarrow x + y = 3 \quad ...(iii)$$

(*i*) को (*ii*) में से घटाने पर:

$83x - 83y = (610 - 527) \Rightarrow 83(x - y) = 83$

$\Rightarrow x - y = 1$ ...(*iv*)

(*iii*)तथा (*iv*) को जोड़ने पर: $2x = 4 \Rightarrow x = 2$.

(*iii*) में $x = 2$ रखने पर $2 + y = 3 \Rightarrow y = 1$.

$\therefore\ x = 2, y = 1$

6. मान लीजिए कि भाग A, B और C हैं।

प्रश्नानुसार-

$$\frac{A}{2} = \frac{B}{3} = \frac{C}{4}, C = 2A, B = \frac{3}{2}A$$

$A + B + C = 243$

$$A + \frac{3}{2}A + 2A = 243$$

$2A + 3A + 4A = 486$

$9A = 486;\ A = 54$

$$B = \frac{3}{2} \times 54 = 81$$

$C = 2A = 54 \times 2 = 108$

7. दिया गया है-

$$x + \frac{1}{y} = 2$$

$$\Rightarrow \frac{1}{y} = 2 - x$$

$$\Rightarrow y = \frac{1}{(2-x)} \quad ...(i)$$

पुन: $2xy - 3y = -2$

$\Rightarrow\ y(2x - 3) = -2$

$$\Rightarrow \frac{2x-3}{2-x} = -2 \qquad [\because (1) \text{ से } y = \frac{1}{(2-x)}]$$

$\Rightarrow 2x - 3 = 4 - 2x$

$\Rightarrow 2x - 2x = 4 - 3$

$\Rightarrow 0 = 1$

यह संभव नहीं है अत: कोई हल नहीं है।

8. $$\frac{40}{u+v} + \frac{2}{u-v} = 5 \quad ...(i)$$

$$\frac{25}{u+v} - \frac{3}{u-v} = 1 \quad ...(ii)$$

समीकरण (*i*) को 5 और समीकरण (*ii*) को 8 से गुणा करने पर हम प्राप्त करते हैं,

$$\frac{200}{u+v} + \frac{10}{u-v} = 25$$

$$\frac{200}{u+v} - \frac{24}{u-v} = 8$$

$-\quad +$

$$\frac{34}{u-v} = 17$$

या $u - v = 2$ ...(*iii*)

$u - v$ का मान समीकरण (*i*) में रखने पर,

$u + v = 10$ ...(*iv*)

समीकरण (*iii*) व (*iv*) को हल करने पर-

$u = 6$ और $v = 4$

9. प्रश्नानुसार, व्यंजक $8x + 12$ और $14x - 6$ बराबर है।

$14x - 6 = 8x + 12$

$\Rightarrow\ 14x - 8x = 6 + 12 \Rightarrow\ 6x = 18$

$$\Rightarrow\ x = \frac{18}{6} = 3$$

10. $47x + 31y = 63$ ...(*i*)

$31x + 47y = 15$ ...(*ii*)

(*i*) तथा (*ii*) को जोड़ने पर $78x + 78y = 78$

$\Rightarrow 78(x + y) = 78 \Rightarrow x + y = 1$ ...(*iii*)

(*i*) में से (*ii*) घटाने पर: $16x - 16y = 48$

$\Rightarrow 16(x - y) = 48 \Rightarrow x - y = 3$ ...(*iv*)

(*iii*) तथा (*iv*) को जोड़ने पर: $2x = 4 \Rightarrow x = 2$.

(*i*) में $x = 2$ रखने पर: $2 + y = 1 \Rightarrow y = -1$.

$\therefore\ x = 2, y = -1$.

11. रेखाएँ $a_1x + b_1y + c_1 = 0$

एवं $a_2x + b_2y + c_2 = 0$ समांतर होगा

यदि $\frac{a_1}{a_2} = \frac{b_1}{b_2} \neq \frac{c_1}{c_2}$

हमारे पास रेखाएँ है: $3x + 2ky - 2 = 0; 2x + 5y + 1 = 0$

$\therefore\ \frac{3}{2} = \frac{2k}{5}$

$\Rightarrow\ 15 = 4k \Rightarrow k = \frac{15}{4}$

12. $(a - b)x + (a + b)y = a^2 - 2ab - b^2$ ...(*i*)

$(a + b)x + (a + b)y = a^2 + b^2$ ...(*ii*)

(*ii*) में से (*i*) घटाने पर:

$(a + b)x - (a - b)x = (a^2 + b^2) - (a^2 - 2ab - b^2)$

$\Rightarrow\ [(a + b) - (a - b)]x = 2b^2 + 2ab$

$\Rightarrow\ (a + b - a + b)x = 2b(a + b)$

$\Rightarrow 2bx = 2b(a + b) \Rightarrow x = (a + b)$.

(*i*) में $x = (a + b)$ रखने पर:

$(a - b)(a + b) + (a + b)y = a^2 - 2ab - b^2$

$\Rightarrow\ (a + b)y = (a^2 - 2ab - b^2) - (a^2 - b^2)$

$\Rightarrow (a + b)y = -2ab$

$\Rightarrow\ y = \frac{-2ab}{(a + b)}$.

$\therefore\ x = (a + b),\ y = \frac{-2ab}{(a + b)}$.

13. $\frac{4}{x} + 3y = 14$ ...(*i*)

$\frac{3}{x} - 4y = 23$ ...(*ii*)

(*i*) को 4 से तथा (*ii*) को 3 से गुणा करके जोड़ने पर:

$\frac{16}{x} + \frac{9}{x} = 56 + 69 \Rightarrow \frac{25}{x} = 125 \Rightarrow 125x = 25$

$\Rightarrow x = \frac{25}{125} \Rightarrow x = \frac{1}{5}$.

(*i*) में $x = \frac{1}{5}$ रखने पर:

$20 + 3y = 14 \Rightarrow 3y = -6 \Rightarrow y = -2$.

$\therefore\ x = \frac{1}{5}, y = -2$.

14. $\frac{1}{x} = u$ तथा $\frac{1}{y} = v$ रखने पर:

$2u + 3v = 13$ ...(*i*)

$5u - 4v = -2$ ...(*ii*)

(*i*) को 4 से तथा (*ii*) को 3 से गुणा करके जोड़ने पर:

$(8u + 15u) = (52 - 6) \Rightarrow 23u = 46$

$\Rightarrow u = \frac{46}{23} \Rightarrow u = 2$.

(*i*) में $u = 2$ रखने पर $4 + 3v = 13 \Rightarrow 3v = 9 \Rightarrow v = 3$.

$\therefore\ u = 2, v = 3 \Rightarrow \frac{1}{x} = 2, \frac{1}{y} = 3 \Rightarrow x = \frac{1}{2}, y = \frac{1}{3}$.

15. $\frac{1}{x} = u$ तथा $\frac{1}{y} = v$ रखने पर:

$\frac{1}{7}u + \frac{1}{6}v = 3 \Rightarrow 6u + 7v = 126$ ...(*i*)

$\frac{1}{2}u - \frac{1}{3}v = 5 \Rightarrow 3u - 2v = 30$ ...(*ii*)

(*ii*) को 2 से गुणा करके गुणनफल को (*i*) में से घटाने पर:

$(7v + 4v) = (126 - 60) \Rightarrow 11v = 66 \Rightarrow v = 6$.

(*ii*) में $v = 6$ रखने पर: $3u - 12 = 30 \Rightarrow 3u = 42 \Rightarrow u = 14$.

$\therefore\ u = 14, v = 6 \Rightarrow \frac{1}{x} = 14, \frac{1}{y} = 6 \Rightarrow x = \frac{1}{14}, y = \frac{1}{6}$.

16. $x + 2y = 5$ में $x = 0$ रखने पर $y = \frac{5}{2}$.

$x + 2y = 5$ में $y = 0$ रखने पर $x = 5$.

x-अक्ष पर $A(5, 0)$ लें तथा y-अक्ष पर $B\left(0, \frac{5}{2}\right)$ लें.

AB को मिलाकर बढ़ायें.

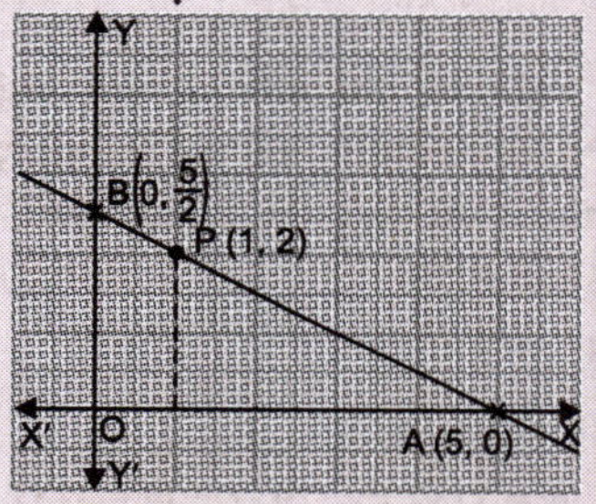

तब AB, दिये गये समीकरण का ग्राफ है.

$x = 1$ लेने पर, $y = 2$.

अत: $x = 1, y = 2$ इसका अभीष्ट हल है.

17. $2x + 3y = 13$ ...(*i*)

$4x - y = 5$ ...(*ii*)

(*ii*) को 3 से गुणा करके (*i*) में जोड़ने पर:

$(2x + 12x) = (13 + 15) \Rightarrow 14x = 28 \Rightarrow x = 2$.

(*ii*) में $x = 2$ रखने पर $8 - y = 5 \Rightarrow y = (8 - 5) \Rightarrow y = 3$.

$\therefore\ x = 2, y = 3$.

18. $x + 2y = -1$ ...(*i*)

$2x - 3y = 12$ ...(*ii*)

(*i*) को 2 से गुणा करके गुणनफल में से (*ii*) घटाने पर:

$(2x + 4y) - (2x - 3y) = (-2 - 12)$

$\Rightarrow 7y = -14\ \Rightarrow y = -2$.

(*i*) में $y = -2$ रखने पर $x - 4 = -1 \Rightarrow x = 3$.

$\therefore\ x = 3, y = -2$.

19. दिया गया समीकरण है : $3x - 2y = 12$.

इसमें $x = 0$ रखने पर $-2y = 12 \Rightarrow y = -6$.

तथा $y = 0$ रखने पर $3x = 12 \Rightarrow x = 4$.

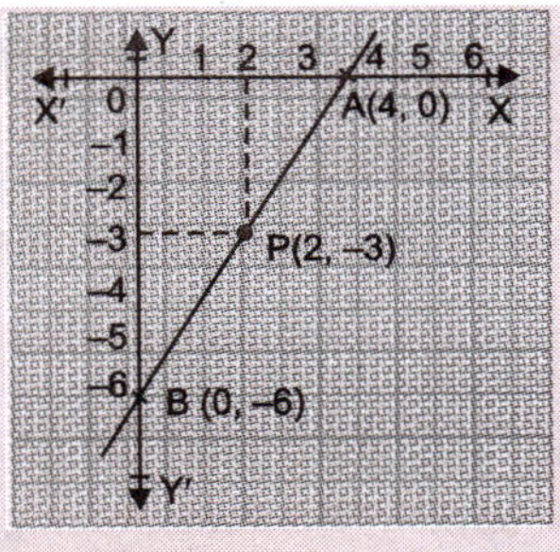

अत: $A(4,0)$ तथा $B(0,-6)$ दिये गये समीकरण को सन्तुष्ट करते हैं

ग्राफ पेपर पर $X'OX$ तथा YOY' क्रमशः x-अक्ष तथा y-अक्ष लें.

इस पर बिन्दु $A(4,0)$ तथा $B(0,-6)$ निरूपित करके AB को मिलायें

यह इस दिये गये समीकरण का ग्राफ है.

स्पष्ट है कि बिन्दु $P(2,-3)$ इस ग्राफ की रेखा पर स्थित है.

अत: $x=2, y=-3$ इसका अभीष्ट हल है.

20. दिये गये समीकरण को लिख सकते है:

$6(2x+7)-15(3x+11)=10(2x+8)-150$

$\Rightarrow 12x+42-45x-165=20x+80-150$

$\Rightarrow\ 20x+45x-12x=42-165-80+150$

$\Rightarrow\ 53x=-53 \Rightarrow x=-1.$

21. दिये गये समीकरण को लिख सकते हैं

$5x-4=6(4x+1)-3(3x+10)$

$\Rightarrow\ 5x-4=24x+6-9x-30$

$\Rightarrow 24x-9x-5x=30-6-4$

$\Rightarrow\ 10x=20 \Rightarrow x=2.$

22. दिये गये समीकरण को लिख सकते हैं:

$5x-\frac{1}{3}(x+1)=6\left(\frac{30x+1}{30}\right)$

$\Rightarrow 150x-10(x+1)=6(30x+1)$

$\Rightarrow 150x-10x-10=180x+6$

$\Rightarrow 180x-150x+10x=-10-6$

$\Rightarrow 40x=-16 \Rightarrow x=\frac{-16}{40}=\frac{-2}{5}.$

23. दिये गये समीकरण को लिख सकते हैं:

$3(x-5)-16x=12-2(x-3)$

$\Rightarrow 3x-15-16x=12-2x+6$

$\Rightarrow 16x-3x-2x=-15-12-6$

$\Rightarrow 11x=-33 \Rightarrow x=-3.$

24. $\left(\frac{x-7}{x-3}-1\right)+\left(\frac{x-2}{x-9}-1\right)=0$

$\Rightarrow\ \frac{(x-7)-(x-3)}{(x-3)}+\frac{(x-2)-(x-9)}{(x-9)}=0$

$\Rightarrow \frac{(x-7-x+3)}{(x-3)}+\frac{(x-2-x+9)}{(x-9)}=0$

$\Rightarrow \frac{-4}{(x-3)}+\frac{7}{(x-9)}=0 \Rightarrow \frac{7}{x-9}=\frac{4}{x-3}$

$\Rightarrow 7(x-3)=4(x-9) \Rightarrow 7x-21=4x-36$

$\Rightarrow 3x=-15 \Rightarrow x=-5.$

25. दिये गये समीकरण को लिख सकते हैं:

$\left(\frac{x+1}{x-1}-1\right)+\left(\frac{x+2}{x-2}-1\right)=\frac{22x+30}{11x-18}-2$

$\Rightarrow \frac{(x+1)-(x-1)}{(x-1)}+\frac{(x+2)-(x-2)}{(x-2)}$

$=\frac{(22x+30)-2(11x-18)}{(11x-18)}$

$\Rightarrow \frac{(x+1-x+1)}{(x-1)}+\frac{(x+2-x+2)}{(x-2)}$

$=\frac{(22x+30-22x+36)}{11x-18}$

$\Rightarrow \frac{2}{(x-1)}+\frac{4}{x-2}=\frac{66}{(11x-18)}$

$\Rightarrow \frac{2(x-2)+4(x-1)}{(x-1)(x-2)}=\frac{66}{(11x-18)}$

$\Rightarrow \frac{(2x-4+4x-4)}{(x^2-3x+2)}=\frac{66}{(11x-18)}$

$\Rightarrow \frac{(6x-8)}{(x^2-3x+2)}=\frac{66}{(11x-18)}$

$\Rightarrow (6x-8)(11x-18)=66(x^2-3x+2)$

$\Rightarrow 66x^2-108x-88x+144=66x^2-198x+132$

$\Rightarrow 198x-108x-88x=132-144$

$\Rightarrow 2x=-12 \Rightarrow x=-6.$

26. $2x+3y=52$ ...(i)

$5x-2y=16$ ...(ii)

समी (*i*) को (2) से व समी. (*ii*) को 3 गुणा करने पर

$4x+6x=104$

$15x-6y=48$

$19x=152$

$x=8$

$y=12$

$x=8, y=12$

अत: (*b*) $x<y$ सही है।

27. ये समीकरण सहसंयोजक होंगे यदि $\frac{a}{c}=\frac{b}{d}$ अर्थात $ad=bc$

28. माना x पहली संख्या है और y दूसरी संख्या है।

दिया है,

$3x+2y=300$ ...(*i*)

और

$3y-2x=190$ ...(*ii*)

समी (*i*) और (*ii*) को क्रमशः 2 और 3 से गुणा करने पर, हम प्राप्त करते हैं

$6x+4y=600$

$-6x+9y=570$

$13y=1170$

$y=90$

समी (i) में y का मान रखने पर, हमें प्राप्त होता है

$3x + 2(90) = 300$

$3x = 120$

$x = 40$

अत: संख्याएँ 40 और 90 हैं।

इनमें से सबसे छोटा 40 है।

29. दिये गये समीकरण हैं

$2x - 3y - 3 = 0$ तथा $6x - 9y - 12 = 0$.

इनके प्रारूप हैं $a_1 x + b_1 y + c_1 = 0$ तथा

$a_2 x + b_2 y + c_2 = 0$,

जहाँ $a_1 = 2, b_1 = -3, c_1 = -3$ तथा

$a_2 = 6, b_2 = -9, c_2 = -12$.

$\therefore \frac{a_1}{a_2} = \frac{2}{6} = \frac{1}{3};\ \frac{b_1}{b_2} = \frac{-3}{-9} = \frac{1}{3}$ तथा $\frac{c_1}{c_2} = \frac{-3}{-12} = \frac{1}{4}$.

अत: $\frac{a_1}{a_2} = \frac{b_1}{b_2} \neq \frac{c_1}{c_2}$.

अत: दिये गये समीकरणों का कोई हल नहीं होगा.

30. दिये गये समीकरण हैं

$4x + 3y - 2 = 0$ तथा $8x + 6y - 4 = 0$.

इनके प्रारूप हैं $a_1 x + b_1 y + c_1 = 0$ तथा

$a_2 x + b_2 y + c_2 = 0$,

जहाँ $a_1 = 4, b_1 = 3, c_1 = -2$ तथा $a_2 = 8, b_2 = 6, c_2 = -4$.

$\therefore \frac{a_1}{a_2} = \frac{4}{8} = \frac{1}{2},\ \frac{b_1}{b_2} = \frac{3}{6} = \frac{1}{2}$ तथा $\frac{c_1}{c_2} = \frac{-2}{-4} = \frac{1}{2}$.

$\therefore \frac{a_1}{a_2} = \frac{b_1}{b_2} = \frac{c_1}{c_2}$.

अत: दिये गये समीकरणों के अनन्त हल हैं.

31. दिये गये समीकरण हैं $5x + y - 7 = 0$ तथा

$3x - 4y - 18 = 0$.

इनके प्रारूप हैं $a_1 x + b_1 y + c_1 = 0$ तथा

$a_2 x + b_2 y + c_2 = 0$,

जहाँ $a_1 = 5, b_1 = 1, c_1 = -7$ तथा $a_2 = 3, b_2 = -4, c_2 = -18$.

$\therefore \frac{a_1}{a_2} = \frac{5}{3},\ \frac{b_1}{b_2} = \frac{1}{-4} = \frac{-1}{4}$ तथा $\frac{c_1}{c_2} = \frac{-7}{-18} = \frac{7}{18}$.

$\therefore \frac{a_1}{a_2} \neq \frac{b_1}{b_2}$.

अत: दिये गये समीकरणों का एक अद्वितीय हल है.

32. विकल्प (b) से, $x^2 - 9x + 14 = 0$

$\Rightarrow x^2 - 2x - 7x + 14 = 0$

$\Rightarrow x(x-2) - 7(x-2) = 0$

$\Rightarrow (x-2)(x-7) = 0$

$\Rightarrow x = 2$ या 7

अत: समीकरण $x^2 - 9x + 14 = 0$ का एक मूल 7 है।

33. माना एक अलमीरा की कीमत ₹ x और एक ड्रेसर की कीमत ₹ y है।

प्रश्नानुसार,

$12x + 16y =$ ₹ 18936 को 4 से भाग करने पर,

$3x + 4y =$ ₹ 4734 को 3 से गुणा करने पर,

$9x + 12y = 4734 \times 3 =$ ₹ 14202

34. दो रेखाएं है: $3x + 2ky - 2 = 0$

$2x + 5y + 1 = 0$

दो रेखाएं समान्तर है तो, $\frac{a_1}{a_2} = \frac{b_1}{b_2} \neq \frac{c_1}{c_2}$

$\therefore \frac{3}{2} = \frac{2k}{5}$

$\Rightarrow k = \frac{15}{4}$

35. $(x + y - 2)^2 + (3x - 2y - 1)^2 = 0$

$x + y - 2 = 0$ .....(i)

$3x - 2y - 1 = 0$ .....(ii)

समीकरण (i) एवं (ii) से,

$x + y = 2\ ;\ 3x - 2y = 1$

$3x + 3y = 6\ ;\ 3x - 2y = 1$

$5y = 5 \Rightarrow y = 1$

समीकरण (i) से,

36. दिये गये समीकरण को लिख सकते हैं:

$$\frac{2}{x-1} + \frac{1}{x-3} = \frac{2}{x-2} + \frac{1}{x-2}$$

$$\Rightarrow \frac{2}{x-1} - \frac{2}{x-2} = \frac{1}{x-2} - \frac{1}{x-3} \Rightarrow \frac{2(x-2) - 2(x-1)}{(x-1)(x-2)}$$

$$= \frac{(x-3) - (x-2)}{(x-2)(x-3)}$$

$$\Rightarrow \frac{2x - 4 - 2x + 2}{(x-1)(x-2)} = \frac{x - 3 - x + 2}{(x-2)(x-3)}$$

$$\Rightarrow \frac{-2}{(x-1)} = \frac{-1}{(x-3)}$$

$\Rightarrow -2(x-3) = -(x-1) \Rightarrow -2x + 6 = -x + 1$

$\Rightarrow 2x - x = 6 - 1 \Rightarrow x = 5.$

37. $\frac{x+1}{x} = y$ रखने पर:

$y + \frac{1}{y} = \frac{5}{2} \Rightarrow 2y^2 + 2 = 5y \Rightarrow 2y^2 - 5y + 2 = 0$

$\Rightarrow 2y^2 - 4y - y + 2 = 0 \Rightarrow 2y(y-2) - (y-2) = 0$

$\Rightarrow (y-2)(2y-1) = 0 \Rightarrow y = 2$ अथवा $y = \frac{1}{2}$.

$\therefore \frac{x+1}{x} = 2$ अथवा $\frac{x+1}{x} = \frac{1}{2}$

$\Rightarrow x + 1 = 2x$ अथवा $2x + 2 = x \Rightarrow x = 1$ अथवा $x = -2$.

$x = 1 \Rightarrow x = 1\ ;\ y = 1$

38. $2 + \sqrt{3}a = \left(2 - \sqrt{3}b\right) = 1$

$2+\sqrt{3}a=1$ और $2-\sqrt{3}b=1$

$\Rightarrow \frac{1}{a}=2+\sqrt{3}$ और $\frac{1}{b}=2-\sqrt{3}$

$\Rightarrow \frac{1}{a}+\frac{1}{b}=2+\sqrt{3}+2-\sqrt{3}=4$

39. $3x:2y=21:22$

$\Rightarrow \frac{3x}{2y}=\frac{21}{22}$

$\Rightarrow \frac{x}{y}=\frac{7}{11}$

$\Rightarrow x=\frac{7}{11}y$

$4x+5y=83$

$\Rightarrow 4\left(\frac{7}{11}y\right)+5y=83$

$\Rightarrow 28y+55y=83\times 11$

$\Rightarrow 83y=83\times 11$

$\Rightarrow y=\frac{83\times 11}{83}$

$\Rightarrow y=11$ और $x=\frac{11\times 7}{11}=7$

$\Rightarrow y-x=11-7=4$

❑❑❑

33

द्विघात समीकरण (QUADRATIC EQUATIONS)

Scan QR Code for Watching Video

आवश्यक तथ्य एवं सूत्र

1. ऐसा समीकरण जिसका प्रारूप $ax^2 + bx + c = 0$ जैसा हो, जहाँ a, b, c वास्तविक संख्यायें हैं तथा $a \neq 0$ एक द्विघात समीकरण कहलाता है. इसमें $D = (b^2 - 4ac)$ इस समीकरण का **विविक्तकर (Discriminant)** कहलाता है.
2. समीकरण $ax^2 + bx + c = 0$ के मूल यदि α **तथा** β हों, तो

$$\alpha = \frac{-b + \sqrt{b^2 - 4ac}}{2a} \quad \text{तथा} \quad \beta = \frac{-b - \sqrt{b^2 - 4ac}}{2a}.$$

3. द्विघात समीकण के मूलों की प्रकृति:

माना $ax^2 + bx + c = 0, a \neq 0$ दिया गया द्विघात समीकरण है तथा माना $D = (b^2 - 4ac)$. तब

D का मान	मूलों की प्रकृति	मूल
(i) $D > 0$ तथा एक पूर्ण वर्ग है।	परिमेय तथा असमान	$\frac{-b \pm \sqrt{D}}{2a}$
(ii) $D > 0$ तथा एक पूर्ण वर्ग नहीं है।	अपरिमेय तथा असमान	$\frac{-b \pm \sqrt{D}}{2a}$
(iii) $D = 0$	परिमेय तथा समान	प्रत्येक $= \frac{-b}{2a}$
(iv) $D < 0$	कोई वास्तविक मूल नहीं	

4. माना $ax^2 + bx + c = 0$ के मूल α तथा β हैं, तब

(i) $\alpha + \beta = \frac{-b}{a}$. (ii) $\alpha\beta = \frac{c}{a}$.

5. ऐसा समीकरण जिसके मूल α तथा β हैं, होगा $x^2 - (\alpha + \beta)x + \alpha\beta = 0$.

साधित उदाहरण

प्रश्न 1. हल कीजिए: $3x^2 + 2x = 0$.

हल: $3x^2 + 2x = 0 \Rightarrow x(3x + 2) = 0$

$\Rightarrow x = 0$ अथवा $3x + 2 = 0$

$\Rightarrow x = 0$ अथवा $x = \frac{-2}{3}$.

प्रश्न 2. हल कीजिए: $(2x - 3)(3x + 5) = 0$.

हल: $(2x - 3)(3x + 5) = 0 \Rightarrow 2x - 3 = 0$ अथवा $3x + 5 = 0$

$\Rightarrow x = \frac{3}{2}$ अथवा $x = \frac{-5}{3}$.

प्रश्न 3. हल कीजिए: $2x^2 - 9x + 10 = 0$.

हल: $2x^2 - 9x + 10 = 0 \Rightarrow 2x^2 - 5x - 4x + 10 = 0$

$\Rightarrow x(2x - 5) - 2(2x - 5) = 0$

$\Rightarrow (2x - 5)(x - 2) = 0$

$\Rightarrow 2x - 5 = 0$ अथवा $x - 2 = 0$

$\Rightarrow x = \frac{5}{2}$ अथवा $x = 2$.

प्रश्न 4. हल करें: $15x^2 - x - 28 = 0$.

हल: यहाँ $a = 15, b = -1$ तथा $c = -28$.

$\therefore D = (b^2 - 4ac) = (-1)^2 - 4 \times 15 \times (-28)$

$= (1 + 1680) = 1681$.

$\Rightarrow \sqrt{D} = \sqrt{1681} = 41.$

$$\therefore \ \alpha = \frac{-b+\sqrt{D}}{2a} = \frac{(1+41)}{(2\times 15)} = \frac{42}{30} = \frac{7}{5}.$$

$$\beta = \frac{-b-\sqrt{D}}{2a} = \frac{(1-41)}{(2\times 15)} = \frac{-40}{30} = \frac{-4}{3}.$$

अतः अभीष्ट मूल हैं: $\frac{7}{5}$ तथा $\frac{-4}{3}$.

4	$\overline{16}\,\overline{81}$ (41	
	16	
81	81	
	81	
	×	

प्रश्न 5. ऐसा समीकरण ज्ञात कीजिए जिसके मूल $\frac{1}{2}$ तथा $\frac{1}{3}$ हैं:

हलः माना $\alpha = \frac{1}{2}$ तथा $\beta = \frac{1}{3}$. तब,

$$(\alpha+\beta) = \left(\frac{1}{2}+\frac{1}{3}\right) = \frac{5}{6} \text{ तथा } \alpha\beta = \left(\frac{1}{2}\times\frac{1}{3}\right) = \frac{1}{6}.$$

$\therefore$ अभीष्ट समीकरण है:

$x^2 - (\alpha+\beta)x + \alpha\beta = 0$ अर्थात $x^2 - \frac{5}{6}x + \frac{1}{6} = 0$

अर्थात $6x^2 - 5x + 1 = 0$.

प्रश्न 6. यदि समीकरण $x^2 - px + q = 0$ के मूल α तथा β हों, तो

(a) $(\alpha^2+\beta^2)$ का मान ज्ञात कीजिए

(b) $(\alpha^3+\beta^3)$ का मान ज्ञात कीजिए

हलः स्पष्ट है कि $(\alpha+\beta) = p$ तथा $\alpha\beta = q$. तब,

(a) $(\alpha^2+\beta^2) = (\alpha+\beta)^2 - 2\alpha\beta = (p^2 - 2q)$.

(b) $(\alpha^3+\beta^3) = (\alpha+\beta)^3 - 3\alpha\beta(\alpha+\beta)$
$= (p^3 - 3pq)$.

प्रश्न 7. यदि समीकरण $9x^2 - kx + 81$ के मूल बराबर हों, तो $k = ?$

(a) ± 9 **(b) ± 27** **(c) ± 18** **(d) ± 54**

हलः $9x^2 - kx + 81$ की $ax^2 + bx + c$ से तुलना करने पर $a = 9, b = -k$ तथा $c = 81$.

5	$\overline{29}\,\overline{16}$ (54	
	25	
104	416	
	416	
	×	

$\therefore D = (b^2 - 4ac) = [(-k)^2 - 4\times 9\times 81]$
$= (k^2 - 2916)$.

मूल बराबर हैं, अतः $D = 0$.

अब $D = 0 \Rightarrow k^2 - 2916 = 0 \Rightarrow k^2 = (2916)$
$\Rightarrow k = \pm\sqrt{2916} \Rightarrow k = \pm 54.$

प्रश्नमाला 33

***दिशानिर्देश* (1–2):** निम्नलिखित प्रश्नों में दो समीकरण चर x और y में दिए गए हैं। आपको इन समीकरणों को हल करना है और x और y के बीच संबंध निर्धारित करना है।

(a) $x > y$ (b) $x < y$
(c) $x \geq y$ (d) $x \leq y$
(e) $x = y$ या निर्धारित नहीं किया जा सकता।

(आई.बी.पी.एस. पी.ओ. (प्रा.) परीक्षा, 2021)

1. I. $x^3 = 125$
II. $y^3 = 8$

2. I. $x^2 - 5x + 6 = 0$
II. $2y^2 - 7y + 3 = 0$

***दिशानिर्देश* (3–7):** निम्नलिखित प्रश्नों में दो समीकरण चर x और y में दिए गए हैं। आपको इन समीकरणों को हल करना है और x और y के बीच संबंध निर्धारित करना है।

(a) $x < y$
(b) $x \geq y$
(c) $x \leq y$
(d) $x = y$ या निर्धारित नहीं किया जा सकता
(e) $x > y$

(आई.बी.पी.एस. क्लर्क (प्रा.) परीक्षा, 2019)

3. $x^2 - 7x + 12 = 0$
$2y^2 - 3y + 1 = 0$

4. $x^2 = 4^2$
$y^2 - 4y + 4 = 0$

5. $x^2 - x - 42 = 0$
$y^2 + y - 30 = 0$

6. $2x^2 - 5x + 3 = 0$
$y^2 - 1 = 0$

7. $x^2 + 13x + 40 = 0$
$y^2 + 17y + 72 = 0$

8. निम्नलिखित में से कौन-सा समीकरण एक द्विघात समीकरण है?

(a) $x - \frac{3}{x} = x^2$ (b) $x^2 + \frac{3}{x^2} = 1$

(c) $2x^2 + \sqrt{3x} + 5 = 0$ (d) $x^2 - 1 = 2x^2 + 4$

9. निम्नलिखित में से कौन-सा समीकरण एक द्विघांत समीकरण नहीं है?

(a) $x^2 - 5x + 6 = 0$ (b) $4x^2 + 8 = 0$
(c) $x^2 + x + 6 = 0$ (d) $x^3 - x - 4 = 0$

10. निम्नलिखित में से किस समीकरण के वास्तविक मूल होंगे?

(a) $x^2 + x + 6 = 0$ (b) $2x^2 - 3x + 4 = 0$
(c) $3x^2 + 4x + 5 = 0$ (d) $2x^2 - 7x + 5 = 0$

11. एक द्विघात समीकरण के मूल $(2+\sqrt{5})$ तथा $(2-\sqrt{5})$ हैं. यह समीकरण है:
(a) $x^2-4x-1=0$ (b) $x^2+4x-1=0$
(c) $x^2-4x+1=0$ (d) $x^2+4x+1=0$

12. यदि $x^2-px+q=0$ के मूल α तथा β हों, तो $(\alpha^3+\beta^3)$ का मान कितना होगा ?
(a) q^3+3pq (b) q^3-3pq
(c) p^3+3pq (d) p^3-3pq

***दिशानिर्देश* (13–15)**: निम्नलिखित प्रश्नों में दो समीकरण चर x और y में दिए गए हैं। आपको इन समीकरणों को हल करना है और x और y के बीच संबंध निर्धारित करना है।
(a) $x>y$ (b) $x<y$
(c) $x\geq y$ (d) $x\leq y$
(e) $x=y$ या निर्धारित नहीं किया जा सकता।
(आई.बी.पी.एस. पी.ओ. (प्रा.) परीक्षा, 2021)

13. I. $x^2=256$
II. $y^2+18y+17=0$

14. I. $6x^2+13x+6=0$
II. $15y^2+13y+2=0$

15. I. $2x^2+15x+28=0$
II. $2y^2+19y+45=0$

***दिशानिर्देश* (16–17)**: निम्नलिखित प्रश्नों में दो समीकरण चर x और y में दिए गए हैं। आपको इन समीकरणों को हल करना है और x और y के बीच संबंध निर्धारित करना है।
(a) $x>y$ (b) $x<y$
(c) $x\geq y$ (d) $x\leq y$
(e) $x=y$ या निर्धारित नहीं किया जा सकता।
(आई.बी.पी.एस. पी.ओ. (प्रा.) परीक्षा, 2020)

16. I. $x^2=9^2$
II. $(y-8)^2=9$

17. I. $x^2-5x+6=0$
II. $y^2-y-6=0$

18. यदि $x^2+px+q=0$ के मूल α तथा β हों, तो $\left(\frac{\alpha}{\beta}+\frac{\beta}{\alpha}\right)$ का मान क्या होगा ?
(a) $\frac{(p^2-2q)}{q}$ (b) $\frac{(p^2+2q)}{q}$
(c) $\frac{(-p^2+2q)}{q}$ (d) $\frac{(-p^2-2q)}{q}$

19. यदि α, β समीकरण $ax^2+bx+c=0$ के मूल हैं, तो $\frac{1}{\alpha^2}+\frac{1}{\beta^2}=?$ (दिल्ली मेट्रो रेल कॉर्पो. सी.आर.ए. परीक्षा, 2017)
(a) $\frac{b^2-2ac}{c^2}$ (b) $\frac{-b}{c}$
(c) $\frac{b^2-2ac}{ac}$ (d) $\frac{b^2+2ac}{a^2}$

20. किसी संख्या और उसके वर्ग का योग 240 है, वह संख्या है:
(a) 12 (b) 14 (c) 15 (d) 16
(यू.पी.पी.एस.सी.-लोअर अधीनस्थ परीक्षा, 2016)

21. यदि द्विघाती समीकरण $2x^2+3x+k=0$ के मूल बराबर है तो k का मान है: (यू.पी.पी.एस.सी.-लोअर अधीनस्थ परीक्षा, 2016)
(a) $\frac{9}{8}$ (b) $\frac{7}{8}$ (c) $\frac{5}{8}$ (d) $\frac{3}{8}$

22. यदि $3x^2+8x+2=0$ के मूल α तथा β हों, तो $(\alpha^3+\beta^3)=?$
(a) $-\frac{46}{3}$ (b) $\frac{368}{27}$
(c) $-\frac{368}{27}$ (d) इनमें से कोई नहीं

23. यदि $\frac{x^2+1}{x^2-1}=\frac{5}{4}$ हो, तो $x=?$
(a) ± 3 (b) ± 9 (c) ± 1 (d) $\pm\frac{1}{3}$

24. यदि $\left(\frac{x}{2}\right)^2-x=48$ हो, तो $x=?$
(a) 16 (b) 18 (c) 20 (d) 24

25. यदि $ax^2+bx+c=0$ के मूल एक दूसरे के व्युत्क्रम हों, तो
(a) $a=b$ (b) $b=ac$ (c) $a=c$ (d) $ac=1$

26. द्विघात समीकरण $x^2+x+1=0$ का विविक्तकर कितना है?
(a) – 2 (b) – 3 (c) – 1 (d) 3

27. द्विघात समीकरण $2x^2-3x-12=0$ का विविक्तकर कितना है?
(a) 87 (b) – 87 (c) 105 (d) – 33

28. समीकरण $x^2-9x+18=0$ के मूल हैं:
(a) 3, 6 (b) – 3, 6 (c) 3, – 6 (d) – 3, – 6

29. समीकरण $2x^2-11x+15=0$ के मूल हैं:
(a) $3, \frac{5}{2}$ (b) $5, \frac{3}{2}$
(c) $-3, \frac{-5}{2}$ (d) इनमें से कोई नहीं

30. समीकरण $x^2-4\sqrt{3}x+9=0$ के मूल हैं:
(a) $2\sqrt{3}, \sqrt{3}$ (b) $3\sqrt{3}, \sqrt{3}$
(c) $2\sqrt{3}, -\sqrt{3}$ (d) $3\sqrt{3}, -\sqrt{3}$

31. समीकरण $ax^2+x+b=0$ के मूल समान होंगे, यदि
(a) $b^2=4a$ (b) $b^2<4a$
(c) $b^2>4a$ (d) $ab=\frac{1}{4}$

32. समीकरण $3-7x+6x^2=0$ के मूलों का गुणनफल होगा:
(a) – 2 (b) $\frac{1}{2}$ (c) 2 (d) $-\frac{1}{2}$

33. यदि समीकरण $2x^2-8x+k=0$ के मूल बराबर हों, तो $k=?$
(a) 2 (b) 4 (c) 6 (d) 8

34. p के किस मान के लिए समीकरण $px^2 - 2\sqrt{5}\,x + 4 = 0$ के मूल वास्तविक तथा बराबर होंगे?

(a) $\frac{3}{4}$ (b) $\frac{5}{4}$ (c) $\frac{6}{7}$ (d) $\frac{7}{10}$

35. द्विघात समीकरण $4x^2 + 4x + 1 = 0$ के मूल हैं:

(a) वास्तविक तथा असमान (b) वास्तविक तथा समान
(c) अभिकल्पित (d) वास्तविक धनात्मक

36. यदि समीकरण $kx^2 - 6x + 3k = 0$ के मूलों का योगफल तथा गुणनफल बराबर हों, तो $k = ?$

(a) 2 (b) 3
(c) 4 (d) इनमें से कोई नहीं

37. p के किस मान के लिए $x^2 - 4x + p = 0$ के मूल भिन्न तथा वास्तविक होंगे?

(a) $p < 4$ (b) $p > 4$
(c) $p = 4$ (d) इनमें से कोई नहीं

38. एक द्विघात समीकरण के मूलों का योगफल –2 तथा गुणनफल – 4 है. यह समीकरण है:

(a) $x^2 - 2x - 4 = 0$ (b) $x^2 - 2x + 4 = 0$
(c) $x^2 + 2x - 4 = 0$ (d) $x^2 + 2x + 4 = 0$

39. यदि समीकरण $3x^2 + 5x - 7 = 0$ के मूल्य α तथा β हों, तो $\left(\frac{1}{\alpha} + \frac{1}{\beta}\right) = ?$

(a) $\frac{3}{7}$ (b) $\frac{5}{11}$ (c) $\frac{5}{7}$ (d) इनमें से कोई नहीं

***दिशानिर्देश* (40–44):** निम्नलिखित प्रश्नों में दो समीकरण चर x और y में दिए गए हैं। आपको इन समीकरणों को हल करना है और x और y के बीच संबंध निर्धारित करना है।

(a) $x > y$ (b) $x \geq y$ (c) $x \leq y$
(d) $x = y$ या कोई संबंध स्थापित नहीं किया जा सकता।
(e) $x > y$

(नैनीताल बैंक क्लर्क (प्रा.) परीक्षा, 2019)

40. I. $x^2 - 14x - 51 = 0$
II. $y^2 + 24y + 108 = 0$

41. I. $x^2 - 26x - 105 = 0$
II. $y^2 + 23y + 102 = 0$

42. I. $x^2 + 5x - 126 = 0$
II. $y^2 + 26y + 168 = 0$

43. I. $3x^2 - 17x - 20 = 0$
II. $3y^2 + 10y - 25 = 0$

44. I. $x^2 + 30x + 144 = 0$
II. $y^2 + 38y + 325 = 0$

45. यदि α, β समीकरण $ax^2 + bx + c = 0$ के मूल हैं, तो $\alpha^2 + \beta^2 = ?$

(a) $\frac{b^2 - 2ac}{a}$ (b) $\frac{b^2 + 2ac}{a^2}$ (c) $\frac{b^2 - 2ac}{b^2}$ (d) $\frac{b^2 + 2ac}{b^2}$

(दिल्ली मेट्रो रेल कॉर्पोरेशन सी.आर.ए. परीक्षा, 2017)

46. यदि $ab + bc + ca = 0$, तो $\left(\frac{1}{a^2 - bc} + \frac{1}{b^2 - ca} + \frac{1}{c^2 - ab}\right)$ का मान क्या होगा?

(a) 0 (b) 1 (c) 3 (d) $a + b + c$

(एस.एस.सी.- सी.जी.एल. (टीयर-II) परीक्षा, 2014)

उत्तरमाला (प्रश्नमाला 33)

1. (a)	2. (e)	3. (d)	4. (d)	5. (d)	6. (a)	7. (d)	8. (a)	9. (c)	10. (a)	11. (a)	12. (c)
13. (e)	14. (d)	15. (a)	16. (e)	17. (e)	18. (e)	19. (a)	20. (c)	21. (a)	22. (d)	23. (d)	24. (b)
25. (b)	26. (b)	27. (c)	28. (a)	29. (a)	30. (b)	31. (d)	32. (b)	33. (d)	34. (b)	35. (b)	36. (a)
37. (a)	38. (c)	39. (c)	40. (d)	41. (e)	42. (a)	43. (b)	44. (d)	45. (d)	46. (a)		

दिये गये प्रश्नों के हल (प्रश्नमाला 33)

1. प्रश्नानुसार

I. $x^3 = 125$
$x = +5$ ... (i)

II. $y^3 = 8$
$y = +2$ ... (ii)

अतः, समी. (i) और (ii) से $x > y$

2. $x^2 - 5x + 6 = 0$
$\Rightarrow x^2 - 3x - 2x + 6 = 0$ ... (i)
$\Rightarrow x(x-3) - 2(x-3) = 0$
$\Rightarrow (x-3)(x-2) = 0$
$\Rightarrow x = +3, +2$

$2y^2 - 7y + 3 = 0$ ... (ii)
$\Rightarrow 2y^2 - 6y - y + 3 = 0$
$\Rightarrow 2y(y-3) - 1(y-3) = 0$
$\Rightarrow (2y-1)(y-3) = 0$
$\Rightarrow y = 3, 0.5$

अतः समी. (i) तथा (ii) से x तथा y के मध्य कोई संबंध स्थापित नहीं होता है।

3. $x^2 - 7x + 12 = 0$ ...(i)
$\Rightarrow x^2 - 4x - 3x + 12 = 0$
$\Rightarrow x(x-4) - 3(x-4) = 0$
$\Rightarrow (x-4)(x-3) = 0$
$\therefore x = 4, 3$

$2y^2 - 3y + 1 = 0$ ...(ii)
$\Rightarrow 2y^2 - 2y - y + 1 = 0$
$\Rightarrow 2y - 4y - 1(y-1) = 0$
$\Rightarrow 2y(y-1) - 1(y-1) = 0$
$\Rightarrow (2y-1)(y-1) = 0$

$\Rightarrow y = \frac{1}{2}, 1$

$\therefore$ समी. (*i*) एवं (*ii*) से $x > y$

4. $x^2 = 4^2$ ...(*i*)

$\therefore x = \pm 4$

$y^2 - 4y + 4 = 0$ ... (*ii*)

$\Rightarrow (y-2)^2 = 0$

$\Rightarrow y - 2 = 0$

$\Rightarrow y = 2$

$\therefore$ समी. (*i*) एवं (*ii*) से x एवं y में कोई संबंध स्थापित नहीं किया जा सकता है।

5. $x^2 - x - 42 = 0$ ...(*i*)

$\Rightarrow x^2 - 7x + 6x - 42 = 0$

$\Rightarrow x(x-7) + 6(x-7) = 0$

$\Rightarrow (x+6)(x-7) = 0$

$\therefore x = -6, 7$

$y^2 + y - 30 = 0$ ...(*ii*)

$\Rightarrow y^2 + 6y - 5y - 30 = 0$

$\Rightarrow y(y+6) - 5(y+6) = 0$

$\Rightarrow (y-5)(y+6) = 0$

$\because y = 5, -6$

$\therefore$ समी. (*i*) एवं (*ii*) से

x एवं y के मध्य कोई संबंध स्थापित नहीं किया जा सकता है।

6. $2x^2 - 5x + 3 = 0$ ...(*i*)

$\Rightarrow 2x^2 - 3x - 2x + 3 = 0$

$\Rightarrow x(2x-3) - 1(2x-3) = 0$

$\Rightarrow (x-1)(2x-3) = 0$

$\therefore x = 1, \frac{3}{2}$

$y^2 - 1 = 0$

$\Rightarrow y = +1, -1$

$\therefore$ समी. (*i*) एवं (*ii*) से $x \geq y$

7. $x^2 + 13x + 40 = 0$ ...(*i*)

$\Rightarrow x^2 + 8x + 5x + 40 = 0$

$\Rightarrow x(x+8) + 5(x+8) = 0$

$\Rightarrow (x+5)(x+8) = 0$

$\therefore x = -5, -8$

$y^2 + 17y + 72 = 0$ ...(*ii*)

$\Rightarrow y^2 + 9y + 8y + 72 = 0$

$\Rightarrow y(y+9) + 8(y+9) = 0$

$\Rightarrow (y+8)(y+9) = 0$

$\because y = -8, -9$

$\therefore$ समी. (*i*) एवं (*ii*) से $x \geq y$

8. (*a*) $x - \frac{3}{x} = x^2 \Rightarrow x^2 - 3 = x^3$, जो एक द्विघात समीकरण नहीं है.

(*b*) $x^2 + \frac{3}{x^2} = 1 \Rightarrow x^4 + 3 = x^2$, जो एक द्विघात समीकरण नहीं है.

(*c*) $2x^2 + \sqrt{3x} + 5 = 0$ स्पष्टतया एक द्विघात समीकरण नहीं है.

(*d*) $x^2 - 1 = 2x^2 + 4 \Rightarrow 2x^2 + 4 - x^2 + 1 = 0$

$\Rightarrow x^2 + 5 = 0$, जो एक द्विघात समीकरण है.

9. स्पष्ट है कि $x^3 - x - 4 = 0$ एक द्विघात समीकरण नहीं है.

10. प्रत्येक दिये समीकरण की $ax^2 + bx + c = 0$ से तुलना करने पर:

(*a*) $a = 1, b = 1, c = 6.$

$\therefore D = (b^2 - 4ac) = (1 - 4 \times 1 \times 6) = (1 - 24) = -23 < 0.$

अत: $x^2 + x + 6 = 0$ के वास्तविक मूल नहीं होंगे.

(*b*) $a = 2, b = -3, c = 4.$

$\therefore D = (b^2 - 4ac) = (9 - 4 \times 2 \times 4)$

$= (9 - 32) = -23 < 0.$

अत: $2x^2 - 3x + 4 = 0$ के वास्तविक मूल नहीं होंगे.

(*c*) $a = 3, b = 4, c = 5.$

$\therefore D = (b^2 - 4ac) = (16 - 4 \times 3 \times 5)$

$= (16 - 60) = -44 < 0.$

अत: $3x^2 + 4x + 5 = 0$ के वास्तविक मूल नहीं होंगे.

(*d*) $a = 2, b = -7, c = 5.$

$\therefore D = (b^2 - 4ac) = (49 - 4 \times 2 \times 5)$

$= (49 - 40) = 9 > 0.$

अत: $2x^2 - 7x + 5 = 0$ के वास्तविक मूल होंगे.

11. माना $\alpha = (2 + \sqrt{5})$ तथा $\beta = \beta = (2 - \sqrt{5})$. तब

$(\alpha + \beta) = (2 + \sqrt{5}) + (2 - \sqrt{5}) = 4$ तथा $\alpha\beta$

$= (2 + \sqrt{5})\ (2 - \sqrt{5}) = (4 - 5) = -1.$

$\therefore$ अभीष्ट समीकरण है:

$x^2 - (\alpha + \beta)x + \alpha\beta = 0$ अर्थात $x^2 - 4x - 1 = 0.$

12. $x^2 - px + q = 0$ की तुलना $ax^2 + bx + c = 0$ से करने पर:

$\alpha + \beta = \frac{-b}{a} = p, \quad \alpha\beta = \frac{c}{a} = q.$

$\therefore \quad (\alpha^3 + \beta^3) = (\alpha + \beta)^3 - 3\alpha\beta(\alpha + \beta) = (p^3 - 3pq).$

13. $x^2 = 256$ ... (*i*)

$\Rightarrow x = 16, -16$

$y^2 + 18y + 17 = 0$ ... (*ii*)

$\Rightarrow y^2 + 17y + y + 17 = 0$

$\Rightarrow y(y+17) + 1(y+17) = 0$

$\Rightarrow (y+17)(y+1) = 0$

$\Rightarrow y = -17, -1$

अत: समी. (*i*) तथा (*ii*) से x और y के बीच कोई संबंध निर्धारित नही किया जा सकता।

14. $6x^2 + 13x + 6 = 0$ ... (*i*)

$\Rightarrow 6x^2 + 9x + 4x + 6 = 0$

$\Rightarrow 3x(2x+3) + 2(2x+3) = 0$

$\Rightarrow (3x+2)(2x+3) = 0$

$\Rightarrow x = -\frac{2}{3}, -\frac{3}{2}$

$15y^2 + 13y + 2 = 0$ ... (*i*)

$\Rightarrow 15y^2 + 10y + 3y + 2 = 0$

$\Rightarrow 5y(3y + 2) + 1(3y + 2) = 0$

$\Rightarrow (3y + 2)(5y + 1) = 0$

$\Rightarrow y = -\frac{2}{3}, -\frac{1}{5}$

अत: समी. (*i*) तथा (*ii*) से $x \le y$

15. $2x^2 + 15x + 28 = 0$ ... (*i*)

$\Rightarrow 2x^2 + 8x + 7x + 28 = 0$

$\Rightarrow 2x(x + 4) + 7(x + 4) = 0$

$\Rightarrow (2x + 7)(x + 4) = 0$

$\Rightarrow x = -4, -\frac{7}{2}$

$2y^2 + 19y + 45 = 0$ ... (*ii*)

$2y^2 + 19y + 45 = 0$

$\Rightarrow 2y^2 + 10y + 9y + 45 = 0$

$\Rightarrow 2y(y + 5) + 9(y + 5) = 0$

$\Rightarrow (y + 5)(2y + 9) = 0$

$\Rightarrow y = -5, -\frac{9}{2}$

अत: समी. (*i*) तथा (*ii*) से $x > y$

16. I. $x^2 = 9^2$

$\Rightarrow x = +9, -9$

II. $(y - 8)^2 = 9$

$\Rightarrow (y - 8)^2 = 3^2$

$\Rightarrow y = 8 + 3$ या $8 - 3$

$\Rightarrow y = 11$ या 5

अत: कोई संबंध स्थापित नहीं होता है।

17. $x^2 - 5x + 6 = 0$ ...(*i*)

$\Rightarrow x^2 - 3x - 2x + 6 = 0$

$\Rightarrow x(x - 3) - 2(x - 3) = 0$

$\Rightarrow (x - 3)(x - 2) = 0$

$\Rightarrow x = +3, +2$

$y^2 - y - 6 = 0$

$\Rightarrow y^2 - 3y + 2y + 6 = 0$

$\Rightarrow y(y - 3) + 2(y - 3) = 0$

$\Rightarrow (y - 3)(y + 2) = 0$

$\Rightarrow y = 3, -2$

अत: समी. (*i*) तथा (*ii*) से x तथा y के मध्य कोई संबंध स्थापित नहीं होता है।

18. चूंकि $x^2 + px + q = 0$ के मूल α तथा β हैं, अत:

$\alpha + \beta = -p$ तथा $\alpha\beta = q$.

$$\therefore \left(\frac{\alpha}{\beta} + \frac{\beta}{\alpha}\right) = \frac{(\alpha^2 + \beta^2)}{\alpha\beta} = \frac{(\alpha + \beta)^2 - 2\alpha\beta}{\alpha\beta}$$

$$= \frac{(-p)^2 - 2q}{q} = \frac{(p^2 - 2q)}{q}.$$

19. $ax^2 + bx + c = 0$

$\therefore \quad \alpha + \beta = \frac{-b}{a}, \alpha\beta = \frac{c}{a}$

$$\therefore \quad \frac{1}{\alpha^2} + \frac{1}{\beta^2} = \frac{\beta^2 + \alpha^2}{\alpha^2\beta^2} = \frac{(\alpha+\beta)^2 - 2\alpha\beta}{\alpha^2\beta^2} = \frac{\frac{b^2}{a^2} - \frac{2c}{a}}{\frac{c^2}{a^2}}$$

$$= \frac{b^2 - 2ac}{a^2} \times \frac{a^2}{c^2} = \frac{b^2 - 2ac}{c^2}$$

20. माना संख्या है a

प्रश्नानुसार,

$\Rightarrow \; x^2 + x = 240$

$\Rightarrow \; x(x+1) = 240$

$\Rightarrow \; x(x+1) = 15 \times 16$

$\Rightarrow \; x(x+1) = 15(15+1)$

$\Rightarrow \; x = 15$

21. समीकरण $ax^2 + bx + c = 0$ के मूल बराबर होंगे यदि $b^2 - 4ac = 0$ दिया गया समीकरण है: $2x^2 + 3x + k = 0$

$a = 2 \;\; b = 3 \;\; c = k$

$b^2 - 4ab = (3)^2 - 4 \times 2 \times k = 0$

$\Rightarrow \; 9 - 8k = 0$

$\Rightarrow \; 9 = 8k$

$\Rightarrow \; k = \frac{9}{8}$

22. $3x^2 + 8x + 2 = 0$ की तुलना $ax^2 + bx + c = 0$ से करने पर: $a = 3, b = 8$ तथा $c = 2$.

$\therefore (\alpha + \beta) = \frac{-b}{a} = \frac{-8}{3}$ तथा $\alpha\beta = \frac{c}{a} = \frac{2}{3}$.

$\therefore (\alpha^3 + \beta^3) = (\alpha + \beta)^3 - 3\alpha\beta(\alpha + \beta)$

$$= \left(-\frac{8}{3}\right)^3 - 3 \times \frac{2}{3} \times \frac{(-8)}{3} = \left(-\frac{512}{27} + \frac{16}{3}\right) = \left(\frac{-512}{27} + \frac{16}{3}\right)$$

$$= \frac{(-512 + 144)}{27} = \frac{-368}{27}.$$

23. $\frac{x^2 + 1}{x^2 - 1} = \frac{5}{4} \Rightarrow 5(x^2 - 1) = 4(x^2 + 1)$

$\Rightarrow 5x^2 - 5 = 4x^2 + 4 \Rightarrow x^2 = 9 \Rightarrow x = \pm 3.$

24. $\frac{x^2}{4} - x = 48 \Rightarrow x^2 - 4x - 192 = 0.$

इसकी $ax^2 + bx + c = 0$ से तुलना करने पर:

$a = 1, b = -4, c = -192.$

$\therefore D = (b^2 - 4ac) = 16 - 4 \times 1(-192)$

$= (16 + 768) = 784.$

$\Rightarrow \sqrt{D} = \sqrt{784} = 28.$

$\therefore\ \alpha = \dfrac{(-b+\sqrt{D})}{2a} = \dfrac{(4+28)}{(2\times 1)} = \dfrac{32}{2} = 16.$

25. माना $ax^2+bx+c=0$ के मूल α तथा $\dfrac{1}{\alpha}$ हैं.

2	$\overline{7}\,\overline{84}$ (28
	4
48	384
	384
	×

तब इनका गुणनफल $= \left(\alpha\times\dfrac{1}{\alpha}\right) = 1.$

$\therefore\ \dfrac{c}{a} = 1$ अर्थात $c = a \Rightarrow a = c.$

26. $x^2+x+1=0$ की $ax^2+bx+c=0$ से तुलना करने पर:
$a=1, b=1$ तथा $c=1.$
$\therefore$ विविक्तकर, $D=(b^2-4ac)=(1-4\times1\times1)$
$=(1-4)=-3.$

27. $2x^2-3x-12=0$ की $ax^2+bx+c=0$ से तुलना करने पर:
$a=2, b=-3$ तथा $c=-12.$
$\therefore$ विविक्तकर,
$D=(b^2-4ac)=(-3)^2-4\times2\times(-12)=(9+96)$
$=105.$

28. $x^2-9x+18=0$
$\Rightarrow x^2-6x-3x+18=0$
$\Rightarrow x(x-6)-3(x-6)=0$
$\Rightarrow (x-6)(x-3)=0 \Rightarrow x=6$ अथवा $x=3.$
$\therefore$ अभीष्ट मूल 3 तथा 6 हैं.

29. $2x^2-11x+15=0$ की $ax^2+bx+c=0$ से तुलना करने पर:
$a=2, b=-11$ तथा $c=15.$
$\therefore D=(b^2-4ac)=[(-11)^2-4\times2\times15]$
$=(121-120)=1 \Rightarrow \sqrt{D}=\sqrt{1}=1.$
माना अभीष्ट मूल α तथा β हैं. तब,

$\alpha = \dfrac{-b+\sqrt{D}}{2a} = \dfrac{(11+1)}{(2\times2)} = \dfrac{12}{4} = 3$

तथा $\beta = \dfrac{-b-\sqrt{D}}{2a} = \dfrac{(11-1)}{(2\times2)} = \dfrac{10}{4} = \dfrac{5}{2}.$

अतः अभीष्ट मूल 3 तथा $\dfrac{5}{2}$ हैं.

30. $x^2-4\sqrt{3}x+9=0$ की तुलना $ax^2+bx+c=0$ से करने पर:
$a=1, b=-4\sqrt{3}$ तथा $c=9.$
$\therefore D=(b^2-4ac)=[(-4\sqrt{3})^2-4\times1\times9]$
$=(48-36)=12.$
$\therefore\ \sqrt{D}=\sqrt{12}=\sqrt{4\times3}=2\sqrt{3}.$

अतः $\alpha = \dfrac{-b+\sqrt{D}}{2a} = \dfrac{(4\sqrt{3}+2\sqrt{3})}{(2\times1)} = \dfrac{6\sqrt{3}}{2} = 3\sqrt{3}.$

तथा $\beta = \dfrac{-b-\sqrt{D}}{2a} = \dfrac{4\sqrt{3}-2\sqrt{3}}{(2\times1)} = \dfrac{2\sqrt{3}}{2} = \sqrt{3}.$

अतः अभीष्ट मूल हैं $3\sqrt{3}$ तथा $\sqrt{3}.$

31. $ax^2+x+b=0$ की तुलना $Ax^2+Bx+C=0$ से करने पर:
$A=a, B=1$ तथा $C=b.$
$\therefore D=(B^2-4AC)=(1^2-4\times a\times b)=(1-4ab).$
मूल समान तभी होंगे जबकि $D=0.$
अब $D=0 \Rightarrow 1-4ab=0 \Rightarrow 4ab=1 \Rightarrow ab=\dfrac{1}{4}.$

32. दिया गया समीकरण है $6x^2-7x+3=0.$
इसकी $ax^2+bx+c=0$ से तुलना करने पर $a=6, b=-7, c=3.$
माना इसके मूल α तथा β हैं. तब $\alpha\beta=\dfrac{c}{a}=\dfrac{3}{6}=\dfrac{1}{2}.$

33. $2x^2-8x+k=0$ की तुलना $ax^2+bx+c=0$ से करने पर $a=2, b=-8, c=k.$
अब $D=(b^2-4ac)=[(-8)^2-4\times2\times k)=(64-8k).$
मूल समान तभी होंगें जबकि $D=0$ हो.
$\therefore D=0 \Rightarrow 64-8k=0 \Rightarrow 8k=64 \Rightarrow k=8.$

34. $px^2-2\sqrt{5}x+4=0$ की तुलना $ax^2+bx+c=0$ से करने पर:
$a=p, b=-2\sqrt{5}$ तथा $c=4.$
$\therefore D=(b^2-4ac)=[(-2\sqrt{5})^2-4\times p\times4]=(20-16p).$
मूल वास्तविक तथा बराबर तभी होंगे जबकि $D=0.$
अब, $D=0 \Rightarrow 20-16p=0 \Rightarrow 16p=20 \Rightarrow p=\dfrac{20}{16}=\dfrac{5}{4}.$

35. $4x^2+4x+1=0$ की तुलना $ax^2+bx+c=0$ से करने पर:
$a=4, b=4$ तथा $c=1.$
$\therefore D=(b^2-4ac)=(16-4\times4\times1)=0.$
अतः $4x^2+4x+1=0$ के मूल वास्तविक तथा समान होंगे.

36. $kx^2-6x+3k=0$ की तुलना $ax^2+bx+c=0$ से करने पर:
$a=k,\quad b=-6$ तथा $c=3k.$
माना अभीष्ट मूल α तथा β हैं. तब,

$\alpha+\beta=\dfrac{-b}{a}=\dfrac{6}{k}$ तथा $\alpha\beta=\dfrac{c}{a}=\dfrac{3k}{k}=3.$

$\therefore\quad \dfrac{6}{k}=3 \Rightarrow 3k=6 \Rightarrow k=2.$

37. $x^2-4x+p=0$ की तुलना $ax^2+bx+c=0$ से करने पर:
$a=1, b=-4$ तथा $c=p.$
$\therefore D=(b^2-4ac)=(16-4\times1\times p)=(16-4p).$
इसके मूल भिन्न तथा वास्तविक तभी होंगे जबकि $D>0$
$\therefore\quad 16-4p>0 \Rightarrow 16>49 \Rightarrow 49<16 \Rightarrow p<4.$

38. माना अभीष्ट समीकरण के मूल α तथा β हैं.
तब, $\alpha+\beta=-2$ तथा $\alpha\beta=-4.$
अभीष्ट समीकरण है:
$x^2-(\alpha+\beta)x+\alpha\beta=0$ अर्थात $x^2-(-2)x-4=0$
अर्थात $x^2+2x-4=0.$

39. दिया गया है कि $3x^2 + 5x - 7 = 0$ के मूल α तथा β हैं।

अत: $(\alpha + \beta) = \frac{-5}{3}$ तथा $\alpha\beta = \frac{-7}{3}$.

$$\therefore \left(\frac{1}{\alpha} + \frac{1}{\beta}\right) = \frac{(\alpha + \beta)}{\alpha\beta} = \frac{\left(\frac{-5}{3}\right)}{\left(-\frac{7}{3}\right)} = \left(\frac{5}{3} \times \frac{3}{7}\right) = \frac{5}{7}.$$

40. $x^2 - 14x - 51 = 0$ ...(i)

$\Rightarrow x^2 - 17x + 3x - 51 = 0$

$\Rightarrow x(x - 17) + 3(x - 17) = 0$

$\Rightarrow (x + 3)(x - 17) = 0$

$\therefore x = -3, 17$

$y^2 - 24y + 108 = 0$ ...(ii)

$\Rightarrow y^2 - 18y - 6y + 108 = 0$

$\Rightarrow y(y - 18) - 6(y - 18) = 0$

$\Rightarrow (y - 6)(y - 18) = 0$

$\Rightarrow y = 6, 18$

$\therefore$ समी. (I) एवं (II) से

x एवं y के मध्य कोई संबंध स्थापित नहीं किया जा सकता है।

41. $x^2 - 26x + 105 = 0$ ...(i)

$\Rightarrow x^2 - 21x - 5x + 105 = 0$

$\Rightarrow x(x - 21) - 5(x - 21) = 0$

$\Rightarrow (x - 5)(x - 21) = 0$

$\therefore x = 5, 21$

$y^2 + 23y + 102 = 0$ ...(ii)

$\Rightarrow y^2 + 17y + 6y + 102 = 0$

$\Rightarrow y(y + 17) + 6(y + 17) = 0$

$\Rightarrow (y + 6)(y + 17) = 0$

$\therefore x = -6, -17$

$\therefore$ समी. (i) एवं (ii) से $x > y$

42. $x^2 + 5x - 126 = 0$ ...(i)

$\Rightarrow x^2 + 21x - 6x - 126 = 0$

$\Rightarrow x(x + 21) - 6(x + 21) = 0$

$\Rightarrow (x - 6)(x + 21) = 0$

$\therefore x = 6, -21$

$y^2 - 26y + 168 = 0$ ...(ii)

$\Rightarrow y^2 - 12y - 14y + 168 = 0$

$\Rightarrow y(y - 12) - 14(y - 12) = 0$

$\Rightarrow (y - 12)(y - 14) = 0 \Rightarrow x = 12, 14$

$\therefore$ समी. (i) एवं (ii) से $x < y$

43. $3x^2 - 17x + 20 = 0$ ...(i)

$\Rightarrow 3x^2 - 12x - 5x + 20 = 0$

$\Rightarrow 3x(x - 4) - 5(x - 4) = 0$

$\Rightarrow (3x - 5)(x - 4) = 0$

$\Rightarrow x = \frac{5}{3}, 4$

$3y^2 + 10y - 25 = 0$ ...(ii)

$\Rightarrow 3y^2 + 15y - 5y - 25 = 0$

$\Rightarrow 3y(y + 5) - 5(y + 5) = 0 \Rightarrow (3y - 5)(y + 5) = 0$

$\Rightarrow y = \frac{5}{3}, -5$

$\therefore$ समी. (i) एवं (ii) से $x \geq y$

44. $x^2 + 30x + 144 = 0$ ...(i)

$\Rightarrow x^2 + 24x + 6x + 144 = 0$

$\Rightarrow x(x + 24) + 6(x + 24) = 0$

$\Rightarrow (x + 6)(x + 24) = 0$

$x = -6, -24$

$y^2 + 38y + 325 = 0$ ...(ii)

$\Rightarrow y^2 + 25y + 13y + 325 = 0$

$\Rightarrow y(y + 25) + 13(y + 25) = 0$

$\Rightarrow (y + 13)(y + 25) = 0 \Rightarrow y = -13, -25$

$\therefore$ समी. (i) एवं (ii) से

x एवं y के मध्य कोई संबंध स्थापित नहीं किया जा सकता है।

45. $ax^2 + bx + c = 0$

$$\therefore \quad \alpha + \beta = \frac{-b}{a} \text{ एवं } = \alpha\beta = \frac{c}{a}$$

$$\therefore \quad \alpha^2 + \beta^2 = (\alpha + \beta)^2 - 2\alpha\beta$$

$$= \left(\frac{-b}{a}\right)^2 - 2 \times \frac{c}{a} = \frac{b^2}{a^2} - \frac{2c}{a} = \frac{b^2 - 2ac}{a^2}$$

46. $ab + bc + ca = 0$ ... (i)

$$\frac{1}{a^2 - bc} + \frac{1}{b^2 - ca} + \frac{1}{c^2 - ab}$$

$$= \frac{1}{a^2 + ab + ca} + \frac{1}{b^2 + ab + bc} + \frac{1}{c^2 + bc + ca}$$

{समीकरण (i) से}

$$= \frac{1}{a(a + b + c)} + \frac{1}{b(a + b + c)} + \frac{1}{c(a + b + c)} = 0$$

$$= \frac{bc + ca + ab}{abc(a + b + c)} = 0$$

❑❑❑

34

त्रिकोणमिति (TRIGONOMETRY)

Scan QR Code for Watching Video

परिभाषायें तथा सूत्र

1. कोण नापने की विभिन्न ईकाइयाँ:

(*i*) **डिग्री में:** 1 समकोण = 90°.

(*ii*) **रेडियन में:** π radian = π^c = 180°.

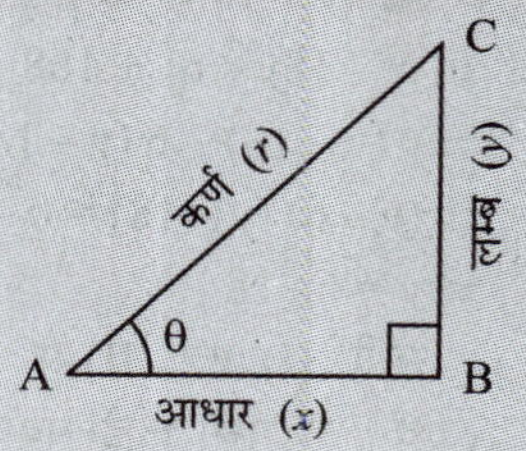

2. त्रिकोणमितीय अनुपात (T-RATIOS)

माना समकोण ΔABC में, $\angle B = 90°$ तथा $\angle A = \theta$. तब,

(*i*) $\sin\theta = \frac{\text{लम्ब}}{\text{कर्ण}} = \frac{y}{r}$; (*ii*) $\cos\theta = \frac{\text{आधार}}{\text{कर्ण}} = \frac{x}{r}$; (*iii*) $\tan\theta = \frac{\text{लम्ब}}{\text{आधार}} = \frac{y}{x}$;

(*iv*) $\cot\theta = \frac{1}{\tan\theta} = \frac{\text{आधार}}{\text{लम्ब}} = \frac{x}{y}$; (*v*) $\sec\theta = \frac{1}{\cos\theta} = \frac{\text{कर्ण}}{\text{आधार}} = \frac{r}{x}$; (*vi*) $\text{cosec}\,\theta = \frac{1}{\sin\theta} = \frac{\text{कर्ण}}{\text{लम्ब}} = \frac{r}{y}$.

3. (*i*) $\sin^2\theta + \cos^2\theta = 1$ (*ii*) $1 + \tan^2\theta = \sec^2\theta$ (*iii*) $1 + \cot^2\theta = \text{cosec}^2\theta$

(*iv*) $\tan\theta = \frac{\sin\theta}{\cos\theta}$ (*v*) $\cot\theta = \frac{\cos\theta}{\sin\theta}$

4. विभिन्न कोणों के त्रिकोणमितीय अनुपात:

θ	sin θ	cos θ	tan θ	cosec θ	sec θ	cot θ
30°	$\frac{1}{2}$	$\frac{\sqrt{3}}{2}$	$\frac{1}{\sqrt{3}}$	2	$\frac{2}{\sqrt{3}}$	$\sqrt{3}$
45°	$\frac{1}{\sqrt{2}}$	$\frac{1}{\sqrt{2}}$	1	$\sqrt{2}$	$\sqrt{2}$	1
60°	$\frac{\sqrt{3}}{2}$	$\frac{1}{2}$	$\sqrt{3}$	$\frac{2}{\sqrt{3}}$	2	$\frac{1}{\sqrt{3}}$
90°	1	0	परिभाषित नहीं	1	परिभाषित नहीं	0
0°	0	1	0	परिभाषित नहीं	1	परिभाषित नहीं

5. पूरक कोणों के त्रिकोणमितीय अनुपात:

(*i*) $\sin(90° - \theta) = \cos\theta$ (*ii*) $\cos(90° - \theta) = \sin\theta$ (*iii*) $\tan(90° - \theta) = \cot\theta$

(*iv*) $\text{cosec}(90° - \theta) = \sec\theta$ (*v*) $\sec(90° - \theta) = \text{cosec}\,\theta$ (*iv*) $\cot(90° - \theta) = \tan\theta$.

6. उन्नयन कोण (Angle of Elevation):

यदि हम नीचे से ऊपर की ओर किसी वस्तु को देखें, तो दृष्टि रेखा क्षैतिज के साथ जो कोण बनाती है, उसे उन्नयन कोण कहते हैं।

यहाँ $\angle AOB = \theta$ एक उन्नयन कोण है।

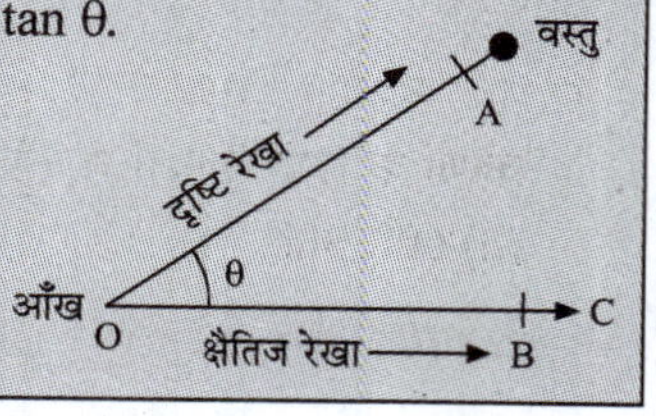

7. महत्वपूर्ण त्रिकोणमितीय सूत्र

- $\sin(A+B) = \sin A\cos B + \cos A \sin B$
- $\sin(A-B) = \sin A\cos B - \cos A \sin B$
- $\cos(A+B) = \cos A\cos B - \sin A \sin B$
- $\cos(A-B) = \cos A \cos B + \sin A \sin B$
- $\tan(A+B) = \dfrac{\tan A + \tan B}{1 - \tan A \tan B}$
- $\tan(A-B) = \dfrac{\tan A - \tan B}{1 + \tan A \tan B}$
- $\cot(A+B) = \dfrac{\cot A \cot B - 1}{\cot A + \cot B}$
- $\cot(A-B) = \dfrac{\cot A \cot B + 1}{\cot B - \cot A}$
- $\sin 2A =$ (a) $2\sin A\cos A$
  (b) $\dfrac{2\tan A}{1+\tan^2 A}$
- $\cos 2A =$ (a) $\cos^2 A - \sin^2 A$
  (b) $1 - 2\sin^2 A$
  (c) $2\cos^2 A - 1$
  (d) $\dfrac{1-\tan^2 A}{1+\tan^2 A}$
- $\tan 2A = \dfrac{2\tan A}{1-\tan^2 A}$
- $\sin 3A = 3\sin A - 4\sin^3 A$
- $\cos 3A = 4\cos^3 A - 3\cos A$
- $\tan 3A = \dfrac{3\tan A - \tan^3 A}{1 - 3\tan^2 A}$
- $\sin(-A) = -\sin A$
- $\cos(-A) = \cos A$
- $\sin^2 A + \cos^2 A = 1$
- $1 + \tan^2 A = \sec^2 A$
- $1 + \cot^2 A = \text{cosec}^2 A$
- $1 - \cos 2A = 2\sin^2 A$
- $1 + \cos 2A = 2\cos^2 A$
- $1 - \sin 2A = (\cos A - \sin A)^2$
- $1 + \sin 2A = (\cos A + \sin A)^2$
- $\dfrac{1+\tan A}{1-\tan A} = \tan\left(\dfrac{\pi}{4} + A\right)$
- $\dfrac{1-\tan A}{1+\tan A} = \tan\left(\dfrac{\pi}{4} - A\right)$
- $\sin^2 A - \sin^2 B = \sin(A+B)\sin(A-B)$
- $\cos^2 A - \sin^2 B = \cos(A+B)\cos(A-B)$
- $\cos^2 A - \cos^2 B = -\sin(A+B)\sin(A-B)$
- $2\sin A\cos B = \sin(A+B) + \sin(A-B)$
- $2\cos A\sin B = \sin(A+B) - \sin(A-B)$
- $2\cos A\cos B = \cos(A+B) + \cos(A-B)$
- $2\sin A\sin B = \cos(A-B) - \cos(A+B)$
- $\sin\alpha + \sin\beta = 2\sin\left(\dfrac{\alpha+\beta}{2}\right)\cos\left(\dfrac{\alpha-\beta}{2}\right)$
- $\sin\alpha - \sin\beta = 2\cos\left(\dfrac{\alpha+\beta}{2}\right)\sin\left(\dfrac{\alpha-\beta}{2}\right)$
- $\cos\alpha + \cos\beta = 2\cos\left(\dfrac{\alpha+\beta}{2}\right)\cos\left(\dfrac{\alpha-\beta}{2}\right)$
- $\cos\alpha - \cos\beta = -2\sin\left(\dfrac{\alpha+\beta}{2}\right)\sin\left(\dfrac{\alpha-\beta}{2}\right)$

7. अवनमन कोण (Angle of Depression):

यदि हम ऊपर से नीचे की ओर किसी वस्तु को देखें तो दृष्टि रेखा क्षैतिज के साथ जो कोण बनाती है उसे अवनमन कोण कहते हैं.

यहाँ $\angle OAC = \angle AOB = \theta$ अवनमन कोण है.

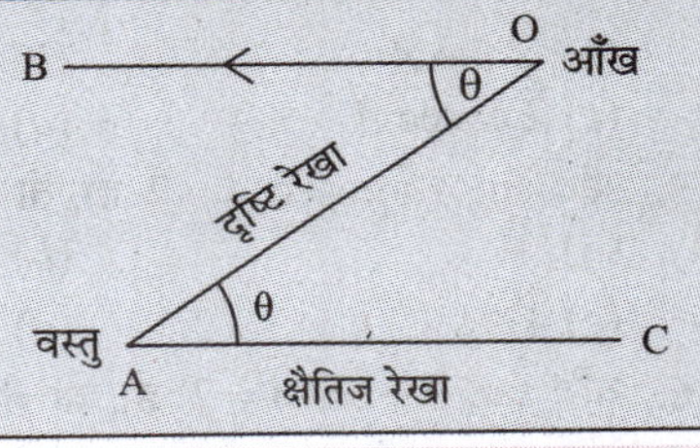

(प्रश्नमाला 34A)

निम्नलिखित प्रश्नों में से प्रत्येक में ठीक उत्तर को चिन्हांकित (✓) कीजिए:

1. $135° = (......)^c$

(a) $\dfrac{2\pi}{3}$ (b) $\dfrac{3\pi}{4}$

(c) $\dfrac{2\pi}{5}$ (d) $\dfrac{3\pi}{5}$

2. $\left(\dfrac{2\pi}{3}\right)^c = (.....)^o$

(a) 120° (b) 100°

(c) 180° (d) इनमें से कोई नहीं

3. यदि $x \sin 60° \tan 30° = \sec 60°$ है, तो x का मान है:

(a) 1 (b) 2 (c) 4 (d) 5

(एस.एस.सी.-सी.जी.एल. परीक्षा, 2020)

4. एक समकोण त्रिभुज के दो न्यून कोणों का अन्तर $\left(\dfrac{3\pi}{10}\right)^c$ है. इन कोणों के माप निम्न में से कौन-से हैं?

(a) 60°, 30° (b) 72°, 18°

(c) 70°, 20° (d) इनमें से कोई नहीं

5. $\sqrt{\dfrac{1-\cos A}{1+\cos A}} = ?$

(a) $\text{cosec } A + \cot A$

(b) $\text{cosec } A - \cot A$

(c) $\cot A - \tan A$

(d) $\sec A - \tan A$

6. $(1 + \cot A - \text{cosec } A)(1 + \tan A + \sec A) = ?$

(a) 0 (b) 1

(c) 2 (d) 4

7. यदि $\dfrac{2\tan^2 30°}{1-\tan^2 30°} + \sec^2 45° - \sec^2 0° = x \sec 60°$, तो x का मान है:

(एस.एस.सी.-सी.जी.एल. परीक्षा, 2019)

(a) 0 (b) 2 (c) 1 (d) 8

8. यदि $7\sin^2\theta + 3\sec^2\theta = 4, (0° < \theta < 90°)$ तो $\tan\theta$ का मान है:

(एस.एस.सी.-सी.जी.एल. परीक्षा, 2019)

(a) 1 (b) $\dfrac{1}{2}$ (c) $\sqrt{3}$ (d) $\dfrac{1}{\sqrt{3}}$

9. $(1+\tan A)^2+(1-\tan A)^2=?$
(a) $2\tan^2 A$ (b) $2\tan A$
(c) $4\tan A$ (d) $2\sec^2 A$

10. $\dfrac{(1-\tan^2 A)}{(1+\tan^2 A)}=?$
(a) $(\sin^2 A-\cos^2 A)$ (b) $(\cos^2 A-\sin^2 A)$
(c) $(\cot^2 A-\tan^2 A)$ (d) $(\tan^2 A-\cot^2 A)$

11. $\left(\dfrac{1}{\sec^2 A}+\dfrac{1}{\operatorname{cosec}^2 A}\right)=?$
(a) 0 (b) 1 (c) – 1 (d) 2

12. $\dfrac{\sin 2A}{1+\cos 2A}$ को सरल करें।
(a) $\cot A$ (b) $\tan A$ (c) $\sin A$ (d) $\cos A$

13. $\left\{\dfrac{\sin A}{(1+\cos A)}+\dfrac{\tan A}{(1-\cos A)}\right\}=?$
(a) $2\sin A$ (b) $2\tan A\sec A$
(c) $2\sec A$ (d) $2\operatorname{cosec} A$

14. $\left\{\dfrac{\tan A}{(\sec A-1)}+\dfrac{\tan A}{(\sec A+1)}\right\}=?$
(a) $2\tan A$ (b) $2\tan A\sec A$
(c) $2\operatorname{cosec} A$ (d) $2\sec A$

15. यदि $\sin A+\operatorname{cosec} A=2$ हो, तो $(\sin^2 A+\operatorname{cosec}^2 A)=?$
(a) 1 (b) 2
(c) 4 (d) इनमें से कोई नहीं

16. यदि $\tan A+\cot A=2$ हो, तो $\sin A=?$
(a) $\dfrac{1}{\sqrt{2}}$ (b) $\dfrac{1}{\sqrt{3}}$ (c) $\dfrac{1}{2}$ (d) $\dfrac{1}{3}$

17. यदि $\dfrac{\sin A}{(1+\cos A)}+\dfrac{\sin A}{(1-\cos A)}=4$ हो, तो $A=?$
(a) 30° (b) 45° (c) 60° (d) 90°

18. यदि 5 $\cot\theta=4$ हो, तो $\left(\dfrac{5\sin\theta-3\cos\theta}{\sin\theta+2\cos\theta}\right)$ का मान क्या होगा?
(a) $\dfrac{5}{14}$ (b) $\dfrac{3}{4}$
(c) 1 (d) इनमें से कोई नहीं

19. $\sqrt{\dfrac{1+\cos\theta}{1-\cos\theta}}+\sqrt{\dfrac{1-\cos\theta}{1+\cos\theta}}$ का मान ज्ञात करें।
(a) $\operatorname{cosec}\theta$ (b) $\sec\theta$
(c) $2\operatorname{cosec}\theta$ (d) $2\sec\theta$

(दिल्ली मेट्रो रेल कॉर्पोरेशन सी.आर.ए. परीक्षा, 2017)

20. यदि $a\tan\theta=b$ हो, तो $\left(\dfrac{b\sin\theta-a\cos\theta}{b\sin\theta+a\cos\theta}\right)$ का मान क्या होगा?
(a) $\dfrac{(a^2+b^2)}{(a^2-b^2)}$ (b) $\dfrac{(a^2-b^2)}{(a^2+b^2)}$
(c) $\dfrac{(b^2-a^2)}{(b^2+a^2)}$ (d) इनमें से कोई नहीं

21. $\sin^3 A(1+\cot A)+\cos^3 A(1+\tan A)=?$
(a) $(\sin A-\cos A)$ (b) $(\sin A+\cos A)$
(c) $\sin A\cos A$ (d) $\operatorname{cosec} A\sec A$

22. यदि $\tan A+\cot A=2$ है, तो $\tan^{10} A+\cot^{10} A$ का मान है:
(एस.एस.सी.-सी.जी.एल. (टीयर-I) परीक्षा, 2015)
(a) 1 (b) 2 (c) 4 (d) 2^{10}

23. $\sin^6 A+\cos^6 A+3\sin^2 A\cos^2 A=?$
(a) 1 (b) 2 (c) 3 (d) 6

24. यदि $\tan x=\sin 45^\circ.\cos 45^\circ+\sin 30^\circ$ तो x का मान क्या होगा?
(एस.एस.सी.-सी.जी.एल. (टीयर-II) परीक्षा, 2014)
(a) 30° (b) 45° (c) 60° (d) 90°

25. यदि $\sin 3A=\cos(A-26^\circ)$, यहाँ 3A एक न्यून कोण है, तो A का मान मान क्या होगा?
(a) 29° (b) 26° (c) 23° (d) 28°
(एस.एस.सी.-सी.जी.एल. (टीयर-II) परीक्षा, 2014)

26. यदि $x=a(\sin\theta+\cos\theta)$, $y=b(\sin\theta-\cos\theta)$ तो $\dfrac{x^2}{a^2}+\dfrac{y^2}{b^2}$ का मान क्या होगा?
(a) 0 (b) 1 (c) 2 (d) –2
(एस.एस.सी.-सी.जी.एल. (टीयर-II) परीक्षा, 2014)

27. यदि $\sin 5\theta=\cos 20^\circ(0^\circ<\theta<90^\circ)$ तो θ का मान क्या होगा?
(एस.एस.सी.-सी.जी.एल. (टीयर-II) परीक्षा, 2014)
(a) 4° (b) 22° (c) 10° (d) 14°

28. यदि $\sec^2 A=3$ हो, तो $\dfrac{\tan^2 A-\operatorname{cosec}^2 A}{\tan^2 A+\operatorname{cosec}^2 A}=?$
(a) $\dfrac{1}{7}$ (b) $\dfrac{2}{7}$ (c) $\dfrac{3}{7}$ (d) $\dfrac{4}{7}$

29. यदि 5 $\tan A=4$ हो, तो $\dfrac{(5\sin A-3\cos A)}{(5\sin A+2\cos A)}=?$
(a) $\dfrac{5}{3}$ (b) $\dfrac{5}{6}$ (c) $\dfrac{3}{10}$ (d) $\dfrac{1}{6}$

30. यदि $\cot A=\dfrac{1}{\sqrt{3}}$ हो, तो $\dfrac{(1-\cos^2 A)}{(2-\sin^2 A)}=?$
(a) $\dfrac{2}{\sqrt{3}}$ (b) $\dfrac{3}{2}$ (c) $\dfrac{5}{3}$ (d) $\dfrac{3}{5}$

31. $(\sin A+\cos A)^2+(\sin A-\cos A)^2=?$
(a) 1 (b) 2 (c) $4\sin A$ (d) $3\cos A$

32. $\sqrt{\dfrac{1+\sin A}{1-\sin A}}=?$
(a) $\sec A+\tan A$ (b) $\sec^2 A+\tan^2 A$
(c) $\sec^2 A-\tan^2 A$ (d) $\sec A\tan A$

33. $\sqrt{\dfrac{1+\cos A}{1-\cos A}} = ?$

(a) $\operatorname{cosec} A + \cot A$ (b) $\operatorname{cosec} A - \cot A$
(c) $\cot A - \tan A$ (d) $\sec A - \tan A$

34. यदि $\tan A = \dfrac{3}{4}$ हो, तो $(\cos^2 A - \sin^2 A) = ?$

(a) $\dfrac{1}{4}$ (b) $\dfrac{1}{2}$ (c) $\dfrac{4}{25}$ (d) $\dfrac{7}{25}$

35. यदि $\tan A = \dfrac{1}{\sqrt{3}}$ हो, तो $\sec A = ?$

(a) $\dfrac{\sqrt{3}}{2}$ (b) $\dfrac{2}{\sqrt{3}}$ (c) 2 (d) $\dfrac{1}{2}$

36. यदि $\sec A = \dfrac{25}{7}$ हो, तो $\sin A = ?$

(a) $\dfrac{7}{24}$ (b) $\dfrac{24}{7}$ (c) $\dfrac{24}{25}$ (d) $\dfrac{25}{24}$

37. यदि $\sin\theta = \dfrac{a}{b}$ हो, तो $\cos\theta = ?$

(a) $\dfrac{a}{\sqrt{b^2-a^2}}$ (b) $\dfrac{b}{\sqrt{b^2-a^2}}$
(c) $\dfrac{b}{a}$ (d) $\dfrac{\sqrt{b^2-a^2}}{b}$

38. यदि $\sin\theta = \dfrac{\sqrt{3}}{2}$ हो, तो $(\operatorname{cosec}\theta + \cot\theta) = ?$

(a) $\sqrt{3}$ (b) $2\sqrt{3}$ (c) $\dfrac{2\sqrt{3}}{3}$ (d) $(2+\sqrt{3})$

39. $(\operatorname{cosec} A - \sin A)(\sec A - \cos A)(\tan A + \cot A) = ?$

(a) 0 (b) 1 (c) – 1 (d) 2

40. यदि $(\tan\theta + \cot\theta) = 5$ हो, तो $(\tan^2\theta + \cot^2\theta) = ?$

(a) 23 (b) 24 (c) 25 (d) 27

41. यदि $7\tan\theta = 4$ हो, तो $\dfrac{(7\sin\theta - 3\cos\theta)}{(7\sin\theta + 3\cos\theta)}$ का मान क्या होगा ?

(a) $\dfrac{5}{7}$ (b) $\dfrac{5}{14}$ (c) $\dfrac{1}{7}$ (d) $\dfrac{3}{7}$

42. यदि $\cot\theta = \dfrac{b}{a}$ हो, तो $\dfrac{(a\sin\theta - b\cos\theta)}{(a\sin\theta + b\cos\theta)} = ?$

(a) $\dfrac{(a^2+b^2)}{(a^2-b^2)}$ (b) $\dfrac{(a^2-b^2)}{(a^2+b^2)}$
(c) $\dfrac{a^2}{(a^2+b^2)}$ (d) $\dfrac{b^2}{(a^2+b^2)}$

43. यदि $\tan\theta = \dfrac{8}{15}$ हो, तो $\dfrac{(2+2\sin\theta)(1-\sin\theta)}{(1+\cos\theta)(2-2\cos\theta)} = ?$

(a) $\dfrac{64}{289}$ (b) $\dfrac{289}{64}$ (c) $\dfrac{64}{225}$ (d) $\dfrac{225}{64}$

44. यदि $7\sin^2\theta + 3\cos^2\theta = 4$ हो, तो $\tan\theta = ?$

(a) $\sqrt{3}$ (b) $\dfrac{1}{\sqrt{3}}$ (c) 1 (d) 0

45. यदि $\cos\theta = 0\cdot6$ हो, तो $(5\sin\theta - 3\tan\theta) = ?$

(a) 2 (b) $\sqrt{2}$ (c) 0 (d) $\dfrac{1}{2}$

46. यदि $(\cos x + \sin x) = \sqrt{2}\cos x$ हो, तो $(\cos x - \sin x) = ?$

(a) $-\sqrt{2}\cos x$ (b) $\sqrt{2}\sin x$
(c) $\dfrac{1}{\sqrt{2}}\sec x$ (d) $\dfrac{1}{\sqrt{2}}\operatorname{cosec} x$

47. यदि $a\cos\theta + b\sin\theta = 8$ तथा $a\sin\theta - b\cos\theta = 5$ हो, तो $(a^2+b^2) = ?$

(a) 13 (b) 40 (c) 89 (d) 39

48. यदि $x = a\sec\theta$ तथा $y = b\tan\theta$ हो, तो $\left(\dfrac{x^2}{a^2} - \dfrac{y^2}{b^2}\right)$ का मान क्या होगा ?

(a) 1 (b) – 1 (c) 2 (d) – 2

49. यदि $\dfrac{x}{a}\cos\theta + \dfrac{y}{b}\sin\theta = 1$ तथा $\dfrac{x}{a}\sin\theta - \dfrac{y}{b}\cos\theta = -1$ हो, तो $\left(\dfrac{x^2}{a^2} + \dfrac{y^2}{b^2}\right) = ?$

(a) 1 (b) 2 (c) – 1 (d) – 2

50. यदि $(a\cot\theta + b\operatorname{cosec}\theta) = x$ तथा $(b\cot\theta + a\operatorname{cosec}\theta) = y$ हो, तो $x^2 - y^2 = ?$

(a) a^2+b^2 (b) a^2-b^2 (c) b^2-a^2 (d) $(a-b)^2$

51. यदि $\tan A = \dfrac{3}{4}$ हो, तो $(\sin A\cos A) = ?$

(a) $\dfrac{3}{5}$ (b) $\dfrac{4}{5}$
(c) $\dfrac{12}{25}$ (d) इनमें से कोई नहीं

52. यदि $(\tan x + \sin x) = m$ तथा $(\tan x - \sin x) = n$ हो, तो $(m^2 - n^2) = ?$

(a) $\sqrt{mn}$ (b) $2\sqrt{mn}$ (c) $4\sqrt{mn}$ (d) $4mn$

53. यदि $x = r\sin A\cos B$, $y = r\sin A\sin B$ तथा $z = r\cos A$ हो, तो $x^2+y^2+z^2 = ?$

(a) $3r^2$ (b) r^3 (c) r^2 (d) $3r$

54. यदि $\tan A = \dfrac{4}{3}$ हो, तो $\sqrt{\dfrac{1-\sin A}{1+\sin A}} = ?$

(a) $\dfrac{2}{3}$ (b) $\dfrac{1}{3}$ (c) $\dfrac{-1}{3}$ (d) $\dfrac{3}{4}$

55. यदि $\operatorname{cosec} A = \sqrt{10}$ हो, तो $\sec A = ?$

(a) $\dfrac{1}{\sqrt{10}}$ (b) $\dfrac{2}{\sqrt{10}}$ (c) $\dfrac{3}{\sqrt{10}}$ (d) $\dfrac{\sqrt{10}}{3}$

56. $(\sin^2 30° + 4\cot^2 45° - \sec^2 60°)$ का मान है :

(a) 0 (b) $\dfrac{1}{4}$ (c) 1 (d) 2

57. $(\sec^2 60° - 1)$ का मान है :

(a) 2 (b) 3 (c) 4 (d) 5

58. यदि $x \tan 45° \cos 60° = \sin 60° \cot 60°$ हो, तो $x = ?$
(a) 1 (b) $\frac{1}{2}$ (c) $\sqrt{3}$ (d) $\frac{1}{\sqrt{2}}$

59. यदि $\tan^2 45° - \cos^2 30° = x \sin 45° \cos 45°$ हो, तो $x = ?$
(a) 2 (b) -2 (c) $\frac{1}{2}$ (d) $\frac{-1}{2}$

60. यदि $\tan x = 3 \cot x$ हो, तो $x = ?$
(a) 15° (b) 30° (c) 45° (d) 60°

61. यदि $\sin 2A = \cos 3A$ हो, तो $A = ?$
(a) 18° (b) 20° (c) 24° (d) 36°

62. $\sin 60° \cos 30° - \cos 60° \sin 30° = ?$
(a) 2 (b) $\frac{1}{2}$ (c) $\frac{3}{2}$ (d) $\frac{-1}{2}$

63. $\sin^2 30° \cos^2 45° + 4 \tan^2 30° + \frac{1}{2} \sin^2 90° + \frac{1}{8} \cot^2 60° = ?$
(a) 2 (b) $2\frac{1}{3}$ (c) $3\frac{1}{2}$ (d) $3\frac{3}{4}$

64. $(\cos 60° \cos 30° - \sin 60° \sin 30°) = ?$
(a) 1 (b) $\frac{1}{2}$ (c) 0 (d) 2

65. $\frac{(\tan 60° - \tan 30°)}{1 + \tan 60° \tan 30°} = ?$
(a) $\sqrt{3}$ (b) $\frac{2}{\sqrt{3}}$ (c) $\frac{1}{\sqrt{3}}$ (d) $\frac{1}{2\sqrt{3}}$

66. $\cot^2 30° - 2 \cos^2 30° - \frac{3}{4} \sec^2 45° + \frac{1}{4} \text{cosec}^2 30° = ?$
(a) $1\frac{3}{4}$ (b) 1 (c) $2\frac{3}{4}$ (d) $\frac{3}{4}$

67. यदि $\sqrt{3} \tan 2\theta - 3 = 0$ हो, तो $\theta = ?$
(a) 15° (b) 30° (c) 45° (d) 60°

68. यदि $2 \sin 2\theta = \sqrt{3}$ हो, तो $\theta = ?$
(a) 30° (b) 45° (c) 60° (d) 90°

69. यदि $2 \cos 3\theta = 1$ हो, तो $\theta = ?$
(a) 10° (b) 15° (c) 20° (d) 30°

70. $\left(\frac{4}{3} \cot^2 30° + 3 \sin^2 60° - 2 \text{cosec } 60° - \frac{3}{4} \tan^2 30°\right) = ?$
(a) 3 (b) $\frac{8}{3}$ (c) $\frac{10}{3}$ (d) $\frac{9}{4}$

71. $\frac{(\tan^2 60° + 4 \sin^2 45° + 3 \sec^2 30° + 5 \cos^2 90°)}{(\text{cosec } 30° + \sec 60° - \cot^2 30°)} = ?$
(a) $\frac{7}{9}$ (b) $\frac{9}{7}$ (c) 6 (d) 9

72. $\left(\sin^2 30° \cos^2 45° + 4 \tan^2 30° + \frac{1}{2} \sin^2 90° + \frac{1}{8} \cot^2 60°\right) = ?$
(a) 2 (b) $\frac{5}{2}$ (c) 3 (d) 4

73. $\tan 9° \tan 43° \tan 60° \tan 47° \tan 81° = ?$
(a) $\sqrt{2}$ (b) $\sqrt{3}$ (c) $\frac{1}{\sqrt{2}}$ (d) $\frac{1}{\sqrt{3}}$

74. $\cot 16° \cot 48° \cot 42° \cot 60° \cot 74° = ?$
(a) $\sqrt{2}$ (b) $\frac{1}{\sqrt{2}}$ (c) $\sqrt{3}$ (d) $\frac{1}{\sqrt{3}}$

75. $\tan 1° \tan 2° \tan 3° \tan 4° \ldots\ldots\ldots\ldots \tan 89° = ?$
(a) $\sqrt{3}$ (b) $\frac{1}{\sqrt{3}}$ (c) 0 (d) 1

76. $\frac{\tan 50° + \sec 50°}{\cot 40° + \text{cosec } 40°} + \cos 40° \text{ cosec } 50° = ?$
(a) 2 (b) $1\frac{1}{2}$ (c) $2\frac{1}{2}$ (d) 1

77. $\frac{2 \sin^2 53° + 1 + 2 \sin^2 37°}{3 \cos^2 27° - 2 + 3 \cos^2 63°} = ?$
(a) $\frac{1}{3}$ (b) $\frac{2}{3}$ (c) 3 (d) $\frac{3}{2}$

78. $\frac{\cos 58°}{\sin 32°} + \frac{\sin 42°}{\cos 48°} - \frac{\cos 38° \text{ cosec } 52°}{\tan 18° \tan 45° \tan 72°} = ?$
(a) 1 (b) -1 (c) $\frac{3}{2}$ (d) $\frac{2}{3}$

79. $\frac{\sec 29°}{\text{cosec } 61°} - 3(\sin^2 59° + \sin^2 31°) + \frac{2}{\sqrt{3}} \tan 27° \tan 60° \tan 63° = ?$
(a) -1 (b) 1 (c) $\sqrt{3}$ (d) 0

80. $\sin(50° + \theta) - \cos(40° - \theta) = ?$
(a) 1 (b) sin 10° (c) 0 (d) cos 10°

81. यदि $\sin 3A = \cos(A - 10°)$ हो तथा $3A$ एक न्यून कोण हो, तो $A = ?$
(a) 40° (b) 25° (c) 50° (d) 30°

82. यदि $\tan 2A = \cot(A - 21°)$ हो तथा $2A$ एक न्यून कोण हो, तो $A = ?$
(a) 37° (b) 69°
(c) 21° (d) इनमें से कोई नहीं

83. यदि $\sec 5A = \text{cosec}(A - 30°)$ हो तथा $5A$ एक न्यून कोण हो, तो $A = ?$
(a) 60° (b) 12° (c) 20° (d) 30°

84. यदि $\sin(\theta + 32°) = \cos\theta$ हो तथा $(\theta + 32°)$ एक न्यून कोण हो, तो $\theta = ?$
(a) 58° (b) 29° (c) 43° (d) 23°

85. यदि A तथा B न्यूनकोण हैं तथा $\sin A = \cos B$ हो, तो $A + B = ?$
(a) 90° (b) 45° (c) 30° (d) 60°

86. यदि $2 \sin 2\theta = \sqrt{3}$ हो, तो $\theta = ?$
(a) 60° (b) 30° (c) 15° (d) 45°

87. यदि $\sin\theta = \frac{\sqrt{3}}{2}$ हो, तो $(\text{cosec}\,\theta + \cot\theta) = ?$

(a) $(2+\sqrt{3})$ (b) $2\sqrt{3}$ (c) $\sqrt{2}$ (d) $\sqrt{3}$

88. $\frac{\tan^2 60° + 4\cos^2 45° + 3\,\text{cosec}^2 60° + 2\cos^2 90°}{2\,\text{cosec}\,30° + 3\sec 60° - \frac{7}{3}\cot^2 30°} = ?$

(a) $1\frac{1}{3}$ (b) $2\frac{1}{3}$ (c) $3\frac{1}{3}$ (d) 3

89. $\left(\frac{\sin\theta - 2\sin^3\theta}{2\cos^3\theta - \cos\theta}\right)^2 + 1, \theta \neq 45°$ के बराबर है:

(a) $\cos^2\theta$ (b) $4\text{cosec}^2\theta$ (c) $\tan^2\theta$ (d) $\sec^2\theta$

(एस.एस.सी.-सी.जी.एल. परीक्षा, 2020)

90. यदि $0° < \theta < 90°$ और $\cos^2\theta = 3(\cot^2\theta - \cos^2\theta)$ तो $\left(\frac{1}{2}\sec\theta + \sin\theta\right)^{-1}$ का मान होगा:

(a) $2(\sqrt{3}-1)$ (b) $\sqrt{3}+1$ (c) $\sqrt{3}+2$ (d) $2(2-\sqrt{3})$

(एस.एस.सी.-सी.जी.एल. परीक्षा, 2020)

91. यदि $\theta = \sin 60°$ तो $\frac{1}{2}\sqrt{1+\sin\theta} + \frac{1}{2}\sqrt{1-\sin\theta}$ के बराबर है:

(a) $\cos\frac{\theta}{2}$ (b) $\cot\frac{\theta}{2}$ (c) $\tan\frac{\theta}{2}$ (d) $\sin\frac{\theta}{2}$

(एस.एस.सी.-सी.जी.एल. परीक्षा, 2020)

92. यदि $\cos\theta = \frac{2p}{1+p^2}$, तो $\tan\theta$ इसके बराबर है:

(a) $\frac{p^2}{1+p^2}$ (b) $\frac{1-p^2}{1+p^2}$ (c) $\frac{2p}{1-p^2}$ (d) $\frac{1-p^2}{2p}$

(एस.एस.सी.-सी.जी.एल. परीक्षा, 2019)

93. $\frac{2+\tan^2\theta + \cot^2\theta}{\sec\theta\,\text{cosec}\,\theta}$ बराबर है:

(a) $\sec\theta\,\text{cosec}\,\theta$ (b) $\cot\theta$
(c) $\tan\theta$ (d) $\cos\theta\sin\theta$

(एस.एस.सी.-सी.जी.एल. परीक्षा, 2019)

94. यदि $\cos \pi x = x^2 - x + \frac{5}{4}$ तो x का मान है:

(a) 0 (b) 1
(c) 2 (d) इनमें से कोई नहीं

(एस.एस.सी.-सी.जी.एल. परीक्षा, 2019)

95. यदि $\sin\theta = \frac{P^2-1}{P^2+1}$ तो $\cos\theta$ किसके बराबर है?

(a) $\frac{2P}{P^2-1}$ (b) $\frac{2P}{1+P^2}$ (c) $\frac{P}{1+P^2}$ (d) $\frac{P}{P^2-1}$

(एस.एस.सी. सी.जी.एल. परीक्षा, 2018)

96. यदि $4 - 2\sin^2\theta - 5\cos\theta = 0, 0° < \theta < 90°$, तो $\sin\theta + \tan\theta$ का मान क्या है?

(a) $\frac{3\sqrt{3}}{2}$ (b) $3\sqrt{2}$ (c) $\frac{3\sqrt{2}}{2}$ (d) $2\sqrt{3}$

(एस.एस.सी.-सी.जी.एल. परीक्षा, 2018)

97. यदि $\tan\theta = \frac{\sin\alpha - \cos\alpha}{\sin\alpha + \cos\alpha}$ तो $\sin\theta + \tan\theta$ का मान क्या है?

(एस.एस.सी. सी.जी.एल. परीक्षा, 2018)

(a) $\pm\sqrt{2}\sin\theta$ (b) $\pm\sqrt{2}\cos\theta$
(c) $\pm\frac{1}{\sqrt{2}}\sin\theta$ (d) $\pm\frac{1}{\sqrt{2}}\cos\theta$

98. निम्नलिखित व्यंजक का मान ज्ञात कीजिए।

$1 + \frac{1}{\cot^2 63°} - \sec^2 27° + \frac{1}{\sin^2 63°} - \text{cosec}^2 27°$

(a) 1 (b) 2 (c) −1 (d) 0

(एस.एस.सी. सी.जी.एल. परीक्षा, 2018)

99. $\left(\frac{\sec A}{\cot A + \tan A}\right)^2$ को सरल करें।

(a) $2\sin^2 A$ (b) $1 - \cos^2 A$
(c) $\sec^2 A$ (d) $\text{cosec}^2 A$

(एस.एस.सी. सी.जी.एल. परीक्षा, 2017)

100. $1 + \tan A \times \tan\frac{A}{2}$ का सरलीकृत मान क्या है?

(a) $\sin\frac{A}{2}$ (b) $\cos A$ (c) $\sec A$ (d) $\sin A$

(एस.एस.सी. सी.जी.एल. परीक्षा, 2017)

101. यदि दो कोणों का योग 135° है और उनका अंतर $\frac{\pi}{12}$ तो बड़े कोण का वृत्ताकार कोण का माप है:

(a) $2\frac{\pi}{4}$ (b) $\frac{5\pi}{12}$ (c) $\frac{\pi}{16}$ (d) $\frac{\pi}{5}$

(एस.एस.सी. सी.जी.एल. परीक्षा, 2017)

102. यदि $\tan 9° = \frac{p}{q}, \frac{\sec^2 81°}{1+\cot^2 81°}$ का मान है:

(a) $2\frac{q^2}{P^2}$ (b) $\frac{q^2}{P^2}$ (c) $\frac{q^2}{P^{22}}$ (d) $\frac{q^2}{p^2}$

(एस.एस.सी. सी.जी.एल. परीक्षा, 2017)

103. 1.6 मीटर लंबा एक प्रेक्षक किसी मीनार से $20\sqrt{3}$ मीटर की दूरी पर है। उसकी आंख से मीनार के शीर्ष का उन्नयन कोण 30 डिग्री है। मीनार की ऊंचाई कितनी है?

(a) 24.6 मीटर (b) 22.6 मीटर
(c) 23.6 मीटर (d) 21.6 मीटर

(दिल्ली मेट्रो रेल कॉर्पोरेशन सी.आर.ए. परीक्षा, 2017)

104. यदि $\frac{\sec\theta + \tan\theta}{\sec\theta - \tan\theta} = 2\frac{51}{79}$ तो $\sin\theta$ का मान है:

(a) $\frac{39}{72}$ (b) $\frac{91}{144}$ (c) $\frac{32}{72}$ (d) $\frac{65}{144}$

(एस.एस.सी.-सी.जी.एल. (टीयर-I) परीक्षा, 2015)

105. निम्नलिखित का मान है:

$3(\sin^4\theta + \cos^4\theta) + 2(\sin^6\theta + \cos^6\theta)(+12\sin^2\theta\cos^2\theta)$

(a) 0 (b) 3 (c) 2 (d) 5

(एस.एस.सी.-सी.जी.एल. (टीयर-I) परीक्षा, 2015)

उत्तरमाला (प्रश्नमाला 34A)

1. (b)	2. (a)	3. (c)	4. (b)	5. (b)	6. (c)	7. (c)	8. (d)	9. (d)	10. (b)	11. (b)	12. (b)
13. (d)	14. (c)	15. (b)	16. (a)	17. (a)	18. (c)	19. (c)	20. (c)	21. (d)	22. (b)	23. (a)	24. (b)
25. (a)	26. (c)	27. (d)	28. (a)	29. (a)	30. (d)	31. (b)	32. (a)	33. (a)	34. (d)	35. (b)	36. (c)
37. (d)	38. (a)	39. (b)	40. (a)	41. (c)	42. (b)	43. (d)	44. (b)	45. (c)	46. (b)	47. (c)	48. (a)
49. (b)	50. (c)	51. (c)	52. (c)	53. (c)	54. (b)	55. (d)	56. (b)	57. (b)	58. (a)	59. (c)	60. (d)
61. (a)	62. (b)	63. (a)	64. (c)	65. (c)	66. (b)	67. (b)	68. (a)	69. (c)	70. (c)	71. (d)	72. (a)
73. (b)	74. (d)	75. (d)	76. (a)	77. (c)	78. (a)	79. (d)	80. (c)	81. (b)	82. (a)	83. (c)	84. (b)
85. (a)	86. (b)	87. (d)	88. (d)	89. (d)	90. (d)	91. (a)	92. (d)	93. (a)	94. (d)	95. (b)	96. (a)
97. (b)	98. (d)	99. (b)	100. (c)	101. (b)	102. (d)	103. (d)	104. (d)	105. (d)			

दिये गये प्रश्नों के हल (प्रश्नमाला 34A)

1. $135° = \left(\frac{\pi}{180} \times 135\right)^c = \left(\frac{3\pi}{4}\right)^c.$ $\left[\because x° = \left(\frac{\pi}{180} \times x\right)^c\right]$

2. $\left(\frac{2\pi}{3}\right)^c = \left(\frac{180}{\pi} \times \frac{2\pi}{3}\right)^\circ = 120°.$ $\left[\because y^c = \left(\frac{180}{\pi} \times y\right)^\circ\right]$

3. $x \sin 60° \tan 30° = \sec 60° \cot 45°$

त्रिकोणमिति सारणी से मान रखने पर

$x \times \frac{\sqrt{3}}{2} \times \frac{1}{\sqrt{3}} = 2 \times 1$

$x \times \frac{1}{2} = 2$

$x = 4$

4. माना दी गई ΔABC है जिसमें $\angle B = 90°$.

$\left(\frac{3\pi}{10}\right)^c = \left(\frac{180}{\pi} \times \frac{3\pi}{10}\right)^\circ = 54°.$

$\therefore$ $A - C = 54$ तथा $A + C = 90$.

इन्हें हल करने पर $A = 72$

तथा $C = 18$.

अतः इन कोणों के माप 72°

तथा 18° हैं।

5. $\sqrt{\frac{1-\cos A}{1+\cos A}} = \frac{\sqrt{1-\cos A}}{\sqrt{1+\cos A}} \times \frac{\sqrt{1-\cos A}}{\sqrt{1-\cos A}} = \frac{(1-\cos A)}{\sqrt{1-\cos^2 A}}$

$= \frac{(1-\cos A)}{\sin A} = \left(\frac{1}{\sin A} - \frac{\cos A}{\sin A}\right) = (\text{cosec } A - \cot A).$

6. दिया गया व्यंजक

$= \left(1 + \frac{\cos A}{\sin A} - \frac{1}{\sin A}\right)\left(1 + \frac{\sin A}{\cos A} + \frac{1}{\cos A}\right)$

$= \frac{(\sin A + \cos A - 1)}{\sin A} \times \frac{(\sin A + \cos A + 1)}{\cos A}$

$= \frac{(\sin A + \cos A)^2 - 1}{\sin A \cos A}$

$= \frac{\sin^2 A + \cos^2 A + 2\sin A \cos A - 1}{\sin A \cos A} = \frac{2\sin A \cos A}{\sin A \cos A} = 2.$

7. प्रश्नानुसार,

$\frac{2\tan^2 30°}{1 - \tan^2 30°} + \sec^2 45° - \sec^2 0° = x \sec 60°$

$\Rightarrow \frac{2 \times \left(\frac{1}{\sqrt{3}}\right)^2}{1 - \left(\frac{1}{\sqrt{3}}\right)^2} + (\sqrt{2})^2 - 1 = 2x$

$\Rightarrow \frac{2\frac{1}{3}}{1 - \frac{1}{3}} + 2 - 1 = 2x$

$1 + 2 - 1 = 2x$

$\therefore$ $x = 1$

8. प्रश्नानुसार,

$7 \sin^2 \theta + 3 \cos^2 \theta = 4$

$\Rightarrow 4\sin^2 \theta + 3 (\sin^2 \theta + \cos^2 \theta) = 4$

$\Rightarrow 4\sin^2 \theta + 3 = 4$

$\Rightarrow \sin^2 \theta = \frac{1}{4}$

$\Rightarrow \sin \theta = \frac{1}{2}$

$\Rightarrow \sin \theta = \sin 30°$

$\Rightarrow \theta = 30°$

$\therefore$ $\tan \theta = \tan 30° = \frac{1}{\sqrt{3}}$

9. दिया गया व्यंजक

$= (1 + \tan^2 A + 2\tan A) + (1 + \tan^2 A - 2\tan A)$

$= 2(1 + \tan^2 A) = 2\sec^2 A.$

10. दिया गया व्यंजक

$= \frac{\left(1 - \frac{\sin^2 A}{\cos^2 A}\right)}{\left(1 + \frac{\sin^2 A}{\cos^2 A}\right)} = \frac{(\cos^2 A - \sin^2 A)}{(\cos^2 A + \sin^2 A)} = (\cos^2 A - \sin^2 A).$

11. दिया गया व्यंजक $= (\cos^2 A + \sin^2 A) = 1.$

12. $\frac{\sin 2A}{1+\cos 2A}$

$= \frac{2\sin A\cos A}{1+2\cos^2 A-1}$ $\left[\because \sin 2A = 2\sin A.\cos A \text{ तथा } \cos 2A = \cos^2 A - \sin^2 A = 2\cos^2 A - 1\right]$

$= \frac{\sin A}{\cos A} = \tan A$

13. दिया गया व्यंजक

$= \frac{\sin A(1-\cos A) - \sin A(1+\cos A)}{(1-\cos^2 A)} = \frac{2\sin A}{\sin^2 A}$

$= \frac{2}{\sin A} = 2\operatorname{cosec} A.$

14. दिया गया व्यंजक

$= \frac{\tan A(\sec A+1)+\tan A(\sec A-1)}{(\sec^2 A-1)} = \frac{2\tan A\sec A}{(1+\tan^2 A-1)}$

$= \frac{2\tan A\sec A}{\tan^2 A} = \frac{2\sec A}{\tan A} = \left(\frac{2}{\cos A}\times\frac{\cos A}{\sin A}\right) = \frac{2}{\sin A}$

$= 2\operatorname{cosec} A.$

15. वर्ग करने पर : $(\sin A + \operatorname{cosec} A)^2 = 4.$

$\therefore \sin^2 A + \operatorname{cosec}^2 A + 2\sin A\operatorname{cosec} A = 4$

$\Rightarrow \sin^2 A + \operatorname{cosec}^2 A + 2 = 4.$

$\therefore \sin^2 A + \operatorname{cosec}^2 A = 2.$

16. $\tan A + \frac{1}{\tan A} = 2 \Rightarrow \tan^2 A - 2\tan A + 1 = 0$

$\Rightarrow (\tan A - 1)^2 = 0 \Rightarrow \tan A - 1 = 0$

$\Rightarrow \tan A = 1 \Rightarrow A = 45°.$

$\therefore \sin A = \sin 45° = \frac{1}{\sqrt{2}}.$

17. दिया है : $\sin A\cdot\left[\frac{1}{(1+\cos A)}+\frac{1}{(1-\cos A)}\right] = 4$

$\Rightarrow \sin A\cdot\left\{\frac{(1-\cos A)+(1+\cos A)}{(1-\cos^2 A)}\right\} = 4 \Rightarrow \frac{2\sin A}{\sin^2 A} = 4$

$\Rightarrow \sin A = \frac{1}{2}. \quad \therefore A = 30°.$

18. $\left(\frac{5\sin\theta - 3\cos\theta}{\sin\theta + 2\cos\theta}\right) = \left(\frac{5-3\cot\theta}{1+2\cot\theta}\right)$

[अंश तथा हर को $\sin\theta$ से भाग देने पर]

$= \frac{\left(5-3\times\frac{4}{5}\right)}{\left(1+2\times\frac{4}{5}\right)} = \frac{(25-12)}{(5+8)} = \frac{13}{13} = 1.$ $\left[\because \cot\theta = \frac{4}{5}\right]$

19. दिया गया है। $\sqrt{\frac{1+\cos\theta}{1-\cos\theta}} + \sqrt{\frac{1-\cos\theta}{1+\cos\theta}}$

$= \sqrt{\frac{(1+\cos\theta)(1+\cos\theta)}{(1-\cos\theta)(1+\cos\theta)}} + \sqrt{\frac{(1-\cos\theta)(1-\cos\theta)}{(1+\cos\theta)(1-\cos\theta)}}$

$= \sqrt{\frac{(1+\cos\theta)^2}{1-\cos^2\theta}} + \sqrt{\frac{(1-\cos\theta)^2}{1-\cos^2\theta}}$

$= \frac{1+\cos\theta}{\sqrt{\sin^2\theta}} + \frac{1-\cos\theta}{\sqrt{\sin^2\theta}} = \frac{1+\cos\theta}{\sin\theta} + \frac{1-\cos\theta}{\sin\theta}$

$= \frac{1+\cos\theta+1-\cos\theta}{\sin\theta} = \frac{2}{\sin\theta} = 2\operatorname{cosec}\theta$

20. $\frac{(b\sin\theta - a\cos\theta)}{(b\sin\theta + a\cos\theta)} = \frac{(b\tan\theta - a)}{(b\tan\theta + a)}$

[अंश तथा हर को $\cos\theta$ से भाग देने पर]

$= \frac{\left(b\times\frac{b}{a}-a\right)}{\left(b\times\frac{b}{a}+a\right)} = \frac{(b^2-a^2)}{(b^2+a^2)}.$ $\left[\because \tan\theta = \frac{b}{a}\right]$

21. दिया गया व्यंजक

$= \sin^3 A\left(1+\frac{\cos A}{\sin A}\right) + \cos^3 A\left(1+\frac{\sin A}{\cos A}\right)$

$= \sin^2 A(\sin A + \cos A) + \cos^2 A(\cos A + \sin A)$

$= (\sin A + \cos A)(\sin^2 A + \cos^2 A)$

$= (\sin A + \cos A).$

22. $\tan A + \cot A = 2$

$\tan A + \frac{1}{\tan A} = 2$

$\Rightarrow \tan^2 A + 1 - 2\tan A = 0$

$\Rightarrow (\tan A - 1)^2 = 0$

$\Rightarrow \tan A = 1$

$\Rightarrow \tan^{10} A + \cot^{10} A = 1 + 1 = 2$

23. दिया गया व्यंजक

$= \sin^6 A + \cos^6 A + 3\sin^2 A\cos^2 A(\sin^2 A + \cos^2 A)$

$= (\sin^2 A + \cos^2 A)^3 = 1^3 = 1.$

24. $\tan x = \sin 45°\cos 45° + \sin 30°$

$= \frac{1}{\sqrt{2}}\cdot\frac{1}{\sqrt{2}} + \frac{1}{2} = \frac{1}{2} + \frac{1}{2} = 1$

$\tan x = 1$

$\Rightarrow x = 45°$

25. $\sin 3A = \cos(A - 26°)$

$\Rightarrow \cos(90 - 3A) = \cos(A - 26°)$

$\Rightarrow 90 - 3A = A - 26$

$\Rightarrow 4A = 116°$

$\Rightarrow A = 29°$

26. $x = a(\sin\theta + \cos\theta); y = b(\sin\theta - \cos\theta)$

$\frac{x^2}{a^2} + \frac{y^2}{b^2}$

$= \frac{a^2(\sin^2\theta + \cos^2\theta + 2\sin\theta\cos\theta)}{a^2} + \frac{b^2(\sin^2\theta + \cos^2\theta - 2\sin)}{b^2}$

$\Rightarrow \frac{a^2(1+2\sin\theta\cos\theta)}{a^2} + \frac{b^2(1-2\sin\theta\cos\theta)}{b^2}$

$\Rightarrow 1 + \sin 2\theta + 1 - \sin 2\theta = 2$

27. $\sin 5\theta = \cos 20°$

$\sin 5\theta = \cos(90° - 70°) = \sin 70°$

$\Rightarrow 5\theta = 70° \Rightarrow \theta = 14°$

28. $\tan^2 A = (\sec^2 A - 1) = (3-1) = 2,$

$\text{cosec}^2 A = (1 + \cot^2 A) = \left(1 + \frac{1}{2}\right) = \frac{3}{2}.$

$$\therefore \frac{\tan^2 A - \text{cosec}^2 A}{\tan^2 A + \text{cosec}^2 A} = \frac{\left(2 - \frac{3}{2}\right)}{\left(2 + \frac{3}{2}\right)} = \frac{(4-3)}{(4+3)} = \frac{1}{7}.$$

29. दिया है : $\tan A = \frac{4}{5}.$

$$\therefore \frac{(5\sin A - 3\cos A)}{(5\sin A + 2\cos A)} = \frac{(5\tan A - 3)}{(5\tan A + 2)}$$

[अंश तथा हर को $\cos A$ से भाग देने पर]

$$= \frac{\left(5 \times \frac{4}{5} - 3\right)}{\left(5 \times \frac{4}{5} + 2\right)} = \frac{(4-3)}{(4+2)} = \frac{1}{6}.$$

30. $\text{cosec}^2 A = (1 + \cot^2 A) = \left(1 + \frac{1}{3}\right) = \frac{4}{3} \Rightarrow \sin^2 A = \frac{3}{4}.$

$$\frac{(1 - \cos^2 A)}{(2 - \sin^2 A)} = \frac{\sin^2 A}{(2 - \sin^2 A)} = \frac{(3/4)}{\left(2 - \frac{3}{4}\right)} = \left(\frac{3}{4} \times \frac{4}{5}\right) = \frac{3}{5}.$$

31. $(\sin A + \cos A)^2 + (\sin A - \cos A)^2$

$= \sin^2 A + \cos^2 A + 2\sin A\cos A + \sin^2 A + \cos^2 A - 2\sin A\cos A$

$= 2(\sin^2 A + \cos^2 A) = (2 \times 1) = 2.$

32. $$\sqrt{\frac{1+\sin A}{1-\sin A}} = \frac{\sqrt{1+\sin A}}{\sqrt{1-\sin A}} \times \frac{\sqrt{1+\sin A}}{\sqrt{1+\sin A}} = \frac{(1+\sin A)}{\sqrt{1-\sin^2 A}}$$

$$= \frac{(1+\sin A)}{\cos A}$$

$$= \left(\frac{1}{\cos A} + \frac{\sin A}{\cos A}\right) = (\sec A + \tan A).$$

33. $$\sqrt{\frac{1+\cos A}{1-\cos A}} = \frac{\sqrt{1+\cos A}}{\sqrt{1-\cos A}} \times \frac{\sqrt{1+\cos A}}{\sqrt{1+\cos A}} = \frac{(1+\cos A)}{\sqrt{1-\cos^2 A}}$$

$$= \frac{(1+\cos A)}{\sin A} = \left(\frac{1}{\sin A} + \frac{\cos A}{\sin A}\right) = (\text{cosec } A + \cot A).$$

34. $\sec^2 A = (1 + \tan^2 A) = \left(1 + \frac{9}{16}\right) = \frac{25}{16} \Rightarrow \cos^2 A = \frac{16}{25}.$

$(\cos^2 A - \sin^2 A) = \cos^2 A - (1 - \cos^2 A) = (2\cos^2 A - 1)$

$$= \left(2 \times \frac{16}{25} - 1\right) = \left(\frac{32}{25} - 1\right) = \frac{(32-25)}{25} = \frac{7}{25}.$$

35. $\tan A = \frac{BC}{AB} = \frac{1}{\sqrt{3}} = \frac{K}{\sqrt{3}K}.$

$\therefore BC = K$ तथा $AB = \sqrt{3}K.$

$AC^2 = (BC^2 + AB^2) = (K^2 + 3K^2) = 4K^2$

$\Rightarrow AC = 2K.$

$\therefore \sec A = \frac{AC}{AB} = \frac{2K}{\sqrt{3}K} = \frac{2}{\sqrt{3}}.$

36. $\sec A = \frac{AC}{AB} = \frac{25}{7} = \frac{25K}{7K} \Rightarrow AC = 25K$ तथा $AB = 7K$.

$BC^2 = (AC^2 - AB^2) = (25K)^2 - (7K)^2$

$= (625K^2 - 49K^2) = 576K^2$

$\Rightarrow BC = \sqrt{576K^2} = 24K.$

$\therefore \sin A = \frac{BC}{AC} = \frac{24K}{25K} = \frac{24}{25}.$

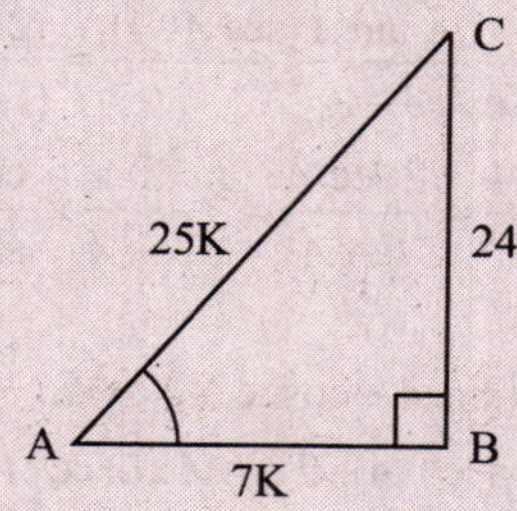

37. $$\cos\theta = \sqrt{1 - \sin^2\theta} = \sqrt{1 - \frac{a^2}{b^2}} = \frac{\sqrt{b^2 - a^2}}{b}.$$

38. $\text{cosec}\,\theta = \frac{1}{\sin\theta} = \frac{2}{\sqrt{3}}, \text{cosec}^2\theta = (1 + \cot^2\theta).$

$\therefore \cot^2\theta = (\text{cosec}^2\theta - 1) = \left(\frac{4}{3} - 1\right) = \frac{1}{3} \Rightarrow \cot\theta = \frac{1}{\sqrt{3}}.$

$\therefore (\text{cosec}\,\theta + \cot\theta) = \left(\frac{2}{\sqrt{3}} + \frac{1}{\sqrt{3}}\right) = \frac{3}{\sqrt{3}} = \sqrt{3}.$

39. दिया गया व्यंजक

$$= \left(\frac{1}{\sin A} - \sin A\right)\left(\frac{1}{\cos A} - \cos A\right)\left(\frac{\sin A}{\cos A} + \frac{\cos A}{\sin A}\right)$$

$$= \frac{(1 - \sin^2 A)}{\sin A} \times \frac{(1 - \cos^2 A)}{\cos A} \times \frac{(\sin^2 A + \cos^2 A)}{\sin A\cos A}$$

$$= \frac{\cos^2 A\sin^2 A}{\sin^2 A\cos^2 A} = 1.$$

40. $(\tan\theta + \cot\theta)^2 = 5^2 = 25 \Rightarrow \tan^2\theta + \cot^2\theta + 2 = 25.$

$\therefore (\tan^2\theta + \cot^2\theta) = 23.$

41. दिया है : $\tan\theta = \frac{4}{7}.$

$$\frac{(7\sin\theta - 3\cos\theta)}{(7\sin\theta + 3\cos\theta)} = \frac{(7\tan\theta - 3)}{(7\tan\theta + 3)}$$

[अंश तथा हर को $\cos\theta$ से भाग देने पर]

$$= \frac{\left(7 \times \frac{4}{7} - 3\right)}{\left(7 \times \frac{4}{7} + 3\right)} = \frac{(4-3)}{(4+3)} = \frac{1}{7}.$$

42. $\frac{(a \sin\theta - b\cos\theta)}{(a\sin\theta + b\cos\theta)} = \frac{(a - b\cot\theta)}{(a + b\cot\theta)} = \frac{\left(a - b\times\frac{b}{a}\right)}{\left(a + b\times\frac{b}{a}\right)}$

$= \frac{(a^2 - b^2)}{(a^2 + b^2)}.$

43. दिया गया व्यंजक

$= \frac{2(1+\sin\theta)(1-\sin\theta)}{(1+\cos\theta)\cdot 2(1-\cos\theta)} = \frac{(1-\sin^2\theta)}{(1-\cos^2\theta)} = \frac{\cos^2\theta}{\sin^2\theta}$

$= \cot^2\theta = (\cot\theta)^2 = \left(\frac{15}{8}\right)^2 = \frac{225}{64}.$

44. $7\sin^2\theta + 3\cos^2\theta = 4$

$\Rightarrow 4\sin^2\theta + 3\sin^2\theta + 3\cos^2\theta = 4$

$\Rightarrow 4\sin^2\theta + 3(\sin^2\theta + \cos^2\theta) = 4$

$\Rightarrow 4\sin^2\theta + 3 = 4 \Rightarrow 4\sin^2\theta = 1 \Rightarrow \sin^2\theta = \frac{1}{4}.$

$\therefore\ \cos^2\theta = (1-\sin^2\theta) = \left(1 - \frac{1}{4}\right) = \frac{3}{4}.$

$\tan^2\theta = \frac{\sin^2\theta}{\cos^2\theta} = \left(\frac{1}{4}\times\frac{4}{3}\right) = \frac{1}{3} \Rightarrow \tan\theta = \frac{1}{\sqrt{3}}.$

45. $\sin^2\theta = (1-\cos^2\theta) = (1-0\cdot36) = 0\cdot64 = (0\cdot8)^2$

$\Rightarrow \sin\theta = 0\cdot8.$

$\therefore\ \tan\theta = \frac{\sin\theta}{\cos\theta} = \frac{0\cdot8}{0\cdot6} = \frac{4}{3}.$

$(5\sin\theta - 3\tan\theta) = \left(5\times0\cdot8 - 3\times\frac{4}{3}\right) = (4-4) = 0.$

46. $(\cos x + \sin x)^2 + (\cos x - \sin x)^2 = 2(\cos^2 x + \sin^2 x)$

$\Rightarrow (\sqrt{2}\cos x)^2 + (\cos x - \sin x)^2 = 2$

$\Rightarrow (\cos x - \sin x)^2 = (2 - 2\cos^2 x)$

$\Rightarrow (\cos x - \sin x)^2 = 2(1-\cos^2 x) = 2\sin^2 x$

$\Rightarrow (\cos x - \sin x) = \sqrt{2}\sin x.$

47. दोनों में से प्रत्येक का वर्ग करके जोड़ने पर:

$(a\cos\theta + b\sin\theta)^2 + (a\sin\theta - b\cos\theta)^2 = (64+25)$

$\Rightarrow a^2(\cos^2\theta + \sin^2\theta) + b^2(\sin^2\theta + \cos^2\theta) = 89$

$\Rightarrow a^2 + b^2 = 89.$

48. हम जानते हैं कि $\sec^2\theta - \tan^2\theta = 1.$

$\therefore\ \left(\frac{x}{a}\right)^2 - \left(\frac{y}{b}\right)^2 = 1 \Rightarrow \left(\frac{x^2}{a^2} - \frac{y^2}{b^2}\right) = 1.$

49. वर्ग करके जोड़ने पर:

$\left(\frac{x}{a}\cos\theta + \frac{y}{b}\sin\theta\right)^2 + \left(\frac{x}{a}\sin\theta - \frac{y}{b}\cos\theta\right)^2 = 2$

$\frac{x^2}{a^2}(\cos^2\theta + \sin^2\theta) + \frac{y^2}{b^2}(\sin^2\theta + \cos^2\theta) = 2$

$\therefore\ \frac{x^2}{a^2} + \frac{y^2}{b^2} = 2.$

50. वर्ग करके घटाने पर :

$(x^2 - y^2) = (a\cot\theta + b\,\text{cosec}\,\theta)^2 - (b\cot\theta + a\,\text{cosec}\,\theta)^2$

$\Rightarrow (x^2 - y^2) = a^2(\cot^2\theta - \text{cosec}^2\theta) + b^2$

$(\text{cosec}^2\theta - \cot^2\theta) = (b^2 - a^2).$

51. $\sec^2 A = (1 + \tan^2 A)$

$= \left(1 + \frac{9}{16}\right) = \frac{25}{16} = \left(\frac{5}{4}\right)^2 \Rightarrow \sec A = \frac{5}{4}.$

$\text{cosec}^2 A = (1 + \cot^2 A)$

$= \left(1 + \frac{16}{9}\right) = \frac{25}{9} = \left(\frac{5}{3}\right)^2 \Rightarrow \text{cosec}\,A = \frac{5}{3}.$

$\therefore\ \sin A = \frac{3}{5}$ तथा $\cos A = \frac{4}{5}.$

अतः $\sin A\cos A = \left(\frac{3}{5}\times\frac{4}{5}\right) = \frac{12}{25}.$

52. $m = \tan x(1+\cos x)$ तथा $n = \tan x(1 - \cos x)$

$\Rightarrow mn = \tan^2 x(1-\cos^2 x) = \tan^2 x\sin^2 x$

$\Rightarrow \sqrt{mn} = \tan x\sin x$

पुनः $(m^2 - n^2) = \tan^2 x\left[(1+\cos x)^2 - (1-\cos x)^2\right]$

$= 4\tan^2 x\cos x = 4\tan x\sin x = 4\sqrt{mn}$

$\Rightarrow (m^2 - n^2) = 4\sqrt{mn}.$

53. $x^2 + y^2 + z^2 = r^2\sin^2 A\cos^2 B + r^2\sin^2 A\sin^2 B$

$+ r^2\cos^2 A$

$= r^2\sin^2 A(\cos^2 B + \sin^2 B) + r^2\cos^2 A$

$= r^2\sin^2 A + r^2\cos^2 A$

$= r^2(\sin^2 A + \cos^2 A) = r^2.$

54. $\text{cosec}^2 A = (1 + \cot^2 A) = \left(1 + \frac{9}{16}\right) = \frac{25}{16}.$

$\therefore\ \text{cosec}\,A = \sqrt{\frac{25}{16}} = \frac{5}{4} \Rightarrow \sin A = \frac{4}{5}.$

$\therefore\ \sqrt{\frac{1-\sin A}{1+\sin A}} = \sqrt{\frac{\left(1-\frac{4}{5}\right)}{\left(1+\frac{4}{5}\right)}} = \sqrt{\frac{1}{9}} = \frac{1}{3}.$

55. $\text{cosec}\,A = \frac{AC}{BC} = \frac{\sqrt{10}}{1} = \frac{\sqrt{10}K}{K}.$

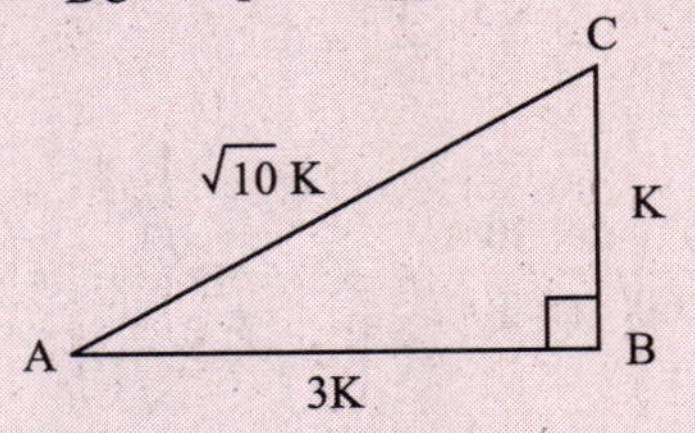

$\therefore\ AC = \sqrt{10}K$ तथा $BC = K.$

$$AB^2 = AC^2 - BC^2 = (\sqrt{10}K)^2 - K^2$$
$$= (10K^2 - K^2) = 9K^2$$
$$\Rightarrow AB = 3K.$$
$$\therefore \sec A = \frac{AC}{AB} = \frac{\sqrt{10}K}{3K} = \frac{\sqrt{10}}{3}.$$

56. $(\sin^2 30° + 4\cot^2 45° - \sec^2 60°) = \left(\frac{1}{2}\right)^2 + 4\times(1)^2 - 2^2$

$= \left(\frac{1}{4} + 4 - 4\right) = \frac{1}{4}.$

57. $(\sec^2 60° - 1) = (2^2 - 1) = (4-1) = 3.$

58. $x = \frac{\sin 60° \cot 60°}{\tan 45° \cos 60°} = \frac{\left(\frac{\sqrt{3}}{2} \times \frac{1}{\sqrt{3}}\right)}{\left(1 \times \frac{1}{2}\right)} = \left(\frac{1}{2} \times 2\right) = 1.$

59. $x = \frac{\tan^2 45° - \cos^2 30°}{\sin 45° \cos 45°} = \frac{1 - \left(\frac{\sqrt{3}}{2}\right)^2}{\left(1 \times \frac{1}{2}\right)} = \frac{\left(1 - \frac{3}{4}\right)}{\left(\frac{1}{2}\right)}$

$= \left(\frac{1}{4} \times 2\right) = \frac{1}{2}.$

60. $\tan x = 3\cot x = \frac{3}{\tan x} \Rightarrow \tan^2 x = 3$

$\Rightarrow \tan x = \sqrt{3} = \tan 60° \Rightarrow x = 60°.$

61. $\sin 2A = \cos 3A = \sin(90° - 3A) \Rightarrow 2A = 90 - 3A$

$\Rightarrow 5A = 90 \Rightarrow A = 18°.$

62. $\sin 60° \cos 30° - \cos 60° \sin 30°$

$= \left(\frac{\sqrt{3}}{2} \times \frac{\sqrt{3}}{2}\right) - \left(\frac{1}{2} \times \frac{1}{2}\right) = \left(\frac{3}{4} - \frac{1}{4}\right) = \frac{2}{4} = \frac{1}{2}.$

63. $\sin^2 30° \cos^2 45° + 4\tan^2 30° + \frac{1}{2}\sin^2 90° + \frac{1}{8}\cot^2 60°$

$= \left(\frac{1}{2}\right)^2 \times \left(\frac{1}{\sqrt{2}}\right)^2 + 4\times\left(\frac{1}{\sqrt{3}}\right)^2 + \frac{1}{2}\times(1)^2 + \frac{1}{8}\times\left(\frac{1}{\sqrt{3}}\right)^2$

$= \left(\frac{1}{4} \times \frac{1}{2}\right) + \left(4 \times \frac{1}{3}\right) + \left(\frac{1}{2} \times 1\right) + \left(\frac{1}{8} \times \frac{1}{3}\right) = \frac{1}{8} + \frac{4}{3} + \frac{1}{2} + \frac{1}{24}$

$= \frac{48}{24} = 2.$

64. $\cos 60° \cos 30° - \sin 60° \sin 30°$

$= \left(\frac{1}{2} \times \frac{\sqrt{3}}{2}\right) - \left(\frac{\sqrt{3}}{2} \times \frac{1}{2}\right) = 0.$

65. $\frac{(\tan 60° - \tan 30°)}{(1 + \tan 60° \tan 30°)} = \frac{\left(\sqrt{3} - \frac{1}{\sqrt{3}}\right)}{\left(1 + \sqrt{3} \times \frac{1}{\sqrt{3}}\right)} = \left(\frac{2}{\sqrt{3}} \times \frac{1}{2}\right)$

$= \frac{1}{\sqrt{3}}.$

66. $\cot^2 30° - 2\cos^2 30° - \frac{3}{4}\sec^2 45° + \frac{1}{4}\mathrm{cosec}^2 30°$

$= (\sqrt{3})^2 - 2\times\left(\frac{\sqrt{3}}{2}\right)^2 - \frac{3}{4}\times(\sqrt{2})^2 + \frac{1}{4}\times(2)^2$

$= 3 - \left(2 \times \frac{3}{4}\right) - \left(\frac{3}{4} \times 2\right) + \left(\frac{1}{4} \times 4\right) = \left(3 - \frac{3}{2} - \frac{3}{2} + 1\right) = 1.$

67. $\sqrt{3}\tan 2\theta = 3 \Rightarrow \tan 2\theta = \frac{3}{\sqrt{3}} = \sqrt{3} = \tan 60°$

$\Rightarrow 2\theta = 60° \Rightarrow \theta = 30°.$

68. $2\sin 2\theta = \sqrt{3} \Rightarrow \sin 2\theta = \frac{\sqrt{3}}{2} = \sin 60°$

$\Rightarrow 2\theta = 60° \Rightarrow \theta = 30°.$

69. $2\cos 3\theta = 1 \Rightarrow \cos 3\theta = \frac{1}{2} = \cos 60°$

$\Rightarrow 3\theta = 60° \Rightarrow \theta = 20°.$

70. दिया गया व्यंजक

$= \frac{4}{3}\times(\sqrt{3})^2 + 3\times\left(\frac{\sqrt{3}}{2}\right)^2 - 2\times\left(\frac{2}{\sqrt{3}}\right)^2 - \frac{3}{4}\times\left(\frac{1}{\sqrt{3}}\right)^2$

$= \left(\frac{4}{3} \times 3\right) + \left(3 \times \frac{3}{4}\right) - \left(2 \times \frac{4}{3}\right) - \left(\frac{3}{4} \times \frac{1}{3}\right) = \left(4 + \frac{9}{4} - \frac{8}{3} - \frac{1}{4}\right)$

$= \frac{(48 + 27 - 32 - 3)}{12} = \frac{40}{12} = \frac{10}{3}.$

71. दिया गया व्यंजक

$= \frac{(\sqrt{3})^2 + 4\times\left(\frac{1}{\sqrt{2}}\right)^2 + 3\times\left(\frac{2}{\sqrt{3}}\right)^2 + 5\times 0^2}{2 + 2 - (\sqrt{3})^2}$

$= \frac{3 + \left(4 \times \frac{1}{2}\right) + \left(3 \times \frac{4}{3}\right) + 0}{(4-3)} = (3 + 2 + 4 + 0) = 9.$

72. दिया गया व्यंजक

$= \left(\frac{1}{2}\right)^2 \times \left(\frac{1}{\sqrt{2}}\right)^2 + 4\times\left(\frac{1}{\sqrt{3}}\right)^2 + \left(\frac{1}{2}\times 1^2\right) + \left\{\frac{1}{8}\times\left(\frac{1}{\sqrt{3}}\right)^2\right\}$

$= \left(\frac{1}{4} \times \frac{1}{2}\right) + \left(4 \times \frac{1}{3}\right) + \frac{1}{2} + \left(\frac{1}{8} \times \frac{1}{3}\right) = \left(\frac{1}{8} + \frac{4}{3} + \frac{1}{2} + \frac{1}{24}\right)$

$= \frac{(3 + 32 + 12 + 1)}{24} = \frac{48}{24} = 2.$

73. दिया गया व्यंजक

$= (\tan 9° \tan 81°)(\tan 43° \tan 47°)\tan 60°$

$= \tan 9° \cdot \tan(90° - 9°) \cdot \tan 43° \cdot \tan(90° - 43°) \cdot \tan 60°$

$= (\tan 9° \cdot \cot 9°)(\tan 43° \cdot \cot 43°) \cdot \tan 60°$

$= (1 \times 1 \times \sqrt{3}) = \sqrt{3}.$

74. दिया गया व्यंजक

$= (\cot 16° \cdot \cot 74°)(\cot 48° \cdot \cot 42°) \cdot \cot 60°$

$= \cot 16° \cdot \cot(90° - 16°) \cdot \cot 48° \cdot \cot(90° - 48°) \cdot \cot 60°$

$= (\cot 16° \cdot \tan 16°)(\cot 48° \cdot \tan 48°) \cdot \cot 60°$

$= \left(1 \times 1 \times \frac{1}{\sqrt{3}}\right) = \frac{1}{\sqrt{3}}.$

75. दिया गया व्यंजक

$= (\tan 1° \tan 89°)(\tan 2° \tan 88°) \ldots\ldots (\tan 44° \cdot \tan 46°) \cdot \tan 45°$

$= \{\tan 1° \cdot \tan (90° - 1°)\} \cdot \{\tan 2° \cdot \tan (90° - 2°)\} \ldots\ldots \{\tan 44° \cdot \tan (90° - 44°)\} \cdot \tan 45°$

$= (\tan 1° \cdot \cot 1°)(\tan 2° \cdot \cot 2°) \ldots\ldots (\tan 44° \cdot \cot 44°) \cdot 1$

$= (1 \times 1) \cdot (1 \times 1) \ldots\ldots (1 \times 1) \times 1 = 1.$

76. दिया गया व्यंजक

$= \frac{\tan (90° - 40°) + \sec (90° - 40°)}{\cot 40° + \operatorname{cosec} 40°} + \cos 40° \operatorname{cosec} (90° - 40°)$

$= \frac{\cot 40° + \operatorname{cosec} 40°}{\cot 40° + \operatorname{cosec} 40°} + \cos 40° \sec 40° = (1 + 1) = 2.$

77. दिया गया व्यंजक $= \frac{2 \sin^2 53° + 1 + 2 [\sin (90° - 53°)]^2}{3 \cos^2 27° - 2 + 3 [\cos (90° - 27°)]^2}$

$= \frac{2 \sin^2 53° + 1 + 2 \cos^2 53°}{3 \cos^2 27° - 2 + 3 \sin^2 27°}$

$= \frac{2 (\sin^2 53° + \cos^2 53°) + 1}{3 (\cos^2 27° + \sin^2 27°) - 2}$

$= \frac{(2 \times 1) + 1}{(3 \times 1) - 2} = \frac{3}{1} = 3.$

78. दिया गया व्यंजक $= \frac{\cos 58°}{\sin (90° - 58°)} + \frac{\sin 42°}{\cos (90° - 42°)} - \frac{\cos 38° \operatorname{cosec} (90° - 38°)}{\tan 18° \tan (90° - 18°) \cdot \tan 45°}$

$= \frac{\cos 58°}{\cos 58°} + \frac{\sin 42°}{\sin 42°} - \frac{\cos 38° \cdot \sec 38°}{\tan 18° \cdot \cot 18° \cdot 1} = \left(1 + 1 - \frac{1}{1}\right)$

$= (2 - 1) = 1.$

79. दिया गया व्यंजक

$= \frac{\sec 29°}{\operatorname{cosec} (90° - 29°)} - 3 [\sin^2 59° + \sin^2 (90° - 59°)] + \frac{2}{\sqrt{3}} \tan 27° \cdot \sqrt{3} \tan (90° - 27°)$

$= \frac{\sec 29°}{\sec 29°} - 3 (\sin^2 59° + \cos^2 59°) + 2 \tan 27° \cdot \cot 27°$

$= [1 - (3 \times 1) + 2] = 0.$

80. $\sin (50° + \theta) - \cos (40° - \theta)$

$= \sin (50° + \theta) - \sin [90° - (40° - \theta)]$

$= \sin (50° + \theta) - \sin (50° + \theta) = 0.$

81. $\sin 3A = \cos (A - 10°)$

$\Rightarrow \sin 3A = \sin [90° - (A - 10°)] = \sin (100° - A)$

$\Rightarrow 3A = 100 - A \Rightarrow 4A = 100 \Rightarrow A = 25°.$

82. $\tan 2A = \cot (A - 21°) = \tan \{90° - (A - 21°)\}$

$= \tan (111° - A)$

$\Rightarrow 2A = 111 - A \Rightarrow 3A = 111 \Rightarrow A = 37.$

83. $\sec 5A = \operatorname{cosec} (A - 30°) = \sec [90° - (A - 30°)]$

$= \sec (120° - A)$

$\Rightarrow 5A = (120° - A) \Rightarrow 6A = 120 \Rightarrow A = 20°.$

84. $\sin (\theta + 32°) = \cos \theta = \sin (90° - \theta) \Rightarrow \theta + 32 = 90 - \theta$

$\Rightarrow 2\theta = (90 - 32) = 58 \Rightarrow \theta = 29°.$

85. $\sin A = \cos B = \sin (90° - B)$

$\Rightarrow A = 90° - B \Rightarrow A + B = 90°.$

86. $\sin 2\theta = \frac{\sqrt{3}}{2} = \sin 60° \Rightarrow 2\theta = 60° \Rightarrow \theta = 30°.$

87. $\sin \theta = \frac{\sqrt{3}}{2} = \sin 60° \Rightarrow \theta = 60°.$

$\therefore (\operatorname{cosec} \theta + \cot \theta) = (\operatorname{cosec} 60° + \cot 60°)$

$= \left(\frac{2}{\sqrt{3}} + \frac{1}{\sqrt{3}}\right) = \frac{3}{\sqrt{3}} = \sqrt{3}.$

88. दिया गया व्यंजक

$= \frac{(\sqrt{3})^2 + 4 \times \left(\frac{1}{\sqrt{2}}\right)^2 + 3 \times \left(\frac{2}{\sqrt{3}}\right)^2}{(2 \times 2) + (3 \times 2) - \left[\frac{7}{3} \times (\sqrt{3})^2\right]}$

$= \frac{3 + \left(4 \times \frac{1}{2}\right) + \left(3 \times \frac{4}{3}\right)}{4 + 6 - \left(\frac{7}{3} \times 3\right)} = \frac{(3 + 2 + 4)}{(4 + 6 - 7)} = \frac{9}{3} = 3.$

89. $\left(\frac{\sin \theta - 2 \sin^3 \theta}{2 \cos^3 \theta - \cos \theta}\right)^2 + 1$

$= \frac{\sin^2 \theta (1 - 2 \sin^2 \theta)^2}{\cos^2 \theta (2 \cos^2 \theta - 1)^2} + 1$

$[\because 1 - 2 \sin^2 \theta = \cos 2\theta = 2\cos^2 \theta - 1]$

$= \frac{\tan^2 \theta (\cos 2\theta)^2}{(\cos 2\theta)^2} + 1$

$= \tan^2 \theta + 1$

$= \sec^2 \theta$

90. हमें दिया गया है कि

$\cos^2 \theta = 3 (\cot^2 \theta - \cos^2 \theta)$

$\cos^2 \theta = 3 \left(\frac{\cos^2 \theta}{\sin^2 \theta} - \cos^2 \theta\right)$

$\cos^2 \theta = 3 \cos^2 \theta \; \frac{(1 - \sin^2 \theta)}{\sin^2 \theta}$

$\Rightarrow \cos^2 \theta = \frac{3 \cos^2 \theta . \cos^2 \theta}{\sin^2 \theta} \quad [\because 1 - \sin^2 \theta = \cos^2 \theta]$

$\Rightarrow \tan^2\theta = 3$

$\Rightarrow \tan\theta = \sqrt{3}$

$\theta = 60°$

अब, $\left(\frac{1}{2}\sec\theta + \sin\theta\right)^{-1} = \left(\frac{1}{2}\sec 60 + \sin 60°\right)^{-1}$

$= \left(\frac{1}{2}\times 2 + \frac{\sqrt{3}}{2}\right)^{-1}$

$= \left(\frac{2+\sqrt{3}}{2}\right)^{-1}$

$= \frac{2}{2+\sqrt{3}} \Rightarrow \frac{2}{(2+\sqrt{3})}\times\frac{(2-\sqrt{3})}{(2-\sqrt{3})} = \frac{2(2-\sqrt{3})}{(2)^2-(\sqrt{3})^2}$

$= \frac{2(2-\sqrt{3})}{4-3}$ $[\because a^2-b^2=(a+b)(a-b)]$

$= 2(2-\sqrt{3})$

91. $\frac{1}{2}\sqrt{1-\sin\theta}+\frac{1}{2}\sqrt{1-\sin\theta}$

$= \frac{1}{2}\sqrt{1-\sin 60°}+\frac{1}{2}\sqrt{1-\sin 60°}$

$= \frac{1}{2}\times\left(\sqrt{1+\frac{\sqrt{3}}{2}}+\sqrt{1-\frac{\sqrt{3}}{2}}\right)$

$= \frac{1}{2\sqrt{2}}\left(\sqrt{2+\sqrt{3}}+\sqrt{2-\sqrt{3}}\right) = \frac{\sqrt{3}}{2}$

$= \cos 30° = \cos\frac{\theta}{2}$

92. $\cos\theta = \frac{2P}{(1+P^2)}$

$\sin^2\theta = 1-\frac{4P^2}{1+P^4+2p^2}$ $[\because \sin^2\theta = 1-\cos^2\theta]$

$= \frac{1+P^4+2P^2-4P^2}{1+P^4+2P^2}$

$= \frac{1+P^4-2P^2}{1+P^4+2P^2} = \frac{(1-P^2)^2}{(1+P^2)^2}$

$\Rightarrow \sin\theta = \sqrt{\frac{(1-P^2)^2}{(1+P^2)^2}} = \frac{1-P^2}{1+P^2}$

$\tan\theta = \frac{\sin\theta}{\cos\theta} = \frac{1-P^2}{1+P^2}\times\frac{1+P^2}{2P} \Rightarrow \frac{1-P^2}{2P}$

$\tan\theta = \frac{1-P^2}{2P}$

93. $\frac{2+\tan^2\theta+\cot^2\theta}{\sec\theta\,\mathrm{cosec}\,\theta}$

$= \frac{1+\tan^2\theta+1+\cot^2\theta}{\sec\theta\,\mathrm{cosec}\,\theta}$

$= \frac{\sec^2\theta+\mathrm{cosec}^2\theta}{\sec\theta\,\mathrm{cosec}\,\theta}$ $\left[\because \begin{array}{l}1+\tan^2\theta=\sec^2\theta\\ 1+\cot^2\theta=\mathrm{cosec}^2\theta\end{array}\right]$

$= \frac{\sec^2\theta}{\sec\theta\,\mathrm{cosec}\,\theta}+\frac{\mathrm{cosec}^2\theta}{\sec\theta\,\mathrm{cosec}\,\theta}$

$= \frac{\sec\theta}{\mathrm{cosec}\theta}+\frac{\mathrm{cosec}\,\theta}{\sec\theta} = \sec\theta\sin\theta+\mathrm{cosec}\,\theta\cos\theta$

$= \frac{\sin\theta}{\cos\theta}+\frac{\cos\theta}{\sin\theta} = \frac{\sin^2\theta+\cos^2\theta}{\sin\theta\cos\theta}$

$= \frac{1}{\sin\theta\cos\theta} = \sec\theta\,\mathrm{cosec}\,\theta$

94. हम देख सकते हैं कि, दिए गए व्यंजक का न्यूनतम मान $\frac{5}{4}$ $= 1.25 > 1$ है। जबकि $\cos\theta$ का मान 1 से अधिक नहीं हो सकता है।

अत: सही उत्तर कोई नहीं होगा।

95. $\sin\theta = \frac{P^2-1}{P^2+1}$

$\therefore \cos^2\theta = 1-\sin^2\theta$

$\cos^2\theta = 1-\left(\frac{P^2-1}{P^2+1}\right)^2$

$= 1-\frac{(P^4+1-2P^2)}{(P^4+1+2P^2)}$

$= \frac{P^4+1+2P^2-P^4-1+2P^2}{P^4+1+2P^2}$

$\Rightarrow \cos^2\theta = \frac{4P^2}{P^4+1+2P^2} = \frac{4P^2}{(P^2+1)^2}$

$\therefore \cos\theta = \frac{2P}{P^2+1}$

96. $4-2\sin^2\theta = 5\cos\theta = 0$

$\Rightarrow 4-2(1-\cos^2\theta)-5\cos\theta = 0$

$\Rightarrow 2\cos^2\theta-5\cos\theta+2 = 0$

$\Rightarrow 2\cos^2\theta-4\cos\theta-\cos\theta+2 = 0$

$\Rightarrow (2\cos\theta-1)(\cos\theta-2) = 0$

$\because -1 \le \cos\theta \le 1$

$\Rightarrow \cos\theta \ne 2$

$\Rightarrow \cos\theta = \frac{1}{2} = \cos 60°$

$\Rightarrow \theta = 60°$

$\therefore \sin\theta+\tan\theta = \frac{\sqrt{3}}{2}+\sqrt{3}$

$= \frac{3\sqrt{3}}{2}$

97. दिया गया है कि–

$\tan\theta = \frac{\sin\alpha-\cos\alpha}{\sin\alpha+\cos\alpha}$

कॉपोनेंडो और डिविडेंड द्वारा

$$\frac{1+\tan\theta}{1-\tan\theta}=\frac{2\sin\alpha}{2\cos\alpha}=\frac{\sin\alpha}{\cos\alpha}$$

माना $\sin\alpha = k(1+\tan\theta)$ और $\cos\alpha = k(1-\tan\theta)$

$\sin^2\alpha + \cos^2\alpha = 1$

$\Rightarrow k^2(1+\tan\theta)^2 + k^2(1-\tan\theta)^2 = 1$

$\Rightarrow 2k^2(1+\tan^2\theta) = 1$

$\Rightarrow 2k^2\sec^2\theta = 1$

$\therefore k = \pm\frac{1}{\sqrt{2}}\cos\theta$

$\therefore \sin\alpha + \cos\alpha = 2k = \pm\sqrt{2}\cos\theta.$

98. $1+\frac{1}{\cot^2 63^\circ}-\sec^2 27^\circ+\frac{1}{\sin+63^\circ}-\text{cosec}^2 27^\circ$

$= 1+\tan^2 63-\sec^2 27+\text{cosec}^2 63-\text{cosec}^2 27$

$= \sec^2 63-\sec^2 27+\text{cosec}^2 63-\text{cosec}^2 27$

$= \text{cosec}^2 27-\sec^2 27+\sec^2 27-\text{cosec}^2 27$

$= 0$

99. $\left(\frac{\sec A}{\cot A+\tan A}\right)^2$

$$=\left(\frac{\frac{1}{\cos A}}{\frac{\cos A}{\sin A}+\frac{\sin A}{\cos A}}\right)^2$$

$= \sin^2 A$

$= (1-\cos^2 A)$

100. $1+\tan A\tan\left(\frac{A}{2}\right)$

$$=1+\left(\frac{2\tan\left(\frac{A}{2}\right)}{1-\tan^2\left(\frac{A}{2}\right)}\tan\left(\frac{A}{2}\right)\right)\qquad\left[\because \tan A=\frac{2\tan\frac{A}{2}}{1-\tan^2\frac{A}{2}}\right]$$

$$=\frac{1-\tan^2\left(\frac{A}{2}\right)+2\tan^2\left(\frac{A}{2}\right)}{1-\tan^2\left(\frac{A}{2}\right)}$$

$$=\frac{1+\tan^2\left(\frac{A}{2}\right)}{1-\tan^2\left(\frac{A}{2}\right)}$$

$$=\frac{1}{\cos^2\left(\frac{A}{2}\right)-\sin^2\left(\frac{A}{2}\right)}$$

$$=\frac{1}{\cos A}\qquad\left[\because \cos^2\frac{A}{2}-\sin^2\frac{A}{2}=\cos A\right]$$

$= \sec A$

101. माना कि A और B कोण हैं।

$\therefore A+B = 135^\circ = \frac{3}{4}\pi$ ...(i)

और $A-B=\frac{\pi}{12}$ ... (ii)

समीकरण (i) व (ii) को जोड़ने पर

$2A=\frac{3\pi}{4}+\frac{\pi}{12}=\frac{5\pi}{6}$

$\therefore A=\frac{5\pi}{12}$

102. दिया गया है कि

$\tan 9^\circ=\frac{p}{q},\ \therefore \cot 9^\circ=\frac{q}{p}$

$$\therefore \frac{\sec^2(81^\circ)}{1+\cot^2(81^\circ)}=\frac{1+\tan^2(81^\circ)}{1+\tan^2(9^\circ)}=\frac{1+\cot^2(9^\circ)}{1+\tan^2(9^\circ)}$$

$$\frac{1+\frac{q^2}{p^2}}{1+\frac{p^2}{q^2}}=\frac{q^2}{p^2}$$

103. CD = प्रेक्षक = 1.6 मीटर

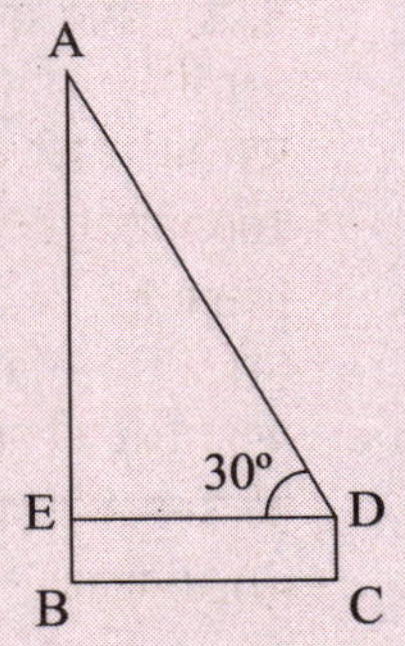

AB = मीनार = H मीटर

$\therefore \tan 30^0=\frac{AE}{ED}$

$\Rightarrow \frac{1}{\sqrt{3}}=\frac{H-1.6}{20\sqrt{3}}$

$\Rightarrow H-1.6=\frac{20\sqrt{3}}{\sqrt{3}}=20$

$\Rightarrow H=20+1.6=21.6$ मीटर

104. $\frac{\sin\theta+\tan\theta}{\sec\theta-\tan\theta}=2\frac{51}{79}$

$\Rightarrow \frac{\sec\theta+\tan\theta}{\sec\theta-\tan\theta}=\frac{209}{79}\ \Rightarrow\ \frac{1+\sin\theta}{1-\sin\theta}=\frac{209}{79}$

$\Rightarrow 79+79\sin\theta=209-209\sin\theta$

$\Rightarrow 288\sin\theta=209-79=130$

$\Rightarrow \sin\theta=\frac{130}{288}=\frac{65}{144}$

105. $3(\sin^4\theta+\cos^4\theta)+2(\sin^6\theta+\cos^6\theta)(+12\sin^2\theta\cos^2\theta)$

$3(\sin^4\theta+\cos^4\theta)+2(\sin^6\theta+\cos^6\theta)+12\sin^2\theta\cos^2\theta$

$=3\{(\sin^4\theta+\cos^4\theta)^2-2\sin^2\theta\cos^2\theta\}-2\{(\sin^2\theta+\cos^2\theta)\}^3$

$-3\sin^2\theta\cos^2\theta(\sin^2\theta+\cos^2\theta)+12\sin^2\theta\cos^2$

$=3-6\sin^2\theta\cos^2\theta+2-6\sin^2\theta\cos^2\theta-12\sin^2\theta\cos^2\theta$

$=5$

(प्रश्नमाला 34B)

1. दिन के एक निश्चित समय पर एक स्तम्भ तथा इसकी परछाई की ऊँचाईयों का अनुपात क्रमशः $1:\sqrt{3}$ है. उस समय सूर्य का उन्नयन कोण क्या होगा ?
(a) 30° (b) 45°
(c) 60° (d) इनमें से कोई नहीं

2. किसी समय सूर्य का उन्नतांश 60° है. उसी समय एक उर्ध्वाधर खड़े खम्भे की परछाईं 100 मीटर लम्बी है. इस खम्भे की ऊँचाई कितनी है ?
(a) $100\sqrt{3}$ मीटर (b) $50\sqrt{3}$ मीटर
(c) $\frac{100}{\sqrt{3}}$ मीटर (d) 50 मीटर

3. सूर्य का उन्नतांश 45° से 30° हो जाने पर एक उर्ध्वाधर खड़े खम्भे की परछाई में 10 मीटर की वृद्धि हो जाती है. इस खम्भे की ऊँचाई कितनी है ?
(a) 9 मीटर (b) 13 मीटर
(c) $5(\sqrt{3}+1)$ मीटर (d) $10(\sqrt{3}-1)$ मीटर

4. किसी समय एक 6 मीटर ऊँचे बांस की परछाई $2\sqrt{3}$ मीटर लम्बी है. उस समय सूर्य का उन्नयन कोण कितना है ?
(a) 30° (b) 45° (c) 60° (d) 15°

5. एक मीनार की ऊँचाई $100\sqrt{3}$ मीटर है. इस मीनार की पाद से 100 मीटर दूरी पर स्थित बिन्दु से इसकी चोटी का उन्नयन कोण कितना है ?
(a) 45° (b) 60° (c) 30° (d) 75°

6. एक मीनार की पाद से 30 मीटर दूरी पर स्थित बिन्दु से इसकी चोटी का उन्नयन कोण 30° है. इस मीनार की ऊँचाई कितनी है ?
(a) 30 मीटर (b) 20 मीटर
(c) $10\sqrt{2}$ मीटर (d) $10\sqrt{3}$ मीटर

7. एक पतंग की डोर 100 मीटर लम्बी है तथा यह क्षैतिज तल से 60° का कोण बनाती है. भूतल से पतंग की ऊँचाई कितनी है ?
(a) $50\sqrt{2}$ मीटर (b) $50\sqrt{3}$ मीटर
(c) 100 मीटर (d) $100\sqrt{3}$ मीटर

8. भूतल पर स्थित किसी बिन्दु से एक मीनार की चोटी का उन्नयन कोण 30° है. इस बिन्दु से मीनार की ओर 20 मीटर की दूरी पर स्थित एक दूसरे बिन्दु से इसकी चोटी का उन्नयन कोण 60° है. मीनार की ऊँचाई कितनी है ?
(a) $10\sqrt{3}$ मीटर (b) 10 मीटर
(c) 15 मीटर (d) 20 मीटर

9. एक आयत के विकर्ण की लम्बाई 8 सेमी० है. इस आयत की एक भुजा तथा विकर्ण के बीच का कोण 30° है. इस आयत का क्षेत्रफल कितना है ?
(a) 16 वर्ग सेमी० (b) $16\sqrt{3}$ वर्ग सेमी०
(c) $8\sqrt{3}$ वर्ग सेमी० (d) $\frac{16}{\sqrt{3}}$ वर्ग सेमी०

10. एक मीनार की पाद से क्रमशः a तथा b दूरी पर एक ही रेखा पर स्थित दो बिन्दुओं से मीनार की चोटी के उन्नयन कोण एक दूसरे के पूरक हैं. इस मीनार की ऊँचाई कितनी है ?
(a) $\sqrt{a+b}$ (b) $\sqrt{a-b}$ (c) $\sqrt{ab}$ (d) $\sqrt{\frac{a}{b}}$

11. 7 मीटर ऊँचे एक भवन के शिखर से किसी मीनार के शीर्ष का उन्नयन कोण 60° है तथा मीनार के पाद का अवनति कोण 30° है. मीनार की ऊँचाई कितनी है ?
(a) 21 मीटर (b) 28 मीटर (c) 24 मीटर (d) 35 मीटर

12. एक पहाड़ी की चोटी से नीचे देखने पर पूर्व में स्थित दो क्रमागत किमी० के पत्थरों के अवनमन कोण क्रमशः 30° तथा 45° हैं. इस पहाड़ी की ऊँचाई कितनी है ?
(a) $\frac{1}{2}(\sqrt{3}-1)$ किमी० (b) $\frac{1}{2}(\sqrt{3}+1)$ किमी०
(c) $(\sqrt{3}-1)$ किमी० (d) $(\sqrt{3}+1)$ किमी०

13. 1·5 मीटर ऊँचा एक व्यक्ति एक मीनार से 28·5 मीटर की दूरी पर सीधा खड़ा है. इस व्यक्ति की आँख मीनार की चोटी से 45° का उन्नयन कोण बनाती है. मीनार की ऊँचाई कितनी है ?
(a) 27 मीटर (b) 30 मीटर
(c) 28·5 मीटर (d) इनमें से कोई नहीं

14. दो व्यक्ति एक मीनार के दोनों ओर एक दूसरे की विपरीत दिशा में खड़े हैं. वे मीनार की चोटी से क्रमशः 30° तथा 60° का उन्नयन कोण बनाते हैं. यदि मीनार की ऊँचाई 18 मीटर हो, तो इन व्यक्तियों के बीच की दूरी कितनी है ?
(a) 24 मीटर (b) $24\sqrt{3}$ मीटर
(c) $8\sqrt{3}$ मीटर (d) 31·2 मीटर

15. एक व्यक्ति एक भवन से 50 मीटर दूरी पर खड़ा है. वह भवन पर लगे झण्डे की चोटी तथा पाद से क्रमशः 60° तथा 45° के कोण बनाता है. इस झण्डे की लम्बाई कितनी है ?
(a) $50\sqrt{3}$ मीटर (b) $\frac{50}{\sqrt{3}}$ मीटर
(c) $50(\sqrt{3}+1)$ मीटर (d) $50(\sqrt{3}-1)$ मीटर

16. 200 मीटर की ऊँचाई पर उड़े जा रहे एक हवाई जहाज में बैठा व्यक्ति एक नदी के दो विपरीत किनारों पर स्थित दो बिन्दुओं से क्रमशः 45° तथा 60° के अवनमन कोण बनाता है. नदी की चौड़ाई कितनी है ?
(a) $\left(200+\frac{200}{\sqrt{3}}\right)$ मीटर (b) $\left(200-\frac{200}{\sqrt{3}}\right)$ मीटर
(c) $\frac{400}{\sqrt{3}}$ मीटर (d) $400\sqrt{3}$ मीटर

17. हवा के झोंके से एक पेड़ का ऊपरी भाग टूटकर 15 मीटर की दूरी पर 30° के कोण पर पृथ्वी को छूता है. पेड़ की कुल ऊँचाई कितनी थी ?
(a) $15\sqrt{3}$ मीटर (b) $5\sqrt{3}$ मीटर
(c) $15(\sqrt{3}+1)$ मीटर (d) $15(\sqrt{3}-1)$ मीटर

18. 60 मीटर ऊँचे भवन की चोटी से एक मीनार की चोटी और पाद के अवनमन कोण क्रमशः 30° तथा 60° हैं. मीनार की ऊँचाई कितनी है ?
(*a*) 45 मीटर (*b*) 30 मीटर (*c*) 36 मीटर (*d*) 40 मीटर

19. एक प्रकाश-स्तम्भ से पूर्व की ओर दो जहाजों के अवनमन कोण 45° तथा 30° के हैं. यदि दोनों जहाजों के बीच की दूरी 200 मीटर हो, तो प्रकाश-स्तम्भ की ऊँचाई कितनी है ?
(*a*) $100(\sqrt{3}+1)$ मीटर (*b*) $100(\sqrt{3}-1)$ मीटर
(*c*) $\left(100+\frac{100}{\sqrt{3}}\right)$ मीटर (*d*) $\left(100-\frac{100}{\sqrt{3}}\right)$ मीटर

20. एक मीनार की ऊँचाई $100\sqrt{3}$ मीटर है. मीनार की तली से 100 मीटर की दूरी पर स्थित एक बिन्दु से मीनार की चोटी का उन्नयन कोण कितना होगा ?
(*a*) 30° (*b*) 45°
(*c*) 60° (*d*) इनमें से कोई नहीं

21. जमीन में गड़े हुये दो खम्भे क्रमशः 7 मीटर तथा 13 मीटर ऊँचे हैं तथा इनके बीच की क्षैतिज दूरी 8 मीटर है. इन खम्भों की चोटियों के बीच की दूरी कितनी है ?
(*a*) 12 मीटर (*b*) 11 मीटर (*c*) 10 मीटर (*d*) 9 मीटर

22. किसी समय पर एक उर्ध्वाधर खड़ी 1·8 मीटर लम्बी छड़ की जमीन पर परछाई 45 सेमी० लम्बी है. इसी समय एक 6 मीटर ऊँचे खम्भे की परछाई की लम्बाई कितनी होगी ?
(*a*) 2·4 मीटर (*b*) 1·8 मीटर (*c*) 1·5 मीटर (*d*) 4 मीटर

23. किसी समय पर एक उर्ध्वाधर खड़े 6 मीटर ऊँचे खम्भे की जमीन पर परछाई 3·6 मीटर है. इस मीनार की ऊँचाई कितनी होगी जिसकी उसी समय परछाई की लम्बाई 18 मीटर हो ?
(*a*) 30 मीटर (*b*) 24 मीटर (*c*) 28·8 मीटर (*d*) 32·4 मीटर

24. 6 मीटर तथा 11 मीटर ऊँचे दो खम्भे समतल पर खड़े हैं. यदि उनके पाद 12 मीटर की दूरी पर हों, तो उनके शीर्षों के बीच की दूरी कितनी है ?
(*a*) 12 मीटर (*b*) 13 मीटर (*c*) 14 मीटर (*d*) 15 मीटर

25. दो वृक्षों की ऊँचाई क्रमशः 20 मीटर तथा 28 मीटर है. उनके सिरों के बीच की दूरी 17 मीटर है. इनके बीच की क्षैतिज दूरी कितनी है ?
(*a*) 30 मीटर (*b*) 25 मीटर (*c*) 20 मीटर (*d*) 15 मीटर

26. जमीन में गड़े हुये दो खम्भे क्रमशः 7 मीटर तथा 13 मीटर ऊँचे हैं तथा इनके बीच की क्षैतिज दूरी 8 मीटर है. इन खम्भों की चोटियों के बीच की दूरी कितनी है ?
(*a*) 12 मीटर (*b*) 11 मीटर (*c*) 10 मीटर (*d*) 9 मीटर

27. किसी समय पर एक उर्ध्वाधर खड़ी 1·8 मीटर लम्बी छड़ की जमीन पर परछाई 45 सेमी० लम्बी है. इसी समय एक 6 मीटर ऊँचे खम्भे की परछाई की लम्बाई कितनी होगी ?
(*a*) 2·4 मीटर (*b*) 1·8 मीटर (*c*) 1·5 मीटर (*d*) 4 मीटर

28. किसी समय पर एक उर्ध्वाधर खड़े 6 मीटर ऊँचे खम्भे की जमीन पर परछाई 3·6 मीटर है. इस मीनार की ऊँचाई कितनी होगी जिसकी उसी समय परछाई की लम्बाई 18 मीटर हो ?
(*a*) 30 मीटर (*b*) 24 मीटर
(*c*) 28·8 मीटर (*d*) 32·4 मीटर

29. 6 मीटर तथा 11 मीटर ऊँचे दो खम्भे समतल पर खड़े हैं. यदि उनके पाद 12 मीटर की दूरी पर हों, तो उनके शीर्षों के बीच की दूरी कितनी है ?
(*a*) 12 मीटर (*b*) 13 मीटर
(*c*) 14 मीटर (*d*) 15 मीटर

30. दो वृक्षों की ऊँचाई क्रमशः 20 मीटर तथा 28 मीटर है. उनके सिरों के बीच की दूरी 17 मीटर है. इनके बीच की क्षैतिज दूरी कितनी है ?
(*a*) 30 मीटर (*b*) 25 मीटर (*c*) 20 मीटर (*d*) 15 मीटर

उत्तरमाला (प्रश्नमाला 34B)

1. (*a*) **2.** (*a*) **3.** (*c*) **4.** (*c*) **5.** (*b*) **6.** (*d*) **7.** (*b*) **8.** (*a*) **9.** (*b*) **10.** (*c*) **11.** (*b*) **12.** (*b*)
13. (*b*) **14.** (*b*) **15.** (*d*) **16.** (*a*) **17.** (*a*) **18.** (*d*) **19.** (*a*) **20.** (*c*) **21.** (*c*) **22.** (*c*) **23.** (*a*) **24.** (*b*)
25. (*d*) **26.** (*c*) **27.** (*c*) **28.** (*a*) **29.** (*b*) **30.** (*d*)

दिये गये प्रश्नों के हल (प्रश्नमाला 34B)

1. माना AB एक स्तम्भ है तथा AC इसकी परछाई है.
माना $AB = x$ मीटर. तब, $AC = \sqrt{3}x$ मीटर.
माना उस समय सूर्य का उन्नयन कोण = θ. तब,

$$\tan\theta = \frac{AB}{AC} = \frac{x}{\sqrt{3}x} = \frac{1}{\sqrt{3}} = \tan 30° \Rightarrow \theta = 30°.$$

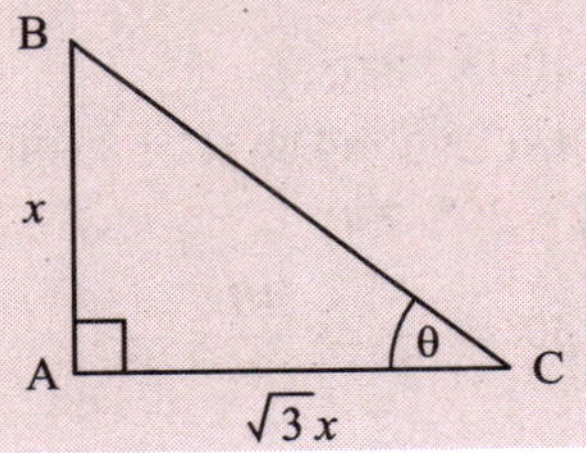

2. माना खम्भा AB तथा इसकी परछाई AC है.
तब, $AC = 100$ मीटर तथा $\angle ACB = 60°$.
माना $AB = x$ मीटर. तब,

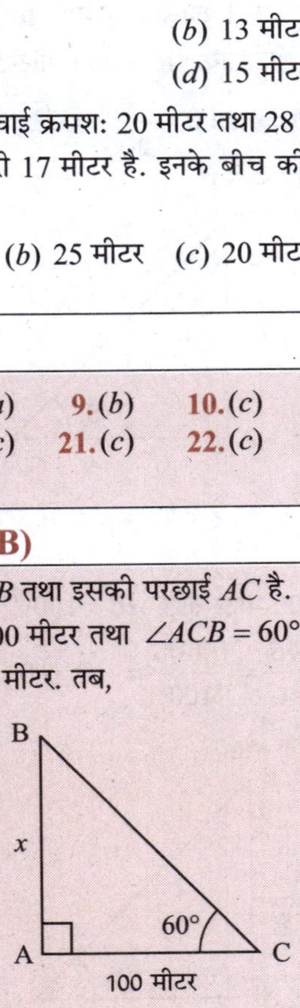

$\frac{AB}{AC} = \tan 60° \Rightarrow \frac{x}{100} = \sqrt{3} \Rightarrow x = 100\sqrt{3}$ मीटर

अत: खम्भे की ऊँचाई $= 100\sqrt{3}$ मीटर.

3. माना खम्भा AB तथा AC एवं AD इसकी परछाईयाँ हैं.
तब, $\angle ACB = 45°$ तथा $\angle ADB = 30°$.
माना $AB = h$ मीटर तथा $AC = x$ मीटर.
स्पष्ट है कि $CD = 10$ मीटर.

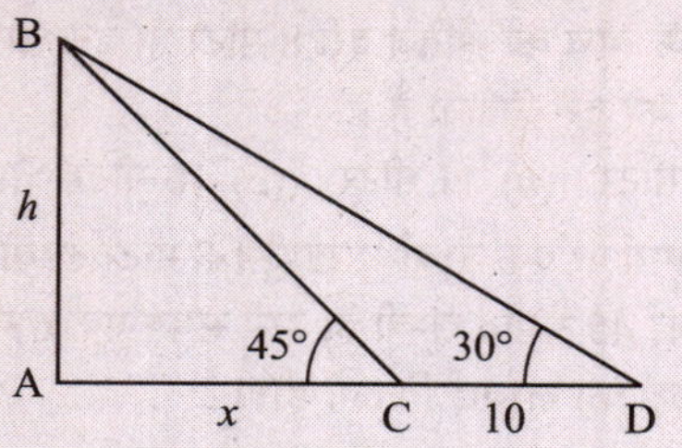

अब, $\frac{x}{h} = \tan 45° = 1 \Rightarrow x = h.$

तथा $\frac{(x+10)}{h} = \cot 30° = \sqrt{3} \Rightarrow (x+10) = \sqrt{3}h.$

$\therefore\ h + 10 = \sqrt{3}h\ [\because x = h]$

$\Rightarrow (\sqrt{3}-1)\,h = 10$

$\Rightarrow h = \frac{10}{(\sqrt{3}-1)} \times \frac{(\sqrt{3}+1)}{(\sqrt{3}+1)} = 5(\sqrt{3}+1)$ मीटर.

4. माना AB एक बांस है जिसकी परछाई AC है.
तब, $AB = 6$ मीटर तथा $AC = 2\sqrt{3}$ मीटर. माना $\angle ACB = \theta°$.

$\frac{AB}{AC} = \tan\theta \Rightarrow \tan\theta = \frac{6}{2\sqrt{3}} = \sqrt{3} \Rightarrow \theta = 60°.$

$\therefore$ अभीष्ट कोण $= 60°$.

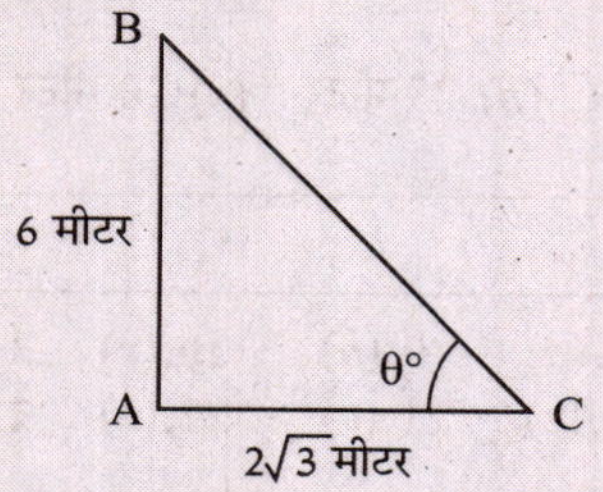

5. माना AB एक मीनार है तथा बिन्दु C से इसकी चोटी का उन्नयन कोण θ है.
तब, $AC = 100$ मीटर तथा $AB = 100\sqrt{3}$ मीटर.

$\therefore\ \tan\theta = \frac{AB}{AC} = \frac{100\sqrt{3}}{100} = \sqrt{3} \Rightarrow \theta = 60°$

$\therefore$ अभीष्ट कोण $= 60°$.

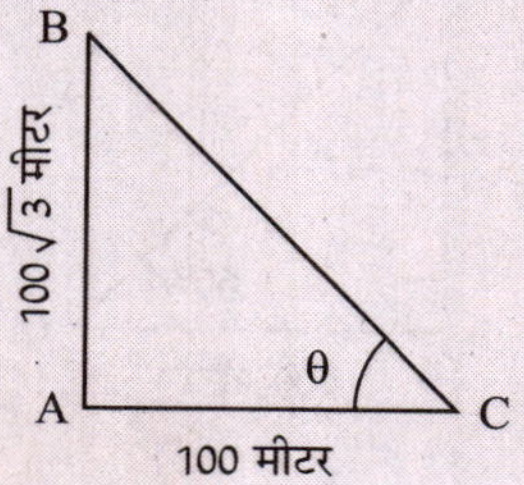

6. माना AB एक मीनार है तथा इसके पाद A से 30 मीटर की दूरी पर स्थित बिन्दु C से इसकी चोटी का उन्नयन कोण $30°$ है.
माना $AB = h$ मीटर.

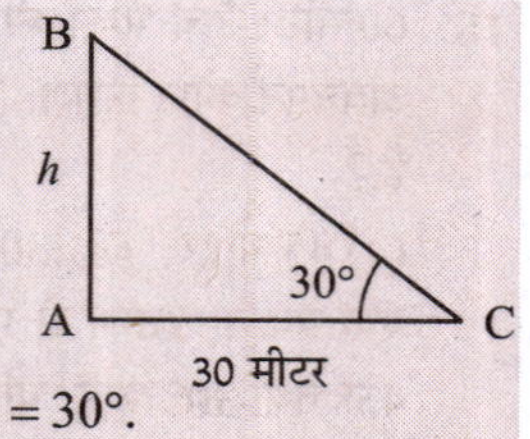

तब, $AC = 30$ मीटर तथा $\angle ACB = 30°$.

$\frac{AB}{AC} = \tan 30° = \frac{1}{\sqrt{3}} \Rightarrow \frac{h}{30} = \frac{1}{\sqrt{3}}$

$\Rightarrow h = \left(30 \times \frac{1}{\sqrt{3}}\right) = 10\sqrt{3}.$

$\therefore$ मीनार की ऊँचाई $= 10\sqrt{3}$ मीटर.

7. माना AB एक पतंग की डोर है जिससे पतंग B बँधी है.
माना AC भूतल है तथा $BC \perp AC$.
तब, $\angle BAC = 60°$ तथा $AB = 100$ मीटर.
माना $BC = h$ मीटर.

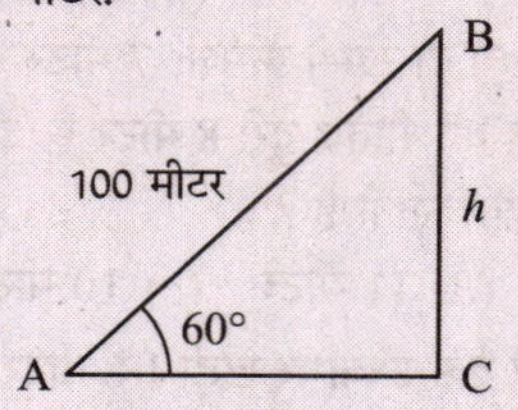

अब, $\frac{BC}{AB} = \sin 60° \Rightarrow \frac{h}{100} = \frac{\sqrt{3}}{2}$

$\Rightarrow h = \left(\frac{\sqrt{3}}{2} \times 100\right) = 50\sqrt{3}$ मीटर.

8. माना भूतल पर स्थित बिन्दु C से एक मीनार AB का उन्नयन कोण $30°$ है. माना CA भूतल पर स्थित है.
तब, $CD = 20$ मीटर, $\angle ADB = 60°$.

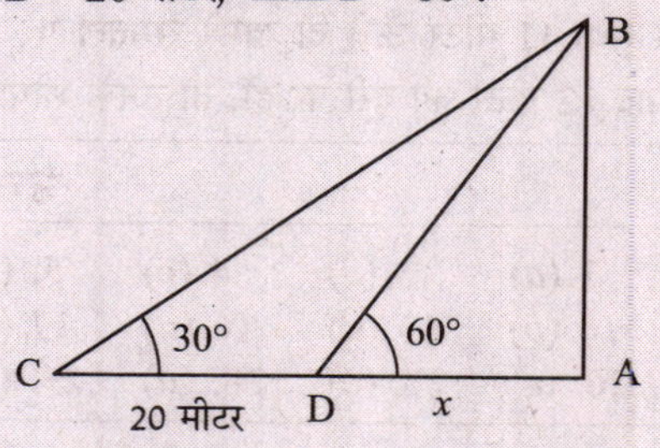

माना $AD = x$ मीटर. तब

$\frac{AB}{AD} = \tan 60° = \sqrt{3} \Rightarrow \frac{AB}{x} = \sqrt{3} \Rightarrow AB = \sqrt{3}x.$

$\frac{AB}{AC} = \tan 30° = \frac{1}{\sqrt{3}} \Rightarrow \frac{AB}{(20+x)} = \frac{1}{\sqrt{3}} \Rightarrow AB = \frac{(20+x)}{\sqrt{3}}.$

$\therefore\ \sqrt{3}x = \frac{(20+x)}{\sqrt{3}} \Rightarrow 3x = 20 + x \Rightarrow 2x = 20 \Rightarrow x = 10.$

अत: $AB = 10\sqrt{3}$ मीटर.

9. माना आयत $ABCD$ में विकर्ण $AC = 8$ सेमी॰ तथा $\angle BAC = 30°$. तब

$\frac{AB}{AC} = \cos 30° = \frac{\sqrt{3}}{2} \Rightarrow \frac{AB}{8} = \frac{\sqrt{3}}{2}$

$\Rightarrow AB = \left(\frac{\sqrt{3}}{2} \times 8\right) = 4\sqrt{3}.$

$\frac{BC}{AC} = \sin 30° = \frac{1}{2} \Rightarrow \frac{BC}{8} = \frac{1}{2} \Rightarrow BC = \left(8 \times \frac{1}{2}\right) = 4.$

आयत $ABCD$ का क्षेत्रफल

$= (AB \times BC) = (4\sqrt{3} \times 4) = 16\sqrt{3}$ वर्ग सेमी॰.

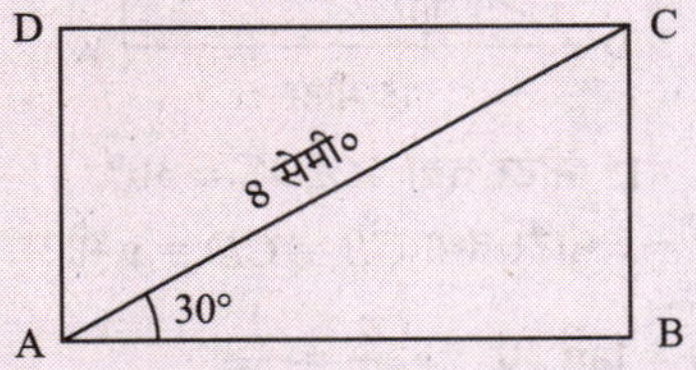

10. माना AB दी गई मीनार है तथा C तथा D भूतल पर स्थित ऐसे बिन्दु हैं कि $AC = a$ तथा $AD = b$.

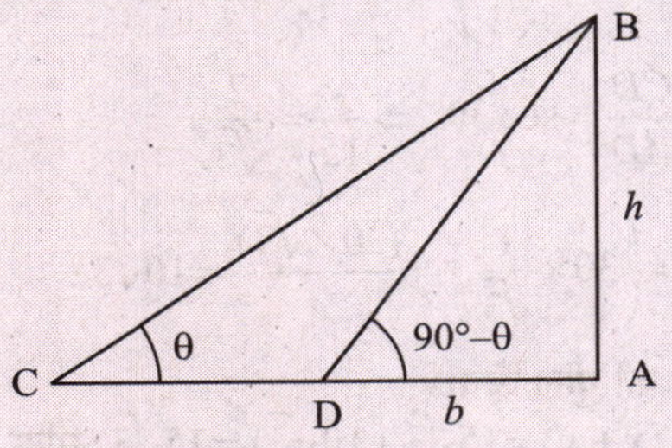

माना $\angle ACB = \theta$. तब, $\angle ADB = (90° - \theta)$.

माना $AB = h$.

अब, $\frac{h}{a} = \tan\theta$ तथा $\frac{h}{b} = \tan(90° - \theta) = \cot\theta.$

$\therefore\ \frac{h}{a} \times \frac{h}{b} = 1 \Rightarrow h^2 = ab \Rightarrow h = \sqrt{ab}.$

11. माना AB भवन है तथा CD एक मीनार है तथा $BE \perp CD$. तब $\angle EBD = 60°$ तथा $\angle CBE = 30°$.

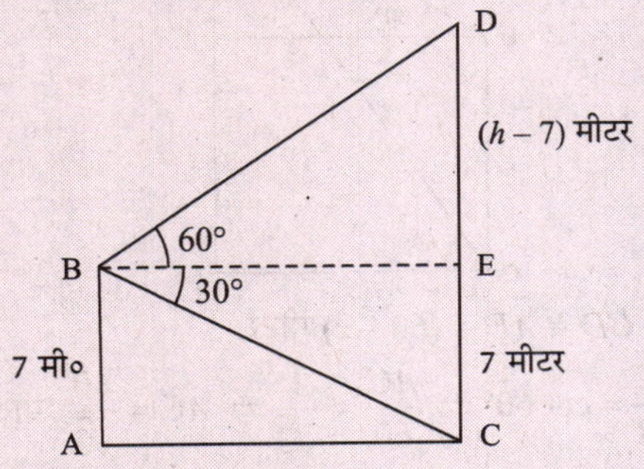

स्पष्ट है कि $CE = AB = 7$ मीटर.

माना $CD = h$ मीटर. तब $DE = (h - 7)$ मीटर.

अब, $\frac{BE}{DE} = \cot 60° \Rightarrow \frac{BE}{(h-7)} = \frac{1}{\sqrt{3}}$

$\Rightarrow BE = \frac{(h-7)}{\sqrt{3}}$

पुन: $\frac{BE}{CE} = \cot 30° = \sqrt{3} \Rightarrow \frac{BE}{7} = \sqrt{3} \Rightarrow BE = 7\sqrt{3}.$

$\therefore\ \frac{(h-7)}{\sqrt{3}} = 7\sqrt{3} \Rightarrow (h-7) = 21 \Rightarrow h = 28.$

मीनार की ऊँचाई = 28 मीटर.

12. माना दी गई पहाड़ी AB है तथा C एवं D ऐसे बिन्दु हैं कि $\angle ADB = 45°$, $\angle ACB = 30°$ तथा $CD = 1$ किमी॰, माना $AB = h$ किमी॰ तथा $AD = x$ किमी॰

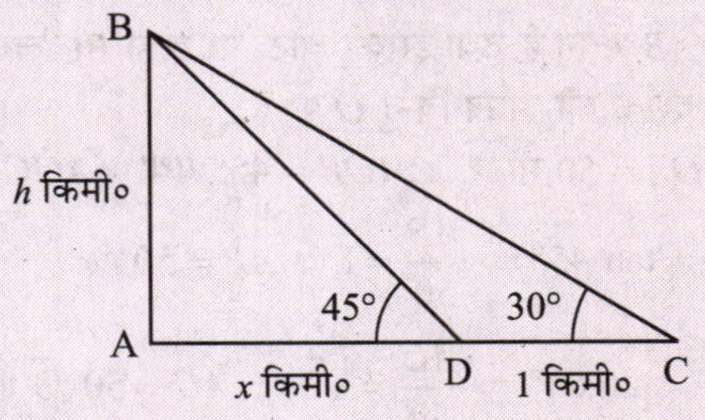

अब, $\frac{AB}{AD} = \tan 45° = 1 \Rightarrow \frac{h}{x} = 1 \Rightarrow x = h.$

तथा $\frac{AB}{AC} = \tan 30° = \frac{1}{\sqrt{3}} \Rightarrow \frac{h}{(x+1)} = \frac{1}{\sqrt{3}}$

$\therefore\ \frac{h}{(h+1)} = \frac{1}{\sqrt{3}} \Rightarrow \sqrt{3}h = h + 1 \Rightarrow (\sqrt{3} - 1)\,h = 1$

$\Rightarrow h = \frac{1}{(\sqrt{3}-1)} \times \frac{(\sqrt{3}+1)}{(\sqrt{3}+1)} = \frac{1}{2}(\sqrt{3}+1).$

13. माना AB व्यक्ति खड़ा है तथा CD मीनार है. $BE \perp CD$ खींचें. तब $\angle DBE = 45°$.

माना $CD = h$ मीटर. अत: $DE = (h - 1{\cdot}5)$ मीटर.

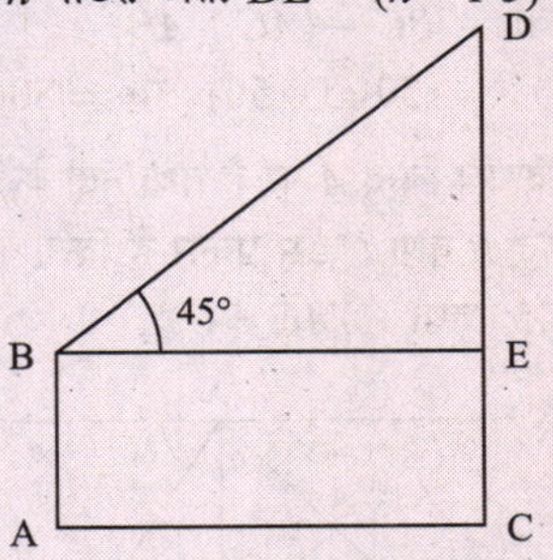

अब, $\frac{DE}{BE} = \tan 45° \Rightarrow \frac{(h - 1{\cdot}5)}{28{\cdot}5} = 1$

$\Rightarrow h - 1{\cdot}5 = 28{\cdot}5 \Rightarrow h = 30.$

अत: मीनार की ऊँचाई = 30 मीटर.

14. माना AB मीनार है तथा C तथा D बिन्दुओं पर ये व्यक्ति खड़े हैं. तब, $AB = 18$ मीटर, $\angle ACB = 30°$ तथा $\angle ADB = 60°$.

अब, $\frac{AC}{AB} = \cot 30° \Rightarrow \frac{AC}{18} = \sqrt{3} \Rightarrow AC = 18\sqrt{3}$ मीटर

तथा, $\frac{AD}{AB} = \cot 60° \Rightarrow \frac{AD}{18} = \frac{1}{\sqrt{3}} \Rightarrow AD = \frac{18}{\sqrt{3}}$ मीटर.

$\therefore\ CD = (AC + AD) = \left(18\sqrt{3} + \frac{18}{\sqrt{3}}\right)$ मीटर

$= \left(\frac{72}{\sqrt{3}} \times \frac{\sqrt{3}}{\sqrt{3}}\right)$ मीटर $= 24\sqrt{3}$ मीटर.

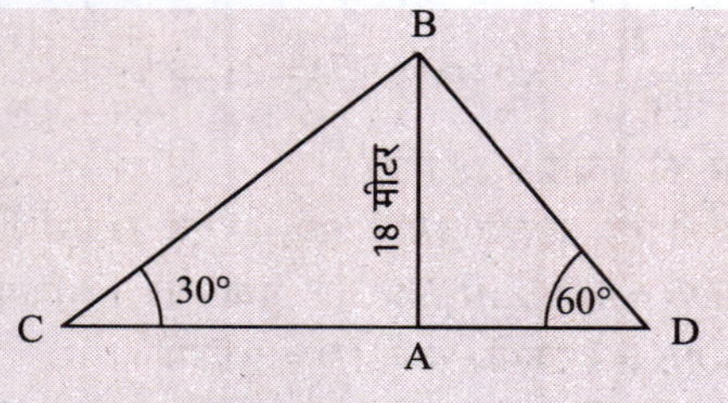

15. माना AB भवन है तथा इसकी चोटी पर झंडा BC लगा है. माना दर्शक की आँख बिन्दु O पर है.

तब, $OA = 50$ मीटर, $\angle AOB = 45°$ तथा $\angle AOC = 60°$.

$\frac{AB}{OA} = \tan 45° \Rightarrow \frac{AB}{50} = 1 \Rightarrow AB = 50$ मी०

$\frac{AC}{OA} = \tan 60° \Rightarrow \frac{AC}{50} = \sqrt{3} \Rightarrow AC = 50\sqrt{3}$ मी०

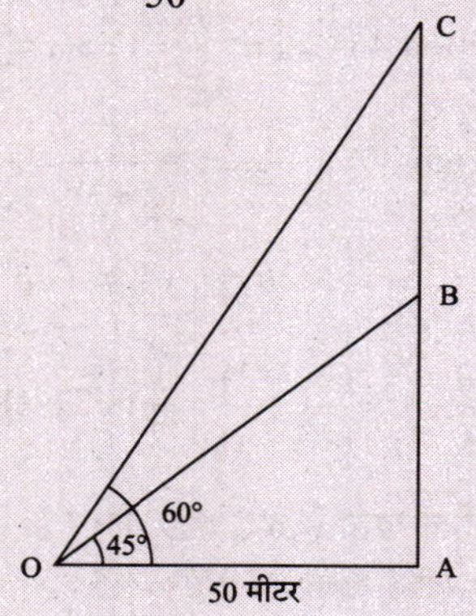

झंडे की लम्बाई $= BC = (AC - AB)$

$= (50\sqrt{3} - 50)$ मी० $= 50(\sqrt{3} - 1)$ मीटर.

16. माना हवाई जहाज बिन्दु A पर है तथा नदी के विपरीत किनारों पर स्थित दो बिन्दु B तथा C इस प्रकार हैं कि : $\angle XAB = 45°$ तथा $\angle YAC = 60°$.

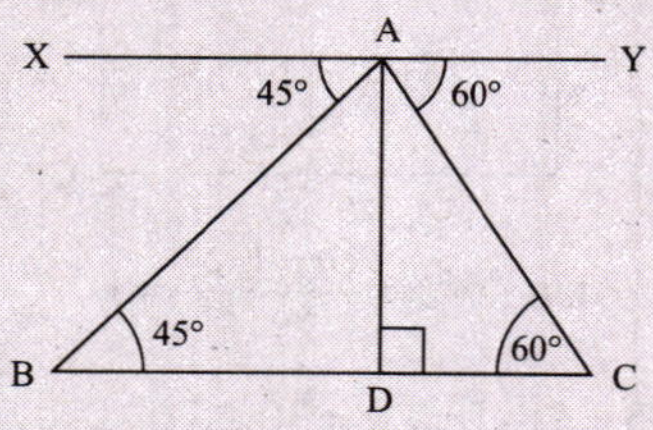

$\therefore \angle ABD = \angle XAB = 45°$ तथा $\angle ACB = \angle YAC = 60°$.

अब $AD \perp BC$ खींचें. तब $AD = 200$ मीटर.

$\frac{BD}{AD} = \cot 45° = 1 \Rightarrow \frac{BD}{200} = 1 \Rightarrow BD = 200.$

$\frac{CD}{AD} = \cot 60° = \frac{1}{\sqrt{3}} \Rightarrow \frac{CD}{200} = \frac{1}{\sqrt{3}} \Rightarrow CD = \frac{200}{\sqrt{3}}.$

$\therefore$ अभीष्ट दूरी $= BC = BD + CD = \left(200 + \frac{200}{\sqrt{3}}\right)$ मीटर.

17. माना AB एक पेड़ है जो बिन्दु C पर टूट जाता है तथा इस पेड़ का ऊपरी भाग CB टूट कर CD की दशा में आ जाता है तथा पृथ्वी को बिन्दु D पर छूता है.

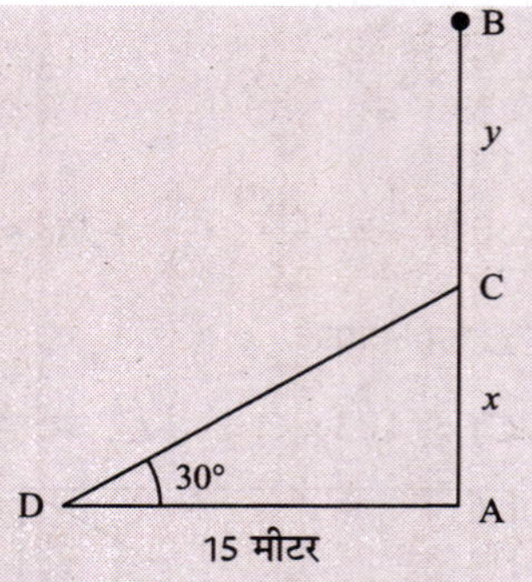

तब, $AD = 15$ मीटर तथा $\angle ADC = 30°$.

माना $AC = x$ मीटर तथा $CB = CD = y$ मीटर.

तब, $\frac{AC}{AD} = \tan 30° \Rightarrow \frac{x}{15} = \frac{1}{\sqrt{3}}$

$\Rightarrow x = \left(15 \times \frac{1}{\sqrt{3}}\right) = \frac{(15 \times \sqrt{3})}{3} = 5\sqrt{3}$

तथा $\frac{CD}{AD} = \sec 30° \Rightarrow \frac{y}{15} = \frac{2}{\sqrt{3}}$

$\Rightarrow y = \left(30 \times \frac{1}{\sqrt{3}}\right) = \frac{(30 \times \sqrt{3})}{3} = 10\sqrt{3}$.

$\therefore$ पेड़ की कुल ऊँचाई

$= (x + y) = (5\sqrt{3} + 10\sqrt{3}) = 15\sqrt{3}$ मीटर.

18. माना AB भवन है तथा CD मीनार है.

माना $XB \parallel CA$. बिन्दु D से $DE \perp AB$ खींचें.

तब, $\angle ACB = \angle CBX = 60°$ तथा

$\angle EDB = \angle DBX = 30°$.

$AB = 60$ मीटर. माना $BE = x$ मीटर.

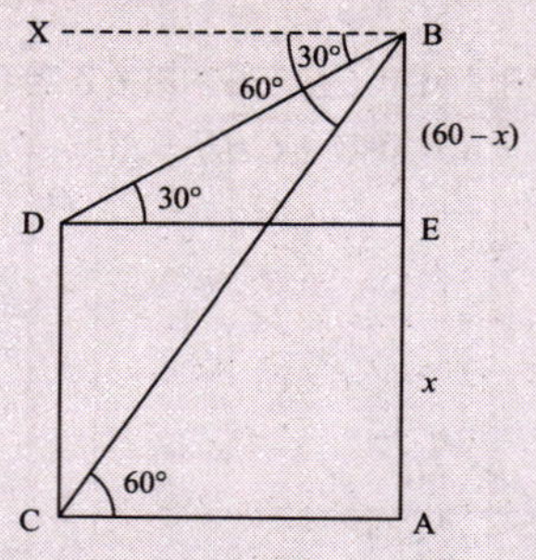

तब, $CD = AE = (60 - x)$ मीटर.

$\frac{AC}{AB} = \cot 60° \Rightarrow \frac{AC}{60} = \frac{1}{\sqrt{3}} \Rightarrow AC = \frac{60}{\sqrt{3}}$ मी०.

ΔBED में $DE = AC = \frac{60}{\sqrt{3}}$ मी०.

$\frac{BE}{DE} = \tan 30° \Rightarrow \frac{(60 - x)}{(60/\sqrt{3})} = \frac{1}{\sqrt{3}}$.

$\therefore (60 - x) = \left(\frac{60}{\sqrt{3}} \times \frac{1}{\sqrt{3}}\right) = 20$

$\Rightarrow x = (60 - 20) = 40$ मीटर.

अत: मीनार की ऊँचाई $= 40$ मीटर.

19. माना AB एक प्रकाश-स्तम्भ है तथा C तथा D दो जहाज हैं.
$\angle ACB = \angle XBC = 45°, \angle ADB = \angle XBD = 30°$

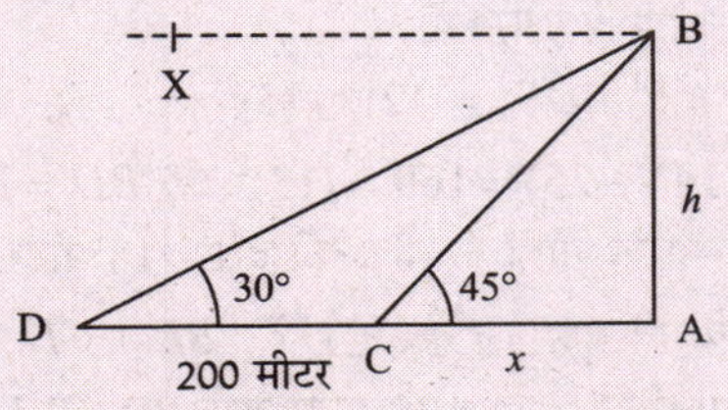

तथा $CD = 200$ मीटर.

माना $AC = x$ मीटर तथा $AB = h$ मीटर.

तब, $\frac{AC}{AB} = \cot 45° = 1 \Rightarrow \frac{x}{h} = 1 \Rightarrow x = h.$

तथा $\frac{AB}{AD} = \tan 30° = \frac{1}{\sqrt{3}} \Rightarrow \frac{h}{x+200} = \frac{1}{\sqrt{3}}$

$\therefore \frac{x}{x+200} = \frac{1}{\sqrt{3}} \Rightarrow \sqrt{3}x = x + 200$

$\Rightarrow (\sqrt{3}-1)x = 200$

$\Rightarrow x = \frac{200}{(\sqrt{3}-1)} \times \frac{(\sqrt{3}+1)}{(\sqrt{3}+1)}$

$= \frac{200 \times (\sqrt{3}+1)}{2} = 100\,(\sqrt{3}+1)$ मीटर.

20. माना AB दी गई मीनार है जिसकी ऊँचाई $100\sqrt{3}$ मीटर है. माना A से 100 मीटर दूरी पर स्थित बिन्दु C से उन्नयन कोण $\angle ACB = \theta°$ बनता है.

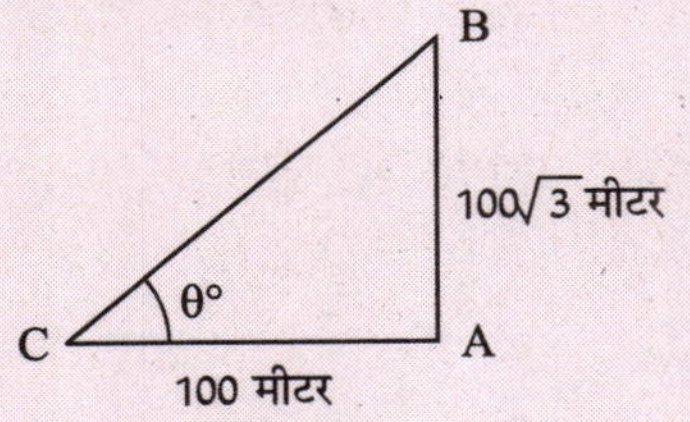

तब $\tan\theta = \frac{AB}{AC} = \frac{100\sqrt{3}}{100} = \sqrt{3} \Rightarrow \theta = 60°.$

21. माना दो खम्भे AB तथा CD हैं. तब,
$AB = 7$ मीटर तथा $CD = 13$ मीटर.
खींचें तथा BD को मिलायें.
अब, $CE = AB = 7$ मीटर,
$DE = (CD - CE)$
$= (13 - 7)$ मीटर $= 6$ मीटर
तथा $BE = AC = 8$ मीटर.
समकोण त्रिभुज ΔBED में,
$BD^2 = BE^2 + DE^2 = (8)^2 + (6)^2 = 64 + 36 = 100$
$\Rightarrow BD^2 = (10)^2 \Rightarrow BD = 10$ मीटर.
अत: इन खम्भों की चोटियों के बीच की दूरी 10 मीटर है.

22. माना खम्भे की परछाई की लम्बाई $= x$ मीटर.
छड़ तथा खंभे की ऊँचाइयों का अनुपात = इनकी परछाईयों की लम्बाईयों का अनुपात

$\Rightarrow 1.8 : 6 = \frac{45}{100} : x \Rightarrow \frac{1.8}{6} = \frac{9}{20x} \Rightarrow \frac{18}{60} = \frac{9}{20x}$

$\Rightarrow \frac{3}{10} = \frac{9}{20x} \Rightarrow 60x = 90 \Rightarrow x = \frac{90}{60} = \frac{3}{2} = 1.5.$

$\therefore$ खम्भे की परछाई की लम्बाई = 1·5 मीटर.

23. माना मीनार की ऊँचाई $= x$ मीटर. तब
खम्भे तथा मीनार की ऊँचाईयों का अनुपात = इनकी परछाईयों की लम्बाईयों का अनुपात

$\Rightarrow 6 : x = 3.6 : 18$

$\Rightarrow 3.6x = 6 \times 18 \Rightarrow x = \frac{6 \times 18}{3.6} = \frac{6 \times 18 \times 10}{36} = 30.$

अत: मीनार की ऊँचाई = 30 मीटर.

24. माना खम्भे $AB = 6$ मीटर तथा
$D = 11$ मीटर हैं. अब
$BE \perp CD$ खींचें.
तब $BE = 12$ मीटर.
$DE = (CD - CE) = (CD - AB) = (11 - 6)$ मीटर = 5 मीटर.
अब समकोण ΔBED में:
$BD^2 = BE^2 + DE^2 = (12)^2 + (5)^2 =$
$(144 - 25) = 169 = (13)^2 \Rightarrow BD = 13$ मी०.
अत: खम्भों के शीर्षों के बीच की दूरी = 13 मीटर.

25. माना दिये गये वृक्ष AB तथा CD हैं. $BE \perp CD$ खींचें.
$AB = 20$ मीटर, $CD = 28$ मीटर तथा $BD = 17$ मीटर.
समकोण ΔBED से :
$BE^2 = (BD^2 - DE^2) = (17)^2 - (8)^2 = (289 - 64) = 225$
$\Rightarrow BE^2 = (15)^2 \Rightarrow BE = 15$ मीटर.
$\Rightarrow AC = BE = 15$ मीटर.

26. माना दो खम्भे AB तथा CD हैं. तब,
$AB = 7$ मीटर तथा $CD = 13$ मीटर.
$BE \perp CD$ खींचें तथा BD को मिलायें.

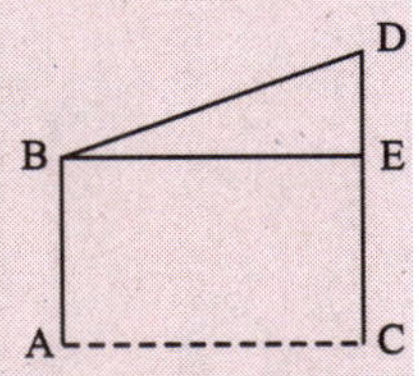

अब, $CE = AB = 7$ मीटर,
$DE = (CD - CE)$
$= (13 - 7)$ मीटर $= 6$ मीटर
तथा $BE = AC = 8$ मीटर.
समकोण त्रिभुज ΔBED में,
$BD^2 = BE^2 + DE^2 = (8)^2 + (6)^2 = 64 + 36 = 100$
$\Rightarrow BD^2 = (10)^2 \Rightarrow BD = 10$ मीटर.
अत: इन खम्भों की चोटियों के बीच की दूरी 10 मीटर है.

27. माना खम्भे की परछाई की लम्बाई $= x$ मीटर.
छड़ तथा खंभे की ऊँचाइयों का अनुपात = इनकी परछाईयों की लम्बाईयों का अनुपात

$\Rightarrow 1.8 : 6 = \frac{45}{100} : x \Rightarrow \frac{1.8}{6} = \frac{9}{20x} \Rightarrow \frac{18}{60} = \frac{9}{20x}$

$\Rightarrow \frac{3}{10} = \frac{9}{20x} \Rightarrow 60x = 90 \Rightarrow x = \frac{90}{60} = \frac{3}{2} = 1{\cdot}5.$

$\therefore$ खम्भे की परछाई की लम्बाई = 1·5 मीटर.

28. माना मीनार की ऊँचाई = x मीटर. तब

खम्भे तथा मीनार की ऊँचाईयों का अनुपात = इनकी परछाईयों की लम्बाईयों का अनुपात

$\Rightarrow 6 : x = 3{\cdot}6 : 18$

$\Rightarrow 3{\cdot}6x = 6\times18 \Rightarrow x = \frac{6\times18}{3{\cdot}6} = \frac{6\times18\times10}{36} = 30.$

अतः मीनार की ऊँचाई = 30 मीटर.

29. माना खम्भे $AB = 6$ मीटर तथा $D = 11$ मीटर हैं. अब $BE \perp CD$ खींचें.

तब $BE = 12$ मीटर.

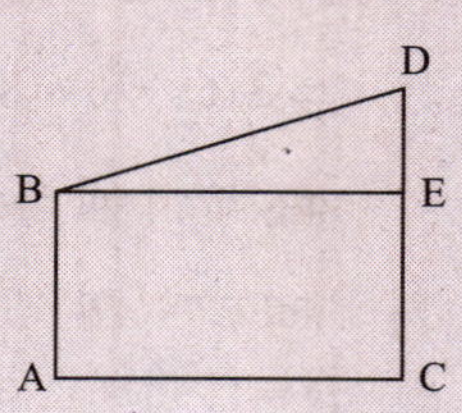

$DE = (CD - CE) = (CD - AB)$

$= (11 - 6)$ मीटर = 5 मीटर.

अब समकोण ΔBED में:

$BD^2 = BE^2 + DE^2 = (12)^2 + (5)^2 =$

$(144 - 25) = 169 = (13)^2 \Rightarrow BD = 13$ मी॰.

अतः खम्भों के शीर्षों के बीच की दूरी = 13 मीटर.

30. माना दिये गये वृक्ष AB तथा CD हैं. $BE \perp CD$ खींचें.

$AB = 20$ मीटर, $CD = 28$ मीटर तथा $BD = 17$ मीटर.

समकोण ΔBED से :

$BE^2 = (BD^2 - DE^2) = (17)^2 - (8)^2 = (289 - 64) = 225$

$\Rightarrow BE^2 = (15)^2 \Rightarrow BE = 15$ मीटर.

$\Rightarrow AC = BE = 15$ मीटर.

❑❑❑

35

रेखायें तथा कोण
(LINES AND ANGLES)

Scan QR Code for Watching Video

आवश्यक तथ्य

1. (I) यदि कोई किरण किसी रेखा पर खड़ी हो, तो इस प्रकार बने दो आसन्न कोणों का योग 180° होता है.

दिये गये चित्र में एक सरल रेखा AOB है जिस पर किरण $\overrightarrow{OC}$ खड़ी है. तब $\angle AOC + \angle BOC = 180°$.

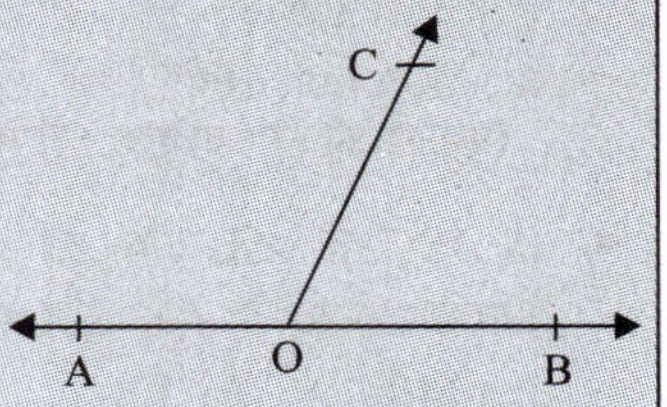

(II) यदि दो आसन्न कोणों का योग 180° हो तो उनकी बाह्य भुजायें एक ही रेखा में होती हैं.

2. यदि दो रेखायें प्रतिच्छेद करें तो शीर्षाभिमुख कोण बराबर होते हैं.

दिये गये चित्र में दो सरल रेखायें $\overleftrightarrow{AB}$ तथा $\overleftrightarrow{CD}$ एक दूसरे को परस्पर बिन्दु O पर काटती हैं. तब

$\angle AOC = \angle BOD$ तथा $\angle BOC = \angle AOD$.

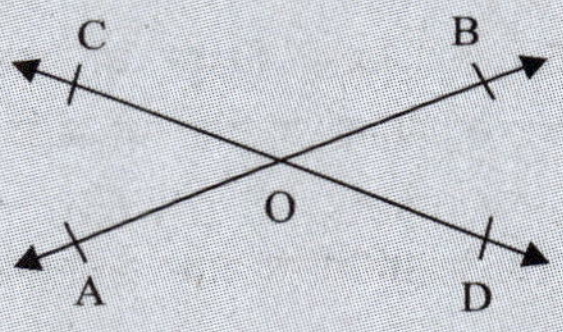

3. एक ही बिन्दु पर बने सभी कोणों का योग 360° होता है.

सामने दिये गये चित्र में बिन्दु O पर बने सभी कोणों का योग 360° होगा.

$\therefore\ \angle AOB + \angle BOC + \angle COD + \angle DOE + \angle EOA = 360°$.

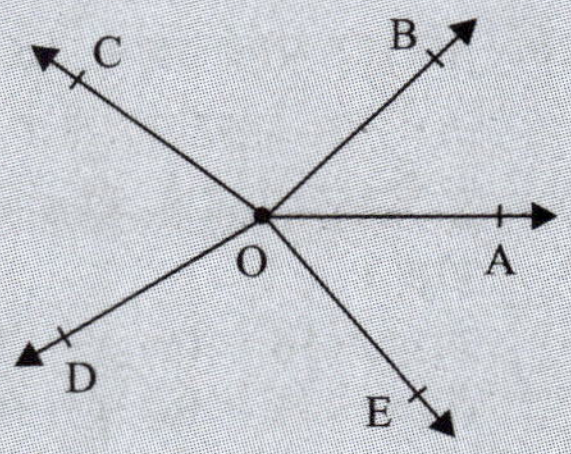

4. (I) यदि एक तिर्यक छेदी रेखा (Transversal) दो समांतर रेखाओं को काटे तो संगत कोण (Corresponding Angles) बराबर होते हैं.

यहाँ $AB \parallel CD$ है तथा EF एक तिर्यक रेखा है.

इसमें संगत कोणों के निम्नलिखित जोड़े बनेंगे:

$\angle EGB = \angle GHD,\ \angle AGE = \angle CHG,$

$\angle BGH = \angle DHF,\ \angle AGH = \angle CHF$.

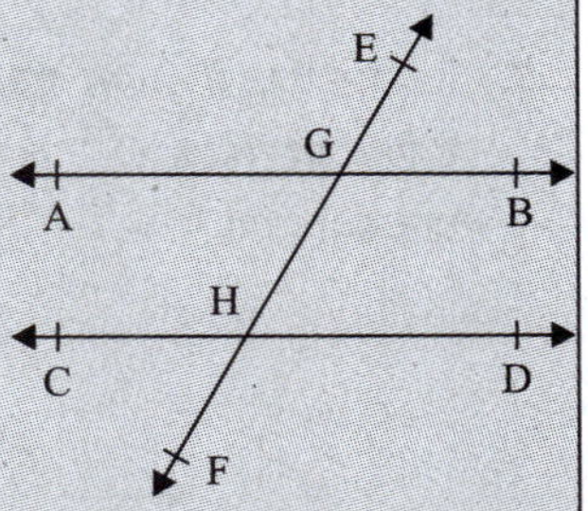

(II) यदि एक तिर्यक छेदी रेखा दो समान्तर रेखाओं को काटे तो एकान्तर कोणों (Alternate Angles) का प्रत्येक जोड़ा बराबर होता है.

यहाँ $AB \parallel CD$ तथा एक तिर्यक रेखा EF इन्हें काटती है. इसमें एकान्तर कोणों के निम्नलिखित जोड़े बनेंगे.

$\angle AGH = \angle GHD,\ \angle BGH = \angle GHC$.

(III) यदि एक तिर्यक छेदी रेखा दो समान्तर रेखाओं को काटे तो इस छेदी रेखा के प्रत्येक ओर के अन्त:कोण संपूरक होते हैं.

चित्र में $AB \parallel CD$ है तथा एक तिर्यक रेखा EF इन्हें बिन्दु G तथा H पर काटती है. तब,

$\angle AGH + \angle GHC = 180°$ तथा $\angle BGH + \angle DHG = 180°$.

प्रश्नमाला 35

निम्नलिखित प्रश्नों में से प्रत्येक में ठीक उत्तर को चिह्नांकित (✓) कीजिए:

1. उस चाप के केन्द्रीय कोण का माप क्या होगा, जिसकी लम्बाई 11 सेमी. है और वृत्त की त्रिज्या 14 सेमी. है?

(*a*) 45° (*b*) 60° (*c*) 75° (*d*) 90°

[एस.एस.सी. सी.एच.एस.एल. ग्रेड-टियर- I सी.बी.ई. परीक्षा, 2017]

2. दो रेखाओं की ढाल 1 और $\frac{1}{\sqrt{3}}$ हैं। इन दो रेखाओं के बीच का कोण क्या होगा?

(*a*) 15° (*b*) 30° (*c*) 45° (*d*) 60°

[एस.एस.सी. सी.एच.एस.एल. ग्रेड-टियर-I (सी.बी.ई.) परीक्षा, 2017]

3. एक त्रिभुज के तीन कोणों का सम्भावित मान क्या होगा?

(*a*) 33°, 42°; 115° (*b*) 40°, 70°. 80°
(*c*) 30°. 60°, 100° (*d*) 50°, 60°, 70°

(एस.एस.सी.-सी.जी.एल. (टीयर-I) (सी.बी.एस.ई.) परीक्षा, 2016)

4. ΔABC के $\angle B$ और $\angle C$ के आंतरिक द्विविभाजक O पर प्रतिच्छेद करते है। यदि $\angle A = 100°$ है तो $\angle BOC$ का माप है:

(*a*) 140° (*b*) 130° (*c*) 120° (*d*) 110°

(एस.एस.सी.-सी.जी.एल. (टीयर-I) परीक्षा, 2015)

5. यदि किसी त्रिभुज का एक कोण 130° का हो तो अन्य दो कोणो के अर्द्धकों के बीच का कोण हों सकता है:

(*a*) 50° (*b*) 65° (*c*) 145° (*d*) 155°

(उ. प्र. सम्मिलित अवर अधीनस्थ सेवा (सामान्य चयन) परीक्षा, 2015)

6. यदि तीन सरल रेखायें $\overleftrightarrow{AB}, \overleftrightarrow{CD}$ तथा $\overleftrightarrow{EF}$ इस प्रकार काटती हैं, जैसा चित्र में दिखाया गया है, तो x का मान क्या होगा?

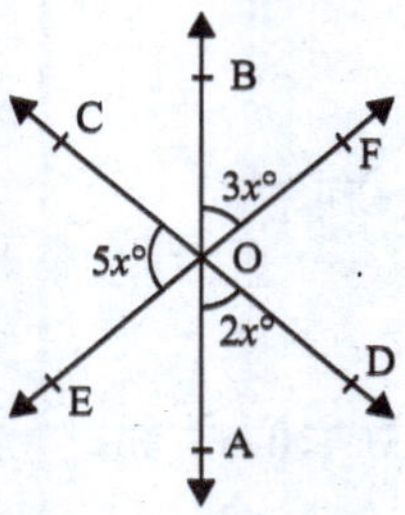

(*a*) $x = 18$ (*b*) $x = 20$
(*c*) $x = 24$ (*d*) $x = 16$

7. दिये गये चित्र में $\overleftrightarrow{AOB}$ एक सरल रेखा है जिस पर किरण $\overrightarrow{OC}$ खड़ी है. यदि $a : b = 2 : 1$ हो, तो a का मान क्या होगा?

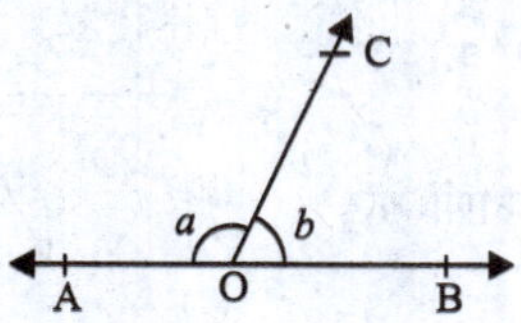

(*a*) 80 (*b*) 100 (*c*) 120 (*d*) 140

8. दिये गये चित्र में $\overleftrightarrow{AOB}$ एक सरल रेखा है जिस पर किरण $\overrightarrow{OC}$ खड़ी है. यदि $a - b = 80°$ हो, तो a का मान क्या होगा?

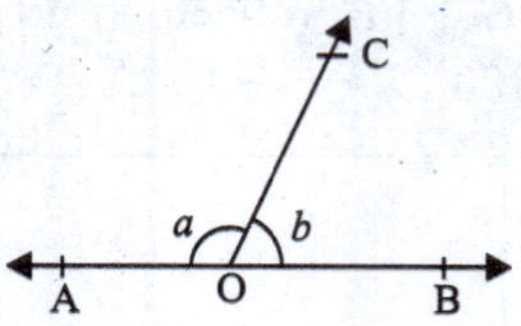

(*a*) 150 (*b*) 130 (*c*) 110 (*d*) 140

9. दिये गये चित्र में $\overleftrightarrow{AOB}$ एक सरल रेखा है जिस पर किरण $\overrightarrow{OC}$ खड़ी है. यदि $\angle AOC = (3x-5)°$ तथा $\angle BOC = (2x+25)°$ हो, तो x का मान क्या होगा?

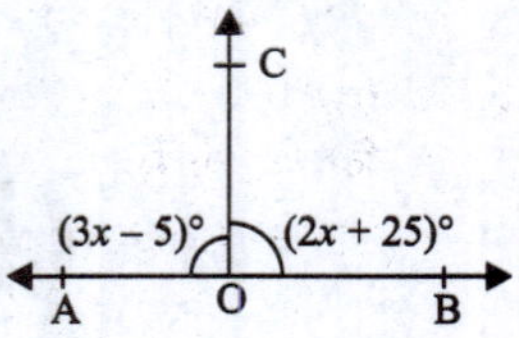

(*a*) $x = 28$ (*b*) $x = 30$ (*c*) $x = 34$ (*d*) $x = 32$

10. दिये गये चित्र में $\overleftrightarrow{AOB}$ एक सरल रेखा है. यदि $\angle AOC = x°$, $\angle COD = 50°$ तथा $\angle BOD = (2x-20)°$ हो, तो $\angle AOC$ का मान क्या होगा?

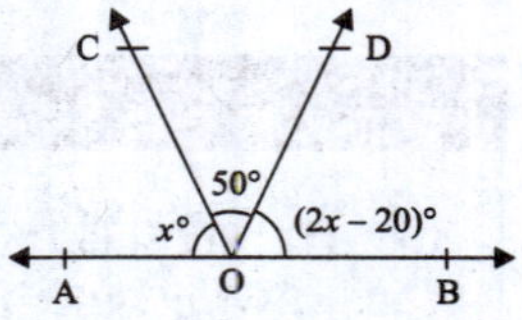

(*a*) 50° (*b*) 40° (*c*) 60° (*d*) 70°

11. यदि $\overleftrightarrow{AOB}$ एक सीधी रेखा हो तथा $x : y : z = 5 : 4 : 6$ हो, तो y का मान क्या होगा?

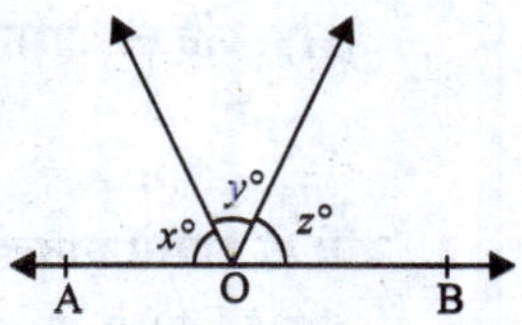

(*a*) 60 (*b*) 48
(*c*) 72 (*d*) 32

12. दिये गये चित्र में $AB \parallel CD$, $\angle ABO = 30°$ तथा $\angle CDO = 40°$ हो, तो बहुत्कोण $\angle BOD = ?$

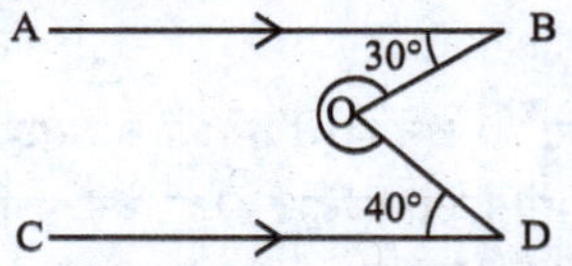

(*a*) 290° (*b*) 240° (*c*) 280° (*d*) 260°

13. दो सरल रेखायें $\overleftrightarrow{AB}$ तथा $\overleftrightarrow{CD}$ परस्पर बिन्दु O पर काटती हैं. यदि $\angle AOC = 50°$ हो, तो $\angle BOC = ?$

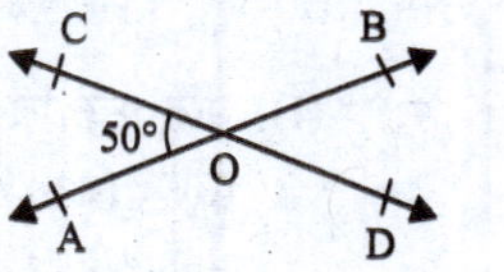

(*a*) 40° (*b*) 50° (*c*) 140° (*d*) 130°

14. दो सरल रेखायें $\overleftrightarrow{AB}$ तथा $\overleftrightarrow{CD}$ परस्पर बिन्दु O पर काटती हैं. यदि $\angle BOC + \angle AOD = 280°$ हो, तो $\angle AOC = ?$

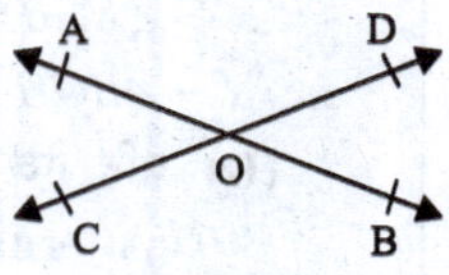

(*a*) 70° (*b*) 80° (*c*) 40° (*d*) 35°

15. दो सरल रेखायें $\overleftrightarrow{AB}$ तथा $\overleftrightarrow{CD}$ परस्पर बिन्दु O पर काटती हैं. यदि $\angle AOD = (3x-10)°$ तथा $\angle BOC = (2x+30)°$ हो, तो $\angle AOC = ?$

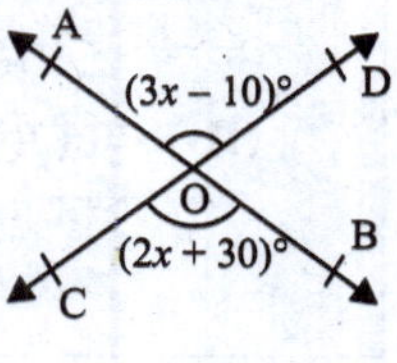

(*a*) 35° (*b*) 45° (*c*) 60° (*d*) 70°

16. चित्र में दो सरल रेखायें $\overleftrightarrow{AB}$ तथा $\overleftrightarrow{CD}$ परस्पर बिन्दु O पर काटती हैं. यदि $\angle AOC = \theta$, $\angle BOC = \phi$ तथा $\phi = 3\theta$ हो, तो θ का मान कितना होगा?

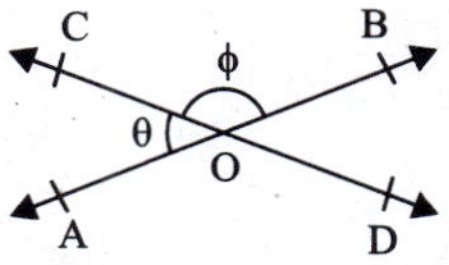

(*a*) 30° (*b*) 40° (*c*) 45° (*d*) 60°

17. दियेगयेचित्र में $AB \parallel CD$, $\angle OAB = 120°$ तथा $\angle OCD = 130°$ हो, तो $\angle AOC = ?$

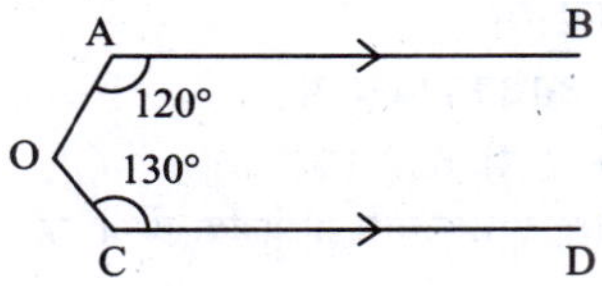

(*a*) 80° (*b*) 90° (*c*) 120° (*d*) 110°

18. दिये गये चित्र में $AB \parallel CD$. यदि $\angle ABO = 100°$ तथा $\angle OCD = 115°$ हो, तो $\angle BOC = ?$

(*a*) 80° (*b*) 65° (*c*) 35° (*d*) 45°

19. दिये गये चित्र में $AB \parallel CD$.

यदि $\angle OAB = 50°$ तथा $\angle OCD = 100°$ हो, तो $\angle AOC = ?$

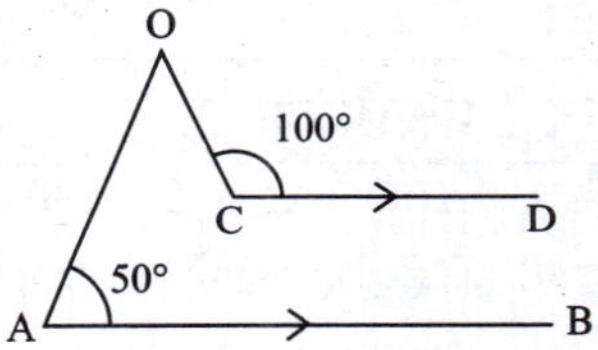

(*a*) 40° (*b*) 30° (*c*) 50° (*d*) 60°

20. दिये गये चित्र में $AB \parallel CD$. यदि $\angle OAB = 110°$ तथा $\angle AOC = 30°$ हो, तो $\angle OCD = ?$

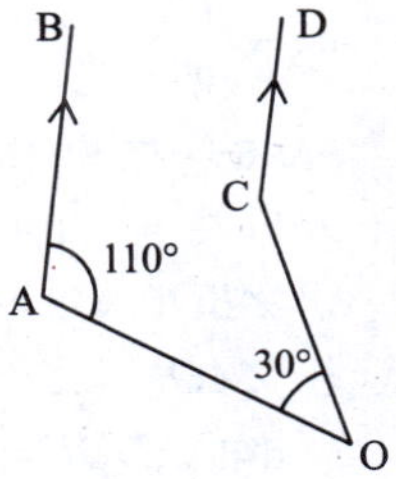

(*a*) 140° (*b*) 80°
(*c*) 220° (*d*) 110°

21. दी गई आकृति में $\overrightarrow{AB} \parallel \overrightarrow{CD}$ तथा $\overline{BD} \parallel \overline{CE}$. यदि $\angle ABD = 60°$ हो, तो $\angle DCE = ?$

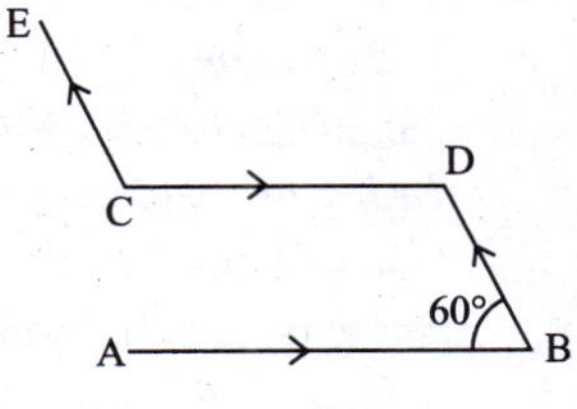

(*a*) 60° (*b*) 120°
(*c*) 90° (*d*) 80°

22. दी गई आकृति में $\overrightarrow{AB} \parallel \overrightarrow{CD} \parallel \overrightarrow{EF}$. यदि $\angle ABC = 70°$, $\angle CEF = 140°$ तथा $\angle BCE = x°$, तो x का मान कितना है?

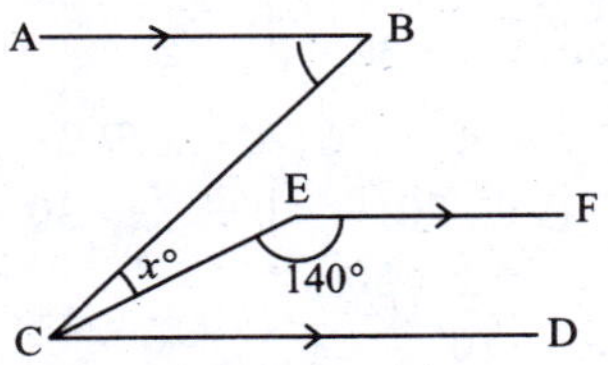

(*a*) $x = 35$ (*b*) $x = 30$ (*c*) $x = 40$ (*d*) $x = 25$

23. दी गईआकृति में $\overrightarrow{AB} \parallel \overrightarrow{CD}$. यदि $\angle CAB = 80°$, $\angle CEF = 30°$ तथा $\angle CFE = x°$ हो, तो $x = ?$

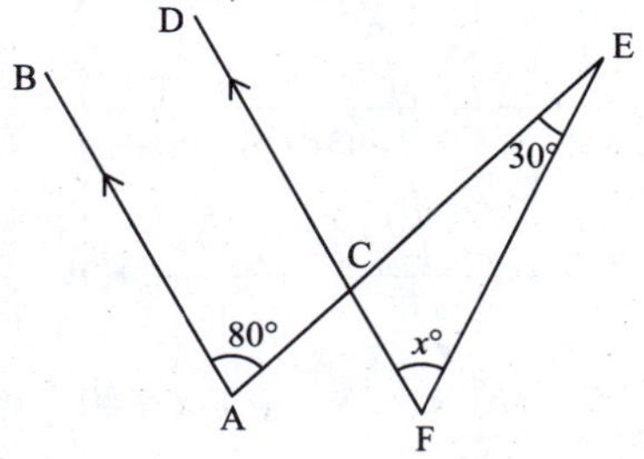

(*a*) 30 (*b*) 40 (*c*) 50 (*d*) 60

24. दी गई आकृति में $\overrightarrow{AB} \parallel \overrightarrow{CD}$ तथा PQ एवं RQ दो तिर्यक रेखायें हैं. यदि $\angle PEF = 85°$, $\angle CHQ = 115°$ तथा $\angle PQR = x°$ हो, तो x का मान क्या होगा?

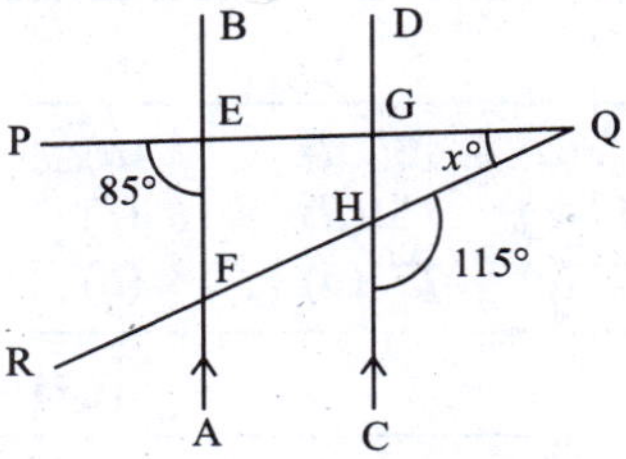

(*a*) $x = 30$ (*b*) $x = 25$ (*c*) $x = 20$ (*d*) $x = 15$

25. दी गई आकृति में $\overrightarrow{AB} \parallel \overrightarrow{CD}$ तथा XYZ एक त्रिभुज है. यदि $\angle AXY = 70°$ तथा $\angle XZD = 120°$ हो, तो $\angle YXZ = ?$

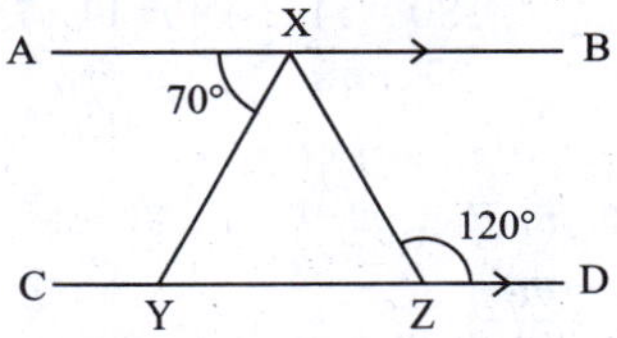

(*a*) 40° (*b*) 50° (*c*) 85° (*d*) 60°

26. दी गई आकृति में $\overrightarrow{AB} \parallel \overrightarrow{CD}$ तथा एक तिर्यक रेखा EF इन्हें काटती है. यदि $\angle EGB = 80°$, $\angle BGK = 30°$ तथा $\angle GHK = 35°$ हो, तो $\angle KHD = ?$

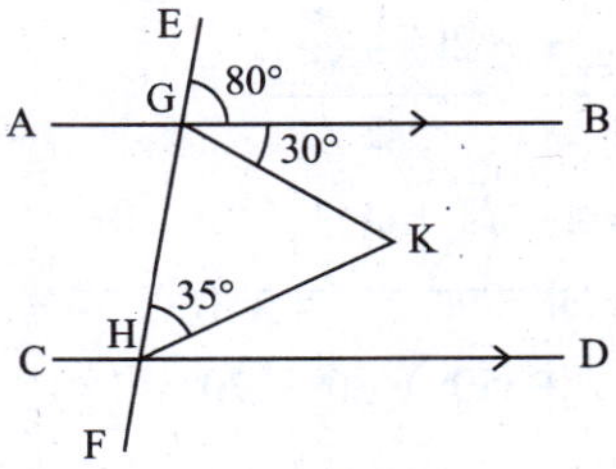

(*a*) 35° (*b*) 40° (*c*) 45° (*d*) 50°

27. दी गई आकृति में x के किस मान के लिए $l \parallel m$ होगा?

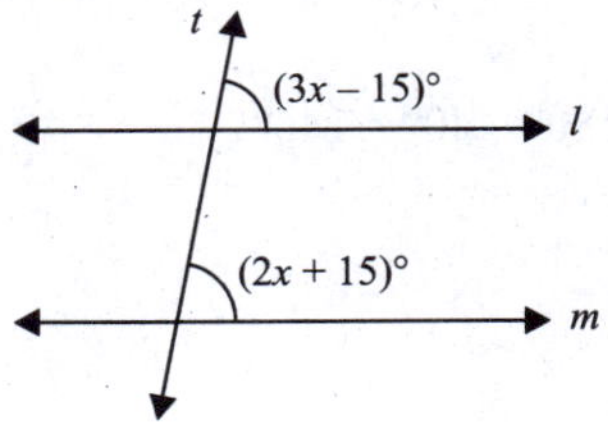

(*a*) $x = 25$ (*b*) $x = 30$ (*c*) $x = 35$ (*d*) $x = 20$

28. दी गई आकृति में x के किस मान के लिए $l \parallel m$ होगा?

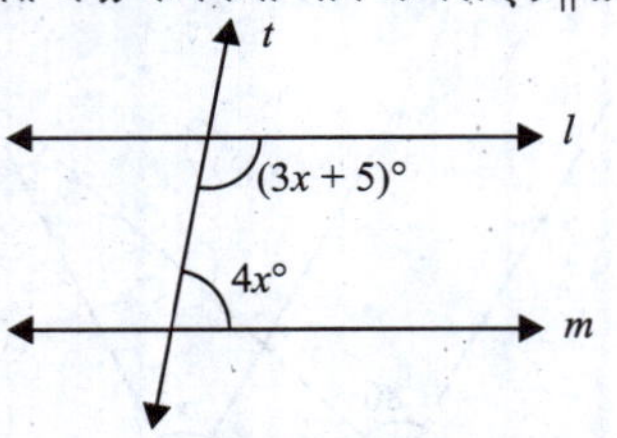

(*a*) $x = 25$ (*b*) $x = 35$ (*c*) $x = 20$ (*d*) $x = 30$

39. दी गई आकृति में $\overrightarrow{AB} \parallel \overrightarrow{CD}$. तब $(p + q - r)$ का मान कितना होगा?

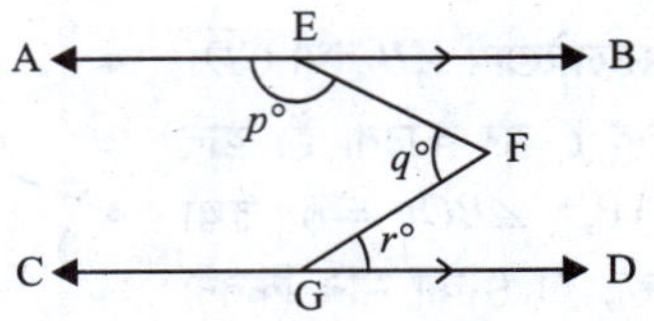

(*a*) 100 (*b*) 120 (*c*) 90 (*d*) 180

30. एक सरल रेखा एक वक्र को काटती है:

(*a*) किसी बिन्दु पर नहीं

(*b*) एक बिन्दु पर

(*c*) एक से अधिक बिन्दु पर

(*d*) उपर्युक्त में से कोई नहीं

(छत्तीसगढ़ छात्रावास अधीक्षक श्रेणी 'डी' भर्ती परीक्षा, 2014)

उत्तरमाला (प्रश्नमाला 35)

1. (*a*)	**2.** (*a*)	**3.** (*d*)	**4.** (*a*)	**5.** (*d*)	**6.** (*a*)	**7.** (*c*)	**8.** (*b*)	**9.** (*d*)	**10.** (*a*)	**11.** (*b*)	**12.** (*a*)
13. (*d*)	**14.** (*c*)	**15.** (*d*)	**16.** (*c*)	**17.** (*d*)	**18.** (*c*)	**19.** (*c*)	**20.** (*a*)	**21.** (*b*)	**22.** (*b*)	**23.** (*c*)	**24.** (*c*)
25. (*b*)	**26.** (*c*)	**27.** (*b*)	**28.** (*a*)	**29.** (*d*)	**30.** (*b*)						

दिये गये प्रश्नों के हल (प्रश्नमाला 35)

1. $\because$ π रेडियन $= 180°$

1 रेडियन $= \frac{180°}{\pi}$

$\therefore$ $\frac{11}{14}$ रेडियन $= \frac{180}{\frac{22}{7}} \times \frac{11}{14} = \frac{180 \times 11 \times 7}{22 \times 14} = 45°$

2. अगर रेखाओं की ढ़ाल m_1 एवं m_2 हो, तो

$\tan\theta = \frac{m_1 - m_2}{1 + m_1 m_2}$

$= \frac{1 - \frac{1}{\sqrt{3}}}{1 + 1.\frac{1}{\sqrt{3}}} = \frac{\sqrt{3} - 1}{\sqrt{3} + 1} = \frac{(\sqrt{3}-1)(\sqrt{3}-1)}{(\sqrt{3}+1)(\sqrt{3}-1)}$

$= \frac{3 + 1 - 2\sqrt{3}}{3 - 1} = \frac{2(2 - \sqrt{3})}{2}$

$\therefore$ $\tan\theta = 2 - \sqrt{3} = \tan 15°$ $\Rightarrow$ $\theta = 15°$

3. त्रिभुज के तीनों कोणो का योग 180° है।

विकल्प (4) से $50° + 60° + 70° = 180°$

4. $\angle A = 100°$

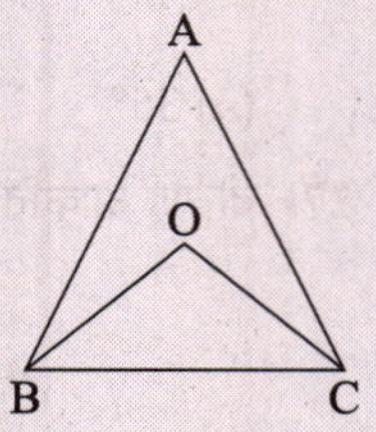

$\frac{1}{2}\angle B + \frac{1}{2}\angle C = \frac{1}{2}(180° - 100°) = 40°$

ΔBOC में

$\angle BOC = 180° - 40° = 140°$

5. ΔABC में $\angle ACB = 130°$

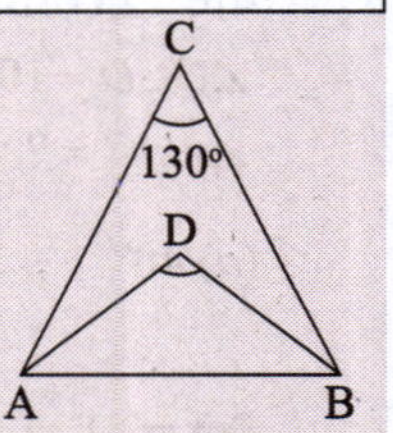

तो शेष दो कोणों का योग

$= 180° - 130° = 50°$

शेष दोनों कोणों के अर्द्धकों का योग

$= \frac{50°}{2} = 25°$

अत: अर्द्धकों के बीच का कोण ADB

$= 180° - 25° = 155°$

6. $\angle BOC = \angle AOD = 2x°$ (शीर्षाभिमुख कोण),

$\angle AOE = \angle BOF = 3x°$

तथा $\angle DOF = \angle EOC = 5x°$.

$\therefore$ $3x + 2x + 5x + 3x + 2x + 5x = 360$

$\Rightarrow 20x = 360 \Rightarrow x = 18.$

7. माना $a = 2x$ तथा $b = x$. तब

$a + b = 180 \Rightarrow 2x + x = 180 \Rightarrow 3x = 180 \Rightarrow x = 60.$

$\therefore$ $a = (2 \times 60) = 120.$

8. स्पष्ट है कि $a + b = 180$ ...(*i*) तथा

$a - b = 80$ ...(*ii*)

इन्हें जोड़ने पर $2a = 260 \Rightarrow a = 130.$

9. स्पष्ट है कि $\angle AOC + \angle BOC = 180°$

$\Rightarrow (3x - 5) + (2x + 25) = 180 \Rightarrow 5x + 20 = 180$

$\Rightarrow 5x = 160 \Rightarrow x = 32.$

10. स्पष्ट है कि $\angle AOC + \angle COD + \angle BOD = 180°$.

$\therefore$ $x + 50 + (2x - 20) = 180 \Rightarrow 3x + 30 = 180$

$\Rightarrow 3x = 150 \Rightarrow x = 50.$

अत: $\angle AOC = 50°$.

11. माना $x = 5a, y = 4a$ तथा $z = 6a$. तब
$x + y + z = 180 \Rightarrow 5a + 4a + 6a = 180$
$\Rightarrow 15a = 180 \Rightarrow a = 12.$
$\therefore\ y = 4a = (4 \times 12) = 48.$

12. O से $EOF \parallel AB \parallel CD$ खींचें.

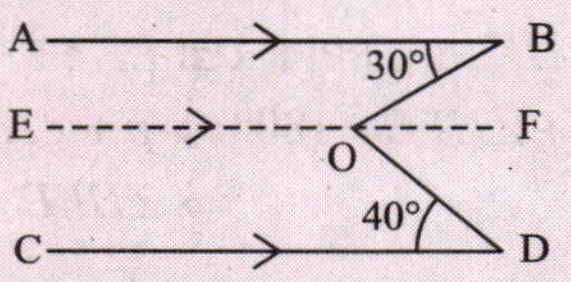

$\angle ABO + \angle BOE = 180° \Rightarrow 30° + \angle BOE = 180°$
$\Rightarrow \angle BOE = 150°$.
$\angle CDO + \angle EOD = 180° \Rightarrow 40° + \angle EOD = 180°$
$\Rightarrow \angle EOD = 140°$
$\therefore$ बहुत्कोण $\angle BOD = (150° + 140°) = 290°.$

13. चूँकि AOB एक सीधी रेखा है, अत: $\angle AOC + \angle BOC = 180°.$
$\therefore\ 50° + \angle BOC = 180° \Rightarrow \angle BOC = (180° - 50°) = 130°.$

14. स्पष्ट है कि $\angle BOC = \angle AOD = x°$ (माना)
तब
$x + x = 280 \Rightarrow 2x = 280 \Rightarrow x = 140 \Rightarrow \angle BOC = 140°.$
अब $\angle AOC + \angle BOC = 180° \Rightarrow \angle AOC + 140° = 180°$
$\Rightarrow \angle AOC = 40°.$

15. $\angle AOD = \angle BOC$ (शीर्षाभिमुख कोण)
$\Rightarrow 3x - 10 = 2x + 30 \Rightarrow x = 40°$.
$\therefore\ \angle AOD = (3 \times 40 - 10)° = (120 - 10)° = 110°.$
परन्तु $\angle AOC + \angle AOD = 180° \Rightarrow \angle AOC + 110° = 180°$
$\Rightarrow \angle AOC = 70°.$

16. $\theta + \phi = 180° \Rightarrow \theta + 3\theta = 180° \Rightarrow 4\theta = 180° \Rightarrow \theta = 45°.$

17. O से $OE \parallel AB \parallel CD$ खींचें.

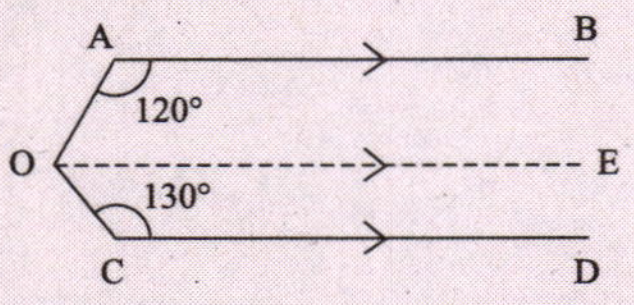

$\angle AOE + \angle OAB = 180° \Rightarrow \angle AOE + 120° = 180°$
$\Rightarrow \angle AOE = 60°$.
$\angle COE + \angle OCD = 180° \Rightarrow \angle COE + 130° = 180°$
$\Rightarrow \angle COE = 50°$.
$\therefore\ \angle AOC = \angle AOE + \angle COE = (60° + 50°) = 110°.$

18. O से $EOF \parallel AB \parallel CD$ खींचें.

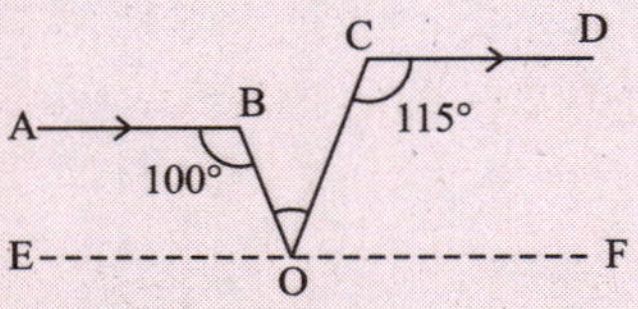

$\angle ABO + \angle BOE = 180° \Rightarrow 100° + \angle BOE = 180°$
$\Rightarrow \angle BOE = 80°$.
$\angle OCD + \angle COF = 180° \Rightarrow 115° + \angle COF = 180°$
$\Rightarrow \angle COF = 65°.$
$\angle BOE + \angle BOC + \angle COF = 180°$
$\Rightarrow 80° + x + 65° = 180° \quad \Rightarrow x = (180 - 145) = 35°.$

19. $EOF \parallel AB \parallel CD$ खींचें.
$\angle EOA = \angle OAB = 50°$ (एकान्तर कोण)
$\angle COF + \angle OCD = 180° \Rightarrow \angle COF + 100° = 180°$
$\Rightarrow \angle COF = 80°.$

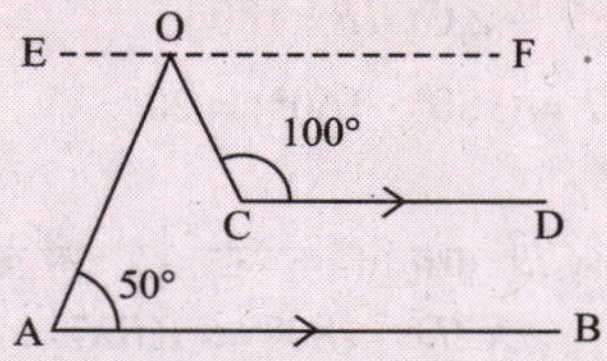

अब $\angle EOA + \angle AOC + \angle COF = 180°$
$\Rightarrow 50° + \angle AOC + 80° = 180° \Rightarrow \angle AOC = 50°.$

20. $EOF \parallel AB \parallel CD$ खींचें. माना $\angle OCD = x°$. तब,
$\angle AOE = \angle OAB = 110°$ (एकान्तर कोण)
$\angle OCD + \angle COF = 180° \Rightarrow x° + \angle COF = 180°$
$\Rightarrow \angle COF = (180 - x)°.$
$\angle AOE + \angle AOC + \angle COF = 180°$
$\Rightarrow 110° + 30° + 180° - x = 180° \Rightarrow x = 140.$

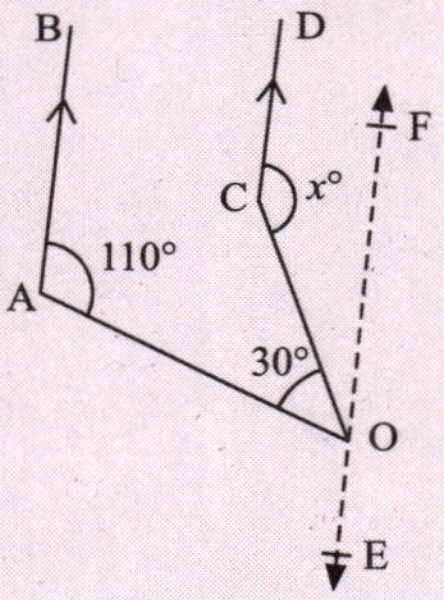

21. $\overrightarrow{AB} \parallel \overrightarrow{CD} \Rightarrow \angle ABD + \angle BDC = 180°$
$\Rightarrow 60° + \angle BDC + 180° \Rightarrow \angle BDC = 120°.$
$\overrightarrow{CE} \parallel \overrightarrow{BD} \Rightarrow \angle ECD = \angle BDC = 120°.$

22. $\overrightarrow{CD} \parallel \overrightarrow{EF}$ तथा $\overrightarrow{CE}$ एक तिर्यक रेखा है.
$\therefore\ \angle FEC + \angle ECD = 180° \Rightarrow 140° + \angle ECD = 180°$
$\Rightarrow \angle ECD = 40°.$
$\overrightarrow{AB} \parallel \overrightarrow{CD}$ तथा $\overrightarrow{BC}$ एक तिर्यक रेखा है.
$\therefore\ \angle BCD = \angle ABC = 70°$ (एकान्तर कोण)
$\Rightarrow \angle BCE + \angle ECD = 70°$
$\Rightarrow \angle BCE + 40° = 70° \Rightarrow \angle BCE = 30°. \qquad \therefore\ x = 30.$

23. $\overrightarrow{AB} \parallel \overrightarrow{CD} \Rightarrow \angle ACD + \angle BAC = 180°$
$\Rightarrow \angle ACD + 80° = 180° \Rightarrow \angle ACD = 100°.$
$\therefore\ \angle ECF = \angle ACD = 100°$ (शीर्षाभिमुख कोण)
ΔCEF में $\angle ECF + \angle CFE + \angle CEF = 180°$
$\Rightarrow 100° + x° + 30° = 180° \Rightarrow x = 50.$

24. $\angle EGH = \angle PEF = 85°$ (संगत कोण)

$\angle EGH + \angle QGH = 180° \Rightarrow 85° + \angle QGH = 180°$

$\Rightarrow \angle QGH = 95°$.

$\angle GHQ + \angle QHC = 180° \Rightarrow \angle GHQ + 115° = 180°$

$\Rightarrow \angle GHQ = 65°$.

ΔGHQ में $\angle QGH + \angle GHQ + \angle GQH = 180°$

$\Rightarrow 95° + 65° + \angle GQH = 180°$

$\Rightarrow \angle GQH = (180° - 160°) = 20°$.

25. चूँकि $\overrightarrow{AB} \parallel \overrightarrow{CD}$ तथा तिर्यक रेखा XZ इन्हें काटती है, अत:

$\therefore \angle BXZ + \angle XZD = 180° \Rightarrow \angle BXZ + 120° = 180°$

$\Rightarrow \angle BXZ = 60°$.

अब $\angle AXY + \angle YXZ + \angle BXZ = 180°$

$\Rightarrow 70° + \angle YXZ + 60° = 180°$

$\therefore \angle YXZ = (180° - 130°) = 50°$.

26. $\angle EGB + \angle BGK + \angle KGH = 180°$

$\Rightarrow 80° + 30° + \angle KGH = 180°$

$\Rightarrow \angle KGH = (180° - 110°) = 70°$.

अब,

$\angle BGH + \angle GHD = 180° \Rightarrow 30° + 70° + 35° + x = 180°$

$\therefore x = (180° - 135°) = 45° \Rightarrow \angle KHD = 45°$.

27. $l \parallel m$ तभी होंगे जबकि $3x - 15 = 2x + 15 \Rightarrow x = 30$.

28. $l \parallel m$ तभी होंगे जबकि

$3x + 5 + 4x = 180° \Rightarrow 7x = 175 \Rightarrow x = 25$.

29. F से $HFK \parallel AB \parallel CD$ खींचें.

अब, $AB \parallel HK$ तथा तिर्यक रेखा EF इन्हें काटती है.

$\therefore \angle AEF + \angle HFE = 180° \Rightarrow p + \angle HFE = 180°$

$\Rightarrow \angle HFE = (180° - p)$.

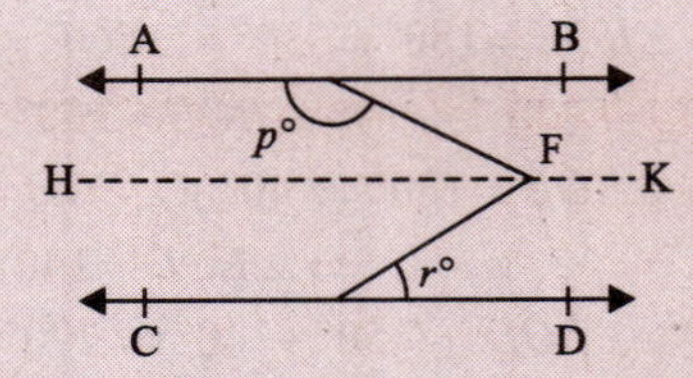

पुन: $HK \parallel CD$ तथा तिर्यक रेखा FG इन्हें काटती है.

$\angle HFG = \angle FGD = r°$.

अत: $\angle EFG = \angle HFE + \angle HFG = 180° - p + r$

$\Rightarrow q = 180 - p + r \Rightarrow p + q - r = 180$.

30. एक सरल रेखा एक वक्र को एक बिन्दु पर ही काटती है।

❑❑❑

36

त्रिभुज (TRIANGLES)

Scan QR Code for Watching Video

आवश्यक तथ्य

1. (*i*) किसी त्रिभुज के तीनों कोणों का योग 180° होता है।
ΔABC में $\angle A + \angle B + \angle C = 180°$.

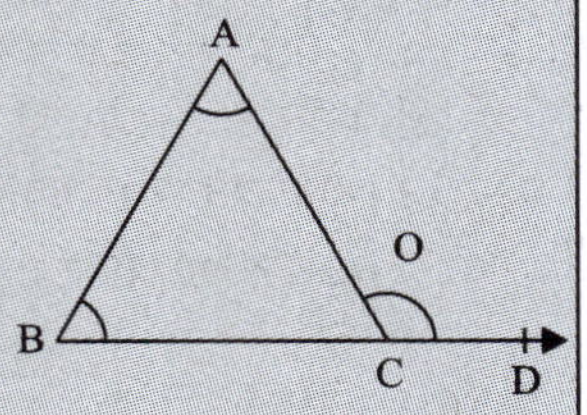

(*ii*) किसी त्रिभुज की एक भुजा बढ़ाने पर बना बहिष्कोण (Exterior Angle) सदैव प्रत्येक सुदूर अन्त:कोण से बड़ा होता है. ΔABC में भुजा BC को D तक बढ़ाने पर
(*i*) (बहिष्कोण $\angle ACD) > (\angle BAC)$
(*ii*) (बहिष्कोण $\angle ACD) > (\angle ABC)$

(*iii*) किसी त्रिभुज में दो भुजाओं का योग सदैव तीसरी भुजा से बड़ा होता है. ΔABC में
(*i*) $AB + BC > AC$ (*ii*) $AB + AC > BC$ (*iii*) $BC + AC > AB$

(*iv*) किसी त्रिभुज में दो भुजाओं का अन्तर सदैव तीसरी भुजा से छोटा होता है: ΔABC में
(*i*) $AB - BC < AC$ (*ii*) $AB - AC < BC$ (*iii*) $BC - AC < AB$.

2. (*i*) **केन्द्रक (Centroid):**
किसी त्रिभुज की माध्यिकाओं का प्रतिच्छेद बिन्दु उस त्रिभुज का केन्द्रक कहलाता है.
ΔABC में भुजाओं BC, AC तथा AB के मध्य बिन्दु क्रमश: D, E तथा F हैं. इन माध्यिकाओं AD, BE तथा CF का प्रतिच्छेद बिन्दु G इस त्रिभुज का केन्द्रक है.

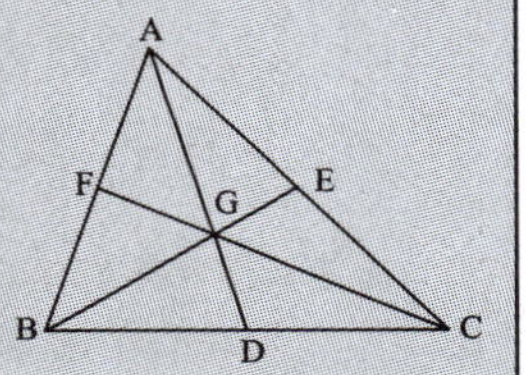

(*ii*) **लम्ब केन्द्र (Orthocentre):**
किसी त्रिभुज के प्रत्येक शीर्ष से विपरीत भुजा पर डाले गये तीनों लम्बों का प्रतिच्छेद बिन्दु त्रिभुज का लम्ब-केन्द्र कहलाता है.
ΔABC में यदि $AL \perp BC, BM \perp AC$ तथा $CN \perp AB$ हो, तो इन तीनों लम्बों का प्रतिच्छेद बिन्दु H इस त्रिभुज का लम्ब-केन्द्र कहलाता है.

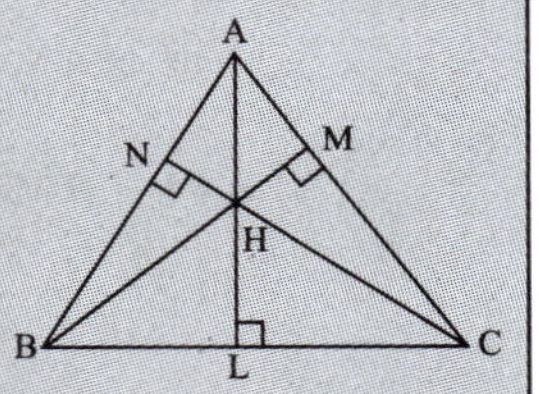

(*iii*) **अन्त:केन्द्र (Incentre):**
किसी त्रिभुज के सभी कोणों के आन्तरिक समद्विभाजकों का प्रतिच्छेद बिन्दु इस त्रिभुज का अन्त:केन्द्र कहलाता है.
ΔABC में $\angle A, \angle B, \angle C$ के समद्विभाजक क्रमश: AD, BE तथा CF हैं. इनका प्रतिच्छेद बिन्दु I इस त्रिभुज का अन्त:केन्द्र कहलाता है.

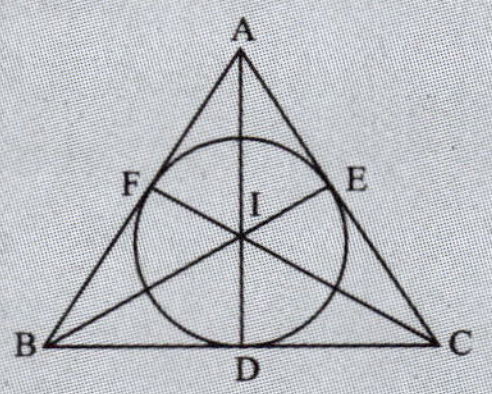

(*iv*) **परिकेन्द्र (Circumcentre):**
किसी त्रिभुज की भुजाओं के लम्ब अर्द्धकों का प्रतिच्छेद बिन्दु इस त्रिभुज का परिकेन्द्र कहलाता है.
ΔABC में भुजाओं BC, CA तथा AB के लम्ब अर्द्धक क्रमश: OL, OM तथा ON परस्पर O पर काटते हैं. अत: बिन्दु O इस त्रिभुज का परिकेन्द्र है.

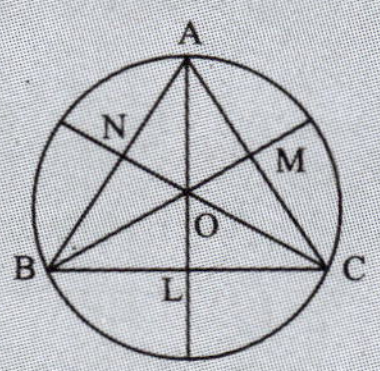

3. दो त्रिभुजों की सर्वांगसमता (Congruence): $\Delta ABC \cong \Delta DEF$ होगा यदि

(*i*) **SAS-Axiom:**
(*a*) $AB = DE, BC = EF$ तथा $\angle B = \angle E$.
(*b*) $AB = DE, AC = DF$ तथा $\angle A = \angle D$.
(*c*) $BC = EF, AC = DF$ तथा $\angle C = \angle F$.

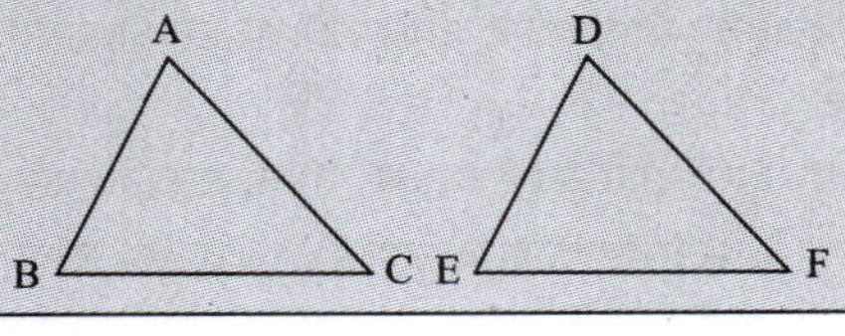

(*ii*) **SSS-Axiom:**
$AB = DE, BC = EF$ तथा $AC = DF$.

(*iii*) **ASA-Axiom:**
(*a*) $\angle B = \angle E, \angle C = \angle F$ तथा $BC = EF.$
(*b*) $\angle C = \angle F, \angle A = \angle D$ तथा $AC = DF.$
(*c*) $\angle A = \angle D, \angle B = \angle E$ तथा $AB = DE.$

(*iv*) **RHS-Axiom:**
$\Delta ABC \cong \Delta DEF$ होगा यदि
(*a*) $\angle B = \angle E = 90°,\ AB = DE, AC = DF$
(*b*) $\angle B = \angle E = 90°,\ BC = EF, AC = DF.$

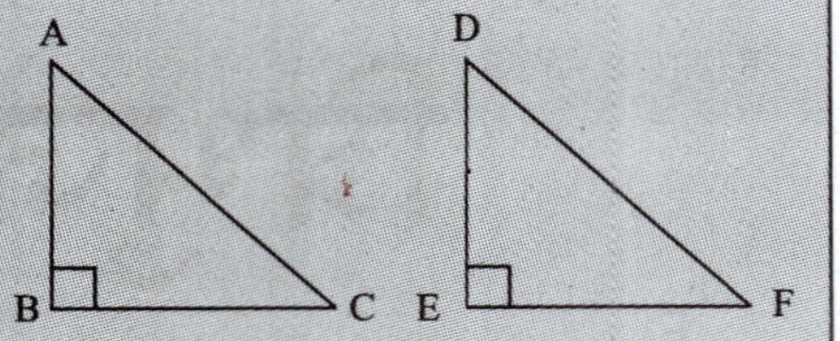

(*v*) किसी ΔABC में समान भुजाओं के सम्मुख कोण समान होते हैं.
(*a*) यदि $AB = AC$ हो, तो $\angle C = \angle B$.
(*b*) यदि $AC = BC$ हो, तो $\angle B = \angle A$.
(*c*) यदि $AB = BC$ हो, तो $\angle C = \angle A$.

(*iv*) किसी ΔABC में समान कोणों की सम्मुख भुजायें समान होती हैं.

4. दो त्रिभुजों की समरूपता (Similarity):

(*i*) **थेल का प्रमेय :** ΔABC में यदि $DE \parallel BC$ हो, तो

(*a*) $\frac{AD}{DB} = \frac{AE}{EC}$ (*b*) $\frac{AD}{AB} = \frac{AE}{AC}$ (*c*) $\frac{AB}{DB} = \frac{AC}{EC}$

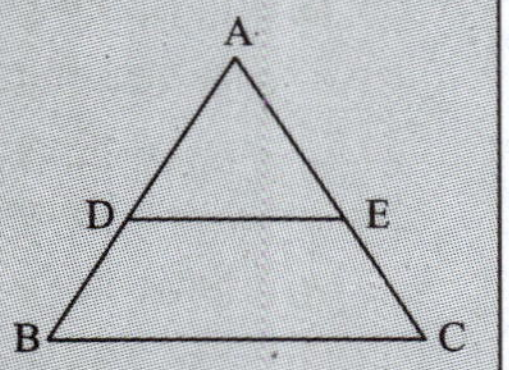

(*ii*) **किसी त्रिभुज की दो भुजाओं के मध्य बिन्दुओं को मिलाने वाला रेखाखण्ड तीसरी भुजा के समानान्तर तथा इसके आधे के बराबर होता है.**
ΔABC में भुजाओं AB तथा AC के मध्य बिन्दु क्रमशः D तथा E हों, तो $DE = \frac{1}{2} BC.$

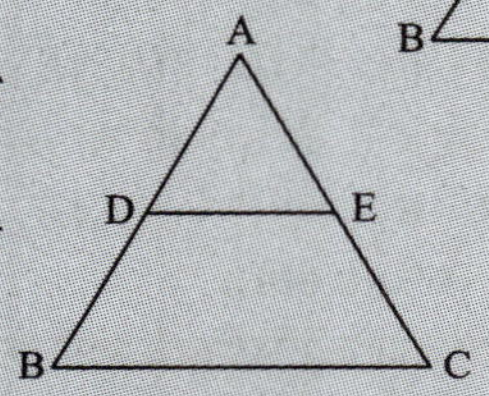

(*iii*) **त्रिभुज के किसी कोण का समद्विभाजक उसकी सम्मुख भुजा को शेष दो भुजाओं के अनुपात में विभाजित करता है.**
दी गई आकृति में $\angle A$ का समद्विभाजक AD है. अतः $\frac{BD}{DC} = \frac{AB}{AC}.$

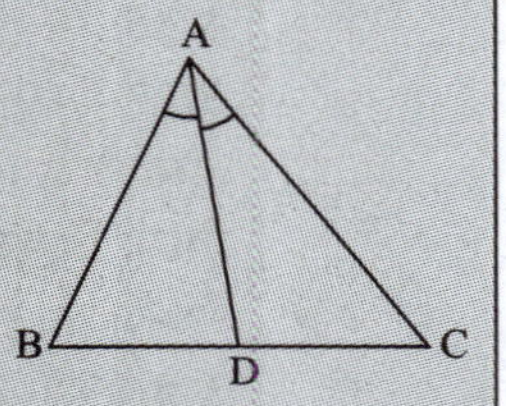

5. (*i*) **AAA – समरूपता:** यदि $\angle A = \angle D,\ \angle B = \angle E,\ \angle C = \angle F$
तथा $\frac{AB}{DE} = \frac{BC}{EF} = \frac{CA}{FD}$ हो, तो $\Delta ABC \sim \Delta DEF.$

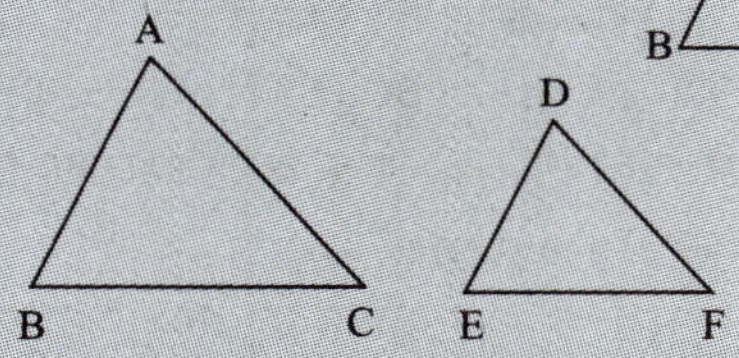

(*ii*) **AA – समरूपता:**
यदि $\angle A = \angle D$ तथा $\angle B = \angle E$, तो $\Delta ABC \sim \Delta DEF.$

(iii) SSS – समरूपता:
यदि $\frac{AB}{DE} = \frac{BC}{EF} = \frac{AC}{DF}$ हो, तो $\Delta ABC \sim \Delta DEF.$

(*iv*) **SAS – समरूपता:**
यदि $\angle A = \angle D$ तथा $\frac{AB}{DE} = \frac{AC}{DF}$ हो, तो $\Delta ABC \sim \Delta DEF.$

6. (*i*) दो समरूप त्रिभुजों के क्षेत्रफलों का अनुपात उनकी संगत भुजाओं के वर्गों के अनुपात के बराबर होता है.
(*ii*) दो समरूप त्रिभुजों के परिमापों का अनुपात उनकी संगत भुजाओं के अनुपात के बराबर होता है.
(*iii*) दो त्रिभुजों के संगत कोण बराबर हों तो उनकी संगत भुजाओं का अनुपात वही होता है जो कि संगत कोणों के समद्विभाजकों का होता है.
(*iv*) दो त्रिभुजों के संगत कोण बराबर हों, तो उनकी संगत भुजाओं का अनुपात वही होता है जो कि संगत माध्यिकाओं का होता है.
(*v*) दो त्रिभुजों के संगत कोण बराबर हों, तो उनकी संगत भुजाओं का अनुपात वही होता है जो कि संगत शीर्षलम्बों का होता है.

प्रश्नमाला 36

निम्नलिखित प्रश्नों में से प्रत्येक में ठीक उत्तर को चिह्नांकित (✓) कीजिए:

1. किसी ΔABC में यदि $3\angle A = 4\angle B = 6\angle C$ हो, तो $\angle A = ?$
(*a*) 60° (*b*) 80° (*c*) 30° (*d*) 40°

2. ΔABC, ΔDEF के समान है। ABC का क्षेत्रफल 100 सेमी^{2} है और DEF का क्षेत्रफल 49 सेमी^{2} है। यदि ABC का शीर्षलंब 5 सेमी है, तो DEF की संगत ऊँचाई क्या होगी?
(*a*) 4.5 सेमी (*b*) 5.5 सेमी (*c*) 6 सेमी (*d*) 3.5 सेमी
(एस.एस.सी.-सी.जी.एल. परीक्षा, 2020)

3. किसी ΔABC में यदि $\angle A - \angle B = 40°$ तथा $\angle B - \angle C = 10°$ हो, तो $\angle B = ?$
(*a*) 70° (*b*) 60° (*c*) 80° (*d*) 50°

4. किसी ΔABC में यदि $2A = 3B$ तथा $4B = 5C$ हो, तो $A : B : C = ?$
(*a*) 8 : 12 : 15 (*b*) 6 : 5 : 4
(*c*) 15 : 10 : 8 (*d*) 15 : 12 : 8

5. ΔABC में कोण $B = 90°$ और $AB : BC = 2:1$ है। $\sin A + \cot C$ का मान है: (एस.एस.सी.-सी.जी.एल. परीक्षा, 2019)
(*a*) $3 + \sqrt{5}$ (*b*) $\dfrac{2+\sqrt{5}}{2\sqrt{5}}$ (*c*) $6 + \sqrt{5}$ (*d*) $4\sqrt{5}$

6. ΔABC में, $\angle B$ और $\angle C$ के समद्विभाजक त्रिभुज के अंदर बिंदु O पर मिलते हैं। यदि $\angle BOC = 122°$, तो $\angle A$ का माप क्या होगा? (एस.एस.सी.-सी.जी.एल. परीक्षा, 2018)
(*a*) 64° (*b*) 82° (*c*) 72° (*d*) 58°

7. एक समकोण त्रिभुज की दो भुजायें जो समकोण बनाती हैं क्रमशः $5x$ सेमी० तथा $(3x - 1)$ सेमी० लम्बी हैं. यदि त्रिभुज का क्षेत्रफल 60 वर्ग सेमी० हो, तो त्रिभुज की भुजायें हैं:
(*a*) 15 सेमी०, 8 सेमी०, 17 सेमी०
(*b*) 16 सेमी०, 10 सेमी०, 18 सेमी०
(*c*) 13 सेमी०, 12 सेमी०, 20 सेमी०
(*d*) 6 सेमी०, 10 सेमी०, 14 सेमी०

8. ΔABC में $\angle C = 90°$ तथा बिन्दु C से कर्ण AB पर खींचा गया लम्ब CD है. तब निम्नलिखित में से सत्य कथन कौन-सा है?

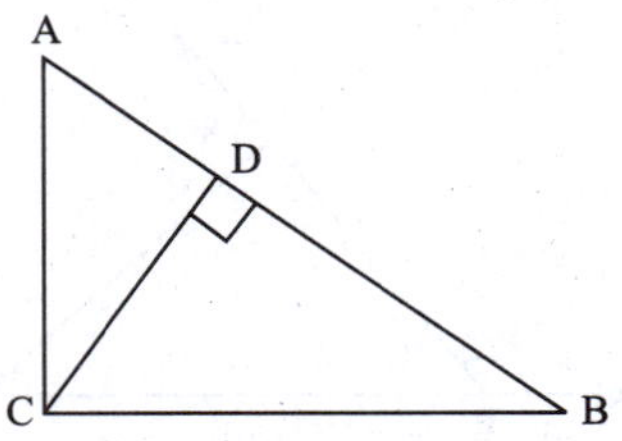

(*a*) $\dfrac{1}{CD^2} = \dfrac{1}{BC^2} + \dfrac{1}{CA^2}$ (*b*) $\dfrac{1}{CD^2} = \dfrac{1}{CA^2} + \dfrac{1}{AD^2}$
(*c*) $\dfrac{1}{CD^2} = \dfrac{1}{CB^2} + \dfrac{1}{BD^2}$ (*d*) इनमें से कोई नहीं

9. एक समकोण त्रिभुज में त्रिभुज का परिकेन्द्र स्थित है:
(*a*) त्रिभुज के अंदर (*b*) त्रिभुज के बाहर
(*c*) कर्ण के मध्य बिन्दु पर (*d*) एक शीर्ष पर
(एस.एस.सी.-सी.जी.एल. परीक्षा, 2018)

10. यदि किसी त्रिभुज के दो कोण 21° और 38° हैं, तो त्रिभुज है:
(*a*) अधिकोण त्रिभुज (*b*) समद्विबाहु त्रिभुज
(*c*) समबाहु त्रिभुज (*d*) समकोण त्रिभुज
(एस.एस.सी.-सी.जी.एल. परीक्षा, 2018)

11. एक त्रिभुज के कोण B और कोण C के आंतरिक समद्विभाजक के बीच की कोण 120° है, तो कोण A है
(सी.जी.एल. परीक्षा, 2018)
(*a*) 20 डिग्री (*b*) 50 डिग्री (*c*) 60 डिग्री (*d*) 35 डिग्री

12. एक समद्विबाहु त्रिभुज का परिमाप 32 सेमी है और प्रत्येक समान भुजा आधार का 5/6 गुना है। त्रिभुज का क्षेत्रफल (सेमी^{2} में) क्या है? (एस.एस.सी.-सी.जी.एल. परीक्षा, 2017)
(*a*) 48 (*b*) 55 (*c*) 66 (*d*) 45

13. यदि किसी त्रिभुज की तीनों ऊँचाइयों का योग p हो तथा तीनों भुजाओं का योग q हो, तो निम्नलिखित में से कौन-सा कथन सत्य होगा?
(*a*) $p > q$ (*b*) $p = q$ (*c*) $p < q$ (*d*) $p = 2q$

14. यदि ΔABC में $\angle B = 90°$ तथा $\angle C = 2\angle A$ हो, तो $AB^2 = ?$
(*a*) $2\,BC^2$ (*b*) $3\,BC^2$ (*c*) $2\,AC^2$ (*d*) $3\,AC^2$

15. दो त्रिभुज ABC और PQR सर्वांगसम हैं। यदि ΔABC का क्षेत्रफल 60 वर्ग सेमी है, तो ΔPQR का क्षेत्रफल होगा:
(*a*) 60 वर्ग सेमी. (*b*) 50 वर्ग सेमी.
(*c*) 30 वर्ग सेमी. (*d*) 45 वर्ग सेमी.
(एस.एस.सी.-सी.जी.एल. परीक्षा, 2017)

16. एक त्रिभुज में, यदि लम्बकेन्द्र, परिकेन्द्र, अंतःकेन्द्र और केन्द्रक संपाती हो, तो त्रिभुज होगा:
(*a*) अधिक कोण (*b*) समद्विबाहु
(*c*) समबाहु (*d*) समकोण
(एस.एस.सी.-सी.जी.एल. परीक्षा, 2017)

17. ΔABC एवं ΔPQR समरूप हैं। AB की लंबाई 16 सेमी. है और संगत भुजा PQ की लंबाई 9 सेमी. है। अगर ΔABC का क्षेत्रफल 1024 वर्ग सेमी. है, तो ΔPQR का क्षेत्रफल क्या है?
(*a*) 768 वर्ग सेमी. (*b*) 32 वर्ग सेमी.
(*c*) 324 वर्ग सेमी. (*d*) 128 वर्ग सेमी.
(एस.एस.सी. सी.एच.एस.एल. (10+2) ग्रेड (सी.बी.ई.) परीक्षा, 2017)

18. दिये गये ΔABC में AD एक माध्यिका है तथा AD का मध्य बिन्दु E है. BE को मिलाकर आगे बढ़ाने पर यह AC को F पर काटती है. तब

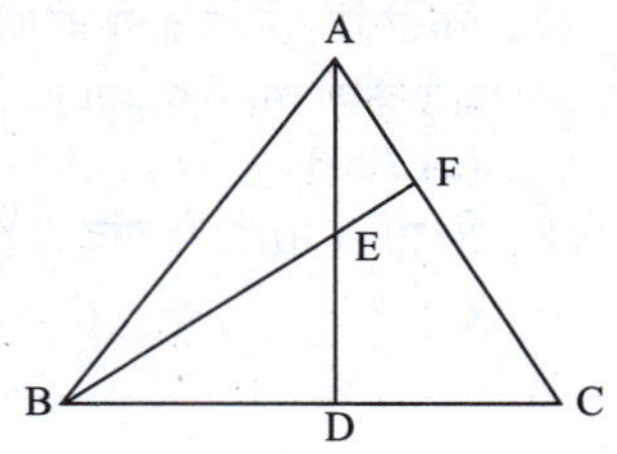

निम्नलिखित में से सत्य कथन कौन-सा है ?

(*a*) $AF = \frac{AC}{4}$ (*b*) $AF = \frac{AC}{2}$

(*c*) $AF = \frac{AC}{3}$ (*d*) $AF = \frac{2AC}{3}$

19. एक व्यक्ति पहले 150 मीटर पूर्व की ओर जाता है और उसके बाद 200 मीटर उत्तर की ओर जाता है. वह अपनी मूल स्थिति से कितनी दूर है ?

(*a*) 350 मीटर (*b*) 250 मीटर (*c*) 50 मीटर (*d*) 625 मीटर

20. एक समकोण त्रिभुज की सबसे बड़ी भुजा, सबसे छोटी भुजा का $\frac{5}{3}$ है. इसकी तीसरी भुजा की लम्बाई 8 सेमी॰ है. इस त्रिभुज की सबसे बड़ी तथा सबसे छोटी भुजाओं का योग कितना है ?

(*a*) 16 सेमी॰ (*b*) 14 सेमी॰

(*c*) 18 सेमी॰ (*d*) 12 सेमी॰

(*e*) इनमें से कोई नहीं **(बैंक पी॰ओ॰ परीक्षा, 2010)**

21. एक त्रिभुज के सबसे बड़े तथा उससे छोटे कोण का अनुपात 3 : 2 है. सबसे छोटा कोण इन दोनों कोणों के योग का 20% है. सबसे बड़े कोण को छोड़कर शेष दो कोणों का योग कितना है ?

(*a*) 80° (*b*) 60° (*c*) 100° (*d*) 90°

(*e*) इनमें से कोई नहीं **(बैंक पी॰ओ॰ परीक्षा, 2010)**

22. किसी त्रिभुज के दो कोणों का अनुपात 4 : 5 है. यदि इन कोणों का योग तीसरे कोण के बराबर हो, तो तीसरे कोण का मान कितना है ?

(*a*) 80° (*b*) 40° (*c*) 50° (*d*) 90°

23. यदि $\Delta ABC \sim \Delta PQR$ हों, इनके क्षेत्रफल क्रमश: 64 सेमी॰^{2} तथा 121 सेमी॰^{2} हों तथा QR = 15·4 सेमी॰ हो, तो BC = ?

(*a*) 11·4 सेमी॰ (*b*) 11·2 सेमी॰

(*c*) 11 सेमी॰ (*d*) 12·4 सेमी॰

24. एक त्रिभुज का एक कोण $\left(\frac{\pi}{4}\right)^c$ तथा दूसरा कोण $\left(\frac{\pi}{6}\right)^c$ है. तीसरे कोण का माप क्या होगा ?

(*a*) 60° (*b*) 90° (*c*) 105° (*d*) 180°

25. ΔABC तथा ΔDEF में $\angle A = \angle F, \angle B = \angle E$ हो तो निम्नलिखित में से सत्य कथन कौन-सा है ?

(*a*) $\Delta ABC \sim \Delta DEF$ (*b*) $\Delta ABC \sim \Delta FED$

(*c*) $\Delta ABC \sim \Delta EFD$ (*d*) $\Delta ABC \sim \Delta DFE$

26. एक त्रिभुज के दो कोणों का योग 116° तथा अन्तर 24° है. इस त्रिभुज के तीसरे कोण का माप कितना होगा ?

(*a*) 46° (*b*) 64° (*c*) 56° (*d*) 66°

27. किसी त्रिभुज के तीनों कोणों का अनुपात 2 : 3 : 7 है. इनमें सबसे बड़े कोण की नाप क्या होगी ?

(*a*) 280° (*b*) 210° (*c*) 140° (*d*) 105°

28. किसी ΔABC में यदि $2\angle A = 3\angle B = 4\angle C$ हो, तो $A : B : C$ = ?

(*a*) 2 : 3 : 4 (*b*) 4 : 3 : 2 (*c*) 6 : 4 : 3 (*d*) 3 : 4 : 6

29. एक त्रिभुज के दो कोण बराबर हैं तथा तीसरा कोण इन दोनों में से प्रत्येक से 18° अधिक है. तीसरे कोण का नाप कितना है ?

(*a*) 54° (*b*) 64° (*c*) 72° (*d*) 82°

30. एक त्रिभुज के तीन कोणों में से एक कोण सबसे छोटे कोण का दुगुना तथा दूसरा कोण सबसे छोटे कोण का तिगुना है. सबसे छोटा कोण कितना है ?

(*a*) 20° (*b*) 30° (*c*) 40° (*d*) 60°

31. किसी ΔABC में यदि $\angle A - \angle B = 45°$ तथा $\angle B - \angle C = 30°$, तो $\angle A + \angle B$ = ?

(*a*) 150° (*b*) 155° (*c*) 145° (*d*) 135°

32. दी गई आकृति में $\angle BAC = 40°, \angle ACB = 90°$ तथा $\angle BED = 100°$. तब $\angle BDE$ = ?

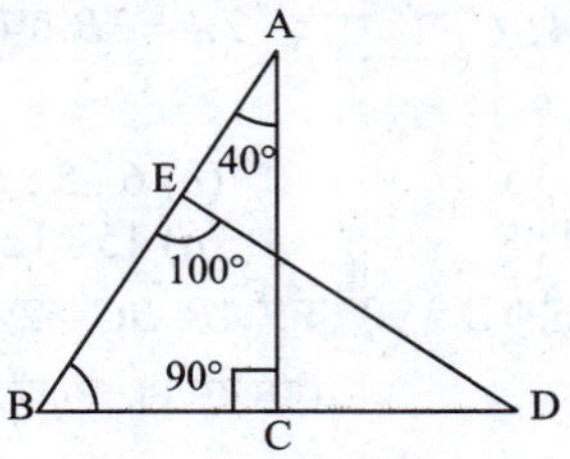

(*a*) 50° (*b*) 30° (*c*) 40° (*d*) 20°

33. दी गई आकृति में $\angle BAC = 30°, \angle ABC = 50°$ तथा $\angle CDE = 25°$ हो तो $\angle AED$ = ?

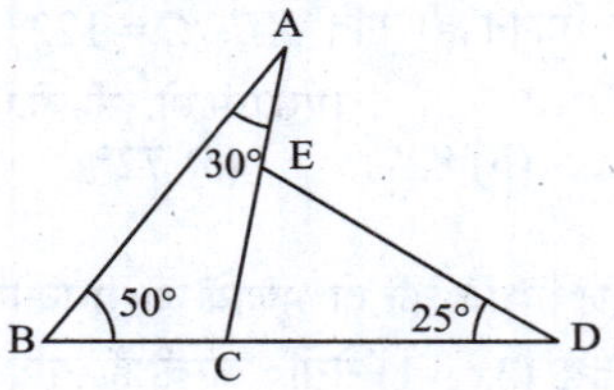

(*a*) 105° (*b*) 115° (*c*) 95° (*d*) 75°

34. दो समरूप त्रिभुजों के क्षेत्रफल क्रमश: 81 वर्ग सेमी॰ तथा 225 वर्ग सेमी॰ हैं. इनकी संगत ऊँचाइयों का अनुपात क्या होगा ?

(*a*) 2 : 3 (*b*) 2 : 5 (*c*) 3 : 5 (*d*) 2 : 7

35. दी गई आकृति में ΔABC की भुजा CB को D तक तथा भुजा BA को E तक बढ़ाया गया है. यदि $\angle ABD = 130°$ तथा $\angle CAE = 80°$ हो, तो $\angle ACB$ = ?

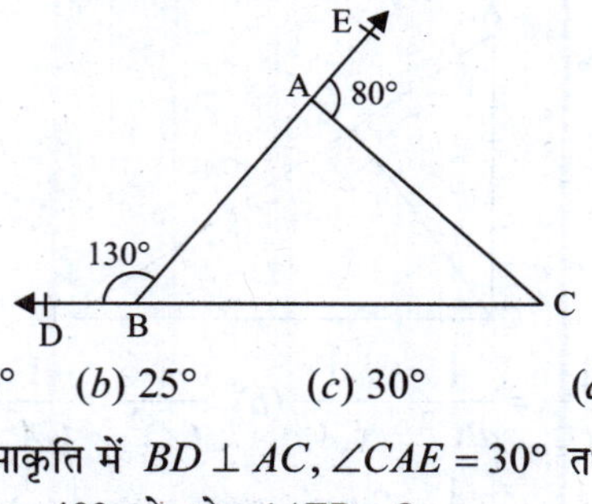

(*a*) 50° (*b*) 25° (*c*) 30° (*d*) 40°

36. दी गई आकृति में $BD \perp AC, \angle CAE = 30°$ तथा $\angle CBD = 40°$ हो, तो $\angle AEB$ = ?

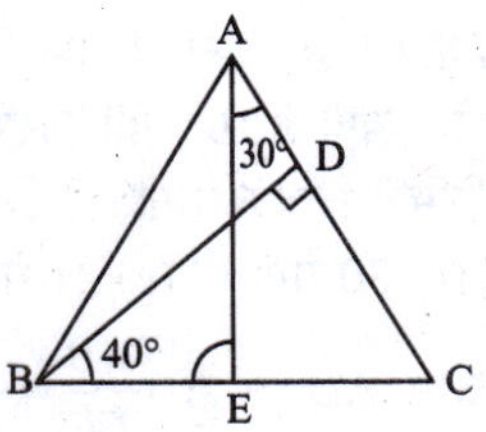

(*a*) 50° (*b*) 60° (*c*) 70° (*d*) 80°

37. दी गई आकृति में $\angle BAC = 40°$. यदि $\angle B$ तथा $\angle C$ के अर्द्धक क्रमश: *BO* तथा *CO* हों, तो $\angle BOC = ?$

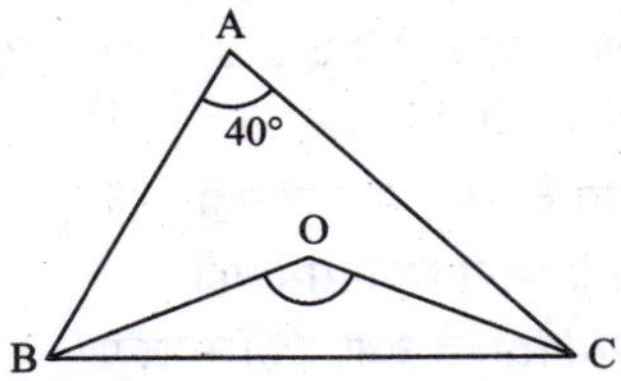

(*a*) 140° (*b*) 100° (*c*) 110° (*d*) 80°

38. दी गई आकृति में $\angle ACO = 65°, \angle OAC = 45°$ तथा $\angle ODB = 85°$ हो, तो $\angle OBD = ?$

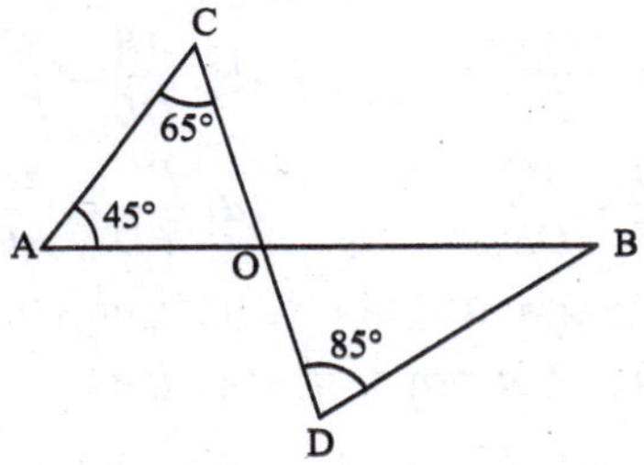

(*a*) 35° (*b*) 30° (*c*) 25° (*d*) 20°

39. किसी त्रिभुज में दो भुजाओं का योग सदैव होगा:

(*a*) तीसरी भुजा से छोटा

(*b*) तीसरी भुजा से बड़ा

(*c*) तीसरी भुजा के बराबर

(*d*) तीसरी भुजा का दो-तिहाई

40. दी गई आकृति में *AOB* एक सरल रेखा है. यदि $\angle AOC = x°$, $\angle COD = 90°, \angle BOD = y°, \angle AOE = 3x°$ तथा $\angle BOE = 60°$ हो, तो *y* का मान क्या होगा ?

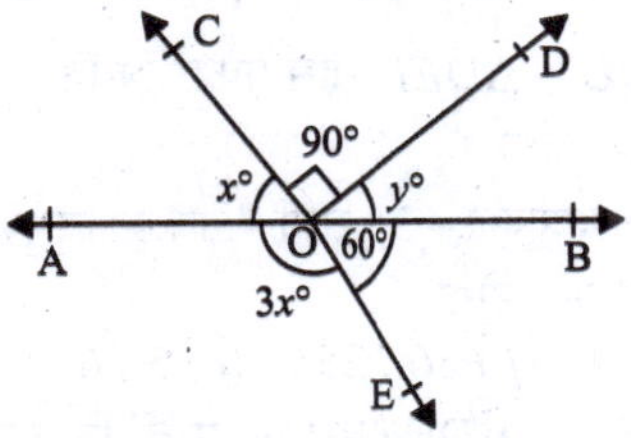

(*a*) 40 (*b*) 45 (*c*) 50 (*d*) 60

41. दी गई आकृति में $AM \perp BC$ है तथा $\angle A$ का समद्विभाजक *AN* है. यदि $\angle ABC = 70°$ तथा $\angle ACB = 30°$, तो $\angle MAN = ?$

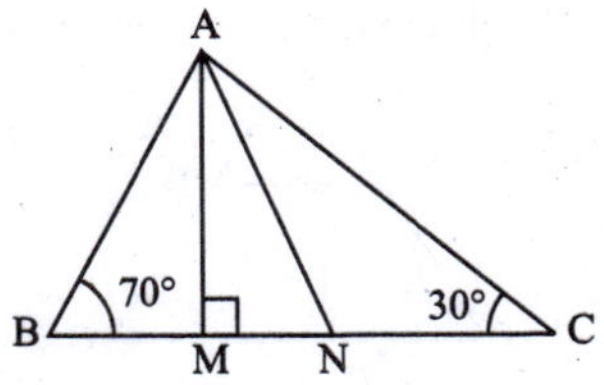

(*a*) 40° (*b*) 20° (*c*) 30° (*d*) 55°

42. दी गई आकृति में *x* का मान कितना होगा ?

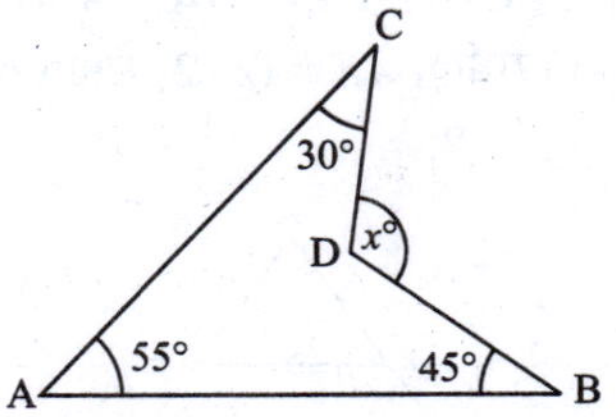

(*a*) 130 (*b*) 120 (*c*) 110 (*d*) 100

43. दी गई आकृति में *AB* || *CD* है. यदि $\angle EAB = 50°$ तथा $\angle ECD = 60°$ हो, तो $\angle AEB = ?$

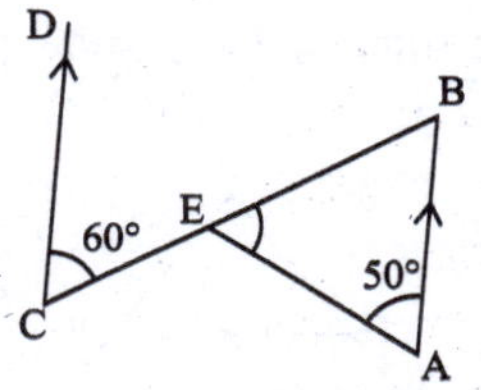

(*a*) 50° (*b*) 55° (*c*) 60° (*d*) 70°

44. दी गई Δ *ABC* में *DE* || *BC*. यदि *AD* = 2·4 सेमी०, *AE* = 3·2 सेमी० तथा *EC* = 4·8 सेमी०. तब, *AB* = ?

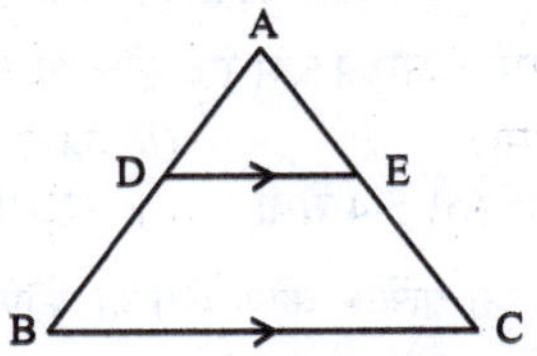

(*a*) 3·6 सेमी० (*b*) 6 सेमी०

(*c*) 6·4 सेमी० (*d*) 7·2 सेमी०

45. दी गई Δ *ABC* में *DE* || *BC*. यदि *AD* = 4 सेमी०, *DB* = 7 सेमी० तथा *AC* = 6·6 सेमी० हो तो *AE* = ?

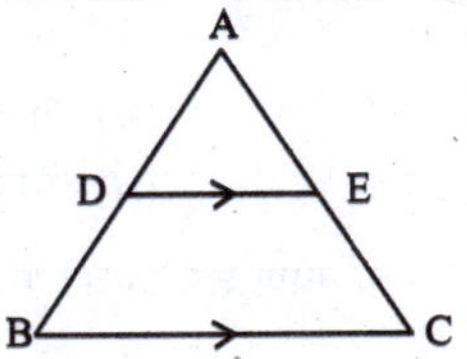

(*a*) 3·6 सेमी० (*b*) 2·4 सेमी०

(*c*) 2·8 सेमी० (*d*) 3·3 सेमी०

46. दी गई Δ *ABC* में, *DE* || *BC*. यदि $\frac{AD}{DB} = \frac{3}{5}$ तथा *AC* = 5·6 सेमी० हो, तो *AE* = ?

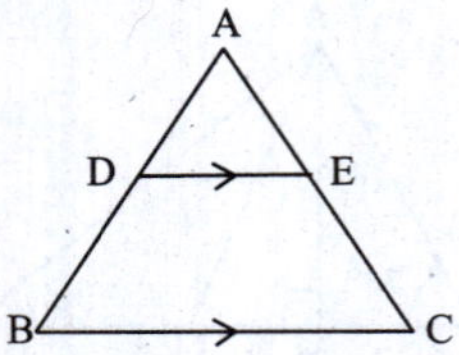

(*a*) 4·2 सेमी० (*b*) 3·1 सेमी०
(*c*) 2·8 सेमी० (*d*) 2·1 सेमी०

47. दी गई $\Delta\ ABC$ में, $DE \parallel BC$. यदि $AD = x$ सेमी०, $DB = (x-2)$ सेमी०, $AE = (x+2)$ सेमी० तथा $EC = (x-1)$ सेमी० हो, तो $x = ?$

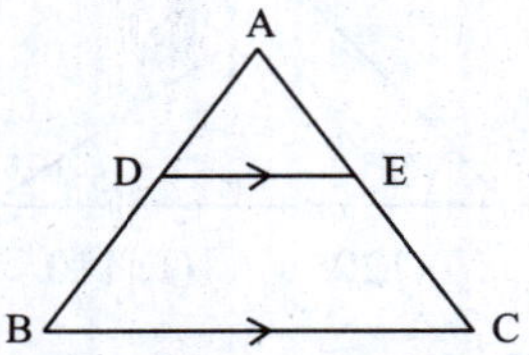

(*a*) $x = 3$ (*b*) $x = 4$ (*c*) $x = 5$ (*d*) $x = 6$

48. दी गई $\Delta\ ABC$ में, $DE \parallel BC$. यदि $AD = 4$ सेमी०, $DB = (x-4)$ सेमी०, $AE = 8$ सेमी० तथा $EC = (3x-19)$ सेमी०. तब, $x = ?$

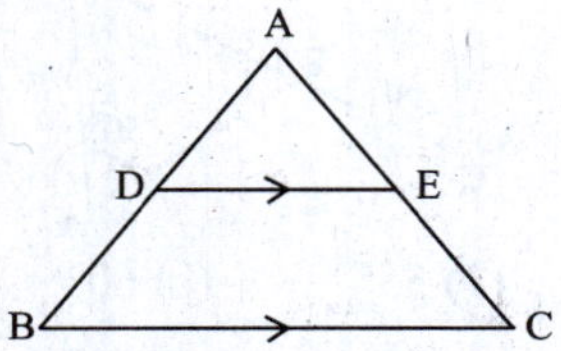

(*a*) 8 (*b*) 9 (*c*) 10 (*d*) 11

49. $\Delta\ ABC \sim \Delta DEF$. यदि $\Delta\ ABC$ तथा $\Delta\ DEF$ की परिमिति क्रमशः 25 सेमी० और 15 सेमी० हों तथा $BC = 9$ सेमी० हो, तो $EF = ?$

(*a*) 3·6 सेमी० (*b*) 5·4 सेमी० (*c*) 7·2 सेमी० (*d*) 6 सेमी०

50. किसी त्रिभुज का प्रत्येक कोण शेष दो कोणों के योग से कम है. ऐसी त्रिभुज है:

(*a*) न्यूनकोण त्रिभुज (*b*) अधिककोण त्रिभुज
(*c*) समकोण त्रिभुज (*d*) विषमबाहु त्रिभुज

51. किसी त्रिभुज का एक कोण शेष दो कोणों के योग के बराबर है. ऐसी त्रिभुज है:

(*a*) न्यूनकोण त्रिभुज (*b*) अधिककोण त्रिभुज
(*c*) समकोण त्रिभुज (*d*) समबाहु त्रिभुज

52. किसी त्रिभुज का एक कोण शेष दो कोणों के योग से बड़ा है. ऐसी त्रिभुज है:

(*a*) समकोण त्रिभुज (*b*) न्यूनकोण त्रिभुज
(*c*) अधिककोण त्रिभुज (*d*) विषमबाहु त्रिभुज

53. किसी त्रिभुज की भुजाओं की लम्बाईयाँ क्रमशः p, q, r हैं. यदि $p^2 + q^2 + r^2 = pq + qr + pr$ हो, तो यह त्रिभुज कौन-सा है ?

(लोक सेवा आयोग परीक्षा, 2008)

(*a*) समद्विबाहु त्रिभुज (*b*) समबाहु त्रिभुज
(*c*) समकोण त्रिभुज (*d*) अधिककोण त्रिभुज

54. $\Delta ABC \sim \Delta DEF$ इस प्रकार हैं कि $AB = 9.1$ सेमी० तथा $DE = 6{\cdot}5$ सेमी०. यदि ΔABC की परिमिति 35 सेमी० हो, तो $\Delta\ DEF$ की परिमिति कितनी होगी ?

(*a*) 25 सेमी० (*b*) 30 सेमी० (*c*) 21 सेमी० (*d*) 28 सेमी०

55. यदि ΔABC तथा ΔDEF में $\frac{AB}{EF} = \frac{BC}{DF} = \frac{CA}{DE}$ हो, तो निम्नलिखित में से सत्य कथन कौन-सा है ?

(*a*) $\Delta DEF \sim \Delta CAB$ (*b*) $\Delta DEF \sim \Delta ABC$
(*c*) $\Delta DEF \sim \Delta CBA$ (*d*) $\Delta DEF \sim \Delta BCA$

56. $\Delta\ ABC$ तथा $\Delta\ DEF$ में यदि $\angle B = \angle E, \angle C = \angle F$ तथा $AB = 2\ DE$ हों, तो दोनों त्रिभुज:

(*a*) सर्वांगसम हैं परन्तु समरूप नहीं
(*b*) समरूप हैं परन्तु सर्वांगसम नहीं
(*c*) न ही सर्वांगसम हैं तथा न ही समरूप
(*d*) समरूप हैं तथा सर्वांगसम हैं

57. $\Delta\ ABC$ तथा $\Delta\ DEF$ में यदि $\angle A = \angle E$ तथा $\angle B = \angle F$, तब निम्नलिखित में से सत्य कथन कौन-सा है ?

(*a*) $\frac{BC}{DF} = \frac{AC}{DE}$ (*b*) $\frac{AB}{DE} = \frac{BC}{FD}$
(*c*) $\frac{AB}{EF} = \frac{AC}{DE}$ (*d*) $\frac{BC}{FD} = \frac{AB}{EF}$

58. दी गई आकृति में $\angle BAC = 90°$ तथा $AD \perp BC$ हो, तो निम्नलिखित में से सत्य कथन कौन-सा है ?

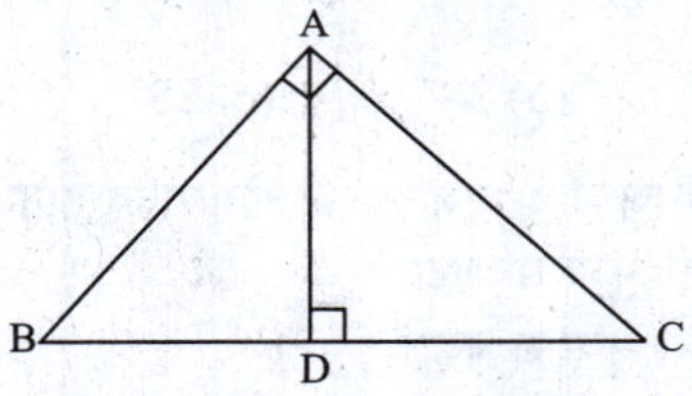

(*a*) $AB \cdot AC = BC^2$ (*b*) $AB \cdot AC = AD^2$
(*c*) $BD \cdot CD = AD^2$ (*d*) $BD \cdot CD = AC^2$

59. यदि $\Delta ABC \sim \Delta EDF$ हो, तो निम्नलिखित में से कौन-सा कथन सत्य नहीं है ?

(*a*) $AB \cdot EF = AC \cdot DE$ (*b*) $BC \cdot DE = AB \cdot FD$
(*c*) $BC \cdot DE = AB \cdot EF$ (*d*) $BC \cdot EF = AC \cdot FD$

60. यदि $\Delta ABC \sim \Delta DEF$ इस प्रकार हो कि $\Delta\ ABC$ का क्षेत्रफल $= 25$ सेमी०^2 तथा
$\Delta\ DEF$ का क्षेत्रफल $= 36$ सेमी०^2 तब इन त्रिभुजों की संगत भुजाओं का अनुपात क्या होगा ?

(*a*) 25 : 36 (*b*) 36 : 25 (*c*) 5 : 6 (*d*) 6 : 5

61. यदि $\Delta\ ABC \sim \Delta\ DEF$ इस प्रकार हों कि इन त्रिभुजों की संगत भुजायें 4 : 5 के अनुपात में हैं. तब,
($\Delta\ ABC$ का क्षेत्रफल) : ($\Delta\ DEF$ का क्षेत्रफल) = ?

(*a*) 4 : 5 (*b*) 5 : 4 (*c*) 16 : 25 (*d*) 25 : 16

62. यदि किसी समद्विबाहु $\Delta\ ABC$ में $AC = BC$ हो तथा $AB^2 = 2AC^2$ हो, तो $\angle C = ?$

(*a*) 30°   (*b*) 45°   (*c*) 60°   (*d*) 90°

63. यदि ΔABC में $AB = 16$ सेमी०, $BC = 12$ सेमी० तथा $AC = 20$ सेमी० हो तो ΔABC होगा :

(*a*) न्यूनकोण त्रिभुज   (*b*) समकोण त्रिभुज

(*c*) अधिककोण त्रिभुज   (*d*) ज्ञात करना संभव नहीं

64. किसी ΔABC में निम्नलिखित में से सत्य कथन कौन-सा है ?

(*a*) $(AB - AC) = BC$ (*b*) $(AB - AC) > BC$

(*c*) $(AB - AC) < BC$ (*d*) इनमें से कोई नहीं

65. किसी ΔABC में निम्नलिखित में से सत्य कथन कौन-सा है ?

(*a*) $(AB + AC) = BC$ (*b*) $(AB + AC) > BC$

(*c*) $(AB + AC) < BC$ (*d*) इनमें से कोई नहीं

66. दी गई ΔABC में यदि $AB = 8$ सेमी०, $AC = 12$ सेमी० तथा $\angle A$ का समद्विभाजक AD है तो $BD : DC = ?$

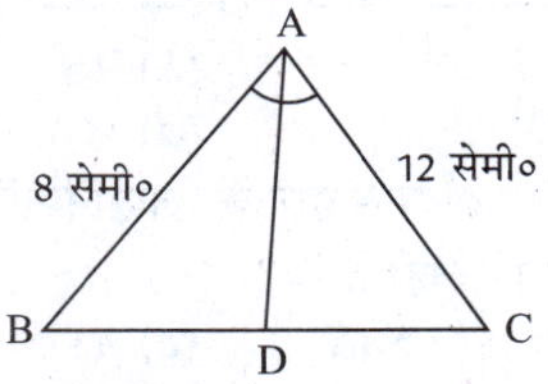

(*a*) 2 : 3   (*b*) 4 : 9   (*c*) $\sqrt{2} : \sqrt{3}$ (*d*) 3 : 2

67. एक ΔABC में $\angle A$ का अर्द्धक AD है. यदि $AB = 9$ सेमी०, $AC = 12$ सेमी०, $BD = (7 - x)$ सेमी० तथा $DC = x$ सेमी० हो, तो $x = ?$

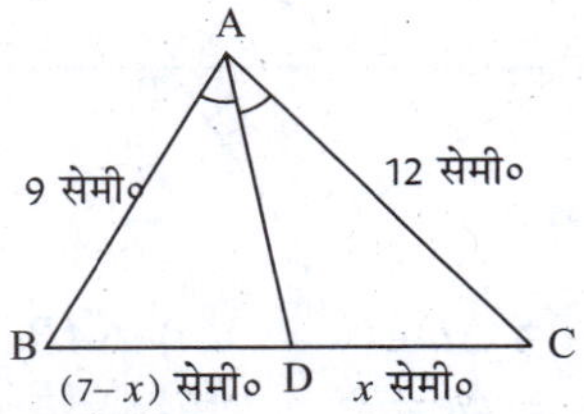

(*a*) 4   (*b*) 4·8   (*c*) 3·5   (*d*) 2·5

68. एक त्रिभुज में शीर्ष से डाला गया लम्ब आधार को समद्विभाजित करता है. यह त्रिभुज है:

(*a*) एक समकोण त्रिभुज   (*b*) एक अधिककोण त्रिभुज

(*c*) एक समद्विबाहु त्रिभुज   (*d*) एक विषमबाहु त्रिभुज

69. एक समबाहु ΔABC में यदि $AD \perp BC$ हो, तो निम्नलिखित में से सत्य कथन कौन-सा होगा ?

(*a*) $2AB^2 = 3AD^2$ (*b*) $4AB^2 = 3AD^2$

(*c*) $3AB^2 = 4AD^2$ (*d*) $3AB^2 = 2AD^2$

70. एक समद्विबाहु ΔABC में $AB = AC = 13$ सेमी० तथा A से BC पर डाले गये लम्ब AD की लम्बाई = 5 सेमी०. तब $BC = ?$

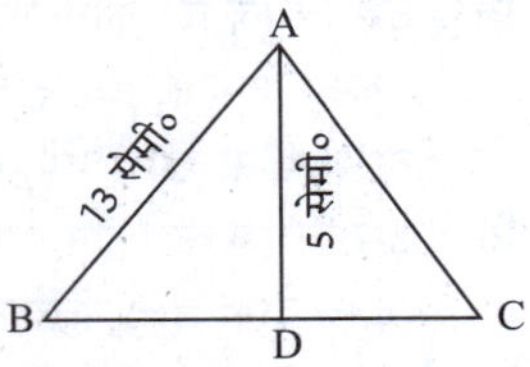

(*a*) 12 सेमी० (*b*) 16 सेमी० (*c*) 18 सेमी० (*d*) 24 सेमी०

71. किसी त्रिभुज की भुजायें 3 : 4 : 6 के अनुपात में हैं. यह त्रिभुज है:

(एस०एस०सी० परीक्षा, 2007)

(*a*) न्यूनकोणीय   (*b*) समकोणीय

(*c*) अधिककोणीय   (*d*) न्यूनकोणीय अथवा समकोणीय

72. एक समकोण त्रिभुज का कर्ण त्रिभुज की छोटी भुजा के दुगुने से 1 मीटर कम है. यदि तीसरी भुजा सबसे छोटी भुजा से 1 मीटर अधिक हो, तो त्रिभुज की सबसे छोटी भुजा कितनी है ?

(*a*) 3 मीटर   (*b*) 4 मीटर   (*c*) 5 मीटर   (*d*) 6 मीटर

(बी०एड० प्रवेश परीक्षा, 2007)

73. एक समबाहु त्रिभुज की प्रत्येक भुजा 10 सेमी० लम्बी है. इस त्रिभुज की ऊँचाई कितनी है ?

(*a*) $5\sqrt{3}$ सेमी०   (*b*) $6\sqrt{2}$ सेमी०

(*c*) $5\sqrt{2}$ सेमी०   (*d*) $6\sqrt{3}$ सेमी०

74. दी गई आकृति में ΔPQR के अन्दर एक बिन्दु O ऐसा है कि $\angle POR = 90°$, $OP = 6$ सेमी० तथा $OR = 8$ सेमी०. यदि $PQ = 24$ सेमी० तथा $\angle QPR = 90°$ हो, तो $QR = ?$

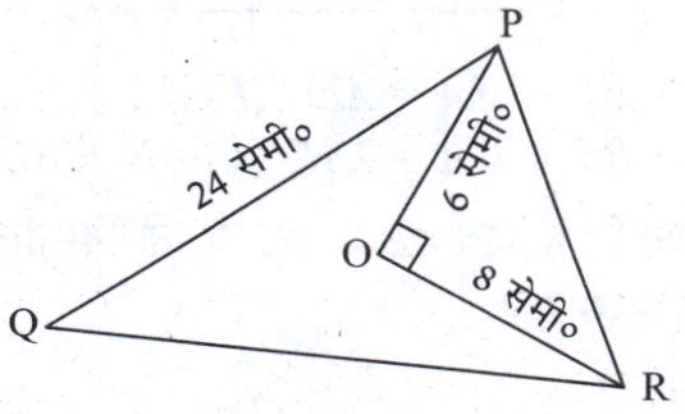

(*a*) 25 सेमी० (*b*) 26 सेमी० (*c*) 28 सेमी० (*d*) 32 सेमी०

75. एक व्यक्ति एक बिन्दु से 12 मीटर दक्षिण की ओर जाकर वहाँ से 35 मीटर पश्चिम की ओर जाता है. वह प्रारम्भिक बिन्दु से कितनी दूरी पर है ?

(*a*) 23 मीटर (*b*) 23·5 मीटर (*c*) 47 मीटर (*d*) 37 मीटर

76. ΔABC में यदि $AB = 3{\cdot}5$ सेमी० तथा $BC = 7$ सेमी० हो, तो निम्नलिखित में से कौन-सी नाप AC की लम्बाई नहीं हो सकती ?

(*a*) 3·4 सेमी० (*b*) 4 सेमी० (*c*) 4·5 सेमी० (*d*) 10 सेमी०

77. ΔABC में यदि $\angle A = 60°$ तथा $\angle B = 80°$ हो, तो त्रिभुज की सबसे बड़ी भुजा कौन-सी है ?

(*a*) BC (*b*) AC

(*c*) AB (*d*) तीनों भुजायें बराबर हैं

78. यदि ΔABC में $\angle B = 120°$ तथा $\angle C = 40°$ हो, तो त्रिभुज की सबसे छोटी भुजा कौन-सी है ?

(*a*) BC (*b*) AB

(*c*) AC (*d*) इनमें से कोई नहीं

79. दी गई आकृति में $AC > AB$ है तथा $\angle A$ का समद्विभाजक AD है. तब, निम्नलिखित में से सही कथन कौन-सा है ?

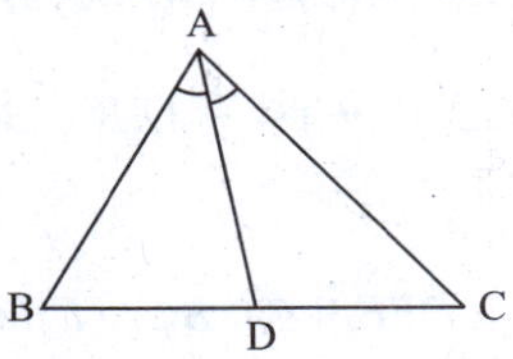

(a) $\angle ADC = \angle ADB$ (b) $\angle ADC < \angle ADB$
(c) $\angle ADC > \angle ADB$ (d) $\angle ADC = 90°$

80. ΔABC में $\angle B = 35°, \angle C = 65°$ तथा $\angle BAC$ का अर्द्धक BC को X पर काटता है. तब, निम्नलिखित में से कौन-सा कथन सत्य है ?

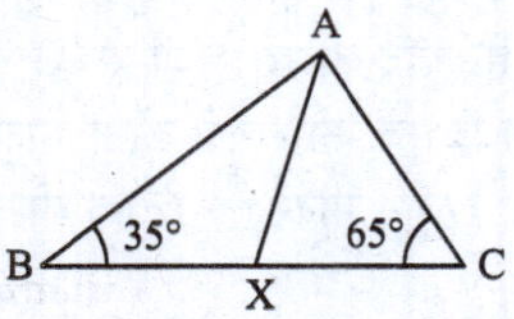

(a) $AX > BX > CX$ (b) $BX > CX > AX$
(c) $BX > AX > CX$ (d) $CX > BX > AX$

81. ΔABC में भुजा BC पर कोई बिन्दु D हो, तो निम्नलिखित में से सत्य कथन कौन-सा है ?

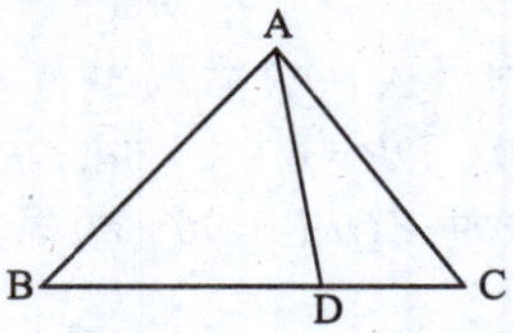

(a) $AB + BC + CA = AD$ (b) $AB + BC + CA > AD$
(c) $AB + BC + CA = 2AD$ (d) $AB + BC + CA > 2AD$

82. दी गई आकृति में यदि $AB > AC$ हो, तो निम्नलिखित में से कौन-सा कथन सत्य है ?

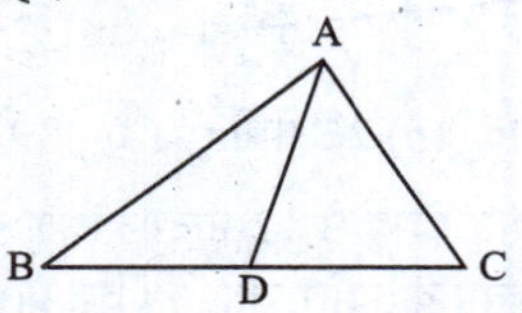

(a) $AB < AD$ (b) $AB = AD$
(c) $AB > AD$ (d) निश्चित नहीं किया जा सकता

83. दी गई ΔABC में दिया है कि $AB > AC$. यदि $\angle B$ तथा $\angle C$ के अर्द्धक क्रमशः BO तथा CO परस्पर O पर मिलें, तो निम्नलिखित में से सही कथन कौन-सा है ?

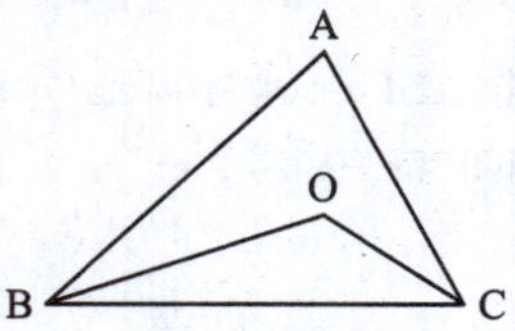

(a) $OB > OC$ (b) $OB < OC$
(c) $OB = OC$ (d) इनमें से कोई नहीं

84. ΔABC के अभ्यन्तर में कोई बिन्दु O है. तब निम्नलिखित में से सही कथन कौन-सा है ?

(a) $(OA + OB + OC) > (AB + BC + CA)$

(b) $(OA + OB + OC) > \frac{1}{2}(AB + BC + CA)$

(c) $(OA + OB + OC) < \frac{1}{2}(AB + BC + CA)$

(d) इनमें से कोई नहीं

85. ΔABC तथा ΔDEF में यदि $BC = EF$ तथा $AC = DF$ हो, तो $\Delta ABC \cong \Delta DEF$ तभी होगा जबकि

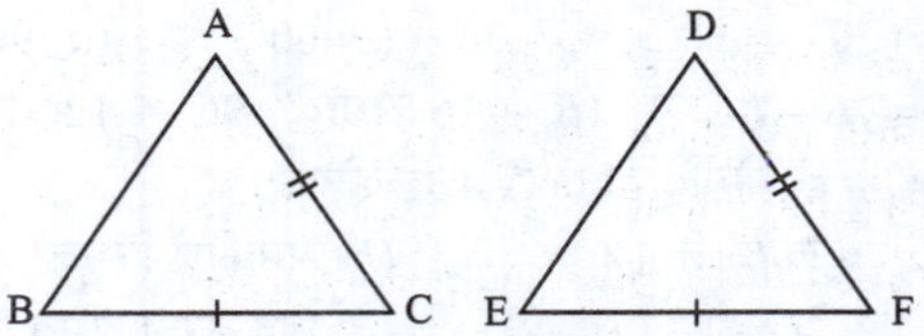

(a) $\angle A = \angle D$ (b) $\angle B = \angle E$
(c) $\angle C = \angle F$ (d) इनमें से कोई नहीं

86. ΔABC तथा ΔDEF में यदि $\angle B = \angle E$ तथा $\angle C = \angle F$ हो, तो $\Delta ABC \cong \Delta DEF$ तभी होगा जबकि

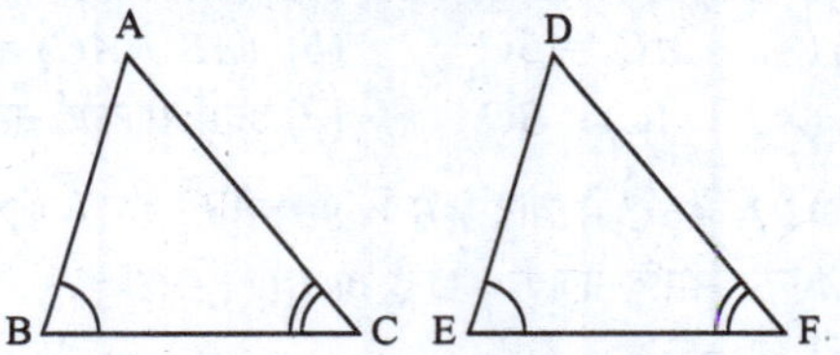

(a) $BC = EF$ (b) $AB = DF$
(c) $AC = DE$ (d) $\angle A = \angle D$

87. दो त्रिभुजों के सर्वांगसम होने के लिए निम्नलिखित में से कौन-सी प्रतिबंधता पर्याप्त नहीं है ?

(a) SSA (b) SAS (c) ASA (d) SSS

88. दी गई आकृति में $AE = DB, CB = EF$ तथा $\angle ABC = \angle FED$. तब, निम्नलिखित में से सत्य कथन कौन-सा है ?

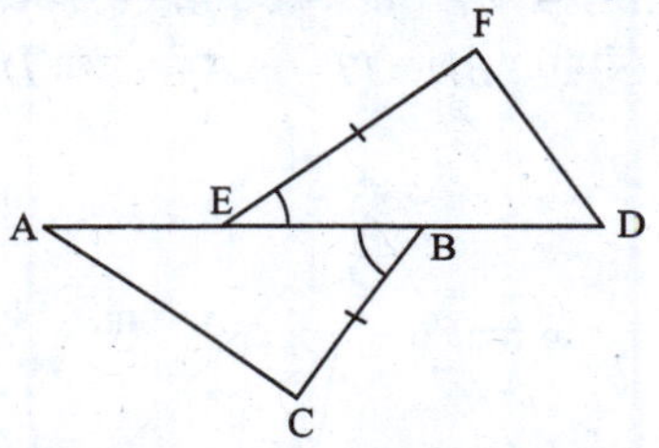

(a) $\Delta ABC \cong \Delta DEF$ (b) $\Delta ABC \cong \Delta EDF$
(c) $\Delta ABC \cong \Delta FED$ (d) $\Delta ABC \cong \Delta EFD$

89. यदि किसी त्रिभुज के दो शीर्षों से विपरीत भुजाओं पर डाले गये लम्ब बराबर हों, तो ऐसी त्रिभुज होगी :

(a) समबाहु त्रिभुज (b) समद्विबाहु त्रिभुज
(c) विषमबाहु त्रिभुज (d) समकोण त्रिभुज

90. निम्नलिखित में से सत्य कथन कौन-सा है ?

(a) एक त्रिभुज में दो कोण समकोण हो सकते हैं.
(b) एक त्रिभुज में दो कोण अधिक कोण हो सकते हैं.
(c) एक त्रिभुज में दो न्यूनकोण हो सकते हैं.
(d) किसी त्रिभुज की एक भुजा को बढ़ाने पर बना बाह्यकोण प्रत्येक आन्तरिक कोण से छोटा होता है.

91. किसी त्रिभुज के तीनों शीर्षों से विपरीत भुजाओं पर डाले गये लम्बों का प्रतिच्छेद बिन्दु उस त्रिभुज का कौन-सा केन्द्र है ?

(a) केन्द्रक (b) लम्ब-केन्द्र (c) अन्तःकेन्द्र (d) परिकेन्द्र

92. किसी त्रिभुज के तीनों शीर्षों से खींचे गये कोणों के समद्विभाजकों का प्रतिच्छेद बिन्दु उस त्रिभुज का कौन-सा केन्द्र है ?

(a) केन्द्रक (b) लम्ब केन्द्र (c) परिकेन्द्र (d) अन्तःकेन्द्र

93. किसी त्रिभुज की तीनों माध्यिकाओं का प्रतिच्छेद बिन्दु निम्नलिखित में से कौन-सा है ?

(*a*) केन्द्रक (*b*) अन्त:केन्द्र (*c*) परि-केन्द्र (*d*) लम्ब-केन्द्र

94. किसी त्रिभुज की भुजाओं के तीनों लम्ब-अर्द्धकों का प्रतिच्छेद बिन्दु निम्नलिखित में से कौन-सा है ?

(*a*) लम्ब केन्द्र (*b*) परिकेन्द्र (*c*) केन्द्रक (*d*) अन्त:केन्द्र

95. ΔABC में BC का मध्यबिन्दु D है. तब निम्न में से सत्य कथन कौन-सा है ?

(*a*) $AB + AC > AD$ (*b*) $AB + AC = AD$
(*c*) $AB + AC = 2AD$ (*d*) $AB + AC > 2AD$

96. ΔABC की तीन माध्यिकायें AD, BE तथा CF हों, तो निम्नलिखित कथनों में से सत्य कथन कौन-सा है ?

(*a*) $(AB + BC + CA) = (AD + BE + CF)$
(*b*) $(AB + BC + CA) < (AD + BE + CF)$
(*c*) $(AB + BC + CA) > (AD + BE + CF)$
(*d*) इनमें से कोई नहीं

97. ΔABC की तीन शीर्षों से ऊँचाईयाँ क्रमश: AL, BM तथा CN हों तो निम्नलिखित कथनों में से सत्य कथन कौन-सा है ?

(*a*) $(AB + BC + CA) = (AL + BM + CN)$
(*b*) $(AB + BC + CA) < (AL + BM + CN)$
(*c*) $(AB + BC + CA) > (AL + BM + CN)$
(*d*) इनमें से कोई नहीं

98. ΔABC में, $AD \perp BC$ और $BE \perp AC$ और AD और BE एक दूसरे को F पर काटते हैं। यदि $BF = AC$ है, तो $\angle ABC$ की माप क्या होगी? **(एस.एस.सी.-सी.जी.एल. परीक्षा, 2020)**

(*a*) 45° (*b*) 65° (*c*) 50° (*d*) 75°

99. त्रिभुज ABC में, AB और AC भुजाओं पर क्रमश: F और E बिंदु इस प्रकार हैं: $FE \parallel BC$ और FE त्रिभुज को समान क्षेत्रफल वाले दो भागों में विभाजित करता हैं। यदि $AD \perp BC$ और AD, FE पर बिंदु G पर प्रतिच्छेद करती हैं, तो $GD : AG = ?$ **(एस.एस.सी.-सी.जी.एल. परीक्षा, 2019)**

(*a*) $(\sqrt{2}+1):1$ (*b*) $2\sqrt{2} : 1$
(*c*) $\sqrt{2} : 1$ (*d*) $(\sqrt{2}-1):1$

100. यदि ΔFGH समद्विबाहु है और $FG < 3$ सेमी., $GH = 8$ सेमी., तो निम्नलिखित में से सही संबंध है:

(*a*) $GH < GF$ (*b*) $FH > GH$
(*c*) $GF = GH$ (*d*) $GH = FH$

(एस.एस.सी.-सी.जी.एल. परीक्षा, 2019)

101. दी गई आकृति में, PQR एक समबाहु त्रिभुज है और PS, $\angle P$ का कोण समद्विभाजक है। $RT : RQ$ का मान क्या है? **(एस.एस.सी.-सी.जी.एल. परीक्षा, 2018)**

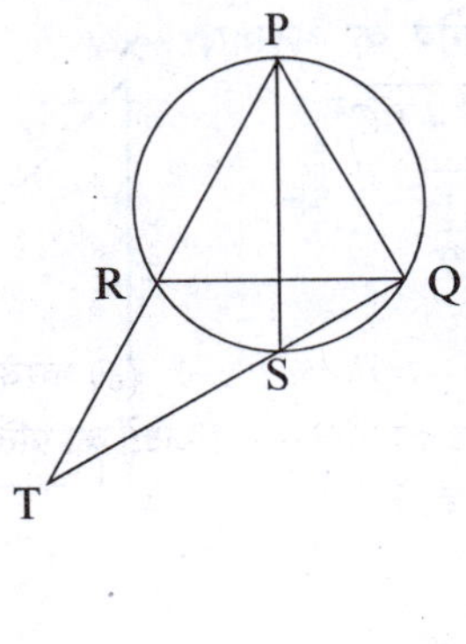

(*a*) 1 : 1 (*b*) 1 : 2 (*c*) 4 : 5 (*d*) 2 : 3

102. यदि ABC एक समबाहु त्रिभुज है और P, Q, R क्रमश: AB, BC, CA के मध्य बिन्दुओं को निरूपित करते हैं, तो **(एस.एस.सी.-सी.जी.एल. परीक्षा, 2018)**

(*a*) PQR एक समबाहु त्रिभुज होना चाहिए
(*b*) $PQ + QR + PR = AB$
(*c*) $PQ + QR + PR = 2\,AB$
(*d*) PQR एक समकोण त्रिभुज होना चाहिए

103. दी गई आकृति में, ABC एक त्रिभुज है। आंतरिक $\angle B$ और बाह्य $\angle C$ के समद्विभाजक D पर काटते हैं। यदि $\angle BDC = 48°$ है, तो $\angle A$ का मान (डिग्री में) क्या है?

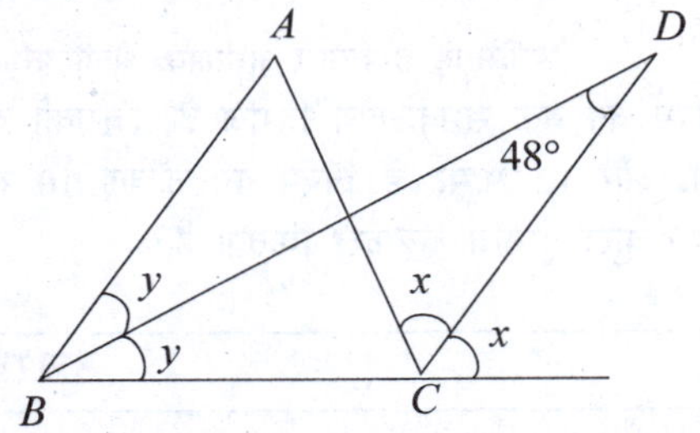

(*a*) 45 (*b*) 68 (*c*) 86 (*d*) 96

(एस.एस.सी.-सी.जी.एल. परीक्षा, 2017)

104. एक त्रिभुज ABC के लिए AB और AC पर दो बिंदु D और E इस प्रकार हैं कि $AD = \frac{1}{4}AB, AE = \frac{1}{4}AC$। यदि $BC = 12$ सेमी., तो DE हैं: **(एस.एस.सी.-सी.जी.एल. परीक्षा, 2017)**

(*a*) 5 सेमी. (*b*) 2 सेमी. (*c*) 3 सेमी. (*d*) 6 सेमी.

105. ΔDEF कोण E पर समकोण है। EC उसकी ऊँचाई है। CF की लंबाई 18 सेमी. है और FD की लंबाई 26सेमी. है। FE की लंबाई क्या होगी?

(*a*) $2\sqrt{13}$ सेमी. (*b*) $6\sqrt{13}$ सेमी.
(*c*) 12 सेमी. (*d*) 15 सेमी.

(एस.एस.सी. सी.एच.एस.एल. (10+2) ग्रेड (सी.बी.ई.) परीक्षा, 2017)

106. यदि किसी त्रिभुज का एक कोण 130° का हो तो अन्य दो कोणो के अर्द्धकों के बीच का कोण हो सकता है:

(*a*) 50° (*b*) 65° (*c*) 145° (*d*) 155°

(यू.पी.पी.एस.सी.-लोअर अधीनस्थ परीक्षा, 2016)

107. BD और CE त्रिभुज ABC की मध्यिकाएँ है, यदि $EO = 7$ से.मी. है तो CE की लम्बाई कितनी है?

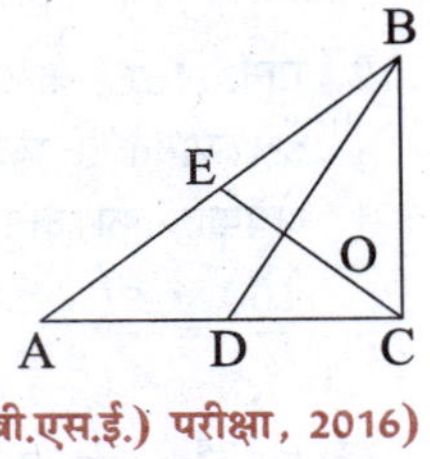

(*a*) 28 से.मी. (*b*) 14 से.मी.
(*c*) 21 से.मी. (*d*) 35 से.मी.

(एस.एस.सी.-सी.जी.एल. (सी.बी.एस.ई.) परीक्षा, 2016)

108. ΔABC में D और E क्रमश: भुजा AB और AC के दो मध्य बिंदु है। यदि $\angle BAC = 40°$ $\angle$ और $ABC = 65°$ है, तो $\angle CED$ है:

(*a*) 75° (*b*) 105° (*c*) 130° (*d*) 125°

(एस.एस.सी.-सी.जी.एल. परीक्षा, 2015)

109. $x=4$, $y=3$ और $3x+4y=12$ समीकरणों के ग्राफ से बने त्रिभुज का क्षेत्रफल है:

(*a*) 6 वर्ग यूनिट (*b*) 4 वर्ग यूनिट
(*c*) 3 वर्ग यूनिट (*d*) 12 वर्ग यूनिट

(एस.एस.सी.-सी.जी.एल. परीक्षा, 2015)

110. यदि निम्नलिखित चित्र में $AB = AC$ तथा $\angle ABC = 50°$ एवं AM, BC पर लम्ब है तो $\angle MAB$ है:

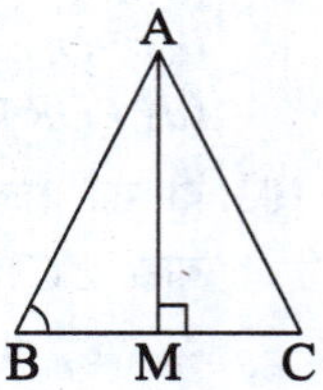

(*a*) 60° (*b*) 50°
(*c*) 40° (*d*) 30°

(छत्तीसगढ़ छात्रावास अधीक्षक श्रेणी परीक्षा, 2014

111. एक प्रिज्म का तल समकोणीय त्रिभुज है, जिसकी दो भुजाएँ 5 से.मी. और 12 से.मी. है प्रिज्म की ऊँचाई 10 से.मी. हैं। प्रिज्म का कुल पृष्ठीय क्षेत्रफल कितना है?

(*a*) 360 वर्ग से.मी. (*b*) 300 वर्ग से.मी.
(*c*) 330 वर्ग से.मी. (*d*) 325 वर्ग से.मी.

(एस.एस.सी.-सी.जी.एल. (टीयर-II) परीक्षा, 2014)

112. 24 से.मी. की भुजा वाले समभुज त्रिभुज में, उसकी भुजाओं को स्पर्श करते हुए एक वृत्त बनाया जाता है। त्रिभुज के शेष भाग का क्षेत्रफल कितना होगा? $\left(\sqrt{3}=1.732\right)$

(*a*) 98.55 वर्ग से.मी. (*b*) 100 वर्ग से.मी.
(*c*) 101 वर्ग से.मी. (*d*) 95 वर्ग से.मी.

(एस.एस.सी.-सी.जी.एल. परीक्षा, 2014)

113. एक लंब प्रिज्म का आधार समबाहु त्रिभुज है। यदि पार्श्व पृष्ठ क्षेत्र और आयतन क्रमश: 120 से.मी.², $40\sqrt{3}$ से.मी.³ है, तो प्रिज्म के तल की भुजा कितनी होगी?

(*a*) 4 से.मी. (*b*) 5 से.मी.
(*c*) 7 से.मी. (*d*) 40 से.मी.

(एस.एस.सी.-सी.जी.एल. परीक्षा, 2014)

उत्तरमाला (प्रश्नमाला 36)

1. (*b*)	2. (*d*)	3. (*d*)	4. (*c*)	5. (*b*)	6. (*a*)	7. (*a*)	8. (*a*)	9. (*c*)	10. (*a*)	11. (*c*)	12. (*a*)
13. (*c*)	14. (*b*)	15. (*a*)	16. (*c*)	17. (*c*)	18. (*c*)	19. (*b*)	20. (*a*)	21. (*d*)	22. (*d*)	23. (*b*)	24. (*c*)
25. (*b*)	26. (*b*)	27. (*d*)	28. (*c*)	29. (*c*)	30. (*b*)	31. (*b*)	32. (*b*)	33. (*a*)	34. (*c*)	35. (*c*)	36. (*d*)
37. (*c*)	38. (*b*)	39. (*c*)	40. (*c*)	41. (*b*)	42. (*a*)	43. (*d*)	44. (*b*)	45. (*b*)	46. (*d*)	47. (*b*)	48. (*d*)
49. (*a*)	50. (*c*)	51. (*c*)	52. (*b*)	53. (*b*)	54. (*a*)	55. (*a*)	56. (*b*)	57. (*d*)	58. (*c*)	59. (*c*)	60. (c)
61. (c)	62. (*d*)	63. (*b*)	64. (*c*)	65. (*b*)	66. (*a*)	67. (*a*)	68. (*c*)	69. (*c*)	70. (*d*)	71. (*c*)	72. (*a*)
73. (*a*)	74. (*b*)	75. (*d*)	76. (*a*)	77. (*b*)	78. (*a*)	79. (*c*)	80. (*c*)	81. (d)	82. (*c*)	83. (*a*)	84. (*b*)
85. (*c*)	86. (*a*)	87. (*a*)	88. (*a*)	89. (*b*)	90. (c)	91. (*b*)	92. (*d*)	93. (*a*)	94. (*b*)	95. (*d*)	96. (*c*)
97. (*c*)	98. (*a*)	99. (*d*)	100. (*d*)	101. (*a*)	102. (*a*)	103. (*d*)	104. (*c*)	105. (*b*)	106. (*d*)	107. (*c*)	108. (*b*)
109. (*a*)	110. (*c*)	111. (*c*)	112. (*a*)	113. (*a*)							

दिये गये प्रश्नों के हल (प्रश्नमाला 36)

1. माना $3A=4B=6C=K$. तब $A=\frac{K}{3}, B=\frac{K}{4}, C=\frac{K}{6}$.

$A+B+C=180° \Rightarrow \frac{K}{3}+\frac{K}{4}+\frac{K}{6}=180$

$\Rightarrow 4K+3K+2K=(180\times12)$

$\Rightarrow 9K=(180\times12) \Rightarrow K=(20\times12)=240.$

$\therefore\ A=\left(\frac{240}{3}\right)^{\circ}=80°.$

2. माना ABC के संगत DEF का शीर्षलंब x है।

हम जानते हैं कि

क्षेत्रफल का अनुपात = (संगत भुजाओं का अनुपात)²

$\frac{100}{49}=\frac{5^2}{x^2}$

$x=5\times\frac{7}{10}=3.5$

3. ($A-B=40$ तथा $B-C=10$). जोड़ने पर : $A-C=50$.

माना $A=K$. तब, $B=K-40$ तथा $C=K-50$.

अब $A+B+C=180° \Rightarrow K+K-40+K-50=180$

$\Rightarrow 3K=270 \Rightarrow K=90.$

$\therefore\ B=(K-40)°=(90-40)°=50°.$

4. $(2A=3B$ तथा $4B=5C) \Rightarrow 8A=12B$ तथा $12B=15C$

$\Rightarrow 8A=12B=15C=K$ (माना)

$\Rightarrow A=\frac{K}{8}, B=\frac{K}{12}, C=\frac{K}{15}$

$\Rightarrow A:B:C=\frac{K}{8}:\frac{K}{12}:\frac{K}{15}=\frac{1}{8}:\frac{1}{12}:\frac{1}{15}=15:10:8.$

5. ABC में कोण $B=90°$ और $AB:BC=2:1$

इसलिए $AB=\frac{2}{3}$ और $BC=\frac{1}{3}$

पाइथागोरस प्रमेय के अनुसार,

$AC=\sqrt{AB^2+BC^2}$

$AC=\sqrt{\frac{4}{9}+\frac{1}{9}}$

$AC=\frac{\sqrt{5}}{3}$

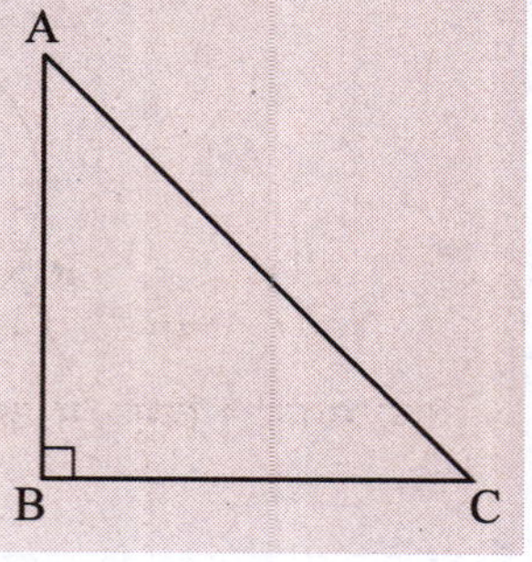

$$\sin A = \frac{BC}{AC} = \frac{\frac{1}{3}}{\frac{\sqrt{5}}{3}} = \frac{1}{\sqrt{5}}$$

$$\cot C = \frac{BC}{AB} = \frac{\frac{1}{3}}{\frac{2}{3}} = \frac{1}{2}$$

$$\sin A + \cot C = \frac{1}{\sqrt{5}} + \frac{1}{2} = \frac{2+\sqrt{5}}{2\sqrt{5}}$$

6. दिया है

$\angle BOC = 122°$

ΔABC में

$\angle A + \angle B + \angle C = 180°$

$\Rightarrow \frac{1}{2}(\angle B + \angle C) = 90° - \frac{1}{2}\angle A$

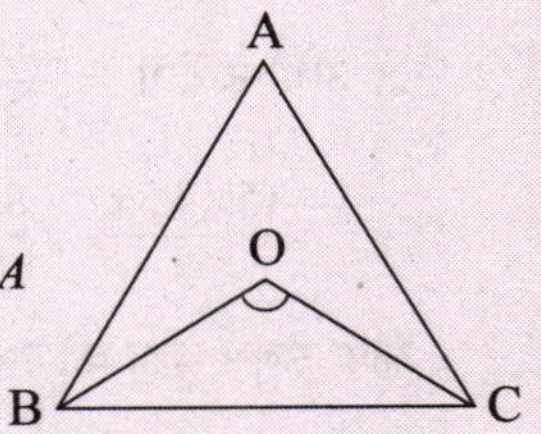

पुन: ΔBOC में

$\angle BOC + \frac{1}{2}(\angle B + \angle C) = 180°$

$\Rightarrow \angle BOC = 90° + \frac{1}{2}\angle A$

$\Rightarrow 122° - 90° = \frac{1}{2}\angle A$

$\Rightarrow \angle A = 2 \times 32° = 64°$

7. त्रिभुज का क्षेत्रफल $= \frac{1}{2} \times$ आधार $\times$ ऊँचाई.

$\therefore \frac{1}{2} \times 5x \times (3x-1) = 60 \Rightarrow 5x(3x-1) = 120$

$\therefore 15x^2 - 5x - 120 = 0 \Rightarrow 3x^2 - x - 24 = 0$

$\Rightarrow 3x^2 - 9x + 8x - 24 = 0 \Rightarrow 3x(x-3) + 8(x-3) = 0$

$\Rightarrow (x-3)(3x+8) = 0 \Rightarrow x = 3$

[$\because x$ का मान ऋणात्मक नहीं हो सकता]

$5x = (5 \times 3) = 15$ सेमी०,

$(3x-1) = (3 \times 3 - 1)$ सेमी० $= 8$ सेमी०.

तीसरी भुजा

$= \sqrt{(15)^2 + 8^2} = \sqrt{225 + 64} = \sqrt{289} = 17$ सेमी०.

अत: त्रिभुज की भुजायें 15 सेमी०, 8 सेमी० तथा 17 सेमी० हैं.

8. $\frac{BC}{BC} = \sin B$ तथा $\frac{CD}{CA} = \sin A = \sin(90° - B) = \cos B.$

$\sin^2 B + \cos^2 B = 1 \Rightarrow \frac{CD^2}{BC^2} + \frac{CD^2}{CA^2} = 1$

$\Rightarrow \frac{1}{CD^2} = \frac{1}{BC^2} + \frac{1}{CA^2}.$

9. एक समकोण त्रिभुज में, परिकेन्द्र के मध्य बिन्दु पर स्थित होता है।

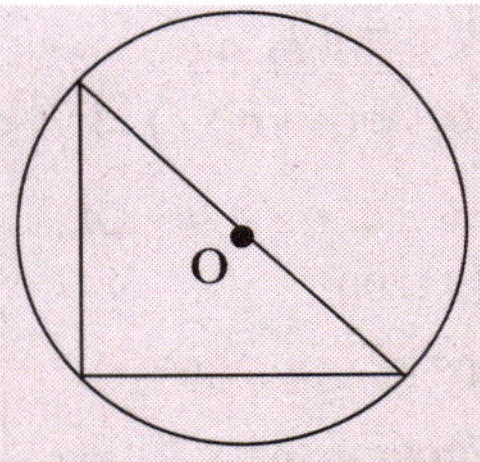

10. त्रिभुज के अंत: कोणों का योग 180° होता है। इसलिए, त्रिभुज का तीसरा कोण

$= 180° - (21° + 38°)$

$= 121°$

अत: यह एक अधिक कोण वाला त्रिभुज है।

11.

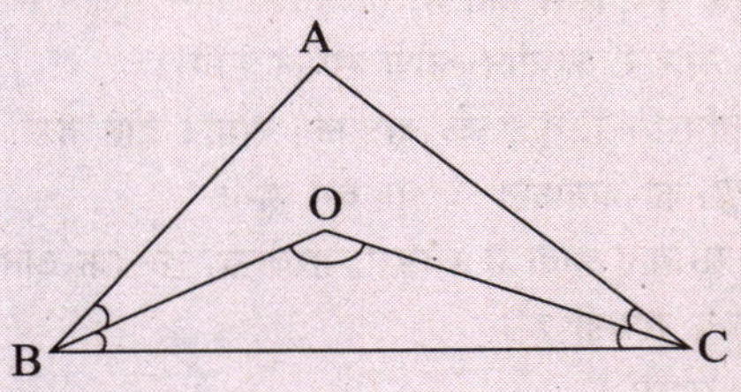

दिया गया है-

$\angle BOC = 120°$

अब ΔBOC में

$\angle OBC + \angle BOC + \angle OCB = 180°$

$\Rightarrow \frac{1}{2}\angle B + \frac{1}{2}\angle C + \angle BOC = 180°$

$\Rightarrow \frac{1}{2}(\angle B + \angle C) = 180° - 120° = 60°$

$\therefore \angle B + \angle C = 120°$

अत: ΔABC में $\angle A = 180° - 120°$

$= 60°$

12. माना समद्विबाहु त्रिभुज की भुजाएँ a, a और b हैं।

तब, $a = \frac{5b}{6}$ (दिया गया) है।

प्रश्न के अनुसार,

$a + a + b = 32$

$\Rightarrow \frac{5b}{6} + \frac{5b}{6} + b = 32$

$\Rightarrow 5b + 5b + 6b = 192$

$b = 12$ सेमी

त्रिभुज की ऊंचाई $= \sqrt{10^2 - 6^2}$

$= 8$ सेमी

अब त्रिभुज का क्षेत्रफल $= \frac{1}{2} \times$ आधार $\times$ ऊँचाई

$= \frac{1}{2} \times 12 \times 8$

$= 48$ सेमी^{2}

13. हम जानते हैं कि किसी त्रिभुज में प्रत्येक ऊँचाई सम्मुख भुजा से छोटी होती है.

$\therefore\ h_1 < a, h_2 < b$ तथा $h_3 < c$

$\Rightarrow (h_1 + h_2 + h_3) < (a + b + c) \Rightarrow p < q.$

14. $\angle C = 2\angle A \Rightarrow \angle C + \angle A = 3\angle A$.

परन्तु $\angle C + \angle A = 90°$.

अत: $3\angle A = 90° \Rightarrow \angle A = 30°$.

$\therefore\ \angle C = (2 \times 30°) = 60°$.

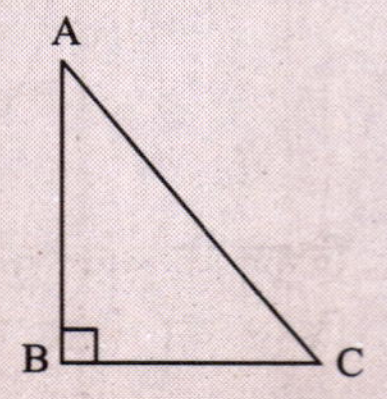

$\frac{AB}{BC} = \tan C = \tan 60° = \sqrt{3}$.

$\Rightarrow AB = \sqrt{3}BC$.

$\therefore\ AB^2 = 3BC^2$.

15. जब दो त्रिभुज सर्वांगसम होते हैं, तो उनकी तीन भुजाएँ बिल्कुल समान होंगी और ठीक तीन कोण समान होंगे।

अत: दो सर्वांगसम त्रिभुजों के क्षेत्रफल समान होते हैं।

अत: ΔPQR का क्षेत्रफल = 60 वर्ग सेमी.

16. एक त्रिभुज समबाहु होता है जिसमें परिकेन्द्र, केन्द्रक अंत:केन्द्र और लम्बकेन्द्र संपाती हों।

17. $\Delta ABC \sim \Delta PQR$

$\therefore\ \frac{\Delta PQR \text{ का क्षेत्रफल}}{\Delta ABC \text{ का क्षेत्रफल}} = \frac{PQ^2}{AB^2} = \frac{9^2}{16^2}$

दिया गया है। ΔABC का क्षेत्रफल = 1024 वर्ग सेमी.

$\Rightarrow\ \Delta PQR$ का क्षेत्रफल $= \frac{9 \times 9}{16 \times 16} \times 1024 = 324$ वर्ग सेमी.

18. $DG \parallel BEF$ खींचें।

अब ΔADG में AD का मध्य बिन्दु E है तथा $DG \parallel EF$.

$AE = ED \Rightarrow AF = FG$.

BC का मध्य बिन्दु D है तथा $DG \parallel BF$

अत: CF का मध्य बिन्दु G है.

$\therefore CG = GF$.

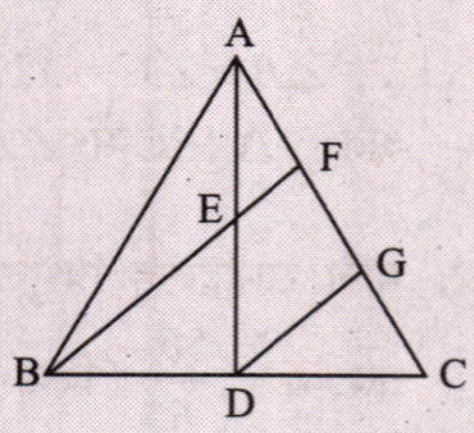

अत: $(AF = FG = GC) \Rightarrow AF = \frac{1}{3}AC$.

19. माना प्रारम्भिक बिन्दु O से पूर्व की ओर $OA = 150$ मीटर. अब A से उत्तर की ओर $AB = 200$ मीटर.

$OB^2 = (OA)^2 + (AB)^2$

$= (150)^2 + (200)^2 = (22500 + 40000) = 62500$

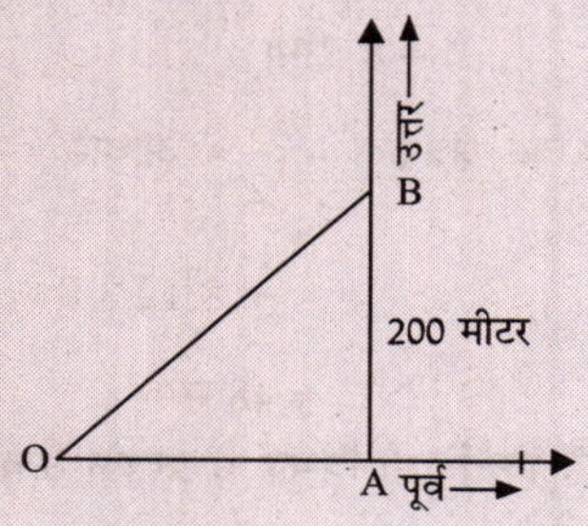

$\Rightarrow OB = \sqrt{62500} = 250$ मीटर.

अभीष्ट दूरी = 250 मीटर.

20. माना सबसे छोटी भुजा = x सेमी॰ तब, सबसे बड़ी भुजा $= \left(\frac{5x}{3}\right)$ सेमी॰, तीसरी भुजा = 8 सेमी॰.

$\left(\frac{5x}{3}\right)^2 = x^2 + (8)^2 \Rightarrow \left(\frac{25x^2}{9} - x^2\right) = 64$

$\Rightarrow \frac{(25x^2 - 9x^2)}{9} = 64$

$\Rightarrow 16x^2 = (64 \times 9) \Rightarrow x^2 = (4 \times 9) = 36 = (6)^2 \Rightarrow x = 6.$

$\therefore$ अभीष्ट योग $= \left(\frac{5x}{3} + x\right)$

$= \frac{(5x + 3x)}{3} = \frac{8x}{3} = \frac{(8 \times 6)}{3}$ सेमी॰ = 16 सेमी॰.

21. माना सबसे बड़ा कोण $= (3x)°$ तथा उससे छोटा कोण $= (2x)°$.

$\therefore$ सबसे छोटा कोण

$[(3x + 2x)$ का $20\%] = \left[(5x) \times \frac{20}{100}\right]^\circ = x°$.

$\Rightarrow 3x + 2x + x = 180 \Rightarrow 6x = 180 \Rightarrow x = 30.$

$\Rightarrow$ अभीष्ट योग $= (2x + x)° = (3x)° = (3 \times 30)° = 90°$.

22. माना दी गई त्रिभुज के कोण $(4x)°, (5x)°$ तथा $(9x)°$, हैं. तब

$4x + 5x + 9x \Rightarrow 180 \Rightarrow 18x = 180 \Rightarrow x = 10.$

$\therefore$ सबसे बड़ा कोण $= (9x)° = (9 \times 10)° = 90°$.

23. $\frac{ar\,(\Delta ABC)}{ar\,(\Delta PQR)} = \frac{BC^2}{QR^2} \Rightarrow \frac{64}{121} = \left(\frac{BC}{QR}\right)^2$.

$\therefore\ \left(\frac{BC}{QR}\right)^2 = \frac{64}{121} = \left(\frac{8}{11}\right)^2 \Rightarrow \frac{BC}{QR} = \frac{8}{11}$

$\Rightarrow \frac{x}{15 \cdot 4} = \frac{8}{11}$, जहाँ $BC = x$ सेमी॰.

$\therefore\ x = \frac{8 \times 15 \cdot 4}{11} = (8 \times 1 \cdot 4) = 11 \cdot 2.$

अत: $BC = 11 \cdot 2$ सेमी॰.

24. $\angle A = \left(\frac{\pi}{4} \times \frac{180}{\pi}\right)^\circ = 45°, \angle B = \left(\frac{\pi}{6} \times \frac{180}{\pi}\right)^\circ = 30°$.

$\therefore\ \angle C = 180° - (45° + 30°) = (180° - 75°) = 105°$.

25. $(A \to F, B \to E, C \to D)$

$\therefore\ \Delta ABC \sim \Delta FED.$

26. दिया है: $A + B = 116$ तथा $A - B = 24$.

इन्हें हल करने पर $A = 70°, B = 46°$.

$\therefore\ C = 180° - (70° + 46°) = (180 - 116)° = 64°$.

27. माना $\angle A = (2x)°, \angle B = (3x)°$ तथा $\angle C = (7x)°$.

तब, $\angle A + \angle B + \angle C = 180° \Rightarrow 2x + 3x + 7x = 180$

$\Rightarrow 12x = 180 \Rightarrow x = 15.$

सबसे बड़ा कोण $= (7 \times 15)^\circ = 105^\circ$.

28. माना $2A = 3B = 4C = K$. तब $A = \frac{K}{2}, B = \frac{K}{3}, C = \frac{K}{4}$

$\Rightarrow A : B : C = \frac{K}{2} : \frac{K}{3} : \frac{K}{4} = \frac{1}{2} : \frac{1}{3} : \frac{1}{4} = 6 : 4 : 3.$

29. माना त्रिभुज के कोण x°, x° तथा $(x+18)^\circ$ हैं. तब,

$x + x + x + 18 = 180 \Rightarrow 3x = 162 \Rightarrow x = 54.$

$\therefore$ तीसरा कोण $= (54 + 18)^\circ = 72^\circ$.

30. माना त्रिभुज के कोण $x^\circ, (2x)^\circ$ तथा $(3x)^\circ$ हैं. तब,

$x + 2x + 3x = 180 \Rightarrow 6x = 180 \Rightarrow x = 30.$

अत: सबसे छोटा कोण $= 30^\circ$.

31. $(A - B = 45$ तथा $B - C = 30)$. इन्हें जोड़ने पर $A - C = 75$.

माना $A = K$. तब $B = K - 45$ तथा $C = K - 75$.

जोड़ने पर $3K - 120 = 180 \Rightarrow 3K = 300 \Rightarrow K = 100.$

$\therefore A + B = K + K - 45 = (200 - 45) = 155.$

32. ΔABC में $\angle BAC + \angle ABC + \angle ACB = 180^\circ$

$\Rightarrow 40^\circ + \angle ABC + 90^\circ = 180^\circ \Rightarrow \angle ABC = 50^\circ.$

ΔBDE में $\angle EBD + \angle BED + \angle BDE = 180^\circ$

$\Rightarrow \angle ABC + \angle BED + \angle BDE = 180^\circ$

$\Rightarrow 50^\circ + 100^\circ + \angle BDE = 180^\circ \Rightarrow \angle BDE = 30^\circ.$

33. ΔABC में $\angle BAC + \angle ABC + \angle ACB = 180^\circ$

$\Rightarrow 30^\circ + 50^\circ + \angle ACB = 180^\circ \Rightarrow \angle ACB = 100^\circ.$

$\therefore \angle ECD = \angle ACD = (180^\circ - 100^\circ) = 80^\circ.$

ΔECD में $\angle ECD + \angle EDC + \angle CED = 180^\circ$

$\Rightarrow 80^\circ + 25^\circ + \angle CED = 180^\circ \Rightarrow \angle CED = 75^\circ.$

$\therefore \angle AED = (180^\circ - 75^\circ) = 105^\circ.$

34. $\frac{ar\,(\Delta ABC)}{ar\,(\Delta DEF)} = \frac{h_1^2}{h_2^2} = \left(\frac{h_1}{h_2}\right)^2 \Rightarrow \left(\frac{h_1}{h_2}\right)^2 = \frac{81}{225} = \left(\frac{4}{15}\right)^2$

$\Rightarrow \frac{h_1}{h_2} = \frac{9}{15} = \frac{3}{5}.$

$\therefore h_1 : h_2 = 3 : 5.$

35. $\angle ABC = (180^\circ - 130^\circ) = 50^\circ,$

$\angle BAC = (180^\circ - 80^\circ) = 100^\circ.$

ΔABC में $\angle ABC + \angle BAC + \angle ACB = 180^\circ$

$\Rightarrow 50^\circ + 100^\circ + \angle ACB = 180^\circ \Rightarrow \angle ACB = 30^\circ.$

36. ΔBDC में $\angle CBD + \angle BDC + \angle BCD = 180^\circ$

$\Rightarrow 40^\circ + 90^\circ + \angle BCD = 180^\circ \Rightarrow \angle BCD = 50^\circ.$

ΔAEC में $\angle EAC + \angle ACE + AEC = 180^\circ$

$\Rightarrow 30^\circ + \angle BCD + \angle AEC = 180^\circ$

$\Rightarrow 50^\circ + \angle AEC = 150^\circ \Rightarrow \angle AEC = 100^\circ.$

$\therefore \angle AEB = (180^\circ - 100^\circ) = 80^\circ.$

37. $\angle ABC + \angle ACB = (180^\circ - 40^\circ) = 140^\circ$

$\Rightarrow \frac{1}{2}\angle ABC + \frac{1}{2}\angle ACB = 70^\circ$

$\Rightarrow \angle OBC + \angle OCB = 70^\circ.$

$\therefore \angle BOC = (180^\circ - 70^\circ) = 110^\circ.$

38. ΔAOC में $\angle OAC + \angle OCA + \angle AOC = 180^\circ$

$\Rightarrow 45^\circ + 65^\circ + \angle AOC = 180^\circ \Rightarrow \angle AOC = 70^\circ.$

$\angle BOD = \angle AOC = 70^\circ.$

ΔBOD में, $\angle BOD + \angle BDO + \angle OBD = 180^\circ$

$\Rightarrow 70^\circ + 85^\circ + \angle OBD = 180^\circ$

$\Rightarrow \angle OBD = (180^\circ - 155^\circ) = 25^\circ.$

39. किसी त्रिभुज में दो भुजाओं का योग सदैव तीसरी भुजा से बड़ा होता है.

40. $\angle AOC + \angle COD + \angle BOD = 180^\circ$

$\Rightarrow x^\circ + 90^\circ + y^\circ = 180^\circ \Rightarrow x + y = 90.$

$\angle AOE + \angle BOE = 180^\circ \Rightarrow 3x^\circ + 60^\circ = 180^\circ$

$\Rightarrow 3x = 120 \Rightarrow x = 40.$

$\therefore 40 + y = 90 \Rightarrow y = (90 - 40) = 50.$

41. ΔAMB में, $\angle AMB + \angle ABM + \angle BAM = 180^\circ$

$\Rightarrow 90^\circ + 70^\circ \angle BAM = 180^\circ$

$\Rightarrow \angle BAM = (180^\circ - 160^\circ) = 20^\circ.$

ΔABC में $\angle BAC + \angle ABC + \angle ACB = 180^\circ$

$\Rightarrow \angle BAC + 70^\circ + 30^\circ = 180^\circ$

$\Rightarrow \angle BAC = (180^\circ - 100^\circ) = 80^\circ.$

$\angle BAN = \frac{1}{2}\angle BAC = \frac{1}{2} \times 80^\circ = 40^\circ.$

$\therefore \angle MAN = \angle BAN - \angle BAM = (40^\circ - 20^\circ) = 20^\circ.$

42. A तथा D को मिलाकर आगे E तक बढ़ायें.

$\angle CDE = y + 30$ तथा $\angle BDE = z + 45$

$\Rightarrow \angle CDE + \angle BDE = (y + z + 75)^\circ = (55 + 75)^\circ = 130^\circ.$

$\therefore x = 130.$

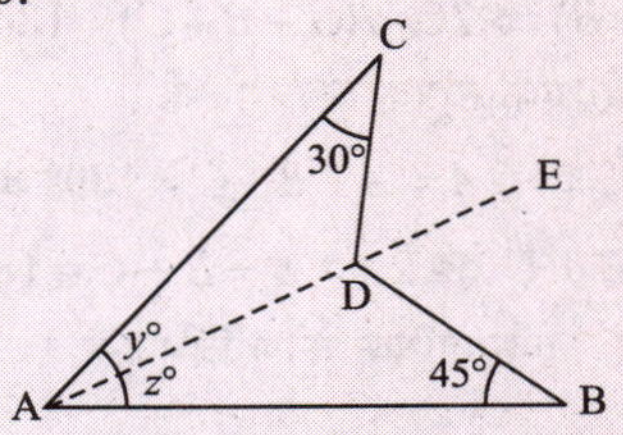

43. $AB \parallel CD$ तथा तिर्यक रेखा BC इन्हें काटती है.

$\therefore \angle ABE = \angle DCE = 60^\circ.$

ΔABE में, $\angle EAB + \angle ABE + \angle AEB = 180^\circ$

$\Rightarrow 50^\circ + 60^\circ + \angle AEB = 180^\circ \Rightarrow \angle AEB = 70^\circ.$

44. यहाँ $AD = 2{\cdot}4$ सेमी०, माना $DB = x$ सेमी०.

दिया है : $AE = 3{\cdot}2$ सेमी० तथा $EC = 4{\cdot}8$ सेमी०.

अनुपातिकता प्रमेय से:

$\frac{AD}{DB} = \frac{AE}{EC} \Rightarrow \frac{2{\cdot}4}{x} = \frac{3{\cdot}2}{4{\cdot}8} = \frac{32}{48} = \frac{2}{3}$

$\Rightarrow 2x = (3 \times 2{\cdot}4) \Rightarrow x = \frac{3 \times 2{\cdot}4}{2} = (3 \times 1{\cdot}2) = 3{\cdot}6.$

$\therefore DB = 3{\cdot}6$ सेमी०.

अत: $AB = (AD + DB) = (2{\cdot}4 + 3{\cdot}6)$ सेमी० $= 6$ सेमी०.

45. माना $EC = x$ सेमी॰. तब अनुपातिकता प्रमेय से:

$$\frac{AD}{DB} = \frac{AE}{EC} \Rightarrow \frac{4}{7} = \frac{6\cdot 6 - x}{x}$$

$[\because\ AE = AC - EC = 6\cdot 6 - x]$

$$\therefore\ 4x = 7(6\cdot 6 - x) \Rightarrow 4x = 7\times 6\cdot 6 - 7x \Rightarrow 11x = \frac{7\times 66}{10}$$

$$\Rightarrow x = \left(\frac{7\times 66}{10}\times\frac{1}{11}\right) = \frac{42}{10} = 4\cdot 2 \text{ सेमी॰.}$$

$\therefore\ AE = (AC - EC) = (6\cdot 6 - 4\cdot 2)$ सेमी॰ $= 2\cdot 4$ सेमी॰.

46. माना $AE = x$ सेमी॰. तब $EC = (AC - AE) = (5\cdot 6 - x)$ सेमी॰.

अब, $\frac{AD}{DB} = \frac{AE}{EC} \Rightarrow \frac{3}{5} = \frac{x}{5\cdot 6 - x} \Rightarrow 3(5\cdot 6 - x) = 5x$

$\Rightarrow 16\cdot 8 - 3x = 5x \Rightarrow 8x = 16\cdot 8 \Rightarrow x = 2\cdot 1.$

$\therefore\ AE = 2\cdot 1$ सेमी॰.

47. अनुपातिकता प्रमेय से:

$$\frac{AD}{DB} = \frac{AE}{EC} \Rightarrow \frac{x}{x-2} = \frac{x+2}{x-1}$$

$\Rightarrow x(x-1) = (x+2)(x-2) \Rightarrow x^2 - x = x^2 - 4 \Rightarrow x = 4.$

48. अनुपातिकता प्रमेय से:

$$\frac{AD}{DB} = \frac{AE}{EC} \Rightarrow \frac{4}{x-4} = \frac{8}{3x-19} \Rightarrow 4(3x-19) = 8(x-4)$$

$\Rightarrow 12x - 76 = 8x - 32 \Rightarrow 4x = (76-32) = 44 \Rightarrow x = 11.$

49. $\frac{\Delta ABC \text{ की परिमिति}}{\Delta DEF \text{ की परिमिति}} = \frac{BC}{EF}$. माना $EF = x$ सेमी॰. तब,

$$\frac{25}{15} = \frac{9}{x} \Rightarrow 25x = 15\times 9 \Rightarrow x = \frac{15\times 9}{25} = \frac{27}{5} = 5\cdot 4 \text{ सेमी॰.}$$

50. $A < (B+C) \Rightarrow 2A < (A+B+C) = 180° \Rightarrow A < 90°.$

$B < (A+C) \Rightarrow 2B < (A+B+C) = 180° \Rightarrow B < 90°$

$C < (A+B) \Rightarrow 2C < (A+B+C) = 180° \Rightarrow C < 90°.$

$\therefore\ \Delta ABC$ एक न्यूनकोण त्रिभुज है.

51. $A = B + C \Rightarrow 2A = A + B + C = 180° \Rightarrow A = 90°.$

52. माना $A > B + C$. तब $2A > A + B + C = 180° \Rightarrow A > 90°.$

$\therefore\ \Delta ABC$ एक अधिक कोण त्रिभुज है.

53. दिया है : $p^2 + q^2 + r^2 = pq + qr + pr$

$\Rightarrow 2p^2 + 2q^2 + 2r^2 = 2pq + 2qr + 2pr$

$\Rightarrow (p^2 + q^2 - 2pq) + (q^2 + r^2 - 2qr) + (r^2 + p^2 - 2pr) = 0$

$\Rightarrow (p-q)^2 + (q-r)^2 + (r-p)^2 = 0$

$\Rightarrow p - q = 0, q - r = 0$ तथा $r - p = 0$

$\Rightarrow p = q, q = r$ तथा $r = p \Rightarrow p = q = r.$

अत: दी गई त्रिभुज एक समबाहु त्रिभुज है.

54. $\frac{AB}{DE} = \frac{\Delta ABC \text{ की परिमिति}}{\Delta DEF \text{ की परिमिति}} \Rightarrow \frac{9\cdot 1}{6\cdot 5} = \frac{35}{x} \Rightarrow \frac{35}{x} = \frac{7}{5}$

$\Rightarrow 7x = 175 \Rightarrow x = 25.$

$\therefore\ \Delta DEF$ की परिमिति $= 25$ सेमी॰.

55. $\frac{AB}{EF} = \frac{BC}{DF} = \frac{CA}{DE} \Rightarrow E \to A, F \to B, D \to C$

$\therefore\ \Delta DEF \sim \Delta CAB.$

56. $\angle B = \angle E, \angle C = \angle F$ तथा

तीसरा कोण $\angle A =$ तीसरा कोण $\angle D.$

अत: ΔABC तथा ΔDEF समरूप हैं.

परन्तु $AB = 2DE \Rightarrow AB \neq DE.$

$\therefore\ \Delta ABC$ तथा ΔDEF सर्वांगसम नहीं हैं.

57. $(A \leftrightarrow E, B \leftrightarrow F, C \leftrightarrow D) \Rightarrow \Delta ABC \sim \Delta EFD.$

$\therefore\ \frac{AB}{EF} = \frac{BC}{FD}$ सत्य है.

58. ΔDBA तथा ΔDAC में $\angle ADB = \angle CDA = 90°,$

$\angle ABD = \angle CAD = (90° - \angle C)$

तथा $\angle BAD = \angle ACD = 90° - \angle B.$

$\therefore\ \Delta DBA \sim \Delta DAC \Rightarrow \frac{BD}{AD} = \frac{AD}{CD} \Rightarrow BD\cdot CD = AD^2.$

59. $(A \leftrightarrow E, B \leftrightarrow D$ तथा $C \leftrightarrow F)$

$\therefore\ \frac{AB}{AC} = \frac{DE}{EF}$ (सत्य); $\frac{BC}{AB} = \frac{FD}{DE}$ (सत्य);

$\frac{BC}{AB} = \frac{EF}{DE}$ (असत्य); $\frac{BC}{AC} = \frac{FD}{EF}$ (सत्य).

60. $\frac{\Delta ABC \text{ का क्षेत्रफल}}{\Delta DEF \text{ का क्षेत्रफल}} = \frac{AB^2}{DE^2} \Rightarrow \left(\frac{AB}{DE}\right)^2 = \frac{25}{36} = \left(\frac{5}{6}\right)^2$

$\therefore\ \frac{AB}{DE} = \frac{5}{6} \Rightarrow AB : DE = 5 : 6.$

61. $\frac{ar(\Delta ABC)}{ar(\Delta DEF)} = \left(\frac{AB}{DE}\right)^2 = \left(\frac{4}{5}\right)^2 = \frac{16}{25} = 16 : 25.$

62. दिया है $AC = BC.$

$\therefore\ AB^2 = 2AC^2 \Rightarrow AB^2 = AC^2 + AC^2$

$\Rightarrow AB^2 = AC^2 + BC^2$ $[\because\ \mathbf{AC = BC}]$

$\Rightarrow \angle C = 90°.$

63. $AB^2 + BC^2 = (16)^2 + (12)^2 = (256 + 144) = 400$

$= (20)^2 = AC^2.$

$\therefore\ \Delta ABC$ एक समकोण त्रिभुज है.

64. किसी त्रिभुज में किन्हीं दो भुजाओं का अन्तर सदैव तीसरी भुजा से छोटा होता है.

65. किसी त्रिभुज में किन्हीं दो भुजाओं का योग सदैव तीसरी भुजा से बड़ा होता है.

66. $BD : DC = AB : AC = 8 : 12 = 2 : 3.$

67. स्पष्ट है कि $\frac{AB}{AC} = \frac{BD}{DC} \Rightarrow \frac{9}{12} = \frac{7-x}{x} \Rightarrow 9x = 84 - 12x$

$\Rightarrow 21x = 84 \Rightarrow x = 4.$

68. एक समद्विबाहु त्रिभुज में शीर्ष से डाला गया लम्ब आधार को समद्विभाजित करता है.

69. माना ΔABC एक समबाहु त्रिभुज है तथा $AD \perp BC$. तब

$$AB^2 + AD^2 + BD^2 = AD^2 + \left(\frac{1}{2}AB\right)^2$$

$$\left[\because BD = \frac{1}{2}BC = \frac{1}{2}AB\right]$$

$$\Rightarrow AB^2 - \frac{1}{4}AB^2 = AD^2$$

$$\Rightarrow \frac{3}{4}AB^2 = AD^2$$

$$\Rightarrow 3AB^2 = 4AD^2.$$

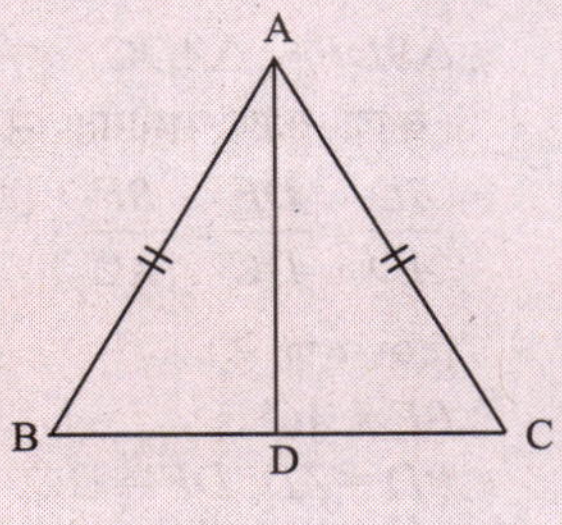

70. $BD = \frac{1}{2}BC$ तथा $BD^2 = (AB)^2 - (AD)^2 = (13)^2 - 5^2$

$$= (169 - 25) = 144.$$

$\therefore$ $BD = \sqrt{144} = 12$ सेमी०.

अत: $BC = (12 \times 2)$ सेमी० = 24 सेमी०.

71. माना ΔABC में $a = 3x, b = 4x$ तथा $c = 6x$.

तब $(a^2 + b^2) = (3x)^2 + (4x)^2 = (9x^2 + 16x^2)$

$$= 25x^2 < (36x^2) = c^2.$$

$\therefore$ $c^2 > (a^2 + b^2)$. अत: दिया गया त्रिभुज अधिककोणीय है.

72. माना ΔABC में $\angle B = 90°$. माना छोटी भुजा $BC < AB$.

माना $BC = x$ मीटर. तब,

$AC = (2x - 1)$ मीटर तथा

$AB = (BC + 1) = (x + 1)$ मी०.

$$AC^2 = AB^2 + BC^2$$

$$\Rightarrow (2x-1)^2 = (x+1)^2 + x^2$$

$$\Rightarrow 4x^2 - 4x + 1 = 2x^2 + 2x + 1$$

$$\Rightarrow 2x^2 - 6x = 0 \Rightarrow 2x(x-3) = 0 \Rightarrow x = 3.$$

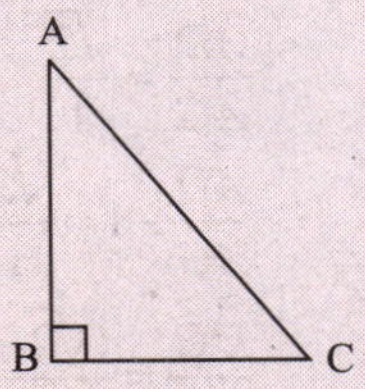

$\therefore$ सबसे छोटी भुजा = 3 मीटर.

73. माना ΔABC एक समबाहु त्रिभुज है

जिसमें $AB = AC = BC = 10$ सेमी०.

$AD \perp BC$ खींचो. अब

$BD = \frac{1}{2}BC = 5$ सेमी०.

अब, $AD^2 = AB^2 - BD^2$

$$= (10)^2 - 5^2 = (100 - 25) = 75$$

$\Rightarrow AD = \sqrt{75} = \sqrt{25 \times 3} = 5\sqrt{3}$ सेमी०.

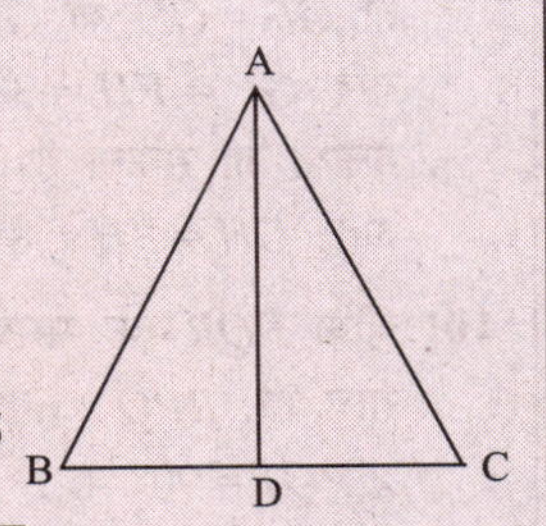

74. समकोण ΔPOR से,

$$PR^2 = OP^2 = OR^2 = (6)^2 + (8)^2 = (36 + 64) = 100$$

$\Rightarrow PR = \sqrt{100} = 10$ सेमी०.

समकोण ΔPQR से, $QR^2 = PQ^2 + PR^2 = (24)^2 + (10)^2$

$$= (576 + 100) = 676 = (26)^2$$

$\Rightarrow QR = 26$ सेमी०.

75. माना प्रारम्भिक बिन्दु O है. माना OS दक्षिण दिशा है तथा इस दशा में $OA = 12$ मीटर.

अब AW पश्चिम दिशा है

तथा $AB = 35$ मीटर. OB को मिलायें. अब

$$OB^2 = OA^2 + AB^2 = (12)^2 + (35)^2$$

$$= (144 + 1225) = 1369$$

$\Rightarrow OB = \sqrt{1369} = 37$ मीटर.

76. किसी त्रिभुज में किन्हीं दो भुजाओं का योग तीसरी भुजा से बड़ा होता है परन्तु $(3\cdot5 + 3\cdot4) < 7$ है.

अत: यह संभव नहीं.

77. $\angle C = 180° - (60° + 80°) = 40°$.

इनमें सबसे बड़ा कोण $\angle B$ है जिसके सामने की भुजा AC सबसे बड़ी है.

78. $\angle A = 180° - (120° + 40°) = 20°$.

इनमें सबसे छोटा कोण $\angle A$ है जिसके सामने की भुजा BC सबसे छोटी है.

79. $AC > AB \Rightarrow \angle B > \angle C$

$$\Rightarrow \angle B + \angle BAD > \angle C + \angle CAD$$

$\Rightarrow \angle ADC > \angle ADB.$ $[\because \angle BAD = \angle CAD]$

80. $\angle A = (180° - (35° + 65°) = (180° - 100°) = 80°$

$\Rightarrow \angle BAX = \angle CAX = 40°$.

ΔABX में $\angle ABX = 35°, \angle BAX = 40°$,

$\angle AXB = 180° - 75° = 105°$.

$\angle AXB > \angle BAX > \angle ABX \Rightarrow AB > BX > AX$ ...(i)

ΔACX में $\angle ACX = 65°, \angle CAX = 40°$,

$\angle AXC = 180° - 105° = 75°$.

$\therefore \angle AXC > \angle ACX > \angle CAX \Rightarrow AC > AX > CX$ ...(ii)

अब (i) तथा (ii) से

$AB > BX > AX > CX \Rightarrow BX > AX > CX$.

81. ΔABD में, $AB + BD > AD$. [दो भुजाओं का योग तीसरी भुजा से बड़ा है]

ΔACD में, $AC + CD > AD$

जोड़ने पर $AB + (BD + CD) + AC > 2AD$

$\Rightarrow (AB + BC + CA) > 2AD$.

82. $AB > AC \Rightarrow \angle ACB > \angle ABC$ ...(i)

बाह्य कोण $\angle ADB >$ आन्तरिक कोण $\angle ACD$

$\Rightarrow \angle ADB > \angle ACB > \angle ABC$ [(i) से]

$\Rightarrow \angle ADB > \angle ABD \Rightarrow AB > AD$.

83. $AB > AC \Rightarrow \angle C > \angle B \Rightarrow \left(\frac{1}{2}\angle C\right) > \left(\frac{1}{2}\angle B\right)$

$\Rightarrow \angle OCB > \angle OBC \Rightarrow OB > OC$.

84. हम जानते हैं कि किसी त्रिभुज में दो भुजाओं का योग तीसरी भुजा से बड़ा है.

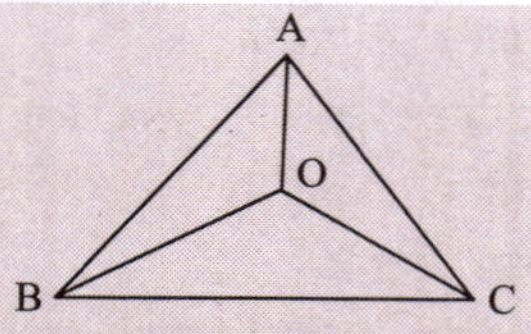

$\therefore$ $(OB+OA) > AB, (OA+OC) > AC, (OB+OC) > BC$
जोड़ने पर $2(OA+OB+OC) > (AB+AC+BC)$

$$\Rightarrow (OA+OB+OC) > \frac{1}{2}(AB+BC+CA).$$

85. स्पष्ट है कि दो त्रिभुज सर्वांगसम होने के लिए इनकी दो भुजायें तथा उनके बीच के कोण बराबर होने चाहियें. अत: $\angle C = \angle F$ होना चाहिये.

86. स्पष्ट है कि दो त्रिभुज सर्वांगसम होने के लिए इनके दो कोण तथा उनके बीच की भुजा बराबर होने चाहियें. अत: दिये गये प्रश्न में $BC = EF$ होना चाहिये.

87. स्पष्ट है कि सर्वांगसमता के लिए *SSA* पर्याप्त प्रतिबन्ध नहीं है.

88. $AB = (AD - DB) = (AD - AE)$ तथा $DE = (AD - AE)$.
अब ΔABC तथा ΔDEF में:
$AB = DE, CB = EF$ (दिया है) तथा $\angle ABC = \angle FED$.
$\therefore \Delta ABC \cong \Delta DEF$.

89. माना ΔABC में $BL \perp AC$ तथा $CM \perp AB$.

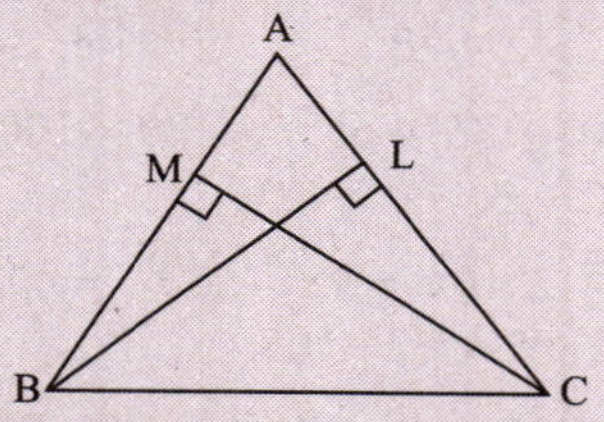

तब $\Delta ABL \cong \Delta ACM$ $\left[\because BL = CM, \angle BAL = \angle CAM \right.$ तथा $\left.\angle ALB = \angle AMC = 90°\right]$
$\Rightarrow AB = AC$
$\Rightarrow \Delta ABC$ एक समद्विबाहु त्रिभुज है.

90. स्पष्ट है कि एक त्रिभुज के दो कोण न्यूनकोण हो सकते हैं, एक सत्य कथन है.

91. हम जानते हैं कि किसी त्रिभुज के प्रत्येक शीर्ष से विपरीत भुजा पर डाले गये तीनों लम्ब जिस बिन्दु पर काटते हैं, उसे लम्ब-केन्द्र कहते हैं.

92. स्पष्ट है कि किसी त्रिभुज के प्रत्येक शीर्ष से कोणों के समद्विभाजक परस्पर अन्त:केन्द्र पर काटते हैं.

93. स्पष्ट है कि किसी त्रिभुज की तीनों माध्यिकाओं का प्रतिच्छेद बिन्दु उस त्रिभुज का केन्द्रक कहलाता है.

94. स्पष्ट है कि किसी त्रिभुज की भुजाओं के तीन लम्ब-अर्द्धकों का प्रतिच्छेद बिन्दु उस त्रिभुज का परिकेन्द्र कहलाता है.

95. ध्यान दें : $(AB+AC) > 2AD$ सत्य है.

96. एक त्रिभुज की परिमिति इसकी तीनों माध्यिकाओं के योग से बड़ी है.
$(AB+BC+CA) > (AD+BE+CF)$.

97. $AL < AB, BM < BC$ तथा $CN < CA$
$\Rightarrow (AL+BM+CN) < (AB+BC+CA)$.

98. $\Delta AEF \sim \Delta BDF$ (कोण-कोण समानता से)
$\angle DBF = \angle EAF$
पुन: $\angle DBF = \angle EAF$
$\angle BDF = \angle ADC$
$\Delta BDF \sim \Delta ADC$
(कोण-कोण समानता से)
$\frac{BD}{AD} = \frac{DF}{DC} = \frac{BF}{AC}$

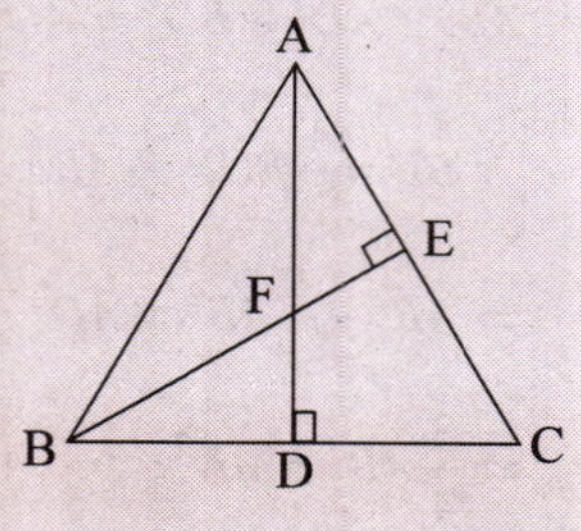

दिया गया है,
$BF = AC$
$BD = AD; DF = DC$
$\angle ABD = \angle BAD = 45°$

99. क्यूंकि, $EF \parallel BC$

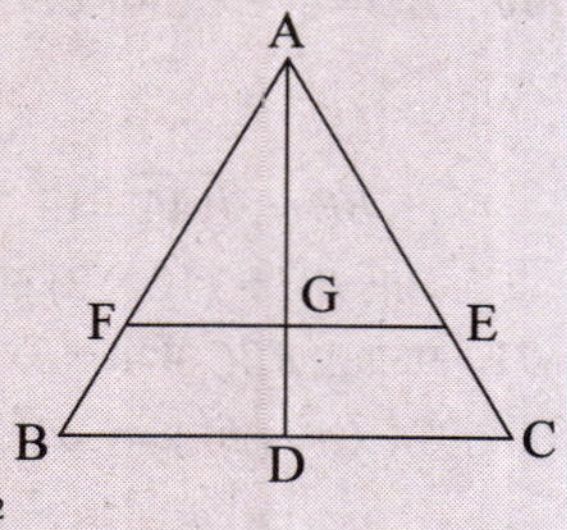

$\frac{AF}{FB} = \frac{AG}{GD} = \frac{AE}{EC}$

$\Rightarrow \frac{AF}{AB} = \frac{AG}{AD} = \frac{AE}{AC}$

$\therefore \quad \Delta ABC \sim \Delta AFE$

$\frac{(\Delta ABC)\text{का क्षेत्रफल}}{(\Delta AFE)\text{का क्षेत्रफल}} = \frac{AD^2}{AG^2}$

$\frac{AD^2}{AG^2} = \frac{2\times(\Delta AFE)\text{का क्षेत्रफल}}{(\Delta AFE)\text{का क्षेत्रफल}}$

$\frac{AD}{AG} = \frac{\sqrt{2}}{1}$

$\frac{AD}{AG} - 1 = \frac{\sqrt{2}}{1} - 1$

$\frac{DG}{AG} = \frac{(\sqrt{2}-1)}{1}$

100. एक समद्विबाहु त्रिभुज एक त्रिभुज है जिसकी दो भुजाएँ समान लंबाई की होती हैं।
$FG < 3$ $GH = 8$, तो समद्विबाहु त्रिभुज के नियमानुसार या तो $GF = GH$ या $GH = FH$
यदि $GF = FH = 3$ तो 8, 3, 3 भुजाओं वाला त्रिभुज नहीं बनाया जा सकता है।
अत: $GH = FH = 8$

101. चूँकि *PQR* एक समबाहु त्रिभुज है।
साथ ही, $RPQ = 60°$
$\angle PQT = 90°$ ($\because$ *PS* एक व्यास है और यह वृत्त की परिधि के प्रत्येक बिंदु पर 90° कोण बनाता है)
$\therefore QTP = 30°$ (त्रिभुज *PTQ* में अन्य 2 कोण 60 और 90)
अब, त्रिभुज *RTQ* में
चूँकि, $\angle RTQ = \angle RQT$
$\therefore RT = RQ$
अत: $RT : RQ = 1 : 1$

102.

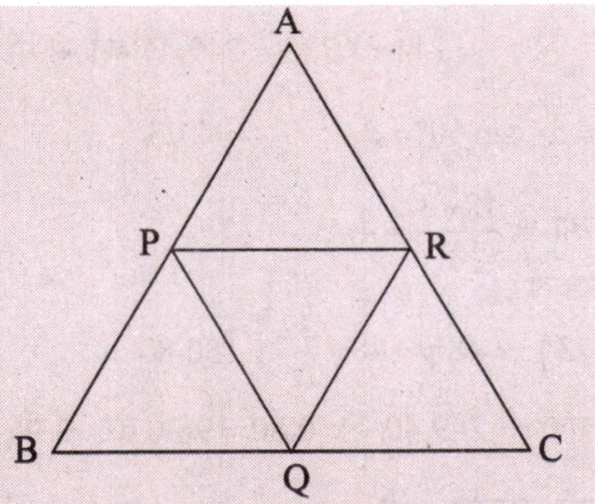

$RQ \parallel AB, PQ \parallel AC$ और $PR \parallel BC$

अत: ABC और QRP समरूप त्रिभुज हैं। अत: PQR भी एक समबाहु त्रिभुज है।

103. माना $\angle A = \theta$

ABC में,

$2y + \theta = 2x$ ...(*i*) बाह्य कोण प्रमेय

BDC में,

$y + 48° = x$ बाह्य कोण प्रमेय

$\Rightarrow 2y + 96 = 2x$ ...(*ii*)

समी. (*i*) और समी. (*ii*) से

$2y + \theta = 2y + 96$

$\Rightarrow \quad \theta = 96°$

104. दिया गया है $BC = 12$ सेमी.

$AD = \frac{1}{4}AB, AE = \frac{1}{4}AC$

ΔABC और ΔADE में

$\Delta ABC, \Delta ADE$ के समरूप हैं।

इसलिए,

$\frac{AB}{AD} = \frac{AC}{AE} = \frac{BC}{DE}$

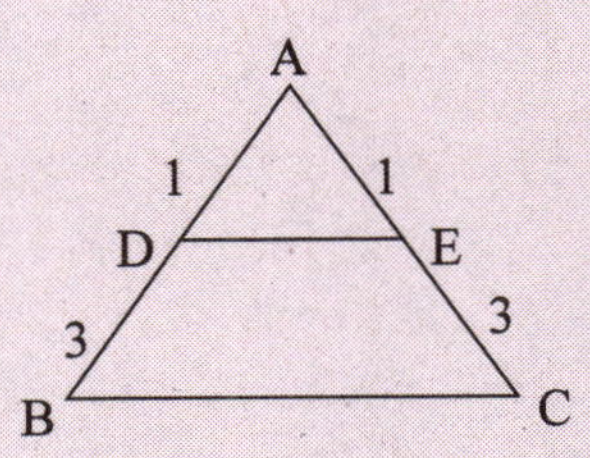

$\frac{BC}{DE} = \frac{AB}{\frac{1}{4}AB}$

$\frac{12}{DE} = 4$

$DE = \frac{12}{4} = 3$ सेमी

105. $CF = 18$ सेमी.

$FD = 26$ सेमी.

$CD = 26 - 18 = 8$ सेमी.

$\Delta DEF \sim \Delta ECF \Rightarrow \frac{DE}{EF} = \frac{CE}{CF}$

$\Delta DEF \sim \Delta DCE \Rightarrow \frac{DE}{EF} = \frac{CE}{CF}$

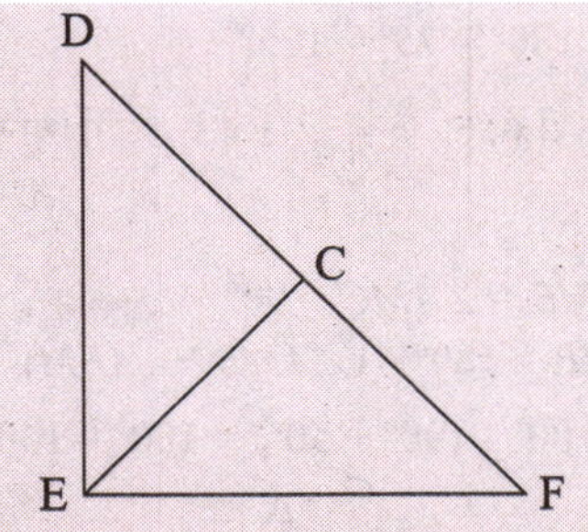

$\therefore \quad CE^2 = CE.CD = 18 \times 8$

$\therefore \quad CE = \sqrt{18 \times 8} = 12$ सेमी.

$\therefore \quad EF = \sqrt{CF^2 + CE^2} = \sqrt{18^2 + 12^2} = \sqrt{324 + 144}$

$= \sqrt{468} = 6\sqrt{13}$ सेमी.

106. $\angle OQR = \frac{1}{2}\angle PQR \qquad \angle ORQ = \frac{1}{2}\angle PRQ$

$\therefore \quad \angle P + \angle Q + \angle R = 180°$

$\Rightarrow \ 130° + \angle Q + \angle R = 180° \ \ \angle Q + \angle R = 50°$

$\therefore \ \angle QOR = 180° - \angle OQR - \angle ORQ$

$= 180° - \left(\frac{\angle Q + \angle R}{2}\right) = 180° - \frac{50}{2} = 180° - 25° = 155°$

$\Rightarrow \quad \angle QOR = 155°$

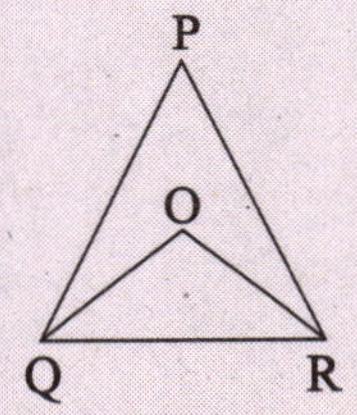

107. बिन्दु O ΔABC का केन्द्रक है।

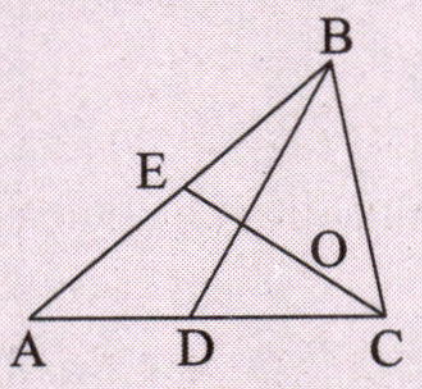

$\therefore \ OE = \frac{1}{3}CE \ \Rightarrow \ 7 = \frac{1}{3}CE \ \Rightarrow \ CE = 21$ से.मी.

108.

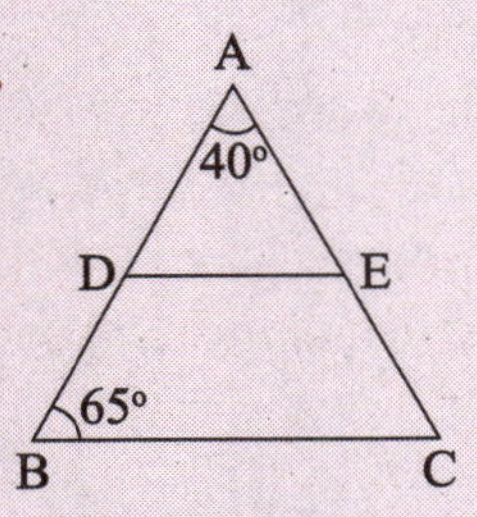

$\angle DEA = \angle BCA = 180° - (40° + 65°)$

$= 180° - 105° = 75°$

$\angle CED = 180^\circ - 75^\circ = 105^\circ$

109. त्रिभुज का क्षेत्रफल $= \frac{1}{2} \times 3 \times 4 = 6$ वर्ग यूनिट

110. $AM \perp BC$

$\angle AMB = \angle AMC = 90^\circ$

तब $\angle MAB = 180^\circ - (\angle AMB + \angle ABM)$

$= 180^\circ - (90^\circ + 50^\circ) = 180^\circ - 140^\circ = 40^\circ$

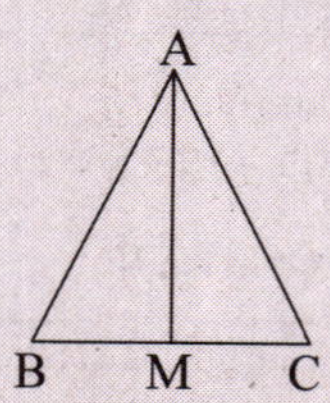

111. माना तीसरी भुजा की लम्बाई x है

$\Rightarrow \; x = \sqrt{5^2 + 12^2} = \sqrt{25 + 144} = \sqrt{169} = 13$ से.मी.

कुल पृष्ठीय क्षेत्रफल $= (5+12+3) \times 10 + 2 \times \frac{1}{2} \times 5 \times 6$

$= 30 \times 10 + 30 = 330$ वर्ग से.मी.

112. दिया गया है भुजा की लम्बाई 24 से.मी.

त्रिभुज का क्षेत्रफल $= \frac{\sqrt{3}}{4} \times 24 \times 24 = 144\sqrt{3}$ वर्ग से.मी.

$= 144 \times 1.732 = 249.41$ वर्ग से.मी.

$AD = 24 \sin 60^\circ = 24 \times \frac{\sqrt{3}}{2} = 12\sqrt{3}$

वृत की त्रिज्या $= \frac{12\sqrt{3}}{3} = 4\sqrt{3}$

वृत का क्षेत्रफल

$\pi\left(4\sqrt{3}\right)^2 = 48\pi = 48 \times \frac{22}{7} = 150.80$

वांछित क्षेत्रफल $= 249.40 - 150.80 = 98.6$ वर्ग से.मी.

113. माना भुजा की लम्बाई x है

$\Rightarrow \; \frac{\sqrt{3}}{4} x^2 h = 40\sqrt{3}$

$\therefore$ प्रिज्म का क्षेत्रफल = परिमाप × ऊँचाई

$\Rightarrow \; 120 = 3x \times h$

$\Rightarrow \; xh = 40$ ...(*i*)

पुनः प्रिज्म का आयतन = आधार का क्षेत्रफल × ऊँचाई

$\Rightarrow \; x^2 h = 160$ ...(*ii*)

समीकरण (*i*) एवं (*ii*) से, $x = 4$ और $h = 10$ से.मी.

❑❑❑

37

चतुर्भुज (QUADRILATERALS)

Scan QR Code for Watching Video

आवश्यक तथ्य

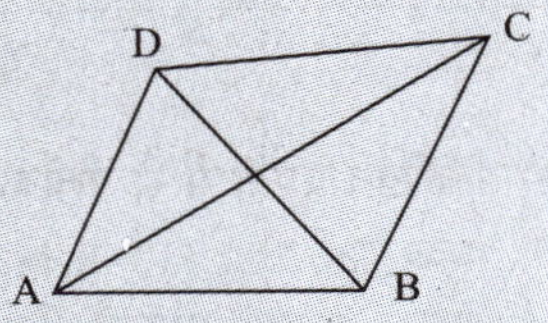

1. चतुर्भुजः चार रेखाखण्डों से घिरी आकृति को चतुर्भुज कहते हैं.

दी गई आकृति में चार रेखाखण्डों *AB, BC, CD* तथा *DA* से घिरी आकृति को चतुर्भुज *ABCD* कहते हैं.

इसे □ *ABCD* से व्यक्त करते हैं.

(*i*) **इस चतुर्भुज की चार भुजायें (sides) *AB, BC, CD* तथा *DA* हैं.**

(*i*) इनमें से (*AB* और *DC*) तथा (*BC* और *AD*) सम्मुख भुजाओं के दो युग्म हैं.

(*ii*) (*AB* और *BC*), (*BC* और *CD*), (*CD* और *DA*) तथा (*DA* और *AB*) संलग्न भुजाओं के जोड़े हैं.

(*ii*) **इस चतुर्भुज के चार कोण $\angle A, \angle B, \angle C$ तथा $\angle D$ हैं.**

इनमें ($\angle A$ और $\angle C$) तथा ($\angle B$ और $\angle D$) सम्मुख कोणों के दो युग्म हैं.

($\angle A$ और $\angle B$), ($\angle B$ और $\angle C$), ($\angle C$ और $\angle D$) तथा ($\angle D$ और $\angle A$) संलग्न कोणों के जोड़े हैं.

(*iii*) **इस चतुर्भुज के दो विकर्ण *AC* तथा *BD* हैं.**

2. किसी चतुर्भुज के चारों कोणों का योग 360° होता है.

□ *ABCD* में $\angle A + \angle B + \angle C + \angle D = 360°$.

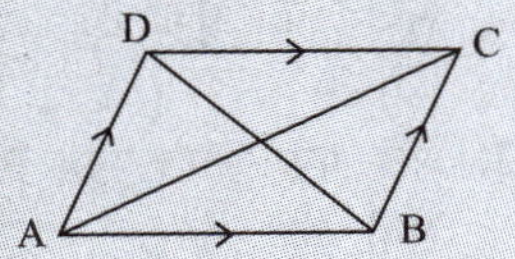

3. समान्तर चतुर्भुज (Parallelogram): ऐसा चतुर्भुज जिसकी आमने-सामने की भुजायें समान्तर हों, एक समान्तर चतुर्भुज कहलाता है.

चित्र में *ABCD* एक समान्तर चतुर्भुज है. इसमें $AB \parallel DC$ तथा $BC \parallel AD$ हैं.

(*i*) **एक समान्तर चतुर्भुज में :**

(*a*) **विपरीत भुजायें बराबर होती हैं.** यहाँ □ *ABCD* में $AB = DC$ तथा $AD = BC$.

(*b*) **विपरीत कोण बराबर होते हैं.** यहाँ □*ABCD* में $\angle A = \angle C$ तथा $\angle B = \angle D$.

(*c*) प्रत्येक विकर्ण सारे चतुर्भुज को दो बराबर भागों में बाँटता है.

$ar(\Delta ABD) = ar(\Delta BCD), ar(\Delta ABC) = ar(\Delta ACD)$.

4. आयत (RECTANGLE):

एक ऐसा समान्तर चतुर्भुज जिसका प्रत्येक कोण 90° का हो, आयत कहलाता है.

चित्र में *ABCD* एक आयत है जिसमें

$AB = DC, AD = BC, \angle A = \angle B = \angle C = \angle D = 90°$.

एक आयत के विकर्ण बराबर होते हैं.

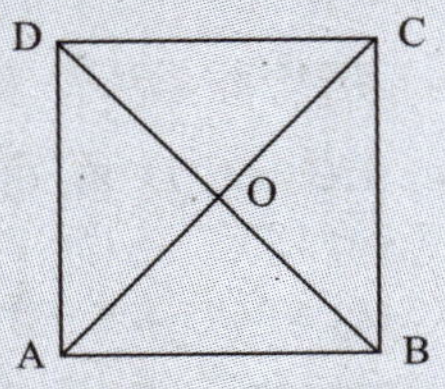

5. वर्ग (SQUARE): एक ऐसी आकृति जिसकी चारों भुजायें बराबर हों तथा प्रत्येक कोण का माप 90° हो, वर्ग कहलाता है.

वर्ग *ABCD* में $AB = BC = CD = DA, \angle A = \angle B = \angle C = \angle D = 90°$

तथा विकर्ण AC = विकर्ण BD.

$\angle AOB = \angle BOC = \angle COD = \angle DOA = 90°$

$AO = OC$ तथा $BO = OD$.

6. समचतुर्भुज (RHOMBUS):

एक ऐसा समान्तर चतुर्भुज जिसकी सारी भुजायें बराबर हों, समचतुर्भुज कहलाता है.

चित्र में *ABCD* एक समचतुर्भुज है.

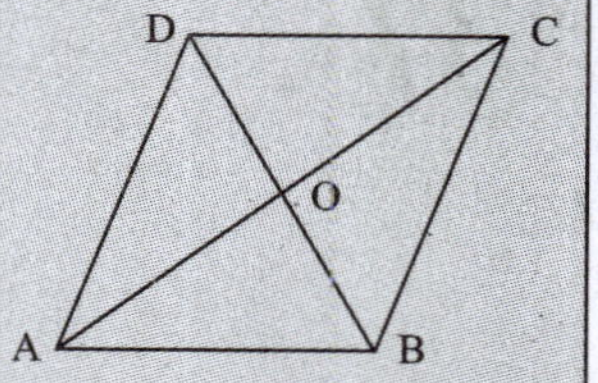

(*i*) **एक समचतुर्भुज में चारों भुजायें बराबर होती हैं.**
यहाँ समचतुर्भुज *ABCD* में $AB = BC = CD = DA$.

(*ii*) $\angle A + \angle C = 180°$ तथा $\angle B + \angle D = 180°$

(*iii*) **एक समचतुर्भुज के विकर्ण एक-दूसरे को समकोण पर समद्विभाजित करते हैं.**
अर्थात $AO = OC$, $BO = OD$, $\angle AOB = \angle BOC = \angle COD = \angle DOA = 90°$.

7. समलम्ब चतुर्भुज (TRAPEZIUM):

एक ऐसा चतुर्भुज जिसकी दो विपरीत भुजायें समान्तर हों तथा दो विपरीत भुजायें समान्तर न हों एक समलम्ब चतुर्भुज कहलाता है.

चित्र में *ABCD* एक समलम्ब चतुर्भुज है जिसमें $AB \parallel DC$ है; *AD* तथा *BC* परस्पर समान्तर नहीं हैं. *AD* तथा *BC* के मध्य बिन्दुओं को मिलाने वाली रेखा इसकी माध्यिका (*Median*) कहलाती है.

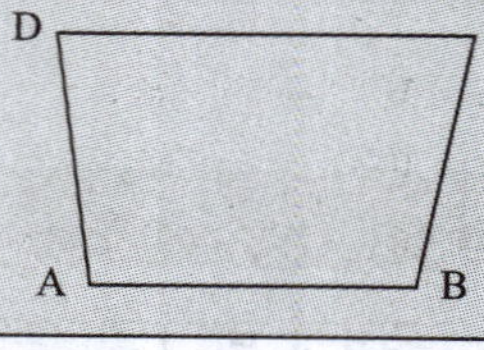

प्रश्नमाला 37

निम्नलिखित प्रश्नों में से प्रत्येक में ठीक उत्तर को चिह्नांकित (✓) कीजिए:

1. एक वर्ग 200 वर्ग मीटर क्षेत्रफल का है। एक नया वर्ग इस प्रकार बनाया गया है कि उसके विकर्ण की लंबाई दिए गए वर्ग के विकर्ण का $\sqrt{2}$ गुना है। तो बने नए वर्ग का क्षेत्रफल है? **(एस.एस.सी. सी.जी.एल. परीक्षा, 2020)**

(*a*) 350 वर्ग मी (*b*) 150 वर्ग मी
(*c*) 100 वर्ग मी (*d*) 400 वर्ग मी

2. एक वर्गाकार भूखंड का परिमाप, 35 मीटर और 15 मीटर भुजाओं वाले एक आयताकार भूखंड के समान है। वर्गाकार भूखंड की भुजा है: **(एस.एस.सी.-सी.जी.एल. परीक्षा, 2020)**

(*a*) 29 (*b*) 32 (*c*) 25 (*d*) 28

3. यदि एक समचतुर्भुज PQRS की प्रत्येक भुजा की लंबाई 8 सेमी और $\angle PQR = 120°$ है, तो *QS* की लंबाई (सेमी में) क्या है? **(एस.एस.सी.-सी.जी.एल. परीक्षा, 2019)**

(*a*) 8 (*b*) $5\sqrt{5}$ (*c*) 12 (*d*) 6

4. एक समचतुर्भुज का एक विकर्ण दूसरे विकर्ण का 70% है। समचतुर्भुज के क्षेत्रफल का बड़े विकर्ण की लंबाई के वर्ग से अनुपात कितना है?

(*a*) 6 : 7 (*b*) 3 : 20 (*c*) 7 : 2 (*d*) 7 : 20
(एस.एस.सी.-सी.जी.एल. परीक्षा, 2018)

5. यदि किसी चतुर्भुज की सम्मुख भुजाएँ और उसके विकर्ण बराबर हों, तो चतुर्भुज का प्रत्येक कोण है:

(*a*) 60 डिग्री (*b*) 50 डिग्री (*c*) 45 डिग्री (*d*) 90 डिग्री
(एस.एस.सी.-सी.जी.एल. परीक्षा, 2018)

6. चतुर्भुज *ABCD* में $\angle A = \frac{1}{2}\angle B, \angle B = \angle C + 12°$ तथा $\angle C = 2\angle D$ हो, तो $(\angle A + \angle D)$ का मान कितना है ?

(*a*) 183° (*b*) 177° (*c*) 118° (*d*) 120°
(*e*) इनमें से कोई नहीं

7. चतुर्भुज *PQRS* में यदि $\angle Q = 2\angle P, \angle R = 3\angle P$ तथा $\angle R = 150°$ हो, तो $(\angle Q - \angle S) = ?$

(*a*) 30° (*b*) 60°
(*c*) 40° (*d*) 50°
(*e*) इनमें से कोई नहीं **(बैंक पी०ओ० परीक्षा, 2010)**

8. एक समचतुर्भुज के दो विकर्णों की लम्बाई क्रमशः 16 सेमी० तथा 12 सेमी० है. इस समचतुर्भुज की प्रत्येक भुजा की लम्बाई कितनी है ?

(*a*) 8 सेमी० (*b*) 9 सेमी० (*c*) 10 सेमी० (*d*) 12 सेमी०

9. एक समचतुर्भुज *ABCD* के दोनों विकर्ण बिन्दु *O* पर काटते हैं. यदि $\angle BDC = 60°$ हो, तो $\angle OAB = ?$

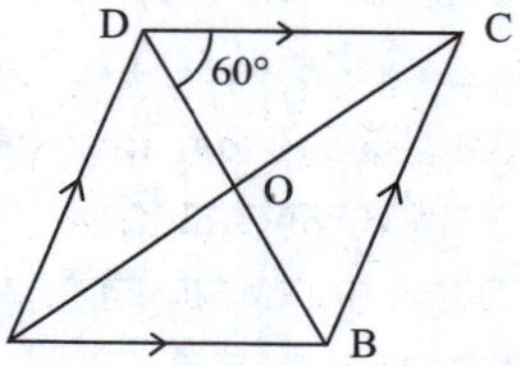

(*a*) 40° (*b*) 30° (*c*) 50° (*d*) 45°

10. एक समचतुर्भुज की प्रत्येक भुजा 10 सेमी० लम्बी है तथा इसके एक विकर्ण की लम्बाई 16 सेमी० है. दूसरे विकर्ण की लम्बाई कितनी है ?

(*a*) 12 सेमी० (*b*) 6 सेमी०
(*c*) 13 सेमी० (*d*) $2\sqrt{39}$ सेमी०

11. किसी समचतुर्भुज *ABCD* में निम्नलिखित में से सत्य कथन कौन-सा है ?

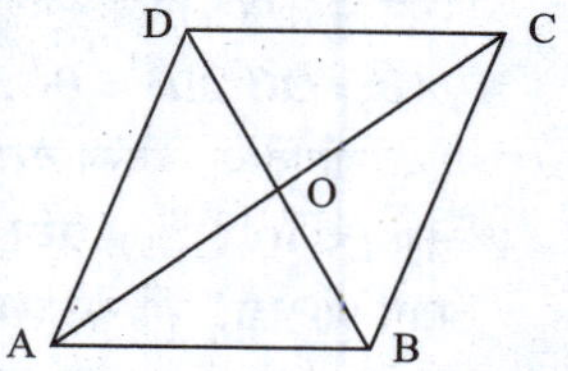

(*a*) $(AC^2 + BD^2) = AB^2$
(*b*) $(AC^2 + BD^2) = 2AB^2$
(*c*) $2(AC^2 + BD^2) = 3AB^2$
(*d*) $(AC^2 + BD^2) = 4AB^2$

12. एक चतुर्भुज *ABCD* में $\angle A$ तथा $\angle B$ के द्विभाजक क्रमशः *AO* तथा *BO* हैं, $\angle C = 70°$ तथा $\angle D = 30°$ हो, तो $\angle AOB = ?$

(*a*) 100° (*b*) 80° (*c*) 50° (*d*) 40°

13. एक चतुर्भुज $ABCD$ में $\angle A = (\angle B - 26°)$, $\angle B = 2\angle C$ तथा $\angle C = \angle D + 10°$ हो, तो $\angle A = ?$
(*a*) 104° (*b*) 126° (*c*) 56° (*d*) 132°
(*e*) 106° **(बैंक पी०ओ० परीक्षा, 2009)**

14. यदि $ABCD$ एक समान्तर चतुर्भुज हो जिसमें $\angle ADC = 90°$ हो, तो यह होगा:
(*a*) एक समचतुर्भुज (*b*) एक समलम्ब समचतुर्भुज
(*c*) एक आयत (*d*) इनमें से कोई नहीं

15. एक चतुर्भुज $ABCD$ में $\angle A : \angle B : \angle C : \angle D = 3 : 7 : 6 : 4$ हो, तो यह आकृति है :
(*a*) एक समचतुर्भुज (*b*) एक समलम्ब समचतुर्भुज
(*c*) एक समान्तर चतुर्भुज (*d*) एक काईट (kite)

16. किसी समान्तर चतुर्भुज के दो आसन्न कोणों के समद्विभाजकों के बीच के कोण का माप कितना होगा ?
(*a*) 30° (*b*) 45° (*c*) 60° (*d*) 90°

17. एक चतुर्भुज की आसन्न भुजाओं के मध्य बिन्दुओं को क्रमशः मिलाने पर प्राप्त आकृति क्या होगी ?
(*a*) एक समचतुर्भुज (*b*) एक आयत
(*c*) एक वर्ग (*d*) एक समान्तर चतुर्भुज

18. एक वर्ग की आसन्न भुजाओं के मध्य बिन्दुओं को क्रमशः मिलाने पर प्राप्त आकृति क्या होगी ?
(*a*) एक समचतुर्भुज (*b*) एक वर्ग
(*c*) एक आयत (*d*) एक समान्तर चतुर्भुज

19. एक चतुर्भुज के तीन कोण क्रमशः 110°, 85° तथा 70° हैं. चौथे कोण का माप कितना होगा ?
(*a*) 85° (*b*) 90° (*c*) 95° (*d*) 100°

20. एक चतुर्भुज $ABCD$ में $\angle A : \angle B : \angle C : \angle D = 2 : 1 : 4 : 3$ हो, तो $\angle C$ का माप कितना है ?
(*a*) 72° (*b*) 100° (*c*) 108° (*d*) 144°

21. एक चतुर्भुज के कोणों का अनुपात 3 : 4 : 5 : 6 है. इनमें सबसे छोटे कोण का माप कितना है ?
(*a*) 90° (*b*) 60° (*c*) 30° (*d*) 45°

22. एक आयत की आसन्न भुजाओं के मध्य बिन्दुओं को क्रमशः मिलाने पर प्राप्त आकृति क्या होगी ?
(*a*) एक समचतुर्भुज (*b*) एक वर्ग
(*c*) एक आयत (*d*) एक समान्तर चतुर्भुज

23. एक समचतुर्भुज की आसन्न भुजाओं के मध्य बिन्दुओं को क्रमशः मिलाने पर प्राप्त आकृति क्या होगी ?
(*a*) एक समचतुर्भुज (*b*) एक वर्ग
(*c*) एक आयत (*d*) एक समान्तर चतुर्भुज

24. दी गई आकृति में $ABCD$ एक समान्तर चतुर्भुज है जिसमें $\angle BAD = 70°$ तथा $\angle CBD = 65°$. तब, $\angle BDC = ?$

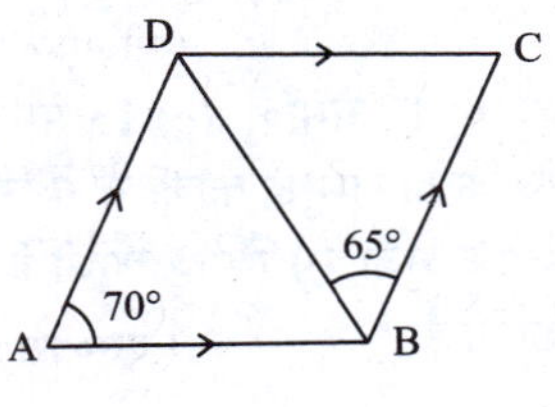

(*a*) 45° (*b*) 35° (*c*) 25° (*d*) 55°

25. दी गई आकृति में $ABCD$ एक समान्तर चतुर्भुज है जिसमें $\angle BCD = 70°$ तथा $\angle ADB = 50°$. तब $\angle BDC = ?$

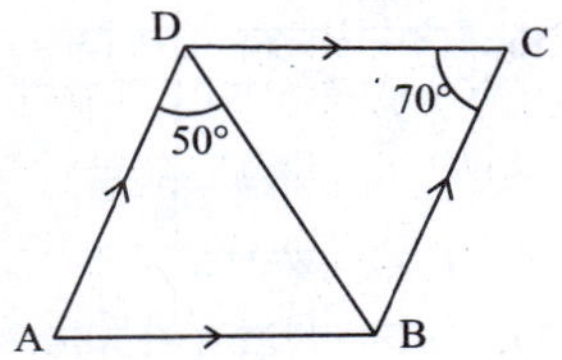

(*a*) 50° (*b*) 60° (*c*) 75° (*d*) 40°

26. एक समान्तर चतुर्भुज की आसन्न भुजाओं के मध्य बिन्दुओं को क्रमशः मिलाने पर प्राप्त आकृति क्या होगी ?
(*a*) एक समचतुर्भुज (*b*) एक वर्ग
(*c*) एक आयत (*d*) एक समान्तर चतुर्भुज

27. एक समान्तर चतुर्भुज का एक कोण अपने आसन्न कोण का दो-तिहाई हो, तो इसके सबसे छोटे कोण का नाप कितना होगा ?
(*a*) 54° (*b*) 72° (*c*) 81° (*d*) 108°

28. एक समान्तर चतुर्भुज का एक कोण अपने आसन्न कोण के दुगुने से 15° कम है. इसके सबसे बड़े कोण का नाप कितना होगा ?
(*a*) 45° (*b*) 55° (*c*) 65° (*d*) 75°

29. एक समान्तर चतुर्भुज की आसन्न भुजायें a तथा b हैं तथा इसका क्षेत्रफल A वर्ग इकाई है. एक आयत की आसन्न भुजायें a तथा b हैं तथा इसका क्षेत्रफल B वर्ग इकाई है. तब निम्नलिखित में से सत्य कथन कौन-सा है ?
(*a*) $A > B$ (*b*) $A = B$ (*c*) $A < B$ (*d*) $A \geq B$

30. दी गई आकृति में $ABCD$ एक समलम्ब चतुर्भुज है जिसमें $AB \parallel DC$. यदि $OA = (2x + 4)$ सेमी०, $OB = (9x - 21)$ सेमी०, $OC = (2x - 1)$ सेमी० तथा $OD = 3$ सेमी० हो, तो $x = ?$

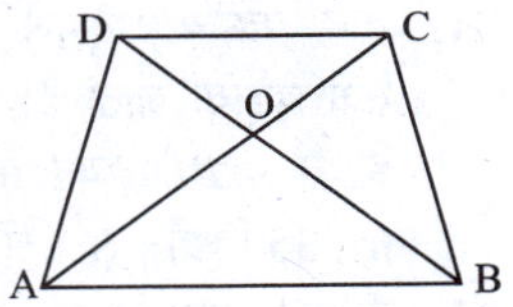

(*a*) $x = 1$ (*b*) $x = 2$ (*c*) $x = 3$ (*d*) $x = 4$

31. किसी आयत का विकर्ण उसकी छोटी भुजा से तीन गुना है. इसकी भुजाओं का अनुपात क्या होगा ? **(रेलवे परीक्षा, 2004)**
(*a*) 3 : 2 (*b*) $\sqrt{3} : 1$ (*c*) $2\sqrt{2} : 1$ (*d*) $\sqrt{2} : 1$

32. एक समान्तर चतुर्भुज के दो संलग्न कोणों का अन्तर 20° है. इस चतुर्भुज के छोटे कोण तथा बड़े कोण का अनुपात क्या होगा ?
(*a*) 4 : 5 (*b*) 4 : 7 (*c*) 3 : 5 (*d*) 5 : 6
(*e*) इनमें से कोई नहीं

33. आयत निम्नलिखित में से किस विमा (dimension) की आकृति है ? **(पी०सी०एस० परीक्षा, 2009)**
(*a*) एक विमा (*b*) द्वि-विमा
(*c*) त्रि-विमा (*d*) बहु-विमा

34. एक समान्तर चतुर्भुज का एक कोण उसके सबसे छोटे कोण के दुगुने से 30° कम है. इसके सबसे बड़े कोण का नाप कितना है ?
(*a*) 70° (*b*) 110° (*c*) 100° (*d*) 170°
(रेलवे परीक्षा, 2005)

35. निम्नलिखित में से किस आकृति में कर्ण आपस में समद्विभाजन नहीं करते ?
(*a*) समलम्ब चतुर्भुज (*b*) समान्तर चतुर्भुज

(*c*) समचतुर्भुज (*d*) आयत

36. निम्नलिखित में से किस आकृति में कर्ण आपस में लम्बवत् होते हैं ?

(*a*) समलम्ब चतुर्भुज (*b*) समान्तर चतुर्भुज
(*c*) समचतुर्भुज (*d*) आयत

37. निम्नलिखित में से किस आकृति में कर्ण सदैव बराबर होते हैं ?

(*a*) समलम्ब चतुर्भुज (*b*) समान्तर चतुर्भुज
(*c*) समचतुर्भुज (*d*) आयत

38. एक समचतुर्भुज के विकर्णों की लम्बाई क्रमशः 8 सेमी० तथा 6 सेमी० हैं. इसकी प्रत्येक भुजा की लम्बाई कितनी है ?

(*a*) 14 सेमी० (*b*) 5 सेमी० (*c*) 10 सेमी० (*d*) 2 सेमी०

(रेलवे परीक्षा, 2002)

39. एक वर्ग में प्रत्येक भुजा x सेमी० लम्बी है. इसके विकर्ण की लम्बाई कितनी होगी ?

(*a*) x सेमी० (*b*) $2x$ सेमी०
(*c*) $4x$ सेमी० (*d*) $x\sqrt{2}$ सेमी०

40. किसी समलम्ब चतुर्भुज $ABCD$ की असमान्तर भुजाओं AD तथा BC के मध्य बिन्दु क्रमशः E तथा F हैं. तब, EF = ?

(*a*) $\frac{(AB+CD)}{2}$ (*b*) $\frac{(AB+CD)}{3}$
(*c*) $\frac{(AB+CD)}{4}$ (*d*) $\frac{(AB-CD)}{2}$

41. एक चक्रीय चतुर्भुज $ABCD$ में, भुजा AB को एक बिंदु X तक बढ़ाया जाता है। यदि $\angle XBC = 82°$ और $\angle ADB = 47°$ है, तो $\angle BDC$ का मान है: **(एस.एस.सी.-सी.जी.एल. परीक्षा, 2018)**

(*a*) 35 डिग्री (*b*) 50 डिग्री (*c*) 45 डिग्री (*d*) 55 डिग्री

42. दी गई आकृति में, $PQRS$ एक समलम्ब चतुर्भुज है जिसमें $PM \parallel SN$, $NR = 9$ सेमी, $PS = 12$ सेमी, $QM = NR$ और $NR = SN$ है। समलम्ब चतुर्भुज का क्षेत्रफल (सेमी^{2} में) क्या है? **(एस.एस.सी. सी.जी.एल. परीक्षा, 2017)**

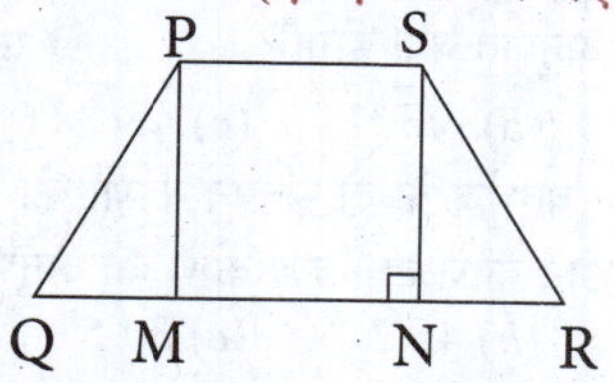

(*a*) 160 (*b*) 155 (*c*) 189 (*d*) 195

43. दी गई आकृति में एक आयत $ABCD$ के अन्दर एक बिन्दु O है. यदि OA = 5 सेमी०, OB = 6 सेमी०, $OC = x$ सेमी० तथा OD = 8 सेमी० हो, तो x का मान कितना है ?

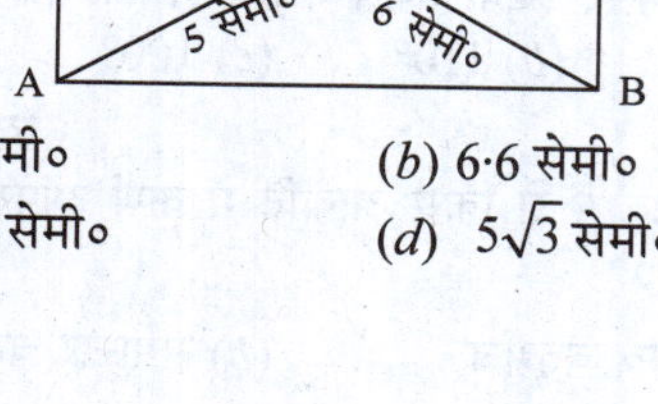

(*a*) 9·6 सेमी० (*b*) 6·6 सेमी०
(*c*) $5\sqrt{2}$ सेमी० (*d*) $5\sqrt{3}$ सेमी०

44. यदि किसी चतुर्भुज के विकर्ण एक-दूसरे को समान अनुपात में विभक्त करें तो यह होगा ?

(*a*) एक समान्तर चतुर्भुज (*b*) एक आयत
(*c*) एक वर्ग (*d*) एक समलम्ब चतुर्भुज

45. दी गई आकृति में $ABCD$ एक समलम्ब चतुर्भुज है जिसके विकर्ण AC तथा BD बिन्दु O पर प्रतिच्छेद करते हैं. यदि $OA = (3x-1)$ सेमी०, $OB = (2x+1)$ सेमी०, $OC = (5x-3)$ सेमी० तथा $OD = (6x-5)$ सेमी० हो, तो x का मान क्या होगा ?

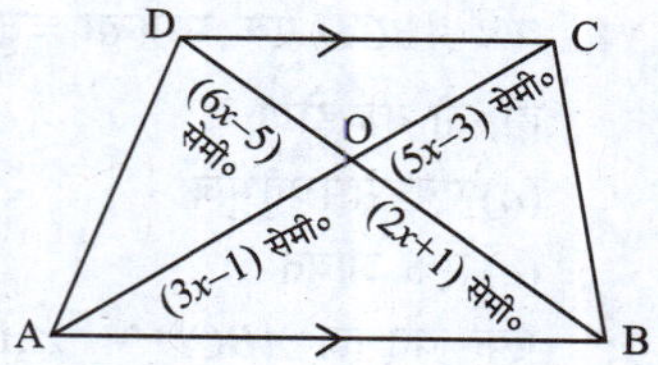

(*a*) $x = 2$ (*b*) $x = 3$ (*c*) $x = 4$ (*d*) $x = 2·5$

46. चित्र में, $QRTS$ एक चक्रीय चतुर्भुज है। यदि $PT = 5$ सेमी, $SQ = 4$ सेमी, PS = 6 सेमी और $\angle PQR = 63°$ है, तो TR का मान (सेमी में) क्या है?

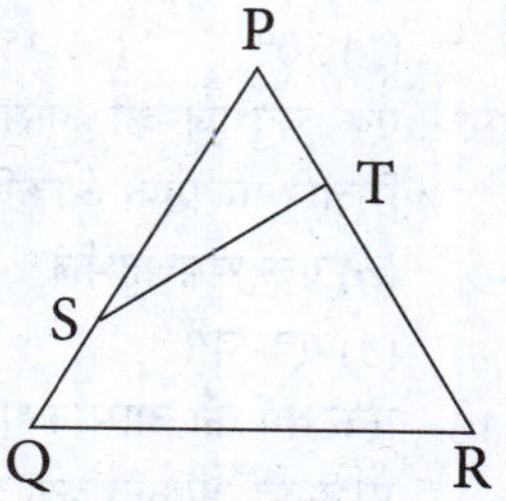

(*a*) 7 (*b*) 4
(*c*) 5 (*d*) 6

(एस.एस.सी.-सी.जी.एल. परीक्षा, 2017)

47. एक चतुर्भुज के चारों कोणों का योग कितना होता है ?

(*a*) 180° (*b*) 240° (*c*) 360° (*d*) 720°

48. किसी चतुर्भुज के कोण क्रमशः $\theta°, 2\theta°, 3\theta°$ तथा $4\theta°$ हैं. θ का मान क्या होगा ?

(*a*) 30° (*b*) 36° (*c*) 45° (*d*) 60°

49. एक चक्रीय चतुर्भुज $ABCD$ में, कोण A + कोण B + कोण C + कोण D = ? **(एस.एस.सी.-सी.जी.एल. परीक्षा, 2017)**

(*a*) 90 डिग्री (*b*) 180 डिग्री (*c*) 360 डिग्री (*d*) 120 डिग्री

50. $ABCD$ एक चक्रीय चतुर्भुज है, विकर्ण AC और BD, P पर मिलते हैं। यदि $\angle APB = 110°$ और $\angle CBD = 30°$ तो $\angle ABD$ का मान है: **(एस.एस.सी.-सी.जी.एल. परीक्षा, 2017)**

(*a*) 55 डिग्री (*b*) 45 डिग्री (*c*) 90 डिग्री (*d*) 80 डिग्री

51. निम्नलिखित में से किस चतुर्भुज में विपरीत भुजाएं समानांतर नहीं हैं?

(एस.एस.सी. सी.एच.एस.एल. (10+2) टियर-I परीक्षा, 2017)

(*a*) आयत (*b*) चतुर्भुज
(*c*) समचतुर्भुज (*d*) पतंग

52. एक समचतुर्भुज की प्रत्येक भुजा 13 सेमी० है. यदि इसके एक विकर्ण की लम्बाई 24 सेमी० हो, तो दूसरे विकर्ण की लम्बाई कितनी होगी ? **(बी०एड० प्रवेश परीक्षा, 2007)**

(*a*) 10 सेमी० (*b*) 12 सेमी० (*c*) 15 सेमी० (*d*) 20 सेमी०

53. एक समचतुर्भुज के दो सम्मुख कोणों में से प्रत्येक की नाप 60° है तथा इसकी प्रत्येक भुजा 10 सेमी० लम्बी है. इसके छोटे विकर्ण की लम्बाई कितनी है ? **(एस०एस०सी० परीक्षा, 2007)**

(*a*) 10 सेमी० (*b*) $10\sqrt{3}$ सेमी०
(*c*) $10\sqrt{2}$ सेमी० (*d*) $\frac{5}{2}\sqrt{2}$ सेमी०

54. .... में क्रमागत कोण के कम से कम दो जोड़े समान (Congruent) होते हैं।
(*a*) समांतर चतुर्भुज (*b*) समद्विबाहु समलंब चतुर्भुज
(*c*) सम चतुर्भुज (*d*) पतंग
[एस.एस.सी. सी.एच.एस.एल. (10+2) टियर- I परीक्षा, 2017]

55. एक समलंब (ट्रैपीजियम) में AB और DC समांतर भुजाएँ हैं और $\angle ADC = 90^0$ है। यदि $AB = 15$ सेमी., $CD = 40$ सेमी. और विकर्ण $AC = 41$ सेमी. है, तो उस समलंब $ABCD$ का क्षेत्रफल बताइए।
(*a*) 245 सेमी.^{2} (*b*) 240 सेमी.^{2}
(*c*) 247.5 सेमी.^{2} (*d*) 250 सेमी.^{2}
(एस.एस.सी.-सी.जी.एल. टियर-II परीक्षा, 2017)

56. एक समचतुर्भुज की एक भुजा 10 सेमी. और एक विकर्ण 12 सेमी. है। उस समचतुर्भुज का क्षेत्रफल बताइए।
(*a*) 48 सेमी.^{2} (*b*) 96 सेमी.^{2}
(*c*) 144 सेमी.^{2} (*d*) 192 सेमी.^{2}
(एस.एस.सी.-सी.जी.एल. टियर-II परीक्षा, 2017)

57. एक चर्तुभुज के चार कोण A_1, A_2, A_3 और A_4 है, कोण A_1 और A_2 का योग कोण A_3 से 20° अधिक है और A_4, A_3 से 70 अधिक है, तो कोण A_1 और A_2 का योग क्या है?
(*a*) 120° (*b*) 90° (*c*) 110° (*d*) 100°
(*e*) 40°
(एस.बी.आई-क्लर्क (प्रारंभिक) परीक्षा, 2016)

58. दो वर्गो S_1 एवं S_2 के परिमाप का योग 80 से.मी. है। वर्ग S_2 की भुजा वर्ग S_1 की भुजा की तिगुनी है। वर्ग S_2 का क्षेत्रफल क्या है। (वर्ग से.मी. में)
(*a*) 36 (*b*) 81 (*c*) 225 (*d*) 144
(*e*) 324
(एस.बी.आई-क्लर्क (प्रारंभिक) परीक्षा, 2016)

59. निम्नांकित समान्तर चर्तुभुज $ABCD$ में यदि $X - \Delta AMB$ का क्षेत्रफल है, Y – समान्तर चर्तुभुज $ABCD$ का क्षेत्रफल है तो:

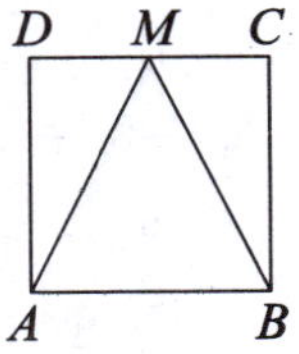

(*a*) $x : y = 1 : 2$
(*b*) $x : y = 2 : 3$
(*c*) $x : y = 1 : 3$
(*d*) $x : y$ ज्ञात नहीं किया जा सकता
(छत्तीसगढ़ छात्रावास अधीक्षक श्रेणी 'डी' भर्ती परीक्षा, 2014)

60. निम्नवत खीचा गया चित्र क्या है:

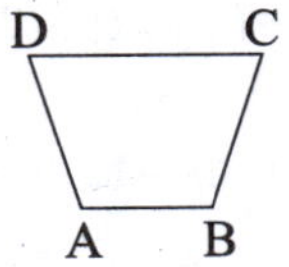

(*a*) समान्तर चतुर्भुज (*b*) समलम्ब चतुर्भुज
(*c*) चतुर्भुज (*d*) आयत चतुर्भुज
(छत्तीसगढ़ छात्रावास अधीक्षक श्रेणी 'डी' भर्ती परीक्षा, 2014)

उत्तरमाला (प्रश्नमाला 37)

1. (*d*)	2. (*c*)	3. (*a*)	4. (*d*)	5. (*d*)	6. (*d*)	7. (*c*)	8. (*c*)	9. (*b*)	10. (*a*)	11. (*d*)	12. (*c*)
13. (*e*)	14. (*c*)	15. (*d*)	16. (*d*)	17. (*b*)	18. (*c*)	19. (*c*)	20. (*b*)	21. (*a*)	22. (*a*)	23. (*c*)	24. (*a*)
25. (*b*)	26. (*d*)	27. (*b*)	28. (*c*)	29. (*c*)	30. (*c*)	31. (*c*)	32. (*a*)	33. (*b*)	34. (*b*)	35 (*a*)	36. (*c*)
37. (*d*)	38. (*d*)	39. (*d*)	40. (*a*)	41. (*a*)	42. (*c*)	43. (*d*)	44. (*d*)	45. (*a*)	46. (*a*)	47. (*c*)	48. (*b*)
49. (*c*)	50. (*d*)	51. (*d*)	52. (*a*)	53. (*a*)	54. (*b*)	55. (*c*)	56. (*b*)	57. (*c*)	58. (*c*)	59. (*a*)	60. (*c*)

दिये गये प्रश्नों के हल (प्रश्नमाला 37)

1. पहले वर्ग की भुजा $= \sqrt{\text{क्षेत्रफल}} = 200 = 10\sqrt{2}$ मी
इसका विकर्ण = भुजा $\sqrt{2} = 10\sqrt{2} \times \sqrt{2} = 20$ मी
नए वर्ग का विकर्ण $= \sqrt{2} \times 20 = 20\sqrt{2}$ वर्ग मीटर
इसका क्षेत्रफल $= \frac{\text{विकर्ण}^2}{2}$
$= \frac{(20\sqrt{2})^2}{2} = 400$ वर्ग मीटर

2. एक आयताकार भूखंड की लम्बाई = 35 मीटर
चौड़ाई = 15 मीटर
अतः प्रश्न से,
वर्गाकार भूखंड का परिमाप = आयताकार भूखंड का परिमाप
$\Rightarrow 4 \times$ भुजा $= 2\,(35 + 15)$
भुजा $= \frac{100}{4} = 25$ वर्ग मीटर

3. दिया गया है, $\angle PQR = 120°$,

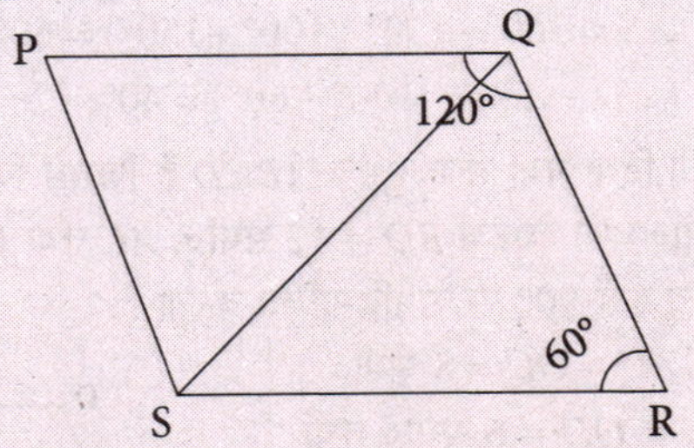

$\therefore \angle RQS = 60°$,
और $\angle QRS = 60°$
अर्थात् ΔRQS एक समबाहु त्रिभुज है।
इसलिए, $QR = QS = RS = 8$ सेमी

4. माना AC और BD क्रमशः एक समचतुर्भुज $ABCD$ के लंबे और छोटे विकर्ण हैं।
दिया गया है: $BD = AC$ का 70%
माना $AC = 100$ सेमी, तो $BD = 70$ सेमी
अतः वर्ग की बड़ी भुजा का वर्ग $= 100 \times 100$ सेमी

हम जानते हैं कि,

समचतुर्भुज का क्षेत्रफल $= \frac{1}{2} \times$ विकर्णों का गुणनफल

$$= \frac{1}{2} \times 100 \times 70$$

अभीष्ट अनुपात $= \dfrac{\frac{1}{2} \times 70 \times 100}{100 \times 100} = 7 : 20$

5. यदि किसी चतुर्भुज की सम्मुख भुजाएँ और उसके विकर्ण बराकर हों, तो चतुर्भुज आयत कहलाता है और एक आयत में दो भुजाओं के बीच का प्रत्येक कोण 90° होता है।

6. माना $\angle D = x°$. तब $\angle C = (2x)°, \angle B = (x+12)°$,

$\angle A = \frac{1}{2}(x+12)°$.

परन्तु $\angle A + \angle B + \angle C + \angle D = 360°$

$\Rightarrow \frac{1}{2}(x+12) + (x+12) + (2x) + x = 360$

$\Rightarrow \frac{1}{2}(x+12) + (4x+12) = 360$

$\Rightarrow \left(4x + \frac{1}{2}x\right) + 18 = 360 \Rightarrow \frac{9x}{2} = 342$

$\Rightarrow x = \frac{342 \times 2}{9} = 76.$

$\therefore (\angle A + \angle D) = \left\{\frac{1}{2}(x+12) + x\right\}^{\circ}$

$= \left[\frac{1}{2}(76+12) + 76\right]^{\circ} = 120°.$

7. माना $\angle P = x°$, तब $\angle R = (3x)°, \angle Q = (2x)°, \angle R = 150°$.

$3x = 150° \Rightarrow x = 50°$.

$\therefore \angle P = 50°, \angle Q = 100°, \angle R = 150°$.

$\therefore \angle S = 360° - (50° + 100° + 150°) = 60°$.

$\therefore (\angle Q - \angle S) = (100° - 60°) = 40°$.

8. माना दिया गया समचतुर्भुज $ABCD$ है जिसमें विकर्ण $AC = 16$ सेमी० तथा विकर्ण $BD = 12$ सेमी०. AC तथा BD का प्रतिच्छेद बिन्दु इन्हें 90° पर समद्विभाजित करता है.

$\therefore AO = OC = 8$ सेमी०,

$BO = OD = 6$ सेमी० तथा

$\angle AOB = 90°$.

$AB^2 = OA^2 + OB^2 = (8)^2 + (6)^2$

$= (64 + 36) = 100 = (10)^2$

$\Rightarrow AB = 10$ सेमी०.

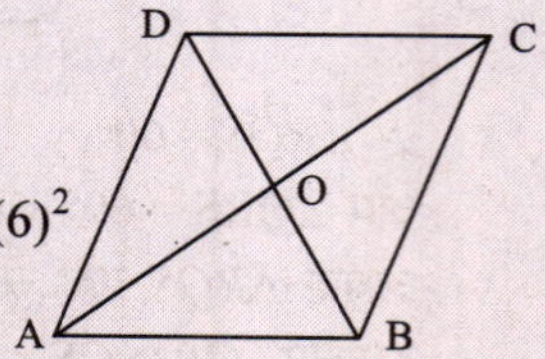

अतः $ABCD$ की प्रत्येक भुजा 10 सेमी० है.

9. $\angle ABO = \angle CDO = 60°, \angle AOB = 90°$.

अब $\angle OAB + \angle AOB + \angle ABO = 180°$

$\Rightarrow \angle OAB + 90° + 60° = 180°$

$\therefore \angle OAB = (180° - 150°) = 30°$.

10. माना समचतुर्भुज $ABCD$ है जिसके विकर्ण बिन्दु O पर काटते हैं. माना विकर्ण $AC = 16$ सेमी०.

तब $AB = 10$ सेमी०, $OA = 8$ सेमी० तथा $\angle AOB = 90°$.

$\therefore OB^2 = (AB^2 - OA^2) = [(10)^2 - (8)^2]$

$= (100 - 64) = 36 = 6^2$

$\Rightarrow OB = 6$ सेमी०

$\Rightarrow BD = 2 \times OB = (2 \times 6)$ सेमी० $= 12$ सेमी०.

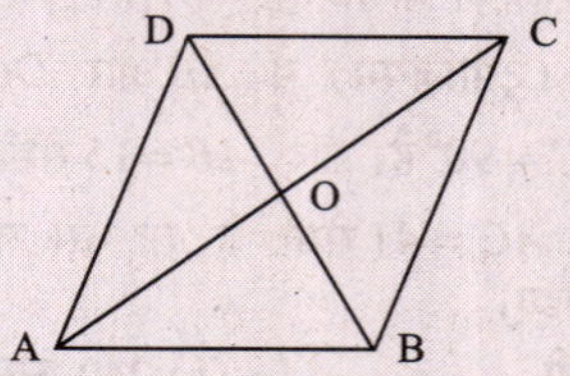

11. $OA^2 + OB^2 = AB^2 \Rightarrow \left(\frac{1}{2}AC\right)^2 + \left(\frac{1}{2}BD\right)^2 = AB^2$

$\therefore \frac{1}{4}AC^2 + \frac{1}{4}BD^2 = AB^2 \Rightarrow AC^2 + BD^2 = 4AB^2$.

12. हम जानते हैं कि एक चतुर्भुज के चारों कोणों का योग 360° होता है.

$\therefore \angle A + \angle B + 30° + 70° = 360° \Rightarrow \angle A + \angle B = 260°$

$\Rightarrow \frac{1}{2}\angle A + \frac{1}{2}\angle B = 130°$

$\Rightarrow \angle AOB = (180° - 130°) = 50°$.

13. माना $\angle D = x°$. तब $\angle C = (x+10)°, \angle B = 2(x+10)°$,

$\angle A = (2x + 20 - 26)° = (2x - 6)°$.

$\angle A + \angle B + \angle C + \angle D = 360°$

$\Rightarrow (2x-6) + (2x+20) + (x+10) + x = 360$

$\Rightarrow 6x + 24 = 360 \Rightarrow 6x = 336 \Rightarrow x = 56$.

$\Rightarrow \angle A = (2 \times 56 - 6)° = (112 - 6)° = 106°$.

14. $\angle A + \angle B = 180°\ k\ \angle A = \angle B \Rightarrow \angle A = \angle B = 90°$.

$\therefore ABCD$ एक आयत है.

15. $3x + 7x + 6x + 4x = 360 \Rightarrow 20x = 360 \Rightarrow x = 18$.

$\therefore \angle A = 54°, \angle B = 126°, \angle C = 108°$ तथा $\angle D = 72°$.

अतः $ABCD$ एक समान्तर चतुर्भुज है.

16. $\angle A + \angle B = 180° \Rightarrow \frac{1}{2}\angle A + \frac{1}{2}\angle B = 90°$

$\frac{1}{2}\angle A + \frac{1}{2}\angle B + \angle AOB = 180° \Rightarrow 90° + \angle AOB = 180°$

अतः $\angle AOB = 90°$.

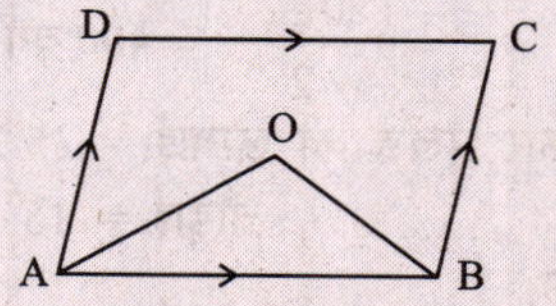

17. एक चतुर्भुज की आसन्न भुजाओं के मध्य बिन्दुओं को क्रमशः मिलाने पर प्राप्त आकृति एक समान्तर चतुर्भुज होती है.

18. एक वर्ग की आसन्न भुजाओं के मध्य बिन्दुओं को क्रमशः मिलाने पर प्राप्त आकृति एक वर्ग होगी.

19. माना चौथा कोण $= x°$, तब

$110+85+70+x=360 \Rightarrow 265+x=360$
$\Rightarrow x=(360-265)=95.$
$\therefore$ चौथा कोण $=95°$.

20. माना $\angle A=(2x)°, \angle B=x°, \angle C=(4x)°$ तथा $\angle D=(3x)°$.
तब $2x+x+4x+3x=360 \Rightarrow 10x=360 \Rightarrow x=36$.
$\therefore \angle C=(4\times 36)°=144°$.

21. माना दिये गये कोण $(3x)°, (4x)°, (5x)°$ तथा $(6x)°$ हैं. तब
$3x+4x+5x+6x=360 \Rightarrow 18x=360 \Rightarrow x=20$.
$\therefore$ सबसे छोटा कोण $=(3\times 20)°=60°$.

22. एक आयत की आसन्न भुजाओं के मध्य बिन्दुओं को क्रमशः मिलाने पर प्राप्त आकृति एक समचतुर्भुज होती है.

23. एक समचतुर्भुज की आसन्न भुजाओं के मध्य बिन्दुओं को क्रमशः मिलाने पर प्राप्त आकृति एक आयत होती है.

24. $\angle BCD=\angle A=70°$ [समान्तर चतुर्भुज के विपरीत कोण]
ΔBCD में $\angle CBD+\angle BCD+\angle BDC=180°$
$\Rightarrow 65°+70°+\angle BDC=180°$
$\Rightarrow \angle BDC=(180°-135°)=45°$.

25. $\angle DBC=\angle ADB=50°$ [एकान्तर कोण]
ΔBCD में, $\angle DBC+\angle BCD+\angle BDC=180°$
$\Rightarrow 50°+70°+\angle BDC=180°$
$\Rightarrow \angle BDC=(180°-120°)=60°$.

26. एक समान्तर चतुर्भुज की आसन्न भुजाओं के मध्य बिन्दुओं को क्रमशः मिलाने पर प्राप्त आकृति एक समान्तर चतुर्भुज होती है.

ध्यान रहे: ऊपर वाली आकृति की आसन्न भुजाओं के मध्य बिन्दुओं को मिलाने पर नीचे वाली आकृति प्राप्त होती है.

चतुर्भुज	वर्ग	समान्तर चतुर्भुज	आयत	समचतुर्भुज
समान्तर चतुर्भुज	वर्ग	समान्तर चतुर्भुज	समचतुर्भुज	आयत

27. माना एक कोण $=x°$. तब संगत कोण $=\left(\frac{2x}{3}\right)°$.
$\therefore x+\frac{2x}{3}=180 \Rightarrow \frac{5x}{3}=180 \Rightarrow x=\left(180\times\frac{3}{5}\right)=108.$
छोटे से छोटा कोण $=\left(\frac{2}{3}\times 108\right)°=72°$.

28. माना सबसे छोटा कोण $=x°$.
तब इसका आसन्न कोण $=(2x-15)°$.
$\therefore x+(2x-15)=180 \Rightarrow 3x=195 \Rightarrow x=65$.
एक कोण $=65°$, दूसरा कोण $=(180°-65°)=115°$.
सबसे छोटा कोण $=65°$.

29. माना समान्तर चतुर्भुज की ऊँचाई h है. तब $h<b$.
$\therefore A=a\times h<a\times b=B \Rightarrow A<B$.

30. $\frac{OA}{OB}=\frac{OC}{OD} \Rightarrow \frac{2x+4}{9x-21}=\frac{2x-1}{3}$
$\Rightarrow 3(2x+4)=(9x-21)(2x-1)$
$\Rightarrow 6x+12=18x^2-51x+21$
$\Rightarrow 18x^2-57x+9=0 \Rightarrow 6x^2-19x+3=0$
$\Rightarrow 6x^2-18x-x+3=0$
$\Rightarrow 6x(x-3)-(x-3)=0 \Rightarrow (x-3)(6x-1)=0$
$\Rightarrow x=3$ अथवा $x=\frac{1}{6}$.
परन्तु $x=\frac{1}{6} \Rightarrow (2x-1)=\left(2\times\frac{1}{6}-1\right)<0$. अत: $x=3$.

31. माना आयत की बड़ी भुजा $=x$ इकाई तथा छोटी भुजा $=y$ इकाई.
तब विकर्ण $=3y$.
$AC^2=AB^2+BC^2 \Rightarrow (3y)^2=x^2+y^2$
$\Rightarrow x^2=8y^2 \Rightarrow x=2\sqrt{2}y$
$\Rightarrow \frac{x}{y}=\frac{2\sqrt{2}}{1} \Rightarrow x:y=2\sqrt{2}:1.$

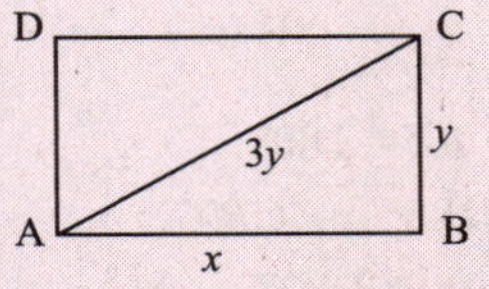

32. माना समान्तर चतुर्भुज $ABCD$ है जिसमें $A-B=20°$ तथा $A+B=180°$. इन्हें हल करने पर $A=100$ तथा $B=80$.
अभीष्ट अनुपात $=80:100=4:5$.

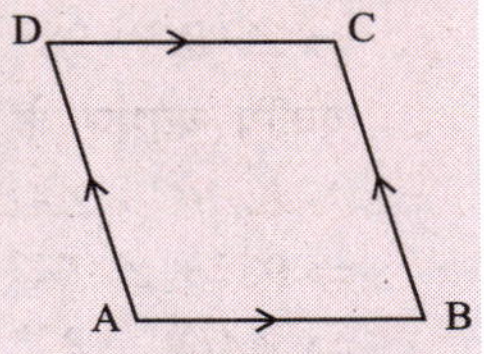

33. आयत एक द्वि-विमा चित्र है.

34. माना सबसे छोटा कोण $=\alpha°$.
तब, सबसे बड़ा कोण $=(180°-\alpha)$.
$\therefore (180°-\alpha)=2\alpha-30 \Rightarrow 3\alpha=210 \Rightarrow \alpha=70$.
सबसे बड़ा कोण $=(180°-70°)=110°$.

35. समलम्ब चतुर्भुज में कर्ण आपस में समद्विभाजन नहीं करते.

36. समचतुर्भुज में कर्ण आपस में लम्बवत् होते हैं.

37. आयत में कर्ण सदैव बराबर होते हैं.

38. $OA=\frac{1}{2}AC=\left(\frac{1}{2}\times 8\right)$ सेमी॰ $=4$ सेमी॰,
$OB=\left(\frac{1}{2}\times 6\right)$ सेमी॰
$=3$ सेमी॰ तथा $\angle AOB=90°$.

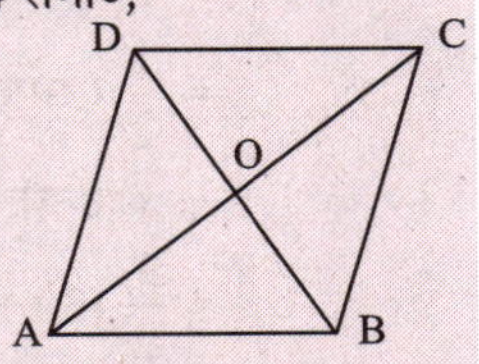

$\therefore AB^2=OA^2+OB^2=(4)^2+(3)^2=(16+9)=25=5^2$
$\Rightarrow AB=5$ सेमी॰.
अत: दिये गये समचतुर्भुज की प्रत्येक भुजा 5 सेमी॰ है.

39. माना वर्ग $ABCD$ की प्रत्येक भुजा x सेमी॰ है. तब

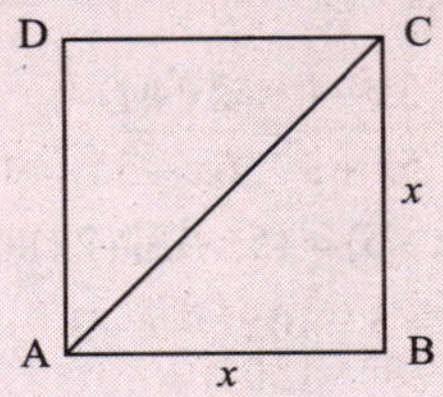

$AC^2 = AB^2 + BC^2 = x^2 + x^2 = 2x^2 \Rightarrow AC = \sqrt{2}x$ सेमी०.

अत: विकर्ण की लम्बाई $= \sqrt{2}x$ सेमी०.

40. याद रखें $EF = \frac{(AB+CD)}{2}$.

41.

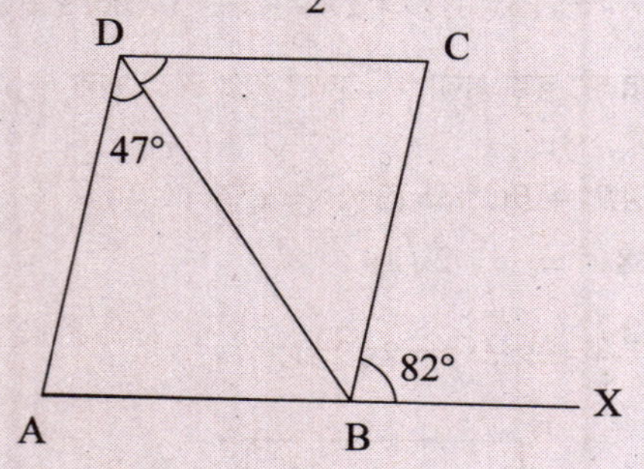

$\angle ABC + \angle CBX = 180°$

$\Rightarrow \angle ABC = 180° - \angle CBX$

$\Rightarrow \angle ABC = 180° - 82°$

$\Rightarrow \angle ABC = 98°$

चक्रीय चतुर्भुज के सम्मुख कोणों का योग 180° होता है।

$\therefore \angle ABC + \angle ADC = 180°$

$\Rightarrow 98° + \angle ADC = 180°$

$\Rightarrow \angle ADC = 82°$

$\Rightarrow \angle ADB + \angle BDC = 82°$

$\Rightarrow 47° + \angle BDC = 82°$

$\Rightarrow \angle BDC = 35°$

42. यहाँ, PS = MN = 12 सेमी

और QM = NR = SN = PM = 9 सेमी

इसलिए, QR = QM + MN + NR

= 9 + 12 + 9

= 30 सेमी

समांतर रेखाओं के बीच की दूरी = SN = NR = 9 सेमी

समलम्ब चतुर्भुज का क्षेत्रफल

$= \frac{1}{2}$ (समलम्ब चतुर्भुज की समांतर भुजाओं का योग) × उनके बीच की दूरी

$= \frac{1}{2}(30+12) \times 9$

= 189 सेमी²

43. $OA^2 + OC^2 = OB^2 + OD^2 \Rightarrow 5^2 + x^2 = 6^2 + 8^2$

$\therefore x^2 = (36 + 64 - 25) = 75 \Rightarrow x = \sqrt{75} = 5\sqrt{3}$ सेमी०.

44. किसी समलम्ब चतुर्भुज के विकर्ण एक-दूसरे को समान अनुपात में विभक्त करते हैं।

45. $\frac{OA}{OC} = \frac{OB}{OD} \Rightarrow \frac{3x-1}{5x-3} = \frac{2x+1}{6x-5}$.

$\therefore (3x-1)(6x-5) = (5x-3)(2x+1)$

$\Rightarrow 18x^2 - 21x + 5 = 10x^2 - x - 3$

$\Rightarrow 8x^2 - 20x + 8 = 0 \Rightarrow 2x^2 - 5x + 2 = 0$

$\Rightarrow 2x^2 - 4x - x + 2 = 0$

$\Rightarrow 2x(x-2) - (x-2) = 0 \Rightarrow (x-2)(2x-1) = 0$

$\Rightarrow x = 2$ $\left[\because x = \frac{1}{2} \Rightarrow (6x-5) < 0\right]$

46. $\angle PQR = 63°$

और $QRTS$ एक चक्रीय चतुर्भुज है

अत: $\angle RTS = 117°$

$\angle PTS = 63°$

ΔPQR और ΔPTS में,

$\angle PQR = \angle PTS$

$\angle QPR = \angle TPS$

$\therefore \Delta PQR$ और ΔPTS समरूप हैं।

इस प्रकार, [कोण कोण समानता से]

$\frac{PR}{PQ} = \frac{PS}{PT}$

$\frac{PR}{10} = \frac{6}{5}$

$PR = 12$

$TR = PR - 5 = 7$

47. एक चतुर्भुज के चारों कोणों का योग 360° होता है.

48. हम जानते हैं कि किसी चतुर्भुज के चारों कोणों का योग 360° होता है.

अत: $\theta + 2\theta + 3\theta + 4\theta = 360 \Rightarrow 10\theta = 360 \Rightarrow \theta = 36$.

49. एक चक्रीय चतुर्भुज $ABCD$ में,

सम्मुख कोणों का योग 180° होता है।

$\angle A + \angle D = 180°$ ...(*i*)

$\angle B + \angle C = 180°$ ...(*ii*)

(*i*) और (*ii*) को जोड़ने पर हमें प्राप्त होता है

$\angle A + \angle B + \angle C + \angle D = 180° + 180°$

$\angle A + \angle B + \angle C + \angle D = 360°$

50. दिया है,

$\angle APB = 110°$

$\angle CBD = 30°$

$\therefore \angle APD = \angle CPD = 180° - \angle APB$

$= 70°$

एक चक्रीय चतुर्भुज $ABCD$ में,

$\angle CBD = \angle CAD$

(वृत्त के एक खंड का कोण)

$\therefore \angle ADB = \angle BCD = 180° - (70° + 30°) = 80°$

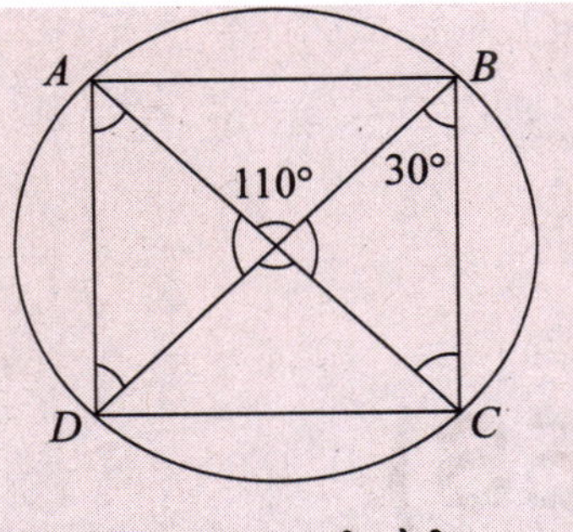

51. पतंग में विपरीत भुजाएं बराबर नही होती।

52. $AB = 13$ सेमी०,

$OB = \frac{1}{2} \times BD = \left(\frac{1}{2} \times 24\right)$ सेमी० $= 12$ सेमी०

तथा $\angle AOB = 90°$. माना $OA = x$ सेमी०.

तब, $AB^2 = OA^2 + OB^2 \Rightarrow (13)^2 = x^2 + (12)^2$

$\Rightarrow x^2 = (169 - 144) = 25 = 5^2 \Rightarrow x = 5.$

$\therefore\ AC = 2 \times OA = (2 \times 5)$ सेमी० $= 10$ सेमी०.

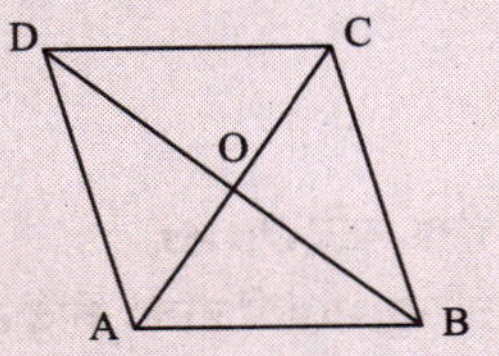

53. समचतुर्भुज $ABCD$ में माना प्रत्येक भुजा = 10 सेमी०

तथा $\angle A = \angle C = 60°$. तब $\angle B = \angle D = 120°$.

स्पष्ट है कि $\angle A = 60°$ तथा $AB = BD$.

$\therefore\ \angle ABD = \angle ADB = 60°$. अत: ΔABD समबाहु त्रिभुज है

अत: $BD = AB = AD = 10$ सेमी०.

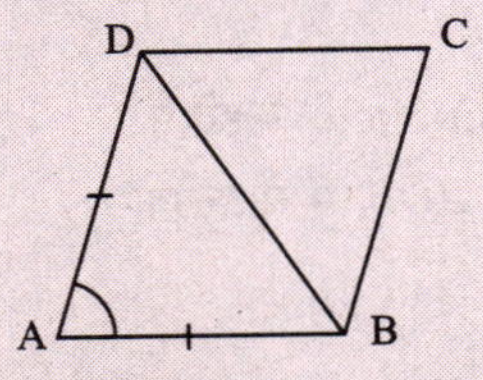

54. समद्विबाहु समलंब चतुर्भुज में, $PQ \parallel RS; PS = QR$

$PR = QS$

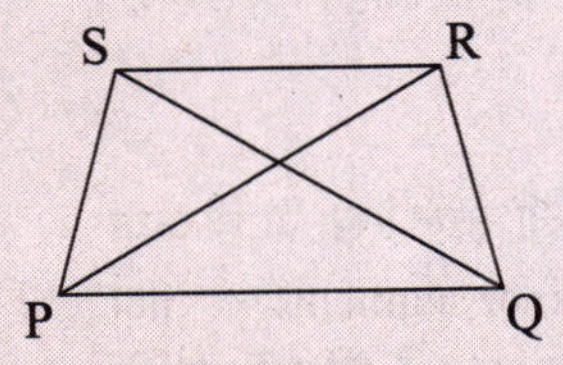

इसके आधार के कोण समान होते हैं। अर्थात्

$\angle A = \angle B;\ \ \angle C = \angle D; \angle A + \angle D = \angle B + \angle C = 180^0$

55. $\angle ADC = 90^0$

$AC = 41$ सेमी.

$CD = 40$ सेमी.

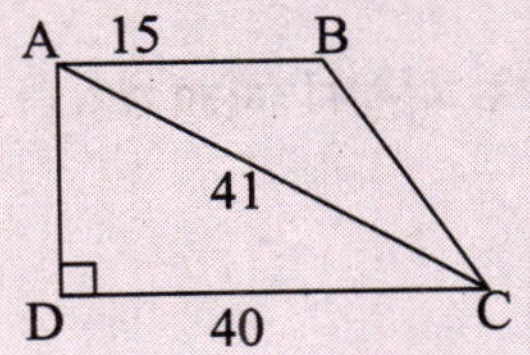

$AD^2 + CD^2 = AC^2$

$\therefore\ AD = \sqrt{AC^2 - CD^2} = \sqrt{41^2 - 40^2}$

$= \sqrt{(41+40)(41-40)} = \sqrt{81} = 9$ सेमी.

$\therefore$ चतुर्भुज $ABCD$ का क्षेत्रफल $= \frac{1}{2}(AB + CD) \times AD$

$= \frac{1}{2}(15 + 40) \times 9 = \frac{1}{2} \times 55 \times 9 = 247.5$ वर्ग सेमी.

56. समचतुर्भुज के विकर्ण एक-दूसरे को लंबवत समद्विभाजित करते हैं।

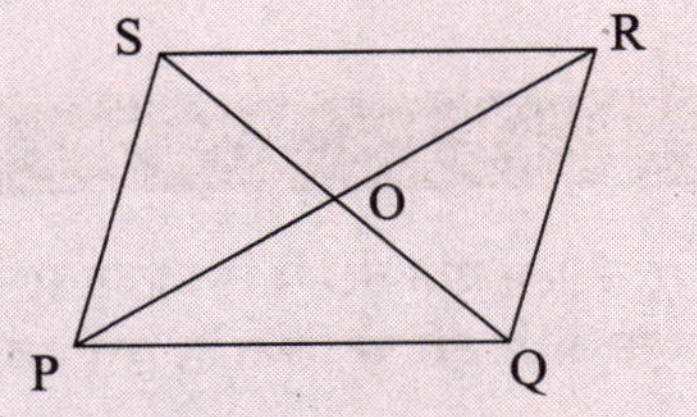

माना, $PQ = 10$ सेमी.

$PR = 12$ सेमी.

$\therefore\ OP = OR = 6$ सेमी.

$\angle POQ = 90^0 = \sqrt{64} = 8$ सेमी.

$\therefore\ QS = 2 \times OQ = 16$ सेमी.

$\therefore\ OQ = \sqrt{PQ^2 - OP^2} = \sqrt{10^2 - 6^2} = \sqrt{100 - 36}$

$\therefore$ समचतुर्भुज का क्षेत्रफल

$= \frac{1}{2} PR \times QS = \frac{1}{2} \times 12 \times 16 = 96$ सेमी.^{2}

57. माना चर्तुभुज के A_1 तथा A_2 कोण का योग a है तब

प्रश्नानुसार, $a + a - 20 + a - 20 + 70 = 360$

$\Rightarrow 3a - 40 + 70 = 360 \quad \Rightarrow 3a = 330$

$\Rightarrow a = 110 \quad\quad \Rightarrow A_1 + A_2 = 110°$

58. वर्ग S_1 की भुजा $= x$ से.मी. वर्ग S_2 की भुजा $= 3x$ से.मी.

प्रश्नानुसार, $4(x + 3x) = 80$

$\Rightarrow 4(4x) = 80 \quad \Rightarrow 16x = 80 \quad \Rightarrow x = 5$ से.मी.

वर्ग S_2 की भुजा $= 3x = 3 \times 5 = 15$ से.मी.

$\therefore$ वर्ग S_2 का क्षेत्रफल $= (15)^2 = 225$ वर्ग से.मी.

59. दिया गया है $X = \frac{1}{2}$ समान्तर चतुर्भुज $ABCD$ का क्षेत्रफल

$\{\because y =$ समान्तर चर्तुभुज $ABCD$ का क्षेत्रफल$\}$

$\Rightarrow X = \frac{1}{2} Y \quad \Rightarrow \frac{X}{Y} = \frac{1}{2} \quad \therefore\ x : y = 1 : 2$

60. चतुर्भुज

❑❑❑

38

Scan QR Code
for Watching Video

वृत्त (CIRCLES)

आवश्यक तथ्य

वृत्त (Circle): एक तल में स्थित उन सभी बिन्दुओं का समुच्चय जिनमें से प्रत्येक बिन्दु एक स्थिर बिन्दु से एक अचर दूरी पर स्थित है, वृत्त कहलाता है.

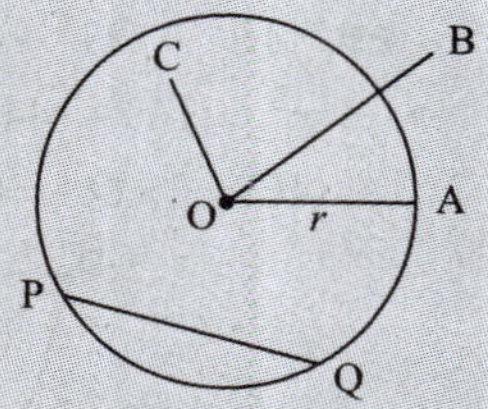

स्थिर बिन्दु O वृत्त का **केन्द्र (Centre)** कहलाता है.
O से वृत्त पर स्थित किसी बिन्दु A की दूरी OA, वृत्त की **त्रिज्या (Radius)** कहलाती है.
माना किसी वृत्त का केन्द्र O तथा त्रिज्या r है.

(*i*) **वृत्त का बाह्य भाग (Exterior of a circle): कोई बिन्दु B वृत्त के बाह्य भाग में होगा, यदि $OB > r$.**

(*ii*) **वृत्त का आन्तरिक भाग (Interior of a Circle): कोई बिन्दु C वृत्त के आन्तरिक भाग में होगा, यदि $OC < r$.**

(*iii*) **कोई बिन्दु A वृत्त पर होगा, यदि $OA = r$.**

(*iv*) **जीवा (Chord): एक रेखाखण्ड $\overline{PQ}$ जिसके अन्तिम बिन्दु P तथा Q वृत्त के ऊपर हों, वृत्त की जीवा कहलाता है.**

(*v*) **व्यास (Diameter): वृत्त के केन्द्र से गुजरने वाली जीवा व्यास कहलाती है.**
व्यास = (2 × अर्द्धव्यास) = (2 × त्रिज्या).

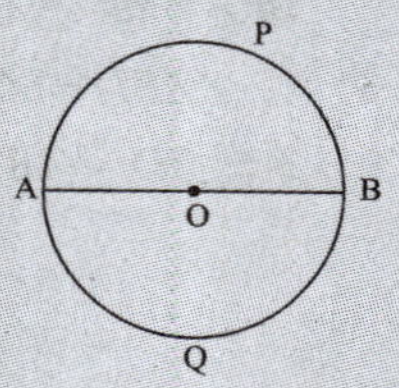

नोट 1. व्यास किसी वृत्त की सबसे बड़ी जीवा है.
नोट 2. व्यास वृत्त को दो बराबर भागों में बाँटता है. प्रत्येक भाग को अर्द्धवृत्त (semi-circle) कहते हैं. साथ में दिये गये चित्र में वृत्त का केन्द्र O है. AB वृत्त का व्यास है तथा $\overset{\frown}{APB}$ एवं $\overset{\frown}{AQB}$ में से प्रत्येक अर्द्ध-वृत्त है.

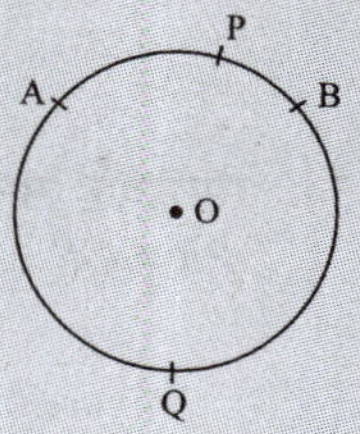

(*vi*) **चाप (Arc):** वृत्त का कोई भी भाग चाप कहलाता है. यदि चाप अर्द्धवृत्त से छोटी हो, तो इसे लघु चाप कहते हैं. यदि चाप अर्द्धवृत्त से बड़ी हो, तो इसे दीर्घ चाप कहते हैं. साथ में दी गई आकृति में $\overset{\frown}{APB}$ एक लघु चाप है तथा $\overset{\frown}{AQB}$ एक दीर्घ चाप है.

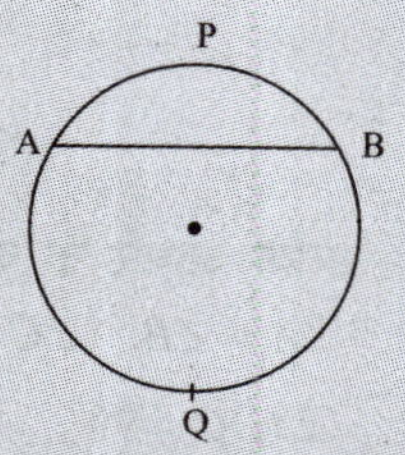

(*vii*) **वृत्त खण्ड (Segment):** एक चाप तथा इसके अन्तिम छोरों को मिलाने वाली सरल रेखा के बीच के क्षेत्र को वृत्त खण्ड कहते हैं. लघु चाप से बना वृत्त खण्ड, लघु वृत्त-खण्ड (Minor segment) कहलाता है तथा दीर्घ चाप से बना वृत्त खण्ड, दीर्घ वृत्त-खण्ड (Major segment) कहलाता है. दी गई आकृति में वृत्त खण्ड APB, लघु वृत्त खण्ड है तथा वृत्त खण्ड AQB, दीर्घ वृत्त खण्ड है.

(*viii*) **वृत्त का द्वैत्रिज्य (Sector of a Circle): दो त्रिज्याओं तथा उनके अन्तिम बिन्दुओं से बनने वाले चाप से घिरे क्षेत्र को वृत्त का द्वैत्रिज्य कहते हैं.**
दिये गये चित्र में वृत्त का केन्द्र O है तथा OAB एक द्वैत्रिज्य है.

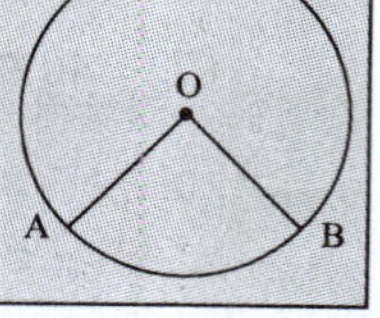

(ix) **वृत्त की परिधि (Circumference of a Circle): वृत्त के परिमाप को उसकी परिधि कहते हैं.**

त्रिज्या r के वृत्त की परिधि $= 2\pi r$.

(x) **समकेन्द्रीय वृत्त (Concentric Circles): किसी तल में एक ही केन्द्र से खींचे गये विभिन्न त्रिज्याओं के वृत्त, समकेन्द्रीय वृत्त कहलाते हैं.**

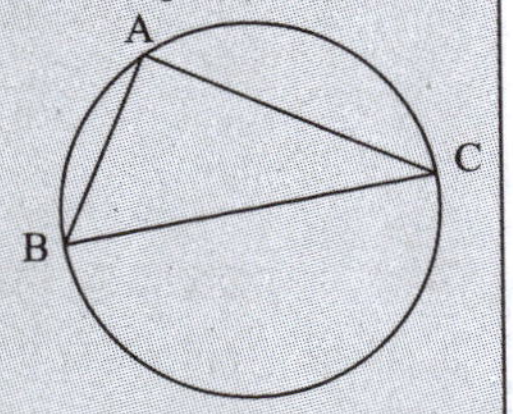

(xi) **त्रिभुज का परिवृत्त (Circumcircle): वह वृत्त जो किसी त्रिभुज के शीर्ष बिन्दुओं से होकर गुजरता है, उस त्रिभुज का परिवृत्त कहलाता है.**

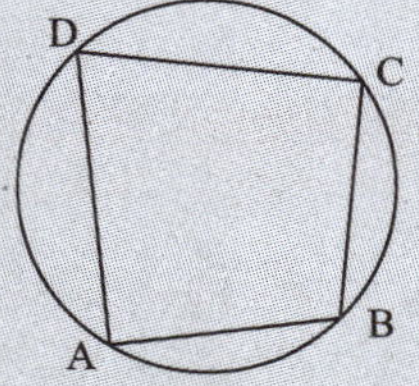

(xii) **चक्रीय चतुर्भुज (Cyclic Quadrilateral): एक ऐसा चतुर्भुज जिसके चारों शीर्ष बिन्दु किसी वृत्त पर स्थित हों, एक चक्रीय चतुर्भुज कहलाता है.**
संलग्न चित्र में $ABCD$ एक चक्रीय चतुर्भुज है.

वृत्त पर आधारित प्रमेय

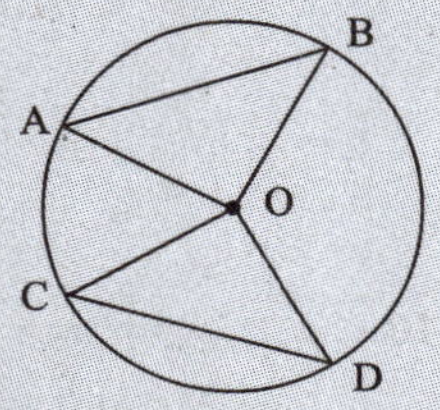

1. *(i)* **किसी वृत्त की दो समान जीवायें केन्द्र पर समान कोण बनाती हैं.**
दिये गये चित्र में एक वृत्त का केन्द्र O है तथा AB एवं CD इसकी दो बराबर जीवायें हैं.
तब, $\angle AOB = \angle COD$.

(ii) **यदि किसी वृत्त की दो जीवायें वृत्त के केन्द्र पर समान कोण बनायें, तो ऐसी जीवायें बराबर होती हैं.**

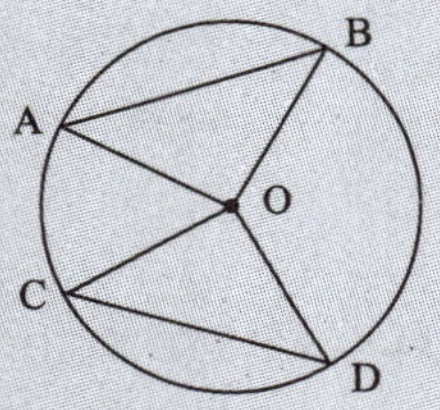

2. *(i)* **यदि किसी वृत्त की दो चाप सर्वांगसम हों तो उनकी संगत जीवायें बराबर होती हैं.**
दिये गये चित्र में वृत का केन्द्र O है जिसमें $\overset{\frown}{AB} = \overset{\frown}{CD}$.
तब जीवा $AB =$ जीवा CD.

(ii) यदि किसी वृत्त की दो जीवायें बराबर हों तो इन जीवाओं से काटी गई चाप बराबर होंगी.

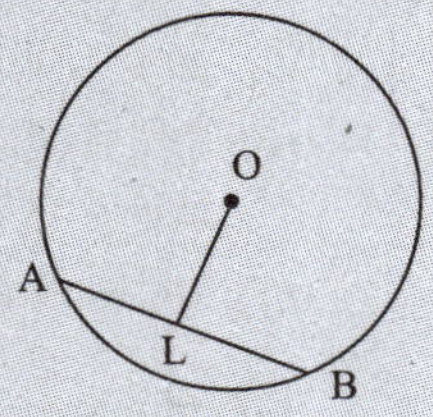

3. *(i)* **किसी वृत्त के केन्द्र से जीवा पर डाला गया लम्ब जीवा को समद्विभाजित करता है.**
दिये गये चित्र में वृत्त का केन्द्र O है तथा AB एक जीवा है.
यदि $OL \perp AB$ हो, तो $AL = BL$.

(ii) किसी वृत्त के केन्द्र तथा इसकी एक जीवा के मध्य बिन्दु को मिलाने वाली रेखा जीवा पर लम्ब होती है.

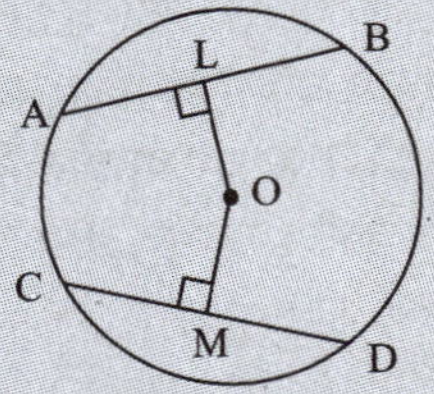

4. *(i)* **किसी वृत्त की समान जीवायें केन्द्र से समदूरस्थ होती हैं.**
दिये गये चित्र में वृत्त का केन्द्र O है तथा जीवा $AB =$ जीवा CD.
यदि $OL \perp AB$ तथा $OM \perp CD$ हो, तो $OL = OM$.

(ii) किसी वृत्त की दो जीवायें जो केन्द्र से समदूरस्थ हैं, परस्पर समान होती हैं.

$$OL = OM \Rightarrow AB = CD.$$

5. तीन असरेख बिन्दुओं से होकर एक और केवल एक वृत्त गुजरता है.

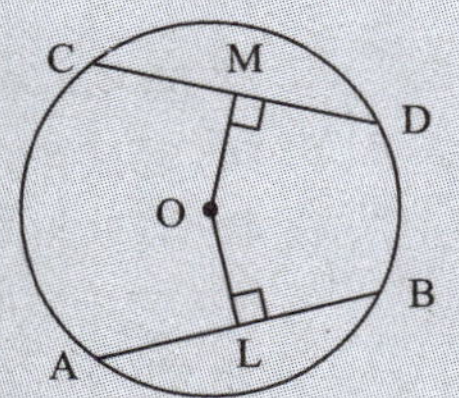

6. *(i)* **किसी वृत्त की दो असमान जीवाओं में से बड़ी जीवा, छोटी जीवा की अपेक्षा केन्द्र से निकटतर होती है.**
दिये गये चित्र में वृत्त का केन्द्र O है तथा जीवा $AB >$ जीवा CD.
यदि $OL \perp AB$ तथा $OM \perp CD$. तब, $OL < OM$.

(ii) **किसी वृत्त की दो असमान जीवाओं में से जो जीवा केन्द्र के निकटतर होती है, वह बड़ी होती है.**
दिया है $OL < OM$ तक $AB > CD$

7. **किसी वृत्त की एक चाप द्वारा केन्द्र पर बना कोण, इस चाप द्वारा शेष वृत्त-खण्ड में किसी बिन्दु पर बने कोण का दुगुना होता है.**

दिये गये वृत्त का केन्द्र O है तथा चाप AB केन्द्र O पर $\angle AOB$ बनाती है. यह चाप शेष वृत्त-खण्ड के बिन्दु C पर $\angle ACB$ बनाती है. तब, $\angle AOB = 2\angle ACB$.

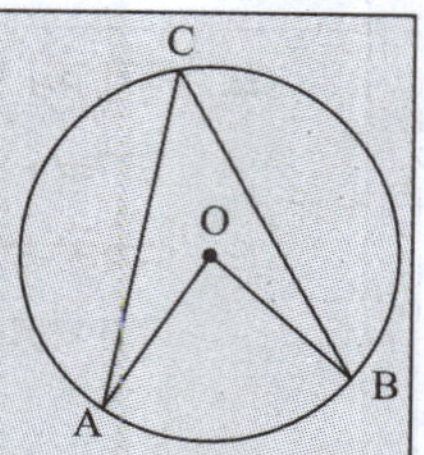

8. **एक ही वृत्तखण्ड में बने दो कोण परस्पर समान होते हैं.**
केन्द्र O का एक वृत्त है जिसमें चाप AB द्वारा एक ही वृत्त खण्ड $ACDB$ में दो कोण $\angle ACB$ तथा $\angle ADB$ बनते हैं. तब, $\angle ACB = \angle ADB$.

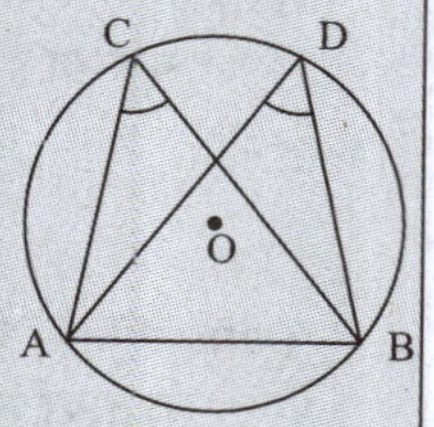

9. **किसी अर्द्ध-वृत्त में बना कोण समकोण होता है.**
संलग्न चित्र में किसी वृत्त का केन्द्र O है तथा अर्द्धवृत्त में $\angle ACB$ बना है.
तब, $\angle ACB = 90°$.

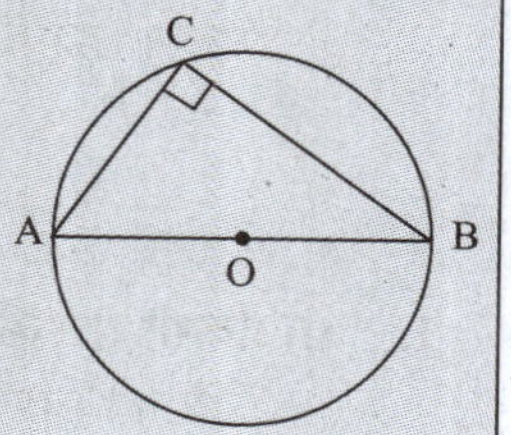

10. **किसी वृत्त की लघु-चाप द्वारा एकान्तर खण्ड में बना कोण न्यूनकोण तथा दीर्घ-चाप द्वारा बना कोण अधिक कोण होता है.**
माना दिये गये वृत्त का केन्द्र O है. लघु-चाप BAC द्वारा एकान्तर खण्ड में बना कोण $\angle BDC$ एक न्यूनकोण है. जबकि दीर्घ चाप BDC द्वारा एकान्तर खण्ड में बना कोण $\angle BAC$ एक अधिक कोण है.

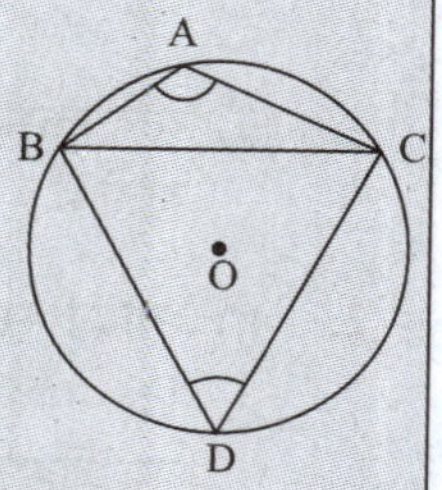

11. *(i)* **एक चक्रीय चतुर्भुज के सम्मुख कोणों का योग 180° होता है.**
दिये गये चित्र में $ABCD$ एक चक्रीय चतुर्भुज है.
अत: $\angle A + \angle C = 180°$ तथा $\angle B + \angle D = 180°$.

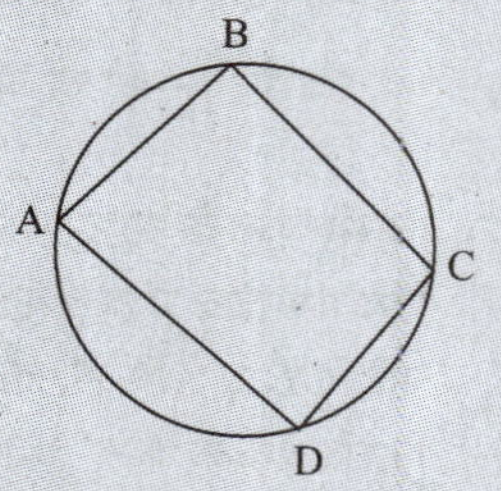

(ii) **यदि किसी चतुर्भुज के सम्मुख कोणों का योग 180° हो, तो यह एक चक्रीय-चतुर्भुज होगा.**

(iii) **प्रत्येक चक्रीय समान्तर चतुर्भुज एक आयत होता है.**

(iv) **यदि किसी चतुर्भुज की एक भुजा बढ़ा दी जाये तो इस प्रकार बना बाह्य कोण इसके अभिमुख अन्त:कोण के बराबर होता है.**
दिये गये चित्र में चक्रीय चतुर्भुज $ABCD$ की भुजा AB को E तक बढ़ा दिया गया है. तब, $\angle CBE = \angle ADC$.

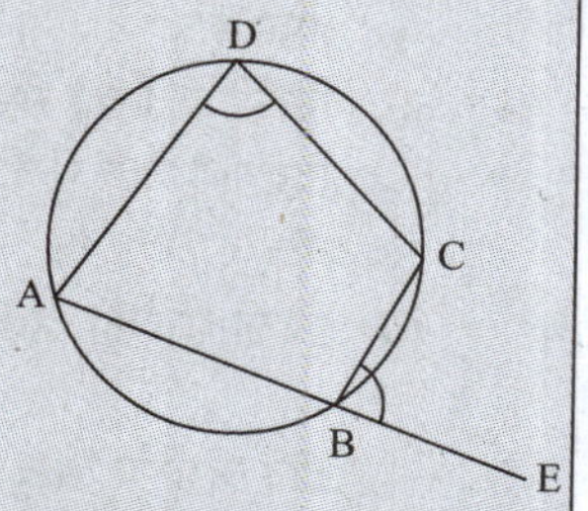

12. **त्रिभुज का अन्त:वृत्त (Incircle of a Triangle):**
यदि कोई वृत्त एक त्रिभुज की तीनों भुजाओं को स्पर्श करे तो उसे अन्त:वृत्त कहते हैं.
अन्त:वृत्त के केन्द्र को अन्त:केन्द्र (Incentre) कहते हैं.
दिये गये चित्र में ΔABC के अन्त:वृत्त का केन्द्र O है.
यह वृत्त AB, BC तथा CA को क्रमश: बिन्दु D, E तथा F पर स्पर्श करता है.
यहाँ $AD = AF$, $BD = BE$ तथा $CE = CF$.

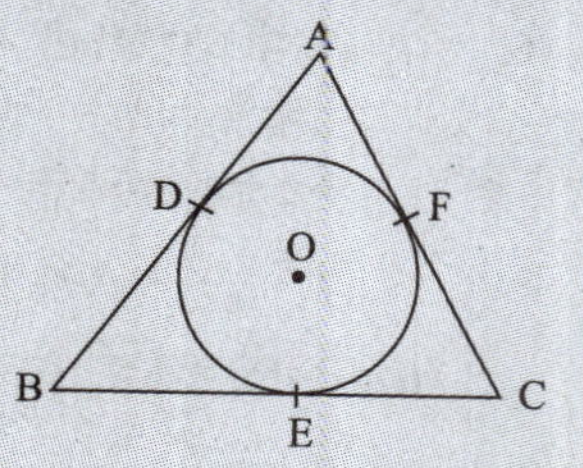

13. (*i*) **किसी वृत्त की स्पर्श रेखा, स्पर्श बिन्दु से होकर जाने वाली त्रिज्या पर लम्ब होती है.**
यदि केन्द्र O के वृत्त के बिन्दु P पर स्पर्श रेखा APB हो, तो $OP \perp AB$ होगी.

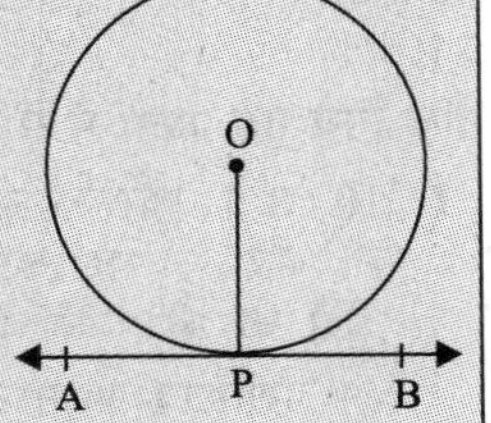

(*ii*) **वह रेखा जो त्रिज्या के अन्तिम सिरे से होकर जाती है तथा त्रिज्या पर लम्ब है, वृत्त की स्पर्श रेखा होती है.**

(*iii*) **किसी बाह्य बिन्दु से वृत्त पर खींची गई दो स्पर्श रेखाओं की लम्बाईयाँ बराबर होती हैं.**
यदि केन्द्र O के वृत्त के बाहर बिन्दु P से दो स्पर्श रेखायें PA तथा PB खींची जायें, तो $PA = PB$.

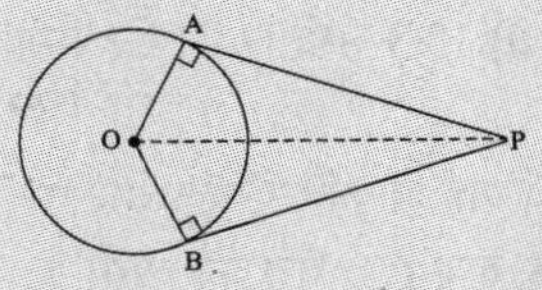

14. (*i*) **यदि PAB एक वृत्त की छेदक रेखा हो जो वृत्त को बिन्दु A तथा B पर प्रतिच्छेद करती है तथा PT एक स्पर्श रेखाखण्ड हो, तो $PA \cdot PB = PT^2$ होगा.**

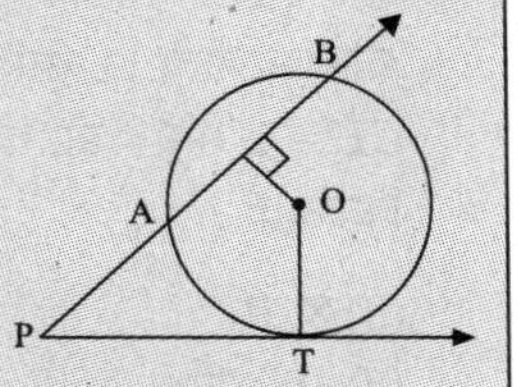

(*ii*) **यदि किसी वृत्त की दो जीवायें वृत्त के अन्दर या बढ़ाने पर बाहर प्रतिच्छेद करती हों, तो एक जीवा के दो खण्डों से बने आयत का क्षेत्रफल दूसरी जीवा के दो खण्डों से बने आयत के क्षेत्रफल के बराबर होता है.**

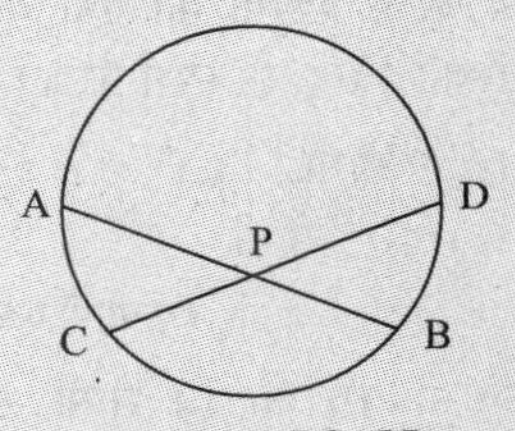

$PA \cdot PB = PC \cdot PD$

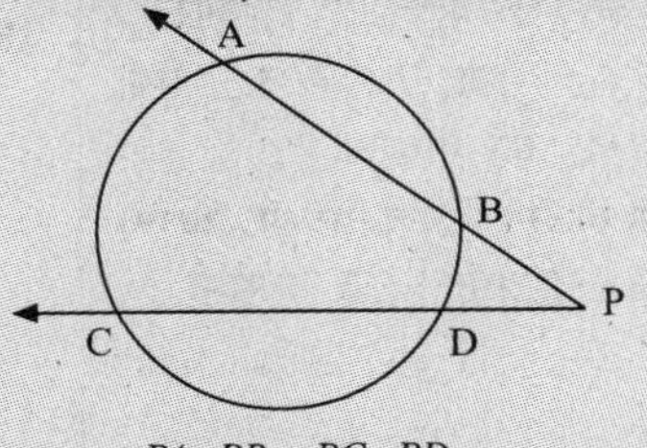

$PA \cdot PB = PC \cdot PD$

15. (*i*) **यदि किसी वृत्त की स्पर्श रेखा के स्पर्शबिन्दु से एक जीवा खींची जाये, तो इस जीवा द्वारा दी गई स्पर्श रेखा के साथ बने कोण, संगत एकांतर खण्डों में बने कोणों के क्रमशः बराबर होते हैं.**
एक वृत्त दिया गया है जिसका केन्द्र O है. इस वृत्त के बिन्दु P पर APB एक स्पर्श रेखा है तथा PQ एक जीवा है. वृत्त पर PQ के विपरीत बिन्दु M तथा N हैं. तब
(*i*) $\angle APQ = \angle PNQ$ तथा (*ii*) $\angle BPQ = PMQ$.

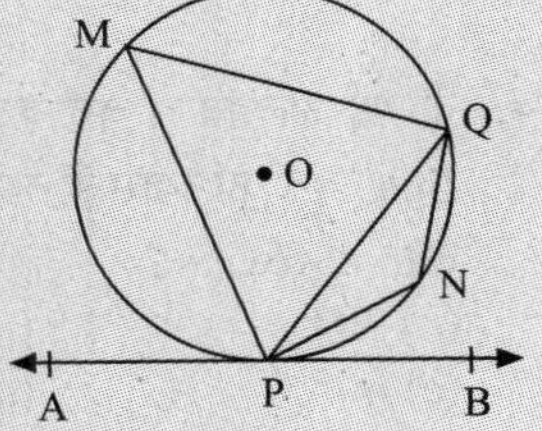

(*ii*) **यदि वृत्त की जीवा के एक अन्तिम बिन्दु से होती हुई रेखा और जीवा के बीच का कोण, एकान्तर खण्ड में जीवा द्वारा अंतरित कोण के बराबर हो, तो यह रेखा वृत्त की स्पर्श रेखा होती है.**
माना एक वृत्त का केन्द्र O है तथा PQ इस वृत्त की जीवा है.
बिन्दु P से जाती हुई एक सरल रेखा AB इस प्रकार खींची गई है कि $\angle BPQ = \angle PMQ$, जहाँ $\angle PMQ$ एकान्तर वृत्तखण्ड में स्थित है.
तब AB बिन्दु P पर वृत्त की स्पर्श रेखा है.

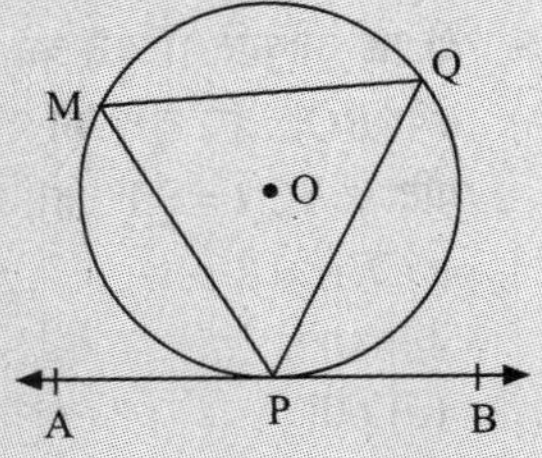

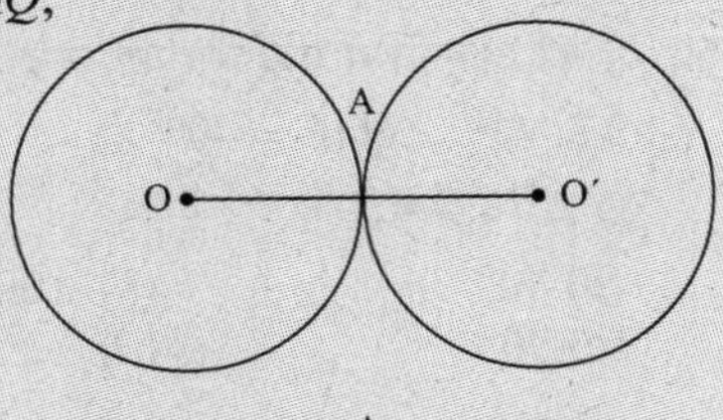

16. (*i*) **यदि दो वृत्त जिनके केन्द्र क्रमशः O तथा O' हैं बिन्दु A पर स्पर्श करें तो यह बिन्दु, OO' पर स्थित होगा.**

(*ii*) **यदि दो वृत्त एक बिन्दु पर स्पर्श करें तो इन वृत्तों के स्पर्श बिन्दु पर एक उभयनिष्ठ स्पर्श रेखा होती है.**

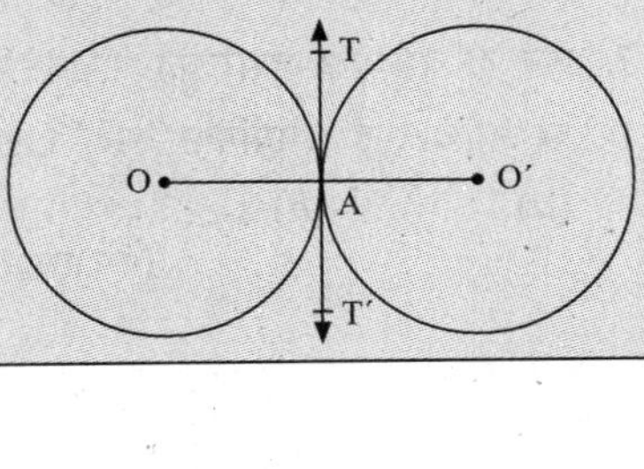

प्रश्नमाला 38

नीचे दिये गये प्रश्नों में से प्रत्येक में ठीक उत्तर को चिह्नांकित (✓) कीजिए:

1. 10 सेमी और 8 सेमी त्रिज्या के वृत्त एक दूसरे को बिंदु P और Q पर काटते हैं। $PQ = 12$ सेमी और वृत्त के केंद्रों के बीच की दूरी x सेमी है, तो x का मान क्या होगा (1 दशमलव स्थान तक सही)?

(*a*) 13.3 सेमी (*b*) 14.2 सेमी (*c*) 15.6 सेमी (*d*) 11.2 सेमी

(एस.एस.सी.-सी.जी.एल. परीक्षा, 2020)

2. दी गई आकृति में एक वृत्त का केन्द्र O है तथा CD वृत्त का व्यास है. AB वृत्त की एक जीवा 12 सेमी० लम्बी है. यदि $CE = 2$ सेमी० हो, तो वृत्त की त्रिज्या कितनी है?

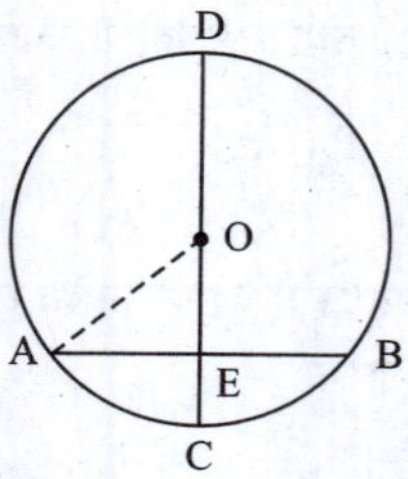

(*a*) 8 सेमी० (*b*) 9 सेमी० (*c*) 10 सेमी० (*d*) 7.5 सेमी०

3. एक त्रिभुज ABC के अंदर एक वृत्त खींचा गया है। वृत्त भुजाओं AB, BC और AC को क्रमशः बिंदुओं R, P और Q पर स्पर्श करता है। यदि $AQ = 4.5$ सेमी, $PC = 5.5$ सेमी और $BR = 6$ सेमी, तो त्रिभुज ABC का परिमाप है:

(एस.एस.सी.-सी.जी.एल. परीक्षा, 2019)

(*a*) 27.5 सेमी (*b*) 29.5 सेमी (*c*) 32 सेमी (*d*) 28 सेमी

4. दी गई आकृति में वृत्त का केन्द्र O है, BOC वृत्त का व्यास है तथा $AB = AC$. तब, $\angle ABC = ?$

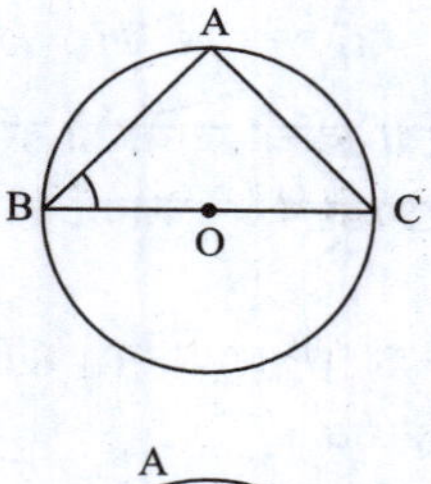

(*a*) 30° (*b*) 45° (*c*) 60° (*d*) 90°

5. दी गई आकृति में वृत्त का केन्द्र O है तथा BOC इस वृत्त का एक व्यास है. यदि $\angle BCA = 30°$ हो, तो $\angle CDA = ?$

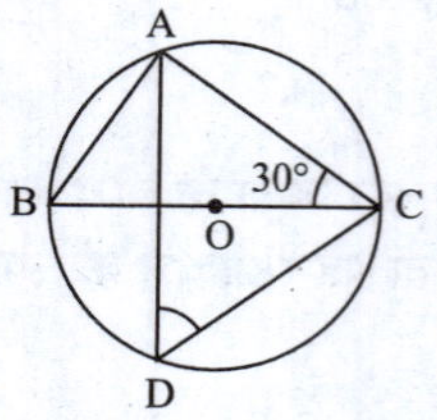

(*a*) 30° (*b*) 45° (*c*) 60° (*d*) 50°

6. दी गई आकृति में एक वृत्त का केन्द्र O है. यदि $\angle OAC = 40°$ हो, तो $\angle BOD = ?$

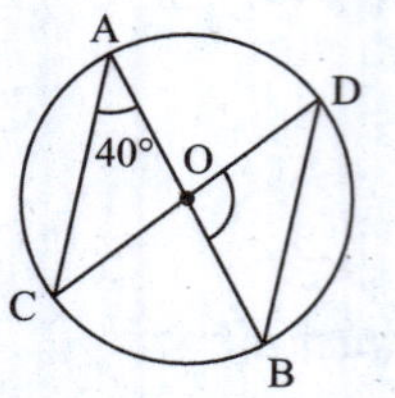

(*a*) 80° (*b*) 100° (*c*) 90° (*d*) 120°

7. जब दो वृत्त एक-दूसरे को बाह्यतः स्पर्श करते हैं, तो दोनों वृत्तों पर खींची गई उभयनिष्ठ स्पर्श रेखाएँ होती हैं।

(*a*) 1 (*b*) 2 (*c*) 4 (*d*) 3

(एस.एस.सी.-सी.जी.एल. परीक्षा, 2017)

8. दी गई आकृति में एक वृत्त का केन्द्र O है तथा $\angle OAB = 60°$. तब, $\angle CDA = ?$

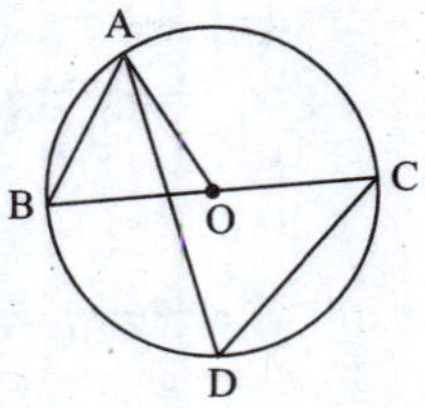

(*a*) 60° (*b*) 40° (*c*) 90° (*d*) 120°

9. यदि $452\frac{4}{7}$ वर्ग सेमी क्षेत्रफल वाले एक वृत्त का व्यास एक दूसरे अर्द्धवृत्त की त्रिज्या के बराबर है, तो अर्द्धवृत्त का परिमाप क्या है? (सेमी में)

(*a*) $150\frac{3}{4}$ (*b*) $224\frac{4}{11}$ (*c*) $134\frac{4}{9}$ (*d*) $123\frac{3}{7}$

(*e*) इसमें में से कोई नहीं

(NIACL सहायक प्रारंभिक परीक्षा, 2017)

10. 4 से.मी. त्रिज्या का एक वृत है, इसके केन्द्र से 8 से.मी. दूर स्थित बिन्दु से स्पर्श रेखाएँ खीची गई है, इनकी लम्बाई है:

(*a*) 9 से.मी. (*b*) $4\sqrt{5}$ से.मी. (*c*) $4\sqrt{3}$ से.मी. (*d*) $5\sqrt{3}$ से.मी.

(यू.पी.पी.एस.सी.-लोअर अधीनस्थ परीक्षा, 2016)

11. किसी वृत्त की 14 से.मी. लंबी एक जीवा उसके केन्द्र से 6 से.मी. की दूरी पर है केन्द्र से 2 से.मी. की दूरी पर स्थित अन्य जीवा की लम्बाई है:

(*a*) 18 से.मी. (*b*) 16 से.मी. (*c*) 14 से.मी. (*d*) 12 से.मी.

(यू.पी.पी.एस.सी.-लोअर अधीनस्थ परीक्षा, 2016)

12. दी गई आकृति में वृत्त का केन्द्र O है तथा जीवायें AC तथा BD बिन्दु E पर काटती हैं. यदि $\angle AEB = 100°$ तथा $\angle CBE = 30°$ हो, तो $\angle ADB = ?$

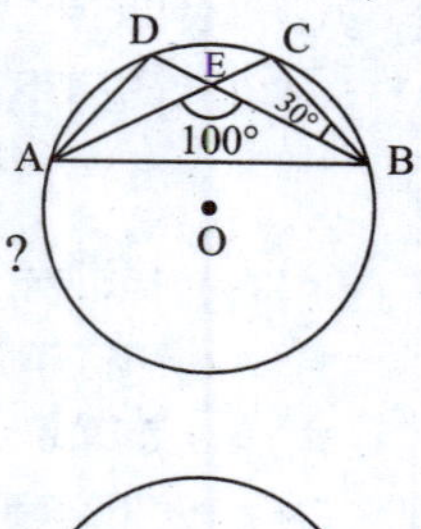

(*a*) 80° (*b*) 90° (*c*) 70° (*d*) 50°

13. दी गई आकृति में वृत्त का केन्द्र O है, $\angle OAB = 30°$ तथा $\angle OCB = 50°$ हो, तो $\angle AOC$ कितना होगा?

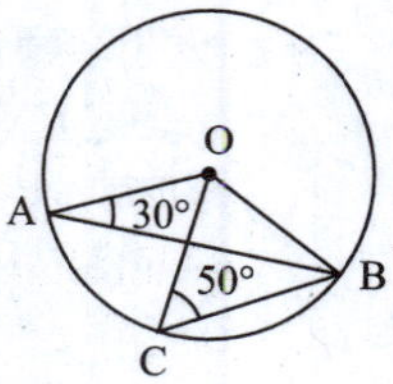

(*a*) 20° (*b*) 40° (*c*) 50° (*d*) 60°

14. यदि एक वृत्त की त्रिज्या 1 से.मी. बढ़ा दी जाए तो वृत्त की नई परिधि तथा नए व्यास का अनुपात होगा:

(*a*) $\pi : 1$ (*b*) $(\pi + 1) : \pi$ (*c*) $(\pi + 2) : 1$ (*d*) $\left(\frac{\pi}{2} - 1\right) : 1$

(छत्तीसगढ़ छात्रावास अधीक्षक श्रेणी 'डी' परीक्षा, 2014)

15. एक कार का पहिया जिसकी त्रिज्या 1 फीट है, सात चक्कर में कितनी दूरी तय करता है?

(*a*) 22 फीट (*b*) 44 फीट

(*c*) 11 फीट (*d*) इसमें में से कोई नहीं

(छत्तीसगढ़ छात्रावास अधीक्षक श्रेणी 'डी' परीक्षा, 2014)

16. दी गई आकृति में वृत्त का केन्द्र O है तथा $\angle AOC = 100°$. तब, $\angle BDC = ?$

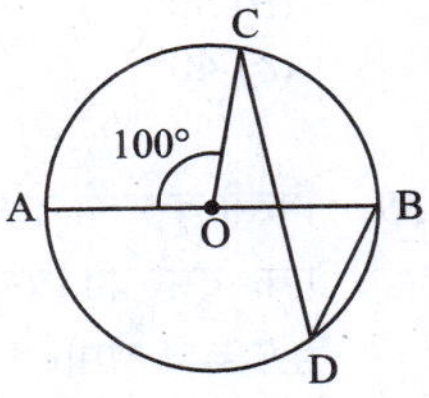

(*a*) 80° (*b*) 60°

(*c*) 40° (*d*) 20°

17. एक वृत्त की त्रिज्या 17 सेमी० है तथा इस वृत्त के केन्द्र से एक जीवा की लम्बवत् दूरी 8 सेमी० है. इस जीवा की लम्बाई कितनी है?

(*a*) 25 सेमी० (*b*) 18 सेमी० (*c*) 30 सेमी० (*d*) 15 सेमी०

18. एक वृत्त के केन्द्र से 12 सेमी० की दूरी पर 32 सेमी० लम्बी जीवा खींची गई है. इस वृत्त की त्रिज्या कितनी है?

(*a*) 20 सेमी० (*b*) 22 सेमी०

(*c*) 16 सेमी० (*d*) $2\sqrt{11}$ सेमी०

19. दी गई आकृति में $ABCD$ एक चक्रीय चतुर्भुज है जिसमें $AB \parallel DC$ तथा $\angle BAD = 110°$. तब, $\angle ABC = ?$

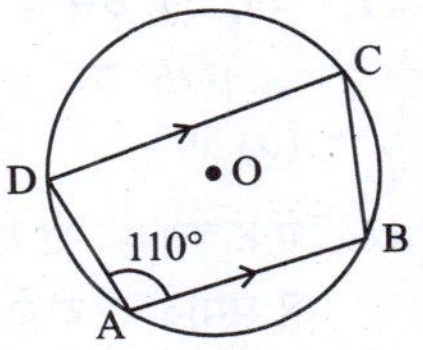

(*a*) 70° (*b*) 110°

(*c*) 55° (*d*) 165°

20. दी गई आकृति में वृत्त का केन्द्र O है. यदि $\angle AOC = 110°$ तथा चतुर्भुज $OABC$ की भुजा AB को D तक बढ़ाया गया है. तब, $\angle CBD$ का मान कितना होगा?

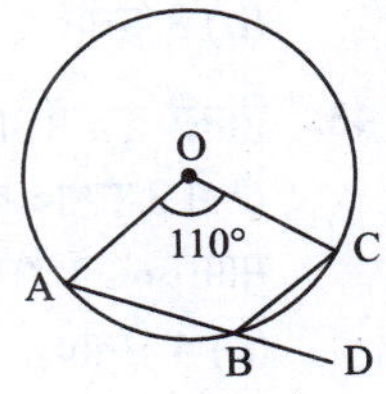

(*a*) 70° (*b*) 55°

(*c*) 40° (*d*) 110°

21. दी गई आकृति में वृत्त का केन्द्र O है, AB तथा CD इसकी दो बराबर जीवायें हैं. यदि $\angle AOB = 70°$ है, तो $\angle COD$ का मान क्या होगा?

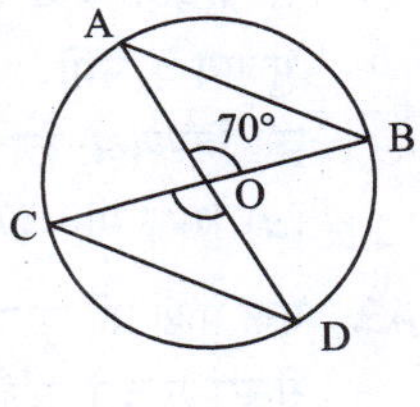

(*a*) 70° (*b*) 105°

(*c*) 110° (*d*) 90°

22. दी गई आकृति में वृत्त का केन्द्र O है. यदि $\angle OAB = 35°$ हो तथा C वृत्त पर कोई बिन्दु लिया गया हो, तो $\angle ACB = ?$

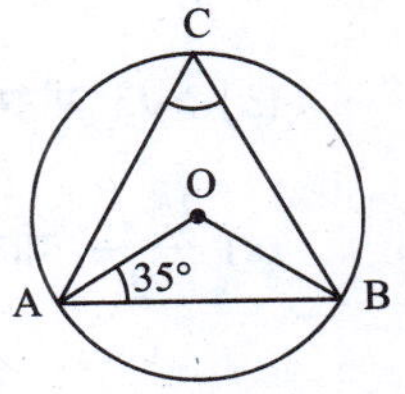

(*a*) 35° (*b*) 45°

(*c*) 55° (*d*) 70°

23. दी गई आकृति में वृत्त का केन्द्र O है तथा $\angle ACB = 40°$ है. तब, $\angle AOB = ?$

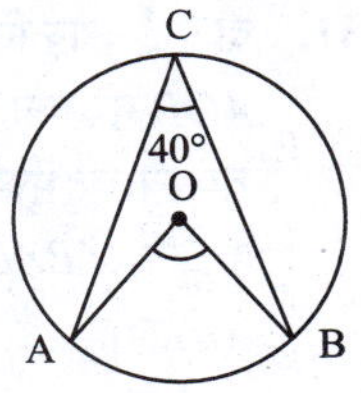

(*a*) 30° (*b*) 40°

(*c*) 60° (*d*) 80°

24. दी गई आकृति में $ABCD$ एक चक्रीय चतुर्भुज है जिसमें $BC = CD$ तथा $\angle CBD = 25°$. तब $\angle BAD = ?$

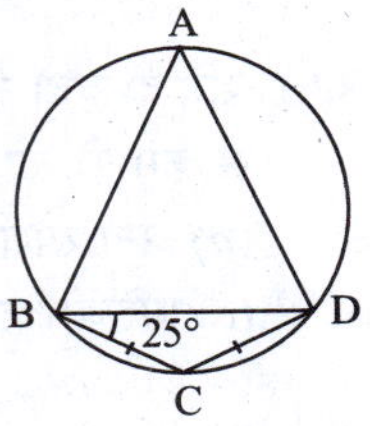

(*a*) 65° (*b*) 55°

(*c*) 50° (*d*) 75°

25. दी गई आकृति में वृत्त का केन्द्र O है तथा $\angle AOC = 100°$ तथा भुजा AB को D तक बढ़ाया गया है. तब, $\angle CBD$ का मान कितना होगा?

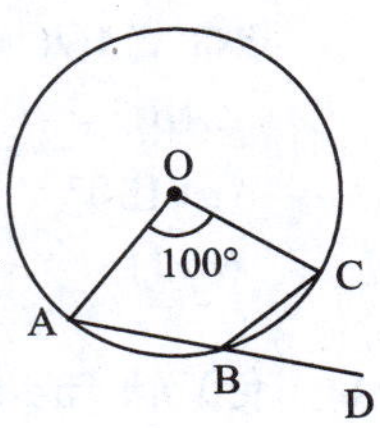

(*a*) 80° (*b*) 50°

(*c*) 100° (*d*) 40°

26. एक चक्रीय समान्तर चतुर्भुज सदैव होता है.

(*a*) एक आयत (*b*) एक वर्ग

(*c*) एक समचतुर्भुज (*d*) इनमें से कोई नहीं

27. 5 सेमी० त्रिज्या के वृत्त की उस जीवा की लम्बाई कितनी होगी जो केन्द्र से 3 सेमी० दूर हो?

(*a*) 4 सेमी० (*b*) 6 सेमी० (*c*) 8 सेमी० (*d*) 15 सेमी०

28. दिये गये चित्र में वृत्त का केन्द्र O है तथा $\angle OPR = 50°$. तब, $\angle PQR + \angle PRQ$ का मान क्या होगा?

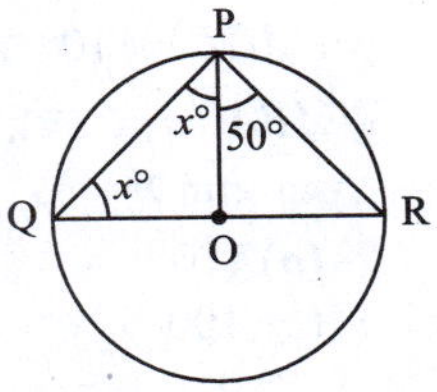

(*a*) 70° (*b*) 80°

(*c*) 90° (*d*) 100°

29. दिये गये चित्र में $PQRS$ एक चक्रीय चतुर्भुज है तथा POQ इस वृत्त का व्यास है. यदि $\angle QRS = 150°$ हो, तो $\angle SQP$ का मान कितना है?

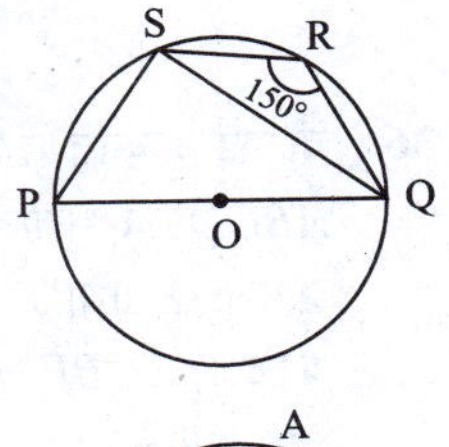

(*a*) 40° (*b*) 30°

(*c*) 60° (*d*) 50°

30. दी गई आकृति में वृत्त का केन्द्र O है. यदि $\angle OBA = 30°$ तथा $\angle OCA = 25°$ हो, तो $\angle BAC$ कितना होगा?

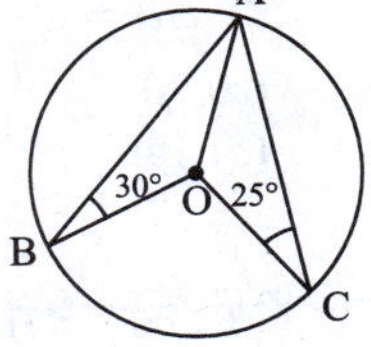

(*a*) 115° (*b*) 95°

(*c*) 125° (*d*) 100°

31. दी गई आकृति में वृत्त का केन्द्र O है, AOB वृत्त का व्यास है तथा $ABCD$ एक चक्रीय चतुर्भुज है यदि $\angle ADC = 130°$ हो, तो $\angle BAC = ?$

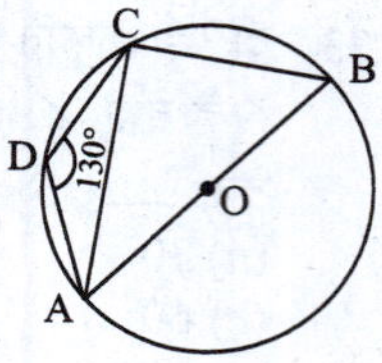

(*a*) 50° (*b*) 40°
(*c*) 65° (*d*) 30°

32. यदि दो वृत्तों के केन्द्रों के बीच की दूरी उनकी त्रिज्याओं के योग से कम हो, तो वे दोनों वृत्त **(एम०बी०ए० परीक्षा, 2007)**

(*a*) अन्त:स्पर्श करेंगे (*b*) बाह्यत: स्पर्श करेंगे
(*c*) प्रतिच्छेदित करेंगे (*d*) इनमें से कोई नहीं

33. दी गई आकृति में वृत्त का केन्द्र O है तथा $\angle AOC = 130°$. तब, $\angle ABC = ?$

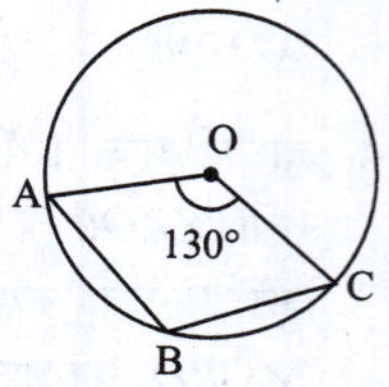

(*a*) 130° (*b*) 100°
(*c*) 115° (*b*) 65°

34. दिये गये चित्र में $ABCD$ एक चतुर्भुज इस प्रकार का है कि A, B तथा C में से गुजरने वाले वृत्त का केन्द्र D है. AB को बिन्दु E तक बढ़ाया गया है. यदि $\angle ADC = 136°$ हो, तो $\angle CBE = ?$

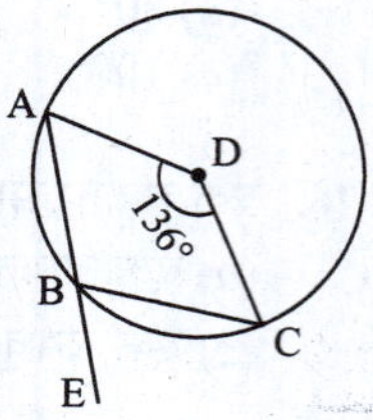

(*a*) 68° (*b*) 44°
(*c*) 136° (*d*) 90°

35. दी गई आकृति में वृत्त का केन्द्र O है. यदि $\angle AOC = 90°$ तथा $\angle AOB = 110°$ हो, तथा $\angle BAC = x°$ हो, तो x का मान क्या होगा?

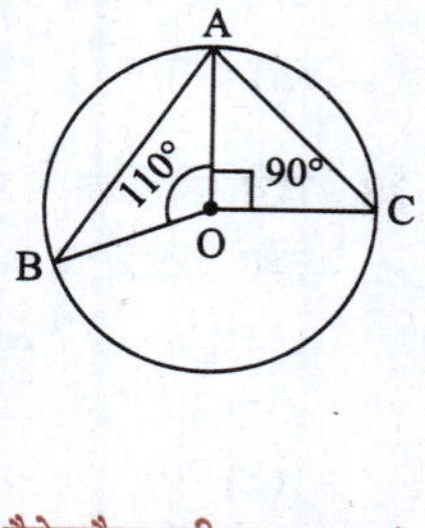

(*a*) 110 (*b*) 90
(*c*) 100 (*d*) 80

(होटल मैनेजमैन्ट परीक्षा, 2005)

36. दी गई आकृति में एक चक्रीय चतुर्भुज $ABCD$ की भुजाओं AB तथा AD को क्रमश: E तथा F तक बढ़ाया गया है. यदि $\angle CBE = 110°$ हो, तो $\angle CDF = ?$

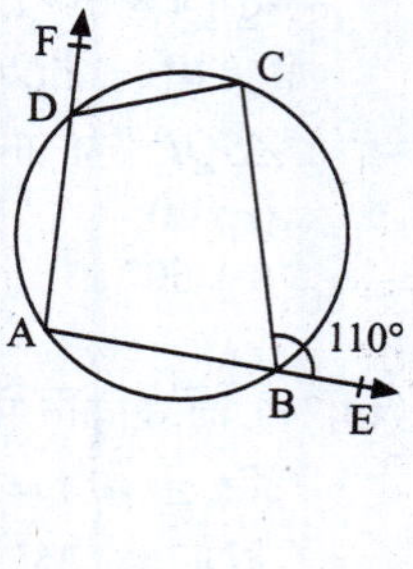

(*a*) 70° (*b*) 110°
(*c*) 140° (*d*) 40°

37. दी गई आकृति में एक वृत्त का केन्द्र O है तथा ΔABC एक समबाहु त्रिभुज है. तब $\angle BOC$ का मान क्या होगा?

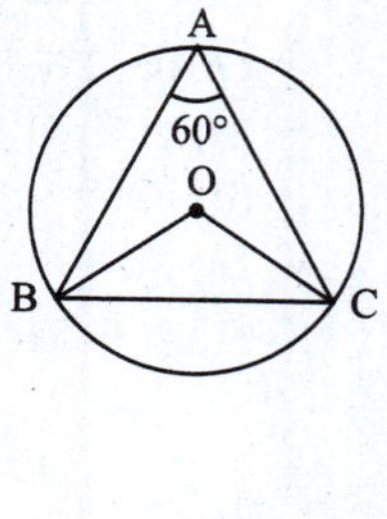

(*a*) 30° (*b*) 60°
(*c*) 90° (*d*) 120°

38. दी गई आकृति में वृत्त का केन्द्र O है तथा $ABCD$ एक चक्रीय चतुर्भुज है. यदि $AB \parallel DC$ हो तथा $\angle BAC = 25°$ हो, तो $\angle CAD$ का मान कितना होगा?

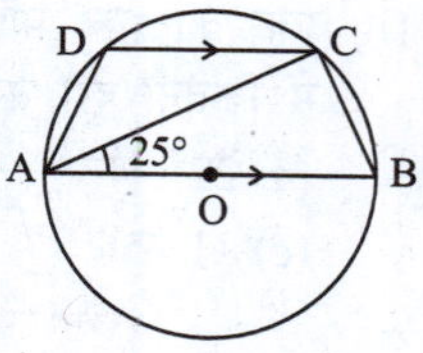

(*a*) 50° (*b*) 75°
(*c*) 40° (*d*) 80°

39. किसी वृत्त की दो जीवायें AB तथा CD एक-दूसरे को बिन्दु E पर काटती हैं. यदि $AE = 4$ सेमी०, $EB = 6$ सेमी० तथा $CE = 5$ सेमी० हो तो ED का नाप कितना होगा?

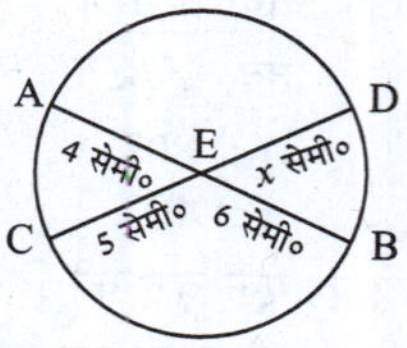

(*a*) 7·5 सेमी० (*b*) 4·8 सेमी० (*c*) 6·3 सेमी० (*d*) 7 सेमी०

40. दिये गये वृत्त का केन्द्र O है. इसमें जीवा $AB = 16$ सेमी०. $OC \perp AB$ तथा $OC = 6$ सेमी०. इस वृत्त की त्रिज्या कितनी है?

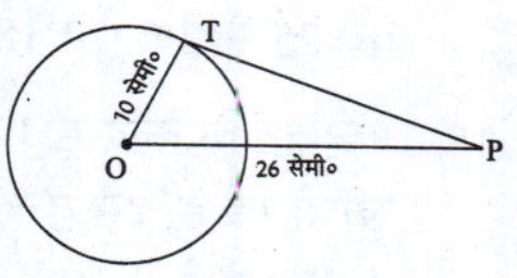

(*a*) 6 सेमी० (*b*) 8·5 सेमी० (*c*) 10 सेमी० (*d*) 12·5 सेमी०

41. यदि एक वृत्त में जीवा AB केन्द्र O पर 120° का कोण बनाये, तो $\angle AOB$ का माप क्या होगा?

(*a*) 30° (*b*) 45° (*c*) 60° (*d*) 120°

42. एक वृत्त की दो समान्तर जीवाओं की लम्बाई क्रमश: 6 सेमी० तथा 8 सेमी० हैं. दोनों जीवायें केन्द्र से नीचे हैं तथा इनके बीच की दूरी 1 सेमी० है. वृत्त की त्रिज्या कितनी है?

(*a*) 8 सेमी० (*b*) 7 सेमी० (*c*) 6 सेमी० (*d*) 5 सेमी०

43. किसी वृत्त में AB तथा BC दो जीवायें हैं. दोनों में से प्रत्येक केन्द्र O से 3 सेमी० की दूरी पर है. यदि $AB = 8$ सेमी० हो, तो BC का माप कितना होगा?

(*a*) 4 सेमी० (*b*) 6 सेमी० (*c*) 8 सेमी० (*d*) 5 सेमी०

44. ΔABC के शीर्षों को केन्द्र मान कर तीन वृत्त खींचे जाते हैं जिनमें से प्रत्येक अन्य दो को बाह्यत: स्पर्श करता है. यदि त्रिभुज की भुजायें 4 सेमी०, 6 सेमी० तथा 8 सेमी० लम्बी हों, तो तीनों वृत्तों की त्रिज्याओं का योग कितना होगा?

(*a*) 10 सेमी० (*b*) 14 सेमी० (*c*) 12 सेमी० (*d*) 9 सेमी०

45. एक फर्श की वृत्ताकार परिधि पर तीन लड़के खड़े हैं वे एक-दूसरे से समान दूरी पर हैं. यदि फर्श की त्रिज्या 5 मीटर हो, तो दो लड़कों के बीच न्यूनतम दूरी कितनी है? **(होटल मैनेजमैंट परीक्षा, 2010)**

(*a*) $5\sqrt{3}$ मीटर (*b*) $\frac{5\sqrt{3}}{2}$ मीटर
(*c*) $\frac{15\sqrt{3}}{2}$ मीटर (*d*) $\frac{10\pi}{3}$ मीटर

46. दिये गये वृत्त में एक समकोण ΔABC दिया गया है जिसमें $\angle BAC = 90°$. बिन्दु A से एक लम्ब ADE खींचा गया है. $\angle CAD + \angle ADC$ का मान क्या होगा ?

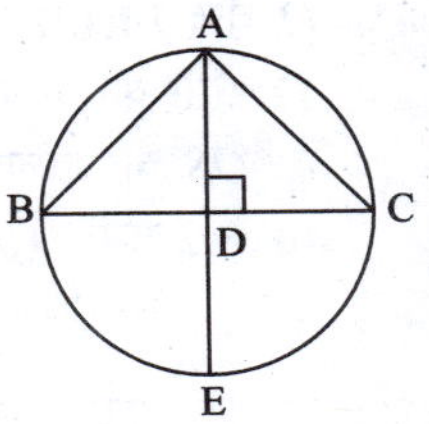

(*a*) 135° (*b*) 90°
(*c*) 120° (*d*) 180°

47. दी गई आकृति में $ABCD$ एक चक्रीय चतुर्भुज है जिसमें DC को E तक बढ़ाया गया है तथा $CF \parallel AB$ खींचा गया है. यदि $\angle ADC = 95°$ तथा $\angle ECF = 20°$ हो, तो $\angle BAD$ का माप क्या होगा ?

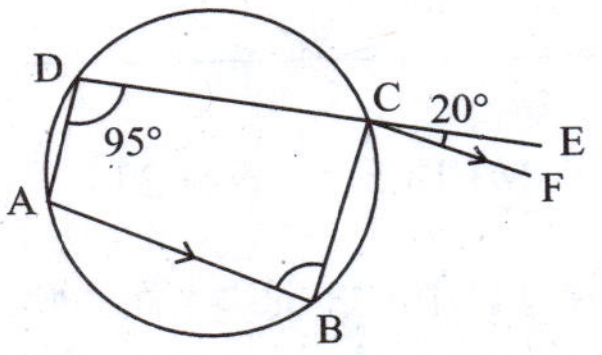

(*a*) 75° (*b*) 85° (*c*) 95° (*d*) 105°

48. दिये गये वृत्त का केन्द्र O है. वृत्त के बाहर बिन्दु P है. यदि P से वृत्त पर स्पर्श रेखा PT = 24 सेमी० लम्बी हो तथा OT = 7 सेमी० हो, तो OP की लम्बाई कितनी है ?

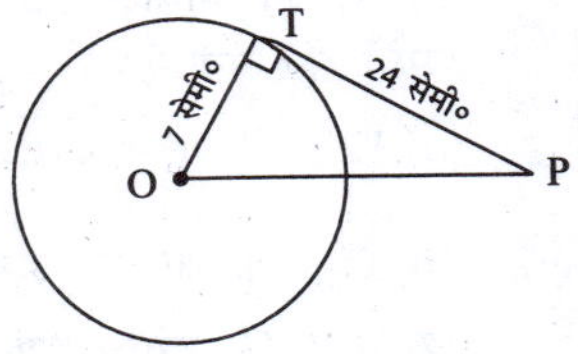

(*a*) 17 सेमी० (*b*) 31 सेमी०
(*c*) 25 सेमी० (*d*) इनमें से कोई नहीं

49. दिये गये चित्र में एक वृत्त का केन्द्र O है. केन्द्र से 26 सेमी० दूरी पर स्थित बिन्दु P से स्पर्श रेखा PT खींची गई है. यदि वृत्त की त्रिज्या 10 सेमी० हो तो PT की लम्बाई कितनी है ?

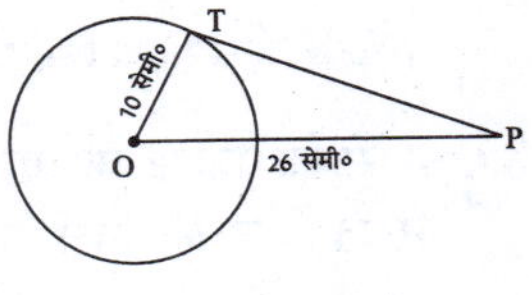

(*a*) 24 सेमी० (*b*) 36 सेमी० (*c*) 16 सेमी० (*d*) 20 सेमी०

50. दिये गये चित्र में वृत्त का केन्द्र O है तथा AOB इसका एक व्यास है. यदि $\angle ABC = 50°$ हो तथा बिन्दु A पर स्पर्श रेखा AT हो, तो $\angle CAT$ का मान कितना होगा ?

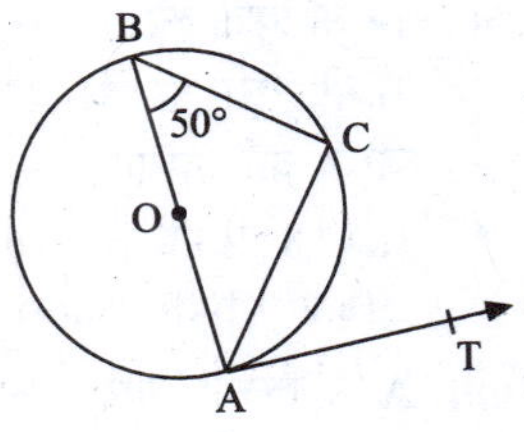

(*a*) 40° (*b*) 50°
(*c*) 60° (*d*) 65°

51. दिये गये चित्र में वृत्त का केन्द्र O है तथा PQ एक जीवा है. बिन्दु P पर स्पर्श रेखा PT खींची गई है तथा $\angle QPT = 50°$. तब, $\angle POQ$ का मान कितना है ?

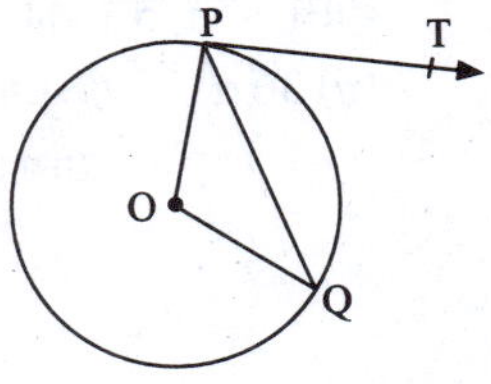

(*a*) 50° (*b*) 40° (*c*) 80° (*d*) 100°

52. यदि किसी वृत्त की दो त्रिज्याओं के बीच 130° का कोण हो, तो इन त्रिज्याओं के अन्त में बनी स्पर्श रेखाओं के बीच का कोण कितना होगा ?

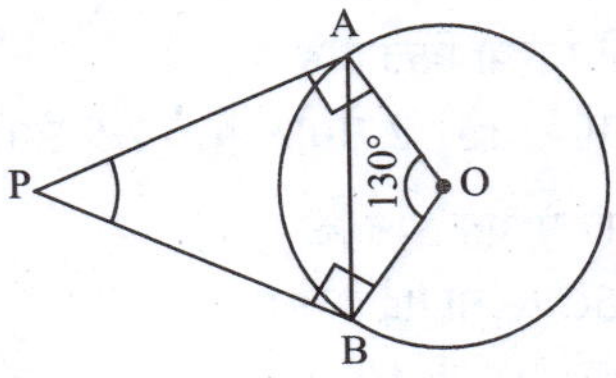

(*a*) 40° (*b*) 65° (*c*) 50° (*d*) 25°

53. दिये गये चित्र में वृत्त का केन्द्र O है. PA तथा PB इस वृत्त की एक बाह्य बिन्दु P से दो स्पर्श रेखायें हैं. यदि $\angle APB = 80°$ हो, तो $\angle AOP$ का मान कितना होगा ?

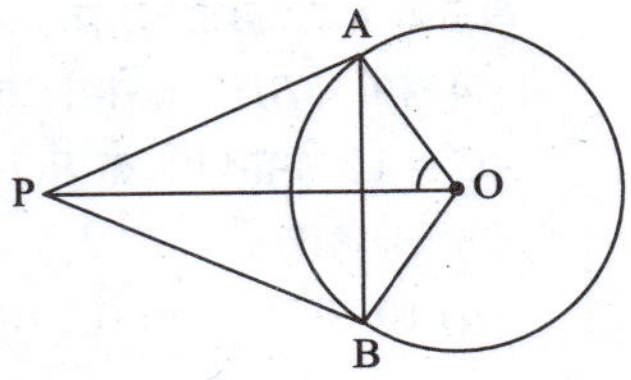

(*a*) 40° (*b*) 50° (*c*) 60° (*d*) 70°

54. दिये गये चित्र में वृत्त का केन्द्र O है तथा OP वृत्त की एक त्रिज्या है. बिन्दु P पर स्पर्श रेखा PT खींची गई है. यदि OT = 8 सेमी० हो तथा $\angle PTO = 30°$ हो, तो PT की लम्बाई कितनी है ?

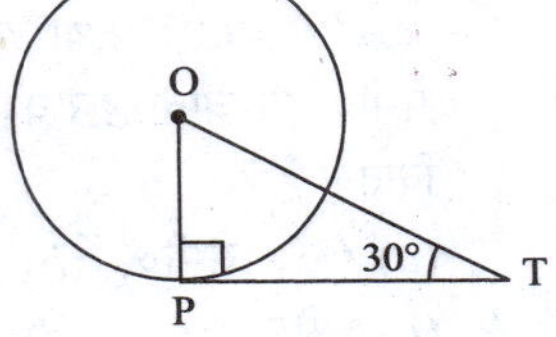

(*a*) 4 सेमी० (*b*) $4\sqrt{3}$ सेमी०
(*c*) $4\sqrt{2}$ सेमी० (*d*) 6 सेमी०

55. दिये गये चित्र में दो समकेन्द्रीय वृत्त दिये गये हैं जिनमें से प्रत्येक का केन्द्र O है. इनकी त्रिज्यायें क्रमशः 5 सेमी० तथा 3 सेमी० हैं. इनके बाहर स्थित एक बिन्दु P से इन वृत्तों पर स्पर्श रेखायें क्रमशः PA तथा PB खींची गई हैं. यदि PA = 12 सेमी० हो, तो PB = ?

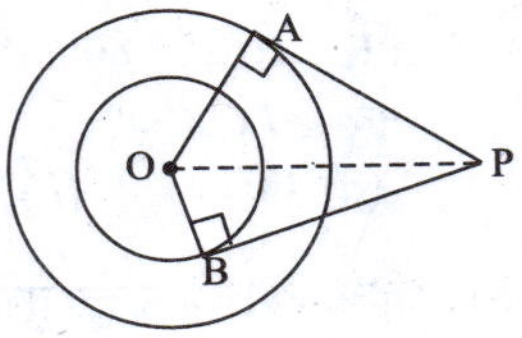

(*a*) $5\sqrt{2}$ सेमी० (*b*) $3\sqrt{5}$ सेमी०
(*c*) $4\sqrt{10}$ सेमी० (*d*) $5\sqrt{10}$ सेमी०

56. दिये गये चित्र में दो समकेन्द्रीय वृत्त दिये गये हैं जिनमें से प्रत्येक का केन्द्र O है तथा इनकी त्रिज्यायें क्रमशः 3 सेमी० तथा 5 सेमी० हैं. बाहरी वृत्त की एक जीवा AB है जो अन्दर वाले वृत्त को बिन्दु P पर स्पर्श करता है. जीवा AB की लम्बाई कितनी है ?

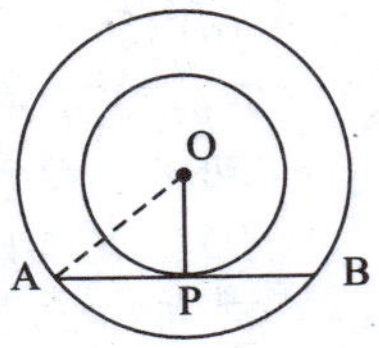

(*a*) 4 सेमी० (*b*) 7 सेमी०
(*c*) 8 सेमी० (*d*) $\sqrt{3^4}$ सेमी०

57. संलग्न आकृति में तीन वृत्त जिनके केन्द्र क्रमशः A, B तथा C हैं प्रत्येक एक-दूसरे को बाह्यतः स्पर्श करते हैं. यदि $AB = 5$ सेमी०, $BC = 7$ सेमी० तथा $CA = 6$ सेमी० हो, तो केन्द्र A वाले वृत्त की त्रिज्या कितनी है ?

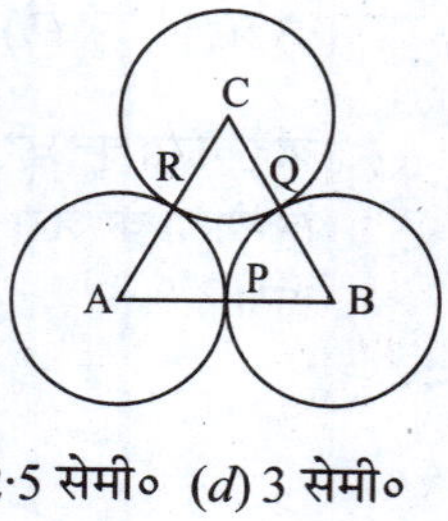

(*a*) 1·5 सेमी० (*b*) 2 सेमी० (*c*) 2·5 सेमी० (*d*) 3 सेमी०

58. दिये गये चित्र में एक वृत्त के परिगत ΔABC खींची गई है तथा इस त्रिभुज की भुजायें AB, BC तथा CA वृत्त को क्रमशः बिन्दु P, Q तथा R पर छूती हैं. यदि $AP = 4$ सेमी०, $BP = 6$ सेमी० तथा $AC = 12$ सेमी० हों, तो BC का माप क्या होगा ?

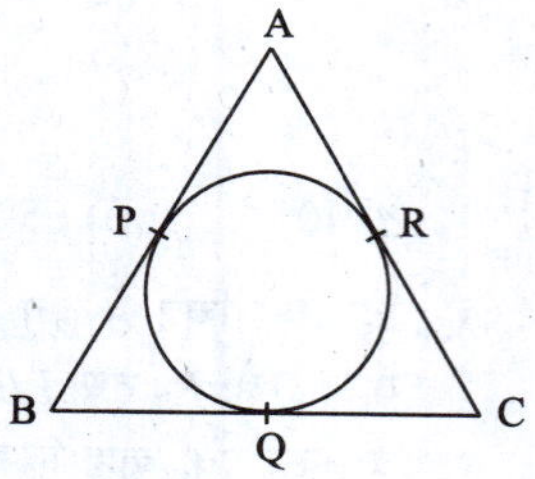

(*a*) 10 सेमी० (*b*) 12 सेमी० (*c*) 14 सेमी० (*d*) 18 सेमी०

59. दी गई आकृति में एक वृत्त पर बिन्दु P से स्पर्श रेखायें PA तथा PB इस प्रकार खींची गई हैं कि $\angle APB = 60°$ तथा $PA = 6$ सेमी० तब जीवा AB की लम्बाई कितनी है ?

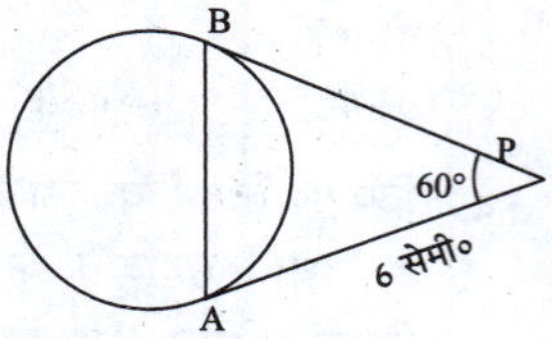

(*a*) $6\sqrt{2}$ सेमी० (*b*) $6\sqrt{3}$ सेमी०
(*c*) 6 सेमी० (*d*) 7·5 सेमी०

60. दिये गये चित्र में वृत्त का केन्द्र O है. इसके बाहरी बिन्दु P से स्पर्श रेखायें PA तथा PB इस प्रकार खींची गई हैं कि $\angle APB = 80°$.
तब $\angle POA = ?$

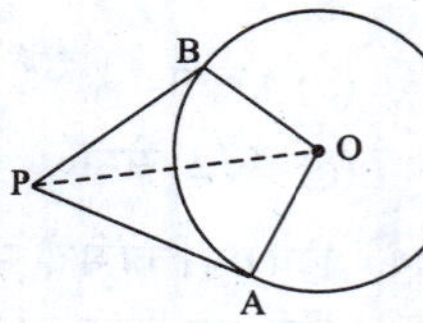

(*a*) 40° (*b*) 50° (*c*) 60° (*d*) 80°

61. दिये गये चित्र में वृत्त का केन्द्र O है, BOA इस वृत्त का व्यास है. P पर खींची गई स्पर्श रेखा, BA को बढ़ाने पर T पर मिलती है. यदि $\angle PBA = 30°$ हो, तो $\angle PTA = ?$

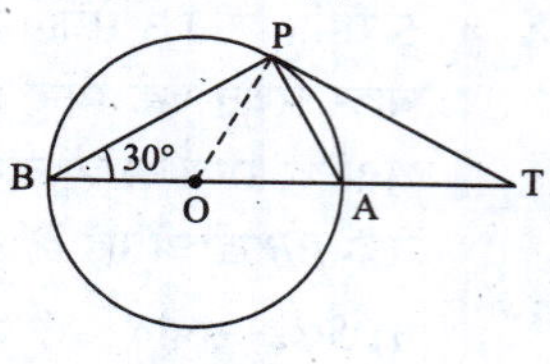

(*a*) 15° (*b*) 30° (*c*) 45° (*d*) 60°

62. एक त्रिभुज ABC के अंदर केंद्र 'O' वाला एक वृत्त खींचा गया है। AO को बढ़ाने पर, यह K पर वृत्त से मिलता है और $AD \perp BC$ है। यदि $B = 80°$ और $\angle C = 64°$ है, तो $\angle DAK$ का माप है: (एस.एस.सी.-सी.जी.एल. परीक्षा, 2020)

(*a*) 9° (*b*) 10° (*c*) 8° (*d*) 12°

63. O केंद्र वाले एक वृत्त की त्रिज्या 10 सेमी है, PQ और PR, 12 सेमी की जीवाएँ हैं। PO, जीवा QR को बिंदु S पर काटती है। OS की लंबाई कितनी है?

(*a*) 3.2 सेमी (*b*) 5.6 सेमी (*c*) 5.2 सेमी (*d*) 2.8 सेमी

(एस.एस.सी.-सी.जी.एल. परीक्षा, 2018)

64. दी गई आकृति में, O वृत्त का केंद्र है और $DCE = 45°$ है। यदि $CD = 10\sqrt{2}$ सेमी, तो AC की लंबाई (सेमी में) क्या है? ($CB = BD$) (एस.एस.सी.-सी.जी.एल. परीक्षा, 2017)

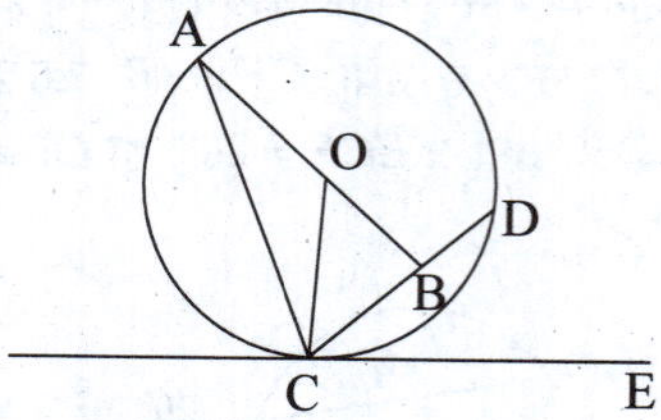

(*a*) 13.5 (*b*) 18.5 (*c*) 23 (*d*) 21

65. 20 सेमी और 24 सेमी लंबाई की दो जीवाएं 15 सेमी त्रिज्या के एक वृत्त में एक दूसरे के लंबवत खींची जाती हैं। वृत्त के केंद्र से इन जीवाओं के प्रतिच्छेदन बिंदुओं के बीच की दूरी (सेमी में) क्या है? (एस.एस.सी.-सी.जी.एल. परीक्षा, 2017)

(*a*) 12 (*b*) $\sqrt{182}$ (*c*) 15 (*d*) $\sqrt{206}$

66. वृत्त C_1 एक वर्ग के अन्दर खींचा गया है एवं वर्ग के परितः एक वृत्त C_2 खींचा गया है। दोनों वृत्तों की परिधियों का योग $88(1+\sqrt{2})$ सेमी. है। वर्ग का परिमाप क्या है? (सेमी. में)

(*a*) 120 (*b*) 102 (*c*) 116 (*d*) 112
(*e*) इसमें में से कोई नहीं

(आई.बी.पी.एस. बैंक क्लर्क सी.डब्लू.ई. मुख्य परीक्षा, 2017)

67. 4 से.मी. त्रिज्या का एक वृत्त है, इसके केन्द्र से 8 से.मी. दूर स्थित बिन्दु से स्पर्श रेखाएँ खीचीं गई है, इनकी लम्बाई है:

(*a*) 9 से.मी. (*b*) $4\sqrt{5}$ से.मी.
(*c*) $4\sqrt{3}$ से.मी. (*d*) $5\sqrt{3}$ से.मी.

(उ.प्र. सम्मिलित अवर अधीनस्थ सेवा (सा. चयन) परीक्षा, 2015)

68. किसी वृत्त की 14 से.मी. लम्बी एक जीवा उसके केन्द्र से 6 से.मी. दूरी पर है। केन्द्र से 2 से.मी. की दूरी पर स्थित अन्य जीवा की लम्बाई है-

(*a*) 18 से.मी. (*b*) 16 से.मी. (*c*) 14 से.मी. (*d*) 12 से.मी.

(उ.प्र. सम्मिलित अवर अधीनस्थ सेवा (सा. चयन) परीक्षा, 2015)

69. A 8 त्रिज्या वाले वृत्त का केन्द्र है और B 8 व्यास वाले वृत्त का केन्द्र है। यदि ये दोनों वृत्त बाहर से स्पर्श करते है, तो AB व्यास वाले वृत्त का क्षेत्रफल कितना हैं?

(*a*) 36 π (*b*) 64 π (*c*) 144 π (*d*) 256 π

(एस.एस.सी.-सी.जी.एल. (टीयर-I) परीक्षा, 2014)

उत्तरमाला (प्रश्नमाला 38)

1. (a)	2. (c)	3. (c)	4. (b)	5. (c)	6. (b)	7. (d)	8. (a)	9. (d)	10. (c)	11. (a)	12. (c)
13. (b)	14. (a)	15. (b)	16. (c)	17. (c)	18. (a)	19. (b)	20. (b)	21. (a)	22. (c)	23. (d)	24. (c)
25. (b)	26. (a)	27. (c)	28. (c)	29. (c)	30. (b)	31. (b)	32. (c)	33. (c)	34. (a)	35. (d)	36. (a)
37. (d)	38. (c)	39. (b)	40. (c)	41. (a)	42. (d)	43. (c)	44. (d)	45. (a)	46. (a)	47. (d)	48. (c)
49. (a)	50. (b)	51. (d)	52. (c)	53. (b)	54. (b)	55. (c)	56. (c)	57. (b)	58. (c)	59. (c)	60. (b)
61. (b)	62. (c)	63. (d)	64. (b)	65. (d)	66. (d)	67. (c)	68. (a)	69. (a)			

दिये गये प्रश्नों के हल (प्रश्नमाला 38)

1.

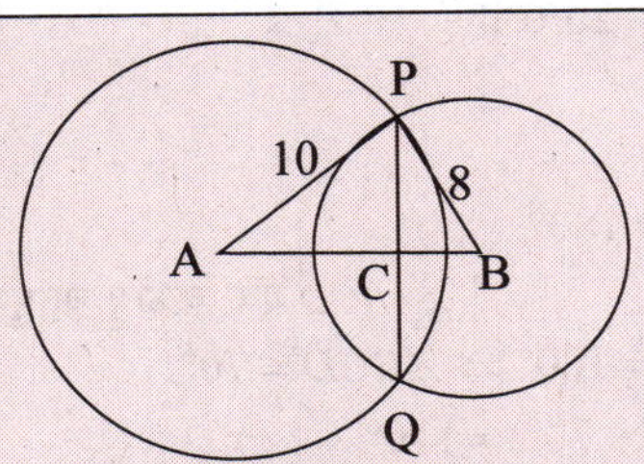

$AB = x$ सेमी और $PQ = 12$ सेमी। AB सदैव PQ को समद्विभाजित करता है।

$\therefore\ PC = CQ = 6$

समकोण प्रमेय से-

$AC = \sqrt{10^2 - 6^2} = \sqrt{100 - 36} = 8$

$BC = \sqrt{8^2 - 6^2} = \sqrt{64 - 36} = \sqrt{28} = 5.29$

$x = AB = AC + BC = 8 + 5.29 = 13.20 \approx 13.3$ सेमी

2. माना $OA = OC = r$ सेमी॰ तब, $OE = (r - 2)$ सेमी॰ तथा

$AE = \frac{1}{2}AB = 6$ सेमी॰

तब, $OA^2 = OE^2 + AE^2 \Rightarrow r^2 = (r-2)^2 + 6^2$

$\Rightarrow 4r = 40 \Rightarrow r = 10$ सेमी॰

3.

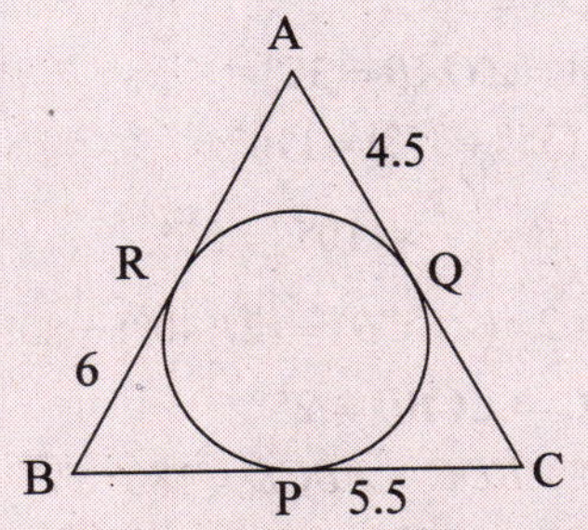

$AQ = AR = 4.5$ सेमी, $PC = CQ = 5.5$ सेमी,

$BR = BP = 6$ सेमी

परिमाप,

$= AB + BC + AC$

$= AR + BR + BP + PC + AQ + QC$

$= 4.5 + 6 + 6 + 5.5 + 5.5 + 4.5$

$= 32$ सेमी

4. हम जानते हैं कि एक अर्द्ध-वृत्त में बना कोण समकोण होता है.

अतः $\angle BAC = 90°$.

$\therefore\ \angle ABC + \angle ACB = 90°$.

परन्तु $AB = AC \Rightarrow \angle ABC = \angle ACB$.

$\therefore\ 2(\angle ABC) = 90° \Rightarrow \angle ABC = 45°$.

5. अर्द्ध-वृत्त में बना कोण 90° का होता है. अतः $\angle BAC = 90°$.

$\therefore\ \angle ABC = 180° - (30° + 90°) = 60°$.

$\Rightarrow \angle CDA = \angle ABC = 60°$

[एक ही वृत्त खण्ड में बने दो कोण समान होते हैं.]

6. $\angle ODB = \angle OAC = 40°$

[एक ही वृत्त खण्ड में बने कोण]

$OD = OB \Rightarrow \angle OBD = \angle ODB = 40°$.

$\therefore\ \angle BOD = 180° - (40° + 40°) = 100°$.

7. जब दो वृत्त एक-दूसरे को बाह्य रूप से स्पर्श करते हैं, तो वृत्त 3 उभयनिष्ठ स्पर्श रेखाएँ खींची जा सकती हैं।

8. $OA = OB \Rightarrow \angle OBA = \angle OAB = 60°$.

$\therefore\ \angle CDA = \angle CBA = \angle OBA = 60°$

[एक ही वृत्त खण्ड में बने कोण].

9. माना, पहले वृत्त की त्रिज्या $= x$ सेमी.

$\therefore\ \pi r^2 = 452\frac{4}{7} \Rightarrow \frac{22}{7}x^2 = \frac{3168}{7}$

$\Rightarrow r^2 = \frac{3168}{7} \times \frac{7}{22} = 144$

$\therefore\ x = \sqrt{144} = 12$ सेमी.

$\therefore$ अर्द्धवृत्त की त्रिज्या $(R) = 24$ सेमी.

$\therefore$ अर्द्धवृत्त का परिमाप $= (\pi R + 2R)$ सेमी.

$= R(\pi + 2)$ सेमी.

$= 24\left(\frac{22}{7} + 2\right)$ सेमी. $= 24\left(\frac{22+14}{7}\right)$ सेमी.

$= \frac{24 \times 36}{7} = \frac{864}{7}$ सेमी. $= 123\frac{3}{7}$ सेमी.

10. $OQ = 4$ से.मी.

$OP = 8$ से.मी.

$\angle OQP = 90°$

$\therefore\ \Delta POQ$ में

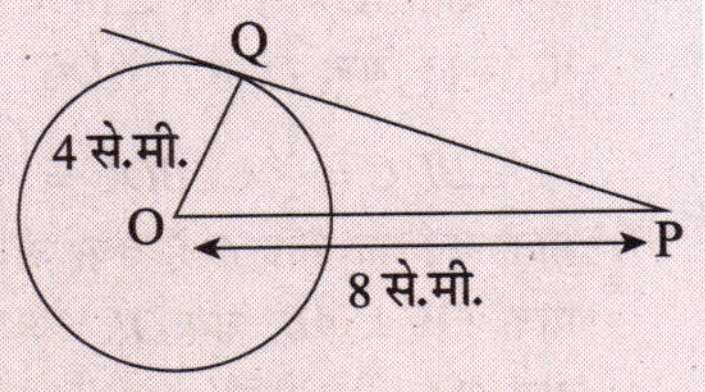

$(OQ)^2 + (QP)^2 = (OP)^2$

$(4)^2 + (QP)^2 = (8)^2$

$16 + QP^2 = 64$

$QP^2 = 64 - 16 = 48$

$QP = \sqrt{48} = 4\sqrt{3}$ से.मी.

11. दिया गया है $PQ = 14$ से.मी.

$PV = VQ = 7$ से.मी.

$OV = 6$ से.मी. $= OR$

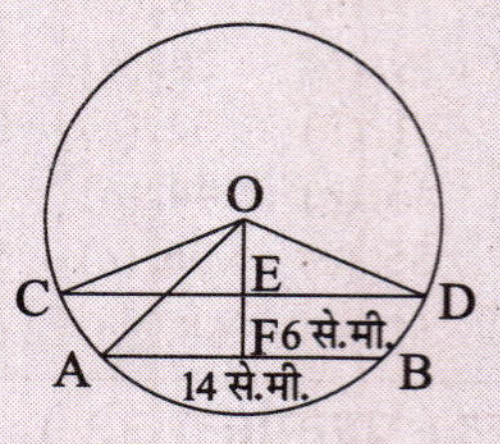

$\therefore\ OP = \sqrt{OV^2 + PV^2}$

$= \sqrt{6^2 + 7^2}$

$\Rightarrow\ OP = \sqrt{36+49} = \sqrt{85}$ से.मी.

पुनः $OU = 2$ से.मी.

$RU = \sqrt{OR^2 - OU^2} = \sqrt{\left(\sqrt{85}\right)^2 - 2^2}$ $\{\because OR = OP\}$

$= \sqrt{85-4} = \sqrt{81} = 9$

$\therefore\ SR = 2 \times RU = 2 \times 9 = 18$ से.मी.

12. $\angle AEB + \angle BEC = 180°$

$\Rightarrow \angle BEC = (180° - 100°) = 80°$.

$\Delta\, BEC$ में $\angle CBE + \angle BEC + \angle ECB = 180°$

$\Rightarrow \angle ECB = 180° - (30° + 80°) = 70°$

$\Rightarrow \angle ADB = \angle ACB = 70°$ [एक ही वृत्त खण्ड में बने कोण]

13. $OA = OB \Rightarrow \angle OBA = \angle OAB = 30°$.

$\Delta\, OAB$ में $30° + 30° + \angle AOB = 180° \Rightarrow \angle AOB = 120°$.

$OB = OC \Rightarrow \angle OBC = \angle OCB = 50°$.

$\Delta\, OBC$ में $\angle OCB + \angle OBC + \angle BOC = 180°$

$\Rightarrow 50° + 50° + \angle BOC = 180° \Rightarrow \angle BOC = 80°$.

$\therefore\ \angle AOC = (120° - 80°) = 40°$.

14. माना वृत्त की त्रिज्या $= r$ से.मी.

नई त्रिज्या $= (r+1)$ से.मी.

अतः आवश्यक अनुपात $= \dfrac{2\pi(r+1)}{2 \times (r+1)} = \pi : 1$

15. पहिए की त्रिज्या $= 1$ फीट

1 चक्कर में तय की गई दूरी $= 2\pi r = 2\pi(1) = 2\pi$

7 चक्कर में तय की गई दूरी $= 7 \times 2\pi = 7 \times 2 \times \dfrac{22}{7}$

$= 44$ फीट

16. $\angle BOC = (180° - 100°) = 80°$.

अब चाप BC केन्द्र पर $\angle BOC$ बनाती है तथा वृत्त के शेष भाग पर स्थित बिन्दु D पर $\angle BDC$ बनाती है.

$\therefore\ \angle BDC = \dfrac{1}{2} \times \angle BOC = \left(\dfrac{1}{2} \times 80°\right) = 40°$.

17. माना वृत्त का केन्द्र O है तथा जीवा AB है.

माना $OL \perp AB$. तब $OL = 8$ सेमी॰

तथा $OA = 17$ सेमी॰.

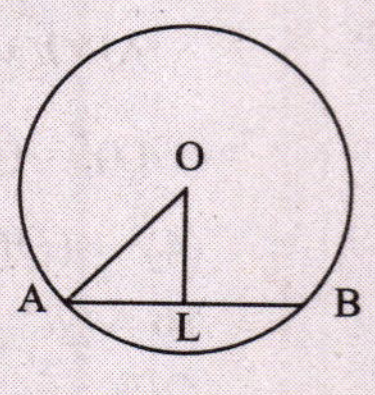

$AL^2 = (OA^2 - OL^2) = (17)^2 - 8^2$

$= (289 - 64) = 225$

$\Rightarrow AL = \sqrt{225} = 15$ सेमी॰

$\Rightarrow AB = 2 \times AL = (2 \times 15)$ सेमी॰ $= 30$ सेमी॰.

18. माना वृत्त का केन्द्र O है तथा जीवा AB है.

माना $OL \perp AB$. तब, $OL = 12$ सेमी॰.

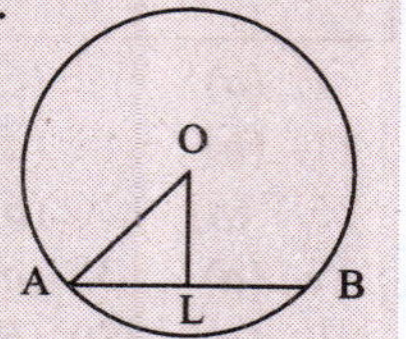

$AL = \dfrac{1}{2} AB = \left(\dfrac{1}{2} \times 32\right)$ सेमी॰

$= 16$ सेमी॰.

$OA^2 = (AL^2 + OL^2) = (16)^2 + (12)^2 = (256 + 144) = 400$

$\Rightarrow OA = \sqrt{400} = 20$ सेमी॰

$\Rightarrow$ वृत्त की त्रिज्या $= 20$ सेमी॰.

19. $\angle BAD + \angle BCD = 180°$

[$\because ABCD$ एक चक्रीय चतुर्भुज है]

$\Rightarrow 110° + \angle BCD = 180° \Rightarrow \angle BCD = 70°$.

$\Rightarrow \angle ABC = (180° - 70°) = 110°$

[$\because AB \parallel DC \Rightarrow \angle ABC + \angle BCD = 180°$]

20. चाप ABC के बाहर बिन्दु E लें.

EA तथा EC खींचें.

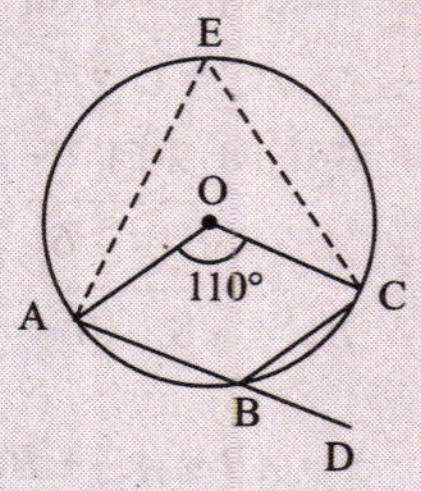

अब, $\angle AEC = \dfrac{1}{2} \angle AOB$

$= \left(\dfrac{1}{2} \times 110°\right) = 55°$.

परन्तु $ABCE$ एक चक्रीय चतुर्भुज है तथा इसकी एक भुजा AB को D तक बढ़ाया गया है.

अतः $\angle CBD = \angle AEC = 55°$.

21. हम जानते हैं कि किसी वृत्त की समान जीवायें वृत्त के केन्द्र पर समान कोण बनाती हैं.

अतः $\angle COD = \angle AOB = 70°$.

22. $OA = OB \Rightarrow \angle OBA = \angle OAB = 35°$.

$\therefore\ \angle AOB = 180° - (35° + 35°) = 110°$

$\Rightarrow \angle ACB = \dfrac{1}{2} \angle AOB = \left(\dfrac{1}{2} \times 110°\right) = 55°$.

23. स्पष्ट है कि $\angle AOB = 2 \times (\angle ACB) = (2 \times 40°) = 80°$.

24. $BC = CD \Rightarrow \angle BDC = \angle CBD = 25°$.

$\Delta\, BCD$ में, $\angle CBD + \angle BDC + \angle BCD = 180°$

$\Rightarrow 25° + 25° + \angle BCD = 180° \Rightarrow \angle BCD = 130°$.

अब, $\angle BAD + \angle BCD = 180°$

[$\because ABCD$ एक चक्रीय चतुर्भुज है]

$\Rightarrow \angle BAD + 130° = 180° \Rightarrow \angle BAD = 50°$.

25. चाप ABC को छोड़कर वृत्त पर कोई बिन्दु E लें.

EA तथा EC खींचें. स्पष्ट है कि

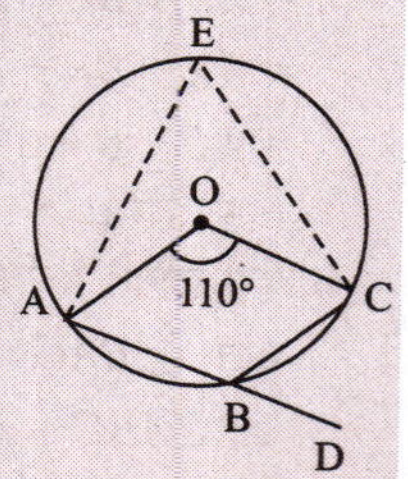

$\angle AEC = \dfrac{1}{2} \angle AOC = 50°$.

अब चक्रीय चतुर्भुज $BCEA$ की भुजा AB

को D तक बढ़ाया गया है।

$\therefore \angle CBD = \angle AEC = 50°$.

26. याद रहे : एक चक्रीय समान्तर चतुर्भुज सदैव एक आयत होता है।

27. माना वृत्त का केन्द्र O तथा जीवा AB है. $OC \perp AB$ खींचें. O तथा A को मिलायें.

तब, $OA = 5$ सेमी० तथा $OC = 3$ सेमी०.

$AC^2 = (OA^2 - OC^2) = (5^2 - 3^2) = (25 - 9) = 16$

$\Rightarrow AC = \sqrt{16}$ सेमी० $= 4$ सेमी०.

$\therefore AB = 2 \times AC = (2 \times 4)$ सेमी० $= 8$ सेमी०.

28. $OP = OR \Rightarrow \angle ORP = \angle OPR = 50°$.

ΔPOR में $\angle OPR + \angle ORP + \angle POR = 180°$

$\Rightarrow 50° + 50° + \angle POR = 180° \Rightarrow \angle POR = 80°$.

$\angle POQ + \angle POR = 180° \Rightarrow \angle POQ + 80° = 180°$

$\Rightarrow \angle POQ = 100°$.

$OP = OQ \Rightarrow \angle OQP = \angle OPQ$.

परन्तु $\angle OPQ + \angle OQP + \angle POQ = 180°$

$\Rightarrow x + x + 100 = 180 \Rightarrow 2x = 80 \Rightarrow x = 40$.

$\therefore \angle PQR = \angle PQO = 40°$ तथा $\angle PRQ = 50°$.

अतः $\angle PQR + \angle PRQ = (40° + 50°) = 90°$.

29. $\angle QPS + \angle SRQ = 180° \Rightarrow \angle QPS + 150° = 180°$

$\Rightarrow \angle QPS = 30°$.

$\angle PSQ = 90°$ [अर्द्धवृत्त में बना कोण]

अब $\Delta\, SPQ$ में, $\angle PSQ + \angle QPS + \angle PQS = 180°$

$\Rightarrow 90° + 30° + \angle PQS = 180° \Rightarrow \angle PQS = 60°$.

30. $OA = OB \Rightarrow \angle OBA = \angle OAB = x°$ (माना).

तब, $x + x + 80 = 180 \Rightarrow 2x = 100 \Rightarrow x = 50$.

$\therefore \angle OAB = 50°$.

$OA = OC \Rightarrow \angle OCA = \angle OAC = y°$ (माना).

तब, $y + y + 90 = 180° \Rightarrow 2y = 90° \Rightarrow y = 45°$.

$\therefore \angle OAC = 45°$.

अतः $\angle BAC = \angle OAB + \angle OAC = (50° + 45°) = 95°$.

31. चूँकि $ABCD$ एक चक्रीय चतुर्भुज है, अतः

$\angle ABC + \angle ADC = 180° \Rightarrow \angle ABC + 130° = 180°$

$\Rightarrow \angle ABC = 50°$.

$\Rightarrow \angle ABC + \angle ACB + \angle BAC = 180°$

$\Rightarrow 50° + 90° + \angle BAC = 180° \Rightarrow \angle BAC = 40°$.

32. यदि दो वृत्तों के केन्द्रों के बीच की दूरी उनकी त्रिज्याओं के योग से कम हो, तो स्पष्ट है कि ऐसे वृत्त प्रतिच्छेदित करेंगे.

33. वृत्त की परिधि के शेष भाग में बिन्दु D लें.

AD तथा CD खींचें.

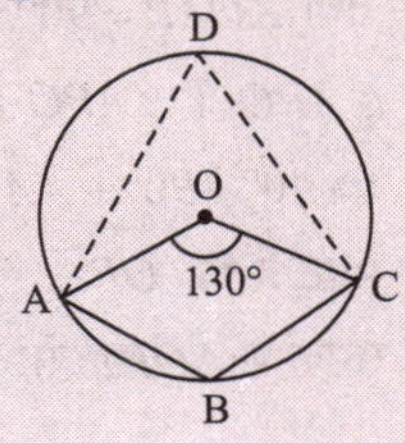

तब, $\angle ADC = \frac{1}{2} \angle AOC$

$= \left(\frac{1}{2} \times 130°\right) = 65°$.

अब, $ABCD$ एक चक्रीय चतुर्भुज है.

$\therefore \angle ADC + \angle ABC = 180° \Rightarrow 65° + \angle ABC = 180°$

$\Rightarrow \angle ABC = 115°$.

34. चाप ABC को छोड़कर वृत्त के शेष भाग में कोई बिन्दु F लें. FA तथा FC खीचें.

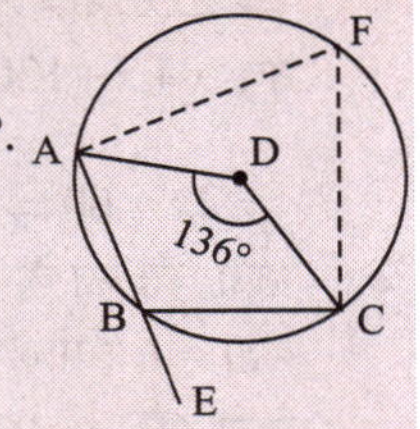

$\angle AFC = \frac{1}{2} \angle ADC = \frac{1}{2} \times 136° = 68°$.

अब चक्रीय चतुर्भुज $ABCF$ में,

$\angle AFC + \angle ABC = 180°$.

$\therefore 68° + \angle ABC = 180° \Rightarrow \angle ABC = (180° - 68°) = 112°$.

$\angle ABC + \angle CBE = 180° \Rightarrow 112° + \angle CBE = 180°$

$\Rightarrow \angle CBE = (180° - 112°) = 68°$.

35. $110° + 90° + \angle BOC = 360°$

$\Rightarrow \angle BOC = (360° - 200°) = 160°$.

$\therefore \angle BAC = \frac{1}{2} \angle BOC = \frac{1}{2} \times 160° = 80°$.

$\therefore x = 80$.

36. चूँकि $ABCD$ एक चक्रीय चतुर्भुज है जिसकी भुजा AB को E तक बढ़ाया गया है.

$\therefore \angle ADC = \angle EBC = 110°$.

परन्तु $\angle ADC + \angle CDF = 180° \Rightarrow 110° + \angle CDF = 180°$

$\Rightarrow \angle CDF = 70°$.

37. चूँकि $\Delta\, ABC$ एक समबाहु त्रिभुज है, अतः $\angle BAC = 60°$.

$\therefore \angle BOC = 2 \times \angle BAC = (2 \times 60°) = 120°$.

38. $AB \parallel DC$ तथा AC इन्हें काटती है.

अतः $\angle ACD = \angle CAB = 25°$.

$\angle ACB = 90°$ [अर्द्धवृत्त में बना कोण]

माना $\angle CAD = x°$. तथा $\angle BAD + \angle BCD = 180°$.

$\therefore 25° + x° + 90° + 25° = 180°$

$\Rightarrow x + 140 = 180 \Rightarrow x = 40$.

अतः $\angle CAD = 40°$.

39. दिया है $AE = 4$ सेमी०, $EB = 6$ सेमी०, $CE = 5$ सेमी०.

माना $ED = x$ सेमी०.

तब,

$AE \times EB = CE \times ED \Rightarrow 4 \times 6 = 5 \times x \Rightarrow x = \frac{24}{5} = 4 \cdot 8$.

अतः $ED = 4 \cdot 8$ सेमी०.

40. O तथा A को मिलायें. तब $AB = 16$ सेमी० तथा $OC = 6$ सेमी०.

$\therefore AC = CB = 8$ सेमी०.

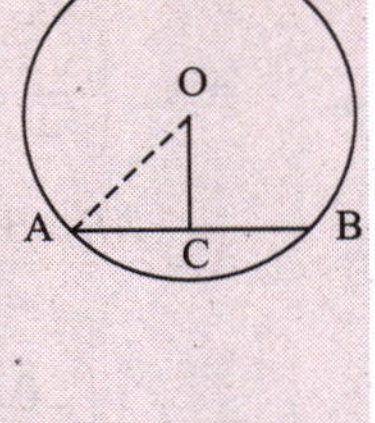

माना $OA = r$ सेमी०. तब,

$r^2 = (OC)^2 + (AC)^2$

$= (6)^2 + (8)^2 = 36 + 64 = 100$

$\Rightarrow r = \sqrt{100}$ सेमी० $= 10$ सेमी०.

अतः दिये गये वृत्त की त्रिज्या 10 सेमी०.

41. माना वृत्त का केन्द्र O है तथा जीवा AB इस प्रकार है कि $\angle AOB = 120°$.

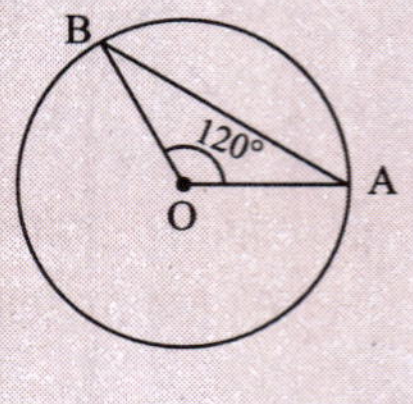

$OA = OB$ (प्रत्येक वृत्त की त्रिज्या के बराबर है)

$\Rightarrow \angle OBA = \angle OAB = x°$ (माना)

तब $x + x + 120 = 180$

[$\because \Delta$ के तीनों कोणों का योग $= 180°$].

$\Rightarrow 2x = 60 \Rightarrow x = 30 \Rightarrow \angle OAB = 30°$.

42. माना वृत्त का केन्द्र O है. इसकी जीवायें $AB = 8$ सेमी० तथा $CD = 6$ सेमी० हैं.

माना $OE \perp AB$ तथा $OF \perp CD$.

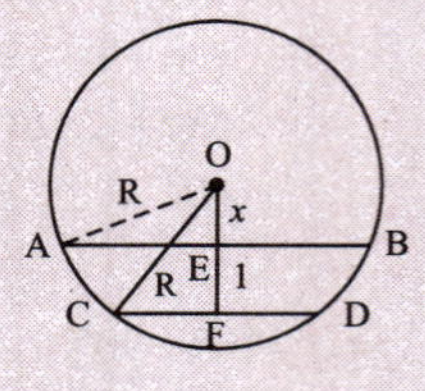

माना $OE = x$ सेमी०.

तब $OF = (x + 1)$ सेमी०.

माना $OA = OC = R$ (वृत्त की त्रिज्या).

तब

$AE = \frac{1}{2} AB = 4$ सेमी०, $CF = \frac{1}{2} CD = 3$ सेमी०.

$\Delta\, OAE$ से

$R^2 = x^2 + 4^2$ तथा ΔOCF में $R^2 = (x+1)^2 + 3^2$

$\therefore\ x^2 + 4^2 = (x+1)^2 + 3^2 \Rightarrow x^2 + 16 = x^2 + 2x + 10$

$\Rightarrow 2x = 6 \Rightarrow x = 3$.

$\therefore\ R^2 = (x^2 + 4^2) = (3^2 + 4^2) = (9 + 16) = 25$

$\Rightarrow R = \sqrt{25} = 5$ सेमी०.

43. किसी वृत्त में केन्द्र से बराबर दूरी पर स्थित दो जीवायें सदैव बराबर होती हैं.

$\therefore\ BC = AB = 8$ सेमी०.

44. माना इन वृत्तों के स्पर्श बिन्दु क्रमशः D, E तथा F हैं.

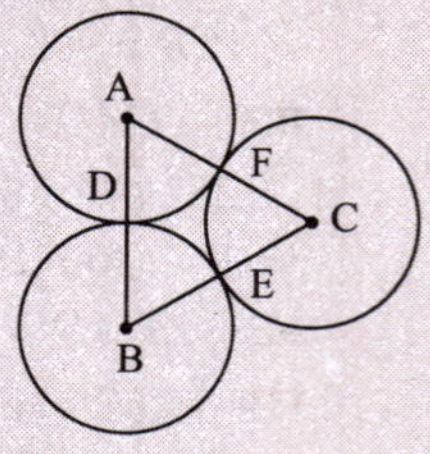

माना $AD = r_1$ सेमी०, $BE = r_2$ सेमी० तथा $CF = r_3$ सेमी०.

तब $r_1 + r_2 = 4$ ...(*i*)

$r_2 + r_3 = 6$ ...(*ii*) तथा

$r_3 + r_1 = 8$ ...(*iii*)

इन्हें जोड़ने पर: $2(r_1 + r_2 + r_3) = 18$

$\therefore\ r_1 + r_2 + r_3 = 9$ सेमी०.

45. माना $\Delta\, ABC$ में

$AB = BC = CA = x$ सेमी०.

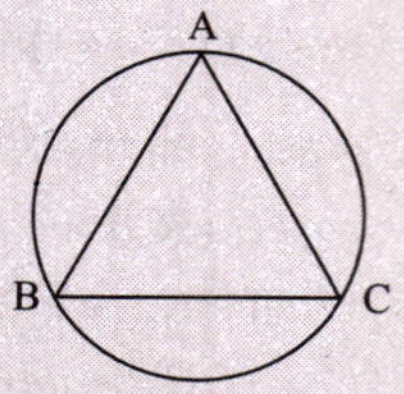

दिया है, $R = 5$ मीटर.

$\Delta\, ABC$ का क्षेत्रफल

$= \Delta = \left(\frac{\sqrt{3}}{4} x^2\right)$ वर्ग मी०.

$\Delta = \frac{AB \times BC \times AC}{4R} \Rightarrow \frac{x \times x \times x}{4 \times 5} = \frac{\sqrt{3}}{4} x^2$

$\Rightarrow x = \left(\frac{20 \times \sqrt{3}}{4}\right) = 5\sqrt{3}$.

अतः दो लड़कों के बीच की दूरी $= 5\sqrt{3}$ मीटर.

46. दिया है $\angle BAC = 90°$. अतः BDC वृत्त का व्यास है तथा D वृत्त का केन्द्र है.

$AD = DC \Rightarrow \angle ACD = \angle CAD = x°$ (माना)

$\Rightarrow x + x = 90 \Rightarrow 2x = 90 \Rightarrow x = 45$.

अतः $\angle CAD = 45°$.

$\therefore\ \angle CAD + \angle ADC = (45° + 90°) = 135°$.

47. $\angle ABC + \angle ADC = 180° \Rightarrow \angle ABC + 95° = 180°$

$\Rightarrow \angle ABC = 85°$.

अब $CF \parallel AB$ है तथा CB एक तिर्यक रेखा इन्हें काटती है.

$\therefore\ \angle BCF = \angle ABC = 85°$ [एकान्तर कोण]

$\Rightarrow \angle BCE = (85° + 20°) = 105°$

$\Rightarrow \angle BAD = 105°$.

48. दिया है $PT = 24$ सेमी० तथा $OT = 7$ सेमी०.

$\therefore\ OP^2 = OT^2 + PT^2 = (7)^2 + (24)^2 = (49 + 576) = 625$

$\Rightarrow OP = \sqrt{625} = 25$ सेमी०.

49. दिया है : $OP = 26$ सेमी० तथा $OT = 10$ सेमी०.

$PT^2 = (OP^2 - OT^2) = (26)^2 - (10)^2$

$= (26 + 10)(26 - 10) = (36 \times 16)$

$\Rightarrow PT = (6 \times 4) = 24$ सेमी०.

50. $\angle ACB = 90°$ [अर्द्ध-वृत्त में बना कोण]

$\angle CAB + \angle CBA = 90° \Rightarrow \angle CAB + 50° = 90°$

$\Rightarrow \angle CAB = 40°$.

$\therefore\ \angle CAT = (\angle BAT) - (\angle CAB) = (90° - 40°) = 50°$.

51. $\angle OPT = 90°\ k\ \angle QPT = 50°$

$\Rightarrow \angle OPQ = (90° - 50°) = 40°$.

$OP = OQ \Rightarrow \angle OQP = \angle OPQ = 40°$.

$\therefore\ \angle OPQ + \angle OQP + \angle POQ = 180°$

$\Rightarrow 40° + 40° + \angle POQ = 180° \Rightarrow \angle POQ = 100°$.

52. $\angle PAO = 90°$ तथा $\angle PBO = 90°$

$\Rightarrow (\angle PAO + \angle PBO) = 180°$.

$\therefore\ \angle APB + \angle AOB = 180° \Rightarrow \angle APB + 130° = 180°$

$\Rightarrow \angle APB = 50°$.

53. स्पष्ट है कि PO कोण $\angle APB$ को समद्विभाजित करता है.

$\therefore\ \angle APO = \frac{1}{2} \angle APB = \left(\frac{1}{2} \times 80°\right) = 40°$

तथा $\angle OAP = 90°$.

$\Delta\, APO$ में $\angle APO + \angle OAP + \angle AOP = 180°$

$\Rightarrow 40° + 90° + \angle AOP = 180° \Rightarrow \angle AOP = 50°$.

54. स्पष्ट है कि $OP \perp PT$.

समकोण ΔOPT से,

$\frac{PT}{OT} = \cos 30° = \frac{\sqrt{3}}{2} \Rightarrow \frac{PT}{8} = \frac{\sqrt{3}}{2} \Rightarrow PT = 4\sqrt{3}$ सेमी०.

55. यहाँ $OA = 5$ सेमी०, $OB = 3$ सेमी०, $PA = 12$ सेमी०. माना $PB = x$ सेमी०.

ΔOAP में

$OP^2 = OA^2 + PA^2 = (5)^2 + (12)^2 = (25+144) = 169$

$\Rightarrow OP = \sqrt{169} = 13$ सेमी०.

ΔOBP में,

$PB^2 = OP^2 - OB^2 = (13)^2 - (3)^2 = (169-9) = 160$

$\Rightarrow PB = \sqrt{160} = \sqrt{16 \times 10} = 4\sqrt{10}$ सेमी०.

56. रेखाखण्ड OP तथा OA खींचो. तब $OP = 3$ सेमी० तथा $OA = 5$ सेमी०.

$OA^2 = AP^2 + OP^2$

$\Rightarrow AP^2 = (OA^2 - OP^2) = (5^2 - 3^2) = (25-9) = 16$

$\Rightarrow AP = \sqrt{16}$ सेमी० $= 4$ सेमी०

$\Rightarrow$ जीवा $AB = (2 \times AP) = (2 \times 4)$ सेमी० $= 8$ सेमी०.

57. माना दिये गये वृत्तों की त्रिज्यायें क्रमशः a, b, c हैं. तब

$(a+b=5, b+c=7$ तथा $c+a=6)$

$\Rightarrow 2(a+b+c) = 18 \Rightarrow a+b+c = 9.$

$\therefore a = (a+b+c) - (b+c) = (9-7) = 2$ सेमी०.

अतः A वृत्त की त्रिज्या = 2 सेमी०.

58. स्पष्ट है कि $AR = AP = 4$ सेमी०, $BQ = BP = 6$ सेमी०, $CR = CQ = x$ सेमी० (माना)

$AC = 12$ सेमी० $\Rightarrow AE + CR = 12 \Rightarrow 4 + x = 12 \Rightarrow x = 8.$

$BC = (BQ + CQ) = (BP + CR)$

$= (6 + 8)$ सेमी० $= 14$ सेमी०.

59. स्पष्ट है कि $PA = PB$. अतः $\angle PBA = \angle PAB = x°$.

$\therefore x + x + 60 = 180 \Rightarrow 2x = 120 \Rightarrow x = 60.$

$\therefore \angle PBA = \angle PAB = \angle APB = 60°.$

अतः ΔPAB एक समबाहु त्रिभुज है.

अतः $AB = PB = PA = 6$ सेमी०.

60. $\angle APO = \frac{1}{2}\angle APB = \left(\frac{1}{2} \times 80°\right) = 40°, \angle OAP = 90°.$

$\therefore POA = 180° - (40° + 90°) = 50°.$

61. $OP = OB \Rightarrow \angle OPB = \angle OBP = 30°.$

$\therefore \angle BPT = \angle OPB + \angle OPT = (30° + 90°) = 120°.$

ΔPBT में, $\angle TBP + \angle BPT + \angle PTA = 180°$

$\Rightarrow \angle OBP + \angle BPT + \angle PTA = 180°$

$\Rightarrow 30° + 120° + \angle PTA = 180°$

$\Rightarrow \angle PTA = (180° - 150°) = 30°.$

62.

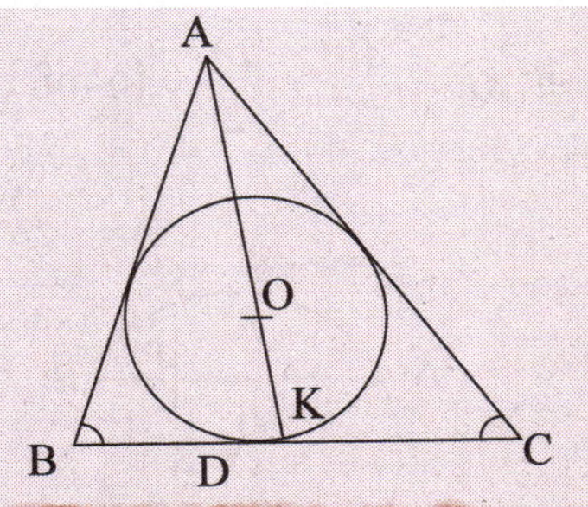

$\angle BAC = 180° - (80° + 64°) = 180° - 144° = 36°$

$[\because \angle A + \angle B + \angle C = 180°]$

चूँकि वृत्त एक त्रिभुज के भीतर अंकित है, AK केंद्र से होकर गुजरने वाला A का कोण समद्विभाजक होना चाहिए।

$\angle BAK = \angle CAK = \frac{1}{2} \times 36° = 18°$

अब,

$\angle BAD = \angle ADC - \angle ABD = 90° - 80° = 10°$

इसलिए,

$\angle DAK = \angle BAK - \angle BAD = 18° - 10° = 8°$

63. माना $OS = x$,

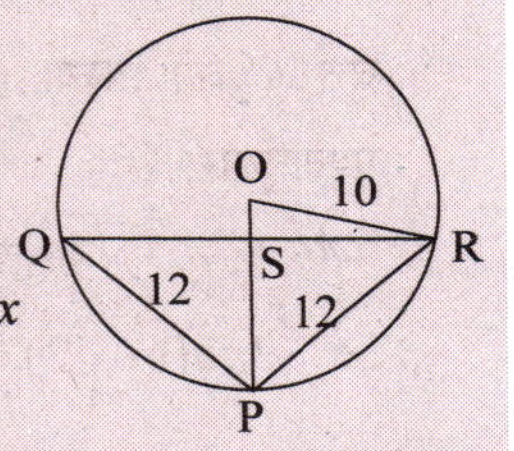

तब,

$OR^2 - OS^2 = PR^2 - PS^2$

$10^2 - x^2 = 12^2 - (10 - x)^2$

$100 - x^2 = 144 - 100 - x^2 + 20x$

$20x = 56$

$x = 2.8$ सेमी

64. प्रश्न के अनुसार,

$\angle DCE = 45°$

$\Rightarrow \angle OCB = 45°$ $(\because OC \perp CE)$

दिया गया है:

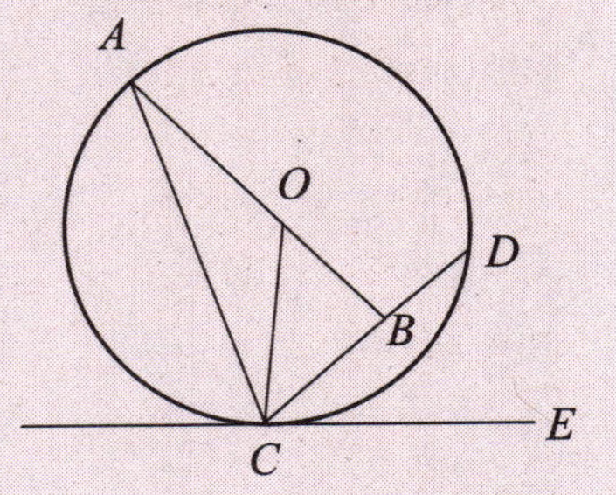

$CD = 10\sqrt{2}$ सेमी

$\therefore CB = 5\sqrt{2}$ सेमी

$\because \angle OCB = 45°$

$\therefore OB = 5\sqrt{2}$ सेमी

और $OC = \frac{OB}{\sin 45°}$

$= 5\sqrt{2} \times \sqrt{2}$

$= 10$ सेमी

इस प्रकार,

$AB = OA + OB = (10 + 5\sqrt{2})$ सेमी

अब,

$AC = \sqrt{(AB)^2 + (BC)^2}$

$= \sqrt{(10 + 5\sqrt{2})^2 + (5\sqrt{2})^2}$

≈ 18.5 सेमी

65. जैसा कि हम चित्र में देख सकते हैं,

$OE^2 = OA^2 - AE^2$

यहाँ, $OA = 15$ सेमी और $AE = \frac{AB}{2} = \frac{20}{2} = 10$ सेमी

$\therefore OE^2 = 15^2 - 10^2$

$= 125$ सेमी^{2}

इसी प्रकार,

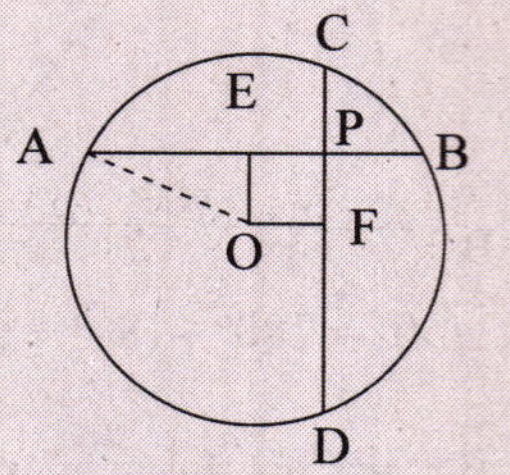

$OF^2 = OD^2 - DF^2$

$= 225 - 144$

$= 81$ सेमी^{2}

$\because$ OEFP एक आयत है

इसलिये,

$OP = \sqrt{OE^2 + OF^2}$

$= \sqrt{125 + 81}$

$= \sqrt{206}$ सेमी^{2}

66. माना, वर्ग की भुजा $= 2a$ सेमी.

$\therefore$ वर्ग का विकर्ण $= 2\sqrt{2}\,a$ सेमी.

वृत्त C_1 की त्रिज्या $= a$ सेमी.

वृत्त C_2 की त्रिज्या $= \sqrt{2}\,a$ सेमी.

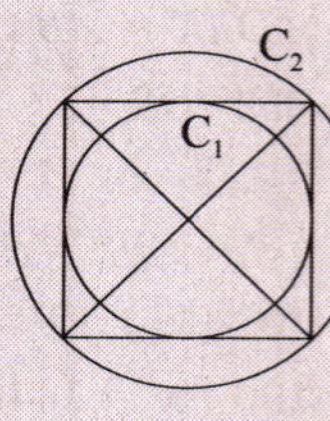

प्रश्नानुसार,

$2\pi a + 2\pi \times \sqrt{2}a = 88(1+\sqrt{2})$

$\Rightarrow \quad 2\pi a(1+\sqrt{2}) = 88(1+\sqrt{2})$

$\Rightarrow \quad 2 \times \frac{22}{7} \times a = 88 \quad \Rightarrow \quad a = \frac{88 \times 7}{2 \times 22} = 14$ सेमी.

$\therefore$ वर्ग का परिमाप $= 4 \times 2a = 8a = 8 \times 14 = 112$ सेमी.

67. चित्रानुसार ΔPOA में $\angle A$ समकोण है।

अत: $OP^2 = OA^2 + AP^2$

$(8)^2 = (4)^2 + AP^2$

$\Rightarrow \sqrt{64-16} = AP \Rightarrow AP = \sqrt{48} = 4\sqrt{3}$ से.मी.

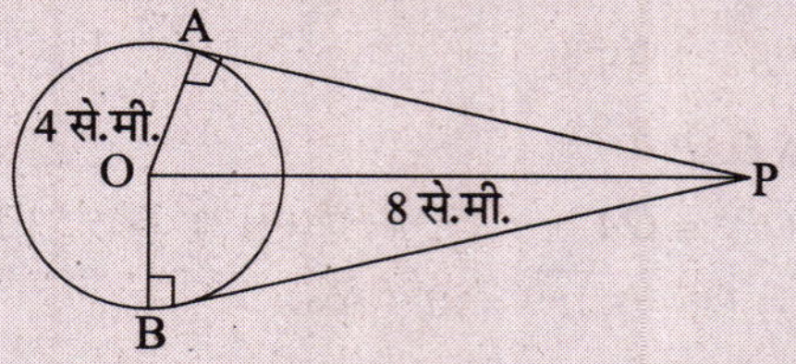

68. चित्रानुसार केन्द्र O से 2 से.मी. की दूरी पर जीवा CD व 6 से.मी. की दूरी पर जीवा AB = 14 से.मी. स्थित है।

ΔAFO से

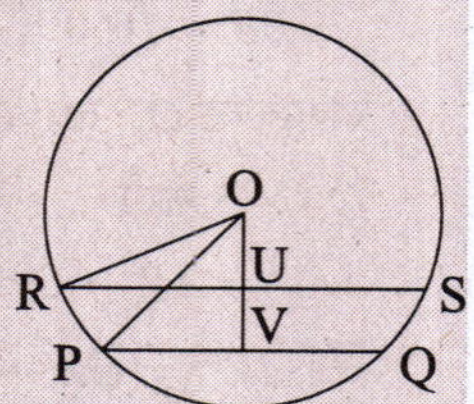

$AO^2 = AF^2 + FO^2$

$AO^2 = 7^2 + 6^2 = 49 + 36 = 85$

$\Rightarrow \quad AO^2 = 85 \qquad ...(i)$

ΔCEO से

$CO^2 = OE^2 + CE^2$

समीकरण (i) से, दोनों एक ही वृत्त की त्रिज्या है।

$85 = (2)^2 + CE^2$

$CE^2 = 85 - 4 = 81 \Rightarrow \quad CE = 9$ से.मी.

अत: $CD = 2CE = 18$ से.मी.

69. दिया गया है: A 8 त्रिज्या वाले वृत्त का केन्द्र है और B 8 व्यास वाले वृत्त का केन्द्र है।

$\Rightarrow \quad AB = 8 + \frac{8}{2} = 8 + 4 = 12$ से.मी.

व्यास $= d = 12$ से.मी.$\Rightarrow \quad r = 6$ से.मी.

AB व्यास वाले वृत्त का क्षेत्रफल

$= \pi r^2 = \pi(6)^2 = 36\pi$ से.मी.^{2}

❑❑❑

39

बहुभुज (POLYGONS)

Scan QR Code for Watching Video

आवश्यक तथ्य एवं सूत्र

1. **बहुभुज (Polygon):** कुछ सरल रेखाओं से घिरी बन्द समतल आकृति को बहुभुज कहते हैं।
2. कोई आकृति 3, 4, 5, 6, 7, 8, 9, 10 भुजाओं से घिरी हो तो उसे क्रमश: त्रिभुज, चतुर्भुज, पंचभुज, षटभुज, सप्तभुज, अष्टभुज, नवमभुज तथा दसमभुज कहते हैं।
3. (*i*) **उत्तल बहुभुज (Convex Polygon):** यदि किसी बहुभुज का कोई भी अन्त:कोण 180° से अधिक न हो उसे उत्तल बहुभुज कहते हैं।

   (*ii*) **अवतल बहुभुज (Concave Polygon):** यदि किसी बहुभुज का एक भी अन्त:कोण 180° से अधिक हो, तो उसे अवतल बहुभुज कहते हैं।
4. (*i*) **समबाहु बहुभुज (Regular Polygon):** यदि किसी बहुभुज की सभी भुजायें समान हों तो उसे समबाहु बहुभुज कहते हैं।
   नोट: एक समबाहु बहुभुज के सारे अन्त:कोण बराबर होते हैं।

   (*ii*) n भुजाओं की समबाहु बहुभुज में सभी बाह्य कोणों का योग 4 समकोण होता है।

   (*iii*) n भुजाओं की समबाहु बहुभुज में:

   प्रत्येक बाह्य कोण $=\left(\frac{360}{n}\right)^\circ$

   तथा प्रत्येक अन्त:कोण = 180° – (बाह्य कोण)।

   (*iv*) n भुजाओं की बहुभुज में सभी अन्त:कोणों का योग

   $= (2n-4)$ समकोण $= [(2n-4)\times 90]^\circ$

   उदाहरण:

   (*I*) त्रिभुज के सभी अन्त:कोणों का योग = $(2\times 3-4)$ समकोण = 2 समकोण = 180°.

   (*II*) चतुर्भुज के सभी अन्त:कोणों का योग = $(2\times 4-4)$ समकोण = 4 समकोण = 360°.

   (*III*) पंचभुज के सभी अन्त:कोणों का योग = $(2\times 5-4)$ समकोण = 6 समकोण = 540°.

   (*v*) n भुजाओं की बहुभुज में विकर्णों की संख्या $=\left\{\frac{n(n-1)}{2}-n\right\}=\frac{(n^2-3n)}{2}$.

   उदाहरण:

   (*I*) एक चतुर्भुज में विकर्णों की संख्या $=\left(\frac{4\times 3}{2}-4\right)=2$.

   (*II*) एक पंचभुज में विकर्णों की संख्या $=\frac{(25-3\times 5)}{2}=5$.

   (*III*) एक षट्भुज में विकर्णों की संख्या $=\frac{(36-18)}{2}=9$.

प्रश्नमाला 39

निम्नलिखित प्रश्नों में से प्रत्येक में ठीक उत्तर को चिह्नांकित (✓) कीजिए:

1. एक सप्तभुज के कोण 1 : 2 : 3 : 4 : 5 : 6 : 7 : 8 के अनुपात में हैं. इसका न्यूनतम कोण कितना है ? (रेलवे परीक्षा, 2006)
(*a*) 30° (*b*) $22\frac{1}{2}°$ (*c*) 12° (*d*) 24°

2. यदि किसी उत्तल समबहुभुज के एक अन्त:कोण की नाप $\frac{5\pi}{6}$ हो तो यह है: (मैनेजमैन्ट परीक्षा, 2005)
(*a*) अष्टभुज (*b*) षट्भुज (*c*) द्वादशभुज (*d*) दशभुज

3. एक समभुजकोणीय बहुभुज का आंतरिक कोण बाह्य कोण से 5 गुना है। बहुभुज की भुजाओं की संख्या बताइए।
(*a*) 14 (*b*) 16 (*c*) 12 (*d*) 18
(एस.एस.सी.-सी.जी.एल. (टीयर-I) परीक्षा, 2014)

4. एक बहुभुज के अन्त:कोण समान्तर श्रेणी में हैं जिसका सार्वअन्तर 5° है. यदि इसका सबसे छोटा कोण 120° हो, तो इसकी भुजाओं की संख्या कितनी है ? (रेलवे परीक्षा, 2005)
(*a*) 16 (*b*) 9 (*c*) 7 (*d*) 5

5. किसी षट्भुज के सभी कोणों का योग कितना है ?
(*a*) 270° (*b*) 360° (*c*) 540° (*d*) 720°

6. किसी पंचभुज के सभी कोणों का योग कितना है ?
(*a*) 360° (*b*) 540° (*c*) 720° (*d*) 90°
(अध्यापक परीक्षा, 2009)

7. किसी अष्टभुज के सभी कोणों का योग कितना है ?
(*a*) 540° (*b*) 720° (*c*) 900° (*d*) (1080)°
(रेलवे परीक्षा, 2005)

8. एक समबाहु बहुभुज के सभी अन्त:कोणों का योग 1080° है. इस बहुभुज की भुजाओं की संख्या कितनी है ?
(*a*) 6 (*b*) 7 (*c*) 8 (*d*) 9

9. एक *n* भुजा वाले बहुभुज की भुजाओं को एक ही क्रम में बढ़ाने से बने बहिष्कोणों का योग कितना है ? (अध्यापक परीक्षा, 2009)
(*a*) *n* समकोण (*b*) 2*n* समकोण
(c) (2*n* – 4) समकोण (*d*) 4 समकोण

10. एक अष्टभुज के कितने विकर्ण होते हैं ? (रेलवे परीक्षा, 2001)
(*a*) 9 (*b*) 15 (*c*) 20 (*d*) 16

11. 100 भुजाओं वाले बहुभुज में विकर्णों की संख्या कितनी है ?
(*a*) 100 (*b*) 98 (*c*) 4950 (*d*) 4850
(रेलवे परीक्षा, 2001)

12. 10 भुजाओं वाले बहुभुज में विकर्णों की संख्या कितनी है ?
(*a*) 20 (*b*) 45 (*c*) 35 (*d*) 40

13. एक बहुभुज के 27 विकर्ण हैं. इसकी भुजाओं की संख्या कितनी है ?
(*a*) 9 (*b*) 10 (*c*) 11 (*d*) 12

14. एक पंचभुज के कोणों का अनुपात 1 : 2 : 3 : 5 : 9 है. इसके सबसे छोटे कोण का माप कितना है ?
(*a*) 72° (*b*) 45° (*c*) 54° (*d*) 27°

15. किसी समबहुभुज के बाह्य तथा अन्त:कोण 1 : 4 के अनुपात में हैं. बहुभुज की भुजाओं की संख्या कितनी है ?
(*a*) 10 (*b*) 12 (*c*) 15 (*d*) 16
(एस०एस०सी० परीक्षा, 2006)

16. किसी समबहुभुज का प्रत्येक अंत:कोण 150° है. इसकी भुजाओं की संख्या कितनी है ? (रेलवे परीक्षा, 2005)
(*a*) 10 (*b*) 12 (*c*) 6 (*d*) 8

17. दो समबाहु बहुभुजों की भुजाओं की संख्या का अनुपात 1 : 2 तथा उसके अन्त:कोणों के माप 2 : 3 के अनुपात में हैं. इन बहुभुजों की भुजाओं की संख्या है, क्रमश:
(*a*) 4, 8 (*b*) 5, 10 (*c*) 6, 12 (*d*) 8, 16

18. किसी समबहुभुज के प्रत्येक कोण का माप 108° है. इस बहुभुज की भुजाओं की संख्या कितनी है ?
(*a*) 4 (*b*) 5 (*c*) 6 (*d*) 8

19. किसी समबाहु पंचभुज के प्रत्येक अन्त:कोण का माप कितना है ?
(*a*) 72° (*b*) 90° (*c*) 108° (*d*) 120°

20. किसी समबाहु षट्भुज के प्रत्येक अन्त:कोण का माप कितना है ?
(*a*) 60° (*b*) 108° (*c*) 120° (*d*) 90°

21. किसी समबाहु अष्टभुज के प्रत्येक अन्त:कोण का माप कितना है ?
(*a*) 45° (*b*) 108° (*c*) 120° (*d*) 135°

22. एक समबाहु पंचभुज के सभी अन्त:कोणों का योग कितना है ?
(*a*) 360° (*b*) 540° (*c*) 720° (*d*) 900°

23. एक समबाहु षट्भुज के सभी अन्त:कोणों का योग कितना है ?
(*a*) 360° (*b*) 540° (*c*) 720° (*d*) 450°

24. एक समबाहु बहुभुज का प्रत्येक बाह्यकोण 40° है. इस बहुभुज की भुजाओं की संख्या कितनी है ?
(*a*) 6 (*b*) 8 (*c*) 9 (*d*) 10

25. एक समबाहु बहुभुज के प्रत्येक अन्त:कोण तथा बाह्यकोण का अन्तर 60° है. इस बहुभुज की भुजाओं की संख्या कितनी है ?
(*a*) 5 (*b*) 6 (*c*) 8 (*d*) 10

26. एक समबाहु बहुभुज के अन्त:कोण तथा बाह्यकोण का अनुपात 7 : 2 है. इस बहुभुज की भुजाओं की संख्या कितनी है ?
(*a*) 6 (*b*) 7 (*c*) 8 (*d*) 9

27. एक समबाहु बहुभुज का प्रत्येक अन्त:कोण उसके बाह्यकोण का 11 गुना है. इस बहुभुज में भुजाओं की संख्या कितनी है ?
(*a*) 11 (*b*) 18 (*c*) 22 (*d*) 24

28. किसी समबाहु बहुभुज का प्रत्येक अन्त:कोण एक समबाहु षट्भुज के प्रत्येक अन्त:कोण का $\frac{9}{8}$ है. इस बहुभुज में भुजाओं की संख्या कितनी है ?
(*a*) 4 (*b*) 5 (*c*) 7 (*d*) 8

29. किसी समबाहु अष्टभुज के प्रत्येक अन्त:कोण तथा बाह्यकोण का अनुपात कितना है ?
(*a*) 1 : 2 (*b*) 1 : 3 (*c*) 3 : 1 (*d*) 2 : 3

30. यदि एक सम बहुभुज का प्रत्येक कोण दो समकोण के $\frac{3}{5}$ के बराबर है, तो भुजाओं की संख्या है?

(a) 7 (b) 6 (c) 5 (d) 4

(एस.एस.सी.-सी.जी.एल. (मुख्य) परीक्षा, 2020)

31. एक समबाहु बहुभुज के सभी अन्त:कोणों का योग उसके सभी बाह्य कोणों के योग का दुगुना है. यह बहुभुज क्या है ?

(a) अष्टभुज (b) नवम्भुज

(c) षट्भुज (d) इनमें से कोई नहीं

32. एक वर्ग एवं समषट्भुज की परिमिति बराबर है। समषट्भुज के क्षेत्रफल से वर्ग के क्षेत्रफल के बीच अनुपात है:

(a) $2\sqrt{3}:1$ (b) $2\sqrt{3}:3$ (c) $3\sqrt{3}:2$ (d) $\sqrt{2}:3$

(डी.एम.आर.सी. जूनियर इंजीनियर (इलेक्ट्रिकल) परीक्षा, 2016)

उत्तरमाला (प्रश्नमाला 39)

1. (a)	2. (c)	3. (c)	4. (b)	5. (d)	6. (b)	7. (d)	8. (c)	9. (d)	10. (c)	11. (d)	12. (c)
13. (a)	14. (d)	15. (a)	16. (b)	17. (a)	18. (b)	19. (c)	20. (c)	21. (d)	22. (b)	23. (c)	24. (c)
25. (b)	26. (d)	27. (d)	28. (d)	29. (b)	30. (c)	31. (c)	32. (b)				

दिये गये प्रश्नों के हल (प्रश्नमाला 39)

1. किसी सप्तभुज के 7 कोणों का योग

$= [(2 \times 7 - 4) \times 90°]° = 900°.$

माना ये कोण $x°, 2x°, 3x°, 4x°, 5x°, 7x°$ तथा $8x°$ है.

तब $(x + 2x + 3x + 4x + 5x + 7x + 8x) = 900$

$\Rightarrow 30x = 900 \Rightarrow x = 30.$

$\therefore$ इस सप्तभुज का न्यूनतम कोण $= x = 30°.$

2. प्रत्येक अन्त:कोण $= \left(\frac{5}{6}\times 180\right)^{\circ} = 150°.$

प्रत्येक बाह्य कोण $= (180° - 150°) = 30°.$

सभी बाह्य कोणों का योग $= 360°.$

भुजाओं की संख्या $= \frac{360}{30} = 12.$ अत: दी गई आकृति एक द्वादशभुज है.

3. बाहरी कोण + आंतरिक कोण $= 180°$

आंतरिक कोण $= 30°$

बाहरी कोण $= 150°$

भुजाओं की संख्या $= \frac{360°}{30} = 12°$

4. माना बहुभुज में भुजाओं की संख्या $= n.$

तब $\frac{n}{2}[2a + (n-1)d] = (2n-4)\times 90,$

जहाँ $a = 120$ तथा $d = 5.$

$\therefore \frac{n}{2}[240 + 5(n-1) = (2n-4)\times 90]$

$\Rightarrow n(235 + 5n) = (2n-4)\times 180$

$\Rightarrow 5n^2 + 235n = 360n - 720$

$\Rightarrow 5n^2 - 125n + 720 = 0 \Rightarrow n^2 - 25n + 144 = 0$

$\Rightarrow n^2 - 16n - 9n + 144 = 0$

$\Rightarrow n(n-16) - 9(n-16) = 0 \Rightarrow (n-9)(n-16) = 0$

$\Rightarrow n = 9$ अथवा $n = 16.$

परन्तु $n = 16$ पर सबसे बड़ा कोण

$= a + (n-1)d = (120 + 15\times 5)° = 195°,$ जो संभव नहीं है.

अत: $n = 9.$

5. किसी षट्भुज के सभी 6 कोणों का योग

$= [(2\times 6 - 4)\times 90]° = 720°.$

6. किसी पंचभुज के सभी 5 कोणों का योग

$= [(2 \times 5 - 4) \times 90]° = 540°.$

7. किसी अष्टभुज के सभी 8 कोणों का योग

$= [(2 \times 8 - 4) \times 90]° = 1080°.$

8. माना बहुभुज की भुजाओं की संख्या $= n.$

तब, सभी अन्त:कोणों का योग $= [(2n-4)\times 90]°.$

$\therefore (2n-4)\times 90 = 1080 \Rightarrow (2n-4) = \frac{1080}{90} = 12$

$\Rightarrow 2n = 16 \Rightarrow n = 8.$

अत: भुजाओं की अभीष्ट संख्या $= 8.$

9. एक n भुजा वाले बहुभुज की भुजाओं को एक ही क्रम में बढ़ाने से बने सभी बहिष्कोणों का योग = 4 समकोण.

10. एक अष्टभुज में विकर्णों की संख्या $= \frac{(n^2 - 3n)}{2} = \frac{(8^2 - 3\times 8)}{2}$

$= \frac{(64-24)}{2} = \frac{40}{2} = 20.$

11. 100 भुजाओं वाले बहुभुज में विकर्णों की संख्या $= \frac{(n^2 - 3n)}{2}$

$= \left\{\frac{(100)^2 - (3\times 100)}{2}\right\} = \frac{(10000 - 300)}{2} = \frac{9700}{2} = 4850.$

12. 10 भुजाओं वाले बहुभुज में विकर्णों की संख्या

$= \frac{\left[(10)^2 - (3\times 10)\right]}{2} = \frac{70}{2} = 35.$

13. माना भुजाओं की संख्या $= n.$ तब

$\frac{(n^2 - 3n)}{2} = 27 \Rightarrow n^2 - 3n - 54 - 0$

$\Rightarrow n^2 - 9n + 6n - 54 = 0 \Rightarrow n(n-9) + 6(n-9) = 0$

$\Rightarrow (n-9)(n+6) = 0 \Rightarrow n = 9.$ $[\because n \neq -6]$

14. किसी पंचभुज के सभी कोणों का योग

$= [(2 \times 5 - 4) \times 90]° = 540°.$

माना दी गई पंचभुज के कोण $x°, 2x°, 3x°, 5x°$ तथा $9x°$ है.

$\therefore\ (x+2x+3x+5x+9x)=540 \Rightarrow 20x=540 \Rightarrow x=27.$

इनमें सबसे छोटे कोण का माप $= x^2 = 27°.$

15. माना बाह्य कोण $= x°$. तब, अन्त:कोण $= 4x°$.

$\therefore\ x+4x=180 \Rightarrow 5x=180 \Rightarrow x=36.$

अत: प्रत्येक बाह्य कोण $= 36°$.

सभी बाह्य कोणों का योग $= 360°$.

बहुभुज में भुजाओं की संख्या $= \dfrac{360°}{36°} = 10.$

16. प्रत्येक बाह्य कोण $= (180° - 150°) = 30°.$

सभी बाह्य कोणों का योग $= 360°$.

भुजाओं की संख्या $= \dfrac{360}{30} = 12.$

17. माना इन बहुभुजों में भुजाओं की संख्या क्रमश: n तथा $2n$ हैं तथा इनके अन्त:कोण क्रमश: $(2x)°$ तथा $(3x)°$ हैं.

तब, इनके बाह्यकोण क्रमश: $(180-2x)°$ तथा $(180-3x)°$.

$\therefore\ 180-2x=\dfrac{360}{n}$ तथा $180-3x=\dfrac{360}{2n}.$

$\Rightarrow \dfrac{360}{n}+2x=180 \quad \ldots(i)$ तथा

$\dfrac{180}{n}+3x=180 \quad \ldots(ii)$

(i) को 3 से तथा (ii) को 2 से गुणा करके घटाने पर:

$\left(\dfrac{1080}{n}-\dfrac{360}{n}\right)=(540-360)$

$\Rightarrow \dfrac{720}{n}=180 \Rightarrow n=\dfrac{720}{180}=4.$

अत: इन बहुभुजों की भुजाओं की संख्या क्रमश: 4 तथा 8 है.

18. प्रत्येक अन्त:कोण $= 108°$.

प्रत्येक बाह्यकोण $= (180° - 108°) = 72°.$

सभी बाह्यकोणों का योग $= 360°$.

भुजाओं की संख्या $= \dfrac{360}{72} = 5.$

19. किसी समबाहु पंचभुज का प्रत्येक बाह्यकोण $= \left(\dfrac{360}{5}\right)^{\circ} = 72°.$

$\therefore$ इस पंचभुज का प्रत्येक अन्त:कोण $= (180° - 72°) = 108°.$

20. किसी समबाहु षट्भुज का प्रत्येक बाह्यकोण $= \left(\dfrac{360}{6}\right)^{\circ} = 60°.$

इस षट्भुज का प्रत्येक अन्त:कोण $= (180° - 60°) = 120°.$

21. किसी समबाहु अष्टभुज का प्रत्येक बाह्यकोण $= \left(\dfrac{360}{8}\right)^{\circ} = 45°.$

इस अष्टभुज का प्रत्येक अन्त:कोण $= (180° - 45°) = 135°.$

22. किसी समबाहु पंचभुज का प्रत्येक बाह्यकोण $= \left(\dfrac{360}{5}\right)^{\circ} = 72°.$

इस समबाहु पंचभुज का प्रत्येक अन्त:कोण $= (180° - 72°)$
$= 108°.$

23. किसी समबाहु षट्भुज का प्रत्येक बाह्यकोण $= \left(\dfrac{360}{6}\right)^{\circ} = 60°.$

इस समबाहु षट्भुज का प्रत्येक अन्त:कोण $= (180° - 60°)$
$= 120°.$

24. प्रत्येक बाह्यकोण $= 40°$. सभी बाह्यकोणों का योग $= 360°$.

भुजाओं की संख्या $= \dfrac{360}{40} = 9.$

25. माना प्रत्येक अन्त:कोण $= x°$.

तब, प्रत्येक बाह्यकोण $= (180° - x).$

$\therefore\ x-(180-x)=60 \Rightarrow 2x-180=60$

$\Rightarrow 2x=240 \Rightarrow x=120.$

अत: प्रत्येक बाह्यकोण $= (180° - 120°) = 60°.$

सभी बाह्यकोणों का योग $= 360°$.

$\therefore$ भुजाओं की संख्या $= \dfrac{360}{60} = 6.$

26. माना प्रत्येक अन्त:कोण $= 7x°$ तथा प्रत्येक बाह्यकोण $= 2x°$.

$\therefore\ 7x+2x=180 \Rightarrow 9x=180 \Rightarrow x=20.$

अत: प्रत्येक बाह्यकोण $= (2 \times 20)° = 40°.$

भुजाओं की संख्या $= \dfrac{360}{40} = 9.$

27. माना प्रत्येक बाह्यकोण $= x°$. तब, प्रत्येक अन्त:कोण $= 11x°$.

$\therefore\ x+11x=180 \Rightarrow 12x=180 \Rightarrow x=15.$

$\therefore$ प्रत्येक बाह्यकोण $= 15°$. सभी बाह्यकोणों का योग $= 360°$.

दी गई बहुभुज में भुजाओं की संख्या $= \dfrac{360}{15} = 24.$

28. समबाहु षट्भुज का प्रत्येक बाह्यकोण $= \left(\dfrac{360}{6}\right)^{\circ} = 60°.$

समबाहु षट्भुज का प्रत्येक अन्त:कोण $= (180° - 60°) = 120°.$

दिये गये समबाहु बहुभुज का प्रत्येक अन्त:कोण

$= \left(120 \times \dfrac{9}{8}\right)^{\circ} = 135°.$

दिये गये समबाहु बहुभुज का प्रत्येक बाह्यकोण

$= (180° - 135°) = 45°.$

इस बहुभुज में भुजाओं की संख्या $= \dfrac{360}{45} = 8.$

29. समबाहु अष्टभुज का प्रत्येक बाह्यकोण $= \left(\dfrac{360}{8}\right)^{\circ} = 45°.$

तथा संगत अन्त:कोण $= (180° - 45°) = 135°.$

$\therefore$ (अन्त:कोण) : (बाह्यकोण) $= 45 : 135 = 1 : 3.$

30. एक नियमित बहुभुज का प्रत्येक आंतरिक कोण

$= 180 \times \dfrac{3}{5} = 180°$

n भुजाओं वाले एक नियमित बहुभुज का प्रत्येक आंतरिक कोण

$= \left(\dfrac{2n-4}{n}\right) \times 90°$

$\therefore\ \left(\dfrac{2n-4}{n}\right) \times 90° = 108°$

$$\Rightarrow \left(\frac{2n-4}{x}\right)\times 10 = 12$$

$\Rightarrow 20n - 40 = 12$

$\Rightarrow 20n - 12n = 40$

$\Rightarrow 8n = 40$

$\Rightarrow n = 5$

31. माना दिये गये बहुभुज में भुजाओं की संख्या = n. तब

$$(2n-4)\times 90 = 360\times 2 \Rightarrow (2n-4) = \frac{720}{90} = 8$$

$$\Rightarrow 2n = 12 \Rightarrow n = 6.$$

अतः दिया गया बहुभुज एक षटभुज है.

32. माना वर्ग की भुजा 'a' इकाई है और समषट्भुज की भुजा 'b' इकाई है।

प्रश्नानुसार,

$4a = 6b$

$\Rightarrow \frac{a}{b} = \frac{6}{4} = \frac{3}{2}$

$$\therefore \frac{\text{समषट्भुज का क्षेत्रफल}}{\text{वर्ग का क्षेत्रफल}} = \frac{6\times\frac{\sqrt{3}}{4}\times b^2}{a^2}$$

$$= \frac{6\sqrt{3}\times 2\times 2}{4\times 3\times 3} = \frac{2\sqrt{3}}{3} = 2\sqrt{3} : 3$$

❑❑❑

भाग 2
समंकों का विश्लेषण

40

Scan QR Code for Watching Video

सारणीयन (TABULATION)

साधित उदाहरण

निर्देश (प्र० न० 1 से 5): नीचे दी गई तालिका में 6 छात्रों द्वारा विभिन्न विषयों में प्राप्तांक दिये गये हैं. इनका भली-भाँति अध्ययन करके निम्नलिखित प्रश्नों के उत्तर दीजिए.

5 छात्रों द्वारा विभिन्न विषयों में प्राप्तांक

छात्र ↓	विषय					
	A 75 में से	B 80 में से	C 120 में से	D 125 में से	E 150 में से	F 150 में से
P	40	52	90	88	110	120
Q	42	66	85	92	105	100
R	36	68	105	99	100	98
S	45	55	88	106	96	90
T	60	70	96	102	120	130
U	54	72	110	100	125	135

1. विषय B में सभी छात्रों द्वारा प्राप्तांकों का लगभग औसत प्रतिशत कितना है ?
(*a*) 60% (*b*) 65% (*c*) 70% (*d*) 75%
(*e*) 80%

2. Q द्वारा कुल सभी विषयों में प्राप्तांक प्रतिशत कितना है ?
(*a*) 68·5% (*b*) 65% (*c*) 70% (*d*) 67·75%
(*e*) इनमें से कोई नहीं

3. विषय A में सभी छात्रों द्वारा औसत प्राप्तांक क्या है ?
(*a*) $46\frac{1}{3}$ (*b*) $42\frac{1}{6}$ (*c*) $42\frac{1}{3}$ (*d*) $46\frac{1}{6}$
(*e*) इनमें से कोई नहीं

4. सभी छात्रों द्वारा विषय F में औसत प्राप्तांक क्या है
(*a*) $112\frac{1}{3}$ (*b*) $112\frac{1}{6}$ (*c*) $116\frac{1}{3}$ (*d*) $116\frac{1}{6}$
(*e*) इनमें से कोई नहीं

5. R द्वारा सभी विषयों में प्राप्तांक, U द्वारा सभी विषयों में प्राप्ताकों का कितने प्रतिशत है ?
(*a*) 82% (*b*) 83% (*c*) 85% (*d*) 87%
(*e*) इनमें से कोई नहीं

दिये गये प्रश्नों के हल

1. (*e*) अभीष्ट % $= \left\{\frac{(52+66+68+55+70+72)}{(6\times 80)}\times 100\right\}\%$

$$= \left(\frac{383}{480}\times 100\right)\% = 80\%.$$

2. (*c*) अभीष्ट %

$$= \left\{\frac{(42+66+85+92+105+100)}{(75+80+120+125+150+150)}\times 100\right\}\%$$

$$= \left(\frac{490}{700}\times 100\right)\% = 70\%.$$

3. (*d*) अभीष्ट औसत

$$= \frac{(40+42+36+45+60+54)}{6} = \frac{277}{6} = 46\frac{1}{6}.$$

4. (*b*) अभीष्ट औसत $= \frac{(120+100+98+90+130+135)}{6}$

$$= \frac{673}{6} = 112\frac{1}{6}.$$

5. (*c*) R द्वारा सभी विषयों में प्राप्तांक
= (36 + 68 + 105 + 99 + 100 + 98) = 506.
U द्वारा सभी विषयों में प्राप्तांक

$= (54 + 72 + 110 + 100 + 125 + 135) = 596.$

माना 506 = 596 का x%. तब $596 \times \frac{x}{100} = 506.$

$\therefore\ x = \left(\frac{506 \times 100}{596}\right) = 84.9\% \cong 85\%.$

निर्देश (प्र० न० 6 से 10): नीचे दी गई तालिका में एक कम्पनी के 5 यूनिटों द्वारा निर्मित (*M*) तथा दोषपूर्ण (*D*) वस्तुओं की संख्या (हजारों में) दी गई है. इनका भली-भाँतिपूर्वक अध्ययन करके निम्नलिखित प्रश्नों के उत्तर दीजिये.

विगत वर्षों में किसी कम्पनी के 5 यूनिटों द्वारा निर्मित (*M*) तथा दोषपूर्ण (*D*) वस्तुओं की संख्या (हजारों में)

वर्ष	यूनिट									
	I		II		III		IV		V	
	M	D	M	D	M	D	M	D	M	D
2005	52	21	45	12	76	38	56	21	46	18
2006	49	18	32	10	45	24	63	24	36	14
2007	50	18	48	18	55	16	68	30	34	15
2008	65	20	68	15	57	20	54	19	48	12
2009	70	31	72	13	82	22	48	27	58	10
2010	44	15	56	22	38	32	40	15	60	11

6. यूनिट IV द्वारा निर्मित वस्तुओं में से किस वर्ष दोषपूर्ण वस्तुओं का प्रतिशत सर्वाधिक था ?
(*a*) 2005 (*b*) 2006 (*c*) 2007 (*d*) 2008
(*e*) 2009

7. यूनिट I में किस वर्ष में पिछले वर्ष की तुलना में निर्माण में प्रतिशत वृद्धि/कमी सर्वाधिक थी ?
(*a*) 2007 (*b*) 2010 (*c*) 2008 (*d*) 2006
(*e*) इनमें से कोई नहीं

8. दिये गये वर्षों में यूनिट II से दोषपूर्ण वस्तुओं की औसत संख्या कितनी है ?
(*a*) 21500 (*b*) 7000 (*c*) 12500 (*d*) 15000
(*e*) इनमें से कोई नहीं

9. सभी दिये गये वर्षों में यूनिट III द्वारा निर्मित कुल वस्तुओं की संख्या का इन वर्षों में यूनिट V द्वारा निर्मित कुल वस्तुओं की संख्या से क्या अनुपात है ?
(*a*) 353 : 282 (*b*) 282 : 353
(*c*) 457 : 215 (*d*) 215 : 457
(*e*) इनमें से कोई नहीं

10. वर्ष 2010 में सभी यूनिटों द्वारा निर्मित वस्तुओं की संख्या की तुलना में दोषपूर्ण वस्तुओं का प्रतिशत लगभग कितना था ?
(*a*) 42% (*b*) 40% (*c*) 37% (*d*) 33%
(*e*) इनमें से कोई नहीं

दिये गये प्रश्नों के हल

6. (*e*) यूनिट IV की दोषपूर्ण वस्तुओं का प्रतिशत

$2005 \rightarrow \left(\frac{21}{56} \times 100\right)\% = 37 \cdot 5\%,$

$2006 \rightarrow \left(\frac{24}{63} \times 100\right)\% = 38\%,$

$2007 \rightarrow \left(\frac{30}{68} \times 100\right)\% = 44 \cdot 1\%,$

$2008 \rightarrow \left(\frac{19}{54} \times 100\right)\% = 35\%,$

$2009 \rightarrow \left(\frac{27}{48} \times 100\right)\% = 56\%,$

$2010 \rightarrow \left(\frac{15}{40} \times 100\right)\% = 37 \cdot 5\%.$

अतः यूनिट IV में दोषपूर्ण वस्तुओं का प्रतिशत अधिकतम 2009 में था.

7. (*b*) यूनिट I के निर्माण में:

2006 में कमी % $= \left(\frac{3}{52} \times 100\right)\% = 5 \cdot 7\%,$

2007 में वृद्धि % $= \left(\frac{1}{49} \times 100\right)\% = 2\%,$

2008 में वृद्धि % $= \left(\frac{15}{50} \times 100\right)\% = 30\%,$

2009 में वृद्धि % $= \left(\frac{5}{65} \times 100\right)\% = 8\%,$

2010 में कमी % = $\left(\frac{24}{70}\times 100\right)\% = 34{\cdot}3\%.$

अतः यह कमी % वर्ष 2010 में सर्वाधिक थी।

8. (*d*) यूनिट II से दोषपूर्ण वस्तुओं की औसत संख्या

$$= \frac{(12+10+18+15+13+22)}{6}\times 1000$$

$$= \frac{90000}{6} = 15000.$$

9. (*a*) दिये गये वर्षों में यूनिट III द्वारा निर्मित वस्तुओं की संख्या
= (76 + 45 + 55 + 57 + 82 + 38) हजार = 353000.

दिये गये वर्षों में यूनिट V द्वारा निर्मित वस्तुओं की संख्या
= (46 + 36 + 34 + 48 + 58 + 60) हजार = 282000.

अभीष्ट अनुपात = 353000 : 282000 = 353 : 282

10. (*b*) अभीष्ट% $= \left\{\frac{15+22+32+15+11 \text{ हजार}}{(44+56+38+40+60) \text{ हजार}}\times 100\right\}\%$

$$= \left(\frac{95}{238}\times 100\right)\% = 40\%.$$

निर्देश (प्र० न० 11 से 15): नीचे दी गई तालिका में किसी राज्य की विभिन्न आयु-वर्गों में प्रतिशत जनसंख्या दी गई है. इस तालिका का ध्यानपूर्वक अध्ययन करके निम्नलिखित प्रश्नों के उत्तर दीजिये.

किसी राज्य की विभिन्न आयु-वर्गों में प्रतिशत जनसंख्या

आयु-वर्ग	15 वर्ष तक	16–25	26–35	36–45	46–55	56–65	66 तथा ऊपर	कुल
प्रतिशत जनसंख्या	30%	17·75%	17·25%	14·5%	14.25%	5·12%	1·13%	100%

11. किस आयु-वर्ग में अधिकतम जनसंख्या है ?
(*a*) 16-25 (*b*) 26-35 (*c*) 36-45 (*d*) 56-65
(*e*) इनमें से कोई नहीं

12. प्रत्येक 4200 पर, 25 वर्ष से कम आयु के व्यक्ति कितने हैं ?
(*a*) 2005 (*b*) 1260 (*c*) 746 (*d*) 515

13. यदि 36 वर्ष से कम आयु के व्यक्ति 2000 लाख हों, तो 56-65 आयु-वर्ग के कितने व्यक्ति हैं ?
(*a*) 300·7 लाख (*b*) 157·5 लाख
(*c*) 127·2 लाख (*d*) 593 लाख

14. यदि 56 वर्ष तथा इससे अधिक आयु के व्यक्ति 1 करोड़ हों, तो 16-25 तथा 46-55 आयु-वर्ग के व्यक्तियों का अन्तर कितना है ?
(*a*) 68 लाख (*b*) 56 लाख (*c*) 284 लाख (*d*) 347 लाख

15. यदि 46-55 तथा 26-35 के वर्गों का अन्तर 117·5 लाख हो, तो राज्य की कुल जनसंख्या कितनी है ?
(*a*) 49.167 करोड़ (*b*) 39.167 करोड़
(*c*) 3·6 करोड़ (*d*) 4·6 करोड़

दिये गये प्रश्नों के हल

11. (*e*) 15 वर्ष तक की आयु वर्ग की जनसंख्या अधिकतम है।

12. (*a*) 25 वर्ष से कम आयु वर्ग की प्रतिशत संख्या = 30 + 17.75
= 47.75%

∴ 4200 पर 25 वर्ष से कम आयु वर्ग की संख्या

$$= \frac{4200\times 47.75}{100}$$

= 20005.5
= 2005

13. (*b*) 36 वर्ष से कम आयु का कुल प्रतिशत
= 30 + 17.75 + 17.25
= 65%

∴ 65% जनसंख्या = 2000 लाख

∴ 5.12% (56-65 आयु वर्ग) जनसंख्या

$$= \frac{2000}{65}\times 5\text{-}12 \text{ लाख}$$

= 157.5 लाख

14. (*b*) 56 वर्ष से अधिक आयु वर्ग का कुल प्रतिशत = 6.25%
तथा 16.25 और 46-55 आयु वर्ग के बीच प्रतिशत अंतर
= 17.75 – 14.25 = 3.5%

प्रश्न से,

6.25% = 1 करोड़

$$\therefore 3.5\% = \frac{1 \text{ करोड़}}{6.25}\times 3.5$$

= 56 लाख

15. (*b*) 26-35 आयु वर्ग एवं 46-55 आयु वर्ग के मध्य प्रतिशत अंतर
= 17.25 – 14.25 = 3%

प्रश्न से,

3% = 117.5 लाख

$$\therefore 100\% = \frac{117.5}{3}\times 100 \text{ लाख}$$

= 3916.67 लाख
= 39.67 करोड़

प्रश्न (16–18): सारणी का ध्यानपूर्वक अध्ययन कीजिए तथा दिए गए प्रश्नों के उत्तर दीजिए।

एक टूर्नामेन्ट में 6 बल्लेबाज के प्रदर्शन के आँकड़े।

बल्लेबाज का नाम	टूर्नामेन्ट में खेले गए मैचो की संख्या	टूर्नामेन्ट में औसत अर्जित रन	टूर्नामेन्ट में सामना करने वाली गेंदो की संख्या	टूर्नामेन्ट में स्ट्राइक रेट
M	22	56	–	–
N	18	–	–	153·6
O	–	–	900	110
P	–	36	1200	84
Q	–	–	–	140
R	24	51	1368	–

नोट: (i) स्ट्राइक रेट = (कुल अर्जित रन/सामना की हुई गेंदें) × 100 (ii) दिए गए बल्लेबाज, दी गई गेंदों की संख्या में खेले (iii) कुछ स्थान खाली छोड़े गए हैं (जिनको '–' से दर्शाया गया है) अभ्यर्थी से आशा की जाती है कि गणना के आधार पर भरे, क्योंकि इन स्थानों पर भरे गए आँकड़ों से प्रश्न को हल करने में मदद मिलेगी)

(रिजर्व बैंक आफ इण्डिया ऑफीसर्स "ग्रेड बी" परीक्षा 2015)

16. यदि टूर्नामेन्ट में R के द्वारा बनाए गए पिछले 3 मैंचों में रनों की संख्या को न जोड़ा जाए तो उसका औसत 9 घट जाता है। यदि R के 22वें तथा 23वें मैचों में बनाए गए रनों की संख्या 140 से कम है तथा इन तीनों में से दो मैचों में रनों की संख्या बराबर नहीं है तो मैच संख्या 24 में R द्वारा बनाए गए रनों की संभव संख्या क्या हो सकती है?

(*a*) 65 (*b*) 85 (*c*) 70 (*d*) 60
(*e*) 75

17. टूर्नामेन्ट में O तथा Q द्वारा सामना की गई गेंदो की संख्या का अनुपात 5 : 3 है, तो O द्वारा टूर्नामेन्ट में बनाए गए रनों की संख्या टूर्नामेन्ट में Q द्वारा बनाए गए रनों की संख्या से कितने प्रतिशत कम है?

(*a*) $21\frac{3}{11}$ (*b*) $25\frac{9}{11}$ (*c*) $29\frac{1}{11}$ (*d*) $27\frac{5}{11}$
(*e*) $23\frac{7}{11}$

18. यदि M द्वारा प्रारम्भ के 11 मैचों में सामना की गई गेंदों की संख्या तथा बाद में 11 मैचों में सामना की गई गेंदों की संख्या बराबर है और M के पहले 11 मैचों का स्ट्राइक रेट तथा बाद के 11 मैचों का स्ट्राइक रेट क्रमश: 83 तथा 71 है, तो उसने पूरे टूर्नामेन्ट में कितनी गेंदों का सामना किया?

(*a*) 1800 (*b*) 1500 (*c*) 1700 (*d*) 1600
(*e*) 1400

दिये गये प्रश्नों के हल

16. (*a*) R द्वारा 24 मैचों में बनाए गए कुल रनों की संख्या
$= 24 \times 51 = 1224$
औसत घटने पर बनाए गए रनों की कुल संख्या
$= 21 \times 42 = 882$
तीन मैचो में रनों की संख्या $= 1224 - 882 = 342$
R के 24वें मैच में बनाए गए रनों की संभव संख्या
$= 342 - 138 - 139 = 65$

17. (*e*) O द्वारा सामना की गई गेंदों की संख्या = 900

Q द्वारा सामना की गई गेंदों की संख्या $= \frac{900}{5} \times 3 = 540$

O द्वारा बनाए गए रनों की कुल संख्या $= \frac{140 \times 540}{100} = 756$

Q द्वारा बनाए गए रनों की कुल संख्या $= \frac{140 \times 540}{100} = 756$

वांछित प्रतिशत $= \frac{990 - 756}{990} \times 100 = \frac{234}{990} \times 100 = \frac{2340}{99}$

$= \frac{260}{11} = 23\frac{7}{11}$

18. (*d*) माना M द्वारा खेले गए 11 मैचों में की गई गेंदों का सामना $= a$

तो $\frac{83 + 71}{2} = \frac{1232}{2x} \times 100$

$\frac{154}{2} = \frac{123200}{2x}$

$308x = 246400$

$\Rightarrow x = 800$

पूरे टूर्नामेन्ट में M द्वारा सामना की गई गेंदों की कुल संख्या $= 2x = 2 \times 800 = 1600$

प्रश्नमाला 40

निर्देश (प्र० न० 1 से 5 तक): नीचे दी गई तालिका में एक परीक्षा में विभिन्न छात्रों द्वारा विभिन्न विषयों में प्राप्त अंकों का प्रतिशत दिया गया है. इस तालिका का ध्यानपूर्वक अध्ययन करके निम्नलिखित प्रश्नों के उत्तर दीजिए. **(बैंक पी०ओ० परीक्षा, 2010)**

एक परीक्षा में विभिन्न छात्रों द्वारा विभिन्न विषयों में प्राप्त अंकों का प्रतिशत

विषय	अंग्रेजी	हिन्दी	विज्ञान	इतिहास	गणित	भूगोल
पूर्णांक	100	100	150	60	150	40
छात्र ↓						
A	68	75	82	60	96	55
B	88	73	85	65	88	65
C	75	56	72	75	75	80
D	70	66	80	80	72	62
E	72	60	68	74	68	75
F	85	70	90	70	74	70

1. सभी विषयों में कुल मिलाकर C को लगभग कितने प्रतिशत अंक मिले ?
(*a*) 78% (*b*) 69% (*c*) 75% (*d*) 71%
(*e*) 65%

2. B के अंग्रेजी तथा गणित में प्राप्तांकों का योग तथा *F* के इन विषयों में प्राप्तांकों के योग में कितना अन्तर है ?
(*a*) 24 (*b*) 17 (*c*) 15 (*d*) 28
(*e*) इनमें से कोई नहीं

3. E के भूगोल के प्राप्तांक उसके हिन्दी के प्राप्तांकों का कितने प्रतिशत है ?
(*a*) 45% (*b*) 55% (*c*) 50% (*d*) 60%
(*e*) इनमें से कोई नहीं

4. D को इतिहास तथा भूगोल में मिलाकर मिले अंकों का प्रतिशत कितना है ?
(*a*) 73·4% (*b*) 72·8% (*c*) 70·5% (*d*) 68·8%
(*e*) इनमें से कोई नहीं

5. विज्ञान में सभी छात्रों का औसत प्राप्तांक कितना है ?
(*a*) 77·16 (*b*) 120·5 (*c*) 118 (*d*) 121
(*e*) इनमें से कोई नहीं

निर्देश (प्र० न० 6 से 10 तक): नीचे दी गई तालिका में विगत वर्षों में छः विभिन्न कम्पनियों द्वारा निर्मित इकाइयों की संख्या (हजारों में) दी गई है. इस तालिका का ध्यानपूर्वक अध्ययन करके निम्नलिखित प्रश्नों के उत्तर दीजिये. **(बैंक पी०ओ० परीक्षा, 2010)**

विगत वर्षों में 6 विभिन्न कम्पनियों द्वारा निर्मित इकाइयों की संख्या (हजारों में)

वर्ष	कम्पनी					
	A	B	C	D	E	F
2004	14·5	13·8	11·6	16·2	13·9	15·1
2005	15·8	14·9	12·4	16·3	14·1	15·2
2006	15·9	14·6	12·7	16·0	15·4	15·5
2007	16·0	15·0	12·9	15·3	15·7	16·1
2008	15·4	15·5	13·8	15·6	16·4	16·7
2009	16·2	16·7	14·9	16·3	16·6	16·7

6. वर्ष 2008 में कम्पनी *F* द्वारा निर्मित इकाइयों की संख्या में पिछले वर्ष की तुलना में कितने प्रतिशत वृद्धि हुई ? (दशमलव के 2 अंकों तक पूर्णांकित)
(*a*) 3·73% (*b*) 3·62% (*c*) 4·35% (*d*) 4·16%
(*e*) इनमें से कोई नहीं

7. वर्ष 2004 तथा वर्ष 2007 में कुल मिलाकर कम्पनी *D* द्वारा निर्मित इकाइयों का औसत कितना है ?
(*a*) 14650 (*b*) 15750 (*c*) 13750 (*d*) 16470
(*e*) इनमें से कोई नहीं

8. वर्ष 2009 में कम्पनी A तथा B द्वारा निर्मित इकाइयों की कुल संख्या का उसी वर्ष कम्पनी C तथा D द्वारा निर्मित इकाइयों की कुल संख्या से क्रमशः कितना अनुपात है ?
(*a*) 312 : 329 (*b*) 317 : 311
(*c*) 329 : 312 (*d*) 311 : 317
(*e*) इनमें से कोई नहीं

9. वर्ष 2005 में कम्पनी E द्वारा निर्मित इकाइयों की संख्या सभी वर्षों में मिलाकर उसके द्वारा निर्मित इकाइयों की कुल संख्या का लगभग कितने प्रतिशत है ?
(*a*) 31% (*b*) 27% (*c*) 7% (*d*) 15%
(*e*) 23%

10. सभी वर्षों में कुल मिलाकर कम्पनी C द्वारा निर्मित इकाइयों की संख्या कितनी है ?
(*a*) 783 (*b*) 7830 (*c*) 78300 (*d*) 783000
(*e*) इनमें से कोई नहीं

निर्देश (प्र० न० 11 से 15 तक): नीचे दी गई तालिका में विगत वर्षों में 6 कम्पनियों द्वारा अर्जित लाभ प्रतिशत दिया गया है. सारणी का ध्यानपूर्वक अध्ययन करके निम्नलिखित प्रश्नों के उत्तर दीजिये.
(बैंक पी०ओ० परीक्षा, 2010)

विगत वर्षों में 6 कम्पनियों द्वारा अर्जित लाभ प्रतिशत

वर्ष	कम्पनी					
	P	Q	R	S	T	U
2004	11	12	3	7	10	6
2005	9	10	5	8	12	6
2006	4	5	7	13	12	5
2007	7	6	8	14	14	7
2008	12	8	9	15	13	5
2009	14	12	11	15	14	8

11. यदि वर्ष 2007 में कम्पनी P द्वारा अर्जित लाभ ₹ 2·1 लाख हो, तो उस वर्ष इस कम्पनी का व्यय कितना था ?
(*a*) ₹ 30 लाख (*b*) ₹ 15 लाख
(*c*) ₹ 23 लाख (*d*) ₹ 27 लाख
(*e*) इनमें से कोई नहीं

12. वर्ष 2005 में कम्पनी Q द्वारा अर्जित लाभ प्रतिशत तथा शेष कम्पनियों द्वारा अर्जित औसत लाभ प्रतिशत में कितना अन्तर है ?
(*a*) 4% (*b*) 2% (*c*) 1% (*d*) 3%
(*e*) इनमें से कोई नहीं

13. यदि वर्ष 2008 में कम्पनी R द्वारा अर्जित लाभ ₹ 18·9 लाख हो, तो उस वर्ष इस कम्पनी की आय कितनी थी ?
(*a*) ₹ 303·7 लाख (*b*) ₹ 264·5 लाख
(*c*) ₹ 329·4 लाख (*d*) ₹ 228·8 लाख
(*e*) इनमें से कोई नहीं

14. वर्ष 2009 में कम्पनी T के लाभ प्रतिशत में वर्ष 2004 की तुलना में कितने प्रतिशत वृद्धि हुई ?
(*a*) 42% (*b*) 35% (*c*) 26% (*d*) 48%
(*e*) इनमें से कोई नहीं

15. सभी वर्षों में कुल मिलाकर कम्पनी *S* का औसत लाभ प्रतिशत कितना था ?
(*a*) 13·5% (*b*) 11% (*c*) 12% (*d*) 14%
(*e*) इनमें से कोई नहीं

निर्देश (प्र० न० 16 से 20): नीचे दी गई तालिका में 6 विभिन्न नगरों से एक प्रवेश-परीक्षा में बैठने वाले उम्मीदवारों की संख्या (लाखों में) तथा इसमें पास व फेल होने वालों का अनुपात दिया गया है. इसका भली-भाँति अध्ययन करके निम्नलिखित प्रश्नों के उत्तर दीजिये.
(बैंक पी०ओ० परीक्षा, 2010)

6 विभिन्न शहरों में एक प्रवेश परीक्षा में बैठने वाले उम्मीदवारों की संख्या (लाखों में) तथा इसमें पास व फेल होने वालों का अनुपात

नगर	उम्मीदवारों की संख्या (लाखों में)	पास व फेल होने वालों का अनुपात
A	1·25	7 : 3
B	3·14	5 : 3
C	1·08	4 : 5
D	2·27	1 : 3
E	1·85	3 : 2
F	2·73	7 : 5

16. नगर C से परीक्षा देने वाले उम्मीदवारों की संख्या नगर B से परीक्षा देने वाले उम्मीदवारों की संख्या का कितने प्रतिशत है ? (निकटस्थ पूर्णांक तक)
(*a*) 27% (*b*) 34% (*c*) 42% (*d*) 21%
(*e*) 38%

17. नगर E से परीक्षा में पास होने वाले उम्मीदवारों की संख्या कितनी है ?
(*a*) 13000 (*b*) 1110000 (*c*) 113000 (*d*) 11000
(*e*) इनमें से कोई नहीं

18. नगर D से परीक्षा में फेल हुये उम्मीदवारों की संख्या का नगर A से परीक्षा में फेल हुये उम्मीदवारों से क्रमश: क्या अनुपात है ?
(*a*) 289 : 42 (*b*) 42 : 289 (*c*) 227 : 50 (*d*) 50 : 227
(*e*) इनमें से कोई नहीं

19. नगर F से परीक्षा में पास हुये उम्मीदवारों की संख्या सभी शहरों से मिलाकर उम्मीदवारों की कुल संख्या का कितने प्रतिशत है ? (दशमलव के दो अंकों तक पूर्णांकित)
(*a*) 12·93% (*b*) 14·46%
(*c*) 10·84% (*d*) 11·37%
(*e*) इनमें से कोई नहीं

20. प्रवेश परीक्षा में फेल होने वाले छात्रों की सर्वाधिक संख्या किस नगर की है ?
(*a*) F (*b*) C (*c*) B (*d*) D
(*e*) इनमें से कोई नहीं

निर्देश (प्र० न० 21 से 25 तक): नीचे दी गई तालिका में विभिन्न योजनाओं के अन्तर्गत जमा पूँजियों पर 5 कम्पनियों द्वारा दी जा रही ब्याज की दर प्रतिशत प्रति वर्ष, दी गई है. इनका भली भाँति अध्ययन करके निम्नलिखित प्रश्नों के उत्तर दीजिए. (बैंक पी०ओ० परीक्षा, 2009)

विभिन्न योजनाओं के अन्तर्गत जमा पूँजियों पर 5 कम्पनियों द्वारा दी जा रही ब्याज की दरें (% प्रति वर्ष)

योजना	कम्पनी				
	A	B	C	D	E
I	8·5	9·0	8·0	8·5	9·0
II	9·5	8·5	9·0	9·0	8·5
III	8·0	8·0	7·5	8·5	8·5
IV	10·0	9·5	10·5	9·5	10·0

21. श्री X ने योजना II में कम्पनी C में 2 वर्ष के लिए एक राशि जमा की. दो वर्ष बाद उसने मिली राशि में से केवल मूल राशि को 2 वर्ष के लिए कम्पनी B की योजना IV में पुर्ननिवेश किया. दोनों योजनाओं से उपचित कुल साधारण ब्याज ₹ 14800 है. मूल राशि कितनी थी ?
(*a*) ₹ 48000 (*b*) ₹ 42000
(*c*) ₹ 40000 (*d*) निर्धारित नहीं किया जा सकता
(*e*) इनमें से कोई नहीं

22. कम्पनी *E* योजना I के अन्तर्गत चक्रवृद्धि ब्याज तथा कम्पनी *A* योजना IV के अन्तर्गत साधारण ब्याज देती है. ₹ 1·2 लाख की राशि पर 2 वर्ष में कम्पनी *E* की योजना I तथा कम्पनी *A* की योजना IV के अन्तर्गत क्रमश: अर्जित ब्याज के बीच कितना अन्तर होगा ?
(*a*) ₹ 1428 (*b*) ₹ 1328 (*c*) ₹ 1528 (*d*) ₹ 1548
(*e*) इनमें से कोई नहीं

23. कम्पनी D योजना II के अन्तर्गत चक्रवृद्धि ब्याज तथा योजना IV के अन्तर्गत साधारण ब्याज देती है. अभिजीत ने इस कम्पनी में योजना IV के अन्तर्गत ₹ 25000 का निवेश किया तथा एक वर्ष बाद ब्याज सहित धन लेकर 1 वर्ष के लिए योजना II में धन लगा दिया. उसके बाद 2 वर्ष के अन्त में उसे कितना धन मिलेगा ?
(*a*) ₹ 28939·25 (*b*) ₹ 29838·75
(*c*) ₹ 31748·25 (*d*) ₹ 31738·75
(*e*) इनमें से कोई नहीं

24. अभिषेक ने कम्पनी B की चक्रवृद्धि ब्याज देने वाली योजना III में ₹ 45000 का 2 वर्ष के लिए निवेश किया तथा जीवन ने उतनी ही राशि का कम्पनी C की साधारण ब्याज देने वाली योजना IV के अन्तर्गत 2 वर्ष के लिए निवेश किया. किसने अधिक ब्याज कमाया तथा कितना अधिक ?
(*a*) अभिषेक, ₹ 1875
(*b*) जीवन, ₹ 1875
(*c*) अभिषेक, ₹ 1962
(*d*) जीवन, ₹ 1962
(*e*) इनमें से कोई नहीं

25. श्रीलाल ने कम्पनी A में साधारण ब्याज देने वाली योजना II में ₹ 30000 तथा कम्पनी D की चक्रवृद्धि ब्याज देने वाली योजना II में ₹ 48000 का निवेश किया. 2 वर्ष बाद श्रीलाल द्वारा अर्जित कुल ब्याज की राशि कितनी होगी ?
(*a*) ₹ 14728·80 (*b*) ₹ 17428·50
(*c*) ₹ 14827·70 (*d*) ₹ 16728·20
(*e*) इनमें से कोई नहीं

निर्देश (प्र० न० 26 से 30): नीचे दी गई सारणी में विगत वर्षों में किसी परीक्षा में बैठे विद्यार्थियों की संख्या तथा उनका उत्तीर्ण प्रतिशत दिया गया है. इस सारणी का भली-भाँति अध्ययन करके निम्नलिखित प्रश्नों के उत्तर दीजिये. (बैंक पी०ओ० परीक्षा, 2009)

विगत वर्षों में किसी परीक्षा में बैठे विद्यार्थियों की संख्या तथा उनका उत्तीर्ण प्रतिशत

संस्थान / वर्ष ↓	A		B		C		D		E		F	
	बैठे	उत्तीर्ण %	बैठे	उत्तीर्ण %	बैठे	उत्तीर्ण %	बैठे	उत्तीर्ण %	बैठे	उत्तीर्ण %	बैठे	उत्तीर्ण %
2001	450	60	540	40	300	65	640	50	600	45	680	60
2002	520	50	430	70	350	60	620	40	580	70	560	70
2003	430	60	490	70	380	50	580	50	680	70	700	66
2004	400	65	600	75	450	70	600	75	720	60	780	70
2005	480	50	570	50	400	75	700	65	700	48	560	50
2006	550	40	450	60	500	68	750	60	450	50	650	60
2007	500	58	470	60	470	60	720	70	560	60	720	50

26. वर्ष 2003 में संस्थान F से उत्तीर्ण होने वाले विद्यार्थियों की संख्या तथा वर्ष 2005 में संस्थान B से उत्तीर्ण होने वाले विद्यार्थियों की संख्या के बीच क्रमशः क्या अनुपात है ?
(*a*) 95 : 154 (*b*) 154 : 95
(*c*) 94 : 155 (*d*) 155 : 94
(*e*) इनमें से कोई नहीं

27. सभी वर्षों में संस्थान A तथा संस्थान D से परीक्षा में बैठे विद्यार्थियों की औसत संख्या के बीच क्रमशः क्या अनुपात है ?
(*a*) 463 : 353 (*b*) 353 : 463
(*c*) 461 : 333 (*d*) 333 : 461
(*e*) इनमें से कोई नहीं

28. वर्ष 2006 में सभी संस्थानों से उत्तीर्ण हुए विद्यार्थियों की संख्या कितनी है ?
(*a*) 1895 (*b*) 1985 (*c*) 1295 (*d*) 1465
(*e*) इनमें से कोई नहीं

29. वर्ष 2004 में सभी संस्थानों से कुल मिलाकर उत्तीर्ण होने वाले विद्यार्थियों का समग्र प्रतिशत कितना है ? (निकटतम पूर्णांक तक पूर्णांकित)
(*a*) 68% (*b*) 70% (*c*) 69% (*d*) 71%
(*e*) इनमें से कोई नहीं

30. सभी वर्षों में संस्थान C से उत्तीर्ण होने वाले विद्यार्थियों का लगभग समग्र प्रतिशत कितना है ?
(*a*) 60% (*b*) 70% (*c*) 75% (*d*) 55%
(*e*) 65%

निर्देश (प्र० न० 31 से 35): नीचे दी गई तालिका में 6 विभिन्न उत्पादों का चयन करने वाले लोगों की संख्या तथा इन उत्पादों का चयन करने वाले पुरुषों, महिलाओं और बच्चों का प्रतिशत दिया गया है. इस तालिका का भली-भाँति अध्ययन करके निम्नलिखित प्रश्नों के उत्तर दीजिये.
(बैंक पी०ओ० परीक्षा, 2008)

6 विभिन्न उत्पादों का चयन करने वालों की संख्या तथा इनका चयन करने वाले पुरुषों, महिलाओं और बच्चों का प्रतिशत

उत्पाद	इन उत्पादों का चयन करने वालों की कुल संख्या	प्रतिशत		
		पुरुष	महिलायें	बच्चे
A	46280	35	25	40
B	45540	25	35	40
C	32240	25	55	20
D	60430	20	50	30
E	36230	10	20	70
F	53990	40	40	20

31. उत्पाद *E* का चयन करने वाले बच्चों की संख्या कितनी है ?
(*a*) 27172 (*b*) 25361 (*c*) 23413 (*d*) 21781
(*e*) इनमें से कोई नहीं

32. सभी उत्पादों का मिलाकर चयन करने वाली महिलाओं की औसत संख्या कितनी है ?
(*a*) 20859 (*b*) 18765 (*c*) 19076 (*d*) 17383

(*e*) इनमें से कोई नहीं

33. उत्पाद A का चयन करने वाली महिलाओं की कुल संख्या का उत्पाद D का चयन करने वाली महिलाओं की संख्या से क्रमशः क्या अनुपात है ?

(*a*) 1 : 3 (*b*) 14 : 17
(*c*) 2314 : 6043 (*d*) 413 : 678
(*e*) इनमें से कोई नहीं

34. उत्पाद C का चयन करने वाले बच्चों की संख्या उत्पाद B का चयन करने वाले बच्चों की संख्या का कितने प्रतिशत है ? (दशमलव के 2 अंकों तक पूर्णांकित)

(*a*) 35·40% (*b*) 287·10%
(*c*) 59·71% (*d*) 185·40%
(*e*) इनमें से कोई नहीं

35. उत्पाद F का चयन करने वाले पुरुषों की संख्या का सभी उत्पादों का चयन करने वालों की कुल संख्या का लगभग कितने प्रतिशत है ?

(*a*) 19% (*b*) 14% (*c*) 3% (*d*) 23%
(*e*) 8%

निर्देश (प्र० न० 36 से 38): नीचे दी गई सारणी में विगत वर्षों में 6 विभिन्न कम्पनियों द्वारा विक्रय की गई यूनिटों की संख्या (करोड़ों में) दी गई है. इस सारणी का ध्यानपूर्वक अध्ययन करके निम्नलिखित प्रश्नों के उत्तर दीजिए.

विगत वर्षों में 6 विभिन्न कम्पनियों द्वारा विक्रय की गई यूनिटों की संख्या (करोड़ों में) दी गई है.

कम्पनी	वर्ष					
	2005	2006	2007	2008	2009	2010
L	107.0	80·0	28·48	38·0	26·5	36·6
M	175·1	76·0	31·38	43·0	27·5	32·8
N	156·6	66·49	43·7	45·2	19·0	40·12
O	112·4	78·24	56·6	35·1	25·1	25·0
P	95·1	111·8	53·2	48·9	22·5	37·0
Q	192·0	72·18	31·04	42·2	17·0	30·0

36. विगत वर्षों में किस कम्पनी ने सर्वाधिक संख्या में यूनिट बेचे ?

(*a*) Q (*b*) M (*c*) N (*d*) P
(*e*) इनमें से कोई नहीं

37. वर्ष 2007 में बेचे गये यूनिटों की लगभग औसत संख्या कितनी है ?

(*a*) 407300000 (*b*) 42740000
(*c*) 427400000 (*d*) 4073000000
(*e*) 40730000

38. कम्पनी M द्वारा वर्ष 2010 में बेचे गये यूनिटों की संख्या, सभी कम्पनियों द्वारा उस वर्ष बेचे गये कुल यूनिटों की संख्या का कितने प्रतिशत है ? (दशमलव के 2 अंकों तक)

(*a*) 14·16% (*b*) 21·48%
(*c*) 16·28% (*d*) 26·26%
(*e*) इनमें से कोई नहीं

प्रश्न (39–42): दिए गए प्रश्नों के उत्तर देने के लिए निम्नलिखित सारणी का अध्ययन कीजिए।

वर्ष	एक शहर में ऑनलाईन तथा ऑफलाईन द्वारा बेची गई किताबों के सम्बन्धित आँकड़े	ऑनलाईन (द्वारा) बेची गई किताबों का प्रतिशत	बेची गई गैर कथा पुस्तक की संख्या से कथा पुस्तक की संख्या का क्रमशः अनुपात (ऑनलाईन, ऑफलाईन)
	ऑनलाईन बेची गई किताबों की संख्या हजारों में (ऑनलाईन, ऑफलाईन द्वारा)		
2010	690	40	2 : 3
2011	720	57.5	4 : 5
2012	945	60	7 : 8
2013	1240	75	1 : 3
2014	1600	79	3 : 5

(नेशनल इंश्योरेनस कंपनी लि. प्रशासनिक अधिकारी परीक्षा, 2015)

39. वर्ष 2010 व 2011 में मिलकर प्रत्येक खरीददार द्वारा ऑफलाईन से खरीदी गई किताबों की औसत संख्या 5 थी, यदि ऑफलाईन से खरीदी गई किताबों के खरीददारों की संख्या का $\frac{3}{5}$ वाँ भाग वर्ष 2010 व 2011 का मिलकर 30 वर्ष के समान या उससे अधिक आयु समूह का था, तो 30 वर्ष से कम आयु के कितने खरीददार थे।

(*a*) 42000 (*b*) 41000 (*c*) 57600 (*d*) 42500
(*e*) 45000

40. वर्ष 2010 तथा 2011 में मिलाकर ऑनलाईन बेची गई पुस्तकों की कुल संख्या का तथा समान वर्षों का मिलाकर ऑफलाईन बेची गई पुस्तकों की कुल संख्या का क्रमशः अनुपात क्या है?
(*a*) 25 : 35 (*b*) 24 : 25 (*c*) 23 : 24 (*d*) 35 : 36
(*e*) 25 : 28

41. वर्ष 2010 से वर्ष 2014 में ऑफलाईन बेची गई पुस्तकों की संख्या में लगभग प्रतिशत कमी क्या है?
(*a*) 15 (*b*) 19 (*c*) 21 (*d*) 23
(*e*) 25

42. वर्ष 2013 में कथानक समूह की बेची गई पुस्तकों की कुल संख्या, बेची गई किताबों की $\frac{4}{15}$ वाँ भारतीय लेखकों द्वारा लिखी गई थी, कथानक समूह में लिखी गई विदेशी लेखकों के द्वारा किताबों की संख्या का वर्ष 2013 में बेची गई किताबों की कुल संख्या (गैर कथानक तथा कथानक समूह में एक साथ) से प्रतिशत क्या है?
(*a*) 62% (*b*) 55% (*c*) 65% (*d*) 80%
(*e*) 52%

निर्देश (प्र० न० 43 से 47): नीचे दी गई तालिका में 6 वर्षों के दौरान पाँच अलग-अलग अकादमियों से पास होने वाले अधिकारियों की संख्या (हजारों में) दी गई है. इनका भली-भाँतिपूर्वक अध्ययन करके निम्नलिखित प्रश्नों के उत्तर दीजिए.

(बैंक पी०ओ० परीक्षा, 2010)

अलग-अलग 6 वर्षों में 5 अलग-अलग अकादमियों से पास होने वाले अधिकारियों की संख्या (हजारों में)

वर्ष	अकादमी				
	वायु सेना	थल सेना	नौसेना	तटरक्षक	बी०एस०एफ०
2004	1·4	4·2	0·6	1·7	2·6
2005	1·7	5·1	0·9	2·8	3·1
2006	0·9	7·7	1·2	1·6	4·7
2007	2.4	3.6	1.8	4.7	5.8
2008	1.3	4.5	2.9	5.1	6.4
2009	2.7	3.9	3.5	3.9	4.3
	10.4	29.0	10.9	19.8	26.9

43. वर्ष 2007 में सभी अकादमियों से कुल मिलाकर पास होने वाले अधिकारियों की औसत संख्या कितनी थी ?
(*a*) 1830 (*b*) 3660
(*c*) 3·66 लाख (*d*) 1·83 लाख
(*e*) इनमें से कोई नहीं

44. वर्ष 2004 से वर्ष 2009 तक किस अकादमी में पास होने वाले अधिकारियों की संख्या में सतत् वृद्धि हुई ?
(*a*) वायु सेना (*b*) थल सेना और बी०एस०एफ०
(*c*) केवल नौसेना (*d*) तटरक्षक
(*e*) बी०एस०एफ० तथा नौसेना

45. वर्ष 2006 में वायुसेना अकादमी से पास होने वाले अधिकारियों की संख्या तथा वर्ष 2009 में तटरक्षक अकादमी से पास होने वाले अधिकारियों की संख्या में क्रमशः क्या अनुपात है ?
(*a*) 30 : 17 (*b*) 3 : 23 (*c*) 17 : 30 (*d*) 45 : 13
(*e*) इनमें से कोई नहीं

46. वर्ष 2008 में बी०एस०एफ० अकादमी से पास होने वाले अधिकारियों की संख्या सभी वर्षों में थल सेना अकादमी से पास होने वाले अधिकारियों की संख्या का लगभग कितने प्रतिशत है ?
(*a*) 12% (*b*) 19% (*c*) 33% (*d*) 28%
(*e*) 22%

47. सभी वर्षों में मिलाकर किस अकादमी से पास होने वाले अधिकारियों की कुल संख्या अधिकतम है ?
(*a*) वायु सेना (*b*) थल सेना (*c*) नौसेना (*d*) तटरक्षक
(*e*) बी०एस०एफ०

प्रश्न (48–50): निम्नलिखित तालिका पाठ्येतर गतिविधियों में भाग लेने वाले 7 महाविद्यालयों के छात्रों की संख्या दर्शाती है:

(एस.एस.सी. परीक्षा, 2020)

पाठ्येतर गतिविधियाँ	महाविद्यालय						
	A	B	C	D	E	F	G
I	200	300	500	100	400	300	200
II	100	200	200	100	100	100	100
III	65	130	420	75	540	220	153
IV	317	155	438	105	385	280	120

48. गतिविधि IV में छात्रों की संख्या की सीमा और गतिविधि III में छात्रों की औसत संख्या का अंतर प्रति महाविद्यालय क्या है?
(*a*) 105 (*b*) 104 (*c*) 112 (*d*) 111

49. गतिविधि III से संबंधित आंकड़ों की मध्यिका है:
(*a*) 153 (*b*) 130 (*c*) 220 (*d*) 540

50. गतिविधि II से IV में छात्रों की संख्या का प्रतिशत है:
(*a*) 60 (*b*) 70 (*c*) 50 (*d*) 80

निर्देश (51-55): आंकड़ों को ध्यान से पढ़े और दिए गए प्रश्नों का उत्तर दें।
नीचे दी गई तालिका चार अलग-अलग दुकानों-L, M, N और O द्वारा पांच कार्य दिवसों- सोमवार, मंगलवार, बुधवार, गुरुवार और शुक्रवार को ड्राईक्लीन किए गए कपड़ों की संख्या का आंकड़ा दिखाती है। **(एस.एस.सी. परीक्षा, 2021)**

दुकान/दिवस	सोमवार	मंगलवार	बुधवार	गुरुवार	शुक्रवार
L	50	60	85	25	110
M	80	75	95	120	105
N	100	55	35	60	45
O	40	90	60	115	70

51. मंगलवार और बुधवार को M द्वारा ड्राइक्लीन किए गए कपड़ों की संख्या तथा बुधवार और गुरुवार को L द्वारा ड्राइ क्लीन किए गए कपड़ों की संख्या के योग का अनुपात कितना है?
(*a*) 17 : 11 (*b*) 13 : 11 (*c*) 15 : 14 (*d*) 19: 16

52. O द्वारा सोमवार और गुरुवार को ड्राइक्लीन किए गए कपड़ों की संख्या के योग और सोमवार और बुधवार को N द्वारा ड्राइक्लीन किए गए कपड़ों की संख्या के बीच का अंतर कितना है?
(*a*) 80 (*b*) 90 (*c*) 85 (*d*) 75

53. मंगलवार, बुधवार और गुरुवार को N द्वारा ड्राईक्लीन किए गए कपड़ों की संख्या का योग, O द्वारा सभी दिनों में साफ किए गए कपड़ों का कितना प्रतिशत है?
(*a*) 50% (*b*) 60% (*c*) 40% (*d*) 35%

54. निम्नलिखित में से किस दिन सभी दुकानों द्वारा मिलाकर सबसे अधिक कपड़े ड्राईक्लीन किए गए थे?
(*a*) सोमवार (*b*) बुधवार
(*c*) गुरुवार (*d*) शुक्रवार

55. उन दुकानों की संख्या कितनी है, जिनके द्वारा सभी दिनों में सुखाए गए कुल कपड़ों की संख्या O के द्वारा सुखाए गए कुल कपड़ों की संख्या से अधिक है?
(*a*) 0 (*b*) 1 (*c*) 2 (*d*) 4

प्रश्न (56-59): नीचे दी गई तालिका विभिन्न प्रकार की कारों के उत्पादन (हजारों में) को दर्शाती है।
(एस.एस.सी.-सी.जी.एल. परीक्षा, 2018)

वर्ष/कार	2013	2014	2015	2016	2017
A	35	40	48	50	36
B	39	45	54	60	72
C	52	25	32	54	45
D	50	42	45	46	47
E	36	46	48	48	55

56. वर्ष 2015 में A प्रकार की कारों और 2013 में C प्रकार की कारों का कुल उत्पादन पाँचों वर्षों में D प्रकार की कारों के कुल उत्पादन का लगभग कितना प्रतिशत है?
(*a*) 44.5 (*b*) 43.5 (*c*) 45.6 (*d*) 46.8

57. वर्ष 2013 में C और E प्रकार की कारों के कुल उत्पादन का 2014 और 2016 में D प्रकार की कारों से और 2017 में E प्रकार की कारों के कुल उत्पादन से अनुपात कितना है?
(*a*) 5 : 8 (*b*) 8 : 13 (*c*) 13 : 32 (*d*) 11 : 32

58. वर्ष 2013, 2014, 2015 और 2017 में, B प्रकार की कारों का कुल उत्पादन वर्ष 2017 में सभी प्रकार की कारों के कुल उत्पादन से कितना प्रतिशत कम है? (1 दशमलव स्थान तक सही)
(*a*) 15.6 (*b*) 19.6 (*c*) 18.6 (*d*) 17.6

59. यदि B प्रकार की कारों के उत्पादन से संबंधित आंकड़े एक पाई चार्ट द्वारा दर्शाए जाते हैं, तो 2016 में कारों के उत्पादन को दर्शाने वाले क्षेत्र का केंद्रीय कोण होगा:
(*a*) 80° (*b*) 90° (*c*) 75° (*d*) 60°

निर्देश (60-64): निम्न सारणी का सावधानीपूर्वक अध्ययन कीजिए एवं दिए गए प्रश्नों के उत्तर दीजिए।

पाँच स्टोरों A, B, C, D एवं E द्वारा पांच दिनों में बेची गयी कलमों की संख्या

स्टोर / दिन	A	B	C	D	E
सोमवार	120	135	114	130	150
मंगलवार	125	125	118	134	154
बुधवार	155	115	120	132	160
बृहस्पतिवार	115	140	125	135	130
शुक्रवार	102	105	115	160	110

[NIACL सहायक प्रारंभिक परीक्षा, 2017]

60. स्टोर B द्वारा सोमवार एवं बुधवार को मिलाकर बेची गयीं कलमों की संख्या तथा स्टोर A द्वारा इन्हीं दिनों को मिलाकर बेची गयीं कलमों की संख्या के मध्य क्रमशः क्या अनुपात है?
(*a*) 10 : 11 (*b*) 6 : 7 (*c*) 12 : 13 (*d*) 15 : 17
(*e*) दिए गए विकल्पों के अलावा

61. स्टोर D द्वारा सोमवार को बेची गयीं कलमों की संख्या उसी स्टोर द्वारा शुक्रवार को बेची गयीं कलमों की संख्या से कितना प्रतिशत कम है ?
(*a*) 15.5 (*b*) 12.55 (*c*) 18 (*d*) 25
(*e*) 18.75

62. यदि स्टोर D एवं E द्वारा शनिवार को बेची गयीं कलमों की संख्या बृहस्पतिवार की अपेक्षा क्रमश: 20% कम एवं 10% अधिक थी, तो स्टोर D एवं E द्वारा शनिवार को बेची गयीं कलमों की कुल संख्या क्या थी?

(*a*) 310 (*b*) 251
(*c*) 242 (*d*) 276
(*e*) दिए गए विकल्पों के अलावा

63. स्टोर C द्वारा सोमवार, मंगलवार एवं बृहस्पतिवार को बेची गयीं कलमों की औसत संख्या क्या है ?

(*a*) 120 (*b*) 118
(*c*) 117 (*d*) 121
(*e*) 119

64. स्टोर B एवं E द्वारा मंगलवार को बेची गयीं कलमों की कुल संख्या तथा इन्हीं स्टोरों द्वारा शुक्रवार को बेची गयीं कलमों की कुल संख्या के मध्य क्या अंतर है?

(*a*) 68 (*b*) 64
(*c*) 74 (*d*) 78
(*e*) 71

निर्देश (65-69): निम्न सारणी का ध्यानपूर्वक अध्ययन कीजिए एवं दिए गए प्रश्नों के उत्तर दीजिए।

दो शहरों X एवं Y में 5 चलचित्रों की रेटिंग

	शहर X		शहर Y	
चलचित्र	**निर्धारकों (raters) की संख्या**	**प्राप्त औसत रेटिंग**	**निर्धारकों (raters) की संख्या**	**प्राप्त औसत रेटिंग**
A	--	46	--	77
B	120	--	180	--
C	84	72	108	--
D	--	56	--	84
E	80	42.75	90	42

(आई.बी.पी.एस. बैंक क्लर्क सी.डब्लू.ई. मुख्य परीक्षा, 2017)

टिप्पणी: (I) कुछ डाटा अनुपलब्ध हैं जिन्हें चिह्न (--) से निर्देशित किया गया है। यदि किसी प्रश्न का उत्तर देने के लिए आवश्यक हो तो दिए गए डाटा के आधार पर उन मानों की गणना कीजिए।
(II) प्राप्त रेटिंग का कुल योग = निर्धारकों की संख्या × प्राप्त औसत रेटिंग

65. चलचित्र C के लिए शहर X एवं शहर Y से प्राप्त रेटिंग के कुल योगों का संगत अनुपात 16 : 21 है। शहर Y से चलचित्र C के लिए प्राप्त औसत रेटिंग क्या है ?

(*a*) 73.5 (*b*) 72.5 (*c*) 75.5 (*d*) 75
(*e*) 74

66. चलचित्र D के लिए शहर X एवं शहर Y से प्राप्त रेटिंग का कुल योग समान है। शहर Y एवं शहर Z में निर्धारकों की संख्या का संगत अनुपात 4 : 5 है। शहर X में निर्धारकों की संख्या शहर Z में निर्धारकों की संख्या से कितना प्रतिशत अधिक है?

(*a*) 30 (*b*) 15 (*c*) 25 (*d*) 40
(*e*) दिए गए विकल्पों से अन्य

67. चलचित्र B के लिए शहर Y से प्राप्त औसत रेटिंग शहर X से प्राप्त औसत रेटिंग से 10 प्रतिशत कम है। शहर Y से प्राप्त रेटिंग का कुल योग शहर X से प्राप्त रेटिंग के कुल योग से कितना प्रतिशत अधिक है?

(*a*) 30 (*b*) 15 (*c*) 25 (*d*) 40
(*e*) दिए गए विकल्पों से अन्य

68. चलचित्र E के लिए, शहर X एवं शहर Y में पुरुष निर्धारकों द्वारा दी गयी औसत रेटिंग समान है एवं महिला निर्धारकों द्वारा दी गयी औसत रेटिंग भी समान है। यदि शहर X में पुरुषों एवं महिलाओं की संख्या का अनुपात क्रमश: 5 : 3 एवं 2 : 1 हो, तो शहर X के पुरुष निर्धारकों द्वारा दी गयी औसत रेटिंग क्या है?

(*a*) 28 (*b*) 36 (*c*) 32 (*d*) 30
(*e*) दिए गए विकल्पों से अन्य

69. शहर X एवं शहर Y को मिलाकर, चलचित्र A के लिए प्राप्त औसत रेटिंग 58 है। शहर X में निर्धारकों की संख्या शहर Y में निर्धारकों की संख्या से कितना प्रतिशत अधिक है ?

(*a*) $27\frac{1}{3}$ (*b*) $35\frac{2}{3}$ (*c*) $36\frac{1}{3}$ (*d*) $58\frac{1}{3}$
(*e*) दिए गए विकल्पों से अन्य

उत्तरमाला (प्रश्नमाला 40)

1. (*d*)	**2.** (*a*)	**3.** (*c*)	**4.** (*b*)	**5.** (*e*)	**6.** (*a*)	**7.** (*b*)	**8.** (*c*)	**9.** (*d*)	**10.** (*d*)	**11.** (*a*)	**12.** (*b*)
13. (*e*)	**14.** (*e*)	**15.** (*c*)	**16.** (*b*)	**17.** (*b*)	**18.** (*c*)	**19.** (*c*)	**20.** (*d*)	**21.** (*c*)	**22.** (*a*)	**23.** (*b*)	**24.** (*d*)
25. (*a*)	**26.** (*b*)	**27.** (*e*)	**28.** (*a*)	**29.** (*c*)	**30.** (*e*)	**31.** (*b*)	**32.** (*c*)	**33.** (*a*)	**34.** (*a*)	**35.** (*e*)	**36.** (*b*)
37. (*a*)	**38.** (*c*)	**39.** (*c*)	**40.** (*c*)	**41.** (*b*)	**42.** (*b*)	**43.** (*b*)	**44.** (*c*)	**45.** (*e*)	**46.** (*e*)	**47.** (*b*)	**48.** (*b*)
49. (*a*)	**50.** (*c*)	**51.** (*a*)	**52.** (*b*)	**53.** (*c*)	**54.** (*d*)	**55.** (*b*)	**56.** (*b*)	**57.** (*b*)	**58.** (*d*)	**59.** (*a*)	**60.** (*a*)
61. (*e*)	**62.** (*b*)	**63.** (*e*)	**64.** (*b*)	**65.** (*a*)	**66.** (*e*)	**67.** (*e*)	**68.** (*b*)	**69.** (*d*)			

दिये गये प्रश्नों के हल

1. C के सभी विषयों में मिले प्राप्तांक

$$=\left(75+56+\frac{72}{100}\times150+\frac{75}{100}\times60+\frac{75}{100}\times150+\frac{80}{100}\times40\right)$$

$$=(75+56+108+45+112\cdot5+32)=428\cdot5.$$

अभीष्ट $\% = \left(\frac{428\cdot5}{600}\times100\right)\% = 71\cdot4\% \simeq 71\%$ लगभग.

2. B के अंग्रेजी तथा गणित के कुल प्राप्तांक

$$=\left(88+\frac{88}{100}\times150\right)=(88+132)=220.$$

F के अंग्रेजी तथा गणित के कुल प्राप्तांक

$$=\left(85+\frac{74}{100}\times150\right)=(85+111)=196.$$

अभीष्ट अन्तर $= (220-196) = 24.$

3. E के भूगोल में प्राप्तांक $=\left(\frac{75}{100}\times40\right)=30.$

E के हिन्दी में प्राप्तांक $= 60.$

अभीष्ट $\% = \left(\frac{30}{60}\times100\right)\% = 50\%.$

4. D के इतिहास तथा भूगोल के कुल प्राप्तांक

$$=\left(\frac{80}{100}\times60\right)+\left(\frac{62}{100}\times40\right)=(48+24\cdot8)=72\cdot8.$$

कुल अंक $= (60+40) = 100.$

अभीष्ट $\% = 72\cdot8\%.$

5. विज्ञान में सभी छात्रों के अंकों का योग

$$=\left(\frac{82}{100}\times150\right)+\left(\frac{85}{100}\times150\right)+\left(\frac{72}{100}\times150\right)+\left(\frac{80}{100}\times150\right)+\left(\frac{68}{100}\times150\right)+\left(\frac{90}{100}\times150\right)$$

$$=(123+127\cdot5+108+120+102+135)=715\cdot5.$$

अभीष्ट औसत प्राप्तांक $=\frac{715\cdot5}{6}=119\cdot25.$

6. वर्ष 2007 में कम्पनी F द्वारा निर्मित इकाइयाँ

$$=(16\cdot1\times1000)=16100.$$

वर्ष 2008 में कम्पनी F द्वारा निर्मित इकाइयाँ

$$=(16\cdot7\times1000)=16700.$$

अभीष्ट वृद्धि $\% = \left(\frac{600}{16100}\times100\right)\% = \left(\frac{600}{161}\right)\%$

$$=3\cdot726\% \simeq 3\cdot73\%.$$

7. वर्ष 2004 तथा 2007 में कम्पनी D द्वारा निर्मित इकाइयों का औसत

$$=\frac{(16\cdot2+15\cdot3)\times1000}{2}=\frac{31\cdot5\times1000}{2}$$

$$=(15\cdot75\times1000)=15750.$$

8. वर्ष 2009 में (A + B) की कुल इकाइयाँ

$$=(16\cdot2+16\cdot7)\times1000=32900.$$

वर्ष 2009 में (C + D) की कुल इकाइयाँ

$$=(14\cdot9+16\cdot3)\times1000=31200.$$

अभीष्ट अनुपात $=\frac{32900}{31200}=\frac{329}{312}=329:312.$

9. वर्ष 2005 में E द्वारा निर्मित इकाइयाँ

$$=(14\cdot1\times1000)=14100.$$

सभी वर्षों में E द्वारा निर्मित कुल इकाइयाँ

$= (13\cdot9 + 14\cdot1 + 15\cdot4 + 15\cdot7 + 16\cdot4 + 16\cdot6) \times 1000$
$= (92\cdot1 \times 1000)$
$= 92100.$

अभीष्ट $\% = \left(\frac{14100}{92100}\times100\right)\% = \left(\frac{141}{921}\times100\right)\%$

$$=\frac{4700}{307}\% = 15\cdot3\% \simeq 15\%.$$

10. सभी वर्षों में C द्वारा निर्मित कुल इकाइयाँ

$= (11\cdot6 + 12\cdot4 + 12\cdot7 + 12\cdot9 + 13\cdot8 + 14\cdot9) \times 1000$
$= (78\cdot3 \times 1000) = 78300.$

11. माना वर्ष 2007 में कम्पनी P का व्यय = ₹ x. दिया है :

लाभ = ₹ 2·1 लाख,

∴ ₹ x पर लाभ = ₹ 2·1 लाख

₹ 100 पर लाभ $= \left(\frac{2\cdot1 \text{ लाख}}{x} \times 100\right)$

$\therefore \frac{2\cdot1 \text{ लाख} \times 100}{x} = 7 \Rightarrow x = \frac{2\cdot1 \text{ लाख} \times 100}{7}$

$= \frac{2\cdot1 \text{ लाख} \times 100}{7} = ₹30 \text{ लाख}$

12. वर्ष 2005 में कम्पनी Q को छोड़कर शेष कम्पनियों का औसत लाभ प्रतिशत

$= \frac{(9+5+8+12+6)}{5} = \frac{40}{5} = 8\%.$

अभीष्ट अन्तर $= (10\% - 8\%) = 2\%.$

13. माना वर्ष 2008 में कम्पनी R की आय = ₹ x.

लाभ = ₹ 18·9 लाख.

तब, $\frac{x+9}{100} = 18\cdot9 \text{ लाख} \Rightarrow x = \frac{18\cdot9 \text{ लाख} \times 100}{9}$

$= 2\cdot1 \text{ लाख} \times 100 = ₹210 \text{ लाख}.$

$\therefore$ वर्ष 2008 में कम्पनी R की आय = ₹ 210 लाख.

14. वर्ष 2004 में T का लाभ % = 10%,

वर्ष 2009 में T का लाभ % = 14%.

लाभ में वृद्धि = 4%.

लाभ में वृद्धि % $= \left(\frac{4}{10} \times 100\right)\% = 40\%.$

15. सभी वर्षों में S का औसत लाभ प्रतिशत

$= \frac{(7+8+13+14+15+15)}{6}\% = \frac{72}{6}\% = 12\%.$

16. अभीष्ट % $= \left(\frac{1\cdot08 \text{ लाख}}{3\cdot14 \text{ लाख}} \times 100\right)\% = \left(\frac{108}{314} \times 100\right)\%$

$= \frac{5400}{157}\% = 34\cdot39\% \simeq 34\%.$

17. नगर E से पास होने वालों की संख्या

$= \left(1\cdot85 \text{ लाख} \times \frac{3}{5}\right) = \left(1\cdot85 \times 100000 \times \frac{3}{5}\right)$

$= (1\cdot85 \times 60000) = \left(\frac{185}{100} \times 60000\right)$

$= (185 \times 600) = 111000.$

18. अभीष्ट अनुपात

$= \left\{(2\cdot27 \times 100000) \times \frac{3}{4}\right\} : (1\cdot25 \times 100000) \times \frac{3}{10}$

$= \left(\frac{227 \times 3}{4}\right) : \left(\frac{125 \times 3}{10}\right) = \left(\frac{681}{4} \times \frac{2}{75}\right) = \frac{227}{50}$

$= 227 : 50.$

19. सभी नगरों से उम्मीदवारों की कुल संख्या

= (1·25 + 3·14 + 1·08 + 2·27 + 1·85 + 2·73) लाख

= (12·32) लाख

नगर F से पास होने वाले उम्मीदवारों की संख्या

$= \left(2\cdot73 \text{ लाख} \times \frac{7}{12}\right) = \frac{19\cdot11 \text{ लाख}}{12}$

= 1·5925 लाख.

20. प्रवेश परीक्षा में फेल होने वालों की संख्या = ...

$A \rightarrow \left(1\cdot25 \text{ लाख} \times \frac{3}{10}\right) = 0\cdot375 \text{ लाख},$

$B \rightarrow \left(3\cdot14 \text{ लाख} \times \frac{3}{8}\right) = 1\cdot1775 \text{ लाख}$

$C \rightarrow \left(1\cdot08 \text{ लाख} \times \frac{5}{9}\right) = 0\cdot60 \text{ लाख},$

$D \rightarrow \left(2\cdot27 \text{ लाख} \times \frac{3}{4}\right) = 1\cdot7025 \text{ लाख}$

$E \rightarrow \left(1\cdot85 \text{ लाख} \times \frac{2}{5}\right) = 0\cdot74 \text{ लाख},$

$F \rightarrow \left(2\cdot73 \text{ लाख} \times \frac{5}{12}\right) = 1\cdot1375 \text{ लाख}$

स्पष्ट है कि यह सर्वाधिक D की है.

21. माना मूल राशि = ₹ x. तब

$\frac{(x \times 9 \times 2)}{100} + \frac{(x \times 9\cdot5 \times 2)}{100} = 14800$

$\Rightarrow 18x + 19x = 1480000$

$\therefore 37x = 1480000 \Rightarrow x = \frac{1480000}{37} = 40000.$

अत: मूल राशि = ₹ 40000.

22. कम्पनी E की योजना I से 2 वर्ष का ब्याज

= ₹ $(1\cdot2 \times 100000)\left[\left(1 + \frac{9}{100}\right)^2 - 1\right]$

= ₹ $\left\{120000 \times \frac{(109)^2 - (100)^2}{(100)^2}\right\}$

= ₹ $\left\{\frac{120000 \times 209 \times 9}{10000}\right\}$ = ₹ 22572 .

कम्पनी A की योजना IV से 2 वर्ष का ब्याज

= ₹ $\left\{\frac{(1\cdot2 \times 100000) \times 10 \times 2}{100}\right\}$ = ₹ 24000 .

अभीष्ट अन्तर = ₹ (24000 – 22572) = ₹ 1428.

23. 1 वर्ष के बाद मिश्रधन

= ₹ $\left[25000\left(1 + \frac{9}{100}\right)\right]$ = ₹ $\left(\frac{25000 \times 109}{100}\right)$

= ₹ 27250.

₹ 27250 पर D की योजना IV से 1 वर्ष का ब्याज

= ₹ $\left(\frac{27250 \times 9\cdot5 \times 1}{100}\right)$ = ₹ 2588·75

2 वर्ष के अन्त में मिला धन = ₹ (27250 + 2588·75)

= ₹ 29838·75.

24. अभिषेक द्वारा B की योजना III से प्राप्त ब्याज

$$= ₹\left\{45000\times\left[\left(1+\frac{8}{100}\right)^2-1\right]\right\}$$

$$= ₹\left[\left(45000\times\frac{27}{25}\times\frac{27}{25}\right)-45000\right]$$

$= ₹ (52488 - 45000)$

$= ₹ 7488.$

जीवन द्वारा C की योजना IV से प्राप्त ब्याज

$$= ₹\left(\frac{45000\times10\cdot5\times2}{100}\right) = ₹ 9450.$$

स्पष्ट है कि जीवन को अधिक मिले

$= ₹ (9450 - 7488) = ₹ 1962.$

25. कम्पनी A की योजना II से मिला 2 वर्ष का ब्याज

$$= ₹\left(30000\times\frac{9\cdot5}{100}\times2\right) = ₹ 5700.$$

कम्पनी D की योजना II से 2 वर्ष का ब्याज

$$= ₹\left[48000\times\left\{\left(1+\frac{9}{100}\right)^2-1\right\}\right]$$

$$= ₹\left[48000\times\left\{\left(\frac{109}{100}\right)^2-1\right\}\right]$$

$$= ₹\left\{48000\times\frac{(109)^2-(100)^2}{100\times100}\right\} = ₹\left(\frac{48000\times209\times9}{100\times100}\right)$$

$$= ₹\left(\frac{45144}{5}\right) = ₹ 9028\cdot80$$

अभीष्ट ब्याज $= ₹ (5700 + 9028\cdot80) = ₹ 14728\cdot80.$

26. अभीष्ट अनुपात

$$= \left(700\times\frac{66}{100}\right):\left(570\times\frac{50}{100}\right) = \frac{462}{285} = \frac{154}{95} - 154:95.$$

27. सभी वर्षों में A से परीक्षा में बैठे विद्यार्थियों की संख्या

$= (450 + 520 + 430 + 400 + 480 + 550 + 500) = 3330.$

सभी वर्षों में D से परीक्षा में बैठे विद्यार्थियों की संख्या

$= (640 + 620 + 580 + 600 + 700 + 750 + 720) = 4610.$

अभीष्ट अनुपात $= \frac{3330}{4610} = \frac{333}{461} = 444:461.$

28. वर्ष 2006 में सभी संस्थानों से उत्तीर्ण हुए विद्यार्थियों की संख्या

$$= \left(550\times\frac{40}{100}\right)+\left(450\times\frac{60}{100}\right)+\left(500\times\frac{68}{100}\right)$$

$$+\left(750\times\frac{60}{100}\right)+\left(450\times\frac{50}{100}\right)+\left(650\times\frac{60}{100}\right)$$

$= (220 + 270 + 340 + 450 + 225 + 390) = 1895.$

29. वर्ष 2004 में सभी संस्थानों से बैठे विद्यार्थियों की संख्या

$= (400 + 600 + 450 + 600 + 720 + 780)$

$= 3550.$

वर्ष 2004 में कुल उत्तीर्ण होने वालों की संख्या

$$= \left(400\times\frac{65}{100}\right)+\left(600\times\frac{75}{100}\right)+\left(450\times\frac{70}{100}\right)$$

$$+\left(600\times\frac{75}{100}\right)+\left(720\times\frac{60}{100}\right)+\left(780\times\frac{70}{100}\right)$$

$= (260 + 450 + 315 + 450 + 432 + 546) = 2453.$

अभीष्ट $\% = \left(\frac{2453}{3550}\times100\right)\% = \frac{4906}{71}\% = 69\%.$

30. सभी वर्षों में C से बैठे विद्यार्थियों की कुल संख्या

$= (300 + 350 + 380 + 450 + 400 + 500 + 470)$

$= 2850.$

सभी वर्षों में C से उत्तीर्ण विद्यार्थियों की संख्या

$$= \left(300\times\frac{65}{100}\right)+\left(350\times\frac{60}{100}\right)+\left(380\times\frac{50}{100}\right)$$

$$+\left(450\times\frac{70}{100}\right)+\left(400\times\frac{75}{100}\right)+\left(500\times\frac{68}{100}\right)$$

$$+\left(470\times\frac{60}{100}\right)$$

$= (195 + 210 + 190 + 315 + 300 + 340 + 282)$

$= 1832.$

अभीष्ट $\% = \left(\frac{1832}{2850}\times100\right)\% = \frac{3664}{57}\%$

$= 64\cdot29\% \simeq 65\%.$

31. उत्पाद *E* का चयन करने वाले बच्चों की संख्या

$$= \left(36230\times\frac{70}{100}\right) = 25361.$$

32. सभी उत्पादों का चयन करने वाली महिलाओं की संख्या

$$= \left(46280\times\frac{25}{100}\right)+\left(45540\times\frac{35}{100}\right)+\left(32240\times\frac{55}{100}\right)$$

$$+\left(60430\times\frac{50}{100}\right)+\left(36230\times\frac{20}{100}\right)+\left(53990\times\frac{40}{100}\right)$$

$= (11570 + 15939 + 17732 + 30215 + 7246 + 21596)$

$= 104298$

अभीष्ट औसत संख्या $= \frac{104298}{6} = 17383.$

33. अभीष्ट अनुपात $= \left(46280\times\frac{25}{100}\right):\left(60430\times\frac{50}{100}\right)$

$$= \frac{11570}{30215} = \frac{2314}{6043} = 2314:6043.$$

34. उत्पाद *C* का चयन करने वाले बच्चों की संख्या

$$= \left(32240\times\frac{20}{100}\right) = 6448.$$

उत्पाद *B* का चयन करने वाले बच्चों की संख्या

$$= \left(45540\times\frac{40}{100}\right) = 18216.$$

अभीष्ट % $= \left(\frac{6448}{18216} \times 100\right)\% = 35 \cdot 39\% \simeq 35 \cdot 40\%$.

35. उत्पाद F का चयन करने वाले पुरुषों की संख्या

$= \left(53990 \times \frac{40}{100}\right) = 21596$.

सभी उत्पादों का चयन करने वालों की कुल संख्या

$= (46280 + 45540 + 32240 + 60430 + 36230 + 53990) = 274710$

अभीष्ट % $= \left(\frac{21596}{274710} \times 100\right)\%$

$= 7 \cdot 86\% \simeq 8\%$ लगभग.

36. विभिन्न कम्पनियों द्वारा विगत वर्षों में विक्रय की गई यूनिटों की संख्या

$L \rightarrow (107 + 80 + 28{\cdot}48 + 38 + 26{\cdot}5 + 36{\cdot}6)$ करोड़ $= 316{\cdot}58$ करोड़;

$M \rightarrow (175{\cdot}1 + 76 + 31{\cdot}38 + 43 + 27{\cdot}5 + 32{\cdot}8)$ करोड़ $= 385{\cdot}78$ करोड़;

$N \rightarrow (156{\cdot}6 + 66{\cdot}49 + 43{\cdot}7 + 45{\cdot}2 + 19 + 40{\cdot}12)$ करोड़ $= 371{\cdot}11$ करोड़;

$O \rightarrow (112{\cdot}4 + 78{\cdot}24 + 56{\cdot}6 + 35{\cdot}1 + 25{\cdot}1 + 25)$ करोड़ $= 332{\cdot}44$ करोड़;

$P \rightarrow (95{\cdot}1 + 111{\cdot}8 + 53{\cdot}2 + 48{\cdot}9 + 22{\cdot}5 + 37)$ करोड़ $= 368{\cdot}50$ करोड़;

$Q \rightarrow (192 + 72{\cdot}18 + 31{\cdot}04 + 42{\cdot}2 + 17 + 30)$ करोड़ $= 384{\cdot}42$ करोड़;

स्पष्ट है कि इनमें अधिकतम यूनिटों की संख्या M ने बेची.

37. वर्ष 2007 में बेचे गये यूनिटों की औसत संख्या

$= \frac{(28 \cdot 48 + 31 \cdot 38 + 43 \cdot 7 + 56 \cdot 6 + 53 \cdot 2 + 31 \cdot 04)}{6}$ करोड़

$= \frac{244 \cdot 40}{6}$ करोड़

$= 40{\cdot}73$ करोड़ $= (40{\cdot}73 \times 10000000) = 407300000$.

38. वर्ष 2010 में M द्वारा बेचे गये यूनिटों की संख्या $= 32{\cdot}8$ करोड़.

वर्ष 2010 में सभी कम्पनियों द्वारा बेचे गये यूनिटों की संख्या

$= (36{\cdot}6 + 32{\cdot}8 + 40{\cdot}12 + 25{\cdot}0 + 37{\cdot}0 + 30{\cdot}0)$ करोड़

$= 201{\cdot}52$ करोड़.

अभीष्ट % $= \left(\frac{32 \cdot 8}{201 \cdot 52} \times 100\right)\% = \frac{328000}{20152}\%$

$= 16 \cdot 28\%$.

39. वर्ष 2010 में ऑफलाईन खरीदी गई किताबें

$= 690 - \frac{690 \times 40}{100} = 690 - 276 = 414$

वर्ष 2011 में ऑफलाईन खरीदी गई किताबें

$= 720 - \frac{720 \times 57.5}{100} = 720 - 414 = 306$

$\therefore$ खरीददारों की कुल संख्या $= \frac{414 + 306}{5} = \frac{720}{5} = 144$

$\therefore$ 30 वर्ष या उससे अधिक आयु के खरीददार

$= 144 \times \frac{3}{5} = 86.4$

$\therefore$ 30 वर्ष से कम आयु के अभीष्ट खरीददार

$= (144 - 86.4) \times 1000 = 57600$

40. वर्ष 2010 तथा 2011 में ऑनलाईन बेची गई पुस्तकें

$= 276 + 414 = 690$

वर्ष 2010 तथा 2011 में ऑफलाईन बेची गई पुस्तकें

$= 414 + 306 = 720$

अभीष्ट अनुपात $= 690 : 720 = 23 : 24$

41. वर्ष 2010 में ऑफलाईन बेची गई पुस्तकें $= 414$

वर्ष 2014 में ऑफलाईन बेची गई पुस्तकें

$= 1600 - \frac{1600 \times 79}{100} = 1600 - 1264 = 336$

$\therefore$ अभीष्ट कमी प्रतिशत

$= \frac{414 - 336}{414} \times 100 = \frac{78}{414} \times 100 = 18.84\% \simeq 19\%$

42. वर्ष 2013 में कथानक समूह में भारतीय लेखकों की बेची गई पुस्तकों की संख्या $= 1240 \times \frac{3}{4} \times \frac{4}{15} = 248$

कथानक समूह में विदेशी लेखकों की बेची गई पुस्तकें

$= \left[\left(1240 \times \frac{3}{4}\right) - 248\right] = 930 - 248 = 682$

$\therefore$ अभीष्ट प्रतिशत $= \frac{682}{1240} \times 100 = 55\%$

43. वर्ष 2007 में सभी अकादमियों से पास होने वालों की संख्या

$= (2{\cdot}4 + 3{\cdot}6 + 1{\cdot}8 + 4{\cdot}7 + 5{\cdot}8) \times 1000$

$= (18{\cdot}3 \times 1000) = 18300$.

अभीष्ट औसत संख्या $= \frac{18300}{5} = 3660$.

44. स्पष्ट है कि सतत् वृद्धि केवल नौसेना में हुई.

45. वर्ष 2006 में वायुसेना अकादमी से पास होने वालों की संख्या

$= (0{\cdot}9 \times 1000) = 900$.

वर्ष 2009 में तटरक्षक अकादमी से पास होने वालों की संख्या

$= (3{\cdot}9 \times 1000) = 3900$.

अभीष्ट अनुपात $= \frac{9000}{3900} = \frac{3}{13} = 3 : 13$.

46. वर्ष 2008 में बी०एस०एफ० से पास होने वालों की संख्या

$= (6.4 \times 1000) = 6400$.

सभी वर्षों में थल सेना अकादमी से पास होने वालों की संख्या

$= (4{\cdot}2 + 5{\cdot}1 + 7{\cdot}7 + 3{\cdot}6 + 4{\cdot}5 + 3{\cdot}9) \times 1000$

$= 29000$.

अभीष्ट % $=\left(\frac{6400}{29000}\times 100\right)\% = 22\cdot 06\% \simeq 22\%$.

47. सभी वर्षों में अलग-अलग अकादमी से पास होने वालों की कुल संख्या तालिका में देखें.
यह अधिकतम थल सेना में है.

48. गतिविधि III में छात्रों की औसत संख्या:
$= \frac{(65+130+420+75+540+220+153)}{7}$
$= \frac{1603}{7} = 229$
गतिविधि IV में छात्रों की संख्या की सीमा:
= (भाग लेने वाले अधिकतम छात्र) – (भाग लेने वाले न्यूनतम छात्र)
$= 438 - 105 = 333$
इस प्रकार, आवश्यक अंतर $= 333 - 229 = 104$

49. गतिविधि III के प्रेक्षणों को आरोही क्रम में व्यवस्थित करने पर
65, 75, 130, 153, 220, 420, 540
अवलोकनों की संख्या
= 7 (विषम)
मध्यिका = $\left(\frac{7+1}{2}\right)$वाँ पद = चौथा पद
अत: मध्यिका = 153

50. गतिविधि II में विद्यार्थियों की कुल संख्या
$= 100 + 200 + 200 + 100 + 100 + 100 + 100 = 900$
गतिविधि IV में विद्यार्थियों की कुल संख्या
$= 317 + 155 + 438 + 105 + 385 + 280 + 120 = 1800$
आवश्यक प्रतिशत $= \frac{900}{1800}\times 100 = 50$

51. M द्वारा, मंगलवार और बुधवार को ड्राइक्लीन किए गए कपड़ों की संख्या का योग $= 75 + 95 = 170$
L द्वारा बुधवार और गुरुवार को ड्राइक्लीन किए गए कपड़ों की संख्या का योग $= 85 + 25 = 110$
अत: अभीष्ट अनुपात $= 17 : 11$

52. O द्वारा सोमवार और गुरुवार को ड्राइक्लीन किए गए कपड़ों की संख्या का योग $= 40 + 115 = 155$
N द्वारा सोमवार और बुधवार को ड्राइ क्लीन किए गए कपड़ों की संख्या का अंतर $= 100 - 35 = 65$
अभीष्ट अंतर $= 155 - 65 = 90$

53. N द्वारा मंगलवार, बुधवार और गुरुवार को ड्राईक्लीन किए गए कपड़ों की संख्या का योग $= 55 + 35 + 60 = 150$
O द्वारा सभी दिनों में ड्राई क्लीन किए गए कपड़े
$= 40 + 90 + 60 + 115 + 70$
$= 375$
आवश्यक प्रतिशत $= \frac{150}{375}\times 100 = 40\,\%$

54. सभी दुकानों द्वारा सोमवार को एक साथ ड्राई क्लीन किए गए कपड़ों की कुल संख्या $= 50 + 80 + 100 + 40 = 270$
इसी प्रकार,
मंगलवार $(60 + 75 + 55 + 90) = 280$
बुधवार $(85 + 95 + 35 + 60) = 275$
गुरुवार $(25 + 120 + 60 + 115) = 320$
शुक्रवार $(110 + 105 + 45 + 70) = 330$
अत: शुक्रवार को सबसे ज्यादा कपड़ों (330) की ड्राईक्लीनिंग की गई।

55. सभी दिनों में L द्वारा ड्राईक्लीन किए गए कपड़ों की संख्या $= 50 + 60 + 85 + 25 + 110 = 330$
इसी तरह,
$M = 80 + 75 + 95 + 120 + 105 = 475$
$N = 100 + 55 + 35 + 60 + 45 = 295$
$O = 40 + 90 + 60 + 115 + 70 = 375$
अत: केवल M द्वारा सभी दिनों में सुखाए गए कुल कपड़ों की संख्या O द्वारा सभी दिनों में सुखाए गए कपड़ों की संख्या से अधिक है।

56. वर्ष 2015 में A प्रकार की कारों और वर्ष 2013 में C प्रकार की कारों का कुल उत्पादन $= 48 + 52 = 100$
पाँचों वर्षों में D प्रकार की कारों का कुल उत्पादन
$= 50 + 42 + 45 + 46 + 47 = 230$
अभीष्ट प्रतिशत $= \frac{100}{230}\times 100 = \frac{1000}{23} \approx 43.5\%$

57. वर्ष 2013 में C और E प्रकार की कारों का कुल उत्पादन
$= 52 + 36 = 88$
2014 और 2016 में D और 2017 में E का कुल उत्पादन
$= 42 + 46 + 55 = 143$
आवश्यक अनुपात $= 88 : 143 = 8 : 13$

58. वर्ष 2013, 2014, 2015 और 2017 में, B प्रकार की कारों का कुल उत्पादन
$= 39 + 45 + 54 + 72 = 210$
2017 में सभी प्रकार की कारों का उत्पादन
$= 36 + 72 + 45 + 47 + 55$
$= 255$
2013, 2014 2015 और 2017 में B प्रकार की कारों का कुल उत्पादन का, वर्ष 2017 में सभी प्रकार की कारों के कुल उत्पादन से प्रतिशत कमी
$= \frac{255-210}{255}\times 100 = 17.64\,\%$

59. 2016 में कारों के उत्पादन को दर्शाने वाले क्षेत्र का केंद्रीय कोण $= \frac{60}{39+45+54+60+72}\times 360° = 80°$

60 अभीष्ट अनुपात $= (135+115):(120+155)$
$= 250 : 275 = 10 : 11$

61. अभीष्ट प्रतिशत $= \left(\frac{160-130}{130}\right) \times 100 = \frac{300}{16} = 18.75$

62. शनिवार को बेची गई कलमें:

स्टोर D $\Rightarrow \frac{135 \times 80}{100} = 108$

स्टोर E $\Rightarrow \frac{130 \times 110}{100} = 143$

$\therefore$ बेची गयी कलमों की कुल संख्या $= 108 + 143 = 251$

63. अभीष्ट औसत $= \frac{114+118+125}{3} = \frac{357}{3} = 119$

64. अभीष्ट अंतर $= (125+154) - (105+110)$

$= 279 - 215 = 64$

65. चलचित्र C के लिए

$$\frac{\text{शहर X से प्राप्त रेटिंग का कुल योग}}{\text{शहर Y से प्राप्त रेटिंग का कुल योग}} = \frac{16}{21}$$

$\Rightarrow \frac{84 \times 72}{108 \times P} = \frac{16}{21}$

$\Rightarrow 108 \times 16 \times P = 84 \times 21 \times 72$

$\Rightarrow P = \frac{84 \times 72 \times 21}{108 \times 16} = 73.5$

66. चलचित्र D के लिए, शहर X से निर्धारकों की संख्या $= p$

शहर Y से निर्धारकों की संख्या $= q$

शहर Z से निर्धारकों की संख्या $= r$

$\therefore \quad p \times 56 = q \times 84 \Rightarrow \frac{p}{q} = \frac{84}{56} = \frac{6}{4} = \frac{3}{2}$

$p : q = 3 : 2 = 6 : 4$

$y : r = 4 : 5$

$\therefore$ अभीष्ट प्रतिशत $= \frac{6-5}{5} \times 100 = 20\%$

67. चलचित्र B के लिए

शहर X से प्राप्त औसत रेटिंग $= a$

शहर Y से प्राप्त औसत रेटिंग $= \frac{9a}{10}$

शहर X से प्राप्त कुल रेटिंग $= 180 \times \frac{9a}{10} = 162a$

$\therefore$ अभीष्ट प्रतिशत $= \left(\frac{162a - 120a}{120a}\right) \times 100 = \frac{420}{12} = 35\%$

68. शहर X में, पुरुष निर्धारक = 50

महिला निर्धारक = 30

पुरुषों की औसत रेटिंग $= p$

महिलाओं की औसत रेटिंग $= q$

शहर Y में, पुरुष निर्धारक = 60

महिला निर्धारक = 30

$\therefore \quad \frac{50p + 30q}{80} = 42.75$

$\Rightarrow 5p + 3q = 42.75 \times 8 = 342 \quad ...(i)$

और $\frac{60p + 30q}{90} = 42$

$\Rightarrow 6p + 3q = 42 \times 9 = 378 \quad ...(ii)$

समीकरण (ii) − (i) से, $6p - 5p + 3q - 3q = 378 - 342$

$\Rightarrow \quad p = 36$

69. चलचित्र A के लिए, शहर X से निर्धारक $= a$

शहर Y से निर्धारक $= b$

प्रश्नानुसार, $\frac{a \times 46 + b \times 77}{a+b} = 58$

$\Rightarrow 46a + 77b = 58x + 58y$

$\Rightarrow 58a - 46b = 77y - 58y$

$\Rightarrow 12a = 19b$

$\Rightarrow \frac{a}{b} = \frac{19}{12} \quad \Rightarrow \frac{a}{b} - 1 = \frac{19}{12} - 1$

$\Rightarrow \frac{a-b}{b} = \frac{7}{12}$

$\therefore$ अभीष्ट प्रतिशत $= \frac{7}{12} \times 100 = \frac{175}{3} = 58\frac{1}{3}\%$

❑❑❑

41

दण्ड-आलेख
(BAR-GRAPHS)

Scan QR Code
for Watching Video

साधित उदाहरण

निर्देश (प्र०न० 1 से 4 तक): नीचे दिये गये दण्ड-चित्र में एक कॉलजे के चार संकायों में वर्ष 2009-10 से वर्ष 2011-12 तक विद्यार्थियों की संख्या में हुए परिवर्तन को दर्शाया गया है. इनका भली-भाँति अध्ययन करके नीचे दिये गये प्रश्नों के उत्तर दीजिए.

एक कालिज के चार संकायों में विद्यार्थियों की संख्या

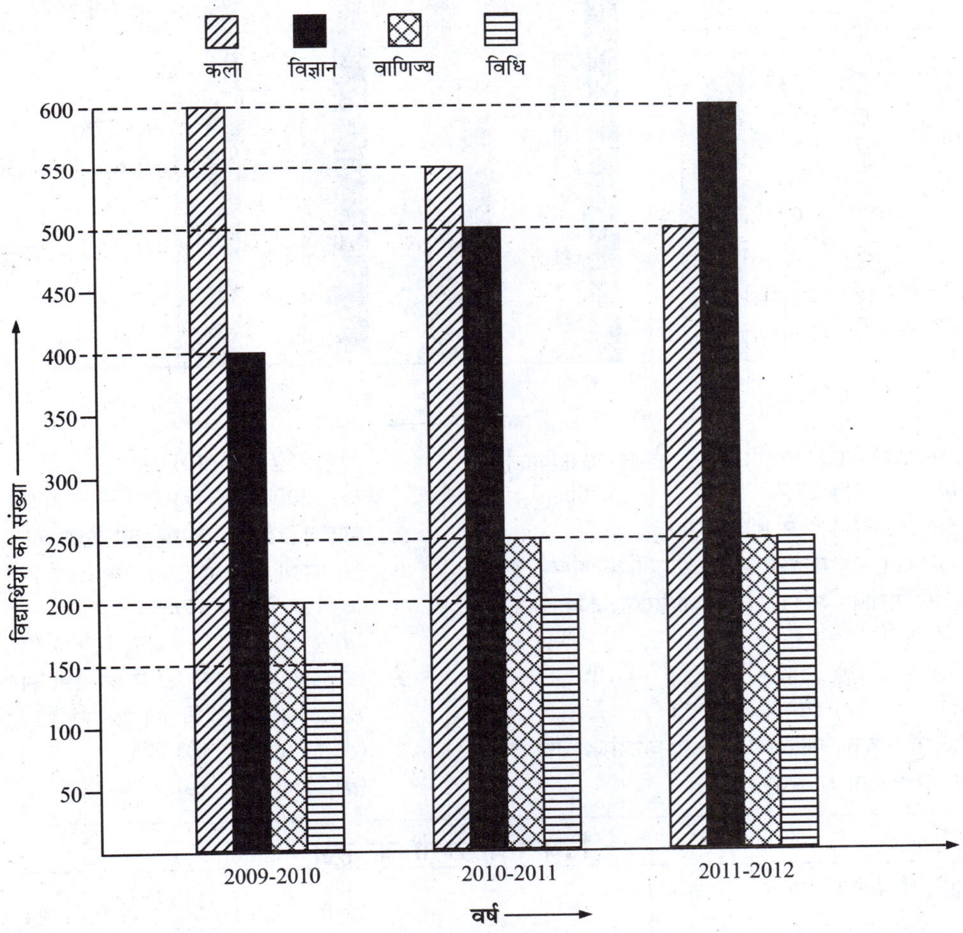

1. वर्ष 2009-10 में विज्ञान संकाय में कितने प्रतिशत विद्यार्थी थे ?
   (*a*) 26·9% (*b*) 27·8% (*c*) 29·6% (*d*) 30·2%
2. वर्ष 2010-11 में विद्यार्थियों की कुल संख्या उसी वर्ष वाणिज्य के विद्यार्थियों की संख्या का कितने गुना थी ?
   (*a*) तीन-गुना (*b*) चार-गुना
   (*c*) पाँच-गुना (*d*) छः-गुना
3. वर्ष 2009-10 की तुलना में वर्ष 2011-12 में विज्ञान के विद्यार्थियों में कितने प्रतिशत वृद्धि हुई ?
   (*a*) 50% (*b*) $66\frac{2}{3}$% (*c*) 75% (*d*) 150%
4. किस संकाय में विद्यार्थियों की संख्या में लगातार कमी आयी ?
   (*a*) कला (*b*) विज्ञान (*c*) वाणिज्य (*d*) विधि

दिये गये प्रश्नों के हल

1. (*c*) वर्ष 2009-10 में विज्ञान में विद्यार्थियों का प्रतिशत

$$= \left\{\frac{400}{(600+400+200+150)} \times 100\right\}\%$$

$$= \left(\frac{40}{1350} \times 100\right)\% = 29 \cdot 6\%.$$

2. (*d*) वर्ष 2010-11 में विद्यार्थियों की कुल संख्या

= (550 + 500 + 250 + 200) = 1500.

वर्ष 2010-11 में वाणिज्य में विद्यार्थियों की संख्या = 250.

स्पष्ट है कि 1500 = 6 × 250.

3. (*a*) वर्ष 2009-10 में विज्ञान के विद्यार्थियों की संख्या = 400.

वर्ष 2011-12 में विज्ञान के विद्यार्थियों की संख्या = 600.

$$\text{वृद्धि } \% = \left(\frac{200}{400} \times 100\right)\% = 50\%.$$

4. (*a*) स्पष्ट है कि कला संकाय में विद्यार्थियों की संख्या में लगातार कमी आयी.

निर्देश (प्र०न० 5 से 9 तक): नीचे दिये गये दण्ड-चित्रों में किसी वर्ष में पाँच कॉलेजों में लड़कों तथा लड़कियों की संख्या (सैकड़ों में) दर्शाई गई है. इन दण्ड-चित्रों का भली-भाँति अध्ययन करके निम्नलिखित प्रश्नों के उत्तर दीजिए.

किसी वर्ष में 5 कालिजों में लड़कों तथा लड़कियों की संख्या

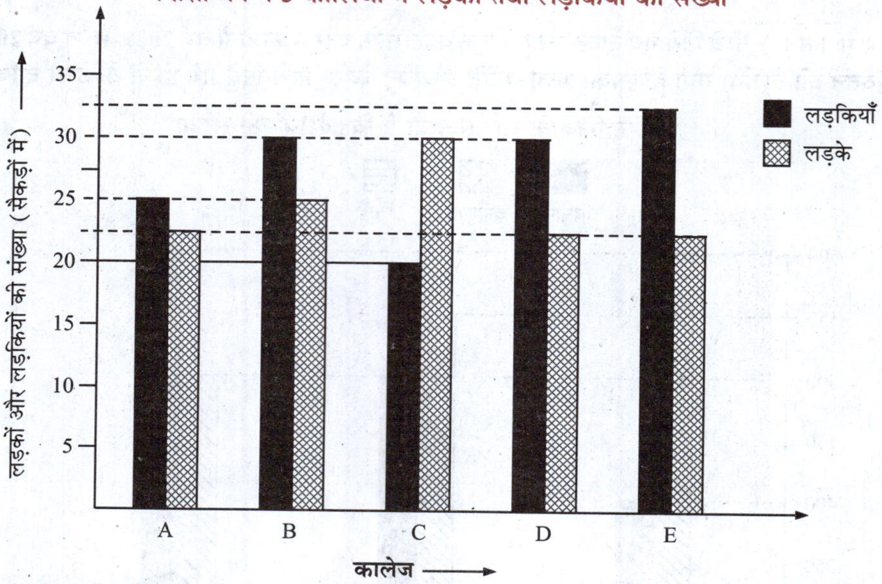

5. सभी कालेजों में मिलाकर लड़कियों की औसत संख्या कितनी है ?

(*a*) 2500 (*b*) 2750 (*c*) 2700 (*d*) 2550 (*e*) इनमें से कोई नहीं

6. कालेज D तथा E को मिलाकर कुल लड़कियों की संख्या, कालेज A, B, C की मिलाकर कुल लड़कियों की संख्या का कितने प्रतिशत है ?

(*a*) 83% (*b*) 75% (*c*) 70% (*d*) 88% (*e*) इनमें से कोई नहीं

7. सभी कालेजों में कुल मिलाकर लड़कियों की संख्या तथा लड़कों की संख्या में कितना अन्तर है ?

(*a*) 1350 (*b*) 1400 (*c*) 1550 (*d*) 1600 (*e*) इनमें से कोई नहीं

8. कालेज D के कुल लड़कों की संख्या का कालेज *B* के कुल लड़कों की संख्या से क्रमश: क्या अनुपात है ?

(*a*) 10 : 9 (*b*) 8 : 9 (*c*) 9 : 10 (*d*) 9 : 8 (*e*) इनमें से कोई नहीं

9. कालेज C के लड़कों की संख्या सभी कालेजों के कुल लड़कों की संख्या का लगभग कितना प्रतिशत है ?

(*a*) 43% (*b*) 35% (*c*) 38% (*d*) 25% (*e*) 21%

दिये गये प्रश्नों के हल

5. (*b*) सभी कालिजों में लड़कियों की औसत संख्या

$$= \frac{1}{5}(2500+3000+2000+3000+3250)$$

$$= \frac{13750}{5} = 2750.$$

6. (*a*) D तथा E में कुल लड़कियाँ = (3000 + 3250) = 6250.

A, B तथा C में कुल लड़कियाँ = (2500 + 3000 + 2000) = 7500.

$$\text{अभीष्ट } \% = \left(\frac{6250}{7500} \times 100\%\right) = 83 \cdot 3\% \simeq 83\%.$$

7. (*c*) सभी कालिजों में लड़कियों की संख्या = 13750.

सभी कालिजों में लड़कों की संख्या = (2250 + 2500 + 3000 + 2250 + 2250) = 12250.

अभीष्ट अन्तर = (13750 − 12250) = 1500.

8. (*c*) अभीष्ट अनुपात $= \frac{2250}{2500} = \frac{9}{10} = 9:10.$

9. (*d*) कॉलेज C में लड़कों की संख्या = 3000.

सभी कॉलेजों में लड़कों की कुल संख्या = 12250.

अभीष्ट $\% = \left(\frac{3000}{12250} \times 100\right)\% = 24 \cdot 49\% \simeq 25\%.$

निर्देश (प्र०न० 10 से 14 तक): नीचे दिये गये दण्ड-चित्रों में विगत छः वर्षों में कुछ विशेष कारों का उत्पादन तथा निर्यात (हजारों में) दिखाया गया है. इन दण्ड-चित्रों का ध्यानपूर्वक अध्ययन करके निम्नलिखित प्रश्नों के उत्तर दीजिए.

विगत 6 वर्षों में कुछ विशेष कारों का उत्पादन तथा निर्यात (हजारों में)

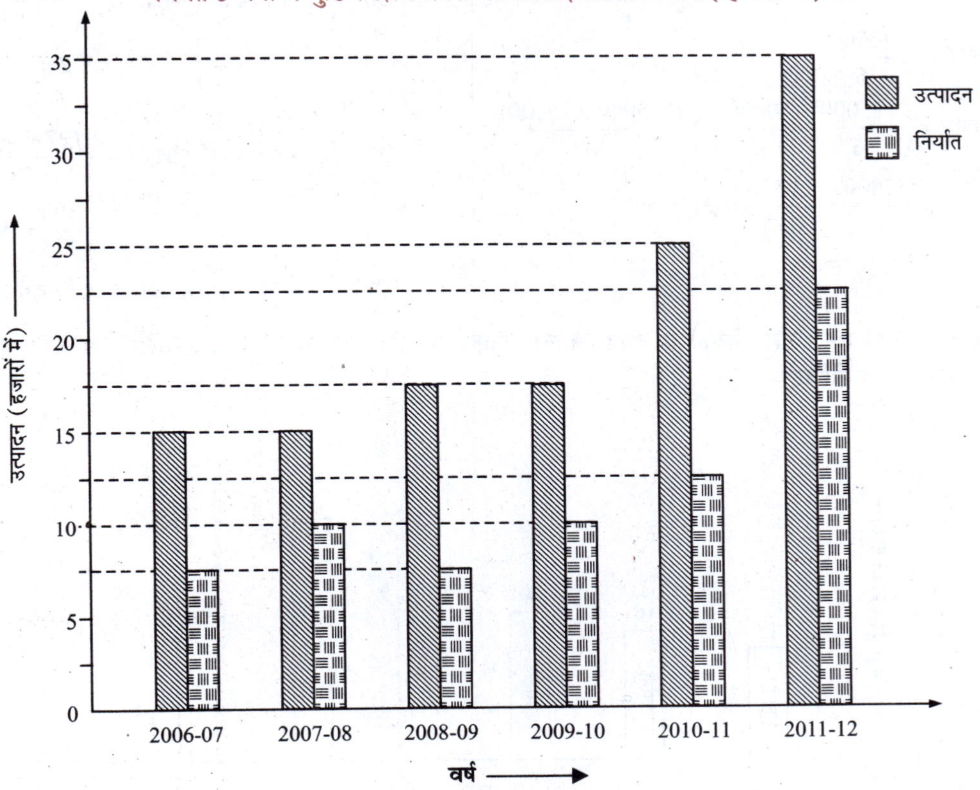

10. किस वर्ष में उत्पादन में से निर्यात का प्रतिशत अधिकतम था ?
(*a*) 2011-12 (*b*) 2010-11 (*c*) 2009-10
(*d*) 2008-09 (*e*) इनमें से कोई नहीं

11. अन्तिम तीन वर्षों तथा प्रथम तीन वर्षों के उत्पादन में कितना अन्तर है ?
(*a*) 20000 (*b*) 30000 (*c*) 35000
(*d*) 55000 (*e*) इनमें से कोई नहीं

12. दिये गये वर्षों का कुल निर्यात कितना है ?
(*a*) 7000 (*b*) 70000 (*c*) 75000
(*d*) 125000 (*e*) इनमें से कोई नहीं

13. दिये गये वर्षों में औसत उत्पादन तथा औसत निर्यात के बीच लगभग कितना अन्तर है ?
(*a*) 9200 (*b*) 11000 (*c*) 2200
(*d*) 2083 (*e*) 1166

14. पिछले वर्ष के संदर्भ में किन वर्षों में निर्यात में प्रतिशत वृद्धि-न्यूनतम थी ?
(*a*) 2007-08 (*b*) 2009-10 (*c*) 2010-11
(*d*) 2011-12 (*e*) इनमें से कोई नहीं

दिये गये प्रश्नों के हल

10. (*e*) 2006-07 में निर्यात $\% = \left(\frac{7 \cdot 5 \times 1000}{15 \times 1000} \times 100\right)\% = 50\%.$

2007-08 में निर्यात $\% = \left(\frac{10}{15} \times 100\right)\% = \frac{200}{3}\% = 66 \cdot 67\%.$

2008-09 में निर्यात $\% = \left(\frac{7 \cdot 5}{17 \cdot 5} \times 100\right)\% = \frac{300}{7}\% = 42 \cdot 9\%.$

2009-10 में निर्यात $\% = \left(\frac{10}{17 \cdot 5} \times 100\right)\% = \frac{400}{7}\%$
$= 57 \cdot 14\%.$

2010-11 में निर्यात $\% = \left(\frac{12 \cdot 5}{25} \times 100\right)\% = 50\%.$

2011-12 में निर्यात $\% = \left(\frac{22 \cdot 5}{35} \times 100\right)\% = \frac{450}{7}\%$
$= 64 \cdot 3\%.$

अधिकतम निर्यात % वर्ष 2007-08 में रहा.

11. (*b*) अन्तिम 3 वर्षों में कुल उत्पादन = $(17 \cdot 5 + 25 + 35)$ हजार
$= (77 \cdot 5 \times 1000) = 77500.$

प्रथम 3 वर्षों में कुल उत्पादन = (15 + 15 + 17·5) हजार
= (47·5 × 1000) = 47500.

अभीष्ट अन्तर = (77500 – 47500) = 30000.

12. (*b*) कुल निर्यात = (7·5 + 10 + 7·5 + 10 + 12·5 + 22·5) हजार
= (70 × 1000) = 70000.

13. (*a*) औसत उत्पादन $= \frac{(77500+47500)}{6} = \frac{125000}{6}$.

औसत निर्यात $= \frac{70000}{6}$.

अभीष्ट अन्तर $= \left(\frac{125000}{6} - \frac{70000}{6}\right) = \frac{(125000-70000)}{6}$

$= \frac{55000}{6} = \frac{27500}{3} = 9166 \cdot 67$

= 9200 (लगभग).

14. (*c*) 2007-08 में निर्यात में वृद्धि $\% = \left\{\frac{(10-7\cdot5)}{7\cdot5} \times 100\right\}$

$= \left(\frac{2\cdot5}{7\cdot5} \times 100\right)\% = \frac{100}{3}\% = 33\cdot34\%$

2009-10 में निर्यात में वृद्धि % = 33·34% .

2010-11 में निर्यात में वृद्धि $\% = \left\{\frac{(12\cdot5-10)}{10} \times 100\right\}\%$

$= \left(\frac{2\cdot5}{7\cdot5} \times 100\right)\% = 25\%.$

2011-12 में निर्यात में वृद्धि $\% = \left\{\frac{(22\cdot5-12\cdot5)}{12\cdot5} \times 100\right\}\%$

$= \left(\frac{100}{125} \times 100\right)\% = 80\%$.

स्पष्ट है कि निर्यात में न्यूनतम वृद्धि % वर्ष 2010-11 में रही.

निर्देश (प्र०न० 15 से 18): नीचे दिया गया दण्ड-आलेख कुछ देशों की जन्म दरों को दर्शाता है. आलेख का अध्ययन कीजिए तथा निम्नलिखित प्रश्नों के उत्तर दीजिए.

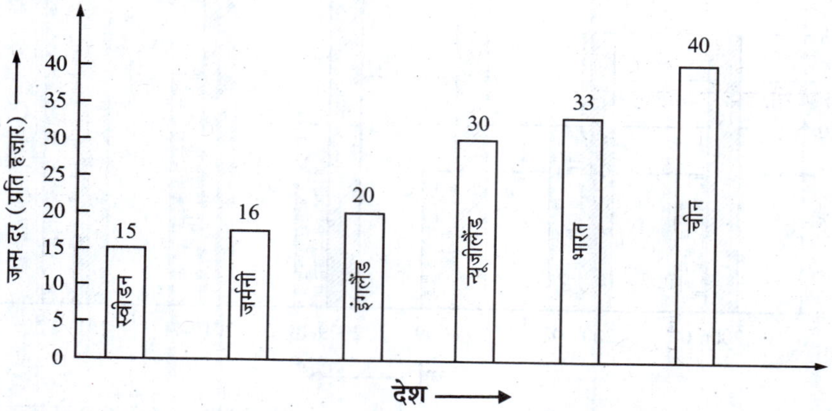

15. किस देश की जन्म दर जर्मनी से 25% अधिक है ?
(*a*) न्यूजीलैण्ड (*b*) इंग्लैण्ड
(*c*) भारत (*d*) चीन

16. भारत में जन्म-दर इंग्लैण्ड की जन्म दर की कितनी प्रतिशत है ?
(*a*) 123% (*b*) 135% (*c*) 65% (*d*) 165%

17. भारत की जन्म दर का स्वीडन की जन्म दर से क्या अनुपात है ?
(*a*) 11 : 5 (*b*) 5 : 11 (*c*) 2 : 3 (*d*) 5 : 16

18. इंग्लैण्ड की जन्म-दर न्यूजीलैण्ड की जन्म दर से कितने प्रतिशत कम है ?
(*a*) 10% (*b*) 50%
(*c*) $33\frac{1}{3}\%$ (*d*) इनमें से कोई नहीं

दिये गये प्रश्नों के हल

15. (*b*) जर्मनी की जन्म दर = 16 प्रति हजार.

अभीष्ट जन्म दर $= \left(\frac{16}{1000} \times 125\%\right) = \left(\frac{16}{1000} \times \frac{125}{100}\right)$

$= \frac{20}{1000} = 20$ प्रति हजार.

स्पष्ट है कि यह जन्म दर इंग्लैण्ड की है.

16. (*d*) भारत में जन्म दर = 33 प्रति हजार,
इंग्लैण्ड में जन्म दर = 20 प्रति हजार.

अभीष्ट $\% = \left(\frac{33}{1000} \times \frac{1000}{20} \times 100\right)\% = 165\%.$

17. (*a*) भारत : स्वीडन $= \frac{33}{15} = \frac{11}{5} = 11:5.$

18. (*c*) न्यूजीलैंड की जन्म दर = 30 प्रति हजार,
इंग्लैण्ड की जन्म दर = 20 प्रति हजार.
इसमें कमी = (30 – 20) प्रति हजार = 10 प्रति हजार.

कमी $\% = \left\{\frac{\frac{10}{1000}}{\frac{30}{1000}} \times 100\right\}\% = \left(\frac{10}{30} \times 100\right)\% = 33\frac{1}{3}\%.$

प्रश्नमाला 41

निर्देश (प्र०न० 1 से 5): दिये गये दण्ड-आलेख का अध्ययन करके नीचे दिये गये प्रश्नों के उत्तर दीजिए. **(बैंक पी०ओ० परीक्षा, 2011)**

एक विश्वविद्यालय में दिये गये पाँच वर्षों की अवधि में तीन अलग-अलग विषयों को चुनने वाले विद्यार्थियों की संख्या (हजारों में)

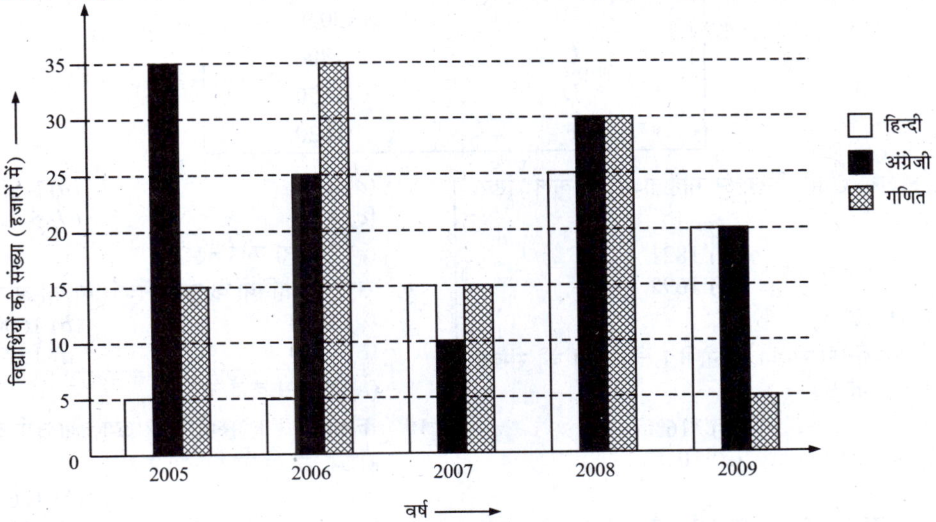

1. वर्ष 2009 में दिये गये तीन विषयों को चुनने वाले कुल विद्यार्थियों में से 38% लड़कियाँ थीं. इसी वर्ष गणित चुनने वाले लड़के कितने थे ?

(a) 1322 (b) 1332
(c) 1312 (d) निर्धारित नहीं किया जा सकता
(e) इनमें से कोई नहीं

2. वर्ष 2007 में विश्वविद्यालय में विद्यार्थियों की संख्या 455030 हो, तो दिये गये तीन विषयों को चुनने वाले विद्यार्थियों की कुल संख्या कुल विद्यार्थियों का लगभग कितने प्रतिशत थी ?

(a) 19% (b) 9% (c) 12% (d) 5%
(e) 23%

3. वर्ष 2006, 2007 तथा 2009 में कुल मिलाकर हिन्दी तथा गणित चुनने वाले विद्यार्थियों की संख्या कितनी थी ?

(a) 97000 (b) 93000 (c) 85000 (d) 96000
(e) इनमें से कोई नहीं

4. वर्ष 2005 तथा 2008 में मिलाकर गणित चुनने वाले विद्यार्थियों की संख्या इन्हीं वर्षों में तीनों विषय चुनने वाले विद्यार्थियों की कुल संख्या का लगभग कितने प्रतिशत थी ?

(a) 38% (b) 28% (c) 42% (d) 32%
(e) 48%

5. वर्ष 2006 तथा 2008 में मिलाकर अंग्रेजी चुनने वाले विद्यार्थियों की संख्या तथा वर्ष 2005 और 2009 में मिलाकर हिन्दी चुनने वाले विद्यार्थियों की संख्या के बीच क्रमशः क्या अनुपात है ?

(a) 11 : 5 (b) 12 : 7 (c) 11 : 7 (d) 12 : 5
(e) इनमें से कोई नहीं

निर्देश (प्र०न० 6 से 10): नीचे दिये गये दण्ड-आलेख में विभिन्न कॉलोनियों में रहने वाले पुरुषों, महिलाओं तथा बच्चों का प्रतिशत दिखाया गया है. इसके नीचे दी गई सारणी में विभिन्न कॉलोनियों के निवासियों की कुल संख्या दी गई है. इस दण्ड आलेख तथा सारणी का भली-भाँति अध्ययन करके नीचे दिये गये प्रश्नों के उत्तर दीजिए. **(बैंक पी०ओ० परीक्षा, 2010)**

विभिन्न कालोनियों में रहने वाले पुरुषों, महिलाओं तथा बच्चों का प्रतिशत

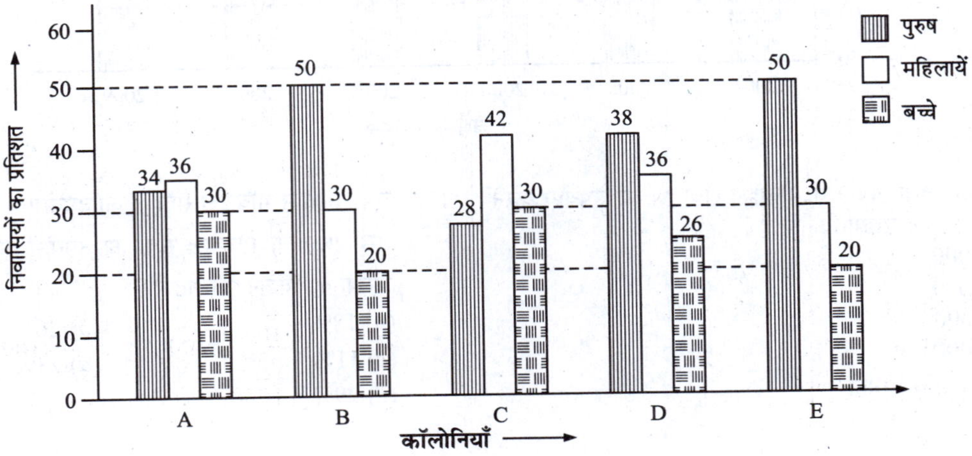

विभिन्न कॉलोनियों के निवासियों की कुल संख्या

कॉलोनियाँ	निवासी
A	1250
B	2050
C	1800
D	1150
E	1620

6. कॉलोनी A, B तथा C को मिलाकर महिलाओं की कुल संख्या कितनी है ?
(*a*) 1785 (*b*) 1821
(*c*) 1479 (*d*) 1692
(*e*) इनमें से कोई नहीं

7. कॉलोनी A के बच्चों की संख्या कॉलोनी E के बच्चों की संख्या का लगभग कितने प्रतिशत है ?
(*a*) 121% (*b*) 116%
(*c*) 75% (*d*) 101%
(*e*) 98%

8. कॉलोनी B के पुरुषों की संख्या का उसी कॉलोनी की महिलाओं की संख्या से क्रमशः क्या अनुपात है ?
(*a*) 3 : 5 (*b*) 7 : 5
(*c*) 8 : 7 (*d*) 5 : 7
(*e*) इनमें से कोई नहीं

9. सभी कॉलोनियों के कुल निवासियों की औसत संख्या कितनी है ?
(*a*) 1654 (*b*) 1600
(*c*) 1580 (*d*) 1574
(*e*) इनमें से कोई नहीं

10. कॉलोनी D के पुरुषों की संख्या तथा उसी कॉलोनी के बच्चों की संख्या का अन्तर कितना है ?
(*a*) 138 (*b*) 126
(*c*) 136 (*d*) 135
(*e*) इनमें से कोई नहीं

निर्देश (प्र०न० 11 से 15 तक): नीचे दिये गये दण्ड-आरेख का भली-भाँति अध्ययन करके नीचे दिये गये प्रश्नों के उत्तर दीजिए.

(बैंक पी०ओ० परीक्षा, 2010)

विगत वर्षों में अलग-अलग तीन प्रकार की मोबाइल सेवा का उपयोग करने वाले लोगों की संख्या (हजारों में)

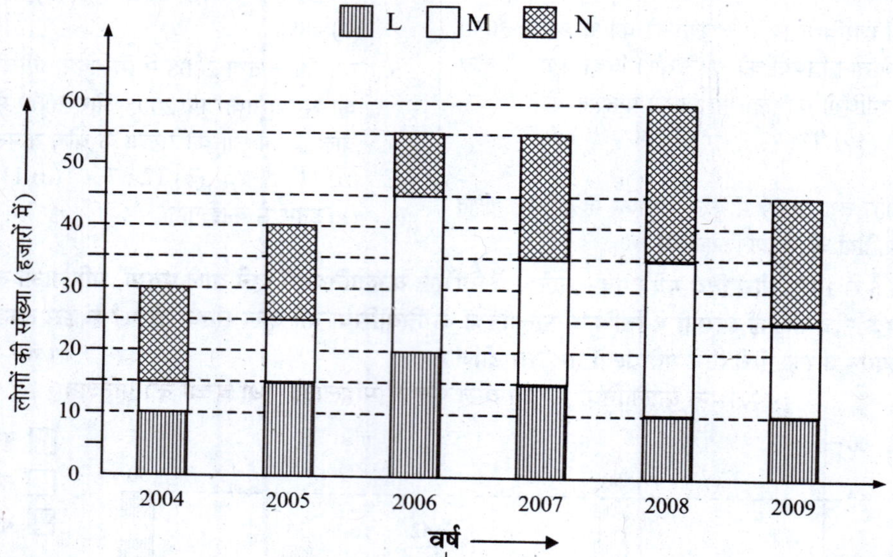

11. वर्ष 2008 तथा 2009 में मोबाइल सेवा M का उपयोग करने वालों की कुल संख्या कितनी है ?
(*a*) 35000
(*b*) 30000
(*c*) 45000
(*d*) 25000
(*e*) इनमें से कोई नहीं

12. वर्ष 2006 में मोबाइल सेवा N का उपयोग करने वालों की संख्या उस वर्ष तीनों मोबाइल सेवा का उपयोग करने वालों की कुल संख्या का कितने प्रतिशत है ?
(*a*) 18% (*b*) 26%
(*c*) 11% (*d*) 23%
(*e*) 29%

13. वर्ष 2005 में मोबाइल सेवा L का उपयोग करने वालों की संख्या का वर्ष 2004 में उसी सेवा का उपयोग करने वालों की संख्या से क्रमशः क्या अनुपात है ?
(a) 8 : 7 (b) 3 : 2
(c) 19 : 13 (d) 15 : 11
(e) इनमें से कोई नहीं

14. वर्ष 2007 में तीनों मोबाइल सेवा का उपयोग करने वालों की कुल संख्या वर्ष 2008 में तीनों मोबाइल सेवा का उपयोग करने वालों की कुल संख्या का कितने प्रतिशत है ? (दशमलव के 2 अंकों तक पूर्णांकित)
(a) 89·72% (b) 93·46% (c) 88·18% (d) 91·67%
(e) इनमें से कोई नहीं

15. सभी वर्षों को मिलाकर मोबाइल सेवा M का उपयोग करने वाले लोगों की औसत संख्या क्या है ?
(a) $16\frac{2}{3}$ (b) $14444\frac{1}{6}$
(c) $16666\frac{2}{3}$ (d) $14\frac{1}{6}$
(e) इनमें से कोई नहीं

निर्देश (प्र०न० 16 से 20): नीचे दिये गये दण्ड-आलेख में एक कम्पनी द्वारा 5 वर्षों में उत्पादित तीन अलग-अलग उत्पाद (हजारों में) दिये गये हैं. इनका ध्यानपूर्वक अध्ययन करके निम्नलिखित प्रश्नों के उत्तर दीजिए. **(बैंक पी०ओ० परीक्षा, 2010)**

किसी कम्पनी द्वारा विभिन्न वर्षों में उत्पादित तीन उत्पाद (हजारों में)

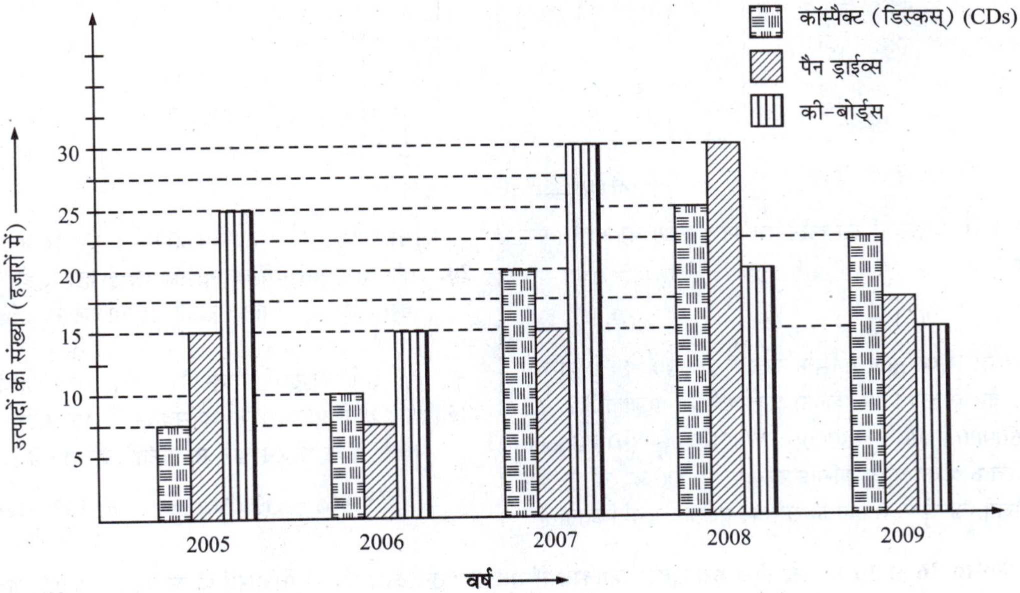

16. सभी वर्षों में कम्पनी द्वारा उत्पादित पैन-ड्राईव्स की औसत संख्या कितनी है ?
(a) 1700 (b) 1·7 लाख (c) 17000 (d) 85000
(e) इनमें से कोई नहीं

17. वर्ष 2006 तथा 2008 में कम्पनी ने सभी उत्पादों की कुल कितनी संख्या का उत्पादन किया था ?
(a) 10750 (b) 107·5 लाख
(c) 105700 (d) 10570
(e) इनमें से कोई नहीं

18. वर्ष 2009 में कम्पनी द्वारा उत्पादित CDs की संख्या तथा वर्ष 2005 में कम्पनी द्वारा उत्पादित की-बोर्ड्स की संख्या के बीच क्या अनुपात था ?
(a) 9 : 10 (b) 11 : 10 (c) 10 : 9 (d) 10 : 11
(e) इनमें से कोई नहीं

19. वर्ष 2008 में कम्पनी द्वारा उत्पादित पेन-ड्राइव्स और CDs की कुल संख्या तथा वर्ष 2008 में कम्पनी द्वारा उत्पादित की-बोर्ड की संख्या के बीच कितना अन्तर है ?
(a) 40000 (b) 4000 (c) 35000 (d) 3500
(e) इनमें से कोई नहीं

20. वर्ष 2006, 2007 तथा 2009 में कम्पनी द्वारा उत्पादित की-बोर्ड्स की संख्या के बीच अनुपात क्या है ?
(a) 1 : 2 : 3 (b) 1 : 2 : 2
(c) 2 : 1 : 3 (d) 1 : 2 : 1
(e) इनमें से कोई नहीं

निर्देश (प्र०न० 21 से 25 तक): दिये गये दण्ड-चित्रों में दो परिवारों *A* तथा *B* का भोजन, कपड़े, शिक्षा, ईंधन, मकान किराया तथा मिश्रित खर्चों का मासिक व्यय प्रतिशत दिया गया है.

इन दण्ड-चित्रों का ध्यानपूर्वक अध्ययन करके निम्नलिखित प्रश्नों के उत्तर दीजिए.

परिवारों A तथा B का भोजन, शिक्षा, ईंधन, मकान किराया तथा मिश्रित खर्चों का मासिक व्यय प्रतिशत

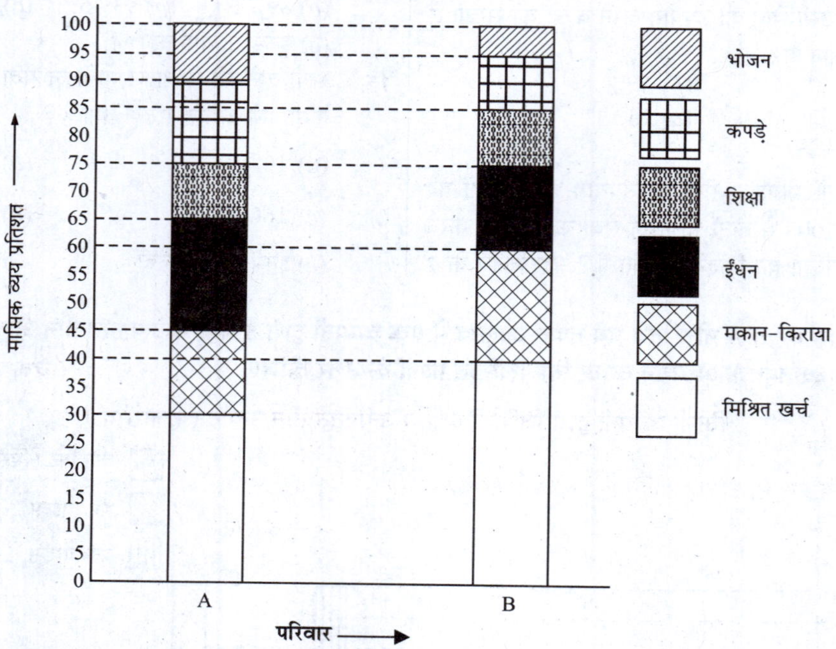

21. पीरवार A में कुल खर्च का कौन-सा भाग शिक्षा पर खर्च किया जाता है ?

(*a*) $\frac{1}{3}$ (*b*) $\frac{2}{5}$ (*c*) $\frac{3}{8}$ (*d*) $\frac{1}{5}$

22. यदि परिवार B का कुल मासिक खर्च ₹ 20000 हो, तो परिवार द्वारा पूरे वर्ष में कपड़े पर कितना धन खर्च किया जाता है ?

(*a*) ₹ 60000 (*b*) ₹ 48000(*c*) ₹ 42000 (*d*) ₹36600

23. यदि परिवार A का कुल मासिक खर्च ₹ 30000 हो, तो परिवार द्वारा भोजन, कपड़े व मकान किराये पर मासिक खर्च कितना है ?

(*a*) ₹ 18000 (*b*) ₹ 16000 (*c*) ₹ 16500 (*d*) ₹12000

24. यदि दोनों परिवारों का मासिक खर्च बराबर हो, तो किस परिवार द्वारा शिक्षा एव्ं मिश्रित खर्चों पर अधिक खर्च किया जाता है ?

(*a*) A (*b*) B
(*c*) दोनों का खर्च बराबर है (*d*) ज्ञात नहीं किया जा सकता

25. यदि दोनों परिवारों का मासिक खर्च बराबर हो, तो *B* का भोजन खर्च, A के भोजन खर्च का कितने प्रतिशत है ?

(*a*) $33\frac{1}{3}\%$ (*b*) 36% (*c*) $133\frac{1}{3}\%$ (*d*) 136%

निर्देश (प्रo26 से 30): नीचे दिये गये दण्ड-आलेख में एक संगठन के विभिन्न विभागों में कार्यरत कर्मचारियों की संख्या को दिखाया गया है. इसके नीचे दी गई सारणी में अलग-अलग विभागों में कार्यरत पुरुषों तथा महिलाओं का अनुपात दिया गया है. इस दण्ड-आलेख तथा सारणी का भली-भाँति अध्ययन करके नीचे दिये गये प्रश्नों के उत्तर दीजिए. **(बैंक पी०ओ० परीक्षा, 2009)**

एक संगठन के विभिन्न विभागों में कार्यरत कर्मचारियों की संख्या

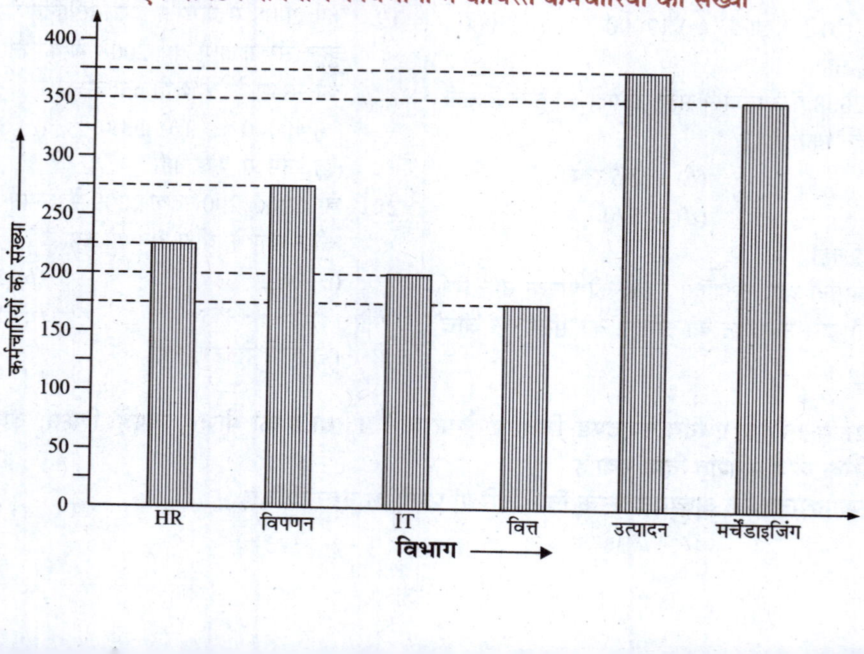

कर्मचारियों में पुरुष-महिला अनुपात

विभाग	पुरुष : महिला
मानव संसाधन	9 : 16
विपणन	3 : 2
सूचना तकनीकी	9 : 31
वित्त	2 : 3
उत्पादन	11 : 4
मर्चेंडाइजिंग	4 : 3

26. सभी विभागों में कार्यरत पुरुषों की कुल संख्या कितनी है ?
(*a*) 755 (*b*) 925 (*c*) 836 (*d*) 784
(*e*) इनमें से कोई नहीं

27. मानव संसाधन विभाग में कार्यरत महिलाओं की संख्या कितनी है ?
(*a*) 158 (*b*) 128 (*c*) 136 (*d*) 144
(*e*) इनमें से कोई नहीं

28. उत्पादन विभाग के कर्मचारियों की संख्या तथा मर्चेंडाइजिंग विभाग के कर्मचारियों की संख्या का अनुपात कितना है ?
(*a*) 15 : 14 (*b*) 8 : 7 (*c*) 14 : 15 (*d*) 7 : 8
(*e*) इनमें से कोई नहीं

29. किस विभाग में महिलाओं की न्यूनतम संख्या कार्यरत है ?
(*a*) विपणन (*b*) उत्पादन (*c*) HR (*d*) वित्त
(*e*) इनमें से कोई नहीं

30. संगठन में सभी विभागों में कुल कर्मचारियों की संख्या कितनी है ?
(*a*) 1500 (*b*) 1575 (*c*) 1525 (*d*) 1625
(*e*) इनमें से कोई नहीं

निर्देश (प्र०न० 31 से 35): नीचे दिये गये दण्ड-आलेख में एक कम्पनी द्वारा विगत वर्षों में विनिर्मित तथा बेची गई मदों की संख्या (लाखों में) दी गई है. इसका ध्यानपूर्वक अध्ययन करके नीचे दिये गये प्रश्नों के उत्तर दीजिए. **(बैंक पी०ओ० परीक्षा, 2009)**

विगत वर्षों में एक कम्पनी द्वारा विनिर्मित और बेची गई मदों की संख्या (लाखों में)

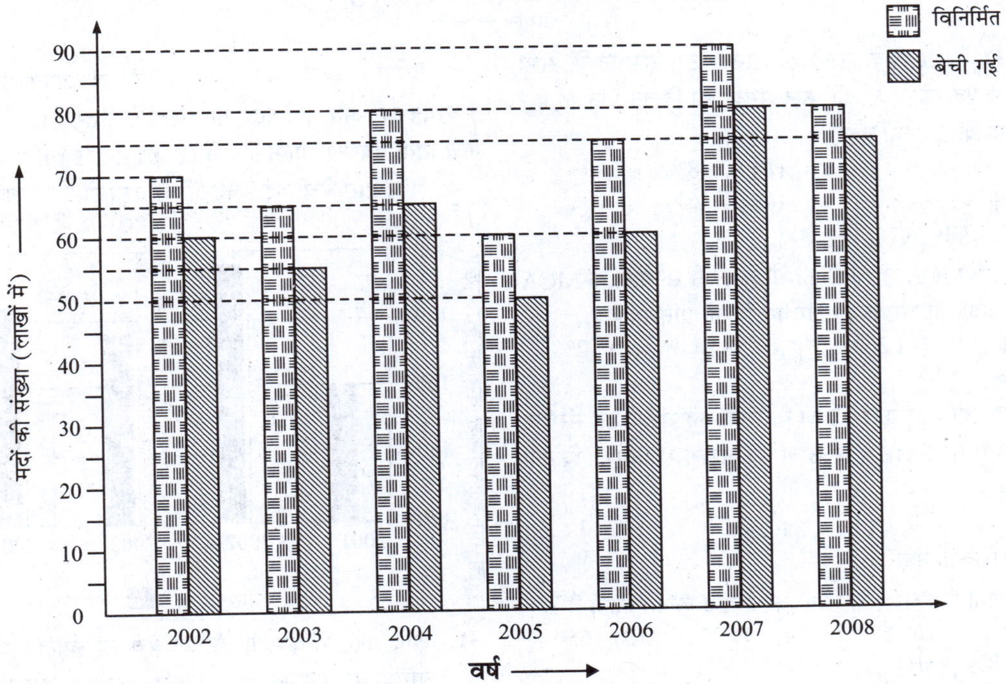

31. सभी वर्षों में कुल मिलाकर नहीं बेची गई मदों की लगभग औसत संख्या कितनी है ?
(*a*) 1050000 (*b*) 1055000
(*c*) 1043000 (*d*) 1040000
(*e*) 1070000

32. सभी वर्षों में कुल मिलाकर बेची गई मदों की लगभग औसत संख्या कितनी है ?
(*a*) 60 लाख (*b*) 61 लाख (*c*) 63 लाख (*d*) 67 लाख
(*e*) 69 लाख

33. वर्ष 2007 में विनिर्मित मदों की संख्या, सभी वर्षों में विनिर्मित मदों की कुल संख्या का कितने प्रतिशत है ? (दशमलव के बाद 2 अंकों तक पूर्णांकित)
(*a*) 17·31%
(*b*) 13·71%
(*c*) 17·03%
(*d*) 13·97%
(*e*) इनमें से कोई नहीं

34. सभी वर्षों में मिलाकर बेची गई मदों की कुल संख्या तथा विनिर्मित मदों की कुल संख्या के बीच का क्रमशः क्या अनुपात है ?
(*a*) 87 : 104 (*b*) 89 : 102
(*c*) 87 : 102 (*d*) 89 : 104
(*e*) इनमें से कोई नहीं

35. किस वर्ष में नहीं बेची गई मदों का प्रतिशत सर्वाधिक था ?
(*a*) 2004 (*b*) 2006 (*c*) 2008 (*d*) 2002
(*e*) इनमें से कोई नहीं

निर्देश (प्र०न० 36 से 40): नीचे दिये गये दण्ड-आलेख का अध्ययन करके दिये गये प्रश्नों के उत्तर दीजिए. (बैंक पी०ओ० परीक्षा, 2008)

पाँच विभिन्न संस्थानों के तीन विभिन्न संकायों में छात्रों की संख्या

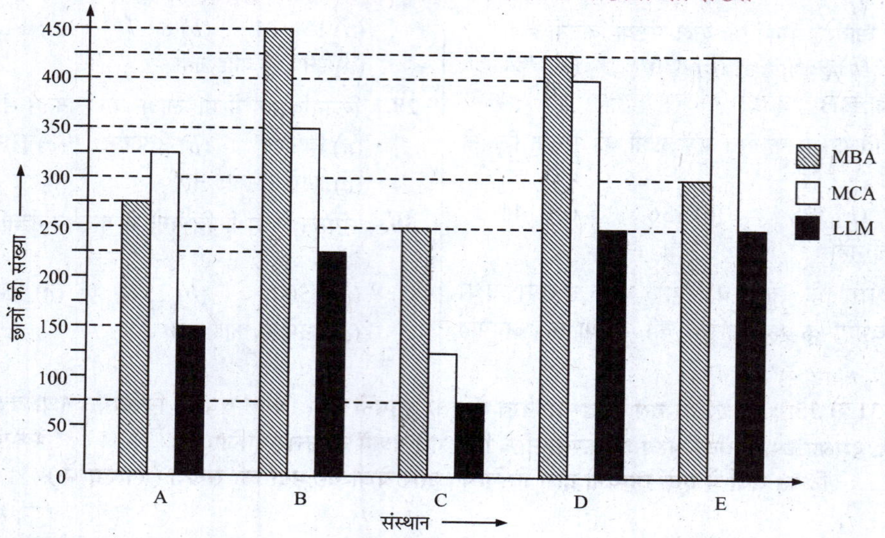

36. संस्थान D में MCA के छात्रों की संख्या उस संस्थान के सभी संकायों में पढ़ रहे छात्रों की कुल संख्या का कितने प्रतिशत है ? (दशमलव के 2 अंकों तक)
(*a*) 38.85% (*b*) 40.48%
(*c*) 37.21% (*d*) 36.36%
(*e*) इनमें से कोई नहीं

37. संस्थान E में MCA के छात्रों की संख्या सभी संस्थानों के MCA के कुल छात्रों की संख्या का लगभग कितने प्रतिशत है ?
(*a*) 42% (*b*) 26% (*c*) 38% (*d*) 12%
(*e*) 20%

38. संस्थान C तथा E में कुल LLM के छात्रों की संख्या का संस्थान A तथा B में कुल MBA के छात्रों की संख्या से क्रमशः कितना अनुपात है ?
(*a*) 2 : 5 (*b*) 7 : 6 (*c*) 2 : 1 (*d*) 13 : 29
(*e*) इनमें से कोई नहीं

39. सभी संस्थानों में MBA के छात्रों की संख्या कुल कितनी है ?
(*a*) 1800 (*b*) 1725 (*c*) 1875 (*d*) 1650
(*e*) इनमें से कोई नहीं

40. सभी संस्थानों में MBA, MCA तथा LLM के छात्रों की संख्या में क्रमशः क्या अनुपात है ?
(*a*) 68 : 65 : 38 (*b*) 68 : 38 : 65
(*c*) 68 : 61 : 38 (*d*) 68 : 38 : 61
(*e*) इनमें से कोई नहीं

निर्देश (प्र०न० 41 से 45): दी गई जानकारी का ध्यानपूर्वक अध्ययन करें और नीचे दिए गए प्रश्नों के उत्तर दें।
नीचे दिया गया बार ग्राफ 5 वर्षों (2001–2005) में 2 कंपनियों A और B द्वारा बेची गई इलेक्ट्रॉनिक वस्तुओं की संख्या को दर्शाता है।
(एस.आई.बी. पीओ परीक्षा, 2021)

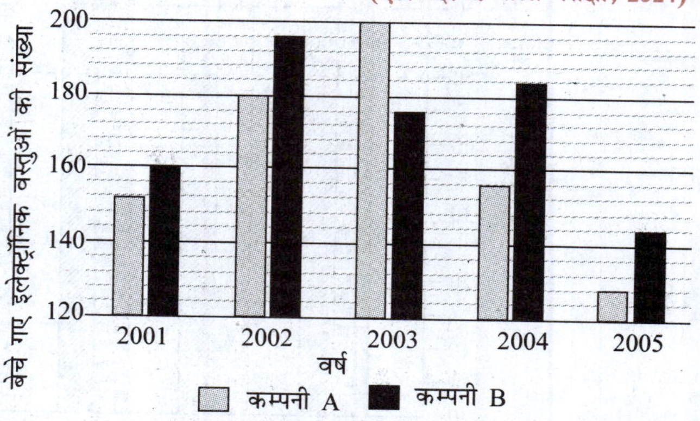

41. यदि 2002 में कम्पनी A द्वारा बेचे गए लैपटॉप और मोबाइल की संख्या का अनुपात 7 : 8 है और कंपनी B द्वारा 2005 में बेचे गए लैपटॉप और मोबाइल की संख्या का अनुपात 13 : 11 है। कम्पनी B द्वारा 2005 में बेचे गए लैपटॉप की संख्या 2002 में कंपनी A द्वारा बेचे गए मोबाइलों की संख्या से कितना प्रतिशत कम हैं ? (मान लें कि किसी कंपनी द्वारा दिए गए वर्षों के दौरान कोई अन्य

प्रकार की इलेक्ट्रॉनिक वस्तु नहीं बनाई गई है।)

(*a*) 16.40% (*b*) 19.50% (*c*) 15.55% (*d*) 14.60%
(*e*) 18.75%

42. कंपनी A और B द्वारा 2003 में बेची गई इलेक्ट्रॉनिक्स वस्तुओं की संख्या, कंपनी A और B द्वारा 2001 में बेची गई इलेक्ट्रॉनिक वस्तुओं की संख्या से कितने प्रतिशत अधिक है?

(*a*) 19.40% (*b*) 20.51% (*c*) 18.55% (*d*) 15.60%
(*e*) 14.48%

43. 2002 से 2005 तक कंपनी A द्वारा बेची गई इलेक्ट्रॉनिक वस्तुओं की औसत संख्या कितनी है?

(*a*) 145 (*b*) 124 (*c*) 155 (*d*) 166
(*e*) 148

44. 2001 से 2003 तक A द्वारा बेची गई वस्तुओं की कुल संख्या और 2003 से 2005 तक B द्वारा बेची गई वस्तुओं की कुल संख्या का अनुपात कितना है?

(*a*) 6:7 (*b*) 10:9 (*c*) 11:15 (*d*) 19:18
(*e*) 15:14

45. कंपनी B ने 2006 में अपनी बिक्री में पिछले वर्ष की तुलना में 25% की वृद्धि की। 2006 में प्रति वस्तु औसत लागत ₹ 16500 थी और इसने लैपटॉप को ₹ 24000 और प्रत्येक मोबाइल ₹ 13500 में बेचा। यदि 2006 में लैपटॉप और मोबाइल का अनुपात 4:5 था, तो 2006 में कंपनी B द्वारा बिक्री से उत्पन्न कुल लाभ ज्ञात कीजिए। (मान लीजिए कि 2006 में कंपनी B द्वारा कोई अन्य प्रकार की इलेक्ट्रॉनिक वस्तु नहीं बनाई गई है।)

(*a*) 300000 (*b*) 450000 (*c*) 400000 (*d*) 350000
(*e*) 335000

निर्देश (प्र०नं० 46 से 50): नीचे दिया गया बार ग्राफ एक महीने में पांच अलग-अलग परिवारों - A, B, C, D और E द्वारा देखे गए टीवी शो की संख्या को दर्शाता है।

(आई.बी.पी.एस. आर.आर.बी. क्लर्क (प्रा.) परीक्षा, 2020)

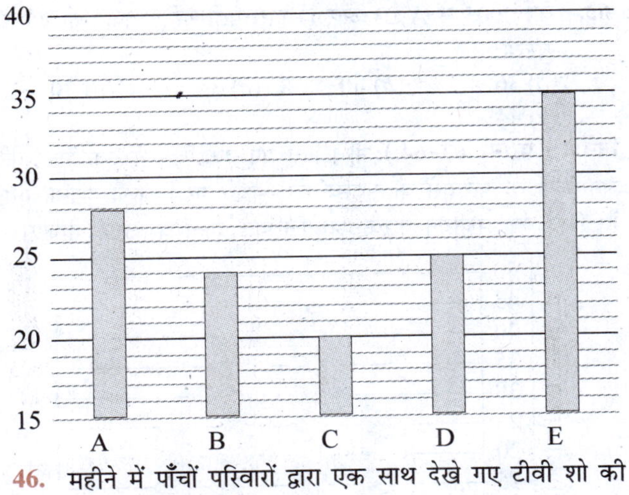

46. महीने में पाँचों परिवारों द्वारा एक साथ देखे गए टीवी शो की कुल संख्या कितनी है?

(*a*) 132 (*b*) 145 (*c*) 166 (*d*) 152
(*e*) 144

47. परिवार A और C द्वारा देखे जाने वाले टीवी शो की संख्या के अंतर और परिवार B और D द्वारा देखे गए टीवी शो की संख्या के अंतर का योग कितना है?

(*a*) 18 (*b*) 6 (*c*) 11 (*d*) 9
(*e*) 10

48. परिवार C, A और B द्वारा देखे गए टीवी शो की संख्या के औसत और परिवार D और E द्वारा देखे गए टीवी शो की संख्या के औसत का अनुपात कितना है?

(*a*) 4:5 (*b*) 3:2 (*c*) 6:7 (*d*) 5:4
(*e*) 4:7

49. परिवार A और C द्वारा देखे गए टीवी शो की संख्या के बीच का अंतर, परिवार D और E द्वारा एक साथ देखे गए टीवी शो की संख्या के योग का कितना प्रतिशत है?

(*a*) $9\frac{2}{3}\%$ (*b*) $11\frac{1}{4}\%$ (*c*) $13\frac{1}{3}\%$ (*d*) $15\frac{1}{2}\%$
(*e*) $12\frac{1}{3}\%$

50. परिवार B द्वारा देखे जाने वाले टीवी शो की संख्या, परिवार D और C द्वारा देखे गए टीवी शो की औसत संख्या और परिवार E द्वारा देखे गए टीवी शो की संख्या के आधे के अंतर से कितना प्रतिशत अधिक है?

(*a*) 345% (*b*) 380% (*c*) 400% (*d*) 375%
(*e*) 402%

निर्देश (प्र०नं० 51 से 55): निम्नलिखित जानकारी का ध्यानपूर्वक अध्ययन करें और दिए गए प्रश्न का उत्तर दें।

नीचे दिया गया बार ग्राफ पांच अलग-अलग महीनों-जनवरी, फरवरी, मार्च, अप्रैल और मई में एक कंपनी द्वारा निर्यात किए गए फलों की मात्रा (टन में) दर्शाता है। **(नैनीताल बैंक पीओ परीक्षा, 2020)**

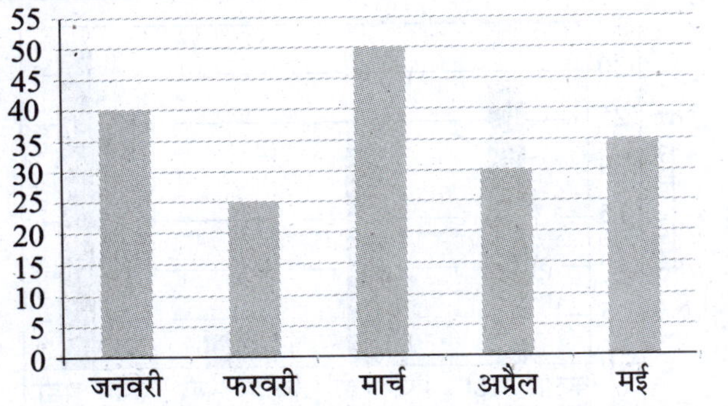

नीचे दिया गया बार ग्राफ पांच अलग-अलग महीनों में कंपनी द्वारा निर्यात किए गए फलों का मूल्य (लाख रुपये में) दर्शाता है।

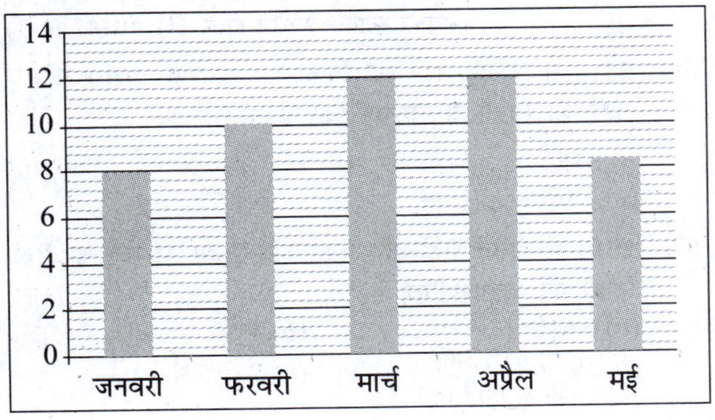

51. कंपनी द्वारा फरवरी और अप्रैल में निर्यात किए गए फलों की मात्रा और मार्च में निर्यात किए गए फलों की मात्रा के बीच का अंतर (लाखों में) कितना है?
(a) 5 (b) 8 (c) 7 (d) 9
(e) 6

52. किस महीने में फल का मूल्य (प्रति टन) न्यूनतम था?
(a) जनवरी (b) मार्च (c) अप्रैल (d) मई
(e) फरवरी

53. कंपनी द्वारा फरवरी और मई में निर्यात किए गए फलों के मूल्य (प्रति टन) के बीच कितना अंतर (हजारों में) है?
(a) 16000 (b) 15000
(c) 18000 (d) 20000
(e) 10000

54. कंपनी द्वारा मार्च में निर्यात किए गए फलों (प्रति टन) का मूल्य फरवरी में कंपनी द्वारा निर्यात किए गए फलों (प्रति टन) के मूल्य का कितना प्रतिशत है?
(a) 50% (b) 60%
(c) 70% (d) 80%
(e) 55%

55. मार्च से अप्रैल तक निर्यात मात्रा में प्रतिशत गिरावट क्या थी?
(a) 40% (b) 50% (c) 55% (d) 60%
(e) 48%

निर्देश: (56-60): एक घड़ी कंपनी चार भिन्न उत्पाद बनाती है। इन उत्पादो की 2005 और 2010 में लाखो की बिक्री निम्नलिखित आयत चित्र में दर्शाई गई है। ग्राफ का अध्ययन कीजिए और प्रश्नों के उत्तर दीजिए।

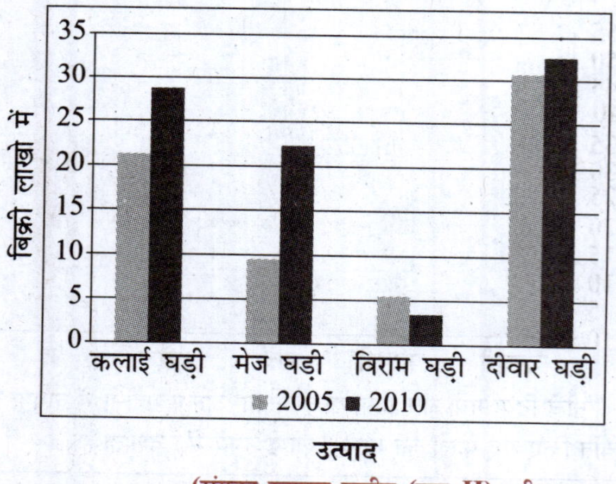

(संयुक्त स्नातक स्तरीय (स्तर-II) परीक्षा, 2014)

56. 2010 में कलाई घड़ी की बिक्री का प्रतिशत, 2010 में मेज घड़ी की बिक्री से लगभग कितना अधिक था?
(a) 26.7% (b) 27.7%
(c) 28.7% (d) 21.7%

57. 2010 में विराम् घड़ी की बिक्री और 2005 में मेज घड़ी की बिक्री का अनुपात क्या है?
(a) 6 : 19 (b) 7 : 6
(c) 19 : 6 (d) 7 : 19

58. 2005 में मेज घड़ी की बिक्री, 2005 में दीवार घड़ी की बिक्री से लगभग कितनी कम हुई?
(a) 70.05% (b) 69.05% (c) 68.05% (d) 62.05%

59. 2005 से 2010 के दौरान बिक्री में वृद्धि की न्यूनतम दर किस उत्पाद की रही?
(a) कलाई घड़ी (b) मेज घड़ी
(c) विराम् घड़ी (d) दीवार घड़ी

60. 2005 से 2010 तक किस उत्पाद की बिक्री में लगभग 135 प्रतिशत की वृद्धि हुई?
(a) मेज घड़ी (b) कलाई घड़ी
(c) विराम् घड़ी (d) दीवार घड़ी

निर्देश (प्र०न० 61 से 62): नीचे दिया गया बार ग्राफ दो वर्षों (2005 और 2006) में 4 व्यक्तियों द्वारा पढ़ी गई पुस्तकों की जानकारी दर्शाता है:

(एस.बी.आई. क्लर्क (प्रा.) परीक्षा, 2019)

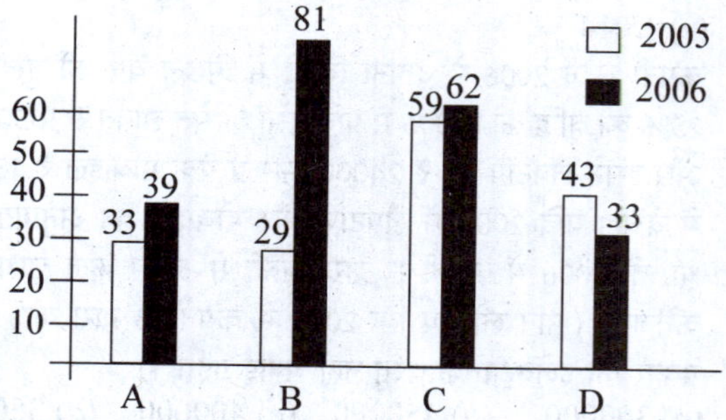

61. दोनों वर्षों में D द्वारा पढ़ी गई पुस्तकों की कुल संख्या, दोनों वर्षों में B द्वारा पढ़ी गई पुस्तकों से कितना% कम है?
(a) 31% कम (b) 32% कम
(c) 35% कम (d) 38% कम
(e) 45% कम

62. वर्ष 2005 में A, B और D द्वारा पढ़ी गई पुस्तकों की औसत संख्या:
(a) 36 (b) 40 (c) 35 (d) 30
(e) 44

निर्देश (प्र०न० 63-64): नीचे दिए गए दण्डचित्र में एक शहर की जनसंख्या के परिवारों के सदस्यों के आधार पर विवरण दर्शाया गया है। चित्र का अध्ययन करके अधोलिखित प्रश्नों के उत्तर दीजिए।

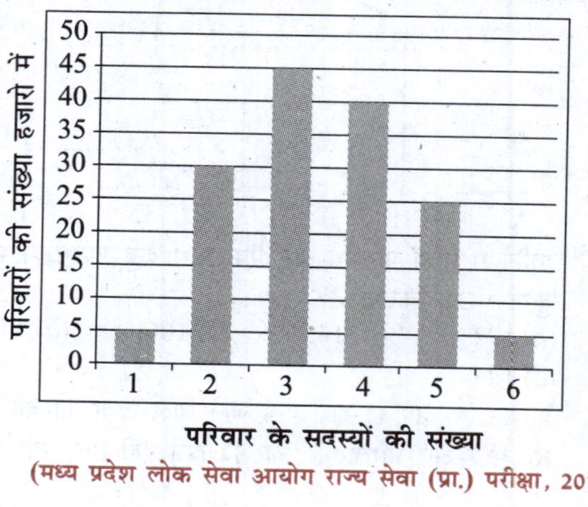

(मध्य प्रदेश लोक सेवा आयोग राज्य सेवा (प्रा.) परीक्षा, 2015)

63. चार से ज्यादा सदस्यों वाले परिवारों का प्रतिशत क्या है?
(*a*) 10% (*b*) 20% (*c*) 30% (*d*) 40%

64. परिवार में औसत सदस्यों की संख्या क्या है?
(*a*) 2.4 (*b*) 3.0 (*c*) 2.5 (*d*) 4

निर्देश (प्र०न० 65 से 68 तक): **नीचे दिये गये दण्ड-चित्रों में दिया गया दण्ड-आलेख मार्च 2008 में पाँच कम्पनियों के रंगीन टी०वी० की माँग तथा उत्पादन को दर्शाता है. आलेख का भली-भाँति अध्ययन करके निम्नलिखित प्रश्नों के उत्तर दीजिए.**
(एस०एस०सी० परीक्षा, 2009)

मार्च 2008 में कम्पनियों के रंगीन टी०वी० की माँग तथा उत्पादन

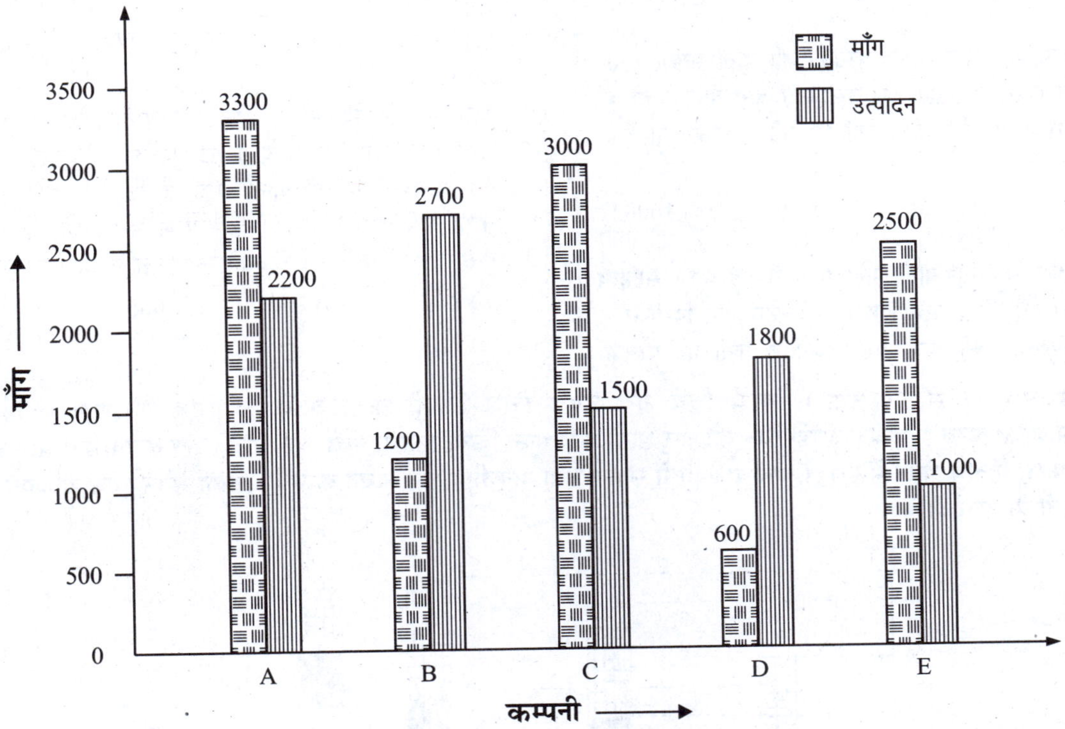

65. उत्पादन से अधिक माँग वाली कम्पनियों की संख्या तथा माँग से अधिक उत्पादन वाली कम्पनियों की संख्या में क्या अनुपात है ?
(*a*) 2 : 3 (*b*) 4 : 1
(*c*) 1 : 1 (*d*) 3 : 2

66. पाँचों कम्पनियों को मिलाकर औसत माँग तथा औसत उत्पादन के बीच कितना अन्तर है ?
(*a*) 1400 (*b*) 400
(*c*) 280 (*d*) 138

67. कम्पनी D की माँग, कम्पनी E की माँग का लगभग कितने प्रतिशत है ?
(*a*) 12% (*b*) 20%
(*c*) 24% (*d*) 30%

68. कम्पनी B तथा D की औसत माँग और औसत उत्पादन का क्या अनुपात है ?
(*a*) 1 : 5 (*b*) 2 : 5
(*c*) 3 : 5 (*d*) 4 : 5

निर्देश (प्र०न० 69 से 73) निम्न ग्राफ का अध्ययन कीजिए एंव दिए गए प्रश्नों के उत्तर दीजिए।

वर्ष 2002 में एवं दिसम्बर माह में पांच पुस्तक स्टोरों द्वारा बेची गई कथा साहित्य की पुस्तकों का प्रतिशत दर्शाया गया है। सभी स्टोर या कथा साहित्य या गैर-कथा साहित्य की पुस्तकें बेचते हैं।

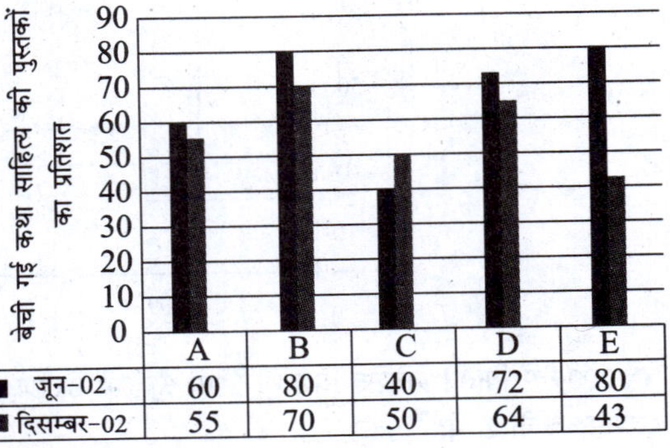

	A	B	C	D	E
■ जून-02	60	80	40	72	80
■ दिसम्बर-02	55	70	50	64	43

टिप्पणी: बेची गई कुल पुस्तकें = कथा साहित्य + गैर कथा साहित्य की पुस्तकें

(आई.बी.पी.एस. बैंक क्लर्क सी.डब्लू.ई. मुख्य परीक्षा, 2017)

69. दिसम्बर में स्टोर B द्वारा बेची गई कथा साहित्य की पुस्तकों की संख्या उसी स्टोर द्वारा जून में बेची गई तथा साहित्य की पुस्तकों से 200 अधिक थी। यदि दोनों माहों को मिलाकर स्टोर B द्वारा बेची गई पुस्तकों की कुल संख्या 2000 थी, तो स्टोर B ने दिसम्बर में कुल कितनी पुस्तकों (कथा साहित्य + गैर कथा साहित्य) का विक्रय किया ?

(*a*) 2000 (*b*) 1600 (*c*) 1200 (*d*) 1800 (*e*) 1500

70. स्टोर C द्वारा जून में बेची गई पुस्तकों की कुल संख्या 1500 थी एवं दिसम्बर में 2000 थी। उस स्टोर द्वारा दोनों माहों को मिलाकर बेची गई गैर-कथा साहित्य की पुस्तकों की कुल संख्या क्या है?

(*a*) 1200 (*b*) 1720 (*c*) 1800 (*d*) 1600 (*e*) 1900

71. स्टोर D द्वारा दिए गए दोनों माहों में बेची गई कथा साहित्य की पुस्तकों की संख्या समान थी। उसी स्टोर द्वारा दिसम्बर में बेची गई पुस्तकों की कुल संख्या जून में बेची गई पुस्तकों की कुल संख्या से कितना प्रतिशत अधिक थी ?

(*a*) 16 (*b*) 18 (*c*) 10 (*d*) 12.5 (*e*) 8

72. स्टोर E द्वारा जून में बेची गई पुस्तकों की कुल संख्या 1800 थी जो, उसी स्टोर द्वारा दिसम्बर में बेची गई पुस्तकों की कुल संख्या से 25 प्रतिशत कम थी। उसी स्टोर द्वारा दोनों माहों को मिलाकर बेची गई कथा साहित्य की पुस्तकों की कुल संख्या क्या है?

(*a*) 1442 (*b*) 1620 (*c*) 1572 (*d*) 1640 (*e*) 1548

73. स्टोर A द्वारा दिसम्बर में बेची गई पुस्तकों की कुल संख्या उसी स्टोर द्वारा जून में बेची गई पुस्तकों की कुल संख्या से 60 अधिक थी। यदि दोनों माहों में स्टोर A द्वारा बेची गई कथा साहित्य की पुस्तकों की संख्या समान थी, तो स्टोर A द्वारा जून में बेची गई पुस्तकों की कुल संख्या क्या है?

(*a*) 840 (*b*) 800 (*c*) 660 (*d*) 900 (*e*) 720

निर्देश (प्र०न० 74 से 79 तक): नीचे दिये गये दण्ड-चित्र किसी कॉलेज के बी०ए० फाइनल परीक्षा के 3 वर्ष के परिणाम व्यक्त करते हैं. प्रत्येक दण्ड-चित्र को चार भागों में विभक्त किया गया है. नीचे से ऊपर की ओर के विभिन्न भाग क्रमश: प्रथम श्रेणी में सफल, द्वितीय श्रेणी में सफल, तृतीय श्रेणी में सफल तथा अनुत्तीर्णों को व्यक्त करते हैं. इनका ध्यानपूर्वक अध्ययन करके नीचे दिये गये प्रश्नों के उत्तर दीजिए.

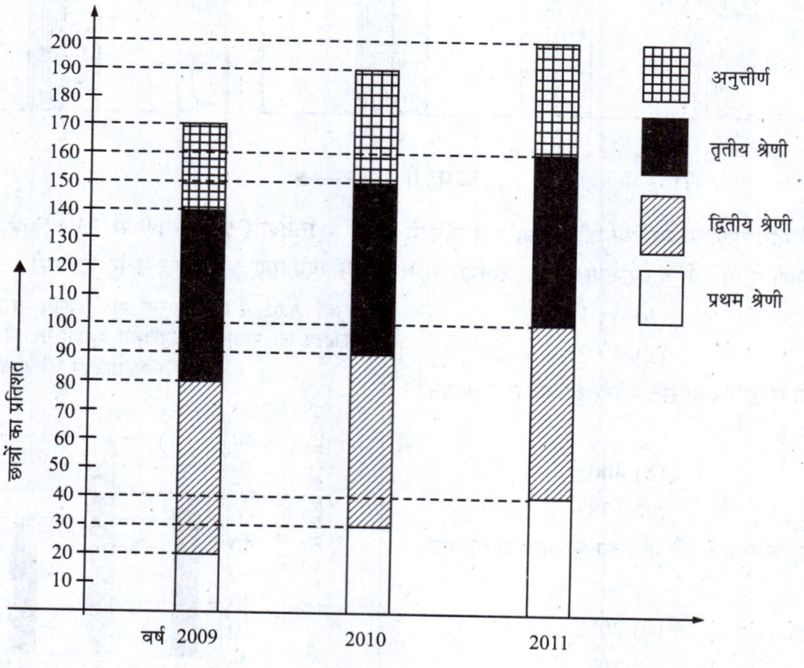

74. वर्ष 2009 में कितने प्रतिशत विद्यार्थी प्रथम श्रेणी में उत्तीर्ण हुए? (दशमलव के 2 अंकों तक)

(*a*) 10·84% (*b*) 9·92% (*c*) 11·76% (*d*) 12·24%

75. वर्ष 2010 में कितने प्रतिशत विद्यार्थी उत्तीर्ण हुए? (दशमलव के 2 अंकों तक पूर्णांकित)

(*a*) 78·95% (*b*) 73·65%
(*c*) 81·46% (*d*) 88·24%

76. किस वर्ष में कालिज का बी०ए० का परिणाम सर्वोत्तम रहा?

(*a*) 2009 (*b*) 2010
(*c*) 2011 (*d*) किसी में भी नहीं

77. वर्ष 2011 में तृतीय श्रेणी में उत्तीर्ण होने वालों की संख्या कितनी रही?

(*a*) 72 (*b*) 60
(*c*) 64 (*d*) 56

78. वर्ष 2011 में विद्यार्थियों की संख्या, वर्ष 2009 के विद्यार्थियों की संख्या का कितने प्रतिशत रही ?
(*a*) 123·4% (*b*) 121·6% (*c*) 117·6% (*d*) 119·3%

79. तीनों वर्षों का कुल मिलाकर उत्तीर्ण प्रतिशत कितना रहा ?
(*a*) 78·2% (*b*) 80·3%
(*c*) 82·1% (*d*) 84·6%

उत्तरमाला (प्रश्नमाला 41)

1. (*d*)	2. (*b*)	3. (*e*)	4. (*d*)	5. (*a*)	6. (*b*)	7. (*b*)	8. (*e*)	9. (*d*)	10. (*a*)	11. (*e*)	12. (*a*)
13. (*b*)	14. (*d*)	15. (*c*)	16. (*c*)	17. (*e*)	18. (*a*)	19. (*c*)	20. (*d*)	21. (*d*)	22. (*b*)	23. (*a*)	24. (*a*)
25. (*c*)	26. (*c*)	27. (*d*)	28. (*a*)	29. (*b*)	30. (*e*)	31. (*e*)	32. (*c*)	33. (*a*)	34. (*d*)	35. (*b*)	36. (*c*)
37. (*b*)	38. (*d*)	39. (*e*)	40. (*a*)	41. (*e*)	42. (*b*)	43. (*d*)	44. (*d*)	45. (*a*)	46. (*a*)	47. (*d*)	48. (*a*)
49. (*c*)	50. (*b*)	51. (*a*)	52. (*a*)	53. (*a*)	54. (*b*)	55. (*a*)	56. (*c*)	57. (*d*)	58. (*b*)	59. (*c*)	60. (*a*)
61. (*a*)	62. (*c*)	63. (*b*)	64. (*c*)	65. (*d*)	66. (*c*)	67. (*c*)	68. (*b*)	69. (*c*)	70. (*e*)	71. (*d*)	72. (*e*)
73. (*c*)	74. (*c*)	75. (*a*)	76. (*a*)	77. (*b*)	78. (*c*)	79. (*b*)					

दिये गये प्रश्नों के हल

1. वर्ष 2009 में तीन विषयों को चुनने वाले विद्यार्थियों की कुल संख्या = (20 + 20 + 5) हजार = 45000.

इसमें लड़कियों की संख्या $= \left(45000 \times \frac{38}{100}\right) = 17100.$

स्पष्ट है कि इससे गणित के लड़कों की संख्या निर्धारित नहीं की जा सकती.

2. अभीष्ट $\% = \left\{\frac{(15+10+15)\times 1000}{455030} \times 100\right\}\%$

$= \left(\frac{40000 \times 100}{455030}\right)\% = 8\cdot 79\% \simeq 9\%.$

3. वर्ष 2006, 2007 तथा 2009 में हिन्दी और गणित चुनने वालों की संख्या = (5 + 15 + 20) हजार + (35 + 15 + 5) हजार
= (40000 + 55000) = 95000.

4. अभीष्ट

$\% = \left\{\frac{(15+30)\times 1000}{[(5+35+15)+(25+30+30)]\times 1000} \times 100\right\}\%$

$= \left\{\frac{45}{(55+85)} \times 100\right\}\% = \left(\frac{45}{140} \times 100\right)\%$

$= 32\cdot 14\% \simeq 32\%.$

5. अभीष्ट अनुपात $= \frac{(25+30)\times 1000}{(5+20)\times 1000} = \frac{55}{25} = \frac{11}{5} = 11:5.$

6. कॉलोनी A, B तथा C की कुल महिलाओं की संख्या

$= \left\{\frac{1250 \times 36}{100} + \frac{2050 \times 30}{100} + \frac{1800 \times 42}{100}\right\}$

$= (450 + 615 + 756) = 1821.$

7. कॉलोनी A के बच्चों की संख्या $= \left(1250 \times \frac{30}{100}\right) = 375.$

कॉलोनी E के बच्चों की संख्या $= \left(1620 \times \frac{20}{100}\right) = 324.$

अभीष्ट $\% = \left(\frac{375}{324} \times 100\right)\% = \frac{3125}{27}\% = 115\cdot 7\%$

$\simeq 116\%.$

8. कॉलोनी B के पुरुषों की संख्या $= \left(2050 \times \frac{50}{100}\right) = 1025.$

कॉलोनी B की महिलाओं की संख्या $= \left(2050 \times \frac{30}{100}\right) = 615.$

अभीष्ट अनुपात $= \frac{1025}{615} = \frac{5}{3} = 5:3.$

9. सभी कॉलोनियों के कुल निवासियों की संख्या
= (1250 + 2050 + 1800 + 1150 + 1620) = 7870.

इनकी औसत संख्या $= \frac{7870}{5} = 1574.$

10. कॉलोनी D के पुरुषों की संख्या $= \left(1150 \times \frac{38}{100}\right) = 437.$

कॉलोनी D के बच्चों की संख्या $= \left(1150 \times \frac{26}{100}\right) = 299.$

अभीष्ट अन्तर = (437 – 299) = 138.

11. वर्ष 2008 तथा वर्ष 2009 में मोबाइल सेवा M का प्रयोग करने वालों की कुल संख्या
= (35 – 10) × 1000 + (25 – 10) × 1000
= (25000 + 15000) = 40000.

12. वर्ष 2006 में N का प्रयोग करने वालों की संख्या
= (55 – 45) × 1000 = 10000.

वर्ष 2006 में तीनों मोबाइल सेवाओं का प्रयोग करने वालों की संख्या = 55000.

अभीष्ट प्रतिशतता

$= \left(\frac{10000}{55000} \times 100\right)\% = \frac{200}{11}\% = 18\cdot 1\% \simeq 18\%.$

13. वर्ष 2005 में L का प्रयोग करने वालों की संख्या = 15000.
वर्ष 2004 में L का प्रयोग करने वालों की संख्या = 10000.
अभीष्ट अनुपात = 15000 : 10000 = 3 : 2.

14. वर्ष 2007 में तीनों मोबाइल प्रयोग करने वालों की संख्या = 55000.
वर्ष 2008 में तीनों मोबाइल प्रयोग करने वालों की संख्या = 60000
अभीष्ट प्रतिशत्ता
$= \left(\frac{55000}{60000} \times 100\right)\% = \frac{275\%}{3}\% = 91 \cdot 67\%.$

15. 6 वर्षों में M का प्रयोग करने वालों की संख्या
$= [(15-10)+(25-15)+(45-20)+(35-15)+(35-10)+(25-10)] \times 1000$
$= (5+10+25+20+25+15) \times 1000 = 100000.$
प्रतिवर्ष M का प्रयोग करने वालों की औसत संख्या
$= \frac{100000}{6} = 16666\frac{2}{3}.$

16. इन वर्षों में कम्पनी द्वारा उत्पादित कुल पेन-ड्राईव्स
= (15 + 7·5 + 15 + 30 + 17·5) हजार = 85000.
इनकी अभीष्ट औसत संख्या $= \frac{85000}{5} = 17000.$

17. वर्ष 2006 तथा 2008 में उत्पादित सभी उत्पादों की कुल संख्या
= (10 + 7·5 + 15) हजार + (25 + 30 + 20) हजार
= (32·5 × 1000) + (75 × 1000) = (32500 + 75000)
= 107500.

18. अभीष्ट अनुपात $= \frac{22500}{25000} = \frac{9}{10} = 9:10.$

19. वर्ष 2008 में उत्पादित पेन-ड्राइव्स तथा CDs की कुल संख्या
= (30000 + 25000) = 55000.
वर्ष 2008 में उत्पादित की-बोर्ड्स की संख्या = 20000.
अभीष्ट अन्तर = (55000 – 20000) = 35000.

20. वर्ष 2006, 2007 तथा 2009 में उत्पादित की-बोर्ड्स की संख्याओं का अनुपात
= 15000 : 30000 : 15000 = 1 : 2 : 1.

21. परिवार A द्वारा शिक्षा पर खर्च
$= (65-45)\% = 20\% = \frac{20}{100}$ भाग $= \frac{1}{5}$ भाग.

22. परिवार B द्वारा 1 माह का कपड़े पर खर्च = ₹ 20000 का
(60 – 40)% = ₹ $\left(20000 \times \frac{20}{100}\right)$ = ₹ 4000.

23. परिवार A द्वारा भोजन, कपड़े तथा मकान किराये पर खर्च
= ₹ 30000 का [30 + (45 – 30) + (90 – 75)%
= ₹ 30000 का (30 + 15 + 15)% = ₹ $\left(30000 \times \frac{60}{100}\right)$
= ₹ 18000.

24. शिक्षा एवं मिश्रित खर्चों पर:
A का व्यय
= [(65 – 45) + (100 – 90)]% = (20 + 10)% = 30%.
B का व्यय
= [(75 – 60) + (100 – 95)]% = (15 + 5)% = 20%.
अत: मासिक खर्च बराबर होने पर दिये गये मदों पर *A* का खर्च अधिक होगा.

25. माना प्रत्येक का मासिक खर्च = ₹ 100.
तब, A का मासिक भोजन खर्च = ₹ 30.
तथा B का मासिक भोजन खर्च = ₹ 40.
माना ₹ 40 = ₹ 30 का x%. तब $\frac{30 \times x}{100} = 40$
$\therefore\ x = \left(\frac{40 \times 100}{30}\right) = \frac{400}{3} = 133\frac{1}{3}\%.$

26. सभी विभागों में कार्यरत पुरुषों की कुल संख्या
$= \left(225 \times \frac{9}{25}\right) + \left(275 \times \frac{3}{5}\right) + \left(200 \times \frac{9}{40}\right) + \left(175 \times \frac{2}{5}\right) + \left(375 \times \frac{11}{15}\right) + \left(350 \times \frac{4}{7}\right)$
$= (81+165+45+70+275+200) = 836.$

27. HR विभाग में कार्यरत महिलाओं की संख्या
$= \left(225 \times \frac{16}{25}\right) = 144.$

28. (उत्पादन में कर्मचारियों की संख्या): (मर्चेंडाइजिंग में कर्मचारियों की संख्या)
$= \frac{375}{350} = \frac{15}{14} = 15:14.$

29. विभिन्न विभागों में महिलाओं की संख्या:
HR $\rightarrow \left(225 \times \frac{16}{25}\right) = 144$, विपणन $\rightarrow \left(275 \times \frac{2}{5}\right) = 110,$
IT $\rightarrow \left(200 \times \frac{31}{40}\right) = 155$, वित्त $\rightarrow \left(175 \times \frac{3}{5}\right) = 105,$
उत्पादन $\rightarrow \left(375 \times \frac{4}{15}\right) = 100,$
मर्चेंडाइजिंग $\rightarrow \left(350 \times \frac{3}{7}\right) = 150.$
इनमें से सबसे कम संख्या उत्पादन में है.

30. सभी विभागों के कुल कर्मचारियों की संख्या
= (225 + 275 + 200 + 175 + 375 + 350) = 1600.

31. सभी वर्षों में नहीं बेची गई मदों की संख्या
= [(70 – 60) + (65 – 55) + (80 – 65) + (60 – 50) + (75 – 60) + (90 – 80) + (80 – 75)] लाख
= (10 + 10 + 15 + 10 + 15 + 10 + 5) लाख = 75 लाख.

32. सभी वर्षों में बेची गई मदों की संख्या
= (60 + 55 + 65 + 50 + 60 + 80 + 75) लाख = 445 लाख.
अभीष्ट औसत संख्या $= \frac{445}{7}$ लाख
= 63·57 लाख = 63 लाख (लगभग).

33. वर्ष 2007 में विनिर्मित मदों की संख्या = 90 लाख.
सभी वर्षों में विनिर्मित मदों की संख्या
= (70 + 65 + 80 + 60 + 75 + 90 + 80) लाख = 520 लाख.
अभीष्ट % $= \left(\frac{90}{520} \times 100\right)\% = 17 \cdot 309\% \simeq 17 \cdot 31\%.$

34. सभी वर्षों में बेची गई मदों की कुल संख्या = 445 लाख.
सभी वर्षों में विनिर्मित मदों की कुल संख्या = 520 लाख.
अभीष्ट अनुपात $= \frac{445 \text{ लाख}}{520 \text{ लाख}} = \frac{445}{520} = \frac{89}{104} = 89:104.$

35. प्रत्येक वर्ष नहीं बेची गई मदों के प्रतिशत का ब्यौरा :
$2002 \rightarrow \left(\frac{10}{70}\times 100\right)\% = \frac{100}{7}\% = 14\cdot 3\%;$
$2003 \rightarrow \left(\frac{10}{65}\times 100\right)\% = \frac{200}{13}\% = 15\cdot 38\%\ ;$
$2004 \rightarrow \left(\frac{15}{80}\times 100\right)\% = \frac{75}{4}\% = 18\cdot 75\%\ ;$
$2005 \rightarrow \left(\frac{10}{60}\times 100\right)\% = \frac{50}{3}\% = 16\cdot 67\%\ ;$
$2006 \rightarrow \left(\frac{15}{75}\times 100\right)\% = 20\%\ ;$
$2007 \rightarrow \left(\frac{10}{90}\times 100\right)\% = \frac{100}{9}\% = 11\cdot 11\%\ ;$
$2008 \rightarrow \left(\frac{5}{80}\times 100\right)\% = \frac{25}{4}\% = 6\cdot 25\%\ ;$
स्पष्ट है कि ये सर्वाधिक वर्ष 2006 में है.

36. $\text{अभीष्ट }\% = \left\{\frac{400}{(425+400+250)}\times 100\right\}\%$
$= \left(\frac{400\times 100}{1075}\right)\% = 37\cdot 209\% \simeq 37\cdot 21\%.$

37. $\text{अभीष्ट }\% = \left\{\frac{425}{(325+350+125+400+425)}\times 100\right\}\%$
$= \left(\frac{425\times 100}{1625}\right)\% = 26\cdot 15\% \simeq 26\%.$

38. अभीष्ट अनुपात $= \frac{(75+250)}{(275+450)} = \frac{325}{725} = \frac{13}{29} = 13:29.$

39. सभी संस्थानों में MBA के छात्रों की कुल संख्या
$= (275 + 450 + 250 + 425 + 300) = 1700.$

40. अभीष्ट अनुपात
$= 1700 : 1625 : (150 + 225 + 75 + 250 + 250)$
$= 1700 : 1625 : 950 = 68 : 65 : 38.$

41. 2002 में कंपनी A द्वारा बेचे गए मोबाइलों की संख्या
$= \frac{8}{15} \times 100 = 96$
2005 में कंपनी B द्वारा बेचे गए लैपटॉप की संख्या
$= \frac{13}{24}\times 144 = 78$
आवश्यक प्रतिशत $= \frac{96-78}{96} \times 100 = 18.75\%$

42. कंपनी A और B द्वारा 2003 में बेची गई इलेक्ट्रॉनिक वस्तुओं की संख्या = 200 + 176 = 376
कंपनी A और B द्वारा 2001 में बेची गई इलेक्ट्रॉनिक्स वस्तुओं की संख्या = 160 + 152 = 312
प्रतिशत $= \frac{376-312}{312} \times 100 = 20.51\%$

43. 2002 से 2005 तक कंपनी A द्वारा बेची गई इलेक्ट्रॉनिक वस्तुओं की संख्या = 180 + 200 + 156 + 128 = 664
औसत $= \frac{664}{4} = 166$

44. 2001 से 2003 तक A द्वारा बेची गई वस्तुओं की संख्या
= 152 + 180 + 200 = 532
2003 से 2005 तक B द्वारा बेची गई वस्तुओं की संख्या
= 176 + 184 + 144 = 504
अभीष्ट अनुपात = 532 : 504 = 19 : 18

45. 2006 में कंपनी B द्वारा बेची गई वस्तुओं की संख्या
= 1.25 × 144 = 180
2006 में कंपनी B द्वारा बेचे गए लैपटॉप की संख्या
$= \frac{4}{9} \times 180 = 80$
2006 में कंपनी B द्वारा बेचे गए मोबाइलों की संख्या
= 180 − 80 = 100
2006 में कंपनी B द्वारा की गई कुल लागत
= 16500 × 180 = 2970000
2006 में कंपनी B का कुल बिक्री राजस्व
= 24000 × 80 + 13500 × 100 = 3270000
2006 में कंपनी B का लाभ = 3270000 − 2970000 = 300000

हल (46-50)

परिवार	टीवी शो
A	28
B	24
C	20
D	25
E	35
कुल	132

46. पांचों परिवारों द्वारा महीने में देखे गए टीवी शो की कुल संख्या
= 28 + 24 + 20 + 25 + 35 = 132

47. परिवार A और C द्वारा देखे गए टीवी शो की संख्या का अंतर
= 28 − 20 = 8
परिवार B और D द्वारा देखे गए टीवी शो की संख्या का अंतर
= 25 − 24 = 1
अभीष्ट योग = 8 + 1 = 9

48. परिवार C, A और B द्वारा देखे गए टीवी शो की संख्या का
औसत $= \frac{20+24+28}{3} = 24$
परिवारों D और E द्वारा देखे गए टीवी शो की संख्या का
औसत $= \frac{25+35}{2} = 30$
अभीष्ट अनुपात = 24 : 30 = 4 : 5

49. परिवार A और C द्वारा देखे गए टीवी शो की संख्या के बीच अंतर = 28 – 20 = 8

परिवार D और E द्वारा एक साथ देखे गए टीवी शो की संख्या का योग = 25 + 35 = 60

आवश्यक प्रतिशत = $\frac{8}{60}\times 100 = 13\frac{1}{3}\%$

50. परिवार D और C द्वारा देखे गए टीवी शो की संख्या के औसत का अंतर और परिवार E द्वारा देखे गए टीवी शो की संख्या का आधा = $\frac{20+25-35}{2} = 5$

आवश्यक प्रतिशत = $\frac{24-5}{5}\times 100 = 380\%$

51. कंपनी द्वारा फरवरी और अप्रैल में निर्यात किए गए फलों की मात्रा = 25 + 30 = 55

कंपनी द्वारा मार्च में निर्यात किए गए फलों की मात्रा = 50

अभीष्ट अंतर = 55 – 50 = 5

52. जनवरी में फलों का मूल्य (प्रति टन) = $\frac{8}{40}$ = ₹ 0.2 लाख

फरवरी में फलों का मूल्य (प्रति टन) = $\frac{10}{25}$ = 0.40 लाख

मार्च में फलों का मूल्य (प्रति टन) = $\frac{12}{50}$ = ₹ 0.24 लाख

अप्रैल में फलों का मूल्य (प्रति टन) = $\frac{12}{30}$ = ₹ 0.40 लाख

मई में फलों का मूल्य (प्रति टन) = $\frac{8.4}{35}$ = ₹ 0.24 लाख

जनवरी में फल का मूल्य (प्रति टन) न्यूनतम ₹ 0.24 लाख था।

53. फरवरी में फलों का मूल्य (प्रति टन) = $\frac{10}{25}$ = 0.4 लाख

मई में फलों का मूल्य (प्रति टन) = $\frac{8.4}{35}$ = ₹ 0.24 लाख

अंतर = 0.40 – 0.24 = ₹ 0.16 लाख या ₹ 16000

54. फरवरी में फलों का मूल्य (प्रति टन) = $\frac{10}{25}$ = 0.40 लाख

मार्च में फलों का मूल्य (प्रति टन) = $\frac{12}{50}$ = ₹ 0.24 लाख

प्रतिशत = $\frac{0.24}{0.40}\times 100 = 60\%$

55. निर्यात मात्रा में आवश्यक प्रतिशत गिरावट = $\frac{50-30}{50}\times 100$
= 40%

56. वांछित प्रतिशत = $\frac{28.7-22.3}{22.3}\times 100 = 28.7\%$

57. वांछित अनुपात = 3.5 : 9.5 = 7 : 19

58. वांछित प्रतिशत = $\frac{30.7-9.5}{30.7}\times 100 = 69.05\%$

59. 2005 से 2010 के दौरान बिक्री में वृद्धि की न्यूनतम दर विराम् घड़ी की रही।

60. 2005 से 2010 तक मेज घड़ी की बिक्री में लगभग 135 प्रतिशत की वृद्धि हुई।

$\frac{22.3-9.5}{9.5}\times 100 = \frac{12.8}{9.5}\times 100 = 135\%$

61. D द्वारा पढ़ी गई पुस्तकें = 43 + 33 = 76

B द्वारा पढ़ी गई पुस्तक = 29 + 81 = 110

अभीष्ट % = $\frac{34}{110}\times 100 = 30.9\% = 31\%$

62. 2005 में A द्वारा पढ़ी गयी पुस्तक = 33

2005 में B द्वारा पढ़ी गयी पुस्तक = 29

2005 में D द्वारा पढ़ी गयी पुस्तक = 43

तीनों का औसत = $\frac{33+29+43}{3} = \frac{105}{3} = 35$

63. चार से ज्यादा सदस्यों वाले परिवारों की संख्या = 25 + 3 = 30

वांछित प्रतिशत = $\frac{30}{150}\times 100 = 20\%$

64. छः परिवारों के कुल सदस्यों की संख्या

= 5 + 30 + 45 + 40 + 25 + 5 = 150

परिवार में औसत सदस्य = $\frac{150}{6} = 2.5$

65. उत्पादन से अधिक माँग वाली कम्पनियाँ A, C तथा E हैं।

माँग से अधिक उत्पादन वाली कम्पनियाँ B तथा D हैं।

अभीष्ट अनुपात = 3 : 2.

66. पाँचों कम्पनियों की औसत माँग

$= \frac{1}{5}(3300+1200+3000+600+2500)$

$= \left(\frac{1}{5}\times 10600\right) = 2120.$

पाँचों कम्पनियों का औसत उत्पादन

$= \frac{1}{5}(2200+2700+1500+1800+1000)$

$= \left(\frac{1}{5}\times 9200\right) = 1840.$

अभीष्ट अन्तर = (2120 – 1840) = 280.

67. कम्पनी D की माँग = 600, कम्पनी E की माँग = 2500.

अभीष्ट % = $\left(\frac{600}{2500}\times 100\right)\% = 24\%.$

68. B तथा D की औसत माँग = $\frac{(1200+600)}{2} = \frac{1800}{2} = 900.$

B तथा D का औसत उत्पादन

$= \frac{(2700+1800)}{2} = \frac{4500}{2} = 2250.$

अभीष्ट अनुपात = $\frac{900}{2250} = \frac{2}{5} = 2:5.$

69. माना, स्टोर B द्वारा दिसम्बर में बेची गई साहित्य की पुस्तकों की संख्या = a

$\therefore$ जून में बेची गई पुस्तकों की संख्या $= (a - 200)$

$\therefore$ स्टोर B द्वारा दिसम्बर में बेची गई गैर कथा साहित्य की पुस्तकें

दिसम्बर $\Rightarrow \dfrac{30a}{70} = \dfrac{3a}{7}$

$\therefore$ स्टोर B द्वारा दिसम्बर में बेची गई गैर कथा साहित्य की पुस्तकें

$\Rightarrow \dfrac{20}{80}(a-200) = \dfrac{a-200}{4}$

प्रश्नानुसार, $a + a - 200 + \dfrac{3a}{7} + \dfrac{a}{4} - 50 = 2000$

$\Rightarrow 2a + \dfrac{3a}{7} + \dfrac{a}{4} = 2000 + 250$

$\Rightarrow \dfrac{56a + 12a + 7a}{28} = 2250$

$\Rightarrow 75a = 2250 \times 28$

$\Rightarrow a = \dfrac{2250 \times 28}{75} = 840$

दिसम्बर में बेची गई गैर-कथा साहित्य की पुस्तकें

$= \dfrac{3a}{7} = \dfrac{3 \times 840}{7} = 360$

$\therefore$ अभीष्ट उत्तर $= 840 + 360 = 1200$

70. जून में स्टोर C द्वारा बेची गई गैर कथा-साहित्य की पुस्तकें:

$= \dfrac{1500 \times 60}{100} = 900$

दिसम्बर माह में स्टोर C द्वारा बेची गई गैर कथा-साहित्य की पुस्तकें $= \dfrac{2000}{2} = 1000$

$\therefore$ अभीष्ट उत्तर $= 900 + 1000 = 1900$

71. स्टोर D द्वारा बेची गई कुल पुस्तकें

जून $\Rightarrow a$; दिसम्बर $\Rightarrow b$

प्रश्नानुसार,

$\Rightarrow \dfrac{a}{b} = \dfrac{64}{72} = \dfrac{8}{9} \qquad \Rightarrow b = \dfrac{9a}{8}$

$\therefore$ अभीष्ट प्रतिशत $= \dfrac{\frac{9a}{8} - a}{\frac{8}{a} \times 100} = \dfrac{100}{8} = 12.5\%$

72. स्टोर E द्वारा बेची गई दोनों प्रकार की कुल पुस्तकें:

जून माह में $\Rightarrow 1800$

दिसम्बर माह में $\Rightarrow \dfrac{100 \times 1800}{75} = 2400$

स्टोर E द्वारा बेची गई कथा साहित्य की पुस्तकें:

जून $\Rightarrow \dfrac{1800 \times 30}{100} = 540$

दिसम्बर $\Rightarrow \dfrac{2400 \times 42}{100} = 1008$

अभीष्ट उत्तर = 540 + 1008 = 1548

73. स्टोर A द्वारा बेची गई कुल पुस्तकें:

जून माह में $\Rightarrow a$

दिसम्बर माह में $\Rightarrow a + 60$

प्रश्नानुसार, $\dfrac{60a}{100} = \dfrac{55}{100}(a + 60)$

$\Rightarrow 60a = 55a + 3300 \Rightarrow 60a - 55a = 3300$

$\Rightarrow 5a = 3300$

$\Rightarrow a = \dfrac{3300}{5} = 660$

74. वर्ष 2009 में विद्यार्थियों की कुल संख्या = 170.

वर्ष 2009 में प्रथम श्रेणी में उत्तीर्ण विद्यार्थियों की संख्या = 20.

अभीष्ट $\% = \left(\dfrac{20}{170} \times 100\right)\% = 11 \cdot 76\%.$

75. वर्ष 2010 में उत्तीर्ण हुए विद्यार्थियों का प्रतिशत

$= \left(\dfrac{150}{190} \times 100\right)\% = 78 \cdot 95\%.$

76. वर्ष 2009 में उत्तीर्ण $\% = \left(\dfrac{140}{170} \times 100\right)\% = 82 \cdot 35\%.$

वर्ष 2010 में उत्तीर्ण % = 78.95%.

वर्ष 2011 में उत्तीर्ण $\% = \left(\dfrac{160}{200} \times 100\right)\% = 80\%.$

अतः वर्ष 2009 में परीक्षा परिणाम सर्वोत्तम रहा.

77. वर्ष 2011 में तृतीय श्रेणी में उत्तीर्ण होने वालों की संख्या $= (160 - 100) = 60.$

78. माना वर्ष 2011 में छात्रों की संख्या = वर्ष 2009 में छात्रों की संख्या का $x\%$

$\therefore 200 = 170$ का $x\% \Rightarrow 170 \times \dfrac{x}{100} = 200$

$\Rightarrow x = \left(\dfrac{200 \times 100}{170}\right) = 117 \cdot 6\%.$

79. तीनों वर्षों में उत्तीर्ण छात्रों की संख्या

$= (140 + 150 + 160) = 450.$

तीनों वर्षों में कुल छात्रों की संख्या

$= (170 + 190 + 200) = 560.$

अभीष्ट $\% = \left(\dfrac{450}{560} \times 100\right)\% = 80 \cdot 3\%.$

❑❑❑

42

रेखा चित्र
(LINE GRAPH)

Scan QR Code
for Watching Video

साधित उदाहरण

निर्देश (प्र०न० 1 से 5 तक): नीचे दिये ग्राफ में एक रोगी का एक दिन का 3 घण्टे के अन्तराल में लिया गया तापमान (°F) में दिखाया गया है. इस ग्राफ का अध्ययन करके निम्नलिखित प्रश्नों के उत्तर दीजिए.

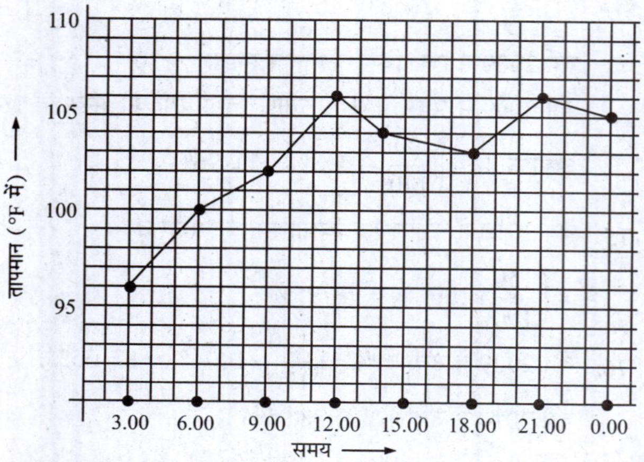

1. रोगी का प्रात: 9 बजे तापमान कितना था ?
(*a*) 106°F (*b*) 102°F (*c*) 101°F (*d*) 104°F

2. किस समय रोगी का तापमान सबसे अधिक था ?
(*a*) सुबह 10 (*b*) सुबह 11
(*c*) दोपहर 12 (*d*) सुबह 9

3. किस समय रोगी का तापमान सबसे कम था ?
(*a*) 95°F (*b*) 96°F (*c*) 97°F (*d*) 94°F

4. 12 बजे से 14 बजे के बीच तापमान कितना कम हुआ ?
(*a*) 1°F (*b*) 3°F (*c*) 2°F (*d*) 4°F

5. 9 बजे से 21 बजे के बीच तापमान में कितना अन्तर था ?
(*a*) 4°F (*b*) 6°F (*c*) 5°F (*d*) 7°F

दिये गये प्रश्नों के हल

1. (*b*) रोगी का प्रात: 9 बजे तापमान 102°F था.

2. (*c*) ग्राफ से स्पष्ट है कि रोगी का पूरे दिन में सबसे अधिक तापमान 106°F था, जो कि दोपहर 12 बजे था.

3. (*b*) ग्राफ से स्पष्ट है कि रोगी का पूरे दिन में सबसे कम तापमान 96°F था, जो प्रात: 3 बजे था.

4. (*c*) 12 बजे तथा 14 बजे के बीच तापमान में कमी
= (106°F) – (104°F) = 2°F.

5. (*a*) 9 बजे तथा 21 बजे के बीच तापमान में वृद्धि
= (106°F) – (102°F) = 4°F.

निर्देश (प्र०न० 6 से 10 तक): नीचे दिये गये ग्राफ में दो कम्पनियों *A* तथा *B* द्वारा पिछले 6 वर्षों में अर्जित किया गया लाभ प्रतिशत दिया गया है. इसका भली-भाँति अध्ययन करके निम्नलिखित प्रश्नों के उत्तर दीजिए.

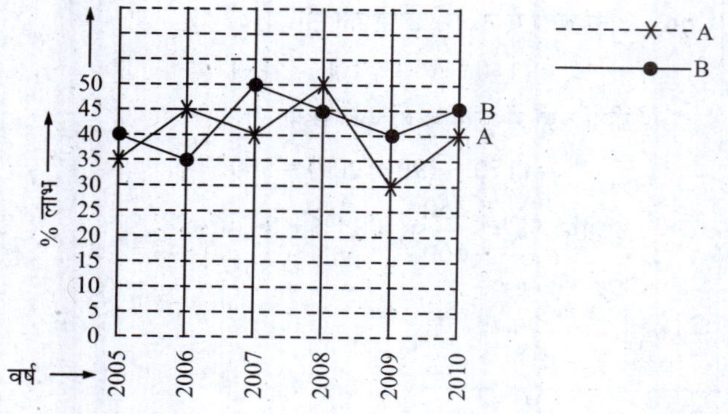

6. यदि वर्ष 2007 तथा वर्ष 2008 में कम्पनी *B* की आय का अनुपात 2 : 3 हो, तो इन दो वर्षों में कम्पनी *B* के व्यय का अनुपात कितना था ?
(*a*) 29.45 (*b*) 29.60 (*c*) 33.45 (*d*) 33.60

7. यदि इन 6 वर्षों में कम्पनी *A* का कुल व्यय ₹ 165 लाख हो, तो कम्पनी *A* की कुल आय इन 6 वर्षों में कितनी थी ?
(*a*) 945 लाख (*b*) 960 लाख
(*c*) 934 लाख (*d*) ऑकड़े अपर्याप्त

8. यदि वर्ष 2010 में कम्पनियाँ *A* तथा *B* का व्यय समान हो तथा दोनों कम्पनियों की कुल आय ₹ 11·4 लाख हो, तो इस वर्ष इन

दोनों कम्पनियों का कुल व्यय कितना था ?

(*a*) 6 लाख (*b*) 7 लाख (*c*) 8 लाख (*d*) 9 लाख

9. यदि वर्ष 2009 में A तथा B के व्यय का अनुपात 3 : 4 हो, तो इस वर्ष इनकी आय का अनुपात कितना होगा ?

(*a*) 39 : 45 (*b*) 29 : 39 (*c*) 39 : 56 (*d*) 29 : 56

10. वर्ष 2006 तथा वर्ष 2007 में कम्पनी B का व्यय क्रमशः ₹ 12 लाख तथा ₹ 14·5 लाख हो, तो इन दो वर्षों में इस कम्पनी की कुल आय कितनी थी ?

(*a*) 37.95 लाख (*b*) 39.75 लाख

(*c*) 39.75 लाख (*d*) 37.59 लाख

दिये गये प्रश्नों के हल

6. (*a*) माना वर्ष 2007 तथा 2008 में B की आय क्रमशः ₹ $2x$ तथा ₹ $3x$ थी.

इन वर्षों में B का लाभ क्रमशः 50% तथा 45% था.

माना इन वर्षों में B का व्यय क्रमशः E_1 तथा E_2 था. तब,

$$\frac{2x-E_1}{E_1}=\frac{50}{100}=\frac{1}{2} \text{ तथा } \frac{3x-E_2}{E_2}=\frac{45}{100}=\frac{9}{20}$$

$$\Rightarrow 4x-2E_1 \text{ तथा } 60x-20E_2=9E_2$$

$$\Rightarrow 3E_1=4x \text{ तथा } 29E_2=60x$$

$$\Rightarrow E_1=\frac{4x}{3} \text{ तथा } E_2=\frac{60x}{29}$$

$$\Rightarrow E_1:E_2=\frac{4x}{3}\times\frac{29}{60x}=\frac{29}{45}=29:45.$$

7. (*d*) यह ज्ञात करना संभव नहीं है. आँकड़े अपर्याप्त हैं.

8. (*c*) माना वर्ष 2010 में A का व्यय = B का व्यय = ₹ x लाख.

कुल आय = ₹ 11·4 लाख,

A का लाभ % = 40%, B का लाभ % = 45%.

माना A की आय = ₹ y लाख.

तब, B की आय = ₹ $(11{\cdot}4-y)$ लाख.

$$\therefore \frac{(y-x)}{x}\times100=40 \text{ तथा } \frac{(11{\cdot}4-y)-x}{x}\times100=45$$

$$\Rightarrow \frac{(y-x)}{x}=\frac{2}{5} \text{ तथा } \frac{(11{\cdot}4-y)-x}{x}=\frac{9}{20}$$

$$\Rightarrow 5y-5x=2x \text{ तथा } 228-20y-20x=9x$$

$$\Rightarrow 5y=5x \text{ तथा } 228-20y=29x$$

$$\Rightarrow y=\frac{7x}{5} \text{ तथा } 228-20\times\frac{7x}{5}=29x$$

$$\Rightarrow 57x=228 \Rightarrow x=\frac{228}{57}=4.$$

अतः कुल व्यय = ₹ $2x$ लाख = ₹ 8 लाख.

9. (*c*) माना वर्ष 2009 में A का व्यय = ₹ $3x$ लाख

तथा B का व्यय = ₹ $4x$ लाख.

A का लाभ = 30% तथा B का लाभ = 40%.

माना A की आय = ₹ y_1 लाख तथा B की आय = ₹ y_2 लाख.

$$\text{तब } \frac{(y_1-3x)}{3x}\times100=30 \text{ तथा } \frac{(y_2-4x)}{4x}\times100=40$$

$$\Rightarrow \frac{(y_1-3x)}{3x}=\frac{3}{10} \text{ तथा } \frac{(y_2-4x)}{4x}=\frac{2}{5}$$

$$\Rightarrow 10y_1-30x=9x \text{ तथा } 5y_2-20x=8x$$

$$\Rightarrow 10y_1-30x=9x \text{ तथा } 5y_2=28x$$

$$\Rightarrow y_1=\frac{39x}{10} \text{ तथा } y_2=\frac{28x}{5}$$

$$\Rightarrow \frac{y_1}{y_2}=\left(\frac{39x}{10}\times\frac{5}{28x}\right)=\frac{39}{56}\Rightarrow y_1:y_2=39:56.$$

10. (*a*) माना वर्ष 2006 तथा 2007 में कम्पनी B की आय क्रमशः ₹ x_1 लाख तथा ₹ x_2 लाख थी.

इन वर्षों में B का लाभ क्रमशः 35% तथा 50% था.

$$\therefore \frac{(x_1-12)}{12}\times100=35 \text{ तथा } \frac{(x_2-14{\cdot}5)}{14{\cdot}5}\times100=50$$

$$\Rightarrow \frac{(x_1-12)}{12}=\frac{7}{20} \text{ तथा } \frac{(x_2-14{\cdot}5)}{14{\cdot}5}=\frac{1}{2}$$

$$\Rightarrow 20x_1-240=84 \text{ तथा } 2x_2-29=14{\cdot}5$$

$$\Rightarrow 20x_1=324 \text{ तथा } 2x_2=43{\cdot}5$$

$$\Rightarrow x_1=16{\cdot}2 \text{ तथा } x_2=21{\cdot}75$$

∴ कुल आय = ₹ (16·2 लाख + 21·75 लाख)

= ₹ 37·95 लाख.

निर्देश (प्र०न० 11 से 15 तक): नीचे दिये ग्राफ में किसी कम्पनी के पिछले छः वर्षों की आय तथा व्यय के दो ग्राफ दिये गये हैं. इनका भली-भाँति अध्ययन करके निम्नलिखित प्रश्नों के उत्तर दीजिये.

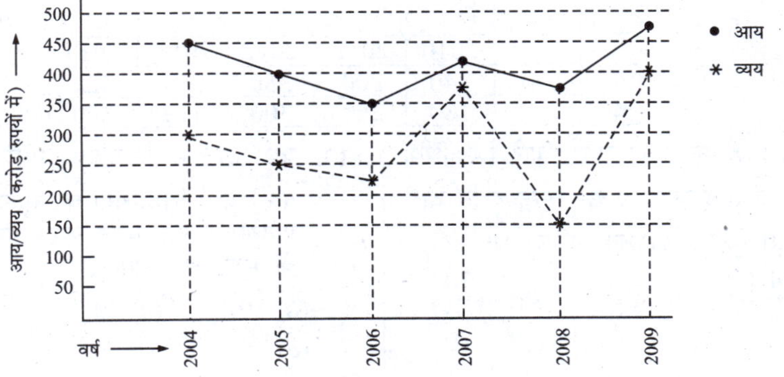

11. किन दो वर्षों के खर्च का योग वर्ष 2009 की आय के बराबर है ?
(*a*) 2005, 2010 (*b*) 2006, 2008
(*c*) 2005, 2007 (*d*) 2005, 2006

12. वर्ष 2005 से वर्ष 2006 में व्यय में कितने प्रतिशत गिरावट आयी ?
(*a*) 8% (*b*) 10% (*c*) 12% (*d*) 9%

13. दिये गये वर्षों में से कितने वर्षों में व्यय, दिये गये वर्षों के औसत व्यय से अधिक रहा ?
(*a*) 2 (*b*) 3 (*c*) 4 (*d*) 5

14. कितने वर्षों में खर्च प्रतिशत आय के आधार पर उच्चतम रहा ?
(*a*) 2005 (*b*) 2007 (*c*) 2008 (*d*) 2006

15. वर्ष 2008 से वर्ष 2009 में आय में कितने प्रतिशत वृद्धि हुई ?
(*a*) 26.6% (*b*) 25.4% (*c*) 23.8% (*d*) 22.9%

दिये गये प्रश्नों के हल

11. (*d*) वर्ष 2009 में आय = ₹ 475 करोड़.
वर्ष 2005 तथा वर्ष 2006 में कुल खर्च
= ₹ (250 + 225) करोड़ = ₹ 475 करोड़.
अत: वर्ष 2009 की आय = वर्ष 2005 तथा 2006 का कुल खर्च.

12. (*b*) वर्ष 2005 में कुल व्यय = ₹ 250 करोड़,
वर्ष 2006 में कुल व्यय = ₹ 225 करोड़.

$$\text{व्यय में कमी } \% = \left(\frac{25}{250}\times 100\right)\% = 10\%.$$

13. (*b*) औसत व्यय

$$= \frac{1}{6}(300+250+225+375+175+400) \text{ करोड़ रुपये}$$

$$= ₹\left(\frac{1}{6}\times 1725\right) \text{ करोड़} = ₹\ 287{\cdot}5 \text{ करोड़}.$$

स्पष्ट है कि वर्ष 2004, 2007 तथा 2009 में खर्च औसत खर्च से अधिक रहा.
अत: अभीष्ट वर्षों की संख्या = 3.

14. (*b*) विभिन्न वर्षों में आय के आधार पर खर्च प्रतिशत.

$$2004 \rightarrow \left(\frac{300}{450}\times 100\right)\% = \frac{200}{3}\% = 66{\cdot}67\%$$

$$2005 \rightarrow \left(\frac{250}{400}\times 100\right)\% = \frac{125}{2}\% = 62{\cdot}5\%$$

$$2006 \rightarrow \left(\frac{225}{350}\times 100\right)\% = \frac{450}{7}\% = 64{\cdot}3\%$$

$$2007 \rightarrow \left(\frac{375}{425}\times 100\right)\% = \frac{1500}{17}\% = 88{\cdot}24\%$$

$$2008 \rightarrow \left(\frac{175}{350}\times 100\right)\% = \frac{140}{3}\% = 46{\cdot}67\%$$

$$2009 \rightarrow \left(\frac{400}{475}\times 100\right)\% = \frac{1600}{19}\% = 84{\cdot}2\%.$$

अत: आय के आधार पर खर्च प्रतिशत अधिकतम वर्ष 2007 में रहा.

15. (*a*) वर्ष 2008 में आय = ₹ 375 करोड़,
वर्ष 2009 में आय = ₹ 475 करोड़

$$\text{आय में वृद्धि } \% = \left(\frac{100}{375}\times 100\right)\% = \frac{80}{3}\% = 26{\cdot}6\%.$$

निर्देश (16–17): निम्न ग्राफ का सावधानीपूर्वक अध्ययन कीजिए एवं दिए गए प्रश्नों के उत्तर दीजिए।

वर्ष 2010 से 2014 तक दो पाठ्यक्रमों A एवं B का चयन करने वाले विद्यार्थियों की संख्या

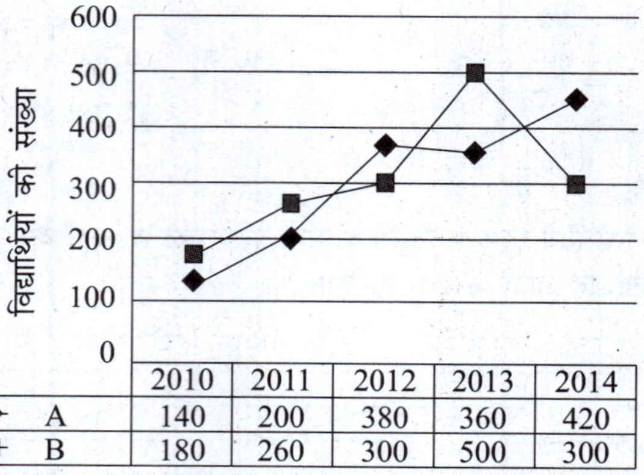

	2010	2011	2012	2013	2014
◆ A	140	200	380	360	420
■ B	180	260	300	500	300

16. वर्ष 2013 में पाठ्यक्रम *B* का चयन करने वाले विद्यार्थियों की संख्या वर्ष 2013 में पाठ्यक्रम *A* का चयन करने वाले विद्यार्थियों की संख्या से कितना प्रतिशत अधिक थी?
(*a*) $45\frac{1}{6}$ (*b*) $42\frac{4}{9}$ (*c*) $38\frac{8}{9}$ (*d*) $56\frac{7}{9}$
(*e*) $62\frac{1}{9}$

17. वर्ष 2012 में पाठ्यक्रम *A* एवं *B* को मिलाकर इनका चयन करने वाले विद्यार्थियों की कुल संख्या एवं वर्ष 2014 में दोनों पाठ्यक्रमों का चयन करने वाले विद्यार्थियों की कुल संख्या के मध्य क्या अंतर है?
(*a*) 50 (*b*) 30 (*c*) 60 (*d*) 40
(*e*) 45

दिये गये प्रश्नों के हल

16. अभीष्ट प्रतिशत

$$= \left(\frac{500-360}{360}\right)\times 100 = \frac{140\times 100}{360} = \frac{350}{9} = 38\frac{8}{9}$$

17. अभीष्ट अंतर

$$= (420+300)-(380+300) = 720-680 = 40$$

प्रश्नमाला 42

निर्देश (प्र०न० 1 से 5 तक): नीचे दिये गये दण्ड-आलेख में विभिन्न विद्यालयों में बच्चों की संख्या दर्शाई गई है तथा उसके नीचे दिये गये ग्राफ में लड़कियों का प्रतिशत अंकित है. इन दोनों का भली-भाँति अध्ययन करके निम्नलिखित प्रश्नों के उत्तर दीजिए.

(बैंक पी०ओ० परीक्षा, 2010)

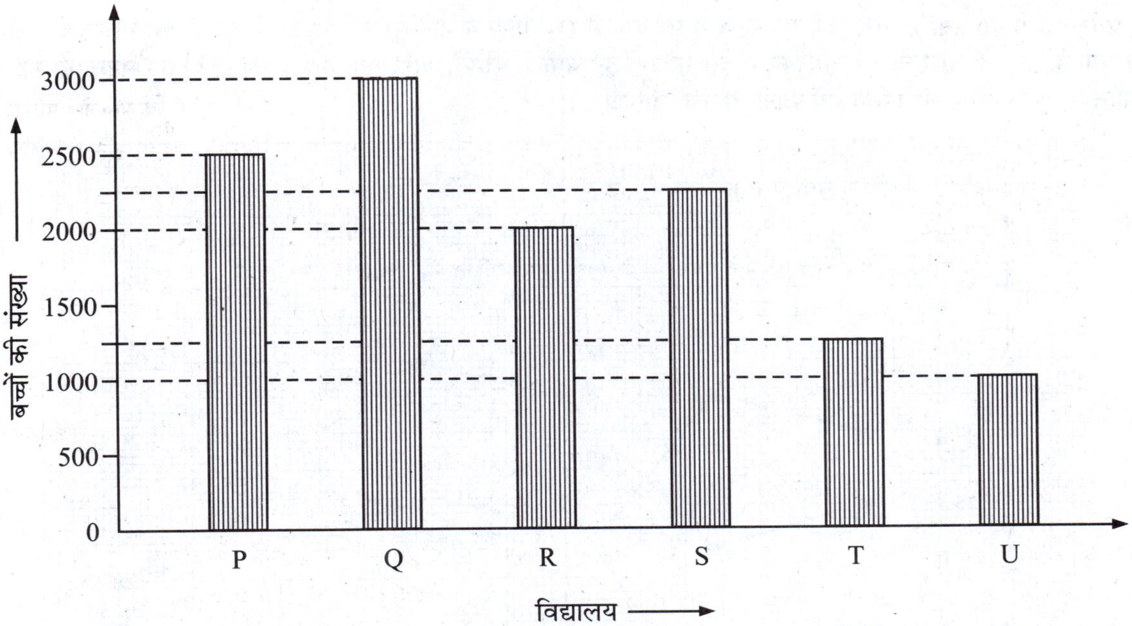

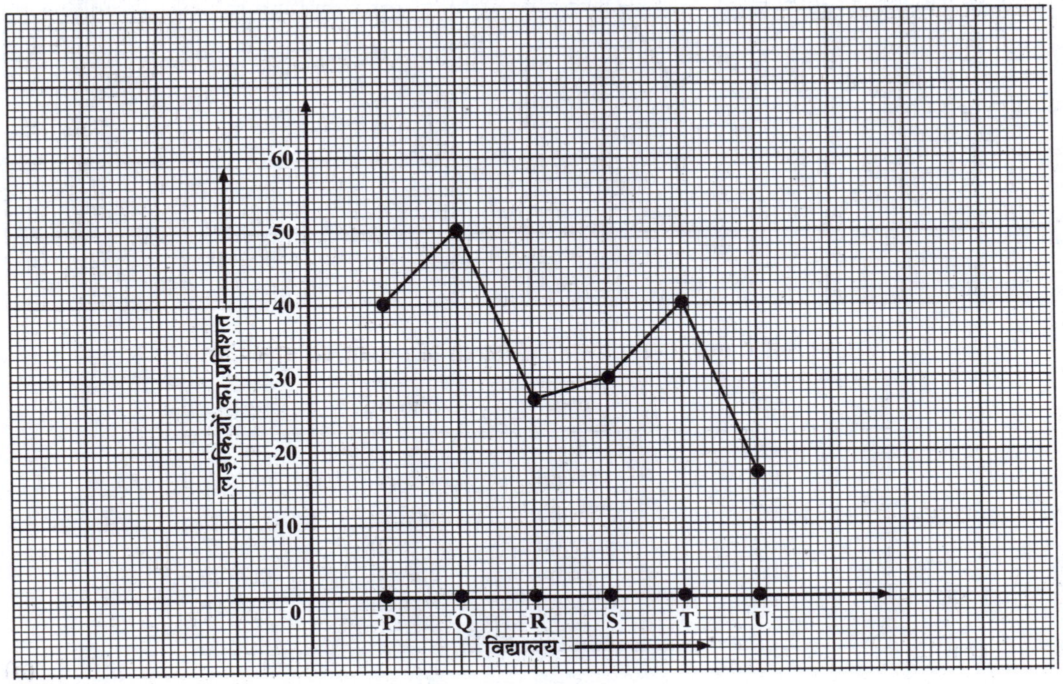

1. विद्यालय T में लड़कों की कुल संख्या कितनी है ?
(a) 500 (b) 600 (c) 750 (d) 850
(e) इनमें से कोई नहीं

2. विद्यालय R में छात्रों की कुल संख्या विद्यालय S के छात्रों की कुल संख्या का लगभग कितने प्रतिशत है ?
(a) 89% (b) 75% (c) 78% (d) 82%
(e) 94%

3. विद्यालय P में लड़कियों की संख्या का विद्यालय Q में लड़कियों की संख्या से क्रमश: क्या अनुपात है ?
(a) 27 : 20 (b) 17 : 21 (c) 20 : 27 (d) 21 : 17
(e) इनमें से कोई नहीं

4. विद्यालयों R तथा U में कुल मिलाकर लड़कों का प्रतिशत कितना है ? (दशमलव के बाद 2 अंकों तक पूर्णांकित)
(a) 78·55% (b) 72·45% (c) 76·28% (d) 75·83%
(e) इनमें से कोई नहीं

5. विद्यालयों P तथा Q में कुल मिलाकर लड़कों की औसत संख्या कितनी है ?
(a) 1425 (b) 1575 (c) 1450 (d) 1625
(e) इनमें से कोई नहीं

निर्देश (प्र०न० 6 से 10 तक): नीचे दिये गये ग्राफ में छ: वर्षों में एक राज्य में मोटे पुरुषों, मोटी महिलाओं तथा मोटे बच्चों का प्रतिशत दिखाया गया है. इसी के नीचे दी गई तालिका में इस राज्य में इन वर्षों में पुरुषों, महिलाओं तथा बच्चों की कुल संख्या दी गई है. इनका भली-भाँति अध्ययन करके नीचे दिये गये प्रश्नों के उत्तर दीजिए.
(बैंक पी०ओ० परीक्षा, 2010)

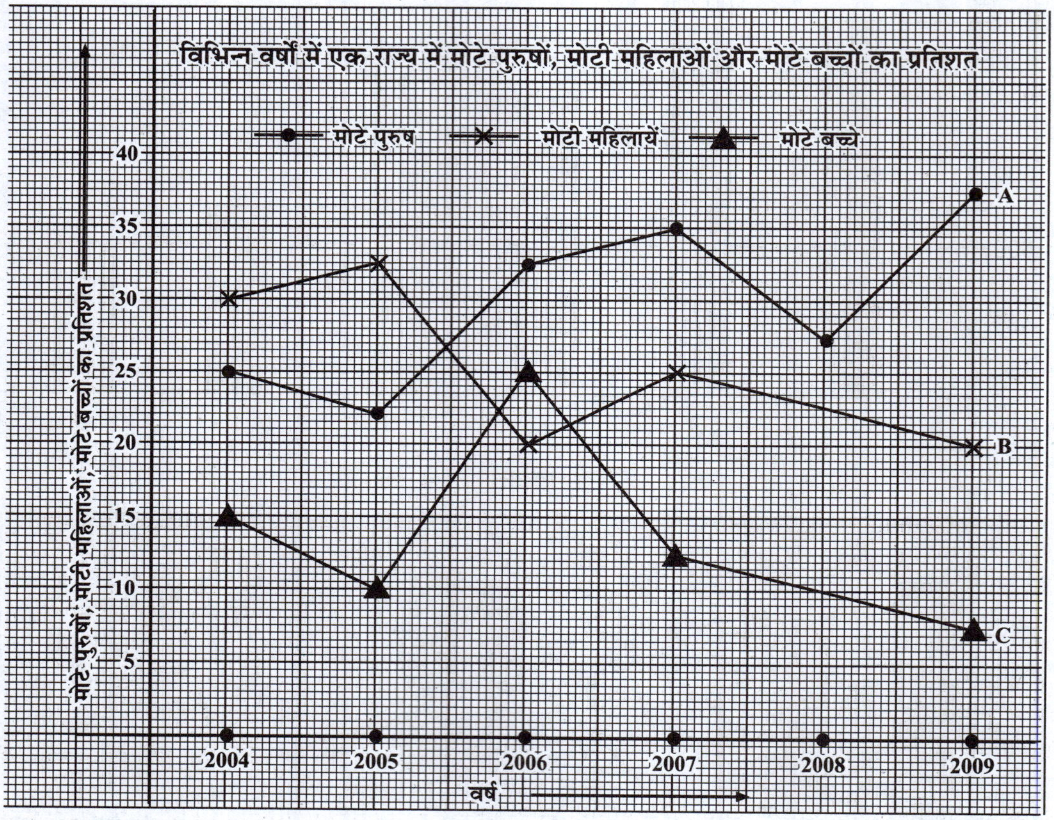

विगत वर्षों में एक राज्य में पुरुषों, महिलाओं और बच्चों की कुल संख्या

वर्ष	पुरुष	महिलायें	बच्चे
2004	54000	38000	15000
2005	75000	64000	21000
2006	63000	60000	12000
2007	66000	54000	16000
2008	70000	68000	20000
2009	78000	75000	45000

6. वर्ष 2007 में मोटे पुरुषों, मोटी महिलाओं तथा मोटे बच्चों का लगभग औसत कितना था ?
(*a*) 12683 (*b*) 12795
(*c*) 12867 (*d*) 12843
(*e*) 12787

7. वर्ष 2009 में मोटे पुरुषों की संख्या उसी वर्ष मोटापे से पीड़ित न होने वाले पुरुषों की संख्या का कितने प्रतिशत थी ?
(*a*) 55% (*b*) 60% (*c*) 50·5% (*d*) 65·5%
(*e*) इनमें से कोई नहीं

8. वर्ष 2006 में मोटी महिलाओं की संख्या तथा वर्ष 2008 में मोटे पुरुषों की संख्या का लगभग कितना अनुपात था ?
(*a*) 6 : 7 (*b*) 21 : 65 (*c*) 15 : 73 (*d*) 48 : 77
(*e*) इनमें से कोई नहीं

9. वर्ष 2006 में मोटी महिलाओं तथा मोटे बच्चों की कुल संख्या और उसी वर्ष मोटे पुरुषों की संख्या में कितना अन्तर है ?
(*a*) 5475 (*b*) 5745 (*c*) 5045 (*d*) 5075
(*e*) इनमें से कोई नहीं

10. वर्ष 2004 तथा वर्ष 2005 में कुल मिलाकर ऐसे बच्चों की संख्या कितनी थी जो मोटापे से पीड़ित नहीं थे ?
(*a*) 4350 (*b*) 31560 (*c*) 4530 (*d*) 31650
(*e*) इनमें से कोई नहीं

निर्देश (प्र०न० 11 से 15 तक): नीचे दिये गये रेखा चित्रों में तीन विद्यालयों *A*, *B* तथा *C* में विद्यार्थियों की संख्या (हजारों में) दर्शाई गई है. इनका भली-भाँति अध्ययन करके निम्नलिखित प्रश्नों के उत्तर दीजिए. **(बैंक पी०ओ० परीक्षा, 2010)**

विगत 3 वर्षों में तीन विद्यालयों में छात्रों की संख्या (हजारों में)

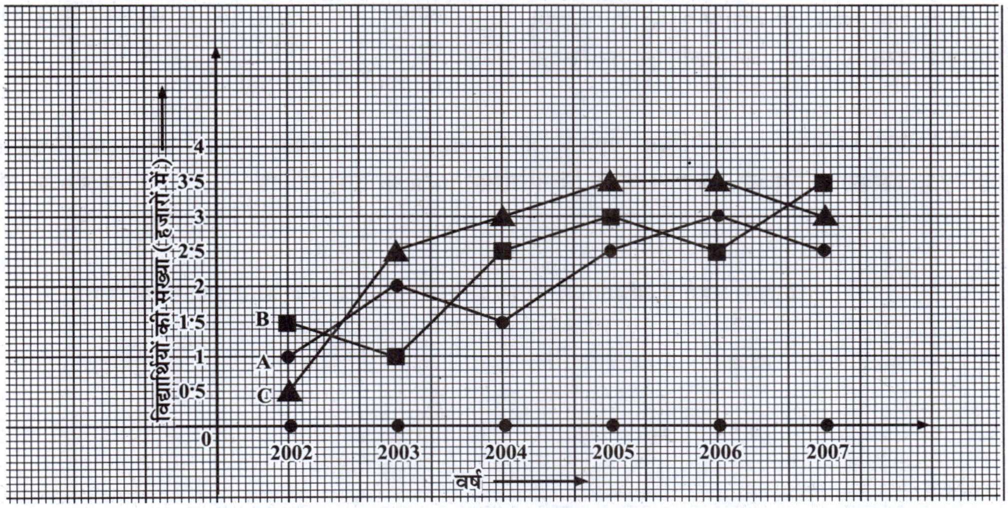

11. वर्ष 2006 में सभी विद्यालयों में छात्रों की औसत संख्या कितनी थी ?
(*a*) 30000 (*b*) 9000 (*c*) 3000 (*d*) 6000
(*e*) इनमें से कोई नहीं

12. दिये गये वर्षों में से कितने वर्षों में तीनों विद्यालयों में छात्रों की कुल संख्या समान थी ?
(*a*) 2 (*b*) 5 (*c*) 4 (*d*) 3
(*e*) इनमें से कोई नहीं

13. वर्ष 2004 में *B* तथा *C* के विद्यार्थियों की संख्या वर्ष 2007 में *B* तथा *C* के विद्यार्थियों की संख्या का लगभग कितने प्रतिशत थी ?
(*a*) 85% (*b*) 80% (*c*) 75% (*d*) 184%
(*e*) 131%

14. वर्ष 2003 में सभी विद्यालयों के सभी विद्यार्थियों की कुल संख्या तथा वर्ष 2005 में *B* के विद्यार्थियों की संख्या में कितना अन्तर था ?
(*a*) 2000 (*b*) 3000 (*c*) 3500 (*d*) 2500
(*e*) इनमें से कोई नहीं

15. विद्यालय *A* में सभी वर्षों को मिलाकर विद्यार्थियों की औसत संख्या कितनी थी ?
(*a*) 1990 (*b*) 2090 (*c*) 2300 (*d*) 1800
(*e*) 2700

निर्देश (प्र०न० 16 से 18): नीचे दी गई जानकारी के आधार पर प्रश्नों के उत्तर दीजिए। **(आई.बी.पी.एस. क्लर्क (प्रा.) परीक्षा, 2018)**
नीचे दिया गया रेखा ग्राफ पांच अलग-अलग वस्तुओं A, B, C, D और E पर छूट प्रतिशत दिखाता है और यह इन 5 वस्तुओं की बिक्री पर लाभ/हानि राशि (रुपये में) भी दिखाता है।
नोट: धनात्मक मान लाभ राशि को दर्शाते हैं जबकि ऋणात्मक मान हानि राशि को दर्शाते हैं।

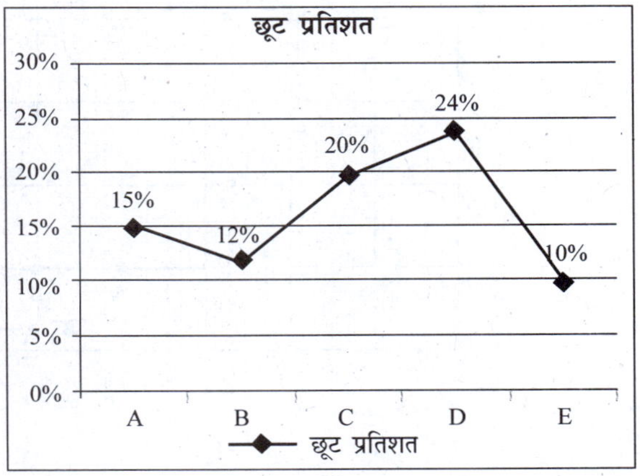

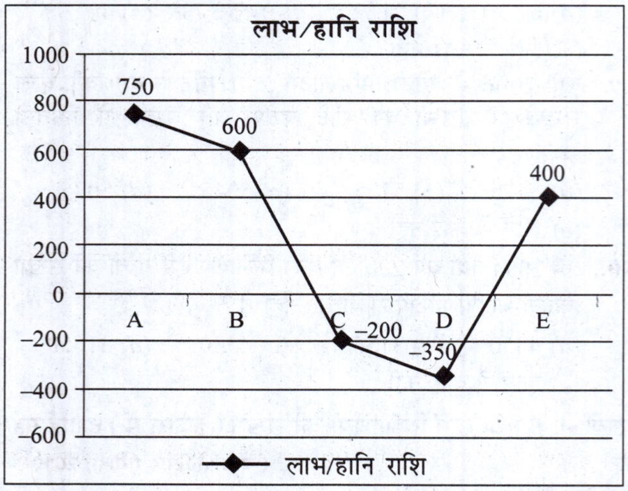

16. यदि वस्तु A के क्रय मूल्य पर 20% बढ़ोतरी की जाती है और वस्तु D पर दी जाने वाली छूट राशि ₹ 2100 है, तो वस्तु D की अंकित राशि वस्तु A पर दी जाने वाली छूट का कितना प्रतिशत है?

(*a*) $\frac{700}{27}\%$ (*b*) $\frac{500}{45}\%$ (*c*) $\frac{456}{37}\%$ (*d*) $\frac{654}{57}\%$

(*e*) इनमें से कोई नहीं

17. यदि वस्तु A की कीमत में बढ़ायी गई राशि ₹3000 है और वस्तु A और C के बाजार मूल्य का अनुपात 120 : 23 है, तो वस्तु C की बढ़ायी गई राशि वस्तु A पर दी जाने वाली छूट का लगभग कितना प्रतिशत है?

(*a*) 18.67% (*b*) 16.40%

(*c*) 16.67% (*d*) 15.67%

(*e*) इनमें से कोई नहीं

18. यदि कोई अन्य वस्तु F है जिसका अंकित मूल्य वस्तु C के अंकित मूल्य से 20% अधिक है और F पर दी जाने वाली छूट दर 15% है। वस्तु F को बेचने के बाद दुकानदार 14.75% लाभ अर्जित करता है, तो वस्तु C के लागत मूल्य का F से अनुपात क्या है यदि वस्तु C का क्रय मूल्य ₹8000 है?

(*a*) 4 : 3 (*b*) 5 : 6 (*c*) 4 : 7 (*d*) 7 : 5

(*e*) इनमें से कोई नहीं

निर्देश (प्र०न० 19 से 23 तक) : नीचे दिये गये रैखिक-ग्राफ में विभिन्न शहरों में अभियोग्यता परीक्षा में बैठने वाले विद्यार्थियों की संख्या (हजारों में) दर्शाई गई है. इसका ध्यानपूर्वक अध्ययन करके निम्नलिखित प्रश्नों के उत्तर दीजिए. (बैंक पी०ओ० परीक्षा, 2010)

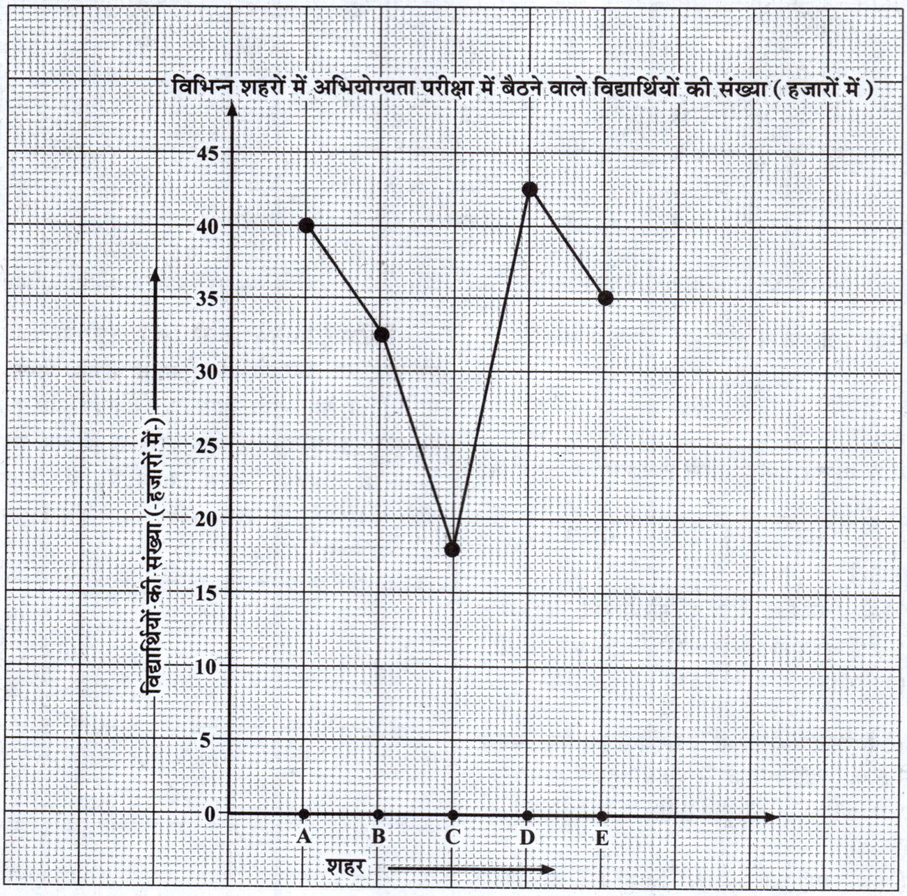

19. सभी शहरों से कुल मिलाकर अभियोग्यता परीक्षा में बैठने वाले विद्यार्थियों की औसत संख्या कितनी है ?
(*a*) 33500 (*b*) 3350 (*c*) 17500 (*d*) 33·5
(*e*) इनमें से कोई नहीं

20. शहर *D* से अभियोग्यता परीक्षा में बैठने वालों की संख्या, शहर *C* से अभियोग्यता परीक्षा में बैठने वालों की संख्या का लगभग कितने प्रतिशत है ?
(*a*) 243% (*b*) 413% (*c*) 134% (*d*) 341%
(*e*) 143%

21. शहर *C* तथा *D* से कुल अभियोग्यता परीक्षा में बैठने वालों की संख्या का शहर *A*, *D* तथा *E* से कुल इस परीक्षा में बैठने वालों की संख्या से क्रमशः क्या अनुपात है ?
(*a*) 11 : 13 (*b*) 20 : 43
(*c*) 20 : 47 (*d*) 37 : 20
(*e*) इनमें से कोई नहीं

22. शहर *B* से अभियोग्यता परीक्षा में बैठने वालों की संख्या का शहर *A* से इस परीक्षा में बैठने वालों की संख्या का क्या अनुपात है ?
(*a*) 3 : 4 (*b*) 13 : 16 (*c*) 11 : 16 (*d*) 2 : 3
(*e*) इनमें से कोई नहीं

23. शहर *E* से अभियोग्यता परीक्षा में बैठने वालों की संख्या का सभी दिये गये शहरों से इस परीक्षा में बैठने वालों की संख्या का लगभग कितने प्रतिशत है ?
(*a*) 15% (*b*) 17% (*c*) 19% (*d*) 21%
(*e*) 23%

निर्देश (प्र०न० 24 से 28 तक): निम्नलिखित रेखा चित्रों में दो कम्पनियों *A* तथा *B* द्वारा विगत छः वर्षों में अर्जित प्रतिशत लाभ का ब्यौरा दिया गया है. इनका ध्यानपूर्वक अध्ययन करके नीचे दिये गये प्रश्नों के उत्तर दीजिए. (बैंक पी०ओ० परीक्षा, 2009)

$$\text{प्रतिशत लाभ} = \left\{\frac{(\text{आय}) - (\text{व्यय})}{\text{व्यय}} \times 100\right\}\%$$

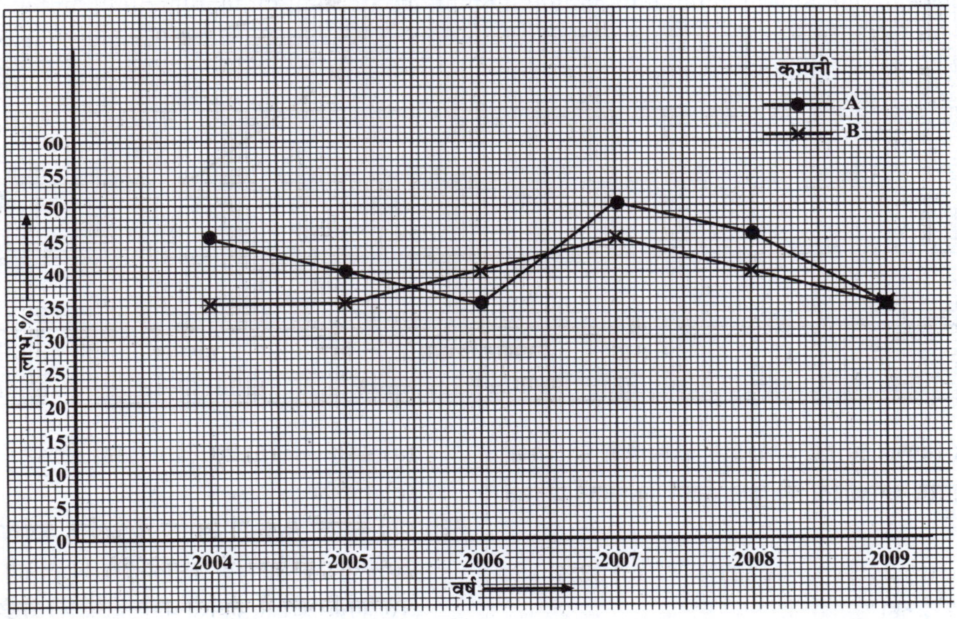

24. वर्ष 2007 में कम्पनी *A* की आय 6·3 लाख रुपये थी. उस वर्ष व्यय कितना था ?
(*a*) ₹ 420000 (*b*) ₹ 325000
(*c*) ₹ 516500 (*d*) ₹ 250000
(*e*) इनमें से कोई नहीं

25. वर्ष 2009 में कम्पनी *A* द्वारा अर्जित लाभ की राशि ₹ 31·85 लाख थी. उस वर्ष व्यय कितना था ?
(*a*) ₹ 107 लाख (*b*) ₹ 45 लाख
(*c*) ₹ 91 लाख (*d*) निर्धारित नहीं किया जा सकता
(*e*) इनमें से कोई नहीं

26. सभी वर्षों को मिलाकर कम्पनी *A* का औसत लाभ प्रतिशत लगभग कितना था ?
(*a*) 37% (*b*) 33% (*c*) 39% (*d*) 48%
(*e*) 42%

27. वर्ष 2004 में यदि कम्पनियों *A* तथा *B* की आय समान हो, तो उनके व्यय का क्रमशः अनुपात क्या होगा ?
(*a*) 31 : 33 (*b*) 27 : 29
(*c*) 16 : 23 (*d*) निर्धारित नहीं किया जा सकता
(*e*) इनमें से कोई नहीं

28. विगत वर्षों में कम्पनी *B* द्वारा अर्जित लाभ की औसत राशि कितनी है ?
(*a*) ₹ 41·69 लाख (*b*) ₹ 38·33 लाख
(*c*) ₹ 26·45 लाख (*d*) निर्धारित नहीं किया जा सकता
(*e*) इनमें से कोई नहीं

निर्देश (प्र०न० 29 से 33): नीचे दिये गये रेखा चित्रों में दो विभिन्न कम्पनियों के विभिन्न विभागों में कार्यरत कर्मचारियों की संख्या (सैंकड़ों में) दी गई है. इसका भली-भाँति अध्ययन करके निम्नलिखित प्रश्नों के उत्तर दीजिए. **(बैंक पी०ओ० परीक्षा, 2010)**

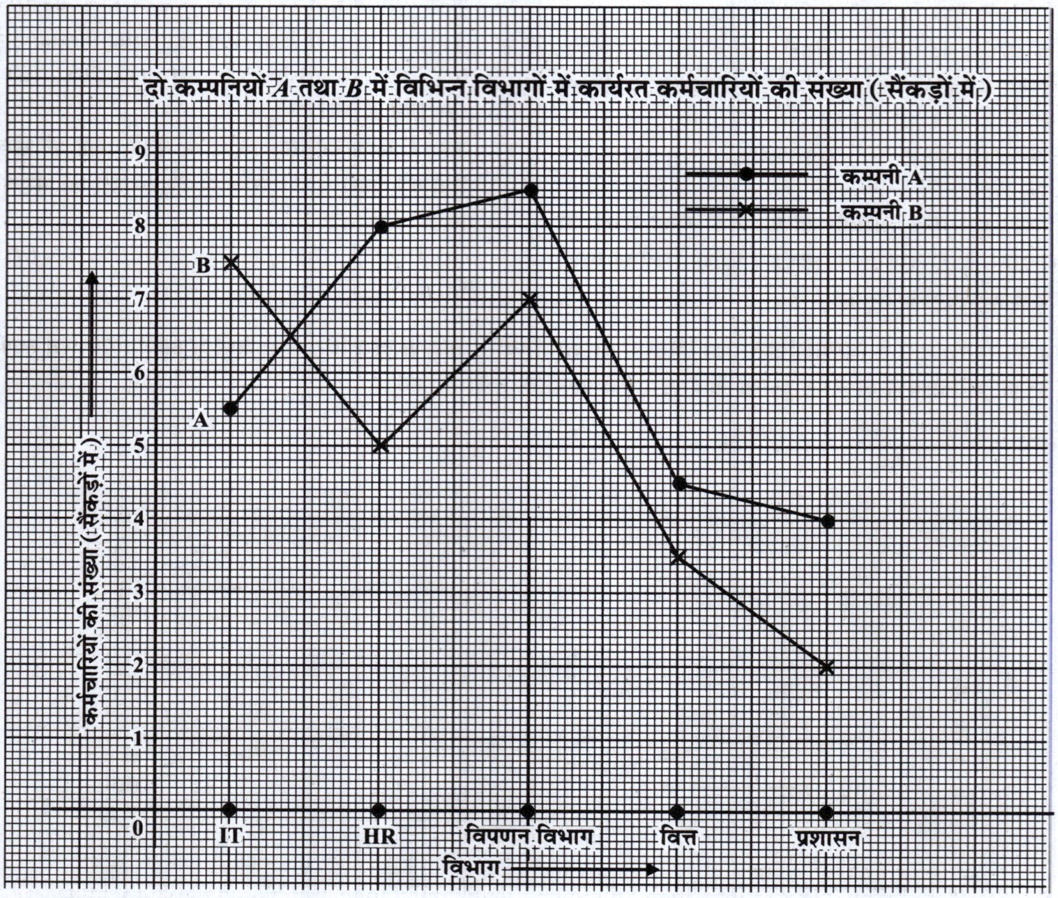

29. कम्पनी B के विपणन विभाग में कार्यरत कर्मचारियों की संख्या कम्पनी में कार्यरत कर्मचारियों की कुल संख्या का कितने प्रतिशत है ?

(*a*) 30% (*b*) 28% (*c*) 23% (*d*) 32%

(*e*) इनमें से कोई नहीं

30. दोनों कम्पनियों के प्रशासन विभागों में कुल मिलाकर कार्यरत कर्मचारियों की संख्या की दोनों कम्पनियों के वित्त विभागों में कुल मिलाकर कार्यरत कर्मचारियों की संख्या से क्रमशः क्या अनुपात है ?

(*a*) 2 : 3 (*b*) 4 : 3 (*c*) 3 : 2 (*d*) 3 : 4

(*e*) इनमें से कोई नहीं

31. कम्पनी A के HR विभाग में कार्यरत कर्मचारियों की संख्या कम्पनी B के वित्त विभाग में कार्यरत कर्मचारियों की संख्या का लगभग कितने प्रतिशत है ?

(*a*) 44% (*b*) 207% (*c*) 53% (*d*) 229%

(*e*) 198%

32. यदि कम्पनी B के IT विभाग में कार्यरत कर्मचारियों की संख्या में 20% वृद्धि हो जाये, तो कम्पनी B के IT विभाग तथा कम्पनी A के प्रशासन विभाग में कार्यरत कर्मचारियों की संख्या के बीच कितना अन्तर होगा ?

(*a*) 500 (*b*) 350

(*c*) 700 (*d*) 400

(*e*) इनमें से कोई नहीं

33. कम्पनी A के सभी विभागों में कार्यरत कर्मचारियों की औसत संख्या कितनी है ?

(*a*) 600 (*b*) 585

(*c*) 620 (*d*) 615

(*e*) इनमें से कोई नहीं

निर्देश (प्र०न० 34 से 38): नीचे दिये गये ग्राफ में विगत वर्षों में तीन कम्पनियों द्वारा अर्जित लाभ (करोड़ रु० में) दिखाया गया है. इसका ध्यानपूर्वक अध्ययन करके निम्नलिखित प्रश्नों के उत्तर दीजिए. (बैंक पी०ओ० परीक्षा, 2010)

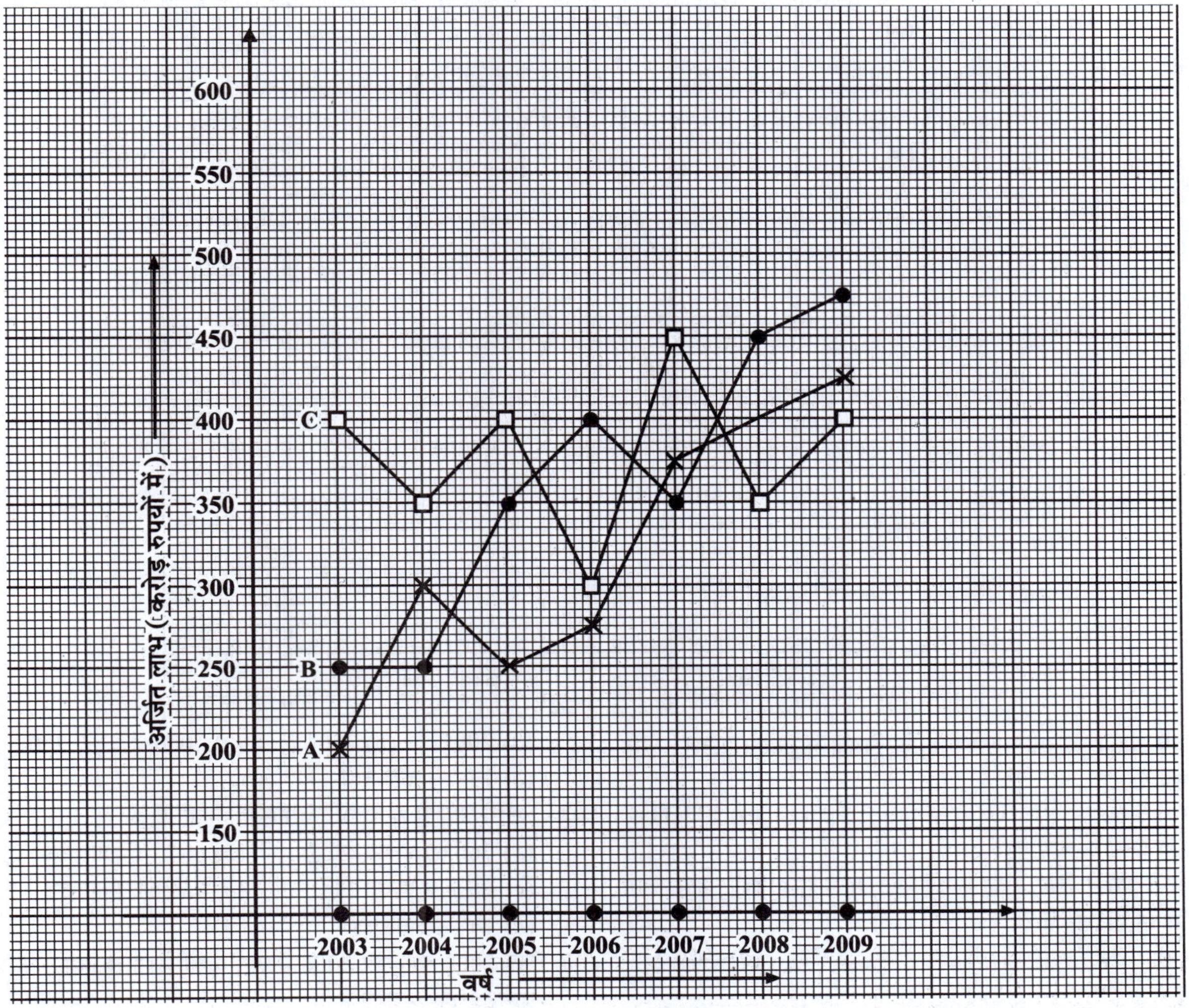

34. वर्ष 2008 में तीनों कम्पनियों द्वारा अर्जित औसत लाभ कितना था ?

(*a*) ₹ 300 करोड़ (*b*) ₹ 400 करोड़

(*c*) ₹ 350 करोड़ (*d*) ₹ 520 करोड़

(*e*) इनमें से कोई नहीं

35. निम्नलिखित में से किस वर्ष कम्पनियाँ *B* तथा *A* द्वारा अर्जित लाभ के बीच न्यूनतम अन्तर था ?

(*a*) 2003 (*b*) 2004

(*c*) 2005 (*d*) 2008

(*e*) इनमें से कोई नहीं

36. निम्नलिखित में से किस वर्ष तीनों कम्पनियों द्वारा मिलाकर कुल अर्जित लाभ सर्वाधिक था ?

(*a*) 2004 (*b*) 2007 (*c*) 2008 (*d*) 2009

(*e*) इनमें से कोई नहीं

37. वर्ष 2006 से वर्ष 2007 तक कम्पनी *A* द्वारा अर्जित लाभ में लगभग कितने प्रतिशत वृद्धि हुई ?

(*a*) 36% (*b*) 24%

(*c*) 40% (*d*) 20%

(*e*) 54%

38. वर्ष 2004 में कम्पनी *A* द्वारा अर्जित लाभ तथा वर्ष 2009 में कम्पनी *C* द्वारा अर्जित लाभ का कितना अन्तर था ?

(*a*) ₹ 50 करोड़

(*b*) ₹ 1 करोड़

(*c*) ₹ 100 करोड़

(*d*) ₹ 200 करोड़

(*e*) इनमें से कोई नहीं

निर्देश (प्र०न० 39 से 43 तक): नीचे दिये गये रेखा-चित्रों में तीन देशों *A*, *B* तथा *C* द्वारा सात विभिन्न वर्षों में निर्यात किये गये गेहूँ की मात्रा (हजार टन में) दर्शाई गई है. इनका भली-भाँति अध्ययन करके नीचे दिये गये प्रश्नों के उत्तर दीजिए. (बैंक पी०ओ० परीक्षा, 2009)

विगत वर्षों में 3 देशों *A, B, C* द्वारा निर्यात किये गये गेहूँ की मात्रा (हजार टन में)

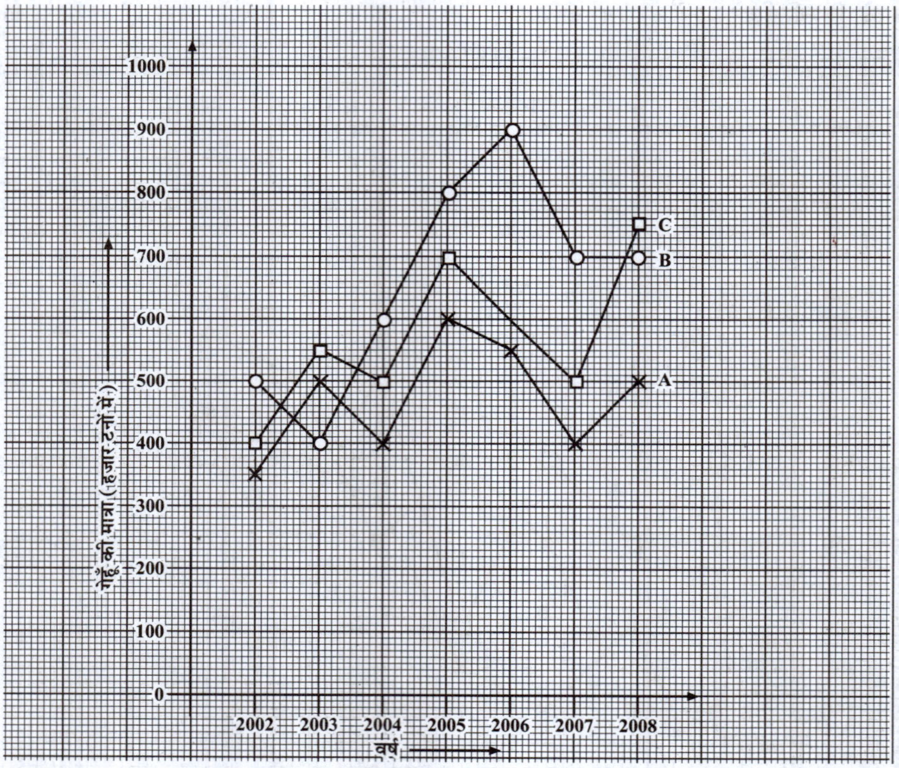

39. वर्ष 2004 से वर्ष 2008 में *C* के निर्यात में कितने प्रतिशत वृद्धि हुई ?

(*a*) 50% (*b*) 33·33% (*c*) 150% (*d*) 133·33%

(*e*) इनमें से कोई नहीं

40. सभी वर्षों के लिए *A* का कुल निर्यात, *B* के कुल निर्यात का लगभग कितने प्रतिशत है ?

(*a*) 75% (*b*) 128% (*c*) 139% (*d*) 68%

(*e*) 72%

41. कम्पनी *B* के लिए किस वर्ष के निर्यात में, पिछले वर्ष की तुलना में प्रतिशत वृद्धि अधिकतम थी ?

(*a*) 2005 (*b*) 2004 (*c*) 2006 (*d*) 2008

(*e*) इनमें से कोई नहीं

42. सभी वर्षों में *B* के औसत निर्यात कितने हैं ?

(*a*) 766.67 हजार टन (*b*) 667.14 हजार टन

(*c*) 657.14 हजार टन (*d*) 756.57 हजार टन

(*e*) इनमें से कोई नहीं

43. वर्ष 2003 तथा वर्ष 2006 में तीनों देशों के कुल निर्यात के बीच क्रमशः क्या अनुपात है ?

(*a*) 41 : 29 (*b*) 51 : 29 (*c*) 29 : 51 (*d*) 29 : 41

(*e*) इनमें से कोई नहीं

निर्देश (प्र०न० 44 से 48 तक): नीचे दिये गये ग्राफ तीन कम्पनियों *A, B* तथा *C* के निर्यात में प्रतिवर्ष हुई प्रतिशत वृद्धि दर्शाते हैं. इनका ध्यानपूर्वक अध्ययन करके नीचे लिखे प्रश्नों के उत्तर दीजिए.

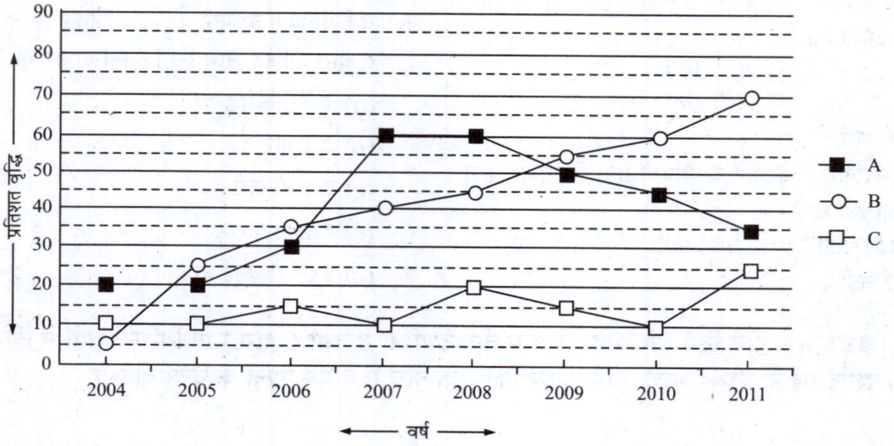

44. दिये गये वर्षों में कम्पनी *A* के लिये निर्यातों में प्रतिशत वृद्धि का औसत कितना है ?

(*a*) 60 (*b*) 45

(*c*) 40 (*d*) $36\frac{2}{3}$

(*e*) इनमें से कोई नहीं

45. वर्ष 2007 में किस कम्पनी के निर्यात सर्वाधिक थे ?

(*a*) *A*

(*b*) *B*

(*c*) *C*

(*d*) निर्धारित नहीं किया जा सकता

(*e*) इनमें से कोई नहीं

46. कम्पनी *C* के वर्ष 2007 में निर्यात 950 हों, तो वर्ष 2009 में कितने थे ?

(*a*) 1311 (*b*) 1254 (*c*) 1442 (*d*) 1140

(*e*) 1268

47. दिये गये वर्षों में प्रति वर्ष पिछले वर्ष की तुलना में किस कम्पनी के निर्यातों में प्रतिशत वृद्धि सतत् रही है ?

(*a*) *B* (*b*) *C*

(*c*) *A* (*d*) निर्धारित नहीं किया जा सकता

(*e*) इनमें से कोई नहीं

48. यदि कम्पनी *C* के वर्ष 2005 में कुल निर्यात 1078 हों, तो वर्ष 2004 में निर्यात कितने थे ?

(*a*) 1078 (*b*) 1186 (*c*) 990 (*d*) 1000

(*e*) 980

निर्देश (प्र०न० 49 से 53 तक): नीचे दिये गये ग्राफ में सात वर्षों में चाय के निर्यात की मात्रा (हजार क्विंटल में) तथा उसका मूल्य (₹ करोड़ में) दिया गया है. ग्राफ का अध्ययन करें तथा निम्नलिखित प्रश्नों के उत्तर दें.

पिछले सात वर्षों में चाय के निर्यात की मात्रा तथा मूल्य

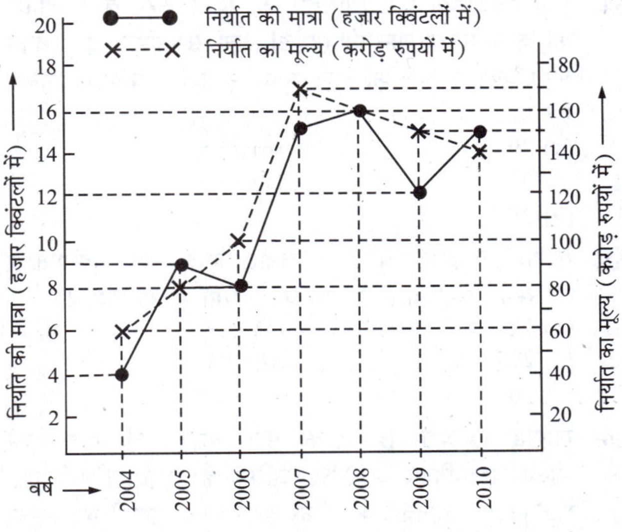

49. वर्ष 2004 से वर्ष 2005 में कुल निर्यात में कितनी वृद्धि हुई ?

(*a*) ₹ 20 करोड़ (*b*) ₹ 2 करोड़

(*c*) ₹ 40 लाख (*d*) ₹ 40 करोड़

50. दिये गये वर्षों में से किस वर्ष प्रति क्विंटल निर्यात मूल्य न्यूनतम था ?

(*a*) 2004 (*b*) 2006

(*c*) 2008 (*d*) इनमें से कोई नहीं

51. वर्ष 2004 में चाय का निर्यात मूल्य प्रति क्विंटल कितना था ?

(*a*) ₹ 150 लाख (*b*) ₹ 15 लाख

(*c*) ₹ 1·5 लाख (*d*) ₹ 15 हजार

52. दिये गये वर्षों में किस वर्ष निर्यात की मात्रा में उसके पिछले वर्ष की तुलना में गिरावट का प्रतिशत अधिकतम रहा ?

(*a*) 2006 (*b*) 2007 (*c*) 2008 (*d*) 2009

53. वर्ष 2006 से वर्ष 2007 में निर्यात मात्रा में कितने प्रतिशत वृद्धि हुई ?

(*a*) 70% (*b*) 87·5% (*c*) 100% (*d*) 105·5%

निर्देश (प्र०न० 54 से 58): निम्नलिखित रेखा चित्र का ध्यानपूर्वक अध्ययन करें और नीचे दिए गए प्रश्नों के उत्तर दें। दिए गए रेखा चित्र में, वर्ष 2001, 2003, 2005 और 2007 में दो चिड़ियाघर A और B में जानवरों की संख्या दी गई है।

(आई.बी.पी.एस. पी.ओ. (प्रा.) परीक्षा, 2020)

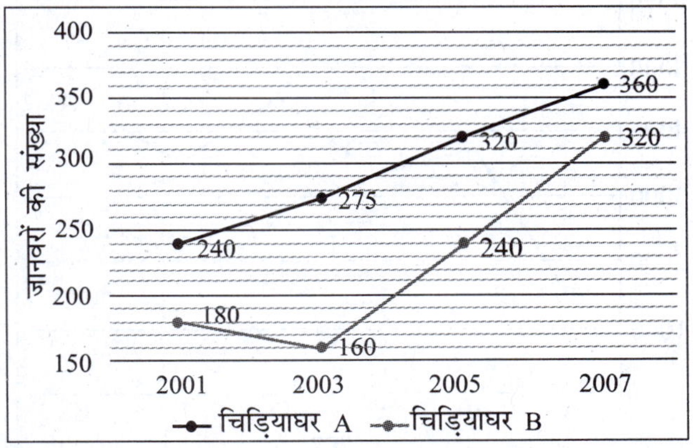

54. वर्ष 2001 और 2005 में एक साथ चिड़ियाघर-A में जानवरों की संख्या और वर्ष 2003 और 2007 में चिड़ियाघर-B में जानवरों की संख्या का अनुपात कितना है?

(*a*) 3 : 4 (*b*) 7 : 4

(*c*) 5 : 6 (*d*) 7 : 6

(*e*) इनमें से कोई नहीं

55. वर्ष 2001, 2003 और 2005 में चिड़ियाघर-A और चिड़ियाघर-B में जानवरों की संख्या के अंतर का योग कितना है?

(*a*) 255 (*b*) 124

(*c*) 278 (*d*) 342

(*e*) इनमें से कोई नहीं

56. यदि वर्ष 2005 में, चिड़ियाघर-A में 35% जानवर और चिड़ियाघर-B में 55% जानवर मांसाहारी हैं, तो वर्ष 2005 में चिड़ियाघर-A और B में मांसाहारी जानवरों की संख्या का योग क्या है?

(*a*) 123 (*b*) 244 (*c*) 254 (*d*) 324

(*e*) इनमें से कोई नहीं

57. वर्ष 2001, 2003 और 2005 को मिलाकर चिड़ियाघर-B में जानवरों की संख्या का योग, वर्ष 2001 और 2007 में मिलाकर चिड़ियाघर-A में जानवरों की संख्या के योग से कितना प्रतिशत अधिक/कम है?

(*a*) $5\frac{2}{3}\%$ (*b*) $6\frac{1}{4}\%$ (*c*) $3\frac{1}{3}\%$ (*d*) $4\frac{1}{5}\%$

(*e*) इनमें से कोई नहीं

58. यदि वर्ष 2009 में चिड़ियाघर-B में जानवरों की संख्या वर्ष 2007 की तुलना में 25% अधिक है, तो वर्ष 2005, 2007 और 2009 में चिड़ियाघर-B में जानवरों की औसत संख्या क्या है?

(*a*) 324 (*b*) 320 (*c*) 234 (*d*) 435

(*e*) इनमें से कोई नहीं

निर्देश (प्र०न० 59 से 63): नीचे दिए गए प्रश्नों का उत्तर देने के लिए निम्नलिखित ग्राफ का ध्यानपूर्वक अध्ययन करें:

वर्ष 2016 में किसी उत्पाद के 6 ब्रांडों (इकाइयों में) की मांग और उत्पादन को नीचे दर्शाया गया है।

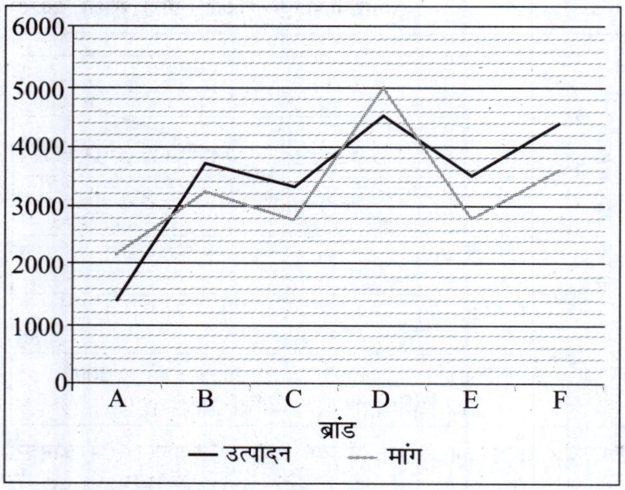

(एस.बी.आई. पी.ओ. परीक्षा, 2017)

59. यदि ब्रांड C उत्पाद की मांग में 75% की वृद्धि होती है तो मांग को पूरा करने के लिए उत्पादन में कितने प्रतिशत की वृद्धि की जानी चाहिए?

(*a*) 40% (*b*) 55% (*c*) 44.65% (*d*) 45.67%

(*e*) 48.48%

60. ब्रांड A अपनी मांग को पूरा करने के लिए अपना उत्पादन बढ़ाता है। प्रत्येक 160 यूनिट के उत्पादन के साथ ब्रांड अपनी कीमत में 10% की वृद्धि करता है। यदि एक उत्पाद की पहले की कीमत 5000 रुपये थी तो उत्पाद की नई कीमत क्या है?

(*a*) ₹ 8052.55 (*b*) ₹ 8000

(*c*) ₹ 8242.4 (*d*) ₹ 7869

(*e*) ₹ 6789

61. यदि ब्रांड D उत्पाद की मांग गिरती है तो नई मांग इसके उत्पादन से 20% कम हो जाती है। ज्ञात कीजिए कि मांग में कितने प्रतिशत की गिरावट आई है?

(*a*) 21% (*b*) 27% (*c*) 25% (*d*) 28%

(*e*) 44%

62. ब्रांड B ने अपने उत्पादन की मांग को पूरा करने के लिए उत्पाद की कीमत घटा दी। जब कीमत में 12% की कमी हुई तो मांग में 25% की वृद्धि हुई। यदि नई कीमत और नई मांग के बीच का अनुपात 11:20 है तो घटने से पहले उत्पाद की कीमत ज्ञात कीजिए।

(*a*) ₹ 2500 (*b*) ₹ 2200 (*c*) ₹ 2400 (*d*) ₹ 2700

(*e*) ₹ 2000

63. ब्रांड E और F का एक साथ मिलाकर उत्पादन, E और F की कुल मांग का लगभग कितना प्रतिशत है?

(*a*) 123% (*b*) 124% (*c*) 120% (*d*) 128%

(*e*) 126%

निर्देश (प्र०न० 64 से 68): निम्न ग्राफ का सावधानीपूर्वक अध्ययन कीजिए एवं दिए गए प्रश्नों के उत्तर दीजिए।

6 भिन्न दिवसों में रेलगाड़ी P एवं Q द्वारा दिल्ली से शिमला तक सफर करने वाले यात्रियों की संख्या

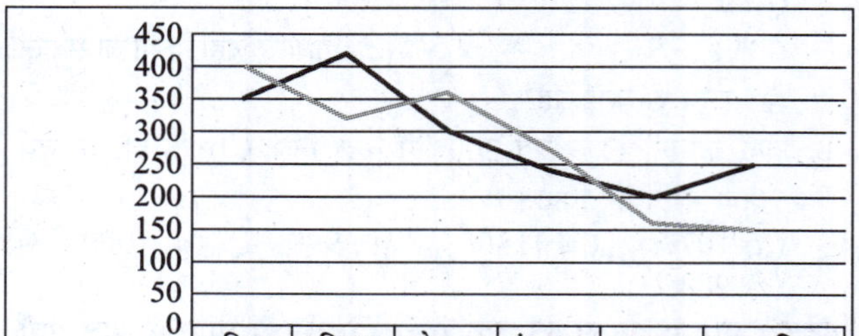

	शनिवार	रविवार	सोमवार	मंगलवार	बुधवार	बृहस्पतिवार
रेलगाड़ी Q	350	420	300	240	200	250
रेलगाड़ी P	400	320	360	270	160	150

(एस.आई.डी.बी.आई.-अधिकारी ऑनलाइन परीक्षा, 2016)

64. दोनो रेलगाड़ियों द्वारा मंगलवार को सफर करने वाले यात्रियों की कुल संख्या बृहस्पतिवार को दोनों रेलगाड़ियों द्वारा सफर करने वाले यात्रियों की कुल संख्या से कितने प्रतिशत अधिक है?

(*a*) 29 (*b*) 25.5

(*c*) 31 (*d*) 27.5

(*e*) 28.4

65. रेलगाड़ी P द्वारा रविवार, मंगलवार, बुधवार एवं बृहस्पतिवार को सफर करने वाले यात्रियों की औसत संख्या क्या है?

(*a*) 225 (*b*) 235

(*c*) 215 (*d*) 195

(*e*) 205

66. रेलगाड़ी Q द्वारा शुक्रवार को सफर करने वाले यात्रियों की संख्या बृहस्पतिवार से 20% अधिक है। इसी रेलगाड़ी द्वारा शुक्रवार एवं शनिवार को सफर करने वाले यात्रियों की संख्या के मध्य क्रमशः क्या अनुपात है?

(*a*) 6 : 11 (*b*) 6 : 7

(*c*) 5 : 7 (*d*) 3 : 5

(*e*) 5 : 9

67. रेलगाड़ी P द्वारा सफर करने वाले यात्रियों की संख्या में सोमवार की अपेक्षा बुधवार को कितने प्रतिशत की कमी हुई?

(*a*) $53\frac{1}{9}$ (*b*) $57\frac{1}{9}$ (*c*) $55\frac{5}{9}$ (*d*) $58\frac{5}{9}$

(*e*) $50\frac{1}{9}$

68. सोमवार एवं रविवार को मिलाकर रेलगाड़ी P एवं इन्हीं दिनों को मिलाकर रेलगाड़ी Q द्वारा सफर करने वाले यात्रियों की संख्या के मध्य क्या अंतर है?

(*a*) 10 (*b*) 20 (*c*) 30 (*d*) 50

(*e*) 40

उत्तरमाला (प्रश्नमाला 42)

1. (*c*)	**2.** (*a*)	**3.** (*c*)	**4.** (*d*)	**5.** (*b*)	**6.** (*c*)	**7.** (*b*)	**8.** (*d*)	**9.** (*a*)	**10.** (*d*)	**11.** (*c*)	**12.** (*d*)
13. (*a*)	**14.** (*d*)	**15.** (*b*)	**16.** (*a*)	**17.** (*c*)	**18.** (*a*)	**19.** (*a*)	**20.** (*a*)	**21.** (*e*)	**22.** (*b*)	**23.** (*d*)	**24.** (*a*)
25. (*c*)	**26.** (*e*)	**27.** (*b*)	**28.** (*d*)	**29.** (*b*)	**30.** (*d*)	**31.** (*d*)	**32.** (*a*)	**33.** (*e*)	**34.** (*b*)	**35.** (*e*)	**36.** (*d*)
37. (*a*)	**38.** (*c*)	**39.** (*a*)	**40.** (*e*)	**41.** (*b*)	**42.** (*c*)	**43.** (*e*)	**44.** (*c*)	**45.** (*d*)	**46.** (*a*)	**47.** (*a*)	**48.** (*e*)
49. (*a*)	**50.** (*d*)	**51.** (*c*)	**52.** (*d*)	**53.** (*b*)	**54.** (*d*)	**55.** (*a*)	**56.** (*b*)	**57.** (*c*)	**58.** (*b*)	**59.** (*b*)	**60.** (*a*)
61. (*d*)	**62.** (*a*)	**63.** (*a*)	**64.** (*d*)	**65.** (*a*)	**66.** (*b*)	**67.** (*c*)	**68.** (*e*)				

दिये गये प्रश्नों के हल

1. विद्यालय *T* में कुल बच्चों की संख्या = 1250.

इसमें से लड़कियों की संख्या $= \left(1250 \times \frac{40}{100}\right) = 500.$

इस विद्यालय में लड़कों की संख्या

$= (1250 - 500) = 750.$

2. विद्यालय *R* में कुल छात्र = 2000,

विद्यालय *S* में कुल छात्र = 2250.

अभीष्ट % $= \left(\frac{2000}{2250} \times 100\right)\% = \frac{800}{9}\%$

$= 88\cdot89\% \simeq 89\%.$

3. विद्यालय *P* में लड़कियों की संख्या

$= (2500$ का $40\%) = \left(2500 \times \frac{40}{100}\right) = 1000.$

विद्यालय *Q* में लड़कियों की संख्या = (3000 का 45%)

$= \left(3000 \times \frac{45}{100}\right) = 1350.$

अभीष्ट अनुपात $= \frac{1000}{1350} = \frac{20}{27} = 20:27.$

4. विद्यालयों *R* तथा *U* में कुल लड़कों की संख्या

$= (2000$ का $72\cdot5\%) + (1000$ का $82\cdot5\%)$

$= \left(2000 \times \frac{72\cdot5}{100}\right) + \left(1000 \times \frac{82\cdot5}{100}\right) = (1450 + 825)$

$= 2275.$

विद्यालयों *R* तथा *U* में कुल बच्चों की संख्या

$= (2000 + 1000) = 3000.$

अभीष्ट % $= \left(\frac{2275}{3000} \times 100\right)\% = \frac{455}{6}\% = 75\cdot83\%.$

5. विद्यालयों *P* तथा *Q* में कुल मिलाकर लड़कों की संख्या

$= (2500$ का $60\%) + (3000$ का $55\%)$

$= \left(2500 \times \frac{60}{100}\right) + \left(3000 \times \frac{55}{100}\right) = (1500 + 1650)$

$= 3150.$

$\therefore$ अभीष्ट औसत संख्या $= \frac{3150}{2} = 1575.$

6. वर्ष 2007 में मोटे पुरुषों, मोटी महिलाओं तथा मोटे बच्चों की कुल संख्या $= \left(66000 \times \frac{35}{100} + 54000 \times \frac{25}{100} + 16000 \times \frac{12\cdot5}{100}\right)$

$= (23100 + 13500 + 2000) = 38600.$

अभीष्ट औसत $= \frac{38600}{3} = 12866\cdot66 = 12867$ लगभग.

7. वर्ष 2009 में मोटे पुरुषों की संख्या

$= \left(78000 \times \frac{37\cdot5}{100}\right) = 29250.$

इसी वर्ष उन पुरुषों की संख्या जो मोटे नहीं थे

$= (78000 - 29250) = 48750.$

अभीष्ट % $= \left(\frac{29250}{48750} \times 100\right)\% = 60\%.$

8. वर्ष 2006 में मोटी महिलाओं की संख्या

$= \left(60000 \times \frac{20}{100}\right) = 12000.$

वर्ष 2008 में मोटे पुरुषों की संख्या

$= \left(70000 \times \frac{27\cdot5}{100}\right) = 19250.$

अभीष्ट अनुपात $= \frac{12000}{19250} = \frac{240}{385} = \frac{48}{77} = 48:77.$

9. वर्ष 2006 में मोटी महिलाओं तथा मोटे बच्चों की कुल संख्या

$= \left(60000 \times \frac{20}{100} + 12000 \times \frac{25}{100}\right) = (12000 + 3000)$

$= 15000.$

वर्ष 2006 में मोटे पुरुषों की संख्या

$= \left(63000 \times \frac{32 \cdot 5}{100}\right) = 20475.$

अभीष्ट अन्तर = (20475 – 15000) = 5475.

10. वर्ष 2004 में मोटे बच्चों की संख्या $= \left(15000 \times \frac{15}{100}\right) = 2250.$

वर्ष 2005 में मोटे बच्चों की संख्या $= \left(21000 \times \frac{10}{100}\right) = 2100.$

इन वर्षों में कुल ऐसे बच्चों की संख्या जो मोटे नहीं हैं

= (15000 – 2250) + (21000 – 2100)

= (12750 + 18900) = 31650.

11. वर्ष 2006 में तीनों विद्यालयों में छात्रों की कुल संख्या

= (2500 + 3000 + 3500) = 9000.

इन विद्यालयों में छात्रों की औसत संख्या $= \frac{9000}{3} = 3000.$

12. विभिन्न वर्षों में, *A*, *B* तथा *C* में छात्रों की कुल संख्या:

2002 → (1000 + 1500 + 500) = 3000

2003 → (2000 + 1000 + 2500) = 5500

2004 → (1500 + 2500 + 3000) = 7000

2005 → (2500 + 3000 + 3500) = 9000

2006 → (3000 + 2500 + 3500) = 9000

2007 → (2500 + 3500 + 3000) = 9000.

स्पष्ट है कि 3 वर्षों 2005, 2006, 2007 में $(A + B + C)$ = 9000.

13. वर्ष 2004 में $(B + C)$ = (2500 + 3000) = 5500.

वर्ष 2007 में $(B + C)$ = (3500 + 3000) = 6500.

अभीष्ट प्रतिशत्ता

$= \left(\frac{5500}{6500} \times 100\right)\% = \frac{1100}{13}\% = 84 \cdot 61\% \simeq 85\%.$

14. वर्ष 2003 में $(A + B + C)$ = 5500.

वर्ष 2005 में B = 3000.

अभीष्ट अन्तर = (5500 – 3000) = 2500.

15. 6 वर्षों में *A* की कुल संख्या

= (1000 + 2000 + 1500 + 2500 + 3000 + 2500)

= 12500.

अभीष्ट औसत $= \frac{12500}{6} = 2083 \simeq 2090$ लगभग.

16. A का SP = $120x$ का 85% = $102x$

A का CP = $102x - 750 = 100x$

$x = 375$

A पर दी जाने वाली छूट राशि

$= 120x - 102x = 18x$ = ₹ 6750

माना D का MP = $100y$

D का SP = $100y$ का 76% = $76y$

$100y - 76y = 2100$

$y = 87.5$

D का CP = $76y + 350$ = ₹ 7000

D का MP = $100y$ = ₹ 8750

अंकित राशि = 8750 – 7000 = ₹ 1750

आवश्यक प्रतिशत $= \frac{1750}{6750} \times 100 = \frac{700}{27}\%$

17. माना वस्तु A का क्रय मूल्य = $100x$

वस्तु A का अंकित मूल्य = $100x + 3000$

वस्तु A का विक्रय मूल्य = $(100x + 3000)$ का 85%

$= 85x + 2550$

वस्तु A का क्रय मूल्य = $85x + 2550 - 750 = 100x$

$15x = 1800; x = 120$

वस्तु A पर दी जाने वाली छूट = $(100x + 3000)$ का 15%

= ₹2250

C का अंकित मूल्य = $(100x + 3000) \times \frac{23}{120}$ = ₹2875

C का क्रय मूल्य = 2875 का 80% + 200 = ₹ 2500

C की अंकित राशि = 2875 – 2500 = ₹ 375

आवश्यक प्रतिशत $= \frac{375}{2250} \times 100 = 16.67\%$

18. माना C का CP = ₹8000

माना C का MP = $100x$

C का SP = $100x$ का 80% = $80x$

C का CP = $80x + 200 = 8000$

$x = 97.5$

C की अंकित राशि = $100x - 8000$ = ₹1750

F की अंकित राशि = 1750 का 120% = ₹2100

माना वस्तु F का CP = $100y$

F का MP = $100y + 2100$

F का SP = $(100y + 2100)$ का 85% = $100y$ का 114.75%

$85y + 1785 = 114.75y$

$y = 60$

F का CP = $100y$ = ₹6000

आवश्यक अनुपात = 8000 : 6000 = 4 : 3

19. सभी शहरों के अभियोग्यता परीक्षा में बैठने वालों की कुल संख्या

= (40 + 32·5 + 17·5 + 42·5 + 35) हजार

= (167·5 × 1000) = 167500.

अभीष्ट औसत संख्या $= \frac{167500}{5} = 33500.$

20. अभीष्ट % $= \left\{\frac{(42 \cdot 5 \times 1000)}{(17 \cdot 5 \times 1000)} \times 100\right\}\%$

$= \left(\frac{42500}{17500} \times 100\right)\% = \left(\frac{17}{7} \times 100\right)\%$

$= \left(\frac{1700}{7}\right)\% = 242 \cdot 86 \simeq 243\%$ (लगभग).

21. *C* तथा *D* के कुल विद्यार्थी = (17·5 + 42·5) × 1000 = 60000.

A, *D* तथा *E* के कुल विद्यार्थी = (40 + 42·5 + 35) × 1000

= 117500.

अभीष्ट अनुपात $= \frac{60000}{117500} = \frac{24}{47} = 24 : 47.$

22. B के विद्यार्थियों की संख्या : A के विद्यार्थियों की संख्या

$= (32 \cdot 5 \times 1000) : (40 \times 1000) = \frac{32500}{40000} = \frac{13}{16} = 13:16.$

23. अभीष्ट $\% = \left(\frac{35000}{167500} \times 100\right)\% = \left(\frac{14}{67} \times 100\right)\%$

$= 20 \cdot 89\% \simeq 21\%$ लगभग.

24. माना वर्ष 2007 में कम्पनी A का व्यय = ₹ x लाख. तब

$\frac{6 \cdot 3 - x}{x} = \frac{50}{100} = \frac{1}{2} \Rightarrow x = 12 \cdot 6 - 2x$

$\Rightarrow 3x = 12 \cdot 6 \Rightarrow x = 4 \cdot 2.$

∴ वर्ष 2007 में कम्पनी A का व्यय = ₹ 4·2 लाख.

25. वर्ष 2009 में कम्पनी A का लाभ = (आय) – (व्यय)

= ₹ 31·85 लाख

$\frac{31 \cdot 85}{\text{व्यय}} \times 100 = 35 \Rightarrow$ व्यय $= \frac{3185}{35}$ लाख = ₹ 91 लाख.

26. सभी वर्षों में A का औसत लाभ %

$= \frac{(45+40+35+50+45+35)\%}{6}\% = \frac{250}{6}\%$

$= \frac{125}{3}\% = 41 \cdot 66\% = 42\%$ लगभग.

27. माना वर्ष 2004 में कम्पनी A तथा B में से प्रत्येक की आय ₹ x लाख थी. माना इस वर्ष में कम्पनी A का व्यय = ₹ y लाख तथा कम्पनी B का व्यय = ₹ z लाख. तब

$\frac{x-y}{y} = \frac{45}{100}$ तथा $\frac{x-z}{z} = \frac{35}{100}$

$\Rightarrow 100x = 145y$ तथा $100x = 135z$

$\Rightarrow y = \frac{20x}{29}$ तथा $z = \frac{20x}{27}$

$\Rightarrow \frac{y}{z} = \frac{20x}{29} \times \frac{27}{20x} = \frac{27}{29} \Rightarrow y:z = 27:29.$

28. स्पष्ट है कि B द्वारा अर्जित लाभ की औसत राशि ज्ञात नहीं की जा सकती.

29. कम्पनी B में विपणन विभाग के कर्मचारियों की संख्या = 700.
कम्पनी B में कार्यरत कर्मचारियों की कुल संख्या
= (750 + 500 + 700 + 350 + 200) = 2500.

अभीष्ट $\% = \left(\frac{700}{2500} \times 100\right)\% = 28\%.$

30. कम्पनी A तथा B के प्रशासन विभागों के कर्मचारियों की कुल संख्या = (400 + 200) = 600.
कम्पनी A तथा B के वित्त विभागों के कर्मचारियों की कुल संख्या = (450 + 350) = 800.

अभीष्ट अनुपात $= \frac{600}{800} = \frac{3}{4} = 3:4.$

31. कम्पनी A के HR विभाग के कर्मचारियों की संख्या = 800.
कम्पनी B के वित्त विभाग के कर्मचारियों की संख्या = 350.

अभीष्ट $\% = \left(\frac{800}{350} \times 100\right)\% = \frac{1600}{7}\% = 228 \cdot 57\%$

$\simeq 229\%$ (लगभग).

32. कम्पनी B के IT विभाग में कर्मचारियों की नई संख्या

$= \left(750 \times \frac{120}{100}\right) = 900.$

कम्पनी A के प्रशासन विभाग में कर्मचारियों की संख्या = 400.
अभीष्ट अन्तर = (900 – 400)
= 500.

33. कम्पनी A के कर्मचारियों की सभी विभागों में औसत संख्या

$= \frac{1}{5}(500 + 800 + 850 + 450 + 400) = \frac{3050}{5} = 610.$

34. अभीष्ट औसत लाभ = ₹ $\frac{1}{3}(350 + 400 + 450)$ करोड़
= ₹ 400 करोड़.

35. भिन्न-भिन्न वर्षों में A तथा B के लाभ का अन्तर :

2003 → ₹ (250 – 200) करोड़ = ₹ 50 करोड़
2004 → ₹ (300 – 250) करोड़ = ₹ 50 करोड़.
2005 → ₹ (350 – 250) करोड़ = ₹ 100 करोड़
2006 → ₹ (400 – 275) करोड़ = ₹ 125 करोड़
2007 → ₹ (375 – 350) करोड़ = ₹ 25 करोड़,
2008 → ₹ (450 – 400) करोड़ = ₹ 50 करोड़.
2009 → ₹ (475 – 425) करोड़ = ₹ 50 करोड़.

इन सबमें से न्यूनतम अन्तर वर्ष 2007 में रहा.

36. भिन्न-भिन्न वर्षों में तीनों कम्पनियों का कुल लाभ:

2003 → ₹ (200 + 250 + 400) करोड़ = ₹ 850 करोड़.
2004 → ₹ (300 + 250 + 350) करोड़ = ₹ 900 करोड़.
2005 → ₹ (250 + 350 + 400) करोड़ = ₹ 1000 करोड़.
2006 → ₹ (275 + 400 + 300) करोड़ = ₹ 975 करोड़.
2007 → ₹ (375 + 350 + 450) करोड़ = ₹ 1175 करोड़.
2008 → ₹ (400 + 450 + 350) करोड़ = ₹ 1200 करोड़.
2009 → ₹ (425 + 475 + 400) करोड़ = ₹ 1300 करोड़.

स्पष्ट है कि यह सर्वाधिक वर्ष 2009 में रहा.

37. वर्ष 2006 में A का लाभ = ₹ 275 करोड़.
वर्ष 2007 में A का लाभ = ₹ 375 करोड़.

वृद्धि $\% = \left(\frac{100}{275} \times 100\right)\% = \frac{400}{11}\% = 36 \cdot 36\%$

$= 36\%$ लगभग.

38. वर्ष 2004 में कम्पनी A द्वारा अर्जित लाभ = ₹ 300 करोड़.
वर्ष 2009 में कम्पनी C द्वारा अर्जित लाभ = ₹ 400 करोड़.
अभीष्ट अन्तर = ₹ (300 – 300) करोड़ = ₹ 100 करोड़.

39. वर्ष 2004 में C का निर्यात = 500 हजार टन.
वर्ष 2008 में C का निर्यात = 750 हजार टन.

अभीष्ट वृद्धि $\% = \left(\frac{250}{500}\times 100\right)\% = 50\%.$

40. सभी वर्षों में A का कुल निर्यात

$= (350 + 500 + 400 + 600 + 550 + 400 + 500)$ हजार टन

$= 3300$ हजार टन.

सभी वर्षों में B का कुल निर्यात

$= (500 + 400 + 600 + 800 + 900 + 700 + 700)$ हजार टन

$= 4600$ हजार टन.

अभीष्ट प्रतिशतता

$= \left(\frac{3300}{4600}\times 100\right)\% = \frac{1650}{23}\% = 71\cdot 74\% \simeq 72\%.$

41. B के निर्यात में विभिन्न वर्षों में प्रतिशत वृद्धि:

2003 → वृद्धि नहीं,

$2004 \rightarrow \left\{\frac{(600-400)}{400}\times 100\right\}\% = 50\%,$

$2005 \rightarrow \left\{\frac{(800-600)}{600}\times 100\right\}\% = 33\cdot 34\%$

$2006 \rightarrow \left\{\frac{(900-800)}{800}\times 100\right\}\% = 12\cdot 5\%$

2007 → वृद्धि नहीं, 2008 → वृद्धि नहीं.

अभीष्ट वर्ष = 2004.

42. 7 वर्षों में B के कुल निर्यात = 4600 हजार टन.

इन वर्षों में B के औसत निर्यात $= \frac{4600}{7}$ हजार टन

$= 657\cdot 14$ हजार टन.

43. वर्ष 2003 में $(A + B + C)$ के कुल निर्यात

$= (500 + 400 + 550)$ हजार टन

$= 1450$ हजार टन.

वर्ष 2004 में $(A + B + C)$ के कुल निर्यात

$= (400 + 600 + 500)$ हजार टन

$= 1500$ हजार टन.

अभीष्ट अनुपात $= \frac{1450}{1500} = \frac{29}{30} = 29:30.$

44. कम्पनी A के निर्यातों में प्रतिशत वृद्धि का औसत

$= \frac{(20+20+30+60+60+50+45+35)}{8} = \frac{320}{8} = 40.$

45. चूँकि किसी भी कम्पनी के वर्ष 2004 अथवा इसके बाद निर्यातों की संख्या अज्ञात थी, अत: यह ज्ञात नहीं किया जा सकता कि वर्ष 2007 में किस कम्पनी के निर्यात सर्वाधिक थे.

46. कम्पनी C के वर्ष 2007 में निर्यात = 950.

∴ कम्पनी C के वर्ष 2009 में निर्यात

= 950 का 120% का 115%

$= \left(950\times\frac{120}{100}\times\frac{115}{100}\right) = 1311.$

47. स्पष्ट है कि कम्पनी B के निर्यात में वृद्धि लगातार (सतत्) रही.

48. माना वर्ष 2004 में कम्पनी C के निर्यात $= x$.

तब, $x\left(1+\frac{10}{100}\right) = 1078 \Rightarrow x\times\frac{11}{10} = 1078$

$\Rightarrow x = \left(1078\times\frac{10}{11}\right) = 980.$

49. वर्ष 2004 में निर्यात का मूल्य = ₹ 60 करोड़

वर्ष 2005 में निर्यात का मूल्य = ₹ 80 करोड़

निर्यात में वृद्धि = ₹ (80 करोड़ – 60 करोड़) = ₹ 20 करोड़.

50. विभिन्न वर्षों में प्रति क्विंटल निर्यात मूल्य:

$2004 \rightarrow \left(\frac{60 \text{ करोड़}}{4 \text{ हजार}}\right) = \frac{60\times 10^7}{4\times 10^3} = (15\times 10^4)$

= ₹ 150000

$2005 \rightarrow \left(\frac{80 \text{ करोड़}}{9 \text{ हजार}}\right) = \frac{80\times 10^7}{9\times 10^3} = (9\times 10^4)$ लगभग

=₹90000.

$2006 \rightarrow \left(\frac{100 \text{ करोड़}}{8 \text{ हजार}}\right) = \frac{100\times 10^7}{8\times 10^3} = \frac{100\times 10^4}{8}$

$= \frac{250\times 10^3}{2} =$ ₹125000.

$2007 \rightarrow \left(\frac{170 \text{ करोड़}}{15 \text{ हजार}}\right) = \frac{170\times 10^7}{15\times 10^3} = \frac{34\times 10^4}{3}$

= 110000 लगभग = ₹110000

$2008 \rightarrow \left(\frac{160 \text{ करोड़}}{14 \text{ हजार}}\right) = \frac{160\times 10^7}{14\times 10^3} = \frac{80\times 10^4}{7}$

$= 11\cdot 4\times 10000 =$ ₹114000.

$2009 \rightarrow \left(\frac{150 \text{ करोड़}}{12 \text{ हजार}}\right) = \frac{150\times 10^7}{12\times 10^3} = \frac{1500\times 10^3}{12}$

=₹125000.

$2010 \rightarrow \left(\frac{140 \text{ करोड़}}{15 \text{ हजार}}\right) = \frac{140\times 10^7}{15\times 10^3} = \frac{28\times 10^4}{3}$

=₹90000 लगभग

स्पष्ट है कि इन सबमें न्यूनतम मूल्य वर्ष 2005 में था.

51. वर्ष 2004 में चाय का निर्यात मूल्य प्रति क्विंटल = ₹ 150000.

= ₹ 1·5 लाख.

52. स्पष्ट है कि निर्यात में गिरावट वर्ष 2005 से वर्ष 2006 में तथा वर्ष 2008 से वर्ष 2009 में आयी.

2005 से 2006 में निर्यात में कमी

$= \left\{\frac{(9000-8000)}{9000}\times 100\right\}\% = \frac{100}{9}\% = 11\cdot 11\%.$

2008 से 2009 में निर्यात में कमी

$= \left\{\frac{(14000-12000)}{14000}\times 100\right\}\% = \frac{200}{7}\% = 14\cdot 29\%.$

अत: वर्ष 2009 में निर्यात में गिरावट का प्रतिशत अधिकतम रहा.

53. वर्ष 2006 से वर्ष 2007 में चाय के निर्यात की मात्रा में प्रतिशत वृद्धि

$$=\left\{\frac{(15000-8000)}{8000}\times 100\right\}\% = \frac{700}{8}\% = 87\cdot5\%.$$

54. वर्ष 2001 और 2005 में एक साथ चिड़ियाघर-A में जानवरों की संख्या $= 240 + 320 = 560$

वर्ष 2003 और 2007 में एक साथ चिड़ियाघर-B में जानवरों की संख्या $= 160 + 320$

$= 480$

आवश्यक अनुपात,

$= 560 : 480$

$= 7 : 6$

55. वर्ष 2001 में चिड़ियाघर-A और चिड़ियाघर-B में जानवरों की संख्या का अंतर $= 60$

वर्ष 2003 में चिड़ियाघर-A और चिड़ियाघर-B में जानवरों की संख्या का अंतर $= 115$

वर्ष 2005 में चिड़ियाघर-A और चिड़ियाघर-B में जानवरों की संख्या का अंतर $= 80$

वर्ष 2001, 2003 और 2005 में चिड़ियाघर-A और चिड़ियाघर-B में जानवरों की संख्या के अंतर का योग

$= 60 + 115 + 80$

$= 255$

56. वर्ष 2005 में,

चिड़ियाघर-A में 35% जानवर $= 112$

चिड़ियाघर-B में 55% जानवर $= 132$

वर्ष 2005 में चिड़ियाघर A और B में मांसाहारी जानवरों की संख्या का योग $= 244$

57. वर्ष 2001, 2003 और 2005 में एक साथ चिड़ियाघर-B में जानवरों की संख्या का योग

$= 180 + 160 + 240$

$= 580$

वर्ष 2001 और 2007 में एक साथ चिड़ियाघर-A में जानवरों की संख्या का योग $= 240 + 360$

$= 600$

आवश्यक % $= \dfrac{600-580}{600}\times 100 = 3\dfrac{1}{3}\%$

58. वर्ष 2009 में चिड़ियाघर-B में जानवरों की संख्या

$= 320 \times \dfrac{125}{100} = 400$

वर्ष 2005, 2007 और 2009 में चिड़ियाघर-B में जानवरों की औसत संख्या $= \dfrac{240+320+400}{3}$

$= 320$

59. ब्रांड C उत्पाद की मांग $= 2800$ इकाई

ब्रांड C उत्पाद की मांग में 75% की वृद्धि

ब्रांड C उत्पाद की नई मांग $= 2800$ इकाई का 175%

ब्रांड C उत्पाद की नई मांग $= 4900$ इकाई

ब्रांड C उत्पाद का उत्पादन $= 3300$ इकाई

मांग को पूरा करने के लिए ब्रांड C को उत्पाद का उत्पादन बढ़ाकर 4900 इकाई करना चाहिए

$\therefore 4900 - 3300 = 1600$ और इकाइयों का उत्पादन किया जाना चाहिए।

आवश्यक प्रतिशत $= \dfrac{1600}{3300}\times 100 = 48.48\%$

60. ब्रांड A उत्पाद की मांग $= 2200$ यूनिट

ब्रांड A उत्पाद का उत्पादन $= 1400$ इकाइयां

ब्रांड A उत्पाद की मांग और उत्पादन के बीच अंतर

$= 800$ यूनिट

कंपनी को अपनी मांग को पूरा करने के लिए अपना उत्पादन 2200 तक बढ़ाना होगा जिसके लिए उसे 800 यूनिट अधिक उत्पादन करना होगा।

प्रत्येक 160 यूनिट के उत्पादन के साथ ब्रांड अपनी कीमत में 10% की वृद्धि करता है।

ब्रांड द्वारा अपनी कीमत में 10% की वृद्धि करने की संख्या

$= \dfrac{800}{160} = 5$

पहले एक उत्पाद की कीमत ₹ 5000 थी

उत्पाद की नई कीमत $= 5000 \times \dfrac{110}{100}\times\dfrac{110}{100}\times\dfrac{110}{100}\times\dfrac{110}{100}\times\dfrac{110}{100}$

$= 8052.55$

61. ब्रांड D उत्पाद की मांग $= 5000$ इकाई

ब्रांड D उत्पाद का उत्पादन $= 4500$ इकाई

नई मांग इसके उत्पादन से 20% कम है

ब्रांड D उत्पाद की नई मांग $= 4500$ इकाई का 80%

ब्रांड D उत्पाद की नई मांग $= 3600$ इकाई

पहले की मांग और नई मांग में अंतर $= 5000 - 3600 = 1400$

$\therefore$ मांग 1400 इकाई गिर गई, अतः

अभीष्ट प्रतिशत $= \dfrac{1400}{5000}\times 100 = 28\%$

62. मान लें कि उत्पाद की कीमत ₹ x है।

ब्रांड B ने अपनी कीमत में 12% की कमी की जिससे मांग में 25% की वृद्धि हुई

उत्पाद का नया मूल्य $= x$ का 88%

ग्राफ से ब्रांड B उत्पाद की मांग $= 3200$ इकाई

ब्रांड B उत्पाद की नई मांग $= 3200$ का 125%

$\Rightarrow$ ब्रांड B उत्पाद की नई मांग $= 4000$ इकाई

नई कीमत और नई मांग के बीच का अनुपात 11 : 20 है

$$\Rightarrow \frac{\frac{88x}{100}}{4000} = \frac{11}{20}$$

$\Rightarrow \frac{88x}{100} \times \frac{1}{4000} = \frac{11}{20}$

$\Rightarrow x = \frac{11}{20} \times \frac{4000}{1} \times \frac{100}{88} \Rightarrow x = 2500$

63. ब्रांड E उत्पाद का उत्पादन = 3500 इकाई

ब्रांड F उत्पाद का उत्पादन = 4400 इकाई

ब्रांड E और F का कुल उत्पादन = 7900 इकाई

ब्रांड E उत्पाद की मांग = 2800 इकाई

ब्रांड F उत्पाद की मांग = 3600 इकाई

ब्रांड E और F की कुल मांग = 6400 इकाई

$\therefore$ अभीष्ट प्रतिशत = $\frac{7900}{6400} \times 100 = 123.43\% \approx 123\%$

64. मंगलवार को सफर करने वाले यात्रियों की संख्या

$= 240 + 270 = 510$

बृहस्पतिवार को सफर करले वाले यात्रियों की संख्या

$= 250 + 150 = 400$

अभीष्ट प्रतिशत $= \frac{510-400}{400} \times 100 = \frac{110}{4} = 27.5$

65. अभीष्ट औसत $= \frac{320+270+160+150}{4} = \frac{900}{4} = 225$

66. रेलगाड़ी Q द्वारा शुक्रवार को सफर करने वाले यात्रियों की संख्या

$= \frac{250 \times 120}{100} = 300$

अभीष्ट अनुपात = 300 : 350 ⇒ 6 : 7

67. अभीष्ट प्रतिशत

$= \frac{360-160}{360} \times 100 = \frac{200}{360} \times 100 = \frac{2000}{36} = 55\frac{5}{9}\%$

68. रेलगाड़ी P द्वारा सोमवार एवं रविवार को सफर करने वाले यात्रियों की संख्या = 420 + 300 = 720

रेलगाड़ी Q द्वारा सोमवार एवं रविवार को सफर करने वाले यात्रियों की संख्या = 320 + 360 = 680

अभीष्ट अंतर = 720 − 680

= 40

❑❑❑

43

पाई-चार्ट (PIE-CHART)

Scan QR Code
for Watching Video

साधित उदाहरण

निर्देश (प्र०न० 1 से 5): नीचे दिये गये पाई-चार्ट में एक विद्यालय के 3000 विद्यार्थियों की विभिन्न व्यवसायिक पाठ्यक्रमों की प्रतिशतता दी गई है. इनमें 1750 लड़कियाँ हैं.

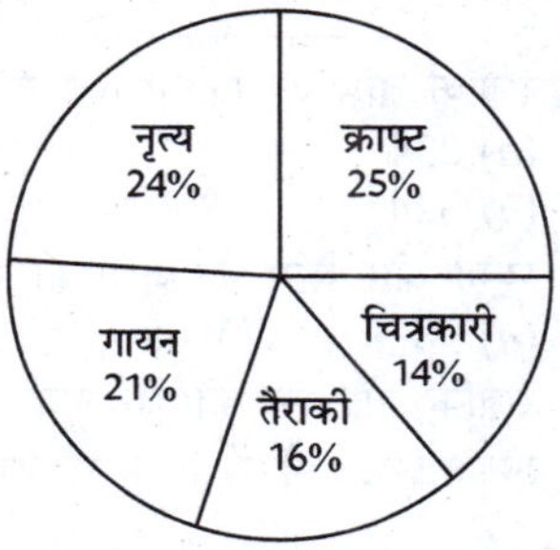

विभिन्न व्यवसायिक पाठ्यक्रमों
में भर्ती 3000 विद्यार्थियों का प्रतिशत

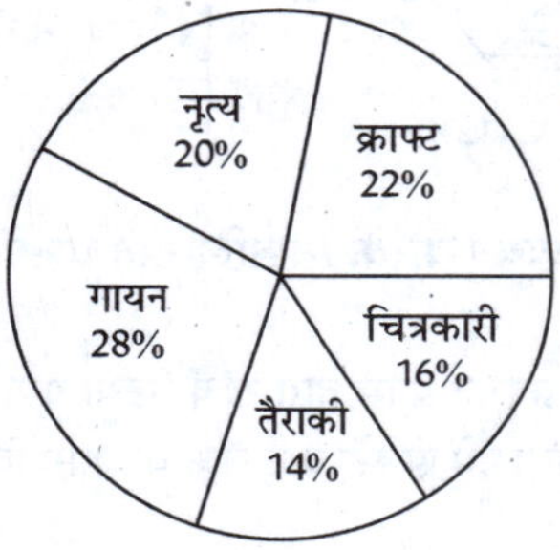

इन पाठ्यक्रमों में 1750
लड़कियों का प्रतिशत

इन चार्टों का अध्ययन करके निम्नलिखित प्रश्नों के उत्तर दीजिए:

1. विद्यालय में लड़कों का लगभग प्रतिशत कितना है ?
(*a*) 34% (*b*) 56% (*c*) 28%
(*d*) 50% (*e*) 42%

2. गायन तथा क्राफ्ट में कुल कितने लड़के भर्ती हुए हैं ?
(*a*) 505 (*b*) 610 (*c*) 485
(*d*) 420 (*e*) इनमें से कोई नहीं

3. तैराकी और चित्रकारी में मिलाकर कुल कितनी लड़कियाँ भर्ती हुई हैं ?
(*a*) 480 (*b*) 525 (*c*) 505
(*d*) 495 (*e*) इनमें से कोई नहीं

4. नृत्य में भर्ती लड़कियों की संख्या विद्यालय के कुल विद्यार्थियों की संख्या का कितने प्रतिशत है ?
(*a*) 12.35% (*b*) 14.12% (*c*) 11.67%
(*d*) 10.08% (*e*) इनमें से कोई नहीं

5. तैराकी में भर्ती लड़कियों की संख्या का तैराकी में भर्ती लड़कों की संख्या से क्रमशः क्या अनुपात है ?
(*a*) 47 : 49 (*b*) 23 : 29 (*c*) 29 : 23
(*d*) 49 : 47 (*e*) इनमें से कोई नहीं

दिये गये प्रश्नों के हल

1. (*e*) विद्यालय में लड़कों की संख्या = (3000 – 1750) = 1250.

लड़कों का % $= \left(\frac{1250}{3000} \times 100\right)\% = 41{\cdot}66\% \equiv 42\%.$

2. (*a*) गायन तथा क्राफ्ट में कुल विद्यार्थी

$= 3000 \times (21 + 25)\% = \left(3000 \times \frac{46}{100}\right) = 1380.$

गायन तथा क्राफ्ट में कुल लड़कियाँ

$= 1750 \times (28 + 22)\% = \left(1750 \times \frac{50}{100}\right) = 875.$

गायन तथा क्राफ्ट में कुल लड़के = (1380 – 875) = 505.

3. (*b*) तैराकी और चित्रकारी में कुल लड़कियाँ

= 1750 का (14 + 16)% $= \left(1750 \times \frac{30}{100}\right) = 525.$

4. (*c*) नृत्य में भर्ती लड़कियों की संख्या

= (1750 का 20%) $= \left(1750 \times \frac{20}{100}\right) = 350.$

अभीष्ट % $= \left(\frac{350}{3000} \times 100\right)\% = 11{\cdot}67\%.$

5. (*c*) तैराकी में भर्ती लड़कियाँ $= \left(1750 \times \frac{14}{100}\right) = 245.$

तैराकी में भर्ती कुल विद्यार्थी $= \left(3000 \times \frac{16}{100}\right) = 480.$

तैराकी में भर्ती लड़के $= (480 - 245) = 235.$

अभीष्ट अनुपात $= 245 : 235 = 49 : 47.$

प्रश्नमाला 43

निर्देश (प्र०नं० 1 से 4): दिये गये पाई-चार्ट में 31 मार्च 2004 को विभिन्न बैंक के क्रेडिट कार्डों से खर्च किए गये धन का भाग दिखाया गया है. (मैनेजमैन्ट परीक्षा, 2007)

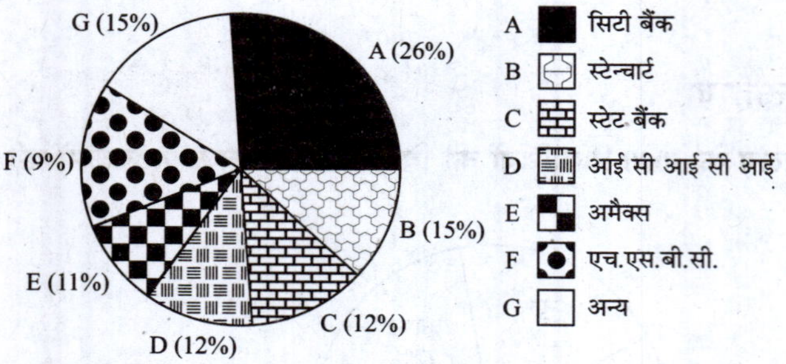

इस पाई-चार्ट का अध्ययन करके निम्नलिखित प्रश्नों के उत्तर दीजिए.

1. यदि वर्ष 2003-04 में क्रेडिट कार्ड द्वारा खर्च किया गया कुल धन ₹ 20555 करोड़ हो, तो इसमें से स्टेन्वार्ट बैंक का भाग कितना है ?
   (*a*) ₹ 3083 करोड़
   (*b*) ₹ 4305 करोड़
   (*c*) ₹ 3803 करोड़
   (*d*) ₹ 5043 करोड़
2. एच एस बी सी कार्ड तथा स्टेट बैंक कार्ड द्वारा किये गये खर्चों का अनुपात कितना है ?
   (*a*) 2 : 3 (*b*) 1 : 3 (*c*) 1 : 4 (*d*) 3 : 4
3. स्टेट बैंक कार्ड तथा आई सी आई सी आई कार्ड दोनों के द्वारा किये गये खर्च से कितना अधिक सिटी बैंक कार्ड द्वारा किया गया खर्च है ?
   (*a*) ₹ 4011 करोड़ (*b*) ₹ 311 करोड़
   (*c*) ₹ 411 करोड़ (*d*) ₹ 431 करोड़
4. निम्नलिखित में से कौन-सा कथन सही नहीं है ?
   (*a*) स्टेट बैंक कार्ड तथा आई सी आई सी आई कार्ड द्वारा किया गया कुल खर्च एच.एस.बी.सी. कार्ड तथा स्टैन्वार्ट कार्ड द्वारा किये गये कुल खर्च के बराबर है.
   (*b*) सिटी बैंक कार्ड द्वारा कुल खर्च, अमैक्स और अन्य बैंकों के कार्ड के बराबर है.
   (*c*) सिटी बैंक का क्रेडिट कार्ड व्यापार में सबसे बड़ा हिस्सा है.
   (*d*) स्टेट बैंक और अमैक्स साथ मिलकर लगभग सभी बैंकों से आगे हैं.

निर्देश (प्र०नं० 5 से 8): नीचे दिया गया पाई चार्ट एक मल्टी ब्रांड स्टोर में 5 विभिन्न ब्रांडों के जूतों की संख्या दर्शाता है। कुल 1200 जूते हैं। (एस.एस.सी. सी.जी.एल.. परीक्षा, 2017)

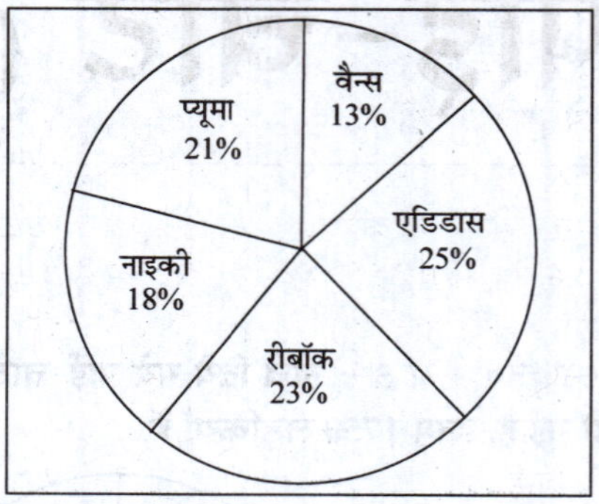

5. रीबॉक ब्रांड के कितने जूते हैं?
   (*a*) 234 (*b*) 276
   (*c*) 324 (*d*) 250
6. प्यूमा और वैन्स के जूतों की संख्या में कितना अंतर है?
   (*a*) 98 (*b*) 68 (*c*) 96 (*d*) 78
7. रीबॉक और नाइकी के जूतों की संख्या के बीच का अंतर निम्नलिखित में से किस दो ब्रांड के बीच के अंतर के समान है?
   (*a*) प्यूमा और वैन्स (*b*) वैन्स एवं नाइकी
   (*c*) नाइकी एवं प्यूमा (*d*) प्यूमा एवं रीबॉक
8. प्यूमा के जूते नाइकी के जूते से कितने प्रतिशत अधिक हैं?
   (*a*) 14.28 (*b*) 25
   (*c*) 21.33 (*d*) 16.66

निर्देश (प्र०नं० 9 से 13): एक संस्था के विभिन्न विभागों में कार्यरत कर्मचारियों के प्रतिशत का विवरण नीचे दिये गये पाई-चार्ट में प्रदर्शित किया गया है. उनमें से पुरुषों तथा महिलाओं का अनुपात नीचे तालिका में दिया गया है. पाई-चार्ट तथा तालिका का अध्ययन करके नीचे दिये गये प्रश्नों के उत्तर दीजिए.

कर्मचारियों की कुल संख्या = 1800.
कर्मचारियों के प्रतिशत का विवरण

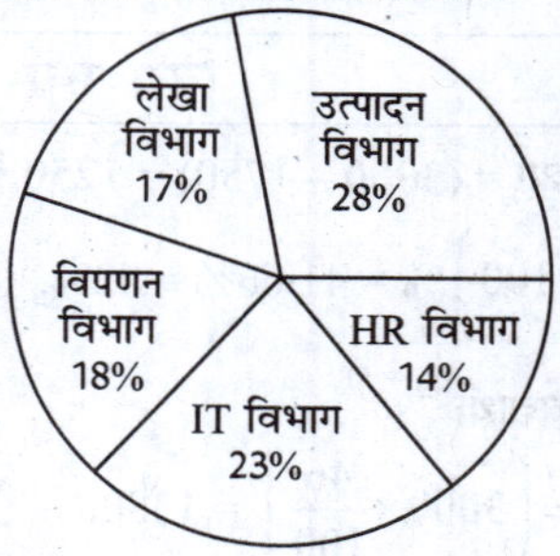

पुरुषों का महिलाओं से अनुपात

विभाग	पुरुष : महिलायें
उत्पादन	11 : 1
HR	1 : 3
IT	5 : 4
विपणन	7 : 5
लेखा	2 : 7

(बैंक पी०ओ० परीक्षा, 2010)

9. विपणन विभाग में कार्यरत पुरुषों की संख्या कितनी है ?
   (*a*) 132 (*b*) 174 (*c*) 126 (*d*) 189
   (*e*) इनमें से कोई नहीं

10. संस्था के उत्पादन विभाग में कार्यरत पुरुषों की संख्या उस विभाग में कार्यरत कर्मचारियों की कुल संख्या का कितने प्रतिशत है ? (दशमलव के दो अंकों तक पूर्णांकित)
(*a*) 89.76% (*b*) 91.67% (*c*) 88.56% (*d*) 94.29%
(*e*) इनमें से कोई नहीं

11. लेखा विभाग में कार्यरत पुरुषों की संख्या का उस विभाग में कार्यरत कर्मचारियों की कुल संख्या से क्रमशः अनुपात कितना है ?
(*a*) 9 : 2 (*b*) 7 : 6 (*c*) 2 : 9 (*d*) 6 : 7
(*e*) इनमें से कोई नहीं

12. संस्था के HR विभाग में कार्यरत् महिलाओं की संख्या का उस विभाग में कार्यरत कर्मचारियों की कुल संख्या से क्रमशः क्या अनुपात है ?
(*a*) 3 : 4 (*b*) 2 : 5 (*c*) 2 : 9 (*d*) 3 : 7
(*e*) इनमें से कोई नहीं

13. संस्था के IT विभाग में कार्यरत महिलाओं की संख्या संस्था के सभी विभागों में कार्यरत कर्मचारियों की कुल संख्या का लगभग कितने प्रतिशत है ?
(*a*) 7% (*b*) 5% (*c*) 19% (*d*) 15%
(*e*) 10%

निर्देश (प्र०नं० 14 से 18): नीचे दिये गये एक पाई-चार्ट में किसी संगठन में विभिन्न स्तरों पर कार्यरत 1500 कर्मचारियों का ब्यौरा दिया गया है तथा दूसरे पाई-चार्ट में विभिन्न वेतनमानों में 800 पुरुष कर्मचारियों का ब्यौरा दिया गया है. इन पाई-चार्टों का अध्ययन करके नीचे दिये गये प्रश्नों के उत्तर दीजिए.

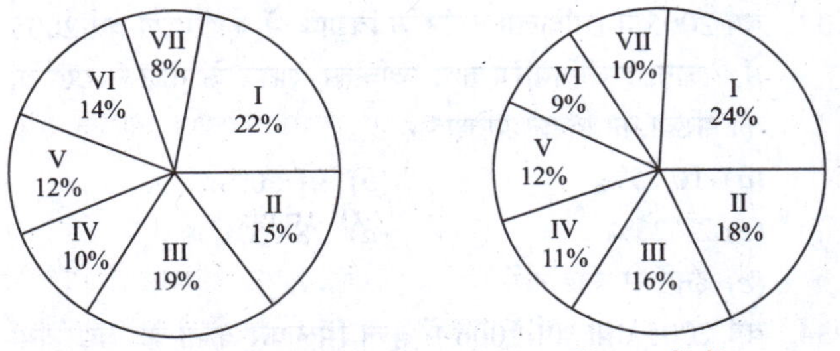

1500 कर्मचारियों का ब्यौरा **विभिन्न वेतनमानों में 800 पुरुष कर्मचारियों का ब्यौरा**

(बैंक पी०ओ० परीक्षा, 2009)

14. वेतनमान VI में कार्यरत पुरुष कर्मचारियों की संख्या उस वेतनमान के कुल कर्मचारियों का कितने प्रतिशत है ? (निकटतम पूर्णांक तक)
(*a*) 35% (*b*) 46% (*c*) 44% (*d*) 34%
(*e*) इनमें से कोई नहीं

15. वेतनमान VI की महिला कर्मचारियों तथा वेतनमान I के पुरुष कर्मचारियों के बीच क्रमशः अनुपात क्या है ?
(*a*) 32 : 33 (*b*) 22 : 33 (*c*) 12 : 23 (*d*) 23 : 12
(*e*) इनमें से कोई नहीं

16. वेतनमान V में कार्यरत पुरुष तथा महिला कर्मचारियों के बीच क्रमशः अनुपात क्या है ?
(*a*) 7 : 8 (*b*) 2 : 1 (*c*) 8 : 7 (*d*) 1 : 2
(*e*) इनमें से कोई नहीं

17. कितनी महिलायें वेतनमान II में कार्यरत हैं ?
(*a*) 144 (*b*) 81 (*c*) 96 (*d*) 138
(*e*) इनमें से कोई नहीं

18. वेतनमान III और IV में कार्यरत महिला कर्मचारियों की कुल संख्या कितनी है ?
(*a*) 219 (*b*) 157
(*c*) 162 (*d*) 285
(*e*) इनमें से कोई नहीं

निर्देश (प्र०नं० 19 से 23): निम्न पाई चार्टों का सावधानीपूर्वक अध्ययन कीजिए एवं दिए गए प्रश्नों के उत्तर दीजिए। वर्ष 2010 में भिन्न विद्यालयों (A, B, C, D, एवं E) में स्टैण्डर्ड X में पढ़ने वाले विद्यार्थियों (लड़के एवं लड़कियां) की संख्या **[आई.बी.पी.एस. बैंक क्लर्क सी.डब्लू.ई. मुख्य परीक्षा, 2017]**

विद्यार्थियों की कुल संख्या

(लड़के + लड़कियाँ) = 3000 **लड़कों की कुल संख्या = 1600**

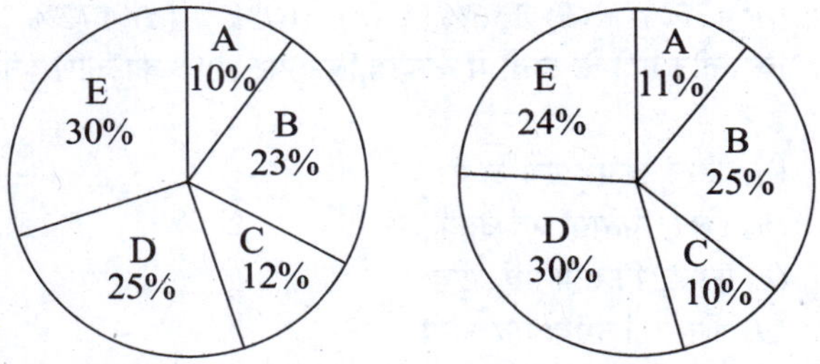

19. विद्यालय A एवं B को मिलाकर विद्यार्थियों (लड़के एवं लड़कियां) की कुल संख्या तथा विद्यालय D एवं E को मिलाकर विद्यार्थियों (लड़के एवं लड़कियां) की कुल संख्या के मध्य क्या अंतर है?
(*a*) 640 (*b*) 600 (*c*) 620 (*d*) 680
(*e*) 660

20. विद्यालय C में पढ़ने वाली लड़कियों की संख्या उसी विद्यालय में विद्यार्थियों (लड़के एवं लड़कियां) की कुल संख्या का कितना प्रतिशत है?
(*a*) 48 (*b*) $60\frac{1}{3}$ (*c*) 50 (*d*) $55\frac{5}{9}$
(*e*) $42\frac{5}{8}$

21. विद्यालय A एवं B में पढ़ने वाले लड़कों की औसत संख्या क्या है?
(*a*) 280 (*b*) 288 (*c*) 272 (*d*) 248
(*e*) 278

22. विद्यालय E में पढ़ने वाली लड़कियों की संख्या उसी विद्यालय में पढ़ने वाले लड़कों की संख्या से लगभग कितना प्रतिशत अधिक है?
(*a*) 45 (*b*) 30
(*c*) 50 (*d*) 40
(*e*) 34

23. विद्यालय D में पढ़ने वाले लड़कों एवं लड़कियों की संख्या के मध्य क्रमशः क्या अनुपात है ?
(*a*) 12 : 7 (*b*) 16 : 9 (*c*) 16 : 7 (*d*) 18 : 7
(*e*) 14 : 9

निर्देश (प्र०न० 24 से 27): नीचे दिया गया पाई-चार्ट एक परिवार द्वारा विभिन्न मदों में किये गये एक महीने के खर्च को दर्शाता है. इसका भली-भाँति अध्ययन करके नीचे दिये गये प्रश्नों के उत्तर दीजिए.

(एस०एस०सी० परीक्षा, 2011)

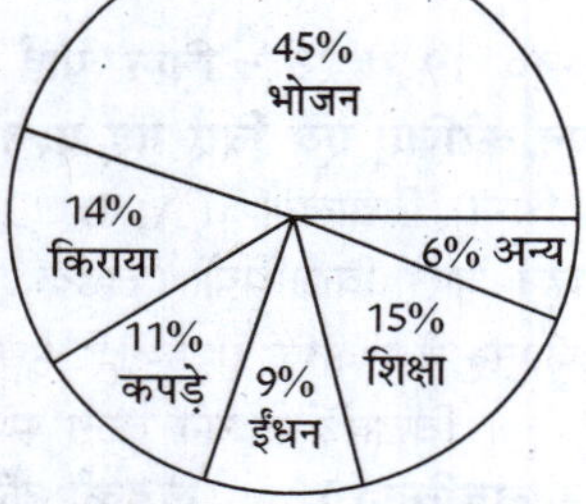

24. किराये पर किया गया खर्च ईंधन के खर्च का कितने प्रतिशत है ?
(*a*) 135% (*b*) 156% (*c*) 167% (*d*) 172%

25. किन तीन मदों के खर्चों में केन्द्रीय बिन्दु पर 108° का कोण बनता है ?
(*a*) ईंधन, कपड़े एवं अन्य
(*b*) ईंधन, किराया एवं अन्य
(*c*) कपड़े, किराया एवं् अन्य
(*d*) शिक्षा, किराया एवं अन्य

26. यदि उस परिवार की कुल आय ₹ 25000 हो तो किराया तथा भोजन पर कुल मिलाकर कितना खर्च हुआ है ?
(*a*) ₹ 17250 (*b*) ₹ 14750 (*c*) ₹ 11250 (*d*) ₹ 8500

27. शिक्षा तथा भोजन पर किये गये खर्च में क्या अनुपात है ?
(*a*) 1 : 3 (*b*) 3 : 1 (*c*) 3 : 5 (*d*) 5 : 3

निर्देश (प्र०न० 28 से 31): नीचे दिया गया पाई-चार्ट किसी गाँव के भूमि वितरण को प्रदर्शित करता है. इस पाई-चार्ट का भली-भाँति अध्ययन करके नीचे दिये गये प्रश्नों के उत्तर दीजिए

(एस०एस०सी० परीक्षा, 2011)

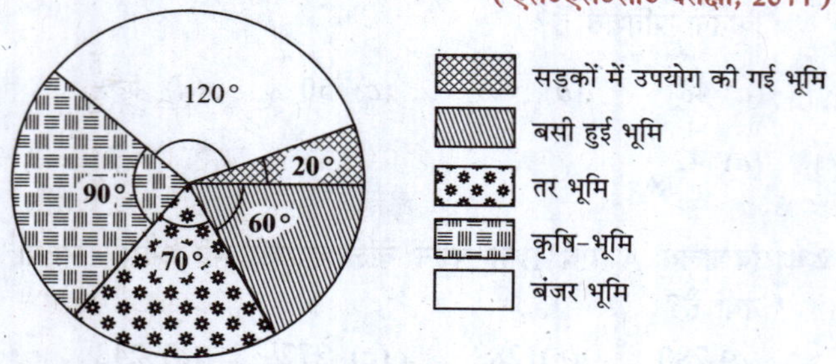

28. बंजर भूमि का कृषि भूमि से क्या अनुपात है ?
(*a*) 4 : 3 (*b*) 3 : 2 (*c*) 2 : 1 (*d*) 3 : 1

29. सड़कों के उपयोग में आयी भूमि बसी हुई भूमि की कितने प्रतिशत है ?
(*a*) $66\frac{2}{3}\%$ (*b*) 48% (*c*) $33\frac{1}{3}\%$ (*d*) 30%

30. यदि गाँव का कुल क्षेत्रफल 7200 एकड़ है, तो कुल तर भूमि का क्षेत्रफल कितना है ?
(*a*) 1028 एकड़ (*b*) 5040 एकड़
(*c*) 3600 एकड़ (*d*) 1400 एकड़

31. कुल भूमि का कितना प्रतिशत कृषि उपयोग में लाया गया है ?
(*a*) 24% (*b*) 25% (*c*) 50% (*d*) 90%

निर्देश (प्र०न० 32 से 36): दिये गये पाई-चार्ट में वर्ष 2005 तथा 2006 में किसी संस्थान में विविध कोर्स पढ़ने वाले विद्यार्थियों का विवरण दिया गया है. वर्ष 2005 तथा 2006 में कुल विद्यार्थियों की संख्या क्रमशः 1900 तथा 2400 है.

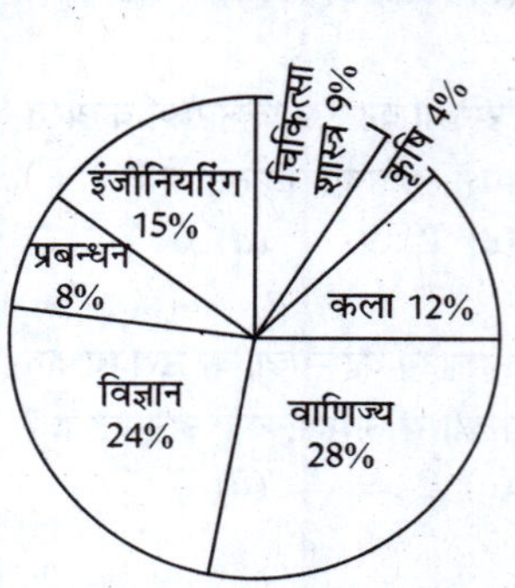

वर्ष 2005 में विविध कोर्स पढ़ने वाले छात्रों का विवरण कुल विद्यार्थी = 1900

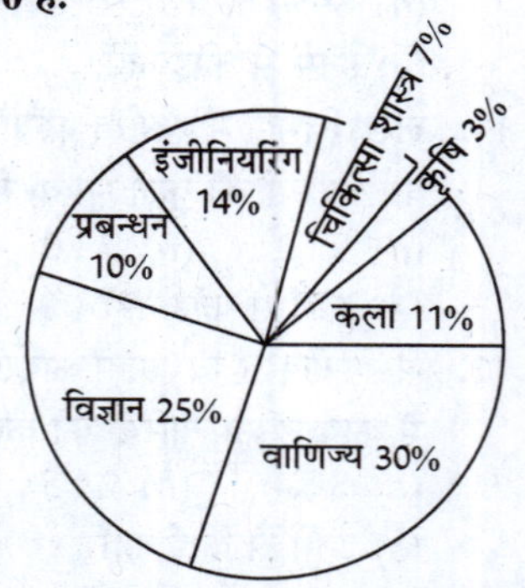

वर्ष 2006 में विविध कोर्स पढ़ने वाले छात्रों का विवरण कुल विद्यार्थी =2400

इन पाई-चार्टों का ध्यानपूर्वक अध्ययन करके नीचे दिये गये प्रश्नों के उत्तर दीजिए:

(बैंक पी०ओ०, 2008)

32. वर्ष 2005 तथा वर्ष 2006 में कृषि में पढ़ रहे विद्यार्थियों की संख्या का क्रमशः क्या अनुपात है ?
(*a*) 13 : 12 (*b*) 8 : 7 (*c*) 18 : 19 (*d*) 12 : 13
(*e*) इनमें से कोई नहीं

33. वर्ष 2005 में चिकित्सा शास्त्र के विद्यार्थियों की संख्या वर्ष 2005 में विज्ञान, इन्जीनियरिंग तथा चिकित्सा शास्त्र के कुल विद्यार्थियों की संख्या का कितने प्रतिशत है ?
(*a*) 16·25% (*b*) 21·50%
(*c*) 23·25% (*d*) 18·75%
(*e*) इनमें से कोई नहीं

34. वर्ष 2005 तथा वर्ष 2006 में कुल मिलाकर कला के विद्यार्थियों की संख्या इन दो वर्षों में सभी अनुशासनों के विद्यार्थियों की कुल संख्या का लगभग कितने प्रतिशत है ?
(*a*) 25% (*b*) 11% (*c*) 16% (*d*) 20%
(*e*) 9%

35. वर्ष 2005 से वर्ष 2006 में विज्ञान के विद्यार्थियों की संख्या में कितने प्रतिशत वृद्धि अथवा कमी हुई ?
(*a*) 32% वृद्धि (*b*) 32% कमी
(*c*) 28% वृद्धि (*d*) 28% कमी
(*e*) इनमें से कोई नहीं

36. वर्ष 2005 में प्रबंधन के विद्यार्थियों की संख्या तथा वर्ष 2006 में कला के विद्यार्थियों की संख्या का क्रमशः अनुपात क्या है ?
(*a*) 33 : 19 (*b*) 16 : 31 (*c*) 19 : 33 (*d*) 31 : 16
(*e*) इनमें से कोई नहीं

निर्देश (प्र०न० 37 से 41): एक नगर में कुल 40250 व्यक्तियों में से विभिन्न उद्योगों में रात की पाली में काम करने वालों का प्रतिशत नीचे पाई-चार्ट में दिया गया है.

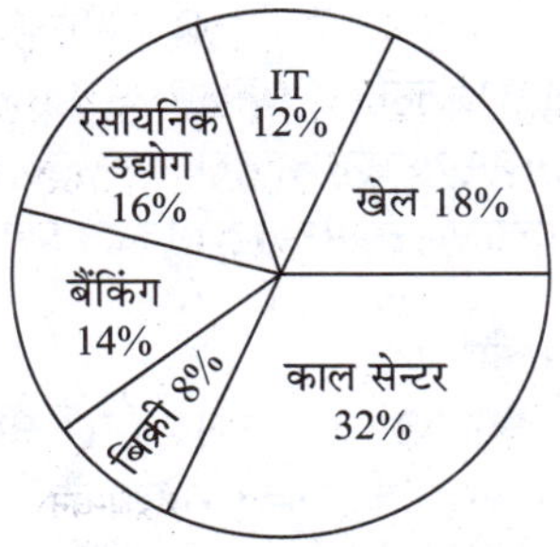

इनमें से रात की पाली में काम करने वाली महिलाओं का प्रतिशत नीचे चार्ट में दिया गया है.

उद्योग	महिलायें
IT	20%
खेल	20%
कॉल सेन्टर	45%
बिक्री	60%
बैंकिंग	40%
रसायनिक उद्योग	15%

इनका भली-भाँति अध्ययन करके निम्नलिखित प्रश्नों के उत्तर दीजिए.

(बैंक पी०ओ० परीक्षा, 2008)

37. कॉल सेन्टर में रात की पाली में काम करने वाले पुरुषों का महिलाओं से क्रमशः कितना अनुपात है ?

(*a*) 9 : 11 (*b*) 7 : 5 (*c*) 8 : 13 (*d*) 11 : 7
(*e*) इनमें से कोई नहीं

38. सभी उद्योगों में मिलाकर रात की पाली में काम करने वाली महिलाओं की औसत संख्या लगभग कितनी है ?

(*a*) 2227 (*b*) 4481 (*c*) 3326 (*d*) 2823
(*e*) 4107

39. सभी उद्योगों में मिलाकर रात की पाली में काम करने वाले पुरुषों की संख्या कितनी है ?

(*a*) 28297 (*b*) 25788 (*c*) 28678 (*d*) 26887
(*e*) इनमें से कोई नहीं

40. सभी उद्योगों में मिलाकर रात की पाली में काम करने वालों की कुल संख्या से खेल उद्योग की महिलाओं की संख्या कितने प्रतिशत है ?

(*a*) 5·6% (*b*) 3·6% (*c*) 3·2% (*d*) 4·4%
(*e*) इनमें से कोई नहीं

41. सभी उद्योगों में मिलाकर रात की पाली में काम करने वाले कुल पुरुषों की संख्या तथा कुल महिलाओं की संख्या में कितना अन्तर है ?

(*a*) 13254 (*b*) 13542 (*c*) 13524 (*d*) 13363
(*e*) इनमें से कोई नहीं

निर्देश (प्र०न० 42 से 46): एक संगठन का विभिन्न शीर्षों के अन्तर्गत औसत मासिक व्यय नीचे दिये गये पाई-चार्ट में दिया गया है. यदि कुल मासिक व्यय ₹ 1850000 हो, तो नीचे दिये गये प्रश्नों के उत्तर दीजिए.

(बैंक पी०ओ० परीक्षा, 2009)

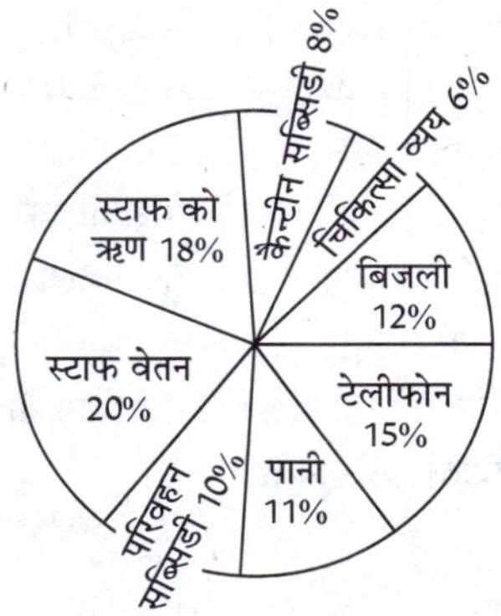

42. स्टाफ के वेतन तथा स्टाफ के ऋणों पर हुए खर्च में कितना अन्तर है ?

(*a*) ₹ 37200 (*b*) ₹ 35700 (*c*) ₹ 37500 (*d*) ₹ 35000
(*e*) इनमें से कोई नहीं

43. बिजली और पानी दोनों का कुल व्यय कितना है ?

(*a*) ₹ 425000 (*b*) ₹ 425500
(*c*) ₹ 422500 (*d*) ₹ 425800
(*e*) इनमें से कोई नहीं

44. परिवहन सब्सिडी तथा कैंटीन सब्सिडी पर कुल कितना व्यय हुआ ?

(*a*) ₹ 334000 (*b*) ₹ 343000
(*c*) ₹ 330000 (*d*) ₹ 333000
(*e*) इनमें से कोई नहीं

45. स्टाफ पर खर्च किया गया चिकित्सा व्यय, वेतन पर किये गये खर्च का कितने प्रतिशत है ?

(*a*) 30% (*b*) 33% (*c*) 25% (*d*) 22%
(*e*) इनमें से कोई नहीं

46. टेलीफोन पर कितना खर्च हुआ है ?

(*a*) ₹ 275000 (*b*) ₹ 270500
(*c*) ₹ 277500 (*d*) ₹ 277000
(*e*) इनमें से कोई नहीं

निर्देश (प्र०न० 47 से 51): एक कॉलेज के विभिन्न विभागों में कुल विद्यार्थियों के प्रतिशत आँकड़े तथा प्रत्येक विभाग में छात्राओं के प्रतिशत आँकड़े निम्न पाई चार्टों में दिये गये हैं. इनका भली-भाँति अध्ययन करके नीचे दिये गये प्रश्नों के उत्तर दीजिए.

(बैंक पी०ओ० परीक्षा, 2009)

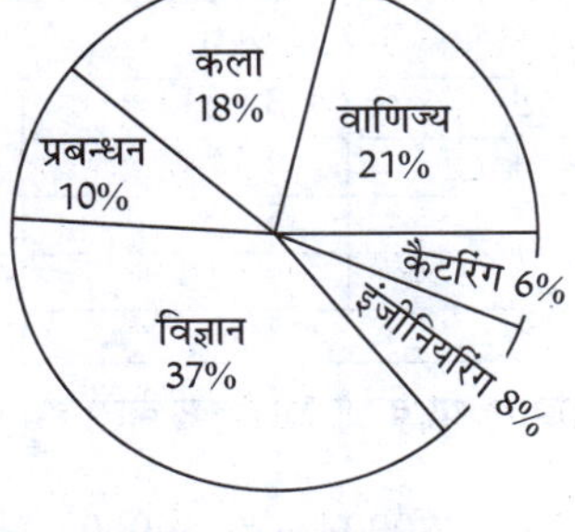

प्रत्येक विभाग में विद्यार्थियों का प्रतिशत कुल विद्यार्थी = 4800.

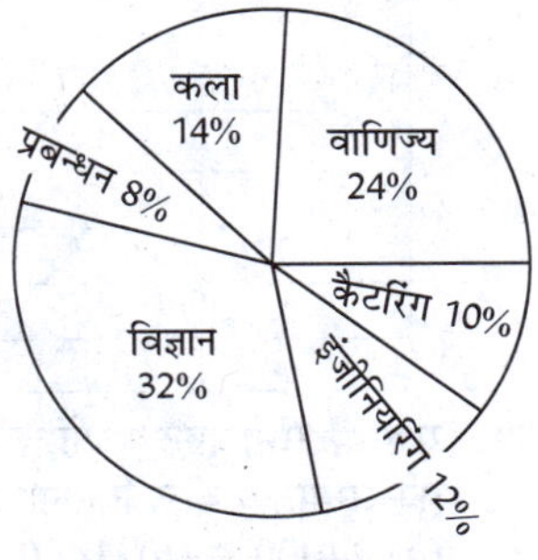

प्रत्येक विभाग में छात्राओं का प्रतिशत कुल छात्रायें = 2000.

47. इंजीनियरिंग में छात्राओं की संख्या कितनी है?
(*a*) 180 (*b*) 220 (*c*) 320 (*d*) 260
(*e*) इनमें से कोई नहीं

48. किस विभाग में लड़कों की संख्या सर्वाधिक है?
(*a*) विज्ञान (*b*) वाणिज्य (*c*) कला (*d*) प्रबन्धन
(*e*) इनमें से कोई नहीं

49. वाणिज्य में लड़कों की संख्या उस विभाग के कुल विद्यार्थियों की संख्या का कितने प्रतिशत है?
(*a*) 41% (*b*) 52% (*c*) 36% (*d*) 28%
(*e*) 68%

50. प्रबन्धन में लड़कों की संख्या तथा विज्ञान में लड़कों की संख्या का क्या अनुपात है?
(*a*) 71 : 20 (*b*) 18 : 67 (*c*) 20 : 71 (*d*) 67 : 18
(*e*) इनमें से कोई नहीं

51. कैटरिंग में छात्राओं की संख्या कालेज के कुल विद्यार्थियों का कितने प्रतिशत है? (दशमलव के दो अंकों तक)
(*a*) 3·28% (*b*) 5·61% (*c*) 3·95% (*d*) 4·17%
(*e*) इनमें से कोई नहीं

निर्देश (प्र०न० 52 से 61): नीचे दिये गये दो पाई-चार्टों तथा एक सारणी में किसी देश की व्यस्क जनसंख्या का राज्यवार विवरण दिया गया है. इनका ध्यानपूर्वक अध्ययन करके नीचे दिये गये प्रश्नों के उत्तर दीजिए.

(बैंक पी०ओ० परीक्षा, 2009)

ग्रेजुएट एवं अधिक
कुल संख्या : 24 लाख

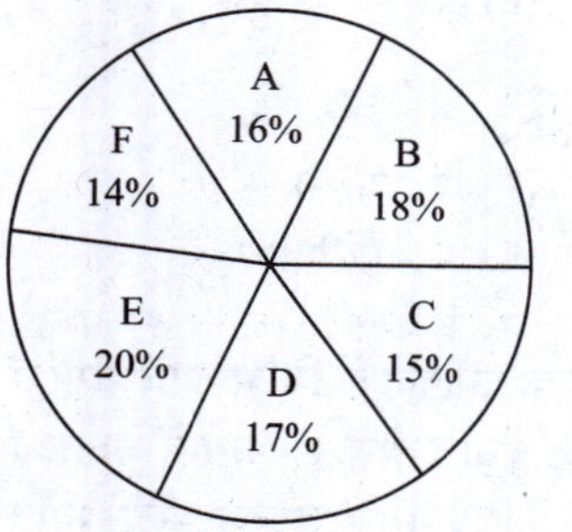

कक्षा XII तक
कुल संख्या : 32 लाख

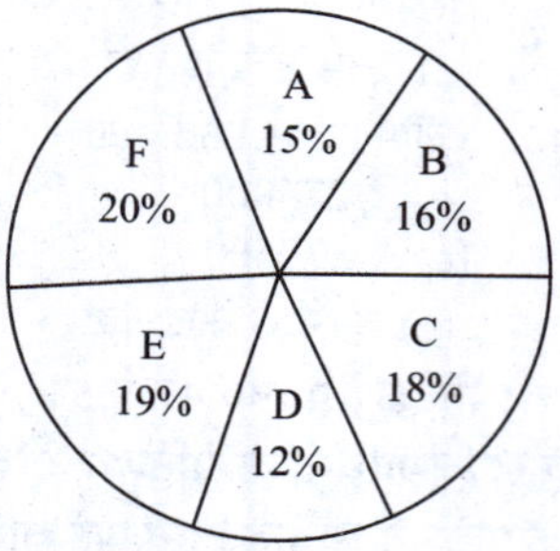

पुरुष-महिला अनुपात (M : F)

राज्य	ग्रेजुएट एवं अधिक M : F	कक्षा XII तक M : F
A	7 : 5	7 : 9
B	5 : 3	3 : 5
C	5 : 4	4 : 5
D	9 : 8	5 : 7
E	9 : 7	9 : 10
F	4 : 3	3 : 2

52. राज्य *A* में ग्रेजुएट पुरुषों की संख्या तथा कक्षा XII तक के पुरुषों की संख्या के बीच कितना अन्तर है?
(*a*) 24000 (*b*) 14000 (*c*) 28000 (*d*) 36000
(*e*) इनमें से कोई नहीं

53. राज्य *E* में ग्रेजुएट महिलाओं की संख्या तथा राज्य *D* की कक्षा XII तक की महिलाओं में क्रमशः कितना अनुपात है?
(*a*) 7 : 5 (*b*) 5 : 7 (*c*) 16 : 15 (*d*) 15 : 16
(*e*) इनमें से कोई नहीं

54. राज्य *C* में ग्रेजुएट महिलाओं की संख्या उस राज्य की कक्षा XII तक की महिलाओं की संख्या का कितने प्रतिशत है?
(*a*) 40% (*b*) 62·5% (*c*) 50% (*d*) 52·5%
(*e*) इनमें से कोई नहीं

55. राज्य *C* में कक्षा XII तक के पुरुषों की संख्या, कक्षा XII तक पढ़ी सारी जनसंख्या का कितने प्रतिशत है?
(*a*) 8% (*b*) 12% (*c*) 11% (*d*) 9%
(*e*) इनमें से कोई नहीं

56. राज्य *E* में ग्रेजुएट पुरुषों की संख्या तथा कक्षा XII तक की महिलाओं की संख्या के बीच क्रमशः क्या अनुपात है?
(*a*) 4 : 5 (*b*) 5 : 4 (*c*) 32 : 45 (*d*) 45 : 32
(*e*) इनमें से कोई नहीं

57. राज्य *F* में कुल ग्रेजुएट जनसंख्या, राज्य *A* की कक्षा XII तक की जनसंख्या का कितने प्रतिशत है?
(*a*) 56% (*b*) 72% (*c*) 68% (*d*) 76%
(*e*) इनमें से कोई नहीं

58. राज्य *E* के कक्षा XII तक के पुरुषों की संख्या, राज्य *F* के कक्षा XII तक के पुरुषों की संख्या का कितने प्रतिशत है?
(*a*) 70% (*b*) 75% (*c*) 68% (*d*) 72%
(*e*) इनमें से कोई नहीं

59. राज्य *A* के कुल ग्रेजुएट और कक्षा XII तक की पुरुषों की संख्या तथा उसी राज्य के कुल ग्रेजुएट और कक्षा XII तक की महिलाओं की संख्या के बीच क्रमशः क्या अनुपात है?
(*a*) 215 : 216 (*b*) 214 : 215
(*c*) 217 : 215 (*d*) 215 : 217
(*e*) इनमें से कोई नहीं

60. राज्य *D* के कुल ग्रेजुएट तथा उसी राज्य की कक्षा XII तक की जनसंख्या के बीच क्रमशः क्या अनुपात है?
(*a*) 17 : 16 (*b*) 16 : 17 (*c*) 64 : 51 (*d*) 51 : 64
(*e*) इनमें से कोई नहीं

61. राज्य *B* की ग्रेजुएट महिलाओं की संख्या, राज्य *E* की ग्रेजुएट महिला जनसंख्या का कितने प्रतिशत है?
(*a*) 129% (*b*) 82% (*c*) 77% (*d*) 107%
(*e*) इनमें से कोई नहीं

निर्देश (प्र०न० 62 से 65): नीचे दिया गया पाई-चार्ट विभिन्न खाद्य फसलों के तहत भूमि (एक गाँव में) का वितरण देता है।

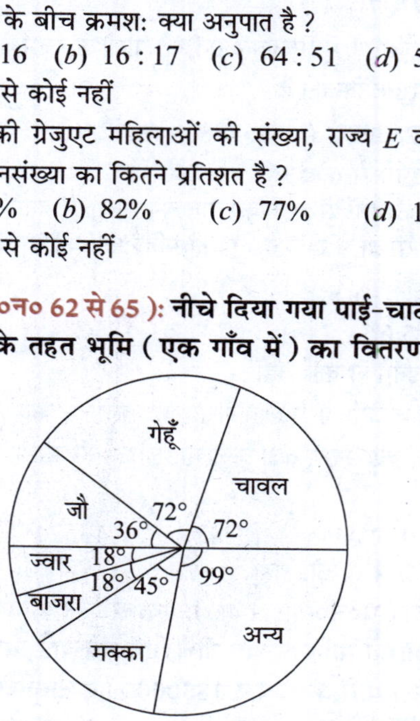

(एस.बी.आई पी.ओ. परीक्षा, 2020)

62. यदि बाजरा का कुल क्षेत्रफल तीन सौ एकड़ था, तो चावल और जौ का कुल क्षेत्रफल (सौ एकड़ में) है:
(*a*) 18 (*b*) 12 (*c*) 24 (*d*) 28
(*e*) इनमें से कोई नहीं

63. तीन फसलों का वह का कौन-सा संयोजन है, जो खाद्य फसलों के तहत कुल क्षेत्रफल का 50% से अधिक योगदान देता है?
(*a*) गेहूं, चावल और मक्का (*b*) मक्का, चावल और ज्वार
(*c*) चावल, जौ और गेहूं (*d*) गेहूं, चावल और बाजरा
(*e*) इनमें से कोई नहीं

64. चावल और जौ के लिए प्रयुक्त भूमि का अनुपात है:
(*a*) 3 : 1 (*b*) 2 : 1 (*c*) 2 : 5 (*d*) 3 : 2
(*e*) इनमें से कोई नहीं

65. यदि चावल के लिए आरक्षित भूमि का 10% गेहूं और जौ को 2 : 1 के अनुपात में वितरित किया जाता है, तो नए पाई-चार्ट में गेहूं से संबंधित कोण होगा:
(*a*) 74.80 (*b*) 88.80
(*c*) 86.80 (*d*) 76.80
(*e*) इनमें से कोई नहीं

निर्देश (प्र०सं० 66 से 70): पाई-चार्ट और सारणी को देखिए और दिए गए प्रश्नों के उत्तर दीजिए।

यात्रियों की संख्याओं का बंटवारा (पुरुष + महिला) जो मेट्रो के 6 अलग-अलग रूटों पर यात्रा कर रहे है। उनकी कुल सख्यां 4000 है।

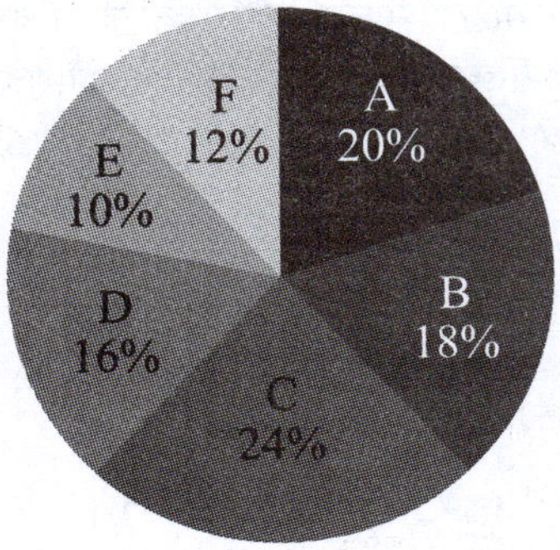

रूट	पुरुष और महिला यात्रियों के बीच अनुपात
A	3 : 5
B	7 : 5
C	9 : 7
D	5 : 3
E	2 : 3
F	2 : 1

(ओरि. इंश्यो. कम्पनी लि. स्पे. ऑफीसर्स (फाइ.) परीक्षा, 2015)

66. 20% पुरुष यात्री, जो रूट A और F पर मिलकर यात्रा करते है, 25 साल की आयु से कम के है, और 20% महिला यात्री जो इन्हीं दो रूटों पर मिलकर यात्रा करते है, 25 साल की आयु से कम के है, दोनों के बीच का अनुपात क्रमशः क्या है?
(*a*) 31 : 33 (*b*) 31 : 35 (*c*) 22 : 35 (*d*) 29 : 33
(*e*) 29 : 30

67. पुरुष यात्रियों की कुल संख्या, जो रूट C और E पर मिलकर यात्रा करते है, और महिला यात्रियों की कुल संख्या, जो इन्हीं रूटों पर मिलकर यात्रा करते है, के बीच क्या अन्तर है?
(*a*) 58 (*b*) 42 (*c*) 60 (*d*) 20 (*e*) 40

68. यात्रियों (पुरुष और महिला) दोनों की संख्या जो रूट C से यात्रा कर रहे है, का केन्द्रीय कोण क्या है?
(*a*) 58.2° (*b*) 43.2° (*c*) 72° (*d*) 57.6°
(*e*) 86.4°

69. यात्रियों (पुरुष और महिला दोनों) की संख्या, जो रूट D और E से मिलकर यात्रा करते है, वह यात्रियों (पुरुष और महिला दोनो) की संख्या, जो रूट B से यात्रा करते है, से कितना प्रतिशत ज्यादा है?
(*a*) $35\frac{1}{7}$ (*b*) $32\frac{5}{9}$ (*c*) $44\frac{4}{9}$ (*d*) $45\frac{1}{3}$
(*e*) $42\frac{4}{7}$

70. महिला यात्रियों की संख्या, जो रूट D से याात्रा करते है, वह पुरुष यात्रियों की संख्या, जो रूट F से यात्रा करते है, का कितना प्रतिशत है?
(*a*) 70 (*b*) 75 (*c*) 65 (*d*) 80 (*e*) 55

निर्देश (प्र०सं० 71 से 75): पाई-चार्ट की दी गई जानकारी के आधार पर प्रश्नों के उत्तर दीजिए।

2008 में 5 हेल्थ क्लब के सदस्यों की कुल संख्या (पुरुष तथा महिला दोनों) का वितरण:

कुल संख्या : 4200

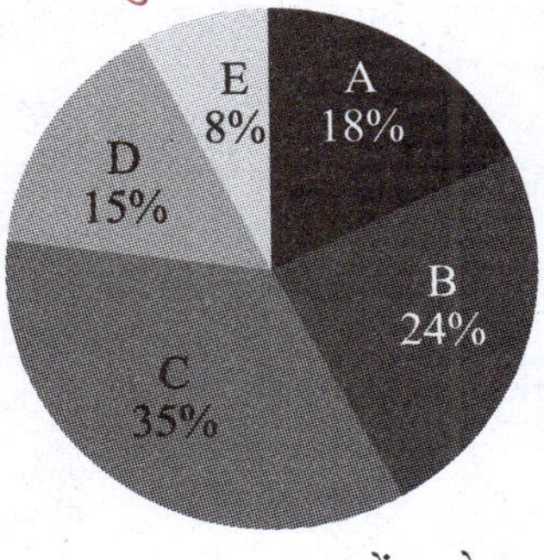

कुल संख्या : 2400

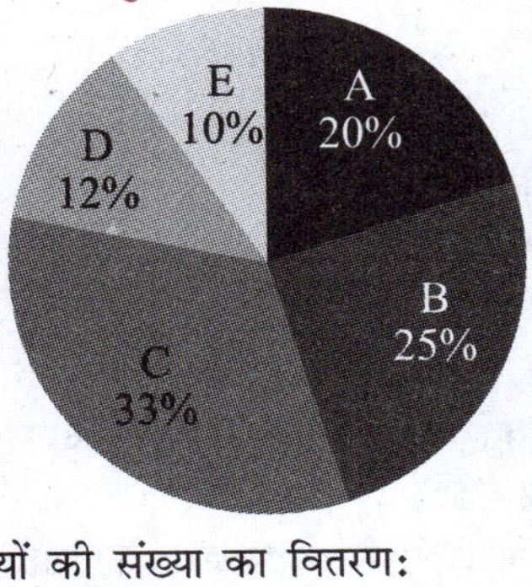

2008 में 5 हेल्थ क्लब के पुरुष सदस्यों की संख्या का वितरण:

(रिजर्व बैंक ऑफ इण्डिया ऑफीसर्स ग्रेड "बी" परीक्षा, 2015)

71. हेल्थ क्लब A तथा D के पुरुष सदस्यों की संख्या में 2008 से 2009 में बराबर वृद्धि होती है। यदि 2009 में A तथा D के पुरुष सदस्यों की संख्या का अनुपात क्रमश: 17 : 11 है तो 2009 में हेल्थ क्लब D में पुरुष सदस्यों की संख्या क्या है?
(*a*) 308 (*b*) 352 (*c*) 374 (*d*) 396
(*e*) 330

72. हैल्थ क्लब C, D, तथा E में महिला सदस्यों की संख्या का क्या औसत है?
(*a*) 374 (*b*) 376 (*c*) 372 (*d*) 392
(*e*) 384

73. हेल्थ क्लब E के केवल 50% सदस्य (पुरुष तथा महिला) आजीवन सदस्य हैं। यदि हेल्थ क्लब E में महिला सदस्यों की संख्या, जो कि आजीवन सदस्य है, वे 44 हैं तो E क्लब के पुरुष सदस्यों की संख्या जो कि आजीवन सदस्य हैं, कितने प्रतिशत है?
(*a*) $48\frac{2}{3}$ (*b*) $54\frac{1}{3}$ (*c*) $57\frac{1}{34}$ (*d*) $51\frac{2}{3}$
(*e*) $60\frac{1}{3}$

74. हेल्थ क्लब B का सदस्यों की संख्या के आंधार (पुरुष तथा महिला दोनों) पर केन्द्रीय कोण कितना है?
(*a*) 80.4° (*b*) 88.8° (*c*) 86.4° (*d*) 98.2°
(*e*) 92.6°

75. हेल्थ क्लब A में महिला सदस्यों की संख्या हेल्थ क्लब B में पुरुष सदस्यों की संख्या की तुलना में कितने प्रतिशत कम है?
(*a*) 52 (*b*) 64 (*c*) 58 (*d*) 62
(*e*) 54

उत्तरमाला (प्रश्नमाला 43)

1. (*a*)	2. (*d*)	3. (*c*)	4. (*d*)	5. (*b*)	6. (*c*)	7. (*b*)	8. (*d*)	9. (*d*)	10. (*b*)	11. (*c*)	12. (*a*)
13. (*e*)	14. (*d*)	15. (*e*)	16. (*c*)	17. (*b*)	18. (*a*)	19. (*e*)	20. (*d*)	21. (*b*)	22. (*e*)	23. (*b*)	24. (*b*)
25. (*b*)	26. (*b*)	27. (*a*)	28. (*a*)	29. (*c*)	30. (*d*)	31. (*b*)	32. (*e*)	33. (*d*)	34. (*b*)	35. (*a*)	36. (*e*)
37. (*e*)	38. (*a*)	39. (*d*)	40. (*b*)	41. (*c*)	42. (*e*)	43. (*b*)	44. (*d*)	45. (*a*)	46. (*c*)	47. (*e*)	48. (*a*)
49. (*b*)	50. (*c*)	51. (*d*)	52. (*b*)	53. (*d*)	54. (*c*)	55. (*a*)	56. (*e*)	57. (*e*)	58. (*b*)	59. (*e*)	60. (*a*)
61. (*c*)	62. (*a*)	63. (*a*)	64. (*b*)	65. (*d*)	66. (*a*)	67. (*e*)	68. (*e*)	69. (*c*)	70. (*b*)	71. (*b*)	72. (*c*)
73. (*d*)	74. (*c*)	75. (*e*)									

दिये गये प्रश्नों के हल

1. स्टेन्चार्ट बैंक का अभीष्ट भाग = ₹ $\left(\frac{15}{100}\times 20555\right)$ करोड़
= ₹ 3083·25 करोड़ ≡ ₹ 3083 करोड़.

2. अभीष्ट अनुपात = 9% : 12% = $\frac{9}{100}:\frac{12}{100}$ = 3 : 4.

3. अभीष्ट मान = (26%) – (12% + 12%) = 2%
= ₹ $\left(\frac{2}{100}\times 20555\right)$ करोड़ = ₹ 411 करोड़.

4. (स्टेट बैंक + अमैक्स) का क्रेडिट कार्ड खर्च
= (12 + 11)% = 23%, जो स्टेट बैंक से अधिक नहीं है.
अत: दिया गया कथन असत्य है.

5. रीबॉक ब्रांड के जूतों की संख्या
= 1200 का 23% = 1200 × $\frac{23}{100}$
= 276

6. प्यूमा और वैन्स के जूतों की संख्या में अंतर
= 1200 का 21% – 1200 का 13%
= 1200 का (21 – 13)%
= 1200 का 8%
= 96

7. रीबॉक और नाइकी के जूतों की संख्या का प्रतिशत अंतर
= 23% – 18% = 5%
प्यूमा और एडिडास के जूतों की संख्या के बीच प्रतिशत अंतर
= 25% – 21% = 4%
रीबॉक और एडिडास के जूतों की संख्या का प्रतिशत अंतर
= 25% – 23% = 2%
वैन्स और नाइकी के जूतों की संख्या के बीच प्रतिशत अंतर
= 18% – 13% = 5%
नाइकी और एडिडास के जूतों की संख्या के बीच प्रतिशत अंतर
= 25% – 18% = 7%
इस प्रकार, हम कह सकते हैं कि रीबॉक और नाइकी के जूतों की संख्या के बीच का अंतर वैन्स और नाइकी के बीच के अंतर के समान है।

8. प्यूमा के जूतों की संख्या = 1200 का 21%
नाइकी के जूतों की संख्या = 1200 का 18%
इसलिए, नाइकी की तुलना में प्यूमा के जूतों का प्रतिशत अधिक
= $\frac{(21-18)\% \text{ of } 120}{18\% \text{ of } 1200}\times 100$
= $\frac{300}{18}$ = 16.66%

9. विपणन विभाग में कार्यरत कर्मचारियों की संख्या
= $\left(\frac{18}{100}\times 1800\right)$ = 324.
इनमें से पुरुषों की संख्या = $\left(324\times\frac{7}{12}\right)$ = 189.

10. उत्पादन विभाग में कुल कर्मचारियों की संख्या
= $\left(\frac{28}{100}\times 1800\right)$ = 504.

इनमें से पुरुषों की संख्या $= \left(504 \times \frac{11}{12}\right) = 462.$

पुरुषों का अभीष्ट % $= \left(\frac{462}{504} \times 100\right)\% = 91 \cdot 67\%.$

11. लेखा विभाग में कुल कर्मचारियों की संख्या

$$= \left(\frac{17}{100} \times 1800\right) = 306.$$

इनमें से पुरुषों की संख्या $= \left(306 \times \frac{2}{9}\right) = 68.$

अभीष्ट अनुपात = 68 : 306 = 2 : 9.

12. HR विभाग में कुल कर्मचारियों की संख्या

$$= \left(\frac{14}{100} \times 1800\right) = 252.$$

इनमें से स्त्रियों की संख्या $= \left(252 \times \frac{3}{4}\right) = 189.$

अभीष्ट अनुपात = 189 : 252 = 3 : 4.

13. IT विभाग में कुल कर्मचारियों की संख्या

$$= \left(\frac{23}{100} \times 1800\right) = 414.$$

IT विभाग में कार्यरत महिलाओं की संख्या

$$= \left(414 \times \frac{4}{9}\right) = 184.$$

सभी विभागों में कार्यरत कर्मचारियों की संख्या = 1800.
अभीष्ट %

$$= \left(\frac{184}{1800} \times 100\right)\% = 10 \cdot 2\% = 10\% \text{ (लगभग)}$$

14. वेतनमान VI में कार्यरत पुरुष कर्मचारियों की संख्या

$$= \left(\frac{9}{100} \times 800\right) = 72.$$

वेतनमान VI में कार्यरत कुल कर्मचारियों की संख्या

$$= \left(\frac{14}{100} \times 1500\right) = 210.$$

अभीष्ट % $= \left(\frac{72}{210} \times 100\right)\% = 34 \cdot 2\% \simeq 34\%.$

15. वेतनमान VI के कुल कर्मचारियों की संख्या

$$= \left(\frac{14}{100} \times 1500\right) = 210.$$

वेतनमान VI के पुरुष कर्मचारियों की संख्या

$$= \left(\frac{9}{100} \times 800\right) = 72.$$

वेतनमान VI की महिला कर्मचारियों की संख्या

$$= (210 - 72) = 138.$$

वेतनमान I के पुरुष कर्मचारियों की संख्या

$$= \left(\frac{24}{100} \times 800\right) = 192.$$

अभीष्ट अनुपात $= 138 : 192 = \frac{138}{192} = \frac{23}{32} = 23 : 32.$

16. वेतनमान V में कार्यरत कुल कर्मचारी $= \left(\frac{12}{100} \times 1500\right) = 180.$

वेतनमान V में कार्यरत पुरुष कर्मचारियों की संख्या

$$= \left(\frac{12}{100} \times 800\right) = 96.$$

वेतनमान V में कार्यरत महिला कर्मचारियों की संख्या

$$= (180 - 96) = 84.$$

अभीष्ट अनुपात = 96 : 84 = 8 : 7.

17. वेतनमान II में कार्यरत कुल कर्मचारियों की संख्या

$$= \left(\frac{15}{100} \times 1500\right) = 225.$$

वेतनमान II में कार्यरत पुरुष कर्मचारियों की संख्या

$$= \left(\frac{18}{100} \times 800\right) = 144.$$

वेतनमान II में कार्यरत महिला कर्मचारियों की संख्या

$$= (225 - 144) = 81.$$

18. वेतनमान III और IV में कुल कर्मचारियों की संख्या

$$= \left[\frac{(16+11)}{100} \times 800\right]$$

$$= \left(\frac{29}{100} \times 1500\right) = 435.$$

वेतनमान III और IV में कुल पुरुष कर्मचारियों की संख्या

$$= \left[\frac{(16+11)}{100} \times 800\right]$$

$$= \left(\frac{27}{100} \times 800\right) = 216.$$

$\therefore$ अभीष्ट संख्या = (435 – 216) = 219.

19. विद्यालय A एवं B में विद्यार्थियों की कुल संख्या

$= 3000 \times (23 + 10)\%$

$= \frac{3000 \times 33}{100} = 990$ ...(*i*)

विद्यालय D एवं E में विद्यार्थियों की कुल संख्या

$= 3000 \times (25 + 30)\%$

$= 3000 \times \frac{55}{100} = 1650$ ...(*ii*)

(*i*) और (*ii*) का अभीष्ट अंतर = 1650 – 990 = 660

20. विद्यालय C में कुल विद्यार्थी $= \frac{3000 \times 12}{100} = 360$

विद्यालय C में कुल लड़के $= \frac{1600 \times 10}{100} = 160$

$\therefore$ विद्यालय C में कुल लड़कियां = 360–160=200

$\therefore$ अभीष्ट प्रतिशत $= \frac{200}{360} \times 100 = \frac{500}{9} = 55\frac{5}{9}\%$

21. विद्यालय A और B में लड़कों की संख्या $= 1600 \times (25 + 11)\%$

$= \frac{1600 \times 36}{100} = 576$

$\therefore$ अभीष्ट औसत $= \frac{576}{2} = 288$

22. स्कूल E में कुल विद्यार्थी $= \frac{3000 \times 30}{100} = 900$

विद्यालय E में कुल लड़के $= \frac{1600 \times 24}{100} = 384$

$\therefore$ विद्यालय E में कुल लड़कियां $= 900 - 384 = 516$

$\therefore$ अभीष्ट प्रतिशत

$= \left(\frac{516 - 384}{384}\right) \times 100 = \frac{13200}{384} \approx 34$

23. स्कूल D में कुल विद्यार्थी $= \frac{3000 \times 25}{100} = 750$

स्कूल D में कुल लड़के $= \frac{1600 \times 30}{100} = 480$

$\therefore$ स्कूल D में कुल लड़कियां $= 750 - 480 = 270$

$\therefore$ अभीष्ट अनुपात $= 480 : 170 = 16 : 9$

24. अभीष्ट % $= \left(\frac{14}{9} \times 100\right)\% = \frac{1400}{9}\% = 155.6\%$

$\simeq 156\%.$

25. $108° = \left(\frac{108}{360} \times 100\right)\% = 30\%$.

स्पष्ट है कि यह ईंधन, किराया एवं अन्य तीन मदों में किये गये खर्च से बनता है.

26. किराया तथा भोजन पर कुल खर्च = ₹ (25000 का 59%)

$= ₹ \left(25000 \times \frac{59}{100}\right)$

$= ₹\ 14750.$

27. (शिक्षा पर खर्च) : (भोजन पर खर्च) = 15 : 45 = 1 : 3.

28. (बंजर भूमि) : (कृषि भूमि) = 120 : 90 = 4 : 3.

29. सड़कों के उपयोग में आयी भूमि $= \left(\frac{20}{60} \times 100\right)\% = 33\frac{1}{3}\%$.

30. तर भूमि का क्षेत्रफल $= \left(\frac{70}{360} \times 7200\right)$ एकड़ = 1400 एकड़.

31. कृषि के उपयोग में भूमि $= \left(\frac{90}{360} \times 100\right)\% = 25\%$.

32. वर्ष 2005 में कृषि के विद्यार्थियों की संख्या

$= \left(\frac{4}{100} \times 1900\right) = 76.$

वर्ष 2006 में कृषि के विद्यार्थियों की संख्या

$= \left(\frac{3}{100} \times 2400\right) = 72.$

अभीष्ट अनुपात = 76 : 72 = 19 : 18.

33. वर्ष 2005 में चिकित्सा शास्त्र के विद्यार्थियों की संख्या

$= \left(\frac{9}{100} \times 1900\right) = 171.$

वर्ष 2005 में विज्ञान, इन्जीनियरिंग तथा चिकित्सा शास्त्र के कुल विद्यार्थियों की संख्या

$= \left\{\frac{(24 + 15 + 9)}{100} \times 1900\right\} = (48 \times 19) = 912.$

अभीष्ट % $= \left(\frac{171}{912} \times 100\right)\% = 18{\cdot}75\%.$

34. दोनों वर्षों में कला के विद्यार्थियों की संख्या

$= \left(\frac{12}{100} \times 1900\right) + \left(\frac{11}{100} \times 2400\right)$

$= (228 + 264) = 492.$

दोनों वर्ष में कुल विद्यार्थियों की संख्या

$= (1900 + 2400) = 4300.$

अभीष्ट % $= \left(\frac{492}{4300} \times 100\right)\% = 11{\cdot}44\% \equiv 11\%$ लगभग.

35. वर्ष 2005 में विज्ञान के विद्यार्थियों की संख्या

$= \left(\frac{24}{100} \times 1900\right) = 456.$

वर्ष 2006 में विज्ञान के विद्यार्थियों की संख्या

$= \left(\frac{25}{100} \times 2400\right) = 600.$

वृद्धि = (600 – 456) = 144.

वृद्धि % $= \left(\frac{144}{456} \times 100\right)\% = 31{\cdot}57\% \equiv 32\%.$

36. वर्ष 2005 में प्रबन्धन के विद्यार्थियों की संख्या

$= \left(\frac{8}{100} \times 1900\right) = 152.$

वर्ष 2006 में कला के विद्यार्थियों की संख्या

$= \left(\frac{10}{100} \times 2400\right) = 240.$

अभीष्ट अनुपात = 152 : 240 = 19 : 30.

37. कॉल सेन्टर में रात की पाली में काम करने वाले पुरुषों तथा महिलाओं का अनुपात $= \frac{55\%}{45\%} = \frac{55}{45} = \frac{11}{9} = 11 : 9.$

38. सभी उद्योगों में रात की पाली में काम करने वाली महिलाओं की संख्या

$= 40250 \times \left[\frac{12}{100} \times \frac{20}{100} + \frac{18}{100} \times \frac{20}{100} + \frac{32}{100} \times \frac{45}{100} + \frac{8}{100} \times\right.$

$$\frac{60}{100}+\frac{14}{100}\times\frac{40}{100}+\frac{16}{100}\times\frac{15}{100}\Bigg]$$

$$=40250\times\frac{(240+360+1440+480+560+240)}{10000}$$

$$=\frac{40250\times 3320}{10000}=13363.$$

इन महिलाओं की औसत संख्या

$$=\frac{13363}{6}=2227\cdot 16\simeq 2227.$$

39. सभी उद्योगों में रात की पाली में काम करने वाले पुरुषों की संख्या

$$=40250\times\Bigg[\frac{12}{100}\times\frac{80}{100}+\frac{18}{100}\times\frac{80}{100}+\frac{32}{100}\times\frac{55}{100}+\frac{8}{100}\times\frac{40}{100}+\frac{14}{100}\times\frac{60}{100}+\frac{16}{100}\times\frac{85}{100}\Bigg]$$

$$=40250\times\frac{(960+1440+1760+320+840+1360)}{10000}$$

40. रात की पाली में खेल उद्योग में काम करने वालों की संख्या

$$=\left(40250\times\frac{18}{100}\right)=7245.$$

रात की पाली में खेल उद्योग में महिलाओं की संख्या

$$=\left(7245\times\frac{20}{100}\right)=1449.$$

$$\text{अभीष्ट }\%=\left(\frac{1449}{40250}\times 100\right)\%=3\cdot 6\%.$$

41. रात की पाली में सभी उद्योगों में काम करने वाले पुरुषों की संख्या = 26887.

रात की पाली में सभी उद्योगों में काम करने वाली स्त्रियों की संख्या = (40250 – 26887) = 13363.

अभीष्ट अन्तर = (26887 – 13363) = 13524.

42. $$\text{अभीष्ट अन्तर}=₹\left[\left(1850000\times\frac{20}{100}\right)-\left(1850000\times\frac{18}{100}\right)\right]$$

$$=₹\left[1850000\times\left(\frac{20}{100}-\frac{18}{100}\right)\right]$$

$$=₹\left(1850000\times\frac{2}{100}\right)=₹\ 37000.$$

43. $$\text{अभीष्ट व्यय}=₹\left[1850000\times\frac{(12+11)}{100}\right]$$

$$=₹\left(1850000\times\frac{23}{100}\right)=₹\ 425500.$$

44. $$\text{अभीष्ट व्यय}=₹\left[1850000\times\frac{(10+8)}{11}\right]=₹\left(1850000\times\frac{18}{100}\right)$$

$$=₹\ 333000.$$

45. $$\text{चिकित्सा व्यय}=₹\left(1850000\times\frac{6}{100}\right)=₹\ 111000.$$

$$\text{वेतन पर व्यय}=₹\left(1850000\times\frac{20}{100}\right)=₹\ 370000.$$

$$\text{अभीष्ट }\%=\left(\frac{111000}{370000}\times 100\right)\%=30\%.$$

46. $$\text{टेलीफोन पर खर्च}=₹\left(\frac{15}{100}\times 1850000\right)=₹\ 277500.$$

47. इंजीनियरिंग में छात्राओं की संख्या

$$=(2000\text{ का }12\%)=\left(2000\times\frac{12}{100}\right)=240.$$

48. विज्ञान में लड़कों की संख्या

$$=\left[\left(4800\times\frac{37}{100}\right)-\left(2000\times\frac{32}{100}\right)\right]$$

$$=(1776-640)=1136.$$

वाणिज्य में लड़कों की संख्या

$$=\left[\left(4800\times\frac{21}{100}\right)-\left(2000\times\frac{24}{100}\right)\right]$$

$$=(1008-480)=528.$$

कला में लड़कों की संख्या

$$=\left[\left(4800\times\frac{18}{100}\right)-\left(2000\times\frac{14}{100}\right)\right]$$

$$=(864-280)$$
$$=584.$$

प्रबन्धन में लड़कों की संख्या

$$=\left[\left(4800\times\frac{10}{100}\right)-\left(2000\times\frac{8}{100}\right)\right]$$

$$=(480-160)=320.$$

∴ लड़कों की सर्वाधिक संख्या विज्ञान में है.

49. $$\text{वाणिज्य में कुल विद्यार्थी}=\left(4800\times\frac{21}{100}\right)=1008.$$

$$\text{वाणिज्य में छात्राओं की संख्या}=\left(2000\times\frac{24}{100}\right)=480.$$

वाणिज्य में लड़कों की संख्या = (1008 – 480) = 528.

$$\text{अभीष्ट }\%=\left(\frac{528}{1008}\times 100\right)\%=52\cdot 38\%\simeq 52\%.$$

50. $$\text{प्रबन्धन में कुल विद्यार्थी}=\left(4800\times\frac{10}{100}\right)=480.$$

$$\text{प्रबन्धन में छात्राओं की संख्या}=\left(2000\times\frac{8}{100}\right)=160.$$

प्रबन्धन में लड़कों की संख्या = (480 – 160) = 320.

$$\text{विज्ञान में कुल विद्यार्थी}=\left(4800\times\frac{37}{100}\right)=1776.$$

$$\text{विज्ञान में छात्राओं की संख्या}=\left(2000\times\frac{32}{100}\right)=640.$$

विज्ञान में लड़कों की संख्या = (1776 – 640) = 1136.

अभीष्ट अनुपात $= \frac{320}{1136} = \frac{20}{71} = 20:71.$

51. कैटरिंग में छात्राओं की संख्या $= \left(2000 \times \frac{10}{100}\right) = 200.$

अभीष्ट % $= \left(\frac{200}{4800} \times 100\right)\% = 4 \cdot 17\%.$

52. राज्य A में ग्रेजुएट पुरुषों की संख्या

$$= \left(2400000 \times \frac{16}{100} \times \frac{7}{12}\right) = 224000.$$

राज्य A में कक्षा XII तक के पुरुषों की संख्या

$$= \left(3200000 \times \frac{15}{100} \times \frac{7}{16}\right) = 210000.$$

अभीष्ट अन्तर = (224000 – 210000) = 14000.

53. राज्य E में ग्रेजुएट महिलाओं की संख्या

$$= \left(2400000 \times \frac{20}{100} \times \frac{7}{16}\right) = 210000.$$

राज्य D में कक्षा XII तक की महिलाओं की संख्या

$$= \left(3200000 \times \frac{12}{100} \times \frac{7}{12}\right) = 224000.$$

अभीष्ट अनुपात = 210000 : 224000
= 15 : 16.

54. राज्य C में ग्रेजुएट महिलाओं की संख्या

$$= \left(2400000 \times \frac{15}{100} \times \frac{4}{9}\right) = 160000.$$

राज्य C में कक्षा XII तक की महिलाओं की संख्या

$$= \left(3200000 \times \frac{18}{100} \times \frac{5}{9}\right) = 320000.$$

अभीष्ट % $= \left(\frac{160000}{320000} \times 100\right)\% = 50\%.$

55. राज्य C में कक्षा XII तक के पुरुषों की संख्या

$$= \left(3200000 \times \frac{18}{100} \times \frac{4}{9}\right) = 256000.$$

कक्षा XII तक की कुल जनसंख्या = 3200000.

अभीष्ट % $= \left(\frac{256000}{320000} \times 100\right)\% = 8\%.$

56. राज्य E में ग्रेजुएट पुरुषों की संख्या

$$= \left(2400000 \times \frac{20}{100} \times \frac{9}{16}\right) = 270000.$$

राज्य E में कक्षा XII तक की महिलाओं की संख्या

$$= \left(3200000 \times \frac{19}{100} \times \frac{10}{19}\right) = 320000.$$

अभीष्ट अनुपात = 270000 : 320000 = 27 : 32.

57. राज्य F में कुल ग्रेजुएट जनसंख्या

$$= \left(2400000 \times \frac{14}{100}\right) = 336000.$$

राज्य A की कक्षा XII तक की कुल जनसंख्या

$$= \left(3200000 \times \frac{15}{100}\right) = 480000.$$

अभीष्ट % $= \left(\frac{336000}{480000} \times 100\right)\% = 70\%.$

58. राज्य E के कक्षा XII तक के पुरुषों की संख्या

$$= \left(3200000 \times \frac{19}{100} \times \frac{9}{19}\right) = 288000.$$

राज्य F के कक्षा XII तक के पुरुषों की संख्या

$$= \left(3200000 \times \frac{20}{100} \times \frac{3}{5}\right) = 384000.$$

अभीष्ट % $= \left(\frac{288000}{384000} \times 100\right)\% = 75\%.$

59. राज्य A के कुल ग्रेजुएट और कक्षा XII तक की पुरुषों की संख्या

$$= \left(2400000 \times \frac{16}{100}\right) + \left(3200000 \times \frac{15}{100} \times \frac{7}{16}\right)$$

$$= (384000 + 21000) = 594000.$$

राज्य A के कुल ग्रेजुएट और कक्षा XII तक की महिलाओं की संख्या

$$= \left(2400000 \times \frac{16}{100}\right) + \left(3200000 \times \frac{15}{100} \times \frac{9}{16}\right)$$

$$= (384000 + 270000) = 654000.$$

अभीष्ट अनुपात $= \frac{594000}{654000} = \frac{297}{327} = 297:327.$

60. राज्य D के कुल ग्रेजुएट $= \left(2400000 \times \frac{17}{100}\right) = 408000.$

राज्य D की कुल कक्षा XII तक की जनसंख्या

$$= \left(3200000 \times \frac{12}{100}\right) = 384000.$$

अभीष्ट अनुपात $= \frac{408000}{384000} = \frac{408}{384} = \frac{17}{16} = 17:16.$

61. राज्य B की ग्रेजुएट महिलाओं की संख्या

$$= \left(2400000 \times \frac{18}{100} \times \frac{3}{8}\right) = 162000.$$

राज्य E की ग्रेजुएट महिला जनसंख्या

$$= \left(240000 \times \frac{20}{100} \times \frac{7}{16}\right) = 210000.$$

अभीष्ट % $= \left(\frac{162000}{210000} \times 100\right)\% = \left(\frac{162}{210} \times 100\right)\%$

$= 77 \cdot 14\% \simeq 77\%.$

62. चावल और जौ के लिए संगत कोण $= 72° + 36° = 108°$

$\therefore 18° = 300$ एकड़

$\Rightarrow 1° = \frac{300}{18}$

चावल और जौ का कुल क्षेत्रफल

$= 1080 = \frac{300}{18} \times 108$

$= 1800$ एकड़

63. $\therefore$ $100\% = 360°$

$\Rightarrow 50\% = 180°$

गेहूं, चावल और मक्का

$= 72° + 72° + 45°$

$= 189° > 180°$

64. चावल और जौ के लिए प्रयुक्त भूमि का अनुपात

$= 72° : 36° = 2 : 1$

65. 10% का $72° = 7.2°$

गेहूँ के संगत कोण में वृद्धि

$= \frac{2}{3} \times 7.2 = 4.8°$

गेहूँ के लिए नया संगत कोण $= 72 + 4.8° = 76.80°$

66. पुरुष यात्री जो रूट A से यात्रा करते है:

$\frac{3}{8} \times \frac{20}{100} \times 4000 = 300$

पुरुष यात्री जो रूट F से यात्रा करते है:

$\frac{2}{3} \times \frac{12}{400} \times 4000 = 320$

कुल पुरुष यात्री जो रूट A और F में मिलकर यात्रा करते है:

$300 + 320 = 620$

और पुरुष यात्रियों की संख्या, जिनकी आयु 25 साल से कम है, और वह रूट A और F से मिलकर चलते है:

$\frac{20}{100} \times 620 = 124$

महिला यात्री जो रूट A से यात्रा करते है:

$\frac{5}{8} \times \frac{20}{100} \times 4000 = 500$

महिला यात्री जो रूट F से यात्रा करते है:

$\frac{1}{3} \times \frac{12}{100} \times 4000 = 160$

महिला यात्रियों की संख्या जो रूट A और F से मिलकर यात्रा करते है: $500 + 160 = 660$

महिला यात्रियों की संख्या जो रूट A और F से मिल. कर यात्रा करते है और उनकी आयु 25 साल से कम है:

$\frac{20}{100} \times 660 = 132$

अभीष्ट अनुपात $= 124 : 132 = 31 : 33$

67. पुरुष यात्रियों की कुल संख्या जो रूट C और E में मिलकर यात्रा करते है:

$\left(\frac{9}{16} \times \frac{24}{100} \times 4000\right) + \left(\frac{2}{5} \times \frac{10}{100} \times 4000\right) = 540 + 160$

$= 700$

महिला यात्रियों की कुल संख्या जो C और E में मिलकर यात्रा करते है:

$\left(\frac{7}{16} \times \frac{24}{100} \times 4000\right) + \left(\frac{3}{5} \times \frac{10}{100} \times 4000\right)$

$= 420 + 240 = 660$

अभीष्ट अंतर $= 700 - 660 = 40$

68. यात्रियों (पुरुष और महिला) की प्रतिशतता जो रूट C से यात्रा करते है = 24%

रूट से यात्रा कर रहे यात्रियों का केंद्रीय कोण

$= \frac{24}{100} \times 360 = \frac{432}{5} = 86.4°$

69. यात्रियों (पुरुष और महिला) की संख्या जो रूट D और E में मिलकर यात्रा करते है:

$\left(\frac{16}{100} \times 4000\right) + \left(\frac{10}{100} \times 4000\right) = 640 + 400 = 1040$

यात्रियों (पुरुष और महिला) की संख्या जो रूट B से यात्रा कर रहे है $= \frac{18}{100} \times 4000 = 720$

अभीष्ट प्रतिशत बढ़त

$= \frac{1040 - 720}{720} \times 100 = \frac{320}{720} \times 100 = \frac{400}{9} = 44\frac{4}{9}$

70. महिला कर्मचारियों की संख्या जो रूट D से यात्रा करती है:

$\frac{3}{8} \times \frac{16}{100} \times 4000 = 240$

पुरुष कर्मचारियों की संख्या जो रूट F से यात्रा करते है:

$\frac{2}{3} \times \frac{12}{100} \times 4000 = 320$

अभीष्ट प्रतिशत $= \frac{240}{320} \times 100 = 75$

71. माना 2009 में हेल्थ क्लब A तथा D में पुरुष सदस्यों की संख्या में x की वृद्धि हुई।

प्रश्नानुसार, $\frac{480 + x}{288 + x} = \frac{17}{11}$

$\Rightarrow 5280 + 11x = 4896 + 17x$

$\Rightarrow 6x = 384$

$\Rightarrow x = 64$

हेल्थ क्लब D में 2009 में पुरुष सदस्यों की संख्या

$= 288 + 64$

$= 352$

72. हेल्थ क्लब C में महिला सदस्यों की संख्या

$= 1470 - 792 = 678$

हेल्थ क्लब D में महिला सदस्यों की संख्या

$= 630 - 288 = 342$

हेल्थ क्लब E में महिला सदस्यों की संख्या

$= 336 - 240 = 96$

वांछित औसत $= \frac{678 + 342 + 96}{3} = \frac{1116}{3} = 372$

73. हेल्थ क्लब E के कुल सदस्यों की संख्या $= \frac{4200 \times 8}{100} = 336$

हेल्थ क्लब E में 50% सदस्य आजीवन सदस्य है

$= \frac{336}{2} = 168$

हेल्थ क्लब E में आजीवन पुरुष सदस्यों की संख्या

$= 168 - 44 = 124$

वांछित प्रतिशत $= \frac{124}{240} \times 100 = 51\frac{2}{3}\%$

74. वांछित कोण $= \frac{24}{100} \times 360 = 86.4^\circ$

75. वांछित प्रतिशत $= \frac{600 - 276}{600} \times 100 = 54\%$

❑❑❑

भाग 3

सामान्य सचेतता

44

संख्या श्रेणी
(NUMBER SERIES)

Scan QR Code for Watching Video

इस अध्याय में दिया गया प्रत्येक प्रश्न एक निश्चित संख्या श्रेणी पर आधारित होता है. श्रेणी की प्रत्येक संख्या को उसका पद कहा जाता है. इन पदों के मध्यान्तर एक निश्चित क्रम होता है और परीक्षार्थी को इसी क्रम को ज्ञात कर तत्पश्चात् लुप्त पद अथवा गलत पद पहचानना होता है.

टाइप 1: दी गई श्रेणी में लुप्त पद ज्ञात करना

निर्देश: ***निम्नलिखित प्रत्येक संख्या श्रेणी में प्रश्न-चिह्न (?) के स्थान पर आने वाली संख्या को उसके नीचे दिए गए विकल्पों में से चुनिए:***

1. 10 20 31 ? 56 70 (पी०सी०एस०, 2008)
(*a*) 42 (*b*) 43 (*c*) 44 (*d*) 45
(*e*) इनमें से कोई नहीं

2. 102 99 104 97 106 ? (बैंक पी०ओ०, 2008)
(*a*) 94 (*b*) 95 (*c*) 96 (*d*) 100
(*e*) इनमें से कोई नहीं

3. 14 70 350 ? 8750 43750
(*a*) 785 (*b*) 875 (*c*) 1570 (*d*) 1750
(*e*) इनमें से कोई नहीं

4. 7776 1296 216 ? (इग्नू परीक्षा, 2004)
(*a*) 16 (*b*) 21 (*c*) 36 (*d*) 108
(*e*) इनमें से कोई नहीं

5. 12 6 18 9 26 13 36 18 ? (पी०सी०एस०, 2007)
(*a*) 46 (*b*) 48
(*c*) 50 (*d*) इनमें से कोई नहीं

6. 1 4 27 256 3125 46656 ? (बैंक पी०ओ०, 2007)
(*a*) 16807 (*b*) 117649 (*c*) 279936 (*d*) 705894
(*e*) 823543

7. 16 14 24 66 256 1270 ? (बैंक परीक्षा, 2008)
(*a*) 4561 (*b*) 5672 (*c*) 6340 (*d*) 7608
(*e*) 8564

8. 12 6.5 7.5 12.75 27.5 71.25 ? (बैंक परीक्षा, 2008)
(*a*) 209.75 (*b*) 216.75 (*c*) 225.75 (*d*) 236.75
(*e*) 249.75

9. $\frac{1}{2}$ $\frac{3}{4}$ $\frac{5}{8}$ $\frac{7}{16}$? (मैट परीक्षा, 2006)
(*a*) $\frac{9}{32}$ (*b*) $\frac{10}{17}$ (*c*) $\frac{11}{36}$ (*d*) $\frac{12}{35}$
(*d*) इनमें से कोई नहीं

दिये गये प्रश्नों के हल

1. दी गई श्रेणी में क्रम है: + 10, + 11, ...
इस प्रकार 10 + 10 = 20; 20 + 11 = 31, ...
∴ अभीष्ट पद = 31 + 12 = 43.
अत: सही उत्तर है (*b*).

2. दी गई श्रेणी में क्रम है: – 3, + 5, – 7, + 9, ...
इस प्रकार, 102 – 3 = 99; 99 + 5 = 104;
104 – 7 = 97; 97 + 9 = 106.
∴ अभीष्ट पद = 106 – 11 = 95.
अत: सही उत्तर है (*b*).

3. दी गई श्रेणी में क्रम है: × 5.
इस प्रकार, 14 × 5 = 70; 70 × 5 = 350; ....
∴ अभीष्ट पद = 350 × 5 = 1750.
अत: सही उत्तर है (*d*).

4. दी गई श्रेणी में क्रम है: ÷ 6.
इस प्रकार, 7776 ÷ 6 = 1296; 1296 ÷ 6 = 216; ....
∴ अभीष्ट पद = 216 ÷ 6 = 36.
अत: सही उत्तर है (*c*).

5. दी गई श्रेणी दो श्रेणियों का मिश्रित रूप है:
I. 12, 18, 26, 36, ? तथा II. 6, 9, 13, 18
I में क्रम है: + 6, + 8, + 10, ... तथा II में क्रम है: + 3, + 4, + 5.
∴ अभीष्ट पद = 36 + 12 = 48.
अत: सही उत्तर है (*b*).

6. दी गई श्रेणी के पद हैं : $1^1, 2^2, 3^3, 4^4, 5^5, 6^6$, ...
∴ अभीष्ट पद = 7^7 = 823543.
अत: सही उत्तर है (*e*).

7. दी गई श्रेणी में क्रम है: $\times 1 - 2,\ \times 2 - 4,\ \times 3 - 6,\ \times 4 - 8,$ ....

इस प्रकार, $16 \times 1 - 2 = 14$; $14 \times 2 - 4 = 24$; $4 \times 3 - 6 = 66$; $66 \times 4 - 8 = 256$; $256 \times 5 - 10 = 1270$.

$\therefore$ अभीष्ट पद $= 1270 \times 6 - 12 = 7608$.

अत: सही उत्तर है (*d*).

8. दी गई श्रेणी में क्रम है: $\times 0.5 + 0.5,\ \times 1 + 1,\ \times 1.5 + 1.5,\ \times 2 + 2,$ ....

इस प्रकार, $12 \times 0.5 + 0.5 = 6.5$; $6.5 \times 1 + 1 = 7.5$; $7.5 \times 1.5 + 1.5 = 12.75$; $12.75 \times 2 + 2 = 27.5$; $27.5 \times 2.5 + 2.5 = 71.25$.

$\therefore$ अभीष्ट पद $= 71.25 \times 3 + 3 = 213.75 + 3 = 216.75$.

अत: सही उत्तर है (*b*).

9. दी गई भिन्नों के अंश श्रेणी बनाते हैं : 1, 3, 5, 7 तथा हरों द्वारा निर्मित श्रेणी है: 2, 4, 8, 16

अर्थात् $2^1, 2^2, 2^3, 2^4$.

इसी क्रमानुसार अभीष्ट पद का अंश होगा $(7 + 2)$ अर्थात् 9 तथा हर होगा 2^5 अर्थात् 32.

$\therefore$ अभीष्ट पद $= \frac{9}{32}$.

अत: सही उत्तर है (*a*).

प्रश्नमाला 44A

निर्देश (प्र०न० 1 से 5): निम्नलिखित प्रत्येक प्रश्न में दी गई संख्या श्रेणी में प्रश्न-चिह्न के स्थान पर आने वाली संख्या ज्ञात कीजिए: (एस.बी.आई. (प्रा.) परीक्षा, 2021)

1. 24, 12, 12, 18, 36, ?
(*a*) 90 (*b*) 85 (*c*) 78 (*d*) 95
(*e*) इनमें से कोई नहीं

2. 9.8, ?, 8.9, 11.6, 8, 12.5
(*a*) 11.5 (*b*) 10.5 (*c*) 12.5 (*d*) 5.5
(*e*) इनमें से कोई नहीं (आई.बी.पी.एस. पी.ओ. (प्रा.) परीक्षा, 2020)

3. 400, 274, 209, 181, 172, ?
(*a*) 187 (*b*) 195 (*c*) 180 (*d*) 170
(*e*) इनमें से कोई नहीं (आई.बी.पी.एस. पी.ओ. (प्रा.) परीक्षा, 2020)

4. 3, 16, 65, 196, ?, 394
(*a*) 257 (*b*) 393 (*c*) 343 (*d*) 296
(*e*) इनमें से कोई नहीं

5. 3, 12, 37, 86, 167, ?
(*a*) 250 (*b*) 233 (*c*) 288 (*d*) 275
(*e*) इनमें से कोई नहीं

निर्देश (प्र०न० 6 से 9): निम्नलिखित प्रत्येक प्रश्न में दी गई संख्या श्रेणी में प्रश्न-चिह्न के स्थान पर आने वाली संख्या ज्ञात कीजिए: (आई.बी.पी.एस. आर.आर.बी. क्लर्क परीक्षा, 2020)

6. 100, 119, 81, 138, ?
(*a*) 115 (*b*) 120 (*c*) 62 (*d*) 75
(*e*) इनमें से कोई नहीं

7. $111.01 + 41.23 + (4.96)^2 + (2.09)^2 = ?$
(*a*) 181 (*b*) 195 (*c*) 178 (*d*) 190
(*e*) इनमें से कोई नहीं (आई.बी.पी.एस. पी.ओ. (प्रा.) परीक्षा, 2019)

8. 7, 15, 31, ?, 127, 255
(*a*) 34 (*b*) 95 (*c*) 63 (*d*) 75
(*e*) इनमें से कोई नहीं

9. 1920, ?, 24, 4, 1, 0.5
(a) 182 (*b*) 0.5 (*c*) 185 (*d*) 195
(*e*) इनमें से कोई नहीं

10. 5, 12.5, 32.5, 105, 427.5, ? 5, 12.5, 32.5, 105, 427.5, ?
(*a*) 2145 (*b*) 2045 (*c*) 2245 (*d*) 2005
(*e*) इनमें से कोई नहीं (आई.बी.पी.एस. क्लर्क परीक्षा, 2018)

11. $\frac{12}{17}$ $\frac{13}{16}$? $\frac{14}{15}$ $\frac{10}{19}$
(*a*) $\frac{10}{14}$ (*b*) $\frac{11}{18}$ (*c*) $\frac{15}{17}$ (*d*) $\frac{14}{16}$
(*e*) इनमें से कोई नहीं

12. 89 87 91 ? 99
(*a*) 81 (*b*) 83 (*c*) 85 (*d*) 93
(*e*) इनमें से कोई नहीं

13. 16 24 36 54 81 121.5 ? (बैंक परीक्षा, 2008)
(*a*) 158.95 (*b*) 166.55 (*c*) 174.85 (*d*) 182.25
(*e*) 190.65

14. 20, 38, 74, 146, 290, ?
(*a*) 579 (*b*) 678 (*c*) 578 (*d*) 587
(*e*) इनमें से कोई नहीं (आई.बी.पी.एस. क्लर्क परीक्षा, 2018)

15. 600 960 1536 2457.6 3932.16 ?
(*a*) 6219.456 (*b*) 6291.456
(*c*) 7684.32 (*d*) 7864.32
(*e*) इनमें से कोई नहीं (बैंक पी०ओ०, 2008)

16. $\frac{2}{\sqrt{5}}$ $\frac{3}{5}$ $\frac{4}{5\sqrt{5}}$ $\frac{5}{25}$?
(*a*) $\frac{7}{25}$ (*b*) $\frac{6}{125}$ (*c*) $\frac{6}{5\sqrt{5}}$ (*d*) $\frac{6}{25\sqrt{5}}$

17. $\frac{1}{2}$ $\frac{3}{4}$ $\frac{5}{8}$ $\frac{7}{16}$?
(*a*) $\frac{9}{24}$ (*b*) $\frac{10}{24}$ (*c*) $\frac{9}{32}$ (*d*) $\frac{11}{32}$

18. -1 3 -15 105 -945 10395 ?
(*a*) -135135 (*b*) 135135
(*c*) -145535 (*d*) 145535

19. निम्नलिखित श्रेणी में कौन सा अंक लुप्त है:
0 3 ? 15 24
(*a*) 4 (*b*) 7 (*c*) 8 (*d*) 5
(मध्य प्रदेश लोक सेवा आयोग राज्य सेवा परीक्षा, 2015)

20. दी गई संख्या श्रृंखला में प्रश्नवाचक चिन्ह (?) के स्थान पर क्या आएगा?
453 466 505 622 ? 2026

(*a*) 973 (*b*) 1063 (*c*) 795 (*d*) 841
(*e*) 1129 (एम.बी.आई. सहयोगी बैंक लिपि. संवर्ग परीक्षा, 2015)

21. लुप्त संख्या ज्ञात कीजिए:
2, 3, 8, 27, 112, ?
(*a*) 226 (*b*) 339 (*c*) 452 (*d*) 565
(आर.आर.सी. (दिल्ली) ग्रुप 'डी' परीक्षा, 2014)

22. निम्न श्रेणी की लुप्त संख्या ज्ञात कीजिए:
1, 8, 9, 64, 25, 216, 49, ?
(*a*) 64 (*b*) 729 (*c*) 512 (*d*) 81
(मध्य प्रदेश पुलिस आरक्षक (जनरल ड्यूटी) भर्ती परीक्षा, 2013)

23. 0 4 6 3 7 9 6 ? 12
(*a*) 8 (*b*) 10 (*c*) 11 (*d*) 14
(*e*) इनमें से कोई नहीं

24. $\frac{4}{9}$ $\frac{9}{20}$? $\frac{39}{86}$ (सिविल सेवा परीक्षा, 1998)
(*a*) $\frac{17}{40}$ (*b*) $\frac{19}{42}$ (*c*) $\frac{20}{45}$ (*d*) $\frac{29}{53}$
(*e*) इनमें से कोई नहीं

25. 12 14 17 13 8 14 21 13 4 ?
(*a*) 2 (*b*) 13 (*c*) 14 (*d*) 15
(*e*) इनमें से कोई नहीं

26. 18 21 16 23 12 25 ?
(*a*) 8 (*b*) 10 (*c*) 14 (*d*) 24
(*e*) इनमें से कोई नहीं (बैंक पी०ओ०, 2008)

27. 16 8 12 30 ?
(*a*) 84 (*b*) 87 (*c*) 95 (*d*) 96
(*e*) इनमें से कोई नहीं

28. 4 6 12 ? 90 315 1260
(*a*) 24 (*b*) 30 (*c*) 36 (*d*) 42
(*e*) इनमें से कोई नहीं

29. 12 12 18 45 180 1170 ? (बैंक परीक्षा, 2008)
(*a*) 12285 (*b*) 13485 (*c*) 14675 (*d*) 15890
(*e*) 16756

30. 70000 14000 2800 ? 112 22.4
(*a*) 420 (*b*) 540 (*c*) 560 (*d*) 640
(*e*) इनमें से कोई नहीं (बैंक पी०ओ०, 2008)

31. 4.5 18 2.25 ? 1.6875 33.75 (बैंक परीक्षा, 2008)
(*a*) 25.5 (*b*) 27 (*c*) 36 (*d*) 40
(*e*) इनमें से कोई नहीं

32. 1 8 27 64 ? 216 643 (बैंक पी०ओ०, 2008)
(*a*) 125 (*b*) 145 (*c*) 160 (*d*) 180
(*e*) इनमें से कोई नहीं

33. 7 42 504 ? 217728 6531840 (बैंक पी०ओ०, 2008)
(*a*) 3024 (*b*) 6048 (*c*) 9072 (*d*) 10080
(*e*) इनमें से कोई नहीं

34. 5 10 40 ? 1920 19200
(*a*) 80 (*b*) 160 (*c*) 200 (*d*) 240
(*e*) इनमें से कोई नहीं

35. 1 8 9 ? 25 216 49 (एस०एस०सी०, 2003)
(*a*) 16 (*b*) 36 (*c*) 64 (*d*) 96
(*e*) इनमें से कोई नहीं

36. 3 6 9 18 27 ? 81
(*a*) 48 (*b*) 54 (*c*) 63 (*d*) 69
(*e*) इनमें से कोई नहीं

37. 22 23 27 36 52 77 ? (बैंक परीक्षा, 2008)
(*a*) 109 (*b*) 111 (*c*) 113 (*d*) 115
(*e*) 117

38. 36 157 301 470 ? 891 (बैंक पी०ओ०, 2008)
(*a*) 639 (*b*) 646 (*c*) 669 (*d*) 695
(*e*) इनमें से कोई नहीं

39. 0.4 2.4 ? 27.4 114.6 579 (बैंक पी०ओ०, 2008)
(*a*) 4.2 (*b*) 6.4 (*c*) 7.8 (*d*) 8.3
(*e*) इनमें से कोई नहीं

40. 3 22 133 666 ? 7996
(*a*) 2665 (*b*) 4556 (*c*) 5146 (*d*) 5332
(*e*) इनमें से कोई नहीं

41. 1 5 11 49 239 ?
(*a*) 429 (*b*) 956 (*c*) 1427 (*d*) 1441
(*e*) इनमें से कोई नहीं

42. 12 6.5 7.5 12.75 27.5 71.25 ?(बैंक परीक्षा, 2008)
(*a*) 209.75 (*b*) 216.75 (*c*) 225.75 (*d*) 236.75
(*e*) 249.75

43. 354 180 64 21 10.2 ? (बैंक परीक्षा, 2008)
(*a*) 1.7 (*b*) 3.8 (*c*) 5.6 (*d*) 8.7
(*e*) इनमें से कोई नहीं

44. 6 16 57 244 ? 7506
(*a*) 645 (*b*) 1245 (*c*) 2166 (*d*) 3234
(*e*) इनमें से कोई नहीं

45. 3 4 16 75 364 ?
(*a*) 783 (*b*) 828 (*c*) 1293 (*d*) 1945
(*e*) इनमें से कोई नहीं

46. 0 1 1 2 3 5 8 13 ? 34 (एस०एस०सी०, 2007)
(*a*) 17 (*b*) 19 (*c*) 20 (*d*) 21
(*e*) इनमें से कोई नहीं

47. 15 17 32 49 81 130 ? (बैंक पी०ओ०, 2007)
(*a*) 179 (*b*) 194 (*c*) 211 (*d*) 226
(*e*) इनमें से कोई नहीं

48. 400 240 144 86.4 51.84 31.104 ?
(*a*) 16.8824 (*b*) 17.2244
(*c*) 18.6624 (*d*) 19.2466
(*e*) इनमें से कोई नहीं (बैंक पी०ओ०, 2007)

49. 4 3 5 10.5 ? 67.5 (बैंक परीक्षा, 2007)
(*a*) 24 (*b*) 25 (*c*) 26 (*d*) 27
(*e*) इनमें से कोई नहीं

50. 988 3443 10316 25779 ? 77316.5
(*a*) 38184 (*b*) 43249 (*c*) 46382 (*d*) 51549
(*e*) इनमें से कोई नहीं

51. 2 11 46 141 ? 291 (बैंक पी०ओ०, 2003)
(*a*) 224 (*b*) 236 (*c*) 246 (*d*) 286
(*e*) इनमें से कोई नहीं

52. 6 21 55 176 ?
(*a*) 537 (*b*) 539 (*c*) 713 (*d*) 715
(*e*) इनमें से कोई नहीं

53. 4 10 36 156 ? 4830 33852
(*a*) 525 (*b*) 650 (*c*) 755 (*d*) 800
(*e*) इनमें से कोई नहीं

54. 14 42 144 596 ? 18018
(*a*) 2396 (*b*) 2995 (*c*) 3000 (*d*) 3582
(*e*) इनमें से कोई नहीं

55. 1 6 36 240 1960 ?
(*a*) 3680 (*b*) 19600 (*c*) 19660 (*d*) 36800
(*e*) इनमें से कोई नहीं

56. 3 10 32 111 ?
(*a*) 345 (*b*) 440 (*c*) 448 (*d*) 460
(*e*) इनमें से कोई नहीं

57. 3600 725 150 35 12 ?
(*a*) 7.4 (*b*) 8 (*c*) 10 (*d*) 10.5
(*e*) इनमें से कोई नहीं

58. 2 3 6 ? 108 1944 209952 (बैंक पी०ओ०, 2006)
(*a*) 9 (*b*) 12 (*c*) 18 (*d*) 32
(*e*) इनमें से कोई नहीं

59. 1481 905 576 329 247 ?
(*a*) 106 (*b*) 92 (*c*) 88 (*d*) 82
(*e*) इनमें से कोई नहीं

60. 6 18 3 21 7 56 ?
(*a*) 8 (*b*) 9 (*c*) 63 (*d*) 64
(*e*) इनमें से कोई नहीं

61. 4 6 9 $13\frac{1}{2}$?
(*a*) $17\frac{1}{2}$ (*b*) 19 (*c*) $20\frac{1}{4}$ (*d*) $22\frac{3}{4}$
(*e*) इनमें से कोई नहीं

62. 1 0.5 0.25 0.125 ?
(*a*) 0.625 (*b*) 0.0625 (*c*) 6.25 (*d*) 0.00625

63. 1050 420 168 67.2 26.88 10.752 ?
(*a*) 4.3008 (*b*) 4.4015 (*c*) 5.6002 (*d*) 6.5038
(*e*) इनमें से कोई नहीं (बैंक पी०ओ०, 2006)

64. 88 ? 264 660 1980 6930 27720
(*a*) 116 (*b*) 132 (*c*) 144 (*d*) 168
(*e*) इनमें से कोई नहीं (बैंक परीक्षा, 2006)

65. 980 392 156.8 ? 25.088 10.0352
(*a*) 60.28 (*b*) 62.72 (*c*) 63.85 (*d*) 65.04
(*e*) इनमें से कोई नहीं (बैंक पी०ओ०, 2006)

66. 15 30 ? 40 8 48
(*a*) 10 (*b*) 12 (*c*) 18 (*d*) 20
(*e*) इनमें से कोई नहीं (बैंक परीक्षा, 2002)

67. 16 24 12 ? 9 13.5
(*a*) 15 (*b*) 16 (*c*) 18 (*d*) 21
(*e*) इनमें से कोई नहीं

68. 169 ? 361 529 841 961 (स्पेशलिस्ट आफिसर, 2006)
(*a*) 196 (*b*) 225 (*c*) 250 (*d*) 289
(*e*) इनमें से कोई नहीं

69. 1331 2197 4913 6859 ? 24389 (बैंक परीक्षा, 2006)
(*a*) 9261 (*b*) 12167 (*c*) 13824 (*d*) 15625
(*e*) इनमें से कोई नहीं

70. 1.21 1.44 1.69 1.96 2.25 2.56 ?
(*a*) 2.85 (*b*) 2.94 (*c*) 3.24 (*d*) 3.61
(*e*) इनमें से कोई नहीं

71. 0 2 8 18 ? 50 (एस०एस०सी०, 2005)
(*a*) 28 (*b*) 30 (*c*) 32 (*d*) 36
(*e*) इनमें से कोई नहीं

72. 3 12 27 48 75 108 ?
(*a*) 147 (*b*) 162 (*c*) 183 (*d*) 192
(*e*) इनमें से कोई नहीं

73. 2 16 54 ?
(*a*) 96 (*b*) 116 (*c*) 128 (*d*) 134
(*e*) इनमें से कोई नहीं

74. 0 7 26 63 ? 215 342
(*a*) 115 (*b*) 124 (*c*) 125 (*d*) 135
(*e*) इनमें से कोई नहीं

75. 1 2 9 28 65 ? (रेलवे परीक्षा, 2006)
(*a*) 126 (*b*) 182 (*c*) 196 (*d*) 245
(*e*) इनमें से कोई नहीं

76. 0 6 24 60 120 210 ?
(*a*) 240 (*b*) 290 (*c*) 336 (*d*) 504
(*e*) इनमें से कोई नहीं

77. 30 68 130 222 ? 520
(*a*) 328 (*b*) 342 (*c*) 350 (*d*) 364
(*e*) इनमें से कोई नहीं

78. 0 24 120 360 ?
(*a*) 460 (*b*) 625 (*c*) 720 (*d*) 840
(*e*) इनमें से कोई नहीं

79. 0 4 18 48 100 ?
(*a*) 144 (*b*) 156 (*c*) 180 (*d*) 196
(*e*) इनमें से कोई नहीं

80. 3 3 11 15 27 35 51 ? 83 99
(*a*) 61 (*b*) 63 (*c*) 65 (*d*) 67
(*e*) इनमें से कोई नहीं

81. 5 10 17 29 40 53 71 88 107 ?
(*a*) 128 (*b*) 129 (*c*) 130 (*d*) 131
(*e*) इनमें से कोई नहीं

82. 2 12 36 ?
(*a*) 60 (*b*) 66 (*c*) 72 (*d*) 80
(*e*) इनमें से कोई नहीं

83. 0 1 2 5 26 ? (मैट परीक्षा, 2002)

(a) 30 (b) 56 (c) 273 (d) 677
(e) इनमें से कोई नहीं

84. 13 30 66 140 ? 592 **(बैंक पी०ओ०, 2006)**
(a) 210 (b) 290 (c) 428 (d) 430
(e) इनमें से कोई नहीं

85. 12 28 75 316 1555 ? **(बैंक पी०ओ०, 2006)**
(a) 7811 (b) 9294 (c) 9336 (d) 9366
(e) इनमें से कोई नहीं

86. –1 6 25 62 123 214 ? **(एस०एस०सी०, 2005)**
(a) 341 (b) 342 (c) 343 (d) 344
(e) इनमें से कोई नहीं

87. निम्न श्रेणी की लुप्त संख्या ज्ञात कीजिए। 5 4 7 20 79 ?
(a) 405 (b) 372 (c) 394 (d) 350
(e) 386 **(एस.बी.आई-क्लर्क (प्रारंभिक) परीक्षा, 2016)**

88. निम्नलिखित संख्या श्रृंखला में प्रश्न चिन्ह (?) के स्थान पर कौन सी संख्या आएगी?
80 82.1 86.3 92.6 ? 111.5
(a) 102.3 (b) 101 (c) 99 (d) 98.2
(e) 100.4 **(एस.आई.डी.बी.आई.-अधिकारी परीक्षा, 2016)**

89. 4, 9, 29, 119, 599, ?
(a) 3599 (b) 3353 (c) 3897 (d) 3429
(e) 3650
(ओरि. इंश्यो. कम्पनी लि. स्पे. ऑफी. (फाइ.) परीक्षा, 2015)

90. 24 ? 109 134 150 159 **(बैंक पी०ओ०, 2006)**
(a) 53 (b) 65 (c) 71 (d) 86
(e) इनमें से कोई नहीं

91. 7 8 ? 43 107 232 **(बैंक पी०ओ०, 2003)**
(a) 12 (b) 16 (c) 20 (d) 24
(e) इनमें से कोई नहीं

92. 4 148 248 312 ?
(a) 328 (b) 344 (c) 376 (d) 412
(e) इनमें से कोई नहीं

निर्देश (प्रश्न 93-99): निम्नलिखित प्रत्येक प्रश्न में एक संख्या श्रेणी दी गई है, जिसमें किसी एक संख्या को *n* से स्थानान्तरित कर दिया गया है. *n* का मान ज्ञात कीजिए तथा उस श्रेणी के नीचे दिये गये व्यंजक में प्रश्न-चिह्न के स्थान पर आने वाली संख्या को दिए गए विकल्पों में से चुनिए.

93. 42 62 92 132 *n* 242 312
$n + 14 = ? \times 14$
(a) $11\frac{6}{7}$ (b) $12\frac{1}{6}$ (c) $12\frac{1}{2}$ (d) $12\frac{5}{7}$
(e) 14

94. 68 68.5 69.5 71 *n* 75.5 78.5
$n \times 121 + ? = 10000$
(a) 1150 (b) 1160 (c) 1180 (d) 1200
(e) इनमें से कोई नहीं

95. 18 24 *n* 51 72 98 129
$n \times \frac{3}{7} \times \frac{4}{5} = ?$ **(बैंक पी०ओ०, 1999)**
(a) $10\frac{2}{7}$ (b) $11\frac{23}{35}$ (c) 12 (d) $12\frac{12}{35}$ (e) $14\frac{2}{5}$

96. 510 254 *n* 62 30 14 6
n का 40% + ? = 9^2
(a) 29.8 (b) 30.6 (c) 31.4 (d) 50.4
(e) इनमें से कोई नहीं

97. 19 20 24 33 49 74 *n* 159
$n^2 \div 10000 = ?$ **(बैंक पी०ओ०, 2000)**
(a) 0.121 (b) 1.21 (c) 12 (d) 12.1
(e) इनमें से कोई नहीं

98. $\frac{3}{8}$ $\frac{3}{4}$ $\frac{9}{16}$ $\frac{9}{8}$ $\frac{27}{32}$ $\frac{27}{16}$ *n*
$\sqrt{n} = ?$
(a) $\frac{9}{8}$ (b) $\frac{3}{4}$ (c) $\frac{2}{3}$ (d) $\frac{4}{3}$
(e) $\frac{3}{2}$

99. 2 5 14 41 122 365 *n*
$n - 5670$ का $16\frac{2}{3}\% - (?)^2 = (10)^2$ **(बैंक पी०ओ०, 2000)**
(a) $\sqrt{7}$ (b) $\sqrt{149}$ (c) 7 (d) 49
(e) इनमें से कोई नहीं

100. 158, ?, 147, 197, 132, 214
(a) 184 (b) 175 (c) 185 (d) 190
(e) इनमें से कोई नहीं

101. 4.8, 6.7, 10.5, 18.1, ?, 63.7
(a) 23.4 (b) 56.7 (c) 45.3 (d) 33.3
(e) इनमें से कोई नहीं

102. 1.1, ?, 3.9, 5.6, 7.5
(a) 2.4 (b) 5.6 (c) 3.4 (d) 1.1
(e) इनमें से कोई नहीं

103. नीचे दिए प्रश्नों में एक संख्या श्रृंखला दी गई है। इस श्रृंखला में एक संख्या गलत है, गलत संख्या का पता लगाईए।
5 4 6 15 56 285 1644
(a) 56 (b) 285 (c) 6 (d) 15

उत्तरमाला (प्रश्नमाला 44A)

1. (a)	2. (e)	3. (d)	4. (b)	5. (c)	6. (c)	7. (a)	8. (c)	9. (b)	10. (a)	11. (b)	12. (b)
13. (d)	14. (c)	15. (b)	16. (d)	17. (c)	18. (a)	19. (c)	20. (a)	21. (d)	22. (c)	23. (b)	24. (b)
25. (c)	26. (a)	27. (e)	28. (b)	29. (a)	30. (c)	31. (b)	32. (a)	33. (c)	34. (d)	35. (c)	36. (b)
37. (c)	38. (e)	39. (c)	40. (a)	41. (d)	42. (b)	43. (d)	44. (b)	45. (d)	46. (d)	47. (c)	48. (c)
49. (b)	50. (d)	51. (d)	52. (c)	53. (d)	54. (c)	55. (c)	56. (d)	57. (a)	58. (c)	59. (d)	60. (a)

61. (*c*)	**62.** (*b*)	**63.** (*a*)	**64.** (*b*)	**65.** (*b*)	**66.** (*a*)	**67.** (*c*)	**68.** (*d*)	**69.** (*c*)	**70.** (*e*)	**71.** (*c*)	**72.** (*a*)
73. (*c*)	**74.** (*b*)	**75.** (*a*)	**76.** (*c*)	**77.** (*c*)	**78.** (*d*)	**79.** (c)	**80.** (*b*)	**81.** (*d*)	**82.** (*d*)	**83.** (*d*)	**84.** (*b*)
85. (*d*)	**86.** (*a*)	**87.** (*c*)	**88.** (*b*)	**89.** (*a*)	**90.** (*e*)	**91.** (*b*)	**92.** (*e*)	**93.** (e)	**94.** (*e*)	**95.** (*c*)	**96.** (*b*)
97. (*b*)	**98.** (*a*)	**99.** (*c*)	**100.** (*a*)	**101.** (*d*)	**102.** (*a*)	**103.** (*b*)					

दिये गये प्रश्नों के हल (प्रश्नमाला 44A)

1. श्रृंखला का पैटर्न है:
$24 \times 0.5 = 12$
$12 \times 1 = 12$
$12 \times 1.5 = 18$
$18 \times 2 = 36$
$36 \times 2.5 = 90$

2. यहाँ 9 के गुणनफल को 0.1 से गुना करके जोड़ा और फिर घटाया गया है।
$9.8 + 0.9 = 10.7$
$10.7 - 1.8 = 8.9$
$8.9 + 2.7 = 11.6$
$11.6 - 3.6 = 8$
$8 + 4.5 = 12.5$
अत: अभीष्ट उत्तर 10.7 होगा।

3. दिए गए प्रश्न में भिन्न पैटर्न दिया गया है।
$400 - (5^3 + 1) = 274$
$274 - (4^3 + 1) = 209$
$209 - (3^3 + 1) = 181$
$181 - (2^3 + 1) = 172$
$? = 172 - (1^3 + 1) = 170$
अत: अभीष्ट उत्तर 170 होगा।

4. श्रृंखला का पैटर्न है:
$3 \times 5 + 1 = 16$
$16 \times 4 + 1 = 65$
$65 \times 3 + 1 = 196$
$196 \times 2 + 1 = 393$
$393 \times 1 + 1 = 394$

5. श्रृंखला का पैटर्न है:
$3 + 3^2 = 12$
$12 + 5^2 = 37$
$37 + 7^2 = 86$
$86 + 9^2 = 167$
$167 + 11^2 = 288$

6. श्रृंखला का पैटर्न है:
$100 + 19 \times 1 = 119$
$119 - 19 \times 2 = 81$
$81 + 19 \times 3 = 138$
$138 - 19 \times 4 = 62$

7. $111.01 + 41.23 + (4.96)^2 + (2.09)^2 = x$
$111 + 41 + 5^2 + 2^2 = x$
$x = 152 + 25 + 4 = 181$

8. श्रृंखला का पैटर्न है:
$7 \times 2 + 1 = 15$
$15 \times 2 + 1 = 31$
$31 \times 2 + 1 = 63$
$63 \times 2 + 1 = 127$
$127 \times 2 + 1 = 255$

9. श्रृंखला का पैटर्न है:
$1920 \div 10 = 192$
$192 \div 8 = 24$
$24 \div 6 = 4$
$4 \div 4 = 1$
$1 \div 2 = 0.5$

10. यहाँ अनुसरण किया गया पैटर्न ($xn + 7.5, n = 1, 2, 3, ..$) है:
$5 \times 1 + 7.5 = 12.5$
$12.5 \times 2 + 7.5 = 32.5$
$32.5 \times 3 + 7.5 = 105$
$105 \times 4 + 7.5 = 427.5$
$427.5 \times 5 + 7.5 = 2145$

11. अंशों में क्रम है: + 1, – 2, + 3, – 4 तथा
हरों में क्रम है: – 1, + 2, – 3, + 4.
अत: अभीष्ट पद का अंश = 13 – 2 = 11;
अभीष्ट पद का हर = 16 + 2 = 18.
$\therefore$ अभीष्ट पद $= \frac{11}{18}$.

12. क्रम है: – 2, + 4, – 8, + 16, ...
$\therefore$ अभीष्ट पद = 91 – 8 = 83.

13. क्रम है: × 1.5.
$\therefore$ अभीष्ट पद = 121.5 × 1.5 = 182.25.

14. निम्नलिखित श्रृंखला का अनुसरण किया गया है:
$20 \times 2 - 2 = 38$
$38 \times 2 - 2 = 74$
$74 \times 2 - 2 = 146$
$146 \times 2 - 2 = 290$
$290 \times 2 - 2 = 578$

15. क्रम है: × 1.6.
$\therefore$ अभीष्ट पद = 3932.16 × 1.6 = 6291.456.

16. अंशों में क्रम है: + 1 तथा हरों में क्रम है: $\times\sqrt{5}$.
$\therefore$ अभीष्ट पद $= \frac{5+1}{25\sqrt{5}} = \frac{6}{25\sqrt{5}}$.

17. अंशों में क्रम है: + 2 तथा हरों में क्रम है: × 2.
अत: अभीष्ट पद का अंश = 7 + 2 = 9;
अभीष्ट पद का हर = 16 × 2 = 32.
$\therefore$ अभीष्ट पद $= \frac{9}{32}$.

18. क्रम है: $\times(-3), \times(-5), \times(-7), \times(-9), \times(-11)$.

$\therefore$ अभीष्ट पद $= 10395 \times (-13) = -135135$.

19. $1^2 - 1 = 0$

$2^2 - 1 = 3$

$? = 3^2 - 1 = 8$

$4^2 - 1 = 15$

$5^2 - 1 = 24$

$\Rightarrow\ ? = 8$

20. $453 + 13 = 466$

$466 + 39 = 505 \quad \because \{13 \times 3 = 39\}$

$505 + 117 = 622 \quad \because \{39 \times 3 = 117\}$

$622 + 351 = 973 \quad \because \{117 \times 3 = 351\}$

$973 + 1053 = 2026 \quad \because \{351 \times 3 = 1053\}$

21. $2 \times 1 + 1 = 3$

$3 \times 2 + 2 = 8$

$8 \times 3 + 3 = 27$

$27 \times 4 + 4 = 112$

$112 \times 5 + 5 = 565$

22. $1 = (1)^2$

$8 = (2)^3$

$9 = (3)^2$

$64 = (4)^3$

$25 = (5)^2$

$216 = (6)^3$

$49 = (7)^2$

$512 = (8)^3$

23. क्रम है: $+4, +2, -3, +4, +2, -3, ...$

$\therefore$ अभीष्ट पद $= 6 + 4 = 10$.

24. अंशों में क्रम है: $+5, +10, +20, ...$ तथा

हरों में क्रम है: $+11, +22, +44, ...$

अत: अभीष्ट पद का अंश $= 9 + 10 = 19$;

अभीष्ट पद का हर $= 20 + 22 = 42$.

$\therefore$ अभीष्ट पद $= \frac{19}{42}$.

25. क्रम है: $+2, +3, -4, -5, +6, +7, -8, -9, ...$

$\therefore$ अभीष्ट पद $= 4 + 10 = 14$.

26. क्रम है: $+3, -5, +7, -11, +13, ...$ (केवल अभाज्य संख्यायें ही जोड़ी व घटाई गई हैं)

$\therefore$ अभीष्ट पद $= 25 - 17 = 8$.

27. क्रम है: $\times 0.5, \times 1.5, \times 2.5, ...$

$\therefore$ अभीष्ट पद $= 30 \times 3.5 = 105$.

28. क्रम है: $\times 1.5, \times 2, \times 2.5, \times 3, \times 3.5, \times 4$.

$\therefore$ अभीष्ट पद $= 12 \times 2.5 = 30$.

29. क्रम है: $\times 1, \times 1.5, \times 2.5, \times 4, \times 6.5, ...$

i.e. $\times 1, \times 1.5, \times (1 + 1.5), \times (1.5 + 2.5), \times (2.5 + 4), ...$

$\therefore$ अभीष्ट पद $= 1170 \times (4 + 6.5) = 1170 \times 10.5 = 12285$.

30. क्रम है: $\div 5$.

$\therefore$ अभीष्ट पद $= 2800 \div 5 = 560$.

31. क्रम है: $\times 4, \div 8, \times 12, \div 16, ...$

$\therefore$ अभीष्ट पद $= 2.25 \times 12 = 27$.

32. दी गई श्रेणी के पद हैं : $1^3, 2^3, 3^3, 4^3, ...$

$\therefore$ अभीष्ट पद $= 5^3 = 125$.

33. क्रम है: $\times 6, \times 12, \times 18, \times 24, \times 30$.

$\therefore$ अभीष्ट पद $= 504 \times 18 = 9072$.

34. क्रम है: $\times 2, \times 4, \times 6, \times 8, \times 10$.

$\therefore$ अभीष्ट पद $= 40 \times 6 = 240$.

35. दी गई श्रेणी के पद हैं : $1^2, 2^3, 3^2, ..., 5^2, 6^3, 7^2$.

$\therefore$ अभीष्ट पद $= 4^3 = 64$.

36. क्रम है: $\times 2, \times 1\frac{1}{2}, \times 2, \times 1\frac{1}{2}, ...$

$\therefore$ अभीष्ट पद $= 27 \times 2 = 54$.

37. क्रम है: $+1, +4, +9, +16, +25, ...$

अर्थात् $+1^2, +2^2, +3^2, +4^2, +5^2, ...$

$\therefore$ अभीष्ट पद $= 77 + 6^2 = 77 + 36 = 113$.

38. क्रम है: $+121, +144, +169, ...$

अर्थात् $+11^2, +12^2, +13^2, ...$

$\therefore$ अभीष्ट पद $= 470 + 14^2 = 470 + 196 = 666$.

39. क्रम है: $\times 1 + 2, \times 2 + 3, \times 3 + 4, \times 4 + 5, ...$

$\therefore$ अभीष्ट पद $= 2.4 \times 2 + 3 = 4.8 + 3 = 7.8$.

40. क्रम है: $\times 7 + 1, \times 6 + 1, \times 5 + 1, ...$

$\therefore$ अभीष्ट पद $= 666 \times 4 + 1 = 2664 + 1 = 2665$.

41. क्रम है: $\times 2 + 3, \times 3 - 4, \times 4 + 5, \times 5 - 6, ...$

$\therefore$ अभीष्ट पद $= 239 \times 6 + 7 = 1434 + 7 = 1441$.

42. क्रम है: $\times 0.5 + 0.5, \times 1 + 1, \times 1.5 + 1.5, \times 2 + 2, \times 2.5 + 2.5, ...$

$\therefore$ अभीष्ट पद $= 71.25 \times 3 + 3 = 213.75 + 3 = 216.75$.

43. क्रम है: $\div 2 + 3, \div 3 + 4, \div 4 + 5, \div 5 + 6, ...$

$\therefore$ अभीष्ट पद $= 10.2 \div 6 + 7 = 1.7 + 7 = 8.7$.

44. क्रम है: $\times 2 + 4, \times 3 + 9, \times 4 + 16, ...$

अर्थात् $\times 2 + 2^2, \times 3 + 3^2, \times 4 + 4^2, ...$

$\therefore$ अभीष्ट पद $= 244 \times 5 + 5^2 = 1220 + 25 = 1245$.

45. क्रम है: $\times 1 + 1, \times 2 + 8, \times 3 + 27, \times 4 + 64, ...$

अर्थात् $\times 1 + 1^3, \times 2 + 2^3, \times 3 + 3^3, \times 4 + 4^3, ...$

$\therefore$ अभीष्ट पद $= 364 \times 5 + 5^3 = 1820 + 125 = 1945$.

46. श्रेणी में प्रत्येक पद अपने से पहले के दो पदों का योग है.

$\therefore$ अभीष्ट पद $= 8 + 13 = 21$.

47. श्रेणी में प्रत्येक पद अपने से पहले के दो पदों का योग है.

$\therefore$ अभीष्ट पद $= 81 + 130 = 211$.

48. क्रम है: $\times 0.6$.

$\therefore$ अभीष्ट पद $= 31.104 \times 0.6 = 18.6624$.

49. क्रम है: $\times 0.5 + 1, \times 1 + 2, \times 1.5 + 3, ...$

$\therefore$ अभीष्ट पद $= 10.5 \times 2 + 4 = 21 + 4 = 25.$

50. क्रम है: $\times 3.5 - 15, \times 3 - 13, \times 2.5 - 11, ...$

$\therefore$ अभीष्ट पद $= 25779 \times 2 - 9 = 51549.$

51. क्रम है: $\times 5 + 1, \times 4 + 2, \times 3 + 3, ...$

$\therefore$ अभीष्ट पद $= 141 \times 2 + 4 = 286.$

52. क्रम है: $\times 1 + 15, \times 2 + 13, \times 3 + 11, ...$

$\therefore$ अभीष्ट पद $= 176 \times 4 + 9 = 704 + 9 = 713.$

53. क्रम है: $\times 2 + 2, \times 3 + 6, \times 4 + 12,$ .....अर्थात् $\times 2 + (2 \times 1), \times 3 + (3 \times 2), \times 4 + (4 \times 3), ...$

$\therefore$ अभीष्ट पद $= 156 \times 5 + (5 \times 4) = 780 + 20 = 800.$

54. क्रम है: $\times 2 + 14, \times 3 + 18, \times 4 + 20, ...$

अर्थात् $\times 2 + 2 \times 7, \times 3 + 3 \times 6, \times 4 + 4 \times 5, ...$

$\therefore$ अभीष्ट पद $= 596 \times 5 + (5 \times 4) = 2980 + 20$

$= 3000.$

55. क्रम है: $\times 2 + 4, \times 4 + 12, \times 6 + 24, \times 8 + 40, ...$

अर्थात् $\times 2 + 4, \times 4 + (4 + 8), \times 6 + (12 + 12),$

$\times 8 + (24 + 16), ...$

$\therefore$ अभीष्ट पद $= 1960 \times 10 + (40 + 20)$

$= 19600 + 60 = 19660.$

56. क्रम है: $\times 1 + 7, \times 2 + 12, \times 3 + 15, ...$

अर्थात् $\times 1 + (7 \times 1), \times 2 + (6 \times 2), \times 3 + (5 \times 3), ...$

$\therefore$ अभीष्ट पद $= 111 \times 4 + (4 \times 4) = 444 + 16 = 460.$

57. क्रम है: $\div\ 5 + 5.$

$\therefore$ अभीष्ट पद $= 12 \div 5 + 5 = 2.4 + 5 = 7.4.$

58. श्रेणी में प्रत्येक पद अपने से पहले के दो पदों का गुणनफल है.

$\therefore$ अभीष्ट पद $= 3 \times 6 = 18.$

59. श्रेणी में प्रत्येक पद अपने से पहले के दो पदों का अन्तर है.

$\therefore$ अभीष्ट पद $= 329 - 247 = 82.$

60. श्रेणी में प्रत्येक दो अंकों वाली संख्या अपने दोनों ओर की संख्याओं का गुणनफल है.

माना अभीष्ट पद x है.

तब, $7 \times x = 56 \Rightarrow x = 8.$

61. क्रम है: $\times \frac{3}{2}.$

$\therefore$ अभीष्ट पद $= 13\frac{1}{2} \times \frac{3}{2} = \frac{27}{2} \times \frac{3}{2} = \frac{81}{4} = 20\frac{1}{4}.$

62. क्रम है: $\times 0.5.$

$\therefore$ अभीष्ट पद $= 0.125 \times 0.5 = 0.0625.$

63. क्रम है: $\times 0.4.$

$\therefore$ अभीष्ट पद $= 10.752 \times 0.4 = 4.3008.$

64. क्रम है: $\times 1.5, \times 2, \times 2.5, \times 3, \times 3.5, \times 4.$

$\therefore$ अभीष्ट पद $= 88 \times 1.5 = 132.$

65. क्रम है: $\div\ 2.5.$

$\therefore$ अभीष्ट पद $= 156.8 \div 2.5 = 62.72.$

66. क्रम है: $\times 2, \div 3, \times 4, \div 5, \times 6.$

$\therefore$ अभीष्ट पद $= 30 \div 3 = 10.$

67. क्रम है: $\times 1.5, \div 2, \times 1.5, \div 2, ...$

$\therefore$ अभीष्ट पद $= 12 \times 1.5 = 18.$

68. दी गई श्रेणी के पद हैं : $13^2, ..., 19^2, 23^2, 29^2, 31^2.$

(केवल अभाज्य संख्याओं के वर्ग)

$\therefore$ अभीष्ट पद $= 17^2 = 289.$

69. दी गई श्रेणी के पद हैं : $11^3, 13^3, 17^3, 19^3, ..., 29^3$

(केवल अभाज्य संख्याओं के घन)

$\therefore$ अभीष्ट पद $= 23^3 = 12167.$

70. दी गई श्रेणी के पद हैं : $(1.1)^2, (1.2)^2, (1.3)^2, (1.4)^2, (1.5)^2, (1.6)^2, ...$

$\therefore$ अभीष्ट पद $= (1.7)^2 = 2.89.$

71. दी गई श्रेणी के पद हैं : $2 \times 0^2, 2 \times 1^2, 2 \times 2^2, 2 \times 3^2, ...$

$\therefore$ अभीष्ट पद $= 2 \times 4^2 = 32.$

72. दी गई श्रेणी के पद हैं : $3 \times 1^2, 3 \times 2^2, 3 \times 3^2, 3 \times 4^2, 3 \times 5^2, 3 \times 6^2, ...$

$\therefore$ अभीष्ट पद $= 3 \times 7^2 = 147.$

73. दी गई श्रेणी के पद हैं : $2 \times 1^3, 2 \times 2^3, 2 \times 3^3, ...$

$\therefore$ अभीष्ट पद $= 2 \times 4^3 = 128.$

74. दी गई श्रेणी के पद हैं : $1^3 - 1, 2^3 - 1, 3^3 - 1, 4^3 - 1, ...$

$\therefore$ अभीष्ट पद $= 5^3 - 1 = 124.$

75. दी गई श्रेणी के पद हैं : $0^3 + 1, 1^3 + 1, 2^3 + 1, 3^3 + 1, 4^3 + 1, ...$

$\therefore$ अभीष्ट पद $= 5^3 + 1 = 126.$

76. दी गई श्रेणी के पद हैं : $1^3 - 1, 2^3 - 2, 3^3 - 3, 4^3 - 4, 5^3 - 5, 6^3 - 6, ...$

$\therefore$ अभीष्ट पद $= 7^3 - 7 = 343 - 7 = 336.$

77. दी गई श्रेणी के पद हैं : $3^3 + 3, 4^3 + 4, 5^3 + 5, 6^3 + 6, ...$

$\therefore$ अभीष्ट पद $= 7^3 + 7 = 343 + 7 = 350.$

78. दी गई श्रेणी के पद हैं : $1^2 - 1, 5^2 - 1, 11^2 - 1, 19^2 - 1, ...$

अर्थात् $1^2 - 1, (1 + 4)^2 - 1, (5 + 6)^2 - 1, (11 + 8)^2 - 1, ...$

$\therefore$ अभीष्ट पद $= (19 + 10)^2 - 1 = (29)^2 - 1 = 840.$

79. दी गई श्रेणी के पद हैं : $1^3 - 1^2, 2^3 - 2^2, 3^3 - 3^2, 4^3 - 4^2, 5^3 - 5^2, ...$

$\therefore$ अभीष्ट पद $= 6^3 - 6^2 = 216 - 36 = 180.$

80. दी गई श्रेणी के पद हैं : $1^2 + 2, 2^2 - 1, 3^2 + 2, 4^2 - 1, 5^2 + 2, 6^2 - 1, 7^2 + 2, ...$

$\therefore$ अभीष्ट पद $= 8^2 - 1 = 64 - 1 = 63.$

81. दी गई श्रेणी के पद हैं : $2^2 + 1, 3^2 + 1, 4^2 + 1, 5^2 + 4, 6^2 + 4, 7^2 + 4, 8^2 + 7, 9^2 + 7, 10^2 + 7, ...$

$\therefore$ अभीष्ट पद $= 11^2 + 10 = 121 + 10 = 131.$

82. दी गई श्रेणी के पद हैं : $1^3 + 1^2, 2^3 + 2^2, 3^3 + 3^2, ...$

$\therefore$ अभीष्ट पद $= 4^3 + 4^2 = 64 + 16 = 80.$

83. श्रेणी का प्रत्येक पद अपने से पहले पद के वर्ग से 1 अधिक है.

$\therefore$ अभीष्ट पद $= (26)^2 + 1 = 676 + 1 = 677.$

84. क्रम है: $\times 2 + 4, \times 2 + 6, \times 2 + 8, ...$

$\therefore$ अभीष्ट पद $= 140 \times 2 + 10 = 280 + 10 = 290.$

85. क्रम है: $\times 2 + 4, \times 3 - 9, \times 4 + 16, \times 5 - 25, ...$

अर्थात् $\times 2 + 2^2, \times 3 - 3^2, \times 4 + 4^2, \times 5 - 5^2, ...$

$\therefore$ अभीष्ट पद $= 1555 \times 6 + 6^2 = 9330 + 36 = 9366.$

86. दी गई श्रेणी के पद हैं : $1^3 - 2, 2^3 - 2, 3^3 - 2, 4^3 - 2, 5^3 - 2, 6^3 - 2, ...$

$\therefore$ अभीष्ट पद $= 7^3 - 2 = 341.$

87. $5 \times 1 - 1 = 4$

$4 \times 2 - 1 = 7$

$7 \times 3 - 1 = 20$

$20 \times 4 - 1 = 79$

$79 \times 5 - 1 = 394$

88. $80 + 2.1 = 82.1$

$82.1 + 4.2 = 86.3$

$86.3 + 6.3 = 92.6$

$92.6 + 8.4 = \boxed{101}$

$101 + 10.5 = 111.5$

89. $4 \times 2 + 1 = 9$

$9 \times 3 + 2 = 29$

$29 \times 4 + 3 = 119$

$119 \times 5 + 4 = 599$

$599 \times 6 + 5 = 3599$

90. क्रम है: $+ 49, + 36, + 25, + 16, + 9$

अर्थात् $+ 7^2, + 6^2, + 5^2, + 4^2, + 3^2.$

$\therefore$ अभीष्ट पद $= 24 + 7^2 = 24 + 49 = 73.$

91. क्रम है: $+ 1, + 8, + 27, + 64, + 125$

अर्थात् $+ 1^3, + 2^3, + 3^3, + 4^3, + 5^3.$

$\therefore$ अभीष्ट पद $= 8 + 2^3 = 8 + 8 = 16.$

92. क्रम है: $+ 144, + 100, + 64, ...$

अर्थात् $+ 12^2, + 10^2, + 8^2, ...$

$\therefore$ अभीष्ट पद $= 312 + 6^2 = 312 + 36 = 348.$

93. क्रम है: $+ 20, + 30, + 40, ...$

$\therefore n = 132 + 50 = 182.$

माना अभीष्ट संख्या x है.

तब, $n + 14 = x \times 14 \Rightarrow 14x = 182 + 14 = 196$

$\Rightarrow x = 14.$

94. क्रम है: $+ 0.5, + 1, + 1.5, ...$

$\therefore n = 71 + 2 = 73.$

माना अभीष्ट संख्या x है.

तब, $n \times 121 + x = 10000 \Rightarrow 73 \times 121 + x = 10000$

$\Rightarrow x = 10000 - 8833 = 1167.$

95. क्रम है: $+ 6, + 11, + 16, + 21, + 26, ...$

$\therefore n = 24 + 11 = 35.$

$n \times \frac{3}{7} \times \frac{4}{5} = 35 \times \frac{3}{7} \times \frac{4}{5} = 3 \times 4 = 12.$

96. क्रम है: $\div 2 - 1.$

$\therefore n = 254 \div 2 - 1 = 126.$

माना अभीष्ट संख्या x है.

तब, n का $40\% + x = 9^2 \Rightarrow 126$ का $40\% + x = 81$

$\Rightarrow 50.4 + x = 81 \Rightarrow x = 81 - 50.4 = 30.6.$

97. क्रम है: $+ 1^2, + 2^2, + 3^2, + 4^2, ...$

$\therefore n = 74 + 6^2 = 74 + 36 = 110.$

$n^2 \div 10000 = (110)^2 \div 10000 = 12100 \div 10000 = 1.21.$

98. क्रम है: $\times 2, \times \frac{3}{4}, \times 2, \times \frac{3}{4}, ...$

$\therefore n = \frac{27}{16} \times \frac{3}{4} = \frac{81}{64}.$

$\sqrt{n} = \sqrt{\frac{81}{64}} = \frac{9}{8}.$

99. क्रम है: $\times 3 - 1.$

$\therefore n = 365 \times 3 - 1 = 1095 - 1 = 1094.$

माना अभीष्ट संख्या x है.

तब, $n - 5670$ का $16\frac{2}{3}\% - x^2 = (10)^2$

$\Rightarrow 1094 - \left(5670 \times \frac{50}{3} \times \frac{1}{100}\right) - x^2 = 100$

$\Rightarrow 1094 - 945 - x^2 = 100 \Rightarrow x^2 = 49 \Rightarrow x = 7.$

100. श्रृंखला का पैटर्न है:

$158 + (5^2 + 1) = 184$

$184 - (6^2 + 1) = 147$

$147 + (7^2 + 1) = 197$

$197 - (8^2 + 1) = 132$

$132 + (9^2 + 1) = 214$

101. श्रृंखला का पैटर्न है:

$4.8 \times 2 - 2.9 = 6.7$

$6.7 \times 2 - 2.9 = 10.5$

$10.5 \times 2 - 2.9 = 18.1$

$18.1 \times 2 - 2.9 = 33.3$

$33.3 \times 2 - 2.9 = 63.7$

102. श्रृंखला का पैटर्न है:

$1.1 + 1.3 = 2.4$

$2.4 + 1.5 = 3.9$

$3.9 + 1.7 = 5.6$

$5.6 + 1.9 = 7.5$

103. $5 \times 1 - 4 = 4$

$4 \times 2 - 2 = 6$

$6 \times 3 - 3 = 15$

$15 \times 4 - 4 = 285$ $\boxed{275}$

$275 \times 6 - 6 = 1644$

$\therefore$ 285 संख्या गलत है।

टाइप 2: दी गई श्रेणी के आधार पर एक निश्चित संख्या से आरंभ होने वाली अन्य श्रेणी बनाना

इस प्रकार के प्रत्येक प्रश्न में एक संख्या श्रेणी और उसके पश्चात एक अन्य संख्या व (A), (B), (C), (D) तथा (E) दिए जाते हैं. पहली श्रेणी के पदों के मध्यान्तर जो क्रम विद्यमान है, उसी क्रम के अनुसार दी गई संख्या से आरंभ होने वाली श्रेणी का निर्माण कर (A), (B), (C), (D) तथा (E) के स्थान पर आने वाले पदों को ज्ञात करना होता है.

साधित उदाहरण

प्रश्न 1. 16 24 36 54 81 121.5
14 (A) (B) (C) (D) (E)

(B) के स्थान पर क्या आएगा? **(बैंक परीक्षा, 2004)**

(*a*) 30.5 (*b*) 31.5 (*c*) 32 (*d*) 34
(*e*) इनमें से कोई नहीं

हल:

पहली संख्या श्रेणी		दूसरी संख्या श्रेणी	
16		14	
	$\times\frac{3}{2}$		$\times\frac{3}{2}$
24		21(A)	
	$\times\frac{3}{2}$		$\times\frac{3}{2}$
36		31.5(B)	
	$\times\frac{3}{2}$		$\times\frac{3}{2}$
54		47.25(C)	
	$\times\frac{3}{2}$		$\times\frac{3}{2}$
81		70.875(D)	
	$\times\frac{3}{2}$		$\times\frac{3}{2}$
121.5		106.3125(E)	

स्पष्ट है कि (B) के स्थान पर 31.5 आएगा. अत: सही उत्तर है (*b*).

प्रश्न 2. 3 13 37 87 191 401
1 (A) (B) (C) (D) (E)

(D) के स्थान पर क्या आएगा ? **(बैंक पी०ओ०, 2005)**

(*a*) 159 (*b*) 161 (*c*) 169 (*d*) 171
(*e*) इनमें से कोई नहीं

हल:

पहली संख्या श्रेणी		दूसरी संख्या श्रेणी	
3		1	
	× 2 + 7		× 2 + 7
13		9(A)	
	× 2 + 11		× 2 + 11
37		29(B)	
	× 2 + 13		× 2 + 13
87		71(C)	
	× 2 + 17		× 2 + 17
191		159(D)	
	× 2 + 19		× 2 + 19
401		337(E)	

स्पष्ट है कि (D) के स्थान पर 159 आएगा.
अत: सही उत्तर है (*a*).

प्रश्न 3. 1 2 6 39 1525
3 (A) (B) (C) (D) (E)

(B) के स्थान पर क्या आएगा? **(बैंक पी०ओ०, 2005)**

(*a*) 10 (*b*) 21 (*c*) 22 (*d*) 101
(*e*) 102

हल: पहली संख्या श्रेणी में:

$1^2 + 1 = 2;\ 2^2 + 2 = 6;\ 6^2 + 3 = 39;\ (39)^2 + 4 = 1525.$

दूसरी संख्या श्रेणी में:

$3^2 + 1 = 10$ (A); $10^2 + 2 = 102$ (B);
$(102)^2 + 3 = 10407$ (C), ...

स्पष्ट है कि (B) के स्थान पर 102 आएगा.
अत: सही उत्तर है (*e*).

प्रश्न 4. 5 6 14 41 105 230
8 (A) (B) (C) (D) (E)

(C) के स्थान पर क्या आएगा ? **(बैंक परीक्षा, 2003)**

(*a*) 43 (*b*) 44 (*c*) 56 (*d*) 63
(*e*) इनमें से कोई नहीं

हल:

पहली संख्या श्रेणी		दूसरी संख्या श्रेणी	
5		8	
	$+ 1^3$		$+ 1^3$
6		9(A)	
	$+ 2^3$		$+ 2^3$
14		17(B)	
	$+ 3^3$		$+ 3^3$
41		44(C)	
	$+ 4^3$		$+ 4^3$
105		108(D)	
	$+ 5^3$		$+ 5^3$
230		233(E)	

स्पष्ट है कि (C) के स्थान पर 44 आएगा.
अत: सही उत्तर है (*b*).

प्रश्न 5. 640 480 600 1050 2362.5
280 (A) (B) (C) (D) (E)

(C) के स्थान पर क्या आएगा ? **(बैंक पी०ओ०, 2005)**

(*a*) 625.75 (*b*) 950 (*c*) 459.375 (*d*) 345.5
(*e*) इनमें से कोई नहीं

हल: **पहली संख्या श्रेणी**

640 $\times\frac{3}{4}$ → 480 $\times\frac{5}{4}$ → 600 $\times\frac{7}{4}$ → 1050 $\times\frac{9}{4}$ → 2362.5

दूसरी संख्या श्रेणी

280 $\times\frac{3}{4}$ → 210(A) $\times\frac{5}{4}$ → 262.5(B) $\times\frac{7}{4}$ → 459.375(C)

स्पष्ट है कि (C) के स्थान पर 459.375 आएगा.
अत: सही उत्तर है (*c*).

प्रश्न 6. 56 28 42 14 28 7
288 (A) (B) (C) (D) (E)
(B) के स्थान पर क्या आएगा ?
(*a*) 144 (*b*) 244 (*c*) 216 (*d*) 36
(*e*) इनमें से कोई नहीं

हल: **पहली संख्या श्रेणी**

56 ÷ 2 → 28 × 1.5 → 42 ÷ 3 → 14 × 2 → 28 ÷ 3 → 7

दूसरी संख्या श्रेणी

288 ÷ 2 → 144 × 1.5 → 216 ÷ 3 → 72 × 2 → 144 ÷ 3 → 36

स्पष्ट है कि (B) के स्थान पर 144 आएगा.
अत: सही उत्तर है (*a*).

प्रश्नमाला 44B

निर्देश: निम्नलिखित प्रत्येक प्रश्न में एक संख्या-शृंखला दी गई है. शृंखला के बाद एक अंक तथा उसके बाद (A), (B), (C), (D), (E) दिए गए हैं. मूल संख्या-शृंखला के अनुसार दिए गए अंक से आरम्भ होने वाली शृंखला को पूरा करके अभीष्ट उत्तर दीजिए.

1. 28 14 21 7 14 3.5
144 (A) (B) (C) (D) (E)
(D) के स्थान पर क्या आएगा ?
(*a*) 18 (*b*) 36 (*c*) 72 (*d*) 104
(*e*) इनमें से कोई नहीं

2. 1 1 4 8 9
9 (A) (B) (C) (D)
(D) के स्थान पर क्या आएगा ?
(*a*) 25 (*b*) 36 (*c*) 81 (*d*) 125
(*e*) इनमें से कोई नहीं

3. 3 5 23 77
7 (A) (B) (C) (D)
(D) के स्थान पर क्या आएगा ?
(*a*) 13 (*b*) 2365 (*c*) 9031 (*d*) 16771
(*e*) इनमें से कोई नहीं

4. 15 16 25 50
189 (A) (B) (C) (D) (E)
(E) के स्थान पर क्या आएगा ?
(*a*) 273 (*b*) 354 (*c*) 394 (*d*) 426
(*e*) इनमें से कोई नहीं

5. 15 159 259 323
7 (A) (B) (C) (D) (E)
(C) के स्थान पर क्या आएगा ?
(*a*) 151 (*b*) 176 (*c*) 251 (*d*) 315
(*e*) इनमें से कोई नहीं

6. 7 232 488 777 1101 1462
5 (A) (B) (C) (D) (E)
(D) के स्थान पर क्या आएगा ? **(बैंक पी०ओ०, 2005)**
(*a*) 1099 (*b*) 1505 (*c*) 988 (*d*) 1005
(*e*) इनमें से कोई नहीं

7. 289 168 87 38
343 (A) (B) (C) (D) (E)
(E) के स्थान पर क्या आएगा ?
(*a*) 56 (*b*) 57 (*c*) 65 (*d*) 91
(*e*) इनमें से कोई नहीं

8. 5 149 49 113
146 (A) (B) (C) (D) (E)
(D) के स्थान पर क्या आएगा ?
(*a*) 218 (*b*) 234 (*c*) 254 (*d*) 290
(*e*) इनमें से कोई नहीं

9. 25 194 73 154 105
14 (A) (B) (C) (D) (E)
(D) के स्थान पर क्या आएगा ?
(*a*) 62 (*b*) 69 (*c*) 94 (*d*) 183
(*e*) इनमें से कोई नहीं

10. 616 496 397 317 254
838 (A) (B) (C) (D) (E)
(E) के स्थान पर क्या आएगा ?
(*a*) 428 (*b*) 476 (*c*) 529 (*d*) 619
(*e*) 718

11. 434 353 417 368 404 379
108 (A) (B) (C) (D) (E)
(D) के स्थान पर क्या आएगा ? **(मैट परीक्षा, 2005)**
(*a*) 27 (*b*) 42 (*c*) 53 (*d*) 78
(*e*) 91

12. 16 33 67 135 271 543
4 (A) (B) (C) (D) (E)
(B) के स्थान पर क्या आएगा ? **(बैंक पी०ओ०, 2005)**
(*a*) 12 (*b*) 19 (*c*) 6.5 (*d*) 7
(*e*) इनमें से कोई नहीं

13. 5 13 29 69 125 253
7 (A) (B) (C) (D) (E)
(D) के स्थान पर क्या आएगा ?
(*a*) 77 (*b*) 143 (*c*) 153 (*d*) 157
(*e*) इनमें से कोई नहीं

14. 7 20 46 98 202 410
4 (A) (B) (C) (D) (E)
(D) के स्थान पर क्या आएगा ?
(*a*) 146 (*b*) 162 (*c*) 166 (*d*) 184
(*e*) इनमें से कोई नहीं

15. 3 5 9 17 33 65
7 (A) (B) (C) (D) (E)
(D) के स्थान पर क्या आएगा ?
(*a*) 49 (*b*) 51 (*c*) 95 (*d*) 99
(*e*) इनमें से कोई नहीं

16. 1260 628 312 154
788 (A) (B) (C) (D) (E)
(D) के स्थान पर क्या आएगा ?
(*a*) 45.5 (*b*) 48 (*c*) 72.5 (*d*) 194
(*e*) इनमें से कोई नहीं

17. 2 10 27 60
5 (A) (B) (C) (D) (E)
(B) के स्थान पर क्या आएगा ?
(*a*) 13 (*b*) 34 (*c*) 38 (*d*) 2189
(*e*) इनमें से कोई नहीं

18. 2 10 14 34 62
1 (A) (B) (C) (D) (E)
(B) के स्थान पर क्या आएगा ?
(*a*) 6 (*b*) 8 (*c*) 10 (*d*) 12
(*e*) इनमें से कोई नहीं

19. 7 24 10 33 14.5 46.5
11 (A) (B) (C) (D) (E)
(B) के स्थान पर क्या आएगा ?
(*a*) 16 (*b*) 19.5 (*c*) 21 (*d*) 23.5
(*e*) इनमें से कोई नहीं

20. 2 6 16 38 84 178
3 (A) (B) (C) (D) (E)
(D) के स्थान पर क्या आएगा ?
(*a*) 88 (*b*) 92 (*c*) 96 (*d*) 98
(*e*) इनमें से कोई नहीं

21. 3 5 13 43 177 891
2 (A) (B) (C) (D) (E)
(D) के स्थान पर क्या आएगा ?
(*a*) 137 (*b*) 147 (*c*) 153 (*d*) 173
(*e*) इनमें से कोई नहीं

22. 7 13 29 53 113 217
5 (A) (B) (C) (D) (E)
(E) के स्थान पर क्या आएगा ?
(*a*) 151 (*b*) 153 (*c*) 171 (*d*) 173
(*e*) इनमें से कोई नहीं

23. 6 7 16 51 208
5 (A) (B) (C) (D) (E)
(E) के स्थान पर क्या आएगा ? **(एम०बी०ए०, 2005)**
(*a*) 45 (*b*) 184 (*c*) 741 (*d*) 925
(*e*) इनमें से कोई नहीं

24. 2 9 57 337
3 (A) (B) (C) (D) (E)
(B) के स्थान पर क्या आएगा ?
(*a*) 15 (*b*) 93 (*c*) 553 (*d*) 3323
(*e*) इनमें से कोई नहीं

25. 1 9 65 393
2 (A) (B) (C) (D) (E)
(C) के स्थान पर क्या आएगा ?
(*a*) 490 (*b*) 729 (*c*) 731 (*d*) 853
(*e*) इनमें से कोई नहीं

26. 4 14 51 149 295
2 (A) (B) (C) (D) (E)
(C) के स्थान पर क्या आएगा ?
(*a*) 22 (*b*) 24 (*c*) 26 (*d*) 29
(*e*) इनमें से कोई नहीं

27. 3 10 26 83 336 1683
7 (A) (B) (C) (D) (E)
(B) के स्थान पर क्या आएगा ?
(*a*) 30 (*b*) 32 (*c*) 34 (*d*) 36
(*e*) इनमें से कोई नहीं

28. 2 3 7 25 121 721
3 (A) (B) (C) (D) (E)
(C) के स्थान पर क्या आएगा ?
(*a*) 31 (*b*) 39 (*c*) 45 (*d*) 49
(*e*) इनमें से कोई नहीं

29. 5 7 10 36 136 690
2 (A) (B) (C) (D) (E)
(E) के स्थान पर क्या आएगा ?
(*a*) 64 (*b*) 110 (*c*) 310 (*d*) 330
(*e*) इनमें से कोई नहीं

30. 1 14 90 455
3 (A) (B) (C) (D)
(A) के स्थान पर क्या आएगा ?
(*a*) 24 (*b*) 32 (*c*) 174 (*d*) 875
(*e*) इनमें से कोई नहीं

उत्तरमाला (प्रश्नमाला 44B)

1. (*c*)	**2.** (*a*)	**3.** (*e*)	**4.** (*b*)	**5.** (*d*)	**6.** (*a*)	**7.** (*e*)	**8.** (*a*)	**9.** (*c*)	**10.** (*a*)	**11.** (*d*)	**12.** (*b*)
13. (*d*)	**14.** (*e*)	**15.** (*e*)	**16.** (*a*)	**17.** (*e*)	**18.** (*c*)	**19.** (*a*)	**20.** (*e*)	**21.** (*c*)	**22.** (*b*)	**23.** (*d*)	**24.** (*b*)
25. (*b*)	**26.** (*d*)	**27.** (*c*)	**28.** (*d*)	**29.** (*a*)	**30.** (*e*)						

दिए गए प्रश्नों के हल (प्रश्नमाला 44B)

1. **पहली संख्या श्रेणी**

$28 \xrightarrow{\div 2} 14 \xrightarrow{\times 1.5} 21 \xrightarrow{\div 3} 7 \xrightarrow{\times 2} 14 \xrightarrow{\div 4} 3.5$

दूसरी संख्या श्रेणी

$144 \xrightarrow{\div 2} 72(A) \xrightarrow{\times 1.5} 108(B) \xrightarrow{\div 3} 36(C) \xrightarrow{\times 2} 72(D) \xrightarrow{\div 4} 18(E)$

(D) के स्थान पर 72 आएगा।

2.

पहली संख्या श्रेणी	दूसरी संख्या श्रेणी
$x^2 \rightarrow 1^2$	$3^2 = 9$
$x^3 \rightarrow 1^3$	$3^3 = 27(A)$
$(x+1)^2 \rightarrow 2^2$	$4^2 = 16(B)$
$(x+1)^3 \rightarrow 2^3$	$4^3 = 64(C)$
$(x+2)^2 \rightarrow 3^2$	$5^2 = 25(D)$

(D) के स्थान पर 25 आएगा।

3.

पहली संख्या श्रेणी	दूसरी संख्या श्रेणी
$x \rightarrow 3$	7
$x^2 - 4 \rightarrow 5$	$7^2 - 4 = 45(A)$
$x^3 - 4 \rightarrow 23$	$7^3 - 4 = 339(B)$
$x^4 - 4 \rightarrow 77$	$7^4 - 4 = 2397(C)$
	$7^5 - 4 = 16803(D)$

(D) के स्थान पर 16803 आएगा।

4. **पहली संख्या श्रेणी**

$15 \xrightarrow{+1^2} 16 \xrightarrow{+3^2} 25 \xrightarrow{+5^2} 50$

दूसरी संख्या श्रेणी

$189 \xrightarrow{+1^2} 190(A) \xrightarrow{+3^2} 199(B) \xrightarrow{+5^2} 224(C) \xrightarrow{+7^2} 273(D) \xrightarrow{+9^2} 354(E)$

(E) के स्थान पर 354 आएगा।

5. **पहली संख्या श्रेणी**

$15 \xrightarrow{+12^2} 159 \xrightarrow{+10^2} 259 \xrightarrow{+8^2} 323$

दूसरी संख्या श्रेणी

$7 \xrightarrow{+12^2} 151(A) \xrightarrow{+10^2} 251(B) \xrightarrow{+8^2} 315(C) \xrightarrow{+6^2} 351(D) \xrightarrow{+4^2} 367(E)$

(C) के स्थान पर 315 आएगा।

6. **पहली संख्या श्रेणी**

$7 \xrightarrow{+15^2} 232 \xrightarrow{+16^2} 488 \xrightarrow{+17^2} 777 \xrightarrow{+18^2} 1101 \xrightarrow{+19^2} 1462$

दूसरी संख्या श्रेणी

$5 \xrightarrow{+15^2} 230(A) \xrightarrow{+16^2} 486(B) \xrightarrow{+17^2} 775(C) \xrightarrow{+18^2} 1099(D) \xrightarrow{+19^2} 1460(E)$

(D) के स्थान पर 1099 आएगा।

7. **पहली संख्या श्रेणी**

$289 \xrightarrow{-11^2} 168 \xrightarrow{-9^2} 87 \xrightarrow{-7^2} 38$

दूसरी संख्या श्रेणी

$343 \xrightarrow{-11^2} 222(A) \xrightarrow{-9^2} 141(B) \xrightarrow{-7^2} 92(C) \xrightarrow{-5^2} 67(D) \xrightarrow{-3^2} 58(E)$

(E) के स्थान पर 58 आएगा।

8. **पहली संख्या श्रेणी**

$5 \xrightarrow{+12^2} 149 \xrightarrow{-10^2} 49 \xrightarrow{+8^2} 113$

दूसरी संख्या श्रेणी

$146 \xrightarrow{+12^2} 290(A) \xrightarrow{-10^2} 190(B) \xrightarrow{+8^2} 254(C) \xrightarrow{-6^2} 218(D) \xrightarrow{+4^2} 234(E)$

(D) के स्थान पर 218 आएगा।

9. **पहली संख्या श्रेणी**

$25 \xrightarrow{+13^2} 194 \xrightarrow{-11^2} 73 \xrightarrow{+9^2} 154 \xrightarrow{-7^2} 105$

दूसरी संख्या श्रेणी

$14 \xrightarrow{+13^2} 183(A) \xrightarrow{-11^2} 62(B) \xrightarrow{+9^2} 143(C) \xrightarrow{-7^2} 94(D) \xrightarrow{+5^2} 119(E)$

(D) के स्थान पर 94 आएगा।

10.

पहली संख्या श्रेणी		दूसरी संख्या श्रेणी	
616		838	
	$-(11^2-1)$		$-(11^2-1)$
496		718 (A)	
	$-(10^2-1)$		$-(10^2-1)$
397		619 (B)	
	$-(9^2-1)$		$-(9^2-1)$
317		539 (C)	
	$-(8^2-1)$		$-(8^2-1)$
254		476 (D)	
			$-(7^2-1)$
		428 (E)	

(E) के स्थान पर 428 आएगा।

11.

पहली संख्या श्रेणी		दूसरी संख्या श्रेणी	
434		108	
	-9^2		-9^2
353		27(A)	
	$+8^2$		$+8^2$
417		91(B)	
	-7^2		-7^2
368		42(C)	
	$+6^2$		$+6^2$
404		78(D)	
	-5^2		-5^2
379		53(E)	

(D) के स्थान पर 78 आएगा।

12.

पहली संख्या श्रेणी		दूसरी संख्या श्रेणी	
16		4	
	$\times 2+1$		$\times 2+1$
33		9(A)	
	$\times 2+1$		$\times 2+1$
67		19(B)	
	$\times 2+1$		$\times 2+1$
135		39(C)	
	$\times 2+1$		$\times 2+1$
271		79(D)	
	$\times 2+1$		$\times 2+1$
543		159(E)	

(B) के स्थान पर 19 आएगा।

13.

पहली संख्या श्रेणी		दूसरी संख्या श्रेणी	
5		7	
	$\times 2+3$		$\times 2+3$
13		17(A)	
	$\times 2+3$		$\times 2+3$
29		37(B)	
	$\times 2+3$		$\times 2+3$
61		77(C)	
	$\times 2+3$		$\times 2+3$
125		157(D)	
	$\times 2+3$		$\times 2+3$
253		317(E)	

(D) के स्थान पर 157 आएगा।

14.

पहली संख्या श्रेणी		दूसरी संख्या श्रेणी	
7		4	
	$\times 2+6$		$\times 2+6$
20		14(A)	
	$\times 2+6$		$\times 2+6$
46		34(B)	
	$\times 2+6$		$\times 2+6$
98		74(C)	
	$\times 2+6$		$\times 2+6$
202		154(D)	
	$\times 2+6$		$\times 2+6$
410		314(E)	

(D) के स्थान पर 154 आएगा।

15.

पहली संख्या श्रेणी		दूसरी संख्या श्रेणी	
3		7	
	$\times 2-1$		$\times 2-1$
5		13(A)	
	$\times 2-1$		$\times 2-1$
9		25(B)	
	$\times 2-1$		$\times 2-1$
17		49(C)	
	$\times 2-1$		$\times 2-1$
33		97(D)	
	$\times 2-1$		$\times 2-1$
65		193(E)	

(D) के स्थान पर 97 आएगा।

16.

पहली संख्या श्रेणी		दूसरी संख्या श्रेणी	
1260		788	
	$\times\frac{1}{2}-2$		$\times\frac{1}{2}-2$
628		392(A)	
	$\times\frac{1}{2}-2$		$\times\frac{1}{2}-2$
312		194(B)	
	$\times\frac{1}{2}-2$		$\times\frac{1}{2}-2$
154		95(C)	
			$\times\frac{1}{2}-2$
		45.5(D)	
			$\times\frac{1}{2}-2$
		20.75(E)	

(D) के स्थान पर 45.5 आएगा।

17.

पहली संख्या श्रेणी		दूसरी संख्या श्रेणी	
2		5	
	$\times 2+6$		$\times 2+6$
10		16(A)	
	$\times 2+7$		$\times 2+7$
27		39(B)	
	$\times 2+6$		$\times 2+6$
60		84(C)	
			$\times 2+7$
		175(D)	
			$\times 2+6$
		356(E)	

(B) के स्थान पर 39 आएगा।

18.

पहली संख्या श्रेणी		दूसरी संख्या श्रेणी	
2		1	
	$\times 2+6$		$\times 2+6$
10		8(A)	
	$\times 2-6$		$\times 2-6$
14		10(B)	
	$\times 2+6$		$\times 2+6$
34		26(C)	
	$\times 2-6$		$\times 2-6$
62		46(D)	
			$\times 2+6$
		98(E)	

(B) के स्थान पर 10 आएगा।

19.

पहली संख्या श्रेणी		दूसरी संख्या श्रेणी	
7	$\times 3 + 3$	11	$\times 3 + 3$
24	$\times \frac{1}{2} - 2$	36(A)	$\times \frac{1}{2} - 2$
10	$\times 3 + 3$	16(B)	$\times 3 + 3$
33	$\times \frac{1}{2} - 2$	51(C)	$\times \frac{1}{2} - 2$
14.5	$\times 3 + 3$	23.5(D)	$\times 3 + 3$
46.5		73.5(E)	

(B) के स्थान पर 16 आएगा।

20.

पहली संख्या श्रेणी		दूसरी संख्या श्रेणी	
2	$\times 2 + 2$	3	$\times 2 + 2$
6	$\times 2 + 4$	8(A)	$\times 2 + 4$
16	$\times 2 + 6$	20(B)	$\times 2 + 6$
38	$\times 2 + 8$	46(C)	$\times 2 + 8$
84	$\times 2 + 10$	100(D)	$\times 2 + 10$
178		210(E)	

(D) के स्थान पर 100 आएगा।

21.

पहली संख्या श्रेणी		दूसरी संख्या श्रेणी	
3	$\times 1 + 2$	2	$\times 1 + 2$
5	$\times 2 + 3$	4(A)	$\times 2 + 3$
13	$\times 3 + 4$	11(B)	$\times 3 + 4$
43	$\times 4 + 5$	37(C)	$\times 4 + 5$
177	$\times 5 + 6$	153(D)	$\times 5 + 6$
891		771(E)	

(D) के स्थान पर 153 आएगा।

22.

पहली संख्या श्रेणी		दूसरी संख्या श्रेणी	
7	$\times 2 - 1$	5	$\times 2 - 1$
13	$\times 2 + 3$	9(A)	$\times 2 + 3$
29	$\times 2 - 5$	21(B)	$\times 2 - 5$
53	$\times 2 + 7$	37(C)	$\times 2 + 7$
113	$\times 2 - 9$	81(D)	$\times 2 - 9$
217		153(E)	

(E) के स्थान पर 153 आएगा।

23.

पहली संख्या श्रेणी		दूसरी संख्या श्रेणी	
6	$\times 1 + 1$	5	$\times 1 + 1$
7	$\times 2 + 2$	6(A)	$\times 2 + 2$
16	$\times 3 + 3$	14(B)	$\times 3 + 3$
51	$\times 4 + 4$	45(C)	$\times 4 + 4$
208		184(D)	$\times 5 + 5$
		925(E)	

(E) के स्थान पर 925 आएगा।

24.

पहली संख्या श्रेणी		दूसरी संख्या श्रेणी	
2	$\times 6 - 3$	3	$\times 6 - 3$
9	$\times 6 + 3$	15(A)	$\times 6 + 3$
57	$\times 6 - 5$	93(B)	$\times 6 - 5$
337		553(C)	$\times 6 + 5$
		3323(D)	$\times 6 - 7$
		19931(E)	

(B) के स्थान पर 93 आएगा।

25.

पहली संख्या श्रेणी		दूसरी संख्या श्रेणी	
1	$\times 8 + 1$	2	$\times 8 + 1$
9	$\times 7 + 2$	17(A)	$\times 7 + 2$
65	$\times 6 + 3$	121(B)	$\times 6 + 3$
393		729(C)	$\times 5 + 4$
		3649(D)	$\times 4 + 5$
		14601(E)	

(C) के स्थान पर 729 आएगा।

26.

पहली संख्या श्रेणी		दूसरी संख्या श्रेणी	
4	$\times 5 - 6$	2	$\times 5 - 6$
14	$\times 4 - 5$	4(A)	$\times 4 - 5$
51	$\times 3 - 4$	11(B)	$\times 3 - 4$
149	$\times 2 - 3$	29(C)	$\times 2 - 3$
295		55(D)	$\times 1 - 2$
		53(E)	

(C) के स्थान पर 29 आएगा।

27.

पहली संख्या श्रेणी		दूसरी संख्या श्रेणी	
3	$\times 1 + 7$	7	$\times 1 + 7$
10	$\times 2 + 6$	14(A)	$\times 2 + 6$
26	$\times 3 + 5$	34(B)	$\times 3 + 5$
83	$\times 4 + 4$	107(C)	$\times 4 + 4$
336	$\times 5 + 3$	432(D)	$\times 5 + 3$
1683		2163(E)	

(B) के स्थान पर 34 आएगा।

28.

पहली संख्या श्रेणी		दूसरी संख्या श्रेणी	
2	$\times 2 - 1$	3	$\times 2 - 1$
3	$\times 3 - 2$	5(A)	$\times 3 - 2$
7	$\times 4 - 3$	13(B)	$\times 4 - 3$
25	$\times 5 - 4$	49(C)	$\times 5 - 4$
121	$\times 6 - 5$	241(D)	$\times 6 - 5$
721		1441(E)	

(C) के स्थान पर 49 आएगा.

29.

पहली संख्या श्रेणी		दूसरी संख्या श्रेणी	
5		2	
	× 1 + 2		× 1 + 2
7		4(A)	
	× 2 – 4		× 2 – 4
10		4(B)	
	× 3 + 6		× 3 + 6
36		18(C)	
	× 4 – 8		× 4 – 8
136		64(D)	
	× 5 + 10		× 5 + 10
690		330(E)	

(E) के स्थान पर 330 आएगा.

30.

पहली संख्या श्रेणी		दूसरी संख्या श्रेणी	
1		3	
	× 7 + 7		× 7 + 7
14		28(A)	
	× 6 + 6		× 6 + 6
90		174(B)	
	× 5 + 5		× 5 + 5
455		875(C)	
			× 4 + 4
		3504(D)	
			× 3 + 3
		10515(E)	

(A) के स्थान पर 28 आएगा.

टाइप 3: दी गई श्रेणी में त्रुटिपूर्ण संख्या ज्ञात करना

इस प्रकार के प्रत्येक प्रश्न में एक संख्या श्रेणी दी जाती है. इस श्रेणी के पदों के मध्यान्तर एक निश्चित क्रम होता है, किन्तु एक संख्या इस प्रकार की होती है कि वह उस क्रम का अनुसरण नहीं करती. यही संख्या त्रुटिपूर्ण होती है और परीक्षार्थी को उसी संख्या का चयन करना होता है.

निर्देश: निम्नलिखित प्रत्येक प्रश्न में त्रुटिपूर्ण संख्या ज्ञात कीजिए:

प्रश्न 1. 217 224 213 226 210 228

(*a*) 210 (*b*) 213 (*c*) 226 (*d*) 228

(*e*) इनमें से कोई नहीं **(बैंक पी०ओ०, 2005)**

हल: दी गई श्रेढ़ी में क्रम है: + 7, – 11, + 13, ... (केवल अभाज्य संख्यायें जोड़ी व घटाई गई हैं)

इस प्रकार : 217 + 7 = 224; 224 – 11 = 213; 213 + 13 = 226; 226 – 17 = 209; 209 + 19 = 228.

∴ 210 त्रुटिपूर्ण संख्या है.

अत: सही उत्तर है (*a*).

प्रश्न 2. 900 450 180 90 38 18

(*a*) 18 (*b*) 90 (*c*) 180 (*d*) 450

(*e*) इनमें से कोई नहीं **(स्पेशलिस्ट ऑफिसर, 2007)**

हल : दी गई श्रेढ़ी में क्रम है: $\times\frac{1}{2}, \times\frac{2}{5}, \times\frac{1}{2}, \times\frac{2}{5}, ...$

इस प्रकार: $900\times\frac{1}{2} = 450; 450\times\frac{2}{5} = 180; 180\times\frac{1}{2} = 90;$

$90\times\frac{2}{5} = 36; 36\times\frac{1}{2} = 18.$

∴ 38 त्रुटिपूर्ण संख्या है और उसके स्थान पर 36 होना चाहिए.

अत: सही उत्तर है (*e*).

प्रश्न 3. 7 28 63 124 215 342 511

(*a*) 7 (*b*) 28 (*c*) 124 (*d*) 215

(*e*) इनमें से कोई नहीं

हल : दी गई श्रेढ़ी में 28 के अतिरिक्त प्रत्येक पद में 1 जोड़ने पर एक पूर्ण घन प्राप्त होता है.

∴ 28 त्रुटिपूर्ण संख्या है. अत: सही उत्तर है (*b*).

प्रश्न 4. 7 4 5 9 18 52.5 160.5

(*a*) 4 (*b*) 5 (*c*) 9 (*d*) 18

(*e*) 52.5

हल : दी गई श्रेढ़ी में क्रम है: × 0.5 + 0.5, × 1 + 1, × 1.5 + 1.5, ...

इस प्रकार : 7 × 0.5 + 0.5 = 4; 4 × 1 + 1 = 5; 5 × 1.5 + 1.5 = 9; 9 × 2 + 2 = 20; 20 × 2.5 + 2.5 = 52.5; 52.5 × 3 + 3 = 160.5.

∴ 18 त्रुटिपूर्ण संख्या है और उसके स्थान पर 20 आना चाहिए.

अत: सही उत्तर है (*d*).

प्रश्नमाला 44C

निर्देश (प्रश्न 1 से 50): नीचे दिए गए प्रत्येक प्रश्न में त्रुटिपूर्ण संख्या ज्ञात कीजिए:

1. 4 9 16 25 34 49 64

(*a*) 4 (*b*) 16 (*c*) 34 (*d*) 64

(*e*) इनमें से कोई नहीं

2. 444 300 200 136 87 84 80

(*a*) 84 (*b*) 87 (*c*) 136 (*d*) 200

3. 50 51 47 56 42 65 29

(*a*) 42 (*b*) 47 (*c*) 51 (*d*) 56

(*e*) 65 **(बैंक पी०ओ०, 2008)**

4. 5 6 33 158 374 1230 2561

(*a*) 6 (*b*) 33 (*c*) 158 (*d*) 374

(*e*) 1230

5. 30 33 39 50 68 93 133

(*a*) 33 (*b*) 39 (*c*) 50 (*d*) 68

(*e*) 93

6. 4 7 24 196 5488 1075648

(*a*) 24 (*b*) 196 (*c*) 5488 (*d*) 1075648

(*e*) इनमें से कोई नहीं

7. 69 55 26 13 5

(*a*) 5 (*b*) 13 (*c*) 26 (*d*) 55

(*e*) इनमें से कोई नहीं

8. 2 7 17 37 67 157 317

(*a*) 7 (*b*) 17 (*c*) 37 (*d*) 67
(*e*) 157

9. 8 14 26 48 98 194 386
(*a*) 14 (*b*) 48 (*c*) 98 (*d*) 194
(*e*) इनमें से कोई नहीं

10. 3 4 9 33 136 685 4116
(*a*) 4 (*b*) 9 (*c*) 33 (*d*) 136
(*e*) 685

11. 4 10 20 43 90 185 376
(*a*) 10 (*b*) 20 (*c*) 43 (*d*) 90
(*e*) 185

12. 1 4 9 31 129 651 3913
(*a*) 4 (*b*) 9 (*c*) 31 (*d*) 129
(*e*) 651

13. 12 26 56 116 244 498 1008
(*a*) 26 (*b*) 56 (*c*) 116 (*d*) 244
(*e*) 498

14. 3 10 28 64 152 324 672
(*a*) 10 (*b*) 28 (*c*) 64 (*d*) 152
(*e*) 324

15. 1 12 65 264 795 1590 1593
(*a*) 12 (*b*) 65 (*c*) 264 (*d*) 795
(*e*) 1590

16. 3 4 12 38 103 228
(*a*) 12 (*b*) 38 (*c*) 103 (*d*) 228
(*e*) इनमें से कोई नहीं (स्पेशलिस्ट ऑफिसर, 2007)

17. 1 5 14 30 55 97
(*a*) 5 (*b*) 14 (*c*) 30 (*d*) 55
(*e*) 97

18. 3 4 9 17 33 58 94
(*a*) 4 (*b*) 9 (*c*) 17 (*d*) 33
(*e*) 58

19. 3 4 13 38 87 166 289
(*a*) 4 (*b*) 13 (*c*) 38 (*d*) 87
(*e*) 166

20. 778 634 488 407 358 333 324
(*a*) 333 (*b*) 358 (*c*) 407 (*d*) 488
(*e*) 634

21. 1015 799 674 615 583 575
(*a*) 799 (*b*) 674 (*c*) 583 (*d*) 575
(*e*) इनमें से कोई नहीं (एल०आई०सी०, 2007)

22. 2 6 12 72 865 62208
(*a*) 12 (*b*) 72 (*c*) 865 (*d*) 62208
(*e*) इनमें से कोई नहीं (स्पेशलिस्ट ऑफिसर, 2007)

23. 6 4 5.5 10.25 22.5 60.5
(*a*) 4 (*b*) 5.5 (*c*) 10.25 (*d*) 22.5
(*e*) इनमें से कोई नहीं (स्पेशलिस्ट ऑफिसर, 2007)

24. 7 8 16 46 107 232 448
(*a*) 8 (*b*) 16 (*c*) 46 (*d*) 107
(*e*) 232 (बैंक पी०ओ०, 2006)

25. 439 778 1456 2812 5624 10948
(*a*) 778 (*b*) 1456 (*c*) 2812 (*d*) 5624
(*e*) इनमें से कोई नहीं

26. 4 7 16 46 124 367 1096
(*a*) 7 (*b*) 16 (*c*) 46 (*d*) 124
(*e*) 367

27. 2 4 16 86 610 5480 60512
(*a*) 4 (*b*) 16 (*c*) 86 (*d*) 610
(*e*) 5480

28. 2 13 65 271 817 1639 1645
(*a*) 13 (*b*) 65 (*c*) 271 (*d*) 817
(*e*) 1639

29. 2 14 36 117 476 2387 14328
(*a*) 14 (*b*) 36 (*c*) 117 (*d*) 476
(*e*) 2387

30. 3 16 113 673 3361 13441 40321
(*a*) 16 (*b*) 113 (*c*) 673 (*d*) 3361
(*e*) 13441

31. 2 6 24 96 285 568 567
(*a*) 6 (*b*) 24 (*c*) 96 (*d*) 285
(*e*) 568

32. 4 5 9 29 111 556 3335
(*a*) 5 (*b*) 9 (*c*) 29 (*d*) 111
(*e*) 556

33. 2 13 27 113 561 3369 23581
(*a*) 13 (*b*) 27 (*c*) 113 (*d*) 561
(*e*) 3369

34. 3 9 23 99 479 2881 20159
(*a*) 9 (*b*) 23 (*c*) 99 (*d*) 479
(*e*) 2881

35. 2 11 38 197 1172 8227 65806
(*a*) 11 (*b*) 38 (*c*) 197 (*d*) 1172
(*e*) 8227

36. 12 114 600 2428 7272 14550
(*a*) 114 (*b*) 600 (*c*) 2428 (*d*) 7272
(*e*) इनमें से कोई नहीं (बैंक पी०ओ०, 2006)

37. 828 424 220 116 64 33
(*a*) 33 (*b*) 64 (*c*) 116 (*d*) 220
(*e*) इनमें से कोई नहीं (बैंक पी०ओ०, 2006)

38. 14604 2420 480 108 28 8 4
(*a*) 8 (*b*) 28 (*c*) 108 (*d*) 480
(*e*) 2420

39. 93 309 434 498 521 533
(*a*) 309 (*b*) 434 (*c*) 498 (*d*) 533
(*e*) इनमें से कोई नहीं (एम०बी०ए०, 2005)

40. 71 83 154 237 391 625 1019
(*a*) 154 (*b*) 237 (*c*) 391 (*d*) 625
(*e*) इनमें से कोई नहीं (एल०आई०सी०, 2005)

41. 2 5 13 55 271 1632 11411
(*a*) 5 (*b*) 13 (*c*) 55 (*d*) 271
(*e*) 1632 (बैंक पी०ओ०, 2005)

42. 488 245 124 64 35 20.25
(*a*) 35 (*b*) 64 (*c*) 124 (*d*) 245
(*e*) इनमें से कोई नहीं (बैंक पी०ओ०, 2005)

43. 11 42 214 1045 4148 12417
(*a*) 42 (*b*) 214 (*c*) 1045 (*d*) 4148
(*e*) इनमें से कोई नहीं (बैंक पी०ओ०, 2005)

44. 696 344 168 76 36 14 3
(*a*) 14 (*b*) 36 (*c*) 76 (*d*) 168
(*e*) 344

45. 258 130 66 34 18 8 6
(*a*) 8 (*b*) 18 (*c*) 34 (*d*) 66
(*e*) 130

46. 701 348 173 85 41 19 8
(*a*) 19 (*b*) 41 (*c*) 85 (*d*) 173
(*e*) 348

47. 376 188 88 40 16 4 – 2
(*a*) 4 (*b*) 16 (*c*) 40 (*d*) 88
(*e*) 188

48. 11 6 8 12 26 67.5 205.5
(*a*) 6 (*b*) 8 (*c*) 12 (*d*) 26
(*e*) 67.5

49. 7 4 6 9 20 52.5 160.5
(*a*) 4 (*b*) 6 (*c*) 9 (*d*) 20
(*e*) 52.5

50. 2 9 32 105 436 2195 13182
(*a*) 9 (*b*) 32 (*c*) 105 (*d*) 436
(*e*) 2195

निर्देश (प्रश्न 51 से 57): निम्नलिखित प्रत्येक प्रश्न में दी गई संख्या श्रेणी में त्रुटिपूर्ण संख्या ज्ञात करें और उस संख्या से आरंभ होती हुई समान क्रम पर आधारित एक अन्य श्रेणी बनाएँ. इस नयी श्रेणी के तीसरे पद को दिए गए विकल्पों में से सही उत्तर के रूप में चुनिए.

51. 4 9 21 66 267 1338
(*a*) 12 (*b*) 17 (*c*) 20 (*d*) 25
(*e*) इनमें से कोई नहीं

52. 1 2 6 33 148 765 4626
(*a*) 18 (*b*) 46 (*c*) 82 (*d*) 124
(*e*) इनमें से कोई नहीं

53. 3 4 10 34 136 685 4116
(*a*) 12 (*b*) 22 (*c*) 72 (*d*) 276
(*e*) 1374

54. 7 23 58 127 269 555
(*a*) 261 (*b*) 263 (*c*) 286 (*d*) 299
(*e*) इनमें से कोई नहीं

55. 2 9 5 36 125 648 3861
(*a*) 11 (*b*) 12 (*c*) 72 (*d*) 75
(*e*) इनमें से कोई नहीं

56. 214 18 162 62 143 90 106
(*a*) – 34 (*b*) 10 (*c*) 38 (*d*) 91
(*e*) 110

57. 6 10.5 23 59.5 183 644 2580
(*a*) 182 (*b*) 182.5 (*c*) 183 (*d*) 183.5
(*e*) इनमें से कोई नहीं

निर्देश (प्रश्न 58 से 62): निम्नलिखित प्रत्येक प्रश्न में दी गई संख्या श्रेणी में त्रुटिपूर्ण संख्या ज्ञात करें और उस संख्या से आरंभ होती हुई समान क्रम पर आधारित एक अन्य श्रेणी बनाएँ. इस नई श्रेणी के चौथे पद को दिए गए विकल्पों में से सही उत्तर के रूप में चुनिए.

58. 8 4 4 6 12 28 90
(*a*) 18 (*b*) 21 (*c*) 24 (*d*) 42
(*e*) इनमें से कोई नहीं

59. 17 17.25 18.25 20.75 24.5 30.75
(*a*) 23.25 (*b*) 24.25 (*c*) 24.5 (*d*) 24.75
(*e*) इनमें से कोई नहीं

60. 438 487 447 476 460 469
(*a*) 425 (*b*) 475 (*c*) 485 (*d*) 496
(*e*) इनमें से कोई नहीं

61. 2 7 18 45 99 209 431
(*a*) 171 (*b*) 172 (*c*) 174 (*d*) 175
(*e*) इनमें से कोई नहीं

62. 6 8 10 42 146 770 4578
(*a*) 858 (*b*) 868 (*c*) 882 (*d*) 8872
(*e*) इनमें से कोई नहीं

उत्तरमाला (प्रश्नमाला 44C)

1. (*c*)	2. (*b*)	3. (*a*)	4. (*d*)	5. (*e*)	6. (*a*)	7. (*a*)	8. (*d*)	9. (*b*)	10. (*b*)	11. (*a*)	12. (*a*)
13. (*c*)	14. (*c*)	15. (*e*)	16. (*b*)	17. (*e*)	18. (*b*)	19. (*e*)	20. (*e*)	21. (*e*)	22. (*c*)	23. (*d*)	24. (*c*)
25. (*d*)	26. (*c*)	27. (*e*)	28. (*b*)	29. (*a*)	30. (*a*)	31. (*b*)	32. (*c*)	33. (*a*)	34. (*c*)	35. (*d*)	36. (*c*)
37. (*b*)	38. (*d*)	39. (*e*)	40. (*d*)	41. (*e*)	42. (*a*)	43. (*b*)	44. (*c*)	45. (*a*)	46. (*e*)	47. (*e*)	48. (*b*)
49. (*b*)	50. (*b*)	51. (*b*)	52. (*a*)	53. (*c*)	54. (*a*)	55. (*e*)	56. (*d*)	57. (*d*)	58. (*b*)	59. (*b*)	60. (*c*)
61. (*e*)	62. (*c*)										

दिए गए प्रश्नों के हल (प्रश्नमाला 44C)

1. श्रेणी के पद हैं : $2^2, 3^2, 4^2, 5^2, ...$
अत: 34 त्रुटिपूर्ण है तथा इसके स्थान पर 6^2 अर्थात् 36 होना चाहिए.

2. क्रम है: $-12^2, -10^2, -8^2, -6^2, -4^2, ...$
अत: 87 त्रुटिपूर्ण है तथा इसके स्थान पर $(136 - 6^2)$ अर्थात् 100 होना चाहिए.

3. क्रम है: $+1^2, -2^2, +3^2, ...$
अत: 42 त्रुटिपूर्ण है तथा इसके स्थान पर $(56 - 4^2)$ अर्थात् 40 होना चाहिए.

4. क्रम है: $+1^3, +3^3, +5^3$, ...
अत: 374 त्रुटिपूर्ण है तथा इसके स्थान पर $(158 + 7^3)$ अर्थात् 501 होना चाहिए.

5. क्रम है: $+(1^2+2), +(2^2+2), +(3^2+2), +(4^2+2)$, ...
अत: 93 त्रुटिपूर्ण है तथा इसके स्थान पर $68 + (5^2 + 2)$ अर्थात् 95 होना चाहिए.

6. श्रेणी का प्रत्येक पद अपने से पहले के दो पदों का गुणनफल है.
अत: 24 त्रुटिपूर्ण है तथा इसके स्थान पर (4×7) अर्थात् 28 होना चाहिए.

7. श्रेणी का प्रत्येक पद अपने से पहले पद के अंकों के गुणनफल से 1 अधिक है.
अत: 5 त्रुटिपूर्ण है तथा इसके स्थान पर $(1 \times 3 + 1)$ अर्थात् 4 होना चाहिए.

8. क्रम है: $\times 2 + 3$.
अत: 67 त्रुटिपूर्ण है तथा इसके स्थान पर $(37 \times 2 + 3)$ अर्थात् 77 होना चाहिए.

9. क्रम है: $\times 2 - 2$.
अत: 48 त्रुटिपूर्ण है तथा इसके स्थान पर $(26 \times 2 - 2)$ अर्थात् 50 होना चाहिए.

10. क्रम है: $\times 1 + 1, \times 2 + 2, \times 3 + 3$, ...
अत: 9 त्रुटिपूर्ण है तथा इसके स्थान पर $(4 \times 2 + 2)$ अर्थात् 10 होना चाहिए.

11. क्रम है: $\times 2 + 1, \times 2 + 2, \times 2 + 3$, ...
अत: 10 त्रुटिपूर्ण है तथा इसके स्थान पर $(4 \times 2 + 1)$ अर्थात् 9 होना चाहिए.

12. क्रम है: $\times 1 + 2, \times 2 + 3, \times 3 + 4$, ...
अत: 4 त्रुटिपूर्ण है तथा इसके स्थान पर $(1 \times 1 + 2)$ अर्थात् 3 होना चाहिए.

13. क्रम है: $\times 2 + 2, \times 2 + 4$, ...
अत: 116 त्रुटिपूर्ण है तथा इसके स्थान पर $(56 \times 2 + 6)$ अर्थात् 118 होना चाहिए.

14. क्रम है: $\times 2 + 4, \times 2 + 8$, ...
अत: 64 त्रुटिपूर्ण है तथा इसके स्थान पर $(28 \times 2 + 12)$ अर्थात् 68 होना चाहिए.

15. क्रम है: $\times 6 + 6, \times 5 + 5, \times 4 + 4, \times 3 + 3$, ...
अत: 1590 त्रुटिपूर्ण है तथा इसके स्थान पर $(795 \times 2 + 2)$ अर्थात् 1592 होना चाहिए.

16. श्रेणी के पद हैं : $0^2 + 3,\ 1^2 + 3,\ 3^2 + 3,\ 6^2 + 3,\ 10^2 + 3,\ 15^2 + 3$.
अत: 38 त्रुटिपूर्ण है तथा इसके स्थान पर $(6^2 + 3)$ अर्थात् 39 होना चाहिए.

17. क्रम है: $+2^2, +3^2, +4^2, +5^2$, ...
अत: 97 त्रुटिपूर्ण है तथा इसके स्थान पर $(55 + 6^2)$ अर्थात् 91 होना चाहिए.

18. क्रम है: $+1^2, +2^2, +3^2, +4^2$, ...
अत: 9 त्रुटिपूर्ण है तथा इसके स्थान पर $(4 + 2^2)$ अर्थात् 8 होना चाहिए.

19. क्रम है: $+1^2, +3^2, +5^2, +7^2$, ...
अत: 166 त्रुटिपूर्ण है तथा इसके स्थान पर $(87 + 9^2)$ अर्थात् 168 होना चाहिए.

20. क्रम है: $-13^2, -11^2, -9^2, -7^2$, ...
अत: 634 त्रुटिपूर्ण है तथा इसके स्थान पर $(778 - 13^2)$ अर्थात् 609 होना चाहिए.

21. क्रम है: $-6^3, -5^3, -4^3$, ...
अत: 615 त्रुटिपूर्ण है तथा इसके स्थान पर $(674 - 4^3)$ अर्थात् 610 होना चाहिए.

22. श्रेणी का प्रत्येक पद अपने से पहले के दो पदों का गुणनफल है.
अत: 865 त्रुटिपूर्ण है तथा इसके स्थान पर (12×72) अर्थात् 864 होना चाहिए.

23. क्रम है: $\times 0.5 + 1, \times 1 + 1.5, \times 1.5 + 2, \times 2 + 2.5$, ...
अत: 22.5 त्रुटिपूर्ण है तथा इसके स्थान पर $(10.25 \times 2 + 2.5)$ अर्थात् 23 होना चाहिए.

24. क्रम है: $+1^3, +2^3, +3^3, +4^3$, ...
अत: 46 त्रुटिपूर्ण है तथा इसके स्थान पर $(16 + 3^3)$ अर्थात् 43 होना चाहिए.

25. क्रम है: $\times 2 - 100$.
अत: 5624 त्रुटिपूर्ण है तथा इसके स्थान पर $(2812 \times 2 - 100)$ अर्थात् 5524 होना चाहिए.

26. क्रम है: $\times 3 - 5$.
अत: 46 त्रुटिपूर्ण है तथा इसके स्थान पर $(16 \times 3 - 5)$ अर्थात् 43 होना चाहिए.

27. क्रम है: $\times 1 + 2, \times 3 + 4, \times 5 + 6$, ...
अत: 5480 त्रुटिपूर्ण है तथा इसके स्थान पर $(610 \times 9 + 10)$ अर्थात् 5500 होना चाहिए.

28. क्रम है: $\times 6 + 1, \times 5 + 2, \times 4 + 3, \times 3 + 4$, ...
अत: 65 त्रुटिपूर्ण है तथा इसके स्थान पर $(13 \times 5 + 2)$ अर्थात् 67 होना चाहिए.

29. क्रम है: $\times 1 + 11, \times 2 + 10, \times 3 + 9, \times 4 + 8$, ...
अत: 14 त्रुटिपूर्ण है तथा इसके स्थान पर $(2 \times 1 + 11)$ अर्थात् 13 होना चाहिए.

30. क्रम है: $\times 8 - 7, \times 7 - 6, \times 6 - 5, \times 5 - 4$, ...
अत: 16 त्रुटिपूर्ण है तथा इसके स्थान पर $(3 \times 8 - 7)$ अर्थात् 17 होना चाहिए.

31. क्रम है: $\times 6 - 6, \times 5 - 5, \times 4 - 4$, ...
अत: 24 त्रुटिपूर्ण है तथा इसके स्थान पर $(6 \times 5 - 5)$ अर्थात् 25 होना चाहिए.

32. क्रम है: $\times 1 + 1, \times 2 - 1, \times 3 + 1, \times 4 - 1$, ...
अत: 29 त्रुटिपूर्ण है तथा इसके स्थान पर $(9 \times 3 + 1)$ अर्थात् 28 होना चाहिए.

33. क्रम है: $\times 2 + 7, \times 3 - 6, \times 4 + 5$, ...
अत: 13 त्रुटिपूर्ण है तथा इसके स्थान पर $(2 \times 2 + 7)$ अर्थात् 11 होना चाहिए.

34. क्रम है: $\times 2 + 3, \times 3 - 4, \times 4 + 5$, ...
अत: 99 त्रुटिपूर्ण है तथा इसके स्थान पर $(23 \times 4 + 5)$ अर्थात् 97 होना चाहिए.

35. क्रम है: $\times 3 + 5, \times 4 - 6, \times 5 + 7, \times 6 - 8$, ...
अत: 1172 त्रुटिपूर्ण है तथा इसके स्थान पर $(197 \times 6 - 8)$ अर्थात् 1174 होना चाहिए.

36. क्रम है: $\times 6 + (6 \times 7), \times 5 + (5 \times 6), \times 4 + (4 \times 5)$, ...
अत: 2428 त्रुटिपूर्ण है तथा इसके स्थान पर $[600 \times 4 + (4 \times 5)]$ अर्थात् 2420 होना चाहिए.

37. क्रम है: $\div 2 + 10, \div 2 + 8, \div 2 + 6, ...$
अत: 64 त्रुटिपूर्ण है तथा इसके स्थान पर $(116 \div 2 + 4)$ अर्थात् 62 होना चाहिए.

38. क्रम है: $\div 6 - 14, \div 5 - 12, \div 4 - 10, \div 3 - 8, ...$
अत: 480 त्रुटिपूर्ण है तथा इसके स्थान पर $(2420 \div 5 - 12)$ अर्थात् 472 होना चाहिए.

39. क्रम है: $+ 6^3, + 5^3, + 4^3, ...$
अत: 521 त्रुटिपूर्ण है तथा इसके स्थान पर $(498 + 27)$ अर्थात् 525 होना चाहिए.

40. श्रेणी का प्रत्येक पद अपने से पहले के दो पदों का योग है.
अत: 625 त्रुटिपूर्ण है तथा इसके स्थान पर $(237 + 391)$ अर्थात् 628 होना चाहिए.

41. क्रम है: $\times 2 + 1, \times 3 - 2, \times 4 + 3, \times 5 - 4, ...$
अत: 1632 त्रुटिपूर्ण है तथा इसके स्थान पर $(271 \times 6 + 5)$ अर्थात् 1631 होना चाहिए.

42. क्रम है: $\times 0.5 + 1, \times 0.5 + 1.5, \times 0.5 + 2, ...$
अत: 35 त्रुटिपूर्ण है तथा इसके स्थान पर $(64 \times 0.5 + 2.5)$ अर्थात् 34.5 होना चाहिए.

43. क्रम है: $\times 7 - (7 \times 5), \times 6 - (6 \times 6), \times 5 - (5 \times 7), \times 4 - (4 \times 8), ...$
अत: 214 त्रुटिपूर्ण है तथा इसके स्थान पर $[42 \times 6 - (6 \times 6)]$ अर्थात् 216 होना चाहिए.

44. क्रम है: $\div 2 - 4$.
अत: 76 त्रुटिपूर्ण है तथा इसके स्थान पर $(168 \div 2 - 4)$ अर्थात् 80 होना चाहिए.

45. क्रम है: $\div 2 + 1$.
अत: 8 त्रुटिपूर्ण है तथा इसके स्थान पर $(18 \div 2 + 1)$ अर्थात् 10 होना चाहिए.

46. क्रम है: $\div 2 - 1.5$.
अत: 348 त्रुटिपूर्ण है तथा इसके स्थान पर $[(701 \div 2) - 1.5]$ अर्थात् 349 होना चाहिए.

47. क्रम है: $\div 2 - 4$.
अत: 188 त्रुटिपूर्ण है तथा इसके स्थान पर $[(376 \div 2) - 4]$ अर्थात् 184 होना चाहिए.

48. क्रम है: $\times 0.5 + 0.5, \times 1 + 1, \times 1.5 + 1.5, ...$
अत: 8 त्रुटिपूर्ण है तथा इसके स्थान पर $(6 \times 1 + 1)$ अर्थात् 7 होना चाहिए.

49. क्रम है: $\times 0.5 + 0.5, \times 1 + 1, \times 1.5 + 1.5, ...$
अत: 6 त्रुटिपूर्ण है तथा इसके स्थान पर $(4 \times 1 + 1)$ अर्थात् 5 होना चाहिए.

50. क्रम है: $\times 1 + (7 \times 1), \times 2 + (6 \times 2), \times 3 + (5 \times 3), ...$
अत: 32 त्रुटिपूर्ण है तथा इसके स्थान पर $[9 \times 2 + (6 \times 2)]$ अर्थात् 30 होना चाहिए.

51. क्रम है: $\times 1 + 3, \times 2 + 3, \times 3 + 3, \times 4 + 3, ...$
अत: 4 त्रुटिपूर्ण है तथा इसके स्थान पर 6 होना चाहिए.
इस प्रकार, $6 \times 1 + 3 = 9$.
4 को प्रथम पद लेकर श्रेणी बनती है: 4, $(4 \times 1 + 3)$ अर्थात् 7, $(7 \times 2 + 3)$ अर्थात् 17, $(17 \times 3 + 3)$ अर्थात् 54, ...
स्पष्ट है कि इसका तीसरा पद 17 है.

52. क्रम है: $\times 1 + 1^2, \times 2 + 2^2, \times 3 + 3^2, \times 4 + 4^2, ...$
अत: 6 त्रुटिपूर्ण है तथा इसके स्थान पर $(2 \times 2 + 2^2)$ अर्थात् 8 होना चाहिए.
6 को प्रथम पद लेकर श्रेणी बनती है:
6, $(6 \times 1 + 1^2)$ अर्थात् 7, $(7 \times 2 + 2^2)$ अर्थात् 18, $(18 \times 3 + 3^2)$ अर्थात् 63, ...
स्पष्ट है कि इसका तीसरा पद 18 है.

53. क्रम है: $\times 1 + 1, \times 2 + 2, \times 3 + 3, ...$
अत: 34 त्रुटिपूर्ण है तथा इसके स्थान पर $(10 \times 3 + 3)$ अर्थात् 33 होना चाहिए.
34 को प्रथम पद लेकर श्रेणी बनती है:
34, $(34 \times 1 + 1)$ अर्थात् 35, $(35 \times 2 + 2)$ अर्थात् 72, $(72 \times 3 + 3)$ अर्थात् 219, ...
स्पष्ट है कि इसका तीसरा पद 72 है.

54. क्रम है: $\times 2 + 9, \times 2 + 11, \times 2 + 13, ...$
अत: 58 त्रुटिपूर्ण है तथा इसके स्थान पर $(23 \times 2 + 11)$ अर्थात् 57 होना चाहिए.
58 को प्रथम पद लेकर श्रेणी बनती है:
58, $(58 \times 2 + 9)$ अर्थात् 125, $(125 \times 2 + 11)$ अर्थात् 261, $(261 \times 2 + 13)$ अर्थात् 535, ...
स्पष्ट है कि इसका तीसरा पद 261 है.

55. क्रम है: $\times 1 + 7, \times 2 - 11, \times 3 + 15, \times 4 - 19, ...$
अत: 5 त्रुटिपूर्ण है तथा इसके स्थान पर $(9 \times 2 - 11)$ अर्थात् 7 होना चाहिए.
5 को प्रथम पद लेकर श्रेणी बनती है:
5, $(5 \times 1 + 7)$ अर्थात् 12, $(12 \times 2 - 11)$ अर्थात् 13, $(13 \times 3 + 15)$ अर्थात् 54, ...
स्पष्ट है कि इसका तीसरा पद 13 है.

56. क्रम है: $- 14^2, + 12^2, - 10^2, ...$
अत: 143 त्रुटिपूर्ण है तथा इसके स्थान पर $(62 + 8^2)$ अर्थात् 126 होना चाहिए.
143 को प्रथम पद लेकर श्रेणी बनती है:
143, $(143 - 14^2)$ अर्थात् $- 53$, $(- 53 + 12^2)$ अर्थात् 91, $(91 - 10^2)$ अर्थात् $- 9$, ...
स्पष्ट है कि इसका तीसरा पद 91 है.

57. क्रम है: $\times 1.5 + 1.5, \times 2 + 2, \times 2.5 + 2.5, ...$
अत: 59.5 त्रुटिपूर्ण है तथा इसके स्थान पर $(23 \times 2.5 + 2.5)$ अर्थात् 60 होना चाहिए.
59.5 को प्रथम पद लेकर श्रेणी बनती है: 59.5, $(59.5 \times 1.5 + 1.5)$ अर्थात् 90.75, $(90.75 \times 2 + 2)$ अर्थात् 183.5, ...
स्पष्ट है कि इसका तीसरा पद 183.5 है.

58. क्रम है: $\times 0.5, \times 1, \times 1.5, \times 2, ...$
अत: 28 त्रुटिपूर्ण है तथा इसके स्थान पर (12×2.5) अर्थात् 30 होना चाहिए.
28 को प्रथम पद लेकर श्रेणी बनती है: 28, (28×0.5) अर्थात् 14, (14×1) अर्थात् 14, (14×1.5) अर्थात् 21, (21×2) अर्थात् 42, ...
स्पष्ट है कि इसका तीसरा पद 21 है.

59. क्रम है: $+ 0.25 \times 1^2, + 0.25 \times 2^2, + 0.25 \times 3^2, ...$

अत: 20.75 त्रुटिपूर्ण है तथा इसके स्थान पर $(18.25 + 0.25 \times 3^2)$ अर्थात् 20.5 होना चाहिए.

20.75 को प्रथम पद लेकर श्रेणी बनती है: 20.75, $(20.75 + 0.25 \times 1^2)$ अर्थात् 21, $(21 + 0.25 \times 2^2)$ अर्थात् 22, $(22 + 0.25 \times 3^2)$ अर्थात् 24.25, ...

स्पष्ट है कि इसका चौथा पद 24.25 है.

60. क्रम है: $+ 7^2, - 6^2, + 5^2, - 4^2, + 3^2$, ...

अत: 447 त्रुटिपूर्ण है तथा इसके स्थान पर $(487 - 6^2)$ अर्थात् 451 होना चाहिए.

447 को प्रथम पद लेकर श्रेणी बनती है: 447, $(447 + 7^2)$ अर्थात् 496, $(496 - 6^2)$ अर्थात् 460, $(460 + 5^2)$ अर्थात् 485, ...

स्पष्ट है कि इसका चौथा पद 485 है.

61. क्रम है: $\times 2 + 3, \times 2 + 5, \times 2 + 7, \times 2 + 9$, ...

अत: 18 त्रुटिपूर्ण है तथा इसके स्थान पर $(7 \times 2 + 5)$ अर्थात् 19 होना चाहिए.

18 को प्रथम पद लेकर दूसरी श्रेणी बनती है:

18, $(18 \times 2 + 3)$ अर्थात् 39, $(39 \times 2 + 5)$ अर्थात् 83, $(83 \times 2 + 7)$ अर्थात् 173, ...

स्पष्ट है कि इसका चौथा पद 173 है.

62. क्रम है: $\times 1 + (1 \times 2), \times 2 - (2 \times 3), \times 3 + (3 \times 4), \times 4 - (4 \times 5)$, ...

अत: 146 त्रुटिपूर्ण है तथा इसके स्थान पर $[42 \times 4 - (4 \times 5)]$ अर्थात् 148 होना चाहिए.

146 को प्रथम पद लेकर दूसरी श्रेणी बनती है:

146; $[146 \times 1 + (1 \times 2)]$ अर्थात् 148,

$[148 \times 2 - (2 \times 3)]$ अर्थात् 290, $[290 \times 3 + (3 \times 4)]$ अर्थात् 882, ...

स्पष्ट है कि इसका चौथा पद 882 है.

❑❑❑

भाग 4
विविध विषय

45

भिन्न (FRACTIONS)

Scan QR Code
for Watching Video

भिन्न संख्या का एक ही हिस्सा है। जब किसी संख्या को बराबर-बराबर भागों में बाँट दिया जाता है तो उसे भिन्न के रूप में प्रस्तुत किया जाता है। जैसे कि $\frac{1}{2}$ का अर्थ है पूरी संख्या का एक हिस्सा।

एक भिन्न के दो हिस्से होते है - **अंश** और **हर**

- एक भिन्न जिसमें अंश हर से छोटा होता है उसे उचित भिन्न कहते है।
- एक भिन्न जिसमें अंश हर से बड़ा होता है उसे अनुचित भिन्न कहते है।

दशमलव भिन्न

जिस भिन्न का हर 10 यां 10 का गुणांक होता है उसे दशमलव भिन्न कहते है। यदि अंश को हर से भाग दिया जाए तो जो संख्या प्राप्त होती है उसे दशमलव भिन्न कहते है।

जैसे:- $\frac{9}{10} = 0.9; \frac{1}{2} = 0.5$

वितत भिन्न

वितत भिन्न की कोई निश्चित परिभाषा नहीं है क्योंकि अंश और हर में कोई निश्चित नियम नहीं होता इनको हल करने के लिए सबसे नीचे से शुरू किया जाता है और ऊपर की ओर हल करते जाना होता है।

जैसे:- $\dfrac{1}{1+\dfrac{1}{2+\dfrac{1}{4}}}$ आदि

साधारण भिन्नों की तुलना

- दी गई भिन्नों के यदि हर समान हो और अंश बड़ा हो या अंश छोटा हो तो क्रमशः वो भिन्न सबसे बड़ी या सबसे छोटी होती है।

  जैसे:- $\frac{3}{5}, \frac{1}{5}, \frac{4}{5}$

  सबसे बड़ी भिन्न $= \frac{4}{5}$ सबसे छोटी भिन्न $= \frac{1}{5}$ आरोही क्रम $= \frac{1}{5}, \frac{3}{5}, \frac{4}{5}$

- दी गई भिन्नों के यदि अंश समान हो और हर सब से छोटा या सब से बड़ा हो तो क्रमशः वह भिन्न बड़ी या छोटी होती है।

  जैसे:- $\frac{5}{6}, \frac{5}{9}, \frac{5}{3}$

  सबसे बड़ी भिन्न $= \frac{5}{3}$ सबसे छोटी भिन्न $= \frac{5}{9}$ आरोही क्रम $= \frac{5}{9}, \frac{5}{6}, \frac{5}{3}$

- दी गई भिन्नों में यदि न तो हर समान हो ओर न ही अंश समान हो तो उन भिन्नों को समान हर वाली भिन्नों में बदला जाता है।

  जैसे कि:- $\frac{1}{2}, \frac{3}{5}$ और $\frac{5}{6}$

  सबसे पहले हर 2, 5 और 6 का ल.स.म. ज्ञात किया जाता है।

2	2 – 5 – 6
3	1 – 5 – 3
5	1 – 5 – 1
	1 – 1 – 1

ल.स.म. = $2 \times 3 \times 5 = 30$

अब ल.स.म. में हर से भाग देकर प्राप्त भागफल का संगत अंशो से गुणा करते है। इस प्रकार प्राप्त गुणनफल और अंश अलग-अलग होते है।

$\frac{1}{2} = \frac{15}{30}; \frac{3}{5} = \frac{18}{30}; \frac{5}{6} = \frac{25}{30}$

सबसे बड़ी भिन्न $= \frac{25}{30}$ सबसे छोटी भिन्न $= \frac{15}{30}$ आरोही क्रम $= \frac{15}{30}, \frac{18}{30}, \frac{25}{30}$

- दी गई भिन्नों में यदि अंश को हर से भाग देकर उसे दशमलव भिन्न में लिखा जाए तो फिर भी सबसे बड़ी या सबसे छोटी भिन्न ज्ञात की जा सकती है जैसे:- $\frac{5}{6} = 0.833; \frac{3}{8} = 0.375$

  इस प्रकार $\frac{3}{8}$ छोटी भिन्न है और $\frac{5}{6}$ बड़ी भिन्न है।

आवर्त दशमलव भिन्न

वो भिन्न जिसमें दशमलव बिन्दु के बाद एक या अधिक संख्या का बार-बार आना आवर्त दशमलव कहलाता है। ऐसे दुहराये जाने वाले अंकों के ऊपर एक रेखा खींच दी जाती है।

जैसे कि:- $\frac{1}{9} = 0.11111 .... \Rightarrow \frac{1}{9} = 0.\bar{1}$ और $3.161616 .... = 3.\overline{16}$

आवर्त दशमलव भिन्न दो प्रकार के होते है।

(*i*) शुद्ध आवर्त दशमलव भिन्न (*ii*) मिश्रित आवर्त दशमलव भिन्न

जिन आवर्त दशमलवों में बिन्दु के बाद के सभी अंको को बार-बार दोहराया जाता है उसे शुद्ध आवर्त दशमलव भिन्न कहते है।

जैसे कि

$0.444 .... = 0.\bar{4}$

$0.1212 .... = 0.\overline{12}$

$0.235235 .... 0.\overline{235}$

शुद्ध आवर्त दशमलव भिन्न को निम्नलिखित प्रकार से साधारण भिन्न में बदलेंगें:-

$0.\bar{p} = \frac{p}{9}, 0.\overline{pq} = \frac{pq}{99}, 0.\overline{pqr} = \frac{pqr}{999}$

जिन आवर्त दशमलवों में बिन्दु के बाद एक या दो अकों के बाद वाले अंको को बार-बार दोहराया जाता है उसे मिश्रित आवर्त दशमलव भिन्न कहते है।

जैसे कि:- $0.2555 .... = 0.2\bar{5}$

$0.12414141 .... 0.12\overline{41}$

$0.92555 .... 0.92\bar{5}$

मिश्रित आवर्त दशमलव भिन्न को निम्नलिखित प्रकार से साधारण भिन्न में बदलेंगें:-

$0.p\bar{q} = \frac{pq - p}{90}$ $0.pq\bar{r} = \frac{pqr - pq}{90}$ $0.p\overline{qr} = \frac{pqr - p}{990}$ $0.pq\overline{rs} = \frac{pqrs - pq}{9900}$

साधारण भिन्न को प्रतिशत में बदलना

साधारण भिन्न को प्रतिशत में बदलनें के लिए दी गई भिन्न को 100 से गुणा किया जाता है और आगे प्रतिशत का चिन्ह % लिखा जाता है।

जैसे:- $\frac{1}{4} = \left(\frac{1}{4} \times 100\right)\% = 25\%$

$$\frac{7}{5}=\left(\frac{7}{5}\times100\right)\%=(7\times20)\%=140\%$$

$$\frac{3}{8}=\left(\frac{3}{8}\times100\right)\%=\frac{3\times25}{2}=\frac{75}{2}=37.5\%$$

प्रतिशत को साधारण भिन्न में बदलना

प्रतिशत को भिन्न में बदलने के लिए दी गई प्रतिशत संख्या को 100 से भाग दिया जाता है क्योंकि प्रतिशत वो भिन्न है जिसका हर 100 होता है और प्रतिशत का चिह्न हटा दिया जाता है।

जैसे:- $25\%=\frac{25}{100}=\frac{1}{4}$ $75\%=\frac{75}{100}=\frac{3}{4}$ $65\%=\frac{65}{100}=\frac{13}{20}$

अध्याय पर आधारित प्रश्नों के प्रकार

भिन्न अध्याय पर पूछे जाने वाले प्रश्नों के कुल पाँच प्रकार है:-

1. भिन्नों की तुलना पर आधारित प्रश्न
2. वितत भिन्न पर आधारित प्रश्न
3. आवर्त दशमलव पर आधारित प्रश्न
4. भिन्नों पर इबारती प्रश्न
5. विविध प्रश्न

सम्बन्धित उदाहरण

1. भिन्नों की तुलना पर आधारित प्रश्न

1. $\frac{6}{17},\frac{9}{17},\frac{1}{17},\frac{3}{17}$ में सबसे छोटी और सबसे बड़ी भिन्न कौन-सी है।

2. $\frac{5}{9},\frac{5}{11},\frac{5}{8},\frac{5}{19}$ में सबसे छोटी और सबसे बड़ी भिन्न कौन-सी है।

3. $\frac{3}{4},\frac{5}{8},\frac{7}{9}$ को आरोही क्रम में लिखो।

4. $\frac{2}{3},\frac{5}{7},\frac{1}{8}$ को अवरोही क्रम में लिखो।

उत्तर:

1. $\frac{6}{17},\frac{9}{17},\frac{1}{17},\frac{3}{17}$ में सबसे छोटी भिन्न $=\frac{1}{17}$ और सबसे बड़ी भिन्न $=\frac{9}{17}$ है।

2. $\frac{5}{9},\frac{5}{11},\frac{5}{8},\frac{5}{19}$ में सबसे छोटी भिन्न $=\frac{5}{19}$ और सबसे बड़ी भिन्न $=\frac{5}{8}$ है।

3. आरोही क्रम $=0.625;\ 0.75;\ 0.777$

$\frac{3}{4}=0.75;\ \frac{5}{8}=0.625;\ \frac{7}{9}=0.777=\frac{5}{8},\frac{3}{4},\frac{7}{9}$

4. $\frac{2}{3}=0.666;\frac{5}{7}=0.714;\frac{1}{8}=0.125$ अवरोही क्रम $=0.714;\ 0.666;\ 0.125$

$\frac{5}{7};\frac{2}{3};\frac{1}{8}$

2. वितत भिन्न पर आधारित प्रश्न

1. $1+\cfrac{1}{1+\cfrac{1}{1+\cfrac{2}{3}}}$ **2.** $1\div\cfrac{1}{1\div\cfrac{1}{1\div\cfrac{1}{2}}}$ **3.** $\cfrac{15}{1+\cfrac{2}{1+\cfrac{1}{1+\cfrac{3}{4}}}}$

उत्तर:

1. $1+\cfrac{1}{1+\cfrac{1}{1+\cfrac{2}{3}}}=1+\cfrac{1}{1+\cfrac{1}{\cfrac{5}{3}}}=1+\cfrac{1}{1+\cfrac{3}{5}}=1+\cfrac{1}{\cfrac{8}{5}}=1+\frac{5}{8}=\frac{13}{8}$

2. $1\div\cfrac{1}{1\div\cfrac{1}{1\div\cfrac{1}{2}}}=1\div\cfrac{1}{1\div\cfrac{1}{1\times2}}=1\div\cfrac{1}{1\div\cfrac{1}{2}}=1\div\cfrac{1}{1\times2}$

$=1\div\frac{1}{2}=1\times2=2$

3. $\cfrac{15}{1+\cfrac{2}{1+\cfrac{1}{1+\cfrac{3}{4}}}}=\cfrac{15}{1+\cfrac{2}{1+\cfrac{1}{\cfrac{7}{4}}}}=\cfrac{15}{1+\cfrac{2}{1+\cfrac{4}{7}}}=\cfrac{15}{1+\cfrac{2}{\cfrac{11}{7}}}=\cfrac{15}{1+\cfrac{14}{11}}$

$=\cfrac{15}{\cfrac{25}{11}}=\frac{15\times11}{25}=\frac{33}{5}$

3. आवर्त दशमलव भिन्न पर आधारित प्रश्न

निम्नलिखित शुद्ध एवं मिश्रित आवर्त दशमलव भिन्न को साधारण भिन्न में बदलिए:-

1. $0.\overline{2}$ **2.** $0.\overline{5}$ **3.** $0.\overline{15}$ **4.** $0.\overline{06}$

5. $0.2\overline{3}$ **6.** $0.62\overline{5}$ **7.** $0.1\overline{56}$ **8.** $0.14\overline{83}$

उत्तरः

1. $0.\bar{2} = \frac{2}{9}$

2. $0.\bar{5} = \frac{5}{9}$

3. $0.\overline{15} = \frac{15}{99} = \frac{5}{33}$

4. $0.\overline{06} = \frac{06}{99} = \frac{2}{33}$

5. $0.2\bar{3} = \frac{23-2}{90} = \frac{21}{90} = \frac{7}{30}$

6. $0.6\overline{25} = \frac{625-6}{990} = \frac{619}{990}$

7. $0.1\overline{56} = \frac{156-1}{990} = \frac{155}{990} = \frac{31}{198}$

8. $0.14\overline{83} = \frac{1483-14}{9900} = \frac{1469}{9900}$

4. भिन्नों पर आधारित प्रश्न

1. एक संख्या का $\frac{1}{4}$ भाग उसके $\frac{1}{5}$ भाग से 10 अधिक है। उस संख्या का $\frac{3}{5}$ भाग कितना होगा?
2. एक परीक्षा में $\frac{3}{4}$ विद्यार्थियों ने परीक्षा दी, जिनकी संख्या 45 थी। यदि परीक्षा में भाग लेने वाले $\frac{3}{5}$ भाग विद्यार्थी पास हैं तो पास संख्या ज्ञात करें।
3. एक शहर में रहने वाले कुल लोगों में से $\frac{1}{4}$ भाग युवा पुरूष, $\frac{1}{3}$ भाग महिला और $\frac{1}{5}$ भाग बच्चे है। शहर में कौन सा भाग बुजुर्ग लोगों का है।

उत्तरः

1. माना वह संख्या a है। संख्या का $\frac{1}{4}$ भाग $= a \times \frac{1}{4}$ ...(*i*)

संख्या का $\frac{1}{5}$ भाग $= a \times \frac{1}{5} = \frac{a}{5}$ ...(*ii*)

समीकरण (*i*) व (*ii*) सें

प्रश्नानुसार

$\Rightarrow \frac{a}{4} - \frac{a}{5} = 10 \Rightarrow = \frac{5a-4a}{20} = 10$

$\Rightarrow a = 20 \times 10 \Rightarrow a = 200$

संख्या का $\frac{3}{5}$ भाग $= \frac{3}{5} \times 200 = 120$

2. माना कुल विद्यार्थी x है

परीक्षा में हाज़िर विद्यार्थी $= \frac{3}{4} \times x = 45$

$\Rightarrow x = \frac{45 \times 4}{3} = 60$ कुल विद्यार्थी $= 60$

पास संख्या $= \frac{3}{5} \times 60 = 36$

$\therefore$ परीक्षा में पास विद्यार्थीयों की संख्या 36 है।

3. माना शहर में रहने वालों की कुल संख्या x है।

जवान पुरूषों का हिस्सा $= \frac{x}{4}$

महिलाएँ $= \frac{x}{3}$

बच्चे $= \frac{x}{5}$

बुजुर्गों का भाग

$= x - \left(\frac{x}{4} + \frac{x}{3} + \frac{x}{5}\right) = x - \frac{47x}{60} = \frac{60x + 47x}{60}$

$\Rightarrow \frac{3x}{60}$

5. विविध प्रश्न

1. भिन्न $\frac{3}{5}$ का कौन-सा भाग उसी में जोड़ा जाये कि योग $2\frac{3}{8}$ प्राप्त हो?
2. $\frac{2}{9}$ तथा $\frac{4}{15}$ के व्युत्क्रमों के योग का व्युत्क्रम ज्ञात कीजिए।
3. यदि $\left(\frac{2}{3} - \frac{1}{4} + \frac{3}{5}\right)$ में $\left(\frac{4}{5} - \frac{1}{12} + \frac{1}{2}\right)$ से भाग दिया जाए तो भागफल कितना प्राप्त होगा?

उत्तरः

1. माना $\frac{3}{5}$ का a भाग जोड़ने पर $2\frac{3}{8}$ प्राप्त होगा।

$\therefore \frac{3}{5} + \frac{3a}{5} = \frac{19}{8} \Rightarrow \frac{3a}{5} = \frac{19}{8} - \frac{3}{5} \Rightarrow \frac{3a}{5} = \frac{95-24}{40}$

$\Rightarrow \frac{3a}{5} = \frac{71}{40} \Rightarrow a = \frac{71}{40} \times \frac{5}{3} \Rightarrow a = \frac{71}{24}$

2. $\frac{2}{9}$ का व्युत्क्रम $= \frac{9}{2}$

$\frac{4}{15}$ का व्युत्क्रम $= \frac{15}{4}$

$\therefore$ व्युत्क्रमों का योग $= \frac{9}{2} + \frac{15}{4} = \frac{18+15}{4} = \frac{33}{4}$

योग का व्युत्क्रम $= \frac{4}{33}$

3. भाज्य $\frac{2}{3} - \frac{1}{4} + \frac{3}{5} = \frac{40-15+36}{60} = \frac{76-15}{60} = \frac{61}{60}$

भाजक $= \left(\frac{4}{5} - \frac{1}{12} + \frac{1}{2}\right) = \frac{48-5+30}{60} = \frac{78-5}{60} = \frac{73}{60}$

भागफल $\frac{61}{60} \div \frac{73}{60} = \frac{61}{60} \times \frac{60}{73} = \frac{61}{73}$

प्रश्नमाला 45A

1. निम्न में से कौन-सी भिन्न का मान सबसे अधिक है?
(a) $\frac{17}{5}$ (b) 0.3245 (c) $\frac{54}{170}$ (d) $\frac{2}{5}$

2. निम्नलिखित में से कौन सी भिन्न सबसे छोटी है।
(a) $\frac{10}{17}$ (b) $\frac{5}{13}$ (c) $\frac{4}{5}$ (d) $\frac{9}{10}$

3. निम्नलिखित भिन्नों को अवरोही क्रम में लिखें।
$\frac{5}{7}; \frac{6}{11}; \frac{17}{19}$
(a) $\frac{5}{7}, \frac{6}{11}, \frac{17}{19}$ (b) $\frac{6}{11}, \frac{5}{7}, \frac{17}{19}$
(c) $\frac{17}{19}, \frac{6}{11}, \frac{5}{7}$ (d) $\frac{17}{19}, \frac{5}{7}, \frac{6}{11}$

4. भिन्नों $\frac{1}{5}, \frac{3}{8}$ तथा $\frac{2}{7}$ को आरोही क्रम में लिखें।
(a) $\frac{3}{8} < \frac{1}{5} < \frac{2}{7}$ (b) $\frac{2}{7} < \frac{3}{8} < \frac{1}{5}$
(c) $\frac{1}{5} < \frac{2}{7} < \frac{3}{8}$ (d) $\frac{3}{8} > \frac{1}{5} > \frac{2}{7}$

5. निम्नलिखित भिन्नों में से कौन सी भिन्नें बढ़ते हुए क्रम को प्रस्तुत करती हैं?
(a) $\frac{10}{17}, \frac{11}{19}, \frac{12}{23}$ (b) $\frac{10}{17}, \frac{12}{23}, \frac{11}{19}$
(c) $\frac{12}{23}, \frac{11}{19}, \frac{10}{17}$ (d) $\frac{11}{19}, \frac{12}{23}, \frac{10}{17}$

6. $\dfrac{1}{1+\dfrac{1}{2+\dfrac{1}{2+\dfrac{1}{2}}}} \times 0.34$ का सरलीकृत रूप है:
(a) $\frac{1}{3}$ (b) $\frac{1}{10}$
(c) $\frac{1}{5}$ (d) इनमें से कोई नहीं

7. $\dfrac{2\frac{3}{4}}{1+\dfrac{1}{1+\dfrac{1}{8}}}$ का मान क्या है?
(a) 0 (b) $\frac{99}{68}$ (c) $\frac{15}{16}$ (d) $\frac{55}{41}$

8. $\dfrac{4\frac{2}{12}}{3+\dfrac{2}{2+\dfrac{1}{\frac{2}{3}}}}$ का मान है:
(a) 1 (b) $\frac{1}{2}$ (c) $\frac{7}{6}$ (d) $\frac{4}{3}$

9. सरल कीजिए- $1+\dfrac{1}{1+\dfrac{2}{2+\dfrac{2}{1+\dfrac{5}{6}}}}$
(a) $\frac{49}{15}$ (b) $\frac{35}{43}$ (c) $\frac{16}{19}$ (d) $\frac{45}{28}$

10. $1-\dfrac{4}{5+\dfrac{1}{3+\dfrac{1}{1+\dfrac{1}{3}}}}$ को सरलीकृत कीजिए।
(a) $\frac{7}{24}$ (b) $\frac{19}{79}$ (c) $\frac{11}{60}$ (d) $\frac{21}{29}$
(e) उपर्युक्त में से कोई नहीं

11. सरल कीजिए $1+\dfrac{3}{1+\dfrac{4}{1+\dfrac{5}{6}}}$
(a) $\frac{72}{43}$ (b) $\frac{41}{70}$ (c) $\frac{68}{35}$ (d) $\frac{39}{70}$

12. $2.\overline{15}$ किस साधारण भिन्न के बराबर है-
(a) $\frac{5}{8}$ (b) $\frac{11}{9}$ (c) $\frac{71}{33}$ (d) $\frac{1}{4}$

13. $(2.\overline{57}-1.\overline{68})=?$
(a) $0.\overline{23}$ (b) $0.\overline{41}$ (c) $0.\overline{6}$ (d) $0.\overline{8}$

14. यदि $0.111..... = \frac{1}{9}$ तो 0.888....... किसके बराबर होगा?
(a) $\frac{1}{90}$ (b) $\frac{2}{45}$ (c) $\frac{1}{99}$ (d) $\frac{8}{9}$

15. $(0.\overline{74}+0.\overline{48}+0.\overline{90})$ को सरल करें।
(a) $1.\overline{87}$ (b) $2.\overline{14}$ (c) $3.\overline{56}$ (d) $4.\overline{12}$

16. किसी भिन्न के अंश और हर में क्रमशः 1 जोड़ने पर उसका मान 3 और 1 घटाने पर 6 होता है, तो भिन्न का अंश क्या होगा?
(a) 12 (b) 9 (c) 27 (d) 15

17. संजीव ने किसी संख्या को $\frac{8}{7}$ से गुणा करने के स्थान पर इसे $\frac{7}{8}$ से गुणा कर दिया, तो त्रुटि प्रतिशत ज्ञात करें।
(a) 23% (b) 34% (c) 54% (d) 64%

18. सरल कीजिए। $\dfrac{8^2+8^2+8^2}{2^4+2^4} \times \dfrac{9^2+9^2+9^2}{3^2+3^2+3^2}$
(a) 16 (b) 54 (c) 21 (d) 18

19. यदि $\frac{x}{5}=\frac{y}{9}=\frac{2}{2}$ तो $\frac{x+y+z}{z}$ का मान क्या होगा?

(a) $\frac{1}{3}$ (b) 7 (c) 8 (d) $\frac{1}{9}$

20. भिन्न $\frac{a}{b}=\frac{1}{4}$ है तो $\frac{a+4b}{a-4b}$ का मान ज्ञात करें।

(a) $\frac{1}{7}$ (b) $\frac{24}{11}$ (c) $\frac{8}{15}$ (d) $-\frac{17}{15}$

21. $2\frac{2}{5}+1\frac{3}{5}-1\frac{2}{a}=1\frac{1}{3}$ में a का मान ज्ञात करें।

(a) 4 (b) 3 (c) 1 (d) 2

22. निम्नलिखित में से कौन सी भिन्न सबसे छोटी है।

(a) $\frac{6}{11}$ (b) $\frac{5}{13}$ (c) $\frac{2}{5}$ (d) $\frac{4}{7}$

23. निम्नलिखित दी गई भिन्नों को अवरोही क्रम में लिखें।

$\frac{17}{5}, \frac{10}{17}, \frac{6}{11}, \frac{5}{6}$

(a) $\frac{10}{17}; \frac{6}{11}; \frac{17}{5}; \frac{5}{6}$ (b) $\frac{17}{5}; \frac{5}{6}; \frac{10}{17}; \frac{6}{11}$

(c) $\frac{6}{11}; \frac{17}{5}; \frac{5}{6}; \frac{10}{17}$ (d) $\frac{5}{6}; \frac{10}{17}; \frac{17}{5}; \frac{6}{11}$

24. सरल कीजिए। $(0.\bar{4}) \div \left\{\left(1-2(0.1\bar{9})\right)^2\right\}$

(a) $\frac{12}{89}$ (b) $\frac{91}{121}$ (c) $\frac{24}{101}$ (d) $\frac{100}{197}$

25. 0.75% को भिन्न में बदलें।

(a) $\frac{3}{400}$ (b) $\frac{30}{7}$ (c) $\frac{3}{40}$ (d) $\frac{3}{4}$

26. आरती अपनी मासिक आय का $\frac{1}{3}$ भाग घर के किराए के लिए $\frac{1}{4}$ भाग खाने के लिए और $\frac{1}{6}$ भाग दूसरे कार्यों पर खर्च करती है। और उसके पास 8100 रूपए शेष बचते है। आरती की मासिक आय कितनी है।

(a) 11600 (b) 12400

(c) 10800 (d) 13400

उत्तरमाला (प्रश्नमाला 45A)

1. (d)	2. (b)	3. (d)	4. (c)	5. (a)	6. (b)	7. (b)	8. (c)	9. (d)	10. (b)	11. (c)	12. (c)
13. (d)	14. (d)	15. (b)	16. (c)	17. (a)	18. (b)	19. (c)	20. (d)	21. (b)	22. (b)	23. (b)	24. (d)
25. (a)	26. (c)										

दिये गए प्रश्नों के हल (प्रश्नमाला 45A)

1. $\frac{17}{5}=3.4 \quad 0.3245 = 0.3245$

$\frac{54}{170}=\frac{27}{85}=0.317 \quad \frac{2}{5}=0.4$

$\frac{2}{5}$ का मान सबसे अधिक है।

2. $\frac{10}{17}=0.588 \; \frac{5}{13}=0.384 \; \frac{4}{5}=0.8 \; \frac{9}{10}=0.9 \quad \frac{5}{13}$ सबसे छोटी भिन्न है।

3. $\frac{5}{7};\frac{6}{11};\frac{17}{19}$ 0.714, 0.545, 0.894

अवरोही क्रम $=0.894, 0.714, 0.545$ अवरोही क्रम $=\frac{17}{19}, \frac{5}{7}, \frac{6}{11}$

4. $\frac{1}{5}, \frac{3}{8}, \frac{2}{7}$ 0.2, 0.375, 0.285

आरोही क्रम $= 0.2; 0.285; 0.375 = \frac{1}{5}, \frac{2}{7}, \frac{3}{8}$

5. $\frac{10}{17}; \frac{11}{19}; \frac{12}{23}$ 0.588; 0.578; 0.521

आरोही क्रम $= 0.521; 0.578; 0.588$

$\Rightarrow \frac{12}{23}; \frac{11}{19}; \frac{10}{17}$

6. $$\frac{1}{1+\frac{1}{2+\frac{1}{2+\frac{1}{2}}}}\times 0.34 = \frac{1}{1+\frac{1}{2+\frac{1}{\frac{5}{2}}}}\times 0.34 = \frac{1}{1+\frac{1}{\frac{12}{5}}}\times 0.34$$

$$\frac{1}{1+\frac{5}{12}}\times 0.34 = \frac{1}{\frac{17}{5}}\times 0.34 = \frac{5}{17}\times 0.34 = \frac{1}{10}$$

7. $$\frac{2\frac{3}{4}}{1+\frac{1}{1+\frac{1}{8}}} = \frac{\frac{11}{4}}{1+\frac{1}{\frac{9}{8}}} = \frac{\frac{11}{4}}{1+\frac{8}{9}} = \frac{\frac{11}{4}}{\frac{17}{9}} = \frac{11}{4}\times\frac{9}{17} = \frac{99}{68}$$

8. $$\frac{4\frac{2}{12}}{3+\frac{2}{2+\frac{1}{\frac{2}{3}}}} = \frac{\frac{50}{12}}{3+\frac{2}{2+\frac{3}{2}}} = \frac{\frac{50}{12}}{3+\frac{2\times 2}{7}} = \frac{\frac{50}{12}}{3+\frac{4}{7}} = \frac{\frac{50}{12}}{\frac{25}{7}}$$

$$= \frac{50}{12}\times\frac{7}{25} = \frac{14}{12} = \frac{7}{6}$$

9. $1+\cfrac{1}{1+\cfrac{2}{2+\cfrac{2}{1+\frac{5}{6}}}}=1+\cfrac{1}{1+\cfrac{2}{2+\cfrac{2}{\frac{11}{6}}}}=1+\cfrac{1}{1+\cfrac{2}{2+\frac{12}{11}}}$

$=1+\cfrac{1}{1+\cfrac{2}{\frac{22+12}{11}}}=1+\cfrac{1}{1+\cfrac{2}{\frac{34}{11}}}=1+\cfrac{1}{1+\frac{22}{34}}=1+\cfrac{1}{1+\frac{11}{17}}$

$=1+\cfrac{1}{\frac{28}{17}}=1+\frac{17}{28}=\frac{28+17}{28}=\frac{45}{28}$

10. $1-\cfrac{4}{5+\cfrac{1}{3+\cfrac{1}{1+\frac{1}{3}}}}=1-\cfrac{4}{5+\cfrac{1}{3+\cfrac{1}{\frac{4}{3}}}}=1-\cfrac{4}{5+\cfrac{1}{3+\frac{3}{4}}}$

$=1-\cfrac{4}{5+\cfrac{1}{\frac{15}{4}}}=1-\cfrac{4}{5+\frac{4}{15}}=1-\cfrac{4}{\frac{79}{15}}=1-\frac{4\times15}{79}$

$=1-\frac{60}{79}=\frac{19}{79}$

11. $1+\cfrac{3}{1+\cfrac{4}{1+\frac{5}{6}}}=1+\cfrac{3}{1+\cfrac{4}{\frac{11}{6}}}=1+\cfrac{3}{1+\frac{24}{11}}=1+\cfrac{3}{\frac{35}{11}}$

$=1+\frac{33}{35}=\frac{68}{35}$

12. $2.\overline{15}=2+\frac{15}{99}=\frac{198+15}{99}=\frac{213}{99}=\frac{71}{33}$

13. $(2.\overline{57}-1.\overline{68})=\left(2+\frac{57}{99}\right)-\left(1+\frac{68}{99}\right)$

$=2+\frac{57}{99}-1-\frac{68}{99}=1-\frac{11}{99}=1-\frac{1}{9}=\frac{8}{9}=0.\overline{8}$

14. $0.111........=\frac{1}{9}$ दिया गया है।

$0.888........=8\times(0.111.....)=8\times\frac{1}{9}=\frac{8}{9}$

15. $(0.\overline{74}+0.\overline{48}+0.\overline{90})$

$=\frac{74}{99}+\frac{48}{99}+\frac{90}{99}=\frac{74+48+90}{99}=\frac{212}{99}=2\frac{14}{99}\Rightarrow 2.\overline{14}$

16. माना भिन्न $\frac{a}{b}$ है।

प्रश्नानुसार

$\frac{a+1}{b+1}=3\Rightarrow a+1=3b+3\Rightarrow a-3b=2.......(i)$

$\frac{a-1}{b-1}=6\Rightarrow a-1=6b-6\Rightarrow a-6b=-5.........(ii)$

समीकरण (i) एवं (ii) को हल करने पर $3b=7\Rightarrow b=\frac{7}{3}$

समीकरण (i) से $a-3\left(\frac{7}{3}\right)=2$

$\Rightarrow\quad a-7=2\Rightarrow a=9$

भिन्न $=\frac{a}{b}=\cfrac{9}{\frac{7}{3}}=\frac{9\times3}{7}=\frac{27}{7}\Rightarrow$ अंश $=27$

17. माना वह संख्या x है।

$\frac{8}{7}$ से गुणा करने पर प्राप्त संख्या $=\frac{8x}{7}$

$\frac{7}{8}$ से गुणा करने पर प्राप्त संख्या $=\frac{7x}{8}$

उत्तर में कुल त्रुटि

$=\frac{8x}{7}-\frac{7x}{8}=\frac{64x-49x}{56}=\frac{15x}{56}$

प्रतिशत में त्रुटि $=\cfrac{\frac{15x}{56}}{\frac{8x}{7}}\times100$

$=\frac{15x}{56}\times\frac{7}{8x}\times100=\frac{15}{64}\times100=23.43\%$

18. $\frac{8^2+8^2+8^2}{2^4+2^4}\times\frac{9^2+9^2+9^2}{3^2+3^2+3^2}$

$=\frac{(3\times8^2)}{2\times2^4}\times\frac{3\times9^2}{3\times3^2}=\frac{3\times((2)^3)^2}{2\times((2)^2)^2}\times\frac{3\times((3)^2)^2}{3\times3^2}$

$=\frac{3\times2^6}{2\times2^4}\times\frac{3\times3^4}{3\times3^2}=\frac{3\times2^6}{2^5}\times\frac{3^5}{3^3}=\frac{3^6\times2^6}{2^5\times3^3}=\frac{3^6\times2^6}{3^3\times2^5}$

$=3^3\times2=27\times2=54$

19. माना $\frac{x}{5}=\frac{y}{9}=\frac{z}{2}=k\Rightarrow x=5k;\ y=9k;\ z=2k$

प्रश्नानुसार $\frac{x+y+z}{z}=\frac{5k+9k+2k}{2k}=\frac{16k}{2k}=8$

20. दिया गया है

$\frac{a}{b}=\frac{1}{4}\ \frac{a+4b}{a-4b}=\frac{b\left(\frac{a}{b}+4\right)}{b\left(\frac{a}{b}-4\right)}=\frac{\left(\frac{a}{b}+4\right)}{\left(\frac{a}{b}-4\right)}=\frac{\frac{1}{4}+4}{\frac{1}{4}-4}$

$=\frac{1+16}{4}\times\frac{4}{1-16}=-\frac{17}{15}$

21. $2\frac{2}{5}+1\frac{3}{5}-1\frac{2}{a}=2\frac{1}{3}\Rightarrow\frac{12}{5}+\frac{8}{5}-1\frac{2}{a}=\frac{7}{3}\Rightarrow\frac{20}{5}-1\frac{2}{a}=\frac{7}{3}$

$\Rightarrow 1\frac{2}{a}=\frac{7}{3}\quad 1\frac{2}{a}=4-\frac{7}{3}\Rightarrow 1\frac{2}{a}=\frac{12-7}{3}=\frac{5}{3}\quad 1\frac{2}{a}=\frac{5}{3}$

$\Rightarrow 1\frac{2}{a}=1\frac{2}{3} \quad \Rightarrow \quad a=3$

22. $\frac{6}{11}=0.545; \frac{5}{13}=0.385; \frac{2}{5}=0.4; \frac{4}{7}=0.571$ $\frac{5}{13}$ सबसे छोटी भिन्न है।

23. $\frac{17}{5}=3.4; \frac{10}{17}=0.588; \frac{6}{11}=0.545; \frac{5}{6}=0.833$

अवरोही क्रम $=3.4; 0.833; 0.588; 0.545$

$\frac{17}{5}; \frac{5}{6}; \frac{10}{17}; \frac{6}{11}$

24. $(0.\bar{4}) \div \left\{\left(1-2(0.1\bar{9})\right)^2\right\} \quad =\frac{4}{9} \div \left\{\left(1-2\left(\frac{19-1}{90}\right)\right)^2\right\}$

$=\frac{4}{9} \div \left\{1-2\left(\frac{18}{90}\right)^2\right\}=\frac{4}{9} \div \left\{\left(1-2\left(\frac{1}{5}\right)^2\right)\right\}$

$=\frac{4}{9} \div \left\{\left(1-\frac{2}{25}\right)\right\}=\frac{4}{9} \times \frac{25}{23}=\frac{100}{197}$

25. $0.75\%=\frac{75}{100}\%=\frac{3}{3}\%=\frac{3}{4 \times 100}=\frac{3}{400}$

26. माना आरती की मासिक आय x है

प्रश्नानुसार $\frac{x}{3}+\frac{x}{4}+\frac{x}{6}=8100$

$\Rightarrow \frac{4x+3x+2x}{12}=8100$

$\Rightarrow \frac{9x}{12}=8100 \Rightarrow x=\frac{8100 \times 12}{9}=$ रूपए 10800

प्रश्नमाला 45B

भिन्नों की तुलना पर आधारित प्रश्न

1. निम्नलिखित में से कौन सी संख्या सबसे बड़ी है?

(a) $4\frac{1}{4}$ (b) $6\frac{1}{6}$ (c) $1\frac{1}{2}$ (d) $8\frac{1}{8}$

2. निम्नलिखित में से सबसे बड़ी भिन्न कौन-सी है।

(a) $\frac{6}{11}$ (b) $\frac{8}{15}$ (c) $\frac{19}{31}$ (d) 0.8241

3. निम्नलिखित में सबसे बड़ी भिन्न है:

(a) $\frac{5}{6}$ (b) $\frac{3}{4}$ (c) $\frac{1}{2}$ (d) $\frac{2}{3}$

4. निम्नलिखित दी गई भिन्नों को आरोही क्रम में लिखें।

(a) $\frac{3}{4}, \frac{4}{5}, \frac{5}{6}, \frac{10}{11}$ (b) $\frac{10}{11}, \frac{5}{6}, \frac{4}{5}, \frac{3}{4}$

(c) $\frac{10}{11}, \frac{3}{4}, \frac{5}{6}, \frac{4}{5}$ (d) $\frac{4}{5}, \frac{5}{6}, \frac{3}{4}, \frac{10}{11}$

5. सरल करें- $\frac{1}{4-\frac{1}{5-\frac{1}{2}}}=?$

(a) $-\frac{3}{4}$ (b) -5 (c) 0 (d) $\frac{9}{34}$

6. $\frac{1}{3+\frac{3}{3+\frac{1}{3}}}$ का मान होगा:

(a) $\frac{8}{41}$ (b) $\frac{10}{39}$ (c) $\frac{17}{5}$ (d) $\frac{11}{3}$

7. सरल कीजिए: $1+\frac{1}{2+\frac{2}{3-\frac{1}{3}}} \times 3\frac{2}{3}$

(a) -1 (b) 0 (c) 5 (d) -4

8. यदि $x=1+\frac{1}{1+\frac{1}{1+\frac{1}{4}}}$ हो, तो x का मान है:

(a) $\frac{13}{5}$ (b) $\frac{14}{9}$ (c) $\frac{11}{7}$ (d) $\frac{5}{3}$

9. $\frac{3}{1+\frac{1}{1-\frac{1}{2}}} \times \frac{5}{\frac{5}{7} \text{ का } \frac{8}{9} \div 2\frac{2}{3}}$ का मान ज्ञात कीजिए:

(a) 21 (b) 18 (c) 14 (d) 13

10. $\frac{1}{2+\frac{1}{3-\frac{3}{4}}}+\frac{9}{11}=?$

(a) $\frac{1}{27}$ (b) $\frac{27}{22}$ (c) $\frac{22}{27}$ (d) $\frac{5}{22}$

11. यदि $5=x+\frac{1}{1+\frac{1}{4+\frac{1}{5}}}$ तो x का मान है:

(a) $\frac{101}{15}$ (b) $\frac{109}{26}$ (c) $\frac{101}{16}$ (d) $\frac{102}{17}$

12. $\left(0.45\overline{78}+0.2\overline{444}\right)$ का मान है:

(a) 0.70 (b) $0.70\overline{23}$ (c) 0.71 (d) $0.9\overline{5}$

13. $4.\overline{47}-3.\overline{16}+2.\overline{44}$ को सरल करने पर प्राप्त होगा:

(a) $2.\bar{4}$ (b) $2.\overline{14}$ (c) $3.\overline{75}$ (d) $4.\overline{12}$

14. 0.51111 .... किस साधारण भिन्न के बराबर है?

(a) $\frac{23}{30}$ (b) $\frac{52}{99}$ (c) $\frac{16}{99}$ (d) $\frac{5}{6}$

15. $0.\bar{4}$ का वर्गमूल है:

(a) $0.\bar{8}$ (b) $0.\bar{6}$ (c) $0.\bar{7}$ (d) 0.9

16. सरल कीजिए। $(0.\bar{1})\left\{\left(1-8(0.1\bar{1})\right)^2\right\}$

(a) $-\frac{1}{162}$ (b) $\frac{1}{108}$ (c) $\frac{73}{729}$ (d) $\frac{1}{109}$

17. यदि किसी व्यक्ति द्वारा तय की गई दूरी का $\frac{5}{7}$ भाग 150 किलोमीटर के बराबर है तो, उसके द्वारा तय की गई दूरी का $\frac{7}{15}$ भाग कितना होगा?

(a) 106 कि.मी. (b) 98 कि.मी.

(c) 54 कि.मी. (d) 62 कि.मी.

18. $42\frac{1}{2}$ प्रतिशत को भिन्न में बदले।

(a) $\frac{17}{40}$ (b) $\frac{8}{21}$ (c) $\frac{9}{20}$ (d) $\frac{5}{76}$

19. किसी व्यक्ति की उम्र का $\frac{1}{3}$ भाग यदि 18 वर्ष है, तो 27 वर्ष की उम्र किस भिन्न के बराबर होगी?

(a) $\frac{1}{2}$ (b) $\frac{3}{5}$ (c) $\frac{2}{7}$ (d) $\frac{1}{4}$

20. तीन दोस्तो का कुल जेब खर्च रूपए 720 है। यदि पहले का चौथाई भाग, दूसरे का पाँचवा भाग और तीसरे का तिहाई भाग समान है। तब दूसरे दोस्त का हिस्सा क्या होगा?

(a) ₹340 (b) ₹300 (c) ₹280

(d) ₹270

21. सरल कीजिए $824\frac{1}{5}+824\frac{2}{5}+824\frac{3}{5}+824\frac{4}{5}$

(a) 2398 (b) 3289 (c) 2389 (d) 3298

22. भिन्न $\frac{x}{y}=\frac{3}{4}$ है तो $\left(\frac{5}{8}+\frac{y-x}{y+x}\right)$ किसके बराबर है।

(a) $\frac{19}{21}$ (b) $1\frac{11}{56}$ (c) $\frac{43}{56}$ (d) −24

23. $\frac{900\times900\times9\times0.9\times0.09\times0.009\times0.0009}{0.03\times0.003\times0.3\times0.3}$ का मान ज्ञात करें।

(a) 9^3 (b) 9^4 (c) 9^5 (d) 9^2

24. निम्नलिखित दी गई भिन्नों को अवरोही क्रम में लिखें।

$\frac{17}{5};\frac{10}{17},\frac{6}{11},\frac{5}{6}$

(a) $\frac{10}{17};\frac{6}{11};\frac{17}{5};\frac{5}{6}$ (b) $\frac{10}{17};\frac{6}{11};\frac{17}{5};\frac{5}{6}$

(c) $\frac{17}{5};\frac{5}{6};\frac{10}{17};\frac{6}{11}$ (d) $\frac{5}{6};\frac{10}{17};\frac{17}{5};\frac{6}{11}$

25. $\frac{\left[(0.08)^2+0.08\times0.04+(0.04^2)\right]}{(0.08)^3-(0.04)^3}$ का मान ज्ञात करें।

(a) 0.01 (b) 0.04 (c) 0.1 (d) 4

उत्तरमाला (प्रश्नमाला 45B)

1. (d)	2. (d)	3. (a)	4. (a)	5. (d)	6. (b)	7. (c)	8. (b)	9. (a)	10. (b)	11. (b)	12. (b)
13. (c)	14. (a)	15. (b)	16. (c)	17. (b)	18. (a)	19. (a)	20. (b)	21. (d)	22. (c)	23. (b)	24. (c)
25. (b)											

दिये गए प्रश्नों के हल (प्रश्नमाला 45B)

1. $4\frac{1}{4}=\frac{17}{4}=4.25$ $6\frac{1}{6}=\frac{37}{6}=6.16$ $1\frac{1}{2}=\frac{3}{2}=1.5$

$8\frac{1}{8}=\frac{65}{8}=8.125$

$8\frac{1}{8}$ सबसे बड़ी संख्या है।

2. $\frac{6}{11}=0.545$ $\frac{8}{15}=0.533$ $\frac{19}{31}=0.612$

$0.8241=0.8241$ 0.8241 सबसे बड़ी भिन्न है।

3. $\frac{5}{6}=0.833$ $\frac{3}{4}=0.75$ $\frac{1}{2}=0.5$ $\frac{2}{3}=0.666$

$\frac{5}{6}$ भिन्न सबसे बड़ी है।

4. $\frac{5}{6};\frac{3}{4};\frac{10}{11};\frac{4}{5}=0.83;\ 0.75;\ 0.90;\ 0.8$

0.75, 0.8, 0.83, 0.90

आरोही क्रम $=\frac{3}{4};\frac{4}{5};\frac{5}{6};\frac{10}{11}$

5. $\frac{1}{4-\frac{1}{5-\frac{1}{2}}}=\frac{1}{4-\frac{1}{\frac{9}{2}}}=\frac{1}{4-\frac{2}{9}}=\frac{1}{\frac{36-2}{9}}=\frac{1}{\frac{34}{9}}=\frac{9}{34}$

6. $\frac{1}{3+\frac{3}{3+\frac{1}{3}}}=\frac{1}{3+\frac{3}{\frac{10}{3}}}=\frac{1}{3+\frac{9}{10}}=\frac{1}{\frac{30+9}{10}}=\frac{10}{39}$

7. $1+\frac{1}{2+\frac{2}{3-\frac{1}{3}}}\times 3\frac{2}{3}=1+\frac{1}{2+\frac{2}{\frac{8}{3}}}\times\frac{11}{3}=\left(1+\frac{1}{2+\frac{6}{8}}\right)\times\frac{11}{3}$

$=\left(1+\frac{1}{2+\frac{3}{4}}\right)\times\frac{11}{3}=\left(1+\frac{1}{\frac{11}{4}}\right)\times\frac{11}{3}=\left(1+\frac{4}{11}\right)\times\frac{11}{3}$

$=\frac{15}{11}\times\frac{11}{3}=5$

8. $x=1+\frac{1}{1+\frac{1}{1+\frac{1}{4}}}=1+\frac{1}{1+\frac{1}{\frac{5}{4}}}=1+\frac{1}{1+\frac{4}{5}}=1+\frac{1}{\frac{9}{5}}$

$=1+\frac{5}{9}=\frac{14}{9}$

9. $\frac{3}{1+\frac{1}{1-\frac{1}{2}}}\times\frac{5}{\frac{5}{7}\text{ का }\frac{8}{9}\div 2\frac{2}{3}}=\frac{3}{1+\frac{1}{\frac{1}{2}}}\times\frac{5}{\frac{5}{7}\text{ का }\left(\frac{8}{9}\times\frac{3}{8}\right)}$

$=\frac{3}{3}\times\frac{5}{\frac{5}{7}\times\frac{1}{3}}=\frac{5}{\frac{5}{21}}=5\times\frac{21}{5}=21$

10. $\frac{1}{2+\frac{1}{3-\frac{3}{4}}}+\frac{9}{11}\Rightarrow\frac{1}{2+\frac{1}{\frac{12-3}{4}}}+\frac{9}{11}\Rightarrow\frac{1}{2+\frac{4}{9}}+\frac{9}{11}$

$\Rightarrow\quad\frac{1}{\frac{22}{9}}+\frac{9}{11}=\frac{9}{22}+\frac{9}{11}=\frac{9+18}{22}=\frac{27}{22}$

11. $5=x+\frac{1}{1+\frac{1}{4+\frac{1}{5}}}=x+\frac{1}{1+\frac{1}{\frac{21}{5}}}=x+\frac{1}{1+\frac{5}{21}}$

$=x+\frac{1}{\frac{26}{21}}=x+\frac{21}{26}$

$\Rightarrow 5=x+\frac{21}{26}\Rightarrow x=5-\frac{21}{26}\Rightarrow\frac{130-21}{26}=\frac{109}{26}$

12. $\left(0.45\overline{78}+0.2\overline{444}\right)$

$=\frac{4578-45}{9900}+\frac{2444-24}{9900}=\frac{4533}{9900}+\frac{2420}{9900}$

$=\frac{4533+2420}{9900}=\frac{6953}{9900}=\frac{6953+70-70}{9900}=\frac{7023-70}{9900}$

$=0.70\overline{23}$

13. $4.\overline{47}-3.\overline{16}+2.\overline{44}=4+\frac{47}{99}-3+\frac{16}{99}+2+\frac{44}{99}$

$=(4-3+2)+\left(\frac{47}{99}-\frac{16}{99}+\frac{44}{99}\right)$

$=3+\left(\frac{47-16+44}{99}\right)=3+\left(\frac{91-16}{99}\right)=3+\frac{75}{99}=3.\overline{75}$

14. $0.51111\ldots\ldots=0.5\bar{1}=\frac{51-5}{90}=\frac{46}{90}=\frac{23}{30}$

15. $0.\bar{4}=\frac{4}{9}\qquad\sqrt{\frac{4}{9}}=\frac{2}{3}=0.666\ldots\ldots=0.\bar{6}$

16. $(0.\bar{1})\left\{1-8(0.1\bar{1})^2\right\}$

$=\left(\frac{1}{9}\right)\left\{1-8\left(\frac{11-1}{90}\right)^2\right\}=\frac{1}{9}\left\{1-8\left(\frac{10}{90}\right)^2\right\}$

$=\frac{1}{9}\left\{1-\frac{8}{81}\right\}=\frac{1}{9}\left\{\frac{81-8}{81}\right\}=\frac{1}{9}\times\frac{73}{81}=\frac{73}{729}$

17. माना कुल तय की गई दूरी x है।

प्रश्नानुसार x का $\frac{5}{7}$ भाग $=150$

$\Rightarrow\ x=\frac{150\times 7}{5}=210$ कि.मी.

210 का $\frac{7}{15}$ भाग $=\frac{210\times 7}{15}=14\times 7=98$ कि.मी.

18. $42\frac{1}{2}\%=\frac{85}{2}\%=\frac{85}{2\times 100}=\frac{85}{200}=\frac{17}{40}$

19. माना व्यक्ति की उम्र x वर्ष है।

प्रश्नानुसार x का $\frac{1}{3}$ भाग $=18$ वर्ष

$\Rightarrow\ x=18\times 3=54$ वर्ष

27 वर्ष की उम्र के लिए उपयुक्त भिन्न $=\frac{27}{54}=\frac{1}{2}$ भाग

20. माना तीन दोस्त क्रमशः x, y एवं z है।

प्रश्नानुसार x का $\frac{1}{4}=y$ का $\frac{1}{5}=z$ का $\frac{1}{3}=k$

$\Rightarrow\ x=4k;\ y=5k;\ z=3k$

$\Rightarrow\ x:y:z=4:5:3$

आनुपातिक योग $=4+5+3=12$

दूसरे दोस्त का हिस्सा $=\frac{5}{12}\times 720$ = ₹ 300 है।

21. $824\frac{1}{5}+824\frac{2}{5}+824\frac{3}{5}+824\frac{4}{5}$

$=824+\frac{1}{5}+824+\frac{2}{5}+824+\frac{3}{5}+824\frac{4}{5}$

$=4\times 824+\left(\frac{1}{5}+\frac{2}{5}+\frac{3}{5}+\frac{4}{5}\right)=3296+\left(\frac{1+2+3+4}{5}\right)$

$=3296+\left(\frac{10}{5}\right)=3296+2=3298$

22. दिया गया है- $\frac{x}{y}=\frac{3}{4}$

$$\Rightarrow \left[\frac{5}{8}+\frac{(y-x)}{(y+x)}\right]=\left[\frac{5}{8}+\frac{\left(1-\frac{x}{y}\right)}{\left(1+\frac{x}{y}\right)}\right]=\left[\frac{5}{8}+\frac{\left(1-\frac{3}{4}\right)}{\left(1+\frac{3}{4}\right)}\right]$$

$$=\left(\frac{5}{8}+\frac{\frac{1}{4}}{\frac{7}{4}}\right)=\left(\frac{5}{8}+\frac{1}{4}\times\frac{4}{7}\right)=\frac{5}{8}+\frac{1}{7}=\frac{35+8}{56}$$

$$=\frac{43}{56}=\frac{43}{56}$$

23. $$\frac{900\times 90\times 9\times 0.9\times 0.09\times 0.009\times 0.0009}{0.03\times 0.003\times 0.3\times 0.3}$$

$$=\frac{900\times 90\times 9\times\frac{9}{10}\times\frac{9}{100}\times\frac{9}{1000}\times\frac{9}{1000}}{\frac{3}{100}\times\frac{3}{1000}\times\frac{3}{10}\times\frac{3}{10}}$$

$$=\frac{9^6}{10^7}\times\frac{10^7}{9^2}=9^4$$

24. $\frac{17}{5}=3.4;\ \frac{10}{17}=0.588;\ \frac{6}{11}=0.545;\ \frac{5}{6}=0.833$

अवरोही क्रम $=3.4;\ 0.833;\ 0.588;\ 0.545;$

$\frac{17}{5};\ \frac{5}{6};\ \frac{10}{17};\ \frac{6}{11}$

25. $$\frac{(0.08)^3-(0.04)^3}{\left((0.08)^2+0.08\times 0.04+(0.04)^2\right)}$$

हमे ज्ञात है कि $a^3-b^3=(a-b)\left(a^2+ab+b^2\right)$

$$\Rightarrow \frac{(0.08-0.04)\left((0.08)^2+0.08\times 0.04+(0.04)^2\right)}{(0.08)^2+0.08\times 0.04+(0.04)^2}$$

$$=0.08-0.04=0.04$$

❑❑❑

46

आयत-चित्र
(HISTOGRAMS)

Scan QR Code for Watching Video

आयत चित्र भी दण्ड आलेख की भांति ही जानकारी को प्रस्तुत करने का एक माध्यम है। परन्तु यह लगातार वर्ग में चलता रहता है। आयत चित्र बनाने से पहले निम्नलिखित आवृिति वितरण तालिका जो कि 40 विद्यार्थियों के वजन को प्रस्तुत करता है।

वजन (किलोग्राम में)	विद्यार्थियों की संख्या
20.5 – 25.5	12
25.5 – 30.5	8
30.5 – 35.5	10
35.5 – 40.5	15
40.5 – 45.5	7
45.5 – 50.5	8
कुल संख्या	**60**

आयतचित्र बनाने के लिए उपरोक्त आलेख सारणी का प्रयोग करेंगे।

1. विद्यार्थी के वजन के माप को दर्शाने के लिए क्षैतिज रेखा पर वजन वर्गों में प्रस्तुत करेंगे।
   माप 1 सेंटीमीटर = 5 किलोग्राम
   पहला वर्ग अन्तराल O से आरम्भ न कर '20.5' से करेंगे।
2. विद्यार्थीयों की संख्या ऊर्ध्वाधीर रेखा पर प्रस्तुत की जाएगी। यह रेखा सबसे ज्यादा अंक के रूप में ली जाएँगी। सबसे बड़ा अंक 15 है।
3. आयत चित्र बनाने के लिए समान चौड़ाई वाले आयत, विद्यार्थियों की संख्या के सामान, उसी के वर्ग में बनाए जाएगें।
   20.5 – 25.5 वर्ग का माप = 1 से.मी. और ऊँचाई 4.5 से.मी.

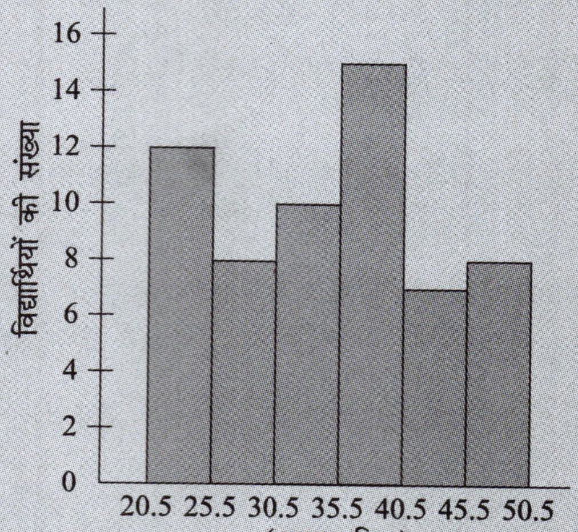

(आयत चित्र)

ध्यान दीजिए कि दिए गए आयत चित्र छड़ों के मध्य कोई भी दूरी नहीं है। यह एक ठोस चित्र के समान दिखाई दे रहा है। इसको आयत चित्र अथवा स्तंभाकृति कहते है। चित्र के द्वारा ग्रुप आलेख को लगाकर अन्तराल में प्रस्तुत किया जाता है। स्तंभों की चौड़ाई सभी आयतों में समान रहती है। परन्तु, ऊँचाई आलेख के अनुसार कम या ज्यादा होती रहती है।

प्रश्नमाला 46

सेट-1

निर्देशः बच्चों के लिए उपलब्ध खिलौनों को विभिन्न आयु-वर्ग के हिसाब से नीचे दिये गये आलेख में दिखाया गया है। आलेख का अध्ययन कीजिए और इस आलेख पर आधारित प्रश्नों के उत्तर दीजिए।

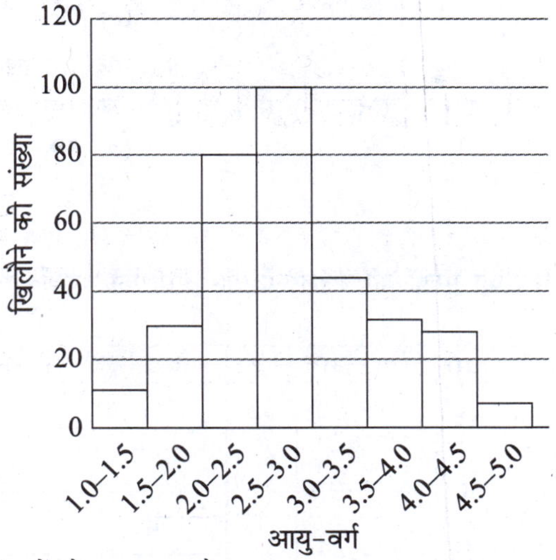

1. वह आयु-वर्ग कौन सा है, जिसमें बच्चों के पास सबसे ज्यादा खिलौने हैं?

(*a*) 1.0–1.5 (*b*) 2.5–3.0
(*c*) 4.0–4.5 (*d*) 1.5–2.0

2. आलेख के अनुसार किस आयु-वर्ग के पास 40 से 50 के बीच की संख्या में खिलौने उपलब्ध हैं?

(*a*) 4.0–4.5 (*b*) 1.0–1.5
(*c*) 2.0–2.5 (*d*) 4.5–5.0

3. मान लीजिए x_1 उन खिलौनों की संख्या है, जो आयु-वर्ग 2.0–2.5 के पास हैं और x_2 उन खिलौनों की संख्या है, जो वर्ग 4.0–4.5 के पास हैं। तद्नुसार x_1 x_2 की तुलनात्मक स्थिति क्या हैं?

(*a*) $x_1 > x_2$ (*b*) $x_2 > x_1$
(*c*) $x_1 = x_2$ (*d*) $x_1 = 4x_2$

4. वह आयु-वर्ग कौन-सा है, जिसके पास 10 से कम खिलौने हैं?

(*a*) 2.0–2.5 (*b*) 3.5–4.0
(*c*) 4.5–5.0 (*d*) उपर्युक्त में से कोई नही

सेट-2

निर्देशः निम्नांकित आयत-चित्र में एक कक्षा के 90 खिलाड़ियों के रनों को दर्शाया गया है। इस आयत-चित्र का अध्ययन करके निम्न प्रश्नों के उत्तर दीजिए।

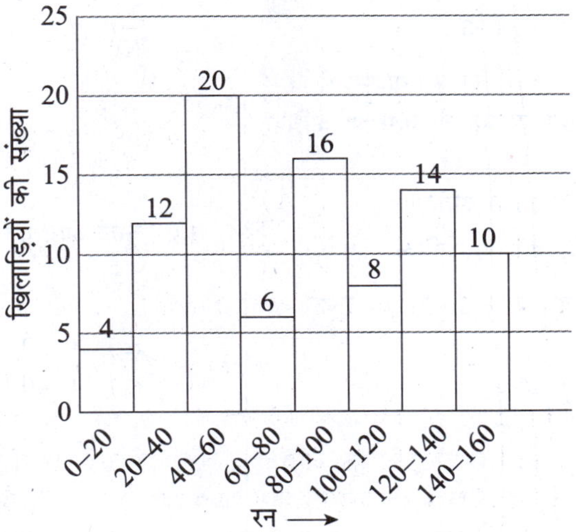

5. यदि मैच जीतने के लिए न्यूनतम रन 60 हों, तो जीते हुए खिलाड़ियों का प्रतिशतांक कितना होगा?
(*a*) 75.2% (*b*) 60.8%
(*c*) 53.3% (*d*) 41.6%

6. कुल कितने खिलाड़ियों ने 40 रनों से भी कम रन बनाए?
(*a*) 16 (*b*) 10
(*c*) 14 (*d*) 40

7. कुल कितने खिलाड़ियों ने 80 से अधिक, परन्तु 120 से कम रन बनाए?
(*a*) 32 (*b*) 24
(*c*) 15 (*d*) 26

8. उन खिलाड़ियों की संख्या ज्ञात करें जिन्होंने 120 या उससे भी ज्यादा रन बनाए?
(*a*) 19 (*b*) 10
(*c*) 24 (*d*) 16

9. यदि मैच जीतने के लिए 60 रन निर्धारित हों, तो हारे हुए खिलाड़ियों की संख्या कितनी होगी?
(*a*) 28 (*b*) 36
(*c*) 18 (*d*) 20

सेट-3

निर्देश: उपर्युक्त आयत-चित्र किसी कस्बे की पुरुषों की जनसंख्या और आय को प्रदर्शित करती है। आयत-चित्र की सहायता से पूछे गये प्रश्नों के उत्तर दीजिए।

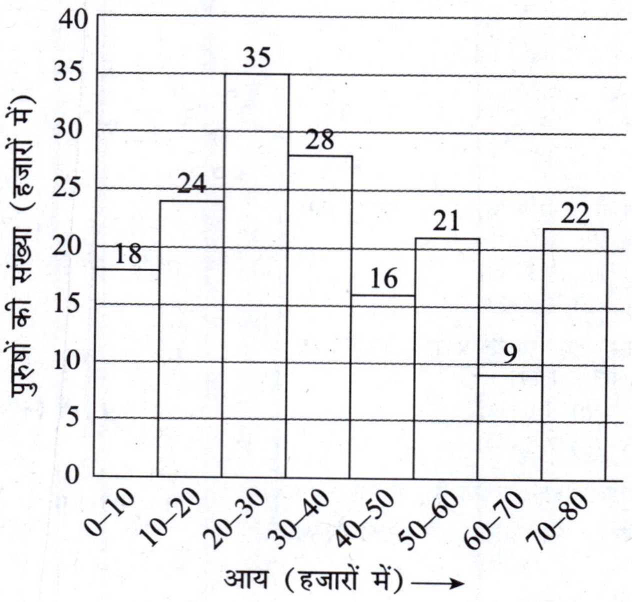

10. कस्बे में पुरुषों की कुल जनसंख्या कितनी है?
(*a*) 172000 (*b*) 173000
(*c*) 170000 (*d*) 160000

11. सबसे ज्यादा आय-वर्ग के पुरूषों की संख्या सबसे कम आय-वर्ग के पुरूषों की संख्या से कितनी कम या अधिक है?
(*a*) 4000 कम (*b*) 4000 अधिक
(*c*) 400 कम (*d*) 40000 अधिक

12. कुल कितने प्रतिशत पुरुषों की आय 30 से 40 हजार के बीच में है?
(*a*) 16% (*b*) 15%
(*c*) 20% (*d*) 13%

13. 0–20 हजार आय वाले पुरुषों की संख्या कुल जनसंख्या का कौन सा भाग प्रस्तुत करती हैं?
(*a*) $\frac{3}{7}$ (*b*) $\frac{5}{12}$
(*c*) $\frac{3}{4}$ (*d*) $\frac{1}{4}$

14. कुल आय का $\frac{1}{5}$ भाग कौन सी आय-वर्ग को प्रस्तुत करता है?
(*a*) 10–20 (*b*) 20–30
(*c*) 30–40 (*d*) 40–50

सेट-4

निर्देशः किसी स्कूल में 200 विद्यार्थियों के आयु के अनुसार आयत-चित्र का अध्ययन करके निम्नलिखित प्रश्नों के उत्तर दीजिए।

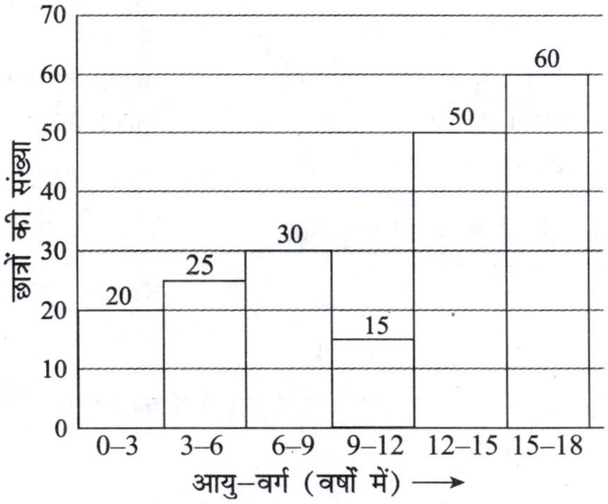

15. आलेख के अनुसार सबसे कम आयु-वर्ग के विद्यार्थियों की संख्या कुल विद्यार्थीयों की संख्या का कौन सा भाग है?

(*a*) $\frac{4}{11}$ (*b*) $\frac{3}{10}$

(*c*) $\frac{5}{7}$ (*d*) $\frac{1}{10}$

16. कुल विद्यार्थियों की संख्या का $\frac{1}{4}$ भाग किस आयु-वर्ग में उपस्थित हैं?

(*a*) 6-9 (*b*) 12-15

(*c*) 15-18 (*d*) इनमें से कोई नहीं

17. आयु-वर्ग (3-6) वर्ष के विद्यार्थीयों का $\frac{3}{5}$ किस आयु-वर्ग में है?

(*a*) 3-6 (*b*) 12-15

(*c*) 15-18 (*d*) 9-12

18. स्कूल में पढ़ने वाले सर्वाधिक विद्यार्थी किस आयु-वर्ग में है?

(*a*) 3-6 (*b*) 6-9

(*c*) 9-12 (*d*) 15-18

19. कितने % विद्यार्थी स्कूल में दाखिल होने चाहिए, जिससे कुल संख्या 250 हो जाए?

(*a*) 10% (*b*) 20%

(*c*) 25% (*d*) 30%

सेट-5

निर्देशः एक चलचित्र के लिए ₹400 तक के मूल्य की टिकटों का विवरण उपर्युक्त चित्र में प्रदर्शित किया गया है आयात-चित्र के आधार पर पूछे गये प्रश्नों के उत्तर दीजिए।

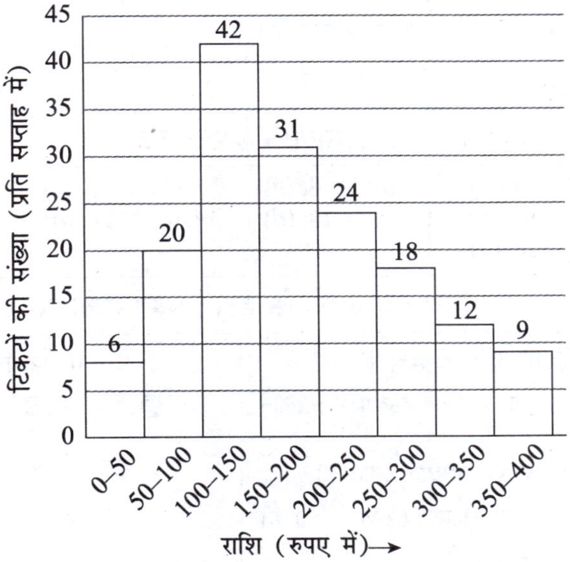

20. अधिकतम मूल्य-वर्ग और न्यूनतम मूल्य-वर्ग की प्रतिसप्ताह विक्रित टिकटों की कुल संख्या है।
(*a*) 1500 (*b*) 1000 (*c*) 1800 (*d*) 1600

21. मूल्य वर्ग 50-100 में विक्रत टिकटें मूल्य वर्ग 200-250 में विक्रित टिकटो से कितना प्रतिशत कम है?
(*a*) $15\frac{3}{5}\%$ (*b*) $16\frac{2}{3}\%$ (*c*) $33\frac{1}{3}\%$ (*d*) 17.5%

22. मूल्य वर्ग 150-200 में विक्रित टिकटें मूल्य वर्ग 250-300 में विक्रित टिकटों से कितने % अधिक है?
(*a*) 64% (*b*) 72% (*c*) 59% (*d*) 78%

23. मूल्य वर्ग 350-400 में विक्रित टिकटें कितने प्रतिशत बढ़ा दी जाये कि मूल्य वर्ग 250-300 के विक्रित टिकटों के बराबर हो जाये?
(*a*) 100% (*b*) 200% (*c*) 300% (*d*) 150%

24. मूल्य वर्ग 200-250 का मुद्रण कितना प्रतिशत कम किया जाए कि मूल्य वर्ग 50-100 के मुद्रण के बराबर हो जाता?
(*a*) $33\frac{1}{3}\%$ (*b*) $16\frac{2}{3}\%$ (*c*) 25% (*d*) 10%

सेट-6

निर्देश: निम्नांकित आयत-चित्र में खिलाड़ियों द्वारा एक वर्ष में खेले गए मैचों का विवरण है। इसका अध्ययन करके पूछे गये निम्नलिखित प्रश्नों के उत्तर दीजिए।

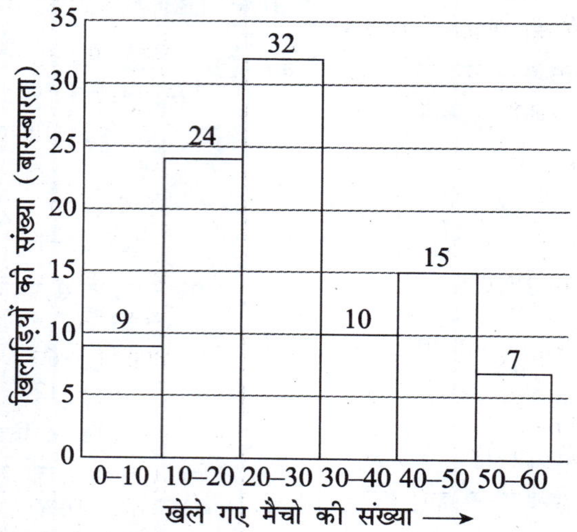

25. उपर्युक्त वर्ष में कुल कितने मैच खेले गए हैं?
(*a*) 97 (*b*) 78 (*c*) 82 (*d*) 96

26. कितने खिलाड़ी ऐसे हैं जिन्होंने 20 से कम मैच खेले है?
(*a*) 20 (*b*) 28 (*c*) 33 (*d*) 8

27. कितने खिलाड़ी ऐसे है जिन्होंने 40 या 40 से अधिक मैच खेले है?
(*a*) 25 (*b*) 22 (*c*) 32 (*d*) 29

28. उपर्युक्त वर्ष में कुल कितने खिलाड़ियों ने 30-40 मैच खेले है?
(*a*) 15 (*b*) 10 (*c*) 32 (*d*) 24

उत्तरमाला (प्रश्नमाला 46)

1. (*b*)	**2.** (*c*)	**3.** (*a*)	**4.** (*c*)	**5.** (*c*)	**6.** (*a*)	**7.** (*b*)	**8.** (*c*)	**9.** (*b*)	**10.** (*b*)	**11.** (*b*)	**12.** (*a*)
13. (*d*)	**14.** (*b*)	**15.** (*d*)	**16.** (*b*)	**17.** (*d*)	**18.** (*d*)	**19.** (*c*)	**20.** (*a*)	**21.** (*b*)	**22.** (*b*)	**23.** (*a*)	**24.** (*b*)
25. (*a*)	**26.** (*c*)	**27.** (*b*)	**28.** (*d*)								

दिये गए प्रश्नों के हल (प्रश्नमाला 46)

1. उम्र वर्ग 2.5-3.0 के पास सबसे ज्यादा खिलौने हैं।

2. उम्र 2.0-2.5 के पास 40 से 50 के बीच की संख्या में खिलौने उपलबध हैं।

3. x_1 वर्ग 2.0-2.5 के पास खिलौनों की संख्या = 80 हैं।
x_2 = वर्ग 4.0 - 4.5 के पास खिलौनों की संख्या = 50 हैं।
स्पष्ट है कि 80 > 30 अर्थात् $x_1 > x_2$

4. 10 से कम खिलौनों वाला वर्ग 4.5 - 5.0 है।

5. मैच जीते हुए कुल खिलाड़ी = 16 + 8 + 14 + 10 = 48

$$\therefore \text{ जीत प्रतिशत } = \frac{\text{जीते हुए खिलाड़ियों की संख्या}}{\text{कुल खिलाड़ियों की संख्या}} \times 100$$

$$= \frac{48 \times 100}{90} = 53.3\%$$

6. कुल $(4+12)=16$ खिलाड़ियों ने 40 रन से भी कम रन बनाए।

7. कुल $(16+8)=24$ खिलाड़ियों ने 80 से अधिक परन्तु 120 से कम रन बनाए।

8. 120 या 120 से अधिक रन बनाने वाले खिलाड़ियों की संख्या $=14+10=24$

9. जीतने के लिए 60 रन निर्धारित है।
60 रन से कम रन बनाने वाले खिलाड़ियों की संख्या
$=4+12+20=36$

10. कस्बे में पुरूषों की कुल जनसंख्या
$=(18+24+35+28+16+21+9+22)$ हजार
$=173$ हजार

11. सबसे ज्यादा आय-वर्ग के पुरूषों की संख्या = 22 हजार
सबसे कम आय-वर्ग के पुरूषों की संख्या = 18 हजार
अन्तर (22–18) हजार = 4 हजार

12. 30 से 40 हजार आय बाले पुरूषों की संख्या
= 28 हजार = 28000
$\therefore$ वांछित % $\frac{28000}{173000}\times100=\frac{28}{173}\times100=16.18\%$

13. शून्य से 20 हजार आय वाले पुरुषों की संख्या
$=18+24=42$
$\frac{\text{0 से 20 हजार आय वाले पुरूषों की संख्या}}{\text{कुल पुरुष संख्या}}$
$=\frac{42}{173}$ हजार लगभग $=\frac{1}{4}$ भाग

14. कुल आय = 173 हजार
कुल आय का $\frac{1}{5}$ भाग $=173\times\frac{1}{5}$ हजार 34.6 हजार
$=(20-30)$

15. $\frac{\text{सबसे कम आयु के विद्यार्थियों की संख्या}}{\text{कुल विद्यार्थियों की संख्या}}$
$=\frac{20}{20+25+30+15+50+60}$
$=\frac{20}{200}=\frac{1}{10}$ भाग

16. कुल विद्यार्थियों की संख्या = 200
कुल विद्यार्थियों की संख्या का $\frac{1}{4}$ भाग $=(200)\times\frac{1}{4}=50$
विद्यार्थियों की संख्या 50 आयु-वर्ग 12-15 में आती है।

17. आयु-वर्ग (3-6) वर्ष के विद्यार्थियों की संख्या = 25
आयु-वर्ग (3-6) के विद्यार्थियों की संख्या का $\frac{3}{5}$ भाग
$=25\times\frac{3}{5}=15$
विद्यार्थियों की संख्या 15 आयु-वर्ग (9-12) में आती है।

18. स्कूल में पढ़ने वाले सर्वाधिक विद्यार्थी 60 है जो आयु-वर्ग 15-18 में हैं।

19. स्कूल में कुल विद्यार्थियों की संख्या = 200
स्कूल में दाखिल नए विद्यार्थियों की संख्या
$=250-200=50$
वांछित प्रतिशत $=\frac{50}{200}\times100=25\%$

20. अधिकतम मूल्य-वर्ग की टिकटों की संख्या = 900
न्यूनतम मूल्य -वर्ग की टिकटों की संख्या = 600
$\therefore$ टिकटों की संख्या $=900+600=1500$

21. मूल्य-वर्ग 50-100 में विक्रत टिकटों की संख्या = 2000
मूल्य-वर्ग 200-250 में विक्रत टिकटों की संख्या = 2400
$\therefore$ दोनों संख्याओं में अन्तर $2400-2000=400$
$\therefore$ कमी $=\frac{400\times100}{2400}=\frac{100}{6}=\frac{50}{3}=16\frac{2}{3}\%$

22. मूल्य-वर्ग 150-200 में कुल विक्रत टिकटें = 3100
मूल्य-वर्ग 250-300 में कुल विक्रत टिकटें = 1800
दोनों में अन्तर $=3100-1800=1300$
$\therefore$ $\frac{1300}{1800}\times100=\frac{13}{18}\times100=72.0\%:72\%$

23. मूल्य - वर्ग 350-400 में विक्रत टिकटों की संख्या = 900
मूल्य-वर्ग 250-300 से में विक्रत टिकटों की संख्या = 1800
वृद्धि $=1800-900=900$
वांछित प्रतिशत $=\frac{900}{900}\times100=100\%$

24. मूल्य-वर्ग 200-250 में विक्रत टिकटें = 2400
मूल्य-वर्ग 50-100 में विक्रत टिकटें = 2000
$\therefore$ आवश्यक कमी $=2400-2000=400$
$\therefore$ % कमी $=\frac{400}{2400}\times100=\frac{100}{6}=\frac{50}{3}=16\frac{2}{3}\%$

25. खेले गए मैचों की कुल संख्या
$=9+24+32+10+15+7=97$

26. 20 से कम मैच खेलने वाले खिलाड़ियों की संख्या
$9+24=33$ है।

27. 40 या 40 से अधिक मैच खेलने वाले खिलाड़ियों की संख्या $=10+15+17=32$ है।

28. कुल 10 खिलाड़ियों ने 30 से 40 मैच खेले है।

❑❑❑

47

निर्देशांक ज्यामिति (CO-ORDINATE GEOMETRY)

Scan QR Code for Watching Video

किसी बिन्दु या रेखा की स्थिति को दो अंको द्वारा निर्देशित किया जाता है। इन दो अंको (3, 2) को निर्देशांक कहते है। पहला अंक '3' भुज और दूसरा अंक '2' कोटि कहलाता है।

- भुज
- कोटि

कार्तीय तलः

दो रेखाओं क्षैतिज और ऊर्ध्वाधीर के प्रतिच्छेदन से बने तल को कार्तीय तल कहते है। क्षैतिज तल 'X' – अक्ष तथा ऊर्ध्वाधीर तल Y – अक्ष को प्रदर्शित करता है। मूल बिन्दु (O) दोनों रेखाओं का प्रतिछेदन बिन्दु है। नीचे दिए गए चित्र में X– अक्ष क्षैतिज रेखा को तथा Y– अक्ष ऊर्ध्वाधीर रेखा को दर्शाता है और प्रतिच्छेद बिन्दु 'O' मूल बिन्दु है। इसलिए निर्मित तल को कार्तीय तल कहते है। कार्तीय तल में अनगिनित बिन्दु और रेखाएँ होती है।

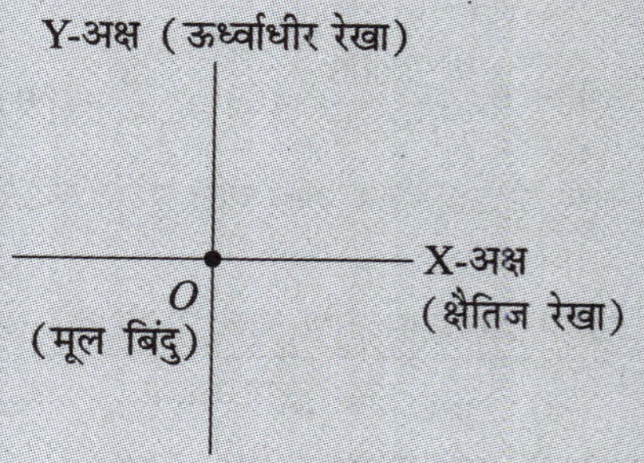

भुज (Abscissa)

मूल बिन्दु (O) से X – अक्ष पर बाँयें या दायें ली गई दूरी को अथवा Y–अक्ष से दाँयें या बाँयें ली गई लम्बवत दूरी को भुज कहते है।

नीचे दिए चित्र बिन्दु P से बिन्दु 'U' तक भुज ज्ञात करे–

बिन्दु P का भुज = 2

बिन्दु Q का भुज = –2

बिन्दु R का भुज = – 1

बिन्दु S का भुज = 4

बिन्दु T का भुज = –4

बिन्दु U का भुज = 2

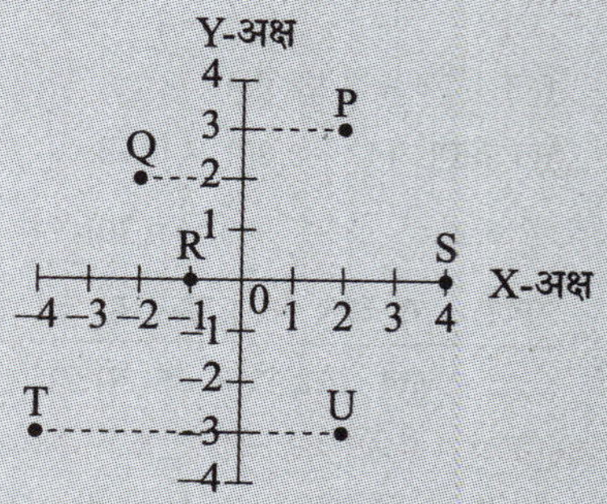

कोटि (Ordinate)

मूल बिन्दु 'O' से Y–अक्ष पर नीचे या ऊपर ली गई दूरी अथवा X–अक्ष के ऊपर या नीचे ली गई लम्बवत् दूरी को कोटि कहते है।

नीचे दिए चित्र में से बिन्दु P से बिन्दु U तक कोटि ज्ञात करें।

बिन्दु P का कोटि = 5

बिन्दु Q का कोटि = 4

बिन्दु R का कोटि = 2

बिन्दु S का कोटि = –2

बिन्दु T का कोटि = –2

बिन्दु U का कोटि = –5

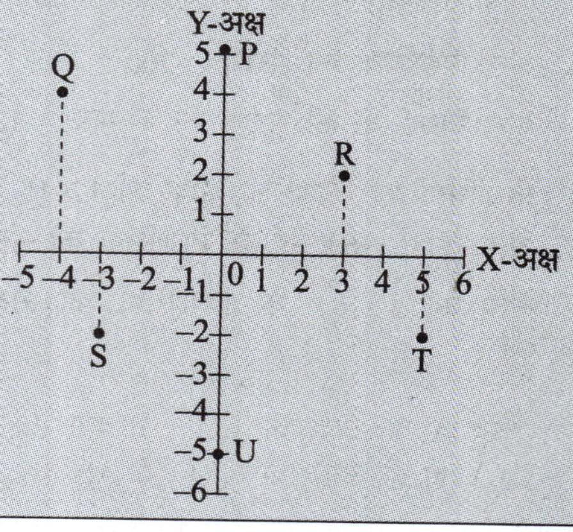

निर्देशांक ज्यामिति की चिह्न परिपाटी

X–अक्ष	Y–अक्ष
मूल बिन्दु (O) से दाँयें की दूरी धनात्मक (+) और बाँयें की दूरी ऋणात्मक (–) होती है।	मूल बिन्दु (O) से ऊपर की दूरी धनात्मक (+) और नीचे की दूरी ऋणात्मक (–) होती है।
मूल बिन्दु (O) से ऊपर की दूरी धनात्मक (+) और नीचे की दूरी ऋणात्मक (–) होती है।	मूल बिन्दु (O) से दाँयें की दूरी धनात्मक (+) और बाँयें की दूरी ऋणात्मक होती है।

बिन्दु का निर्देशांक

किसी बिन्दु या रेखा का निर्देशांक (भुज, कोटि) से बनता है जिसका संकेत (x, y) होता है।

नीचे दिए गए चित्र में से बिन्दु 'P' से बिन्दु 'U' तक के निर्देशांक ज्ञात कीजिए।

बिन्दु P का निर्देशांक $(x, y) = (4, 2)$

बिन्दु Q का निर्देशांक $(x, y) = (0, 3)$

बिन्दु R का निर्देशांक $(x, y) = (-4, -3)$

बिन्दु S का निर्देशांक $(x, y) = (0, -4)$

बिन्दु T का निर्देशांक $(x, y) = (-2, 0)$

बिन्दु U का निर्देशांक $(x, y) = (2, 0)$

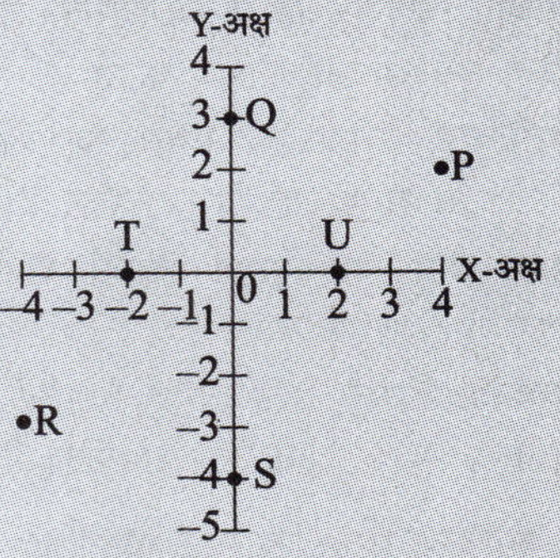

नोट:-

- मूल बिन्दु O का निर्देशांक (O, O) होता है।
- X–अक्ष पर स्थित किसी बिन्दु का निर्देशांक (X,O) या (–X, O) होता है।
  उदाहरण सहित:- (2, 0); (–3, 0) आदि
- Y–अक्ष पर स्थित किसी बिन्दु का निर्देशांक (O, Y) या (O, –Y) होता है।
  उदाहरण सहित:- (0, 5) ; (0, –1) आदि

चतुर्थांशों में स्थित बिन्दु निर्देशांक के चिन्ह

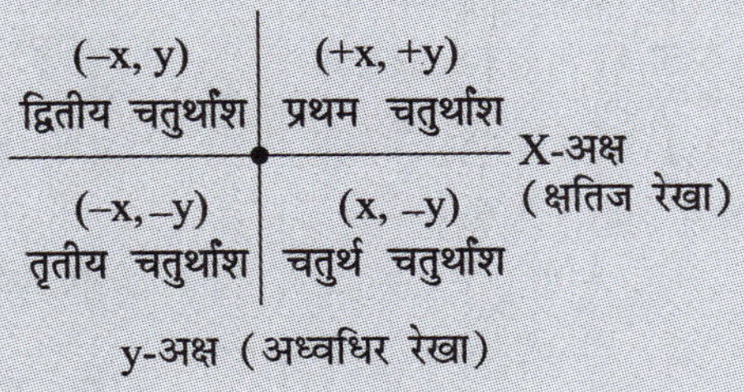

अध्याय पर सम्बन्धित प्रश्नों के प्रकार

निर्देशांक ज्यामिति में निम्नलिखित कुल सात प्रकार के प्रश्न पूछे जाते है-

(*i*) दो बिन्दुओं के बीच की दूरी पर सम्बन्धित प्रश्न
(*ii*) त्रिभुज या चतुर्भुज के क्षेत्रफल पर सम्बन्धित प्रश्न
(*iii*) समरेखी बिन्दुओं पर सम्बन्धित प्रश्न
(*iv*) त्रिभुजों के विभिन्न केन्द्रों पर सम्बन्धित प्रश्न
(*v*) बिन्दुओं के विभाजन पर सम्बन्धित प्रश्न
(*vi*) रेखा के समीकरण पर सम्बन्धित प्रश्न
(*vii*) विविध उदाहरण

साधित उदाहरण

1. दो बिन्दुओं के बीच की दूरी पर सम्बन्धित प्रश्न

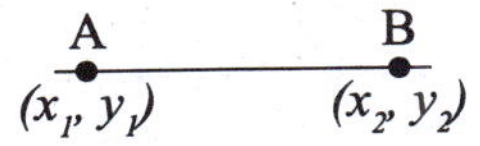

यदि बिन्दु A का निर्देशांक (x_1, y_1) तथा बिन्दु B का निर्देशांक (x_2, y_2) हो तो उनके बीच की दूरी AB ज्ञात की जा सकती है।

$$AB = \sqrt{(x_1 - x_2)^2 + (y_1 - y_2)^2} \text{ या } \sqrt{(x_2 - x_1)^2 + (y_2 - y_1)^2}$$

वर्ग: वह चर्तुभुज जिसकी चारों भुजाएँ और दोनों विकर्ण भी बराबर हों तो उसे वर्ग कहते हैं।

समचतुर्भुज: वह चर्तुभुज जिसकी चारों भुजाएँ बराबर हो और दोनों विकर्ण बराबर न हों तो उसे समचतुर्भुज कहते है।

समान्तर चर्तुभुज: वह चर्तुभुज जिसकी आमने-सामने की भुजाएँ बराबर हों परन्तु दोनों विकर्ण बराबर न हों तो उसे समान्तर चतुर्भुज कहते है।

आयत: वह चर्तुभुज जिसकी सम्मुख भुजाएँ बराबर हों और दोनों विकर्ण भी बराबर हों तो उस चतुर्भुज को उसका आयत कहते है।

समबाहु त्रिभुज: वह त्रिभुज जिसकी तीनों भुजाओं की लम्बाई समान हो तो उसे समबाहु त्रिभुज कहते है।

समद्विबाहु त्रिभुज: वह त्रिभुज जिसकी दो भुजाएँ समान लम्बाई की हों तो उसे समद्विबाहु त्रिभुज कहते है।

विषम बाहु: वह त्रिभुज जिसकी तीनों भुजाएँ असमान हों तो उसे विषम बाहु त्रिभुज कहते है।

समकोण त्रिभुज: वह त्रिभुज जिसकी दो भुजाओं के वर्गों का योग = तीसरी भुजा^{2} हो तो उसे समकोण त्रिभुज कहते है

2. क्षेत्रफल पर सम्बन्धित प्रश्न

(a) त्रिभुज का क्षेत्रफल किसी त्रिभुज के तीनों शीर्षों के निर्देशांक $(x_1, y_1), (x_2, y_2)$ तथा (x_3, y_3) हो, तो उस त्रिभुज का

क्षेत्रफल $= \frac{1}{2}\left[x_1(y_2 - y_3) + x_2(y_3 - y_1) + x_3(y_1 - y_2)\right]$

(b) किसी अन्य बहुभुज, चतुर्भुज, पंचभुज इत्यादि का क्षेत्रफल ज्ञात करना हो तो उसे त्रिभुजों में बाँटकर सभी त्रिभुजों का क्षेत्रफल ज्ञात करके उनका योग ज्ञात किया जाता है।

(c) वृत्त का क्षेत्रफल ज्ञात करने के लिए वृत्त की त्रिज्या ज्ञात करके πr^2 द्वारा उसका क्षेत्रफल ज्ञात किया जाता है।

(d) वर्ग या आयत का क्षेत्रफल ज्ञात करना हो तो उनकी भुजाओं या विकर्ण की लम्बाई $\sqrt{(x_1 - x_2)^2 + (y_1 - y_2)^2}$ से ज्ञात करके निम्नलिखित सूत्रों से क्षेत्रफल ज्ञात करते है–

वर्ग का क्षेत्रफल = भुजा^{2}

वर्ग का क्षेत्रफल $= \dfrac{\text{विकर्ण}^2}{2}$

आयत का क्षेत्रफल = लम्बाई × चौड़ाई

3. समरेखी बिन्दुओं पर सम्बन्धित प्रश्न

जिन दिए गए बिन्दुओं से एक सरल रेखा खींची जा सके, उन्हे समरेखी बिन्दु कहते हैं। दूसरे शब्दों में किसी सरल रेखा पर स्थित बिन्दु समरेखी बिन्दु कहलाते है। यदि 3 बिन्दु (x_1, y_1), (x_2, y_2) तथा (x_3, y_3) एक सीधी रेखा पर हो, तो उनसे निर्मित त्रिभुज का क्षेत्रफल शून्य (0) होता है।

$$x_1(y_2 - y_3) + x_2(y_3 - y_1) + x_3(y_1 - y_2) = 0$$

4. त्रिभुज के विभिन्न केन्द्रों पर सम्बन्धित प्रश्न

A. परिकेन्द्र

त्रिभुज की भुजाओं के लम्बार्धकों का प्रतिच्छेद बिन्दु परिकेन्द्र कहलाता है। चित्र में ΔPQR के लम्बार्धक O पर प्रतिच्छेदित कर रहे है। अत: बिन्दु O, ΔPQR

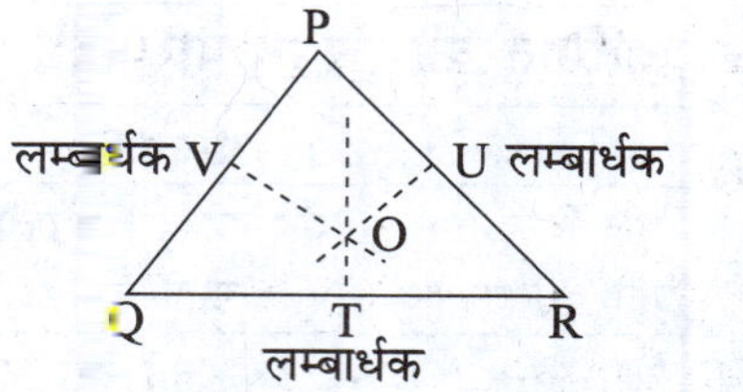

का परिकेन्द्र है। यदि ΔPQR के तीनों शीर्षों के निर्देशांक ज्ञात हो तो OP = OQ; OQ = OR और OR = OP को हल करके परिकेन्द्र O का निर्देशांक ज्ञात करते है।

B. लम्बकेन्द्र

त्रिभुज के शीर्ष लम्बों का प्रतिच्छेद बिन्दु लम्ब केन्द्र कहलाता है। चित्र में Ay, Bx तथा Cz शीर्षलम्ब है। जो परस्पर बिन्दु O पर प्रतिच्छेद कर रहे हैं। अत: बिन्दु O, ΔABC का लम्ब केन्द्र है। लम्बकेन्द्र का निर्देशांक ज्ञात करने के लिए किन्हीं दो लम्ब केन्द्रों के समीकरणों को हल करते है। इससे a, b का जो मान प्राप्त होता है वह लम्बकेन्द्र का निर्देशांक (a, b) होता है।

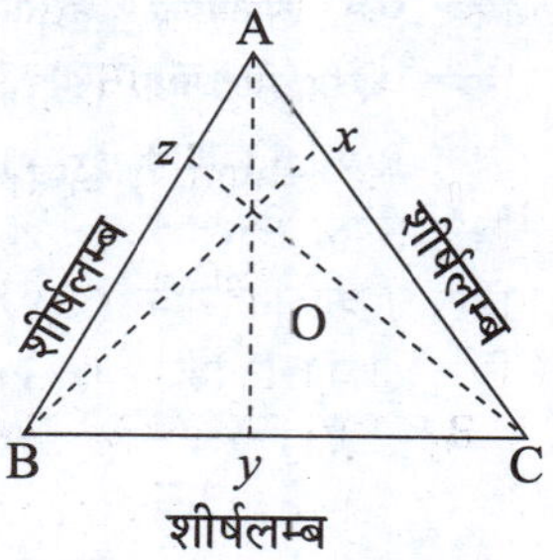

C. अन्त: केन्द्र

त्रिभुज के कोण अर्धकों का प्रतिच्छेद बिन्दु अन्त: केन्द्र कहलाता है। चित्र में ΔPQR के कोणों के अर्धक क्रमश: PD, QE तथा RF हैं जो परस्पर बिन्दु O पर प्रतिच्छेदित कर रहे है। अत: बिन्दु O, ΔPQR का अन्त: केन्द्र है। यदि Δ के तीनों शीर्षों का निर्देशांक $(x_1, y_1), (x_2, y_2)$ तथा (x_3, y_3) हो और भुजाओं की माप क्रमश: a, b, c हो तो त्रिभुज के

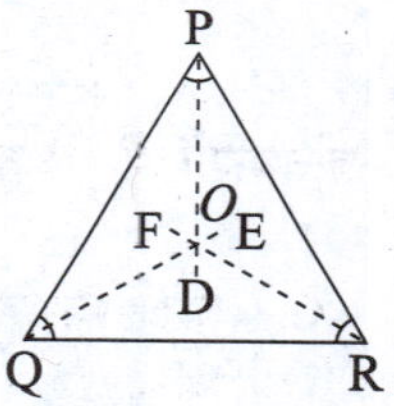

अन्त: केन्द्र का सूत्र $\left(\dfrac{ax_1 + bx_2 + cx_3}{(a+b+c)}, \dfrac{ay_1 + by_2 + cy_3}{(a+b+c)}\right)$ होगा।

D. केन्द्रक या गुरुत्व केन्द्र

त्रिभुज की माध्यिकाओं का प्रतिच्छेद बिन्दु केन्द्रक या गुरुत्व केन्द्र कहलाता है। चित्र में ΔPQR की माध्यिकाएं PS, QT तथा RU परस्पर बिन्दु O पर प्रतिच्छेदित कर रही है। अत: बिन्दु O, ΔPQR का केन्द्रक या गुरुत्व केन्द्र है।

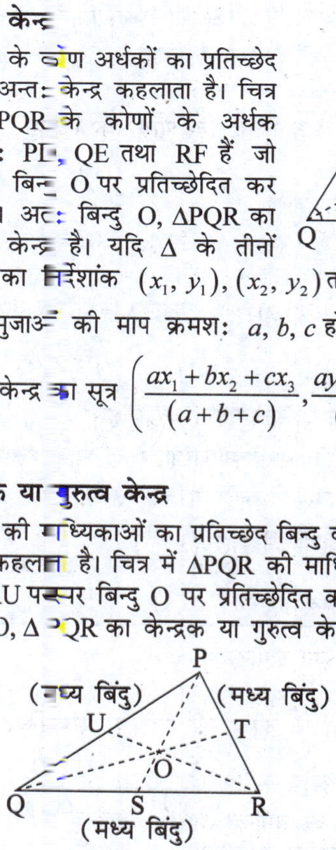

Δ PQR का शीर्ष $P = (x_1, y_1)$, $Q = (x_2, y_2)$, $R = (x_3, y_3)$ हो तो त्रिभुज का केन्द्रक O

का निर्देशांक $(x, y) = \left(\dfrac{x_1 + x_2 + x_3}{3}, \dfrac{y_1 + y_2 + y_3}{3}\right)$ होगा।

5. बिन्दुओं के विभाजन पर सम्बन्धित प्रश्न

A. अन्तः विभाजन

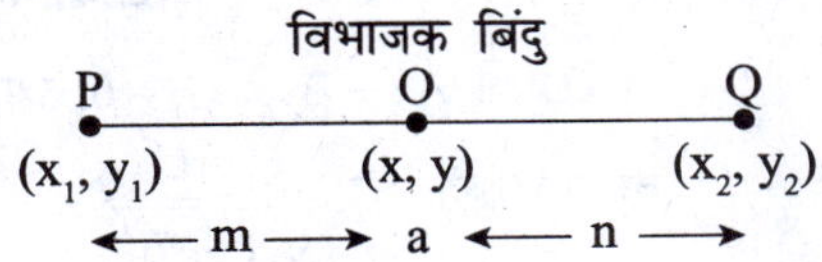

किसी रेखा PQ को कोई बिन्दु 'O' (m, n) के अनुपात में विभाजित करता है यदि बिन्दु P (x_1, y_1) तथा $Q(x_2, y_2)$ को मिलाने वाली रेखा PQ को कोई बिन्दु O, (m, n) के अनुपात में अन्तः विभाजित करे तो विभाजक बिन्दु O का निर्देशांक $(x, y) = \left(\dfrac{mx_2 + nx_1}{m+n}, \dfrac{my_2 + ny_1}{m+n}\right)$ होगा।

B. मध्य विभाजन (मध्य बिन्दु)

दो बिन्दुओं PQ के ठीक बीच में स्थित O बिन्दु उस रेखा को मध्य से विभाजित करता है। यदि बिन्दु P (x_1, y_1) तथा बिन्दु Q (x_2, y_2) का मध्य बिन्दु का निर्देशांक O (x, y) हो तो मध्य बिन्दु $(x, y) = \left(\dfrac{x_1 + x_2}{2}, \dfrac{y_1 + y_2}{2}\right)$ होगा।

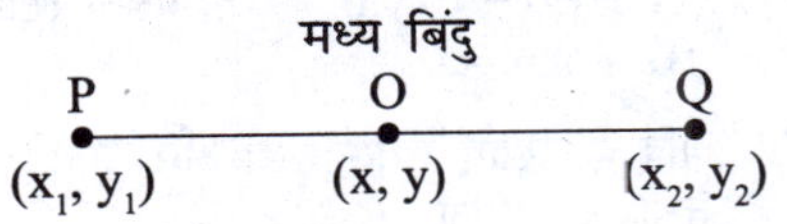

C. बाह्य विभाजन

किसी रेखा के बाहर स्थित बिन्दु उस रेखा को बाह्यतः विभाजित करता है। यदि $A = (x_1, y_1)$, $B = (x_2, y_2)$ और बिन्दु P रेखा AB को बाह्यतः विभाजित करेगा।

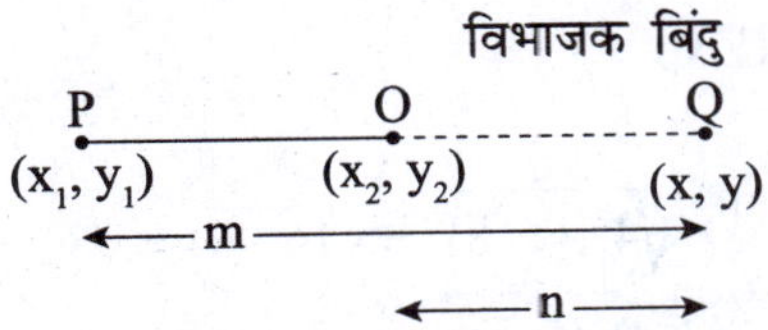

तब बिन्दु P का निर्देशांक $(x, y) = \left(\dfrac{mx_2 - nx_1}{m-n}, \dfrac{my_2 - ny_1}{m-n}\right)$

6. रेखा के समीकरण पर सम्बन्धित प्रश्न

(a) x–अक्ष का समीकरण, $y = 0$

y–अक्ष का समीकरण, $x = 0$

(b) x–अक्ष के समान्तर और a इकाई दूरी पर स्थित रेखीय समीकरण, $y = a$

y–अक्ष के समान्तर और b इकाई दूरी पर स्थित रेखीय समीकरण, $x = b$

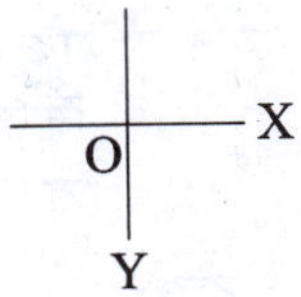

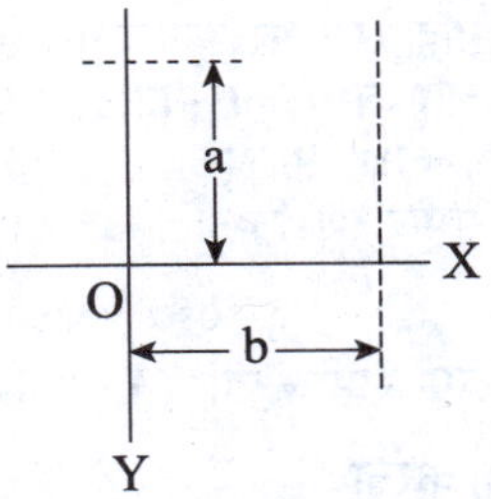

(c) रेखा के समीकरण के कुल चार आधारभूत सूत्र होते हैं।

(i) प्रवणता रूप समीकरण $(y = mx + c)$

(ii) अन्तःखण्ड रूप समीकरण $\left(\dfrac{x}{a} + \dfrac{y}{b} = 1\right)$

(iii) लम्ब रूप समीकरण $(x\cos\alpha + y\sin\alpha = P)$

(iv) व्यापक रूपों के समीकरण $(Ax + By + C = 0)$

(i) रेखा का प्रवणता रूप समीकरण

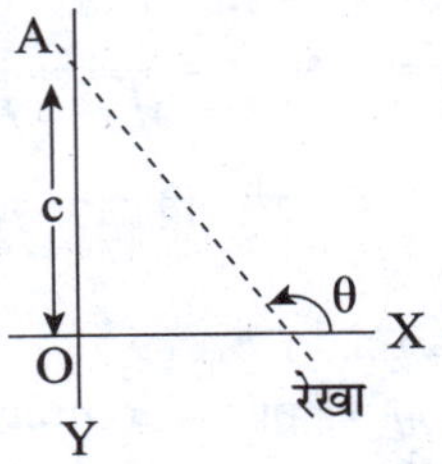

यदि रेखा A, x–अक्ष की धन दिशा से θ का कोण बनाये और y–अक्ष पर c इकाई का अन्तः खण्ड काटे तो रेखा का प्रवणता रूप समीकरण निम्न होगा

$-y = mx + c$ जहाँ m रेखा की प्रवणता है।

और $m = \tan\theta$

(ii) रेखा का अन्तः खण्ड रूप समीकरण

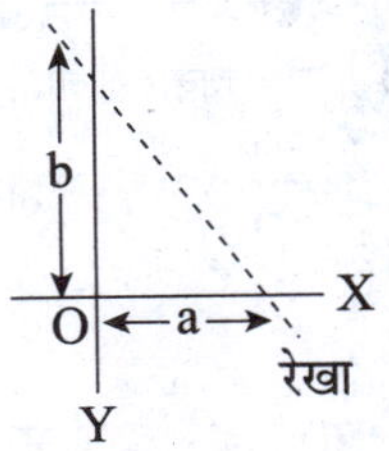

यदि कोई रेखा x–अक्ष पर a मात्रक और y–अक्ष पर b मात्रक का अन्तः खण्ड काटे तो रेखा का अन्तः खण्ड रूप समीकरण इस प्रकार होगा–

$$\frac{x}{a} + \frac{y}{b} = 1$$

(iii) रेखा का लम्ब रूप समीकरण

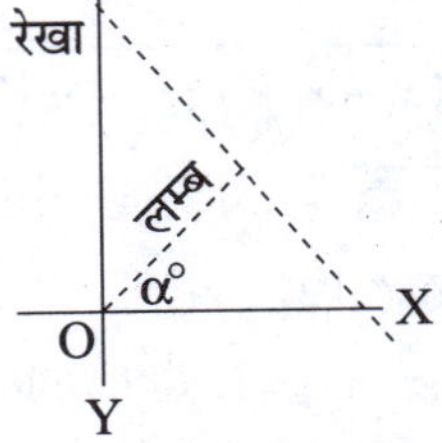

यदि रेखा पर मूलबिन्दु (0, 0) से लम्ब डाला जाए और लम्ब का माप P इकाई हो तथा लम्ब का धन x–अक्ष से झुकाव α हो तो रेखा का लम्ब रूप समीकरण निम्नलिखित होगा–

$$x\cos\alpha + y\sin\alpha = P$$

(iv) व्यापक रूप समीकरण (Ax + By + C = 0) से विविध तथ्य ज्ञात करना

रेखा की प्रवणता $(m) = \frac{-A}{B} = \frac{x}{y} \frac{\text{का गुणांक}}{\text{का गुणांक}}$

x–अक्ष पर कटा अन्तः खण्ड $(a) = \frac{-C}{A} = -\frac{\text{अचर पद}}{x \text{ का गणांक}}$

y–अक्ष पर कटा अन्तः खण्ड $(b) = \frac{-C}{B} = -\frac{\text{अचर पद}}{y \text{ का गुणांक}}$

$\cos\alpha = \frac{A}{\sqrt{A^2+B^2}}, \sin\alpha = \frac{B}{\sqrt{A^2+B^2}}, \tan\alpha = \frac{B}{A}$

रेखा पर मूल बिन्दु से डाले गये लम्ब का माप $(P) = \frac{-C}{\sqrt{A^2+B^2}}$

(A) यदि कोई रेखा बिन्दु A (x_1, y_1) से होकर जाती है और उसकी प्रवणता m हो तो रेखीय समीकरण $y - y_1 = m(x - x_1)$ होगा।

(B) यदि काई रेखा दो बिन्दुओं A (x_1, y_1) तथा B (x_2, y_2) से होकर जाती है तो रेखा की प्रवणता $(m) = \frac{y_2 - y_1}{x_2 - x_1}$ या $\frac{y_1 - y_2}{x_1 - x_2}$ होगी।

(C) यदि कोई रेखा दो बिन्दुओं A (x_1, y_1) तथा B (x_2, y_2) से होकर जाती है तो रेखीय समीकरण $y - y_1 = \frac{y_2 - y_1}{x_2 - x_1}(x - x_1)$ होगा।

7. विविध उदाहरण

(A) दो रेखाओं का प्रतिच्छेद बिन्दु ज्ञात करना - दी गई दोनों रेखाओं के समीकरणों को हल करके x, y का मान ज्ञात करते है। (x, y) के प्राप्त मान ही दोनों रेखाओं का प्रतिच्छेद बिन्दु होते हैं।

(B) दो समान्तर रेखाओं के बीच की दूरी ज्ञात करना–

दो रेखाओं $Ax + By + C_1 = 0$, तथा $Ax + By + C_2$ के बीच की दूरी $\frac{C_1 - C_2}{\sqrt{A^2+B^2}}$

(C) किसी बिन्दु की किसी रेखा से दूरी ज्ञात करना–

यदि बिन्दु का निर्देशांक (x_1, y_1) तथा रेखीय समीकरण $Ax + By + C = 0$ हो तो बिन्दु से रेखा की लम्बवत् दूरी = बिन्दु से रेखा पर डाले गए लम्ब की लम्बाई $= \frac{Ax_1 + By_1 + C}{\sqrt{A^2+B^2}}$

(D) दो रेखाओं के बीच का कोण - यदि दो रेखाओं की प्रवणताएं क्रमशः m_1 तथा m_2 हों और उनके बीच का कोण θ हो तो $\tan\theta = \pm\frac{m_1 - m_2}{1 + m_1 m_2}$

(E) $Ax + Bx + C = 0$ के समान्तर रेखीय समीकरण, $Ax + By = \lambda$

$Ax + By + C = 0$ के लम्बवत् रेखीय समीकरण, $Bx - Ay = \lambda$

(F) यदि दो रेखाएं समान्तर हों और उनकी प्रवणताएं m_1 तथा m_2 हों तो $m_1 = m_2$

यदि दो रेखाएं परस्पर लम्ब हों और उनकी प्रवणताएं m_1 तथा m_2 हों तो $m_1.m_2 = -1$

उदाहरणार्थ हल प्रश्न

दो बिन्दुओं के बीच की दूरी पर सम्बन्धित प्रश्न

प्रश्न 1: निम्नलिखित बिन्दुओं के बीच की दूरी ज्ञात कीजिए।

(*a*) (5, 5) (2, 2) (*b*) (6, –6), (2, 2)

(*c*) (2, 4), (5, 3)

उत्तर: (*a*) (5, 5) (2, 2)

यहां $(x_1, y_1) = (5, 5)$ और $(x_2, y_2) = (2, 2)$

$\therefore$ दो बिन्दुओं के बीच की दूरी

$d = \sqrt{(x_1 - x_2)^2 + (y_1 - y_2)^2} = \sqrt{(5-2)^2 + (5-2)^2}$

$= \sqrt{3^2 + 3^2} = \sqrt{9+9} = \sqrt{18} = 3\sqrt{2}$ इकाई

(*b*) (6, –6), (2, 2)

यहां $(x_1, y_1) = (6, -6)$ और $(x_2, y_2) = (2, 2)$

$\therefore$ दो बिन्दुओं के बीच की दूरी $d = \sqrt{(6-2)^2 + (-6-2)^2}$

$= \sqrt{4^2 + (-8)^2} = \sqrt{16+64} = \sqrt{80} = 4\sqrt{5}$ इकाई

(*c*) (2, 4), (5, 3)

यहां $(x_1, y_1) = (2, 4)$ और $(x_2, y_2) = (5, 3)$

$\therefore$ दो बिन्दुओं के बीच की दूरी $d = \sqrt{(2-5)^2 + (4-3)^2}$

$= \sqrt{(-3)^2 - (1)^2} = \sqrt{9+1} = \sqrt{10}$ इकाई

प्रश्न 2: एक रेखा AB की लम्बाई $3\sqrt{5}$ इकाई है। रेखा AB का बिन्दु A (4, 5) और बिन्दु 0B $(x, 2)$ है तो x का मान ज्ञात कीजिए।

उत्तर: $(x_1, y_1) = (4, 5)$; $(x_2, y_2) = (x, 2)$; $d = 3\sqrt{5}$ इकाई

$\therefore\ d=\sqrt{(x_1-x_2)^2+(y_1-y_2)^2}$

$\Rightarrow\ d^2=(x_1-x_2)^2+(y_1-y_2)^2$

$\Rightarrow\ (3\sqrt{5})^2=(4-x)^2+(5-2)^2$

$\Rightarrow\ 45=(4-x)^2+9 \quad \Rightarrow\ (4-x)^2=36$

$\Rightarrow\ 4-x=6 \quad \Rightarrow\ x=-2$

प्रश्न 3: X–अक्ष पर स्थित बिन्दु ज्ञात कीजिए। जो बिन्दुओं $(13, 2)$ और $(12, -3)$ से बना हो।

उत्तर: माना X–अक्ष पर स्थित बिन्दु $(x, 0)$ है।

$\therefore$ $(x, 0)$ से बिन्दु $(13, 2)$ तक की दूरी $=(x, 0)$ से बिन्दु $(12, -3)$ तक की दूरी

$\therefore\ \sqrt{(x-13)^2+(0-2)^2}=\sqrt{(x-12)^2+(0-(-3)^2)}$

$\therefore\ (x-13)^2+(0-2)^2=(x-12)^2+(3)^2$

$\therefore\ x^2+169-26x+4=x^2+144-24x+9$

$\therefore\ -26x+24x=153-173$

$\Rightarrow -2x=-20 \Rightarrow x=10$

$\therefore$ X–अक्ष पर स्थित वह बिन्दु $=(x, 0)=(10, 0)$

प्रश्न 4: बिन्दुओं $(2, 4), (6, 8)$ तथा $(2, 8)$ से बने त्रिभुज को प्रकृति ज्ञात करें।

उत्तर: माना $P=(2, 4), Q=(6, 8)$ तथा $R=(2, 8)$

$\therefore$ भुजा PQ की लम्बाई

$=\sqrt{(2-6)^2+(4-8)^2}=\sqrt{(-4)^2+(-4)^2}$

$=\sqrt{16+16}=\sqrt{32}$ इकाई

भुजा QR की लम्बाई

$=\sqrt{(6-2)^2+(8-8)^2}=\sqrt{4^2+0^2}=\sqrt{16}=4$ इकाई

भुजा RP की लम्बाई

$=\sqrt{(2-2)^2+(8-4)^2}=\sqrt{0^2+4^2}=\sqrt{16}=4$ इकाई

हमे ज्ञात है कि $PQ^2=QR^2+RP^2$

$\Rightarrow QR^2+RP^2=4^2+4^2=16+16=32$ और

$PQ^2 \Rightarrow (\sqrt{32})^2=32$

$\Rightarrow PQ^2=QR^2+RP^2$

$\therefore \Delta$ PQR एक समकोण त्रिभुज होगा।

प्रश्न 5: बिन्दुओं $(2, 0), (-6, -2), (-4, -4)$ तथा $(4, -2)$ से निर्मित चतुर्भुज की प्रकृति ज्ञात कीजिए।

उत्तर: माना $P=(2, 0), Q=(-6, -2),\ R=(-4, -4),$ $S=(4, -2)$

$\therefore$ भुजा PQ की लम्बाई $=\sqrt{(2-(-6)^2)+(0-2)^2}$

$=\sqrt{8^2+(-2)^2}=\sqrt{68}$ इकाई

भुजा QR की लम्बाई $=\sqrt{(-6-(-4))^2+(-2-(-4)^2)}$

$=\sqrt{-(-2)^2+(2)^2}=\sqrt{8}$ इकाई

भुजा RS की लम्बाई $=\sqrt{(-4-4)^2+(-4-(-2)^2)}$

$=\sqrt{(-8)^2+(-2)^2}=\sqrt{68}$ इकाई

भुजा SP की लम्बाई $=\sqrt{(4-2)^2+(-2-0)^2}$

$=\sqrt{(2)^2+(-2)^2}=\sqrt{8}$ इकाई

विकर्ण PR की लम्बाई $=\sqrt{(2-(-4)^2)+(0-(-4)^2)}$

$=\sqrt{(6)^2+(4)^2}=\sqrt{52}$ इकाई

विकर्ण QS की लम्बाई $=\sqrt{(-6-4)^2+(-2+2)^2}$

$=\sqrt{(10)^2+0^2}=10$ इकाई

भुजा PQ = भुजा RS $=\sqrt{68}$ इकाई

भुजा QR = भुजा SP $=\sqrt{8}$ इकाई

परन्तु विकर्ण PR $\neq$ विकर्ण QS चतुर्भुज है।

त्रिभुज या चतुर्भुज के क्षेत्रफल पर सम्बन्धित प्रश्न

प्रश्न 1: बिन्दुओं $(2, -1), (1, -1)$ तथा $(4, 1)$ से निर्मित त्रिभुज का क्षेत्रफल ज्ञात कीजिए।

उत्तर: $P=(x_1, y_1)=(2, -1)$

$Q=(x_2, y_2)=(1, -1)$

$R=(x_3, y_3)=(4, 1)$

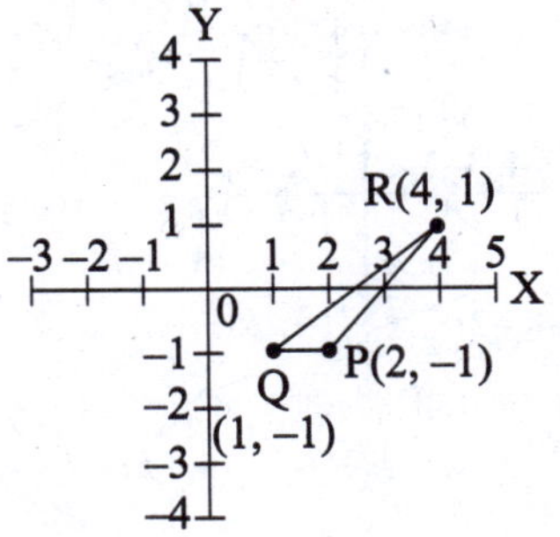

$\because\ \Delta$ PQR का क्षेत्रफल

$=\frac{1}{2}[x_1(y_2-y_3)+x_2(y_3-y_1)+x_3(y_1-y_2)]$

$=\frac{1}{2}[2(-1-1)+1(1-(-1))+4(-1-(-1))]$

$= \frac{1}{2}[2(-2)+1(2)+4(0)]$

$\frac{1}{2}[4+2+0] = \frac{2}{2} = 1$ वर्ग इकाई

प्रश्न 2: मूल बिन्दु और $(5, 0)$ तथा $(6, 2)$ से निर्मित त्रिभुज का क्षेत्रफल क्या होगा?

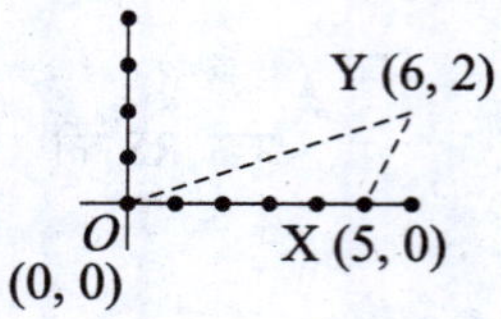

उत्तर: बिन्दु $(0, 0) = O = (x_1, y_1)$

बिन्दु $(5, 0) = X = (x_2, y_2)$

बिन्दु $(6, 2) = Y = (x_3, y_3)$

Δ OXY का क्षेत्रफल

$= \frac{1}{2}[x_1(y_2 - y_3) + x_2(y_3 - y_1) + x_3(y_1 - y_2)]$

$= \frac{1}{2}[0 \times (0-2) + 5(2-0) + 6(0-0)]$

$= \frac{1}{2}[0 + 5 \times 2 + 0] = \frac{1}{2} \times 10 = 5$ वर्ग इकाई

प्रश्न 3: ΔPQR की भुजाओं के मध्यबिन्दु P_1, Q_1, R_1 क्रमशः $(3, 4)$, $(-4, -2)$ तथा $(4, -5)$ हैं। ΔPQR का क्षेत्रफल ज्ञात कीजिए।

उत्तर: $\therefore$ ΔPQR की भुजाओं के मध्यबिन्दु से बना $\Delta P_1Q_1R_1$ है। $\Delta P_1Q_1R_1$ का क्षेत्रफल

$= \frac{1}{2}[x_1(y_2 - y_3) + x_2(y_3 - y_1) + x_3(y_1 - y_2)]$

$= \frac{1}{2} \times [3 \times (-2+5) + (-4)(-5-4) + 4(4+5)]$

$\frac{1}{2} \times [3 \times 3 + (-4)(-9) + 4(9)]$

$\frac{1}{2}[9 + 36 + 36] = \frac{81}{2}$ वर्ग इकाई

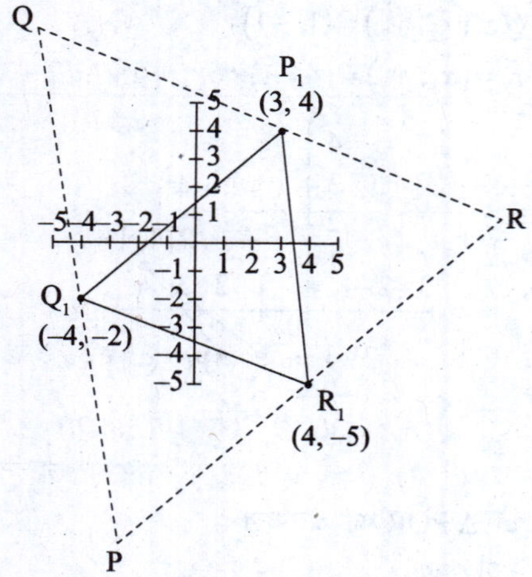

किसी भी त्रिभुज की भुजाओं के मध्य बिन्दुओं को क्रमशः मिलाने पर बराबर क्षेत्रफल वाले चार त्रिभुज बनते है।

$\therefore$ $P_1Q_1R_1$ का क्षेत्रफल $= 4 \times \Delta P_1Q_1R_1$ का क्षेत्रफल

$= 4 \times \frac{81}{2} = 162$ वर्ग इकाई

प्रश्न 4: एक वृत्त का केन्द्र $(-3, 2)$ है। यदि वृत्त पर कोई बिन्दु P(3, 5) स्थित हो तो वृत्त का क्षेत्रफल कितना होगा?

उत्तर: वृत्त का केन्द्र $(-3, 2)$ तथा P(3, 5) वृत्त पर स्थित बिन्दु है।

$\therefore$ वृत्त की त्रिज्या $= \sqrt{(-3-3)^2 + (2-5)^2}$

$r = \sqrt{(-6)^2 + (-3)^2}$

$r = \sqrt{36+9} = \sqrt{45}$

$r = 3\sqrt{5}$ इकाई

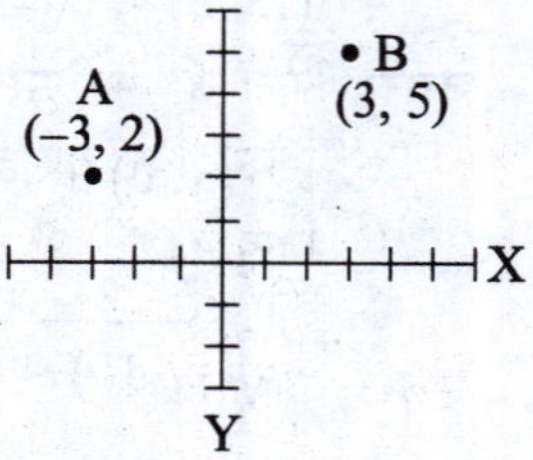

$\therefore$ वृत्त का क्षेत्रफल

$\pi r^2 = \pi \times (3\sqrt{5}) = 45\pi$

प्रश्न 5: एक वर्ग ABCD के शीर्ष क्रमशः $(5, 3)$, $(-3, 3)$, $(-3, -5)$ तथा $(5, -5)$ है। वर्ग का क्षेत्रफल कितना होगा?

उत्तर: **प्रथम विधि**

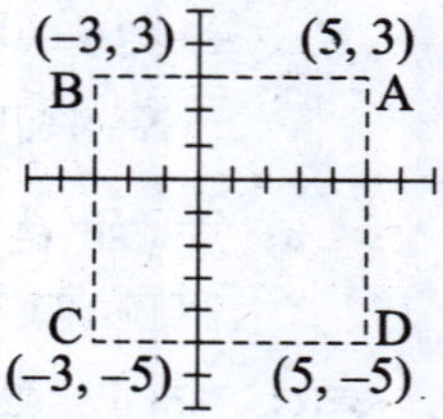

भुजा AB की लम्बाई

$\sqrt{(5+3)^2 + (3-3)^2}$

$\sqrt{8^2 + 0^2} = \sqrt{64+0} = \sqrt{64} = 8$ इकाई

$\therefore$ वर्ग का क्षेत्रफल = भुजा² $= 8^2 = 64$ वर्ग इकाई

द्वितीय विधि

विकर्ण AC की लम्बाई

$= \sqrt{(5+3)^2 + (3+5)^2} = \sqrt{64+64} = \sqrt{128}$ इकाई

$\therefore$ वर्ग का क्षेत्रफल $= \frac{\text{विकर्ण}^2}{2} = \frac{(\sqrt{128})^2}{2}$

$\frac{128}{2} = 64$ वर्ग इकाई

समरेखा बिन्दुओं पर सम्बन्धित प्रश्न

प्रश्न 1: दिए गए बिन्दु $(-6, 4)$, $(3, a)$ तथा $(7, 4)$ समरेखी हो तो a का मान ज्ञात कीजिए।

उत्तर: $(x_1, y_1) = (-6, 4), (x_2, y_2) = (3, a), (x_3, y_3) = (7, 4)$

$\Rightarrow x(y_2 - y_3) + x_2(y_3 - y_1) + x_3(y_1 - y_2) = 0$

$\Rightarrow -6(a-4) + 3(4-4) + 7(4-a) = 0$

$\Rightarrow -6a + 24 + 3 \times 0 + 28 - 7a = 0$

$\Rightarrow -13a + 52 = 0 \Rightarrow a = \frac{52}{13} = 4$

प्रश्न 2: दिए गए तीन बिन्दु $(a, b), (2, -3), (4, -5)$ समरेखी है तो यह किस समीकरण को संतुष्ट करेंगे।

उत्तर: $(x_1, y_1) = (a, b), (x_2, y_2) = (2, -3),$
$(x_3, y_3) = (4, -5)$

$\therefore \; x_1(y_2 - y_3) + x_2(y_3 - y_1) + x_3(y_1 - y_2) = 0$

$\Rightarrow \; a(-3+5) + 2(-5-b) + 4(b+3) = 0$

$\Rightarrow \; 2a - 10 - 2b + 4b + 12 = 0$

$\Rightarrow \; 2a + 2b + 2 = 0$

$\Rightarrow \; a + b + 1 = 0$

त्रिभुजों के विभित्र केन्द्रों पर सम्बन्धित प्रश्न

प्रश्न 1: किसी दिए गए त्रिभुज के शीर्ष क्रमशः (2, 4), (3, 5), (–3, 5) हो तो त्रिभुज का परिकेन्द्र का निर्देशांक ज्ञात कीजिए।

उत्तर: माना त्रिभुज का परिकेन्द्र O (*a*, *b*) है।

तब $OP = OQ \Rightarrow OP^2 = OQ^2$

$\therefore \; (a-2)^2 + (b-4)^2 = (a-3)^2 + (b-5)^2$

$\Rightarrow a^2 + 4 - 4a + b^2 + 16 - 8b = a^2 + 9 - 6a + b^2 + 25 - 10b$

$\Rightarrow -4a - 8b + 6a + 10b = -4 - 16 - 9 + 25$

$\Rightarrow 2a + 2b = 14$

$\Rightarrow a + b = 7$ ....(i)

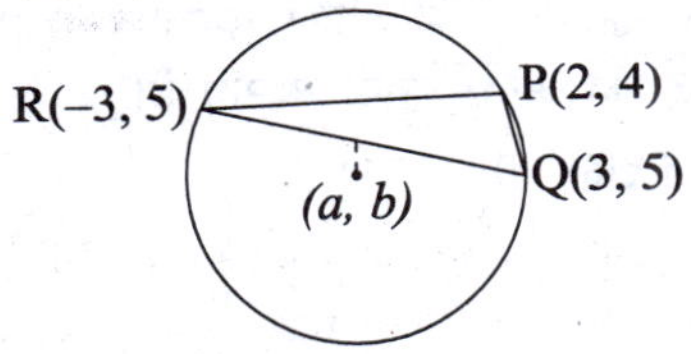

पुनः $OP = OR \Rightarrow OP^2 = OR^2$

$\therefore \; (a-2)^2 + (b-4)^2 = (a+3)^2 + (b-5)^2$

$\Rightarrow a^2 + 4 - 4a + b^2 + 16 - 8b = a^2 + 9 + 6a + b^2 + 25 - 10b$

$\Rightarrow -4a - 8b - 6a + 10b = 34 - 20$

$\Rightarrow -10a + 2b = 14$

$\Rightarrow -5a + b = 7$ ....(ii)

समीकरण (*i*) और समीकरण (*ii*) को हल करने पर–
$a = 0, b = 7$

त्रिभुज PQR का परिकेन्द्र $= (a, b) = (0, 7)$

प्रश्न 2: त्रिभुज PQR के शीर्षलम्ब PS का समीकरण $5x + 7y = 5$ तथा शीर्षलम्ब QT का समीकरण $7x - 5y = 7$ हो तो त्रिभुज PQR का लम्ब केन्द्र ज्ञात कीजिए।

उत्तर: शीर्ष लम्ब PS का समीकरण और QR की क्रमशः समीकरण

$5x + 7y = 5$ ...(1)

$7x - 5y = 7$ ...(2)

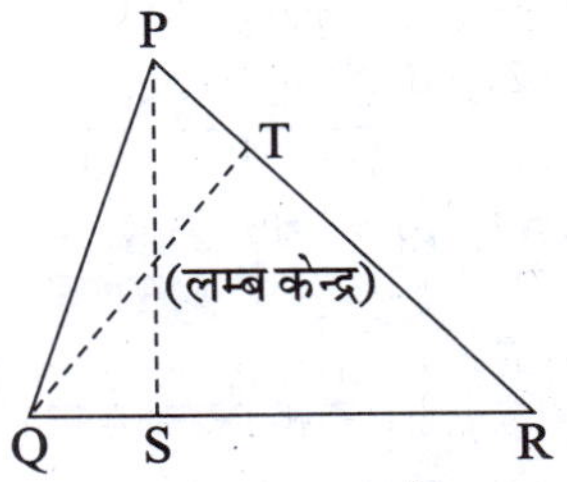

समीकरण (1) को 5 से और समीकरण (2) को 7 से गुणा करने पर–

$25x + 35y = 25$ ......(3)

$49x - 35y = 49$ ......(4)

समीकरण (3) और समीकरण (4) का योग करने पर
$74x = 74 \Rightarrow x = 1$

समीकरण (1) में $x = 1$ रखने पर $y = 0$

$\therefore$ त्रिभुज PQR का लम्ब केन्द्र $= (x, y) = (1, 0)$

प्रश्न 3: किसी त्रिभुज XYZ के शीर्ष क्रमशः (2, 0), (3, 0) तथा (6, 4) है। त्रिभुज XYZ के अन्तः केन्द्र का निर्देशांक ज्ञात कीजिए।

उत्तर: ΔXYZ में $X = (2, 0), Y = (3, 0), Z = (6, 4)$

$\therefore$ भुजा XY की लम्बाई

$= \sqrt{(2-3)^2 + (0-0)^2} = \sqrt{(-1)^2 + 0} = 1$ इकाई

भुजा YZ की लम्बाई

$= \sqrt{(3-6)^2 + (0-4)^2} = \sqrt{3^2 + 4^2} = \sqrt{25} = 5$ इकाई

भुजा ZX की लम्बाई

$= \sqrt{(6-2)^2 + (4-0)^2} = \sqrt{16+16} = \sqrt{32} = 4\sqrt{2}$ इकाई

$\therefore$ ΔXYZ का अन्तः केन्द्र

$$= \left(\frac{ax_1 + bx_2 + cx_3}{a+b+c}, \frac{ay_1 + by_2 + cy_3}{a+b+c}\right)$$

$$= \left(\frac{5 \times 2 + 4\sqrt{2} \times 3 + 1 \times 6}{5 + 1 + 4\sqrt{2}}, \frac{5 \times 0 + 4\sqrt{2} \times 0 + 1 \times 4}{5 + 1 + 4\sqrt{2}}\right)$$

$$= \left(\frac{10 + 12\sqrt{2} + 6}{12}, \frac{0 + 0 + 4}{6 + 4\sqrt{2}}\right)$$

$$= \left(\frac{16 + 12\sqrt{2}}{6 + 4\sqrt{2}}, \frac{4}{6 + 4\sqrt{2}}\right) = \left(\frac{8 + 6\sqrt{2}}{3 + 2\sqrt{2}}, \frac{2}{3 + 2\sqrt{2}}\right)$$

प्रश्न 4: एक त्रिभुज ΔPQR के तीनो शीर्ष क्रमशः (3, –4), (9, 5) तथा (3, 5) हों तो ΔPQR के केन्द्रक का निर्देशांक ज्ञात कीजिए।

उत्तर: दिया गया है

$P = (x_1, y_1) = (3, -4), Q = (x_2, y_2) = (9, 5),$

$R = (x_3, y_3) = (3, 5)$

∴ त्रिभुज PQR का केन्द्रक

$$(x,\ y)=\left(\frac{x_1+x_2+x_3}{3},\ \frac{y_1+y_2+y_3}{3}\right)$$

$$\left(\frac{3+9+3}{3},\ \frac{-4+5+5}{3}\right)=\left(\frac{15}{3},\ \frac{6}{3}\right)=(5,2)$$

बिन्दुओं के विभाजन पर सम्बन्धित प्रश्न

प्रश्न 1: बिन्दुओं (6, 9) तथा (6, 3) का अन्तः विभाजित करने वाले बिन्दु का निर्देशांक ज्ञात कीजिए। यदि विभाजन का अनुपात 1 : 2 हों।

उत्तर: दिया गया है $(x_1,\ y_1)=(6,\ 9),\ (x_2,\ y_2)=(6,3)$, $m:n=1:2$

अन्तः विभाजक बिन्दु $=\left(\frac{mx_2+nx_1}{m+n},\ \frac{my_2+ny_1}{m+n}\right)$

$$=\left(\frac{1\times6+2\times6}{1+2},\frac{1\times3+2\times9}{1+2}\right)$$

$$(x,y)=\left(\frac{6+12}{3},\frac{3+18}{3}\right)=\left(\frac{18}{3},\frac{21}{3}\right)=(6,\ 7)$$

प्रश्न 2: रेखा PQ के दोनों अन्त्य बिन्दु क्रमशः (2, 3) तथा (4, 1) है। रेखा PQ के मध्य बिन्दु का निर्देशांक ज्ञात कीजिए।

उत्तर: बिन्दु $P=(x_1,\ y_1)$ (2, 3) बिन्दु $Q=(x_2,y_2)=(4,1)$

∴ PQ का मध्य बिन्दु $(x,\ y)=\left(\frac{x_1+x_2}{2},\frac{y_1+y_2}{2}\right)$

$$=\left(\frac{2+4}{2},\frac{3+1}{2}\right)=\left(\frac{6}{2},\frac{4}{2}\right)=(3,\ 2)$$

प्रश्न 3: दो बिन्दुओं (3, –4) तथा (–5, 6) को मिलाने वाली रेखा को 4 : 3 के अनुपात में बाह्यतः विभाजित करने वाले बिन्दु का निर्देशांक ज्ञात कीजिए।

उत्तर: $(x_1,\ y_1)=(3,-4),\ (x_2,\ y_2)=(-5,6)$, $m:n=4:3$

∴ बाह्यतः विभाजक बिन्दु

$$(x,\ y)=\left(\frac{mx_2-nx_1}{m-n},\ \frac{my_2-ny_1}{m-n}\right)$$

$$=\left(\frac{4\times-5-3\times3}{4-3},\frac{4\times6-3\times-4}{4-3}\right)$$

$$=\left(\frac{-20-9}{1},\frac{24+12}{1}\right)=(-29,36)$$

प्रश्न 4: बिन्दुओं (2, 4) तथा (1, –4) को मिलाने वाली रेखा को y–अक्ष किस अनुपात में विभाजित करेगा?

उत्तर: दिया गया है $(x_1,\ y_1)=(2,4),\ (x_2,\ y_2)=(1,-4)$

माना y–अक्ष पर स्थित विभाजक बिन्दु (o,b) है। जो रेखा को $m:n$ के अनुपात में विभाजित करता है।

∴ विभाजक बिन्दु का भुज $(x)=\frac{mx_2+nx_1}{m+n}$

$$\therefore\quad 0=\frac{m\times1+n\times2}{m+n}\Rightarrow m+2n=0$$

$$\therefore\quad m=-2n\Rightarrow\frac{m}{n}=\frac{-2}{1}$$

$$\therefore\quad m:n=-(2:1)=2:1 \text{ बाह्यतः}$$

रेखीय समीकरण पर सम्बन्धित प्रश्न

प्रश्न 1: एक रेखा AB, x–अक्ष के साथ 150° का कोण बनाती है और y–अक्ष पर –2 इकाई का अन्तः खण्ड काटती है। रेखीय समीकरण ज्ञात कीजिए।

उत्तर: $c=-2$ इकाई, $\theta=150^\circ$

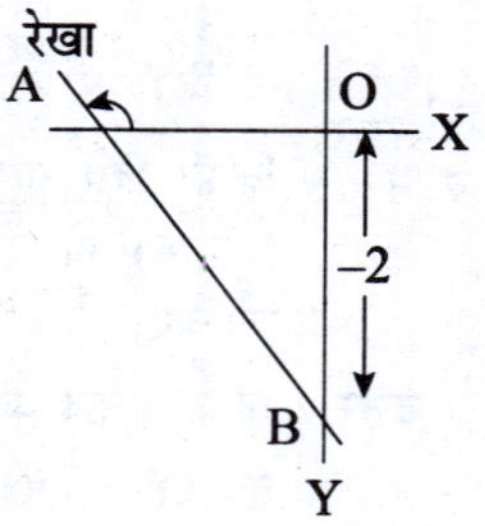

∴ प्रवणता $(m)=\tan150^\circ$

$$=-\frac{1}{\sqrt3}$$

∴ रेखीय समीकरण

$\Rightarrow y=mx+c$

$\Rightarrow y=-\frac{1}{\sqrt3}x-2$

$\Rightarrow x+\sqrt3y=-2\Rightarrow x+\sqrt3y+2=0$

(व्यापक रूप $Ax+By+C=0$)

प्रश्न 2: रेखीय समीकरण ज्ञात कीजिए, जो x–अक्ष की धन की दिशा से 135° का कोण बनाती है और y–अक्ष पर 5 इकाई का अन्तः खण्ड काटती है।

उत्तर: $c=5$ इकाई, $\theta=135^\circ$

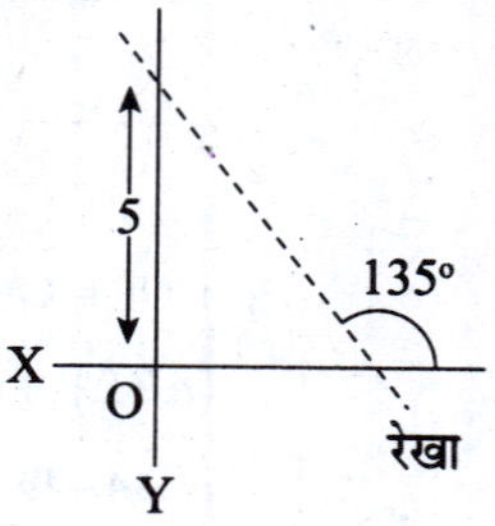

$\Rightarrow$ प्रवणता $(m)=\tan135^\circ=-1$

$\Rightarrow$ रेखीय समीकरण $y=mx+c$

$\Rightarrow\ -1x+5$

$\Rightarrow\ y=-x+5$

$\Rightarrow\ x+y-5=0$

(व्यापक रूप $Ax+By+C=0$)

प्रश्न 3: एक रेखा x–अक्ष पर 2 इकाई और y–अक्ष पर 5 इकाई का अन्तः खण्ड काटती है। रेखीय समीकरण ज्ञात कीजिए।

उत्तर: $a=2$ इकाई, $b=5$ इकाई

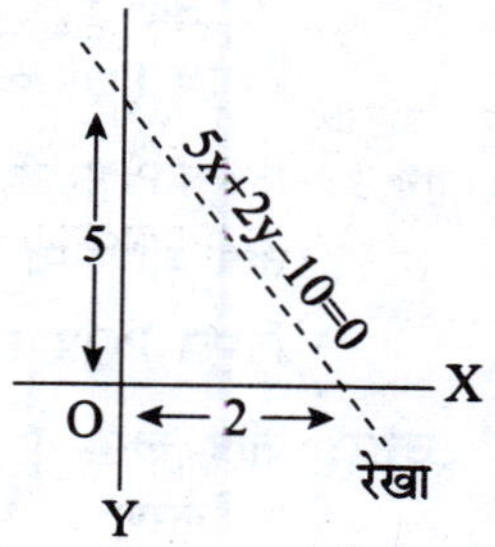

∴ रेखीय समीकरण, $\frac{x}{a}+\frac{y}{b}=1$

$\Rightarrow\ \frac{x}{2}+\frac{y}{5}=1$

$\Rightarrow\ \frac{5x+2y}{10}=1$

$\Rightarrow\ 5x+2y-10=0$

प्रश्न 4: रेखीय समीकरण ज्ञात करे जो अक्षों पर क्रमशः –2 इकाई और –1 इकाई का अन्तः खण्ड काटती है।

उत्तर: $a=-2$ इकाई, $b=-1$ इकाई

$\therefore$ रेखीय समीकरण, $\frac{x}{a}+\frac{y}{b}=1$

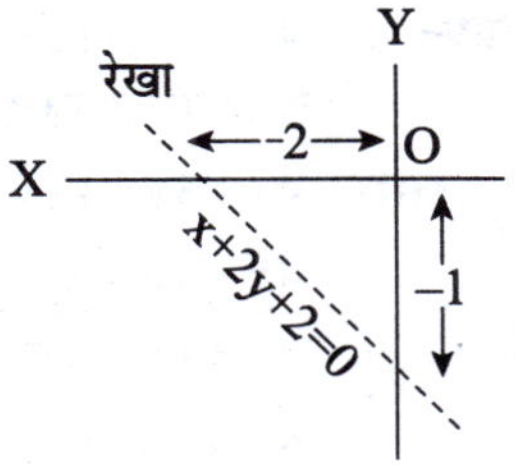

$\Rightarrow \frac{x}{-2}+\frac{y}{-1}=1$

$\Rightarrow \frac{-x-2y}{2}=1$

$\Rightarrow -x-2y=2 \quad \therefore x+2y+2=0$

प्रश्न 5: रेखा PQ पर मूल बिन्दु से डाले गये लम्ब की माप 6 इकाई और लम्ब का धन x–अक्ष से झुकाव 30° हो तो रेखीय समीकरण ज्ञात करे?

उत्तर: $\alpha = 30^\circ$, P = 6 इकाई

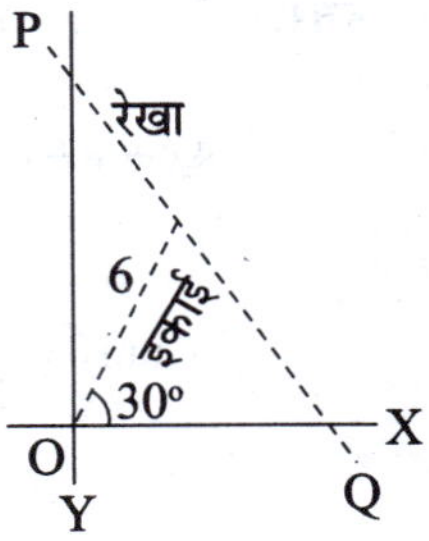

रेखीय लम्ब रूप समीकरण,

$x\cos\alpha + y\sin\alpha = P$

$\therefore x\cos 30^\circ + y\sin 30^\circ = 6$

$\Rightarrow x\times\frac{\sqrt{3}}{2}+y\times\frac{1}{2}=6$

$\Rightarrow \frac{\sqrt{3}x+y}{2}=6$

$\Rightarrow \sqrt{3}x+y=12 \Rightarrow \sqrt{3}x+y-12=0$

प्रश्न 6: रेखीय समीकरण क्या होगा, जिस पर मूल बिन्दु से डाले गये लम्ब की माप –3 इकाई और लम्ब का धन x–अक्ष से झुकाव 45° हो।

उत्तर: $\alpha = 45^\circ$, P = –3 इकाई

$\therefore$ रेखा का लम्ब रूप समीकरण, $x\cos\alpha + y\sin\alpha = P$

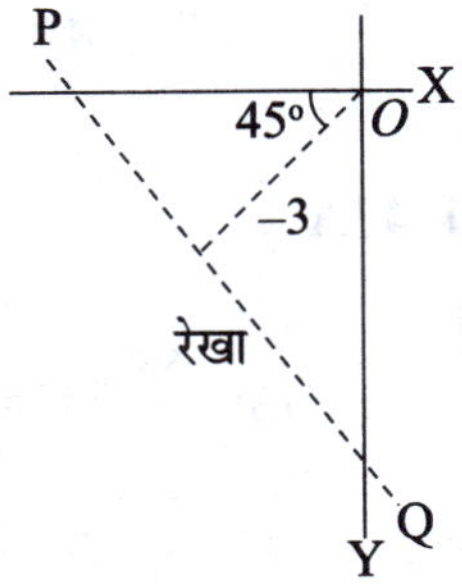

$\Rightarrow x\cos 45^\circ + y\sin 45^\circ = -3$

$\Rightarrow x\times -\frac{1}{\sqrt{2}}+y\times\frac{1}{\sqrt{2}}=-3$

$\Rightarrow \frac{x+y}{\sqrt{2}}=-3$

$x+y=-3\sqrt{2}$

$\Rightarrow x+y+3\sqrt{2}=0$

प्रश्न 7: बिन्दुओं (3, 2) तथा (4, –3) से होकर जाने वाली रेखीय प्रवणता ज्ञात कीजिए।

उत्तर: $(x_1, y_1)=(3, 2)$ तथा $(x_2, y_2)=(4, -3)$

$\therefore$ रेखीय प्रवणता $(m)=\frac{y_2-y_1}{x_2-x_1}=\frac{-3-2}{4-3}=\frac{-5}{1}=-5$

प्रश्न 8: कोई रेखा $(-2, 2)$ से होकर जाती है और उसकी प्रवणता –1 है तो रेखीय समीकरण ज्ञात कीजिए।

उत्तर: $(x_1, y_1)=(-2, 2)$ तथा प्रवणता $(m)=-1$

$\therefore$ रेखीय समीकरण $\Rightarrow y-y_1=m(x-x_1)$

$\Rightarrow y-2=-2(x+1)$

$\Rightarrow y-2=-2x-2$

$\Rightarrow y+2x=0$

$\Rightarrow 2x+y=0$

प्रश्न 9: $(-4, -6)$ तथा $(4, 6)$ से गुजरने वाली रेखीय समीकरण क्या होगा।

उत्तर: $(x_1, y_1)=(-4 -6), (x_2, y_2)=(4, 6)$

$\therefore$ रेखीय समीकरण $\Rightarrow y-y_1=\frac{y_2-y_1}{x_2-x_1}(x-x_1)$

$\Rightarrow (y+6)=\frac{6+6}{4+4}(x+4)$

$\Rightarrow y+6=\frac{12}{8}(x+4)$

$\Rightarrow y+6=\frac{3}{2}(x+4)$

$\Rightarrow 2y+12=3x+12$

$\Rightarrow 3x-2y=0$

प्रश्न 10: किसी रेखीय समीकरण $3x+2y-6=0$ है। निम्नलिखित तथ्य ज्ञात कीजिए।

(*a*) रेखा द्वारा अक्षों पर कटे अन्त: खण्डों की माप।

(*b*) रेखा पर मूल बिन्दु से डाले गये लम्ब का धन x–अक्ष झुकाव।

(*c*) रेखा पर मूल बिन्दु से डाले गये लम्ब की माप।

(*d*) रेखा की प्रवणता।

उत्तर: **समीकरण** $3x+2y-6$ का व्यापक समीकरण Ax + By + C = 0 से तुलना करने पर A = 3, B = 2, अचर पद C = –6

(*a*) x–अक्ष पर कटा अन्त: खण्ड (*a*)

$=\frac{-C}{A}=\frac{(-)(-6)}{3}=2$ इकाई

y–अक्ष पर कटा अन्त: खण्ड (*b*)

$=\frac{-C}{B}=\frac{(-)(-6)}{2}=3$ इकाई

(*b*) रेखा पर मूल बिन्दु से डाले गये लम्ब का झुकाव α हो तो, $\tan\alpha=\frac{B}{A}=\frac{-2}{3}\Rightarrow \alpha=\tan^{-1}=\frac{2}{3}$

(c) रेखा पर मूल बिन्दु से डाले गये लम्ब की माप (P)

$=\frac{-C}{\sqrt{A^2+B^2}}=\frac{-(-6)}{\sqrt{3^2+2^2}}=\frac{6}{\sqrt{9+4}}=\frac{6}{\sqrt{13}}$ इकाई

(*d*) रेखीय प्रवणता $=\frac{x \text{ का गुणांक}}{y \text{ का गुणांक}}=\frac{-A}{B}=-\frac{3}{2}$

विविध उदाहरण

प्रश्न 1: दो रेखाओं $6x+8y+20=0$ तथा $6x+8y+10=0$ के बीच की दूरी ज्ञात कीजिए।

उत्तर: रेखीय समीकरण से $c_1 = 20;\ c_2 = 10,\ A = 6,\ B = 8$

∴ रेखाओं के बीच की दूरी

$$\frac{c_1 - c_2}{\sqrt{A^2 + B^2}} = \frac{20-10}{\sqrt{6^2+8^2}} = \frac{10}{\sqrt{100}} = \frac{10}{10} = 1 \text{ इकाई}$$

प्रश्न 2: बिन्दु (5, 3) से रेखा $3x + 4y + 13 = 0$ की लाम्बिक दूरी ज्ञात कीजिए।

उत्तर: $(x_1, y_1) = (5, 3),\ Ax + By + C = 0$

$\Rightarrow 3x + 4y + 13 = 0$

∴ लाम्बिक दूरी

$$= \frac{Ax_1 + By_1 + C}{\sqrt{A^2+B^2}} = \frac{3\times 4 + 4\times 3 + 13}{\sqrt{3^3 + 4^2}} = \frac{15+12+13}{\sqrt{9+16}}$$

$$= \frac{40}{\sqrt{25}} = \frac{40}{5} = 8 \text{ इकाई}$$

प्रश्न 3: दो रेखाओं $3x + y + 15 = 0$ तथा $x + y + 9 = 0$ का प्रतिच्छेद बिन्दु ज्ञात करें।

उत्तर: $3x + y + 15 = 0$ ...(*i*)

$x + y + 9 = 0$ ...(*ii*)

समीकरण (*i*) में से समीकरण (*ii*) को घटाने पर-

$2x + 6 = 0 \Rightarrow 2x = -6 \Rightarrow x = -3$

समीकरण (*i*) में x का मान रखने पर,

∴ दोनो रेखाओं का प्रतिच्छेद बिन्दु $= (x, y) = (-3, -6)$

प्रश्न 4: $4x + 3y + 12 = 0$ के समान्तर रेखीय समीकरण ज्ञात कीजिए जो बिन्दु (3, 4) से होकर जाती है।

उत्तर: $4x + 3y + 12 = 0$ के समान्तर रेखीय समीकरण,

$4x + 3y = \lambda$ ...(*i*)

समीकरण (*i*) को (3, 4) से सन्तुष्ट कराने पर-

$4\times 3 + 3\times 4 = \lambda \Rightarrow \lambda = 12 + 12 = 24$

∴ समीकरण (*i*) में λ का मान रखने पर- $4x + 3y = 24$

प्रश्न 5: रेखाओं $2x - 3y + 1 = 0$ तथा $4x + y - 1 = 0$ के बीच का कोण ज्ञात कीजिए।

उत्तर: $2x - 3y + 1 = 0 \Rightarrow m_1 = \frac{-A}{B} = \frac{-2}{-3} = \frac{2}{3}$

$4x + y - 1 = 0 \Rightarrow m_2 = \frac{-A}{B} = \frac{-4}{1} = -4$

$$\therefore \tan\theta = \frac{m_1 - m_2}{1 + m_1 m_2} = \frac{\frac{2}{3} + 4}{1 + \left(\frac{2}{3}\times(-4)\right)} = \frac{\frac{14}{3}}{1 - \frac{8}{3}} = \frac{\frac{14}{3}}{\frac{-5}{3}}$$

$$\therefore \tan\theta = \frac{-14}{5} \Rightarrow \theta = \tan^{-1} = \frac{-14}{5}$$

प्रश्न 6: रेखा $Ax + By + C = 0$ तथा $6x + 4y + 9 = 0$ परस्पर हों तो रेखा $Ax + By + C = 0$ की प्रवणता ज्ञात कीजिए।

उत्तर: माना रेखा $Ax + By + C = 0$ की प्रवणता m_1 है।

रेखा $6x + 4y + 9 = 0$ की प्रवणता $m_2 = \frac{-6}{4} = \frac{-3}{2}$

$\therefore m_1 = m_2 = \frac{-3}{2}$

∴ रेखा $Ax + By + C = 0$ की प्रवणता $= \frac{-3}{2}$

प्रश्नमाला 47A

1. ऋजु रेखा $5x + 12y = 56$ के अक्षों के बीच के अंश की लम्बाई है:

(*a*) 14 इकाई (*b*) 15 इकाई
(*c*) 13 इकाई (*d*) 17 इकाई

2. उस त्रिभुज की ऊँचाई ज्ञात करे जिस में x -अक्ष वाली भुजा को आधार मान लिया जाए और $3x + y = 6$ तथा $x - y + 2 = 0$ समीकरणों की रेखाओं से एक त्रिभुज बनाया गया है।

(*a*) 2 इकाई (*b*) 3 इकाई
(*c*) $\sqrt{5}$ इकाई (*d*) 1 इकाई

3. $b = |a| - 4$ द्वारा निर्देशांक अक्षों के साथ आवद्ध प्रदेश का क्षेत्रफल है:

(*a*) 32 वर्ग इकाई (*b*) 18 वर्ग इकाई
(*c*) 24 वर्ग इकाई (*d*) 16 वर्ग इकाई

4. दो रेखाओं $2x + 3y = 12$ तथा $3x + 4y = 10$ और x–अक्ष से बने त्रिभुज का क्षेत्रफल कितना होगा?

(*a*) $\frac{58}{3}$ वर्ग इकाई (*b*) $\frac{64}{3}$ वर्ग इकाई
(*c*) $\frac{71}{3}$ वर्ग इकाई (*d*) 16 वर्ग इकाई

5. समबाहु Δ का शीर्ष (5, -1) और आधार रेखा $x + y = 3$ हैं। तो समबाहु त्रिभुज का क्षेत्रफल होगा:

(*a*) $\frac{1}{2\sqrt{3}}$ वर्ग इकाई (*b*) $\frac{\sqrt{3}}{6}$ वर्ग इकाई
(*c*) $\frac{2}{3}$ वर्ग इकाई (*d*) $\frac{3}{4}$ वर्ग इकाई

6. यदि बिन्दुओं A (2, −2) तथा B (x, 3) को मिलने वाली रेखा पर बिन्दु (4, 5) स्थित हो तो x का मान ज्ञात करे?

(*a*) $\frac{24}{7}$ (*b*) $\frac{13}{5}$ (*c*) $\frac{5}{13}$ (*d*) $\frac{7}{24}$

7. xy–तल में, बिन्दु A (4, 0) तथा B (3, 2) है। तद्नुसार AB त्रिज्या वाले वृत्त का क्षेत्रफल का मान कितना होगा?
(*a*) 9π (*b*) 5π (*c*) 16π (*d*) 8π

8. किसी त्रिभुज के शीर्ष क्रमशः $(6, 1), (2, 4)$ तथा (a, b) है। त्रिभुज का केन्द्रक $(8, 4)$ हो तो त्रिभुज का तीसरा शीर्ष (a, b) ज्ञात कीजिए।
(*a*) (16, 1) (*b*) (1, 7)
(*c*) (16, 7) (*d*) (7, 16)

9. बिन्दुओं (0, 0), (5, 0) तथा (5, 4) से निर्मित त्रिभुज का लाम्बिक केन्द्र है-
(*a*) (3, 4) (*b*) (4, 3)
(*c*) (5, 0) (*d*) (0, 0)

10. बिन्दुओं (x, y) तथा (y, x) को मिलाने वाली रेखा y–अक्ष से किस अनुपात में विभाजित होगी?
(*a*) $x : y$ बाह्यत: (*b*) $y : x$ बाह्यत:
(*c*) $x^2 : y^2$ बाह्यत: (*d*) $y^2 : x^2$ बाह्यत:

11. बिन्दुओं (5, 6) तथा (6, 5) को मिलाने वाली रेखा y–अक्ष से किस अनुपात में विभाजित होती है?
(*a*) 6 : 5 अन्त: (*b*) 6 : 5 बाह्यत:
(*c*) 5 : 6 अन्त: (*d*) 5 : 6 बाह्यत:

12. बिन्दुओं A(5, 10) तथा B(5, −7) को मिलाने वाली रेखा AB, X – अक्ष से किस अनुपात में विभाजित होती है?
(*a*) 9:7 (*b*) 7:9
(*c*) 7:10 (*d*) 10:7

13. $x+3y=-1$ तथा $5x-3y=7$ समीकरणों वाली दो सरल रेखाएँ 'O' बिन्दु पर एक दूसरे को काटती हैं। तद्नुसार उस 'O' बिन्दु के निर्देशांक क्या होगे?
(*a*) $\left(1, -\frac{1}{3}\right)$ (*b*) $\left(-1, \frac{1}{3}\right)$
(*c*) $\left(1, \frac{1}{3}\right)$ (*d*) $\left(-1, -\frac{1}{3}\right)$

14. बिन्दु (3, 2) से होकर जाने वाली तथा $4x+5y=20$ के समान्तर रेखा द्वारा X–अक्ष पर कटा अन्त: खण्ड है-
(*a*) $\frac{6}{5}$ (*b*) $\frac{5}{6}$ (*c*) $\frac{11}{2}$ (*d*) $\frac{9}{2}$

15. xy – निर्देशांक पद्धति में, यदि (a, b) तथा $a+5, b+P$, उस सरल रेखा पर स्थित दो बिन्दु हों, जिसका समीकरण $x=5y-9$ है, तो P किसके बराबर होगा?
(*a*) $\frac{5}{2}$ (*b*) 1 (*c*) 6 (*d*) 5

16. रेखाओं $8x+6y=9=0$ तथा $8x+6y-21=0$ के बीच की दूरी है:
(*a*) 5 इकाई (*b*) 4 इकाई
(*c*) 2 इकाई (*d*) 3 इकाई

17. बिन्दु (1, 4) से होकर जाने वाली तथा $2x+9y-14$ लम्ब रेखा द्वारा Y–अक्ष पर कटा अन्त: खण्ड ज्ञात कीजिए।
(*a*) $\frac{5}{7}$ इकाई (*b*) $-\frac{9}{5}$ इकाई
(*c*) $\frac{-1}{2}$ इकाई (*d*) $\frac{1}{3}$ इकाई

18. मूल बिन्दु (0, 0) तथा $x=6$ और $y=8$ के बिन्दु के बीच की दूरी कितनी होगी?
(*a*) 14 इकाई (*b*) 12 इकाई
(*c*) 10 इकाई (*d*) 9 इकाई

19. यदि दो बिदुओं $(0, -6)$ तथा $(x, 0)$ के बीच की दूरी 10 इकाई हो, तो x किसके बराबर होगा?
(*a*) ±9 (*b*) ±12
(*c*) 8 (*d*) ±8

20. $4x-5y+20=0$ सरल रेखा और निर्देशांक अक्षों के आलेख से बने त्रिभुज का क्षेत्रफल कितना होगा?
(*a*) 10 वर्ग इकाई (*b*) 12 वर्ग इकाई
(*c*) 3 वर्ग इकाई (*d*) 6 वर्ग इकाई

21. समीकरणों $x=5$, $y=6$ और $6x+5y=30$ से बने त्रिभुज का क्षेत्रफल ज्ञात है-
(*a*) 12 (*b*) 10 (*c*) 15 (*d*) 21

22. तीन बिन्दु $(a, b), (4, 5)$ तथा $(3, 6)$ एक सरल रेखा बनाते हैं तो निम्न में से कौन सी समीकरण ठीक है?
(*a*) $2a+b=8$ (*b*) $2a-b=4$
(*c*) $a-b=6$ (*d*) $a+b=9$

23. यदि बिन्दु $(2, -3), (3, -1)$ तथा (x, y) समरेखा है तो समीकरण ज्ञात करें।
(*a*) $x+y+2=0$ (*b*) $x+y+5=0$
(*c*) $4x-y-7=0$ (*d*) $2x-y+6=0$

24. उस समबाहु त्रिभुज का लम्बिक केन्द्र ज्ञात कीजिए, जिसके शीर्ष क्रमशः $(2, 2), (-2, -2)$ तथा $\left(-\sqrt{2}, \sqrt{2}\right)$ है-
(*a*) $\frac{1}{\sqrt{3}}, \frac{\sqrt{3}}{1}$ (*b*) $\left(-\frac{4}{\sqrt{3}}, \frac{4}{\sqrt{3}}\right)$
(*c*) $\left(\frac{\sqrt{3}}{2}, \frac{2}{\sqrt{3}}\right)$ (*d*) $\left(-\frac{\sqrt{2}}{3}, \frac{\sqrt{2}}{3}\right)$

25. x–अक्ष, y–अक्ष और $2x+3y=6$ से बने त्रिभुज की परिवृत्त की त्रिज्या क्या होगी?
(*a*) $\frac{\sqrt{13}}{2}$ इकाई (*b*) 11.8 इकाई
(*c*) $\sqrt{3}$ इकाई (*d*) 14 इकाई

26. तीन बिन्दुओं (2, 3), (4, 5) तथा (6, 4) से बने त्रिभुज के केन्द्रक से तीसरे शीर्ष की दूरी ज्ञात करें।
(*a*) 2 इकाई (*b*) $2\sqrt{5}$ इकाई
(*c*) 3 इकाई (*d*) $3\sqrt{2}$ इकाई

27. किसी समकोण त्रिभुज की परस्पर लम्बवत् भुजाओं के समीकरण क्रमशः $2x-3y+13=0$ तथा $3x-2y+7=0$ है। त्रिभुज का लम्ब केन्द्र है:
(*a*) (3, 1) (*b*) (2, 5)
(*c*) (1, 5) (*d*) (5, 1)

28. बिन्दुओं (3, -6) तथा (-4, 8) का मिलाने वाली रेखा को x–अक्ष किस अनुपात में विभाजित करता है?
(*a*) 1 : 3 अन्तः (*b*) 5 : 4 अन्तः
(*c*) 1 : 2 अन्तः (*d*) 3 : 4 अन्तः

29. बिन्दुओं (-3, 2) तथा (2, -3) से बनी रेखा x–अक्ष द्वारा किस अनुपात में विभाजित होगी?
(*a*) 3 : 2 (*b*) 2 : 3
(*c*) 1 : 2 (*d*) 3 : 1

30. $x+3y=5$ और $4x-3y=1$ ग्राफ के Y–अक्ष को दो बिन्दुओं पर मिलते हैं जिनकी बीच की दूरी ज्ञात करे?
(*a*) 3 इकाई (*b*) 4 इकाई
(*c*) 1 इकाई (*d*) 2 इकाई

31. a का मान, जिसके लिए $(a-1)x+3y-5=0$ और $(3-a)x-4y+2=0$ के ग्राफ समान्तर है:
(*a*) 1 (*b*) -5 (*c*) 3 (*d*) -1

32. P के सभी मानों के लिए रेखा $(4x + y - 9) + A(3x - 2y - 4) = 0$ एक स्थिर बिन्दु से होकर जाती है। बिन्दु का निर्देशांक है:
(*a*) (2, 1) (*b*) (1, 2)
(*c*) (3, 2) (*d*) (4, 3)

33. यदि $3x+2y-a=0$ मूल बिन्दु से गुजरती हो, तो a का मान क्या होगा?
(*a*) -2 (*b*) 0 (*c*) 3 (*d*) -1

34. सरल रेखा $a+b=\sqrt{3}$ पर मूल बिन्दु से डाले गये लम्ब का पाद है:
(*a*) $(\sqrt{3}, \sqrt{3})$ (*b*) $(1, 1)$
(*c*) $(0, 0)$ (*d*) $\left(\frac{1}{\sqrt{3}}, \frac{1}{\sqrt{3}}\right)$

35. रेखाओं $ax+by+c=0$; $ax-by+c=0$; $ax+by-c=0$ और $ax-by-c=0$ दाँए बनी आकृति का क्षेत्रफल क्या है?
(*a*) $\frac{c^2}{ab}$ (*b*) $\frac{2c^2}{ab}$ (*c*) $\frac{c^2}{2ab}$ (*d*) $\frac{c^2}{4ab}$

36. यदि एक रेखा, रेखा $5x-y=0$ पर लंब है और निर्देशक अक्षा के साथ 5 वर्ग इकाई क्षेत्रफल का एक त्रिभुज बनाती है तो इस रेखीय समीकरण क्या है?
(*a*) $x+5y\pm5\sqrt{2}=0$ (*b*) $x-5y\pm5\sqrt{2}=0$
(*c*) $5x+y\pm5\sqrt{2}=0$ (*d*) $5x-y\pm5\sqrt{2}=0$

37. रेखा $3x+4y-24=0$, x– अक्ष को A पर तथा y– अक्ष को B पर काटती है, तो त्रिभुज OAB का परिकेन्द्र, जहां O मूल बिन्दु है। क्या है?
(*a*) (2, 3) (*b*) (3, 3)
(*c*) (4, 3) (*d*) उपर्युक्त में से कोई नहीं

उत्तरमाला (प्रश्नमाला 47A)

1. (*c*) **2.** (*b*) **3.** (*d*) **4.** (*b*) **5.** (*b*) **6.** (*a*) **7.** (*b*) **8.** (*c*) **9.** (*c*) **10.** (*a*) **11.** (*d*) **12.** (*d*)
13. (*a*) **14.** (*c*) **15.** (*b*) **16.** (*d*) **17.** (*c*) **18.** (*c*) **19.** (*d*) **20.** (*a*) **21.** (*c*) **22.** (*d*) **23.** (*c*) **24.** (*d*)
25. (*a*) **26.** (*a*) **27.** (*c*) **28.** (*d*) **29.** (*b*) **30.** (*d*) **31.** (*b*) **32.** (*a*) **33.** (*b*) **34.** (*d*) **35.** (*b*) **36.** (*a*)
37. (*c*)

दिये गए प्रश्नों के हल (प्रश्नमाला 47A)

1. समीकरण $5x+12y=56$

$x=0$ रखने पर $y=5$

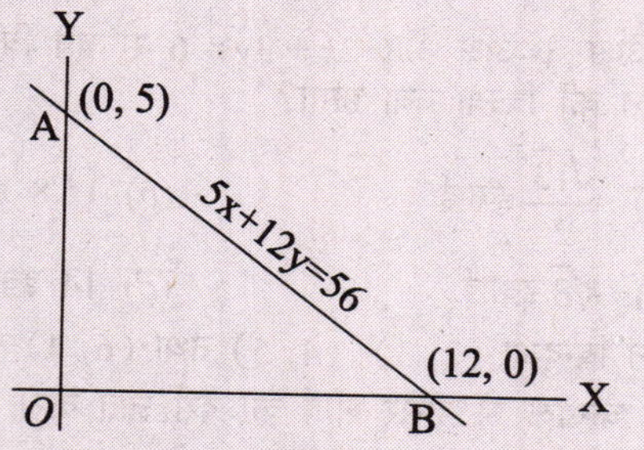

$\therefore$ बिन्दु A का निर्देशांक $=(0, 5)$

समीकरण $5x+12y=56$

$y=0$ रखने पर, $x=12$

$\therefore$ बिन्दु B का निर्देशांक $=(12, 0)$

$\therefore$ बिन्दु A से B तक की दूरी,

$$AB=\sqrt{(x_1-x_2)^2+(y_1-y_2)^2}$$

$$=\sqrt{(0-12)^2+(5-0)^2}=\sqrt{144+25}=\sqrt{169}=13 \text{ इकाई}$$

2. X–अक्ष का समीकरण,

$y=0$ ...(1)

$3x+y=6$ ...(2)

$x-y=-2$ ...(3)

समीकरण (2) में $y=0$ रखने पर, $x=2$

$\therefore$ बिन्दु B का निर्देशांक $=(2, 0)$

समीकरण (2) और समीकरण (3) को हल करने पर, $x=1$, $y=3$

$\therefore$ बिन्दु C का निर्देशांक $(1, 3)$

समीकरण (3) में $y=0$ रखने पर, $x=-2$

$\therefore$ बिन्दु A का निर्देशांक $=(-2, 0)$

$\therefore$ ΔABC का क्षेत्रफल

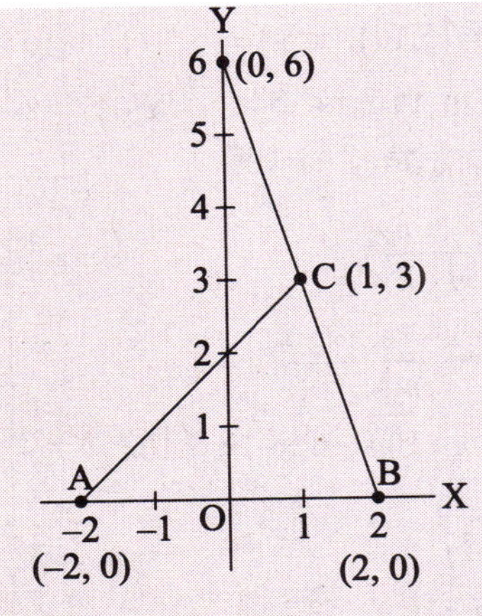

$\Rightarrow \frac{1}{2}[x_1(y_2-y_3)+x_2(y_3-y_1)+x_3(y_1-y_2)]$

$= \frac{\text{आधार} \times \text{ऊँचाई}}{2}$

$\Rightarrow \frac{1}{2}[-2\times(0-3)+2\times(3-0)+1\times(0-0)] = \frac{AB\times h}{2}$

$\Rightarrow \frac{1}{2}[6+6+0] = \frac{AB\times h}{2}$

$\Rightarrow \frac{1}{2}\times 12 = \frac{AB\times h}{2} \Rightarrow 12 = 4\times h$

$\Rightarrow$ ऊँचाई $=3$ इकाई

3. $b = |a| - 4 \Rightarrow b = \pm a - 4$

अत: $b = a - 4$

और $b = -a - 4$

अत: $b = |a| - 4$ तथा

अक्षों से चित्रानुसार ΔPQR बनेगा।

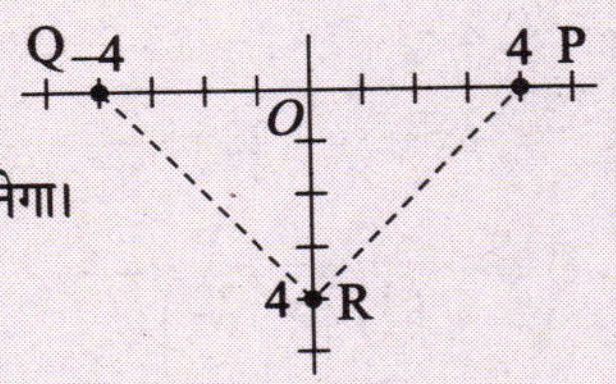

जहां $PQ = 4 + 4 = 8$ इकाई

और ऊँचाई $OR = 4$ इकाई

$\therefore$ Δ PQR का क्षेत्रफल $= \frac{\text{लम्ब} \times \text{आधार}}{2}$

$= \frac{4\times 8}{2} = 16$ वर्ग इकाई

4. $2x + 3y = 12$ ...(*i*)

$3x + 4y = 10$ ...(*ii*)

अक्ष का समीकरण,

$y = 0$ ...(*iii*)

रेखा (*i*) और (*ii*) को हल करने पर, $x = -18, \quad y = 16$

$\therefore$ रेखा (*i*) और (*ii*) का प्रतिच्छेद बिन्दु $C = -18, 16$

रेखा (*ii*) और (*iii*) को हल करने पर, $x = \frac{10}{3}$ और $y = 0$

रेखा (*iii*) और रेखा (*i*) का प्रतिच्छेद बिन्दु $x = 6$

और $y = 0$

$\therefore$ रेखा (iii) और रेखा (*i*) का प्रतिच्छेद बिन्दु $B = (6, 0)$

अत: ΔABC का क्षे.

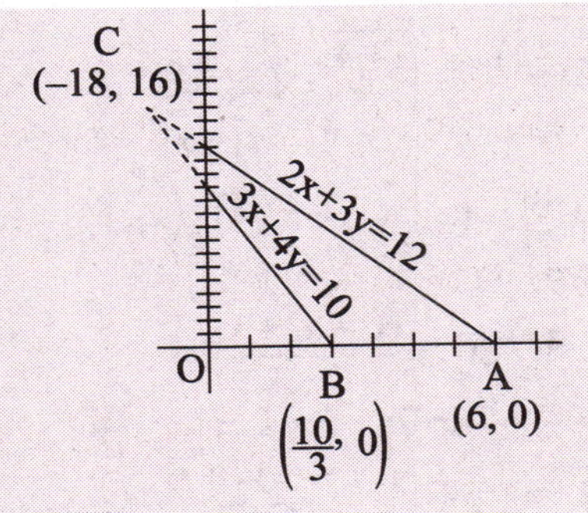

$= \frac{1}{2}[x_1(y_2-y_3)+x_2(y_3-y_1)+x_3(y_1-y_2)]$

$= \frac{1}{2}\left[\frac{10}{3}(0-16)+6(16-0)+-18(0-0)\right]$

$\frac{1}{2}\left[-\frac{160}{3}+96\right] = \frac{1}{2}\left[\frac{-160+288}{3}\right]$

$\frac{1}{2}\times\frac{128}{3} = \frac{64}{3}$ वर्ग इकाई

5. दिया गया है आधार BC का समीकरण

$x + y = 3 \Rightarrow x + y - 3 = 0$

अब बिन्दु (5 −1) से रेखा $x + y - 3 = 0$ पर डाले गये लम्ब की लम्बाई $= \frac{5\times 1 + (-1)\times 1 - 3}{\sqrt{1^2+1^2}}$

$= \frac{5-1-3}{\sqrt{2}} = \frac{+1}{\sqrt{2}}$ इकाई

$\because$ समबाहु त्रिभुज की ऊँचाई

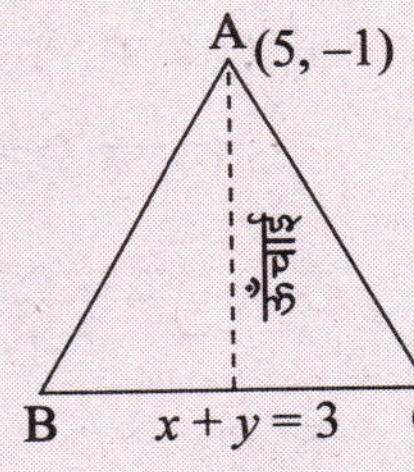

$= \frac{\sqrt{3}}{2} \times$ भुजा

$\therefore \quad \frac{1}{\sqrt{2}} = \frac{\sqrt{3}}{2} \times$ भुजा

$\Rightarrow$ भुजा $= \frac{2}{\sqrt{3}\times\sqrt{2}} = \frac{\sqrt{2}}{\sqrt{3}}$

$\therefore$ समबाहु Δ का क्षे. $= \frac{\sqrt{3}}{4}$ भुजा^{2} $= \frac{\sqrt{3}}{4}\times\sqrt{\frac{2}{3}}\times\sqrt{\frac{2}{3}}$

$= \frac{\sqrt{3}\times 2}{4\times 3} = \frac{\sqrt{3}\times 1}{2\times 3} = \frac{\sqrt{3}}{6}$ वर्ग इकाई

6. $(x_1, y_1) = (2, -2), (x_2 - y_2) = (x, 3)$, $(x_3, y_3) = (4, 5)$

$\because$ तीनों बिन्दु समरेखी हैं।

$\therefore \quad x_1(y_2-y_3)+x_2(y_3, y_1)+x_3(y_1-y_2) = 0$

$\Rightarrow 2(3-5)+x(5-(-2))+4(-2-3) = 0$

$\Rightarrow 2(-2)+x(7)+4(-5) = 0$

$\Rightarrow -4+7x-20 = 0 \Rightarrow 7x-24 = 0 \Rightarrow x = \frac{24}{7}$

7. $A = (4, 0), B = (3, 2)$

$\therefore$ त्रिज्या $AB = \sqrt{(x_1-x_2)^2+(y_1-y_2)^2}$

$= \sqrt{(4-3)^2+(0-2)^2}$

$r=\sqrt{1^2+(-2)^2}=\sqrt{1+4}=\sqrt{5}$ इकाई

$\therefore$ वृत्त का क्षेत्रफल $=\pi r^2=\pi\left(\sqrt{5}\right)^2=5\pi$ वर्ग इकाई

8. $(x_1, y_1)=(6,1)$, $(x_2, y_2)=(2,4)$, $(x_3, y_2)=(a,b)$ वे. न्द्रक $=(8,4)$

$\because$ केन्द्रक का भुज $=\dfrac{x_1+x_2+x_3}{3}$

$\therefore\ 8=\dfrac{6+2+a}{3}\Rightarrow 24=8+a\Rightarrow a=16$

और केन्द्रक की कोटि $=\dfrac{(y_1+y_2+y_3)}{3}$

$\therefore\ 4=\dfrac{1+4+b}{3}\Rightarrow 12=5+b\Rightarrow b=7$

$\therefore$ तीसरा शीर्ष $(x,y)=(16,7)$

9. तीन बिन्दुओं $(0,0)$ $(5,0)$ तथा $(5,4)$ से समकोण त्रिभुज बनता होता है जिसका $\angle A=90°$ और समकोण त्रिभुज का लाम्बिक केन्द्र समकोण वाला शीर्ष होता है। अतः ΔOAB का लाम्बिक केन्द्र = (5, 0)

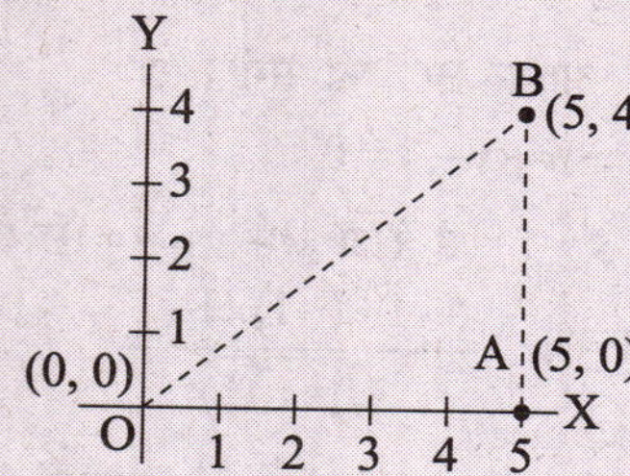

10. $(x_1, y_1)=(x,y)$, $(x_2, y_2)=(y,x)$

$Y-$अक्ष पर विभाजक बिन्दु = $(0,\ y)$

$\therefore$ विभाजक बिन्दु का भुज $=\dfrac{mx_2+nx_1}{m+n}$

$\Rightarrow\ 0=\dfrac{m\times y+n\times x}{m+n}\Rightarrow\ my+nx=0$

$\Rightarrow\ my=-nx\Rightarrow\dfrac{m}{n}=\dfrac{-x}{y}\Rightarrow\ m:n=x:y$ बाह्यतः

11. $(x_1, y_1)=(5,6)$, $(x_2, y_2)=(6,5)$

विभाजक बिन्दु $=(0,y)$

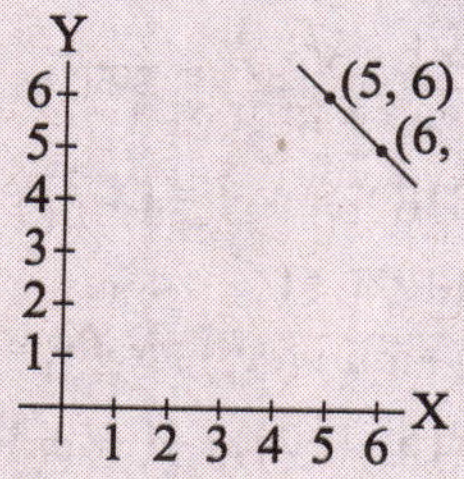

विभाजक बिन्दु का भुज $=\dfrac{mx_2+nx_1}{m+n}$

$\Rightarrow\ 0=\dfrac{m\times 6+n\times 5}{m+n}\Rightarrow 6m+5n=0$

$\Rightarrow\ 6m=-5n\Rightarrow\dfrac{m}{n}=\dfrac{-5}{6}$

$\Rightarrow\ m:n=-(5:6)=5:6$ बाह्यतः

12. $(x_1, y_1)=(5,10), (x,y)=(5,-7)$

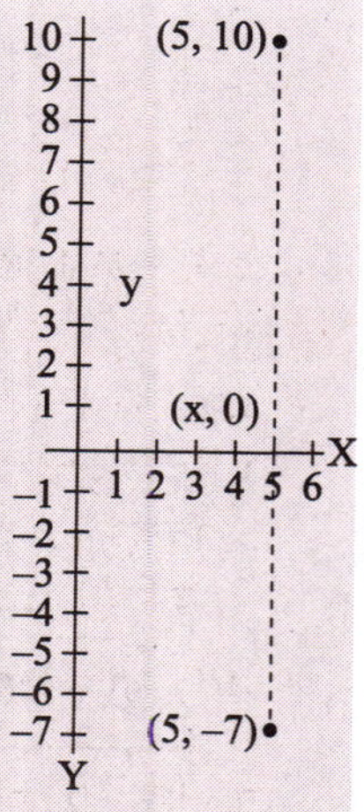

X - अक्ष पर विभाजक बिन्दु $=(x,0)$

$\therefore$ विभाजक बिन्दु की कोटि

$=\dfrac{my_2+ny_1}{m+n}$

$\Rightarrow 0=\dfrac{m\times -7+n\times 10}{m+n}$

$=-7m+10n=0\Rightarrow 7m=10n$

$\Rightarrow\ \dfrac{m}{n}=\dfrac{10}{7}$

$\Rightarrow\ m:n=10:7$ अन्तः

13. दिया गया है

$x+3y=-1$ ...(*i*)

$5x-3y=7$ ...(*ii*)

समीकरण (*i*) और समीकरण (*ii*) को जोड़ने पर,

$6x=6\ \Rightarrow\ x=1$

समीकरण (*i*) में $x=1$ रखने पर, $y=\dfrac{-1}{3}$

$\therefore$ बिन्दु P का निर्देशांक = दोनों रेखाओं का प्रतिच्छेद बिन्दु $=\left(1,-\dfrac{1}{3}\right)$

14. रेखा $4x+5y=20$ के समानन्तर रेखीय समीकरण-

$4x+5y=\lambda$ ...(*i*)

समीकरण (*i*) को (3, 2) से सन्तुष्ट कराने पर,

$4\times 3+5\times 2=\lambda\Rightarrow\ \lambda=12+10=22\Rightarrow\lambda=22$

$4x+5y=22\Rightarrow\dfrac{4x}{22}+\dfrac{5y}{22}=1$

$\Rightarrow\dfrac{x}{\left(\frac{11}{2}\right)}+\dfrac{y}{\left(\frac{22}{5}\right)}=1$

$\therefore$ X- अक्ष पर कटा अन्तः खण्ड $=\dfrac{11}{2}$ इकाई

15. $\because$ (a,b) रेखा $x=5y-9$ पर स्थित है।

$\therefore$ (a,b) समीकरण $x=5y-9$ को संतुष्ट करेगा।

$\therefore\ a=5b-9$

इसी प्रकार $(a+5, b+p)$ भी समीकरण $x=5y-9$ को संतुष्ट करेगा।

$\therefore\ a+5=5(b+p)-9\Rightarrow a+5=5b+5p-9$

$\Rightarrow\ 5b-9+5=5b+5p-9$

$\Rightarrow 5p=5\Rightarrow P=1$

16. $8x+6y+9=0$ तथा $8x+6y-21=0$ के बीच की दूरी

$\dfrac{9-(-21)}{\sqrt{8^2+6^2}}=\dfrac{30}{\sqrt{64+36}}=\dfrac{30}{\sqrt{100}}=\dfrac{30}{10}=3$ इकाई

17. $2x+9y-14=0$ पर लम्ब रेखीय समीकरण $-9x-2y=\lambda$

समीकरण (1) को (1, 4) से सन्तुष्ट कराने पर,

$9\times 1-2\times 4=\lambda\Rightarrow\lambda=1$

$\therefore$ लम्ब रेखीय समीकरण - $9x-2y=1$

$\Rightarrow \dfrac{x}{\left(\dfrac{1}{9}\right)}+\dfrac{y}{\left(-\dfrac{1}{2}\right)}=1$

$\therefore$ Y - अक्ष पर कटा अन्त: खण्ड $=-\dfrac{1}{2}$ इकाई

18. मूल बिन्दु $O=(0,\ 0)$

$x=6$ का निर्देशांक $A=(6,\ 0)$

$y=8$ का निर्देशांक $B=(0,\ 8)$

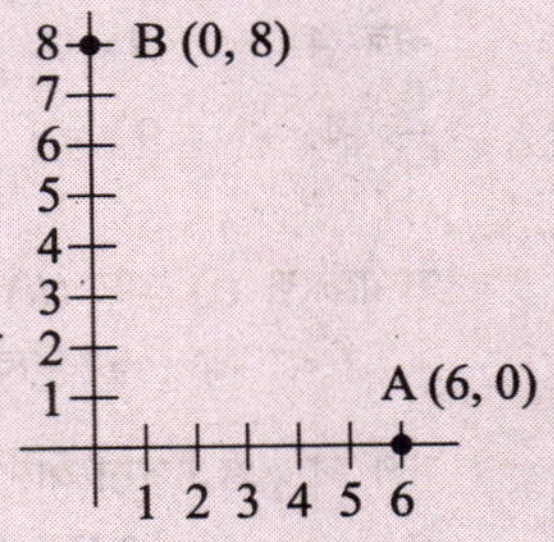

$\therefore$ बिन्दुओं A और B के बीच की दूरी,

$AB=\sqrt{(x_1-x_2)^2+(y_1-y_2)^2}$

$=\sqrt{(6-0)^2+(0-8)^2}$

$=\sqrt{36+64}=\sqrt{100}=10$ इकाई

19. दिया गया है

$(x_1,\ y_1)=(0,-6)$ तथा $(x_2,\ y_2)=(x,\ 0)$, $d=10$ इकाई

$\because$ दो बिन्दुओं $(x_1,\ y_1)$ तथा $(x_2,\ y_2)$ के बीच की दूरी d हो

तो- $d=\sqrt{(x_1-x_2)^2+(y_1-y_2)^2}$

$\therefore\ 10=\sqrt{(0-x)^2+(-6-0)^2}=\sqrt{x^2+36}$

$100=x^2+36\Rightarrow x^2=100-36=64$

$\Rightarrow\ x=\pm 8$

20. रेखीय समीकरण, $4x-5y+20=0$ है

$\therefore\ 4x-5y=-20$

$\Rightarrow \dfrac{4x}{-20}-\dfrac{5y}{-20}=\dfrac{-20}{-20}$

$\therefore\ \dfrac{x}{-5}+\dfrac{y}{4}=1$

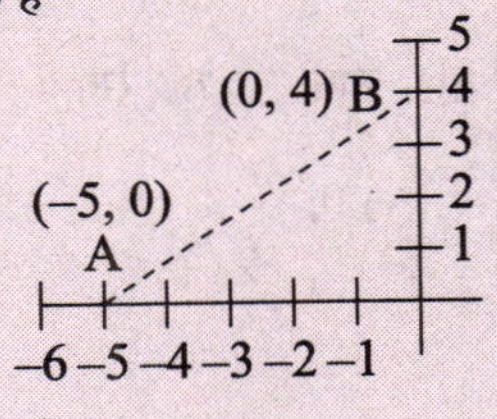

त्रिभुज OAC का क्षेत्रफल

क्षेत्रफल $=\dfrac{OA\times OB}{2}=\dfrac{5\times 4}{2}=10$ वर्ग इकाई

21. दिया गया है

$x=5$

$y=6$

$6x+5y=30$

उपर्युक्त तीनों रेखाओं से समकोण ΔOAB बनेगा।

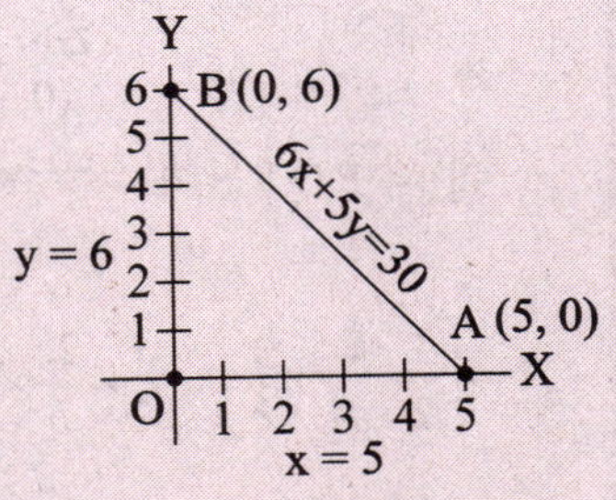

$\therefore$ Δ OAB का क्षेत्रफल

$=\dfrac{\text{लम्ब} \times \text{आधार}}{2}$

$=\dfrac{6\times 5}{2}=15$ वर्ग इकाई

22. $(x_1,y_1)=(a,b),(x_2,y_2)=(4,5),(x_3,y_3)=(3,\ 6)$

$\because$ तीनों बिन्दु समरेखीय हैं।

$\therefore\ x_1(y_2-y_3)+x_2\ (y_3-y_1)+x_3(y_1-y_2)=0$

$a(5-6)+4(6-b)+3(b-5)=0$

$a\times(-1)+24-4b+3b-15=0$

$-a-b+9=0$

$a+b-9=0\Rightarrow a+b=9$

23. $(x_1,y_1)=(2,-3),(x_2,y_2)=(3,-1),(x_3,\ y_3)=(x,y)$

तीनो बिन्दु समरेखीय है

$\therefore\ x_1\ (y_2-y_3)+x_2\,(y_3-y_1)+x_3\,(y_1-y_2)=0$

$2(-1-y)+3(y-(-3))+x(-3-1)=0$

$-2-2y+3y+9-4x=0$

$\Rightarrow -4x+y+7=0\Rightarrow 4x-y-7=0$

24. समबाहु त्रिभुज का लाम्बिक केन्द्र

$=\left(\dfrac{x_1+x_2+x_3}{3},\ \dfrac{y_1+y_2+y_3}{3}\right)$

$\therefore$ लाम्बिक केन्द्र $=\dfrac{(2+(-2)+(-\sqrt{2}))}{3},\dfrac{2+(-2)+\sqrt{2}}{3}$

$\left(\dfrac{2-2-\sqrt{2}}{3},\ \dfrac{2-2+\sqrt{2}}{3}\right)=\left(\dfrac{-\sqrt{2}}{3},\dfrac{\sqrt{2}}{3}\right)$

25. $\because$ X- अक्ष, Y- अक्ष और रेखा $2x+3y=6$ से एक समकोण ΔAOB बनेगा जिसका कर्ण AB है, जहाँ $A=(3,0)$ और $B=(0,2)$

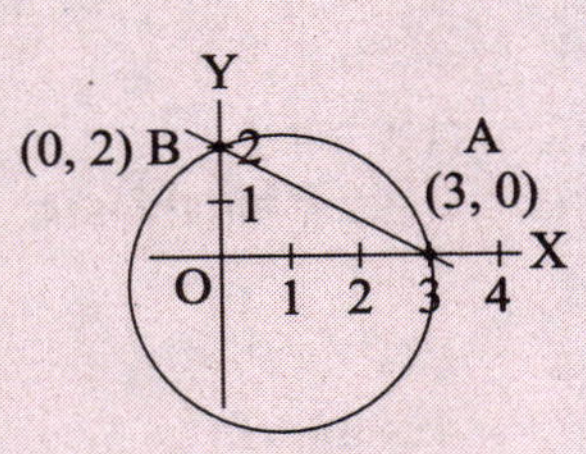

कर्ण AB की लम्बाई

$=\sqrt{(3-0)^2+(0-2)^2}$

$=\sqrt{9+4}=\sqrt{13}$ इकाई

$\because$ समकोण त्रिभुज के परिवृत्त की त्रिज्या कर्ण की आधी होती है।

$\therefore$ परिवृत्त की त्रिज्या $=\dfrac{AB}{2}=\dfrac{\sqrt{13}}{2}$ इकाई

26. बिन्दुओं (2, 3); (4, 5) तथा (6, 4) से बने त्रिभुज का

केन्द्रक $=\left(\dfrac{x_1+x_2+x_3}{3},\ \dfrac{y_1+y_2+y_3}{3}\right)$

$=\left(\dfrac{2+4+6}{3},\ \dfrac{3+5+4}{3}\right)=\left(\dfrac{12}{3},\dfrac{12}{3}\right)=(4,4)$

$\therefore$ केन्द्रक (4, 4) से तीसरे शीर्ष (6, 4) की दूरी

$=\sqrt{(4-6)^2+(4-4)^2}\quad \sqrt{(-2)^2+O^2}=\sqrt{4}=2$ इकाई

27. दिया गया है समकोण त्रिभुज के आधार का समीकरण और लम्ब का समीकरण क्रमशः

$2x-3y+18=0$ ...(1)

$3x-2y+7=0$ ...(2)

समकोण (1) और समीकरण (2) को हल करने पर

$x=1,y=5$

$\therefore$ समकोण त्रिभुज का लम्ब केन्द्र = (1, 5)

28. $(x_1, y_1) = (3, 6)$
$(x_2, y_2) = (-4, 8)$
विभाजक बिन्दु $= (x, 0)$
विभाजक बिन्दु का कोटि
$= \dfrac{my_2 + ny_1}{m+n}$

$\Rightarrow 0 = \dfrac{m \times 8 \times n \times -6}{m+n}$

$\Rightarrow\ 8m - 6n = 0\ \Rightarrow\ 8m = 6n$

$\Rightarrow\ \dfrac{m}{n} = \dfrac{6}{8} \Rightarrow m : n = 3 : 4$ अन्त:

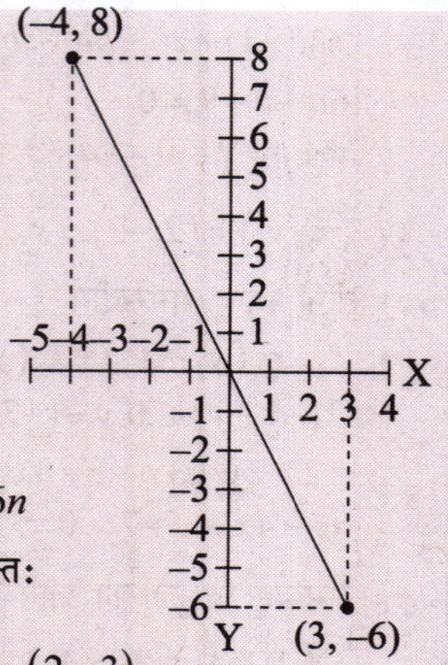

29. $(x_1, y_1) = (-3, 2),\ (x_2, y_2) = (2, -3)$
X–अक्ष पर विभाजक बिन्दु = (x, 0)
विभाजक बिन्दु का कोटि $= \dfrac{my_2 + ny_1}{m+n}$

$\Rightarrow\ 0 = \dfrac{m \times -3 + n \times 2}{m+n}$

$\Rightarrow\ -3m + 2n = 0 \Rightarrow 3m = 2n$

$\Rightarrow\ \dfrac{m}{n} = \dfrac{2}{3} \Rightarrow\ m : n = 2 : 3$ अन्त:

30. दिया गया है
$Y-$अक्ष का समीकरण,
$x = 0$ ...(i)
$x + 3y = 5$ ...(ii)
$4x - 3y = 1$ ...(ii)

समीकरण (ii) में $x = 0$ रखने पर तथा $y = \dfrac{5}{3}$ रखने पर

$\therefore$ Y–अक्ष और रेखा (ii) का प्रतिच्छेद बिन्दु $= \left(0, \dfrac{5}{3}\right)$

समीकरण (iii) में $x = 0$ रखने पर $y = -\dfrac{1}{3}$

$\therefore$ $Y-$अक्ष और रेखा (iii) का प्रतिच्छेद बिन्दु $= \left(0, \dfrac{-1}{3}\right)$

$\therefore$ $\left(0, \dfrac{5}{3}\right)$ तथा $\left(0, \dfrac{-1}{2}\right)$ के बीच की दूरी

$= \sqrt{(0-0)^2 + \left(\dfrac{5}{3} + \dfrac{1}{3}\right)^2} = \sqrt{0 + (2)^2} = 2$ इकाई

31. यदि दो रेखाएं $A_1x + B_1yC_1 = 0$ और $A_2x + B_2y + C_2 = 0$

परस्पर समान्तर हों तो $\dfrac{A_1}{B_1} = \dfrac{A_2}{B_2}$

$\because$ $(a-1)x + 3y - 5 = 0$ और $(3-a)x - 4y + 2 = 0$
परस्पर समान्तर हैं।

$\therefore$ $\dfrac{(a-1)}{3} = \dfrac{(3-a)}{-4} \Rightarrow -4(a-1) = 3(3-a)$

$-4a + 4 = 9 - 3a$

$\Rightarrow -4a + 3a = 5$

$\Rightarrow -a = 5 \Rightarrow a = -5$

32. $(4x + y - 9) + A(3x - 2y - 4) = 0$
$4x + y - 9 = 0$ और $3x - 2y - 4 = 0$ का प्रतिच्छेद बिन्दु (x, y) होगा
अब $4x + y - 9 = 0$ और $3x - 2y - 4 = 0$

$\Rightarrow\ 4x + y = 9$ ...(i)
$3x - 2y = 4$ ...(ii)

समीकरण (i) और (ii) हल करने पर $x = 2;\ y = 1$
$\therefore$ स्थिर बिन्दु का निर्देशांक $= (x, y) = (2, 1)$

33. मूल बिन्दु से गुजरने वाली रेखीय समीकरण $Ax + By = 0$ होता है।
$3x + 2y - a = 0$ मूल बिन्दु से गुजरती है।
$\therefore\ a = 0$

34. सरल रेखा $a + b = \sqrt{3}$ पर लम्ब रेखीय समीकरण- $a - b = \lambda$
समीकरण (1) में (0, 0) भरने पर
$0 - 0 = \lambda \Rightarrow \lambda = 0$
$\therefore$ लम्ब रेखीय समीकरण- $a - b = 0$
समीकरण $a + b = \sqrt{3}$ तथा $a - b = 0$ को हल करने पर,

$x = \dfrac{1}{\sqrt{3}}, y = \dfrac{1}{\sqrt{3}}$

$\therefore$ लम्ब का पाद $= (x, y) = \left(\dfrac{1}{\sqrt{3}}, \dfrac{1}{\sqrt{3}}\right)$

35. माना दी गई रेखाएँ PQ, QR, RS और SP है

$\left(0, -\dfrac{c}{b}\right)$

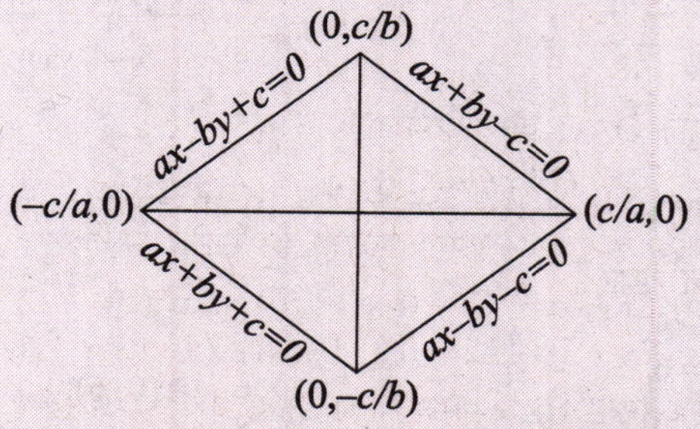

चतुर्भुज P Q R S का क्षेत्रफल = त्रिभुज PSR का क्षेत्रफल + त्रिभुज P Q R का क्षेत्रफल

$= \left[\dfrac{1}{2} \times \dfrac{2c}{a} \times \dfrac{c}{b}\right] + \left[\dfrac{1}{2} \times \dfrac{2c}{b} \times \dfrac{c}{a}\right]$

$= \dfrac{c^2}{ab} + \dfrac{c^2}{ab} = \dfrac{2c^2}{ab}$

36. माना रेखा AB, रेखा $5x - y = 0$ पर लंब है
रेखा AB की समीकरण $y = -\dfrac{x}{5} + c$
$x-$अक्ष पर बिन्दु $A(0, c)$ और
$(5c, 0)$ रेखा AB को काटते है।

त्रिभुज OBA का क्षेत्रफल $5=\frac{1}{2}\times 5c\times c$

$5=\frac{5c^2}{2}\Rightarrow c^2=2\Rightarrow c=\pm\sqrt{2}$

वांछित समीकरण $y=-\frac{x}{5}\pm\sqrt{2}$

$\Rightarrow 5y=-x\pm 5\sqrt{2}$

$\Rightarrow x+5y\pm 5\sqrt{2}=0$

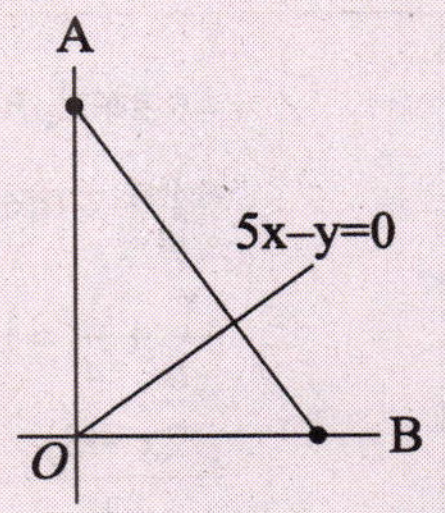

37. रेखा $3x+4y-24=0$ दी गई है बिन्दु A (8, 0) x- अक्ष पर और बिन्दु B(0,6) y- अक्ष पर काटती है।

$\angle O=90°$

AOB एक अर्ध वृत्त है और AB एक व्यास है

वृत्त के परिकेन्द्र $\left(\frac{8+0}{2}\right),\left(\frac{0+6}{2}\right)=(4,3)$

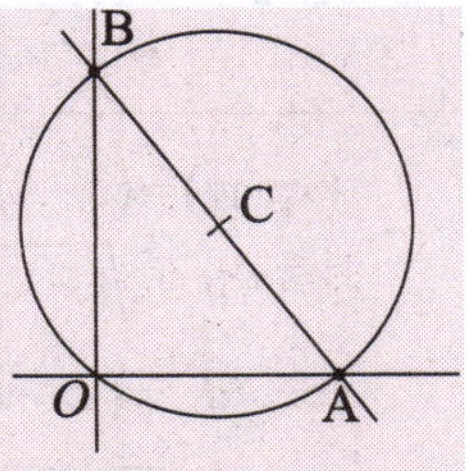

प्रश्नमाला 47B

1. एक रेखा PQ का बिन्दु P = (3, –4) तथा बिन्दु Q = (5, y) है और रेखा PQ की लम्बाई $2\sqrt{2}$ इकाई हो तो y का मान ज्ञात कीजिए।

   (a) –6 (b) 6 (c) 5 (d) –5

2. समकोण ΔMNO का ∠O समकोण है और बिन्दु M = (–2, 0), बिन्दु N = (3, –2), बिन्दु O = (8, –3) है तो त्रिभुज MNO का क्षेत्रफल ज्ञात करें।

   (a) $3\frac{1}{2}$ (b) $2\frac{1}{2}$ (c) $3\frac{1}{3}$ (d) $2\frac{1}{3}$

3. दिए गए तीन बिन्दु $(a, b), (4, 2), (-4, 3)$ तो $(a+8b)$ का मान ज्ञात कीजिए।

   (a) 10 (b) 15 (c) 20 (d) 18

4. बिन्दुओं (–3, 4) तथा (6, 3) को X–अक्ष किस अनुपात में विभाजित करता है।

   (a) 3 : 4 (b) 4 : 3 (c) 2 : 3 (d) 3 : 2

5. उस रेखीय समीकरण ज्ञात कीजिए, जो x– अक्ष के साथ 45° का कोण बनाती है और y–अक्ष पर 8 इकाई का अन्तः खण्ड काटती है।

   (a) $x-y+3=0$ (b) $-x+y+8=0$
   (c) $-x-y+3=0$ (d) $x-y+8=0$

6. कोई रेखा x–अक्ष और y–अक्ष पर क्रमशः –6 इकाई और 4 इकाई का अन्तः खण्ड काटती है। रेखीय समीकरण ज्ञात करें?

   (a) $2x-3y+12=0$ (b) $-2x+3y-12=0$
   (c) $2x+3y-12=0$ (d) $-2x-3y+12=0$

7. यदि रेखा AB, x–अक्ष पर 4 इकाई और y–अक्ष पर –2 इकाई का अन्तः खण्ड काटे, तो उसका समीकरण ज्ञात करें।

   (a) $x+2y-4=0$ (b) $-x-2y-4=0$
   (c) $x-2y-4=0$ (d) $x+2y+4=0$

8. रेखा की समीकरण ज्ञात करे जिस पर मूल बिन्दु से डाले गये लम्ब की माप –3 इकाई और लम्ब का धन x–अक्ष से झुकाव 150° है।

   (a) $\sqrt{3}x-y+6=0$ (b) $-\sqrt{3}x+y+6=0$
   (c) $\sqrt{3}x+y-6=0$ (d) $\sqrt{3}x-y-6=0$

9. $7x+4y+28=0$ पर लम्ब रेखीय समीकरण ज्ञात कीजिए जो बिन्दु (3, 1) से होकर जाती है।

   (a) $4x+7y=5$ (b) $4x-7y=5$
   (c) $-4x-7y=5$ (d) $-4x+7y=5$

10. Y–अक्ष पर स्थित उस बिन्दु का निर्देशांक ज्ञात कीजिए। जो बिन्दुओं (1, 4) तथा (3, 6) से बना हो।

    (a) (0, 5) (b) (5, 0)
    (c) (– 5, 0) (d) (–3 , 0)

11. चतुर्भुज का क्षेत्रफल ज्ञात करे जिसके शीर्ष क्रमशः (6, 3), (2, 6), (–6, 3) तथा (–5, –3) है।

    (a) 54 वर्ग इकाई (b) 55 वर्ग इकाई
    (c) 53 वर्ग इकाई (d) 56 वर्ग इकाई

12. दिए गए बिन्दु (–4, –2), (6, –2) तथा (7, b) यदि एक सरल रेखा पर है तो b का मान ज्ञात कीजिए।

    (a) 0 (b) –1 (c) 1 (d) –2

13. दो बिन्दुओं A (5, 4) तथा B (5, 3) है। रेखा AB को बिन्दु C तक इस प्रकार बढ़ाया गया है कि $AC=\frac{3}{2}BC$ तो बिन्दु C का निर्देशांक ज्ञात कीजिए।

    (a) (5, 1) (b) (1, 5)
    (c) (–5, –1) (d) (–1, –5)

14. उस रेखीय समीकरण क्या होगा, जो x–अक्ष की धन दिशा से 60° का कोण बनाये और y–अक्ष पर –5 इकाई का अन्तः खण्ड काटे।

    (a) 0 (b) 1 (c) –1 (d) 2

15. किसी रेखा PQ पर मूल बिन्दु से डाले गये लम्ब की माप 4 इकाई और लम्ब का धन x–अक्ष से झुकाव 120° है। उस रेखीय समीकरण क्या होगा?

    (a) 1 (b) 0 (c) 2 (d) 4

16. यदि रेखा $ax+by+c=0$ तथा $5x+6y+19=0$ परस्पर लम्ब हों तो रेखा $ax+by+c=0$ की प्रवणता ज्ञात कीजिए।

    (a) $\frac{5}{6}$ (b) $\frac{5}{6}$ (c) $-\frac{5}{6}$ (d) $-\frac{6}{5}$

उत्तरमाला (प्रश्नमाला 47B)

1. (a) 2. (b) 3. (c) 4. (b) 5. (d) 6. (a) 7. (c) 8. (d) 9. (b) 10. (a) 11. (a) 12. (d) 13. (a) 14. (a) 15. (b) 16. (b)

दिये गए प्रश्नों के हल (प्रश्नमाला 47B)

1. $(x_1, y_1) = (3, -4)$; $(x_2, y_2) = (5, y)$; $d = 2\sqrt{2}$ इकाई

$\therefore \quad d = \sqrt{(x_1 - x_2)^2 + (y_1 - y_2)^2}$

$\Rightarrow \quad d^2 = (x_1 - x_2)^2 + (y_1 - y_2)^2$

$\Rightarrow \quad (2\sqrt{2})^2 = (3-5)^2 + (-4-y)^2$

$\Rightarrow \quad 8 = (-2)^2 + (-4-y)^2 \quad \Rightarrow \quad (-4-y)^2 = 4$

$\Rightarrow \quad (-4-y) = 2 \quad \Rightarrow \quad -y = 2 + 4 = 6$

$\Rightarrow \quad y = -6$

2. $M = (-2, 0) = (x_1, y_1)$

$N = (3, -2) = (x_2, y_2)$

$O = (8, -3) = (x_3, y_3)$

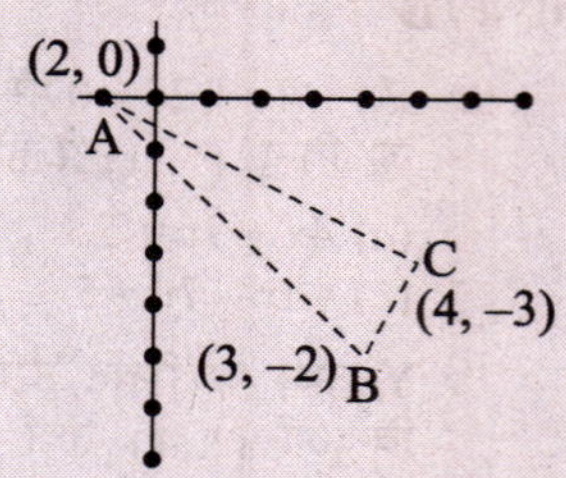

प्रथम विधि

$\therefore$ Δ MNO का क्षेत्रफल

$= \frac{1}{2}[x_1(y_2 - y_3) + x_2(y_3 - y_1) + x_3(y_1 - y_2)]$

$= \frac{1}{2}[-2 \times (-2+3) + 3(-3-0) + 8(0+2)]$

$= \frac{1}{2}[-2 \times 1 + 3 \times (-3) \times 8(2)]$

$= \frac{1}{2}[-2 - 9 + 16] = \frac{5}{2} = 2\frac{1}{2}$ वर्ग इकाई

3. $(x_1, y_1) = (a, b), (x_2, y_2) = (4, 2), (x_3, y_3) = (-4, 3)$

$\therefore \quad x_1(y_2 - y_3) + x_2(y_3 - y_1) + x_3(y_1 - y_2) = 0$

$\therefore \quad a(2-3) + 4(3-b) + -4(b-2) = 0$

$\therefore \quad -a + 12 - 4b - 4b + 8 = 0$

$\therefore \quad -a - 8b + 20 = 0$

$\therefore \quad -(a + 8b) = -(20) \Rightarrow a + 8b = 20$

4. दिया गया है $(x_1, y_1) = (-3, 4), (x_2, y_2) = (6, 3)$

माना X–अक्ष पर स्थित विभाजक बिन्दु $(a, 0)$ है। जो रेखा को $m : n$ के अनुपात में विभाजित करता है। अब विभाजन की कोटि $(y) = \frac{my_2 + ny_1}{m+n}$

$\therefore \quad 0 = \frac{m \times 3 + n \times 4}{m+n} \Rightarrow 3m + 4n = 0$

$\therefore \quad 3m = -4n \Rightarrow \frac{m}{n} = \frac{-4}{3}$

$\therefore \quad m : n = -(4 : 3) = 4 : 3$ बाह्यत:

5. $c = 8$ इकाई, $\theta = 45^\circ$

$\therefore$ प्रवणता $(m) = \tan 45^\circ = 1$

$\therefore$ रेखीय समीकरण $y = mx + c$

$y = 1 \times x + 8 \Rightarrow y = x + 8$

$\therefore \quad x - y + 8 = 0$

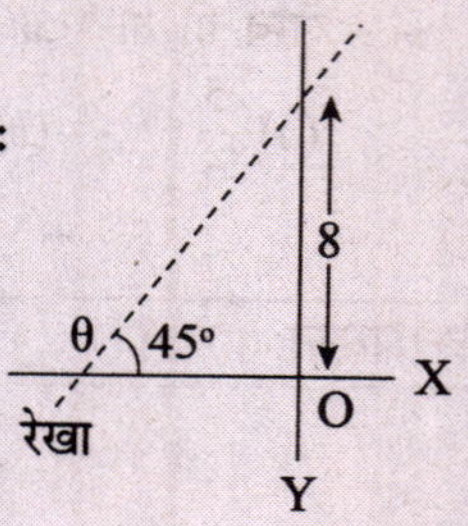

6. $a = -6$ इकाई, $b = 4$ इकाई

$\therefore$ रेखीय समीकरण, $\frac{x}{a} + \frac{y}{b} = 1$

$\therefore \quad \frac{x}{-6} + \frac{y}{4} = 1$

$\therefore \quad \frac{-2x + 3y}{12} = 1$

$\therefore \quad -2x + 3y = 12$

$\therefore \quad 2x - 3y + 12 = 0$

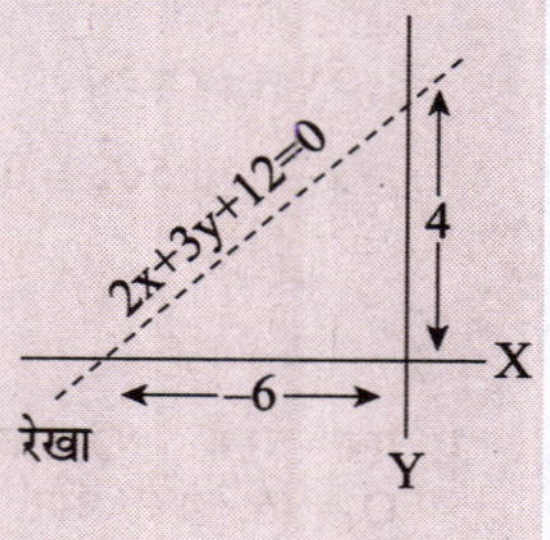

7. $a = 4$ इकाई, $b = -2$ इकाई

$\therefore$ रेखीय समीकरण, $\frac{x}{a} + \frac{y}{b} = 1$

$\therefore \quad \frac{x}{4} + \frac{y}{-2} = 1$

$\therefore \quad \frac{x - 2y}{4} = 1$

$\therefore \quad x - 2y = 4$

$\therefore \quad x - 2y - 4 = 0$

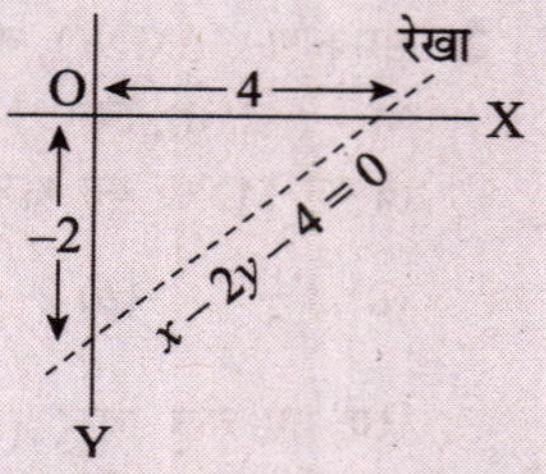

8. $\alpha = 150^\circ, P = -3$ इकाई

$\therefore$ रेखा का लम्ब रूप समीकरण,

$x\cos\alpha + y\sin\alpha = P$

$\therefore \quad x\cos 150^\circ + y\sin 150^\circ = -3$

$\therefore \quad x \times -\frac{\sqrt{3}}{2} + y \times \frac{1}{2} = -3$

$\therefore \quad -\frac{\sqrt{3}x}{2} + \frac{y}{2} = -3$

$\therefore \quad -\sqrt{3}x + y = -6$

$\therefore \quad \sqrt{3}x - y - 6 = 0$

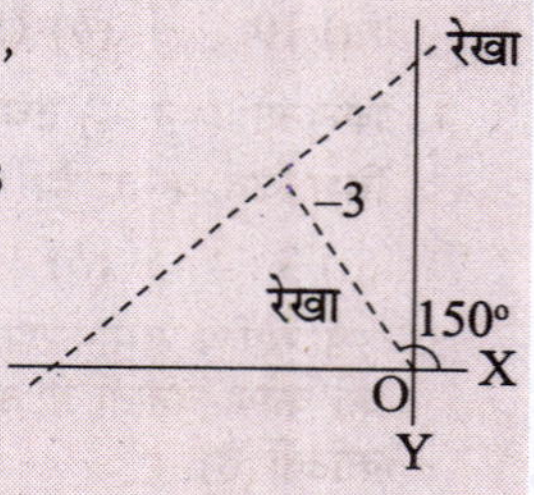

9. $7x + 4y + 28 = 0$ पर लम्ब रेखीय समीकरण,

$4x - 7y = \lambda$ ...(*i*)

समीकरण (*i*) को $(3, 1)$ से सम्तुष्ट कराने पर-

$4 \times 3 - 7 \times 1 = 5$

समीकरण (*i*) में λ का मान रखने पर-

$4x - 7y = 5$

10. माना y–अक्ष पर स्थित बिन्दु $(0, y)$ है।

$\therefore$ $(0, y)$ से बिन्दु $(1, 4)$ तक की दूरी $= (0, y)$ से बिन्दु $(3, 6)$ तक की दूरी

$\therefore \quad \sqrt{(0-1)^2 + (y-2)^2} = \sqrt{(0-3)^2 + (y-6)^2}$

$\therefore \quad (-1)^2 + (y-2)^2 = (-3)^2 + (y-6)^2$

$\therefore \quad 1 + y^2 + 4 - 4y = 9 + y^2 + 36 - 12y$

$\therefore\ -4y+12y=-5+45 \Rightarrow\ 8y=40 \Rightarrow y=5$

$\therefore$ y–अक्ष पर स्थित बिन्दु $=(0,\ y)=(0,\ 5)$

11. चतुर्भज PQRS में P (6, 3), Q (2, 6), R = (–6, 3) तथा S = (–5, –3)। विकर्ण PR की रचना करने पर दो त्रिभुज PQR और RSP बनते है।

$\therefore$ PQR का क्षेत्रफल

$$=\frac{1}{2}\left[x_1(y_2-y_3)+x_2(y_3-y_1)+x_3(y_1-y_2)\right]$$

$$=\frac{1}{2}\left[6(6-3)+2(3-3)+(-6)(3-6)\right]$$

$$=\frac{1}{2}\left[6\times 3+2\times 0+(-6)(-3)\right]$$

$$=\frac{1}{2}[18+0+18]=\frac{1}{2}\times 36=18 \text{ वर्ग इकाई}$$

Δ RSP का क्षेत्रफल

$$=\frac{1}{2}\left[-6(-3-3)^{+}-5(3-3)+6(3-(-3))\right]$$

$$=\frac{1}{2}\left[(-6\times -6)+5(0)+6(6)\right]=\frac{1}{2}[36-0+36]$$

$$=\frac{1}{2}\times 72=36 \text{ वर्ग इकाई}$$

$\therefore$ PQRS का क्षेत्रफल = Δ PQR का क्षेत्रफल + ΔRSP का क्षेत्रफल = 18 + 36 = 54 वर्ग इकाई

12. $(x_1,\ y_1)=(-4,\ -2),\ (x_2,\ y_2)=(6,\ -2),$
$(x_3,\ y_3)=(7,\ b)$

$\therefore\ x_1(y_2-y_3)+x_2(y_3-y_1)+x_3(y_1-y_2)=0$

$\Rightarrow -4(-2-b)+6(b+2)+7(-2+2)=0$

$\Rightarrow 8+4b+6b+12+7\times 0=0$

$\Rightarrow 10b+20=0$

$\Rightarrow b=\dfrac{-20}{10}=-2$

13. $\because AC=\dfrac{3}{2}BC \Rightarrow \dfrac{AC}{BC} \Rightarrow m:n=3:2$

बिन्दु C रेखा AB को बाह्यत: विभाजित करता है।

$\therefore$ बिन्दु C का निर्देशांक $=\left(\dfrac{mx_2-nx_1}{m-n},\dfrac{my_2-ny_1}{m-n}\right)$

$$=\left(\frac{3\times 5-2\times 5}{3-2},\frac{3\times 3-2\times 4}{3-2}\right)$$

$$=\left(\frac{15-10}{1},\frac{9-8}{1}\right)=(5,\ 1)$$

14. $c=-5$ इकाई, $\theta=60^\circ$

$\therefore$ प्रवणता $(m)=\tan 60^\circ=\sqrt{3}$

$\Rightarrow$ रेखीय समीकरण $y=mx+c$

$\Rightarrow\ y=\sqrt{3}\times x+(-5)$

$\Rightarrow\ \sqrt{3}x-y-5=0$

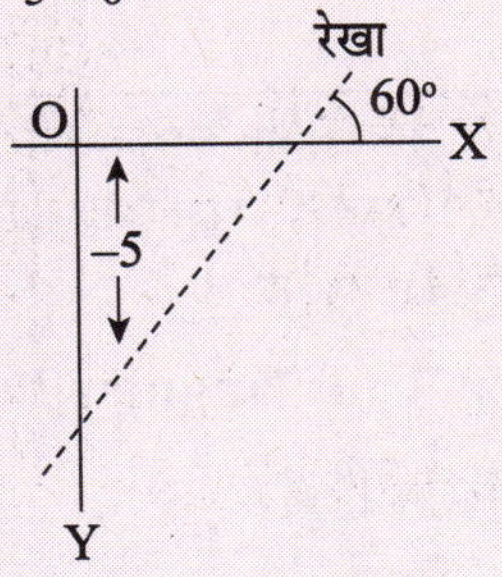

15. $\alpha=120^\circ,\ P=4$ इकाई

$\therefore$ रेखीय लम्ब रूप समीकरण,
$x\cos\alpha+y\sin\alpha=P$

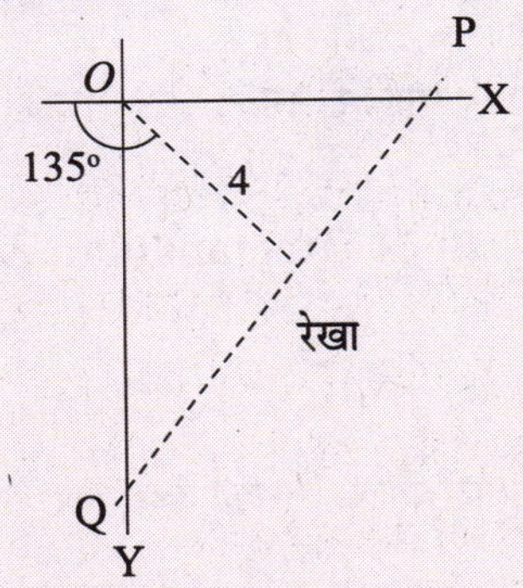

$\therefore\ x\cos 120^\circ+y\sin 120^\circ=4$

$x\times -\dfrac{1}{2}+y\times\dfrac{\sqrt{3}}{2}=2 \Rightarrow \dfrac{-x+\sqrt{3}y}{2}=4$

$-x+\sqrt{3}y=8 \Rightarrow\ x-\sqrt{3}y+8=0$

16. माना रेखा $ax+by+c=0$ की प्रवणता m_1 है।

रेखा $5x+6y+19=0$ की प्रवणता $=\dfrac{-5}{6}$

$\because m_1\times m_2=-1 \Rightarrow m_1\times\left(\dfrac{-5}{6}\right)=-1$

$\therefore\ m_1=-1\times\dfrac{-6}{5}=\dfrac{6}{5}$

❑❑❑

48

प्रिज़्म और पिरामिड (PRISMS AND PYRAMIDS)

Scan QR Code for Watching Video

प्रिज़्म- वह ठोस, जो किसी भी बहुभुज को आधार बनाकर उसकी भुजाओं पर आयताकार फलकें खड़ी करके और उनके ऊपर आधार के सामान बहुभुज का ढक्कन रख दिया जाए प्रिज़्म होता है।

प्रिज़्म के चित्र नीचे दिए गए हैं-

1. त्रिकोणीय प्रिज़्म (Triangular Prism)

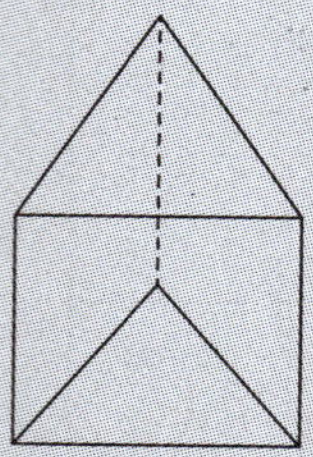

(त्रिभुज को आधार बनाकर उसकी तीन भुजाओं पर 3 आयताकार फलके खड़ी करके उनके ऊपर आधार के बराबर त्रिभुज को रखा गया है।)

2. आयताकार प्रिज़्म (Rectangular Prism)

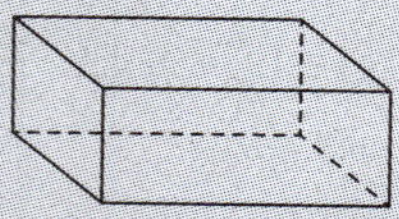

(चतुर्भुज को आधार बनाकर उसकी चार भुजाओं पर 4 आयताकार फलकें खड़ी करके उनके ऊपर आधार के बराबर चतुर्भुज को रखा गया है)

3. पंचभुज प्रिज़्म (Pentagonal Prism)

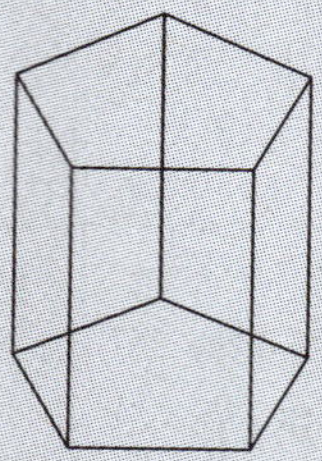

(पंचभुज को आधारं बनाकर उसकी पाँच भुजाओं पर 5 आयताकार फलकें खड़ी करके उनके ऊपर आधार के बराबर पंचभुज को रखा गया है।)

***पार्श्व फलकें:** आधार की भुजाओं पर जो आयतकार फलकें खड़ी की जाती है उन्हें पार्श्व फलकें कहते है।
पार्श्व फलकों की संख्या, आधार में भुजाओं की संख्या के बराबर होती है।

***कोर:** दो फलकों के सम्पर्क रेखा को कोर कहते है' प्रिज़्म में कोरों की संख्या, आधार में भुजाओं की संख्या का तीन गुणा है।

उदाहरण: प्रिज़्म में कोरों की संख्या = 4 × 3 = 12
पंचभुज प्रिज़्म में कोरों की की संख्या = 5 × 3 = 15
षट्भुज प्रिज़्म में कोरों की की संख्या = 6 ×3 = 18

शीर्ष: प्रिज़्म की तीन फलकें जिस बिन्दु पर एक दूसरे से मिलती है उस बिन्दु को शीर्ष कहते है।
प्रिज़्म में शीर्षों की संख्या, प्रिज़्म के आधार में भुजाओं की संख्या से दोगुनी होती है।
प्रिज़्म में शीर्ष की संख्या = $3 \times 2 = 6$
प्रिज़्म का आधार चतुर्भुज में शीर्ष की संख्या = $4 \times 2 = 8$
प्रिज़्म का आधार पंचभुज में शीर्ष की संख्या = $5 \times 2 = 10$
* प्रिज़्म के कुल फलकों की संख्या = आधार में भुजाओं की संख्या + 2
* प्रिज़्म का पार्श्व पृष्ठ = आधार का परिमाप × प्रिज़्म की ऊँचाई
* प्रिज़्म का सम्पूर्ण पृष्ठ = पार्श्व पृष्ठ + आधार का क्षेत्रफल × 2
* प्रिज़्म का आयतन = आधार का क्षेत्रफल × प्रिज़्म की ऊँचाई

उदाहरणार्थ हल प्रश्न

प्रश्न 1: निम्नलिखित सारणी को पुरा कीजिए

प्रिज़्म का आधार	शीर्षों की संख्या	कोरों की संख्या	पार्श्व फलकों की संख्या	कुल फलकों की संख्या
त्रिभुज				
चतुर्भुज				
पंचभुज				
षट्भुज				

हल:

प्रिज़्म का आधार	शीर्षों की संख्या	कोरों की संख्या	पार्श्व फलकों की संख्या	कुल फलकों की संख्या
त्रिभुज	आधार में भुजाओं की संख्या $\times 2 = 3 \times 2 = 6$	आधार में भुजाओं की संख्या $\times 3 = 3 \times 3 = 9$	आधार में भुजाओं की संख्या = 3	3 + 2 = 5
चतुर्भुज	आधार में भुजाओं की संख्या $\times 2 = 4 \times 2 = 8$	आधार में भुजाओं की संख्या $\times 3 = 4 \times 3 = 12$	4	4 + 2 = 6
पंचभुज	आधार में भुजाओं की संख्या $\times 2 = 5 \times 2 = 10$	आधार में भुजाओं की संख्या $\times 3 = 5 \times 3 = 15$	5	5 + 2 = 7
षट्भुज	आधार में भुजाओं की संख्या $\times 2 = 6 \times 2 = 12$	आधार में भुजाओं की संख्या $\times 3 = 6 \times 3 = 18$	6	6 + 2 = 8

प्रश्न 2: एक त्रिभुजीय आधार वाले प्रिज़्म की सभी भुजाओं की लम्बाई 5 से.मी. है और ऊँचाई 2 से.मी. है तो त्रिभुजीय प्रिज़्म का पार्श्व पृष्ठ, सम्पूर्ण पृष्ठ और आयतन ज्ञात करें।

हल: प्रिज़्म के आधार के भुजा की लम्बाई = 5 से.मी.

प्रिज़्म की ऊँचाई = 12 से.मी.

प्रिज़्म का पार्श्व पृष्ठ = आधार का परिमाप × प्रिज़्म की ऊँचाई $= (3 \times 5) \times 12 = 15 \times 12 = 180$ से.मी.^{2}

प्रिज़्म का सम्पूर्ण पृष्ठ = पार्श्व पृष्ठ + (2 × आधार का क्षेत्रफल) = 180 + (समबाहु त्रिभुज का क्षेत्रफल × 2)

$$= 180 + \frac{\sqrt{3}}{4} \times (5)^2 \times 2$$

$$= 180 + \frac{\sqrt{3}}{4} \times 25 \times 2 = 360 + 25\sqrt{3}$$

$= 5\ (72 + 5\sqrt{3})$ से.मी.^{2}

प्रिज़्म का आयतन = आधार का क्षेत्रफल × ऊँचाई

$$= \frac{\sqrt{3}}{4} \times 5 \times 5 \times 12 = 75\sqrt{3} \text{ से.मी.}^3$$

प्रश्न 3: एक आयतीय आधार वाले प्रिज़्म की ऊँचाई 10 से.मी. है, और आधार की लम्बाई और चौड़ाई क्रमश: 8 से.मी. और 5 से.मी. है। आयतीय प्रिज़्म का पार्श्व पृष्ठ, सम्पूर्ण पृष्ठ और आयतन ज्ञात करें।

हल: प्रिज़्म की ऊँचाई = 10 से.मी.

प्रिज़्म के आधार की लम्बाई = 8 से.मी.

प्रिज़्म के आधार की चौड़ाई = 5 से.मी.

प्रिज़्म का पार्श्व पृष्ठ = 2 (लम्बाई + चौड़ाई) × ऊँचाई

= 2 (8 + 5) × 10

$= 2(13)\times 10 = 260$ से.मी.^{2}

प्रिज़्म का सम्पूर्ण पृष्ठ = प्रिज़्म का पार्श्व पृष्ठ + (2 × आयत का क्षेत्रफल)

$= 260 + 2(8\times 5)$

$= 260 + 80 = 340$ से.मी.^{2}

प्रिज़्म का आयतन = आयत का क्षेत्रफल × ऊँचाई

$(8\times 5)\times 10 = 400$ से.मी.^{2}

प्रश्न 4: एक समषट्भुज आधार वाले प्रिज़्म की ऊँचाई और भुजा क्रमशः 6 से.मी. और 3 से.मी. है। तो प्रिज़्म का पार्श्व, सम्पूर्ण पृष्ठ और आयतन ज्ञात करें।

हलः प्रिज़्म की ऊँचाई = 6 से.मी.

प्रिज़्म की भुजा = 3 से.मी.

प्रिज़्म का पार्श्व पृष्ठ = (आधार का परिमाप) × ऊँचाई

$= (6\times 3)\times 6 = 108$ से.मी.^{2}

प्रिज़्म का सम्पूर्ण पृष्ठ = प्रिज़्म का पार्श्व पृष्ठ + (2 × समषट्भुज का क्षेत्रफल)

$$= 108 + \left(\frac{2\times 6\sqrt{3}\times 3\times 3}{4}\right) = 108 + 27\sqrt{3}$$

$= 27\left(4+\sqrt{3}\right)$ सेमी^{2}

प्रिज़्म का आयतन = समषट्भुज का क्षेत्रफल × ऊँचाई

$$= \frac{6\sqrt{3}\times 3\times 3\times 6}{4} = 81\sqrt{3} \text{ से.मी.}^3$$

प्रश्न 5: एक गांव में बह रही नदी की ऊपरी चौड़ाई और तलीय में चौड़ाई क्रमशः 180 मी. और 120 मी. है और नदी की गहराई 30 मी. है, तो उसके 300 मी. लम्बाई तक कितना पानी आ सकता है?

हलः नदी की ऊपरी चौड़ाई = 180 मी.

नदी की तलीय में चौड़ाई = 120 मी.

नदी की गहराई = 30 मी.

नदी की लम्बाई = 300 मी.

नदी का आयतन $= \frac{1}{2}$ (तल में चौड़ाई + नदी में ऊपरी चौड़ाई) × गहराई × लम्बाई

$$= \frac{1}{2}(180+120)\times 30\times 300$$

$$= \frac{300\times 30\times 300}{2} = 1350000 \text{ घन मी.}$$

प्रश्न 6: एक मिट्टी से बनी दीवार की लम्बाई 80 मी. है। दीवार का आधार 16 मी. और ऊपर की चौड़ाई 14 मी. है। यदि दीवार 15 मी. ऊँची है तो दीवार के निर्माण में कितनी मिट्टी लगेगी?

हलः दीवार की लम्बाई = 80 मी.

दीवार के आधार की चौड़ाई = 16 मी.

दीवार के ऊपर की चौड़ाई = 14 मी.

दीवार की ऊँचाई = 15 मी.

दीवार का आयतन = दीवार में लगने वाली मिट्टी

$= \frac{1}{2}$ (दीवार के आधार की चौड़ाई + ऊपर की चौड़ाई) × ऊँचाई × लम्बाई

$$= \frac{1}{2}(16+14)\times 80\times 15$$

$$= \frac{1}{2}\times 30\times 80\times 15 = 18000 \text{ घन मी.}$$

पिरामिड

पिरामिड- वह ठोस जो किसी भी बहुभुज को आधार बनाकर, उसकी भुजाओं पर त्रिभुजाकार फलकें खड़ी की जाती है और सभी फलकें एक शीर्ष एक बिन्दु पर मिलती है उसे पिरामिड कहते है।

चित्र	पिरामिड का आधार	पिरामिड की तिरछी फलकें	पिरामिड की तिरछी कोरें
(i)	त्रिभुज PQR	PQR, PRS, QRS	PS, RS, QS
(ii)	आयतीय PQRS	PTQ, QTS, RTS, PTR	PT, QT, RT, ST
(iii)	वर्ग PQRS	PTQ, QTS, RTS, PTR	PT, QT, RT, ST
(iv)	पंचभुज PQRST	PUQ, QUR, RUS, SUT, TUR	PU, QU, RU, SU, TU
(v)	समषट्भुज PQRSTU	PVQ, QVR, RVS, SVT, TVU, UVP	PV, QU, RV, SV, TV, UV

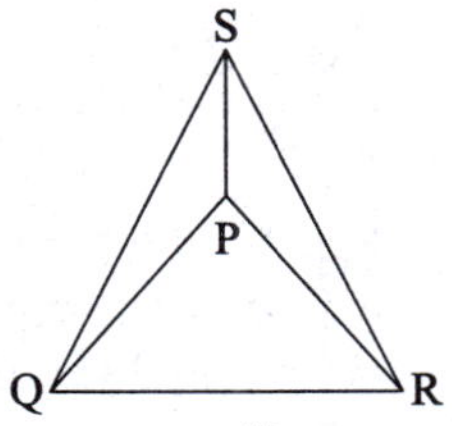

(i)

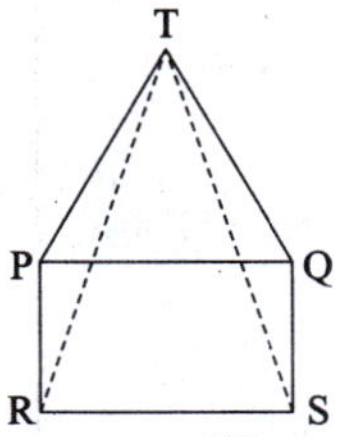

(ii)

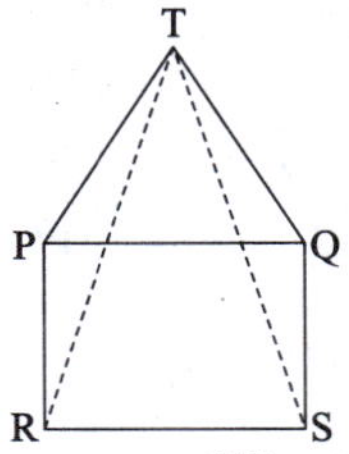

(iii)

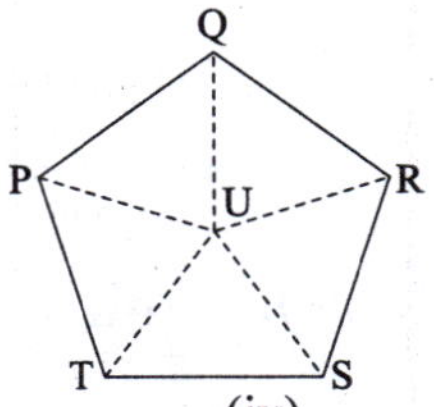

(iv)

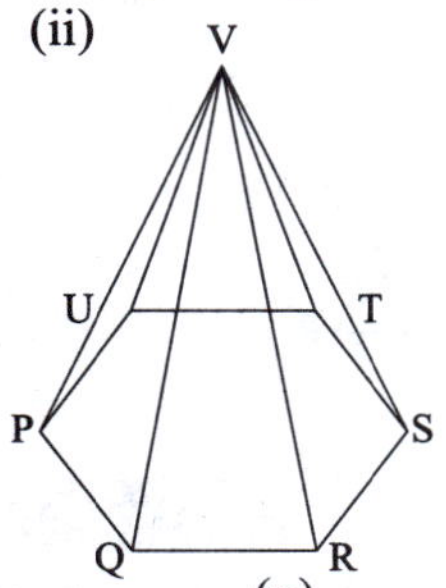

(v)

पिरामिड की तिरछी ऊँचाई: पिरामिड के शीर्ष से त्रिभुजाकर फलकों पर डाला गया लम्ब तिरछी ऊँचाई कहलाता है।

पिरामिड की लम्बवत् ऊँचाई = पिरामिड के शीर्ष से आधार पर डाला गया लम्ब पिरामिड की लम्बवत् ऊँचाई कहलाता है।

पिरामिड का पार्श्व पृष्ठ = $\frac{1}{2}\times$ आधार का परिमाप $\times$ तिरछी ऊँचाई

पिरामिड का सम्पूर्ण पृष्ठ = पार्श्व पृष्ठ + आधार का क्षेत्रफल

पिरामिड का आयतन = $\frac{1}{3}\times$ आधार का क्षेत्रफल $\times$ लम्बवत ऊँचाई

उदाहरणार्थ हल प्रश्न

प्रश्न 1: एक आयतीय आधार वालों पिरामिड की लम्बाई एवं चौड़ाई क्रमशः 12 से.मी. और 6 से.मी. है और पिरामिड की लम्बवत् ऊँचाई 8 से.मी. है तो पिरामिड का तिरछा पृष्ठ, सम्पूर्ण पृष्ठ और आयतन ज्ञात करें।

हल: पिरामिड का आधार PQRS आयतीय है।

$UV = \frac{12}{2} = 6$ से.मी.

$UT = 8$ से.मी.

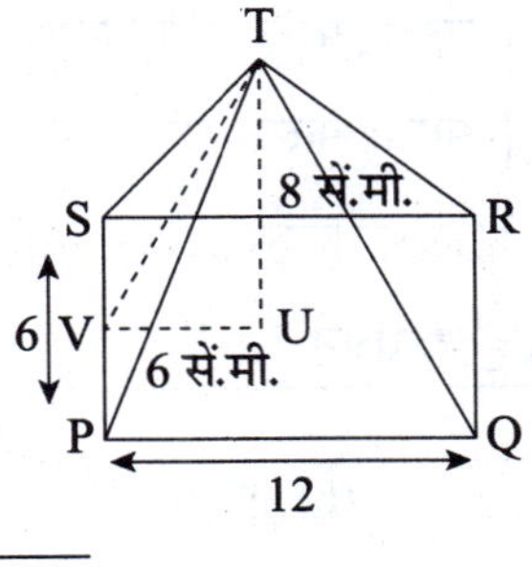

Δ TUV समकोण त्रिभुज है पाइथागोरस प्रमेय प्रयोग करने पर तिरछी ऊँचाई

$VT = \sqrt{(8)^2 + (6)^2} = \sqrt{64+36}$

$= \sqrt{100} = 10$ से.मी.

पिरामिड का तिरछा पृष्ठ = $\frac{1}{2}\times$ आधार का परिमाप $\times$ तिरछी ऊँचाई

$= \frac{1}{2}(2(6+12))\times 10$

$= \frac{1}{2}\times 36\times 10 = 180$ से.मी.^{2}

पिरामिड का सम्पूर्ण पृष्ठ = पिरामिड का तिरछा पृष्ठ + आयतीय आधार का क्षेत्रफल

= 180 + (12×6)= 180 + 72 = 252 से.मी.^{2}

पिरामिड का आयतन = $\frac{1}{3}\times$ आयतीय आधार का क्षेत्रफल $\times$ लम्बवत् ऊँचाई

$= \frac{1}{3}\times 6\times 12\times 8 = 192$ से.मी.^{3}

प्रश्न 2: एक वर्ग आधार के पिरामिड की ऊँचाई ज्ञात करें यदि उस पिरामिड का आयतन 1280 से.मी.^{3} है और प्रत्येक भुजा 16 से.मी. है

हल: माना लम्बवत ऊँचाई x है

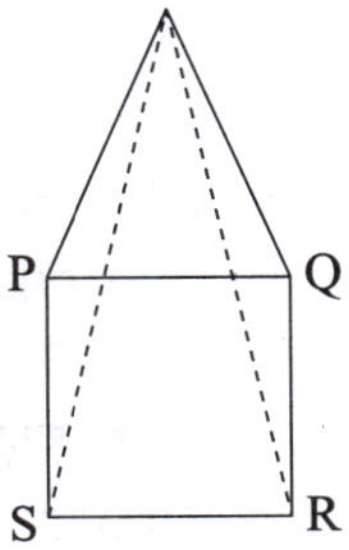

वर्ग की भुजा = 16 से.मी.

पिरामिड का आयतन = 1280 से.मी.^{3}

पिरामिड का आयतन

= $\frac{1}{3}$ आधार का क्षेत्र $\times$ लम्बवत् ऊँचाई

$\therefore\ 1280 = \frac{1}{3}\times$ (*भुजा* $\times$ *भुजा*) $\times x$

$\Rightarrow 1280 = \frac{1}{3}(16\times 16)\times\ x = \frac{1280\times 3}{16\times 16}$

$\Rightarrow x = 15$ से.मी.

प्रश्न 3: एक समबाहु त्रिभुज आधार वाले पिरामिड का आयतन ज्ञात कीजिए, जिसके आधार की प्रत्येक भुजा 9 से.मी. है उसकी लम्बवत् ऊँचाई $16\sqrt{2}$ से.मी. है।

हल: पिरामिड का आधार समबाहु ΔPQR है और लम्बवत् ऊँचाई ST है

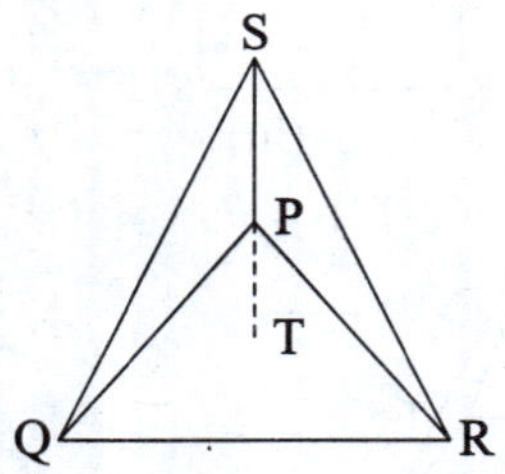

समबाहु त्रिभुज की प्रत्येक भुजा = 9 से.मी.

लम्बवत ऊँचाई = $16\sqrt{2}$ से.मी.

∴ पिरामिड का आयतन

$= \frac{1}{3} \times$ आधार का क्षेत्रफल लम्बवत् $\times$ ऊँचाई

$= \frac{1}{3} \times \frac{\sqrt{3}}{4} \times 9 \times 9 \times 16\sqrt{2} = 108\sqrt{6}$ से.मी.

चतुष्फलक (Tetrahedron)

वह ठोस जो त्रिभुज को आधार बनाकर बनता है और जिसमें कुल चार त्रिभुज होती है उसे चतुष्फलक कहते है।

नीचे दिए गए चित्र में चतुष्फलक में चार त्रिभुजाकार फलके क्रमशः PQR, PQS, RSP, QRS है।

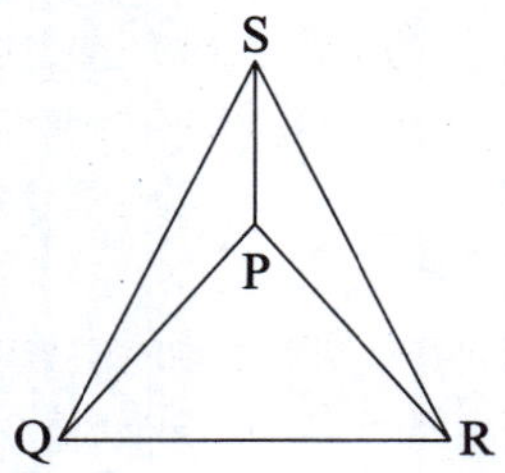

समचतुष्फलक (Regular Tetrahedron)

जिस चतुष्फलक की चारों त्रिभुज, समबाहु त्रिभुज से मिलकर बनती है उसे समचतुष्फलक कहते है।

समचतुष्फलक की सभी फलकें PQR, PQS, RSP, QRS समबाहु त्रिभुज है

और सभी कोर PQ, QR, RP, PS, QS ओर RS समान है

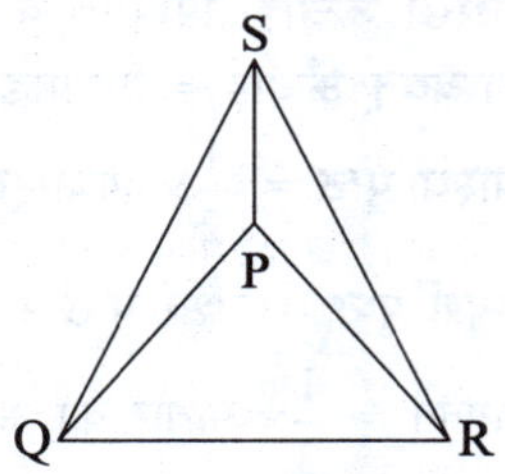

नोट: समचतुष्फलक की प्रत्येक भुजा 'x' है

समचतुष्फलक की लम्बवत ऊँचाई $(h) = \sqrt{\frac{2}{3}} \times x$

समचतुष्फलक की तिरछी ऊँचाई $(l) = \frac{\sqrt{3}}{2} \times x$

समचतुष्फलक की पार्श्व पृष्ठ ऊँचाई $= \frac{3\sqrt{3}}{4} \times a^2$

समचतुष्फलक की सम्पूर्ण ऊँचाई $= \sqrt{3} \times a^2$

समचतुष्फलक की आयतन ऊँचाई $= \frac{1}{12} \times a^3 \times \sqrt{2}$

उदाहरणार्थ हल प्रश्न

प्रश्न 1: एक सम चतुष्फलक की प्रत्येक कोर $3\sqrt{2}$ इकाई है। तो सम चतुष्फलक की (a) लम्बवत् ऊँचाई, (b) तिरछी ऊँचाई, (c) पार्श्व पृष्ठ (d) सम्पूर्ण पृष्ठ, (e) आयतन।

हल: सम चतुष्फलक की प्रत्येक कोर = $3\sqrt{2}$ इकाई

(a) सम चतुष्फलक की लम्बवत ऊँचाई (h)

$= PT = \sqrt{\frac{2}{3}}.\, a$

$\sqrt{\frac{2}{3}} \times 3\sqrt{2} = \frac{6}{\sqrt{3}} = 2\sqrt{3}$ इकाई

(b) तिरछी ऊँचाई (l) $= SP = \frac{\sqrt{3}}{2}.a = \frac{\sqrt{3}}{2} \times 3\sqrt{2}$

$= 3\sqrt{\frac{3}{2}}$ इकाई

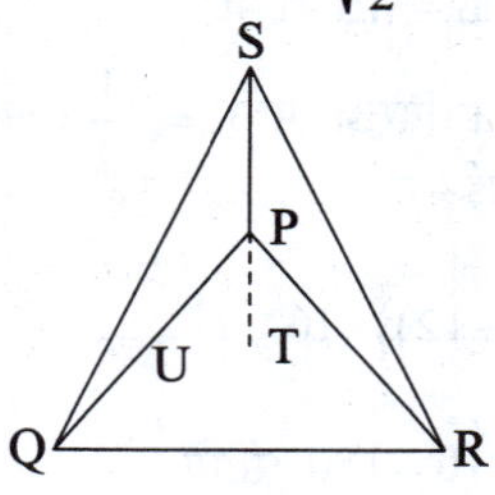

(c) पार्श्व पृष्ठ $= \frac{3\sqrt{3}}{4}.a^2 = \frac{3\sqrt{3}}{4}\times(3\sqrt{2})^2$

$= \frac{3\sqrt{3}}{4}\times 9\times 2 = \frac{27}{2}\sqrt{3}$ वर्ग इकाई

(d) सम्पूर्ण पृष्ठ $= \sqrt{3}.a^2 = \sqrt{3}\times(3\sqrt{2})^2$

$= \sqrt{3}\times 9\times 4 = 36\sqrt{3}$ वर्ग इकाई

(e) आयतन $= \frac{1}{12}.a^3.\sqrt{2} = \frac{1}{12}\times(3\sqrt{2})^3\times\sqrt{2}$

$= \frac{27\times 4}{12} = 9$ घन इकाई

प्रश्नमाला 48A

प्रिज़्म पर आधारित प्रश्न

1. 60 मीटर ऊँचे बाँध की अनुप्रस्थ काट समलम्ब चतुर्भुज है जिसकी समानान्तर भुजायें 8.5 तथा 10.5 मीटर है। यदि बाँध 100 मीटर लम्बा हो और चिनाई का भार 4 टन प्रति घन मीटर हो तो बाँध का भार होगा:

(*a*) 228000 टन (*b*) 312000 टन
(*c*) 524000 टन (*d*) 826000 टन

2. एक तालाब की गहराई 2 मीटर और चौड़ाई 15 मीटर है और 3 किमी. प्रति घंटे की गति से बह रहा है उसका पानी नदी में पाँच मिनट में कितने लीटर गिरेगा?

(*a*) 75,00,000 लीटर (*b*) 750,000 लीटर
(*c*) 75,000 लीटर (*d*) 7,500 लीटर

3. एक समबाहु त्रिभुज आधार वाले एक प्रिज़्म की प्रत्येक भुजा 14 से.मी. है। यदि प्रिज़्म का आयतन 1960 cc है, तो प्रिज़्म का कुल पृष्ठीय क्षेत्रफल, वर्ग से.मी. में कितना होगा?

(*a*) $560\sqrt{3}$ (*b*) $98\sqrt{3}$
(*c*) $658\sqrt{3}$ (*d*) इसमें से कोई नहीं

4. एक समबाहु त्रिभुज वाले बर्तन में कुछ ऊँचाई तक दूध भरा हुआ है। इसका आधार 8 से.मी. है इसमें 6 से.मी. भुजा का एक घन डाला जाता है जो पूर्णत: डूब जाता है। स्तर में वृद्धि होगी:

(*a*) $9\sqrt{3}$ से.मी. (*b*) $\sqrt{3}$ से.मी.
(*c*) $\frac{1}{3}$ से.मी. (*d*) इनमें से कोई नहीं

5. एक प्रिज़्म का आधार समबाहु त्रिभुज है जिसकी भुजा 12 से.मी. प्रिज़्म का आयतन $1800\sqrt{3}$ घन से.मी. और आयतन $1800\sqrt{3}$ घन से.मी. हैं। इसका पार्श्व. पृष्ठ होगा-

(*a*) 3210 वर्ग से.मी. (*b*) 2160 वर्ग से.मी.
(*c*) 2460 वर्ग से.मी. (*d*) 2930 वर्ग से.मी.

6. एक समलंब प्रिज़्म जिसका आधार, 8 से.मी. तथा 10 से.मी. विकर्णों वाला एक समचतुर्भुज हो और उसकी उँचाई 9 से.मी. है तो उस प्रिज़्म का आयतन कितने से. मी.^{3} होगा?

(*a*) 520 से.मी.^{3} (*b*) 250 से.मी.^{3}
(*c*) 360 से.मी.^{3} (*d*) 140 से.मी.^{3}

7. एक समबाहु त्रिभुज आधार वाले समलम्बी प्रिज़्म का क्षेत्रफल 141 से.मी. है और प्रिज़्म का आयतन 9870 से.मी.^{3} है। प्रिज़्म का पार्श्व क्षेत्रफल कितना होगा?

(*a*) 2100 से.मी.^{2} (*b*) 2360 से.मी.^{2}
(*c*) 3780 से.मी.^{2} (*d*) 1640 से.मी.^{2}

8. आयतीय कागज को मोड़ कर दो समषट्भुजीय प्रिज़्म बनाये जा सकते हैं जिसकी लम्बाई और चौड़ाई 42 से.मी. × 48 से.मी. है। उनके आयतनों का अनुपात होगा-

(*a*) 8 : 7 (*b*) 7 : 8
(*c*) 1 : 7 (*d*) 1 : 8

9. एक समकोणीय त्रिभुजी आधार वाले लम्ब प्रिज़्म की दो भुजाएँ 6 से.मी. और 8 से.मी. हैं। प्रिज़्म की ऊँचाई 9.5 से.मी. है। प्रिज़्म का कुल पृष्ठीय क्षेत्रफल कितना होगा?

(*a*) 376 वर्ग से.मी. (*b*) 412 वर्ग से.मी.
(*c*) 216 वर्ग से.मी. (*d*) 324 वर्ग से.मी.

10. एक समबाहु त्रिभुज वाले बर्तन में कुछ ऊँचाई तक दूध भरा हुआ है। इसका आधार 8 से.मी. है इसमें 6 से.मी. भुजा का एक घन डाला जाता है जो पूर्णत: डूब जाता है। स्तर में वृद्धि होगी:

(*a*) $9\sqrt{3}$ से.मी. (*b*) $\sqrt{3}$ से.मी.
(*c*) $\frac{1}{3}$ से.मी. (*d*) इनमें से कोई नहीं

11. एक तालाब समलम्बीय आकार का है। तालाब की ऊपरी चौड़ाई 12 मीटर है और तल 8 मीटर चौड़ा है। यदि 30 किमी. लम्बे तालाब में 480×10^3 घन मीटर पानी समा सकता है तो तालाब की गहराई ज्ञात करें।

(*a*) 1.6 मीटर (*b*) 1.8 मीटर
(*c*) 2.1 मीटर (*d*) 3.4 मीटर

12. एक आधार वर्ग वाले समलम्ब पिरामिड की भुजा 18 से.मी. है यदि उसकी तिरछी 27 से.मी. हो, तो उस पिरामिड के पार्श्व पृष्ठ का क्षेत्रफल कितने वर्ग से.मी. होगा?

(*a*) 972 से.मी.^{2} (*b*) 824 से.मी.^{2}
(*c*) 1008 से.मी.^{2} (*d*) 987 से.मी.

13. एक वर्गाकार आधार वाले लम्ब पिरामिड के विकर्ण की लम्बाई $16\sqrt{3}$ मी. है। यदि पिरामिड का आयतन 1024 घन मी. है, तो पिरामिड की ऊँचाई है।
(*a*) 6 मी. (*b*) 8 मी.
(*c*) 12 मी. (*d*) 11 मी.

14. एक सम बहुभुजीय पिरामिड का सम्पूर्ण पृष्ठ 180 वर्ग से.मी. तथा आधार का क्षेत्रफल 96 वर्ग से.मी. है। यदि प्रत्येक त्रियक फलक का क्षेत्रफल 12 वर्ग से.मी. हो तो त्रियक फलकों की संख्या होगी-
(*a*) 9 (*b*) 5
(*c*) 7 (*d*) इनमें से कोई नहीं

15. एक समषट्भुज आधार वाले आधार की प्रत्येक भुजा 6 से.मी. है यदि उस पिरामिड की प्रत्येक तिरछी भुजा 10 से.मी. हो, तो उस पिरामिड का आयतन कितना होगा?
(*a*) $144\sqrt{3}$ से.मी.^{3} (*b*) $72\sqrt{5}$ से.मी.^{3}.
(*c*) $36\sqrt{3}$ से.मी.^{3}. (*d*) $36\sqrt{2}$ से.मी.^{3}.

16. एक आधार वर्गाकार वाले लम्ब पिरामिड के विकर्ण की लम्बाई $15\sqrt{2}$ मी. है और उसकी ऊँचाई $9\sqrt{3}$ मी. है तो पिरामिड का आयतन ज्ञात करें।
(*a*) $675\sqrt{3}$ घन मी. (*b*) $524\sqrt{2}$ घन मी.
(*c*) 487 घन मी. (*d*) 512 घन मी.

17. एक लम्ब पिरामिड का आधार, एक $14\sqrt{3}$ से.मी. भुजा वाले समबाहु त्रिकोण पर है। यदि पिरामिड का कुल पृष्ठीय क्षेत्रफल $315\sqrt{3}$ वर्ग से.मी. है, तो उसकी ऊँचाई है-
(*a*) $\sqrt{12}$ से.मी. (*b*) $\sqrt{15}$ से.मी.
(*c*) $\sqrt{10}$ से.मी. (*d*) $\sqrt{14}$ से.मी.

18. एक समलम्ब पिरामिड का आधार 6 से.मी., 8 से.मी. तथा 10 से.मी. भुजाओं वाला त्रिभुज है और उसका आयतन 330 से.मी.^{3} है। उसकी ऊँचाई कितने से.मी. होगी?
(*a*) 12 से.मी. (*b*) 16 से.मी.
(*c*) 11 से.मी. (*d*) 15 से.मी.

19. एक लम्ब पिरामिड की ऊँचाई 10 से.मी. है तथा आयतन 270 घन से.मी. है। यदि पिरामिड का आधार वर्गाकार हो तो आधार की भुजा होगी-
(*a*) 4.9 से.मी. (*b*) 5 से.मी.
(*c*) 4 से.मी. (*d*) 9 से.मी.

20. एक बहुभुजीय आधार वाले पिरामिड में भुजाओं की संख्या a^2 हो तो उसमें कोरों की संख्या होगी-
(*a*) $2a$ (*b*) a
(*c*) $2a^2$ (*d*) $a+1$

21. एक लम्ब पिरामिड का आयतन 2400*cc* है। जबकि उसके आधार का क्षेत्रफल 90 वर्ग मीटर है। पिरामिड की ऊँचाई है-
(*a*) 80 मीटर (*b*) 50 मीटर
(*c*) 40 मीटर (*d*) 30 मीटर

22. एक सम चतुष्फलक की प्रत्येक कोर x है तो उसका आयतन होगा:
(*a*) $x^3\sqrt{3}$ (*b*) $x^3\sqrt{6}$
(*c*) $x^2\sqrt{7}$ (*d*) $\frac{x^3\sqrt{2}}{12}$

23. एक सम चतुष्फलक की प्रत्येक कोर $5\sqrt{2}$ से.मी. है तो इसकी लम्बवत ऊँचाई से.मी. में कितनी है
(*a*) 10 से.मी. (*b*) $\frac{10}{\sqrt{3}}$ से.मी.
(*c*) $10\sqrt{3}$ से.मी. (*d*) $16\sqrt{2}$ से.मी.

24. एक समचतुष्फलक की प्रत्येक कोर 4.2 से.मी. है, तो उसकी तिरछी ऊंचाई कितनी होगी?
(*a*) $\frac{\sqrt{3}}{2}$ घन से.मी. (*b*) $0.6\sqrt{2}$ घन से.मी.
(*c*) $\frac{\sqrt{5}}{4}$ घन से.मी. (*d*) $2.1\sqrt{3}$ घन से.मी.

25. चतुष्फलक का सम्पूर्ण पृष्ठ ज्ञात करें यदि चतुष्फलक की हर भुजा की लम्बाई 9 से.मी. है।
(*a*) $81\sqrt{3}$ घन से.मी. (*b*) $45\sqrt{2}$ घन से.मी.
(*c*) $9\sqrt{2}$ घन से.मी. (*d*) $56\sqrt{2}$ घन से.मी.

उत्तरमाला (प्रश्नमाला 48A)

1. (*a*) 2. (*a*) 3. (*c*) 4. (*d*) 5. (*b*) 6. (*c*) 7. (*c*) 8. (*b*) 9. (*a*) 10. (*d*) 11. (*a*) 12. (*a*)
13. (*b*) 14. (*c*) 15. (*a*) 16. (*a*) 17. (*b*) 18. (*b*) 19. (*d*) 20. (*c*) 21. (*a*) 22. (*d*) 23. (*b*) 24. (*d*)
25. (*a*)

दिये गए प्रश्नों के (हल प्रश्नमाला 48A)

प्रिज़्म पर आधारित प्रश्न

1. समान्तर भुजायों की लम्बाई = 8.5 मीटर तथा 10.5 मीटर
बाँध की लम्बाई = 100 मीटर
बाँध की मिट्टी का आयतन

$$= \frac{(\text{ऊपरी चौड़ाई+तल की चौड़ाई}) \times \text{ऊँचाई} \times \text{लम्बाई}}{2}$$

$$= \frac{(8.5+10.5)\times 60\times 100 = 19\times 30\times 100}{2} = 57000 \text{ घन मी.}$$

$= 4$ टन/मी³ की दर से बांध का भार
$= 57000 \times 4 = 228000$ टन

2. तालाब की गहराई = 2 मीटर
तालाब की चौड़ाई = 15 मीटर
प्रति घण्टे बहते पानी के लिए तालाब की लम्बाई
$= 3$ किमी. $= 2000$ मी.
∴ प्रति मिनट बहते पानी के लिए नदी की लम्बाई
$= \frac{3000}{60}$ मी. $\frac{50}{3}$ मी.
∴ प्रति मिनट गिरते पानी का आयतन
= लम्बाई × चौड़ाई × गहराई
$= 50 \times 15 \times (2 \times 1000)$ लीटर $= 1500000$ लीटर
∴ पाँच मिनट में नदी में गिरे पानी का आयतन
$= 1500000 \times 5 = 7500000$ लीटर

3. प्रिज़्म की प्रत्येक भुजा = 14 से.मी.
प्रिज़्म का आयतन = 1960 cc
प्रिज़्म समबाहु Δ के आधार का क्षेत्रफल $= \frac{\sqrt{3}}{4}.$ भुजा²
$= \frac{\sqrt{3}}{4} \times 14^2 = \frac{\sqrt{3}}{4} \times 14 \times 14 = 49\sqrt{3}$ से.मी.²
प्रिज़्म का आयतन = आधार का क्षेत्रफल भुजा × ऊँचाई
∴ $1960 = 49\sqrt{3} \times$ ऊँचाई ⇒ ऊँचाई $= \frac{1960}{49\sqrt{3}} = \frac{40}{\sqrt{3}}$ से.मी.²
∴ प्रिज़्म का पार्श्व पृष्ठ = आधार का परिमाप × ऊँचाई
$= 3 \times 14 \times \frac{40}{\sqrt{3}} = 560\sqrt{3}$ से.मी.²
∴ प्रिज़्म का कुल पृष्ठीय क्षेत्रफल = पार्श्व पृष्ठ + 2 × आधार का क्षेत्रफल
$560\sqrt{3} + 2 \times 49\sqrt{3} = 560\sqrt{3} + 98\sqrt{3} = 658\sqrt{3}$ से.मी.²

4. किसी भी प्रिज़्माकार पात्र में जब कोई भी वस्तु डूबाते है तो पर वस्तु के आयतन के बराबर दूध ऊपर उठेगा और उसे उठे दूध का आकार भी प्रिज़्माकार ही होगा,
∴ उठे दूध का आयतन = 6 से.मी. भुजा के घन का आयतन
∴ $\frac{\sqrt{3}}{4} \times 8 \times 8 \times$ दूध की ऊँचाई $= 6 \times 6 \times 6$
⇒ दूध की ऊँचाई $\frac{6 \times 6 \times 6 \times 4}{8 \times 8 \times \sqrt{3}} = \frac{9}{2}\sqrt{3}$ से.मी.

5. प्रिज़्म का आधार समबाहु त्रिभुज है, जिसकी भुजा 10 से.मी. है। त्रिभुज का क्षेत्रफल $= \frac{\sqrt{3}}{4}a^2 = \frac{\sqrt{3}}{4} \times 10 \times 10$
$= 25\sqrt{3}$ से.मी.²
प्रिज़्म का आयतन = आधार का क्षेत्रफल × ऊँचाई
∴ $1800\sqrt{3} = 25\sqrt{3} \times h \Rightarrow h = \frac{1800\sqrt{3}}{25\sqrt{3}}$ $h = 72$
∴ प्रिज़्म का पार्श्व पृष्ठ = आधार का क्षेत्र × ऊँचाई
$(3 \times 10) \times 72 = 30 \times 72 = 2160$ वर्ग से.मी.

6. समलम्ब प्रिज़्म का आधार समचतुर्भुज है
समचतुर्भुज वाले विकर्णों की लम्बाई 8 से.मी. और 10 से.मी. है।
∴ प्रिज़्म के आधार का क्षेत्रफल = समचतुर्भुज का क्षेत्रफल
$= \frac{d_1 \times d_2}{2} = \frac{8 \times 10}{2}$ 40 से.मी.²
∴ प्रिज़्म का आयतन = आधार का क्षेत्रफल × ऊँचाई
$= 40 \times 9 = 360$ से.मी.³

7. समलम्बी प्रिज़्म के आधार का क्षेत्रफल = 141से.मी.
प्रिज़्म का आयतन = 9870 से.मी.³
समलम्बी प्रिज़्म का आयतन = समबाहु के Δ आधार का क्षेत्रफल × ऊँचाई
∴ 9870 = 141 × ऊँचाई ⇒ ऊँचाई $\frac{9870}{141} = 70$ से.मी.
प्रिज़्म के आधार (समबाहु Δ) का क्षेत्रफल = 141 से.मी.²
∴ $\frac{\sqrt{3}}{4}.$ भुजा² = 141
⇒ भुजा² $= \frac{141 \times 4}{\sqrt{3}} = \frac{141 \times 4 \times 100}{173} = 326$ से.मी.
∴ भुजा² = 324 (लगभग) ⇒ भुजा $\sqrt{18 \times 18} = 18$ से.मी.
∴ प्रिज़्म के पार्श्व सतह का क्षेत्रफल
= समबाहु Δ के आधार का परिमाप × ऊँचाई
$= 3 \times 18 \times 70 = 3780$ से.मी.²

8. एक आयतीय कागज को मोड़कर बनाये गये समषट्भुजीय प्रिज़्मों में, पहले प्रिज़्म के आधार की भुजा $\frac{42}{6} = 7$ से.मी. और ऊँचाई = 48 से.मी.
∴ पहले प्रिज़्म का आयतन = आधार का क्षेत्रफल × ऊँचाई
$= \frac{6\sqrt{3}}{4} \times 7 \times 7 \times 48$ से.मी.³ ...(*i*)
और दूसरे प्रिज़्म के आधार (समषट्भुज) की भुजा $= \frac{48}{6} = 8$ से.मी. और ऊँचाई = 42 से.मी.
∴ दूसरे प्रिज़्म का आयतन = आधार का क्षेत्रफल × ऊँचाई
$= \frac{6\sqrt{3}}{4} \times 8 \times 8 \times 42$ से.मी.³ ...(*ii*)
समीकरण (*i*) व (*ii*)से
∴ दोनों आयतनों में अनुपात
$= \frac{6\sqrt{3}}{4} \times 7 \times 7 \times 48 : \frac{6\sqrt{3}}{4} \times 8 \times 8 \times 42 = 7 : 8$

9. प्रिज़्म के तल समकोणीय त्रिभुज है जिसकी दो भुजाएँ = 6 से.मी., 8 से.मी. है
∴ कर्ण² $= 6^2 + 8^2 = 36 + 64 = 100$ कर्ण = 10 से.मी.
∴ आधार का क्षेत्रफल $\frac{6 \times 8}{2} = 24$ से.मी.²
आधार का परिमाप = 6 + 8 + 10 = 24 से.मी.
∴ प्रिज़्म का कुल पृष्ठीय क्षेत्रफल = पार्श्व पृष्ठ + दोनों सिरों

का क्षेत्रफल = आधार का परिमाप × ऊँचाई + 2 × आधार का क्षेत्रफल

$24 \times 9.5 + 2 \times 24 = 228 + 48 = 376$ से.मी.^{2}

10. किसी भी प्रिज़्माकार पात्र में जब कोई भी वस्तु डूबती है तो पर वस्तु के आयतन के बराबर दूध ऊपर उठेगा और उसे उठे दूध का आकार भी प्रिज़्माकार ही होगा,

$\therefore$ उठे दूध का आयतन = 6 से.मी. भुजा के घन का आयतन

$\therefore \frac{\sqrt{3}}{4} \times 8 \times 8 \times$ दूध की ऊँचाई $= 6 \times 6 \times 6$

$\Rightarrow$ दूध की ऊँचाई $\frac{6 \times 6 \times 6 \times 4}{8 \times 8 \times \sqrt{3}} = \frac{9}{2}\sqrt{3}$ से.मी.

11. तालाब की ऊपरी चौड़ाई = 12 मीटर

तालाब की तलीय में चौड़ाई = 8 मीटर

तालाब की लम्बाई = 30 किमी.

$\because$ तालाब का आयतन

$= \frac{(\text{ऊपरी चौड़ाई+तलीय में चौड़ाई}) \times \text{गहराई} \times \text{नहर की लम्बाई}}{2}$

$\therefore 480 \times 10^3 = \frac{(12 + 8) \times \text{गहराई} \times 30 \times 1000}{2}$

$\Rightarrow 480 \times 1000 = \frac{20 \times \text{गहराई} \times 30 \times 1000}{2}$

$\therefore$ गहराई $= \frac{480 \times 1000 \times 2}{20 \times 30 \times 1000} = 1.6$ मी.

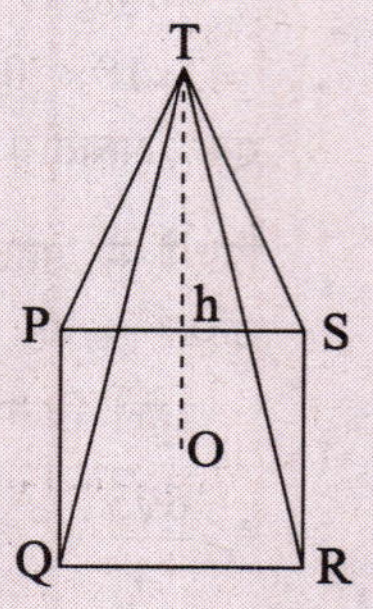

12. आधार वर्ग की भुजा = 18 से.मी.

पिरामिड की तिरछी ऊँचाई = 27 से.मी.

$\therefore$ पिरामिड का पार्श्व पृष्ठ का क्षेत्रफल

$= \frac{1}{2}$ आधार का परिमाप × तिरछी ऊँचाई

$= \frac{1}{2} \times 4 \times 18 \times 27$

$= 12 \times 18 \times 27 = 972$ से.मी.^{2}

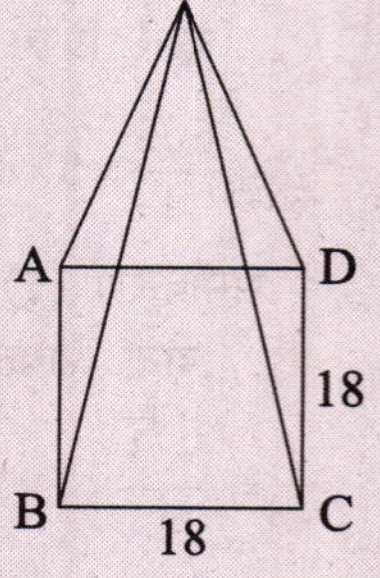

13. पिरामिड का आधार PQRS वर्ग है।

वर्ग आधार वाले विकर्ण की लम्बाई $= 16\sqrt{3}$ मी.

माना पिरामिड की ऊँचाई $OT = h$ मी.

$\therefore$ पिरामिड का आयतन

$= \frac{1}{3} \times$ आधार का क्षे. × ऊँ

$\therefore 1024 = \frac{1}{3} \times \frac{\text{विकर्ण}^2}{2} \times h$

$\therefore 1024 = \frac{1}{3} \times \left(\frac{16\sqrt{3}}{2}\right)^2 \times h \Rightarrow 1024 = \frac{16 \times 16 \times 3 \times h}{3 \times 2}$

$\therefore h = \frac{1024 \times 2}{16 \times 16} = 8$ मीटर

14. माना तिर्यक फलकों की संख्या n है।

$\therefore$ सम्पूर्ण पृष्ठ = आधार का क्षेत्रफल $+ n$ फलकों का क्षेत्रफल

$\therefore 180 = 96 + n \times 12 \Rightarrow 180 - 96 = n \times 12$

$= 84 = 12 \Rightarrow n = \frac{84}{12} = 7$

15. चित्रानुसार पिरामिड का आधार समषट्भुज ABCDEF है

प्रत्येक भुजा AB = BC = CD = DE = EF = 6 से.मी.

प्रत्येक तिरछी भुजा GA = GB = GC = GD = GE = GF = 10 से.मी.

$GH = \sqrt{10^2 - 6^2} = \sqrt{100 - 36}$

$= \sqrt{64}$

$= 8$ से.मी.

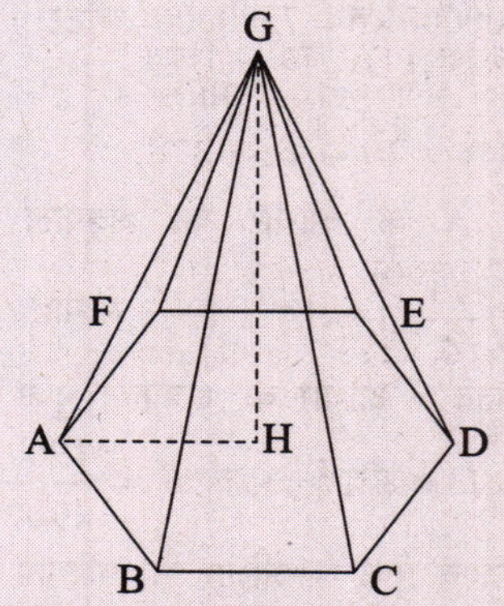

पिरामिड की ऊँचाई = 8 से.मी.

$\therefore$ पिरामिड का आयतन

$= \frac{1}{3} \times$ आधार का क्षेत्रफल × लम्बवत् ऊँचाई

$\frac{1}{3} \times \frac{6\sqrt{3}}{4} \times 36 \times 8 = 144\sqrt{3}$ से.मी.^{3}

16. विकर्ण की लम्बाई $= 15\sqrt{2}$ मी.

पिरामिड की ऊँचाई $= 9\sqrt{3}$ मी.

पिरामिड के आधार (वर्ग) का क्षेत्रफल

$= \frac{\text{विकर्ण}^2}{2} = \frac{15\sqrt{2}}{2} = \frac{225 \times 2}{2} = 225$ मी^{2}

$\therefore$ पिरामिड का आयतन $= \frac{1}{3} \times$ आधार का क्षेत्रफल × ऊँचाई

$\therefore \frac{1}{3} \times 225 \times 9\sqrt{3} \Rightarrow 675\sqrt{3}$ घन मी.

17. ΔPQR लम्ब पिरामिड का आधार है।

जहाँ $PQ = QR = RP = 14\sqrt{3}$

$\therefore$ आधार का क्षेत्रफल $= \frac{\sqrt{3}}{4}$ भुजा^{2} $= \frac{\sqrt{3}}{4} \times (14\sqrt{3})^2$

$= \frac{\sqrt{3}}{4} \times 196 \times 3 = 147\sqrt{3}$ से.मी.

$\therefore$ पिरामिड का तिरछा पृष्ठ = कुल पृष्ठीय क्षेत्रफल-आधार का क्षेत्रफल

$\therefore \frac{1}{2}\times$ आधार का परिमाप $\times l = 315\sqrt{3} - 147\sqrt{3} = 168\sqrt{3}$

$\therefore \frac{1}{2}\times 14\sqrt{3}\times 3\times l = 70\sqrt{3}$

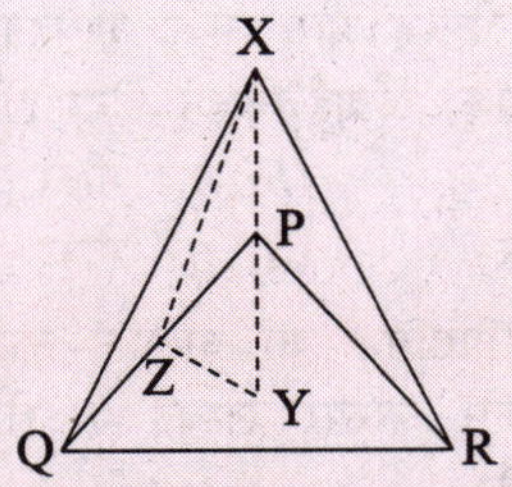

$\Rightarrow l = \frac{168\sqrt{3}\times 2}{3\times 14\sqrt{3}} = \frac{12\times 2}{3} = 8$ से.मी.

$\therefore$ समबाहु त्रिकोण PQR की माध्यिका

$= \frac{\sqrt{3}}{2}.14\sqrt{3} = \frac{14\times 3}{2} = 21$ से.मी.

$\therefore ZY = \frac{1}{3}\times$ माध्यिका $= \frac{1}{3}\times 21 = 7$ से.मी.

$\therefore$ समकोण त्रिभुज XYZ में पाइथागोरस प्रमेय से-

$XY^2 = XZ^2 - YZ^2 = 8^2 - 7^2$

$\therefore XY = \sqrt{64-49} = \sqrt{15}$ से.मी.

$\therefore$ पिरामिड की ऊँचाई $= \sqrt{15}$ से.मी.

18. एक त्रिभुज आधार वाले समलम्ब पिरामिड की भुजाएँ 6 से.मी., 8 से.मी., 10 से.मी. है।

$\therefore$ आधार एक समकोण त्रिभुज है जिसमें लम्ब = 6 से.मी., आधार = 8 से.मी., कर्ण = 10 से.मी.

$\therefore$ आधार का क्षेत्रफल $= \frac{\text{लम्ब} \times \text{आधार}}{2} = \frac{6\times 8}{2} = 24$ से.मी.^{2}

पिरामिड का आयतन $= \frac{1}{3}\times$ आधार का क्षेत्रफल $\times$ ऊँचाई

$\therefore 128 = \frac{1}{3}\times 24 \times$ ऊँचाई $\Rightarrow$ ऊँचाई $= \frac{128\times 3}{24} = 16$ से.मी.

19. पिरामिड का आधार WXYZ वर्ग है पिरामिड की ऊँचाई $ET = 10$ से.मी. है

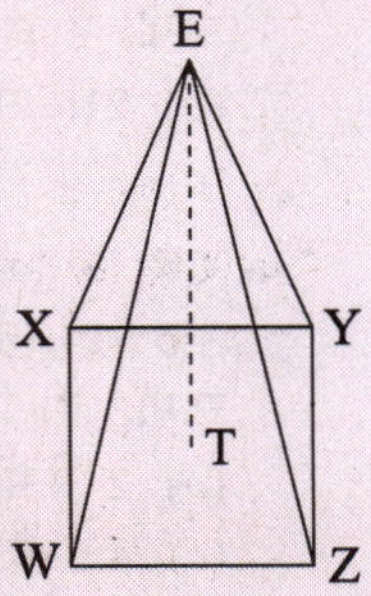

पिरामिड का आयतन

$= \frac{1}{3}\times$ आधार का क्षेत्रफल ऊँचाई

$\therefore 270 = \frac{1}{3}\times$ भुजा$^2 \times 10$

$\Rightarrow$ भुजा$^2 = \frac{270\times 3}{10}$

$\therefore$ भुजा^{2} $81 = 9^2$

$\therefore$ आधार की भुजा $= 9$ से.मी.

20. पिरामिड में कोरों की संख्या = आधार में भुजाओं की संख्या $\times 2 = a^2\times 2 = 2a^2$

21. पिरामिड के आधार का क्षेत्रफल = 90 वर्ग मीटर

लम्ब पिरामिड का आयतन = 2400 *cc*

लम्ब पिरामिड का आयतन $= \frac{1}{3}\times$ आधार का क्षे. $\times$ ऊँचाई

$\therefore 2400 = \frac{1}{3}\times 90\times$ ऊँचाई

$\Rightarrow$ ऊँचाई $= \frac{2400\times 3}{90} = 80$ मी.

22. समचतुष्फलक की प्रत्येक कोर x है

समचतुष्फलक का आयतन $= \frac{x^3.\sqrt{2}}{12}$

23. समचतुष्फलक की प्रत्येक कोर $5\sqrt{2}$ से.मी.

समचतुष्फलक का लम्बवत ऊँचाई

$= \sqrt{\frac{2}{3}}a = \sqrt{\frac{2}{3}}\times 5\sqrt{2} = \frac{\sqrt{2}\times 5\sqrt{2}}{\sqrt{3}} = \frac{10}{\sqrt{3}}$ से.मी.

24. समचतुष्फलक की प्रत्येक भुजा = 4.2 से.मी.

$\frac{\sqrt{3}}{2}\times a = \frac{\sqrt{3}}{2}\times 4.2 = 2.1\sqrt{3}$ से.मी.

25. चतुष्फलक की प्रत्येक भुजा की लम्बाई $= 9$ से.मी.

चतुष्फलक का सम्पूर्ण पृष्ठ $= \sqrt{3}.$ भुजा^{2}

$= \sqrt{3}\times 9^2 = \sqrt{3}\times 81 = 81\sqrt{3}$ से.मी.^{2}

प्रश्नमाला 48B

पिरामिड

1. एक समषट्भुजीय प्रिज़्म की ऊँचाई 15 से.मी. है और आधार की प्रत्येक भुजा उसके केन्द्र से 9 से.मी. दूरी पर है। प्रिज़्म का पार्श्व पृष्ठ वर्ग से.मी. ज्ञात करें।

(*a*) $216\sqrt{3}$ (*b*) $186\sqrt{5}$
(*c*) $240\sqrt{3}$ (*d*) इनमें से कोई नहीं

2. एक आयतीय कागज को मोड़ कर दो समबाहु त्रिभुजीय प्रिज़्म बनाये गये हैं यदि कागज की लम्बाई और चौड़ाई क्रमश: 18 और 27 से.मी. है तो प्रिज़्मों के आयतनों का अनुपात होगा:

(*a*) 7 : 8 (*b*) 4 : 1
(*c*) 4 : 3 (*d*) 2 : 3

3. एक समत्रिभुजीय आधार वाली प्रिज़्म का आयतन $729\sqrt{3}$ घन से.मी. और आधार की भुजा $9\sqrt{3}$ से.मी. है। प्रिज़्म की ऊँचाई ज्ञात करें।

(*a*) 17 से.मी. (*b*) 21 से.मी.
(*c*) 24 से.मी. (*d*) 12 से.मी.

4. किसी लम्ब प्रिज़्म का आधार एक आयतीय है, जिसकी लम्बाई एवं चौड़ाई क्रमश: 16 से.मी. तथा 14 से.मी. हैं

यदि प्रिज़्म की ऊँचाई 8 से.मी. मीटर हो तो पार्श्व पृष्ठ वर्ग से.मी. में ज्ञात करें।

(*a*) 216 से.मी.^{2} (*b*) 480 से.मी.^{2}
(*c*) 324 से.मी.^{2} (*d*) 412 से.मी.^{2}

5. एक समभुजीय त्रिभुज आधार वाले लम्ब प्रिज़्म का पार्श्व पृष्ठ क्षेत्र और आयतन क्रमशः 204 से.मी.^{2} और $34\sqrt{3}$ से.मी.^{3} है। प्रिज़्म के आधार की भुजा कितनी होगी?

(*a*) 2 से.मी. (*b*) 7 से.मी.
(*c*) 4.5 से.मी. (*d*) 10 से.मी.

6. एक समबाहु त्रिभुज आधार वाले ठोस लम्ब प्रिज़्म की भुजा 12 से.मी. है और उस की ऊँचाई 8 से.मी. है। प्रिज़्म का कुल पृष्ठीय क्षेत्रफल कितना होगा?

(*a*) 180 से.मी.^{2} (*b*) 234 से.मी.^{2}
(*c*) 288 से.मी.^{2} (*d*) 270 से.मी.^{2}

7. छत पर एक पानी की टंकी बनाई गई है जिसकी चौड़ाई ऊपर से 8 मीटर और तल से 6 मीटर है। यदि इस टंकी की लम्बाई ऊपर नीचे एक समान 7 मीटर है और गहराई 4 मीटर है तो टंकी की क्षमता होगी:

(*a*) 196 घन मी. (*b*) 216 घन मी.
(*c*) 324 घन मी. (*d*) 52 घन मी.

8. एक 15 से.मी. भुजा वाला समबाहु त्रिभुज जिसकी ऊँचाई 9 से.मी. है, जिसका आधार 15 से.मी. है, उसका कुल पृष्ठीय क्षेत्रफल कितने से.मी.^{2} होगा?

(*a*) $84\left(5+\sqrt{3}\right)$ (*b*) $\frac{810+225\sqrt{3}}{2}$
(*c*) $\frac{416+107\sqrt{2}}{2}$ (*d*) इनमें से कोई नहीं

9. एक त्रिभुजी आधार वाले लम्ब प्रिज़्म का परिमाप 22 से.मी. है और त्रिभुज की त्रिज्या 8 से.मी. है। यदि प्रिज़्म का आयतन 440 *cc* है तो प्रिज़्म की ऊँचाई क्या होगी?

(*a*) 12 से.मी. (*b*) 9 से.मी.
(*c*) 7 से.मी. (*d*) इनमें से कोई नहीं

10. एक समकोणिक त्रिभुजी आधार वाले लम्ब प्रिज़्म की एक भुजा 6 से.मी. है और इसकी ऊँचाई 18 से.मी. है। प्रिज़्म का आयतन ज्ञात करें:-

(*a*) $84\sqrt{2}$ से.मी.^{3} (*b*) $162\sqrt{3}$ से.मी.^{3}
(*c*) $106\sqrt{3}$ से.मी.^{3} (*d*) 408 से.मी.^{3}

11. एक समलम्ब प्रिज़्म जिसका आधार 8 से.मी. वाला समबाहु त्रिभुज है और उसका आयतन $108\sqrt{3}$ से.मी.^{3} है। उस समलम्ब प्रिज़्म की ऊँचाई कितने से.मी. होगी?

(*a*) 9.8 से.मी. (*b*) 6.75 से.मी.
(*c*) 7.5 से.मी. (*d*) 8.12 से.मी.

12. एक समबाहु त्रिभुज आधार वाले प्रिज़्म की भुजा $4\sqrt{3}$ से.मी. है और उसका आयतन $72\sqrt{2}$ घन से.मी. है। उसकी ऊँचाई है।

(*a*) $6\sqrt{3}$ से.मी. (*b*) $5\sqrt{2}$ से.मी.
(*c*) $2\sqrt{6}$ से.मी. (*d*) $3\sqrt{4}$ से.मी.

13. एक समलम्ब पिरामिड का आधार 7 एवं 5 मीटर भुजा वाला एक आयतीय है और उसका आयतन 126 घन मीटर है। तद्नुसार उसकी ऊँचाई कितने मीटर होगी?

(*a*) 8.1 मीटर (*b*) 9.4 मीटर
(*c*) 10.8 मीटर (*d*) 6.6 मीटर

14. उस त्रिभुजीय पिरामिड का आयतन ज्ञात करें जिसकी तीन आसन कोरें परस्पर लम्बते 7 से.मी., 8 से.मी. तथा 9 से.मी. है।

(*a*) 84 से.मी.^{3} (*b*) 76 से.मी.^{3}
(*c*) 56 से.मी.^{3} (*d*) 48 से.मी.^{3}

15. एक आयतीय आधार वाले लम्ब पिरामिड वाले की भुजाए 32 से.मी. एवं 30 से.मी. है। यदि पिरामिड का आयतन 9600 से.मी.^{3} है तो उसकी ऊँचाई है।

(*a*) 25 से.मी. (*b*) 30 से.मी.
(*c*) 18 से.मी. (*d*) 24 से.मी.

16. एक लम्ब पिरामिड के आधार का क्षेत्रफल 120 वर्ग से.मी. है और ऊँचाई 14 से.मी. है। उसका आयतन से.मी.^{3} में है:

(*a*) 570 (*b*) 390
(*c*) 840 (*d*) 590

17. एक वर्ग आधार वाले समलम्ब पिरामिड की भुजा 24 से.मी. है और उसकी ऊँचाई 5 से.मी. है। उसके तिर्यक पृष्ठ का क्षेत्रफल कितने से.मी.^{2} होगा?

(*a*) 572 से.मी.^{2} (*b*) 386 से.मी.^{2}
(*c*) 624 से.मी.^{2} (*d*) 158 से.मी.^{2}

18. एक वर्गाकार आधार वाले समलम्ब पिरामिड की भुजा $9\sqrt{2}$ से.मी. है तिरछी ऊँचाई 12 से.मी. है। पिरामिड तिरछे पृष्ठ का क्षेत्रफल कितने से.मी.^{2} होगा?

(*a*) $124\sqrt{2}$ (*b*) $216\sqrt{2}$
(*c*) $186\sqrt{3}$ (*d*) 524

19. यदि एक समलम्ब पिरामिड का आधार 17 से.मी., 12 से.मी. तथा 11 से.मी. भुजाओं वाला त्रिभुज हो और उसकी ऊँचाई $12\sqrt{2}$ से.मी. हो, तो उसका आयतन कितने से.मी.^{3} होगा?

(*a*) 320 से.मी.^{3} (*b*) 510 से.मी.^{3}
(*c*) 480 से.मी.^{3} (*d*) 240 से.मी.^{3}

20. एक वर्ग की प्रत्येक भुजा 6 से.मी. है जिस पर एक पिरामिड बनाया गया है इसकी तिरछी ऊँचाई 4 : 2 से.मी. है। पिरामिड का सम्पूर्ण पृष्ठ ज्ञात करें

(*a*) 94.2 वर्ग से.मी. (*b*) 49.5 से.मी.
(*c*) 86.4 वर्ग से.मी. (*d*) 38.2 वर्ग से.मी.

21. यदि वर्गाकार आधार वाले एक लम्ब पिरामिड की तिरछी ऊँचाई 24 मीटर हो और उस पिरामिड के तिर्यक पृष्ठ का क्षेत्रफल 60 वर्ग मीटर हो, तो उस तिर्यक पृष्ठ के क्षेत्रफल तथा आधार के क्षेत्रफल का अनुपात कितना होगा?
(*a*) 48 : 5 (*b*) 19 : 6
(*c*) 11 : 7 (*d*) 9 : 4

22. एक सम चतुष्फलक के प्रत्येक सिरे की लम्बाई 10 से.मी. है। उस चतुष्फलक के पार्श्व पृष्ठ का क्षेत्रफल (वर्ग से.मी. में) कितना होगा?
(*a*) $25\sqrt{3}$ (*b*) $75\sqrt{3}$
(*c*) $15\sqrt{3}$ (*d*) $40\sqrt{3}$

23. यदि एक सम चतुष्फलक की हर भुजा की लम्बाई 8.6 से.मी. है तो सम चतुष्फलक का आयतन है।
(*a*) $124\sqrt{5}$ से.मी.^{3} (*b*) $53\sqrt{3}$ से.मी.^{3}
(*c*) $53\sqrt{3}$ से.मी.^{3} (*d*) $36\sqrt{2}$ से.मी.^{3}

24. समचतुष्फलक की प्रत्येक कोर 4.2 से.मी. है। उसका आयतन घन से.मी. में होगा:
(*a*) $6.174\sqrt{2}$ (*b*) $4.16\sqrt{3}$
(*c*) $18.52\sqrt{2}$ (*d*) $19.15\sqrt{3}$

25. एक समचतुष्फलक का आयतन $108\sqrt{2}$ घन से.मी. है। उसकी प्रत्येक कोर होगी:
(*a*) $12\sqrt{3}$ से.मी. (*b*) $5\sqrt{3}$ से.मी.
(*c*) $6\sqrt[3]{6}$ से.मी. (*d*) $9\sqrt[3]{3}$ से.मी.

उत्तरमाला (प्रश्नमाला 48B)

1. (*d*) **2.** (*d*) **3.** (*d*) **4.** (*b*) **5.** (*a*) **6.** (*c*) **7.** (*a*) **8.** (*b*) **9.** (*d*) **10.** (*b*) **11.** (*b*) **12.** (*c*) **13.** (*c*) **14.** (*a*) **15.** (*b*) **16.** (*c*) **17.** (*c*) **18.** (*b*) **19.** (*c*) **20.** (*c*) **21.** (*a*) **22.** (*b*) **23.** (*c*) **24.** (*a*) **25.** (*c*)

दिये गए प्रश्नों के हल (प्रश्नमाला 48B)

पिरामिड

1. समषट्भुज प्रिज़्म की ऊँचाई = 15से.मी.
आधार की प्रत्येक भुजा = 9 से.मी.
समषट्भुज के केन्द्र से भुजा की दूरी

$$=\frac{\sqrt{3}}{2}\times \text{समषट्भुज की भुजा}$$

$$\therefore\ 9=\frac{\sqrt{3}}{2}\times \text{समषट्भुज की भुजा}$$

$$\Rightarrow \text{समषट्भुज की भुजा} = \frac{18}{\sqrt{3}} \text{से.मी.}$$

∴ प्रिज़्म का पार्श्व पृष्ठ = आधार का परिमाप × ऊँचाई
= (6 × भुजा) × ऊँचाई

$$6\times\frac{18}{\sqrt{3}}\times 15=\frac{16\times18\times5\times3}{\sqrt{3}}=540\sqrt{3} \text{ वर्ग से.मी.}$$

2. एक आयतीय कागज को मोड़कर बनाये गये दो समबाहु त्रिभुजीय प्रिज़्म, A और B है
प्रिज़्म A के आधार की भुजा $=\frac{18}{3}=6$ से.मी. और ऊँचाई 27 से.मी.
पहले A प्रिज़्म का आयतन = आधार का क्षेत्रफल × ऊँचाई

$$=\frac{\sqrt{3}}{4}\times6\times6\times27 \text{ से.मी.}^3 \quad ...(i)$$

प्रिज़्म B के आधार की भुजा $=\frac{27}{3}=9$ से.मी.
और ऊँचाई = 18 से.मी.
∴ दूसरे प्रिज़्म B का आयतन = आधार का क्षेत्रफल × ऊँचाई

$$=\frac{\sqrt{3}}{4}\times9\times9\times18 \text{ से.मी.}^3 \quad ...(ii)$$

∴ दोनों समीकरण (*i*) व (*ii*)से प्रिज़्म A ओर B के आयतनों में अनुपात

$$=\frac{\sqrt{3}}{4}\times6\times6\times27 : \frac{\sqrt{3}}{4}\times9\times9\times18=2:3$$

3. प्रिज़्म का आयतन = $729\sqrt{3}$ घन से.मी.
समत्रिभुजीय आधार की भुजा $=9\sqrt{3}$ से.मी.
प्रिज़्म का आयतन
= समत्रिभुजीय आधार का क्षेत्रफल × ऊँचाई

$$=729\sqrt{3}=\frac{\sqrt{3}}{4}\times(\text{भुजा})^2\times \text{ऊँचाई}$$

$$\Rightarrow 729\sqrt{3}=\frac{\sqrt{3}}{4}\times\left(9\sqrt{3}\right)^2\times \text{ऊँचाई}$$

$$\Rightarrow \text{ऊँचाई}=\frac{729\sqrt{3}\times4}{\sqrt{3}\times243}=12 \text{ से.मी.}$$

4. आयत की लम्बाई एवं चौड़ाई = 16 से.मी. तथा 14 सेमी.
प्रिज़्म की ऊँचाई = 8 से.मी.
लम्ब प्रिज़्म का पार्श्व पृष्ठ
= आयतीय आधार का परिमाप × ऊँचाई

$$=(2(\text{लं}+\text{चौ.}))\times\text{ऊँचाई}=2(16+14)\times8=2\times30\times8=480$$

वर्ग से.मी.

5. प्रिज़्म का आधार समभुजीय त्रिभुज है जिसकी की भुजा *a* है
∴ प्रिज़्म का पार्श्व पृष्ठ क्षेत्रफल
= आधार का परिमाप × ऊँचाई

$$\therefore\ 204=3ah \Rightarrow ah=\frac{204}{3}=68$$

प्रिज़्म का आयतन = आधार का क्षेत्रफल × ऊँचाई

$\therefore\ 34\sqrt{3} = \frac{\sqrt{3}}{4}a^2.\ h \Rightarrow 34\sqrt{3} = \frac{\sqrt{3}}{4}\ a.ah$

$\Rightarrow 34\sqrt{3} = \frac{\sqrt{3}}{4}\ a.68$

$\Rightarrow\ a = 2$ से.मी.

6. प्रिज़्म की ऊँचाई = 8 से.मी.

आधार की भुजा = 12 से.मी.

$\therefore$ आधार का परिमाप $= 3\times12 = 36$ से.मी.

आधार का क्षेत्रफल $= \frac{\sqrt{3}}{4}a^2 = \frac{\sqrt{3}}{4}\times12\times12 = 36\sqrt{2}$ से.मी.^{2}

$\therefore$ प्रिज़्म का पार्श्व पृष्ठ = आधार का परिमाप × ऊँचाई

$= 36\times8 = 288$ से.मी.^{2}

$\therefore$ कुल पृष्ठीय क्षेत्रफल = पार्श्व पृष्ठ + आधार का क्षेत्रफल

$= 288 + 36\sqrt{3} = 36\left(8+\sqrt{3}\right)$ से.मी.^{2}

7. टंकी की ऊपरी चौड़ाई = 8 मीटर

टंकी की तलीय से चौड़ाई = 6 मीटर

टंकी की लम्बाई = 7 मीटर

टंकी की गहराई = 4 मीटर

टंकी की क्षमता (आयतन)

$= \frac{(\text{ऊपरी चौड़ाई} + \text{तल की में चौड़ाई}) \times \text{गहराई} \times \text{लम्बाई}}{2}$

$= \frac{(8+6)\times4\times7}{2} = \frac{14\times4\times7}{2} = 196$ घन मी.

8. एक समबाहु त्रिभुज आधार वाले प्रिज़्म की भुजा = 15 से.मी. है।

$\therefore$ आधार का क्षेत्रफल $= \frac{\sqrt{3}}{4}.$ भुजा^{2}

$= \frac{\sqrt{3}}{4}\ 15^2 = \frac{225\sqrt{3}}{4}$ से.मी.

आधार का परिमाप = 3 × भुजा $= 3\times15 = 45$ से.मी.

$\therefore$ प्रिज़्म का पार्श्व पृष्ठ

= आधार का परिमाप × ऊँचाई = 45 × 9 = 405 से.मी.^{2}

$\therefore$ प्रिज़्म का कुल पृष्ठीय क्षेत्रफल

= पार्श्व पृष्ठ + दोनों सिरों का क्षेत्रफल $= 405 + 2\times\frac{225\sqrt{3}}{4}$

$= 405 + \frac{225\sqrt{3}}{2} = \frac{810+225\sqrt{3}}{2}$ से.मी.^{2}

9. आधार का परिमाप = 22 से.मी.

त्रिभुज की त्रिज्या = 8 से.मी.

प्रिज़्म के आधार (त्रिभुज) का क्षेत्रफल

$= \frac{\text{परिमाप} \times \text{त्रिज्या}}{2} = \frac{22\times8}{2} = 88$ से.मी.^{2}

प्रिज़्म का आयतन = आधार का क्षेत्रफल × ऊँचाई

$\therefore\ 440 = 88 \times$ ऊँचाई $\Rightarrow$ ऊँचाई $= \frac{440}{88} = 5$ से.मी.

10. लम्ब प्रिज़्म का आधार समकोणिक त्रिभुज है।

आधार की भुजा = 6 से.मी.

प्रिज़्म की ऊँचाई = 18 से.मी.

$\therefore$ प्रिज़्म का आयतन = आधार (समबाहु Δ) का क्षेत्रफल × ऊँचाई

$= \frac{\sqrt{3}}{4}a^2\times h = \frac{\sqrt{3}}{4}\times6\times6\times18 = 162\sqrt{3}$ से.मी.^{3}

11. समबाहु त्रिभुज की भुजा = 8 से.मी.

प्रिज़्म का आयतन $= 108\sqrt{3}$ घन से.मी.

प्रिज़्म का आयतन = समबाहु Δ का क्षेत्रफल × ऊँचाई

$108\sqrt{3} = \frac{\sqrt{3}}{4}\times8^2\times$ ऊँचाई $\Rightarrow 108\sqrt{3} = \frac{\sqrt{3}}{4}\times8\times8\times h$

$\therefore\ \Rightarrow\ h = \frac{108\sqrt{3}\times4}{\sqrt{3}\times64} = \frac{27}{4} = 6.75$ से.मी.

12. समबाहु त्रिभुज की भुजा से.मी. $= 4\sqrt{3}$ से.मी.

प्रिज़्म का आयतन $= 72\sqrt{2}$ घन से.मी.

प्रिज़्म का आयतन = आधार का क्षेत्रफल × ऊँचाई

$\therefore\ 72\sqrt{2} =$ समबाहु Δ का क्षेत्रफल × ऊँचाई

$\therefore\ 72\sqrt{2} = \frac{\sqrt{3}}{4}\times4\sqrt{3}\times4\sqrt{3}$ ऊँचाई

$\Rightarrow$ ऊँचाई $= \frac{72\sqrt{2}\times4}{\sqrt{3}\times4\sqrt{3}\times4\sqrt{3}} = \frac{6\sqrt{2}}{\sqrt{3}} = 2\sqrt{6}$ से.मी.

13. माना पिरामिड की ऊँचाई UT = h मी. है।

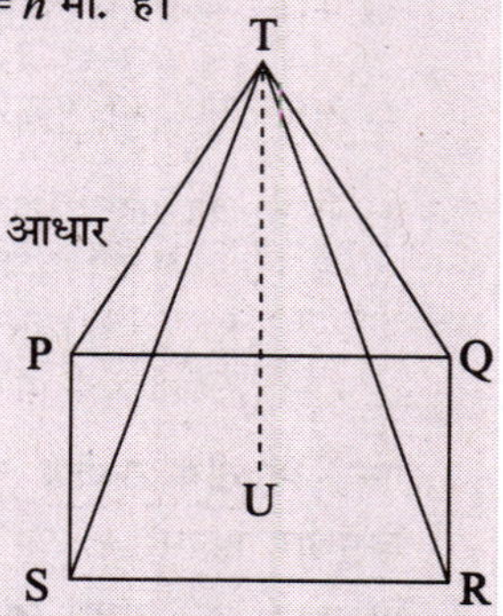

आधार का क्षेत्रफल

$= 7\times5 = 35$ वर्ग मीटर

$\therefore$ पिरामिड का आयतन $= \frac{1}{3}\times$ आधार का क्षेत्रफल × ऊँचाई

$\therefore\ 126 = \frac{1}{3}\times35\times h$

$\therefore\ h = \frac{126\times3}{35} = 10.8$ मीटर

14. किसी पिरामिड की तीनों आसन कोरें परस्पर लम्ब है जिनकी लम्बाई 7,8 तथा 9 से.मी. है

$= \frac{\text{तीनों कोरों का गुणनफल}}{6} = \frac{7\times8\times9}{6} = 84$ सेमी^{3}

15. आयतीय आधार की भुजाएँ क्रमशः 32 से.मी. एवं 30 से.मी. है

पिरामिड का आयतन $= \frac{1}{3}\times$ आधार का क्षेत्रफल × ऊँचाई

$\therefore\ 9600 = \frac{1}{3}\times(32\times30)\times$ ऊँचाई

$\Rightarrow$ ऊँचाई $= \frac{9600\times3}{32\times30}\ 30$ से.मी.

16. लम्ब पिरामिड के आधार का क्षेत्रफल = 120 $से.मी.^2$
पिरामिड की ऊँचाई = 14 से.मी.

पिरामिड का आयतन $=\frac{1}{2}\times$ आधार का क्षेत्रफल × ऊँचाई

$=\frac{1}{2}\times 120\times 14 = 840$ $से.मी.^3$

17. वर्ग ABCD पिरामिड का आधार है।
जहाँ AB = BC = CD = DA = 24 से.मी.

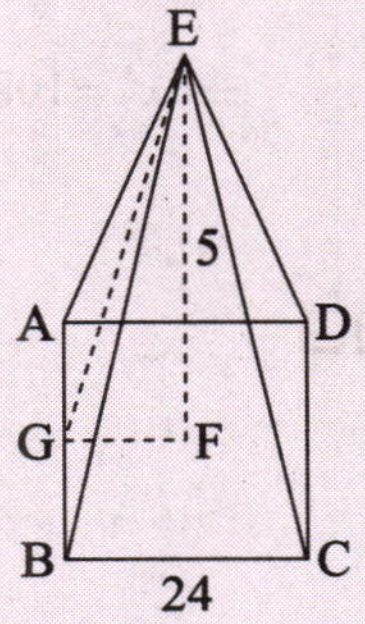

$\therefore\ GF = \frac{BC}{2} = \frac{24}{2} = 12$ से.मी.

पिरामिड की ऊँचाई $EF = 5$ से.मी.

∴ समकोण त्रिभुज GEF में पाइथागोरस प्रमेय से -

$EG^2 = EF^2 + GF^2 = 5^2 + 12^2 = 25 + 144 = 169$

$EG^2 = 13^2 \Rightarrow EG = 13$ से.मी.

∴ पिरामिड की तिरछी ऊँचाई $l = EG = 13$ से.मी.

∴ पिरामिड तिरछे पृष्ठ का क्षेत्रफल

$=\frac{1}{2}\times$ आधार का परिमाप × तिरछी ऊँचाई

$=\frac{1}{2}\times 4\times 24\times 13 = 624$ $से.मी.^2$

18. वर्ग ABCD पिरामिड का आधार है।
भुजा की लम्बाई $= 9\sqrt{2}$ से.मी.

∴ पिरामिड की तिरछी ऊँचाई $= GE = 12$ से.मी.

∴ पिरामिड के तिरछी पृष्ठ का क्षेत्रफल

$=\frac{1}{2}\times$ आधार का परिमाप × तिरछी × ऊँचाई

$=\frac{1}{2}\times 4\times 9\sqrt{2}\times 12 = 216\sqrt{2}$ $से.मी.^2$

19. चित्रानुसार PQR पिरामिड का आधार है
जहाँ $PQ = 17$ से.मी. $PR = 12$ से.मी. $QR = 11$ से.मी.

∴ ΔPQR का अर्ध परिमाप

$S = \frac{17+12+11}{2} = \frac{40}{2} = 20$ से.मी.

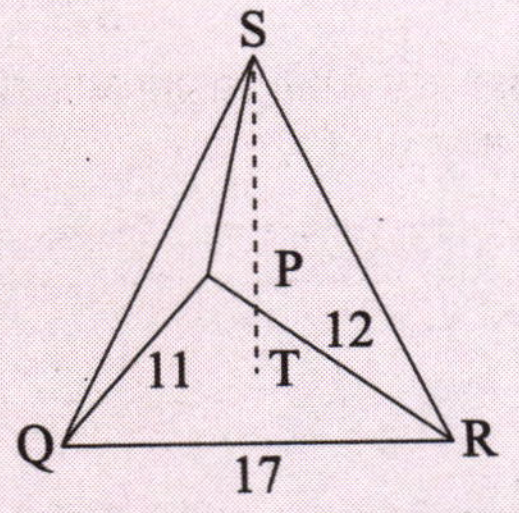

∴ Δ PQR का क्षेत्रफल $=\sqrt{s(s-a)(s-b)(s-c)}$

$=\sqrt{20(20-15)(20-12)(20-11)}$

$=\sqrt{20\times5\times9\times8} = 60\sqrt{2}$ $से.मी.^2$

पिरामिड की ऊँचाई $= 12\sqrt{2}$ से.मी.

∴ पिरामिड का आयतन $=\frac{1}{3}\times$ आधार का क्षेत्रफल × ऊँचाई

$=\frac{1}{3}\times 60\sqrt{2}\times 12\sqrt{2} = 480$ $से.मी.^3$

20. पिरामिड का आधार PQRS वर्ग है।
जिसकी भुजा $PQ = QS = RS = PR = 6$ से.मी.
तिरछी ऊँचाई $UL = UM = UN = UO = 4.2$ से.मी.

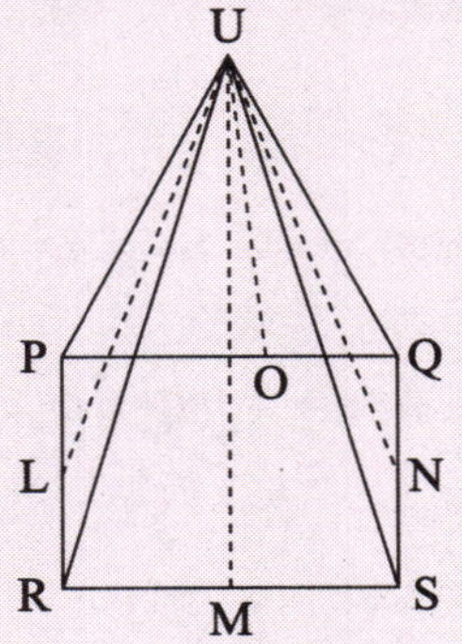

∴ पिरामिड का तिर्यक पृष्ठ

$=\frac{1}{2}\times$ आधार का परिमाप × तिरछी ऊँचाई

$\frac{1}{2}\times 4\times 6\times 4.2 = 50.4$ $से.मी.^2$

∴ सम्पूर्ण पृष्ठ = आधार का क्षेत्रफल + तिर्यक पृष्ठ (भुजा × भुजा) + तिर्यक पृष्ठ

$= (6\times6) + 50.4 = 36 + 50.4 = 86.4$ वर्ग से.मी.

21. लम्ब पिरामिड की तिरछी ऊँचाई = 24 मीटर
तिर्यक पृष्ठ का क्षेत्रफल = 60 वर्ग मीटर

पिरामिड का तिर्यक पृष्ठ क्षेत्रफल $=\frac{1}{2}$ आधार (वर्ग) का परिमाप × तिरछी ऊँचाई

$60 = \frac{1}{2}\times 4a\times 24 \Rightarrow a = \frac{60}{24} = \frac{5}{2}$

आधार (वर्ग) की भुजा $=\frac{5}{2}$ मी.

∴ पिरामिड के आधार (वर्ग) का क्षेत्रफल $\left(\frac{5}{2}\right)^2 = \frac{25}{4}$ $मी^2$

∴ तिर्यक पृष्ठ का क्षेत्रफल : आधार का क्षेत्रफल

$60 : \frac{25}{4} = 240 : 25 = 48 : 5$

22. समचतुष्फलक के प्रत्येक सिरे की लम्बाई = 10 से.मी.

समचतुष्फलक का पार्श्व पृष्ठ $=\frac{3\sqrt{3}}{4}a^2$

$=\frac{3\sqrt{3}}{4}(10)^2 = 75\sqrt{3}$ से.मी.

23. समचतुष्फलक की प्रत्येक भुजा = 8.6 से.मी.

समचतुष्फलक का आयतन $=\frac{1}{12}\times$ भुजा $\times\sqrt{2}$

$=\frac{1}{12}\times 8.6\times 8.6\times 8.6\times\sqrt{2}=53\sqrt{2}$ से.मी.^{3}

24. समचतुष्फलक की प्रत्येक कोर = 4.2 से.मी.

$\therefore$ समचतुष्फलक का आयतन

$=\frac{a^3\sqrt{2}}{12}$ $a=\frac{4.2\times 4.2\times 4.2\times\sqrt{2}}{12}=6.174\sqrt{2}$ घन से.मी.

25. माना समचतुष्फलक की प्रत्येक कोर x है

समचतुष्फलक का आयतन $=\frac{x^3\sqrt{2}}{12}$

$\therefore 108\sqrt{2}=\frac{x^3\sqrt{2}}{12}\Rightarrow x^3=\frac{108\sqrt{2}\times 12}{\sqrt{2}}$

$\Rightarrow x^3=108\times 12=x=6\sqrt[3]{6}$ से.मी.

❑❑❑